ELIURE
ONNELLE
96

ENCYCLOPÉDIE MÉTHODIQUE.

AGRICULTURE,

Par le Citoyen TESSIER, *Docteur-Régent de la Faculté de Médecine, de l'Académie des Sciences, de la Société de Médecine, & le Citoyen* THOUIN, *de l'Academie des Sciences.*

TOME TROISIEME.

B.^{ll} n.° 7.

A PARIS,

Chez PANCKOUCKE, Imprimeur-Libraire, rue des Poitevins, N.° 18.

M. DCC. XCIII.

ENCYCLOPÉDIE

MÉTHODIQUE,

OU

PAR ORDRE DE MATIÈRES:

PAR UNE SOCIÉTÉ DE GENS DE LETTRES, DE SAVANS ET D'ARTISTES;

Précédée d'un Vocabulaire universel, *servant de Table pour tout l'Ouvrage, ornée des Portraits des* Citoyens *Diderot & d'Alembert, premiers Editeurs de l'*Encyclopédie.

14

Z
S447

CHABLE. Nom que l'on donne à la Herse, à Evrou, dans le Bas-Maine. (*M. l'Abbé* Tessier.)

CHACELAS ou CHASSELAS. Variété du *Vitis vinifera*, dont on distingue plusieurs sous-variétés dans les jardins. Voyez l'article Vigne, au Dict. des Arbres & Arbustes. (*M.* Thouin.)

CHACRELLE, synonyme de *Cascarille*. *Voyez* Cascarille. (*M.* Dauphinot.)

CHADECT, CHADECK ou CHADOCK. *Citrus decumanus*, L. Voyez l'article Oranger. (*M.* Thouin.)

CHAGRINÉ. On donne ce nom aux parties des végétaux qui sont couvertes d'aspérités comme le chagrin. On en voit des exemples sur les feuilles d'une espèce de *Statice*, & plus communément sur les fruits ou leurs enveloppes. (*M.* Reynier.)

CHAILLATS. On appelle ainsi, dans quelques pays, les fleurs des haricots, des pois, des vesces, &c. (*M. l'Abbé* Tessier.)

CHAILLE. Nom que l'on donne à la Camomille, *anthemis cotula*, L. à Sourdun, près Provins. (*M. l'Abbé* Tessier.)

CHAINE, *Agriculture* ; *mettre en chaînes*, se dit, dans la récolte du chanvre ou du lin, de la manière d'exposer à l'air & de faire sécher ces plantes. Ainsi, les Chaînes de chanvre ou de lin sont de longues files de poignées assez grosses de ces plantes, dressées en chevron les unes contres les autres, de façon que les têtes se croisent & que les tiges soient écartées, & puissent recevoir de l'air par le bas.

Le nom de *Chaînes* s'applique encore à plusieurs tas ou meules de foin. *Ancienne Encyclopédie*. On le dit aussi des tas de fumier avant qu'on les répande, & en général de tous amas qui sont rangés de file.

La Chaîne enfin est une portion d'arpent dans quelques pays *Diction. Economique*. (*M. l'Abbé* Tessier.)

CHAINE, *Jardinage*.

CHAINE de fumier ou de litière. On appelle ainsi des tas de fumier, dispersés sur une ligne droite & destinés à faire des couches.

On forme les Chaînes de fumier en transportant avec la brouette ou la hotte, le fumier destiné à faire des couches, & en le plaçant de manière qu'il forme une meule d'environ six pieds de large, sur 3 à 4 pieds d'élévation, en dos de bahus, suivant la longueur qu'on veut donner à la couche.

Quelques personnes séparent le fumier lourd de la litière, & en font des Chaînes séparées, à côté les unes des autres. Cette précaution a son avantage. Elle fournit les moyens de mêler plus également ces deux matières, & de les employer dans la même proportion sur toute l'étendue de la couche. C'est de cette précaution que dépend l'affaissement égal des couches, & la juste répartition de la chaleur dans toute son étendue.

Les Chaînes de fumier ainsi formées, on commence à bâtir les couches par le bout de la Chaîne par lequel on a fini de mettre du fumier, parce que les hottées ou les brouettées de fumier ayant été amoncelées les unes sur les autres, on a plus de facilité à le prendre dans ce sens avec la fourche, que si l'on commençoit par le bout opposé. Voyez l'article *Couche*.

On forme encore des Chaînes de fumier court ou de feuilles, sur les terres que l'on veut amender. Ces Chaînes sont disposées parallèlement à côté les unes des autres, à 8 ou 10 pouces de distance. Lorsqu'on laboure le terrein à la bèche, on enterre ces Chaînes de fumier dans le fond de la Jauge.

Cette manière de fumer les terres a quelques avantages dans les terres fortes & pour de gros légumes.

Lorsqu'on balaye les feuilles dans un jardin, & qu'elles sont en grande quantité, on les met en Chaîne dans le milieu des allées. En allumant du feu, au bout de cette Chaîne, du côté que le vent souffle, il parcourt bien-tôt toute l'étendue du cordon pour peu que les feuilles soient sèches. Mais, si cette pratique est très-expéditive, puisqu'elle évite un transport assez long & qu'elle économise du tems, on perd, d'un autre côté, un terreau qui est fort utile dans les jardins. Il est donc préférable de ramasser les feuilles, & de les transporter dans un lieu retiré, où en se consommant, elles fournissent, chaque année, un engrais nécessaire à la composition des terres destinées aux plantes qui se cultivent dans des vases. (*M.* Thouin.)

CHAINE. Manière de lier les oignons, usitée dans le pays de Vaud. On forme une tresse de paille, en y introduisant les feuilles de cette plante à mesure, les oignons seuls restent dehors. Ces Chaînes n'ont aucune longueur déterminée ; les paysans suspendent leur provision dans leur cuisine, & vont vendre le surplus dans les marchés, où le prix de ces Chaînes dépend de leur longueur & de la beauté des oignons qui les composent. Les aulx se vendent de la même manière. (*M.* Reynier.)

CHAINTRES. On appelle ainsi dans la Bresse, & à Vieille-Vigne, entre Nantes & Montaigu, en Poitou, des espaces de terrein de 5 à 7 pieds de largeur, qu'on laisse aux extrémités des champs, pour servir d'écoulement aux eaux. On les cure de tems en tems, pour en répandre la terre sur les autres parties des champs qu'elle fertilise. (*M. l'Abbé* Tessier.)

CHAIR. En Agriculture & Jardinage on donne le nom de chair à la partie mangeable du fruit, que les Naturalistes désignent par le mot plus raisonnable de *Pulpe*, puisque la substance d'un fruit n'a aucune analogie avec la chair.

Les Jardiniers désignent chaque condition particulière des fruits par une épithète distinctive.

Ainsi, *chair bourrée*, *fondante*, *cassante*, *dure*, *fine*, *grumeleuse*, *farineuse*, *pâteuse*, *tendre*, *aigre*, *revêche*, *ou rêche*, *cotonneuse*, *&c.* Ces expressions étant reçues dans le langage ordinaire ont cessé d'être tecniques; ainsi, il est inutile de faire des pages de leur définition.

Il seroit à desirer qu'on épurât la langue à mesure que les connoissances se propagent, & que l'on substituât des mots vrais à ces expressions fausses, qui ne peuvent donner que de fausses notions. (*M. Reynier.*)

CHAIR à dames, variété du *Pyrus communis.* L. Voyez l'article Poirier, au Dict. des Arbres. (*M. Thouin.*)

CHALCAS. *Chalcas.*

Genre de fleurs polypétalées, de la famille des *Citroniers*, qui paroît avoir des rapports avec le *Murraya*, ou *Buis de la Chine.*

On n'en connoît qu'une seule espèce.

CHALCAS paniculé.

Chalcas Paniculata. L. ♄. de l'Isle de Java & des Moluques.

On n'est pas fort d'accord sur le port & sur la hauteur de cette plante peu commune en Europe. Les uns en font un arbre de 25 pieds de hauteur. D'autres disent que ce n'est qu'un arbrisseau sarmenteux & peu droit.

Sa tige est glabre & lisse.

Ses feuilles sont alternes, presqu'ovales & très-légèrement crenelées.

Les fleurs naissent en panicules terminales. Elles sont blanches, à 5 pétales & répandent une odeur très-agréable.

Le fruit est une baie ovale, oblongue, qui devient rouge dans sa maturité & qui contient deux semences jointes ensemble, & un peu cotonneuses à l'extérieur.

Historique. Cette plante croît dans les Moluques & dans l'Isle de Java.

Usages. Les Indiens cultivent le Chalcas dans leurs jardins à cause de la bonne odeur de ses fleurs.

Ses feuilles & son écorce sont employées avec succès contre l'asthme. On en fait aussi des cataplasmes, que l'on applique sur les membres paralysés.

Son bois est très-dur, très-beau, & élégamment veiné, sur-tout près de la racine, de blanc, de rouge & de jaune. Ces différentes nuances le rendent propre à l'ébénisterie. Aussi les Indiens en font différens meubles.

Culture. Cette plante doit être élevée en Europe, sur une couche chaude, & tenue constamment dans le tan de la serre. Le reste de sa culture nous est inconue. (*M. Dauphinot.*)

CHALEF, *Elæagnus.* L.

Genre d'arbre plus connu sous le nom d'Olivier de Bohême que sous celui de Chalef. Il n'est composé que de deux espèces, qui croissent en pleine terre dans notre climat, & dont il sera traité, par cette raison, dans le Dict. des Arbres & Arbustes auquel nous renvoyons. (*M Thouin.*)

CHALEFS, (Les) *Elæagni.*

Cette famille de végétaux peu nombreuse en espèces, l'est encore moins en genres différens; mais presque tous sont ligneux & forment des arbustes ou des arbres dont quelques-uns s'élèvent à une grande hauteur. Etrangers à l'Europe, ils se trouvent tous dans les trois autres parties du monde à l'exception de quatre espèces qui sont les moins intéressantes. Leurs fleurs qui sont très-petites, n'ont rien d'agréable; mais la beauté de leur port, la variété de leur feuillage & sur-tout l'usage avantageux que l'on fait du bois de quelques-uns, de leur résine & de leurs fruits, les rendent très-intéressans.

En général, les arbres de cette famille exigent une culture soignée dans nos jardins. Leurs graines vieillissent & ne sont plus en état de germer d'une année à l'autre. Il en est même qui sont vieilles beaucoup plutôt. Si l'on en excepte le genre du Tupelo qui, croissant dans les climats froids ou tempérés de l'Amérique, vit en pleine terre chez nous, les autres espèces étrangères ont besoin d'être cultivées dans des vases & rentrées pendant l'Hiver dans les serres. On le multiplie de marcottes, assez fréquemment, & quelquefois de boutures.

Cette famille de végétaux ne peut être d'un grand secours à l'Europe; elle est plus propre à orner les jardins qu'à fertiliser les campagnes. Cependant les Tupelos méritent une attention particulière. Ce sont des arbres qui pourroient être cultivés en grand, pour fournir des bois de charpente & de charronnage. Voici les noms des genres qui composent cette famille :

Le Badamier.	*Terminalia.*
Le Tupelo.	*Nyssa.*
Le Chalef.	*Elæagnus.*
Le Laget.	*Lagetta.*
Le Grignon.	*Bucida.*
L'Argoussier.	*Hippophae.*
Le Rouvet.	*Osyris.*

M. de Jussieu fait entrer dans cette famille les genres du *Thesium*, du *Quinchamalium*, du *Fusanus*, du *Conocarpus*, du *Chuncsa*, du *Pamea* & de *Tambouca* qu'il croit lui appartenir. (*M. Thouin.*)

CHALET. C'est en Suisse un bâtiment placé sur les montagnes pour y traire les vaches & y fabriquer les fromages; il s'appelle *Vacherie* dans la Suisse Françoise; on lui donne le nom de *Fruiterie* dans la Franche-Comté; dans les Vosges, celui de *Marcarerie* & dans l'Auvergne celui de *Buron*.

Le nom de *Chalêt* est le plus connu, parce que Jean-Jacques Rousseau qui l'a adopté, en fait une description agréable dans sa nouvelle Héloïse. N'ayant point à peindre, comme lui, des rendez-vous d'amans, je ne considérai les Châlets que comme un des objets d'économie rustique, & je n'offrirai que la description d'un local nécessaire pour fabriquer des fromages.

M. de Malesherbes m'a communiqué celle d'un Châlet qu'il a visité dans le pays de Gruyères. Il me paroît semblable à un que j'ai vu dans les Vosges; je donnerai les dimensions de ce dernier, les ayant prises sur les lieux.

Le Bâtiment étoit composé de la vacherie, du logement des vaches & des chambres pour recevoir le lait, fabriquer les fromages & les conserver. La vacherie avoit soixante-&-douze pieds de longueur sur 18 de largeur & sept pieds de hauteur du sol au bas du toit, sans plancher en haut. Les vaches n'y venoient que le matin & le soir, seulement pour se faire traire; sans doute, on les y retiroit aussi dans les momens d'orage ou de neige. On les plaçoit sur deux rangs attachées avec une chaîne de fer. Il y en avoit 44 & 2 taureaux. Une porte à une extrémité & une à l'autre établissoient une courant d'air, moins nécessaire que dans une étable, qui auroit eu un plancher en haut & où les animaux auroient passé une bonne partie de la journée. Le sol, sur lequel posoient les pieds des vaches, étoit de planches de sapin. On avoit pratiqué, au milieu de l'étable, un ruisseau de 20 pouces de large sur 5 de profondeur. Il se trouvoit placé de manière que la plus grande partie des excrémens des vaches y tomboit; on avoit soin d'y faire tomber le reste, & d'y introduire deux fois par jour de l'eau courante afin de le bien nétoyer en le balayant.

Le logement de la fromagerie, ayant toute la longueur de l'étable, étoit distribué en trois parties. Dans l'une, se plaçoit le lait du soir, qu'on gardoit pour le réunir à celui du matin, afin de ne faire qu'un seul fromage & toutes les préparations du lait nécessaires à la nourriture des vachers; dans celle du milieu étoit la cheminée, la presse, la dissolution de présure, la chaudière & autres instrumens utiles à la fabrication du fromage. La cheminée étoit à une des extrémités de cette pièce; dans beaucoup de Châlets elle est au centre, même sans tuyau, parce que la fumée peut se dissiper & passer entre les planches mal jointes du toit. A l'extrémité du foyer s'élevoit une poutre mobile, traversée en haut par une plus petite, à laquelle on suspendoit une chaudière pour faire le fromage. Comme ce bras pouvoit être mû en rond, on faisoit tourner facilement la chaudière, quoique remplie de lait; on l'approchoit & on l'éloignoit du feu à volonté. La troisième partie étoit la chambre destinée à la dessication & conservation des fromages. Les vachers passoient la nuit dans de petites chambres pratiquées au-dessus.

On voyoit aux environs de petites cabanes, qui logeoient 18 cochons. Les résidus des fromages nourrissent en partie ces animaux, qui vont aussi, dans la montagne, chercher des racines. Un canal ou ruisseau conduisoit le petit lait de la fromagerie dans leurs auges. Le Châlet & toute la pâture des vaches étoient loués, par le propriétaire, 900 liv. par année pour la saison de la montagne; c'étoit en 1780.

Les Châlets de Suisse sont construits plus ou moins commodément, selon les bailliages & les pays. Dans l'Emmenthal on les fait avec plus de soin que dans l'Oberland. On y pratique de bons caveaux & des lieux frais pour conserver le lait. Souvent il s'y trouve un poële que l'on peut chauffer s'il survient du froid, ce qui fait que des familles entières y passent leur Eté. Dans l'Oberland, au contraire, les parois des Châlets sont formés de pièces de bois mal jointes, entre lesquelles le vent passe librement; on y fait les toits comme ceux des maisons des villages du pays avec de larges & épais copeaux assujettis à la sablière par des chevilles de bois & par-dessus tout, on met de gros quartiers de pierre pour les faire résister à la violence des vents.

Suivant le nombre des propriétaires d'une *Alpe*, on construit plus ou moins de Châlets. *Voyez* ce que c'est qu'une *Alpe*, au mot BÊTES A CORNES *page* 155 *& suivantes du second Volume*.

Si l'Alpe est commune, mais cependant partagée en deux portions, l'on a toujours l'attention de construire ces bâtimens de la manière la plus commode pour ceux qui font eux-mêmes leurs fromages, de manière que sur chacune de ces portions, il y ait un nombre convenable de ces bâtimens ou séparés les uns des autres, ou rapprochés comme les maisons des villages.

Sur l'Alpe, qui appartient au village de *Grion*, dans le gouvernement d'Aigle, ces bâtimens sont rangés au cordeau. Un large chemin passe au milieu. C'est la même chose sur le Ruschberg dans la paroisse de *Gesteig*, bailliage de *Gessenay*.

Si l'Alpe n'appartient qu'à un seul maître, son étendue & sa situation règlent le nombre des Châlets. En général, il convient pour plusieurs raisons qu'il y en ait deux sur une alpe.

Dans le Gessenay, ces bâtimens sont partie de bois, partie de pierre, suivant leur destination. L'étable généralement est faite de manière que les vaches puissent entrer par une porte & sortir par une autre après être traites. Le surplus de la distribution du logement ressemble à celle de la marcarerie des Vosges que j'ai décrite. La seule différence, c'est que le *Strelli*, où sont les petites chambres ou plutôt les lits des hommes, se trouve au-dessus de l'étable au lieu d'être au-dessus de la laiterie.

Dans tous les Châlets on construit avec plus de soin la chambre au fromage que le reste des logemens. Elle est faite de pièces qui s'enchassent exactement les unes dans les autres, tant pour en défendre l'entrée aux souris ; aux mouches & autres insectes, que pour empêcher que ce vent chaud, nommé *Fon*, ne s'y fasse sentir. Car c'est l'opinion générale dans le Gessenay, que si ce vent souffle dans la chambre aux fromages, il fait enfler les fromages & les gâte. Ce n'est pas au vent, sans doute, qu'il faut s'en prendre, mais à la chaleur, qui a lieu, lorsque ce vent souffle. Quand les Châlets sont sur des montagnes élevées & froides, il faut d'abord chauffer ces chambres ou cages, en y portant du petit-lait bouillant ou des pierres chaudes. Il n'y a dans ces chambres que des tablettes, sur lesquelles on pose les fromages à plat & dont on peut s'approcher commodément pour les saler, les frotter & les sécher.

On est quelquefois forcé, sur les Hautes-Alpes, de construire des Châlets dans des lieux où ils ne peuvent être protégés contre les avalanches de neige, par des forêts. Pour les garantir de cet accident, on élève un mur triangulaire, dont les deux côtés sont aussi larges que le Châlet & aussi élevés. Le mur est placé derrière la laiterie & son angle saillant est tourné contre l'avalanche pour le rompre & l'écarter du Châlet à droite & à gauche.

Lorsque sur les Alpes si hautes & si dangereuses, il faut plusieurs Châlets, à cause du grand nombre de propriétaires, on en construit deux ou trois l'un sous l'autre sur la même ligne & à peu de distance, afin que les inférieurs soient abrités par les supérieurs. Le plus élevé l'est même par le mur en flèche. Ce moyen ne garantit que des avalanches de terre & d'eau, mais rien ne met à l'abri des tourbillons de poussière.

Plus le Châlet est élevé, plus il est exposé à être chargé de neige ; pour qu'il ne soit pas enfoncé, on a soin, avant de partir, d'*étançonner*, c'est-à-dire, d'étayer la sablière. Ces derniers détails sont pris d'un Mémoire sur l'économie des Alpes, inséré dans ceux de la Société économique de Berne, année 1771, tome 1.er

Les Burons d'Auvergne sont encore plus simples que les Châlets de Suisse, de Franche-Comté & des Vosges. Quelques propriétaires opulens seulement font construire de véritables bâtimens qu'on place au milieu de la fumade à portée des bestiaux, & qui sont composés de la laiterie & du logement des domestiques.

Ces Burons ont la forme d'un quarré long ; ils sont couverts de paille & quelquefois d'ardoise grossière. Une porte étroite & basse en est l'entrée, on n'y pratique aucune fenêtre, afin d'y entretenir une température à-peu-près égale, & de les mettre à l'abri des vents du midi capables de décomposer le lait en un instant. On les entoure d'un fossé pour les garantir des pluies & de l'humidité.

Il y a, dans l'intérieur, une seule cheminée qui sert pour la laiterie & pour la cuisine des domestiques. Quoique le toit soit très-bas, on y ménage quelquefois une espèce d'entre-sol dans lequel on place le lits ; car les ustensiles occupent le rez - de - chaussée. Cette pièce, qu'on peut regarder comme la première & la principale, communique à une autre où l'on conserve les fromages jusqu'à ce qu'on descende de la montagne. Elle est aussi sans fenêtre & revêtue de terre en dehors &, par conséquent, toujours fraîche, ce qui est nécessaire pour modérer la fermentation des fromages, souvent trop rapide dans le commencement. On voit des Burons composés de trois pièces ; dans l'une est la cheminée, dans la seconde sont les ustensiles & le sel, & dans la troisième, les fromages & les lits des hommes. La loge aux cochons est adossée à ce petit bâtiment.

La plupart des Burons sont construits avec plus de simplicité encore. Il suffit de creuser en terre une cabane qu'on divise en trois parties, de faire des murs en mottes de gazon, d'enlacer pour former le toit des branches d'arbres & de les couvrir aussi de gazon, de planter à l'entrée deux poteaux pour y suspendre une porte. Cette construction a lieu dans les montagnes dont le sol a besoin d'être fumé & où il faut placer le parc à différens endroits. On abandonne ces Burons si faciles à reconstruire, à-peu-près comme les charbonniers, les sabotiers & les gardes-ventes des bois quittent de tems-en-tems & renouvellent leurs cabanes dans nos forêts. Les Burons abandonnés, dont on enlève seulement les portes, sont bien-tôt détruits par les pluies. Dans des momens d'orage, les vaches, qui sont au pacage, se mettent à l'abri derrière ces restes de Burons. Je renverrai à l'article Châlet, lorsqu'en traitant du lait, je parlerai de la fabrication des fromages de Suisse & d'Auvergne. (*M. l'Abbé* Tessier.)

CHALEUR des écuries, bergeries, &c. *Voyez* Ferme. (*M. l'Abbé* Tessier.)

CHALUMEAU, *Calamus* ou *Culmus*. On donne ce nom aux tiges des plantes de la famille des graminées ; telles que celles du bled, de l'orge, de l'avoine, &c. Voyez le mot Chaume. (*M. Thouin*.)

CHAMEAU, quadrupède domestique, dont on fait un grand usage en Turquie, en Perse, en Egypte, en Barbarie, & sur-tout en Arabie. On en distingue deux races, celle des Dromadaires, & celle des Chameaux. Ces animaux ne paroissent différer que parce que le Dromadaire a une seule bosse sur le corps & le Chameau en a deux. Ces races s'allient entr'elles & en forment une troisième, qui se multiplie & se mêle avec les primitives. Le Dromadaire, suivant Buffon, est beaucoup plus répandu que le Chameau : celui-ci ne se trouve guères que dans le Turquestan, & dans quelques autres endroits du Levant, tandis que le Dromadaire, plus commun qu'aucune autre bête de somme en Arabie, se trouve en grande quantité dans toute la partie Septentrionale de l'Afrique, qui s'étend depuis la Méditerranée jusqu'au fleuve Niger, & qu'on le trouve en Egypte, en Perse, dans la Tartarie méridionale, & dans les parties septentrionales de l'Inde. Le Dromadaire occuppe donc des terres immenses, & le Chameau est borné à un petit terrain. Le premier habite des régions arides & chaudes; le second, un pays moins sec & plus tempéré. L'espèce entière paroît être confinée, par la nature, dans une zone de trois à quatre cens lieues de largeur. Ces animaux, quoique nés dans les pays chauds, craignent cependant ceux où la chaleur est excessive. Ils craignent également le froid des climats tempérés. On a inutilement essayé de les multiplier en Espagne; on les a vainement transporté en Amérique. Ils y vivent & y produisent en les soignant, mais leurs productions sont chétives & rares; eux-mêmes sont foibles & languissans. Il faut lire dans l'Histoire Naturelle de Buffon, & dans le Dictionnaire des Quadrupèdes, les détails intéressans relatifs au Chameau.

On châtre la plus grande partie des Chameaux mâles; on n'en laisse qu'un pour 8 ou 10 femelles, & tous les Chameaux de travail sont ordinairement hongres. Ils sont moins forts sans doute que les Chameaux entiers, mais ils sont plus traitables, plus dociles. Les Chameaux sont difficiles & même furieux dans le tems du rut, qui a lieu pendant quarante jours, tous les ans, au Printems.

La femelle ne reçoit pas le mâle à la manière des autres animaux, mais elle s'acroupit & prend l'attitude qu'elle a pour se reposer. Elle porte près de 12 mois, & ne produit qu'un petit, qui tête sa mère pendant un an, & même davantage, si, pour le fortifier, on le laisse paître avec elle pendant les premières années.

Buffon, d'après un voyage de Chardin, décrit ainsi la manière, dont un Arabe, qui se destine au métier de Pirate, élève ses Chameaux, pour l'aider dans l'exécution de ses projets. « Il leur » plie dit-il, les jambes sous le ventre; il les » contraint à demeurer à terre, & les charge dans » cette situation, d'un poids assez fort, qu'il les accoutume à porter, & qu'il ne leur ôte que pour » leur en donner un plus fort; au lieu de les » laisser paître à toute heure & boire à leur soif, il » commence par régler leurs repas, & peu-à-peu » les éloigne à de grandes distances, en diminuant » aussi la quantité de la nourriture; lorsqu'ils sont » un peu forts, il les exerce à la course; il les excite par l'exemple des chevaux, & parvient à les » rendre aussi légers & plus robustes; enfin, dès » qu'il est sûr de la force, de la légèreté & de la » sobriété de ses Chameaux, il les charge de ce » qui est nécessaire à sa subsistance & à la leur; il » part avec eux, arrive sans être attendu aux confins du désert, arrête les premiers passans, pille » les maisons écartées, charge ses Chameaux de son » butin; &, s'il est poursuivi, il conduit la troupe, » la fait marcher jour & nuit, presque sans s'arrêter, ni boire ni manger. Il fait aisément 300 » lieues en huit jours, & pendant tout ce tems de » fatigue & de mouvement, il laisse ses Chameaux » chargés; il ne leur donne chaque jour qu'une » heure de repos & une pelotte de pâte; souvent » ils courent ainsi plusieurs jours sans trouver de » l'eau; ils se passent de boire, & lorsque par hasard il se trouve une marre, à quelque distance » de leur route, ils sentent l'eau de plus d'une lieue; » la soif qui les presse, leur fait doubler le pas, & » ils boivent en une seule fois pour tout le tems » passé & pour autant de tems à venir; car, souvent leurs voyages sont de plusieurs semaines, » & leurs tems d'abstinence durent aussi long-tems » que leurs voyages!» Cette description apprend jusqu'à quel point on peut pousser l'éducation du Chameau.

Dans plusieurs parties de l'Afrique & de l'Asie, le transport des marchandises ne se fait que par le moyen de ces animaux. Ils servent de voitures aux marchands, qui se réunissent en caravannes, pour éviter les insultes & les pirateries des Arabes. Ces peuples l'appellent le *navire du désert*, suivant Bruce, qui, dans son voyage aux sources du Nil, confirme ce que Buffon a écrit sur l'usage & l'utilité des Chameaux. Ils portent jusqu'à 1200 pesant. En caravannes, où ils ont à faire de suite des voyages de 800 lieues, on ne les fait point courir; mais chaque jour ils font 10 à 12 lieues. Ils marchent au pas; paissent seulement une heure de tems les plantes épineuses par préférence; ou mangent une pelotte de pâte & boivent rarement, parce qu'ils ont la facilité, lorsqu'ils rencontrent de l'eau, d'en avaler une très-grande quantité. Cette eau se conserve sans se corrompre dans une poche, qui tient lieu d'un cinquième estomac dans les Chameaux. Lorsqu'ils sont pressés par la soif, & qu'ils ont besoin de délayer une nourriture sèche, ils font remonter dans la panse & jusqu'à l'œsophage, une partie de cette eau, par la simple contraction des muscles. La nature qui destinoit le Chameau à servir dans des déserts arides, où il ne pleut jamais, lui a donné cette conformation particulière, comme M. Daubenton l'a vérifié par ses dissections anatomiques.

Le Chameau, quand on le doit charger, se couche sur le ventre, plie les jambes & se relève avec sa charge. Aussi est-il rempli de callosités, indices de ses services. On prétend que quand il commence à se fatiguer, on soutient son courage, ou plutôt on charme son ennui, par le chant ou par le son de quelque instrument. Il vit quarante ou cinquante ans.

Il faut lire l'éloge du Chameau dans Buffon. Cet éloge est d'autant mieux mérité, qu'il n'est fait que d'après l'exposé des travaux, dont cet animal est capable, & de son extrême sobriété & docilité.

Indépendamment de l'utilité dont il est pour transporter des marchandises à travers des pays, où toute autre bête de somme ne resteroit pas, sa femelle donne un lait abondant, épais, qui fait une bonne nourriture pour les hommes, en le mêlant avec une plus grande quantité d'eau. On ne fait guère travailler que les mâles; on laisse les femelles paître & produire en liberté; le profit que l'on tire de leurs petits & de leur lait, surpasse peut-être celui qu'on tireroit de leur travail. Il y a des pays où l'on châtre les femelles, afin de les faire travailler.

La chair des Chameaux, sur-tout quand ils sont jeunes, est bonne & saine, comme celle du veau. Les Africains & les Arabes remplissent des pots & des tinettes de chair de Chameaux, qu'ils font frire avec de la graisse, & ils la gardent ainsi toute l'année pour leurs repas ordinaires.

Le poil de ces animaux est plus beau & plus recherché que la plus belle laine. Il est fin & moëlleux, & se renouvelle tous les ans par une mue complette. Tavernier, voyageur, assure qu'il tombe tous les ans au Printems en totalité, de manière que les Chameaux paroissent des cochons échaudés. Pour les défendre de la piquure des mouches, on leur gaudronne le corps.

Avec le poil de Chameau on fait des chaussons & de belles étoffes pour habillement & pour meubles. Les Persans en fabriquent pour leurs usages des ceintures fines; les blanches sont les plus chères, parce que les Chameaux de ce poil sont rares. En Europe, il entre avec le castor dans la composition des chapeaux.

Le sel ammoniac que l'on tire du Levant, vient de l'urine des Chameaux, qui en contient une grande quantité. Sa fiente, desséchée & mise en poudre, lui sert de litière dans un pays où il n'y a pas de paille. On l'emploie aussi pour faire la cuisine, car elle prend feu comme de l'amorce & donne une flamme aussi claire que le charbon de bois. (*M. l'Abbé* Tessier.)

CHAMŒDRIS. Nom latin, adopté en françois par beaucoup de personnes, pour désigner un ancien genre de plante, que les Botanistes modernes ont réuni à celui des *Teucrium*. Voyez Germandrée. (*M.* Thouin.)

CHAMŒLE, *Cneorum*, *Tricoccum*, *L.* V. Camellé à trois coques (*M.* Thouin.)

CHAMŒLEON, *Carlina*, Voyez Carline. (*M.* Thouin.)

CHAMBONAGE. On appelle ainsi, à Gannat, en Bourbonnois, une terre très-légère & de médiocre valeur, uniquement destinée à la vigne. (*M. l'Abbé* Tessier.)

CHAMBRE DES BLEDS.

Il y a eu en France une Chambre des bleds, &c. Ce ne fut d'abord qu'une commission donnée à quelques Magistrats, par lettres-patentes du 9 Juin 1709, registrées au Parlement le 13 du même mois, pour l'exécution des déclarations des 27 Avril, 7 & 14 Mai de la même année, concernant les grains, farines & légumes; mais, par une déclaration du 11 Juin de la même année, il fut établi une Chambre au Parlement, pour juger en dernier ressort les procès criminels, qui seroient instruits par les Commissaires nommés pour l'exécution des déclarations des 27 Avril, 7 & 14 Mai 1709, sur les contraventions à ces déclarations. Il y eut encore une autre déclaration, le 25 Juin 1709, pour régler la jurisdiction de cette Chambre: elle fut supprimée par une dernière déclaration, du 4 Avril 1710. Depuis cette époque il ne s'en est pas établi en France, ou ce n'étoit qu'un Tribunal.

A Genève, où il existe encore une Chambre des bleds, c'est un établissement d'approvisionnement.

Cette Ville, pour se garantir d'une famine pendant quelques années, a toujours en réserve environ 100,000 coupes; chacune du poids de 110 livres de 18 onces, ce qui fait plus de 12 millions de livres. Son territoire lui en produit pour nourrir 6000 personnes, tandis que la ville & les terres de la République, ont une population de 35000 ames.

Les Genevois ont soin de ne pas faire leurs provisions dans les provinces qui les avoisinent; ils tirent leurs grains de différentes parties de l'Allemagne, à un prix quelquefois assez haut. Mais les boulangers de la ville ne peuvent employer d'autre bled, & les farines étrangères sont défendues. Le prix du pain chez les boulangers est fixé par le Grand-conseil, intéressé à ne pas laisser souffrir le peuple. Cet établissement, appellé *Chambre des bleds*, paroît réussir dans une petite République. Il ne réussiroit peut-être pas dans un grand Etat, où il exigeroit des soins infinis, & où il est moins nécessaire, parce qu'il y a plus de ressources. (*M. l'Abbé* Tessier.)

CHAMBRETTE. En Limousin, on donne ce nom à la variété de poire, plus connue sous le nom de *Vigoulée*. V. Poirier, dans le Diction. des Arbres & Arbustes. (*M.* Reynier.)

CHAMELÉE, *Cneorum Tricocum*, *L.* Voyez.

CHAMELINE. Plante de la famille des crucifères, huitième espèce du Dictionnaire de Botanique, *Myagrum sativum*, Bauh. & Lin.

On la cultive en Allemagne, en Italie, & en France, dans la Flandres, le Cambresis, la Champagne, la Picardie, la Bourgogne, la Franche-Comté & l'Alsace.

Elle est connue à Cambrai, sous le nom de *Cabai*; à Montdidier, sous celui de *Camomille*; à Lille, sous celui de *Canamine*; en Alsace & en Allemagne, sous celui de *Dotter*.

La Chameline se cultive ordinairement seule, comme beaucoup d'autres plantes; mais il s'en trouve toujours dans presque tous les lins, parmi lesquels sa graine se mêle. Les cultivateurs ne se plaignent pas beaucoup du dommage qu'elle leur cause, parce qu'elle se rouit & se file avec le lin. Cependant, s'il y en avoit une certaine quantité, ils chercheroient les moyens de s'en débarrasser, sa filasse n'étant pas aussi bonne que celle du lin. Le hasard en a fait trouver un à M. de Malesherbes. Il consiste à ne semer la graine de lin, mêlée de Chameline, qu'après deux ans. La graine de lin, comme celle du froment, conserv. sa vertu germinative plusieurs années. La graine de la Chameline, comme celle du gland & beaucoup d'autres, ne réussit qu'étant semée la même année.

Pour cultiver la Chameline, il n'est pas nécessaire d'employer une terre aussi bonne que celle qui est destinée au lin. Car cette dernière doit être substantielle & un peu fraîche; mais la Chameline croît dans des terres légères & sèches, pourvu qu'elles ne soient pas entièrement dépourvues de substance. Par cette raison on devroit en établir & étendre les cultures dans les pays où le lin vient mal. Elle fourniroit une filasse qui pouroit être utile, & sur-tout de la graine, propre à faire des huiles, que consomment diverses manufactures.

Il y a environ 25 ans que l'on introduisit la culture de la Chameline aux environs de Montdidier, en Picardie. La graine en fut apportée de Flandres, où il paroît qu'on en cultive beaucoup. A Montdidier, on ne la seme presque que sur les parties des pièces de froment, où il a manqué. C'est une ressource qu'offre cette plante pour tirer parti de ces places.

On peut semer la Chameline depuis le commencement d'Avril jusqu'au commencement de Juin. M. de Malesherbes en a vu sortir de terre au 15 Avr. dans les environs de Langres. Elle avoit été semée les premiers jours de ce mois. J'en ai semé le 23 Avril; à Montdidier, on ne la seme qu'à la fin de Mai ou au commencement de Juin. Dans tous ces cas, elle prospère également, sa végétation pouvant s'accomplir en trois mois; elle mûrit encore quand on ne la seme qu'au commencement de Juin.

On donne à la terre deux labours, ou un seul avec un hersage.

La graine se seme par pincées, ou à la volée, en y mêlant beaucoup de terre ou de sable, parce qu'elle est très-fine. Un pot, qui en contient environ deux livres, suffit pour un arpent de cent perches, à 22 pieds la perche. Les pieds se trouvent espacés à environ 6 pouces les uns des autres, position la plus favorable pour la grande multiplication de la graine.

Pendant sa végétation, la Chameline n'exige que quelques sarclages à la main. Si elle est semée dru, elle étouffe toutes les autres plantes; si elle est semée clair, il faut les enlever, afin qu'elles n'en soit pas incommodée.

Selon que les plantes sont plus ou moins serrées, elles sont plus ou moins vigoureuses, plus ou moins élevées, & plus ou moins productives en graines. Dans la comparaison que j'ai faite d'un ensemencement de Chameline, avec beaucoup de graine, & d'un ensemencement avec une moindre quantité, c'est-à-dire, semée dru & clair; j'ai observé, 1.° Que la Chameline, dans les planches semées dru, où les pieds étoient à un pouce les uns des autres, a monté à 6 pouces moins haut, que dans celles qui avoient été semées clair: dans celles-ci, les rameaux s'étendoient dans un espace de 18 pouces de diamètre. 2.° Que la tige de la première étoit forte, presque ligneuse, de la grosseur de 3 lignes de diamètre, & divisée en un grand nombre de rameaux, couverts de capsules remplies de graines; car, j'ai compté jusqu'à 40 capsules sur un seul rameau, & 20 rameaux sur un seul pied: à douze grains par capsule, un beau pied de Chameline pourroit produire 9600 graines, tandis que les tiges de l'autre étoient grêles, foibles, peu ramifiées, & ne contenant qu'une petite quantité de graine. 3.° Que la maturité de la Chameline semée dru, a avancé de 10 jours, sur celle de la Chameline semée clair. 4.° Que la différence de produit, entre ces deux ensemencemens, a été d'un tiers de plus dans la planche semée clair.

Trois mois après l'ensemencement, la graine de la Chameline est mûre. Tout ne mûrit pas à-la-fois sur le même pied; on est exposé à en perdre beaucoup: une partie tombe sur le champ & lève, ce qui prouve qu'elle tient peu dans ses capsules, & qu'elle a besoin d'être peu enterrée pour lever.

Dans une culture en grand, on récolteroit la Chameline au moment où la majeure partie de la graine seroit mûre, ou plutôt on n'attendroit pas le desséchement parfait des capsules. Il faudroit arracher les plantes, au moment où leur capsule commenceroit à jaunir, les laisser un peu sécher, les battre sur des toiles avec des bâtons, nétoyer la graine & l'exposer au soleil. Mais, si on n'avoit qu'un petit terrain ensemencé en Chameline, à mesure que les capsules mûriroient, il suffiroit de serrer les rameaux avec les doigts en montant de bas en haut. Par ce moyen on obtiendroit successivement toute la graine.

La graine de Chameline est jaune, un peu oblongue & traversée dans sa longueur, sur une partie de sa surface, par un petit sillon. A sa maturité, elle a une légère odeur d'ail, qu'elle perd par la deſſication. Miſe ſur les charbons, elle brûle à la manière des graines huileuſes, & répand une odeur déſagréable. Un journal peut en produire cinq ou ſix ſetiers.

La graine de Chameline ſert à faire des huiles de lampe, & pour les cuirs & les laines. Elle eſt très-adouciſſante; c'eſt pour cela qu'on l'emploie pour les lavemens. Les apothicaires la vendent ſous le nom d'*huile de Camomille*; ce qui induit en erreur, parce qu'on ne fait pas d'huile avec la véritable Camomille. *Chamemelum cotula, &c.* (*M. l'Abbé* Tessier.)

CHAMFREIN, ſe dit d'une plate-bande, d'une pièce de gazon, dont on a coupé les angles lorſqu'ils deviennent trop aigus. (*M.* Thouin.)

CHAMIER, graine qui croît au Pérou, & qui reſſemble beaucoup, à ce que l'on dit, à celle des oignons: on ajoute que ſi on en boit la décoction dans de l'eau ou du vin, on dort pendant vingt-quatre heures, & qu'on continue long-temps de pleurer ou de rire, quand on la priſe en pleurant ou en riant. Cette dernière circonſtance ne laiſſe preſqu'aucun doute ſur ce qu'il faut penſer du Chamier. *Ancienne Encyclopédie.*

Il eſt probable que cette graine eſt produite par une eſpèce de *Datura*. Voyez Stramonie. (*M.* Thouin.)

CHAMIRE, *Chamira*.

Genre de plantes à fleurs polypétalées, de la famille des Crucifères, qui a des rapports avec les Giroflées & les Héliophiles.

Les traits qui rapprochent ce genre de celui des héliophiles ſont tellement prononcés, que M. de Juſſieu n'a pas balancé à décider que la Chamire, dont il eſt ici queſtion, eſt abſolument la même plante que l'*Heliophila circœoïdes* de Linnæus, Sup. 298. Néanmoins, M. Thumberg a cru devoir en faire un genre diſtinct & propre. Il ſe fonde ſingulièrement, ſur une ſaillie particulière en forme de corne qu'on remarque à la baſe de ſes fleurs.

Ce genre nouveau eſt réduit juſqu'à préſent à une ſeule eſpèce.

Chamire cornue.

Chamira cornuta. Thunb.

An heliophila circœoïdes. L. Sup. ⊙ de l'Afrique.

Cette plante herbacée pouſſe de ſa racine une ou pluſieurs tiges couchées ou preſque grimpantes, glabres, & qui ſe diviſent en un petit nombre de rameaux alternes.

Les feuilles ſont alternes, arrondies en cœur & un peu anguleuſes. Elles vont toujours en diminuant de grandeur de la baſe au ſommet.

Les fleurs ſont blanches, à quatre pétales. Elles forment des grappes terminales, & ſont portées chacune par un pédoncule ſimple, plus court que les feuilles. Ces pédoncules ſont alternes, aſſez écartés vers le bas, mais ils ſe rapprochent dans le haut.

Le calice, qui contient la corolle, eſt compoſé de quatre folioles, dont deux oppoſées, ſont à leur baſe une ſaillie en manière de corne ou d'éperon.

Le fruit eſt une ſilique oblongue, à deux loges, & à deux valves, longue d'un pouce, convexe d'un côté, droite de l'autre, preſque articulée. Elle contient pluſieurs ſemences ovales.

Hiſtorique. Cette plante annuelle eſt originaire de l'Afrique. Elle croît dans les fentes des rochers. Toutes ſes parties ſont glabres & ſucculentes. Elle fleurit en Septembre, & ſes ſemences mûriſſent en Automne.

Culture. Cette plante n'eſt point encore parvenue au Jardin du Roi: mais, puiſqu'elle perfectionne ſes graines en Angleterre, il ſera bien facile de ſe la procurer. Elle paroît n'exiger que des ſoins très-ordinaires. Miller, qui l'a cultivée, ſe contente de dire, dans ſon Supplément, qu'il faut ſemer les graines au commencement du Printems, ſur une couche chaude, afin de pouvoir en obtenir dans l'année des ſemences fécondes. Si elles ne ſont pas mûres avant la fin de l'Automne, il faut tranſporter les plantes dans une caiſſe vitrée, pour aſſurer leur parfaite maturation. (*M.* Dauphinot.)

CHAMOIS. Tulipe bordée d'incarnat. *Traité des Tulipes, par P. Morin.*

C'eſt une des variétés du *Tulipa Geſneriana*. *L.* V. Tulipe. (*M.* Reynier.)

CHAMP, portion de terrain. Pour connoître la différence des mots *Champ*, *Sol*, *Campagne*, voyez le mot Campagne. (*M. l'Abbé* Tessier.)

CHAMP, ſemer à plein. On dit *ſemer à plein champ* ou *à la volée*, lorſqu'on répand la graine uniformément dans toute la planche, pour diſtinguer de ſemer en *raies*. Les Maraichers qui cultivent un peu en grand les légumes, les ſement à plein champ: dans les potagers, au contraire, où l'on deſire de conſerver un coup-d'œil agréable, on ſeme en raies. V. Semer. (*M.* Reynier.)

CHAMPAC ou CHAMPÉ, *Michelia*.

Genre de plantes à fleurs polypétalées, de la famille des Anones, qui a des rapports avec les magnoliers & les tulipiers.

Il comprend des arbres exotiques, dont les feuilles ſont ſimples & alternes.

Les fleurs ſont ſituées dans les aiſſelles des feuilles. Elles ſont grandes, ſolitaires & odorantes. Leur corolle eſt compoſée de quinze pétales jaunes, ou d'un blanc jaunâtre, diſpoſés ſur pluſieurs rangs, dont les extérieurs ſont ouverts & plus grands que les autres.

Le fruit conſiſte en pluſieurs baies ou capſules globuleuſes, diſpoſées en grappe, comme des grains de raiſin. Ces capſules ſont ponctuées à l'extérieur & à une ſeule loge. Elles s'ouvrent à leur ſommet & par le côté, & contiennent trois à ſept ſemences femences rougeâtres, convexes d'un côté & anguleuses de l'autre.

On n'en connoît encore que deux espèces.

Espèces.

1. CHAMPAC, à fleurs jaunes.
Michelia Champacca, L. ♄. des Indes orientales.
2. CHAMPAC sauvage.
Michelia Tsiampaca, L. ♄. des Moluques.

Description du port des Espèces.

1. CHAMPAC à fleurs jaunes. Cet arbre, de moyenne grandeur, présente une cîme étendue & bien garnie.

Les feuilles sont grandes : elles ont depuis cinq pouces jusqu'à neuf de longueur, sur environ quatre de large. Elles sont lancéolées, pointues, entières, très-lisses, d'un verd foncé en-dessus, & munies en-dessous d'une côte longitudinale, & de nervures latérales & parallèles chargées de poils courts.

Les fleurs viennent aux sommités des rameaux sur des pédoncules fort courts. Elles sont grandes, d'un beau jaune, & répandent au loin une odeur, que l'on peut comparer à celle du narcisse.

Historique. Cet arbre croît dans les Indes orientales.

Usages. Les habitans le cultivent dans leurs jardins, pour jouir de l'odeur suave de ses fleurs.

2. CHAMPAC sauvage. Cet arbre atteint une plus grande élévation que le précédent, mais sa cîme est moins étendue.

Ses feuilles sont ovales, lancéolées, pubescentes dans leur jeunesse, plus larges & plus longues que dans l'espèce précédente.

Ses fleurs sont blanchâtres ou d'un jaune paille. Elles sont moins belles & ont bien moins d'odeur que celles du Champac à fleurs jaunes.

Culture. Les Champacs n'ont point encore été cultivés en Europe. Mais il est probable qu'ils auront besoin du secours des serres chaudes pour se conserver, & qu'ils exigeront la même culture que les autres plantes des Indes orientales.

Observations. M. Burmann, dans son H. ind. art. *Michelia evonimoïdes*, dit que les individus, qui croissent dans l'Isle de Java, ont les feuilles plus ovales que ne les représente Rumph. dans son *Sampacca sylvestris.* Nous présumons de-là qu'il existe, dans cette Isle, quelqu'autre espèce qui n'est pas encore suffisamment connue. (*M.* DAUPHINOT.)

CHAMPART. Terme usité dans plusieurs coutumes & provinces pour exprimer une redevance, qui consiste en une certaine portion de fruits de l'héritage pour lequel elle est dûe.

Ce droit a lieu en différentes Provinces, tant des pays coutumiers que des pays de droit écrit.

Le plus ancien réglement que l'on trouve sur le droit de *Champart*, sont des Lettres de Louis-le-Gros, de l'an 1119, accordées aux habitans du lieu nommé *Angere regis*, que M. Secousse croît être Angerville, dans l'Oléanois. Ces Lettres portent que les habitans de ce lieu paieront au Roi, un cens annuel en argent ; pour les terres qu'ils posséderont, & que, s'ils y sement des grains, ils en paieront la dixme ou le Champart.

Il y en a de deux sortes; savoir, celui qui est seigneurial, & qui tient lieu de cens ; quelquefois ce n'est qu'une redevance semblable au sur-cens ou rente seigneuriale : la seconde sorte de Champart est le non seigneurial. Celui-ci n'est qu'une redevance foncière, qui est dûe au propriétaire ou bailleur de fonds, dont l'héritage a été donné à cette condition.

L'usage qui s'observe présentement par rapport au droit de Champart, est que, dans les pays coutumiers, il n'est dû communément que sur les grains semés, tels que le bled, seigle, orge, avoine, pois-gris, vesce, bled-noir ou sarrasin, bled de mars, chanvre, &c. Il ne se perçoit point sur le vin ni sur les légumes, non plus que sur le bois, sur les arbres fruitiers, à moins qu'il n'y ait quelque disposition contraire dans la coutume, ou un titre précis.

La quotité de Champart dépend de l'usage du lieu, & plus encore des titres. Dans quelques pays, il est de treize gerbes une ; dans d'autres, de douze gerbes deux & même trois, & dans d'autres enfin, il est de six. Tout cela, encore une fois, dépend de l'usage & des titres.

Le laboureur ou propriétaire d'un champ sujet au droit de Champart, ne peut pas en enlever une seule gerbe, sans en prévenir le seigneur ou son préposé, quand il est *portable.* Il est aussi quelquefois *querable*, c'est-à-dire, que celui à qui le droit de Champart est dû, est obligé d'aller chercher les gerbes & de les amener dans sa grange, mais cela est rare.

Le droit de Champart n'étoit pas rachetable, mais l'Assemblée Nationale l'a déclaré rachetable. (*M. l'Abbé* TESSIER.)

CHAMPARTAGE. C'est un second droit de champart, que quelques Seigneurs, dans la coutume de Mantes, sont fondés à percevoir, outre le premier champart qui leur est dû. Les héritages chargés de ce droit, sont déclarés tenus à champart & *Champartage.* Ce droit dépend des titres ; il consiste ordinairement dans un demi-champart. Il est seigneurial & imprescriptible comme le champart, quand il est dû sans aucun cens. *Ancienne Encyclopédie.* Maintenant ce droit est rachetable. (*M. l'Abbé* TESSIER.)

CHAMPARTEL. *Terre Champartelle*, sujette au droit de champart ; c'est ainsi que ces terres sont appellées dans les anciennes coutumes de Beauvoisis, par Beaumanoir. *Ancienne Encyclopédie.* (*M. l'Abbé* TESSIER.)

CHAMPARTERESSE. *Grange Champarteresse*, est une grange seigneuriale où se mettent les fruits levés pour droit de champart. On l'appelle *Grange champarteresse*, de même qu'on appelle *Grange dixmeresse*, celle où l'on met les dixmes inféodées du Seigneur. Dans les coutumes & seigneuries, où le champart est seigneurial, & où il est dû comme le cens, les possesseurs d'héritages chargés de tel droit, sont obligés de porter le champart en la *Grange champarteresse* des Seigneurs. *Ancienne Encyclopédie.* (*M. l'Abbé* Tessier.)

CHAMPARTEUR est celui qui perçoit & lève le champart dans les champs. Le Seigneur, ou autre qui a droit de champart, peut le faire lever pour son compte directement, par un commis ou préposé dépendant de lui. Lorsque le champart est affermé, c'est le fermier ou le receveur qui le lève pour son compte, soit par lui-même ou par ses domestiques, ouvriers ou préposés. On peut aussi quelquefois donner la qualité de *Champarteur* à celui qui a droit de champart, comme on appelle *Seigneur décimateur*, celui qui a droit de dixme. *Ancienne Encyclopédie.* (*M. l'Abbé* Tessier.)

CHAMPARTI. *Terres champarties*; voyez ci-après, Champartir. *Ancienne Encyclopédie.* (*M. l'Abbé* Tessier.)

CHAMPARTIR se dit, dans quelques coutumes, pour prendre & lever le champart; telles sont les coutumes de Nivernois, Montargis. C'est la même chose que ce qu'on appelle ailleurs *champarter*. Dans les anciennes coutumes de Beauvoisis, par Beaumanoir, les terres sujettes à terrage, sont nommées *terres champarties*, ou *terres champartelles*. Voyez ci-devant, Champart, Champartir, Champarteresse, Champarteur. *Ancienne Encyclopédie.* (*M. l'Abbé* Tessier.)

CHAMPAY. Pacage de Bestiaux dans les champs; terme formé de deux mots, *champs* & *paître*. Les Auteurs des notes sur la coutume d'Orléans, s'en servent pour exprimer le pacage des Bestiaux. Voyez Pacage. *Ancienne Encyclopédie.* (*M. l'Abbé* Tessier.)

CHAMPAYER. C'est la même chose que *faire paître dans les champs*. La coutume d'Orléans dit, que nul ne peut mener pâturer & *champayer* son bétail en l'héritage d'autrui, sans la permission du Seigneur d'icelui. Voyez ci-devant, Champay. *Ancienne Encyclopédie.* (*M. l'Abbé* Tessier.)

CHAMPÉAGE. Terme usité dans le Mâconnois, pour exprimer le droit d'usage qui appartient à certaines personnes dans les bois taillis. Ce terme paroît convenir singulièrement au droit de pacage que ces usagers ont dans les bois; c'est proprement le droit de faire paître leurs bestiaux dans les champs en général, & ce droit paroît être le même que les Auteurs des notes sur la coutume d'Orléans appellent *Champay*. V. Pacage & Champay. *Ancienne Encyclopédie* (*M. l'Abbé* Tessier.)

CHAMPIER. C'est le nom que l'on donne, en Dauphiné, au Messier ou Garde des moissons, qui sont encore dans les champs. *Ancienne Encyclopédie.* (*M. l'Abbé* Tessier.)

CHAMPS FROIDS. On appelle ainsi, à Meymac, en Limousin, des terres qui se reposent 8, 10, 12, 20, 30, 50, & quelquefois 100 ans. Ces terres sont couvertes de bruyères. On est obligé de les défricher comme des terres incultes. Elles produisent cinq récoltes, trois en seigle, deux en avoine, après quoi on les laisse reposer. (*M. l'Abbé* Tessier.)

CHAMPIGNON. Substances végétales, spongieuses, d'une forme particulière, distincte de celle de tous les végétaux. Les Anciens les regardoient comme un effet de la putréfaction, systême appuyé par leur constance sur les matières organisées qui entrent en décomposition. Cette opinion a prévalu jusqu'au commencement du siècle que Micheli, &, après lui, la très-grande majorité des Botanistes apperçurent ou crurent appercevoir les graines de ces plantes. On ne s'arrêta pas dans un si beau chemin; les graines conduisirent à la connoissance des organes sexuels, des fleurs, &c. il est vrai que chacun leur dit une forme différente; mais on n'y regarde pas de si près dans des découvertes de cette importance. Beauvois, ce célèbre apôtre de l'esclavage, est un de ceux qui ont le plus perfectionné cette étude, & il l'a poussée au point de découvrir sur les Champignons poreux les deux attributs de la génération, sans pouvoir déterminer au juste la place qu'ils occupent. (*Voyez Enc. Bot*, p. 695.) De pareilles preuves peuvent bien être reléguées parmi les Fables, & c'est à quoi je me suis occupé à différentes reprises. (*Voyez Journal phys.* Septembre 1788, Mai 1790, &c.

Les Champignons croissent sur les substances qui entrent en décomposition, ou dans les terres imprégnées de matières végétales. Plusieurs d'entr'elles sont tellement dépendantes des corps où on les trouve qu'elles ne peuvent croître que sur cette espèce de substance. Et même on reconnoît aisément les espèces ou sortes, distinguées par les Botanistes, à la seule inspection des lieux & des substances des lieux qui les portent. Chaque espèce d'arbre, de plantes, chaque degré de putréfaction sont caractérisés par un Champignon particulier; quelques-uns ne se forment que sur les substances animales, en décomposition, dans les terres imprégnées d'urine, sur les fumiers de cheval, de vache, de mouton, & sur les insectes morts. Nous reviendrons sur ce dernier fait.

Deux opinions partagent les Botanistes modernes sur l'origine des Champignons. Les uns les regardent comme de véritables plantes, munies de graines, & dont la production s'opère par le moyen de la génération, & le concours des sexes a prévalu dans l'école Linnéenne. Les autres regardent les Champignons comme des productions isolées & fugitives, effet d'une agrégation de la matière organisée lors de la décomposition des corps sur lesquels ils se forment. Ils s'appuient sur ce que l'on n'apperçoit dans les Champignons aucune génération ni même aucun organe qui puisse l'effectuer. Ils ajoutent que la constance de leur formation sur les matières qui se décomposent indique les rapports qui existent entr'elles & ces substances. Enfin que les Champignons n'ont aucune racine, mais des empatemens au moyen desquels ils adhèrent à la substance qui les porte.

Ce sentiment, que j'ai adopté depuis plusieurs années, me paroît appuyé par quelques faits sans replique. J'ai trouvé une *clavaire des insectes*, nommée *mouche végétale*, & j'ai examiné attentivement de quelle manière elle adhéroit à la chrysalide. J'ai reconnu, à la disposition des lambeaux, qu'elle s'étoit formée dans l'intérieur de la chrysalide; qu'elle avoit fait effort pour sortir, & que la déchirure avoit augmenté en proportion que la clavaire avoit grossi. C'est donc du corps de l'insecte que cette production étoit sortie, & comment la graine auroit-elle pénétré au travers de la chrysalide? J'ai fixé aussi l'attention sur les Champignons qui adhèrent aux bois d'étançonnement des mines; ces Champignons ont une forme particulière, & seroient des espèces dans le systême des graines; mais d'où ces graines viendroient-elles dans une mine que l'on creuse nouvellement, dans un pays où il n'y en avoit pas? C'est donc de la substance même du bois que ces Champignons tirent leur naissance & leur forme. Ils les tiennent de leur position; car ce bois à l'air & au grand jour auroit produit des Champignons d'une forme différente. Il est inutile de délayer ces preuves dans un plus grand nombre de faits; elles suffisent pour engager à réfléchir.

Les Linnéistes ne s'appuient que sur les loix invariables de la Nature qui, pour se conformer à l'axiome de leur grand Docteur, fait naître tout d'un œuf *omne ex ovo*; mais cette généralisation peut bien être prématurée, comme beaucoup d'autres. C'est au moyen de ces généralisations anticipées que nos pas sont arrêtés dans la carrière des Sciences; on ne dirige ses recherches que dans le sens reçu, crainte de contrarier l'axiome prononcé par le Maître & la Nature dont les marches diverses restent inconnues par la suite de ce systême exclusif. On n'auroit ni la greffe ni les marcottes si Linné avoit vécu avant leur découverte; car son *omne ex ovo* aurait interdit aux plantes tout autre moyen de se reproduire.

On ne doit pas dans un Dictionnaire s'élever d'une manière exclusive contre les opinions dominantes, fussent-elles mauvaises; en conséquence de cette impartialité, je donnerai une liste des genres établis par les Botanistes modernes, pour classer les Champignons comme plantes.

** Champignons ayant un chapeau, sessile ou pédiculé.*

L'AMANITE,	*AMANITA.* La M.
LE MÉRULE,	*MERULIUS.* La M.
LA CHANTERELLE,	*CANTHARELLUS.* La M.
L'ESINACE,	*HYDNUM.* L.
LA FISTULINE,	*FISTULINA.* Bull.
L'AGARIC,	*AGARICUS.* La M.
L'AURICULAIRE,	*AURICULARIA.* Bull.
L'HELVELLE,	*HELVELLA*, L.
LA MORILLE,	*BOLETUS.* La M.
LE SATYRE,	*PHALLUS.* La M.

*** Champignons n'ayant point de chapeau distinct.*

LA PESISE,	*PEZIZA.* L.
LE CLATHRE,	*CLATHRUS.* L.
LA VESSELOUP,	*LYCOPERDON.* L.
LA TRUFFE,	*TUBER.* Bull.
LE SPHÉROCARPE,	*SPHEROCARPUS.* Bull.
L'URCHIN,	*HERICIUS.* La M.
LA CLAVAIRE,	*CLAVARIA.*
L'HYPOXYLON,	*HYPOXYLON.* Bull.
LA RÉTICULAIRE,	*RETICULARIA.* Bull.
LA CAPILLINE,	*TRICHIA.* Bull.
LA MOISISSURE,	*MUCOR.*

Ces genres que chaque Auteur change à sa volonté sont les points les plus saillans de la série de formes qu'offrent les Champignons; mais comme ces formes ne sont pas constantes, des combinaisons de circonstances peuvent présider à la formation de productions nouvelles qui, ne se reproduisant pas, multiplieroient les espèces nominales d'une manière effrayante. Il en est seulement quelques sortes dont la formation plus fréquente tient davantage à des positions communes, & peuvent être reconnues dans les Ouvrages qui les indiquent; cependant avec assez peu de fixité pour qu'on ne puisse pas distinguer entr'elles les cinq à dix sortes les plus semblables que l'on caractérise par le nom d'espèces.

Quelques Auteurs ont classé les Champignons sous deux grandes divisions: les vénéneux & les innocens; cette classification, fondée sur leurs rapports avec l'homme, a paru incontestante; car certains Champignons ne sont nuisibles que dans leur vieillesse, d'autres lorsqu'ils ont été endommagés par les insectes; quelques-uns sont dangereux dans certains pays & ne le sont pas dans d'autres: d'où on a conclu que leur principe délétère n'étoit pas constant, & qu'il dépendoit de certaines circonstances, avec cette différence seulement que certains Champignons y sont plus sujets que d'autres. D'où on a conclu qu'il n'existe aucune sorte de Champignon véritablement innocente. Haller, qui avoit beaucoup étudié ces productions végétales, ne reconnoissoit aucune règle sûre pour les distinguer, &

j'avoue que mes observations m'ont donné le même septicisme. Müller, Médecin Allemand, attribue la vénénation des Champignons à des insectes qui les attaquent dans leur vieillesse; mais les symptômes qui sont l'effet de ce poison indiquent que ce sont des principes inhérens au Champignon plutôt que des insectes dont l'existence est sans doute étrangère à ces végétaux; le changement rapide au vert & au bleu qu'éprouve la substance de certains Champignons est une prévention contr'eux; cependant, dans plusieurs pays, on les mange sans inconvénient.

« A Muron, dit Pallas (*Dec. des Sav. Voy.* T. I.), on sale & on sèche les Champignons qui forment la principale nourriture avec le pain: ils en préparent sur-tout un qui devient bleu lorsqu'on le brise, dont ils n'éprouvent aucun mal. » Cependant ces Champignons qui se colorent à l'air sont réputés vénimeux dans la plupart des pays de l'Europe.

Plusieurs Champignons sont admis universellement dans nos cuisines, & servent à la nourriture habituelle des hommes. La morille, le mousseron, l'oronge, la chanterelle, le bolet, le Champignon ordinaire sont les plus universellement connus, & ceux dont on fait l'usage le plus général. Les accidens auxquels ils ont donné lieu tiennent-ils au mélange d'autres espèces, ou bien sont-ils une suite de principes vénéneux qui se développent dans ces Champignons par la vétusté ou par d'autres circonstances? C'est ce qui n'a jamais été examiné avec une attention bien suivie; on attribue vulgairement ces accidens au mélange des Champignons vénéneux; mais, comme beaucoup de personnes le pensent, & comme leur formation l'indique; ces productions ont toutes un germe délétère qui tient à leur substance, & qui se développe plus ou moins promptement dans le cours de la vie de l'individu, de sorte qu'il se montre dès la jeunesse dans certains Champignons, aux approches de la caducité dans d'autres, & à l'époque de leur dépérissement dans ceux qui sont réputés innocens. Il seroit à desirer qu'on suivît des expériences sur une question aussi importante pour la santé des hommes; car les causes de cette vénénosité des Champignons étant connues, on parviendroit peut-être à les en débarrasser.

De toutes les espèces de Champignons, une seule est cultivée; nous ne pouvons mieux faire connoître le procédé qu'un usage général a consacré qu'en donnant un extrait du *Nouveau Laquintynie*, article CHAMPIGNON.

« Au mois de Décembre, dans un terrein sec & sablonneux, il faut faire une tranchée de longueur à volonté, sur deux pieds de large & six pouces de profondeur, jetter sur les côtés la terre de la fouille. Dans cette tranchée faire une couche de fumier court, mêlé de beaucoup de crotin de cheval qui ne mange point de son, sans cependant employer le fumier trop gras. Elle doit être dressée bien également, bien foulée & trépignée, être formée en dos de bahu, & avoir deux pieds de hauteur dans son milieu ou sommet. Ensuite la couvrir ou gopter d'environ un pouce de la terre sortie de la fouille, mêlée de sable ou de terreau si elle est forte & compacte; la laisser sans aucun soin jusqu'au commencement d'avril. Alors la couvrir de trois doigts de grande litière secouée, & la laisser jusqu'à la fin de Mai qu'elle doit commencer à produire. Depuis ce tems, il faut la visiter souvent pour recueillir les Champignons, &, lorsqu'elle en donne abondamment, tous les deux jours ôter la litière pour récolter, aussi-tôt la remettre, &, s'il ne tombe pas de pluie, bassiner ou donner un léger arrosement (d'une voie d'eau par toise de couche). Elle doit produire au moins quatre mois. »

« Si la récolte excède la consommation que l'on peut faire de Champignons, on peut conserver le surplus. On lave bien les Champignons, on les enfile comme des chapelets, on les suspend en un lieu bien aéré, jusqu'à ce qu'ils soient secs; ensuite on les enferme dans des boîtes ou sacs de papier, & on les tient sèchement. Lorsqu'on veut les employer, on les fait tremper quelques heures dans de l'eau tiède; ils reviennent, & sont égaux ou peu inférieurs en bonté à ceux qui sont récemment cueillis. »

Lorsque la couche est épuisée, on la détruit; mais il faut séparer du terreau, qui est bon aux usages ordinaires, certaines croûtes ou galettes blanches qui s'y trouvent, & qu'on nomme *blanc de Champignon*. Ce sont des parties de la couche auxquelles ont été attachées les queues d'un grand nombre de Champignons, & qui sont remplies de *semences* de ce végétal. Etant mises en un lieu sec, elles se conservent pendant deux ans, propres à produire des Champignons sur les *meules* dont nous allons donner la façon, & plus promptement & plus abondamment, & dans tous les tems de l'année. La meule a tous ces avantages sur la couche; mais elle exige bien plus de dépenses en fumier, plus de soin & d'attention. »

« Près de l'emplacement destiné à la meule à Champignons, il faut entasser du fumier de cheval avec le crotin, l'y laisser pendant un mois, & écarter toute volaille qui viendroit le gratter. Faire garnir l'emplacement de la meule, qui doit être large de trois pieds sur une longueur à volonté, d'environ un pied de plâtre ou de pierrailles, & les recouvrir de quelques pouces de sable qu'on bat & que l'on égalise bien. Cette façon est absolument nécessaire dans les terres fortes & humides, & très avantageuse dans les terres sèches, pour l'écoulement des eaux, pour entretenir dans la meule le degré de chaleur nécessaire, & la préserver d'une humidité nuisible. Elle n'est cependant essentielle que pour les meules d'Automne, de Printems & d'Hiver; celles d'Eté réussissent mieux sur un fond frais sans être humide, & à une exposition un peu défendue du grand soleil. Dresser la meule avec le fumier entassé à l'air pendant un mois, comme on dresseroit une couche haute d'un pied, sur les longueur & largeur marquées ci-dessus, &, en maniant ce fumier, en retirer la paille longue, & n'employer que le fumier court avec le crottin. Lorsqu'elle est toute dressée, la mouiller abondamment. Pour arrêter & empêcher la trop grande chaleur de la meule, quatre jours après qu'elle a été dressée & mouillée, il faut remanier tout le fumier dont elle est composée, en retirer environ un tiers qu'on entasse à côté, & lui substituer du fumier neuf. Avec les deux tiers de fumier remanié, & le tiers de fumier neuf, dresser de nouveau la meule de longueur, sur deux pieds de largeur & quatorze ou quinze pouces de hauteur; par conséquent réduite d'un pied sur la largeur, & augmentée de deux ou trois pouces sur la hauteur. Six jours après, on prend les galettes de blanc, on les rompt en morceaux de trois ou quatre pouces sur les côtés de la meule; on place un rang de ces morceaux de blanc à un pied de distance l'un de l'autre, & à huit ou neuf pouces au-dessus du sol, sur lequel est établie la meule. On enfonce la main dans le flanc de la meule à chaque plan, pour faire une petite ouverture; on y insinue un morceau de blanc, de façon qu'il ne soit qu'à fleur des fumiers, & non pas enfoncé fort avant. »

« Aussi-tôt que la meule est lardée de blanc, on remet sur toute sa superficie environ un tiers du fumier resté lorsque la meule a été remaniée, & on la dresse en dos de bahu, cela s'appelle *remonter la meule*. Deux ou trois jours après, lorsque le blanc est bien attaché, il faut battre le pourtour de la meule avec le dos d'une pelle, afin de comprimer, mastiquer & incorporer le blanc avec les fumiers, arracher avec la main toutes les pailles longues qui débordent la meule, ce qu'on appelle *peigner la meule*; ensuite couvrir toute sa superficie d'un pouce de terre (mêlée d'une moitié de terreau ou de sable, si elle est forte), jetter par-dessus environ trois pouces de fumier neuf, excepté sur la partie la plus élevée qu'il ne faut couvrir que légèrement. Huit jours après, ajouter autant de fumier neuf, avec la même attention pour la partie supérieure de la meule. Huit jours après, retirer toute la couverture, nétoyer toute la superficie de la meule, des pailles & menues ordures du fumier; ensuite choisir de ce qu'il y a de plus long dans le reste du fumier retiré, en poudrer la meule, c'est-à-dire, en faire une couverture très-mince (d'environ un doigt) qu'on nomme la *chemise*, & l'arranger de façon que les grandes pluies coulent par-dessus & ne puissent pénétrer dans la meule; ajouter par-dessus cette petite couverture environ trois pouces de fumier neuf qu'on aura laissé ressuyer en tas pendant huit jours. Enfin rejetter encore sur ce fumier neuf le reste des vieux fumiers remaniés, avec l'attention de ne pas trop charger le dessus. Quinze jours après, on découvre la meule jusqu'à la chemise exclusivement pour reconnoître son état. Si l'on commence à appercevoir quelques Champignons naissans, on marque avec des baguettes tous les endroits où il s'en montre; ensuite on recouvre bien la meule avec les mêmes fumiers & de la même façon qu'elle l'étoit; & trois ou quatre jours après, on vient recueillir, dans les places marquées, ce qui s'y trouve de bons Champignons, sans découvrir la meule. Quatre jours après, on la découvre comme il vient d'être dit, & si les Champignons ne paroissent encore que par places, on les marque, on recouvre & on revient trois ou quatre jours après. Mais si elle se trouve disposée à produire par-tout également, on rejette les marques, on la recouvre, & trois jours après on vient faire la récolte; aussi-tôt on recouvre la meule, & on continue ainsi tous les trois jours, pendant trois mois. »

« Dans le tems des grandes chaleurs, il faut tous les jours ou au moins tous les deux jours donner une légère mouillure, comme nous avons dit en traitant des couches. Dans les tems froids, il ne faut recueillir que tous les quatre ou cinq jours, & dans les gelées augmenter les couvertures de grands fumiers secs, en proportion du degré du froid, pour entretenir dans la meule une chaleur douce. L'Hiver n'est pas une saison moins à craindre pour ce végétal que pour les plantes potagères. »

« Toute la vigilance d'un jardinier est nécessaire contre les variations fréquentes & subites de la température. Il aura différé quelques heures de charger les couvertures, le froid pénètre la couche & la perd. L'air devient tout d'un coup tempéré, il n'a pas été assez prompt à décharger les couvertures, la meule s'échauffe & tout le fruit périt, s'il n'arrive pas à tems pour découvrir la superficie de place en place, & faire évaporer la chaleur. Cet accident arrive quelquefois dans le cours des préparations de la meule; c'est pourquoi il est à propos de la sonder de tems en tems, & d'user de ce remède si elle prend trop de chaleur. »

« Dans l'Eté, le tonnerre & les éclairs font périr tous les Champignons naissans. Il faut alors découvrir la meule, remanier la chemise & la terre dont elle est goptée, en retirer tout ce qui est gâté; quelques jours après elle recommence à produire. »

« Lorsqu'on recueille des grouppes ou *rochers* de Champignons, il faut sur-le-champ remplir les creux ou vuides qu'ils laissent sur la meule, avec de la terre apportée ou ramassée au pied de la meule. »

« Pour épargner tous ces soins & éviter les accidens contre lesquels souvent ils sont insuffisans, on préfère d'établir les meules dans des caves : elles s'y préparent comme en plein air ; mais, lorsqu'elles sont goptées de terres, elles n'ont besoin ni de chemise ni de couvertures, ni d'aucun soin, pourvu qu'on ferme bien les portes, & qu'on bouche les soupiraux, pour interdire l'entrée à l'air. Environ un mois après, elles commencent à donner. Lorsque la terre devient trop sèche, on mouille légérement après avoir cueilli les Champignons. Dans des bâtimens couverts de serres à légumes, & qui n'ont pas la température des caves, & qui ne peuvent se fermer aussi exactement, les meules exigent toutes les mêmes façons qu'en plein air ; mais elles y courent moins de danger. »

« Une meule à Champignons cessant de produire, on la détruit, on sépare le blanc que l'on conserve séchement. Les débris de la meule peuvent s'employer aux mêmes usages que ceux des couches ordinaires. »

« J'observerai que le fumier des chevaux qui ne vivent que de paille & d'avoine est très-propre pour les couches & les meules à Champignons ; que celui des chevaux de labour & autres qui ne mangent que du foin & de l'avoine, ou du son ou des fèveroles n'y vaut rien ; que celui des chevaux de fiacre y est bon, quoiqu'ils mangent du foin, parce qu'ils mangent beaucoup d'avoine, & qu'on renouvelle rarement leur litière ; enfin que lorsqu'on entasse le fumier destiné aux couches ou aux meules, il faut en rejetter tout le foin qui s'y trouve. »

La première observation que la nature de cet excellent traité fait naître est la différence d'organisation des Champignons & des autres végétaux. Le tonnerre & les éclairs, en général les phénomènes de l'électricité n'ont que peu ou point d'influence sur les plantes, & s'il existe une influence, elle est accélératrice de la végétation : les Champignons au contraire en sont tellement affectés qu'ils se pourrissent comme les substances organisées, privées de la vie ; & cette généalogie d'effets, qui en annonce une dans les principes, ajoute encore aux autres faits qui démontrent que les Champignons sont une cristallisation végétale ; une agrégation fortuite des parties d'un corps qui se décompose.

Outre les usages culinaires, on emploie les Champignons à d'autres objets. L'amadoue est la préparation d'une sorte de Champignons, foulée après sa dessication, & dépouillée de la partie dure qui l'enveloppe.

Les ostiaques & plusieurs peuplades de la Sybérie, se procurent une ivresse avec l'*agaricus muscarius* ; ils en mêlent la cendre à leur tabac pour le rendre plus piquant, & après en avoir rempli leur nez, ils le bouchent avec de la raclure d'écorce de saule, ce qui leur cause une inflammation qui les préserve d'être gelés. » *Déc. des Sav. Voy.* T. 2. Si Gmelin n'a pas abusé du privilège des Voyageurs, cet usage est très-singulier. (*M. Reynier.*)

CHAMPIGNON de Malte. Plante parasite d'une forme singulière, semblable à celle d'une clavaire simple.

Linnæus le décrit sous le nom de *Cynomotium coccinæum Voyez* CYNOMOIR ECARLATE. (*M. Reynier.*)

CHAMPIGNON des couches. C'est l'AMANITE comestible du Dict. de Bot. & l'AGARIC comestible de la Fl. Fr. *Agaricus campestris. L. Voyez* AMANITE. N.° 51. (*M. Dauphinot.*)

CHAMPIGNON d'eau. Sorte de jet d'eau fort gros & très-court, accompagné d'une coupe en plomb ou en marbre qui fait prendre à l'eau en tombant en nappe, une figure sphérique.

Les Champignons d'eau se placent ordinairement dans des bassins à la tête des cascades dans les jardins symmétriques ; ils servent quelquefois d'accompagnement aux grands jets d'eau ; alors on les place dans les angles des bassins. (*M. Thouin.*)

CHAMPLURE. On donne ce nom dans quelques-uns des Départemens de la France à des gelées blanches tardives, qui gèlent souvent les vignes & les autres plantes tendres. On dit des végétaux qui en ont souffert qu'ils ont été Champlés. (*M. Thouin.*)

CHAMPONNIER ou CHAPONNIER. On appelle ainsi un cheval long-jointé, c'est-à-dire qui a les paturons longs, effilés & trop pleins. Ce terme est vieux & conviendroit plutôt aux bœufs qu'aux chevaux. *Ancienne Encyclopédie.* (*M. l'Abbé Tessier.*)

CHAMP-RICHE d'Italie ; le fruit de ce Poirier est gros d'une forme assez ovale ; l'œil est enfoncé, la queue assez longue & sans enfoncement à sa base. La peau est vert-clair, tachée de gris, la chair est blanche, cassante & bonne en compotes ; il mûrit en Décembre & Janvier.

C'est une des variétés du *Pyrus communis L. Voyez* POIRIER dans le Dictionnaire des Arbres & Arbustes. (*M. Reynier.*)

CHANCELIERE. Variété du pêcher dont les fruits sont d'une belle grosseur un peu alongés, couverts d'une peau très-fine & rouges du côté exposé au soleil. La chair est pleine d'une eau sucrée. Il murit en Septembre.

C'est une des variétés de l'*Amigdalus Persica. L. Voyez* l'article AMANDIER dans le Dictionnaire des Arbres & Arbustes. (*M. Reynier.*)

CHANCELIERE à grandes fleurs. C'est une des nombreuses variétés du pêcher. *Persica flore magno fructu minus æstivo, paululùm Verrucoso dilutè rubente. Duham.* Voyez Dict. de Bot. au mot AMANDIER. N.° 1. Var 19. (*M. DAUPHINOT.*)

CHANCI, CHANCIR, CHANCISSURE. En Agriculture, ce mot est appliqué à différens objets.

On dit que le fumier se *Chancit* lorsqu'il commence à blanchir & à produire de petits filamens. Le fumier Chancit par trop de sécheresse ou par trop d'humidité. Ces deux extrêmes sont également à redouter pour la conservation du fumier & sa bonne qualité.

Les racines des végétaux Chancissent lorsque la terre dans laquelle ils sont plantés laisse des vuides autour d'elles. C'est une des raisons pour lesquelles on choisit, pour planter, un tems sec, & le moment où la terre, étant friable, puisse s'insinuer aisément entre toutes les racines. Un excès d'humidité occasionne aussi la Chancissure des racines, & si elle est continuée pendant long-tems, elle finit par les faire périr. Dans ce cas, on desséche la terre ou par des rigolles, ou en buttant les arbres avec des matières moins perméables à l'eau que la terre. Mais, si la maladie a fait des progrès, il est plus sûr pour conserver les arbres qui en sont atteints, de les changer de place. On les lève avec précaution dans la saison convenable; après avoir visité les racines & supprimé toutes celles qui sont Chancies on les lave à plusieurs reprises & on replante les arbres dans une terre moins compacte & à une position moins humide.

Les feuilles sont attaquées de la Chancissure lorsque les végétaux sont placés dans des serres où l'air est chaud, humide & stagnant. C'est en général le défaut des caves, des orangeries enfoncées en terre & de celles dont les trumeaux sont trop larges par comparaison avec les fenêtres. Si l'on ne se hâte de sortir les plantes dont les feuilles commencent à se Chancir, bien-tôt cette maladie attaquera les jeunes rameaux, passera aux branches & finira par faire périr les plantes. Si le tems ne permet pas de sortir les arbres, alors on peut employer le feu pour corriger l'air vicié de la serre & il faut couper avec soin toutes les parties des plantes qui seront Chancies afin d'arrêter les progrès de la maladie. (*M. THOUIN.*)

CHANCRE dans les animaux. Tumeur dans la bouche ou sur la langue du cheval, du bœuf & de l'âne, remplie d'une humeur rousse & fluide, qui se fait jour d'elle-même & creuse la partie sur laquelle elle se trouve. Les aphtes, pleins de sérosité & quelquefois terminés par une pointe noire, sont de petits Chancres.

Les remédes de ce Chancre consistent à ratisser la partie avec un instrument pour en faire sortir le sang, à laver souvent la plaie avec une infusion de rhuë & d'ail dans du vinaigre, en y ajoutant un peu d'eau-de-vie camphrée.

Cette maladie est ordinairement épizootique. On l'appelle alors *Chancre volant*, *Pustule maligne*, *Charbon à la langue*. Voyez CHARBON.

Il survient des Chancres dans le nez des chevaux attaqués de la morve. Voyez MORVE & les mots précédents dans le Dictionnaire de Médecine. (*M. l'Abbé TESSIER.*)

CHANCRE dans les végétaux. Maladie également horrible de tous les êtres organisés, décomposition partielle de l'individu qui, par son extension graduelle, attaque les principes de la vie & cause sa mort. Les végétaux comme les animaux, y sont sujets; & la cause de cette maladie est la même, c'est une désorganisation locale de la partie où le Chancre se forme. Cette désorganisation paroît avoir deux causes distinctes ou une plaie contuse qui, séparant, froissant beaucoup de molécules intégrantes du corps, oppose un plus grand obstacle à leur rapprochement, ou une obstruction des vaisseaux d'une partie quelconque qui y gêne la circulation des fluides, ils s'engorgent, se corrompent & détruisent les parties en contact. Cette obstruction peut venir, ou de la mauvaise qualité des sucs, ou de leur surabondance, ou enfin de leur disette qui produit l'oblitération des vaisseaux.

Une fissure dans l'écorce d'un arbre, une amputation mal-*parée* & qui présente des cavités où l'eau séjourne, une gelivure négligée, une surabondance de fumier sont toutes des causes génératrices du Chancre dans les arbres. Voyez le Dictionnaire des Arbres & Arbustes.

On vient de reconnoître, en Angleterre, près de Kensington, une nouvelle maladie qui attaque exclusivement les jeunes branches des pommiers. Elle est causée par un Kermes velu dont le suc est rouge, il produit une excroissence par sa succion où le Chancre se forme, & l'arbre périt. Les figuiers de la Dalmatie sont sujets à une maladie de ce genre qui est, de même, produite par un Kermes.

Les végétaux herbacés, quoique moins sujets aux Chancres que les végétaux ligneux, en sont quelquefois attaqués. Les galles & autres excroissances qui sont formées sur certaines parties de végétaux par la piquure de certains insectes sont sujettes, au bout de quelques tems, à être attaquées d'un Chancre qui se propage dans le reste de l'individu. J'en ai vu des exemples sur l'épervier des bois, sur le glechome, sur l'œillet, &c. Voyez CROCHET. On peut encore assimiler au Chancre, puisqu'elle a le même principe une maladie des végétaux qui est confondue avec la jaunisse. Les parties charnues de la plante se décomposent tandis que les épidermes restent intactes, & ce mal se propage dans tout l'individu & cause sa mort. On ne peut attribuer cette maladie qu'à un engorgement local puis universel qui occasionne la désorganisation universelle de l'individu.

Moyens curatifs. On ne connoît aucun moyen curatif, des Chancres dans les végétaux si ce n'est l'amputation au vif de la partie endommagée; ce remède est assuré lorsque le mal n'a pas fait des progrès trop considérables. *Voyez*, pour de plus grands détails, le Traité des Arbres & Arbustes, *article* CHANCRE.

CHANDELIER de la Vierge. *Verbascum thaspus L.* *Voyez* MOLÈNE. (*M.* DAUPHINOT.)

CHANDELIER, faire le Chandelier, c'est nétoyer avec la serpette toutes les branches qui sortent d'une autre plus grande afin de la laisser dégarnie. Cette expression, qui n'est presque plus usitée se trouve dans le *Traité des Jardins de Laquintinie*. (*M.* REYNIER.)

CHANDELIER du Pérou, *Cactus peruvianus. L.* *Voyez* CACTIER ou CIERGE du PÉROU. (*M.* THOUIN.)

CHANDELIER D'EAU. C'est un petit bassin rond ou carré au milieu duquel se trouve un jet plus élevé que celui du bouillon d'eau; & moins élevé qu'un jet d'eau ordinaire.

Ce jet diffère du champignon en ce qu'il ne fait point nappe & que son eau va former un autre Chandelier plus bas.

On place ordinairement les Chandeliers d'eau le long des cascades composées dans les jardins symmétriques; il convient qu'ils soient disposés des deux côtés des nappes d'eau, & que leurs jets s'allignent parfaitement entre eux. (*M.* THOUIN.)

CHANTEPLEURE. On nomme ainsi des ouvertures longues, étroites & profondes pratiquées dans les murs de terrasse pour laisser échapper les eaux supérieures.

On peut tirer un parti avantageux de ces espèces de barbaçanes, en y plantant dès capriers ou en y faisant passer des rameaux de vigne qui garniront & tapisseront avec avantage le côté du mur opposé à celui où elles seront plantées. (*M.* THOUIN.)

CHANTERELLE. *Cantharellus.*

Genre de la famille des champignons distingué des agarics, en ce qu'il n'a pas de véritables feuillets, mais bien des plis ramifiés à sa face inférieure. On n'en connoît qu'une seule sorte, Vaillant en distinguoit plusieurs.

CHANTERELLE jaunâtre.

CANTHARELLUS flavescens. La M.

Agarius Cantharellus L. dans les bois & les prés secs.

Ce champignon est d'une couleur jaune agréable, sa forme est assez irrégulière quoique dans son ensemble il fasse le parasol; mais il est presque toujours découpé sur les contours. Ce champignon est mis au nombre des espèces innocentes & est reputé l'un des plus agréables; mais on ne le consomme que dans les pays où il se forme sauvage étant impossible de le cultiver. (*M.* REYNIER.)

CHANVRE, *CANNABIS.* L.

Genre de plantes à fleurs incomplettes, & voisin des orties. Toutes les espèces connues ont leurs feuilles végétées & leurs fleurs en panicule. Ce sont des plantes herbacées, qui fournissent, dans l'année, une végétation surprenante, puisqu'on en voit qui ont jusqu'à douze pieds.

Espèces.

1. CHANVRE cultivé.

CANABIS sativa. L. ⊖ naturalisée en Europe.

β. *CHANVRE.* ⊖ de la Chine.

2. CHANVRE des Indes, le Dakka ou Bangua.

CANNABIS indica. La M. des Indes orientales.

La première espèce est trop connue pour s'étendre sur sa description, & sa culture en grand sera traitée par M. l'Abbé Tessier. On ne l'emploie point habituellement dans les jardins: elle pourroit néanmoins, jettée dans les massifs des bosquets, produire un effet agréable; sa trop grande élévation la bannit des parterres où sa forme élancée, n'étant accompagnée par aucune autre plante, formeroit un disparate.

La variété avoit d'abord été apportée de la Chine comme espèce; elle s'élève beaucoup plus haut que la plante d'Europe; sa filasse est plus dure & plus grossière; mais ces différences paroissent un effet du climat. Les Anglois ont essayé de la cultiver en grand à Paris; on ne la possède que dans les jardins de Botanique; mais il est probable que sa culture ne sera jamais préférée à celle du Chanvre commun. On trouvera quelques détails sur ce Chanvre dans les *Mémoires de la Société d'encouragement de Londres.*, T. 4.

Le Chanvre, n.° 2, n'ayant jamais été cultivé en Europe, nous ignorons les soins qu'il pourroit exiger. Les Voyageurs disent qu'on le cultive aux Indes pour se procurer, par son moyen, une espèce d'ivresse. Doit-on attribuer ce besoin qu'ont les habitans des Tropiques de se procurer un étourdissement semblable, à la chaleur du climat qui relâche leur tissu & les prive de leur énergie, ou faut-il en rendre responsable le despotisme de leur Gouvernement & la torpeur dans laquelle ils vivent? Mais c'est un fait certain que les peuples de ces climats ont une multitude de compositions qui les ennivrent, & qu'ils ont un penchant invincible pour cet état. (*M.* REYNIER.)

Culture en grand du Chanvre.

CHANVRE. Dans l'ordre des plantes cultivées, celles qui nourrissent les hommes & les animaux domestiques

domestiques méritent le premier rang. On ne doit que le second à celles dont les produits servent à entretenir les Arts. Parmi ces dernières, il y en a qui sont plus intéressantes que les autres; parce qu'elles fournissent à des besoins plus grands & plus réels; tel est le lin, tel est plus particulièrement encore le Chanvre. Les peuples, qui ne connoissent pas cette plante, y suppléent en préparant des écorces d'arbres ou des feuilles de quelques végétaux, moins durs. On retire de l'écorce des *palmiers* ou des feuilles d'*agave*, des fils qui ont de la force & de la résistance; mais leur préparation n'est pas aussi facile que celle du Chanvre, & leur emploi n'est ni aussi varié ni aussi étendu.

Pour connoître l'utilité du Chanvre, il suffit de jetter les yeux sur ce qui nous environne. Nous devons à cette plante le linge qui nous vêtit & celui qui couvre nos tables & nous enveloppe pendant la nuit; l'art de guérir lui doit les bandes, ses compresses, ses charpies; l'imprimerie, son papier; la marine, ses cordages & ses voiles; la meûnerie, une partie des ailes de moulins; une foule d'Arts, moins importans, lui doivent la fabrication d'objets, plus propres à indiquer une honnête aisance que les superfluités du luxe.

Après les plantes de première nécessité aucune n'est plus multipliée, plus cultivée que le Chanvre. Suivant Linné, il croît naturellement dans la Perse. Il est introduit depuis si longtems en Europe qu'on peut l'y regarder comme indigène. On en trouve quelquefois des pieds qui se sont resemés d'eux-mêmes; mais on ne peut en espérer d'abondantes productions qu'en le cultivant convenablement. Des Voyageurs, qui ont vu du Chanvre dans différentes parties de l'Asie, rapportent qu'il y acquiert la force & la grosseur d'un arbrisseau. Si on étoit sûr qu'ils eussent bien observé, on croiroit que c'est une autre espèce, ou que ces contrées de l'Asie sont sa véritable Patrie; mais on doit craindre en leur donnant confiance qu'ils n'aient vu des tiges isolées, & dans d'excellentes terres, comme le hazard en fait croître dans nos jardins, où ils parviennent à une grande hauteur, & où ils grossissent prodigieusement.

Les Romains ne cultivoient le Chanvre dans les Gaules que près de Vienne en Dauphiné, & à Ravenne en Italie.

Il est cultivé en Perse, en Chine, en Egypte, dans le continent de l'Amérique & dans l'Europe. On verra plus loin que les Egyptiens ne le cultivent pas pour en extraire la filasse.

Les Etats d'Europe, qui cultivent le Chanvre sont l'Angleterre dans la Province de Lincoln, & dans les marais de l'Isle d'Ely; la Hollande, la Pologne, la Russie, la Livonie, toutes les parties de l'Allemagne, les Pays-Bas, la Suisse, la France, le Piémont, l'Italie, l'Espagne, le Portugal, les Isles de l'Archipel.

Les plus grandes cultures de France se font en Flandre, en Alsace, en Picardie, en Bretagne, dans un espace de vingt-cinq lieues sur douze, qui comprend les Evêchés de Rennes, de Dol, de Saint-Malo, dans la partie du Haut-Languedoc, où se trouvent des pays dépendans de Castres, de Lavaur & du Diocèse d'Alby, en Auvergne, dans l'Election de Brioude &, dans la Limagne (on estime quatre millions ou environ le commerce de l'Auvergne en toileries & en Chanvre); en Bresse, en Dauphiné, dans la vallée de Grenoble, dans le Grésivaudan, aux environs de Vizile & dans la plaine de Saint-Marcellin, dans les deux Bourgognes, en Champagne, en Gascogne, dans le Bordelois, le Berry, le Béarn & la Bigorre.

Les Chanvres de France le plus à portée de nos ports, soit de l'Océan, soit de la Méditerrannée fournissent en partie la marine Royale & la marine marchande. Le surplus est tiré pour les ports de l'Océan, de Konisberg, Pétersbourg & Riga, & pour les ports de la Méditerrannée, du Boulonnois & du Ferrarois, par la voie d'Ancône.

La majeure partie des Chanvres, qui passent dans le commerce, est produite dans les Etats du nord de l'Europe, soit parce que la consommation de ces Etats, peu peuplés, est très-bornée, soit parce que leur sol, étant plus propre qu'un autre à la multiplication de cette plante, on en fait un objet principal d'exportation. Tous les ans, il en part des ports de Russie pour des sommes considérables. On assure que la France qui, en 1783, en a employé plus de 400,000,000 de livres pesant, en a tiré beaucoup plus du tiers de Russie & d'Italie. On a peine à concevoir comment un Royaume aussi fertile que la France ne récolte pas ce qu'il lui faut de Chanvre pour sa consommation. Doit-on croire que la culture y éprouve des entraves? Faut-il attribuer plus de qualité aux Chanvres du Nord, malgré des expériences, faites en Bretagne, & plus favorables au Chanvre de Lanion qu'à celui de Riga? Ou bien auroit-on la douleur de penser que les Commerçans François, moins patriotes qu'attachés à leur intérêt, font mépriser nos Chanvres, pour être autorisés à en importer? Ou enfin, dans un Royaume aussi peuplé que la France, où la consommation de Chanvre est énorme pour les besoins domestiques, seroit-il dangereux d'employer à sa culture assez de terrein pour suffire aux fournitures de toute la marine, aux dépens des autres productions? Pour résoudre ces questions, il faudroit être dans les secrets du commerce & de l'Administration; il faudroit connoître, par des relevés faits dans les ports, tout ce que la Marine exige de Chanvre annuellement & pendant les guerres, tout ce que les besoins domestiques en emploient, & tout ce qui s'en cultive dans le Royaume; il faudroit favoir auffi fi l'importation des Chanvres du Nord, par le commerce, n'eft pas compenfée au-delà, par des échanges des productions Françoifes, ou par des objets manufacturés en France. N'ayant aucuns de ces éclairciffemens il m'eft impoffible de décider fi on a beaucoup d'intérêt à accroître dans le Royaume la culture du Chanvre, & à l'encourager ou par des primes données aux Cultivateurs, ou par des récompenfes d'un autre genre. Il me fuffira, pour le but que je propofe, d'expofer les détails de la culture de cette plante, & tout ce qui peut y avoir rapport.

On nous a apporté de Chine, il y a quelques années, une efpèce de Chanvre que plufieurs perfonnes ont cultivée, & que j'ai cultivée moi-même. La première année, il a monté jufqu'à dix-fept pieds de haut. Ses feuilles ne différoient du Chanvre de France que parce qu'elles étoient alternes. Mais, les années fuivantes, ce Chanvre n'a pas atteint la hauteur de la première année; fes feuilles font devenues oppofées, foit qu'il ait dégénéré, foit que confondu avec le Chanvre de France, par le mélange de la pouffière des étamines, il en ait pris le caractère. Les premières années, il a mûri difficilement & très-tard. C'eft fans doute la feconde des deux efpèces du Dictionnaire de Botanique. Elle ne paroît pas s'être foutenue affez dans notre climat pour n'être pas regardée comme une fimple variété.

Terre qui convient au Chanvre.

La terre propre à produire le Chanvre doit être fraîche, douce & fubftancielle; avec ces qualités, elle produira une filaffe longue, moëlleufe, forte, & par conféquent la meilleure de toutes.

Pour avoir une terre fraîche, il faut choifir des endroits bas, fur les bords des ruiffeaux ou des rivières, pourvu qu'ils ne foient pas inondés. Quand le Chanvre eft femé & végète dans un fol aquatique, les tiges font herbacées, tendres, faciles à rompre, la filaffe n'eft, pour ainfi dire, que de l'étoupe. Le terrein fec préfente d'autres inconvéniens. La graine y lève difficilement; le Chanvre n'y monte pas haut, la filaffe en eft dure & trop élaftique. Cette plante fans doute réuffit en terrein fec dans les années pluvieufes, & en terrein humide dans les années sèches. Mais, comme en France les années sèches font plus ordinaires que les années humides, il eft plus prudent, dans ce Royaume, de préférer les terres fraîches pour y femer du Chanvre. Il y a cependant des pofitions locales où il pleut plus que dans d'autres. C'eft au Cultivateur à favoir fi les pluies y tombent dans la faifon qui convient le mieux au Chanvre, & à fe déterminer, d'après cette connoiffance.

Il eft important fur-tout que le terrein foit frais dans le tems qui fuit l'enfemencement, parce qu'alors le Chanvre lève bien; lorfqu'enfuite il couvre la terre, il l'empêche de fe deffécher, & conferve long-tems l'humidité dont elle eft pénétrée.

Une terre douce eft celle qui s'ameublit facilement. Ce n'eft que par des labours répétés pendant plufieurs années, qu'elle acquiert cette facilité. Un fable qui n'eft ni graveleux ni quartzeux, mais mêlé intimément avec de la terre franche & de l'argile, jufqu'à une certaine profondeur, m'a paru convenable à la culture du Chanvre. Si ce fable eft affis fur une couche de glaife, pourvu qu'elle foit à un pied & demi ou deux pieds au-deffous de la furface, il en fera plus frais & meilleur. La difpofition du terrein doit être telle que l'eau n'y féjourne pas.

Le Chanvre a des racines fortes, pivotantes & non fibreufes. Sa végétation eft vigoureufe. Il auroit bien-tôt appauvri un terrein. Voilà pourquoi il lui en faut un qui foit très-fubftanciel. Par ce mot, on entend un fol qui ait du fond, qui foit engraiffé par des fubftances animales & végétales atténuées, & dans la compofition duquel ni le fable ni la craie ne domine. Il vaut mieux que l'argile y foit en plus grande proportion que les autres fubftances. Le Chanvre croît avec force, & s'élève très-haut dans les atteriffemens des fleuves, tels que font les champs de la Limagne d'Auvergne, & ceux de la vallée d'Anjou, &c. dans les défrichemens de bois, les marais bien cultivés & exhauffés, & dans les petites poffeffions qui avoifinent les habitations des payfans, & qu'ils appellent des *Couties* ou *Courtils*. Leur pofition les met à portée d'y recevoir beaucoup d'engrais. Il faut feulement préferver la chenevière de la voracité des poules, du paffage des hommes & des animaux, & des buiffons & des arbres, qui peuvent la priver d'air & retarder, en partie, la maturité de la graine.

Préparation de la terre & engrais.

Ordinairement on cultive tous les ans du Chanvre dans le même terrein. Celui qu'on y confacre fe nomme *chenevière*. J'en connois où l'on feme du Chanvre depuis vingt ans. Si quelquefois on y feme d'autres plantes, c'eft moins parce qu'il fe laffe de rapporter la même, que pour profiter, par une culture plus avantageufe, des engrais abondans que le Chanvre n'a pas confommés. Cette continuité d'une même culture, prefque fans interruption, fembleroit contraire à l'opinion où l'on eft qu'on ne doit pas femer plufieurs fois de fuite la même plante dans le même terrein; mais il ne faut pas s'y tromper. Les chenevières font des terres rares, de première qualité, &, pour ainfi dire, privilégiées. Jamais le Chanvre qu'on y seme n'épuise tout ce qu'on lui donne. Les terres médiocres & les mauvaises, qui sont les plus communes, ne donneroient qu'une foible récolte à la seconde année, si deux fois on y avoit semé la même plante, comme on l'éprouve en Berry, où il est d'usage de semer du froment deux années consécutives.

On donne aux chenevières plusieurs façons, soit à la charrue, soit à la bêche ou à la houe. Si c'est à la charrue, la premiere se donne en Automne ou au commencement de l'Hiver. On fait en sorte que la charrue pique un peu avant. On forme des sillons ou des billons élevés, au lieu de raies simples & plates, afin que la terre présente plus de surface à la gelée qui doit l'ameublir. C'est sur-tout dans les terres compactes qu'on dispose ainsi les labours. Le même motif empêche de herser à cette époque. Au Printems, on donne deux ou trois façons, selon le terrein. A la deuxième, on enfonce moins la charrue qu'à la première, & aux dernières, moins qu'à la deuxième. La dernière doit être donnée immédiatement avant l'ensemencement. On a soin de herser, pour ne laisser subsister aucunes mottes. S'il en restoit, on les briseroit avec des maillets; car une chenevière doit être divisée & unie, comme des planches de jardin.

Les labours à la bêche ou à la houe sont préférables aux autres. Toujours plus profonds plus suivis & plus divisans, ils favorisent bien mieux la végétation du Chanvre. Quand une terre est remuée profondément, la sécheresse y pénètre moins, les pluies s'y insinuent plus avant, & la fraîcheur y est de plus longue durée. Les labours à la bêche coûtent plus cher, il est vrai, parce qu'ils prennent plus de tems; mais le produit dédommage de l'excédant du prix. On peut épargner un labour à la bêche ou à la houe en faisant labourer une fois à la charrue; dans ce cas, c'est le labour à la bêche qui doit précéder, pour défoncer davantage.

Le fumier de vache & de bœuf est le moins bon pour les chenevières, à moins qu'elles ne soient en terrein sec, & que le fumier ne soit très-consommé. Mais ordinairement les chenevières sont en terrein frais, qui a besoin d'être réchauffé jusqu'à un certain point. On doit donc préférer le fumier de cheval ou de mouton, la fiente de volailles & les vases des marres & rivières, qu'on laisse mûrir quelque tems auparavant, par une exposition à l'air. Si c'est de la fiente de volailles qu'on emploie, on en répandra une quantité modérée & avec précaution. Il en faut environ de six à huit septiers, mesure de Paris, pour un arpent de cent perches à vingt-deux pieds la perche. La quantité doit être d'autant moindre ou d'autant plus forte, que la terre est plus ou moins substancielle, plus ou moins fraîche. On aura l'attention de ne répandre cette fiente qu'après une pluie, ou lorsque le tems paroîtra disposé à la pluie; c'est le moyen d'en modérer l'effet échauffant. Sans cette précaution, il y auroit à craindre que le Chanvre n'eût une végétation forcée, qui hâtât précipitamment sa maturité & sa dessiccation. Il seroit mieux de répandre la fiente de volailles en Hiver. Toute autre espèce de fumier se porte dans les chenevières, autant qu'il est possible, avant le premier labour, quand on en donne trois. Si ce moment est manqué, il faut bien se garder de l'y porter avant le second, parce que le troisième le retourneroit, mais alors on le met sur le dernier labour, qui l'enterre. Les chenevières qu'on ne laboure que deux fois, se fument avant le second labour, excepté lorsque le premier se donne avant l'Hiver, pendant lequel le fumier a le tems de se consommer. Il est nécessaire que le fumier qu'on ne répand dans les chenevières qu'avant le dernier labour, soit consommé. On croit avoir remarqué que la graine placée sur l'engrais seulement, ne germe pas, & qu'elle périt, sur-tout dans les années de sécheresse.

On assure que les cendres provenues de la combustion du chaume de froment, que ramassent & brûlent pour cuire leurs alimens, les habitans de quelques Provinces, privés de bois, sont un très-bon engrais pour les Chenevières. Il est certain qu'ils les réservent pour les y porter. On ne peut attribuer d'autre qualité à ces cendres que celle d'adoucir les terres franches des pays qui les emploient. A l'œil & au toucher, ces cendres paroissent douces & onctueuses; car elles ne doivent fournir qu'une bien petite quantité de sels.

Il y a des Cultivateurs qui, au lieu d'enfouir le fumier, l'étendent sur-le-champ quand la graine est enterrée. Cette méthode ressemble à celle des Jardiniers qui protègent les jeunes pousses d'oignons & d'autres plantes, des ardeurs du soleil, en les couvrant de crotin. Mais on doit bien diviser ce fumier, afin qu'il n'en reste pas en masses capables d'empêcher la graine de lever.

Choix & qualités de la graine, & quantité qu'on en doit employer.

Ce qui caractérise une bonne graine de Chanvre, c'est lorsque son amande est douce; la graine qui a fermenté, est âcre & pique un peu la langue; celle qui a vieilli est rance. Les Cultivateurs craignent que la graine altérée ou vieille ne leve pas. Mais ces craintes sont peut-être portées trop loin. Je pense que la graine qui n'auroit qu'une légère altération, ou qui ne seroit que de l'avant-dernière récolte, ne manqueroit pas de lever. J'ai semé de la graine de deux ans, & ma récolte a été belle. Au reste, l'examen des degrés d'altération ou d'ancienneté qui empêcheroient la graine de Chanvre de germer, seroit très-utile à l'Agriculture. En attendant, comme on peut n'avoir quelquefois que de la graine suspecte, j'indiquerai les moyens de s'assurer si elle doit réussir. La première attention est de voir si elle a son germe; car si elle ne l'avoit pas, il ne faudroit pas la risquer. On en ouvrira plusieurs, en cassant la coque, pour découvrir l'amande, qu'on trouvera composée de deux parties, jointes ensemble. A la réunion de ces deux parties est un corps menu, arrondi, recourbé & étendu dans toute leur longueur; ce corps est le germe. Cette observation faite, on semera dans de la terre, pour essai, une quantité connue de graines; si la totalité leve, la graine est parfaite, s'il n'en leve qu'une partie, on saura ce qu'il en faudra semer dans la chenevière pour équivaloir à de la bonne graine.

Beaucoup de cultivateurs renouvellent leur graine de Chanvre tous les trois ou quatre ans, soit par des échanges, soit en en achetant dans les marchés, soit en la tirant de l'étranger. Il seroit utile d'examiner à quelle année on doit commencer à renouveller la semence de Chanvre, en supposant qu'il fallût la renouveller. Car il n'en est pas de cette plante comme de beaucoup d'autres, par exemple, du froment, de l'orge & de l'avoine, parmi lesquels se mêlent un grand nombre de mauvaises herbes. Les graines des mauvaises herbes, que les criblages n'enlèvent pas totalement, à force de se multiplier étoufferoient les bonnes plantes; on n'évite cet inconvénient qu'en achetant de tems-en-tems, pour semer, du froment, de l'orge & de l'avoine purs. Mais le Chanvre, que le plus souvent on semé drû, couvre la terre & empêche les mauvaises herbes de croître. S'il s'en réchappe quelques-unes, on les rejete quand on récolte les individus du Chanvre qui portent la graine, parce qu'on prend ces individus brin à brin, pour les mettre en paquets. Au reste, je ne crois à la nécessité absolue de changer la semence que dans les années qui suivent celles où le Chanvre est mal venu, n'a pas mûri convenablement, & a donné une graine inféconde.

On est généralement persuadé que pour avoir de la filasse belle & fine, les tiges du Chanvre doivent être menues. En conséquence, on le seme très-drû, de manière que les pieds ne soient pas à plus d'un pouce les uns des autres. Pour cet effet, on emploie dix-huit boisseaux de graine, mesure de Paris, par arpent de cent perches, à vingt-deux pieds la perche; ce n'est pas tout-à-fait le double de ce qu'on emploie de froment. Cette quantité de semence est pour un terrein d'une seule pièce; car s'il étoit de quatre pièces ou quartiers, il en faudroit vingt-quatre boisseaux, le tour des pièces en emportant beaucoup. Cette finesse de la filasse est desirée, quand on la destine à faire du linge & sur-tout du beau linge. Si elle étoit destinée pour des cordages, on sémeroit le Chanvre moins épais, afin qu'il produisît des plantes plus vigoureuses, dont le fil eût plus de force & de nerf. Il suffiroit alors de semer quelques boisseaux de graine, afin que les pieds fussent à six pouces les uns des autres. Dans l'un & l'autre cas, il y a un extrême à éviter. Si on seme trop drû, les tiges ne profitent pas; elles sont petites & maigres; elles donnent de la filasse courte & en petite quantité. Plus les plantes sont serrées, moins elles s'élèvent, ce qui est l'inverse des arbres. Si on seme trop clair, le Chanvre monte très-haut, il se nourrit trop; ses fibres deviennent très-dures, coriaces difficiles à travailler, & ne fournissent qu'une filasse défectueuse. A la vérité, les individus femelles donnent plus de graine & de la graine parfaite; mais ce produit ne dédommage pas de la mauvaise qualité de la filasse.

Tems de semer le Chanvre, & manière de le semer.

Le tems de semer le Chanvre varie en France du mois de Mars au mois de Juin. On le seme plutôt dans les Provinces méridionales que dans les Provinces septentrionales, & plutôt dans les plaines que dans les montagnes. Dans une même Province, dans un même Canton, dans un Village même, on se donne la latitude d'un mois. ordinairement dans le climat de Paris, c'est depuis la mi-Avril jusqu'à la mi-Mai. L'ensemencement plus ou moins tardif dépend quelquefois de l'activité du Cultivateur, ou de la facilité qu'il a de se procurer l'engrais nécessaire, ou de l'espérance conçue qu'il réussira mieux à semer à la fin de la saison. Dans les montagnes, on ne seme que dans le mois de Juin, & même vers la Saint-Jean. Cette plante craint les gelées & le froid, qu'il faut lui éviter. Les montagnes où la neige ne fond pas avant le mois de Juin, ne peuvent recevoir le Chanvre de bonne heure. N'ayant, quand il est semé, que peu de tems à végéter, souvent sa graine ne mûrit pas. Les Cultivateurs, tous les ans, vont en acheter dans les plaines; c'est sans doute ce qui a fait croire à des hommes peu versés en Botanique, que le Chanvre qui donne la graine ne se plaisoit pas dans les montagnes. Ils ont cru qu'on pouvoit à volonté faire venir du Chanvre à fleur ou Chanvre mâle, & du Chanvre à graine ou Chanvre femelle.

On a conseillé de semer une livre de navets ou de graine de carottes par septier de Chanvre. La graine de ces plantes s'enterre en même-tems. Elle germe & leve, mais ne végète sensiblement que quand le Chanvre est arraché. C'est le moyen de tirer un plus grand parti du terrein. Les Carottes doivent être préférées, parce qu'elles ne craignent pas d'être foulées quand on arrache le Chanvre.

Il est bien important de choisir un tems disposé à la pluie, afin que le Chanvre leve aussitôt, & qu'une partie ne soit pas dévorée par les insectes dans la terre. Quelquefois fatigué d'attendre un tems favorable, j'ai fait labourer, ensemencer & recouvrir une chevenière dans la même journée, par un tems sec. Le Chanvre n'a pas tardé à lever. Si j'eusse semé un jour ou deux après le labour, le Chanvre n'eût trouvé aucune fraîcheur dans la terre, & mon ensemencement n'eût pas réussi.

Il y a deux manières de semer, ou à la volée, comme on seme le froment, ou par rangées, comme on seme des graines de potager, c'est-à-dire, en ouvrant avec une binette ou une houe des rayons dans lesquels on promène de la semence. Cette seconde manière est plus longue & plus dispendieuse, & on ne pourroit s'en servir que dans un terrein trop petit pour permettre au bras du semeur à la volée de se déployer. M. de Chateauvieux, cultivateur éclairé, ayant voulu essayer ce qu'il faudroit de graine de Chanvre pour le bien semer par rangées, a reconnu que quatorze livres dix onces avoient été suffisantes pour cinquante-trois toises deux pieds de longueur.

Si le chenevi est semé par rangées, il se trouve enterré par l'opération même qui ouvre les rayons; parce que la terre de celui qu'on forme, peut, par un coup de main, se jeter en-même-tems sur la semence de celui qui précède. Le chenevi semé à la volée peut s'enterrer à la herse ou au rateau ou au crochet. Dans les cultures un peu en grand, c'est ordinairement à la herse. Le rateau & le crochet servent pour les chenevières d'une médiocre étendue. Le rateau est le plus expéditif des deux instrumens. Pour faire usage du crochet, après que la graine est répandue, des hommes placés à côté les uns des autres, suivant la longueur ou la largeur du champ, crochetent la terre en la dirigeant de côté, de manière qu'une partie de la graine se recouvre. Parvenus au bout de la ligne, ils en recommencent une autre, & ainsi de suite, jusqu'à ce que la totalité de la chenevière ait été crochetée. La graine, dans cette méthode, est bien recouverte, & la terre acquiert un labour de plus.

Quoique le chenevi soit semé à la volée, on peut diviser le terrein en planches, par des sentiers. C'est le moyen de pouvoir le cultiver, s'il en est besoin, ou au moins le récolter plus facilement. A la vérité, on perd la semence qui se trouve dans les sentiers; car on est obligé d'arracher les brins qui y poussent. Mais on en est dédommagé par la facilité de la culture & de l'arrachage; d'ailleurs l'air circulant le long des planches, le Chanvre s'élève plus haut. Dans les petites cultures, on dispose plus aisément la chenevière par planches, & on économise la semence des sentiers.

Je ne sais pourquoi on dit qu'il faut enterrer la graine à la herse, quand le champ a été labouré à la charrue, & au rateau, quand il l'a été à la bêche. Il me semble que la herse peut bien recouvrir ce qui a été labouré à la bêche & *vice versâ*; le motif de ce conseil est peut-être fondé sur ce que, dans un terrein labouré à la bêche, les pieds des chevaux enfonceroient de la graine trop avant. C'est une remarque que je n'ai pas été à portée de faire, & qui peut mériter quelqu'attention.

Soins du Chanvre après qu'il est semé & jusqu'à la récolte.

Le soin le plus instant est d'empêcher que les oiseaux n'en mangent la graine, récemment semée. Elle est très-recherchée des pigeons, des moineaux & de quelques autres petits oiseaux. Ces animaux dont le bec est court ou foible, n'ayant pas l'habitude de grater, enlèvent seulement les graines mal enterrées, qui auroient levé difficilement, ou n'auroient pas été assujetties. Le tort qu'ils font alors n'est pas considérable. Les Corbeaux & les poules sont des ennemis plus redoutables; les uns avec leur bec fort, long & pointu, écartent la terre & prennent les graines; les autres les découvrent avec leurs pattes, pour les manger. Tous ces ennemis sont encore plus à craindre au moment où le Chanvre commence à pousser. Les lobes, le premier aliment des jeunes plantes, s'élèvent au-dessus de la terre, comme on voit s'élever ceux des harricots & des fèves. Les oiseaux qui les apperçoivent, tombent dessus & les emportent avec la radicule & les feuilles séminales. On a imiginé différens genres d'épouvantail. Les uns plantent à diverses parties du champ, des bâtons en forme de croix, en les armant de haillons qui représentent le corps d'un homme. D'autres attachent des oiseaux morts à des piquets. Quelquefois, après avoir planté des piquets à différentes distances, on y suspend des cordes auxquelles sont attachés des plumes ou des chiffons que le moindre vent agite. Mais ces moyens sont insuffisans; les oiseaux ne tardent pas à s'y accoutumer. Lorsque la chenevière n'est pas étendue, un enfant actif, qui arrive à la pointe du jour & reste jusqu'au coucher du soleil, a beaucoup plus de succès. Si la chevenière est grande, il est nécessaire d'en avoir deux ou quelquefois trois. On leur donne un sifflet ou une sonnette ou une cresserelle, pour faire du bruit. Souvent ils se servent aussi de la voix. Je crois qu'on pourroit dresser des chiens à cette chasse, en les faisant courir dans les sentiers, sans leur permettre d'entrer dans la chenevière qu'ils dérangeroient avec leurs pieds. Heureusement, ce soin inévitable, en supposant même la destruction entière des pigeons, ne dure pas long-tems; le Chanvre forme ses feuilles secondaires presqu'aussi-tôt qu'il est levé. Quand on l'a semé dans un sol humide, l'air venant à s'échauffer, en quinze jours il couvre la terre.

Quand le Chanvre a trois ou quatre pouces de hauteur, on a besoin de l'éclaircir, s'il est destiné pour les corderies; on laisse les pieds à six pouces les uns des autres; il y a des Cultivateurs qui les écartent d'un pied. En ôtant les plantes surnuméraires, on doit avoir soin de ne point déchausser celles qui restent.

En général, les sarclages ne sont point utiles au Chanvre semé drû, puisqu'il étouffe presque tout ce qui est sous lui. Miller conseille de profiter de cette observation pour détruire les mauvaises herbes d'un terrein, en l'ensemençant en Chanvre; mais on doit sarcler par un tems sec le Chanvre qu'on a exprès semé clair & le Chanvre semé drû, dans lequel il y auroit du liseron, comme cela arrive quelquefois. Car le liseron est la plante qui nuit le plus au Chanvre.

Les approches de la maturité de cette graine sont encore une époque où il faut garantir le Chanvre de l'attaque des oiseaux, soit en enveloppant les chenevières de filets, soit en les faisant garder par des enfans.

Maturité & récolte du Chanvre.

Les Botanistes distinguent dans le Chanvre deux sortes d'individus. Les uns contiennent la poussière fécondante, ce sont les mâles; les autres portent la graine, ce sont les femelles. Les gens de la Campagne ont de tout tems adopté une distinction contraire. N'ayant aucune connoissance des véritables organes de la fructification, il étoit tout simple qu'ils errassent & qu'ils appellassent *Chanvre femelle* l'individu qui contient la poussière fécondante, parce qu'il est d'une constitution plus frêle, & que sa filasse est plus fine; il étoit tout simple que l'autre individu fût désigné sous le nom de *Chanvre mâle*, puisque naturellement plus vigoureux, il aquiert un surcroît de force, en restant dans la terre plus long-tems pour accomplir la maturité de sa graine, & donner une filasse qui eût plus de grosseur & de nerf. Je dois m'en tenir à la distinction des Botanistes dans tout ce que j'ai à dire des deux individus.

Le Chanvre mâle est toujours de six pouces plus haut que le Chanvre femelle. C'est sans doute afin de favoriser l'introduction ou l'aspersion de la poussière fécondante. On en voit des tiges qui ont huit pieds de hauteur; mais les individus mâles sont les moins nombreux. On croit avoir remarqué que dans une Chenevière, où il y a ordinairement les deux tiers, ou les trois quarts d'individus femelles, leurs fleurs contiennent une quantité si prodigieuse de poussière, qu'en les frappant au moment de la fécondation, il se forme un nuage au-dessus des tiges.

Suivant M. l'Abbé Brasle, qui a donné un petit ouvrage sur la culture & la perfection du Chanvre, aussi-tôt que l'individu mâle a répandu sa poussière, sa pointe jaunit & s'incline, & son pied blanchit, il se dessèche peu-à-peu, & doit être arraché de la Chenevière. En supposant le Chanvre semé à la fin d'Avril, ou au commencement de Mai, le mâle est bon à cueillir vers le commencement d'Août, & la femelle trois semaines ou un mois après. L'inclinaison de la tige a paru à M. l'Abbé Brasle, l'indice certain de la nécessité de les arracher pour avoir de belle filasse.

Dans quelques pays, avant d'arracher le Chanvre mâle, on sème des navets sur toute la Chenevière. La graine se pose dans les trous, & se fixe par le piétinement des ouvriers. Ces graines réussissent dans les climats, & dans les années ou l'Hiver est retardé. Il seroit intéressant de savoir si les tiquets, qui font tant de tort aux jeunes pousses des navets, attaquent les feuilles de ceux qui commencent à pousser dans une Chenevière. Je présume que ces insectes n'en approchent pas, à cause de l'odeur du Chanvre, qui subsiste quelque tems dans le champ, après même qu'on a enlevé les individus femelles. Pour récolter le Chanvre mâle, dans les pays où il n'est pas une des principales cultures, il vaut mieux employer des femmes ou de jeunes garçons, dont le tems est moins cher, parce que l'époque où il est bon à arracher, est celle de la moisson. On profitera des jours qui suivent une pluie, afin que le travail soit moins difficile. J'ai vu quelquefois les mains des ouvriers ensenglantées, quand ils arrachoient le Chanvre par la sécheresse. Si le tems pressoit, & qu'il ne plût pas, il faudroit se déterminer à cueillir le Chanvre le matin, par la rosée, quelqu'incommode que cela fût.

Ordinairement on entre dans la Chenevière après que la rosée est dissipée; on arrache les pieds mâles, ayant l'attention de ne pas blesser les pieds femelles, ce qui est facile à pratiquer, parce qu'on se place dans les sentiers, & on alonge le bras. On réunit un certain nombre de brins, pour former des poignées, qu'on attache avec un seul ou avec deux liens, selon leur longueur. Ce sont des brins de Chanvre même qui servent de liens aux poignées. Les ouvriers attentifs forment leurs poignées, qu'on appelle *menoults* dans beaucoup d'endroits, autant qu'il est possible, de tiges de mêmes longueur & grosseur. Ils font en sorte que les collets des racines soient à la même hauteur: l'opération du rouissage, qui doit suivre, en est plus égale. Les poignées sont mises sur le bord du champ, exposées ensuite au soleil, soit le long d'un mur, soit le long d'une haie. Si le tems menace de pluie, on les met en meule, la tête en haut; on couvre la meule d'herbe ou de paille; lorsque la pluie est passée, on remet les poignées au soleil. Quand elles sont bien sèches, on les secoue avec force; on les frappe même avec un bâton, pour faire tomber les feuilles desséchées, & les poussières restées dans les fleurs. On joint plusieurs poignées ensemble, on en fait des bottes, qui doivent être portées au lieu du rouissage. Chaque ouvrier peut en arracher 300 poignées par jour. Il ne faut pas le payer à la douzaine, mais à la journée, en le surveillant, car il pourroit se faire qu'il en mutilât beaucoup. C'est un grand malheur d'être obligé de se défier des hommes; mais l'intérêt, & sans doute la pauvreté, les rendent injustes, & peu susceptibles de travailler, comme il convient, pour le profit de ceux qui les emploient. On a soin de ne pas mêler les bottes de Chanvre mâle avec les bottes de Chanvre femelle, à cause de la différence de la filasse.

Plusieurs personnes pensent qu'il ne faut pas faire sécher le Chanvre mâle avant de le rouir, & qu'on ne doit en couper ni les sommités, ni les racines, comme on le fait dans quelques pays, & comme le conseillent quelques livres. Cette idée tient à la théorie de certains rouissages, qui s'opèrent par la fermentation. Les tiges du Chanvre, fraîchement cueillies & encore entières, doivent sans doute avoir plus de disposition à fermenter dans le routoir. Dans beaucoup de pays, on coupe les racines à un quart de pouce au-dessus du collet, & on effeuille les tiges. Pour la première opération, M. l'Abbé Brasle conseille de planter une fourche dans la terre, de poser chaque poignée sur la fourche, aussi-tôt que l'ouvrier l'a liée, d'en couper les racines avec un instrument. Dans ce moment, elles se coupent bien, parce qu'elles sont tendres. Un homme peut couper, en un jour, les racines de 800 poignées. Pour ôter les feuilles, il faut avoir un sabre de bois, qu'on fait glisser le long de la poignée. Un homme, qui couperoit les racines & effeuilleroit en même-tems, pourroit faire cette double opération à 6 ou 700 poignées en un jour.

Suivant l'Auteur d'un Mémoire, couronné par l'Académie de Lyon, on a tort de différer la récolte des individus mâles, quand on arrache les individus femelles. Il ne croit pas nécessaire que l'écorce ait perdu sa verdeur, pour que la filasse soit bonne : c'est une question qui mérite d'être examinée. Je sais qu'aux environs de Barcelone, en Espagne, on coupe à la faulx, tout-à-la-fois, le Chanvre mâle & le Chanvre femelle. Les cultures en sont si considérables, qu'on n'a ni le tems, ni assez de bras pour les arracher à la main. On coupe une partie des Chenevières en Juillet; quelques-unes ne sont coupées qu'en Septembre. On choisit sur les pieds femelles de ces dernières, la graine dont on a besoin. Les Chanvres étant destinés pour les cordages, on prend moins de précaution; le petit nombre d'individus mâles se confond avec les individus femelles. Lorsqu'on fauche le Chanvre, un Ouvrier, sans doute, suit le Faucheur, & ramasse les tiges, qu'il étend également sur la terre.

M. l'Abbé Rozier, qui a écrit avec beaucoup de sagacité sur le rouissage du Chanvre, croit qu'au lieu d'enlever de la Chenevière le Chanvre mâle, aussi-tôt qu'il est cueilli, il vaut mieux ne pas le lier en poignées, & le laisser debout, appuyé sur les tiges femelles, pendant deux ou trois jours. Après ce tems, on l'assemble en poignées & on l'emporte : dans cette position, le Chanvre mâle ressue, sèche lentement à l'ombre des femelles & auprès de leur transpiration; la terre se détache plus facilement des racines; le rouissage s'en fait mieux & la filasse en est plus belle. Cette pratique me paroît bien entendue.

Le desséchement des feuilles & des tiges annoncent le moment de récolter le Chanvre femelle. L'indice le plus certain, c'est lorsque les premières capsules étant ouvertes, elles présentent une graine grise, qui s'en détache facilement. On y procède comme dans la récolte du Chanvre mâle : le Chanvre femelle exige ensuite des opérations particulières pour en séparer la graine.

Parmi les Cultivateurs de Chanvre, les uns se contentent de mettre les bottes, formées de poignées, au grand soleil pendant quelques jours. Ensuite ils en battent les sommités avec des bâtons, & non avec des fléaux qui écraseroient les graines; ils remettent une seconde fois les bottes au soleil, pour les battre encore, jusqu'à ce que toute la graine soit sortie.

D'autres assemblent, à différentes parties du champ, un certain nombre de poignées les unes contre les autres, les racines étant en bas & en forment des meules, qu'ils couvrent de paille, afin de les préserver des oiseaux. Ils laissent ces meules en cet état, cinq ou six jours, & quelquefois dix ou douze jours, jusqu'à ce qu'une partie de leur humidité ayant été enlevée par une sorte de fermentation, elles puissent donner plus facilement leur graine.

D'autres coupent toutes les têtes des individus femelles; ils les mettent en tas, & les laissent fermenter pour les battre ensuite. Cette dernière méthode rentre dans la précédente.

D'autres enfin creusent, dans la Chenevière même, des fosses d'un pied de profondeur, sur trois à quatre pieds de diamètre. Ils y arrangent les bottes de Chanvre, les têtes en bas, bien serrées, les liant toutes ensemble, afin qu'elles se soutiennent, & relevant la terre de la fouille tout au tour, pour que la graine soit bien étouffée. Cette disposition est l'inverse de la première, & conduit au même but.

Il ne faut pas laisser long-temps le Chanvre en cet état, parce que la graine moisiroit; quelques jours suffisent. On fait sécher ensuite les bottes, & on les bat légèrement sur un drap ou sur une aire propre. La graine, qui tombe alors, est la plus belle : on la réserve pour semence. On passe ensuite les poignées à l'*égrugeoir*, espèce de peigne de fer qui est d'usage en Flandre, & dans beaucoup de pays; ou bien on les bat plus fortement, pour faire sortir le reste de la graine. Dans cette opération les feuilles sèches, les capsules & les graines tombent ensemble ; on met le tout en tas pendant quelques jours, après lesquels on l'expose au soleil, & à l'aide d'un crible & du vent, on sépare la graine des ordures. Moins belle que la première, elle sert à faire de l'huile ou à donner aux volailles.

M. l'Abbé Braile veut aussi qu'on exfolie le Chanvre femelle, mais avec quelque attention à cause de sa graine : on se sert également du sabre de bois. L'ouvrier en frappant tient les poignées sur une claie, dont les bâtons sont distans de trois à quatre lignes, & qui est soutenue par des pieds. Sous la claie on étend une large toile, pour recevoir les graines mûres du Chanvre, que l'exfoliation détache & qu'on porte au grenier; ce sont les meilleures. Les autres restent sur la claie, dans leurs capsules, qu'on ramasse pour les mettre en monceau, & les faire mûrir par la fermentation des capsules. On les pose sur un lit d'herbe ou de paille, & on les recouvre de paille.

Il y a des pays, où même après la récolte du Chanvre femelle, on seme encore de la graine de navets. Ce ne peut être que dans les climats, où le froid n'arrive que très-tard, & n'est pas assez considérable pour gêler ces racines, ou dans ceux qui arrachent le Chanvre femelle de bonne heure : il n'y a aucun inconvénient de l'essayer. En supposant même que les navets dussent gêler en partie, il arriveroit qu'au Printems il repousseroit des feuilles, qu'on seroit bien aise de trouver pour les bestiaux, dans un tems où on n'a aucune verdure à leur donner.

Pour conserver la graine de Chanvre, il faut la mettre bien sèche dans un endroit, où elle ne puisse contracter d'humidité, & où elle soit à l'abri des rats & des souris.

Un arpent de bon terrain produit deux setiers & demi de graine de Chanvre, mesure de Paris. On emploie pour semence deux setiers; ainsi, le produit net en graine, seulement, est de six boisseaux. Il faut supposer que les pieds en soient rares & écartés, de manière que les femelles ayant plus d'espace, acquièrent plus de force, & portent plus de branches, & par conséquent plus de graine; car le même terrain ne produit que deux setiers de graine, lorsque les pieds sont très-drûs. Un setier de graine pèse 180 livres, poids de marc, & se vend vingt-quatre livres.

Ce qui peut nuire au Chanvre.

Le Chanvre souffre beaucoup de la grande sécheresse, sur-tout si elle commence peu après qu'il est levé & si elle se prolonge long-tems. Quand le Chanvre a acquis de la force, l'effet d'une pluie est d'autant plus durable que ses tiges sont plus élevées & plus serrées; les pieds se conservent frais, les rayons du soleil n'atteignant pas la surface du sol. Il seroit à desirer qu'on pût arroser les Chenevières que la sécheresse fait languir. Cette opération n'est praticable que dans les petites cultures : à moins qu'on n'ait des canaux d'arrosage, comme il y en a dans beaucoup de pays, il faut attendre tout de la pluie.

Je ne connois point d'insectes qui attaquent le Chanvre; son odeur les en écarte sans doute. On prétend que des jardiniers en sement dans les quarrés de potager, pour empêcher leurs légumes, sur-tout les choux, d'être dévorés par les chenilles; on assure encore que les taupes ne fouillent point dans les planches où il y a quelques pieds de Chanvre, & qu'on en met avec succès de petits faisceaux sur leurs passages, mais je n'ai aucune preuve de l'exactitude de ces assertions.

Les rats d'eau coupent les tiges des individus femelles, pour les faire tomber & manger la graine. Une pièce de Chanvre, que j'avois semée dans une Isle, a été détruite en partie par ces animaux.

On a vu précédemment, qu'à deux époques différentes, la graine de Chanvre étoit exposée à être mangée par les oiseaux ; savoir, immédiatement après l'ensemencement, & au moment de la maturité des pieds femelles.

Usages & propriétés des parties du Chanvre.

Trois parties du Chanvre servent dans l'économie domestique, les feuilles, la graine & les tiges. Il suffit qu'on ait passé près d'une Chenevière, ou qu'on ait touché des feuilles de Chanvre, pour savoir qu'elles ont une odeur vireuse, narcotique. Quelquefois, mais rarement, des ouvriers, occupés à arracher du Chanvre, sont pris d'éblouissemens, de maux de tête violens, & tombent même sans connoissance. Lors de la séparation de la graine, le même inconvénient n'a pas lieu, parce que l'odeur alors est bien affoiblie. Les Egyptiens, les Arabes, les Indiens, & suivant Kempfer, les Perses ne cultivent cette plante que pour ses feuilles.

Les Egyptiens la nomment *Bast*, & les Arabes, *Hachich*. Les Indiens désignent, sous le nom de *Bengg*, les feuilles de la sommité seulement. Les Egyptiens les emploient à faire des bols, de diverse grosseur, qu'ils avalent pour se récréer, & se procurer des visions agréables & extatiques. Ces bols produisent, à-peu-près, l'effet de l'opium. Comme ils sont à très-vil prix, beaucoup de gens du peuple en prennent habituellement, & ne peuvent plus s'en passer. Les premières fois qu'on en prend, on éprouve toute l'impression de liqueurs spiritueuses, enivrantes, qui rendent les uns gais, les autres courageux, d'autres furieux. Lorsque l'habitude en est contractée, on devient hébêté, insouciant, incapable d'aucune action vigoureuse, excepté au moment où on vient d'avaler les bols. Il n'est plus possible d'en diminuer la dose sans tomber dans des maladies de langueur, suivies d'une mort prochaine. Malgré l'exemple fréquent d'un

pareil

pareil effet, près de la moitié des habitans des villes recherchent cette ivresse avec plus d'empressement, qu'on en a en Europe pour les liqueurs les plus enivrantes. On rend cette préparation plus chère en y mêlant des aromats, qui lui donnent un goût plus agréable.

Les Arabes & les Indiens, lorsqu'ils font usage des feuilles du Chanvre, boivent tous les jours quelques cuillerées de leur suc exprimé, ou en prennent de l'infusion : quelquefois ils y mêlent un peu d'opium. La plupart joignent des feuilles de Chanvre à leur tabac à fumer, en les faisant sécher à l'ombre, avec précaution, pour ne point perdre la partie volatile. Ils font aussi entrer les feuilles du Chanvre dans un électuaire aphrodisiaque.

On a observé en Egypte, comme en Arabie & dans l'Inde, que les circonstances & les dispositions où on fait usage des feuilles de Chanvre, semblent déterminer la nature de ses effets. Soit qu'elle cause une lourde stupeur, soit qu'elle imprime sur les traits le simulacre de la gaieté, c'est-à-dire, un rire sardonien, soit enfin que, par une sorte d'érétisme, elle provoque une vigueur ou un courage brutal, il est certain qu'elle affecte le genre nerveux, & qu'elle émousse la finesse des sensations. La figure des preneurs de *Bast*, ou *Hachich*, ou *Bangg*, est hâve, leurs yeux sont hagards, & tôt ou tard ils sont attaqués de tremblemens de membres. Aussi cet usage est-il prohibé dans l'Arabie & dans l'Inde par la loi, & condamné par les gens sensés de ces contrées.

Les feuilles de Chanvre sont regardées, par quelques Auteurs, comme propres à résoudre les écrouelles, les tumeurs skirreuses, &c. en les employant en cataplasmes. On croit que la décoction de ces feuilles peut tuer les vers, & qu'elles ont une vertu antipsorique ; car on assure que les paysans de l'Agénois s'en frottent pour se guérir de la gale.

Il paroît que quelques animaux, quand ils sont pressés par la faim, mangent des feuilles de Chanvre, jeunes & tendres. En cet état, elles n'ont pas encore l'odeur, qui dans la suite les en écarte.

Suivant M. Villar, Médecin de Grenoble, dans le Champsaur & le Gapençois, en Dauphiné, on fait manger aux cochons les feuilles & les sommités du Chanvre, après les avoir desséchées, & les avoir privé de leur odeur, par une infusion dans l'eau bouillante. Si l'on en croit Pline & Mathiole, les pêcheurs répandent sur la terre la décoction des feuilles du Chanvre, pour en faire sortir les vers, dont ils ont besoin pour leurs appas.

Les personnes qui soignent le lait dans les montagnes de Franche-Comté, évitent d'approcher d'une Chenevière ou de toucher du Chanvre, persuadées que l'odeur, qui se conserveroit dans leurs habits, seroit capable d'altérer le lait. Il est possible que du lait, placé dans le voisinage d'une Chenevière, ou d'un amas de Chanvre frais, éprouve quelque altération. Mais l'excès des précautions des Montagnards Francs-Comtois, ne me paroît pas nécessaire.

Le premier usage de la graine de Chanvre est de servir à le reproduire. On vend, années communes, un setier de graine de Chanvre.

On en donne, en France, à tous les oiseaux domestiques, tant ceux de basse-cour, que ceux qu'on élève pour l'agrément. On assure que les hommes en mangent en Russie, en Pologne & en Grèce. Mais n'est-ce pas plutôt l'huile que la graine entière? On fait de cette graine une émulsion pour la toux. Pilée & infusée dans du vin blanc, elle est diurétique & emménagogue.

L'huile exprimée de graine de chenevi, est d'usage dans la peinture, dans la composition du savon noir, & dans plusieurs arts. Le marc qui reste après l'expression forme des tourteaux, que les vaches, les chevaux, les bêtes à laine & les cochons mangent bien.

Les tiges du Chanvre sont les principales parties, pour lesquelles on le cultive généralement. Elles contiennent ces filamens précieux, dont la préparation occupe tant de bras, entretient tant de manufactures. En examinant la structure & la composition des tiges, on les trouve cannelées, creuses, remplies d'une substance médullaire, blanche & tendre, enveloppée d'un tuyau fragile, qui paroît presque tout formé d'un tissu cellulaire & de quelques fibres longitudinales. Ce tuyau se nomme communément *le bois* du Chanvre, *la paille* ou la *chenevotte*. Il est recouvert d'une écorce assez mince, formée d'un grand nombre de fibres ligneuses, qui s'étendent selon la longueur de la tige, & ne paroissent pas faire un réseau, mais être posées les unes à côté des autres, & unies seulement par un tissu cellulaire ou vésiculaire, dans les interstices duquel est une substance gommeuse. Vues au microscope, ces fibres sont des faisceaux de fibrilles, ou de fibres d'une extrême finesse, roulées en tirebourre. Elles s'étendent & peuvent devenir fort longues, lorsque par la macération ou le rouissage, les substances qui les retiennent se dissolvent. Toute leur surface est recouverte d'un épiderme vert, velu, rude au toucher. C'est ce tissu qu'on détruit, qu'on désorganise par le rouissage, pour en retirer la filasse ou les fibres séparées.

Du Rouissage.

Rouir, naiser, égir, sont des mots employés selon les pays, pour exprimer l'opération du rouissage, une des plus importantes de l'économie rurale.

On rouit le Chanvre, ou dans l'eau, ou à l'air, ou dans la terre, ou à la gelée.

Rouissage dans l'eau.

L'eau dans laquelle on fait rouir le Chanvre ou

ou courante ou stagnante. Elle est courante, quand c'est dans un fleuve ou dans une rivière : elle est stagnante, si c'est dans un étang, dans un lac, ou dans une mare.

Il y a des pays où on emploie à cet usage des ruisseaux, dont le cours est si lent qu'on pourroit en regarder l'eau comme stagnante.

On pratique encore auprès des fontaines, ou le long des rivières & des ruisseaux, de larges trous, qui d'abord se remplissent d'eau entièrement, & dont la surface ensuite se renouvelle par un filet, qu'on y laisse entrer & sortir.

Pour faire rouir le Chanvre à l'eau d'un fleuve ou d'une rivière, on plante de forts piquets sur les bords, dans le lieu qu'on a choisi, & on fixe des perches à ces piquets. S'il y a des arbres à portée, on en profite : ils tiennent lieu de piquets ; on y attache les perches ; on place les bottes du Chanvre au milieu sans précaution, en les posant les unes sur les autres, ou bien on leur donne une disposition, qui en fait, pour ainsi dire, un radeau. Cette disposition consiste à former un quarré, dont chaque côté soit composé de deux poignées, attachées bout-à-bout, & traversé par une croix de quatre poignées, arrangées de la même manière. Entre les croisillons on met d'autres bottes de Chanvre, têtes contre racines. Sur cette base se place le surplus des bottes, toujours avec la même disposition. Les radeaux sont formés quelquefois de quatre cens bottes de Chanvre : on a l'attention de ne les pas serrer les unes contre les autres, afin que l'eau puisse les pénétrer. On recouvre le tout de paille, & par-dessus de terre ou de sable, ou de boue, ou de gazon, ou de pierres, ou de pièces de bois, pour le bien assujettir. Par ce moyen le courant ne peut entraîner le Chanvre, dont la pesanteur est à celle de l'eau, comme un est à deux.

M. l'Abbé Brasle proscrit la boue & les gazons, qu'il regarde comme propres à gâter la filasse ; il préfère tout autre leste. L'usage de faire rouir dans les grands fleuves est à peine connu en Espagne : dans ce royaume on se sert quelquefois des petites rivières.

Quoique dans un lac & dans un grand étang, on n'ait pas à craindre le courant, cependant l'abondance de l'eau, qui peut être agitée par le vent, seroit capable de déranger le Chanvre. On doit comme dans les fleuves, peut-être avec moins de précaution seulement, attacher des piquets pour retenir le Chanvre. Dans la manière de disposer le Chanvre pour le faire rouir, employée par M. l'Abbé Brasle, on prend deux perches parallèles, sur lesquelles on étend des poignées déliées, de l'épaisseur d'un pied ; on applique dessus deux autres perches ; on attache les quatre ensemble, & on glisse le tout dans l'eau, en l'assujettissant avec des matières lourdes. Les piquets sont inutiles si le rouissage se fait dans des marres, ou des trous, ou dans des bassins étroits. Il suffit de charger la masse avec des corps pesans.

On conseille d'éviter pour le rouissage les eaux où il y a des *chevrettes*. Ces petits animaux, dit-on, coupent le Chanvre, & endommagent la filasse. Ce conseil n'est utile que pour les pays voisins de la mer, parce que les chevrettes ne vivent que dans les eaux salées.

Dans beaucoup de pays on profite des amas d'eau qui se trouvent aux environs ; dans d'autres, il y a des bassins communs, où chacun apporte son Chanvre à rouir ; dans d'autres, les particuliers creusent eux-mêmes des fosses sur le bord des fontaines ou des rivières ; ils y introduisent de l'eau & bouchent la communication. Quelques-uns laissent arriver continuellement un filet d'eau, qui s'échappe par une des extrémités de la fosse : cette dernière manière est la plus usitée en Espagne. On y loue les fosses plus cher après un premier rouissage qu'auparavant, & plus cher après un second qu'après un premier. Ces fosses ne sont jamais nétoyées pendant toute la saison du rouissage.

Les bassins ou fosses portent les noms de *routoirs* ou *rouissoirs*. On a donné quelques règles pour leur formation & disposition. Ils doivent être d'une étendue proportionée aux besoins du pays, ou des personnes auxquelles ils servent. On peut les faire plus étroits au fond que près de la surface, parce qu'on place les petites bottes au fond & les plus longues au-dessus. Un routoir, large de dix à douze pieds à la surface & de huit à neuf au fond, sur une largeur de cent cinquante pieds, & sur neuf à dix de profondeur, pourroit contenir 6400 poignées, ou 1280 bottes, de cinq poignées chacune. Les bons routoirs sont dallés au fond, & revêtus, sur les cotés, ou de pierres, ou de ciment, ou de pouzolane ; &, à leur défaut, de terre argileuse bien battue. Je desirerois que, dans leur construction, on ne négligeât pas la commodité & l'utilité des ouvriers. Il faudroit qu'ils pussent placer & déplacer les bottes sans entrer dans l'eau.

Il y a des pays, où les Seigneurs ont établi des routoirs communs, qui leur procurent une redevance. Pour 100 bottes de Chanvre, du poids de 7 à 800 livres, on paie trois livres six à sept sols, dans quelques villages de la Flandres.

Le Chanvre étant arrangé dans les rivières ou dans les routoirs, il y reste jusqu'à ce que la filasse puisse se détacher de la chenevotte & de l'écorce. On est obligé d'y regarder de tems en tems & d'essayer sur quelques brins ; car, s'il rouissoit trop, on n'auroit que de l'étoupe, ou de la filasse tendre, mollette, cotonneuse. Un mauvais rouir peut diminuer la récolte d'un sixième, & même d'un quart : s'il ne rouissoit pas assez, la filasse seroit dure, rude, cassante. Cet inconvénient seroit moindre, que celui qui résulteroit d'un rouissage trop considérable, parce qu'on y remédieroit en étendant encore quelques jours le Chanvre sur un pré, ou sur du chaume, où il s'acheveroit. L'usage apprend le point juste où il faut s'arrêter. C'est lorsque la chenevotte se cassant à-peu-près net, la filasse s'en détache, non pas avec une extrême facilité, mais sans peine & sans se rompre. La couleur jaune ou blonde, plus ou moins claire de la tige, la chûte, & la séparation des feuilles & des parties de la fructification, sont encore des signes propres à donner une bonne indication.

Le plus ou moins de durée du rouissage, dépend de plusieurs circonstances. Si le Chanvre est placé pour rouir, aussi-tôt qu'il est arraché, s'il est chargé de feuilles & encore vert, si les brins sont longs & gros, s'il a crû dans un terrain frais, si la masse des bottes est considérable, si les eaux sont chaudes, alkalines, ou tiennent en dissolution de la craie ou des matières végétales, il rouit plus promptement, que quand on le laisse sécher quelques jours après qu'il est récolté, que quand on l'a cultivé dans un terrain sec, ou qu'on l'a fait rouir dégarni de feuilles, que quand il a trop mûri, qu'il est dans le routoir en petite masse ou que la saison est froide, & l'eau agitée & crûe. Les racines rouissent plutôt que les têtes; les individus mâles, plutôt que les individus femelles. Dans les routoirs, les bottes le plus près de la surface se rouissent les premières. Les Rouisseurs intelligens & attentifs les retirent un jour ou deux avant les autres. C'est, sur-tout, le degré de chaleur qui y influe le plus. Voilà pourquoi le rouissage est moins long dans les eaux stagnantes, plus capables de s'échauffer que celles qui sont courantes : la différence peut être de deux à trois jours. Il est plus rapide en Été qu'en Automne, & en Automne qu'en Hiver; dans les pays chauds, que dans les climats froids ou tempérés. Dans celui de Paris, j'estime que le rouissage, en eau courante, doit durer sept à huit jours au mois d'Août, dix à douze en Septembre, vingt & vingt-quatre en Octobre, & quelques jours de moins, dans chaque mois, en eau stagnante.

M. Luce, Apothicaire de Grasse, en Provence, a fait beaucoup d'expériences sur le rouissage du Chanvre. En ayant mis tremper dans un baquet, dont l'eau étoit à dix-huit degrés de chaleur, il l'a examiné jour par jour. Le premier jour, la filasse ne put en être détachée; le deuxième, le troisième & le quatrième, elle se détachoit par lambeaux; le cinquième, elle cédoit un peu plus facilement; le sixième, encore mieux, mais non pas parfaitement; le septième, la filasse qu'on séparoit étoit rude, & le huitième, elle avoit toute la souplesse d'une filasse rouie en rivière. Du Chanvre qu'il mit rouir dans une étuve, à vingt-un degrés, le fut entièrement en sept jours; enfin en ayant fait bouillir sur le feu, après deux heures & demie, il put en extraire une filasse aussi belle que celle du Chanvre, qui avoit été huit jours dans une rivière.

Il y a des pays où l'on remet au mois de Mai le rouissage. On l'obtient meilleur, lorsqu'on peut attendre cette saison; sur-tout si les pays étant froids, le Chanvre y mûrit tard. Dans ce cas, après la récolte, on se contente d'ôter la graine des individus femelles, & de bien faire sécher les mâles & les femelles, avant de les serrer.

Suivant M. l'Abbé Brasle, le Chanvre mis dans l'eau, lorsqu'il est encore vert, est plus long-tems à rouir que celui qui est sec. Il assure en avoir fait souvent l'expérience. Cette assertion est absolument contraire à l'opinion de M. Marcandier, &, à ce qui me semble, à l'opinion commune. Car les parties du Chanvre encore vert ont une sorte d'humidité naturelle, qui les dispose à la fermentation, ou à la désunion, pour peu que cette humidité soit aidée par l'action d'un fluide qui les pénètre. Je le crois mieux fondé lorsqu'il conseille de jeter, sur la masse du Chanvre qui rouit dans une fosse ou dans un bassin, un peu de roseaux ou de paille, afin que le soleil échauffe moins les bottes, les plus près de la surface, qui sont toujours rouies avant les autres : au reste, on peut prévenir cet inconvénient autrement. Il suffit d'avoir l'attention de tirer du routoir ces bottes, un jour ou deux avant les autres, comme je l'ai observé.

Le rouissage est d'autant meilleur qu'il est plus accéléré. Les Hollandois mettent dans leurs routoirs un ferment putride, & les débris des plantes macérées, qu'ils conservent à cette intention. M. Jules Diviano d'Asti, en Piémont, propose d'y jetter une certaine quantité de marc de raisin. Il prétend que l'esprit-de-vin, qui y est contenu, dissoudroit la résine du Chanvre. Sans avoir égard à cette explication, qui ne peut être admise, on ne doit pas rejetter cette proposition. Le marc du raisin fourniroit des sels lixiviels, capables de hâter le rouissage. Si l'on craignoit que le marc du raisin rouge ne teignît la filasse, on emploieroit plutôt celui du raisin blanc : au reste, les lessives subséquentes déteindroient cette filasse. Dans les environs de Grasse, en Provence, le Chanvre femelle, le plus long à rouir, est saupoudré de chaux-vive, avant d'être placé dans le routoir. Enfin, M. Prozet, Apothicaire d'Orléans, conseille, d'après M. Home, de joindre de l'alkali à l'eau des routoirs. Il voudroit même que cet alkali fût rendu un peu caustique, par un mélange de chaux. Sa dose consiste en une livre de potasse & une livre de chaux, ou six livres de cendres calcinées, & une livre, ou une livre & demie de chaux, pour 240 pintes d'eau, qui font la contenance d'un poinçon, ou d'un demi-muid d'Orléans. Il est aisé de juger ce qu'un routoir contient de muids d'eau : on sait le poids d'un muid de chaux ou de cendres.

Une des grandes questions sur le rouissage du Chanvre est de savoir, si celui qui se fait à l'eau courante, est préférable à celui qui se fait dans l'eau stagnante. L'éclaircissement de cette question, n'est important que pour les pays où l'on a des eaux courantes & des eaux stagnantes; car on n'a pas toujours le choix. Les avis sont partagés sur cette question. M. Duhamel du Monceaux, Auteur d'un Traité sur la Corderie, & un des meilleurs Observateurs, donne la préférence au rouissage à l'eau stagnante, parce qu'il s'opère plus promptement, & parce que la filasse en est plus douce. A la vérité, elle est quelquefois jaune ou brune; mais ces teintes n'altèrent pas sa qualité. Elle n'en est, selon lui, que plus facile à blanchir. M. Marcandier, qui a fait un Ouvrage estimé sur le Chanvre, prétend que l'eau la plus claire, est la meilleure pour le rouissage, que le Chanvre qu'on fait rouir dans les rivières, est toujours le plus blanc & le mieux conditionné, qu'il a moins d'odeur & laisse moins de déchet au travail; qu'il ne fournit que très-peu de cette poussière, qui incommode les Ouvriers, en leur causant, quelquefois, des inflammations aux yeux, aux lèvres, un resserrement à la gorge, de la chaleur à la poitrine, des diarrhées ou gonflemens de ventre.

Des expériences faites par la Société d'Agriculture de Bretagne, sembleroient décider la question, pour le Chanvre seulement. Car il en est résulté que, du Chanvre roui dans l'eau dormante, comparativement avec du Chanvre roui dans l'eau courante, a donné plus de maître-brin, mais plus de déchets, & que ces déchets n'ont porté que sur les préparations inférieures; ceux du Chanvre roui à l'eau courante, ont porté sur toutes les préparation.

Je ne rappellerai point les opinions d'un grand nombre de personnes, dont j'ai les mémoires entre mains; elles rentrent dans celles de MM. Duhamel & Marcandier. Il feroit à desirer que les expériences de la Société d'Agriculture de Bretagne fussent répétées, & qu'on les portât jusqu'à faire des fils comparés des Chanvres rouis des deux manières, pour reconnoître le degré de ténuité qu'une même fileuse pourroit leur donner. C'est une idée de M. Abeille, Secrétaire de la Société d'Agriculture de Bretagne, & maintenant un des Inspecteurs du commerce. J'ajouterai que, pour rendre cette expérience plus complette, il feroit nécessaire qu'elle fût faite, en même-tems, dans différentes parties de la France; & que, non-seulement, on y fabriquât du fil avec du Chanvre roui à l'eau stagnante & à l'eau courante, mais qu'on en fît des cordages & des toiles. Peut-être le peu d'accord des observateurs vient-il de ce qu'on regarde la blancheur comme une des premières qualités de la filasse, destinée à faire de la toile, & la force comme la plus essentielle pour les cordages? Il est certain que la filasse du Chanvre, roui dans l'eau courante, est plus blanche que celle du Chanvre roui en eau stagnante. Mais, dans l'eau courante, le Chanvre fermente, toutes les parties qui séparent les brins de filasse se dissolvent, de manière que la filasse est plus pure, & par conséquent plus forte.

Les Habitans des bords de la Somme font rouir leur Chanvre dans des trous, dont la tourbe a été extraite; l'eau en est belle & claire. Ces trous ont de douze à quinze pieds quarrés, & beaucoup de profondeur. On suspend les bottes à des perches, qui se posent en travers, & plongent dans l'eau; car il faut que le Chanvre soit toujours couvert d'eau. Les filasses, qui en résultent, sont blondes & nettes. Elles ne doivent pas être aussi fortes que celles des bottes du Chanvre roui en eau stagnante, & entassées les unes sur les autres, seul moyen d'y exciter une fermentation utile à la désunion des parties. Mais ce rouissage peut suffire pour préparer le Chanvre destiné à certaines manufactures.

Ce que je viens de dire sur le rouissage à eau stagnante, peut s'appliquer à celui qui se fait dans l'eau, dont il ne se renouvelle qu'un filet; car, la différence entre ces deux rouissages, ne consiste que dans un peu plus de tems qu'exige le dernier. A Barcelone, M. Salva, Médecin, qui a fait des recherches très-utiles sur le rouissage du Chanvre, a vérifié que vingt-quatre heures de plus suffisoient pour rendre le rouissage à l'eau, dont il ne se renouvelle qu'un filet, égal à celui qui se fait en eau stagnante.

Le rouissage dans les rivières a un inconvénient qui, à la vérité, n'est qu'accidentel, & n'a pas lieu tous les ans. Les orages les font déborder, & accélèrent l'impétuosité du courant qui, quelquefois, emporte le Chanvre, ou y accumule des terres ou des sables. Si, dans les grandes eaux, on ne peut le retirer, il s'altère & pourrit.

On ne s'apperçoit gueres de ce qui se passe pendant le rouissage du Chanvre en eau courante; mais, dans les routoirs, on peut en suivre presque tous les phénomènes. Les deux premiers jours, il se dégage de l'air atmosphérique; le troisième, c'est du gaz acide; ensuite, de l'air inflammable. Si c'est en Eté, il ne se dégage plus rien après le sixième jour. L'eau se colore, se trouble, & devient d'une très-grande fétidité. Le poisson y meurt. M. Luce, ayant mis macérer du Chanvre dans un vase bien vernissé, plein d'eau, a recueilli tout le gaz qui s'en est échappé. Il y avoit les deux tiers de gaz méphitique.

On a été persuadé long-tems que, pour opérer le rouissage, il suffisoit de faciliter la dissolution d'une gomme contenue dans le Chanvre; mais on est convaincu, maintenant, qu'il s'y trouve aussi une substance résineuse. M. l'Abbé Rozier, si estimé par ses travaux en Agriculture, & Auteur d'un excellent Mémoire sur le Chanvre, croit, avec d'autres Physiciens, que la gomme du Chanvre, en fermentant dans l'eau, détermine la séparation de la résine. M. Salva, Médecin de Barcelone, qui a remporté un prix sur le rouissage du Chanvre, s'est assuré de la présence des deux substances, en séparant une livre de Chanvre de sa Chenevotte, sans rouissage, & en la laissant dans le meilleur esprit-de-vin tartarisé, pendant plus de deux mois. L'esprit-de-vin s'est coloré en couleur d'or. M. Salva en a retiré 72 grains de résine; le même Chanvre, remis ensuite dans l'eau, a donné 270 grains de gomme. Ainsi, dans cette expérience, la proportion de la gomme à la résine étoit d'environ un cinquième. Elle doit varier suivant les lieux, la nature du sol, l'année & la perfection du rouissage. M. Prozet, de deux onces de Chanvre, a obtenu 48 grains de résine, & 86 d'extrait gommeux. Il paroît que ces substances étoient en plus grande quantité dans le Chanvre, qu'il a analysé, que dans celui que M. Salva a soumis à l'examen. La proportion de la résine étoit plus forte, puisqu'elle étoit environ d'un tiers, au lieu d'un cinquième : ce qui peut dépendre de la nature du sol & du climat; l'un, ayant fait son expérience à Barcelonne, & l'autre, à Orléans.

Quand le Chanvre est suffisamment roui, on le retire de l'eau, on le lave, poignée par poignée, on le laisse égoutter quelquefois cinq ou six jours; on l'étale, ou de bout le long d'un mur, ou sur la terre, ou sur un pré, jusqu'à ce qu'il soit parfaitement sec. Si le tems est pluvieux, on le fait sécher sous quelqu'abri, & même au *hâloir*, dont je parlerai plus loin. Aux environs de Grasse, on bat le Chanvre, sur-tout le Chanvre femelle, avec des maillets, quand il est roui, pour le rendre plus souple.

Au moment, où l'on retire le Chanvre de l'eau, & où on le met sécher, on n'éprouve qu'une légère odeur, désagréable, s'il est roui dans une rivière, un peu considérable. Mais l'odeur qui s'en exhale est très-fétide, si le rouissage s'est fait en eau stagnante. Cette odeur a d'autant plus d'intensité, que le rouissage s'est opéré plus promptement, que le routoir est plus petit, que l'eau n'en a point été renouvellée.

L'eau d'un routoir stagnant, après le rouissage, est blanchâtre, trouble, savonneuse. Il y surnage une écume épaisse, irisée, remplie de filamens, quelquefois verdâtre, qui se dépose au fond. Elle a une odeur putride & la saveur fade.

On attribue aux exhalaisons des routoirs stagnans & du Chanvre qui sèche, après être roui, plusieurs maladies, qui attaquent les hommes dans les pays à Chanvre. La Société Royale de Médecine, occuppée de tout ce qui peut intéresser la santé publique, a proposé un prix d'encouragement, à ceux qui donneroient les meilleurs renseignemens sur cet objet. Il lui est parvenu beaucoup de Mémoires, dans lesquels les Auteurs ont dû entrer dans des détails de la culture du Chanvre, & sur les différentes manières de le rouir, employées dans leurs pays. Elle en a reçu du Lyonnois, du Bourbonnois, de la Bourgogne, de la Franche-Comté, de la Lorraine, de la Champagne, de la Flandres, de la Picardie, de la Bretagne, du Poitou, du Rouergue, du Quercy, de la Guyenne, de la Provence, &c. J'y ai puisé des connoissances qui me manquoient pour compléter cet article. On est en quelque sorte autorisé à regarder le Chanvre en rouissage, comme cause de maladies, par l'odeur vireuse de cette plante en végétation, par la douleur de tête qu'elle occasionne à quelques-uns des Ouvriers qui l'arrachent, par l'enivrement des animaux, que le hasard a fait coucher sur des tas de Chanvre femelle, nouvellement récolté, par la mort du poisson, dans certains routoirs stagnans, & par le dégoût qu'inspire aux bestiaux l'eau des routoirs. Mais ce ne sont-là que des conjectures & une simple présomption. Il faut des faits, bien constatés, pour rejetter sur le rouissage du Chanvre, les maladies automnales. On peut dire, qu'en éclaircissant plusieurs points incertains sur le rouissage les Auteurs n'ont pas fourni de quoi décider absolument la question de Médecine, très-difficile à la vérité. Il est certain qu'il règne, tous les ans, des maladies, dans les pays à Chanvre, & ce sont sur-tout des fièvres réglées. Mais la cause de ces maladies est-elle uniquement le rouissage, ou le rouissage combiné avec les exhalaisons des marais? Ou, sont-ce les exhalaisons seules des marais, très-communs dans les pays à Chanvre? On ne parviendra à résoudre cette question, qu'en prouvant que les maladies régnantes dans les pays à Chanvre ont lieu ou n'ont pas lieu dans les autres pays; qu'on les y trouve avec la même intensité, ou avec une intensité moindre, quand elles arrivent avant l'époque du rouissage, ou seulement quand il est commencé, qu'enfin, des routoirs ayant été établis dans des pays où il n'y a pas de marais, il a régné dans ces pays, depuis cet établissement, des maladies qui n'y régnoient pas, & qui ont cessé aussitôt que les mêmes routoirs ont été détruits. Il faut espérer que ces questions, soumises de nouveau à la sagacité & à l'observation des Savans, seront quelque jour bien éclaircies, & que le Cultivateur, apprendra du Médecin, les causes de ces maladies & les moyens d'en diminuer les effets. En attendant, je conseille de faire prendre aux Ouvriers quelques précautions. Ils ne doivent point aller respirer l'air des routoirs avant le sixième ou huitième jour; ils entreront le moins possible dans l'eau, soit en plaçant, soit en déplaçant les bottes de Chanvre, pour éviter les maladies dépendantes de l'humidité. Les propriétaires de routoirs, soit communautés de villages, soit particuliers, feront nétoyer les routoirs, sur-tout en Hiver, & en Eté, par des tems de pluie, & même après chaque rouissage. Par ce moyen on préviendra les imprudences & l'infection.

M. l'Abbé Rozier, pour empêcher l'odeur des routoirs, conseille d'y établir un moulin à vent, dont le moteur s'emploieroit à agiter l'eau à la plus grande profondeur, & de planter autour des peupliers, qui en absorberoient l'air inflammable. Il croit qu'on pourroit encore y jetter de l'eau de chaux, ou tremper du Chanvre dans cette eau. Ce dernier moyen auroit au moins l'avantage de donner à l'eau du routoir une vertu plus dissolvante.

Une Loi, d'après le rapport des Médecins, défend de rouir du Chanvre, auprès de Barcelone, avant le 4 Août. On ne voit pas les motifs de cette Loi, qui peut-être est exigée par des circonstances locales. M. Salva la blâme, & se fonde sur ces réflexions. « Les jours étant plus longs en Juillet qu'en Août, l'eau des routoirs s'échauffe plus promptement, le rouissage est plus accéléré, ou l'eau se corrompt moins, ou la corruption dure moins de tems. Il s'en exhale des parties plus ténues, qui montent plus haut ; les arbres ont plus de feuilles, capables de purifier une plus grande masse d'air, par conséquent il devroit y avoir moins de danger. En Septembre, les nuits sont plus longues, la chaleur est moins forte, les vapeurs & les exhalaisons se condensent, restent bas & plus à la portée des hommes. Si le rouissage est mal-sain, il doit l'être plus en Septembre qu'en Août, & plus en Août qu'en Juillet. » A quelque cause qu'on attribue les fièvres intermittentes, on ne peut nier qu'elles ne soient plus fréquentes en Septembre qu'en Août, & en Août qu'en Juillet.

Il existe en France d'anciennes Loix, qui défendent de rouir le Chanvre dans les rivières, & d'y laisser entrer l'eau des routoirs, formés sur leurs bords, & même dans des étangs, à cause de la mort du poisson. Ces Loix ont été exécutées, dans quelques pays, d'une manière abusive, & enfreintes dans d'autres, par un autre abus. Si l'on consulte la justice & la raison, il ne peut jamais être permis de faire rouir du Chanvre dans des étangs empoissonnés, où il est démontré que le poisson périt, ce qui n'a pas lieu quand l'étang est très-vaste, & quand on y fait rouir peu de Chanvre. Indépendamment de l'utilité, qui résulte pour le public de la multiplication du poisson, c'est attaquer une propriété, toujours sacrée, un étang étant une propriété, comme un champ, comme un bois. Mais, à l'égard des rivières, sur-tout de celles qui ont une certaine largeur, tout cultivateur doit pouvoir y faire rouir son Chanvre, puisque le poisson n'y souffre pas. Il est même prouvé qu'il s'en trouve bien, & qu'il le recherche ; car, dans les routoirs, le poisson meurt asphixié, uniquement parce qu'il n'a pas un assez grand espace, pour se soustraire à l'action méphitique du Chanvre en fermentation. Si, au moment où il est asphixié, on le retire, pour le remettre dans une pièce d'eau, qui ne contienne pas de Chanvre, il revient promptement. C'est, sur-tout, lorsqu'on fait rouir le Chanvre femelle, que le poisson souffre dans les routoirs stagnans, parce que cet individu a une odeur plus vireuse, & que les graines, qui y restent, sont un appas. Dans les grandes rivières, le Chanvre ne fermente pas, ou, il fermente lentement, & les produits de la fermentation étant très-atténués & détruits par le courant, le poisson, qui aime le Chanvre, en approche sans inconvénient. Il est très-nécessaire de faire écouler l'eau des routoirs dans les rivières, pour ne pas laisser subsister un foyer d'infection. Mais on doit procurer cet écoulement graduellement, à proportion du peu de largeur de la rivière : alors on sauve le poisson, on concilie les intérêts du public avec ceux des particuliers.

Il y a des routoirs assez bien construits, pour qu'à l'aide de deux vannes, on puisse y faire entrer de l'eau & la faire sortir. Aussi-tôt après le rouissage, on ouvre la vanne de décharge, puis, celle d'entrée, pour remettre de nouvelle eau, & laver le Chanvre, dans le routoir, en l'agitant : le Chanvre en est plus propre, & le routoir toujours bien nétoyé.

La qualité de la filasse ne dépend pas seulement du sol, de la culture, du tems qu'il a fait, de l'individu dont elle a été extraite ; mais encore de la manière dont le Chanvre a roui, &, sur-tout, de l'état & de la nature de l'eau, qui a été employée. On sait que la filasse est plus fine, quand elle a été extraite de l'individu mâle, quand le sol n'est pas marécageux, si on a semé très-drû, si l'Eté n'a pas été trop humide. Mais, toutes ces choses étant égales, lorsque le Chanvre n'a pas roui suffisamment, ou lorsqu'il a roui dans une eau crûe, il n'est pas de bonne qualité. M. Luce, à cette occasion, a fait une expérience intéressante, qui mériteroit d'être répétée. Il a demandé du Chanvre dans un grand nombre de villages différens. Il a fait macérer toutes ces parties, en même-tems, dans des vases égaux, remplis de la même eau. Il assure qu'elles lui ont donné la même qualité de filasse. Informé que celle d'un village est beaucoup plus belle que celle d'un autre, il a analysé l'eau du routoir de ce village ; il y a trouvé une terre calcaire, libre, verdissant le syrop de violette, & se décomposant par un alkali fixe en liqueur. De retour chez lui, il a composé, avec de l'eau distillée & du sel de tartre, une eau pareille à celle du routoir. S'en étant servi pour faire macérer du Chanvre du Village, qui fournit ordinairement de la belle filasse, il en a obtenu d'aussi belle par son procédé. Il a traité de la même manière du Chanvre des pays qui ne donnent que de la filasse commune, & il en a extrait de belle.

Rouissage à l'air.

Le rouissage à l'air peut être regardé comme un rouissage à l'eau. Il n'en diffère que parce que le Chanvre ne trempe pas dans l'eau, car ce sont les pluies & les rosées qui l'opèrent. Cette manière de rouir, s'appelle *serener*, dans quelques endroits. On la pratique, soit par habitude, soit parce qu'on est loin des rivières & des étangs, & sur-tout dans les pays où les rosées sont abondantes ; par exemple ; dans la Lorraine allemande, dans le Quercy, dans le Rouergue. Pour faire rouir ainsi, on étend le Chanvre sur un pré, nouvellement fauché, ou sur des chaumes, ou sur la Chenevière même. Quelquefois on le place de bout, le long d'un mur, d'un buisson, d'une haie ou d'un fossé, en l'arrosant une ou deux fois par jour. Il vaut mieux l'étendre sur le pré ou sur le chaume ; on le retourne, afin qu'il s'humecte & se sèche alternativement. On doit éviter de le coucher sur un sol ferrugineux, parce qu'il tacheroit la filasse. Quelques personnes, après avoir étendu le Chanvre sur un pré, le relèvent le lendemain matin, quand il est chargé de rosée; ils l'amoncèlent en tas, & le couvrent de paille. A la fin du jour, elles divisent le monceau, étendent de nouveau le Chanvre, & ainsi de suite, jusqu'à ce qu'il soit parfaitement roui. Cette seconde manière de rouir à l'air, me paroît préférable à la première. Dans ce rouissage, comme dans les autres espèces, on essaie, sur quelques brins de Chanvre, pour s'assurer de l'époque où il est entièrement roui. On le serre bien sec dans des greniers ou dans des granges, où on le peut garder long-tems, parce que les rats & les souris ne l'attaquent pas.

La durée du rouissage à l'air varie selon la chaleur du tems & l'abondance des pluies ou des rosées. Elle peut être d'un mois & de six semaines. Un tems trop sec la ralentit; mais un tems trop pluvieux, comme on en voit dans certaines Automnes, le rouit inégalement & le fait pourrir en partie & même en totalité. Quelquefois il se tache, quelquefois le vent l'emporte. Pour s'épargner des soins, il vaut mieux différer cette espèce de rouissage jusqu'au mois de Mai. Dans cette saison d'ailleurs les rosées sont plus considérables. Le besoin, toujours impérieux, empêche beaucoup de paysans de le remettre. Ils se hâtent de le faire rouir en Automne, pour le *teiller* en Hiver.

M. l'Abbé Rozier a tenté avec succès de tremper le Chanvre dans une eau un peu alkaline, avant de l'exposer à l'air. Les Hollandois, qui emploient ce rouissage, l'arrosent avec de l'eau de mer. On trouve dans les Mémoires de MM. l'Abbé Rozier & Prozet, un procédé pour avoir la plus belle filasse possible. A la vérité, le Chanvre y éprouve de grands déchets. Ce procédé consiste à le mettre peu de jours avant d'en perfectionner le rouissage, soit dans l'eau, soit à l'air, dans une composition d'argille non martiale, de chaux, d'alkali & d'eau.

La filasse obtenue par le rouissage à l'air est brune ou grise. On reproche à celle sur-tout qui est ainsi extraite des individus femelles, d'être grise ou brune, dure & cassante, & propre seulement pour des ouvrages grossiers, tels que des cordages qui servent dans les fermes, & pour les besoins ordinaires des ménages; elle donne beaucoup de cette poussière âcre, qui incommode les ouvriers, lorsqu'ils la préparent. Dans le Bourdelois, on n'emploie cette espèce de rouissage que quand on a peu de Chanvre, ou seulement pour les pieds femelles. Il peut avoir de grands avantages dans les pays chauds où il y a des rosées abondantes. Il est d'usage en Italie; mais il exige beaucoup d'attentions, & par-là il devient coûteux.

Il ne s'exhale aucune odeur du rouissage à l'air; il ne sauroit incommoder les hommes. On croit qu'il ne faut pas mener paître les moutons dans les prés ou autres terreins sur lesquels a roui le Chanvre. Mais c'est peut-être moins à cause des portions de Chanvre qu'ils peuvent avaler, qu'à cause de l'humidité de l'herbe, qui pousse dans les places où il a été étendu, sur-tout lorsqu'on l'a arrosé. Car les moutons contractent la pourriture, quand ils paissent des herbes trop humides.

On peut rapprocher du rouissage à l'air celui qui se fait à la neige, puisque ce sont les eaux de neige qui, dans ce cas, remplacent les rosées. On étend le Chanvre sur un champ; la neige qui le recouvre ou sur laquelle on le place, le rouit. Cette espèce de rouissage n'a lieu que dans quelques pays froids.

Rouissage dans la terre.

Le desir d'éviter l'odeur désagréable du rouissage dans l'eau stagnante & de suppléer au manque de rosées pour certains pays, a fait imaginer à M. l'Abbé Rozier d'adopter pour rouir le Chanvre une manière employée dans le Languedoc pour rouir le genet d'Espagne. On fait dans la terre une fosse d'une grandeur convenable, en lui donnant assez de fluit pour qu'elle ne s'éboule pas. On choisit, si on le peut, une terre qui soit compacte, sans être humide; toute autre ne seroit pas aussi favorable. Si elle est trop sèche, on arrose le fond & les parois de la fosse, qu'on tapisse de jonc ou de paille. On mouille les bottes de Chanvre; on les pose à plat, comme dans un routoir, & on les recouvre aussi de jonc ou de paille, & d'une couche de terre pardessus. Au centre de la masse, on dispose perpendiculairement un certain nombre des plus grandes tiges, de manière qu'elles traversent les bottes & s'élèvent au-dessus de la fosse. Ce sont les indicateurs dont on a besoin pour faire connoître quand le rouissage est complet. On s'en assure en en retirant quelques-unes de tems-en-tems, & en les froissant. M. l'Abbé Rozier a obtenu, par ce moyen, un rouissage en trois semaines. Une autre personne ayant mis ainsi dans la terre du Chanvre cueilli six mois auparavant & macéré dans l'eau pendant quarante-huit heures, il a roui en douze jours. Elle assure que la filasse étoit aussi belle qu'après un rouissage en eau stagnante.

Suivant un Mémoire adressé à la Société de Médecine, par M. Matthieu, Chirurgien à Conze, en Sarladois, on fait rouir, dans quelques cantons, le Chanvre dans la terre d'une autre manière. On pratique une fosse plus ou moins grande; on étend un lit de bottes de Chanvre, qu'on recouvre d'un lit de terre, puis, un lit de Chanvre, & ainsi alternativement jusqu'à ce qu'on ait placé toute sa récolte. Si la terre est trop sèche, on l'arrose. M. Matthieu regarde ce rouissage comme incertain & inégal. Il est quelquefois pourrissant.

M. Salva de Barcelone propose aux Cultivateurs, qui ne sont pas à portée de l'eau, un rouissage analogue à celui qui se fait dans la terre, à quelque différence près; on pourroit l'appeller *rouissage sur terre*. Il faut, pour l'exécuter, préparer dans la chenevière même une grande place quarrée, la clore de palis ou de claies, les revêtir de paille ou de roseaux. La place doit être unie & couverte de pierres ou de bois. On trempe le Chanvre dans l'eau, à moins qu'il ne soit verd ou nouvellement arraché; on arrange les bottes les unes sur les autres, dans la place préparée, comme dans un routoir; on les recouvre de paille, de manière que rien ne s'en échappe. Il s'excite une fermentation utile à la désunion des parties liées entr'elles. Au bout de quinze jours, on examine si le rouissage est complet. Il peut durer jusqu'à vingt jours. M. Salva n'a fait qu'une fois cette expérience, qui mériteroit d'être répétée. Le Chanvre étoit taché.

Après le rouissage dans la terre ou sur la terre, on lave le Chanvre & on le fait sécher.

Ce rouissage ne laisse échapper d'autre exhalaison que celle de l'odeur de plantes renfermées. Dans le cas où on auroit à en craindre quelque chose, sur-tout si on faisoit rouir une grande quantité de bottes, il suffiroit d'ouvrir la fosse peu-à-peu, & à plusieurs endroits à-la-fois.

En 1788 & 1789, j'essayai le rouissage dans la terre en le variant un peu pour voir de quelle manière il réussiroit le mieux. D'abord une fosse fut faite dans une terre légère & en partie sablonneuse, qu'on revêtit de toute part de roseaux. On la recouvrit d'une couche de terre, sur laquelle je fis jetter quelques seaux d'eau. Lorsque, d'après l'indicateur, je jugeai à propos de retirer le Chanvre, je trouvai beaucoup de bottes pourries. C'étoient sur tout celles qui avoisinoient les parois & les indicateurs. Le reste étoit cassant. Pendant le tems qu'avoit duré le rouissage, il avoit souvent plu. Je choisis un terrein plus compact, pour y pratiquer une autre fois une fosse; elle fut aussi garnie de roseaux. Le Chanvre y étant mis, on l'arrosa & on recouvrit comme la première fois; au bout de 11 jours, l'indicateur, annonçant un rouissage très-avancé, je retirai le Chanvre; il n'y avoit de pourri que les endroits où l'eau avoit pénétré. Les autres bottes n'étoient pas suffisamment rouies. Enfin, on remit dans la même fosse du nouveau Chanvre, mais sans la garnir de roseaux. Au lieu d'arroser le Chanvre dans la fosse, on le trempa dans l'eau auparavant & on le fit égoutter. Dix jours après, il parut assez roui d'après le rapport de l'indicateur; mais, quand il fut retiré, je trouvai des poignées assez rouies, d'autres, qui l'étoient moins, d'autres qui ne l'étoient presque pas. Dans certaines bottes, l'extrémité supérieure des tiges étoit trop avancée & l'extrémité inférieure étoit trop peu rouie. J'avois mis par comparaison chaque fois du Chanvre rouir soit à l'eau, soit à la rosée; celui-ci fut parfaitement roui. J'en ai conclu qu'on ne pouvoit guères compter sur le succès du rouissage dans la terre, parce qu'il est trop inégal & trop incertain. Il est possible que, plus étudié & plus perfectionné, il devienne très-avantageux. Il faudroit que quelqu'un se chargeât d'une suite d'observations & d'expériences sur cet objet.

Rouissage à la gelée.

Pour faire rouir à la gelée, il faut exposer le Chanvre, après l'avoir bien mouillé, à l'action de cet agent. On le réserve à cette intention depuis la récolte, en le conservant séchement. Cette espèce de rouissage, comme on voit, n'est pas le produit de la fermentation, mais une division méchanique des parties constituantes du Chanvre. La gelée resserre l'eau qui s'est insinuée par-tout, & désunit la filasse & les substances qui la lient. Après le dégel, on fait sécher le Chanvre à l'air ou au hâloir. Dans le rouissage à la gelée, la filasse abandonne mal sa chevenotte. Elle conserve un vernis, qui lui donne de l'éclat & de la dureté, qu'on appelle *force*. Le vernis venant à se dissiper, la force n'a plus lieu.

Ce rouissage, qui ne pourroit être pratiqué que dans les pays septentrionaux, n'est pas répandu. Il seroit plus commode que les autres, & n'auroit pas les mêmes inconvéniens. Mais il n'est pas aussi sûr que le rouissage à l'eau & le rouissage à l'air. On ne peut donc le conseiller à ceux qui peuvent recourir aux autres.

On a remarqué un fait qu'il est bon de consigner. La gelée ayant pris de bonne heure en 1789, on ne put, dans un Village auprès de Montdidier en Picardie, retirer du Chanvre, retenu dans une eau glacée. Il y resta plusieurs mois & ne fut pas gâté.

M. l'Abbé Rozier occupé de tous les moyens de simplifier l'opération du rouissage, a essayé sur le Chanvre les acides minéraux dulcifiés, & les acides végétaux par ébullition, par macération, par immersion; il a de plus exposé le Chanvre à la vapeur de ces acides; il s'est même servi du soufre brûlant, comme les Teinturiers s'en servent pour la soie. Le décruage du Chanvre a eu lieu très-rapidement. La filasse étoit plus blanche que celle qu'on obtient par le rouissage à l'eau courante.

Séchage.

Suivant la pratique ordinaire, quand le Chanvre est bien roui, il est nécessaire de le faire sécher. On le met au très-grand soleil, & on le conserve dans un endroit où il ne contracte pas d'humidité. Comme il est rarement assez sec pour qu'on puisse facilement en extraire la filasse,

au moment

au moment de cette opération on l'expose encore sur un four, dans un four même, après que le pain en a été retiré, ou lorsqu'on l'a fait chauffer exprès à un degré très-doux.

Dans la crainte qu'en passant le Chanvre au four, on ne mette le feu à la maison, on pratique, dans beaucoup d'endroits, des *hâloirs*, dans lesquels on en fait sécher à-la-fois une grande quantité. Les hâloirs sont de petits bâtimens voûtés ou sans plancher, ou des hangards, quelquefois des cavernes sous des rochers. On y place, à la hauteur de quatre pieds, des bâtons en travers, pour y poser du Chanvre de l'épaisseur d'un demi-pied. On fait dessous continuellement un petit feu de bois sec ou de chevenottes, ayant soin d'empêcher que la flamme ne monte jusqu'au Chanvre, qui est très-conbustible. On le retourne, afin qu'il sèche de tous les côtés, & on en substitue de nouveau à celui qui est hâlé suffisamment.

Préparation du Chanvre quand il a été roui & séché.

Le Chanvre étant séché, il y a deux manières de le dépouiller de sa chevenotte. L'une de le *teiller* ou *tiller*, l'autre de le *broyer*.

La première, la plus simple des deux, est pratiquée par des femmes & des enfans même, qui gardent le bétail. Elle consiste à prendre séparément chaque brin de Chanvre, à le briser d'abord sur le doigt à sept ou huit pouces du bas de la tige; puis, faisant couler un doigt entre la chevenotte & l'écorce, à séparer la filasse jusqu'au bout. On traite ordinairement de cette manière le Chanvre femelle, sous prétexte que c'est un moyen d'en corriger la filasse. Les paysans qui ne récoltent que peu de Chanvre ou qui veulent occupper leurs femmes & leurs enfans, ne le font pas broyer.

L'instrument qui sert à broyer le Chanvre s'appelle *broye*, *broyoire* ou *brie*, ou *broyoir*, *séran*, *bancelle*, *marque*, *mâchoire*, &c. & l'opération *broyage* ou *sérançage*. « La broye est une » espèce de banc de bois, haut d'environ deux » pieds & demi, sur quatre à huit pieds de longueur, » & formé d'un soliveau de cinq ou six pouces » d'équarrissage. Presque toute la longueur du » soliveau est creusée de deux mortaises, larges » de quinze à vingt lignes. Les languettes, for- » mées par les deux entailles, sont accommodées » en tranchant. Une autre pièce de bois, arron- » die au-dessus, & dont le dessous forme comme » deux couteaux, qui entrent dans les rainures » de la pièce inférieure, est assemblée en char- » nière par un bout, près de l'extrémité de cette » pièce, au moyen d'une cheville, qui laisse le » mouvement libre; l'autre bout est fait en poi- » gnée. »

« L'ouvrier prend de la main gauche une » grosse poignée de Chanvre, & de l'autre la » poignée de la mâchoire supérieure de la broye. » Il engage le Chanvre entre les deux mâchoires; » puis, élevant & baissant avec force & à plu- » sieurs reprises la mâchoire supérieure, il brise » les chenevottes; ensuite il les oblige à quitter » la filasse, en tirant le Chanvre entre les deux » mâchoires; & quand la poignée est ainsi broyée » jusqu'à la moitié de sa longueur, il la prend » par le bout broyé, pour donner la même pré- » paration à celui qu'il tenoit dans sa main. »

« Quand il y a environ deux livres de filasse » bien broyée, on la plie en deux, & on tord » grossièrement les deux parties l'une sur l'autre; » c'est ce qu'on appelle des *queues de Chanvre*, » de la *filasse brute*, de la *filasse en brin* ou simple- » ment du *Chanvre*. » *Dict. Écon.*

Une femme peut broyer ou sérancer vingt à trente livres de Chanvre par jour, & un homme davantage.

Le Chanvre, qui rompt difficilement entre les mains, n'est pas toujours le meilleur. On doit donner la préférence à celui qui est généralement le plus fin & le plus doux. La meilleure épreuve est d'en manœuvrer un échantillon. Le vieux Chanvre, reconnoissable à la perte de l'odeur, s'affine mieux que le nouveau; mais il fournit plus de déchet.

On est embarrassé de décider lequel vaut mieux du *teillage* ou du *sérançage* pour la qualité de la filasse. Le teillage a cet inconvénient, que rarement le Chanvre en est également long, & que les brins trop courts s'en vont en étoupes; le Chanvre ainsi préparé répand d'ailleurs plus de poussière que celui qui a été broyé, parce que la broye détache & emporte beaucoup des parties gommeuses, qui resteroient à la filasse; il arrive quelquefois qu'en teillant, des gens avides tirent la filasse jusqu'au collet de la racine: celle que fournit le bas de la tige, qu'on appelle *pattes*, tombe quand on peigne; mais le teillage a l'avantage de laisser moins de chenevotte, & de procurer de la filasse de bonne qualité, quand on commence à teiller à quelques pouces au-dessus de la racine. La broye travaille les pattes autant qu'il est possible, & en détruit ce qui n'est pas de bonne qualité; les sommités ou *pointes*, qui sont toujours tendres, se détruisent par le *teillage*, comme par le *sérançage*.

M. l'Abbé Brasle propose de séparer, après le rouissage, la filasse de sa chenevotte, par un procédé qui supplée au teillage & au broyage, ou plutôt qui est une espèce de teillage. Dans un bac long de six pieds, contenant quatre ou cinq pouces d'eau, on étend cinq à six poignées ensemble. On appuie sur elles une planche longue de deux pieds, garnie de pointes de laiton & d'un manche. Alors on défile le Chanvre, c'est-à-dire, on en extrait la chenevotte très-facilement, si les poignées sont bien rouies, bien lavées & sans rupture; la filasse reste au fond du bac. On lève aussi-tôt la planche à pointes avec précaution; on nétoie la filasse des esquilles; on la prend par le milieu, & voilà une poignée pure. On continue ainsi à défiler les autres poignées.

Des enfans & de vieilles femmes peuvent faire ce travail. Quatre ouvriers peuvent défiler vingt bottes de Chanvre, en un jour & demi.

Au lieu de mettre le Chanvre pour le défiler dans un bac, on peut le poser sur cinq à six petites barres triangulaires de bois, en leur donnant l'épaisseur d'un pouce ou environ, & la longueur d'un pied & demi; on les cloue sur la planche transversalement, & à six pouces de distance. La planche se place sur trois piquets, à trois pieds de hauteur, pour défiler plus aisément. On passe sur les poignées une corde de crin, à laquelle on attache un poids d'une livre de chaque côté, & qui contient les tiges & arrête la filasse. M. Brasle préfère cette dernière méthode, qui évite des frais.

On doit, d'après cet Auteur, laver la filasse quand elle est séparée de la chenevotte. On en prend cinq ou six poignées, on les trempe deux ou trois fois dans une eau de savon noir; on les presse pour en faire sortir l'eau, on attache ces poignées vers le milieu dans une fourche de bois, on les plonge dans une eau claire, on les en retire & on les y replonge jusqu'à ce que la filasse devienne pure & blanchâtre. Un des côtés étant épuré, on lave l'autre de la même manière. On remarque que la queue est plus difficile à blanchir que les pattes.

Le Chanvre teillé ou sérancé n'est, pour ainsi dire, que dégrossi. Il ne peut être employé sans être *affiné*. On lui fait subir cette préparation par différens moyens. Les uns le battent dans des mortiers de bois, avec de gros maillets qu'on garnit quelquefois de fer, ce qui s'appelle *piler le Chanvre*. Quand les maillets sont garnis de fer, les déchets sont considérables; d'autres proposent des moulins pareils à ceux des papeteries & des poudreries; d'autres font passer le Chanvre sous une meule de pierre, dans un moulin construit comme ceux qui font de l'huile. Le Corps d'Observations de la Société d'Agriculture de Bretagne indique comme plus expéditive, une machine nommée *moulin*. C'est une auge dont l'aire est parcourue par un cône, posé horizontalement & mû par un cheval.

« Un autre moyen d'atténuer, assouplir & nétoyer le Chanvre, est de l'*espader*, *pesseler* ou » *échanvrer*: c'est-à-dire, le frapper à coups redoublés » sur une planche posée de bout, avec une es» pèce de couperet. Ce travail doit être exécuté » dans un endroit dont le plancher soit élevé & » qui ait de grandes fenêtres, pour donner lieu » à la dissipation de la poussière qui sort du Chan» vre, & qui peut beaucoup fatiguer la poi» trine. On nomme *chevalet* une pièce de bois » large de quinze à dix-huit pouces, sur huit à » neuf d'épaisseur, sur laquelle est assemblée » de bout une planche épaisse de douze à qua» torze lignes, large de douze à quinze pouces, » haute d'environ trois pieds & demi, & dont » le haut est échancré en demi-cercle de quatre » à cinq pouces d'ouverture, & d'environ deux » à trois pouces de profondeur. Il y a des endroits » où cette planche porte les noms de *paisset*, *pois» set* ou *pesseau*. Ce qu'on appelle *espade*, *espa» don*, *échanvroir*, *écoussoir* ou *échouche*, est com» munément une planche de noyer bien polie, » & sans arrêtes, longue d'un à deux pieds, sur » deux à six lignes d'épaisseur, large de quatre à » huit pouces, & dont les deux côtés sont en » tranchant mousse (quand elle a moins de sept » pouces de largeur, la filasse est sujette à s'en» tortiller autour). L'une des extrémités est ar» rondie en-dessous, vers la poignée qui la ter» mine, & qui peut avoir quatre pouces de long, » sur environ un pouce & demi de diamètre. On » ajoute quelquefois au bord de la poignée une » sorte d'aileron, qui s'élève à angles droits, entre » elle & la lame de l'espade : c'est une planche » aussi mince que cette lame, mais large de quatre » pouces & demi, haute d'un pied, droite par » le côté qui regarde la lame, & un peu en » ceintre par celui qui est vers l'ouvrier : son » effet est de donner de la volée à l'instrument, » & diminuer la fatigue de l'espadeur. La lame » de l'espade n'est alors en tranchant que d'un » côté. On voit en Normandie des espades dont » la lame est de fer, en couperet; le tranchant » en est fort mousse: le manche est de bois.»

«L'espadeur prend de sa main gauche, & vers » le milieu de la longueur, une poignée de Chan» vre, plus ou moins forte; il serre fortement la » main; &, la tenant près de l'échancrure du » paisset, sur laquelle appuie le milieu de la poi» gnée, le reste pendant de l'autre côté, il fait » tomber adroitement, mais très-ferme, sur » la partie pendante, l'espade qu'il tient de la » main droite. L'espade & le Chanvre glissant » par un même mouvement le long du paisset, » la chenevotte se détache, les fibres se désunissent, » les fibrilles s'étendent. Après plusieurs coups, » on secoue le Chanvre, & on le retourne dessus» dessous, toujours empoigné; & on continue » de frapper jusqu'à ce qu'il soit bien net, & » que les brins paroissent bien droits. On le change » alors bout pour bout, afin que la poignée soit » également apprêtée dans toute sa longueur. On » commence toujours par le bout qui tenoit au » bas des tiges. Il faut avoir l'attention de travail» ler le milieu comme les extrémités; on ne voit » que trop d'ouvriers qui y manquent. Si le Chan» vre n'est pas bien arrangé dans la main de l'es» padeur, il s'en détache beaucoup de brins qui » se bouchonnent. Malgré l'attention de certains

» ouvriers à cet égard, il s'en sépare toujours » des brins qui tombent à terre. Mais, quand il » y en a une certaine quantité, on doit les ramasser, en faire des poignées le mieux que l'on » peut, & les travailler à part : au moyen de » quoi il ne reste qu'une mauvaise étoupe, propre à faire des flambeaux, du lumignon, des » serpilières & autres toiles semblables, des tampons pour les mines ou pour boucher les bouteilles, panser les chevaux, faire du papier, &c.»

« Le Chanvre est plus ou moins long à espader, selon qu'il est plus ou moins net de chevenottes. Ce degré de netteté influe encore sur le » déchet. Un bon espadeur peut préparer 60 à » 80 livres de Chanvre dans sa journée, & le » déchet peut s'évaluer à cinq, six ou sept livres » par quintal. »

« Quand cette opération est bien faite, le » Chanvre est presque dans sa perfection. On assure qu'à Venise, où la corderie est célèbre, » on espade de manière que, le plus souvent, » on n'a pas besoin de peigner le Chanvre. Au » reste, la qualité primitive du Chanvre peut contribuer beaucoup à régler l'une ou l'autre préparation. (*Voyez* l'Ouvrage de M. Duhamel, » pages 79, 86, 87). Le Chanvre de Riga n'a » besoin que d'être peigné à Brest & à Rochefort, pour en faire des cordes, tandis que celui » des environs de Brest ne s'emploie qu'après » avoir été bien espadé, puis peigné. Peut-être » est-ce la même raison qui fait qu'on n'espade » pas à Marseille celui qu'on emploie aux manœuvres des vaisseaux. Cependant M. Duhamel » assure, d'après les expériences & observations » qu'il a faites, que le Chanvre, qui paroît le » plus net, s'affine mieux avec l'espade qu'avec » le peigne seul, & que le bon Chanvre n'y » souffre pas plus de déchet qu'entre les mains » des peigneurs.»

« M. le Duc de Choiseul a fait remettre à la » Société de Bretagne une *broye de Livonie*, que » l'on présume faire le double office de broye & » d'espade. On assure que cet instrument & la » broie à scie du Languedoc n'affinent les filasses » qu'en les affoiblissant, & rendent les brins ronds » & cordonnés; les autres instrumens les rendent » rubanés : ceux-ci sont plus estimés. Consultez » le Corps d'Observ. de cette Société, années » 1759 & 1760, pages 333 jusqu'à 337, *in*-8.°

« La dernière façon qu'on donne au Chanvre est » de le faire passer successivement par plusieurs » *peignes* de fer ou *affinoirs*, qu'en nombre d'endroits on nomme *serans*. Ce sont des espèces » de cardes dont les dents sont plus ou moins » longues, fortes & serrées, suivant le degré de » finesse que l'on veut donner au Chanvre. (Consultez l'Ouvrage de M. Duhamel, pages 70, » 71, 72, &c.) Le Chanvre qui a eu cette façon » est appellé *affinage* parmi les Marchands. On » le vend en *courtons* ou *cordons*, c'est-à-dire, » par petits peignons, légèrement tors, pliés en » deux & noués par le milieu, comme les écheveaux de fil, si ces peignons sont un peu longs, » sinon un peu tors & noués à chaque bout.»

« Un peigneur peut préparer jusqu'à quatre-vingt livres de Chanvre par jour. Mais il est beaucoup plus important d'examiner s'il prépare » bien son Chanvre, que de savoir s'il en prépare beaucoup. D'ailleurs il faut plus de tems » pour le passer par quatre peignes que par » deux.»

M. Duhamel conseille de ne peigner le Chanvre qu'à mesure qu'on veut l'employer. Si on le peigne d'avance, il s'emplit de poussière, en sorte qu'on est obligé de le peigner de nouveau.

Le déchet qu'éprouve la filasse est plus ou moins considérable, selon la nature du sol, la chaleur du pays, l'espèce & la perfection du rouissage employé, & le plus ou moins de préparation qu'on lui donne. Car on tire plus ou moins à la belle filasse ; ce qui dépend du profit que trouve le propriétaire à vendre du fin ou du commun, & l'usage qu'on en veut faire. Ordinairement le déchet est de quinze à seize livres par cent; quelquefois il n'est que de dix à onze; d'autres fois il est de vingt-huit à trente. Pour des ouvrages précieux, on sépare ce qu'il y a de plus beau dans le maître brin. On conçoit que d'une filasse brute, on retire diverses qualités, dont la plus inférieure est de l'étoupe.

M. Duhamel croit, d'après l'examen & beaucoup de faits, que le Chanvre le mieux affiné, loin d'être énervé, fait les meilleures cordes.

M. Marcandier, dans son Traité du Chanvre, indique des moyens de perfectionner les préparations de cette plante. Il veut qu'on ne la cueille que bien mûre, qu'on en égruge les têtes aussi-tôt après la récolte, qu'on la fasse rouir sans la faire sécher, qu'on lui donne un second roui après le teillage ou le broyage, que l'eau de ce second roui ait un certain degré de chaleur, qu'on la renouvelle plusieurs fois, qu'on y presse & fatigue le Chanvre, qu'on l'en tire pour l'étendre & le battre dans toute sa longueur, & le laver ensuite à l'eau courante; après quoi on le tord, on l'ouvre, on le fait égoutter & sécher sur des perches. Ce deuxième roui peut être fait en forme de lessive ordinaire. Par ce moyen, le Chanvre doit sans doute être plus purifié, plus disposé à être affiné. Il donne peu de déchet dans l'affinage & n'incommode pas les ouvriers. Suivant M. Marcandier « le Chanvre ainsi lavé donne, en passant sur des peignes » fins, une filasse susceptible du plus beau filage, » comparable au lin, & ne fournit guères d'étoupes, » encore M. Marcandier tire-t-il parti de ces étoupes; en les cardant comme de la laine, il en résulte une matière fine, moëlleuse & blanche, propre à ouater, & dont on peut, selon lui, faire de beau fil, soit en l'employant seule, soit en la mêlant avec laine, coton, soie ou poil.

M. Marcandier prétend que le Chanvre préparé comme il l'indique, a sur la laine & le coton l'avantage d'être employé en étoffe, toile, bonneterie, tapisserie, broderie, sans qu'il soit besoin de le filer ou même de le peigner. Cette méthode n'a pas trouvé des partisans assez zélés & en assez grand nombre pour la faire adopter. On assure que ce qui en a empêché, c'est que les déchets en sont très-considérables. D'ailleurs toutes ces préparations doivent être très-coûteuses.

On lit, dans un Journal économique, un Mémoire, qui a beaucoup de rapport avec celui de M. Marcandier. L'Auteur diffère de M. Marcandier en ce que proposant le rouissage à la rosée, il croit que le Chanvre n'a besoin ni de broyage ni d'espadage, mais d'être mouillé & frappé attentivement avec un battoir, sur une table. Cela suffit, selon lui, pour obtenir une filasse très-fine, très-douce, égale, très-blanche, presque sans déchet. Il ne s'agit plus que de la peigner.

On estime qu'un arpent de Chanvre de cent perches à vingt-deux pieds la perche, peut produire, en bon terrein, & dans une bonne année, deux mille poignées de filasse, toutes teillées ou broyées, du poids de vingt livres le cent de poignées, c'est-à-dire, quatre cens livres de filasse. (*M. l'Abbé* TESSIER.)

CHANVRE aquatique. *Bidens tripartita. L.* Voy. BIDENT A CALICE FEUILLÉ, n.° 1. (*M.* THOUIN.)

CHANVRE d'Aigremoine, nom peu usité, de l'*Agrimonia Eupatoria L.* Voyez AIGREMOINE OFFICINALE. (*M.* THOUIN.)

CHANVRE de Canada. *Apocinum Cannabinum L.* Voyez APOCIN À FLEUR HERBACÉ. (*M.* THOUIN.)

CHANVRE de Crête. *Datisca Canabina. L.* Voyez CANNABINE glabre. (*M.* THOUIN.)

CHANVRE de Virginie, *Acnida Cannabina. L.* Voyez ACNIDE DE VIRGINIE. (*M.* THOUIN.)

CHANVRIERE, terrein où l'on cultive le Chanvre. Ce terrein exigeant une préparation plus grande & des engrais plus abondans, on y consacre ordinairement le meilleur. Le plus souvent la Chanvrière est située près de l'habitation. Voyez CHANVRE. (*M. l'Abbé* TESSIER.)

CHAPEAU. Dans les jardins de Botanique, on donne ce nom à des ustensiles destinés à garantir les plantes du grand soleil. On pourroit les appeller avec plus de raison, contresols; mais le premier nom ayant prévalu par l'usage, nous l'avons conservé.

Les Chapeaux sont construits en terre cuite, en osier & en bois. On leur donne différentes dimensions en raison du volume des plantes auxquelles ils sont destinés. Cependant comme on n'emploie les Chapeaux que dans les Ecoles de Botanique, & que les arbustes ou les plantes qui exigent d'être abritées du soleil sont délicates & de petite stature, on peut les restreindre à trois dimensions principales.

La 1.re sorte à laquelle on donne ordinairement dix pouces d'élévation sur huit de diamètre dans sa partie inférieure, se fabrique en terre cuite. Ce sont des pots comme ceux à giroflée que l'on coupe dans la moitié de leur diamètre jusqu'à un quart environ de leur partie supérieure. En renversant ce vase & tournant son côté plein à l'exposition du midi, la plante qu'elle recouvre est à l'abri du soleil depuis dix heures du matin jusqu'à quatre heures après midi.

Les Chapeaux de la 2.e dimension ont deux pieds de haut environ & dix-huit pouces de diamètre. Ils sont formés de quatre montans tenus à égale distance par trois cerceaux disposés dans leur hauteur. Ces montans dépassent le cerceau inférieur d'environ six pouces & sont affilés par cette extrémité, afin qu'ils puissent s'enfoncer en terre & donner au Chapeau la force de résister au vent.

Le corps du Chapeau est formé d'une pièce fabriquée en osier dans les deux tiers de sa circonférence & dans toute sa hauteur. Cette pièce d'osier est tressée avec les montans & les cerceaux de manière à ce que toutes les parties soient liées ensemble & forment un tout solide & durable. La partie supérieure est fermée seulement par des baguettes distantes les unes des autres d'un demi-pouce & assujetties par deux ou trois chaînes d'osier de la même manière qu'une claie de bois. La partie inférieure reste vuide ainsi que le tiers de sa partie circulaire qui est en élévation.

3.° Enfin lorsqu'on a besoin de garantir du soleil des végétaux plus élevés on emploie des Chapeaux faits en bois. On peut donner à ceux-ci jusqu'à quatre pieds d'élévation sur deux pieds en carré. Ils sont établis avec quatre montans sur lesquels sont cloués de trois côtés seulement des planches de volige ou de bois mince.

Le 4.e côté reste vuide & est maintenu par deux traverses, l'une dans le haut & l'autre dans le bas. Les quatre montans doivent également être affilés par leur extrémité inférieure & déborder le corps de la caisse d'environ huit pouces pour entrer de cette profondeur dans la terre & y assujettir solidement cette espèce de caisse. La partie supérieure est couverte d'un léger grillage en baguettes, & le tout est peint en verd pour le rendre en même-tems & plus durable & plus agréable à l'œil.

On fait aussi des Chapeaux en tôle & en fer blanc de la même forme que ceux dont nous avons parlé ci-dessus, lesquels sont percés d'un grand nombre de petits trous dans toute leur partie pleine. Mais ces ustensiles sont infiniment plus coûteux que les autres, & sont moins propres à la conservation des plantes, c'est ce qui les fait négliger.

Les Chapeaux servent non-seulement à défendre certaines plantes de l'ardeur du soleil, mais encore à garantir des vents du Nord les plantes qui pourroient en souffrir. Il suffit de les orienter & de les mettre dans la position convenable pour remplir ce double but.

Dans les écoles on commence à se servir des contresols ou des Chapeaux vers le milieu d'Avril, tems où le soleil commence à acquérir de la force dans notre climat. On les place sur toutes les plantes, soit en pots, soit en pleine terre qui ont besoin de leur secours, de manière qu'elles se trouvent au milieu de l'espace vuide. On dirige l'ouverture du Chapeau du côté du Nord si la plante craint le soleil, ou du côté du midi si elle craint le froid. Lorsque le soleil ne paroît pas, qu'il tombe des bruines ou petites pluies, on enlève momentanément les Chapeaux pour que les plantes jouissent de ces pluies bienfaisantes & qu'elles en soient lavées dans toutes leurs parties. Vers la fin de Septembre, on peut retirer tout-à-fait & rentrer dans les magasins les contresols pour y être conservés jusqu'à l'année suivante.

Les plantes auxquelles les Chapeaux sont le plus nécessaires pour leur conservation, sont en général celles des familles des Fougères, des Bruyères, des Rosages, les plantes Alpines, les arbustes jeunes & délicats & les végétaux malades.

On les emploie encore avec succès pour prolonger la végétation trop passagère des plantes printanières, l'existence des fleurs qui durent peu de tems & qu'un coup de soleil flétrit. L'invention de ces sortes d'ustensiles a été perfectionné au jardin des plantes de Paris, où l'on en fait usage depuis environ dix ans. (*M. Thouin.*)

CHAPEAU d'Evêque. Nom donné vulgairement à l'*Epilmideum Alpineum L. Voyez* Epimède des Alpes. (*M. Reynier.*)

CHAPELET (Jardinage.) C'est une continuité de plusieurs dessins qui s'enfilent l'un l'autre, tels que plusieurs salles dans un bosquet.

On le dit encore dans un parterre, lorsque plusieurs petits ronds appellés *Puits* se suivent, &, quoique détachés, forment une espèce de palmette ou de chaîne imitant les olives, les grelots ou les grains d'un Chapelet. *Ancienne Encyclopédie.*

On donne le nom de racines, en Chapelet, aux racines, qui, comme celles de la filipendule, portent, de distance en distance, des tubercules de différentes grosseurs lesquelles imitent les grains d'un Chapelet. (*M. Thouin.*)

CHAPERON ou CHAPIRON. Ancienne & mauvaise manière d'écrire le nom des caperons, race constante des fraisiers. Ce nom est déjà employé par Lobel. *Voyez* Caperon & Fraisier. (*M. Reynier.*)

CHAPLE, nom qu'on donne à Clisson, en Bretagne, à une terre qui est le *detritus* de la Roche décomposée.

CHAPON, coq rendu par la castration inhabile à la génération. *Voyez* Castration & Coq. (*M. l'Abbé Tessier.*)

CHAPON, on nomme ainsi, dans quelques-uns de nos Départemens, des bourgeons de vigne propres à faire des boutures. *Voyez* Crocette. (*M. Thouin.*)

CHAPONEAU, coq nouvellement châtré. *Voyez* Castration.

CHAPONNER, châtrer des coqs pour en faire des Chapons. *Voyez* Castration.

CHAR, mesure de terre usitée à Genève. *Le Char* contient 12 *setiers*, le *setier* 24 *quarterons*, le *quarteron* deux *pots*, le *pot* se sous-divise en deux demi-*pots* & celui-ci en deux *picholettes*. Le quarteron a 113 pouces cubes, le setier qui contient vingt-quatre quarterons, aura deux mille sept-cens douze pouces, & le Char qui contient douze setiers, aura trente-deux mille cinq cens quarante-quatre pouces cubes ou dix-huit pieds cubes & $\frac{385}{432}$ ou $\frac{24}{27}$ à peu-près. (*M. l'Abbé Tessier.*)

CHARACHER, *CharacHera.*

Nouveau genre de plante établi par Forskoel dans son Ouvrage sur l'Histoire naturelle de l'Egypte. Ses caractères ne sont pas assez connus pour dire précisément à quelle famille il appartient. On sait seulement qu'il a des rapports avec le genre des Camaras & qu'il pourroit être rangé parmi les Gatilliers ou les Vervaines : quoi qu'il en soit, ce genre est peu intéressant par ses usages. Il n'est composé que de deux espèces qui n'ont point encore été apportées en Europe.

1. Characher à épi.

Charachera spicata LaM. Dict. n.° 1. ♄ des montagnes de l'Arabie.

2. Characher à feuilles de viornes.

Charachera viburnoides Forsk Fl. Ægypt. ♄ d'Arabie.

Ces deux espèces sont de petits arbrisseaux rameux, étalés & garnis de feuilles opposées. Ils portent des fleurs disposées en épis, d'un blanc mêlé de violet assez agréable. Il leur succède des capsules à deux loges qui renferment chacune deux semences oblongues.

Ces arbrisseaux croissent sur les lieux élevés de l'Arabie.

D'après ce simple renseignement, il est probable que ces arbustes exigeroient dans notre climat la même culture que les plantes qu'on conserve dans les serres tempérées; &,

à raison de leur ressemblance avec le Camara, il est presque certain qu'on pourroit les multiplier de marcottes & de boutures. (*M. Thouin*).

CHARAGNE, *Chara L.*

Genre de plantes de la famille des Naiades remarquable par ses feuilles disposées en anneau autour des tiges comme celle des *Prêles* & par ses fleurs axillaires. Ces plantes végètent sous l'eau & remplissent toutes les eaux croupissantes, les rend bourbeuses par ses nombreux détrites, & nuit à l'ornement des paysages en détruisant la limpidité des bassins. L'une des espèces, celle n.° 4, a été l'objet de la curiosité des Phisiologistes, ils avoient cru y découvrir un principe d'irritabilité; mais leurs expériences n'ont pas confirmé cette découverte dont on a déjà des exemples dans le règne végétal; néanmoins on vouloit déjà faire de cette plante un polype.

Espèces.

1. Charagne commune ou fétide.
Chara vulgaris. L. dans les eaux stagnantes.
2. Charagne hispide.
Chara hispida. L. dans les fossés & les étangs.
3. Charagne cotonneuse.
Chara tomentosa. L. dans les fossés & les étangs.
4. Charagne luisante.
Chara flexilis L. dans les eaux tranquilles.

Il est inutile de s'appésantir sur des plantes qui ne seront jamais cultivées, & qui même sont le fléau des décorateurs de jardin. On trouvera leur description dans le Dictionnaire de Botanique. (*M. Reynier.*)

CHARANSON, CHARRANSON, CHARANÇON ou CHARENSON.

Sous ce nom on comprend différentes espèces d'insectes de la classe des Coléoptères ou insectes qui ont des étuis, ou élytres parmi lesquels il y en a de très-nuisibles. Je ne parlerai que de ces derniers. On peut consulter le Dictionnaire des insectes pour connoître les divers genres, espèces & variétés de Charansons. Je ne dirai même sur ceux qui nuisent à l'Agriculture, que ce qu'il est nécessaire de savoir pour être plus en état de les détruire ou d'en diminuer les ravages.

Plusieurs espèces de Charansons placent leurs œufs dans les diverses parties des plantes. On en trouve des larves dans les têtes d'artichauds, de chardons, &c. d'où ces insectes ne sortent qu'après avoir subi toutes leurs métamorphoses. Une de ces espèces, bien plus grande que les autres, est d'une couleur cendrée en-dessous; sa tête est noire, sa trompe large & courte, son corselet tacheté de points noirs, & les côtés sont d'un gris cendré.

L'extrémité des feuilles d'orme est quelquefois percée & rongée par une espèce de Charanson, de manière que le parenchyme seul est détruit, les membranes restant entières. On apperçoit, à l'endroit qui paroît mort, une vésicule ou un petit sac. La larve de l'insecte s'y change en chrysalide. Il en sort un petit Charanson brun, qui saute avec tant d'agilité qu'il est très-difficile de l'attraper. Sa tête & sa trompe sont noires, ainsi que le dessous de son corps, le dessus & les pattes sont d'une couleur fauve.

L'espèce de Charanson qu'on redoute le plus, parce qu'il fait un tort considérable, est celui qui s'introduit dans les grains de froment. On l'appelle *Cadelle* en Provence & ailleurs *Calendre, Chatepleuse, Carandre*, &c. Il attaque aussi le seigle, l'orge, l'avoine, le maïs, les graines légumineuses même, suivant M. Mauduyt, Docteur en Médecine, mais moins que le froment qui lui convient davantage. Cet insecte existe, comme les autres, sous trois formes, c'est-à-dire, qu'il subit trois métamorphoses; sa larve qui est très-petite & très-blanche, est un ver long d'environ une ligne. La femelle du Charanson, qui connoît les grains propres à la subsistance de sa famille, dépose ses œufs de manière que les nouvelles larves, qui, en sortent soient à portée des alimens qui leur conviennent pour vivre. Aussi-tôt qu'elle est fécondée, elle s'enfonce dans le tas de grains. Elle fait à un grain un trou obliquement & y dépose un œuf seul; cet œuf donne naissance à une larve qui perce le grain & s'y introduit.

La nourriture de la larve est la substance farineuse du grain, où elle est logée. Lorsqu'elle l'a toute consommée, & qu'elle est parvenue à sa grosseur, elle reste dans l'enveloppe du grain, ou elle se change en chrysalide, d'un blanc clair & transparent. Dans cet état, l'insecte ne prend pas de nourriture. Plus ou moins de tems après cette métamorphose, selon la saison & la chaleur, il rompt l'enveloppe qui le tient emmailloté, il perce la peau du grain & paroît sous la forme de scarabée. La plupart des insectes, tant qu'ils sont larves ou chenilles, ont une nourriture différente de celle qu'ils prennent quand ils deviennent papillons, ou mouches. Il n'en est pas de même du Charanson; comme larve il vit de la substance farineuse du grain; comme scarabée, il en vit encore. A peine sorti de sa chrysalide, il perce de nouveau le grain pour y rentrer & s'y nourrir.

C'est sous la forme de scarabée que le Charanson s'accouple. Il est en état de se reproduire dès qu'il est sorti de sa chrysalide. Mais il faut un certain degré de chaleur dans l'air, ou au moins dans les monceaux de grains. On croit que dix ou douze degrés suffisent & qu'au-dessous de huit ou neuf il ne s'accoupleroit pas. Lorsqu'il commence à faire froid le matin, la femelle cesse de pondre. Depuis le moment de l'accouplement jusqu'à celui où l'insecte paroît sous la forme de Charanson, il s'écoule quarante à quarante-cinq jours, plus ou moins en raison du degré de chaleur. Ainsi, dans une année, il y a plusieurs générations de Charansons; ces générations sont plus nombreuses dans les pays chauds.

Les Charansons se placent dans les tas de bled à quelques pouces de profondeur. On ne les voit à la surface que quand on les trouble dans leur retraite. Les tas de grains ou les parties des tas de grains, situés le long des murs, sont les endroits où il y a le plus de Charansons. S'il passe une cheminée dans le grenier, on trouve beaucoup plus de Charansons près de cette cheminée, sur tout si on y fait souvent du feu. Tant qu'il fait chaud, les Charansons ne quittent point les tas de bled, à moins, qu'en les remuant beaucoup, on ne les force de s'en aller. Mais, ils y reviennent bientôt, si la chaleur subsiste. Lorsqu'elle cesse, ils se retirent dans les fentes des murs, dans les gerçures de bois des planchers, derrière des tapisseries, dans des cheminées même, par-tout où ils peuvent se garantir du froid, qui les chasse des greniers. Dans cette saison, ils sont engourdis & ne prennent pas de nourriture. Ceux qui naissent à la dernière ponte, périssent ordinairement, si le froid arrive peu de tems après leur naissance. Au Printems, les Charansons quittent leurs retraites pour revenir aux tas de bled. C'est alors qu'ils en dévorent une plus grande quantité parce qu'ils sont plus affamés & que leur ponte commence.

On croit avoir remarqué que, lorsque la femelle du Charanson fait sa ponte, elle choisit les plus petits grains, afin que la larve qui mange toujours devant elle, ne s'enfonce pas trop avant; l'insecte devenu scarabée, auroit trop de peine à sortir. Si cette observation est vraie, comment expliquer la multiplication des Charansons dans le bled de turquie dont les grains sont si gros? Une larve logée dans les grains y est à l'abri de toutes les secousses qu'on lui donne en le remuant. Les excrémens qu'elle rend, servent à fermer l'ouverture, par laquelle elle a été introduite dans le grain.

Les Charansons aiment les ténèbres & la tranquillité. Dès qu'ils sont au grand jour ils fuient pour se cacher. Mais est-ce bien la lumière, qui les fait fuir, ou le froid des endroits percés de beaucoup de fenêtres, ou la crainte d'être découverts & tourmentés?

M. Joyeuse, qui a remporté le prix proposé par la Société Royale d'Agriculture de Limoges, en 1768, sur la destruction des Charansons, a, pour ainsi dire, calculé leur prodigieuse multiplication. Le mois d'Avril, est l'époque de la première ponte de ces insectes, dans les Provinces Méridionales; ils s'y propagent jusqu'à la fin d'Août. Ainsi, le dégât y est plus long & plus considérable que dans les Provinces du Nord où la chaleur commence plus tard & finit plutôt. D'après M. Joyeuse, une seule paire pond un œuf par jour pendant tout le tems des chaleurs, c'est-à-dire, pendant 150 jours. M. l'abbé Rozier, dans son Cours complet d'Agriculture, rapporte le calcul suivant de M. Joyeuse:

« La première génération d'une paire, sera » de 150 Charansons ou 75 paires. Il y en » aura 45, c'est-à-dire, celles pondues depuis » le 15 Avril jusqu'au 15 Juillet, qui seront » en état de multiplier & qui produiront depuis » le 15 Juin jusqu'au 15 Septembre, c'est-à-» dire, que la première paire ou la plus an-» cienne pondra, pendant cet intervalle, 90 » Charansons; la seconde 88; la troisième 86; » enfin les productions de ces 45 paires forme-» ront une progression arithmétique de 45 ter-» mes, dont le 1.er sera 1, le 2.e 2 & le der-» nier 90; l'exposant 2 & la somme totale » 2071. Il y aura donc 2071 Charansons pro-» venus de la seconde génération. »

« De ces 2071 Charansons provenus de la » seconde génération, il y en aura qui seront » en état de multiplier depuis le 15 Avril jus-» qu'au 15 Septembre, & cette troisième généra-» ration sera de 3825. Si à présent on ajoute » ensemble le nombre des Charansons de cha-» que génération, 150, 2070, 3825, on aura » la somme totale de 6045 Charansons prove-» nus d'une seule paire pendant un Eté, c'est-» à-dire pendant 5 mois à dater du 15 Avril » au 15 Septembre que la liqueur se soutient » dans le thermomètre au-dessus de 15 degrés » & ne descend jamais guères plus bas dans nos » Provinces Méridionales; après cela, doit-on » être étonné si des monceaux énormes de bled » sont si promptement dévorés? »

Le Charanson supporte une très-grande chaleur, presque 70 degrés du thermomètre de Réaumur suivant M. Duhamel. Cependant j'ai fait périr des Charansons à une chaleur qui ne m'a pas paru aussi considérable. Cet insecte occupe, de préférence, le côté du grenier qui est exposé au midi. On a des expériences qui prouvent qu'il peut vivre long-tems sans prendre de nourriture. Il se ramasse toujours par pelotons pour être en société. Il dévore le froment veux & sec, comme le nouveau, même le plus dur. Il mange la farine & laisse le son. Mais il choisit toujours, quand il en a le choix, le grain le plus tendre. La partie intérieure des grains étant celle qu'il intéresse le plus de conferver, tant par rapport à la farine que par rapport au germe, les Agriculteurs, marchands de bleds, fariniers, favent bien reconnoître les bleds attaqués par les Charanfons. Quand ils en font percés, le dégât eft vifible pour tout le monde. Mais, quand les infectes font enfermés dans les grains, rien ne le manifefte au-dehors. Le trou, par lequel le Charanfon a introduit la larve, eft fi petit qu'on ne l'apperçoit pas. Les hommes qui en ont l'habitude, diftinguent le bled attaqué de Charanfons avant la fortie des infectes paffés à l'état de fcarabée, à une odeur particulière, à la légèreté du poids, à la poudre répandue fur le bled que l'infecte a occafionnée en mangeant & à la chaleur des tas. Car, en mettant la main dans un tas de bled, rempli de Charanfons, on y fent une grande chaleur. Les places, où font les Charanfons dans le tas, font très-chaudes, tandis que le refte eft frais. On pourroit encore s'en affurer en en jettant quelques poignées dans l'eau; alors les grains piqués furnageroient. Mais les connoiffeurs n'ont befoin que de leur nez & de leurs mains.

Le tort, que font les Charanfons fur-tout ceux du froment, peut être très-confidérable, lorfqu'ils font très-nombreux. En peu de tems, fi l'on n'employoit aucun moyen pour en diminuer la quantité, ils dévoreroient des magafins entiers. On n'en doit pas être étonné, puifque d'après le calcul de M. Joyeufe, une feule paire en une année peut en produire plus de 600. Je defirerois qu'on effayât de favoir combien il faut de grains à un nombre déterminé de Charanfons. Cet effai exigeroit peu de foins. Il fuffiroit d'introduire quelques Charanfons dans une boîte pleine de grains, en leur donnant de l'air. Après l'époque où les Charanfons ceffent de manger, on compteroit les grains fains.

Si le Charanfon eft un fléau dans les greniers, il l'eft bien davantage dans les granges. Quand une fois il y en a, il s'y perpétue & on a bien de la peine à le détruire. Ce n'eft que dans les pays, où l'on conferve du grain toute l'année en gerbes, qu'il exerce des ravages dans les granges. Voici ce qui l'y attire & augmente fa production. Il eft rare que toutes les gerbes aient été entrées fans avoir reçu de la pluie. Lorfque les moiffons font le plus favorables, on amène à la grange des gerbes, qui font humectées par la rofée; car, dans les grandes exploitations fur tout, on n'a pas le tems d'attendre les heures du jour où il fait toujours fec. Alors il s'excite dans les tas une fermentation qui caufe & entretient, long-tems, une chaleur propre à la multiplication des Charanfons. Cette multiplication eft d'autant plus confidérable, que le froid pénètre difficilement au milieu de monceaux énormes de gerbes. Ainfi, ils commencent à manger & à fe multiplier dès le mois d'Août & continuent plus longtems, & recommencent plutôt après l'Hiver, que dans les greniers. Ils ne font privés de grains que pendant deux ou trois mois. Les batteurs s'apperçoivent que les gerbes ont été attaquées de Charanfons, à la facilité avec laquelle le grain fort de fes balles fous le fléau; quelquefois même l'épi s'en fépare au moindre coup qu'on lui donne, ce qui caufe une très-grande perte. Les grains, dont les Charanfons ont mangé la farine, ne confervent plus que l'écorce, qui s'échape avec les balles, lorfqu'on vanne ou qu'on jette au vent.

Des calculs, faits avec beaucoup de foin, prouvent, 1.° que fi, au 1.er Mai, époque où dans certains pays les Charanfons commencent à manger, on place, dans un grenier infefté de ces infectes, huit fetiers de froment, mefure de Paris, en fe contentant de les remuer à la péle une fois par femaine, on trouvera, au premier Octobre, un huitième de déchet occafionné par ces infectes, en écorce vuide, & au moins deux fetiers de pouffière réfultant des débris de leur nourriture. Si, pendant ces fix mois, on ne touchoit pas du tout au froment, il feroit détruit entièrement.

2.° Que, dans une grange pareillement infeftée de Charanfons, qui contiendroit en gerbes 400 fetiers de froment, le dégât peut être eftimé à environ un neuvième dans le cours de dix mois, c'eft-à-dire de la mi-Août à la mi-Juin, époques de la récolte & de la fin du battage dans les pays où ces calculs ont été faits. Les gerbes, que l'on bat au mois de Novembre, font autant mangées que celles qu'on bat au Printems; ce qui fuppofe que ces infectes commencent par la partie fupérieure des tas & defcendent à mefure qu'on les baiffe. Les rangs les plus près de terre fe trouvent le plus rongés, parce que les Charanfons font plus nombreux à la fin du battage & ont moins de gerbes à leur difpofition.

Les beftiaux mangent avec plus de plaifir les balles de froment dont l'intérieur a été dévoré par les Charanfons, que celles du froment qu'ils n'ont pas attaqués, parce que ces balles contiennent quelques parties de grains. Mais il n'en eft pas de même de la paille qui eft plus sèche & d'une faveur un peu défagréable; les beftiaux la mangent plus difficilement.

Il n'y a point de Charanfons dans les *meules* ou *moïes* de grains, qu'on place toujours à une certaine diftance des fermes. Ces animaux ne naiffant que dans les bleds récoltés & ferrés, ne peuvent être apportés des champs dans les moïes; j'en ai eu les preuves par l'examen de meules, entrées dans les granges en Janvier, Février & Mars & même en Juin. Lorfqu'on les

les a abattu; on n'y a trouvé aucun dégât des Charansons.

On croit que le Charanson dévore la teigne des bleds. C'est le seul service qu'il rende, mais le remède est pire que le mal. La teigne fait moins de tort que le Charanson.

Plus les hommes ont un grand intérêt à la destruction d'un animal, plus ils tournent leur industrie vers les moyens de s'en défaire. Aussi a-t-on proposé & essayé un grand nombre de manières de détruire les Charansons dans les greniers seulement. Car je ne connois pas d'expériences publiées pour les détruire dans les granges.

On a employé la vapeur de substances très-actives, des décoctions d'herbes à odeur forte, des herbes même sans qu'on les fît bouillir, telles qu'une espèce de thlaspi, l'hièble, le buis, le fenouil, la rue, &c., les excrémens des animaux, ceux des cochons sur tout, les étuves très-chaudes, des ventilateurs, des criblages, l'eau bouillante, &c. Tous ces moyens ont eu des succès différens; aucun n'en a eu de complets.

Les Charansons exposés à des vapeurs pénétrantes, telles que celles du soufre, de la térébenthine & même celle du charbon, ont pu se retirer quelquefois des greniers ou abandonner les tas de bled. Mais ces odeurs, quand elles étoient concentrées, en communiquoient une désagréable au froment qui la conservoit long-tems. Lorsqu'elles étoient foibles, les Charansons n'en étoient pas incommodés & restoient dans les tas où ils s'enfonçoient, à moins qu'on ne les remuât. Alors leur expulsion momentanée seulement, étoit plutôt dûe au désordre qu'on occasionnoit dans leur retraite. M. Duhamel a renfermé du bled rempli de Charansons dans une caisse vernissée d'huile de térébenthine. Ces insectes ne lui ont pas paru en souffrir. Peut-être s'en seroient-ils allés dans les premiers instans, s'ils avoient été libres. Mais, peu-à-peu, ils se seroient accoutumés à cette odeur & seroient revenus au bled. Toutes ces vapeurs, au reste, quand elles pourroient expulser les Charansons dans l'état de scarabée, ne produiroient aucun effet sur leurs larves. C'est dans ce dernier état, qu'ils font le plus de dégât. Sans qu'on les voye & sans que les odeurs les atteignent, ils rongent la farine des grains, dans lesquels ils sont renfermés.

On a proposé de mettre le bled, pour le préserver des Charansons, dans des caves boisées. Mais où l'humidité feroit fermenter le bled & le perdroit, où si la cave étoit sèche, le Charanson, qui aime l'ombre & la tranquillité, s'y plairoit plus qu'ailleurs. Il seroit intéressant de savoir si les bleds conservés dans les *mattamores*, ou trous, creusés dans la terre, en usage en Espagne, & dans d'autres pays chauds, sont exempts de Charansons. Je le présume, parce que, vraisemblablement, on y porte le bled aussi-tôt qu'on l'a battu. Dans les pays chauds, on bat en plein air dès qu'on a récolté, & les mattamores sont sans doute, comme nos meules de gerbe, à quelque distance des habitations qui servent d'asyle aux Charansons pour se cacher.

Les étuves ou le four très-chaud peuvent tuer les larves des Charansons. M. Duhamel indique 60 à 70 degrés. Pour tuer les Charansons en état de scarabées, il ne faut pas une grande chaleur; il suffit, suivant M. Joyeuse, qu'elle soit de 19 degrés pourvu qu'elle soit subite.

Cette différence entre M. Duhamel & M. Joyeuse peut s'expliquer. Ce n'est pas la chaleur, comme chaleur, qui tue les Charansons, mais l'altération de l'air qu'elle occasionne. Or, cette altération est plus ou moins prompte en raison de l'espace; il peut donc arriver qu'il faille 60 ou 70 degrés de chaleur pour tuer le Charanson dans un vaste espace, tandis que dans un petit espace, 19 degrés suffisent. Au reste, pour rendre la grande chaleur des étuves & des fours aussi efficace qu'elle pourroit l'être, il seroit nécessaire d'ensacher avec beaucoup de promptitude tout le bled contenu dans un grenier & de le mettre aussitôt à l'étuve ou au four, afin qu'il ne se sauvât guères de Charansons. Mais ceux qui se seroient échappés, attaqueroient le bled étuvé, comme tout autre, si on le replaçoit dans le même grenier. On y gagneroit seulement une diminution de Charansons; ce qui n'est point à négliger pour ceux qui ont la facilité d'employer ce moyen.

L'action d'un ventilateur pour tenir les tas de bled frais en Eté, a été mise en usage par M. Joyeuse, qui, sans doute, l'avoit empruntée de M. Duhamel. Car ce dernier Savant s'en étoit servi auparavant à Denainvilliers en Gâtinois. L'un & l'autre sont parvenus à écarter ainsi beaucoup de Charansons, ces animaux ne craignant rien autant que le froid. Cette pratique est fondée sur la manière de vivre des Charansons, & c'est vers elle sur-tout que l'on doit tourner ses regards. C'est de M. Mauduyt, un des hommes les plus instruits dans l'insectologie, que je la tiens. Pour en profiter autant qu'il étoit en moi, j'ai fait faire dans plusieurs greniers des ouvertures pour correspondre à d'autres ouvertures qui avoient été faites au midi. L'air frais qui s'y introduit maintenant diminue beaucoup le nombre des Charansons. Un des grands Arts dans la construction des greniers, est d'y établir des courans d'air en y faisant des fenêtres au Nord & au Midi; je conseille de faire poser des volets aux fenêtres qui sont au midi, de les fermer en Eté pendant le jour & de les tenir ouverts pendant la nuit. C'est un moyen de plus d'empêcher la chaleur d'entrer dans les greniers.

Le Charanson est plusieurs années sans reparoître dans un grenier, où l'on a mis du froment après y avoir laissé, pendant quelques mois, de bon foin d'herbe, nouvellement coupée.

Lâcher les poules sur un tas de grains pour dévorer les Charansons, comme on l'a proposé, auroit deux inconvéniens, celui de perdre des grains, car les poules en mangeroient, & celui d'incommoder les poules, pour lesquelles les Charansons sont dangereux, quand elles en mangent beaucoup.

Une feuille périodique a indiqué, depuis peu, un moyen facile à exécuter. Il consiste à placer des bâtons d'*alun de Roche* dans les tas de bled, soit battu, soit en gerbes, c'est-à-dire, dans les greniers & dans les granges L'Auteur assure que les Charansons fuyent & ne reviennent pas. Il conseille même de mettre de cet alun dans les trous des murs. Avant de savoir si le fait est exact, je ne me permettrai pas de l'expliquer. Tant de moyens, prétendus utiles, ont été proposés & essayés sans succès, qu'on doit être en garde contre toutes les annonces & ne croire ce qu'on promet, qu'après l'avoir vérifié.

La pratique la plus ordinaire est de cribler le froment, soit avec le crible rond, soit avec le crible d'archal. Si c'est un crible rond qu'on emploie, on choisit celui qui a des trous assez larges pour laisser passer les Charansons avec les menus grains, mais trop petits pour laisser passer les gros grains. On ramasse ensuite ce qui a passé par le crible, pour le jetter aux volailles qui dévorent les Charansons. Lorsqu'on se sert du crible d'archal, on met au bas une chaudière de cuivre bien nétoyée & bien lisse, dans laquelle tombent les Charansons qui ne peuvent plus remonter. On les noye en les couvrant d'eau. Ces animaux, si ce n'étoit pas de l'eau bouillante, seroient quelquefois une journée sans pouvoir se noyer. J'ai vu des fermiers nétoyer ainsi leurs greniers de Charansons. Cette opération, bonne en tout tems, doit être faite sur-tout au commencement du Printems, afin de prévenir la ponte.

M. Lottinger de Sarbourg, qui a partagé l'*accessit* de la Société Royale d'Agriculture de Limoges, en 1778, a donné une manière simple & peu dispendieuse de purifier un grenier de Charansons. Elle consiste à former un petit tas de quelques boisseaux de bled & à remuer tous les autres tas avec une pelle. Les Charansons, troublés dans leur retraite, se portent vers le petit tas, auquel ils voyent qu'on ne touche pas & s'y enfoncent. Si quelques-uns cherchent à s'échapper le long des murs, avec un balet on les rabat; ils sont forcés de se rendre au petit tas. Lorsqu'on les y a rassemblé tous, on verse dessus de l'eau bouillante, ayant soin de remuer en même-tems avec la pelle. Ils sont brûlés & périssent. On étend ensuite le tas de froment pour le faire sécher & on en sépare, en criblant, les Charansons morts.

Quelques personnes m'ont assuré qu'en introduisant certaines substances animales dans les greniers, les Charansons, ou fuyoient ou périssoient. On attribue même des succès à des pratiques, qui, si elles en ont eu, n'ont pu les avoir que par l'état de putridité, auquel passoient ces substances animales. Il s'en faut de beaucoup que ces prétendus succès soient démontrés. Tous ceux qui récoltent ou achètent des grains, auroient le plus grand intérêt à s'en servir. Car il seroit encore plus simple de détruire les Charansons par l'introduction d'une matière animale que d'avoir recours aux autres moyens, plus longs, plus chers & plus embarrassans.

Enfin, on a réussi à écarter ces insectes des greniers, en les remplissant, au lieu de grains, de foin récemment récolté, qu'on y laisse quelque tems, afin que l'odeur s'y conserve.

Pour résumer ce qui concerne les Charansons des greniers, ce sont des insectes qui craignent le froid, se multiplient pendant la chaleur, cherchent l'obscurité ou plutôt la tranquillité. Ils dévorent une grande quantité de grains & par conséquent font un tort considérable. On a employé, pour les détruire, divers moyens dont les plus efficaces, sont la fraîcheur entretenue dans les greniers, des criblages faits convenablement & l'eau bouillante, sur les petits tas de bled, où on a ramassé presque tous les Charansons. J'ajouterai à tous ces moyens une grande attention de ne pas mettre dans des greniers des grains humides capables d'attirer ces insectes & de tenir toujours bien secs & bien remués ceux qu'on emmagasine. Les graines légumineuses, sujettes à être mangées par les mylabres, doivent être traitées comme les autres grains, que dévorent d'autres espèces de Charansons. Le fruit du soin & de la vigilance du fermier ou du marchand sera la conservation de sa denrée.

A l'égard du Charanson des granges, à mesure qu'on enlève des gerbes pour les battre, il se place & s'enfonce dans celles qui restent, en sorte que les lits les plus profonds en contiennent une grande quantité. Aucun Auteur n'a donné la manière d'en garantir les granges. Mais voici ce que j'ai vu pratiquer; quand les derniers lits de gerbes sont battus, on ramasse le foutrait, c'est-à-dire, la paille sèche, qu'on a posé sur le sol, au moment de l'engrangement afin de ne pas exposer à l'humidité les premières gerbes entrées; on le secoue à la fourche, pour retirer les grains qui, à cause du froissement des gerbes lorsqu'on les entasse & qu'on les détasse

& de la sécheresse occasionnée par les Charansons, se sont échappés des épis. Alors on balaye avec soin l'emplacement des monceaux de gerbes; on crible & on vanne sur le fumier des cours; ce que ces débris contiennent de Charansons, est dévoré par les poules; on promène le long des murs des torches de paille allumées pour brûler ceux qui veulent gagner le toit. Ce moyen en détruit une grande quantité; mais je voudrois qu'on y ajoutât celui que M. Lottinger conseille pour les greniers & pour les magasins. On le pratiqueroit de cette manière:

On prendroit quelques boisseaux de bled battu; on n'en sépareroit pas les balles, c'est-à-dire, qu'on ne vanneroit & qu'on ne cribleroit pas; on les réuniroit dans un coin de l'emplacement des gerbes, vers le tas où les batteurs arrivent aux derniers lits. On ne toucheroit pas du tout à ce bled, jusqu'à ce que la grange entière fût vuide. Les Charansons tourmentés par l'enlèvement des gerbes, gagneroient le bled battu & s'y réuniroient tous ou presque tous. Alors, comme dans le cas indiqué plus haut, on verseroit sur le bled de l'eau bouillante, qui brûleroit les Charansons. Au lieu d'un seul tas de bled battu, si l'emplacement des granges est vaste, on en feroit plusieurs. Je crois cette méthode de M. Lottinger applicable aux Charansons des granges, comme à ceux des greniers. Je connois des fermiers qui en emploient une autre dont le succès est assuré, au moins pour quelques années. Au lieu de mettre du froment dans les granges sujettes aux Charansons, ils y entassent une ou plusieurs récoltes d'avoine de suite. Ce grain qu'on n'entre que très-sec, parce qu'on le laisse long-tems sur le champ, ne fermente pas & est, par cette raison, moins propre à attirer les Charansons qui, d'ailleurs, lui préfèrent le froment; les pois & les vesces peuvent, à cet égard, remplacer l'avoine puisque rarement ces grains sont attaqués par les Charansons ordinaires. Ils ont leur Charanson particulier, qui ne se perpétue pas dans les granges. Le foin réussit encore mieux. Il est bon, dans les fermes où on en récolte, d'en remplir de tems en tems la grange à froment.

Toutes les précautions que je viens d'indiquer, si elles étoient prises exactement, devroient diminuer de beaucoup les Charansons & par conséquent économiser une grande quantité de grains qu'ils auroient dévorés. Mais on ne peut se le dissimuler; elles ne sauroient les détruire tous, parce que toujours il en échapperoit à la vigilance la plus attentive; un petit nombre suffit pour faire beaucoup de mal, à cause de la facilité avec laquelle ces insectes se multiplient. Mais parce que des remèdes qui soulagent, qui ôtent presque la totalité des causes des maladies, ne les ôtent pas entièrement, faut-il les abandonner? Non. Ce n'est pas là ce que prescrit la sagesse. Elle engage à user d'un moyen incomplet, quand on ne peut en trouver de complet. La petitesse du Charanson, son instinct pour se cacher & se dérober quelquefois aux recherches, la facilité avec laquelle il se reproduit, sont des causes, qui empêcheront long-tems d'en exterminer la race. Nous ne sommes pas encore assez avancés dans la connoissance de ses habitudes, de ses mœurs, pour trouver tous les moyens possibles de n'en plus laisser. Il nous manque un point essentiel, c'est la connoissance de l'époque juste, où il commence sa ponte; c'est peu de tems, avant cette époque, qu'il faut l'attaquer, afin d'anéantir en même-tems & la génération présente & les générations futures. J'emprunterai encore de M. Mauduyt, un projet d'expériences qui conduiroient à ce but. Lorsque ce projet sera connu, il prendra peut-être envie à quelque homme instruit & amateur d'Agriculture de l'exécuter; c'est un service qu'on devra à son Auteur.

Dans un grenier ouvert, exposé au Midi & fermé au Nord, il faudroit, de 15 jours en 15 jours pendant un an, placer des amas de différens grains, laisser sur chacun une note qui indiqueroit le jour où on l'auroit formé, n'en remuer & n'en agiter aucun, mais les visiter tous les quinze jours, examiner vingt ou trente de ces grains pour voir s'il n'y en a pas de percés. Aussi-tôt qu'on s'appercevroit qu'un tas est attaqué, on enfermeroit tous les grains qui le composeroient dans une boite, dont le couvercle auroit une gaze ou une toile de crin, pour donner passage à l'air, sans laisser entrer des insectes. Cette boîte seroit mise à la place du tas dont elle contiendroit les grains. On feroit la même chose à l'égard des autres, à mesure qu'on s'appercevroit que les grains seroient piqués; on visiteroit, tous les quinze jours, les tas & les boîtes; on écriroit les observations sur un registre. Par ce moyen on connoîtroit en quel tems les Charansons font leur ponte, pendant combien de tems dure cette ponte; quel est celui ou chaque espèce parvient à son terme & où par conséquent il est à craindre qu'elle ne dépose ses œufs, si ces dépôts d'œufs se font une ou plusieurs fois l'année & à quels intervalles; enfin, s'il est nécessaire de remuer souvent les grains, dans quelle saison & de quelle manière. (*M. l'Abbé* TESSIER.)

CHARBON.

Ce mot peut être pris, en Agriculture, sous trois acceptions différentes. Il exprime; 1.° une maladie des grains. 2.° Une maladie des bestiaux. 3.° Une substance noire, produit de la combustion imparfaite des bois, & propre à servir d'engrais pour les terres. C'est sous la première acception qu'il offre des détails peu connus, & dont le développement peut fixer les idées sur les maladies des grains.

CHARBON, maladie des grains.

Dans la diversité des noms adoptés par les Auteurs & les Cultivateurs, pour désigner les maladies des grains, j'ai cru devoir me conformer à l'ouvrage de M. Tillet, qui en a assigné de convenables à chacune, & a établi entr'elles la meilleure distinction. M. Duhamel, dans la dernière édition seulement de ses Elémens d'Agriculture, s'est servi de la même nomenclature, qu'il seroit à desirer qu'on perpétuât, afin que désormais on puisse s'entendre; car, si j'ose le dire, les changemens de noms, en Botanique, ont jetté beaucoup de confusion, ce qui n'a pas peu contribué à retarder les progrès de cette Science.

Le Charbon, appellé vulgairement *nielle*, attaque différentes plantes; savoir, le froment, l'orge, le millet, le maïs, le panis, le sorgho, l'avoine & beaucoup d'autres. Les ravages qu'il exerce étant bien moindres dans le froment que dans l'orge, le millet, le maïs & l'avoine, ce n'est que sur ces dernières plantes que j'ai pu faire des observations & des expériences capables de m'éclairer, & peut-être de me rendre utile. Je tracerai donc rapidement tout ce que cette maladie a de particulier dans le froment, me réservant de m'étendre davantage quand il s'agira des autres, & sur-tout de l'avoine, qui y est le plus sujette, dans les cantons où j'ai fait mes observations.

Du Charbon dans le froment.

Lorsque les épis du froment sortent de leurs fourreaux, on en voit qui paroissent noirs, comme s'ils avoient été brûlés par le feu, & qu'on distingue à une certaine distance; ce sont des épis *charbonnés*. Il ne subsiste de leurs bâles & des arrêtes, que des débris informes, de couleur blanchâtre, qui s'entrelacent dans des amas de poussière; quelquefois, mais rarement, les épis sont enveloppés d'une pellicule semblable aux spathes des liliacées. La poussière, insensiblement, se sèche, se délaie à la pluie & se disperse, en sorte que long-tems avant la moisson, il ne reste plus que le support, ou plutôt que le squelette de l'épi. Quand la feuille supérieure d'une tige est panachée de jaune & de verd, & sèche à son extrêmité, on peut prévoir qu'il en sortira un épi charbonné. Ce signe, une fois reconnu, ne m'a jamais trompé.

J'ai toujours pensé que des souches, qui portoient des tiges charbonnées, n'en portoient pas d'autres; car souvent j'ai arraché des pieds qui sembloient avoir donné naissance à des épis sains, & à des épis malades, & je me suis apperçu que c'étoit des pieds différens, dont les racines s'étoient mêlées & réunies par le moyen de la terre. Cependant M. Tillet assure qu'un même pied produit des épis sains & des épis charbonnés, quelquefois même des épis cariés. Cette observation peut être plus exacte que la mienne. Ce qu'il y a de certain, c'est que les pieds sains donnent plus de tiges que les pieds charbonnés, sur lesquels il y en a rarement au-delà de deux ou trois. Les seules tiges principales sont apparentes. Car les secondaires ou tardives, n'ayant pas la force de monter, restent au bas des autres, dans un état de dépérissement. Si on ouvre ces dernières, quand elles sont en fourreaux, on y trouve des épis charbonnés, lesquels examinés alors, paroissent comme couverts de moisissure.

Une tige de froment charbonné, si on la tire fortement, se sépare au premier nœud supérieur: l'extrémité voisine du nœud a le goût sucré, comme les tiges du froment sain; ce qui paroîtroit annoncer que la sève, en passant dans la tige, n'est point altérée. Il y a des épis qui sont en partie charbonnés, & en partie sains, de manière que la partie charbonnée est toujours le plus près de la tige; quelquefois même on voit des bâles à moitié converties en poussière de Charbon; la partie saine renferme des fleurs qui se développent, & portent des grains capables de parvenir à maturité, plus petits cependant que ceux des épis sains. Car, dans ce cas, la tige s'élève, & croit encore plus ou moins après que les épis ont paru; mais, à cette époque, la végétation est presque finie dans les tiges, qui portent des épis entièrement charbonnés. Ces dernières ont, en général, moins de grosseur que celles du froment sain; on remarque même qu'au lieu d'être droites, elle forment des sinuosités dans la partie qui approche le plus de l'épi. J'ai trouvé des épis attaqués de cette Maladie dans différens terrains, à diverses expositions, dans des fromens foibles, & dans des fromens vigoureux; plus particulièrement dans le bled de mars. Je soupçonne que le froment barbu y est moins sujet que le froment raz, parce qu'il n'y avoit pas un seul épi charbonné, dans sept planches que je cultivois en froment barbu, de différentes provinces, tandis que dans un grand nombre d'autres planches de froment raz, ensemencées en même-tems, & de la même manière, il y en avoit plus ou moins.

Du Charbon dans l'orge.

On ne distingue pas de loin un épi d'orge charbonné, comme on distingue celui du froment; car il n'est pas aussi noir. La poussière du froment charbonné a une couleur plus sombre, & n'est entremêlée que de quelques débris de bâles & d'arrêtes; celle de l'orge est presqu'entièrement recouverte de portions d'arrêtes & de bâles, qui dans l'espèce la plus commune de ce genre de plantes, sont si adhérentes aux grains, qu'elles en font partie: elle est aussi plus serrée, plus réunie en petits amas, & plus rapprochée du support de l'épi, en sorte qu'on la prendroit pour de la *carie*, si elle en avoit l'odeur, & si chaque petit amas, au lieu de conserver la forme de grain, n'étoit applati & irrégulier; il arrive de-là que le vent & la pluie ne la dispersent que très-difficilement: d'ailleurs, depuis que l'orge épie, époque où le Charbon paroît, jusqu'à sa maturité, il s'écoule moins de tems, que depuis que le froment épie jusqu'à ce qu'on le coupe. Aussi apperçoit-on rarement des squelettes d'orge charbonnée, dont les épis parviennent presque tous entiers à la grange.

Qu'on développe des fourreaux d'orge charbonnée, avant que les épis en soient sortis, on y trouvera les arrêtes repliées sur les petits amas de poussière, qui occupent la place des parties de la fructification; cette poussière est d'un brun plus verdâtre à l'extrémité de l'épi, la plus voisine de la tige; & dans tous les épis, à proportion de ce qu'ils sont plus jeunes & plus éloignés du moment où ils doivent se montrer.

Les pieds d'orge charbonnés, plus tardifs & plus lents que les pieds sains, portent rarement plus de deux épis; ordinairement ils n'en ont qu'un: je n'ai point vu sur un même pied des tiges saines & des tiges charbonnées; il y a des épis, dont une partie est saine & l'autre charbonnée, comme il s'en trouve dans le froment; celle-ci est inférieure; celle-là produit des grains, qui mûrissent & qui sont plus petits que ceux des épis sains: on trouve aussi des bâles à moitié détruites par le Charbon.

On rencontre des épis charbonnés dans toute espèce de champs d'orge, soit qu'on les ait ensemencé en escourgeon ou orge d'Hiver, soit que ce soit en orge printanière, quarrée ou à deux rangs. J'ai eu occasion de l'observer en cultivant plusieurs espèces d'orge, qui m'avoient été envoyées de différens pays, même très-éloignés les uns des autres.

Toutes choses étant égales d'ailleurs, plus la semence a été enterrée profondément, plus il paroît d'épis d'orge charbonnés. Les Habitans de la campagne le prétendent, & leur prétention est fondée; car ayant été assuré que, par une circonstance inutile à détailler, la semence de la partie d'un champ d'orge avoit été répandue sur le guéret, & enterrée à la charrue, & par conséquent profondément, j'ai fait ramasser sous mes yeux, avec exactitude, tous les épis charbonnés qui s'y étoient formés, & séparément ceux d'un espace égal & contigu, dont la semence avoit été enterrée à la herse; c'est-à-dire, superficiellement. Le premier terrain a produit cinq cens vingt-huit épis charbonnés, & le second, seulement cent douze, ou, à-peu-près les quatre cinquièmes de moins. Cette différence, considérable sans doute, ne peut pas être attribuée à la différence d'engrais, de terrain & de semence, puisque c'étoit dans le même champ, fumé de la même manière, & ensemencé avec la même orge. On trouve aussi une plus grande quantité d'épis d'orge charbonnés au tour des Fermes & des Villages, où l'on croit devoir prendre la précaution d'enterrer la semence à la charrue, afin que les poules & autres volailles ne la mangent point.

Du Charbon dans le millet.

Je n'ai trouvé nulle part la description du millet charbonné. C'est d'après mes propres observations que je ferai connoître les détails de cette maladie.

En 1785, j'ai remarqué, pour la première fois, qu'il y avoit du millet charbonné dans plusieurs planches, ensemencées en millet de différens pays, au milieu d'un grand nombre d'essais, que je faisois à Rambouillet. Obligé de surveiller à-la fois une immensité de cultures, je ne pus prendre qu'une idée imparfaite du millet charbonné. Les ordres, que j'ai donné de mettre à part les planches où il y en avoit, & sur-tout les épis charbonnés, furent négligés ou mal exécutés. Ayant resemé encore du millet les années suivantes, j'en revis de charbonnés; mais il ne fut plus possible de savoir d'où étoient venus les premiers, ce qui m'auroit paru très-intéressant. Enfin, au mois de Mai 1790, ayant transporté en Beauce du millet, récolté à Rambouillet, & l'ayant semé dans un jardin, il me parut avoir beaucoup d'épis charbonnés. Je profitai de l'occasion pour étudier cette maladie, & recueillir toutes les cisconstances qui l'accompagnent.

Trois signes annoncent le Charbon dans des pieds de millet; 1° La couleur jaune de l'extrémité de la feuille supérieure: ce signe est le même que pour le froment charbonné. 2.° Le velouté des feuilles & des tiges, plus considérable dans les pieds de millet charbonné que dans ceux du millet sain. 3.° Le peu de progrès que font ces tiges en élévation. La différence en est telle, qu'en 1790, toutes les bonnes tiges d'une planche de millet sain, ayant trois pieds & demi de haut, celles du millet malade n'avoient que deux pieds.

Les racines du millet charbonné sont absolument semblables à celles du millet sain. Elles sont fortes, bien nourries & très-longues; communément elles ont huit pouces de longueur. On n'y apperçoit ni moisissure, ni trace d'érosion d'insectes.

La conformité se trouve dans les tiges jusqu'à une certaine hauteur. Seulement celles du millet charbonné sont un peu plus grêles. J'ai quelquefois trouvé dans leur intérieur de petites portions d'une substance grise & noire. Les nœuds y sont près les uns des autres, & d'autant plus près qu'ils approchent davantage des épis. Vers l'épi, la tige n'est plus droite.

Le millet charbonné, comme le millet sain, talle beaucoup & se subdivise en rameaux. Il est difficile de juger si les grosses touffes sont le produit d'un seul grain ou de plusieurs, dont les racines se sont enlacées les unes dans les autres. Pour s'en assurer, il faut semer des grains isolés ; ce qu'il y a de certain, c'est qu'on voit de grosses touffes, dont tous les épis sont charbonnés. J'ai compté 45 épis dans cet état sur une seule souche.

Les feuilles d'en-bas du millet charbonné, se comportent comme celles du millet sain. Elles sont également alternes. Elles se fanent seulement un peu plutôt. Celles d'en-haut n'ont pas la même disposition apparente; mais, si on les examine deprès, on voit qu'elles sont insérées, les unes à un côté, les autres, à l'autre côté de la tige, sans paroître opposées. La tige étant repliée sur elle-même, à sa partie supérieure, les dernières feuilles semblent être paralèlles, quoiqu'attachées à divers points, les unes au-dessus des autres. La pointe de l'épi charbonné enfile & perce toujours la dernière & la plus élevée. On voit sortir au-dessus de la gaine qu'elle forme, une foliole foncée, qui, quelquefois, en renferme deux autres plus petites. C'est le prolongement de l'enveloppe de l'épi.

Le plus ordinairement il n'y a, à l'extrémité de la tige, que deux feuilles parallèles ; mais quelquefois il y en a 4, 5, 6, & même jusqu'à 10, ce qui dépend du peu d'accroissement & d'élévation de la tige. Toujours la plus élevée se reconnoît au lieu de son insertion.

Ce qui indique la place de l'épi charbonné, c'est un renflement à l'extrémité de la tige principale, ou de chacune de ses divisions. Ce renflement est formé par l'épi, enveloppé de plusieurs feuilles, qui le compriment. Elles sont jaunes ou violettes, selon que le millet qui se charbonne, est jaune ou violet; car ces deux variétés sont susceptibles de la maladie : l'épi faisant effort pour sortir, écarte les feuilles, & se montre communément sous la forme d'un cône alongé, recouvert d'une peau grise, qui se déchire & laisse appercevoir un corps, composé de filets & d'une matière noire dans toute sa longueur, excepté à la partie inférieure, où elle est grise, plus ferme & plus compacte ; mais cette partie ne se voit que quand on détruit les enveloppes.

L'épi est toujours assis sur un nœud de la tige. Retenu supérieurement par les feuilles, qui lui servent de fourreau, & le serrent étroitement ; pour se débarrasser de ses entraves, il se boursouffle, se jette en bas & de côté, sans jamais pouvoir être libre entièrement. La peau, qui le recouvre ressemble à celle du *Lycoperdon*, ou du grain de froment carié. Sans doute elle est formée des débris de plusieurs feuilles soudées ensemble ; car on peut les séparer les unes des autres, à l'extrémité supérieure, où elles sont contournées & repliées sur elles-mêmes. A la base de l'épi, elles adhèrent à la tige. Une partie de cette peau est souvent de couleur verte, comme les feuilles.

On ne se livre point à de simples conjectures, mais on est dans le chemin de la vérité lorsque, d'après ces observations, on regarde la peau, qui sert d'enveloppe à l'épi du millet charbonné, comme le produit de la destruction de quelques feuilles. On est également autorisé à croire que les filets, qui traversent la substance noire, sont les pédoncules de la panicule non développés. Enfin il est plus que vraisemblable, aux yeux d'un Observateur attentif, que la matière noire est dûe à la désorganisation & corruption des parties de la fructification. Ce qui l'indique d'une manière bien certaine, c'est l'observation suivante : si on abandonne le millet charbonné à lui-même, la matière noire se détruit & se dissipe peu-à-peu ; il ne subsiste que les filets, c'est-à-dire, les débris des pédoncules.

Il y a des panicules de millet en partie charbonnés & en partie sains; ce qui est sain, est loin de la tige; ce qui est malade, en est voisin. De petits corps noirs se remarquent aux endroits où devroient être les grains, à l'extrémité des pétioles. Tous les pédoncules n'ont pas de ces corps; car plusieurs, plus fins & plus atténués que ceux qui portent des grains de millet, n'ont rien à leur extrémité, où ils sont contournés & renversés; l'épi ne s'élève pas autant au-dessus du dernier nœud, que dans les épis sains; le Charbon est incomplet dans ces individus.

Les épis charbonnés ne sont pas toujours isolés; on en voit quelquefois de grouppés de diverse manière. Tantôt, ils sont les uns au-dessus des autres; tantôt ils sont placés circulairement, où irrégulièrement, parce qu'alors la tige s'incline & se contourne. On croiroit que ce sont des soboles d'ail, rangés à l'extrémité de cette plante. J'en ai compté jusqu'à douze ainsi rapprochés, sans y comprendre deux autres, qui s'élevoient plus haut; chacun avoit son enveloppe particulière.

La poudre noire de millet charbonné tache les doigts & le linge, sans y adhérer beaucoup. Elle n'a ni saveur, ni odeur : la base de l'épi seule a une foible odeur vireuse.

Cette maladie peut faire beaucoup de tort à la récolte du millet. Il est possible qu'elle prive d'un tiers de son produit; car, dans la même planche, j'ai récolté une petite gerbe de millet charbonné, d'un pied de tour, & une petite gerbe de millet sain, de deux pieds quatre pouces de tour.

Pour rendre ces observations utiles aux Cultivateurs de millet, il faudroit pouvoir en déterminer les causes & indiquer des moyens préservatifs, c'est le but qu'on doit se proposer. Ayant vu, en 1785, du millet charbonné dans plusieurs planches, & n'en ayant pas vu dans d'autres, j'ai soupçonné que cette maladie pourroit bien être contagieuse, & avoir lieu dans certains pays, sans avoir lieu dans d'autres. Mes soupçons étoient d'autant mieux fondés que le millet de chaque planche venoit d'un pays différent. Les années suivantes, je resemai mes millets à part, & je revis encore du Charbon dans les uns, tandis que les autres en étoient exempts. Alors j'achetai au marché, à Paris, du millet destiné aux oiseaux, & je le semai, en Beauce, comparativement avec du millet récolté, à Rambouillet, dans mes planches. Celui-ci fut perdu de Charbon ; l'autre, n'en avoit pas un épi. En 1791, je noircis de poudre de Charbon de millet, l'ensemencement de quelques planches, fait à Andonville, sans noircir celui des autres planches, qui devoient servir de comparaison. Ces dernières ne furent pas charbonnés ; les autres le furent à l'excès : les tiges mêmes restèrent très-basses. La même expérience, répétée à Rambouillet, a donné, à-peu-près, les mêmes résultats. La seule différence, c'est qu'à Rambouillet les planches, dont la semence n'avoit pas été noircie de poudre de Charbon, en ont donné quelques épis, mais infiniment peu, en comparaison de celles dont la semence avoit été noircie.

D'après ces faits, on est autorisé à croire que cette maladie est contagieuse. Des expériences ultérieures feront voir si on peut en préserver le millet.

Du Charbon dans le maïs ou bled de Turquie.

Messieurs Tillet & Duhamel, ayant été envoyés en Angoumois, en 1760, par l'Académie Royale des Sciences, pour y étudier & observer les papillons, qui étoient depuis long-tems le fléau des moissons de cette Province, M. Tillet y resta plus long-tems que M. Duhamel, & eut occasion de s'occuper du Charbon dans le maïs. C'est particulièrement d'après les détails, qu'il en a donnés, dans les Mémoires de l'Académie des Sciences, année 1760, que j'en rendrai compte.

Dans l'Angoumois, le Charbon du maïs est appellé *nielle*, *pourriture*, dénominations données improprement à diverses maladies de froment. *Voyez* les mots CARIE, ERGOT, ROUILLE, AVORTÉ.

Ce n'est guères que vers la fin du mois d'Août, ou au commencement de Septembre, que le Charbon se manifeste d'une manière sensible dans l'Angoumois. Il paroît qu'on ne l'a pas observé plutôt, car on pourroit le connoître avant cette époque, à l'état des feuilles & à la grosseur du volume des épis, souvent très-courts.

Il est constant d'abord, que la maladie de cette plante s'annonce par une protubérance plus ou moins forte, dans la partie attaquée, qu'il y a visiblement une surabondance de sucs, un engorgement considérable dans les utricules, ou tissu cellulaire, & que les parties voisines de l'endroit, où le mal s'est montré, sont altérées, maigres, & quelquefois desséchées. L'excroissance accidentelle que cette maladie occasionne dans le maïs, est souvent de la grosseur d'une pomme de reinette & même plus forte ; elle est blanche, charnue, & aussi adhérente à la plante que l'est une loupe au corps humain. A mesure que le mal vient à son point, cette excroissance devient spongieuse ; elle est tachée intérieurement de petits points noirs ; il en suinte, lorsqu'on la presse, une liqueur limpide, & d'une odeur désagréable, mais bien différente de celle qu'exhalent les grains de froment cariés. La corruption s'étend insensiblement dans la partie affectée, & son dernier effet consiste à convertir cette excroissance en une poussière noirâtre, & assez semblable à celle qui sort du *Lycoperdon* ou *Vesse de Loup*.

Cette maladie attaque tantôt la tige du maïs, tantôt les feuilles, communément l'épi, & quelquefois les étamines : un épi est en partie sain & en partie malade ; souvent le mal se borne à la pourriture de quelques grains ; souvent aussi l'épi est entièrement corrompu, tandis que les balles qui l'enveloppent sont parfaitement conservées. Lorsque l'excroissance a lieu sur la tige, & qu'elle est considérable, il s'y fait un étranglement : la tige se ploie dans l'endroit affecté, & la protubérance charnue y est sur-tout remarquable : lorsque cet accident tombe sur les fleurs mâles de la plante, il a encore un caractère plus singulier ; quelquefois le mal se borne à une ou deux petites excroissances sur les étamines ; quelquefois aussi la plus grande partie de ces mêmes étamines sont dans un état de monstruosité, & forment en haut de la tige une masse charnue, qui a deux pouces ou environ de diamètre, & fait plier l'extrémité de la tige par sa pesanteur.

On a cru que le Charbon du maïs n'étoit pas la même maladie que le Charbon dans le froment, l'orge, l'avoine, &c. & qu'elle demandoit à être placée dans une classe à part. Si on veut bien faire attention à ce qui précède & à ce qui suivra, on verra que c'est absolument la même chose, & que les différences qu'on y trouve ne sont pas essentielles, & tiennent seulement à la différence du genre des plantes & à leur constitution particulière.

M. Tillet n'a pas été à portée d'examiner si cette maladie du maïs est contagieuse, & si la poussière noire, qui en est le dernier effet, contient, comme celle du froment carié & du millet charbonné, un virus funeste au grain sain. Il a tenté quelques expériences qui pouvoient l'y conduire ; mais, n'ayant pu aller au-delà, parce que les circonstances ne le lui permettoient pas, il se borna à celles-ci.

Il prit un petit espace dans un jardin situé à la Rochefoucault, qu'il partagea en trois planches, chacune de six pieds de largeur, sur dix-huit ou environ de longueur. Elles étoient séparées par un sentier large de deux pieds ; chacune de ces planches étoit divisée sur sa longueur en sept rayons, & conséquemment ils étoient à un pied l'un de l'autre.

M. Tillet ne sema dans la première planche, & dans les quatre premiers rayons de la seconde, que des grains de maïs qu'il avoit conservés long-tems dans la poussière noirâtre, en laquelle se convertit l'excroissance plus ou moins considérable, qui est l'effet de la maladie de cette plante; ces grains étoient assez couverts de cette poussière, lorsqu'il les sema, pour qu'il s'en détachât une partie, à mesure que les grains tomboient, & qu'elle se trouvât au fond du rayon où le germe devoit se développer.

Les trois derniers rayons de la seconde planche, & le premier de la troisième contenoient des grains de maïs, qui d'abord avoient été ainsi noircis, mais qu'il lava, avant que de les semer, dans une eau de lessive où il avoit fait fondre de la chaux, comme il est d'usage de le pratiquer aujourd'hui pour la préparation du froment.

M. Tillet avoit observé qu'il se rencontroit quelquefois sur des grains de maïs, des grains dont le bout étoit noir, & sembloit être un commencement de corruption. Il recueillit une petite quantité de ces grains altérés, & les sema dans le second rayon de la troisième planche; les troisième, quatrième & cinquième rayons ne reçurent que du grain sain, auquel on n'avoit donné aucune préparation. M. Tillet mit enfin dans les sixième & septième rayons de la troisième planche, des grains qui provenoient d'épis, en partie sains & en partie gâtés.

Il crut devoir profiter un jour du sacrifice qu'il vit faire d'une assez grande quantité de jeunes plantes de maïs, pour examiner si celles qui lui paroissoient les plus foibles, ou qui portoient un feuillage d'une couleur plus foncée que d'autres, étant transplantées dans le jardin de la maison qu'il habitoit, auroient quelque disposition à la maladie qu'il cherchoit à connoître, & n'en décéleroient pas les commencemens, par les symptômes extérieurs qui les lui faisoient distinguer d'avec les autres plantes de la même espèce, dont les champs étoient couverts. Il recueillit en conséquence, parmi ces plantes nouvellement arrachées, celles qui lui parurent suspectes, d'après un coup-d'œil général sur toute la pièce de maïs d'où elles sortoient, & il les transplanta aussi-tôt dans le petit canton où étoient les trois planches dont on a vu la distribution; au moyen de quelques arrosemens, elles y eurent bien-tôt pris racine, & leur accroissement suivit de près celui des plantes de cette espèce, qui étoient en plein champ.

Voilà où se bornèrent les préparatifs qu'il fit pour remonter, s'il étoit possible, à la cause de la maladie du maïs, ou au moins pour être en droit d'écarter tout ce qui n'en est pas l'origine, & à quoi néanmoins on seroit tenté de l'attribuer, par analogie à ce que d'autres plantes donnent lieu d'observer constamment.

M. Tillet avoit sans cesse les yeux sur les plantes, qui étoient la matière de son expérience, & il avoit lieu tous les jours, au retour de ses courses en pleine campagne, de les comparer avec celles qu'il y avoit examinées. Il remarquoit avec soin, en visitant scrupuleusement chacune des plantes, les moindres altérations, la plus légère tache qui s'y trouvoit, dans l'espérance que quelques-unes d'entr'elles pourroient lui servir à reconnoître les commencemens de la maladie, & à lui faire recueillir toute son attention sur le point essentiel; mais toutes les précautions qu'il avoit prises pour faire naître, s'il étoit possible, la maladie dans un endroit limité de son petit canton d'expériences, n'aboutirent à aucun effet sensible; il n'apperçut pas la plus légère protubérance dans le grand nombre de plantes que ses trois planches contenoient. Une seule, parmi celles qu'il avoit transplantées portoit, à la nervure d'une de ses feuilles, un commencement de maladie. Il crut d'abord que cet accident seroit suivi d'une protubérance considérable, de la nature de celles qu'il avoit déjà observées en pleine campagne; mais l'accident resta toujours borné à une légère excroissance, qui avoit une ou deux lignes d'épaisseur, & s'étendoit de la longueur de neuf à dix lignes sur la nervure de la feuille.

Il paroît donc constant, d'après M. Tillet, par ces expériences, que la poussière noirâtre en laquelle se convertissent ces excroissances accidentelles du maïs, n'a rien de contagieux; que les grains de cette plante, où il y a un commencement d'altération, & dont le bout est noir, ne renferment point le principe de la maladie. Il paroît encore, d'après le résultat que lui ont donné les pieds de maïs qu'il avoit transplantés, que le feuillage de cette plante, qui a une couleur plus ou moins foncée, & quelque chose de bleuâtre, & qu'un certain état languissant dans tout son port extérieur n'annoncent pas cette maladie singulière, & conduiroient même à une conclusion opposée. M. Tillet a observé plus d'une fois en effet, que cette excroissance charnue se montroit communément sur les pieds vigoureux, garnis de plusieurs épis; il étoit rare qu'il la remarquât dans un champ où les plantes étoient foibles & ne portoient qu'un ou deux épis médiocres. Il sembleroit dès-lors, selon lui, que cette protubérance ne seroit, comme il l'a déjà insinué, que les suites d'une trop grande abondance de la sève, laquelle, dans un terrein vigoureux, se porteroit vers certaines parties de la plante avec plus de force que ne le demanderoit la texture naturelle de ses parties, & occasionneroit une dilatation excessive dans les utricules ou tissu cellulaire du parenchyme. Cette opinion de M. Tillet ne me paroît guères d'accord avec une observation de M. Imhof, qui, en 1784, a soutenu à Strasbourg, une thèse sur le Charbon du maïs, plante qu'on cultive en Alsace. Il a remarqué que les pieds les plus tardifs du maïs sont le plus sujets au Charbon. Ces pieds tardifs ne sont pas les plus

plus vigoureux. Il n'y a guères d'apparence que cet accident soit dû à la piquure de quelque insecte. La pellicule fine qui enveloppe ces excroissances du maïs est blanche, transparente, & ne paroît pas avoir reçu la plus légère atteinte. D'ailleurs M. Tillet a ouvert un grand nombre de ces excroissances, & de toutes les grosseurs ; il les a pris à différens degrés de maturité, il n'y a apperçu aucun indice de l'attaque d'un insecte ; & dans les excroissances nouvelles, l'espèce de chair dont elles sont composées étoit aussi saine en apparence que celle du meilleur fruit.

M. Tillet conclut que cette maladie n'a rien de contagieux. M. Imhof s'en est également assuré. M. Tillet ajoute qu'il est bon que si les Agriculteurs redoutent à juste titre la contagion, lorsqu'il s'agit de la grande maladie du froment, ils n'aient aucune inquiétude sur la communication de celle-ci, & ne voient pas dans une année où le mal est considérable, un sujet de craindre que l'année suivante il ne soit beaucoup plus étendu.

Du Charbon dans le panis & dans le sorgho.

Lorsque le panis & le sorgho sont attaqués du Charbon, toutes les parties de la fructification ne sont pas détruites. L'épi subsiste dans son entier. Ce n'est qu'en touchant les grains qui le composent qu'on s'apperçoit de l'existence du Charbon. En les écrasant sous les doigts, il en sort une poussière, semblable à celle du froment & des autres plantes charbonnées. Je n'ai eu qu'une seule occasion d'appercevoir cette maladie. Je l'ai cherchée inutilement depuis ce tems-là, sans pouvoir la retrouver. Il m'a été impossible de l'étudier, comme j'ai étudié celles de plusieurs graminées. Je dirai seulement qu'il y a des épis de panis, en partie sains & en partie charbonnés, & que les grains sains sont quelquefois épars & au milieu des grains charbonnés, mais le plus souvent rapprochés & vers l'extrémité supérieure de l'épi.

Du Charbon dans l'avoine.

J'ai déjà prévenu que j'insisterois plus sur le Charbon dans l'avoine que sur le Charbon dans le froment & dans l'orge : celle-ci y est plus sujette que le froment ; mais ce qu'on en trouve dans ces deux espèces de grains n'est pas comparable à ce que l'avoine en produit, sur-tout dans certains pays. C'est du Charbon d'avoine que j'ai employé dans les expériences dont je dois rendre compte. Indépendamment de ce que le froment & l'orge ne m'eussent pas fourni tout ce que je desirois m'en procurer, à l'époque où le Charbon paroît, on peut causer beaucoup de dégât en marchant au milieu des champs ensemencés de froment & d'orge ; & on n'en cause pas dans ceux qui le sont en avoine.

Du Charbon dans l'avoine, considéré indépendamment de ses effets.

Description du Charbon.

Le Charbon qu'on observe dans l'avoine a, en quelque sorte, plus de rapport avec celui du froment qu'avec celui de l'orge : car les arrêtes des deux premiers grains étant courtes, leurs débris occasionnés par le Charbon, ne peuvent pas rendre les épis aussi blanchâtres que ceux de l'orge dont les arrêtes sont longues. On apperçoit facilement les épis d'avoine charbonnés; la poudre examinée de près, est d'un brun verdâtre, quoiqu'elle paroisse noire, ce qui n'est dû qu'à l'opposition du verd de la tige & du blanc des bâles détruites ; elle est placée confusément sur le support de l'épi, comme celle du froment, & non par petits amas distincts, comme celle de l'orge. Dans les épis, qui en sont entièrement couverts, elle n'est que très-peu adhérente, puisqu'elle s'attache aux jambes des personnes, qui parcourent les champs d'avoine. Quand la poudre d'avoine charbonnée est récente ou desséchée, elle est inodore : dans ce dernier état, elle se conserve long-tems; mais si on l'enferme avant de l'exposer à un air sec, elle se moisit & contracte une odeur putride. Vue au microscope, elle ne présente qu'un amas de molécules irrégulières, dont la grosseur varie d'un cent quarantième de ligne à un cinq cens soixantième.

Les tiges d'avoine charbonnées sont en général grêles; elles s'élèvent moins & sont plus tardives à donner leurs épis que les tiges d'avoine saine; car souvent un champ d'avoine paroît presqu'entièrement épié avant qu'on apperçoive les tiges charbonnées : il n'y en a ordinairement que deux ou trois sur un même pied, & souvent moins. Une partie des tiges n'a pas assez de sève pour monter & épier, mais le Charbon y est formé dans le fourreau. Je n'ai point vu sortir d'un même pied des épis sains & des épis Charbonnés ; je ne nie point qu'il ne s'en trouve : toutes les espèces d'avoine sont sujettes à être charbonnées.

Pesanteur de la poudre d'avoine charbonnée.

La poudre d'avoine charbonnée est extrêmement légère, car un demi-litron ne pèse qu'une once quatre gros & demi. Si on fait attention à la petite quantité qu'en porte chaque épi charbonné, on concevra combien il a fallu en recueillir pour en avoir la quantité que j'en ai employée dans les expériences suivantes; expériences que je n'ai pu faire que dans un pays où cette maladie régnoit fortement sur les avoines.

Épis d'avoine, en partie sains & en partie charbonnés.

On a vu à l'article du Charbon dans le froment, & à celui du Charbon dans l'orge, dans le millet, dans le maïs, qu'il se trouvoit des épis dont une partie étoit saine & l'autre charbonnée. Le même phénomène a lieu dans l'avoine; quelquefois c'est la moitié de l'épi qui est corrompue; le plus souvent ce n'en est qu'une portion ou quelques grains seulement, encore ne le sont-ils pas toujours entièrement. Dans cette circonstance, très-fréquente dans l'avoine, la poudre charbonnée est retenue & comme enchaînée, en sorte que les épis qui la contiennent de cette manière, parviennent avec elle dans la grange.

Analyse chimique de la poudre d'avoine charbonnée, comparée avec celle de l'avoine saine.

On trouve, dans l'ancienne Encyclopédie, les résultats seulement de l'analyse de l'avoine; personne que je sache, n'a fait l'analyse de la poudre d'avoine charbonnée. J'ai cru devoir me conduire à l'égard de cette maladie, comme à l'égard de l'ergot & de la carie (*Voyez* ces mots), c'est-à-dire, analyser aussi en même-tems le Charbon & l'avoine saine.

Analyse par la voie humide.

J'ai fait digérer pendant douze heures, dans une livre d'eau, quatre onces de poudre d'avoine charbonnée, & séparément, aussi dans une livre d'eau, quatre onces d'avoine saine: on a bien de la peine à délayer dans l'eau la poudre d'avoine Charbonnée, à cause de son extrême légèreté.

Les deux vaisseaux ayant été ensuite exposés sur le même fourneau, à la chaleur d'un bain de sable, avec autant de soin que j'en avois pris, pour distiller la carie & le froment, la poudre charbonnée d'avoine s'est boursoufflée; les grains d'avoine ne se sont pas gonflés sensiblement, & n'ont absorbé que peu d'eau; les liqueurs, qui ont passé dans les récipiens, étoient également limpides & incapables d'altérer la teinture bleue des végétaux.

Les résidus des deux distillations, après avoir bouilli dans de l'eau, que j'ai filtrée & fait évaporer, ont donné pour produits, savoir, la décoction de poudre d'avoine charbonnée, cinq gros & demi d'une matière tenace, qui avoit une saveur amère & toutes les qualités des extraits, & la décoction d'avoine, un gros & quelques grains seulement d'un extrait brun. Dans l'analyse du froment, j'avois retiré six gros & demi d'une matière gélatineuse qui étoit un véritable amidon.

Si l'on abandonne à elle-même une simple infusion d'avoine charbonnée, au bout de soixante heures, l'eau se couvre à la surface d'un peu de moisissure, contracte une odeur de putréfaction, & verdit le syrop de violettes: mais de l'avoine saine, traitée de la même manière, ne s'altère pas du tout dans un pareil espace de tems; il lui faut deux jours de plus pour qu'elle passe sensiblement à la fermentation putride: le froment ne se corrompt pas aussi promptement.

Analyse par la voie sèche, ou à feu nud.

Quatre onces de poudre d'avoine charbonnée, & quatre onces d'avoine saine ont été mises séparément dans des cornues, & exposées sur le même fourneau, à la chaleur d'un feu de réverbère.

La liqueur que la poudre d'avoine charbonnée a fournie, dans les premiers instans de la distillation, étoit limpide; celle qui lui a succédé a pris, par degrés, une couleur rougeâtre; elle étoit âcre & acide, puisqu'elle rougissoit la teinture des végétaux; j'en ai retiré une once & trois gros.

Ensuite, il a passé deux gros d'une huile empyreumatique de consistance moyenne, d'une odeur désagréable, que je compare à celle de l'huile empyreumatique du tartre; il restoit dans la cornue une matière charbonneuse, du poids d'une once & deux gros & demi: c'étoit une substance alkaline, sans éclat, très-fine, spongieuse, & formant un très-beau noir de fumée.

De la poudre d'avoine charbonnée, mise dans un creuset exposé à un grand feu, y brûloit en jettant une flamme blanche, qui s'élevoit très-haut. Le creuset étant retiré, la matière qu'il contenoit continua à être en ignition pendant plus de cinq heures, à la manière du pyrophore, chaque fois qu'on l'agitoit.

La distillation de l'avoine saine a donné une liqueur acide & piquante, qui bien-tôt a paru d'un rouge foncé, du poids d'une once deux gros & demi; elle a été suivie d'une once d'huile empyreumatique, à-peu-près de la consistance du froment. Le Charbon avoit conservé la forme des grains; ils étoient moins brillans cependant que ceux du froment & de la carie: l'intérieur de la cornue avoit aussi moins d'éclat. Ce Charbon, qui étoit alkalin, pesoit une once & un demi-gros. Les résultats de l'analyse de l'avoire saine à feu nud, qu'on trouve dans l'Encyclopédie ancienne, ne diffèrent pas de ceux-ci; il n'y est pas question d'analyse faite par la voie humide.

A l'aide des moyens dont j'ai parlé, lorsque j'ai exposé l'analyse de la carie, j'ai retiré les gas contenus dans une demi-once de poudre d'avoine charbonnée, & dans une demi-once d'avoine saine. L'avoine en a laissé échapper quatre-vingt pouces cubes, dont les premières portions étoient de l'air fixe, qui a été en grande partie absorbé par l'eau, dans laquelle je l'ai agité. Toutes les portions subséquentes contenoient un peu d'air inflammable, mêlé de beaucoup d'air fixe; car en ayant agité dans l'eau sept pouces, pris dans la dernière portion, ils se sont réduits à cinq. On peut comparer les fluides aëriformes, qu'on retire de la poudre d'avoine charbonnée à l'air inflammable des marais, ou plutôt à celui que fournit un mélange de craie & de Charbon de bois.

Sur soixante-cinq pouces cubes de gas, que j'ai obtenus de l'avoine saine, trente-un pouces n'étoient presque que de l'air fixe pur. En ayant séparé seize de ces premiers, pour les agiter dans l'eau, ils ont été réduits à huit, qui ont pris feu rapidement : il y avoit donc déjà moitié d'air inflammable, qui a répandu, à l'approche d'une bougie, une flamme bleue, de longue durée, sans détonnation ; les douze derniers pouces se sont enflammés & ont détonné, d'où il suit que la poudre d'avoine charbonnée contient plus de gas que l'avoine saine, & qu'elle laisse plus difficilement échapper son air fixe, puisque les dernières portions en donnent encore.

La partie colorante de la poudre d'avoine charbonnée est attaquable par l'acide nitreux, qui, à l'aide d'une douce chaleur, la dissout entièrement avec effervescence, & en répandant des vapeurs rutilantes. Cette dissolution, qui entraîne celle de toute la poudre, est d'un jaune orangé.

Ces expériences font connoître, 1.° que la poudre d'avoine charbonnée contient une matière extractive, en plus grande quantité que l'avoine saine, dont cependant on en retire aussi, au lieu de cette substance amidonnée que fournit l'évaporation de la décoction du froment; 2.° que dans la distillation à feu nud, l'avoine donne moins d'eau, plus d'huile empyreumatique, un esprit plus roux & un Charbon plus pesant que n'en donne l'avoine saine. Au reste, le Charbon de l'une & l'autre substance est alkalin, & les esprits sont acides.

M. Parmentier ayant analysé chimiquement la poussière du maïs charbonné, en a obtenu un acide, de l'huile & de l'alkali volatil, & par l'appareil *pneumato-Chimique* de l'air fixe & de l'air inflammable en diverses proportions. La poussière du maïs charbonné, d'après M. Parmentier, jettée sur le Charbon rouge, s'enflamme en décrépitant; bouillie dans l'eau, elle la colore, & fournit une matière extractive & du sel marin.

Des causes du Charbon.

On s'est moins occupé de la recherche des causes du Charbon que de celles de l'ergot, de la rouille & de la carie (*Voyez* ces mots), parce que ces trois dernières maladies ont été regardées comme plus préjudiciables, soit à la santé des hommes ou des bestiaux, soit à la fortune des Cultivateurs. Cependant, par les calculs qui suivront, on verra que le Charbon qui attaque plusieurs sortes de grains, méritoit qu'on y fît un peu plus d'attention. Lorsqu'on a voulu en expliquer les causes, les opinions adoptées sur les autres maladies des grains se sont reproduites, & le Charbon a aussi été attribué aux engrais ou aux brouillards, ou à l'humidité du sol, ou à des insectes, ou à un défaut de fécondation.

Pour répondre à ces diverses opinions, il suffiroit de renvoyer à ce qui a été dit à l'article des causes de la carie; mais je crois devoir rapporter ici quelques faits, qui mettront aisément le lecteur sur la voie, & fixeront sa manière de penser. J'ai vu des épis charbonnés dans des champs fumés avec des fumiers de vaches, de chevaux, de moutons; avec du crotin de volailles, avec des décombres de bâtimens, avec des terres, ou enlevées de la surface des jardins, ou des berges de fossés. Il y a eu moins d'épis Charbonnés, dans quelques cantons, en 1782, année pluvieuse, qu'en 1777, 1778, 1779, 1780, 1781, années sèches. Du froment que j'ai semé plusieurs fois de suite, dans un vallon marécageux, & exposé aux plus grands brouillards, n'a pas produit d'épis Charbonnés. MM. Tillet & Duhamel pensent qu'on ne peut attribuer le Charbon à des piquures d'insectes, quoiqu'on en trouve sur des épis Charbonnés quand ils sont jeunes; mais il y en a aussi des mêmes espèces sur des épis sains, & je puis assurer que le nombre des insectes qu'on découvre sur les grains est considérable. La carie me paroîtroit plutôt dûe à un défaut de fécondation, que le Charbon; parce que les étamines des grains cariés ne contiennent pas de poussière fécondante, & le pistil n'est pas organisé convenablement. Mais est-il nécessaire que les bâles soient détruites, comme elles le sont dans le Charbon, pour que la fécondation manque? M. Aymen assure qu'on voit dans certains genres de plantes, par exemple, dans le maïs, des fleurs mâles attaquées de Charbon. On ne peut donc admettre ces causes, pour expliquer ce qui donne lieu au Charbon. M. Aymen croit que cette maladie provient d'un ulcère, imperceptible à l'œil, mais visible à la loupe, lequel se forme sur les semences, & se communique aux différentes parties de la fleur. Des grains sur lesquels il avoit observé ce petit ulcère, qui ressemble à un peu de moisissure, produisirent des épis charbonnés. En supposant qu'on conçût comment cette moisissure peut détruire le principe des bâles & des parties de la fructification, à un point si considérable, sans attaquer la tige, on desirera savoir encore quelle est la cause qui altère la semence de cette manière. M. Hales, imaginant que les grains écrasés par le fléau donnoient, lorsqu'on les semoit, naissance au Charbon, s'est convaincu lui-même par l'expérience, que son opinion n'étoit pas fondée. J'ai aussi semé des grains mutilés, en mauvais état, & abandonnés ordinairement par les fermiers à leurs volailles, sans qu'ils aient produit du Charbon. M. Tillet ayant remarqué que le Charbon du maïs se montre plus communément sur les pieds vigoureux, qui portent plusieurs épis, que sur ceux qui sont foibles, peu élevés, & qui viennent dans des terres maigres, a soupçonné que cette maladie dépendoit d'une surabondance de sève, qui, dans un sol favorable & dans un tems propice, se porte avec affluence vers certaines parties, les engorge & occasionne des ruptures & des épanchemens. Ce n'est ici qu'un soupçon, fondé sur une simple observation.

Touché du tort que faisoit, sous mes yeux, aux Cultivateurs, le Charbon qui attaquoit leurs grains, je me suis rendu attentif à en étudier les causes, & les moyens d'en arrêter les effets. J'avois remarqué que, dans un canton qui m'environnoit, cette maladie, considérable en 1777, l'étoit devenue davantage en 1778, & plus encore en 1779; assuré en outre que les fermiers avoient semé ces trois années de l'orge & de l'avoine de leur récolte, je présumai que cette progression sensible pourroit être un indice de contagion, non pas que cette cause fût la seule & la primitive, mais peut-être la plus active, quoique secondaire. Il m'étoit, à la vérité, difficile de penser que la poudre du froment Charbonné, qui paroît toute se dissiper dans les champs, infectât les grains sains: mais savoit-on s'il ne s'en déroboit pas à la vue des épis, qui conservassent une partie de leur poussière? Que devenoit celle des épis Charbonnés tardifs, qui languissent faute de sève, & qui ne sortent pas de leurs fourreaux? La cause qui produit dans le froment la carie, ne pouvoit-elle pas, avec une modification différente, produire aussi le Charbon? Ces réflexions m'ont conduit à examiner les choses de plus près, & faire les observations suivantes.

La poudre Charbonnée de l'orge & de l'avoine est en partie portée dans la grange; la première, parce qu'elle est serrée & engagée dans les bâles; la seconde, parce qu'elle ne se dissipe que dans les épis entièrement Charbonnés, le nombre de ceux qui ne le sont pas tout-à-fait étant considérable: il arrive encore dans les années où, par l'inconstance du tems, on n'a pu semer l'orge & l'avoine que tard, ces grains, du moment où ils épient, s'il survient de la chaleur & de la sécheresse, passent rapidement à la maturité; en sorte qu'on les coupe avant que la plus grande partie de la poudre Charbonnée soit dispersée. Enfin, j'avois cru remarquer qu'il se formoit moins d'épis de froment Charbonné dans des champs où j'employois des préservatifs contre la carie, que dans ceux où je n'en employois point. Je résolus d'examiner si l'expérience justifieroit mes conjectures.

Je fis ensemencer un demi-arpent, ou cinquante perches de terre avec de l'avoine, récoltée dans des champs qui avoient produit beaucoup d'épis Charbonnés l'année d'auparavant. La semence de quarante perches ne reçut aucune préparation; on passa celle des dix autres perches dans une lessive de cendres de bois & de chaux vive. Je ne trouvai que cinq épis charbonnés dans le produit des dix perches, tandis que dans le produit des quarante, il y en avoit au moins un sixième, ainsi que dans tous les champs des environs.

L'année suivante, un fermier se prêta à répéter cette expérience: au lieu d'employer la lessive de M. Tillet, il se contenta d'employer la chaux vive, à dose foible, dont il imprégna la moitié de la semence d'un champ de quarante perches; l'autre moitié fut semée sans préparation. Il eut un sixième du produit de celle-ci en épis Charbonnés, & un douzième seulement du produit de la semence passée à la chaux.

Dans le même-tems, je disposai, dans un même champ, six planches de grandeur égale: trois pour être ensemencées en orge & trois pour l'être en avoine. C'étoit la même orge & la même avoine; l'une & l'autre récoltées dans des pièces de terre où il y en avoit eu beaucoup d'épis charbonnés. L'orge & l'avoine, destinées chacune pour une planche, furent trempées dans une dissolution de chaux à forte dose, & semées en cet état. L'orge & l'avoine, destinées chacune pour une autre planche, après avoir été imprégnées de chaux, comme celles des précédentes planches, furent lavées dans l'eau, & ensuite noircies à sec de poudre d'avoine Charbonnée; elles ont été semées en cet état. Enfin, l'orge & l'avoine, qui devoient servir pour les deux autres planches, n'ont eu aucune préparation avant d'être semées. Dans les deux premières planches, il n'y a pas eu un seul épi Charbonné; celles dont la semence a été noircie en ont produit, savoir, la planche d'orge quinze épis, & la planche d'avoine vingt: l'orge qui n'avoit pas été préparée a donné cinquante-trois épis Charbonnés, & l'avoine, aussi non préparée, quarante épis.

D'après ces trois expériences & les observations qui les précèdent, il semble qu'on est en droit de tirer les conséquences suivantes, relativement aux causes du Charbon. Cette maladie se propage d'autant plus que les semences proviennent de champs où il y en a eu un plus grand nombre d'épis Charbonnés. Il n'est question ici que du millet, de l'orge & de l'avoine; car le Charbon dans le froment suit le sort de la carie, avec laquelle il a de grands rapports; & il n'est jamais assez abondant dans ce dernier genre de plantes, pour faire seul un tort considérable aux Cultivateurs. On préserve l'orge & l'avoine du Charbon, en faisant subir aux semences des préparations qui les purifient, comme on préserve le froment de la carie. Il y a lieu de croire que, si l'on noircit de l'orge & de l'avoine saines, avec de la poudre d'épis charbonnés, on leur communique la maladie; mais ce fait n'est pas encore suffisamment prouvé. Le millet paroît plus susceptible de contracter le Charbon, si on en noircit du millet sain, du moins l'expérience m'a réussi complettement. Il faut convenir que cette inoculation est plus difficile que celle de la carie, parce que la poudre de Charbon est plus sèche. Je suis assuré qu'en noircissant du seigle & du froment avec de la poudre d'avoine Charbonnée on ne produit aucun effet. On n'en produit pas davantage, si on noircit du panis avec de la poudre de millet Charbonné.

Puisque la plus ou moins grande multiplication du Charbon, sur-tout dans l'orge, dépend de la profondeur à laquelle on enterre la semence, cette cause accessoire, qui peut-être n'auroit pas lieu seule, doit être comptée pour quelque chose, comme on l'a vu à l'occasion des causes de la carie.

Du Charbon considéré par rapport à ses effets.

Les hommes semblent n'avoir jamais rien à redouter de la poudre de froment Charbonné, puisqu'il paroît qu'elle se dissipe presqu'entièrement avant la moisson; mais ils se nourrissent, dans beaucoup de pays, de pain fait avec l'orge, & même avec l'avoine, dont la poudre Charbonnée subsiste en partie, & est portée à la grange. Ces grains d'ailleurs servent pour différens usages utiles, & on en donne à manger aux bestiaux. Ces considérations m'ont déterminé à faire quelques essais, pour connoître les effets de la poudre d'avoine charbonnée sur les animaux. C'étoit la seule que je pusse me procurer en assez grande quantité.

Mal que fait aux Batteurs la poudre d'orge ou d'avoine Charbonnée.

Lorsqu'on bat dans une grange de l'orge ou de l'avoine, récoltées dans un champ où il y a eu beaucoup d'épis Charbonnés, la poudre qui s'envole, entre dans le nez & dans la bouche des batteurs, & s'attache à leur visage, qu'elle noircit, comme celle de la carie, mais ne les incommode pas autant; ils toussent, à la vérité, cette toux n'est pas si opiniâtre; ils ne perdent pas l'appétit; & la croûte noire, qui couvre leur visage, est moins adhérente.

Qualité de la farine & du pain, dans lequel entreroit la poudre d'avoine Charbonnée.

La farine dans laquelle on fait entrer la poudre d'avoine Charbonnée n'a ni la mollesse ni l'onctuosité de la farine mêlée à de la poudre de carie, parce que celle-ci contient une huile plus abondante & plus tenace. J'ai fait faire un pain avec dix onces de belle farine de froment, une once de poudre d'avoine Charbonnée & une once de levain. La pâte en étoit brune, sans odeur, & douce au toucher; elle a bien levé, à cause du mélange de farine & de levain; car la poudre de Charbon seule ne lève pas; le pain qu'elle a fourni pesoit une livre trois gros, c'est-à-dire, deux gros moins que celui dans lequel entroit la carie; cette dernière poudre est moins légère que celle du Charbon. Ce pain étoit d'un brun noir, au lieu d'être d'un noir parfait; il n'avoit ni odeur ni saveur particulière, & la mie ne paroissoit point grasse au toucher. Au reste, cette expérience étoit plus curieuse qu'utile; car, dans l'usage ordinaire de la vie, la poudre d'avoine Charbonnée ne peut influer que difficilement sur la qualité du pain fait de froment ou d'orge, ou d'avoine. Je m'en suis occupé, parce qu'en même-tems, je faisois faire un pain dans lequel entroit la carie.

Expériences propres à faire connoître les effets de l'avoine Charbonnée sur des poules.

Première Expérience, 30 Juin 1779.

Je fis mettre ensemble deux poules de même âge, jeunes & bien portantes, en prenant les précautions convenables. L'une devoit servir d'objet de comparaison pour l'autre. Celle que je voulois nourrir de poudre d'avoine Charbonnée, mêlée avec de la farine d'orge, ayant refusé d'en prendre seule, on lui en fit avaler de force chaque jour, tandis qu'on donnoit à l'autre la même dose d'aliment, en farine d'orge.

Lorsque la première eut mangé environ un quarteron de poudre d'avoine Charbonnée, elle parut incommodée & triste; sa crête n'étoit plus si vermeille ni si droite; elle fit quelques difficultés d'avaler; ses excrémens étoient noirs, comme ils devoient l'être à cause de la couleur du Charbon.

On continua les mêmes alimens, & bien-tôt l'incommodité dont j'avois été frappé disparut; la poule redevint gaie & vive; cependant elle n'avaloit pas avec avidité.

Enfin, au bout de quinze jours, la jugeant en aussi bon état que celle qui n'avoit vécu que de farine, & n'ayant plus de poudre d'avoine

Charbonnée, je la fis mettre en liberté. Elle avoit mangé deux livres & un quarteron de farine d'orge, & deux onces de poudre d'avoine Charbonnée.

Seconde Expérience, 18 *Juillet* 1782.

Deux poules furent destinées à manger de la poudre d'avoine Charbonnée, mêlée à de la farine de méteil.

Elles eurent d'abord un peu de peine à se déterminer à manger d'elles-mêmes du mélange; cependant elles s'y accoutumèrent très-bien, & on ne fut jamais obligé de leur en donner de force: tous les jours, elles prenoient chacune, le plus souvent, vingt gros de nourriture, dans laquelle la poudre d'avoine Charbonnée entroit en différentes proportions.

D'abord elles n'en mangèrent qu'un gros; les trois jours suivans, elles en prirent graduellement un gros de plus, en sorte qu'au quatrième jour, la poudre d'avoine Charbonnée formoit le cinquième de leur nourriture.

Pendant sept jours, je m'en tins encore à cette proportion; les trois jours suivans, le mélange pour chacune fut composé de deux onces de farine & d'une once de poudre charbonnée. Jusque-là cette poudre étoit mêlée de débris de bâles, & c'étoit de la poudre d'un an. Je n'employai plus que de la poudre récemment récoltée, que je fis tamiser pour l'avoir plus pure. Dans cet état, on en donna à chaque poule, pendant trois jours de suite, dix gros avec dix gros de farine: jamais elles n'en laissoient dans le vaisseau. Enfin, on leur présenta de la poudre d'avoine Charbonnée sans farine: elles en mangèrent un peu; mais je n'insistai pas davantage, parce que cette poudre étant une substance sèche, ne pouvoit servir d'aliment.

Pendant l'espace d'onze jours, chaque poule a mangé d'elle-même une livre cinq onces & sept gros de farine, & quatre onces & six gros d'avoine Charbonnée, de la récolte de l'année d'auparavant, & mêlée de débris de bâles. Pendant trois autres jours, elles ont vécu de six onces de farine & de trois onces d'avoine Charbonnée; enfin, dans les trois derniers jours, elles ont pris trois onces & six gros de farine, & la même dose d'avoine Charbonnée, récemment récoltée & purifiée de bâles.

Les deux poules, après l'expérience, parurent en aussi bon état qu'avant d'y être soumises; elles n'avoient éprouvé aucune incommodité: cependant l'une d'elles, dont je m'étois servi peu de tems auparavant pour lui donner de l'ergot (*Voyez ce mot*), étoit à peine rétablie de la gangrène dont elle avoit eu des symptômes manifestes, qui s'étoient dissipés par l'usage d'un peu de camphre, & par le retranchement de l'ergot, qui faisoit partie de sa nourriture; elle devoit donc être plus susceptible de contracter une maladie, si la poudre d'avoine Charbonnée eût été capable d'en causer. Pour m'assurer cependant s'il n'y avoit pas dans ses viscères quelques lésion commençante, quoiqu'il n'en parût point à l'extérieur, je la fis tuer; sa chair étoit belle & blanche, garnie même de graisse, ses viscères vermeils, & il n'y avoit nulle part la moindre trace de gangrène, ni aucun autre indice de mal: on l'a mangée, sans qu'il en ait résulté d'inconvénient.

M. Imhof, que j'ai cité plus haut, a avalé à jeûn de la poudre de maïs Charbonné en assez grande quantité; il en a aussi respiré par le nez, sans avoir éprouvé la moindre incommodité.

Conséquences.

Cette expérience, jointe à la précédente, m'a paru suffire pour que j'en conclusse que la poudre d'avoine Charbonnée n'est pas nuisible, sur-tout aux oiseaux auxquels j'en ai donnée, & à la dose où je l'ai employée, puisque les deux poules de la deuxième expérience étoient en bon état, après en avoir pris chacune douze onces: celle de la première expérience, à la vérité, n'a pas voulu en manger seule; mais les deux autres en ont mangé d'elles-mêmes, quoiqu'avec un peu de dégoût les premiers jours, vraisemblablement parce qu'elles n'étoient pas accoutumées à faire usage de cette substance. L'état dans lequel s'étoit trouvée l'une d'elles lorsqu'elle mangeoit de l'ergot, loin de reparoître, s'est dissipé de plus en plus, pendant qu'elle a vécu en partie de poudre Charbonnée; car on l'a jugé dans un tel embonpoint qu'on n'a pas fait difficulté d'en manger la chair. Ces effets, ainsi que ceux de la carie, sont bien différens de ceux de l'ergot.

Tort que le Charbon fait aux Cultivateurs.

Puisque le Charbon attaque plusieurs sortes de grains utiles, quelque peu considérable qu'on suppose le dommage qu'il cause à chaque sorte, il en résulte un tort notable pour le Cultivateur qui éprouve ce fléau. Pour calculer convenablement, il faudroit non-seulement faire attention au nombre des épis charbonnés qui paroissent, mais à ceux qui, trop foibles, ne montent pas, & restent enfermés dans leurs fourreaux; car les grains de froment, d'orge & d'avoine, semés à la volée & à la manière ordinaire, produisent communément trois épis, au lieu que, le plus souvent, un pied ne porte qu'un épi Charbonné. Je ne puis estimer la quantité d'épis Charbonnés qu'on peut trouver sur le froment, parce que je n'ai pas d'observations qui le constatent. Dans la seule circonstance où j'aie compté les épis d'orge Charbonnée d'un terrein, j'ai recueilli, dans un espace de quatre cent pieds de longueur sur huit de largeur, cinq cens vingt-huit épis attaqués de cette maladie: ce n'est pas certainement la plus forte production que j'aie vu en épis d'orge Charbonnée; mais je n'ai point d'autre fait à alléguer; j'en puis citer un plus positif, relativement à l'avoine. Deux rayons ensemencés de ce grain, ont produit deux mille deux cens trente-trois épis sains, & cinq cens onze épis Charbonnés, c'est-à-dire, un peu plus d'un cinquième. Si à cette quantité on ajoutoit les épis Charbonnés qui ne montent pas, on verroit que la perte, causée par cette maladie, peut aller au-delà de ce qu'on avoit pensé, & que, si tout étoit examiné de très-près, le charbon est aussi nuisible à la fortune des Cultivateurs que la carie.

La paille de froment, d'orge & d'avoine Charbonnés déplait aux bestiaux; car ils ne la mangent qu'avec dégoût; on ne sait pas si elle les incommode, parce qu'il n'y en a pas de preuves; ce sont des expériences qu'il seroit très-important de tenter.

Manière de préserver les grains du Charbon.

En exposant les recherches que j'ai faites sur les causes du Charbon, j'ai prouvé qu'il étoit facile d'en préserver les grains. Les moyens qui réussissent pour empêcher la carie de se former dans les fromens, s'opposent en même-tems à la production du Charbon: ce n'est donc pas un double travail que j'ai à proposer pour préserver le froment tout-à-la fois de ces deux maladies: il ne s'agit que d'en passer convenablement les semences dans une des lessives qui empêchent le froment de se carier.

Les Cultivateurs ne font pas dans l'usage de donner une préparation à l'orge & à l'avoine qu'ils sement. Cependant ce n'est qu'en employant pour ces grains les lessives indiquées pour le froment qu'ils parviendront à les garantir du Charbon; indépendamment des exemples que j'en ai données, en voici d'autres qui doivent les confirmer.

Au mois de Mars, je n'eus pas de peine à engager un fermier, qui avoit été témoin de mes expériences, à employer une méthode préservative pour préparer deux setiers d'avoine de semence; il laissa, par oubli, cette avoine imprégnée de chaux dissoute dans l'infusion de crotin de volailles, l'espace de huit jours sans la remuer; néanmoins elle leva très-bien, & servit pour ensemencer une partie d'une pièce de terre, dans le surplus de laquelle on mit de la même avoine qui n'avoit pas été préparée.

Nous n'apperçûmes dans le produit de l'avoine préparée que quelques épis Charbonnés, il falloit faire plus de vingt pas pour en trouver un; au lieu que, dans le produit de l'avoine qui n'avoit pas été préparée, l'œil ne cessoit pas d'en découvrir.

Un autre fermier, en même-tems, voulut bien faire la même expérience, en se servant de chaux unie à l'alkali des cendres de bois; il prépara ainsi la semence de trois arpents & un quartier; les résultats furent semblables à ceux de l'expérience précédente. J'employai moi-même la chaux seule de la manière suivante:

Une partie d'un champ fut partagée en huit planches, de trente-sept pieds sur douze; quatre furent destinées à être ensemencées en orge, & quatre en avoine; chacune reçut trois livres de grains de même qualité, mais dans des états différens: car la semence d'une des quatre planches d'orge fut trempée dans la dissolution de six onces de chaux; celle de la seconde dans la dissolution de trois onces, celle de la troisième dans la dissolution d'une once & demie; & celle de la quatrième fut semée sans préparation; la semence des quatre planches d'avoine fut traitée de la même manière.

Il en est résulté, 1.° que les trois livres d'orge passées dans six onces de chaux, ont produit trente-six épis Charbonnés; les trois livres d'avoine correspondantes en ont donné cent & un épi.

2.° Que les trois livres d'orge passées dans trois onces de chaux, ont produit soixante-douze épis Charbonnés, & les trois livres d'avoine, correspondantes, en ont donné deux cens trente-trois.

3.° Que les trois livres d'orge, passées dans une once & demie de chaux, ont produit quatre-vingt dix-huit épis Charbonnés, & les trois livres d'avoine correspondantes deux cens quatre-vingt quatorze épis.

4.° Enfin que les trois livres d'orge, semées sans préparation, ont produit trois cens huit épis Charbonnés, & les trois livres d'avoine correspondantes quatorze-cens trente-sept épis.

Si l'on fait attention à la progression des épis Charbonnés, soit dans l'orge, soit dans l'avoine, à proportion de ce que la semence a été imprégnée de moins de chaux, on sera convaincu de l'utilité de cette quatrième méthode, pourvu qu'on emploie cet ingrédient à dose convenable. Les succès des autres méthodes sont prouvées par les deux précédentes expériences. Je suis donc autorisé à conseiller ces quatre méthodes, pour préserver du Charbon l'orge & l'avoine, comme elles servent à préserver le froment de la carie & du Charbon.

Desirant connoître ce qu'on pouvoit espérer de simples dissolutions de sel marin ou d'alkali de la cendre de bois, pour préserver l'orge & l'avoine de Charbon sans aucun mélange de chaux, j'ai trempé trois livres d'orge dans cinq demi-setiers d'eau qui avoient dissous seulement cinq gros de sel marin & trois livres d'orge dans une pareille dissolution, pour la semer dans des planches de trente-sept pieds sur douze. Trois livres d'orge & trois livres d'avoine ont aussi été trempées séparément dans cinq demi-setiers d'une lessive faite de deux livres de cendre de bois neuf & de deux pintes d'eau ; les résultats en ont été tels, qu'en général il y a eu moins d'épis Charbonnés dans ces planches, que si je n'eusse fait subir aux semences aucune préparation : c'est la lessive de cendres qui a le mieux réussi pour l'avoine ; c'est la dissolution de sel marin qui a été plus avantageuse à l'orge : différences qui ont pu dépendre du plus ou du moins de soins ; mais ni l'un, ni l'autre de ces moyens, n'a eu des succès aussi marqués que quand j'ai employé ou la chaux seule à forte dose, ou la chaux à moindre dose, mais unie, soit avec le sel marin, soit avec les alkalis fixes & volatils, auxquels elle donne de l'activité.

M. Tillet & M. Imhof ayant prononcé que la maladie du maïs n'étoit pas contagieuse, on ne peut espérer de l'en préserver par des lessives. Il n'y a donc d'autre moyen de traiter cette maladie qu'en enlevant les tumeurs charnues qui la forment, sans endommager la tige. On profitera du moment où on coupera les sommités des tiges pour ne laisser aucune des excroissances.

Je ne puis m'empêcher d'observer qu'il est bien étonnant que la poussière du maïs Charbonné ne soit pas contagieuse, tandis que celle de l'orge, de l'avoine & du millet l'est sensiblement, à la vérité, à un degré moindre que la poudre de carie. La conformité de cette maladie dans ces diverses plantes sous tous les autres rapports me fait desirer qu'on veuille bien répéter encore les expériences de MM. Tillet & Imhof.

Conclusion.

Les détails, dans lesquels je suis entré sur le Charbon, font connoître cette maladie sous tous ses rapports. Il en résulte, 1.° que le Charbon attaque le froment, l'orge, l'avoine, le millet, le maïs, le panis, le sorgho ; de toutes ces plantes, c'est le froment qui est le moins sujet au Charbon.

2.° Que le produit du Charbon est une poussière inodore, d'un brun verdâtre placé sur le support des épis de froment, d'orge & d'avoine, enveloppée, dans le millet, d'une pellicule que forme la destruction des feuilles ; qu'elle est produite dans le maïs par la dessiccation des tumeurs fongueuses, qu'on voit, tantôt à la tige, tantôt aux feuilles, communément aux épis, quelquefois aux étamines seules, & contenue dans le panis & le sorgho dans l'enveloppe de la graine.

3.° Que dans toutes les plantes sujettes au Charbon, on rencontre quelquefois, mais rarement des épis moitié sains, moitié Charbonnés.

4.° Que la pesanteur de la poudre de Charbon est très-peu considérable, puisqu'un demi-litron, qui contiendroit dix onces de froment, ou quatre onces & six gros d'avoine saine, ne contient que quatre gros & demi de poudre d'avoine Charbonnée.

5.° Qu'au microscope, la poudre d'avoine Charbonnée n'offre que des globules irrégulières très-tenues.

6.° Que le Charbon, qui n'est bien apparent que quand les épis sont hors de leurs enveloppes, se reconnoît cependant à certains signes auparavant.

7.° Qu'à cause de la diversité des épis & des organes de la fructification, le Charbon n'est pas tout-à-fait le même dans le froment, que dans le millet ou le maïs.

8.° Que les grains Charbonnés ne laissent appercevoir aucune trace d'étamines ni de pistils.

9.° Que la poudre de grains d'avoine Charbonnés n'a aucun principe odorant ; qu'on en retire plus de gas, que de la carie & il y a plus d'air fixe que d'air inflammable. Elle donne une matière extractive plus abondante, une moindre quantité d'huile que le carie, un Charbon également alkalin & plus pesant, d'une nature particulière, puisque c'est un vrai noir de fumée, une partie colorante dissoluble entièrement dans l'acide nitreux à l'aide de la chaleur ; enfin la cendre d'avoine Charbonnée brûlée dans un creuset, fournit du pyrophore pendant cinq heures.

10.° Qu'on récolte une grande quantité d'épis Charbonnés, si on seme des grains d'orge & d'avoine récoltés dans des pièces de terre qui en ont produit beaucoup, ou si les semences ont été profondément enterrées, si l'on imprègne de l'orge, ou de l'avoine, & sur-tout du millet Charbonné, on en récolte une plus grande quantité que quand on seme ces grains, sans les avoir imprégné de Charbon. Ce qui prouve la contagion, est une des manières dont cette maladie se propage.

CHARBON, *maladie des bestiaux.*

Le Charbon, considéré comme maladie des bestiaux, mérite une grande attention, à cause de la rapidité avec laquelle il tue les animaux qui en sont attaqués.

Le Charbon est une tumeur inflammatoire, qui dégénère promptement en abcès de mauvaise qualité, & presque toujours en gangrène. On lui a encore donné le nom d'*Anthrax*.

On en distingue de plusieurs espèces, le *Charbon simple*, le *Charbon pestilentiel* ou *malin* & la *musaraigne* ou *musette* & le *feu Saint-Antoine*.

Le Charbon

Le Charbon simple est une élévation sensible & prompte sur la peau, accompagnée d'une grande chaleur qui caractérise toujours le commencement du Charbon; peu après la tumeur s'affaisse, devient moins sensible, & se remplit d'une humeur sanieuse; ensuite la gangrène s'y manifeste: les bords de la gangrène restent quelque tems durs & enflammés; & enfin la gangrène, s'emparant des parties voisines, l'animal meurt. Le Charbon simple n'est pas ordinairement suivi de ces derniers symptômes.

Cette maladie passe rarement le 5.e jour sans être terminée, ou par suppuration, ou par gangrène. Le bœuf n'en perd ni l'appétit, ni la rumination. Le cheval en est plus affecté, il ne veut pas manger.

Le Charbon simple n'est pas contagieux. Il ne se communique pas d'un bœuf malade à un bœuf bien portant, & encore moins d'un bœuf à un cheval, ou à une brebis.

On l'attribue au trop long séjour des animaux dans les étables mal propres & mal construites, aux mauvaises qualités des eaux & des alimens, à la trop grande chaleur de l'athmosphère, & à la disposition particulière des sujets. Il seroit à desirer que ces causes fussent bien prouvées; on y parviendroit facilement, si on mettoit des animaux exprès dans toutes ces positions & d'autres dans des positions contraires.

On croit que la meilleure manière de traiter le Charbon simple est de l'extirper entièrement avec l'instrument tranchant, de laisser saigner la plaie, de la laver ensuite avec du vinaigre saturé de sel ammoniac, ou de sel marin & d'appliquer dessus un cataplasme de feuilles de rhuë qu'on doit changer toutes les 24 heures, jusqu'aux premiers signes de suppuration, & alors de panser avec l'onguent égyptiac. Il paroît que l'époque la plus favorable pour extirper le Charbon simple, est 24 heures après son apparition. Il y a des circonstances qui doivent retarder cette opération. On peut sans risque attendre son entier accroissement.

A peine un animal est-il attaqué du *Charbon pestilentiel*, ou *malin*, qu'il perd l'appétit & ses forces. Ces symptômes même précèdent la sortie du Charbon, qui, quelquefois, paroît tout-à-coup, sans que rien l'annonce. Cette espèce est contagieuse au plus haut degré. Les animaux la gagnent les uns des autres, pour peu qu'ils habitent ensemble. Le bœuf & la vache sont ceux qu'elle attaque le plus souvent. Les chevaux, les mulets & les ânes y sont aussi sujets. L'homme la contracte des animaux, lorsqu'il les touche, ou lorsqu'il touche des substances qui leur ont appartenu; mais il ne la communique pas à d'autres hommes, comme je l'ai observé bien des fois.

Très-souvent cette espèce de maladie se manifeste par une vessie à la langue; ce qui l'a fait appeller, dans ce cas, *Charbon à la langue*; cette vessie en occupe tantôt le dessus, tantôt le dessous & quelquefois les côtés. D'abord elle est blanche, ensuite rouge; en très-peu de tems, elle devient froide & noire: elle grossit & dégénère en ulcère chancreux.

Il est encore plus nécessaire d'enlever avec le bistouri le Charbon pestilentiel, ou malin que le Charbon simple. On laisse saigner la plaie; on la lave avec une forte infusion de sauge, ou de rhuë, ou avec parties égales d'infusion de racines de gentiane & de vinaigre saturé de sel commun, ou avec de l'eau-de-vie camphrée, ou avec de l'eau de chaux, & on applique pardessus un cataplasme de feuilles de rhuë & de racines de gentiane, jusqu'au moment de la suppuration: alors on panse avec l'onguent Egyptiac, ou un autre analogue. Si le Charbon attaquoit le fondement, les parties de la génération, les mamelles, le mufle, les environs des yeux & des oreilles, au lieu de ce cataplasme, il faudroit seulement laver la plaie plusieurs fois le jour avec l'infusion d'absynthe dans du vinaigre, saturé de sel commun, & d'y maintenir des étoupes imbibées de cette infusion. Lorsque la suppuration commencera, on pansera avec l'onguent dont j'ai parlé.

La musaragne, ou musette, est une petite tumeur inflammatoire placée vers la partie supérieure & interne de la cuisse. Elle fait des progrès extrêmement rapides. La cuisse & la jambe deviennent d'une grosseur énorme. L'animal a du dégoût; il est triste, abattu, il éprouve des frissons & de la difficulté de respirer. La gangrène s'empare de la tumeur, & l'animal meurt en 24 heures.

Les maréchaux ont donné le nom de musaragne, ou de musette à cette maladie, parce qu'ils l'ont attribué à la morsure d'un petit animal, qui ressemble à la taupe plus qu'au mulot; son nez est plus alongé que ses mâchoires, ses yeux sont cachés, ses pieds ont cinq doigts; sa queue, ses jambes & sur-tout celles de derrière sont plus courtes que celles des souris. La grandeur de sa gueule, la situation & la figure de ses dents le mettent dans l'impossibilité de nuire au cheval, regardé comme le seul animal que la musaragne morde; cette opinion est donc un préjugé. Cette maladie est un véritable Charbon.

Rien ne prouve que la musarague, ou musette, soit contagieuse.

Dès que la tumeur prend un certain accroissement on doit l'extirper, en ménageant les principaux vaisseaux & les muscles qui servent pour marcher, bassiner la plaie avec une forte décoction de rhuë, d'absinthe & de vin, qu'on change toutes les cinq heures, envelopper la jambe enflée avec des linges trempés dans du vinaigre saturé de sel marin & dans lequel on aura fait infuser des feuilles de fauge, donner plusieurs fois par jour des lavemens composés d'une infusion de sauge, tenant en solution une once de nitre sur un pot d'infusion, faire au poitrail un séton avec la racine d'hellébore, nourrir l'animal d'eau blanche nitrée & successivement de son, de paille & de foin; lui faire prendre les cinq premiers jours des bols, composés de deux onces de nitre, de demi-once de camphre & de suffisante quantité de miel pour deux bols l'un le matin, & l'autre le soir; enfin en avoir tous les soins que la propreté exige. Si, en emportant la tumeur, on a coupé une veine, il faut y appliquer de l'agaric, ou un bouton de vitriol, ou le feu, ou la poudre de lycoperdon.

Ce sont les bêtes à laine que le feu Saint-Antoine attaque. Cette maladie se manifeste par un bouton douloureux & enflammé qui s'élève sur la peau, dégénère bien-tôt en gangène & détruit les parties voisines. Il ne paroît pas qu'elle soit contagieuse. On emploie différens remèdes pour la guérir; mais M. Vitet, dont j'ai extrait ce qui précède, ne conseille que l'infusion de feuilles de rhuë & la seule huile de tabac, ou l'infusion d'absynthe saturée de sel ammoniac, celle de sabine & de sauge dans du bon vin. Il prescrit intérieurement deux bols, composés chacun d'un gros de racine de gentiane pulvérisée & de demi-gros de nitre dans suffisante quantité de miel, pendant tout le cours de la maladie. Il faut, comme dans les cas précédens, emporter le bouton inflammatoire dès qu'il est formé.

On s'appercevra facilement que je ne fais qu'effleurer un genre de maladie, susceptible d'un grand développement. Je n'ai voulu qu'apprendre à le distinguer des autres & à ne pas faire de faute dans le traitement. On trouvera dans le Dictionnaire de Médecine tout ce qui a rapport au Charbon dans les animaux.

Charbon de bois, considéré comme propre à féconder les terres.

M. Tatin, marchand Grainetier-fleuriste à Paris, dans un Catalogue raisonné de toutes les graines qu'il vend, traitant des principaux engrais, conseille sur-tout l'usage du Charbon de bois. Selon lui, ce Charbon convient aux terres sèches, délaissées faute d'humidité. Il est propre à les féconder & à diminuer les ravages des vers blancs. D'après cette dernière propriété, M. Tatin soupçonne qu'il pourroit bien nuire à d'autres espèces de vers. On l'emploie tout entier sans le pulvériser, ni le concasser même. On doit le répandre également, à la quantité de douze sacs, mesure de Charbon, à Paris, ou de douze poinçons d'Orléans; l'enterrer par un labour profond & rouler après avoir hersé, pour couvrir la semence.

M. Tatin ne cite aucune expérience pour prouver les succès du Charbon, employé de cette manière, quoiqu'il assure en avoir fait beaucoup. Je ne présente, pour cette raison, ce qu'il dit à mes lecteurs que pour les engager à l'essayer. J'observerai que dans les pays, où le bois est cher & par conséquent le Charbon, on se détermineroit difficilement à en faire usage pour cet objet, à moins qu'il ne fût constaté que l'effet du Charbon dure aussi long-tems que celui des marnes. Mais, dans les pays où le bois est commun & à bon marché, on auroit plus de facilité pour s'en procurer.

J'ai engagé des Charbonniers à construire leurs fourneaux de Charbon dans des pièces de terre que je cultivois; en parcourant des bordures de forêt, j'ai vu beaucoup d'emplacemens de fourneaux à Charbon; dans tous ces endroits, la végétation des grains étoit de toute beauté, & contrastoit, d'une manière frappante, avec celle des parties de champs qui les entouroient. Cet effet a duré plusieurs années. C'est ordinairement dans ces places de fourneaux à Charbon qu'il lève le plus de graines d'arbres dans les forêts. M. Dussieux, en ayant fait ensemencer plusieurs en orge, a récolté beaucoup de grain. Avant que la culture du tabac fût libre en France, les hommes qui travailloient dans les bois plantoient du tabac, dans les places de Charbon, où il devenoit très-beau. Ces faits attestent qu'il peut servir à féconder les terres, vraisemblablement parce que l'alkali qu'il contient attire l'humidité de l'air. Mais il est très-divisé dans tous ces cas, tandis qu'au contraire dans la manière dont l'emploie M. Tatin, il est entier, ce qui peut établir des différences que l'expérience, sans doute fera connoître (*M. l'Abbé* TESSIER.)

CHARBON de Terre. Substance employée dans beaucoup de pays pour le chauffage des serres chaudes.

Après le bois, c'est, sans contredit, le meilleur; sa chaleur a plus d'intensité & est plus durable. Mais il a un grand inconvénient, c'est celui de s'allumer lentement & de ne fournir sa chaleur que trois quarts d'heure ou une heure après qu'il a été allumé. Et comme souvent il est difficile de prévoir le tems qu'il fera d'une heure à l'autre, il arrive quelquefois que la gelée pénètre dans les serres avant que la chaleur du feu soit en état de s'y opposer. Si l'on veut parer à cet inconvénient, en allumant le Charbon de terre à la moindre apparence de gelée, & que le tems devienne doux alors on donne aux serres un degré de chaleur trop élevé qui fait pousser les plantes à contre-tems & leur est très-nuisible.

Quant à l'économie du Chauffage en Charbon de terre plutôt qu'en bois, il est bien difficile de la fixer d'une manière précise, puisqu'elle dépend des localités. En Angleterre, en Hollande & dans quelques parties de la France où les mines sont abondantes, le Charbon de terre a très-peu de valeur. A Paris, au contraire, il est au moins aussi dispendieux que le bois. C'est ce qui fait qu'on lui préfère ce dernier chauffage qui, au moyen d'une construction particulière dans les fourneaux, donne une chaleur prompte & durable & plus économique que celle du Charbon. (*M. Thouin.*)

CHARBONNÉ. L'Ancienne Encyclopédie, confondant les maladies des grains, donne le nom de Charbonné au froment carié. Le froment Charbonné est celui qui est attaqué de cette maladie, dans laquelle tous les organes de la fructification sont détruits & convertis en une matière fine, d'un vert noir, inodore & que le vent disperse. L'orge, l'avoine & beaucoup d'autres graminées se Charbonnent. Voyez les mots Charbon & Carie. (*M. l'Abbé Tessier.*)

CHARDON, *Carduus*.

Genre de plantes à fleurs, composées d'herbes, annuelles ou vivaces par leurs racines, dont les fleurs, presque toutes terminales, sont renfermées dans un calice composé d'écailles embriquées. Les Chardons sont voisins des centaurées, dont ils diffèrent par leurs fleurons qui sont tous hermaphrodites & fertiles, & des sarrettes, dont aucun caractère bien tranché ne marque la séparation; car plusieurs Chardonsont leurs écailles aussi molles que celles des sarrettes; mais celles des dernières sont généralement plus larges & moins lâches. Les chardons diffèrent enfin des onopordes par leur réceptacle chargé de poils, au lieu que celui des onopordes est ras & couvert d'alvéoles : j'ai cependant vu un individu d'onoporde acanthin, dont le réceptacle étoit semblable à ceux des Chardons; étoit-il un métis ou un accident? c'est ce que j'ignore. Voyez Onoporde.

La distinction que plusieurs Botanistes avoient faite de deux genres, les Chardons & les Cirses, étant fondée sur la conformation des aigrettes simples ou plumeuses, n'est plus admissible, comme toutes celles qui sont fondées sur un caractère aussi fugitif.

Les Chardons ont la plupart un beau feuillage, & un port qui les rendroit précieux, pour la décoration des paysages, sans l'espèce de défaveur dont ils sont atteints. Plusieurs d'entr'eux produisent un très-grand effet dans les parterres, & les paysages gagnent beaucoup à des groupes de ces plantes, également agrestes & décorantes. J'indiquerai dans la suite de l'article, les espèces qui peuvent être cultivées avec le plus de succès.

Espèces & variétés.

Feuilles décorantes.

1. Chardon maculé.
Carduus leucographus. L. ♂. du midi de l'Europe.

2. Chardon lancéolé.
Carduus lanceolatus. L. ♂. sur les bords des chemins.

β. *Variété à fleur blanche.*

3. Chardon penché.
Carduus nutans. L. ♂. sur les bords des chemins.

β. *Variété à fleur blanche.*

γ. *Variété à tige ramage & à fleurs plus petites, de la Suisse. Carduus, &c. n.° 167. β. Hall.*

4. Chardon acanthin.
Carduus acanthoides. La M. non Linnée. ⊖. des villages, près des murs, &c.

β. *Variété cotonneuse.*

5. Chardon crépu.
Carduus crispus. L. ⊖. dans les champs incultes.

6. Chardon des marais.
Carduus palustris. L. ♃. des prés humides & des marécages.

β. *Variété à feuilles vertes en-dessous.*

Carduus polyanthemus. L. ♂. des environs de Rome.

β. *Variété à fleur blanche.*

7. Chardon à crochets.
Carduus pycnocephalus. L. ♃. de l'Italie & du midi de la France.

8. Chardon argenté.
Carduus argentatus. L. ⊖. de l'Egypte.

9. Chardon cyanoide.
Carduus cyanoides. L. de la Tartarie.

10. Chardon blanchâtre.
Carduus canus. L. ♃. de l'Autriche.

11. Chardon pectiné.
Carduus pectinatus. L. ♂. de la Pensylvanie.

12. Chardon denté.
Carduus defloratus. L. ♃. des montagnes de l'Europe.

β. *Variétés à fleurs blanches.*

α. Variétés à petites fleurs.

B. Variété velue, des lieux exposés au Soleil dans les Alpes de la Suisse.

13. CHARDON ambigu.
CARDUUS medius Gouan. des Pyrénées.
14. CHARDON à feuilles de carline.
CARDUUS carlinæ folices. La M. du midi de la France, de l'Espagne.
15. CHARDON à feuilles d'argemone.
CARDUUS argemone. La M. des Pyrénées.
16. CHARDON noirâtre.
CARDUUS nigrescens. Vill. ⊙. ou ♂. des Alpes, du Dauphiné.
CARDUUS acant'oides.
17. CHARDON de Montpellier.
CARDUUS Mons Pessulanus. L. ♃. du midi de la France.
CHARDON des Pyrénées.
CARDUUS Pyrenaicus. Gouan. ♃. des Pyrénées.
19. CHARDON des prés.
CARDUUS pratensis. La M. ♃. dans les prés du midi de la France & de la Suisse.
CARDUUS tuberosus. L.
20. CHARDON de Crète.
CARDUUS creticus. L. de l'Isle de Candie.
21. CHARDON galactite.
CARDUUS australis L. fil. du midi de l'Europe.
22. CHARDON hongrois.
CARDUUS pannonicus. L. fil. ♃. de la Hongrie & de l'Autriche.
23. CHARDON à petites fleurs
CARDUUS parvi florus. L. ♃. des montagnes de l'Europe méridionale.

*** Ecailles sessilles ou amplexicaules, mais point décurrentes.*

24. CHARDON polyacanthe.
CARDUUS casabonæ. L. ♂. des Isles de la Méditerranée.
25. CHARDON d'Espagne.
CARDUUS hispanicus. La M. ♃. de l'Espagne.
26. CHARDON à feuilles de giroflée.
CARDUUS stellatus. L. ⊙.
27. CHARDON de Syrie.
CARDUUS Syriacus. L. ⊙. du midi de l'Europe & du Levant.
28. CHARDON à grosses fleurs.
CARDUUS cynaroides. La M. de l'Isle de Candie.
29. CHARDON lanugineux.
CARDUUS eriophorus. L. ⊙. dans les lieux incultes & près des chemins de l'Europe tempérée.
30. CHARDON féroce.
CARDUUS ferox. La M. ♂. des lieux montagneux & incultes de l'Europe méridionale.
β. Variété à fleurs blanches.
31. CHARDON colleté.
CARDUUS comosus. La M. ♃. des montagnes de la France, de la Suisse, &c.
CNICUS spinosissimus. L.
B. *CIRSIUM, &c.* Gmel. T. 25. de la Sibérie.
32. CHARDON feuillé.
CIRSIUM purpureum. All. ♃. des Alpes de Piémont.
33. CHARDON à feuilles d'acanthe.
CARDUUS acanthifolius. L. M. ♃. des prés humides de l'Europe.
CNICUS oleraceus. L.

β. Variété à feuilles entières.

34. CHARDON de Tartarie.
CARDUUS Tartaricus. L. ♃. de la Sibérie & des Alpes.
35. CHARDON. du Lautaret.
CARDUUS autareticus. Vill. ♂. ou ♃. des prés humides du Lautaret.
36. CHARDON à feuilles étroites.
CARDUUS angustifolius. L. ♃. des Alpes.
37. CHARDON à trois têtes.
CARDUUS tricephalodes. La M. ♃. des prés humides des montagnes de l'Europe.
CARDUUS rivularis. Jacq.
CIRSIUM pirenaicum. All.

β. Variété à fleurs blanches.

38. CHARDON de montagne.
CNICUS erisithales. L. ♃. dans les prés des montagnes de l'Europe.
39. CHARDON jaunâtre.
CRISIUM ochremum. All.
CIRSIUM, &c. n.° 174. Hall. dans les fissures des rochers de la Suisse & du Piémont.
40. CHARDON hasté.
CARDUUS hastatus. La M. des Alpes du Dauphiné.
41. CHARDON à feuilles de roquette.
CARDUUS erucagineus. La M. de la Sibérie.
42. CHARDON de Caroline.
CARDUUS altissimus. L. ♃. de la Caroline.
43. CHARDON de Virginie.
CARDUUS virginianus. L. de la Virginie.
44. CHARDON semipectiné.
CARDUUS semipectinatus. La M. ♃. de la Tartarie.
45. CHARDON hélénioide.
CARDUUS helenioides. La M. ? *Linnæi.* ♃. dans les prés des Alpes.
β. CIRSIUM heterophillum. All. *cum fig.*
46. CHARDON anglois.
CARDUUS anglicus La M. des lieux humides & marécageux de la France & de l'Angleterre.
47. CHARDON bulbeux.
CARDUUS bulbosus. La M. dans les lieux marécageux de l'Europe méridionale.

48. CHARDON finué.
CARDUUS pumilus. Vill. ♃. des Alpes du Dauphiné.

49. CHARDON lacinié.
CARDUUS laciniatus. La M. des Alpes.

50. CHARDON des champs.
SERRATULA arvensis. L. dans les champs, surtout dans ceux qui sont humides & près des chemins.

51. CHARDON à longues aigrettes.
CARDUUS serratuloides La M. ? Linnei. ♃. du Levant & du Piémont.

β. Variété à feuilles laciniées.

52. CHARDON jaunâtre.
CARDUUS flavescens. L. de l'Espagne.

53. CHARDON nain.
CARDUUS acaulis L. ♃. des prés secs & des terres en friche.

β. Variété à tige des prés humides.

Espèces moins connues.

CARDUUS aurosicus. Vill.
CARDUUS rosenii. Vill.
CARDUUS paniculatus. Vahl.

Plusieurs plantes, réunies par Linné & d'autres Auteurs, au genre des Chardons, sont rapportées dans ce Dictionnaire à leurs véritables genres; de ce nombre sont,
CARDUUS mollis. L. *Voyez* SARRETTE.
CARDUUS marianus. L. *Voyez* CARTHAME.
CARDUUS lycopifolius Vill *Voyez* SARRETTE.
CARDUUS carlinoides. Gouan. *V.* CARLINE.
CARDUUS personata. All. *Voyez* BARDANE.

Tous les Chardons connus sont des régions tempérées; ils fuient également les tropiques & les frimats. Du moins on n'en trouve plus aux approches des cercles polaires, & on n'en connoît aucune espèce sur la Zone torride. La Barbarie, la Syrie, & les pays situés sous cette latitude, sont les seuls où ce genre de plante se soit multiplié; cependant on observe que le nombre des espèces en est plus nombreux dans le midi qu'au nord de l'Europe.

Tous les Chardons tenant à-peu-près au même climat, & à la même nature du sol, leur culture offre peu de différences. Ils aoûtent tous leur graine dans nos jardins, & réussissent très-bien de semence, excepté quelques espèces marécageuses, telles que les n.os 6, 19, 35, 42, qui même lèvent dans nos jardins. Les Chardons veulent une terre substancielle, imprégnée de résidus, de l'organisation, & même ceux qui croissent dans les sols les plus arides, se dévelopent de préférence dans les voiries, & les lieux où les animaux ont jetté leurs déjections, où les fumiers ont été entassés, &c. Ils ont cela de commun avec toute la division des fleurs composées, désignée par le nom de *Cinerocephales*, par Vaillant.

Tous les Chardons doivent être semés au Printems, dans une terre meuble; comme ils souffrent un peu de la transplantation, il est avantageux de les semer en place & dans des vases, dont on peut les sortir avec la terre, pour les espèces qui doivent lever sous chassis. Ils exigent, dans leur jeunesse, des sarclages pour les garantir des mauvaises herbes qui pourroient les étouffer, mais une fois d'une certaine force, ils ne craignent plus rien. Les espèces annuelles montent en fleurs avant la fin de l'Eté; mais le plus grand nombre ne poussent de tiges que la seconde année, quelques espèces périssent après cette floraison; la racine des autres dure plusieurs années, & pousse chaque saison une nouvelle tige.

Usage. Les Chardons ont la plupart des formes agréables, un feuillage distingué, & seroient mis au rang des espèces décoratrices s'ils étoient plus rares. L'une des plus belles espèces, le Chardon lancéolé, n.° 2, seroit admiré s'il étoit moins connu, & cependant on n'ose pas l'employer.

On cultive dans les grands parterres quelques espèces rares, soit des Alpes ou des pays étrangers, tels que ceux indiqués sous les n.os 28, 42, 45. Mais on pourroit beaucoup augmenter la liste de ceux qui, par la variété de leurs formes, de leurs nuances & de leurs grandeurs, ajouteroient un nouveau prix à nos jardins. On pourroit enfin grouper des plantes de ce genre dans les paysages agrestes de nos jardins, dans des lieux rocailleux, déserts, près des mazures, dans tous les sites où la nature sauvage doit offrir des formes sauvages, & non des *tortillemens* à la Louis XIV. Une entente dans la manière de les placer répandroit un nouveau charme sur ces positions, & les cinquante espèces de Chardons, peuvent toutes servir à ce genre de décoration.

Les peuples du Nord ont essayé de faire usage de l'aigrette qui couronne les graines des Chardons; ils l'ont pilée, ils ont feutré des chapeaux; mais le peu de succès de leurs essais les a découragé. Les Morduans, & en général tous les peuples de la Sibérie, se servent du Chardon, n.° 45, pour teindre en jaune clair, & pour servir de base à la garance qui s'avive davantage sur ce premier teint. (*M. REYNIER.*)

CHARDON. On donne ce nom aux anémones, dont les béquillons sont étroits & ne font pas le dôme. La fleur paroît hérissée comme celle d'un Chardon, & n'est pas estimée des Fleuristes. *Voyez* ANÉMONE. (*M. REYNIER.*)

CHARDON. En Amérique, & dans les Antilles particulièrement, on donne le nom de Chardon à toutes les plantes du Genre des *Cactus*. *Voyez* CACTIERS. (*M. THOUIN.*)

Chardon à Bonnetier.

Les Arts ont mis à contribution la plupart des familles des plantes. Celle des *Dipsacées* fournit à la Bonneterie & à la Draperie un instrument simple, que la nature seule prépare, & que jusqu'ici rien n'a pu suppléer. C'est la tête d'un Chardon, connu des Botanistes sous le nom de *Dipsacus sativus.* Tourn. *Dipsacus fullonum*, première espèce du Dictionnaire de Botanique, appellée, en françois, *Chardon à Bonnetier*, *Chardon à Foulon*, *Chardon à Lainer*, *Chardon à Carder*, *Chardon Lanier*, *Chardon à Drapier*, parce qu'en effet il sert à tirer la laine du fond des étoffes à la superficie, & à les rendre plus moëlleuses & plus chaudes. Enfin, la hauteur & la forme de la plante, l'ont encore fait appeler *Verge à pasteur.*

On trouve dans les prés, dans les bois, & dans les environs des habitations, le Chardon à Bonnetier sauvage, qui se sème de lui-même. Linné le regarde comme une variété du cultivé, mais Miller n'adopte pas l'opinion de Linné. Il y est d'autant moins diposé, qu'ayant cultivé ces deux chardons, pendant 40 ans, ils lui ont constamment paru différer l'un de l'autre. Cette expérience est assez probatoire, sans doute, pour faire prononcer que le Chardon à Bonnetier, sauvage, & le cultivé sont deux espèces très-distinctes. Les pointes des écailles, qui forment les têtes, sont roides & crochues dans le dernier, tandis qu'elles sont molles & droites dans le premier.

Le Chardon à Bonnetier se cultive dans diverses parties de la France, en Flandres, en Artois, en Picardie, aux environs de Sedan, en Languedoc, à Fleury, près Orléans, dans la Beauce, & en général dans les pays voisins des manufactures de lainerie. J'en ai vu à Oisonville, à Pussay, & autres villages de la Beauce, à quelques lieues d'Etampes, de petites cultures, faites par des Fabricans de bas & de bonnets de laine. Il y a 40 ans qu'ils en cultivent dans ce pays pour leur usage. Mais j'en ai vu des champs étendus, près des villages situés à quelques lieues d'Elbeuf & de Louviers, si connus par la beauté de leurs draps; par exemple à *Sotteville*, sous-val, & dans les paroisses de *Lery*, & d'*Alisery*, entre le Pont-de-l'Arche & le Port Saint-Ouen. Ces villages fournissent les meilleurs Chardons de l'Europe. On en exporte par-tout le Royaume, & même en Hollande.

Les Cultivateurs de Chardons à Foulon, de Normandie, en distingue deux espèces, qui ne diffèrent que par la hauteur des tiges. Je ne sais si cette différence est constante, ou si elle n'est que l'effet de quelques circonstances qu'il ne m'a pas été possible encore d'étudier.

On n'est pas d'accord sur l'espèce de terrain qui convient au Chardon à Bonnetier. Les uns disent qu'il réussit particulièrement dans de l'argille, ou dans de la craie, mêlée de quelques cailloux, & qu'il n'a besoin que de peu d'amendemens. D'autres croient qu'il ne faut pas semer le Chardon à Foulon dans de l'argille, ou dans de la craie. Pour accorder deux opinions aussi contraires, il faudroit savoir ce que les uns & les autres entendent par *argille* & par *craie.* En attendant je dirai ce que j'ai observé. En Normandie, les terrains où j'ai vu une plus grande quantité de Chardons à Foulon, d'une belle venue, étoient formés d'un sable doux, assez substantiel. Dans la Beauce, on les plante dans une terre blanchâtre, ou graveleuse, qui a du fond, & qui est propre à toutes sortes de grains. On ne la fume pas trop, afin de ne pas attirer les vers blancs qui couperoient les pieds. Le fumier doit y être enterré long-tems d'avance. Les racines du Chardon sont pivotantes & traçantes, & ses feuilles sont larges & longues de huit à douze pouces. Sa tige s'élève jusqu'à six pieds; elle a un pouce de diamètre; elle est droite, ferme & rameuse, ce qui paroîtroit exiger un bon terrain. Mais, comme c'est moins la vigueur de la plante qu'on recherche que la qualité du Chardon, on l'obtiendra bien plus dans une terre douce, médiocre & profonde, que dans une terre forte & trop substancielle.

Si l'on suivoit la marche de la nature, on semeroit le Chardon à Foulon à l'époque où sa graine tombe : ce seroit au mois d'Août dans le climat de Paris; un peu plutôt, dans les pays méridionaux, un peu plus tard dans les pays septentrionaux. Mais ce n'est pas la première fois que les hommes, qui se sont, pour ainsi dire, asservi les plantes, comme ils s'asservissent des animaux, ont interverti l'ordre de la nature. Miller qui a écrit pour l'Angleterre, conseille de semer la graine de Chardon à Foulon dans le mois de mars. En Normandie, on la seme en Mars, ou en Avril. Vraisemblablement on y est déterminé, parce que le plant de la graine semée en Septembre, n'acquerreroit pas assez de force avant l'Hiver qui prend de bonne heure, & parce que l'Eté étant tardif, ce qui lève au Printems a le tems de se mettre en état de résister à la chaleur, d'ailleurs modérée, en Angleterre. Quand on a choisi cette saison, il faut consentir à sarcler souvent le plant, qui ne pousse que foiblement d'abord, & qui seroit bien-tôt détruit par les mauvaises herbes; au lieu que, quand on sème en Septembre, on évite des sarclages, les mauvaises herbes étant alors moins abondantes. Le plant, dans ce cas, prend de la force avant l'Hiver; au Printems, il végète avec vigueur, & étouffe les herbes qui pousseroient entre les pieds des Chardons. On ne peut le semer qu'en Automne dans les pays chauds; car, si on semoit au Printems, le plant seroit grillé en Eté, avant qu'il fût assez fort. Ces considérations me font penser qu'il est bon de semer la graine de

Chardon à Foulon au Printems, dans le nord de la France, & en Automne dans le midi.

Dans la Beauce on emploie toujours la graine qu'on récolte. Il ne paroît pas qu'on en change, comme on change de beaucoup d'autres graines. Si on sème en Juin, on se sert de la graine de l'année précédente; si on sème en Automne, on emploie la nouvelle. Je n'ai pu savoir combien il falloit de graine pour la plantation d'un arpent; comme il en périt beaucoup, ou plutôt comme la plus grande partie ne lève pas, on ne risque rien de semer plus que moins.

Il y a trois manières de semer la graine de Chardon à Foulon; la première, qui me paroît la plus pratiquée en grand, consiste à la semer à la volée dans un champ bien préparé, & à la herser. A chacun des sarclages on enlève une certaine quantité de pieds, pour n'en laisser que ce qu'il en faut. On conserve toujours les plus beaux. Miller conseille de semer un peck, ou picotin de graine par acre, (*voyez* pour l'étendue de l'acre, article *Angleterre*, au mot ARPENT). On espace les pieds à six pouces les uns des autres; au premier sarclage, & à un pied au second. C'est la juste distance pour que les têtes soient grosses & bien nourries. Les sarclages peuvent se faire avec de longs instrumens; mais on ôte plus facilement toutes les mauvaises herbes, si on n'en emploie que de petits, qui exigent que les Ouvriers soient à genoux. Cette manière est sur-tout celle qui convient au premier sarclage, car on le pratique à l'époque où les pieds de Chardons sont difficiles à appercevoir.

D'autres sèment la graine de Chardon, comme on sème ordinairement celle de maïs, en faisant des trous d'un pouce de profondeur, dans lesquels ils jettent trois ou quatre graines, qu'ils recouvrent de terre, laissant entre chaque trou un pied, ou un pied & demi. Lorsque les plants ont trois ou quatre pouces de hauteur, ils en ôtent avec précaution deux à chaque trou, ayant soin que ce soit les plus foibles. Les intervalles sont aussi sarclés autant de fois qu'il en est besoin.

La troisième manière est un peu plus compliquée, mais elle me paroît la meilleure dans les cultures en petit. On sème d'abord à la volée la graine de Chardon à Foulon en pepinière, on en retire du plant, quand il a trois ou quatre pouces, pour la répiquer en place, à la distance d'un pied, ou dix-huit pouces, dans un terrain labouré auparavant à la bêche. Dans ce cas, il convient de semer en pépinière, à la fin d'Août, ou en Septembre. Le plant se fortifie avant l'Hiver; au Printems, il est très en état d'être repiqué. Le semis étant fait, on ne touche pas à la pépinière, jusqu'à ce que qu'on en tire le plant; la pépinière s'établit dans un jardin, ou dans un champ. Elle occupe peu de place, parce que la graine s'y sème très-drû.

Pour la transplantation il faut choisir un tems disposé à la pluie, ou avoir la facilité d'arroser, jusqu'à ce que le plant soit repris. Le terrain étant bien cultivé & nétoyé d'herbes, on est assuré que les Chardons deviendront beaux.

Communément on sème le Chardon seul. Mais quelquefois on le sème avec le seigle, ou le froment, au mois de Septembre; dans ce cas, on commence par semer le seigle, ou le froment à l'ordinaire, puis, la graine de Chardon à la pincée, & on herse le tout à-la-fois: le Chardon semé de cette manière reste presque deux ans en terre. Il y seroit moins de tems si on le semoit avec le seigle, ou le froment de Mars, & même avec l'orge ou l'avoine, ce qui me paroîtroit également avantageux. Ses têtes ne sont mûres qu'au mois de Juillet ou d'Août de la seconde année. Il pousse peu, jusqu'à ce que le seigle & le froment soient récoltés. On ne peut le façonner qu'après cette époque.

On sème encore avec le Chardon de la gaude, du carvi, des navets, des panais, des carrottes, &c: Quoique ces plantes l'incommodent peu, parce qu'il est plus fort, & qu'elles restent moins de tems en terre, je conseille de le semer seul. Ces cultures mixtes de plantes, qui exigent des soins particuliers, me paroissent d'une mauvaise économie. Elles se nuisent réciproquement. On ne peut les comparer au mélange du trèfle & du sainfoin, ou de la luzerne parmi les graines céréales, parce que ces plantes parviennent successivement à leur accroissement, sans que le Cultivateur y fasse autre chose que de les semer & de les récolter.

Le Chardon à Foulon, pendant sa végétation, n'exige d'autres soins que des binages & des sarclages. Si on plante au Printems, on donne un binage en Mai, & un en Juin, un en Automne, & un après l'Hiver suivant. Si on n'en a donné que deux la première année, on en donne deux à la seconde. En huit jours, un homme peut biner un arpent. Une des plantes qui lui nuit le plus est une espèce d'*orobanche*, que les Cultivateurs Normands appellent *gras*. Cette plante parasyte vit sur la racine du Chardon. Elle est plus abondante dans les terres grasses & bien fumées qu'ailleurs. C'est peut être ce qui lui a fait donner le nom de *gras*.

La seconde année le Chardon monte & pousse des tiges, qui se garnissent de têtes. Ce sont les parties de la fructification, composées de calices réunis en un amas cylindrique, & de fleurs que les abeilles recherchent. Lorsque les fleurs sont tombées, la réunion des calices qui subsiste, s'appelle *pigne*, *pomme* ou *bosse*. C'est l'objet pour lequel on cultive la plante. Le tems de la récolte de ces pommes dépend de celui où l'on a semé le Chardon. On récolte, au mois de Mai, ou de Juin de la troisième année, le produit de la graine semée avec le seigle, ou le froment en Octobre, si on a semé le Chardon seul au Printems, on le récolte en Mai, ou en Juin de la deuxième année. Quelquefois une partie des pommes ne mûrit qu'à l'Automne suivant; lorsque le Chardon a été semé en Juillet, ou Août, il en monte, au Printems de l'année d'après, une partie qu'on récolte en Juillet ou en Août, & l'autre partie au Printems de la troisième année. Si ces plantes tardives étoient en petit nombre, on ne les attendroit pas pour ne pas perdre l'occasion de faire rapporter d'autres plantes à la terre. Pour peu qu'il y en ait une certaine quantité, il y a de l'avantage à les attendre. Afin que la gelée ne les endommage pas, on les couvre de long fumier. Un Ecrivain, qui paroît être des provinces méridionales, prétend que le Chardon à Foulon résiste à l'Hiver le plus rigoureux. Il n'en est pas de même dans les pays septentrionaux, sur-tout si le terrain est humide, ou compacte, comme dans la Beauce. Dans l'Orléannois, où la terre est plus légère, le Chardon à Foulon y gèle rarement. Dans les pays où il peut geler, il est prudent de le couvrir en Hiver. Indépendamment de la gelée & des effets de la grêle, qu'il partage avec toutes les autres plantes, il est souvent incommodé des grands vents, qui le couchent & le déracinent. Il faudroit, pour ainsi dire, qu'il fût protégé par des palissades, ou abrité de l'ouest par des bois. Au reste, cette culture est dans le cas de beaucoup d'autres, son sort dépend en grande partie des saisons.

On reconnoît que le Chardon est mûr, lorsque ses têtes sont totalement défleuries; & qu'elles commencent à blanchir & à se dessécher. Mais elles ne mûrissent pas toutes à-la-fois. Il faut tous les deux jours parcourir la Chardonnière, quelquefois pendant trois mois. Quand on fait la récolte, on n'arrache pas les plantes entières, mais on coupe les têtes, à mesure qu'elles murissent, en leur laissant une queue d'environ un pied, sans blesser celles qui ne sont pas bonnes à cueillir. On en forme des paquets, ou poignées de 50, qu'on lie avec de la pelure d'osier, puis on les attache sous un hangard, ou sous les toits des couvertures, lorsque l'égoût des couvertures, comme en Normandie, est très-avancé & à quatre ou cinq pieds des murs, en sorte que ce qu'on y expose ne reçoit ni la pluie, ni l'ardeur du soleil.

Le Chardon craint l'humidité, même lorsqu'il est sur pied. Tout son mérite consiste dans la roideur des crochets des pommes. Or cette roideur se perd, s'il pleut au tems de sa floraison & de sa maturité, par l'espèce de rouissage qu'éprouvent les calices. Toute la pomme même pourrit, lorsque le Chardon n'est pas mis à sécher dans un endroit à l'abri de l'humidité. Il ne faut pas l'exposer non plus à un soleil trop ardent, dans les pays méridionaux, pour ne pas le trop dessécher. Le soleil ardent le rougit & lui ôte son ressort. L'usage apprend la véritable manière de le rendre propre aux travaux des fabriques de laine. Pour le conserver, quand il est sec, on le place dans un grenier, ou dans des chambres aérées.

En général, les têtes, ou pommes de Chardon, qui sont alongées, cylindriques & armées de crochets roides & fins, sont les plus estimées. Elles ont plus ou moins ces qualités, selon le terrain où on les a récoltées. Il ne faut pas qu'elles soient trop croches, ni trop droites, pour être bonnes. Les personnes qui les emploient connoissent le juste milieu qui convient. La longueur des pommes du centre, les plus longues de toutes, est de deux à trois pouces. Il y a des années où les pointes sont plus crochues que dans d'autres. On remarque que les meilleures sont celles qui sont venues dans un sol en pente, c'est-à-dire, dans un sol léger, ou pierreux. On peut d'avance annoncer que des pommes seront bonnes, si en rompant la tige, ou les pommes même, on trouve l'intérieur plein.

Je n'ai pas besoin de dire que la distinction des pommes de Chardon, en mâles & femelles, est chimérique, & n'a été imaginée par les Fabricans, que pour exprimer, sous le nom de mâles, les plus recherchées, c'est-à-dire, celles qui ont les pointes fermes & courtes, & sous le nom de femelles, celles dont les pointes sont molles, moins crochues & plus alongées.

Pour ramasser la graine de Chardon, il suffit d'en secouer légèrement les têtes lorsqu'elles sont sèches. La bonne graine se détache facilement des calices. On la trouve même ordinairement dans les greniers, sous les paquets de têtes. On assure qu'elle conserve long-tems sa vertu germinative; cependant on ne sème pas de la graine qui ait plus de deux ans. L'expérience apprend sans doute qu'en se procurant ainsi de la graine, on en recueille d'assez mûre pour être employée. S'il en étoit autrement, je conseillerois à ceux qui cultivent en grand le Chardon à Foulon, de laisser plus long-tems sur pied un certain nombre de tiges, proportionné au besoin qu'on a de graine. Tous les jours on iroit à la Chardonière secouer les têtes sur un paillasson, ou dans des corbeilles. Les pommes, qui fourniroient cette graine, perdroient de leur prix; mais on en seroit dédommagé par la bonté de la graine.

Les tiges desséchées du Chardon sont bonnes à brûler. Il vaut mieux les employer à chauffer le four, qu'à tout autre usage; car elles ont l'inconvénient de crépiter dans le feu, & de jetter les charbons jusqu'au milieu des appartemens.

Une tige de Chardon produit quelquefois huit ou neuf pommes. Celle du milieu est plus élevée que les autres; quand le pied est très-fort on la décolle, celles des autres en deviennent plus belles.

Le Chardon qu'on n'emploie qu'un an après qu'il

qu'il est récolté, est d'un meilleur service. Les grosses & meilleures têtes sont réservées pour les Bonnetiers, les moyennes & les plus petites pour la Draperie.

Les Chardons se vendent, en Normandie, année commune, de 24 à 25 livres la balle, mesure de convention, composée de 200 poignées de 50 têtes chacune; ce qui fait 10000 têtes pour ce prix; en supposant qu'ils soient de bonne qualité, car des meilleurs aux moins bons, la différence du prix est quelquefois d'un quart.

Le transport des Chardons à Foulon se fait dans de grandes mannes quarrées, longues, formées d'un chassis grossier d'osier. On y mêle indistinctement les grosses & les petites têtes.

J'ai déja observé que les abeilles recherchoient beaucoup les fleurs du Chardon à Foulon. Elles y trouvent, dans un petit espace une abondante récolte; car une seule pomme contient plus de six cent fleurs, dans lesquelles il y a beaucoup de miel. C'est un motif pour engager à multiplier les ruches, dans les pays où on cultive le Chardon à Foulon. On a remarqué que ces insectes alloient boire de l'eau qui s'amasse & se conserve dans les articulations des feuilles fermes & creuses du Chardon; c'est pour elles une grande ressource en Été; elles ne sont point exposées à s'y noyer, comme dans les ruisseaux, les marres, ou les rivières, & même dans les vases remplis d'eau, qu'on place auprès des ruches. Cette observation doit donner l'idée de planter exprès tous les ans quelques Chardons à Foulon, dans les environs des ruches, par-tout où on élève des abeilles.

Dans la Beauce, on plante des Chardons dans un terrain, qui est à son année de jachères, & on les récolte à l'époque où on récolteroit du froment. On l'ensemence au Printems suivant, en orge, ou en avoine, qui y viennent d'autant mieux que, pour la culture du Chardon, il a été labouré à la bèche & bien façonné. On pourroit même, en le fumant bien, y semer aussi-tôt du froment. MM. Maugas-Fouret & Chaudé Lainé, qui tiennent de grosses fabriques de bas, l'un à Oisonville, & l'autre à Pussay, ayant répondu à des questions que je leur ai faites, m'ont mis à portée de connoître ce qui concerne le Chardon à Foulon dans la Beauce.

Pour donner l'idée du produit d'une mesure déterminée de terre en Chardon à Foulon, je rapporterai une expérience faite à Oissel, auprès de Rouen. Elle est insérée dans le deuxième volume des Mémoires de la Société d'Agriculture de cette ville. C'est à M. d'Ambourney, si connu, si estimé, & si honoré par ses travaux dans l'examen des Teintures qu'on peut tirer de tous les végétaux, que je suis redevable de la connoissance de cette expérience.

M. Jérôme Baratte, d'Oissel, desirant cultiver pour la première fois, en 1769, à Oissel, le Chardon à Foulon, disposa, par de bons labours & des engrais convenables, un terrain de 12 perches, mesure de Roi; c'est-à-dire, de 22 pieds quarrés, le pied de 12 pouces. Il y sema des haricots blancs, au mois de Mai; on les sarcla le 10 Juillet, & alors on sema la graine de Chardon, qu'on eut soin d'enterrer. Elle leva bien, & profita rapidement, aussi-tôt qu'on eût arraché les haricots. A la fin de Novembre, on a biné, à la houe, les Chardons, en les éclaircissant, dans les endroits où ils étoient trop pressés, & on en a replanté dans les places où il en manquoit. Ce semis a passé ainsi l'Hiver. Au mois de Mars suivant, on a sarclé de nouveau. Une partie des pieds a monté. M. Jérôme Baratte a récolté, sur cette partie, plus d'une balle de têtes bien conditionnées. Voici son calcul, dans lequel il ne fait entrer pour rien ce qui restoit de plantes de Chardon, qui n'a pas monté à la deuxième année, & qui auroit monté l'année suivante.

Produit.

Une manne de Chardon marchand	24 l.	25 l. 16 s.
24 bottes de tiges pour chauffage, à 1 s. 6 d.	1 l. 16 s.	

Frais.

Une année de loyer des douze perches,	2 l. 5 s.	11 l. 5 s.
Deux sarclages à 2 l. 10 s.	5 l.	
Récolte,	3 l.	
Préparation & emballage,	1 l.	

Produit net........ 14 l. 11 s.

On n'a rien compté pour un peu plus de fumier qu'il n'en eût fallu pour du froment, parce que la récolte des haricots a fait compensation. On n'a point estimé non plus la semence, parce que, dans le pays, elle n'a point de valeur numéraire; on en prête & on en emprunte, le reste est jetté comme inutile.

Le même terrain auroit rapporté, en froment, 10 livres 10 sols, dont le produit, frais & semence prélevés, eût été de 5 livres 8 sols. M. Jérôme Baratte en conclut, qu'il y a près de deux tiers de profit à cultiver du Chardon, plutôt que du froment, quand le terrain le permet. Mais cela suppose un débit assuré, & une certitude de la bonté des Chardons.

On conçoit encore que si cette culture s'étendoit beaucoup, le prix des Chardons diminueroit. Mais on doit peu craindre une trop grande culture de plantes qui exigent plusieurs sarclages à la main, & des récoltes soignées. (*M. l'Abbé* TESSIER.)

CHARDON acante.

Onopordon acanthium. L. *Voyez* ONOPORDE commun. (*M. THOUIN.*)

CHARDON à cent têtes.

Eryngium campestre L. *Voyez* PANICAUT. (*M. THOUIN.*) commun.

CHARDON améthyste.

Eryngium amethystinum L. *Voy.* PANICAUT améthyste (*M. THOUIN.*)

CHARDON à quenouille.

Atractylis cancellata L. *Voyez* CARTAME grillé, n.° 11. (*M. THOUIN.*)

CHARDON aux ânes.

Carduus nutans L. & *Carduus eriophorus* L. *Voyez* CHARDON penché, n.° 3, & CHARDON lanugineux, n.° 29. (*M. THOUIN.*)

CHARDON béni. Nom vulgaire de la CENTAURÉE sudorifique.

CENTAUREA benedicta L. *Voyez* CENTAURÉE, n.° 54. (*M. DAUPHINOT.*)

CHARDON béni des Antilles. Nom que l'on donne, dans nos Isles à l'ARGEMONE du Mexique.

ARGEMONE Mexicana L. *Voyez* ARGEMONE, n.° 1. (*M. DAUPHINOT.*)

CHARDON béni des Parisiens. Nom vulgaire du CARTHAME laineux.

CARTHAMUS lanatus L. *Voyez* CARTHAME, n.° 2. (*M. DAUPHINOT.*)

CHARDON des vignes.

Serratula arvensis L. *Voyez* SARRÈTE des champs. (*M. THOUIN.*)

CHARDON en Flambeau ou cierge du Pérou.

CACTUS Peruvianus L. *Voyez* CACTIER ou CIERGE du Pérou. (*M. THOUIN.*)

CHARDON étoilé. Nom vulgaire de plusieurs espèces de Centaurées, distinguées par la longueur des épines de leur calice. Les principales sont le *Centaurea calcitrapa*, *Solsticialis verutum*, &c. *Voyez* CENTAURÉE. (*M. REYNIER.*)

CHARDONNETTE ou CARDONNETTE.

Cinara sylvestris. La M. Dict. *Voyez* ARTICHAUT sauvage, n.° 2. (*M. THOUIN.*)

CHARDON hémorrhoïdal.

SERRATULA arvensis. L.

46.e Espèce de Chardon du Dictionnaire de Botanique. C'est un des plus multipliés & des plus nuisibles aux récoltes. Il croît au milieu des terres ensemencées en froment, en avoine, en orge, en pois, en vesce, &c. Quand l'année est favorable à sa végétation, il étouffe les bonnes plantes, &, au tems de la récolte, pique les mains des moissonneurs qui lient les gerbes. Ces deux motifs déterminent à en purger les terres.

Il y a trois manières de détruire le Chardon hémorrhoïdal. Les uns l'arrachent à la main, d'autres avec un petit instrument de fer, nommé *échardonnet*, le coupent entre deux terres; d'autres, au moyen d'une longue tenaille de bois, en emportent jusqu'à la racine. De ces trois manières la dernière me paroît la meilleure.

Quoiqu'à l'époque où on arrache à la main le Charbon hémorrhoïdal, sa feuille soit peu piquante, elle l'est cependant assez pour incommoder; on ne peut le prendre qu'avec des gands; il faut avoir le corps plié en deux. Un sarclage fait de cette manière, si on le soignoit, seroit long, fatiguant & dispendieux. Dans les pays à grains, où toutes les terres, appartenantes à de riches propriétaires, sont cultivées, des paysans qui ont des vaches, envoient leurs femmes & leurs enfans cueillir les mauvaises herbes qui infestent les champs à grains. En travaillant pour eux, ils font du bien aux fermiers. Parmi les plantes qu'ils arrachent, le Chardon hémorrhoïdal est une des plus abondantes. Mais ils sont bien loin de faire un sarclage complet, n'ayant aucun intérêt à la destruction entière du Chardon; ils courent de place en place, & en laissent la majeure partie.

Les cultivateurs regardent l'échardonnage comme une des opérations utiles. En conséquence, à l'époque où ils croient le devoir faire, ils louent des ouvriers, qui suivant régulièrement toutes les parties des champs, coupent, ou arrachent tous les Chardons qu'ils découvrent. Dans les pays où les champs sont divisés par planches bombées, & dans ceux où ils sont composés de sillons élevés, cette opération est très-facile, parce que les ouvriers se placent dans les raies, ne gâtent rien, & ne peuvent rien passer. Mais il faut plus d'attention dans les champs très-étendus & labourés à plat. *Voyez* la description des échardonnets & la manière de s'en servir, au mot AVOINE, page 740, de la deuxième partie du premier volume de ce Dictionnaire. Les échardonnets les plus commodes sont ceux qui ont un double tranchant. Cette manière d'enlever les Chardons, si on l'emploie avant la saison où ils cessent de végéter, bien loin de les détruire, les multiplie, parce qu'en les coupant au collet de la racine, on les fait drageonner; à la vérité les Chardons de repousse ne montent pas si haut. Cependant les moissonneurs en sont très-embarrassés, quand ils lient les gerbes. Car, dans cette méthode, on se contente de les couper; & on ne les déplace pas. Je préfère la manière usitée dans tout le pays de Caux. Elle consiste à parcourir par ordre les champs, avec une longue tenaille de bois, & à prendre l'un après l'autre chaque Chardon qui, à l'aide de cet instrument, dont les leviers sont de deux à trois pieds, s'enlève avec une grande facilité. On les porte dans les raies de séparation, en sorte que, lors de la moisson, il ne s'en trouve pas dans les gerbes. Les fermiers des pays, où on se sert de la tenaille, ont soin de choisir le tems qui suit quelques jours de pluie, afin que la terre étant un peu humide, les Chardons cèdent aisément, & s'arrachent avec leurs racines.

Beaucoup d'animaux mangent les Chardons, malgré leurs piquans. Les vaches surtout ne les dédaignent pas. Dans une année où la disette de fourrages se faisoit sentir, M. de Fourbonnois, dans le Maine, recourut à cette plante, qui se trouvoit heureusement très-abondante dans les jachères. Ses vaches s'en accommodèrent bien pendant trois mois, & se conservèrent en bon état. Les Mémoires de la Société d'Agriculture attestent que le beurre obtenu de leur lait, étoit presque en aussi grande quantité que celui que donnoit le lait des vaches nourries de toute autre manière, & qu'il lui étoit supérieur en qualité. Lorsque les Chardons étoient trop durs, ou trop piquans, M. de Fourbonnois les faisoit battre un peu avec le fléau, pour les rendre plus tendres. (*M. l'Abbé* TESSIER).

CHARDON lancéolé, *carduus lanceolatus*. L. 2.e espèce du Dictionnaire de Botanique. Les semences de ce Chardon sont couronnées d'aigrettes, que M. Lebreton a employées pour faire du fil & des étoffes, en les mêlant avec un tiers de coton. Une pièce de tricot de deux aulnes de longueur sur 18 pouces de largeur, ayant consommé deux onces d'aigrettes de ce Chardon, & six onces de coton, est revenue à 6 livres 8 sols 6 deniers, prix des matières & de la fabrication, en 1786, à Saint-Germain-en-Laye. (*M. l'Abbé* TESSIER.)

CHARDON marie ou de Notre-Dame. Plante du genre des Carthames &, suivant Linné, de celui des *Chardons Carduus marianus*. Les Doctes des siècles de la Barbarie ont dit beaucoup de choses admirables sur cette plante que l'expérience n'a pas consacrées. *Voyez* CARTHAME taché, n.° 8. (*M.* REYNIER.)

CHARDONNERETTE, ancien nom donné à toutes les espèces du genre du *Carlina* dont les semences sont très-recherchées par les *Chardonnerets* & autres petits oiseaux. *Voyez* CARLINE. (*M.* THOUIN.)

CHARDON Prisonnier. Nom vulgaire de l'*atractylis Cancellata*. L. M. de Lamarck croit que cette plante n'est point un *atractylis*. Il la place dans le genre des CARTHAMES, sous le nom de CARTHAME grillé. *Carthamus cancellatus*. *Voyez* CARTHAME. n.° 11. (*M.* DAUPHINOT.)

CHARDON Roland ou marin *Eryngium maritimum L.* *Voyez* PANICAULT. (*M.* THOUIN.)

CHARDOUSSE. Nom que les habitans du Dauphiné donnent à une espèce de Carline sans tige que M. Villars regarde comme différente du *Carlina acaulis L.* & qu'il dit être le *Carlina acanthi folia*. Allion flo. 156. T. 51.

Les bergers mangent le réceptacle de cette espèce, & cette partie mondée de ses écailles & de ses lames intérieures, est en usage dans les montagnes du Dauphiné. On la confit au miel & au sucre, & on en sert sur les tables comme des autres fruits. Sa racine est aromatique, fortifie l'estomac & provoque les sueurs. *Voyez* le dernier paragraphe de l'article CARLINE. (*M.* DAUPHINOT.)

CHARENSON. *Voyez* CHARANSON. (*M. l'Abbé* TESSIER.)

CHARGE. C'est, dans la Médecine des animaux, un cataplasme, un appareil, ou onguent fait de miel, de graisse, ou de térébenthine; on l'appelle alors *emmiellure*; quand on y ajoute la lie-de-vin & autres drogues, on l'appelle *remolade*. Ces deux espèces de cataplasmes servent à guérir les foulures, les enflures & les autres maladies des chevaux qui proviennent de quelque travail considérable, ou de quelque effort violent. On applique ces cataplasmes sur les parties offensées, ou on les en frotte. Les maréchaux confondent les noms de *Charge*, d'*emmielluie* & de *Remolade*, & les prennent l'un pour l'autre. *Ancienne Encyclopédie*.

Ce mot s'emploie aussi pour désigner une mesure de grains & une mesure de terre.

A Fontenai-le-Comte, en Bas-Poitou, la Charge est composée de huit boisseaux pesant chacun cinquante livres de grains.

A Mont-Dauphin, la Charge pèse 320 livres.

A Apt, en Provence, on répand cinquante charges de mulets pour fumer deux cens cannes quarrées de terrein.

A Aubagne, le poids d'une Charge de froment est d'environ trois cent vingt livres, poids de table.

A Brignole & à Saint-Saturnin la Charge pèse 345 livres.

La Charge de Marseille, d'Arles & de Candie qui pèse trois cens livres poids de Marseille, d'Arles & de Candie & deux cent quarante-trois livres, poids de marc, est composée de quatre émines qui se divisent en huit sivadières; l'émine pèse 75 livres poids du lieu ou 60 livres & un peu plus, poids de marc; la sivadière pèse 9 liv. un peu plus, poids de Marseille, ou 7 livres un peu plus, poids de marc. La Charge, ou mesure de Toulon, fait trois septiers de ce lieu; le septier, une émine & demie; & trois de ces émines, font le septier de Paris.

A Aubagne, en Provence, la Charge, qui est une mesure de terre, se divise en 10 panaux ou 40 échenes qui font 2190 toises de Paris ou un arpent royal 845 toises, 20 pieds ou 2 arpens de Paris 290 toises. (*M. l'Abbé* TESSIER.)

CHARGÉ. On dit d'un arbre qu'il est trop Chargé lorsqu'il a trop de branches, c'est un défaut qu'il corriger par la taille. Un arbre trop Chargé ne pousse que des branches foibles, & ne devient ni vigoureux, ni productif. On dit aussi un arbre Chargé de fruits; ce défaut est moins important que le précédent, puisque l'arbre produit en quantité ce que la qualité & le volume des fruits peut y perdre (*M.* Reynier.)

CHARGEOIR (Ustensile de jardinage.) C'est une espèce de selle d'environ 34 pouces de haut, portée sur trois pieds de même hauteur, disposés en triangle; chacun de ces pieds est fixé, par le haut, dans une sellette de bois triangulaire d'environ un pied de large sur chacune de ses trois faces. Cette banquette porte sur le bord de chacun de ses angles une cheville de bois d'environ un pied de haut disposée en sens contraire des pieds.

Le Chargeoir est fort utile dans les jardins pour tous les transports qui se font à la hotte. Il économise du tems puisque le même homme peut charger lui-même sa hotte & la transporter sans avoir besoin d'un aide qui le charge & qui reste à rien faire jusqu'à son retour.

Pour charger commodément, on place le Chargeoir près du lieu où sont déposées les matières qu'on doit transporter. On place la hotte de manière que son ouverture soit en face du tas & assujétie entre les trois chevilles. Lorsqu'elle est chargée, le porteur l'endosse, va la vuider, & revient la mettre en charge. (*M.* Thouin.)

CHARGER. On dit qu'un arbre *Charge*, lorsqu'au Printems, il annonce beaucoup de fruits. On le dit aussi lorsque les fruits sont noués & qu'ils promettent une belle récolte. (*M.* Reynier.)

CHARGER une couche, c'est la couvrir de terreau, de tannée ou de terre. Avant de Charger une couche, il est bon de la laisser découverte pendant deux ou trois jours, afin que la fermentation s'établissant, on puisse mieux voir les endroits qui seroient trop foibles & les regarnir. On la marche ensuite dans toute son étendue, & on la règle avec du fumier court, en observant de la bomber dans le milieu de quelques pouces, parce que cette partie baisse toujours plus que les bords. La couche, ainsi réglée, on y répand le terreau, la terre ou la tannée d'égale épaisseur dans toute sa surface. Si la couche est destinée à recevoir des pots, il suffira de la Charger de cinq pouces de terreau. Si elle est destinée au repiquage de plantes un peu voraces, on donne à la Charge environ 6 pouces & on la fait avec du terreau consommé mêlé par égales parties avec de la terre de jardin. Si, enfin la couche est pratiquée dans une bâche ou dans une serre chaude & qu'elle soit destinée à fournir de la chaleur pendant cinq ou six mois, on donne à la Charge dix-huit pouces & même deux pieds de hauteur & on la fait en tannée neuve sortant de la fosse du taneur.

On dit encore Charger une plate-bande & alors c'est l'exhausser avec de la terre lorsqu'elle est trop basse. (*M.* Thouin.)

CHARIE. Mesure de terre en usage à Vieille-Vigne, entre Nantes & Montaigu, en Bas-Poitou. La Charie contient 300 gaules de douze pieds & demi chacune. Il faut 400 gaules pour un journal. (*M. l'Abbé* Tessier.)

CHARITÉ. Tulipe dont la corolle est grise; lavandée & blanche. *Traité des Tulipes.* Cette plante est une des variétés de l'espèce nommée *Tulipa gesneriana L. Voyez* Tulipe. (*M.* Reynier.)

CHARLES-LE-HARDI. Nom d'une belle Variété de l'œillet, (*dianthus caryophyllus. L.*) Sa fleur est grande d'un beau blanc relevée de larges panaches pourpres : il n'est pas sujet à crever. *Traité des Œillets. Voyez* Œillet. (*M.* Reynier)

CHARME. Je ne le considère ici que relativement à l'utilité dont il est en Agriculture. En effet, c'est un des bois les plus durs & qui se fend difficilement. On l'emploie pour faire des essieux, des jougs de bœufs, des battes de fléau, des manches d'outils champêtres. Ses branches, chargées de leurs feuilles, sont au nombre des meilleures feuillées que l'on donne aux bêtes à laine. On coupe ces branches après la sève d'Août avant que les feuilles se dessèchent; on les laisse un peu faner, & ensuite on en fait des fagots. *Voyez* Feuillée. (*M. l'Abbé* Tessier.)

CHARME. Nom François d'un genre d'arbre nommé *Carpinus* en latin. Il n'est composé que d'espèces qui croissent en pleine terre dans notre climat. *Voyez* Charme au Dict. des Arbres & Arbustes. (*M.* Thouin.)

CHARME VISQUEUX, mauvais nom employé dans quelques Dictionnaires d'Agriculture, pour désigner le *Dodonæa viscosa L. Voyez* Dodoné Visqueux, n.° 1. (*M.* Thouin.)

CHARMILLE. Ce mot a deux acceptions. On l'emploie pour désigner le jeune plant du charme commun, *Carpinus Betulus L.* & les palissades qui en sont faites. Par extension, ce nom s'applique à toutes les palissades d'un jardin, quelque soient les arbrisseaux qui les composent; &, dans ce sens, le mot Charmille ne signifie que palissade. *Voyez* l'article Charme au Dictionnaire des Arbres & Arbustes. (*M.* Thouin.)

CHARMOIE. Nom peu usité, mais qui se rencontre dans quelques ouvrages d'Agriculture. Il signifie un terrein planté en Charme. (*M.* Thouin.

CHARNIER. On nomme ainsi, dans quelques parties de la France, les échalas de quartier destinés à soutenir les vignes; de-là vient l'expression d'encharneler une vigne, la garnir de Charniers ou d'échalas. (*M.* Thouin.)

CHARNU. On se sert de cette expression, toutes les fois qu'on veut parler d'une plante ou partie de plante qui contient beaucoup de sucs. Ainsi, on dit une tige ou une feuille *Charnue*, un fruit *Charnu*, &c. Cette expreſſion qu'une ſaine Phyſique devroit proſcrire eſt cependant adoptée par les Naturaliſtes. (*M. Reynier.*)

CHAROUSSE. Nom donné dans le Midi de la France, au *Carlina acaulis L. Voyez* CARLINE ſans tige. n.° 1. (*M. Thouin.*)

CHARRANSON. *Voyez* CHARANSON. (*M. l'Abbé Tessier.*)

CHARRÉE. On nomme ainſi les cendres qui ont ſervi à couler la leſſive & dont la plus grande partie des ſels alkalins ont été enlevés.

Les cendres, dans cet état, ne ſont guères employées dans le jardinage; elles ſont propres tout au plus à être répandues ſur des terres trop fortes, où elles agiſſent alors comme diviſant. *Voyez* CENDRES. (*M. Thouin.*)

CHARRETIER.

Ce mot, pris dans ſa véritable acception, ſignifie tout homme qui conduit des animaux attelés à une charrette; dans ce ſens, un bouvier & un muletier ſont des Charretiers. Mais l'uſage le reſtreint, & on ne l'emploie que pour déſigner les domeſtiques d'une ferme, ou d'une métairie dont les occupations conſiſtent à conduire des chevaux, qui traînent une charrue, ou une charrette, ou un charriot, ou un tombereau, ſoit pour mener aux champs les fumiers, marnes, terres, &c. ſoit pour ramener à la grange les diverſes récoltes, ſoit pour porter aux marchés les grains & les fourrages. Il eſt bien intéréſſant, pour un fermier, ou un métayer, d'avoir de bons Charretiers. Je vais d'abord indiquer les qualités générales que les fermiers éclairés recherchent dans cette claſſe de ſerviteurs, & j'expoſerai enſuite la conduite que ceux-ci doivent tenir dans les différentes circonſtances de leur ſervice.

Il faut qu'un Charretier ſoit fortement conſtitué; il eſt preſque toujours expoſé aux injures de l'air; il dort peu dans certains tems de l'année, par exemple, lors des récoltes; il porte de lourds fardeaux, tels que des ſacs de froment, qui pèſent de deux cent trente à deux cent ſoixante livres; habituellement il marche beaucoup, il agit de tous ſes membres quand il ſeme, il a à gouverner des animaux, quelquefois difficiles; car, dans beaucoup de fermes, on ne ſe ſert que de chevaux entiers, ou de jumens, très-dangereuſes quand elles ſont en chaleur. Il a beſoin de nerf & de hardieſſe. S'il n'eſt doux & patient, il bruſque ſes chevaux, ce qui les rend rétifs, mutins & méchans, incapables d'obéir à la voix. Il eſt à deſirer qu'il ſoit actif, autant que le peut être un homme qui travaille ſans ceſſe. Cette eſpèce d'activité ſe borne à ne pas perdre de tems. Un Charretier qui ne ſeroit pas ſobre excéderoit ſes chevaux de fatigue, pour réparer le tems qu'il emploieroit à l'auberge, ou au cabaret. Cette profeſſion qui, au premier coup-d'œil, ne paroît pas importante, exige cependant une ſorte de connoiſſances; car il en faut pour bien ſoigner & bien conduire des chevaux, ſemer convenablement, herſer, rouler, &c.

Conduite d'un Charretier dans l'intérieur de la ferme.

Exécuter ponctuellement les intentions du maître, ſe lever de bonne heure, pour panſer ſes chevaux, les étriller, épouſſeter & peigner, leur laver les yeux, examiner s'il ne leur manque rien, ſecouer &, quand il en eſt beſoin, mouiller leur fourrage, au moins deux heures avant de le mettre dans le ratelier, ne donner que la quantité convenable de nourriture, tenir les harnois en bon état & hors de l'atteinte des coups de pieds, nétoyer les mangeoires, chaque fois qu'on y met de l'avoine, enlever le fumier ſouvent & lui ſubſtituer de la litière fraîche, veiller à ce que les chevaux ne ſe battent pas, ou ne ſe détachent, ou ne ſe prennent dans leur longe, ne point les faire ſortir de la ferme, avant qu'ils aient bu, ne point les faire boire en y arrivant, s'ils ont trop chaud, ou s'ils ſont eſſouflés, les bouchonner dans ce cas, avertir le maître auſſi-tôt qu'on s'apperçoit que quelqu'un des chevaux a la moindre incommodité; tel eſt le devoir d'un bon Charretier dans l'intérieur de la ferme. J'ajouterai que les jours de pluie ou pendant la gelée, ou la neige, ne pouvant aller aux champs, il ſe rend utile dans la ferme où il y a toujours des travaux dans toutes les ſaiſons.

Conduite d'un Charretier au labour.

Il doit ſortir de la ferme & ſe rendre aux champs à pas très-lents, afin que ſes chevaux arrivent au lieu du travail frais & diſpos. Quand il les a attelés, il promene ſes yeux & ſes mains autour d'eux, pour voir ſi rien ne les bleſſe. Il a ſoin de voir ſi les traits ſont égaux. S'il a des chevaux qui ne ſoient pas de même taille, il place toujours les plus bas au-deſſus de la raie; par ce moyen, il gagne l'avantage que lui faiſoit perdre ſa taille, & ſe trouve au niveau des autres. Pour bien labourer, la marche des chevaux a beſoin d'être uniforme. Un Charretier qui appuie trop ſur les mancherons de ſa charrue, fatigue ſes chevaux, obligés de le traîner. C'eſt un inconvénient des vieux Charretiers. Les parties qui compoſent la Charrue, ſelon la manière dont elles ſont diſpoſées, permettent de piquer plus ou moins avant. Un Charretier qui ſait labourer, les dirige convenablement, ce qui exige une grande attention dans les pièces de terre dont la qualité varie; un bon Charretier, quand il a mal labouré une raie, la recommence.

Pendant le labour, le Charretier obſerve ſes chevaux; il les arrête ſi l'un d'eux a beſoin d'uriner; il les fait tirer les uns autant que les autres, ſans les maltraiter. En général, il vaut mieux qu'il ait un fouet qu'un bâton. Car on a vu plus d'une fois des Charretiers brutaux tuer roides ou du moins jetter par terre des chevaux, après avoir lancé, dans la colère, le bâton qu'ils tenoient. Certaines terres cependant exigent qu'ils en aient pour nétoyer les charrues. Mais ils peuvent avoir le fouet & le bâton & ne se servir que du fouet pour faire avancer les chevaux. S'il survient une pluie abondante, le Charretier suspendra son travail, pour revenir à la maison, afin de ne pas faire un mauvais labour, sur-tout si le terrein se délaye facilement. A l'heure indiquée pour le retour, les jours ordinaires, il dételle & regagne la ferme, toujours à pas lents; ses chevaux alors sont en état de boire & de manger, aussi-tôt qu'ils sont à l'écurie. S'ils y arrivent par la pluie, il faut mettre de la paille sous la couverture des chevaux, afin qu'elle sèche & que les chevaux ne contractent pas de fraîcheur. Cette attention qu'on doit avoir pendant le repos des chevaux au milieu du jour, n'est pas nécessaire quand ils reviennent le soir à l'écurie, parce qu'alors on ôte leurs harnois.

Le hersage & le roulage fatiguent davantage les animaux, & exigent par conséquent plus d'attention de la part du Charretier. Les pieds des chevaux qui hersent entrent assez avant dans la terre. A la suite les uns des autres, quelquefois jusqu'au nombre de douze & quinze, ils sont tous, excepté les premiers de la ligne, assujettis à une contrainte gênante, pour ne pas marcher sur les herses, & pour suivre ceux qui les précèdent; aux extrémités des champs, il faut qu'ils tournent très-court, afin que les derniers de la file ne changent point leur marche & ne courent pas; car ils se fatigueroient trop, casseroient leurs licols, briseroient les herses & courroient risque de se couper la langue, à cause de la gêne dans laquelle ils sont. Il est nécessaire que le Charretier qui les conduit les laisse reposer de tems-en-tems, pour les faire uriner, qu'il les dirige en tournant, qu'il dépêtre ceux qui s'embarrasseroient dans leurs traits, qu'il hâte le pas des paresseux, afin que les autres ne les traînent pas & qu'il nétoie les herses, lorsqu'elles sont trop remplies d'herbes, ou de mottes.

Pour bien rouler, on attèle au rouleau un ou deux chevaux. Le Charretier en monte un quelquefois, mais rarement. S'il marchoit lentement, le poids du rouleau affaisseroit trop le terrein, tandis qu'il ne faut que l'égaliser. S'il marchoit trop vîte, le roulage ne seroit pas uni, parce que les mottes & les pierres feroient sauter le rouleau, & les chevaux seroient plus fatigués; il faut qu'ils soient libres dans leurs traits. Les chevaux qui traînent un rouleau, avancent à grands pas dans les terres fortes, toujours trop disposées à s'affaisser, & lentement dans les terres légères, pour les affermir. Les chevaux ne résisteroient pas, s'ils travailloient, je ne dis pas une journée entière, car on ne roule pas à la rosée, mais seulement pendant toutes les heures du jour, propres au roulage. Le bon Charretier les ramène à la ferme, vers les quatre à cinq heures, pour leur faire manger un peu d'avoine. Le Charretier attentif s'arrête de tems-en-tems pour faire reprendre haleine à son cheval, pour le déterminer à uriner, & pour graisser les bouts de son rouleau.

Conduite du Charretier qui charrie.

Un des principes de la conduite des chevaux, applicable sur-tout au charriage, est de faire en sorte qu'ils tirent tous, en proportion de leur force & de ce qu'ils portent. Le cheval de devant est toujours le premier à se mettre en mouvement. Il s'use bien-tôt, si le Charretier, quand il commande le tirage, ne le fait seconder des autres. Il en est des animaux comme des hommes, on ne sauroit trop ralentir les uns & trop exciter les autres. Le bon Charretier, qui connoît son attelage, & pour ainsi dire, le caractère de ses différens chevaux, se conduit en conséquence. Il sait que celui-ci est ardent & craintif, celui-là lent & insensible; il modère le premier en lui parlant, & fait marcher l'autre avec le fouet. Le fardeau étant ainsi partagé entre tous, aucun n'est excédé. Il est difficile que ces règles soient observées par des Charretiers, qui sont le plus souvent dans leurs voitures d'où il ne peuvent atteindre aux chevaux qui ne tirent pas; par exemple, lorsqu'on mene du fumier aux champs, le Charretier, dans beaucoup de pays, est dans l'usage de rester dans sa voiture, pour la décharger successivement aux différentes places où il doit laisser des tas. Après chaque arrêt, il fait avancer ses chevaux de la voix. C'est alors que les plus ardens seuls tirent la voiture. Il ménageroit bien mieux ses chevaux, si, après avoir déchargé ce qu'il faut pour former un tas, il descendoit pour les faire aller plus loin. En général, des chevaux de charrette sont d'autant mieux conduits, que le Charretier va plus souvent à pied. Il ne doit même monter sur son cheval de cheville que pour instruire le cheval de limon. Autrement il écrase celui qu'il monte & fatigue ceux qui le précèdent. Il faut que le cheval de limon, ou de brancard, non-seulement soutienne le poids de la voiture, mais qu'il en traîne une partie. C'est au Charretier à y veiller. Lors d'un verglas, le cheval de limon tombe moins que les autres, parce que son tirage n'est pas aussi fort. Le Charretier l'épargne dans les descentes. Quand une voiture descend, non-seulement il est nécessaire de ralentir la marche de cet animal, pour qu'il ne soit pas écrasé, mais on met en retraite par derrière tous les autres qui, en se laissant tirer, font un contre-poids, souvent très-utile. La conduite de la charrette n'est pas tout-à-fait la même que celle du tombereau. Celui-ci coupe plus souvent les rouages, ce qui tourmente le cheval de limon plus que les autres. Lorsque le Charretier décharge un tombereau, il évite, en le renversant doucement, des secousses nuisibles au cheval de limon.

C'est un art que de bien charger une charrette, pour qu'elle contienne tout ce qu'elle peut contenir, sans que rien ne se dérange en route. Les bons Charretiers le possèdent. Ils savent en outre tellement disposer le poids dans les diverses parties de la charrette, qu'il s'établit une sorte d'équilibre, à l'avantage du cheval de limon, & ne pas donner plus de charge à leurs chevaux qu'ils n'en peuvent porter.

Enfin on est en droit d'exiger d'un Charretier qu'il regarde de tems-en-tems à sa charrette ou à son tombereau, pour voir s'il n'y manque pas quelques clous, ou chevilles, ou autres morceaux de fer, ou de bois, & qu'il les répare sur-le-champ, ou les fasse réparer, s'il en a la permission. Il faudroit qu'il eût toujours un marteau & des clous, & qu'il sût attacher un clou au pied d'un cheval, quand il en manque à un fer.

Curieux de savoir le chemin que fait un Charretier en une journée, lorsqu'il est occupé à labourer, j'ai fait le calcul suivant, en 1790. Un Charretier de trente-six à quarante ans, conduisant deux chevaux de cinq à huit ans, de quatre pieds onze pouces, forts & bien constitués, le 22 Juillet, la chaleur étant modérée, partit de la ferme à quatre heures du matin, attela ses chevaux à la charrue à quatre heures & demie, les dételа à onze heures, revint aux champs à une heure, & quitta à huit heures & demie. Les chevaux se reposèrent pendant l'attelée du matin, le tems que le Charretier déjeûna, & dans l'attelée de l'après-midi, pendant qu'il goûta. Le labour étoit celui qu'on appelle *binage*, moins profond que le premier, & un peu plus profond que le dernier. Le terrein étoit de qualité médiocre, ce qui me détermina à choisir cet exemple.

Une des extrémités du champ est à 600 toises de la ferme, & l'autre à 750 toises.

De la ferme à une extrémité du champ	600.
De l'autre extrémité du champ à la ferme,	750.
De la ferme à cette même extrémité,	750.
De la première extrémité à la ferme,	600.
Il a fait dans sa journée 56 raies dans un champ de 245 toises de longueur;	13,720.
Il a tourné 56 fois, à trois toises par tour, sa charrue étant à tourne-oreille	168.
Total	16,588.

Il a donc fait dans sa journée, par la marche la plus lente, environ sept lieues & un quart, à 2283 toises la lieue. L'homme & les chevaux sont en état de soutenir long-tems un travail qui n'est pas plus forcé.

Les Charretiers, lorsqu'ils conduisent des voitures font beaucoup plus de chemin. J'ai compté que l'un d'eux, charriant des pierres pour une route, les pierres étant à 1500 toises de la route, & les tombereaux chargés d'avance, avoit fait en un jour huit charriages, & par conséquent 24000 toises, ou dix lieues & 1170 toises.

Dans les fermes de grande exploitation, il y a un premier Charretier, qu'on appelle *maître-Charretier*. Il a une sorte d'inspection sur les autres, & cette inspection est nécessaire. Le maître Charretier est toujours le premier à l'ouvrage. C'est lui qu'on charge des charrois & des travaux pour lesquels il faut plus de force & plus d'intelligence. Quelque confiance qu'il mérite, le fermier attentif à ses intérêts le surveille toujours. Il doit se connoître à tout ce qui concerne un labourage, ou s'en instruire au plutôt, s'il ne veut pas être trompé.

D'après ce qui précède, on voit combien sont précieux pour un fermier de bons Charretiers, & quelles sont les qualités qu'ils doivent avoir. Quand il s'agit d'en choisir pour remplacer les premiers, on ne sauroit trop prendre de précautions, parce qu'ils contribuent à la fortune, ou à la ruine de leur maître. Les derniers Charretiers, obligés de suivre de loin l'exemple des premiers, peuvent être loués sans qu'ils aient déjà quelque talent. Ce sont ordinairement de jeunes gens qui se forment par degrés, & qu'il faut bien qu'on instruise. J'invite tous les fermiers, qui sont assez heureux pour avoir fait de bons choix, de conserver leurs Charretiers le plus long-tems possible, de leur donner de bons gages, & de les bien soigner, pour qu'ils ne soient pas tentés de les quitter. Les sacrifices que l'on fait pour avoir des domestiques zélés ne sont jamais perdus, & rien ne me paroît plus contraire aux véritables intérêts des fermiers, que d'économiser sur cet objet.

Les Charretiers sont sujets aux mêmes maladies que les bergers, sur-tout aux effets de la gelée & de la pustule maligne, appellée *charbon*. *Voyez* BERGER.

L'utilité dont les Charretiers sont à l'Agriculture les doit rendre intéressans aux hommes qui aiment cet Art. On ne voit pas sans douleur le sort qu'éprouvent des individus qui se consacrent à cette profession, lorsque la vieillesse, ou des infirmités ne leur permettent plus de l'exercer. Quoi donc ! on prépare des retraites aux soldats qui n'ont couru que quelques risques à la guerre, & qui quelquefois n'en ont couru aucun, mais ont mené habituellement une vie oisive, & on laisse mourir dans la misère de malheureux Charretiers de ferme, qui, pendant cinquante ans de leur vie, ont éprouvé *le poids du jour & de la chaleur*, pour travailler à fournir aux autres les alimens de première néceſſité ! Quelques avantageux que ſoient les gages qu'on leur donne, ils ne gagnent jamais aſſez pour amaſſer de quoi vivre paiſiblement dans leur vieilleſſe. Leurs gages ſuffiſent à peine pour nourrir leurs femmes & leurs enfans. Ils ſont réduits quelquefois à mendier, ne pouvant plus ſe livrer à aucune eſpèce de travail. Une Nation, qui ſe pique d'être juſte & & généreuſe, ne devroit-elle pas prendre en conſidération la triſte ſituation des vieux Charretiers, & aſſurer le ſort de ceux qui auroient, pendant cinquante ou quarante ans, ſervi toujours le même maître ou ſes enfans, ou dans la même ferme? Une récompenſe, proportionnée à l'utilité dont ils ont été, & à leur poſition, ſeroit le plus puiſſant encouragement pour l'Agriculture. (*M. l'Abbé* TESSIER.)

CHARRIAGE. Action de charrier ou de conduire des voitures. Charriage eſt encore employé, dans quelques pays, pour exprimer la diſtance des roues d'une charrette, ou d'un tombereau. On dit : *cette voiture a le charriage très-grand.* (*M. Abbé* TESSIER.)

CHARROI. Ce mot, en économie rurale, a deux ſignifications. On s'en ſert, dans quelques pays, pour exprimer la capacité d'une voiture, pleine de gerbes, ou de foin, ou de fumier. On dit : *un Charroi de gerbe*; *un Charroi de foin*, &c. dans d'autres, *Charroi* ſe dit pour l'action de *charrier*; faire des Charrois, c'eſt charrier. (*M. l'Abbé* TESSIER.)

CHARRUE de jardin. Eſpèce de ratiſſoire traînée par un cheval, & conduite par un homme, qui ſert à ratiſſer les grandes allées des jardins.

Elle eſt compoſée de trois morceaux de bois enchaſſés l'un dans l'autre, & d'un fer plat tranchant, d'environ trois pieds de longueur; les trois morceaux de bois font trois côtés du carré, & le fer fait le quatrième par en-bas. Le tranchant eſt un peu incliné, pour entamer la terre d'environ un pouce de profondeur. Quand cette machine eſt traînée par un cheval, & que l'homme qui le guide appuie aſſez fortement deſſus, on fait beaucoup d'ouvrage, & en peu de tems. (*M.* THOUIN.)

CHARTIL. On appelle ainſi dans une ferme ou maiſon de campagne, un endroit deſtiné à mettre les charrettes à couvert des injures du tems. Il ſignifie auſſi le corps de la charrette. *Ancienne Encyclopédie.* (*M. l'Abbé* TESSIER.)

CHARTREUSE. Tulipe gris de lin, à laquelle ſe mêle d'entrée un peu de pourpre & de blanc de lait. *Traité des Tulipes.*

C'eſt une des variétés de *Tulipa geſneriana* L. *Voyez* TULIPE. (*M.* REYNIER.)

CHASSE. Nom que l'on donne au claveau. *Voyez* CLAVELÉE. En économie rurale, on appelle Chaſſes, dans quelques pays, les formes ou écliſſes de bois qui ſervent à faire des fromages. (*M. l'Abbé* TESSIER.)

CHASSE-BOSSE, PERCE-BOSSE ou CORNEILLE. *Lyſimachia vulgaris* L. *Voyez* LISIMAQUE vulgaire. (*M.* THOUIN.)

CHASSELAS doré. Raiſin dont la grappe eſt groſſe, les grains ronds, couverts d'une peau jaune, un peu ambrée du côté du ſoleil, dans leur maturité.

Cette vigne eſt la plus commune dans les jardins de Paris, parce que ſon fruit eſt très-bon & mûrit plus facilement qu'aucun autre dans ce climat. Il ſe garde auſſi très-long-tems.

On le nomme auſſi Bar-ſur-Aube. *M.* REYNIER.)

CHASSELAS rouge. Cette ſous-variété de la précédente en diffère par ſon volume, qui eſt conſtamment plus petit, & par la teinte rouge qu'ils prennent du côté du ſoleil. (*M.* REYNIER).

CHASSELAS muſqué. Ce raiſin reſſemble au Chaſſelas doré; mais il ne s'ombre point du côté du ſoleil. Il eſt moins bon que le muſcat; ſa peau n'eſt pas croquante; mais il mûrit plus facilement dans le climat de Paris.

Ces trois vignes ſont des variétés du *vitis vinifera* L. *Voyez* VIGNE dans le Dictionnaire des Arbres & Arbuſtes. (*M.* REYNIER.)

CHASSE-PUNAISE. Nom vulgaire de la *Cimicifuga fœtida* L. *Voy.* CIMICAIRE fétide. (*M.* REYNIER.)

CHASSERON. Eſt la même choſe que chaſſe ou écliſſe pour les fromages. (*M. l'Abbé* TESSIER.)

CHASSIS. Uſtenſile de jardinage, propre au développement, à la culture & à la fructification d'un grand nombre de plantes étrangères à l'Europe, auſſi utiles qu'agréables. C'eſt un des abris artificiels, imaginés pour l'avantage & la perfection de l'Agriculture. *Voyez* le mot ABRIT.

Les Chaſſis ſont compoſés de deux parties; ſavoir, de la caiſſe & des panneaux.

La caiſſe eſt un carré long, dont les parois ſont de différentes dimenſions & de différentes matières, en raiſon des uſages auxquels ſont deſtinés les Chaſſis. Les panneaux ſont les parties qui recouvrent les caiſſes. On les conſtruit en bois & en fer, & on les diſpoſe à recevoir des carreaux de verre, de papier huilé ou de bois, ſuivant la nature de la culture à laquelle ils ſont deſtinés. La différence dans les dimenſions de ces Chaſſis, dans la nature des matières dont ils ſont compoſés & leurs différens uſages, leur ont fait donner différens noms. Nous allons préſenter ici ces différentes ſortes de Chaſſis, décrire leurs dimenſions, & indiquer ſuccinctement leur uſage, en commençant par le Chaſſis à melons, qui eſt le plus ſimple & le plus en uſage.

Le *Chaſſis à melons* a, pour l'ordinaire, dix-huit pieds de long, & quatre pieds de large. La caiſſe eſt formée de quatre planches. Celle du devant a huit pouces de large, tandis que celle du derrière a ordinairement un pied de haut. Les deux extrémités ſont coupées en triangle, &

& ont, par le bout auquel ils se joignent à la planche du fond, un pied de haut, qui vient en diminuant, & se réduit à huit pouces par le bout qui s'unit à la planche du devant. Cette caisse est maintenue dans sa largeur par cinq traverses, qui assujétissent les deux côtés du Chassis, par sa partie supérieure, & qui servent en même-tems de supports aux panneaux de verre, qui doivent les recouvrir. Ces traverses ont cinq pieds de large, sur deux pieds d'épaisseur, & sont un peu creusées en gouttière, dans toute la longueur de la partie supérieure. Toutes les pièces de ce Chassis sont assemblées en queue d'aronde, & sont garnies d'équerres, pour plus de solidité.

Les panneaux qui soutienneur les verres ont trois pieds de large, & assez de longueur pour s'appuyer, par leurs extrémités, sur les deux bords de la caisse, & les recouvrir exactement, sans les excéder. Ils sont formés d'un cadre, fait en bois, de trois à quatre pouces de large, sur quinze ou dix-huit lignes d'épaisseur, & de deux montans qui le traversent dans sa longueur, & partagent sa largeur. Ces montans également en bois ont deux pouces de large, sur un pouce ou quinze lignes d'épaisseur, & sont assemblés dans le cadre par des mortaises & des chevilles. Les montans & le cadre portent sur leurs bords une rainure d'à-peu-près six lignes de large, & de trois ou cinq lignes de profondeur, dans laquelle on place les carreaux de verre, & le mastic qui doit les assujétir. Chaque panneau porte, à ses extrémités, deux poignées en fer, qui se rabattent sur le cadre, pour donner les moyens de les ouvrir & de les fermer avec aisance.

Le verre qu'on emploie pour vitrer ces panneaux, est de l'espèce la plus ordinaire, pourvu qu'il ne soit pas trop coloré; on le préfère au verre trop épais, sur-tout au verre blanc, qu'il est très-dangereux d'employer, parce qu'il brûle quelquefois les productions qu'il recouvre. On place les carreaux à recouvrement les uns sur les autres, de manière que le supérieur recouvre de douze à quinze lignes le carreau inférieur, de la même manière que les tuiles sont placées sur les toits. Pour cet effet, après avoir coupé tous les carreaux de la même dimension, on commence à placer le rang inférieur. Ce premier rang doit déborder d'un pouce sur le cadre du premier, & laisser un vuide d'à-peu-près une ligne, pour l'écoulement des vapeurs qui se résolvent en eau. Chacun des carreaux de cette première ligne doit être assujéti par deux petites pointes de fer, aux deux angles inférieurs, & les côtés latéraux doivent entrer juste dans la rainure des montans. Pour que les carreaux du second rang soient solidement fixés dans leur feuillure, sans qu'il soit besoin d'y mettre de pointes de fer pour les retenir, on emploie un moyen fort ingénieux, & qui remédie à plusieurs inconvéniens. On prend de petits lizerets de plomb laminé, de l'épaisseur d'une demi-ligne, & de deux lignes de large. On en fait des supports, qui ressemblent à une S. Le bec supérieur de l'S s'accroche à la partie supérieure de la première ligne des carreaux, qui viennent d'être posés, & le bec inférieur reçoit le bas du carreau de la seconde rangée. De sorte que la première ligne du bas des panneaux soutient toutes celles qui les surmontent. Ces SS doivent être placées dans la partie des carreaux, qui portent dans les rainures des montans, & être cachées par le mastic qui remplit les feuillures, lorsque tous les carreaux sont posés. Cette manière de poser les carreaux laisse nécessairement entr'eux des ouvertures à l'endroit où ils sont en recouvrement les uns sur les autres; mais c'est un avantage & non un inconvénient, & il faut bien se garder de les mastiquer, soit en-dedans, soit en-dehors, sous prétexte de retenir la chaleur; outre que cette opération feroit casser un grand nombre de carreaux, elle deviendroit nuisible aux plantes cultivées sous les Chassis, par l'humidité & la putréfaction de l'air qu'elle y occasionneroit. Seulement on peut diminuer ces ouvertures, en n'employant que des carreaux bien droits. Mais il est indispensable que la transpiration des plantes, qui s'élève en vapeur, se condense & se résout en eau sur les vitres, puisse s'échapper de dessous les Chassis. Cette transpiration est si considérable qu'elle produit quelquefois six ou sept pintes d'eau dans l'espace de dix heures, sous un Chassis de dix-huit pieds de long, lorsqu'il est garni de plantes en pleine végétation, & qu'il gèle extérieurement de quelques degrés. Alors si les ouvertures étoient fermées, & que cette eau ne pût s'écouler au-dehors, elle retomberoit sur les feuilles qu'elle feroit pourrir, & bien-tôt les plantes privées des moyens d'aspirer l'air, périroient elles-mêmes. C'est par cette même raison qu'on a supprimé les petits bois qui formoient précédemment les cadres où étoient renfermés chaque carreau de vitre.

Pour recevoir les panneaux des Chassis & les empêcher de couler de haut en-bas, quelques personnes se contentent de fixer à la partie inférieure de la caisse deux pitons, qui surmontent le bord du cadre du panneau de huit ou dix lignes; ce moyen très-simple, remplit très-bien le but que l'on se propose. D'autres forment une feuillure tout autour de la caisse, que les cadres des panneaux remplissent exactement. Pour cet effet, ils clouent, sur les bords supérieurs de la caisse & en-dehors, des tringles de bois qui débordent cette même caisse de l'épaisseur des cadres, des panneaux, & même de quelques lignes de plus; & ils ont soin de ménager de distance en distance, des ouvertures, pour faciliter l'écoulement des eaux, les faire tomber sur les Chassis, & les empêcher d'entrer dans l'intérieur.

Il est bon de faire placer au milieu de chaque panneau, dans sa largeur & au-dessus, une petite tringle de fer, pour empêcher que les traverses ne tombent dans le milieu, & n'occasionnent le brisement des verres. Cette précaution, peu dispendieuse, conserve les panneaux, & les met en état de servir pendant un plus grand nombre d'années.

Comme on est souvent obligé de donner de l'air sous les chassis, & d'ouvrir les panneaux à différentes hauteurs, il est nécessaire d'établir des cramaillères, tant sur le devant que sur le derrière. Dans quelques endroits, elles sont fixées à la caisse du chassis & faites en fer plat, percé de trous à différentes hauteurs, pour recevoir un piton en bec de corbin, qui est fixé au milieu du cadre de chaque panneau, à ses deux extrémités. On lève d'une main le panneau, soit par en-bas, soit par en-haut, & de l'autre on tient la cramaillère que l'on conduit en face du piton, & on le fait entrer dans un des trous qui se trouve à la hauteur convenable, pour aërer le Chassis. Dans d'autres lieux, on remplit le même objet à beaucoup moins de frais. On a tout simplement des planches d'un pouce & demi d'épaisseur, de trois pieds de long & de quatre pouces de large, dans lesquelles on taille des crans de dix-huit lignes de profondeur. Cette espèce de cramaillère n'est point fixée au Chassis; lorsque l'on veut donner de l'air, on la pose sur le bord supérieur de la caisse, où elle est retenue au moyen d'une entaille pratiquée à sa partie inférieure; on la dresse & l'on pose le cadre du panneau sur le cran qu'on a choisi pour l'ouverture du Chassis.

Les fleuristes de Paris & des environs construisent les caisses de leurs Chassis en bois de sapin, parce qu'il est le moins coûteux; d'autres les établissent en bois de chêne qui a servi à faire des bateaux. Mais ceux qui recherchent la plus grande solidité les font faire en bois de chêne de forte épaisseur. Quant aux panneaux qui portent les verres, on les établit presque toujours en bon bois de chêne, bien sec, parce qu'ils ont encore besoin de plus de solidité que le reste du Chassis.

Il est indispensable de couvrir ces ustensiles de plusieurs couches d'huile en-dehors, & d'enduire l'intérieur de la caisse d'une couche de goudron. Chaque année, il est bon de donner une couche de peinture aux caisses; cette précaution les fait durer plus long-tems, & indemnise amplement de la dépense qu'elle occasionne; si l'on y ajoute celle de placer sous des hangards les caisses & les panneaux, lorsqu'ils ne sont point utiles sur les couches, ils pourront durer dix à douze ans, sans avoir besoin d'être renouvellés.

Les Chassis à melons se placent sur les couches, lorsqu'elles ont été bâties & chargées. On les pose dans la direction de l'Est à l'Ouest, de manière qu'ils présentent leur plan incliné en face du Midi. S'ils sont destinés à servir pendant l'Eté, on les pose horizontalement sur la couche; parce qu'alors le soleil étant élevé sur l'horizon, ils reçoivent ses rayons plus perpendiculairement; mais s'ils doivent être occupés pendant l'Automne ou l'Hiver, il convient de leur donner un degré d'inclinaison du Nord au Sud, qui réponde à-peu-près au degré d'obliquité que les rayons du soleil ont dans ces deux saisons. Pour cet effet, on établit la couche en manière d'ados où l'on exhausse la caisse des Chassis parderrière avec des bourrelets de litière, placés entre la couche & les bords inférieurs de la caisse.

Les Chassis sont-ils destinés à des semis? Il est bon que le terre-plein de la couche ne soit pas éloigné des vitres des panneaux de plus de six pouces. Un plus grand éloignement nuiroit à la germination, & occasionneroit l'étiolement des jeunes plantes qui leveroient; d'un autre côté, si le soleil est quelques jours sans paroître, ce qui est assez commun dans notre climat, pendant la mauvaise saison, les jeunes plants se fondent, & le cultivateur perd toutes ses espérances. En général, plus les plantes sont rapprochées des vitraux (pourvu toutes fois qu'elles n'en soient pas affaissées), mieux elles se conservent & végètent.

Usage. Les Chassis à melons servent d'abord à la culture de ce légume fruitier, aux concombres, aux salades de primeur de différentes espèces, aux semis des plantes annuelles, destinées à l'ornement des parterres, & enfin à garantir, pendant l'Hiver, les plantes de pleine terre qui sont délicates, & qui craignent plus l'humidité que le froid.

Les soins journaliers qu'exigent les cultures qui se font sous ces Chassis, se réduisent à des arrosemens & à des bassinages, à ouvrir & fermer les Chassis, pour renouveller l'air ou conserver la chaleur, à les couvrir de paillassons, de nattes ou de litière, pour les préserver du froid, & enfin à faire des réchaux pour conserver le même degré de chaleur, ou l'aviver, lorsqu'il en est nécessaire, pour accélérer la maturité des fruits, ou perfectionner les légumes.

La seconde sorte de Chassis, qu'on peut nommer Chassis de primeurs, ne diffère des premiers qu'en ce qu'ils sont plus élevés, & fabriqués plus solidement dans toutes leurs parties. La caisse de ceux-ci a ordinairement deux pieds & demi de haut sur le derrière, & un pied sur le devant. On les construit en bois ou en fer. Ceux en bois ne diffèrent des Chassis à melons que par leurs dimensions plus étendues. Nous n'en ferons pas une description particulière, celle des premiers est suffisante; nous nous contenterons d'observer qu'il faut employer des bois plus forts & plus sains pour ceux-ci que pour les autres; qu'il faut aussi donner plus de solidité à la caisse, par des équerres de fer de bonne longueur, placés à tous les angles; mais les Chassis en fer exigent que nous les fassions connoître plus particulièrement.

Les Chassis de fer ont les mêmes dimensions que les Chassis en bois; mais la manière de les construire est différente. On leur donne ordinairement dix-huit pieds de long, quatre de large, vingt-six pouces d'élevation sur le derrière, & dix-huit pouces sur le devant. Le cadre supérieur de la caisse qui soutient les panneaux de verre, ainsi que le cadre inférieur qui porte sur la couche, est formé avec des barres de fer d'un pouce quarré. Ces cadres sont assemblés & tenus à distance convenable, par des montans de fer, placés aux quatre angles & sur les deux côtés. Ils descendent au-dessous du cadre inférieur d'environ trois pieds, & se terminent en pattes, pour être assujettis & scellés plus solidement. Le côté de la caisse le plus élevé est garni en feuilles de tôle de forte épaisseur, & jointes ensemble par des clous rivés des deux côtés. Elles sont traversées dans leur largeur par des bandes de fer plat auxquelles elles sont assujetties, comme celles-ci le sont aux cadres du fond. La partie de la caisse du devant, au lieu d'être pleine, comme dans les autres Chassis, est disposée à recevoir des carreaux. Il en est de même des deux extrémités qui, pour cet effet, sont divisées par trois montans de fer plat, de quatorze lignes de large, & qui portent dans leur milieu, une petite tringle de fer quarrée, de six lignes d'épaisseur, pour servir de rainure & recevoir les carreaux de verre.

Les panneaux destinés à couvrir la caisse ne doivent pas avoir plus de trois pieds de large, sur une longueur déterminée par l'écartement des cadres de la caisse. Leur cadre particulier est fait en fer d'un pouce de largeur, sur six lignes d'épaisseur, & les deux montans qui les traversent dans leur largeur, doivent être faits en fer moins épais.

Ces panneaux sont portés sur les deux bords de la caisse; ils y sont retenus solidement, dans une feuillure pratiquée au moyen d'une bande de fer qui est appliquée contre le cadre supérieur de la caisse, sur le devant, & qui le dépasse de l'épaisseur du panneau. Il est inutile de faire une pareille feuillure sur le derrière, parce que la pesanteur des panneaux suffit pour les maintenir à leur place. Mais, pour empêcher l'écartement des deux bords de la caisse, il est bon de placer dans le milieu une traverse qui les fixe à égale distance. Cette traverse doit s'enlever à volonté, pour ne pas gêner les ouvriers, lorsqu'ils bâtissent la couche.

On sent aisément que de pareils Chassis ne peuvent être transportés sur les couches; ils les couperoient par leur pesanteur, & descendroient au-dessous du niveau nécessaire à la culture; il faut donc qu'ils soient établis en place, & que leurs montans soient scellés en terre, à six ou huit pouces de profondeur. Seulement, lorsqu'on veut bâtir les couches, on enlève les panneaux de dessus la caisse, & on ôte la barre du milieu.

Ces couches doivent être très-serrées & ne s'élever qu'à six pouces au-dessous du bord du devant de la caisse. Mais, pour empêcher que les carreaux de vitre de la bande du devant ne soient brisés par la pression du fumier, on pose une planche entre les carreaux & le fumier, ce qui les garantit de tout accident. Lorsque la couche est ainsi établie en fumier, on la charge de terreau, jusqu'au niveau du bord supérieur du devant de la caisse, quand elle seroit même de quelques pouces plus haut, il y auroit moins d'inconvéniens qu'à la laisser au-dessous, attendu que le fumier venant à s'échauffer, la couche diminue de hauteur, & s'affaisse dans l'espace de quinze jours, de six ou huit pouces. Alors on retire la planche qui a servi à garantir les vitres de la pression du fumier.

Ces Chassis doivent avoir aussi des cramaillères en fer, mais seulement sur le derrière, parce qu'il n'est pas nécessaire de lever les panneaux dans un autre sens. On place également des poignées aux deux extrémités de chaque panneau, afin de pouvoir les transporter sûrement & avec aisance. Enfin il est pareillement indispensable de faire couvrir ces ustensiles de trois couches de peinture à l'huile, & de répéter cette opération toutes les fois qu'on s'apperçoit que la peinture a été détruite par la rouille & par la chaleur du fumier.

Usage. Les Chassis de la deuxième espèce, & sur-tout ceux qui sont en bois, sont employés à la culture des légumes de primeur qui ont une certaine élevation tels que les pois, les haricots, les asperges, &c. Les fleuristes de Paris s'en servent avec succès pour faire fleurir, dès le mois de Janvier, les lilas de Perse, les syringa, les boules de neige, les différentes espèces de rosiers, & particulièrement la rose des quatre saisons, les jacinthes & autres fleurs odorantes ou agréables. Ces mêmes Chassis, faits en fer, ont été exécutés, pour la première fois, au Jardin des plantes de Paris, en 1786; ils ne sont guères employés que dans les Jardins de Botanique. On s'en sert pour la culture des semis de plantes étrangères, qui croissent entre les Tropiques ou sous la Zonne torride.

On les emploie encore pour repiquer & faire reprendre ces mêmes plantes dans leur jeunesse; ils servent enfin à perfectionner les semences des plantes des climats chauds, & à les défendre des premiers froids de l'Automne.

Les Chassis de la troisième espèce, qu'on peut nommer Chassis des plantes du Cap ou des filiacées, sont établis sur les mêmes principes que les précédens; avec cette différence, que devant servir pendant l'Automne, l'Hiver & une partie du Printems, leurs vitraux doivent être plus inclinés que ceux des Chassis à melons, & former un angle d'environ quarante-cinq degrés avec la caisse du Chassis. On construit ces caisses en bois ou en maçonnerie. Celles en bois ne peuvent avoir moins de deux pieds de haut, par derrière, & six pouces sur le devant, à cause de la hauteur des plantes auxquelles elles sont destinées. On leur donne ordinairement quatre pieds de large. Mais ces dimensions ne sont pas de rigueur, on peut les augmenter ou les diminuer suivant l'exigence des cas, sans beaucoup d'inconvénient. L'essentiel est d'employer du bois de forte épaisseur & bien sec, & de les assujettir par des équerres en fer, de manière que le bois ne puisse se disjoindre, & se tourmenter en aucun sens. Les panneaux qu'on place sur ces caisses doivent être faits comme ceux des autres Chassis, avec leurs poignées & leurs cramaillères.

Usage. Ces Chassis sont destinés plus particulièrement à couvrir des planches d'oignons, qui sont en pleine terre, ou des plantes délicates, qui végétant de bonne heure, pourroient être endommagées par de fortes gelées, telles que les Belladones, les Lis Saint-Jacques, les Grenesiennes & autres liliacées, trop délicates pour résister au grand froid de nos hivers, & assez fortes cependant pour être cultivées dans des pots, & rentrées dans les serres tempérées. Il existe aussi des plantes de quelques autres familles, qui se conservent & prospèrent mieux en pleine terre, sous ces Chassis, que dans les serres; telles sont la *Cinara acaulis*, L. l'*Echinophora tenuifolia*, L. le *Thapsia garganica*, L. le *Gundelia tournefortii*, L. quelques espèces d'*Arctotis*.

Cette troisième espèce de Chassis exige des soins particuliers. Indépendamment de ceux qui ont été indiqués pour les deux premières sortes, & qui leur sont communs, ceux-ci ont besoin d'être couverts plus assiduement, & fermés plus exactement pendant les froids. Il n'est pas moins essentiel de les découvrir au moindre rayon de soleil, parce que ces Chassis n'étant pas portés sur des couches, qui fournissent perpétuellement une chaleur qu'on est le maître d'augmenter à volonté, il faut beaucoup d'attention pour empêcher la déperdition de celle que fournit la terre, ou conserver celle que peuvent produire les foibles rayons du soleil, pendant des hivers longs & rigoureux. Il est donc nécessaire, non-seulement de couvrir la surface des panneaux de vitres, mais encore de garnir de litière, d'un pied d'épaisseur au moins, toutes les parois extérieures de la caisse. Lorsque cette litière est humide, ou qu'elle a été couverte de neige, il faut la renouveller & la remplacer par de la litière sèche. Cette opération, qui ne laisse pas que d'employer du tems & d'exiger des dépenses, a fait imaginer un moyen, qui est employé en Hollande & dans quelques autres lieux.

Ce moyen consiste à établir autour du Chassis que l'on veut abriter du froid, une double caisse en bois fort, d'un pied & demi plus grande de tous les côtés, & de même hauteur. On creuse la terre qui se trouve entre les deux caisses, d'un pied de profondeur, au-dessous du niveau du terre-plein du Chassis sous lequel sont les plantes. On remplit avec de la paille d'avoine, des bâles de bled, du foin sec, de la fougère, des feuilles sèches, ou tout simplement avec de la litière, l'intervalle qui se trouve entre les deux caisses. On foule ces matières à mesure qu'on les dépose, de manière qu'elles forment une masse très-compacte. Et, pour que l'humidité n'attaque point ces matières, on les couvre d'une planche, qui porte sur les bords des caisses, & qui étant un peu inclinée en dehors, renvoie les eaux à quelque distance. Par la même raison, on a soin d'établir tout autour de la caisse extérieure, un deversoir en terre, qui éloigne les eaux pluviales, & les dirige vers les terreins voisins.

Ces Chassis à double caisse, quand celles-ci sont faites avec soin, sont impénétables à des gelées de douze à quinze degrés, & lorsqu'on a la précaution de les placer à des expositions favorables, telles que dans le voisinage d'un mur, à l'exposition du midi, & qu'on couvre bien le dessus des panneaux, avec des paillassons & de la paille, ils sont à l'épreuve des plus grands froids de notre climat.

Les CHASSIS EN MAÇONNERIE, qui ne diffèrent de ceux que nous venons de décrire, que par la manière dont ils sont construits, mais qui doivent être établis d'après les mêmes dimensions, peuvent servir aux mêmes usages, en pratiquant dans le milieu un terre-plein, dans lequel sont placées les plantes qui ont besoin de cette culture. Cependant, on les réserve ordinairement pour des plantes plus délicates, & qui, à raison de la petitesse de leurs oignons, ou de leur petite stature, exigent d'être cultivées dans des pots, comme les différentes espèces d'*Ixia*, de *Gladiolus*, d'*Antholyza*, d'*Hæmanthus*, d'*Oxalis*, de *Geranium tuberosum*, de *Mesembrianthemum*, & autres plantes du Cap de Bonne-Espérance, auxquelles il faut moins de chaleur que d'air, & sur-tout peu de lumière.

La caisse de ces Chassis doit être faite en maçonnerie, de dix-huit à vingt pouces d'épaisseur, & couverte de tablettes en pierre de taille, qui reçoivent dans une feuillure pratiquée sur leurs bords, les panneaux de vitres. Si l'on donne à cette caisse trois pieds de profondeur, dont une moitié au-dessous du niveau de la terre environnante, & une moitié en élévation, on pourra y établir de petites couches, soit en fumier sec, recouvert de terreau, soit en fumier chaud, mêlangé avec de vieille tannée, soit enfin en tannée neuve, pure. On pourra alors y cultiver avec succès les semis & les jeunes plants d'arbres & de plantes de l'année, qui croissent entre le trentième & le quarantième degré de latitude des deux hémisphères, & qui languissent & périssent ordinairement dans les serres tempérées. Les arbustes du Cap de Bonne-Espérance, tels que les *Diosma*, les *Protea passerina*, les *Bruyères*, les *Royena*, les *Polygala*, &c. s'accommodent fort bien de ces Chassis les deux premières années de leur jeunesse, & jusqu'à ce qu'ils soient assez forts pour être rentrés dans les serres tempérées.

La quatrième sorte de Chassis ne diffère des Chassis à melons, qu'en ce que les panneaux de ceux-ci, au lieu de porter des vitres, n'ont que des carreaux de papier huilé. D'ailleurs ils leur sont en tout semblables, tant pour la caisse que pour les panneaux.

Ces Chassis sont destinés à être placés sur des semences d'arbres étrangers, lesquelles étant extrêmement fines, sont semées à fleur de terre; telles que les graines de *Rhododendron*, d'*Azalea*, d'*Hipericum*, d'*Andromeda*, de *Vaccinium*, d'*Erica*, de *Kalmia*, d'*Arbutus*, &c. Ces semis sont dans des terrines, remplies de terreau de Bruyère, & se placent ordinairement, à l'exposition du levant, dans une plate-bande, où les vases sont enterrés jusqu'au bourrelet, ou sur une vieille couche sans chaleur. Couvertes de ces Chassis, sous lesquels on entretient une humidité favorable, les graines venant à germer, n'ont que le degré de lumière qui convient à leur délicatesse, & ne sont pas exposées à être détruites, comme elles le seroient à nud, par la présence des rayons du soleil & par la sécheresse de l'air. Mais il convient de couvrir ces panneaux de toile cirée, ou de contrevents de bois, lorsqu'il survient des pluies abondantes, ou des grêles un peu fortes, sans quoi les carreaux de papier seroient bien-tôt détruits.

Les Chassis à panneaux de papier étant placés sur une couche située au nord, peuvent servir utilement à faire reprendre des boutures d'un grand nombre d'espèces d'arbustes & de plantes étrangères. Enfin, on peut les employer à faire reprendre des repiquages de plantes délicates. En général, leur mérite n'est pas assez connu, & nous invitons les Cultivateurs à en faire plus d'usage.

Il ne nous reste plus à parler que d'une sorte de Chassis, qui a été très-vantée, du moins par son Auteur; mais sur le mérite de laquelle nous nous garderons de prononcer, n'ayant pas été à portée de l'apprécier nous mêmes par l'usage. Ce sont les Chassis physiques de M. Mallet. Ecoutons ce qu'il en dit.

« La découverte de mes Chassis physiques est le fruit d'une longue suite d'expériences & d'observations que j'ai faites sur la fermentation des fumiers, & sur la raréfaction de la lumière, qui traverse des verres bombés. On n'obtient des Chassis plats, dont on fait usage par-tout, que des choses communes & imparfaites, parce que les plantes y éprouvent alternativement de grands contrastes de température, & qu'elles sont privées de l'air quand ils sont fermés.

» Les baches hollandoises ne servent ordinairement que pendant l'Eté pour les ananas, & pour les petits pois de primeur; mais l'air étouffé que ces plantes y respirent, l'humidité & la moisissure inévitable des murailles sont cause que les fruits des ananas conservent plus d'acide, & ne sont jamais parfaitement mûrs.

» Les serres chaudes n'ont d'autre mérite que d'y conserver les plantes exotiques pendant l'Hiver : leur entretien est très-coûteux, & tout ce qu'on y fait venir par artifice a beaucoup moins de saveur & d'odeur.

» Au contraire, mes Chassis physiques sont très-économiques, en ce qu'ils n'exigent point de feu. Le degré de chaleur de Saint-Domingue, qu'on y obtient constamment, & sans peine pendant l'Eté, la quantité d'air libre & pur qui s'y raréfie, donnent aux fruits une qualité supérieure, quoique étrangère à notre climat.

» La longueur des Chassis est arbitraire, elle dépend de la volonté des personnes ou des terrains où on veut les placer. La *planche*. *fig*. 2, représente le devant du Chassis; avec un des Chassis ouvert, ainsi qu'un des panneaux de derrière. La *figure* 4, le profil. (*Voyez* à la collection des planches.)

» La longueur du Chassis dont on parle, est de vingt pieds; sa largeur de quatre pieds, & il a cinq pieds de hauteur, dont deux pieds six pouces forment la couche; les deux autres pieds six pouces servent pour le vitrage bombé.

» Le vitrage est composé de seize panneaux, huit sur le devant, les huit autres sur le derrière, formant le demi-ceintre. A chaque panneau de devant, il y a un vagislas au second rang de vitre; aux deux côtés, il s'en trouve un pour établir un courant d'air quand il est à propos. Les panneaux de derrière ont aussi des vagislas, qu'on ouvre dans l'Eté, soit pour établir un courant d'air, soit pour diminuer la trop grande chaleur.

» Au-dessus du niveau de la Caisse, sur le derrière, jusqu'aux vitraux, il y a un espace en bois, de vingt pouces, de même épaisseur que la caisse, qui est la cause de la répétition de la lumière, & de la raréfaction de l'air qui se fait dans le Chassis.

» Sur un Chassis de vingt pieds, il doit y avoir trois portes de derrière, pour faire aisément des arrosemens, & pour différens travaux.

» Chaque panneau, de deux pieds six pouces de large, est soutenu sur les côtés par cinq courbes, en comptant les deux extrémités. Les courbes formant le demi-ceintre, doivent avoir six pieds, sur un Chassis de quatre de large; leur diamètre sera de quatre pouces quarrés, sur la couronne du Chassis; dans le milieu, il y a quatre traverses de même épaisseur, qui soutiennent tous les panneaux. Afin que le Chassis soit plus solide, on fait entrer les traverses dans les courbes; & comme les courbes & les traverses n'empêchent pas de faire les couches, on les assujettit ensemble avec des bandes de fer d'un pouce de large, qu'on attache à demeure.

» Les panneaux de devant sont soutenus par des charnières à clef, afin qu'on puisse les ôter aisément, chaque fois qu'on fait une couche nouvelle. Au bas de chaque panneau de devant, il y a une verge de fer, avec des crans de douze en douze pouces, pour donner de l'air au Chassis dans les grandes chaleurs.

» Quant à la caisse, elle ne sauroit être trop solide; c'est pourquoi je conseille d'employer des planches de vingt pieds de longueur, de la plus grande épaisseur, en y joignant, en sus, des barres à queue, distantes de quatre en quatre pieds. Je conseille, en outre, de border l'extrémité de la caisse en-dedans, d'une barre de fer de six lignes d'épaisseur, sur un pouce de large, afin qu'elle ne se déjette point par l'action du Soleil. On empêche l'écartement de la caisse dans le milieu, par trois bandes de fer d'un pouce quarré. Le Chassis étant monté sur une petite muraille, ou assise de pierre de taille, jusqu'au niveau de la terre, creusée en gouttière large pour recevoir les eaux, il faut avoir une grande justesse, afin qu'il ne reste pas de passage pour l'air, entre le bois & la pierre qui doit le porter. Il est encore essentiel de faire peindre le bois & le fer, de ce Chassis, à l'huile, en-dedans & en-dehors, & de leur donner une nouvelle couche chaque année, au Printems, après qu'on en a enlevé les réchauds.

» Les personnes qui veulent cultiver tout-à-la-fois des figues, des ananas, des melons, des fraises, des petits pois, &c. doivent se procurer une certaine quantité de Chassis. Pour lors, mes trois Chassis doivent être mis en usage: chaque espèce de plante réussit mieux, cultivée séparément dans un Chassis que dans un autre, par rapport aux différens degrés de chaleur que chaque forme de ceintre procure. Par exemple, mon Chassis de vingt pieds est excellent pour faire des melons, des fraises, des haricots, des roses, des lilas de Perse, de hyacintes, & pour y soutenir des ananas pendant l'Hiver.

» Le ceintre aux deux tiers est parfait pour obtenir de beaux fruits d'ananas pendant l'Eté, & pour y avoir beaucoup de petits pois.

» Le ceintre de huit pieds, sur un Chassis de cinq pieds de large, est supérieur pour une figuerie, pour de grands lilas, & pour y faire passer différens seps de raisin muscat, qui y réussit admirablement bien. On pratique en-dedans un treillage, à un pied du vitrage. Le raisin qu'on fait en serre chaude est beaucoup moins bon que celui-ci.

» On sera peut-être étonné que la différence de ceintre, en fasse une de six degrés entre le petit & le grand: dans la même position, l'obliquité des réflexions du Soleil sur les vitrages, produit cet effet; & comme le Chassis aux deux tiers du ceintre, a six pieds de hauteur, & que le ceintre plein en a sept, la plus grande quantité d'air peut encore y contribuer. »

Quoique ces Chassis paroissent offrir plusieurs avantages, ils sont encore peu répandus, soit à cause de la difficulté de trouver des Ouvriers pour les construire, soit à cause de la dépense qu'ils occasionnent. (*M. Thouin.*)

CHASSIS à ananas. Comme ces Chassis sont de véritables serres, nous en traiterons à l'article Serre, qui doit les comprendre toutes. (*M. Thouin*)

CHAT. Quadrupède domestique dont je ne décrirai ni la forme, ni les mœurs qui sont connus. On peut d'ailleurs les lire dans Buffon & dans le Dictionnaire des Quadrupèdes.

Les chats sont de la plus grande utilité dans les maisons des particuliers, & sur-tout dans les fermes des pays à grains, où les rats, les souris, & les mulots qui en vivent, se multiplient avec une grande facilité; la patience des Chats, leur souplesse, leur instinct les portent à détruire ces animaux, nuisibles de plus d'une manière. Car, non-seulement ils attaquent les grains dans les greniers, les granges & les gerbiers, mais encore le laitage, les cuirs des harnois des chevaux & des bœufs. Il est donc important d'élever des Chats & de les mettre en état de remplir, en tout tems, le but qu'on se propose.

On remarque que les chats, trop familiers, trop bien nourris & trop soignés, sont moins propres que les autres à chasser les rats, les souris & les mulots, & la raison en est bien simple, c'est qu'ils n'ont plus l'attrait du besoin & qu'ils perdent, par une vie molle & oisive, leur activité naturelle. Toutes les espèces d'animaux sauvages sont dans ce cas. Il en résulte qu'il faut que les fermiers, ou métayers laissent, le plus possible, les Chats dans leur état primitif. Ainsi ne les point caresser, leur donner une nourriture convenable & jamais capable de les rassasier, seulement pour qu'ils restent attachés à la maison & afin que, n'étant pas trop pressés par la faim, ils soient patiens & attendent le moment le plus propre pour ne pas manquer les animaux, qu'ils doivent détruire, les renvoyer enfin, dès qu'ils paroissent, dans les greniers, les granges & les étables; telle est la manière dont on doit traiter les Chats.

On remarque dans les fermes que les Chats se partagent, pour ainsi dire, les bâtimens;

l'un chasse les souris, ou les rats dans la vacherie; un autre dans l'écurie, un autre dans la bergerie. Les plus familiers fréquentent les granges où ils se font aimer des batteurs. Si un Chat se présente dans l'empire d'un autre, ils se battent, se querellent, jusqu'à ce que l'un des deux cède la place.

Une attention qu'il me semble qu'on devroit avoir pour eux, ce seroit de leur mettre, dans différens endroits, des vases remplis d'eau, qu'on changeroit de tems-en-tems. Cet animal est sujet à devenir enragé, quoique plus rarement que le chien. On ne sait pas s'il contracte spontanément la rage, ou seulement par contagion. Dans cette incertitude, on doit avoir soin que, lors de grandes chaleurs, ou de gelée, les Chats puissent trouver de l'eau pour boire.

Quoique le Chat soit, pour ainsi dire, formé pour la destruction des rats, des souris & des mulots, il aime beaucoup le gibier & les oiseaux. Ce goût l'entraîne souvent loin des fermes dans la campagne, & sur-tout dans les bois. Dès qu'il s'y livre, il devient nul pour son maître. Il ne revient chez lui qu'aux heures où l'on donne à manger aux autres. Dans ce cas, il faut le tuer, pour ne pas nourrir un serviteur inutile, dont l'exemple peut débaucher ses compagnons. On doit cependant s'assurer, si ses excursions, dans la campagne, n'ont pas pour objet la chasse aux mulots. Car, j'ai vu des Chats s'écarter & rendre de très-grands services, en détruisant un nombre considérable de mulots. Il seroit fâcheux alors de se défaire d'un Chat aussi utile.

Ce sont les plus hardis qui s'écartent de la ferme, & ordinairement les mâles qu'on fixe en les coupant. Il seroit à desirer qu'il s'établît des Chats de campagne, comme il s'établit des Chats domestiques.

Il est nécessaire que les chattes élèvent leurs petits dans les endroits où elles les mettent bas. C'est ordinairement dans les greniers à paille, ou à foin, ou dans les granges. On ne doit pas les rapprocher de la maison, parce qu'élevés loin des hommes, ils conserveront plus long-tems le caractère sauvage qu'on a intérêt de leur laisser. Seulement, il faut donner un peu plus de nourriture aux mères dès qu'on s'appercevra à la longueur de leurs tetines, qu'elles allaitent.

Les Chats, outre la rage, sont sujets à plusieurs maladies, & particulièrement à la gale, qui les rend hideux, en leur enlevant tout le poil & couvrant leur corps de pustules. Ils sont alors tristes, languissans, incapables de remplir leurs fonctions. Pour les guérir de cette maladie, on met ordinairement du soufre dans leur boisson. Je n'assure pas que ce remède soit infaillible, parce que je n'ai aucune expérience en sa faveur. Mais j'engage les personnes, pour lesquelles la guérison d'un animal utile est quelque chose, à chercher les moyens de remédier à la gale des Chats.

Quand les Chats ne gagnent pas des maladies contagieuses, ils vivent dans les fermes jusqu'à quatorze & quinze ans, & même au-delà. (*M. l'Abbé* Tessier.)

CHAT, DOS de CHAT. Courber une branche en dos de Chat, c'est baisser son extrémité de manière que le reste de sa longueur décrive une courbe. C'est un défaut qu'on doit éviter autant que possible; il n'est qu'un cas où on peut l'employer, c'est lorsqu'il est nécessaire de remplir un vuide dans un espalier qu'on veut rétablir. Dict. de Léger. (*M.* Reynier.)

CHAT. (langue de) On donne ce nom aux feuilles du *Rubia tinctorum* à cause de leur aspérité assez semblable à celle de la Langue du Chat. *V.* Garance des Teinturiers. (*M.* Thouin.)

CHATAIGNE. Fruit du châtaigner. *Voyez* ses usages économiques au Dict. des Arbres. & Arbustes.

CHATAIGNE D'EAU. Nom vulgaire du *Traja natans L. Voyez* Macre.

CHATAIGNE de terre. On donne ce nom aux tubercules du *Lathyrus tuberosus L. Voyez* Gesse Tubereuse. (*M.* Reynier.)

CHATAIGNE. On appelle ainsi une corne molle & spongieuse, dénuée de poils, qui se trouve placée dans les extrémités antérieures du cheval, au-dessus de l'articulation du genou & dans les extrémités postérieures, au-dessous de l'articulation du jarret. On conseille de la couper, plutôt que de l'arracher. *Voyez* Diction. de Médecine. (*M. l'Abbé* Tessier.)

CHATAIGNER. Variété du pommier dont on faisoit peu de cas, il y a quelques années, & dont le goût s'est infiniment répandu depuis. C'est une pomme de moyenne grosseur d'une chair cassante, pleine d'eau; sa peau est variée de taches rouges sur un fond jaune pâle. *Voyez* Pommier dans le Dictionnaire des Arbres & Arbustes. (*M.* Reynier.)

CHATAIGNE de CHEVAL. On appelle ainsi les fruits de l'*Œsculus hippocastanum. L. Voyez* Maronier d'Inde. (*M.* Thouin.)

CHATAIGNE de MER. Nom que l'on donne dans les Antilles aux semences du *Minosa scandens. L.* parce que la liane qui les produit, croissant dans le voisinage des fleuves, ses gousses, en s'ouvrant, laissent tomber à terre ses grosses semences qui, étant transportées dans la mer, y surnagent & sont chassées sur les côtes. Leur couleur, plutôt que leur forme, ressemble un peu à la Châtaigne. *Voyez* Acacie à grandes Gousses. (*M.* Thouin.)

CHATAIGNERAIE. Terrein planté en Châtaigniers. *Voyez le Dictionnaire des Arbres & Arbustes.* (*M.* Thouin.)

CHATAIGNER, genre composé de trois espèces d'arbres de pleine terre, dont pour cette raison, il sera traité dans le Dictionnaire des Arbres & Arbustes, auquel nous renvoyons. (*M. Thouin.*)

CHATAIGNER. On donne ce nom dans les Antilles à l'arbre connu sous le nom de *Cupania Americana L.* à cause de la ressemblance que les premiers Européens crurent lui trouver avec le Châtaigner d'Europe. *Voyez* CUPANI d'AMÉRIQUE. (*M. Reynier.*)

CHATAIRE. *Nepeta. L.*

Genre de plantes de la famille des *Labiées* & voisin des melisses; ses fleurs sont disposées en verticilles plus fréquens sur les sommités de la plante : le caractère du genre se tire principalement des crénelures de la lèvre inférieure des corolles.

Espèces.

1. CHATAIRE commune, l'herbe au Chat.
Nepeta Cataria. L. ♃ près des hayes dans la partie tempérée de l'Europe.

2. CHATAIRE élancée.
Nepeta. lanceolata. La M. ♃ de la Provence.

3. CHATAIRE d'Hongrie.
Nepeta. Pannonica. L. ♃ de l'Autriche, la Hongrie, la Sibérie, &c.

4. CHATAIRE violette.
Nepeta violacea. L. ♃ de l'Espagne.

5. CHATAIRE d'Ukraine.
Nepeta Ucranica. L. de l'Ukraine.

6. CHATAIRE à fleurs lâches.
Nepeta nepetella. L. du Midi de l'Europe.

7. CHATAIRE nue.
Nepeta nuda. L. ♃ de l'Espagne & de la Suisse.

8 CHATAIRE à longs épis.
Nepeta hirsuta. L. de la Sicile.

9. CHATAIRE d'Italie.
Nepeta Italica. La M. ♃ de l'Italie.

10 CHATAIRE d'Aragon.
Nepeta Aragonensis de l'Aragon.

11. CHATAIRE à feuilles de Mélisse.
Nepeta melissæ folia. La M. de l'Isle de Candie.

12. CHATAIRE à grappes.
Nepeta racemosa. La. M. du Levant.

13. CHATAIRE à feuilles de germandrée.
Nepeta teucrioïdes. La M. du Levant.

14 CHATAIRE à feuilles d'héliotrope.
Nepeta heliotropifolia. La M. du Levant.

15 CHATAIRE tubéreuse.
Nepeta tuberosa. L. ♃ de l'Espagne & du Portugal.

16. CHATAIRE à feuilles de Marrube.
Nepeta scordotis. L. ♃ de l'Isle de Candie.

17. CHATAIRE de Virginie.
Nepeta virginica. L. de la Virginie.

18. CHATAIRE du Malabar.
Nepeta Malabarica. L. du Malabar.

19. CHATAIRE d'Amboine.
Nepeta Amboinica L. fil ♄ d'Amboine.

20 CHATAIRE de Madagascar.
Nepeta Madagascariensis. La M. de Madagascar & de l'Isle de France.

21. CHATAIRE pectinée.
Nepeta pectinata L. ♃ de la Jamaïque.

22. CHATAIRE à feuilles de Lavande.
Nepeta lavendulacea. L. fil ♃ de la Sibérie.

23. CHATAIRE multifide.
Nepeta multifida L. ⊖ de la Sibérie.

Un très-grand nombre de ces Chataires n'a pas été cultivé. M. Lamarck ayant à peu-près doublé le nombre des espèces connues. Les richesses renfermées dans les herbiers de la Capitale lui fournissent une quantité de Plantes nouvelles, & qui peut-être seront des siècles avant d'arriver dans nos jardins. Il faudroit d'autres Commersons, d'autres Jussieu, d'autres Aublet, d'autres Tournefort, pour rapporter les graines dont les plantes sont conservées dans leurs herbiers & dont l'espèce est déterminée d'après des individus secs renfermés dans ces herbiers.

La première espèce, la plus connue, offre une particularité très-remarquable. Lorsqu'elle est transplantée, les chats la détruisent; ce qui n'arrive point aux individus qui sont semés de graines. Un ancien proverbe Anglois confirme ce fait. *If yon set it, the eats will eat it; if yon sow it the cats will not know it.* Un proverbe est le plus souvent l'expression d'une observation universelle, néanmoins je n'y ferois pas une grande attention, si Miller n'appuyoit pas ce *dit-on* populaire. Il a transplanté d'un lieu à un autre des pieds de Chataire à côté des individus venus de graine, ces derniers n'ont pas été endommagés, tandis que les premiers ont été dévorés par les chats. J'ai cultivé la Chataire; mais, à cette époque, je n'avois pas fait une grande attention à ce passage du Dictionnaire de Miller, sans quoi, j'aurois dirigé des expériences vers cet objet. D'où peut provenir une telle différence, la culture change-t-elle les principes des végétaux, la transplantation donne-t-elle plus d'intensité à certains principes, c'est ce qu'il qu'il faudroit savoir par des faits avérés. Les Observations de Miller paroissent appuyer cette opinion. *Voyez* CLIMAT.

La culture des Chataires est très-aisée. On les sème indifféremment au Printems ou en Automne; mais il est essentiel que ce soit dans un terrein humide; dans un sol trop sec, les tiges s'alongent, s'amincissent & sont sujettes à se coucher sur la terre. Les Chataires même celles d'un climat un peu plus chaud que le nôtre, ne craignent point le froid de nos hivers ordinaires,

dinaires; elles y résistent sans avoir besoin d'aucun abri. Les graines se récoltent ordinairement avant les pluies de l'Automne, souvent dès le mois d'Août & se conservent très-aisément.

Usage. Les Chataires sont peu apparentes, leurs fleurs de couleur terne & d'un petit volume ne répandent aucun agrément. Aussi ne peut-on les cultiver que dans les grands parterres pour y former des masses de verdure, ou dans les jardins de Botanique. Dambourney a extrait de la première espèce une couleur vigogne d'un assez bon teint. Elle sert aussi en Pharmacie. (*M.* REYNIER.)

CHAT-BRULÉ. Poire qui tient du *messire-jean* & du *martin-sec*; elle est arrondie, couverte d'une peau lisse, de couleur rouge, sur une partie de sa surface; mais foible dans les endroits que le soleil n'a pas frappé. Sa chair est fine & bonne en compotes. Mûrit en Février & Mars.

C'est une de variétés du *Pyrus communis* L. *Voy.* POIRIER dans le Dictionnaire des Arbres & Arbustes. (*M.* REYNIER.)

CHATEAU D'EAU. On appelle ainsi un bâtiment qui, dans un parc, est situé dans un lieu éminent, décoré avec magnificence, & dans lequel sont pratiquées plusieurs pièces pour prendre le frais; il sert aussi à conduire l'eau qui, après s'être élevée en l'air & avoir formé un spectacle, se distribue dans un lieu moins élevé, & forme des cascades, des jets, des bouillons & des nappes. *Ancienne Encyclopédie.* (*M.* THOUIN.)

CHATEPLEUSE. Nom donné au Charanson. *Voyez* CHARANSON. (*M. l'Abbé* TESSIER.)

CHATIERE. C'est une ouverture quarrée, ovale, ou ronde, qu'on pratique aux portes des caves, des greniers, & de tous les endroits d'une maison où l'on renferme des choses qui peuvent être attaquées par les souris & par les rats & où il faut donner accès aux chats, pour qu'ils détruisent ces animaux. On y ajoute souvent une coulisse qui sert à boucher cette ouverture, quand l'on veut empêcher les chats d'y passer, ou d'en sortir. (*M. l'Abbé* TESSIER.)

CHATIGNA. Espèce de bouillie qu'on prépare avec la châtaigne en Corse & dans les Provinces de la France où ce fruit fait la principale nourriture des habitans. Dans d'autres pays, où cette nourriture est également de première nécessité, comme en Savoye, on préfère de les manger en Nature. (*M.* REYNIER.)

CHATON. Réceptacle commun à plusieurs fleurs formé en axe sur lequel les fleurs sont implantées en tout sens, séparées les unes des autres par des écailles. Les fleurs des saules peupliers, noisetiers, noyers & peuvent servir d'exemples. Dans ces deux derniers arbres ce sont seulement les fleurs mâles qui sont disposées en Chaton; les fleurs femelles ont une construction différente. Les fleuristes donnent très-improprement le nom de CHATON à la capsule de la tulipe. Les noms d'ovaire avant la fécondation & de capsule après la chûte des pétales seroient plus convenables. (*M.* REYNIER.)

CHAT-PUTOIS, animal nuisible au Cultivateur. *Voyez* PUTOIS.

CHATRER les animaux, les rendre incapables de se reproduire. *Voyez* CASTRATION. (*M. l'Abbé* TESSIER.)

CHATRER les melons, concombres, &c. Expression fausse qui désigne une opinion encore plus fausse; c'est un retranchement des fleurs inutiles. Sans doute que dans un tems, où l'on ignoroit le sexe des plantes, on a imaginé que ces fleurs, qui se flétrissoient sans nouer, étoient inutiles; donc on concluoit qu'elles étoient parasites & qu'il falloit les retrancher. Lorsqu'on découvrit les sexes des plantes & l'usage de ces fleurs, dites inutiles, les jardiniers opposèrent l'*usage* aux allégations des Savans, & l'usage a prévalu. Actuellement, les jardiniers regardent encore comme un article de foi que ces fleurs sont inutiles qu'elles chargent la plante & qu'il faut les ôter; mais les ôter avant l'émission des poussières, c'est nuire à la fécondation; les ôter après, c'est inutile, car elles tombent d'elles-mêmes; d'où on peut conclure que la castration des melons est une opération inutile & souvent même dangereuse, puisqu'elle peut nuire à la fécondation. *Voyez* CONCOMBRE & MELON. (*M.* REYNIER.)

CHATRER les plantes. C'est couper les rejettons qui partent du pied. Cette opération est très-avantageuse lorsque les rejettons poussent aux dépens de la mère-plante qu'ils épuisent & dont la fleur a moins de beauté. Mais elle prive des marcottes, des boutures & des autres moyens analogues de multiplier les plantes de jardin. *Voyez* EBOUTURER. (*M.* REYNIER.)

CHATRICE. (Brebis.) *Voyez* MOUTONNE, article *bêtes à laine*. (*M. l'Abbé* TESSIER.)

CHAULAGE. Préparation qu'on fait subir au froment de semence, pour prévenir la carie. *Voyez* CARIE. (*M. l'Abbé* TESSIER.)

CHAUME.

Sous le nom de *CHAUME* on entend, en économie rurale, ce qui reste des plantes céréales, attaché à la terre, après qu'on en a coupé les épis & la plus grande partie des tiges.

Le Chaume est d'une hauteur inégale, selon l'espèce de grain moissonné, la nature du sol & l'usage du pays. Quand on coupe le seigle, qui monte beaucoup, ou des fromens à tige pleine, d'une belle végétation, on laisse un pied de Chaume. En terres médiocres, ou mauvaises, on récolteroit peu de paille, si on ne coupoit les tiges très-bas, & par conséquent, si on réservoit beaucoup de Chaume. Il n'en reste presque pas dans les pays où l'on fauche le seigle & le froment; on sait que la faulx coupe les tiges à trois ou quatre pouces de terre.

On ne tire pas parti du Chaume par-tout. Les Habitans des pays à bois le négligent, & laissent les Cultivateurs maîtres d'en disposer. Ceux-ci le brûlent, ou l'enterrent à la charrue. Le Chaume est une substance végétale, qui a si peu de densité, qu'il ne contient presque pas d'alkali. Il n'y a donc d'autre avantage à le brûler, que pour détruire en même-tems les graines des mauvaises herbes & les œufs des insectes, & cet avantage n'est pas médiocre. Quand on l'enterre avant l'Hiver à la charrue, il vaut mieux l'enterrer de bonne heure, afin qu'il puisse se consommer. Si les terres sont compactes, le Chaume les soulève & les rend plus perméables aux pluies. Mais si le pays est infesté des papillons qui donnent la chenille des avoines, on favorise l'éclosement de ces insectes. *Voyez*, à l'article Avoine, ce qui concerne la chenille qui dévore cette plante.

Dans la vallée d'Anjou le Cultivateur fait moissonner le Chaume, presqu'avec autant de soin que le froment. Les terres fraîches des bords de la Levée, poussent beaucoup d'herbes; on les sarcle jusqu'à l'époque où on ne peut rien gâter. Quand on a cessé de les sarcler, il revient de nouvelle herbe, qui n'est point à craindre, parce que le froment a pris le dessus. Cette herbe monte à la hauteur d'un pied, & se conserve jusqu'au moment de la récolte. Alors le Cultivateur ordonne de couper haut, afin de ne point emporter d'herbe, qui empêcheroit de battre les gerbes aussi-tôt, selon l'usage du pays, & de pouvoir faire faucher ensuite & faner le Chaume, pour servir de fourrage en Hiver. On se conduit conformément à ce que l'observation conseille.

Les Habitans de la Beauce, qui font usage du Chaume, pour différens besoins économiques, ne ramassent pas celui de seigle, ni celui de l'orge & de l'avoine, mais seulement celui du froment. Le Chaume de seigle, dont la tige est mince, se détruit, avant que la récolte du froment soit faite, & par conséquent ne peut être ramassé, les bras étant occupés ailleurs; celui de l'orge & de l'avoine est trop court. Tous les soins se portent à ramasser le Chaume de froment, qui a le plus de soutien & de consistance. J'entrerai dans quelques détails sur cette espèce de récolte, importante pour un pays, où le bois est très-rare & & très-cher.

Dans les terres gardées avec sévérité, comme les capitaineries, la récolte du Chaume étoit souvent reculée jusqu'au premier Octobre, & c'étoit un très-grand mal pour le paysan, car les pluies, qui quelquefois surviennent, non-seulement empêchent de le ramasser, mais en altèrent la qualité. Les Seigneurs qui donnoient ces ordres, plus aveuglés sans doute par la passion de la chasse, que coupables d'inhumanité, n'imaginoient pas, pour la plupart, qu'ils faisoient tort à leur vassaux. J'en ai connu un grand nombre, qui, plus réfléchis que les autres, avoient l'attention de permettre que le Chaume fût ramassé dans le tems le plus favorable. Plusieurs même, voulant que tout le monde en profitât également, sans que l'ouvrage des récoltes en grains en souffrit, firent des réglemens particuliers, pour ne laisser la liberté de ramasser le Chaume, qu'après l'enlèvement de la dernière gerbe de grains. Si on pouvoit le ramasser aussi-tôt que les bleds sont coupés, il n'en seroit que meilleur. Mais le bien public exige que rien ne retarde & ne ralentisse les récoltes des grains. On a fait plus encore; on a déterminé des Habitans à ne commencer à ramasser le Chaume, que quand ils entendroient sonner la cloche de la paroisse. C'étoit afin d'éviter qu'on n'y allât la nuit, & que les plus forts ne s'emparassent de tout le meilleur. J'ai vu réussir ces petits réglemens, & entretenir la paix parmi ceux qui y étoient assujettis.

Il y a deux manières de ramasser le Chaume en Beauce. Les uns se servent uniquement de rateaux de fer, dont le manche a cinq pieds de longueur, & dont la tête est armée de treize à vingt-sept dents, de sept pouces de long, qu'ils traînent de place en place, réunissant ensemble les différens tas, pour en former de plus considérables. Quelquefois même ils en font des meules, comme celles de foin. Le Chaume se ramasse bien de cette manière, si auparavant on a passé le rouleau dessus pour le coucher. En le prenant alors en sens contraire, il s'arrache facilement. Les femmes, les enfans, & les hommes les moins forts, préfèrent de ramasser ainsi le Chaume. Mais cette méthode a le désavantage de ne ramasser que les feuilles tombées & le Chaume abattu, qui n'est pas aussi bon, pour les différens usages auxquels on le destine.

D'autres arrachent, à la main, le Chaume en entier, & emportent le bas des tiges avec les racines. Cette méthode est celle des vignerons d'Orléans. N'ayant point de terres labourables à leur portée, ils vont à une ou deux lieues arracher le Chaume, pour avoir de quoi faire de la litière à leurs ânes & à leurs vaches. Ce qui reste de terre aux racines ne nuit point à son emploi, puisqu'il est uniquement consacré pour faire de la litière. Cette manière d'enlever le Chaume est la plus utile au Fermier, dans les pays où il y a de petits papillons, qui pondent sur le Chaume du froment, & dont les œufs forment les chenilles des avoines. Les environs d'Orléans, étant très-sujets à ces insectes, les Fermiers ont un grand intérêt à vendre leur Chaume sur place aux Vignerons, qui le ramassent en totalité.

D'autres, ne croyant pas devoir arracher le Chaume, le coupent avec un petit instrument nommé *chaumon* ou *chaumet*. C'est un bout de faulx, de huit à dix pouces de longueur, attaché par deux clous à un manche d'environ un pied, avec lequel il forme un angle droit: une des mains étant armée de cet instrument, l'autre repousse le Chaume avec un ballet de boi, ou de Chaume même, afin d'offrir de la résistance au *chaumon*. A quelque usage qu'on destine le Chaume, lorsqu'il est récolté de cette manière, il vaut beaucoup mieux.

La Société d'Agriculture d'Orléans a proposé, en 1774, un prix de 600 livres, pour l'Inventeur d'une machine propre à arracher facilement le Chaume de froment. Son but étoit de prévenir l'éclosement des œufs, qui forment la chenille des avoines. On adjugea le prix à un Curé du diocèse de Blois, inventeur d'une charrue, qu'on avoit cru remplir les conditions du programme; mais des épreuves répétées firent voir qu'elle ne pouvoit servir que dans quelques circonstances, qui avoient lieu rarement. On l'a totalement abandonné.

L'empressement pour le Chaume est si grand dans la Beauce, que quelques jours, avant celui où l'on doit l'aller ramasser, les plus actifs & les plus ardens vont se promener à la campagne, remarquent les endroits où il est le meilleur, & le plus abondant; c'est ordinairement dans les bonnes terres, pourvu qu'elles ne soient pas de celles qui poussent beaucoup d'herbes; ces hommes s'y transportent quand le signal est donné. Alors ils se hâtent d'entourer ce qu'ils projettent, en disposant, de distance en distance, de petits tas de Chaume, qu'ils ramassent précipitamment avec leurs rateaux. Une famille ne se permet pas ensuite d'entrer dans l'enceinte d'une autre, chacun se faisant un devoir de respecter ce qu'il regarde comme la propriété de son voisin.

Les hommes, ordinairement occupés dans les fermes, ou à d'autres travaux, ne consacrent que quelques jours, chaque année, pour ramasser du Chaume & en emporter. Si on suppose que l'habitation d'un paysan soit à 600 toises du lieu, où il ramasse du Chaume, il peut en emporter, en un jour, dix-huit, ou vingt fagots, formant ensemble le poids de 1000 livres, si c'est du Chaume coupé; ou 1600 livres si c'est du Chaume ramassé au rateau, celui-ci étant plus léger. Ils laissent le soin de nétoyer leur enceinte à leurs femmes & à leurs enfans, qui prolongent cette récolte plus ou moins de tems, selon la saison & l'abondance du Chaume. Il y a des ménages qui en ramassent, non-seulement pour leur consommation; mais encore pour vendre.

On estime qu'un homme peut en un jour, du mois de Septembre, couper & ramasser tout le Chaume de douze à treize perches de terre.

Un arpent de bon Chaume, peut fournir de quoi remplir une voiture à trois chevaux, de treize pieds de charge, ce qui fait cent gerbes, de celles qu'on emploie pour couvrir les maisons.

Quelques Paysans, un peu plus aisés que les autres, ou calculant mieux le tems qu'ils mettroient à transporter eux-mêmes leur Chaume, sur-tout quand il est loin de leur habitation, louent une charrette, qui en emporte à-la-fois une grande quantité, & les débarrasse en une journée. Les autres le transportent par grosses gerbes sur leur tête. Les vignerons d'Orléans, fichent dans une énorme gerbe, un long bâton, posent la gerbe sur leur hotte, tenant en main le bâton, & s'acheminant ainsi jusqu'à leur maison, se reposent de tems-en-tems. Ces fardeaux pèsent quelquefois jusqu'à cent livres. On conçoit qu'à la fin de la journée, un homme, qui n'auroit été occupé qu'à ce transport, seroit très-fatigué.

Le Chaume rassemblé auprès des habitations, est mis en meules, comme des gerbes de grains. Il y passe toute l'année & quelquefois davantage. Ces meules, le plus souvent appuyées le long des bâtimens, ont le grand inconvénient d'exposer à des incendies, & de détruire les murs en y entretenant de l'humidité. Le premier inconvénient exigeroit que la police empêchât de les placer aussi près. Autrefois, dans les pays où les Seigneurs étoient surveillans, il étoit enjoint d'éloigner un peu des villages les meules de Chaume, comme celles des grains, ou au moins, de ne point les adosser aux maisons.

On emploie d'abord le Chaume pour se chauffer; la rapidité avec laquelle il brûle, force de faire succéder promptement les poignées les unes aux autres, ce qui consomme beaucoup de tems. L'usage où sont les femmes d'habiter les caves, pour travailler, économise le Chaume. On le réserve, en grande partie, pour cuire les légumes, qui sont une partie de la nourriture du pays. On pense qu'il faut une gerbe & demie de Chaume, de quatre pieds & demi de tour, pour cuire des haricots, ou du cochon, si ce Chaume est bien sec, car s'il est humide, il en faut un tiers de plus.

Les plus pauvres seulement chauffent leur four avec du Chaume; les autres tâchent de se procurer des bourrées de bois de peu de valeur. Un four capable de cuire à-la-fois un demi-setier de bled, n'est bien chauffé, qu'avec deux gerbes & demie de Chaume, lorsqu'il est sec; car on auroit besoin de près de trois gerbes & demie, s'il étoit humide.

Un usage du Chaume, non moins précieux, est sa destination pour les couvertures des bâtimens. En s'en servant, on économise sur la charpente, qui ne doit pas être aussi forte que pour la tuile, toujours au-dessus de la fortune du paysan. Le Chaume ne coûte que la peine de le ramasser. A la vérité, on est obligé de le renouveller de tems-en-tems, & les ouragans en enlèvent fréquemment, mais la main-d'œuvre n'en est pas chère. Peut-être qu'en calculant le tems qu'on passe à ramasser du Chaume, ce qu'il en coûte pour le Couvreur, chaque fois qu'il rétablit une couverture, & les risques du feu, on auroit plus davantage à préférer la tuile. Mais le pauvre, qui n'a jamais d'avances, ne peut calculer comme l'homme riche. Il vit au jour le jour : il prend sur son travail la chose qui lui est nécessaire, & au moment où elle lui est nécessaire. Toute son économie consiste à payer le moins de denrées possibles. On croit que le Chaume de Seigle ne seroit pas aussi bon pour couvrir les maisons que celui de froment, & qu'il se pourriroit ; ce qui me paroît d'autant plus étonnant, que la paille de seigle, pour cet objet, est préférée à celle de froment.

Afin de rendre le Chaume propre à faire des couvertures, on l'arrange en gerbes, à l'aide d'un rateau de fer, disposant les brins, de manière qu'ils soient en partie posés les uns sur les autres & très-serrés. Dans cette préparation, qu'on appelle *javelage*, en Beauce, le Chaume éprouve un quart de déchet. Par ce moyen les gerbes acquièrent une longueur qu'elles n'auroient pas, si les brins de Chaume, qui n'ont que dix à douze pouces, étoient posés, les uns sur les autres, dans toute leur étendue. La gerbe de couvreur a ordinairement trois à quatre pieds de longueur, & quatre pieds & demi de grosseur. Elle pèse, bien sèche, vingt-quatre livres. On en emploie treize à quatorze par toise de couverture. Un cent de ces bottes se vend de quinze à vingt livres.

Le Chaume de deux ans est aussi bon pour tous les usages, que celui qui est récemment ramassé, pourvu que les meules aient été bien faites, & que l'eau ne s'y soit pas introduite. Dans les années d'abondance, beaucoup de paysans ne consomment pas toutes leurs récoltes ; ils en gardent d'une année à l'autre, &, par cette attention, n'en manquent jamais.

Le Chaume, comme je l'ai dit, sert encore à faire de la litière aux vaches des Vignerons & des Jardiniers, sur-tout s'il n'a pas été mouillé. Le fumier qui en résulte, en général, n'est pas recherché. Mais il est meilleur, lorsqu'il sort de dessous les bestiaux d'un Jardinier, ou d'un Vigneron, ces animaux mangeant en tout tems des plantes vertes, que s'il sortoit de dessous ceux d'un Fermier, qui les nourrit au sec une grande partie de l'année.

Dans les pays où les cultures de froment ne sont pas considérables, & où les terres sont peu substancielles, on a besoin de toute la longueur des tiges de froment pour augmenter les engrais : on les coupe très-bas & on ne laisse point de Chaume. Ces pays ont communément des ressources pour se procurer du bois, & de quoi couvrir leurs bâtimens. Mais les provinces à bled, telles que la Picardie & la Beauce, qui en sont privées, n'offrent aux paysans que l'espérance du Chaume. Quoiqu'il appartienne au Cultivateur, parce que le produit de ce qu'il a semé est entièrement sa propriété, l'usage a prévalu que les paysans en disposassent pour leurs besoins. Comme il arrive souvent que les hommes se font un droit de ce qui n'est que tolérance, ou bienfait, des villages ont quelquefois voulu empêcher des Fermiers de faire couper leurs bleds à la faulx, dans les années où ils n'étoient pas assez hauts pour être coupés à la faucille. Deux Arrêts du Conseil d'Etat du Roi, l'un du 23, & l'autre du 27 Septembre 1785, intervenus dans une affaire relative à cet objet, ont confirmé des Laboureurs de Picardie, dans le droit de faire couper leurs bleds de la manière qu'ils le jugent à propos. On a vu, depuis les troubles de la France, les paysans porter leurs prétentions jusqu'à s'opposer à ce que les Fermiers réservassent des pièces de terres, où le Chaume étoit bon, pour y prendre ce qui étoit nécessaire à l'entretien des couvertures de leurs fermes. Les momens de troubles sont des momens d'injustice Il faut espérer que les paysans des villages aussi déraisonnables, reconnoîtront que, parce que les Fermiers leur permettent de ramasser le Chaume, dans leurs propriétés, ils ne peuvent jamais s'en autoriser, pour en envahir la totalité. (*M. l'Abbé* TESSIER.)

CHAUMER, ramasser le Chaume. *Voyez* CHAUME. (*M l'Abbé* TESSIER.)

CHAUMET, CHAUMONT, instrument pour couper le Chaume. *Voyez* AVOINE, à l'article Chenille. Ce mot se trouve à cet endroit, parce qu'on prévient les chenilles, en coupant bien le Chaume. *V.* en outre le mot CHAUME. (*M. l'Abbé* TESSIER.)

CHAUMIER. On appelle de ce nom un monceau de gerbes de grains, ou de paille, ou de Chaume. (*M. l'Abbé* TESSIER.) *Voyez* MOIL.

CHAUMIERE. Bâtiment champêtre, asyle de la misère. Les Décorateurs de jardins ont soin d'en placer dans les paysages qu'ils composent. L'air d'abandon, de vieillesse, la mousse qui les couvre, les dégradations qui les environnent de toutes parts, ajoutent un nouveau prix à ce genre d'ornement, sans doute à cause de leur contraste avec le luxe possesseur. J'ai peine à concevoir comment on peut adopter un genre de décoration, qui retrace à tout moment l'idée du mal-être & de la misère d'une grande partie de ses concitoyens. On décore son jardin pour y éprouver des sensations agréables, mais des sensations déchirantes peuvent-elles satisfaire des hommes? Une ruine ne produit pas une impression semblable, parce que le moment où elle fut habitée, s'éloigne dans les ombres du passé, & cependant on doit être très circonspect dans l'emploi de ce genre de décoration.

Une Chaumière qui annonce l'aisance, prête à la simplicité, peut faire naître des sensations agréables. Toutes les fois que j'en ai rencontré, j'ai senti une impression de bonheur, je croyois partager le calme d'une famille agricole, heureuse de son état; mais, dans le plus grand nombre des jardins paysagistes, j'ai vu des Chaumières ruinées, des imitations du séjour de la misère, & ces habitations ont produit en moi une impression pénible, & peu favorable au Décorateur.

Une Chaumière qui annonce l'aisance, environnée d'un potager champêtre, décore d'une manière bien agréable, l'intérieur d'un vallon, où coule une rivière, la clarière d'un bois, où la terre se trouve fertile, les bords de l'eau courante ou d'un lac, dont l'eau est limpide. Mais cette Chaumière est richement décorée, si une famille, arrachée à la misère, y vivoit sous les auspices du possesseur. Ce tableau n'auroit pas besoin des ressources de l'art pour causer de l'émotion. (*M.* Reynier.)

CHAUMONT ou CHAUMET. Nom que l'on donne, dans plusieurs pays, à l'instrument qui sert à arracher le Chaume. (*M. l'Abbé* Tessier.)

CHAURER. Expression dont on se sert à Provins, & qui est la même que chauler, ou mettre le bled en chaux. (*M. l'Abbé* Tessier.)

CHAUSSER. C'est la seconde façon que l'on donne, soit aux pommes de terre, soit au bled de Turquie, &c. Elle consiste à ramasser la terre tout autour de la tige, & à l'en couvrir jusqu'aux feuilles; on laisse ainsi la plante jusqu'à sa maturité. Il arrive quelquefois qu'on est obligé de recommencer cette opération, sur-tout quand il survient de fortes pluies. Ce mot est le même que celui de *butter*. (*M. l'Abbé* Tessier.)

CHAUSSER un arbre, c'est entasser de la bonne terre, autour de son pied; cette opération est très-utile, lorsque les arbres dépérissent. On porte par ce moyen de nouveaux sucs à ses racines, & on parvient quelquefois à les rétablir. En général, cette opération ne peut jamais nuire & quelquefois elle est nécessaire.

On se sert aussi du mot Chausser, lorsqu'on parle des herbes; mais cependant le mot botter est plus usité dans ce sens. (*M.* Reynier.)

CHAUSSETRAPE. Nom vulgaire d'une espèce de Centaurée, connue aussi sous le nom de *Chardon étoilé*. C'est la Centaurée étoilée. *Centaurea calcitrapa*. L. *Voyez* Centaurée, n.° 57. (*M.* Dauphinot.)

CHAUSSIDE. On donne ce nom, à Viviers en Vivarais, à une espèce de Chardon, qui fait le fond de la nourriture des cochons que l'on engraisse. On ne m'a pas assez bien indiqué ce chardon pour que j'aie pu le reconnoître. (*M. l'Abbé* Tessier.)

CHAUVE-SOURIS. Nom particulier que M. de La Marck a donné à une espèce de Grenadille. *Passiflora vespertilio*. La M. Dict. *Voyez* Dict. de Bot. à l'article Grenadille. (*M.* Dauphinot.)

CHAUTAGE. Synonyme de chaulage. *Voyez* Carie. (*M. l'Abbé* Tessier.)

CHAUX.

L'efficacité de la Chaux, considérée comme engrais des terres fortes & humides, n'est plus maintenant un problême en Agriculture. Les Auteurs qui se sont recriés le plus contre son usage, vraisemblablement n'ont eu en vue que la nature du sol de leur pays qui n'en avoit pas besoin, ou dans le sein duquel il ne se trouvoit point de pierre calcaire, ou bien encore parce que le combustible, indispensablement nécessaire pour réduire cette pierre à l'état de Chaux, y est fort rare. L'expérience a suffisamment appris que les habitans des cantons, qui sont dans une position contraire, doivent une grande partie des succès de leur récolte à l'emploi bien dirigé de cet amendement; & qu'aucun fumier ne leur coûte aussi peu, relativement à la petite quantité qu'il faut de Chaux, & à son activité. Mais les avantages de la Chaux sous les rapports d'engrais, ne se bornent point seulement au prix auquel il est possible de l'avoir dans certains endroits. La faculté de s'en procurer dans tous les tems mérite encore la plus grande considération; on sait que dans les pays montueux, tels que la Savoie, il ne faut pour la cuire que du menu bois; & que quand on ne la fait pas par soi-même, on donne pour la façon la moitié de la Chaux. Il n'y a pas même de Cultivateur, quelque peu aisé qu'on le suppose qui, ayant la précaution d'amasser de cette pierre d'avance, ne puisse le faire par économie, & la première récolte suffit pour en payer les frais.

Mais c'est l'emploi de la Chaux sur les terres, & non la fabrication qui doit nous occuper dans cet article.

Il faut songer de bonne heure à se procurer la chaux dont on a besoin; car il arrive quelquefois que les pluies manquent pour la faire effleurir, & que les semences en sont retardées au grand préjudice des moissons. Dans les pays où cet amendement est employé, on s'en précautionne pendant l'Automne, ou au commencement de l'Hiver, pour s'en servir ensuite au Printems; on en forme des tas assez considérables qu'on recouvre de paille longue, comme on recouvre des meules de grains; &, autour de ces tas, on pratique dans la terre une petite rigolle pour recevoir l'eau des pluies qui tombe dessus; de cette manière sa surface n'est presque pas mouillée; les pluies & la neige ne peuvent du moins délayer la couche extérieure, car elle auroit la consistance de mortier & on ne pourroit s'en servir comme engrais.

Effets de la Chaux sur les terres.

Les sentimens sont encore partagés sur la manière d'agir de la Chaux pour fertiliser les terres; les détracteurs de cet amendement pensoient qu'il exerçoit toujours une action, plus ou moins caustique, sur les grains & sur les plantes, ce sont les inconvéniens qui résultent de son mauvais emploi qu'on a pris sans doute pour ses véritables effets, lorsqu'il est administré d'après les principes d'une saine Agriculture; d'autres se sont également trompés, en croyant que la Chaux étoit composée des mêmes parties que la marne & que par conséquent elle devoit agir de la même manière; mais la marne est mélangée de différentes terres où la matière propre à la Chaux, s'y trouve en plus ou moins grande quantité, tandis que l'autre est une terre purement calcaire dont les propriétés sont encore augmentées par la calcination; car, avant la calcination, elle peut déjà opérer l'effet d'un engrais. M. *Duhamel*, en faisant travailler des marbres pour les cheminées de sa maison de campagne, a observé que les fragmens augmentoient la vigueur des chiendents du lieu où on les avoit travaillés; d'après ce seul fait, dû au hasard, il conjectura que la pierre à Chaux pulvérisée fournissoit un bon engrais; ce Savant fit en conséquence répandre dans un champ de la pierre à Chaux réduite en poudre, & la fertilité qu'elle procura servit à justifier sa conjecture; cette fertilité soutenue pendant long-tems ne laisse plus de doute que la terre calcaire ne devint supérieure dans ce cas à la Chaux vive, si l'on pouvoit trouver un moyen facile de la pulvériser à peu de frais, pour favoriser l'absorption de l'humidité & la combinaison avec la terre. Le dégagement des fluides aëriformes qu'elle contient, ayant lieu plus lentement, son effet a aussi plus de durée. Ce n'est pas le seul avantage qui en résulteroit; on éviteroit l'inconvénient désastreux de voir les animaux, employés à la culture des terres, amendées avec la Chaux vive périr de maux qui leur surviennent aux cornes des pieds, ou qui les rendent incapables de travailler. Combien d'ailleurs de grains & de plantes ont été desséchés, brûlés & même écrasés, pour avoir éprouvé les effets de la Chaux, employée inconsidérément & sans mesure, ce qui a jetté long-tems de la défaveur sur son usage dans des endroits où la nature du sol sembloit l'exiger. Dans un tems où l'on expliquoit les grands effets de la Nature par l'action des sels & des huiles que les corps contenoient en abondance, on disoit assez communément que la Chaux n'avoit d'autre vertu, comme engrais, que de porter dans la terre des sels & des particules ignées; mais une étude plus approfondie des effets de la Chaux & des autres matières employées à féconder le terrein ont servi à prouver que la faculté fertilisante ne réside point privativement dans les sels, puisque la plupart des engrais n'en contiennent qu'accidentellement, & n'ont que les matériaux propres à les former. Il paroît que la Chaux a deux effets bien marqués sur les terres. Le premier est absolument méchanique; car elle détruit la cohésion des molécules terreuses, se combine avec elles, & forme un tout moins tenace & moins compacte. Alors les eaux, rassemblées à la surface, peuvent pénétrer dans l'intérieur & concourir à former les sucs nourriciers des plantes.

L'autre effet de la Chaux n'est pas moins incontestable; elle procure à la terre une forme & une qualité propre à opérer la décomposition de l'air & de l'eau qu'elle soutire de l'atmosphère, & qu'elle disperse dans les bouches inférieures en donnant aux résultats de la décomposition un état d'appropriation convenable pour accomplir cette œuvre importante de la végétation.

L'efficacité de la Chaux dépend donc du local, des circonstances, de la qualité du terrein & de la méthode de la répandre: si le sol est de nature légère, le climat chaud & sec, l'usage de la Chaux ne sauroit être que très-préjudiciable, puisqu'elle détruit la foible adhésion des molécules terreuses, augmente leur disposition à laisser coopérer l'humidité essentielle; la Chaux, ne trouvant plus assez d'eau pour brider son action, porte toute son énergie sur les racines qu'elle desséche & appauvrit le sol, de manière à ce qu'il faut attendre un certain tems avant qu'il se rétablisse dans son premier état; il est donc bien important de prendre garde à ne rien généraliser dans ce cas & à faire attention de n'employer un pareil moyen que dans les terres tenaces & des cantons où les pluies sont fréquentes; nous avons recommandé expressément d'user de la même circonspection pour l'usage des cendres, avec lesquelles la Chaux a quelque rapport; en observant néanmoins qu'une mesure peut compenser trois mesures de premières, relativement à l'effet de l'amendement; mais le mélange de l'un & de l'autre avec les fumiers, usité dans quelques cantons mériteroit, à cause de ses bons effets, d'être pratiqués plus généralement, arrêtons-nous sur cet objet.

Efficacité de la Chaux mêlée avec d'autres matières.

Pour rendre les effets de la Chaux plus certains & plus généralement utiles, il ne faut l'employer qu'après l'avoir mélangée avec des matières humides du règne végétal, ou du règne animal, afin qu'il en résulte une combinaison savonneuse susceptible de servir utilement dans tous les climats, & pour toutes sortes de terreins, sans être exposés à aucun danger. Voici quel est le procédé: on a communément une fosse destinée à recevoir les fumiers & dans laquelle les eaux des boues sont conduites; après qu'on les a fait vuider, on jette au fond de la Chaux que l'on recouvre avec la litière des bestiaux sur laquelle on met quelques pouces de terre; toutes les fois qu'on a du fumier de litière à remettre, l'on jette quelques poignées de Chaux sur la dernière couche, ensuite du fumier & de la terre. Pour produire & accélérer la décomposition & recomposition de toutes ces substances réunies, il faut faire couler l'eau dans le fossé de manière que les premières couches de fumier soient bien imbibées, sans être noyées; si l'eau étoit trop abondante, elle empêcheroit la Chaux de réagir & de former la combinaison savonneuse qui doit en résulter. Cette préparation fournit un engrais d'une excellente qualité. Les Agriculteurs, qui en ont fait usage pour amender leurs terres, ont observé, 1.° qu'une voiture de cet engrais produisoit autant d'effet que quatre voitures de fumier ordinaire. 2.° que la Chaux, en s'éteignant, détruit les œufs des insectes, & le germe de toutes les graines de mauvaises plantes qui se trouvent parmi les fourrages, les litières & la fiente des bestiaux, en sorte que les terres sur lesquelles on a employé un engrais composé de Chaux & de fumier sont moins exposées aux herbes parasites & n'ont besoin que d'un sarclage, plus & moins dispendieux.

Quelques fermiers Anglois mettent en usage la pratique suivante qui se rapproche beaucoup de celle qui vient d'être indiquée. Ils commencent en Décembre à retirer le fumier des cours & ils continuent les mois suivans à l'enlever à mesure qu'il est fait; ils le mettent en tas jusqu'à ce qu'il y en ait 120 voitures environ; si la quantité est plus considérable, le fumier ne se consomme pas parfaitement; on ne touche plus à ce tas pendant deux mois; alors on y ajoute dix milliers de Chaux qu'on mêle soigneusement avec le fumier qui ne doit pas être trop sec; dans la crainte qu'il ne prenne feu, au moment où l'on ajoute la Chaux. Au bout de trois mois, on remue de nouveau le mélange dont on se sert pour engraisser les terres qui ont produit des fèves & des pois, on le charrie sur-le-champ immédiatement après la récolte, & on l'enfouit avec la charrue. Lorsque la saison est pluvieuse, on attend les premiers jours de gelée pour faire ce transport. Les terres ainsi préparées sont ensemencées en orge au Printems suivant: un fermier, qui suit cette méthode depuis plus de 12 ans, a obtenu constamment des récoltes plus abondantes, & ayant plusieurs fois répandu, sur certaines pièces de terre, du fumier seul, & sur d'autres pièces voisines, l'engrais composé de Chaux & de fumier, afin de pouvoir en faire la comparaison, il s'est convaincu de la supériorité de ce dernier, & de la certitude qu'il falloit douze voitures de fumier pour obtenir les mêmes effets que de dix voitures de cet engrais. Ainsi, la Chaux, en augmentant l'action du fumier, détruit les mauvaises herbes, & procure une fertilité plus permanente. Quand on veut combiner la craie avec le fumier des animaux, pour accélérer son effet & le rendre plus avantageux aux terres fortes, il faut suivre les mêmes procédés.

La Chaux peut encore devenir efficace dans d'autres circonstances. On connoît la méthode pratiquée par les Allemands; elle consiste à former un tas de Chaux à côté d'un autre tas de terre médiocre, à verser ensuite de l'eau, & à répandre de la terre par-dessus. Imprégnée de toutes parts des vapeurs qui s'échappent de la Chaux, pendant qu'elle s'éteint; cette terre, ainsi aërée, peut, étant séparée de la Chaux, procurer, sans le concours de celle-ci, la fécondité à tout ce qu'on veut lui confier.

Il est donc possible d'aërer la terre, comme les fluides, en enchaînant, par leur mélange avec certains corps en décomposition, les principes qui les constituoient; d'où il résulte une matière surchargée de *gaz*, qui ajoute à ses propriétés & en forme un être plus composé. Les Arabes, par exemple, qui prennent les plus grands soins pour améliorer leurs terres, pratiquent de grandes fosses qu'ils remplissent de tous les animaux qui viennent à mourir; ils les recouvrent ensuite de terre calcaire & de terre glaiseuse. Au bout de quelque tems, ces terres, stériles par elles-mêmes, acquièrent les propriétés du meilleur fumier.

Ces observations devroient au moins servir à prouver que les engrais les plus nuisibles à la végétation, employés frais & sans mesure, n'auroient plus qu'un effet très-avantageux, s'ils avoient préalablement fermenté, s'ils étoient mêlés à une terre, ou à l'eau qui s'en enrichiroient d'autant pour le but qu'on se propose. L'herbe des prairies sur lesquelles les bestiaux & les volailles vont paître après la première & seconde récoltes de foin, est desséchée par leurs urines & par leur fiente comme si le feu y avoit passé, tandis que ces matières excrémentielles, combinées avec la terre ou délayées dans l'eau, peuvent, sans aucune préparation, exercer l'effet d'un bon engrais.

Mais revenons à la Chaux. Des expériences comparées démontrent que l'eau de Chaux hâte la végétation, & que les plantes qui en sont arrosées deviennent plus vigoureuses que quand on se sert d'eau pure. Mais il existe un procédé pour rendre cette eau plus efficace; il consiste à la surcharger de matières extractives & savonneuses que la Chaux dissout, en séjournant avec le fumier. On y parvient par le moyen suivant: on commence par faire une fosse de cinq à six pieds de profondeur, & d'une étendue proportionée à la quantité de fumier qu'elle devra contenir. L'intérieur de cette fosse doit être doublé en dalles, ou revêtu de glaise bien battue, afin que l'eau ne puiſſe s'échapper; on la couvre enſuite avec des traverſes placées à trois ou quatre pouces les unes des autres, ſur leſquelles on étend le fumier. De cette manière les parties les plus ſubſtantielles du fumier s'en détachent peu-à-peu, par l'action de l'air, de la pluie & de l'humidité & ſe dépoſent dans la foſſe; de ſorte, qu'après avoir enlevé le fumier, on trouve une grande quantité d'une eſpèce d'eau graſſe & fangeuſe qui peut être conſidérée comme l'engrais le plus parfait & le plus productif.

Cette eau eſt employée pour arroſer les terres labourables, les prés & les jardins, avec l'attention de n'en pas répandre trop ſur une ſeule place, parce qu'elle engraiſſeroit la terre de manière à ce que les bleds riſqueroient d'être verſés avant leur maturité; un emploi modéré de cet engrais, procure de beaux légumes, & de l'herbe très-belle. Il eſt bon d'obſerver que l'urine des beſtiaux qu'on peut conduire dans la même foſſe, ainſi que les eaux de cuiſine, ajoutent beaucoup aux qualités du fumier. On peut s'en convaincre par différentes places plus vertes que les autres qu'on remarque quelquefois dans les champs fumés également par-tout & qui ſont celles où les animaux ont uriné pendant le labour. Moyennant ce mélange la paille des litières eſt plutôt conſommée, & on augmente l'engrais qui, dans tous les cas, ne ſauroit être trop abondant.

Pratique uſitée pour répandre la Chaux.

Il exiſte différentes méthodes pratiquées pour répandre la Chaux, plus ou moins avantageuſes. Les uns l'emploient en pierres de diverſes groſſeurs, & laiſſent à l'action des météores le ſoin de la diſſoudre; les autres la mettent en petits tas, eſpacés également, & la répandent, avant qu'elle ſoit réduite en mortier par les pluies. M. Marshall a fait ſur cet objet des obſervations très-judicieuſes; il a démontré que la Chaux qui s'éteint à l'air libre, ne tombe point en poudre, comme il le faudroit pour amender les terres; mais qu'elle ſe diviſe ſeulement en mottes, en petites maſſes, qui venant à être enterrées, peuvent demeurer très-long-tems en cet état, ſans ſe diviſer, ni ſe mêler à la terre, & par conſéquent ſans y être profitables.

L'expérience & la théorie démontrent en effet que, pour améliorer un terrain, il faut que la chaux y ſoit exactement mêlée, & elle ne peut l'être qu'autant qu'elle eſt réduite en poudre très-fine, & parfaitement effleurie. Ce doit être là le but des diverſes pratiques ſuivies. Dans le canton de Moréland, il eſt d'uſage d'entaſſer la pierre à Chaux, en y mêlant, par lit, des touffes, ou mottes de gazons humides, ſur-tout de gazons de tourbe à brûler, ou autre moins forte; la Chaux s'effleurit promptement, & on empêche la ſurface du tas de ſe durcir, & de ſe réduire en gravats, en petites maſſes dures, en la couvrant de cendres ſèches. D'après cette méthode, on a un bon moyen d'éteindre la Chaux, pour amender les terres; on couvre les tas de pierres à Chaux, gros ou petits, avec la terre du ſol même, ou avec d'autres; ſi on veut que ces pierres tombent promptement en efflorescence, pour les répandre, on verſera de l'eau par-deſſus. Quand on emploie de la Chaux pour amender les jachères deſtinées au froment, il eſt d'uſage, ordinairement, de la répandre au mois de Juillet; les bons Fermiers ſe font un devoir de herſer, auſſi-tôt qu'elle eſt répandue, & de l'enterrer par un profond labour; on met d'ordinaire une centaine de boiſſeaux par acre. La pratique uſitée, en Normandie, a été très-bien décrite par Duhamel, dans ſes Elémens d'Agriculture, & nous croyons devoir la tranſcrire ici.

On fait voiturer de la Chaux vive en pierre, ſortant du fourneau, dans le champ qui a été briſé, ou défriché : il en faut mettre quarante boiſſeaux par chaque vergée. La meſure de la Chaux varie; ainſi, il eſt bon d'avertir que l'on prend ici celle dont un boiſſeau pèſe cent livres.

Comme une vergée contient quarante perches quarrées, on diſtribue tellement la Chaux, qu'il s'y en trouve un tas d'un boiſſeau dans l'étendue de chaque perche; ainſi, les tas ſont à une perche de diſtance l'un de l'autre; on relève enſuite de la terre, tout autour des tas, pour former comme autant de baſſins, & cette terre, qui forme les côtés de ces eſpèces de baſſins, doit avoir un pied d'épaiſſeur : enfin on recouvre le tas de Chaux, avec un demi-pied de terre, elle s'éteint & ſe réduit en pouſſière; mais alors elle augmente de volume, & la couverture de terre ſe fend. Si on laiſſoit ſubſiſter ces fentes ſans les réparer, la pluie qui s'inſinueroit dedans, réduiroit la Chaux en pâte, & alors elle ſe mêleroit mal avec la terre, ou elle formeroit une eſpèce de mortier, qui ne ſeroit plus propre au deſſein qu'on ſe propoſe; les Fermiers ont donc un grand ſoin de viſiter, de tems-en-tems, les tas de Chaux, pour faire refermer ces fentes. Il y en a qui ſe contentent de comprimer le deſſus des tas avec le dos d'une pelle, mais cette pratique eſt ſujette à un grand inconvénient; car, ſi la Chaux eſt en pâte dans l'intérieur, on la corroye par cette opération, & on la rend moins propre à être mêlée avec la terre; c'eſt pour cela qu'il eſt mieux de fermer les fentes, avec de nouvelle terre, que l'on répand autour des tas, & que l'on jette ſur le ſommet.

Quand la Chaux eſt bien éteinte, & qu'elle eſt réduite en poudre, on la recoupe avec des pelles, on on la mêle le mieux qu'il est possible avec la terre qui la recouvroit; &, enfin, on la rassemble en tas, pour la laisser exposée à l'air, six semaines, ou deux mois; car alors les pluies ne lui font point de tort. Vers le milieu de Juin, on répand ce mélange de Chaux & de terre, sur les terres défrichées ou brisées; mais on ne le jette point au hasard, on le prend au contraire par pellées, que l'on distribue en petits tas, dans toute l'étendue de chaque perche : on remarque que ces petites masses excitent plus favorablement la végétation, que si l'on répandoit ce mélange uniformément dans tout le champ, & on ne s'embarrasse pas qu'il se trouve de petits intervalles entre chaque pellée. On aire ensuite, on laboure à demeure en piquant beaucoup; puis, vers la fin de Juin, on répand la semence, & on l'enterre à la herse : alors, s'il reste encore des mottes, on les brise à la houe.

La Chaux seule, employée dans la quantité que nous venons de dire, fertilise beaucoup la terre; mais cette façon de la fertiliser est bien dispendieuse, car un tonneau, ou trente-deux boisseaux de Chaux, coûte, en Basse-Normandie, vingt livres sur le fourneau, & souvent les frais de voiture sont très-considérables; mais, sans avoir égard à la dépense, il y a des Fermiers qui préfèrent de mettre vingt boisseaux seulement de Chaux, par vergée, au lieu de quarante : ils en font pareillement quarante monceaux, & avant d'airer, c'est-à-dire, avant le dernier labour, ils ajoutent six, ou sept chreretées de bon fumier, pesant à-peu-près trois milliers. On prétend qu'il seroit dangereux de mettre deux fois de suite de la Chaux toute pure dans une même terre.

Anderson, dans ses Essais d'Agriculture, observe que la Chaux vive produit des effets peu sensibles sur les terres, pendant la première année; mais que, dans les suivantes, ils sont très-avantageux. M. Home est du même sentiment; il prétend que la première année, elle ne fait que tuer les vers & les insectes. Quelques soient les effets de la Chaux vive pour la fertilité des terres, il faut remarquer qu'Anderson & Home, Anglois tous les deux, n'auroient pas si fort vanté les avantages de la Chaux, s'ils avoient fait leurs observations dans nos provinces méridionales. La méthode de chauder les terres, est aussi favorable aux terres de la Normandie qu'à celles de l'Angleterre, comme nous venons de le voir; il ne faut pas cependant en conclure, que cette pratique peut être suivie par-tout, & offrir les mêmes avantages.

De la Chaux des décombres de Bâtimens.

Il y a peu d'Agriculteurs qui ne connoissent tous les avantages de la vieille Chaux des décombres. Dans cet état, étant complettement éteinte, & ayant été mêlée avec du sable, ou de la terre, pour faire le mortier, elle peut être considérée comme terre calcaire, & produire les meilleurs effets pour l'amendement du sol : elle conserve toujours la propriété d'attirer l'air fixe, & de le laisser ensuite se dégager, par une légère fermentation. Son action sera moins prompte, que dans l'état de Chaux vive, mais elle durera plus long-tems.

Pour employer les décombres de vieux bâtimens, comme engrais, il faut les réduire en poussière, & les jetter sur la superficie du terrain, avant de le labourer. Cette sorte d'engrais ne convient point aux terres légères, mais à celles qui sont fortes, compactes & tenaces. Cette poussière sèche pompe l'humidité surabondante, & divise les molécules trop adhérentes entr'elles : c'est par cette raison qu'elle produiroit un mauvais effet dans un terrain léger; au lieu que son efficacité est certaine pour les terres compactes, argilleuses & humides. La poussière des plâtres produit les mêmes avantages, ainsi que le pisai, lorsqu'il est parfaitement atténué.

De la Chaux des coquillages.

L'usage d'amender les terres par les coquillages, est dû aux pays maritimes, & pratiqué de tems immémorial par les peuples les moins civilisés. En les faisant calciner, on en obtient une Chaux comparable, pour les effets, à la Chaux ordinaire; mais l'expérience a prouvé qu'on pouvoit aussi, & de la même manière que les terres calcaires, employer les coquillages, comme engrais, sans avoir besoin d'invoquer les secours de la calcination, ce qui épargne de l'embarras & des frais. Il est vrai qu'alors, si elles ont une action plus vive & plus prompte, cette action a infiniment moins de durée : depuis qu'on a fait cette observation, ces coquillages se répandent sur les terres, tels qu'on les retire de la mer. Leur décomposition s'opère insensiblement chaque année, parce qu'ils ont encore dans leur tissu organique, un gluten susceptible de tous les phénomènes de la putréfaction, tandis que dans les pierres calcaires, en supposant, comme il n'est plus permis d'en douter, qu'elles doivent également leur origine primitive au règne animal, ce gluten n'existant plus, elles sont moins propres que les coquillages à fertiliser le sol, dans leur état naturel.

On a encore remarqué que leur efficacité dépend de leur porosité, & de l'assemblage de leurs couches écailleuses; si elles sont plus adhérentes, & d'une texture lâche, la décomposition en est plus promptement terminée. L'action combinée de l'eau, de l'air, & de la lumière, s'exerce d'une manière plus énergique, & le dégagement des fluides aériformes est plus facile & plus abondant.

L'Archevêque de Dublin a publié cette méthode d'engraisser les terres, par la voie des journaux. Sur la côte de la mer, l'engrais ordinaire consiste en coquillages; vers la partie orientale de la baie de Londonderry, il y a plusieurs éminences que l'on apperçoit, presque dans le tems de la marée basse : elles ne sont composées que de coquillages de toutes sortes, sur-tout de pétuncles, de moules, &c. Les Gens du pays viennent avec des chaloupes, pendant la basse-eau, & emportent des charges entières de ces coquillages : ils les laissent en tas sur la côte, jusqu'à ce qu'ils soient secs ; ensuite ils les emportent dans des chaloupes, en remontant les rivières, & après cela dans des sacs, sur des chevaux, l'espace de six ou sept milles dans les terres. On en emploie quelquefois quarante, jusqu'à quatre-vingt barils pour un arpent. Ces coquillages sont bien dans les terres marécageuses, argilleuses, humides, serrées, dans les bruyères ; mais ils ne sont pas bons pour les terres sablonneuses. Cet engrais dure si long-tems, que personne ne peut en déterminer le terme ; la raison en est vraisemblablement que les coquillages se dissolvent tous les ans, petit à petit, jusqu'à ce qu'ils soient entièrement épuisés, ce qui n'arrive qu'après un tems considérable, au lieu que la Chaux opère tout d'un coup ; mais il faut observer que le terrain devient tel, en six ou sept ans, que le bled y pousse trop abondamment, & donne de la paille si longue, qu'elle ne peut se soutenir. Pour lors, il faut laisser reposer la terre un an, ou deux, afin de ralentir la fermentation, & d'augmenter la consistance du sol ; après quoi, la terre rapportera, & continuera pendant vingt, ou trente années. Dans les années où on ne laboure point la terre, elle produit un beau gazon, émaillé de marguerites ; & rien n'est si beau que de voir une montagne haute & escarpée, qui, quelques années auparavant, étoit noire de bruyères, reparoître tout d'un coup couverte de fleurs & de verdure. L'engrais de coquillages rend le gazon plus fin, plus épais & plus beau. Cet amendement contribue à détruire les mauvaises herbes, ou du moins, il n'en produit pas comme le fumier. Telle est la méthode dont on se sert pour améliorer les terres stériles & marécageuses : on remarque que les coquilles réussissent mieux dans les terrains marécageux, où la surface est de tourbe, parce que la tourbe est le produit des végétaux réduits en terreau, & dont les parties salines ont été entraînées par l'eau.

Nous terminerons cet article, par une observation que nous avons déja faite sur l'emploi de la Chaux pure, ou mélangée dans l'état solide, ou fluide ; c'est que les coquillages, considérés comme engrais, ne sont pas également avantageux par-tout ; que leur efficacité dépend, non-seulement de la qualité du sol où on les met, mais encore du climat. Dans les cantons méridionaux, ils nuisent plutôt à la végétation qu'ils ne la favorisent, vu que les chaleurs sont trop vives, les pluies rares & peu abondantes : ils ne sont donc véritablement utiles que dans les pays froids, humides, & principalement dans les terres fortes, à quelques pouces de profondeur. Lorsqu'on veut s'en servir pour les terres sèches, légères, il faut les mêler avec les fumiers ordinaires, & les laisser ainsi ensemble, pendant quelque tems, avant de les employer ; le mélange alors, transporté sur les terres, & enterré, dans tous les cas, par un bon labour, devient très-efficace, produit un bon effet.

Sans insister sur les effets particuliers attribués à la Chaux, pour échauffer un terrain, ou une végétation languissante, nous observerons que, mise sur les plates-bandes qui sont aux pieds des espaliers, elle augmente la fécondité des arbres & améliore la qualité de leur fruit ; ce qui a fait soupçonner, à quelques économes, que dans les cantons où la vigne ne donne que de mauvais vin, la Chaux substituée au fumier, procureroit une vendange abondante, & une meilleure boisson. Les propriétaires des vignes devroient faire quelques tentatives ; car la prudence impose la loi de faire des essais, avant de se livrer à des opérations qui peuvent entraîner des dépenses. Il faut prendre garde, en Agriculture, de donner naissance à des préjugés. La bonté d'une pratique est compromise souvent par la seule manière défectueuse avec laquelle on procède à son exécution. (*M. Parmentier.*)

CHEF. Terme synonyme de pièce. Ainsi on dit, *cent Chefs de volaille*, pour dire cent pièces de volaille. Il s'applique aussi aux bêtes à cornes & à laine, quand on fait le dénombrement de ce qu'on en a, ou de ce qu'on en vend ; on dit *cent Chefs de bêtes à cornes, cent Chefs de bêtes à laine*. Le mot Chef ne s'emploie cependant guères que quand la collection est un peu considérable ; & l'on ne dira jamais deux Chefs de bêtes à cornes. *Ancienne Encyclopédie.* (*M. l'Abbé Tessier.*)

CHELIDOINE, *Chelidonium.*

Genre de plantes, voisin de celui des Pavots, dont il ne diffère que par la conformation du fruit, qui est alongé, en forme de silique, & non ovale tronqué au sommet, comme dans ce dernier genre. Une singularité des Chelidoines connus, c'est la coloration du suc qu'elles contiennent.

Espèces & variétés.

1. Chelidoine commune, l'Eclaire.

Chelidonium majus. L. ♃. sur les vieux murs, décombres, & près des hayes ombragées.

B. *Variété à feuilles découpées.*

Chelidonium laciniatum. Mill.

C. *Variété à fleurs doubles.*

2. Chelidoine glauque, le Pavot cornu.

Chelidonium glaucium. L. ⊙. ♃

des lieux sablonneux de l'Europe tempérée.

3. CHELIDOINE à fleur rouge.

Chelidonium corniculatum. L. de l'Allemagne & du midi de la France.

B. Chelidonium glabrum. Mill.

4. CHELIDOINE à fleurs violettes.

4. *Chelidonium hybridum*. L. ⊙. des champs de l'Europe méridionale.

La première espèce est une plante touffue, & d'un port agréable. Son feuillage est bien garni, & d'une teinte agréable. Aucune plante avec le violier commun, ne garnit mieux les vieux murs, les mazures & les décombres. On ne peut que trop les multiplier dans les sites de ce genre, sur-tout lorsqu'un certain degré d'humidité lui donne tout son développement. On cultive dans les jardins les deux variétés de cette plante, principalement la seconde; la première ne se trouve que dans les jardins des curieux. Elle est remarquable par ses pétales frangés, mais elle est moins décorante que l'autre.

Culture. La Chelidoine réussit très-aisément, sur-tout dans les terres humides ou fréquemment arrosées; on multiplie la variété double de graines, toutes ses parties sexuelles n'étant pas altérées par cette multiplication des pétales, ces graines semées au Printems, lèvent en peu de tems, & les jeunes plantes n'exigent aucun soin, que d'être débarrassées des mauvaises herbes, & d'être arrosées lorsque la terre se dessèche. Elles doivent être éclaircies à mesure qu'elles sont trop près les unes des autres; mais l'époque où on doit les mettre dans les places qu'on leur destine ne doit être que l'Automne.

On multiplie aussi la Chelidoine en éclatant ses racines; cette opération doit se faire en Automne, plutôt qu'au Printems, à cause de sa vernalité. Dès l'année suivante, les œilletons un peu forts donnent des fleurs. La variété à pétales frangés de la Chelidoine se conserve même de graine. Miller dit en avoir cultivé de cette manière, pendant quarante années, qui ont toujours eu la même différence, d'où il avoit conclu que cette plante constituoit une espèce. Les opinions sont encore partagées.

Les trois autres espèces de Chelidoine sont des plantes annuelles ou bis-annuelles: celle, n.° 2, est la plus connue dans nos jardins, où son verd bleuâtre, sa fleur jaune, & plus encore son volume, lui ont assigné une place. On la sème au Printems; dans les lieux où on veut l'établir; une fois qu'elle y a mûri des graines, il est inutile de la semer, elle se reproduit par leur dispersion, & s'étend au point qu'on est forcé de la détruire. Les fleurs se succèdent pendant long-tems, & produisent un effet agréable. Les espèces n.os 3 & 4, ont une fleur rouge & violette, mais d'une grandeur beaucoup moindre que celle de l'espèce n.° 2. Leur feuillage, d'ailleurs plus ordinaire, répandroit moins de diversité, dans les masses qui composent les parterres.

On cultive ces Chelidoines dans les parterres; on pourroit aussi les établir dans les masures des décombres, & dans les sites agrestes des paysages; mais ces sites devroient être sablonneux; sans cela la plante ne pourroit y prospérer.

M. Dambourney a cherché à fixer le principe colorant du suc de Chelidoine, mais sans aucun succès. (*M. Reynier.*)

CHELIDOINE en arbre. Les habitans des Antilles, dit Nicholson, donnent ce nom au *Bocconia frutescens*, arbrisseau qui ressemble beaucoup à la Chelidoine d'Europe, par sa forme & par le suc jaune qu'elle répand. *Voyez* BOCCONE. (*M. Reynier.*)

CHEMISE. On donne ce nom vulgaire à une couverture mince, de fumier long, qu'on étend sur les meules de Champignons, lorsqu'elles ont été parées. *Voyez* CHAMPIGNON. (*M. Reynier.*)

CHEMISE des Dames. Nom donné par les Anglois aux espèces du genre du *Cardamine*. *Voyez* l'article CRESSON. (*M. Thouin.*)

CHEMISE de NOTRE DAME-de-LORETTE. C'est ainsi que quelques personnes appellent les feuilles du *Liriodendron tulipifera*. L. *Voyez* TULIPIER. (*M. Thouin.*)

CHENAIE. Lieu planté en Chênes. *Voyez* CHÊNE au Dict. des Arbres. (*M. Thouin.*)

CHÊNE. *Quercus*. Genre composé d'un grand nombre d'espèces qui, presque toutes, croissent en pleine terre dans notre climat. *Voyez* CHÊNE au Dictionnaire des Arbres & Arbustes. (*M. Thouin.*)

CHÊNE noir d'Amérique. On donne ce nom à Saint-Domingue à une espèce de bignone dans l'Encyclopédie sous le nom de *Bignone à feuilles ondées*. Son bois dur, l'un des meilleurs de cette Isle, lui a fait donner ce nom. *Voyez* BIGNONE n.° 2. (*M. Reynier.*)

CHÊNE PETIT. Nom vulgaire du *Teucrium Chamædrys* L. dont l'analogie avec le chêne est encore inconnue. *Voy.* GERMANDRÉE OFFICINALE. (*M. Reynier.*)

CHENEVARD. Mauvaise manière de prononcer la graine du Chanvre ou Chenevi. *Voyez* CHANVRE. (*M. Reynier.*)

CHENE-YEUSE, *Quercus Ilex* L. *Voyez* CHÊNE VERD, n.° 14. (*M. Thouin.*)

CHENEVEUILLE *Voyez* CHENEVOTTE.

CHENEVI. Graine de Chanvre. *Voyez* CHANVRE. (*M. l'Abbé Tessier.*)

CHENEVIÈRE. C'est la même chose que Chanvrière, c'est-à-dire, un terrein où l'on cultive ordinairement le Chanvre, dont la graine s'appelle Chenevi. *Voyez* CHANVRE.

CHENEVOTTE. Partie dure des tiges du Chanvre qui couvre la filasse. *Voyez* CHANVRE. (*M. l'Abbé Tessier.*)

CHENEVOTTER. On dit qu'une plante Chenevotte lorsqu'elle pousse des tiges foibles & appauvries. Cette foiblesse peut provenir de la stérilité du sol, alors on peut le rétablir au moyen des engrais. Elle peut provenir aussi du mauvais état de la graine dont le germe est foible où les parties nutritives trop peu abondantes. C'est un défaut qu'on ne peut pas prévenir.

L'influence du peu de parties nutritives des graines sur la vigueur de la plante, est une chose hors de doute. On se souvient de l'expérience de M. Bonnet sur un haricot dont il avoit déterré la plantule pour la planter sans la graine & qui n'a produit qu'une plante naine d'un ou deux pouces de haut quoique complette pour le nombre de ses parties. De cet extrême à l'extrême opposé ou l'excessive vigueur, on doit appercevoir une foule de nuances que le plus ou moins de perfection de la semence doit remplir. *Voyez* GRAINE. (*M. REYNIER.*)

CHENICE. Mesure Attique adoptée par les Romains : elle contenoit ordinairement quatre setiers, ou huit cotyles, selon Fannius. *La Chenice* contenoit soixante onces, ou cinq livres romaines; à Athènes cependant on distinguoit quatre mesures différentes auxquelles on donnoit le nom de *Chenice*. La plus petite, communément appellée *Chenice attique*, contenoit trois Cotyles attiques; la seconde en avoit quatre; on en comptoit six à la troisième & huit à la quatrième, qui est celle dont Fannius a parlé comme d'une mesure naturalisée à Rome. *Ancienne Encyclopédie.* (*M. l'Abbé TESSIER.*)

CHENILLE.

Plusieurs sortes de Chenilles sont nuisibles à l'Agriculture. Les unes rongent les tiges des plantes économiques ; d'autres attaquent leurs feuilles; d'autres détruisent leurs graines.

J'ai développé, au mot *Avoine*, tout ce qui concerne la Chenille, qui dévore leurs tiges; *Voyez* ce mot. Je traiterai ici de celles par lesquelles sont détruites les feuilles des plantes potageres, & de la *Chenille de l'Angoumois*, dont les ravages sur les grains ont été considérables. M. Mauduyt de la Société de Médecine me guidera dans les détails sur les premières, & MM. Duhamel & Tillet, de l'Académie des Sciences, dans ce qui a rapport à l'insecte de l'Angoumois.

Des Chenilles nuisibles aux feuilles des plantes utiles.

On en distingue deux genres. Le premier contient celles qui donnent naissance aux papillons blancs, tachetés, ou veinés de noir, si connus par tout, & si abondans au commencement du Printems jusqu'au milieu de l'Automne.

Le second genre contient les Chenilles, qu'on a appellé *arpenteuses*, parce que pliant, courbant & alongeant alternativement leur corps, quand elles marchent, elles semblent arpenter & mesurer le terrain.

C'est dans les potagers & dans les champs plantés de légumes, que ces différentes Chenilles causent leurs dégâts, qui souvent sont très-grands.

Les Chenilles du premier genre ont seize pattes; elles ont la peau d'un beau vert, avec des taches, ou des points, ou des raies variés, selon les espèces.

Celles du genre des arpenteuses n'ont que huit pattes, trois de chaque côté en avant, & une de chaque côté, à l'extrémité du corps. C'est parce que les anneaux intermédiaires sont dépourvus de pieds que ces Chenilles courbent & étendent alternativement leur corps en marchant. Leur couleur varie. Il suffit d'indiquer leur allure pour les faire reconnoître sur les plantes potageres.

Les espèces de Chenilles du premier genre acquièrent promptement leur grandeur; elles restent peu de tems en chrysalides & donnent naissance à des papillons qui s'accouplent presque aussi-tôt qu'ils sont nés. Il arrive de-là que, dans une même année, il y a plusieurs générations de ces Chenilles & de leurs papillons. Les individus étant d'ailleurs très-féconds, ces insectes sont en grand nombre, pendant toute la belle saison.

Ceux des papillons, qui sont surpris par le froid de l'Automne, au sortir de leur chrysalide, avant de s'être accouplés, se retirent dans des trous de murs, dans des fentes de rochers, dans des troncs d'arbres creux, pour y passer l'Hiver, dans un état d'engourdissement. Ils en sortent aussi-tôt que le tems devient doux; ce qui arrive, selon les années, dès la fin de Février, ou au commencement de Mars. Bien-tôt ils s'accouplent, pondent, & sont la souche d'une nouvelle génération.

Le froid ne fait pas périr davantage les œufs déposés en Automne, dont les Chenille éclosent au retour du Printems.

Les arpenteuses, ou Chenilles du second genre, donnent naissance à des papillons, qui, comme les Chenilles, dont ils viennent, different par leurs couleurs, par des taches & des nuances, qui les font varier. Elles ont, comme les précédentes, plusieurs générations par an. Le froid même ne les suspend pas, ou ne les suspend que pour peu de tems. Les arpenteuses continuent de vivre pendant l'Hiver, & par des tems assez rigoureux. Dans cette saison, elles sont seulement moins nombreuses; elles croissent & parviennent moins promptement à leur terme.

Les Chenilles des deux genres s'attachent à presque toutes les espèces de légumes des potagers. Elles préfèrent ceux dont les feuilles contiennent plus de *corps muqueux*, ou de subſtance nutritive, tels ſont les choux, la poirée, la betterave, les navets, les raves, les radis, &c. Celles du premier genre ont un goût de préférence ſi marqué pour les choux, que leurs papillons ont été nommés *Braſſicaires*; *Braſſica* eſt le nom générique du choux. Au défaut des plantes qu'elles préfèrent, les Chenilles des deux genres s'accommodent des autres plantes des potagers. En endommageant leurs feuilles, elles leur nuiſent, parce que ces feuilles, par leſquelles elles tranſpirent & aſpirent les molécules répandues dans l'air, ſont néceſſaires à leur accroiſſement. Le Cultivateur en éprouve un tort notable, ſur-tout quand ce ſont des plantes dont les feuilles ſervent à la nourriture des hommes.

Le mal que cauſent les Chenilles du premier genre eſt plus conſtant & plus grand chaque année, parce qu'elles ſont plus nombreuſes: mais celles du ſecond genre mangent les légumes dans un temps où ils ſont plus rares, & où leur perte nous eſt plus ſenſible. Quelque conſidérables que ſoient les ravages qu'elles exercent tous les ans, cependant ils ſont ordinairement bornés. Mais quelquefois des circonſtances favoriſent tellement la multiplication de ces inſectes, que tous les légumes des potagers en ſont totalement détruits. Cet événement a eu lieu en 1735, ſuivant M. de Réaumur; les marchés, par cette cauſe, furent dépourvus de légumes pendant ſix ſemaines. M. de Réaumur remarque que l'Hiver avoit été fort doux, qu'il avoit à peine gelé, que le Printems avoit commencé de bonne heure. Il penſe que cette circonſtance avoit accéléré la crûe & la génération des arpenteuſes. L'année ſuivante, on s'attendoit à de plus grands dégâts encore, cependant ils ne furent pas plus conſidérables qu'à l'ordinaire, parce que les cauſes qui les limitent tous les ans produiſirent leur effet. A cette occaſion M. Manduyt obſerve que la plupart des inſectes multiplient beaucoup plus dans certaines années que dans d'autres; ce qui fait craindre que, l'année ſuivante, leur nombre allant progreſſivement en croiſſant, ils ne ravagent tout, tandis qu'il ne s'en trouve que le nombre ordinaire, & quelquefois moins. Ce n'eſt qu'un fléau d'une année, dont il ne faut pas s'effrayer pour la ſuite.

M. Mauduyt avoue à regret qu'il ne connoît pas de moyen de s'oppoſer aux dégâts des deux genres de Chenilles. Propoſer de rechercher ſur les légumes ces Chenilles & leurs papillons, lui paroît une choſe inutile & impraticable, parce que ces inſectes ſont trop multipliés, & que celui qui feroit uſage de ce moyen, ne ſeroit pas à l'abri des papillons du voiſinage, qui viendroient pondre ſur ſes légumes. Mais faut-il abandonner ainſi tout eſpoir de diminuer des inſectes nuiſibles? Ne peut-on pas ſe flatter d'en modérer, d'en arrêter la multiplication par des recherches ſoignées, faites dans le tems le plus favorable? Il n'eſt pas impoſſible que tous les Particuliers d'un pays s'entendent pour faire cette recherche en même-tems. Des enfans bien guidés ſuffiſent, parce que les légumes ſont à leur portée. Il vaudroit mieux, certaines années, mettre le feu à un quarré entier de légumes infeſté de Chenilles. Si le ſoir, quand elles ſont changées en papillons, on allumoit des feux, dans diverſes places des potagers, croit-on qu'il ne s'en brûlât pas une grande quantité? Enfin, l'induſtrie humaine eſt bien grande; en s'exerçant ſur cet objet, elle pourra peut-être trouver des moyens juſqu'ici inconnus; tout n'eſt pas découvert.

Heureuſement pour l'Agriculture, les Chenilles ſont expoſées à beaucoup de dangers, auxquelles elles ſuccombent. Leur nombre, ſi rien ne s'y oppoſoit, en ſeroit immenſe. D'une part, les autres animaux, de l'autre part, l'influence de l'air en détruit beaucoup. Un grand nombre d'oiſeaux s'en nourriſſent eux & leurs petits; différens inſectes les attaquent, les tuent, ou les empêchent de ſe convertir en papillons. Les uns les déchirent & les dévorent à demi dans l'état de Chenilles; quelques eſpèces de Chenilles même mangent leurs ſemblables; on en voit les reſtes traîner leur vie & languir, ſouvent encore long-tems. Les autres dépoſent leurs œufs, ou ſous la peau des Chenilles, ou ſous l'enveloppe de leur chryſalide. De ces œufs ſortent des vers qui font rarement périr la Chenille, mais qui ſe nourriſſent ordinairement, ou de la chryſalide, ou du papillon qu'elle contenoit & la rendent par-là inutile à la propagation de l'eſpèce.

Quant à l'influence de l'air, ce n'eſt pas le froid de l'Hiver qui eſt contraire aux Chenilles arpenteuſes. S'il eſt rigoureux & long-tems prolongé, il retarde ſeulement leur développement & leur multiplication. Mais c'eſt le froid, ou le manque de chaleur dans la ſaiſon où il doit faire chaud. Ce froid nuit aux Chenilles, comme aux plantes, dont elles ſe nourriſſent. En général, les circonſtances qui ſont favorables à la végétation, le ſont auſſi au développement des Chenilles. Les pluies froides, ſur-tout celles qui viennent en Avril, ſi elles ſont un peu ſuivies, nous en délivrent d'une grande quantité. M. Mauduyt croit qu'alors les Chenilles périſſent de pourriture, & peut-être d'un genre de ſcorbut, ſi marqué, qu'on en voit ſe traîner ſur la partie antérieure de leur corps, qui conſerve encore ſa forme & ſes couleurs, tandis que la partie poſtérieure, applatie, livide, ou noirâtre, à demi-diſſoute, eſt morte & cadavéreuſe.

Chenilles de l'Angoumois.

En 1760, M. Pajot de Marcheval, Intendant de Limoges, dont l'Angoumois fait partie, ſe plaignoit que les fromens étoient attaqués, depuis vingt-cinq à trente ans, dans l'Angoumois, par un insecte qui les dévoroit & faisoit un tort considérable aux récoltes de cette Province; plus de deux cens Paroisses en étoient infestées. M. de Blossac, Intendant de Poitiers, craignoit que le mal ne se communiquât dans les Elections de Niort & de Confolens. On écrivit à l'Académie des Sciences, qui nomma MM. Duhamel & Tillet, deux de ses Membres, pour aller examiner, sur les lieux, l'insecte, ses ravages & les moyens employés pour le détruire. Ils s'y transportèrent, parcoururent le pays, questionnèrent les personnes éclairées qui s'étoient occuppées de cet insecte, & se livrerent à des recherches & à des observations, dont je vais profiter.

L'état sous lequel l'insecte de l'Angoumois est le plus connu, est l'état de papillon. Les gens du pays disent: *il n'y a point encore de papillons; les papillons paroissent; ces grains ont été mangés par les papillons*, &c. On les voit sortir des gerbes qu'on moissonne, ou qui sont entassées dans les granges; on les voit couvrir des tas de grains dans les greniers. Ils y sont quelquefois rassemblés en si grande quantité, qu'on s'imagine appercevoir un trémoussement dans les grains même.

Le papillon de la Chenille des grains a beaucoup de rapport avec la fausse teigne. Il est de la classe des Phalènes à quatre ailes. Les ailes sont longues, relativement à leur largeur, qui est presque égale du côté de la tête & à son autre extrémité. La couleur des ailes supérieures varie. Elles sont en général presque de couleur de café au lait; les unes sont plus claires & d'autres plus brunes, toujours brillantes au soleil; leurs bords sont très-garnis de longs poils. Ces ailes sont placées presque horizontalement, quand l'insecte est posé en quelque endroit; mais peu après leurs bords s'inclinent un peu en forme de toit. Sa tête est garnie de deux antennes, formées de grains articulés les uns avec les autres. On apperçoit entre ces antennes deux espèces de barbes, qui partent du dessous de la tête & se prolongent jusqu'au dessus. Entre elles est un toupet de poils relevés en arrière. Le papillon de la fausse teigne est en général plus gros; il a une forme plus courte; ses ailes sont plus larges, du côté de la queue, que du côté de la tête. La couleur des ailes supérieures est gris-blanc. Il a au-dessus de la tête quatre barbes, dont deux sont dirigées vers le ventre. Telles sont les différences.

Les mâles & les femelles des papillons des grains sont à-peu-près de même grosseur. Ils ne s'accouplent que pendant la nuit. Aussi-tôt que les femelles sont fécondées, elles cherchent à se débarrasser de leurs œufs. Elles en pondent soixante, quatre-vingt & quatre-vingt dix. Ils sont accompagnés d'une humeur visqueuse, qui les colle à l'endroit où ils sont déposés. Un de ces œufs, tant ils sont petits, pourroit passer par le trou fait à un papier avec l'aiguille la plus fine. La femelle, pour pondre sur les épis, se place entre les grains & les filets, qui les supportent, en sorte que ses œufs sont près de l'endroit où les grains sont attachés à la paille.

La Chenille, au sortir de l'œuf, ressemble à un bout de cheveu, d'un quart, ou d'un cinquième de ligne. Elle naît six ou sept jours après la ponte du papillon femelle, si le tems est doux; aussi-tôt elle s'efforce de pénétrer dans le grain pour s'y nourrir de la farine. C'est ordinairement dans la rainure du froment qu'elle se place, ou au bout pointu qui est garni de poils; comme les bales de l'orge sont plus dures & plus rapprochées, la Chenille s'introduit presque toujours par la pointe, profitant d'une petite ouverture qui s'y trouve; là, elle file quelque brins de soie, ou pour se faire un appui, ou pour se mettre à couvert; elle déchire le son d'un côté & d'autre, & parvient à s'insinuer dans la substance farineuse; alors on ne peut reconnoître l'ouverture par laquelle elle est entrée, qu'à un petit tas de son qui la recouvre; si on ôte le petit réseau de soie & le son, on découvre, au microscope, le trou par lequel la Chenille est entrée.

La Chenille de l'Angoumois se nourrit des grains de quelque pays qu'ils soient, malgré l'opinion du pays. MM. Duhamel & Tillet en ont fait l'expérience.

Chaque Chenille renfermée exactement dans un grain, se nourrit de la substance farineuse. A mesure qu'elle consomme ses vivres, elle augmente en grosseur & agrandit son logement. A la fin, il ne reste plus que l'écorce; la Chenille alors a deux lignes & demie de longueur. Sa grosseur est au plus égale à la moitié du grain qui la renferme. Son corps est ras & entièrement blanc, sa tête est placée à l'extrémité la plus grosse, on y apperçoit la bouche, deux gros yeux & deux espèces de cornes. La tête est un peu plus brune que le reste du corps. Cet insecte a seize jambes, dont les huit intermédiaires & membraneuses ne sont que de petits boutons, qu'on ne peut appercevoir, même à l'aide du microscope, que quand la Chenille est posée sur le côté. La fausse-teigne, qu'il est bon de distinguer de la Chenille de l'Angoumois, a, comme elle, le corps ras & blanc & seize jambes; mais au lieu de se loger dans l'intérieur des grains, elle en lie plusieurs ensemble avec de la soie qu'elle file, dont elle se forme un tuyau comme celui des teignes. Ce tuyau est ordinairement recouvert du son & de la farine broyés. La fausse-teigne renfermée dans son tuyau, se loge au milieu d'un tas de grains. Elle sort de ce tuyau pour manger tantôt les uns, tantôt les autres. Elle en attaque ordinairement plusieurs à-la-fois, sans en manger aucun entièrement, tandis que la Chenille de l'Angoumois, plus économe de farine, borne ordinairement sa consommation à la farine d'un seul grain, qu'elle mange en totalité, ne laissant que l'écorce. Les grains attaqués de la Chenille, si on les met dans l'eau, surnagent, plus ou moins promptement, suivant que l'insecte a plus ou moins consommé de la partie farineuse. Quand il y a beaucoup de fausses-teignes dans un grenier, on voit tous les grains de la superficie liés les uns aux autres par des fils de soie, ce qui forme une croûte, qui est quelquefois de plus de trois pouces d'épaisseur. La fausse teigne se transforme en chrysalide dans un grain qu'elle a creusé, ou dans le tuyau dont elle s'enveloppe. Vers le mois de Juin, on en voit sortir un papillon.

Les chrysalides petites sont celles que fournissent les Chenilles qui se sont métamorphosées, avant d'avoir consommé toute leur farine, ou qui ont vécu dans des grains peu abondans en farine, ou qui sont d'un foible tempérament. Les métamorphoses se font plutôt en Eté, & quand l'air est chaud, que dans l'Hiver, & lorsqu'il fait froid. Le papillon entièrement formé dans la chrysalide, en rompt la membrane par le bout, ouvrant avec sa tête une petite trape que l'insecte avoit eu soin de préparer étant Chenille. Après avoir dégagé ses ailes, il prend son vol & emporte quelquefois avec lui le grain vuide de farine. Le mâle & la femelle s'accouplent presqu'aussi-tôt, & les femelles pondent. Voilà les cercle de leur vie, qui est ordinairement de quinze jours, ou trois semaines. Quand l'air est chaud, il peut s'accomplir à moins de cinquante jours.

On soupçonne que cet insecte se trouve ailleurs que dans l'Angoumois. Vraisemblablement il y est moins multiplié, puisqu'on ne se plaint pas de ses ravages. Il est connu près de Luçon dans le Bas-Poitou, & même, à ce qu'on croit, en Alsace. La sortie des papillons est ordinairement annoncée par une chaleur vive qui s'excite dans les tas de grains des greniers & dans les gerbes. Le thermomètre y monte de vingt-cinq à trente degrés, l'air extérieur étant à quinze. Cette température de l'air accélère le développement de ces insectes. En peu de jours, on voit sortir une multitude prodigieuse de papillons de ces tas échauffés. Les fraîcheurs de l'Automne interrompent leur propagation, & on ne voit plus paroître de papillons que quand les chaleurs du Printems se sont fait sentir.

Dans le tems de la moisson, il y a des papillons qui sortent de quelques grains dejà vuides & entièrement consommés avant d'avoir été moissonnés. Ces premiers papillons s'accouplent & pondent sur les autres épis, encore sur pied. Une partie des œufs est probablement détruite par l'action du fléau & du van, si on bat & si on nétoie promptement. Mais, comme dans le tems des chaleurs les Chenilles éclosent très-vîte, plusieurs pouvant entrer dans les grains qu'on moissonne, & y trouver une retraite, elles feront tous leurs désordres, si on ne se presse pas de les étouffer. Les grains qui ont été moissonnés sont enfermés dans des granges où ils s'échauffent, ce qui accélère la métamorphose des insectes qu'ils renferment. Leurs papillons pondent sur les épis qu'ils trouvent dans les granges. Lorsqu'on les bat, l'action du vanage sépare les grains vuides.

La mal-propreté des aires faites en dehors déterminant les gens du pays à laver leurs grains, ils achèvent d'emporter les plus légers qui flottent sur l'eau. Les paysans prévenus que leurs grains seront mangés par des insectes, se hâtent de les vendre à des marchands qui les transportent dans le voisinage & communiquent la contagion. D'autres les font moudre aussi-tôt; c'est un des meilleurs moyens. Mais les moulins ne peuvent suffire à tout, & quand les moissons sont humides, les farines se gâtent. Les grains, qui vont en nature dans les greniers, sont ceux où se forment le plus de papillons.

MM. Duhamel & Tillet admettent deux volées de papillons; l'une qui paroît après la moisson & qui se perpétue jusqu'aux fraîcheurs de Septembre; & l'autre qui se montre en Juin. La première espèce vient des Chenilles formées par les papillons qui, des greniers, sont vénus pondre sur les grains aux champs. L'autre vient de celles, qui sont restées pendant le cours de l'Hiver dans l'intérieur des grains & qui se sont formées dans les greniers. Cette dernière volée se continue jusqu'à la moisson. On a remarqué que les papillons de la volée d'Eté restent pour la plupart dans les greniers attachés aux grains, comme s'ils savoient que, dans cette saison, il n'y a plus d'épis aux champs. Au-contraire ceux de la volée du Printems sortent des greniers par les fenêtres pour se répandre dans la campagne, depuis la fin de Mai jusqu'à la mi-Juillet.

Il arrive quelquefois que quand l'Automne est chaud & humide, il y a une troisième volée de papillons, produite par les Chenilles qui se sont métamorphosées dans les greniers. Alors tous les grains sont dévorés.

MM. Duhamel & Tillet se sont assurés, par tous les moyens qu'ils ont pu imaginer, que les papillons sortoient la nuit seulement des greniers pour aller pondre sur les épis dans les champs. Ils les ont tellement épiés qu'ils les ont vu sortir des greniers le soir, & se fixer ensuite sur les épis verds. La petitesse de ces insectes a exigé que les deux Académiciens, pour les voir, allassent aux champs la nuit avec des lanternes. Aucun moyen n'échappe à des hommes éclairés qui veulent se réunir dans des recherches utiles,

On ne connoît pas l'origine de l'insecte de l'Angoumois. Il est probable qu'il y aura été apporté par des grains introduits dans cette province, dans des années de disette.

Les grains, qu'il attaque, sont, le froment, soit barbu, soit sans barbe, qu'on sème en Automne, ou au Printems, l'orge distique ou à deux rangs, appellée *Baillage* dans l'Angoumois, l'orge quarrée ou escourgeon & le seigle.

Il paroît qu'il préfère au seigle, l'orge & le froment; mais il ne mange point l'avoine & encore moins le maïs, à moins que dans des expériences où on ne le met qu'avec ces grains, il ne soit forcé de s'en nourrir. Les pois, les fêves & autres graines légumineuses en sont exempts.

La perte, que la Chenille du grain occasionne aux habitans de l'Angoumois, a éveillé leur activité & les a engagé à faire différens essais pour s'en délivrer.

Les uns, ayant remarqué, qu'au moment où les Chenilles se métamorphosent en chrysalides, les tas de gerbes, ou de grains s'échauffent, ont eu recours au moyen employé ordinairement pour dissiper la chaleur des grains qui s'échauffent. Ils ont étendu les leurs dans les greniers, à petite épaisseur. Mais ils n'ont pas réussi. Car, en employant cette méthode, ils ont mis en liberté beaucoup de papillons qui auroient pu périr au fond des tas. Les papillons ont pondu sur les grains avec d'autant plus de facilité qu'ils leur présentoient plus de surface.

Instruits du désavantage de cette méthode d'autres ont réuni leurs grains en tas très-épais, mais les Chenilles renfermées dans les grains ont continué d'en manger la farine & le dessus des tas a été chargé d'une multitude d'œufs pondus par les papillons, en sorte que le désordre a été très-considérable encore.

On a recouvert de l'orge amoncelée dans un grenier avec des couvertures. Il n'y a eu de perdu que les grains attaqués dans les champs. Les Chenilles qui y étoient, ont donné leurs papillons. Mais ces papillons amassés entre l'orge & les couvertures n'ont pu ni s'accoupler, ni pondre. Le mal a donc diminué sans être anéanti.

Des bariques pleines de grains & bien enfoncées ayant été mises dans une cave au mois d'Août & ouvertes à Noël, on a trouvé les grains en très-bon état & très-frais, capables de bien germer & de faire du bon pain. Presque toutes les Chenilles, renfermées avant que les grains fussent dans les bariques, avoient passé à l'état de chrysalides & étoient mortes desséchées. A peine y vit-on quelques papillons Il faut observer que le grain renfermé dans ces bariques étoit d'une récolte très-sèche. Car s'il avoit été récolté humide, il auroit moisi à la cave.

L'on a essayé de tenir le grain frais dans des salles basses. Le mal n'a fait que se ralentir. On en a disposé lit par lit avec du sel, en aspergeant la masse de vinaigre. Le pain fait avec ce grain n'avoit aucun mauvais goût. Le procédé, employé après la récolte, doit être répété en Avril ou en Mai. Il a eu quelques succès.

Il n'y a rien eu à gagner de couvrir les grains de plantes odorantes, ou de les asperger de décoctions de plantes aromatiques, ou amères. L'essence de térébenthine n'est pas plus contraire à cette Chenille qu'au charanson.

Si on plonge dans l'eau bouillante des grains attaqués de la Chenille, on la détruit; mais cette opération exige du tems & des frais & seroit impraticable dans les années pluvieuses, où l'on n'auroit pas assez de soleil pour dessécher le grain.

La fumigation de soufre, enlève la couleur dorée des grains auxquels elle communique une odeur désagréable qui empêche de le vendre, quoiqu'elle ne se fasse pas sentir dans le pain. Il en faudroit une bien forte pour faire périr les insectes.

Envain a-t-on blanchi avec de la chaux vive les murs & les planchers des greniers, envain les a-t-on frotté, ou avec de l'ail, ou avec de l'huile de noix, ou de l'urine putréfiée de vache, ou avec des préparations mercurielles. On applique dans ce cas le remède où le mal n'est pas. Il ne faut pas compter davantage sur l'action de la gelée, à laquelle les Chenilles résistent.

Les moyens propres à conserver dans l'Angoumois les grains & à les préserver de la Chenille qui les dévore, doivent avoir pour objet 1.° de les conserver pour les semailles; 2.° de les conserver pour s'en nourrir dans le cours de l'année, ou pour les vendre. MM. Duhamel & Tillet vont nous indiquer ces moyens.

Dans l'Angoumois, il faut se presser de battre, pour éviter que les Chenilles qu'on rapporte des champs ne paroissent en papillons qui, venant à pondre, augmenteroient de beaucoup le mal. Il faut battre & nétoyer le jour même de la récolte. Les Cultivateurs éclairés, qui en ont la facilité, font couper le matin jusqu'à midi & battre & nétoyer l'après-midi. Ceux qui n'ont pas cette facilité, doivent, au moins, leur récolte faite, battre aussi-tôt & commencer par le froment, l'orge, le seigle & le méteil. On peut différer le battage de l'avoine & des graines légumineuses. On fera ensuite une forte lessive de cendre du foyer, comme pour blanchir le linge. On la fera tellement forte, qu'elle ait un œil jaune comme de la bière; on y jettera de la chaux vive jusqu'à ce qu'elle devienne d'un blanc sale. Lorsque ce mélange sera à un degré assez chaud pour qu'il permette d'y tenir le doigt, on laissera reposer & éclaircir la liqueur. On mettra le grain destiné à être semé femé dans un panier qu'on plongera dans cette lessive ; on le remuera avec un bâton & on enlevera, avec une écumoire, tous les grains qui surnageront; ce sont ceux dont la Chenille a mangé en totalité, ou en grande partie la farine. Au bout de deux minutes on soulèvera le panier, on le laissera égoutter, & on répandra le grain, à une petite épaisseur sur le plancher. Il peut se conserver ainsi une année entière. Ce procédé enlève les grains qui ne leveroient pas, une partie des petites Chenilles & beaucoup d'œufs attachés aux grains & il les préserve de carie, à laquelle ils sont sujets en Angoumois. Quand les grains, ainsi lessivés, sont secs, il faut les mettre en tas & les couvrir d'une toile forte, au lieu de se servir de draps; on réussit encore mieux en couvrant les tas d'une couche de cendre, ou d'une couche de chaux en poudre, de l'épaisseur d'un pouce.

MM. Duhamel & Tillet avertissent de préparer ainsi non-seulement le froment & le seigle qu'on doit semer en Octobre, mais encore l'orge distique, ou l'orge quarrée qu'on ne doit semer qu'au Printems.

Quoiqu'en appliquant la chaleur du four, ou de l'étuve aux grains, on puisse faire périr les insectes sans altérer le germe, cependant les deux observateurs de l'Académie ne conseillent pas de se servir de ce moyen pour le bled qu'on doit semer, parce qu'il faudroit beaucoup plus d'attention que les gens de la campagne n'en sont susceptibles.

On doit dans l'Angoumois semer plus drû que dans d'autres parties de la France, car même après des soins tels que je viens d'en indiquer, les grains qui contiennent des Chenilles parvenues à une certaine grosseur, ne germent pas.

Pour conserver le grain destiné à la nourriture, on doit aussi battre les gerbes, aussi-tôt qu'elles sont récoltées, passer le grain au crible à vent, ou le jetter au vent, ou le vaner. Il faut ensuite, sans perdre de tems, l'étuver, ou le mettre au four, ou à la cave dans des bariques bien remplies, après l'avoir fait sécher au grand soleil, si la moisson a été humide, le meilleur moyen est de le passer au four, après que le pain en est retiré. En se pressant ainsi, on tuera les Chenilles, avant que les papillons paroissent. Lorsqu'on sera parvenu au mois de Septembre, il n'y aura plus à craindre la ponte des papillons avant la fin de Mai. On pourra alors sortir le grain des bariques. De quelque manière qu'on l'ait préparé, on couvrira les tas avec des draps, ou des couvertures, ou avec une couche de cendre, ayant soin de laver le froment & de le faire sécher, avant de le mener au marché, parce que la cendre le rend rude. Quand on ne verra plus de papillons, il sera inutile de couvrir les grains jusqu'au mois de Mai. Des sacs de toile forte & serrée conserveroient aussi parfaitement les grains étuvés, si on les établissoit sur des tréteaux garnis de fer-blanc, à cause des souris & des rats. On les garderoit long-tems en bon état dans des cuves, ou tonneaux qu'on fermeroit exactement par-dessus & qu'on placeroit dans un lieu frais & sec.

Puisqu'il est démontré que les papillons sortent des greniers, pour aller pondre sur les épis dans la campagne, il faudroit que les greniers fussent bien plafonnés & que les fenêtres pussent en être exactement fermées, lors de la volée de ces insectes. Je proposerois encore d'élever dans des greniers des oiseaux plus avides de papillons que de grains, qui y resteroient à demeure dans les saisons où les papillons sont formés.

Les moyens indiqués par MM. Duhamel & Tillet seront sans doute utiles aux particuliers qui les emploieront; mais ils ne détruiront pas tous les insectes. Ce n'est que d'un accord général, ou de loix de police contre les négligens, qu'on peut se promettre un si grand avantage. Il faudroit que tous les habitans chauffourassent leurs fromens, seigles, orges, méteils d'orge & d'avoine, avant le mois de Septembre, ou qu'on les contraignît de le faire, avant le mois d'Avril, s'ils ne l'ont pas fait en Automne, que, dès l'Automne, on passât à une lessive les semences de l'Automne & celles du mois de Mars. Pour ôter tout prétexte, il seroit à desirer qu'on établît de grands fours publics où les pauvres viendroient à peu de frais faire étuver leurs grains. Ces soins réunis & bien concertés ne détruiroient pas tous les insectes dès la première année; mais, en les répétant les années suivantes, on y parviendroit.

Une des plus grandes attentions, qui doive occuper l'Administration du pays, c'est d'empêcher le transport des grains infectés dans les provinces, qui n'éprouvent pas ce fléau, à moins qu'on ne soit certain qu'ils ont été bien étuvés.

Je dois, avant de finir cet article, rendre hommage à deux personnes de l'Angoumois, MM. Taponat & Marantin, qui ont singulièrement aidé MM. Duhamel & Tillet dans leurs recherches, en leur communiquant d'excellentes observations & des expériences faites avec beaucoup de soin. Propriétaires de biens dans le pays, ils avoient un grand intérêt à la destruction de l'insecte; mais, dans ce qu'ils ont fait, ils paroissent avoir été guidés plus particulièrement par l'amour de l'utilité publique. D'autres propriétaires ont voulu aussi y concourir. Mais MM. Taponat & Marantin se sont le plus distingués. M. Grelien, Armurier de l'Angoumois, dans la paroisse de Rivière, est celui qui a imaginé de couvrir ses grains de cendre.

Ceux qui voudront plus de détails sur l'insecte de l'Angoumois, les trouveront dans un livre, intitulé : *Histoire d'un Insecte qui dévore les grains de l'Angoumois*, par MM. Duhamel & Tillet.

BIBLIOTHÈQUE NATIONALE R.F.

C'est dans ce livre que j'ai puisé ce qui précède. (*M. l'Abbé* Tessier.)

CHENILLE. Synonyme de *Chenillette Scorpiurus L. Voyez* l'article Chenillette.

Ce nom s'applique encore dans quelques Provinces à l'espèce d'héliotrope plus connue sous le nom d'herbe aux Verrues. *Héliotropium Europæum* L. *Voyez* l'article HÉLIOTROPE, n. 4. (*M.* Dauphinot.)

CHENILLETTE, *Scorpiurus* L.

Genre de plante de la famille *des légumineuses*, & voisin des ornitopes dont le caractère essentiel est d'avoir ses siliques contournées en spirales. Les espèces connues sont remarquables en ce qu'elles ont leurs feuilles simples & nullement ailées.

Espèces & variétés.

1. Chenillette vermiculée.

Scorpiurus vermiculata L ☉ des champs de l'Europe méridionale.

Chenillette hérissée.

Scorpiurus echinata La M. des Champs de l'Europe méridionale.

A. *Variété à gousses denticulées.*

Scorpiurus muricata L.

B. *Variété à gousses à aiguillons.*

Scorpiurus sulcata L.

γ. *Variété à gousses hispides.*

Scorpiurus subvillosa L.

Les Chenillettes sont des plantes annuelles, basses & couchées sur la terre, qui ne sont cultivées dans les jardins qu'à cause de la singularité de leurs fruits, semblables, pour la forme, à des chenilles. Leur culture est simple : on sépare au Printems les graines contenues dans les siliques, & on les seme dans le lieu qu'elles doivent occuper : avant peu elles lèvent, & donnent des fleurs dès les premiers jours de l'Eté. Ces plantes se resèment d'elles-mêmes, lorsqu'elles sont dans une portion du jardin où la terre n'est pas remuée fréquemment.

Au reste, les Chenillettes n'offrent aucun moyen d'utilité, ni aucun agrément ; ainsi, rien ne nous engage à nous appésantir sur les détails. (*M.* Reynier.)

CHEPTELIER est le preneur d'un bail à cheptel, celui qui tient un bail de bestiaux. *Voyez* Bail. (*M. l'Abbé* Tessier.)

CHEQUI. C'est un des quatre poids en usage dans les Echelles du Levant, mais sur-tout à Smyrne. Il est double de l'oco ou ocquo (*Voyez* Oco), & pese six livres un quart, poids de Marseille. *Ancienne Encyclopédie.* (*M. l'Abbé* Tessier.)

CHERAY ou CHAHY. On distingue en Perse deux sortes de poids, le civil & le légal. C'est ainsi qu'on nomme le premier ; il est double de l'autre. *Ancienne Encyclopédie.* (*M. l'Abbé* Tessier.)

CHERANÇOIR du chanvre & du lin ; c'est l'instrument avec lequel on broie le chanvre, ou le lin, pour détacher la chenevotte. On l'appelle séran, sérançoir, broie. *Voyez* Chanvre. (*M. l'Abbé* Tessier.)

CHERLERIE, *Cherleria.*

Genre de plantes à fleurs polipétalées, de la famille des *Caryophyllées*, qui a les rapports les plus marqués avec les sablines, dont il est cependant distingué en ce que les glandes nectarifères, interposées entre les étamines & le calice, sont oblongues, & quatre fois plus grandes que dans les sablines.

On n'en connoît encore qu'une espèce.

Cherlerie à gazons.

Cherleria sedoïdes. L. ♃ des hautes montagnes du nord de l'Europe, de Provence, du Dauphiné, de la Suisse, du Valais, de l'Autriche, de la Carniole, &c.

Cette petite plante forme sur les rochers élevés, des gazons serrés & assez épais, d'une étendue considérable.

Les tiges sont très-petites, mais en grand nombre & rampantes. Les plus longues sont traçantes & stériles ; les autres paroissent vouloir s'élever de quelques lignes, & portent une ou deux fleurs de couleur herbacée, un peu jaunâtre.

Ces fleurs sortent du milieu d'une espèce de rosette de feuilles linéaires, glabres, un peu fermes & d'un verd foncé. La petite tige qui les porte est garnie de quelques feuilles opposées & connées.

Le fruit est une petite capsule pointue, un peu triangulaire, à trois loges qui contiennent chacune deux semences.

Historique. Cette plante se trouve presque dans toutes les contrées de l'Europe. Elle croît dans les fentes des rochers humides les plus élevés. Elle fleurit dans le courant de l'Eté ; ses semences mûrissent vers l'Automne.

On ne lui connoît aucune propriété utile. Elle peut figurer sur des gradins, parmi les plantes Alpines.

Culture. Les semences de la Cherlerie doivent être semées peu de tems après leur maturité, vers le commencement du mois d'Octobre. On en répand les graines sur des pots remplis de terreau de bruyère, & placés dans une plate-bande à l'exposition du Nord. Ces graines étant très-fines, ne doivent être recouvertes que d'environ une ligne d'épaisseur, de terre de même nature que celle sur laquelle elles ont été semées. Elles lèvent dès le Printems, mais les jeunes plantes croissent lentement, & ne peuvent être séparées que vers le mois d'Août suivant. On les lève en mote autant qu'il est possible; on les place partie dans de petits pots qu'on fait reprendre à l'ombre, & partie sur les banquettes des gradins, parmi les autres plantes Alpines. Les pieds cultivés dans des pots doivent être rentrés dans l'orangerie, lorsque les gelées passent deux ou trois degrés, & lorsqu'il tombe des pluies froides, trop abondantes. La place qui leur convient le mieux est celle des appuis des fenêtres, & même le pied du mur de l'orangerie, à l'extérieur, lorsqu'il ne fait pas un froid rigoureux. Les individus placés sur les gradins doivent être couverts de feuilles de fougère pendant les gelées.

Cette petite plante craint l'humidité stagnante & la sécheresse; elle a besoin d'arrosemens légers, mais répétés souvent, en proportion du degré de chaleur & de la sécheresse de l'air. On la multiplie aisément par les drageons qui poussent de ses racines, & qui forment des tapis assez étendus. (*M. Dauphinot.*)

CHERE - A - DAME ou CHAIR - A - DAME. Le fruit de ce poirier est de moyenne grosseur, marqué d'un œil très-saillant; sa queue est grosse & courte, environnée de quelques bosselures. La peau est grise, colorée de rouge du côté du soleil. La chair est cassante & d'un goût peu relevé; mûrit en Août. C'est une des variétés du *Pyrus communis* L. *Voyez* Poirier, dans le Dictionnaire des Arbres & Arbustes. (*M. Reynier.*)

CHERIMOLA ou CHIRIMOIA. Nom d'un arbre fruitier très-estimé au Pérou, & qui est connu des Botanistes sous le nom d'*Anona cherimola*. L. M. Dictionnaire. *Voyez* Corossol du Pérou, n.° 3. (*M. Thouin.*)

CHERMÈS ou KERMÈS. *Quercus coccifera* L. (*Voyez* Chêne à cochenille, n. 18, au Dictionnaire des Arbres. (*M. Thouin.*)

CHEROLLE. A Montdidier, en Picardie, on appelle *Cherolle* la vesce en épi, *vicia cracca*, Lin. (*M. l'Abbé Tessier.*)

CHERTÉ. Grande augmentation dans le prix des denrées, & sur-tout des comestibles. Elle reconnoît plusieurs causes; savoir, les mauvaises récoltes, les nourritures & approvisionnemens des troupes, une Administration qui donne lieu aux accaparemens, &c. (*M. l'Abbé Tessier.*)

CHERVI. Nom vulgaire d'une plante potagère très-connue, *Sium sisarum* L. *Voyez* Berle des potagers. (*M. Reynier.*)

CHESNE. Manière d'écrire le mot Chêne, *Quercus* en latin. *Voyez* Chêne au Dictionnaire des Arbres. (*M. Thouin.*)

CHETEL (bail à) *Voyez* Bail. (*M. l'Abbé Tessier.*)

CHEVAL.

Un animal qui, à la beauté des formes & de la taille, réunit la force, le courage, l'intelligence, la docilité, est sans doute le plus utile, le plus agréable & le plus intéressant de tous ceux que la Nature a créés. Tel est le Cheval; originairement sauvage & farouche, comme tous les autres animaux, il a été de tems immémorial apprivoisé par l'homme, pour partager ses travaux & sa gloire, suppléer à sa foiblesse, augmenter ses profits & lui procurer des jouissances.

C'est au Dictionnaire de Médecine qu'il appartient de décrire les parties anatomiques du Cheval, d'en faire connoître le jeu, de dire comment on entretient le Cheval en bonne santé, d'exposer en détail les maladies auxquelles il est sujet, & les moyens de les prévenir ou de les guérir. Sans toucher à cette tâche, la mienne est encore considérable, puisque je dois considérer le Cheval dans tous ses rapports avec l'économie rurale, dont le principal est sa multiplication. En traitant le mot Cheval, qui offre tant d'intérêt, je suivrai à-peu-près la même marche que j'ai suivie dans ceux de Bêtes a cornes & Bêtes a laine, parce qu'elle me paroît aussi simple qu'elle est naturelle. Je le diviserai en trois articles; dans le premier, je ne parlerai que du physique des Chevaux, c'est-à-dire, des différences qui existent entr'eux, à raison de la couleur de leur poil, des marques qui s'y trouvent, de leur taille, de leur âge, des races auxquelles ils appartiennent; le second article, le plus étendu des trois, sera consacré à leur multiplication, ce qui comprendra les haras, & par conséquent le choix des étalons & des jumens, les soins qu'on en doit avoir, pendant & après la monte, l'exercice de la monte, la naissance & la première éducation des poulains. Je réserve, pour le dernier article, l'usage qu'on peut faire du Cheval, la manière de le dresser, les précautions à prendre quand on l'achète, comment on le nourrit, comment on le panse, &c.

Les sources dans lesquelles j'ai puisé sont, l'Histoire Naturelle de Buffon, deux manuscrits sur les haras, l'un que je crois de M. Bourgelat, remis entre mes mains par M. Chabert, Directeur des Ecoles Vétérinaires, l'autre que m'a donné M. Radix de Chevillon, d'après des observations de M. de Briges, premier Ecuyer, Capitaine du haras du Roi en Normandie, le livre de M. Esprit-Paul de la Font-Pouloti, intitulé: *Nouveau régime pour les Haras*, & enfin plusieurs livres d'économie rurale. A tout ce que m'ont fourni ces ouvrages, j'ai ajouté mes propres remarques & réflexions. Lorsque je composai cet article, je n'avois plus sous ma main un ouvrage de M. Jean-George Artmœn, traduit de l'Allemand par M. Huzard; j'y aurois sans doute trouvé des détails utiles & des vues sages sur les haras. Si je manque en quelque point essentiel, je redresserai mes erreurs au mot HARAS, en profitant des nouvelles lumières que j'acquerrerai.

ARTICLE PREMIER.

Des Chevaux considérés par rapport au physique des individus.

Quelle est la patrie des Chevaux?

Si l'on pouvoit découvrir quelle est la véritable patrie des Chevaux, c'est-à-dire, le pays où de toute antiquité ils sont sauvages, sans y avoir été importés, on auroit plus de moyens de les élever, de les perfectionner & multiplier, parce qu'on connoîtroit le climat qui leur convient le mieux, le genre d'aliment que la Nature prépare pour eux, les mœurs de ces animaux dans l'état de liberté, & la manière d'en renouveller l'espèce, en la prenant à sa souche. Avant que les Européens eussent pénétré dans le nouveau monde, il n'y avoit point de Chevaux; on en a pour preuve la surprise de ses habitans, quand ils virent les Espagnols montés sur des Chevaux. Ces Conquérans y en introduisirent qui se sont multipliés dans les vastes déserts des contrées inhabitées & dépeuplées; on ne peut donc les regarder comme indigènes à l'Amérique, puisqu'on en connoît l'origine. Suivant les Auteurs anciens, il y avoit des Chevaux sauvages en Scythie, dans la partie septentrionale de la Thrace, au-delà du Danube, en Syrie, dans les Alpes, en Espagne. Les Auteurs modernes ont assuré qu'il y en avoit en Ecosse, en Moscovie, dans l'Isle de Chypre, dans l'Isle de May, au Cap-vert, dans les déserts de l'Afrique, de l'Arabie, de la Lybie, & à la Chine. Au rapport de quelques personnes, il y a maintenant encore en Corse une espèce de Chevaux sauvages que les gens du pays prennent, quand ils en ont besoin, & qu'ils relâchent ensuite. Il est probable que ces Chevaux ne sont pas véritablement sauvages, mais qu'au lieu de les nourrir à l'écurie, on les laisse habituellement paître dans les forêts, comme parmi nous les Chevaux des charbonniers & autres hommes qui vivent presque toute l'année au milieu des bois, occupés à leur exploitation. En admettant qu'il y eut des Chevaux sauvages en autant de pays que les Auteurs annoncent qu'il y en avoit, il s'ensuivroit que les Chevaux sont indigènes dans des parties de l'ancien continent, très-distantes les unes des autres, & que ces animaux se plaisent sous toutes sortes de latitudes.

Y a-t-il plusieurs espèces de Chevaux.

A parler strictement, & à la manière des Nomenclateurs, il n'y a pas plusieurs espèces de Chevaux, parce que les différences qui existent entr'eux ne sont pas des différences d'espèces, mais des différences de variétés. Tous les Chevaux ont une conformation semblable; ils ont tous les mêmes organes, ils se reproduisent de la même manière. On les distingue cependant par la couleur de leur poil, par leur taille, & par les disproportions des diverses parties de leurs corps: la même chose a lieu dans les bêtes à cornes. A l'égard des bêtes à laine, elles forment quelques espèces, qui paroissent assez bien tranchées. Les hommes qui en ont l'habitude, ne confondent point les Chevaux d'un Royaume, ni même ceux d'une province avec ceux d'une autre. Il faut donc que le climat, la nourriture & l'éducation influent sensiblement sur l'état physique de ces animaux, puisque l'œil exercé ne s'y méprend pas. Les différences dans la couleur du poil & dans la taille ne sont qu'accidentelles; mais celles qui naissent de la proportion des diverses parties du corps & des qualités, que j'appellerois, pour ainsi dire, morales, constituent les races.

Couleur du poil, ou de la robe.

Rien n'est plus varié que les couleurs du poil des Chevaux & les dénominations par lesquelles on les désigne.

On peut les diviser en couleurs simples & couleurs composées.

Les couleurs simples sont le noir, le bai & le blanc.

Le noir est noir jais, noir maure, ou noir fort vif, c'est-à-dire, noir foncé & uniforme, ou noir qui n'est pas foncé; celui-ci se nomme *noir mal teint*, *noir sale*. Parmi les Chevaux entièrement noirs, il y en a qui sont d'un noir pommelé, ou miroité, à cause des nuances plus claires en certains endroits que dans d'autres.

Le bai, ou bay, qui est une couleur rougeâtre, est plus, ou moins clair, plus ou moins obscur, ou foncé, & de ces nuances dérivent différentes variétés de bai. Tout Cheval bai a les crins & le fond des quatre jambes noir, autrement il seroit alézan. Le *bai châtain* est de la couleur de châtaigne, le *bai doré*, ou *bai doux* tire sur le jaune, le *bai brun* est presque noir; il a communément les flancs, le bout du nez & les fesses d'un roux éclatant, quoiqu'obscur. On dit de ce Cheval qu'il est *marqué de feu*; si cette couleur de poil jaune est morte, éteinte & blanchâtre, on dit que le Cheval est *bai brun*, *fesses lavées*. Le *bai pommelé*, *à miroir*, ou *miroité*, a, comme le Cheval noir pommelé, des nuances de rouge, plus ou moins claires.

L'alézan, ou alzan ne diffère du bai, que parce que ses extrémités ne sont pas noires;

il a, comme le bai, diverses nuances; on dit *alzan clair*, *alzan poil de vache*, *alzan brûlé*, ou *foncé*.

Il y a très-peu de Chevaux véritablement blancs; en général ce sont les Chevaux gris qui en vieillissant blanchissent. Hérodote dit que sur les bords de l'Hypanis, en Scythie, il y avoit des Chevaux blancs. Léon l'Africain assure qu'il a vu en Numidie un poulain dont le poil étoit blanc. Marmol confirme ce fait, en disant que dans les déserts d'Arabie & de Libie, on trouve des Chevaux blancs.

Les couleurs composées, qui distinguent les Chevaux, sont très-nombreuses. Le mélange du noir & du blanc forme différens gris.

1.° Le gris sale; dans la robe de ces Chevaux le poil noir domine. Elle est d'autant plus belle que les crins sont blancs.

2.° Le gris brun; dans celui-ci le noir est en moindre quantité que dans le gris sale.

3.° Le gris argenté; il est peu chargé de noir, le fond blanc en est entièrement brillant.

4.° Le gris pommelé a des marques assez grandes, de couleurs blanche & noire, parsemées, soit sur le corps, soit sur la croupe & les hanches.

5.° Le gris tisonné, ou charbonné; la robe est irrégulièrement tachetée de grandes marques noires, comme si à ces places elle avoit été noircies avec un tison.

6.° Le gris tourdille prend son nom de la couleur de la grive *Turdo*.

7.° Il en est de même du gris *étourneau*, à cause de la ressemblance du poil des Chevaux avec le plumage de cet oiseau. Cette couleur seroit entièrement noire, si quelques poils blancs n'étoient entremêlés de poils noirs.

8.° Le gris truité, ou moucheté, ou le tigre. Le fond blanc n'en est pas toujours mêlé de noir, semé par petites taches; quelquefois il est mêlé d'alézan. Il diffère du tisonné parce que les taches noires sont moins larges.

9.° Le gris de souris ressemble au poil de cet animal. Dans les Chevaux qui ont ce poil, quelquefois les jarrets & les jambes sont tachés de plusieurs raies noires; quelquefois il y en a une sur le dos, comme sur celui des mulets. Quelques-uns de ces Chevaux ont les crins d'une couleur claire, les autres ont les crins & la queue noirs.

Le noir, le blanc & le bai composent quelquefois un gris sanguin, ou rouge, ou vineux.

Un Cheval *rubican* est celui dont le poil noir ou bai, ou alézan, est entremêlé de poils blancs, semés çà & là, sur-tout sur les flancs.

Le rouan, ou rouhan est un mélange de blanc, de gris & de bai. On distingue le rouhan vineux & le *rouhan cap*, ou *cavesse*, ou *tête de maure*. Le rouhan vineux est couleur de vin; le rouhan cap, ou cavesse, ou tête de maure a pour caractère distinctif la tête & les extrémités noires.

Le jaune & le blanc forment la couleur *isabelle*, le jaune y domine. On conçoit que pouvant être de diverses nuances, il y a des isabelles *clairs*, des *dorés*, des *foncés*. Dans quelques-uns, les crins & la queue sont blancs, dans d'autres, noirs; ceux-ci ont la raie de mulet. C'est de cette combinaison qu'est le *soupe de lait*; dans cette couleur le jaune ne domine pas, ou domine moins que dans les autres isabelles.

On appelle *louvet*, ou *poil de loup* la couleur qui approche de la robe de cet animal; c'est un isabelle foncé, mêlé d'un isabelle roux. Les louvets ont quelquefois la raie de mulet. Le *poil de cerf*, ou *poil fauve* a beaucoup de rapport avec le poil louvet.

Les Chevaux *pies* le sont ou de noir & de blanc, ou de blanc & de bai, ou de blanc & d'alézan. Quand on les désigne, on les appelle *pies-noirs*, *pies-bais*, *pies-alézans*.

Les *auber*, *mille fleurs*, *fleur de pêcher* sont d'une couleur mêlangée assez confusément de blanc, d'alézan & de bai; ce qui imite celle de la fleur de pêcher.

On donne le nom de *porcelaine* à la couleur du poil des Chevaux, qui est d'un gris mêlé de taches de couleur d'ardoise, à-peu-près comme la porcelaine blanche & bleue. Ce poil est très-rare.

Je ne sais ce qu'on entend par Cheval zain. Les Auteurs disent que c'est celui qui n'a pas un poil blanc; mais entendent-ils par-là les Chevaux entièrement noirs, ou bien ceux qui, étant de tout autre poil que de poil noir, n'ont pas un seul poil blanc, &, selon quelques-uns, pas même un poil gris?

De quelque couleur que soient les Chevaux, ceux qui ont les extrémités, les crins & la queue noirs sont les plus recherchés, & passent pour être les plus beaux; ceux qui ont les flancs & les extrémités de couleur moins foncée que celle du reste du corps, & pour ainsi dire lavée, sont les moins estimés.

Les maisons rustiques font dépendre les qualités des Chevaux, en partie de la couleur de leur poil, voulant que certains poils soient plus que d'autres un signe plus favorable de la vigueur des Chevaux. Il est possible, non pas que la couleur du poil influe sur la qualité des Chevaux, mais qu'une constitution plus ou moins bonne s'annonce par cette couleur, comme on le voit parmi les hommes. Mais où en sont les preuves? Je pense qu'il y a de bons Chevaux de tout poil. Ce qui me confirme dans cette idée, c'est que Buffon, qui a examiné sur les Chevaux comme sur les autres animaux, les effets de diverses causes, n'a pas parlé de la couleur de leur poil, qu'il a regardé comme peu importante.

Des Marques.

On appelle marques quelques particularités, indépendantes de la couleur, qu'on observe sur la robe des Chevaux. Ce sont les *balzanes*, *l'étoile*, & les *épis*.

Les balzanes sont des marques blanches que les Chevaux noirs, bais, ou de couleur mêlée ont aux pieds, ordinairement depuis le boulet jusqu'au sabot.

L'étoile, ou la pelotte, est un rebroussement de poils blancs sur le front. Les Chevaux qui ont l'étoile sont dits *marqués en tête*. Comme on fait, dans beaucoup de pays, quelque cas des Chevaux marqués en tête, les Maquignons imaginent d'imiter la Nature, en pratiquant artificiellement une étoile au milieu du front, au moyen d'une plaie faite par un instrument. Il est facile de distinguer cette marque factice de la naturelle. Au milieu de la première, il y a un espace sans poils; les poils blancs qui la forment ne sont jamais égaux comme dans l'étoile naturelle. Quand l'étoile descend un peu, on l'appelle *étoile prolongée*, & l'animal *belle face*. Quand elle se prolonge encore davantage, & qu'elle gagne la lèvre antérieure, on dit *le Cheval boit dans son blanc*; si le bout du nez est seulement taché d'une bande de poils blancs, en signalant le Cheval, on dit *lisse au bout du nez*.

On appelle *épi* ou *mollette* un petit toupet de poils frisés, entrelacés, ou hérissés, imitant un épi de bled. Il s'en trouve indistinctement sur tous les Chevaux. Ordinairement c'est au front qu'ils viennent; mais il y en a d'extraordinaires, celui qu'on appelle *épée Romaine* règne tout le long de l'encolure, près de la crinière, tantôt des deux côtés, tantôt d'un seul côté, &c.

La vente des Chevaux étant le métier d'une classe d'hommes ignorans & trompeurs, ils ont imaginé d'en imposer, en faisant naître une foule de préjugés, qui se sont perpétués; ils ont attribué à certaines couleurs, à certaines marques des qualités, ou des défauts, qui sont communs à toutes les couleurs & à toutes les marques.

Taille des Chevaux.

La taille des Chevaux comprend leur hauteur, leur longueur & leur grosseur.

Les Chevaux les plus hauts sont ordinairement les Chevaux de carrosse, presque tous hongres. Ils ont depuis le bas du sabot des pieds de devant, de cinq pieds un pouce à cinq pieds trois pouces. Les plus petits Chevaux, qu'on ne trouve que dans les pays très-chaux de l'ancien continent, ont à peine trois pieds.

Leur longueur est, du sommet de la tête à la naissance de la queue, de six pieds & demi à sept pieds & même davantage.

Leur grosseur, prise sur la poitrine, à l'endroit de la sangle, est de six à sept pieds, & quelquefois davantage. Les Chevaux les plus gros que j'aie vus, sont ceux des brasseurs de Paris.

Dans la Beauce, les Chevaux de ferme, qui sont entiers, ont communément quatre pids dix pouces de hauteur, sept pieds de longueur, & cinq pieds neuf pouces onze lignes de grosseur.

On appelle en France *bidets* les Chevaux de petite taille, & *doubles bidets* ceux qui sont de taille médiocre.

Âge des Chevaux.

On reconnoît l'âge des Chevaux à leurs dents & à quelques autres signes. *Voyez* AGE DES ANIMAUX, pages 290 & 291, *de la deuxième partie du Tome premier de ce Dictionnaire*. Après dix ans, il n'y a plus d'indication de l'âge des Chevaux par les dents. Alors on dit qu'ils ne *marquent plus*. Il faut avoir recours à d'autres signes. Les vieux Chevaux ont les salières creuses, les dents fort longues, les os de la ganache tranchans, quelques poils de leurs sourcils blanc; les sillons de leur palais s'effacent. Ce dernier signe, qui apprend seulement que les Chevaux sont vieux, sans faire connoître au juste leur âge, est le moins incertain. Car les Chevaux engendrés de vieux étalons, ou de vieilles jumens, ont aussi de bonne heure les salières creuses & les poils blancs. Les Maquignons peignent, ou arrachent les poils blancs des sourcils des vieux Chevaux; ils noircissent le creux de la dent, ou avec de l'encre forte, ou en brûlant avec un fer rouge un grain de seigle qu'ils y introduisent; ils raccourcissent même les dents de ces animaux. Mais ils ne peuvent rétablir les sillons effacés du palais. Avec des connoissances, & en rassemblant tous les véritables signes de la vieillesse, on n'est pas dupe de leurs tromperies.

Races des Chevaux.

« Dans tous les animaux, dit Buffon, chaque » espèce est variée, suivant les différens climats, » & les résultats généraux de ces variétés forment & constituent les différentes races dont » nous ne pouvons saisir que celles qui sont les » plus marquées, c'est-à-dire, celles qui diffèrent sensiblement les unes des autres, en négligeant toutes les nuances intermédiaires qui » sont ici, comme en tout, infinies; nous en » avons même encore augmenté le nombre & » la confusion, en favorisant le mélange de ces » races, & nous avons, pour ainsi dire, brusqué » la Nature, en amenant dans ces climats des » Chevaux d'Afrique, ou d'Asie, nous avons rendu » méconnoissables les races primitives de France, » en y introduisant des Chevaux de tout pays,

» & il ne nous reste, pour distinguer les Chevaux, que quelques légers caractères, produits » par l'influence actuelle du climat : ces caractères seroient bien plus marqués, & les différences seroient bien plus sensibles, si les races » de chaque climat s'y fussent conservées sans » mélange ; les petites variétés auroient été moins » nuancées, moins nombreuses ; mais il y auroit » eu un certain nombre de grandes variétés bien » caractérisées, que tout le monde auroit aisément distinguées ; au lieu qu'il faut de l'habitude, & même une assez longue expérience, » pour connoître les Chevaux des différens » pays. »

Je m'en rapporterai en grande partie sur cet objet au manuscrit que m'a remis M. Chabert : il est sans doute le résultat des recherches & des observations de M. Bourgelat.

Des Chevaux Arabes.

Les Chevaux Arabes sont, de l'aveu général, les premiers des Chevaux. Cette race s'est étendue dans une infinité de contrées, & plusieurs de nos voisins la conservent encore soigneusement. La tête n'en est pas exactement belle ; on ne peut pas dire qu'elle soit quarrée, mais les joues en sont trop larges, & comme depuis leur terminaison jusqu'à l'extrémité inférieure de cette partie, jusqu'aux lèvres, elle est trop mince, le défaut dans les lèvres devient extrêmement sensible, & c'est le seul qu'on puisse reprocher à cette partie de l'animal. Son encolure est parfaitement bien tournée, & suffisamment fournie. On y observe le coup de hache ; mais il est précisément à l'endroit de la sortie du garot, & non dans une partie de l'encolure même. Du reste, le Cheval est très-beau & très-bien proportionné, si ce n'est qu'il est un peu long de corps. Il est d'une taille médiocre, très-dégagée, & plutôt maigre que gras. Les membres en sont admirables, nul Cheval n'a autant de force, de nerf & d'agrément que lui. Il se nourrit très-aisément & de très-peu de chose : un demi-boisseau d'orge, bien net, lui suffit toutes les vingt-quatre heures, encore ne le lui donne-t-on que la nuit. Quand l'herbe manque, les Arabes nourrissent leurs Chevaux de dattes & de lait de chameau. Il y a peu d'animal aussi bien soigné & aussi bien dressé, & l'on peut dire, à cet égard, que les Arabes ne sont imités par aucune autre Nation.

Personne n'ignore combien ils sont jaloux de leurs races, qu'ils divisent en noble, & toujours pure de deux parts, & en seconde race ; celle-ci est souillée par des mésalliances, enfin en race absolument commune. Tout le monde est instruit de l'exactitude avec laquelle ils tiennent les registres les plus fidèles du nom, des poils, des marques & taches de leurs Chevaux, qui sont en quelque sorte la souche & le tronc des Chevaux les plus renommés, mais la difficulté est de s'en procurer. Se livrer au trajet considérable qui est à faire pour se rendre de Constantinople à Alep, ou à Alexandrie, c'est n'entreprendre que la moitié du Chemin qui conduit à la source pure de ces étalons. On n'y trouve que des *kuédiches* ou *Guy-duhs*, ou des Chevaux communs qui, dégénérant toujours dans leur lieu natal, dégénéreroient bien davantage quand ils seroient transportés dans nos climats, & ne vaudroient pas les dépenses énormes qu'ils occasionneroient. Il seroit donc très-essentiel d'outrepasser plus avant, de pénétrer dans les terres de Mosul, & d'aller jusqu'à Bagdad. Mais les dangers de l'aller & du retour, le tems à y employer, vûs la longueur du chemin & les délais à essuyer dans l'attente des caravannes, l'incertitude des succès, les maladies qui peuvent survenir aux animaux achetés, le pouvoir de l'influence des nouveaux climats sur leur tempérament, l'embarras & les périls de l'embarquement, enfin l'énormité des frais d'acquisition & de conduite sont autant de points qui nous arrêtent & qui semblent limiter nos achats dans la Turquie d'Europe, ou nous déterminer à nous en tenir aux étalons dont la recherche ne nous engage, ni à parcourir les déserts les plus éloignés, ni à des obstacles qui, s'ils ne sont pas invincibles, sont au moins très-capables de rebuter. Aussi les Arabes, que l'on voit quelquefois en France, ont rarement été pris sur les lieux mêmes. Ils ont été achetés à Constantinople, ou dans les environs, d'où l'on doit conclure que ces Chevaux ne sont pas ceux de race Arabe, distingués en Arabie par le nom de *khaillan*, ou *kchhilam*, ce sont tout au plus des Chevaux que les Arabes nomment *hatiks*, ou *aatiq*, c'est-à-dire, des Chevaux d'ancienne race & mésalliés, parmi lesquels il est certain que les Connoisseurs en ont trouvé d'aussi beaux & d'aussi bons que ceux de la première sorte.

Des Chevaux Persans.

Les Chevaux Persans sont, après les Arabes, les meilleurs Chevaux de l'Orient ; ils sont infiniment supérieurs aux Arabes que nous connoissons ; ceux qui sont élevés dans les plaines de Médie & de Persépolis, de Derbent, de Bedacham sont, en général, excellens. La taille en est médiocre, mais la figure est agréable, la tête est légère, la croupe belle & la corne dure ; ils ont à la vérité peu de canon, mais la force du tendon y supplée ; leur docilité, leur légèreté, leur hardiesse, leur courage, leur sobriété, leur vigueur doivent les faire regarder comme des Chevaux précieux. On en transporte beaucoup dans la Turquie, & l'on pourroit en tirer de Constantinople avec assez de facilité.

Des Chevaux Barbes.

Le Cheval Barbe, ou de Barbarie, est assez fort & assez négligent dans son allure, si on le recherche; néanmoins on trouve en lui du nerf, de la finesse & de l'haleine; il est léger & propre à la course; sa taille excède rarement celle de huit pouces. On a cru observer qu'en France, en Allemagne & en Angleterre, il produit plus grand que lui, tandis qu'on pense que le Cheval d'Espagne donne des productions d'une taille moins avantageuse que la sienne. Son encolure est longue, fine, peu chargée de crins & bien sortie du garot; la tête en est belle & petite, assez souvent moutonnée; son oreille est belle & bien placée; ses épaules sont plates; le garot en est déchargé & bien relevé; les reins sont courts & droits; les flancs pleins; ses côtes bien tournées; la croupe en est un peu longue; sa queue est placée un peu trop haut; ses jambes sont belles, &c. &c. Mais il est rare d'avoir, dans le royaume, des Barbes de la belle espèce: nous n'en voyons le plus communément que celle qu'il seroit à souhaiter que nous rejettassions, parce qu'elle est plus capable de ruiner nos haras que de les relever.

Nous donnons, en général, le nom de Barbes à tous les Chevaux d'Afrique, comme celui d'Arabes à tous les Chevaux Asiatiques, Syriens, Egyptiens, que nous ne distinguons, par conséquent, que foiblement de ceux qui sont nés véritablemement dans l'Arabie pétrée, dans l'Arabie heureuse, & dans l'Arabie déserte. Cette race Barbe tire son origine des races Arabes. La meilleure est celle dont les royaumes de Maroc & de Fez sont peuplés. La province d'Hée, dépendante du premier, fournit des Chevaux de montagnes, petits, mais excellens, ainsi que les montagnes d'Idevacal & de Menseré. Dans le royaume de Fez, la Province d'Alger, les montagnes de Buchinel, de Benimerassen, de Mazelesse, & le désert de Garen, en voyent naître d'admirables, qu'il feroit à desirer qu'on pût se procurer, parce que ce sont des Chevaux de la première qualité. La plupart des meilleurs coureurs d'Angleterre étoient issus de race Barbe; mais les souverains s'opposent à ce que les vraies races distinguées soient portées au-dehors.

Il y a des Chevaux Barbes de tout poil; ils sont plus communément gris. J'en ai vu un de ce poil au haras de Rosières, en Lorraine, qui avoit coûté 24000 liv. On assure que ces animaux ne s'abattent jamais, & qu'ils se tiennent tranquilles, quand le cavalier descend, ou laisse tomber la bride.

Des Chevaux Espagnols.

Le beau Cheval d'Espagne nous est assez connu; ses défauts les plus ordinaires sont d'avoir la tête un peu trop grosse, & souvent trop longue, les reins trop bas, la croupe, le plus communément, comme celle des mulets, l'encolure un peu trop épaisse & trop chargée de crins, les oreilles longues & d'une rondeur qui seroit une difformité bien sensible, si, d'ailleurs, elles n'étoient aussi bien plantées, le paturon trop long, le sabot trop alongé, & semblable à celui d'un mulet, les talons trop hauts, ce qui le rend sujet à l'*encastellure*. Mais le feu, la franchise, l'agilité, les ressorts, l'académie naturelle, la fierté, la grace, le courage, la docilité, la noblesse de ces Chevaux, doivent nous faire passer sur toutes ces considérations, d'autant mieux que si les vices que nous leur reprochons peuvent accroître & augmenter insensiblement dans leurs productions, nous sommes très à portée d'y parer en renouvellant souvent les races.

Les Chevaux d'Espagne ne sont pas communément de grande taille; cependant on en trouve quelques-uns de 4 pieds 9 à 10 pouces. Leur poil le plus ordinaire est noir ou bai-marron, quoiqu'il y en ait quelques-uns de toutes sortes de poils. Ils ont rarement les jambes blanches & le nez blanc. Les Chevaux mâles d'Espagne ont les testicules plus gros & plus pendans que les Chevaux des autres pays.

Du reste, les haras de ce royaume n'ont pas souffert autant que les nôtres, qui sont absolument ruinés; mais ils n'ont plus la perfection sur laquelle leur réputation étoit autrefois fondée. Quoi qu'il en soit, les vraies races Espagnoles sont celles dont les Chevaux sont épais, près de terre & bien étoffés. Les plus renommés se trouvent encore dans l'Andalousie. Il y en a aussi dans la Murcie & dans l'Estramadure. A l'égard de ceux qui naissent dans le Cordouan, c'est une espèce de Montagnards, à encolure trop épaisse, à corps court, à membres bien fournis, à pieds très-beaux & très-solides, d'une très-petite taille & absolument infatigables, qui nous donneroient des Chevaux très-propres à remonter les troupes légères.

Des Chevaux Turcs.

Le Cheval Turc est originairement Arabe, Barbe, Persan & Tartare. Il se nourrit de peu de chose; il tient en général de la tournure des races auxquelles il doit son origine; communément l'encolure en est mince & effilée; son corps a trop de longueur; les reins sont trop élevés; mais quiconque apporte, dans le choix qu'il en fait, des connoissances & des lumières, distingue aisément le tronc dont il est sorti, & ne se trompe point sur l'espérance qu'il peut en avoir.

Des Chevaux

Des Chevaux Anglois.

Les Anglois n'estiment & ne recherchent presque dans les Chevaux, que la célérité & la vîtesse. Le Cheval de la plus vilaine figure, est l'animal qui est porté au plus haut prix, dès qu'il a gagné une ou deux courses. Ce ne sont pas néanmoins les Chevaux les plus vîtes que nous devons préférer pour nos haras ; car quelque haleine, quelque nerf & quelque légèreté qu'ils montrent, ils ne nous donneront que de très-mauvaises & de très-difformes productions. Nous devons nous attacher à ceux qui ont de la figure & des membres. Parmi les Chevaux Anglois, il y en a qui sont issus d'Arabes, de Barbes & de croisés de Turcs. Les premiers tiennent de leurs pères, les joues & la tête ; les seconds en tiennent la tête busquée, ou moutonnée, & les derniers la force des membres. Il faut cependant convenir que quelquefois cette force n'est qu'apparente, & que beaucoup d'entr'eux sont mols & sans vigueur. Les meilleurs Chevaux Anglois sont ceux de la province de Lincoln. Au surplus, la tête du Cheval Anglois est assez naturellement longue, ainsi que ses oreilles ; sa taille en est plus étroite que celle des Chevaux auxquels il doit sa première existence. Il est, en général, très-vigoureux, capable d'une grande fatigue, excellent pour la chasse & pour la course ; mais n'ayant aucune liberté dans ses épaules, nul-liant dans ses reins ; le cavalier à chaque tems de trot & de galop en sent toute la dureté. Ce Cheval n'a nulle souplesse, nul agrément, & ses pieds sont le plus souvent douloureux. On sait combien les Anglois mettent de soin à la multiplication de leurs Chevaux. Ils en ont encore une espèce de la plus grande & de la plus forte taille, dont les membres sont superbes & les mieux fournis que l'on connoisse. Cette espèce fait de beaux Chevaux de carrosse. Quant aux Chevaux d'Irlande, il y en a de très-bons ; mais ils sont très-rares : on les appelle communément & assez mal-à-propos *Aubins*, par la raison que leur allure la plus ordinaire est l'*amble*.

Les Chevaux Anglois sont de tout poil & de toute marque ; on en trouve communément de quatre pieds dix pouces, & même de cinq pieds. On assure qu'il est défendu en Angleterre de laisser saillir une jument par des Chevaux, dont la taille soit au-dessous de quatre pieds & demi. C'est avec des étalons Barbes, Turcs, Napolitains, qu'ils ont produit les *guildings*, ou *gueidings*, dont la vîtesse est si renommée.

Des Chevaux Tartares.

Les Chevaux des Tartares *Usbeks* sont d'une taille ordinaire ; l'encolure en est longue & roide ; la tête petite ; les membres en sont assez fournis ; ils n'ont ni croupe, ni ventre, ni poitrail ; le plus souvent ils sont trop haut montés ; l'ongle en est extrêmement dur, mais trop étroit ; accoutumés insensiblement à la fatigue & à la diette, & n'y étant assujettis que quand ils sont parvenus au degré d'accroissement & de force qu'ils doivent avoir, ils sont capables du plus grand travail, de la plus grande course, & de la plus longue abstinence. Les Chevaux des *Calmouks* sont plus grands, mais aussi forts, & aussi vigoureux & de bonne haleine. Ceux des *Nogais* sont plus petits, mais excellens coureurs, capables du plus grand travail & de la plus longue traite. Les Tartares fendent à leurs Chevaux les nazeaux & les oreilles. On conduit annuellement des Chevaux Calmouks au centre de la Russie. Les Chevaux de la *Crimée*, du *Kuban*, ressemblent beaucoup à ceux de la grande Tartarie. Ils en ont toutes les bonnes qualités. Ceux de la petite Tartarie sont très-près de terre, mais les petits Tartares en font tant de cas, qu'il est impossible à tout étranger de s'en procurer. Les Tartares, comme les Arabes, se font une habitude de vivre avec leurs Chevaux, par conséquent ils s'occupent beaucoup de les perfectionner & de les bien soigner.

Des Chevaux Hongrois & Transylvains.

Les Chevaux Hongrois & les Transylvains ne sont pas moins sobres que les Chevaux Tartares ; ils sont rarement beaux : la tête en est le plus souvent quarrée, la crinière longue, les flancs creux, le corps plus long qu'il n'est haut ; les nazeaux peu ouverts ; ils sont en général assez pourvus de chair ; mais ils suppléeroient parmi nous aux Chevaux Tartares, pour en tirer une espèce très-utile, & qui serviroit à la remonte de nos hussards. Il en est de même des Chevaux Sardes, de plusieurs chevaux des Ardennes, &c. &c.

Des Chevaux Allemands.

Les Chevaux Allemands, & principalement ceux de la forêt du Hart, nous procureroient d'excellens produits. Ils viennent des Chevaux Turcs, Espagnols & Barbes : aussi en participent-ils du côté de la figure. A l'exception de ceux qui vivent dans la forêt, on leur reproche seulement de n'avoir pas assez d'haleine.

Des Chevaux Napolitains.

L'Italie fournissoit autrefois de beaux Chevaux. Le royaume de Naples, dans cette partie de l'Europe, avoit les meilleurs ; mais la race Napolitaine ne subsiste point ; on distinguoit le Cheval Napolitain à l'épaisseur de son encolure, à la hauteur de sa taille, à la coupe de sa tête, ordinairement busquée, & d'un volume considérable, à sa noblesse, à sa fierté, à la beauté de ses membres & de ses mouvemens ; les Chevaux Napolitains, bien appareillés, formoient d'admirables étalons. Ils tenoient beaucoup des Chevaux d'Espagne. Le mauvais choix qu'on en a fait, les a jetés en France dans le plus grand discrédit. Ils sont, en effet, ruinés & avilis. La province de Normandie, dans laquelle on avoit très-indistinctement tenté d'en tirer race, a été trompée dans son attente, & dans le moment présent, il n'en existe pas de vestiges. Dans le royaume de Naples même, le Souverain s'est vu obligé, pour relever ses haras, de recourir aux Chevaux Polezinès.

Des Chevaux Polezinès.

Ces Chevaux, nés dans un pays qui fait partie des états de Venise, sont de la plus grande beauté; l'encolure en est superbe; la tête parfaitement attachée & de la plus belle coupe; le garot admirable; les épaules & toutes les parties de leur corps exactement bien proportionnées; la taille très-élevée. Mais les yeux de presque tous sont petits; la côte est légèrement serrée; les mouvemens en sont naturellement aussi libres & aussi souples que ceux du Cheval d'Espagne le mieux exercé; ils en ont la cadence. Ces Chevaux unis à des jumens Danoises & à des Constantines, donneroient les productions les plus rares pour le carrosse.

Des Chevaux Russes.

Les Chevaux Russes, élevés par les paysans, sont petits, & néanmoins très-vigoureux, & presque infatigables. Ils n'ont pas la forme élégante; ils portent la tête basse; ils ont l'air triste, les pieds médiocrement gros. Le plus souvent leur poil est noir, quoiqu'il y en ait à poil bai-brun & à poil gris-blanc. Ces Chevaux, qui sont employés à la course des traîneaux, sont les meilleurs troteurs qu'on connoisse. Les Chevaux nés dans les haras pour le service de la cour & des grands Seigneurs, sont produits par des races d'Etalons Persans, Barbes, Arabes & Italiens, même Danois & Anglois; ceux des deux dernières races sont le moins estimés. En Russie, on destine aux travaux les Chevaux qu'on tire d'Ukraine, des frontières Tartares & Calmouks. Ce sont les plus lestes & les plus forts.

Des Chevaux Danois.

Nous pourrions attendre encore de belles productions des Chevaux Danois, non de ceux qui naissent dans le Holstein, mais de ceux qu'on peut tirer de la Jutlande, de la Zélande & de la Fionie. Parmi ceux du Holstein, les Chevaux élevés dans les pâturages gras, ont l'apparence la plus séduisante; mais, pour l'ordinaire, ils sont mols & sans vigueur; ceux qui sont nourris dans des pâturages secs, ont plus de ressource & sont souvent aussi d'une figure distinguée. Cependant, le plus fréquemment, la cuisse en est longue & peu fournie; l'encolure courte; & ils ont une multitude de vices de conformation, qui ne manquent jamais de passer à leurs productions & de les souiller. Le vrai Danois est de belle taille & bien étoffé; il a de la légèreté, des mouvemens, du courage & de la force, & c'est celui que nous devons préférer, & qui, d'ailleurs, a été le premier principe des races Constantines.

Des Chevaux d'Islande.

Les Chevaux d'Irlande sont courts, petits, endurcis à la fatigue & au froid. A l'approche de l'Hiver, leur corps se recouvre d'un crin très-long, roide & épais.

Des Chevaux Hollandois & Flamands.

On se sert le plus communément en France, pour le carrosse, de Chevaux Hollandois. Les meilleurs viennent de la Frise; il y en a aussi de fort bons dans les pays de Bergues & de Juliers.

A l'égard des Chevaux Flamands, que des maquignons vendent pour des Chevaux Hollandois, ils sont fort inférieurs à ceux-ci, & s'annoncent presque tous par une tête énorme, des pieds plats, des eaux aux jambes, &c. C'est par eux que les Chevaux des haras du Vimeux, du Boulonnois & de l'Ardresis, dont on pourroit tirer des Chevaux de carrosse & d'excellens Chevaux de trait, ont totalement dégénéré, & rien ne seroit plus prudent que de les bannir de nos établissemens.

Des Chevaux François.

Il y a en France des Chevaux de toute espèce; le Limousin & la Nomandie fournissent les meilleurs; le Limousin, les Chevaux de selle, & la Normandie, outre les Chevaux de selle, de très-beaux Chevaux de carrosse, qui ont plus de légèreté & de ressource que les Chevaux Hollandois. Les Chevaux de selle Normands ne sont pas si bons pour la chasse que ceux du Limousin; mais ils valent mieux pour monter les troupes, & sont plus étoffés & plutôt formés. On tire de la Franche-Comté & du Boulonnois de très-bons chevaux de tirage. Il y a en Auvergne, en Poitou, dans le Morvant, en Bourgogne, d'excellens bidets. Le Roussillon, le Bugey, le Forêt, le pays d'Auch, la Franche-Comté, la Navarre, la Bretagne, &c. donnent aussi des Chevaux, moins estimés que les Limousins & les Normands.

Les Chevaux Limousins ont beaucoup de ressemblance avec les Barbes. Le terrein d'une bonne partie du Limousin, est sec & léger. L'herbe en est très-délicate. M. Bourgelat assure qu'il n'en existe plus de cette race, qu'elle est tellement dégénérée, qu'on ne la reconnoît plus à aucune des nuances qui la distinguoient.

Il pense aussi que le vrai Normand s'est abâtardi, & que la Normandie, Province la plus fertile en Chevaux de distinction, ne donne plus que des fruits informes d'un accouplement prématuré, ou mal assorti, c'est-à-dire, que des résultats de poulains de deux ans, & de jumens vieilles, ou jeunes, qui leur sont appareillées indistinctement & sans choix.

En général, les Chevaux François pêchent pour avoir de trop grosses épaules, au lieu que les Barbes pêchent pour les avoir trop serrées.

D'après tout ce qui précède, il paroîtroit que les Chevaux les plus parfaits du monde seroient ceux d'Arabie. C'est-là où il sembleroit que fût la race primitive, le modèle de la nature. Tous les autres Chevaux, qui ont des qualités, en seroient des combinaisons, plus ou moins imparfaites, à cause des mêlanges faits sans choix, mal assortis & dégradés par la négligence des hommes, par l'influence des divers climats, & par la nourriture. Les Arabes, pour avoir constamment, dit-on, de beaux Chevaux, n'ont pas besoin de croiser les races. Mais pour conclure, comme on l'a fait, que c'est la preuve que le Cheval est indigène à l'Arabie, que l'Arabie est sa première patrie, il faudroit que, dans ce pays, tous les Chevaux fussent naturellement beaux, sans que les hommes prissent des précautions pour bien assortir les races & les individus; or, on sait que les Arabes ont la plus grande attention pour éviter les mésalliances; ils font, à l'égard des Chevaux de l'Arabie, ce que les Européens font à l'égard de leurs Chevaux, & de ceux qu'ils tirent de l'étranger; c'est-à-dire, qu'ils choisissent de beaux étalons & de belles jumens. Les Arabes parcourent des contrées très-étendues; ils peuvent, sans recourir à l'étranger, allier les Chevaux de pays très-distans les uns des autres, qui seront toujours des Chevaux Arabes; mais ces alliances peuvent être regardées comme un véritable croisement. Qui sait si des nations Européennes, qui deviendroient aussi curieuses de Chevaux que les Arabes, choisissant toujours ce qu'il y a de plus parfait dans leurs pays, sans jamais se négliger, ne parviendroient pas à faire & à soutenir des races précieuses, quoiqu'elles n'eussent pas les qualités de la race Arabe & de la race Barbe qui en vient? Je pourrois en citer un exemple fappant, dans une autre classe d'animaux. M. Daubenton a allié des béliers du Roussillon, avec des brebis de l'Auxois, en Bourgogne; il a obtenu une laine superfine, qui ne dégénère pas, par l'attention qu'on a dans sa bergerie, de ne conserver que des béliers choisis, & de ne leur donner à couvrir que des brebis à laine fine. Le troupeau de bêtes à laine, que le roi a fait venir d'Espagne, en 1787, est toujours beau, il a toujours à Rambouillet la laine la plus fine. Elle eût peut-être perdu déjà de sa finesse, sans la précaution que l'on a de ne garder que les plus beaux béliers & les plus belles brebis, pour les allier ensemble. Le climat & le sol de Rambouillet sont bien différens de ceux des plaines de l'Estramadure & des montagnes de la Castille. Cependant ce troupeau se soutient, & s'y améliore même. Je ne crois donc pas que, malgré la perfection & la supériorité des Chevaux Arabes sur les autres, on puisse prononcer que l'Arabie est la patrie des Chevaux. Pour remonter des races abâtardies, sans doute, il faut aller chercher des Chevaux dans les pays où ils ont plus de beauté & de qualité; mais cette importation étant une fois faite, les peuples de l'Europe, à ce qu'il me semble, peuvent tous, avec de l'intelligence & de la suite dans leurs attentions, se procurer chez eux de belles espèces & les entretenir long-tems. Si le contraire a lieu, c'est la faute des gouvernemens, qui ne prennent pas les véritables moyens.

Article second.

De la multiplication des Chevaux.

Dans l'état sauvage, les Chevaux, comme les autres animaux, se multiplieroient spontanément, & n'auroient besoin, pour se reproduire, que de suivre le vœu de la Nature. Loin des entraves de la domesticité, ils seroient plus parfaits & plus propres à produire des individus qui leur ressembleroient. Mais depuis que les hommes les ont assujettis, depuis qu'ils les emploient à des travaux pénibles, qu'ils les excèdent de travail, qu'ils les déforment par des harnois, qui souvent les blessent, qu'ils les nourrissent mal, qu'ils ne les soignent pas convenablement, enfin qu'ils les maltraitent, ces animaux dégénèrent sans cesse; ils sont en quelque sorte dégradés, & finiroient par être une espèce méconnoissable, si on ne prenoit, pour la relever, des précautions dans leur multiplication. Pour avoir de belles espèces de bêtes à cornes & de bêtes à laine, on fait communément choix de beaux taureaux & de beaux béliers. *Voyez* les articles Bêtes a cornes & Bêtes a laine. Il faut encore plus d'attention pour l'entretien & l'amélioration des Chevaux, parce que les races des bêtes à cornes & des bêtes à laine, n'étant pas exposées aux mêmes causes de dégradation, se conservent plus long-tems.

Il y a deux manières de procéder à l'amélioration des Chevaux. L'une en rassemblant dans un établissement des étalons & des jumens de choix, pour faire couvrir celles-ci dans la saison favorable; cet établissement est ce qu'on appelle proprement un *haras*. *Haras particulier, haras fixe* ou *parqué*. La seconde consiste à faire placer des étalons de distance en distance, dans les diverses provinces propres aux élèves, ou pour couvrir les jumens des particuliers qui leur seront annexées, ou pour couvrir celles qui leur seront amenées librement. Cette dispersion des étalons un à un, & des jumens poulinières, est encore nommée *haras*, mais *haras provincial*, ou *épars*.

Amélioration des Chevaux par les haras proprement dits, ou haras particuliers, haras fixes, ou parqués.

On entend par *haras proprement dits*, non-seulement un assemblage de Chevaux entiers & de jumens, destinés à perpétuer l'espèce, mais encore un endroit propre à y élever des poulains, jusqu'à ce qu'ils puissent servir, soit pour la selle, soit pour le trait.

On voit peu d'endroits où il y ait cette réunion d'étalons & de jumens, uniquement affectés à la propagation de l'espèce, parce qu'il est universellement reconnu que cela est plus onéreux que profitable. En France le Roi en a deux: l'un, en Normandie, appellé le *haras d'Hyesme*, & l'autre en Limousin, établi au château de *Pompadour*. Le Roi est intéressé à propager les beaux Chevaux, & à exciter l'émulation publique. Quelques hommes riches, ou grands Seigneurs, chez les étrangers, & en France même, par goût, & comme amateurs, ont fait cette dépense, utile aux autres & agréable pour eux.

Toutes les provinces du Royaume de France n'ont pas les qualités requises pour ces sortes d'établissemens; la Flandre, le Morvant, l'Auvergne, le Berry, la Navarre, le Limousin, le Poitou, la Bretagne & spécialement la Normandie, sont généralement reconnues pour y être le plus propres.

Ce sont le sol du pays, la nature de l'herbe, la qualité du terrein, le local pour placer les herbages, & la température de l'athmosphère qui donnent à une province cet avantage sur une autre.

Pour former un haras, soit en grand, soit en petit, il faut qu'il y ait des pâturages suffisans pour la nourriture des jumens & des poulains, & que ces pâturages soient de différente espèce, c'est-à-dire, plus ou moins gras.

La première chose à observer, c'est de proportionner la quantité de Chevaux à la quantité d'herbe que l'on a, en y joignant des bœufs, ou des vaches, pour réparer le fond que les Chevaux détruisent. Ces animaux ne font point de tort réciproquement; le bœuf mange la grande herbe & le Cheval, qui n'aime que l'herbe tendre & courte, laisse grainer & multiplier celle qui est élevée & dont les tiges sont dures, de manière qu'un pâturage où il a vécu n'est, après quelques années, qu'un mauvais pré, tandis que celui où le bœuf a vécu devient un pré très-fin. C'est sur le plus, ou le moins de bonté de l'herbage que l'on peut évaluer la quantité de Chevaux & de bœufs que l'on doit y mettre; pour la réparation du fond, le nombre des bœufs doit toujours l'emporter, & c'est peut-être autant par cette inattention forcée par la quantité de Chevaux qu'il y a au haras d'Hyesme, que par le grand désintéressement de M. de Briges, premier Écuyer Capitaine du haras du Roi, que les fonds du haras commencent à y être un peu épuisés. M. de Briges auroit pu, comme bien d'autres, bénéficier considérablement sur l'engrais des bestiaux qui eussent été mis à son profit dans les pâturages, ce qu'il n'a pas cru devoir faire, parce que son extrême probité a toujours fait taire ses intérêts personnels. Il est d'autant plus vrai qu'il faut dans un herbage mettre plus de bêtes à cornes que de Chevaux, que les Propriétaires d'herbages, en Normandie, ne permettent qu'avec peine à leurs Fermiers dans leurs baux, de laisser paître des Chevaux sur leurs héritages. Cependant on ne risqueroit rien, même dans un fond maigre, de mettre un Cheval par quatre vaches, ou deux bœufs. M. de Garsault, un des meilleurs écrivains sur tout ce qui concerne le Cheval, conseille, dans un fond excellent, un bon bœuf pour deux Chevaux, dans un fond médiocre, deux vaches, ou un bœuf par Cheval, &, dans un mauvais fond, quatre vaches, ou deux bœufs par Cheval.

Dans toute espèce de haras, il faut diviser son terrein en trois parties, lesquelles doivent être bien fermées de haies, ou palis, ou fossés.

La plus grasse sera destinée aux jumens pleines & à celles qui nourrissent.

La deuxième, beaucoup moins succulente, sera pour les jumens *vides*, qu'il faut séparer, parce qu'étant plus légères, elles tourmenteroient les autres; de plus, elles ont besoin d'être moins grasses, pour retenir plus facilement à la monte prochaine; on met aussi les poulines, ou pouliches dans le même enclos.

Enfin la troisième dont le sol doit être moins frais & plus inégal, sera pour les poulains entiers, ou hongres. Il est nécessaire que cette dernière partie soit bien fermée, pour les empêcher d'aller trouver les jumens; il faudroit même qu'elle ne fût pas voisine, pour qu'ils ne puissent pas voir les cavales.

Il est à désirer qu'il y ait dans les deux derniers enclos des hauts & des bas, pour dénouer les épaules & les hanches des poulains, & leur donner occasion de déployer leurs forces & leur légèreté, dans les jeux & les courses que leur gaieté naturelle leur fait faire.

Pour que l'herbe des enclos broutés pût se renouveller, il seroit utile d'en avoir de rechange; on feroit passer les animaux des uns dans les autres, & ils reviendroient dans les premiers, quand les derniers seroient épuisés.

Dans chaque herbage, s'il y a une mare, elle

servira d'abreuvoir & de bain aux animaux, quand ils seront trop assaillis des mouches. Quelques personnes pensent que les eaux stagnantes sont préférables pour les Chevaux aux eaux vives, parce que celles-ci leur donnent souvent des tranchées. Mais cette opinion ne me paroît pas fondée. Il est possible & même vraisemblable que des Chevaux qui se sont échauffés au travail, venant à boire de l'eau vive & froide, soient attaqués de tranchées; mais des Chevaux paissant & errant librement dans un parc de haras, ne s'échauffent pas. Une eau limpide & pure, telle que l'eau de source, & sur-tout telle que celle des montagnes, ne me paroît pas devoir les incommoder: avant de me persuader qu'elle leur est nuisible, je desirerois avoir des faits positifs qui le prouvassent. Mais il faut que l'herbage ne soit ni trop humide, ni trop sec; le terrein marécageux leur attendrit la corne, élargit le pied, les rend sujets aux eaux, & fait les Chevaux mols & sans vigueur; le trop sec donne des Chevaux nerveux, mais il leur serre les talons & les rend encastelés; par conséquent un terrein qui ne soit, ni gras, ni maigre est le plus convenable pour faire de bons Chevaux. Par cette raison, les pays un peu montueux paroissent préférables pour placer un haras de Chevaux fins. Les animaux contraints de monter & descendre y acquierrent, outre la force, de la liberté, de la souplesse & de l'haleine. L'herbe des montagnes est plus fine, plus délicate, plus nutritive. Les gros Chevaux qui ont besoin de pâturages abondans, peuvent être élevés dans les pays de plaine, ou dans les vallons.

Il est bon d'observer qu'il faut quelques arbres épars dans les herbages, pour mettre les animaux à l'ombre dans les grandes chaleurs, & pour leur donner la facilité de se frotter; mais s'il y a des troncs, des chicots, ou des trous, il faut arracher, ou applanir, pour prévenir les accidens.

On doit avoir un Garde-haras, pour soigner les animaux, réparer les torts qui peuvent se faire à la clôture de l'herbage, en écarter les loups, en un mot veiller à tout.

Quant aux loups, ils sont plus à craindre dans les herbages où il n'y a que des poulains que dans ceux où il y a des jumens poulinières: elles sont en état de se défendre, ainsi que leurs productions. Les bêtes à cornes s'en garantissent aussi. Les cavales se réunissent en rond, mettent les poulains dans le milieu & présentent la croupe; les bêtes à cornes font le contraire & présentent la tête; dans l'un & l'autre cas, comme un loup occasionne un grand mouvement dans l'herbage, le Garde-haras qui y couche, vient à leur secours; il est muni d'une arme à feu qu'il tire tous les soirs & plusieurs fois dans la nuit; il a de plus un chien qui ne lui laisse pas ignorer ce qui se passe.

Les pâturages les meilleurs sont ceux qui abondent en plantes graminées fines, les plus capables de bien nourrir. Après elles se sont la luzerne, le sainfoin, le trèfle & la pinprenelle.

Les jumens & poulains d'un haras paissent depuis le Printems jusqu'en Hiver, dans les pâturages. Quand ils ne trouvent rien aux champs, on les nourrit à l'écurie avec du foin.

Une petite remarque de curiosité en passant, c'est qu'un herbage est, pour ainsi dire, un baromètre vivant: quand le tems va à la pluie, les animaux descendent dans les fonds, & viennent sur la hauteur, quand il doit faire beau.

Je n'entrerai point dans les détails des écuries, ou des hangards qu'il faut dans les haras fixes, soit pour loger séparément les étalons, les jumens pleines, ou vuides, les poulains de l'un & l'autre sexe, aux différens âges, soit pour les faire manger à couvert les jours où l'inconstance du tems ne leur permet pas de paître dans l'herbage. Il ne sera pas question non plus des forges, manèges & autres objets indispensables quand les haras sont considérables. Je réserve pour le mot HARAS l'exposé du local le plus convenable. Il est inutile de dire qu'on doit avoir des registres exacts, pour y conserver les noms des étalons & jumens, & celui des haras d'où ils sont sortis, les noms & qualités des pères & mères, les poils, les marques, l'âge, la taille, la figure, le jour de la saillie, celui du du part, ou accouchement, le sexe, ou le produit donné, &c. Je me contenterai de traiter ici de tout ce qui a rapport à la conduite des animaux qui forment les grands & les petits haras.

Du choix des étalons.

Le Cheval étant le plus brave & le plus utile de tous les animaux, il est donc nécessaire à toute Nation guerrière, ou agricole de conserver, propager & embellir son espèce.

On nomme *étalon*, ou *ételon*, un Cheval entier, uniquement destiné à couvrir des jumens. La tournure, la force & la taille d'un étalon doivent être en raison de l'espèce de Chevaux que l'on veut faire, c'est-à-dire, qu'il faut qu'il soit fin, s'il est destiné à faire des Chevaux de selle, & qu'il soit fort, si ce sont des Chevaux de trait. Je ne parlerai pas des Chevaux de somme; ce sont les mulets & les ânes que l'on emploie ordinairement à porter; l'espèce de Chevaux qu'on leur associe est l'espèce la plus commune, qu'il est inutile de chercher à embellir.

Un étalon, dans l'un & l'autre cas, doit être, en beauté & en qualité, un modèle de sa race, afin que ses productions soient les plus parfaites possibles.

Si on le destine à faire des Chevaux de monture, il faut qu'il soit libre dans les épaules, sûr dans les jambes, souple dans les hanches, leste, nerveux & sain par-tout le corps; de la taille de quatre pieds huit, neuf & dix pouces; qu'il ait le front un peu convexe, les yeux vifs, à fleur de tête, les oreilles déliées & bien placées, les salières remplies, les naseaux bien ouverts, la bouche médiocre, l'encolure peu chargée, la tête haute, petite & sèche, les épaules sèches & plates, le poitrail large, le garot bien élevé, le rein court, le dos uni & égal, les flancs pleins & courts, la croupe ronde & fournie, les genoux ronds sur le devant, la jambe large & sèche, le tendon bien détaché, le boulet menu, le fanon peu garni, le paturon gros, la couronne peu élevée, la corne noire, unie, luisante, la sole épaisse, concave, la fourchette petite, les crins longs & fins, la queue touffue, peu de poils aux jambes, les testicules gros & retroussés, & le membre gros; qu'il ait en outre de la sensibilité dans la bouche, de la docilité, du courage & de l'ardeur; qu'enfin il soit sans défauts, s'il est possible, mais sur-tout sans défauts héréditaires.

L'étalon destiné à faire des Chevaux de trait aura toutes les qualités du précédent, avec les différences suivantes: il faut qu'il ait la tête grosse d'ossemens, l'encolure forte & charnue, le poitrail bien large, les épaules grosses, le ventre grand, sans être avallé, les reins élevés, la jambe nerveuse & forte, les jarrets larges, le sabot fort & bien fait; on le choisira de même sans défauts, sur-tout sans défauts héréditaires; il doit avoir au moins cinq pieds de taille, pour faire des Chevaux de carrosse, ou des Chevaux de grosses voitures, quatre pieds huit ou dix pouces pour des Chevaux de labour. Pour être sûr de la hauteur d'un Cheval, on doit le mesurer à la potence & non à la chaîne, parce que la chaîne passant sur la rondeur de l'épaule, ajoute toujours deux pouces à la taille.

Les défauts héréditaires sont les yeux foibles, les fluxions habituelles, l'haleine courte, qui finit par la pousse, les maux des jarrets, comme courbes, éparvins, jardons, suros, &c.

Le Duc de Newcastle & beaucoup d'autres ont regardé la méchanceté comme héréditaire; mais, au haras du Roi, d'après le témoignage de M. de Briges, il y a eu nombre de Chevaux méchans dont les productions étoient fort douces; on cite entr'autres un Cheval barbe qu'on nommoit *le bagdat*; il étoit féroce à un tel point que qui que ce soit ne pouvoit en approcher; il n'étoit ni pansé, ni ferré; on le tenoit attaché par quatre longes; tout son service se faisoit par les deux cases d'à côté, il n'alloit jamais à la monte qu'accompagné de quatre palfreniers, un panier de fer à la bouche, les yeux fermés par des lunettes; il auroit mangé la jument sans cette précaution. Il faisoit des Chevaux superbes pour la figure & les qualités; il étoit ardent & prompt dans son opération, aussi méchant après qu'avant; peu de ses productions se sont ressenties de son caractère indomptable & féroce. Cet exemple n'empêche pas qu'il ne soit plus avantageux d'employer pour la monte des étalons dociles.

Quant à la robe, je ne crois pas qu'il faille y avoir beaucoup d'égards. Le noir & le bai, avec les crins & les extrémités noirs sont les couleurs les plus communes, & le plus ordinairement recherchées. On rejette les Chevaux qui sont d'une couleur lavée & qui paroissent mal teints. L'habitude que les personnes qui dirigent les haras ont du mélange des couleurs, doit régler les assortimens; car, quoique la raison indique qu'il peut y avoir de bons Chevaux de tout poil, il faut, autant qu'on peut, se conformer au goût des Amateurs, & à ce qui paroît le plus généralement adopté, sur-tout, si l'on se propose de vendre les Chevaux provenus des accouplemens qu'on fait faire. On n'est jamais sûr de la robe jusqu'à un certain point, car au haras d'Hyesme, un Cheval gris avec des jumens grises & bais, n'a jamais fait que des poulains noirs; communément bai avec bai, fait bai ou alézan; fort souvent bai avec gris fait bai.

Il en est des marques comme du poil, elles ne tiennent & ne font rien à la bonne, ou mauvaise nature du Cheval; elles ne servent qu'à amuser le vulgaire & à tromper les ignorans. Qu'il ait l'étoile, l'épi, le pied blanc à droite, ou à gauche, devant, ou derrière, que les balzanes ne montent pas trop haut, qu'il ait le chanfrain, ou la face plus ou moins grande, qu'il ait les quatre bonnes marques, ou les sept mauvaises, tout cela doit être regardé, par les vrais connoisseurs & les gens sensés, comme des contes; la meilleure règle est de juger un Cheval à la vue, examiner s'il est beau & bien fait dans toutes ses parties, puis de le monter plusieurs fois soi-même, pour juger de ses qualités; car il faut une expérience consommée, pour en juger en le voyant monter par une autre personne.

Plusieurs Auteurs prétendent que le Cheval entier, avant d'être destiné au service des jumens, doit avoir été exercé au manège, ou au travail, pour avoir la sagesse & la docilité dont il est susceptible. Il seroit difficile de dire jusqu'à quel point les qualités qu'il auroit acquises par ces exercices influeroient sur les poulains qu'il produiroit; mais il est vraisemblable qu'elles y influeroient généralement.

Il y a de bons Chevaux de tous pays, le fait est vrai; mais il y a des pays dont les Chevaux en produisent plus communément de meilleurs que les autres. Les Chevaux Arabes sont les plus estimés de tout l'Univers; après eux ce sont les Chevaux Barbes, puis ceux d'Espagne, puis les Anglois & les Normands. Ceci a rapport aux Chevaux de selle pour étalons; quant aux Chevaux de trait, on met en France au premier rang, les Chevaux Danois, puis les Allemands, les Flamands, les Auvergnats, les Chevaux Suisses & Grisons, & spécialement les Normands, qui ont l'avantage de jouir d'une grande réputation dans les deux genres.

Les gens d'une grande expérience pensent qu'il faut croiser les races en France. Buffon, d'après les écuyers & autres personnes qui ont dirigé, ou soigné les haras, regardant cette nécessité comme prouvée, explique le pourquoi de la manière suivante. Il l'attribue à l'influence du climat & de la nourriture qui, à la longue, rendent les Chevaux exempts, ou susceptibles de certaines affections, de certaines maladies; leur tempérament doit changer peu-à-peu. Le développement de la forme, qui dépend en partie de la nourriture & de la qualité des humeurs, doit donc changer aussi dans les générations. A la première génération, ce changement est insensible, parce que l'étalon & la jument, tirés d'un pays étranger, ont pris consistance & leur forme, avant d'être dépaysés. Par conséquent la première génération n'est point altérée; la première progéniture de ces animaux ne dégénère pas, l'empreinte de la forme étant pure; mais le jeune animal essuie, dans un âge tendre & foible les influences du climat, qui lui feront plus d'impression que sur son père & sa mère. Ces influences & celles de la nourriture, à mesure qu'il avance en âge, se font sentir, & y développent des germes de défectuosités, qui se manifesteront plus sensiblement dans la génération suivante. On conçoit que la dégénérescence augmentera, de génération en génération, & qu'il arrivera une époque où les caractères de la première souche seront perdus. Les Chevaux alors ressembleront en tout à ceux du pays. Dès la deuxième, ou troisième génération, des Chevaux d'Espagne, ou de Barbarie deviendront des Chevaux François. On est donc obligé de croiser les races, en faisant venir des étalons de l'étranger, & en les alliant convenablement & avec précaution. Ce renouvellement, qui n'est, pour ainsi dire, qu'à moitié, produit de meilleurs effets que s'il étoit entier. Car un Cheval & une jument d'Espagne ne produisent pas, en France, de si beaux Chevaux qu'un Cheval d'Espagne & une jument Françoise. La perfection seroit de donner à nos Chevaux entiers des jumens étrangères. Cette double attention entretiendroit toujours la France de beaux & bons Chevaux.

En général, le meilleur croisement se fait par des étalons de pays très-distans de celui où on les introduit. La France étant sous un climat tempéré doit, pour avoir de beaux Chevaux, tirer ses étalons des états les plus froids & des plus chauds, même des provinces Méridionales du Royaume, pour les provinces Septentrionales, *& vice versâ.* Cela n'empêche pas que pour la distribution on n'ait égard à l'espèce de Chevaux qu'on veut produire, & à la province où est le haras. En Normandie, les Arabes, les Barbes & les Chevaux anglois sont les meilleurs à prendre pour étalons de selle, ils diminuent la jambe du Cheval Normand, qui deviendroit trop forte; en Angleterre, on devroit prendre des étalons de vraie race Normande, pour augmenter la jambe trop petite du Cheval anglois. Quant aux Chevaux de trait, il n'y a de bons pour la Normandie que le vrai Normand de race, le Danois & le fort Anglois.

Dans le Limousin & la Navarre, on doit prendre pour étalons l'Arabe & le Cheval d'Espagne. A l'égard des autres provinces, c'est aux gens du métier & aux connoisseurs à en juger pour le bien de la chose, & pour leur plus grand intérêt. M. de Briges croit qu'il faut bannir à jamais de toutes les provinces du Royaume, les Chevaux Italiens, ou Napolitains. M. le Prince Charles, qui, comme Grand Ecuyer, étoit maître du haras d'Hyesme, en avoit infecté la Normandie, & M. de Briges a été plus de cinq ans, pour détruire cette mauvaise espèce, qui avoit abâtardi & dénaturé la race; elle ressembloit au chameau pardevant, & au mulet par-derrière.

On assure qu'en France, les Chevaux Arabes & Barbes produisent ordinairement des Chevaux plus grands qu'eux, que les Espagnols en produisent de plus petits qu'eux, & que les Chevaux Anglois, au défaut des Arabes, des Barbes, des Turcs & des Espagnols, doivent avoir la préférence sur les autres, parce qu'ils viennent des premiers & qu'ils n'ont pas dégénéré, la nourriture pour les Chevaux étant excellente en Angleterre, où l'on est aussi très-soigneux de renouveller les races.

On parviendroit à retarder en France la détérioration des races, sans renouveller les étalons étrangers, si on avoit la plus grande & la plus scrupuleuse attention à unir les figures & les qualités les plus parfaites, & à éloigner la consanguinité dans les accouplemens.

Du service des Etalons dans le tems de la monte.

Le Cheval peut engendrer dès l'âge de deux ans, ou deux ans & demi. Mais, s'il sert des jumens à cet âge, il ne produit que des poulains mal conformés, ou mal constitués. Il vaut mieux attendre au moins deux ans de plus pour les Chevaux de trait & les gros Chevaux, qui sont plutôt formés que les Chevaux fins. Ceux-ci n'ont acquis toute leur vigueur qu'à six ou sept ans. Cependant dans les haras on commence à les employer pour saillir à quatre ans, & je crois qu'on a tort. On les réforme plutôt, ou plus tard, selon leur complexion, le pays de leur naissance, & la race dont ils sont. C'est ordinairement de 15 à 16 ans.

La monte, dans un haras, commence au mois de Mars & finit au mois de Juin.

Le Duc de Newcaste, & tous les Auteurs avant lui, avancent que la gêne étant contraire à l'acte de la génération, il faut, dans la saison de la monte, mettre l'étalon en liberté dans un ferbage, avec quinze, ou seize jumens & tout au plus vingt; selon eux, les juments sont toutes remplies plus sûrement, & au bout de six semaines l'étalon demande de lui-même à sortir de l'herbage, sa besogne étant tout-à-fait finie.

Si l'on ne consultoit que la nature, on adopteroit cette manière de multiplier les Chevaux. Les étalons dans des herbages seroient comme des cerfs avec leurs troupes de biches, qui ne manquent guères de concevoir. Mais les étalons, sur-tout ceux qu'on tire de l'étranger, sont des animaux trop précieux, pour qu'on les expose à tous les accidens qu'ils encourreroient. Il y auroit même des dangers pour les jumens. Car, comment supposer que l'étalon soit assez sage & assez prudent pour ne couvrir qu'une fois par jour, qu'il choisira ses jumens, l'une après l'autre, chacune à leur tour, qu'il ne s'attachera pas plus à l'une qu'à l'autre, qu'il ne sera pas abîmé de coups de pieds par celles qui n'en veulent plus, & exténué par celles qu'on appelle *gourmandes*, qu'il évitera de lui-même les méprises contre nature, qui sont capables de faire mourir la jument, les culbutes à la renverse, la destruction de son propre ouvrage par des répétitions inutiles, &c. &c. Par toutes ces considérations, on a donc bien fait de quitter cet ancien & dangereux usage, pour prendre celui de guider l'étalon dans ses fonctions. Dans l'état sauvage un Cheval couvre au hasard quelques jumens; si deux Chevaux se rencontrent, animés du desir de couvrir la même jument, ils se battent & le plus fort chasse l'autre; qu'il y ait des Chevaux, ou des jumens sauvages tués, ou blessés dans ces momens, peu importe pour les hommes. Mais dans la domesticité ces animaux, peut-être plus mal-adroits que dans l'état sauvage, sont d'un trop grand prix pour qu'on les livre à eux-mêmes. Il pourroit être vrai que les jumens retinssent mieux avec un étalon en liberté, mais l'étalon se fatigueroit & se ruineroit plus par ce moyen en une année qu'il ne feroit en quatre; il ne faut user de cette manière que quand on veut tirer encore quelque production d'un Cheval prêt à être réformé. Alors on l'abandonne avec des jumens qui n'ont pas encore rapporté, & avec celles qui retiennent le plus difficilement.

On a donc pris sagement le parti de tenir l'étalon à l'écurie, dans le tems de la monte, comme dans tout le reste de l'année.

Pour lui faire saillir une jument dans le tems de la monte, voici comme on s'y prend: on commence par présenter la jument à un mauvais Cheval entier, bien hargneux que l'on nomme *essayeur*, ou *bout-en-train*, pour voir si elle est en chaleur, pour n'employer qu'utilement les forces de l'étalon & lui éviter les coups de pieds qu'il recevroit; le bout-en-train contribue quelquefois par ses attaques à faire entrer les jumens en chaleur. Il doit être ardent & hennir fréquemment. Quand la jument est reconnue pour être en chaleur, alors on amène l'étalon, seulement retenu par un licol auquel sont attachées deux longes de dix-huit à vingt pieds, que tiennent deux palfreniers qui s'approchent de lui quand il est en état pour lui faciliter l'introduction, ranger la queue de la jument, dont un seul crin pourroit le blesser dangereusement, & pour le soutenir pendant son opération. Il arrive quelquefois que dans l'accouplement l'étalon ne consomme pas l'acte de la génération, & qu'il sort de dessus la jument sans lui avoir rien laissé. Il faut donc être bien attentif à observer. On reconnoît que l'acte a été consommé à un mouvement de balancier dans la queue de l'étalon, qui accompagne toujours l'émission de la semence. Dans ce cas, il ne faut pas le laisser réitérer: on le ramène à l'écurie. Quelquefois un étalon ne consomme pas l'acte, ou refuse de sauter une jument, parce qu'il est épuisé des sauts précédens; on le reconduit alors à l'écurie, où on le laisse reposer quelques jours.

Pour que l'accouplement soit bien & sûrement fait, il ne faut pas que le Cheval ni la jument aient bu dans la matinée; on ne doit les faire boire qu'un quart-d'heure après. L'éjaculation spermatique se fait plus difficilement, quand la vessie est pleine d'urine, parce que la semence & l'urine, ayant pour sortir un canal commun, qui est l'urètre, elles se nuisent l'une à l'autre. Une jument qui urineroit immédiatement après l'accouplement, détermineroit la matrice à rejeter une partie de la semence reçue.

Il y a des étalons qui se fatiguent, en montant plusieurs fois inutilement la cavale; on leur met des lunettes, pour qu'ils se tourmentent moins; d'autres se jettent sur elle avec fureur; d'autres s'élèvent du devant, de manière qu'ils sont prêts à se renverser, quelques-uns même, dès qu'ils l'apperçoivent, se portent de loin sur les pieds de derrière jusqu'à elle, ce qui leur perd les jarrets. Les hommes, qui les tiennent à la longe, doivent dans ces cas, les modérer, les tirer avec force pour les ramener en bas. S'il y a des étalons froids & tranquilles auprès des jumens, on les éloigne, on les promène autour d'elles, on les en approche ensuite peu-à-peu; on parvient à les leur faire saillir: on remet à l'écurie ceux qui, par trop de vigueur, se mettent en nage, & on les ramène quelques instans après, pour couvrir, quand leur feu s'est tempéré.

L'étalon est plus ou moins long dans l'acte. On a remarqué que les Chevaux très-vifs & très-pétulans ne couvroient pas aussi sûrement que ceux qui étoient lents. Les Arabes & les Barbes, quoique très-vigoureux, sont sujets à être très-longs : on a remarqué encore que les Chevaux lents font de plus belles & de meilleures productions ; on en a vu au haras d'Hyesme, auxquels il falloit deux ou trois heures pour qu'ils fussent en train ; ils ont en effet donné de superbes productions. Les Arabes sont les plus lents de tous ; il y a apparence que c'est la différence du climat qui en est cause ; car on est obligé de faire saillir par eux les jumens dans le manège, ou dans une écurie, pour qu'ils soient plus chaudement, on est même forcé quelquefois de leur mettre une couverture, ou de les exciter.

On doit, à l'égard des Chevaux qui n'ont jamais sailli, choisir pour leur premier saut une jument douce & facile, qui ait déjà pouliné ; on leur en fera sauter peu la première année, un peu plus les années suivantes, & on diminuera le nombre, à mesure qu'ils avanceront en âge.

Beaucoup de Chevaux sont distraits & troublés, quand il y a un grand nombre de témoins. Il est prudent de n'admettre lors de la monte que les personnes nécessaires.

M. Bourgelat conseille, avec raison, de ne pas retirer de force l'étalon de dessus la jument, parce qu'on oblige les jarrets, déjà fortement travaillés à de nouveaux efforts, qui ruinent l'animal, mais de porter plutôt la jument en avant ; ce qui est facile, si on la tient par le licol, & même si elle est attachée. Car elle ne doit l'être que par un nœud-coulant.

Quand l'étalon a sailli une jument, on le conduit à l'écurie, on le bouchonne, s'il a chaud, on abat sa sueur avec le couteau, s'il est en nage, on lui remet sa couverture & on le laisse tranquille. Trois heures après, on lui donne du fourrage, de la boisson & de l'avoine mêlée d'un peu d'orge.

Un étalon, dans le tems de la monte, ne doit couvrir qu'une fois par jour, encore lui faut-il par intervalle un jour de repos ; au haras d'Hyesme, ils couvrent tous les jours, exceptés les fêtes & dimanches ; mais, malgré cette attention scrupuleuse, le plus grand soin & la meilleure nourriture, ils maigrissent encore. Il paroîtroit qu'une fois tous les deux jours suffiroit, & que l'animal en seroit mieux ménagé. Dans les premiers sept jours de la monte, on lui donneroit successivement quatre jumens différentes ; le neuvième, on lui rameneroit la première, qu'il auroit couverte, & ainsi des autres, tant qu'elles seroient en chaleur ; quand il y en auroit quelqu'une, dont la chaleur seroit passée, & qui refuseroit l'étalon, on lui en substitueroit une autre pour la faire couvrir à son tour tous les neuf jours. Comme il y en a toujours plusieurs, qui retiennent à la première, seconde, ou troisième fois, un étalon, pendant les trois mois de la monte, pourroit couvrir 15 à 18 jumens, & faire dix à douze poulains ; on voit que le nombre de 35 jumens, fixé pour chaque étalon par les réglemens des haras de 1717, est excessif, & ne pourroit qu'énerver les Chevaux.

De la Nourriture & du soin des Etalons, dans le tems de la monte & après.

Dans le tems de la monte, on nourrit les étalons avec de l'avoine, du foin & de la paille à proportion. On leur donne l'avoine trois fois par jour, six à sept livres de foin, s'ils mangent de la paille, & dix livres dans le cas contraire. Indépendamment de ce qu'on augmente alors leur nourriture, on doit choisir parmi les espèces d'alimens, ceux qui sont de meilleure qualité. Cette conduite me paroît préférable à celle des personnes qui croient devoir faire manger aux étalons des fèves, des graines d'ortie, du satirion, & autres substances *aphrodisiaques*, qui échauffent d'abord & affoiblissent ensuite. Les étalons doivent être pansés deux fois par jour, & avoir de bonne litière. Ils n'ont pas besoin d'être promenés pendant ce tems-là, l'accouplement leur tient lieu d'exercice, sur-tout lorsqu'il se fait tous les jours, comme au haras d'Hyesme. Car, s'il ne se faisoit que tous les deux jours, les étalons n'étant pas autant épuisés, se trouveroient bien de trotter à la longe, ou d'être montés une heure ou deux, celui des deux jours de repos. Les bons pansemens, en facilitant la transpiration, contribuent à leur bonne santé. Dans le reste de l'année, on les nourrit à l'écurie, avec plus de paille que de foin, & on les entretient dans un exercice modéré, jusqu'au tems de la monte.

La monte finie, il est nécessaire de laisser les étalons huit jours en repos, de les nourrir avec de l'orge, au-lieu d'avoine, & de leur donner pour boisson de l'eau blanche. Il y a des haras où on les met quinze jours au son, après quoi ils sont saignés, puis huit autres jours au son, & après cela à la nourriture ordinaire en avoine, paille & foin. On les tient éloignés des jumens & des chevaux hongres, qu'ils ne peuvent souffrir. M. Bourgelat désapprouve cette méthode de la saignée & du son, immédiatement après la monte finie, & il est fondé en principes ; car la saignée doit ajouter encore à la déperdition que le Cheval vient de faire pendant la monte. On assure cependant que l'expérience a prouvé les bons effets de ces saignées après la monte, employées vraisemblablement, pour tempérer l'effervescence du sang des étalons, qui, pendant ce tems, a été dans une grande agitation. Je ne le nierai pas ; mais si le fait est exact, on ne peut l'expliquer qu'en regardant dans ce cas la saignée comme un calmant.

Les étalons sont à l'écurie, chacun dans une case séparée par des cloisons assez hautes pour qu'ils ne puissent avoir aucune communication avec leurs voisins ; ils y sont attachés comme par-tout ailleurs par un licol avec deux longes,

Mais on a observé au haras d'Hyesme, que l'étalon dureroit beaucoup plus long-tems, si on le laissoit à l'écurie dans une case un peu plus grande en liberté; il seroit bien moins sujet à se prendre dans les épaules, & cela prolongeroit son service jusqu'à 18 ou 20 ans.

Du choix des Juments poulinières, & du soin qu'on doit en avoir.

La Cavale, ou Jument poulinière, doit être choisie avec beaucoup de soin, & sans défaut héréditaire; il faut qu'elle soit de belle taille, qu'elle ait de la vigueur, la côte bien ronde, le ventre grand, pour que le poulain y soit bien à l'aise; qu'elle soit bonne nourrice, point trop grasse, ni trop jeune, ni trop vieille, & qu'elle ne soit point chatouilleuse aux mamelles, à moins qu'elle ne fût d'une beauté particulière, & qu'on pût faire nourrir son poulain par une autre. Une Jument, reconnue pour être inféconde, ou sujette à avorter, doit être bannie du haras.

Il paroît qu'en général, dans les haras, le poulain tient plus du père que de la mère, sur-tout pour la figure. On assure que, sans avoir une grande habitude, des personnes, en voyant un poulain dans l'herbage, peuvent en nommer le père. Mais la Jument contribue peut-être plus à son tempérament & à sa taille. Au reste, ces observations ont été faites dans des haras, où l'on choisit pour étalons des Chevaux très-vigoureux, qu'on nourrit & qu'on soigne bien, pour leur faire couvrir des Jumens, dont la vigueur ne répond pas à la leur. Pour être assuré que le mâle, dans l'espèce des Chevaux, influe plus que la femelle sur le poulain, il faudroit rassembler, dans un haras, des étalons & des jumens de même pays, de même race, également bien soignés. Quoi qu'il en soit, il faut que la Jument ait de la noblesse dans l'encolure & dans la tête; il seroit à desirer qu'elle fût de race, & qu'elle eût des qualités; elle feroit toujours plus beau & meilleur qu'elle, & sa pouliche, servie de même, la surpasseroit.

Les Jumens mettent bas dans le douzième mois, quoique l'on dise qu'elles ne portent que onze & autant de jours qu'elles ont d'années; cette opinion est l'effet d'une crédulité trop ordinaire parmi les gens qui soignent des animaux. Il me semble qu'il seroit facile de juger de la durée de la gestation des Juments, par le relevé des registres d'un haras nombreux, sur lesquels, sans doute, on inscrit les jours où elles ont pris l'étalon pour la dernière fois, & où elles ont mis bas. C'est le moyen de connoître la durée générale & ses extrêmes.

Les Jumens, comme toutes les autres femelles, sont plus précoces que les Chevaux; ceux-ci pouvant engendrer à deux ans, ou deux ans & demi, les Jumens sont fécondes un peu avant cet âge. Mais on ne doit faire couvrir les grosses Jumens qu'à quatre ans, & les fines à cinq; elles peuvent donner des poulains jusqu'à quinze ou seize ans, suivant leur vigueur. On les conserve tant qu'elles nourrissent bien, & qu'elles retiennent.

C'est au Printems qu'il faut les faire couvrir; ordinairement depuis le mois d'Avril jusqu'à la mi-Juin: cette saison est celle où elles sont ordinairement en chaleur. Le tems de la plus forte chaleur ne dure guère que quinze jours, ou trois-semaines. Il faut en profiter pour leur donner l'étalon. Si elles sont en chaleur dans une autre saison, il vaut mieux ne les pas faire couvrir; car les poulains, qui naissent en Automne & encore plus ceux d'Hiver, ne sont pas bons; en tout le froid est très-contraire au jeune Cheval.

L'heure du jour la plus favorable pour la saillie, est celle où il fait frais. L'étalon & la Jument s'en trouvent mieux.

Quand on veut faire saillir une Jument, dans le tems de la monte, on la présente au *boute-en-train*; cette épreuve est utile pour les Jumens, qui n'ont pas encore pouliné; car celles qui viennent de pouliner, entrent ordinairement en chaleur neuf jours après qu'elles ont mis bas. Dès ce jour même elles peuvent être couvertes, & neuf jours après une deuxième fois, & ainsi de suite tous les neuf jours, tant que la chaleur dure. Si la Jument ne cherche point à se défendre, si elle hennit souvent, si la vulve est gonflée, si elle range sa queue & fait quelques éjaculations, alors elle est décidée en chaleur. La liqueur qu'elle éjacule est le signal le plus certain. Cette liqueur, connue parmi les modernes sous le nom de *chaleurs*, a été appelée par les Grecs *hippomanes*. Ils prétendoient qu'on pouvoit en faire des filtres pour rendre un Cheval frénétique d'amour. Si l'on veut aider la nature, l'exciter même, on donnera aux Jumens une jointée de froment, ou une écuellée de chenevis, une fois tous les jours, huit jours avant de les présenter à l'étalon. Cet aliment les dispose mieux: ce n'est point une substance aphrodisiaque, mais un aliment très-nutritif, qui excite la chaleur, sans causer ensuite de l'affoiblissement. On passe à la jument un colier dans le col, auquel on a attaché deux longes, qui, croisées sous le ventre, se fixent aux deux pieds de derrière, pour éviter les coups qu'elle pourroit donner à l'étalon qu'on lui amène, sur-tout la première fois qu'elle est couverte, où qu'elle est révoltée des brutalités, des morsures & des sauts inutiles que le Cheval fait sur elle. On a l'attention de donner à une Jument foible de membres & de corps, un Cheval bien fourni de l'un & de l'autre, & de même à une Jument très-forte un Cheval plus foible afin de rétablir la belle nature dans le Poulain.

Le premier poulain d'une Jument n'étant jamais si étoffé que ceux qu'elle a dans la suite, on observe de lui donner un étalon plus gros, afin de compenser le défaut de l'accroissement, par la grandeur de la taille. On a encore égard à la différence & à la réciprocité des figures, du poil du Cheval, & de la Jument, afin de corriger les défauts de l'un par les perfections de l'autre. Mais on ne donne pas un très-grand Cheval à une petite Jument, ou un petit Cheval à une très-grande jument; on rapproche les tailles par nuances. On ne joint jamais ensemble les Chevaux & les jumens nés dans le même haras, ni les pères ou les mères avec leurs enfans; mais on peut faire saillir par un Cheval étranger des Jumens nées dans le haras. On évite d'employer des Jumens à courte queue, qui seroient trop tourmentées des mouches.

Il faut autant qu'on peut, suivant la taille du Cheval, ou de la Jument, la placer le plus avantageusement, afin de faciliter au Cheval l'introduction. Si la Jument est plus haute, on place l'étalon dans l'endroit le plus élevé; si elle est plus petite, c'est elle qu'on place sur la hauteur. Avec cette attention on ménage les jarrets des étalons, qui de toutes les parties du corps sont le plus en souffrance dans l'accouplement. Dans quelques haras on attache solidement la Jument à deux pilliers avec un licol de cuir, ou de corde, ou ce qui est encore mieux, avec un caveçon, dans les anneaux duquel passent les longes, qu'on assujettit aux piliers. On déferre la Jument des pieds de derrière, ou on y met des entraves; on la contient même avec une bricole, dans la crainte qu'elle ne blesse l'étalon. Il y en a auxquelles on est obligé de mettre le *torche-nés*; il faut y être forcé, car il est mieux de ne les pas contraindre du tout; en les caressant & faisant passer & repasser devant elles l'étalon, on parvient à les adoucir & à les rendre patientes, ce qui dispense d'employer la contrainte, qui les inquiète & dérange le Cheval par leur agitation. Après l'acte, quelques inspecteurs de haras, ou propriétaires de Jumens ordonnent qu'on les fasse passer tout de suite dans l'abreuvoir, ou qu'on leur jette un sceau d'eau sur le rein & sur les parties; mais cela n'est pas d'une absolue nécessité. On craint même que cette pratique ne soit plus nuisible qu'utile. Il faut l'amener aussi-tôt au pâturage, sans autre précaution.

Il est d'usage de représenter à l'essayeur, ou boute-en-train, la Jument déjà couverte au bout de neuf jours, & de lui rendre le même étalon si elle en veut encore; il faut changer d'étalon quand une Jument ne s'emplit pas. Il arrive souvent qu'un autre la féconde.

Il y a quelques exemples de Jumens qui sont mortes des suites de leur premier accouplement; quand elles rendent du sang, aussi-tôt après, il y a beaucoup à craindre; ce qu'on doit éviter avec grand soin, c'est que les étalons n'introduisent dans l'anus, au lieu d'introduire dans le vagin, ce qui arrive quelquefois à des Chevaux pétulans. Cet acte, contre nature, tue les Jumens. M. Bourgelat en a vu un exemple. La membrane interne de l'intestin rectum d'une Jument, qui avoit été saillie de cette manière, étoit entièrement déchirée.

Dès que les Cavales ont donné des signes de conception, c'est-à-dire, dès que les chaleurs cessent & qu'elles refusent le mâle, il faut empêcher qu'aucun Cheval entier ne les approche; il y auroit à craindre qu'elles ne se vuidassent, sur-tout dans les premiers mois, où elles peuvent être encore amoureuses, & souffrir l'accouplement. On doit même les séparer des Jumens, qui n'ont pas conçu; on ne peut distinguer celles qui sont pleines, qu'à cinq ou six mois, encore s'y trompe-t-on quelquefois, sur-tout sur celles qui ont fait plusieurs poulains, parce que l'état d'apathie dans lequel elles vivent, la nourriture habituelle de l'herbe qui gonfle le ventre, leur fait conserver toujours la même rondeur. Cependant comme les Jumens pleines s'entretiennent toujours plus grasses que les autres, comme dans cet état leurs mamelles grossissent & se durcissent, en y faisant grande attention, on parvient à le découvrir. Au septième & au huitième mois, sur-tout, on peut le reconnoître au tact; il suffit, pour cela, de faire trotter la jument, de lui présenter à manger sur-le-champ, & de placer la main sur le ventre. On sent alors les mouvemens du poulain.

On ne sauroit trop blâmer les propriétaires de Jumens, qui les font travailler quand elles sont pleines, autant que si elles ne l'étoient pas. Un travail modéré les entretient en bon état, mais un grand travail les affoiblit dans un tems où elles ont besoin de conserver leurs forces, pour nourrir leur fœtus.

Si une Jument avorte, ce qui arrive quelquefois, il faut en avoir le plus grand soin à cause des ravages du lait. Ce qui produit l'avortement, ce sont des maladies aigues, ou chroniques, qui leur surviennent, un exercice violent, des fardeaux trop lourds à porter ou à tirer, des coups sur les reins, sur les flancs, sur le ventre, peut-être une eau trop crûe, quelques plantes, les gelées d'Automne, & beaucoup d'autres inconstances, particulièrement une constitution lâche & molle de la matrice. Quelques Jumens avortent subitement, d'autres indiquent qu'elles sont sur le point d'avorter par de l'inquiétude, une évacuation d'humeur glaireuse par le vagin & des mouvemens plus fréquens & moins forts du poulain. Voyez dans ce Dictionnaire, & dans celui de Médecine, le mot AVORTEMENT.

Dans le cas où une Jument, prête à mettre bas, seroit surprise d'une maladie désespérée,

M. Bourgelat propose de ne pas abandonner le poulain, mais de l'extraire vivant de la matrice. Pour cet effet, on renverse avec précaution & on assujettit la Jument, on fait au ventre une longue ouverture & on pénètre dans la matrice; on perce les membranes qui enveloppent le poulain, & on l'extrait; on coupe & on lie le cordon. Cette opération, qui est l'*opération Césarienne*, pratiquée quelquefois sur les femmes, demande les plus grandes attentions. Voyez en les détails dans le Dictionnaire de Médecine.

Je ne parlerai pas ici d'une seconde sorte d'*hippomanes*, qui n'est autre chose que le sédiment épaissi & solide de la liqueur contenue dans les membranes qui enveloppent le poulain, & dont une partie se répand pour favoriser sa sortie. On a fait sur ces morceaux solides des contes que la raison désavoue, & que les connoissances anatomiques savent apprécier.

Il est très-rare qu'une Jument fasse deux poulains; si elle en fait deux, ils ne vivent pas.

Lorsque le terme de pouliner approche, le garde-haras doit redoubler de soins, pour aider les Jumens qui en auroient besoin. Cette époque s'annonce par l'affaissement de son ventre, le retrécissement des côtés, ou plutôt des flancs, par la pesanteur de la bête, qui a de la peine à marcher, &c. On doit la laisser seule dans une écurie, bien garnie de litière, sans être attachée, & la visiter de tems-en-tems.

On peut, comme dans la femme, distinguer trois sortes de parts, le naturel, le difficile & le contre-nature. Dans le naturel, le poulain se présente bien, & la Jument le met bas facilement; dans le difficile, il se présente bien encore, mais la mère a de la peine à le pousser dehors; dans le contre-nature il est mal placé. Le part naturel n'exige rien. Le part difficile est occasionné, ou par la foiblesse de la mère, ou par le volume du poulain. Si c'est par la foiblesse de la mère, on y remédie en lui faisant avaler des remèdes fortifians Si la mère est forte & vigoureuse, si malgré des efforts réitérés, elle ne peut mettre bas un poulain très-gros; on la saigne pour relâcher; on lui donne des lavemens émolliens; on oint le vagin & l'orifice de la matrice d'huile, ou de beurre, & si la circonstance le commande, on introduit la main, ou un instrument pour favoriser la sortie du poulain; mais il faut bien de la prudence, & n'agir que quand la nature est insuffisante; enfin, quand le poulain est mal placé, on le retourne dans la matrice avec la main, de manière qu'il se présente par la tête. Ces opérations doivent être faites par des hommes sages, qui ménagent bien la Jument. Voyez le Dictionnaire de Médecine.

La Jument, après avoir mis bas, lèche, pendant quelques momens, son poulain, qui, fait quelques efforts, se lève, suit sa mère, & ne tarde pas à la teter. Si elle refusoit de le lécher, on l'y détermineroit, en le saupoudrant de sel, ou de son. Il arrive quelquefois que de l'accouplement d'un bel étalon & d'une belle cavale il naît un poulain médiocre; mais en tirant race de ce poulain, très-souvent sa progéniture remonte & ressemble aux ascendans paternels, ou maternels. Une Jument, qui a eu pour père un mauvais Cheval, si elle est couverte par le meilleur étalon, peut produire un poulain qui, beau dans sa jeunesse, déclinera en accroissant, tandis qu'une cavale de bonne race donnera des poulains qui ne paroîtront pas beaux d'abord, mais s'embelliront avec l'âge. On la veille jusqu'à ce qu'elle ait délivré, afin qu'elle ne mange pas son délivre; il tombe ordinairement un quart-d'heure, ou une demi-heure après le part. Lorsqu'elle est fatigué, on la soutiendra avec du pain trempé dans du vin.

Si une Jument amène la première fois un poulain défectueux, elle peut en amener de bons après, en la changeant d'étalon.

On donne des noms aux étalons & aux Jumens, parce qu'en tenant registre de leurs accouplemens, on est sûr de leur généalogie, & que l'on peut mieux juger des races.

Les Jumens passent la majeure partie de l'année dans l'herbage; si elles y sont au tems de la monte, elles retiennent plus facilement. Dans les haras bien montés on les renferme l'Hiver, & alors elles sont nourries au sec; mais si elles viennent à pouliner, avant que l'on puisse les mettre à l'herbe, on doit les nourrir matin & soir avec une bonne mesure de provande, qui est un mélange d'avoine & de son, & douze livres de foin le jour & autant la nuit; elles reprennent mieux le verd après, & les poulains qui arrivent ainsi les premiers sont toujours les meilleurs.

Quand un particulier veut faire faire un poulain à une Jument, en service, qui n'est point à l'herbe, il ne faut pas que la Jument mange d'avoine; il ne lui faut donner que du son, l'avoine l'échaufferoit trop, ce qui l'empêcheroit de retenir.

On a coutume de faire recouvrir une Jument poulinière neuf ou dix jours après qu'elle a mis son poulain bas; sa grossesse n'altère en rien, dit-on, sa nourriture, dans les six premiers mois. Je pense, comme M. Bourgelat, que cet usage est très-nuisible à la multiplication & à la perfection de l'espèce. Il arrive de-là, 1.° que dans les haras où l'on se conduit de cette manière, il y a à-peu-près un tiers des Jumens qui ne retiennent pas; 2.° que celles qui ont été saillies neuf jours après le part, ne donnent à leur poulain qu'un lait altéré par les changemens que produit une nouvelle conception; 3.° que les poulains tirant continuellement leurs mères, elles ne peuvent plus suffire à la nourriture des fœtus, dont l'accroissement se fait mal; 4.° que porter & nourrir à-la-fois, c'est pour ces animaux un double épuisement, qui nuit à leur santé, les met hors d'état d'avoir de beaux poulains & les vieillit de bonne heure. 5.° que la mère, cessant de bonne heure d'avoir abondamment du lait, le poulain cesse de teter trop tôt. Cet usage a lieu au haras du Roi; c'est, sans doute, la parcimonie de ne pas vouloir perdre une année qui en est cause. Il est important de réformer cette partie, & de ne faire couvrir les Jumens que tous les deux ans. La raison, l'économie bien entendue, & la perfection de l'espèce, tout en fait une loi qui devroit être observée avec la plus grande exactitude.

Des Poulains & Poulines, & du soin qu'on doit en avoir.

On garde la Jument qui vient de mettre bas sept ou huit jours dans une écurie, où on la nourrit bien, afin qu'elle s'attache à son Poulain, & qu'elle ait du lait en abondance; ensuite on les met l'un & l'autre dans le pâturage. Il y a des haras, où aussi-tôt que le Poulain voit le jour, il suit sa mère dans l'herbage; jamais il ne se trompe; une autre Jument ne le souffriroit pas; il tete autant qu'il veut & quand bon lui semble. Plus la mère est bonne nourrice, plus le Poulain est en bon état & bien portant, ce qui se distingue à la promptitude avec laquelle tombe l'espèce de bourre qui couvre d'abord son poil, & à la gaieté de ce jeune animal. Quinze jours après sa naissance il commence à pincer l'herbe, plus par amusement que pour s'en faire une vraie nourriture. On commence à juger déjà la beauté future du Cheval à cet âge, & la folie des amateurs, pour la figure, est portée à un tel point, qu'on a vu un grand connoisseur, dans cette partie, offrir à dix heures du matin, six cent livres d'un Poulain mâle, né à cinq.

Rien n'est si amusant ni si agréable que de voir les jeux & les courses que font entr'eux les Poulains dans un herbage, & rien de si singulier que la promptitude avec laquelle les mères, en hennissant, les rassemblent sous elles, lorsqu'elles prennent pour leur conservation la plus légère inquiétude; l'arrivée d'un homme, ou d'un chien dans un herbage, leur fait prendre cette précaution.

Il y a des Poulains qui, malgré l'abondance du lait, dépérissent: il est important de remarquer quelle est la cause de ce dépérissement. Quelquefois un purgatif donné au Poulain, ou de la poudre de terre absorbante, telle que la craie de Briançon, les os calcinés, en bols, quelques pincées de graine de fenouil, suffisent pour corriger l'humeur viciée de l'estomac, ou neutraliser, en quelque sorte, le lait qui s'y aigrit, & fortifier ce viscère.

Il faut sevrer les Poulains à six mois, lorsque la Jument a, comme je l'ai dit plus haut, été couverte neuf jours après avoir mis bas; un plus long allaitement feroit tort au Poulain qu'elle nourrit, & préjudicieroit à celui qui est à naître. Si la Jument n'a été couverte qu'une année après avoir mis bas, on peut laisser teter le Poulain un peu plus long-tems. Je crois qu'il seroit mieux de ne le sevrer de mère qu'au Printems suivant, afin que de l'allaitement maternel il passât aux herbes. Au reste, on doit consulter son état & sa force, & le sevrer plutôt, ou plus tard, selon qu'il est plus fort, ou plus foible. Si l'on vouloit suivre ce que la nature indique, le sevrage n'auroit lieu que quand la Jument repousseroit son Poulain & ne voudroit plus l'allaiter.

Dans les haras, où les Jumens ont été couvertes peu de tems après avoir mis bas, les Poulains sont sevrés au moment où ils rentrent de l'herbage, c'est-à-dire, ordinairement à la Saint-Martin; par ce moyen on leur évite les pluies de l'Automne & le froid de l'Hiver, qui leur seroit très-nuisible. Alors on doit les mettre, sans les attacher pêle mêle, c'est-à dire Poulains & Pouliches, dans une écurie qui ne soit point trop chaude, jusqu'au Printems prochain; ils sont inquiets pendant quelques jours jusqu'à ce qu'ils ayent oublié leurs mères. On a soin qu'ils aient bonne litière, & que le ratelier soit bien garni de foin fin & choisi. Dans quelques endroits même ils n'ont pas de rateliers, ou bien ils ont des rateliers & des mangeoires très-basses, afin de ne pas les forcer de lever beaucoup la tête; ce qui pourroit rendre leur encolure difforme. Outre le foin on leur donne deux jointées de son à chacun par jour, une le matin & l'autre le soir. Au Printems, on les remet dans l'herbage, & ce n'est qu'à la seconde année que l'on sépare les Poulains des Pouliches.

Pour rendre la queue des Poulains belles, on la leur tond à dix-huit mois; on répète cette tonte, qui est un moyen de la bien garnir de crins & de les fortifier, de manière que, dans la suite, ils résistent mieux au peigne. Ce n'est guères qu'à deux ans, ou deux ans & demi qu'il convient de châtrer, ou *hongrer* les Poulains mâles. *Voyez* le mot CASTRATION. On doit hongrer plus tard que les autres ceux dont l'encolure est forte & la croupe mince. M. Lafont-Pouloti blâme cette opération, inusitée en Arabie, en Perse, dans tout l'Orient & en Espagne; il voudroit qu'on parvînt à rendre dociles les Chevaux entiers par des traitemens doux. Il est certain que ces animaux en seroient plus beaux & d'un meilleur usage.

A la troisième année on retire Poulains & Pouliches des herbages, pour les mettre au sec; lors de ce changement de nourriture on leur donne, pendant huit jours, du son, puis on les saigne, & après la saignée, huit autres jours du son, après quoi la nourriture ordinaire, c'est-à-dire, l'avoine, le foin & la paille. Il arrive souvent que les jambes leur enflent; mais cela se dissipe en les frottant avec de l'eau-de-vie, ou du vin aromatique, ou quelqu'autre lotion tonique. M. Lafont-Pouloti voudroit qu'à quatre ans, à l'exemple des Arabes & des Turcs, on leur mît le feu aux jambes, mais avec précaution & très-légèrement. A cet âge, on les met à l'écurie à leur rang, comme les Chevaux faits ; on les sépare les uns des autres par des barres.

En Basse-Normandie, on met les poulains dans des herbages maigres & secs, exceptée l'année qui précède celle où l'on doit les vendre ; comme il s'agit alors de leur donner l'état de graisse qui convient pour s'en défaire avantageusement, on leur fait manger une *bonne herbe*, terme du pays. Il en coûte de 120 à 150 liv. par Cheval, depuis le mois d'Avril ou le mois de Mai, jusqu'aux neiges, tandis que quand ils sont dans des herbages médiocres, il n'en coûte que 60 ou 80 liv.

On peut commencer à exercer à trois ans, doucement & avec modération, le Cheval, ou la Jument que l'on destine au trait ; mais l'animal que l'on destine à la selle ne doit être monté qu'à quatre ans, avec précaution & beaucoup de douceur, lui faisant faire peu de chemin à-la-fois, & lui ménageant sur-tout la bouche & les jarrets.

On commence à panser les Poulains, en les bouchonnant. La crasse la plus grossière étant enlevée par ce moyen, on se servira ensuite de l'étrille légèrement & de la brosse. S'ils ont des poux, ce qui arrive quelquefois, on les lave avec une décoction de staphisaigre, ou d'absinthe, ou de petite centaurée dans de l'urine. On conseille, dans le cas où ils auroient des croûtes de gale sur le corps, de les bassiner avec une décoction de fruits de fusain.

Les jeunes Chevaux sont, comme on sait, sujets à la *gourme*. Lorsque cet humeur flue par les nazeaux, elle n'est point dangereuse. Il suffit de tenir ces animaux au son & à l'eau blanche tiède ; on propose d'oindre d'huile de laurier & d'onguent d'althéa, la ganache & les environs des glandes de la tête ; & de garnir de miel des billots qu'on leur mettra plusieurs fois le jour dans la bouche, pour donner de l'action aux glandes & les dégorger. Si la membrane pituitaire étoit enflammée, on y feroit quelques injections avec de l'eau d'orge. Les Poulains sont en danger, si la gourme n'a pas son écoulement par les naseaux ; alors, suivant l'intensité des symptômes, on saigne plusieurs fois, on donne des lavemens émolliens, jusqu'au retour de l'écoulement. Pendant la gourme on ne les nourrit qu'au son, & on les met à l'eau blanche. *Voyez* le Dictionnaire de Médecine.

Quelques personnes conseillent de mettre au *verd*, lorsqu'on le peut, les Poulains qui vont prendre cinq ans. On leur apporte à l'écurie de l'orge, ou d'autre herbe fauchée, en les tenant chaudement & couverts, dans la crainte qu'ils ne deviennent fourbus.

Amélioration des Chevaux par les haras provinciaux, ou haras épars.

Le Gouvernement François s'étant apperçu que les remontes des guerres de 1688 à 1700 avoient coûté à la Nation plus de cent millions, qui seroient restés dans le Royaume, s'il eût été peuplé de Chevaux, & qu'il étoit important, pour le bien de l'Etat, de s'appliquer au rétablissement des haras, adressa sur cet objet un Mémoire aux différens Intendans, afin qu'ils avisassent aux moyens d'établir des étalons, pour améliorer l'espèce & multiplier les Chevaux. Ce Mémoire fut suivi, en 1717, d'un réglement, qui détermina les conditions & prescrivit des loix pour ces établissemens. Le Roi, ou les Provinces firent les frais d'un certain nombre d'étalons, qu'on plaça de distance en distance, dans des Villages de pays d'élèves, en en confiant le soin à des hommes choisis. On appella *étalons Royaux* ceux qui furent fournis par le Roi, *étalons Provinciaux* ceux qui le furent par les Provinces ; enfin il y eut en outre des *étalons approuvés* : c'étoient ceux que des particuliers auxquels ils appartenoient, avoient fait agréer par l'Inspecteur.

Suivant ce Réglement, le *Garde-étalon* jouissoit de beaucoup de privilèges ; il étoit exempt de logement de gens de guerre, & de corvées ; un de ses fils, ou domestiques ne tiroit pas à la milice, sous prétexte qu'il soignoit l'étalon ; on taxoit d'office le Garde-étalon sur le rôle de la taille, c'est-à-dire, qu'il payoit moins que les autres. Chaque particulier qui venoit faire saillir sa jument donnoit trois livres & un boisseau d'avoine, mesure de Paris.

A chaque étalon étoient annexées trente à trente-cinq jumens des environs, soit du choix de l'Inspecteur qui devoit en faire la revue, soit du choix du Garde-étalon. Quand une jument étoit en chaleur, on l'amenoit à l'étalon. S'il étoit prouvé qu'elle fût pleine du fait d'un autre, le Propriétaire de la jument étoit condamné à cinquante livres d'amende, & la jument & le poulain confisqués.

Il arrivoit quelquefois que dans les paroisses où les étalons publics ne pouvoient servir toutes les jumens, on permettoit à un particulier qui en avoit plusieurs de se pourvoir d'un étalon, à condition de l'employer uniquement au service de ses jumens ; s'il faisoit couvrir la jument d'un autre, il étoit condamné à trois cens livres d'amende, indépendamment de ce que son Cheval étoit saisi, hongré sur-le-champ, & vendu au profit du dénonciateur du gardien de l'étalon, auquel la jument étoit annexée.

L'Administration des haras étoit attribuée aux Intendans.

Ces moyens paroissoient propres à remplir le but qu'on s'étoit proposé. Rien n'étoit en apparence plus sage que ces dispositions. On y applaudit, & on avoit peut-être raison, parce qu'on prenoit une voie qui donnoit de grandes espérances. Mais l'abus est toujours à côté de la plus belle institution. Voici ce qui en résulta.

Les personnes qui auroient desiré former des haras de bonne race, ne le pouvant plus faire sans permission & étant assujettie à des visites d'Inspecteurs & de Gardes-étalons, y renoncèrent, à cause des entraves qu'elles redoutoient. Les Intendans accablés d'affaires ne purent surveiller eux-mêmes cette Administration. Les Inspecteurs, nommés souvent par protection, sans se connoître en Chevaux, choisissoient mal les étalons, faisoient des tournées inutiles & trop rares. Les étalons étoient mal soignés & mal nourris pendant tout le cours de l'année; on les ranimoit seulement vers le tems de la monte & de la visite annoncée des Inspecteurs. La chèreté des étalons n'avoit pas permis de les rapprocher assez les uns des autres, & de les multiplier, de manière qu'ils n'eussent à couvrir que le nombre convenable de jumens. On assignoit à chacun trente à trente-cinq jumens, tandis qu'il n'eût fallu en assigner que la moitié. On leur faisoit sauter plusieurs jumens par jour: une grande partie des jumens couverte par des étalons épuisés ne retenoit pas, ce qui étoit une perte pour les propriétaires. Cette considération, jointe à la gêne & à la contrainte, qui indispose & roidit toujours les hommes, éloigna des étalons les Fermiers. Ils aimèrent mieux ne pas faire couvrir leurs jumens, ou les faire couvrir en fraude par de mauvais Chevaux, que de s'assujettir à des loix qui leur déplaisoient. Ceux qui s'y soumettroient ne travailloient pas plus à l'amélioration de l'espèce. Car il ne suffit pas qu'un étalon soit bien choisi, il faut que les jumens qu'il féconde lui soient bien appareillées. Or, on n'avoit pris aucun soin dans le choix des jumens. Le hasard seul & les convenances de localités les annexoient à tels ou tels étalons. Dans quelques généralités, on assignoit plutôt des Villages que des étalons; en sorte qu'un de ces animaux avoit à couvrir trente à quarante jumens, tandis qu'un autre n'en avoit que douze ou quinze. De ces alliances mal assorties, de ces accouplemens souvent incomplets & infructueux, il résultoit des poulains foibles, défectueux & incapables de régénérer les races; encore le nombre en étoit-il peu considérable. Il eût mieux valu sans doute laisser aux Propriétaires des jumens la liberté d'avoir chez eux des étalons, ou d'aller mener leurs jumens où ils voudroient; on n'eût pas vu une diminution aussi forte dans la quantité des poulains que la France produisoit, avant l'établissement des étalons.

Cette vérité fut sentie dès 1730, par le Maréchal de Villars, qui en parla inutilement à Louis XV. *Voy.* une note du premier Discours préliminaire, première partie du Tome premier de ce Dictionnaire, page 22. Dans un voyage que je fis en Sologne, en 1777, pour un objet qui intéressoit la santé des hommes, je remarquai les inconvéniens & les abus des étalons Royaux, qu'on y avoit introduits depuis dix ans, & je les fis connoître de toutes les manières possibles. J'en ai inséré quelque chose dans un Mémoire sur l'*Etat des bestiaux de la Sologne*, premier Volume des Mémoires de la Société de Médecine. Les Intendans raisonnables, dès qu'ils furent convaincus des désavantages de l'établissement des étalons, tel qu'on l'avoit imaginé & exécuté, n'y tinrent plus la main, & laissèrent tomber en désuétude une loi funeste à la multiplication des Chevaux. Je dois cette justice à M. de Cypierre, alors Intendant d'Orléans, qu'il profita de mes observations, pour procurer aux Propriétaires de jumens en Sologne toutes les facilités qu'ils pouvoient desirer. M. de la Galaisière, Intendant de Nanci, instruit par l'expérience des autres provinces, prévint au moins les inconvéniens de la gêne, en n'établissant de beaux étalons en Lorraine que sous la condition que personne ne seroit forcé d'y amener des jumens. Peu-à-peu on s'éclaira sur cet objet. L'établissement des étalons en France a été supprimé en 1790. Depuis cette époque, encore trop récente pour qu'on juge des effets de cette suppression, les Propriétaires de jumens, s'ils n'ont pas de Chevaux entiers, les conduisent chez leurs voisins, ou leurs amis pour les faire saillir, lorsqu'ils savent qu'il y a un bel étalon. Ils les y laissent même quelques jours, pour qu'elles puissent y être saillies plus d'une fois, moyennant un prix convenu, ou une simple gratification au domestique qui a soin de l'étalon.

Il n'est pas douteux que la liberté entière accordée aux Propriétaires de jumens, n'augmente nécessairement la multiplication des Chevaux en France. Mais cet avantage n'est pas le seul auquel on doive prétendre. Il faut encore que l'espèce ne s'abâtardisse pas, & qu'elle soit entretenue le plus long-tems possible, & régénérée quand il en sera besoin. C'est par des dispositions bien conçues & bien faites que ce second genre d'amélioration peut s'opérer. L'ancien établissement des étalons avoit des vices qui l'ont fait proscrire. Mais ne peut-on pas en imaginer un qui en soit exempt? Ne sauroit-on trouver une manière de concilier les intérêts des Propriétaires de jumens, avec la liberté de disposer à leur gré de leurs jumens, & les avantages de l'Etat, qui doit desirer beaucoup de Chevaux, & de belles espèces de Chevaux? Je crois cette manière possible, si l'Administration du Royaume consent aux dépenses & aux avances nécessaires, & veut s'occuper efficacement de cet objet très-important. Parmi les projets qui me sont tombés entre les mains, j'en ai distingué trois que je vais soumettre à la sagacité des lecteurs. Le premier, qui appartient à M. de la Fosse, est extrait de l'ancienne Encyclopédie, édition de Lausanne, 1779; un autre m'a été envoyé par un Officier de Cavalerie, & le troisième est tiré de l'excellent Ouvrage de M. Lafont-Pouloti, intitulé : *Nouveau Régime pour les Haras.*

Projet de M. de Lafosse.

M. de Lafosse, que de grandes connoissances dans l'art vétérinaire, & sur-tout dans tout ce qui concerne les Chevaux, a fait distinguer des hommes qui se sont livrés à ce genre d'étude, a composé, sur les haras, un Mémoire très-étendu, qui a mérité l'attention de M. Turgot, lorsqu'il étoit Contrôleur-général des Finances. Ce Ministre se proposoit de l'exécuter. Mais les circonstances difficiles de son ministère lui ont fait perdre de vue cet objet. J'ai extrait de ce Mémoire, le projet suivant:

« Les *haras* (provinciaux) sont composés des jumens naturelles du pays, éparses chez les particuliers qui en sont propriétaires. Outre les défauts communs propres au climat & au sol qu'elles habitent, ces jumens, pour la plupart, ont des défectuosités particulières, occasionnnées par les accidens du travail, par le manque de soin, ou par les préjugés & les abus. C'est à un Directeur intelligent à corriger ces défauts le plus qu'il est possible; les uns par le choix de l'étalon, les autres par instruction & par insinuation. Dans un *haras* en règle, (c'est-à-dire, dans un haras particulier, ou fixe) on assortit les jumens aux étalons, ou les étalons aux jumens. On est le maître du choix des unes & des autres; il n'est que le climat qui puisse apporter quelque gêne dans ce choix, ou la nature du sol; mais, dans les *haras* du Royaume, on n'a pas seulement l'influence du climat & le sol; les jumens sont déterminées, il faut absolument les prendre avec leurs défauts, il n'est pas libre de s'en procurer de plus parfaites; aussi n'est-ce qu'à la longue, & par des soins continus, qu'on peut espérer de changer une race, ou de la rendre beaucoup plus parfaite par la voie de ces *haras.* »

« Pour y parvenir, un Directeur doit commencer par connoître parfaitement toutes les jumens de son département; il saisira le défaut commun propre au pays, aux cantons, au climat, au sol; les Chevaux Barbes ont presque tous le défaut d'avoir le pâturon trop long, les épaules serrées; les Turcs, l'encolure effilée, les jambes trop menues; les Espagnols, la tête un peu grosse, souvent un peu longue; les Napolitains, la tête grosse & l'encolure épaisse; les Danois, la conformation irrégulière, la croupe trop étroite pour l'épaisseur du devant; les Allemands, trop de pesanteur & peu d'haleine; les Flamands, la tête grosse, les pieds plats & les jambes sujettes aux eaux; les Limousins, la croupe du mulet, & les jarrets clos; les Navarrins, les hanches hautes, ce qui les rend connus; la plupart des François, de trop grosses épaules; enfin, il y a des défauts attachés à chaque pays; un Directeur de *haras*, doit connoître assez parfaitement les jumens de son département, pour pouvoir les assortir d'étalons convenables, autrement les défauts dominans se perpétueront, & peut-être augmenteront par une administration mal entendue. »

« Les abus, qui se glissent dans cette administration, contribuent sans doute au peu de fruit que l'on tire des haras du Royaume. L'expérience nous apprend que, s'ils étoient corrigés, il en résulteroit un avantage très-apparent, & une amélioration sensible dans les races; en effet, les poulains de tous les gardes-étalons, sont infiniment supérieurs à ceux des particuliers, & plus nombreux, quoique les jumens de ceux-ci aient été saillies par les mêmes étalons; parce que ces gardes emploient pour eux toutes les précautions nécessaires, qu'ils négligent ou ne permettent pas pour les autres; comme d'attendre la pleine chaleur de leurs jumens, de ne les faire sauter qu'après le repos nécessaire à l'étalon, &c. »

« Le plus dangereux de ces abus, celui qui est le plus opposé au principe fondamental des *haras*, est de recevoir pour étalons, des Chevaux de la race du pays, qui viennent de jumens du pays, quelque parfaits que soient les pères, ou qu'ils puissent être eux-mêmes; s'ils sont assez beaux pour en tirer race, on doit absolument les changer de pays, ou de canton, pourvu que les étalons soient de taille, & n'aient point de défauts grossiers; ce qui n'arrive pas toujours, on s'en contente, & l'on s'embarrasse peu de son assortiment. Un autre inconvénient qui anéantira toujours, du moins en partie, le bien qu'on tireroit des haras, est la multitude de Chevaux & de poulains entiers qu'on abandonne dans les pâtures avec les jumens. Ils entretiennent les chaleurs de celles-ci, & détruisent le fruit de l'étalon, dès les premiers instans de la conception. Tout Cheval entier, au-dessus de dix-huit mois, doit être exactement séparé des jumens, même pour son propre avantage. Il s'énerve, si on le laisse sauter avant quatre ans, âge auquel il a pris pour l'ordinaire son parfait accroissement. Il est dû trois sauts à chaque jument; la monte dure quatre mois au plus, & l'étalon doit avoir au moins un jour plein de repos après quatre sauts. Si on lui en donnoit davantage, son opération seroit bien plus sûre; il ne peut donc servir que dix-sept, ou dix-huit jumens, & c'est un abus manifeste d'en marquer un plus grand nombre, quelquefois jusqu'à trente pour un étalon. »

« Le Garde-étalon est ordinairement le plus riche du lieu, qui ne prend cette place que pour

pour jouir des rétributions & des privilèges qui y sont attachés; du reste il se soucie très-peu que son Cheval fasse des poulains ou non; il se trouve même des Gardes-étalons qui sont jaloux de leurs étalons, & qui, la veille du saut de la jument d'un particulier, font couvrir une des leurs, afin que celle du particulier soit trompée. Il est juste sans doute que ces Gardes-étalons soient indemnisés de l'achat, de la nourriture, du soin & des périls des étalons, qu'ils soient même récompensés; mais la récompense devroit être plus ou moins grande, suivant qu'elle est plus ou moins méritée; & rien n'est si facile à exécuter.

« Je suppose que le Garde-étalon tire de son Cheval, en argent, par ses exemptions d'impôts, par les droits de monte, &c. (je ne parle point des privilèges personnels) une somme de cent vingt livres pour servir se ze jumens; de ce nombre j'ôte le quart pour les jumens qui ne seront pas fécondées; il restera douze jumens, qui doivent être pleines, sur lesquelles, en répartissant la même somme de cent vingt livres, on pourra fixer la rétribution dûe au Garde-étalon, à une pistole par jument pleine, en n'en marquant que seize par étalon. Cette somme sera prise & rejettée sur l'*impôt de la taille*, payable sur les certificats des Propriétaires de jumens, signés de deux principaux habitans, pour plus d'authenticité, & sous des peines rigoureuses, si le certificat étoit trouvé faux. Par cette Administration, il seroit de l'intérêt du Garde-étalon de prendre toutes les précautions possibles pour faire engendrer le plus grand nombre de poulains, & de choisir les jumens qui seroient les plus propres à en porter. Le Particulier paroîtroit ne plus rien payer, pour le saut de ses jumens, & être délivré d'un impôt qu'il regarde comme une vexation. »

« Il ne suffit pas de créer le poulain, il faut l'élever, &, par des soins assidus, le faire valoir tout ce qu'il peut être. L'avantage d'un poulain dont on ne jouit qu'après trois, ou quatre ans, s'évanouit dans l'éloignement; le propriétaire se décourage, il néglige les soins convenables, le poulain dépérit, & finit par être aussi défectueux que les moindres du pays. »

« On engageroit aisément les Propriétaires à se prêter aux vues du Gouvernement & à leur propre intérêt, par quelques légères gratifications, accordées chaque année à ceux qui auroient les plus beaux poulains, & les mieux entretenus. Aucune dépense ne pourroit être plus avantageuse, ni plus lucrative. Il en est de même des jumens; il seroit bien avantageux de les avoir plus parfaites, par conséquent de récompenser ceux qui en auroient de grande taille, de bien coeffées, &c. »

« Un Directeur, un Inspecteur des haras, ou celui qui travaille à les maintenir & à les perfectionner, ne doit être gêné dans aucune de ses opérations. Suivant les occurrences & les degrés d'amélioration, il s'en présente de nouvelles ou telle qui étoit nécessaire dans un tems, peut devenir inutile dans un autre; c'est à lui d'en juger, à faire des réglemens suivant les circonstances & suivant l'état présent des choses. Mais afin que ses vues soient remplies, il doit s'attirer une confiance entière & méritée. Les hommes en ayant ordinairement pour ceux qu'ils respectent, on ne doit point avilir l'Inspecteur, ni l'Inspecteur s'avilir lui-même. Il ne devroit avoir aucun intérêt personnel à démêler avec les Gardes-étalons, ni avec les Propriétaires; ainsi, le droit qu'il perçoit à chaque changement d'étalon de la part du Garde devroit être abrogé. Jamais il ne doit se charger de fournir, ou faire fournir les étalons, puisque c'est à lui à les examiner, les recevoir, ou les refuser, lorsqu'ils sont achetés & présentés par les Gardes-étalons. Jamais les Gardes-haras, ou Marqueurs de jumens ne doivent se faire payer, ni défrayer par les Gardes-étalons, ou par les Propriétaires de jumens. Les propos indécens, les soupçons injurieux qui peuvent naître en conséquence, quoique mal fondés, portent toujours quelqu'atteinte à la réputation d'un supérieur, que la malignité humaine tâche avec plaisir de trouver en faute; dès-lors tout ce qu'il sera obligé de faire sera mal interprété; on ne s'y soumettra que par force, avec défiance, & tout sera moins bien. »

« Un Inspecteur doit faire des revues fréquentes des étalons, pour corriger, s'il est possible, les inconvéniens qu'il observera. Ces visites doivent être souvent particulières & imprévues sur les lieux mêmes. Ce n'est point par une revue générale, annoncée plusieurs fois d'avance, que l'on peut juger de l'état de tous ces Chevaux, toujours brillans dans ces occasions, & préparés de longue main. »

« Les Particuliers ne sont point assez instruits; il seroit à propos qu'on dressât un registre qui fût déposé dans chaque communauté, lequel renfermeroit un détail exact des obligations, des droits, privilèges, &c. des Gardes-étalons, des qualités requises pour un étalon, des défauts qui doivent le faire rejetter, ou réformer, de la taille, des qualités que doivent avoir les jumens, des exemptions & gratifications qu'elles peuvent espérer, ainsi que les poulains; une instruction sur l'éducation de ces derniers; enfin tout ce qui concerne les haras & même les maladies des Chevaux. Chacun auroit communication de la loi, & verroit clairement ce qui lui est dû, ce qu'il doit, ce qui lui est avantageux, ce qui lui est nuisible. »

« Les Directeurs, ou Inspecteurs devroient tenir aussi un état de tous les Chevaux de leur Département, de leur nombre, de leur forme, de leur qualité, des fruits qui en sont provenus, des observations qu'ils auront faites; ces états réunis fourniroient une connoiſſance exacte du nombre des Chevaux & des qualités dominantes d'un Royaume; ils contribueroient encore infiniment à la perfection des haras. »

« Enfin les étalons de choix ne peuvent être trop multipliés : plus ils ſeront nombreux, plutôt les races ſeront changées, plutôt les particuliers perdront l'habitude d'avoir de ces Chevaux d'écurie, qui ne ſervent qu'à perpétuer les défauts du pays, & à détruire ce que les étalons auroient produit. »

« Il ſera donc avantageux de faire rechercher l'état de Garde-étalon, en le rendant aſſez lucratif pour être deſiré, ce qui donneroit lieu d'exiger de plus beaux étalons, & de punir plus rigoureuſement les contraventions; on objectera ſans doute qu'en multipliant ces places, on augmenteroit les charges des Communautés, les exemptions priſes ſur la taille étant réparties ſur les habitans; mais cet inconvénient imaginaire ne doit pas tenir vis-à-vis du bien réel qui réſulteroit de ces établiſſemens. S'il eſt vrai que l'impôt ſoit augmenté, il l'eſt légèrement pour chacun; il ſera compenſé, & au-delà, par une nouvelle branche de commerce, plus avantageuſe pour le laboureur; le manouvrier, qui participe toujours du meilleur être du laboureur, parce que celui-ci le fait plus travailler, & le paye plus cher, y trouvera auſſi ſon avantage; les Chevaux étant plus forts, plus vigoureux, les exportations deviendront moins diſpendieuſes & plus faciles; toute eſpèce de commerce deviendra plus floriſſante. Le Laboureur ayant des Chevaux d'une certaine valeur, les ménagera davantage, en aura plus de ſoin, les conſervera plus long-tems, ou les vendra plus chèrement. »

« Les haras du Royaume ſeroient beaucoup plus parfaits, ſi les étalons qui ſervent dans ces haras étoient achetés, entretenus & nourris par la Province. Alors on les raſſembleroit tous dans un même lieu, éloignés des jumens, ſous la conduite & la direction d'une perſonne intelligente & inſtruite. Tout le monde n'eſt pas capable de ſoigner des étalons comme il faut, & s'ils ne ſont pas bien ſoignés, ils dépériront, ou feront des maladies, qui les mettront hors de ſervice; ils doivent être nourris, & exercés, chacun ſuivant leur nature. Par cette méthode, ils s'entretiendroient en bon état, auroient plus de durée, &, dans le tems de la monte, qu'on les diſtribueroit dans les différens cantons, on ſeroit aſſuré de leur vigueur, & de l'efficacité de leur ſervice. Un autre avantage bien plus conſidérable que produiroit cet arrangement, feroit de les changer de canton, ou d'arrondiſſement tous les trois ou quatre ans, ce qui donneroit un accroiſſement de race abſolument néceſſaire & eſſentiel à la perfection du haras, ce que l'on ne peut obtenir, lorſque les étalons appartiennent aux Particuliers. Les frais n'en ſeroient pas plus chargés; au contraire cette diſpoſition, en faiſant le bien de la choſe, ſupprimeroit encore une infinité de privilèges perſonnels dont jouiſſent les Gardes-étalons, & qui ſont onéreux aux Communautés dans leſquelles ces Gardes ſont établis. On pourroit encore, pendant l'Hiver, tirer des ſervices utiles des étalons pour les travaux publics; l'exercice bien ménagé leur eſt néceſſaire & ſalutaire. Tous les avantages de ce projet, exécuté en quelqu'endroit avec ſuccès, devroient engager à l'adopter, & à le mettre en exécution dans tous les haras du Royaume; prenons pour exemple la Champagne. »

« On voit aujourd'hui s'élever dans cette province une nouvelle race de chevaux, ſupérieure à l'ancienne, en taille, en figure & en force. On trouve déjà nombre de jeunes Chevaux, ſinon de diſtinction, du moins beaucoup moins imparfaits que les naturels du pays qui ſubſiſtent encore. Mais, pour parvenir à un plus grand degré de perfection, dont la poſſibilité eſt prouvée par cet heureux commencement, il eſt néceſſaire d'avoir recours à de nouvelles opérations, qui paroiſſent exiger des changemens dans l'adminiſtration actuelle. On ſait, & il eſt démontré par l'expérience, qu'en tout genre, pour ſoutenir & augmenter la beauté de l'eſpèce, il eſt indiſpenſable de croiſer les races, c'eſt-à-dire, de prendre toujours des individus étrangers pour chefs & pères de chaque génération, de ne jamais permettre que le même individu s'allie avec ſa poſtérité; autrement on voit bien-tôt cette poſtérité ſe détériorer, & la race retomber dans ſon premier état d'imperfection : en changeant à chaque génération l'individu qui coopère le plus, qui doit ſervir de modèle, on diminue de plus en plus les défauts dont ces générations peuvent être attaquées, & ce n'eſt que par ce moyen que l'on peut parvenir à les détruire entièrement, lors toutefois que le climat & le ſol le permettent. Ce principe inconteſtable n'eſt pas moins pour les *haras* que pour toute autre éducation. Il eſt donc eſſentiel pour la perfection de ces établiſſemens, qu'un étalon ne ſerve jamais ſa poſtérité; & comme cette poſtérité commence elle-même à être en état d'engendrer à l'âge de trois ou quatre ans, il eſt indiſpenſable alors de lui fournir un étalon étranger, qui, s'il eſt permis de le dire, ne lui ſoit point parent, & n'ait point la tache de la famille. »

« Pour y parvenir, il faut donc tous les trois ou quatre ans, au plus tard, changer les départemens des étalons, en les éloignant le plus qu'il eſt poſſible; mais cette opération eſt auſſi impraticable dans l'adminiſtration actuelle, où ces étalons appartiennent aux particuliers, ſont partie de leur bien, qu'elle ſeroit facile à exécuter, ſi tous ces Chevaux appartenoient à la Province en général; d'ailleurs les avantages qui réſulteroient de ce nouveau plan, autres même que ceux qui concernent les *haras*, pourroient peut-être faire desirer par les personnes intéressées, qu'il fût adopté. Je vais tâcher d'établir & de présenter ces avantages sans partialité. »

« Les propriétaires des étalons jouissent, en conséquence de la garde de ce Cheval, d'exemptions pécuniaires, de privilèges personnels, & de droits de monte, ainsi que du service de cet animal, pendant la plus grande partie de l'année. Les privilèges personnels & les droits de monte, comme plus apparens, sont regardés, par la plupart des autres habitans, comme un impôt onéreux. Les premiers, parce que le garde-étalon ne partage point les charges publiques; les autres par la rétribution pécuniaire qui est dûe par jument à sa garde. C'est apparemment pour ne pas multiplier ces rétributions & les plaintes qu'elles occasionnent, que chaque propriétaire de jument n'en fournit que deux à l'étalon, quelque nombre qu'il ait. »

« D'un autre côté, le garde-étalon n'est occupé qu'à cacher, ou à pallier les défauts souvent essentiels de son Cheval, s'embarrassant assez peu que les poulains qu'il engendre soient défectueux, ou que même il en produise. Un étalon est de service, pour l'ordinaire, pendant dix ans, dans le même Département; par conséquent il servira trois générations dont il aura été le père. »

« Tous les étalons, appartenans à la Province, ces inconvéniens qui détruisent les *haras* disparoissent. On gagnera les exemptions, & les privilèges, anéantis avec ceux qui les possédoient; les droits de monte ne paroissant plus subsister, chacun s'empressera de profiter du bénéfice des étalons. Ces Chevaux réunis, mais en plusieurs corps, placés aux endroits les plus commodes, sous la direction de personnes intelligentes, seront mieux nourris, mieux soignés & plus ménagés; étant rassemblés en certain nombre, on sera plus à portée de juger des accidens qui peuvent les mettre hors de service, d'y apporter remède. Dans le tems de la monte, qui, comme l'on sait, est de trois mois, on les distribueroit par pelotons de quatre, ou cinq dans chaque arrondissement, sous la conduite de leur palfrenier ordinaire; enfin le plus grand avantage qui résulteroit de ce plan, est la facilité de changer ces pelotons, d'année en année, d'une extrémité de la Province à l'autre, & par conséquent de fournir chaque arrondissement d'étalons nouveaux, chaque année, ou tous les deux ans, sans augmentation de dépenses, ni de soins. Pendant les trois mois de monte, l'étalon ne doit être employé à aucune autre fonction; je pense même que, pendant deux mois avant ce tems, il doit être préparé à cet exercice par le repos, ou de très-légères promenades, & par une nourriture plus abondante qu'à l'ordinaire. Ainsi, on peut compter cinq mois employés, tant à la préparation à la monte, qu'à la monte même. Quant aux sept mois restans, on peut tirer de ces Chevaux tous les services dont ils sont capables. On sait qu'un travail bien ménagé & proportionné à la nature de l'animal, lui est plus salutaire qu'un repos trop continué. Ces Chevaux, appartenans au Public, doivent travailler pour lui; ainsi, en leur donnant un mois pour pourvoir à leur propre subsistance, c'est-à-dire, pour récolter leurs provisions, la Province pourra jouir six mois entiers de leurs services pour les travaux publics, tels qu'entretien de chemins royaux, charrois militaires, ou autres, auxquels on voudra les employer. Cette spéculation est d'autant plus fondée, qu'en entrant dans quelques détails, on verra que par leur nombre, par leur distribution, ils pourront suffire à-peu-près à ces objets. »

« La Champagne peut porter quatre cens étalons, & je crois qu'ils sont effectifs. Quoiqu'on doive les placer à la campagne, de préférence à la ville, tant pour la moindre dépense, que pour plus grande commodité, & pour éviter beaucoup d'inconvéniens dans le service; si l'on prend cependant, pour fixer ces idées, les principales villes de la Province, & qui sont à-peu-près à égale distance les unes des autres, on trouvera que l'on peut séparer ces 400 Chevaux en huit divisions, de cinquante chacune, lesquelles pourront être placées dans les villes, ou plutôt dans les environs de Rheims, Châlons, Sainte-Méne-hould, Vitry, Joinville, Chaumont, Bar-sur-Aube & Troyes. Trente des Chevaux pourront travailler journellement sans se fatiguer, pendant que vingt se reposeront, ou que quelques-uns seront retenus par quelque accident: or, il n'est point de paroisse qui, l'une dans l'autre, ne paie volontiers cinquante écus pour être déchargée de sa part de l'ouvrage que ces Chevaux feront pendant six mois, & qui n'y trouve son profit. En jetant les yeux sur le calcul ci-joint, on verra que ces sommes réunies seront suffisantes pour l'entretien des étalons, & qu'il en restera même une par an assez considérable pour le remplacement & le complet des Chevaux. Je ne parle point des petits privilèges que l'on pourroit, sans grande conséquence, attacher à ces établissemens, soit pour l'achat des provisions, soit pour le logement, ou pour les personnes qui y seroient employées. »

« On objectera, sans doute, le premier achat des étalons, la dépense de leur établissement, & les frais de leur premier approvisionnement; objets considérables. Quant au premier, on peut prendre des arrangemens avec les gardes-étalons actuels qui céderont leurs Chevaux, & dont les paiemens seront faits d'année en année sur la somme de....... destinée à l'achat des étalons, dût-on leur payer la rente du prix, sur cette somme, jusqu'au paiement total. L'établissement est un objet stable & fixe, peu dispendieux, chaque édifice consistant en écurie de cinquante Chevaux, magasin à foin & à paille, grenier à avoine, & logement pour les employés au service du *haras*. D'ailleurs cet objet n'est point d'une utilité particulière, propre à certain endroit, indifférent à tous les autres, il intéresse toute la Province, il tient au bien général: quant aux frais de premier approvisionnement, ce sont les dépenses que l'on est obligé d'avancer pour mettre son bien en valeur, & qui rentreront par la suite au centuple. En outre, le bon qui se trouve chaque année sur la recette, dépense déduite, est assez considérable pour suffire à tous ces objets en peu d'années. On le verra dans le calcul ci-après. On observera que les étalons, bien conduits, doivent être en état de servir au moins pendant six ans; la plupart sont conservés pendant huit & dix. Cette somme annuelle que l'on pourra mettre en caisse, pendant ce nombre d'années, produira un fond assez fort pour subvenir à toutes ces dépenses. »

« D'ailleurs il est des fonds affectés aux *haras*, dont on pourroit aider ce nouvel établissement, s'il étoit approuvé, sauf par la suite à remettre même ces avances. »

« On peut conclure de tout ce que nous venons de dire, qu'il est deux espèces d'avantages qui résulteroient du plan proposé; les uns tendant à la perfection des *haras* de la Province, en supprimant tous les droits payés par les propriétaires des jumens, toutes les exemptions & privilèges des gardes-étalons, la répartion sera plus égale, la rétribution insensible; ces propriétaires ne paroissant assujettis à aucune taxe propre à cet objet, fourniront leurs jumens avec empressement; on se livre toujours à un profit qui semble ne rien coûter. La race se perfectionnera de plus en plus, & se soutiendra par le croisement des étalons, & par les autres opérations de l'administration actuelle, telles que les gratifications pour les jumens de taille, pour les poulains d'une certaine beauté, &c. qui subsisteront toujours; enfin la Province sera déchargée d'une partie des corvées qui l'accablent & qui gênent l'Agriculture. »

« *Etat de l'entretien des haras, suivant le plan projeté.*

Dépense.

Nourriture, soins, entretien de quatre cens étalons, ... 500 l.
Chacun, par an, fait . . . . 200,000 l.

Recette.

Deux mille deux cent paroisses, en Champagne, payant chacune 120 liv. par an, ... 264,000 l.

Chaque garde-étalon jouit de 80 liv. exemption de taille; le reste des privilèges 20 liv. Droits de monte de 20 jumens à 3 liv. 10 s. Total 170. Pris au plus bas, on pourroit compter sur 200 liv. par an. Quatre cens gardes-étalons à 170 liv. fait . . . 68,000 l.

Total de recettte 332,000
dont à ôter dépense ci-dessus . . 200,000
reste par an 132,000

Somme destinée au remplacement des étalons & dépenses d'entretien de bâtimens, ou extraordinaires. »

« *Etat de dépense & de recette, d'après le plan projeté.*

Dépense.

Quatre cens étalons à 500 liv. d'entretien chacun . . . . 200,000 l.

Recette.

Deux mille deux cens paroisses à 150 liv. chacune, ... 330,000
sur quoi on observera qu'il faut ôter pour exemptions de garde & droits de monte, 68000 liv., que l'on paie aujourd'hui 200,000
reste 130,000
somme à employer. Quatre cens étalons à 600 liv. 240,000
Huit bâtimens à 25,000 liv. . . . 200,000

Total 440,000

En quatre ans cette dépense sera acquittée, & il y aura 80,000 liv. de reste.

Mais je suppose que la Province de Champagne ne porte que deux cens étalons.

Leur nourriture & leur pansement à 500 liv. chacun, par an, fait . . . . . 100,000 l.

Il n'est point de Cheval qui, en six mois de travail, ne puisse apporter des matériaux suffisamment pour l'entretien d'une lieue de chemin, puisque M. Turgot prétend qu'un homme peut, lui seul, en entretenir deux.

Par la liste générale des postes, il ne se trouve en Champagne que cent cinquante lieues de grandes routes, c'est donc cent cinquante Chevaux qu'il faudroit; ces deux cens, par conséquent, sont donc plus que suffisans, & bien au-dessous du travail qu'un Cheval doit faire.

En attachant deux manœuvres, outre le conducteur, à chaque Cheval pendant les six mois de l'année, à 20 sous par jour, fait par an 312 liv.

Ainsi, les *haras* & les Chevaux de la Province se trouveront entretenus moyennant . . . . 162,000 l.

Mais, comme il y a en outre les routes de traverses, & que la totalité de la Province porte quatre cens Chevaux, le nombre de Chevaux seroit plus que suffisant pour ces travaux, & pour relayer ceux qui se trouveroient trop foibles, ou malades.

En prenant la dépense du tout, elle montera à 324,800

Mais la Province, à la taxe médiocre que nous supposons, donnera. . . . . 330,800. »

« Que l'on considère actuellement l'argent qui rentrera dans les coffres de la Province, par les droits que paieront & que ne payoient pas les gardes-étalons, ce qui est un objet considérable. »

« Il ne reste, pour la dépense du haras, que l'acquisition des Chevaux, celle des tombereaux & harnois nécessaires. »

Au tems où écrivoit M. de la Fosse, les Chevaux étoient encore existans entre les mains des gardes-étalons; ceux-ci jouissoient des privilèges d'exemption d'impôt; il y avoit dans différentes villes de la Champagne des bâtimens inutiles, ou vuides, appartenans au Roi, ou à des maisons religieuses; on pouvoit prendre, avec les gardes-étalons, des arrangemens pour acquérir les Chevaux; la non-exemption d'impôt des gardes-étalons faisoit un objet qui augmentoit la recette de la Province; les bâtimens du Roi, ou des moines, logeant les étalons, auroient produit une grande économie. Mais à l'époque où j'insère le projet de M. de la Fosse dans l'Encyclopédie Méthodique, les haras sont supprimés depuis 1790. On ne retrouveroit plus les Chevaux chez les gardes-étalons; ces gardes-étalons sont imposés comme les autres aux contributions publiques; la majeure partie des bâtimens des Moines est vendue à des Particuliers, & le reste le sera bien-tôt. Les circonstances ayant changé, les calculs de M. de la Fosse ne peuvent plus être les mêmes. Si son plan, dont le fond est bon, paroissoit mériter quelqu'attention, il faudroit y faire des modifications, & l'adapter à l'état actuel où se trouve la France.

Projet de M. Jouglas.

Pour répondre à des questions que je faisois sur l'établissement des étalons, il y a six ans, M. Jouglas, Brigadier de MM. les Gardes-du-Corps du Roi, me fit parvenir un Mémoire, dont voici l'extrait. L'Auteur se plaignant avec raison, de ce qu'on n'avoit remédié qu'à une partie du mal, en établissant des étalons, pour améliorer l'espèce des Chevaux en France, desiroit qu'on y établît aussi des jumens de choix, de distance en distance, qui seroient servies par ces étalons. On en auroit distribué aux Cultivateurs, & autres particuliers en état de les bien soigner. On auroit exigé que les gardiens de ces jumens ne les eussent employées qu'à un léger travail; qu'ils eussent des clos séparés, pour pouvoir faire pâturer les mères & les poulains. Ces jumens auroient été conduites à l'étalon, & saillies *gratis*. Les étalons auroient été placés par entrepôt de quatre chacun; on auroit annexé quinze jumens pour chaque étalon; l'Inspecteur auroit eu, au profit du Roi, le choix d'un des trois premiers poulains que chaque jument auroit donné. Le gardien de la jument, s'il eût conservé le poulain choisi, plus d'un an, auroit reçu en le livrant cent livres par an; les autres poulains lui auroient appartenu en toute propriété. Il n'eût pu vendre la jument, sans le consentement par écrit de l'Inspecteur; il devoit être tenu de la faire soigner en maladie, & de constater sa mort par procès-verbal. Le Roi auroit fait les avances des jumens, comme intéressé au bien de l'Etat. L'Auteur ne proposoit pas d'acheter & de répandre aussi-tôt toutes les jumens, dans les diverses parties du Royaume; mais d'en faire l'essai dans quelques provinces, & si cet essai réussissoit, d'étendre son projet aux autres successivement. En dix ans, les frais pouvoient aller à 795,460 livres, tant pour l'établissement des jumens que pour celui des étalons, tandis que, suivant lui, les frais des seuls étalons, répandus dans diverses provinces, au moment où il a fait son Mémoire, montoient à 925,000 livres. Il n'y auroit eu que les jumens du Roi annexées à des étalons: les Cultivateurs auroient eu la liberté de s'en procurer à leurs frais, pour jouir de l'exemption de corvée, dont auroient joui les Gardes des jumens annexées.

Par les dispositions de l'Auteur, après dix ans il y auroit eu 10,000 jumens placées, pour lesquelles il seroit dû au Roi 10,000 poulains, tant mâles que femelles, ce qui feroit un fond pour entretenir les entrepôts d'étalons, & pour répandre de nouvelles jumens, & fournir une réserve pour la cavalerie, ou la maison du Roi & l'artillerie. A dater du premier établissement jusqu'à la dixième année, il y auroit au moins 20,000 jumens répandues dans le Royaume, nombre suffisant pour que la France ne se trouvât plus dans la disette de Chevaux, où elle étoit.

Ce Projet étoit très-raisonnable, en ce qu'il faisoit concourir les deux sexes par le choix des étalons & des jumens à la perfection des individus. Il alloit entièrement au but qu'on s'étoit proposé, tandis qu'on l'avoit manqué, en ne plaçant que des étalons. L'établissement projeté, bien formé, bien suivi, bien administré, eût nécessairement produit de bons effets. Mais il eût coûté beaucoup au Roi. On vouloit des prérogatives pour les gardiens. C'eût été une machine très-compliquée; elle eût ouvert peut-être la porte à un grand nombre d'abus; à la vérité, on n'eût pas gêné les particuliers, & c'étoit un bien. Mais tout ce qui est administration royale est toujours très-cher. Il me semble que l'art d'un bon Gouvernement seroit moins de faire toujours des avances, qui tournent le plus souvent au profit des agens, que d'engager les particuliers par l'appas du gain à bien faire; ce qu'on obtiendroit en récompensant les succès.

Projet de M. Lafont-Pouloti.

Les vices de l'ancienne administration des haras étant connus à M. Lafont-Pouloti, il croit qu'on y peut remédier en rendant l'intérêt particulier dépendant de l'intérêt public. Voici comme il propose de le faire.

Il faudroit distribuer dans différens cantons de chaque province des étalons appartenans à la province, pour saillir gratuitement les jumens de l'arrondissement, qu'un Inspecteur auroit passé en revue, & jugé propres à leur être appareillées, & à donner de bonnes productions, se montrant très-difficile sur le choix des mères.

Ces étalons seroient réunis dans un entrepôt, sous la direction d'un homme éclairé & intelligent, qui les feroit bien soigner. Les Ecuyers des Académies dans les Capitales, pourroient en être dépositaires, parce que ce sont les personnes les plus capables de bien surveiller des Chevaux. Ces Ecuyers, hors du tems de la monte, les emploieroient aux exercices du manège, & les rendroient plus dociles, ce qui influeroit sur leur progéniture.

Dans le tems de la monte, les étalons seroient envoyés dans les chefs-lieux des arrondissemens, où on leur ameneroit les jumens annexées, pour les saillir. Les Palefreniers qui les accompagneroient ne leur en laisseroient sauter que le nombre convenu. Chaque année, les étalons changeroient d'arrondissement, ce qui rafraîchiroit, pour ainsi dire, les races, & produiroit une grande amélioration. Dans ce projet, les jumens qui auront pouliné ne pourront être recouvertes que l'année d'après.

Pendant dix ans le saut des étalons sera *gratis*. Après ce tems, si on le juge à-propos, on pourra mettre une rétribution, qui sera de gré-à-gré, comme on vend le saut d'un étalon en Angleterre, & parmi nous celui d'un taureau.

Des Inspecteurs feront tous les ans des tournées pour classer les jumens convenables, & faire les changemens des étalons. Il y aura Inspecteur-général de quatre en quatre provinces pour éclairer la conduite des Inspecteurs particuliers.

On mettra la plus scrupuleuse attention dans le choix des étalons, & dans celui des mères; on ne visera pas à une économie toujours préjudiciable dans leur achat.

On ne permettra pas que des Chevaux entiers, ou des ânes paissent dans les pâturages communaux avec les cavalles, & on en éloignera les poulains à 18 mois.

Des prix & des gratifications seront donnés à ceux qui auront élevé les plus beaux poulains.

Il sera établi des foires, où l'on ne vendra que des Chevaux dignes d'y être admis.

Pour avoir des Chevaux de *sang*, c'est-à-dire, de race pure, côtés paternel & maternel, il sera nécessaire de former des haras fixes en chaque province, de marquer tous les Chevaux qui en sortiront, & d'établir des courses de Chevaux à certaines époques de l'année.

M. de Lafont-Pouloti trouve des fonds pour ces établissemens; 1.° dans une imposition d'un sol pour livre du rôle des contributions. Le droit de monte étant anéanti, ainsi que les exemptions des Gardes-étalons, ce sol pour livre ne sera pas une charge onéreuse; 2.° dans une imposition sur les Chevaux de ville & de campagne, qu'on rendroit plus forte sur ceux des gens riches, que sur ceux des Cultivateurs; l'augmentation & la perfection des Chevaux étant un avantage universel, il est juste d'y faire concourir tout le Royaume. 3.° Dans une autre à mettre ou à augmenter sur tous les Chevaux étrangers; 4.° dans une autre sur tous les mulets & mules, imposition qu'il voudroit qu'on doublât & triplât, afin d'engager à préférer l'éducation des Chevaux, à celle des mulets.

Ces moyens paroissent, à l'Auteur du Projet, devoir procurer un fond annuel pour l'entretien des étalons, leur achat & les frais de régie.

Prenant pour exemple le Dauphiné, il suppose que 30 étalons suffisent dans le commencement.

Nourriture, soin, entretien de trente étalons à 600 liv. par an chacun, y compris les gages des palefreniers, 18,000 liv.	18,000 l.
Frais de déplacemens & placemens d'étalons, dépenses extraordinaires de leurs conducteurs, loyer des écuries, &c. pendant le tems de la monte, à raison de 100 liv. par étalon	3,000 l.
Quatre prix pour les plus beaux poulains à 200 chacun, ...	800 l.
Deux prix pour les courses à 1,200 l.	2,400 l.
Total des dépenses annuelles . . .	24,200 l.

La taxe sur les Chevaux completteroit cette somme.

Le logement ne coûtera rien, puisqu'ils seront déposés aux manèges : M. de Lafont-Pouloti desireroit qu'on établît des Académies d'équitation dans les capitales des provinces, où il n'y en a pas; c'est à la province à faire les frais des écuries, du manège, des greniers à avoine & à foin, & du logement des Ecuyers & employés au service; ce qui ne peut être cher, si on se borne à l'utilité, sans vouloir de luxe. Cette Académie sera utile à la Jeunesse, qui apprendra à bien monter à Cheval, & se familiarisera avec les Chevaux. On peut regarder cet exercice comme propre à donner de l'énergie à l'ame, & à fortifier le corps.

M. Lafont-Pouloti regarde l'achat des étalons, comme une dépense aussi utile & lucrative aux provinces, que la confection d'un canal, ou d'une grande route. C'est une amélioration dans les productions territoriales.

L'achat de 30 étalons, à 2000 livres l'un dans l'autre, forme une somme de 60,000 livres. La répartion du sol pour livre sur les contributions, peut fournir chaque année de 20 à 30,000 livres; ainsi, en trois ans l'achat sera payé.

Reste l'impôt sur les Chevaux étrangers, qui peut être consacré aux frais de régie extraordinaires.

Les dépenses qui précèdent, sont celles du *haras épars*; celles du *haras fixe* consistent dans l'achat des jumens, le loyer des Pâturages, les gages des Palefreniers & gardiens des parcs, les frais de hangars, charrettes &c.

En supposant que le haras fixe contienne 50 jumens, qui seront servies par les 20 plus beaux étalons de la province, c'est-à-dire, du haras épars, si on, en calcule la population, en suivant exactement les races & les résultats, M. Lafont-Pouloti estime, que dans le produit même des haras, on trouvera les fonds nécessaires pour rembourser l'achat des jumens, les autres frais, & le remplacement des jumens & des étalons. M. Lafont-Pouloti prend le terme de dix ans, qui est celui pendant lequel il fait faire aux étalons le service *gratis*. Ce terme lui paroît suffisant pour changer la race des Chevaux, garnir la province, & s'il en est besoin, former un haras nouveau.

L'Ouvrage de M. Lafont-Pouloti ayant été publié, en 1787, il suppose que l'établissement commence en 1788; je le supposerai commençant en 1793. A dater de cette année, vingt étalons, employés au service des jumens, donneront chacun par an douze poulains avec les jumens publiques, & un avec les jumens du haras fixe, c'est-à-dire, 240, dont 120 mâles & 120 femelles. Le nombre des sexes est à-peu-près au pair dans les naissances. Que sur ces produits on perde à-peu-près un tiers, il restera 80 mâles, & 80 femelles.

De ces 80 mâles, parvenus à 5 ans, M. Lafont-Pouloti n'en compte qu'un cinquième propres à servir comme étalons. A la sixième année, c'est-à-dire, en 1798, il y aura, déduction faite de 4 par an, à cause de la perte des premiers Chevaux, 60 étalons, issus des jumens appartenant aux particuliers, &, à la dixième année, il y en aura 120.

Quant à la population des pouliches, chaque année en donnant 80, on en auroit 400 en 1798, & au bout de dix ans, 800.

Ainsi, en 1793 on auroit eu 80 mâles; seize auroient été pris pour étalons, il en resteroit 64. Or, 64 fois 5 donnent 320. Au bout de 5 années on aura 60 étalons.

	130 poulains.
	400 poul.
Total.	780 poul.

Si l'on portoit la production annuelle de chacun des 20 étalons à 18, au-lieu de 12, en 5 ans, on auroit 1200 animaux, & en 10 ans, 7200 ou 10,800, tant mâles que femelles. Cette quantité de Chevaux acquite dédommageroit bien la province de ses avances. En n'admettant dans l'augmentation du prix de chaque Cheval que 50 livres, ce seroit un accroissement de 350, ou de 550,000 livres dans le produit de 10 années.

A l'égard des 50 jumens étrangères, renfermées dans le haras fixe, & couvertes par les 20 étalons, elles produiront au moins 34 poulains, dont 17 mâles & 17 pouliches, qui ne porteront que tous les deux ans. Calcul fait de ce que ces pouliches produiront de poulains, la sixième année & les années suivantes; au bout de 10 ans, le haras fixe se trouvera garni de 160 jumens, dont 96 en état de produire, non-compris les 50 premières jumens. En calculant avec la même exactitude le produit en mâles, il s'ensuivra qu'à la dixième année, le haras fixe aura vu naître 160 Chevaux, dont 50 pourront être employés à faillir.

Ainsi, au bout de 10 ans le haras auroit produit 320 têtes de Chevaux, mâles & femelles, qui pourroient valoir; savoir, 17 mâles & 17 femelles, âgés de 9 ans, nés en 1794, à 40 louis l'un dans l'autre . . . . 1,360 louis.

Dix-sept mâles & dix-sept femelles âgés de 7 ans, nés en 1795, à 50 louis . . . . 1,700.

Dix-sept mâles & dix-sept femelles, âgés de 5 ans, nés en 1796, à 40 louis . . . . 1,300.

Six mâles & six femelles, âgés de quatre ans, nés en 1797, à 30 louis . . . . 360.

4,720 louis.

de l'autre part . . . . 4,720 louis.

Vingt-trois mâles & vingt-trois femelles, âgés de trois ans, nés en 1798, à 20 louis, ... 920.

Douze mâles & douze femelles, âgés de 2 ans, nés en 1799, à 15 louis, ... 360.

Trente-six mâles & trente-six femelles, âgés d'un an, nés en 1800, à 10 louis, ... 720.

Trente-deux mâles & trente-deux femelles, venant de naître, & étant encore en sevrage, nés en 1801, à 5 louis, ... 320.

Total . . . . 6,100 louis, ou 146,400 livres.

Supposons que les 50 jumens aient valu, l'une dans l'autre 800 livres, prix de ces jumens, ... 40,000 livres.

Loyer du parc, à raison de 6,000 par an, pour 10 ans, ... 60,000.

Fourrages & autre nourriture d'Hiver, ... 20,000.

Menus frais, ... 15,000.

Total de la dépense 135,000 livres.

Produit. . . . . 146,000 liv.
Dépense. . . . . 135,029 liv.

Bénéfice . . . . 11,400 livres.

Outre la valeur des 50 premières jumens, dans ce calcul d'ailleurs les productions sont mises au nombre le plus bas, à cause de la perte qui peut arriver, soit par la mortalité des animaux, soit par quelque circonstance imprévue. Dans l'évaluation les Chevaux ne sont l'un dans l'autre qu'à 307 livres 5 sols, prix bien modique pour des animaux de race pure. Ne dût-il rester à la province aucun bénéfice, M. Lafont-Pouloti croit qu'elle y gagneroit encore beaucoup, parce qu'elle se seroit fournie d'espèces de qualité supérieure, & qu'elle auroit en ses mains une somme qui auroit passé à l'étranger.

Cette disposition, appliquée aux autres provinces de France, susceptibles des mêmes améliorations, procureroit à ce Royaume, un fond inépuisable de Chevaux, qui la mettroit en état de réparer les pertes que la plus longue guerre causeroit.

Quoique le projet de M. Lafont-Pouloti soit de beaucoup postérieur à celui de M. de Lafosse, cependant, depuis qu'il a été imprimé, les circonstances ont changé. On auroit de la peine à imposer un sol pour livre des contributions publiques, regardées dans beaucoup d'endroits comme trop considérables. Déjà les propriétaires de Chevaux & de carrosses paient à raison du nombre des Chevaux qu'ils entretiennent; il verroient avec chagrin, qu'on les chargeât encore davantage pour cet objet. On ne pourroit taxer les Chevaux étrangers importés, qu'à l'époque où la France seroit en état de s'en passer; cet impôt ne serviroit donc pas à l'établissement des haras provinciaux. Je ne crois pas qu'on dût, par une imposition, s'opposer à la multiplication des mulets, très-utiles dans les pays chauds, dans les montagnes, & pour une foule de transports qu'on ne peut faire faire aux Chevaux, avec autant d'avantage. D'ailleurs la France est depuis long-tems en possession de fournir l'Espagne de mulets qui y réussissent bien. Cette branche d'exportation ne doit point être découragée. Je trouve dans le Projet de M. Lafont-Pouloti d'excellentes vues. Il mérite d'être accueilli, quant à la partie relative à l'amélioration des Chevaux; on voit clairement qu'il connoît tous les vices de l'ancien établissement des étalons, & les vrais moyens d'y remédier. Mais, pour la partie des dépenses il faut d'autres ressources que celles qu'il indique. On pouvoit y compter quand il a écrit son Projet; maintenant, c'est à la nouvelle administration du Royaume à y pourvoir autrement, si elle croit devoir profiter des lumières de M. Lafont-Pouloti.

Idées particulières, sur la manière d'améliorer les Chevaux en France.

En réfléchissant d'une part sur l'ancien régime des haras provinciaux en France, que j'ai cru devoir blâmer dans plusieurs occasions; & de de l'autre part, sur les avantages qui pourroient résulter du perfectionnement & de la multiplication de nos Chevaux, pour tous les besoins du Royaume, j'ai pensé qu'il seroit possible de trouver des moyens de concilier dans un plan la liberté des propriétaires des jumens, & l'intérêt de l'Etat. Je vais indiquer ceux qui me sont venus en idée, sans prétendre qu'on les adopte, sans les garantir, & sans présenter même les calculs, que l'administration seule du Royaume est en état de faire, parce qu'il faut avoir beaucoup de données qui manquent toujours aux écrivains.

Il importeroit de savoir, 1.° La quantité de Chevaux qu'on achète tous les ans à l'étranger, tant pour les carosses, que pour la remonte des troupes. 2.° Comment s'en fait le commerce, s'il a lieu par des paiemens en espèces, ou par voie d'échange; & si les marchandises qu'on donne en aquittement sont de notre crû, ou de nos manufactures, ou importées d'ailleurs par le commerce. 3.° S'il nous est avantageux de nous défaire des objets qui nous servent à payer les Chevaux que nous tirons des autres pays; & si les étrangers nous les demanderoient en supposant que nous ne prissions pas leurs Chevaux. Car, si nous vendons plus en marchandises de notre crû, ou de nos fabriques, qu'on ne nous vend en Chevaux, nous aurons moins d'intérêt à multiplier ces animaux en France, qu'à continuer de les acheter. J'observerai cependant que nous aurons toujours à craindre, qu'en tems de guerre, les étrangers ne défendent chez eux l'exportation des Chevaux, & qu'alors nous n'en manquions. 4.° Quelle est la consommation totale de Chevaux en France, & ce que chaque pays, livré à lui-même, en fourniroit; ce qu'il est facile maintenant de connoître, par le nombre des Chevaux produit depuis la suppression des étalons. 5.° Enfin, quelles sont les ressources de l'Etat, pour se procurer les fonds pour ce genre d'amélioration, en ne lésant que le moins possible les contribuables. Je ne crois pas que qui que ce soit puisse présenter un plan raisonnable, bien motivé & bien fait, sans avoir toutes ces données. Ceux, auxquels le Gouvernement remettroit les pièces, conservées dans les bureaux, & auxquels il feroit parvenir les éclaircissemens, & les dénombremens à demander dans les diverses provinces, seroient les seuls à portée & en état de bien faire ce plan, digne alors de la confiance publique; sans cela nul projet ne doit être accueilli, parce qu'il ne pose sur aucunes bases. Je me contenterai donc de jeter quelques idées sur cette matière, pour contribuer à éclairer les personnes qui s'en occuperoient de la manière que j'indique, en prévenant que ces idées ne peuvent être regardées comme un projet, & qu'elles supposent qu'il y ait un avantage à chercher à embellir nos races.

On doit de toutes les manières possibles, encourager les propriétaires qui établiroient des haras fixes. Les uns seroient sensibles à des récompenses pécuniaires, les autres à des marques d'honneur. Je voudrois qu'il y eût des récompenses pécuniaires, proportionnées aux services rendus à l'Etat pour ceux qui préféreroient l'argent à toute autre preuve de la reconnoissance publique. Le plus grand nombre desirera une distinction particulière. Il y a longtems qu'on a dit, que l'amour-propre étoit le plus puissant motif des actions des hommes. Or, rien ne flatte davantage qu'un signe de distinction. On voit des individus, qui se regarderoient comme avilis par de l'argent; on doit les payer d'une autre manière. Tout homme qui aura enrichi sa patrie, ou en y introduisant une nouvelle branche d'industrie, ou en perfectionnant celles qui y sont, ou en les entretenant même sur un bon pied, mérite qu'on lui témoigne de la gratitude. Le possesseur d'un haras bien tenu, bien conduit, quoiqu'il travaille pour ses propres intérêts, rend des services importans, & par conséquent doit être encouragé par des primes pécuniaires, ou par une glorieuse distinction. On ne doit pas craindre que leurs concitoyens n'en soient humiliés. Il ne tiendra qu'à eux de mériter la même récompense.

Pour former des haras épars, il est nécessaire d'acquérir des étalons de races convenables aux pays, & aux espèces de Chevaux qu'on desire embellir & multiplier. Il en faut pour faire des Chevaux de selle, & sur-tout des Chevaux de troupes, il en faut pour faire des Chevaux de gros charrois, de carrosses, &c. Les espèces communes n'ont pas besoin qu'on s'occuppe de les améliorer. Il est même utile qu'il y ait des Chevaux communs, afin que l'on puisse en trouver à bas prix. Au reste, quand dans la suite les beaux Chevaux seront multipliés, leur influence se fera sentir sur les autres. Pour les achats des étalons, on consultera & on emploiera des hommes instruits, & de probité, sans confier ce soin à des intriguans, ou à des ignorans qui savent en imposer, & qui souvent ne se chargent d'entreprises délicates que pour faire leur fortune. Assez d'écrits ont indiqué les lieux où l'on peut faire emplette de beaux étalons. On ne sauroit y employer des gens trop intelligens. Les mêmes moyens, s'ils réussissent, serviront, au bout d'un certain nombre d'années, pour renouveller les étalons, en cas qu'il en soit besoin.

On saura quels sont les pays où se pourront placer avantageusement les étalons acquis. Cette connoissance exige beaucoup d'attention. On ne les placera que dans les endroits, où on aura l'espérance de déterminer les Cultivateurs à élever des Chevaux; ce qui ne pourra se faire qu'autant qu'ils y trouveront du profit. Car il ne suffit pas qu'un sol soit propre à l'éducation de ces animaux, il est nécessaire que les habitans aient de l'intérêt à s'en occuper. On est bien convaincu, sans doute, que nulle province de France ne convient mieux pour élever des Chevaux, que le Limousin. Les habitans se sont livrés autrefois à cette branche d'économie rurale, avec beaucoup de zèle. Plusieurs s'y livrent encore; mais ceux des environs de St. Yrieip-la-Perche, suivant une observation de M. Gondinet, Médecin éclairé, ont fait un calcul différent. Ils ont remarqué qu'il leur étoit plus profitable de consacrer leurs prairies aux bêtes à cornes; 1.° parce qu'une jument occasionnoit presque autant de dépense, que trois vaches; 2.° parce qu'il lui faut l'herbe la plus fine, la plus délicate, le meilleur foin; 3.° parce qu'elle retient plus difficilement, qu'elle avorte plus souvent, & que sa gestation est plus longue; 4.° parce qu'on ne peut la faire travailler comme une vache, quand elle est pleine; 5.° parce que, pour avoir une bonne production, elle ne doit rapporter que tous les deux ans, au-lieu que la vache rapporte tous les ans. Ce n'est donc point dans de tels endroits qu'on pensera à placer des étalons. On étudiera les circonstances locales, qui déterminent le débit plus assuré & plus avantageux d'une espèce de bétail, plutôt que celui d'une autre, & l'on n'agira qu'avec la certitude du succès.

Le nombre des étalons, que chaque province exigera, étant connu & décidé, on choisira le lieu le plus commode pour les y tenir tous, dans l'intervalle d'une monte à l'autre, & on se réservera la liberté d'en changer, si on croit ce changement utile. Je ne conseille point au Gouvernement, ni aux provinces d'y faire construire des bâtimens, que l'avarice des Entrepreneurs, ou l'amour-propre des Architectes rend toujours dispendieux & magnifiques. Un haras n'a besoin que d'écuries, de greniers, de pâturages & de quelques logemens pour les serviteurs. On trouvera à louer facilement ce qui sera strictement nécessaire; dût-on louer les objets le double de ce qu'ils valent, il en coûtera moins encore, que si on faisoit bâtir. On ne sauroit trop éviter les frais d'entretien & de réparations.

On simplifiera l'administration autant qu'il se pourra. Moins il y aura de chefs, mieux le service se fera, & plus il y aura d'économie; ce ne sont jamais les sous-ordres, les plus utiles cependant, qui occasionnent la plus forte dépense. Tout homme chargé de soigner les Chevaux doit être largement salarié, afin qu'on ait droit d'en exiger davantage. Un Inspecteur par province, un Chef résident au haras, & des Palefreniers, voilà tous les gens qu'il faut employer.

Tant que les Chevaux ne couvriront pas les jumens, c'est-à-dire, du mois de Juin au mois de Mars, ils seront exercés au lieu du haras; on pourra, suivant le conseil de M. Lafosse, faire servir les gros Chevaux à la confection, ou entretien des chemins, & autres travaux publics; les Chevaux fins pourront meubler les Académies, ou Ecoles d'équitation pour la Jeunesse, ainsi que le desire M. Lafont-Pouloti. Dans ce cas, on sépareroit les Chevaux fins des gros Chevaux, selon qu'on le jugeroit plus utile.

A l'époque de la monte, les étalons seroient distribués seul à seul dans les divers cantons des campagnes, au milieu des jumens qu'ils auroient à couvrir, sous la garde d'un Palefrenier, ou d'un homme dont les soins & la probité seroient connus. Ils y resteroient tout le tems de la monte, pour y faire le service des jumens, & après un repos suffisant retourneroient, ou au haras, ou à leurs travaux, ou aux Académies d'équitation. Une écurie pour l'étalon, une chambre pour le Palefrenier, lorsqu'on ne confieroit pas l'étalon à un habitant, seroient toute la dépense de loyer convenable.

L'Inspecteur, pendant toute l'année, visiteroit de tems-en-tems les étalons, tant dispersés, que réunis, pour voir s'ils sont bien soignés, bien entretenus.

Toutes les jumens d'un pays ne pourroient être admises pour être saillies par l'étalon. Il n'y auroit que celles que l'Inspecteur, dans une tournée, auroit désignées, leur ayant trouvé les qualités convenables; en sorte qu'il arriveroit qu'un fermier, propriétaire de plusieurs jumens, n'en feroit couvrir qu'une, ou deux, ou même aucune, selon qu'une, ou deux seulement, ou aucune ne seroit douée de qualités correspondantes à celles de l'étalon. L'Inspecteur remettroit au Palefrenier, ou au gardien de l'étalon, les signalemens des jumens qu'il devroit admettre à la monte.

L'annexe d'une jument à un étalon, seroit une faveur & non une contrainte. Le propriétaire seroit libre de l'amener à l'étalon indiqué, ou de la faire saillir par tout autre, sans qu'on l'inquiétât.

Au lieu de payer le saut de l'Etalon, le propriétaire d'une, ou de plusieurs jumens annexées, auroit une rétribution fixe par chaque jument saillie; le Gouvernement, après la monte, la lui feroit parvenir. Un rien éloigne les habitans de la campagne d'une bonne pratique; un rien peut les y ramener. Il ne faut pas qu'on paie pour le saut d'un étalon du Gouvernement; mais le Gouvernement en payant encourage. Je desirerois une gratification encore pour celui, qui, au jugement de l'Inspecteur, ou de connoisseurs nommés, auroit élevé un beau Cheval de prix, ou en auroit vendu plusieurs pour la cavalerie, ou l'artillerie.

Les prix de courses, proposés par M. Lafont-Pouloti, me paroissent un bon moyen de fixer l'attention sur la vîtesse des Chevaux, & de tourner les yeux vers leur éducation.

Il seroit utile, au tems de la monte, de laisser au chef-lieu du haras quelques étalons, auxquels on associeroit des jumens de choix. Les Chevaux, qui en résulteroient, serviroient à former de nouveaux étalons, pour remplacer les autres, & entretenir une race pure; on vendroit une partie des productions de ce haras, au profit du Gouvernement, en déduction des frais de l'établissement.

Les vues que je propose, & dont une partie m'a été suggérée par la lecture de beaucoup de livres sur les haras, concilieroient, sans doute, la liberté des particuliers, avec l'intérêt de l'Etat, dans l'hypotèse, que d'après des calculs exacts, il soit avantageux à la France, de n'acheter que peu de Chevaux de l'étranger; car je n'ai raisonné jusqu'ici, que dans cette hypothèse. Les véritables intérêts de l'Etat sont le bien général, qui consiste, à cet égard, dans la production & embellissement de nos Chevaux. Les sacrifices qu'il faudroit qu'il fît ne seroient que des mises en avant pour avoir des rentrées sûres. En engageant des gens sages, instruits & bons administrateurs, de former un plan, de le mûrir & d'en donner les détails, le Gouvernement verra que les sommes ne seront pas exorbitantes. Ce sera, ou l'administration générale du Royaume, ou les administrations particulières des provinces qui le feront exécuter.

ARTICLE TROISIÈME.

Usage des Chevaux, & soins qu'on en doit avoir.

Beaucoup de Chevaux sortent des hâras fixes, ou des mains de propriétaires de jumens, pour aller dans de bons herbages, où ils passent encore quelque-tems; d'autres sont vendus de bonne-heure à des fermiers; d'autres ne quittent le lieu qui les a vu naître, que quand ils sont en état de service. Ces animaux sont ensuite dispersés de tous côtés, suivant que ceux qui les vendent ont intérêt de les conduire dans telles où telles foires, ou suivant le domicile des acheteurs, que le hasard leur amène. Les Chevaux de selle passent dans les manèges, chez des amateurs, des chasseurs, ou dans les régimens de cavalerie, hussards & dragons; les postes emploient, outre quelques bidets, de médiocres Chevaux de trait; de plus étoffés sont achetés par de riches particuliers, pour traîner leurs carrosses. Enfin, les Chevaux gros, pesans & forts, servent pour les coches d'eau, ou de terre, pour les bateaux, les rouliers, les fermiers, &c. Je dois exposer dans ce 3.e Article la manière de dresser les Chevaux, les précautions à prendre quand on les achète, leur vitesse & leur force, comment on les nourrit & les qualités des alimens qu'on leur donne, la conduite des Chevaux, leurs logemens & leurs produits.

Manière d'apprivoiser & de dresser les Chevaux.

Il ne faut pas attendre pour apprivoiser les Chevaux, qu'ils aient pris assez de force pour se défendre. On doit s'y prendre de bonne-heure, pour profiter de leur foiblesse. La patience, les caresses & la douceur sont les principaux & les premiers moyens. On les aborde fréquemment, toujours en leur parlant, & en leur passant la main sur le corps. Si ce sont des Chevaux de monture, on prend le moment de la distribution du fourrage & de l'avoine, pour leur mettre une selle légère sur le dos; on la leur laisse trois ou quatre heures chaque jour, on les sangle légèrement. Peu-à-peu on habitue ces animaux à recevoir un bridon dans leur bouche, & à souffrir qu'on leur lève les pieds; ce dernier point est important, à cause du ferrage; on les élève de plus en plus, & en frappant dessus, comme si un maréchal les ferroit. A l'égard des Chevaux de trait, on leur met le harnois, comme on met la selle aux autres. On les attèle à une charrette, seuls ou avec quelques autres, pour les y accoutumer par degrés; & pour le reste, on se conduit de même que pour les Chevaux de selle.

Quand on n'a point apprivoisé les Chevaux dès leur tendre jeunesse, ils sont quelquefois si difficiles, qu'il est impossible de les panser & de les ferrer; lorsque la patience & la douceur ont été inutiles, on emploie le moyen d'usage en Fauconnerie, c'est d'empêcher les poulains de dormir, comme on empêche les faucons. Pour cela, il faut les veiller, & ne pas permettre qu'ils se couchent, en prenant du repos debout; on a vu des Chevaux, qu'on n'est parvenu à adoucir & à apprivoiser de cette manière, qu'après les avoir veillé pendant huit jours. Le conseil est donné par M. de Garsault.

Les jeunes animaux ayant tous de la disposition pour mordre, il ne faut pas en fournir l'occasion aux poulains, parce que c'est un des vices les plus dangereux pour les hommes qui les soignent. On ne leur présentera point la main à la bouche; on ne lui prendra ni les lèvres, ni les naseaux, ni autres parties voisines. Si, malgré ces attentions, ils ont du penchant pour ce vice, on les en corrigera par des châtimens donnés avec prudence. On les corrigera également de quelque tic, d'un bercement, d'une mauvaise manière de poser les pieds, avec quelques menaces de la gaule, jointes à la voix. On doit n'user avec eux de rigueur que rarement, dans la crainte qu'une impatience ou des coups, ne les rendent indociles pour toujours. Rien n'est plus important que le premier ferrage. De la manière dont il est fait dépendent les belles jambes, les beaux pieds, ou les jambes & les pieds difformes. Un maréchal habile pourroit, dans les premiers tems, réformer la nature, au lieu de l'altérer, comme il arrive le plus souvent. On ne doit les ferrer, pour la première fois, qu'au tems où l'on commence à les dresser; les pieds, tant qu'ils sont en liberté, se renforcent de plus en plus.

L'âge où l'on doit faire travailler les poulains, est quand ils ont acquis leur force. On peut commencer un peu plutôt, mais en les ménageant pour les exercer, & non pour les charger. Les Chevaux fins ne sont en état de bien travailler qu'à cinq ou six ans, & les gros Chevaux à quatre ans. On se plaint de ce qu'en Languedoc on fait fouler le bled par des poulains de deux ans; ce travail leur gâte tellement les pieds, qu'ils sont ruinés à cinq ans.

Amputation de la queue & des oreilles.

On est dans l'usage de couper la queue aux Chevaux de selle, & à une partie de ceux de carrosse. On a regardé long-tems en France, comme un secret la manière de couper la queue *à l'angloise*, c'est-à-dire, pour qu'elle formât la trompe. Cette opération, maintenant connue partout, n'est ni difficile, ni dangereuse. On prétend que les Chevaux, auxquels on la coupe ainsi, ont plus de grace & de légèreté. Mais il me semble que jamais le retranchement d'une partie, que la Nature a donnée à un animal, ne peut avoir de grace. Il n'en est pas plus léger réellement; l'imagination seule peut lui trouver des qualités de plus. L'animal y perd un instrument utile pour s'émoucher, & le repos qu'il se procureroit en écartant des insectes qui le tourmentent. L'amputation de l'extrémité des oreilles, qui s'introduit parmi nous depuis quelques années, me paroît une bizarrerie, sans aucun but fondé. Car un Cheval en est déparé & enlaidi. Bien certainement il doit entendre avec moins de facilité, & c'est un désavantage.

Précautions à prendre, quand on achète un Cheval.

Je ne rappellerai point ici les principales qualités du Cheval, soit de selle, soit de trait. Elles sont énoncées plus haut, à l'endroit où je traite du choix des étalons. Il est difficile sans doute que les Chevaux qu'on achète pour tirer, ou porter, aient toutes les perfections indiquées. Mais, plus ils en approcheront, plus ils auront de valeur. J'ajouterai, seulement ici, quelques précautions à prendre lorsqu'on achète des Chevaux.

Une des premières attentions est d'examiner les yeux, & plusieurs fois. Il ne faut pas que ce soit dans un lieu obscur, ni au grand soleil. Car un Cheval, dont la pupille est irritable, a l'œil bien ouvert dans l'obscurité; celui qui a la pupille foible, n'y voit pas dans l'obscurité; mais au grand soleil, son œil se développe. En choisissant un endroit qui soit seulement clair, on en juge mieux. Encore est-il nécessaire, en examinant cet organe, de mettre la main sur l'œil du Cheval, pour en rabattre le grand jour.

Quand la tunique extérieure est bien transparente, on en doit favorablement augurer. Mais, on s'en défiera, si, dans cette tunique, il y a quelque tache, de l'obscurité, de la blancheur, des cercles; une certaine rougeur dans l'œil, une couleur feuille morte par le bas, ou trouble par le haut, indiquent un Cheval échauffé, ou lunatique: lorsque la prunelle est tachée d'un point blanc, qu'on appelle *dragon*, il est à craindre que le Cheval ne devienne borgne. Il n'a point bonne vue, si toute la prunelle paroît d'un bleu-verdâtre, transparent. Un œil pleurant annonce une vue foible.

On croit avoir remarqué que les Chevaux de poil *gris-sale*, *gris-étourneau*, *fleur de pêcher*, & *rouhans* sont plus sujets à perdre la vue, que les autres. Il est possible que certains tempéramens disposent davantage à la perte de la vue, & que les couleurs du poil des animaux, soient jusqu'à certain point l'indice des tempéramens. Mais je ne croirai pas sans preuves qu'on doive regarder les Chevaux *fleur de pêcher*, par exemple, comme plus sujets à perdre la vue, que les Chevaux noirs, ou bais. Beaucoup de causes, qu'il ne m'appartient pas de développer ici, indépendantes de la couleur du poil, font perdre la vue aux Chevaux. Entr'autres, des pâturages trop humides, ou placés à la vue des montagnes, toujours couvertes de neige, ou formées de craie.

Il sera nécessaire de bien manier la ganache du Cheval, pour voir s'il y a des glandes roulantes, ou attachées. Dans le premier cas, le Cheval, s'il est jeune, n'a pas jeté sa gourme; s'il est vieux, il l'a jetée imparfaitement. Un jeune Cheval jete tôt ou tard sa gourme. Il vaut son prix, quoiqu'il ne l'ait pas encore jetée; mais le vieux Cheval, qui ne l'a jetée qu'imparfaitement, a peu de valeur. Les glandes attachées doivent faire craindre la morve.

On observera la manière dont le Cheval se *plante*, c'est-à-dire, se place. Il faut qu'il soit bien d'*à-plomb*, quand il est arrêté, sur-tout dans la partie du derrière. Si les jambes avancent sous le ventre, c'est un défaut. La situation d'un Cheval qui se pose sur les pinces, est mauvaise. Les pieds en-dedans ou en-dehors, les jambes également écartées en bas, comme en haut, les genoux serrés, sont des positions désavantageuses.

On fait aller au pas un Cheval, qu'on veut acheter, pour voir si en marchant ses jambes ne se croisent pas.

L'examen des pieds est de grande importance, parce que leur bon état est ce qui rend les Chevaux sûrs, & infatigables. Ils sont sujets à la *chataigne*, espèce d'excroissance de corne dure, sèche & sans poil, aux *ergots* du boulet, aux *peignes*, ou gales farineuses du pâturon, qui font tomber, ou hérisser les poils, aux *formes*, ou tumeurs sur le pâturon; ces incommodités déprécient les Chevaux, & donnent de l'inquiétude pour leurs pieds. On appelle *pieds gras* ceux dont le sabot est plus gros que la taille du Cheval ne le comporte; on a raison de s'en défier. La *fourchette*, cette espèce de corne tendre & molle, placée dans le creux du pied, & qui se partage en deux branches vers le talon, touche quelquefois à terre & fait boiter l'animal. C'est pour cela qu'un talon haut, ouvert & large est à desirer. Les *pieds foibles*, c'est-à-dire, ceux qui n'ont pas de talon, ni d'épaisseur, sont souvent douloureux. Il arrive rarement que l'ongle se fende depuis le poil jusqu'au fer. Cet inconvénient, lorsqu'il a lieu, rend le Cheval boiteux. Enfin on rejetera des pieds trop gros, qui sont toujours pesans & se déferrent fréquemment, & encore plus ceux qui ont des *crapaudines*.

Un Cheval qui a la queue ferme, est un Cheval vigoureux.

Que les *cuisses* soient également éloignées les unes des autres, & suffisamment ouvertes, que les *jarrets* ne soient point en-dehors, que le pli n'en soit point enflé, qu'ils n'aient ni *capelets*, ni *vessignons*, ni *courbes*, ni *varices*, ni *éparvins*, ni *jardons*, qu'on n'apperçoive aux jambes point d'*ar..ètes*, ni de *poireaux*, ni de *mules traversières*, ni de *mauvaises eaux*, ni d'*engorgemens*, &c. on aura l'espérance que le Cheval a les jambes bonnes & saines.

Le Cheval rétif ne vaut rien pour l'usage

Un Officier françois, qui a voyagé dans l'Inde, rapporte que dans ce pays, où il y a de superbes Chevaux, ils y sont souvent rétifs & vicieux, au point que quand ils sont au piquet, quoique fortement retenus au cou & aux jambes de derrière par deux longes, on est obligé de leur couvrir les yeux, pour qu'ils soient tranquilles. Quelque cavaliers ont la coutume de faire attacher au haut de la têtière un morceau d'étoffe, dont en mettant pied-à-terre, ils font glisser une partie sur les yeux de ces animaux, qui, par ce moyen, restent en place.

On fait grand cas du Cheval qui mange beaucoup, qui mange, aussi-tôt qu'on lui présente de la nourriture, sans interruption, & toute espèce de nourriture.

Lorsqu'un Cheval a peu de flanc, il faut ne l'acheter qu'à condition de l'éprouver pendant une nuit à l'écurie, où on lui donnera 15 livres de foin; s'il mange tout, c'est un bon signe. Il est très-utile de s'assurer aussi s'il boit bien.

Tiquer est un grand défaut pour un Cheval.

Les Chevaux difficiles à étriller, à ferrer & à enharnacher, & ceux qui mordent, sont très-incommodes, & souvent dangereux.

Tous les défauts que je viens d'exposer, ne sont pas des motifs également puissans pour empêcher d'acheter des Chevaux. Car il y en a peu, qui soient entièrement sans défauts. Lorsqu'ils n'ont que les plus légers où les plus considérables, à un très-foible degré, on en fait l'acquisition, à un prix proportionné à leur juste valeur. D'ailleurs plusieurs de ces défauts ne sont pas durables, ou peuvent se corriger. Les Chevaux quelquefois les plus vicieux, sur-tout les plus difficiles à panser, à enharnacher, sont ceux dont on tire le meilleur parti. Ils résistent mieux que les autres au travail, & vivent plus long-tems.

La vente & la revente des Chevaux se fait le plus souvent par des hommes, qu'on appelle *maquignons*, auxquels on reproche beaucoup de ruses, pour en masquer les défauts, & leur donner des qualités apparentes. Voici quelques-unes de ces ruses.

Un Cheval est-il sans vigueur? le maquignon le fouette plusieurs fois par jour, jusqu'à ce qu'il le rende sensible, au point d'être toujours en action, au moindre mouvement du fouet; il le fait battre aussi toutes les fois qu'on l'étrille, il lui perce la peau avec une alène, &c.

S'il est courbatu, ou foulé, le maquignon le monte, & l'échauffe, peu de tems avant de l'exposer en vente, & le tient toujours en halène. Tant qu'il a chaud, & qu'il marche sur la terre molle, il est difficile de s'appercevoir de l'imperfection de son pied.

Lorsqu'un Cheval est sujet à un écoulement par les nasaux, le maquignon lui souffle de la poudre sternutatoire, pour les faire dégorger, & le frotte avec de longues plumes, trempées dans du jus d'ail, ou de l'huile de laurier. Ce remède suspend l'écoulement, qui revient peu de tems après.

Les maquignons brûlent, comme je l'ai dit, le bout des dents des vieux Chevaux, afin de tromper sur leur âge, où si ces animaux ont perdu les dents de marque, ils leur manient les lèvres à tous momens, & les leur percent d'une alène, pour les rendre si sensibles qu'ils ne se laissent pas regarder dans la bouche. Ils ont encore la ruse de teindre le poil, de faire de fausses queues, des marques blanches au front, de raccourcir en apparence la taille, en ajustant une selle qui cache ce défaut, de ferrer un Cheval, qui a la corne mauvaise, de manière qu'on ne s'en apperçoive pas, de le faire écumer quand il a la bouche sèche, en lui donnant un mors frotté de quelque substance âcre, &c.

Les tromperies des maquignons ont donné lieu à des loix sages.

Il y a plusieurs cas *redhibitoires*, c'est-à-dire, plusieurs vices, pour lesquels on peut obliger le marchand à reprendre les Chevaux qu'il a vendus, quand ils ont quelques-uns de ces vices, ou maladies.

La pousse, la morve, la courbature, les courbes, & selon quelques-uns, le tic, sont les cinq cas les plus communs de *l'action redhibitoire*: c'est ainsi qu'on appelle l'action qu'on a, pour faire casser le marché, parce qu'on suppose que l'acheteur ne l'auroit pas conclu, s'il eût connu le défaut du Cheval, que le marchand lui a caché par artifice, en arrêtant les signes extérieurs de la maladie.

On donne dix jours pour s'en appercevoir, & obliger le marchand à reprendre son Cheval, parce que les défauts peuvent bien être cachés pendant quelques jours, mais rarement plus de dix: du moins, c'est à ce terme de dix jours, que l'usage de Paris, & la plupart des coutumes, ont fixé la durée de l'action rédhibitoire. Dans le Barrois, elle dure quarante jours, parce qu'on y juge qu'on peut empêcher, par des remèdes préparés, que les vices cachés ne se découvrent pendant plus d'un mois. Le Parlement de Rouen, donnoit aussi quarante jours; mais depuis 1728, il n'en donne plus que vingt. Dans l'Amiénois, il faut avertir en-dedans le neuvième jour de la livraison du Cheval, & ailleurs en-dedans le huitième: car, le tems de la durée de cette action est local.

Bien des gens mettent le Cheval boiteux, au nombre de ceux qui peuvent être rendus dans les dix jours, quand on découvre qu'il boite, parce que c'est un défaut qui peut s'arrêter pendant quelque tems; mais, dans ce cas, il faut que les experts jugent que la maladie vient de loin, & que le Cheval boitoit, avant l'achat. Un Cheval qui boite *de vieux*, comme disent les maquignons, c'est-à-dire, qui est resté boiteux, sans qu'on l'ait pu guérir, ne boite plus, quand il est bien échauffé à marcher; au-lieu que quand il boite pour quelque blessure, ou autre inconvénient nouveau & actuel, plus il va, & plus il boite; c'est pourquoi, pour bien juger si un Cheval est boiteux, il faut le voir, tantôt reposé, & tantôt échauffé en marchant.

Vitesse des Chevaux.

On distingue dans le Cheval trois manières de marcher; *le pas*, *le trot*, & *le galop*.

Le pas, la plus lente de toutes les allures, doit être prompt, léger & un peu alongé. Dans le pas, il y a quatre tems dans le mouvement; si la jambe droite de devant part la première, la jambe gauche de derrière suit aussi-tôt, ensuite la jambe gauche de devant part à son tour, & est suivie de la jambe droite de derrière.

Dans le trot, il n'y a que deux tems dans le mouvement; si la jambe droite de devant part, la jambe gauche de derrière part aussi en même-tems, sans qu'il y ait d'intervalle entre le mouvement de l'une & le mouvement de l'autre, ensuite la jambe gauche de devant part avec la droite de derrière, aussi en même-tems, en sorte qu'il n'y a dans cette marche, que deux tems & un intervalle.

« Il y a trois tems dans le galop; mais comme dans ce mouvement, qui est une espèce de saut, les parties antérieures du Cheval ne se meuvent pas d'abord d'elles-mêmes, & qu'elles sont chassées par la force des hanches & des parties postérieures, si des deux jambes de devant, la droite doit avancer plus que la gauche, il faut auparavant que le pied gauche de derrière pose à terre, pour servir de point d'appui à ce mouvement d'élancement; ainsi, c'est le pied gauche de derrière qui fait le premier tems du mouvement, & qui pose à terre le premier, ensuite la jambe droite de derrière se lève, conjointement avec la gauche de devant, & elles retombent à terre en même-tems, &, enfin la jambe droite de devant, qui s'est levée un instant après la gauche de devant, & la droite de derrière, se pose à terre la dernière, ce qui fait le troisième tems; ainsi, dans ce mouvement de galop, il y a trois tems & deux intervalles, & dans le premier de ces intervalles, lorsque le mouvement se fait avec vitesse, il y a un instant où les quatre jambes sont en l'air en même-temps, & où l'on voit les quatre fers du Cheval à-la-fois: lorsque le Cheval a les hanches & les jarrets souples, & qu'il les remue avec vitesse & agilité, ce mouvement du galop est plus parfait, & la cadence s'en fait à quatre temps; il pose d'abord le pied gauche de derrière qui marque le premier tems, ensuite le pied droit de derrière retombe le premier, & marque le second tems, le pied gauche de devant tombant un instant après, marque le troisième tems; &, enfin, le pied droit qui retombe le dernier, marque le quatrième tems. »

Le pas, le trot & le galop, sont les allures ordinaires du Cheval. Mais il y a quelques-uns de ces animaux, qui en ont une particulière, qu'on appelle *amble*. Dans cette allure, la vitesse du mouvement n'est pas si grande, que dans le galop & le grand trot. Le pied du Cheval rase la terre de plus près que dans le pas, & chaque démarche est beaucoup plus alongée. L'amble consiste en ce que les deux pieds du même côté partent en même-tems, & ensuite ceux de l'autre côté, en sorte que les deux côtés du corps manquent alternativement d'appui. Cette allure est douce pour le cavalier; mais elle fatigue beaucoup le Cheval. Indépendamment de l'amble, qui doit être regardé comme une allure défectueuse, on en remarque deux autres plus défectueuses encore; l'une est *l'entrepas*, & l'autre *l'aubin*. L'entrepas, tient du pas & de l'amble, & l'aubin, tient du trot & du galop. L'un & l'autre viennent d'un excès de fatigue, & d'une grande foiblesse de reins. On les appelle *trains rompus*, désunis, ou composés.

La vitesse d'un Cheval est relative à son allure. Car il y a la vitesse du pas, celle du trot, celle du galop, & même celle des trains rompus. Cependant, quand on parle de vitesse, c'est toujours celle du galop qu'on entend.

Les Chevaux sont d'autant plus vites, qu'ils sont plus légers, plus longs de corps, & qu'ils ont plus d'haleine. On a beaucoup d'exemples curieux de la vitesse des Chevaux. Je crois devoir rapporter tous ceux qui sont consignés dans un recueil manuscrit, de feu M. de Fourcroy, Officier de la plus grande distinction, au Corps Royal du Génie. Ils feront d'autant plus de plaisir que les calculs ont été faits par cet habile homme.

Un Cheval est vite lorsqu'il parcourt environ 30 pieds par seconde; & vigoureux à proportion qu'il soutient cette course plus long-tems.

Par cette allure, il fait une lieue moyenne de 2270 toises, en 7 ½ minutes, ce dont il y a beaucoup d'exemples en terrain plat.

Le 29 Octobre 1754, le Lord Powerscourt est parti de la dernière maison de Fontainebleau, sur la route de Paris, à 7 heures 9′ 47″ du matin, & est arrivé à 8 heures 47′ 29″ à la barrière de Paris, nommée les Gobelins. Il avoit parié de faire ce chemin en deux heures, sur trois Chevaux, & il parcourut environ 28 mille toises sur deux Chevaux, en 1 heure 37′ 42″, ce qui fait à-peu-près 27 pieds 10 pouces par seconde, ou plus de 7 lieues ½ par heure. Si l'on a égard aux relais, & aux inégalités de niveau de ce grand chemin, c'est une course de grande vitesse.

Dans les courses de Chevaux qui se font à Rome, 8 à 10 Chevaux Barbes, d'assez petite taille, en pleine liberté, parcourent communément une carrière de 865 toises, en 141 secondes, ou près de 37 pieds par seconde, ce qui feroit plus de 9 lieues $\frac{2}{3}$ par heure, à la durée.

Dans les courses de Chevaux à Newmarket, 10 Chevaux, montés chacun d'un cavalier, parcourent tous à-peu-près une carrière de 3304 toises, en 475, ou 476 secondes, ce qui fait plus de 41 pieds 8 pouces par seconde, & à raison de plus de 10 lieues $\frac{3}{8}$ de lieue par heure.

Childres, le plus vîte des Chevaux Anglois, dont on ait mémoire, parcourut une carrière droite, de 3482 toises, en 7 minutes & demie, & une carrière ronde, de 3116 toises, en 6 minutes 40 secondes, ce qui fait 45 pieds 5 ou 9 pouces par seconde. Tous les autres Chevaux les plus vîtes, mettent au moins 7 minutes 50 secondes à la première carrière, & 7 minutes à la seconde; c'est-à-dire, qu'ils parcourent 44 pieds 5 à 6 pouces par seconde.

Les Anglois disent que la carrière de Newmarket, de 3304 toises, a été plusieurs fois parcourue en six minutes six secondes, ce qui feroit plus de 54 pieds par seconde : & qu'un fameux Cheval, nommé *Sterling*, avoit fait quelquefois le premier mille, de 826 toises, en une minute, ce qui feroit 82 pieds & demi par seconde. Il y a vraisemblablement à cela de l'exagération.

On peut remarquer que tous ces Chevaux vîtes, font à-peu-près deux élans par seconde, & que par chaque élan les Barbes de Rome, parcourent environ 18 pieds, comme les Anglois montés, 22 à 23 pieds. Il faut pour chaque élan le tems de s'élancer, celui de fendre l'air, & celui de retomber : par conséquent six tems distincts dans chaque seconde, ce qui est à peine concevable dans un espace de temps si court. Mais il est des cas où la vérité passe les bornes de la vraisemblance, & tel est celui-ci.

Ce qui est dit ci-dessus de Sterling, Cheval Anglois, se trouve répété mot pour mot dans le Britisch-zoology, imprimé à Londres, *in-folio*, en 1763, 1764, &c. Ces faits y sont seulement rapportés comme d'un Cheval actuellement existant.

De Pétersbourg à Tobolsk en Sibérie, les couriers ordinaires n'emploient que 12 à 14 jours.

PÉTERSBOURG.

Latitude.	*Longitude du m. de P.*
59.° 56.′ 0.″	28.° 0.′ 0.″

TOBOLSK.

58.° 12.′ 30.″	66.° 5.′ 0.″

Différences.

1.° 43.′ 30.″	38.° 5.′ 0.″

Le calcul fait comme ci-devant donne, l'arc entre Pétersbourg & Tobolsk, 19ᵈ 26, ce qui donneroit 481 lieues communes, en ligne directe. Mais si on estime les degrés à 120 werstes de Russie, suivant la remarque de Strahlenberg; la distance de Pétersbourg à Tobolsk, par les chemins, sera de 558 à 560 lieues communes de France; & les couriers, qui sont 12 à 14 jours à faire ce voyage, feroient 40 à 46 lieues par jour.

On rapporte qu'un Maître de Poste en Angleterre, fit gageure de faire 72 lieues de France, en 15 heures. Il se mit en course, monta successivement 14 Chevaux, dont il en remonta 7 pour la seconde fois, & fit sa course en 11 heures 32′, ce qui fait 23 pieds $\frac{1}{4}$ par seconde, en supposant ces lieues de 2282 toises, & plus de six lieues par heure. Il n'y a pas d'apparence que ce pari ait été fait en lieues françoises; mais en milles anglois, dont les 220 font 72 lieues communes, & 919 toises de France : ce qui, réduction faite, feroit toujours 23 pieds 10 pouces $\frac{1}{2}$, ou environ par seconde. On peut considérer que, dans cette course, chaque Cheval auroit parcouru 11802 toises, en 49 minutes $\frac{3}{7}$, ou 238 toises par minute, au lieu que dans celle du Lord Powerscourt, deux Chevaux choisis ont parcouru chacun 14,000 toises en 49′, ou 279 toises & plus par minute. On pourroit donc regarder à-peu-près comme un *maximum*, de faire 150 lieues en 24 heures, sur 29 Chevaux, puisque vraisemblablement aucun homme n'y résisteroit.

Il suit de cette course qu'un courier à Cheval doit faire très-difficilement trois lieues par heure, sur des Chevaux de poste, ou 6850 toises.

On lit, dans la Gazette du Commerce de 1772, qu'à l'occasion d'une banqueroute énorme, arrivée à Londres, un particulier est parti pour Edimbourg, & a fait une telle diligence, qu'il a parcouru cette distance de 850 mille, en 103 heures. Les 850 mille Anglois, à 826 toises 1 pied le mille, font 702,241 toises 4 pieds de France, ou 307 lieues communes des 25 au o.

Les 103 heures font 4 jours & 7 heures, pendant lesquels il faut que cet homme se soit arrêté quelque tems, au moins pour relayer, manger, & autres besoins naturels.

Mais, sans aucun égard à ce tems nécessaire, cette course feroit de 6817 toises, 5 pieds 3 pou. par heure, ou 3 lieues; ce qui feroit 113 toises 3 pieds par minute.

Si l'on accorde à cet homme une demi-heure par jour, pour ses besoins, il aura parcouru 6952 toises par heure, ou 116 toises par minute; si on lui donne une heure, ce qui paroît indispensable, il aura couru, à raison des 7093 toises ½ par heure, compris le tems de relais, ou 118 toises par minute.

Les relais en Angleterre sont évalués à 12 milles, qui égalent 9914 toises, lesquelles font 4 lieues communes. Ainsi, on peut estimer cette course à 70 relais, pour lesquels 3 heures, à raison de 2′ ½ par relais, reste 96 heures de course, ou 122 toises par minute.

Par exemple, de cette course, on peut conclure que, quand une course en poste est de plusieurs jours, il est difficile & fort rare qu'elle soit de trois lieues par heure, toutes pertes comprises.

Dans le Voyage aux Isles Malouines, en 1763 & 1764, par D. Pernety, en 2 volumes *in*-8.° 1770 T. 1. p. 77, on voit qu'un domestique de M. de Bougainville, partit de St-Malo, vers le 5, ou le 6 Septembre 1762, pour porter une lettre, de son maître, à M. le Duc de Choiseul, Ministre à Versailles, & fut de retour à St-Malo, avec la réponse, la 59.e heure après son départ.

De St-Malo à Versailles, par Rennes, il y a 47 postes; mais, par Dol, Caën, Lizieux, Mante & Saint-Germain, il n'y a que 42 postes & demie. Ainsi, cette course est 170 lieues de poste, qui, à trois lieues par heure, toutes pertes comprises, exigent 56 heures ⅔ & il y auroit eu 2 heures ⅓ pour avoir réponse du Ministre, & reprendre haleine.

Cette course est croyable, & confirme la moyenne ci-dessus.

Un Cheval de selle, au pas ordinaire, chargé de son homme, a parcouru un espace de 70 toises, en 80 secondes.

Un autre, chargé de même, l'a fait au grand pas, en 50 secondes. Ce qui fait pour le premier, cinq pieds trois pouces par seconde, & pour celui-ci, environ 8 pieds cinq pouces. Ce premier Cheval, à la continue, auroit fait 3150 toises par heure, ce qui est le train ordinaire d'un Cheval de selle. Le deuxième auroit parcouru environ 5050 toises; il est plus rare de trouver des Chevaux de cette vitesse au pas. On rencontre assez souvent des hommes de cette dernière vitesse, même pour voyager long-tems.

M. Macquart assure qu'en Russie, il n'est pas rare de voir des Chevaux faire 20 lieues communes de France, sans s'arrêter.

De la force des Chevaux.

Presque tout ce qui concerne la force des Chevaux est tiré du Recueil de M. Fourcroy.

On voit à Londres des Chevaux en état de tirer seuls, sur un espace uni & peu étendu, jusqu'à six milliers pesant, & qui en tireroient la moitié avec facilité, pendant un tems assez considérable. Mais ces exemples paroissent être le *maximum* de la force des Chevaux.

Il n'est pas rare de trouver des Rouliers qui fassent tirer habituellement quinze cens pesant à chacun de leurs vigoureux Chevaux entiers, sur les grands chemins de Flandre où il se trouve peu à descendre, ou à monter. On dit que des ordonnances ont fixé leurs charges beaucoup au-dessous; mais cela n'est point vrai.

Dans l'usage ordinaire des Particuliers, *une voiture attelée de forts Chevaux, peut porter huit cens pesant par chaque Cheval*, & continuer à travailler ainsi toute une année, sauf le repos des dimanches. *Si les Chevaux sont médiocres, on ne leur donne que cinq cens, & c'est sur ce pied que l'on doit généralement calculer dans les entreprises pour le Roi*, toujours sans compter le poids de la voiture. Cette Charge de cinq cens livres est cependant forte pour de médiocres Chevaux dans les mauvais chemins.

Une voiture à deux Chevaux, chargée d'un millier, peut faire un voyage de 500 toises par heure; savoir, 20 pour aller, 10 pour revenir, & trente pour la charge & la décharge. Cette voiture feroit donc douze voyages en un jour d'Eté, depuis cinq heures du matin jusqu'à sept heures du soir, en donnant aux Chevaux depuis onze heures jusqu'à une heure pour se reposer & manger. A 1000 toises de distance, il faut une heure & demie pour chaque voyage; la voiture n'en fait que huit dans la journée. A 1500 toises, elle n'en fait que 6. A 2000 & 2500, elle n'en fait que quatre, dont deux le matin & deux le soir. Enfin à 3000 toises, il faudra trois heures & demie pour chaque voyage; ainsi, cette voiture ne peut en faire que trois, & bien incommodément, si les Chevaux n'ont une seconde écurie pour se reposer, dans le milieu du jour, ne pouvant revenir à la leur.

Deux Chevaux attelés à une charrue, & par conséquent n'allant qu'au petit pas, dans une terre, ni trop aisée, ni trop difficile, ont été estimés faire chacun un effort de 150 livres. Ils peuvent, avec la charrue à tourne-oreille, labourer 110 perches de terre de 22 pieds, en un jour, depuis le mois de Mars jusqu'à la Toussaints, & depuis ce tems jusqu'au mois de Mars environ 80 perches. Dans les pays à grandes charrues, ils labourent un tiers de plus; quand les terres sont en petites pièces, ils labourent un dixième de moins. Deux Chevaux pourroient, en un jour, conduire douze voitures de fumier aux champs, pour engraisser 150 perches, & ramener à la ferme douze voitures de gerbes, chacune de 144 gerbes de trois pieds huit pouces de tour.

J'ai rapporté au mot Charretier le chemin qu'avoient fait, sous mes yeux, deux Chevaux entiers, de quatre pieds onze pouces, âgés, l'un de cinq, l'autre de huit ans, attelés à une charrue

rue le 22 Juillet, pendant treize heures & demie, déduction faite de leur dîner & du tems que le charretier a employé pour son déjeûner & son goûter; ces Chevaux employés à un labour qui étoit le second ou *binage*, en terrein médiocre, ont fait 16,588 toises, ou environ sept lieues & un quart, la lieue de 2,283 toises.

Un Cheval tirant sur le pavé une charrette, chargée d'environ quinze cens livres, a parcouru un espace de soixante-dix toises en 112 secondes. On voit que chacun de ses pieds ne faisoit qu'un mouvement de trois pieds un pouce par seconde.

Deux Chevaux, tirant sur le pavé un carrosse au train ordinaire, ont parcouru un espace de soixante-dix toises en 62 secondes: deux autres ont fait le même chemin au trot en 45 secondes. Les deux premiers parcouroient environ six pieds neuf pouces par seconde, & les seconds neuf pieds quatre pouces, allure des jeunes gens & des gens mûres.

En 1735, un Cheval vigoureux fut chargé, par ordre de M. le Comte de Saxe, du poids de douze cens livres, & tomba mort. On charge ordinairement les bons Chevaux, pour faire route, de trois cens, & les bons mulets de cinq cens.

La position des traits la plus avantageuse au tirage des Chevaux paroît être une inclinaison de quatorze à quinze pouces de l'horizontale, passant au poitrail. M. le Camus prétendoit qu'elle devoit être horizontale; mais c'est une erreur.

On compte ordinairement qu'un Cheval de moyenne taille peut employer cent quatre-vingt livres de sa force, pour mouvoir une machine en travaillant quatre heures de suite, & faisant 1,800 toises de chemin par heure.

Les gens qui louent habituellement leurs Chevaux & voitures pour travailler, ne donnent ordinairement à un Cheval que quinze cens pesant à traîner dans un tombereau, sur le pavé. C'est l'usage pour le transport des matériaux à bâtir, terres, décombres, &c. mais la règle générale est de dix-sept cens en beau chemin ou pavé, dans une voiture légère, & douze cens dans un chemin montueux & difficile, en supposant que le Cheval fasse moitié de sa journée à vuide.

Six Chevaux de cinq pieds deux pouces, tirent sur le pavé un chariot ou voiture à quatre roues, chargé de dix mille, non compris le poids du charriot, qui est de dix-huit cens; sur terre, ils ne peuvent tirer que la moitié; avec une voiture à deux roues, qui peseroit vuide cinq cens, quatre Chevaux traînent cinq mille cinq cens de marchandise. Ce sont les poids ordinaires des rouliers, qui font dix lieues par jour & des voyages de six semaines de suite.

M. le Duc de Choiseul, Ministre & Sur-intendant des couriers & relais, allant de Paris, rue de Richelieu, à Chanteloup, près Amboise, avec des Chevaux de poste sur sa chaise, n'étoit, dit-on, jamais que treize heures en route. Cette distance est, suivant les détails de la grande carte, de quaranre-huit lieues communes. Ainsi, M. le Duc de Choiseul faisoit trois lieues neuf treizièmes par heure, course que l'on regarde comme la plus vîte en chaise.

Un courier en chaise, avec un domestique en avant, fait, sans se presser, deux lieues communes par heure, ou 4,566 toises, sur toutes les belles routes de France, ce qui, sur la route d'Orléans, fait une poste & demie, les lieues n'y étant pas de plus de 1,720 toises, ou les postes de 3,440 toises, puisque les trente-quatre postes & demie de Paris à Tours ne font pas plus de 118,600 à 118,700 toises ou moins de trente-deux lieues & demie communes.

On lit dans le *Manuel du Dragon*, ouvrage de M. Thiroux de Montdesir, Officier de Cavalerie de distinction, que le Cheval d'un cavalier porte en route, le corps du cavalier compris, le poids de trois cent quatorze livres. En outre, à la guerre deux Chevaux de cavalier portent, alternativement de deux jours l'un, le poids de trois cent vingt livres. Ainsi, de deux jours l'un à la guerre, un Cheval de cavalier est chargé de six cent trente-quatre livres.

Le Cheval d'un dragon, l'homme compris, porte en route deux cent quatre-vingt-douze livres, & de deux jours l'un à la guerre cent quatre-vingt-neuf livres, en tout quatre cent quatre-vingt-une livres. On verra ci-dessous la taille du Cheval de cavalier & de celui de dragon. M. de Montdesir observe que, dans ce calcul, il ne met pas ce que le cavalier & le dragon portoient secrètement; il étoit d'autant plus difficile d'en apprécier le poids, qu'à l'époque où il écrivoit les soldats faisoient beaucoup la contrebande.

Nourriture des Chevaux.

Rien n'est plus varié que la nourriture des Chevaux. Elle diffère en qualité selon les pays, & en quantité selon la taille des Chevaux & les circonstances.

Les jeunes Chevaux, qui ne sont pas encore employés au service de l'homme, passent une partie de l'année dans les pâturages, où ils ne vivent que d'herbe. En Hiver, on les ramène, comme il a été dit, à l'écurie, pour les y nourrir avec du foin sur-tout & un peu de son. Ce n'est que la troisième année qu'on les accoutume aux alimens secs.

On pourroit distinguer la nourriture des Chevaux en graines & tiges. Les graines sont particulièrement celles des graminées, & les tiges sont celles des graminées & des plantes des prairies naturelles, ou artificielles. Ici, on leur donne pour graine de l'épeautre, là, de l'orge, ailleurs, de l'avoine dans un autre canton, du ſarraſin, ſouvent du ſon de froment, quelquefois des glands, des châtaignes, feveroles, pois, veſces, fenugrec, &c. On ſait que ces animaux trouveroient du goût au pain. Ils mangent les tiges vertes ou sèches des plantes céréales & celles de la luzerne, du ſainfoin, ou eſparcette, & du trèfle. Dans les Iſles à ſucre d'Amérique, on leur réſerve les têtes de canne, pour la ſaiſon où ils ne vont pas dans les ſavanes. De toutes les graines c'eſt l'avoine qui eſt le plus généralement employée pour les Chevaux. Les Royaumes du Nord qui en récoltent beaucoup, & dans leſquels elle eſt de bonne qualité, la deſtinent en grande partie à ces animaux. L'orge étant plus abondante dans les pays chauds, où l'avoine eſt rare & vient mal, c'eſt l'orge qu'on donne aux Chevaux. Par-tout où on peut avoir facilement du foin de pré naturel, on en garnit les rateliers. Les pays de plaine lui ſubſtituent le trèfle, ou le ſainfoin, ou la luzerne, la paille d'avoine ou plutôt celle du froment, entière ou hachée, les coſſats de pois, de veſces, &c. dans leſquels il reſte toujours quelques graines. Enfin une partie de ce qu'on récolte en chaque pays eſt l'aliment ordinaire des animaux qu'on y élève & qu'on y entretient.

Plus un Cheval a de taille, plus on doit lui donner de nourriture. Je ſuppoſe qu'un demi-boiſſeau d'avoine & une demi-botte de foin par jour ſuffiſent à une petite bête, il faut à une groſſe juſqu'à deux boiſſeaux d'avoine & deux bottes de foin. Il y a des Chevaux qui à taille égale ſont plus ſobres que d'autres; ce qui dépend quelquefois du pays & de la manière dont ils ont été élevés. On voit auſſi parmi des Chevaux de même taille, élevés dans le même haras, ou le même pays, des individus qui ont plus d'appétit que d'autres, & qui digèrent plus facilement. Par exemple, on remarque dans les fermes de Beauce, que les Chevaux Picards ou Arteſiens mangent un tiers de plus que les francs-Comtois, Nivernois & Montagnards. Ils ont donc beſoin de plus de nourriture. On doit avoir égard à l'âge des Chevaux pour la quantité; car un poulain qui ne travaille pas doit être peu nourri. Un Cheval travaillant & croiſſant encore doit l'être d'avantage; enfin un vieux Cheval doit l'être moins, & d'alimens plus tendres & plus faciles à broyer, à meſure que ſes dents s'uſent. Quand un animal travaille plus fort, il s'épuiſe davantage, on doit augmenter ſa ration. Certains Chevaux préfèrent le foin à la paille, ou l'avoine au foin, ou à la paille. C'eſt à ceux qui les gouvernent à étudier ces différences & à ſuivre leur goût, autant qu'il ne ſera pas contraire à leur ſanté, obſervant de ne pas leur donner en trop grande quantité la nourriture qu'ils aiment le moins, afin de ne pas les dégoûter.

Nourriture d'un Cheval de carroſſe à Paris.

Je prends pour exemple un Cheval de cinq pieds deux pouces, taille ordinaire, aſſez occupé, ſans l'être autant qu'un Cheval de remiſe, où un Cheval de fiacre. Chaque jour, on lui donne un boiſſeau d'avoine du poids de quinze à ſeize livres, deux bottes de paille de froment, peſant enſemble de vingt-deux à vingt-trois livres, & une botte de foin de douze livres. Ce Cheval allant en route, mange quelquefois un demi-boiſſeau d'avoine de plus, ou à la place, dans les jours de chaleur, un boiſſeau de ſon. Les cochers ont le défaut, pour la plupart, de trop nourrir leurs Chevaux, parce qu'ils ont l'amour-propre de vouloir qu'ils paroiſſent gras; ils en ſont plus faciles à panſer. Cette nourriture eſt diſtribuée ainſi: le matin, le tiers du boiſſeau d'avoine, puis le tiers de la botte de foin, & après le tiers des deux bottes de paille; à midi & le ſoir même ordre & même quantité.

Nourriture d'un Cheval de ferme en Beauce.

Les Chevaux des Fermiers de la Beauce ont communément quatre pieds dix à onze pouces de taille. Un de ces animaux mange chaque jour un boiſſeau & demi d'avoine, ou vingt-trois à vingt-quatre livres, une botte de ſainfoin de dix livres, & huit à neuf livres de paille de froment, ou de coſſats de pois ou veſce.

Lorſque ces Chevaux vont au marché conduire du bled, ou ſont employés à d'autres charrois, plus fatiguans que la charrue, on ne leur donne pas plus de nourriture, celle qu'ils ont ordinairement étant ſuffiſante. J'ai dit, à l'article CHARRETIER, que quand on faiſoit traîner un rouleau par un ou deux Chevaux, on devoit, dans l'après-midi, parce que ce travail eſt pénible, ramener ces Chevaux à la ferme, pour leur donner un peu d'avoine. Mais, dans ce cas, on diminue d'autant leur ration du ſoir. Dans les fermes d'une partie de la Beauce, on ne diminue preſque pas la nourriture en Hiver, à moins qu'il n'y ait des gelées de durée, ou que la terre ne ſoit quelque tems couverte de neige. Car on y laboure preſque ſans interruption. Dans le reſte de la Province, & dans d'autres Provinces, on retranche la moitié de la nourriture des Chevaux, depuis la Touſſaints juſqu'au mois de Mars.

Nourriture d'un Cheval de roulier, voyageant d'Orléans dans l'Artois, la Flandre, la Champagne, la Picardie, &c.

La taille d'un Cheval de roulier eſt de quatre pieds dix pouces. Chaque jour on lui donne deux boiſſeaux d'avoine & deux bottes de foin, de dix à douze livres. Il ne mange point de paille. Il n'en a que pour litière.

Le matin, il mange le tiers de deux boisseaux d'avoine, à midi un second tiers, & le soir le troisième. Une demi-botte de foin le matin, autant à midi, & une botte pour la nuit.

Lorsque l'avoine est mangée, on le fait boire avant que de lui donner du foin.

La même nourriture se donne dans toutes les saisons.

Quand le roulier attentif ou propriétaire de ses Chevaux arrive à la dînée dans l'Eté, il les désharnache, les bouchonne, les étrille & les peigne.

Les Chevaux de fourgon sont plus hauts de quatre pouces que ceux des rouliers. On les nourrit de la même manière. Il en est de même sans doute de ceux des bateaux sur les rivières & des coches d'eau. Tous ces Chevaux ne peuvent être employés à un aussi fort tirage qu'à cinq ou six ans.

Nourriture d'un Cheval de Poste.

Malgré l'irrégularité du séjour des Chevaux de poste dans leurs écuries, à cause de celle du passage des couriers, on règle cependant, autant qu'il est possible, la quantité d'alimens qu'on leur donne. Quand ils travaillent peu, ils mangent par jour, en trois repas, un boisseau d'avoine, une botte de foin & de la paille sans mesure. Quand ils travaillent beaucoup, on augmente l'avoine jusqu'à un boisseau & demi par jour. Alors ils font quatre repas.

Les Chevaux de poste fatigués sont mis au son & à l'eau blanche pendant plusieurs jours, pour les rafraîchir.

Ceux de brancard ont quatre pieds dix à onze pouces.

Les porteurs, quatre pieds sept à huit pouces.

Les bidets, quatre pieds cinq à six pouces. On emploie ces animaux à l'âge de six ans, pour qu'ils durent plus long-tems. En général, les Chevaux résistent peu aux fatigues de la poste. On en voit qui périssent après avoir couru deux mois seulement. Communément on les conserve quatre ou six ans. Il y en a qui vont jusqu'à dix. C'est en Hiver qu'il en meurt le plus, à cause des courses de l'Eté & de l'Automne.

Un Maître de poste attentif, tel que M. Rousseau, Maître de la poste à Angerville, route d'Orléans, fait étriller ses Chevaux chaque fois qu'ils rentrent, défend qu'on les mene à l'abreuvoir aussi-tôt, & veille à ce que ses postillons reviennent de leurs courses sans s'arrêter.

Nourriture d'un Cheval d'escadron de Cavalerie ou de Dragons.

Le Cheval d'un cavalier a quatre pieds huit à dix pouces, & celui d'un dragon quatre pied six à huit. On donne à chacun une ration par jour, composée de deux tiers de boisseau d'avoine, mesure de Paris, de dix livres de foin & dix livres de paille. Lorsque la paille est rare, outre l'avoine, la ration est de douze livres de foin & de six livres de paille; enfin, à défaut de paille, on donne quinze livres de foin. L'avoine se donne en deux fois & le fourrage en trois fois.

Tous les quatre jours, on fait la distribution des fourrages dans les magasins du Roi.

Quand les troupes sont en campagne, la nourriture des Chevaux n'est pas réglée. Elle dépend des circonstances & de la facilité qu'on a à faire des fourrages. En général, la nourriture des Chevaux de cavalerie ou de dragon est trop foible.

Examen des alimens les plus ordinaires des Chevaux.

1.° De l'épeautre. On m'a assuré qu'en Allemagne & en Suisse, où l'on cultivoit plusieurs espèces d'épeautre, on en donnoit à manger aux Chevaux. Cette plante, comme on sait, est un froment, dont les grains sont tellement adhérens dans les bâles, qu'on ne peut les en séparer, qu'en écrasant les bâles. Faire manger aux Chevaux de l'épeautre, c'est comme si on composoit leur nourriture de froment & de bâles. Elle doit être substantielle & fortifiante. Sans doute on en proportionne la quantité à la taille des animaux, aux travaux qu'on leur fait faire, & aux effets qu'elle produit sur eux. Je desirerois que, dans les pays où l'avoine ne vient pas parfaitement, les cultivateurs consacrassent quelques arpens de terre, à un ensemencement en épeautre, pour en former une partie de la nourriture de leurs Chevaux. L'épeautre n'est point une plante délicate; on peut en semer en Automne & au Printems. On préféreroit celle qui est sans barbes. *Voyez* ÉPEAUTRE & FROMENT.

2.° De l'orge. Deux motifs déterminent à nourrir les Chevaux avec de l'orge dans les pays chauds; l'un est la bonne qualité de ce grain, l'autre est la quantité qu'on en recueille, tandis que l'avoine y vient mal; car l'orge est la plante des pays chauds, comme l'avoine est celle des pays froids. En Espagne, l'orge est la principale nourriture des Chevaux. M. Thorel (Cours complet d'Agriculture de M. l'Abbé Rozier) dit qu'un François s'étant obstiné à nourrir d'orge un beau Cheval, sous le prétexte qu'il y étoit habitué, cet animal fut attaqué d'une fourbure violente, d'où il conclut que ce grain a d'autres qualités en Espagne qu'en France. Je ne tirerois pas cette conséquence de ce fait, même en supposant que l'usage de l'orge eût rendu le Cheval fourbu; car il seroit possible qu'on lui eût donné trop d'orge, sans que ce grain fût de mauvaise qualité en France. C'est souvent la qualité qui nuit. L'orge concassée nourrit mieux que l'orge entière.

3.° Du sarrasin. La Sologne & quelques cantons de la Bretagne, où le sarrasin est abondant, en nourrissent leurs Chevaux, qui partagent ce grain avec les hommes & les volailles. Le sarrasin a une substance farineuse très-nutritive ; mais son écorce dure & ligneuse, le rend de difficile digestion ; il vaut mieux le faire concasser ou moudre entièrement avant de le donner aux Chevaux. On doit ne faire manger du sarrasin aux Chevaux qu'avec beaucoup de précautions, parce que ce grain les échauffe comme il échauffe les volailles. Il ne faut pas qu'il soit très-récent ; il en est de même de l'orge.

4.° Du son. Le son est l'écorce du froment ou du seigle moulu, contenant plus ou moins de farine, selon qu'on a employé la mouture à la grosse ou la mouture économique, & par conséquent plus ou moins nourrissant. Il est regardé comme rafraîchissant, & on en fait la base de l'eau blanche pour les Chevaux & autres bêtes, lorsqu'elles sont malades. Les Chevaux sains le mangent aussi avec plaisir ; il leur convient sur-tout en été, & quand ils se dégoûtent d'avoine. Le son du seigle & celui du meteil, composé de froment & de seigle, rafraîchit plus que celui du froment. Pour que le son soit bon, il faut qu'il soit récent & conservé dans un lieu sec.

5.° De l'avoine. L'avoine est de tous les grains celui qui est destiné le plus souvent aux Chevaux. Elle fait, du moins en France, le fond de leur nourriture. Il y a peu de pays où elle soit la récolte principale. Sa culture n'exige pas beaucoup d'engrais & de labours ; ce n'est, pour ainsi dire, qu'un objet secondaire. On ne fait donc aucun tort à l'homme en nourrissant les Chevaux d'avoine. Excepté dans les années malheureuses, où le besoin force les hommes à vivre des alimens qu'ils réservent pour les bestiaux, peu de cantons du royaume sont réduits à manger du pain d'avoine. Ce grain est nourrissant & en même-tems rafraîchissant. Cependant il est bon qu'on n'en donne pas une trop grande quantité aux Chevaux ; elle les incommoderoit bien-tôt & les rendroit fourbus. Les gens soigneux pour leurs Chevaux ne leur font manger de l'avoine nouvelle que trois mois après qu'elle est récoltée. Trop récente, elle leur causeroit des coliques, quelquefois mortelles. On a l'attention de ne point l'entrer humide dans les granges & dans les greniers, afin qu'elle ne fermente pas & ne contracte pas une mauvaise odeur, qui la feroit refuser par les animaux. Si l'avoine étoit moulue, elle se digéreroit mieux, & on en donneroit moins aux Chevaux ; car beaucoup de grains sortent entiers de leur corps.

6.° Du foin. Les herbes des prairies naturelles desséchées & fanées portent le nom de *foin*, un des alimens le plus en usage pour les Chevaux. Celui des prés hauts est le plus estimé. On fait moins de cas du regain ou seconde coupe que de la première. Un foin composé de tiges des graminées, d'herbes tendres & douces, ou foiblement aromatiques, telles que la pinprenelle, les œnanthes, la sariette, les paquerettes, le tussilage, la scabieuse, le trèfle, le sainfoin, &c. est excellent pour les animaux, & sur-tout pour les Chevaux. Mais il ne vaut rien, lorsqu'il s'y trouve beaucoup de carex, de joncs, de roseaux, d'iris, de renoncules, de colchiques, &c. plantes qui abondent dans les marais fangeux. Du foin nouveau ne peut se donner, sans inconvénient, avant qu'il ait été quatre mois dans le fenil. Il n'a plus de saveur, & n'est plus agréable aux Chevaux, s'il est trop vieux.

7.° De la luzerne. Le plus beau présent qu'on ait fait à l'Agriculture, c'est la luzerne : on la donne en vert & sèche aux Chevaux. La luzerne sèche, présentée peu de tems après la récolte pourroit être funeste, à moins qu'on ne la mêlât avec de la paille ; on lui laisse jeter son feu pendant quelques mois. Elle exige encore plus de précautions quand on veut la faire manger verte. Si on la faisoit manger en cet état fraîche & à discrétion, elle occasionneroit de fortes indigestions & la fourbure. On doit la laisser flétrir quelques heures, en donner peu d'abord & y accoutumer par degrés les Chevaux, en la mêlant même avec de la paille. Une des grandes propriétés de la luzerne est d'augmenter le lait des jumens, & de rétablir des Chevaux de travail, qui seroient tombés dans l'amaigrissement.

8.° Du trèfle. Il y a plusieurs sortes de trèfle. Le trèfle jaune fait partie des herbes des prairies naturelles, & c'en est une des meilleures. On ne le cultive pas seul, ou du moins dans peu de pays. Le trèfle d'Hollande se trouve bien quelquefois mêlé aux herbes des prairies ; mais le plus souvent on en fait des cultures particulières. C'est une des causes de la richesse du pays de Caux, de la province de Normandie ; car le trèfle y remplit une grande partie des jachères, & fournissant aux bestiaux une excellente nourriture, il met à portée d'avoir beaucoup d'engrais. On le fait manger comme la luzerne, ou vert, ou sec. Dans le pays de Caux, on coupe une partie des trèfles au mois de Juillet, pour le faner & le conserver ; les Chevaux le mangent en Hiver. Une autre partie est broûtée sur place par les bêtes à cornes & les Chevaux, depuis le mois de Mai jusqu'au mois d'Août. On attache ces animaux à des piquets ; on les change de place huit ou neuf fois par jour, leur abandonnant, suivant la force du trèfle, deux ou trois pieds ; deux Chevaux, en trois mois, peuvent manger, de cette manière, le produit d'un acre de terre. *Voyez* au mot

ARPENT ce qu'un acre contient. S'il fait très-chaud, on les retire au milieu du jour. Le trèfle qu'on fane a aussi besoin d'être entré sec & de suer quelques mois avant qu'on le donne aux Chevaux.

On avertit, dans tous les livres d'Agriculture, de ne point laisser brouter du trèfle vert, par la rosée ou peu de tems après la pluie, parce qu'il en résulte des indigestions graves. Cette crainte sans doute est fondée sur des faits. Cependant, dans le pays de Caux, on laisse manger le trèfle sur place par tous les tems, & on ne se plaint pas du mal qu'il fait au bestiaux. Seroit-on dans ce pays plus insensible aux pertes, ou plus habile à guérir les Chevaux, gorgés de trèfle mouillé? Ou bien, le trèfle du pays de Caux, même quand la pluie ou la rosée l'ont humecté, ne seroit-il pas aussi malfaisant qu'ailleurs? Voilà une question qu'il seroit bon d'éclaircir, & dont les Cultivateurs instruits doivent s'occuper.

9.° De l'esparcette ou sainfoin. Les terres sans fond & sèches, où la luzerne & le trèfle ne peuvent végéter, en sont dédommagées par la facilité qu'on y trouve de cultiver le sainfoin, plus nourrissant que les deux précédens fourrages. Il est la ressource de la majeure partie de la Beauce, qui ne récoltant pas & n'achetant pas de foin, lui substitue le sainfoin, pour la nourriture de ses Chevaux de ferme. On le récolte toujours suffisamment sec; on ne donne le nouveau que quelques mois après, & on le mouille en Été deux heures avant de le mettre dans le ratelier. Si, pour avoir été entré humide, il a pris de l'odeur, il faut le bien secouer; il devient plus supportable & moins malfaisant, parce que la partie putréfiée par la fermentation s'en sépare. Le sainfoin mal soigné, & donné sans ménagement auroit les mêmes inconvéniens que la luzerne.

10°. De l'orge en vert. Lorsqu'on veut mettre un Cheval au vert, on lui apporte à l'écurie des tiges d'orge coupée, avant qu'elle ait épié. Si on attendoit plus tard, elle seroit trop dure & échauffante, tandis qu'on l'emploie pour rafraîchir. Cette nourriture purge les Chevaux les premiers jours, moins par sa qualité évacuante que par le changement qu'elle opère en eux. Bien-tôt ils ne sont plus relâchés & ils engraissent.

Il est d'usage, dans la Cavalerie, de mettre tous les ans une certaine quantité de Chevaux au vert. On apporte à chaque Cheval quatre-vingt livres d'herbe par jour. Si on n'écarte pas de ce régime les vieux Chevaux, les poussifs, les farcineux & les morveux, on en hâte la perte. Il ne faut mettre au vert que ceux qui ont la fibre trop sèche, & qui sont habituellement nourris au sec.

Les habitans des pays de communes, les débardeurs de bois, & autres, par économie, laissent leurs Chevaux, une bonne partie de l'année, paître dans les prairies ou dans les bois. Ces Chevaux ne sont pas en état de résister à de grands & forts travaux, si on ne leur donne pas en outre une nourriture plus substancielle.

11.° De la paille. Les tiges sèches du froment, du seigle, de l'orge & de l'avoine s'appellent *paille*. On ne fait en France aucun cas, pour les Chevaux, de celle de l'orge, & très-peu de celle du seigle, qu'ils mangent quelquefois dans les pays où il ne croît pas de froment. La paille d'avoine, souvent fine & tendre, analogue au grain qui en sort, leur plaît beaucoup. Mais c'est la paille de froment qu'ils préfèrent, sans doute parce qu'elle contient encore dans l'état de sécheresse, une matière sucrée, plus abondante dans celle des fromens d'Espagne & des pays chauds. C'est pour cela que les Chevaux des Isles à sucre se nourrissent avec empressement des têtes de canne. La paille blanche & menue est mieux fourragée que la paille brune & grossière. Quand elle est mêlée de plantes, qui s'y sont attachées, telles que les liserons, les gesses, &c. elle est plus appétissante. On la rend plus agréable encore, si on y joint du trèfle qui la parfume. A la vérité la paille des pays du Nord n'a point ou n'a que très-peu de matière sucrée; mais les Chevaux y trouvent, pour dédommagement, beaucoup de grains adhérens dans les bâles; car on ne peut jamais y battre parfaitement les épis; le froid empêche beaucoup de grains de mûrir, & beaucoup de bâles de se dessécher à leur base.

La paille, en France, se donne dans toute sa longueur, soit que les épis soient tous rangés du même côté, comme dans celle qu'on apporte à Paris, soit qu'ils soient dans les deux sens, comme il est d'usage dans beaucoup de pays. Mais, en Allemagne, on la hache, on la brise, pour la mêler avec l'avoine, le son ou autre grain. On mouille le tout, afin que le Cheval, en expirant, n'en perde pas la plus grande partie. Le hache-paille est une espèce de caisse étroite, posée sur un pied, à hauteur d'appui; on y place la botte de paille, on la pousse par degrés avec une main, sous un fort hachoir, fixé par une boucle, & que l'autre main fait mouvoir pour couper. Il y a une espèce de bascule, qui tient la paille assujettie près du couteau. Cet instrument a été adopté & perfectionné par des particuliers en France; mais il n'est pas encore répandu, comme il seroit à desirer qu'il le fût. Car il est plus avantageux & plus économique, de donner la paille hachée qu'entière. On peut, dans les pays où il y a disette de foin, en hacher un peu avec beaucoup de paille. Les Chevaux mangeroient avec appétit ce mélange. Chaque régiment de Cavalerie ou de Dragons devroit avoir ses haches-paille. Les soldats auroient souvent le tems d'en faire usage. Dans les pays chauds, où les espèces de froment cultivés sont à tige forte & remplie d'une moëlle sucrée, on met la paille en état d'être mangée par les Chevaux, en la hachant.

Du Sel.

Dans bien des pays, & particulièrement en Suisse, on donne du sel aux Chevaux. Il y a des haras, où tous les jours on fait manger aux poulains une pâtée, dans laquelle on met du sel. Ces jeunes animaux accourent au son d'une cloche, avec un grand empressement pour recevoir cette pâtée, comme des poulets qu'on appelle dans une basse-cour. Les Chevaux faits s'accommodent aussi bien du sel que les jeunes poulains. Je présume, à en juger parce que les bêtes à cornes en consomment dans la Suisse, que deux gros de sel par jour seroient une dose convenable. On assure qu'un trop grand usage les rendroit aveugles. Mais cette assertion n'est pas prouvée. On peut donner le sel en substance, mêlé avec de l'avoine, ou dissous dans l'eau, dont on arroseroit le fourrage. L'usage du sel pour les Chevaux me paroît très-utile.

De la boisson au Cheval.

La boisson du Cheval est l'eau. Moins délicat que l'âne, il boit presque toute espèce d'eau; qu'on le conduise dans des marais, à des mares, à des abreuvoirs, où se rend quelquefois le jus des fumiers, & dans lesquels se putréfient quelques animaux, tels que poules, pigeons & beaucoup d'insectes, il ne refuse pas d'y boire; il paroît même préférer ces eaux à d'autres, sans doute à cause des sels qui s'y trouvent. C'étoit aux Ecoles Vétérinaires à rechercher, par des expériences bien positives, jusqu'à quel point une telle boisson pouvoit nuire à la santé des Chevaux. Les Auteurs qui ont écrit sur les maladies de ces animaux, en ont attribué plusieurs à l'eau dont on les laissoit s'abreuver. Mais je n'en ai vu nulle part des preuves assez évidentes pour décider en faveur de cette opinion. Au reste, si ce sont les sels que les Chevaux recherchent dans l'eau des mares, il est aisé de les imiter, en jetant du sel marin dans l'eau des puits, qui est la boisson la plus ordinaire de ces animaux.

Quand un Cheval n'a pas chaud, on risque peu de l'incommoder en lui faisant boire de l'eau froide. Mais, s'il a chaud, elle peut lui être très-nuisible. Il y auroit du danger de le mener dans cet état à une source ou à une fontaine; il vaudroit mieux qu'il allât à une eau stagnante. L'eau de rivière est, en général, bonne & salubre.

Les Fermiers attentifs, dans les pays où il n'y a que des puits, ont soin de tirer le matin la boisson de leurs Chevaux pour tout le jour. Ils la laisse exposée à l'air, dans des cuves ou tonneaux, pour lui ôter sa crudité.

Quelques personnes craignant qu'une eau vive, fraîchement tirée, ne fasse du mal à leurs Chevaux, y font jeter un peu de son. Les Chevaux boivent plus ou moins d'eau, selon leur taille & leur tempérament, selon qu'ils sont nourris d'alimens secs & aqueux, & selon la saison de l'année. La différence entre un Cheval de quatre pieds quatre à cinq pouces & un Cheval de quatre pieds dix à onze pouces, peut être au moins d'un quart, puisque le premier boit au plus soixante pintes ou cent vingt livres d'eau, tandis que le dernier boit jusqu'à quatre-vingt pintes ou cent quarante livres d'eau dans un jour d'Eté. Quelques Chevaux boivent moitié moins que les autres. Je les suppose nourris d'avoine, de sainfoin, de paille & de cossats de vesce; cette nourriture formant ensemble environ quarante livres d'alimens. Des animaux nourris moins largement ou mangeant du foin au lieu de sainfoin, ou paissant dans les bois ou les prairies boivent beaucoup moins. Enfin, en Hiver, saison où l'air est moins sec, les alimens imprégnés de plus d'humidité, & la fibre du corps moins aride, les Chevaux ne boivent pas autant qu'en Eté.

On partage la boisson des Chevaux en plusieurs tems. Des Chevaux qui restent le plus souvent à l'écurie, tels que les Chevaux de Cavalerie qui vont à l'abreuvoir seulement deux fois par jour, à sept heures & demie du matin en Eté, & à huit heures en Hiver, & l'après-midi à trois heures en Hiver & à quatre heures en Eté.

Les Chevaux de Charrue boivent quatre fois par jour; le matin en sortant de l'écurie, après avoir mangé; au milieu du jour, en revenant des champs; deux heures après, en y retournant, & le soir en rentrant. On doit se garder de faire boire les Chevaux qui sont trop échauffés, à moins qu'ils ne doivent sur-le-champ continuer leur travail. Il vaut mieux attendre une heure ou deux, qu'ils se soient ésouflés & rafraîchis.

De la litière des Chevaux.

On fait aux Chevaux de la litière, afin que leurs excrémens, mêlés à des substances végétales, produisent de l'engrais. Si ces animaux couchoient sur la terre ou sur le pavé de leurs écuries, ils seroient inondés des exalaisons & de l'humidité; on auroit besoin de les panser plus souvent. On fait de la litière avec les pailles des plantes céréales, qui sont les meilleures, les plus douces & les plus faciles à se convertir en fumier. On en fait avec de la bruyère, de la fougère, du chaume, des branchages, des feuilles d'arbres & autres matières, selon les pays & les difficultés qu'on a de se procurer des pailles.

Il ne faut pas laisser les litières long-tems dans les écuries. Aussi-tôt qu'elles paroissent humectées d'urine & remplies de crotin, on les leve & on les emporte. Tout n'étant pas mouillé au même degré, le matin on relève sous les mangeoires celle qui est encore sèche, pour la mettre le soir avec la nouvelle.

Du Pansement des Chevaux.

Il est à croire que le Cheval sauvage n'éprouve aucune des incommodités résultantes du défaut de transpiration. Accoutumé dès l'enfance, aux diverses températures du climat où il vit, il s'endurcit & ne souffre point de la vicissitude des saisons. Libre de ses mouvemens, il ne s'échauffe en aucun tems, & n'a besoin de rien qui rétablisse une évacuation toujours soutenue. Il n'en est pas de même du Cheval domestique. Dès qu'il est sorti des prairies, où on le tient deux ou trois ans, il passe une partie de sa vie dans des écuries plus ou moins closes. On le fait travailler dehors, en l'exposant à la boue, à la poussière & à toutes sortes d'ordures ; dans son écurie même, il fait tomber sur lui, en tirant son fourrage, de la terre, des fleurs de plantes desséchées, des bourres de foin, des bâles de bled ; en se couchant, il se salit. Si un tel Cheval n'étoit point pansé, les vaisseaux transpiratoires de la peau se trouvant obstrués par la crasse, l'humeur reflueroit sur quelqu'organe intérieur, & produiroit des maladies graves.

Les Chevaux les mieux pansés sont les Chevaux de la Cavalerie ou des Dragons ; ils le sont deux fois par jour. L'exactitude du service militaire ne permet pas la moindre négligence. Il doit y avoir toujours un Officier qui assiste au pansement.

Après eux, ce sont les Chevaux de carrosse. Les cochers se font un point d'honneur d'avoir toujours leurs Chevaux très-propres & d'un poil très-luisant. Le plus souvent ils ne les pansent qu'une fois par jour. Quand ils se salissent dans la journée, ils les nétoient.

Les Chevaux de ferme & de roulage sont les plus négligés, si l'on en excepte ceux des remises, des fiacres, des vignerons, marchands & autres, qui s'en servent pour porter des fumiers aux champs ou des denrées au marché. Cependant je connois des Fermiers attentifs qui font panser exactement leurs Chevaux.

Les instrumens dont on se sert sont l'étrille, l'épousette, la brosse ronde, la brosse longue, le peigne & l'éponge. On pourroit y ajouter un long couteau pour abattre la sueur, quand les Chevaux sont couverts d'écume.

L'étrille se passe à rebrousse poil sur les côtés, le ventre & légèrement sur les jambes. Comme elle n'emporte pas toute la crasse qu'elle a détachée, c'est avec l'épousette qu'on disperse le reste ; ensuite avec la brosse ronde on frotte l'encolure & la tête, en ménageant les yeux, & on emploie la brosse longue pour les jambes ; on peigne la crinière & la queue ; l'éponge, abreuvée d'eau, sert pour les crins, la queue & le tour des yeux & des oreilles. Si les crins sont très-mêlés on les démêle facilement avec de l'huile.

Conduite des Chevaux.

C'est à l'art militaire & à celui de l'équitation à indiquer comment on doit conduire les Chevaux de cavalerie, & en général tous les Chevaux de selle, pour qu'ils se conservent long-tems en rendant les services qu'on en attend. Je n'aurois à parler ici que des Chevaux de voiture & de labour ; mais on trouvera à l'article CHARRETIER tout ce qui a rapport à cet objet. J'ajouterai seulement les réflexions suivantes.

Tous ceux qui ont des Chevaux en propriété ou sous leur garde, doivent éviter deux extrêmes, celui de les faire travailler au-delà de leurs forces, sans leur donner le repos convenable, & celui de les laisser languir dans une molle oisiveté, qui leur occasionne de l'obésité, une abondance d'humeurs, des engorgemens, le gras fondu, & autres incommodités capables de détériorer leur constitution, & d'accélérer le terme de leur vie. Les Chevaux bien conduits & bien gouvernés vivent dix-huit ou vingt ans ; quelques-uns seulement vont à vingt-huit & trente, rarement au-delà. Le repos est nécessaire à tous les êtres vivans. Les Chevaux ne le prennent pas tous en se couchant, car il y en a qui ne se couchent jamais. Ceux-ci dorment debout. En général, le sommeil des Chevaux est court ; il dure au plus quatre heures. Lorsqu'on ménage trop les Chevaux, il arrive que, faute d'exercice & d'être en haleine, ils se lassent facilement & même succombent, si on est obligé de leur faire faire une course un peu considérable ; ce vice est celui de la plupart des Chevaux de carrosse.

C'est une pratique condamnable de mener à l'abreuvoir des Chevaux échauffés & souvent en écume à la suite d'une course ou d'un grand travail ; on peut à l'instant supprimer leur transpiration & les rendre très-malades. On tombe dans le même inconvénient lorsqu'on leur lave le ventre dans les mêmes circonstances.

En général, pour les animaux comme pour les hommes, il est bon que les heures du repos soient réglées. Le corps prend facilement cette habitude ; il fait toutes les fonctions d'une manière égale. Les animaux toujours conduits de même, se portent bien & résistent plus longtems à la fatigue. Cependant il y a des circonstances où cette vie réglée ne convient pas & doit être interrompue. Dans des climats qui seroient toujours également chauds ou froids, une fois qu'on auroit établi des heures où les animaux doivent travailler, il seroit inutile de les changer. Mais dans le nôtre, où nous avons des jours froids & des jours bien chauds, on ne peut se dispenser, en certaines circonsstances, de changer quelque chose à la règle qu'on s'est faite; la sagesse l'exige, la raison le commande.

Il est d'usage d'attacher les Chevaux à la charrue le matin, au lever du soleil, & de les ramener à onze heures à la ferme ou à la métairie. On les reconduit aux champs à une heure, jusqu'après le coucher du soleil.

Ceux qui charient avec leurs Chevaux sur les grandes routes, partent de grand matin & arrivent à midi ou une heure à un lieu désigné, d'où ils repartent à trois heures jusqu'à la nuit.

Dans la plus grande partie de l'année, cette manière de régler le travail des Chevaux, n'est sujette à aucun inconvénient; mais, dans l'Eté, dans les grandes chaleurs, on sent à quoi on expose ces animaux, lorsqu'on les fait travailler pendant les heures les plus chaudes de la journée. Les Chevaux, il est vrai, sont à l'abri depuis onze heures jusqu'à une heure. Mais ne sait-on pas que certains jours, dès neuf heures du matin, le soleil est très-vif, & que depuis une heure jusqu'à quatre, on grille de chaleur? Les Chevaux éprouvent cette chaleur pendant cinq heures, deux avant & trois après midi. Les Chevaux de voitures sur les routes en éprouvent autant, mais plus le matin que le reste de la journée.

Quelque force qu'on leur suppose, il est impossible qu'il n'y en ait pas qui succombent. Dans les heures de chaleur, les animaux sont plus foibles, & souvent on les fait aller du même train que s'il faisoit froid; ils sont tourmentés des insectes, qui les piquent & augmentent leur chaleur par l'impatience qu'ils leur causent. La tête toujours baissée, ils respirent & avalent une poussière capable de les incommoder beaucoup. La terre échauffée par les rayons du soleil, est comme une fournaise, en sorte que les Chevaux sont, pour ainsi dire, entre deux feux. Aussi en voit-on souvent mourir aux champs sous le harnois, ou périr brusquement à l'écurie ou au pâturage; d'autres qui résistent un peu plus, gagnent des maladies inflammatoires, presque toujours mortelles, que des ignorans ne savent à quoi attribuer, tandis qu'elles sont occasionnées par cette manière de les conduire.

On préviendroit ces inconvéniens si, dans les jours de Juin, de Juillet ou d'Août, selon le climat, lorsqu'il fait de grandes chaleurs, surtout lorsque le tems est disposé à l'orage, on menoit ces animaux à la charrue de grand matin, pour les ramener à neuf heures à l'écurie, d'où ils ne sortiroient qu'à quatre heures, qu'ils retourneroient aux champs, jusqu'à neuf ou dix heures. Il vaudroit mieux même, en certains jours, les laisser totalement à l'écurie, que de les faire travailler. La conservation des Chevaux récompenseroit bien de la perte du tems, & du travail. Les jours où on seroit obligé de ne les pas faire sortir arriveroient rarement. Ainsi, la perte seroit peu de chose.

Les Conducteurs de voitures, par la chaleur, doivent avoir les mêmes attentions.

Mais ce n'est pas tout; car il ne suffit pas qu'ils ne soient pas aux champs pendant les momens de chaleur, il faut encore que, dans leurs écuries, ils soient aussi fraîchement qu'il est possible. Les fenêtres & les portes ouvertes, excepté celles qui seroient en plein midi ou à l'exposition du soleil couchant, qu'on doit fermer avec des canevas à cause des mouches; de la litière nouvelle, de l'eau jetée sur le plancher & le long des murs, une boisson abondante, leurs fourrages mouillés & un peu de son dans leur avoine, tels sont les moyens qui peuvent les rafraîchir dans leurs écuries & les empêcher d'être aussi sensibles aux effets de la grande chaleur.

Des Harnois.

Les Harnois sont l'équipement d'un Cheval pour être monté ou pour tirer. Les Cavaliers se servent de Chevaux en n'employant que peu de harnois: une selle légère, garnie de ses étriers, sangles & croupière, une bride, un bridon & une longe, quelquefois un caparaçon, voilà tout ce qu'il faut. Le luxe des Amateurs y a ajouté une housse plus ou moins riche, & a imaginé le reste de l'équipement en matière plus fine ou plus ornée. Les Grands d'Asie ont des Chevaux superbement enharnachés.

Pour équipper un Cheval de carrosse, on a des harnois très-chargés & plus ou moins chers.

Les harnois les plus simples sont ceux des Chevaux de charrue, qui traînent aussi la voiture, soit charrette, soit charriot ou tombereau. En voici le détail & le prix en 1790. — Ces objets, à l'époque où j'écris (en 1792), valent près d'un tiers de plus.

Un collier de cuir rempli de bourre.	7 lt	5 s
Une housse de peau de mouton qui y est attachée	6	
Une couverture en toile peinte, pour garnir le dos du Cheval	1	16
Une rêne en cuir, qui du collier va à la queue,	2	
Une bride	4	
Une paire de billots pour tenir les traits à l'attele du collier	1	10
Des traits de charrue en cuir de Hongrie	5	
Des traits de charrette, en corde, pesant 8 livres, à 11 sols la livre	4	8
Les fourreaux de cuir pour empêcher que les traits ne portent sur le flancs du Cheval	3	
Un licol.	1	15
Une longe		8
	36 lt	17 s

La

De l'autre part. 36th 17s

La retraite ou le cordeau pour diriger les Chevaux à la voiture. 2

Il faut en outre au Cheval de limon ou brancard, un paneau garni de sa selette. 8

L'avaloire ou serre-cuisses. 25

La dossière. 10

La souventrière. 3

Les mancelles de fer pour entrer dans les limons 5

Le berceau ou le reculement. 4

Une peau de bléreau pour couvrir la croupe. 5

On a quelquefois pour le Cheval de limon, un collier à part, sa housse & une bride 15

Mais on peut s'en dispenser.

113th 17s

Les harnois de Chevaux de charrue ou de voiture, dont je donne le détail, sont ceux des environs de Paris, de toute la Brie & la Beauce; dans les Provinces plus ou moins reculées ces harnois varient pour les formes, pour la matière & par conséquent pour les prix.

Logement des Chevaux.

J'ai fait voir aux articles *Bêtes à cornes* & *Bêtes à laine*, combien il étoit important de loger ces bestiaux convenablement pour leur santé, & combien on avoit de peine à persuader aux hommes, qui les soignent, qu'il falloit que les étables & les bergeries fussent très-aérées. Le même degré d'importance & les mêmes difficultés ont lieu à l'égard du logement des Chevaux. En rapportant les effets des constructions vicieuses des étables que j'ai été à portée de voir, & des moyens employés pour y remédier, j'indiquerai quelles attentions on doit avoir pour le logement des Chevaux.

Les écuries de ferme, que j'ai examinées avec le plus de soin, sont celles de la Beauce. Leur construction ne diffère de celles des étables, que parce qu'on y a seulement pratiqué quelques fenêtres de plus; mais elles sont petites & rarement ouvertes. La simple analogie suffiroit pour faire connoître que ces sortes d'écuries doivent être mal-saines, comme le sont les étables, en raison de la chaleur que les chevaux y éprouvent, du tems qu'ils y habitent, & de l'altération de l'air qu'ils y respirent. Mais l'expérience & l'observation viennent à l'appui de l'analogie, en sorte que ce qui n'étoit que présomption est une vérité incontestable.

J'ai vu des Chevaux périr du *sang* dans quelques fermes de la Beauce. L'ouverture de leurs corps présentoit les mêmes phénomènes, que celle des corps des bêtes à cornes & des bêtes à laines, qui mouroient de cette maladie. C'est à la disposition des écuries qu'on doit, à ce qu'il me semble, attribuer en partie cette mortalité, puisqu'elle a cessé ou diminué dans celles où l'on a pris des précautions contre la chaleur & l'altération de l'air. A cette cause il s'en joint deux autres; savoir, la constitution des Chevaux employés dans cette Province à la culture des terres, & la manière dont ils sont nourris & conduits.

Tous les Chevaux qui servent en Beauce à l'exploitation des fermes, sont entiers, vigoureux, ayant les muscles bien exprimés, &, la plupart, dans l'âge de la force. On leur donne ordinairement à manger de l'avoine & du sainfoin. Ce n'est qu'en hiver, tems où ils travaillent peu, qu'on substitue au sainfoin de la paille de froment; il est rare qu'on les nourrisse de son. En Eté, ces animaux, après avoir été exposés presque pendant tout le jour à l'ardeur du soleil, reviennent pour passer la nuit dans leur écuries, où la chaleur est si grande que la sueur leur coule de toutes les parties du corps. Il fait quelquefois si chaud dans les écuries, que les Domestiques, qui y couchent habituellement, préfèrent, en Eté, de passer les nuits à l'air ou sous des hangards. Il n'est donc pas étonnant que les Chevaux soient sujets à être attaqués du *sang*.

J'ose espérer que les Fermiers de Beauce préviendront cette maladie, s'ils procurent aux écuries de leurs Chevaux toute la fraîcheur & tout le renouvellement d'air dont elles ont besoin, en se conformant aux principes établis dans le plan que je tracerai au mot FERME.

La maladie du *sang* n'est pas la seule qu'occasionnent aux Chevaux de ferme les constructions vicieuses des écuries. Le fait suivant, qui mérite d'être rapporté, en fournit une preuve certaine. Un Fermier perdoit de tems-en-tems des Chevaux. Je sais qu'en trois ans il lui en est mort huit. Ses Chevaux, au nombre de treize ordinairement, étoient placés sur deux rangs, dans une écurie qui avoit quinze pieds de longueur, dix-sept de largeur, sur une hauteur de treize pieds. Par conséquent, en supposant la longueur double, à cause des deux rangs, & en retranchant quatre pieds, largeur de la porte, l'espace entier pour les treize Chevaux n'étoit que de vingt-six pieds, & chaque Cheval n'avoit que deux pieds de place, tandis que par-tout on en donne trois, ce qui n'est pas encore suffisant.

La hauteur de la porte étoit de six pieds. Elle se trouvoit exposée au Levant, ainsi qu'une fenêtre de deux pieds sur un, la seule qu'on eût pratiquée à l'écurie. Celle-ci étoit abritée de trois côtés; savoir, au couchant par l'habitation du Fermier, au Midi par des granges, & au Nord par un hangard. Enfin il y avoit sous l'écurie une ancienne cave, où s'écouloient & se conservoient les eaux infectes de la cour, comme si on eût voulu réunir à-la-fois toutes les circonstances les plus contraires à la salubrité.

La vétusté de l'écurie & les plaintes des Fermiers, qui y perdoient beaucoup de Chevaux, déterminèrent à la rebâtir dans un autre endroit, & avec des proportions différentes. On donna à la nouvelle soixante pieds de longueur, vingt de largeur & douze de hauteur. Elle fut placée entre le Nord & le Midi. La porte de six pieds & demi sur quatre & demi, se trouva à cette exposition, ainsi que deux fenêtres perallèles, de deux pieds sur un pied & demi. On ouvrit quatre autres fenêtres à l'exposition du Nord, chacune de deux pieds sur six pouces, & au-dessus des rateliers. Cette écurie renferme le même nombre de Chevaux que l'ancienne, c'est-à-dire, 13. Ils sont tous sur un rang, du côté opposé à la porte, & peuvent avoir en largeur pour chacun, un espace de 4 pieds & ½. On voit par toutes ces proportions, combien les Chevaux y sont à l'aise, & respirent un air pur & renouvellé. Aussi remarque-t-on qu'ils s'y portent bien. Ils ne sont sujets à aucune des maladies qui se manifestoient dans l'ancienne écurie.

J'ai cru devoir m'occuper aussi des moyens d'éviter des maladies aux Chevaux de poste; les pertes que les personnes auxquelles ils appartiennent éprouvent souvent, sont si considérables, qu'elles font le plus grand tort à leur fortune, & nuisent même au service des couriers. D'après ce que j'ai observé précédemment, je suis porté à croire que l'état de leurs écuries influe beaucoup sur leur santé. Dans les routes fréquentées, où le nombre des Chevaux de poste est grand, ils habitent des endroits dont l'étendue n'est pas suffisante, & où l'air ne se renouvelle point. Celui qu'ils respirent est altéré & échauffé par leur transpiration, plus abondante que celle des autres animaux de la même espèce, qui ne sont pas dans des circonstances semblables. Aussi chaque fois qu'ils sortent de l'écurie les entend-on s'ébrouer, effet naturel d'un air plus dense qui, en s'insinuant dans leurs naseaux, irrite la membrane pituitaire. Parmi les maladies qui peuvent être attribuées ou entièrement, ou en partie à la disposition des écuries de poste, peu différentes de celles des fermes, je me contenterai d'en rapporter une qui a régné dans un Bourg de la route d'Orléans.

A la fin de Mars 1779, trois Chevaux tombèrent malades en même-temps. Ils furent saignés sept à huit fois. En les éloignant des autres pour éviter la communication, on les plaça, par une précaution mal-entendue, dans la partie de l'écurie la plus chaude, & la moins aérée. Deux moururent le troisième jour; l'autre leur survécut de 19 jours.

Bien-tôt, onze Chevaux de la même écurie furent attaqués de la maladie, & successivement quatorze autres. Cinq de ces animaux ont perdu la vue sans ressource; tous les autres ont été guéris parfaitement, à l'aide des moyens suivans.

Le premier soin a été de mettre les Chevaux malades dans une écurie séparée, bien nétoyée, purifiée même par le feu, & dans laquelle l'air pouvoit se renouveller facilement.

L'écurie dans laquelle on les renfermoit auparavant étoit chaude, sans air renouvellé, & si petite qu'à peine avoient-ils de la place pour se coucher. On n'en ouvroit pas les fenêtres, d'ailleurs en petit nombre. Le long d'un des murs, il y avoit du fumier de la hauteur de six pieds; de manière que la porte même étoit bouchée en partie. On sait quelle chaleur cause le fumier de Cheval, & quelle odeur il s'en exhale. D'après cet exposé, on croira facilement que l'état de l'écurie a dû contribuer pour beaucoup à la maladie, dont le siège principal étoit dans la poitrine. On ne peut douter qu'elle n'ait été produite par l'alternative de l'air raréfié, que les Chevaux respiroient lorsqu'ils ne sortoient pas, & de l'air condensé qui, quand ils étoient en course, s'introduisoit par secousses dans leurs poumons, sans donner le tems aux expirations de se faire.

En supposant que cette explication ne pût être admise, il est certain au moins que le maître de la poste, dont les Chevaux ont éprouvé cette maladie, n'en perd que rarement depuis qu'il a fait pratiquer à son écurie, un nombre suffisant de fenêtres à huit pieds les unes des autres, avec l'attention de les tenir ouvertes. On a également celle de transporter les fumiers dans une cour loin de l'écurie. Il est certain encore que les autres Maîtres de Poste de la route d'Orléans, en suivant son exemple, y trouvent les mêmes avantages.

On doit à des Colonels & à des Aides-Majors éclairés, des précautions particulières, qui contribuent à éviter plusieurs mortalités parmi les Chevaux de la cavalerie françoise. Mais il me semble que tout n'a pas été prévu. L'inconvénient le plus sensible des écuries de cavalerie, que j'ai visitées, est le défaut d'air, assez renouvellé pour que les animaux y respirent à l'aise. Les mêmes vices de construction, dont je viens de parler, s'y retrouvent. On peut sur cet objet & sur ce qui précède, consulter un ouvrage, que j'ai publié en 1782, sous le titre, *Observations sur plusieurs maladies de bestiaux*. On y verra en détail, l'influence que peut avoir la construction du logement des bestiaux, & les plans gravés d'une vacherie & d'une écurie.

Enfin, j'ai lu dans un ouvrage de M. Caseaux, habitant de l'Isle de la Grenade, qu'après avoir perdu beaucoup de Chevaux, qu'il tenoit souvent renfermés dans une écurie, il cessa d'en perdre les laissant libres nuit & jour dans les savanes. Le même remède arrêta la perte de ses mulets, qui devenoit beaucoup plus considérable, tant l'air pur est utile aux animaux.

Ces faits prouvent que quand on est obligé de les placer dans des étables, on ne sauroit trop les y rapprocher de l'état où ils sont dehors; j'en excepte le cas où des Chevaux arrivant échauffés par un tems froid, on doit fermer dans les écuries, pour le tems où ils ont chaud, les fenêtres qui les avoisinent. *Voyez* au mot FERME la construction de l'écurie.

Produit des Chevaux.

Le produit consiste dans la vente des poulains, dans l'engrais que procure le fumier des Chevaux, dans le travail qu'ils font, & enfin dans la vente de ceux qu'on ne garde plus.

Produit par la vente des Poulains.

Un des pays de France où on élève le plus de Chevaux, c'est le Boulonnois, sur-tout le Bas-Boulonnois. Il y a quelques années, le Boulonnois entier contenoit environ 12,000 jumens, employées aux travaux de l'Agriculture, & à donner des poulains; neuf mille au moins appartenoient au bas Boulonnois. On n'y trouvoit de Chevaux entiers, que ce qu'il en falloit pour couvrir les jumens. Quelques coureurs même y menoient, lors de la monte, des étalons qu'on examinoit bien, & qu'on a tolérés de tout tems, afin que le service des jumens ne manquât pas. On fait couvrir les jumens tous les ans, pour tirer plus au produit, qu'à la beauté de l'espèce. On a remarqué que quelques jumens de 23 à 24 ans, avoient donné à leur propriétaire vingt poulains. Les habitans du Boulonnois ne voudroient pas conserver une jument, quelque bonne qu'elle fût, si elle étoit deux ans sans se faire remplir. Ils ne gardent leurs poulains que jusqu'à 18 ou 20 mois. Ils en vendent même à huit mois. Il n'en reste dans le pays, au-dessus de vingt mois, que ce qui est nécessaire pour le remplacement, & ce qui n'a pas été de défaite. Des marchands du Vimeux ou de Normandie, viennent les chercher chez les fermiers, ou à des foires qui se tiennent en Octobre & Novembre. Les terres du bas Boulonnois sont impraticables en Hiver. On ne peut donc les cultiver que dans la belle saison. Les fermiers ont par cette raison un grand nombre de jumens, pour pousser leurs travaux au moment favorable; ils sont dédommagés, par le bénéfice des productions, de ce qui leur en coûte de plus pour les entretenir. Avec des Chevaux entiers, ils n'auroient pas cet avantage. On fait, dans le Boulonnois, couvrir les jumens à l'âge de quatre ans. Le produit commun de la province, n'est que de 6000 poulains; quoiqu'il y ait environ 12,000 jumens. Mais toutes ne retiennent pas; plusieurs avortent par divers accidens.

Le prix moyen des poulains à 6 mois, étoit, il y a 6 ans, d'environ 100 livres; & celui des poulains de 16 à 20 mois, d'environ 200 livres. Depuis cette époque, il a augmenté de beaucoup & vraisemblablement de moitié.

En supposant qu'un fermier du Boulonnois eût six jumens, qui eussent été couvertes; trois au moins lui auroient donné des poulains, qu'il eût vendu à 8 mois au plus bas prix 300 livres, & à 20 mois 600 livres.

Les herbagers de Normandie, qui engraissent des bœufs, ont besoin de poulains pour paître l'herbe fine, que les bœufs ne mangent pas, & pour contribuer à l'amélioration des herbages. Ces jeunes animaux déchirent & arrachent certaines plantes, qui se multiplieroient trop & se rendroient maitresses du terrain, au détriment de celles qui conviennent aux bœufs. Ces herbagers achetoient les poulains 100 livres chacun, ou 200 livres selon leur âge, & les vendoient à 4 ou 5 ans, environ 400 livres; ils ne leur coûtoient à nourrir que dans l'Hiver. Aujourd'hui, ils les achètent plus cher; mais ils les vendent à proportion.

Il est rare qu'on ne fasse servir les Chevaux, qu'à l'âge où ils ont acquis leur force. Beaucoup de fermiers en Normandie, dans les provinces adjacentes & dans le Nivernois, achètent des poulains de 15 à 18 mois. Ils les font travailler, en les ménageant dans le commencement, jusqu'à l'âge de trois ans; alors ils les vendent, en bon état & bien vigoureux, à d'autres fermiers; ceux-ci les revendent lorsqu'ils marquent encore. On a observé que ces Chevaux sont plus adroits que ceux qu'on ne commence à faire travailler qu'à quatre ou cinq ans. Mais ils ne durent pas si long-tems ayant travaillé trop jeunes.

Un Cheval de 4 pieds 11 pouces, qui n'auroit pas travaillé, mais qui auroit quatre ans faits, se vendroit maintenant (en 1792) 720 livres; je ne parle ici que des Chevaux de l'abour & de tirage. Car les Chevaux de selle ont une valeur proportionnée à leur beauté.

Produit par l'engrais que fournit le Cheval.

Un Cheval de taille commune, c'est-à-dire, de 4 pieds 8 à 10 pouces, fourni convenablement de litière de paille de froment, peut faire, si on le cure tous les jours, en une année, 12 charretées de fumier de 2 pieds ½ de hauteur, sur 12 à 13 pieds de longueur, & 2 pieds ½ de largeur. Cette quantité de fumier est suffisante pour fumer deux arpens de terre, de qualité moyenne, de 100 perches à 22 pieds. *Voyez* au mot AMENDEMENT, la qualité comparée du fumier de Cheval.

Produit par le travail des Chevaux.

Pour connoître au juste le produit qu'on retire du travail des Chevaux, j'ai pensé qu'il falloit, d'une part, calculer ce qu'ils coûtent d'achat, ce qu'ils coûtent de nourriture & de harnois, l'intérêt, pendant qu'on s'en sert, de l'argent déboursé pour les acheter; &, de l'autre part, la valeur des labours qu'ils exécutent, du charriage des fumiers aux champs, du grain au marché, des gerbes dans les granges, & de ce qui est nécessaire pour les besoins de la ferme, de la quantité d'engrais qu'ils fournissent, & du prix de ces animaux au bout d'un certain nombre d'années. Voici donc le calcul que j'ai fait avec M. Marchon, Fermier à Andonville, homme instruit, & très-excellent Cultivateur, qui veut bien quelquefois concourir avec moi pour certains détails, capables d'intéresser.

Nous avons supposé deux Chevaux de ferme, de 4 pieds 10 à 11 pouces, âgés de trois ans, actuellement du prix de.	1,200 livres.
Intérêt de cette somme pendant six ans, tems que nous choisissons pour notre calcul, ...	360.
Un collier de limon & deux colliers de charrue, ...	143.
Deux colliers à renouveller à la quatrième année, ...	53.
Deux couvertures par an, ...	27.
Des autres parties des harnois à renouveller, ...	50.
Nourriture en avoine, trois boisseaux par jour, en tout 1,095 boisseaux par an, à 7 liv. 10 sols les 12 boisseaux, 684 liv. en six ans,	4,104.
Une botte de sainfoin par Cheval, depuis le mois de Mars jusqu'à la Toussaints, total 480 bottes, à 25 liv. le cent, 120 liv. en six ans, ...	720.
Cossats pour les quatre autres mois, à 15 liv. le cent, 18 l. en six ans, ...	108.
Paille pour le fourrage de la nuit & litière, une botte par nuit, 120 l. le cent, 73 liv. en six ans, ...	438.
Ferrage & rassis des fers, par an 10 liv.	60.
Dans ces frais je ne comprends pas l'entretien du bourrelier.	
Total de la dépense pour les deux Chevaux.	7,263 liv.

Ces deux Chevaux peuvent servir à l'exploitation de 75 arpens de terre de 100 perches, à 22 pieds, & donner les produits qui suivent.

Labour de vingt-cinq arpens à mettre en froment; trois labours & le charriage du fumier, compté pour un labour, à 7 liv. 10 f. c'est 30 liv. par arpent; 25 fois 30,	750.
Labour de 16 arpens, à une façon, pour mettre en avoine; . . .	120.
Labour de 9 arpens à deux façons, pour orge ou avoine, . . .	135.
Amenage de gerbes des vingt-cinq arpens de froment, & vingt-cinq de grains de Mars, à 50 sols l'arpent, ...	125.
Dix-huit journées de voiture, pour amener le bois pour le ménage & les matériaux des bâtimens, à 7 liv. 10 f.	125.
Fumier, chaque Cheval produisant de quoi fumer deux arpens, à raison de 30 liv. par arpent, . .	120.
Au bout des six ans, les deux Chevaux marquant encore, seroient vendus ce qu'ils ont coûté, ...	1,200.
Total de ce qu'on retire. . .	2,575 liv.

Dépense pour les Chevaux, ...	7,263.
Reprise, ...	2,575.
Excédent de dépense	4,688 liv.

Ainsi, d'après ce calcul, au bout de six ans, le fermier, estimation faite de ce qu'il aura déboursé, & de ce que ses Chevaux lui auroient produit, s'il les avoit loué pour les prix portés dans la recette, se trouveroit en avances de 4688 livres; d'où il faut conclure seulement que dans le pays où cette estimation a été faite, il y auroit du désavantage d'acheter des Chevaux, uniquement pour les louer. Mais ces 4688 livres, sont des fonds placés, qui, avec les autres avances du fermier, ont concouru à lui procurer six récoltes de 25 arpens en froment, autant de récoltes de 16 arpens en avoine, de 9 en orge, non compris ce qu'a produit une partie des jachères; car, on ne se tromperoit pas si on imputoit la nourriture des deux Chevaux, sur le produit des jachères, en sorte que la récolte des fromens, avoine & orge, serviroit en entier à couvrir d'autres avances, & à former le profit du fermier.

Les Chevaux sont un moyen nécessaire, sans lequel le fermier ne pourroit agir. La dépense de ce moyen, fait partie des frais d'exploitation. Plus on en retirera par l'engrais & la vente de ces animaux, plus les frais seront diminués. Je n'ai voulu priser ici, que la valeur pour ainsi dire *locative* de leurs travaux, afin de la faire connoître, & de la faire entrer en défalcation de la dépense. La part qu'ils ont dans le produit des 75 arpens, n'est pas facile à distinguer.

Maladies des Chevaux.

Les Chevaux sont sujets à un grand nombre de maladies. Indépendamment de celles qu'ils partagent avec les bêtes à corne & les bêtes à laine, ils en ont de particulières, dépendantes de leur constitution & des travaux auxquels on les assujettit; telles sont les atteintes, l'avant-cœur, les barbillons, le cancer, les chicots, les coliques ou tranchées, la courbature, les crevasses, la foulure, l'enclouure, la sabloneure, le clou de rue, l'entorce, les écarts, les efforts, les étranguillons, le farcin, la fève ou lampas, le flux-de-ventre, la fourbure, la gale, la gourme, le gras-fondu, le haut-mal, le javart, la lèpre, le lunatique, la mazole, les molettes, la morfondure, la morve, la pierre dans la vessie, le pissement de sang, la pousse, les seimes, les varices, les vers, différens ulcères. Ces animaux, en outre, se blessent dans diverses parties du corps; ils ont des eaux, des boutons, des douleurs, des fluxions, de la fièvre qui est souvent inflammatoire, quelquefois épizootique, du dégoût & autres incommodités. *Voyez* ces mots à leurs articles & sur-tout dans le Dictionnaire de Médecine où ils sont détaillés.

Dépouille du Cheval.

La dépouille du Cheval est de peu de valeur. Sa peau sert à faire des cuirs communs, d'assez mauvaise qualité, qui se retrécissent & deviennent secs. On emploie les cuirs pour des tamis, des sommiers de lit, des fauteuils, des archets d'instrumens, des cordes, &c.

Le poil du Cheval, mêlé à celui de bœuf, forme la bourre.

C'est avec sa corne qu'on fait des peignes. (*M. l'Abbé* TESSIER.)

CHEVAL-BAYARD ou PIED-DE-VEAU. *Arum vulgare*. La M. Dict. *Voyez Gouet commun*, n.° 6. (*M.* THOUIN.)

CHEVALET ou PIED-DE-VEAU, *arum vulgare*. La M. Dict. *Voyez Gouet commun*, n.° 6. (*M.* THOUIN.)

CHEVALET, partie de la charrue, qui sert d'appui à l'âge. *Voyez* CHARRUE. Dictionnaire des instrumens d'Agriculture.

On appelle encore *Chevalet* la partie de la broye ou braye, qui ressemble à un banc à rainure, & dont on se sert pour broyer le chanvre, *Voyez* CHANVRE. (*M. l'Abbé* TESSIER.)

CHEVALOT, nom donné dans quelques Départemens, au *Centaurea Cyanus. L. Voyez* CENTAURÉE des bleds, n.° 30. (*M.* THOUIN.)

CHEVELÉE, se dit des boutures, des marcottes & des jeunes plants qui sont garnis de petites racines, imitant des cheveux. (*M.* THOUIN.)

CHEVELU. On entend par ce mot, l'assemblage des petites racines fines & déliées d'une plante, d'un arbrisseau, d'un arbre. L'analogie qu'elles ont avec les cheveux, leur a fait donner ce nom.

Le Chevelu est très-nécessaire à la végétation des plantes, & l'on ne doit pas négliger les moyens de le conserver. Il y en a plusieurs qu'on peut employer avec succès, suivant les circonstances. Le premier, qui est en même-tems le plus sûr, est de planter les arbres aussitôt qu'ils sont arrachés. Le 2.e est de conserver la terre qui accompagne & entoure le Chevelu. Le 3.e d'envelopper les racines avec de la mousse fraîche, & de les couvrir de paille. Le 4.e consiste à tremper les racines dans un mortier liquide, composé de terre-franche & de bouze de vache. Tous ces moyens, comme on le voit, ont pour but d'abriter les racines, & sur-tout de garantir le Chevelu du contact de l'air.

Mais il ne faut pas différer d'en faire usage, si l'on veut qu'ils soient efficaces; il suffit souvent que le Chevelu de certaines espèces d'arbres & de plantes, reste exposé pendant quelques heures à l'air libre, pour être entièrement desséché & privé de vie; tel est celui des arbres résineux, & des plantes de la famille des bruyères, des rosages, &c.

Les Chevelus d'une plus forte consistance résistent plus long-tems aux impressions de l'air; mais ils sont très-sujets à être gelés dans leur transport lorsqu'ils sont à nud. C'est pourquoi il est bon de les entourer de mousse, de les empailler lorsqu'on les fait voyager à de certaines distances, & dans des tems où il peut survenir des gelées. Lorsque le Chevelu n'a éprouvé qu'un foible degré de sécheresse, on parvient à le rétablir en le faisant tremper pendant trois ou quatre heures dans de l'eau, à une température douce.

Si le Chevelu est sain & en bon état, on se contente de couper seulement les extrémités qui sont, pour l'ordinaire, déchirées ou rompues irrégulièrement. On pose ensuite l'arbre en place; l'on a soin d'étendre le Chevelu dans sa position ordinaire, après quoi on le garnit de terre. L'essentiel est de faire en sorte qu'il ne soit pas rassemblé en tas, qu'il se trouve dans sa position la plus naturelle, & à-peu-près à la même profondeur. Si le Chevelu est desséché & mort, il ne faut pas balancer à le supprimer entièrement, parce que, si on le laissoit subsister, il se planciroit & porteroit la pourriture jusqu'aux grosses racines, ce qui les feroit languir pendant long-tems, & retarderoit la reprise de l'arbre.

Quelques jardiniers ont l'habitude de couper indistinctement le Chevelu de tous les arbres qu'ils plântent, & en cela, ils ont presque toujours raison, sans s'en douter, puisque n'ayant pris aucun soin de le conserver, il est rare qu'il ne soit pas entièrement desséché. Mais ceux qui, plus instruits, sont jaloux de faire réussir leurs plantations, ont grand soin de le conserver, & de le planter avec précaution; à la vérité, ils font beaucoup moins d'ouvrage, mais ils assurent la reprise de leurs arbres, diminuent les dépenses, & accélèrent leur jouissance. (*M. Thouin.*)

CHEVELURE. On donne ce nom aux touffes de feuilles ou bractées qui surmontent les fleurs rassemblées en tête comme dans l'ananas, la couronne impériale, la couronne royale, &c. Ce mot est peu usité parmi les cultivateurs; ils employent communément le mot couronne, pour désigner ces touffes de feuilles. (*M. Thouin.*)

CHEVELURE (blonde) des Allemands. *Chrysocoma lynosyris* L. *Voyez* Crisocome liniere, n.° 8. (*M. Thouin.*)

CHEVELURE dorée, flocon ou touffe d'or. Noms donnés dans quelques pays aux espèces du genre du *Chrysocoma*. L. *Voyez* Crisocome. (*M. Thouin.*)

CHEVEUX de Vénus, *Nigella Damascella*. L. *Voyez* Nigelle de Damas. (*M. Thouin.*)

CHEVEUX de Vénus. On donne aussi ce nom à différentes espèces d'*Adianthum*, ou de capillaires. *Voyez* Adiante. (*M. Thouin.*)

CHEVEUX d'Evêque. Nom sous lequel on désigne quelquefois le *Phiteuma orbicularis*. L. *Voyez* Raponcule orbiculaire. (*M. Thouin.*)

CHEVALON. C'est le nom que l'on donne au bluet *Centaurea cyanus Lin.*, dans les Paroisses de Brugny, S. Martin d'Abloy, Montmort & Orbais en Champagne, entre Epernay & Montmirail. (*M. l'Abbé Tessier.*)

CHEVAUCHÉES. (herbes) On appelle ainsi à Tarascon, Comté de Foix, plusieurs plantes nuisibles aux moissons, telles que la cuscute, le liseron, les pois quarrés, l'yvraie, les gramens, la fougère, la nelle ou *nielle des bleds*. (*M. l'Abbé Tessier.*)

CHEVÊTRE. On donne dans quelques pays ce nom au licol d'un Cheval. (*M. l'Abbé Tessier.*)

CHEVILLE. (Cheval de) Cheval qu'on ne peut mettre qu'en Cheville, Cheval qui n'est propre qu'à tirer & à être mis devant un limonnier. (*M. l'Abbé Tessier.*)

CHEVRE.

Quadrupède domestique, qui a beaucoup de rapport avec la brebis. L'organisation intérieure de ces deux espèces d'animaux est presque entièrement semblable. Ils se nourrissent, croissent & se multiplient de la même manière. Ils se ressemblent encore par le caractère de la plupart de leurs maladies. Cependant leurs goûts & leurs inclinations ne sont pas les mêmes. La Chèvre aime à gravir sur les rochers, elle ne se plaît que dans les montagnes; la brebis vit plus volontiers dans les plaines. La Chèvre est sensible, familière, agile & capricieuse; la brebis est froide, timide, & toujours paisible.

Sous le nom de Chèvre on comprend le bouc, c'est-à-dire, le mâle, la Chèvre, qui est la femelle, le bouc châtré & le chevreau mâle & femelle. Dans beaucoup d'endroits on appelle la Chèvre *Bigue* ou *Bique*, & le Chevreau *Biquet*; dans d'autres les Chèvres sont nommées *Cabres* & leurs petits *Cabrits*.

Les Naturalistes distinguent plusieurs espèces de Chèvres, savoir, celle du *Bézoard*, parce qu'on a cru que les bézoards orientaux venoient d'une Chèvre; celle du *Musc* qui, dit-on, produit ce parfum; la Chèvre sauvage d'Afrique qui, dans une cavité entre le nez & les yeux, porte une liqueur analogue au *Castoreum*; la Chèvre de Syrie, qu'on trouve particulièrement sur la montagne *Membré*, aux environs d'Hébron & autour de la ville d'Alep. Les oreilles de cette dernière, dont l'existence est mieux prouvée que celle des précédentes, sont pendantes jusqu'à terre. Ses cornes, qui n'ont pas plus de deux pouces & demi de longueur, sont un peu courbées en arrière. On en a vu une à Londres; elle étoit plus haute que la Chèvre commune, elle avoit le poil de couleur de celui du renard, & mangeoit du foin & de l'orge. A ces espèces de Chèvres on doit ajouter, comme cinquième espèce, les trois variétés que nous connoissons, la commune de France, la Chèvre de Barbarie ou de l'Inde, importée en Angleterre & en Hollande, & même actuellement en Provence, & la Chèvre d'Angora, qui commence à se répandre parmi nous. Ces trois variétés diffèrent par la taille, l'abondance de lait & la finesse du poil.

Chèvres communes.

La Chèvre commune de France se trouve dans plusieurs parties du monde. Elle est, dit-on, plus petite dans les pays chauds que dans les pays froids; cependant M. Macquare, qui a voyagé en Russie, me marque dans ses notes que les boucs n'y sont pas de haute taille. La sensibilité des Chèvres pour le froid paroîtroit prouver que les climats glacés ne leur conviennent pas. Au reste, la petitesse de la taille des animaux n'est pas toujours l'indice d'une mauvaise constitution. Ce qui est plus vraisemblable, c'est que les Chèvres soient petites dans les climats très-chauds & les climats très-froids, & qu'elles ne soient de grande taille que dans ceux qui sont tempérés.

Le bouc, mâle de la Chèvre commune, a une odeur forte, qui dépend de sa peau & non de sa chair. Cette odeur a fait croire que cet animal, élevé dans une écurie, en prenoit tout le mauvais air. Il a de grandes cornes, une barbe longue, les jambes courtes & en-dedans. A un an, il peut engendrer; mais il vaut mieux attendre qu'il en ait deux, pour ne pas donner des fruits trop foibles, par leur précocité. Le bouc est lascif, & en état de couvrir 150 Chèvres en deux ou trois mois; il ne faut pas lui en laisser couvrir autant, pour le conserver plus long-tems. Sa lasciveté l'énerve bien-tôt, de manière qu'il est déjà vieux à cinq ou six ans. Un bouc est beau dans son espèce, quand il a la taille élevée, le cou court & charnu, la tête légère, les oreilles pendantes, les cuisses grosses, les jambes fermes, le poil épais & doux, la barbe bien garnie. On préfère le bouc noir.

Toutes les Chèvres n'ont pas de cornes. On estime celles qui n'en ont point, parce qu'on prétend qu'elles ont plus de lait; prétention dont la raison fait apprécier la valeur. Celles qui en ont, les ont, comme le bouc, creuses, resserrées en arrière & noueuses. On assure qu'à sept mois elles pourroient concevoir, ce qui me paroît bien prématuré. Mais elles porteroient des chevreaux bien plus gros, si on ne leur donnoit pas le mâle avant l'âge de 18 mois. Ce qu'on desire dans une Chèvre, c'est qu'elle ait le corps grand, la croupe large, les cuisses fournies, la démarche leste, le pis gros & pendant, & les mammelons longs. La Chèvre se laisse tetter facilement; elle est capable d'attachement; car on en a vu venir de plus d'une lieue, pour allaiter les enfans de leurs maîtres, se placer sur leur berceau, & présenter le bout de leurs mammelles.

La couleur la plus ordinaire du bouc & de la Chèvre commune, est le noir & le blanc. Il y en a qui sont pies de blanc & de noir, ou de brun & de fauve. Leur poil n'est pas également long sur toutes les parties du corps; il est ferme, mais moins dur que du crin.

On connoît l'âge des Chèvres & des boucs à leurs dents & aux anneaux de leurs cornes. Elles n'ont point de dents incisives à la mâchoire supérieure; celles de la mâchoire inférieure tombent & se renouvellent, comme dans les brebis. *Voyez* Age des Animaux. La Chèvre vit de 10 à 12 ans, & peut aller jusqu'à 18 & 20.

La saison marquée par la nature pour la chaleur des Chèvres est l'Automne. Si elles sont habituellement avec les boucs, elles peuvent y entrer toute l'année, & faire des petits en toute saison. Elles retiennent plus sûrement quand elles sont couvertes en Automne. Les mois les plus favorables sont Octobre & Novembre, parce qu'elles mettent bas au Printems; les Chèvres couvertes à cette époque, en ont plus de lait, & les chevreaux trouvent, quand ils sont sévrés, à brouter une herbe tendre, qui leur convient. Les Chèvres portent cinq mois, & chevrotent au commencement du sixième. On recommande de ne point les laisser souffrir de la soif pendant leur gestation. On n'est sûr qu'elles ont conçu, que quand elles ont reçu le mâle trois ou quatre fois. Si elles ne vont pas au pâturage, on leur donne de bon foin quelques jours, avant & après le chevrotage. Il est essentiel de les aider, quand elles mettent bas, parce qu'elles ont toujours beaucoup de peine. Plusieurs même en périssent, si on ne les secoure pas. Dans ces animaux la matrice est très-irritable. On leur fait avaler du son, on les tient chaudement, & on bassine la vulve avec du beurre ou une décoction d'herbes émollientes.

Elles allaitent pendant un mois ou six semaines, selon l'état de leurs chevreaux. On ne sèvre ces jeunes animaux que par degrés, c'est-à-dire qu'on leur laisse prendre moins de lait, à mesure qu'ils mangent. Dans cette circonstance il faut leur procurer des bourgeons d'arbres, de bonne herbe ou de bon foin. On commence à traire les Chèvres 15 jours ou 3 semaines après le chevrotage.

A six ou sept mois les mâles commencent quelquefois à entrer en rut; on les châtre alors, à moins qu'ils ne soient destinés à la propagation de l'espèce; on les châtre comme les jeunes béliers. On ne laisse de boucs entiers dans les troupeaux que ce qu'il en faut; on châtre tous les autres, étant châtrés, ils grossissent bien davantage. *Voyez* Castration.

Une Chèvre n'a ordinairement qu'un chevreau, quelquefois deux, rarement trois, jamais plus de quatre. M. Vaillant dit avoir vu dans son voyage en Afrique des Chèvres qui mettoient bas deux fois par an. La Chèvre est féconde jusqu'à sept ans. Le bouc produiroit jusqu'à cet âge, si on le lui permettoit. A cinq ans on le réforme pour l'engraisser avec les vieilles Chèvres & les chevreaux mâles coupés. Quelque soin que l'on prenne, leur chair est toujours fade & de mauvais goût.

Les Chèvres sont incommodées de la très-grande chaleur & du froid. Les brebis souffrent beaucoup du chaud, & point du froid; le tempérament de celles-ci étant lâche & disposé à l'épanchement, on doit leur éviter toute nourriture aqueuse. Voilà pourquoi on ne les mene pas paître par la rosée. Au contraire, l'herbe chargée de rosée est très-bonne pour les Chèvres, qui ont la fibre tendue & sèche. Néanmoins les pays marécageux ne leur conviennent pas, parce qu'elles aiment à monter sur des lieux élevés, même les plus escarpés, où se trouvent les alimens que la nature leur indique, c'est-à-dire des feuilles ou des herbes fines, qui ne croissent pas dans les marais.

Elles préfèrent à tout les feuilles des arbres & des arbustes; c'est par cette raison qu'elles se plaisent aussi dans les bruyeres, les friches & les terres, de peu de rapport, au milieu des ronces, des épines & des buissons. Il arrive quelquefois que leur grande avidité pour les feuilles est punie par une forte indigestion, ce qui a lieu quand elles vont dans les bois, & sur-tout dans les jeunes tailles de chênes, au tems de la pousse. On a donné à cette indigestion le nom de *mal du bois*, de *bois chaud*, de *brou*, &c. J'ai vu un troupeau de Chèvres qui en pensa périr. *Voyez* le mot Bois (maladie de). On doit écarter les Chèvres des terres cultivées, des vignes & des bois, où elles causeroient de grands dommages; car les arbres qu'elles ont broutés périssent presque tous.

Il y a en France beaucoup de troupeaux de brebis, parmi lesquelles on mêle des Chèvres. Elles sont toujours à la tête, faisant bande à part. Elles mourroient dans nos climats si on ne les mettoit pas à l'abri dans l'Hiver. Il faut même les laisser à l'étable pendant les neiges & les frimats. Il est nécessaire, dans cette saison sur-tout, de leur donner de la litière renouvellée souvent, afin qu'elles ne soient pas dans une humidité, qui leur déplaît. Lorsqu'on a assez de Chèvres pour en faire un petit troupeau, il vaut mieux les mener aux champs, séparées des brebis, à cause de l'inégalité de la marche & du penchant des Chèvres à s'écarter toujours.

Le proverbe qui dit que *jamais Chèvre ne mourut de faim*, prouve que cet animal n'est pas difficile à nourrir. En Eté, les Chèvres vivent des herbes & des feuilles, qu'elles trouvent aux champs. En Hiver, on peut leur donner du foin ou autre fourrage fané à part, & des feuilles cueillies pendant que les arbres étoient encore en sève, & qu'on a fait dessécher. Elles mangent celles de la plupart des arbres. On leur donne aussi des raves, du jo-marin, des navets, des choux, & autres alimens, dont on nourrit les brebis. On les fait boire soir & matin.

Au Mont-d'Or, près de Lyon, renommé par ses fromages de Chèvres, on nourrit ces animaux toute l'année à l'écurie, avec du marc de raisin & des feuilles de vigne conservées dans des cuves, qu'on remplit d'eau, de manière que le marc & les feuilles surnagent. Elles mangent aussi bien volontiers le marc des huiles de noix, de navette, de colsa, d'olives, de pavots, &c. Le son mêlé d'un peu d'avoine, ou bouilli avec les épluchures des herbes potagères, la farine de maïs, ou bled de Turquie, & les pommes de terre, sont propres à nourrir les Chèvres, & à augmenter l'abondance de leur lait. Quelques personnes prescrivent de jeter un peu de sel dans l'eau, dont on les abreuve, ou de leur en faire prendre en nature. Je ne sais jusqu'à quel point le sel peut être utile à ces animaux. En général, cette substance est bienfaisante; mais il faut que la dose en soit foible, & n'excède pas trois gros par semaine pour chaque Chèvre.

M. Thorel, (Cours complet d'Agriculture) croit devoir évaluer à cinq cens le nombre des plantes que mangent les Chèvres. Il n'explique pas d'après quelle base il établit cette opinion. A moins d'avoir eu en sa possession toutes les plantes connues des pays, où il y a des Chèvres, & d'avoir essayé de leur en donner, il est difficile de décider au juste quelles sont toutes celles qu'elles refusent, & toutes celles qu'elles ne refusent pas. M. Thorel assure encore que la *sabine*, l'*herbe aux puces*, les feuilles & le fruit du *fusain*, & les espèces de *napel* tuent les Chèvres. Mais il auroit dû dire par qui ces faits, dont je ne nie pas l'existence, ont été vérifiés.

Les Chèvres coûtent peu à nourrir, & donnent un produit considérable relativement à leur taille. D'abord elles font du fumier qui est chaud, comme celui des moutons. On trait les femelles deux fois par jour, & on en obtient un lait abondant pendant quatre ou cinq mois. Ce lait est plus sain & meilleur que celui de brebis. On l'ordonne en Médecine pour rétablir les estomacs délabrés. Il tient le milieu entre le lait d'ânesse & celui de vaches. En Languedoc & en Provence, on fait beaucoup de fromages avec le lait de Chèvre: il n'est pas assez gras pour donner du beurre; ce qu'il en donne est toujours blanc, & a le goût de suif. Le fromage de Chèvre sert d'appas pour prendre le poisson. On assure que des Chèvres bien nourries peuvent donner jusqu'à quatre pintes de lait par jour. Beaucoup de vaches en donnent à peine cette quantité. *Voyez* le mot Lait.

On mange la chair des jeunes chevreaux comme celle des agneaux. Aux environs des villes, où l'on en a le débit, on fait couvrir les Chèvres de bonne heure, afin que les jeunes chevreaux soient bons à manger peu de tems après Noël. Pour être bons, il ne faut pas qu'ils aient plus de trois semaines. Si on veut les vendre plus tard, & quand ils ne tettent plus, il faut couper les mâles dont la chair prend un mauvais goût. En général, dans les provinces du Nord de la France, la chair du chevreau ne vaut pas celle de l'agneau; peut-être en est-il autrement dans les provinces du Midi. Au reste, on soigne & on nourrit les jeunes chevreaux comme les agneaux. On engraisse les boucs & les Chèvres, à la manière des moutons & des brebis. *Voyez* Bêtes a laine.

Le *poil* de Chèvre, non-filé, est employé par les Teinturiers, à la composition de ce qu'ils nomment *rouge de bourre*; il entre dans la fabrication des chapeaux; lorsqu'il est filé, on en fait diverses étoffes, telles que le camelot, le bouracan, &c. des couvertures de boutons, des ganses & autres ouvrages de mercerie. Les Russes, qui connoissent la valeur du poil, pour lui donner de la qualité, peignent leurs Chèvres tous les mois. Le poil de la Chèvre est plus fin que celui du bouc.

Le *suif* ou *la graisse* du bouc & de la Chèvre est employé, comme celui du mouton & du bœuf

bœuf, pour faire des chandelles. Les Corroyeurs s'en servent pour l'apprêt des cuirs.

Leur chair est d'un goût médiocre, sur-tout dans les provinces septentrionales; mais les pauvres-gens ou ceux qui ne sont pas difficiles, la mangent comme celle du mouton. La saveur, qui lui est particulière, s'affoiblit si on la conserve salée quelque tems. L'Italie & l'Espagne, sont les contrées de l'Europe où l'on mange le plus de Chèvres. Les anciens Grecs en mangeoient encore davantage.

Avec la peau de Chèvre, on fait du marroquin, du parchemin, des souliers, des outres ou vaisseaux pour transporter les vins & les huiles de Provence & du Languedoc. On assure qu'en Orient on traverse les rivières, & qu'on navigue sur l'Euphrate, avec des radeaux portés sur des outres. On imite avec la peau de Chèvre le chamois. Les peaux de Chèvre de Corse, égalent en beauté celles du Levant, pour former des marroquins.

Chèvres de Barbarie ou d'Inde.

La Chèvre de Barbarie ou de l'Inde donne deux à trois fois plus de lait & de fromage, que la Chèvre de France. Elle fournit un poil plus fin, & par conséquent propre à faire de plus beaux camelots. Les Anglois ont dispersé cette variété, qu'on peut appeller une race, dans les pays maigres & montagneux, où les pâturages ne sont pas assez bons pour les vaches & pour les brebis. Les Hollandois en tirent aussi un bon parti. Il ne tient qu'à nous de multiplier cette espèce si profitable, puisqu'on peut s'en procurer en Angleterre, en Hollande & même en Provence, où le chevreau s'appelle *beson.*

Chèvres d'Angora.

Les Chèvres d'Angora ont les oreilles pendantes. Elles se mêlent & produisent avec les nôtres. Les cornes du bouc s'étendent horizontalement de chaque côté de la tête, & formant des spirales à-peu-près comme un tirre-bourre. Celles de la femelle sont courtes & se recourbent en arrière, en-bas & en avant, en sorte qu'elles aboutissent auprès de l'œil. Leur poil est très-long, très-fourni & très-fin. La Chèvre d'Angora, d'après cette description, diffère de celle de Syrie, dont j'ai parlé plus haut.

Je ne puis mieux faire connoître tout ce qui concerne les Chèvres d'Angora, & les avantages qu'elles peuvent procurer, qu'en rapportant en entier un Mémoire bien fait de M. le Président de la Tour-d'Aigues, inséré dans les Mémoires de la Société d'Agriculture, Trimestre du Printems, année 1787. On ne voit nulle part rien de plus complet sur l'histoire de ces animaux, & sur la préparation de leurs précieuses toisons.

« Les villes d'Angora & de Beibazard, situées en Natolie, province de l'Asie mineure, sont les lieux où l'on nourrit les Chèvres d'Angora. Les territoires de ces deux villes, qui ne sont séparés que par une rivière montueuse c'est-à-dire, couverts de côteaux, ce qui les rend particulièrement propres à la nourriture de ces animaux qu'on sait ne point aimer les plaines. La position perpendiculaire de leurs jambes & de leurs pieds, indique d'ailleurs qu'ils sont destinés à gravir & à parcourir les lieux les plus escarpés. »

« On élève ces animaux avec le plus grand soin dans ces contrées, parce qu'ils en font la richesse. Leur toison y est toujours préparée & n'en sort que filée & fabriquée en étoffes connues sous le nom de *Camelot d'Angora*, étoffe si belle qu'elle n'est destinée par son prix qu'à l'habillement des plus riches du pays & de la nation Turque. »

« Toutes les nations Européennes ont des comptoirs sur les lieux pour l'achat des fils. Ceux qu'on expédie pour la France sont envoyés dans les manufactures de Lille & d'Amiens, où l'on fabrique des camelots, ou poils, ou mi-soie. »

« Les fils d'Angora obtiennent la préférence sur ceux de Beibazard, parce que les Chèvres sont mieux soignées dans ce premier endroit. Non-seulement on les écarte avec attention de tous les buissons, pour que leur toison n'en soit point altérée; mais le berger pousse même l'attention jusqu'à les peigner fréquemment. »

« La tonte se fait à la fin de Mars; si le ciseau n'enlevoit pas la toison, elle tomberoit bien-tôt d'elle-même, comme si la nature vouloit débarrasser l'animal d'un poids qui lui deviendroit incommode pendant l'Été. Celle du dos tombe la première, & le reste se sépare successivement de toutes les autres parties. »

« Après la toison les habitans travaillent à la préparation des fils, femmes, filles, vieillards, hommes & enfans, tous peignent & filent. »

« La chair des Chèvres d'Angora forme la nourriture principale des habitans; ils la préfèrent à celle des moutons, dont on sait que les Turcs font un de leurs principaux alimens. Les négocians de Marseille, qui ont séjourné longtems dans ce pays & qui en connoissent très-bien les usages, m'ont assuré que cette viande étoit effectivement bonne; l'on sait d'ailleurs que dans toutes les côtes de la Méditerranée on a toujours, comme à présent, préféré à toute autre la chair de cet animal. »

« Quant à son cuir, on le convertit en maroquin commun, employé à plusieurs usages, & notamment à la chaussure. »

« Enfin tout est utile dans ces animaux, jusqu'à la barbe des boucs qui est longue, forte & luisante, & dont les perruquiers savent tirer parti. »

« Le pays, quoique situé par le 39e degré 45 minutes de latitude, le pays est froid en

Hiver, & il y tombe beaucoup de neige, parce que la mer Noire ne peut arrêter les vents qui descendent du Nord ; cela n'empêche cependant pas que les Chèvres ne soient nourries toute l'année dans la campagne ; elles y trouvent une espèce de *gramen* que nous ne connoissons point encore, qui s'élève au-dessus de la neige, & présente en tout tems aux Chèvres une nourriture saine & suffisante. »

« On a souvent fait venir de ces animaux dans quelques-unes de nos contrées, mais seulement par pur motif de curiosité. Cependant il n'est pas permis de douter qu'ils ne puissent réussir aisément dans d'autres climats que celui d'Angora. Une tradition constante dans ce pays porte que ces Chèvres n'en sont point originaires ; mais qu'elles y ont été amenées du fond de l'Asie. Ne pourroit-on pas conjecturer qu'elles viennent originairement de Cachemire, où toute production animale est si parfaite, & qui, situé vers le 34.e degré, se trouve sous le plus beau climat du monde. »

« La laine des moutons y est si belle qu'il est difficile de distinguer les étoffes qu'on en fait, des étoffes de soie. Les premières, connues sous le nom de *challes*, sont si parfaites & si estimées, qu'une ceinture Turque ou un turban fabriqué dans ces contrées avec cette laine, se tiennent aisément dans la main, & se vendent jusqu'à 600 liv. Ces étoffes, destinées à l'habillement des sultanes ou des femmes de la plus haute distinction, sont très-recherchées dans toute l'Inde. Or n'est-il pas probable qu'une espèce d'animal aussi rapprochée du mouton que l'est la Chèvre, aura profité des avantages de ce pays, qui consiste en une plaine immense, entourée par-tout de hautes montagnes, berceau naturel des Chèvres.

« On pourroit objecter que ces contrées sont très-éloignées d'Angora ; mais on n'en connoît pas de plus voisines où les Chèvres analogues à celles-ci, se retrouvent. Il y en a bien en Perse, mais on les a tirées du même endroit. »

« On les a vu vivre & se soutenir en Suède, où elles furent transportées par les soins de M. Alstrœmer. D'un autre côté, M. le Marquis Ginori est le premier à qui, entre plusieurs spéculations utiles, on est redevable d'avoir cherché à naturaliser ces animaux en Toscane. Il en fit venir dans ses terres, près de Florence, un nombre suffisant pour en composer un troupeau, qui a multiplié, & qui est actuellement de quatre cents bêtes. »

« M. le Marquis Ginori, voulant en même-tems connoître les moyens de tirer parti de leur toison, fit venir une famille turque pour peigner ce poil, le filer, & en fabriquer des camelots. Cette expérience a très-bien réussi, & l'on ne doit point douter qu'on ne puisse avoir ailleurs les mêmes avantages. »

« Adonné depuis environ vingt ans à l'Agriculture & à l'Economie rurale, je fis venir dans le tems des Chèvres d'Angora. Il ne m'en reste actuellement que quelques individus, parce que des soins étrangers m'ont empêché de leur donner l'attention nécessaire. Cependant je puis assurer que cette espèce de Chèvre n'est point délicate, qu'elle vit plus aisément dans nos contrées, que celles même du pays, & qu'à nourriture égale, les premières, toujours bien portantes, ont été plus en chair que les nôtres. »

« Je les ai nourries dans la chaîne du Lébéron, au Midi de laquelle mes terres sont situées ; cette montagne est assez élevée, & forme un des pieds des Alpes. Mes Chèvres, sans y recevoir jamais aucun traitement particulier, s'y sont toujours soutenues en bon état, s'accommodant fort bien du climat & des pâturages. »

« Je n'ai point remarqué qu'elles fussent sujettes à aucunes maladies ; elles y ont péri ordinairement de vieillesse, car je les ai laissé vivre, & particuliérement les mères. Ces animaux ont cependant un moment à redouter, celui de leur arrivée, à cause du changement de climat. Je perdis de ces bêtes à l'entrée du premier Hiver, lorsqu'en les sortant de la bergerie pour être conduites aux champs, elles furent surprises par un vent du Nord-Ouest, connu en Provence sous le nom de *Mistraou*, qui amène un froid vif & pénétrant. Dans ce cas, elles tombent, & meurent sur-le-champ, à moins qu'on ne les porte aussi-tôt près du feu, comme je l'ai fait heureusement pour d'autres. »

« Les mâles, les chevreaux nés dans le pays, & les Chèvres une fois revenues ne sont point exposés à cet inconvénient ; on peut d'ailleurs le prévenir aisément, avec un peu d'attention, dans le premier Hiver, après leur arrivée. »

« Cependant cette variété de Chèvres est constante, & quoiqu'elles procréent avec les nôtres, l'on ne doit point espérer de pouvoir jamais les multiplier par le croisement des races. Le vice de la mère est constamment visible. Si quelques individus approchent, plus ou moins, de la race du père, son poil sera toujours plus court & trop grossier pour pouvoir être travaillé. »

« Comme je suis le seul qui nourrisse des boucs dans ma contrée, on envoie des Chèvres de cinq ou six lieues à la ronde pour les faire couvrir par mes boucs. Il est provenu de ces accouplemens un grand nombre de bâtards ; on n'y voit plus qu'une race blanche approchant plus ou moins de l'Angora, par la longueur & la frisure de la toison. Mais je n'ai jamais apperçu aucune bête qui pût même me donner la moindre espérance d'avoir de vraies Chèvres d'Angora, quelques soins que je me sois donnés pour me procurer des mères pourvues de toisons les plus analogues. Ainsi, la Chèvre diffère, à cet égard, des moutons, parmi lesquels le père a une si grande influence sur sa progéniture ».

« Le poil des Chèvres d'Angora, celui du moins dont on tire parti, est constamment blanc; quelquefois, & sur-tout dans les femelles, le poil court qui recouvre immédiatement leur peau en tout tems, est de couleur de ventre-de-biche; il ne varie ni en Eté ni en Hiver; mais la toison qui le recouvre, & qui devient si longue dans le courant de l'année, est toujours du plus beau blanc. »

« Les différentes parties de la toison donnent, sans doute, différentes qualités de poil, comme dans les moutons, où les blancs fournissent les plus belles toisons. Aussi, lorsqu'il s'agit de les travailler, on commence toujours par faire un triage exact, chaque partie formant différentes qualités de fil, par conséquent différens prix. Il y a des fils depuis quarante écus l'*ocque*, dont le poids est d'un peu plus de deux livres, jusqu'à huit livres l'ocque. »

« Comme la toison entière renferme deux qualités de poil, il faut nécessairement les séparer. Le premier est beau & soyeux, c'est celui qu'on recherche; l'autre est un poil court, ayant un coup-d'œil terne; il n'est bon à rien; on ne l'emploie du moins qu'à remplir les oreillers des habitans. C'est avec les peignes qu'on sépare ces deux sortes de poils. »

« Ces instrumens sont au nombre de deux; on s'en sert successivement, l'un étant plus fin que l'autre; l'on commence à jeter le poil sur le premier peigne qui est composé de deux rangs de dents formés en cône; chaque dent a quatre pouces & demi de hauteur, sur une ligne & demie de grosseur dans le bas; l'espace des dents est d'environ une demi-ligne; leur intervalle entre les deux rangs, de huit lignes franc, leur nombre est de trente-six par rangées, ce qui forme la longueur à-peu-près de sept pouces & demi. »

« Ce peigne est fixé par deux écrous sur un banc incliné; la peigneuse assise le place devant elle, en jetant, par un mouvement circulaire des deux mains, le poil de Chèvre qu'elle enfonce jusqu'au bas du peigne, & saisissant par les deux côtés les extrémités de la poignée qu'elle tient, elle en sépare les poils longs & utiles, recommençant cette opération jusqu'à ce qu'elle voie que toute la bourre est restée dans le peigne, & que le poil en est entièrement privé. De ce peigne, la matière passe à un second, où elle reçoit le dernier degré de perfection. Les proportions de celui-ci sont aussi de sept pouces & demi de longueur; l'écartement des deux rangées de dents est de huit lignes & demie; l'éloignement des dents n'est que d'une ligne, & leur hauteur de trois pouces sept lignes, ce qui achève de retenir tous les poils trop courts pour pouvoir être filés. »

« Chaque poignée de poils étant peignée, on les applatit, on les pose les uns sur les autres dans des boîtes, après en avoir ramassé & serré les bouts, pour qu'ils restent toujours séparés jusqu'à ce qu'on en charge les quenouilles. »

« Celles-ci sont montées sur des pieds que la fileuse, assise, place devant elle; leur forme supérieure est celle d'une cloche renversée, ou d'un minaret, pour procurer le plus de surface possible, & assurer par ce moyen l'union constante du nombre de poils que la fileuse doit employer selon leur qualité; ce qui donne l'égalité du fil. »

« Alors on prend assez de ces plaques, sorties des mains des peigneuses, pour en entourer la quenouille, de l'épaisseur de deux ou trois lignes; l'on serre & l'on arrête le tout avec une bande très-souple de marroquin, garnie à son extrémité d'un cordon de soie & d'une petite pièce de monnoie, ou d'un jeton un peu bombé; ce qui suffit pour l'assurer. »

« Ce poil, lorsqu'on l'emploie, doit être mouillé, non avec de l'eau, mais avec de la salive, qui seule est propre à cet usage, parce qu'elle l'assouplit; aussi la fileuse humecte dans sa bouche la partie qu'elle veut filer, & commence à garnir son fuseau: une courte aiguillée de fil ou d'autre matière, lui fournit le moyen de saisir le premier poil. »

« Le fuseau doit être parfaitement rond, & par conséquent tourné avec attention. On a eu soin d'y faire à la pointe supérieure un pas de vis alongé, & creusé dans le bois, où l'on place le fil pour l'arrêter, & le rapprocher du centre. Lorsque l'on commence à filer, on ajoute à l'extrémité inférieure, comme à tout autre fuseau, une petite boule que l'on ôte, lorsque le fuseau suffisamment chargé de fil, est assez lourd pour conserver son mouvement. »

« Si l'on veut former des écheveaux, on dévide le fil sur une planche longue de vingt-deux pouces, & portant une ouverture pour la saisir avec la main. A ces deux extrémités on conserve trois angles saillans, & le quatrième ne s'y trouve point, pour donner plus de facilité de retirer l'écheveau lorsqu'il est fini & préparé. »

« A cet effet, & avant de l'ôter de dessus le dévidoir, il faut l'assouplir, & en ôter le tors; on sait que cette matière conserve toujours beaucoup de roideur, & perd difficilement les plis qu'elle a une fois contractés, sur-tout lorsqu'elle est convertie en étoffe. Aussi faut-il que les fileuses aient la plus grande attention de ne tordre que très-peu le fil; mais comme il est nécessaire qu'elles en aient assez pour supporter le fuseau, on ne peut le diminuer qu'après l'avoir mis sur le dévidoir, ce qui s'opère par un alongement forcé, & qui en sépare les contours. »

« Pour y parvenir, on commence par mettre le dévidoir & son fil dans l'eau; celle des rivières est la meilleure; lorsque le fil est bien imbibé, on dresse, entre l'écheveau & le dévidoir, quatre petites planches qui soutiennent le fil élevé & très-distendu, on le laisse sécher en cet état au soleil, & il devient aussi moëlleux que soyeux. »

« Pour ôter l'écheveau du dévidoir, on abaisse les quatre petites planches, & on les retire du côté de l'angle obtus ou privé de pointes; on le plie sur sa longueur, on en forme des mateaux circulaires que l'on noue avec des cordons rouges, qui sont les liens qui ont servi à attacher les écheveaux de soie, lors du tirage; en cet état, il est livré aux Négocians & aux Manufacturiers. »

« N'ayant jamais eu assez de toisons pour entretenir des fileuses toute l'année, je n'ai pu en former de très-habiles, en sorte que je n'ai jamais eu de fil que de quatre francs la livre, qui a été employé, mêlé avec celui d'Angora, dans les manufactures d'Amiens, où il a été envoyé dans des balles d'Asie; il ne différoit en rien des autres fils de ce pays. »

« J'ai observé que la bourre de la toison est très-sujette aux insectes: aussi, dans les pays chauds, on ne peut la conserver que dans des sacs de marroquin d'Angora, pareils aux tabliers, dont l'odeur est pernicieuse à ces petits animaux. Je crois qu'à cet égard le cuir de Russie, est préférable : l'huile de bouleau, qu'on emploie, selon M. Pallas, à la fabrication de ce cuir, ayant une odeur encore plus forte que celle avec laquelle on prépare le marroquin, elle doit être plus nuisible à ces insectes. »

« Quant à la quantité de poils que ces animaux peuvent fournir l'un portant l'autre, on peut l'évaluer à quatre livres de fil. La toison des boucs entiers en a donné beaucoup plus, mais elle est plus grossière : la Chèvre en donne moins, mais elle est très-fine; celle du bouc coupé, réunit la finesse à l'abondance. Ainsi, en ne filant que du fil assez commun, c'est-à-dire, à quatre francs la livre, chaque bête rapportera annuellement, en matière première, ou en main-d'œuvre, douze francs, produit assez considérable, sur-tout si on le compare à celui des Chèvres de l'Europe, évalué annuellement à quatre livres, en comptant, outre le poil, le produit du chevreau, le lait & le fumier, ce qui se trouve également dans la race d'Angora. Cette Chèvre a véritablement les mammelles plus petites, mais elle donne autant de lait que celle du pays, lorsqu'elle est rassemblée en troupeaux & tenue sur les montagnes. »

« Si ces animaux étoient assez abondans pour pouvoir en vendre les vieux mâles coupés, le produit en seroit très-considérable, puisque j'en ai vendu deux vieux soixante-neuf livres, ce qui donne, pour chaque animal, trente-quatre livres dix sols. Ceux-ci, il est vrai, étoient gras. »

On a vu à Paris, il y a quelques années, beaucoup de manchons faits avec les peaux entières des Chèvres d'Angora.

Les Chèvres d'Angora se répandent en France. Il y a déjà plusieurs années que M. de Meslay, Président de la Chambre des Comptes de Paris, en éleva avec succès, dans sa terre de Meslay, au pays Chartrain. Lorsque le Roi établit sa ferme de Rambouillet, & qu'il la peupla de bestiaux précieux, il ordonna qu'on y eût une certaine quantité de Chèvres d'Angora. Ces animaux, depuis plus de six ans, s'y multiplient, & donnent des productions, qui passent entre les mains des amateurs. Je puis attester que rien n'est plus facile que d'élever & de nourrir cette espèce de bétail. On les conduit aux champs avec les béliers, & on les nourrit comme eux en Hiver. On a soin de leur éviter les grands froids. Les Chèvres d'Angora de Rambouillet parquent en Eté avec les bêtes à laine, dans la même enceinte. Elles sont pour la plupart blanches. Il y en a quelques-unes seulement, dont le poil est d'un gris violet. Jusqu'ici les Manufacturiers n'ont pas paru faire usage du poil de Chèvres d'Angora du crû de la France; mais dans la suite ils le rechercheront, comme on voit les fabricans de drap rechercher les laines de nos troupeaux de race espagnole, depuis qu'ils ont moins de facilité pour en tirer de l'Espagne.

Maladies des Chèvres.

Ces animaux sont sujets aux mêmes maladies que les bêtes à laine. On excepte ordinairement l'*hydropisie*, l'*enflure* & le *mal sec.* Mais les brebis sont aussi quelquefois attaquées de ces maladies, quoique plus rarement. L'hydropisie des Chèvres est attribuée à la trop grande quantité d'eau qu'elles boivent. On est dans l'usage de leur faire la ponction, & de fermer la plaie avec un emplâtre de poix de Bourgogne. Les difficultés qu'elles éprouvent à chevroter, & l'arrière-faix retenu dans la matrice, causent l'enflure de cet organe. On parvient quelquefois à le détruire, c'est-à-dire, à provoquer la sortie du délivre, en faisant boire à l'animal un verre de vin. Dans les grandes chaleurs, leurs mammelles se dessèchent tellement, qu'il n'y a pas une goutte de lait. Dans ce cas on les mene paître à la rosée : on leur frotte les mammelles avec du lait, ou de la crême; ou ce qui est encore mieux, on les nourrit de bonne herbe & de bonnes feuilles.

Réflexions sur la multiplication des Chèvres.

Si l'on fait attention aux dégâts que peuvent causer les Chèvres, on proscrira ces animaux dans un royaume, comme la France, où une grande partie des terres est cultivée, & où le bois devient de plus en plus rare. En effet, pour peu qu'on les laisse échapper, elles ravagent des champs ensemencés, des vignes, des arbres utiles, qui ne repoussent plus, ou repoussent mal. La vache, le mouton, quoiqu'ils soient à craindre pour les bois, n'ont pas la dent si destructive. On est allé jusqu'à dire que l'haleine des Chèvres gâtoit les vaisseaux propres à mettre du vin; assertion qu'on peut regarder comme un préjugé.

Différentes coutumes contiennent des dispositions relatives aux Chèvres. Celle du Nivernois défend d'en nourrir dans les villes, ch. 10, art. 18. Celle du Berri, titre des servitudes, art. 18, permet d'en tenir en ville close, pour la nécessité de maladie d'aucuns particuliers. Coquille voudroit qu'on admît cette limitation dans la coutume; mais il dit aussi qu'il faudroit ajouter que ce seroit à condition de tenir les Chèvres toujours attachées ou enfermées dans la ville, & aux champs qu'on doit les tenir attachées à une longue corde. La coutume de Normandie, art. 84, dit que les Chèvres sont en tout tems en défaut, c'est-à-dire qu'on ne les peut mener paître dans l'héritage d'autrui sans le consentement du propriétaire. Celle d'Orléans, art. 152, défend de les mener dans les vignes, gagnages, clouseaux, vergers, plants d'arbres fruitiers, chenayes, ormoyes, saulsayes, aulnayes, à peine d'amende : celle de Poitou, art. 196, dit que les bois taillis sont défensables pour le regard des Chèvres, jusqu'à ce qu'ils aient cinq ans accomplis.

Je crois que postérieurement à la rédaction des coutumes, il y a eu des lois plus sévères contre les Chèvres, & elles ne pouvoient l'être trop. La négligence des propriétaires des bestiaux est souvent telle, que rien ne les détermine à les veiller d'assez près pour qu'ils ne gâtent rien. La Chèvre est si vive, si active, si adroite qu'un moment d'oubli est bien-tôt suivi d'un dégât irréparable.

En avouant le mal que fait la Chèvre, & en approuvant les actes de rigueur employés pour les réprimer, on ne peut se dissimuler que cet animal est d'une très-grande utilité. Ce n'est pas d'un troupeau de Chèvres, appartenant à un propriétaire riche & aisé, que je parlerai ici; je ne dois, sans doute, être indifférent sur les intérêts de qui que ce soit. Mais je considérerai plus particuliérement la Chèvre de la pauvre femme; cette Chèvre qui fait toute sa ressource & tout son avoir; la nourrice de ses enfans quand elle ne peut les nourrir elle-même; cet animal doux, familier, attaché, qui fournit de quoi alimenter tout ce qui respire dans la chaumière. Une modique somme en procure la propriété; elle occupe peu de place pour son logement; il ne lui faut qu'une petite quantité de vivres. Pour les soins qu'elle exige, elle donne chaque année un ou deux chevreaux, du lait très-bon pendant plusieurs mois, & quand l'âge force de la tuer, ou de s'en défaire, on tire partie de sa dépouille. Quel sera l'homme assez cruel pour ne pas pardonner à la Chèvre le tort qu'elle fait, en faveur de tant d'avantages? Qui osera prononcer que la France doit renoncer à la possession d'un si précieux animal? Qui osera condamner les pauvres, hors d'état de nourrir une vache, faute de propriétés, à ne pas y suppléer par l'usage des Chèvres qu'ils peuvent alimenter en les conduisant le long des chemins, dans des terres vagues, aux pieds des haies, & dans les endroits tapissés d'une herbe trop courte pour suffire à la nourriture de la vache? Si on croyoit nécessaire de bannir les Chèvres des pays où tout est cultivé, au moins faudroit-il en excepter ceux où beaucoup de terres ne le sont pas. Je ne suis donc pas d'avis que l'on détruise les Chèvres; mais je voudrois qu'on prît toutes les précautions convenables pour qu'elles ne causassent point de dommage. Ces précautions pourroient être de deux sortes; les unes mettroient les Chèvres dans l'impossibilité de nuire en les arrangeant de manière qu'elles ne pussent facilement grimper; les autres porteroient des peines si séveres contre ceux qui laisseroient brouter les propriétés des autres par leurs Chèvres, que peu de personnes manqueroient aux droits de la propriété. Un conseiller au Parlement d'Aix, dont les terres étoient entre la haute Provence & le haut Dauphiné, touché de la juste menace de faire assommer les Chèvres, qui iroient dans les bois, a imaginé une espèce de harnois ou bricole, composée de trois pièces.

La première est formée de deux rubans de fil retort, bâtis ou faufilés, à plat, l'un sur l'autre, formant aux deux tiers, environ de chaque bout, une anse assez large pour laisser passer un ruban semblable aux premiers, servant d'entravon; elle embrasse le corps de l'animal transversalement, & lui sert de ceinture, au moyen des deux bouts noués ensemble sur le dos.

La seconde & la troisième pièces absolument semblables, sont formées d'un seul ruban de fil, dont les bouts entourent les membres, soit antérieurs, soit postérieurs, & leur servent d'entravon par le repli de l'extrémité, arrêté par un nœud double.

M. Chabert, Directeur de l'Ecole vétérinaire, chargé d'examiner cette bricole, en convenant qu'elle empêchoit les Chèvres de grimper aux arbres, sans gêner sensiblement leur marche, lui a trouvé cependant plusieurs inconvéniens; le premier, c'est que les trois pièces, & sur-tout celle qui embrasse le corps, dans les mouvemens de l'animal s'écartent de la peau, & s'accrochent continuellement aux arbustes qu'il rencontre ne pouvant s'en débarrasser; le second, c'est que l'assujettissement de la bricole n'eſt pas aſſez conſidérable pour que les Chèvres n'atteignent pas les branches baſſes des arbres. M. Chabert a cherché à parer à ce double inconvénient ; il a fait exécuter une bricole, plus parfaite, qui établit une correſpondance entre le col & les jarrets, & rend ces parties points fixes & points mobiles alternativement. La Chèvre, avec ce harnois, ne peut ſe redreſſer ſur ſes pieds de derrière; mais la tête reſte trop en liberté, le collier ayant la facilité de couler vers les épaules. M. Chabert voyant cet inconvénient, s'eſt occupé d'une nouvelle bricole, ſemblable à celle dont on ſe ſert pour fixer les vaches.

Le collier eſt formé d'une latte de deux pouces & demi de large ſur quatorze pouces de long, courbée ſur plat, & garnie par ſes bouts d'un fil de fer recuit pour lui ſervir de frêt. Cette latte eſt percée dans chaque bout d'un trou carré, d'un pouce, pour recevoir une clef, fixant le collier ſur le col de l'animal.

La clef porte à un de ſes bouts un épaulement aſſez large pour tenir la latte courbée, lorſque le bout oppoſé, retourné d'équerre, eſt arrêté, & entré dans le ſecond trou de cette même latte.

On paſſe dans cette clef un anneau de fer, portant un autre anneau fixé par une ſoie, ſans embaſe dans la longueur du premier billot, redoublée ſur elle-même pour porter une chaînette fixée par une fiche recourbée, & clouée ſur le ſecond billot.

Les billots ſont deux morceaux de bois de ſept à huit pouces de long ſur un pouce & demi de diamètre ſeulement.

Le billot eſt traverſé par une fiche de fer recourbée par les deux bouts, pour contenir un anneau portant une lanière de cuir, qui porte elle-même un entravon, ayant une boucle & un paſſant.

On conçoit facilement l'uſage de cette machine. Le collier ſe place au col de la Chèvre ; les deux bâtons de bois s'étendent le long de la partie inférieure du ventre, & les deux entravons embraſſent les jarrets.

Quelque peu compliquée que ſoit cette machine, il ſeroit à deſirer qu'on en imaginât une encore plus ſimple. Dans le Querci, où les Chèvres ont toutes des cornes, on attache le bout d'une corde à une jambe, & l'autre bout à une corne. Ce moyen les gêne, ſans les empêcher de brouter à terre.

M. Chabert convaincu que les bricoles & les entraves ne produiſent qu'une partie de l'effet qu'on voudroit produire, a coupé à quelques Chèvres les tendons fléchiſſeurs des pieds, & à d'autres un tendon d'Achille. Les animaux, qui ont ſubi ces opérations, n'en ont pas moins grimpé aux arbres : enfin ayant coupé à une Chèvre les deux tendons d'Achille, elle en eſt morte. Il n'a pas été plus ſatisfait de la ſection du ligament cervical, & a conclu que la bricole de ſon invention, ſuſceptible ſans doute de perfection étoit encore le meilleur moyen de contenir les Chèvres. On peut attendre de quelques amis de l'humanité qu'ils s'occuperont de rendre ſervice aux poſſeſſeurs de Chèvres, en les mettant dans l'impoſſibilité de nuire.

Pour ſuppléer à l'inſuffiſance des moyens méchaniques, ou plutôt pour concourir avec eux, il eſt néceſſaire qu'on faſſe obſerver les loix nouvelles à intervenir, ou les anciennes loix, qui puniſſent les propriétaires de Chèvres, lorſqu'ils font manger l'héritage de leurs voiſins. Cette ſeconde ſorte de moyen dépend de l'adminiſtration qui doit veiller à la conſervation des propriétés. (*M. l'Abbé* Tessier.)

CHEVRE (Barbe de) *Spiræa aruncus* L. *Voyez* Spirée, barbe de Chèvre. (*M.* Thouin).

CHEVREAU, petit de la Chèvre. *Voy.* Chevre. (*M. l'Abbé* Tessier.)

CHEVREAUTER, CHEVROTER, ſe dit d'une Chèvre qui met bas un Chevreau. *Voyez* Chevre. (*M. l'Abbé* Tessier.)

CHEVRE-FEUILLE. *Lonicera.*

Genre de plantes, compoſé d'arbuſtes ſarmenteux, grimpans, où d'autres élevés ſur leurs tiges dont les décorateurs de jardin tirent le plus grand uſage, ſoit pour couvrir les cabinets & grillages, ou pour former des guirlandes. Les eſpèces qui ſe ſoutiennent produiſent le plus bel effet dans les boſquets, ou même dans l'intérieur des maſſifs & grands parterres. Leur forme eſt élégante, & leurs couleurs ſont toujours fraîches. On trouvera des détails ſur chaque eſpèce au Dictionnaire des Arbres & Arbuſtes. (*M.* Reynier.)

CHEVRE-FEUILLE d'Amérique. Nom donné improprement à toutes les eſpèces du genre des *Azalea. Voyez* Azalée au Dictionn. des Arbres. (*M.* Thouin.)

CHEVRE-FEUILLE. Nom d'une famille de plantes ainſi déſignée par ſon analogie d'organiſation ſexuelle avec le genre du même nom. La plupart de ces plantes ſont des arbriſſeaux & arbuſtes, les uns grimpans & ſarmenteux, d'autres droits ſur leurs tiges, ſont ceux qui figurent très-bien dans nos boſquets. Preſque toutes les eſpèces ſont des régions tempérées, & les guis qui ſont d'une région plus chaude, à l'exception d'un ou deux, devroient peut-être occuper une autre place dans la claſſification des familles des plantes.

*

La Linnée.	*Linnæa.*
La Mitchelle.	*Mitchelia.*
La Chevrefeuille.	*Lonicera.*
Le Trioste.	*Triosteum.*
L'Oviede.	*Ovieda.*
Le Lorante.	*Loranthus.*

Le Gui.	*Viscum.*

**

L'Ophir.	*Ophira.*
La Viorne.	*Viburnum.*
Le Cornouiller.	*Cornus.*
Le Sureau.	*Sambucus.*
L'Aquilice.	*Aquilicia.*

(*M. Reynier.*)

CHEVREUIL, quadrupède sauvage qui vit habituellement dans les forêts. Il en fort rarement pour aller dans les terres cultivées, ce n'est guères qu'au tems du rut, c'est-à-dire, en Septembre ou Octobre, qu'il quitte les bois. Mais alors, il n'y a rien à gâter dans les plaines. Cependant, lorsqu'on entretient des Chevreuils dans les parcs où il y a des terres ensemencées, il y broutent de tems-en-tems & y reposent. Le dégât du Chevreuil n'est pas comparable à ceux du cerf & de la biche. *Voy.* ces mots. (*M. l'Abbé Tessier.*)

CHEVREUSE hative. Variété du pêcher, dont les fruits sont gros, alongés, marqués d'une rainure assez profonde. Leur peau est très-rouge du côté du soleil, & leur chair est fine, rouge vers le noyau; fleurit vers la fin d'Août.

CHEVREUSE tardive. Elle diffère principalement de la précédente, par l'époque de sa maturité qui n'a lieu que vers la fin de Septembre.

CHEVREUSE (belle) ou plutôt Belle.

CHEVREUSE. Cette variété mûrit vers la fin de Septembre.

Ces trois pêchers sont des variétés de *l'amigdalus persica. L. Voyez* Amandier dans le Dictionnaire des Arbres & Arbustes. (*M. Reynier.*)

CHEVRIER. On donne ce nom à l'homme, qui soigne & conduit les Chèvres aux champs. Il est nécessaire qu'il soit agile & robuste pour les suivre par-tout, à travers les montagnes & les broussailles, & les défendre du loup & autres bêtes dangereuses. Il n'en peut conduire que 50, à cause de l'indocilité de ce bétail. L'herbe des marais leur étant nuisible, il doit les empêcher d'y paître. Les devoirs des Chèvriers sont, à-peu-près les mêmes que ceux des bergers; seulement il faut qu'ils aient égard à l'instinct & à l'inclination particulière de leurs animaux. *Voyez* les mots de Bergers & de Chèvre. (*M. l'Abbé Tessier.*)

CHEVRONS de gazon. Ce sont des bandes de gazon posées dans le milieu des allées en pente, pour détourner les eaux, les rejeter sur les côtés, & empêcher la formation des ravines: on les pose ou en Chevrons brisés, pour séparer en deux les eaux qui tombent sur la surface d'une allée, & les diriger dans les massifs latéraux, ou l'on se contente simplement de les poser en biais, afin de les détourner d'un seul côté. On fait ordinairement dans les massifs, à l'endroit où aboutissent les Chevrons, de petits puisards pour recevoir ces eaux.

Dans les pentes très-rapides, on fait les Chevrons en maçonnerie avec de menues pierrailles, le gazon n'étant pas suffisant pour diriger les eaux. (*M. Thouin.*)

CHEVROTAGE, est un droit dû en quelques lieux au Seigneur, par les habitans qui ont des chèvres. Il consiste ordinairement en la cinquième partie d'un chevreau, soit mâle ou femelle, dont la valeur se paye annuellement au Seigneur. *Ancienne Encyclopédie.* (*M. l'Abbé Tessier.*)

CHEVROTIN ou CHEVROTAIN, petit fromage de lait de chèvre, que l'on fabrique sur le Jura & dans le Département de l'Ain. On les transporte dans les Départemens voisins, jusqu'à Lyon & dans tout le pays de Vaud. (*M. Reynier.*)

CHIBOU ou CHIBOUE. Les Caraïbes, dit Nicholson, donnent ce nom au *Bursera gummifera. L. Voyez* Gomart d'Amérique, n.° 1. (*M. Reynier.*)

CHIBOULE ou CIBOULE. Variété de *l'Allium cæpa. L. Voyez* Ail à tige ventrue ou l'oignon des cuisines. (*M. Thouin.*)

CHIBOULEME. Les Caraïbes, dit Nicholson, donnent ce nom au pourpier ordinaire, plante naturalisée aux Antilles, au point d'y être incommode. *Voyez* Pourpier. (*M. Reynier.*)

CHICA, boisson ancienne des Péruviens, avant la découverte de l'Amérique, & dont ils sont encore très-avides. Ils font tremper le maïs, & lorsqu'il commence à germer, ils le sèchent au soleil, puis le font rôtir & le moulent ensuite.

Ils mettent la farine dans de grandes cruches, avec une certaine quantité d'eau, ils la remuent d'abord, & ensuite la laissent reposer. Cette eau fermente le second ou le troisième jour, & le cinquième elle est bonne à boire, le goût en est agréable, analogue à celui du cidre, mais elle a le défaut d'aigrir en peu de jours. (*M. Reynier*).

CHICON. On donne ce nom aux laitues à feuilles longues, ou *romaines*, dont on distingue plusieurs variétés qui se trouveront à l'article Laitue.

On donne ce nom, & celui de Chicot, dans le pays de Vaud, à la laitue Batavia & autres variétés qui lui ressemblent, & qui ont, comme elle, la feuille ronde, frisée sur les bords. *Voyez* Laitue. (*M. Reynier.*)

CHICORACÉES (les) synonymes du nom, d'une famille naturelle de plantes, nommées Semi-Flosculeuses, *voyez* ce mot. (*M. Thouin.*)

CHICORÉE. *Cichorium.*

Genre de plante, qui a donné son nom à une famille des plantes naturelles, connues sous le nom de Chicoracées. Il est composé, dans ce moment, de trois espèces différentes, & de plusieurs variétés, toutes originaires d'Europe, & dont les tiges sont herbacées. Le grand usage qu'on en fait dans la cuisine & dans les Arts, en a introduit la culture dans tous les jardins légumiers, où presque toutes les variétés ont pris naissance.

Espèces.

1. CHICORÉE sauvage.
CICHORIUM intibus. L.
B. CHICORÉE sauvage cultivée.
CICHORIUM intibus sativa.
2. CHICORÉE sauvage à larges feuilles.
CICHORIUM intibus latifolium.
D. CHICORÉE sauvage panachée.
CICHORIUM intibus variegatum ♃ des champs & des jardins d'Europe.
2. CHICORÉE des jardins ou endive.
CICHORIUM indivia. L.
B. 1. CHICORÉE scarole ou scariole.
CICHORIUM indivia latifolia. L. M. Dict.
C. CHICORÉE endive de Meaux.
CICHORIUM indivia Meldensis.
D. CHICORÉE blanche.
CICHORIUM indivia angustifolia. La M. Dict.
E. CHICORÉE endive célestine.
CICHORIUM indivia tenera.
F. CHICORÉE endive d'Italie.
CICHORIUM indivia Italica.
G. CHICORÉE endive ou régence.
CICHORIUM indivia minima. ⊙ Des jardins de l'Europe.
3. CHICORÉE épineuse.
CICHORIUM spinosum. L. ♂ Des l'Isle de Candie, de Malthe & de Sicile.

Description du port des Espèces & Variétés.

1. La Chicorée sauvage est une plante vivace qui croît sans culture, sur le bords des chemins, le long des haies & dans les champs incultes. Ses racines sont pivotantes, longues de 15 à 20 pouces, coriaces & flexibles. Elles poussent de leur collet plusieurs tiges rameuses, en même-tems que des feuilles profondément découpées comme celles du pissenlit, mais beaucoup plus grandes. Les feuilles de la tige vont en diminuant de grandeur, jusqu'à leur extrémité, où elles sont fort petites. Les fleurs viennent ordinairement deux-à-deux sur les tiges; elles sont grandes, & d'un beau bleu céleste. Mais quelquefois il s'en trouve de blanches, & de couleur de chair. Cette plante fleurit en Juin & Juillet, & les semences mûrissent en Septembre.

1. B. La Chicorée sauvage cultivée ne se distingue de son espèce, que par une plus haute stature, & par ses feuilles presque glabres, & beaucoup moins dentées, mais d'ailleurs elle lui ressemble beaucoup. C'est une mince variété produite par la culture, & qui rentreroit bientôt dans son espèce si elle étoit abandonnée à elle-même en raze campagne.

1. C. Chicorée sauvage à larges feuilles, celle-ci a les racines plus grosses, plus longues & plus laiteuses que les précédentes; ses tiges s'élèvent de 6 à 7 pieds dans les jardins, & ses feuilles sont larges, spatulées, & à peine sinuées sur leurs bords.

1. D. La Chicorée sauvage panachée s'élève moins que les deux précédentes; ses feuilles sont plus découpées & panachées de blanc, de violet & de vert; mais cette variété dégénère fort aisément, & ne se soutient pas dans le même lieu.

2. La Chicorée des jardins, que l'on nomme endive dans beaucoup de pays, se distingue de la première espèce, ainsi que ses variétés, par ses racines qui sont annuelles, peu profondes & garnies d'un chevelu très-abondant. Ses tiges ne s'élèvent guères à plus de deux pieds de haut; elles sont accompagnées de feuilles élargies vers leur extrémité, un peu dentelées & parfaitement glabres. Ses tiges, qui sont roides & rameuses, portent des fleurs bleues qui viennent séparément soit dans les aisselles des feuilles, soit aux extrémités des rameaux.

2. B. La scarole paroît être une plante hybride, produite par le résultat de la fécondation des deux premières espèces, auxquelles elle ressemble dans ses différentes parties. Ses feuilles paroissent appartenir à la Chicorée sauvage, tandis que ses racines sont annuelles comme celles de l'endive. On distingue deux sous-variétés de la scarole, l'une nommée *scarole commune*, l'autre *scarole de Hollande.*

La *scarole commune* a ses feuilles un peu découpées, mais beaucoup moins que celles des endives; elle s'élève plus haut, & ses tiges sont plus fortes.

La *scarole d'Hollande* se distingue aisément de la précédente, par la forme de sa feuille, qui n'est ni découpée ni frisée comme celle de l'endive; elle est étroite à la base, s'élargit dans le milieu, & se termine en pointe arrondie; elle est aussi d'un vert plus pâle que celui de la Chicorée amère, & plus foncée que celle de l'endive. Semblables à celles de la Chicorée sauvage, ses feuilles se tiennent droites, sur-tout celles du milieu, & celles des bords ne sont jamais parfaitement étendues sur le sol. Cette sous-variété est presque du double plus grande que la scarole commune, & ne paroît pas devoir dégénérer.

2. C. La Chicorée de Meaux est une des plus intéressantes variétés de cette espèce, à cause de sa grosseur & de sa vigoureuse végétation. Sa racine principale est longue de 7 à 8 pouces, laiteuse, & très-garnie de chevelu. Les feuilles sont nombreuses, & d'un beau vert; leur côte, ou nervure principale, est large, applatie, nue

ou

ou presque nue, jusqu'à un pouce ou dix-huit lignes de distance; elles sont ailées ou découpées très-profondément; les ailes ou les découpures sont dentelées ou découpées inégalement & profondément, & ces découpures se contournant en différens sens, rendent les bords de la feuille crêpus, crispés ou frisés. Les premières ailes ou découpures ne sont que comme de petites appendices, les unes simples, les autres frangées; elles sont plus grandes à mesure qu'elles s'éloignent de la naissance de la feuille, qui s'élargit aussi successivement; de sorte que, vers son extrémité, elle a douze à quinze lignes de large entre les découpures; la longueur de la feuille est depuis six jusqu'à neuf pouces; mais la longueur & la largeur sont d'autant plus petites, que les feuilles naissent plus près du cœur de la plante. Toutes les feuilles prennent une direction horizontale, & se couchent sur la terre. Du centre de la plante s'élève à cinq ou six pieds, une tige assez grosse, creuse en-dedans, cannelée en-dehors, de laquelle sortent, dans un ordre alterne, des rameaux longs & simples, sans beaucoup de soutien, garnis de feuilles alternes, qui diminuent d'étendue à mesure qu'elles naissent plus près de l'extrémité de la tige ou des rameaux. De l'aisselle de ces feuilles sortent des fleurs bleues de courte durée, auxquelles succèdent des graines menues, alongées, pointues par un bout, aplaties par l'autre, grises, dentelées, & sans aigrette. Cette description, très-exacte, est tirée du nouveau la Quintinie.

2. D. Chicorée blanche. Cette variété a beaucoup de ressemblance avec la précédente. Mais ses feuilles sont moins grandes & bien plus nombreuses, elles sont aussi plus dures, plus amères; leurs dentelures sont les mêmes. Cette variété est la plus répandue en France, où elle est connue sous les noms d'endive frisée, de Chicorée, grande espèce.

2. E. Chicorée endive Céleftine. Celle-ci est plus petite que la précédente; ses feuilles, encore plus multipliées, sont plus tendres & d'une saveur plus douce. Si l'autre est plus propre à être mangée cuite, celle-ci est préférable, à tous égards, pour être mangée en salade.

2. F. Chicorée endive fine ou d'Italie. Cette variété paroît tenir le milieu, pour l'étendue, entre la précédente & celle qui la suit, ses feuilles sont plus courtes & plus déliées, que celles de l'endive d'Italie.

2. G. La Chicorée endive régence est la plus petite de toutes les variétés & sous-variétés. Le diamètre de sa touffe étendue n'excède pas cinq à six pouces. Ses feuilles sont tellement fines, qu'à peine on en apperçoit les côtes. On ne trouve presque plus cette espèce précieuse que dans les potagers des particuliers; les Maraichers l'ont exclue de leurs jardins, à cause de sa petitesse. Cependant c'est la plus douce, la plus tendre, & la plus délicate de toutes les endives. C'est aussi la plus agréable à l'œil; sa couleur est d'un blanc éblouissant.

3. Chicorée épineuse. Cette plante n'est réellement qu'une variété de la Chicorée sauvage. Elle ne doit sa petitesse & la rigidité de ses branches qu'à la nature du terrein, & à la situation dans laquelle elle se trouve.

Dans les Isles de l'Archipel, & sur-tout à Malthe, où elle croît naturellement, elle vient dans les sables arides & dans les fentes des rochers; elle forme, la première année de sa naissance, une petite rosette, applatie contre terre, de trois à quatre pouces de circonférence, & composée de feuilles longues, étroites, profondément sinuées, comme celle du pissenlit commun. La seconde année, il sort du collet de sa racine, qui est pivotante & profonde, une tige qui se divise dans sa longueur en une multitude de branches, lesquelles se partagent elles-mêmes en beaucoup de rameaux; elle forme ainsi un petit buisson arrondi, qui n'a pas plus de six à huit pouces de haut, & qui, lorsqu'il est sec, a la figure d'un hérisson. Les feuilles, qui croissent cette seconde année, sont longues, étroites, presque linéaires, dentées & peu nombreuses. Elles sont placées à la naissance des rameaux & des branches. Ses fleurs, qui sont petites & d'un bleu-pâle, naissent pour l'ordinaire dans les aisselles des branches, & quelques-unes aux extrémités des rameaux. Elles paroissent en Juin & Juillet, & produisent des semences alongées & pointues, qui mûrissent en Septembre.

La première fois qu'on cultive dans un jardin, cette plante provenue de graines tirées de son pays natal, elle est peu différente de la description que nous venons d'en donner. Mais les graines qu'elle produit donnent des plantes un peu plus fortes, & moins épineuses. Les semences de ces nouveaux individus, en produiront d'autres qui s'éloigneront encore davantage de l'espèce originelle, & vers la cinq ou sixième race on aura des plantes dégénérées, qui se rapprocheront si fort de la Chicorée sauvage, qu'on aura de la peine à les en distinguer. Le changement sera d'autant plus rapide, qu'on cultivera cette plante dans un terrain plus substantiel, & que les individus, au moment de leur fleuraison, seront plus rapprochés de quelques pieds en fleurs de Chicorée sauvage des champs. Nous avons été à portée de répéter plusieurs fois cette expérience, au moyen des graines qui nous avoient été envoyées de Malthe, en différens tems, & les résultats ont toujours été les mêmes.

Culture.

Celle des deux premières espèces ayant été décrites avec beaucoup de soin, par M. l'Abbé Rozier, nous la rapporterons ici en entier, &

nous décrirons ensuite celle de la troisième.

« Toute terre bien travaillée convient à la culture des Chicorées. A Paris & dans ses environs, où le fumier est en surabondance, on peut semer en Janvier, sous des chassis, & repiquer le plant sur une autre couche, dès qu'il a poussé ses deux premières feuilles; en Mars, transporter ce plant dans une plate-bande située au Midi, ou garantie des vents froids, par des abrits faits en paille ou avec des roseaux. Cette méthode est fort bonne dans les environs de Paris, parce que le prix des primeurs dédommage des dépenses & des soins; mais si, dans les Départemens, il falloit acheter le fumier pour monter les couches, la dépense excéderoit de beaucoup le produit. »

« On peut, à la rigueur, dans les Départemens Méridionaux, semer en Février, dans un terrain bien abrité, les Chicorées frisées, la régence, celle de Meaux; mais, pour peu que le Printems soit chaud, on court les risques de voir les plantes monter en graine. Je ne conçois pas la manie des primeurs. Ne vaut-il pas mieux manger chaque fruit, chaque légume dans sa saison? Il a bien meilleur goût. Dans les Départemens du Nord, on craint beaucoup moins que les endives ne montent en graine, sur-tout si on les arrose beaucoup. Il n'en est pas ainsi, sous les climats Méridionaux: dans ceux-ci, semez en Mai toutes les endives ou Chicorées. Semez également en Juin, en Juillet, en Août, surtout celle de Meaux & de la régence, ainsi que que les endives frisées; par ce moyen, vous aurez des salades jusqu'au mois de Mars suivant. Dans le Nord, on peut suivre la même marche, en observant de semer un peu tard la grosse espèce de Chicorée, ainsi que les deux variétés de scarole. Dans ces pays, la première à semer est l'endive célestine; la seconde, la régence; ensuite la Chicorée fine d'Italie, & les autres endives. Aussi-tôt qu'on s'appercevra que les pieds voudront monter, on peut les coucher pour les faire blanchir, ainsi que je le dirai bien-tôt. Cette plante ne sera pas à son point, il est vrai, mais on ne perdra pas tout. »

De la transplantation des Chicorées.

« Plus l'on se hâte de transplanter, & plus facilement la plante monte en graine. On ne craint rien de la laisser dans le semis jusqu'aux mois de Juillet & d'Août, sur-tout dans les provinces Méridionales. Dans celles du Nord, on n'est pas autant sujet à ce désagrément. Au surplus, ceux qui aiment les primeurs peuvent essayer; les circonstances les serviront peut-être à souhait. On peut encore replanter, dans les pays Méridionaux, aux mois de Septembre & Octobre, parce que les froids étant tardifs, & la chaleur se soutenant assez communément jusqu'en Janvier, les pieds ont le tems de se fortifier. Toutes les fois qu'on a replanté, il convient aussi-tôt d'arroser fortement & en général, les Chicorées ne demandent pas beaucoup d'eau par la suite, à moins que la chaleur ne soit très-forte. »

« La distance à laisser d'un plant à un autre, dépend de l'espèce de Chicorée & de la saison. L'endive de Meaux, la grande scarole de Hollande, ne sont pas trop éloignées à quinze pouces, si on transplante en Juillet, parce que les feuilles s'étendent beaucoup. Les endives, moins volumineuses, exigent moins d'espace, & la régence est très-bien à une distance de sept à huit pouces au plus, même transplantée en Mai ou Juillet. C'est donc au Jardinier à connoître ses espèces, afin de savoir de quelle manière il doit replanter. »

« La Chicorée amère se sème en Mars dans les provinces du Midi, & en Avril dans celles du Nord, dru & à la volée, si on doit la consommer étant jeune; clair ou par rayons, si elle doit passer l'année. On peut la replanter, soit en planches, soit en bordures. Si on veut l'avoir tendre & moins amère, il faut la couper souvent; celle qui a passé l'Hiver est d'une grande amertume, qu'on peut cependant lui faire perdre en la laissant tremper quelques heures dans l'eau, & en changeant cette eau jusqu'à deux ou trois fois. »

De la conduite des Chicorées.

« Si on serfouit la planche, on est assuré de la voir prospérer. Si on l'arrose souvent & au soleil, la plante réussira mal, & sera couverte de rouille. Cette loi mérite cependant une exception pour les pays chauds, parce que l'irrigation doit être proportionnée à l'évaporation; mais, somme totale, la Chicorée craint moins l'humidité surabondante qu'un peu de sécheresse. La meilleure irrigation est celle du soir. »

De son Blanchiment.

« Il y a deux manières principales de faire blanchir les Chicorées, manières soumises à la saison. La première a lieu dans l'Eté, & la seconde, aux approches de l'Hiver. »

Du blanchiment d'Eté.

« Lorsque la plante a pris sa pleine croissance, ou si on n'attend pas cette époque pendant l'Eté, il est prudent d'attendre que l'ardeur du soleil ait dissipé toute l'humidité. Le moment venu, d'une main on relève toutes les feuilles pour les presque réunir, sans trop les serrer; & de l'autre, on passe un lien de paille humide, ou de jonc, autour du bas des feuilles de la plante, & on assujétit ce lien, de manière qu'elle ait la forme d'un cône peu évasé par le haut. Huit jours après, on en place un second dans le milieu de la hauteur, moins serré que le premier. Pendant l'intervalle de la mise de ces deux liens, les feuilles du centre se sont alongées, & sont de la grandeur des feuilles précédentes. Si ce second lien est trop serré, la plante crevera par le côté. Si l'espèce est d'une grande venue, elle exigera un troisième lien, qui réunira la partie supérieure des feuilles, de manière que la pluie ne puisse tomber dans le cœur. Si on se contente de deux liens, il faut avoir la même attention que pour le troisième. Suivant la chaleur de la saison, le blanchiment est plus précoce; il a lieu, de dix à quinze jours, dans les Départemens du Midi, & il lui faut près de trois semaines dans ceux du Nord. Si, pendant cette époque, la chaleur est vive & soutenue, on arrosera, mais de manière que l'eau ne pénètre pas dans l'intérieur des feuilles. »

« Si on veut accélérer le blanchiment d'Eté, il y a encore deux manières, très-casuelles à la vérité, la première consiste à lier la plante, lorsqu'elle est chargée de la rosée, avant, ou peu après le lever du soleil, & la seconde, à entourer le pied lié, avec du fumier de litière. Souvent la plante s'approprie le goût & l'odeur du fumier; &, suivant l'autre méthode, elle est très-sujette à pourrir. »

Du blanchiment d'Hiver.

« Le soleil n'ayant plus la même activité, l'atmosphère étant moins échauffée, la végétation est aussi plus foible & plus languissante; il faut donc recourir à des moyens plus énergiques. On lie chaque pied, ainsi qu'il a été dit ci-dessus; & commençant par la tête de la planche ou du carreau, on ouvre une petite fosse au pied des plantes, dans laquelle on les couche l'une après l'autre, sans les arracher. La terre de la fosse pour le second rang, sert à couvrir les plantes enterrées dans le premier, & ainsi de suite pour tous les autres rangs. Les soins à avoir, sont de les coucher horizontalement, & de laisser l'extrémité du fanage sortir un peu de terre, à moins qu'on ne soit dans le cas de vendre dans les marchés. Il ne faut enterrer que suivant la consommation qu'on doit en faire. Le tems nécessaire à ce blanchiment dépend de la constitution de l'atmosphère. Moins il est froid, plus prompt est le blanchiment. »

Manière de conserver des Chicorées pendant l'Hiver.

« Le plus grand point est de les garantir des effets des premières gelées, en les couvrant avec de la paille longue, ou enfin des grandes pluies, avec des paillassons soutenus sur un plan incliné, que l'on enlève & que l'on remet, suivant les circonstances. »

« La seconde méthode, qui doit être employée le plus tard qu'on le peut, est de les transplanter à l'abri du froid, c'est-à-dire, dans des endroits couverts, qu'on nomme *serres à légumes* ou *jardins d'Hiver*, & qui ne soient ni trop chauds, ni trop humides. On les y enterre avec leur motte, l'une près de l'autre, en prenant garde de ne point froisser, ni déchirer leurs feuilles, & après avoir enlevé celles qui se trouvent pourries, ou qui ont de la disposition à pourrir. Ce seroit très-mal entendre ses intérêts, que de priver cette serre à légume des bienfaits de l'air; autrement la moisissure & la pourriture gagneroient peu-à-peu les Chicorées. Le seul point & l'unique objet, est d'empêcher le froid d'y pénétrer. »

« La Chicorée amère se blanchit de plusieurs manières. On l'arrache de terre depuis Octobre, jusqu'à la fin de Décembre; on la transporte dans une cave chaude, où on l'y enterre par rayons fort serrés, & on coupe toutes ses feuilles; ou bien on arrache tous les plants à-la-fois. Ils sont rassemblés en petits tas, recouverts de fumier sec; & à mesure qu'on veut les faire blanchir, on les plante dans une couche de fumier chaud, placé dans une cave. La troisième méthode consiste à avoir de grandes caisses criblées de trous faits avec la tarière, à 12 à 15 lignes l'un de l'autre. On commence à remplir le fond avec de la terre, & on place les racines de manière que leur collet soit en face des trous, en suivant ainsi tout le tour de la caisse; cette couche de racines est couverte de terre, & ainsi de suite couche par couche, jusqu'à ce que toute la caisse soit pleine. Alors on coupe toutes les feuilles du dehors de la caisse; mais, comme elle est placée dans un lieu chaud, où la lumière du jour ne pénètre pas, ou pénètre peu, la végétation se continue, les feuilles s'étiolent, s'effilent, & restent toujours blanches; ce qui a fait appeller cette salade, *barbe du père éternel* ou de *capucin*. On peut la recouper plusieurs fois dans un Hiver: s'il y a trop de jour, les feuilles ne s'étioleront pas, & la racine poussera des feuilles comme en plein air. »

De la récolte de la graine.

« Il est à présumer qu'on aura choisi, & laissé les plus beaux pieds pour grainer. Cette précaution est essentielle. Aux environs de Paris, les pieds destinés à donner des semences, sont plantés vers des abrits, & recouverts de paille pendant les gelées. On en met encore quelques pieds dans des vases déposés dans la serre, suivant les circonstances, & remis en terre au renouvellement de la belle saison. D'une bonne graine, naît toujours une bonne plante. Dans nos provinces les plus Méridionales, à la fin du mois de Juillet, ou au milieu d'Août, la graine est mûre; elle l'est en

Septembre, dans celles moins échauffées par le soleil, & plus tard dans nos provinces du Nord. »

« Lorsque les tiges ont changé de couleur, c'est le signe de la maturité de la graine, & on doit l'attendre; elle est si adhérente au calice, que l'on est presque obligé de la battre au fléau pour l'en détacher. Quelques Auteurs recommandent de mouiller les tiges, & de les battre toutes mouillées. Sans doute que, par cette opération, les membranes du calice se distendent, se relâchent, & laissent à la graine une plus grande facilité pour s'en détacher. La précaution est excellente. »

« La semence de Chicorée peut se conserver très-long-tems, pourvu qu'elle soit tenue dans un lieu sec. Après dix ou douze ans, elle est encore bonne à semer. Malgré cela, choisissez toujours la plus récente, & au plus celle de deux ans. »

Des ennemis des Chicorées.

« La courtillière, le ver-blanc ou ver du hanneton, le ver du scarabée, nommé le moine, ou le *rhinocéros*, à cause de la corne placée sur sa tête. »

La courtillière, par la double scie en manière de ciseaux, dont chacune de ses pattes de-devant est armée, coupe la racine entre deux terres, & elle est très-expéditive dans son opération nocturne. Le soleil du lendemain dessèche la plante. Le ver du hanneton & celui du moine, coupent également la racine avec les deux crochets pointus, dont le devant de leur bouche est armé, & ils se nourrissent de la substance de la racine, qui est fort de leur goût. On est sûr, en fouillant la terre, de les trouver. On peut les donner à manger aux poules, aux dindes & aux canards; c'est un morceau friand pour eux. Il n'en est pas ainsi des courtillières, parce qu'elles coupent ce qui s'oppose à leur passage, & poursuivent leurs galeries souterreines. C'est donc au Jardinier vigilent à visiter ses planches de Chicorée; &, dès qu'il s'apperçoit du premier ravage, il doit chercher l'ennemi, jusqu'à ce qu'il l'ait trouvé, & le tuer, afin de conserver ce qui lui reste. Plus l'année aura été abondante en hannetons, plus il y aura des vers blancs; ils font plus de dégâts à la seconde année, qu'à la première, parce qu'ils sont plus gros, & ont besoin de plus de nourriture. »

Culture de la Chicorée épineuse.

Les graines de cette plante se sèment au Printems, sur une couche, dans des pots & à l'air libre. Lorsqu'elles sont nouvelles, elles lèvent dans l'espace de quinze jours, & le jeune plant est assez fort pour être repiqué six semaines ou deux mois après. Comme cette espèce craint le froid de nos Hivers, il est bon d'en repiquer le jeune plant, dans de petits pots à basilic. La terre dans laquelle elle se conserve le mieux, est une terre légère, sablonneuse & même pierreuse. On fait reprendre les jeunes plants, à une exposition ombragée, après quoi on les place à l'exposition du midi, où ils peuvent rester jusqu'aux gelées. A cette époque, il convient de les rentrer à l'orangerie, & de les placer sur les appuis des croisées, à la position la plus aërée. Au Printems suivant, cette plante peut être mise en place, à sa destination. Si le terrain est sec & maigre, & l'exposition chaude, elle y prospérera, & sa végétation s'accomplira vers la fin du mois d'Août.

Usage. Les propriétés alimentaires des Chicorées sont trop connues pour qu'il soit nécessaire de les rapporter ici; on sait aussi qu'elles ont des propriétés médicinales très-intéressantes; mais ce qu'on ne sait pas assez, c'est que la Chicorée sauvage est un excellent fourrage pour les bestiaux. Quant à la Chicorée épineuse, elle n'a d'autre mérite que d'occuper une place dans les écoles de Botanique. (*M. Thouin.*)

Chicorée sauvage considérée comme fourrage.

M. Cretté de Palluel, Cultivateur éclairé des environs de Paris, est le premier qui ait proposé la culture en grand de la Chicorée sauvage, comme fourrage. Il a publié ses Essais sur les produits de cette plante, & sur les avantages qu'il lui a trouvés.

On la sème au Printems, ou seule, ou avec de l'avoine, ou de l'orge. Il faut un boisseau & demi de graine pour un arpent de 100 perches, à 22 pieds par perche, ou 1344 toises.

Suivant M. Cretté de Palluel, la Chicorée sauvage croît facilement dans toutes sortes de terreins; mais une terre meuble & substancielle me paroît celle qui lui convient le mieux.

Si on la sème seule en Mars, on peut la couper deux fois la première année: semée avec l'avoine & l'orge, sa végétation est ralentie jusqu'à la récolte; mais elle devient ensuite très-vigoureuse. En la fumant l'Hiver suivant, elle donne au Printems de la seconde année une production plus abondante. On peut la couper jusqu'à quatre fois, la première en Avril, la seconde en Juin, la troisième en Août, & la quatrième en Octobre.

Un seul labour suffit, si le terrain est sablonneux; s'il est compact, il est nécessaire d'en donner deux, & de herser après chaque labour.

Les tiges de la Chicorée sauvage peuvent devenir très-grosses & dures; on doit couper cette plante, quand elles sont encore petites & tendres. C'est en multipliant les coupes qu'on la récolte en cet état.

La Chicorée sauvage, d'une constitution forte, résiste aux ouragans, qui renversent les autres; ses feuilles larges & touffues entretiennent les racines fraîches ; ni les grands froids, ni la gelée ne l'incommodent.

De la Chicorée sauvage conservée pour graine, dans le terrain de M. Cretté de Palluel, est parvenue à sept & huit pieds de hauteur. Elle étoit très touffue & chargée de feuilles.

Une seule coupe d'un arpent de Paris, ou de 100 perches, à 18 pieds pour perche, qui égalent 900 toises, a produit 56 milliers pesans de Chicorée sauvage, comme plusieurs membres de la Société d'Agriculture l'ont constatée.

Un arpent de la plus belle luzerne, en trois coupes, n'a donné à M. Cretté de Palluel que 22 milliers d'herbe ; le trèfle lui en a donné encore moins. Cette différence de poids ne doit cependant pas être regardée comme désavantageuse à la luzerne & au trèfle, qui, à dose égale, & même à moindre dose, peuvent être plus nutritifs que la Chicorée sauvage.

Le prompt accroissement de la Chicorée sauvage la met dans le cas d'être mangée par les bestiaux, dans une saison où, rebutés de la nourriture sèche, cette plante seule peut leur offrir de la verdure.

M. Cretté de Palluel en a fait faner pour la donner sèche à ses moutons en Hiver ; il avoue que la dessiccation en est très-difficile; car on assure que les animaux en mangent beaucoup, sans être exposés aux inconvéniens de la luzerne, du trèfle & du sainfoin, pris en grande quantité. Si on ne conduit pas bien cette dessiccation, la plante noircit & quand elle est sèche, elle se réduit facilement en poussière. Il vaut mieux la donner verte, les animaux la préfèrent toujours en cet état. D'autres plantes, qu'on fane sans peine, serviront de nourriture pour l'Hiver. Dix-sept bottes de Chicorée, produit d'une perche de terre, du poids de 564 livres, ayant séché par un beau tems, ont diminué de 302 livres. Ainsi, le rapport de la Chicorée verte à la Chicorée sèche se trouve comme onze est à quatre. La luzerne perd par la dessiccation environ les deux tiers de son poids.

J'ai semé de la Chicorée sauvage, en 1788, dans un terrain sablonneux, où elle a bien levé ; mais elle n'a pas produit beaucoup. J'ai entrevu cependant que cette plante, un peu soignée, donneroit un fourrage abondant. Il importe de savoir si cette production est aussi avantageuse pour les bestiaux, que M. Cretté de Palluel l'assure. Il en a donné à des chevaux, à des moutons & à des vaches deux rations par jour; les vaches ont alors abondé en lait, qui étoit aussi doux & aussi crêmeux, selon lui, que s'il les avoit nourri avec tout autre fourrage.

Pour vérifier cette assertion, M. Bourgeois, économe de la ferme du Roi à Rambouillet, s'est attaché à faire quelques expériences. Il ne les a pas poussé aussi loin qu'il l'auroit desiré, à cause des difficultés que lui ont opposé des domestiques, qu'une pitié mal entendue & des préjugés indisposent toujours contre tout ce qu'ils ne connoissent pas, ou qu'ils ne sont pas accoutumés à faire. Celle que je vais rapporter est la seule dont M. Bourgeois soit très-sûr, & qu'il garantisse, parce qu'il l'a surveillé de très-près.

Il a choisi dans le troupeau du Roi deux vaches, âgées de dix ans, & en apparence de la même force, & de la même constitution. Il a préféré celles qui avoient le plus de rapports entre elles.

Le 5 Juin, avant de leur faire manger de la Chicorée sauvage, M. Bourgeois les a fait traire. L'une, que je désignerai sous le numéro premier, a donné quatre pintes, ou huit livres de lait, dont on a obtenu cinq onces & demie, ou environ un vingt-troisième de beurre blanchâtre, de goût médiocre. L'autre, que je désignerai sous le numéro deuxième, a donné quatre pintes & demie, ou neuf livres de lait, dont on a ôté une pinte, afin de n'avoir qu'une quantité égale à celle de la première. Ces quatre pintes de lait ont produit sept onces & demie, ou à-peu-près un dix-septième de beurre très-bon & d'une belle couleur.

Avant d'aller plus loin, je ferai remarquer ce qu'on savoit peut-être déjà, que deux vaches de la même étable, du même âge, nourries de la même manière, n'ont ni la même quantité de lait, ni du lait de la même qualité, & qui contienne une égale quantité de beurre.

Le 6 Juin, la vache du numéro premier a été mise à l'usage de la Chicorée sauvage, qu'elle a continué pendant un mois entier. Elle en mangeoit de trente-cinq à quarante livres par jour, en deux fois, indépendamment de ce qu'elle alloit comme les autres au pâturage dans la journée. Le 5 Juillet, dernier jour, où elle a pris cette nourriture, elle a donné trois pintes & demie, ou sept livres de lait, qui a rendu six onces, ou un dix-huitième de beurre blanc, & d'un très-mauvais goût. La vache du numéro deux, qui n'avoit pas encore mangé de Chicorée sauvage, ayant été traite le même jour, a donné quatre pintes, ou huit livres de lait, dont trois & demie mises en comparaison avec le lait de la précédente, ont produit huit onces, ou un quatorzième d'un très-bon beurre, de couleur jaune & du meilleur goût possible.

Cette dernière, le cinq Juillet, a commencé à son tour à manger de la Chicorée sauvage, dans la même proportion, & de la même manière que celle du numéro premier. Elle a continué jusqu'au quatre Août, c'est-à-dire un mois entier ; la vache du numéro premier alors a été remise à la nourriture ordinaire.

Celle du numéro deux, le quatre Août, après avoir vécu de Chicorée, a donné trois pintes & demie, ou sept livres de lait, dont on a obtenu sept onces ou un sixième de beurre, d'une couleur, à la vérité assez jaunâtre, mais amer. Un fromage fait du surplus du lait, étoit d'une amertume presque insupportable. En même-tems on a mesuré le lait de la vache, numéro premier, qui ne mangeoit plus de Chicorée. Elle en a donné trois pintes & demie, ou sept livres, quantité égale au produit de celle du numéro deux. Ce lait a fourni cinq onces & demie, ou un vingtième à-peu-près de beurre blanchâtre, mais d'un bon goût; le fromage, qu'on a obtenu du surplus du lait, n'étoit point amer. Il avoit le goût des fromages ordinaires du pays.

De tout ceci & des apperçus que lui ont donné d'autres expériences qu'il ne rapporte pas, parce qu'elles n'ont pas été faites avec toutes les précautions qu'il vouloit, M. Bourgeois conclut qu'il y a peu d'avantage à cultiver la Chicorée sauvage, comme fourrage, 1.° parce qu'elle altère la qualité du beurre & du fromage; 2.° parce que cette plante est très-difficile à faner, comme l'avoit annoncé M. Cretté de Palluel, & qu'elle se réduit à peu de chose quand elle est fanée; 3.° parce que, pour avoir de belle Chicorée sauvage, il faut de bon terrain & de l'engrais, deux conditions avec lesquelles on pourra récolter de la luzerne & du trèfle; on connoît l'utilité de ces deux derniers fourrages, qu'on fait manger, ou vert, ou en sec, & qui se fanent très-aisément; 4.° parce que dans les terres légères, on peut semer du sainfoin & un peu de trèfle parmi, ce qui produit une excellente nourriture.

On voit par l'expérience de M. Bourgeois, faite avec beaucoup d'intelligence & d'exactitude, qu'à Rambouillet l'assertion de M. Cretté de Palluel ne s'est pas vérifiée, & que la Chicorée communique au laitage véritablement de l'amertume. Vraisemblablement le lait des vaches de M. Cretté de Palluel, qui mangeoient de la Chicorée, n'a pas été examiné à part, comme à Rambouillet; il s'est peut-être trouvé confondu avec celui des autres vaches qui n'en mangeoient pas. Dans ce cas M. Cretté de Palluel ayant un grand nombre de vaches, l'amertume a dû être insensible, ou entièrement détruite. C'est ainsi qu'on peut expliquer raisonnablement la différence qu'il y a eu entre l'expérience de M. Cretté de Palluel & celle de M. Bourgeois. On doit avoir confiance dans la dernière, parce qu'elle a été faite, avec tout le soin nécessaire.

J'ai trouvé, dans le Mémoire de M. Cretté de Palluel, une observation qui mérite attention, & qui rend ses recherches utiles. Il a mis, au mois d'Avril, trois chevaux à la nourriture de la Chicorée verte; l'un d'eux avoit des démangeaisons sur tout le corps; un autre avoit des eaux à une jambe, & ils se sont très-bien rétablis, sans autre traitement, ont même engraissé. Les moutons de M. Cretté de Palluel, en mangeant de la Chicorée sauvage, ont été préservés d'une maladie, qui, au Printems, enlève quelquefois la moitié de son troupeau. Ces faits, dont sans doute M. Cretté de Palluel est très-certain, ne paroîtront pas étonnans aux personnes qui connoissent les vertus de la Chicorée sauvage. Les animaux, qui en mangent, prennent en même-tems un aliment & un médicament capable de désobstruer les vaisseaux, & de corriger l'âcreté des humeurs, source de beaucoup de maladies. Ce motif seul, quand bien même on n'en auroit pas d'autre, devroit suffire pour engager les fermiers à avoir toujours un arpent, ou un demi-arpent, ou au moins un quartier de terre cultivé en Chicorée sauvage. Ce ne peut être qu'une culture auxiliaire; mais une culture très-utile.

Les animaux auxquels on en présente, font d'abord quelques difficultés, à cause de son amertume. Mais bien-tôt ils s'y accoutument. On diminueroit cette amertume, & l'influence qu'elle a sur le laitage, si on la méloit avec quelqu'autre fourrage. (*M. l'Abbé* TESSIER.)

CHICORÉE de Zante, *LAPSANA Zacintha.* L. *Voyez* LAPSANE de Zante, n.° 2. (*M.* THOUIN.)

CHICORÉE bâtarde, *CATANANCHE cærulea.* L. *Voyez* CUPIDONE bleue, n.° 1. (*M.* THOUIN.)

CHICOT ou CHICON. Variété du *Lactuca Sativa.* L. *Voyez* LAITUE. (*M.* THOUIN.)

CHICOT, *GYMNOCLADUS.*

Genre de Plantes à fleurs polypétalées de la famille des LÉGUMINEUSES, qui a du rapport avec les casses. Il comprend des arbres exotiques qui avoient d'abord été réunis au genre des Bonducs, mais qui en sont distingués par leur fruit cylindrique, pulpeux & uniloculaire.

La crainte de multiplier les genres à l'infini & sans nécessité a fait réunir sous celui-ci deux espèces qui paroissent cependant avoir des différences très-sensibles, ainsi que nous le verrons dans les détails.

Ce qu'elles ont de commun c'est un calice monophylle, à cinq divisions, cinq pétales, un seul ovaire supérieur, & une gousse cylindrique qui renferme plusieurs semences. Les feuilles sont dans l'une & dans l'autre doublement ailées.

Espèces.

1. CHICOT de Canada.
GYMNOCLADUS Canadensis. La M. Dict. ♄ de Canada.

2. CHICOT d'Arabie.
GYMNOCLADUS Arabica. La M. Dict.
PYRANTHERA. Forsk. ♄ de l'Arabie.

Description du Port des Espèces.

1. Chicot du Canada. Cet arbre, qui s'élève à environ trente pieds de haut, a sa cime droite, large, régulière, mais garnie de branches courtes & en petit nombre. Les feuilles sont grandes,

Elles ont quelquefois plus de deux pieds de longueur. Elles sont deux fois ailées, & leurs pinnules sont composées de deux rangs de folioles alternes, ovales, pointues, vertes, & presqu'entièrement glabres. Elles sont longues d'un pouce & demi, sur un pouce environ de largeur. La beauté de sa feuille donne à l'arbre, tant qu'il en est garni, un aspect imposant. Mais malheureusement cet agrément est bien passager; car les feuilles tombent de bonne-heure en Automne, & ne reparoissent que fort tard au Printems. En cet état, la tête de l'arbre n'est composée que de quelques branches courtes qui paroissent mortes. On n'y reconnoît plus cet arbre qu'on avoit vu avec tant de plaisir pendant l'Eté. Il n'offre plus qu'un véritable chicot, nom que lui ont donné les François du Canada à cause de cette circonstance.

Les fleurs sont dioiques, c'est-à-dire, que les fleurs mâles & les fleurs femelles croissent sur des individus différens. Leur calice est infundibuliforme, ou en entonnoir. Les fleurs mâles sont blanchâtres, & disposées en grappes courtes & terminales. Elles ont cinq pétales très-courts, un peu cotonneux & réguliers, & dix étamines dont quelques-unes sont ordinairement stériles.

Le fruit est une gousse longue d'environ cinq pouces, pulpeuse, divisée intérieurement par des cloisons transversales, & qui contient plusieurs semences très-dures & noirâtres.

Historique. Cet arbre vient originairement du Canada, il a été apporté en France par M. la Gallissonnière, d'où il s'est répandu dans les différentes parties de l'Europe. On le cultive en pleine terre; il fleurit assez rarement, mais ses fleurs ont peu d'apparence, comme objet d'agrément. La singularité de son feuillage & ses gousses font son principal mérite.

Usage. Le bois du Chicot de Canada est dur, coriace, & paroît être propre à la charpente.

Culture. Cet arbre se plaît de préférence dans les terres meubles, légères, & plus sèches qu'humides. Il n'est pas délicat sur les expositions, toutes lui conviennent assez, même celles du Nord. Il vient très-bien, soit dans les massifs, parmi les autres arbres, soit à des positions isolées & sans abris. Les plus fortes gêlées ne lui font aucun tort, ce qui peut être attribué à l'épaisseur de son écorce, & plus encore à sa végétation tardive, & qui finit de bonne-heure.

On multiplie ordinairement cet arbre par ses graines, par ses racines, & par le moyen des marcottes. La voie de multiplication par les semences se pratique dans des pots ou terrines qu'on place sur une couche tiède à l'exposition du levant. La terre la plus propre à ces semis doit être préparée comme celle des orangers, & les graines doivent avoir été mises trempées dans l'eau cinq ou six jours avant que d'être semées. Au moyen de ces précautions, elles lèvent dans l'espace de six semaines, & produisent de jeunes plants qui acquièrent huit ou dix pouces de haut avant la fin de l'Automne.

Ces jeunes plants doivent rester dans les vases dans lesquels ils ont été semés jusqu'au Printems suivant, & être abrités des très fortes gélées, soit par des couvertures de litière, soit en les rentrant à l'orangerie pendant leur durée seulement. Avant qu'ils commencent à pousser, ils peuvent être dépotés & repiqués en pépinière, à 18 ou 20 pouces de distance. Quatre ou cinq années de séjour en pépinière suffisent pour leur faire acquérir la force nécessaire pour occuper des places dans les plantations où ils doivent être placés à demeure.

On emploie trois moyens, qui réussissent à-peu-près également, pour multiplier cet arbre par ses racines. Le premier consiste à couper au pied de l'arbre quelques racines, parmi celles qui poussent horizontalement à fleur de terre, & à les relever de manière qu'elles soient hors de terre d'environ deux pouces, sans déranger en rien le reste de la racine. Cette opération étant faite au premier Printems, il se forme deux ou trois yeux à rez terre, d'où sortent des bourgeons qui poussent au commencement de l'Eté, & deviennent des sujets propres à être levés & mis en pépinière à la fin de l'Hiver suivant.

Le second moyen de multiplier le Chicot par ses racines, est de lever, au mois de Mars, des racines de cet arbre, de les couper par tronçons de six à huit pouces de long, & de les planter dans de grands pots qu'on place sur une couche tiède au levant. Ces racines doivent être plantées perpendiculairement, & sortir hors de terre d'environ un pouce. Leur grosseur ne doit pas excéder celle du pouce, ni être moindre que celle d'une plume, si l'on veut opérer plus sûrement. Lorsqu'elles sont plus grosses que le pouce, il convient de donner aux tronçons plus de longueur & de les planter en pleine terre. Leur culture se réduit à les couvrir d'une légère couche de mousse pour les défendre du hâle, & à les arroser dans les tems secs.

Le troisième moyen est beaucoup plus expéditif, & moins minutieux. Mais il n'est pas à la disposition de tous les Cultivateurs, parce qu'il faut posséder des individus déjà un peu forts. Si l'on a un pied de Chicot, de 10 à 12 pouces de diamètre, & qu'on veuille le multiplier abondamment, il faut le déplanter avec précaution, pour le planter ailleurs, & laisser vuide le trou qu'on aura fait pour l'arracher. Toutes les racines coupées qui seront restées en terre ne manqueront pas de pousser des bourgeons au Printems suivant, le long des parois du trou. Et si l'on a la précaution de lever avec soin les jeunes sujets obtenus de cette manière, & de laisser leur fosse ouverte, l'année suivante on obtiendra de nouveaux élèves. Cette opération pourra se répéter jusqu'à ce qu'il ne reste plus en terre aucune racine de cet arbre. Nous avons vu une fosse de cette espèce qui a fourni, pendant plus de dix ans, une grande quantité de jeunes plants de cet arbre.

2. Le Chicot d'Arabie est un grand arbre dont les rameaux sont verdâtres, cylindriques & cotonneux. Ses feuilles moins longues de moitié que dans l'espèce précédente, sont aussi deux fois ailées, à cinq paires de pinnules qui ont chacune six à huit paires de folioles ovales, glabres & entières. Les fleurs sont d'un blanc mêlé de violet & irrégulières. Elles sont composées d'un calice campanulé, dont les divisions sont colorées, de cinq pétales & de neuf étamines dont cinq sont stériles. Le fruit est une gousse longue de six à sept pouces, articulée, & qui renferme des semences dures.

Cette espèce peu connue des Botanistes n'a point encore été cultivée en Europe. (*M. Thouin.*)

CHICOT. Terme employé pour désigner une branche morte d'un arbre, par extension, une branche malade ou mourante. Il est important de supprimer les Chicots, afin de faciliter le recouvrement des plaies. *Voyez* ce mot dans le Diction. des Arbres & Arbustes, où il sera traité plus particuliérement. (*M. Thouin.*)

CHICOTS. Il peut arriver qu'un cheval se mette dans le pied, en marchant, un *Chicot*, qui perçant la sole, & pénétrant jusqu'au vif, devient plus, ou moins dangereux, selon qu'il est plus, ou moins enfoncé dans le pied. *Voyez* Enclouer. (*M. l'Abbé Tessier.*)

CHIEN. Animal domestique, qui semble destiné pour l'agrément & l'utilité de l'Homme. Deux sortes de Chiens sur-tout méritent notre attention ; celui du Berger & celui de basse-cour. Sans le premier il seroit impossible de conduire un troupeau dans les pays très-cultivés : le second défend contre les voleurs l'habitation de son maître. Pour former un Chien de Berger, il lui faut une éducation particulière, parce qu'il a à remplir des fonctions qui doivent être étudiées. *Voyez* le mot Berger. Mais le Chien de basse-cour se forme seul. Son instinct lui suffit. S'il a de l'oreille, du nez, de la voix & de la vigueur, il est parfait dans son espèce.

Un Chien de basse-cour, qui de jour est errant de tout côté, & se familiarise avec les hommes, est un mauvais gardien de nuit. Il perd la perfection de son odorat, accoutumé à flairer trop de personnes. Il vaut mieux le tenir enchaîné, ou dans une loge grillée, pendant le jour, & ne lui donner sa liberté que le soir. Afin qu'il connoisse tous les domestiques de la maison, il faut le lâcher au moment où ils sont à table. Il les flaire, & si quelque incommodité les oblige à aller dans la cour, au milieu de la nuit, cet animal ne leur dit rien. Une attention, qui me paroît utile, c'est de placer la loge du Chien de manière qu'il voie tout ce qui entre dans la cour & dans la maison. Il avertit par ses aboiemens de ce qui se passe. Les gens mal-intentionnés redoutent un pareil surveillant.

Il y a des Chiens, de petite taille, plus actifs & plus vigilans que des chiens de haute taille. Ils sont à préférer, parce qu'un rien les excite à aboyer. A vigilance égale, les grands & forts Chiens sont plus recherchés. Quoique quelques-uns d'entr'eux ne soient pas courageux, la plupart sont en état de se battre contre des voleurs qui ne seroient armés que de bâtons. D'ailleurs les voleurs les craignent, & cette crainte est salutaire. Il est donc nécessaire de ne se pourvoir que de Chiens de bonne race.

Je desirerois qu'une, ou deux personnes, toujours les mêmes, donnassent à manger aux Chiens de basse-cour, afin qu'ils prissent l'habitude de n'en pas recevoir des autres ; car les Chiens, qui prennent de la nourriture de toutes les mains, en prennent aussi de celles des voleurs, qui les appaisent facilement, en leur donnant quelque substance narcotique, mêlée à des alimens.

La disposition des Chiens à contracter la rage doit engager à leur procurer dans les grandes gelées & les grandes chaleurs de l'eau abondamment, afin qu'ils n'en manquent jamais.

Les Bergers Espagnols, pour garder leurs troupeaux contre les ours & les loups, ont de gros Chiens très-vaillans & très-forts, qui sont de très-bons Chiens de basse-cour. En France, dans les pays où les loups sont communs, ce sont aussi des Chiens de taille, qui gardent les brebis, & non les Chiens dits *Chiens de bergers*, trop foibles contre ces hardis & cruels animaux. Encore a-t-on soin de garnir de pointe de fer leurs colliers, pour empêcher que les loups ne les étranglent.

M. de Lesseps, dans son voyage en Russie, &, avant lui, le capitaine Cook, rapportent que dans le Kamchatka les traîneaux, ou voitures sont tirées par des attelages de Chiens ; j'ai vu à Lille en Flandres des Chiens traîner de petites voitures, chargées de charbon, de légumes, & autres denrées. (*M. l'Abbé Tessier.*)

CHIEN D'AVOINE, ou Quienne-Avoine, comme qui diroit avoine des Chiens, étoit une redevance seigneuriale, commune en Artois & dans le Boulenois, qui étoit dûe par les habitans au Seigneur du lieu. Elle consistoit en une certaine quantité d'avoine dûe annuellement par les habitans, & destinée dans l'origine de son établissement pour la nourriture des Chiens du Seigneur, auxquels apparemment on faisoit du pain de cette avoine. *Ancienne Encyclopédie.* (*M. l'Abbé Tessier.*)

CHIENDENT. Dénomination vague qui s'applique dans toutes les régions aux gramens dont la souche se ramifie, s'étend horizontalement, & se multiplie par les raci-

nes

nes & les tiges qui sortent de chaque nœud. Les plantes, par ce genre de multiplication, résistent à tous les moyens de destruction, puisque le plus petit fragment qui reste en terre, pourvu qu'il porte un nœud, suffit pour envahir tout un champ. Ce sont ces mêmes graminées que les Chiens recherchent pour se faire vomir, lorsqu'ils sont malades. On a soin d'en avoir dans les massifs de gazon, ou dans les bordures lorsqu'on aime ces animaux ; elles leur offrent en tout tems une panacée qui les guérit de presque toutes les maladies. Il paroît cependant que ces graminées n'agissent que méchaniquement, au moyen des aspérités qui couvrent leurs bords ; tous les gramens à feuilles rudes produiroient le même effet.

Le Chiendent est un des plus dangereux ennemis des Agriculteurs ; par-tout où il s'établit, si on le laisse, il embrasse une étendue de terrain considérable. Miller a vu une racine de Chiendent, qui avoit percé au travers d'une bulbe de safran. (*M. Reynier.*)

Beaucoup de moyens ont été proposés pour détruire le Chiendent. Sans les rappeller je me contenterai d'indiquer ceux que j'ai vu réussir.

Les terres remplies de Chiendent sont, ou de celles qu'on soumet à la petite culture, ou de celles qui sont cultivées en grand.

Dans le premier cas, on détruit le Chiendent, en labourant la terre à la fourche, ou au crochet, ou avec une marre fendue & à longues dents. En employant ces instrumens, on découvre le Chiendent très-avant ; il faut alors le tirer à la main. La bêche, au lieu de mettre à portée de le tirer, le couperoit, & le feroit pulluler encore davantage. J'ai éprouvé moi-même les bons effets de cette méthode. Après une grêle, ayant laissé le froment, qui s'étoit semé dans un champ, lever, végéter, & fructifier, le Chiendent, qu'aucun labour n'avoit tourmenté, se fortifia, & s'accrût beaucoup dans les places où les tiges étoient rares. De pauvres gens m'ayant demandé ce terrain pour le façonner, & y mettre des pois, haricots, pommes de terre, pour leur approvisionnement, j'y consentis bien volontiers. Ils remuerent tellement la terre, & enleverent si bien le Chiendent qui l'infestoit, que leurs légumes y prospérèrent, & que je pus, au mois d'Octobre, y faire semer du froment ; & l'année d'après, de l'avoine. Ces deux grains réussirent bien, & le Chiendent disparut. Les paysans avoient façonné ce champ au crochet & à la fourche.

Les Fermiers, Cultivateurs en grand, dont les pièces de terre se remplissent de Chiendent, pour avoir porté du sainfoin, ou de la luzerne, ou du trèfle plus long-tems qu'elles n'auroient dû en porter, s'ils sont intelligens, font labourer par un tems humide ces pièces, quelque difficile que soit l'opération. Ils choisissent le mois d'Avril ; le Chiendent s'enlève & s'engage dans la terre, qui devient compacte. Mais, peu-à-peu il se détache, après plusieurs jours de sécheresse. Alors on herse & on le sépare totalement. On a grand soin de nettoyer les herses au bout des champs, & de se débarrasser du Chiendent, en le jetant dans les fossés, ou dans les chemins ; car s'il restoit sur le guéret, il repousseroit après la moindre pluie. Cette seconde méthode a été mise en usage plus d'une fois sous mes yeux.

La racine du Chiendent est d'un grand usage en Médecine, elle est la base de la plupart des tisanes.

On se sert du Chiendent pour faire des vergettes d'habit. Pour cela on dépouille la racine de son écorce, & on la foule sous le pied. (*M. l'Abbé Tessier.*)

Les gramens qui portent plus particulièrement le nom de Chiendent sont ceux-ci :

CHIENDENT à bossettes. *Dactylis glomerata.* L. *Voyez* Dactile pelotonné, n.° 2.

CHIENDENT branchu. *Panicum crus galli.* L. *Voyez* Panic pied de coq.

CHIENDENT commun. *Lolium perenne.* L. *Voyez* Yvraie vivace.

CHIENDENT des boutiques. *Panicum dactylon.* L. *Voyez* Panic, pied de poule.

CHIENDENT d'Europe. *Triticum repens.* L. *Voyez* Froment rampant.

CHIENDENT ruban ou panaché. *Phalaris arundinacea picta.* L. *Voyez* Phalaris roseau panaché. (*M. Thouin.*)

CHIFFONE (Branche.) Expression employée par quelques Jardiniers pour désigner, ou un amas de bourgeons, petits & multipliés sur une même branche, ou, ce qui revient au même, une branche en forme de tête de saule. (*M. Thouin.*)

CHIGOMIER, *Combretum.*

Genre de Plantes à fleurs polypétalées, de la famille des *Myrtes* ou des *Onagres.* (*Voyez* M. de Jussieu.)

Il comprend des arbrisseaux exotiques, sarmenteux dont les feuilles sont opposées.

Les fleurs naissent en épis axillaires ou terminaux ou en panicules dont les épis sont opposés. Elles sont composées d'un calice campanulé à quatre ou cinq dents & caduc, de cinq pétales courts, de huit à dix étamines très-saillantes & chargées d'anthères oblongues.

Le fruit est une capsule à quatre ou cinq angles de chacun desquels s'élève une espèce d'aile membraneuse très-mince. Elle est à une seule loge & ne renferme qu'une seule semence.

Espèces & variétés.

1. CHIGOMIER à épis simples.
COMBRETUM Laxum. L. ♄ de Saint-Domingue & de la Guiane.

2. CHIGOMIER à épis composés.
COMBRETUM secundum. L. ♄ des environs de Carthagène.

β Chigomier à épis composés & à étamines courtes.
Combretum secundum brevi flamineum , ♄ de Saint-Domingue.

3. CHIGOMIER de Madagascar, vulgairement l'Aigrette.
COMBRETUM Coccineum. La M. Dict. ♄ de Madagascar.

β Chigomier de Madagascar à grandes feuilles.
Combretum coccineum macro phyllum.

Description du port des Espèces.

1. CHIGOMIER à épis simples. C'est un arbrisseau dont la tige est cylindrique, longue de sept à huit pieds sur trois à quatre pouces de diamètre, couverte d'une écorce brune, & qui se divise, dans toute sa longueur, en rameaux cylindriques, sarmenteux & qui grimpent après les arbres voisins. Ces rameaux se sous-divisent en plus petits & penchés vers la terre.

Les feuilles sont ovales, entières, acuminées, glabres. Elles ont trois pouces & plus de longueur.

Les fleurs sont petites, jaunâtres ou blanchâtres & disposées sur des épis simples, lâches, axillaires & terminaux. Les étamines ont plus d'un pouce de longueur.

Histoire. Cette plante croît à Saint-Domingue. Elle y fleurit au mois de Décembre. On en trouve à la Guiane, une variété, dont les fleurs sont d'un rouge de corail.

2. CHIGOMIER à épis composés. Cet arbrisseau, d'environ douze pieds de hauteur, pousse des rameaux très-longs, un peu sarmenteux, qui ne se soutiennent qu'à l'aide des arbres ou arbrisseaux voisins qui leur servent d'appui.

Les feuilles ont trois ou quatre pouces de longueur. Elles sont ovales, oblongues, entières, acuminées, glabres, très-lisses en-dessus & nerveuses en-dessous.

Les fleurs sont petites, mais très-nombreuses, d'un blanc jaunâtre, & dispersées sur plusieurs épis, qui forment, en quelque sorte, des épis composés ou paniculés au sommet des rameaux. Les étamines de la variété β n'ont que deux ou trois lignes de longueur.

Historique. Cet arbisseau croît dans l'Amérique méridionale, aux environs de Carthagène. Il fleurit au mois de Novembre & mûrit ses semences en Mars ou en Avril.

La variété β a été trouvée à Saint-Domingue, par M. de Lestang, qui en a rapporté des échantillons.

3. CHIGOMIER de Madagascar. Sa tige est une liane sarmenteuse, ligneuse, garnie de feuilles longues de trois à quatre pouces, sur deux pouces & plus de largeur, ovales, portées sur de courts pétioles, glabres, toutes entières & d'une substance un peu ferme.

Les fleurs sont terminales & forment de belles grappes paniculées d'un beau rouge. Leurs longues étamines, de la même couleur, & qui sont très-saillantes, hors de la fleur, contribuent encore à en augmenter l'éclat.

Historique. Cette plante est originaire de l'Isle de Madagascar. C'est de-là qu'elle a été portée à l'Isle de France, où on la cultive dans les Jardins, à cause de la beauté de ses fleurs.

Culture. Aucune de ces espèces n'a encore été cultivée en France. Les deux premières paroissent l'avoir été en Angleterre.

On les multiplie de semences, qui doivent être envoyées d'Amérique, enveloppées avec des feuilles de tabac, ou d'autres herbes fortes, pour empêcher que les insectes ne les endommagent en route. Aussi-tôt que ces semences sont arrivées, on en sème une partie sur une couche chaude, & on réserve le surplus pour le semer au Printems, dans le cas ou le premier semis n'auroit pas réussi.

On doit tenir ces plantes constamment dans la tannée de la serre chaude.

Il seroit à desirer que nous pussions nous procurer la troisième espèce. Elle exigeroit aussi la serre chaude; mais elle en feroit un des principaux ornemens, par l'éclat & par l'abondance de ses fleurs. (*M. DAUPHINOT.*)

CHINCAPIN. Nom vulgaire du *Castanea pumila*, L. *Voyez* CHATAIGNIER nain. (*M. REYNIER.*)

CHINOIS. Nom d'un Œillet assez estimé; sa fleur est large, ses pétales sont presque entiers & bien rangés. Il est blanc de lait relevé de panaches larges, noirs & roses. *Traité des Œillets. Voyez* ŒILLET. (*M. REYNIER.*)

CHINOIS (Oranger), *Citrus aurantium Cinense*, L. *Voyez* l'article ORANGER. (*M. THOUIN.*)

CHINQUAPIN. Nom donné par les Anglo-Américains, au *Fagus pumila.* L. ou au *Castanea pumilla.* La M. Dict. *Voyez* CHATAIGNIER nain. (*M. THOUIN.*)

CHINTAL. Sorte de poids dont les Portugais se servent à Goa. Il est de 105 livres de Paris, à huit onces six gros la livre, poids de marc. *Ancienne Encyclopédie.* (*M. l'Abbé TESSIER.*)

CHAINTRE, *Voyez* CHEITRE. (*M. l'Abbé TESSIER.*)

CHIONANTE, *CHIONANTUS.*

Genre de plantes à fleurs monopétalées, de la famille des JASMINÉES, qui a des rapports avec les Oliviers & le Troësne.

Il comprend des arbrisseaux exotiques, dont les feuilles sont simples & opposées.

Les fleurs sont des espèces de corymbes ou de grappes, dans les aisselles des feuilles ou à l'extrémité des rameaux. Le calice est monophylle à quatre dents pointues, la corolle a le tube très-court & son limbe est divisé en quatre découpures longues & linéaires. Les étamines sont très-courtes, presque toujours au nombre de deux; quelquefois cependant il s'en trouve trois.

Le fruit est une baie arrondie, dont le noyau est strié, & ne renferme qu'une seule amande.

Des deux espèces que nous connoissons, la première réussit très-bien en pleine terre. La seconde est plus délicate & exige le secours de la serre chaude, pendant l'Hiver.

Espèces.

1. CHIONANTE de Virginie, vulgairement l'arbre de neige, Snaudrap de Anglois, l'arbre à franges.

CHIONANTUS Virginica. L. ♄ de l'Amérique septentrionale.

2. CHIONANTE de Ceylan.

CHIONANTUS Zeylanica. L. ♄ de l'Isle de Ceylan.

Description du port des Espèces.

1. CHIONANTE de Virginie. C'est un arbrisseau qui s'élève de six à dix pieds. Ses feuilles longues de cinq à sept pouces sur environ trois pouces de largeur, sont ovales, pointues aux deux bouts, vertes & glabres en-dessus, légèrement velues en dessous.

Les fleurs sont d'une blancheur éclatante. Elles viennent en grappes paniculées, dont les principales ramifications soutiennent chacune trois fleurs, dont les découpures ont huit à neuf lignes de longueur.

Historique. Cet arbrisseau est originaire de l'Amérique septentrionale. Il croît naturellement dans les lieux humides & sur les bords des ruisseaux. Il commence à devenir commun en Europe. Il y fleurit vers le mois de Mai, ou au commencement de Juin; mais ses graines n'y acquièrent point une parfaite maturité.

Les habitans du pays l'appellent *Arbre de neige*, ou *Arbre à franges.* Il doit le premier nom à l'abondance de ses fleurs dont la blancheur le fait paroître comme couvert de neige, & lorsque ces fleurs tombent, la terre en est toute blanche. Le nom d'*Arbre à franges* lui vient des longues découpures de ses fleurs, qui font paroître leur corolle comme frangée.

Usages. Il peut être placé avec avantage dans les bosquets de Printems & d'Eté. Le nombre & la grande blancheur de ses fleurs y produisent un très-bel effet. Ses jeunes branches préparées suivant les procédés de l'Art, ne donnent à la teinture qu'une couleur merde-d'oie dorée, mais solide.

Culture. Il faut faire venir les semences d'Amérique, parce que ces arbrisseaux n'en ont point encore produit ici. Aussi-tôt qu'on les reçoit, on les seme dans des pots remplis d'une terre fraîche & marneuse, que l'on place sous un chassis de couche chaude. On peut les y laisser jusqu'au commencement de Mai; alors on les met en plein air, à l'exposition du soleil levant, & à l'abri du Midi. On les arrose dans les tems secs, & on a soin d'en arracher les mauvaises herbes.

Ces semences restent ordinairement un an en terre avant de lever. Pendant le premier Eté, il ne faut point les exposer au soleil. A l'Automne, on les remet sous les chassis, pour les préserver de la gelée. Si on veut hâter la germination, il faut, au commencement du mois de Mars suivant, mettre les pots dans une couche de chaleur modérée. Les plantes y poussent plus promptement que de toute autre manière. Elles acquièrent plus de vigueur dans le premier Eté, & sont plus en état de résister au froid de l'Hiver suivant.

Tant que ces plantes sont jeunes, les fortes gelées leur sont très-nuisibles; mais quand elles ont acquis de la force, elles résistent en plein air, aux plus grands froids de nos Hivers. C'est pour cette raison qu'il faut les tenir à l'abri pendant les deux ou trois premiers Hivers, & les laisser dans leurs pots le premier Eté & l'Hiver suivant. Au second Printems, avant qu'elles commencent à pousser, on les enlève hors des pots, on les sépare avec soin & de manière à ne pas casser leurs racines. On les plante chacune séparément, dans de petits pots remplis d'une terre légère & marneuse, & on les pose dans une couche de chaleur très-modérée, pour leur faire produire de nouvelles racines; après quoi on les accoutume par degrés au plein air. Pendant l'Eté suivant, on enfonce les pots dans la terre, pour conserver leur humidité, & on les place de manière qu'elles soient exposées au soleil du matin & à l'abri des grandes chaleurs du midi. On les arrose souvent durant cette saison, on les nétoie de mauvaises herbes, &, en Automne, on les remet sous un chassis de couche chaude, pour les abriter des gelées, & pour pouvoir leur donner de l'air dans les tems doux. Au mois d'Avril de la troisième année, on les enlève hors de leurs pots, en conservant une forte motte à leurs racines, & on les plante à demeure dans les endroits où elles doivent rester.

On pourroit aussi, à la rigueur, les multiplier de marcottes. Mais cette opération est longue, difficile & peu sûre. Les branches ne prennent pas aisément racines, à moins qu'on ne les laisse deux années en terre, & qu'on ne les arrose beaucoup dans les tems secs.

On peut encore les multiplier par le moyen des greffes en fentes, au Printems, sur le frêne ordinaire (*fraxinus excelsior. L.*) ou, au mois de Juillet, en écusson. Mais il faut avoir soin de greffer ces arbres très-près de terre, afin que la greffe puisse être enterrée lors de la transplantation des sujets repris, & pousser des racines de leurs bourrelets, parce que les greffes périroient en peu d'années, si elles étoient hors de terre. En général, ces arbrisseaux aiment un sol humide, mou & marneux. Quand ils sont placés dans une situation abritée, ils résistent très-bien aux froids de nos Hivers; mais dans dans une terre sèche, & dans les années chaudes, ils sont fort sujets à se flétrir. (*M. Dauphinot.*)

2. Chionante de Ceylan. Cette espèce paroît former un arbrisseau de huit à dix pieds de haut; ses branches se divisent en un grand nombre de rameaux chargés de feuilles, longues, étroites, permanentes, & d'un verd gai. Ses fleurs disposées en panicules, sont d'un beau blanc & laciniées. Elles sont remplacées par des baies molles, noires à leur maturité, & qui renferment un noyau très-dur.

Historique. Ce Chionante a été apporté en nature, de l'Isle-de-France, au Jardin de Botanique de Paris, en 1788, par M. Martin.

Culture. Il se multiplie par ses graines, qu'il faut tirer de son pays natal, & qu'il est bon de semer dans des caisses, pour qu'elles ne s'altèrent pas pendant leur traversée en Europe. A leur arrivée, il convient de les tirer des caisses, si elles ne sont point encore germées, & de les mettre dans des pots qu'on placera dans la tannée des serres chaudes, sous des baches, avec les ananas; si c'est pendant l'Hiver, ou l'Automne, qu'elles arrivent, ou sur une couche chaude, & sous chassis, si elles arrivent pendant les deux autres saisons. Si les semences étoient germées, il faudroit les laisser dans leur caisse, & la placer, ou dans la serre, ou sous chassis, suivant l'époque de son arrivée, comme il a été dit ci-dessus.

La terre de ces semis doit être meuble, mais argilleuse & un peu forte. Jusqu'à la germination des graines les arrosemens ne doivent pas être épargnés, parce que les noyaux qui les renferment sont fort durs, & ont besoin de beaucoup d'humidité & de chaleur pour être amollis. Lorsque le jeune plant a trois pouces de haut, il peut être repiqué chaque pied séparément, dans des pots à basilic. On le fait reprendre sous un chassis, à l'aide d'une chaleur un peu humide & de l'ombre; ensuite on l'habitue par degré à l'air libre, & à l'Automne, on le rentre dans les serres chaudes. Les jeunes arbrisseaux doivent passer les deux ou trois premiers Hivers dans des couches de tan, & à une température de douze à quinze degrés. Devenus plus âgés & plus forts, ils n'ont pas besoin d'une chaleur aussi considérable, & peuvent être mis sur les tablettes des serres chaudes.

Le Chionante de Ceylan se multiplie de marcottes & de boutures. Les marcottes doivent être faites au Printems, avec de jeunes rameaux qu'on incise à la manière des œillets, & auxquels on fait des ligatures en fil de fer. Elles sont une année avant que de s'enraciner, & quelquefois même dix-huit mois. Lorsqu'elles sont suffisamment pourvues de racines, on les sépare, on les leve en mottes, & on les traite comme les jeunes plants.

Les Boutures se font au Printems & jusques vers le milieu de l'Eté. On choisit des petites branches de l'avant-dernière sève. On les plante cinq à cinq, dans de petits pots à basilic, remplis de terre franche très-douce, & on les place sur une couche tiède, avec une cloche par-dessus. Au moyen des précautions communes aux boutures des arbres des pays chauds, on parvient quelquefois à obtenir de jeunes individus de cet arbrisseau. A la vérité, cela est rare; mais ce moyen ne coûte rien à tenter; on peut l'employer lorsqu'on en trouve l'occasion.

Usage. Le Chionante de Ceylan peut être mis au rang des jolis arbrisseaux de serre-chaude; la forme de son feuillage & sa belle verdure perpétuelle le rendent digne d'y figurer avec distinction. (*M. Thouin.*)

CHIPA des Galibis. Nom Indien, adopté par les Créoles de Cayenne, pour désigner l'*Icica Decandra*, d'Aublet. *Voyez* Iciquier Decandrique, n.° 6. (*M. Thouin.*)

CHIRIMOIA ou CHERIMOLIA. Nom que les Voyageurs donnent à une espèce de Corossol, particulière au Pérou. *Voyez* Corossol du Pérou, n.° 3. (*M. Reynier.*)

CHIRONE, *Chironia.*

Ce genre de plantes fait partie de la jolie famille des Gentianes. Il est composé d'arbustes ou d'herbes, dont les fleurs monopétales en roue, sont teintes des couleurs les plus brillantes. Presque tous ces végètaux sont originaires du Cap de Bonne-Espérance; ils vivent peu d'années, & se cultivent en Europe, sous des chassis. On les multiplie de semences & de marcottes. Ils sont encore rares dans les jardins de France.

Espèces.

1. Chirone trinerve.

Chironia trinervia. L. ⊙ De l'Isle de Ceylan.

2. Chirone à fleurs de jasmin.

Chironia jasminoïdes. L. du Cap de Bonne-Espérance.

3. Chirone lychnoïde.

Chironia lycnoïdes. L. du Cap de Bonne-Espérance.

4. CHIRONE campanulée.

CHIRONIA campanulata. L. de Canada.

5. CHIRONE angulaire.

CHIRONIA angularis. L. de Virginie.

6. CHIRONE linoïde.

CHIRONIA linoïdes. L. ♄ du Cap de Bonne-Espérance.

7. CHIRONE baccifère.

CHIRONIA baccifera. L. ♄ du Cap de Bonne-Espérance.

8. CHIRONE velue.

CHIRONIA frutescens. L.

B. CHIRONE velue, à grande fleur.

CHIRONIA frutescens grandiflora. ♄ du Cap de Bonne-Espérance.

9. CHIRONE uniflore.

CHIRONIA uniflora. La M. Dict. n.° 9, du Cap de Bonne-Espéranee.

10. CHIRONE à tige nue.

CHIRONIA nudicaulis. L. F. supp. du Cap de Bonne-Espérance.

11. CHIRONE tétragone.

CHIRONIA tetragona. L. F. supp. ♄ du Cap de Bonne-Espérance.

Description du port des Espèces.

Les Chirones sont des végétaux herbacés peu ligneux, dont les racines sont garnies d'un grand nombre de chevelu noir & délié. Leurs tiges sont droites, élevées depuis dix pouces, jusqu'à deux pieds de haut. Le plus souvent elles sont munies de branches qui se divisent en rameaux, ce qui leur donne une figure sphérique. Les fleurs sont terminales, blanches, couleur de cerise, jaunes ou d'un beau rouge; toutes brillantes & d'une forme agréable. Elles commencent à paroître vers le mois de Juin, & durent jusqu'en Septembre. Les premières fleurs donnent souvent des fruits, dont les semences viennent à parfaite maturité dans notre climat.

Culture.

Les Chirones sont délicates, & d'une culture minutieuse; les espèces vivaces ne durent pas plus de quatre ou cinq ans. Ces dernières veulent être garanties des gelées, de la trop grande chaleur, de l'humidité & de la sécheresse; elles exigent une terre très-meuble, naturellement substantielle & sans aucune addition de fumier animal; & il leur faut à toutes un air souvent renouvellé, même pendant l'Hiver.

On peut multiplier les Chirones, par le moyen de leurs graines, pourvu qu'on les mette en terre peu de tems après leur maturité. On les sème donc à l'Automne, dans des pots remplis de terreau de bruyère pur, &, on place ces semis sous un chassis sans chaleur, mais où la gelée ne puisse pénétrer. Pendant l'Hiver, on ne les arrose qu'autant qu'il en est besoin, pour entretenir la terre légèrement humide.

Au premier Printems, ces semis doivent être placés sur une couche chaude, & sous un chassis à l'exposition du Levant, excepté les espèces n.ºs 4 & 5 qui veulent être enterrées au Nord dans une plate-bande humide & ombragée. Les semis lèvent ordinairement vers le milieu du Printems. Alors, il faut avoir soin de donner de l'air à ceux qui sont sous les chassis, toutes les fois qu'il fait un tems doux & qu'il ne tombe pas des pluies abondantes, afin qu'ils prennent de la force & ne s'étiolent pas. Lorsque le semis des espèces vivaces est arrivé à la hauteur de deux pouces, on peut le repiquer à racines nues, & le planter en pépinière dans des pots à œillets. On le fait reprendre sur une couche tiède, couverte d'un paillasson, seulement pour le garantir du soleil pendant les 12 ou 15 premiers jours; après quoi, on le laisse à l'air libre. Si, dans le mois d'Août, l'on s'apperçoit que les jeunes plants repiqués en pépinière, ayant beaucoup profité, commencent à se gêner, on les sépare; mais au-lieu de les repiquer, comme la première fois à racines nues, on les lève en motte, & l'on plante chaque pied séparément dans des pots à basilic, qui, quoique petits, conviennent mieux que d'autres à l'âge des Arbustes.

On les enterre ensuite sur une vieille couche on les ombrage pendant quelques jours, & on les laisse à l'air libre jusqu'aux premières petites gelées. Dès qu'elles se font sentir, il faut les rentrer sous un chassis bien exposé au Midi, sous lequel on aura fait une couche de fumier presque sec, & les enterrer dans le terreau qui recouvre la couche, en observant d'espacer ces plantes de manière qu'elles ne se touchent pas, que l'air circule aisément autour d'elles, & qu'elles soient bien éclairées par le soleil. A défaut de chassis, on peut les placer dans une serre tempérée, sur les appuis des croisées, & dans le lieu le plus éloigné du fourneau. Pendant tout le tems qu'elles sont renfermées, il est nécessaire de les visiter souvent, pour ôter les feuilles mortes, & sur-tout, pour les arroser au besoin. Ces plantes n'indiquent point, comme les autres, qu'elles soient altérées, aussi-tôt que leurs feuilles se fannent elles sont mortes. Il faut donc s'attacher à prévenir leurs besoins en les arrosant légèrement, mais plus souvent.

Au Printems de la seconde année, si les racines des jeunes Chirones remplissent leurs pots, il faut les changer & les mettre dans des vases proportionnés à leur force & à leur taille. Il vaudroit mieux les tenir plus resserrés que trop au large. On les place ensuite sur une vieille couche sans chaleur, sur des gradins ou même dans des plate-bandes, parmi d'autres Arbustes étrangers. Ces plantes fleuriſſent dès le commencement de l'Été, & durent une partie de la belle ſaiſon.

On multiplie fort aiſément les Chirones de marcottes. Il ſuffit de coucher leurs branches les plus baſſes, dans la terre des pots qui les renferment. Elles s'enracinent en ſix ſemaines, de tems, ſans qu'il ſoit beſoin de faire ni inciſion ni ligature. Lorſqu'elles ſont ſuffiſamment pourvues de racines, on les lève en mottes, & on les cultive comme les jeunes plants.

Les boutures réuſſiſſent plus difficilement. On peut les faire pendant toute la belle ſaiſon, ſoit en pots ſur couche, ſous chaſſis ou même en pleine-terre; mais il ne faut pas employer à cet uſage, les branches qui peuvent être marcottées, car ce ſeroit abandonner le certain pour l'incertain.

Uſage. Ces plantes, par leur verdure perpétuelle, la gentilleſſe de leurs fleurs & la vivacité de leurs couleurs, peuvent figurer avec avantage dans les jardins où l'on cultive des végétaux rares & agréables.

Obſervation. M. Curtis place dans ce genre la petite centaurée, *gentiane centaurium*. L. & toutes ſes variétés. Nous croyons que c'eſt avec raiſon, & qu'effectivement cette plante eſt du même genre. Mais, comme cette rectification eſt plus faite pour un ouvrage de Botanique, que pour un traité d'Agriculture, nous n'avons pas cru devoir la changer de place. (*M. Thouin*.)

CHIROUIS, CHERVI, ou CHEROUI.

SISON Sisarum. L. Voyez Berle des potagers. (*M. Thouin*.)

CHIT-SÉ. Arbre de la Chine, que l'on ſuppoſe du genre des plaqueminiers (*Dioſpyros*) ſans en avoir de certitude, & qui eſt très-eſtimé pour la bonté de ſon fruit; les deſcriptions données par les Voyageurs ſont très-incomplettes; ils ſe bornent à dire que c'eſt un grand & bel arbre, que ſes fruits ſont des baies ovales de la groſſeur d'un œuf, pleines d'une pulpe ſucculente & agréable. On sèche ces fruits pour les conſerver pour l'Hiver.

On ne nous a rien dit ſur la culture & les ſoins qu'exigent cet arbre; mais nous invitons les Naturaliſtes qui voyageront à la Chine à s'en occuper. (1) (*M. Reynier*.)

CHIVETS. Ancien nom employé dans quelques parties de la France, pour déſigner les œilletons ou les drageons, dont on ſe ſert pour multiplier les plantes vivaces. *Voyez* les mots Œilleton & Drageon. (*M. Thouin*.)

CHLORE, *Chlora*.

Ce genre de plantes fait partie de la famille des Gentianes. Il eſt compoſé de quatre eſpèces différentes, annuelles & originaires des climats tempérés de l'Amérique, & de l'Europe. Elles ne ſont cultivées que dans quelques jardins de Botanique.

Eſpèces.

1. Chlore perfoliée.

Chlora perfoliata. L.

B. Chlore perfoliée naine.

Chlora perfoliata puſilla. ☉ de l'Europe tempérée.

2. Chlore à quatre feuilles.

Chlora quadrifolia. L. de l'Europe Auſtrale.

3. Chlore de Virginie.

Chlora dodecandra. L. de Virginie.

4. Chlore d'Italie.

Chlora imperfoliata. L. F. ſuppl. ☉ d'Italie.

Deſcription du port des Eſpèces.

Les Chlores ſont de petites plantes dont la plus élevée a tout au plus un pied, & les plus petites cinq à ſix pouces de hauteur. Leurs racines ſe diviſent dès leur collet, en trois ou quatre ramifications, qui ſe terminent par des fibres de peu de longueur. Elles pouſſent une petite roſette de feuilles qui s'applatiſſent contre terre, & du milieu de laquelle s'élève la tige qui porte les fleurs. Elle eſt accompagnée de feuilles tantôt oppoſées, tantôt perfoliées ou verticillées. Les fleurs viennent à l'extrémité des tiges & des rameaux. Elles ſont ordinairement jaunes, petites, & paroiſſent dans les mois de Juin, Juillet & Août. Leurs ſemences, qui ſont très-fines, ſont renfermées dans des capſules qui mûriſſent en Automne.

Culture. Les Chlores ne ſe multiplient que de ſemences, & encore faut-il prendre des précautions aſſez minutieuſes. Quinze ou vingt jours après la récolte des graines, on les ſème dans des terrines percées par le fond d'un petit nombre de trous, remplies de terreau de bruyère pur. Les graines ne doivent être recouvertes, que de l'épaiſſeur d'environ une ligne, de terreau de bruyère plus fin que celui dont on a rempli le vaſe. Ces terrines doivent être placées enſuite, & enterrées juſqu'au bord, dans une plate-bande à l'expoſition du Levant, & y reſter juſque vers le milieu du Printems. Leur culture, pendant ce tems, ſe réduit à les couvrir de litière pendant les très-grands froids, beaucoup plus pour empêcher les gelées de caſſer les vaſes, que pour garantir les graines qui ne craignent pas les grands froids. Lorſque les rayons du ſoleil viennent à acquérir de la force, on place les terrines à l'expoſition du Nord, dans un lieu humide. Dès que le jeune plant a deux à trois pouces de haut, on le tranſplante à la place qu'il doit occuper, ſans le retirer du vaſe dans lequel il aura été ſemé. Seulement il convient de l'éclaircir s'il eſt trop épais, de l'ombrager par un chapeau

(1) Forſter, dans ſon Ouvrage des Lecteryen, & Loureiro dans la *Flora Cochinchinenſis* claſſent cet arbre dans les Dimocarpus.

ou contresol d'osier, & de l'arroser légèrement toutes les fois qu'il en a besoin.

Usage. On assure que ces plantes sont fort amères, particulièrement la première espèce, & qu'elles ont à-peu-près la même vertu que la petite centaurée. On ne leur connoît point d'usage dans les Arts, & leur port n'offre rien qui puisse les faire admettre dans d'autres jardins, que ceux consacrés à la Botanique. (*M. THOUIN.*)

CHOCOLAT. Espèce de boisson nourrissante dont les amandes du *Theobroma* font la base. *Voyez* CACAOYER. (*M. THOUIN.*)

CHOIN, *SCHŒNUS.*

Genre de plantes de la famille des GRAMINÉES & de la section des souchets. Il est composé uniquement de plantes herbacées, vivaces ou annuelles, dont les tiges meurent chaque année. Leur port n'offre rien d'intéressant, & leurs propriétés étant presque nulles, on ne les cultive que dans les écoles de Botanique.

Espèces.

* *Tige cylindrique.*

1. CHOIN marisque.
SCHŒNUS mariscus. L. ♃ des lieux agrestes de l'Europe.

2. CHOIN maritime.
SCHŒNUS mucronatus. L. ♃ des bords de la mer, dans les provinces méridionales de la France.

3. CHOIN noirâtre.
SCHŒNUS nigricans. L. ♃ des marais de l'Europe.

4. CHOIN ferrugineux.
SCHŒNUS ferrugineus. L. ♃ des marais, en Angleterre.

5. CHOIN brun.
SCHŒNUS fuscus. L. ♃ des marais d'Angleterre & d'Allemagne.

6. CHOIN à épillets doubles.
SCHŒNUS compar. L. ♃ du cap de Bonne-Espérance.

7. CHOIN bromoïde.
SCHŒNUS bromoïdes. La M. Dict.
SCHŒNUS terminalis? L. Mant. ♃ du Cap de Bonne-Espérance.

8. CHOIN brûlé.
SCHŒNUS ustulatus. L. ♃ du Cap de Bonne-Espérance.

9. CHOIN des Indes.
SCHŒNUS Indicus. La M. Dict. des Indes orientales.

10. CHOIN rayonné.
SCHŒNUS radicatus. L. F. suppl. ♃ du Cap de Bonne-Espérance.

** *Tige triangulaire.*

11. CHOIN étoilé.
SCHŒNUS stellatus. La M. Dict. des Isles Caymanes dans la Floride.

12. CHOIN bulbeux.
SCHŒNUS bulbosus. L. ♃ du Cap de Bonne-Espérance.

13. CHOIN comprimé.
SCHŒNUS compressus. L. ♃ des lieux humides de l'Europe tempérée.

14. CHOIN de Virginie.
SCHŒNUS glomeratus L. de la Virginie.

15. CHOIN blanc.
SCHŒNUS albus. L. des lieux marécageux de l'Europe tempérée.

*** *Espèces peu connues.*

CHOIN incane.

SCHŒNUS incanus. Forsk Ægypt. 12, n.° 36, d'Egypte.

CHOIN aplati.
SCHŒNUS fabri. Rottb. Descript. pl. 62. T. 19. F. 2.

CHOIN odorant.
SCHŒNUS odoratus. Aubl. Guyan. p. 44. de la Guyane Françoise.

Description du port des Espèces.

Les Choins sont, pour la plupart, des plantes vivaces, dont les racines sont traçantes. Elles poussent des touffes de feuilles longues, étroites & d'un verd gai. Au milieu de ces feuilles s'élèvent des tiges rondes ou triangulaires, accompagnées de feuilles de même forme que les autres, & terminées par des fleurs sans éclat, ramassées en tête ou en faisceaux, auxquelles succèdent des semences arrondies, luisantes & solitaires. Elles fleurissent pendant le cours de l'Eté, & leurs graines mûrissent en Automne.

Culture. Les Choins, quant à leur culture, peuvent se diviser en deux sections principales. La première est composée de toutes les espèces Européennes, & de celles qui croissent dans des climats analogues à la température du nôtre. Dans la seconde doivent être réunies toutes celles qui croissent en Afrique, & dans des pays où les gelées sont inconnues.

Les plantes de la première section se cultivent en plein air, soit dans des lieux aquatiques, & semblables à ceux où la nature les fait croître, soit dans des vases aux places qu'elles doivent occuper dans les écoles de Botanique. Elles exigent une terre vaseuse, composée de débris de végétaux, & veulent être constamment imbibées d'eau. Pour cet effet on enterre aux places respectives de ces plantes, un pot de quinze pouces, au moins de profondeur, sur un pied de large, lequel ne doit point être percé, afin de conserver l'eau nécessaire aux plantes. On met dans le fond un lit de terre franche d'environ quatre pouces d'épaisseur, & l'on remplit le reste jusqu'à deux ou trois doigts du bord, d'une terre composée par égales parties, de terreau de feuilles, de terreau de bruyère & de terre de jardin, bien mêlées ensemble. On plante ensuite un petit nombre de racines de ces végétaux, & l'on entretient le vase plein d'eau. Ces plantes ne tardent pas à croître avec vigueur; elles poussent un grand nombre d'œilletons, qui forment, avant la fin de l'année, une touffe très-forte. Au Printems de chaque année, il est bon de vuider ces vases, de les remplir de nouvelle terre semblable à celle que nous avons indiqué ci-dessus, & de replanter une petite portion de chacune de ces touffes. Sans cette précaution ces plantes ne pousseroient que foiblement, s'apauvriroient & finiroient par périr. Comme les pots de cette taille ne laissent pas que d'être chers, & que les gelées en cassent souvent, il est plus économique de les remplacer par de petites tinettes de bois cerclées de fer. Ces ustensiles étant enterrés durent beaucoup plus long-tems, & conservent mieux l'eau. Mais il faut que ces tinettes ou petits barils soient plus ouverts par le haut, & aillent en diminuant jusqu'au bas, afin qu'on ait la facilité de tirer les mottes de ces plantes, toutes les fois qu'elles ont besoin d'être renouvelées.

Les espèces de la seconde section, ou les Choins des pays chauds, exigent une culture différente. Celles-ci ont besoin d'être abritées des gelées pendant l'Hiver. On les cultive dans des pots percés de trous ou de fentes par le fonds. L'Été, on place ces pots dans des terrines qu'on entretient toujours remplies d'eau. A l'Automne, lorsque la végétation de ces plantes est cessée, on les retire des terrines; on les place dans des serres tempérées, sur les appuis des croisées, & on les arrose de tems-en-tems pour entretenir la terre un peu humide. Vers la fin du Printems ces plantes doivent être rempotées dans des vases plus grands; &, dès qu'elles commencent à repousser, on les remet dans leurs terrines avec de l'eau pour y rester toute la belle saison. De cette manière, & quand on a soin d'entretenir les terrines toujours pleines d'eau, ces plantes végètent avec vigueur, fleurissent & perfectionnent leurs semences dans notre climat.

On multiplie encore les Choins au moyen de leurs semences; mais il faut qu'elles soient de la dernière récolte ou qu'elles n'aient pas plus de deux ans. Ces semis se font à l'Automne dans des pots remplis de terre meuble & légère. On place ceux de la première division dans une plate-bande humide à l'exposition du nord. Ceux de la seconde division doivent être mis sous un chassis sans chaleur, pour y passer l'Hiver. Au Printems, les uns & les autres doivent être placés dans des terrines pleines d'eau, ceux de la première division, à l'exposition du levant, & ceux de la seconde sur une vieille couche au midi. Lorsque les jeunes plants ont acquis la hauteur de trois à quatre pouces, on les sépare & on les plante dans des pots ou dans des tinettes, comme nous l'avons dit ci-dessus.

Usages. Le fannage des Choins étant d'une substance sèche, roide & peu succulente, n'est pas propre à la nourriture des bestiaux. Ils le mangent cependant, à défaut d'autres alimens, lorsqu'il est vert; mais, quand il est sec, il est trop dur & trop coupant pour qu'ils puissent le manger. Aussi les prairies dans lesquelles ces plantes abondent, sont-elles de peu de valeur, & le foin qu'elles produisent de mauvaise qualité.

La seconde espèce, qui croît naturellement sur les bords de la mer, peut être employée avec succès pour fixer les sables mouvans, & les empêcher d'être transportés par les vents sur les terres fertiles qui les environnent. Cette propriété est très-précieuse, & mérite que ces plantes soient employées, conjointement avec celles qui la partagent, telles que les *Elymus arenarius*, *Arundo*, *Eryngium Maritimum*, *Rhamnoides*, *Salix arenaria*, *Tamariscus*, &c. En plantant ces végétaux sur les bords de la mer, non-seulement on empêche que les vents ne transportent les sables sur les bonnes terres de l'intérieur & ne les rendent stériles; mais même on donne lieu à la formation de digues naturelles qui s'agrandissent aux dépens du lit de la mer, & l'on augmente ainsi ses possessions en les bonifiant. (*M. Thouin.*)

CHONDRILLE, *Chondrilla*. Voyez CONDRILLE. (*M. Thouin.*)

CHOPINE. Petite mesure de liqueurs qui contient la moitié d'une pinte. La Chopine de Paris est presque égale à la pinte d'Angleterre. Une Chopine d'eau commune pèse une livre de Paris.

La Chopine de Paris se divise en deux demi-septiers On l'appelle quelquefois septier.

Chaque demi-septier contient deux poissons, & le poisson est de six pouces cubes. (*M. l'Abbé Tessier.*)

CHOTTE. (terres de) Nom que l'on donne à la Châtre, en Berry, aux terres à froment de deuxième qualité. (*M. l'Abbé Tessier.*)

CHOTTÉ, se dit du bled qui a été passé à l'eau de chaux, pour être semé ensuite. Voyez CARIE. (*M. l'Abbé Tessier.*)

CHOU, *Brassica*.

Genre de plante de la famille des *crucifères*, composé

composé de plusieurs espèces & d'un plus grand nombre de variétés, produites par la culture & le changement du climat; car, suivant toutes les apparences, les Choux, comme beaucoup de plantes potagères, ne se sont acclimatés que peu-à-peu aux différens pays où on les cultive actuellement avec succès. Il est d'ailleurs connu, que plusieurs variétés de Choux ne grainent qu'avec difficulté ou très-tard, même dans les provinces tempérées de l'Europe; ce qui paroît prouver que ces plantes sont originaires d'un climat plus chaud, & où la température de l'atmosphère est plus favorable à leur développement. D'ailleurs nos Ancêtres ne cultivoient qu'un petit nombre de plantes potagères, & ne mettoient que peu de raffinement dans la culture de ces végétaux. Il est donc assez probable que le grand nombre de plantes potagères que nous cultivons actuellement dans nos jardins, & parmi lesquelles les Choux occupent une place distinguée, le plus grand nombre est dû au luxe & à l'art de multiplier nos besoins. Il semble que l'Italie a principalement fourni à la France & à l'Espagne beaucoup de plantes potagères, quoique cette même branche d'Agriculture y soit actuellement très-négligée; les noms italiens, que plusieurs de ces plantes ont conservés, viennent à l'appui de notre opinion. Les ouvrages des Botanistes ne nous ont procuré que peu de renseignement sur les plantes potagères en général; la plupart des Savans, qui s'occupent de la Botanique, n'étant pas Cultivateurs, regardent comme variétés toutes les différentes espèces que la culture nous procure de tems-en-tems. Je crois cependant qu'il faudroit être moins prompt qu'on l'est communément, en déclarant pour simple variété des plantes qui, pendant une longue suite d'années, ne dégénèrent point, & qui conservent même le type originaire, lorsqu'ils ont été transportés dans des terreins & même dans des pays différens; Miller en Angleterre, & Reichardt en Allemagne, nous ont fourni sur ce sujet des expériences remarquables, trop longues pour les rapporter ici en entier, mais dont nous en citerons, dans la suite, plusieurs qui méritent l'attention des Cultivateurs & des Botanistes. L'Ouvrage publié à Strasbourg, par M. Spielmann, en 1769 & 1770, sous le titre: *Olerum Argentoratensium Fasciculus Imus & IIdus Argentorat.* dans lequel l'Auteur décrit, avec beaucoup de précision, toutes les espèces & variétés de Choux que l'on cultive en Alsace, sur-tout dans les environs de la ville de Strasbourg, renferme des notions estimables, & quoique cet Ouvrage soit loin de la perfection que l'on pourroit desirer, on peut le considérer comme un essai fort heureux sur plusieurs genres de végétaux dont peu de Botanistes se sont occupés.

Il seroit superflu, & même d'aucune espèce d'utilité, d'entrer ici dans des détails minutieux sur les nombreuses variétés des Choux qui se multiplient tous les jours, dont la différence d'un individu à l'autre est souvent insensible, souvent l'effet d'une culture forcée, & qui ne se propage en aucune manière, & plus souvent encore l'effet de la mauvaise foi. Quelques Jardiniers Hollandois & Anglais ont sur-tout profité de la crédulité de beaucoup de Cultivateurs étrangers, pour leur vendre sous des noms emphatiques & spécieux, des graines que chaque pays pourroit produire, si l'on jugeoit à propos de s'en occuper. Il faut cependant convenir que le grand crédit dans lequel se sont maintenus, pendant assez long-tems les Jardiniers Hollandois, relativement à la culture des plantes potagères, sur-tout de certaines variétés de Choux, n'est pas sans fondement; car nous leur devons beaucoup de détails sur la culture de cette plante en général; leur sol étant naturellement ingrat & peu propre à une culture raffinée, ils se sont vu forcés d'améliorer & de changer le terrein de différentes manières, par des engrais souvent très-compliqués & amenés de loin. Leurs expériences ont donc servi de modèle aux personnes qui ont été à même de s'instruire de leurs propres yeux sur ce genre de culture, & ils ont par conséquent épargné beaucoup d'essais & d'expériences inutiles à tous ceux qui suivent leur exemple & s'occupent du jardinage comme d'un branche de commerce très-lucrative. Personne n'ignore que les Hollandois, jusqu'au milieu du siècle présent, pouvoient être regardés comme les Jardiniers de l'Europe: eux seuls vendoient aux autres Nations les graines de presque toutes les plantes potagères qu'ils cultivoient chez eux, ou qu'ils savoient tirer de la première main, de manière à ne point craindre de concurrence. Depuis environ cinquante ans, les Allemands & les Anglais ont commencé à cultiver en grand, à la manière des Hollandois, beaucoup de plantes potagères; le commerce de plusieurs espèces de graines sur-tout, que l'on cultivoit autrefois exclusivement en Hollande, est en ce moment entre les mains des Allemands, qui, avec un sol plus favorable & plus approprié à certaines espèces, sont parvenus à disputer le prix aux Hollandois. C'est à Erfort, (Erfurth), ville d'Allemagne très-commerçante, située dans la Thuringue sur les confins de la Saxe, appartenant à l'Electeur de Mayence, que se fait le plus fort commerce de graines potagères, sur-tout de Choux & de plantes analogues, cultivées dans les environs de cette ville. Cependant les Allemands ne sont point encore parvenus à recueillir en grand & avec avantage, la graine ni des Choux-fleurs ni des brocolis; ils tirent ces graines encore d'Hollande & d'Italie. Les Anglais cultivoient autrefois peu de plantes potagères; cette Nation consommant en général peu de végétaux sur leurs tables, s'est adonnée, dans ces derniers tems à une culture fort étendue des plantes qui peuvent servir à la nourriture des bestiaux; nous leur devons plusieurs variétés de Choux & de navets dont la culture mériteroit d'être introduite en France, sur-tout dans les provinces dont le sol est analogue à celui d'Angleterre.

Notre travail étant exclusivement destiné aux Cultivateurs, nous ne parlerons ici que de ces espèces de Choux qui sont actuellement cultivés en Europe, pour l'usage domestique & économique, ou qui mériteroient de l'être, par quelques propriétés utiles; ceux qui desirent des renseignemens plus étendus sur plusieurs espèces de Choux, qui ne sont cultivées que dans les Jardins botaniques, peuvent consulter le Dictionnaire de Botanique de M. la Marck, à l'article Chou.

Espèces.

I. Chou potager ou des jardins.

Brassica *oleracea.* Lin. *Brassica radice caulescente, tereti, carnosa.* Lin. Mill. Dict. n.° 1. La Marck, Dict. n.° 1.

Variétés.

A. Le Colsa ou Chou colsa.

Brassica *oleracea arvensis Brassica arvensis.* Bauh. Pin. 112. Tournef. 220. Dod Pempt. 623. La Marck. Dict. Var. 1.

B. Le Chou verd.

Brassica *oleracea viridis.* La Marck. Dict. Variété. 2. *Brassica selenisia, fimbriata virescens.* Boërh. Ind. 2, 12. *Brassica selenisia Spielmann*, 37. Mill. Dict. Var. 10.

1. Chou verd commun.

Brassica viridis vulgaris. Brassica albida vel viridis. Bauh. Pin. 111. Tournef. 219. *Brassica vulgaris sativa.* Dod. Pempt. 621. Lobel Jcon. 243. La Marck. Dict. Var. a.

B. Grand Chou vert, ou Chou vert en arbre.

Brassica *viridis procerior. Brassica maritima arborea, S. procerior ramosa. Moris. Hist.* 2, p. 208. Mill. Dict. *Specr.* 4. La Marck. D. Var. β.

3. Chou frangé.

Brassica *viridis brumalis. Brassica fimbriata.* Bauh. Pin. 112. *Brassica oleracea sabellica.* Lin. Var. δ. *Renalm. spec.* 134. tab. 133. La Marck. Dict. Var. γ.

4. Chou grosse côte.

Brassica *viridis crassa. Brassica alba expansa.* J. B. 2, 829. La Marck. Var. Dict. Var.

5. Chou pancalier ou Chou vert frisé.

Brassica *viridis crispa. Brassica alba capite oblongo non penitus clauso.* Bauh. Pin. 111. *Brassica sabauda hyberna.* Lobel. Icon. 244. *Brassica sabauda.* Lin. La Marck. Dict. Var. ε.

C. Le Chou cabus, ou Chou pommé.

Brassica *oleracea capitata.* La Marck. Dict. Var. ξ.

1. Chou pommé blanc.

Brassica *capitata alba.* Bauhin. Pin. 111. Tournef. 219. *Brassica capitata albida.* Dod. Pempt. 623. *Brassica alba sessilis, glomerosa.* Lob. ic. 243. La Marck. Dict. Sous-variété. a.

2. Chou de Bonneuil.

Brassica *capitata alba præcox.* La Marck. Dict. Sous-variété β.

3. Chou d'Yorck.

Brassica *capitata parva præcox.* La Marck. Dict. Sous-variété γ.

4. Chou chicon ou en pain de sucre.

Brassica *capitata conica.* La Marck. Dict. Sous-variété δ.

5. Chou de Saint-Denys.

Brassica *capitata subacuta.* La Marck. Dict. Sous-variété ι.

6. Chou de Strasbourg.

Brassica capitata compressa. La Marck. Dict. Sous-variété ς.

Brassica. *capitata serotina compressa major.* Spielman. ξξ.

7. Chou d'Allemagne.

Brassica *capitata maxima rubra.* Bauh. Pin. 111. *Brassica rubra capitata.* Dodon. Pemptad. 621. *Brassica oleracea rubra.* Lin. Mill Dict. Var. 2. Spielm. l. c. 34. La Marck. Dict. Sous-var. Θ.

* Brassica *capitata rubra minor.*

I. Chou pommé-frisé.

Brassica *capitata crispa.* La Marck. Dict. Sous-var. κ.

K. Gros Chou de Milan.

Brassica *Capitata major, flore albo.* La Marck. Dict. Sous-var. λ. Brassica *sabauda.* Lin.

* Chou de Milan pointu.

Brassica *capitata ovata, flore albo.* La Marck. Dict. *ib.*

** Petit Chou de Milan.

Brassica *capitata minor flore albo.* La Marck. l. c.

*** Chou de Milan court.

Brassica *capitata humilis, flore albo.*

**** Chou de Milan nain frisé.

Brassica *capitata humilior, flore albo.*

D. Le Chou fleur.

Brassica *oleracea botrytis.* Lin. *Brassica cauliflora.* Bauh. Pin. 111. Tournef. 219. Renealm Sp. 131. *Brassica florida botrytis.* Lobel. Ic. 245. *Brassica botrytis Sp.* 38. La Marck. Dict. Var. 4.

1. Chou fleur dur commun.

Brassica *botrytis major.* La Marck. Dict. Sous-variété α.

2. Chou fleur d'Angleterre.

Brassica *botrytis albida.* La Marck. Dict. Sous-var. β.

3. CHOU fleur tendre.

BRASSICA botrytis minor. La Marck. Dict. Sous-var γ.

4. CHOU bracoli commun.

BRASSICA botrytis cymosa. La Marck. Dict. Sous-var. δ. *Brassica asparagoïdes crispa.* Bauh. Pin. 111.

5. CHOU brocoli de Malte.

BRASSICA cymosa violacea. La Marck. Dict. Sous-var. ε.

6. CHOU brocali blanc.

BRASSICA cymosa albida. La Marck. Dict. Sous-var. ζ.

E. Le CHOU rave.

BRASSICA oleracea. gongyloïdes. Lin. *Brassica gongyloïdes.* Bauh. Pin. 111. Tournef. 219. *Brassica caule rapum gerens.* Dodon. Pempt. 625. *Rapa Brassica peregrin.* Lob. Icon. 246. La Marck. Dict. Var. 5.

1. CHOU rave commun.

BRASSICA gongyloïdes viridis. La Marck. Dict. Sous-var. α.

2. Le CHOU rave violet.

BRASSICA gongyloïdes violacea. La Marck. Dict. Sous-var. β.

F. Le CHOU navet.

BRASSICA oleracea napobrassica Lin. *napobrassica.* Bauh. Pin. 111. Prodrom. 54. *Brassica radice napiforme.* Tournef. 219.

II. Le CHOU à feuilles rudes.

BRASSICA asperifolia. Brassica radice carnosa crassa, foliis inferioribus lyratis asperis, superioribus amplexicaulibus cordato oblongis, glaberrimis. La Marck. Spec. II.

1. La NAVETTE.

BRASSICA asperifolia sylvestris. La Marck. *Napus sylvestris.* Bauh. Lin. 95. Tournef. 229. Raj. hist. 802. *Bunias sylvestris.* Lobel. Ic. 200. *Brassica napus.* Var. α. Lin.

2. Le NAVET.

BRASSICA asperifolia radice dulci. La Marck. *Napus sativa.* Bauh. Pin. 95. *Napus* J. B. 2. 842. Raj. hist. 801. Dodon. Pempt. 674. *Brassica napus.* Lin. Var. β.

3. La RABIOULE ou grosse RAVE.

BRASSICA asperifolia radice subacri. La Marck. *Rapa sativa rotunda & oblonga.* Bauh. Pin. 89 & 90. Tournef. 228, 229. Raj. hist. 800. *Brassica rapa.* Lin.

III. CHOU de la Chine.

BRASSICA Chinensis. Lin. *Brassica foliis ovalibus subintegrimis, floralibus amplexicaulibus lanceolatis, calycibus ungue petalorum longioribus.* Lin. *Amœn. Acad.* vol. 4, p. 281. ♂.

IV. CHOU violet.

BRASSICA violacea. Lin. *Brassica foliis lanceolato ovatis, glabris, indivisis, dentatis.* Lin. *Hort. Upsali* 191. Miller. Dict. n.° 5. ♂

V. CHOU de Candie.

BRASSICA cretica. Brassica caule fruticoso, foliis ovato subrotundis, crenatis petiolatis, lævibus. La Marck. *Brassica cretica fruticosa, folio subrotundo.* Tournef. Cor. 16. ♄.

VI. CHOU à feuille de sisimbre.

BRASSICA Tournefortii. Brassica foliis runcinatis hispidis, caule hispido, siliquis torulensis glabris patentibus rostro longissimo. Gouan III, 40. tabl. 20. A. *Sinapis Hispanicum minus, raphani folio.* Tournef. 227. ⊙.

VII. CHOU à feuilles de roquette.

BRASSICA erucastrum. Lin. *Brassica foliis runcinato pinnatis, caule basi hispido, floribus unicoloribus.* La Marck. *Eruca sylvestris major lutea, caule aspero.* Bauh Pin. 98. Tournef. 227. *Eruca sylvestris.* Dod. Pempt. 708. Raj. hist. 807. Haller. Helv. n.° 459. ⊙.

VIII. ROQUETTE cultivée ou CHOU à fleurs véneuses.

BRASSICA eruca. Lin. *Brassica foliis lyratis, caule hirsuto; flore pallido venis coloratis, variegato.* La Marck. *Eruca latifolia alba, sativa Dioscoridis.* Bauh Pin. 98. Tournef. 227. *Eruca major satira flore albo striato.* J. B. 2. 857. Raj. hist. 806. Dad. Pempt. 708. ⊙.

* *Eadem floribus flavescentibus, venisè violacie nigris striatis.* La Marck. *Sinapi.* Haller. Helv. n.° 464.

IX. CHOU vésiculeux.

BRASSICA vesicaria. Brassica foliis runcinatis, siliquis hispidis tectis, calyce tumido. Lin. *Eruca chalepensis, caulibus & siliquis hirsutis, foliis inferioribus maculatis Moris.* Hist. 2, p. 228. Raj. hist. 807. *Brassica resicaria.* Flor. Aragon 88, tab. 4. ⊙.

X. CHOU perce-feuilles.

BRASSICA perfoliata. Brassica foliis amplexicaulibus cordatis obtusis integerrimis glabris. Lamarck. ⊙.

B. Le CHOU perce-feuilles à fleurs blanches.

BRASSICA perfoliata alba. Brassica campestris perfoliata flore albo. Bauh. Pin. 112. Tournef. 220. *Brassica campestris.* 1. Clus. hist. p. 127. *Perfoliata napifolia.* Lobel. ic. 396. *Eruca.* Haller. Helv. n.° 457. *Brassica orientalis.* Lin.

B. Le CHOU perce-feuilles à fleurs jaunes.

BRASSICA perfoliata lutea. Brassica campestris. Flor. Dan. tab. 550.

XI. CHOU à fleurs de Julienne.

BRASSICA Arvensis. Lin. *Brassica foliis amplexicaulibus spatulatis repandis, summis cordatis integerrimis.* Lin. *Mantis* 95. *Brassica campestris perfoliata, purpureo flore.* Bauh. Pin. 112. Tourn. 221. Clus. hist. 2, p. 127. *Brassica sylvestris, fabariæ foliis.* Boccon. Sicul. 49, tab. 25, fig 4 & 5. ♃

XII. CHOU des Alpes.

BRASSICA Alpina. Lin. *Brassica foliis caulinis cordato sagittatis amplexicaulibus, radicalibus ovatis, petalis erectis.* Lin. *Mantis.* 95. *Brassica Alpina perennis.* Mapp. Alsat. p. 42. Rupp. Hal.

75. *Turritis*. Haller. Helv. n.° 454. *Brassica Alpina Flor. Arragonensis*, n. 1120. *Tz*. (1)

Culture des Choux en général.

Toutes les espèces & variétés de Choux demandent un bon terrein, substanciel & frais; le terrein un peu sablonneux & meuble ne convient qu'à certaines variétés, qui n'y acquièrent pas un volume bien extraordinaire, mais qui, en échange, y prennent une saveur bien plus délicate que les mêmes variétés, cultivées dans des terres trop nourrissantes. Cependant le terrein que l'on destine de préférence aux Choux doit être bon & bien fumé, & on ne fait pas mal, si cela se peut, d'employer pour cette culture un sol nouveau, défoncé depuis peu, & qui ne manque pas d'humidité. C'est ce que font en général les Allemands, sur-tout dans quelques provinces septentrionales, & même déjà en Alsace, où plusieurs variétés de Chou cabus sont cultivées en plein champ, & où elles passent même une partie de l'Hiver, au moins jusqu'à Noël, sans autres soins que celui d'avoir été planté. Un terrein marécageux ou tourbeux n'est pas trop profitable aux plantes potagères, quoiqu'en apparence il paroît leur convenir, c'est sur-tout le cas, quand on destine ces végétaux à être conservés pendant une partie de l'Hiver. Plusieurs Cultivateurs Allemands ont observé, que des Choux qui sembloient croître assez vigoureusement dans un pareil terrein, perdoient infiniment au goût & au poids, en les comparant avec des Choux du même volume, élevés dans un terrein meuble & bien fumé.

Un Cultivateur Allemand, dont les connoissances me sont connues, m'a communiqué une expérience qu'il a fait, relativement au fumier le plus convenable à la culture des Choux, sur-tout de Choux cabus. Comme il a fait ces expériences en Saxe dont le climat n'est pas absolument rigoureux, on pourroit peut-être suivre la même expérience en France; c'est dans cette vue que je le soumets à l'examen & à l'imitation des Cultivateurs François.

Depuis plusieurs années, on se plaignit en Saxe de la mauvaise récolte des Choux; on croyoit d'abord en devoir attribuer la cause à la grande sécheresse que l'on avoit éprouvé pendant plusieurs années de suite; mais la véritable cause en fut bien-tôt découverte. C'étoient des larves du hanneton commun, qui s'étoient si fort multipliés, & qui rongeoient les racines des Choux avec d'autant plus de facilité que le terrein étoit devenu plus meuble par la sécheresse, & ne s'opposoit point à leur dévastation. Une seule pièce de Chou, située au milieu des terres qui souffroient le plus de ravage des larves ou vers du haneton, ne fut point endommagée, quoique d'une exposition plus élevée, elle souffrit de la sécheresse plus que le reste des terres. Le propriétaire parvint bien-tôt à expliquer ce phénomène; la pièce de Choux que les vers de haneton n'avoient point attaqué, avoit été fumée profondément avant l'Hiver avec le fumier de brebis, bien pourri & pénétré de l'urine de ces animaux. Il paroît que l'odeur forte & désagréable combinée avec la qualité caustique de ce fumier est contraire à ces insectes, & a par conséquent contribué à les éloigner de ce champ; c'est au moins l'opinion du Cultivateur. Ce qui a constaté de nouveau cette expérience, c'est que le même Culivateur ayant fumé plusieurs années de suite une partie de ses terres avec le même fumier, il a constamment observé que les pièces ainsi fumées ne furent point endommagées par les larves des hanetons, quelque fût la plante que l'on y avoit cultivé.

Il seroit à desirer que nos Cultivateurs voulussent faire des essais à l'exemple du Cultivateur Saxon, dans des terres & avec des végétaux qui souffrent ordinairement le plus de ces insectes. On prétend que la limace & le limaçon fuient également l'odeur pénétrante du fumier de brebis; mais comme nous n'avons point été dans le cas de nous en convaincre par notre propre expérience, nous ne pouvons rien assurer de son efficacité.

En plusieurs endroits de l'Allemagne, on suit l'usage de laisser pourrir les tronçons des Choux dont on a coupé les pommes, dans l'endroit même où les Choux étoient plantés; cet usage n'est pas du tout recommandable; car l'expérience d'un très-habile Cultivateur prouve, que ces tronçons pourris, loin de servir d'engrais comme on l'avoit prétendu, servent d'asyle à plusieurs espèces de vers & d'insectes, très-nuisibles à la récolte suivante.

On sème les Choux en différentes saisons, cela dépend des usages de chaque pays & des espèces ou variétés que l'on y cultive de préférence. Il en est de même de la manière de les planter. On se sert communément d'un plantoir, d'autres ouvrent la terre avec la bêche qu'ils poussent devant eux, pour faire un jour entre l'outil & la terre, & glissent la racine du Chou devant, en laissant revenir la terre dessus, qu'ils plombent un peu avec le pied; d'autres font des petites tranchées de huit pouces de profondeur, qu'ils remplissent à moitié de fumier, & ils y couchent la racine des Choux, au lieu de la mettre à pied droit, de manière que le cœur se trouve presqu'enterré. Dans les pays où l'on fait de grandes plantations, comme aux environs de Saint-Denys, d'Aubervilliers,

(1) Je regarde le Chou potager & les variétés qu'il a produit comme étant originairement une plante annuelle; il en est de même du Chou à-feuilles rudes: ces deux espèces sont devenues bis-annuelles, par la manière dont on les cultive.

en Alsace, & dans la plus grande partie de l'Allemagne, on les plante à la charrue; ils réussissent de toutes les façons, & il est rare qu'il en périsse.

A l'égard des distances, c'est suivant l'espèce du Chou & suivant la saison où on le plante qu'elles doivent se régler; les premiers qu'on met en place, aux mois de Mars & d'Avril, doivent être plus écartés, quoique de même espèce que ceux qu'on plante en Juillet & Août, parce que les jours qui précèdent sont plus beaux que ceux qui suivent, & que les plantes prennent plus de force; mais le moins qu'on puisse leur donner, c'est dix-huit pouces.

On doit observer encore de ne les semer & replanter que lorsque le vent est au Midi ou au Levant; placés ailleurs, ils sont sujets à monter en bonne partie; l'expérience en a convaincu tous ceux qui font commerce de ce légume.

On doit aussi prendre garde que les plants ne soient ni trop jeunes ni trop vieux, & qu'ils n'aient pas souffert: dans le premier cas, les insectes les dévorent souvent, n'ayant pas assez de force pour résister à leur attaque; &, dans le second, ils ne font que languir & montent ordinairement, ou demeurent noués.

Il faut choisir un tems de pluie, autant qu'on le peut, pour les planter, moins par la crainte de la sécheresse, à laquelle ils résistent assez aisément avec le secours de quelques arrosemens, que par la raison des lisettes qui s'y attachent dans le tems sec, les trouvant fannés & plus à leur goût, ce qui les fait avorter.

Aussi-tôt plantés, quelque tems qu'il fasse, il faut les mouiller, & continuer de deux en deux jours, jusqu'à ce qu'ils soient bien repris, à l'exception du Chou fleur dont il sera question à son article; on les serfouit ensuite, & on entretient toujours la terre nette; si quelques-uns manquent, on les regarnit; & si quelqu'un borgne, ce qui est assez ordinaire dans les années pluvieuses, on l'arrache & on le replante.

Ce que nous venons de dire ici, d'après M. Descombes & autres Cultivateurs, sur la culture des Choux en général, pourroit être appliqué, avec quelques modifications, à presque toutes les espèces; mais comme chaque pays & souvent chaque province suit des procédés différens, selon les usages, & souvent aussi selon la nature du climat & du sol, & que la différence de culture aussi bien pour le tems quand on seme que pour le tems que l'on choisit pour repiquer les jeunes plants, paroît absolument nécessaire à perpétuer certaines variétés très-estimées, nous avons cru qu'il seroit plus utile d'entrer dans des détails plus circonstanciés, & de décrire la méthode la plus convenable à la culture de chaque variété en particulier.

Nous suivrons le même ordre que nous avons adopté dans le tableau pour les espèces, variétés & sous-variétés.

Le Colsa *ou* Chou Colsa.

M. l'Abbé Rozier ayant donné un Ouvrage fort bien fait sur la manière de cultiver le Colsa & la Navette, nous profitons de son travail, en y ajoutant ce que l'expérience des Cultivateurs modernes nous a fourni relativement à ce sujet.

« La culture de cette plante est d'un grand secours dans les Provinces du Nord de la France; elle fournit la meilleure huile qu'on y puisse retirer des productions du sol. Dans les Provinces du centre du Royaume, l'huile de noix supplée à celle de Colsa, aussi on la cultive peu. Cependant, depuis un certain nombre d'années, sa culture y prend faveur, & je ne désespère pas qu'avec le tems tous les noyers ne disparoissent. Rien de si casuel que la récolte des noyers, rien de plus sûr que celle du Colsa. » Ce que M. l'Abbé Rozier assure ici si positivement, paroît purement relatif aux différentes Provinces de la France; car, dans les Provinces septentrionales de l'Allemagne & de l'Europe, la culture du Colsa souffre souvent; nous avons vu des vastes champs entièrement ruinés par une espèce de Chenille qui paroît attaquer de préférence cette plante; d'autres fois les gelées sèches sans neige, ou des eaux qui séjournent long-tems sur les champs qui portoit le Colsa, en détruisirent la récolte. « L'huile de Colsa bien faite, dit M. l'Abbé Rozier, l'emporte, à mon avis, sur celle de noix: il est donc raisonnable de rendre aux graines le terrein immense que le noyer couvre de son ombre. D'ailleurs la récolte de blé qui suit celle du Colsa, est toujours excellente, parce que la racine de cette plante pivote & n'éfrite, & n'appauvrit pas la superficie, ni les six pouces de profondeur de terre dans laquelle la racine de cette plante s'enfonce. Cette culture mériteroit des encouragemens de la part de l'Administration, afin d'avoir pour la consommation intérieure du Royaume assez d'huile, sans être obligé de recourir à l'Etranger. Ce que je dis ne peut pas s'étendre, jusqu'à un certain point, aux Provinces méridionales, parce que la chaleur y est très-forte, & la pluie très-rare, à moins qu'il ne fût possible d'y conduire de l'eau, & d'arroser les champs plantés en Colsa. » Je ne crois pas que la chaleur plus forte & plus continue des Provinces méridionales de l'Europe, doit empêcher la culture de cette plante utile; en Italie, sur-tout dans les Etats de la République de Venise, & dans la Lombardie, on cultive, depuis plusieurs années, le Colsa & la navette avec avantage.

Le Colsa, dit M. l'Abbé Rozier, ne se plaît pas dans les terres légères, sablonneuses, caillouteuses, elles laissent trop facilement écouler l'eau; la tige prend peu de consistance; la graine reste petite, son écorce devient coriace, & son amande se dessèche. Cependant l'huile que l'on tire de ce Colsa est plus délicate. Dans un terrein trop gras, trop argilleux, & qui retient trop long-tems l'eau, le Colsa jaunit promptement, y végète avec peine; il y pousse avec lenteur une tige fatiguée, produit des siliques étiques, des grains petits, remplis d'eau surabondante de végétation, qui ne contiennent que peu d'huile. C'est donc une bonne terre végétale & meuble que le Colsa exige. Celle à froment lui convient, si son fond est d'un pied de profondeur. Il seroit cependant ridicule de proposer de convertir nos terres à froment en terres à Colsa; on verra bien-tôt que la culture de l'un ne nuit pas à celui de l'autre.

Manière de semer le Colsa.

Il y a deux méthodes de semer le Colsa. Dans les pays du nord, où cette culture est très-suivie, on le sème en pépinière pour le replanter ensuite. Dans l'intérieur du Royaume, où cette culture commence à prendre faveur, on le sème comme le grain; sans doute qu'on ne le connoît pas assez parfaitement; mais peu-à-peu l'expérience dessillera les yeux de l'Agronome, & lui apprendra à connoître ses véritables intérêts.

Les avantages des pépinières se réduisent, 1.° au choix du terrein, & il est aisé de trouver un petit espace convenable; 2.° la pépinière est ordinairement près l'habitation du Cultivateur, & le terrein qui l'environne est toujours la partie la mieux cultivée; 3.° on défonce plus facilement une parcelle de terre qu'une vaste étendue; la proximité, l'occasion, l'emploi de plusieurs momens qu'on auroit perdus, contribuent singulièrement à améliorer ce petit fonds; 4.° on y voiture à moins de frais les engrais, dès-lors ils y seront plus abondans; 5.° sans cesse sous les yeux du Propriétaire, la pépinière est mieux soignée, mieux dépouillée des mauvaises herbes; 6.° les semences confiées à une terre ainsi préparée, dans le tems le plus avantageux, germeront & végéteront avec plus de vigueur; 7.° le Colsa blanc, qui germe si difficilement, y réussira, tandis qu'on l'auroit confié en pure perte à un autre sol; 8.° une plante aussi élevée, est plus garnie de chevelue, dès-lors sa reprise est plus assurée; 9.° enfin, la pépinière laisse tout le loisir convenable de préparer parfaitement le champ qui doit recevoir le Colsa, & permet le choix du moment propice pour sa transplantation.

Les avantages du semis en grand, se réduisent à économiser un peu sur le tems, puisqu'un homme seme a, dans un jour, un champ, tandis qu'il faudra une semaine entière pour replanter la même étendue de terrein; mais si l'on considère combien il faudra des journées pour arracher les plantes surnuméraires, on verra que la même dépense sera la même, sans compter la perte de la valeur au moins de trois quarts de semence de plus.

Culture du Colsa, semé comme le grain.

Les travaux se réduisent à donner à la terre les engrais convenables, & en quantité suffisante, à travailler le terrein, à semer, à herser, à sarcler.

Engrais.

Lorsqu'on moissonne un champ à blé, & qu'on destine l'année suivante à porter du Colsa, il faut couper la paille assez haut. Ce chaume devient un engrais léger, à la vérité, mais il tient les molécules de terre soulevées, ce qui produit un bon amendement. Le terrein, qu'on appelle vulgairement, & fort mal-à-propos, froid, exige plus d'engrais qu'un terrein léger. Il n'est pas possible de fixer la quantité de fumier nécessaire à chaque genre de terrein; les nuances des uns & des autres sont trop multipliées. L'abondance, en ce genre, ne nuit pas; le trop seul est nuisible, sur-tout si le fumier n'est pas bien consommé avant de l'enfoncer dans la terre. C'est au Propriétaire à étudier à connoître la nature du sol de son champ. Le Colsa ordinaire exige moins d'engrais que le Colsa blanc, & le blanc moins que le Colsa froid.

Préparation du terrein.

Dès que le bled est coupé, on se contente de donner un labour à la terre: la terre battue & serrée par les pluies d'Hiver & du Printems, endurcie par la chaleur de l'Eté, n'est point assez divisée, & la raison dicte, je ne saurois trop le répéter, que le défoncement doit toujours être en raison de la forme des racines d'une plante. Si la racine est pivotante, & qu'elle ne puisse pas s'enfoncer aisément dans le sein de la terre, qu'elle soit obligé de gagner en surface, ce qu'elle auroit acquis en profondeur, que peut-on en attendre? C'est de propos délibéré contrarier la Nature. Ainsi, un seul sillon ne soulève pas assez la terre, & la souleve en motte; il faut absolument croiser & recroiser, & encore cette méthode est-elle vicieuse, parce qu'on est obligé de donner les labours coup sur coup; semez en pépinière, & vous aurez le tems de semer vos champs.

Des Semailles.

La moindre distance à donner, c'est d'un pied d'une plante à une autre, & même de dix-huit pouces; mais en semant aussi épais la graine que le blé, que des plantes à arracher, on ne pourra enlever hors de terre les plantes surnuméraires, sans endommager la racine pivotante de ceux qui restent en place.

Si on veut absolument semer le Colsa, il vaut

mieux le faire ſur le ſecond ſillon, & le couvrir par un troiſième coup de charrue. Dès-lors les ſemences ſeront ſouſtraites à la voracité des oiſeaux, des mulots, & moins expoſées à l'action directe du ſoleil qui les deſsèche, moins raſſemblées en maſſe par la pluie, dans un même ſillon, ſi elle eſt abondante, & ſur-tout ſur les terreins en pente. Enfin on ménagera, de diſtance en diſtance, des ſillons de communication, afin d'écouler les eaux, & de prévenir les courans.

Herſer. La herſe doit être armée de dents de ſix pouces de longueur, eſpacées les unes des autres à la diſtance de ſix pouces, & le derrière de cette herſe garni de brouſſailles, chargé par une pièce de bois, afin d'unir le terrein.

Sarcler. Il ne s'agit pas ſeulement d'extirper les mauvaiſes herbes; il faut encore enlever, auſſi ſouvent qu'il eſt néceſſaire, les plantes ſurnuméraires, éviter de les caſſer près le collet, mais les caſſer complettement avec leurs racines. Cette opération ne ſera jamais bien faite qu'après la pluie. Le meilleur ſarclage ſe fait la piochette à la main, ce qui équivaut à un petit labour.

Des travaux néceſſaires pour la conduite d'une pépinière.

Le Propriétaire qui ſonge plus à la quantité qu'à la qualité, choiſira, pour ſol de la pépinière, un terrein ſemblable à celui dont on a parlé: l'Amateur de la qualité, au contraire, préférera un terrein ſablonneux, parce que la germination qui s'exécute dans ce terrein, diminue une grande partie de l'eſprit recteur, & que c'eſt la combinaiſon de cet eſprit avec l'huile graſſe, ou plutôt ſa réaction ſur elle, qui lui communique l'acrimoine dont on ſe plaint.

Les deux genres de terrein dont il eſt queſtion, ſeront exactement défoncés, bien fumés, ſur-tout le premier, & le labour le plus avantageux ſera celui fait à la bêche; il ſuppléera à tous les autres.

Le terrein de la pépinière ſera diviſé par planches ou tables, larges de cinq pieds ſeulement. On ſarcle celles-ci plus commodément, & on n'eſt pas contraint de fouler la terre, & de piétiner les jeunes plants.

On doit pratiquer un foſſé d'un pied de largeur, entre chaque table. La terre de ce foſſé ſera jettée ſur la table, & on la bombera le plus qu'il ſera poſſible. Le foſſé ſert à l'écoulement des eaux, & des ſentiers par leſquels les femmes & enfans paſſent pour ſarcler.

Un point eſſentiel eſt de ne pas ſemer trop épais la graine du Colſa. S'il faut beaucoup de ſujets, il vaut mieux agrandir la pépinière.

L'uſage des pépinières permet le choix du tems pour ſemer: l'on doit donc choiſir un beau jour, & lorſque la terre n'eſt ni trop sèche ni trop humide. Il vaut mieux tracer des ſillons eſpacés de huit à dix pouces, & les ſemer à la volée. Ces ſillons procurent la facilité de piocheter, de tems à autre, entre chaque rang, ſans endommager les jeunes plants.

On ſème communément par tout au mois de Juillet. Je préférerois le mois de Juin; car, en ſortant, les jeunes plants de la pépinière au mois d'Octobre, pour les replanter, ils craindront moins les rigueurs de l'Hiver, ſur-tout le Colſa blanc.

Celui qui aura ſemé en terrein ſablonneux, doit avoir l'eau à ſa diſpoſition, afin d'arroſer ſa pépinière beaucoup plus ſouvent que celui qui aura ſemé dans une bonne terre végétale, & il tranſplantera dès que la plante aura la conſiſtance néceſſaire; car, malgré ſes ſoins & ſes arroſemens, les plantes rabougriroient, s'il attendoit plus long-tems.

Des travaux qu'exige le champ deſtiné à la replantation du Colſa.

Le Cultivateur, qui fait uſage des pépinières, ne ſera pas harcelé par le tems & les circonſtances, afin de donner à ſon champ les labours convenables. Il y a, pour le préparer, depuis que le bled eſt coupé juſqu'au commencement d'Octobre, qu'il doit ſe replanter: ainſi, même après la moiſſon la plus tardive, il lui reſte deux mois; tandis que celui qui ſeme d'abord après la récolte eſt forcé de travailler auſſi-tôt, quelque tems qu'il faſſe.

On doit choiſir le tems le plus avantageux à chaque labour. Ceux donnés, lorſque la terre eſt trop-mouillée, ſont plus nuiſibles qu'utiles, & ceux pendant la grande ſéchereſſe ne fouillent pas la terre aſſez profondément.

Avant de commencer le premier labour, il faut fumer largement; le premier labour donné avec la charrue à verſoir ou à large oreille, enterrera le fumier. Celui qui reſtera expoſé à l'ardeur du ſoleil pendant l'Été, s'y conſumera en perte.

Le ſecond labour ſera donné dans le milieu du mois d'Août, en obſervant de ne pas croiſer les ſillons, mais de les prendre obliquement: la terre en eſt plus ameublie. Le troiſième labour donné peu de jours avant de tranſplanter, croiſera les deux premiers, & toujours obliquement; il reſtera moins de terre grumelée.

Si on travaille ſon champ à la bêche, cette opération ſuppléera tous les labours.

Soit qu'on laboure le ſol avec la charrue, ſoit à la bêche, il convient de diſpoſer le terrein en tables, & de les bomber dans le milieu. La terre qu'on ſortira des petits foſſés ſervira à les bomber. Le Colſa craint l'humidité; cette précaution eſt donc eſſentielle dans les pays où les pluies ſont fréquentes.

Du tems & de la manière de replanter le Colsa.

Le commencement d'Octobre est la saison convenable ; les rosées sont plus fortes, les pluies plus douces, le soleil moins chaud, & la plante reprend plus facilement que dans tout autre tems. Plus on retarde, moins on réussit.

On choisira, s'il est possible, pour cette opération, un tems disposé à la pluie, ou un tems couvert, à moins qu'on ait la facilité d'arroser la nouvelle plantation. Le soleil trop ardent dessèche les feuilles, & les feuilles sont aussi essentielles à la reprise de la plante que les racines mêmes.

Il faut avoir soin, quand on enlève les plants de la Pépinière, de les soulever avec une manette de fer, de ne point briser les feuilles, de ne point endommager les racines, & sur-tout de ne pas faire tomber la terre qui les recouvre : ce qui s'exécutera facilement, lorsque la terre sera humide, & sur-tout si la Pépinière a été disposée en sillons. Si, dans ce moment, le terrein étoit trop sec, il conviendra de l'arroser l'avant-veille & la veille, sans prodiguer l'eau.

De toutes les erreurs, la plus absurde est d'imaginer qu'on doive châtrer les racines, & couper les sommités des feuilles : autant vaudroit couper les doigts des pieds d'un homme, afin de le faire marcher plus vîte ; l'absurdité de ce procédé est suffisamment constatée par l'expérience.

A mesure que l'on enlève les plants de la Pépinière, il faut les disposer, rang par rang, dans des paniers, dans des corbeilles, ou sur des claies, & les recouvrir avec des linges épais & mouillés, & on n'arrachera que ce qui peut être planté dans une matinée ou dans la soirée ; il vaut mieux retourner plus souvent à la Pépinière, que de laisser faner les plantes.

On sera encore très-scrupuleux sur le choix des plants ; les verreux & les languissans seront sévèrement rebutés ; on ne peut en attendre aucun profit réel.

On se sert communément d'un plantoir de bois pour faire les trous : ce plantoir presse trop les côtés, les parois de la terre, & sur-tout du fond. Cet inconvénient n'aura pas lieu, si on se sert d'une manette du fer à demi-ceintrée, d'une grandeur convenable, & semblable, pour la forme, à celle des Fleuristes. Comme elle n'a que deux ou trois lignes d'épaisseur, elle comprime peu le terrein, lorsqu'on l'enfonce ; & il est aisé, en la faisant tourner, d'enlever, par son moyen, la terre du trou. Je conviens que l'opération sera plus longue que celle du plantoir, mais elle sera meilleure : d'ailleurs les femmes & les enfans peuvent s'y occuper.

Presque par-tout règne la manie de faire des trous à la distance d'un demi-pied les uns des autres, & à celle d'un pied sur le côté : je demande un pied, & même dix-huit pouces en tout sens ; ce sera peu, relativement au bon terrein ; chaque trou recevra une plante seulement, & on l'enterrera jusqu'au collet. Je pensois autrefois qu'elle ne devoit être enterrée que dans les mêmes proportions que le pied l'étoit dans la Pépinière ; l'expérience, comparée de deux manières, a démontré mon erreur, & je l'avoue de bonne foi.

Pour accélérer cette plantation, un homme fait les trous ; il est suivi par un enfant, ou par une femme qui porte le panier dans lequel sont placés les jeunes plants : cette femme les place donc dans chaque trou, & une seconde femme, armée d'un plantoir ou d'une manette de fer, serre la terre des environs du trou contre les racines & contre la tige. Enfin, pour bien réussir, il faut, s'il est possible, que la plante ne s'apperçoive pas avoir changé de terrein ou de nourrice.

Des soins que le Colsa exige jusqu'à sa maturité.

Ils sont peu nombreux, indispensables, & jamais donnés inutilement. Le premier est d'enlever les mauvaises herbes lorsqu'elles paroissent, & surtout la petite pioche à la main, ce qui équivaut à un petit labour. Le second, de remplacer le plus promptement possible les plants qui n'auront pas repris, & d'arracher ceux qui languissent, pour leur en substituer d'autres. Le troisième, de nétoyer le fossé qui environne les planches ou tables ; savoir, au commencement de Novembre, à la fin de Février & d'Avril. Cette terre, entraînée par les pluies, & jettée sur les tables, servira d'engrais, recouvrira les pieds trop déchaussés ; & le piochettement, lors du sarclage, la mêlera avec l'autre. Point d'engrais plus naturel que celui des terres rapportées.

Tems & manière de récolter le Colsa.

Suivant le climat, la semence est ordinairement mûre à la fin de Juin ou de Juillet. La saison & l'exposition concourent beaucoup à devancer ou à retarder l'époque de sa maturité. ; la tige perd successivement sa couleur verte, pour en prendre une jaunâtre, & quelquefois tirant sur le rouge, lorsqu'elle a souffert : ce changement de couleur est l'effet de la dessiccation du parenchyme. L'épiderme n'a point de couleur par elle-même ; elle transmet simplement celle du parenchyme, qu'elle recouvre.

Si l'on veut récolter le Colsa ainsi qu'il convient, on n'attendra pas que les siliques s'ouvrent d'elles-mêmes ; la semence, remplie de l'eau surabondante de végétation, se ridera en se desséchant, & donnera peu d'huile. C'est la maturité qui forme l'huile ; le coup-d'œil en décide.

On coupera la plante avec une faucille dont le tranchant sera bien affilé, mais on évitera de couper par sarcades ; les graines trop mûres tomberoient. Il conviendroit d'enlever aussi-tôt les plantes,

plantes, de les porter sous des hangards aërés de toutes parts, afin de les faire sécher entièrement, la place destinée sous ces hangards sera spacieuse, battue, nette & très-propre; les petits faisceaux ne seront ni entassés ni pressés. Il est nécessaire de laisser entr'eux un libre courant d'air; & ils se dessécheront beaucoup plus vîte, si on les dresse les uns contre les autres, en nombre de trois ou quatre.

Si l'éloignement de la métairie ne permet un prompt transport, on étendra les tiges sur terre, comme le bled fraîchement moissonné, & elles resteront ainsi étendues pendant deux ou trois beaux jours. Dès que la plante sera suffisamment séchée dans le champ ou sous le hangard, on amoncèlera des faisceaux, & on les disposera en meule, comme le bled, c'est-à-dire que le côté des semences sera en dedans, & on aura soin de mettre un rang de paille entre chaque faisceau. Si le sol du gerbier est plus élevé que le terrein qui l'avoisine, & forme une monticule, on préviendra les suites funestes de l'humidité & des pluies. Le gerbier sera recouvert avec de la paille, afin que l'humidité ne puisse pas pénétrer dans l'intérieur; autrement le gerbier s'échaufferoit, fermenteroit, & la pourriture ne tarderoit pas à se manifester.

Si la plante reste dans le champ, on préparera au pied de la meule, avant de la défaire, un espace de terrein battu & égalisé; en un mot, on le rendra semblable à celui où l'on bat le bled.

Les graines se vannent comme le bled, ou bien on les nétoye aux moyens des cribles faits exprès, dont il y a de deux sortes, les uns à trous ronds, par où passent les grains et la poussière & les débris des siliques. Règle générale: plus la graine est propre & nette, moins elle attire l'humidité; moins elle attire l'humidité, moins elle fermente; moins elle fermente, plus l'huile est douce, & mieux elle se conserve, dépouillée de mauvais goût.

Des moyens de conserver la graine.

Dès qu'elle sera battue, propre & nette, on la mettra dans des sacs, & on les portera sur le grenier. Il conseille d'étendre une toile quelconque sur son plancher, parce que les planches ou les carreaux joignent ordinairement fort mal, & qu'il y auroit une perte évidente de grains, attendu leur petitesse; quelque peu de paille étendue sur toute la longueur de la toile, faciliteroit l'exsication de la graine; elle ne doit pas être amoncelée, & on la remuera souvent pendant les premiers jours. La toile indiquée en faciliteroit les moyens.

Les fenêtres du grenier doivent être exactement fermées pendant les jours de pluie ou de brouillard; en un mot, on empêchera qu'elles attirent le moins d'humidité possible, afin qu'elles sèchent promptement. Si on néglige ces précautions, une moisissure blanchâtre s'établira sur les graines, elles se colleront les unes contre les autres, par paquets de dix à vingt, & si on n'y remédie sur-le-champ, tout est gâté. L'huile qu'on en retirera perdra en qualité, suivant le plus ou le moins de fermentation & de moisissure que la graine aura éprouvée.

Ceux qui desirent vendre leur récolte en nature se hâteront, parce qu'elle diminue beaucoup, & pour le poids & pour le volume; ceux qui voudront la faire moudre, éviteront le tems de fortes gelées; ils y perdroient.

La masse restante après l'extraction de l'huile, vulgairement nommée Trouille, ou pain de Trouille, forme une nourriture d'Hiver, assez bonne pour les bestiaux.

On voit, par ce qui vient d'être dit sur la culture du Colsa, que cette récolte ne nuit point à celle des bleds, & qu'au contraire elle devient un bénéfice réel & surnuméraire pour les provinces où l'on est dans la fatale habitude de laisser la terre en jachère pendant un an. Le Colsa se replante en Octobre, c'est-à-dire dans la même année que la terre a donné du grain; il se récolte en Juillet de l'année suivante. On a donc le tems nécessaire à la préparation du sol, soit pour le Colsa ou pour le Bled qu'on sèmera après; &, loin de nuire à sa végétation, il engraisse la terre par le débris de ses feuilles; en un mot, c'est alterner les terres & augmenter leur produit sur deux tiers. Je ne veux pas dire, pour cela, qu'il faille, tous les deux ans, planter le même champ en Colsa; au contraire, il ne doit l'être que tous les quatre ans. Je le répète, cette méthode mérite d'être introduite dans tous nos Départemens où il pleut assez régulièrement dans le Printems. Elle seroit très-casuelle dans nos provinces méridionales, à cause de la rareté des pluies. D'ailleurs je ne puis encore parler d'après l'expérience.»

Le Colsa, destiné uniquement à la nourriture, se sème en Juin, dans un champ préparé à cet effet: on peut commencer à cueillir les grandes feuilles en Novembre; mais il vaut mieux attendre que les autres fourrages verts manquent, ou soient couverts par la neige, & réserver ces feuilles pour le tems que le bétail ne peut sortir de l'écurie. Après l'Hiver, l'on coupe les tiges à quelques pouces au-dessus de terre, & elles fournissent une seconde récolte de feuilles au Printems.

Nous avons cru rendre service à un grand nombre de nos lecteurs, en rapportant ici l'extrait du mémoire sur la culture du Colsa, telle qu'on la suit aux environs de Lille en Flandres, & publié par M. le Brun, dans les *Mémoires de la Société Royale d'Agriculture, Trimestre d'Automne*, 1787.

On distingue, en Flandre, trois espèces de Colsa, le blanc, le froid & le chaud: la première espèce a reçu ce nom à cause de sa fleur blanche; les deux autres ont des fleurs jaunes. Le

Colsa blanc, originairement du Nord, a été apporté en Flandre dans les années 1758 & 1759; mais on n'en a pas suivi la culture, parce qu'on lui a trouvé plusieurs défauts que le chaud & le froid n'ont pas. Le Colsa blanc est, comme l'ont prétendu les Cultivateurs Flamands, plus difficile à battre que les deux autres espèces, sa graine étant plus serrée & plus attachée à son enveloppe. Le Colsa froid ne se cultive qu'en petite quantité dans la Châtellenie de Lille; on ne le plante que dans les meilleures, & les plus profondes terres, qu'on engraisse fort, parce que sa tige & ses branches, qui sont grosses & hautes communément de six à huit pieds, ont besoin d'une abondante nourriture. Quoique cette espèce soit si forte, & qu'elle porte beaucoup de branches par le haut, elle ne donne pas plus de graine que le chaud, planté dans une terre bien amendée; mais elle a l'avantage de donner une paille qui se vend plus du double que celle des deux autres espèces. C'est par ce seul motif que ceux qui ont des terres convenables & beaucoup d'engrais, en continuent la plantation. On peut conclure de ce récit, qu'il convient de donner la préférence à la culture du Colsa chaud, qui croît plus aisément par-tout, & qui exige moins d'engrais.

Culture. La méthode en est uniforme dans tous les Pays-Bas, & elle est fondée sur ce que cette plante n'aime pas d'être placée dans une terre trop humide. Le Colsa se sème pour être replanté. On commence en Juin la préparation de la terre destinée à en recevoir la graine, qui doit être travaillée presqu'aussi soigneusement que si on devoit y semer du Lin ou du Chanvre. On sème la graine au commencement d'Avril, par pincées avec trois doigts. On juge bien que cette terre doit avoir été engraissée suffisamment pour pouvoir fournir de belles plantes deux mois après. Les engrais liquides sont les plus convenables, parce qu'ils produisent aussi-tôt leur effet. On emploie, dans les environs de Lille, pour remplir cet objet, le fumier des latrines ou l'urine des vaches, mêlés avec des tourteaux de Colsa, quand ils ne sont pas trop chers. (M. le Brun observe ici, dans une note, que les fermiers des environs de Lille ne peuvent plus employer actuellement cette substance à l'usage dont il est question, parce que les étrangers enlèvent ses tourteaux pour engraisser & leurs champs & leurs bestiaux.)

La quantité de semence qui peut être contenue dans un chapeau, suffit pour un arpent; & cet arpent, ainsi ensemencé, sert à la plantation de quatre arpens. On plante le Colsa après toutes sortes de productions. Les Fermiers des environs de Lille le plantent deux fois, & plusieurs même le mettent trois fois dans toutes leurs terres à labour, dans le cours d'un bail de neuf ans; & on ne le plante qu'une fois pendant le même espace de tems, dans les Pays-bas Autrichiens, où il y a beaucoup de terreins sablonneux qui exigent plus d'engrais. On observe que le Colsa, planté dans une terre, au bout seulement de huit à neuf ans, toutes choses égales d'ailleurs, rend plus de graines que celui qui est planté dans une terre où l'on en met tous les trois ou quatre ans. On évalue cette différence presqu'à un quart. Cette remarque est importante, & il seroit à souhaiter, pour régler sa conduite, qu'on connût par-tout quelles productions rendent trop notablement moins, quand on les cultive trop souvent dans la même terre. Le Trèfle & le Lin sont dans ce cas; on doit attendre six à sept ans.

On donne le premier labour à la terre destinée à recevoir les plantes de Colsa, aussi-tôt que la récolte en est enlevée. Ce labour consiste seulement à déchirer & à retourner le chaume; on en donne peu de tems après un second, en ouvrant une autre raie un peu plus profonde que la première, comme de cinq à six pouces, quand on a fait le premier labour avant la mi-Août. Dix ou quinze jours après, on herse une fois ou deux, pour nétoyer la terre; ensuite on y répand le fumier qu'on veut y mettre; cela fait, & c'est à la fin de Septembre jusqu'au vingt Octobre, on laboure profondément: ce dernier labour se fait de façon que, de dix en dix raies, ou au plus de douze en douze raies, on en tient une ouverte. On plante ordinairement aussi-tôt après, sans donner aucune autre façon: si cependant cette terre étoit trop raboteuse, & remplie de trop grosses mottes, alors on y fait passer le dos de la herse, pour la rendre plus unie. On replante le Colsa depuis la Saint-Remy jusqu'à la fin d'Octobre, par rangées en travers les raies, en tenant les rangées à un pied de distance, & les plantes de chaque rangée de six à sept pouces l'une de l'autre. Pour cette opération, un homme marche parallélement d'une raie ouverte à l'autre de la plate-bande, en faisant des trous, suivant les distances indiquées ci-dessus, avec un plantoir, qui est une espèce de bêche, excepté qu'il se termine par une grosse pointe de fer, ou deux grosses pointes écartées de sept pouces. Les uns se servent du plantoir à une pointe, parce que l'ouvrage est moins fatiguant, mais il n'est pas si bien fait; les trous faits à la hâte sont souvent trop peu profonds, trop peu larges, & faits à des distances plus inégales: ces trous doivent avoir cinq à six pouces de profondeur. D'autres employent le plantoir à deux pointes, avec lequel on tombe moins dans ces défauts, parce qu'il faut nécessairement appuyer; mais il ne peut être manié que par des mains fort robustes. Le planteur fait ces trous de rangées en rangées, en allant en arrière; des femmes & des enfans le suivent en devant, en mettant une plante dans chaque trou, & en serrant le pied avec le talon ou la pointe du pied. La plantation faite, quelques-uns engraissent encore la terre avec des fumiers liquides; d'autres, avec différentes cendres, comme celles de bois lessivées, tourbes, de charbon de terre, &c., &c., suivant la nature ou le besoin momentanné du terrein; d'autres enfin se contentent du fumier qu'ils y ont mis avant le labour profond. Quand les plantes sont bien reprises, on tire des raies ouvertes environ un pied de terre avec une bêche, qu'on jette de côté & d'autre entre les rangées de Colsa. Au Printems, quand les mauvaises herbes ont poussé, on fait encore la même opération, de jetter de la terre tirée des raies ouvertes, pour étouffer ces herbes en les couvrant, & donner un soutien aux plantes, ou bien on sarcle les mauvaises herbes avec un outil fabriqué uniquement pour ce travail : cet outil est fait de manière qu'il renverse la terre de la rangée de chaque côté sur les plantes de Colsa; c'est une houe faite en forme de charrue. Ces deux façons, données au commencement de l'Hiver & au Printems, procurent une nouvelle terre entretenue dans un état meuble & de repos. Voilà l'avantage du moment; mais elles ont de plus cet avantage, qu'au bout d'un certain tems les terres de tout un pays acquièrent plus de profondeur : ce dernier avantage est inappréciable.

On récolte le Colsa après la Saint-Jean; on le coupe comme le bled; on le met en javelles sur le terrein, où il reste trois ou quatre jours, en ayant attention qu'il ne devienne pas trop sec; ensuite on le transporte sur les toiles (parce qu'il s'égraine facilement) aux endroits où on fait les meules; on en fait une, deux ou trois, suivant la grandeur de la récolte; la graine y fermente, y mûrit, & s'y perfectionne de manière qu'elle rend plus d'huile que la graine du Colsa que quelques Fermiers, par le besoin de vendre, battent de suite, après avoir laissé un peu plus long-tems les javelles sur le terrein, pour les sécher davantage; &, dans ce cas seul, on les retourne, afin que tout soit sec également : ce qui n'est pas nécessaire quand le Colsa est mis en meule. Le Colsa ne mûrissant pas également, on laisse sur pied, quelques jours de plus, celui qui est trop verd, que l'on bat de suite quand les meules sont faites. Si un beau soleil fait appréhender que le Colsa ne s'égraine en partie, on ne le coupe que le soir ou de grand matin, & on choisit aussi ces momens pour le transporter aux meules. Le mauvais tems est peu à craindre; on peut mettre le Colsa en meules trois ou quatre heures après la pluie; on le bat, mis en meule, dans le courant de Septembre, par un beau tems. On fait, pour cela, une espèce d'aire à côté de la meule, sur laquelle on étend une toile de la grandeur de l'aire; on juge bien que cette toile est composée de plusieurs largeurs de toile cousues ensemble. Si la culture de Colsa, ou d'autres plantes dont la graine donne de l'huile, prenoit faveur en France, au point de procurer un commerce d'une certaine étendue, il conviendroit d'y construire, au lieu de pressoirs, des moulins à vent Hollandois, qui sont bien plus parfaits que ceux des environs de Lille. On ne peut pas cultiver le Colsa où le Parcours a lieu, parce qu'on n'y a pas le tems de préparer la terre pour la plantation de cette plante; à moins qu'on n'y emploie que des terres laissées en jachère. Ces terres, bien parquées, donneront de très-beau Colsa. Il ne ne convient pas de le cultiver où il y a une grande abondance de lièvres & de lapins, car ces animaux détruiroient la plantation entière avant la fin de l'Hiver.

On cultive un peu de Colsa dans quelques provinces de la France, de deux autres manières qui sont très-imparfaites; la plus mauvaise est celle de le semer pour l'y laisser mûrir, dans une terre plate, sans tenir des raies ouvertes pour pratiquer des fosses : cette méthode seroit tout au plus supportable, si on y employoit une terre élevée & un peu sèche, de laquelle on arracheroit les plantes trop rapprochées les unes des autres, & les mauvaises herbes; car, sans cette double précaution, on n'auroit qu'une récolte très-médiocre, & les désagrémens d'avoir épuisé sa terre pour les récoltes futures. L'autre manière consiste à replanter à la charrue, sans laisser non plus de raies ouvertes pour en tirer la terre, & la jetter sur la plate-bande : on ne gagne à cette méthode que de n'avoir pas trop de plantes de Colsa dans son champ; il arrive même quelques fois qu'il n'y en a pas assez, parce qu'il y en aura qui auront été endommagées par les pieds de chevaux. Si on manquoit d'ouvriers, ou qu'on fût obligé d'épargner la main-d'œuvre de la plantation, on pourroit employer la manière suivante : on donneroit à la terre le dernier labour vers le 20 Septembre, en tenant une raie ouverte de dix en dix raies, ou de douze en douze raies; on sèmeroit ensuite le Colsat dans les plates-bandes, mais extrêmement clair; on arracheroit, vers la fin d'Octobre, les plantes inutiles, par rangées en travers, pour imiter, autant qu'il seroit possible, la plantation qu'on fait avec le plantoir; &, après ce travail expéditif, on tireroit des raies ouvertes un bon pied de terre, pour la jetter dans les rangées. On pourroit aussi, au lieu d'arracher les plantes superflues par rangées, comme il vient d'être dit, les couvrir avec la terre tirée des raies ouvertes. Cette méthode seroit la plus parfaite, avec celle des Flamands, dont nous avons donné le détail dans le mémoire précédent.

Les CHOUX *verts*. Ces Choux ne pomment pas, comme les Choux cabus; ils comprennent plusieurs sous-variétés, dont quelques-uns se distinguent par leur port, & une hauteur remarquable. Nous indiquerons la culture de chaque sous-variété aux différens articles.

Le CHOU *verd commun*. Ce Chou, qui résiste très-bien à toutes les intempéries de l'air, est d'une grande ressource pour la nourriture des bestiaux dans plusieurs provinces de la France. Il a la tige grosse, & s'élève de quatre à cinq pieds; sa feuille est très-ample, mais moins frisée & crepue que notre troisième & cinquième sous-variété. Il fournit des feuilles toute l'année; mais pour l'employer dans la cuisine, il faut attendre l'Hiver, lorsque les fortes gelées l'ont bien attendri, ce qui lui ôte ce goût verd; & le rend plus sucré. On sème ce Chou à la fin de Juin, & on le repique en Août & Septembre. Il ne demande presque pas de soins pendant l'Hiver; si cependant on desiroit en avoir de la graine, on ne feroit pas mal de garantir contre le froid les pieds les plus forts & le plus convenables à cet usage. Ce Chou ne forme pas de pomme, quoique, dans un sol très-nourrissant, il paroît quelques fois en former une. D'après M. Duchesne, ce Chou est particulièrement cultivé dans le Maine.

Grand Chou *verd*, ou Chou *verd en arbre*, ou Chou-Chevre. Ce chou se distingue de tous les autres par sa hauteur, car il n'est pas rare d'en voir qui atteignent une hauteur de huit à dix pieds. Dans le terrein un peu maigre, il se conserve souvent pendant quatre à six ans, &, à cet égard, on peut le considérer comme une plante vivace. Quant au port, il a celui d'un arbrisseau; sa tige est grosse, presque ligneuse, de même que les pétioles de ses feuilles; ces dernières sont moins crêpues que les feuilles des autres sous-variétés; mais, en échange, beaucoup plus grandes & plates, sans cependant être bien charnues. On cultive ce Chou plutôt pour la nourriture des bestiaux que pour l'usage de la cuisine; il peut cependant servir à cet usage, sur-tout quand on en coupe les feuilles les moins grandes, & qui ont été pincées par le froid. Comme ce Chou ne demande que peu de soin, car, une fois semé & transplanté, il se conserve, comme nous venons de le dire, pendant plusieurs années en place. Il seroit à desirer qu'on s'occupât un peu plus soigneusement de cette culture. On le sème en pépinière en Mars; dans les Provinces Méridionales, en Avril; & on le replante à la cheville dès qu'il a cinq à sept feuilles. Le terrein qu'on lui destine doit être bien fumé & profondément labouré; la distance d'un Chou à un autre doit être de deux pieds en tout sens, & il exige quelques légers labours en Eté. Dans les années pluvieuses, la récolte des feuilles est très-abondante. Dans plusieurs provinces qui élèvent beaucoup de bétail, on commence à cultiver ce choux en grand; cependant cette culture n'est point aussi étendue qu'elle le mérite, car ce Chou est encore assez productif, même dans les sols pierreux & maigres, & on le trouve souvent le long de nos côtes, de même que sur les côtes de l'Angleterre, en assez grande quantité, & d'une vigueur remarquable. On a même propagé ce Chou par des boutures, & les Anglois l'ont également greffé avec succès.

La culture de ce Chou, que l'on suit avec beaucoup de profit dans l'Anjou, le Poitou & autres Provinces, est très-bien décrite par M. le Marquis de Turbilly; voici ce qu'il en dit dans les Mémoires de la Société économique de Berne. Ann e 1764, Vol. III.

« On sème le grand Chou d'Anjou dans le mois de Juin, dans un carré de bonne terre de jardin, que l'on a soin d'arroser de tems en tems, en cas de sécheresse: cette graine lève assez vite, & l'on voit bien-tôt paroître une multitude de jeunes Choux. S'ils se trouvent trop épais, on les éclaircit, & on sarcle avec attention les herbes qui poussent dans ces terreins, à mesure qu'elles croissent; on laisse ces Choux dans le même carré jusqu'à la Toussaints; alors on les transplante dans le morceau de terre qu'on leur a destiné; on les y plante par rayons, avec le pied ou la bêche, assez en avant, c'est-à-dire qu'on les enterre jusqu'auprès des feuilles; on les met tous à environ deux pieds ou deux pieds & demi de distance les uns des autres, en tout sens, suivant la bonté du terrein. Jamais on ne doit les planter avec un piquet, comme font ordinairement les Jardiniers pour les autres espèces de Choux. On remplit le fond des rayons de fumier dont on couvre les racines de Choux; on étend ensuite la terre sur ce fumier, en sorte qu'entre chaque rangée de Choux, il se trouve un sillon.

Vers le milieu du mois de Mai suivant, on donne un labour au terrein, avec le pic ou la bêche, & on régale la terre des sillons, de façon que tout ce terrein se trouve uni. Il ne reste plus rien à y faire que d'arracher, de tems en tems, les mauvaises herbes qui y viennent.

Beaucoup de Cultivateurs sèment la graine de ce Choux avec celle du Chanvre; quoique cette façon ne soit pas aussi sûre que la précédente, dans les années pluvieuses, elle réussit quelquefois très-bien. Lorsqu'on arrache le Chanvre, on découvre une multitude de petits Choux, qui, se trouvant alors à l'air, croissent ensuite très-vîte; on les transplante à la Toussaints, de la manière qu'on a expliqué; on les estime plus que ceux venus dans les jardins potagers, parce qu'ils ne sont pas si sujets à monter en graine le Printems suivant: c'est un accident qui arrive cependant, en certaines années, à une partie de ce légume, ce qui oblige de les remplacer par d'autres de la même espèce, qui n'ont pas essuyé le même accident, & qu'on réserve exprès, pour ce remplacement, dans quelque morceau de terrein.

Plusieurs Laboureurs transplantent ces Choux avec la charrue, mais ils ne font cette opération qu'au Printems, & les laissent jusques-là dans l'endroit où ils ont été semés; ils régalent ensuite la terre avec le pic ou la bêche, vers la fin du mois de Mai, de la façon qu'on l'a observé. On voit, dans plusieurs fermes de l'Anjou & du Poitou, des champs entiers de cette sorte de Choux, qui font, dans ces pays, d'une grande ressource. »

« Au mois de Juin, ces Choux, qui font déjà grands, qui ne pomment point, & qui restent toujours verds, commencent à servir, & parviennent bien-tôt à leur degré de bonté; ils y restent jusqu'au Printems suivant, qu'ils commencent à monter, fleurissent ensuite, & donnent après cela de la graine : cette graine est mûre vers le mois de Juillet; on en cueille alors ce qu'on en a besoin pour semer. Ces Choux croissent ordinairement dans l'Anjou; lorsqu'ils sont entièrement montés, ils vont jusqu'à la hauteur de huit pieds; on en a même vu de plus hauts. Depuis le terme qu'ils commencent à servir, on en cueille de tems à autre les feuilles, qui repoussent à mesure : ces feuilles sont grandes, excellentes pour faire la soupe, & si tendres qu'elles cuisent en les faisant bouillir un moment; elles ne font jamais mal à l'estomac, & sont aussi une très-bonne nourriture pour les bestiaux, qui les mangent avec avidité; elles ont encore l'avantage de donner beaucoup de lait aux vaches. »

« Telles sont les propriétés du Chou de cette espèce, fort prisé en Anjou, en Poitou, en Bretagne, au Maine, & dans quelques autres provinces voisines. On oblige même, en Anjou, les Fermiers, par leurs baux, d'en planter tous les ans une certaine quantité, & d'en laisser un certain nombre sur pied, lorsqu'ils sortent de leurs fermes. Ces choux forment une espèce d'arbuste fort utile, puisque ces feuilles servent à la nourriture des hommes & des bestiaux, & que son tronc, qui est environ de la grosseur du poignet, sert aussi, étant devenu sec, à faire du feu; cela fait dire communément dans cette province, que chacun de ces Choux vaut cinq sols de revenu par an. »

« Il arrive quelquefois, dans des Hivers extrêmement rudes, qu'une partie de ces Choux gèlent, & l'on regarde cet accident comme une grande perte dans les pays dont je viens de parler; mais c'est une chose assez rare, parce que les Choux de cette espèce résistent davantage à la gelée que les autres. »

« On observera de clorre soigneusement, soit par des haies, soit par des fossés, le terrein où l'on plantera ces Choux, afin de les garantir du dommage des bestiaux, qui en sont très-friands. J'en ai fait, avec cette précaution, diverses plantations, auprès des maisons bâties au milieu des landes, que j'ai défrichées, & ces plantations ont bien réussi, quoique le terrein soit, en plusieurs endroits, des plus médiocres »

« J'ai proche de ma maison, en Anjou, au milieu du domaine que je fais valoir, depuis long-tems, d'après la méthode que j'ai décrite dans mon Mémoire sur les Défrichemens, deux pièces de terre bien closes, qui servent à cette plantation. On y met alternativement des jeunes Choux tous les ans; lorsqu'on les arrache, après qu'ils sont montés, pendant la seconde année, dans le tems ci-devant marqué, on bêche le même terrein, & l'on y sème des fèves ou des pois; comme la récolte en est faite avant la Toussaint, cela n'empêche point de planter alors de nouveaux Choux dans ce terrein, qui n'en vaut que mieux; les fèves & les pois les rendent plus meubles; de cette manière, la terre ne repose jamais, & ne s'épuise point, au moyen du soin qu'on a de la fumer toutes les fois qu'on y met les Choux »

« Ces Choux étant d'une si grande utilité, je me suis toujours étonné de ce qu'on ne le cultive pas dans les divers pays de l'Europe; je crois qu'il réussiroit presque par-tout, & je conseille à tous les Cultivateurs d'en faire des plantations. »

Depuis quelques années, on cultive, en Allemagne, une variété de Chou verd qui s'approche, pour la hauteur, du Chou en arbre. Les plants que l'on a cultivés dans le jardin économique de l'Université de Goettingue, y sont parvenus à six pieds de hauteur. Les feuilles inférieures de ce Chou ont ordinairement quatre pieds de long, sur deux pieds de large; elles sont d'un verd blanchâtre, planes & point ondées (*fol. a plana, non undulata, nec bullata*) à côtes blanches. Les fleurs en sont blanches (comme les fleurs du Brocoli brun, & beaucoup plus grandes que les fleurs des autres Choux. La seconde année, ce Choux paroît vouloir pommer; mais ce rapprochement des feuilles ne produit que beaucoup de fleurs, quoique, selon l'opinion de plusieurs Economes, ce même Chou ne fleurit que la troisième année. Il demande à être butté souvent & assez copieusement. Dans les Hivers très-froids, il souffre un peu, comme presque toutes les espèces de Chou à haute tige. Le goût de ce Chou n'est pas désagréable; cependant ce n'est pas un met exquis; &, comme il fournit beaucoup de feuilles, & d'un volume gigantesque, il conviendroit, à tous égards, pour la nourriture des bestiaux; on le cultive sous le nom de grand Chou de Canada. (*Brassica maxima Canadensis*).

CHOU *frangé*, ou le CHOU *brun des Allemands*. Ce Chou, qui est particulièrement cultivé dans le Nord de l'Allemagne, où il résiste au plus grand froid, n'est guères cultivé & estimé en France; mais on a tort de négliger cette culture, car ce Chou ne demande ni beaucoup de soin, ni un terrein d'une bonté particulière. Les Jardiniers, qui cultivent ce Chou en France, le sèment aux mois de Mars & Avril sur terre, & le replantent au mois de Juin, à deux pieds de distance en tout sens; la terre doit être bien fumée, & ce Chou exige d'être souvent arrosé, sur-tout si le tems, quand on le replante, n'est pas pluvieux ou couvert. En Allemagne, on suit des procédés différens. Si l'on demande ce Chou précoce, on le sème en Avril, sur une couche froide, ou sous des chassis, & on le repique à la fin de Mai ou au commencement de Juin; on a des Choux alors aux mois de Septembre & Octobre. Cependant, comme, pendant tout l'Été, ce Chou demande à être arrosé beaucoup, cette méthode ne peut avoir lieu que dans les jardins particuliers, & qui ont de l'eau à leur disposition. Les Fermiers qui le cultivent en grand, le sèment en Juillet & Août & le transplantent à la fin de Septembre ou au commencement d'Octobre. Les jeunes plants acquièrent alors, avant l'arrivée du froid, assez de force & de vigueur pour résister à la gelée la plus forte, & n'acquièrent leur véritable saveur que lorsqu'ils ont été couverts de neige pendant plusieurs mois. En Allemagne, on ne mange non-seulement les jeunes pousses qui naissent dans les aisselles de chaque feuille, & qui n'acquièrent une certaine grosseur que vers la mi-Carême; mais on dépouille ces Choux, pendant l'Hiver, de toutes ses feuilles, depuis le haut jusqu'en bas, ayant attention de ne point arracher le pétiole de la feuille trop près du tronc; car alors la broque, ou la jeune pousse qui prend naissance dans l'aisselle de la feuille, périroit également. Ce Chou est d'une grande ressource dans les Provinces septentrionales de l'Allemagne, où les longs Hivers retardent beaucoup la culture printannière; ce qui fait que toutes les légumes & plantes potagères ne parviennent à quelque perfection qu'au mois de Mai, & souvent plus tard. Ce Chou arrive ordinairement à deux ou trois pieds de hauteur; il est fourni, dans toute sa longueur, de feuilles extraordinairement frisées, frangées & crêpues, & ne forme jamais de pomme. Cette même variété de Chou est très-estimée dans le Brabant, sous le le nom de Spruytjes: voici la manière de le cultiver.

Culture & usage du Chou à jets ou à rejets, connu dans le Brabant.

Dans le Brabant, & sur-tout dans les environs de Bruxelles, on cultive en grande abondance une espèce de Chou, connu sous le nom de Chou à jets (en Flamand, *Spruytjes.*) Ce Chou a une tige droite d'environ deux pieds de hauteur; ses feuilles sont frisées & crêpues; sa tête s'épanouit & ne pomme pas; si l'on arrache les feuilles de la tige, il en sort bien-tôt, de tous côtés, des jets pommés, de la forme de roses doubles, de la plus petite espèce, nouvellement écloses: ce sont ces jets qui donnent le nom à l'espèce, & qui sont un des meilleurs légumes qu'on puisse avoir, étant beaucoup plus délicat qu'aucune autre espèce de Choux. Ces jets sont plus tendres après les premières gelées; on les coupe, même sous la neige; on les mange tout l'Hiver, depuis Octobre jusqu'en Avril, parce que les jets se reproduisent à mesure qu'on en tire, jusqu'à ce que la chaleur du Printems devienne assez forte pour faire monter toute la plante. Avant ce tems, on les étête, & ces têtes même sont un Chou excellent, peu inférieur, en qualité, aux jets. Cette variété de Chou résiste bien au froid, même au plus rigoureux Hiver; elle réussit parfaitement bien au Nord même de l'Ecosse, où on la cultive des semences qui y ont été envoyées de Bruxelles.

La couche où l'on veut semer la graine de ce Chou doit être d'une bonne terre bien fumée. On la sème au commencement de Mars, quelques jours plutôt ou plus tard, selon la saison. Au mois de Mai, les jeunes plantes se trouvent en état d'être plantées à demeure; alors on les transplante sur une pièce de terre bien fumée, éloignée de toute autre couche de Chou. Chaque plante doit être placée à la distance de deux pieds quarrés l'une de l'autre; & si le tems est sec, il faut les arroser pendant quelques jours. On doit sarcler le terrein très-exactement; &, vers la fin de l'Été, on arrache les grandes feuilles des tiges. Dans les premiers jours d'Octobre, on commence à cueillir, avec un couteau, les jets les plus avancés qui ont poussé de ces tiges; & à mesure qu'elles s'en garnissent de nouveau, on coupe une ou deux grandes feuilles d'en-haut, jusqu'à la fin de l'Hiver, qu'on les étête, ainsi qu'il a été dit plus haut.

Le Chou de Sibérie, qui approche de notre Chou brun, n'est pas beaucoup cultivé en Allemagne. Les Anglois, d'après le rapport de Miller, en font plus de cas: il est également dur, & n'est jamais endommagé par le froid; mais il est toujours plus doux dans les Hivers rigoureux que lorsque la saison est plus tempérée. On le sème en Juillet; &, quand les plantes sont assez fortes pour être enlevées, on les transplante à un pied & demi de distance entre chaque rang, & à dix pouces dans les rangs, en choisissant un tems humide pour cette opération, afin qu'elles prennent racine plus aisément; après quoi elles n'exigent plus aucun autre soin. Le Chou de Sibérie n'arrive jamais à la même hauteur que le Chou brun dont nous venons de parler. De ce dernier, il existe quelques sous-variétés panachées, qui, par le mélange agréable de couleurs, comme de blanc, violet, rouge & verd, peuvent être regardées comme des plantes d'ornement dans les jardins.

Chou *grosse côte*, ou *le* Chou *blond*. Ce dernier nom ne convient pas exclusivement à cette variété, car on connoît en France le Chou à grosse côte verd, & l'autre blond. Tous deux ne s'élèvent pas beaucoup de terre, & leur port est le même; ils ne diffèrent que de couleur & de qualité; le blond est le plus tendre & le plus délicat, sur-tout quand il a souffert quelques petites gelées; mais il périt souvent dans les trop fortes. Le second est moins parfait, mais il résiste à toutes les rigueurs des saisons, & demande même à être attendri par les fortes gelées; cette épreuve les rend l'un & l'autre d'une bonté parfaite; ils sont fondans & d'un goût plus fin que tous les autres, sur-tout quand on les prend lorsque la glace est sur les feuilles ; ils se cuisent alors en très-peu de tems, & se distinguent par leur goût très-doux & agréable.

La tige de ces deux variétés de Choux est basse, la feuille en est épaisse & ronde, la côte grosse & blanche ; ils font une petite pomme, à peine sensible quand on les plante de bonne heure ; mais comme on estime plus la feuille que le cœur, on ne se presse pas de les avancer ; c'est ordinairement à la Saint-Jean qu'on les sème, & on les replante en Août ; on peut même, dans les terres légères, en planter jusqu'à la mi-Septembre, si on n'a pas de place vuide plutôt, mais ils ne viennent pas si forts.

Lorsqu'on veut réserver de l'espèce blonde par graine, il faut en couvrir quelques pieds pendant les gelées, ou les porter dans la serre ; l'autre n'a besoin d'aucune précaution, à moins que l'Hiver ne se trouve bien long & bien rigoureux.

Chou *Pancalier*, ou Chou *verd frisé*. Comme ce Chou forme souvent une petite pomme, on peut le regarder comme faisant le passage des Choux verds aux Choux pommés ; sa souche radicale est grosse, haute d'un pied & demi, garnie de grandes feuilles vertes ou blondes, très-froncées ou frisées par le bord, portées par des pétioles courts, tendres & comestibles. Les fleurs de ce Chou sont blanchâtres ; sa culture mérite d'être suivie dans les pays froids & montagneux, car il résiste aux neiges & aux gelées les plus fortes. Selon les pays, on le sème en Mai, pour repiquer les jeunes plants le mois suivant, lorsqu'ils ont la force nécessaire ; la culture de ce Chou n'exige pas beaucoup de soins.

Le Chou-*Cabu*, ou Chou *pommé*. Des grandes feuilles presqu'arrondies, concaves, & tellement rapprochées qu'elles s'embrassent les unes les autres, se recouvrant comme les écailles d'une bulbe, formant une grosse tête arrondie, plus ou moins comprimée ou alongée, & renfermant, pendant assez long-tems, la tige & les branches, voilà le caractère de cette espèce de Chou. Il comprend beaucoup de variétés & sous-variétés, dont voici les principales :

Chou *pommé blanc*. Ce n'est peut-être pas sans raison que plusieurs personnes regardent ce Chou comme le type de toutes les autres sous-variétés du Chou pommé ; car, en observant attentivement les Choux provenus de la même graine, on distinguera sans difficulté des individus qui s'éloignent ou se rapprochent plus ou moins de la mère-plante. L'expérience de certains Jardiniers nous a d'ailleurs appris que la graine que l'on recueille sur un même pied, donne souvent des individus plus ou moins précoces ou hâtifs, & d'un port différent ; celle de la tige du milieu, qui mûrit toujours la première, donne des variétés plus hâtives & plus analogues à la mère-plante que la graine prise sur les branches latérales. Cette observation est donc très-propre à expliquer ce grand nombre de variétés & sous-variétés dans les Choux ; car, si l'on observe des altérations aussi remarquables dans le pays même qui a produit la graine, que ne sera-t-il pas, lorsque cette même graine est transportée dans des pays éloignés, où le climat, le sol &, en général, tout ce qui peut contribuer à la végétation des plantes, est entièrement différent.

L'espèce de Chou que nous appellons en France Chou cabu, doit être, selon M. Descombes, bas & gros de tige, peu garni en feuilles ; sa pomme doit être applatie, dure & large, nuancée de quelques ombres rouges sur sa superficie ; la feuille lisse, large & arrondie, d'un vert un peu bleuâtre ou rougeâtre, découpée, sinueuse, attachée à des queues courtes, entrecoupées de nerfs, ayant la côte grasse ou blanchâtre ; quand il est tel, on peut compter d'avoir la bonne espèce. Il se seme en Août, & se repique en Octobre. Il demande d'être couvert avec attention pendant les gelées ; c'est-à-dire, il ne faut pas le couvrir trop tôt, & lui donner de l'air toutes les fois que le tems peut le permettre ; il commence à être bon en Août, & celui-là doit être consommé avant l'Hiver ; car, quand il est trop gardé, la pomme crève, & la pourriture le gagne. On en sème aussi en Mars, pour l'Hiver, & celui-ci ne fait sa pomme qu'en Septembre & Octobre, qui s'ouvre de même, si on ne le prévient pas ; la précaution qu'il faut prendre d'abord, c'est de l'arracher à moitié, dès que la pomme est bien formée ; la nourriture lui étant par-là en grande partie ôtée, la sève se trouve arrêtée, & le cœur n'a plus la même force pour rompre son enveloppe ; il faut quelque tems après le sevrer tout-à-fait, & l'arracher, sans quoi il se fend & pourrit. Pour conserver ces Choux, les uns les portent dans la serre, & les rangent simplement de bout les uns contre les autres ; d'autres les pendent au plancher par la racine ; d'autres les enterre ; mais j'ai éprouvé que de toutes ces façons, ils retiennent un mauvais goût, & se conservent moins que de la manière que je vais décrire, qui est plus simple & généralement suivie à Aubervilliers. Après avoir arraché, vers la Toussaints, tous les Choux qu'on veut garder, & les avoir dépouillés de leurs grandes feuilles, on nettoie une place en plein air, le long d'un mur, exposé au nord ou au couchant, on les couche sur terre près-à-près, avec toute la racine, la tête tournée au nord ; & quand il y en a une rangée de placée, on jette un peu de terre sur les racines ; on recommence un autre rang à la suite, disposé de manière que les têtes touchent aux racines des premiers, & on continue de la même manière, tant qu'on en a. Lorsqu'ensuite les grandes gelées approchent, on les couvre avec de la grande litière sèche & bien secouée ; & quand les dégels arrivent, on les découvre. L'air naturel dont ils jouissent de tems en-tems dans cette situation, les soutient mieux qu'un air enfermé, & empêche qu'ils ne prennent pas de mauvais goût; cependant, passé Noël, on n'en fait plus de cas; ils perdent leur goût en meilleure partie; les Choux frisés leur deviennent alors préférales.

Le Chou *de Bonneuil*, ou le Chou *blanc hâtif*. Le Chou de Bonneuil est un des Choux le plus hâtif de la France. M. Descombes dit, que s'il n'a pas l'avantage de la primauté, il a celui d'être plus profitable, sa pomme étant plus considérable que plusieurs sous-variétés encore plus hâtives. Sa feuille est grande, ronde, lisse, d'un gros verd, un peu ardoisé; sa tige basse, & sa pomme un peu applatie, fort serrée & tendre; il a encore le mérite de se conserver long-tems & sans pourrir. Il est bon ordinairement vers la Saint-Jean; on peut le semer en Août sur terre, ou en Janvier sur couche.

Le Chou *d'Yorck*. Ce Chou, qui est encore plus hâtif ou précoce que le précédent, est de tous les Choux celui qui pomme le plus vite; car, d'après M. Descombes, sa tête est toute fermée quarante jours après qu'il a été transplanté. Sa feuille est ronde & petite, fort lisse; sa couleur d'un verd d'Hiver; sa tige assez basse, & sa pomme un peu pointue, dure blanche & tendre, de la grosseur d'un petit melon de Carmes, teinte sur la superficie de quelques ombres rouges. On le seme au mois d'Août, & le repique en Octobre, comme tous les Choux qui doivent passer l'Hiver; il résiste parfaitement à la rigueur de nos Hivers, & se trouve bon à la fin de Mai. Le petit Chou frisé hâtif dont parle M. Descombes, & que M. l'Abbé Rozier a également décrit, est, selon les renseignemens qu'un très-habile cultivateur m'en a donné, absolument le même que celui dont je viens de parler. M. Descombes dit qu'il est un peu plus connu en France que le Chou d'Yorck; sa feuille est tant soit peu frisée, d'un verd lavé; sa tige fort basse, & sa pomme dure & blanche; on le sème comme le Chou d'Yorck, & il se conserve de même comme ce Chou. Ces deux variétés de Choux sont très-tendres & d'un bon goût; mais leur culture convient beaucoup mieux aux Particuliers qu'à des Jardiniers qui en font commerce. M. Descombes conseille à ceux qui veulent le cultiver, de le semer en Janvier sur couche, & de le soigner comme d'usage; on peut alors avoir des Choux tout formés en Mai.

Le Chou *chicon* ou le Chou *en pain de sucre*. Ce Chou, que l'on regarde avec raison comme une variété très-peu distinguée du Chou de Yorck, ne forme qu'une tête très-petite, pas beaucoup plus grosse qu'une laitue Romaine. M. Duchesne dit qu'il a des feuilles de la forme d'une raquette; elles sont très-concaves, alongées, étroites vers la queue, s'élargissant régulièrement jusqu'à l'extrémité qui est arrondie. La pomme, qui n'a pas beaucoup de consistance, se trouve presque toujours creuse, mais blanche, très-tendre & d'un bon goût. On prétend qu'il est moins précoce que les deux variétés précédemment décrites.

Le Chou *de Saint-Denys* ou d'*Aubervilliers*. Ce Chou dont on fait une très-grande consommation à Paris, pendant l'Eté, se distingue du Chou cabu ordinaire, par une tige plus haute, un plus grand nombre de feuilles d'un gros verd dont elle est garnie, & par une pomme tant soit peu pointue à son sommet, & très-blanche. On seme ce Chou en deux saisons différentes, au mois d'Août & au mois de Mars. La première semence doit se faire à l'ombre de quelque mur ou palissade, & se repiquer en Octobre dans la même position, pour y passer l'Hiver; il demande à être couvert & soigné pendant l'Hiver, comme le Chou cabu, en lui donnant de l'air de tems-en-tems; car, quand il s'attendrit trop, il périt très-facilement. Si l'on est surpris par quelque gelée, il faut attendre que le soleil ait passé dessus & l'air dégelé, avant de le couvrir. On le replante ensuite au mois de Mars, à deux pieds & demi ou trois pieds de distance en tous sens, & il se trouve bon à la fin de Juin. Les Choux de la première semence doivent être consommés pendant l'Eté. La seconde semence se fait en Mars, & fournit pour l'Automne & l'Hiver; mais, comme il y a d'autres espèces meilleures, il ne s'en fait pas tant de consommation dans cette dernière saison. Pour la graine de l'année suivante, ce sont les Choux de l'arrière saison que l'on doit employer à cet usage; il faut les conserver de la même manière que les autres Choux-pommes dont nous avons parlé dans les articles précédens.

Le Chou *de Strasbourg*. Ce Chou très-peu connu en France, est particulièrement cultivé en Allemagne, sur-tout en Alsace, le long du Rhin, dans les Provinces septentrionales de ce pays. Il demande, en général, moins de soins que les autres; & une fois planté, il reste abandonné à lui-même. On le plante à la charrue, pendant un tems couvert, & on le serfouit au besoin; voilà à peu-près la culture. Mais il faut avouer aussi que le terrein que l'on destine en Allemagne aux Choux, leur est très-favorable; outre cela, on a soin de le fumer chaque année que l'on en plante. Il ne réussit pas moins bien en France, quand les fonds sont bons & bien préparés, pourvu qu'on ait soin de se pourvoir, tous les ans, de nouvelles & bonnes graines. Le Chou de Strasbourg, comme le dit fort bien M. Descombes, n'est, à proprement parler, qu'un Chou pommé, régulièrement parfait; cependant sa grosseur extraordinaire, & quelques autres qualités particulières, lui méritent un rang à part. Sa pomme est

eſt plate & fort écraſée, dure & blanche; la tige en eſt baſſe & fort peu élevée, & ne jette que peu de feuilles, qui ſont liſſes & d'un verd pâle.

En France, on le sème au mois de Mars, & on le replante à la fin de Mai; il ſe trouve bon en Octobre, & ſe conſerve fort avant dans l'Hiver, lorſqu'on y porte les mêmes ſoins que j'ai fait obſerver pour le Chou de Saint-Denys & autres. On peut également en ſemer au mois d'Août, qu'on repique en Octobre, & qui paſſe l'Hiver, en y donnant quelques ſoins; ce Chou remis en place au mois de Mars, eſt bon au mois d'Août. On voit ſouvent, en Allemagne, de ces Choux qui pèſent juſqu'à trente à quarante livres.

C'eſt avec ce Chou que l'on fait en Allemagne le ſauer-kraut ou Chou-aigre, qui commence à prendre faveur en France. Pour bien faire le ſauer-kraut, il ne faut choiſir ni les pommes les plus groſſes ni les plus peſantes, mais les plus dures, les plus blanches, & dont la côte eſt la moins groſſe & ſaillante. Le ſauer-kraut eſt regardé comme une nourriture très-ſaine, & comme un très-bon anti-ſcorbutique. On les recommande avec raiſon aux marins dans les voyages de long cours; &, de nos jours, le célèbre Coock nous a laiſſé une preuve convainquante de la ſalubrité de cette nourriture. De cent dix-huit hommes dont étoit compoſé ſon équipage, dans un des voyages autour du globe, qui dura trois ans & dix jours, Cook n'a pas perdu un ſeul homme de maladie, & attribue la ſanté conſtante dont a joui ſon équipage pendant tout le voyage, à l'uſage fréquent du ſauer-kraut. Cependant la méthode d'après laquelle Cook le fit préparer, ne nous paroît pas auſſi parfaite que celle des Allemands; nous reviendrons ſur cet article, en parlant de la préparation du ſauer-kraut. Il ſeroit fort à deſirer que l'exemple de Cook fût imité par la Marine Françoiſe, & ce ſeroit à-la-fois un bon ſupplément aux légumes ſèches que l'on diſtribue aux équipages, & rendroit en même-tems l'uſage journalier de la viande ſalée moins nuiſible & rebutant. Preſque toutes les Provinces de la France pourroient fournir des Choux; le Chou de Straſbourg, ou d'Allemagne, n'eſt pas le ſeul propre à cet uſage; les Choux de Bonneuil, d'Aubervilliers & de Saint-Denys fourniroient du Sauer-kraut, auſſi bon & peut-être meilleur que celui de Straſbourg: tout dépend de la bonne ou mauvaiſe méthode que l'on ſuit en préparant ces Choux. J'excepte cependant tous les Choux qui ont été cultivés dans des terreins marécageux ou tourbeux; des expériences répétées prouvent que ces Choux ne ſe conſervent pas ſi long-tems que ceux qui ſont venus dans des terres meubles & mêlées. Nous avons eſſayé à faire en Italie le Sauer-kraut avec pluſieurs variétés du Chou de Milan, que l'on avoit cultivé aux environs de Rome, & cette expérience nous a fort bien réuſſi; mais comme ces Choux ſont beaucoup plus tendres que le Chou blanc de Straſbourg, nous n'avons jamais pu le conſerver plus de deux mois; car la fermentation trop long-tems entretenue par la température douce du climat, le réduiſoit bien-tôt en bouillie, quoiqu'on n'eût rien négligé pour le conſerver plus long-tems, & que l'endroit où on le gardoit étoit aſſez frais.

Préparation du Sauer-Kraut, d'après la méthode des Allemands.

Les Allemands s'occupent de la préparation du Sauer-kraut ou Chou-Croûte, pendant les mois d'Octobre & de Novembre; car alors les Choux ont acquis la plus grande perfection, & ſont parvenus à l'état de maturité que cette préparation exige; d'ailleurs les travaux les plus preſſans de la campagne ſont alors finis, & les ſoirées longues conviennent parfaitement à ce genre de travail, qui aſſure à toute une famille une nourriture ſaine pendant l'Hiver, & une famille peu nombreuſe peut ſe procurer cet aliment dès les mois d'Août ou de Septembre. Je parle ici d'une préparation en grand; car pluſieurs villes de l'Allemagne font un commerce aſſez étendu avec cette denrée; c'eſt ainſi que le Chou-Croûte que l'on mange à Paris eſt ordinairement apporté ou de Straſbourg ou de quelqu'autre ville de l'Alſace; les villes du nord de l'Allemagne font des envois conſidérables de Sauer-kraut dans les pays étrangers. J'ai vu employer en Allemagne les différentes variétés du Chou cabus, pourvu que les pommes en fuſſent bien fermes. On choiſit, quand on le peut, les Choux qui ont le moins de côtes groſſes & saillantes; car ces dernières étant moins ou trop tard pénétrées par le ſel, paſſent ſouvent à l'état de putréfaction, avant que la fermentation acide ſoit établie. Les côtes trop groſſes cauſent un autre inconvénient, qui n'eſt pas moins nuiſible à la conſervation du Sauer-kraut; c'eſt qu'elles empêchent que les différentes couches de Chou s'entaſſent auſſi exactement qu'il le faut; & que, dans les interſtices qui en réſultent, il ſe forme une moiſiſſure qui communique bien-tôt un goût déſagréable à tout le reſte. Des ſoins que l'on emploie pour réduire les Choux en tranches fines & égales, dépend en très-grande partie la conſervation du Sauer-kraut dans les voyages de long cours, ou dans des climats chauds. La flotte Ruſſe n'a pas pu conſerver ces proviſions de Sauer-kraut, lorſqu'elle fit la guerre aux Turcs dans l'Archipel; car le Sauer-kraut étoit préparé à la manière Ruſſe; c'eſt-à-dire, que les pommes des Choux n'étoient hachées que groſſièrement, ſans qu'on eût retiré les groſſes côtes, ni les feuilles fanées, quoique les parages où étoit alors la flotte ne ſe trouvent pas ſous une latitude où la chaleur soit à redouter pour une préparation de cette nature faite avec quelques soins. Une autre circonstance, pas moins essentielle à la conservation du Sauer-kraut, c'est de n'employer que des pommes de Chou fraîchement coupées. Lorsqu'elles commencent à se faner, ou qu'elles ont déjà souffert de la gelée, la fermentation ne s'établit, que très-lentement; mais, lorsque à force de soins & d'attention l'on parvient encore à conserver pendant cinq à six mois ces Choux, ils gardent constamment un certain goût fade, que l'art du cuisinier même ne sauroit faire disparoître. Je connois trois manières de préparer les Choux pour le Sauer-kraut; la première est de hacher grossièrement les Choux sans beaucoup de choix, & sans en écarter les grosses côtes ou feuilles vertes, à l'aide d'un couperet ou instrument fait exprès. Cette méthode, fort en usage en Russie, est peut-être la moins recommandable; elle peut tout au plus convenir à des peuples peu délicats dans le choix de leurs alimens, ou dont la misère ne permet pas un grand raffinement. Les Choux, ainsi préparés, ne se conservent pas trop long-tems pour des raisons que nous avons exposées dans le précédent. La seconde manière, en usage dans la plus grande partie de l'Allemagne, consiste à réduire en tranches, d'une finesse convenable, les têtes ou pommes de Chou que l'on destine à cet usage, moyennant un instrument semblable à un rabot à plusieurs lames. Comme cette méthode nous paroît la meilleure & la plus aisée à imiter, nous entrerons là-dessus dans de plus grands détails, dont peut-être nos lecteurs nous sauront gré. Une espèce de table à quatre pieds, ou une simple planche de trois à quatre pieds de long, sur huit ou neuf pouces de large, contient plusieurs lames très-tranchantes, presqu'aussi longues que la largeur de la table ou de la planche le permet, & larges à proportion. Ces lames, au nombre de trois ou de quatre, selon la grandeur de la planche, sont placées en biais dans des trous pratiqués dans la planche, exactement comme le fer d'un rabot, & maintenues par plusieurs coins de bois ou par des visses. Cette machine représente un véritable rabot, aussi les Allemands lui ont donné le nom de rabot de Chou. On comprend aisément qu'entre chaque lame, il doit y avoir une ouverture assez spacieuse pour donner issue à la tranche ou le copeau de Chou, que l'on a coupé par le moyen de ces lames; & que les lames ne doivent surpasser le trou que d'une ligne ou quelque chose de plus, car plus la lame débordera le trou, plus la tranche de chou sera grosse. On pose ce rabot, si c'est une planche, sur une cuve propre, qui servira à recevoir le chou ainsi coupé; ou si cette machine est montée en table avec des pieds, il faut également placer une caisse convenable, ou tel autre vase, dans lequel tomberont les tranches de Chou. En préparant le Sauer-kraut peu en grand, on se contente de glisser les têtes de Chou, dépouillées de toutes les feuilles lâches & détachées, & coupées en deux en avant, ou en arrière sur la table ou la planche, en les pressant doucement contre les lames; par ce moyen, le Chou sera bien-tôt réduit en tranches longues & fines, semblable à un gros vermicelli, qui tomberont à travers les troux dans le vase destiné à le recevoir. Si l'on préparoit le Sauer-kraut très en grand, il faudroit alors se servir d'une caisse sans fond, ou d'un simple cadre capable de retenir plusieurs têtes de Chou à-la-fois, que l'on glissera horizontalement sur le rabot. Dans les parties septentrionales de l'Allemagne, ou chaque famille se pourvoit de provisions pour l'Hiver, on abandonne la préparation du Sauer-kraut aux servantes; deux ou trois soirées en Octobre ou Novembre, suffisent alors pour faire la provision d'Hiver pour une famille de dix à douze personnes. Une troisième méthode de couper les Choux en tranches très-fines & égales, par le moyen d'un instrument semblable à celui dont on se sert en plusieurs pays pour couper ou hacher la paille, s'est principalement suivi en Autriche, en Bavière & dans quelques provinces limitrophes. Mais l'emploi de cet instrument, en tout point semblable à un hache-paille ou couteau courbé & fixé à une de ses extrémités, demande beaucoup d'habitude & d'adresse, & ne peut réellement devenir utile qu'après avoir acquis une très-longue pratique. Dans les provinces que je viens de nommer, on abandonne ce travail ordinairement à des habitans montagnards de l'Evêché de Saltzbourg, qui, moyennant un prix très-modique, vont de village en village, pendant l'Automne & une partie de l'Hiver, pour couper les Choux que l'on destine à la préparation du Sauer-kraut. Au reste, il est très-indifférent de quel instrument on se sert pour donner aux Choux la forme la plus convenable; mais je crois que l'on doit donner la préférence au rabot, très-peu d'heures suffisent pour s'en servir avec avantage, tandis que le hache-paille demande beaucoup de pratique, & peut souvent devenir funeste aux doigts ou à la main de celui qui n'est point fait à manier un pareil outil.

Nous connoissons un autre instrument pour couper les Choux en grand, & dont on se sert dans les environs de Francfort sur le Mein; l'inventeur est M. Tabor. Cet instrument est ingénieux, mais trop compliqué pour être imité facilement, & ne peut convenir que dans des établissemens ou le Sauer-kraut se prépare pour le commerce en grand : nous renvoyons nos Lecteurs à l'Encyclopédie économique de M. Krünitz, vol. 42, art. KOHL, où ils trouveront la figure de cet instrument.

Les têtes de Choux ainsi réduites en tranches médiocrement fines, il s'agit alors de les confire. Les vases les plus convenables pour la conservation & la préparation du Sauer-kraut sont des petits barils ou des tonneaux solides, bien cerclés & défoncés d'un côté. Les meilleurs sont ceux qui ont servi précédemment à du vin blanc, car le vin rouge donne une couleur peu agréable aux choux. On ne peut assez recommander de bien nétoyer les tonneaux; le moindre goût de pourriture ou de moisissure se communique aux Choux & les rend dégoûtant. On commence par couvrir le fond du vase d'une couche de sel de la hauteur d'un quart de pouce, auquel on peut ajouter des baies de genevière, du carvi, du cumin, de la coriandre ou quelqu'autre épice, cela dépend du goût des personnes, & n'est point essentiel à la chose. Après chaque couche de sel on fait succéder une couche de Chou d'un pied de haut, qui cependant se réduira bientôt à peu de chose, lorsque avec un pillon de bois on sera parvenu à bien comprimer le tout. On doit éviter d'employer pour cet usage un pillon de fer ou d'autre métal, l'âcreté de la saumure du sel, qui se dissout promptement dans le suc du Chou, attaqueroit le métal, & feroit perdre la couleur blanche aux Choux, ou lui communiqueroit même des qualités malfaisantes. Comme on ne se sert du pillon que pour rapprocher, autant que cela se peut, les différentes couches de Chou, & de bien incorporer le sel, on doit se garder de piler avec trop de force & pendant trop longtems; car, dans ce dernier cas, le Chou sur-tout quand il est fraîchement coupé, comme cela doit toujours être, lorsque cette préparation doit bien réussir, seroit bien-tôt réduit en bouillie. Dans plusieurs provinces de l'Allemagne on n'emploie point le pillon pour comprimer les Choux; mais on les fait trépigner par un homme, qui précédemment s'est lavé les pieds. Cette dernière méthode seroit peut-être préférable, si l'idée dégoûtante de malpropreté ne s'en mêloit pas. On continue de la manière indiquée, jusqu'à ce que les barils ou les tonneaux sont remplis, alors on couvre le Chou d'un couvercle que l'on charge d'une pierre assez pesante, pour empêcher que le Chou, lorsque la fermentation commence, ne se soulève & se répande hors du baril; ce qui arriveroit dans le cas où le poids ne fût pas proportionné à la masse des Choux. Il est bon de n'employer, pour le Sauer-kraut, que des tonneaux médiocres, ou même des petits barils de vin; un tonneau trop grand dure trop longtems, avant qu'une petite famille puisse consommer tout ce qu'il contient, & lorsqu'il est une fois entamé, le Chou perd toujours de sa qualité, car le couvercle n'étant adapté qu'à un des bouts du tonneau, devient trop petit à mesure que le Chou diminue, & que le couvercle descend vers le milieu du tonneau; la partie du Chou, qui n'est point couverte, entre bien-tôt en corruption, & contribue à gâter tout le reste. Le seul moyen que l'on puisse employer pour remédier à cet inconvénient, c'est d'entourer le couvercle d'un morceau de grosse toile, qui servira à remplir le vuide qui se forme entre le couvercle & les parois du tonneau, & qui garantira les Choux du contact de l'air. Dans tous les cas, les petits barils valent mieux; on peut les déplacer & transporter plus aisément que les grands, ce qui est souvent nécessaire pendant l'Hiver; car cette préparation ne sauroit supporter un trop fort degré de chaleur, ni la gelée, qui nuit également à sa bonne qualité & à sa conservation. Dans les vaisseaux où les équipages peuvent être nourris deux fois par semaines de Sauer-kraut, il est à conseiller de n'employer que des petits barils. On pourroit proportionner la grandeur de ces barils au nombre d'hommes que l'on nourrit, & n'employer à chaque repas qu'un petit baril, on auroit l'avantage d'avoir cette denrée toujours fraîche & parfaite, & on gagneroit, quant à la place, chose si essentielle dans un vaisseau. Je me suis permis cette petite digression sur la forme & le volume des barils ou tonneaux, parce que la bonté & la salubrité du Sauer-kraut en dépend. Je reprens maintenant le fil de mon discours sur la fermentation de cet aliment. Les vases qui contiennent les Choux, doivent être de la plus grande solidité; pour une très-petite quantité de Sauer-kraut, on pourroit employer des vases de terre; mais, comme ceux-ci sont plus casuels, il vaut mieux n'employer que des barils. Ces derniers doivent être bien cerclés, & d'un bois qui ne communique ni couleur ni goût, & assez solides pour résister à la fermentation; car les Choux étant comprimés par le poids qui pose sur le couvercle, exercent une plus grande force sur les parois du baril, & feroient crever les douves ou sauter les cercles, en cas que l'on n'auroit point pourvu à leur solidité. Mais ce qui contribue le plus à la bonté du Sauer-kraut, à sa conservation, & à lui procurer l'acidité agréable dont ce végétal est susceptible, c'est d'en accélerer la fermentation. Comme les mois d'Octobre & de Novembre sont déjà assez froids dans la plus grande partie de l'Allemagne, on a l'usage de placer les tonneaux ou barils, dans des caves, dont la température douce peut provoquer la fermentation; en cas de besoin, on peut même placer ces tonneaux dans des chambres chauffées par un poêle, dont la chaleur sera entre douze ou quinze degrés du thermomètre de Réaumur, & les en retirer dès que la fermentation s'est établie. Dans quelques endroits, on cherche à exciter la fermentation par un levain ou ferment artificiel, ou de la farine délayée dans de l'eau mêlée de vinaigre & de moutarde en poudre. Ces moyens accélèrent, à la vérité, la fermentation, & deviennent même indispensables, toutes les fois que l'on aura employé des Choux coupés depuis long-tems, qui manquent, par conséquent, de suc, ou lorsque la saison fera languir la fermentation. D'après des expériences répétées, je crois pouvoir assurer que l'on peut se passer du levain artificiel, lorsque l'on suivra exactement la prescription que je viens de donner; c'est de n'employer que des têtes de Choux fraîchement coupées & succulentes, & de se servir de préférence des barils de vin, ou qui ont servi l'année précédente à la même préparation. Le suc du Chou qui surnage en abondance au-dessus du couvercle, doit être conservé; il garantit le Chou du contact de l'air, & son goût plus ou moins acide, annonce le degré de fermentation dont on a besoin. La fermentation une fois bien établie, il faut transporter les barils ou tonneaux dans des endroits plus frais que ceux où ils étoient précédemment. L'endroit d'une maison où il ne gèle pas, & où l'air n'est pas trop resserrée, leur convient mieux, pendant l'Hiver, que les caves; car ces dernières sont alors trop chaudes. Il faut laisser le Sauer-kraut dans les tonneaux ou barils, dans lesquelles il a fermenté, & ne point le transvaser; nous avons essayé plusieurs fois de prendre ces Choux d'un grand tonneau, dans lequel il avoit fermenté, pour en remplir plusieurs petits; mais cet essai n'a jamais réussi: après peu de tems, les Choux, dans les petits barils, entroient en corruption, malgré les soins que nous employâmes pour les tenir dans des endroits dont la température leur étoit parfaitement convenable. Quand la fermentation a entièrement cessé, c'est ce qu'on remarque lorsque l'eau ou le suc qui surnage ne jette plus de bulles, & que cette même eau prend un goût acide bien prononcé, on peut alors faire adapter le couvercle par un tonnelier, resserrer les cercles, si cela est nécessaire, & faire transporter les tonneaux ou barils dans l'endroit qu'on leur destine pendant l'Hiver.

On peut également conserver le Sauer-kraut sans sel; mais alors il faut chercher à faire entrer les Choux très-promptement en fermentation, en y ajoutant des tranches de pommes ou un peu de vinaigre, ou de la farine délayée dans une petite quantité d'eau; je crois cependant que cette préparation ne peut convenir que dans des climats très-froids, ou dans des petits ménages qui ne font pas des provisions considérables.

On suit en Russie un procédé très curieux, relativement à la manière de faire du Sauer-kraut sans sel, dont le goût, à ce que l'on prétend, est préférable à celui confi d'après la méthode ordinaire. On prend les têtes des Choux, principalement celles d'une espèce très-petite, propre à la Russie, connue sous le nom de Chou de Russie; *Brassica moscovitica capitata minor. Mill.* On place ces Choux tout entiers dans un four chaud, après en avoir retiré le pain. Dans cette chaleur tempérée, les Choux commencent à rôtir, sans cependant perdre tout le suc. Dès qu'on apperçoit que les Choux se ramollissent, on les retire du four, & on les presse dans un tonneau, que l'on pourvoit d'un couvercle & d'un poids par-dessus. Après quelques semaines, ces Choux, qui entrent peu après qu'ils ont été mis dans le tonneau en fermentation acide, sont mangeables, & on nous assure que leur goût est infiniment préférable à celui qui a fermenté d'après la manière ordinaire. Comme les têtes de ces Choux sont entassées toutes entières dans le tonneau, on ne le coupe en morceaux que lorsqu'on veut en faire usage; on les mange cruds & sans autre préparation.

Un usage assez suivi en Russie par le bas-peuple, c'est de mêler des tranches de concombres & de courges avec les Choux que l'on met en fermentation. Tous ces végétaux entrent très-promptement en fermentation acide, & forment un aliment antiscorbutique, très-sain pour le paysan Russe, qui vit pendant l'Hiver dans des habitations très-basses & étroites, dont le méphitisme est encore augmenté par une chaleur à laquelle il faut être accoutumé; un aliment de cette nature est donc parfaitement convenable au genre de vie de ces peuples, & les préserve des maladies que la putréfaction des humeurs pourroient occasionner.

La manière dont les habitans du Forez conservent une partie de leurs Choux pour la consommation de l'Hiver, ne seroit pas moins recommandable à l'usage de la Marine. Ils coupent la tête des Choux perpendiculairement en six ou huit parties suivant la grosseur, les jettent, pendant quelques minutes, dans l'eau bouillante, les en retirent, les laissent égoutter, les plongent ensuite dans du vinaigre, en y ajoutant un peu de sel. Ils changent ce vinaigre souvent, sur-tout au commencement, parce qu'il s'affoiblit par l'eau contenue dans les Choux. Le même procédé est également suivi dans plusieurs provinces de l'Allemagne; cependant les Choux ainsi préparés ne se conservent pas trop long-tems, car le vinaigre se gâte bien-tôt, & cette préparation deviendroit trop coûteuse s'il falloit renouveller le vinaigre trop souvent, dans un pays où le vinaigre n'est pas une production du pays. D'après M. Hupel, (*voyez* sa description topographique de la Livonie,) les paysans Livoniens, se nourrissent en grande partie des Choux pendant l'Hiver, & la méthode qu'ils suivent pour conserver cet aliment, pendant la saison rigoureuse, est assez remarquable. Ils font un peu bouillir les Choux qu'ils veulent conserver, & les pressent ensuite dans des tonneaux; ils exposent ces tonneaux à la forte gelée, & toutes les fois qu'ils veulent en manger, ils en détachent une certaine portion avec la hache.

La méthode de dessécher les Choux de toutes les espèces, de même que toutes les plantes potagères, pour les conserver pendant l'Hiver, dans les climats froids, dans les voyages sur mer, & pour les provisions des armées, est dûe à M. Eisen, Pasteur Protestant à Torma en Livonie; nous parlerons de cette invention, qui ne sauroit être assez connue, sous l'article DESSICCATION. La méthode de M. Eisen a été répétée en grand à Berlin, par ordre du Roi de Prusse, le résultat a été très-applaudi, car les végétaux desséchés, d'après la description de M. Eisen, conservent une grande partie de leur saveur, & un soldat en peut porter une provision pour plus d'un mois, sans être trop chargé.

M. Eisen est également parvenu à dessécher le Sauer-kraut, la betterave fermentée & plusieurs autres racines. Lorsqu'on veut dessécher le Sauer-kraut, il faut l'employer lorsqu'il a acquis le plus haut degré d'acidité, & le dessécher promptement sur des claies, ou des chassis que l'on place sur le four d'un Boulanger, ou à côté de ces grands poêles dont on se sert en Allemagne, pour chauffer les appartemens en Hiver.

Le Chou d'Allemagne. Ce Chou, absolument semblable au précédent, ne diffère que par l'énorme grosseur de ces têtes; on lui a donné le nom de Chou d'Allemagne, parce que c'est dans ce pays où il est particulièrement cultivé; mais j'ignore s'il existe réellement de ces Choux dont le poids va au-delà de cent livres, comme M. Descombes l'assure; en ce cas, le nom de Sauer-kraut, ou Chou de quintal, lui conviendroit de droit. La pomme de ce Chou, comme dit M. Descombes, n'est pas aussi dure & serrée que la pomme de plusieurs autres Choux, & comme il a la côte extraordinairement grosse, il ne se coëffe pas aussi parfaitement que les autres Choux; sa feuille est d'un gros vert lisse, tenant à une longue queue un peu rougeâtre. On le sème, en Allemagne, au mois d'Août, & on le conduit comme les autres Choux pommes. On en fait moins d'usage pour la nourriture des hommes, que pour celle des animaux, pendant l'Hiver, à quoi il paroît très-bon à cause de la grande quantité de feuilles qu'il fournit. D'après Hanbury, ce même Chou est cultivé en Angleterre, sous le nom de *giant cabbage*, (Choux géant.) *Mawe*, Cultivateur Anglois, le nomme *giant, or, great scotch cabbage* (Chou géant ou grand Chou d'Ecosse.) Werton, dans sa Flore Angloise, lui donne le nom de *white scotch cabbage*, *brassica scotica*. C'est aux mois de Septembre & d'Octobre, que ce Chou acquiert sa plus grande perfection en Angleterre & en Ecosse, il se conserve pendant l'Hiver entier, & sert, dans cette saison principalement, à la nourriture des bestiaux. Hambury dit qu'on le sème en Août, & qu'on le transplante en Février, dans un terrain gras & bien fumé, à 4 ½ pieds de distance. En Octobre & Novembre, ce Chou est fort bon à manger; mais, plus tard, il devient dur; il fournit alors un bon aliment aux vaches laitières. On se plaint, en Angleterre, de ce que plusieurs Cultivateurs ont négligé, depuis quelque tems, la culture de ces Choux, qui, par son volume, payoit bien la place qu'il occupoit, & les soins qu'on lui donnoit.

Selon M. Spielmann (*Olerum Agentoratens. Fascicul I.*) ce même Chou se perd depuis quelque tems en Alsace, où la Culture étoit autrefois fort en vogue. Nous ignorons absolument pour quelle raison on a abandonné une culture, dont le produit paroissoit le plus avantageux.

Le Chou rouge ou violet. En France, on fait peu d'usage de ce Chou dans la cuisine, quoiqu'attendri par la gelée, & coupé en tranches très-fines, il est fort bon en salade. C'est de cette manière que les Allemands, les Hollandois & les Brabançons, en font usage. Cuit, il a à-peu-près le même goût que les Choux cabus; mais il prend alors une couleur qui ne réveille pas beaucoup l'appétit, & qui paroît une des raisons pour lesquelles les François ne l'emploient guère dans la soupe. Ce Chou, auquel on attribue en France des vertus médicinales, n'y est cultivé que pour cet usage, & cette culture n'est pas très-étendue. Il ne demande pas plus de soins que les autres Choux pommés, & résiste même à des gelées assez fortes & prolongées; on le sème au mois de Mars, & on le repique en Juin. Ce Chou a de grandes feuilles, d'un rouge pourpre & violet, souvent mêlé de vert, les côtes & les nervures rouges; sa pomme est grosse, bien fournie, & les feuilles intérieures d'un rouge sanguin, avec les côtes d'un rouge plus foncé. Il a plusieurs sous-variétés, & dégénère facilement; pour perpétuer les variétés que l'on desire, il faut suivre le conseil que donne Miller aux Jardiniers Anglois, c'est de planter les Choux rouges dont on veut avoir des graines, sur des plate-bandes, éloignées de celles où se cultivent les autres Choux; car, sans cette précaution, le mélange de la poussière séminale produit souvent des variétés toutes blanches ou panachées, c'est ce qui avoit fait croire aux Jardiniers Anglois que le Chou rouge ne convenoit pas au climat de l'Angleterre, & qu'il y perdoit sa couleur. Le petit Chou rouge, connu en Hollande sous le nom de knaper, est une des sous-variétés les plus estimées des Choux rouges. M. Duchesne dit qu'il a la tige longue & menue, garnie de feuilles vertes, souvent lavées de violet, dont les nervures sont d'un rouge foncé. Sa pomme est fort petite, plus ferme & plus pleine que celle d'aucun autre Chou, & les feuilles dont elle est formée sont entièrement teintes d'un rouge violet, & les nervures d'un rouge moins foncé. M. Descombes, dans l'Ecole du Jardinier-potager, parle d'une autre variété du Chou rouge dont nous donnons la description telle que nous la trouvons dans cet Ouvrage. « Cette variété s'élève jusqu'à cinq ou six pieds, & forme plutôt un arbrisseau qu'une plante potagère ; sa tige est raboteuse à la partie inférieure, & se divise quelquefois en plusieurs branches ; ses feuilles sont larges, d'un vert rougeâtre ou couleur de sang, mêlées accidentellement de teintes bleuâtres, & traversées d'un grand nombre de nervures ; elles sont placées sans ordre, ridées, écartées & sinuées ; ses fleurs sont jaunes, auxquelles succèdent des siliques longues de quatre à cinq pouces, qui renferment des graines rougeâtres & arrondies. Ce Chou supporte, comme le Chou ordinaire, toutes les rigueurs de l'Hiver, & dure plusieurs années, quand on en prend quelque soin ; assez souvent ce Chou produit des rameaux sur le côté ; & au Printems, ses jeunes plants sont fort estimés en salade. On cultive ce Chou comme le Chou rouge ordinaire ; mais il est beaucoup moins employé en Médecine. »

Le Chou *pommé frisé*, ou Chou *pommé frisé d'Allemagne*. Ce Chou, qui paroît unir les Choux Cabus avec les Choux de Milan, a la grosseur du Chou d'Allemagne ; sa pomme en est blanche, très-tendre, & les feuilles qui la composent sont frisées ou bosselées : c'est ce qui le fait aisément distinguer de toutes les autres variétés du Chou Cabus. On le sème en différentes saisons, selon l'usage qu'on en veut faire, car il résiste assez aux intempéries des saisons, & n'exige pas beaucoup de soins. Il en existe une sous-variété connue sous le nom de *Chou pommé frisé hâtif* : ce Chou, qui est plus petit que celui dont nous venons de parler, se sème en Août, & se repique en Octobre ; si on le garantit, en Hiver, contre les fortes gelées, on peut en jouir de bonne heure au Printems, car, en Mai, sa pomme est toute formée. Ce Chou n'est pas beaucoup connu en France, sur-tout dans les Provinces Méridionales.

Gros Chou *de Milan*. Ce chou, avec les variétés qu'il a produites, est regardé comme le meilleur de tous les Choux-pomme. Sa feuille est frisée ou bosselée, d'un verd foncé, & grossièrement frisée ; la pomme est assez grosse, ferme & pleine ; attendri par la gelée, il est très-bon. La tige de ce Chou est très-élevée, & fournit beaucoup de feuilles. Comme ce Chou est plus dur que toutes les sous-variétés qu'il a produites, on fait bien de le réserver pour l'Hiver : cette saison lui convient de préférence. On le sème en Août, & on le repique en Octobre ; comme il passe l'Hiver plus facilement que les autres Choux, on le trouvera tout fait au mois de Juillet suivant. Dans les pays froids, sa culture mérite d'être encouragée.

Le Chou *de Milan*, pointu, ou à Tête longue : sa feuille est d'un beau verd, extrêmement bosselée & très-alongée ; il a la tige basse ; sa pomme, qui est de grosseur moyenne, a la figure d'un œuf ; elle est peu serrée, mais les feuilles sont tendres, d'un goût parfait, & de couleur jaunâtre. Un peu de gelée le rend encore meilleur ; mais il craint les grands froids, & il faut beaucoup d'attention pour le conserver pendant l'Hiver. On le sème en différentes saisons, pour en avoir en différens tems.

Le petit Chou *de Milan*. La tige de ce Chou est également basse, sa feuille très-frisée & d'un beau verd qui ne change point ; la pomme en est dure & de moyenne grosseur. Ce Chou craint également les fortes gelées, & sa pomme crève aisément ; mais il a l'avantage d'être fort tendre & fort bon. Pour en jouir tout l'Hiver, il faut le lever de bonne-heure ; pour le reste, il veut être traité comme les autres variétés.

Le Chou *de Milan court*. Ce Chou, que l'on nomme aussi Chou frisé court, est très-bas de tige ; sa feuille fort cloquetée, assez ronde, d'un verd bleuâtre ; sa pomme très-serrée, de moyenne grosseur ; on peut le semer en différens tems, & le gouverner comme le précédent ; il craint moins le froid que les autres sous-variétés.

Le Chou *nain de Milan*. Ce Chou fait sa pomme, qui est très-petite, presqu'à fleur de terre. Sa feuille est d'un gros verd, extrêmement frisée ; sa pomme est ronde, dure & jaune, fort tendre, & cuit très-proprement. Si on veut l'avancer, on le sème sur couche en Février, & il est bon à la Saint-Jean, & quelquefois encore plutôt. On sème le second en Avril, qui alors est bon en Août, & le dernier en Juin, qu'on destine pour l'Hiver. Pour conserver ce Chou pendant les gelées, il suffit d'employer les mêmes soins que nous avons indiqués pour les autres Choux-pommes. Le petit Chou nain forme ordinairement sa pomme en quarante jours.

Il existe peut-être encore des sous-variétés du Chou de Milan, outre les quatre principales que nous venons de décrire ; mais je crois, qu'à peu de différence près, on pourra les rapporter à l'une ou l'autre de ces variétés. Le Chou de Milan musqué, autrefois assez commun en France & en Angleterre, n'est guères plus estimé. Comme les pommes que ce Chou forme ne sont pas trop serrées, & qu'il craint plutôt le froid que les autres Choux, Miller en recommande la culture plutôt aux particuliers qu'aux Jardiniers, parce qu'il est très-tendre & bon à manger.

Le Chou-*Fleur*. Nous empruntons de M. Duchesne la description extérieure du Chou-fleur. La surabondance de nourriture dans cette variété, au lieu de se porter, comme dans les autres Choux, soit dans les feuilles, soit dans la souche ou la racine, se porte dans les branches naissantes de la véritable tige, & y produit un gonflement si singulier qui les transforme en une masse épaisse, ou une tête mamelonnée, granulée, charnue, blanche, tendre, en cime dense, qui ressemble en quelque sorte à un bouquet, & qui est fort bonne à manger. Si on laisse pousser cette tête jusqu'à la hauteur convenable, elle se divise, se ramésie, s'alonge, & porte des fleu s & des graines comme les autres Choux. Les feuilles des Choux-fleurs sont plus alongées que celles des autres Choux cabus, & leur tête est, dans les belles variétés, d'un blanc éclatant. »

Les variétés de Chou-fleur, indiquées par plusieurs Auteurs, d'après les noms des pays dont on a tiré la graine, se rapportent toujours à la même espèce, & ne varient que par un peu plus de grosseur ou de blancheur, ou d'autres distinctions peu sensibles. On croit assez généralement que les premiers Choux-fleurs ont été apportés de l'Isle de Chypre en Italie, & de-là, dans le reste de l'Europe. Il est sûr qu'un climat plus chaud que celui d'une grande partie de l'Europe leur convient assez; les Choux-fleurs que les Hollandois cultivent au Cap de Bonne-Espérance, & dans une petite Isle connue sous le nom de *Robben-Isle*, y parviennent à un volume monstrueux; & les graines envoyées du Cap en Europe, y produisent, la première année, des individus qui, en grosseur, surpassent les plus beaux de l'Europe. Quant à l'origine des Choux-fleurs, les Botanistes le regardent comme une variété du Chou commun, produite par la culture & le changement de climat. Miller, Jardinier Anglois, & Cultivateur consommé, combat cette opinion; il dit, à ce sujet, *à la page* 5, *Vol. II de son Dictionnaire de Jardinage*: « Le Chou-fleur a été regardé comme une variété du Chou ordinaire; mais dans cinquante années d'observations sur la culture de ces plantes, je ne me suis jamais apperçu que ces deux espèces se fussent rapprochées l'une de l'autre: elles sont d'ailleurs si différentes par la forme des feuilles, que des personnes exercées les distinguent aisément dans leur première jeunesse. Il y a aussi dans leurs tiges de fleurs une différence essentielle: le Chou ordinaire pousse du centre une tige droite qui se divise ensuite en plusieurs branches; au lieu que le Chou-fleur ne produit ses tiges de fleurs que de la partie qu'on mange, laquelle ne paroît être qu'un assemblage serré & compact de ces mêmes tiges de fleurs, qui se divisent ensuite en un grand nombre d'autres tiges garnies de plusieurs rejettons. Toutes ces tiges & ces rejettons forment, lorsqu'ils sont couverts de fleurs, une tête grosse & large, très-éloignée de la forme pyramidale qu'affecte le Chou commun. »

En Angleterre & en France, le Chou-fleur est plus estimé que les autres; c'est par cette raison que les Jardiniers ont donné beaucoup plus de soins à cette culture qu'à la culture d'un grand nombre d'autres plantes potagères. La méthode que suivent les Jardiniers Anglois, pour la culture des Choux-fleurs, diffère, en plusieurs points, de la méthode adoptée par les Jardiniers Français, sur-tout de celle des Maraichers des environs de Paris: cette dernière méthode, qui mériteroit d'être généralement suivie dans les environs des grandes Villes, dont le sol favorise les productions de cette nature, nous la traiterons d'après la description que M. Descombes nous en a donné dans son Ecole du Jardin potager. Pour la méthode Angloise, qui pourroit peut-être convenir dans le Nord de la France, nous emprunterons du Dictionnaire de Jardinage de Miller, ce qui nous a paru le plus utile.

On cultive trois variétés de Chou-fleur en France; une quatrième, que M. Descombes dit venir d'Espagne, n'y est guères connue; le principal mérite de cette variété est, selon M. Descombes, celui de ne porter son fruit que la seconde année, au commencement du Printems; mais, comme les Hivers sont longs & rudes dans ce climat, (M. Descombes parle de Paris) elle est fort sujette à périr; & ceux qui l'ont éprouvé, s'en sont dégoûtés par cette raison. Dans les Provinces méridionales de la France, cette variété pourroit peut-être mieux réussir. Les trois variétés de Chou-fleur actuellement cultivées en France sont: le *Chou-fleur dur commun*, le *Chou-fleur dur d'Angleterre*, & le *Chou-fleur tendre ou hâtif*.

Le *Chou-fleur dur commun ou tardif* est celui dont la culture est la moins incertaine; aussi est-elle principalement suivie par les Jardiniers & Maraichers de Paris. Nous transcrivons, d'après M. Descombes, les différentes méthodes que l'on suit actuellement à Paris. « On sème le Chou-fleur dur ou tardif de deux manières; les uns le sèment fort clair, à la fin d'Août, à l'abri du Nord, dans des baquets remplis de terre & de terreau mêlés ensemble, qu'ils ont soin d'arroser à propos, & ils le laissent dans cette situation jusqu'aux gelées; ils les enferment alors dans de grandes serres pendant tous les froids, & les remettent à l'air aussitôt que le tems se radoucit: le mois de Mars arrivé, ils les replantent en place, & les arrosent. »

« Cette manière n'est pas fort usitée, par la raison que souvent ce plant, enfermé dans la serre, vient à jaunir; lorsque les Hivers sont un peu longs, il s'attendrit, & périt ensuite quand on le met en plein air; mais si la prison dans la serre n'est pas longue, & qu'on ait attention de sortir de tems en tems ces baquets, lorsqu'il survient quelques beaux jours, on peut être sûr que le plant réussira bien, & qu'il donnera son fruit le premier; s'ils ont besoin d'un peu d'eau, on leur en donne. La règle est de n'en laisser dans un baquet de deux pieds de diamètre, que cinquante environ.

La seconde manière de l'élever, qui est celle de nos Maraichers, c'est de le semer à la Saint-

Remy, sur couche, avec l'attention, quand il est levé, d'ôter les cloches pendant le jour, lorsqu'il ne gèle pas, pour l'accoutumer à l'air, & de les remettre tous les soirs; on le repique ensuite sous cloche, le long d'un mur bien exposé, après avoir bien labouré & terreauté la terre; on en met vingt ou vingt-cinq sous chaque cloche, & on observe de ne pas trop l'enterrer; il suffit qu'il le soit autant qu'il l'étoit sur couche. »

« Au bout de quatre ou cinq jours, on donne un peu d'air aux cloches, si le tems est favorable; & huit jours après, on les ôte tout-à-fait pendant le jour, pour les endurcir; mais on a soin de le remettre le soir. »

« Lorsque le tems est à la gelée, il faut jetter un peu de litière sèche par-dessus les cloches, & augmenter la charge à proportion de la rigueur du tems. »

« On les laisse dans cette situation jusqu'à la fin de Février, auquel tems on les repique sur couche, & on les met un peu plus au large; douze à quinze sous chaque cloche suffisent. On les tient couverts pendant quatre ou cinq jours, jusqu'à ce qu'ils aient bien repris, & on leur donne ensuite un peu d'air, si le tems n'est pas trop rigoureux. Huit jours après, on ôte entièrement les cloches pendant quelques heures du jour, & tous les soirs on les remet; car il faut qu'ils s'endurcissent à l'air, en même-tems qu'ils profitent. »

« Lorsque les plus grands froids sont passés, on ôte tout-à-fait les cloches, & on bâtit un petit treillage sur la couche, pour soutenir quelques paillassons qu'on jette dessus, pendant les nuits seulement, à moins qu'il ne survienne encore quelques jours de gelée ou des giboulées, auquel cas on les tient couverts. »

« On les laisse se fortifier, dans cette situation, jusqu'à la mi-Avril, & on les replante alors en place, espacés de deux pieds ou de deux pieds & demi, si c'est une terre fertile; je dis fertile & non pas forte, qualité de terre qui ne convient pas à cette plante: on observe d'y mettre un peu de terreau, comme au tendre; & s'il s'en trouve de borgnes, ou qui paroissent disposés à monter, on les rejette. On a attention aussi que le pied soit enterré jusqu'aux premières feuilles, en observant de même de ne les mouiller que fort légérement, ou point du tout, & de les abandonner pendant quinze jours. »

« Quand ils sont bien repris, on commence alors à les mouiller médiocrement de deux jours en deux jours; mais, dès que le mois de Mai arrive, il faut les mouiller amplement & régulièrement de deux en deux jours, tel tems qu'il fasse, à moins qu'il ne tombât de grandes pluies; car les petites ne doivent pas en dispenser: la bonne dose est d'en mettre une cruchée pour trois pieds, & il faut la jetter par la pomme, & non pas par la gueule, comme font beaucoup de Jardiniers, afin que les feuilles profitent de ce rafraîchissement aussi bien que le pied; & que si elles ont reçu quelque mauvaise influence de l'air, cette eau les puisse laver, & empêche d'éclorre les mauvaises semences d'insectes que les brouillards ou autres intempéries y apportent. Le Puceron, le Tiquet, qu'on nomme autrement la Lisette, & la Chenille, sont leurs grands ennemis, & on n'y connoît de remède que de mouiller souvent: on peut cependant, à l'égard des Chenilles, les chercher dans les feuilles, & les écraser. »

« Quand ils commencent à grossir, il faut leur faire au pied un petit bassin qui retient l'eau; & si c'est en terre grasse, un peu de grand fumier au pied leur est très-avantageux; il conserve la fraîcheur, & empêche les terres de se sècher. »

« Leur pomme enfin se trouve bonne à couper au mois de Juin, si la saison s'est trouvée favorable, je veux dire un peu tendre; & si on s'en trouve une trop grande quantité à-la-fois qu'on ne puisse pas consumer, il faut les arracher avant que la pomme soit tout-à-fait à sa perfection, & les enterrer jusqu'au collet dans un endroit frais, la tête penchée, & peu-à-peu ils achèvent de grossir, & s'entretiennent bons assez long-tems: sans cette précaution, ils montent en graine, & on en perd beaucoup. »

« Il faut, dès qu'ils commencent à donner, marquer ceux qu'on veut garder pour graine, & choisir les plus beaux, qu'on doit continuer d'arroser de deux en deux jours, jusqu'à ce que les siliques soient bien formés; après quoi on peut les oublier. Souvent le Puceron s'y attache, & les fait périr: il faut, dès qu'on s'en apperçoit, couper avec des ciseaux, & jetter au loin les branches qui en sont infectées, & arroser, plusieurs jours de suite, toute la tige, après le coucher du Soleil. »

« On les arrache au mois de Septembre, quand les premières siliques commencent à s'ouvrir, & on les range debout le long d'un mur, pour achever de les sécher; mais l'on observera, si on est en terre froide & humide, & sur-tout dans les climats un peu froids, de placer au pied des murs du Midi les pieds qu'on destinera pour graine; car souvent elle a de la peine à mûrir, & le reflet du mur l'aide beaucoup. »

« Mais à l'égard du Chou tendre, la graine s'en recueille bien plutôt, & plus sûrement, sans qu'il soit besoin de prendre la précaution que je dis: observez de la couper le matin, à la rosée. »

« L'opinion la plus générale est que la graine est d'autant meilleure qu'elle est plus vieille; je ne déciderai pas sur cela, car je connois beaucoup de Maraichers qui préfèrent celle de deux ans à celle de quatre & six; quelques-uns même la sèment la même année qu'ils la recueillent, sans en avoir jamais apperçu aucun mauvais effet. »

« Plusieurs sont dans un autre préjugé, que la graine de Malthe, ou du Levant, est meilleure qu'aucune qu'aucune autre, & l'expérience en a démontré le faux à tous ceux qui font profession d'en élever; celle qu'ils recueillent eux-mêmes leur réussit beaucoup mieux; &, depuis nombre d'années, aucun ne s'avise plus d'en semer d'autre : les étrangers même, en bonne partie, en ont reconnu la différence, & la tirent actuellement d'ici. La graine du Chou-fleur est ronde, de la grosseur d'une bonne tête d'épingle, & sa couleur marron clair; on la juge bonne, quand elle est bien pleine & sans rides. »

« Il faut avoir attention, tant à l'égard du Chou dur que du Chou tendre, de casser quelques feuilles à moitié, qu'on replie sur la pomme, quand elle commence à paroître; cela la rend plus blanche & plus dure, empêche l'eau des pluies & des rosées de la gâter & de la faire pourrir; ce qui arrive souvent, quand elle n'est pas couverte. On observera encore de ne jamais les arroser dans le gros du jour; on doit prendre son tems depuis le point du jour jusqu'à huit heures, ou depuis cinq heures jusqu'à la nuit. »

« Voilà ce qui se pratique pour les Choux-fleurs que l'on veut avoir de bonne-heure; mais à l'égard de ceux qu'on destine pour l'Automne & l'Hiver, la culture est différente & beaucoup plus simple. »

« On sème la graine assez clair, au mois de Mai, le long d'un mur placé au Nord ou au Couchant; on herse bien la terre, après l'avoir bien labourée, & on jette par-dessus deux pouces de terreau ou de crottin de cheval brisé : elle lève en peu de jours; mais quelquefois elle n'est pas levée, qu'elle est dévorée par le Tiquet : le remède, qui n'est cependant pas toujours sûr, est de poudrer dessus de la cendre qu'on met dans un tamis, à la rosée du matin, ou, s'il n'y a pas de rosée, on les bassine légèrement; ce qu'il faut continuer plusieurs jours de suite, jusqu'à ce que les premières feuilles soient sorties du cœur; pour lors ils résistent à cet insecte, qui a moins de goût pour la feuille que pour les oreilles, qui sont plus tendres. On laisse fortifier le plant, sans autre soin que de le sarcler & de le mouiller souvent, jusqu'à ce qu'il soit en état d'être replanté en place : on conduit ensuite les jeunes plants de la même façon que les premiers; mais sur-tout il faut les mouiller copieusement pendant les mois de Juillet & Août; on aura alors les fruits au mois d'Octobre, & ce fruit sera d'autant plus beau que l'Eté s'est trouvé un peu pluvieux; car les sécheresses lui sont très-contraires, & ils se succèdent les uns aux autres jusqu'en Décembre; Il s'en trouve même une partie, dans le nombre, qui ne pomment pas en place, & qu'il faut mettre dans la serre, où leur pomme se fait : ce sont ceux qui servent pour la fin de l'Hiver. »

« Les précautions à prendre pour les enfermer, sont de choisir d'abord un beau jour, quand il n'y a ni eau, ni humidité sur les plantes; &, pour plus de sûreté encore, on les pend en l'air par la racine, pendant un jour ou deux, dans quelque lieu bien aéré. On leur ôte ensuite une partie de leurs feuilles les plus basses, & on les enterre jusqu'au collet, dans des tranchées de profondeur convenable & dans un terrain de sable : s'il est trop sec, on le mouille un peu auparavant; on donne de l'air à la serre le plus qu'on peut, & quand les gelées surviennent, on calfeutre portes & fenêtres; ils font leur pomme dans cette situation, plus petite à la vérité qu'en plein air, mais on est bien aise cependant de les trouver telles pendant tout l'Hiver. Ils vont quelquefois jusqu'à Pâque quand la terre est bonne, & qu'on est exact à ouvrir les fenêtres dès que le tems s'adoucit. »

« Dans les mois de Novembre & Décembre, pendant lesquels ils sont encore en pleine terre, il faut de l'attention pour les préserver des gelées qui quelquefois sont assez fortes, en faisant porter de la grande litière bien secouée au bord des quarrés, pour les couvrir diligemment lorsque le tems menace; & à mesure que les pommes sont en état d'être coupées, il faut les porter dans la serre : on coupe les pieds au-dessous de la pomme; on les dépouille de toutes leurs feuilles jusqu'à la fleur de la pomme, c'est-à-dire, on les coupe à fleur sans les éclater, & on les range proprement sur des tablettes; ils se conservent bons, quoique coupés pendant deux ou trois mois; mais il faut que la serre ait de l'air, & ne soit pas humide, sans quoi ils moisissent & pourrissent; c'est la méthode de nos maraichers qui, n'ayant pas, pour l'ordinaire, des serres assez vastes pour en enterrer, s'en tiennent à conserver ceux dont la pomme est formée avant les grandes gelées, & abandonnent les autres. »

Le CHOU-FLEUR *dur d'Angleterre*, ou le Chou demi-dur des maraichers de Paris, est, d'après M. Descombes, une espèce qui tient le milieu entre le dur commun & le tendre, & qui se sème dans le même-tems, & de la même manière que le dur; mais on peut également le semer sur couche en Janvier & Février, & il se trouve bon entre le premier (le dur) & le dernier (le tendre); il n'est pas tout-à-fait si parfait que le dur; mais il n'a pas non plus le défaut du tendre, & il s'accommode mieux de toute sorte de terres; il se soutient mieux aussi dans les années, soit pluvieuses, soit sèches, que ne fait le tendre, ni le dur, qui demandent chacun une saison & un terrein différent, comme je l'ai expliqué : il est bon par conséquent, d'en avoir de cette espèce; & je connois plusieurs de nos maraichers, qui, après avoir beaucoup d'expériences des unes & des autres, s'en tiennent à celle-là qui, du plus au moins, leur réussit tous les ans, ce dont on n'est pas sûr avec les autres. La culture est la même que celle des durs; mais on observera d'en élever qui soient hâtifs, quand, on voudra en recueillir la graine. La conservation est aussi la même.

Le Chou-Fleur *tendre*, ou le hâtif, est de tous le plus printannier, mais il n'est pas le meilleur ; cependant comme il réussit mieux que les deux autres dans les années sèches & dans les terres fortes, & qu'on ne peut prévoir le tems qui arrivera, il est toujours à propos d'en élever une petite quantité, si la terre lui est favorable ; son défaut est d'être ordinairement mousseux, & de monter facilement en graine. Il se distingue du dur, en ce que sa tige est beaucoup plus déliée, sur tout le reste sa ressemblance est parfaite. Voici la manière de l'élever.

On le sème sur couche au mois de Janvier ; il lève en peu de jours ; &, dès que ses oreilles sont bien formées, on le repique assez épais sur une autre couche : au mois de Mai on le repique une seconde fois sur une nouvelle couche, & il n'en faut mettre alors que quinze à trente pieds sous chaque cloche, pour qu'ils puissent y demeurer jusqu'à ce qu'ils soient bons à replanter en place.

Dans toutes ces différentes situations, il est très-important de leur donner de l'air autant que le tems peut le permettre, pour qu'ils s'endurcissent, & ne s'étiolent pas ; & quand ils sont bien repris, c'est-à-dire, douze à quinze jours après, on les couche tout-à-fait.

C'est aux environs de Pâque qu'il faut les mettre en place, à deux pieds de distance en tout sens, avec une poignée de terreau dans chaque trou qu'on fait, & qu'on évase un peu avec le plantoir : ce petit secours fait qu'ils sont moins surpris du changement de situation, & qu'ils reprennent plus facilement. La terre doit avoir été préalablement bien fumée & labourée ; & lorsqu'elle est nouvellement défoncée, ils s'en trouvent encore mieux.

Les uns les mouillent fort légèrement en les plantant, les autres point du tout ; mais tous s'accordent à les laisser pâtir une quinzaine de jours ; après quoi on commence à les mouiller à une cruchée pour quatre pieds, de deux en deux jours, ou de trois en trois : si le tems est un peu à l'humidité, & dès qu'ils se disposent à faire leur pomme, il faut doubler la mouillure, c'est-à-dire, donner une demi-cruchée à chaque pied.

Lorsqu'ils sont bien repris, il faut les visiter exactement, & arracher ceux qui borgnent, qu'on remplace en même-tems.

Il n'est pas moins ordinaire qu'après être bien repris, il s'en trouve quelqu'un qui monte, sur-tout si on n'a pas fait régulièrement tout ce que j'ai observé : il faut en ce cas les arracher de même ; mais lorsque la pomme ne commence à paroître qu'un mois après ou environ, & qu'on la juge trop prématurée, ce qui s'annonce à la foiblesse du pied, il faut faire un petit bassin autour, en laissant une petite butte de terre contre la tige, & y jetter une cruchée d'eau toute entière ; deux jours après, recommencer, & le répéter une troisième fois ; après quoi on réduit cette mouillure à moitié ; & suivant le tems, on la donne deux ou trois fois la semaine : le pied reprend vigueur, & la pomme vient dans sa grosseur naturelle.

Lorsque la terre est sujette à se feler & à se fendre, il faut chaque fois qu'on arrose, ou trois fois la semaine au moins, donner une petite façon au pied, pour l'émouvoir, l'eau pénètre mieux, & le soleil l'échauffe plus aisément.

Les Choux-fleurs, dit Miller dans son Dictionnaire de Jardinage, se sont tellement perfectionnés en Angleterre, depuis quelques années, qu'on n'en trouve dans aucun pays du monde qui puisse leur être comparés. Les jardiniers de ce pays ont trouvé le moyen de prolonger leur durée pendant plusieurs mois ; mais comme ils abondent principalement dans les mois de Mai, de Juin & de Juillet, je commencerai par donner la méthode pour se les procurer dans cette saison.

Lorsqu'on s'est procuré de la bonne graine de l'espèce printannière, on la sème vers le 20 Août, sur une vieille couche de concombres ou de melons, & l'on crible par-dessus environ un quart de pouce de terre. Si le tems est extrêmement chaud & sec, on abrite la couche avec des nattes, pour empêcher la terre de se dessécher trop vîte, & on l'arrose légèrement, s'il en est besoin, afin que la graine ne se gâte pas. Huit ou dix jours après, lorsque les plantes commenceront à paroître, on ôtera par degrés les couvertures, pour ne pas les exposer trop tôt en plein soleil : au bout d'un mois ces plantes seront en état d'être enlevées ; alors on les plantera à deux pouces de distance en quarré, sur des vieilles couches de concombres ou des melons, qu'on aura recouvertes auparavant avec de la nouvelle terre ; mais, à défaut de ces couches, on en fera des nouvelles avec du nouveau fumier, qu'on foulera, & qu'on pressera de manière que les vers ne puissent pas le pénétrer : on évitera de se servir de fumier trop chaud, qui seroit d'autant plus nuisible à ces plantes, que la saison seroit plus chaude. Lorsque ces jeunes Choux-fleurs sont repiqués, on les met à l'abri du soleil, & on les arrose légèrement. Si la saison est humide, on aura grand soin de les mettre à couvert des pluies continuelles, qui le noirciroient infailliblement, & finiroient par les détruire.

On les laisse sur cette couche jusqu'à la fin d'Octobre ; après quoi, on les transplante dans des places où ils puissent rester pendant tout l'Hiver, & être mis à l'abri sous des cloches. Si ces Choux-fleurs sont vraiment d'une espèce printannière, ils réussiront par cette méthode, & on en aura de bonne-heure ; mais si on veut en manger plus long-tems, il faut se procurer des semences d'une espèce plus tardive, les mettre en terre quatre ou cinq jours après l'autre, & les traiter de la même manière.

Pour se procurer des Choux-fleurs de bonne-heure, il faut choisir un canton de terre riche, & abrité par une haie, une palissade ou une muraille, des vents d'ouest & de nord-est : une haie de roseaux est préférable à toute autre, parce qu'elle arrête mieux les vents. Quand cette terre est bien labourée, garnie d'une bonne quantité de fumier bien consommé, & bien dressée, si le sol est naturellement humide, on forme le terrein en planches larges de deux pieds & demi, & élevées de trois ou quatre pouces au-dessus du niveau; mais si le sol est passablement sec, il faut le laisser uni; après quoi, on plante les Choux-fleurs; & on les espace de manière qu'entre chaque cloche il reste un vuide de deux pieds & demi. On place toujours deux plantes ensemble sous chaque cloche, à la distance de quatre pouces l'une de l'autre. Si cette plantation est destinée à former une pleine récolte, on peut laisser trois pieds d'intervalle entre chaque rang; mais si entre chaque ligne de Choux-fleurs on veut faire des rigoles pour recevoir des melons ou des concombres; comme c'est l'usage des jardiniers de Londres, alors la distance doit être de huit pieds.

Quand la terre est fort sèche, on arrose légèrement les plantes, on serre les cloches dessus, & on les laisse ainsi jusqu'à ce qu'elles soient bien enracinées, à moins qu'il ne survienne une pluie; car, dans ce cas, on ôte les cloches, afin que les plantes puissent en profiter: huit ou dix jours après qu'elles sont plantées, on garnit les cloches de petits bâtons fourchus, pour pouvoir les hausser de trois ou quatre pouces du côté du sud, & par-là donner de l'air aux plantes : les cloches doivent rester soulevées de cette manière jour & nuit, à moins qu'il ne survienne une gelée qui oblige de les rabaisser, & de les serrer autant qu'il est possible. Si le tems devenoit très-chaud, ce qui arrive quelquefois en Décembre, il seroit nécessaire d'ôter les cloches tout-à-fait pendant le jour, & de les remettre seulement pour la nuit, de peur qu'en tenant les plantes trop renfermées, elles ne montent en fleurs dans cette saison; ce qui arrive souvent dans les hivers doux, surtout quand elles sont maltraitées.

Si le tems est doux vers la fin de Février, on prépare une autre bonne pièce de terre pour y mettre quelques plantes de dessous les cloches : quand la terre est bien fumée & labourée, on enlève la plante la plus foible du dessous de chaque cloche, avec une truelle pour lui conserver sa motte, & sans déranger en la moindre chose celles qui doivent rester; puis on les plante dans la pièce de terre préparée, en leur conservant la même distance qui a été prescrite, c'est-à-dire de trois pieds & demi, de rang en rang, pour une récolte entière, ou de huit pieds, si l'on a dessein de planter des concombres dans les intervalles : cette opération étant terminée, on garnit de terre la base des plantes qui sont restées sous les cloches, & on a grande attention de n'en point laisser tomber entre leurs feuilles : on remet ensuite ces cloches en place, on les soulève d'un pouce ou deux plus qu'elles n'étoient, afin d'introduire une plus grande quantité d'air.

Si l'on apperçoit que les plantes croissent trop vîte, & de manière à remplir les cloches de leur feuillage, on creuse un peu la terre autour des tiges, & on l'arrange de façon à pouvoir hausser les cloches de quatre ou cinq pouces pour donner plus d'espace aux plantes, & pour pouvoir les tenir couvertes jusqu'au mois d'Avril; car sans cela il seroit impossible de tenir les cloches par-dessus, sans froisser & endommager beaucoup les feuilles. En les tenant ainsi sous des cloches, on les met à l'abri des fortes gelées qui arrivent souvent vers la fin de Mars, & qui ne manquent point de faire beaucoup plus de tort aux plantes élevées sous cloche qu'à toutes autres.

Quand les cloches sont ainsi placées sur les buttes de terre, on rehausse les soutiens ou bâtons fourchus assez haut pour introduire de l'air lorsque le tems est doux; & l'on a toujours soin de les enlever tout-à-fait lorsque la saison est favorable & le tems à la pluie : on doit ensuite commencer à endurcir les plantes, & à les accoutumer, par degrés, à supporter le plein air : il est cependant prudent de laisser les cloches aussi long-tems qu'il est possible, afin de faire avancer les plantes, & de les mettre à l'abri des gelées de la nuit; mais il faut les enlever lorsque le soleil est ardent, & que les feuilles touchent le verre; car j'ai souvent remarqué qu'alors l'humidité qui s'élevoit de la terre, & la transpiration des plantes s'attachoient aux feuilles renfermées sous ces cloches, & que le soleil y occasionnoit une si grande chaleur qu'elles en étoient entièrement brûlées; ce qui causoit beaucoup de tort aux plantes; & les endommageoit quelquefois de façon à ne plus rien valoir.

Si ces plantes ont bien réussi, vers la fin d'Avril, quelques-unes d'entr'elles commenceront à fructifier; alors on les examinera avec soin tous les deux jours; & lorsqu'on verra paroître la fleur pleine, on ôtera quelques feuilles de l'intérieur, qu'on placera par-dessus, pour la préserver de l'action du soleil qui la jauniroit, & la rendroit désagréable à la vue, si elle y restoit exposée. Quand elle a acquis toute sa grosseur, ce qu'on distingue aisément lorsqu'elle se divise comme pour monter en graines, on l'arrache sans la couper, & on peut la conserver quelque tems, en la déposant dans un lieu frais; mais si l'on veut la manger tout de suite, on la coupe, & on sépare la tête des feuilles. On doit recueillir les Choux-fleurs dans la matinée avant que le soleil en ait dissipé l'humidité, parce que ceux que l'on aura arraché dans la chaleur du jour, perdent cette fermeté qui leur est naturelle, & deviennent durs.

Revenons à notre seconde récolte : ces plantes étant élevées & traitées jusqu'à la fin d'Octobre, comme celle de la récolte printanière, on prépare alors quelques couches couvertes de vitrages, ou revêtues de cerceaux propres à recevoir des nattes : on garnit le fond de ces couches d'un pied, ou de six pouces d'épaisseur de fumier, suivant la grosseur des plantes qu'on veut y placer; c'est-à-dire que, pour les plus foibles, il faut plus de fumier, afin de les faire avancer, & pour celles qui sont plus grandes, il en faut moins. Ce fumier doit être bien battu & bien serré, afin que les vers ne puissent pas le pénétrer, & on le recouvre ensuite de bonne terre & fraîche, jusqu'à l'épaisseur de quatre ou cinq pouces. Les choses étant ainsi disposées, on y place les plantes à deux pouces & demi en quarré, on les tient à l'ombre, on les arrose jusqu'à ce qu'elles aient poussé des racines nouvelles, & on ne les couvre point trop, de peur que la vapeur du fumier les endommage.

Quand les plantes ont pris racine, on leur donne autant d'air qu'il est possible, en ôtant le vitrage pendant le jour, si le tems le permet, & pendant la nuit quand la fraîcheur exige qu'ils soient remis; on les souleve avec des briques ou autres soutiens, pour laisser entrer l'air frais, excepté pendant les gelées, ou on les ferme tout-à-fait; & même si elles deviennent trop fortes, on couvre les vitrages avec des nattes, de la paille, ou du chaume de pois. Il faut aussi les préserver de la pluie; mais si dans le tems doux le vitrage restoit dessus, il seroit nécessaire de les hausser, pour donner de l'air frais, & les ôter même entièrement si les feuilles devenoient jaunes, & commençoient à se flétrir; comme il arrive quelquefois que le tems étant très-mauvais pendant l'Hiver, l'on est forcé de les couvrir exactement pendant deux ou trois jours, alors les vapeurs produites par les feuilles flétries, se mêlant avec la transpiration des plantes, qui est très-abondante dans ce tems-là, corrompent l'air, & en font souvent périr une grande quantité.

Au commencement de Février, si le tems est doux, il faut commencer à endurcir les plantes par degrés, & à les disposer à la transpiration. La terre qui leur est destinée doit être découverte, éloignée des arbres, & plutôt humide que sèche : quand elle est bien fumée & labourée, on y seme des raves douze ou quinze jours avant d'y planter des Choux-fleurs, afin que si le mois de Mai est chaud, comme cela arrive souvent, les Choux-fleurs soient préservés des insectes qui attaqueront de préférence les raves qu'ils trouveront à leur portée. Les jardiniers de Londres mêlent des semences d'épinards avec celle de raves, ce qui leur procure une double récolte, leur donne l'avantage de tirer un meilleur parti de leur terrein, & leur faciliter le moyen de payer le loyer de leur terre; si cette raison n'a pas lieu, il vaut beaucoup mieux ne faire qu'une seule récolte en Choux-fleurs, afin que la terre soit libre & débarrassée à tems.

Vers le milieu ou la fin de Février, quand la terre est bien préparée, & que la saison est favorable, on commence à transplanter les Choux fleurs. Les jardiniers de Londres, quand ils plantent des concombres propres à être marinées, ou des Choux d'Hiver entre les Choux-fleurs, laissent généralement quatre pieds & demi de distance entre les rangs, deux pieds & demi aux rangs intermédiaires, & deux pieds deux pouces dans les rangs; de sorte qu'à la fin de Mai ou au commencement de Juin, lorsque les raves & les épinards sont enlevés, ils sèment leur graine de concombre dans le milieu des grands rangs, à trois pieds & demi de distance; & dans les rangs étroits, ils placent les Choux d'Hiver pour croître & s'étendre: au moyen de cette méthode, les récoltes se succèdent pendant toute la saison.

Trois semaines ou un mois après que les Choux-fleurs sont plantés, les raves semées dans les intervalles seront en état d'être houées; en faisant cette observation, on les éclaircit où elles sont trop épaisses, & on arrache toutes celles qui se trouvent trop voisines des Choux-fleurs, parce qu'elles les feroient filer & leur feroient nuisibles; on accumule aussi la terre autour des tiges, & on a soin qu'il ne s'en répande point dans le cœur des plantes. Lorsque les raves sont en état d'être arrachées, on doit commencer par celles qui avoisinent les Choux-fleurs, & continuer toujours de rapprocher la terre autour des tiges à mesure qu'elles avancent en hauteur; ce qui les empêchera de durcir, & leur sera très-utile.

Plusieurs personnes sont dans l'usage d'arroser les Choux-fleurs en Eté, mais les jardiniers de Londres ont presque abandonné cette méthode comme inutile & dispendieuse; car si la terre est trop sèche pour produire des bons Choux-fleurs sans arrosement, il arrive rarement que les arrosemens le rendent beaucoup meilleurs; & si on les arrose une fois sans continuer, il vaudroit mieux n'avoir jamais commencé : si on les arrose au milieu du jour, on les brûle ordinairement; de sorte, que tout considéré, les Choux-fleurs réussissent mieux sans arrosement, pourvu qu'on ait l'attention de ramasser toujours la terre autour de leurs tiges, & de retrancher tout ce qui pourroit croître trop près d'eux, afin qu'ils puissent jouir d'un air libre & couvert.

Quand les Choux-fleurs commencent à fructifier, on les visite souvent, on tourne leur feuille vers le bas pour conserver leur blancheur; & on les enlève quand ils ont acquis leur grosseur entière. Mais lorsqu'on trouve un Chou-fleur d'une grosseur extraordinaire, dont la tête est fort dure, blanche & entièrement nette de toute tache & ordure, l'on doit la conserver pour semence; on rassemble ses feuilles vers le bas, jusqu'à ce que la fleur ait poussé des tiges; après quoi, on ôte les feuilles par degrés, afin de ne pas les exposer trop vîte au plein air, & à mesure que les tiges montent, on détache le reste de feuilles; quand ces tiges commencent à se diviser & à s'étendre au-dehors, on fixe trois forts bâtons, à angles égaux, autour de la plante avec de la ficelle, pour soutenir les branches, qui sans ce secours, seroient en danger d'être brisées par le vent.

Dès que les siliques sont formés, si le tems est sec, on leur donne un peu d'eau avec un arrosoir à gerbe, pour avancer le progrès des semences & le préserver de la nielle, & lorsque ces semences sont tout-à-fait mûres, on les coupe, on les suspend pour les faire sécher, & on les conserve comme les semences des Choux ordinaires. Quoique les fleurs de cette espèce ne produisent pas tant de semences que celles qui sont d'une nature plus tendre, cependant leur qualité est bien préférable à la quantité; car une once de ces semences vaut plutôt dix schelins que l'once des communes n'en rendroit deux.

Pour se procurer une troisième récolte de Choux-fleurs, il faudroit faire une foible couche chaude en Février, pour les y semer. On la couvre d'un quart de pouce de terre légère, on y met des vitrages, & de tems-en-tems on arrose légèrement, en observant de soulever les chassis, pendant le jour, pour laisser entrer l'air. Quand ces plantes ont poussé quatre ou cinq feuilles, on prépare une couche; on les y transplante à deux pouces environ en quarré, & on les endurcit par degrés au commencement d'Avril, pour qu'elles soient en état d'être mises en pleine terre; ce qui doit être fait au milieu de ce mois, & aux mêmes distances que ceux de la seconde récolte: celle-ci produira de bons Choux-fleurs un mois environ après que la seconde sera passée, si le sol dans lequel elles seront plantées est humide, ou si la saison est fraîche & pluvieuse.

On peut aussi avoir une quatrième récolte de Choux-fleurs, étant semés vers le 23 Mai, & transplantés ensuite comme il a été dit ci-dessus dans un bon sol, & par une saison favorable, on aura de bons Choux-fleurs après la Saint-Michel, & l'on continuera d'en avoir en Octobre, Novembre, & même durant une grande partie de Décembre, si la saison le permet.

J'ai fixé des jours particuliers pour semer, parce que deux ou trois jours font quelquefois une grande différence pour les plantes. Ces jours sont ceux qui sont adoptés par les jardiniers de Londres, qui ont trouvé que leurs récoltes réussissoient toujours mieux lorsqu'elles étoient semées dans ce tems.

Les détails que nous venons de donner sur la culture des Choux-fleurs tels qu'on les suit aux environs de Paris, & de celle employée généralement par les jardiniers anglois, sont sans doute plus que suffisans, pour mettre les amateurs du jardinage en état de se procurer eux-mêmes cette agréable & utile production, toutes les fois que leur sol & le climat ne s'y opposent pas absolument. Les habitans des Provinces méridionales de la France peuvent se dispenser d'une infinité de précautions que les jardiniers parisiens & anglois sont obligés de suivre rigoureusement, au défaut de quoi, ils ne parviendroient jamais à voir récompenser leur peines.

Conservation des Choux-fleurs.

Dans les provinces méridionales de la France, en Italie, & dans une partie de l'Espagne, on seme les Choux-fleurs en Hiver, au Printems & en Eté, selon la primauté que l'on destine; de manière que dans ces pays on peut se procurer des Choux-fleurs pendant sept à huit mois de l'année; à la dépense des soins & souvent aussi de la facilité que l'on a de se procurer de l'eau en quantité suffisante, car cette plante demande à être fréquemment & copieusement arrosée, dans des climats, où les grandes chaleurs entretiennent une transpiration abondante & non interrompue des végétaux, qui n'a pas lieu au même degré dans le climat tempéré du Royaume.

Dans les pays du Nord, où l'on ne jouit pas comme en France de l'avantage de conserver pendant tout l'Hiver des plantes potagères, surtout des Choux-fleurs, on a imaginé de les conserver dans du vinaigre, ou de les sécher; cette dernière méthode peut également être avantageuse aux voyageurs sur mer; voici comme s'y prennent les Hollandois. Après avoir nettoyé le Choux-fleur de toutes ses feuilles, & des plus grosses peaux, on les coupe par tranches en longueur de l'épaisseur d'un doigt, & on leur fait jetter un bouillon dans l'eau bouillante, dans laquelle on a fait fondre un peu de sel; on les retire ensuite du feu, & on les laisse égoutter: quand ils sont ressuyés, on les range sur des claies au soleil, & deux jours après on les passe au four qui ne doit être que tiède; on les y remet deux ou trois fois, s'il est besoin, jusqu'à ce qu'ils soient bien secs; on les renferme ensuite dans des sacs de papiers, que l'on garde dans un endroit sec & garanti de l'humidité. Quand on veut en faire usage, on les fait revenir dans de l'eau tiède pendant quelques heures, & on les fait cuire ensuite dans de l'eau bouillante, & on les apporte comme d'usage.

Manière de se procurer de la bonne Graine de Choux-fleurs.

La feuille du Cultivateur nous enseigne le moyen suivant pour se procurer de la bonne graine de Choux-fleurs, qui lui a été communiquée par un Amateur de Souabe.

1.° Il faut chercher de la bonne graine de Choux-fleurs, & s'adresser pour cela à un Jardinier honnête, ou à un grainetier d'une probité reconnue. Il est essentiel de s'assurer que la première semence qu'on emploie, provient d'une belle & excellente espèce, sans quoi on ne peut compter sur l'expérience.

2.° Semez cette graine au commencement ou dans le cours du mois de Juin, assez espacée pour que les jeunes plants ne puissent se gêner mutuellement, & que vous ayez la possibilité d'arracher à mesure, les mauvaises herbes qui les entourent, sans craindre de blesser ou de découvrir leurs racines.

3.° Arrosez convenablement ces Choux-fleurs, lorsque la sécheresse dure trop long-tems, ou que la chaleur est trop forte. Il vaut mieux ne les arroser que le soir, lorsque le soleil est retiré du carreau de jardin où vous les avez semés, & que cette planche est, en quelque sorte, un peu refroidie. J'ai observé, & beaucoup d'autres Cultivateurs en diront autant, que l'arrosement du soir accélère beaucoup plus la végétation que celui du matin. Mais il faut arroser modérément, & éviter de trop noyer la plante.

4.° Transplantez ces Choux-fleurs, vers la fin du mois d'Août, dans des pots à fleurs un peu grands, tels qu'on les emploie ordinairement pour les giroflées. Ces pots doivent être remplis d'une bonne terre de jardin, mélangée d'un peu de terre de couche bien meuble. On peut mettre deux ou trois plantes dans chaque pot. Arrosez-les suffisamment aussi-tôt après la plantation, & mettez-les quelques jours dans un lieu à l'ombre, jusqu'à ce que les racines aient repris. Ils croissent plus promptement lorsqu'ils reçoivent une pluie chaude après cette opération, & si l'on peut choisir un semblable tems pour les faire, cela ne vaut que mieux.

5.° Dès que vous vous appercevrez que les racines ont bien repris, transportez vos pots dans un lieu où ils soient exposés au soleil & à la pluie. Vous les y arroserez de tems-en-tems, vous en ameublerez la terre, comme on a coutume de faire pour les giroflées. On les laisse ainsi dans le jardin, avec les autres plantes à pots, jusqu'à ce que les froids se fassent sentir. A l'entrée de l'Hiver, on les transporte sous un hangard, ou dans une chambre aërée, de manière qu'ils ne soient pas exposés à un trop grand froid. Mais il ne faut pas trop se presser; les Choux-fleurs, comme les giroflés, peuvent supporter un froid modéré. Une gelée, qui fait tomber le thermomètre de Réaumur à deux degrés au-dessous de zéro, leur est moins nuisible, que si on les laissoit trop long-tems renfermés dans une chambre trop close; la jouissance de l'air libre leur est infiniment utile. Il suit de-là, qu'on fait une opération très-avantageuse pour leur végétation, lorsqu'on profite des tems doux que l'on éprouve souvent pendant l'Hiver, pour les exposer sur une planche devant les fenêtres de l'appartement, ou de la serre où on les a retirés.

6.° Lorsqu'on leur a fait passer l'Hiver heureusement, de la manière que je viens d'indiquer, & qu'il n'y a plus des grands froids à craindre, on les laisse encore quelque-tems dans les pots; mais on les expose à l'air jour & nuit, sur la planche dont j'ai parlé, à moins que le froid ne reprenne fortement, & n'engage à les retirer.

7.° Vers la fin de Mars, ou au commencement d'Avril, on les transplante dans un carreau de jardin, bien préparé, à un pied & demi l'un de l'autre; ou, ce qui vaut encore mieux, dans un carreau placé le long d'une muraille, qui puisse être entouré de planches, & exposé au soleil, & que l'on soit à même de recouvrir avec des planches, s'il vient des gelées. Si par hasard l'on avoit, sous la main, de la vase d'étang qui, par un repos de quelques années eût déja perdu sa force, on pourroit la mêler avec la terre où l'on place ces Choux-fleurs, de manière cependant que la vase ne fût, dans le mélange, que pour un sixième. Ce moyen aide beaucoup à leur végétation.

8.° Traitez les Choux-fleurs, que vous aurez transplantés, selon la méthode ordinaire, c'est-à-dire, arrosez-les convenablement, & arrachez, de tems-en-tems, les mauvaises herbes qui les entourent.

9.° Lorsqu'ils auront donné des têtes, choisissez ceux qui auront produit les plus belles & les plus fermes, pour en conserver la graine, vendez ou disposez des autres.

10.° Une remarque essentielle à faire, c'est que lorsque les Choux-fleurs commencent à fleurir, il ne faut laisser, dans leur voisinage, aucune autre espèce de Choux qui soit aussi en fleurs, sans quoi on s'exposeroit à avoir une fausse fécondation.

Cette méthode, d'obtenir de bonnes graines de Choux-fleurs, est infaillible. Elle paroîtra peut-être minutieuse; mais les Jardiniers, qui connoissent combien il est difficile d'obtenir de la bonne graine de cette espèce de Choux, combien on est trompé lorsqu'on en achette, & qu'on la paie même quelquefois fort cher, s'empresseront sans doute de la suivre. Elle demande des soins, il est vrai, mais ces soins sont à la portée des Cultivateurs les moins exercés.

Le CHOU *brocoli commun.* Ce Chou arrive ordinairement à la hauteur d'un pied, ou quelques pouces de plus. Au haut de la tige se montre un faisceau de drageons ou broques tendres & succulens, de plusieurs pouces de long, terminés par un grouppe de boutons à fleurs verts lavés de violet. Sous l'aisselle de presque toutes les feuilles il sort ordinairement un autre petit drageon de la même figure & qualité. La feuille de ce Chou est d'un gros vert, frisée & bouclée, comme la feuille du Chou de Milan, mais alongée comme la feuille du Chou-fleur. Les Italiens donnent le nom de brocolis à tous les petits rejettons de Choux, que l'on peut manger. On la seme en France au mois de Mars, & on peut commencer d'en faire usage au mois d'Août jusqu'au commencement de gelées qui le font périr, à moins qu'on ne veuille prendre des précautions particulières. Il paroît qu'on fait peu de cas des Choux brocolis en France, car on n'en voit jamais dans les marchés, quoique ce légume mériteroit bien d'être cultivé en plus grande abondance, sur-tout les variétés connues sous le nom de brocoli de Rome & de Malthe. Les jardiniers anglois ont assez perfectionné la culture du brocoli ; nous rapportons, après Miller, la méthode que l'on y suit communément.

On seme les différentes variétés de brocoli à la fin de Mai, ou au commencement de Juin, dans un sol humide, & quand les jeunes plantes ont poussé des feuilles, on les transplante comme les Choux ordinaires ; vers le milieu de Juillet, elles seront en état d'être transplantées à demeure, dans une terre bien abritée, découverte & éloignée des arbres, à un pied & demi environ de distance dans les rangs, & deux pieds de rang en rang. Le sol dans lequel on le plante doit être léger, & semblable à celui des jardins potagers aux environs de Londres. Si les plantes réussissent bien, comme cela arrive presque toujours, à moins que l'Hiver ne soit extrêmement rude, leurs petites têtes qui ressemblent à celle du Choux-fleur, mais d'une couleur pourpre, commenceront à se montrer à la fin de Décembre, & seront bons à être mangés depuis ce tems, jusqu'au milieu d'Avril.

Le brocoli brun ou noir est fort estimé par certaines personnes, quoiqu'il ne mérite pas d'être admis dans un jardin potager, où il vaut mieux élever le brocoli romain, qui est beaucoup plus doux, & qui dure plus long-tems ; mais l'espèce brune est beaucoup plus dure, & profite dans les situations les plus froides, au lieu que le brocoli romain est quelquefois détruit dans les Hivers très-rudes. L'espèce brune doit être semée au milieu du mois de Mai, & traitée comme le Chou ordinaire ; on la plante aussi à la même distance d'environ deux pieds & demi : comme elle parvient à une grande hauteur, il faut avoir soin d'entasser la terre autour de ses tiges à mesure qu'elle s'élève. Ses têtes ne ferment pas aussi bien que celle du brocoli ; les tiges & les cœurs de cette plante sont les parties que l'on mange.

Si le brocoli romain est bien traité, il poussera de grosses têtes, qui paroîtront au centre de la plante comme des grappes de boutons. On coupe ces têtes avec cinq ou six pouces de la tige, avant qu'elles montent en semence ; on en ôte la peau avant de les faire bouillir ; & quand elles sont cuites, elles sont fort tendres, mais un peu moins bonnes que les asperges. Lorsque ces premières têtes sont coupées, les tiges produisent un grand nombre de rejettons de côté qui formeront de petites têtes d'aussi bon goût que les grosses : ces rejettons continueront à être bons jusqu'au milieu d'Avril, qui est le tems où les asperges paroissent.

Le brocoli de Naples a des têtes blanches semblables à celle du Chou-fleur, & dont le goût approche si fort de ce dernier, qu'à peine on peut le distinguer. Cette espèce étant plus sensible au froid que le brocoli romain, on la cultive peu en Angleterre; comme d'ailleurs elle paroît dans le même tems que le Chou-fleur qui abonde dans les jardins des environs de Londres jusqu'à Noël, on en fait beaucoup moins de cas.

Après la première récolte des brocolis, qui ont été ordinairement semés à la fin de Mai, on s'en prépare une seconde pour le mois de Mars suivant, & en semant de nouveau dans le commencement de Juillet; lorsqu'ils seront propres à être mangés, ils seront très-jaunes & extrêmement doux & tendres.

Pour conserver des bonnes semences de cette espèce de Chou en Angleterre, il faut laisser quelques-unes de plus grosses têtes de la première récolte pour monter en semences, & retrancher les rejettons du bas, en ne laissant que la tige principale. Si cela est bien observé, & qu'on ne souffre aucune espèce de Choux dans le voisinage, ces graines seront aussi bonnes que si on les avoit fait venir d'un autre pays, & on pourra les conserver telles pendant plusieurs années.

Le CHOU-BROCOLI *de Malthe.* Ce Chou qui mériteroit plutôt le nom de brocoli de Naples, parce qu'on le cultive aux environs de la ville de Naples en très-grande quantité, n'est absolument qu'une sous-variété du brocoli commun améliorée par la culture. Sa tige est moins haute que celle du brocoli commun ; ses feuilles de grandeur médiocre, d'un vert glacé de bleu, souvent ailées, terminées en pointe, & froncées à grands plis, qui le font paroître découpées. Elle produit à son extrémité un faisceau plus serré, de drageons plus gros, plus courts, plus tendres que le brocoli commun, & terminés par un groupe de boutons à fleurs plus nombreux, petit, d'un beau violet. Il sort de pareils drageons de l'aisselle des feuilles supérieures de la tige.-Le culture de ce brocoli est la même que celle du brocoli commun; mais comme il est un peu plus délicat que le commun, il faut en avoir grand soin pendant l'Hiver, sur-tout quand on veut en jouir pendant cette saison. Le procédé des Jardiniers Anglais pour la culture des brocolis, que nous avons allégués d'après Miller, convient particulièrement à cette variété, aussi c'est celle qui est la plus cultivée en Angleterre.

Le Chou-brocoli *blanc*. Cette variété ne diffère de la précédente que par la couleur; elle se rapproche en cela des Choux-fleurs, & il est très-vraisemblable qu'elle n'en est qu'une production métisse. Elle est d'un goût plus délicat que le Chou-fleur, & beaucoup de personnes la préfèrent à ce dernier. On le cultive comme le précédent.

Le Chou-rave ou le Chou *de Siam. Turnep cabbage with the turnep above ground*, en Anglois La tige de ce Chou ne s'élève point de terre comme celle des autres Choux; on peut dire qu'elle reste sous terre, ou à fleur de terre, où elle s'enfle & forme une masse tubéreuse, succulente & bonne à manger, qui souvent arrive à une grosseur de trois jusqu'à huit pouces. Nous connoissons deux sous-variétés de ce Chou, qui sont *le Chou-rave commun* & *le Chou-rave violet*. Beaucoup de personnes pensent que le Chou-rave & le Chou-navet ne sont que des variétés hybrides.

Le Chou-rave *commun*. Les feuilles qui partent du centre de la souche ou fausse tige de ce Chou, sont de grandeur médiocre, froncées & dentelées finement; elles sont ailées & souvent découpées près du pétiole. Lorsque cette tige est parvenue à cinq ou six pouces de longueur, les feuilles tombent successivement; la tige s'enfle & présente alors une tubérosité ronde, un peu applatie, dont le diamètre est plus ou moins gros. Intérieurement cette tubérosité renferme une pulpe blanche, unie, ferme à l'extérieur; elle est couverte d'une écorce verte, souvent tachetée de rouge, dure & épaisse. Lorsque ce Chou est prêt à fleurir, on voit sortir de la tubérosité, un groupe de feuilles moins grosses que celles que la plante pousse avant la formation de la tubérosité; la tige rameuse qui porte la fleur sort du centre de ces feuilles, & ressemble exactement à celles de tous les autres Choux.

Le Chou-rave se sème sur terre au mois d'Avril, & on le replante vers la Saint-Jean; planté avant, la pomme, ou la tubérosité est sujette à se durcir & à se corder; en le mouillant beaucoup, on l'attendrit, & l'on empêche cet inconvénient. On peut commencer à couper ce Chou au mois de Septembre; mais, pour en jouir en Hiver, il faut le laisser sur pied jusqu'à l'entrée de fortes gelées. Alors on en coupe toutes les pommes, on éclate les feuilles qui y tiennent, on les met simplement en tas sans les enterrer. Mais, lorsqu'on veut en recueillir de la graine, il faut en enfermer quelques-uns avec leurs racines, qu'on remet en terre au mois de Mars. Dans les Provinces méridionales de la France, ce Chou se seme en Janvier & Février.

M. Luéder, que nous citerons plus souvent pour la culture des plantes potagères, a également réussi à conserver, pendant l'Hiver, les jeunes plants du Chou-rave, semés au mois d'Août. Le Chou rave semé avant l'Hiver, a plusieurs avantages sur celui que l'on seme communément en Allemagne & en France aux mois de Mars & d'Avril; il fournit ses tubérosités de très-bonne heure, souvent à la fin d'Avril & au commencement de Mai; les feuilles qu'il pousse sont plus vigoureuses & deux fois plus larges que les feuilles du Chou-rave ordinaire. En Silésie où le Chou-rave se cultive en plus grande quantité que le Chou-navet, les feuilles s'emploient très-communément à la nourriture des bestiaux, principalement des vaches On emploie bien moins à cet usage les tubérosités ou pommes de Chou-rave; sur-tout pour les bestiaux que l'on nourrit dans les étables; on prétend que la pomme du Chou-rave, quoique plus douce & plus agréable que le Chou-navet, est moins nourrissante, & se conserve moins que ce dernier.

En Autriche, de même qu'en Bavière, on prépare les pommes ou tubérosités du Chou-rave comme le Chou-croûte ou le Sauer-kraut. Après en avoir coupé l'écorce, on les hache sur une planche, ou dans une espèce d'auge, destiné à cet usage; on exprime la trop grande quantité de suc de cet hachi, & on l'entasse dans des tonneaux, après y avoir ajouté une certaine quantité de sel; on laisse fermenter ce mélange comme le Sauer-kraut, & on le traite de la même manière, pour le conserver pendant l'Hiver.

Dans d'autres cantons de ces pays, on se contente de couper les tubérosités de ce Chou-rave en petits cubes que l'on presse dans un tonneau, après y avoir ajouté la quantité de sel que l'on juge nécessaire pour les conserver après la fermentation.

Le Chou-rave *violet*. Il se distingue du Chou-rave commun par l'écorce rougeâtre ou violette qui couvre la tubérosité ou la pomme. Souvent cette tubérosité acquiert plus de volume, & devient plus tendre que la variété commune. Quelques traits violets que l'on distingue sur les pétioles

tioles des fleurs, peuvent également être regardés comme des caractères propres à cette variété. La culture est la même que celle de la variété commune; beaucoup de Jardiniers prétendent que cette dernière variété s'élève souvent des graines que l'on a recueillies sur la variété commune. Pour s'en assurer, il faudroit, d'après le conseil de Miller, n'élever qu'une seule variété sur la même planche, & de tenir éloignées & séparées toutes les variétés ou plantes analogues, dont la poussière séminale pourroit être portée ou par les insectes ou par le vent, sur les fleurs que l'on destine pour graines.

Le Chou *de Laponie*, ou Chou-Turnep, est regardé comme une variété du Chou-rave violet; on commence à le cultiver en grand en plusieurs Provinces; &, comme il résiste assez bien au froid, & qu'il produit beaucoup de feuilles, il fournit une bonne nourriture pour les bestiaux.

Le Chou-navet. Ce Chou s'approche de beaucoup de la nature de navet; il produit des feuilles près de terre; elles sont plus ailées & plus découpées que celles du Chou-rave, mais douces au toucher comme les feuilles des Choux communs. La racine s'enfle & forme une tubérosité presque ronde, de trois ou quatre pouces de diamètre, contenant une pulpe comestible, plus ferme que celle des navets, couverte d'une peau dure & épaisse. Du milieu des feuilles radicales, il s'élève à trois ou quatre pieds une tige rameuse, qui donne des fleurs & des graines comme les autres Choux. Il faut cependant remarquer à cet égard que, dans cette espèce & dans la précédente, la graine est communément fort grasse, tandis qu'elle est fort petite dans les Choux. *Voyez* Dictionnaire de Botanique à l'article Chou-navet.

L'emploi de la culture du Chou-navet est comme celle du Chou-rave. Il se cuit un peu plus difficilement que le Chou-rave. En Allemagne, où ce Chou est planté en grand, on s'en sert beaucoup pour la nourriture des bestiaux. En France, dit M. Descombes, il vaut peut-être mieux d'employer à cet usage les raves ordinaires; car elles sont sans contredit d'un plus grand profit; le Chou-navet occupe beaucoup de terrein; car, dans l'espace de terrein qu'un seul de ce Chou occupe, il croît au moins six de nos raves, qui en outre ne demandent aucuns soins.

Il paroît que plusieurs Cultivateurs François ne sont pas de l'opinion de M. Descombes sur le Chou-navet. Les Allemands & les Anglois préfèrent également le Chou-navet aux raves, pour la nourriture des bestiaux; il fournit une double récolte, de feuilles & de racines, & n'exige pas une culture aussi soignée & minutieuse que M. Descombes le prétend. Dans plusieurs Provinces de l'Allemagne, on sème le Chou-navet dans des terres qui ont servi l'année précédente, sans qu'on les engraisse de nouveau. On prétend même que ce Chou réussit beaucoup mieux dans de pareilles terres, principalement quand le fumier est entièrement consumé. Dans une terre fraîchement fumée, le Chou-navet pousse à la vérité de grandes & belles feuilles; mais la racine ne profite pas à proportion; au lieu de pivoter, elle se divise ordinairement en beaucoup de petites racines.

Le Mémoire que M. A. Young a donné sur la culture en grand du Chou-navet, renferme les meilleurs préceptes que l'on puisse décrire sur la culture de cette plante. Nous allons l'insérer en entier, tel qu'il se trouve dans les Mémoires de la Société Royale d'Agriculture.

Culture du Navet.

« On cultive, dit M. Young, les turneps ou gros navets, presque dans toute l'Angleterre, sur-tout dans les provinces de Suffolk & Norfolk, dans la vue de procurer, pendant l'*Hiver*, une nourriture fraîche aux bestiaux. Ces racines peuvent, dans bien des cas, être suppléés par les Choux-navets, qui méritent même de leur être préférés dans quelques circonstances.

Le Chou-navet appartient au genre de *Brassica* ou Chou; il se distingue, de toutes les variétés de cette plante, par sa racine, qui ressemble assez au turnep. Il diffère du Chou-rave, en ce que la tige de celui-ci est renflée, & forme une protubérance au-dessus de la terre, tandis que le Chou-navet, & qui a une forme irrégulière à-peu-près orbiculaire, est enfoncé dans la terre.

Terrain. J'ai cultivé, moi-même, cette plante dans toutes sortes de terrain, excepté dans un sol entièrement composé de sable, de craie ou de tourbe: je l'ai cependant vu réussir dans un terrein sablonneux & tourbeux; &, quoique je ne connoisse point d'expériences faites dans un sol argilleux ou crayeux, je ne doute point qu'elle ne réussit dans le premier, s'il étoit bien divisé, desséché & fumé; & dans le second, si l'on y apportoit une grande quantité d'engrais composé de terre & de fumier, ou mieux encore, si l'on répandoit, sur-le-champ, ces deux engrais chacun séparément.

Le terrain doit être labouré à la Saint-Michel, jusqu'à huit pouces de profondeur; mais il ne demande que six pouces de profondeur dès qu'on a fini de semer l'orge, ce qui a ordinairement lieu vers la fin d'Avril. On donne encore un labour en Mai, & on passe la herse après chacun de deux versures de labours. Vers la fin de Mai, on répand depuis vingt jusqu'à trente tonnes de fumier par arpent, suivant la qualité du fumier, & la pauvreté du sol. Le fumier doit être ensuite enfoui avec la charrue, & le terrain est alors propre à recevoir les plantes.

On choisit cinq perches de terrain pour chaque acre qu'on veut planter; on y répand, en Octobre, un bon engrais, on enfouit le fumier jusqu'à neuf pouces de profondeur; on l'enterre, de nouveau, en Janvier & Février. Au commencement de Mars, ou vers le milieu du même mois, on enfouit pour la troisième fois le fumier, & l'on sème la graine à raison d'une demi-livre par cinq perches. Ces graines doivent être recouvertes avec un rateau, & quand les jeunes plantes ont poussé, on les sarcle à la main.

Transplantation.

Ce travail doit être commencé dès la première forte pluie qui tombe en Juin; il faut enlever avec soins les jeunes plantes de dessus la couche. Lorsque ce travail est confié à des femmes, elles placent régulièrement chacune de ces plantes sur la terre; des hommes les repiquent avec une fiche de fer; ils les disposent par rangées droites, entre chacune desquelles ils laissent un intervalle de dix-huit pouces, & un pied de distance entre chaque plante. Mais, si le terrein est très-bon, l'intervalle que l'on laisse entre les rangs doit être de deux pieds. Les femmes & les jeunes-gens, habitués à un travail, s'en acquittent très-bien.

Culture. S'il survient une saison sèche après cette plantation, les jeunes plantes auront un air foible pendant quelque tems; le meilleur moyen, dans ce cas de suppléer à l'humidité, c'est de donner un binage à la main par cette opération, lorsqu'elle est bien faite, on prévient quelquefois le dépérissement de toutes les plantés; quelque tems qu'il fasse, on ne doit jamais se dispenser de biner les rangs. Aussi-tôt que les plantes ont bien pris racine, on travaille les intervalles avec la houe à cheval, employée dans le Comté de Berkshire. Cet instrument, le plus utile que j'ai vu être employé, est décrit dans mon voyage, aux Comtés à l'est de l'Angleterre, vol. 2, pages 200.

Les plantes, pendant leur accroissement, exigent d'ête binées deux fois, & travaillées trois fois à la houe.

Emploi. On doit laisser toutes les plantes en terre pendant l'Hiver, sans prendre d'autre soin que celui d'empêcher les bestiaux d'entrer dans les champs. Lorsque les turneps sont entièrement consommés ou pourris, & que les animaux commencent à manquer de nourriture fraîche, les fermiers doivent alors, pour la suppléer, avoir recours au Chou-navet. Si le terrein est sec, on les laisse manger, dans le champ même & sur la place, par les animaux; ayant attention de ne conduire chaque fois les bestiaux ou les moutons, que dans une partie du champ qui aura été divisé pour cet effet, par des claies, en plusieurs portions. Comme les racines sont enfoncées profondément dans la terre, il faut, pour les enlever, se servir du crochet qu'on emploie ordinairement pour arracher les turneps. Si le sol est trop humide, on le chargera sur une voiture, pour les donner, dans un lieu sec, aux bestiaux.

Avantages. C'est dans la dernière semaine, ou dans la dernière quinzaine de Mars, que les fermiers sont les plus embarrassés pour nourrir leurs bestiaux. Les turneps sont alors consommés, ou d'une très-petite ressource, & les prairies artificielles, ne peuvent point encore fournir du fourrage. Les Choux-navets deviennent d'autant plus précieux, qu'ils sont alors dans leur état de perfection. Cette plante a la propriété très-singulière d'être pleine de suc & d'un goût agréable, même dans le tems qu'elle monte en graine. J'en ai coupé & goûté en Juin, qui étoient très-bonnes & remplies de suc, quoique les pousses eussent trois pieds de haut, & que les fleurs parussent déjà, les turneps ne valoient déjà plus rien; les Choux-navets conviennent à toutes sortes de bestiaux, mais particulièrement aux vaches, aux animaux qu'on veut engraisser, aux élèves & aux moutons; les cochons les mangent aussi volontiers.

Je ne me suis jamais apperçu que les gelées, même les plus fortes, leur aient fait aucun dommage, lors même que les turneps ont été détruits, ces racines se sont toujours conservé fort saines.

Produit. Une acre a, à ce qu'on prétend, soixante tonnes (134,400 livres) de ces racines dans le Comté de Kent, le produit de quarante tonnes par acre est assez ordinaire. En général, la récolte sur une terre médiocre de dix à douze schellings par acre, fumé comme nous l'avons prescrit, produira depuis quinze jusqu'à vingt, & même jusqu'à trente tonnes de racines.

Le produit ne sauroit être déterminé aisément, car il dépend de plusieurs circonstances particulières: & cela ne doit point paroître surprenant, puisqu'il est peu de fermiers qui puissent évaluer au juste ce que leur valent des turneps d'un acre de terrain, quoique cette racine soit cultivée, depuis long-tems, en Angleterre. Les animaux mangent une moindre quantité de Choux-navets que de turneps; les premiers étant plus compacts & plus lourds que ceux-ci.

Qualité. Toutes les espèces de plantes du genre de Brassica, sans en excepter les turneps, épuisent la terre si on les laisse monter en graine au Printems. Mais le Chou-navet, pour acquérir une bonne qualité, devant être laissé long-tems en terre, il ne faut pas espérer qu'il améliore le terrein autant que les racines qui sont récoltées en Automne, & conservées en provisions pendant l'Hiver; on pourra parer à cet inconvénient, en enlevant ces racines un mois ou six semaines avant de les faire manger aux bestiaux, & elles se conserveront très-bien en les plaçant à côté les unes des autres sur un pré.

Culture sans repiquer.

La manière de cultiver les Choux-navets, telle que nous venons de le dire, est sans doute la plus avantageuse; mais il est des cas où elle devient impraticable, sur-tout lorsqu'on a laissé passer la saison; nous allons indiquer une autre méthode de culture, qui supléera celle-ci, & qu'on peut mettre en pratique dans tout le courant de Mai.

Répandez du fumier sur un champ bien labouré, & enfouissez-le à la charrue, formé de sillons de deux pieds de distance entr'eux. Lorsque toute la terre est labourée, faites passer le rouleau qu'on emploie pour l'orge, dans la même direction que vous avez fait passer la charrue, & sur le sommet applati du billon, semez les graines dans la proportion d'une livre par arpent. Le semoir de M. Coock, inventé tout récemment, est de tous les instrumens, que je connois, le plus propre à faire cette opération; lorsque les planches ont bien poussé, donnez-leur un binage, & éclaircissez-les à la main comme il a été déjà dit. La récolte sera sûrement considérable, & ne peut manquer d'être très-profitable.

Le Chou brocoli-vert, peut être cultivé de la même manière que cette plante, mais seulement pour servir de nourriture aux moutons.

Il y a une observation générale à faire en Agriculture, & qui me paroît applicable à l'idée de perfectionner cet Art en France. La culture des prairies artificielles, & des plantes propres à fournir une nourriture fraîche pour l'Hiver, ne sauroit être introduite avec avantage dans un pays, dont les champs ne sont point environnés de haies, jusqu'à ce qu'un fermier puisse dire: *ce champ est à moi, & je puis seul y conduire mes animaux*; c'est envain qu'on lui parlera de cultiver des fourrages ou des racines, qu'on tentera de l'instruire sur les différentes manières de cultiver les plantes qui doivent être restreintes à un petit espace de terrain, ou autrement, exposées à être détruites par les troupeaux & le animaux des autres cultivateurs. Cette observation n'est pas nouvelle, mais elle ne sauroit être répétée assez souvent, dans un pays où il n'y a presque aucune sorte de clôture.

Variété du Chou-Navet.

Chou *à faucher*. Sous ce nom, M. l'Abbé Comerell a fait connoître, en France, une variété de Chou qui, depuis long-tems, se cultive en Allemagne. C'est la même plante que Reichard (Land und Garsten schatz) décrit sous le nom de *Schnitt kohl*, ou Chou à couper, Chou à faucher. Comme M. Comerell a donné un Mémoire sur *la culture, l'usage & les avantages du Chou à faucher*, nous donnerons, par extrait, une partie de ce Mémoire, en y ajoutant les renseignemens que plusieurs Cultivateurs Allemands ont bien voulu nous communiquer sur la même plante.

M. Comerell dit, à la page 4 de son Mémoire: « que le Chou à faucher ne présente non-seulement une variété, mais une espèce particulière de Chou; il nous dit: *ses feuilles sont oblongues, auriculées à la base, labiées, ondulées, dentelées & crispées sur les bords, elles ne sont attachées à aucune tige*; ces mêmes feuilles sortent constamment & immédiatement, pendant la première année, du cœur de la plante, ce qui fait qu'on peut les couper dans tous les tems, sans craindre d'interrompre leur production; sa tige ne se forme que la seconde année, alors elle semble plutôt s'élancer que croître, beaucoup de branches latérales s'étalent, puis paroît la fleur que suit la graine, comme dans tous les autres Choux.

Le Chou à faucher offre trois variétés très-distinctes, qu'il est facile de connoître par leurs nervures. On en trouve de violets, de jaunes & de verds. Quand on ne les cultive que comme plante potagère, on les confond volontiers ensemble, & selon les goûts, il est indifférent qu'il ait l'une ou l'autre de ces couleurs; mais il n'en est pas de même lorsqu'on veut le cultiver en grand, & voici les différences qu'une expérience de plusieurs années m'a fait reconnoître entre ces Choux diversement colorés. Le violet est préférable aux autres: il est plus abondant, plus rapide & résiste mieux à l'impression du froid & à la rigueur des hivers. Le jaune, quoique tendre, est trop aqueux & risque d'être altéré par les fortes gelées, & il est d'un produit inférieur. Le vert a un goût herbacé & sauvage, & quoiqu'il produise beaucoup, étant moins tendre, & ne cuisant pas facilement, comme légume, il ne sauroit être préféré.

Dans l'Allemagne, où j'ai découvert ce Chou, il n'étoit cultivé que comme simple légume. Des réflexions sur son produit, m'ont fait naître l'idée de le cultiver en grand, comme plante à fourrage, & cette culture m'a constamment réussi.

Culture du Chou à faucher.

Cette culture est une des plus simples, des moins coûteuses & des plus faciles.

Toute terre qui convient à la Navette est également propre au Chou à faucher, & il réussit même dans un sol moins riche que celui que la navette exige.

Pour préparation, la terre a besoin d'être labourée, bien ameublie, & il faut la niveller pour qu'au tems de la récolte, la faux ne trouve point de résistance, & pour qu'elle ne jette point sur le fourrage, auquel elle se mêleroit, les parcelles de terre proéminentes, dont elle abatteroit la surface inégale. L'emploi de la herse ou du rouleau parera à cet inconvénient.

La terre ainsi labourée, ameublie, nivelée, on peut cultiver le Chou à faucher de trois manières.

1.° On peut employer à sa culture les jachères, le semer au mois d'Août & le récolter l'année suivante.

2.° On peut le semer dans une terre quelconque, & en jouir pendant deux années.

3.° Enfin on peut ne le semer qu'au Printems, pour en tirer le produit jusqu'aux froids.

Dans le premier cas, aussi-tôt après la récolte des bleds de Mars, on arrache la terre à l'inertie des jachères, on le prépare promptement pour qu'à la fin d'Août on puisse semer le Chou. Trois livres de bonnes graines suffisent pour ensemencer un arpent.

Les feuilles de la plante étant beaucoup plus longues & plus larges que celles de la navette, on la sème plus claire qu'elle, autrement les plantes s'étoufferoient.

On ne pourroit même que regagner amplement des peines, si l'on vouloit donner aux derniers plans huit à dix pouces de distance entr'eux.

A la fin de Septembre, en Octobre & Novembre, selon la température du climat, l'on peut récolter de ces feuilles; cette plante ne se repose point en Hiver, elle végète sous la neige, & donne quelques feuilles dont on peut faire usage; mais c'est sur-tout au mois de Mars, qu'avec une nouvelle verdure dont elle recrée les yeux, fatigués par la vue des frimats, elle vient s'offrir à la main du Cultivateur, pour être cueillie de nouveau. Ses feuilles s'enlèvent successivement ainsi jusqu'à la fin d'Avril; époque à laquelle on laisse la plante pousser ses tiges, donner des fleurs & porter ses graines.

Les herbes parasites ne sont pas à redouter dans cette culture; elles ne peuvent nuire au Chou. La vivacité de sa végétation prévient le mal qu'elles pourroient lui faire, & ses feuilles larges les couvrent & les étouffent. Ainsi, le sarclage ne lui est utile que pour renouveller la terre autour de la plante, & il peut se faire avec la herse, que l'on passe alors dans ce Champ, après chaque coupe.

Dans la seconde supposition, c'est-à-dire, si l'on peut donner à ce Chou une terre où il puisse rester deux années, on le seme dès le mois de Mars, on le fauche en Mai; de six en six semaines on le fauche encore, jusqu'à l'entrée de l'Hiver. Au retour du Printems on en retire encore les feuilles; mais, après une ou deux récoltes, on le laisse former ses tiges, & monter en graines.

Dans la troisième hypothèse, si l'on seme sur une terre quelconque le Chou à faucher, c'est également au Printems qu'il faut faire cette semaille, & alors la récolte finit à l'arrière saison.

L'on peut semer ce Chou depuis le mois de Mars jusqu'au mois de Septembre; plus il est semé tard, moins on en tirera de récoltes.

Il ne faut pas s'appésantir ici pour prouver que la manière de cultiver le Chou à faucher la plus avantageuse est celle suivant laquelle on le laisse deux années sur terre, puisqu'on a plus de fourrage que dans la première hypothèse, & que l'on obtient de la graine que l'on ne recueille pas dans la troisième supposition.

De la récolte des feuilles.

Où finit la culture, commence ordinairement la récolte; mais, à l'égard du Chou à faucher, une partie de la récolte fait une partie de la culture, comme on vient de le voir; &, si l'effeuillage n'est point aussi essentiel au Chou dont nous parlons qu'à la racine de disette, qui ne grossiroit pas si elle n'étoit effeuillée; il n'est pas moins nécessaire au Chou dont on diminueroit le produit, si on ne coupoit pas ses feuilles, & qui, par l'odeur de celles qui se pourriroient, pourroit contracter un mauvais goût.

Quand on cultive cette plante en grand, on préfère le fauchage au faucillage; on la faucille par poignées comme on coupe l'herbe; en la fauchant, il est seulement essentiel de ne pas trop appuyer sur le talon de la faulx, pour ne pas couper avec les feuilles le cœur même de la plante, qui alors ne repoussent plus que par des rejets.

Lorsque les feuilles ont douze pouces de long, il est bon de les récolter, & il faut commencer à les faucher. On réserve la faulx pour les grandes récoltes, & quand on veut faire du fourrage sec, ou quand la quantité de bestiaux l'exige, autrement la feuille suffit pour les provisions journalières que font ordinairement les enfans & les filles de basse-cour, qui ne peuvent manier la faulx.

Récolte de la graine du Choux à faucher.

De quelque manière que se fasse la culture de ce Chou, la récolte de la graine se fait ordinairement dans la seconde année sur la fin de Juin. C'est l'époque que l'on doit le plus soigneusement choisir: plus tard, les siliques qui contiennent sa graine, s'ouvriroient toutes seules, & la meilleure se perdroit; plus tôt, les graines ne seroient pas à leur maturité. Quand les cosses blanchissent, jaunissent ou brunissent vers le pédicule, que les siliques inférieures qui contiennent la meilleure graine, commencent à s'entr'ouvrir, que la graine que l'on y voit est dure & brune, alors on est certain qu'elle est mûre; &, sans attendre pour les premières une plus grande maturité, on peut mettre la faucille dans son champ, & l'on peut être sûr d'ailleurs qu'il y a toujours un tiers des grains qui mûrit lorsqu'on les a mis en tas.

Mais ce n'est pas sans attention que l'on doit mettre la faucille à ses champs de Choux; c'est dès le matin quand la rosée est encore sur les tiges, que l'on doit faire sa récolte : la faucille dont on se sert doit être longue & tranchante, & non dentelée, parce qu'il est très-important qu'elle coupe net les tiges, sans les ébranler, pour que la secousse ne fasse pas tomber les graines les plus mûres.

La meilleure manière de récolter cette graine, & que j'ai employé pendant six ans avec le plus grand succès, & qui peut être commune au Chou à faucher, au colsa, à la navette, est la suivante.

Dès que les tiges sont coupées, on les conduit dans des charrettes tendues de toile jusqu'à la grange, ou tout autre endroit sec & abrité. On en forme de petites meules construites, comme celles du bled, en observant de mettre les siliques en-dedans & les tiges en-dehors; par-dessus ces petits tas, on met de vieilles portes ou des planches que l'on charge avec des pierres, pour que les tiges se serrent & s'échauffent.

Selon la température plus ou moins chaude du lieu, on laisse ainsi les graines serrées pendant l'espace de trois à six jours : au bout de trois, il est essentiel d'examiner si le dedans des tas est bien chaud, s'il commence à fumer, à exhaler une odeur mauvaise; &, si les gousses paroissent pourries, il est tems d'ouvrir les petites meules. On prend alors les tiges par poignée, on les secoue successivement sur une place préparée à côté de ces meules ou tas. Comme les graines n'ont pas acquis toute leur dureté, c'est avec la main, & non pas avec des baguettes, que l'on doit secouer ces tiges, & même lorsque l'on fait cette opération, c'est une précaution nécessaire d'ôter sa chaussure.

Les graines ayant inégalement mûri dans les champs, mûrissent aussi inégalement dans les tas. Quand on a secoué les gousses, & que la graine mûre est tombée, il faut, avec les mêmes tiges où il ne reste plus que des gousses vertes, former de nouveaux tas, qui à l'aide des procédés employés pour les premiers, mûrissent à leur tour. Quand enfin tout est mûr, on détruit le premier tas, on étale les tiges dans un endroit aéré, & dès qu'elles sont sèches, on les bat avec des gaules courbées, pour en faire sortir le reste de la graine. Toute la graine se met alors sur des draps, que l'on expose dans un endroit où l'air circule librement, mais où le soleil ne donne pas. On la retourne tous les jours, pour éviter la germination qui lui feroit pernicieuse, & qui anéantiroit son produit dans tous les genres. Quand elle est parfaitement sèche, on la nétoie seulement au van, & on la conserve dans un grenier, où il faut avoir l'attention de la remuer de tems-en-tems.

Le simple exposé de la manipulation qu'exige la récolte de la graine du Chou à faucher, doit faire connoître aux Cultivateurs que l'examen du degré précis de la fermentation des meules ne doit pas être indistinctement confié à des subalternes peu soigneux ou peu intelligens, dont l'ignorance ou l'inertie pourroit faire perdre les plus précieuses récoltes.

Avantage du Chou à faucher.

Si ce que j'ai dit jusqu'ici n'offre qu'un simple développement d'une culture peu connue, les avantages qui en résultent la rendront nécessairement intéressante à tout Amateur d'Agriculture. Pendant toute la première année, ce Chou donne un fourrage très-nourrissant pour les bestiaux, & un bon légume pour les hommes.

Au retour du Printems, les feuilles renaissantes de cette plantes, victorieuses des frimats auxquels elle résiste, viennent non-seulement offrir à nos yeux le premier verd si délicieux qui nous fait oublier le triste tableau de l'Hiver; mais elles nous présentent de nouveau un légume tendre & délicat dont l'homme se fait à lui-même un aliment sain & agréable : elles n'ont point le goût de celles des autres Choux : elles portent, pour ainsi dire, avec elles leur graisse, comme toutes les plantes oléagineuses; &, par cette raison, sont plus précieuses aux habitans de la campagne. On peut les manger au maigre comme au gras. Il ne faut pour les cuire, que jetter sur elles de l'eau bouillante; si on les faisoit bouillir comme les autres Choux, on leur feroit perdre une partie de leur substance & de leur saveur. Il n'est pas surprenant, comme on le voit en Allemagne, qu'on mette au rang des plus agréables légumes, les feuilles de cette plante, & qu'on la cultive dans ce pays sous ce rapport.

En la cultivant de même, je fus frappé de sa reproduction continuelle & rapide, & j'ai voulu tenter d'en faire des essais comme fourrage, essais que des Auteurs Allemands, qui ont écrit postérieurement à nos tentatives, annoncent dans leurs Ouvrages ne pouvoir pas être infructueux.

Semé au mois de Mai, en plein champ, dans une terre très-ordinaire qui, par l'usage, eût été condamnée à rester en jachères, mon Chou me fournit encore trois coupes abondantes. Tous les animaux de basse-cour mangent cette plante avec avidité, & le lait des vaches qui en furent nourries, ne contractoit point le goût herbacé que lui communiquent les autres Choux.

Mais ce n'étoit pas assez pour moi de n'offrir qu'en verd cette nourriture à mes bestiaux. L'Hiver est une saison pour laquelle il faut recueillir d'avance une nourriture qui leur soit propre. Enhardi par mes premiers succès, j'ai voulu m'assurer si les feuilles du Chou à faucher pourroient se conserver, & l'expérience m'a encore appris qu'elles se séchoient facilement, exposées au soleil pendant les grandes chaleurs de l'Eté, ou mises au four dans l'arrière-saison, quelques momens après que le pain a été retiré. En trempant, pendant l'Hiver, ces feuilles desséchées dans l'eau pendant douze heures, elles reviennent, pour ainsi dire, à leur état naturel; &, mêlées avec du fourrage sec, les bestiaux les mangent avec autant d'avidité que dans le moment même de la récolte.

Le citadin aura donc, en cultivant ce Chou, un légume agréable & bienfaisant pour augmenter ses jouissances.

Le possesseur de bestiaux aura un nouveau fourrage à leur offrir, & le pauvre trouvera dans cette espèce de Chou, une nourriture bonne & saine. L'huile que la graine du Chou à faucher fournit est moins désagréable que celle du colsa & de la navette, & peut la rempacer avec avantage.

D'après les expériences de M. Comerell, la semence du Chou à faucher donne un quart de plus de produit en graine & en huile que la navette, & un tiers de plus que le colsa.

Nous sommes bien loin de considérer le Chou à faucher comme une espèce particulière de Chou; nous croyons au contraire avec beaucoup de Cultivateurs & Botanistes Allemands, que ce n'est qu'une variété du Chou-navet; opinion que l'expérience a confirmé depuis long-tems. Lueder, Ministre protestant, un des plus habiles Cultivateurs de plantes potagères en Allemagne, & qui joint les connoissances d'un homme instruit à une longue pratique, est également de notre avis. En parlant du *Chou à faucher* ou *Schnittkohl*, à la pag. 317 du premier volume de ses Lettres sur la culture d'un jardin potager, il dit: « Le Chou à faucher exige, pour la culture, une bonne terre grasse; ce Chou n'est autre chose qu'un Chou-navet dégénéré, qui, ayant toujours été semé fort épais, a perdu la faculté de former des racines ou navets. Pour avoir ce Chou, qui ne craint pas le froid, dès le commencement de Mai, je le seme en Février, sur des platte-bandes exposées au soleil du matin; &, dès que les feuilles sont assez longues, je les coupe; il en repousse d'autres peu de tems après. Lorsque, par hasard, je n'avois point de graine de ce Chou, j'ai employé, dans la même vue, la graine du Chou navet qui, traité comme celui-ci, fournit les mêmes résultats. »

Le même Auteur s'exprime ainsi à la page 30 du même volume. « Je seme également ce Chou avant l'Hiver, avec les espèces de Chou que je destine pour passer l'Hiver; il fournit des feuilles pendant tout l'Hiver, toutes les fois que la neige qui les couvre a permis de les couper; après quinze jours, on est sûr de trouver de nouvelles feuilles; on en continue la récolte jusqu'au Printems, où d'autres plantes potagères viennent le remplacer.

Reichardt, cultivateur Allemand, a cultivé pendant très-long-tems cette espèce de Chou à Erfort; il l'a cependant confondu avec le *Brassica arvensis* de Bauhin.

La plupart des Cultivateurs Allemands regardent le Chou à faucher comme le même qui est cultivé en Angleterre, sous le nom de *Cole-sead* que Miller avoit anciennement nommé *Brassica rapa*, & qu'il a nommé depuis, dans la huitième édition de son Ouvrage, *Brassica gongyloïdes*; cette dernière dénomination ne convient pas à cette plante.

Le Chou *à feuilles rudes*. D'après la méthode de Linné, adoptée dans la partie Botanique de l'Encyclopédie, ce Chou comprend, comme variété, la navette, le navet & la rabioule, ou grosse rave. Les anciens Botanistes regardoient les navets & les raves comme des plantes d'un genre différent; mais Linné les a réunis dans le même genre, en les distinguant comme espèces. Le caractère spécifique de Linné, pris de la forme des racines, d'après laquelle le navet devoit constamment présenter une racine fusiforme ou alongée, & la rabioule ou rave une racine orbiculaire, souffre cependant des exceptions considérables. La culture raffinée, le changement du sol & du climat, a sans doute altéré & la forme & l'essence de cette plante, qui, comme nous l'avons observé dans le précédent, est fort sujette à varier. Il existe des navets ronds & longs, avec des nuances intermédiaires plus ou moins approchant de la forme orbiculaire ou alongée. Mais, quoique le caractère spécifique de Linné n'est point constant, on est forcé de l'adopter, en attendant que les observations postérieures nous procurent des caractères invariables. Nous croyons, avec M. de Lamark, que la navette, le navet & la rabioule, ne doivent être considérés que comme variétés d'une même espèce, souvent difficiles à distinguer à cause de sous-variétés, & de rapprochemens plus ou moins sensibles qui se multiplient encore journellement.

La Navette. Cette plante, que l'on doit regarder comme le type de l'espèce qui a produit le navet & la rabioule, ne doit point être confondue avec le colsa, comme plusieurs Ecrivains ont fait, qui probablement n'étoient ni Cultivateurs, ni Botanistes. La navette a une racine alongée, fibreuse & peu charnue, d'un goût âcre & piquant. Sa tige s'élève à la hauteur de deux pieds; elle eſt un peu rameuſe, glabre & feuillée. Les feuilles inférieures ſont en lyre, à lobe terminal arrondi & denſe; elles ont leur bord, le pétiole & les nervures garnies de poils courts, qui les rendent durs au toucher. Les feuilles ſupérieures ſont amplexicaules, & très-glabres. Les fleurs ſont petites, jaunes, & leur calice à demi-ouvert. La couleur des feuilles de la navette ſont d'un vert plus clair que les feuilles du navet. La navette croît naturellement en France, & dans d'autres pays de l'Europe, principalement dans les champs un peu ſecs & arrides. En Suède, les gens de la campagne mangent la racine de la navette ſauvage. (*Voyez* Linné, voyage en Gothlande.)

Culture de la Navette.

On cultive cette plante, 1.° pour la nourriture des beſtiaux, objet qu'elle remplit parfaitement bien; 2.° pour en obtenir la graine dont on tire une huile par expreſſion, ou 3.° pour ſervir d'engrais. Comme ces trois eſpèces de culture diffèrent en pluſieurs points entr'elles, nous parlerons de chaque en particulier.

Culture de la Navette deſtinée pour le fourrage.

Lorſque cette plante eſt cultivée pour ſervir de nourriture aux beſtiaux, on la ſème vers le milieu de Juin. La préparation que la terre exige pour recevoir cette graine, eſt la même que celle qui eſt miſe en uſage pour le navet; on compte en Angleterre, ſix ou huit livres de graine pour un acre de terre; d'après M. l'Abbé Rozier, une livre de graine ſuffit pour enſemencer vingt-deux toiſes quarrés de terrain. Mais comme cette graine n'eſt pas chère, il vaut mieux ſuivre le conſeil de Miller, & d'employer huit livres pour chaque acre. Lorſque les jeunes plantes ſe trouvent trop ſerrées en quelques endroits, on peut aiſément les éclaircir en houant la terre. Pour le premier houage, on ne l'entreprend que lorſque cette plante a pouſſé cinq à ſix feuilles; on s'y prend de la même manière que l'on ſuit pour les navets & autres racines. Mais comme les racines de la navette ſont longues & minces, & ne demandent pas beaucoup de terre, on peut les laiſſer plus ſerrées que les navets. Cinq ou ſix ſemaines après le premier houage, on entreprend le ſecond; on fera bien de choiſir pour ce travail un tems ſec, afin de détruire plus ſûrement les mauvaiſes herbes. Ce travail fait, la navette n'exige plus aucun ſoin. Vers le milieu de Septembre, elle ſera aſſez forte pour ſervir à l'uſage auquel on la deſtine. Si le fourrage eſt rare, on peut la couper ou la faire manger ſur terre; mais, dans le cas qu'on n'auroit pas beſoin de fourrage, il eſt plus avantageux de la conſerver pour les tems durs, pour remplacer les fourrages & les légumes. En coupant le ſommet de ces plantes, & en laiſſant les tiges ſur pied, elles repoußeront de bonne-heure au printems, & donneront en Avril, une ſeconde récolte abondante, qui pourra être coupée pour fourrage, ou laiſſée pour ſemence. Si on les fait manger ſur terre, il faudroit empêcher que les beſtiaux n'en arrachent les tiges. Comme cette plante eſt aſſez dure pour réſiſter aux gelées, elle eſt d'une grande utilité dans les Hivers rigoureux pour la nourriture des brebis; parce qu'alors la terre eſt ſi gelée qu'on ne peut arracher les navets, & qu'on y ſupplée en tout tems, en coupant ce fourrage. Miller, d'après lequel nous rédigeons cet article, a ſemé de la navette en pluſieurs endroits de l'Angleterre, & il a obſervé qu'une acre de terre couvert de cette plante, rapporte preſque autant de fourrage que deux acres de navets, & qu'elle en produit encore, après que les navets ſont montés en ſemence. Si on la laiſſe, après cela, dans la terre, elle produira encore de la graine qui pourra être vendue au profit du propriétaire. Les perdrix, faiſans & autres volailles, aiment beaucoup cette plante; dans le nord de l'Allemagne & dans la Flandres, les champs, qui produiſent la navette, ſont ſouvent couverts d'oies ſauvages, ſur-tout, en Automne & au Printems, l'outarde eſt également très-friande de cette plante, & l'on eſt ſouvent obligé de leur donner la chaſſe, ou de les en éloigner, en y plaçant des épouvantails.

Culture de la Navette pour en obtenir la graine.

L'époque du ſemis de la navette, que l'on cultive pour la graine, varie ſelon les pays: dans quelques-uns, on la ſème d'abord après la récolte des bleds; dans d'autres, en Automne, même en Hiver dans quelques-uns. Comme cette plante eſt dure, elle ne craint point les gelées, à moins qu'elles ne ſoient très-fortes. Il eſt des cultivateurs, qui, toute circonſtance égale, préfèrent le ſemis fait après la récolte des bleds, parce que la plante reſte plus long-tems en terre, y prend plus de nourriture, plus d'empâtement dans ſes racines, & elle a beaucoup plus de force lorſqu'elle monte en tige au Printems ſuivant; dès-lors on obtiendra beaucoup plus de graines, qui ſeront mieux nourries. Il en eſt de cette plante comme des bleds hivernaux, comparés aux marſais ou bleds tremois.

La navette exige pour bien réuſſir, à l'inſtar de toutes les plantes à racine pivotante, une terre légère, ameublie & peu ſubſtancielle; la navette étant ſur-tout dans ce cas, il vaut mieux ne pas la cultiver dans un ſol compact, à moins que cela ne ſoit ſimplement comme engrais ou comme fourrage; dans ce dernier cas, il ſeroit peut-être plus avantageux de cultiver la groſſe rave ou le turneps.

On ſème la navette en ſillon lorſqu'on la deſtine pour la graine, en la traitant avec les mêmes précautions que nous avons recommandé dans la culture du colsa. En Angleterre, & en plusieurs endroits de la Flandres, on commence à replanter la navette comme le colsa; cette méthode est très-bonne, elle suppose que la terre est humide, ou que le tems est disposé à la pluie.

L'époque de la maturité de la navette, dit M. l'Abbé Rozier, tient au climat & à la saison. La saison ne la devance pour l'ordinaire, ou ne la retarde que de quelques jours, on choisit un tems beau & sec pour couper les tiges; mais on n'attend pas la complette maturité de toutes les gousses; les supérieures ne sont mûres que long-tems après les inférieures, & si l'on attendoit, les supérieures se dégraineroient. Il vaudroit beaucoup mieux, après la fleuraison, retrancher le sommet des tiges qui devient comme inutile, & qui absorbe, en pure perte, une partie de la sève, dont les gousses inférieures auroient profité.

Les tiges coupées ou arrachées, on les expose sur des grandes toiles ou draps, & on les porte ensuite sur l'aire, ou sous des hangards destinés à cet usage. Là le tout est amoncelé, afin que les graines du sommet achevent leur maturité. On feroit peut-être encore mieux de les laisser étendues sur l'aire ou sous le hangard, parce que cet amoncelement produit la fermentation dans les parties qui ne sont pas mûres, & cette fermentation gagne du plus ou moins la totalité du monceau. On doit observer que ces graines sont bien plus émulsives qu'huileuses, & que celles qui ne sont pas bien sèches, ne sont qu'émulsives. L'expérience a prouvé que lorsque la fermentation gagne la partie émulsive, c'est toujours aux dépens de la qualité de l'huile. D'après ce principe il sera toujours avantageux de supprimer la partie supérieure des tiges après la floraison. Si l'on ne veut pas suivre cette méthode, voici un autre procédé qui la supplée en partie, mais qui suppose toujours que la fermentation n'a pas eu lieu dans le monceau. Les graines des sommets des tiges sont beaucoup plus petites que celles du bas; avec un crible à cribler, dont les trous sont proportionnés à la grosseur des premières, on les sépare des autres. Cette séparation devient nécessaire, parce que la fécule de ces graines absorbe, pendant le pressurage, plus d'huile qu'elles n'en donnent, elles agissent comme des éponges, & l'huile qu'elles rendent est au-dessous de la médiocre. La graine de qualité inférieure n'est pas perdue, elle peut servir à la nourriture des oiseaux de la basse-cour qui en sont très-friands, les pigeons surtout.

La culture de la navette est un objet considérable en Allemagne, dans la Flandres Françoise & Autrichienne. On y cultive cette plante pour en obtenir la graine uniquement destinée pour en tirer l'huile, qui s'y consomme, ou pour brûler, ou dans les manufactures pour la préparation des laines. En plusieurs endroits, cette huile sert encore aux gens de la campagne pour les usages de la cuisine, & pour lui ôter une certaine saveur désagréable ils y font rôtir un oignon ou une croûte de pain. On prétend de même, que pour le foulage des draps, l'huile de navette est préférable à toute autre huile; &, dans la préparation de certains cuirs, les Allemands s'en servent également avec avantage. Cette huile est encore la base du savon noir ou liquide, dont on se sert pour laver les linges dans les pays du Nord. L'odeur de ce savon est désagréable, il se communique même au linge, qui cependant se perd, lorsque le linge est exposé à l'air pendant quelque tems. Peut-être en suivant le procédé que j'ai indiqué à l'article Colsa, la graine ainsi préparée, avant d'être envoyée au moulin, feroit perdre à l'huile son odeur & son goût désagréable.

En Allemagne & dans la Flandre, on préfère de semer la navette avant l'Hiver; elle est alors appellée navette d'Hiver, elle souffre beaucoup moins des mauvaises herbes & des insectes que celle semée au Printems, connu sous le nom de navette d'Eté: cette dernière est souvent infectée par les tiquets, par les vers qui produisent certaines espèces de charansons, & par les chenilles de plusieurs petites phalènes, contre lesquelles il est difficile de les garantir.

Culture de la Navette destinée pour Engrais.

La navette destinée pour engrais peut être semée à la volée, il faut cependant avoir attention de la répandre aussi également que possible; on la sème avant l'Hiver ou au Printems, & lorsqu'elle est arrivée à une certaine grosseur, on peut l'enfouir avec la charrue.

Le NAVET *& le Turneps des Anglois.* Cette plante est un peu plus grande que la précédente, mais elle lui ressemble à beaucoup d'égards. Sa racine qui est charnue, d'un goût doux, un peu piquant, mais agréable, offre des différences considérables par la forme, la grosseur, la couleur & le goût. Le navet a des feuilles oblongues, en lyre ou découpées en aile jusqu'à la côte, rudes au toucher, d'un verd foncé, chargées de poils courts, un peu rases, étalées sur la terre, à lobe terminal, large, arrondi & dentelé. La tige qui s'élève a deux ou trois pieds de haut, est rameuse, garnie de feuilles alternes, amplexicaules, oblongues, en forme de cœur à leur base, légèrement dentelées, très-glabres, & douces au toucher. Leurs fleurs sont jaunes, quelquefois d'un blanc jaunâtre, & plus petites que celles du Choux potager.

La culture & le climat ont produit un grand nombre de sous-variétés dans les navets, il y en a des petits & des gros, des ronds & des longs, des blancs, de gris, de jaunâtres, de verts, de rouges,

rouges, & des noirâtres en dehors. La plupart de gros navets sont cultivés en grand dans les champs, & principalement destinés à la nourriture de bestiaux. Les petits navets dont plusieurs espèces se cultivent dans les jardins sont plus recherchés en France, & en Allemagne, pour l'usage de la cuisine, mais ils dégénèrent facilement; & ce n'est qu'en changeant souvent la graine, ou en en faisant venir tous les ans de la fraîche que l'on peut compter sur des variétés constantes. Nous reviendrons sur cet article, en exposant plus en détail la culture des petits navets.

Les navets, comme toutes les racines pivotantes, demandent pour bien réussir, un sol meuble, léger, &, s'il est possible, sablonneux; les terreins forts, tenaces, très-argilleux & durs ne leur conviennent pas du tout, & ce n'est qu'en labourant profondément un terrain semblable qu'on en peut tirer quelque partie; mais le goût qu'obtiendront les navets qui viennent dans un terrain semblable, ne les fera guère rechercher pour l'usage de la table; car des espèces venues dans des terrains forts & substanciels conservent toujours un goût âcre & fort, tandis que tous les navets que l'on aura cultivés dans un terrein sablonneux un peu nourri par des engrais se distinguent à la vérité par un volume inférieur; mais ils gagnent en saveur ce qu'ils perdent en grosseur. On voit souvent dans les champs des navets qui sortent moitié de terre; on n'en sera par surpris en examinant attentivement le sol à une certaine profondeur; on le trouvera trop, & la racine ne pouvant s'enfoncer en terre comme sa nature l'exige, les sucs nourriciers se portent plus vers la partie supérieure, qui par conséquent s'alonge à l'endroit où elle ne se trouve point gênée.

On cultive les navets, sur-tout les plus grosses variétés, comme engrais, ou pour la nourriture des bestiaux, ou pour en faire usage dans la cuisine; chaque manière demande des soins ou des attentions particulières que nous allons décrire plus en détail.

Culture des Navets destinés aux engrais.

Il n'y a point d'engrais plus simple & moins dispendieux que celui qui est fourni par les Raves ou Navets, leurs tiges & leurs feuilles; ils rendent à la terre beaucoup plus de principes qu'ils n'en ont reçus; & ses feuilles & ses tiges, en pourrissant, lâchent l'air fixe qu'elles contiennent, ainsi que tous les matériaux de la sève, & les incorporent, en enrichissant le sol. La récolte en froment, qui suit l'année d'après, n'est pas capable d'épuiser la moitié des principes de végétation fournis par la décomposition des Raves ou des Navets.

Pour tirer le parti le plus avantageux de la culture des Navets, considérés comme engrais, M. l'Abbé Rozier propose, 1.° de mettre la charrue dans les terres destinées à la jachère de l'année suivante, aussi-tôt que les bleds sont semés. 2.° Qu'on donne à ces terres un fort labour croisé, & encore mieux que la charrue passe deux fois dans le même sillon, afin de soulever plus de terre, & lui donner plus de profondeur. La terre, fortement élevée, sera plus exposée aux actions des pluies, des neiges & gelées; ces dernières, sur-tout quand elles sont fortes, servent à atténuer, diviser & séparer les molécules; &, sous ce rapport, la gelée peut être considérée comme le meilleur de tous les laboureurs. Une observation que tous les Cultivateurs peuvent affirmer, c'est que toutes les fois que les froids ont été longs & rigoureux, on peut parier que la récolte en grains sera très-belle, à moins qu'au Printems, les pluies ou le débordement des eaux, ou d'autres circonstances ne s'y opposent. Je propose cette pratique, dit M. l'Abbé Rozier, parce qu'elle influe d'une manière très-avantageuse sur la production des Raves & Navets, considérés comme engrais. Elle seroit également utile, quand même le champ seroit destiné à rester en jachère. 3.° Aussi-tôt après l'Hiver, c'est-à-dire aussi-tôt que l'eau surabondante de l'Hiver se sera infiltrée dans la terre, ou qu'elle sera évaporée, & que la terre ne sera plus gâcheuse; c'est le cas de labourer de nouveau, de croiser ou de recroiser, & de herser légèrement. Lorsqu'on ne craint plus les gelées, on sème sur le champ, ainsi préparé, les Raves ou les Navets. On peut semer la graine fort dru, parce qu'il ne s'agit point ici d'avoir des Raves ou des Navets pour la nourriture des hommes ou du bétail, mais de l'herbe qui doit être enfouie, & servir d'engrais. Aussi-tôt après, on herse après plusieurs reprises; & on a grand soin d'attacher quelques fagots derrière la herse, afin que chaque graine soit enterrée; toutes celles qui restent sur la surface sont dévorées par les oiseaux à bec court, qui en sont très-friands, ainsi que les Pigeons. Lorsque la graine est enterrée trop profondément, elle ne germe pas; c'est pourquoi l'on fait bien de herser légèrement avant de semer. Plusieurs Cultivateurs Anglais ont l'usage de faire passer & repasser un troupeau de moutons sur le champ ensemencé; on est sûr alors que toute la graine est enfouie. Cette opération ne doit avoir lieu que lorsque le tems est un peu humide; sans quoi, le piétinement réduiroit la superficie en croûte, qui durciroit beaucoup, si le sol est tenace, & si la chaleur & la sécheresse le surprenoit dans cet état. Les Raves, ainsi semées, détruisent complettement les mauvaises herbes qui poussent dans les champs; elles les étouffent par leur ombre. 4.° Du moment que la plante commence à fleurir, on l'enterre par un fort coup de charrue; ce qui n'eſt pas enterré eſt livré au troupeau, qu'on ne doit conduire dans le champ que lorſqu'il fait ſec; ſon piétinement redoublé durciroit trop la terre & nuiroit aux labourages poſtérieurs. On eſt aſſuré, en pratiquant cette méthode, 1.° que la récolte des grains qui ſuivra celle du ſemis des Raves & des Navets, ſera très-belle, toutes circonſtances égales. 2.° Qu'en perpétuant cette alternative de Raves & de grains, on parviendra à changer la nourriture du ſol, & un champ maigre ſera peu-à-peu converti en un champ très-productif.

Culture des Navets deſtinés pour la nourriture des beſtiaux.

La culture des Navets & Raves en grand, pour l'uſage de l'économie rurale, a été aſſez long-tems négligée non-ſeulement en France, mais dans beaucoup d'autres pays; quoiqu'on ne pourroit pas ignorer que l'emploi de cette plante, pour en nourrir les beſtiaux en Hiver, lorſque les fourrages viennent ſouvent à manquer, étoit déjà ſuivie par les Anciens, d'après le témoignage de Columelle.

Miller prétend que la culture des Navets, comme fourrage, pour les beſtiaux, n'eſt ſuivie en Angleterre que depuis environ cent ans; il prétend en même-tems que la véritable manière de cultiver cette plante avec avantage eſt aſſez mal connue, ſur-tout dans quelques pays éloignés de l'Angleterre. Il rejette, comme mauvaiſe, la méthode de ſemer les Navets au Printems, avec l'orge; car ces plantes, dit-il, ne produiſent dans l'orge qu'un peu de verdure pour les brebis, ſans jamais donner des racines. Dans d'autres cantons, dit ce même Auteur, où l'on ſème les Navets à part, on ignore la néceſſité de les houer, de ſorte que l'on laiſſe croître les Navets & les mauvaiſes herbes enſemble, & on ne les éclaircit point où ils ſont trop ſerrés, & alors ils ne produiſent que des grandes feuilles; mais leurs racines ne groſſiſſent point, quoique c'eſt l'accroiſſement des racines qu'on a principalement en vue.

Culture des Navets en grand, d'après la Méthode Anglaiſe décrite par Miller.

Le terrein ſur lequel on veut ſemer des Navets doit être labouré en Avril, &, pour la ſeconde fois, en Mai: on le herſe deux fois, pour l'ameublir, & l'on répand la ſemence bien claire; car comme elle eſt petite, il en faut peu pour une pièce de terre; deux livres ſuffiſent pour un acre, & l'on n'en ſème ordinairement qu'une. Auſſi-tôt que l'on a ſemé, il faut herſer la terre avec une herſe à dents courtes, & y paſſer un rouleau de bois pour briſer les mottes & unir la ſurface. Douze ou quinze jours après, les plantes mangées par les pucerons, ce qui n'arrive que trop ſouvent, & alors il faut ſemer la terre une ſeconde fois; car cette graine n'étant point chère, la principale dépenſe conſiſte à deſſerrer la terre & à la herſer, ſur-tout quand elle eſt ſujette à ſe durcir. Toutes les méthodes propoſées pour prévenir les dégats que font ces inſectes, ont été juſqu'ici infructueuſes.

Quand les plantes ont quatre ou cinq feuilles, il faut les houer pour détruire les mauvaiſes herbes & les éclaircir où elles ſont trop épaiſſes, en donnant ſix ou huit pouces de diſtance à celles qui reſtent; ce qui ſera ſuffiſant pour le premier houage. On houe, pour la ſeconde fois, un mois après, & alors on retranche encore des plantes, pour laiſſer les autres à quinze ou ſeize pouces de diſtance, & même plus, ſur-tout ſi l'on deſtine ces racines pour nourriture du bétail; car en les tenant éloignées, elles groſſiſſent à proportion, ſur-tout quand ils ſe trouvent dans un ſol fertile; de ſorte que l'on gagne ſur la groſſeur de ceux qui reſtent en place, ce que l'on perd ſur ceux qui ont été arrachés; mais ſi l'on deſtine ces Navets pour l'uſage de la cuiſine, un pied de diſtance ſuffit, parce que les groſſes racines ſont moins eſtimées pour la table que les petites.

Depuis quelques années, quelques Fermiers induſtrieux ont ſemé les Navets en rangs, avec une charrue à rigole: dans quelques endroits, les rangs ſont à trois pieds de diſtance; dans d'autres à quatre, à cinq, & ſouvent à ſix pieds. Cette dernière diſtance a été recommandée par des perſonnes intelligentes, comme la plus favorable; car, quoique cet intervalle ſoit conſidérable, cependant la récolte que produit un acre ainſi ſemé, eſt beaucoup plus forte que ſur un même eſpace où les rangs n'ont que la moitié de cette diſtance; & tous les champs qui ont été ainſi cultivés ont donné des récoltes beaucoup plus conſidérables que s'ils avoient été houés à la main.

Un Seigneur Anglois a fait l'eſſai de ces deux différentes méthodes avec le plus grand ſoin, en diviſant le même champ en pluſieurs planches ſemées alternativement en rigoles, & les planches intermédiaires à la volée: ces dernières ont été houées à la main, ſuivant la méthode ordinaire, & les autres avec une houe à charrue; le terrein étoit également diviſé entre ces deux cultures. Les Navets étant parvenus à leur groſſeur, ont été arrachés & examinés; celles qui avoient été houées avec la charrue ont été trouvées plus groſſes que les autres, & la récolte d'un acre ainſi planté ſurpaſſoit l'autre d'un tonneau & demi.

Quand les Navets ſont ſemés en rigole, il faut les houer à la main, pour arracher une partie des plantes dans les endroits où elles font trop ferrées, & détruire les mauvaifes herbes dans les parties où la charrue ne peut atteindre : fi ce travail eft bien exécuté, non-feulement ces racines deviendront plus fortes, mais le terrein fera encore mieux préparé pour la récolte d'orge, que l'on pourra y femer au Printems fuivant. Peut-être que cette méthode fera regardée comme plus coûteufe que celle qui eft ordinairement en ufage ; mais, après avoir effayé l'une & l'autre, on trouvera que le houage à cheval eft moins difpendieux & beaucoup plus profitable ; car les gens de campagne que l'on emploie pour houer les Navets à la main, font fort fujets à preffer leur ouvrage, de manière qu'ils laiffent la moitié de mauvaifes herbes, & n'éclairciffent point les plantes comme elles devroient l'être. La houe à cheval, au contraire, détruit toutes les mauvaifes herbes dans les intervalles ; & quand il ne refte plus que quelques pieds dans les rangs de Navets, il eft aifé de les arracher à mefure qu'ils paroiffent ; par ce moyen les champs font mieux, & beaucoup plutôt nétoyés, & tous les Propriétaires y gagnent, fans contredit, pour la main-d'œuvre.

Les Navets n'ont point d'ennemis plus dangereux que les moucherons, qui fe montrent bientôt après que les plantes ont paru au-deffus de la terre, & tandis qu'elles n'ont encore que leurs feuilles feminales ; mais auffi-tôt qu'elles ont pouffé leurs feuilles rudes & fortes, elles font hors de danger. Cet accident arrive toujours dans les tems fecs ; mais, quand il furvient de la pluie, les Navets pouffent & croiffent fi promptement que ces infectes ne peuvent les attaquer. On prétend qu'en femant les Navets en rigoles, ils font moins fujets à être dévaftés par ces infectes, que lorfqu'ils font femés à la volée ; on peut auffi s'en garantir, en répandant de la fuie en petite quantité fur ces rigoles.

Une autre caufe de la deftruction de ces récoltes font les chenilles qui les attaquent fouvent quand ces plantes ont fix ou huit feuilles ; le moyen le plus fûr pour les en débarraffer eft de faire paffer dans ces champs une quantité de volaille, de bonne-heure, & vers le matin, avant de leur avoir donné à manger : ces oifeaux ont bientôt dévoré ces infectes, & laiffent les Navets parfaitement nets.

Les Navets femés en rigoles font moins expofés aux chenilles, parce que la terre qui fe trouve entre les rangs étant toujours remuée, les plantes croiffent plus vîte, & font plutôt en état de réfifter aux attaques des chenilles.

Quand les Navets font femés en rigoles, on fera bien de faire chaque houage en deux tems, en cultivant d'abord de deux rangs l'un, & en houant l'autre quelque tems après ; les plantes profiteront mieux de cette culture que fi tout avoit été fait à-la-fois ; & elles feront moins en danger de fouffrir par la terre, qui eft quelquefois inégalement diftribuée & jettée plus d'un côté que de l'autre ; ce que l'on peut réparer au fecond houage. Cette culture alternative préparera très-bien la terre pour la récolte fuivante, & avancera beaucoup les Navets. Mais comme la charrue ne peut approcher des rigoles que de deux ou trois pouces, on fe fert d'une fourche pour defferrer la terre, afin que les fibres de racines puiffent s'étendre dans les intervalles ; fans quoi la terre deviendroit fi dure dans ces endroits, que l'accroiffement des Navets feroit arrêté. Ce travail peut être fait à peu de frais ; car un bon travailleur en fera beaucoup dans un feul jour, & le propriétaire trouvera toujours fon compte à fuivre cette méthode, fur-tout dans les terres fortes, où les Navets font beaucoup plus fujets à fouffrir que dans un fol léger.

Quand la terre a été cultivée d'après cette méthode, un fimple labour fuffira, après la récolte des Navets, pour la préparer à recevoir du bled ou d'autres denrées ; de forte que l'on fe procure ainfi l'avantage de pouvoir conferver les Navets plus long-tems fur la terre, comme cela eft fouvent néceffaire quand ils font deftinés à la nourriture des brebis ; car quelquefois la terre n'eft débarraffée qu'au milieu d'Avril, quand on eft obligé de conferver cette nourriture à ces animaux, pour le Printems, avant que l'herbe nouvelle ait pouffé ; fur-tout quand on a des troupeaux confidérables à nourrir. Un acre de Navets fournit plus de reffources dans cette faifon, que trente acres des meilleurs pâturages.

Dans la province de Norfolck, & dans plufieurs autres cantons de l'Angleterre, les Fermiers cultivent une grande quantité de Navets dont ils nourriffent le bétail noir. Cette méthode eft très-avantageufe ; car le nombre de bétail qu'ils peuvent entretenir leur fournit des engrais confidérables, & rend leur terrein très-productif en orge ; tandis que, fans ce moyen, il ne vaudroit pas la peine d'être cultivé.

Quand on donne au bétail la liberté de manger les Navets fur la terre même, il ne faut pas lui laiffer parcourir à-la-fois un trop grand efpace ; mais on doit le retenir par des cloifons, parce qu'il gâteroit en un jour plus qu'il n'en pourroit confommer. Pour cette raifon, il faut changer les claies une ou deux fois par jour, & les pofer plus loin, dès que ces animaux ont entièrement confommé tous les Navets du premier enclos ; au lieu qu'en les laiffant en liberté, ils fe contentent de manger le cœur de ces racines, & laiffent l'écorce ; leur urine fe répand fur le refte, & quand il en eft une fois infecté, les brebis ne veulent plus y toucher.

On croit communément, en Angleterre, que les moutons engraissés avec des Navets ont la chair forte & d'un mauvais goût; mais Miller combat cette erreur, & il prouve, au contraire, que les meilleurs moutons de l'Angleterre sont ceux nourris avec des Navets; les mauvais goûts dont certaines espèces de mouton participent, est dû aux terres basses & marécageuses sur lesquelles ils ont été élevés.

Miller recommande, pour se procurer la graine des Navets en abondance & d'une bonne qualité, d'arracher, au mois de Février, quelques-unes des plus belles racines, & de les planter à un pied, au moins, de distance en tout sens; en observant de tenir nette la terre où elles se trouvent, jusqu'à ce que ces plantes soient devenues assez fortes pour étouffer les mauvaises herbes. Lorsque les siliques qui contiennent la graine sont formés, il faut les mettre à l'abri des oiseaux, qui les dévorent bien-tôt; on parvient à écarter ses ennemis, soit à coup de fusil, soit par des épouvantails. Quand la semence est mûre, on la coupe, & on l'étend au soleil, pour la faire sécher; on la bat ensuite, & on la conserve pour l'usage.

Les variétés de Navets ou Raves, que l'on cultive communément en Angleterre, sont la Rave rouge ou pourprée, la Rave verte, la Rave jaune, la Rave noire, & la printanière d'Hollande. Cette dernière variété de Rave se sème, en Angleterre, au Printems; elle fournit alors les cuisines au mois de Mai & de Juin; elle paroît uniquement destinée pour l'usage de la table, car on ne la cultive pas en grand. La Rave rouge étoit anciennement plus estimée, en Angleterre, qu'elle ne l'est à-présent; car depuis que la grosse Rave verte est introduite, tous les Fermiers intelligens la préfèrent aux autres espèces. Cette racine acquiert, en Angleterre, une grosseur considérable, & se conserve plus long-tems que les autres. Après celle-ci, vient la Rave rouge ou pourpre, qui parvient à une égale grosseur, & se conserve pendant quelque tems; mais elle est beaucoup plus sujette à se creuser que la Rave verte. Les Raves ou Navets à racines longues, la rave jaune & la noire ne sont, à-présent, guères cultivées en Angleterre, de même que les petits Navets de France. La Rave ou Navet jaune des Anglois n'est pas beaucoup sujet à varier; Miller prétend qu'il n'a jamais vu cette racine changer par la culture; sa chair est toujours blanche, tandis que les autres ont tous une chair blanche, & ce n'est que l'écorce seule qui se présente différemment coloriée. Miller regarde également le Navet ou la Rave à longue racine comme une espèce distincte; sa forme & sa manière de croître est tout-à-fait distincte des autres; il en a vu qui avoient la forme du Panais, tant pour la longueur que pour le port. En Angleterre, on n'en fait pas cas pour nourrir les bestiaux, & pour l'usage de la cuisine; ils ne sont employés qu'autant qu'ils sont jeunes. Le Navet croît, à ce qu'en dit Miller, plus qu'aucun des autres Navets au-dessus de la terre: pour cette raison, on le préfère, en Angleterre, pour la nourriture des bestiaux; & comme il est encore tendre & doux, même quand il est gros, on l'emploie également dans la cuisine. Dans les Hivers froids, ce Navet est souvent endommagé par la gelée, & plus que tous les autres Navets qui croissent plus profondément en terre, surtout quand il n'est pas couvert de neige; car étant souvent gelé & dégelé, il pourrit plus aisément que ceux dont la chair est moins tendre & moins douce. Miller dit avoir vu de ces Navets verds, d'un pied de diamètre, aussi doux & aussi tendres que les plus petits Navets.

Culture des petits Navets, dans les environs de Paris.

On cultive six variétés de ces Navets: savoir, le petit Navet de Berlin, le Navet de Vaugirard, le Navet commun blanc long, le rond, le Navet gris & le Navet de Meaux.

Le Navet de Berlin, cultivé en France, ne produit que la première année un Navet très-doux & du goût de Noisette; ce Navet est très-petit, même dans son pays natal, & plus long que rond. On le tire des environs de Berlin, où le sol, extrêmement sablonneux, convient parfaitement à toutes sortes de racines, comme Navets, Carottes, Panais, Radis, &c. Les meilleurs Navets, prétendus de Berlin, viennent dans les environs d'une petite ville à trois lieues de Berlin, nommée Teltow, où cette espèce est uniquement cultivée, & où l'on a le plus grand soin de la conserver dans toute son intégrité; car cette petite ville envoie tous ses Navets ou à Berlin, ou, en droiture, chez l'étranger; elle fait également des envois considérables de graines de ce Navet pour les pays étrangers. Le sol des environs de Teltow est on ne peut pas plus sablonneux & arride, & ne produit que de ces Navets; on a donc beau en faire venir, tous les ans, la graine du pays même, on ne parviendra jamais à en obtenir des Navets passables, à moins que les terreins que l'on destine à leur culture n'aient un sol aride & sablonneux. Les jardiniers des environs de Paris qui cultivent ce Navet, prétendent que c'est le plus hâtif dans le pays; on n'en fait usage qu'à la fin de l'Été & en Automne.

Le Navet de Vaugirard est de grosseur médiocre un peu alongé, d'un blanc sale, tirant sur le gris du côté de la tête, d'un bon goût & très-tendre; il est fort estimé à Paris, & un des plus communs.

Le Navet commun, qui eſt ou long ou rond, ſe cultive principalement aux environs d'Aubervilliers; c'eſt de-là qu'il vient à Paris. Le rond & le long ne diffèrent pas beaucoup, quant au goût; mais le rond vient plus gros; la peau en eſt fort blanche, leur chair eſt douce & tendre, & le goût aſſez bon.

Le Navet gris a la peau griſe, comme ſon nom l'annonce, & la forme aſſez alongée; il a ſes partiſans, qui le préfèrent aux blancs, à cauſe de ſon goût, qui eſt un peu plus relevé; mais, pour l'ordinaire, il n'eſt pas ſi tendre, & il eſt plus ſujet à être verreux.

Le Navet de Meaux eſt celui qui rend le plus de profit par ſa groſſeur & ſa longueur, qui eſt communément de huit à dix pouces; ſa couleur extérieure eſt d'un blanc jaunâtre, & ſa chair très-blanche; il eſt tendre & d'une ſaveur fort agréable; on en fait grand cas à Paris; mais on remarque que celui qu'on emporte de Meaux eſt meilleur que celui qu'on élève aux environs de Paris.

Dans les jardins de Paris, ces ſix eſpèces ſe cultivent de la même manière; on les sème en deux tems différens, au mois de Mars & au mois d'Août; mais dans beaucoup de terreins, ils ne réuſſiſſent pas au Printems; la terre la plus légère eſt celle qui leur convient le mieux. Dans les terres fortes & humides, ce légume eſt preſque toujours verreux & ſans goût; il eſt, de plus, important que la terre ait été bien labourée, & qu'elle ſoit ſaine quand on fait la ſemence: trop sèche ou trop trempée, la graine ne ſe diſtribue pas également, & ne lève pas bien; & comme cette graine eſt très-menue, il faut uſer de précaution pour ne pas en répandre plus qu'il n'en faut. La meilleure méthode eſt de la mêler avec trois fois autant de cendre ou de ſciure de bois, & de la répandre le plus également que l'on peut; elle ne ſauroit être ſemée trop claire; & il faut de plus, quand elle eſt levée, & qu'elle eſt venue à un certain point de force, éclaircir le plant, de manière qu'il y ait ſix pouces environ de diſtance d'un pied à l'autre: en même-tems qu'on fait cette opération, on ſarcle les mauvaiſes herbes, & cette double façon eſt très-importante. Je ſais que beaucoup de gens s'en diſpenſent, ſur-tout dans les campagnes où on sème des champs entiers; mais je ſais auſſi qu'on n'en fait pas mieux, & nos Maraichers de Paris, qui en connoiſſent l'utilité, y ſont très-exacts; il n'y a pas d'autre précaution à prendre. Les Navets se sèment plus ordinairement dans les terres qui ont rapporté du bled, que dans les jardins; cependant, lorſqu'on a un jardin d'une certaine étendue, il eſt agréable de les avoir ſous ſa main. Les Navets ont un ennemi cruel, qui eſt la liſette: cet inſecte dévore les deux oreilles de la jeune plante, dès qu'elle lève, & il n'y a pas de reſſource: on propoſe, pour l'écarter, de répandre de la cendre deſſus, ou de la ſuie de cheminée à la roſée du matin; mais tous ces expédiens ſont inſuffiſans, d'après les épreuves que j'en ai faites. Le plus court moyen, quand le mal eſt à un certain point, c'eſt de redonner une petite façon à la terre, & de ſemer d'autre graine, qui a ſouvent le même ſort que la première, & alors il faut y renoncer. Cet inconvénient eſt commun dans beaucoup de terreins, ſur-tout dans les années sèches; & ceux qui le connoiſſent doivent être en garde, faute de quoi ils perdront inutilement leur graine & leur tems. En ſemant les Navets tard, c'eſt-à-dire après la mi-Août, cet inſecte, qui commence à ſe retirer, ne la fatigue plus tant. Lorſque ce moyen réuſſit, le Navet eſt ordinairement bon deux mois après; & il ne faut pas alors le laiſſer plus long-tems en terre, car ordinairement il ſe corde, ou le ver s'y met, & de plus les mulots les mangent. On les arrache avec la main, ou avec une ſerfouette, s'ils ſont trop gros, & on les renferme dans la ſerre juſqu'au beſoin, après leur avoir tondu la fanne. Ceux du Printems ſe conſervent tout l'Été, & ceux du mois d'Août paſſent tout l'Hiver, étant mis dans le ſable. A Aubervilliers, les Maraichers en sèment dans leurs enclos, qu'ils laiſſent en terre tout l'Hiver, & ils ne s'y gâtent pas, comme dans beaucoup d'autres terreins. Dans les pays où l'on fait de grandes plantations de cette racine, on fait un trou au milieu de la terre, proportionné à la quantité de Navets, & on les range dedans; on les couvre enſuite avec du chaume, & ils s'y conſervent parfaitement bien, pourvu que l'eau des pluies ait quelqu'écoulement.

Les Amateurs de ce légume en sèment ſur couche dès le mois de Février, dont ils jouiſſent au mois de Mai; il faut, en ce cas, que la couche ſoit chargée de huit à neuf pouces de terreau, & que ſa chaleur ſoit conſidérablement amortie; car pour peu qu'elle ſoit trop chaude, les Navets fourchent & viennent couverts de petites racines, ce qui eſt un grand défaut.

Ce que nous avons rapporté ici ſur la culture des Navets, telle qu'elle eſt ſuivie par les Maraichers de Paris, eſt extrait de l'École du Jardin Potager.

Pluſieurs cantons de la France produiſent également quelques variétés de Navets; nous nous contentons de nommer ici les Navets de Freneuſe, dans le Vexin François, les Navets de Saulieu, en Bourgogne, ceux de Cherouble, dans le Beaujolois, & de Pardaillan, près Pons, en Languedoc.

Inſtruction ſur la culture du Turneps, ou gros Navet, imprimée par ordre du Roi.

Dans une année où les fourrages de toute eſpèce

manquent pour la nourriture des bestiaux, on ne sauroit trop recommander aux Cultivateurs de chercher à y suppléer par la culture des gros Navets; & c'est ce qui a déterminé le Gouvernement à faire venir de la graine de cette plante, pour en faire passer dans les provinces du Royaume qui ont le plus souffert de la sécheresse, & pour la faire distribuer aux habitans des campagnes; c'est aussi dans cette même vue que la précédente Instruction a été rédigée.

On distingue deux espèces de gros Navets: l'une qu'on nomme Turneps, en Angleterre; l'autre qu'on nomme *Raves* ou *Rabioules*, & qu'on cultive principalement dans le Limousin. Elles ont, l'une & l'autre, l'avantage de fournir une excellente nourriture aux bestiaux pendant l'Hiver; de pouvoir être semés dans tout le cours de Juillet, & après la récolte du seigle & même du bled; de croître dans un terrein destiné au repos, & de ne rien prendre, par conséquent, sur d'autres cultures; enfin, loin d'épuiser la terre, ils la divisent, & la rendent plus propre à produire de bonnes récoltes.

Du choix des terres pour la culture du Turneps.

Il seroit à souhaiter qu'on pût ne semer le Turneps que dans des terres qui eussent beaucoup de fond, qui eussent été préparées & divisées par de bons labours, on seroit plus sûr d'obtenir des récoltes abondantes; mais, dans la circonstance présente, il ne faut pas s'attacher à ce qui est le mieux, mais à ce qui est praticable, & il faut sur-tout faire en sorte que la culture du Turneps ne nuise à aucune autre.

Il y a quelques provinces où les avoines ont beaucoup souffert de la sécheresse; où des places considérables ont entièrement manqué, & ne présentent aucune espérance de récolte. On peut, sans inconvénient, labourer ces portions de terrein, ou, mieux encore, les travailler à la bêche, pour y semer du Turneps.

Dans les provinces productives en bled, telles que la Beauce, la Brie, &c., les Cultivateurs sont dans l'usage de semer quelques arpens en seigle: ce sont communément leurs meilleures terres qu'ils destinent à cette culture, afin d'obtenir des pailles plus longues, & propres à faire des liens. Comme la récolte de ces seigles se fait au commencement de Juillet, il reste encore assez de tems pour labourer & pour semer le Turneps, & on peut profiter, à cet effet, de l'intervalle de quinze jours au moins, qui se trouve entre la récolte des seigles & celle des bleds.

Dans les endroits où l'on ne récolte pas de seigle, on pourra cultiver le Turneps, soit après la récolte des orges hâtives, soit même dans les terres à bled, immédiatement après la récolte, pourvu toutefois qu'on puisse ensemencer, au plus tard, dans les premiers jours d'Août. Enfin, si on ne peut pas employer ces différentes ressources, pour ménager du terrein, on cultivera le Turneps dans les terres destinées à être mises en bled en Automne; & en y semant de l'orge au Printems prochain, on sera plus qu'indemnisé de la perte du bled.

Préparation des terres destinées à la culture des Turneps, & de la manière de les ensemencer.

Il seroit à souhaiter, comme on l'a déjà dit, qu'on pût donner deux ou trois façons aux terres destinées à la culture du Turneps, qu'on pût même y répandre quelques voitures de fumier, sur-tout qui ne fussent pas trop consommées. Il seroit plus avantageux encore qu'on pût les cultiver à la bêche; & il y a lieu de croire qu'on seroit plus que dédommagé de l'augmentation du produit: mais comme dans une année où les fumiers sont rares, & où les Cultivateurs n'ont pas eu le tems de se prémunir, on ne peut pas espérer de la plupart toutes ces précautions; ils peuvent se contenter de donner à la terre destinée à être semée de turneps, un bon labour, immédiatement après la moisson du seigle, de l'orge & même du froment. La graine doit être semée fort claire à la volée, en la mêlant avec du sable & de la cendre, & on la recouvre avec une herse garnie de dents de bois. Il est important que la graine ne soit pas enterrée à plus d'un pouce de profondeur, sans quoi elle courroit risque à ne pas lever. Dans les terres très-meubles & très-légères, comme la herse enterreroit la graine trop profondément, il est préférable d'en ôter les dents & d'y substituer des fagots d'épine, qu'on attache sous la herse; enfin il est bon de faire passer le rouleau sur la terre peu de temps après la semaille.

Il est difficile de rien prescrire de positif sur la question de semence, une livre & demie suffit pour un arpent, mesure de roi, c'est-à-dire, de cent perches de vingt-deux pieds chacune; mais comme cette graine est sujette à manquer, qu'elle ne lève pas toujours, sur-tout ainsi qu'on vient de le dire, lorsqu'elle est trop profondément enterrée, il vaut mieux semer un peu trop dru, & dégarnir ensuite quand la plante commmence à grandir, comme on va l'expliquer bien-tôt. Pour mieux connoître la qualité de la graine qu'on se propose d'employer, & n'en employer que la quantité convenable, on peut quelques jours d'avance en semer une quantité déterminée, cent grains, par exemple, dans de la terre humide: au bout de trois ou quatre jours on comptera les petites tiges qui auront poussé, & on connoîtra ainsi la quantité qui aura manqué.

Il faut en général, pour ne pas se tromper, compter sur trois livres de graine par arpent; mais il ne faut d'abord en semer que deux, & réserver la troisième livre pour regarnir les endroits où la graine aura manqué; à cet effet, dès que les plantes auront commencé à pousser, on remarquera les places vides, on y donnera un petit binage avec la houe; on semera & on enterrera avec le rateau à la main. Dans les terres arides & maigres, il faut semer depuis quatre jusqu'à cinq livres par arpent.

Le turneps doit être semé quand la terre est fraîche & humide; &, autant qu'il est possible, par un tems pluvieux; il est bon préalablement de préparer la graine, en la faisant renfler dans de l'eau, dans laquelle on peut même ajouter un peu de chaux. Dans quelques endroits on a essayé avec succès de semer la graine de turneps, à trois époques différentes, à quinze jours ou trois semaines de distance. On a, par ce moyen, des turneps qui mûrissent en différens tems, & dont la récolte peut se faire successivement.

Quelques Cultivateurs Anglois conseillent de faire passer le parc des moutons sur les terres, immédiatement après qu'on y a semé le turneps: la terre ainsi piétinée, en est, il est vrai, plus dense, & paroîtroit moins disposée à l'accroissement des navets; mais malgré cet inconvénient, ils assurent qu'on a une récolte plus abondante.

Des précautions qu'exige la culture des Turneps, depuis qu'ils sont levés, jusqu'à leur récolte.

Dès que les turneps ont acquis cinq à six feuilles, & que les racines sont de la grosseur du petit doigt, il faut les éclaircir à la main, ou avec une binette, de manière qu'il reste sept à huit pouces entre chaque plante. En se servant de la binette, on a l'avantage de détruire les mauvaises herbes, & de donner en même-tems un petit labour aux jeunes plantes.

Environ un mois après, lorsque les turneps auront acquis la grosseur d'une petite pomme, on recommencera la même opération; & on les éclaircira de manière qu'ils soient éloignés les uns des autres de douze à quatorze pouces. On peut employer à cet effet des femmes & des enfans de dix à douze ans, auxquels on aura bien appris à distinguer par les feuilles, les turneps d'avec les mauvaises, afin d'être assuré qu'ils ne conserveront pas la mauvaise herbe au lieu de la bonne.

Les personnes employées à cette opération mettront la main gauche sur le pied du turneps qu'elles voudront conserver, & arracheront avec la main droite toutes les plantes qui se trouveront autour, à douze ou quatorze pouces de distance: en mettant ainsi la main sur la plante qui doit rester, on l'empêche d'être ébranlée, ou même déracinée à mesure qu'on arrache celles qui l'avoisinent. Les herbes que l'on arrache servent à la nourriture des bestiaux.

Il est d'une extrême importance de suivre exactement ce qu'on vient d'indiquer pour espacer convenablement le turneps. Si on les conservoit trop près les uns des autres, ils pivoteroient, & formeroient des fuseaux; si, au contraire, ils étoient trop éloignés, ils grossiroient excessivement, leur intérieur seroit doux & spongieux.

Lorsque les turneps sont ainsi dégarnis, ils n'exigent plus aucun soin jusqu'à leur maturité.

Il y a une autre manière de cultiver les turneps, uniquement pour en retirer un fourrage verd: on sème alors très-épais, à raison de dix à douze livres par arpent, & on fauche les feuilles quand elles ont atteint la hauteur d'un pied environ.

On prétend qu'on peut, sans inconvénient, mener paître les moutons dans les champs cultivés de turneps; ils broutent les mauvaises herbes sans toucher aux feuilles de turneps.

Des maladies qui attaquent les Turneps, & des Insectes qui les dévorent.

Les turneps ont deux ennemis capitaux dont il est difficile de les défendre, les chenilles & les pucerons. Quand on s'apperçoit que l'un ou l'autre de ces insectes attaque les jeunes feuilles, il faut passer dessus le rouleau par un tems sec, le matin de fort bonne-heure, parce que c'est dans ce moment qu'ils prennent leur nourriture. La compression du rouleau contre la terre en écrase une partie, mais il en reste toujours: on détruit aussi de cette manière les limaçons. Cette opération, quand on la fait dans un tems sec, ne nuit point aux turneps: dans un tems humide, au contraire, le rouleau s'enveloppe de terre, & déracine les jeunes plantes.

Malgré ces précautions, il arrive quelquefois que les insectes se multiplient à un tel point, que les turneps languissent, & ne prennent point d'accroissement; alors il faut prendre le parti de labourer le champ, & d'y substituer d'autres plantes. La graine de turneps est à si bon marché, que la perte n'est pas grande, & la terre loin d'être épuisée, est au contraire plus propre à toute autre espèce de culture, parce que les feuilles & les racines de turneps, en pourrissant, y forment une espèce d'engrais.

De la Récolte de Turneps.

Si les turneps ont été semés très-tard, & dans la vue seulement d'employer ces feuilles à la nourriture des bestiaux, il faut les faire faucher avant les gelées.

Lorsqu'au contraire les turneps ont été semés en Juillet, ils ont communément le tems de grossir avant les gelées, & d'atteindre leur point de maturité ; ils acquièrent alors une grosseur considérable ; quelquefois même, lorsque l'arrière-saison est douce, les tiges se préparent à fleurir, & à monter en graine ; alors il faut les couper & donner les feuilles aux bestiaux.

Quelques Cultivateurs conseillent de laisser les turneps en terre pendant l'Hiver, & de ne les récolter qu'à mesure du besoin pour les donner aux bestiaux : on a soin alors de n'arracher que les plus gros, & ceux qui restent en terre en profitent davantage : mais cette méthode ne réussit que dans les Hivers doux ; s'il survient de fortes gelées, les turneps en sont attaqués, & ils pourrissent au dégel ; d'ailleurs, quand la terre est couverte de neige, qu'elle est durcie par la gelée, la récolte est très-difficile à faire. Il paroît donc préférable de les recueillir dans les mois de Novembre & de Décembre, & d'éviter de se laisser surprendre par les grandes gelées ; on les arrache à la main par un tems sec, autant qu'il est possible ; on coupe les feuilles & le bout des racines, & on les charge dans des voitures.

Dans les fermes où l'on a de grands emplacemens qui ne sont point exposés à la gelée, tels que des celliers, des caves, des souterrains, le mieux est de les y transporter ; mais il y a beaucoup d'endroits où l'on n'a pas cette facilité ; alors il faut adopter l'une de ces deux méthodes qui suivent. Dans la première on choisit une place en plein air, dans un lieu sec, & qui ne soit pas susceptible d'être inondé ; on y place les turneps ou navets, & on les recouvre avec soin de paille ou de litière fraîche. Dans la seconde méthode, on fait de grandes fosses de six à huit pieds de profondeur, on met au fond un lit de paille, & on entasse les navets jusqu'à deux pieds de l'ouverture de la fosse ; on les couvre alors d'un lit de paille, & on jette pardessus, à la pèle, un pied ou deux de terre qu'on tasse le mieux qu'il est possible : on a plusieurs de ces fosses qu'on ouvre l'une après l'autre. Quand la saison a été favorable, un arpent peut fournir soixante-dix milliers pesant de turneps ; on peut juger, d'après cela, combien il faut d'emplacement pour une récolte aussi abondante.

Récolte de la graine de Turneps.

Pour obtenir de la graine de Turneps, on choisit, dans le tems de la récolte, un certain nombre de racines les plus saines & les plus belles ; on les conserve, pendant l'Hiver, dans un lieu à l'abri de la gelée ; on les replante, au Printems, dans un bon terrein, & elles donnent beaucoup de semence.

De l'usage des Turneps.

Les moutons, les bœufs, les vaches, les cochons, même les chevaux, s'accommodent très-bien des Turneps ; c'est même un des principaux moyens qu'on emploie en Angleterre & dans quelques provinces de France, pour engraisser les bœufs ; mais il faut bien se garder, sur-tout dans les premiers jours, de leur donner leur ration tout-à-la-fois ; il faut, au contraire, la leur donner peu-à-peu, &, pour ainsi dire, racine à racine ; on parvient ainsi à les mettre tellement en appétit, qu'un bœuf mange quelquefois par jour jusqu'à deux cents livres de turneps, tandis qu'il ne mangeroit pas plus de vingt-cinq livres de toute autre espèce de fourrage. La viande des animaux engraissés de cette manière, contracte quelquefois un goût peu agréable ; mais il se passe en peu de tems ; il suffit de leur retrancher les turneps, quinze jours avant de les livrer aux bouchers, & de les nourrir pendant ce tems uniquement de fourrage. Cette nourriture convient sur-tout aux vaches, dont elle augmente le lait ; enfin on fait bouillir les turneps les plus avancés ou qui commencent à se pourrir, & on les donne aux cochons, mêlés avec du son.

Autrefois on étoit dans l'usage de couper les turneps en petits morceaux pour les donner aux bestiaux ; ils les avaloient souvent sans les mâcher, & quand quelques morceaux s'arrêtoient dans leur gosier, il en résultoit des accidens funestes : aujourd'hui on préfère de les donner en entier. Si, malgré cela, il arrivoit qu'un morceau de turneps s'arrêtât dans le gosier d'un bœuf ou d'une vache, il faudroit les soulager promptement. Dans les pays où l'usage de turneps est commun, les filles de basse-cour sont dans l'usage d'entrer leur bras nud dans la gueule de la vache, & de retirer avec la main le morceau qui s'est arrêté.

Moyens pour se procurer une nouvelle espèce de Rave ou de Turneps, proposé par M. Anderson.

Parmi les raves ou turneps on distingue surtout l'espèce jaune ; cette couleur se trouve non-seulement sur la partie de la racine qui est hors de terre ; mais encore sur toute la peau & la substance de la racine, qui est plus sucrée & plus compacte que toutes les autres espèces de cette racine, & qui, au lieu d'être détruite par les gelées, en est au contraire améliorée. Cette rave est employée dans les cuisines ; mais, comme elle ne devient jamais bien grosse, & que d'ailleurs elle est trop ferme pour que les bestiaux la mangent avec plaisir, on ne la leur donne point. M. Anderson pensa avec raison, que s'il étoit possible de former une sorte de turneps qui, en conservant les qualités du jaune, fût plus grosse & moins dure que celui-ci, on auroit une racine très-bonne très-bonne pour les bestiaux. D'après ces idées il met en terre, au Printems, plusieurs racines de navets jaunes, de la meilleure espèce, & plaça autour de gros navets ou turneps à tête verte. Il eut soin d'arracher toutes ces dernières, & ne conserva que les jaunes, afin que les graines ne puissent pas être mêlées par quelque accident. Les graines qu'il récolta d'après ce procédé, furent semées au Printems suivant, & donnèrent des raves dont la substance jaunâtre n'étoit cependant pas si foncée que celle de véritables raves jaunes, la partie hors de terre étoit verdâtre, & elles étoient beaucoup plus tendres que les raves jaunes. M. Anderson a depuis conservé cette espèce de turneps, qu'il préfère aux autres pour la nourriture des bestiaux.

La RABIOULE *ou la* GROSSE RAVE. Linné donne pour caractère distinctif de ces deux plantes la racine, qui dans le navet doit être fusiforme ou alongée, & dans la rave ou rabioule plus ronde ou orbiculaire. Ces deux caractères sont cependant sujets à beaucoup de variations, que la culture multiplie encore tous les jours; car nous avons vu souvent des navets dont la forme alongée étoit très-bien prononcée, produire des navets plus ou moins ronds, ou orbiculaires, de manière que le type originaire y étoit à peine sensible. Nous croyons par conséquent avec M. Lamark, que les raves rondes & les navets fusiformes ne doivent être considérées que comme des simples variétés d'une seule & même plante. Un caractère secondaire que M. la Mark propose paroît plus constant; c'est le goût doux & sucré des navets, & l'âcreté des raves ou rabioules; cependant ce caractère souffre également des exceptions, car nous avons vu & essayé des raves très-grosses, dont le goût étoit très-approchant des meilleurs navets. Le tems & les expériences multipliées des Cultivateurs & des Botanistes peuvent seules débrouiller les doutes sur un genre de plantes sur lequel la méthode actuelle nous laisse encore beaucoup à desirer.

La rabioule a été cultivée depuis long-tems dans plusieurs Provinces de la France; sa culture n'offre rien de bien particulier : tout ce que nous avons dit sur la culture & l'usage des navets & turneps dans l'article précédent, est également applicable à la rabioule. Pour éviter toutes les répétitions inutiles, nous renvoyons le lecteur à cet article.

3. CHOU *de la Chine*. Ce Chou, qui n'est cultivé en France que dans quelques jardins Botaniques, a des feuilles inférieures larges, ovales ou oblongues, presqu'entières; les feuilles caulinaires sont étroites, lancéolées, entières & amplexicaules; les fleurs en sont jaunes, la silique est un peu applatie. M. la Marck décrit ce Chou comme bis-annuel. Miller, qui l'a cultivé en Angleterre, dit qu'il est annuel; on le seme en Avril, il fleurit en Juillet, & la graine mûrit en Octobre. Ce même Jardinier, qui espéroit en tirer parti, comme d'une nouvelle plante potagère, dit cependant qu'il a été trompé dans ses espérances; car ce Chou reste toujours coriace, & conserve une certaine âpreté qui le rend désagréable au goût & que la gelée la plus forte, qui attendrit & radoucit ordinairement les Choux, ne fait qu'augmenter l'âpreté de cette espèce. Ce Chou varie, selon Miller, autant que les espèces que nous cultivons depuis long-tems dans nos jardins; d'après lui, le Chou violet n'en seroit qu'une variété.

4. CHOU *violet*. Les feuilles de ce Chou sont glabres, non découpées, mais seulement dentées: la fleur de ce Chou est très-grande, de couleur violette. Son odeur forte le rend, comme le précédent, désagréable au goût. C'est, selon M. la Marck, une plante bis-annuelle, qui croît naturellement à la Chine.

Il me paroît vraisemblable que c'est avec une des variétés de ce Chou que les Chinois préparent une espèce de suc ou de liqueur qu'ils appellent *Misum*. Ce suc dont le goût âcre & piquant leur sert à relever le goût de plusieurs mets, se prépare avec les feuilles d'un Chou à feuilles étroites, que l'on sale fortement, & que l'on garde ensuite dans un endroit chaud, pour que la fermentation s'y établisse. Il se forme par ce moyen une espèce de suc ou de saumure que l'on fait évaporer sur un feu lent, jusqu'à ce qu'elle ait acquis la consistance d'une bierre fraîche non fermentée; on en remplit ensuite des bouteilles que l'on expose, pendant l'Eté, au soleil, ou, en Hiver, dans des chambres chauffées; à l'aide d'une chaleur douce & tempérée, ce suc acquiert la consistance qu'on desire lui donner, & qui augmente encore son prix, quand l'âge a contribué à le condenser.

5. CHOU *de Candie*. Il présente un petit arbre, & n'est connu que d'après la description de Tournefort; il croît dans les précipices & les rochers de l'Isle de Candie; il n'est point cultivé en France, & manque même au Jardin du Roi.

6. CHOU *à feuilles de sisimbre*. Ce Chou n'est cultivé que dans nos jardins de Botanique; il se trouve au Jardin du Roi à Paris; on le croit originaire d'Espagne. Il est annuel.

7. CHOU *à feuilles de Roquette* ou *la Roquette sauvage*. Cette plante croît naturellement dans les Provinces méridionales de la France où elle se contente d'un terrein sec & arride. Elle arrive ordinairement à la hauteur d'un pied & demi jusqu'à deux pieds; ses tiges sont un peu rameuses & légèrement striées, ses feuilles sont ailées, renouées & à découpures dentées; les fleurs sont jaunes, assez grandes, non veineuses, comme dans l'espèce cultivée. Le goût âcre & même désagréable de cette plante, n'empêche pas que les gens de la campagne, dans les pays

méridionaux de l'Europe, n'emploient cette plante en salade, ou du moins comme fourniture pour la salade. C'est une plante annuelle. Lorsque les feuilles de cette plante sont encore tendres, les brebis les mangent volontiers; plus grandes, elles ne les touchent plus. Les abeilles aiment singulièrement ses fleurs; elles leur fournissent une ample récolte, dans un tems où il n'y a pas beaucoup d'autres fleurs dans les champs.

8. ROQUETTE *cultivée* ou CHOU *à fleurs* veineuses. Les tiges un peu velues & rameuses de cette plante acquièrent souvent une hauteur de dix-huit pouces; les feuilles sont longues, pétiolées, ailées ou en lyre, avec un lobe terminal assez grand, d'un vert tendre, lisses & presque glabres. Les fleurs, qui se présentent sous forme de grappe en haut de la plante, sont d'un blanc tirant légèrement sur le bleu, & striées par des veines d'un violet noirâtre. Il en existe une variété dont les fleurs sont d'un jaune très-pâle, avec des veines noirâtres. Les siliques sont droites, à peine d'un pouce de longueur, un peu applaties, & terminées par une corne en fer de lance ou en épée.

Cette plante annuelle croît naturellement dans la partie méridionale de l'Europe & dans plusieurs Provinces qui les avoisinent. On la cultive chez nous dans quelques jardins, elle ne demande pas beaucoup de soins, toute terre lui convient; on peut la semer au mois de Mars; la graine mûrit aux mois de Juillet & d'Août. Ceux qui se servent de la Roquette en salade n'emploient que les jeunes feuilles; elles sont moins âcres & brûlantes que lorsqu'elles sont trop grandes. En semant la Roquette après la Saint-Jean, cette plante ne monte pas si aisément en graine que lorsqu'elle est semée au Printems. Je connois des personnes qui, l'ayant semée une fois dans un jardin, ne s'occupent plus de cette culture: la plante se reproduit sans peine des graines qui en tombent tous les ans; &, comme on n'en consomme pas beaucoup, cette reproduction spontanée répond parfaitement à l'usage qu'on en fait. On prétend qu'elle aide la digestion, propriété que son goût âcre & piquant paroît justifier. Les cendres de Roquette du commerce, ou la *Rochetta* des Italiens, est le nom que l'on donne, en Italie, à la soude impure, les Marseillois la tirent de Sicile & des Isles de l'Archipel. Ce nom n'a donc rien de commun avec notre Roquette, comme plusieurs Ecrivains l'ont prétendu.

9. CHOU *vésiculeux*. Ce Chou qui est annuel, n'est pas de culture. Il croît naturellement en Italie, en Espagne & en Sicile; on le trouve tout au plus dans quelque jardin Botanique. Nous ne lui connoissons aucune propriété, ni un port bien agréable qui puissent inviter les Amateurs à le cultiver.

10. CHOU *perce-feuille*. Ce Chou comprend deux variétés, l'une à fleurs blanches, l'autre à fleurs jaunes. La première est celle que Linné nomme *Brassica orientalis*. Le Chou perce-feuille croît naturellement dans les Provinces méridionales de la France, & en Espagne: il n'est point cultivé chez nous; mais il le mériteroit, surtout la variété à fleurs jaunes, qui est recherché par les abeilles. C'est une plante annuelle.

11. CHOU *à fleur de Julienne*. Le port de cette plante est très-agréable; la tige est haute d'un pied; elle est lisse, rameuse, flexueuse, feuillée, & persistante près du collet de sa racine; ses feuilles sont glabres, un peu charnues, d'un verd glauque, embrassant la tige. Les feuilles inférieures sont ovales spatulées, retrécies vers leur base, & ondées sur leurs bords; les supérieures sont plus petites & en cœur. Les fleurs sont grandes & belles, d'un pourpre violet, ont leur calice fermé lisse, souvent un peu coloré; elles sont disposées en bouquets terminaux, & d'un joli aspect. Cette plante croît naturellement dans les Provinces méridionales de la France & en Espagne; on la cultive également au jardin national de Paris.

12. CHOU *des Alpes* Cette plante, qui croît naturellement en Suisse, en Allemagne, en Dauphiné & en Espagne, n'est pas cultivée chez nous; elle paroît exiger peu de soins, si on vouloit l'introduire; mais il seroit peut-être difficile de lui conserver alors son port originaire; car elle croît de préférence sur les montagnes élevées dont on ne peut imiter ni la température ni la qualité du sol. Nous ne lui connoissons d'ailleurs aucune propriété bien marquée, pour encourager les Cultivateurs à s'en occuper.

Ennemis des Choux; moyens de les détruire.

Il est sans doute plus facile de donner une énumération des insectes ou vers qui nuisent aux Choux en différentes saisons de l'année, que de proposer des moyens efficaces pour les détruire, sur-tout dans les plantations en grand. Dans les pépinières, ou des plantations de peu d'étendue, on parvient quelquefois, après beaucoup de soins & de recherches à s'en débarrasser; mais cela prouve tout au plus la possibilité, & ne peut pas être imité en grand.

La chenille de plusieurs papillons & phalènes, les larves ou vers de quelques espèces de scarabés, sur-tout ceux du hanneton, le puceron, le tiquet, quelques espèces de chrysomeles, la courtillière, la limace, le limaçon & les vers de terre sont les ennemis principaux des Choux. Plusieurs de ces ennemis ne sont à redouter qu'autant que les plantes de Choux sont jeunes & tendres, d'autres attaquent le Choux en tout âge.

Le puceron, *Aphis fabæ; scopole Entom. Carniol. p. 189. Aphis brassica Linn.*, & le tiquet, *chryſomela ſaltatoria,* attaquent & les jeunes plantes dans les pépinières & les Choux replantés; ils ſont ſur-tout très-pernicieux aux Choux-fleurs qui en ſont ſouvent couverts, & qui échappent rarement à ces inſectes, ſur-tout lorſque les pieds attaqués ſont foibles. Comme ces inſectes ſe montrent dès les premiers beaux jours au Printems, pluſieurs Cultivateurs allemands ont imaginé de ſemer ces Choux à la fin de Février, ſouvent ſur la neige, recouvrant la ſemence avec un peu de fumier, & le terrein deſtiné à cet uſage, ayant été labouré & fumé en Automne. L'avantage qui en réſulte, c'eſt d'avoir des plants d'une certaine force, lorſque le tiquet & le puceron ſe montrent au Printems. Quand une fois le pied du Chou a pouſſé ſa ſixième feuille, un petit nombre de pucerons ou de tiquets ne ſauroit le détruire, ſur-tout quand les racines ont bien repris; car alors la végétation répare bientôt le dommage que ces inſectes lui ont fait. On a propoſé comme remède très-efficace contre les pucerons & les tiquets, d'arroſer ſouvent les plantes attaquées; mais, comme le remarque très-bien M. l'Abbé Rozier, cette méthode ne peut produire que très-peu d'avantage; car ſi l'eau qui ſert pour l'arroſement, eſt plus froide que la température de l'atmoſphère, elle nuit à la plante, & ſi elle eſt au degré de la température, elle fatigue tout au plus l'inſecte ſans le détruire. D'ailleurs la nature leur a indiqué un moyen pour ſe ſouſtraire à la pourſuite de l'homme; c'eſt de ſe placer ſur la ſurface inférieure des feuilles, ou dans le cœur de la plante. On a même propoſé de mêler une décoction de tabac avec l'eau que l'on emploie pour arroſer; mais ce moyen praticable en petit ſeroit peut-être très-embarraſſant, & même diſpendieux ſi l'on vouloit l'employer en grand.

Un habile Jardinier à Berlin, M. Krauſe, en parlant des pucerons dit: « les pucerons ſont des ennemis qu'on n'a pas encore pu parvenir à détruire, & dont il eſt même difficile de diminuer le nombre. Ils m'ont cependant fourni eux-mêmes un moyen de ſauver les plantes de leurs ravages. Dans un ſemis de Choux, je m'apperçus qu'aucun des nouveaux plants n'étoit attaqué, tandis qu'une plantation de radis qui étoit au milieu, étoit couvert de pucerons qui les rongeoient. J'en conclus que cette nourriture convenoit beaucoup mieux à ces inſectes, & quand ils l'avoient, ils ne ſongeoient pas à s'en procurer un autre. Depuis ce moment, j'ai toujours eu ſoin de ſemer des radis auprès, ou au milieu même des plantes que je voulois garantir des pucerons, & ce moyen m'a toujours réuſſi. La plante que nous leur ſacrifions n'eſt pas même perdue, puiſqu'ils n'en dévorent que la feuille, & que nous n'en mangeons que les racines.

On prétend que le tiquet, qui fait beaucoup de mal aux pépinières de Choux, peut être détruit en ſaupoudrant des cendres très-fines les jeunes plantes qui en ſont infectées; on ſe ſert pour cette opération d'un tamis très-fin, de manière que l'inſecte qui ſe trouve ordinairement ſur le dos des feuilles, reſte entièrement couvert de la cendre la plus fine. Mais ce remède pourroit bien être pire que le mal, car l'enduit de cendre qui, par l'humidité que la roſée ou la tranſpiration de la plante fournit, s'empare tellement ſur les feuilles, que leur tranſpiration en eſt en partie arrêtée; ce n'eſt qu'une pluie aſſez forte, ou beaucoup de vent, qui pourra emporter ces cendres. A mon avis, je crois ce remède plus nuiſible qu'avantageux; je le rapporte, parce que beaucoup de Jardiniers y croient.

La punaiſe des jardins à corcelet & à étuis rouges, couverts de points noirs (*Cimex oleraceus.* LINN.) eſt auſſi rangée par M. l'Abbé Rozier au nombre des inſectes ennemis des Choux, ſur-tout lorſqu'ils ſont encore en pépinière. Cet inſecte devroit plutôt être conſervé dans les jardins, que détruit; car, quoiqu'il reſte conſtamment ſur les plantes, il ne paroît pas endommager ces dernières, il ſe nourrit au contraire des pucerons & de petites chenilles dont il peut ſe rendre maître.

Les limaces & les limaçons ſont bien plus à craindre qu'on ne penſe, ſur-tout quand ils ſe trouvent en grand nombre; on les voit ordinairement en plus grande quantité dans les terreins nouvellement défoncés, bas & humides, & ſur-tout lorſque ces terres ont été engraiſſées par la vaſe des étangs; on le obſerve en nombre inférieur dans les terres qui jouiſſent d'une expoſition plus aérée, & dont le ſol eſt plus ſec. Quelques-uns propoſent de répandre des cendres ou du ſable fin ſur les planches qui en ſont les plus incommodées. On prétend que les grains de ſable ou la cendre ſe mêleroit avec la bave dont ces animaux abondent, & en formant, pour ainſi dire, une eſpèce de maſtic, les empêcheroient de marcher. Ceux qui ont propoſé ce moyen ne ſavoient pas, ſans doute, que la limace, qui eſt plus à craindre que le limaçon, ne parcourt pas beaucoup de terrein; une fois attachée à une plante, elle y reſte auſſi long-tems qu'elle trouve de quoi ſe nourrir, à moins qu'un ennemi plus formidable ne la force d'abandonner ſa pâture. Le limaçon, au contraire, change plus ſouvent de place, & à cet égard de la cendre répandue entre les différentes plantes que l'on veut préſerver de ces vers, pourroit être de quelque utilité. Le meilleur moyen que je connois pour détruire les limaçons dans les jardins plantés en Choux, c'eſt d'y introduire quelques canards; pourvu que les plantes ſoient déjà arrivées à une certaine hauteur, alors les canards qui recherchent avidement les limaces ne peuvent pas faire grand mal aux Choux. Je ne conſeillerai cependant pas d'introduire ces oiſeaux dans une pépinière de jeunes Choux, leur bec dentelé en forme de scie est terrible pour les jeunes plantes; quelques poules y seront alors moins dangereuses. Je connois plusieurs particuliers dans les Provinces septentrionales de l'Allemagne qui entretiennent, pendant toute l'année dans leurs potagers, quelques couples de vanneaux. Ces oiseaux qui sont insectivores détruisent & les chenilles & les limaces en grand nombre, & n'attaquent nullement les plantes. Un de mes amis entretenoit, pendant plusieurs années, une cicogne dans sa basse-cour, où cet oiseau fut bien nourri; l'instinct naturel le conduisit souvent dans un potager à côté de la basse-cour, où il donnoit la chasse aux limaces, chenilles & grenouilles. Depuis ce tems, la cicogne fut placée dans le potager, où elle détruisit constamment les ennemis des plantes potagères, avec d'autant plus de dextérité que son bec long & pointu lui permet de les dénicher jusque dans le cœur des plantes.

La feuille du Cultivateur indique, d'après le récit d'un Amateur, un autre moyen pour détruire les limaces que nous citons avec d'autant plus de plaisir, qu'il nous paroît bien inventé & fondé sur l'économie de ces vers. On place dans les allées, dans les fourches des chemins, & sur les endroits vides, ou entre les pieds des plantes, des briques ou morceaux de tuiles, de petites planches, ou de pierres plates. Tous les matins avant midi, il faut lever ces pierres ou briques, on y trouvera toujours une quantité considérable de limaces qui s'y réfugient pour éviter le soleil.

Je ne saurois dire jusqu'à quel point un autre moyen peut devenir utile; c'est d'introduire dans les jardins infectés de limaces une colonie de grenouilles ou des crapauds qui, à ce que l'on prétend, sont très-avides de limaces.

Autant que l'on peut, il faut chercher d'attirer beaucoup de petits oiseaux dans les environs des potagers où l'on cultive des Choux, les pinçons, les moineaux & les hirondelles vont, en général, à la recherche des insectes nuisibles à nos potagers, sur-tout des chenilles; il est donc nécessaire d'éloigner les épouvantails, ou de tenir à une distance considérable les plates-bandes que l'on destine aux petits poids, & autres plantes semblables; car ces derniers étant recherchés lorsqu'ils sortent de terre, par les mêmes oiseaux, ne doivent pas être cultivés dans le voisinage des Choux. Dans plusieurs pays il existe un préjugé ridicule contre les oiseaux dont je viens de parler: en Allemagne sur-tout les moineaux y sont, pour ainsi dire proscrits, & dans plusieurs pays, nommément dans le Brandebourg, la tête de ces oiseaux y est mise à prix, au point que chaque paysan ou cultivateur est obligé de livrer, chaque année, à son Bailli, ou Supérieur, un certain nombre de têtes de moineaux ordinairement proportionné à l'étendue & à la grandeur de sa ferme. On prétend que chaque moineau consomme une grande quantité de grain, sans considérer que ce même oiseau, qui paroît faire beaucoup de dégats dans les bleds, sur-tout dans certain tems de l'année, détruit en même-tems un nombre considérable d'insectes ennemis de nos grains, de manière que le prétendu dégât est amplement compensé par les services réels que cet oiseau rend à l'économie rurale. Un Observateur attentif a remarqué qu'un seul couple de moineaux avoit apporté, pendant qu'il élevoit une couvée de six petits, plus de quatre mille chenilles dans son nid.

Les ennemis les plus à craindre pour les plantations des Choux sont les chenilles; elles les attaquent, soit en pépinière, soit plantés à demeure. Nous connoissons entre un assez grand nombre de chenilles qui se nourrissent indistinctement de nos plantes potagères, quatre espèces particulières qui ne se nourrissent que des Choux, & qui proviennent toutes de certains papillons blancs que tout le monde connoît. Celui qui est le plus commun, & que l'on distingue sous le nom du grand papillon blanc du Chou (*Papilio Brassic.* LINN.) paroît le plus fécond, & par conséquent le plus à redouter. Nous donnerons à l'article *Insectes nuisibles à l'Economie rurale* de ce Dictionnaire, une description plus détaillée de ces quatre espèces de chenilles & de leurs papillons, & quelques notices sur plusieurs phalènes, dont les chenilles se nourrissent également de Choux, mais qui sont bien moins à craindre que les premières, à cause de leur plus petit nombre, & parce qu'elles paroissent dans une saison où les plants des Choux ont déjà trop de force pour en être considérablement endommagés.

Nous nous contentons de pouvoir indiquer ici les moyens les plus propres pour se débarrasser de ces ennemis dangereux.

Lorsque l'on apperçoit aux mois de Mai & de Juin de ces papillons blancs voltiger ou planer lentement au-dessus des Choux, on peut être assuré, ou que la femelle cherche à y déposer ses œufs, ou que le mâle poursuit la femelle pour s'accoupler. Dans l'un & l'autre cas, un Jardinier attentif doit s'empresser à découvrir les œufs que la femelle a déjà attaché par-ci & par-là, sur les surfaces inférieures des feuilles. L'œuf, à l'abri du soleil, des pluies & des frimats, ne tarde pas à éclore, & après dix ou douze jours il en sort la chenille, dont on ne connoît la présence que par les ravages qu'elle fait.

Lorsqu'on a semé une Pépinière en sillons, il est aisé de suivre chaque plante l'une après l'autre, & de détruire les œufs. Il faut, de grand matin & avant que le soleil se soit beaucoup élevé sur l'horizon, visiter le dessous de chaque feuille, & on y trouvera les chenilles amoncelées les unes près des autres, afin de se garantir de la fraîcheur du matin : alors avec un morceau de bois, & telle autre chose, on les écrase contre la feuille, sans l'endommager, ou bien avec ce même morceau de bois on les détache, & on les fait tomber dans un vase plein d'eau fraîche, d'où on les tire ensuite, soit pour les écraser, soit pour les jetter au feu.

Il ne faut pas attendre, pour visiter la pépinière, que les œufs soient éclos ; il faut devancer cette époque, & , dès qu'on apperçoit les papillons, il faut visiter les feuilles pour écraser les œufs qui s'y trouvent. C'est une opération tout au plus d'une heure par semaine, quelque grande que soit la pépinière, parce que tous les plants sont rapprochés.

Comme plusieurs de ces papillons se reproduisent plus d'une fois pendant la saison chaude, les Choux sont par conséquent exposés à leur ravage plusieurs fois. Les premiers papillons sortent de leurs chrysalides, dès que la chaleur commence à renaître. Dans les Provinces méridionales de la France, on en voit même déjà en Février, mais ces premiers sont peu à craindre, parce que la fraîcheur des matinées les fait bientôt périr. La seconde partie paroît aux mois de Juin & Juillet, la troisième en Septembre. D'après une reproduction aussi prompte, on ne doit donc point être étonné, si quelquefois des plantations de Choux sont dévastées en entier, & les Choux dévorés jusqu'à la côte.

Lorsque le tems de la métamorphose de ces chenilles est venu, elles cherchent à gagner un mur, ou un abri quelconque, sous lequel elles se changent en chrysalides, qui passent l'Hiver sous l'abri, attachées par la queue, ou par un fil autour du corps. Pendant l'Hiver, il périt un grand nombre de ces chrysalides ; elles sont également recherchées par les oiseaux, & même par quelques espèces d'araignées.

La courtillière ou le taupe-grillon, attaque indifféremment toutes les plantes potagères, elle ne paroît pas rechercher de préférence les Choux. Nous donnerons à l'article *Courtillière* quelques détails sur l'histoire naturelle de cet insecte, & sur les moyens que l'on a mis en usage pour l'écarter des jardins potagers.

A l'article *Insectes nuisibles*, nous aurons également occasion de parler de la larve du haneton (*Scarabæus Melolontha.* L.) & des meilleurs moyens pour la détruire, ou du moins pour en diminuer le nombre. D'après des renseignemens qui méritent quelque attention, le choix de certains engrais influe beaucoup sur la multiplication de ces larves ; nous avons donné plus haut quelques apperçus à ce sujet.

Pour les vers de terre, qui dévastent très-souvent les plants des Choux lorsqu'ils sont en pépinière, on recommande le crotin de chevaux desséché, que l'on répand entre les plants ; les vers trouvant dans cette substance de quoi se nourrir, abandonnent alors les jeunes plants. D'autres font une décoction avec le brou des noix dont ils arrosent la terre, l'amertume de cette liqueur contribue à éloigner les vers.

Propriétés alimentaires & médicinales des Choux.

Chez les Grecs plusieurs espèces de Choux étoient accréditées comme stomachiques ; d'autres comme résistant à l'ivresse, ou guérissant les suites de cette débauche. Les Romains paroissoient avoir reçu cet usage des Grecs. Caton recommande à ceux qui veulent manger plus qu'à l'ordinaire, de manger, avant & après le repas, quelques feuilles de Chou. Ces Choux, préparés d'après une méthode particulière, furent ordinairement servis sur les tables des gens riches, dans la vue de prévenir l'ivresse. (*Voy. Athenée hist. plantar. lib.* 4.) Les Romains avoient adopté le même usage ; les Choux qu'ils servoient dans cette vue sur leurs tables, avoient encore reçu une addition de salpêtre, comme le prouve Martial, lib. XIII. Epigr. 13. *Aristote* dit : que la vertu que possède le Chou, de résister ou de guérir l'ivresse, dépend d'une antipathie particulière qui existe entre la vigne & les Choux : *Théophraste*, *Athênè* & *Apolladore*, répétoient la même opinion d'après un Aristote.

Depuis la fondation de la ville de Rome, jusqu'au tems de Caton, le peuple Romain ne se servoit d'aucun autre médicamment, soit dans les maladies extérieures, soit dans les intérieures, que des Choux. Caton assure, que pendant la peste, qui ravageoit toute la ville de Rome, lui & sa famille s'en préservoient par l'usage continuel des Choux ; c'est probablement par cette raison, que P. Valérianus nomme le Chou-brun, *Antidotum Catonis*.

Les Auteurs Grecs distinguoient trois espèces de Choux : *Selenoïdes*, *Lea* & *Crambe* ; la première étoit, selon eux, stomachique, & relâchoit, en même-temps, le ventre ; la seconde ne possédoit aucune vertu médicinale ; & la troisième étoit estimée pour les usages culinaires.

Hippocrate regarde le Chou réchauffé, (crambe biscocta) mêlé avec du salpêtre, comme le meilleur remède contre la diarrhée, la dyssenterie & le crachement de sang. Plusieurs autres Médecins contemporains, ou disciples d'Hippocrate, lui attribuent également des vertus, que nous aurions bien de la peine à constater actuellement.

Nous passons sous silence, toutes les qualités salutaires que l'on attribue au Chou ; dans les siècles peu éclairés, contentons-nous d'indiquer ici, d'après l'excellente matière médicale de Murray, l'opinion des Médecins modernes sur cette plante.

Les nombreuses variétés du Chou, soit qu'on en mange les feuilles, les tiges, le corymbe ou la racine, possèdent toutes à-peu-près les mêmes qualités, & forment une nourriture plus ou moins agréable, selon la diversité des goûts. Mais, quoiqu'agréable au goût, les Choux sont cependant peu nourrissans, parce qu'ils possèdent très-peu de parties gélatineuses. Ils sont très-venteux, & ne conviennent pas trop aux estomats foibles & délicats, mieux aux gens robustes & aux gros ouvriers. L'usage de les épicer de poivre, ou d'autre substance stomachique, est donc plutôt pour en corriger les qualités malfaisantes, que pour en relever le goût. Plus les Choux sont jeunes & tendres, mieux ils valent; c'est par cette raison que les Choux-fleurs sont préférables à toutes les autres variétés : le plus dur à digérer est le Choux-vert, quand même il est attendri par la gelée.

De toutes les variétés des Choux, le Chou-blanc pommé est le plus en usage dans la cuisine; on le mange frais ou confit, sous cette dernière forme, il est connu sous le nom de sauer-kraut, ou Chou aigre, dont nous avons fait connoître la préparation, en parlant des Choux pommés blancs. De toutes les manières que ce Chou est préparé ou assaisonné, il est toujours très-difficile à digérer, même confit, ou sous la forme de sauer-kraut. C'est cependant une nourriture dont on ne peut pas trop recommander l'usage aux Marins, à cause de ses qualités antiscorbutiques, que l'on peut attribuer, à juste titre, à la très-grande quantité d'air fixe qu'il contient. Ce fut par l'usage, presque journalier, du sauer-kraut, que le Capitaine Coock, dans son voyage autour du Monde, conservoit pendant trois ans, son équipage en bonne santé. L'armée Angloise, en faisant la guerre en Amérique, souffroit beaucoup du scorbut; ce ne fut qu'après l'usage du sauer-kraut, que l'on fit venir d'Europe, que cette maladie se perdit entièrement.

Le suc, ou la décoction des Choux-pommes, dissout, à ce que l'on prétend, la pierre. Les feuilles des Choux, entières ou concassées & appliquées sur les ulcères, en accélèrent l'exsication, appliquées sur les endroits de la peau qui ont été dépouillés de l'épiderme par les vésicatoires, ces feuilles entretiennent la suintement séreux. Un cataplasme de feuilles de ce Chou, appliqué tiède, sur les seins des femmes en couche, prévient l'engorgement que le lait occasionne ordinairement dans ces parties, & arrête l'écoulement, trop abondant, du lait. Dans la pleurésie, on se sert également, avec avantage, d'un cataplasme de feuilles de Chou, pour calmer la douleur.

On obtient un suc mielleux, qui possède une vertu purgative très-douce, en faisant des incisions longitudinales sur les tiges des Choux cabus rouges, recueillis en Automne. On se sert également de la décoction des feuilles de ce Chou, dans les affections de poitrine, contre la toux & dans les ulcères des poumons.

Une décoction des broques ou Chou-vert, est regardée dans le Nord, comme un remède anthelmintique, & on le donne, dans cette vue, aux enfans. C'est un purgatif très-doux, comme le sont un grand nombre de jeunes pousses de plantes sucrées ou douceâtres.

Le suc, ou la saumure, qui surnage aux Choux-aigres, ou le sauer-kraut, doit être spécifique dans les maux de gorge : si ce suc possède réellement quelques vertus contre cette maladie, il doit naturellement agir comme tous les acides aiguisés par le sel; dans ce cas, il seroit peut-être plus utile, toujours moins dégoûtant, d'employer du vinaigre affoibli, ou un acide végétal quelconque.

Dans les provinces Septentrionales de l'Europe, on applique assez communément le Chou-aigre, ou le sauer-kraut sur les engelures, & sur les membres qui, par le froid, ont perdu toute sensation; dans l'un ou dans l'autre cas, ce Chou agit comme remède irritant, capable de rétablir la circulation perdue; il n'est donc pas spécifique comme on le voit, & on pourroit très-aisément le remplacer par tout autre remède, qui possède les mêmes propriétés.

Ce que nous avons dit des propriétés alimentaires des Choux est également applicable aux différentes espèces de navets; elles conviennent mieux aux personnes robustes qu'à ceux dont les facultés digestives se trouvent dépravées. Les plus petits navets dont le goût doux & aromatique les fait préférer aux grosses espèces, se digerent mieux, & sont par conséquent plus convenables aux personnes délicates.

Le suc des navets est résolutif; on s'en sert avec avantage contre les aphtes; on peut également employer à cet usage la décoction de navets édulcorée avec le sucre. On recommande beaucoup une décoction de navets contre les engelures : ce remède déjà proposé anciennement par Celse, a été également vanté par plusieurs Médecins modernes. Tissot veut que l'on ajoute la seizième partie de vinaigre à une telle décoction, & que l'on y baigne la partie malade plusieurs fois par jour. L'efficacité de ce remède me paroît assez douteuse, & même contraire à la nature du mal, car toutes les décoctions chaudes doivent naturellement relâcher les parties sur lesquelles on les applique, tandis que c'est principalement le trop grand relâchement des vaisseaux par le froid que nous avons ici à combattre.

La navette cultivée n'est guère en usage comme plante alimentaire. La sauvage, qui croit abondamment dans la Gothlande, province de la Suède, est très-estimée à cause de sa racine douce & agréable, & les habitans la mangent avec plaisir; la racine de la navette cultivée lui est très-inférieure. L'huile que l'on retire de la graine de navette sert principalement pour les lampes; elle a l'odeur forte, & devient bien-tôt rancide. En l'exprimant à froid, elle a le goût moins fort, & pourroit peut-être servir dans la cuisine. On nous assure cependant que, dans la Flandre, les gens de la campagne se servent souvent de cette huile pour la manger, en la dépouillant d'une partie de son âcreté par le moyen d'une croûte de pain grillée, qu'ils faisoient bouillir avec l'huile. Les Anciens recommandent cette huile contre les poisons; vertu qui lui est peut-être propre avec plusieurs autres huiles grasses.

La roquette, que l'on mange comme salade, étant jaune, en Espagne, en Italie, & dans nos Provinces méridionales excite l'appétit, & aide à la digestion; on la croit également aphrodisiaque. En la mâchant, elle excite la salive, & appliquée extérieurement sur la peau, elle y excite de la rougeur, comme les épispastiques.

Des Choux considérés comme fourrage pour les bestiaux.

Plus la saison rigoureuse de l'Hiver est longue dans un pays, plus l'on doit multiplier les espèces de Choux que l'on peut serrer en réserve, ou celles qui ne craignent pas le froid. Tels sont les Choux verds & blonds à grosses côtes, le colsa, le pancalier, le Chou en arbre ou le Chou chèvre. Le mouton, la brebis nourris au sec pendant l'Hiver, fondent leur suif, suivant l'expression des bergers; mais, si on leur donne quelque peu de verdure, ils conservent leur embonpoint. On voit par-là quelle ressource précieuse offrent les différentes espèces de Choux, de raves, navets, carottes, betteraves, pour la nourriture de l'Hiver. Le passage, presque subit, de la nourriture en verd à celle du sec, produit sur eux les plus mauvais effets, sur-tout si les pluies, la neige & les frimats les contraignent de rester pendant long-tems à l'étable, tandis que par la nourriture mixte, ils s'apperçoivent à peine de leur repas forcé. On donne, en général, aux bestiaux les feuilles de Choux en nature, & ce n'est pas la plus économique ni la meilleure nourriture. Voici une méthode pratiquée avec le plus grand succès dans plusieurs de nos Provinces. Un bétail nombreux suppose un certain nombre de personnes pour le service de la métairie, & un feu presque continuel à la Cheminée de la cuisine. Un chauderon de la plus grande capacité est toujours sur le feu, & à mesure qu'on le vide, on le remplit continuellement avec des feuilles de Chou, avec les grosses côtes, les tronçons de ceux qui servent à la nourriture des Domestiques. Il en est ainsi des citrouilles, des courges & des autres herbages, que l'on consomme. Une certaine quantité d'eau surnage toujours; les plantes & leurs débris, quelques poignées de son & un peu de sel font leur assaisonnement. Lorsque la chaleur & l'eau ont attendri ces herbages, c'est-à-dire, lorsqu'ils sont à moitié cuits, on les retire du chauderon, & on en met une certaine quantité avec l'eau dans laquelle ils ont cuit, dans des baquets de bois, ou dans des auges: chaque animal a le sien, & une auge doit servir tout au plus à un. On laisse tiédir cette préparation avant de la donner soir ou matin aux bœufs, aux vaches, aux chèvres, aux agneaux, moutons, &c. Comme ce vaisseau est jour & nuit sur le feu, il profite de toute sa chaleur, & il ne se consomme pas plus de bois dans la métairie que s'il n'y avoit point de chauderon sur le feu. Cette méthode très-économique, mérite d'être généralement introduite.

M. Green, cultivateur Anglois, a donné un excellent Mémoire sur les Choux cultivés, employés pour la nourriture des bestiaux, dont voici un court extrait. M. Green commence à donner des Choux un mois après la Saint-Michel, aux vaches laitières, & on continue à les en nourrir jusqu'à la fin de Mars. Il est essentiel d'arracher ces Choux avant la mi-Mars; car autrement, ils montent en fleurs & épuisent la terre. Trois acres de terre suffisent pour la nourriture de vingt vaches, en y ajoutant un peu de paille & de foin; &, lorsqu'on ne leur donne point de foin, il faut compter sur cinq acres. Cette nourriture est très-bonne pour les veaux qu'on sèvre; elle est même préférable aux gros navet ou turneps. M. Green a éprouvé que le produit de trois quartiers d'un acre suffisoit pour engraisser des bêtes-à-cornes du poids de sept cens livres, & qui ont été au pâturage pendant l'Eté. Les cochons préfèrent les Choux aux turneps, & on a remarqué que ceux de ces animaux qui pouvoient s'introduire dans des champs où il y avoit des Choux & des turneps, commençoient toujours par les Choux. Il paroît aussi que le produit d'une pièce de terre en Choux est double de celui d'un champ de turneps.

Quelques Fermiers pensent que l'orge & l'avoine qu'on sème après les Choux, est inférieure à celle qu'on sème après les turneps; mais diverses expériences prouvent que cette assertion n'est pas fondée; &, lorsqu'on a semé avec les mêmes façons, de l'orge, dans une pièce dont une partie avoit été couverte de turneps & l'autre de Choux, celle-ci a donné plus de grain, & a été moissonnée plutôt que l'autre.

Observations détachées sur les Choux.

Ils formoient autrefois une branche de commerce très-considérable en Italie. Les habitans des cantons montagneux se pourvoyoient dans la plaine. On doit juger par-là de leur prix, & des avantages de former de grands semis. La Ville de Saint-Brieux vend actuellement pour cent mille écus de ces Choux. Ils sont exportés pour la plupart aux Isles de Jersey & de Guernesey, & en Angleterre; il en est ainsi des oignons & des aulx du village Lafranche, dans le Bas-Poitou.

M. Bowles, dans son Ouvrage, intitulé: *Introduction à l'Histoire Naturelle de l'Espagne*, traduction Françoise, dit. « J'ai vu chez un Gentilhomme de la Reinosa, une manière de cultiver les Choux qui mérite d'être rapportée. Il y avoit, dans son potager, plusieurs pierres plates d'environ trois pieds en quarré, de deux pouces d'épaisseur, & percée au milieu. Il plantoit dans le trou l'espèce de Chou que l'on appelle *Lanta* dans le pays. Ce Chou y croissoit & s'étendoit prodigieusement; j'en mangeai & le trouvai très-tendre & très-délicat. Je crois que cette invention pourroit être très-utile pour les légumes, & même pour les arbres qui languissent faute d'être humectés, dans les pays chauds & secs. Ces pierres empêcheroient l'évaporation de l'humidité, & conserveroient à la terre sa fraîcheur. »

M. l'Abbé Rozier, d'après lequel nous rapportons la citation de M. Bowles, a répété la même expérience, dans son jardin à Béziers. Voici ce qu'il en a dit: « J'ai répété cette expérience dans mon jardin, & il faut observer que, depuis le seize Mai jusqu'au premier Septembre, il n'est pas tombé une seule goutte de pluie, & que les chaleurs s'y sont soutenues comme à l'ordinaire, c'est-à-dire, fortes. »

« Ne pouvant me procurer de pierres plates de neuf pouces de largeur, sur autant de longueur, & d'un pouce d'épaisseur, les uns troués au milieu, sur une étendue de vingt à vingt-quatre lignes, & les autres très-entiers. Le devant de la planche étoit garni de carreaux non troués, ainsi que les alentours. Sur le second rang étoit placé un carreau troué & un carreau non troué, de manière que les carreaux troués se trouvoient toujours entre quatre carreaux entiers, & par conséquent chaque pied de Chou devoit se trouver espacé de dix-huit pouces. Après avoir bien fait défoncer & fumer le terrein, je plantai trente Choux-fleurs ou brocolis sur la fin d'Avril: ils furent légèrement arrosés après la plantation, afin de serrer la terre contre les racines; & depuis cette époque, ils n'ont pas eu une seule goutte d'eau, sinon celle de la pluie tombée le seize Mai, qui ne pénétra pas la terre de dix lignes de profondeur. »

« La reprise fut lente, parce que la chaleur du soleil réfléchie par les carreaux sur les tiges & les feuilles, les affectoit vivement: enfin ils reprirent. »

« Les courtillières dont j'ai trouvé mon jardin rempli en arrivant dans ce pays, & sans doute plusieurs autres insectes, ont attaqué ces Choux dans la partie de ces Choux qui touchoit le carreau. Dix ont été entièrement détruits: les vingt qui subsistent, dont quelques-uns ont été également attaqués par les insectes, ont bien poussé, & j'espère qu'ils donneront les premiers Choux-fleurs du jardin; mais la vérité exige que j'annonce que ces Choux ne sont pas aussi beaux, aussi forts que ceux mis dans une planche voisine, pour servir de pièce de comparaison, & qui a été fréquemment arrosés par irrigation, c'est-à-dire copieusement. Malgré cette comparaison, on peut dire que ces Choux ne sont pas laids. »

« J'ai préféré à planter des Choux-fleurs à des Choux-pommes quelconques, parce que pour peu que ceux-là réussissent, on sera bien plus assuré du succès des autres, qui exigent beaucoup moins d'eau. »

« Je regarde donc l'invention du Gentilhomme de la Reinosa, comme une excellente innovation, sur-tout pour les jardins des Provinces méridionales, où l'eau & la pluie sont rares. D'ailleurs, quand on n'éviteroit que l'embarras & les soins de l'irrigation, ce seroit beaucoup, & il seroit possible de couvrir des champs de Choux. Si l'on objecte la dépense des carreaux, on verra qu'elle se réduit à peu de chose, & que c'est une avance une fois faite pour toujours. (*M. Gruvel.*)

CHOU à la serpente, *arum vulgare*. L. *Voyez* Gouet commun, n.° 6. (*M. Thouin.*)

CHOU-ARBRE. *Areca oleracea*. L. *Voyez* Arec d'Amérique. (*M. Thouin.*)

CHOUCALE. Nom que plusieurs personnes donnent aux calles, & particulièrement au *Calla palustris*. L. *Voyez* Calle des marais, n.° 2. (*M. Reynier.*)

CHOU de chien. Nom très-impropre de la *mercurialis perennis*. L. *Voyez* Mercuriale vivace. (*M. Reynier*)

CHOU de chien. On donne encore ce nom au *Theligonum cynocrambe*. L. *Voyez* Theligone alsinoïde. (*M. Thouin.*)

CHOU de chien. Quelques personnes donnent aussi ce nom au *Turritis glabra*. L. ou à l'*Arabis perfoliata*. La M. Dict. *Voyez* Arabette perfoliée. (*M Thouin.*)

CHOU du Brésil, *arum sagittaefolium*. L. *Voyez* Gouet sagitté, n.° 19. (*M. Thouin.*)

CHOU du palmier. On donne ce nom à une espèce de bourgeon composé de l'assemblage des jeunes feuilles qui se forment au centre de la cime de l'arec de l'Inde. *Areca cathecu*. L. *Voyez* Arec, n. 1. (*M. Dauphinot.*)

CHOU marin. Nom vulgaire du *Crambe maritima*. L. *Voyez* CRAMBÉ maritime.

On donne aussi ce nom ; quoique très-improprement, au *Convolvulus soldanella*. L.) *Voyez* LISERON soldanelle. (*M. REYNIER.*)

CHOU palmiste. Arbre de la famille des palmiers, dont les jeunes feuilles se mangent en guise de Choux. Cet arbre est *l'Areca oleracea*. de Linné. *Voyez* AREC d'Amérique. (*M. REYNIER.*)

CHOU poivré, *arum esculentum*. L. *Voyez* GOUET ombiliqué, n. 21. (*M. THOUIN.*)

CHOYNE. Arbre de moyenne grandeur dont les feuilles ont la verdure & la forme de celles du laurier, & qui porte un fruit de la grosseur d'une tête d'enfant. La chair ne se mange point; mais l'écorce est si dure que les Brasiliens la percent de divers côtés, en font l'instrument qu'ils appellent maracca ; &, de ses parties creusées, des petites tasses qui leur servent pour boire. *Hist. gén. des Voy. T.* 14.

La description précédente est trop incomplette pour qu'on puisse déterminer quel est cet arbre ; la forme des feuilles & l'usage des fruits indiqueroient peut-être une espèce de CALEBASSIER. *Voyez* ce mot. (*M. REYNIER.*)

CHRÉTIEN (bon). Variété de poire excellente, dont il existe plusieurs sous-variétés. *Pyrus communis pompeiana*. L. *Voyez* le mot POIRIER, au Dict. des Arbres. (*M. THOUIN.*)

CHUNO. Nom que l'on donne à une espèce d'amidon que les Américains retirent de la racine du *Chuno alstræmeria lida*. Lin. Cet amidon est employé à faire des biscuits qu'on donne sur-tout aux convalescens & aux malades, pour lesquels c'est une nourriture très-saine & très-agréable.

On appelle aussi Chuno, l'amidon que l'on retire des pommes de terre & d'autres plantes qui en fournissent. (*M. l'Abbé TESSIER.*)

CHUQUETTE. Nom que l'on donne dans quelques Provinces à l'espèce de *Valeriane*, plus connue ordinairement sous celui de *mâche*, & que l'on mange en salade. *Voyez* VALÉRIANE mâche. (*M. DAUPHINOT.*)

CHURGUNZOONOCK. Plante sauvage, dont les Kalmouks mangent la racine. M. Pallas, qui en parle dans ses Voyages, pense que c'est un Pissenlit, & l'espèce nommée par Linné *Leontodon tuberosum*. Déc. des savans Voyageurs, T. II. *Voyez* PISSENLIT. (*M. REYNIER.*)

CHURLEAU. Les habitans des environs de Saint-Quentin donnent ce nom à une racine sauvage que les cochons recherchent avec avidité, & qui leur fournit une excellente nourriture. Cette racine est celle du panais sauvage. *Pastinaca sativa*. L. *Voyez* PANAIS commun. (*M. REYNIER.*)

CHUTE-D'EAU. Une chûte-d'eau est le produit de la contrainte naturelle ou artificielle qu'éprouvent les eaux dans leurs cours ; alors vainquant la résistance qui leur a été opposée, elles tombent en nappe ou en cascade. On emploie souvent ce moyen pour produire dans les jardins un gazouillement qui, joint au mouvement des eaux & à leur limpidité, est très-propre à former des scènes symétriques ou pittoresques très-agréables. *Voyez* le mot CASCADE. (*M. THOUIN.*)

CHUTE-DE-TERREIN. Se dit d'un terrein inégal & rempant dont il faut ménager la *chûte*, en le coupant par différentes terrasses, ou en adoucissant la pente de manière qu'elle ne fatigue point en se promenant. *Ancienne Encyclopédie*. (*M. THOUIN.*)

CHYPRE. (prune de) Prunier dont le fruit est gros, rond, marqué d'une rainure à peine sensible. La peau est violet clair, couverte de fleurs, & très-adhérente à la chair. Cette dernière est verte, ferme & d'un goût assez ordinaire.

C'est une des variétés du *Prunus domestica*. L. *Voyez* PRUNIER, dans le Dictionnaire des Arbres & Arbustes. (*M. REYNIER.*)

CIBOULE. Plante cultivée dans tous les jardins que les Naturalistes subordonnent comme variété à l'échalotte, & que les Jardiniers distinguent par ses usages & même par sa culture. Cette plante, du genre des aulx, a des feuilles cylindriques creuses, & ses tiges n'en diffèrent que par le paquet de fleurs qui les termine.

Les Jardiniers distinguent trois sous-variétés de la Ciboule : la *commune*, la *vivace*, & celle de *Saint-Jacques*. Les deux premières doivent être semées tous les quinze jours, depuis Mars jusqu'au mois d'Août, dans une terre meuble, légère, recouvrant de demi-pouce de terreau la graine. Au mois de Juin, on repique les jeunes plantes du premier semis, par paquets de trois ou quatre pouces au plus. Ces touffes forment déjà des cayeux avant l'Hiver ; &, aux premiers froids, leurs feuilles périssent. Au Printems suivant, il en paroît de nouvelles ; lorsqu'on ne les coupe pas, il naît au milieu d'elles des tiges qui portent des fleurs, dont la graine est mûre en Août. On les conserve dans les capsules après les avoir exposées au soleil. Lorsqu'on ne destine pas les plantes de Ciboules à donner des graines, il faut les couper fréquemment, pour leur faire donner des feuilles jeunes, les seules qui soient bonnes.

Les Jardiniers, dans les environs des grandes Villes, lèvent des touffes de Ciboules en mottes, avant l'Hiver, & les enterrent dans la serre en tranchées, distantes de sept à huit pouces ; ils parviennent, par ce moyen, à en fournir les marchés pendant toute l'année.

Il est nécessaire d'arracher les touffes des Ciboules tous les deux ou trois ans, afin de séparer les cayeux ; les plantes moins grouppées réussissent mieux & produisent davantage. C'est encore une occasion de donner un labour à la terre & de la préparer à une nouvelle production. Mais, comme la Ciboule donne beaucoup de graines; les Jardiniers préfèrent, sur-tout pour la première variété, de la semer tous les ans, & d'arracher les anciennes dès que les nouvelles commencent à donner : ils ont remarqué avec raison que les feuilles des jeunes plantes sont encore plus douces & d'un goût plus agréable que les nouvelles feuilles des vieilles plantes. La première culture de cette plante ne donne d'ailleurs que peu de peine, & ayant l'habitude d'en semer chaque année, ils jouissent successivement de tous ces semis. *Voyez* AIL stérile, n.° 34. (*M. REYNIER.*)

CIBOULETTE. Diminutif de Ciboule, mais qui désigne la même plante. *Voyez* CIBOULE. (*M. REYNIER.*)

CICATRICE & cicatriser un arbre. *Voyez* BOURRELET.

CICCA. *CICCA.*

Genre de plantes à fleurs incomplettes & monoïques, de la famille des *Euphorbes*, qui a des rapports avec les phylantes.

Il comprend des arbrisseaux exotiques dont les feuilles sont alternes & les fleurs sans pétales.

Le même individu porte des fleurs mâles & des fleurs femelles, mais sur des rameaux différens. Les fleurs mâles ne sont composées que d'un calice à quatre divisions, & de quatre étamines. Les fleurs femelles, avec un semblable calice, ont un seul ovaire, quatre stiles & huit stigmates.

Le fruit est une capsule ou baie ovale, à quatre coques ou loges, qui renferment chacune une semence.

On en connoît deux espèces dont aucune, jusqu'à présent, n'a été cultivée en France.

Espèce.

1. CICCA distique.
CICCA disticha. L. ♄ des Indes orientales.
2. CICCA nodiflore.
CICCA nodiflora. ♄ La M. Dict.

Description du port des Espèces.

1. CICCA distique. Linnée fils a cru reconnoître dans cette espèce l'*averrhoa acida* de son Pere. Mais ces deux arbrisseaux ont des caractères si différens qu'il n'est pas même possible de les rapporter à la même famille. On peut facilement s'en convaincre, en comparant le *Cicca* de cet article avec le *Carambolier*, n.° 3, du Dictionnaire. aussi M. de Jussieu a-t-il placé le *Cicca* dans la famille des Euphorbes, & l'*averrhoa* dans celle des térébintacées.

Le Cicca distique est un arbrisseau dont les rameaux simples & longs sont garnis de deux rangs de feuilles glabres & entières, dont les inférieures sont arrondies, ovales & plus petites, & les supérieures ovales lancéolées & acuminées.

Les fleurs sont très-petites, sans pétales, & croissent depuis le bas des rameaux, & dans toute leur longueur après la chûte des feuilles, de manière qu'elles semblent en avoir pris la place. Elles forment de petites grappes, & sont portées chacune sur un pédoncule très-court.

Culture. Cet arbrisseau, originaire des Indes orientales, n'est point encore parvenu en France; mais il paroît qu'il a été cultivé en Angleterre.

Il se multiplie de semences. Quand on peut s'en procurer des contrées où il croît naturellement, il faut, aussi-tôt qu'on les reçoit, les répandre sur une couche chaude. Lorsque les plantes qui en proviennent sont en état d'être levées, on les met chacune séparément dans de petits pots remplis d'une terre légère, que l'on enfonce dans la tannée d'une serre chaude. On les tient à l'ombre, & on les arrose jusqu'à ce qu'elles aient formé de nouvelles racines. Ensuite on les tient constamment dans la couche de tan, & on les traite comme les autres plantes délicates qui viennent des mêmes climats. Avec ces précautions, on les conserve plusieurs années; mais elles font peu de progrès.

2. CICCA nodiflore. C'est sur de simples échantillons, communiqués par M. Sonnerat, que M. la Marck juge que cette arbrisseau, originaire de l'Isle de Java, est du genre des Cicca, & en forme une seconde espèce.

Ses fleurs sont extrêmement petites; mais au lieu d'être disposées par grappes, comme dans l'espèce précédente, elles sont réunies en grand nombre par paquets axilliaires, le long des rameaux.

Nous ne pouvons rien dire de plus de cette Espèce, qui est encore très-peu connue. (*M. DAUPHINOT.*)

CICER. Nom latin adopté en françois, dans quelques parties de la France, pour désigner le genre du Pois-chiche. *Voyez* CHICHE. (*M. THOUIN.*)

CHICHE. *CICER.*

Ce genre de plantes fait partie de la famille de LÉGUMINEUSES. Il est composé de deux espèces originaires de l'Asie, lesquelles sont des plantes herbacées de peu d'agrément, mais dont l'une fournit une semence propre à la nourriture des hommes.

1. CHICHE à feuilles ailées.
CICER arietinum. L.
B. CICHE à semences rouges.

Cicer arietinum rubrum. ⊙ du Levant, & cultivé dans les pays méridionaux de l'Europe.

C. Chiche à petites semences.

Cicer arietinum Indicum. ⊙ Des Indes Orientales.

2. Chiche à feuilles de nummulaire.

Cicer nummularifolium. La M. Dict. n.° 2, de l'Inde.

Description du port des Espèces.

1. Le Chiche à feuilles ailées, qu'on nomme vulgairement le Pois-Chiche ou le Garavance, est une plante annuelle qui s'élève d'environ deux pieds de haut, & forme un buisson arrondi, d'un port léger & de couleur cendrée. Ses feuilles sont fort petites, & ordinairement blanches. Il leur succède des fruits qui ressemblent à de petites vessies & qui renferment deux semences arrondies & pointues. Cette Plante fleurit en Juin & ses graines mûrissent en Août.

La Variété B se distingue de son espèce par ses fleurs & ses semences, qui sont rougeâtres.

La variété C, dont les fleurs, ainsi que les graines, sont blanches, est de moitié plus petite dans toutes ses parties, que la variété B.

2. Chiche à feuilles de nummulaire. Cette espèce, encore peu connue en Europe, diffère de la première par ses feuilles, qui sont simples, & qui ont quelque ressemblance avec celles de la Velvote. Ses fleurs sont petites & blanches. Elles produisent des siliques renflées qui contiennent ordinairement plusieurs semences en forme de cœur.

Culture. Le Pois-Chiche ainsi que ses variétés, se plaît particulièrement dans les terreins meubles, un peu substantiels, & de nature plus sèche qu'humide. Non-seulement il craint les plus foibles gelées, mais même les brouillards froids, qui font descendre le thermomètre à 3 ou 4 degrés au-dessus de zéro, le font languir d'abord & périr ensuite, s'ils durent quelques jours.

Les Pois-Chiches se sèment au Printems, à l'époque où les gelées ne sont plus à craindre, & lorsque la terre a été échauffée par les rayons du Soleil & les pluies chaudes du Printems; c'est-à-dire vers le milieu du mois de Mai, dans notre climat. On les sème par touffes ou en rayons. Les touffes se disposent en quinconce, à deux pieds environ les unes des autres. On pratique de petites fosses comme pour les Haricots, dans un terrein labouré depuis quelques semaines, & on y place cinq ou six semences qu'on recouvre de neuf à douze lignes de terre. Les semis en rayons se font dans des rigoles de trois pouces de profondeur, pratiquées avec le hoyau; & dans lesquelles on disperse les semences à deux ou trois pouces de distance les unes des autres; on les recouvre ensuite d'à-peu-près un pouce d'épaisseur. Ces rayons doivent être distans entr'eux d'environ deux pieds & demi.

S'il vient des pluies douces & de la chaleur après que les semis ont été faits, les Pois Chiches lèvent en huit jours; ils poussent avec rapidité & commencent à fleurir un mois après. Leur culture se réduit à des sarclages & à des binages répétés autant de fois qu'il en est nécessaire, pour empêcher les mauvaises herbes d'affamer les semis, & à quelques arrosemens quand la terre est devenue trop sèche. La végétation de ces plantes s'accomplit dans l'espace de quatre mois. Lorsqu'elles sont entièrement desséchées, on les arrache, on les lie par bottes & on les transporte dans le grenier pour en recueillir la semence à loisir.

Les graines du Pois-Chiche ne se conservent pas plus de trois ou quatre années en état de germer, lorsqu'elles sont séparées de leurs gousses, & il est rare que semées dans le terrein qui les a produites, elles ne s'apauvrissent pas. C'est pourquoi les Amateurs de ce légume ont soin de faire venir leurs semences des Provinces méridionales, & de les semer dans des terrains qui n'en ont point encore produit, ou du moins depuis quelques années.

Le Pois-Chiche se sème en rase campagne, dans toute la partie méridionale de l'Europe, comme nous semons ici les Pois & les Lentilles. Quelques personnes le cultivent de cette manière dans les environs de Paris. On préfère, en général, de le semer dans les vignes sur les ados, ou sur la crête des fosses d'asperges. Cette plante qui vient des climats chauds, est délicate dans ce Pays-ci, & comme ce légume est fort inférieur à nos Pois ordinaires, on le cultive plus par fantaisie que pour son utilité réelle.

Usage. Le Pois-Chiche est fort estimé des Espagnols. Lorsqu'il est sec, ils le font cuire dans du bouillon & le mangent avec le potage. Ils le font entrer comme partie constituante dans leur *olios*, mets qu'ils aiment beaucoup.

2. Le Chiche à feuilles de nummulaire, n'a point encore été cultivé en Europe; nous ne savons pas même si cette plante est annuelle ou vivace, ainsi nous ne pouvons donner sur sa culture, que des généralités qui se réduisent à dire que les graines doivent être semées au Printems sur une couche chaude, couverte d'un chassis, & qu'il faut rentrer les semis pendant l'Hiver, dans une serre chaude, si la plante est vivace; si elle est annuelle, & d'une végétation rapide, on pourra en repiquer quelques jeunes pieds en pleine couche, à une exposition chaude, & accélérer la maturité de

ses semences, au moyen de cloches ou de chassis. (*M. Thouin.*)

CICOR ou CIEL. Racine que les habitans du Bengale confisent, & qui fait un objet de commerce. *Voyez* à la fin de l'article CANJALAT, les probabilités qui existent sur l'espèce de plante qui les fournit. (*M. Reynier.*)

CICLAMEN. Pain de Pourceau. *Cyclamen Europœum.* L. *Voyez* CYCLAME d'Europe, n.° 1. (*M. Thouin.*)

CICUTAIRE, *Cicutaria.*

Genre de plantes de la famille des OMBELLIFÈRES, composé de trois espèces différentes. Ce sont des plantes vivaces par leurs racines, & dont les tiges périssent chaque année. Leur port a de l'élégance; mais leurs propriétés sont malfaisantes & dangereuses. On les cultive dans les Jardins de Botanique, en plein air, & on les y multiplie aisément de semences.

Espèces.

1. CICUTAIRE aquatique.

Cicutaria aquatica. La M. Dict. n.° 1. *Cicuta virosa.* L. ♃ des parties septentrionales de l'Europe.

2. CICUTAIRE maculée.

Cicutaria maculata. La M. Dict. n.° 2. *Cicuta maculata.* L. ♃ de Virginie.

3. CICUTAIRE à bulbes.

Cicutaria bulbifera. La M. Dict. n.° 3. ♃ de l'Amérique septentrionale.

1. La CICUTAIRE aquatique est une plante qui s'élève de six à sept pieds de haut dans les marais & dans les eaux stagnantes, où elle croît naturellement. Ses racines sont garnies d'un chevelu très-abondant, & qui s'étend au loin dans la vase. Ses tiges sont droites, garnies de grandes feuilles composées, qui ressemblent un peu à celles de la berle des marais. Ses fleurs d'un blanc sale, sont disposées en ombelles à l'extrémité des tiges & des rameaux. Elles paroissent dans les mois de Juin & de Juillet, & donnent naissance à des graines qui mûrissent en Automne.

2. CICUTAIRE maculée. Cette espèce pousse de sa racine plusieurs tiges droites & rameuses qui s'élèvent jusqu'à la hauteur de quatre pieds. Elles sont marquées de taches rougeâtres, principalement vers leur base, & garnies de feuilles surcomposées. Leurs folioles sont lancéolées, d'un verd pâle, & dentelées sur leurs bords. Les fleurs sont réunies en ombelles à l'extrémité des rameaux & des tiges. Elles sont blanches, presque régulières, & commencent à paroître dès la fin du mois de Mai. Les semences qu'elles produisent mûrissent en Août, & la plante se dessèche bien-tôt après.

3. CICUTAIRE à bulbes. Les tiges de cette espèce ne s'élèvent guères à plus de deux pieds de haut; elles sont droites, glabres & rameuses. Ses feuilles du bas sont très-amples & découpées en une multitude de folioles linéaires. Les rameaux donnent rarement des fleurs; mais ils produisent dans leurs aisselles de petites bulbes de la grosseur d'un grain de froment, lesquelles tombant à terre, donnent naissance à de nouvelles plantes. La tige principale se termine par une petite ombelle de fleurs blanches, auxquelles succèdent des semences qui mûrissent dans le mois d'Août.

Culture. Toutes les espèces de Cicutaires viennent dans des marais plus ou moins submergés, & particulièrement dans les lieux où les eaux sont stagnantes, & la vase composée de débris de végétaux pourris. On ne peut les cultiver dans les jardins qu'en les mettant, autant qu'il est possible, dans une situation analogue. Pour cet effet, on les plante dans des marais artificiels, ou dans des vases particuliers, destinés à cette culture. On se sert ordinairement de baquets qu'on enterre à la place où l'on veut faire croître ces plantes. On a soin auparavant d'en boucher tous les trous, afin que l'eau ne se perde pas. Ensuite on met au fond un lit de terre argilleuse, de l'épaisseur de six pouces; on le recouvre d'un autre lit de pareille épaisseur, composé de terre de jardin, mêlée avec partie égale de sable de bruyère. Celui-ci est surmonté d'un troisième & dernier lit, également épais, qui doit être fait avec du terreau de feuilles, au trois quarts consommé, dans lequel sont plantées les jeunes Cicutaires; on remplit d'eau le reste du baquet, & on a soin qu'il y en ait toujours environ six pouces au-dessus de la dernière couche de terre.

Pendant l'Hiver, lorsque les Cicutaires ne sont point en végétation, on peut se dispenser de les tenir dans le même degré d'humidité; il suffit que la terre soit bien humectée. S'il survenoit pendant cette saison des gelées de huit à dix degrés, il seroit à propos de couvrir de feuilles sèches & de paille, les deux dernières espèces, qui craignent les grands froids.

On multiplie aisément ces plantes, au moyen des dragеons qui poussent de leurs racines; il suffit de les séparer de la souche au premier Printems, & de les planter dans des vases pareils à ceux que nous avons indiqués ci-dessus. Leurs semences fournissent encore un moyen de multiplication plus abondant, mais moins facile & plus long.

Les graines des Cicutaires doivent être semées à l'Automne, quinze jours ou trois semaines après leur maturité. On les sème dans des pots remplis d'une terre très-légère & substantielle, & l'on place ces pots dans une terrine qu'on entretient toujours pleine d'eau. Les graines doivent être recouvertes de deux ou trois lignes de terre, sur laquelle on étend une légère couche de mousse. On met ensuite ces semis dans une plate-bande, à l'exposition du Nord, pour y passer l'Hiver, & au Printems, on les transporte sur une plate-bande, à l'aspect du Levant. Les graines ne tardent pas à lever, & le jeune plant, sur-tout celui de la première espèce, croît avec assez de promptitude pour être repiqué à sa destination dès le mois de Mai suivant. Celui des deux autres espèces est moins vigoureux, & l'on peut attendre jusqu'à l'Automne pour le séparer.

Lorsqu'une fois ces plantes sont placées à demeure, leur culture se réduit à ôter de tems-en-tems les œilletons, pour empêcher que les pieds se multipliant trop, ne s'affament mutuellement, & ne languissent; à remettre de nouveau terreau de feuilles, toutes les fois qu'il en est besoin, pour remplacer celui que l'eau a décomposé, & fournir ainsi de nouvelle nourriture à ces plantes voraces, & enfin à tenir le vase qui les renferme toujours rempli d'eau pendant leur végétation.

Usage. La première espèce est regardée comme un poison très-dangereux pour l'homme & pour les animaux. On prétend même que l'eau dans laquelle cette plante croît, donne des maladies aux bestiaux qui s'en abreuvent. Les deux autres espèces, sans avoir des qualités aussi délétaires, sont cependant dangereuses. Leur port n'offrant rien d'agréable, on ne les cultive que dans les jardins de plantes Médicinales & dans les Ecoles de Botanique. (*M. Thouin.*)

CIERGE. On donne communément ce nom à différentes espèces de *Cactus* & d'*Euphorbia*, dont les tiges épaisses & sans feuilles ont une ressemblance grossière avec des cierges. On trouvera leur description à l'article des genres, où leurs caractères sexuels les réunissent. Voyez Cactier & Euphorbe. (*M. Reynier.*)

CIERGE épineux, ou du Pérou. Nom vulgaire du Cactier du Pérou, *Cactus Peruvianus.* L. Voyez Cactier, n.° 13. (*M. Dauphinot.*)

CIERGE lézard, *Cactus triangularis.* L. Voyez Cactier triangulaire, n.° 23. (*M. Thouin.*)

CIERGE maudit. Nom vulgaire du *Verbascum nigrum.* L. Voyez Molène noire. (*M. Dauphinot.*)

CIERGE Nôtre-Dame. Nom vulgaire du *Verbascum thaspus.* L. Voyez Molène ailée. (*M. Dauphinot.*)

CIERGE quarré, *Cactus tetragonus.* L. Voyez Cactier quadrangulaire, n.° 7. (*M. Thouin.*)

CIERGE queue de souris. *Cactus flagelliformis.* L. Voyez Cactier queue de souris, n.° 21. (*M. Thouin.*)

CIERGE serpent ou Serpentain. *Cactus grandiflorus.* L. Cactier à grandes fleurs, n.° 20. (*M. Thouin*).

CIERGE d'eau. Ce sont des jets élevés & perpendiculaires, fournis sur la même ligne, par le même tuyau, qui étant bien proportionné à leur quantité, à leur souche & à leur sortie, conserve toute leur hauteur. On a un bel exemple des Cierges d'eau au haut de l'orangerie de Saint-Cloud.

Ces Cierges d'eau sont plus éloignés les uns des autres que les grilles. Ils servent, dans les jardins symmétriques, d'accompagnement aux cascades composées. *Ancienne Encyclopédie.* (*M. Thouin.*)

CIGUE, *Cicuta.*

Ce genre de plantes, composé dans ce moment de trois espèces & de quelques variétés, fait partie de la grande famille des Ombellifères. Ce sont des plantes herbacées, d'un port peu agréable, & qui ne sont cultivées que dans les jardins de Botanique.

Espèces.

1. Cigue ordinaire ou grande Cigue.

Cicuta major. La M. Dict. n.° 1. ♂ de l'Europe septentrionale.

- β. Grande Cigue de Sibérie.

Cicuta major tenuifolia. ♂ de l'Asie septentrionale.

Cigue à tige roide.

Cicuta rigens. La M. Dict. n.° 2. *Conium rigens.* L. ♄ du Cap de Bonne-Espérance.

3. Cigue d'Afrique.

Cicuta Africana. La M. Dict. n.° 3. *Conium Africanum.* L. ⊙ des côtes d'Afrique & du Cap.

Description du port des Espèces.

1. Les racines de la grande Cigue sont pivotantes, rameuses, & garnies d'un chevelu délié & très-abondant.

Ses tiges sont droites, marquées de taches couleur de pourpre, particulièrement à leur base. Elles s'élèvent depuis quatre jusqu'à six pieds de haut, suivant la nature du terrein.

Les feuilles sont très-amples, divisées en une multitude de folioles, & d'une verdure foncée tirant sur le noir. Leur odeur est désagréable.

Les fleurs qui sont blanches, disposées en ombelles à l'extrémité des tiges & des branches, paroissent au commencement du mois de Juin, & produisent des semences qui mûrissent dans le courant du mois d'Août. La plante se dessèche & meurt bien-tôt après.

La variété β se distingue de son espèce par ses tiges encore plus élevées & moins tachetées, & par ses feuilles beaucoup plus étroites & d'un verd plus pâle.

2. La Cigue à tiges roides s'élève rarement au-dessus d'un pied & demi. Ses tiges sont ra-

meuses, roides, & garnies de feuilles d'un verd glauque. Les fleurs, qui sont blanches, viennent en petites ombelles à l'extrémité des branches, & paroissent dans le mois de Juillet. Il leur succède des semences légèrement hérissées de pointes, qui mûrissent dans le cours de l'Automne.

3. Cigue d'Afrique. Cette Espèce est encore plus petite que la précédente; ses tiges n'ont pas plus de dix pouces de haut; mais elle pousse des branches dont les inférieures s'étendent horizontalement de cinq à six pouces dans toute la circonférence, & vont en diminuant de longueur jusqu'au haut de la tige principale, ce qui donne à cette plante le port d'un petit buisson hémisphérique très-touffu, & d'une verdure glauque. Les fleurs paroissent en Juillet; elles sont blanchâtres, peu nombreuses & disposées en petites ombelles qui terminent les rameaux. Les semences sont striées & légèrement hérissées de petites pointes; elles mûrissent à la fin de l'Automne.

Culture. La grande Ciguë croît naturellement dans les différentes parties du nord de la France, dans les terreins meubles, substanciels, ombragés & un peu humides. Elle se plaît particulièrement sur les bords des bois, le long des haies & parmi les buissons. Lorsqu'on veut se la procurer dans les jardins, il suffit d'en répandre des semences vers le mois d'Octobre, à la place que doit occuper la plante, & de les recouvrir de quatre à cinq lignes de terre. Si l'Hiver est doux, ces semences lèvent avant les grandes gelées, &, dès le premier Printems, les jeunes plants poussent avec rapidité, & fournissent leur végétation dans le cours de cette seconde année.

Depuis quelque tems l'usage qu'on fait de cette plante dans la Médecine a déterminé plusieurs Jardiniers à en établir de grandes cultures. Pour cet effet, ils choisissent un terrein léger, dans une position humide & ombragée, s'il est possible. Après lui avoir donné un labour profond avec la bêche, ils y sèment, dès le mois de Septembre, à la volée & très-clair, des graines de grande Ciguë. Ils les recouvrent ensuite avec les dents de la fourche, & s'il ne tombe pas de pluie quelque tems après avoir fait le semis, ils l'arrosent avec l'arrosoir à pommes. Les graines lèvent dans l'espace de quinze jours, lorsqu'elles sont de la dernière récolte; mais si elles sont plus anciennes, elles lèvent plus tard, & quelquefois même elles ne paroissent qu'au Printems suivant. Quand le jeune plant a trois ou quatre pouces de haut, ils l'éclaircissent, & font en sorte que les pieds qui restent en place se trouvent à douze ou quinze pouces de distance les uns des autres. Ils donnent ensuite un binage à la terre, pour l'ameublir & détruire tous les autres pieds qu'on auroit pu oublier d'arracher avec la main.

Cette plantation ainsi formée, croît & pousse vigoureusement, & lorsque l'Automne est chaud & humide, elle est en état de fournir avant les grandes gelées, une première coupe de feuilles assez abondante. La seconde récolte se fait au mois de Mars suivant, & donne une plus grande quantité de feuilles. Si, après cette deuxième coupe, il survient des pluies abondantes, accompagnées de coups de soleil un peu chauds, on pourra faire une troisième récolte dans le mois de Mai. Celle-ci est la plus considérable, & assez souvent la dernière, parce que les chaleurs qui surviennent alors ralentissent beaucoup la végétation, & que la sève employée plus particulièrement à fournir au développement des tiges, ne produit que peu de feuillage. Ainsi, on ne peut guère compter que sur trois ou quatre récoltes d'un même semis. Mais il est aisé de les multiplier & de s'en procurer pendant toute l'année; pour cela, il n'est question que de joindre aux semis d'Automne les semis du Printems. Ceux-ci se font à la fin de Février ou au commencement de Mars, lorsque la terre est labourable, & qu'on n'a plus à craindre les grandes gelées. On les fait & on les cultive comme ceux d'Automne, en leur donnant de plus quelques arrosemens, lorsque la terre devient trop sèche. Ces semis fournissent des récoltes de feuilles qui succèdent à celles des semis d'Automne. A la vérité, ils sont un peu moins productifs; mais cette différence est compensée par l'augmentation du prix.

En coupant plus souvent les feuilles de Ciguë, & en supprimant les rudimens de leurs tiges à mesure qu'ils paroissent, on pourroit conserver plus long-tems une même plantation & la faire durer pendant trois années consécutives. Mais cette pratique n'est pas une économie bien profitable, parce que les plantes qui ont passé le terme ordinaire de leur existence, produisent beaucoup moins; il vaut mieux semer plus souvent; on obtient des coupes plus abondantes & plus propres à remplir l'objet pour lequel on les cultive.

Les deux dernières espèces de Ciguë exigent une culture fort différente. Ce sont des plantes d'Afrique qui croissent sur les bords de la mer, dans le voisinage du Cap de Bonne-Espérance. Les semis de ces plantes doivent être faits à l'Automne, dans des pots remplis par égales parties de terreau de bruyère & de terre à oranger. Leurs semences ne doivent être recouvertes tout au plus, que de trois lignes d'épaisseur, avec une terre très-divisée. On place ces semis sous un chassis avec les plantes du Cap; on les arrose très-peu pendant l'Hiver, & seulement pour entretenir la terre un peu humide. Lorsque le mois de Mars est arrivé, on transporte ces semis sur une couche chaude, couverte d'un chassis; on les arrose légèrement tous les jours; &, avec cette attention, les jeunes plants ne tardent pas à paroître. Lorsqu'ils ont deux pouces de haut, on les sépare, partie dans des pots, & partie en pleine couche, à l'exposition du Midi. Si l'année est chaude & qu'on ménage les arrosemens, ces plantes fleurissent dès la fin de Juin, & leurs semences mûrissent vers le milieu de l'Automne.

Ces plantes souffrent difficilement d'être transplantées à racines nues; aussi au lieu de les repiquer, il faut les séparer avec la terre qui entoure leurs racines, & faire cette opération dès leur première jeunesse.

Usage. La grande Ciguë, prise intérieurement, est regardée comme un poison pour les hommes & pour les animaux. La Médecine en tire un grand parti pour la guérison des Cancers & autres maux invétérés & dangereux.

Les deux autres espèces n'ont point de propriétés connues; leur port n'a rien d'intéressant, & on ne les cultive que dans les jardins de Botanique où elles sont même fort rares. (*M. Thouin.*)

CIGUE aquatique. On donne ce nom à deux plantes très-différentes; savoir, au *Phellandrium aquaticum.* L. & à la *Cicuta virosa.* L. *Voyez* Œlnanthe. & Cicutaire aquatique, n. 1. (*M. Thouin.*)

CIGUE (petite) *Æthusa cinapium.* L. M. de la Marck, en parlant de cette plante (Æthuse à forme de persil) Dict. de Botanique, au mot Æthuse, n.° 1, se contente de dire « qu'elle est dangereuse, & peut incommoder étant prise intérieurement, & qu'on lui attribue les propriétés de la Ciguë, c'est-à-dire, qu'on la croit résolutive & fondante. »

L'espèce d'incertitude que M. de la Marck a à cet égard pourroit avoir les suites les plus funestes. Cette plante est tellement dangereuse, que MM. Haller & Trew pensent que les accidens qu'on met sur le compte de la grande Ciguë, doivent presque tous être attribués à celle-ci. L'usage interne de sa racine, & encore plus de ses feuilles, occasionne des angoisses, le hoquet, du délire, & même des délires de longue durée, par exemple, de trois mois, de l'engourdissement, la paralysie, un serrement de gosier, des convulsions, une mélancolie extravagante, la fureur, des cours de ventre, des vomissemens excessifs, de violentes douleurs de tête, d'estomac & d'entrailles, un assoupissement profond, une enflure de tout le corps, le plus souvent livide, & assez souvent la mort. (*M. Dauphinot.*)

CILIÉ. On donne ce nom aux parties des végétaux qui sont garnies sur leurs bords de poils, comme des cils. Les feuilles, les calices, les stipules & les bractées sont les parties qui y sont les plus sujettes. Les pétales sont plutôt frangés ou découpés sur leur bords que ciliés. Ce mot n'est point usité que dans les descriptions de Botanique. (*M. Reynier.*)

CILLER. On dit qu'un cheval *Cille*, quand il commence à avoir les sourcils blancs; c'est-à-dire, quand il vient sur cette partie environ la largeur d'un liard de poils blands, mêlés avec ceux de la couleur naturelle: ce qui est une marque de vieillesse.

On dit qu'un cheval ne *Cille* point avant l'âge de quatorze ans, mais toujours avant l'âge de seize. Les Chevaux qui tirent sur l'alzan, & ceux qui sont noirs *Cillent* plutôt que les autres.

Les Marchands de chevaux arrachent ordinairement ces poils avec des pincettes; mais quand il y en a une si grande quantité que l'on ne peut les arracher sans rendre les chevaux laids & chauves, alors ils leur peignent les sourcils, afin qu'ils ne paroissent pas vieux. *Ancienne Encyclopédie.* (*M. l'Abbé Tessier.*)

CIMBALAIRE ou CYMALAIRE. *Antirrhinum cymbalaria.* L. *Voyez* Muflaude cymbalaire. (*M. Thouin.*)

CIMBARERA. M. Jacquin, dans son Histoire des plantes d'Amérique, donne ce nom à un Jambosier qu'il nomme *Eugenia Carthagenensis*; espèce qu'on ne retrouve pas dans les Ouvrages plus modernes. *Voyez* Jambosier. (*M. Reynier.*)

CIME. C'est l'extrémité de la tige d'une plante, d'un arbuste & d'un arbre. (*M. Thouin.*)

CIMICAIRE, *Cimicifuga.*

Ce genre étranger à l'Europe, & qui n'est encore composé que d'une seule espèce, fait partie de la famille des Renoncules, avec celui des Pivoines, des actées, &c. Encore rare en France, il ne se rencontre que dans quelques jardins de Botanique, où on le cultive en pleine terre.

Cimicaire fétide ou la Chasse punaise.

Cimicifuga fœtida. L. ♃ de Sibérie.

Description.

Le port de cette plante a beaucoup de ressemblance avec celui de l'*actée à épi.* Ses racines sont traçantes, épaisses, noueuses & courtes; elles sont garnies d'un chevelu nombreux & délié.

Ses tiges sont droites, élevées de cinq à six pieds; elles sont accompagnées de feuilles composées, dont les folioles sont ovales & dentées en scie sur leurs bords. Les fleurs sont petites, de peu d'apparence, & viennent en grappes rameuses au sommet des tiges. Elles paroissent vers la fin du mois de Juin, & se prolongent jusqu'en Juillet. Les fruits qui leur succèdent sont des capsules réunies deux à deux, ou quatre à quatre, lesquelles renferment plusieurs petites semences écailleuses. Ces graines mûrissent rarement dans notre climat.

Culture. La Cimicaire croît naturellement dans

les bois de la Sibérie, sur le terreau végétal, formé de feuilles & de bois pourris. Dans notre climat, elle croît assez bien dans les plate-bandes de terreau de bruyère un peu humides, & à des positions ombragées. Dans les Hivers très-rigoureux, il est bon de la couvrir de litière ou de fannes de fougère sèche; car, quoique le froid soit beaucoup plus fort dans son pays natal que dans le nôtre, cependant comme elle se trouve couverte dès la fin de l'Automne d'une couche de neige très-épaisse, la terre alors ne gèle pas à plus de six ou huit pouces de profondeur, tandis que chez nous il n'est pas rare de la voir gelée de plusieurs pieds d'épaisseur.

Multiplication.

On multiplie cette plante au moyen des œilletons qu'elle pousse de ses racines. Le tems le plus favorable à leur réussite est le premier Printems, à l'époque où elle commence à pousser. On sépare les œilletons avec un couteau bien tranchant; on les lève avec le chevelu qui les accompagne, & on les plante, soit en place à leur destination, soit dans des pots qu'on enterre dans une plate-bande, à l'exposition du Levant. Lorsqu'ils sont bien repris, on les place à demeure, dans la nature de terrein que nous avons indiquée plus haut.

Cette plante se multiplie aussi de semences, mais plus difficilement, & cette voie de multiplication est beaucoup plus longue. Les graines doivent être semées à l'Automne qui suit leur récolte; plus vieilles, elles sont plus long-tems à lever, & quelquefois ne lèvent point du tout. On les sème dans des terrines, au fond desquelles on met deux doigts de terre franche, & que l'on achève de remplir avec du terreau de bruyère pur; on les recouvre très-légèrement avec du même terreau, mais plus divisé & plus fin, après quoi on place les terrines dans une plate-bande, & on les couvre de litière dans les gelées qui passent quatre degrés. Les semences travaillent pendant l'Hiver, se renflent & se disposent à germer aux premières chaleurs du Printems. Il convient de les bassiner légèrement de tems-en-tems, & de les garantir du grand soleil. Le jeune plant peut rester dans la terrine où il a été semé, pendant cette première année. Mais, au Printems de la seconde, il est à propos de le transplanter. Pour cela, on renverse & l'on vuide avec précaution la terrine qui le contient, l'on sépare à la main toutes les racines, pour éviter de les meurtrir ou de les casser, & on plante chaque individu à trois pieds au moins de distance l'un de l'autre, dans la nature de terre, & à l'exposition qui leur convient. Au moyen de cette attention, ces plantes fleurissent la troisième ou la quatrième année de leur âge, & forment des touffes assez considérables.

Leur culture se réduit à un labour chaque année au Printems, à des binages pour ameublir la terre qui les environne, & à quelques arrosemens dans le courant de l'Été.

Usage. Le port de cette plante a de l'élégance; mais son odeur, presqu'insupportable, la rend peu propre aux jardins d'agrément. On ne la cultive guère que dans les Ecoles de Botanique.

On prétend que quelques poignées de feuilles de cette plante, placées dans des appartemens & sous les lits, en écartent les punaises. C'est cette opinion, bien ou mal fondée, qui lui a fait donner le nom de Chasse-punaises. (*M. Thouin.*)

CINAMOME. *Laurus cinamomum. L.* Voyez LAURIER canellier. (*M. Thouin.*)

CINAROCEPHALES (les) *Cinarocephalæ.*

Famille de plantes très-naturelles, établie par Vaillant & adoptée par les Botanistes modernes. Elle est comprise dans la seconde section de la classe des COMPOSÉES. Son caractère est d'avoir les fleurs réunies dans un calice commun, portées sur un réceptacle, chargé de poils ou de paillettes, & les semences couronnées d'une aigrette. Les fleurs constamment flosculeuses, forment des têtes qui ont la figure de celles de l'artichaut dont on a tiré le nom de cette famille.

La plus grande partie des plantes qui la composent sont originaires d'Europe; l'Asie & l'Amérique n'en ont fourni qu'un petit nombre, & il ne s'en trouve que très-peu en Afrique. Cette famille ne renferme aucun arbre, mais seulement des arbustes peu ligneux & une très-grande quantité de plantes herbacées, annuelles ou vivaces. Parmi ces dernières, il en est quelques-unes qui sont extrêmement vivaces, & qui durent des siècles. Beaucoup de ces plantes sont remarquables par leur hauteur gigantesque, par la grandeur de leur feuillage, par les nombreuses épines dont elles sont hérissées, & par le volume de leurs têtes de fleurs. Leur port, en général, est plus pittoresque qu'agréable, & elles sont peu propres à figurer dans les parterres.

Ces plantes, pour la plupart, se plaisent dans les terreins légers, plus secs qu'humides; elles se multiplient aisément par leurs graines, & celles qui sont vivaces par leurs œilletons ou drageons enracinés. Les espèces ligneuses se propagent de marcottes & de boutures, sans beaucoup de soins.

Cette Famille fournit à la Médecine plusieurs plantes intéressantes, quelques-unes donnent des teintures. L'artichaut, le chardon, la carline & quelques autres, servent à la nourriture des hommes; enfin un grand nombre d'entr'elles peuvent figurer avec avantage dans les jardins paysagistes.

Genres

Genres qui composent cette famille.

L'Atractyle,	*Atractylis.*
Le Carthame,	*Carthamus.*
La Carline,	*Carlina.*
L'Actione,	*Arctium Dalech.*
L'Artichaut,	*Cinara.*
L'Onoporde,	*Onopordum.*
Le Chardon,	*Carduus.*
La Bardane,	*Lappa Tournef.*
La Centaurée,	*Centaurea.*
Le Pacourier,	*Pacouria. Aubl.*
La Sarrête,	*Serratula.*
Le Pterone,	*Pteronia.*
La Steheline,	*Stœhelina.*
La Jongie,	*Jungia.*
La Nassauve,	*Nassauvia. Commers.*
La Gundele,	*Gundelia.*
L'Echinope,	*Echinops.*
La Corymbiole,	*Corymbium.*
La Spheranthe,	*Sphœranthus.*

(*M. Thouin.*)

CINERAIRE, *Cineraria.*

Genre de plantes à fleurs composées, de la famille de Corymbifères, qui a beaucoup de rapports avec les seneçons, les tussilages, & les cacalies. Il est composé de plantes herbacées, presque toutes vivaces, d'arbustes & de sous-arbrisseaux peu ligneux. Leurs fleurs sont terminales, radiées pour la plupart, & distinguées de celles des autres genres de cette famille par leur calice simple.

La plus grande partie des espèces de ce genre est étrangère à la France; elle croît dans les pays chauds, & particulièrement en Afrique. Ces plantes ne sont guère cultivées que dans les jardins de Botanique, & dans ceux de plantes curieuses. On conserve dans les serres les espèces ligneuses, & on les multiplie de semences & de boutures.

Espèces.

1. Cineraire géoïde.
Cineraria geifolia. L.
β. Cineraire géoïde (grande).
Cineraria geifolia procerior. ♄ d'Afrique.
2. Cineraire anguleuse.
Cineraria angulosa. La M. Dict. *An Cineraria cymbalarifolia.* L. ♃ du Cap de Bonne-Espérance.
3. Cineraire de Sibérie.
Cineraria Sibirica. L. ♃ des Pyrénées, du Levant & de Sibérie.
4. Cineraire à feuilles en cœur.
Cineraria cordifolia. Gouan. Illust. ♃ des montagnes de Suisse & d'Autriche.
5. Cineraire à feuilles glauques.
Cineraria glauca. L. ♃ de la Sibérie.

6. Cineraire à feuilles de laitron.
Cineraria sonchifolia L. du Cap de Bonne-Espérance.
7. Cineraire des marais.
Cineraria palustris. L. ♃ des lieux marécageux de l'Europe.
8. Cineraire dorée.
Cineraria aurea. L. ♃ de Sibérie.
9. Cineraire des Alpes.
Cineraria Alpina. L.
β. Cineraire des Alpes, blanche.
Cineraria Alpina incana. ♃ des montagnes de l'Europe.
10. Cineraire Maritime.
Cineraria Maritima. L.
11. Cineraire balsamite.
Cineraria balsamita. Du Levant.
β. Cineraire Maritime, à larges feuilles.
Cineraria Maritima latifolia.
C. Cineraire Maritime tomenteuse.
Cineraria Maritima tomentosa. ♄ du Levant, de la Provence & d'Italie.
12. Cineraire laineuse.
Cineraria lanata. La M. Dict. ♄ d'Afrique.
13. Cineraire à feuilles de peuplier.
Cineraria populifolia. La M. Dict. ♄ d'Afrique.
14. Cineraire à feuilles de lin.
Cineraria linifolia. L. ♃ du Cap de Bonne-Espérance.
15. Cineraire à feuilles de mélèze.
Cineraria laricifolia. La M. Dict. ♃ du Cap de Bonne-Espérance.
16. Cineraire pourprée.
Cineraria purpurata. L. ♃ du Cap de Bonne-Espérance.
17. Cineraire à fleurs bleues.
Cineraria amelloïdes. L. ♄ du Cap de Bonne-Espérance.
18. Cineraire spatulée.
Cineraria spathulata. La M. Dict. *An Cineraria alata.* L. F. Suppl. ♄ du Cap de Bonne-Espérance.
19. Cineraire spinulée.
Cineraria spinulosa. La M. Dict. d'Afrique.
20. Cineraire à feuilles de germandrée.
Cineraria chamædrifolia. La M. Dict. du Cap de Bonne-Espérance.
21. Cineraire à feuilles de camomille.
Cineraria anthemoïdes. La M. Dict. des Indes orientales.
22. Cineraire d'Amérique.
Cineraria Americana. L. F. Suppl. ♄ d'Amérique méridionale.
23. Cineraire rayée.
Cineraria lineata. L. F. Suppl. du Cap de Bonne-Espérance.
24. Cineraire hastée.

Cineraria hastata. L. F. Suppl. du Cap de Bonne-Espérance.

Espèces peu connues.

Cineraire à feuilles de cacalie.
Cineraria cacalioïdes. L. F. Suppl.
Cineraire denticulée.
Cineraria denticulata L. F. Suppl.
Cineraire perfoliée.
Cineraria perfoliata. L. F. Suppl.
Cineraire capillaire.
Cineraria capillacea. L. F. Suppl.
Cineraire du Japon.
Cineraria Japonica. Thunb.

Description du port des Espèces.

On peut divifer les Cinéraires en deux fections très-diftinctes : l'une des efpèces ligneufes, & l'autre des efpèces herbacées. Mais comme ces végétaux, à l'exception de trois ou quatre efpèces, ne font point ornement dans les jardins, & n'ont point d'ailleurs un mérite affez diftingué pour les y faire admettre, nous nous contenterons de décrire en maffe le port des plantes qui compofent chaque fection, & nous renverrons au Dictionnaire de Botanique pour la defcription de chaque efpèce en particulier.

Les efpèces ligneufes, qui forment la première fection font des arbuftes ou des arbriffeaux d'une confiftance herbacée, qui ne vivent que quatre ou cinq ans tout au plus. Leurs racines font charnues, rameufes & garnies d'un chevelu très-abondant, fur-tout à leur extrémité. Les tiges qui, dans quelques efpèces, ne s'élèvent pas au-deffus d'un pied de haut, &, dans les plus grandes, à cinq pieds, font divifées en un très-grand nombre de branches & de rameaux, la plupart grêles, fans foutien, & pendans irrégulièrement. En général, leurs feuilles font d'un verd pâle, couleur de cendre; quelques-unes font blanches & cotonneufes, particulièrement en deffous. Leurs fleurs font prefque toutes raffemblées en bouquets ou corymbes à l'extrémité des tiges & des rameaux; &, à l'exception de trois ou quatre efpèces, qui font d'un jaune d'or affez agréable, les autres font bleues ou violettes. La faifon où le plus grand nombre des efpèces de cette divifion fe trouve en fleurs font les mois de Juin, de Juillet & d'Août. Parmi le très-grand nombre de femences qu'elles produifent, il ne fe trouve qu'une petite quantité de graines fertiles & propres à lever, encore faut-il que les Etés foient fecs & chauds dans notre climat, pour qu'elles arrivent à leur point de perfection. Pendant l'Hiver, ces plantes confervent la plus grande partie de leurs feuilles, ce qui les fait ranger parmi les végétaux toujours verds.

La Cinéraire maritime, n.° 10, peut être employée à l'ornement des jardins, & mérite, par cette raifon, d'être diftinguée des autres. Ses tiges fe divifent dès leur bafe en plufieurs branches rameufes, hautes de trois à quatre pieds, formant un buiffon très-touffu. Elles font garnies de feuilles larges, découpées, épaiffes & comme drapées, couvertes d'un duvet blanc & cotonneux, fur-tout en deffous. Les fleurs qui font d'un beau jaune d'or viennent par bouquets lâches à l'extrémité des branches. Elles durent ordinairement depuis le mois de Juin jufqu'à la fin d'Août, & produifent une très-grande quantité de femences fertiles dans notre climat.

La Cinéraire à fleur bleue, n.° 17, offre auffi quelqu'intérêt pour l'ornement des ferres tempérées pendant l'Hiver. Du collet de fa racine, qui eft chevelu, partent plufieurs branches longues & flexibles, qui s'élèvent à deux ou trois pieds de haut. Elles font garnies de feuilles rondes, ovales, rudes au toucher, & d'un verd foncé. Ses fleurs font portées fur de longs pédoncules, qui naiffent à l'extrémité des rameaux ; elles font d'un bleu clair fort agréable. Cette plante fleurit une grande partie de l'année, mais particulièrement au Printems & à l'Automne. Les fleurs, qui viennent dans l'Eté, donnent de bonnes femences ; mais celles qui viennent plus tard n'en produifent que d'imparfaites.

Les efpèces herbacées, qui compofent la feconde fection, & dont les tiges périffent chaque année, ont des racines fortes & charnues, qui s'enfoncent en terre à huit ou dix pouces de profondeur. Elles pouffent au Printems de fort bonne heure, des tiges droites, fouvent fimples, & garnies de feuilles alternes.

Ces feuilles ont différentes formes : les unes font rondes, dentelées fur leurs bords, & les autres font longues & étroites. Toutes font plus ou moins cotonneufes & d'une verdure cendrée. Les fleurs font d'un beau jaune, & viennent en corymbe à l'extrémité des tiges. Elles paroiffent dans les mois de Mai & de Juin. Plufieurs d'entr'elles font très-apparentes, & fourniffent de bonnes femences dans notre climat. Leur végétation ceffe dès le mois d'Août, & leurs fannes font defféchées à la fin de Septembre.

Parmi les plantes de cette fection, les efpèces, n.os 3 & 9, méritent d'être cultivées dans les jardins d'agrément ; les autres ne font guères propres qu'aux Ecoles de Botanique.

Culture. Les Cinéraires de la première fection étant des arbuftes prefque tous du Cap de Bonne-Efpérance ou des pays chauds, fe cultivent dans des pots que l'on rentre pendant l'Hiver, fous des chaffis ou dans les ferres tempérées. Elles fe plaifent de préférence dans une terre meuble, fablonneufe & fubftancielle. Sans exiger des arrofemens abondans, elles aiment à être fréquemment baffinées, & fupportent plus aifément l féchereſſe que l'humidité. Dans la belle ſaiſon, elles ne craignent point la chaleur, & n'ont pas plus beſoin d'être préſervées des rayons du ſoleil le plus ardent que du grand air, & même du vent. Dans l'Hiver, elles craignent infiniment la privation de la lumière, l'humidité & la chaleur ſtagnante. Il leur faut un air pur & ſouvent renouvellé; elles exigent auſſi une très-grande propreté, & ce n'eſt qu'autant qu'on aura ſoin d'ôter les feuilles mortes, de les garantir de la pouſſière & des inſectes qu'on peut eſpérer de les voir réuſſir.

On multiplie ces arbuſtes de ſemences, de marcottes & de boutures. Les ſemences ſe mettent en terre dès les premiers beaux jours du Printems, vers la mi-Mars dans notre climat. On fait ces ſemis dans des pots avec une terre douce & légère, & l'on a ſoin de ne recouvrir les graines que de l'épaiſſeur de deux à trois lignes, d'une terre encore plus légère que celle dont on a rempli les pots. Ces vaſes, après avoir été baſſinés à pluſieurs repriſes, ſont enterrés juſqu'au collet, dans le terreau d'une forte couche chaude & couverte de chaſſis. Les ſemis doivent être baſſinés légèrement matin & ſoir, juſqu'à ce que les jeunes plantules commencent à ſortir de terre; ce qui arrive pour l'ordinaire dans l'eſpace de ſix ſemaines ou deux mois, pour les plus tardives. Alors on modère les arroſemens, on donne une plus grande quantité d'air au jeune plant, & lorſque le tems des petites gelées eſt paſſé, & que les nuits ſont chaudes, on enlève les chaſſis, & on laiſſe les plantes à l'air libre. Quand elles ont trois pouces de haut, on les repique, ſoit ſéparément ou en pépinière, dans des pots à œillets. On les ombrage pendant quelques ſemaines, & lorſqu'elles ſont bien repriſes, on les laiſſe en plein air. A l'approche des gelées, les jeunes Cinéraires fruticuleuſes doivent être placées dans un chaſſis à l'abri des gelées, ou à défaut de chaſſis, ſur les appuis des croiſées d'une ſerre tempérée, pour y paſſer l'Hiver. Au Printems, il convient de rempotter les individus qui ont été plantés ſéparément, & de les mettre dans des pots plus larges; cependant il faut prendre garde qu'ils ne ſoient trop grands, parce que l'excès de nourriture eſt nuiſible à ces plantes. Il vaudroit encore mieux qu'elles fuſſent plus à l'étroit; elles ſouffriroient moins. Les pieds plantés en pepinière dans des pots pourront auſſi être ſéparés dans cette ſaiſon; mais on doit avoir ſoin de les lever en mottes, & non point à racines nues, parce qu'ils reprennent beaucoup plus difficilement de cette manière, & qu'à cet âge, il en périt un grand nombre. Chaque année ces arbriſſeaux doivent être rempottés au Printems, & ſi, pendant l'Eté, ils ont pouſſé vigoureuſement, & que leurs racines rempliſſent la capacité des vaſes, il convient de les changer de pots, & de leur donner un peu de nouvelle terre.

Les marcottes des Cinéraires fruticuleuſes ſe font au Printems & juſqu'à la fin de l'Eté. Il ſuffit de courber les branches dont on veut faire des pieds, dans la terre même du pot où elles ſont plantées, ou dans des pots à marcottes, & de les arroſer ſouvent pour qu'elles s'enracinent. C'eſt ordinairement l'affaire de ſix ſemaines. On les ſépare enſuite, on les plante dans de petits pots, & on les traite comme les jeunes plants venus de graines.

Les boutures ſe font pendant toute la belle ſaiſon. On choiſit de jeunes branches un peu ligneuſes, & de l'avant-dernière pouſſe, autant qu'il eſt poſſible. On les plante dans des pots ou même en pleine terre, à une poſition très-ombragée, & on les couvre de cloches. Celles que l'on fait ſur des pots placés enſuite ſur une couche tiède, couverte d'un chaſſis, & que l'on baſſine de tems-en-tems, reprennent plutôt & plus ſûrement. Quand elles ſont bien enracinées, on les lève en motte, & on les plante dans des pots comme les jeunes plants, & on les cultive de la même manière.

La culture des Cinéraires herbacées offre des différences en raiſon de leur nature, & ſur-tout du pays d'où elles viennent. La plupart croiſſant en Sibérie, ſur les hautes montagnes des Pyrénées, des Alpes, de l'Auvergne & dans quelques parties de la France, ſe cultivent en pleine terre dans notre climat. Elles aiment un terrein ſubſtanciel, meuble & un peu humide. Les expoſitions légérement ombragées du ſoleil du Midi leur ſont les plus favorables. Dans les pays où la terre gèle ſouvent de ſix à huit pouces de profondeur pendant l'Hiver, il eſt à propos de les couvrir de matières sèches pour les préſerver de la gelée. Une fois en place & bien repriſes, ces plantes n'exigent d'autre culture que d'être labourées une fois par an, & arroſées dans les tems de ſécheresse.

Les Cinéraires herbacées ſe multiplient par le moyen des œilletons, des drageons & des graines. Les œilletons & les drageons doivent être ſéparés des ſouches dès la fin de Février ou le commencement de Mars, parce que ces plantes pouſſent de très-bonne heure; il ſeroit dangereux, & pour les ſouches & pour les œilletons, d'attendre que leur végétation fût trop avancée. On choiſit ceux qui ſont les mieux enracinés, on les coupe près de la mère-racine, & on les plante, ſoit en pots ou en pleine terre, à la place qui leur eſt deſtinée. Ces drageons & ces œilletons fleuriſſent, pour l'ordinaire, la ſeconde année de leur ſéparation, à moins qu'ils n'aient été pris très-foibles, &, dès la troiſième année, ils forment des touffes comme les vieux pieds dont ils ne ſe diſtinguent plus.

La multiplication par la voie des graines eſt plus douteuſe & plus longue, & par conſéquent ne doit être employée qu'à défaut des deux autres moyens. On sème les graines des Cinéraires herbacées dès le premier Printems, dans des pots remplis de terre à oranger. On les place ensuite sur une couche chaude, à l'air libre & à l'exposition du Levant. Il faut avoir soin de semer très-drû, & même de couvrir la terre de graines, parce qu'il y en a toujours un grand nombre qui sont stériles. On les entretient dans un état d'humidité continuelle, par des arrosemens en forme de bassinages répétés matin & soir, à moins qu'il ne tombe de la pluie ou que le ciel ne soit couvert de nuages. Les graines ne lèvent que pendant le cours de l'Eté, quelques-unes à l'Automne; quelquefois même il arrive qu'elles ne poussent qu'au Printems suivant; c'est pourquoi il est bon de conserver les pots de semis, & de les cultiver jusqu'à la fin de la seconde année révolue. Lorsque les jeunes plants ont perdu leurs feuilles & que leurs racines ont la grosseur d'un tuyau de plume, ils doivent être repiqués en pleine terre, à racines nues & sans aucun retranchement. On les plante en pépinière, à quinze ou dix-huit pouces de distance les uns des autres, & lorsqu'ils ont passé une année ou deux, on peut les transplanter à la place qu'ils doivent occuper. Les plantes commencent à fleurir la deux ou troisième année de leur âge, & à quatre ans leurs touffes sont entièrement formées.

Usage. La Cinéraire Maritime peut être employée dans la décoration de toutes sortes de jardins. Placée dans le milieu des plate-bandes parmi les arbustes à fleurs, son feuillage argenté, ses belles fleurs couleur d'or, qui viennent dans une saison où il y a peu d'arbustes en fleurs, produiront un fort bel effet. Elle figurera aussi très-bien sur les lisières des bosquets, & surtout sur les montagnes factices parmi les rochers & les ruines. Les autres espèces fruticuleuses peuvent être placées sur des gradins ou dans des plate-bandes parmi les arbustes étrangers. Leur feuillage cendré de différentes formes, & la couleur brillante de leurs fleurs produira de la variété. Les espèces herbacées, quoique moins agréables, ne laisseroient pas que de produire un certain effet sur les lisières des massifs, si on les y plantoit. (*M. Thouin.*)

CINNA, *Cinna.*

Ce genre, qui n'est encore composé que d'une seule espèce, fait partie de la famille des Graminées. Son caractère essentiel est d'avoir un calice à deux valves, qui renferment une seule fleur composée d'une étamine & d'un ovaire supérieur, surmonté de deux styles velus.

Cinna en roseau.

Cinna arundinacea. L. ♃ du Canada.

Les racines du Cinna sont noueuses, mais peu traçantes; elles forment des souches d'où s'élèvent chaque année des tiges d'environ trois pieds de haut, droites & garnies de nœuds de distance en distance. Elles sont accompagnées de feuilles longues, un peu elargies & rudes au toucher. Leurs fleurs viennent en panicules à l'extrémité des tiges; elles sont verdâtres, composées d'épillets oblonds, & produisent des semences cylindriques.

Culture. Le Cinna n'a point encore été cultivé dans les jardins de l'Europe; mais il y a tout lieu de croire que si l'on en recevoit des graines fraîches, & qu'on les semât à l'Automne dans des terrines, elles germeroient & leveroient le Printems suivant, & qu'en les plaçant ensuite dans un lieu un peu frais & ombragé, on obtiendroit des plantes qui se naturaliseroient dans nos jardins.

Usage. Les propriétés du Cinna ne sont pas connues. Il est probable, d'après la description de son port, qu'il ne seroit d'aucun usage dans les jardins d'agrément, & qu'il ne peut être recherché que dans les Ecoles de Botanique. (*M. Thouin.*)

CINQ-FEUILLES *ou* QUINTE-FEUILLES. Noms génériques du *Potentilla*; mais que l'on donne plus particulirrement au *Potentilla reptans.* L. *Voyez* Potentile rampante. (*M. Thouin.*)

CIOCOQUE, *Chiococca.*

Le Ciocoque ou Chiocoque est un genre de la famille de Rubiacées, & qui a des rapports avec les *Psycotres* & les *Caffeyers.* Son caractère essentiel est d'avoir la corolle infundibuliforme & régulière; pour fruit une baie à une loge qui renferme deux semences, & qui se trouve placée sous la fleur. Ce genre n'est encore composé que de deux espèces, qui sont des végétaux ligneux, lesquels croissent dans l'Amérique méridionale. On les cultive en Europe dans les serres-chaudes.

Espèces.

1. Ciocoque à baies blanches.

Chiococca racemosa. L. ♄ des Antilles.

2. Ciocoque à baies jaunes.

Chiococca paniculata. L. ♄ de Surinam.

Description du port des Espèces.

1.° La première espèce est un arbrisseau de quatre à cinq pieds de haut, lorsqu'il croît dans les plaines, mais qui s'élève davantage dans les lieux couverts. Il pousse alors des branches sarmenteuses & longues, qui ne se soutiennent qu'en s'appuyant sur les arbres voisins. Ses feuilles sont opposées, ovales, entières & d'un verd foncé. Ses fleurs, qui sont d'un blanc jaunâtre, sont petites & de peu d'apparence. Elles viennent en petites grappes, opposées & pendantes. Il leur succède de petites baies très-blanches, à chair spongieuse, & qui renferment deux semences.

2. Le Ciocoque à baies jaunes se distingue aisément du précédent par sa tige droite, élevée, & qui forme un arbre, par ses fleurs jaunes, réunies en panicules à l'extrémité des branches, & par ses baies comprimées couleur de citron.

Culture. Les Ciocoques se cultivent dans des vases que l'on conserve pendant huit mois de l'année dans les serres chaudes & sur les couches de tannée pendant leur jeunesse. Ils ont besoin d'une terre douce, substancielle, & qui ne soit pas susceptible de devenir dure & compacte. Ils aiment assez l'humidité pendant les chaleurs de l'Eté; mais il la redoutent plus que la sécheresse pendant l'Hiver. Les fourmis, les pucerons & les galles insectes s'attachent souvent à leurs branches lorsqu'ils sont renfermés dans les serres, ce qui nécessite de les laver souvent pour écarter ces animaux nuisibles. Chaque année, il convient de visiter la terre où ils sont plantés, de la changer en partie lorsquelle est devenue dure & compacte, & de les mettre dans des vases plus grands, lorsque leurs racines sont devenues plus nombreuses.

On multiplie les Ciocoques de marcottes, de boutures & de graines. Cette dernière voie de multiplication, la plus naturelle, est cependant la plus difficile à mettre en pratique. Ces arbres ne donnent point de semences dans notre climat; il faut les faire venir d'Amérique, & il arrive souvent que le tems nécessaire à leur traversée suffit pour les rendre stériles; on pourroit les envoyer semées dans des caisses, & les cultiver pendant le voyage; mais ces précautions sont trop minutieuses pour être mises en usage par les marins.

On marcotte les Ciocoques sur des branches de deux ans au moins que l'on courbe dans des pots à marcottes, après les avoir incisées au tiers de leur épaisseur, à la manière des œillets. Elles ne tardent pas plus de deux ou trois mois à s'enraciner, si elles ont été faites au mois de Mai. Lorsqu'elles sont suffisamment pourvues de chevelu, on les sépare, & on les remporte dans des pots à basilic. Il est préférable de faire cette opération au Printems ou au commencement de l'Eté, plutôt qu'en toute autre saison. On place les jeunes marcottes nouvellement séparées sous une bâche, pour y passer la belle saison, & à l'Automne on les rentre dans une serre chaude, sur une couche de tannée chaude, pour y rester pendant l'Hiver & une partie du Printems.

Les boutures se font au Printems avec des bourgeons de l'avant-dernière pousse. On les plante dans des pots avec du terreau de saule; on les place sous une bâche, & on les couvre d'une cloche de verre opaque. Le point essentiel à leur réussite est de ménager tellement la chaleur que celle de la couche soit de quelques degrés plus forte que celle de l'air renfermé sous la cloche qui les recouvre. Les boutures reprennent dans l'espace de six semaines; on les laisse s'enforcir à l'air, & si l'on présume qu'elles soient trop à l'étroit dans le vase qui les contient, on peut les séparer; mais il est plus sûr d'attendre au commencement de l'Eté suivant pour faire cette opération.

Usage. Les Ciocoques peuvent servir à l'ornement des serres chaudes; leur verdure foncée & perpétuelle y produit de la variété; mais leur principal mérite consiste dans leur rareté. Jusqu'à présent on ne les cultive que dans les plus grands jardins de Botanique de l'Europe. (*M. Thouin.*)

CIOUTET. Cette vigne est remarquable par ses feuilles, beaucoup plus découpées que celles des autres variétées; elles paroissent comme palmées. La grappe est plus petite & les grains plus alongés que dans le chasselas doré; mais du reste il lui ressemble par le goût.

Cette origine est une des variétés du *Vitis vinifera*. L. *Voyez* Vigne, dans le Dictionnaire des Arbres & Arbustes. (*M. Reynier.*)

CIPON, *Ciponima*.

Nouveau genre institué par Aublet, dans son Histoire des plantes de la Guiane Françoise. M. de Jussieu le place dans la famille des Plaqueminiers. Il n'est encore composé que d'une espèce originaire de la Guiane, & qui n'a point été apportée en Europe.

Cipon de la Guiane.

Ciponima Guianensis. Aubl. ♄ de la Guiane.

C'est un arbre de moyenne grandeur dont le tronc a sept pieds de haut environ, & six à sept pouces de diamètre. Ses branches sont alternes, & supportent des feuilles ovales pointues, glabres & d'un beau verd. Les fleurs, qui sont fort petites & rassemblées en petits bouquets, viennent dans les aisselles des feuilles. Elles produisent des baies ovales qui sont noires, & qui renferment un noyau à quatre loges, dans chacune desquelles est contenu une semence. Cet arbre fleurit & fructifie dans le mois de Septembre.

Culture. Quoiqu'il n'ait point encore été cultivé en France, on peut croire, en raison de son analogie avec d'autres arbres du même pays, que ses graines doivent être semées au Printems sous chassis; que le jeune plant placé sous des cloches, croîtra pendant la belle saison, & qu'enfin on le conservera dans les tannées des serres chaudes pendant l'Hiver. La possession de cet arbre, & sa culture pendant quelques années, peuvent seules nous faire connoître ses habitudes

& ses moyens de multiplication; il croît dans la forêts de la Guiane. (*M. Thouin.*)

CIPRE ou PIN-CIPRE. Arbre de Canada, du genre des *Pinus*. *Voyez* l'Article Pin au Dict. des Arbres & Arbustes (*M. Thouin.*)

CIPRE, *Cipura.*

Ce Genre de la famille des Iris, & voisin des *Ixia* & des *Moræa*, a été découvert par Aublet, dans la Guiane Françoise. Il n'est composé que d'une seule espèce inconnue en Europe.

Cipure des marais.

Cipura paludosa. Aubl. Guian. p. 38. tab. 13, de la Guiane.

La racine de cette plante est une bulbe arrondie, charnue, couverte de plusieurs tuniques, comme dans le safran. Ses feuilles, au nombre de trois ou quatre, sont longues de plus d'un pied, étroites & striées longitudinalement. Du milieu de ces feuilles & du centre de l'oignon, sort une tige de six pouces de haut, terminée par une houpe de quatre à cinq feuilles, entre lesquelles sortent les fleurs. Chacune d'elle est composée d'un pétale divisé en six parties, dont trois grandes & trois petites, de trois étamines & d'un ovaire inférieur, surmonté d'un style triangulaire, terminé par un stigmate à trois divisions ovales & pointues. Le fruit est une capsule triangulaire à trois loges, qui contiennent plusieurs semences.

Culture. La Cipure croît dans les savanes humides de la Guiane. Elle fleurit dans le mois d'Août.

En raison du tems où cette plante est en végétation, sa culture essentielle est facile à déterminer en Europe. Ses oignons doivent être mis en terre au Printems, & placés sur une couche chaude, sous une bâche & dans le lieu le plus humide. Lorsque leur végétation sera passée, & que les feuilles seront desséchées, ces bulbes pourront être relevées de terre & placées dans une armoire sèche à l'abri des gelées. Cette plante, quoique de la Zone-torride, pourra se conserver dans notre climat, sans le secours des serres. (*M. Thouin.*)

CIRCÉE, *Circæa.*

Genre de plantes à fleurs polypétalées, de la famille des Onagres, & qui n'est composé que de deux espèces originaires d'Europe. On ne les cultive que dans les jardins de plantes Médicinales ou dans les Ecoles de Botanique.

Espèces.

1. Circée pubescente.

Circæa lutetiana, L. des bois de l'Europe.

B. Circée pubescente à larges feuilles.

Circæa lutetiana latifolia. ♃ de Canada.

2. Circée des Alpes.

Circæa Alpina. L. ♃ des Montagnes de l'Europe.

Description du port des Espèces.

1.° Les racines de la première espèce sont blanches, articulées, & tracent à une grande distance. Elles poussent des tiges droites, hautes d'environ un pied & demi, garnies dans toute leur longueur de feuilles opposées & en croix. Elles sont ovales & pointues, d'une texture mince & d'un verd gai. Les fleurs, qui sont fort petites & de couleur de chair, sont disposées en grappes au sommet des tiges. Elles paroissent dans le mois de Juin, & durent une partie de Juillet. Il leur succède de petites capsules hérissées, de petits crochets, au moyen desquels elles s'attachent à tout ce qui les touche, lors de leur maturité.

2°. La Circée des Alpes se distingue aisément de la précédente, par la petitesse de toutes ses parties; elle ne s'élève pas à plus de huit ou dix pouces. Ses feuilles sont en cœur, très-minces & d'un verd luisant. Ses fleurs sont d'un blanc mêlé de pourpre, & viennent aussi en petites grappes terminales. On la trouve en fleurs dans les montagnes une grande partie de l'Eté.

La variété B. se distingue de son espèce par ses feuilles beaucoup plus larges, & par ses fleurs qui sont blanches.

Culture. Les Circées sont des plantes rustiques qu'il suffit de transporter dans un Jardin, & de planter dans une position convenable pour les voir croître & se multiplier abondamment sans beaucoup de soin.

La première espèce qui croît dans les haies, dans les bois & sous les futaies les plus sombres, n'a besoin que d'être transplantée dans une semblable position pour s'y naturaliser, surtout si le terrein est meuble & un peu humide. Dans les Ecoles de Botanique où l'on n'est pas le maître de choisir la position qui convient à chaque plante, mais où il faut tâcher de lui donner celle qui est la plus propre à sa conservation, on plante les Circées dans de grands pots, ou mieux encore dans de petits tonneaux, qu'on enterre à leur place; on les ombrage avec des contresols ou chapeaux d'osier, pendant leur végétation, &, en les arrosant pendant les grandes chaleurs, on parvient à obtenir des plantes aussi belles que dans leur état de nature.

La seconde espèce, qui ne se rencontre pour l'ordinaire que dans un terrein formé de débris de végétaux, vers la base des montagnes du second ordre, est un peu moins rustique; il lui faut une exposition ombragée, un terrein léger & humide. Dans les Ecoles de Botanique, on ne la peut cultiver avec succès qu'au moyen des précautions que nous avons indiquées pour la précédente, & en observant de plus, de la planter dans du terreau de bruyère, mêlé par égale partie avec de la terre à oranger.

Chaque année ou tous les deux ans au moins, on aura soin de renouveller la terre des vases, de diminuer le nombre des plantes & de ne remettre dans chaque pot que la quantité de racines nécessaires pour former une touffe agréable & vigoureuse. A défaut de racines, on peut multiplier les Circées par le moyen des graines. En les semant à l'Automne, dans des terrines remplies de terre meuble, & en les plaçant en pleine terre, dans un lieu ombragé & humide, on aura de jeunes plantes, assez fortes pour être mises en place au Printems suivant.

Usage. Les Circées sont employées en Médecine, mais assez rarement; on s'en sert quelquefois en cataplasme & en fomentation pour les hémorrhoïdes enflammées, sur lesquelles elles produisent de bons effets. Elles sont résolutives & anodines. Ces plantes, & sur-tout l'espèce commune, peuvent servir à couvrir la terre sous les grandes futaies; propriété intéressante, rien n'étant plus désagréable que de voir le dessous des bois dégarni de verdure. (*M. Thouin*.)

CIRCULATION de la sève. *Voyez* Sève. (*M. Thouin*.)

CIRE. Substance que ramassent les abeilles sur les plantes, & dont elles se servent pour former les alvéoles propres à recevoir & renfermer le miel. *Voyez*, au mot Abeilles, premier volume, les pages 322, 323, 339 & 340. (*M. l'Abbé Tessier*.)

CIRE verte. Cette substance est employée en jardinage, pour couvrir les plaies des arbres étrangers, tels que les orangers, les myrthes, &c. En mettant les blessures de ces arbres à couvert du contact de l'air, elle empêche les gersures du bois, & donne à l'écorce la facilité de les recouvrir. (*M. Thouin*.)

CIRIER. Arbuste de l'Amérique tempérée, dont les fruits donnent une espèce d'huile solide, que les habitans ont nommée cire, & dont ils font usage en guise de cire. Ils font bouillir les baies dans de l'eau, & il s'en échappe cette matière grasse qui se réunit à la surface. On la purifie au moyen de plusieurs manipulations, & on lui ôte par ce moyen la couleur verte qui la salissoit. La lumière qu'elle donne n'a ni l'éclat ni la beauté de la lumière des bougies de cire; cependant elle peut être agréable, lorsqu'on y est habitué, & les habitans de ces contrées en font usage. *Voyez* Galé cirier.

Une autre espèce de cirier, le *Myrica condifolia*, L. fournit également une cire; mais les habitans du Cap où cet arbuste est indigène, n'en font aucun usage. Quelques essais font présumer que cette cire seroit au moins aussi belle que celle des Ciriers de l'Amérique septentrionale. *Voyez* Gale à feuilles en cœur. (*M. Reynier*.)

CISEAU de jardin. Les Ciseaux de jardin sont composés de deux lames, qui ont depuis un pied jusqu'à dix-huit pouces de long, sur trois à quatre pouces de largeur, & qui sont terminées en pointe aiguë par leur extrémité. Ces deux lames sont accompagées de deux bras, au bout desquels sont emmanchés deux cilindres de bois, d'environ deux pouces de diamètre, qui forment les poignées par lesquels on les fait mouvoir. Ces deux lames ou branches se croisent l'une sur l'autre, & sont fixées par une cheville de fer qui les traverse, comme tous les ciseaux.

Cet outil est employé dans les jardins symmétriques, à tondre les palissades, les buis des parterres, les arbrisseaux des plate-bandes, &c. Anciennement on s'en servoit beaucoup dans les jardins; heureusement cet usage est à-peu-près passé de mode, & l'on commence à sentir que les plus belles formes sont celles que la Nature elle-même donne aux végétaux. (*M. Thouin*.)

CISTE, *Cistus*.

Grand & beau genre de végétaux qui a donné son nom à la famille des Cistes Il est composé de plus de soixante espèces différentes, & d'un grand nombre de variétés. Il renferme des arbrisseaux, des sous-arbrisseaux, des arbustes, des plantes vivaces & annuelles. Presque tous ces végétaux sont originaires des pays tempérés de l'Europe. On en trouve seulement quelques-uns dans les climats les moins chauds de l'Afrique & de l'Asie. Ils croissent en Europe dans les lieux sablonneux, parmi les pierres ou dans les fentes des rochers, aux expositions les plus chaudes.

Toutes les espèces ligneuses forment des buissons ou des touffes arrondies, plus ou moins élevées, & conservent leurs feuilles toute l'année. Leur feuillage est assez touffu. Communément il est d'un verd blanchâtre ou grisâtre, rarement d'un vèrd gai. Les fleurs de ces espèces sont d'une belle forme; quelques-unes sont blanches, d'autres couleur de rose, mais le plus souvent d'un beau jaune. Elles durent peu de tems; mais elles ont de l'éclat & se succèdent pendant plusieurs semaines.

Les espèces herbacées sont d'une petite stature. Leur port ni leurs fleurs n'ont rien d'intéressant, & ne peuvent contribuer à l'ornement des jardins. Les Cistes se cultivent en pleine terre dans tout le midi de l'Europe. Dans le Nord, on les conserve dans des pots que l'on rentre l'Hiver dans les serres tempérées.

Ils se multiplient aisément des graines, quelquefois de marcottes, mais très-rarement de boutures. Les espèces ligneuses sont recherchées pour l'ornement des jardins & des serres.

Ce genre offre deux grandes divisions, l'une des Cistes proprement dits, & l'autre des hélianthèmes de Tournefort. Chacune de ces divisions ensuite se subdivise; la première en deux sections; savoir, celles des espèces à fleurs rouges, & celle des espèces à fleurs blanches ou jaunâtres. La deuxième division, dont le caractère essentiel est d'avoir une capsule à trois valves, à une seule ou à trois loges séparées, se subdivise en quatre sections. Dans la première sont réunies toutes les espèces qui ont les tiges ligneuses & les feuilles dépourvues de stipules. La deuxième renferme les Cistes à tiges herbacées & sans stipules. Dans la troisième sont comprises les espèces dont les feuilles sont accompagnées de stipules, & qui ont les tiges ligneuses. La quatrième & dernière réunit les espèces annuelles qui ont des stipules à la base de leurs feuilles. Le tableau suivant rendra cette division plus facile à saisir.

Cistes	Cistes proprement dits	à fleurs rouges		9 espèces,	1 variétés;
		à fleurs blanches		11	5.
	héliathèmes de Tournefort	feuilles sans stipules	tiges ligneuses	18	13.
			tiges herbacées	5	3.
		feuilles stipulées	tiges ligneuses	14	8.
			tiges herbacées	3	1.
				60 esp.	31 var.

Espèces & variétés de Cistes proprement dits.

* *Fleurs rouges.*

1. CISTE velu ou ordinaire.
CISTUS villosus. L. ♄ d'Espagne & d'Italie.

2. CISTE de Crète.
CISTUS Creticus. L.

B. CISTE de Crète ondé.
CISTUS Creticus undulatus. ♄ de l'Isle de Candie.

3. CISTE pourpré.
CISTUS purpureus. La M. Dict. n.° 3. ♄ du Levant.

4. CISTE à petites fleurs.
CISTUS parviflorus. La M. Dict. n.° 4. ♄ de l'Isle de Candie.

5. CISTE à feuilles pliées.
CISTUS complicatus. La M. Dict. n.° 5. ♄ du Levant.

6. CISTE blanchâtre.
CISTUS incanus. L. ♄ des parties méridionales de l'Europe.

7. CISTE crêpu.
CISTUS crispus. L. des Isles d'Hières & du Portugal.

8. CISTE cotonneux.
CISTUS albidus. L. ♄ des parties méridionales de la France & de l'Europe.

9. CISTE à feuilles de consoude.
CISTUS symphitifolius. La M. D. n.° 9. ♄ des Canaries.

** *Fleurs blanches ou jaunâtres.*

10. CISTE à feuilles de sauge.
CISTUS salvifolius. L.

B. CISTE à feuilles de sauge, des Corbières.
CISTUS salvifolius, Corbariensis. Des parties méridionales de la France & de l'Europe.

11. CISTE à feuilles de peuplier.
CISTUS populifolius. L.

B. Petit CISTE à feuilles de peuplier.
CISTUS populifolius, minor. ♄ de Portugal.

12. CISTE à feuilles longues.
CISTUS longifolius. La M. Dict. n.° 12 ♄ d'Espagne.

13. CISTE à feuilles de laurier.
CISTUS laurifolius. ♄ L. des Départemens méridionaux de la France & d'Espagne.

14. CISTE de Chypre.
CISTUS Cyprius. La M. Dict. n.° 14. ♄ de l'Isle de Chypre.

15. CISTE ladanifère.
CISTUS ladaniferus. L.

B. CISTE ladanifère maculé.
CISTUS ladaniferus maculatus. ♄ d'Espagne & de Portugal.

16. CISTE lédon.
CISTUS ledon. La M. Dict. n.° 16.
CISTUS glaucus. Pourret. ♄ des environs de Narbonne.

17. CISTE hérissé.
CISTUS hirsutus. La M. Dict. n.° 17 ♄ d'Espagne.

18. CISTE de Florence.
CISTUS Florentinus. La M. Dict. n.° 18 ♄ d'Italie.

19. CISTE de Montpellier.
CISTUS Monspeliensis. L. ♄ des parties méridionales de la France, en Espagne & en Italie.

20. CISTE à feuilles de romarin.
CISTUS libanotis L.

B. CISTE

B. Ciste à feuilles de romarin, vertes.
Cistus libanotis virescens.
C. Ciste à feuilles de romarin blanchâtres.
Cistus libanotis candicans. ♄ d'Espagne.
B. Hélianthèmes de Tournefort.

*** *Capsules à trois valves & uniloculaires ou triloculaires.*

Tiges ligneuses, feuilles dépourvues de stipules.

21. Ciste à ombelles.
Cistus umbellatus. L. ♄ d'Espagne.
B. Ciste à ombelles, à tige couchée.
Cistus umbellatus, procumbens. ♄ de Fontainebleau.
C. Ciste à ombelles, à tige droite.
Cistus umbellatus erectus. ♄ des parties méridionales de l'Europe.
22. Ciste ocymoïde.
Cistus ocymoïdes. La M. Dict. n.° 22.
B. Ciste ocymoïde blanchâtre.
Cistus ocymoïdes incanus. ♄ d'Espagne.
23. Ciste à feuilles d'halime.
Cistus halimifolius. L.
B. Ciste à feuilles d'halime, aigues.
Cistus halimifolius, acutus.
C. Ciste à feuilles d'halime, obtuses.
Cistus halimifolius, obtusus. ♄ d'Espagne & d'Italie.
24. Ciste à feuilles de giroflée.
Cistus cheiranthoïdes. La M. Dict. n.° 24. ♄ de Portugal.
25. Ciste à feuilles d'arroche.
Cistus atriplicifolius. La M. Dict. n. 25. ♄ d'Espagne.
26. Ciste à fleurs velues.
Cistus lasianthus. La M. Dict. n. 26.
B. Ciste à fleurs velues & tachées.
Cistus lasianthus maculatus.
C. Ciste à grandes fleurs velues & jaunes.
Cistus lasianthus luteus. ♄ d'Espagne & de Portugal.
27. Ciste à collerette.
Cistus involucratus. La M. Dict. n.° 27. ♄ de Portugal.
28. Ciste à feuilles d'alysse.
Cistus alyssoïdes. La M. Dict. n.° 28.
B. Ciste à feuilles d'alysse, obtuses.
Cistus alyssoïdes, obtusus.
C. Ciste à feuilles d'alysse, aigues.
Cistus alyssoïdes, acutus. ♄ des environs de Narbonne & en Espagne.
29. Ciste à fleurs rose.
Cistus roseus. Jacq. Hort. Vol. 3, t. 65. ♄ d'Espagne.
30. Ciste de montagne.
Cistus œlandicus. L. ♄ des parties méridionales de la France, en Suisse, en Autriche & dans l'Isle d'Œland.
31. Ciste à feuilles de myrthe.
Cistus myrthifolius. La M. Dict. n.° 31.
B. Ciste à feuilles de myrthe, blanchâtres.
Cistus myrthifolius incanus.
Cistus canus. L.
C. Ciste des Alpes, à feuilles de myrthe.
Cistus myrthifolius Alpinus.
D. Ciste à petites feuilles de myrthe.
Cistus myrthifolius minor. ♄ des environs de Rouen.
Cistus marifolius. L. ♄ des parties méridionales de la France, en Espagne, en Italie & en Suisse.
32. Ciste à fleurs pâles.
Cistus Italicus. L. ♄ d'Italie.
33. Ciste Anglois.
Cistus Anglicus. L. ♄ d'Angleterre.
34. Ciste à feuilles de vipérine.
Cistus echioïdes. La M. Dict. n.° 34. ♄ d'Espagne.
35. Ciste à feuilles d'origan.
Cistus origanifolius. La M. Dict. n.° 35. ♄ d'Espagne près du Cap Saint-Vincent.
36. Ciste à feuilles menues.
Cistus fumana. L. ♄ des lieux secs & pierreux de la France.
B. Ciste à feuilles menues, droites.
Cistus fumana elatior. ♄ des côtes de Barbarie.
37. Ciste à feuilles glauques.
Cistus lævipes. L. ♄ des environs de Marseille.
38. Ciste du Brésil.
Cistus Brasiliensis. La M. Dict. n.° 38. ♄ du Brésil, près *Monte-video.*

B. *Tiges herbacées.*

39. Ciste à feuilles de globulaire.
Cistus globularifolius. La M. Dict. n.° 39. ♃ du Portugal.
40. Ciste à feuilles de plantain.
Cistus tuberaria. L. ♃ des parties méridionales de la France, en Espagne & en Italie.
41. Ciste à feuilles de buplèvre.
Cistus buplevrifolius. La M. Dict. n.° 41. D'Espagne.
42. Ciste taché.
Cistus guttatus. L. ☉ des environs de Paris.
Ciste taché à feuilles étroites.
Cistus guttatus angustifolius. ☉ de Provence.
C. Petit Ciste taché.
Cistus guttatus minor. ☉ des environs de Narbonne.
D. Ciste taché à fleurs dorées.
Cistus guttatus aureus. ☉ de Crète.
43. Ciste de Canada.
Cistus Canadensis. L. ♃ de Canada.

Hélianthêmes à tiges ligneuses, feuilles accompagnées de stipules.

44. Ciste écailleux.
Cistus squamatus. L. ♄ d'Espagne.
45. Ciste de Lippi.
Cistus Lippii. L. ♄. ♂ d'Égypte.
46. Ciste des Canaries.
Cistus Canariensis. Jacq. ♄ des Isles Canaries.
47. Ciste de Surrey.
Cistus Surrejanus. L. ♄ de Surrey, Comté de l'Angleterre.
48. Ciste à feuilles de nummulaire.
Cistus nummularifolius. L. ♄ des environs de Montpellier.
49. Ciste hélianthême.
Cistus helianthemum. L.
B. Ciste hélianthême à grandes fleurs.
Cistus helianthemum grandiflorum.
C. Ciste hélianthême à fleurs blanches.
Cistus helianthemum album. ♄ de toutes les parties de la France.
50. Ciste barbu.
Cistus barbatus. La M. Dict. n.° 50. ♄ des parties méridionales de la France.
51. Ciste glutineux.
Cistus glutinosus. L.
B. Ciste glutineux à feuilles de thin.
Cistus glutinosus thymifolius.
Cistus thymifolius. L. ♄ de l'Europe australe.
52. Ciste ferrugineux.
Cistus ferrugineus. La M. Dict. n.° 52. ♄ d'Espagne.
B. Ciste ferrugineux de Crète.
Cistus ferrugineus Creticus. ♄ du Levant.
53. Ciste à grappes.
Cistus racemosus. L. ♄ d'Espagne.
54. Ciste à feuilles de lavande.
Cistus lavandulæfolius. La M. Dict. n.° 54. ♄ des environs de Marseille & en Espagne.
B. Ciste de Syrie à feuilles de lavande.
Cistus lavandulæfolius Syriacus. ♄ de Syrie.
55. Ciste hispide.
Cistus hispidus. La M. Dict. n.° 55.
B. Ciste hispide à feuilles étroites.
Cistus hispidus angustifolius.
C. Ciste hispide à feuilles larges.
Cistus hispidus latifolius.
Cistus apenninus. L.
D. Ciste hispide à feuilles vertes.
Cistus hispidus viridifolius. ♄ des parties méridionales de la France, d'Italie & d'Espagne.
56. Ciste à feuilles de polium.
Cistus polifolius. L. ♄ des environs de Rouen & du Mont-d'or, en Auvergne & en Angleterre.
57. Ciste luisant.
Cistus splendens. La M. Dict. n.° 57. ♄ de France & d'Allemagne.

Hélianthêmes à tiges herbacées, feuilles accompagnées de stipules.

58. Ciste à feuilles de lédon.
Cistus ledifolius. L. ⊙ des parties méridionales de la France.
B. Ciste à feuilles de lédon, rameux.
Cistus ledifolius ramosior.
Cistus niloticus. L. ⊙ du Levant.
59. Ciste à feuilles de saule.
Cistus salicifolius. L. ⊙ des Départemens méridionaux de la France, d'Espagne & de Portugal.
60. Ciste d'Egypte.
Cistus Ægyptiacus. L. ⊙ d'Egypte.

Description du Port des Espèces.

Dans les genres très-étendus, le port des espèces est à-peu-près le même, & leur caractère spécifique ne consiste, pour l'ordinaire, que dans de foibles différences dans la forme de leurs parties, dans leurs dimensions & leur couleur. On ne peut donc alors, sans employer de très-longues descriptions, faire connoître les caractères distinctifs de ces espèces. Mais ces sortes de descriptions appartiennent plutôt à la Botanique qu'à l'Agriculture; & se trouvant consignées avec étendue dans le Dictionnaire de M. Lamark, nous y renvoyons le Lecteur, & nous nous contenterons d'indiquer ici les différences de port qui se rencontrent entre les principaux grouppes des espèces qui composent ce genre.

Les racines de toutes les espèces de Cistes ligneux sont traçantes, dures, recouvertes d'une écorce mince, le plus ordinairement de couleur brune. Elles sont garnies d'un chevelu long & délié, qui se desséche très-promptement à l'air. Du collet de leurs racines, elles poussent des tiges qui prennent différentes directions & s'élèvent à différentes hauteurs.

Dans presque toute la division des Cistes proprement dits, les tiges sont verticales, garnies de branches depuis le bas jusqu'en haut. Ces branches sont longues, & pendantes par le bas, & diminuent de longueur, à mesure qu'elles approchent du sommet de la tige. Cette disposition donne une figure pyramidale plus ou moins arrondie à ces arbrisseaux, dont les plus élevés n'ont guères que six pieds de haut.

Les tiges des Hélianthêmes sont couchées sur terre; le plus ordinairement elles partent plusieurs ensemble du même point de la racine, & s'étendent, à la circonférence, dans un diamètre qui varie depuis six pouces jusqu'à dix-huit, & quelquefois jusqu'à vingt-quatre, suivant les espèces. Ces arbustes forment de petits buissons demi-sphériques, touffus, & toujours verds. Les tiges des Cistes herbacés sont droites, grêles, garnies d'un petit nombre de branches, dont les plus hautes ne s'élèvent pas à plus de douze ou quinze pouces.

Les feuilles de toutes les espèces de Cistes sont simples, entières, permanentes dans les espèces ligneuses. Leur forme, ainsi que leur grandeur, varie suivant les espèces; en général, elles sont petites, relativement à la hauteur des arbustes qui les portent; mais elles sont en grand nombre, & forment des masses assez touffues. Dans presque toutes les espèces, ces feuilles sont garnies d'un duvet plus ou moins épais, particulièrement en-dessous, ce qui leur donne une couleur grise, blanchâtre ou rousse.

Les fleurs des Cistes sont, en général, d'une forme agréable; elles sont composées de cinq pétales disposés en rose, au centre desquels se trouvent rassemblées un grand nombre d'étamines jaunes. Ces fleurs durent à-peine une demi-journée; elles s'épanouissent ordinairement vers les dix heures du matin, & leurs pétales tombent sur les cinq heures de l'après-midi. Il est vrai qu'elles sont en grand nombre, & qu'elles se succèdent long-tems les unes aux autres. Elles commencent à paroître dans le mois d'Avril, & la fleuraison n'est effectuée qu'au mois de Septembre; mais c'est pendant les mois de Juin & de Juillet que le plus grand nombre des différentes espèces se trouve en fleur. Ces fleurs sont rouges, pourprées ou couleur de rose dans toutes les espèces de la première division des Cistes proprement dits. Dans la seconde, elles sont toutes d'un beau blanc; &, dans quelques variétés, elles ont de larges taches pourprées à la base & dans l'intérieur de leurs pétales. Les fleurs de la deuxième division, ou des Helianthêmes, sont de différentes couleurs; dans la plus grande partie des espèces, elles sont d'un beau jaune d'or; dans d'autres, elles sont blanches, &, dans quelques-unes, couleur de rose. En général, ces fleurs sont très-apparentes & agréables à l'œil. La manière dont elles sont disposées est inégale, & varie suivant les espèces. Elles sont terminales, solitaires, ou arrangées en ombelles dans les espèces de Cistes proprement dits. Dans les Hélianthêmes, elles forment une espèce de grappe à l'extrémité des branches.

Les fruits, dans les Cistes de la première section, sont des capsules arrondies, divisées en cinq ou dix loges, avec un pareil nombre de valves, qui s'ouvrent de haut en bas, lors de la maturité des graines. Les Hélianthêmes ont pour fruit des capsules à trois valves, qui renferment dans une seule ou dans trois loges distinctes, un très-grand nombre de menues semences. Ces fruits mûrissent pendant l'Eté & une grande partie de l'Automne. Il est à-propos de les cueillir aussi-tôt qu'ils sont mûrs, parce que les valves des capsules s'ouvrant d'elles-mêmes les graines tombent & se perdent. Lorsqu'on les laisse dans leurs capsules, & qu'on les renferme dans des armoire à l'abri du contact de l'air, ces graines conservent, pendant quatre ou cinq ans, leur propriété germinative.

Culture.

Toutes les espèces de Cistes vivaces se conserveroient l'Hiver en pleine terre, dans les Départemens méridionaux de la France, & dans les pays où les gelées sont de courte durée, & ne passent jamais quatre degrés. Elles ne sont pas délicates sur le choix du terrein; elles croissent aisément dans un sol sec & sablonneux, à des expositions découvertes & très-chaudes. C'est, en général, dans de semblables positions qu'elles viennent naturellement. Les espèces annuelles se naturaliseroient, sans culture, dans ces mêmes climats, si l'on prenoit soin de les y semer une première fois. Ces plantes aiment les lieux chauds & les terreins légers, sablonneux, & peu profonds.

Dans le climat de Paris, la culture des Cistes exige différens soins & diverses sortes d'abris; ces soins & ces abris doivent se multiplier, & deviennent encore plus nécessaires dans les pays où le froid est plus considérable, de plus longue durée, & où l'humidité est plus grande.

Ne pouvant décrire en détail, & marquer les différences que les pays & les circonstances doivent mettre dans la culture des Cistes, nous nous contenterons d'indiquer ici celle qui leur convient dans le climat de Paris & des environs. D'après cette base, chacun pourra facilement approprier sa culture à la nature de ces plantes, en raison du climat.

On peut diviser les Cistes vivaces en cinq grouppes différens qui répondent à autant de sortes de cultures qui conviennent à la totalité des espèces ligneuses. Quoique nous ne les ayons pas toutes cultivées; l'affinité du petit nombre d'espèces que nous n'avons pas été à portée d'observer, avec celles que nous cultivons depuis long-tems, & qui viennent des mêmes pays, nous autorise à généraliser cette culture, & à l'étendre à la totalité des espèces connues.

Le premier grouppe est composé des espèces & variétés comprises sous les Nos 13, 21, B.; 30, 31, & 31 B, C., D; 33, 43; 47, 49, 49 B, C, & 56. Ces végétaux se cultivent en pleine terre dans notre climat, & y résistent à des gelées de huit à dix degrés, sans qu'il soit besoin de les couvrir. Cependant, comme on ne peut pas savoir, au commencement d'un Hiver, quelle sera sa durée, ni le degré de froid qu'on éprouvera, il est bon de rassembler, dès la fin de l'Automne, dans le voisinage de ces plantes, des matières sèches, pour les couvrir, si le froid approche du terme indiqué. Les feuilles sèches, le fumier court & bien sec, & sur-tout les fannes de fougères sont très-propres à cet usage.

L'essentiel est de garnir avec soin, & d'un lit épais, la terre qui recouvre les racines de ces arbrisseaux, pour qu'elles ne soient pas endommagées par les gelées, & ensuite de couvrir leurs têtes plus légèrement, parce qu'elles craignent moins le froid que les rayons du soleil qui survient ordinairement après les fortes gelées. Dès que les froids sont passés, il convient de découvrir les arbrisseaux, de faire sècher les matières dont on s'est servi pour les garantir du froid, & de les mettre en meule, afin de pouvoir les employer encore au même usage, si le froid recommence. Cette attention est d'autant plus nécessaire, que si on laissoit ces couvertures sur place, pendant toute la durée de l'Hiver, au lieu de produire un bien, elles pourroient, au contraire, occasionner la perte des arbrisseaux qui ne craignent pas moins l'humidité stagnante que le froid.

Toutes ces espèces croissent, de préférence, dans des terreins sablonneux & substantiels, qui tiennent le milieu entre la sécheresse & l'humidité, & dans des positions horizontales. L'espèce, N° 13, ne craint pas l'exposition du Nord; elle y résiste mieux qu'à celle du midi; seulement elle y fleurit moins abondamment.

Le deuxième groupe comprend les espèces & variétés N°s 7, 8, 10, 10 B, 11, 11 B, 21, 21 C, 22, 22 B, 28, 28 B, 28 C, 29, 32, 35, 36, 40, 48, 50, 51, 51 B, 55, 55 B, 55 C, 55 D, & 57. Celles-ci se cultivent aussi en pleine terre, dans notre climat, mais dans un sol plus meuble & plus sec que le groupe des espèces précédentes. L'exposition du midi, & un terrein un peu en pente, sur lequel les eaux séjournent peu de tems, est la situation qui doit être préférée pour ces arbustes. Dans les froids qui approchent de quatre degrés, il est bon de les couvrir avec les mêmes soins que nous avons recommandés pour les espèces du premier groupe, & de les découvrir chaque fois que le tems devient plus doux. Indépendamment de ces précautions, il est utile de butter le pied de ces arbrisseaux à la fin de l'Automne, soit avec de la tannée ou de la sciure de bois, soit avec d'autres substances sèches qui écartent l'humidité. Au Printems, on enlèvera ces matières, & l'on pratiquera, au pied de chaque arbuste, de petits augets pour arrêter les eaux nécessaires à leurs arrosemens pendant toute la belle saison.

Les espèces N°s 1, 6, 12, 16, 17, 19, 20, 20 B, 20 C, 23, 23 B, 23 C, 24, 25, 26, 26 B, 26 C, 34, 52, 53 & 54, qui forment le troisième groupe, peuvent aussi se cultiver en pleine terre dans notre climat, mais avec des précautions particulières. La terre, qui convient le mieux à ces espèces, est une terre meuble, légère, substantielle & sablonneuse, telle, par exemple, que celle qui seroit composée d'une partie de terre franche, d'une partie de terreau de bruyere, & de deux parties de terre noire de potager, bien mélangées les unes avec les autres, dont on formeroit ensuite un lit de dix-huit pouces d'épaisseur, sur une surface plus ou moins grande.

L'exposition du midi doit être préférée à toute autre; & l'abri d'une muraille, qui garantira la plantation des vents du Nord, en assurera la conservation & la réussite.

Aussi-tôt que les premiers froids commencent à se faire sentir, il faut empailler soigneusement ces arbrisseaux, & les couvrir davantage à mesure que le froid augmente.

Quelques Cultivateurs préfèrent aux couvertures ordinaires de paille, de fougère ou de feuilles sèches, des chassis de bois à hauts bords, qu'on place, dès la fin de l'Automne, sur les plates-bandes qui contiennent ces arbustes. A cet effet, ils disposent leurs plantations sur deux lignes parallèles, à deux pieds de distance l'une de l'autre. La première ligne est composée des espèces les plus élevées; & la seconde, des plus petites. Les individus du premier rang sont espacés à deux pieds les uns des autres; ceux de la seconde ligne sont plantés à dix-huit pouces de distance entre eux. Si-tôt que les pluies froides, & les neiges d'Automne commencent à tomber, ils placent les caisses de chassis sur leurs plantations, à un pied de distance de chaque ligne, ce qui, comme on le voit, nécessite des caisses de quatre pieds de large.

Ces chassis ont ordinairement trois pieds de haut sur le derrière, & un pied sur le devant; ils sont fabriqués en bois de bateau, d'une forte épaisseur, & couverts de panneaux de vitres qui se lèvent à volonté. Tant qu'il ne s'agit que de défendre la plantation des pluies froides, des frimats, des gelées blanches, & même des gelées de deux ou trois degrés, les panneaux de vitres placés sur les caisses, sont suffisans. Mais lorsqu'il vient des froids qui passent quatre degrés, il est bon de couvrir les panneaux avec de la litière & des paillassons.

Il convient même, lorsque le froid devient plus considérable, de former tout-au-tour de la caisse un cordon de litière d'un pied de large, de quelques pouces plus élevé que les parois extérieurs de la caisse du chassis, & d'augmenter la couche de couverture qui recouvre les panneaux de verre. Enfin, le froid approche-t-il de dix degrés? il faut alors, indépendamment des attentions que nous venons de recommander, étendre sur toute la surface de la terre de l'intérieur du chassis, une couche de feuilles bien sèches, de huit ou dix pouces d'épaisseur, & la fouler avec soin dans toutes ses parties. Au moyen de ces précautions, on parvient à écarter de sa plantation toute atteinte du froid.

Mais, pour prévenir celle de l'humidité, qui n'est pas moins à craindre pour ces arbrisseaux, il est indispensable de les tenir à l'air libre, en enlevant les panneaux de verre, toutes les fois qu'il ne gèle pas, & que l'air est sec. Au Printems, on enlève les chassis & toutes les matières qui ont servi de couvertures, & on laisse à l'air libre les arbrisseaux, qui n'ont besoin alors que d'être arrosés de tems-en-tems dans les fortes chaleurs de l'Eté.

Le quatrième groupe, composé des espèces & variétés N.os 2, 2 B, 3, 4, 5, 14, 15, 15 B, 18, 27, 36 B, 37, 39, 41, 44 & 52 B, se cultive dans des pots qu'on rentre, pendant l'Hiver, dans les Orangeries. La terre destinée aux plantes de cette division, doit être préparée comme celle des Orangers, mais rendue plus meuble & plus légère par l'addition d'environ un quart de terreau de bruyère bien consommé. Les pots qui les renferment doivent être proportionnés à l'âge & à la force des individus; il y auroit moins de danger à les tenir dans un vase étroit que dans des vases trop grands, parce que les racines de ces plantes, souffrant aisément d'être resserrées, craignent beaucoup l'humidité stagnante, qui se conserve plus long-tems dans un grand que dans un petit vase. Pendant l'Eté, ces arbustes se plaisent de préférence à l'exposition du midi; on les enterre, avec leurs pots, sur de vieilles couches ou dans des plates-bandes. A l'approche des gelées, ils doivent être rentrés dans l'orangerie; les plus petits sont placés sur les appuis des croisées, & les plus grands sur des gradins, dans les lieux les plus aërés de la serre. Pendant l'Hiver, ces plantes n'ont besoin que d'être arrosées légèrement & de loin en loin, d'être épluchées & débarrassées avec soin de leurs feuilles mortes. Au Printems, huit ou dix jours après que les Cistes de ce grouppe seront sortis de l'orangerie, il sera nécessaire d'en visiter les pieds, & de mettre dans des pots un peu plus grands tous ceux dont les racines sont trop resserrées dans leurs vases. Il suffit que les vases destinés au rempotage aient environ dix-huit lignes de diamètre & un pouce de profondeur de plus que les premiers. On y place tous les Cistes qui ont besoin d'être changés, sans couper leurs racines, ou du moins en ne les coupant que très-légèrement, & seulement aux individus les plus robustes. La terre dont on doit faire usage, est la même que celle que nous avons indiquée ci-dessus. Quelquefois il arrive qu'on est obligé de répéter cette opération à l'Automne suivant, surtout pour les individus vigoureux qu'on a mis en pleine terre avec leurs pots; alors il est à-propos de s'y prendre environ un mois avant que les plantes soient rentrées dans l'orangerie, afin qu'elles aient le tems de se remettre des fatigues de cette transplantation, & de les placer ensuite à l'exposition du midi, sans les enterrer, jusqu'à ce qu'on les rentre dans les serres.

Les espèces N.os 9, 38, 45, 46 & 54 B, qui composent le cinquième & dernier grouppe des Cistes ligneux, exigent le secours de la serre tempérée, pour se conserver, pendant l'Hiver, dans notre climat. On les cultive, dans des pots, de la même manière, dans la même nature de terre, & avec les mêmes précautions pour leur rempotage, que les espèces du grouppe précédent. L'Eté, elles doivent être placées sur une couche tiède, à l'exposition du midi, ou sur des gradins, à des positions défendues des vents froids & de la trop grande humidité. L'Hiver, ces plantes exigeant beaucoup d'air & de lumière, doivent être placées sur les appuis des croisées, & en face de celles qu'on ouvre le plus ordinairement. Elles exigent des arrosemens plus fréquens que les espèces précédentes, parce que, d'une part, elles sont presque toujours en végétation, & que, d'une autre, le lieu dans lequel elles sont placées étant plus aëré & plus chaud, la déperdition de l'humidité est plus abondante. Au reste, leur culture se réduit à les débarrasser des feuilles mortes, & à les ôter à mesure qu'elles se dessèchent; à donner, de tems à autre, de petits binages à la terre des pots qui les renferment, lorsqu'elle se durcit, & à laver les feuilles, quand elles sont salies par la poussière.

Observations.

En assignant à chaque espèce de Cistes ligneux la culture qu'exige sa conservation dans notre climat, nous n'avons pris pour base que les années ordinaires; il seroit très-possible que les précautions & les soins que nous avons indiqués fussent insuffisans, lorsque les Hivers sont longs, humides & très-froids; c'est pourquoi nous invitons les Cultivateurs à conserver toujours, & à cultiver dans des pots, suivant le procédé décrit pour les espèces d'orangerie, quelques individus des espèces qui composent les trois premiers grouppes.

D'ailleurs, ces arbustes n'étant pas d'une longue vie, sur-tout ceux qui sont de la plus petite stature, tels que les Cistes des N.os 36, 45, 46, 51, &c., qui ne vivent pas plus de trois ou quatre ans; il est bon de les renouveller de tems en tems, au moyen de leurs semences, pour s'assurer la conservation des espèces.

Les Cistes annuels compris sous les N.os 42 & 42 B, 58, 58 B, 59 & 60, n'exigent, pour leur conservation, d'autres soins que d'être semés au Printems dans des pots, sur une couche chaude, à l'air libre; d'être mis ensuite en pleine terre, dans les écoles de botanique, lorsque le plant est arrivé à la hauteur de deux ou trois pouces; d'être arrosés de tems-en-tems pendant les grandes chaleurs; d'être surveillés, pour en ramasser les graines à-fur & à-mesure qu'elles mûrissent; &, lorsqu'elles sont recueillies, d'être conservées dans des lieux secs, jusqu'au Printems suivant.

Multiplication.

Tous les Cistes se multiplient par leurs semences; mais, indépendamment de cette voie de multiplication, les espèces ligneuses ont, de plus que les espèces herbacées & annuelles, l'avantage de pouvoir se reproduire par le moyen des marcottes & des boutures.

Les semis se font à la fin de Mars, & de deux manières différentes. La première en pleine terre, & la seconde dans des vases, sur des couches chaudes. Les semis en pleine terre se pratiquent sur des plates-bandes de terre meuble, bien divisée par un labour à la bèche, & de nature sablonneuse. On les établit à l'exposition du midi, & au pied d'un mur, s'il est possible. Lorsque le terrein destiné aux semis a été bien égalisé avec un rateau fin, & bordé sur les côtés, on y répand les graines le plus également qu'il est possible; mais auparavant il est bon de les faire sortir de leurs capsules, de les en séparer ensuite, en les passant à un crible fin, & de les vanner pour en extraire la poussière & les grains avortés. Ces graines, ainsi préparées, doivent être semées fort clair, & de manière qu'il ne se trouve pas plus de cinq ou six graines dans une surface d'un pouce quarré. On les recouvre de l'épaisseur de deux ou trois lignes seulement, avec un mélange composé, par égales parties, de la terre du sol & de terreau de bruyère, passé au crible, pour qu'il n'y reste ni pierres, ni autres corps étrangers. On les arrose ensuite avec un arrosoir à pomme fine, pour affermir la terre sur les graines; & comme les arrosemens doivent être répétés matin & soir, toutes les fois qu'il ne tombera pas d'eau dans la journée, & jusqu'à ce que les semences commencent à lever, il est inutile d'employer d'autres moyens pour contenir les graines aux places où elles auront été semées. Lorsque les germes commencent à sortir de terre, il faut diminuer les arrosemens, & les rendre moins copieux, sur-tout si l'on s'apperçoit que les germes soient un peu jaunâtres. Il faudroit même les supprimer pendant quelques jours, si le jeune plant devenoit jaune; ce qui annonceroit une maladie qui le feroit périr, si l'on continuoit de l'arroser.

Les graines des espèces annuelles lèvent ordinairement dans l'espace d'un mois, celles des espèces ligneuses sont plus tardives, il leur faut six semaines & quelquefois deux mois, avant de sortir de terre. Il arrive même que lorsqu'elles sont trop enterrées, ou qu'elles n'ont pas le degré d'humidité convenable, elles restent en terre une année entière & n'en sortent qu'au Printems suivant.

Lorsque le jeune plant des Cistes vivaces & ligneux est arrivé à la hauteur d'environ trois pouces, on peut le repiquer. Mais les espèces annuelles se sèment ordinairement en place, dans les Ecoles de Botanique, ou dans des pots sur couche, parce qu'elles ne souffrent point d'être repiquées; s'il est besoin de les changer de place, il faut les lever avec leur motte. Cette sorte de semis, en pleine terre, est rarement pratiquée dans les environs de Paris, ce n'est seulement que pour la multiplication des espèces les plus communes & les moins délicates, telles que celles des n.ºs 6, 8, 10, 11, 29, 30, 31, 49 & 56. Elle peut avoir son avantage dans les pays plus méridionaux; mais ici on préfère les semis en pots ou en terrines & sur couche.

Les semis en pots se font au Printems dès la mi-Mars, soit dans des vases de terre soit dans des caisses à semences, suivant qu'on a une plus ou moins grande quantité de graines à semer, ou qu'on desire multiplier plus ou moins abondamment ces végétaux. La terre dont on se sert pour remplir les vases, disposée d'ailleurs comme celle des Orangers, doit être plus fine, & plus sablonneuse. Lorsque les graines ont été préparées comme nous l'avons dit ci-dessus, pour les semis de pleine-terre, on les répand plus dru que ces dernières, & on les recouvre d'une moindre épaisseur de terre, mais de la même nature que celle des vases. Ces semis doivent être placés, immédiatement après qu'ils sont faits, sur une couche chaude de forte épaisseur, ensuite arrosés très-fréquemment jusqu'à leur germination, & cultivés comme les semis de pleine terre. Ceux-ci lèvent dans l'espace d'un mois, & si le Printems & le commencement de l'Été sont chauds, le jeune plant est assez fort pour être repiqué vers le milieu du mois de Juillet.

Le repiquage des Cistes ligneux se fait en pleine terre ou dans des pots. Le premier n'a lieu, dans notre Département, que pour les espèces qui croissent naturellement dans notre climat, ou qui viennent des pays plus septentrionaux. Le second est pratiqué pour toutes les espèces originaires de climats plus méridionaux que le nôtre. Ces deux procédés offrent quelques différences qu'il est bon d'indiquer. Les repiquages en pleine terre des Cistes proprement dits, & qui forment des sous-arbrisseaux plus ou moins élevés, se font dans des plates-bandes au pied d'un mur, à l'exposition du midi. Ceux des hélianthèmes de Tournefort, se font dans des planches en plein air. Il est bon de choisir, tant pour les uns que pour les autres, le moment où la terre a été abreuvée par de fortes pluies, & où l'atmosphère est chargée de vapeurs humides. On lève le jeune plant avec toutes ses racines, & on fait tomber toute la terre, après quoi on ébarbe l'extrémité du chevelu avec la serpette; ensuite on trace des lignes au cordeau à un pied ou quinze pouces de distance, sur un terrein nouvellement labouré & engraissé par un terreau de couche, & l'on y plante le jeune plant au plantoir, en échiquier, & à la même distance qu'ont les lignes entre elles. Après quoi on donne une bonne mouillure à la terre pour l'affermir autour des racines. S'il survient pendant les huit ou dix jours qui suivent celui du repiquage, des coups de Soleil un peu forts, il est bon d'en garantir les jeunes plants par des paillassons ou des nattes. Leur culture, pendant les deux premières années, se réduit à quelques arrosemens, dans les grandes chaleurs, à de légers binages, pour faire périr les mauvaises herbes, & enfin à les couvrir pendant les froids & à les découvrir lorsqu'il fait doux; passé ce temps, ils peuvent être levés en mottes & mis en place à leur destination.

Les repiquages en pots peuvent se faire avec des plants plus jeunes & moins forts que ceux de pleine terre, mais leurs racines doivent être préparées de la même manière. Les pots les plus propres à la réussite de ces jeunes plantes, sont ceux à basilic, dont le fond soit percé dans le milieu. On se sert pour cette plantation, d'une terre semblable à celle qui a servi au semis des graines, mais seulement un peu plus forte par l'addition d'environ un huitième de terre franche. Au moment de l'effectuer, on met au fond du pot deux à trois doigts de cette terre, sur laquelle on arrange les racines de l'individu qu'on veut y planter, on le tient avec les deux doigts de la main gauche, suspendu au milieu du vase, que l'on achève de remplir jusqu'au bord, avec la main droite, en observant de n'enterrer les racines que d'une ligne environ au-dessus du collet.

Lorsque la plantation est faite, on place les pots dans le terreau d'une couche tiède, & on garantit, avec des paillassons, les jeunes plantes, du soleil, jusqu'à ce qu'elles commencent à pousser. Le premier arrosement qu'on leur donne au moment où elles viennent d'être plantées, doit être assez fort pour pénétrer toute la terre du vase, & la consolider autour des racines; mais ceux qu'on est dans le cas de leur administrer ensuite, ne doivent être que de légers bassinages pour entretenir la surface de la terre humide & l'empêcher de se dessécher.

Le plant des espèces communes peut être traité moins délicatement; il suffira de placer les pots qui le contiennent dans une plate-bande, défendue du Soleil du midi par un mur ou par une haie, & de l'arroser suivant le besoin, jusqu'à ce qu'il soit repris. A cette époque, ils doivent tous également être exposés au Soleil, & y rester jusqu'à l'approche des froids. Alors on les couvrira d'un chassis pour les défendre des petites gelées, & à mesure que le froid augmentera, on redoublera les paillassons & les couvertures.

Les Cistes cultivés de cette manière reprennent plus sûrement, croissent plus vîte & fleurissent plutôt que ceux qui sont repiqués en pleine terre. Plusieurs espèces fleurissent dès la seconde année, d'autres la troisième, & les plus tardives ne passent pas la cinquième année, sans commencer à produire des semences fertiles.

La multiplication des Cistes, par le moyen des marcottes, est peu usitée & ne s'emploie qu'à défaut de graines. Elle réussit difficilement, parce que l'écorce de ces arbres étant extrêmement mince, & de nature sèche, il est rare qu'il en sorte des racines. Les marcottes se font au Printems avec des branches vigoureuses de l'avant dernière sève; il n'est pas nécessaire de les inciser, on les courbe tout simplement, soit dans des pots à marcottes, soit en pleine terre, & lorsqu'elles sont suffisamment pourvues de racines, on les sépare & on les traite comme les jeunes plants.

Les boutures de Cistes reprennent encore plus rarement. On les fait en pleine terre ou dans des pots, depuis le commencement du Printems jusqu'au milieu de l'Eté. Les jeunes pousses de la dernière sève doivent être préférées pour cette voie de multiplication. Celles qui sont dans des pots placés sur une couche tiède, & que l'on couvre de cloches, réussissent un peu moins mal. Cependant les individus que l'on obtient de cette manière, ne végètent pas aussi vigoureusement que ceux qui sont provenus de graines, & ne vivent pas aussi long-tems, tout cela joint à la facilité de se procurer des semences, fait négliger ce moyen de multiplication.

Les Cistes ligneux n'exigent aucune taille particulière; on se contente de supprimer les branches du bas des tiges qui deviennent languissantes ou qui meurent. On fait aussi cette suppression, lorsque l'on veut avoir des arbrisseaux à tige, ou lorsque leur tête devenant trop volumineuse relativement à la foiblesse de la tige, il est à craindre que les branches ne se rompent. On peut cependant couper après la maturité des graines, leurs supports, qui se désséchant & restant sur les pieds pendant plusieurs mois, produisent un effet désagréable à l'œil. Mais ces menus soins sont trop bien sentis par les Cultivateurs, pour qu'il soit besoin d'entrer dans de plus longs détails à cet égard. On observera seulement qu'il ne faut pas faire usage de la serpette sans nécessité, parce qu'en général ces arbrisseaux la redoutent, & que d'ailleurs la nature leur a donné un port assez agréable pour ne pas le leur conserver.

Usage. Tous les Cistes ligneux peuvent entrer dans la décoration des Jardins d'agrément, leur verdure perpétuelle, l'abondance & l'éclat de leurs fleurs doivent les y faire rechercher. Mais c'est principalement dans les Jardins paysagistes que les espèces qui croissent en pleine terre, dans notre climat, peuvent figurer avec avantage. Elles sont très-propres à former des masses sur des pentes roides à l'exposition la plus chaude, & dans des lieux où les autres végétaux ne pourroient subsister. La division des hélianthêmes sur-tout est plus propre à cet usage que les autres, & lorsqu'on a soin de distribuer avec intelligence & de mêler les espèces à fleurs jaunes avec celles qui produisent des fleurs blanches & couleur de rose, on obtient un tapis émaillé de ces différentes couleurs, qui produit un très-bon effet. Les espèces plus élevées, & qui forment la division des Cistes proprement dits, figurent avantageusement soit en pleine terre, garanties par des abris naturels ou artificiels, soit isolées ou en masse dans des plates-bandes, parmi des arbrisseaux étrangers, & sur la lisière des bosquets, au second rang. Les plus délicates qu'on cultive dans des vases, jettent de la variété dans les serres pendant l'Hiver, & l'Eté, l'éclat de leurs fleurs, dont quelques-unes ont la grandeur de celles de la rose, & sont maculées de taches d'un pourpre foncé, produisent un bel effet dans les jardins de plantes rares & curieuses.

Quant aux usages économiques, le genre des Cistes fournit plusieurs plantes médicinales, regardées comme de bons vulnéraires. Quelques espèces donnent, dans les Isles de l'Archipel, une gomme résine nommée *Ladanum* ou *Labdanum*. Cette substance s'emploie quelquefois à l'intérieur comme nervine, fortifiante & céphalique. On en fait un usage plus fréquent à l'extérieur, dans les emplâtres toniques, nervins & céphaliques; elle entre comme principal ingrédient dans la fameuse emplâtre contre les Hernies, du Prieur de Camberseres.

Les espèces, qui fournissent le *Ladanum*, plus ou moins abondamment, sont celles des n.ºs 2, 13, 14, 15, 16. Bellonius qui a vu ramasser le Ladanum dans le Levant, sur l'espèce n.° 2, dit que les Grecs font usage d'un instrument en forme de rateau sans dents, qu'ils nomment *Ergastiri*, auquel sont attachées plusieurs bandes de cuir crud, & non tanné, qu'ils passent doucement sur les buissons qui produisent le Ladanum; cette substance gluante s'attache à ces lanières, & ils l'enlèvent ensuite, en les ratissant avec des couteaux; comme cette opération se fait pendant la plus grande chaleur, & que les personnes qui y sont employées, sont obligées de rester sur les montagnes des jours entiers pendant la canicule; les Moines grecs sont les seuls qui osent entreprendre ce rude travail. Tournefort dit aussi, dans son voyage au Levant, que les arbrisseaux, qui produisent le ladanum, croissent sur les collines sèches & sablonneuses, & qu'il a vu plusieurs paysans en chemise & en caleçon, fouettant les arbrisseaux avec des lanières, au moyen desquelles ils ramassoient sur les feuilles une espèce de baume odoriférant & gluant, qu'il croit être la sève de la plante qui transsude à travers ses pores en gouttes luisantes & aussi claires que la térébenthine. Lorsque les fouets sont assez chargés de cette substance, ils l'enlèvent en ratissant exactement les lanières avec un couteau, & ils en forment des gateaux de différentes grosseurs. Ce sont ces masses ainsi apprêtées, qui entrent dans le commerce sous le nom de *Labdanum*. Un homme qui travaille assidûment, peut en ramasser par jour, trois livres deux onces & même davantage, & la livre se vend sur les lieux, à raison d'un écu.

On pourroit établir des cultures de Cistes ladanifères dans les Départemens méridionaux de la France, particulièrement aux environs de Marseille & de Toulon, sur les collines presque nues, & qui ne peuvent être employées à la culture des oliviers. Ces cultures, en mettant à profit un terrein de peu de valeur, fourniroient du travail à des bras trop foibles pour des travaux plus pénibles, & feroient rester dans le Royaume les sommes qui passent à l'étranger, pour l'acquisition de cette utile substance. (*M. Thouin*).

CISTES (les) *Cisti*. Les opinions des Botanistes sont partagées sur le nombre des genres de plantes qui doivent composer cette famille. M de la Marck paroît l'étendre beaucoup; M. de Jussieu, au contraire, le restreint à deux seulement, & place dans la famille des MILLEPERTUIS & des GUTTIERS les autres genres rangés, par M. de la Marck, dans la famille des CISTES. De cette différence d'opinions, il résulte que les caractères qui constituent ce grouppe de végétaux, ne sont pas encore bien circonscrits, & qu'il est possible de le diviser en trois sections distinctes auxquelles on peut donner le nom de famille, sans inconvénient. Ce parti, qui, en divisant les genres, donne plus de facilité pour les connoître, offre encore un autre avantage; il rapproche de plus près les plantes qui exigent à-peu-près la même culture; ce qui nous détermine à l'adopter.

Ainsi, nous ne placerons dans cette famille que le genre du *Ciste* & celui de l'*Helianthême*, qui n'en peut être séparé; & nous renvoyons aux mots MILLEPERTUIS & GUTTIERS, pour traiter les autres genres indiqués par M. de la Marck, dans sa famille des Cistes. Les végétaux qui composent cette famille, sont presque tous originaires des parties les plus méridionales de l'Europe; on en rencontre seulement quelques-uns dans les climats tempérés de l'Afrique & de l'Asie. Parmi tous ces végétaux, il ne se trouve aucun arbre; ce sont des sous-arbrisseaux, des arbustes & des plantes annuelles. Les espèces ligneuses conservent leurs feuilles toute l'année; leur verdure est ordinairement cendrée ou blanche, rarement d'un verd gai. Les fleurs de ces arbustes ont la forme d'une rose simple; elles sont blanches, couleur de chair, quelquefois rouges; &, dans certaines espèces, elles sont maculées de taches couleur de pourpre. En général, ces fleurs ont de l'apparence, & sont très-agréables; mais elles durent à-peine une demi-journée.

Les

Les plantes de cette famille exigent un climat chaud & un terrein léger, maigre & de nature sèche. Dans les parties septentrionales de l'Europe, on les cultive dans des vases, & on leur fait passer les Hivers dans l'Orangerie. Elles se multiplient abondamment de semences, quelquefois de marcottes, mais rarement de boutures. Les Cistes sont recherchés dans les jardins d'agrément, & il s'en trouve un assez grand nombre d'espèces dans les écoles de Botanique de l'Europe. (*M. Thouin.*)

CISSUDON. Nom que l'on donne à un petit instrument dont on se sert, à Brignole, en Provence, pour sarcler les bleds. Je n'ai pu savoir comment est fait cet instrument. (*M. l'Abbé Tessier.*)

CITADELLE. Tulipe pourpre, gris de lin & blanc. *Traité des Tulipes, par P. Morin.*

C'est une des nombreuses variétés du *Tulipa Gesneriana. L. V.* Tulipe des Jardins. (*M. Reynier.*)

CITRON, fruit du Citronnier, *Citrus medica, L. Voyez* l'article Oranger. (*M. Thouin.*)

CITRON DES CARMES. Poirier dont le fruit est de moyenne grosseur, en forme de toupie, porté par une queue longue & bien nourrie. La peau est verte, jaunâtre dans la maturité, quelquefois un peu rousse du côté du soleil; la chair est blanche, fine, très-fondante; mais elle mollit très-vîte, mûrit en Juillet. On la nomme aussi *Magdelène.*

La Quintinie donne aussi le nom de Citron à une poire d'Hiver, qu'il dit être dure, pierreuse, mais pleine d'une eau parfumée. Il lui donne ce nom, dit-il, parce qu'elle ressemble à un Citron.

Ce sont des variétés du *Pyrus communis. L. Voyez* Poirier, dans le Dictionnaire des Arbres & Arbustes. (*M. Reynier.*)

CITRONELLE. On donne ce nom, dans beaucoup de jardins, à la *Melissa officinalis. L. Voyez* Melisse officinale.

On donne aussi ce nom à l'espèce d'Armoise nommée *Artemisia abrotanum. L. Voyez* Armoise citronelle.

Dans le pays de Vaud, on donne ce nom au *Phyladelphus coronarius. L.*, à cause de l'odeur de ses fleurs. *Voyez* Seringat.

D'autres personnes enfin donnent ce nom au *Thymus vulgaris, L. Voyez* Thym vulgaire.

Il paroît, en général, que chacun, au gré de son caprice, a donné le nom de Citronelle aux plantes qu'il jugeoit avoir une odeur analogue à celle du Citron. (*M. Reynier.*)

CITRONNIER. Arbre qui porte les Citrons; il y en a un grand nombre de variétés, toutes comprises sous la dénomination de *Citrus medica, L. Voyez* l'article Oranger. (*M. Thouin.*)

CITRONNIERS (les) *Citri.* Cette famille, à laquelle on donne aussi le nom de famille des Orangers, parce que ces arbres font partie du genre du Citronnier, qui a donné son nom à ce grouppe, n'est composée que de végétaux ligneux, tous étrangers à l'Europe. Ce sont des arbrisseaux, &, pour la plupart, de grands arbres qui ne croissent que dans les climats les plus chauds. En général, leur port a de la majesté; tantôt ils forment des masses arrondies, touffues & presque sphériques; tantôt leur cîme est pyramidale & légère; leur verdure perpétuelle, souvent foncée & luisante, est un fond qui fait valoir davantage les fleurs blanches dont ces arbres se couvrent pour l'ordinaire. Quoiqu'elles ne soient pas grandes, leur quantité, & sur-tout l'odeur suave que beaucoup d'entr'elles répandent au loin, les rendent très-intéressantes. A ces qualités déjà très-recommandables, ils réunissent plusieurs autres avantages encore plus précieux. Les fruits de quelques espèces sont d'une grosseur considérable, d'une belle forme & d'une saveur excellente. Ils servent de rafraîchissement, & presque de nourriture aux habitans des lieux où ils croissent. C'est un véritable présent que la nature a fait aux hommes qui habitent les climats brûlans de la Zône Torride. Ces arbres, soit par les abris qu'ils leur offrent contre l'ardeur excessive du soleil, soit par le suc acide & rafraîchissant de leurs fruits, soit enfin par l'odeur suave dont leurs fleurs parfument l'atmosphère, sont infiniment précieux, & méritent toute leur reconnoissance. Les bois de plusieurs de ces arbres servent aux constructions navales & civiles; quelques-uns à faire des meubles précieux, & d'autres aux usages les plus journaliers.

On ne peut cultiver ces végétaux, dans la plus grande partie de l'Europe, que dans des serres de différentes espèces. Ils se multiplient assez aisément de marcottes, quelquefois de boutures & de graines, lorsqu'elles sont fraîches, & qu'elles sont semées peu de tems après leur maturité; car elles vieillissent très-promptement, & perdent, dans une année, leurs propriétés germinatives. Comme M. de la Marck réunit dans cette famille les genres dont M. de Jussieu compose sa famille des Azedarachs, & que cette dernière n'est pas distinguée par M. de la Mark, nous suivrons la méthode de M. de Jussieu, qui nous paroît réunir plusieurs avantages.

Famille des Orangers ou Citronniers.

Le Ximen,	*Ximenia.*
L'Heister,	*Heisteria.*
Le Fissilier,	*Fissilia.* Commers.
Le Chalcas,	*Chalcas.*
Le Bergie,	*Bergera.*
Le Murrai,	*Murraya.*
Le Vampi,	*Cookia.*
L'Oranger,	*Citrus.*
Le Limonellier,	*Limonia.*
Le Ternstrome,	*Ternstromia.* Mut.

Le TONABO,	*TONABEA.* Aubl.
Le THÉ,	*THEA.*
Le CAMELLI,	*CAMELLIA.*

Famille des Azedarachs.

Le VINTER,	*WINTERANIA.*
SYMPHONE,	*SYMPHONIA.*
TINUS,	*TINUS.*
GERUME,	*GERUMA.* Forsk.
AITONE,	*AYTONIA.*
QUIVI,	*QUIVISIA.* Commers.
Le TURRÉ,	*TURRÆA.*
Le TICORE,	*TICOREA.* Aubl.
L'HANTOL,	*SANDORICUM.* Rumph.
PROTTESIE,	*PROTESIA.*
Le TRICHIL,	*TRICHILIA.*
ELCAJA,	*ELCAJA.* Forsk.
Le GUARÉ,	*GAUREA.*
EKEBERG,	*EKEBERGIA.* Sparm.
L'AZEDARACH,	*MELIA.*
AQUILICE,	*AQUILICIA.*
Le MAHOGON,	*SWIETENIA.*
Le CEDREL,	*CEDRELA.*

(*M. THOUIN.*)

CITROUILLE. L'une des sous-variétés du Pepon Polymorphe de M. Duchesne. *Cucurbita Pepo.* B. L. *Voyez* COURGE à lymbe droit. (*M. REYNIER.*)

CITROUILLE *musquée* ou *melonnée.* L'une des variétés de la Courge à lymbe droit de Duchesne, *Cucurbita melopepo*, L. *Voyez* COURGE à lymbe droit. (*M. REYNIER.*)

CITROUILLE des Iroquois, *Cucurbita pepo.* Var. B. L. *Voyez* l'article Courge. (*M. THOUIN.*)

On donne les fruits de cette plante coupés aux vaches. *Voyez* COURGE. (*M. l'Abbé TESSIER.*)

CITRULE, & plus communément Melon d'eau ou Pasteque. *Cucurbita Citrullus*, L. *Voyez* COURGE Pasteque. (*M. THOUIN.*)

CIVADE, ou Sivade, nom que l'on donne, à Brignole en Provence, à une avoine grise. Peut-être est-ce le nom générique de l'avoine dans ce pays. (*M. l'Abbé TESSIER.*)

CIVAYER. Mesure de terre en usage à Mont-Dauphin. Le Civayer contient 25 toises quarrées. (*M. l'Abbé TESSIER.*)

CIVE. Nom que beaucoup de personnes donnent à la Civette, espèce d'ail cultivée pour les usages culinaires. *Voyez* CIVETTE. (*M. REYNIER.*)

CIVETTE. Plante de la famille des Aulx, connue des Naturalistes, sous le nom d'*allium Schœnoprasum*, L. Les Jardiniers en distinguent trois variétés; la petite Civette, la Cive d'Angleterre & la Cive de Portugal, ou grande Cive. Il sera question de cette dernière plante sous un paragraphe différent.

Les deux premières espèces ne diffèrent que par leur volume, la seconde étant plus grande que l'autre : du reste, leurs caractères botaniques & leur forme sont les mêmes. Les tiges & les feuilles se ressemblent; ce sont des pousses fistuleuses, cylindriques, & de la même longueur; elles ne diffèrent que par le paquet de fleurs qui termine les dernières.

Culture.

Les fleurs de la Civette manquant très-souvent, la multiplication par cayeux a prévalu. Au mois de Mars, lorsque les premières feuilles commencent à paroître, on lève les touffes de Civette; on sépare les cayeux qui les composent, & on les replante en paquets de trois ou quatre seulement, que l'on espace de sept à huit pouces.

Les maraichers cultivent la Civette en planches, & la plantent par raies distantes à-peu-près comme les touffes le sont entr'elles. Dans les potagers ordinaires, on se contente d'en mettre des bordures à un ou deux quarrés; de cette manière, elles produisent un effet assez agréable & économisent le terrein.

On doit avoir soin de tondre fréquemment la Civette, même au-delà de la consommation, pour avoir des feuilles nouvelles qui sont plus douces que les anciennes. Aux approches de l'Automne, on tond les touffes ras de terre, & on les couvre de terreau pour l'Hiver; de cette manière, elles se conservent pour le Printems.

On peut en conserver pour cette saison, en se servant du même procédé que j'ai indiqué à l'article Ciboule; savoir, de lever quelques touffes en Automne, & de les planter dans la serre; cette continuation de produit épuise la plante; &, quoiqu'on puisse la replanter au Printems, il vaut mieux n'en pas faire usage. *Voyez* AIL joncoïde, N.° 35.

CIVETTE DE PORTUGAL. Les Jardiniers la regardent comme une variété de la vraie Civette : mais les Naturalistes la considèrent comme une espèce distincte, sous le nom d'*Allium lusitanicum. La Marck. Diction.*

La culture est absolument la même que celle de la Civette ordinaire; elle sert aux mêmes usages. *Voyez* AIL de Portugal, N.° 36. (*M. REYNIER.*)

CIVIERE. Ustensile de jardinage destiné à porter différens objets d'un lieu à un autre.

La Civière est composée de deux manches ou montans d'environ sept pieds de long, arrondis par les deux extrémités, & amincis de manière à pouvoir être empoignés commodément par les deux hommes qui doivent la porter. Ces deux montans sont assujettis entr'eux parallèlement, à la distance de deux pieds & demi, par cinq traverses placées dans le milieu & sur la même ligne, à trois ou quatre pouces de distance les unes des autres. Ces traverses sont plates, & ont ordinairement quatre pouces de large.

On choisit, pour faire les manches, deux morceaux de bois d'à-peu-près trois pouces d'équarrissage, cambrés en portion de cercle ; de manière que le milieu étant posé sur un terrein de niveau, les deux extrémités se trouvent élevées de deux à trois pouces, afin qu'on puisse saisir & transporter plus facilement cet ustensile.

On fait usage de la Civière, au lieu de brouette, lorsque l'inégalité du terrein ne permet pas d'employer celle-ci. Mais on s'en sert plus particulièrement pour transporter du fumier, de la litière, les fagots & le bois destiné au chauffage des serres. (*M. Thouin.*)

CLAIE ou CLAYE, Ustensile de jardinage. Antre destiné à passer ou tamiser grossièrement des terres, pour en séparer les pierres & autres corps étrangers. Les Claies sont en bois ou en fer.

La Claie de bois est un ouvrage de Vannier composé d'un cadre formé de quatre morceaux de bois ronds, d'un pouce & demi de diamètre, sur quatre pieds & demi de long, assemblés par leur extrémité. Le milieu est rempli par des baguettes d'osier, de châtaignier, ou d'autre bois léger & flexible ; elles sont fixées, par les deux bouts, sur le cadre, & arrêtées, de six pouces en six pouces, sur leur longueur, par des tresses d'osier fin qui les assujettissent, & tiennent chaque baguette à la distance de trois lignes jusqu'à six, suivant le degré de finesse qu'on veut donner aux terres. Ces Claies durent peu de tems, & ne laissent pas que de coûter : c'est pourquoi on a imaginé d'en construire en fer.

Les Claies de fer sont, en général, moins grandes que celles de bois ; cela est nécessaire pour qu'elles soient maniables. On leur donne ordinairement quatre pieds de haut, sur trois de large ; leur cadre est fait en bois, & les tringles de fer sont clouées sur les deux montans latéraux, à la distance de trois ou quatre lignes ; deux tresses de fil-de-fer, placées à un pied de distance, les contiennent dans leur milieu, de haut en bas, & sont fortement attachées aux traverses supérieures & inférieures du cadre.

Lorsqu'on se sert des Claies, on les place à quelques pieds de distance du tas de terre qu'on veut cribler. On les incline sur deux fourchettes qui portent sur la traverse supérieure du cadre, par un bout, & par l'autre, qui doit être affilé en pointe, sur la terre, de manière que la Claie soit solidement assujettie. Deux hommes, placés aux deux côtés de cette Claie, & en face du tas de terre, chargent, l'un après l'autre, leur pelle de terre, & la jettent sur le grillage, en l'étendant le plus qu'il est possible. La terre fine passe à travers le grillage, lorsqu'elle n'est pas trop humide, & les pierres tombent au bas. Lorsqu'il y en a une certaine quantité, on les ôte ; on sépare les mottes de terre qui pourroient y être mêlées ; on les écrase, & on les jette une seconde fois sur la Claie ; après quoi on enlève les pierres, pour s'en débarrasser à la première occasion.

Les Claies de fer sont plus coûteuses à établir que les Claies de bois ; mais elles durent infiniment davantage, & épurent la terre beaucoup mieux que les autres ; c'est ce qui leur a fait donner la préférence dans tous les grands jardins (*M. Thouin.*)

CLAIR. On dit d'un semis qu'il est clair-semé, lorsque les jeunes plants sont très-éloignés les uns des autres. Il en est de même des plantations : on dit qu'elles sont claires, lorsque les arbres laissent entr'eux des intervalles trop étendus. (*M. Thouin.*)

CLAIRE-VOIE. Semer en claire-voie, c'est, suivant Liger, semer le moins épais possible. (*M. Reynier.*)

CLAIRE-VOIE. On donne ce nom, en jardinage, à des clôtures faites en échalas qui laissent entr'eux des intervalles. *Voyez* Palis.

Une palissade à Claire-voie, est celle dont les arbrisseaux sont placés à des distances assez grandes pour qu'ils ne se touchent que légèrement, de manière que leur ombrage ne soit pas trop épais, & ne fasse que briser les rayons du soleil, sans les arrêter entièrement.

On pratique de semblables palissades pour protéger la reprise des jeunes plantes, ou pour garantir des rayons du soleil les arbustes délicats qu'on cultive dans des planches de terreau de bruyère. (*M. Thouin.*)

CLAPIER. Terrein clos de murailles, partie couvert, partie découvert, où l'on élève des lapins. *Voyez* Garenne. (*M. l'Abbé Tessier.*)

CLARIERE. Espace vuide qui se trouve au milieu d'un bois. *Voyez* le Dictionnaire des Arbres & Arbustes.

On ménage quelquefois, dans l'épaisseur d'un bois, d'un bosquet, des Clarières au milieu desquelles on établit des masses de fleurs, d'arbrisseaux rares ou agréables, ou même un seul arbre dont le port remarquable offre des beautés. Ces positions sont piquantes, par les surprises qu'elles procurent, & utiles par les abris qu'elles fournissent à des plantes qui craignent l'air trop sec, les rayons directs du soleil & les grands vents ; mais il est important qu'elles ayent une certaine étendue, & qu'on prenne des mesures pour empêcher que les racines des arbres qui les environnent, ne s'emparent exclusivement du terrein qui forme l'espace vuide ; ce qui feroit perdre tout le fruit de cette position. Pour prévenir cet inconvénient, on fait une tranchée de trois pieds de profondeur, qui sépare le terrein de la Clarière de celui qui l'environne, & à une toise ou deux des arbres de la circonférence. En ayant soin de nettoyer ce fossé tous les ans, & de le creuser, s'il en est besoin, on est sûr que les racines ne pénétreront pas dans la masse de terre du milieu, & l'on en tirera tout le parti qu'on a lieu d'en attendre. (*M. Thouin.*)

CLAME. Bailler Clame. *Voyez* BAIL, Pag. 28 du deuxième Volume. (*M. l'Abbé* TESSIER.)

CLANDESTINE, *Lathræa.*

Ce genre de plantes, ainsi nommé à cause que la plus grande partie de sa végétation est sous terre, & semble s'y tenir cachée, fait partie de la famille des PERSONNÉES ou des PÉDICULAIRES, comme la nomme M. de Jussieu. Les espèces, qui composent ce genre, paroissent être vivaces; elles croissent le plus ordinairement dans les lieux ombragés & humides; elles ont très-peu d'apparence, & ne sont cultivées dans aucune sorte de jardin.

Espèces.

1. CLANDESTINE à fleurs droites.

LATHRŒA Clandestina. L. ♃ des marais du Poitou, de l'Italie & autres parties de l'Europe.

2. CLANDESTINE à fleurs pendantes.

LATHRŒA squamaria. L. ♃ des lieux frais & ombragés de l'Europe.

3. CLANDESTINE de Portugal.

LATHRŒA Phelipœa. L. ♃ du Portugal.

4. CLANDESTINE du Levant.

LATHRŒA amblatum. L. ♃ du Levant.

Description.

Les racines de ces plantes sont presque toujours implantées sur des racines d'arbres; elles sont grosses, charnues, viennent en touffes épaisses, & sont couvertes d'écailles qui paroissent tenir lieu de feuilles, & qui sont cachées sous terre. Les fleurs, qui sont assez grandes, blanches, purpurines, violettes ou jaunes, & qui paroissent dans le courant de l'Eté, sont portées sur des tiges qui sortent de terre de quelques pouces, & durent peu de tems. Elles sont remplacées par des capsules ovales, pointues, & qui renferment plusieurs semences rondes dont la maturité s'effectue au commencemnnt de l'Automne.

Culture.

Les Clandestines se plaisent, de préférence, dans les terreins sablonneux, très-humides & à l'ombre; on les rencontre le plus souvent sur des racines d'Aune, de Marceau, & autres arbres aquatiques. Il paroît que ces plantes sont attachées aux lieux qui les ont vu naître, & qu'elles ne souffrent pas la transplantation. Nous avons fait venir, plusieurs années de suite, par la poste, des pieds en motte de la première espèce, des marais du Bas-Poitou, arrangés avec beaucoup de soin. Nous les avons plantés de différentes manières, dans des planches de terreau de bruyère très-humides & à l'ombre, sans pouvoir les faire reprendre. Des graines envoyées immédiatement après leur parfaite maturité, ont été semées dans différens jardins de Paris & à la campagne des environs, dans des lieux à-peu-près semblables à ceux où l'on avoit récolté les graines; on a varié les positions & la culture, jamais elles n'ont levé. Peut-être conviendroit-il, pour obtenir ces plantes dans les jardins, de transporter de jeunes arbres sur les racines desquels il s'en trouveroit d'implantées, & de les placer dans des positions semblables à celles d'où on les auroit tirées. Mais comme ces plantes ont très-peu d'apparence, & qu'elles ne peuvent être propres qu'aux écoles de Botanique, les dépenses de cette culture surpasseroient de beaucoup les avantages qui en résulteroient, & c'est ce qui l'a fait négliger jusqu'à ce jour. (*M. THOUIN.*)

CLASSE dans l'ordre méthodique imaginé pour conduire plus aisément & plus sûrement à la connoissance des végétaux, les Classes, pour l'ordinaire, sont les premières divisions qui séparent la masse générale des plantes, & qui réunissent celles qui ont le plus d'affinité entr'elles. Les CLASSES se divisent elles-mêmes en SECTIONS; celles-ci en FAMILLES, en GENRES, en ESPECES, en VARIÉTÉS, en SOUS-VARIÉTÉS, en RACES & en INDIVIDUS. *Voyez* ces mots.

Comme cet article est purement de Botanique, & qu'il est traité avec étendue dans le Dictionnaire de cette Science, qui fait partie de ce même ouvrage, nous y renverrons le Lecteur, & nous nous contenterons d'indiquer ici les noms des classes adoptées par M. de la Marck.

Classes.

1. Les POLIPÉTALÉES.
2. Les MONOPÉTALÉES.
3. Les COMPOSÉES.
4. Les INCOMPLETTES.
5. Les UNILOBÉES.
6. Les CRYPTOGAMES.

Voyez ces différens noms, sous lesquels seront placés ceux des sections qui les composent, avec les indications générales de la culture qui convient à chacune d'elles. (*M. THOUIN.*)

CLATHRE, *Clathrus.*

Ce genre de plantes, qui fait partie de la famille des CHAMPIGNONS, est composé, dans ce moment, de quatre espèces différentes, lesquelles sont originaires de l'Europe, & croissent sur des végétaux vivants, ou qui se décomposent.

Ces plantes cryptogames & parasites sont des fongosités membraneuses, ordinairement arrondies, creuses, réticulées, & percées à jour de toutes parts.

La durée de ces plantes, plus singulières qu'utiles, ne s'étend pas au-delà de quelques semaines, & elles ne sont intéressantes qu'aux yeux des Naturalistes.

Espèces.

1. CLATHRE grillé.

CLATHRUS cancellatus. L.

B. CLATHRE grillé, jaune.

CLATHRUS cancellatus flavescens. ♃ de Provence, d'Italie & de Saint-Domingue.

2. CLATHRE pourpré.

CLATHRUS denudatus. ♃ de l'Europe Australe, sur les bois pourris.

3. CLATHRE nud.

CLATHRUS nudus. L. ♃ de France & d'Italie, sur les bois pourris.

4. CLATHRE globuleux.

CLATHRUS recutitus. L. ♃ de Suède, sur le tronc des arbres.

Les Clathres étant des plantes parasites, &, pour ainsi dire, éphémères; on sent qu'il est très-difficile de les cultiver dans les jardins. Cependant, comme elles sont originaires de l'Europe, il ne seroit pas impossible de se les procurer dans les Ecoles de Botanique, qui sont les seuls endroits où elles puissent être admises avec utilité. Il ne faudroit que faire venir des pays où elles se trouvent, de forts tronçons des bois pourris, ou des écorces sur lesquelles elles croissent naturellement, & les placer dans des situations semblables à celles où elles se rencontrent. Mais il est plus commode & plus expéditif de faire peindre ou modeler ces plantes dans leurs différens états; lorsque les figures sont faites avec exactitude, elles suffisent pour l'instruction des Elèves en Botanique. (*M. THOUIN.*)

CLAVAIRE, *CLAVARIA.*

Genre de plante de la famille des Champignons, distinguée par son corps simple, ou ramifié en branches, mais sans chapeau distinct. Quelques personnes leur attribuent des graines renfermées entre l'épiderme & la substance de ces plantes; mais le plus grand nombre des Naturalistes nie leur existence.

Espèces.

* *Fungosités simples.*

1. CLAVAIRE en pilon.

CLAVARIA pistillaris. L. dans les bois.

2. CLAVAIRE des insectes. *Journ. de Phys.*

CLAVARIA militaris. L. sur les Chrysalides des insectes.

CLAVAIRE noire.

CLAVARIA ophyoglossoïdes. L. dans les bois marécageux & les tourbières sèches, en Automne.

4. CLAVAIRE phalloïde.

CLAVARIA phalloïdes. Bull. sur les feuilles mortes, en Automne.

5. CLAVAIRE cilindrique.

CLAVARIA cilindrica Bull. sur la terre, en Automne.

6. CLAVAIRE ridée.

CLAVARIA rugosa. Bull. sur les vieux bois tombés à terre dans les forêts.

7. CLAVAIRE filiforme.

CLAVARIA filiformis. Bull. sur les feuilles mortes dans les bois.

LICHEN hypotrichodes. Scop.

8. CLAVAIRE fistuleuse.

CLAVARIA fistulosa. Bull. sur les feuilles mortes dans les bois.

9. CLAVAIRE aculéiforme.

CLAVARIA aculeiformis. Bull. sur les bois morts.

CLAVARIA lutea. La M.

** *Fungosités rameuses.*

10. CLAVAIRE muscoïde. Bull.

CLAVARIA muscoïdes. L. dans les bois, parmi la mousse.

11. CLAVAIRE tronquée.

CLAVARIA fastigiata. L. dans les lieux herbeux & découverts.

12. CLAVAIRE coralloïde.

CLAVARIA coralloïdes. L. dans les bois.

13. CLAVAIRE cendrée.

CLAVARIA cinerea. Bull. dans les bois.

14. CLAVAIRE difforme.

CLAVARIA difformis. Bull. dans les bois.

15. CLAVAIRE penicollée. Bull.

CLAVARIA ornithopodoïdes. Bull. sur des copeaux dans les bois.

16. CLAVAIRE bifurquée.

CLAVARIA cornuta Lightf. sur les copeaux dans les bois.

17. CLAVAIRE tomenteuse.

CLAVARIA tomentosa La M. dans les mines sur les bois d'étançonnement.

18. CLAVAIRE cornue.

CLAVARIA hypoxylon. L. sur le bois mort.

19. CLAVAIRE digitée.

CLAVARIA digitata. L. dans les lieux humides & sur les bois morts.

20. CLAVAIRE anthocephale. Bull. sur les feuilles mortes.

Les Clavaires ne peuvent être cultivées, comme tous les autres champignons dont nous ignorons pareillement la formation. Les Clavaires tiennent toutes, ou à l'extérieur ou, *souterrainement* à quelques détritus de la matière organisée, sur lesquels elles sont implantées; il faudroit donc faire renaître les circonstances qui ont déterminé leur formation, pour pouvoir les cultiver, & dans l'ignorance où nous sommes sur leur formation, nous ne pouvons hasarder une seule idée sur la manière de les produire. *Voyez* CHAMPIGNON.

J'ai donné, dans le Journal de Physique, année 1787, la description d'une Clavaire avec des preuves évidentes qu'elle tiroit son origine comme sa nutrition, d'une larve entrée en décomposition. Depuis cette époque, j'ai vu une observation semblable dans les papillons d'Europe, par Gigot d'Ony. Ces deux faits devroient être réfléchis & non rejetés *doctoralement*, comme le font des ignorans, fiers de leurs *charniers*, qu'ils nomment *collections*, & qui n'ont jamais vu la Nature vivante. *Voyez* CHAMPIGNON. (*M. Reynier*).

CLAVALIER, *Zanthoxylum*.

Ce genre se range naturellement dans la famille des PISTACHIERS, autrement dite des TÉRÉBINTACÉES. Il est composé de quatre espèces différentes & de quelques variétés. Ce sont des végétaux ligneux, formant des arbustes ou des arbrisseaux qui croissent en Amérique & à la Chine. Leur feuillage est composé de pinnules; il est annuel & d'une verdure foncée. Les fleurs, qui sont de deux sexes, & qui viennent sur des pieds différens, sont petites & de nulle apparence.

En Europe, ces arbrisseaux se cultivent en pleine terre & dans les serres. On les y multiplie de graines, de marcottes & de drageons enracinés; ils sont peu délicats.

Espèces.

1. CLAVALIER à feuilles de frêne, ou frêne épineux.

Zanthoxylum clavaherculis. L. *Zanthoxylum Americanum.* Mil. Dict. n.° 2.

β. CLAVALIER à petites feuilles de frêne.

Zanthoxylum clava herculis minor. ♄ de Pensylvanie & de Maryland.

2. CLAVALIER à feuilles de sumac.

Zanthoxylum rhuifolium. La M. Dict. n.° 2. ♄ des Indes orientales.

3. CLAVALIER des Antilles.

Zanthoxylum Caribæum. La M. Diction. n.° 3. ♄ de Saint-Domingue & autres Isles Antilles.

4. CLAVALIER de Caroline.

Zanthoxylum Carolinianum. La M. Dict. n.° 4. *Zanthoxylum clavaherculis.* Mill. Dict. n.° 1. ♄ de la Caroline méridionale.

Nota. Le Clavalier à trois feuilles de M. la Marck, nommé par Linneus *Zanthoxylum trifoliatum*, ayant été reconnu & nommé par M. l'Héritier *Panax aculeatum*, Stirp. Nov. tom. 2, tab. 92, nous renvoyons pour cette espèce, à l'article GINSEN.

Description du port des Espèces.

1. Le Clavalier à feuilles de Frêne est un arbrisseau de dix à douze pieds de haut, dont la racine traçante est garnie d'un chevelu noir, délié, & très-abondant. Il pousse de sa souche plusieurs tiges qui forment un buisson arrondi dans sa circonférence, touffu, & terminé en pyramide aigue. Ces tiges, ainsi que leurs branches, sont munies d'épines courtes, fortes & acerées. Leur feuillage est léger, & d'une verdure d'abord gaie, ensuite luisante, & enfin un peu noire. Ses fleurs, qui sont petites, verdâtres, & n'ont aucune apparence, viennent, par paquets, sur les grosses branches, & même sur le tronc. Les fleurs femelles, lorsqu'elles ont été fécondées, sont suivies de petites capsules d'un beau rouge, qui renferment chacune une semence noire & luisante. Ces fruits viennent dans le courant de l'Automne, & produisent un effet agréable.

La variété B, qui pourroit bien être une espèce différente, se distingue par la position de ses folioles, qui sont alternes, & par leur forme; celles-ci sont plus étroites que celles de la précédente, & en plus grand nombre. Ses fleurs sont portées sur des pédoncules rameux, en manière de petits panicules.

2. Clavalier à feuilles de Sumac. Cette espèce, qui n'est encore connue en Europe que par les échantillons secs qui se rencontrent dans quelques herbiers, paroît former un arbre plus épineux & beaucoup plus élevé. Ses feuilles sont composées d'environ trente-trois folioles oblongues, finement crenelées sur les bords, lesquelles ont à-peu-près deux pouces & demi de longueur, sur une largeur de six à huit lignes. Elles sont munies, la plupart, d'une épine sur leur nervure dorsale, & en outre, il en vient encore sur les pétioles communs, lesquelles sont droites, très-aigues & assez fortes.

3. Le Clavalier des Antilles, vulgairement nommé, à Saint-Domingue, le bois épineux jaune, paroît faire un arbre de moyenne grandeur, dont le tronc est couvert d'une quantité d'épines assez petites & très-aigues, & dont le bois est intérieurement jaunâtre. Ses feuilles sont composées ordinairement de cinq paires de folioles, & terminées par une impaire. Elles sont oblongues, pointues, minces, & parsemées de points transparens, & crenelées sur leurs bords. Les pétioles sont garnis de petites épines aigues, & dont la pointe est dirigée en haut. Les fleurs viennent sur des pédoncules rameux & paniculés; les fruits sont composés de cinq capsules pédiculées, & qui ne renferment chacune qu'une semence.

4. Clavalier de Caroline. Cet arbrisseau, dont Linneus fait une simple variété de notre N.° I, avec laquelle il le confond, est non-seulement une espèce très-distincte; mais même peut-être trouvera-t-on, lorsqu'on aura été plus à portée d'examiner sa fructification, qu'il doit appartenir à un genre & à une famille différente. Quoiqu'il en soit, la hauteur de cet arbrisseau n'excède pas seize pieds, & son tronc n'a guères plus de dix pouces de diamètre. L'écorce en est blanche,

fabotteuse, & très-remarquable en ce qu'elle est presque couverte de protubérances pyramydales, terminées par une pointe très-aigue. C'est probablement la figure de cette tige qui paroît couverte de clous, & qui ressemble assez aux massues des Anciens, qui a fait donner l'épithète de *Clava Herculis* à l'espèce dont Linneus croyoit que cet arbrisseau n'étoit qu'une variété. Ainsi, il faudroit rapporter cette épithète à l'espèce que nous décrivons, & en donner une autre à la première. Les jeunes branches sont garnies d'épines simples, ainsi que le dessous des pétioles; les feuilles sont composées de trois, quatre ou cinq paires de folioles lancéolées, & terminées par une impaire. Elles sont d'un verd foncé en-dessus, d'un verd jaunâtre en-dessous, & légèrement dentées sur leurs bords. Les fleurs sont petites, blanches, & disposées en panicules à l'extrémité des rameaux. Il leur succède des capsules rondes qui contiennent chacune une semence noire & luisante.

Culture.

Le Clavalier, N.° I, se cultive en pleine terre dans notre climat, & résiste aux plus grands froids, pourvu qu'il ne soit pas dans une situation trop humide. Il se plaît, de préférence, dans un terrein sablonneux, substantiel & un peu frais; il pousse plus vigoureusement, étant planté en massif, qu'à des positions isolées, où il est battu des vents, & exposé à toute l'ardeur des rayons du soleil. Il ne faut pas cependant qu'il soit trop près de grands arbres dont les racines voraces lui enlèveroient sa substance, & dont les branches, en le couvrant, le priveroient de l'air, de la lumière & de l'humidité dont il a besoin.

On le multiplie aisément par les drageons qu'il pousse abondamment de ses racines, sur-tout lorsqu'elles ont été blessées par la bêche, en labourant dans son voisinage. Les drageons sont ordinairement assez pourvus de chevelu pour être séparés la seconde année. On les lève de terre au Printems ou à l'Automne, & on les plante en pépinière à douze ou quinze pouces de distance les uns des autres. Après y être restés deux ou trois ans, ils forment des sujets assez forts pour être placés à demeure à leur destination.

La voie de multiplication par marcottes est plus longue & moins sûre; on ne la pratique qu'à défaut de drageons. Veut-on multiplier abondamment cet arbrisseau? on coupe sa tige principale dès la fin de Février, à quelques pouces au-dessus du niveau de la terre. Au Printems, il ne manque pas de pousser de toute la circonférence du collet de la racine, beaucoup de jeunes branches. On les laisse s'enforcir pendant le courant de cette année. Au Printems suivant, on incise toutes ces branches à la manière des œillets; on les courbe dans la terre environnante, & l'on forme, autour de la souche marcottée, un auget avec de la terre franche; on le remplit de mousse, & on l'arrose de tems-en-tems, afin d'entretenir une humidité favorable au développement des racines. L'année suivante, au mois de Mars, les marcottes sont assez enracinées pour être séparées & mises en pépinière.

On peut encore multiplier cet arbrisseau par le moyen des racines de la grosseur du doigt, coupées par tronçons de six pouces de long. Cette sorte de multiplication se pratique vers la fin de Mars, à l'époque où il commence à entrer en végétation. On plante les tronçons dans des pots ou terrines, en les laissant déborder d'environ trois lignes hors de terre. On les place ensuite sur une couche tiède, à l'exposition du Levant. Toute la précaution qu'exige leur reprise consiste à couvrir la terre qui contient ces racines, d'un lit de mousse, & à la bassiner de tems à autre, pour l'entretenir fraiche. Ces racines poussent souvent des bourgeons dès l'Eté; &, au Printems suivant, les jeunes pieds qu'on a obtenus de cette manière, peuvent être mis en pépinière avec les autres.

On peut employer aussi la voie de multiplication par semences, mais elle est plus longue & plus minutieuse; elle a lieu vers le mois d'Octobre, quelques semaines après la récolte des graines. On les sème dans des terrines remplies d'une terre légère & substantielle, que l'on enterre dans une plate-bande au Levant. Pendant les gelées au-dessus de trois degrés, on les couvre de litière ou de feuilles sèches. Lorsque le Printems est arrivé, on transporte ces terrines sur une couche tiède, à la même exposition, & on les y laisse pendant toute la belle saison, en ayant soin de les arroser aussi souvent qu'il en est besoin pour entretenir la surface de la terre un peu humide. Les graines lèvent dans le courant de l'Eté; mais les jeunes plantes font peu de progrès pendant cette première année. A l'approche de l'Hiver, on les place sous un chassis sans chaleur, ou bien on les rentre dans l'orangerie, pendant les gelées seulement. Au Printems, on remet ces semis à la même position où ils étoient; on les traite de la même manière que l'année précédente, & on continue de leur donner la même culture jusqu'au mois de Mars suivant. A cette époque, les jeunes plants sont, pour l'ordinaire, assez forts pour être mis en pépinière. On les retire de leur terrine, & on les repique en planche, à douze ou quinze pouces de distance les uns des autres, comme nous l'avons dit ci dessus.

Usage. Le Clavalier à feuilles de frêne est un assez joli arbrisseau; sa verdure foncée & sa forme pittoresque le rendent propre à garnir la lisière des bosquets. L'individu femelle, lorsqu'il est chargé de fruits, produit un effet agréable: malheureusement il est sujet à être attaqué par les Cantharides, qui souvent l'ont dépouillé de ses feuilles au milieu de l'Eté. Les capsules & les graines de cet arbrisseau répandent une odeur aromatique, forte & suave; ses semences, infusées à froid dans du vin blanc, lui donnent une force plus considérable que celle de la plus forte eau de-vie : aussi cette liqueur est-elle très-enivrante. Son bois passe, en Canada, pour être un sudorifique & un diurétique très-puissant; il a de la dureté, & peut être employé à des ouvrages de tour.

Les Clavaliers, N.° 2 & 3, n'ont point encore été cultivés en Europe; mais il est probable que venant des climats chauds, ils demanderoient la même culture que les plantes de serres chaudes; c'est-à-dire, que leurs graines devroient être semées sous chassis; que les jeunes plants exigeroient d'être placés dans les tannées des serres chaudes, pour passer les trois ou quatre premiers Hivers de leur jeunesse; ensuite, d'être mis sur les tablettes de la même serre.

La culture du Clavalier de la Caroline paroît être la même que celle de la première espèce; avec cette différence, que celle-ci, venant d'un pays plus méridional, exige d'être préservée des grandes gelées. Nous en possédons un individu depuis quelques années; il a passé plusieurs Hivers en pleine terre, sans être couvert, & a essayé des gelées de six à huit degrés, dans un lieu dont la terre est humide, légère, & à l'exposition du Nord.

Miller, qui a cultivé cette espèce plus long-tems que nous, dit qu'elle est moins dure que la première espèce; qu'il faut la placer contre une muraille exposée au Midi; qu'elle y poussera fort bien; qu'il en avoit planté, en plein air, dans le Jardin de Chelsea; qu'elle y avoit réussi, & supporté le froid sans couverture; mais que le rude Hiver de 1740 la détruisit entièrement. (*M. Thouin.*)

CLAVE. C'est ainsi que l'on appelle le Trèfle à Calais. *Voyez* Trefle. (*M. l'Abbé Tessier.*)

CLAVEAU, CLAVELÉE.

La maladie de bestiaux que les propriétaires de bêtes à laine doivent le plus craindre, c'est celle qui porte les noms de *Claveau, Clavelée, Clavilière, Clavin, Picotte, Vérole, petite Vérole, Verette, Caraque, Gramadure, Gamise, Liarre, Peste, Bête.* Ses ravages, pris & calculés en somme, sont plus considérables que ceux qu'occasionnent la *pourriture* & la maladie du *sang.* La première de celles-ci attaque seulement les animaux qui fréquentent les pâturages frais & humides. La seconde n'enlève que ceux qui sont nourris trop long-tems au sec, ou étouffés dans leurs bergeries, ou conduits souvent sur des terreins remplis de plantes sèches & aromatiques. Encore n'y a-t-il que les bêtes à laine d'une constitution molle & lâche, qui soient exposées à la pourriture, &, par la raison contraire, celles dont la constitution est forte & vigoureuse, à la maladie du sang. En général, elles ne sont pas si meurtrières que le Claveau, qui quelquefois tue la moitié d'un troupeau. Mais le Claveau ne ménage rien; on le voit dans les troupeaux de tous les cantons; il ne distingue ni le tempérament, ni l'âge des individus; béliers, moutons, brebis, agneaux, forts, ou foibles, tout y est sujet, tout en peut être la victime. S'il se complique avec la pourriture, ou la maladie du sang, il en aggrave les dangers, &, dans ce cas, il n'a jamais qu'une fin funeste.

J'ai eu plusieurs fois occasion d'examiner le Claveau, & particulièrement dans deux circonstances. L'une, est lors de l'Epizootie qui a régné à Rambouillet, en 1786, sur le troupeau de bêtes à laine que le Roi a fait venir d'Espagne. L'autre, est lorsque des troupeaux de Sologne, loués à des Fermiers de Beauce, pour parquer, se sont trouvés infectés de cette fâcheuse maladie. La première dura pendant les mois de Novembre, Décembre & Janvier. L'autre, qui avoit commencé en plein Eté, continua jusqu'au commencement de l'Automne. Les animaux que le Claveau attaqua, n'étoient, ni de la même constitution, ni du même tempérament, puisque les uns venoient des montagnes de la Castille, & les autres des bruyères humides de la Sologne. A Rambouillet, on a tenu à la bergerie toutes les bêtes malades, suivant le conseil des Bergers Espagnols qui les avoient amenés, & qui les soignoient. En Beauce, elles ne quittèrent pas leurs parcs, & par conséquent elles furent toujours en plein air. Ces différences n'en ont établi que très-peu dans les symptômes & la mortalité. Tout ce que j'ai observé m'a convaincu que le Claveau, comme on le voit depuis long-tems, ressemble parfaitement à la petite vérole des hommes.

Cette maladie, en effet, suit une marche régulière; on y distingue trois tems bien marqués : celui de l'invasion, ou de l'inflammation, celui de l'éruption & celui de la dessiccation des boutons. M. Thorel croit qu'il faut distinguer quatre tems; celui de l'invasion, celui de l'éruption, & ceux de la suppuration & de la dessiccation; mais ces quatre peuvent être réduits à trois, l'éruption comprenant la suppuration. Les animaux sont tristes, dégoûtés, languissans, ayant la tête penchée, & les parties postérieures rapprochées des antérieures; ils ne ruminent pas, ils ont soif, ils éprouvent une grande chaleur, ils ont beaucoup de fièvre. Dans le second tems, il se manifeste sur leur corps des boutons qui grossissent par degrés, & qui, rouges d'abord, deviennent blancs ensuite; ces boutons sont tantôt bombés, tantôt applatis; ceux qui paroissent les premiers couvrent les parties dénuées de laine, telles que la face, la face, le dedans des cuisses & des épaules, les dessous de la queue, le ventre, les mamelles; il s'en forme ensuite sous la laine; en quatre ou cinq jours, l'éruption est complette. Dans le troisième tems, les boutons se remplissent de pus, se dessèchent, & forment une croûte noire qui tombe dans la suite.

On peut distinguer deux sortes de Claveau, comme on distingue deux sortes de petite vérole: l'un est benin & l'autre malin. Celui-ci est ordinairement confluent; les symptômes en sont plus graves; l'éruption est incomplette; les boutons s'applatissent, se dessèchent & noircissent sans contenir du pus; une morve épaisse découle des narines; la tête enfle, les yeux se ferment, la respiration est pénible; rarement les animaux en reviennent. Quelques personnes admettent un Claveau *crystallin*, qu'elles placent entre le benin & le malin; mais il ne me paroît pas assez bien caractérisé, pour en faire une troisième espèce.

Lorsque l'éruption, étant complette, les bêtes à laine reprennent de l'appétit, on peut espérer qu'elles guériront; mais si elle ne soulage pas, si les boutons sont d'un pourpre foncé, on ne peut porter qu'un pronostic fâcheux. Des abcès & des dépôts extérieurs, & le dépouillement de la laine aux endroits où il y a eu éruption, sont d'un bon augure. Souvent les animaux rachètent leur vie aux dépens de leur vue; ils deviennent borgnes, ou aveugles; il y en a qui pèlent jusqu'à perdre toute leur laine; la plupart conservent, ou des cicatrices, ou l'empreinte des boutons. Les corps de ceux qui en meurent sont gangrenés & putréfiés en très-peu de tems. Les bêtes jeunes & vigoureuses sont celles qui résistent le mieux au Claveau.

Le Claveau est aussi contagieux que la petite vérole; un rien le communique. Pour le gagner, il suffit qu'un troupeau passe dans un champ où a passé un troupeau qui en étoit atteint. Cependant on voit des animaux, au milieu d'une Epizootie, s'en garantir. On assure qu'un agneau qui naît, avant que le Claveau, dont sa mère est atteinte, soit dans l'état de suppuration, n'en est point infecté, & qu'on n'a trouvé aucun fœtus qui portât des marques de cette maladie.

C'est une opinion générale parmi les propriétaires de troupeaux, qu'une bête à laine n'a le Claveau qu'une fois en sa vie. Ce que je sais, c'est que cette maladie ayant régné deux fois en trois ans, dans un troupeau, les animaux qui l'avoient eu la première fois, ne l'eurent pas la seconde. Si ce fait ne prouve pas que les bêtes à laine ne l'ont qu'une fois, on peut au moins en inférer que les récidives sont très-rares.

Ce n'est point à moi à examiner, dans cet article, si le Claveau a une origine très-ancienne; à quelle époque il a commencé à paroître; si les animaux le contractent spontanément, ou s'il ne se communique que par contagion. Le Dictionnaire de Médecine, qui, à la pratique, joint la théorie de la science & l'histoire des maladies, ne manquera pas sans doute de s'étendre sur le Claveau, comme sur la petite vérole des hommes. Il me suffira d'exposer la conduite que doivent tenir les propriétaires de bêtes-à-laine, & sur-tout les Bergers, pour éviter le Claveau, quand il est dans leurs troupeaux.

On est bien assuré que le Claveau se communique par contagion; que cette voie le propage avec une étonnante rapidité, & qu'il est souvent de mauvaise qualité. On doit donc tout mettre en œuvre pour s'opposer à la contagion.

Les Bergers attentifs, dès qu'ils sont informés que le Claveau est dans un troupeau voisin, n'en approchent pas; ils en écartent même leurs chiens. Une loi sage, ou au moins un usage établi parmi les Fermiers, ou Métayers honnêtes, les détermine à circonscrire la pâture des troupeaux attaqués du Claveau, jusqu'à ce qu'on soit assuré qu'ils ne le sont plus. Il est prudent de ne faire voyager les bêtes à laine que de grand matin dans les pays suspects; le virus déposé sur les herbes, se trouvant émoussé par l'humidité de la nuit, ne sauroit plus avoir d'action. Pour plus de sûreté, il faut que les gardiens d'un troupeau sain rompent, pour quelque tems, toute communication avec ceux d'un troupeau infecté; car le Claveau se transmet par les habits, les poils, & même par les ustensiles, comme il se transmet par les herbes & fourrages.

Quand le Claveau se met dans un troupeau, le meilleur moyen de lui empêcher sur-le-champ de faire des progrès, c'est d'assommer les premiers animaux qu'il attaque, & de les enterrer profondément avec leur peau: ce sacrifice, tout cruel qu'il paroît, devient nécessaire, & ne manque pas de réussir. J'ai connu un Fermier actif & intelligent qui, plus d'une fois, a sauvé son troupeau en employant ce moyen. M. Vitet conseille d'appliquer un seton à chaque brebis, pour la garantir de la maladie, ou la rendre moins dangereuse. Je desirerois qu'on donnât alors à tout le troupeau une boisson adoucissante & rafraîchissante; telle qu'une eau de son, dans les pays où les bêtes à laine ont la fibre sèche & les vaisseaux pleins (il seroit bon même de saigner les plus vigoureuses). Et, au contraire, une boisson tonique, telle que de l'eau, dans laquelle on mettroit de la décoction de genièvre & du sel marin, dans les pays où ces animaux ont la fibre lâche & molle.

Si, malgré cette vigilance, le mal gagne, d'autres soins sont nécessaires. L'extrême chaleur & le grand froid sont également contraires à cette Epizootie, peu meurtrière dans son invasion & à sa fin, mais terrible dans son milieu. A mesure qu'on reconnoît des animaux malades, on doit les séparer des autres. Si c'est en Hiver, on les met dans une bergerie chaude, dont on renouvelle l'air, & qu'on tient toujours propre. Si c'est en Eté, les portes & les fenêtres de la bergerie doivent être ouvertes. L'indication à remplir est de favoriser l'éruption, sans augmenter l'inflammation; car une inflammation, portée à certain degré, bien-tôt dégénère en gangrène. Devant ces animaux on met, dans des auges, un mélange d'avoine, de son & de soufre, ou des pois gris, ou de la vesce en grain, afin qu'ils en mangent, si l'appétit leur revient. Ils sont plus disposés à boire, à cause de l'ardeur de la fièvre. On leur donne une boisson aiguisée de sel & de nitre, & dans laquelle on a jetté quelques poignées de farine de féveroles. Dans le cas où la suppuration ne se feroit pas bien, pour que l'humeur ne restât pas sur quelqu'organe essentiel à la vie, on appliqueroit des setons au fanon, avec la racine d'Hellébore, & on feroit avaler, ou un peu de Thériaque, ou de l'extrait de Genièvre, ou de l'Assa foetida dissous.

En général, une extrême propreté dans les bergeries où il y a des bêtes malades, & dans tous les vaisseaux qui leur servent; une grande sévérité pour interrompre la communication entre les bêtes malades, & les bêtes bien portantes; des soins tendans à laisser agir la nature plutôt qu'à la troubler, à ne point exciter une trop grande chaleur, ou à ne point introduire un air trop froid; voilà en quoi consiste spécialement le véritable traitement du Claveau: c'est plus au bon régime qu'aux médicamens qu'on en devra la guérison, & qu'on diminuera ses ravages.

Le traitement indiqué par M. Hassler, Vétérinaire Suédois, consiste dans des remèdes sudorifiques, qui peuvent être bons toujours dans les climats froids où il écrivoit; mais, dans nos climats tempérés, ils ne conviennent que dans certaines circonstances.

Les rapports du Claveau avec la petite vérole ayant été observés, il y a long tems, il est étonnant qu'on se soit peu occupé de l'inoculer. L'Auteur du Dictionnaire Vétérinaire regarde comme probable le succès de cette opération, & il indique quelques précautions à prendre pour la pratiquer. M. Vitet la croit possible, mais il doute qu'elle soit avantageuse. M. l'Abbé Carlier la rejette comme dangereuse. Deux lettres imprimées, de M. Amoreux, apprennent qu'elle est en usage dans le Haut-Languedoc, aux villages de Mons, l'Appardu, Saint-Hilaire, & dans toute la partie du pays appellée les *Courbières Basses*, aux Diocèses de Narbonne, Carcassonne & Aleth. M. Thorel, Artiste vétérinaire à Lodève, dans un écrit, intitulé *Avis au Peuple sur le Claveau*, ou *Picotte des moutons*, assure que M. Venel, célèbre Professeur de Montpellier, a inoculé, avec succès, un troupeau, & qu'en Saxe on a aussi pratiqué cette opération. Enfin, on trouve dans la Médecine des chevaux de M. de Chalette, quelques faits relatifs à l'inoculation du Claveau.

L'occasion s'étant présentée de l'essayer, j'ai cru devoir en profiter, soit pour ouvrir une nouvelle source d'instruction, soit pour confirmer & assurer les expériences déjà faites.

Le 22 Septembre, j'ai choisi deux bêtes à laine: un anthenois, c'est-à-dire, une bête d'un peu plus d'un an, & un agneau d'environ sept à huit mois. L'anthenois fut pris dans un troupeau qui, depuis le 1er Juillet, parquoit & vivoit par conséquent des herbes qui croissent dans les chaumes de froment & d'avoine. L'agneau avoit appartenu à une Paysanne qui l'avoit élevé, & le nourrissoit, comme sa vache, d'herbes de jardin & des champs. Ils venoient de deux pays où il n'y avoit pas de Claveau, & étoient en bon état de santé. Je ne crus pas devoir les préparer, parce que, suivant une réflexion sage de feu M. Girod, Médecin, un des plus versés dans l'Art d'inoculer la petite vérole, la préparation est inutile, quand les individus sont bien portans; on ne peut leur donner la maladie dans une circonstance plus favorable. Le Claveau régnoit alors dans plusieurs troupeaux des environs du lieu que j'habitois; il avoit moissonné beaucoup d'animaux. Je fis porter l'anthenois & l'agneau auprès d'un de ces troupeaux, avec l'attention d'empêcher le Berger d'en approcher, dans la crainte que ses habits, ou ses mains ne leur communiquassent naturellement le Claveau.

Pour inoculer l'anthenois, je fis faire, avec une lancette, sous chaque aisselle, trois incisions superficielles qui ne tirèrent pas une goutte de sang, & effleurèrent seulement la peau, en divisant l'épiderme. La même lancette fut ensuite trempée dans des boutons qu'on ouvrit à une bête attaquée du Claveau depuis sept à huit jours, suivant le rapport du Berger. La matière qu'ils contenoient n'étoit pas épaisse & blanche, comme du vrai pus, mais fluide & sanguinolente. Il ne fut pas possible d'en trouver de meilleure. On l'introduisit dans les six incisions, en passant ensuite le doigt dessus, afin que les vaisseaux en absorbassent davantage.

On prit à une autre bête une matière semblable, pour inoculer l'agneau de la même manière, par cinq incisions, dont trois sous un aisselle, & deux sous l'autre.

Je desirois d'abord inoculer le Claveau benin: le hasard me servit bien; car les deux animaux dont j'ai pris la matière de l'inoculation, avoient cette espèce de Claveau, à ce qu'il m'a paru; ils avoient un grand nombre de boutons assez gros, & la respiration libre, sans jetter de la morve par les narines; j'ai su depuis qu'ils avoient guéri. Tous ceux qui l'avoient encore, à cette époque, étoient à la fin de leur guérison, & ne pouvoient remplir mon but.

L'anthenois & l'agneau, inoculés, ont été reportés dans une écurie spacieuse & aérée, où, pendant l'expérience, je les ai fait nourrir d'avoine

& d'orge, & dans le commencement, de feuilles d'orme & de vigne; en leur laissant de l'eau pure pour boisson.

Dès le second jour, j'apperçus une légère inflammation à une des incisions de chacun des animaux; le troisième, toutes les plaies furent enflammées; le quatrième jour, l'inflammation augmenta d'étendue, & commença à se bomber; le cinquième, outre les boutons des plaies, il s'en forma un à la jambe de l'anthenois, & plusieurs sur l'épaule; ils augmentèrent tous, par degrés, jusqu'au neuvième jour. L'inflammation des plaies de l'agneau suivit la marche de celles de l'anthenois. Il n'eut des boutons que sur ces parties.

Depuis l'inoculation, le tems avoit été doux & pluvieux. Le jour même de l'inoculation, il avoit fait de l'orage, & le tonnerre avoit grondé.

Les deux animaux paroissoient bien altérés, car il falloit souvent leur donner de l'eau; ils avoient cependant conservé de la vivacité & de l'appétit; mais, à l'époque du neuvième jour, ils devinrent tristes, sans force, & ne voulurent plus manger. L'agneau refusa plus long-tems la nourriture que l'anthenois. Les boutons qu'il avoit sur les plaies étoient plus bombés & plus longs; ce qui pouvoit dépendre de la longueur des incisions. J'ai remarqué qu'il a découlé du nez de l'un & de l'autre, une humeur muqueuse, regardée comme un signe ordinairement mortel; mais cet écoulement n'étoit pas accompagné d'une respiration gênée, ni d'un battement de flancs, comme dans le Claveau confluent; ce qui me rassura sur le sort de ces animaux.

Les boutons sont entrés en pleine suppuration le 10; trois jours après, ils formoient déjà des croûtes; alors l'anthenois & l'agneau ont repris de la force, de la gaieté & de l'appétit. Depuis ce tems, jusqu'au vingtième jour, ils ont été de mieux en mieux; les croûtes ne tombèrent entièrement que long-tems après; la peau de l'anthenois est devenue farineuse, comme elle le devient à la suite des maladies éruptives. Ce jour-là, je les ai fait mettre dans un troupeau qui parquoit, & dont une partie avoit été attaquée du Claveau. Quoiqu'il tombât beaucoup d'eau, & que le sol, sur lequel ils couchoient, fût humide, ils n'en ont pas été incommodés.

Cette expérience prouve que le Claveau peut être inoculé; car on ne doutera pas que l'anthenois & l'agneau ne l'aient contracté par cette voie. L'agneau, à la vérité, n'a eu des boutons qu'auprès des incisions; mais, dans l'inoculation de la petite vérole, ce cas n'arrive-t-il pas? Au reste, il a été malade sérieusement, & sa maladie a suivi la marche du Claveau; les boutons eux-mêmes ont eu les trois tems très-distincts: celui de l'inflammation, celui de la suppuration, & celui de la dessiccation. Le Claveau, dont le principal symptôme est l'éruption, a été marqué plus sensiblement encore dans l'anthenois, puisqu'il a eu des boutons loin des incisions, puisque sa peau, après la chûte des croûtes, est devenue farineuse.

Ces faits, seuls, sans doute, sont insuffisans pour en tirer de grands résultats, relativement à l'inoculation du Claveau; mais, réunis à ceux dont j'ai parlé, ils acquièrent plus de force. D'ailleurs je ne les présente ici que comme un commencement de recherches, qui peut servir de base à beaucoup d'observations. Convaincu de la nécessité de faire, sur ce sujet, un grand nombre d'expériences, je vais en indiquer les principales.

On a remarqué que le Claveau étoit plus meurtrier dans les grands froids & les grandes chaleurs, & sur-tout dans les grands froids; il seroit donc utile de pratiquer l'inoculation dans toutes les saisons.

Suivant le rapport des habitans des provinces du Nord, & de celles du Midi de la France, cette maladie cause moins de ravages dans le Midi que dans le Nord; ce qu'il faudroit encore vérifier par l'inoculation.

Les brebis pleines, attaquées du Claveau, avortent ordinairement, & périssent, pour la plupart. Sur un troupeau de deux cents brebis pleines, je sais qu'il en est mort quatre-vingt du Claveau. On doit donc inoculer des brebis en cet état.

Il faut inoculer des béliers & des moutons à tout âge.

Les jeunes agneaux périssent presque tous, lorsqu'ils sont atteints du Claveau. À Rambouillet, sur soixante-sept, qui l'ont éprouvée, on en a perdu soixante; mais on les a moins perdus, à ce que je crois, de la maladie, que parce que leurs mères, qui l'avoient alors, ne pouvoient plus leur donner de lait. Il est bon d'inoculer des agneaux de mères qui ont eu le Claveau, & qui continuent à avoir du lait, & ceux des brebis actuellement attaquées de maladies, & n'ayant pas de lait, avec l'attention de faire boire, pendant ce tems-là, du lait de vache aux agneaux. Enfin, ce qu'il faut ne pas oublier, c'est d'inoculer des agneaux, quelques tems après le sevrage.

On placera des animaux inoculés dans des endroits où ils seront exposés à toutes les injures de l'air; on en placera aussi sous des hangards, ou dans des bergeries bien closes.

Dans les deux expériences rapportées, je n'ai employé qu'une matière fluide contenue dans des boutons; mais il faut aussi employer les croûtes, & peut être le sang & l'humeur qui découle par le nez.

On ne sera bien convaincu que le Claveau n'attaque qu'une fois ordinairement les bêtes à laine, que quand on aura inoculé, une seconde fois, sans produire d'effet, les animaux auxquels l'inoculation l'aura déjà donnée, ou qui l'auront déjà eue naturellement.

Cette maladie étant tantôt bénigne, tantôt maligne, il est nécessaire d'inoculer des bêtes saines avec du pus, ou des croûtes pris à des animaux qui soient dans l'un, ou dans l'autre cas.

Enfin, on peut encore, en pratiquant l'inoculation du Claveau, peu de jours après l'insertion, scarifier & brûler les plaies, ou avec le cautère, ou avec le feu, pour voir si on arrêtera par-là l'introduction du virus. Dans le cas où cela arriveroit, on concevroit bien mieux le traitement de la pustule maligne, improprement appellée charbon, dans laquelle nous employons ces moyens, qui réussissent toujours, quand la gangrène n'est encore que locale. *Voyez* le mot BERGER. On concevra encore pourquoi on les a exécutés avec avantage sur les plaies faites par des animaux enragés, pour prévenir les tristes effets du virus hydrophobique.

J'engage les personnes, qui s'intéressent à la conservation des bestiaux, à faire avec soin les expériences que je propose; elles sont dignes de leur zèle & de leur attention. Si elles venoient à démontrer que l'inoculation du Claveau le rend toujours benin, & préserve les animaux du Claveau, cette pratique offriroit de grands avantages; car souvent on ne reconnoît la maladie que quand elle a attaqué un grand nombre de bêtes; souvent il y en a beaucoup d'attaquées à-la-fois. Pour empêcher que le mal ne se communique, on est assujetti à une foule de précautions, dont quelques-unes sont toujours négligées. Il n'y a qu'une sévérité extrême qui puisse ralentir & éteindre le foyer du mal, comme j'ai été forcé de l'employer dans l'épizootie de Rambouillet, où les Bergers Espagnols, peu accoutumés à une vigilance nécessaire dans nos climats, auroient laissé le Claveau dévaster tout le troupeau. L'inoculation, pratiquée par-tout sur les agneaux, après le sevrage, préviendroit les soins & les inquiétudes. Alors les troupeaux pourroient impunément voyager des plaines dans les montagnes, & des montagnes dans les plaines; ils seroient conduits de provinces en provinces, sans craindre qu'ils contractassent ou donnassent une maladie toujours redoutée des Bergers; on verroit la pensée de Virgile se vérifier. *Nec mala vicini pecoris contagia lædent.* Enfin, une considération plus importante encore, les boucheries ne nous fourniroient pas aussi souvent une viande de mauvaise qualité, comme il n'est que trop ordinaire, sur-tout dans les campagnes; car les bouchers tuent les animaux attaqués du Claveau & en distribuent la viande, sans faire attention qu'elle peut être nuisible à la santé de ceux qui en mangent: tant l'avarice étouffe quelquefois dans les cœurs l'amour de l'humanité!

Pour donner une idée de la perte que peut causer le Claveau dans un troupeau bien soigné voici l'état de celle du troupeau du Roi.

Le Claveau se déclara le 20 Septembre 1786, trente-huit jours après l'arrivée du troupeau; il venoit d'Espagne. Le Claveau n'étoit point à Rambouillet, ni dans les environs. On peut donc croire qu'il en a pris en route les principes.

On a perdu, du 25 Novembre, au 29 Novembre............ 6 brebis.

De cette époque, au 25 Décembre.................... 14

De cette époque, au 31 Janvier.. 15

.... 35 brebis.

Du 25 Novembre, au 31 Janvier.. 60 agneaux.

.... 95

Ainsi, la perte des agneaux a été à-peu-près du double de celle des brebis.

On ne s'est pas rappellé combien il y avoit eu d'agneaux malades; mais je sais qu'il y a eu cent quarante brebis. Or, trente-cinq sont justes le quart de cent quarante. Deux de ces animaux sont restés borgnes. Lorsque la maladie a attaqué le troupeau, c'est-à-dire en Novembre, tems où les agneaux ne naissent pas encore, il étoit composé de trois cents vingt-trois bêtes, toutes Espagnoles. La perte de ce troupeau a donc été d'environ un neuvième. Elle eût été bien plus considérable, à cause de la rigueur de la saison, sans les attentions qu'on a eues de séparer les animaux malades des animaux sains; de les tenir proprement dans une douce température, avec renouvellement d'air; d'enterrer les corps entiers de ceux qui mouroient, & d'interdire avec les troupeaux toute communication aux hommes qui soignoient les bêtes malades. (*M. l'Abbé* TESSIER.)

CLAVELIERE. *Voyez* CLAVEAU, CLAVELÉE. (*M. l'Abbé* TESSIER.)

CLAVIN, *Voyez* CLAVEAU. (*M. l'Abbé* TESSIER.)

CLAUSEN, *Claucena.*

Genre établi par Burman, dans sa Flore des Indes, & encore peu connu des Botanistes modernes. Il paroît se rapprocher de la famille des BALSAMIERS, avoir des rapports marqués avec le genre du *Bruce*. Il n'est encore composé que de la seule espèce suivante:

Clausen à filets creux.

Claucena excavata. Burm. fl. Ind., *pag.* 87.

♄ de l'Isle de Java.

Le Clausen est un arbrisseau dont les feuilles sont alternes & ailées; leurs folioles sont en grand nombre, pétiolées, ovales, alongées, un peu crénelées sur leurs bords, & d'un verd blanchâtre. Les fleurs, qui sont très-petites, viennent en grappes paniculées; le fruit est inconnu.

Cet arbrisseau n'ayant point encore été apporté

en Europe, sa culture particulière n'y est point connue; mais s'il y parvient un jour, on ne risquera rien à le cultiver comme les plantes des serres chaudes qui sont originaires du même climat. (*M. Thouin.*)

CLAUJOL, ou GRAND-CLAUJOL. Nom donné, dans quelques Départemens, à l'*Arum vulgare*. La Mark, Dict. *Voyez* Gouet Commun, N.° 6. (*M. Thouin.*)

CLAYE. Ustensile de jardinage. *Voyez* Claie. (*M. Thouin.*)

CLAYE. Dans le Département de l'Ardèche, on donne ce nom à un bâtiment qui sert seulement pour la récolte des châtaignes. On le construit à l'angle d'une maison, pour éviter en partie la dépense des murs. A six ou sept pieds de terre, on établit un plancher composé de quelques poutres & de lattes espacées de quelques lignes.

Chaque Claye doit avoir deux toises & demie quarrées, & sert pour sécher environ cent septiers de châtaignes, chacun de 124 livres. On pratique au-dessous une espèce d'âtre; & des ouvertures au toit servent de sortie à la fumée.

Le bois qu'on brûle à l'âtre, est du châtaignier; on le couvre de poussier de châtaigne, pour l'empêcher de flammer. Il est nécessaire de l'entretenir pendant deux ou trois jours, ayant soin de retourner les châtaignes toutes les cinq ou six heures; ensuite, on diminue graduellement le feu, &, au bout de dix jours, le fruit est assez sec pour être dépouillé de son écorce.

Le poussier, qui se détache de la châtaigne, se nomme *Brisot*, & sert pour engraisser les bestiaux.

Au moyen de cette préparation, les châtaignes se conservent d'une année à l'autre, & forment la nourriture première de l'habitant des campagnes. (*M. Reynier.*)

CLAYONAGE. Lorsqu'un glacis rapide se trouve dégradé par des éboulis de terre ou par des ravines formées par les eaux, & que le terrein a une pente trop roide pour que les terres se soutiennent naturellement, on fait un *Clayonage*. Il consiste à ficher en terre, dans toute la partie dégradée, des piquets qu'on enfonce de manière à ce qu'ils soient fixés solidement, & que leur extrémité supérieure ne dépasse pas le niveau de la terre du reste du glacis, &, de plus, à entrelacer parmi ces piquets des branches d'arbres de différente longueur. Le Clayonage étant fait, on le garnit de terre que l'on bat à différentes reprises, après l'avoir imbibée d'eau, & on le recouvre de gazon. Ces sortes de réparations sont assez durables, lorsqu'on emploie des piquets de bois dur, & qu'on choisit des branchages de Chêne, de Cornouillier mâle, de Nerprun & autres sarments qui se conservent plusieurs années sous terre. (*M. Thouin.*)

CLAYTONE, *Claitonia*.

Genre de plantes à fleurs polypetalées, de la famille des Pourpiers ou Portulacées, composé de plantes exotiques herbacées, qui n'ont pas beaucoup d'apparence, & qu'on ne cultive que dans les jardins de Botanique.

Espèces.

1 CLAYTONE de Virginie.

Claitonia Virginica. L. ♃ de l'Amérique tempérée.

2 CLAYTONE de Sibérie.

Claitonia Sibirica. L. ♃ du Nord de l'Asie.

La Claytone à feuilles de Pourpier de M. de la Marck, n'étant point une espèce de ce genre, mais bien un genre particulier, nommé, par M. Jacquin, *Portulacaria Afra*, Coll. I, *pag.* 162, T. 22, nous en traiterons à l'article *Portulacaire d'Afrique*. *Voyez* ce mot.

Description du port des Espèces.

1. La Claytone de Virginie est une petite plante qui n'a pas plus de quatre pouces de haut. Sa racine est un tubercule noirâtre, de la grosseur d'une noisette sauvage, sur lequel est un chevelu rare & délié. Il pousse, chaque année, au Printems, des tiges grêles, garnies d'un petit nombre de feuilles, semblables, pour la forme & la couleur, à celles du Chiendent, mais plus courtes & plus épaisses. Ses fleurs, qui paroissent dans le mois d'Avril, sont blanches, rayées de rouge, & disposées en une grappe lâche; il leur succède des capsules rondes, divisées en trois loges, remplies de petites semences arrondies. Elles mûrissent dans le mois de Juin; la plante se dessèche bien-tôt après, & la racine reste dans l'inaction jusqu'au Printems suivant.

2. La Claytone de Sibérie se rapproche beaucoup de la précédente. Sa racine est également tubéreuse, & sa tige herbacée; mais elle s'en distingue par la forme de ses feuilles, qui sont ovales, par ses tiges, qui sont plus petites, & par ses fleurs un peu plus grandes, & ordinairement rouges. D'ailleurs elle pousse, fleurit & fructifie en même-tems que la première espèce.

Culture.

Les Claytones se cultivent en pleine terre dans notre climat, avec quelques précautions, & au moyen d'une culture particulière. Ces plantes aiment, de préférence, une terre meuble, légère, sablonneuse, & les expositions légèrement ombragées & un peu humides. Placées dans des planches de terreau de bruyère, à l'aspect du Soleil levant, elles réussissent assez bien, & se multiplient. Dans les Hivers doux, il n'est pas nécessaire de les couvrir; mais lorsque les gelées passent six à huit degrés, & que la terre est humide, elles ont besoin d'être couvertes de litière, ou, mieux encore, de vieille tannée bien sèche. Cette couverture doit être enlevée vers la fin de Février, parce que c'est le moment où ces plantes commencent à pousser, & que si on négligeoit de l'ôter, leur végétation en seroit accélérée, & leurs tiges se tioleroient.

Comme les tubercules de ces plantes sont fort petits, qu'ils sont, en outre, de couleur de terre, & que leurs fannes se desséchant de bonne heure, les fait perdre de vue pendant long-tems, quelques personnes préfèrent de cultiver ces plantes dans des terrines, & de les rentrer, pendant l'Hiver, dans l'orangerie, sur les appuis des croisées, ou sous des chassis sans chaleur. Cette méthode a des avantages très-marqués. En effet, ces plantes sont si petites que lorsqu'elles sont en pleine terre, à-peine peut-on jouir de leurs fleurs; plantées à demeure, il n'est pas possible de les transporter à leur place dans les Ecoles de Botanique, pour les démonstrations; au lieu qu'étant cultivées dans des terrines, on peut les mettre sur des gradins, pour jouir de leurs fleurs, & les transporter ensuite par-tout où l'on veut. Le seul inconvénient qu'ait cette méthode, est de multiplier les poteries, & c'en est un assez grand, sur-tout dans un jardin de Botanique où le nombre des vases, qui sont indispensables à la culture, est déjà si considérable, & où tous les soins d'un jardinier intelligent doivent tendre à le diminuer. Mais les avantages qui en résultent méritent bien qu'on passe sur cette considération purement économique.

Lorsqu'on cultive ces plantes dans des vases, & qu'on les tient dans des lieux fermés, pendant les froids, elles poussent dès la mi-Février, & fleurissent en Mars; leurs semences mûrissent souvent vers la fin du mois de Mai, & les plantes se dessèchent au commencement de Juin.

Pendant leur état de repos, on les place, avec les terrines qui les renferment, dans une plate-bande exposée au Levant, où elles restent jusqu'à l'approche des gelées. Il n'est pas besoin alors de les arroser; il suffit d'empêcher les mauvaises herbes de croître: mais lorsqu'elles sont rentrées, on les arrose en proportion de la sécheresse de la terre, & suivant que leur croissance est plus ou moins rapide. Mais, soit qu'on les cultive en pleine terre ou dans des terrines, ces plantes ont également besoin d'être transplantées de tems en tems, & changées de terre, tant pour prévenir l'appauvrissement du terreau de bruyère, que pour donner plus d'espace aux tubercules qui se multiplient.

La saison la plus favorable à cette transplantation est la fin du mois de Septembre. On choisit un moment où la terre étant sèche, on puisse la diviser aisément avec les doigts; alors on lève les tubercules avec attention, pour n'en laisser en terre que le moins possible, & on les replante sur-le-champ dans de nouveau terreau de bruyère. Cette opération doit être répétée tous les trois ans, pour les plantes qui sont en pleine terre, & tous les ans, pour celles qui sont dans des terrines.

Indépendamment de la voie de multiplication par les tubercules, les Claytones se propagent encore par leurs semences. A la vérité ce moyen est plus long, mais il procure quelquefois des variétés dans la couleur des fleurs, & toujours des individus plus acclimatés au sol d'où ses graines ont été tirées. On fait ces semis dès le mois de Septembre, avec les produits de la dernière récolte, dans des terrines, & avec du terreau de bruyère pur. On les place, pendant les fortes gelées, sous un chassis simplement abrité du froid & sans chaleur artificielle. Ils lèvent dès le Printems suivant, & poussent quelques feuilles cette première année; mais bien-tôt ces feuilles se dessèchent, & ce n'est que la seconde année que les individus produisent quelques fleurs. On les cultive ensuite comme nous l'avons dit ci-dessus.

Usage. Le port des Claytones n'est pas sans agrément, & les fleurs ont de l'élégance; elles pourroient être admises dans les jardins des Amateurs de plantes étrangères; mais leur place la mieux marquée est dans les jardins de Botanique, parce que formant un genre dans une famille peu nombreuse, elles sont nécessaires aux études: c'est ce qui nous a engagé à donner quelqu'étendue à leur culture, qui d'ailleurs est minutieuse. (*M. Thouin.*)

CLEMATITE, *Clematis*.

Genre de plante de la famille des Renoncules, à capsules monospermes, qui ne s'entr'ouvrent pas, qui comprend au moins dix-huit espèces. Ce sont des plantes rarement herbacées, mais élevées ou rampantes & vivaces, souvent ligneuses & sarmenteuses, à feuilles opposées, simples, ou ternées ou ailées, à fleurs axillaires, ou plus souvent terminales, solitaires ou disposées en panicules: la plupart étrangères, se cultivant néanmoins en grand nombre dans notre climat, en pleine terre, avec quelques ménagemens pour quelques-unes; les autres, en serre chaude. Elles se multiplient par graines, par marcottes & par racines éclatées; toutes font de la plus grande ressource dans l'art de l'embellissement des jardins; les propriétés de plusieurs ne sont point équivoques; elles conviennent aux collections qui ont la Botanique pour objet.

Espèces.

* *Fleurs paniculées.*

1. Clématite des haies.

Clematis vitalba. L. ♄ Europe méridionale, dans les haies, Virginie, Jamaïque.

B. Clémantite à feuilles larges & entières. *Id.*

Clematis latifolia integra. J. B. p. 125. ♄.

2. CLÉMATITE droite.

CLEMATIS *recta.* L. ♃ France, parties méridionales dans les lieux incultes; Espagne, Suisse, Hongrie, &c.

B. Clémantite droite hâtive, à tige rougeâtre.

Clematis recta præcocior.

4. CLÉMATITE Maritime.

CLEMATIS *Maritima.* L. ♃ bords de la Mer, dans les parties méridionales de la France, environs de Venise.

4. CLÉMATITE flammule ou odorante.

CLEMATIS *flammula.* L. ♄ France, les parties méridionales de la Suisse, dans les haies.

5. CLÉMATITE du Levant.

CLEMATIS *orientalis.* L. ♄ Levant, Russie.

6. CLÉMATITE de Bourbon.

CLEMATIS *mauritiana.* La M. Dict. ♄ Mascareigne ou Isle de Bourbon, dans les bois.

7. CLEMATITE de Virginie.

CLEMATIS *Virginiana.* L. ♄ Amérique septentrionale.

8. CLÉMATITE dioïque.

CLEMATIS *dioica.* L. ♄ Amérique méridionale.

*** fleurs non paniculées; pédoncules simples.*

9. CLÉMATITE à vrilles.

CLEMATIS *cirrhosa.* L. ♄ Andalousie, Isle de Crète ou Candie.

B. Clématite à vrilles, à fleurs vertes.

Clematis arrhosa, flore viridi. ♄ *id.*

C. Clématite à vrilles, à fleurs citron.

Clematis cirrhosa, flore sulphureo. ♄ *id.* Portugal.

10. CLÉMATITE de Mahon.

CLEMATIS *balearica.* La M. Dict. ♄ Isle Minorque.

11. CLEMATITE des Alpes.

CLEMATIS *Alpina.* La M. Dict. ♄ Autriche, Italie, Suisse, Sibérie, sur les montagnes.

Atragene alpina. L.

12. CLÉMATITE bleue.

CLEMATIS *viticella.* L. ♄ Italie, Espagne, dans les haies.

B. Clématite bleue, à fleurs doubles.

Clematis cærulea flore pleno. Tournefort, 294, jardins de l'Europe.

C. Clématite à fleurs pourpres.

Clematis purpurea repens. ♄ Tournef. 294, *id.*

D. Clématite à fleurs pourpres doubles.

Clematis purpurea flore duplici ♄ *id.*

E. Clématite à fleurs rouges.

Clematis rubra repens. ♄ *id.*

F. Clématite à fleur incarnat, double.

Clematis flore pleno incarnato ♄ Tournef. 294, *id.*

13. CLEMATITE viorne.

CLEMATIS *viorna.* L. ♄ Virginie, Caroline.

14. CLÉMATITE à fleurs crépues.

CLEMATIS *crispa.* L. ♄ Caroline.

15. CLÉMATITE à feuilles simples.

CLEMATIS *integrifolia.* L. ♃ Hongrie, Tartarie.

Espèces moins connues.

16. CLEMATITE du Japon.

CLEMATIS *Japonica.* La M. Diction. ♄ Japon.

17. CLÉMATITE à grandes fleurs.

CLEMATIS *florida.* La M. Dict. ♄ Japon.

18. CLÉMATITE à six pétales.

CLEMATIS *sexapotala.* La M. Dict. Nouvelle-Zélande.

Clematis Dominica.

1. CLEMATITE des haies, vulgairement l'herbe aux Gueux. C'est un arbrisseau ligneux, sarmenteux, grimpant, souvent de quinze à vingt pieds, sur des arbres ou de vieux murs; d'un feuillage touffu & d'un beau verd, sur lequel se font moins remarquer les fleurs blanches, odorantes, à quatre divisions, réunies en paquets, que les gros flocons qui leur succèdent, formés par l'ensemble des aigrettes plumeuses des semences.

Les feuilles sont opposées & composées de cinq petites feuilles un peu en cœur, pointues, grossièrement dentées, rangées, par opposition, sur une côte commune qui persiste après la chûte des petites feuilles, & qui a encore la fonction de se tortiller comme une vrille, de saisir les objets à portée, & d'élever ainsi les sarmens de ces arbrisseaux, dont les extrémités, souvent suspendues sur les haies, & sur les bords des chemins, forment des masses imposantes. Il est commun dans toute la France & dans toutes les parties méridionales de l'Europe.

Il se trouve dans cette espèce une variété dont les feuilles sont sans dentelure; elle provient de semence. L'espèce & la variété fleurissent en Juin.

2 CLEMATITE droite. Cette espèce est d'un port agréable, & d'un feuillage de verd de mer ou blanchâtre, sur-tout en dessous. Les feuilles sont en aile, & composées de sept petites feuilles ovales, pointues, sans dentelure, rangées par opposition sur une queue commune. Ses tiges, nombreuses, resserrées, herbacées, qui s'élèvent, avec une sorte d'égalité, de quatre à cinq pieds, se couronnent, pendant presque tout l'Été, de grosses touffes de fleurs, qui, quoique d'un blanc un peu verdâtre, & à quatre divisions d'une médiocre grandeur, ont une belle apparence. Les racines sont vivaces.

On trouve cette espèce dans les lieux incultes des parties méridionales de la France, & en Espagne, en Suisse, Hongrie, &c. Il existe une variété dont les tiges prennent une teinte rougeâtre, & dont les fleurs paroissent quinze jours plutôt que celles de l'espèce.

3. Clematite maritime. Celle-ci, sur des tiges grêles, d'abord couchées, & qui se relèvent ensuite d'environ deux pieds de longueur, porte des feuilles apposées, en forme d'aile, à petites feuilles linéaires & velues; les fleurs sont moins apparentes & moins nombreuses qu'au N.° 2; les racines sont vivaces. Elle habite les bords de la mer des parties méridionales de la France, & les environs de Venise.

4. La Clematite flammule ou odorante est d'un feuillage charmant. Sa tige, ligneuse, d'une couleur rougeâtre, garnie, dès le bas, de sarmens menus, nombreux, s'élève à plus de douze pieds, lorsqu'elle rencontre des corps qui lui servent de support. Les feuilles inférieures sont formées d'une côte qui ne reçoit pas des petites feuilles ou lobes, mais des côtes secondaires, chargées chacune de trois lobes ovales & dentelées; celles d'en haut sont simples, sans dentelure, & en forme de lance. Les fleurs, placées à l'extrémité des sarmens, forment de gros paquets, par les divisions écartées de leurs petits rameaux; elles sont petites, blanches, à quatre divisions étroites, pointues, belles & très-odoriférantes; elles paroissent en Juin ou Juillet. Cette espèce intéressante habite les parties méridionales de la France, & la Suisse, dans les haies.

5. Clematite du Levant. Ses tiges sont foibles, grimpantes, & elles s'attachent, par l'entortillement qui est propre aux queues des vieilles feuilles, aux arbres voisins, qu'elle couvre à la hauteur de sept à huit pieds. Son feuillage est d'un verd de mer; les feuilles sont composées d'une côte qui reçoit neuf petites feuilles en forme de lance, incisées & terminées en pointe aigue. Les fleurs sortent des aisselles des feuilles; elles sont jaunâtres, & leurs divisions s'inclinent en arrière; elles forment des petites touffes basses. On la trouve dans le Levant & dans la Russie.

6 Clematite de Bourbon. Elle est ligneuse, sarmenteuse & grimpante. Ses feuilles sont composées de trois feuilles secondaires ou petites feuilles, placées sur une queue commune; elles sont presqu'en forme de cœur, pointues, dentées en scie, quelquefois anguleuses, marquées en dessous par des veines, & garnies, sur leurs bords, de dents prolongées & étroites. Les fleurs naissent sur les côtés, à l'extrémité des petits sarmens qui sortent, par opposition, des aisselles des feuilles; elles tiennent à trois petits rameaux partans ensemble du même point; elles sont à quatre divisions ovales, velues & blanchâtres. Les aigrettes plumeuses des semences, longues de près de deux pouces, forment un large flocon; les sarmens fleuris sont pendans. On la nomme, dans l'Isle de Bourbon, *Vigne de Salomon*; elle y croît dans les bois.

7. Clematite de Virginie. Celle-ci porte un feuillage d'un verd foncé, lisse & épais, sur des sarmens longs de plus de six pieds, & grimpans; les feuilles, disposées comme au N.° 6, sont presqu'en cœur, pointues, & on y remarque quelques lobes anguleux ou quelques dents profondes & mal taillées; elles ont, en dessous, trois nervures & des veines en roseau. Les fleurs, qui, à l'extérieur, sont velues, ont peu d'apparence; elles sont blanches, portées sur des ramifications divisées en trois ou six parties courtes & écartées. Les feuilles, qu'elles précèdent de plus près, sont simples ou à trois lobes imparfaits. Cette espèce est commune dans l'Amérique Septentrionale.

8. La Clematite dioïque diffère si peu de la précédente, que nous ne croyons pas devoir nous y arrêter que pour indiquer un petit lobe qui se trouve au sommet des feuilles secondaires. Le lieu de son habitation est l'Amérique méridionale.

9. Clématite a vrilles. Celle-ci, soit par son feuillage frais, luisant & persistant, soit par la largeur de ses fleurs, est une des plus intéressantes de ce genre, quoiqu'elle fleurisse en Hiver.

Sa tige ligneuse se divise dès le bas en sarmens nombreux, feuillés, qui grimpent aux arbres voisins où ils s'attachent par l'entortillement propre aux queues persistantes, après la chûte des feuilles; qui n'est pas périodique; aussi ne remarque-t-on pas de vrilles ou lacets sur les jeunes sarmens, mais seulement trois petites feuilles attachées à la même queue. Elles ont une incision en forme de crémalière sur chaque côté, elles sont longues & larges, mais un peu plus petites que des feuilles de poirier, mieux imitées par les feuilles simples qui naissent sur le vieux bois, en sortant plusieurs ensemble des mêmes nœuds, qui sont gros & écartés de trois ou quatre pouces. A ces mêmes articulations est attaché un filet un peu solide, qui soutient, d'une manière penchée, une fleur blanche à quatre divisions, ovales, obtuses, larges de six à huit lignes. Cette espèce croît dans l'Isle de Candie. Elle y végète avec tant de force, qu'elle étouffe les arbres qui lui ont donné d'abord un appui.

M. l'Abbé Poiret l'a trouvée dans son voyage en Barbarie. Il parle de ses fleurs d'une manière distinguée, & il dit qu'elles sont blanches. Nous faisons mention, dans l'exposition, d'une variété (C) que nous avons reçue d'Angleterre, dont les fleurs sont d'une couleur de citron très-brillante, &, sur l'autorité de Miller, d'une autre (B), la seule qu'il ait connue dont les fleurs sont vertes.

10. Clématite de Mahon. Cette jolie espèce à tige ligneuse, se divise en sarmens nombreux, menus & grimpans, qui s'élève de plus de six pieds. Les formes des feuilles lisses & persistantes,

persistantes, s'écartent de celles des autres espèces, en ce que la queue se partage à une petite distance de son insertion en trois parties, portant les petites feuilles qui sont déchiquetées. Les queues ne se détachent point, & elles font, comme dans les précédentes espèces, l'office de vrilles. Les fleurs attachées seul à seul aux aisselles des feuilles, & portées à deux pouces d'écartement, sont grandes, blanches, à quatre divisions ovales-oblongues, marquées à l'extérieur de nervures sous un léger duvet, & à l'inférieur de taches rouges & alongées. Cette espèce croît dans l'Isle Minorque; elle fleurit en Automne. Elle a été apportée en France par M. Antoine Richard, Jardinier du Jardin de Botanique de Trianon.

11. La Clématite des Alpes s'annonce dans la culture, pour une plante médiocre, puisqu'elle fleurit, dès la première année, à quinze pouces de hauteur; mais elle élève ensuite de trois ou quatre pieds ses tiges ligneuses, minces, grimpantes, & qui s'attachent toujours à la faveur des queues des vieilles feuilles, dont le mode est d'être opposées & semblables à celui des feuilles du n.° 10, mais seulement dentées en scie. Les fleurs sont larges, blanches, à quatre divisions en forme de lance, & velues spécialement sur leurs bords. Elles sortent des nœuds des tiges. Cette espèce croît sur les montagnes de l'Autriche, de l'Italie, de la Suisse & de la Sibérie.

12. Clématite bleue. Cette espèce, d'un feuillage épais, d'un vert noirâtre, est très-connue. Ses tiges ligneuses, grosses comme le doigt, à nœuds écartés, se garnissent dès le pied de sarmens, qui en produit beaucoup d'autres chargés de feuilles opposées & de formes variées. Elle s'élève ainsi en masse à huit ou dix pieds de hauteur, si elle est soutenue. Chaque feuille est composée de trois à cinq divisions, de chacune trois doubles feuilles ovales pointues, lisses, sans dentelures & quelquefois à un ou deux lobes. Les supérieures sont simples ou par trois seulement attachées à une même queue. Du centre de ces feuilles sortent trois fleurs attachées chacune à son filet, partant du même point. Elles sont bleues, à quatre divisions étroites à leur base, s'élargissant & presqu'arrondies à leur sommet. On remarque sur leurs bords une membrane chargée de très-petits poils. Elles paroissent en Juillet & Août. Cette espèce croît en Italie & en Espagne.

La couleur des fleurs de cette espèce varie & elle est constante sur des pieds différens, en passant du bleu au pourpre & au rouge : ce qui établit deux variétés C. E. On est certain qu'on les doit aux mêmes semences par lesquelles les suivantes ont été obtenues.

A l'égard des fleurs doubles, cette Clématite offre une variété dans le bleu B., une autre dans le pourpre sale, D.; cette dernière est connue dans beaucoup de Jardins, & la multiplication des divisions de la fleur est si considérable, que la terre en est jonchée pendant long-tems, sans qu'il paroisse que la plante ait encore rien perdu de son agrément. Quoiqu'il n'y ait presque pas de doute sur l'existence des fleurs doubles dans le pourpre fin & dans le rouge ou l'incarnat, nous n'avons exposé que de cette dernière, F. dont nous avons la phrase descriptive par Tournefort.

13. Clématite viorne. Cette espèce donne plusieurs tiges menues, rondes & légèrement marquées de petits sillons qui les parcourent. Elles sont longues de trois à quatre pieds, & garnies, à chaque nœud, de feuilles en manière d'aile, formées, assez ordinairement, par neuf petites feuilles à divisions par trois, comme dans le n.° 12. Elles sont la plupart sans dentelure, & quelques-unes fendues en trois parties, d'ailleurs vertes, lisses en-dessus & d'une couleur moins forte en-dessous. Les fleurs, qui partent des nœuds, une à chaque côté du sarment, sont à quatre divisions épaisses, pointues, d'un pourpre violet ou bleuâtres en-dehors & bleues en-dedans. Elles ne s'ouvrent point tout-à-fait, & leurs bords sont blanchâtres & cotonneux. Elles poissent en Juillet : les semences mûrissent en Septembre; elles sont munies de queues longues & plumeuses. On trouve cette espèce dans la Virginie & dans la Caroline.

14. Clématite a fleurs crépues. Elle diffère du n.° 13, parce que ses sarmens s'élèvent moins: ils sont plus foibles & ils s'attachent aux plantes voisines, toujours par le ressort des vieilles queues des feuilles qui sortent des nœuds opposés, quelquefois simples & quelquefois rapprochées au nombre de trois & divisées en trois petites feuilles. Elle diffère encore, parce que ses feuilles sont plus rapprochées des tiges; leurs divisions sont plus grandes, rougeâtres & ridées en leur surface intérieure. Elles paroissent en Juillet & les queues des semences ne sont point plumeuses. On trouve cette espèce dans la Caroline.

15. La Clématite a feuilles simples donne un grand nombre de tiges anguleuses, fort rapprochées, droites, hautes de deux à trois pieds, simples ou se ramifiant à peine à leurs sommets. Elles sont garnies de feuilles opposées, assises, absolument sans dentelure, ovales, longues d'environ quatre pouces, de presque moitié moins larges, au milieu d'un vert brillant, unies, terminées en pointe & chargées, sur leurs bords, d'un très-léger duvet. A l'extrémité des tiges paroissent, sur des queues longues, nues, droites & formant par en-haut le crochet, des fleurs par conséquent penchées, du plus beau bleu; elles sont à quatre divisions, au moins deux fois plus longues que larges, épaisses,

planes, se resserrant, & vers leur extrémité, s'inclinant un peu en arrière; leurs bords sont légèrement veloutés & blanchâtres. Il leur succède des houppes argentées & soyeuses, formées par les queues des semences, qui mûrissent en Septembre. Les racines sont vivaces.

Cette espèce, une des plus agréables de ce genre, se trouve dans la Hongrie & dans la Tartarie. Elle est commune dans les jardins de l'Europe.

16. La Clématite du Japon moins connue que la précédente, à fleurs purpurines, longues, rondes, se produisant, seul-à-seul, sur les bords des articulations de la tige, très-menue & grimpante, au milieu des feuilles qui y naissent plusieurs ensemble, & qui portent, sur des queues communes, des petites feuilles ovales, oblongues, dentées dans leur moitié supérieure, nous paroît, ainsi que les suivantes, trop intéressantes pour que nous n'en fassions pas mention. Elle se trouve au Japon, & elle fleurit en Août & Septembre.

17. Clématite a grandes fleurs. Les fleurs sont effectivement grandes, belles, jaunâtres, à divisions ouvertes, ovales, pointues, naissant seul-à-seul aux articulations, qui portent des feuilles opposées, à queues communes; presque trois fois divisée en trois, en manière d'aile, assises & avec des petites feuilles ovales-pointues, sans dentelure, rarement incisées, velues, de la grandeur de l'ongle, & à deux ou trois ensemble à chaque division. Elle croît au Japon.

18. Clématite a six pétales. Cette plante grimpante a l'aspect d'une Clématite; les fleurs jaunâtres & à six divisions ouvertes. Elle se trouve dans la nouvelle Zélande.

Culture.

Plaine terre, vivaces, 2, 3, 15. Ligneuses, 1, 4, 5, 7, 11, 12, 13, 14, 15.

Orangerie, 9, sa variété C. 10.

Serres tempérées qui suffiroit probablement à la 18.e, ci 18.

Serre chaude 6, 8, 16, 17.

Cette distinction nous paroît convenir aux Clématites. Nous indiquons l'orangerie pour les n.os 9, sa variété C., & 10, seulement pour conserver leur feuillage, & pour jouir de leurs fleurs dans tous les jardins d'une position moins méridionale que Paris.

Les Clématites n'exigent d'autres soins que d'être soutenues par de solides tuteurs & placées à une grande distance des arbrisseaux qu'elles étoufferoient ou qui leur nuiroient. Leur goût pour l'air élevé, se manifeste assez par leur port & elles ne fleurissent beaucoup, que lorsqu'elles sont en pleine jouissance. Quoiqu'elles soient en général peu difficiles sur la nature du terrein & sur l'exposition, on a soin néanmoins de réserver les places les plus avantageuses au n.° 4, qui fleurit d'autant plus tard, que le fonds est plus frais & qu'il est planté plus au Nord; aux n.° 9 & C. 10 C, E, D, F, du n.° 12, n.° 13. Elles sont d'une culture très-facile, & tellement que les Hivers détruisent les tiges de quelques-unes, alterent si peu leurs racines, qu'elles donnent au Printems suivant des sarmens plus vigoureux. Dans les petits Jardins, on rabat quelquefois les tiges du n.° 12 & de la variété D, & si l'on veut avoir des fleurs en Septembre & Octobre, on supprime, à la fin d'Avril, les pousses du Printems; elles sont bien-tôt remplacées. On débarrasse, en Automne, de leurs tiges, les vivaces. Celles-ci se multiplient aisément. Il ne s'agit que de partager leurs racines avec un couteau bien tranchant, & d'avoir soin de laisser deux ou trois œilletons à chaque fragment. On observe seulement que, si le fond de terre est humide, cette opération qui se fait ordinairement en Automne, se doit retarder jusqu'au commencement de Mars. Mais cette même attention a lieu à l'égard de toutes racines qui se partagent. Jamais on n'est tenu de les séparer, hors le cas d'en communiquer ou d'en garnir ailleurs, puisque ces Plantes ne pourrissent point au cœur, & ne s'altèrent point.

On retire quelquefois des dragons de quelques espèces des ligneuses; mais comme on ne peut pas compter sur cette ressource, on est tenu de les marcotter. On choisit, non une branche boisée, car les racines se feroient attendre deux ans, mais une de l'année, qu'en Septembre, après lui avoir fait une entaille, l'on couche & assujettit avec une fourchette dans un enfoncement de trois à quatre pouces, qu'on a fait à portée, qui se recouvre de deux pouces de bonne terre, & qui se comble avec du vieux tan ou du terreau, afin que les gelées n'interrompent pas la réparation du désordre que l'on vient d'occasionner, d'où résultera la sortie des racines au pied de la branche, que l'on sèvera en Septembre suivant, en la coupant au-dessus de terre, près du sujet auquel elle a été empruntée. Nous estimons qu'il vaut mieux la laisser passer le second hiver au même endroit que de l'enlever, puisqu'elle ne peut encore figurer en place, ainsi qu'elle sera en état de faire à l'Automne suivant; on évite une transplantation, & l'on gagne presque le produit d'une sève. Ce procédé, tout simple & d'un succès assuré, s'applique à toutes les Clématites ligneuses, espèces & variétés.

Les 2, 3, 15 exceptées, toutes se multiplient par boutures au mois de Mars; on place les boutures dans de petits pots remplis de terre composée de moitié terreau & moitié sable de bruyère. On les enfonce dans une couche de tan chaude, recouverte d'un chassis. On les arrose trois fois la semaine ; on donne de l'air tous les jours, en entr'ouvrant le chassis, que l'on tient, au moyen d'un paillasson à l'abri du Soleil, & trois mois après les boutures sont enracinées. On les familiarise peu-à-peu à l'air extérieur : celles de serre chaude s'y placent sur des tablettes, les autres se mettent en pépinière à six pouces de distance. La manière de faire des boutures que nous avons indiquée sans culture (*Voyez* son article) convient encore à merveille aux Clématites de pleine terre.

Le troisième moyen de multiplication pour les Clématites, sans distinction, est le semis : mais il n'a presque rien en sa faveur. Si on ne sème pas dès la maturité des graines, on n'en doit rien attendre avant la seconde année. Il est vrai que semées aussi-tôt que mûres, les graines lèvent à la fin du Printems suivant, si les pots ont été mis sur couche & sous chassis (*Voyez son Article.*) ; mais combien d'années faut-il attendre, pour que les pieds soient en état de se produire & de donner des fleurs, seul agrément à-peu-près qu'ils peuvent procurer. On sent bien que nous distinguons, dans ce cas, les travaux de ceux qui viseroient à obtenir des variétés nouvelles.

Les Clématites de serre chaude s'y cultivent à-peu-près avec la même facilité que les autres en pleine terre ; elles y causent beaucoup d'ombrage, & la serre chaude n'auroit probablement pas été imaginée pour elles ; mais les n.os 16, 17 & 18, y doivent dédommager, par leurs fleurs, de la place qu'elles y occuperont : sur la 18.e, nous observerons que la serre tempérée suffiroit, & si nous la plaçons en serre, ce n'est que par prudence, &, en quelque sorte, pour l'interroger.

Usage.

Ces Clématites sont d'une très-grande ressource pour l'ornement des Jardins. Elles couvrent élégamment des berceaux, des tonnelles ; elles sont propres à déroger à la vue des endroits qui ne sont qu'utiles ou nécessairement faits pour ne la point arrêter agréablement : mais le goût doit présider à leur distribution. On ne doit pas oublier que l'Art est de cacher l'Art, & qu'il ne plaît jamais davantage que lorsqu'il se fait un peu deviner, ou quand il se montre sans prétention. Les 2, 3 & 15, sont des plantes de grands parterres, de parterres de bosquets qui figurent encore à merveille sur les devants dans les jardins paysagistes ; la 15.e sur-tout, qui a reçu il y a long-tems tous les suffrages, en fera encore l'ornement. A l'égard des autres, elles se placeront dans les ruines, dans les bosquets, dans les lieux trop éclaircis, où leur port arrondi ou étendu se pliera aux commodités locales, suivra en quelque sorte le desir pour contenter l'œil par-tout où l'air libre permettra le développement & l'étendue d'une belle guirlande.

Historique, vertus & propriétés.

On doit à M. Tournefort la 5e. espèce qu'il apporta du Levant ; on prétend que la 10e. a été déposée au Jardin National par M. Richard.

Tout le monde connoît la propriété escarotique de la Clématite n.° 1, & l'abus qu'il faut peut-être d'abord reprocher à la richesse insensible qu'en fait l'humanité indigente & avilie, pour exciter la commisération ; mais on ne sait pas généralement que la sixième espèce paroît avoir la propriété escarotique plus exaltée, puisque ses feuilles pilées & appliquées tiennent lieu, à Madagascar de mouches cantharides. Puisse cette plante transportée dans le continent Européen s'y acclimater, & faire bannir de la Pharmacie une poudre, utile à la bonne heure, mais dont l'emploi est si dangereux pour certains viscères. Cette espèce est tellement propre à combattre les maladies qui reconnoissent pour cause les sérosités que les feuilles pilées, & entre sept à huit doubles de linges, posées légèrement sur la joue, enlèvent le mal de dents, en amenant les sérosités.

M. Dambourney (*Voyez* art. CÔNE) dit que les sarmans du n.° 1, hachés & cuits pendant deux heures, donnent un jaune à-peu-près comme celui des racines de Bourdaine.

Les sarmens de la même espèce servent à faire des ruches, &c. Si on les dépouille de leur écorce, ils sont propres à faire de jolis paniers. (*M. QUESNÉ.*)

On emploie, dans quelques cantons du Bas-Languedoc, la Clematite comme fourrage. C'est l'espèce appellée, par Linné, *Clematis flammula*, quatrième espèce. Les sarmens de cette plante rampent & s'étendent beaucoup : fraîche, elle enflamme la bouche ; sèche, elle a seulement le goût herbacé. Elle croît dans les lieux incultes, dans les dépôts sablonneux de la Méditerranée, tels que la vaste plaine entre Mauguio & Aigues-mortes, les Pinades de Saint-Jean & de Lablé, Syvereal, &c., suivant M. Dorthes, qui a adressé à la Société d'Agriculture quelques notes sur cet objet. On a soin de ramasser la Clématite dans ces endroits, en coupant les sarmens près de la tige principale ; on en forme de petites bottes, qu'on fait sécher, & qui pèsent un peu plus d'une livre. On en donne aux bestiaux dans toutes les occasions où on leur donneroit de l'avoine ; ils la mangent avec plus d'appétit. Les personnes qui en ramassent au-delà de la consommation de leurs bestiaux, en vendent sur le pied de cent sols le cent. Il y a des Fermiers qui en recueillent jusqu'à onze mille bottes par an.

Les détails, donnés par M. Dorthes, supposent

que la Clématite est véritablement employée comme fourrage; mais ils ne prouvent pas qu'elle puisse remplacer l'avoine, ce qui n'est pas nécessaire pour qu'il soit intéressant de la multiplier. C'est un secours de plus, que l'Agriculture ne doit pas négliger dans les pays où cette plante se plaît.

En annonçant que la Clématite sèche n'a plus qu'un goût herbacé, je réponds à l'objection qu'on auroit pu faire contre sa caussicité, qui ne consiste, à ce qu'il paroît, que dans le suc qu'elle contient, étant encore verte.

On a vu précédemment que la Clématite pouvoit se multiplier facilement. M. Dorthes voudroit qu'on en essayât des prairies artificielles dans les lieux arides. Avec quelque soin dans la taille, & quelque petite culture, elle produiroit davantage, & en augmenteroit encore la récolte, si on plantoit à chaque pied un échalas, ou si on plaçoit les pieds au bas des arbres, & sur-tout des Peupliers, dont on ne couperoit pas les branches inférieures, afin que les sarmens pussent les atteindre. (*M. l'Abbé* TESSIER.)

CLETHRA. Nom françois & latin, d'un genre composé d'arbrisseaux étrangers qui se cultivent en pleine terre dans notre climat, & dont il sera traité, pour cette raison, dans le Dictionnaire des Arbres & Arbustes. (*M.* THOUIN.)

CLIBADE, *CLIBADIUM*.

Ce genre, institué par M. Allemand, & adopté par les Botanistes modernes, fait partie de la famille des CORYMBIFÈRES. Il n'est encore composé que d'une seule espèce qui n'a point encore été cultivée en Europe.

CLIBADE de Surinam.

CLIBADIUM Surinamense, *L.* de Surinam.

Nous ne connoissons ni le port de cette plante, ni sa durée. Nous savons seulement que ses fleurs viennent sur des pédoncules opposés, qu'elles sont réunies plusieurs ensemble, dans un calice commun, & qu'elles sont de deux espèces. Celles qui occupent le disque de la fleur sont mâles, tandis que celles de la circonférence sont femelles & ont une corolle blanche. Ces derniers produisent des espèces de baies verdâtres qui donnent un suc jaune & visqueux, au milieu duquel se trouve une semence comprimée & en forme de cœur.

Culture. Il est probable que les graines de cette plante étant semées, au Printems, sur couche, & sous chassis, lèveront dans le courant de l'Eté, pourvu qu'elles soient de la dernière ou de l'avant-dernière récolte, parce que beaucoup de graines des plantes de cette famille perdent promptement leurs facultés germinatives. Il est également probable que les jeunes plants, cultivés comme ceux des végétaux de la Zône Torride, sous des baches & dans des serres chaudes, réussiront dans notre climat. (*M.* THOUIN.)

CLIFFORTE, *CLIFFORTIA*.

Genre de plantes de la famille des PIMPRENELLES, suivant M. la Marck, & de la troisième section des ROSACÉES de M. de Jussieu. Il comprend au moins quinze espèces : ce sont des plantes vivaces, presque toutes ligneuses, quelques-unes sarmenteuses, à feuilles persistantes, simples, géminées ou ternées, presque sessilles, engrainées à leur base, ou souvent soutenues par une stipule; à fleurs dioïques, c'est-à-dire les mâles sur un individu, les femelles sur un autre, naissant dans les aisselles des feuilles, & de peu d'apparence. Elles sont étrangères; elles se multiplient par graines & par boutures; & leur culture, en Europe, est d'orangerie & de serre tempérée; elle seroit agréable dans quelque collection que ce soit, & utile dans celles qui ont la Botanique pour objet.

Espèces.

1. CLIFFORTE à feuilles de houx.
CLIFFORTIA ilicifolia. L. ♄ Afrique.

2. CLIFFORTE à feuilles en cœur.
CLIFFORTIA cordifolia. La M. Dict. ♄ Afrique, Cap de Bonne-Espérance.

3. CLIFFORTE à feuilles de fragon.
CLIFFORTIA rusifolia. L. ♄ Afrique.

4. CLIFFORTE à feuilles de renouée.
CLIFFORTIA polygonifolia. L. ♄ Afrique.

5. CLIFFORTE trifoliée.
CLIFFORTIA trifoliata. L. ♄ Afrique.

B. Clifforte à feuilles plus petites linéaires lancéolées.
Cliffortia foliis minoribus lanceolatus. ♄ Afriq.

6. CLIFFORTE sarmenteuse.
CLIFFORTIA sarmentosa. L. ♄ Afrique.

7. CLIFFORTE conifère.
CLIFFORTIA strobilifera. L. ♄ Afrique, Cap de Bonne-Espérance.

8. CLIFFORTE odorante.
CLIFFORTIA odorata. La M. Dict. ♄ Afrique, Cap de Bonne-Espérance.

9. CLIFFORTE à feuilles de vinetier.
CLIFFORTIA berberidifolia. La M. D. ♄ Afrique.

10. CLIFFORTE graminée.
CLIFFORTIA graminea. La M. Dict. ♃ Afrique, Cap de Bonne-Espérance où elle est très-rare.

11. CLIFFORTE à feuilles de péplide.
CLIFFORTIA obcordata. La M. Dict. Afrique, Cap de Bonne-Espérance.

12. CLIFFORTE crenelée.
CLIFFORTIA crenata. La M. Dict. ♄ Afrique, Cap de Bonne-Espérance.

13. Cliforte à feuilles conniventes.

Cliffortia pulchella. La M. Dict. ♄ Afrique, Cap de Bonne-Espérance.

14. Cliforte à feuilles en faulx.

Cliffortia falcata. La M. Dict. ♄ Afrique, Cap de Bonne-Espérance.

15. Cliforte à feuilles de genevrier.

Cliffortia juniperina. La M. Dict. Afrique, Cap de Bonne-Espérance.

1. Cliforte à feuilles de houx. C'est un arbrisseau de trois à quatre pieds de hauteur, dont les branches sont très-nombreuses, & tellement flexibles qu'il faut les assujettir par un tuteur. Les feuilles en cœur, larges à leur extrémité, qui est comme tronquée, sont d'une texture très-ferme & d'une couleur griseâtre; elles embrassent un peu la tige à leur base, & elles sont, ainsi que les branches, placées alternativement; elles persistent pour la plupart. La fleur, avant de se développer, présente un bouton de la forme de celui du Caprier, mais beaucoup moins gros. Il se trouve en Afrique.

2. La Cliforte à feuilles en cœur n'a presque de différence avec le N.° 1, que parce que ses feuilles, sont plus en cœur, pointues, sans dentelure, & qu'elles embrassent davantage la tige; celles des sommités sont distinguées par quelques dents anguleuses & piquantes. Les fleurs naissent seule à seule, sur les côtés, dans les aisselles des feuilles, d'où elles ne s'élèvent point. Cet arbrisseau croît au Cap de Bonne-Espérance.

3. Cliforte à feuilles de fragon. Son port, très-branchu, qui n'excède pas quatre pieds, pourroit se comparer à celui de l'avoine. Les feuilles, d'abord velues, ensuite lisses, petites, nombreuses en lance, terminées par une épine très-aigue, absolument sans dentelure, fort rapprochées, naissent en paquets, sans ordre, & sont persistantes. Les fleurs, aussi en paquets velus, sont placées sur les côtés. Cet arbrisseau croît en Afrique.

4. La Cliforte à feuilles de Renouée est velue. Son port est du même mode que celui du N.° 3, & des deux tiers plus petit. Ses branches, menues, rondes, ne se subdivisent presque point. Les feuilles naissent trois ensemble, sur une petite gaîne; elles sont très-petites, étroites, pointues, sans dentelure, mais paroissant en avoir une par les ondulations de leurs bords. Elles sont persistantes; les fleurs naissent dans les aisselles des feuilles. Cet arbrisseau croît en Afrique.

5. Cliforte trifoliée. Arbrisseau qui, par le port, ne s'éloigne pas beaucoup des deux précédens, mais qui s'élève davantage. Ses branches sont très-velues & plus chargées de ramilles. Les feuilles sont aussi par trois, & engrainées à leur base; celle du milieu est plus grande, presqu'en forme de coin, & fendue en trois parties. Elles sont peu velues. Les fleurs naissent sur les côtés dans les aisselles des feuilles, d'où elles ne s'élèvent point. La variété B a des feuilles plus petites, étroites & en lance. L'une & l'autre se trouvent en Afrique.

6. Cliforte sarmenteuse. Arbrisseau sarmenteux, s'élevant de quatre pieds, à tige très-menue. Ses branches ne se divisent point; elles sont munies d'un léger duvet, & placées alternativement, ainsi que ses feuilles, réunies par trois, presque sans queue, très-étroites & persistantes. Les fleurs comme dans les précédentes. Il croît en Afrique.

7. Cliforte conifère. C'est un arbrisseau presque sarmenteux, à feuilles naissant par trois dans les gaines que forment les stipules. Elles sont étroites, aigues, longues d'un pouce & demi, lisses, en gouttière, & portant, de l'autre côté, un angle tranchant. On observe sur les branches des cônes écailleux. Il croît au Cap de Bonne-Espérance.

8. Cliforte odorante. Arbrisseau droit, de trois pieds de hauteur, à branches qui ne se subdivisent point, & dont les sommets sur-tout sont un peu velus; à feuilles placées alternativement, à queues courtes; elles sont ovales, velues en dessous, longues d'un pouce & demi, larges d'environ un pouce. Les fleurs naissent dans les aisselles des feuilles. Il croît au Cap de Bonne-Espérance.

9. Cliforte à feuilles de vinetier. Sa tige est lisse, ronde, rousseâtre, dure, pleine de moëlle, & paroît n'être qu'herbacée. Ses branches sont fort courtes & très-touffues. Les feuilles sont presqu'en lance, à dents fort menues, se terminant par une soie dure; elles sont lisses, marquées de veinures en dessous, & presque sans queue: elles persistent. Cet arbrisseau croît en Afrique.

10. Cliforte graminée. C'est une plante poussant plusieurs tiges de deux pieds de hauteur, fort peu rameuses, striées, à feuilles très-rapprochées, droites, en forme d'épée, lisses, aigues & dentées d'une manière très-fine. Elle est vivace; on la trouve au Cap de Bonne-Espérance, près du ruisseau de Madame Frontin.

11. Cliforte à feuilles de Péplide. Petit arbrisseau droit, à branches placées sur deux côtés opposés, à feuilles naissant par trois, sans queue, presque rondes, celle du milieu presque en forme de cœur, sans dentelure, sans nervure & lisses. Linné fils les compare à celles de la Péplide *portulacée*. Il croît en Afrique, au Cap de Bonne-Espérance.

12. Cliforte crenelée. Arbrisseau droit, d'une médiocre grandeur, à feuilles naissant par deux, sans queue, réunies à leur base, très-légèrement crenelées, lisses, & de la grandeur de l'ongle. Il se trouve au Cap de Bonne-Espérance.

13. Cliforte à feuilles conniventes. Sur cet arbrisseau, les feuilles naissent par deux, arron-

dies, absolument sans dentelure, très-rapprochées à leur base, & ornées, en dehors, par la forme de rayons qu'affectent régulièrement les nervures. La cavité que les deux feuilles forment entr'elles, présente les fleurs comme dans l'*Hedysarum pulchellum*. *Voyez* SAIN-FOIN. Il croît au Cap de Bonne-Espérance.

14. CLIFFORTE à feuilles en faulx. Arbrisseau d'un pied de hauteur, droit, branchu, d'un port serré, à feuilles naissant, le plus souvent, par trois à chaque bourgeon, petites, étroites, un peu pointues, lisses, tournées en manière de faucille, & à bords recourbés en dessous. Il croît en Afrique, au Cap de Bonne-Espérance.

15. CLIFFORTE à feuilles de Genevrier. C'est un arbrisseau qui a le port du Genevrier; il est droit, très-branchu, & il s'élève de trois pieds. Ses feuilles, en épingle, linéaires, creusées en gouttière, aigues, presque dentelées, naissent en faisceau. Les fleurs sont placées dans les aisselles des feuilles. Il se trouve au Cap de Bonne-Espérance.

Culture. On ne perdra point de vue que les Cliffortes sont des plantes dioïques, & qu'il en faut deux de sexe différent pour avoir des semences.

Le N.° 10 est une plante vivace, fort rare, même au Cap de Bonne-Espérance, & qui se devroit cultiver avec succès, sous chassis. Les autres N.°s, sans exception, sont des arbrisseaux du même lieu, ou de l'Afrique. Ils pourront se placer dans des serres différentes, mais ils se cultiveront tous en pots remplis de la même terre argilleuse, bien divisée, ou passée à la claie, & à laquelle on a ajouté une huitième partie de sable de mer ou de bruyère. *Voyez* CLUTELLE, N.°s 1 & 5. Cet article expose de plus le procédé d'usage pour la multiplication par boutures, dont les essais réussiront probablement pour un très-grand nombre de Cliffortes, puisque les deux espèces, N.°s 1 & 5, déjà éprouvées à cet égard, peuvent raisonnablement le faire croire. Elles s'enracinent promptement, & elles se peuvent faire dans tous les mois de l'Eté.

Si on recevoit des graines des différentes espèces de ce genre, on les sèmeroit, en Avril, dans des petits pots qu'on enfonceroit dans une couche chaude de tan, couverte d'un chassis; les jeunes plantes se repiqueroient, en ménageant le chevelu dans de petits pots remplis de sable de bruyère, & sans les exposer trop rapidement à l'air libre; on arrangeroit les pots dans une planche au Levant, & on leur feroit passer le premier Hiver dans la serre chaude; on y admettroit sur-tout les plantes qui montreroient moins de vigueur.

Quoique nous soyons dans une grande disette d'individus, la conduite ultérieure que l'on doit tenir à l'égard des Cliffortes qu'on se procureroit, n'est pas très-conjecturale. Les espèces N.°s 1 & 5, placées à l'exposition d'un mur au Midi, y passeroient l'Hiver, si il étoit doux: celles-ci donc s'accommoderont de l'orangerie, & même des places les moins avantageuses; plusieurs autres seront sans doute dans le même cas. La Clifforte, N.° 3, est plus délicate; elle redoute les pluies froides de l'Automne, &c. On la place en serre tempérée, & non loin du fourneau. Il ne faut pas avoir été long-tems environné de tous ces êtres, pour prendre, par eux-mêmes, des connoissances assez précises sur la distribution qu'il en faut faire dans les serres, pour passer les tems rigoureux pendant lesquels il est plus question d'entretenir que d'exciter la végétation: d'ailleurs, il est de règle que toutes les plantes d'Afrique sont de serre tempérée. L'économie des places fait faire quelquefois des arrangemens qui n'ont presqu'indirectement les goûts des arbrisseaux pour objet. Les Cliffortes doivent être arrosées avec modération en Hiver, & même au Printems, sur-tout pendant les premiers quinze jours de leur sortie des serres, qu'ils doivent passer à l'ombre.

Usages. On emploie les Cliffortes alternativement avec les Myrtes, pour décoration, le long des allées; elles figurent assez bien, soit dans les jardins, soit dans les serres des Amateurs des plantes étrangères; mais leur place la mieux marquée est dans les Ecoles de Botanique. (*F. A.* QUESNÉ.)

CLIMAT. On entend ordinairement par *Climat*, le degré de chaleur ou de froid d'un pays ou d'un site: ainsi, on dit un Climat froid ou chaud, & souvent on se contente d'une observation aussi superficielle. Mais comme les végétaux sont soumis à l'influence de tous les élémens, tous, ainsi que leurs composés, agissent sur eux, soit *mécaniquement* sur leur extérieur, soit *chimiquement* sur leur combinaison. Et comme tous ces effets différens modifient, d'une manière plus ou moins profonde, la forme de chaque plante, il faut qu'un Agriculteur connoisse chacun de ces effets, ses causes & les moyens de les prévenir, lorsque cette influence est nuisible à la quantité ou à la qualité des produits. De cette manière, la position sur le globe ou latitude, l'élévation au-dessus du niveau de la mer, la réflexion plus ou moins forte de la lumière, ou son absence, la quantité des pluies, leur durée, & le mode de leur écoulement, la pénétrabilité plus ou moins grande du sol; enfin, les effets de la culture sur les végétaux, sont des objets qu'il doit méditer, & sur lesquels il doit réunir des masses de faits. De leur connoissance parfaite naîtra celle des moyens de perfectionner les espèces utiles: on pourra aussi déterminer les espèces d'une manière invariable, & les distinguer des variétés; car, dès qu'on saura la latitude des variations que peut subir une plante, tout caractère qui résistera à ces changemens sera le véritable caractère spécifique de l'espèce. J'ai déjà établi cette indispensabilité dans un Mémoire adressé aux Naturalistes. (*Introd. aux Mémoires pour servir à l'Histoire. Phys. & Nat. de la Suisse, Tom. I*) &, j'ai annoncé que je m'occupe, depuis plusieurs années, d'un ouvrage de cette nature, ouvrage où les recherches se multiplient à chaque pas, & que mes occupations commerciales retarderont sans doute long-tems.

La multiplicité des discussions qui seroient nécessaires pour rendre évident un plan général *de l'Influence des Climats sur les Etres organisés*, jointe à quelques chaînons qui m'échappent encore, me forcent à donner simplement une notice des principaux faits sur lesquels on peut fixer ses méditations. Ces vues générales pourront engager des Physiciens à diriger leurs expériences vers ce point de vue, & ce seroient des pas que feroit une science à peine ébauchée.

Forme des Plantes, relativement au Climat qu'elles habitent.

La lumière est nécessaire aux végétaux; ils s'étiolent dès qu'elle leur manque : donc, son intensité, sa durée, la chaleur qu'elle occasionne, & qu'il faut distinguer de ses effets, ont une action plus ou moins forte, dont on peut appercevoir les résultats, quoique moins prononcés que ceux d'une absence totale de lumière.

L'eau, soit imbibée dans la terre, ou répandue dans l'air, comme pluie, brouillard, vapeur, neige, &c., a aussi une influence réelle sur les végétaux; les plantes des lieux où l'eau est rare, ne sont pas les mêmes que dans les lieux où elle afflue; plusieurs espèces même ne se développent que dans cet élément. Donc, la plus ou moins grande quantité d'eau, sous ces différens états, a une influence quelconque sur les végétaux.

L'air, par lui-même, n'a que peu d'influence sur les plantes; c'est plutôt par ses combinaisons avec les autres élémens, qu'il agit sur elles, soit en accélérant leur transpiration, lorsqu'il est sec; ou en la retardant, lorsqu'il est saturé, ou prêt à l'être; soit enfin parce que sa transparence dépend des vapeurs qu'il contient. Peut-être aussi que sa plus ou moins grande pureté chimique agit d'une manière quelconque sur les végétaux.

La terre, enfin, plus ou moins pénétrable aux influences des autres élémens, influe, par ce moyen, sur les végétaux.

Chaque latitude, outre ses positions locales, a un degré de chaleur qui lui est propre, & qui est autant produit par la longueur des Etés, que par l'angle d'incidence de la lumière. Donc, il doit exister une certaine analogie de conformation entre les végétaux qui y croissent. Mais comme les sites particuliers diffèrent, nous ne pouvons envisager cette analogie que d'une manière très-générale.

Forme des Plantes sous les tropiques.

Un ciel brûlant & sans nuages, expose, pendant neuf mois, les végétaux à toute l'activité d'une lumière qui les frappe presque verticalement. De longues nuits, pendant lesquelles de fortes rosées descendent sur eux, tempèrent cet effet; & cependant c'est un tems où les plantes se reposent & mûrissent lentement leurs fruits. Trois mois de pluies continuelles rendent à la végétation toute sa vigueur; de nouvelles feuilles paroissent; les plantes se couvrent de fleurs, & reprennent une nouvelle existence. Voilà, en raccourci, le tableau des pays situés entre les tropiques.

Les arbres, dans ces pays brûlés, paroissent avoir une surabondance de vie; les cercles annuels du bois y sont moins tranchés, parce que la végétation n'est pas suspendue; leur grain y est, ou très-fin & d'une dureté excessive, ou filasseux, c'est-à-dire difficile à rompre en travers, quoiqu'il se maille & se sépare facilement en fibres : ce caractère particulier des bois blancs des tropiques, tels que le *Cacaoyer*, le *Fromager*, le *Carambolier*, est digne de l'attention des Naturalistes. Je l'ai vérifié sur plusieurs arbres envoyés dernièrement au Jardin du Roi, tels que le *Cedrel*, l'*Hevé*, le *Corossol d'Asie*, &c.

Les racines des arbres pivotent moins que celles des arbres des Zônes tempérées; la plupart se divisent en cuisses qui s'étendent sous terre, à une certaine distance, mais sans pénétrer. On y observe, en général, plus de racines rampantes que de pivotantes, quoique de certains arbres, tels que le *Cacaoyer*, en aient de cette dernière espèce.

Les fruits des arbres croissent fréquemment sur les troncs & les grosses branches; leur volume est souvent considérable, la peau ou l'écorce qui les couvre est épaisse, & tellement exaltée par l'action du Soleil, que son goût en est rebutant. Les fruits des *Callebassier*, *Carambolier*, *Cacaoyer*, *Papayer*, *Jaquier*, *Tamboul*, *Cocotier*, *&c.*, *&c.*, naissent sur le tronc ou sur les principales branches, & sont d'un volume énorme. Les fruits du *Mammé*, de l'*Avocat*, des *Grenadilles*, du *Goyavier*, du *Cachimantier*, du *Courbaril*, *&c.*, ont des peaux ou écorces épaisses de deux & trois lignes. L'écorce des fruits du *Cacaoyer*, du *Cachimantier*, de l'*Ananas*, de l'*Acajou*, *&c.*, est amère, quoique la pulpe soit d'un goût agréable.

Les plantes aqueuses, nommées vulgairement *charnues*, sont originaires des pays situés entre les tropiques, & leur nombre diminue à mesure qu'on s'en éloigne. Or, comme un Physicien n'admet rien comme effet du hasard, il doit reconnoître une influence quelconque du Climat de ces pays, qu'il seroit intéressant de découvrir.

L'analogie nous conduit même à voir que beaucoup de plantes à feuilles épaisses ont des analogues à feuilles minces dans les Zônes tempérées : les *Euphorbes*, les *Geranes*, les *Cacalies*, les *Crassules* nous en offrent la preuve.

Les plantes des pays chauds sont généralement plus cotonneuses & plus garnies d'épines que celles des pays froids. Nous examinerons cette influence dans un article séparé.

Enfin, les Palmiers, cette famille de *plantes ligneuses*, est un produit des pays situés entre les tropiques, dont quelques espèces seulement se sont étendues au-delà, & ces mêmes espèces sont celles qui se rapprochent le plus de la nature des herbes. On ne peut point considérer les Palmiers comme des arbres, puisqu'ils ne sont pas formés de couches ligneuses, annuelles, conservées & formées par l'écorce, mais comme des plantes dont ils ont le mode de développement; ils diffèrent seulement de la tige du Chou par la dureté de leur écorce, car leur organisation intérieure est absolument la même. Et, comme les Palmiers se rapprochent de la nature des herbes, dans les espèces qui s'éloignent le plus des pays chauds, il faut en conclure que la production des Palmiers dépend du Climat qu'ils habitent, & qu'à mesure qu'ils s'en éloignent, leurs caractères s'affoiblissent. Il seroit intéressant de connoître quelles circonstances déterminent leur existence dans ces pays-là.

Forme des plantes sous les Zônes glaciales.

Dans les parties voisines des Zônes tempérées, les arbres sont encore assez nombreux; mais, à mesure qu'on s'en éloigne, pour s'approcher des Pôles, ils deviennent plus rares, diminuent de taille, & ne sont plus que des arbrisseaux, avant de cesser tout-à-fait. Ces arbres ont une forme particulière; ils sont presque tous de la famille des conifères; leur fruit est petit, sans pulpe, & enveloppé d'une ou deux couvertures de consistance ligneuse. Voilà donc un extrême opposé à celui des tropiques. Là, des fruits énormes portés sur la tige; ici, des fruits infiniment petits, où le germe est à peine enveloppé de pulpe, & qui terminent les dernières ramifications des branches. Quelques arbrisseaux baccifères, & un Pin, sont les seuls dont les fruits soient mangeables; & ces mêmes espèces sont couvertes de neige, à cause de leur peu de développement: cette circonstance influe beaucoup sur la conformation des plantes.

Un coup-d'œil sur les espaces intermédiaires entre ces deux extrêmes, éclaircira encore ce que je viens d'avancer. A mesure qu'on s'éloigne des tropiques, dans les Zônes tempérées, on quitte les fruits pulpeux, à écorce épaisse, pour en voir dont l'écorce n'est qu'une pellicule. A l'*Orange*, succède la *Pêche*, l'*Abricot*, la *Prune*, dont le volume est moins considérable: ces derniers fruits cessent de croître dans le Nord de l'Europe, & les fruits en bayes sont les seuls qu'on voye dans la partie des Zônes tempérées qui approche des Cercles Polaires.

Les herbes sont petites dans le Nord; elles sont presque toutes vivaces, & se multiplient par les racines, plutôt que par les graines, que des froids hâtifs empêchent de mûrir; elles forment par conséquent la plupart des touffes épaisses & un gazon très-serré. Il paroît même que ces plantes ne cessent pas de végéter sous cette énorme couverture de neige qui les préserve du froid; c'est ce que nous verrons plus bas.

Influence du Climat sur la nature du sol.

Le sol des Régions Polaires n'est pas le même que celui des pays situés sous les tropiques. Dans les pays chauds, la chaleur & l'humidité concourrent, pendant toute l'année, à décomposer les êtres organisés qui périssent; les plantes se putréfient; leurs parties, entraînées par l'eau, pénètrent la terre, s'y mêlent, & forment le terreau ou la terre végétale. Dans les marais, il se forme du limon.

Les Régions Polaires n'ont qu'un Eté très-court; le peu de chaleur qu'on y éprouve, est accompagné de sécheresses. Aussi les plantes qui périssent ne se putréfient pas; elles se sèchent, & la couche de neige, qui les couvre, ne fournissant pas sans doute une humidité suffisante, ou pour quelqu'autre raison qui m'est inconnue, les change en tourbe ou terreau de bruyères, qui forme la seule terre végétale du Nord. En effet, on ne voit point de tourbières dans les pays chauds; elles commencent dans les pays tempérés, & leur nombre augmente à mesure qu'on s'avance vers les pôles. Le terreau de bruyère est de la même nature, parce qu'il se forme au-dessus d'une couche de sable qui absorbe l'humidité, & produit, par une cause différente, un effet semblable. Le terreau des Alpes est de la même nature que celui du Nord, pour la même raison. La même décomposition des extrémités des plantes, qui s'observe sous les Pôles, a lieu sur les Alpes, & les végétaux s'y conservent par une progression du même individu, tandis que sa partie inférieure est à différens degrés de décomposition. Et même les plantes du Nord ayant les racines longues, la partie inférieure périt à mesure, & se change graduellement en tourbe, tandis que le haut végète, se ramifie, & conserve l'espèce par une progression semblable.

Des poils & des épines, considérés relativement au Climat.

Les poils & les épines, de l'aveu de tous les Naturalistes, sont des parties accessoires des végé-

taux

taux : ce sont des espèces de secondes végétations, qui se développent sur les principales ; mais ils ne s'accordent pas sur la manière dont ces productions secondaires y tiennent. Les uns prétendent que les poils ont un germe inhérent à la nature de la plante, & qui se développe de la même manière que les fleurs, les boutons à feuilles & les autres parties des végétaux. D'autres disent que les poils ne sont que des aggrégations secondaires qui se forment dans le végétal, & que leur naissance dépend, en entier, de la situation où il se trouve. Ainsi, la présence ou l'absence des poils ne peut nullement influer sur la distinction des espèces, parce que leur abondance, & même leur absence totale ne naissent que de circonstances particulières. Quelques principes, tirés des observations les plus constatées, développeront la question.

Les plantes des pays chauds ont, généralement parlant, des poils plus nombreux & plus cotonneux que celles des pays tempérés & froids. Deux variétés de la même plante, dont l'une est d'un pays ou d'un site plus chaud, diffèrent par l'abondance des poils qui couvrent la seconde.

Deux variétés, l'une d'une terre sèche, & l'autre d'une terre humide, diffèrent par l'abondance des poils qui couvrent la première : les plantes qui croissent dans un lieu sec, très-exposé au soleil, quoique plus petites que celles d'un lieu humide ou ombragé, sont couvertes de poils, tandis que les dernières en ont peu ou point.

Les plantes des marais sont presque toutes glabres,

Une plante d'un terrein sec, transplantée dans un jardin, y perd ses poils en peu de tems.

La même chose s'observe, d'une manière encore plus constante, lorsqu'on sème la graine.

Beaucoup de plantes perdent leurs épines par la culture.

De tous ces principes, on peut conclure que le nombre des poils qui couvrent une plante, dépend entièrement des circonstances où elle se trouve, & qu'ils sont absolument des produits accidentels de la végétation. Ainsi, la nature du Climat influe sur leur formation. Reste à examiner comment elle peut agir.

Un être organisé a une existence bornée ; le terme de sa vie est celui où sa charpente primitive, développée par les molécules qui se logent dans les cavités ou mailles de son réseau, ne peut plus en recevoir. Alors sa caducité commence, & ses pas vers son anéantissement, sont plus rapides que sa croissance. La vie des végétaux est animée par la lumière ; c'est elle qui, par un mécanisme encore inconnu, détermine le mouvement de la sève. Donc, une plante qui végète sans lumière, & une plante qui végète exposée à la lumière la plus vive, doivent recevoir des impressions bien différentes. Nous ne pouvons pas comparer d'une manière absolue les plantes des tropiques, parce que les vapeurs répandues dans l'air, retardent le mouvement du rayon, mais bien celles des hautes sommités, où l'air étant d'une sécheresse excessive, elles reçoivent toute l'intensité de la lumière, effet bien différent de la chaleur de l'atmosphère ; car plus l'air est sec & pur, moins il s'échauffe (1).

Les plantes étiolées sont longues, foibles, d'une consistance aqueuse, jaunes ou d'un verd pâle ; leurs rameaux sont peu nombreux ; les fleurs, lorsqu'il en paroît, sont foibles, & avortent presque toutes ; souvent elles périssent en bouton. Le tissu intérieur de ces plantes est lâche, comme si les sécrétions n'ayant pu se faire, toute l'eau y fût restée & eût relâché le tissu primitif. Leur surface est toujours rase & sans aucun poils, quoiqu'elles en portent dans leur état ordinaire.

Les plantes des hautes sommités sont basses, ramifiées dès la racine, d'une nature sèche & dure ; leurs fleurs, &, en général, tout l'appareil de la génération, d'un volume énorme, souvent égal au reste de l'individu ; leurs graines sont grosses & bien mûres ; leur surface est couverte de poils, plus nombreux sur les sommités que sur le reste de la plante, & plus abondans à mesure que la plante est d'un lieu plus élevé.

Une plante des Alpes, transportée dans la plaine, ou entraînée dans la vallée, par les torrens, se trouve dans une atmosphère moins pure, où l'action des rayons solaires est ralentie par les vapeurs ; cette plante y acquiert un volume plus considérable ; ses ramifications y sont moins nombreuses ; mais en même-tems elle y perd une grande partie de ses poils ; souvent elle y devient presque glabre. Donc, c'est à la plus ou moins grande activité de la lumière, que les plantes doivent les poils qui les couvrent ; & cela, au moyen d'une accélération du principe de vie inhérent à la végétation.

De toutes ces données, on peut conclure que l'activité du rayon solaire a une influence réelle sur les végétaux ; que cette activité est modifiée par plusieurs causes, telles que l'abondance des vapeurs. Or, comme l'air d'une montagne élevée est plus sec que celui d'une montagne basse, & celui-ci que l'air de la plaine, l'abondance ou la rareté des poils, dans ces sites là, ne peut offrir de caractère de distinction. Il en est de même dans la plaine entre une terre aride & le voisinage de l'eau, l'atmosphère se remplissant davan-

(1) La tendance à la chaleur, ou facilité d'échauffement de l'air pur, est à celle de l'eau, comme 1 à 87 ; celle de l'air atmosphérique est à celle de l'eau, comme 1 à 18, parce que l'air atmosphérique contient de l'eau, & que l'eau s'échauffant plus facilement que l'air, l'air saturé d'eau ou de vapeurs doit s'échauffer plus promptement que l'air pur. *Voyez, Du feu, par L. Reynier. Liv. II, Chap. 15.*

tage d'émanations dans ce dernier site. On ne pourra tirer aucune induction de la différence des poils dans ces deux positions. Un lieu couvert enfin, comme un bois, une pentée tournée au nord, &c., recevant moins de lumière qu'une terre nue, on ne pourra tirer de conclusions certaines de ce que des plantes crûes dans l'une de ces positions, auront plus ou moins de poils que dans l'autre. En suivant ainsi la comparaison des sites variés qui existent, on obtiendra une multitude de résultats heureux, que d'autres observations rendront plus certaines encore.

Il reste à expliquer comment la lumière peut déterminer la formation des poils : toute explication, au point d'imperfection où se trouve la physiologie végétale, sera nécessairement hypothétique ; celle que je vais proposer, répondra peut-être aux objections.

Le germe contenu dans la graine, contient une ébauche de l'individu ; toutes ses parties y sont contenues, mais en raccourci ; de sorte que sa croissance future n'est qu'un développement gradué de toutes ces parties, & non une véritable formation. Cette première existence peut être considérée comme une charpente ; elle se développe & s'étend, pendant la jeunesse de l'individu ; ses mailles se remplissent, pendant sa vie, au moyen de la nutrition ; &, lorsque tous les vides sont remplis, l'individu tombe dans la caducité, & tend vers sa dissolution.

Or, comme le mouvement vital des végétaux reçoit différens degrés de force de celle des rayons solaires, & que leur action n'est pas la même dans tous les Climats, il suit que l'endurcissement de la charpente a lieu plus promptement dans une position que dans une autre, & l'individu y reçoit des degrés divers d'extension ; mais, comme l'abondance des molécules portées par le travail de la vie, dans toutes les parties du végétal, ne permet pas qu'elles se logent toutes ; le superflu se réunit, & forme des poils d'autant plus nombreux que le développement de l'individu aura été plus accéléré. En effet, ces productions accessoires sont généralement plus nombreuses sur les parties supérieures de la plante, où se trouvent les organes de la génération, que sur les autres extrémités, & les plantes des Alpes, où la vie est infiniment accélérée par la vivacité de la lumière, sont plus couvertes de poils près des fleurs que sur les feuilles. On observe aussi que les variétés velues sont plus petites que les variétés glabres, & que leur villosité est en raison inverse de leur grandeur. J'en excepte les variétés qui croissent dans les tourbières, dont il sera question plus bas.

Les épines nous offrent des faits semblables que les poils, mais moins nombreux, parce que le volume de ce genre de production étant plus considérable, il rend leur existence plus inhérente à la conformation des plantes, quoiqu'elle ne lui soit pas essentielle. L'observation suivante, de Pallas, me paroît digne d'être conservée. « La chaîne des montagnes qui confine au Ghilan, ne présente que des forêts, où, vu la nature grasse & argilleuse du sol, les arbres jouissent d'une telle abondance de sucs nourriciers, qu'ils sont, pour la plupart, pourvus d'épines très-incommodes. C'est une singularité qui mérite d'être observée, que, dans l'Orient, la majeure partie des plantes sont velues, & la plupart des arbustes fort épineux. Les Néfliers, le Catalpa, le Grenadier y sont très-incommodes par leurs épines ; il y a même d'autres espèces d'arbres qui n'ont point d'épines ordinairement, & qui en sont garnies dans cette contrée : comme, par exemple, le Cormier sanguin. On voit ramper sur la terre des trèfles très-cotonneux ; quantité de Lychnides, ainsi que beaucoup de plantes du genre des Renoncules, y sont vêtues d'une espèce de pelisse. *Hist. des Déc. des Sav. Voy. T. II, pag.* 380. »

J'ajouterai à cette autorité l'observation que j'ai déjà faite du Rosier des Alpes, qui se couvre d'épines, lorsqu'il croît dans un lieu découvert & un peu élevé, & qui n'en a point dans les bois où on le trouve communément.

Enfin Defay, de l'Académie d'Orléans, a fait perdre à un Rosier ses épines, en le cultivant dans un sable pur, &, par conséquent, en diminuant la quantité de ses sucs nourriciers.

Des plantes des montagnes.

Le paragraphe précédent contient déjà quelques observations sur les plantes des montagnes ; mais il est essentiel de les réunir.

Le mot de montagne est infiniment vague, & ne suffit pas pour établir, d'une manière précise, l'effet de cette position sur les plantes. Les basses montagnes & la partie inférieure des montagnes élevées n'ont aucun rapport avec les hautes sommités : il faut en traiter séparément.

Les basses montagnes sont ordinairement couvertes de bois ou de pâturages dont l'herbe haute & sans consistance instruiroit le Naturaliste que l'analogie n'auroit pas déjà éclairé : la pente de ces montagnes diminue beaucoup l'action de la lumière ; l'ombre y reste plus long-tems que dans la plaine, & les nuages, qui s'y accumulent presque tous les jours, outre qu'ils interceptent les rayons, déposent une rosée abondante qui, lorsqu'elle s'évapore, trouble encore la transparence de l'air. Aussi les plantes y ont-elles une conformation semblable à celles de la plaine : des feuilles énormes, des tiges élancées & peu rameuses ; elles forment un intermédiaire entre l'étiolement & les plantes des hautes sommités. Ces plantes diminuent souvent de volume, lorsqu'on les cultive dans la plaine, & la raison en est simple.

Les hautes sommités sont presque toujours au-dessus de la région des nuages; un air pur, dégagé de vapeurs, y laisse aux rayons solaires toute leur activité. On peut voir, dans les Ouvrages de Ulloa, Saussure, &c., des détails sur les phénomènes que cause cette rareté de l'atmosphère. Les plantes qui sont exposées à l'influence d'une lumière aussi active, sont basses, rameuses, couvertes de poils, & la grandeur de leurs fleurs surpasse fréquemment celle du reste de la plante. Leur culture exige les plus grands soins, & le premier changement qu'elles éprouvent, c'est une augmentation de volume, & la perte de leurs poils, ou d'une partie seulement, parce que l'activité de la lumière étant moindre dans un milieu plus dense, le développement de l'individu est moins accéléré. Souvent des plantes qui n'avoient pas deux pouces de haut, m'ont donné des graines bien aoûtées, qui ont produit, dans mon jardin, des individus dont les feuilles avoient un pied.

Un autre phénomène que présentent ces plantes, c'est leur délicatesse pour le froid. Au premier coup-d'œil, il paroît surprenant que les productions d'un Climat où les neiges restent neuf mois de l'année, redoutent les gelées, même celles d'Automne; mais la neige forme une enveloppe épaisse qui couvre les plantes, & empêche le froid de pénétrer jusqu'à elles. Des observations que j'ai faites, pendant l'Hiver, sur les Alpes, m'autorisent à croire que la végétation, quoique ralentie, se continue sous la neige. Or, comme presque toutes les pluies, même au cœur de l'Eté, tombent en neige, elle prend pied avant les gelées de l'Automne, & la fonte, au Printems, n'est achevée qu'à une époque où les retours de froid ne sont plus à craindre. Ainsi, il est de fait que les plantes des hautes sommités ne sont jamais exposées au froid, & qu'on a raison de les cultiver dans l'orangerie.

J'ai dit plus haut que la végétation n'est pas absolument interrompue pendant l'Hiver. En effet, il pénètre toujours quelques rayons au travers de la neige, & le terreau noir des Alpes les absorbe; la neige, au Printems, fond toujours à la partie en contact avec la terre, & j'ai vu souvent des plateaux entiers de neige, qui offroient une étendue uniforme, & qui étoient excavés au-dessous; la terre y étoit émaillée de fleurs. On voit souvent des plantes en graines au moment où la neige disparoît tout-à-fait.

Plus la montage est élevée & plus la neige y reste long-tems, plus aussi les plantes qui en sont originaires exigent de soins, lorsqu'on les cultive. Sur les basses montagnes, la neige couvre les plantes plus tard & les quitte plutôt, aussi peut-on les cultiver en pleine terre.

Le terreau des Alpes est encore une circonstance particulière de cette espèce de position; il est noir, composé presqu'uniquement de végétaux décomposés un peu plus que la tourbe, mais de la même manière; la durée des neiges explique la formation de ce terreau; ainsi, je puis renvoyer à ce que j'en ai dit dans le paragraphe, intitulé : *Influence du climat sur la nature du sol.* On imite ce terreau dans les jardins, ou plutôt on y supplée, par un mélange de terreau de bruyères & de terre végétale; les plantes des Alpes y croissent très-bien, même de graine.

Il suit de ces bases sur la conformation des plantes Alpines, que des plantes qui diffèrent seulement de celles de la plaine par ces caractères, ne doivent être considérées que comme des variétés; aussi le nombre des espèces nominales décrites par les Botanistes doit-il être beaucoup restreint. Beaucoup de plantes Alpines décrites comme espèces, doivent être subordonnées à des espèces communes comme variétés.

Des plantes de tourbières.

Les plantes de tourbières ont aussi une manière d'être qui leur est propre : les entrepreneurs de tourbières en Hollande connoissent à l'aspect des plantes, la nature des tourbières qui sont au-dessous, souvent même à quelques pieds de profondeur; & ne s'y trompent jamais. Les plantes des tourbières sont fluettes; leurs tiges sont foibles & presque point rameuses; leurs feuilles sont minces, alongées, & la plupart du tems glabres; leurs fleurs sont petites, peu nombreuses, & ont un air d'apauvrissement. Mais ce qui caractérise sur-tout les plantes des tourbières, c'est une teinte bleuâtre que l'on apperçoit sur chaque individu, & plus facilement encore lorsqu'on regarde la tourbière d'une certaine distance.

Les arbres qui croissent dans les tourbières sont petits, rabougris & souvent tortueux; j'ai souvent reconnu des tourbières dans les bois à l'abaissement subit des arbres; &, à l'inspection du terrein, j'ai trouvé la confirmation de ce signe extérieur.

La diminution de grandeur qu'on observe dans les plantes des tourbières n'est pas la même que sur les montagnes; les circonstances qui l'accompagnent sont très-différentes, & indiquent que leur cause n'est pas la même. Dans les tourbières, c'est une espèce d'étiolement, un appauvrissement de tout l'individu, indiqué par son air frêle, & par la petitesse & la foiblesse des fleurs sur les sommités; au contraire, sur les montagnes, la petitesse des plantes est accompagnée d'une plus grande ramosité des tiges, fortes pour leur peu de hauteur, enfin d'un appareil très-considérable de fleurs, & d'organes sexuels.

Il m'a toujours paru difficile de concevoir pourquoi les plantes des tourbières, qui croissent dans une terre uniquement composée de détritus de végétaux, portent tous les caractères de plantes appauvries. L'espèce de décomposition que subissent les végétaux pour se changer en tourbe, les prive-t-elles des principes nutritifs qui existent dans les fumiers? Mais alors, pourquoi la tourbe seroit-telle un bon engrais répandu sur les terres? Seroit-ce que l'abondance des vapeurs & la fraîcheur qui s'y concentre, nuit à l'effet vivifiant de la lumière? Mais je n'ai pas remarqué de différence entre les tourbières de la plaine & celles des Alpes, relativement à leur influence sur les plantes. Il paroît donc que les causes de l'influence des tourbières sur les végétaux sont encore inconnues, & cependant elles éclaireroient plus d'une obscurité dans l'Histoire des plantes.

D'après ce que j'ai dit ci-dessus, on peut conclure qu'il ne suffit pas d'une organisation plus délicate, d'un volume plus petit, & de l'absence des poils, pour séparer, comme espèce, une variété d'une plante commune crûe dans les tourbières. J'en ai donné quelques exemples dans mon Histoire des PISSENLITS, *Mémoires pour servir à l'Hist. Phys. & Nat. de la Suisse, T. I.*

Des plantes aquatiques.

On ne doit comprendre, sous ce nom, que les plantes qui se développent sous l'eau, où dont la fleur & quelques feuilles montent à la surface; les plantes dont le pied seulement est dans l'eau, & qui croissent pareillement à l'air, lorsque cet autre élément s'évapore, doivent être désignées par le nom d'*amphibies*.

Les plantes aquatiques sont organisées d'une manière très-lâche; leurs vaisseaux ont un tissu cellulaire, & laissent entr'eux de grands espaces vides, pleins d'un fluide aqueux; on diroit qu'elles ne tendent qu'à s'étendre pour parvenir à la surface & y absorber de l'air. Ces plantes n'ont ni poils ni épines; leurs feuilles submergées, sont capillaires, divisées en lanières, comme si on découpoit une feuille ordinaire, pour ne lui laisser que ses nervures; leurs feuilles émergées au contraire sont entières. Les fleurs qu'elles portent sont ou terminales, lorsqu'elles viennent nager sur l'eau, ou axillaires, & presque invisibles, lorsqu'elles restent dans cet élément.

Culture des plantes aquatiques à l'air.

Divers individus de plantes aquatiques que j'avois vu dans des terres accumulées sur le bord des fossés, & qui y avoient éprouvés des changemens m'ont suggéré l'idée de faire des expériences sur ces objet. J'ai recueilli la graine de la renoncule aquatique. (*Ranonculus aquatilis* L.) que j'ai décrite sous la désignation de deuxième variété, dans mon Mémoire sur cette plante, (*même pour servir à l'Hist. Phys. & Nat. de la Suisse. T. I. p.* 154) & en même-tems celle de quelques individus qui avoient déjà crû à l'air. J'ai semé séparément ces deux graine dans une terre sablonneuse médiocrement sèche. Ces graines ont levé, & j'en ai obtenu des individus hauts d'un à trois pouces, dont la tige étoit droite, mais un peu arquée vers sa base. Ils avoient quelques feuilles très-courtes, dont les lanières étoient divergentes, quoique la plante dont ils tiroient leur origine eût des feuilles à lanières parallèles, & des feuilles supérieures réniformes, qui manquoient également à ces individus. Les fleurs étoient aussi grandes & aussi vigoureuses que celles des individus longs de quelques pieds, qui croissent dans l'eau, & m'ont donné des semences fécondes. Je suis persuadé qu'en continuant l'expérience pendant plusieurs années, on auroit donné à cette plante toutes les habitudes d'une plante qui végète à l'air.

L'eau est un fluide plus dense que l'air; il oppose donc une plus grande résistance à lumière, & les plantes qui se développent dans son sein, se trouvent, sous plusieurs rapports, dans la même position que les plantes étiolées. Faire végéter ces plantes à l'air dans la plaine; c'est les exposer à une action de la lumière infiniment plus vive, & je trouve le même rapport entre les individus des plantes aquatiques crûs dans l'eau & ceux crûs à l'air, qu'entre les plantes qui croissent dans la plaine & celles des hautes sommités; en effet, ces individus-crûs à l'air avoient, comme ces dernières, des tiges basses, une consistance plus forte, des fleurs plus grandes, proportionnellement à la tige, & mieux conformées. Ce nouveau fait confirme d'une manière invincible, les différens effets de la lumière dans les différens climats.

Depuis les expériences dont je viens de rendre compte, & dans un dernier voyage en Hollande, j'ai trouvé quelques individus de renoncule aquatique, dans les sables mouvans des dunes, qui étoient encore plus petits que ceux obtenus par la culture. J'ignore comment la graine y avoit été portée; mais ils confirment cette théorie, puisqu'ils croissent dans un site, où les causes qui produisent la diminution des tiges, & les caractères qui l'accompagnent étoient vivement prononcés.

Effets du Climat sur les couleurs & les odeurs.

Les couleurs sont un effet immédiat de la lumière; une plante qui végète à l'ombre est décolorée; à la lumière, elle prend les teintes qui lui sont propres. Bonnet a donné ces deux états aux différentes parties d'un même individu, & particulièrement à un cep de vigne, en le faisant passer au travers de plusieurs tubes de fer blanc, distans les uns des autres; les espaces intermédiaires étoient verds, tandis que ceux qui étoient couverts avoient tous les caractères de l'étiolement. Les expériences de Bonnet prouvent encore que ce n'est point la chaleur produite par la lumière, mais l'action mécanique du rayon, qui colore les végétaux; car des plantes tenues à l'ombre, à différens degrés de chaleur, y sont toutes restées sans coloration. Les principes que j'ai développés sur le feu (*Du feu & de quelques-uns de ses principaux effets*), expliquent cette différence d'action d'une manière bien simple. Puisque les couleurs des végétaux sont un effet aussi immédiat de la lumière, il suit que sa plus ou moins grande intensité doit produire des effets différens, & par conséquent que les couleurs des plantes exposées à une lumière très-vive, doivent être mieux prononcées que celles des plantes exposées à une lumière plus foible. En effet, les plantes des Alpes ont un verd plus sombre; les parties voisines de celles de la génération sont souvent colorées, principalement les calices, les bractées, les écailles des gramens; beaucoup de variétés Alpines sont distinguées par ce caractère. On peut citer le *Plantain noirâtre*, qui est une variété du *Plantain lancéolé*, le *Chrysanthemum atratum*, qui est une variété du *Chrysanthemum leucanthemum*, &c. Les coroles offrent plus rarement des exemples de coloration; à mesure qu'on s'élève sur les Alpes, le nombre des plantes à fleurs blanches augmente; celles à fleurs rouges ou bleues y deviennent rares dans la même proportion. Un semblable effet de la rarité de l'air sur les sommités seroit intéressant à expliquer, & répandroit quelques lumières sur cette partie si obscure de la Physiologie des végétaux, qui concerne leurs couleurs.

En même-tems que les plantes à fleurs colorées deviennent moins nombreuses sur les sommités, la couleur de celles qui en ont deviennent plus vives, & d'autres espèces à fleurs blanches dans la plaine, y prennent une teinte plus ou moins foncée. Ce sont particulièrement les ombellifères qui présentent ce phénomène, plusieurs d'entr'elles se teignent en rose sur les sommités, & prennent une nuance plus foncée, à mesure que le lieu est plus élevé. Les *Cerfeuils*, quelques *Lasers*, la *Mutelline*, &c. offrent le plus fréquemment ce phénomène; dans une autre famille, les *Anémones* & les *Renoncules* ont souvent une nuance de rose sur les Hautes-Alpes. Comment le même site peut-il aviver les couleurs de certains végétaux, tandis qu'il détermine l'existence de ceux à fleurs blanches; c'est ce dont on n'est pas encore instruit, & cependant ces recherches mériteroient la plus sérieuse attention des Naturalistes. Cette question de la corolation des ombellifères m'a paru un des phénomènes les plus curieux de la physiologie végétale. Les couleurs des végétaux sont encore soumises à d'autres variations dont je traiterai plus particulièrement à l'article Couleur, parce qu'elles ne m'ont pas paru dans une dépendance immédiate du Climat, peut-être parce que je n'ai pas su voir; ce sont les changemens de couleur des corolles. En général, plus une plante est modifiée par la culture, & plus les corolles offrent des couleurs variées. Quelques plantes sauvages varient aussi, & ces individus d'une autre couleur croissent souvent au milieu d'autres de la couleur ordinaire. Ces changemens sont-ils des désorganisations individuelles, ou plus inhérens à l'espèce; c'est ce qu'il faut examiner avec quelques détails. *Voyez* Couleur.

Le verd des plantes tient davantage au Climat que la couleur de leurs corolles; on observe, en général, que le verd des plantes Alpines est généralement foncé; celui des plantes de tourbières pâle, & tirant sur le bleu (1); celui des plantes des bois, d'un verd pâle tirant sur le jaunâtre, &c. On ne doit pas confondre ces nuances avec l'effet des poils qui blanchit ou altère la coloration des plantes. Une observation enfin sur les verds, c'est la couleur glauque, qui est la plus ordinaire aux plantes des bords de la Mer, à celles des pays sablonneux situés entre les Tropiques, & particulièrement aux plantes grasses. Quelle peut-être l'influence de ce genre de positions sur les plantes qui y croissent? Voilà encore un objet de recherches; car on ne doit point reconnoître d'effets sans causes.

A l'article Couleur je tracerai le précis des différens systêmes sur les couleurs, & je discuterai leur analogie avec les faits; c'est-à-dire, leur vraisemblance.

Les odeurs & les saveurs dépendent du Climat; j'ai cité à l'article Cranson une expérience qui le prouve. Le cranson officinal, qui au Gronand n'a point de saveur, transporté en Angleterre a pris, dans l'espace de quelques mois, le même goût que celui qui y croît naturellement, donc c'est au degré de chaleur du pays que l'exaltation du goût & des odeurs doit son principe. J'ajouterai à ce fait que le *Melilot bleu*, qui a une odeur si pénétrante dans les pays un peu chauds, odeur qu'on reconnoît dans le *Schapziguer* de Glaris, cultivé en Hollande, n'en a aucune; j'ai vérifié ce fait pendant plusieurs années. A Paris, je trouve déjà cette odeur moins forte que sur les individus crûs en Suisse, & par conséquent plus foibles encore que sur ceux récoltés en Italie, dont on se sert pour la fabrication du *Schapziguer*. Les Epiceries, les drogues les plus odorantes, & les aromates les plus exaltés sont des pays les plus chauds: dans le même genre, les espèces les plus odorantes sont des pays méridionaux, & enfin les plantes des pays froids n'ont point d'odeur. Celles même qui y sont portées d'un Climat moins sévère les perdent en très-peu de tems. A l'article

(1) Cette nuance bleuâtre seroit-elle dûe à la présence du fer, toujours abondant dans les tourbières?

Odeur, je traiterai d'une manière plus particulière du principe odorant des végétaux, autant que cela peut intéresser l'économie rurale; il suffit d'indiquer ici, que le Climat influe d'une manière très-immédiate sur les odeurs & les saveurs; que les plantes perdent ces principes, en proportion qu'elles croissent dans des pays plus froids; qu'au contraire ces principes augmentent à mesure que les plantes croissent dans un Climat plus chaud; que les plantes dans un même pays sont d'autant plus odorantes qu'elles croissent dans un site plus chaud, comme sur les rochers, les terres nues & arides, & qu'elles le sont moins dans les lieux humides & couverts; enfin que les plantes des Alpes ont rarement de l'odeur, quoique l'action de la lumière y soit très-vive. C'est donc moins la vivacité de la lumière que sa constance & la chaleur dont elle est le principe, qui développent les saveurs & les odeurs dans le règne végétal; au contraire, d'autres circonstances de l'économie végétale qui doivent plutôt leur existence à la vivacité de la lumière qu'à sa chaleur, comme les poils, &c.

Influence du changement de Climat sur les végétaux.

Puisque les végétaux dépendent d'une manière aussi immédiate du Climat qu'ils habitent, la même espèce reçoit différentes modifications des positions variées où elle se trouve; c'est ce que les paragraphes qui précèdent ont prouvé; il reste encore à poser quelques principes sur les changement qui doivent arriver aux plantes par un changement de Climat, & ce changement doit arriver de deux manières.

1.° Par un changement du Climat où elles se trouvent.

2.° Par le transport d'un Climat dans un autre, & ce qui en découle nécessairement par la culture.

Changemens du Climat d'un pays, & leur influence sur les végétaux.

Les Sciences naturelles étoient si peu connues dans les siècles qui nous ont précédé, on nous a transmis des généralités si peu appuyées de faits, qu'il est bien difficile de comparer, avec quelque certitude l'état présent & l'état passé des différens pays, même des plus connus. Malgré tout ce qui nous manque pour poser des bases certaines, il est cependant quelques notions sûres, sur lesquelles nous pouvons nous appuyer, & quelques faits physiques que rien ne peut démentir.

Des faits incontestables prouvent qu'un pays a été plus chaud qu'il ne l'est actuellement, d'autres faits également certains prouvent le contraire pour un pays différent; ainsi, nous devons considérer sous plusieurs faces la question, si la température des différentes régions s'est adoucie ou refroidie; car on ne peut douter qu'elle n'ait pas subi des changemens.

Les anciennes chroniques des pays du Nord parlent des forêts qui les couvroient, à présent on y voit à peine un arbrisseau. Des troncs d'arbres ensevelis dans les vastes tourbières de ces mêmes pays atteste dans la vérité des traditions.

« On voit dans les *Sagas* (*Chroniques de l'Islande & du Nord*), qu'il y avoit autrefois des forêts en Islande; c'est ce qu'attestent les troncs d'arbres, & les racines que l'on tire de terre, dans les marécages où il ne se trouve pas aujourd'hui le plus petit arbrisseau, & le *Suturbrand* en est encore une autre preuve. Il est constant que ce suturbrand est un bois qui s'est durci sans être parvenu au degré de pétrification. » *Lettres sur l'Islande, par M. de Troil. p. 24.*

Ces mêmes chroniques parlent de l'Agriculture de l'Islande & du Groënland, & de la quantité de bled qu'on y récoltoit; or, non-seulement ces pays-là n'en produisent plus; mais les expériences qu'on a faits en dernier lieu n'ont eu aucun succès, *Id. p.* 30. Voilà des faits incontestables qui prouvent que le Climat des pays du Nord étoit moins âpre qu'il ne l'est actuellement. Dans un Mémoire imprimé depuis peu, j'ai démontré, par des faits non moins concluans, que ce refroidissement est uniforme, & se fait sentir non-seulement dans les régions glaciales, mais aussi sur le reste de la terre, par l'abaissement de la région boisée. J'ai cité quelques faits sur cet objet que j'ai observé sur les Alpes; mais nous manquons de données pour calculer la marche de ce refroidissement, sans-doute très-lent, mais que je crois uniforme. Un des faits les plus saillans, c'est un tronc d'arbre trouvé par un chasseur de chamois, 5? toises au-dessus des limites actuelles de la région boisée, & dans un lieu où aucune force humaine n'auroit pu le transporter. Il est essentiel, avant de prononcer, de lire ce Mémoire.

Mais en même-tems que des faits prouvent, qu'à une époque plus reculée, les latitudes septentrionales jouissoient d'un Climat plus chaud qu'à présent; d'autres faits, non-moins certains, prouvent que d'autres pays ont été plus froids qu'ils le sont. C'est que la cause générale étoit balancée par des causes particulières. Rollin (T. 3, p. 525), dans son Histoire Romaine, rapporte que les neiges restèrent à Rome une année pendant quarante jours de suite.

Juvenal (Satire 7), tourne en ridicule les bonnes femmes de son tems qui faisoient rompre la glace du tibre, pour faire des ablutions auxquelles elles attribuoient de grandes vertus.

Ces deux passages prouvent que le Climat de Rome étoit à-peu-près le même que le Climat actuel de Paris; à peine apperçoit-on le matin à Rome actuellement des glaçons aux fontaines tournées du côté du Nord, & la neige n'y prend pas pied.

Ovide parle du Climat de la Mer noire, comme on parleroit à présent de celui de la Mer blanche; je veux qu'il ait exagéré; mais il n'a pu le faire au point de peindre en traits si noirs la Crimée actuelle.

Les relations des premiers établissemens sur les bords du fleuve Saint-Laurent, parlent de froids qu'on n'y ressent plus actuellement. Comme les changemens ont été graduels, ils se sont presque passés sous nos yeux, & nous ne pouvons révoquer en doute les premières relations.

Les défrichemens qui ont eu lieu dans le Nord de l'Europe, la destruction de ces immenses forêts qui couvroient la Germanie, enfin l'augmentation de population qui en a été la suite, sont les causes de cet adoucissement du Climat des pays méridionaux. Les vents du Nord & du Nord-Est ne leur parvenoient qu'au travers de ces forêts humides, au lieu qu'à présent ils passent sur des espaces nuds où la réverbération de la lumière échauffe l'air, où enfin une multitude de feux, sans cesse allumés, changent la masse entière de l'atmosphère. Les défrichemens qui ont eu lieu dans l'Amérique septentrionale, sont pareillement la cause de l'adoucissement du Climat. Ainsi, ces faits qui paroissent contradictoires, s'expliquent sans se nuire : tous les Climats tendent à se réfroidir par une tendance uniforme & progressive, & si quelques-uns s'échauffent, c'est par des causes locales qui n'intervertissent pas l'ordre général.

On peut enfin réunir aux changemens de Climat, qui ont des causes physiques, ceux qui ont pour cause principale les modifications que l'homme y produit par son travail. Un terrein boisé que l'on défriche, un canal ou un chemin qu'on trace au travers des terres, un marais desséché, des fouilles profondes, & mille autres ouvrages des hommes, changent la nature d'un site, & par conséquent la forme des végétaux qui y croissent. Par ce moyen, la réverbération devient plus ou moins forte, l'atmosphère plus ou moins diaphane, & les végétaux portent plus ou moins l'empreinte du Climat, dont celui qui se forme se rapproche le plus. Ainsi, un marais desséché présente, pendant nombre d'années, des plantes aquatiques ou amphibies crûes dans un sol plus sec, c'est-à-dire, plus petites, plus fortes & plus rameuses; les plantes de bois se couvrent de poils, diminuent de volume, l'année qui suit la coupe des arbres, &c.

On peut donc prévoir les changemens que subiront les végétaux, d'après les données contenues dans cet article, & celles que de nouvelles découvertes fourniront.

Une autre circonstance bien remarquable, c'est la naissance de nouvelles espèces dans les terreins nouvellement remués, ainsi que dans les terres nouvelles. Les plantes qui naissent après un bouleversement ne sont pas les mêmes qui existoient auparavant; tous les Naturalistes ont des observations de ce genre, plus ou moins singulières; j'en ai déjà réuni plusieurs. D'où ces plantes tirent-elles leur origine, puisque leur analogie n'existe qu'à une très-grande distance? Leur graine étoit-elle enfouie dans la terre à une très-grande profondeur? Mais depuis quelle époque pourroit-elle y être? Y a-t-elle été portée par les vents? Mais comment ces graines ont-elles pu traverser de grands espaces? Les plantes tiennent-elles tellement au site où elles croissent qu'une agrégation de principes puisse les produire? Mais cette agrégation n'est pas démontrée. On ne peut trop inviter les Naturalistes à surveiller les changemens qui se feront dans leur voisinage; ils devroient former une liste des plantes qui y croissent auparavant, & conserver des individus qui attestassent les formes; puis, chaque année, les comparer aux plantes qui y croissent, pour vérifier les changemens de forme des anciennes espèces, & les nouvelles espèces qui s'y feroient formées. De semblables observations un peu multipliées, serviroient beaucoup à la Science, puisqu'elles appuieroient les observations déjà faites sur l'influence du Climat, ou rectifieroient les erreurs qui y seroient mêlées.

Ajoutons encore à ces défrichemens les nouvelles Isles qui se forment, soit par les volcans, soit par le travail lent de la Nature, insensiblement elles se couvrent de végétaux; la manière dont ils y naissent doit exciter la curiosité des Naturalistes. Ecoutons ceux qui ont voyagé avec Cook.

« Dans la baie de Possession, nous avons vu deux rochers où la Nature commence son grand travail de la végétation; elle a déjà formé une légère enveloppe de sol au sommet des rochers; mais son ouvrage avance si lentement qu'il n'y a encore que deux plantes, un gramen & une espèce de pimprenelle. »

« A la terre de Feu vers l'Ouest, & à la terre des Etats dans les cavités & les crevasses des piles énormes de rochers qui composent ces terres, il se conserve un peu d'humidité, & le frottement continuel des morceaux de rocs détachés, précipités le long des flancs de ces masses grossières, produisent de petites particules d'une espèce de sable. Là, dans une eau stagnante, croissent peu-à-peu quelques plantes du genre des algues dont les graines y ont été portées par les oiseaux; ces plantes créent à la fin de chaque saison des atomes de terreau, qui s'accroît d'une année à l'autre. » Il me paroît difficile à concevoir que des oiseaux de mer, les seuls qui fréquentent ces terres, transportent des graines dont ils ne se nourrissent pas, puisqu'ils vivent de poissons.

« Toutes les plantes de ces régions croissent d'une manière qui leur est particulière & propre à former du terreau fur les rochers ftériles. A mefure que ces plantes s'élèvent, elles fe répandent en tiges & en branches, qui fe tiennent auffi près l'une de l'autre que cela eft poffible; elles difperfent ainfi de nouvelles graines, & enfin elles couvrent un large canton. Les fibres, les racines, les tuyaux, les feuilles les plus inférieures, tombent peu-à-peu en putréfaction (1), produifent une efpèce de tourbe ou de gazon, qui infenfiblement fe convertit en terreau. Le tiffu ferré de ces plantes empêche l'humidité, qui eft au-deffous, de s'évaporer, fournit ainfi à la nutrition de la partie fupérieure, & revêt à la longue tout l'efpace d'une verdure conftante, » *Second Voyage de Cook, T. II.*

Tranfport des végétaux d'un Climat à un autre.

Nous manquons de données fur cette partie intéreffante de l'économie végétale, parce que les premiers Voyageurs ont négligé de nous inftruire des premières variations des plantes d'Europe qu'ils ont portées aux Indes; actuellement qu'elles y exiftent après une longue ferie d'individus, nous ne les voyons que fous la forme que ce Climat leur a imprimé. Et de plus, le peu que les Voyageurs difent fur les plantes ne nous infpire pas de confiance; car, lorfqu'un Voyageur dit que l'ofeille réuffit très-bien fur les bords de la Gambra, & qu'il y voit en même-tems des alifiers en abondance, on peut douter de fon rapport. N'ayant qu'un petit nombre de faits certains, je vais les réunir, fans les foumettre à aucun principe.

Tranfport des végétaux dans un Climat plus chaud.

Labat, le plus ancien des Voyageurs, qui ait fu nous inftruire, donne les faits fuivans, qui font d'autant plus précieux qu'il a été dans nos Ifles à une époque plus rapprochée du moment de l'introduction de nos légumes d'Europe.

« Les choux pommés viennent en perfection. Il fuffit d'en avoir un feul, pour peupler en peu de tems tout un jardin, parce que, quand il eft coupé, fa tige pouffe beaucoup de rejetons. On les arrache l'un après l'autre, en déchirant un peu de l'écorce de la tige; on les met en terre, &, en quatre mois, ils produifent un très-beau chou bien pommé. La tige de ceux-ci en produit d'autres, fans qu'il foit jamais befoin d'en femer. » *Voyage, de Labat, T. I, p.* 388.

« La vigne que l'on a plantée aux Ifles venant directement de France, a eu bien de la peine à fe naturalifer au pays, & même jufqu'à préfent, les raifins ne mûriffent pas parfaitement. Ce n'eft ni le défaut de chaleur ni de la nourriture, mais c'eft parce que le Climat étant chaud & humide, les grains mûriffent trop tôt, & les uns avant les autres, de forte que, dans une même grappe, on trouve des grains mûrs, d'autres en verjus, & d'autres qui font prefqu'en fleurs. Le mufcat, qui eft venu de Madère & des Canaries eft exempt de ce défaut, & il mûrit parfaitement bien. » *Id. T. I, p.* 365. Ce fait eft d'autant plus précieux que la vigne des Canaries, qui avoit déjà paffé par un intermédiaire, a moins éprouvé cette influence du Climat que celle venant directement de France.

« J'ai expérimenté qu'ayant femé des pois, qui venoient de France, ils rapportoient très-peu; les fecond rapportoient davantage; mais les troifièmes rapportoient d'une manière extraordinaire pour le nombre & la groffeur. » *Id. T. I, p.* 366.

« Un habitant de ma paroiffe, nommé Sellier, fema du froment, qui étoit venu de France: il vint très-bien en herbe; mais la plupart des épis étoient vuides, & les autres avoient très-peu de grains; mais ceux-ci nés dans le pays, étant femés, poufferent à merveille, & produifirent les plus beaux épis & les mieux fournis qu'on puiffe s'imaginer. *Id. T. I, p.* 367.

Du Tertre, qui a voyagé en Amérique après Labat, confirme ce qu'il dit, &, de leurs deux rapports, il confte que les chicorées, laitues, creffon alenois, corne de cerf, épinards, carottes, panais, bette-raves, falcifis, chervis, afperges, moutardes, pois & fèves, y réuffiffent, & portent de bonnes graines.

Que les raves & les oignons réuffiffent bien de graines venues d'Europe; mais que les graines récoltées en Amérique ne donnent que des plantes mefquines.

Que l'ofeille n'y monte jamais en graine.

L'Auteur d'un voyage de la Martinique, fait en 1751, dit auffi que les oignons & les poireaux y font toujours grêles, & ne fleuriffent pas; il ajoute auffi que les œillets ne montent jamais en fleurs, malgré les foins qu'on leur donne, & que les fraifiers & les pommiers donnent peu de fruits, & de mauvaife qualité.

(1) *Voyez* le paragraphe de *l'influence du Climat fur le fol.*

On peut enfin confulter la manière dont les laves fe couvrent infenfiblement de végétation. *Voyez Bryd. voyage en Sicile. Tome I, p.* 139, & les autres perfonnes qui ont écrit fur les volcans; Aucun d'eux n'a examiné la manière dont ces plantes naiffent, & leur analogie avec celles des terres environnantes; c'eft donc encore une matière neuve à examiner: il s'eft formé nouvellement une Ifle volcanique près de l'Iflande; c'eft un moyen pour les Naturaliftes du Nord de nous inftruire de la manière dont elle fe couvrira de végétation. Sans doute on ne foupçonnera pas le volcan d'avoir lancé en même-tems que les laves, les graines des plantes qui y naitront.

Transport des végétaux dans un Climat plus froid.

Un grand nombre des plantes, qui ornent actuellement nos jardins, tire son origine de pays plus chauds que l'Europe, & même de ceux situés entre les Tropiques; mais, comme ces plantes ont passé, avant d'être acclimatées, par des points intermédiaires, soit dans nos serres, soit en passant de proche en proche jusqu'à nous, on peut difficilement considérer les résultats du changement de Climat qu'il faut encore distinguer de ceux d'une longue culture. L'Aster de la Chine ou Reine Marguerite, les capucines, les basilics, les ricins, les poivons, &c. sont de ce nombre, le changement le plus saillant que ces plantes ont éprouvé consiste dans la diminution de leur durée; car elles sont vivaces dans leur pays natal, & mûrissent leur graine dans le cours d'une saison en Europe. Elles ont en même-tems éprouvé une diminution de volume proportionné à leur changement de durée; le ricin, qui forme aux Indes une plante élevée de douze à quinze pieds, & même une espèce d'arbuste, s'élève ici à quatre ou cinq pieds au plus dans le cours de l'Eté, & porte des graines; les basilics sont devenus herbacés & très-petits, ils sont ligneux aux Indes. Des Naturalistes, qui verroient ces plantes aux Indes & en Europe, saisiroient certainement d'autres différences.

Il me paroît intéressant d'ajouter ici les citations suivantes sur la culture des légumes d'Europe dans les pays froids, pour servir de comparaison aux expériences faites aux Indes. « Les anciennes Sagas nous apprennent que l'Agriculture n'étoit point négligée en Islande, puisqu'elles parlent de bled qu'on y recueilloit. Quelques habitans ont essayé, de nos jours, d'en faire venir; mais presque sans succès. M. Thodal, Gouverneur de l'Isle, fit semer, en 1772, de l'orge, qui poussa vivement, & donna de l'espérance pour la récolte; mais, à peine pût-on en ramasser quelques grains. « *Lettres sur l'Islande, par M. de Troil, page* 30. »

« Le Major Behm me dit qu'il avoit essayé (au Kamtchatka) quelques autres légumes; mais que les expériences n'avoient pas réussi; que les choux & les laitues ne pommoient point; que les pois & les haricots jettoient des tiges très-fortes, fleurissoient & produisoient des gousses; mais que ces gousses ne se remplissoient pas. Il ajouta, qu'ayant essayé lui-même, à Bolcheretok, la culture des différentes graines farinacées, il avoit obtenu, en général, des tiges élevées & fortes, qui donnoient des épis; mais qu'on n'avoit jamais pu tirer de la farine de ces épis. » *Troisième Voyage de Cook. Tome IV, page* 300.

« A l'égard des légumes, ils ne viennent pas tous également bien au Kamtchatka. Les plus succulens, comme, par exemple, les choux, les pois, la salade ne produisent que des feuilles & des tiges. Les Choux & la laitue ne pomment jamais. Les pois croissent & fleurissent vers l'Automne, sans rapporter de cosses. Les légumes, au contraire, qui demandent beaucoup d'humidité, comme, par exemple, les navets, les radis ou raiforts & les bette-raves, y viennent bien. *Descript. du Kamtchatka, par Kracheninnikow, page* 322.

On ne peut trop recommander aux Naturalistes cette partie intéressante de la Physiologie végétale; car, dès que les variations des plantes, & sur-tout les causes de ces variations seront connues, on sera certain de débarrasser la Science d'une foule d'incertitudes sur la distinction des espèces & des variétés qui, dans ce moment, se décident sur la *parole du Maître*, n'ayant pas de règles fixes pour les juger. (*M. Reynier.*)

CLINOPODE, *Clinopodium.*

Genre de plantes de la famille des labiées, qui comprend quatre espèces. Ce sont des plantes herbacées, vivaces, à racines fibreuses, qui ne sont pas toutes d'un égal intérêt pour les jardins. Une d'elles habite la France, & est recherchée pour ses vertus. Elles sont d'un port élevé, leurs fleurs forment, par leur ensemble, des anneaux ou colliers séparés, & placés par étage, jusqu'à l'extrémité de la tige. On en cultive trois espèces en pleine terre, dans notre climat.

Espèces.

1. Clinopode commun.

Clinopodium vulgare. L. ♃ Europe.

2. Clinopode d'Egypte.

Clinopodium Ægyptiacum. La M. Dict. ♃ d'Afrique.

3. CLINOPODE blanchâtre.

Clinopodium incanum. L. ♃ Maryland, Virginie, Caroline.

4. CLINOPODE ridé.

Clinopodium rugosum. L. ♃ France Equinoxiale, Jamaïque, Caroline.

Clinopode blanchâtre, Clinopode ridé.

Nous ne parlerons point du Clinopode commun, qui se trouve par-tout; le long des haies, dans les sols secs & pierreux, qui s'élève de deux pieds, dont les anneaux sont formés par l'assemblage de fleurs blanches ou rouges; non plus que du Clinopode d'Egypte, qui les a de plus petite apparence, & avec des fleurs de couleur de chair; mais la troisième espèce, qui s'élève de trois pieds, nous la distinguons à cause de ses fleurs d'un blanc rougeâtre, ponctué de pourpre, parce qu'elle porte des feuilles vertes en-dessus, blanchâtres en-dessous, & enfin, parce que celles que les fleurs précèdent de plus près, sont presque blanches: nous ne passerons point non plus fous filence le Clinopode ridé, qui s'élève jufqu'à fix pieds, dont les fleurs, de la forme des précédentes, affemblées & divifées comme elles, mais dont les anneaux font plus applatis, reffemblent à celles de la Scabieufe.

Culture. Les trois premières efpèces ne font pas difficiles fur la nature du terrein, quoique celui qui fera élevé & fec leur conviendra le mieux. Elles fe multiplient en Octobre, par les racines éclatées. A l'égard de la quatrième efpèce, on ne la confervera qu'en la plaçant, pendant l'Hiver, fous un chaffis.

Ufages. La troifième efpèce figurera dans les parterres, dans les jardins payfagiftes, & elle ne fera point difparate dans les ruines; non-feulement elle animera la fcène, mais elle y portera le caractère que l'empire du tems imprime à tous les êtres.

La première efpèce eft légèrement aromatique; elle paffe pour être céphalique & tonique. (*F. A. Quesné.*)

CLITIE. Anémone de couleur de chair, nuancée d'incarnat. Sa fleur eft belle, remplie de béquillons nombreux, larges & bien rangés. (*M. Morin.*)

C'eft une des Variétés de l'*Anemone coronaria.* L. *Voyez* Anemone des Fleuriftes, N.° 9. (*M. Reynier.*)

CLITORE, *Clitoria.*

Genre de plantes de la grande famille des Légumineuses, qui a des rapports avec les *Glycins.* Il eft compofé de plantes qui croiffent dans les terreins fablonneux & fubftantiels des climats les plus chauds des deux-Indes. La plupart de ces plantes font annuelles; leurs tiges font grimpantes, & garnies de feuilles compofées de trois ou d'un plus grand nombre de folioles, ordinairement d'un verd gai. Leurs fleurs font remarquables par la grandeur de leur étendard; elles font colorées en bleu, en violet & en blanc. Il leur fuccède des gouffes applaties qui renferment une rangée de femences. Ces plantes ne fe multiplient que par leurs graines, & on les cultive plus particulièrement dans les jardins de Botanique.

Efpèces.

1. Clitore de Ternate.

Clitoria Ternatea. L.

B. Clitore de Ternate, à fleurs blanches.

Clitoria Ternatea alba.

C. Clitore de Ternate, à fleur double.

Clitoria Ternatea multiplex. ⊙ des Indes orien.

2. Clitore hétérophylle.

Clitoria heterophilla. La Marck. Diction. n.° 2. ⊙ des Indes orientales.

3. Clitore du Bréfil.

Clitoria Brafiliana L.

B. Clitore du Bréfil à fleur double.

Clitoria Brafiliana duplex. ⊙ des Indes occidentales.

4. Clitore de Virginie.

Clitoria Virginiana. L. ⊙ de la Jamaïque & de Virginie.

5. Clitore du Maryland.

Clitoria Mariana. L. ⊙ de la Caroline.

6. Clitore à faucilles.

Clitoria falcata. La M. Dict. n.° 6, des Bois de Saint-Domingue.

7. Clitore laiteufe.

Clitoria galactia. La M. Dict. n.° 7, de la Jamaïque.

Defcription du port des Efpèces.

1. Clitore de Ternate. Cette efpèce, à laquelle on a donné l'épithète de Ternate, parce que les premières femences de cette plante, qui ont été envoyées en Europe, viennent de cette Ifle, eft une plante herbacée, dont les tiges s'élèvent à cinq ou fix pieds de haut, en s'entortillant, comme les haricots, autour des fupports qu'elles rencontrent. Ses feuilles font compofées de 5 ou 7 folioles ovales & nerveufes endeffous. Les fleurs font ordinairement folitaires, placées dans les aiffelles des feuilles; elles font grandes, d'un beau bleu célefte, avec une tache d'un blanc jaunâtre dans le milieu. Les fleurs de la Variété B. font encore plus grandes & d'un beau blanc; quelquefois elles font très-doubles. A ces fleurs fuccèdent des gouffes longues de trois ou quatre pouces, un peu applaties fur les côtés, lefquelles renferment une rangée de femences brunes. Cette efpèce, ainfi que fes variétés, fleurit, dans notre climat, vers la fin de l'Eté, & continue jufqu'au milieu de l'Automne. Dans les années chaudes, & à l'aide des chaffis ou des ferres, leurs femences viennent en maturité.

2. La Clitore hétérophylle, ainfi nommée à caufe de la variété qui fe rencontre dans la forme de fes folioles, a le port de la précédente; mais elle eft plus petite dans toutes fes parties. Elle s'élève à la hauteur d'un pied; fes tiges font filiformes, garnies de feuilles compofées de cinq folioles, dont les-unes font ovales, d'autres lancéolées, & d'autres prefque linéaires. Les fleurs font bleues, folitaires dans les aiffelles des feuilles; elles portent de petites gouffes étroites, remplies d'une rangée de femences brunes & arrondies. Cette efpèce délicate ne fleurit, chez nous, qu'au mois d'Août, & fes femences ne parviennent en parfaite maturité qu'au mois de Novembre, à l'aide de la chaleur artificielle.

3. Clitore du Bréfil. Cette efpèce fe diftingue aifément des précédentes par fes feuilles, qui ne font compofées que de trois folioles, & qui reffemblent un peu à celles des haricots, & furtout par la grandeur de fes fleurs, qui font les

plus étendues de toutes celles des espèces de ce genre. Elles sont d'un beau bleu, quelquefois d'une couleur pourpre très-agréable, & d'autres fois doubles. Elles paroissent dès le mois de Juillet, lorsque l'Eté est chaud; leurs semences mûrissent à la fin de l'Automne, &, bien-tôt après, les plantes se flétrissent & meurent. D'ailleurs cette espèce ressemble beaucoup à la première; son port est le même; elle s'élève en s'entortillant autour des arbres & arbrisseaux de son voisinage, jusqu'à la hauteur de six pieds; c'est une des plus belles de ce genre.

4. La Clitore de Virginie pousse de sa racine deux ou trois tiges foibles qui s'entortillent autour de ce qui les environne, & s'élèvent à quatre pieds de haut environ. Ses feuilles sont composées de trois folioles, beaucoup plus petites que celles de la précédente; elles sont ovales & pointues au bas des tiges, & très-étroites à leur partie supérieure. Les fleurs sont communément deux à deux, portées sur un pédoncule commun qui part de l'aisselle des feuilles; elles sont moins grandes que celles des espèces précédentes, d'un bleu pâle, & quelquefois blanches. Leur fruit est une gousse longue de trois pouces, applatie, terminée en pointe, & qui contient une rangée de semences rondes & plattes, en forme de rein. Cette plante fleurit en Juillet & en Août, & ses semences mûrissent à la fin de l'Automne.

5. Clitore du Maryland. Cette espèce, qui croît communément dans la Caroline, & autres parties tempérées de l'Amérique, s'élève environ à cinq pieds de haut. Ses feuilles sont composées de trois folioles étroites, d'un verd pâle en-dessous, & luisant en-dessus. Ses fleurs sont axillaires, deux à deux, d'un bleu pâle en-dedans, & d'un blanc sale en-dehors. Elles donnent des gousses longues, pointues, légèrement enflées, qui contiennent des semences arrondies. Les fleurs de cette espèce paroissent dans le mois d'Août, & ses semences mûrissent à la fin de l'Automne, dans les années très chaudes.

6. La Clitore à faucilles n'a point encore été cultivée en Europe; elle n'y est connue que par une figure & une description qu'en a donné Plumier, dans ses Manuscrits sur les plantes de Saint-Domingue. Suivant cet Auteur, les tiges de la Clitore à faucilles sont menues, fort longues, & s'entortillent autour des arbres voisins. Ses feuilles sont composées de trois folioles d'un verd agréable, & ressemblent à des feuilles d'Oranger. Ses fleurs sont portées trois à trois, sur des pédoncules communs, qui partent des aisselles des feuilles; elles sont grandes, bleuâtres, ou d'un pourpre violet, ayant un grand étendard, & ressemblant beaucoup à celles de la Clitore, n.° 1, par leur forme. Les fruits sont des gousses longues, étroites, comprimées, courbées en faucille, & marquées de beaucoup d'articulations. Les semences sont reniformes, luisantes, blanches, avec un ombilic rouge.

7. Clitore laiteuse. Celle-ci se distingue aisément de toutes les autres espèces de ce genre, par la disposition de ses fleurs, qui sont en manière d'épis, à l'extrémité des rameaux. D'ailleurs ses tiges sont grimpantes, & s'élèvent à la hauteur de six pieds. Ses feuilles sont formées de trois folioles oblongues, obtuses, & quelquefois échancrées à leur sommet. Le fruit est une gousse menue, cylindrique & pointue. Cette espèce n'ayant point encore été cultivée en Europe, on ignore l'époque à laquelle elle y fleuriroit.

Culture. Les Clitores, du moins les cinq premières espèces que nous avons cultivées, étant des plantes annuelles dans notre climat, ne se conservent & ne se multiplient que par le moyen de leurs graines. On les sème, dès la mi-Mars, dans des pots que l'on place sur une couche chaude, couverte d'un chassis, ou mieux encore, dans la tannée d'une bâche à Ananas. Comme les graines de ces plantes sont dures, il est bon de les faire tremper dans de l'eau tenue à une température douce, pendant l'espace d'environ trente-six heures. Lorsque les semences sont bonnes, elles conservent cette qualité pendant cinq ou six ans, pourvu qu'elles ne soient pas attaquées par les insectes, & qu'elles soient conservées dans leurs gousses. Il suffit d'en mettre trois dans chaque pot à basilic; on les place à égale distance entr'elles, & on les enterre à la profondeur de quatre à neuf lignes, suivant la grosseur des graines. La terre la plus propre à ces semis, est une terre légère, substantielle, un peu sablonneuse & bien divisée. Les semences lèvent en quinze ou vingt jours, &, dans l'espace de six semaines, le jeune plant a fait des progrès assez rapides pour remplir de ses racines la capacité des pots, & s'élever à la hauteur de six pouces. Il convient alors de le changer de vases, & de le placer dans des pots à giroflée, en conservant la motte de terre, parce que ces plantes ne souffrent que très-difficilement d'être repiquées, & que cette opération retarde la fleuraison, & empêche souvent que les graines ne parviennent à leur maturité. Il faut avoir soin, en même-tems, de donner des tuteurs aux jeunes plantes, pour leur faciliter les moyens de s'élever. On choisit, pour cet effet, des branches de deux à trois pieds de haut, garnies de leurs rameaux, & on les enfonce solidement au milieu de chaque pot. Ces vases doivent ensuite être placés sous un chassis à haut bord, ou dans la tannée d'une serre-chaude, pour y rester jusqu'à la parfaite maturité des graines. Ces plantes n'exigent d'autre culture que d'être garanties des mauvaises herbes, & d'être arrosées très-fréquemment, lorsqu'elles sont d'un beau verd qu'elles poussent vigoureusement, & que la chaleur est considérable.

Si l'on avoit une ferre à pêcher ou une ferre-chaude, au pied du mur de laquelle il se trouvât une plate-bande, on pourroit y planter les jeunes Clitores en pleine terre, en les sortant des pots dans lesquels on les a semées; elles en profiteroient davantage, &, en les palissant sur un treillage qu'on pratiqueroit le long du mur, elles produiroient un plus bel effet.

Les variétés des Clitores à fleurs doubles, ne donnent ordinairement point de semences; c'est le hazard qui les produit. On a remarqué que les graines qui ont été récoltées dans leur pays natal, sont plus susceptibles de fournir des individus à fleurs doubles, que celles qui ont été recueillies dans notre climat. Ne pourroit-on pas, en multipliant ces variétés de boutures, comme le Chrisanthe de Crête, le Seneçon élégant, la Capucine à fleurs doubles, &c., rendre ces plantes vivaces, & les perpétuer par cette voie de multiplication? Cette expérience mérite d'être tentée; & nous croyons, quoique nous ne l'ayons pas essayée, qu'elle ne seroit pas infructueuse.

Usage. Les Clitores, dans leur pays natal, sont des fourrages utiles à la nourriture des bestiaux. Leurs graines peuvent remplacer la Gesse & les vesces, pour la nourriture des volailles. Peut-être pourroit-on tirer, des fleurs de la première espèce, une fécule semblable à celle de l'Indigo? Ces fleurs sont d'une couleur bleue si foncée, qu'elles teignent le papier comme l'Indigo, plusieurs années après avoir été desséchées; ce qui semble annoncer, dans cette plante, une partie colorante très-développée.

En Europe, les Clitores ne peuvent être regardées que comme des plantes singulières, propres à orner les serres des jardins de plantes curieuses, & à occuper leur place dans les Ecoles de Botanique. (*M. Thouin.*)

CLNEDÉ. M. Savary, dans son Voyage d'Egypte, dit qu'à Menchié, on se procure une conserve de froment, que l'on nomme *Clnedé*, & qui est très-estimée dans le pays; elle est composée de bled trempé dans l'eau pendant deux jours, séché ensuite au soleil, & bouilli jusqu'à ce qu'il soit épaissi en gelée. Cette pâte, ainsi préparée, se nomme *Clnedé rosée;* elle est fondante, sucrée, & très-nourrissante. Si cette espèce de confiture, desséchée au four, se conservoit en mer, elle pourroit être d'une grande ressource dans les voyages de long cours. (*M. l'Abbé Tessier.*)

CLOAQUE. Les Naturalistes donnent ce nom à une espèce de poche, voisine de l'anus des poules. C'est-là où l'œuf se perfectionne, & où la coquille prend de la consistance, avant d'être expulsée au-dehors. Le Cloaque communique avec l'ovaire.

Le mot Cloaque désigne encore un endroit où séjournent des eaux chargées d'immondices dans l'état de putréfaction. On ne peut donner ce nom à des amas de fumier, tels qu'il y en a dans les cours des fermes, parce que ce fumier, qui, à la vérité, fermente, ne passe pas à l'état de putréfaction complette; tantôt il est amoncelé dans un espace circonscrit, tantôt il est étendu dans un grand emplacement. Dans l'un & l'autre cas, les nouvelles couches qu'on y dépose sans cesse, absorbent l'humidité des égoûts des bâtimens, & modèrent l'activité & la disposition putrescente des couches inférieures. Ces monceaux de fumier n'incommodent pas dans les fermes; les hommes même qui les chargent sur les voitures, ne s'en plaignent jamais. Mais les trous, les puisards, où croupissent des eaux qui ne se renouvellent point, sur-tout si des matières animales s'y mêlent, sont de vrais Cloaques, qui répandent une odeur infecte & des exhalaisons très-pernicieuses pour les hommes & pour les bestiaux qui s'y trouvent exposés. On doit donc ne pas laisser subsister de pareils foyers d'insalubrité auprès des habitations. Les gens de la campagne sont, en général, très-négligens: ce seroit leur rendre service, que d'établir une police rurale qui écartât d'eux toutes les causes physiques de maladie. Des hommes, dont les bras sont si précieux, des animaux, dont l'utilité est si grande, méritent bien que l'Etat s'occupe de leur conservation. (*M. l'Abbé Tessier.*)

CLOCHE. *Testu vitreum.* Vase de gros verre, qui tire son nom de sa forme.

Espèces.

1. Cloche de *Maraichers.* Elle a dix-huit pouces de diamètre & autant de hauteur; il faut choisir les Cloches bien faites, grandes, claires & transparentes.

2. Cloche *à facettes.* Cette espèce, plus dispendieuse que la première, est composée de plusieurs rangs de carreaux de verre rassemblés avec du plomb, comme les anciens vitraux; ceux de la circonférence (qui est haute & grande à volonté) sont à angles droits, perpendiculaires, & forment la base de la circonférence, ou le premier rang. Le second rang est incliné, & formé par des carreaux à angles plus ou moins aigus, jusqu'au dernier rang, taillé en cône dont toutes les pointes sont surmontées d'un anneau, pour en faciliter l'usage & le transport. Il y a, à différentes distances de la base, des pointes de fer pour fixer la Cloche solidement en terre.

3. Cloche *Angloise.* Elle est d'un verd plus clair, blanc, & ordinairement plus épais. Sa forme est celle d'un dôme surmonté d'un retrécissement d'un à deux pouces de diamètre, d'un à trois pouces de hauteur, percé en forme de cheminée, qu'on bouche à volonté, selon le besoin d'air, & qui en facilite l'usage. Sa grandeur & largeur sont arbitraires: aussi fait-on servir au-

même usage les coupes des grands verres dont les pieds sont cassés.

4. Cloche de *paille*, parce qu'elle en est faite; elle a la forme d'un cône.

Usages. La première espèce sert à hâter, à conserver, à abriter les semences & les jeunes plants qu'on élève dessous, comme salades, melons, concombres, &c. C'est avec leur usage qu'on obtient toutes les primeurs des légumes; elles sont mises, au Printems, sur un plan incliné au midi, à 45 dégrés, & droites en plein Eté. Comme il est nécessaire de donner, de tems en tems, de l'air aux plantes qu'elles recouvrent, on a des fourchettes de bois pour élever les Cloches. Un bon Jardinier aura soin de les tenir nettes.

La seconde espèce sert aux mêmes usages; on la préfère à la première, dans les Départemens du Nord, des Côtes du Nord, &c.

Troisième espèce. Elle est très en usage chez les Anglois, notamment pour les boutures, les marcottes d'arbres, d'arbrisseaux, d'arbustes, de plantes, dont elle facilite la reprise, aux Jardiniers qui en connoissent le précieux usage.

Quatrième espèce. Elle sert à garantir le jeune plant du grand soleil, en la mettant sur les cloches de verre. La nuit, elle garantit de la fraîcheur, & conserve plus long-tems les rayons solaires condensés. Elle sert également seule, quand il ne s'agit que de procurer de l'ombre; particulièrement pour les plants qu'on repique en pleine terre. On dit, un *melon cloché*. On voit, par l'usage & l'effet, qu'une Cloche est un petit chassis. (*M. Menon.*)

CLOCHE. Les Fleuristes donnent ce nom à la corolle de l'Oreille-d'Ours (*Primula auricula* L.) Les qualités qu'ils demandent pour qu'elle soit belle, sont la grandeur, la netteté de l'œil, qu'elle soit bien ouverte, sans être repliée, &c. *Voyez* Primevere auricule. (*M. Reynier.*)

CLOCHE. Nom que l'on donne à la carie, dans quelques parties de la Picardie. *Voyez* Carie. (*M l'Abbé Tessier.*)

Clochette. La Quintinie donne ce nom à l'espèce de Narcisse nommée, par Linné, *Narcissus Bulbocodium*. *Voyez* Narcisse.

Dans plusieurs Départemens, on donne ce nom à l'*Aquilegia vulgaris. L.* *Voyez* Ancolie vulgaire.

On donne enfin ce nom à plusieurs espèces de Campanules dont la fleur est en cloche. *Voyez* Campanule.

Le nom de Clochette paroît un nom général qu'on a donné à toutes les fleurs qui avoient de la ressemblance avec une cloche. (*M. Reynier.*)

CLOISON. Terme de Botanique, employé pour désigner les membranes & les substances ligneuses ou cartilagineuses qui séparent les semences d'un même fruit. Ces Cloisons sont formées, pour la plupart, de la même substance que la capsule du fruit qui les renferme. Quand la capsule est verte & pleine de suc, la Cloison l'est pareillement & elle se dessèche avec elle.

La position & le nombre des Cloisons dans les fruits, fournissent des caractères pour distinguer des genres de plantes très-voisins entr'eux. Dans la famille des crucifères, par exemple, on distingue les alysses des thlaspis en ce que, dans les premiers, la Cloison est parallèle aux panneaux de la silique, tandis que, dans les seconds, elle est transversale. Les cistes se distinguent des hélianthèmes, en ce que leurs fruits sont partagés en cinq ou dix Cloisons qui forment autant de loges; & que, dans les hélianthèmes, pour l'ordinaire, il ne se trouve que trois loges, séparées par autant de Cloisons. C'est ordinairement à ces Cloisons que les semences sont attachées par un petit cordon ombilical. (*M. Thouin.*)

CLOITRE. Partie de jardin dans les maisons religieuses des deux sexes, qui tire son nom des Cloîtres mêmes dont elle étoit entourée. Elle est également nommée *préau*, dans différens Départemens, où communément elle est en herbe. Cette espèce de jardin, triste par elle-même, étoit rarement bien cultivée; les buis & les ifs en faisoient le principal ornement. La partie du midi étoit brûlée par l'ardeur du soleil, tandis que celle du nord étoit humide & couverte de mousse. Toutes deux étoient dégradées par la pluie qui tomboit des toits & des gouttières. J'ai vu, dans ces endroits, des milliers de renoncules, & de tulipes, brûlées, en un quart d'heure, par la concentration des rayons solaires; raison qui les faisoit si souvent négliger. Les plus grands Cloîtres servoient quelquefois de promenade.

Cloître se dit aussi d'une salle verte, quarrée, à double palissade, autour de laquelle on tourne, comme on fait dans les Cloîtres des couvents: cette sorte de salle se trouve dans les bosquets. (*M. Menon.*)

CLOMPAN, *Clompanus.*

Genre de plantes de la famille des Légumineuses, qui paroît avoir des rapports avec le Gualedupa & les Ptérocarpes, qui ne comprend qu'une espèce: c'est une plante vivace, sarmenteuse, à feuilles alternes & ailées, à fleurs d'une couleur purpurine, disposées en panicule: elle est étrangère; elle paroît intéressante, & elle ne pourroit, dans notre climat, s'accommoder que de la serre-chaude; elle est propre aux grandes collections & aux Jardins de Botanique.

Clompan à panicule.

Clompanus paniculata. La M. Dict. ♄. Isles Moluques, Guiane.

Le Complan à panicule est une Liane ou un arbrisseau sarmenteux & grimpant, à feuilles placées alternativement, composées & portant deux rangs de folioles opposées, ovales, lisses, absolument sans dentelure. Ses fleurs sont d'une couleur purpurine, disposées de la même manière que celles du Lilas. On trouve cette plante aux Isles Moluques & à la Guiane, sur les bords des ruisseaux & dans les lieux humides.

Culture. Cette plante sarmenteuse ne peut transporter, dans notre climat, la propriété qu'elle a de former des tonnelles & des berceaux, dans les lieux qu'elle habite, où règne un Printems perpétuel. Elle voit cultiver en serre-chaude, & même, pendant l'Hiver, en tannée. On pourroit l'exposer, avec circonspection, à l'air libre, dans les jours de chaleur de Juillet, & au commencement d'Août. La terre qui, sans doute, lui conviendroit, seroit celle de pré, mêlée avec du terreau de fumier de vache. Elle pourroit, sans inconvénient, être largement arrosée pendant les chaleurs, mais fort peu en Hiver; parce qu'alors les racines de toute plante étrangère & tendre, sont dans un état de repos redoutable par l'humidité. Au reste, l'expérience dirigeroit sur la conduite ultérieure que l'on auroit à tenir à l'égard de cette Liane, qui se trouve d'une famille dans laquelle les belles fleurs ne sont pas rares. (*F. A. Quesné.*)

CLOPORTE. Insecte qu'on peut ranger parmi ceux qui sont nuisibles aux Jardins.

Les Cloportes, dans les lieux chauds & humides, se multiplient abondamment; ils mangent les jeunes semis qui sont à leur portée; mais c'est principalement dans les vieilles tannées des serres-chaudes qu'ils font plus de ravage; ils rongent souvent jusqu'aux racines des plantes tubéreuses, & les font périr.

Pour détruire ces insectes, ou au moins pour en diminuer le nombre, on enfonce dans les plates-bandes & dans les tannées qui en sont infestées, des vases vernissés intérieurement, au fond desquels on met trois à quatre pouces d'eau. Il est bon que ces vases soient enterrés à un pouce ou deux au-dessous du niveau de la terre, & que les bords de la terre soient bien unis, afin que ces insectes, en se promenant la nuit, ne puissent éviter de tomber au fond des vases, lorsqu'ils passent sur leurs bords. Quoique ce moyen en fasse périr un grand nombre, peut-être pourroit-on en trouver un autre plus expéditif, en bassinant la surface de la terre avec une liqueur peu chère, & qui, sans faire de tort aux plantes, feroit périr ces insectes. Nous invitons les Cultivateurs à s'occuper de la recherche de ce moyen. (*M. Thouin.*)

CLOQUE. Maladie commune aux feuilles des arbres, mais particulièrement aux feuilles du pêcher. Vers la fin de Mars, ou au commencement d'Avril, quand le thermomètre de Réaumur a été, pendant quelques jours, au sixième & septième degré, on s'apperçoit que les feuilles des pêchers se replient sur elles-mêmes, qu'elles changent de couleur. A leur beauté naturelle, succède une couleur livide, couleur qui varie sur les mêmes branches, d'un brun rougeâtre & noirâtre. Les feuilles, froncées, ridées, toutes difformes & repliées sur elles-mêmes, acquièrent subitement un volume double & triple de leur épaisseur ordinaire : ce volume, formé par la désunion de l'épiderme, est toujours plus gros vers la pointe des feuilles; leur poids est triplé, & leur forme interne est aussi totalement changée; elles représentent alors des vessies boursoufflées, raboteuses, couvertes d'aspérités dures, luisantes en certains endroits. Les bourgeons perdent aussi leur figure & leur couleur; ils se remplissent de calus, de bosses, d'inégalités; ils croissent en grosseur, vers le haut, où se forment des houpes monstrueuses & irrégulières. La gomme découle des feuilles, des bourgeons; les jeunes fruits dénués de l'ombrage des feuilles recoquillées qui se sèchent, trop tôt exposés aux rayons solaires, se fanent & tombent enfin, dépourvus de feuilles & de bourgeons, leurs mères nourrices.

Dans les monstruosités irrégulières des feuilles & des bourgeons, viennent se loger, éclorre, vivre & se reproduire sur des millions de pucerons, dont les piques multipliées font exsuder une eau miellée dont ils vivent, & qui y attire des peuplades de fourmies. Alors, les feuilles cloquées, les bourgeons deviennent plus désagréables; ils se chargent d'une espèce de filets, de duvet blanc, appellés vulgairement & improprement *filets de la Vierge*, qui ne sont que l'eau miellée & les corps des pucerons desséchés; ce qui achève de dégrader entièrement les arbres & les branches qui sont attaqués de cette cruelle maladie, dont les bornes ne se fixent pas encore à ces effets affreux.

En effet, sa malignité ne s'étend pas seulement sur la pousse de l'année, & sur le fruit; mais encore sur ceux des années suivantes. Les feuilles cloquées des bourgeons viennent à tomber; les boutons à fruits avortent; de nouvelles feuilles se reproduisent; cette reproduction altère chaque œil qui auroit donné du fruit, & cause une nouvelle perte pour l'avenir. Si le pêcher a été attaqué vivement, il s'en ressent plusieurs années, & a besoin, pendant ce tems, des soins d'un habile Jardinier qui le rétablit petit-à-petit.

Cette cruelle maladie n'est pas moins remarquable par ses bizarreries & ses variations. Elle exerce sa fureur à toutes les expositions; sur les pêchers couverts de paillassons ou de colsats, & sur ceux qui ne le sont pas; sur ceux renfermés dans les chassis hâtifs; elle attaque une branche, en passe une, & attaque la suivante. Tantôt le côté d'un arbre est cloqué, tandis que l'autre reste sain. Elle attaque le même arbre deux fois, les mêmes branches; d'autres, une fois seulement, tandis qu'elle en laisse d'autres dans leur beauté naturelle : ces effets ont quelquefois lieu deux fois dans une même année. Elle ne prend pas uniformément; souvent elle arrive tout d'un coup; d'autres fois, peu-à-peu; tantôt plutôt, tantôt plus tard; au commencement, ou peu après le développement des bourgeons, des fleurs & des fruits.

Il est donc incontestable que cette maladie existe, prouvée par ses effets destructeurs; il y a un dérangement de nature, occasionné par une cause accidentelle. Mais quelle est cette cause, que M. l'Abbé Rosier regarde comme un problême à résoudre?

Mes observations & mes expériences n'ayant rien de neuf, ni de décisif, je n'en dirai rien. J'entreprendrai encore moins de combattre les sentimens différens de M. l'Abbé Rosier & de M. Delaville-Hervé. Je me contenterai de les exposer succinctement.

Le premier donne pour cause première de la Cloque, l'espèce de pucerons qu'on voit par milliers sur les pêchers. Il dit que ces insectes sont armés d'une petite trompe, avec laquelle ils percent les nervures des feuilles, en soulèvent l'épiderme, & déposent leurs œufs dans le parenchyme contenu entre les deux épidermes; que le suc s'extravase; que ces insectes en font leur nourriture, ainsi que les fourmis. Il en a vu les œufs, le ver, dont la reproduction est prodigieuse. Chaque piqure fait retirer & recoquiller la feuille; cette contraction en change le tissu; l'eau miellée en a bouché les pores; la sève n'y coule plus à son ordinaire; il s'y fait des obstructions, des embarras; le parenchyme est vicié; la couleur change; les feuilles, les bourgeons se gonflent, parce que la sève, n'ayant pu s'échapper par la transpiration arrêtée, s'y est accumulée, & y a formé les monstruosités dont nous avons parlé plus haut. M. l'Abbé Rosier donne pour seconde cause, les vents froids, qui peuvent augmenter la maladie.

M. Hervier, au contraire, l'attribue entièrement aux vents froids du nord-ouest, suivis de chaleurs propres à mettre la sève en circulation, disant que la Cloque n'est qu'une indigestion en forme, causée par le contraste du froid & du chaud. La révolution que subit la sève, par les vents de galerne, & les froids morfondans qui l'arrêtent, ne se prépare plus à l'ordinaire; elle arrive aux feuilles, aux bourgeons toute grossière; elle se morfond en chemin, ne circule plus, & cause les ravages affreux décrits plus haut.

Généralement, les Jardiniers instruits, les curieux, les observateurs attribuent cette maladie à l'alternative du froid & du chaud.

En effet, l'action de la sève, soit qu'on la regarde comme vraie circulation, soit comme fluctuation ascendente pendant le jour, descendante pendant la nuit, diminue en raison du froid & de l'humidité, croît en raison de la chaleur. Si des accidens viennent à en suspendre l'action, les arbres, les plantes souffrent; les vaisseaux s'endurcissent, s'obstruent; la sève s'arrête, &c. Telle est la cause de la Cloque: la feuille se recoquille par l'ardeur du soleil qui en dilate les pores, & le contraste subit des vents froids, qui resserrent promptement toutes les fibres. Les feuilles changent de couleur; elles s'enflent, elles sont désagréables à la vue; la sève s'extravase; les pucerons, les fourmis y abondent, pour en faire leur proie.

Voilà l'opinion générale, & la plus suivie. Peut-être la solution du problême sur la cause première de la Cloque est-elle trouvée, si l'on observe que des Jardiniers instruits, des Amateurs curieux & observateurs, ont prévu la Cloque, & l'ont souvent annoncée d'une heure à l'autre, du soir au matin, à telle & telle époque; ce que j'ai vu plusieurs fois.

Les sentimens différens de MM. l'Abbé Rosier & Hervier, sur la cause de la Cloque, ne varient pas autant sur les remèdes à y apporter, & qui sont adoptés par les bons Jardiniers.

Ils consistent à laisser les arbres dans l'état où la maladie les a réduits, & attendre que la nature agisse. C'est la méthode du plus grand nombre des Jardiniers.

D'autres, persuadés qu'il faut aider la nature, ôtent toutes les feuilles cloquées, ou les coupent avec des ciseaux, jettent à bas les bourgeons attaqués, à dessein de soulager l'arbre qui a souffert en pure perte, lui laissent des bourgeons choisis, qu'il nourrit en raison de leur petite quantité; ils font des labours aux pieds des arbres, y mettent des engrais, & arrosent, pour réparer leur épuisement.

Ce n'est point d'abord après la Cloque qu'il faut abattre les feuilles malades; celles qui repousseroient, seroient sujettes aux mêmes accidens. Il faut attendre, le plus qu'il est possible, que la saison étant plus avancée, le tems soit plus tempéré, plus constant. Lorsqu'on ne craindra plus tant ses révolutions, il n'y aura plus de risques. On abattra les feuilles; de nouvelles repousseront; bien-tôt il n'y paroîtra plus, & les fruits en seront très-peu altérés, si la maladie n'a pas été trop violente.

Il seroit à desirer qu'on pût trouver des remèdes préservatifs; une plus longue expérience & plus de soins les feront peut-être trouver un jour.

Dans l'opinion de M. l'Abbé Rosier, il ne s'agiroit que de trouver les œufs des pucerons, qui, sûrement, sont sur les branches ou sur les murailles: malheureusement, on ne les voit pas comme on voit les coques & les nids des chenilles. Ne pourroit-on pas, dans cette même opinion, se garantir au moins de la deuxième Cloque?

Si les œufs étoient déposés sur les branches, il faudroit les frotter, & abattre les feuilles le plutôt possible, sur-tout si l'espèce de pucerons qui les attaque est vivipare ; on détruiroit les vers à leur naissance, & on empêcheroit leur reproduction. Les feuilles devant tomber, elles n'auront point été choisies par les pucerons, pour y confier leur progéniture. Je crois donc superflu de les brûler; mais la précaution est plus sûre.

Je finirai cet article en rapportant une expérience que j'ai faite avec un de mes amis, bon observateur, mais pour d'autres fins : nous avons renfermé, dans cinq bocaux faits exprès, de la forme des bouteilles qu'on appelle rouleaux, des branches de pêcher prises au hasard ; après les avoir frottées, pour enlever les œufs des insectes qui s'y seroient trouvés, nous avons fermé les bocaux hermétiquement par le bas, en laissant l'ouverture du haut bouchée, ou fermée avec de la gase. Deux des branches ont été cloquées sans pucerons & sans fourmis ; les trois autres sont restées dans leur état naturel, sans Cloques, sans pucerons & sans fourmis. Cette expérience ne décidant pas assez, il est à desirer que quelque curieux & amateur la renouvelle ; & qu'il s'occupe à en faire d'autres, & d'une autre nature, qui puissent donner des lumières sur la cause première de la maladie de la Cloque. (*M. Menon.*)

CLOQUE. On donne ce nom à la carie, dans le Vexin Normand. *Voyez* CARIE. (*M. l'Abbé Tessier.*)

CLOS. Espace de terrein environné d'un mur ou d'une haie, ou d'un fossé. Un Clos peut être entièrement cultivé, ou entièrement planté d'arbres, ou partie cultivé, partie planté d'arbres. Les terreins enclos ont une grande valeur, à cause de la conservation des objets qui s'y trouvent, & de la facilité d'y faire des espaliers. (*M. l'Abbé Tessier.*)

CLOSEAU ou CLOSERIE. Nom donné, dans quelques Départemens, à de petits biens de campagne, composés d'une maison ou autres bâtimens, & de quelques terres adjacentes qui en dépendent. On appelle ces sortes d'héritages, *Closeries*, parce qu'ils sont ordinairement clos de haies ou de fossés. Ce sont des jardins agrestes, plantés d'arbres, de légumes, & ensemencés en graines & en fourrages. (*M. Thouin.*)

CLOSIER. On appelle ainsi celui qui tient une Closerie. *Voyez* CLOSERIE. (*M. l'Abbé Tessier.*)

CLOTURE. Clorre un champ ou une possession quelconque, c'est la défendre contre l'invasion des hommes ou des animaux, par un mur, une palissade, une haie sèche ou vive, une grille de fer ou un fossé dont on l'entoure.

Quoique la sûreté de la propriété soit le premier objet qu'on se propose, en établissant des Clôtures, les mêmes moyens servent cependant quelquefois pour procurer à certaines productions des abris dont elles ont besoin ; la bonification du sol, suite naturelle d'une culture soignée, ne paroît qu'un objet secondaire des Clôtures.

Historique. Les Anciens, non-seulement connoissoient l'usage des Clôtures, mais en faisoient encore le plus grand cas. Les Romains, sur-tout, les employoient généralement pour défendre leurs possessions. Il semble cependant que la sûreté de la possession n'étoit pas le seul but que les Romains cherchoient à remplir par les Clôtures, qu'ils conduisoient souvent avec beaucoup d'art & d'intelligence autour de leurs possessions; car, selon toutes les probabilités, des Clôtures en pierres, de peu d'élévation, leur servoient, dans quelques cantons, pour garantir les champs contre les inondations momentanées des torrens, qui entraînent en même-tems la meilleure partie de la terre végétale, ou pour y conserver, pendant plus long-tems, un certain degré d'humidité dont la culture pourroit avoir besoin. J'ai vu de ces murs dans la partie non-défrichée des Marais-Pontins; d'autres, situés aux pieds des Apennins, à peu de distance de Rome. L'exposition de ces terreins, situés en pente, autour desquels on observe, encore actuellement, des restes de murs d'une grande solidité. Le peu d'élévation de ces murs, & l'usage des habitans actuels, d'employer les mêmes moyens, rendent mon opinion assez vraisemblable. Les torrens qui se forment souvent dans les Apennins, après une pluie à-peine sensible dans la plaine, & qui se jettent alors avec impétuosité dans la plaine, entraîneroient naturellement l'espérance & le fruit du travail des Cultivateurs, si on n'avoit pas trouvé les moyens de leur assigner, pour ainsi dire, la marche qu'ils doivent suivre, en leur opposant des digues qui, quelques foibles qu'elles puissent paroître, remplissent pourtant parfaitement le but de la construction. Ces murs, qui souvent n'ont que deux pieds & demi de haut, sont construits avec des briques ou des pierres, unis par un mortier fait avec de la pozzolane, sont de la plus grande solidité; la pozzolane, ayant la propriété de communiquer aux ouvrages de maçonnerie dans laquelle elle entre, une dureté égale à celle de la pierre, & qui acquiert encore plus de consistance dans l'eau.

D'après Varron & d'autres anciens Auteurs, les Romains distinguoient quatre espèces de Clôtures : la naturelle, formée par des haies ; la champêtre, composée de pieux ou de broussailles ; la militaire ou le fossé, dont le bord intérieur du champ étoit rehaussé par la terre tirée de ce fossé ; l'artificielle, ou la Clôture en maçonnerie. La

Clôture artificielle se subdivisoit encore en quatre : la Clôture en pierre, principalement en usage dans le canton de Tusculum ; en briques cuites, principalement en usage chez les Gaulois ; en briques crûes dans la terre des Sabins ; enfin, en Clôtures faites avec de la terre & des cailloux entassés entre deux planches ou le pisé ; telles qu'on en voit encore dans plusieurs de nos Provinces Méridionales, en Espagne & dans la Calabre, aux environs de Tarente.

L'état actuel de l'Agriculture, en Italie, ne présente rien de bien curieux sur les Clôtures ; les Auteurs Italiens qui ont écrit sur l'Agriculture, conviennent, en général, de l'utilité des Clôtures ; mais certains préjugés, souvent aussi des droits sur lesquels les Propriétaires ne veulent rien rabattre, empêchent qu'elles soient généralement introduites.

La Toscane est peut-être la seule partie de l'Italie où les différentes branches de l'Agriculture soient suivies avec quelque succès, & où l'on s'est occupé à tirer parti d'un sol souvent ingrat. Cependant la partie des Clôtures nous a paru assez négligée ; quelques haies vives d'épines blanches, assez mal entretenues, & qui n'opposoient qu'une foible résistance à l'invasion des bestiaux, sont les seules que nous y avons observées. Dans les environs de la ville de Bologne, les haies nous ont paru mieux entretenues qu'en Toscane ; mais, dans tout le reste de l'Etat du Pape, cette branche de l'économie rurale nous a paru entièrement perdue de vue. Dans le Royaume des Deux-Siciles, on se contente d'entourer les possessions que l'on veut enclorre, ou défendre contre les bestiaux, d'un certain nombre de pieds d'Agave d'Amérique (*Agave Americana*, L.) ou de Raquette (*Cactus Opuntia L.*) Ces deux plantes, très-succulentes, conviennent parfaitement bien aux climats chauds, & ne demandent que très-peu de soins ; une fois plantées, elles remplissent cet objet très-bien. En très-peu de tems, on obtient, par ce moyen, une Clôture impénétrable, dont les animaux n'approchent pas aisément, à cause des piquans qui leur percent le cuir, & qu'on ne retire qu'avec peine ; les piquans de la Raquette, sur-tout, sont terribles, & causent souvent des accidens graves ; le seul défaut que l'on peut reprocher à une pareille Clôture, c'est d'occuper trop de place ; l'Agave, sur-tout, étale des grandes feuilles de six pieds de long de chaque côté ; ce qui fait douze pieds de largeur pour une pareille Clôture. La même espèce de Clôture est encore en usage en Espagne, selon le rapport de Loeffling & de Bowles ; mais il n'y est point permis aux Propriétaires de clorre indistinctement leurs propriétés, pour ne point diminuer ou entraver les pâturages des brebis, que l'on regarde comme la principale richesse de cet Etat.

En Lombardie, où plusieurs cantons sont très-bien cultivés, les Clôtures sont permises ; mais, jusqu'ici, peu en usage ; il en est de même dans l'Etat de Venise ; en Savoie, on voit beaucoup de Clôtures bien entretenues, & qui ne laissent pas d'être très-utiles.

En Suisse, il falloit autrefois une permission du Gouvernement, pour pouvoir enclorre ses possessions, & cette permission fut souvent mise à un prix excessif, au point qu'il approchoit quelquefois du sixième de la valeur du fonds. Dans un Gouvernement despotique, une pareille ordonnance n'auroit rien eu de surprenant ; mais, dans un pays prétendu libre, l'idée seule en paroît insupportable. Dans plusieurs cantons, on a modifié cette ordonnance ; mais toujours le Propriétaire n'est point le maître de mettre en Clôture le champ ou la possession qu'il voudroit choisir.

En Allemagne, l'utilité des Clôtures a été reconnue, depuis très-long-tems ; & dans plusieurs Provinces septentrionales de ce pays, on en a introduit l'usage. Les Clôtures que l'on y observe sont ordinairement ou en palissades de bois, ou en haies sèches. Comme la plupart de ces Provinces ne manquent pas de bois, on a donné la préférence à cette espèce de Clôtures ; les haies vives n'y réussissant pas trop bien, à cause des Hivers rigoureux. Dans la plus grande partie de l'Allemagne, les droits des Seigneurs & les possessions souvent éparpillées des Propriétaires, les usages anciens & souvent ridicules, les chasses & le droit de parcours, & plusieurs autres causes ont empêché jusqu'ici d'adopter l'usage des Clôtures, malgré leur utilité & l'avantage que l'Agriculture en tireroit.

En Flandres, plusieurs cantons offrent des Clôtures en haies vives bien entretenues ; la Flandre Françoise sur-tout, dont l'industrie des habitans l'emporte de beaucoup sur leurs voisins, offrent, dans ce genre, des modèles dont il seroit à desirer qu'ils fussent suivis par-tout.

Aucune Nation n'a porté l'art de faire des Clôtures à un si grand degré de perfection que la Nation Angloise ; & l'on peut dire que c'est un des grands moyens que les Anglois ont employé pour porter un sol, souvent ingrat, à un degré de fertilité dont on a de la peine à se former une idée. Les habitans des provinces de Suffolck & de Norfolck, passent, en Angleterre, pour les plus habiles, pour la manière industrieuse avec laquelle ils établissent des Clôtures, selon la différence du local, parmi lesquelles celles en haies vives se font principalement remarquer. Le grand avantage de réunir toutes les terres composant une ferme dans un seul & même enclos, & à la proximité de l'habitation, n'est pas le moindre avantage que les Anglois retirent des Clôtures ; ils ont l'avantage d'avoir constamment leurs gens sous leurs yeux, & ces derniers ne perdent point un tems précieux, que l'éloignement des champs exigeroit ; ils épargnent, en outre, les gardiens que des troupeaux différens & souvent nombreux rendroient nécessaires ; & c'est beaucoup dans un pays où les journées des Ouvriers sont très-chères, & où les troupeaux restent, pendant neuf mois de l'année, en plein air. Un troupeau renfermé dans un enclos, y peut rester jour & nuit, & ne demande que peu de soins, & ne fait pas perdre au Propriétaire l'engrais, qui, à son tour, fertilise le champ. Nous aurons, plus d'une fois, occasion de citer, dans cet article, l'exemple des Anglois, comme nous avons également profité des instructions que plusieurs de leurs Agronomes ont publiés sur la formation des différentes espèces de Clôtures.

Quelque connue que soit l'utilité des Clôtures en France, il s'en faut de beaucoup que cette partie de l'économie rurale soit aussi suivie qu'elle le mériteroit; il n'y a que quelques provinces, ou quelques cantons isolés où l'on voit des Clôtures en règle ; mais, en général, l'on peut dire que, dans la plus grande partie du pays, l'usage est assez peu suivi.

Des différentes espèces de Clôtures.

Les Clôtures peuvent se diviser en Clôtures de sûreté & d'utilité. Elles diffèrent, selon la nature & l'étendue de la possession que l'on veut enclorre ; selon les coutumes & usages du pays ou de la province dans laquelle on se trouve ; selon la facilité que l'on a pour se procurer les matériaux nécessaires, & selon la fortune des particuliers.

L'objet de la Clôture peut être rempli par une muraille qui peut être construite en pierres de taille, en briques, en pisé ou terre battue entre deux planches, par une haie vive ou sèche, par des palissades en bois ou gros pieux rapprochés les uns des autres, & maintenus par des traverses, par un fossé sec ou rempli d'eau ; enfin, par un banc de terre d'une certaine hauteur, couvert de gazon.

Clôture en muraille.

De toutes les Clôtures, celle-ci remplit peut-être l'objet de la Clôture mieux que toutes les autres ; elle nous procure la sûreté, un des objets principaux de la Clôture; elle peut également servir d'abris à nos productions, lorsque nous en entourons nos jardins ou nos champs.

La Clôture en muraille étant, de toutes les Clôtures, la plus coûteuse, elle ne peut convenir qu'à des Propriétaires riches, ou à ceux qui ont la facilité de se procurer les matériaux nécessaires à peu de frais ; mais les réparations continuelles qu'elles exigent, sur-tout lorsqu'elles sont d'une certaine étendue, & construites sur un terrein inégal, absorbent bien-tôt le bénéfice qu'elle procure de l'autre côté ; elles conviennent par conséquent beaucoup mieux à un jardin qu'à de grandes possessions.

M. l'Abbé Rozier, dans son Cours complet d'Agriculture, s'annonce également ennemi des murailles, pour enclorre de grandes possessions. Voici ce qu'il en dit : « Que l'on entoure de murs ses jardins ; que l'on soit fermé chez soi, la prudence l'exige; mais enclorre ainsi des grandes possessions, je ne conçois rien à cette jouissance exclusive ; & c'est l'acheter bien chèrement. Quand même on auroit sur les lieux la pierre, le sable & la chaux à bon prix, il est toujours très-dispendieux de mettre un lit de pierre sur l'autre, pour avoir le plaisir de bâtir. Si on considère la mise des fonds, on verra qu'avec la masse de cet argent mort, on auroit pu presque doubler ses possessions, & avoir l'intérêt de cet argent. Si le tems, qui détruit & renverse tout, respectoit ces folies, elles seroient plus pardonnables; mais un jour viendra qu'on sera forcé d'acheter une seconde fois son terrein, par les réparations, reconstructions, réédifications de ces murs, qui, d'un parc, font une prison. »

La muraille la plus convenable pour clorre un jardin dont on veut abriter les productions, ou accélérer leur maturité, doit être construite en briques ; elle est plus chaude, & remplit mieux l'objet qu'une muraille en pierres de taille. Je conseille de la construire en forme de panneaux, avec des piliers placés à des distances égales ; ce qui est non-seulement plus économique que les murailles à surface plane, parce qu'elles n'ont pas besoin d'une épaisseur aussi considérable, mais encore ces piliers servent beaucoup à la décoration. Mais si toutefois on préfère de construire un pareil mur en pierres de taille carrées, & que l'on desire de le garnir en treillage, il est nécessaire de le revêtir de briques. Les murailles construites en pierres brutes, quoiqu'elles soient sèches & chaudes, sont cependant incommodes pour y attacher un treillage, à cause de leur inégalité ; on ne peut les rendre propres à cet usage, qu'en employant, dans la maçonnerie, quelques morceaux de bois dans lesquels on puisse enfoncer des crochets.

Dans les grands jardins, il faut, autant qu'il est possible, conserver les points de vue les plus agréables de la campagne, & masquer, au contraire, par des murailles, ceux qui n'offrent que des objets tristes. Si les jardins se trouvent situés dans des lieux fort fréquentés, & dans le voisinage des grandes Villes, & qu'on ne puisse s'y promener sans être observé par tous les passans, il faut alors les enclore, pour éviter ce désagrément.

Si ce mur est destiné pour un jardin potager dans lequel on desire cultiver des arbres & espaliers, le mur qui lui servira de Clôture doit avoir dix à douze pieds d'élévation ; cette hauteur est suffisante, même pour les arbres qui s'étendent le plus, comme les Poiriers & autres.

Clôture en terre-glaise.

On se sert, dans une partie de l'Allemagne, d'une espèce de Clôture faite avec la simple terre-glaise pétrie de paille, qui ressemble assez à une muraille, mais qui n'en a ni la solidité ni l'élégance. Pour procurer à ces murs, si on ose les nommer ainsi, une certaine solidité, il faut leur donner peu d'élévation, & trois ou quatre pieds d'épaisseur; ils ne se soutiennent que par leur propre poids, & en raison de la plus grande masse qu'ils présentent; car la matière dont ils sont composés, quoique durcie en apparence, ne résiste pas assez aux violences, ni à l'intempérie des saisons, pour se maintenir, pendant plusieurs années, en bon état. Ces murs craignent d'ailleurs l'humidité; & les fortes pluies peuvent les dissoudre en entier. Cette espèce de Clôture ne peut donc convenir qu'à des pays extrêmement pauvres, & où la rareté de toute autre matière plus convenable, oblige les habitans d'en employer d'aussi chétives.

Clôture en Pisé ou *Pisay*.

La méthode d'employer une terre quelconque, battue entre deux planches, & rendue solide & compacte, par ce moyen, au point d'en faire des murs, & même des maisons d'une grande solidité, est une invention que l'on attribue aux Romains. Elle est très en usage dans nos Provinces Méridionales, où elle est connue sous le nom de pisé ou pisay. On croit assez généralement que ce sont les colonies Romaines qui l'y ont introduit.

Je connois peu d'invention aussi utile & aussi facile à exécuter, que l'art de convertir en muraille un amas de terre; elle mérite sans doute d'être plus généralement connue par les habitans de la campagne, parce qu'elle est peu dispendieuse, & très-aisée à entretenir.

On nous saura sans doute gré de trouver ici quelques détails sur le Pisé, & sur la manière de faire, avec la simple terre, des Clôtures solides & peu coûteuses.

Presque toutes les terres sont propres au Pisé, à l'exception de la terre purement sablonneuse ou argilleuse : la première ne se lie pas suffisamment, & la terre argilleuse se gerce en séchant. Une terre forte, principalement la terre franche des jardins, convient parfaitement à ce travail. On reconnoît qu'une terre convient pour le Pisé, lorsqu'en la comprimant avec les mains, elle s'empâte, & conserve l'impression des doigts.

Pour procurer de la durée & une grande solidité aux Clôtures en Pisé, il faut tâcher de dépouiller la terre, autant qu'il est possible, de tous les corps hétérogènes, comme racines d'herbes & autres substances végétales ou animales. Les petits cailloux ne nuisent point à la terre que l'on destine au Pisé; mais les gros doivent être écartés avec soin. Quant au degré d'humidité que la terre exige, il suffit de la prendre telle qu'on la trouve, à un pied de profondeur; une terre trop mouillée ou trop humide, n'acquiert pas le degré de solidité nécessaire : il en est de même d'une terre trop sèche, dont les parties ne se lient pas assez pour donner à l'ensemble la consistance qu'il lui faut.

La saison la plus convenable pour la construction des Clôtures en Pisé, est depuis le mois de Mars, jusqu'en Août. Il faut en excepter les jours pluvieux, qui rendroient cette opération absolument impraticable; car la terre détrempée ne sauroit prendre la consistance nécessaire; & les pans, nouvellement achevés, étant mouillés par la pluie, ne sèchent pas assez promptement pour être en état de recevoir une seconde assise. Les grandes chaleurs de l'Été, ni le tems trop humide de l'arrière-saison, ne conviennent non plus à ce travail; en général, il faut choisir, selon le climat & les circonstances, un tems moyen, qui ne soit, ni trop chaud, ni trop humide.

J'ai dit que toute terre convenoit pour les Clôtures en Pisé, à l'exception de terres trop maigres & des terres argilleuses trop grasses; mais, comme il peut se faire que ces deux espèces de terres se trouvent à peu de distance l'une de l'autre, il est bon d'observer ici, que, par le mélange de ces deux sortes de terres, on peut se procurer la meilleure de toutes les matières pour le Pisé.

Moule pour le Pisé.

Le moule pour le Pisé, consiste en quatre panneaux, dont deux grands & deux petits. Le grand panneau, appellé *banche*, est un assemblage simple de planches bien jointes; les meilleures planches sont celles de sapin, étant moins sujettes à se déjeter que toutes les autres. Ces planches sont entretenues par quatre parefeuilles, dont deux aux extrémités, & deux à distances égales entr'elles, vers le milieu. Le petit panneau appellé cloisoir ou trapon, est fait d'une seule planche; la longueur des planches est de neuf pieds; leur largeur ou hauteur, de deux pieds six pouces. Le closoir a également deux pieds six pouces de hauteur; sa largeur se règle sur l'épaisseur que l'on veut donner au mur, dont il présente le profil avec son frit. Les petites planches ou parefeuilles qui servent à maintenir les planches de la banche, ont huit pouces de largeur; leur longueur est celle de la hauteur des banches sur lesquelles elles doivent être clouées solidement. A côté des premières & dernières parefeuilles, sont appliquées deux anses de fer, appellées manettes, bien clouées vers le bord supérieur du panneau, qu'elles surmontent autant qu'il est nécessaire pour y pouvoir passer librement la main, parce que leur destination est de faciliter le maniement des banches.

Le Lançonnier est un bout de chevron de chêne de trois pouces de largeur, de deux pouces & demi d'épaisseur ; & de trois pieds quatre pouces de longueur, traversé, de part en part, à quatre pouces près de chacun de ses bouts, par une mortaise de huit pouces de longueur en-dessus, & de sept pouces six lignes en-dessous, à cause de l'obliquité des coins qu'on est obligé d'y placer. On donnera à cette mortaise un pouce de largeur.

Les aiguilles sont des bouts de chevron en bois de sapin, de trois pieds & demi à quatre pieds de longueur, ayant deux pouces sur trois d'équarrissage, terminées, par le bas, en tenons d'un pouce d'épaisseur, de trois pouces de largeur, & de cinq ou six de longueur. Ces tenons sont destinés à entrer dans les mortaises du lançonnier.

Les coins, qui sont au nombre des aiguilles, sont des planches de chêne, d'un pouce d'épaisseur, taillées en forme de triangle d'un pied de longueur, de trois à quatre pouces de largeur à leur tête.

Outil pour le Pisé.

L'instrument dont on se sert pour battre ou pour piser la terre dans le moule, se nomme pison ; ce pison est composé de la masse & du manche. Le manche n'est qu'un bâton de quinze à dix-huit lignes de grosseur, & de trois pieds & demi de longueur. La masse est tirée d'un morceau de bois dur, de neuf à dix pouces de longueur ou hauteur, équarri sur quatre d'épaisseur & sur six de largeur ; cette masse, par sa forme, est comme partagée en deux sur la hauteur ; la partie inférieure est délardée également sur chaque face de sa largeur, pour former un coin émoussé & arrondi, d'un pouce d'épaisseur, sur six de largeur ; la partie supérieure est taillée en forme pyramidale, mais tronquée, dont la surface a trois pouces de largeur, & quatre de longueur ; au milieu de cette surface, est un trou d'un pouce de grosseur, & de quatre pouces de profondeur, pour recevoir le manche. Tous les angles du pison sont abattus & arrondis. Cet outil, emmanché, doit avoir au moins quatre pieds de hauteur ; l'ouvrier le tient à deux mains, par le haut du manche, & en use comme d'un pilon, portant ses coups entre ses pieds, un peu en avant.

Construction d'un mur de Clôture en Pisé.

Dès que le mur aura été fondé, comme à l'ordinaire, en maçonnerie de chaux, de sable, de pierre ou de cailloux, jusqu'au niveau de terre, on fera une recoupe de chaque côé, pour le réduire à dix-huit pouces d'épaisseur, appellée *gros de mur* ; puis on le monte à trois pieds de hauteur du toit, afin de garantir le pisé supériur de l'humidité & du rejaillissement des eaux pluviales. En arrosant ce subassement, on doit ménager, de trente-trois en trente-trois pouces, des tranchées qui auront quatre pouces de profondeur, & trois pouces & demi de largeur, & qui traverseront le mur de niveau & d'équerre, d'une face à l'autre, pour recevoir les lançonniers. Cela fait, on placera dans les tranchées appellées boulins, quatre lançonniers qui, par leur longueur, dépasseront la largeur du mur ; &, sur l'extrémité de ces lançonniers, on mettra des banches de chaque côté du mur ; les parefeuilles en-dehors, pour éviter que, par leur poids, les banches ne viennent à déranger les lançonniers. Il faut d'abord avoir la précaution de placer ces mêmes banches de champ sur le mur. Deux ouvriers placés sur le mur, les soulèvent & les éloignent l'une de l'autre par les manettes, puis les descendent toutes deux sur les lançonniers, &, pour plus de sûreté, les manœuvres supportent l'extrémité des lançonniers ; &, comme les boulins ont quatre pouces de hauteur, & que les lançonniers n'ont que deux pouces & demi, les banches doivent emboîter le soubassement en maçonnerie d'un pouce & demi au-dessous de son arrosement. Pendant que les ouvriers soutiennent toujours les banches par leur manette, pour qu'elles ne puissent se renverser ; un autre placera les tenons des aiguilles dans les mortaises des lançonniers, & les coins chassés dans les mortaises feront joindre les aiguilles & les banches contre le mur. Viennent ensuite les closoirs, qui ont pour largeur dans le bas, l'épaisseur du mur, & sont plus étroits par le haut, suivant le frit qu'on veut donner ; il est ordinairement d'un pouce par toise.

Pour maintenir exactement cette épaisseur sur la longueur des banches, l'on placera horizontalement entre l'une & l'autre banche, deux ou trois bâtons appellés entresillonnets, correspondans aux parefeuilles opposées, de la grosseur d'un pouce, entaillés à chaque bout, pour entrer à mi-bois entre panneaux ; ces entresillonnets, qui donnent la même épaisseur par le haut que les closoirs, se réforment ainsi qu'eux pour la réduction de l'épaisseur des assises supérieures.

L'on doit prévoir que la terre jettée & battue dans le moule feroit écarter les deux banches ; c'est pour les contenir qu'on se sert des aiguilles qui les serrent par le bas ; autant qu'elles sont elles-mêmes serrées par le moyen des coins chassés dans chaque mortaise, & que par le haut, les deux aiguilles correspondantes sont fortement serrées en-dessus du moule, par une corde appellée *bride*, traversant à double de l'une à l'autre, & billée dans son milieu par un bâton, ce qu'on appelle *liage*.

Il y a des cantons où, au lieu de bride en corde, les ouvriers emploient une espèce de lançonniers qu'ils appellent arçon ; il ne diffère du lançonnier qu'en ce qu'il est placé sur les banches, & qu'il a un peu moins d'équarrissage : alors il faut que les aiguilles portent des tenons aux deux extrémités, dont une entrera dans les mortaises de l'arçon.

Les cloisoirs sont retenus chacun par deux boutons ou chevilles de fer, qui traversent les banches.

Pour empêcher la terre de s'échapper par le bas, entre la banche ou la terre de soubassement, on formera, le long de leur jonction, un cordon de mortier de chaux & de sable corroyé, & serré avec la truelle ; c'est ce qu'on nomme communément moraine.

Ces moraines forment en outre l'arrête ou angle des banchées que la terre ne formeroit pas, parce qu'elle ne peut être assez serrée par le pison dans l'angle ; alors elle se dégraderoit & laisseroit des balèvres.

Tout étant disposé de la sorte, le moule est en état de recevoir la terre, & de former un pan de mur, en supposant qu'il ait été aligné, nivelé & mis à plomb, ou selon le frit ; on étendra ensuite successivement les lits de terre, les uns bout-à-bout, les autres sur les premiers, & de la même manière ; sans jamais leur donner plus de trois doigts d'épaisseur en terre meuble ; observant de travailler d'abord dans l'entrebride attenant au closoir, si c'est la première banchée d'un cours déjà commencé, de travailler dans l'entrebride qui joint la banchée finie, pour ménager un ferme appui à l'échelle du porteur, & éviter que la poussée de l'échelle ne dérange les banches qui ne sont point encore remplies.

Le manœuvre, qui sert le piseur, c'est-à-dire, qui lui porte de la terre, à mesure qu'il l'emploie, au-dessus de la tête, muni d'un coussinet ; il se sert d'un pannier d'osier à deux anses ; il le porte sur la tête, en montant par l'échelle, ou partie sur la tête & partie sur les épaules à l'aide d'un sac ordinaire. Le piseur prend le panier par les deux anses & en distribue la terre dans la partie du moule où il se trouve, appellé chambre ; il rend la corbeille au manœuvre, qui va la remplir de nouveau, pour la lui rapporter.

Après qu'on aura jetté dans le moule, plein une corbeille de terre, le piseur l'égalisera d'abord avec les pieds, ensuite il la frappera du tranchant du pison, portant les coups de dix à douze pouces de haut ; les premiers coups se dirigent le long des panneaux dans cet ordre : le second coup recouvre la moitié du premier, le troisième la moitié du second ; ainsi de suite ; le tranchant du pison est porté parallélement à la banche contre laquelle il glisse ; afin qu'il atteigne la terre dans l'angle commun de sa surface & de celle de la banche ; le batteur tiendra le manche incliné vers la banche opposée ; quand il aura ainsi bondé de coups cette couche, il en use de même contre l'autre banche, porte ensuite ses coups en travers, observant que le tranchant du pison soit parallèle au closoir. Le piseur bat une seconde fois la même couche, & redouble les coups dans le même ordre. Si la terre est mêlée de beaucoup de gravier, il faut augmenter le nombre des coups d'un quart en sus ou environ, & les donner avec plus de force, autrement le gravier soutenant le coup du pison, la terre ne seroit pas suffisamment comprimée.

Le second piseur en fait autant de la seconde charge, & le troisième en use de même pour la troisième ; chacun d'eux pise la terre immédiatement après qu'elle a été versée ; ils ne s'attendent point pour commencer & finir en même-tems une nouvelle couche ; pendant que le second achève une partie de la précédente, le troisième piseur finit l'antépénultième.

Les trois premiers batteurs ou piseurs occupent chacun un tiers du moule, s'accordent entr'eux pour aller en même-tens en avant & en arrière, sans s'incommoder, ou le moins qu'il est possible. On observera de ne jamais admettre de nouvelle terre dans le moule, qu'elle n'ait été suffisamment pisée ; c'est-à-dire qu'un coup de pison marque à-peine le lieu sur lequel il porte.

Les trois premières couches étant battues, les porteurs accumulent dans le moule la même quantité de terre pour la seconde couche, sur laquelle les piseurs opèrent comme sur la première ; ce qui se pratique de même de couche en couche, jusqu'à ce que l'on ait rempli & arrosé le moule.

Quand le moule est plein, le pan est fait ; c'est ce qu'on appelle une banchée ; &, sans attendre qu'elle soit autrement raffermie, on démonte le moule, que l'on emploie tout-de-suite à former une autre banchée. Si néanmoins un pan demeure revêtu de son moule, pendant une nuit ou une journée, il en acquiert plus de consistance, parce que l'eau qu'il contient s'évapore plus insensiblement, comme nous l'avons observé pour sa condensation ; mais cette pratique n'est d'usage que pour la dernière banchée de la journée ; parce que si on en usoit autrement, l'ouvrage traîneroit trop en longueur.

Pour démonter le moule, il faut renverser l'ordre que l'on a suivi en le montant ; c'est-à-dire, commencer cette seconde opération par où l'on a fini la première. Les porteurs & les piseurs s'aident mutuellement ; & voici comment ils s'y prennent : un manœuvre placé sur le pisé, retient les banches par les manettes, afin qu'elles ne renversent pas ; d'autres, en même-tems, détachent les cordes & ôtent les aiguilles ; ensuite, ayant placé trois autres lançonniers dans les boulins suivans, (ce qui démontre la nécessité d'en avoir sept & plus, quoiqu'il n'y en ait ordinairement que quatre ou cinq de service) le piseur placé sur le mur, tire à lui une banche par la manette, en la faisant glisser sur les lançonniers, jusqu'à ce qu'elle soit parvenue sur un nouveau lançonnier ; ensuite il amène l'autre banche, pour la faire reposer sur le même lançonnier ; il en use ainsi sur les autres, pour tenir les banches en équilibre sur les lançonniers ; pendant cette opération, le manœuvre, qui tenoit les banches à l'autre extrémité, par les manettes, les tient toujours jointes contre le pisé, en se prêtant au mouvement alternatif des banches.

Lorsque les banches sont parvenues sur le troisième lançonnier ; elles reposent encore sur un ancien, & revêtent de quatre à cinq pouces la banchée qui vient d'être formée. Cette disposition rend inutile un des closoirs, parce que la banchée en tient lieu. On place l'autre closoir à l'extrémité des banches ; ensuite les aiguilles que l'on serre avec les coins & les cordes, comme dans la précédente opération. On ôte les trois anciens lançonniers, en les frappant à droite, à gauche, dessus & dessous, pour les chasser par le bout des boulins qui les soutenoient.

Les banches du nouveau moule sont également supportées par quatre lançonniers, & embrassent un ou deux pouces du mur, qui sert de base, comme dans la première disposition. Le moule s'établit plus solidement, dès qu'il y a une banchée finie, parce qu'elle lui devient un appui latéral. Il sera toujours monté de la même manière, avec les mêmes attentions pour l'alignement, le niveau & le fret.

L'on fait la seconde banchée comme la première, y ajoutant des moraines montantes entre le flanc de la banchée & les banches ; ces moraines ne peuvent se faire que par demi-truelliée, à mesure que le pisé s'élève.

La troisième banchée se fait comme la seconde ; il en est ainsi de la quatrième, de la cinquième & des autres.

On observera de faire successivement toutes les banchées d'une première assise, avant de passer à celles d'une seconde, & les opérations ne sont plus qu'une répétition de la première, à la différence près que, pour la première assise, on avoit laissé les boulins dans les murs, en les rasant, pour y placer les lançonniers, & que, dans la seconde, il faut les creuser après coup dans le pisé.

La troisième assise se fait comme la seconde, ainsi qu'une quatrième ; mais il faut disposer les banchées d'une seconde assise, de manière qu'elles couvrent les joints de la première ; si elle étoit par exemple, composée de six banchées, la seconde le seroit de cinq & deux demi-banchées à ses extrémités. La troisième assise seroit semblable à la première, la quatrième à la seconde, & ainsi des autres successivement.

Pour faire la dernière banchée, l'on ne remplit que la moitié du moule, &, à cet effet, la banche revêt la moitié de la banchée déjà faite.

Je n'ai parlé jusqu'à présent que des banchées formées à angle droit ; il en est d'autres dont les flancs, les côtés ou les joints montans sont inclinés ; ces banchées sont d'un usage plus ordinaire, lorsque la terre est médiocrement bonne, par les raisons que nous exposerons par la suite.

Ces banchées ne diffèrent entr'elles que par l'inclinaison de leurs joints dont elles se recouvrent successivement ; la main-d'œuvre est la même que celles des banchées à angle droit ; la première de ces banchées aura un côté droit, ou parce qu'elle forme un angle, ou parce qu'elle est attenante à un pied droit, & l'autre flanc sera incliné en talus, d'un pied & demi de base, sur deux & demi de hauteur, mesure commune de l'inclinaison de tous les joints suivans.

Ce talus est fermé par les retraites que l'on donne à chaque couche de la banchée, &, quand la dernière couche a été battue ; l'on enlève de dessus ce talus, avec la truelle, toute la terre qui ne fait pas corps avec lui, & on bat ensuite ce talus de bas en haut, par des corps portés obliquement. Cela fait, on démonte le moule que l'on rétablit à côté, pour former une banchée attenante à la première, laissant en place les deux lançonniers les plus voisins de la banchée qu'on va commencer, pour faire embrasser par les banches le talus de la banchée précédente ; &, après lui avoir donné cette disposition, on opère pour la formation de la nouvelle banchée, comme pour la première, avec cette différence, que ces couches s'avancent d'autant sur le talus de la banchée qui précède qu'elles font rétracter au point de la banchée qui doit suivre.

Ainsi, le talus de la banchée qui précède est entièrement recouvert par l'inclinaison de la banchée qui suit, ce qui s'observe de l'une à l'autre dans la même assise. Dans une seconde assise, on donne aux banchées une inclinaison apposée à celle de la première ; mais il faut observer également de faire couvrir les joints de la première assise par les banchées de la seconde, & les joints de celle-ci par les banchées de la troisième, & de suite. On se passe ordinairement de closoirs ; la banchée qui précède tient lieu d'un ; le talus de celui que l'on forme n'en a pas besoin, une pierre suffit pour soutenir les premières couches, & les autres à cause de leur retraite, n'en exigent point. Pendant la construction de ces banchées, on borde d'une moraine de mortier les joints inclinés, comme on en a usé pour les joints droits.

La façon des murs à joints droits seroit plus expéditive que celle des murs à joints inclinés, si on se servoit des mêmes banches, parce que, dans la première, il faut transposer moins fréquemment le moule que dans la seconde ; l'usage des banches plus longues offre le même avantage ; mais elles donnent plus d'embarras.

La solidité des murs à joints inclinés est beaucoup plus grande que celle des murs à joints droits; lorsque la terre est médiocre, l'inclinaison des joints rend la liaison plus intime; les banchées, en se recouvrant successivement par leurs joints inclinés, sont d'autant plus adhérentes que le pison & la pesanteur de la matière concourent à les unir fortement.

Ces joints sont tellement serrés qu'ils ne laissent aucun vide par où l'on puisse voir le jour à travers; toute l'assise semble ne former qu'une même banchée. Il n'en est pas ainsi des banches à joints droits; quelques soins que l'on se donne pour les rendre adhérentes, l'on n'y parvient qu'avec bien de la difficulté.

L'on construit des murs de Clôture avec les unes ou les autres banchées; mais, pour la construction des bâtimens, il faut préférer les banchées à joints inclinés, à cause de la solidité qu'elles reçoivent de leur liaison.

Quand les murs s'élèvent au-dessus de dix pieds, l'on attache le moule avec des cordages également tendus, à droite & à gauche, où on les retient avec des étais; par cette précaution, l'on assure la vie des ouvriers, & l'on prévient la chûte du mur & du moule que pourroit occasionner la poussée des échelles & le mouvement des piseurs.

Il est des détails qui paroissent n'être d'aucune importance, & qui sont cependant nécessaires pour une entière construction. L'angle commun à deux murs se forme par le concours de leurs assises, qui se surmontent alternativement. Pour lui donner une plus grande liaison, l'on met, dans chaque assise, une planche de sapin d'un pouce d'épaisseur, de six pieds de longueur, sur un pied de largeur, ce qui forme l'angle, à deux pouces près: cette planche sert à garantir les banchées des lézardes, qui pourroient provenir de l'inégale résistance de la banchée inférieure qu'elle recouvre sur joint. Pour donner plus de solidité à ces angles, on forme des lits de mortier de trois pouces en trois pouces, sur un pied & demi ou deux de longueur, à partir de l'angle, ce qui représente à l'extérieur comme autant de petites assises de pierre.

Nous n'avons point dit comment on forme les angles, ni comment les banches doivent être serrées & retenues à l'extrémité de l'angle; on ne peut y placer un lançonnier, puisqu'il n'y a point de mur au-dessus pour les supporter; on serrera donc les banches avec deux sergens de fer, outil très-connu des Menuisiers & Charpentiers. On peut aussi se servir de boulons, qui traversent d'une banche à l'autre, pour retenir les closoirs; dans ce cas, ces boulons sont à vis avec écrous; mais on ne s'en sert plus, parce que les ouvriers ont bien-tôt perdu les vis & les écrous.

On ne sauroit trop multiplier les précautions pour garantir ces murs de la pluie pendant leur construction. A cet effet, on aura soin de les couvrir de planches, ou mieux encore de tuiles, qui, par leur pesanteur, résistent davantage aux vents orageux.

Les boulins contribuent au desséchement des murs; on ne les bouchera qu'une année après, vers le tems où l'on induit le mur, & l'on emploiera de la maçonnerie & non de la terre.

Couverture des murs de Pisé.

Lorsque le pisé est parvenu à la hauteur déterminée pour fermer un mur de Clôture, on le couvre avec des tuiles ou avec un chaperon de maçonnerie: dans les deux cas, il faut faire un demi-pied au moins de maçonnerie au-dessous du couvert, pour garantir le pisé des écoulemens des eaux pluviales, lorsqu'une tuile ou le chaperon seroit rompu. Dans le premier cas, on rehausse cette maçonnerie d'un seul côté, pour donner l'écoulement des eaux sur le fond du Propriétaire, si le mur est à lui seul; lorsque le mur est mitoyen, on le rehausse au milieu de l'épaisseur du mur, pour verser les eaux également de chaque côté. Cette maçonnerie est recouverte de tuiles creuses ou plates, qui débordent le mur de quatre à cinq pouces de chaque côté, pour jetter l'eau loin du pied du mur: on charge les tuiles creuses de pierres ou de cailloux, pour que le vent ne puisse les déranger; dans le second cas, lorsqu'on veut les recouvrir d'un chapperon de maçonnerie, il faut placer dessous un filet de deux rangs de tuiles plates, formant une saillie de quatre à cinq pouces pour le même effet, & avoir soin que le rang de dessus recouvre les joints de celui qui se trouve immédiatement dessous.

De l'enduit du pisé & du crépi appellé Rustiquage.

Le pisé peut bien, il est vrai, subsister sans un enduit de mortier; mais l'employer c'est prolonger la durée de ces Clôtures; en les garantissant de la pluie & de l'humidité, cet enduit leur donne en outre un air de propreté dont cette construction a plus besoin qu'aucune autre.

Il faut attendre, pour l'enduire, que le mur ait perdu toute son humidité naturelle, qui ressemble, à bien des égards, à l'eau des carrières dont certaines pierres sont imprégnées; quand la gelée les surprend dans cet état, toute la partie de leur épaisseur qu'elle a pénétrée, tombe en poussière après le dégel.

Mais ce n'est pas la seule raison du retardement prescrit par rapport à l'enduit des murs en pisé: nous avons dit que tout pisé perdoit de ses premières dimensions en tout sens, en perdant de son humidité; or, l'enduit qui seroit sec avant que cet effet fût entièrement fini, & qui dès-lors ne seroit plus capable de se retirer sur soi-même, comme le pisé, se détacheroit infailliblement, & tomberoit, en pure perte.

Pour qu'il soit bien desséché, il faut qu'il air reçu les impressions de la chaleur d'un Eté & le froid d'un Hiver; il seroit mieux d'attendre deux années, pour être plus assuré de sa parfaite dessiccation; ce tems expiré, le mur est plus ou moins sillonné par de légères fentes, suivant la bonté de la terre; s'il l'étoit beaucoup, on jetteroit un premier enduit dans ces sillons pour les combler. On peut enduire ces murs à la manière accoutumée; mais nous prévenons que le crépi vaut infiniment mieux; il diffère de l'enduit, en ce qu'il est plus clair, & qu'il se jette avec un petit balai, sans passer la truelle dessus. Il est plus durable, plus économique, & tient sur le pisé, sans qu'il soit nécessaire d'en piquer la surface.

Ce crépi, appelé par les maçons rustiquage, se fait avec un mortier de chaux & de sable extrêmement clair. Pour cet effet, on le détrempe dans des baquets, jusqu'à ce qu'il soit comme de la bouillie; on le prend alors, & on le jette contre le mur avec un balai & un goupillon; c'est par la crête que l'on commence, en suivant de haut en bas, sur une longueur de cinq à six pieds, dans la largeur d'environ un pied; l'on répète cette opération, jusqu'à ce que le mur en soit couvert.

Ce rustiquage n'est point uni; il ressemble à la pierre brute. L'on n'y emploie pas la moitié du mortier dont il seroit besoin pour un enduit ordinaire; il n'en a pas la propreté, mais il en est plus durable, ce qu'on ne sauroit attribuer qu'à sa liquidité, qui lui fait pénétrer la face du mur avec laquelle il s'incorpore; il coûte moitié moins que l'autre, ce qui devient pour celui-ci un second motif de préférence. Son usage est particulièrement convenable aux murs de Clôture.

Prix du Pisé.

Comme les constructions en pisé se bornent, pour la France, aux Départemens méridionaux de la République, nous en indiquerons le prix ici, tel qu'on le paie aux environs de Lyon & dans les cantons adjacens.

Le prix du pisé varie suivant la nature de la terre, le transport qu'il en faut faire & suivant le prix des journées.

Les six ouvriers nécessaires à la construction du pisé, lorsque le transport n'a pas plus de quinze toises, peuvent faire chaque jour trois toises quarrées de Roi. Si les journées sont à trente sols par piseur, & à vingt par porteur, il reviendra à deux livres dix sols la toise. Dans les environs de Lyon, le prix est de deux à trois livres de façon. On emploie pour trente sols de mortier à la formation des moraines. Le rustiquage se paie quinze sols la toise quarrée de chaque face, fournitures & façon; de sorte que les murs en pisé aux environs de Lyon coûte de cinq à six livres la toise quarrée de Roi, sans y comprendre les fondations ni les couverts ou le chaperon en tuiles.

Pour démolir un mur de pisé, on emploie le levier que l'on introduit dans les boulins; on en renverse une banchée, quelquefois même plusieurs ensemble, &, pour plus de sûreté & d'aisance, on les arcboutera du côté opposé à leur chûte. Cet expédient est plus prompt que le pic & le marteau, qui ne peuvent que difficilement rompre ces murs, tant ils acquièrent de dureté, principalement quand ils ont beaucoup de graviers.

Avantage que l'on peut tirer des décombres du Pisé.

Les décombres d'un mur de pisé démoli ne peuvent plus servir pour en faire de nouveaux murs; la terre en est devenue trop friable; mais ils ne sont pas à charge, comme nous l'avons dit; ils dédommagent avantageusement des frais de leur démolition & de leur transport, étant un engrais excellent pour les terres à bled, pour la vigne, &c. Ils obtiennent vraisemblablement cette qualité des sels dont l'air les a chargés à la longue.

Clôture peu dispendieuse, proposée par un Cultivateur Ecossois.

Un Cultivateur Ecossois a imaginé une nouvelle manière de Clôture. La feuille du Cultivateur dont nous transcrivons ce procédé en parle ainsi. « Personne ne conteste l'utilité des Clôtures; mais on n'est pas d'accord sur la manière de les former, & elles sont différentes selon les divers pays. Dans les lieux où l'on se procure aisément des pierres, la plupart des Cultivateurs aiment mieux élever des murs en pierres sèches que de planter des haies vives; car, quoique les murs soient toujours très-coûteux, comme ils remplissent dès qu'ils sont faits le but qu'on se propose, en enclosant un champ, ils sont préférables aux haies vives, qui exigent toujours quelques années & des soins avant d'être en bon état. Les haies vives ne sont pas toujours suffisantes dans les pays froids, pour contenir les animaux, sur-tout lorsque les longues nuits, humides ou froides de l'arrière-saison commencent.

Le Cultivateur Ecossois dont nous parlons a réuni les deux méthodes, & il a fait des Clôtures formées en partie par un mur & par une haie vive; voici la manière dont il s'y est pris. Après avoir planté la haie, suivant la méthode ordinaire, sur le côté extérieur du fossé; il a élevé en-dehors un mur de deux pieds & demi de hauteur, & il l'a fait construire à chaux, ayant pû s'en procurer à bas prix. Il y a quelques années que cette enceinte a été exécutée pour la première fois, & les Cultivateurs voisins, qui ont été témoins de son utilité, se sont empressés d'en faire de semblables.

Lorsqu'on veut faire une Clôture de ce genre, on commence par nettoyer le terrein de la largeur du fossé, & de deux pieds de plus de chaque côté; on enlève le gazon par plaques, afin de détruire, autant qu'il est possible, les mauvaises herbes & les racines qui pourroient faire tort aux jeunes arbrisseaux destinés à former la haie. Le fossé a cinq pieds de largeur, sur deux pieds & demi de profondeur; on lui donne un pied de largeur dans le fond. Sur le bord extérieur du fossé, on laisse un pied de largeur, pour former une bordure, au-delà de laquelle on creuse avec une bêche, à environ un pied de profondeur; on met au fond environ trois pouces de bonne terre, & on plante sur cette terre des épines : les plants sont posés presque horizontalement, tournés du côté du fossé, ayant la pointe dirigée un peu en haut, afin que la pluie puisse couler le long des tiges jusqu'aux racines : on met sur les racines un pied de bonne terre. Au-dessus de cette nouvelle couche, on laisse, du côté du fossé, une bordure de trois ou quatre pouces de largeur; &, au-delà de cette bordure, on plante une autre rangée d'épines, disposées comme les premières, ayant soin de ne pas mettre les plants du rang supérieur immédiatement au-dessus des inférieurs, ou dans une ligne perpendiculaire, mais plaçant chacun à neuf pouces ou un pied à droite ou à gauche de chaque plant inférieur. On met sur le dernier rang environ un pied de bonne terre qu'on tasse avec soin, & qu'on piétine, jusqu'à ce que le sommet soit uni, & que la crête du fossé, qui se trouve de ce côté plus élevé que de l'autre, ait à-peu-près trois pieds & demi de largeur, afin de pouvoir y construire le mur. Le côté extérieur de ce mur est éloigné de neuf ou dix pouces des épines, & jamais au-delà d'un pied. Le mur a deux pieds ou environ à sa base, & un pied & demi à sa partie supérieure; le chaperon est formé d'une seule pierre plate, sur laquelle on place deux plaques de gazon. La plaque inférieure est posée de manière que le gazon soit en-dessous, & touche la pierre, tandis que la plaque supérieure est placée, ayant le gazon en-dessous; de cette manière, les plaques de gazon qui doivent avoir une certaine épaisseur pour retenir l'humidité, ne tardent pas à faire corps entr'elles, de manière à ne pouvoir pas être enlevées par le vent. Le mur est de deux pieds & demi de hauteur, sans y comprendre les plaques de gazon, qui forment environ cinq ou six pouces, ce qui fait que le mur, en comptant les gazons, est à-peu-près de trois pieds de haut. Le mur est construit quelquefois avec du mortier, & d'autres fois en pierres sèches, suivant que cela est plus ou moins économique.

Les épines se trouvent ainsi abritées, & dans les endroits très-exposés aux vents, tels que les pays du Nord; une disposition semblable favorise singulièrement la végétation des arbrisseaux; d'ailleurs leurs pieds ont toujours une humidité suffisante. Lorsqu'on veut disposer de cette manière une haie vive qui est déjà âgée, on la rabat à trois pouces de terre, en Octobre ou Novembre, ou même au commencement du Printems, & on élève le mur le plutôt possible : la végétation des haies, qui se trouvent ainsi abritées, est très-rapide, & on a peine à se former une idée de la prompte croissance des épines : on en a vu qui, ayant été coupées au Printems, avoient poussé, dans la même année, à la hauteur du mur, & qui, dans moins de trois ans, étoient si bien garnies, qu'il étoit impossible à aucun mouton de sauter dessus, même à ceux des montagnes d'Ecosse, qui franchissent très-aisément un mur de quatre ou cinq pieds. Il est essentiel de remarquer que le mur ne doit jamais être terminé en dos d'âne; qu'il ne faut pas non plus trop l'écarter de la haie, sans quoi les bestiaux passent bien-tôt entre deux, & d'ailleurs les épines viennent moins vîte. Il est bon d'ajouter encore que les Clôtures faites ainsi demandent moins de soins que tout autre, pour mettre les jeunes arbrisseaux à l'abri des animaux, & que le mur empêche beaucoup d'animaux de tenter à se faire des routes à travers des haies. »

Clôture en mur avec une Haie vive.

Nous ne prétendons point parler ici de ces murs grossiers que l'on élève dans plusieurs endroits, en entassant des pierres inégales, sans aucune liaison de boue, d'argile, de mortier ou de sable; ils sont de très-peu de durée, & remplis d'intervalles par où le vent souffle avec impétuosité sur les bestiaux, &, formant des vents coulis, ne peut que leur nuire beaucoup plus que celui qui traverse une haie, parce que du moins, en ce cas-ci, il est rompu, & par conséquent affoibli.

Nous proposons donc ici au Cultivateur, qui est en possession d'une certaine abondance de prés, le moyen d'élever une Clôture par murs, en suivant les mêmes principes proposés pour les Clôtures en banc de terre.

Il faut, pour bien remplir cet objet, choisir les pierres les plus régulières & les plus unies; cette défense sera belle & de durée. Quand on a la quantité suffisante de ces pierres, il faut creuser la terre à une petite profondeur, pour poser le fondement, & un puits ou fossé dans quelqu'endroit voisin d'où l'on puisse tirer la terre nécessaire.

Le tout étant ainsi disposé, on commence

la construction du mur, en posant les pierres l'une sur l'autre; on en pose premièrement deux, & ensuite une entre les deux; à mesure qu'on élève le mur, on remplit l'espace entre-deux avec la terre du fossé ou du puits; par ce moyen, tout le mur deviendra une seule masse bien solide.

On continue à exhausser le mur à la hauteur & à la largeur nécessaire, ayant toujours l'attention de remplir de terre l'entre-deux des pierres, en prenant garde que la partie extérieure des pierres soit bien de niveau l'une avec l'autre; on plante ensuite une haie vive dessus, de la même façon que nous l'avons indiqué pour la haie plantée sur le banc. Rien de plus agréable à la vue qu'un mur couronné de haie vive.

Qu'on se donne bien garde sur-tout d'y planter des arbres de haute futaie, parce que le vent peut les déraciner, & que leur chûte entraîneroit nécessairement le mur; plus les arbres y réussiroient, plus le danger seroit grand. Nous voudrions qu'on y plantât de jeunes plants d'épine blanche, & de quatorze en quatorze pieds un pommier sauvage; les fleurs & les fruits de cet arbrisseau donnent une agréable variété, & ne forment pas assez de volume, pour qu'on ait lieu de craindre l'impétuosité des vents. (*Voy.* le Gentilhomme Cultivateur, *Tom. III.*)

Clôture en banc de terre.

Nous connoissons deux méthodes pour former des bancs de terre qui servent de Clôtures; l'une, en usage en Angleterre, est décrite dans le Gentilhomme Cultivateur; & l'autre, par M. de Münchausen, dans le Hausvater, Vol. 3; cette dernière est suivie en plusieurs cantons du pays d'Hanovre.

Le Gentilhomme Cultivateur, en parlant de la première, s'exprime ainsi: « le banc est, de toutes les Clôtures, celle qui convient le mieux aux prairies & aux terres à pâturages: que le Cultivateur examine bien la nature du sol, avant que d'entreprendre de l'élever. Il doit d'abord faire attention à la dépense, & faire en sorte de la rendre peu considérable; ensuite, voir si le banc peut subsister: ces deux objets dépendent absolument de la nature du sol. On sent donc combien il lui importe de la bien connoître.

Il faut que le sol cède avec facilité au tranchant de la bêche, & qu'il soit couvert d'un bon gazon épais. Ce seroit une folie que d'entreprendre d'élever un banc sur une autre espèce de sol. Nous ne parlons pas de ces bancs d'argile ou de boue que l'on élève en creusant un fossé, en amoncelant la terre que l'on en tire, & en la laissant toute nue. Nous entendons parler d'un banc vert & gazonné, beau & profitable, qui se soutient ferme & solide à jamais.

Lorsqu'on a, dans ses prairies ou dans ses terres à pâturages, un sol ainsi couvert, on y élève un banc, au commencement du Printems, après quelques pluies: car nous observerons, en passant, que cette opération se fait très-imparfaitement dans les saisons humides, ou dans les trop grandes sécheresses; parce que la terre, dans ce cas-ci, s'émiette trop facilement, & que, dans celui-là, elle gonfle & fait des crevasses.

La nature du sol, & la convenance de la saison bien connues, il faut tirer deux lignes droites à trois pieds & demi de distance l'une de l'autre, dans toute leur longueur, où l'on veut élever le banc; ensuite on lève, avec la bêche, des gazons dans l'endroit du terrein où l'herbe est la plus verte & la plus vigoureuse; on les coupe, s'il est possible, à un pied & même quelques pouces de plus de profondeur en quarré; on les dispose, à mesure qu'on les coupe, en deux rangs, le long des bords de chacune, de deux lignes, la partie du gazon en-dehors; on les couche ainsi, & on laisse un espace entre les deux lignes.

On ouvre, à un pied de distance du rang intérieur de la Clôture, un fossé de trois pieds de largeur; il faut que les côtés du fossé soient faits en pente, & creusés à la profondeur qui est nécessaire pour fournir une quantité de terre suffisante, dont on remplit l'espace qui est entre les gazons.

On doit observer qu'il faut mettre dans l'intervalle qui est entre les deux gazons, de la terre, jusqu'à ce que l'intérieur du banc soit à niveau des côtés. Le fondement du banc étant ainsi solidement établi, on le continue facilement; on coupe d'autres gazons, & on les pose dans un second rang de chaque côté, dessus le premier, mais un peu en-dedans, & toujours ainsi de rang en rang, observant toutefois que chaque rang se rapproche insensiblement de l'intérieur, & que le banc se trouve fait en pente, de telle sorte qu'il s'élargisse par le bas, & se retrécisse par le haut.

On observera aussi de remplir de la terre de la fosse, l'espace que forme dans l'intérieur l'élévation de chaque rang: il faut si bien prendre ses dimensions, que le sommet du banc, quoique beaucoup plus étroit que son fondement, soit de deux pieds de largeur, sur quatre de hauteur.

Mais, quand on arrive au sommet, il faut bien se donner de garde de mettre l'intervalle entre les deux gazons à leur niveau; on doit le terminer en un petit creux au milieu.

Après que le banc est ainsi élevé, il faut planter au sommet la haie vive; on doit choisir les espèces d'arbrisseaux qui sont les plus propres à y être transplantés, comme le pommier sauvage, l'aubé-épine, l'épine noire, &c.; mais, en général, on préfère les plants de l'épine blanche: on les plante sur le banc, à un pied de profondeur. On peut varier la haie, en mettant, de distance en distance, du pommier sauvage; mais on doit se donner de garde d'y planter des arbres de haute futaye, ou des gros arbres fruitiers, comme pommier, noyer, cerisier, &c.

Le creux que nous voulons que l'on laisse au milieu du sommet du banc, sert de réservoir, en retenant les eaux de pluie, & les envoyant aux racines de la haie & des gazons, qui, posés latéralement, se dessécheroient & périroient. Il est certain que par cette disposition, les jeunes plants tirent une suffisante nourriture de ce lit profond de terre; d'autant plus qu'il s'élargit en descendant, & que la terre étant nouvellement remuée, ses molécules sont plus atténuées, plus divisées, & conséquemment plus propres à animer la végétation.

Lorsque le banc est élevé, & la haie plantée, il faut faire une petite haie morte sur ou auprès du banc, pour défendre les jeunes plants de l'incursion des moutons: il seroit fort inutile de la faire forte, ni plus haute d'environ quatorze pouces. La haie croîtra parfaitement, & le banc deviendra de jour en jour plus ferme, par la réunion des racines de différentes herbes qui composent le gazon.

On sent facilement que cette espèce de Clôture exige, de tems en tems, l'œil du Cultivateur, si l'on veut qu'elle n'expose point à de grandes dépenses: il est rare, à la vérité, qu'elle demande de fréquentes réparations; mais du moins faut-il veiller à ce qu'il n'y ait aucun dommage causé dans les gazons ou dans la haie, parce que si les premiers sont entamés sans qu'on les répare, ils dépérissent insensiblement; & la terre de la partie du gazon qui est pelée, est entraînée par les pluies, ou s'écroule par les sécheresses: cette Clôture est si belle, & d'une si grande utilité, qu'il seroit, en vérité, dommage de la négliger.

Quant aux Clairières qui se forment dans la haie, on les ferme en y plantant de jeunes plants d'épine: il arrive quelquefois que le gazon languit, & que l'herbe devient jaune; il faut alors le relever, & en mettre de frais à sa place, que l'on tire, comme l'autre, du même sol.

Cet accident est ordinairement l'effet du peu d'humidité qu'ont les gazons, quand on les arrange; c'est pourquoi nous voudrions, afin que le Propriétaire pût jouir plutôt & plus sûrement de la beauté du banc, que l'on laissât les gazons, avant que de les employer, pendant un quart-d'heure tout au plus, dans l'eau de quelque fossé le plus voisin; la plus bourbeuse est la meilleure, par des raisons que l'on expliquera aisément: ou bien on emploie, pour le même usage, un baquet rempli d'eau, dans laquelle on aura jetté une certaine quantité de terre molle & bien meuble, pour la rendre trouble. Par cette opération, les racines des gazons se lient plus facilement, & portent avec elles une humidité qui les rend capables de se lier à la terre nue du banc, & à en tirer une partie de leur nourriture: si cette méthode est un peu plus embarrassante, elle est aussi beaucoup plus sûre.

Les pluies qui tombent dans cette saison de l'année, entretiennent cette humidité, & en donnent à la haie; de sorte que, tandis que d'un côté les jeunes plants poussent vigoureusement, la verdure du gazon se conserve & se perpétue. Les racines de l'herbe s'étendent en tout sens, unissent les gazons ensemble, & n'en font qu'un seul & même corps; de sorte qu'il est impossible d'appercevoir les jointures. Les racines de l'épine blanche s'étendent, en peu de tems, à travers l'épaisseur du banc, lient le tout ensemble, & en font un corps solide & ferme, à l'abri de toute atteinte: l'herbe croît sur le côté du banc, ce qui relève considérablement sa beauté; & le sommet est agréablement varié par la diversité des arbrisseaux.

Si les deux côtés de l'enclos sont en pâturage, au lieu d'un fossé que nous avons conseillé de pratiquer dans le côté extérieur du banc, on peut creuser la terre, de chaque côté, en pente, à la profodeur de deux pieds; en se comportant ainsi, il n'y aura point de terrein de perdu, parce que les deux petits fossés produiront, ainsi que les deux côtés du banc, de l'herbe aussi bonne que celle du reste du sol.

On observera que si les circonstances exigent que le banc soit plus élevé, on doit faire le fondement plus large; il faut creuser plus de terre en pente près du banc, ou bien on doit faire le fossé plus profond, afin que la fouille fournisse plus de terre, & qu'on en ait la quantité nécessaire pour remplir l'espace qui est entre les deux rangs de gazon.

Cette espèce de Clôture donne de l'ombre, & sert d'abri aux bestiaux, soit contre les vents froids, soit contre l'ardeur du soleil. La haie est, à la vérité, très-exposée à l'impétuosité des vents; c'est pourquoi il faut avoir l'attention de l'élaguer de tems en tems.

La seconde méthode, dont nous devons la description à M. de Munchausen, est moins compliquée que celle dont nous venons de parler, d'après le Gentilhomme Cultivateur, elle est fort en usage dans quelques cantons du Duché de Zelle, dont le sol est généralement très-sablonneux. Les pièces de gazon que l'on emploie pour ces Clôtures, ont ordinairement la figure d'une losange; elles ont un pied de long, sur six pouces de large, & une épaisseur de quatre à cinq pouces; il faut faire attention de donner à ces gazons, autant que cela se peut, la même grandeur; la solidité du banc en dépend principalement. On a préféré de donner à ces gazons la forme d'une losange plutôt que d'un carré: la première forme permet de les entasser avec plus d'exactitude.

Nous avons déjà observé que quelques cantons du pays où ces Clôtures sont usitées, ont un sol très-sablonneux, qui n'est couvert que d'un gazon peu épais, formé par l'entrelacement d'un très-grand nombre de petites racines d'herbes; c'est sur ce gazon même qu'on établit ces Clôtures, en choisissant les endroits les plus unis & les moins travaillés par les taupes. Les pièces de gazon que l'on coupe dans les forêts des environs, & que l'on emploie aussi-tôt que l'éloignement de l'endroit le permet, sont arrangées en ligne droite, l'une à côté de l'autre, & aussi exactement qu'il est possible. On donne à un pareil banc plus de largeur à la base que vers le sommet; lorsqu'on lui donne une hauteur de quatre pieds, comme c'est assez généralement l'usage, il aura cinq pieds de largeur à sa base, & quatre au sommet; en lui donnant une pente plus considérable, les brebis les franchissent aisément, & on perdroit alors le fruit de ses peines. Si l'on peut se procurer un peu de bonne terre, on la répandra entre les interstices qui naissent aux endroits où les gazons se touchent. La bonne terre contribue beaucoup au prompt accroissement des arbres, que l'on plante alors au sommet de ce banc. Dans le pays dont je parle, on n'emploie à cet usage que le bouleau, arbre qui se contente d'un terrein maigre, & dont les racines traçantes cherchent à trouver dans le lointain l'humidité dont le pied principal a besoin. La saison la plus convenable pour établir une pareille Clôture, est depuis le commencement de l'Automne jusqu'à la fin de l'Hiver; l'humidité de ces saisons est non-seulement indispensable pour donner la solidité nécessaire à ce banc; mais l'accroissement des jeunes bouleaux que l'on y plante aussi-tôt que ce banc a la hauteur qu'on veut lui donner, en dépend absolument. Toute autre saison, quelque favorable qu'elle puisse d'ailleurs paroître, ne lui conviendroit pas. Les jeunes bouleaux que l'on plante au sommet de ce banc, doivent être placés à deux pieds de distance l'un de l'autre, & en deux rangs sur toute la longueur du banc. Ces arbres ne prospèrent pas, quand ils se trouvent trop près l'un de l'autre; c'est pourquoi il faut suivre cette méthode à la rigueur.

On choisit de préférence de jeunes bouleaux, de la grosseur d'un bon doigt; lorsqu'on les aura plantés dans la saison que nous avons indiqué, on peut être assuré de leur accroissement. Après quelques années, lorsqu'au Printems ces arbres commencent à pousser, on coupe les troncs les plus forts près de terre, & on entaille les autres pour les coucher à plat sur la terre. L'endroit entaillé doit être couvert d'un morceau de gazon ou de terre; pour empêcher que la sève ne s'échappe en trop grande quantité par la plaie, ou bien les pieds ainsi entaillés & couchés se dessécheroient, si l'air ou le soleil frappoit immédiatement l'endroit entaillé. Pour plus de sûreté, on fixe ces tiges assez souvent avec des crochets contre terre, comme on a coutume de faire avec les marcottes. M. de Münchausen assure, que très-peu d'années suffisent pour qu'une pareille Clôture acquiert la plus grande solidité; les racines des bouleaux, qui sont très-traçantes, couvrent bien-tôt toute la surface sur les deux côtés, & en traversent les gazons, même elles contribuent à les unir d'autant plus solidement que le gazon n'offre qu'un tissu lâche que ces racines traversent aisément. Si l'on a employé un peu de bonne terre pour remplir les interstices entre les gazons, cette précaution ne contribuera pas peu à toujours entretenir la fraîcheur de la verdure qui, dans peu d'années, tapissent les côtés de ce banc. Ces bancs, une fois en bon état, & consolidés par l'accroissement des bouleaux, ne demandent que peu de soins pour se conserver en bon état, pendant une longue suite d'années; il s'agit de remplir tous les Automnes avec de nouveaux gazons, les trous qui peuvent se former; elle préviendra les éboulemens & la dégradation qui, sans cette précaution peu coûteuse, seroit inévitable.

De pareilles Clôtures sont d'une très-grande utilité dans les pays où elles sont en usage; elles procurent un abri aux bestiaux, & ne seront pas facilement endommagées par ces derniers, lorsque la pente qu'on leur donnera sur les deux côtés, sera telle que nous l'avons indiquée; avec un peu de soin, on les rendra même inaccessibles aux chèvres, animal destructeur pour de pareils établissemens. Les bouleaux plantés sur le haut du banc fournissent tous les trois ou quatre ans, une coupe abondante de broussailles que l'on emploie dans le même pays, pour la Clôture en haies sèches. On sent que de pareilles Clôtures ne peuvent convenir qu'à des pays sablonneux, & où le sol n'est pas en grande valeur; mais elles contribuent beaucoup à bonifier le sol; elles fixent le sable, & conviennent par conséquent parfaitement à des semis de sapins qui croissent dans un sol sablonneux; mais qui réussissent souvent assez mal, parce que le sable toujours agité par le vent, s'oppose à l'accroissement du jeune pied; mais si un tel semis est entouré d'une Clôture, les jeunes arbres se trouveront abrités, & rien ne s'opposera à leur accroissement.

Clôture très-économique, proposée par l'Auteur du Voyage agronomique.

Cette espèce de Clôture consiste en un simple banc de terre recouvert de gazon, & surmonté d'une haie vive; elle est simple & naturelle, & devient si solide, lorsqu'elle est faite avec soin, qu'il faut employer la force pour la démolir.

La construction de ce banc est aisé. On tire deux lignes à trois pieds ou trois pieds & demi l'une de l'autre, sur toute la longueur où le banc doit être construit. Entre ces deux lignes, on enlève avec la bêche ou la charrue, ou avec une pioche courbe dont le fer est large & mince, toute la superficie de la terre.

Après cette préparation, on dispose le long de deux lignes, des gazons coupés à un pied de profondeur en quarré. Ces gazons dont on a soin de couper l'herbe en-dehors, laissent entr'eux un intervalle. On remplit cet espace vuide avec de la terre, qui doit être bien battue à mesure qu'on l'enlève au niveau des côtés. Le fondement du banc étant ainsi établi solidement, il est facile de le continuer. Sur ce premier lit, on en fait un second de la même manière, ce qu'on continue, jusqu'à ce que le banc ait environ cinq pieds de hauteur. A chaque lit, il faut avoir l'attention de poser les gazons un peu en-dedans, pour donner de la pente aux côtés du banc, & en diminuer insensiblement la largeur.

Dès que le banc est élevé à la hauteur de cinq pieds, il faut, avant de metre la dernière couche, placer dessus une quantité de houx & de genets épineux, de manière que les branches débordent le banc au moins de dix pouces de chaque côté. Cette précaution est nécessaire pour empêcher les moutons d'y monter.

La terre dont on remplit l'intervalle de la dernière couche, doit être élevée en forme de voûte ou d'anse de panier, & recouverte dans toute sa largeur de longues pièces de gazon. La convexité du sommet empêche que le banc ne soit endommagé par les pluies violentes.

Le banc ainsi élevé, on plante entre les jointures des gazons, deux rangées de plants d'épine blanche, coupés ras de la surface du sommet. Il ne faut jamais permettre à ces plants de s'élever plus haut que douze pouces.

Si on a la précaution de pratiquer à cette espèce de Clôture des portes à claire-voies, éloignées d'environ deux cens toises les unes des autres, pour laisser aux chasseurs un libre passage, on doit être assuré qu'elle deviendra avec le tems aussi ferme, aussi solide que le terrein sur lequel elle est construite.

Le Printems est la saison la plus favorable à l'érection de cette Clôture. Les racines du gazon conservent alors une humidité, qui les rend propres à pénétrer dans les terres du banc, & à en tirer en partie leur nourriture. Les pluies fréquentes dans cette saison entretiennent cette humidité, & la communiquent aux jeunes plants d'épine. Ces plants poussent avec vigueur; leurs racines s'étendent en peu de tems à travers l'épaisseur du banc, unissent les gazons, en dérobent les jointures à l'œil, qui n'apperçoit plus que la verdure qui les couvre.

Cette Clôture devenue une seule & même masse que le tems ne fait que consolider, exige néanmoins qu'on répare soigneusement les dommages qu'elle peut recevoir accidentellement dans les gazons ou dans la haie. Dans les endroits où le gazon seroit arraché, la terre s'écrouleroit par les sécheresses, ou seroit entraînée par les pluies.

D'après notre Auteur, la perche de cette Clôture ne revient qu'à vingt-trois sols de France, dans les endroits (il parle du nord de l'Angleterre) où les manœuvres sont au fait de cette Clôture.

Une Clôture très-économique, & en usage dans une partie de l'Evêché d'Osnabrück, est décrite par M. de Münchausen. (*Voyez Haus-vater. Vol. III.*) J'ai observé, dit cet Auteur, dans une partie de l'Evêché d'Osnabrück, une manière de clorre les champs à peu de frais; il est vrai que cette méthode ne peut être suivie que dans les endroits où l'on aura les mêmes avantages que l'on a dans ce pays, quant à la matière première; c'est de trouver une espèce de grès ou pierre sablonneuse, qui se délite par coupes droites & horizontales, propriété qui assure à cette espèce de Clôture une très-longue durée. Lorsqu'à l'aide d'un cordon, on a tracé une ligne droite sur laquelle on veut établir cette Clôture, on commence par déblayer le terrein, & par l'unir autant qu'il est possible. Alors il ne faut autre chose que d'entasser en forme de mur ces pierres qui, ayant toutes une forme droite & plate, remplissent parfaitement cet objet. La hauteur & l'épaisseur d'un pareil mur dépend de la facilité que l'on a de se procurer ces pierres; on lui donne, pour l'ordinaire, une épaisseur d'un pied & demi, sur deux ou trois pieds de hauteur; il n'entre ni mortier ni terre glaise dans la construction de ce mur; car ces pierres, qui présentent des plaques à deux surfaces unies, se joignent & se touchent assez exactement, pour se passer de ses substances. Il est nuisible à la solidité d'une pareille Clôture de remplir avec de la terre glaise dégelée, les interstices qui pourroient se rencontrer entre les différentes plaques; car l'humidité qui s'introduit par ce moyen dans l'épaisseur de ce mur contribue beaucoup à son dépérissement, sur-tout pendant les fortes gelées; ordinairement les pierres sont alors soulevées, & il s'en suit une prompte désunion, qui exige une réparation & des frais nouveaux. Lorsqu'on a entassé un pareil mur à la hauteur convenable, on le couvre en haut avec des pièces de gazon, en façon de chaperon; le gazon qui empêche que l'eau de la pluie ne s'introduise en trop grande quantité entre les pierres, devient bientôt impénétrable par l'accroissement que ces racines prennent, & assure alors à ce mur une solidité d'autant plus grande qu'il en écarte efficacement l'humidité.

Clôture par des fossés.

La Clôture par des fossés est la moins coûteuse;

la plus facile à établir, la plus aisée à entretenir & à réparer. Mais elle ne peut convenir que dans les terreins marécageux, bas & humides, ou dans des fondrières; dans les terres qui, en général, abondent d'eau, cette espèce de Clôture peut tenir lieu de toute autre.

Avant de creuser un fossé, qui doit servir de Clôture, il est nécessaire que le propriétaire du terrein examine si l'humidité du sol n'est dûe à quelqu'accident particulier, comme cela peut arriver dans certaines saisons de l'année, ou bien, si le sol est naturellement humide, & s'il peut compter que ses fossés seront remplis d'eau toute l'année. Dans le cas contraire, toutes les dépenses seroient en pure perte.

Lorsqu'on est assuré d'une quantité suffisante d'eau, on peut alors mettre la main à l'ouvrage. Les fossés qui doivent servir de Clôture, doivent être de six pieds de largeur, sur sept de profondeur, afin qu'il y ait toujours quatre à cinq pieds d'eau. Dans les grandes sécheresses, elles conserveront toujours deux ou trois pieds d'eau, &, dans les tems pluvieux, on n'aura point à craindre l'inondation du terrein.

Il est facile d'entretenir ces fossés en bon état; il faut seulement avoir quelques soins pour empêcher les bancs de s'écrouler, & par conséquent les herbes de se multiplier, de façon que les bestiaux essayant de les passer, enfoncent, & se blessent assez souvent: ce qui n'arrive point, lorsqu'on a l'attention de nettoyer les fossés, & d'entretenir les bancs bien escarpés.

Les Clôtures par fossés, à la vérité, ne défendent pas l'herbe des ardeurs du soleil ni des vents, comme les haies & les murs les en garantissent; mais la situation basse & l'humidité du sol remplissent à-peu-près le même objet; les murs ou les haies seroient, dans une pareille situation, superflus & même dangereux. Comme l'humidité est naturelle dans cette espèce de terrein, le même fossé qui lui sert de Clôture, contribue également à son dessèchement. On observe surtout, s'il est possible, de faire en sorte que l'eau du fossé soit deux ou trois pieds au-dessous de la surface du sol, parce qu'alors le sol se desséchera à la profondeur de ces deux pieds: or cette profondeur est précisément celle de la partie du sol qui fournit à la végétation des plantes. Une Clôture par fossé, servira encore à rendre un terrein ferme & solide qui, peu de tems avant, étoit humide & tremblant sous les pieds; & les productions qui y croissent deviendront à tous égards meilleurs. La terre que l'on retirera des fossés fournit en outre un engrais qui n'est point à mépriser.

Clôtures en palissades ou en planches.

Pour que cette espèce de Clôture remplisse bien l'objet, il faut que les pieux, qui composent une pareille palissade, aient assez de force & de solidité pour opposer une résistance vigoureuse à celui qui cherche à pénétrer dans la possession qui en est entourée; par conséquent, ces pieux doivent être d'un bois solide, & d'une grosseur convenable, & assez rapprochés l'un de l'autre, pour offrir une masse impénétrable; plus ces pieux seront enfoncés dans la terre, mieux cela vaudra; un tiers de la longueur est peut-être la mesure qui doit être adoptée; & si nous admettons une longueur de neuf pieds pour ces pieux, dont trois pieds seront sous terre, & le reste au-dehors, nous aurons encore six pieds de hauteur pour une pareille palissade, & cette élévation nous paroît suffisante pour bien remplir le but proposé. Sur une longueur de douze pieds, que nous avons assignée aux pieux de la palissade, ils doivent avoir huit à neuf pouces de largeur, sur six pouces d'épaisseur, & être pointus aux deux extrémités. Le bout que l'on enfonce en terre doit être légèrement passé au feu; car la croûte charbonneuse que le bois contracte par ce moyen, en assure la durée, & le préserve longtems contre l'humidité & la pourriture. Les pieux de la palissade, exactement rapprochés les uns des autres, offrent, sans employer d'autres moyens, toute la solidité que l'on pourra desirer; mais on l'augmentera de beaucoup, en unissant la partie supérieure d'une telle palissade, dans toute sa longueur, par des traverses que l'on cloue aux pieux; ces traverses empêchent que les pieux ne puissent être ébranlés séparément. Autant que l'on peut, il faut choisir un bois droit & sain: le chêne mérite peut-être la préférence; mais le sapin peut également servir, si on a soin de le faire couper à tems.

J'ai donné la description d'une Clôture en palissade, d'après celles que j'ai observé dans les Provinces septentrionales de l'Allemagne, & dans quelques Provinces limitrophes; elles ne peuvent convenir que dans des pays où le bois se trouve en abondance, & où l'on ne sait en tirer un meilleur parti. Dans tout autre cas, de pareilles Clôtures contribueroient à la destruction totale des forêts, que l'on a tant d'intérêt à ménager; elles ne doivent donc être employées que pour entourer un clos de peu d'étendue, & conviennent par conséquent mieux à un parc qui contient du gibier, qu'à un champ de blés, ou une prairie.

Dans les Provinces les plus boisées de l'Allemagne, on voit encore des Clôtures de jardins en planches; ces dernières sont, ou clouées sur des madriers enfoncés en terre, ou bien les planches glissent dans des rainures que l'on a pratiquées dans toute la longueur du madrier. J'ai vu de ces madriers pour Clôtures, qui avoient depuis dix jusqu'à douze pouces d'équarrissage; ils étoient enfoncés en terre en raison de la hauteur & de la solidité qu'on vouloit donner à ces

Clôtures, ordinairement éloignés l'un de l'autre depuis huit jusqu'à dix pieds, selon la longueur des planches. Lorsque ces planches, dont l'épaisseur doit être d'un pouce au moins, se touchent bien, de pareilles Clôtures deviennent très-utiles pour les jardins de toutes espèces; & l'abri qu'elles offrent aux productions, fait qu'on doit les préférer aux palissades & aux haies. Pour conserver les planches & les madriers de ces Clôtures pendant plus long-tems, on les enduit quelquefois d'une couche de gaudron ou de poix liquide, sur lequel on répand une certaine quantité de mâche-fer menu, qui s'attache au goudron, & qui présente alors un enduit que l'humidité n'endommage que difficilement. Un pareil enduit, dont la couleur est très-noire, est sur-tout très-utile pour la partie de la Clôture qui fait face au jardin. On élève avec avantage des arbres en espalier contre ces Clôtures, dont la couleur noire absorbe une plus grande masse de chaleur que les rayons du soleil y déposent; ce qui ne contribue pas peu à accélérer, & la végétation & la maturité de plusieurs fruits, qui, sans ce moyen, auroient de la peine à parvenir à un certain degré de perfection. Quelqu'utiles que de pareilles Clôtures puissent paroître, elles sont toujours très-coûteuses, & ne peuvent être imitées que dans des pays dont les forêts offrent des ressources dont la France ne sauroit se vanter.

Clôtures mobiles.

Dans plusieurs parties de l'Allemagne, on établit des Clôtures que l'on peut aisément transporter d'un endroit à un autre, & qui servent ordinairement pour restreindre un troupeau de gros bétail, peu nombreux, à une portion circonscrite de pâturage. On en établit souvent dans les bois; &, pendant les plus fortes chaleurs, les bestiaux y jouissent du pâturage, sous l'ombre que les arbres leur offrent. On a toujours soin de choisir des endroits où il y a peu de broussailles & point de jeune plantation, & le bétail y reste souvent des journées entières sans conducteur. Un certain nombre de gros pieux de six pieds de long, & d'une grosseur proportionnée, & autant de grosses & longues perches, selon l'étendue de terrein que l'on veut enclore, composent toutes les pièces d'une pareille Clôture. En l'établissant, on chasse les pieux en terre, dans laquelle il faut chercher à les faire tenir solidement; ils doivent être éloignés l'un de l'autre, selon la longueur des perches; ordinairement l'espace entre chaque pieu est de douze pieds. Chaque pieux a deux trous quarrés: le premier, ou le trou inférieur, doit être à un pied & demi de terre, lorsque le pieux est enfoncé; le supérieur, à quatre pieds de terre. Les pieux ainsi placés, on passe horizontalement, d'un pieux à l'autre, les perches, dans chaque trou une; &, par ce moyen, on oppose aux bestiaux une barrière assez forte pour les contenir, & que l'on peut déplacer chaque fois qu'on le juge nécessaire.

Clôture en Haies vives.

Comme nous nous proposons de donner à l'article Haie de ce Dictionnaire, tout ce qui a rapport à la formation & à l'entretien des haies, nous nous contenrons de donner ici quelques apperçus rapides sur les végétaux les plus propres pour former des haies solides, qui peuvent servir comme Clôtures, en laissant de côté tout ce qui concerne les haies de décorations ou de pur agrément.

L'AUBE-ÉPINE, ou L'ÉPINE BLANCHE (*Cratægus Oxiacantha*; *L.*) C'est, de tous les arbrisseaux de l'Europe, peut-être celui qui convient le mieux pour les Clôtures en haies; aussi les Anglois en font-ils le plus grand cas. Il croît assez vîte, & résiste très-bien à la rigueur des Hivers les plus froids; il s'accommode de tous les terreins, même du plus sablonneux, pourvu que l'humidité ne lui manque pas; à cet égard, il convient généralement mieux aux climats tempérés & froids, qu'à ceux dont la chaleur est presque toujours accompagnée de sécheresse.

Les branches tortueuses de l'Aube-épine, & les piquans dont elle est garnie, paroissent la destiner de préférence pour les Clôtures; on accélère son accroissement, en soignant les jeunes pieds la première année. Quoique l'Aube-épine puisse se propager par graines, je conseillerois cependant d'employer plutôt des pieds sauvages, que l'on se procure, sans beaucoup de peine, dans les bois & les taillis; la graine ne germe que difficilement, & ne lève pas toujours, sur-tout quand l'humidité lui manque; en employant d'ailleurs des sauvageons, qui ordinairement se trouvent dans des terres incultes & arides, on a l'avantage de les voir prospérer en peu de tems, pour peu que le terrein soit tant soit peu meuble & humide. Quelques personnes ont cherché à la propager par des boutures, & l'expérience a prouvé que cette méthode est également praticable; mais, dans ce cas, il faudroit un terrein humide & frais; dans les terres sèches & sablonneuses, le succès deviendroit très-douteux. Les racines de l'Aube-épine ne tracent point; elles sont presqu'aussi noueuses que les branches; c'est un grand avantage pour des Clôtures qui sont destinées à entourer des jardins dont le terrein est souvent très-précieux.

D'après Kalm, Voyageur Suédois, les habitans du Canada emploient pour haies une espèce d'Aube-épine que Linnée a décrit sous le nom de *Cratægus coccinea*, & que l'on pourroit nommer, en françois, Aube-épine rouge. Cet arbrisseau, qui ne craint pas le froid, mériteroit la peine d'être introduit en France, où il paroît très-peu connu.

L'Épine noire, ou le Prunellier épineux. (*Prunus spinosa*, L.) Les piquans dont cet arbrisseau est garni, paroissent le rendre propre pour des Clôtures; & les Anglois l'ont quelquefois employé pour en former le rang extérieur des haies faites avec l'épine blanche. On lui a cependant trouvé plusieurs défauts qui l'ont fait exclure pour jamais; il résiste d'abord beaucoup moins à la gelée que l'épine blanche, & ses racines tracent à des grandes distances; de manière que le terrein que l'on cherche à enclorre, est en partie épuisé par les jeunes pousses qui infestent bien-tôt des jardins entiers. D'ailleurs le pied principal périt & dessèche à mesure que les racines s'étendent, & se multiplient. Il naît alors dans les haies qui en sont composées, des lacunes difficiles à rétablir. On prétend que l'épine noire élevée des noyaux, trace moins que les sauvageons transplantés.

Le Grenadier, (*Punica granatum*, L.) Dans les Provinces méridionales de l'Europe, où cet arbre croît sans culture, on l'emploie assez souvent pour en faire des haies, qui, avec le tems & un peu de soin, présentent des Clôtures impénétrables; c'est dommage que ce bel arbrisseau ne résiste pas aux Hivers des Provinces septentrionales. Le Grenadier monte facilement; il faut par conséquent, dès la première année, s'occuper à lui couper les branches montantes, ou à leur donner une position plus analogue à l'objet auquel on les destine; elles s'entrelacent alors facilement, & les piquans alongés & roides dont les branches sont pourvues, même les extrémités des branches, qui finissent en pointe très-aigue, présentent une défense capable d'éloigner & les hommes & les bestiaux qui voudroient pénétrer dans une possession qui seroit entourée d'une pareille Clôture. On forme des haies de Grenadier avec des éclats de la souche, ou avec des drageons enracinés; on peut encore multiplier cet arbrisseau par boutures. Pour qu'une haie de Grenadier prospère bien, il ne faut pas lui laisser manquer d'eau; si on peut la planter sur le bord d'un fossé ou d'une rigole d'eau, la végétation en sera plus prompte & plus vigoureuse. Un avantage qu'a le Grenadier sur plusieurs arbrisseaux employés pour des Clôtures, c'est de n'être pas facilement attaqué par les bestiaux. Les piquans dont cet arbrisseau est hérissé, ne paroissent pas être la seule cause qui le défende; mais l'âcreté des feuilles semble plutôt y contribuer. Je ne connois que peu d'insectes qui vivent sur le Grenadier; il conserve par conséquent son feuillage presque toujours intact: rien de plus beau que le feuillage d'une pareille haie, entremêlé de belles fleurs écarlates!

La Saule. Dans les pays humides & marécageux, où d'autres arbres & arbrisseaux périroient, on fait quelquefois des Clôtures avec des Saules, qui, à la vérité, ne présentent pas une grande solidité, mais qui, en échange, croissent très-vîte, & fournissent, sous peu d'années, une coupe de bois qui dédommage, en partie, les frais que leur établissement a coûté. Plantées sur les bords des fossés, les racines de certaines espèces de Saules empêchent les éboulemens de la terre: dans cette vue, on peut en tirer un parti utile, lorsque, dans des terres légères & sablonneuses, on n'emploie pour toute Clôture qu'un fossé.

Le Coudrier ou le Noisettier, (*Corylus avellana*, L.) Cet arbrisseau convient parfaitement pour haies; il se plait dans toutes sortes de terrein, & fournit, en peu d'années, une abondante coupe de bois. Je le recommande pour Clôtures des grandes prairies, & des champs de bleds d'une certaine étendue; il offre, en outre, un abri solide aux bétails. Les racines du Coudrier tracent beaucoup; mais on peut les couper, sans risquer de faire périr le pied principal. Le Coudrier résiste aux plus grands froids: aussi le voit-on employer pour Clôtures dans les Provinces les plus septentrionales de l'Europe.

Le Genet épineux, (*Ulex Europaeus*, L.) Cet arbuste est très-recommandable pour Clôtures, dans les pays dont les Hivers ne sont ni trop longs, ni trop rigoureux; il croît à merveille dans les terreins les plus stériles & les plus ingrats. Les meilleurs haies de ce Genet s'obtiennent de semence; une fois semé, cet arbuste n'exige que peu de soins. On voit, en Angleterre, des haies de Genet épineux qui ont trente ou quarante pieds de largeur, sur quinze à vingt pieds de hauteur. Elles servent d'abri au gibier, & fournissent, tous les ans, une coupe de bois considérable. Cet arbuste, dont le port convient très-bien aux haies, en forme d'impénétrables; mais il ne réussit pas trop bien dans les climats trop froids. Dans plusieurs Départemens de la France, le Genet épineux est très-commun; on l'y emploie même pour la nourriture des bestiaux. Cet arbuste se nomme, dans quelques Provinces, Jonc marin, ou Ajonc des landes.

Le Sureau, (*Sambucus nigra*, L.) Les haies ou Clôtures que l'on forme avec cet arbuste ne présentent pas une trop grande solidité; mais elles conviennent de préférence aux mauvais terreins, où d'autres végétaux auroient de la peine à venir. Mais, quoique le Sureau ne s'oppose pas assez vigoureusement à l'invasion des bestiaux, l'odeur forte & désagréable de ses feuilles paroît les en écarter, & contribue par conséquent à remplir un objet auquel cet arbuste, par sa conformation, paroît se refuser. Les racines du Sureau tracent beaucoup; on ne sauroit donc le recommander dans des cantons où le terrein est précieux. Dans les haies ou Clôtures d'agrément, le Sureau occupe une place plus méritée; il n'est pas sujet à être attaqué par les chenilles; & sa verdure

verdure, d'un ton agréable, se conserve pendant tout l'Été.

Le Chêne. Plusieurs espèces de cet arbre utile servent à faire des Clôtures. Dans les Provinces septentrionales, le grand Chêne (*Quercus robur*, L.) est le seul dont on fait quelquefois usage, parce qu'il brave toutes les rigueurs des frimats. Le Chêne verd & le Chêne Kermes, qui forment d'assez jolies Clôtures, ne prospèrent que dans les climats tempérés & chauds. Toutes les espèces de Chêne croissent très-lentement. Pour en former des Clôtures dont on veut jouir promptement, nous conseillons d'employer les éclats de vieilles souches, ou des jeunes pieds, que l'on trouve souvent en abondance dans les taillis & les endroits où cet arbre croît naturellement. Les Clôtures que l'on forme avec les différentes espèces de Chêne, ne présentent pas une résistance aussi formidable que les arbustes garnis d'épines; mais elles fournissent, en échange, quand une fois elles sont parvenues à une certaine force, des coupes en bois très-abondantes. Lorsque, parmi les pieds de Chêne qui composent la Clôture, il y en a qui paroissent vouloir monter, on les laisse croître librement; & les Anglois obtiennent souvent, par ce moyen, des arbres d'une belle venue, dont ils font usage pour le charronnage. Pour que les Clôtures en Chêne réussissent bien, il faut en avoir grand soin dans les premières années; après quelques années de soins, on en jouira alors avec avantage.

Le Paliure (*Rhamnus Paliurus*, L.) Les piquans & les crochets dont les branches de cet arbrisseau sont hérissées, les rendent très-redoutables, & par conséquent fort propres pour la construction des Clôtures. J'ignore si, dans les Provinces septentrionales, on pourroit en faire usage; je ne l'ai vu en haies que dans les Provinces Méridionales. Pour en tirer tout l'avantage possible, il faut le tenir sous la taille les deux premières années: sans cette précaution, les rameaux prennent trop d'ampleur, & ne remplissent pas suffisamment l'objet de la Clôture. Quelques-uns propagent cet arbrisseau par semences; mais, pour que la graine ne reste pas des années en terre, sans germer, il faut casser le fruit ligneux, & tenir la graine, pendant quelque tems, dans du sable humide; alors on est plus sûr de le voir lever bien-tôt. Peut-être pourroit-on également le multiplier par des éclats pris sur de vieilles souches, ou par des marcottes.

Le Hou, (*Ilex aquifolium*, L.) Cet arbrisseau prospère dans les terreins les plus appauvris, où l'épine blanche & plusieurs autres ne croissent pas facilement. Il forme une très-bonne Clôture, qui, sur-tout lorsque les pieds sont jeunes, présente plutôt un mur qu'une haie, qui s'oppose efficacement à l'invasion des bestiaux. Le Hou croît très-lentement; &, parvenu à un certain âge, il périt très-aisément. Les Clôtures formées avec cet arbrisseau, exigent par conséquent autant d'attention que plusieurs autres arbrisseaux employés pour le même usage. Le sol sablonneux convient parfaitement bien au Hou; ses racines périssent dans l'humidité; il faut par conséquent examiner son terrein, avant de procéder à l'établissement d'une pareille Clôture. Les Anglois préfèrent à élever le Hou destiné pour Clôtures, des graines qu'ils sèment à l'endroit même où ils veulent établir la Clôture; d'autres, qui ont des pépinières de cet arbrisseau, obtiennent, à la vérité, des Clôtures assez promptement; mais ces dernières ne durent pas autant que celles que l'on obtient des graines. Les moyens de faire germer la graine du Hou plus promptement qu'à l'ordinaire, car elle reste ordinairement deux ans en terre, se trouveront indiqués plus en détail, à l'article Haie de ce Dictionnaire.

Le Ronce. (*Rubus fruticosus*, L.) Les épines fortes & piquantes dont les rameaux de cet arbuste sont pourvus, semblent lui assigner une place parmi les végétaux propres à former des Clôtures. Cependant, le peu de solidité que ses rameaux sarmenteux offrent; leur port, plutôt incliné & couché, qu'élevé, ne le rend propre qu'à remplir les endroits clairs & foibles d'une vieille haie, que l'on veut promptement garnir. Le Ronce se contente d'un terrein aride, & j'en ai souvent vu prospérer sur le haut des murs, dont ils défendent très-bien l'accès. *Voyez* Haie.

L'Épine Vinette, ou le Vinetier (*Berberis vulgaris*, L.) Cet arbrisseau, un des plus propres pour la formation des Clôtures, dure plusieurs années, quand il est bien conduit dans le commencement. Il posséde toutes les qualités que l'on peut exiger d'un arbrisseau que l'on destine aux haies impénétrables; des branches garnies d'épines très-pointues, un bois assez tenace, & un accroissement prompt & facile. L'Épine Vinette se contente d'un sol maigre & sablonneux; il résiste à la chaleur, comme aux froids les plus forts, & se multiplie de plusieurs manières. Je proposerai cependant, pour en faire des Clôtures en peu d'années, de se servir de rejets, ou des éclats de vieilles souches; c'est le moyen le plus sûr, & celui qui est généralement adopté dans les pays où l'on en forme des Clôtures. Le fruit sain & agréable que cet arbrisseau produit en grande quantité, quoiqu'objet secondaire, en établissant des Clôtures avec cet arbrisseau, mériteroit seul qu'on lui donnât la préférence sur plusieurs autres.

Clôture en haie, proposée par Olivier de Serres.

Cette espèce de haie dont Serres fait beaucoup de cas, est assez singulière, & par son arrangement & par l'avantage qui en résulte. Serres la recommande pour la séparation des vignes avec les vergers, & des jardins potagers avec les jardins à fleurs. On fait cette haie avec toutes sortes d'arbres dont la tige est longue, droite, sans nœuds & sans tortuosité; les mûriers blancs, les pruniers, les guiniers, mais sur-tout les saules, peuvent s'employer à cet usage.

Voici la manière que Serres propose pour la formation d'une pareille Clôture. « On fait des fossés, comme on en fait pour la plantation de la vigne; on pose dans chaque fossé deux saules qui se joignent ensemble, à distance de deux pieds l'un de l'autre; &, après en avoir couvert les racines avec de la terre que l'on aura laissé quelques jours exposée à l'air, avant la plantation, on écarte ensuite les deux troncs avec les deux mains, en les faisant pencher des côtés, afin qu'ils se croisent en forme de losange. Dans la partie où les deux arbres se croisent, il faut inciser un peu l'écorce de l'un & de l'autre, & les lier dans ce point avec de l'osier, de façon que les deux entamures soient couchées l'une sur l'autre; elles prennent ensemble comme une ente, pourvu que cette opération se fasse dans le tems de la sève; de sorte que ces arbres étant comme soudés ensemble, ne font qu'un corps, puisqu'ils sont unis par leurs troncs. Ils vivent, ainsi unis, aussi long-tems que séparés, pour peu que soit exacte la culture qu'on leur donnera; ce que nous disons touchant les saules, peut être pratiqué avec les mûriers & les pommiers; il faut seulement, dans l'une ou l'autre espèce d'arbres dont on se sert pour cette haie, avoir l'attention de nettoyer les troncs, principalement dans leur jonction, & de les étêter convenablement, afin que les vuides qui sont dans les losanges, se remplissent insensiblement par l'accroissement de la tige; accroissement que l'on accélère, quand on a soin d'élaguer & d'étêter l'arbre. »

Des Clôtures en haies sèches.

La haie sèche ne remplit que très-imparfaitement le but de la Clôture. On est cependant forcé d'en faire usage dans des endroits où il seroit impossible de faire venir une haie vive, ou bien dans des circonstances où il est pressant d'établir à la hâte une défense quelconque; le dernier cas peut sur-tout avoir lieu pour défendre une haie vive nouvellement plantée, ou pour assigner les limites de certaines possessions. On sent que, par sa nature, elle ne peut pas présenter une défense assez forte pour empêcher aux hommes de pénétrer dans un endroit qui en est entouré; mais on peut lui donner assez de hauteur & de solidité pour s'opposer au passage des bestiaux. Dans ce dernier cas, il faudroit employer des piquets ou des pieux assez forts, & une grande quantité de broussailles, parmi lesquelles celles qui sont garnies d'épines seront à préférer. Nous donnerons, à l'article Haie de ce Dictionnaire, le détail nécessaire pour la construction d'une pareille haie. Dans les Provinces septentrionales de l'Europe qui abondent en sapins & pins, on se sert assez communément des branchages de ces espèces d'arbres, qui ne sauroient être mieux employés. (*Voyez* l'article Haie.)

Avantages des Clôtures.

Si les Clôtures ne présentoient point d'autre avantage que celui d'assurer à chaque propriétaire la jouissance exclusive de son héritage, cela seul devroit les faire adopter à l'unanimité. On objecte qu'il y a des sols si pauvres qu'ils ne méritent point la dépense de la Clôture, & que, dans certains pays, les champs ont toujours été ouverts, que par conséquent vouloir entreprendre d'anéantir un usage de tradition, & qui est de tout tems, c'est entreprendre l'impossibilité.

L'objection de la stérilité est assurément triomphante; mais l'on doit se souvenir que, d'après les expériences de nos Cultivateurs, il n'existe point de sol assez stérile auquel l'Art ne puisse procurer, à la longue, un certain degré de fertilité. On voit tous les jours des récoltes très-belles dans des sols jadis réputés comme d'une stérilité absolue, & il y a tout à parier que si l'on vouloit suivre les procédés proposés par plusieurs Agronomes, une très-grande partie des terres de la France, prétendues stériles, seroient cultivées avec succès.

Tout sol est susceptible de culture, excepté le rocher proprement dit; mais, comme la France n'en offre que très-peu ou point d'exemple de ce genre, tous les autres sols récompenseroient la peine & les frais de l'Entrepreneur, pourvu qu'on commence par les enclorre. Les exemples que nous rapportons à ce sujet sont puisés chez nos voisins les Anglois, qui souvent ont triomphé d'une stérilité apparente, par leurs procédés ingénieux. Voici ce qu'on pratique en Angleterre, dans la Province de Suffolck. Cette Province renferme des parties très-sablonneuses, qui ne produisent pas le moindre brin d'herbe. Le sable y est aussi mouvant que dans les déserts de l'Arabie; il est élevé par les vents comme les vagues de la mer. Or, rien assurément, si l'on en excepte le rocher proprement dit, ne peut égaler la stérilité de ce terrein. Croiroit-on que les habitans de ce pays ont trouvé l'art de le fertiliser? Ils y sèment, dans un jour calme, de la graine de foin, & la couvrent de broussailles, principalement avec du genêt qu'ils y fixent avec des échalas qu'ils enfoncent profondément dans la terre, pour empêcher que le vent ne l'enlève. Cette espèce de couverture produit deux effets: le premier, c'est de garantir du vent le terrein & la graine; & le second, de porter une espèce de fraîcheur & d'humidité au cœur du sol, ce qui attendrit la semence, qui pousse alors très-vîte; bien-tôt après les racines se répandent & s'entrelacent si bien qu'elles retiennent, en quelque façon le sol, & lui donnent une consistance suffisante pour en tirer un parti assez avantageux.

C'est ainsi qu'un sable stérile & mouvant produit un pacage, médiocre à la vérité pour la quantité de l'herbe, mais excellent pour la qualité. On observe généralement que les bestiaux qui s'y nourrissent ont une chair bien plus tendre, plus fine & plus délicate, & sont portés à un plus grand prix que les autres qui servent à la consommation, de sorte que si l'on ne peut pas y nourrir un aussi grand nombre que les pâturages gras, on est dédommagé par l'excellent du prix. C'est ainsi qu'un Cultivateur intelligent voit, d'un coup-d'œil, à se sauver par la qualité, quand on ne peut point avoir la quantité.

En mettant donc sous les yeux de nos Cultivateurs un exemple si intéressant, nous osons nous promettre de leur inspirer du courage, & le goût d'amender leurs terres les plus mauvaises; nous voulons même qu'on pousse plus loin l'amendement que les habitans de Suffolck. Pour y parvenir, il faut après qu'on est, à leur imitation, venu à bout de couvrir d'herbe un sol semblable, l'enclorre d'une haie bien épaisse, pour empêcher que le sable du terrein voisin bien élevé par le vent n'enterre l'herbe; par ce moyen, on s'assure, pour quelque tems, quelques avantages, après que l'on a fermé ce terrein d'une bonne haie. On ne se borne point à la seule herbe qu'il produit: les carottes & les navets s'y plaisent. Ces deux articles suffient pour payer les frais de Clôture, & bonifient le terrein.

Aussi-tôt que le Cultivateur a fait la dépense de la Clôture, qu'il ne se borne point au soin que ce sol peut lui rendre, ni au pâturage qui peut servir à ses bestiaux; qu'il fasse des fouilles dans plusieurs endroits du même enclos, il trouvera sûrement de la glaise; qu'il la répande sur le terrein, &, après avoir donné les soins nécessaires, son terrein se trouvera bien-tôt en état de produire plusieurs espèces de blés & de légumes.

Il est donc bien certain que la Clôture est, pour les terreins légers & sablonneux, le premier amendement qu'on doit leur donner, puisqu'il les rend propres à recevoir & à conserver les autres améliorations qu'ils exigent pour être portés à un certain degré de fertilité; & si, par une semblable méthode, on donne des principes aux plus mauvais sols, quels avantages ne doit-on pas attendre, lorsqu'on la pratique sur de bons terreins, mais négligés. De-là, on doit conclure qu'il n'est point de terrein, quelque stérile qu'il paroisse, ou qu'il soit en effet, qui ne paie les frais de la Clôture, & qui, par conséquent, ne mérite cette amélioration.

Olivier de Serres, le premier Auteur François, & un des anciens Agronomes les plus instruits qui aient parlé en faveur des enclos, s'exprime de la manière suivante. « Rien de plus judicieux que de clore ses possessions, pour les garantir des dégâts des bêtes & des vols des hommes. Ainsi, je conseille de mettre la main à cette besogne dès aussi-tôt que les principales ordonnances du terrein que l'on veut mettre en valeur auront été effectuées, afin que rien ne se perde de notre labour, &, qu'enfermées sous clefs, les productions nous donnent plus de contentement que demeurant ouvertes & exposées à tout venant (cela regarde les jardins, les potagers & les vignes); toutes autres propriétés conviennent pour la même cause, que l'on les ferme; &, soit terre à grains, prairies, pâturages & bois, rapportent plus de revenus clos qu'ouverts; spécialement le pré qui, fermé, est appellé la pièce glorieuse de la maison, surpassant d'autant l'ouvrier qu'il y a de différence entre les choses qu'on conserve chèrement, à celles qu'on abandonne à la négligence: en ces cloisons néanmoins doit-on aller retenu, distinguant les lieux & les moyens de dispendre à ce qu'inconsidérément l'on n'entreprenne d'enceindre trop de grand terroir: ains qu'avec le plus d'épargne possible, les fruits de chacune partie de la terre, selon leurs particuliers mérites soient conservés. »

L'opinion de Serres est donc, comme on le voit, parfaitement conforme aux vues des Agronomes modernes, qui se sont élevés avec raison contre le droit de parcours que l'on peut regarder comme les fléaux de l'Agriculture, & qui, en l'examinant, n'est rien moins que profitable, comme on l'a toujours prétendu, même pour les communautés pauvres. Car, quelque précaution que l'on prenne dans les pays ouverts comme la France, les bestiaux consomment toujours une quantité considérable de grains, & il faut une multitude innombrables d'hommes pour garder les bestiaux & les récoltes.

Il semble, à voir la France, que les Clôtures y soient entièrement ignorées; il est au moins certain qu'on n'apprécie point assez les avantages. Un pays partagé entre une multitude de Propriétaires semble n'avoir qu'un seul maître: ici un léger fossé, quelquefois même une trace de la largeur d'une bêche, une élévation formée de quelques pelletées de terre, une pierre à peine large de quelques pouces; voilà tout ce qui distingue & assure les propriétés.

Il y a quelques cantons peu considérables, où le besoin de bois de chauffage, occasionné par la destruction des anciennes forêts, fait entretenir des haies garnies d'arbres; mais on n'en connoît pas à beaucoup près tous les avantages.

Le défaut de Clôture occasionne, par le dommage des bestiaux, une perte beaucoup plus considérable qu'on ne le croit; j'en vais faire l'évaluation.

Quelle que soit la vigilance des bergers, quelques bien dressés que soient les chiens, il n'y a point de mouton qui ne prenne chaque année, sur le bord des chemins & sur les lisières des communes & des parcours, de soixante à soixante-dix livres de grains, soit en épis, soit en herbe : ce n'est pas quatre onces par jour.

En supposant trente mille Villages, & deux cent cinquante moutons dans chacun, ce dommage est d'un million huit cent cinquante mille septiers.

Si les gros bestiaux font le même dégât, comme cela peut être, à cause de la prodigieuse quantité de voituriers qui n'entrent point dans les Auberges, & qui couchent avec leurs chevaux dans les champs, c'est trois millions sept cent cinquante mille septiers. A vingt-quatre livres le septier, c'est quatre-vingt-dix millions que l'Etat a de moins, & qu'il auroit de plus.

Nous avons mis au plus bas la perte qu'occasionnent les petits bestiaux : j'ai vu des bergers qui sont convenus qu'elle devoit aller bien au-delà ; pour l'évaluer, il suffit de suivre un troupeau un seul jour, sans être apperçu du berger.

Cette perte, qui est très-considérable en tout tems, c'est bien plus dans les années où il y a peu de fourrages, parce qu'alors elle est plus nécessaire, & plus volontaire de la part de ceux qui gardent les bestiaux ; la commisération & peut-être la nécessité fait que l'on ferme les yeux sur ce dommage, parce qu'il est impossible de nourrir les bestiaux autrement, & qu'il résulteroit encore un plus grand mal de leur destruction.

On pourroit prouver, par la comparaison seule du nombre des bestiaux avec la petite quantité de pâturages que nous avons conservé dans beaucoup d'endroits, & dont une grande partie est destinée à l'approvisionnement des Villes, qu'il est impossible que les bestiaux ne vivent pas de grains une partie de l'année.

On observera que les Villes se sont agrandies en même-tems que nous avons détruits nos pâturages, & qu'elles ne consomment, ainsi que les bestiaux de culture, une plus grande quantité de fourrages que depuis que nous en avons beaucoup moins.

Ce dommage des bestiaux retombe sur les Fermiers & les Propriétaires qui, pour avoir trop agrandi les labours, & trop diminué les pâturages, se sont mis dans la nécessité de nourrir les bestiaux avec du blé.

Cette consommation de grains permet d'avoir plus de bestiaux; mais ils sont un peu chers.

Les Clôtures empêcheroient en partie ce dommage, qui n'est pas toujours volontaire de la part des bergers & des gardiens ; mais, dans la situation actuelle de la culture en France, il y a beaucoup de canton où le droit de parcours s'oppose à leur établissement : beaucoup de gens de la campagne ne le souffrent point, tant parce que les bestiaux manquent de nourriture que parce que les parcours leur sont nécessaires; quelque peu qu'ils produisent, on en tire toujours quelque chose.

Les gardes même prétendent ne faire aucun rapport dans les héritages clos, sous le prétexte qu'ils sont suffisamment garantis, de sorte que ces héritages se trouvent même plus exposés que ceux où on n'a pris aucune précaution.

Au surplus cet obstacle, qui vient de l'insuffisance des pâturages, de la cherté des fourrages, & de l'impossibilité de nourrir les bestiaux autrement, seroit levé aussi-tôt que l'on établiroit des Clôtures, en dédommageant le Peuple du droit de parcours, évalué en Angleterre à la quarantième partie du terrein enclos, en supposant qu'il fût en valeur, ce qui augmenteroit considérablement les communes.

Le droit de parcours, auquel les gens de la campagne n'attachent de l'importance qu'à cause de leur pauvreté, est de tous les droits le plus abusif, & qui s'oppose le plus aux progrès de l'Agriculture.

Le défaut de Clôtures, le droit de parcours, & le dommage des bestiaux, font que les Agriculteurs ne regardent que comme des demi-propriétés toutes les terres qui se trouvent sur les lisières des communes & de vaines pâtures, sur les chemins & sur le passage des bestiaux ; quelques bonnes qu'elles soient, ils les négligent. Les champs clos sont toujours mieux labourés, mieux cultivés, mieux sarclés, mieux semés, & cela doit être ainsi. Les Clôtures sont encore, à cet égard, un grand encouragement pour les travaux de la campagne, puisque sans elles les nouvelles terres sont souvent les plus négligées.

Elles ont un autre avantage; elles préviennent les procès toujours funestes aux Agriculteurs, puisqu'ils épuisent leur faculté & consomment leur tems.

Les trois quarts des procès des paysans viennent des bornages; ce sont les plus coûteux, à cause des expertages & du transport des Officiers de Justice.

On remarque que les paysans, pour se nuire davantage, s'attaquent quelquefois dans des tems où ils sont les plus occupés ; ce qui double la perte qui en résulte pour la culture. On remarque aussi que le moindre différend qu'ils ont entr'eux, les mène ordinairement à un procès de bornage, parce qu'on peut toujours intenter cette action, en changeant les bornes des héritages ou en supposant qu'elles le sont.

Les Clôtures empêcheroient ce désordre, que les Magistrats ne peuvent réprimer, & détruiroient à jamais la source d'un des plus grands fléaux pour le Peuple.

De toutes les Nations, les Anglois ont su tirer les plus grands avantages des Clôtures, & c'est à leur établissement que l'on peut, en grande partie, attribuer l'état florissant de leur Agriculture. Autrefois, les Anglois récoltoient à peine le nécessaire; aujourd'hui leurs terres produisent plus du double des nôtres; c'est à coup sûr une marque de la bonté de leurs procédés, que nous devrions imiter sans hésiter.

Personne ne sauroit contester que les Clôtures ne favorisent infiniment toutes leurs reproductions, par leur ombre & par leur abri; il suffit d'observer que la sécheresse est le fléau des Agriculteurs, à cause de la disette des fourrages & des engrais, qui décourage les travaux, qui augmente les frais, & qui a un effet très-dangereux sur les terres à blé.

Le vent ne dessèche pas moins la terre que le soleil, par conséquent les plantations de Clôtures, par le double abri qu'elles procurent aux terres & aux plantes, doivent leur être absolument favorables. On sait que les végétaux croissent mieux quand ils sont à l'abri des vents secs & froids: l'herbe qui est à l'abri du vent, se renouvelle presque toute l'année, ou du moins il faut un plus grand froid pour empêcher sa croissance; c'est un prodigieux avantage, parce que les fourrages verds sont très-économiques, & parce que c'est dans les tems froids que la nourriture des bestiaux est plus insuffisante, & qu'il importe le plus de l'augmenter. Il y a toujours assez d'herbe dans les autres saisons pour les bestiaux que l'on peut nourrir l'Hiver; c'est à cet égard que la multiplicité des Clôtures est infiniment favorable, & ce qu'il faut principalement observer, c'est qu'elle multiplie les productions animales & végétales les plus rapides, les plus économiques, celles qui procurent le plus de travaux, & qu'il est le plus utile de multiplier.

Lorsque les Clôtures doivent remplir tous les avantages dont elles sont susceptibles, il faut que les enceintes ne soient ni trop grandes ni trop petites; si elles sont grandes, les haies ne procurent ni ombre ni abri; & si, au contraire, elles sont trop petites, elles ne peuvent conserver la chaleur de la terre, puisque cette chaleur n'y pénètre point. Il en est de même des haies trop hautes ou trop basses; ainsi, la hauteur des Clôtures, de quelque manière qu'elles soient construites, doit toujours être proportionnée à l'étendue des enceintes.

En général, plus la terre conserve pendant la nuit, la chaleur que lui a donné le jour, & le jour l'humidité que lui a donné la nuit, plus elle est propre à féconder le germe des plantes, & plus le fumier y a d'effet. Les plantations autour des héritages ont le double avantage de conserver la chaleur & l'humidité de la terre & des plantes, les deux principes de leur fécondité, & sont par conséquent infiniment avantageuses. C'est une amélioration naturelle, qui n'exige point de frais, & qui, sans dispenser d'employer des engrais, en épargne au moins une très-grande quantité.

Dans les pays infestés de loups, les Clôtures sont encore plus utiles, en ce qu'elles garantissent les bestiaux contre l'attaque de cet animal feroce. Dans des clos, les loups ne peuvent que difficilement enlever leur proie, & on peut les surprendre plus aisément. L'établissement des Clôtures en Angleterre a beaucoup contribué à purger ce pays des loups, animal moins à craindre par sa voracité que par sa passion de détruire; car l'on sait qu'il ne se borne pas à dévorer ce qu'il a tué; mais que sa férocité inquiette le porte aussi à dévaster souvent des bergeries entières. Le même avantage s'observe déjà en Normandie, où l'on ne voit point de loups, par-tout où l'usage des Clôtures est introduit.

Les Clôtures servent encore à préserver les grains des vents, qui le font verser.

Elles permettent, par leur ombre & par l'abri, de laisser les bestiaux dans les pâturages plus de jours dans l'année, & plus d'heures dans le jour, & même de ne les mettre presque jamais dans les étables, ce qui épargne une quantité prodigieuse de fourrages secs, & contribue à en diminuer le prix.

La formation des Clôtures met les fermiers en état de consommer ces fourrages que par ordre, & de multiplier ces bestiaux au point qu'ils sont susceptibles de l'être, en ne nourrissant les moutons que d'herbes courtes que le gros bétail ne peut pas arracher. L'ordre dont je parle consiste à ne consommer qu'un certain canton à-la-fois, & à y revenir après en certain nombre de jours fixes, suivant la quantité de terrein & de montans pour revenir à la même herbe, dès qu'ils peuvent y mettre la dent. Cette économie, qui régulièrement suivie par plusieurs Agriculteurs Anglois, est des plus avantageuses; car elle met le Fermier en état de doubler le nombre de ses moutons, parce qu'elle lui procure la double quantité de subsistances. Il y a des Agriculteurs Anglois qui évaluent ce produit au quadruple, en employant quelques précautions.

On compte en Angleterre que l'herbe qui croît dans un enclos, acquiert, en cinq ou six jours, assez de hauteur pour pouvoir être broutée par les moutons; cela dépend en partie du terrein; mais principalement de l'abri que les Clôtures procurent. Ils regardent, d'après ce calcul, & comme de raison, le mouton comme l'animal le plus économique, parce qu'il produit trente-six fois plus de substances de matières premières, d'engrais & de dépouilles que tous les autres bestiaux. Mais cette économie ne peut être imitée, sans introduire également l'usage général des Clôtures.

La formation ni l'entretien des prairies artificielles qu'on a tant recommandé, devient très-difficile, & même impossible dans plusieurs endroits, sans des Clôtures bien entretenues; car avec quel courage un Propriétaire peut-il entreprendre des établissemens de cette nature, si, en même-tems, il ne trouve les moyens de s'assurer sa propriété, par des Clôtures, qui la garantissent d'être ravagée, ou par des hommes ou par des bestiaux.

L'exemple des Anglois & les progrès étonnans que leur Agriculture a fait par l'établissement des Clôtures pourroient seuls nous encourager à les suivre; car ce qui est possible dans un climat aussi humide que celui de l'Angleterre, doit l'être à plus forte raison en France, dont le climat plus favorable sous tous les rapports, récompenseroit bien mieux encore une entreprise aussi utile.

Les grands arbres que l'on plante souvent au lieu de haies, pour servir de Clôture, sont, à mon avis, plus nuisibles qu'avantageux; une fois ébranlés par le vent, ils entraînent bientôt le dépérissement de la haie; ils dérobent le soleil à l'herbe, sans lequel il n'y a point de fécondité, & ne procurent que peu d'abris contre les vents froids, à moins qu'ils ne forment une haie dans le bas.

La perte du terrein qu'occasionnent, en apparence, les Clôtures, n'en doit point empêcher l'usage. La culture des jachères en pâturages, & la réduction des labours auxquels l'abondance des engrais peut suppléer, nous rend cent fois plus de terrein que les Clôtures ne pourroient en prendre. D'ailleurs, n'est-il pas préférable de tirer le petit bois de chauffage des Clôtures, qui ont de si grands avantages, que de les tirer des taillis, qui n'en ont aucun, qui sont plus éloignées des consommations, & qu'on ne peut également soigner.

Inconvéniens des Clôtures.

Je suis bien éloigné de croire avec M. Despommières, que toutes les Clôtures soient dangereuses, & les haies sur-tout meurtrières. Cette assertion souffre sans doute de grandes exceptions, selon le local & les circonstances. Je crois cependant que les Clôtures ne sont point à recommander. 1.° Lorsque les frais de Clôtures ni la perte de terrein ne sont point compensés par le bénéfice que l'on a droit d'en attendre. 2.° Lorsque le terrein que l'on veut enclore est trop irrégulier, trop éparpillé, & d'une forme trop éloignée du carré, cette dernière étant la plus favorable à toute sorte de Clôture. 3.° Lorsqu'elles s'apposent à la salubrité du pays: c'est le cas dans les endroits bas & humides, où la circulation de l'air n'est déjà que trop gênée, & où elle le devient encore davantage, lorsque des Clôtures soit en haies, soit en murailles, sur-tout quand elles sont trop hautes, s'opposent de tous les côtés au passage de l'air & des vents. Des palissades à claire-voie, ou des fossés, sont peut-être les seules Clôtures que l'on puisse permettre dans de pareils endroits, toute fois que des raisons d'économie ne s'y opposent pas. 4.° Lorsqu'elles compromettent la sûreté publique: à cet égard, il ne faut point souffrir de Clôtures le long des grandes routes ou des chemins très-fréquentés; les Clôtures, sur-tout les haies vives, offrent un asyle aux voleurs & aux brigands, & rendent par conséquent un tel pays non-seulement dangereux aux voyageurs, mais encore aux habitans même. 5.° Lorsqu'elles contribuent au dépérissement des chaussées & des grandes routes en général; le passage des vents étant intercepté par les Clôtures, les routes conservent trop long-tems l'humidité, qui accélère le dépérissement du pavé. 6.° Dans les environs des Villes de guerre ou des fortifications, les Clôtures ne doivent point être souffertes, par des raisons que tout le monde sent. (*M. Gruvel.*)

CLOVER. Nom que l'on donne au Trèfle, en Flandres. *Voyez* Trefle. (*M. l'Abbé Tessier.*)

CLOU. C'est une tumeur dure, arrondie, de la grosseur d'une noix, accompagnée de chaleur & de douleur, qui paroît sur la peau des animaux, & grossit jusqu'à ce que le pus soit formé.

Le Clou est une maladie qui n'est point dangereuse.

Il n'y a d'autre indication à remplir, que de le conduire à suppuration: le plus souvent, il y parvient sans qu'on emploie aucun remède; mais il vaut mieux couper la laine ou le poil de la partie où est le Clou, y appliquer un plumaceau chargé d'onguent *basilicum*, & ouvrir l'abcès, quand le pus est formé; en faire sortir le bourbillon, & panser ensuite seulement avec de l'étoupe cardée.

Ce traitement est préférable à celui des Maréchaux, qui, aussi-tôt qu'ils voient une tumeur sur le corps d'un animal, y appliquent de puissans astringens, tels que le vitriol, les acides minéraux & végétaux, &c. C'est contrarier la nature, qui cherche à débarrasser, par cette éruption locale, le corps d'une portion d'humeur qui seroit funeste, si elle refluoit intérieurement.

Clou de rue: c'est une maladie plus importante, quoiqu'elle ne soit pas mortelle. On donne ici le nom de la cause à l'effet; car on appelle Clou de rue le mal que cause au pied d'un cheval ou d'un bœuf, un Clou qu'ils prennent dans les étables comme dans les rues, & à la campagne. Ce Clou peut être dans la sole de corne, dans la sole charnue, & quelquefois jusqu'à l'os du pied.

M. Delafosse en distingue trois sortes, à raison

de leur degré d'intensité : le *simple*, le *grave* & l'*incurable*.

Le premier ne perce que la sole & la fourchette charnue. On le reconnoît quand il ne sort pas de sang de l'endroit percé; le plus souvent, la guérison s'opère d'elle-même. Il est cependant prudent de faire ouverture, & d'y introduire de petits plumaceaux imbibés d'essence de térébenthine, & même de mettre des cataplasmes émolliens sur la sole, dans la vue de l'humecter. Si le Clou atteint l'os, l'ouverture & l'application de l'essence de térébenthine sont encore plus nécessaires. Le premier appareil doit rester cinq ou six jours; ensuite, on renouvelle le pansement de deux jours l'un, jusqu'à ce que l'exfoliation soit faite.

Le Clou *grave* est celui dans lequel les tendons fléchisseurs du pied sont percés. On s'en assure avec une sonde, qui, dans ce cas, peut être jusqu'à l'os. Alors il faut dessoler l'animal, emporter, avec le bistouri, tout ce qui a été piqué dans la fourchette, & débrider le tendon dans une direction longitudinale. On garnit la sole & la plaie de plumaceaux trempés dans l'essence de térébenthine ; le tendon s'exfolie, & l'escarre tombe, &c.

Le Clou de rue est *incurable* : 1.° lorsque le tendon fléchisseur du pied a été piqué, & que la matière, par son séjour, a rongé le cartilage de l'os de la noix; 2.° lorsqu'on a appliqué des caustiques & corrosifs qui font, sur ce cartilage, le même effet que la matière qui a séjourné ; 3.°, lorsque le Clou a touché l'os de la noix ou de la couronne. M. Delafosse a guéri quelques vieux chevaux de cette maladie, mais ces cas sont rares, & on ne peut l'espérer. On trouvera plus de détails dans le Dictionnaire de Médecine. (*M. l'Abbé* TESSIER.)

CLOU DE GIROFLE. C'est ainsi qu'on appelle, dans le commerce, la fleur non épanouie, avec son calyce & son pédoncule, du *Caryophillus aromaticus. L.*, à cause de sa ressemblance avec un petit clou. *Voyez* GIROFLIER. (*M.* THOUIN.)

CLOUSEAU. Sorte de clos ou de jardin agreste. *Voyez* CLOSEAU. (*M.* THOUIN.)

CLUSIER, *CLUSIA*.

Ce genre, un des GUTTIERS de M. de Jussieu, & de la famille des Cistes, suivant M. de la Marck, renferme quatre espèces. Ce sont des arbres à feuilles simples, à fleurs de diverses couleurs; ils sont remarquables par un certain caractère parasite, puisqu'ils vivent, pour la plupart, en grande partie, aux dépens des autres, & par les sucs visqueux dont ils sont remplis. Ils sont étrangers; & leur culture, dans notre climat, ne peut avoir lieu que dans des serres-chaudes.

Espèces.

1. CLUSIER rose.

CLUSIA rosea, *L.* ♄ l'Isle de Bahama, Saint-Domingue, les Antilles.

2. CLUSIER blanc.

CLUSIA alba, *L.* ♄ la Martinique.

3. CLUSIER jaune.

CLUSIA flava, *L.* ♄ la Jamaïque.

4. CLUSIER veineux.

CLUSIA venosa, *L.* ♄ les Antilles.

1. Le Clusier rose est un arbre d'environ vingt pieds de hauteur, dont la tige est lisse, & dont les branches poussent sur les côtés. Les feuilles, avec une seule nervure, attachées par une queue fort courte, sont ovales, en forme de coin, succulentes & sans dentelures. Les fleurs sont à six divisions, chacune d'une forme presque ronde, recoquillée, d'une couleur de rose ou de violet, & très-agréables. Le fruit est en forme d'œuf, avec des sillons longitudinaux, qui s'ouvrent pour laisser échapper les graines, qu'on compare à celles de la grenade. On l'appelle le *Figuier Maudit Maron*.

Toutes les parties de cet arbre abondent en suc glutineux & laiteux qui en découlent; il croît sur les montagnes, & on le trouve souvent sur une branche, ou sur le tronc d'un autre arbre.

2. Clusier blanc. Celui-ci nous est dépeint avec un port majestueux. Il s'élève de trente pieds; il porte, spécialement à l'extrémité de ses rameaux nombreux, & formant un sommet étendu, des feuilles obtuses, médiocrement longues, à base large, absolument sans dentelures, lisses & coriaces. Les fleurs ont cinq divisions; elles sont d'une couleur blanchâtre. Il est, comme le précédent, rempli de sucs visqueux & tendres; on le trouve à la Martinique, dans les bois. Nous voyons qu'il est, comme le n.° 1, parasite, & notamment des plus grands arbres.

3. Le Clusier jaune ne paroît pas beaucoup différent du n.° 2, par le port, non plus que par les feuilles; mais il s'en éloigne par les fleurs, qui ne sont qu'à quatre divisions épaisses, jaunâtres, & d'ailleurs sans odeur ; le fruit est arrondi; il est glutineux & parasite, comme les précédentes.

4. Clusier veineux. C'est un arbre connu aux Antilles, sous le nom de Palétuvier de montagne. Il est de la grandeur de notre Noyer commun, selon Plumier, qui ne s'accorde pas avec Miller, qui fait la description des feuilles d'après, dit-il, des échantillons desséchés : si on l'en croit, elles sont très-larges, ovales, en forme de lance, terminées en pointes alternes, & traversées par plusieurs côtes alternes qui partent de celle du milieu, & s'étendent vers le haut & sur les côtés, & entre lesquelles on voit un grand nombre de veines horizontales ; les bords de ces feuilles sont sciées, & leur surface

inférieure est d'un brun luisant ; les branches de cette espèce sont couvertes de poils ; & ses fleurs, qui sont plus petites que celles de la précédente, & de couleur rose, sortent, en épis clairs, des extrémités des rejettons.

Culture. On ne peut l'entreprendre qu'en serre-chaude. Le traitement qu'exigent les trois premières espèces doit être analogue à leur organisation glutinative ; l'humidité pourroit en occasionner l'engorgement, & les faire périr. Elles ne doivent donc pas être mises, en Hiver, dans la tannée, parce que là elles seroient plus exposées à la stagnation de l'air, qui a toujours beaucoup de densité dans une serre chaude. C'est sur les gradins qu'il conviendra de les placer ; &, en Avril, les mettre en tannée. On agit envers elles par inverse ; car c'est en tannée que le cultivateur place, en Hiver, ce qu'il a de plus précieux, ou ce qu'il chérit le plus.

Le berceau de ces arbres, dans leur lieu natal, est ordinairement un autre individu, dont ils retirent un suc élaboré & nutritif. Les racines tendent vers la terre, pour suppléer à la nourriture, qui cesse d'être suffisante où elles siègent. Leur première éducation, en Europe, ne leur procurera point cette commodité ; mais nous en induirons notre opinion, fortifiée d'ailleurs par la connoissance des lieux qu'ils habitent, qu'ils exigent une terre très-peu substantielle, & un pot d'une certaine grandeur, rempli, à plus de moitié, de crayon ou de pierrailles, dans lequel les racines seulement seroient enfoncées.

A l'égard de la quatrième espèce, quoiqu'elle soit une des plantes les plus délicates qui nous viennent des Antilles, nous ne croyons pas qu'elle se conserve, dans la serre chaude, plus difficilement que celles qui s'y cultivent ordinairement, sur-tout si on lui donne une terre peu substancielle, qu'on arrosera très-rarement en Hiver, & si on a soin de la tenir constamment dans une bonne tannée.

Les graines des quatre espèces lèvent très-bien en Europe (sous un chassis, par exemple) mais le plan reste long-tems petit & chétif. On auroit des jouissances plus promptes, si on recevoit des individus en petites caisses remplies de terre, qui auroient été envoyées du lieu natal, avec recommandation expresse de ne les pas mouiller considérablement pendant la traverse. Au reste, il s'en trouve actuellement plusieurs dans les Collections Angloises qui sont dans le commerce.

On a, de plus, pour la multiplication de ces beaux arbres, la voie des boutures ; elles ne doivent être enterrées qu'après avoir fait dessécher la plaie au moins pendant trois semaines ; c'est une attention de rigueur pour les trois premières espèces. Elles se font en pots, au mois de Juin, & on les enfonce dans une couche de chaleur modérée, recouverte d'un chassis qui doit presque toujours, & sur-tout pendant le jour, être couvert lui-même par un paillasson. On use de la terre qui s'emploie pour les grains. Les pots se doivent rentrer dans la serre chaude, avant l'époque ordinaire des rentrées.

Nous ne le déguisons point, la culture surtout des trois premières espèces est difficile ; elle exige un œil vigilant & exercé : c'est une raison peut-être pour l'entreprendre. Combien de pères ont eu le plus d'agrémens de leurs enfans dont ils en attendoient le moins !

Usages. A notre égard, rien de plus beau dans une serre chaude, que le feuillage des trois premières espèces : si on parvenoit à y faire fleurir la première, sa fleur le disputeroit, en beauté, à un très-grand nombre d'autres. *A l'égard* des indigènes, l'espèce de térébenthine qui découle de ces arbres, s'emploie pour guérir, en l'étendant sur un linge, les douleurs de la goutte sciatique, les plaies des animaux. Il résulte de cette térébenthine une résine qui est très-utile dans la construction des petites barques ; elle tient lieu de goudron. (*F. A. Quesné.*)

CLUTELLE, *Clutia.*

Genre de plantes de la famille des EUPHORBES, qui comprend au moins sept espèces. Ce sont des arbrisseaux & arbustes dont les deux sexes sont séparés sur deux pieds différens. Les fleurs naissent dans les aisselles des feuilles ; elles sont de très-petite apparence : les feuilles sont simples, persistantes, & de formes diverses. Quelques-unes méritent d'être recherchés, à cause de leur beauté ; les autres ne peuvent être d'un médiocre intérêt : ils sont étrangers, & ils se cultiveront facilement dans notre climat, la plupart dans des baches ou dans des serres tempérées, les autres dans la serre chaude ; ils se multiplient par boutures ; ils sont spécialement propres aux grandes collections & aux jardins de Botanique.

Espèces.

1. CLUTELLE à feuilles de Thymelée.
Clutia daphnoïdes. La M. Dict. ♄ Afrique.

2. *CLUTELLE alaternoïde.
CLUTIA alaternoïdes, *L.* ♄ Abyssinie.

3. CLUTELLE polygonoïde.
CLUTIA polygonoïdes, *L.* ♄ Afrique, Cap de Bonne-Espérance.

4. CLUTELLE élégante.
CLUTIA pulchella, *L.* ♄ Afrique, Abyssinie.

5. CLUTELLE cotonneuse.
CLUTIA tomentosa, *L.* ♄ Afrique, les lieux maritimes & sablonneux.

6. CLUTELLE écailleuse.
CLUTIA squamosa, *L.* ♄ La M. Dict. Indes Orientales.

7. CLUTELLE stipulaire.

Clutia stipularis, *L.* ♄ Inde.
8. Clutelle à feuilles de Peuplier.
Clutia cluteria, *L.* ♄ Inde.

1. Clutelle à feuilles de Thymelée. La description de ce petit arbrisseau en fait desirer la possession. Il s'élève de deux pieds; il porte beaucoup de branches; elles sont rondes, roides, cotonneuses à leur extrémité. Les feuilles, placées sans ordre, presqu'assises, sont plus longues que larges, obtuses, un peu épaisses, plus étroites vers leur base, & couvertes, en-dessus & en-dessous, d'un duvet dont les vieilles feuilles sont presqu'entièrement déchargées; elles ne se renouvellent point; d'ailleurs, leur ressemblance avec celles de la thymelée odorante, seroit seule propre à donner une idée de leur agrément. Les fleurs naissent dans les aisselles des feuilles; elles sont un peu érigées.

2. Clutelle alaternoïde. Cette espèce forme un petit buisson de deux pieds de hauteur, dont les tiges, garnies de feuilles, presque dès le bas, portent sur leurs côtés quelques branches chargées de feuilles placées sans ordre, linéaires, en forme de lance, très-lisses, marquées, sur leurs bords, de petites inégalités qu'on prendroit pour un cartilage, obtuses, sans dentelure, & d'une couleur grisâtre. Elles persistent, les fleurs naissent dans les aisselles des feuilles, seul à seul, vers les extrémités des branches. Elles n'ont aucun agrément; elles paroissent dans les mois d'Eté.

3. Clutelle polygonoïde. Sur cet arbuste, les feuilles sont placées alternativement; elles sont de la largeur d'une ligne, se terminant en pointe alongée, lisses, vertes, sans dentelures, & persistantes. Les fleurs naissent, comme dans le n.° 1, souvent deux ensemble, & elles sont pendantes.

4. Clutelle élégante. Cette espèce, dont la forme lui a mérité l'épithète, est un arbrisseau qui s'élève de sept à huit pieds, à tige forte, nue, avec une tête arrondie, formée par l'ensemble de branches verdâtres, chargées de feuilles presque toutes attachées par des queues d'un pouce de longueur; elles sont ovales, sans dentelure, molles, d'un verd de mer, lisses, finement ponctuées en-dessous, & persistantes. Les fleurs, placées dans les aisselles des feuilles, sont un peu érigées; elles sont d'un blanc verdâtre; elles paroissent en Eté.

5. La Clutelle cotonneuse est un arbuste toujours verd, de trois pieds de hauteur, dont les branches, nombreuses, droites, sont chargées d'un léger duvet. Les feuilles naissent fort près les unes des autres; elles sont assises, ovales, comparables à celles du thym, & cotonneuses en-dessus & en-dessous. On la trouve en Afrique, dans les lieux maritimes & sablonneux.

6. Clutelle écailleuse. Celle-ci, qui habite les Indes Orientales, pourroit bien être celle dont Linnée a fait mention, sous le nom spécifique *retusa*. C'est un arbrisseau de dix à quinze pieds de hauteur, qui n'existe peut-être en Europe que dans quelques herbiers. C'est une espèce précieuse pour les serres chaudes: les feuilles, ovale, sans dentelure, lisses, luisantes en-dessus, & chargées, en-dessous, d'un léger duvet, sont placées alternativement; celles du sommet des rameaux sont petites, & les autres trois ou quatre fois plus grandes; elles persistent.

7. Clutelle stipulaire. Celle-ci est cotonneuse sur ses rameaux, qui, suivant leurs articulations, se jettent à droite & à gauche. Ses feuilles sont ovales, cotonneuses, absolument sans dentelure, & un peu grandes; elles sont accompagnées d'écailles appellées stipules, ovales, aigues, qui n'excèdent pas la queue des feuilles, qui est courte; elle est toujours verte.

8. Clutelle à feuilles de Peuplier. C'est un arbrisseau qui croît dans les Indes, où il s'élève de plus de vingt pieds, sur une tige droite: la fructification déterminera positivement sa place, ou comme genre ou comme espèce. Nous plaçons ici une notice sur ce qu'on sait de certain à son égard. Suivant Brown. Sam., 347, c'est un Croton à tiges de sous-arbrisseau, presque velu, à feuilles en cœur, terminées en pointe, & à épis à l'extrémité des branches. Miller, qui l'a cultivé, compare ses feuilles, pour la forme, à celles du Peuplier-noir. Elles sont d'un verd luisant, attachées par des queues foibles, & placées alternativement; elles garnissent les branches nombreuses, placées à l'extrémité de la tige, & formant une tête grosse & large; il ne s'est point élevé, en Angleterre, à plus de trois ou quatre pieds.

Culture. Les cinq premières espèces, & même celle que nous avons distinguée par un astérisque, redoutent plus l'humidité qu'elles n'exigent de la chaleur; elles passeront l'Eté en plein air; on leur épargnera les pluies d'Automne; une bache ou une serre tempérée leur suffira en Hiver; elles devront y être placées près des panneaux, pour recevoir plus particulièrement l'influence d'un air souvent renouvellé. Les espèces, n.os 6 & 7, se doivent cultiver en serre chaude, & ne s'exposer qu'avec circonspection à l'air libre, pendant les chaleurs; ne fût-ce que par prudence, jusqu'à ce que l'on ait des renseignemens plus précis par elles-mêmes sur leur traitement.

On a, pour multiplier les espèces de ce genre, la voie des boutures. Celles des 1, 2, 3, 4, 5 & 6 espèces se font dans le mois de Mai. On les prend sur les sujets que, depuis quelques semaines, on a, au moins pendant le jour, laissés en plein air, ou sur le devant des croisées de l'orangerie; il vaudroit mieux les retarder que de les couper sur des pieds que la rigueur du tems, les pluies froides, auroient fait retenir tard, ou retiendroient encore dans la serre. On expose au sec, pendant quelques jours, la partie coupée, & l'on couvre la pointe d'un peu de mousse. On a préparé, sur une vieille couche, un nivellement, avec un mélange du terreau, & de l'épaisseur de deux ou trois pouces de sable de bruyère, qui doit être pur à la surface. C'est-là qu'à quatre pouces de distance, on enfonce les boutures jusqu'au troisième ou quatrième œil, ou de trois à quatre pouces. On a bien-tôt établi sur la couche une tonnelle, avec des cerceaux & des baguettes appliquées longitudinalement, pour fixer un paillasson qui enveloppe assez exactement par-tout, qu'on ôte d'abord tous les soirs, & qu'après deux mois, on n'étend que pendant les jours d'un soleil vif. Si on faisoit les boutures dans des pots, on les empliroit de sable de bruyère pur; on seroit moins assujetti à l'époque, mais on seroit obligé de procéder sur une couche qui auroit perdu la première chaleur. C'est le local, l'exposition, les connoissances que l'on a de l'atmosphère de son habitation, qui détermine sur le choix & sur les procédés accessoires. On conçoit que c'est-là le rendez-vous de beaucoup de boutures que nous pourrions appeller du second ordre. La dépense de la petite tonnelle étant faite, on est bien-tôt tenté d'essayer, sur-tout avec des pots, de quelques espèces présumées d'une plus lente disposition à s'enraciner; &, avant l'Automne, on transporte ceux qui promettent dans la serre chaude; l'opération s'achève au Printems. A l'article Marcotte, on expose un moyen de multiplication d'un succès aussi étonnant que celui d'une pratique facile sur un très-grand nombre de végétaux ligneux.

Les soins qu'exige la couche de boutures, ainsi couverte, se réduisent, pour ainsi dire, aux arrosemens, qui doivent être fréquens & très-légers. A la Saint-Louis, on met en petits pots remplis de sable de bruyère, les petits individus enracinés; on ne rejette point encore ceux qui n'ont qu'un bourrelet bien formé; on les transporte tous à l'ombre, dans la serre; &, au moyen de quelques soins, on les amène au point de figurer sur les tablettes, ou de passer l'Hiver dans la bache. Pour les jeunes Clutelles, il y a beaucoup à redouter de l'humidité; les arrosemens doivent être très-rares, ou plutôt il n'en faut point: lors de l'empotement, on les a mouillés; un mois après, on se détermine pour le oui ou pour le non.

Lorsque les tiges auront deux à quatre lignes de diamètre, il leur faudra des pots de cinq pouces, sur trois à quatre d'évasement pur, retrécis par le bas, & remplis, sur trois lits de morceaux de pots cassés, de terre argilleuse, mêlée avec une huitième partie de sable de bruyère ou de mer. Nous avons éprouvé que l'argille pur, avec environ un sixième de sable de bruyère, convenoit beaucoup aux plantes d'Afrique; leurs pousses sont mieux nourries; leur végétation a paru toujours plus belle avec ce régime; il y en a même qui ne réussissent que de cette manière. A l'égard de l'espèce, n.° 5, il y a tout lieu de croire qu'elle veut le sable de bruyère pur: cependant, en pareil cas, on ajoute presque toujours une petite quantité d'argille, pour en fixer plus long-tems les sels. Les plantes d'Afrique n'aiment pas à être souvent remuées, on ne change les pots que quand le besoin en est bien manifesté.

Les boutures que l'on essayeroit des espèces 6 & 7 devroient se faire sous des chassis, comme celle du Clusier, & se gouverner de même, après qu'elles seroient enracinées. *Voyez* CLUSIER.

Usages. Rien encore de connu sur l'utilité, dans les Arts, dont pourroit être la Clutelle. La collection de toutes les espèces seroit précieuse pour les jardins de Botanique; la culture en sera agréable, parce que, comme on l'a vu, elle est facile. Plusieurs espèces de genre intéressant seront toujours l'objet des recherches des Amateurs, & de ceux qui se laissent à admirer dans les arbrisseaux des formes diverses, & des touches non moins variées, & toujours inimitables. (*F. A. Quesné.*)

CLYPEIFORME, *Clipeyformis.*

Epithète employée quelquefois pour désigner la figure d'un fruit qui, étant arrondi dans sa circonférence, applati sur les côtés, & un peu convexe dans le milieu, imite la forme d'un bouclier. C'est en raison de la configuration de son fruit qu'on a donné le nom de Clypéole au genre du *Clypeola*. (*M. Thouin.*)

CLYPEOLE, *Clypeola.*

Genre de plantes de la famille des Crucifères, qui comprend deux espèces. Ce sont des plantes herbacées, annuelles & bisannuelles, originaires des parties méridionales de la France & des montagnes de l'Autriche, de l'Istrie; à fleurs de peu d'agrément, qui se cultivent en pleine terre, dans notre climat; elles sont d'une multiplication facile, & elles conviennent particulièrement aux jardins de Botanique.

Espèces.

1. Clypéole Alyssoïde.

Clypeola Jonthlaspi, *L.* ⊙. Partie méridionale de la France, Italie.

2. Clypéole à odeur d'ail.

Clypeola alliacea, *L.* La M., Dict. *Peltaria alliacea. L.* ♂ Autriche, les montagnes.

1. Clypéole Alyssoïde. Si on ne consultoit que le port, cette espèce se placeroit parmi les Alyssons. Elle ne s'élève que de cinq pouces; elle est formée de plusieurs branches flexibles & peu rameuses, blanchâtres, traînantes, à petite

feuilles à baſe étroite, s'élargiſſant, un peu obtuſes à leur ſommet, & couvertes d'un léger duvet, qui donne à la plante une couleur d'un blanc griſâtre; de petits épis courts portent, à l'extrémité des branches, les fleurs à quatre diviſions, ouvertes en croix, auxquelles ſuccèdent des ſiliques petites, rondes, renfermant chacune une ſemence. Elle eſt annuelle; elle fleurit en Juin; les ſemences ſont mûres en Automne.

2. Clypéole à odeur d'ail. Elle diffère beaucoup de la précédente par le port; elle eſt liſſe, d'un verd agréable, à feuilles unies, larges, en cœur, pointues, embraſſant les tiges, qui ſont droites, d'un pied de hauteur, & garnies de rameaux ſe terminant enſemble à une élévation proportionnelle. Les fleurs naiſſent à leurs extrémités; elles ſont à quatre diviſions, blanches, réunies en petites grappes, & bien-tôt remplacées par des ſiliques rondes & comprimées. Le pied de la plante eſt garni par les feuilles qui partent de la racine; elles ſont étendues & ondulées ſur leurs bords.

Cette plante fleurit en Mai, & la graine ſe recueille en Juillet; elle ne dure que deux années.

Culture. La première eſpèce eſt une de ces plantes annuelles qui ne ſouffrent point de déplacement; elle ſe ſème, en Automne, à l'endroit où elle doit reſter; un petit labour ſuffit: on y dépoſe une pincée de graines qui lèvent de bonne-heure, au Printems, & qui n'occupent plus, puiſqu'il ne s'agit que d'enlever, avec les mauvaiſes herbes, ce qu'il y auroit de trop pour empêcher l'entier développement de trois ou quatre pieds qui ſuffiſent pour une touffe. Si on vouloit en repiquer, les plantes en ſouffriroient beaucoup, & même elles périroient, ſi elles n'étoient pas extrêmement jeunes. Elle réuſſit partout; mais encore mieux dans les terres légères & ſablonneuſes. Si on ne ſemoit qu'au Printems, on auroit des plantes moins fortes, & moins de certitude ſur la qualité de la graine à recueillir.

A l'égard de la ſeconde eſpèce, qui eſt biſannuelle, puiſqu'elle périt à la ſeconde année, après avoir fructifié, elle ſuit le même régime; mais on attend le mois d'Avril pour la ſemer, & on ne laiſſe dans la même touffe que peu d'individus, afin qu'ils prennent, ſans gêne, tout leur accroiſſement. Il eſt rarement beſoin d'arroſer.

Uſage. Ces plantes ſont néceſſaires dans les jardins de Botanique. Quoique la première eſpèce ne ſoit pas remarquable par la beauté de la fleur, on l'admet quelquefois dans les jardins d'agrément, parce qu'elle eſt propre à jetter de la variété dans les plantes baſſes, pour les devans des parterres; la ſeconde doit y trouver place, de même que dans les jardins payſagiſtes & ſur les lieux élevés des ruines. (*F. A. Quesné.*)

CNIQUIER, ou Pois guéniques. Nom vulgaire, à Saint-Domingue, du *Guilandina Bonduc*, *L.* *Voyez* Bonduc ordinaire. (*M. Reynier.*)

COCA. Plante très-commune dans les terreins élevés du Pérou. Les habitans la mâchent, comme les Indiens font le Bétel, & la mêlent, pour cet effet, dit Dom Ulloa, avec le Toura, qui n'eſt autre choſe qu'une tablette formée de cendre des épis de Mays dépouillés de leurs grains, & d'autres plantes abondantes en principes ſalins.

Des femmes font ce petit commerce, & vendent ces deux ſubſtances aux Indiens, qui ne travailleroient qu'avec peine, ſi elles leur manquoient. Ils en font des petites boules, qu'ils gardent dans la bouche auſſi long-tems qu'ils ſentent la ſaveur âcre & poignante de cette plante. (*M. Reynier.*)

COCAGNE. La Guède ou Vouède dont on tire la couleur bleue appellée Paſtel, ſe réduit d'abord en petits pains que l'on nomme Cocagne, d'où vient le nom de pays de *Cocagne*, qu'on donne aux pays où l'on cultive cette plante. On leur donne auſſi le nom de Cocs, Guède ou Paſtel. *Ancienne Encyclopédie.*

La plante dont on tire cette couleur eſt connue des Botaniſtes, ſous le nom d'*Iſatis tinctoria. L.* *Voyez* Pastel. (*M. Thouin.*)

COCATRE. C'eſt ainſi qu'on appelle le Chapon qui n'a été châtré qu'à demi. *Voyez* Castration (*M. l'Abbé Tessier.*)

COCASSE. Variété de la Laitue, qui pomme très-bien, & devient aſſez ferme pour qu'on ſoit obligé de fendre la tête, pour aider la tige, lorſqu'on veut en obtenir de la graine.

C'eſt une des Variétés du *Lactuca ſativa. L.* *Voyez* Laitue des jardins. (*M. Reynier.*)

COCHE ou TRUIE. *Voyez* Cochon. (*M. l'Abbé Tessier.*)

COCHÈNE. Nom adopté dans quelques-uns de nos Départemens, pour déſigner le *Sorbus aucuparia. L.* *Voyez* Sorbier, au Dictionnaire des Arbres & Arbuſtes. (*M. Thouin.*)

COCHENILLE. Inſecte dont toute la ſubſtance produit la couleur écarlate; on en connoît l'utilité dans le commerce & la teinture.

A l'article *Animaux*, la Cochenille eſt parmi les Inſectes utiles.

Je me propoſois de traiter de la Cochenille, comme j'ai traité des *Abeilles*, & comme je traiterai des *Vers-à-ſoie*, parce que l'éducation de ces inſectes fait partie de l'économie ruſtique; mais, en liſant ce que M. Lancoy a écrit plus haut, ſur les différentes eſpèces de *carties* ou *raquettes* qui ſont propres à la nourriture de la Cochenille, je n'y trouve rien à deſirer. Cet Auteur ayant puiſé dans les ſources où j'aurois puiſé, c'eſt-à-dire, dans le Traité du Nopal, & le Voyage à Guaxaca, de M. Thiéry de Ménonville. Je renvoye le Lecteur au deuxième volume, depuis la page 472 jusqu'à la page 511. (*M. l'Abbé Tessier.*)

COCHEHUE ou COUCHEHUE. Nom du *Bixa orellana. L. Voyez* Rocou. (*M. Thouin.*)

COCHLEARIA. Nom latin du Cranson, qui a été adopté, en François, par beaucoup de personnes. *Voyez* Cranson. (*M. Reynier.*)

COCHON.

Ce quadrupède véritablement singulier par sa conformation, par ses habitudes, par sa lasciveté & par sa gloutonnerie, étoit inconnu au nouveau Monde; mais depuis que les Espagnols l'ont transporté dans le Continent & dans le nord de l'Amérique, on est fondé à dire aujourd'hui qu'il appartient à tous les climats, qu'il prospère dans toutes les contrées; qu'il est, parmi les animaux de basse-cour, le moins difficile dans le choix de la nourriture, & celui qui offre en même-tems le plus de ressources dans l'économie domestique: content de tout, pourvu qu'il soit plein, il n'y a pas d'aliment qui ne lui convienne; son éducation est facile, il multiplie infiniment; l'utilité dont il est, après sa mort, sur-tout à la campagne, où souvent on est éloigné des Villes de plusieurs lieues, est incontestable. Qui ne connoît pas le prix d'avoir chez soi une viande prête à devenir un mets ou à assaisonner les herbages, les légumes & les racines potagères? Comme elle se salle très-bien, elle est d'une grande ressource dans les voyages de long cours; au Printems, qui est la saison où les denrées de ce genre sont ordinairement fort cheres; enfin elle convient particuliérement aux hommes livrés à des travaux ou à des exercices pénibles, par conséquent aux Cultivateurs.

Cependant, malgré ces avantages reconnus, l'usage de la chair du Cochon a été décrié & proscrit dans la plus haute antiquité. L'Histoire nous apprend que cet animal étoit en horreur chez la plupart des Peuples de l'Orient, & que, même encore aujourd'hui, il est fort rare dans toute l'Asie. La défense d'en manger est portée par une Loi du Lévitique; Moyse ne voyant dans les Juifs qu'un Peuple agricole, un Peuple de Pasteurs, il craignit peut-être que leur goût décidé pour cette viande, ne leur fît négliger les autres animaux domestiques; mais la plupart des Ecrivains se réunissent à l'opinion, que la loi de ce Législateur avoit pour motif principal, de les préserver de la lèpre; maladie si commune en Egypte & en Arabie, qu'on l'a souvent confondue avec la maladie à laquelle le Cochon est sujet, même dans nos climats. C'est sur ce fondement que *Montesquieu* a parlé de cette défense, comme d'une bonne Loi locale. Saint-Clément d'Alexandrie, cité par Dom Calmet, dans ses Commentaires sur la Bible, ajoute une autre raison à celles qui intéressent la santé: il nous apprend que le porc a été proscrit par Moyse, parce que, fouillant la terre, il déracine les grains & les légumes; genre de dégât nuisible par-tout, principalement dans la Palestine, qui n'est pas généralement susceptible de culture, & où les terres labourables n'ont, à ce qu'on assure, que quatre ou cinq pouces de fond. Quoi qu'il en soit de la véritable cause, qui a fait lancer un Arrêt de proscription contre le Cochon, si les plus éclairés d'entre les Juifs se refusent à l'usage de cette nourriture, ce n'est probablement ni par préjugés, ni par superstition; mais seulement pour obéir littéralement à la Loi; bien persuadés que s'ils la transgressoient aujourd'hui sur un article & demain sur un autre, le Judaïsme seroit bien-tôt anéanti; car nous observerons que la chair de cet animal n'est pas moins saine que celle des autres animaux, dont chacun fait sa nourriture habituelle. Il suffit de n'en pas manger par excès, puisque tous les excès sont nuisibles, & qu'elle soit assaisonnée convenablement, pour ne pas donner lieu aux indigestions, ni occasionner & entretenir les maladies de la peau, dont on l'accuse mal-à-propos; l'existence de ces maladies, communes encore parmi les anciens habitans de la Palestine, prouve qu'elles devroient avoir une autre origine.

Mais le Cochon a été calomnié, comme tout ce qui est essentiellement utile: les Philosophes de la plus haute antiquité sont allés jusqu'à prétendre que toutes les sensations étoient obtuses dans ces animaux, & qu'ils étoient absolument dénués d'instinct, tant l'homme est extrême dans ses éloges comme dans ses critiques. Il a refusé aux uns cette portion d'intelligence que leur a accordé la Nature, &, aux autres, il l'a prodiguée d'une manière humiliante pour l'espèce humaine, & tellement exagérée, qu'il est obligé de revenir tous les jours de son enthousiasme; telle est la fourmi, telle est l'abeille, tels sont encore beaucoup d'autres animaux, qui, mieux étudiés & observés, montreront toujours la sagesse du Créateur, mais jamais un instinct supérieur à la raison, un instinct qui aille au-delà des loix de la conservation & de la propagation, premiers devoirs de la sociabilité.

Sans vouloir faire ici l'éloge du Cochon, je me bornerai à citer quelques faits qui prouvent que cet animal n'est pas tout-à-fait dépourvu d'instinct. On sait que, dans beaucoup d'endroits, un homme se charge, moyennant une légère rétribution que chaque Particulier lui paie, de les conduire tous les matins aux champs & dans les bois; pour les rassembler, il passe dans les rues en sonnant une espèce de cornemuse; les Cochons lâchés vont ensuite d'eux-mêmes à la forêt. Le même Gardien les ramène le soir, & les animaux rentrent sous leurs toits sans se tromper, n témoignant, par leurs cris, de la satisfaction, parce qu'ils sont assurés de trouver encore de quoi manger.

Un autre fait qui vient à l'appui de celui-ci, c'est que quand le tems menace d'orage ou qu'il survient une pluie, lorsqu'ils sont aux champs, on les voit ordinairement déserter le troupeau les uns après les autres, s'enfuir & regagner d'eux-mêmes leurs habitations, toujours en criant jusqu'à la porte de l'étable, comme si on les écorchoit. Les plus jeunes sont ceux qui courent le plus & crient davantage.

Le Cochon n'est pas plus dénué de sensibilité que d'instinct. Ne le voit-on pas accourir aux cris de ses semblables, d'aussi loin qu'il les entend, & affronter les plus rudes traitemens pour les défendre? Il est étonnant même que ceux des Naturalistes qui se sont étendus avec tant de complaisances sur les défauts de cet animal, n'aient pas dit un seul mot de cette qualité, qui le distingue dans l'espèce brute, & dont le plus simple Porcher sait faire usage pour rappeller à lui les Cochons qui se sont écartés du troupeau & égarés dans la forêt. Personne n'ignore d'ailleurs l'avantage que sut tirer de cette connoissance le Capitaine Letort, lorsqu'il se trouva assiégé dans la Ville de Rennes par le Duc de Lancastre.

Les Anglois, sous la conduite du Duc de Lancastre, firent le siège de Rennes. Le blocus duroit depuis plusieurs mois, & la Ville, privée de secours & de provisions de bouche, étoit à la veille de se rendre, lorsque le Capitaine Letort, qui y commandoit, s'avisa d'un stratagême très-simple qui la sauva. Il fit ouvrir une porte qui donnoit sur une prairie où les Assiégeans entretenoient un troupeau considérable de Cochons. Il amena sur le pont une truie qui lui restoit encore, & lui fit tenailler les oreilles avec force. Aux cris que poussa cet animal, ceux qui étoient dans la prairie accoururent en foule, & à mesure qu'il en arrivoit sur le pont, Letort faisoit rentrer la truie dans la Ville, toujours en criant. Les Cochons des Anglois la suivirent avec précipitation, & ils seroient tous entrés, si l'approche d'un détachement ennemi n'avoit forcé les Assiégés de lever le pont & de se contenter de deux mille Cochons qui avoient déjà franchi ce poste. Cette capture, jointe au bruit d'un renfort prochain que le Capitaine Breton fit répandre dans le Camp du Duc de Lancastre, obligea celui-ci de lever le siège, peu de jours après.

On a avancé que la voracité naturelle de la truie la portoit à dévorer sa progéniture. Les faits qui ont donné lieu à cette inculpation, ne sont certainement que des exceptions très-rares; car on en voit tous les jours qui, quoique très-mal nourries, prennent cependant des soins infinis de leurs petits. Quant à un autre reproche qu'on leur fait encore, celui de manger leur arrière-faix, elles ont cela de commun avec la Vache, la Brebis même, & presque toutes les femelles des animaux domestiques. Il y en a même parmi celles-ci auxquelles on pourroit, avec plus de raison, appliquer le premier de ces reproches; telles sont celles du Chien & du Lapin sur-tout. Mais un mérite qui est particulier à la truie, c'est le courage avec laquelle elle défend ses petits, contre les ennemis qui les menacent; le moindre cri de leur part éveille sa sollicitude, la violence anime sa fureur, & rien ne peut l'intimider, ni lui résister. Le danger disparu, elle rassemble sa famille dispersée, elle en fait le recensement, & s'il lui manque quelqu'un des siens, elle en fait la recherche avec empressement; ce qui prouve que le discernement n'est pas non plus étranger à cet animal. On peut dire même qu'il apporte cette faculté en naissant, & qu'elle est accompagnée d'un sentiment dont aucune autre classe d'animaux n'offre d'exemple: la reconnoissance. Il n'y a personne, sans doute, qui, ayant vu naître des Cochons, n'ait remarqué que le premier usage que ces jeunes êtres font ordinairement de leur existence, est de se traîner à la tête de leur mère souffrante, & de lui prodiguer des caresses, dont l'objet semble être d'adoucir les douleurs qu'ils lui ont causées: ils viennent ensuite choisir un mamelon qui devient leur domaine; dès-lors chacun reconnoit le sien, il le distingue & s'y attache exclusivement, de sorte que si l'un de la troupe vient à manquer, la mamelle qu'il tenoit tarit & se dessèche en peu de jours.

Ces faits, auxquels il seroit possible d'en ajouter d'autres, ne semblent-ils pas prouver que les imperfections de la forme grossière du Cochon, aient contribué à charger le tableau de sa stupidité; mais il faut convenir que cette stupidité apparente dans quelques animaux, est souvent notre ouvrage, & qu'il dépend de nous qu'ils soient plus ou moins traitables; lorsque nous les avons apprivoisés, assouplis dans leur enfance, ils conservent la docilité du premier âge, & se prêtent infiniment davantage à ce qu'on exige d'eux, quand il s'agit de les conduire en troupeaux, de les soigner, de les nourrir & de les engraisser: jamais il ne faut les irriter par un mauvais traitement, si on ne veut pas qu'ils deviennent sauvage, hargneux, ombrageux & méchans pendant toute leur vie. J'ai vu des Cochons qui reconnoissoient leur gouvernante, accouroient à sa voix & la suivoient en lui prodiguant des caresses à leur manière; l'éducation peut donc agir sur eux comme sur presque tous les autres individus, & influer en bien ou en mal sur leur caractère. Rien n'est donc moins indifférent que d'empêcher des domestiques grossiers de les battre en aucun tems, & sur-tout dans le premier âge: aussi est-ce un trésor que des Serviteurs qui aiment les animaux d'inclination, car alors ils ne manquent de rien, sont bien soignés & jamais brutalisés.

Différentes espèces de Cochons.

La nature a beaucoup jetté de variété parmi les Cochons; mais il seroit superflu de s'attacher à décrire toutes les nuances qui les distinguent: il nous suffira d'indiquer, en abrégé, les espèces les plus généralement répandues, qui, peut-être, ne sont, dans l'origine, que l'effet du croissement plus ou moins éloigné des truies avec le sanglier; on sait qu'il n'est point d'années qu'il ne s'en glisse dans les troupeaux nombreux de Cochons, lorsqu'ils sont abandonnés à eux-mêmes à la glandée, & que dans un moment de rut, il peut se faire qu'ils couvrent une truie domestique, & qu'il en provienne des formes & des qualités variées que nous connoissons & que la domesticité ne fait encore qu'accroître. Le climat & la nourriture y contribuent aussi pour beaucoup, sur-tout relativement à la couleur de leur poil, car on observera que, dans les pays chauds, les Cochons sont tout noirs comme des sangliers, & assez communément blancs dans les Provinces du Nord.

La première espèce, celle qu'on nomme *les grandes oreilles*, existe en Allemagne, en Flandre & en Angleterre; mais comme elle n'est ni robuste ni féconde, que la chair en est grossière & fibreuse, on donne la préférence à l'espèce un peu moins forte, parce qu'elle produit le plus de bénéfice au Cultivateur, qu'elle s'engraisse plus facilement & plus promptement. C'est la plus multipliée en France: on en distingue, par rapport à la couleur, trois variétés; la première est noire & très-commune vers le midi de la France; la seconde est blanche, & se rencontre particuliérement au nord; cette espèce est très-commune en Westphalie, quoique moins brune & plus élancée: c'est de ce pays que l'on tire les bons jambons de Mayence; enfin la troisième est pie ou pie-noire, ou pie-blanche, & plus généralement répandue au centre du Royaume. Les roux paroissent les plus estimés; mais on croit avoir remarqué que cette espèce est très-sujette à la rougeole.

Les Cochons connus sous le nom de *Cochons Africains*, ou de Cochons noirs, valent infiniment mieux que tous les autres pour faire des petits; leur chair est aussi de meilleur goût; on les engraisse plus facilement; ils sont plus robustes, & sont plus industrieux à trouver de quoi se nourrir.

Les Cochons d'Italie, & sur-tout ceux de Parme, dont quelques Ecrivains ont fait un éloge pompeux, à cause de leur énorme volume, sont noirs, ayant les pattes plus courtes que les grandes espèces; ils pèsent jusqu'à six cens livres de douze onces, ce qui donne quatre cent cinquante livres poids de marc; ils acquièrent tant d'embonpoint qu'ils ne peuvent plus marcher; il faut absolument les élever, les nourrir & les engraisser sous les toits, en sorte qu'on ne les envoie jamais à la glandée, dans la crainte qu'ils ne deviennent la proie des animaux carnassiers, attendu leur lourdeur & leur paresse. Le poil en est très-fin, & si court qu'on les croiroit chauve, ce qui leur a fait donner, dans le pays, le nom de *Cochons ras*. La couleur de leur peau est d'un brun tirant sur le noir; elle est plus fine & plus délicate que celle des autres Cochons: leur chair est très-recherchée, & c'est avec les issues de ces animaux qu'on prépare les fameuses saucisses de Bologne.

La Basse-Normandie, le Maine & la Bretagne nourrissent une espèce de Cochon qui, à la différence près de la qualité du poil & de la couleur de la peau, réunissent les mêmes avantages que ceux d'Italie; ils sont en outre beaucoup plus agiles que ceux-ci, & c'est une des raisons qui, dans l'état de graisse, les font préférer, par les Marchands, aux Cochons à longues pates de la Haute-Normandie, qui résistent moins à la fatigue de la route. On élève, en Amérique, une espèce de Cochons très-lourde & très-grasse.

Les Cochons de Bayonne sont également noirs, & approchent beaucoup, pour la forme & la couleur du poil, des Cochons ras d'Italie; mais ils ressemblent infiniment plus à la grande espèce du Limousin, du Périgord, du Lyonnois, de la Bresse & de la Bourgogne.

Il y a en France une autre espèce de Cochons, plus rare à la vérité que la précédente: elle est plus élevée sur ses jambes; mais elle ne devient ni aussi grasse, ni aussi massive: elle porte une forte crinière dont les soies sont plus grosses & plus longues que celles de notre sanglier; leur teinte noire est interrompue par une bande de soie blanche de cinq à six pouces de longueur, qui ceint la poitrine en arrière du cou & des épaules. Ce Cochon, qu'on appelle *bandé*, vit dans les bois, & n'est employé que pour faire du petit salé: le Cochon de la Pologne & de la Russie a le poil rouge ou jaune clair, & n'est jamais plus grand que notre marcassin.

La France possède, depuis quelques années, une autre espèce de Cochons, qui y fut apportée d'Angleterre, par le Comte d'Adeymar, alors Ambassadeur à cette Cour. Cette espèce, originaire de la Chine, ressemble beaucoup, sous les rapports économiques, à celle d'Afrique dont nous avons déjà parlé; du reste, elle est distinguée de celle-ci par des caractères très-sensibles: telles sont, la brièveté du cou, la tête paroissant implantée immédiatement entre les omoplates, la direction diagonale des oreilles, celle de l'épine dorsale, qui est rectiligne & même un peu concave, au lieu d'être convexe, comme dans toutes les autres espèces : leurs soies sont rares & peu longues, & la couleur en est variée irrégulièrement : ils ont outre cela, le corps large, le ventre bas, les jambes fortes & très-courtes, de sorte qu'un individu âgé de treize mois, de la famille de ceux qui ont fourni ces observations, quoiqu'il ait toujours été nourri très-abondamment, n'a que vingt pouces de hauteur; mais il porte trente-huit pouces de longueur, depuis l'extrémité du boutoir jusqu'à la naissance de la queue. M. Chabert, Directeur de l'Ecole Vétérinaire à Alfort, qui possède cette espèce, en a fait tuer un pareil à celui qui a pesé deux cent vingt livres. Le lard étoit de deux doigts d'épaisseur sur les côtes, & de trois doigts sur le dos & les épaules; quoique cet animal n'eût été coupé que six semaines avant sa mort, la viande en a été savoureuse, délicate, & surtout très-tendre; circonstance d'autant plus remarquable que les Cochons des autres espèces, qui n'ont pas été châtrés dès leur jeune âge, sont un aliment grossier, dur & de mauvais goût : celui-là, au contraire, a fourni des jambons qui, quoique préparés tout simplement comme le salé, ne le cèdent en rien aux jambons de Mayence les plus exquis.

Ces Cochons se nourrissent bien, & paroissent d'un naturel plus sociable que les autres. Les mâles & les femelles, les grands & les petits, tous vivent paisiblement ensemble : une autre preuve de leur douceur, la seule de ce genre que je connoisse, c'est la complaisance avec laquelle la mère allaite ses petits, bien au-delà du terme où l'on est dans l'usage de sevrer les autres. Une truie, qui avoit mis bas le 18 Décembre 1791, a été saillie le 14 Mars suivant; cependant elle a continué d'allaiter ses petits jusque dans les premiers jours de Mai. Dès le 20 Avril, ces jeunes animaux, qui sont tous femelles, pesoient vingt livres l'un dans l'autre, poids extraordinaire sans doute pour des Cochons de lait; à cette époque, elles entrèrent en rut, furent couvertes, & continuèrent de têter leur mère encore pendant une quinzaine, quoiqu'il y eût déjà plus d'un mois & demi qu'elle étoit pleine. Un service aussi pénible auroit certainement épuisé toute autre truie; mais celle-ci n'en a pas même paru altérée; actuellement qu'elle touche au troisième mois de sa gestation, elle est si grasse & si pesante qu'elle a peine à marcher, de sorte que l'on en attend des produits aussi beaux que nombreux.

Choix du Verrat & de la Truie.

La prospérité d'un troupeau de Cochons dépend particulièrement du choix du mâle; un bon verrat est le soutien des races. Pour que celui destiné à peupler la basse-cour réunisse les qualités convenables, il faut qu'il ait les yeux petits & ardents, la tête grosse, le cou grand & gros, les jambes courtes & grosses, le corps long, le dos droit & large, les soies épaisses : un seul peut suffire à vingt truies; mais il convient de se borner à seize, afin d'avoir une race plus robuste. Quoiqu'il soit amoureux dès l'âge de six mois, quelques Ecrivains prétendent qu'il n'est de bon service qu'à dix-huit mois ou deux ans, &, qu'à la faveur de ce ménagement, il peut continuer à propager son espèce jusqu'à l'âge de quatre ou cinq ans; mais une pratique générale dépose contre ce préjugé. Dans tous les pays où l'on élève beaucoup de Cochons, & particulièrement en Normandie, les verrats ne servent que depuis l'âge de huit mois jusqu'à celui de dix-huit; cependant on ne s'apperçoit pas que les espèces y dégénèrent; à cette époque, ils commencent à devenir méchants, &, à deux ans, il n'y en a point qui ne soient dangereux & intolérables. On casse quelquefois les longues dents dont leur mâchoire postérieure est armée, & qu'on nomme *défenses* : cette précaution peut bien diminuer les accidens, mais non les prévenir; car, malgré cela, les basses-cours sont fréquemment ensanglantées par la férocité de ces animaux. Il y a cependant une circonstance où cette férocité peut être utile; c'est lorsqu'on veut envoyer un troupeau de Cochons à la glandée : dans ce cas, un vieux verrat est un gardien sûr contre l'attaque des loups.

Il faut choisir une truie conformée sur le modèle du verrat, d'un naturel tranquille & d'une race féconde : elle doit avoir le corps alongé, les reins & les épaules larges ainsi que les oreilles, le ventre ample, les mamelles longues & nombreuses, les soies naturellement douces. On a fait, sur la fécondité de la truie, les mêmes réflexions que sur celle du verrat, & l'on a avancé, que la première portée qu'elle donneroit avant deux ans seroit foible & imparfaite : cette assertion n'est pas sans fondement; néanmoins, comme le Cochon n'est utile que par ses produits, il convient d'en tirer parti à un an : on verra même, par la suite, que des femelles de l'espèce de Chine, qui étoient mères à l'âge de huit mois, n'en ont pas moins donné de très-beaux produits.

La grandeur des toits que les Cochons habitent, & leur nombre, doivent être proportionné à la quantité qu'on veut y renfermer; il faut qu'ils soient entretenus chauds pendant l'Hiver, toujours garnis d'un baquet en pierre & d'un grès tout autour, à la hauteur de deux pieds au moins; mais on ne sauroit trop les multiplier, pour loger à part les truies, quand elles nourrissent, ainsi que les Cochons malades & ceux qu'on engraisse : ces toits doivent être distribués de manière à rendre commode le service de ce bétail ; car, pour les fermiers qui se proposent d'élever beaucoup de Cochons, leur profit sera plus assuré, ayant une cour séparée de celle à fumier, pour les contenir, lorsqu'ils ne seront pas à la porcherie ou aux champs : il est nécessaire que cette cour ait une mare. Il est essentiel, plus qu'on ne pense, de mettre dans les toits à porcs, un poteau contre lequel ces animaux puissent se frotter. Ayant eu occasion de changer deux Cochons d'un lieu où il n'y avoit pas de poteau, dans un autre où, par hazard, il s'en trouvoit un destiné à étayer le toit, M. Marshall en a reconnu l'utilité ; lorsque je plaçai ces animaux dans ce lieu, dit-il, ils étoient sales, hérissés, & ils avoient l'air lourd & triste. Dans peu de jours, ils se nétoyèrent parfaitement, leur poil parut luisant & bien couché. On s'appercevoit de leur bien-être ; ils avoient l'air vif & content. Il n'est pas douteux que les animaux qui sont dans le malaise ne doivent pas profiter. Les Herbagers n'oublient jamais de planter des arbres isolés, ou de placer de poteaux dans les lieux où ils mettent leurs animaux, pour qu'ils puissent s'y frotter ; & cependant on n'a peut-être jamais pensé de placer un poteau dans le même dessein, dans une étable à porcs, quoique ces animaux aient autant besoin que les autres de se frotter souvent pour être en santé.

Quelques Auteurs ont avancé que les Cochons se plaisoient dans l'ordure, parce que ce animaux, à la vérité, sont fort sales, & paroissent se vautrer avec plaisir dans la fange : c'est peut-être là une des causes du peu d'attention que l'on donne à la propreté des porcs, & à renouveller leur litière, quoique des expériences faites en grand avec beaucoup de soin, par M. Hervieu, de la Société Royale d'Agriculture, aient bien démontré qu'ils n'engraissent jamais bien dans la malpropreté. D'ailleurs il suffit d'avoir vu naître des Cochons, pour être convaincu de leur aversion pour la malpropreté : à un âge où ils n'ont encore reçu que les leçons de la Nature, dès les premiers instans de leur existence, ils vont déposer leurs excrémens dans un coin du toit, éloigné du lieu qui leur sert de gîte. Cette attention, qui ne fait que se fortifier avec l'âge, fournit un nouvel argument en faveur de l'instinct de ces animaux, d'un goût pour la propreté, tel qu'il n'en existe pas dans aucun des autres animaux de la basse-cour. M. Hervieu a encore recueilli sur cet objet des remarques très-curieuses. Pendant l'Eté, en 1789, il fit enchaîner au pied de plusieurs jeunes pommiers qu'il vouloit amender, des Cochons destinés à l'engrais : pendant tout le tems qu'ils y demeurèrent, ces animaux déposèrent constamment leurs ordures dans l'endroit le plus éloigné où leur chaîne leur permettoit d'atteindre. Ces faits appuyés d'observations nombreuses du même genre, portent à conclure que, si le Cochon se vautre quelquefois dans la fange, c'est moins par goût que par nécessité : la chaleur de son tempérament est la cause qui le porte à se baigner fréquemment pendant l'Eté ; or, comme dans une basse-cour, les eaux en petite masse sont ordinairement malpropres, le Cochon recherche un bourbier ou un grand volume d'eau, selon le besoin plus ou moins grand qu'il éprouve de se rafraîchir. La sensualité des Cochons est une autre raison qui leur fait rechercher le bourbier. On sait combien ces animaux (quoiqu'on dise de l'insensibilité de leur peau) ressentent de plaisir, lorsqu'on les chatouille, sur diverses parties du corps, & particulièrement sous le ventre. Ils trouvent dans la fange une espèce de coussin mollet dont le contact leur fait éprouver des sensations agréables. La terre fraîchement remuée produit à-peu-près le même effet ; c'est pourquoi ces animaux la fouillent pour se former un lit, dans les lieux où ils veulent se coucher.

Il faut donc nétoyer souvent leur demeure, & la fournir d'une bonne litière ; ces soins contribuent infiniment à les faire devenir gras & forts en peu de tems, à rendre leur chair plus fine, plus ferme, & à les conserver dans un état de santé parfait : d'ailleurs il en résulte plus de fumier, qui dédommage de la paille employée au renouvellement fréquent de leur litière : c'est un engrais qui n'est pas moins actif que celui des autres animaux de la basse-cour. Les Auteurs qui croient qu'il est dangereux & brûle les plantes, l'auront employé frais & sans mélange ; car, si pour s'en servir, on attend qu'il ait fermenté, & qu'on l'associe avec un autre fumier, il produit un très-bon effet sur les terres compactes, argilleuses, qu'on appelle assez improprement *terres froides*. On sait qu'en Angleterre les Cochons mis aux parcs dans des clos semés de trèfle, le terrein se trouve bien amendé, & en état de rapporter de beau froment.

La truie est, pour ainsi dire, en chaleur pendant toute l'année, & elle ne fuit point l'approche du mâle quoiqu'elle soit pleine, ce qui la distingue généralement des autres femelles de la basse-cour : cet état de chaleur est caractérisé par des accès, & par des mouvemens immodérés, qui ne cessent que quand elle s'est vautrée dans la boue. Quand elle n'a point de penchant à prendre le verrat dans le tems qui convient le mieux, on l'y excite, en mêlant à la nourriture du matin & du soir, un peu d'avoine grillée, qui fait pour elle l'office d'un aliment échauffant ; on emploie, avec un égal succès, de la vesce, qui a séjourné pendant vingt-quatre heures sous les pieds des chevaux, & s'est imprégnée de leur urine. Lorsque la truie est dans le cas contraire, c'est-à-dire, quand elle est trop en rut, on la tempère, en ajoutant à son manger quelques herbes relâchantes, telles que

que la laitue, la poirée, la pimprenelle, &c.

De la Truie pleine, & après qu'elle a cochonné.

Lorsqu'on veut que la truie en chaleur soit féconde, il faut l'enfermer avec le verrat; car, laissée avec les autres Cochons, elle les tourmenteroit & les fatigueroit. Elle porte cent treize jours, & met bas le cent quatorzième, ou, comme on dit vulgairement, trois mois, trois semaines & trois jours.

L'époque la plus avantageuse pour faire saillir la truie, quand on se propose d'élever les petits, est depuis la fin de Novembre jusqu'au mois de Mai; ses petits alors ont le tems de se développer, de grandir, de se fortifier avant l'Hiver, & souvent de résister aux rigueurs de la saison. Si, au-contraire, les cochonnets sont destinés pour la boucherie, on doit s'attacher à les faire naître dans toutes les saisons où ils se vendent le mieux.

On sait qu'abandonnée à sa fécondité naturelle, une truie auroit jusqu'à trois portées dans le cercle de quatorze mois. Mais quel en seroit le résultat? Je ne saurois assez blâmer cette cupidité insatiable, qui rapprochant ainsi les portées, fatigue & épuise les mères; en ne leur donnant le mâle que deux fois l'année, les petits alors auront le triple avantage de naître plus forts, & de téter plus long-tems une mère plus robuste. Une truie conçoit presque toujours dès la première fois qu'elle a pris le verrat; il est bon cependant de les laisser ensemble pendant quelque tems.

Aussi-tôt qu'on est assuré que la femelle est pleine, il faut en séparer le verrat, dans la crainte qu'il ne la morde & ne la fasse avorter: on doit empêcher sur-tout qu'il n'en approche quand elle met bas, par la raison qu'il pourroit se jetter sur sa progéniture, & manger quelques-uns des nouveaux-nés, espèce de brutalité qu'ils partagent avec beaucoup de mâles d'autres espèces d'animaux; ceux sur-tout qui ne vivant jamais en société, n'approchent de leurs femelles que dans les cas des besoins impérieux de la Nature. Dans cet état, elle exige encore d'autres soins particuliers, une nourriture plus souvent répétée qu'aux autres, sans néanmoins trop l'engraisser; car alors elle seroit exposée à perdre la vie en cochonnant, ou à n'avoir pas assez de lait; mais l'inconvénient le plus ordinaire, c'est qu'elle devient lâche & pesante; & que lorsqu'elle se couche sur ses petits, elle les étouffe plutôt que de se relever. On renouvelle souvent la litière qu'on tient peu épaisse; son toit reste ouvert pour lui donner du repos à son gré; il suffit seulement de l'y tenir renfermée deux ou trois jours avant de mettre bas, de lui donner une bonne litière de paille douce & fine. On reconnoît d'avance cette époque, par le lait qui commence à arriver aux mamelles; &, si la truie est en liberté, elle l'annonce immédiatement, en transportant dans son toit des pailles avec lesquelles elle se prépare une litière commode; autre espèce d'instinct, qui appartient aux femelles isolées, & qui prouve l'origine sauvage de tout ce genre d'animaux à boutoir. La portée ordinaire est de dix à douze petits; lorsque la truie en fournit moins, il faut s'en défaire, soit par la vente, soit par l'engrais.

Au moment de la délivrance, on fortifie la mère, en lui donnant un mêlange d'eau tiède, de lait & d'orge ramolli par la cuisson dans l'eau. On lui donne ensuite tout ce qui sort de la cuisine & de la laiterie: il est même possible d'imiter les Anglais, qui pratiquent, de la laiterie dans la cour des Cochons, un conduit de communication en briques, qui porte le lait de beurre, le petit lait des fromages dans une grande auge, où les fluides se conservent pour le tems où la laiterie fournit le moins. Cette excellente pratique n'est point ignorée des Fermiers intelligens de la Normandie: ils ajoutent même dans leurs réservoirs, un peu de levain, qui communique à cette boisson une acidité dont les Cochons sont très-avides, sans compter qu'elle devient, dans cet état, un préservatif contre nombre de maladies auxquelles, malgré la propension pour les corps fermentés, cet animal n'est que trop sujet.

Mais la nourriture la plus ordinaire, après que la truie a mis bas, consiste, matin & soir, en un picotin d'orge cuit ou à demi-moulu, auquel succède une eau blanche composée de deux bonnes poignées de son, sur un sceau d'eau tiède. Au bout de quinze jours, si la saison le permet, on envoie la truie aux champs.

Lorsqu'on craint que la truie, qui vient de cochonner pour la première fois, ne mange ses petits, on peut prévenir cet accident, par deux moyens: le premier, c'est de lui fournir une nourriture surabondante les deux ou trois jours qui précèdent celui du part; le second, de leur frotter le dos, aussi-tôt qu'ils sont venus, avec une éponge trempée dans une décoction d'aloës & de colloquinte. On sait encore, comme nous l'avons déjà observé, que la plupart des femelles des quadrupèdes ont une disposition très-marquée à dévorer leur arrière-faix; mais il paroît que cet effet dépend moins de leur voracité que de leur propreté pour la nouvelle famille, puisque la brebis, assurément bien éloignée d'avoir, en aucun tems, un caractère vorace, mange aussi son arrière-faix. Il faut néanmoins l'en empêcher, parce qu'indépendamment de cet inconvénient, cela pourroit la disposer à manger ses petits. Ici, on ne peut s'empêcher d'observer que cet instinct est celui de toutes les femelles, disons-le avec vérité, seroit celui de nos femmes, si l'Art ne venoit à leur secours; que faire en effet de ce gâteau inutile au nouveau-né, dangereux pour la mère, s'il n'étoit expulsé à la suite du cordon ombilical machuré, qui paroît équivaloir aux ligatures artificielles.

Après avoir soustrait les petits à la voracité de la truie, il faut encore songer à les préserver contre sa maladresse, & continuer à ne les pas perdre de vue pendant deux ou trois jours, pour faire téter les petits, & nourrir abondamment la mère, seul moyen pour disposer à les bien nourrir à son tour. Une truie, qui a des petits, est, de tous les animaux domestiques, le plus méchant : elle fait tout le mal qui lui est possible. La Fermière vigilante, qui sait combien il faut user de précaution envers la truie, doit stiler une fille de basse-cour à cette besogne, lui recommander de l'avertir du nombre des petits, mâles & femelles que les truies, qui cochonnent à-peu-près dans le même-tems, ont fourni, d'empêcher qu'ils n'aillent en téter d'autres que leur mère, de mettre à part chaque truie & ses petits, & de faire une marque à laquelle elle puisse les reconnoître : dans cette attention seule consiste souvent le salut de la portée. Que de Propriétaires trompés, quand ne voyant rien, ils s'en rapportent trop facilement à leurs agents secondaires ; ils abandonnent le soin des étables à des filles de basse-cour, qui rejettent toujours sur le défaut de fécondité de la truie, toutes les pertes, tous les accidens qu'elles seules occasionnent par leur coupable négligence. L'inimitable Lafontaine l'a dit, & il faut souvent le répéter :

Il n'est pouvoir que l'œil du Maître.

Des Cochonnets.

On assure que, privés de sentiment bien distinct, ils réconnoissent à peine leur mère, ou du moins qu'ils sont fort sujets à se mêler hors du toit, à se méprendre, & à téter la première truie venue, qui laissera saisir ses mamelles, si l'on n'avoit l'attention de mettre, comme il vient d'être dit, chaque famille à part.

Les premiers soins donnés aux petits les accoutument à téter, & la mère se plaît bientôt à les allaiter. La surveillance ensuite est moins active ; mais il faut encore les visiter de tems-en-tems, nourrir amplement la truie avec des racines cuites, telles que navets, pommes de terre dans du petit lait, & mêlés avec de la farine d'orge ; ce mélange lui donne beaucoup de lait, & on lui laisse, pour boisson, de l'eau blanche dans un baquet toujours peu profond, parce que souvent il arrive que les cochonnets y montent, & ils pourroient s'y noyer.

Dans le cas où la portée seroit nombreuse, comme de quinze à dix-huit petits, quoique la mère n'ait que douze mamelles, la fermière ne souffrira pas que la truie les allaite plus de trois semaines ; alors elle doit en supprimer une partie, & les supprimés portent le nom de *Cochons de lait*, dont il est aisé de se défaire, parce qu'à cet âge leur chair est plus molle, plus délicate, plus savoureuse que quand ils n'ont au plus que quinze jours. Pour cet effet, on saisit le moment où la truie est absente, ou on la fait sortir de son toit, en flattant sa gourmandise par quelques poignées de grains, sans quoi il seroit difficile de se défendre de sa colère. On garde les mâles de préférence pour élever, parce qu'ils deviennent ordinairement plus forts, & se vendent toujours mieux que les femelles : huit à dix suffisent à la mère qui, soulagée dans son allaitement, augmente d'autant la force de la famille des élus. A mesure que les Cochons se développent, on leur donne, quinze jours après leur naissance, du petit lait chaud dans lequel on délaie de la farine d'orge, de seigle & de maïs, à proportion de leur croissance, & autant qu'ils peuvent digérer. On commence à sevrer les cochonnets, en leur donnant, en l'absence de la truie, du lait caillé chaud, en les laissant sortir dans la cour & aux champs, pour les accoutumer insensiblement à la nourriture ordinaire, & à suivre la mère. Le mois étant révolu, on augmente leur nourriture, en ajoutant au lait de la farine d'orge, ou des sons plus ou moins gras ; on mêle à ces repas des choux, des pommes de terre & autres racines potagères cuits, en continuant de les faire manger à part pendant plusieurs mois, afin de leur administrer une nourriture meilleure & plus abondante qu'aux Cochons de la basse-cour, qui pourroient, en la leur disputant, les estropier. Il suffit ordinairement que la truie allaite ses petits pendant deux mois : un plus long espace de tems la fatigueroit trop, & l'épuiseroit, de sorte qu'elle seroit malade à une seconde portée. A cette époque, ils peuvent se passer de la mère qui, comme les autres femelles, ne les connoîtra plus après en avoir été séparée pendant quelques jours.

Les Cochons de Chine (auxquels nous revenons avec plaisir) tètent pendant quatre mois & au-delà, avec le plus heureux succès, & sans qu'il en résulte d'inconvénient pour la mère : il est probable que si l'on nourrissoit les truies des autres espèces aussi abondamment, on obtiendroit des résultats aussi avantageux.

Ce n'est absolument qu'en soignant & nourrissant bien les cochonnets qu'on parvient à avoir des élèves de bonne qualité, & rien ne nous paroît plus propre à démontrer cette vérité, ainsi que les avantages dont elle est susceptible, que les observations que M. Hervieux nous a communiquées sur les Cochons de Chine. On a déjà vu que six cochonnets femelles de cette espèce, qui tétoient encore à l'âge de quatre mois, pesoient quatre-vingt livres l'une dans l'autre ; &, qu'à cette même époque, elles étoient déjà pleines ou prêtes à le devenir. On feroit tenté, fans doute, d'envifager ces phénomènes comme des attributs de cette efpèce nouvelle pour notre climat. Mais une expérience comparative fournie par le hafard, a bien prouvé qu'ils n'étoient dûs qu'au régime, & que, lorfqu'ils ne font pas bien foignés, les Cochons de la Chine ne font ni plus gras, ni plus pefans, ni plus précoces que les autres. Quand la truie a fait plufieurs portées, & qu'elle eft graffe, elle fe nomme *coche*, & les cochonnets ne s'appellent *Cochons* qu'après avoir fubi l'opération qui les empêche de fe reproduire.

Nourriture des Cochons.

Ils s'accommodent de prefque toutes les fubftances qu'on leur préfente, foit que le règne végétal les ait fournies, ou qu'elles aient été tirées du règne animal ; il faut toujours avoir grand foin d'en modérer la quantité, jufqu'à l'inftant où on veut leur faire prendre graiffe ; les fruits que les vents ont abattus ; ceux qui font gâtés en partie, les choux, les navets, les carottes, le petit lait écrémé, le lait caillé, les pois, les fèves, les tripailles, les lavures de vaiffelle, le fon, les grains de toute efpèce, le trèfle, la luzerne ; ces différentes matières conviennent également à leur nourriture. On doit feulement avoir attention de ne les pas laiffer manquer d'eau à la baffe-cour, ni aux champs. On s'apperçoit qu'ils ont foif à une toux sèche, & cette foif, fi elle n'eft pas fatisfaite, les maigrit infiniment. C'eft donc une négligence impardonnable dans ceux qui font chargés de l'engrais des Cochons, que de ne pas leur donner affez d'eau fraîche.

L'expérience prouve journellement que les Cochons préfèrent les alimens à demi-cuits & un peu fermentés, aux alimens frais & cruds. Avec quelle avidité ne fe jettent-ils pas fur les choux bouillis, fur les grains & les racines ramollis par la cuiffon, fur les réfidus de la brafferie, des bouilleries, d'amidonneries, de laiteries & de fromageries? On fait que les corps foumis à la cuiffon changent de nature, de propriété & de goût ; leurs différens principes conftituans fe rapprochent, fe combinent, de manière à en devenir plus agréables au palais, plus appropriées à l'eftomac, & plus efficaces dans leurs qualités alimentaires : un commencement de fermentation augmente leur fapidité, & les rend également plus favorables à la digeftion : tout ce qu'on donne aux Cochons, s'il eft à demi-cuit & fermenté, convient fupérieurement à leur conftitution ; la dépenfe du bois & les autres foins néceffaires pour amener les matières alimentaires à cette proportion pour la nourriture & l'engrais de ces animaux, offrent de grands dédommagemens, fur lefquels l'attention ne s'eft pas encore affez arrêtée.

Comme les Cochons font naturellement gourmands, indociles, & par conféquent difficiles à conduire, un homme ne peut guères en furveiller plus d'une foixantaine aux champs. La principale attention pour gouverner ce bétail, c'eft d'empêcher, par des foffés & des haies hériffés d'épines, qu'il ne faffe de dégât en entrant dans les jardins, à les éloigner des terreins cultivés, pour ne les conduire que fur les jachères, fur les friches, dans les bois & dans les endroits marécageux, où ils trouvent des vers de terre qu'ils aiment beaucoup, ainfi que des racines fauvages, telles que carottes, panais, &c. & autres qu'ils trouvent en fouillant la terre à l'aide de leur mufeau retrouffé, qu'on appelle *boutoir*.

Communément, avant de les laiffer fortir, on les fait manger amplement : fans cette précaution, ils romproient les haies des clos où ils feroient renfermés, pour courir dévorer les grains ; c'eft même pour leur en ôter la puiffance qu'on leur donne des jougs. On les laiffe paître deux fois par jour, à commencer au mois de Mars jufqu'en Octobre ; le matin, dès que la rofée eft diffipée jufqu'à midi, & depuis deux heures jufqu'au foir. En Hiver, ils ne fortent qu'une fois, encore attend-on qu'il faffe beau tems. Mais les fentimens font partagés fur la queftion de favoir s'il vaut mieux de les tenir renfermés que de les laiffer courir ; il n'eft pas douteux qu'il paroît préférable d'avoir une cour & des étables d'où ils ne fortent pas, que de leur donner la liberté d'aller dans les champs, parce qu'ils fe mettent mieux en chair & font plutôt gras ; cependant il convient auffi, en Eté, après la moiffon, de les lâcher dans les champs, pour ramaffer les égrainures, les épis ; & les conduire, en Automne, dans les bois, pour ramaffer les glands, les faines, les châtaignes & tous les fruits fauvages qu'ils trouvent en abondance, & qui feroient perdus fans cet emploi. Toutes ces productions leur plaifent beaucoup, & commencent à leur faire prendre une bonne graiffe. Cependant on a fait, tout récemment, de cet objet, la matière d'une queftion publique ; & un Citoyen, qui poffède d'ailleurs des connoiffances très-étendues fur l'Adminiftration foreftière, a cru que l'entrée des forêts devoit être interdite aux Cochons, fous prétexte qu'ils fouillent la terre & mangent les racines du bois. Ce reproche eft vrai ; mais il eft très-facile de prévenir l'inconvénient fur lequel il eft fondé : il fuffit d'introduire dans le boutoir du Cochon un clou ou un fil de fer dont on contourne les extrémités en forme d'anneau. Ce moyen, auffi fimple que facile à exécuter, met les Cochons dans l'impoffibilité de fouiller la terre, même la plus meuble, tellement qu'en Normandie, on les envoie ainfi difpofés, pâturer dans les champs de blé pendant tout l'Hiver & une partie du Printems, sans qu'ils y fassent le moindre dégât. Au retour des champs, on leur donne les lavures de vaisselle, du lait caillé, du son, des herbages, pour les attirer au gîte, où ils se rendent quelquefois plus vîte qu'on ne voudroit.

Il faut bien prendre garde, quand on lâche les Cochons qu'ils ne mangent de l'herbe à discrétion, sur-tout au Printems, car ils en seroient bien-tôt incommodés. Un champ de trèfle & de luzerne est très-nourrissant pour eux: on avoit assuré que l'usage de ces plantes étoit funeste pour les truies, & qu'elles les faisoient avorter; mais nous devons encore aux expériences de M. Hervieu, d'être désabusé sur ce point. Ce Cultivateur distingué a nourri pendant plusieurs années, des truies au trèfle & à la luzerne, au point d'en être engraissées, sans qu'elles aient éprouvé d'accident; au contraire, elles abondoient en lait, leurs petits prenoient, en peu de tems, le goût de cette nourriture, qui leur réussissoit également bien.

Il faut tenir les Cochons écartés des voieries, parce que l'usage de ces alimens leur donne ordinairement la diarrhée. Mais jusqu'à ce qu'on les renferme pour les engraisser, on doit se borner à leur donner une nourriture modérée, capable seulement de les entretenir en bon état, & de les empêcher d'être trop vorace. Un moyen de remplir ces vues à peu de frais est, lorsque les pommes de terres ont acquis leur maturité, de diviser le champ où elles sont venues par des palissades ou des claies portatives, & d'y laisser ensuite ces animaux, avec l'attention d'y placer toujours une auge pour les abreuver: en fouillant la terre, ils trouvent facilement le fruit qu'ils aiment; on les transporte ensuite dans une autre place. Quelque précaution que l'on prenne pour n'en pas laisser dans le champ où l'on cultive ordinairement ces racines, on ne peut y parvenir; c'est donc une ressource assurée pour les Cochons, si on les y conduit plusieurs jours de suite après la récolte. Cette méthode épargne beaucoup de frais, en même-tems que le terrein est mieux préparé pour une autre culture. On pourroit pratiquer le même moyen dans une pièce de trèfle ou de luzerne qu'on leur destine, en faisant une enceinte de ce qu'ils doivent manger chaque jour, avec des claies qu'on transporteroit plus loin le lendemain; mais il vaut mieux faucher l'herbe, & la distribuer aux Cochons dans des rateliers portatifs: on est plus certain de la quantité qu'ils en consomment, & il y en a moins de perdu.

En préparant la farine, fécule ou amidon de pommes de terre, il reste sur le tamis une matiere, qui est le corps fibreux de la racine; cette substance, quoique dépouillée d'amidon, & en grande partie de sa matière extractive, peut encore servir de nourriture aux bestiaux, à-peu près comme les sons des grains, auxquels la mouture a laissé un peu de farine: elle contient quelques principes nutritifs, sur-tout lorsqu'on y a ajouté un peu de sel, & qu'on lui a laissé prendre un léger mouvement de fermentation. Les Fabricans de farine de pommes de terre à Paris vendent ce résidu aux nourrisseurs; j'en ai donné également avec succès aux Cochons qui la mangeoient aussi avidement que les racines elles-mêmes. M. Hervieu, qui a imaginé le premier de faire sécher cette substance, & d'en conserver ainsi, pendant toute l'année, pour la nourriture; il a même reconnu que la racine, dans cet état, jouit d'une propriété dont elle n'est pas douée lorsqu'elle est fraîche: c'est de cuire très-promptement. Jettée dans l'eau bouillante, après avoir trempé pendant quelques heures dans l'eau froide, elle forme sur-le-champ une bouillie grasse & épaisse dont les Cochons sont très-avides, & qui les engraisse en peu de tems.

La laitue peut aussi être inscrite sur la liste des substances propres aux Cochons. On pourroit placer cette plante dans les rangées des pommes de terre, lorsqu'elles laissent un intervalle de trois pieds, ou consacrer plutôt un terrein particulier à sa culture: des expériences faites dernièrement, en Angleterre, ont prouvé que son usage étoit avantageux pour les truies qui avoient des petits; qu'il accéléroit le sevrage de quinze jours, & offroit un moyen d'épargner du lait & du grain.

L'habitude adoptée dans certaines contrées de laisser dans l'auge du Cochon un boulet, que d'autres remplacent par l'emploi d'un vaisseau de fer, pour l'apprêt de la mangeaille, a-t-elle quelque fondement? On ignore dans quelles vues cet usage est suivi & adopté: peut-être que les substances martiales, amères, acerbes ou astringentes, telles que les fruits sauvages, les écorces de chêne, ajoutées à la nourriture des Cochons, leur sont indispensables; dès que cette nourriture est composée de matières relâchantes & fluides, comme les marcs des brasseries & des amidonneries. Elles soutiennent l'action de l'estomac, agissent de manière à prévenir les flatuosités, en donnant du ton, de la fermeté à la chair & au lard, en quoi consiste l'engrais que nous allons développer.

Engrais des Cochons.

On peut mettre à l'engrais les Cochons destinés au petit salé, lorsqu'ils ont atteint huit à dix mois; mais il faut nécessairement que l'animal ait dix-huit mois ou deux ans pour fournir le lard: ils croissent encore beaucoup pendant quatre ou cinq ans; néanmoins il est rare qu'on laisse vivre tout ce tems, autres que les verrats & les truies sur-tout, un animal qui doit payer plutôt les soins de son Maître, & qui n'est réellement utile qu'après sa mort. La première attention qu'on doit avoir est de bien choisir les Cochons qu'on veut engraisser; car on a reconnu qu'ils ne sont pas tous également propres à prendre une bonne graisse: d'ailleurs certains Cochons s'engraissent plus difficilement que d'autres, & par conséquent consomment plus de nourriture avant de parvenir au point de chair & de graisse qui assure le débit: enfin d'autres, malgré les attentions & les dépenses, restent toujours au-dessous de ce point, & ne dédommagent pas de ces dépenses par une vente avantageuse; souvent, il est vrai, ce vice n'est que celui des circonstances; car il en est dans la vie du Cochon qui le rendent plus propre que d'autres à l'engrais.

Il existe différens moyens d'amener, pour ainsi dire à volonté, la surabondance graisseuse dans quelques animaux domestiques, & sur-tout dans le Cochon.

Ces moyens peuvent être réduits à quatre principaux; savoir.

1.° La castration.

2.° La nature & la qualité de la nourriture.

3.° Le choix de la saison.

4.° L'état de repos où doit être l'animal.

La castration que le tems & l'expérience ont consacrée, peut avoir lieu à tout âge pour le Cochon; mais plus l'animal qui subit cette opération est jeune, moins les suites en sont funestes: dans quelques cantons, on la fait à six semaines ou deux mois au plus; les cochonnets encore au régime laité guérissent infiniment plus vîte que s'ils eussent été sevrés; & leur chair en est plus délicate; mais ils ne deviennent pas aussi beaux. Dans d'autres endroits, c'est depuis quatre jusqu'à six mois; n'importe dans quelle saison, pourvu que la température soit douce; parce que les chaleurs vives ou les grands froids rendroient également la plaie dangereuse & d'une guérison difficile. L'opération s'exécute de deux manières; par la soustraction complette des croquans, ou par une simple ligature; mais cette dernière est plus difficile, vu la grosseur du cordon spermatique de cet animal. L'article CASTRATION renferme tous les détails de cette opération, si essentielle pour déterminer l'état graisseux des animaux de boucherie; nous croyons devoir y renvoyer pour ce qui concerne les animaux dont nous nous occupons ici, & nous ne donnerons qu'une réflexion sur la castration en général; elle est hors de l'ordre de la Nature, & devient un des abus de la société dont les excès se sont portés jusqu'à des futilités superflues.

Quelques Ecrivains semblent croire qu'il y auroit peut-être plus d'avantage à élever des verrats & des truies que des Cochons coupés, attendu que les premiers ne coûtent pas plus à nourrir que ceux-ci; qu'ils ont plus de chair & deviennent plus fermes; que d'ailleurs les truies donnent, avant qu'on les tue, plus de petits; que le lard ne vaut pas moins quand on n'attend pas trop long-tems pour les mettre à l'engrais. Mais il n'y a pas assez de faits en faveur de cette opinion, & il en existe beaucoup qui prouvent que, sans cette opération, ils engraisseroient difficilement; que leur chair seroit dure & de mauvaise qualité. Cependant il existe des moyens de prévenir ces accidens; & on les emploie avec succès. Châtrer les verrats & faire couvrir les truies lorsqu'elles entrent en rut; mais il faut se hâter de les engraisser; car, par une raffinerie cruelle, pour avoir la chair des femelles tendre & mangeable, il les faut tuer avant le part; tel est le moyen qui assure l'engrais; quant à celui qui procure la saveur & la délicatesse de la viande, il consiste à faire maigrir les animaux avant de les mettre à l'engrais: il est d'expérience que de vieux Cochons de cette manière ont donné une chair beaucoup plus tendre que s'ils eussent été en bon état en entrant en *pouture*. Les Cochons qu'on doit garder de préférence pour élèves, sont ceux provenant de la portée du mois de Mars; en Hiver, ils sont pincés par le froid, ce qui les empêche de croître. Quelques personnes croient avoir remarqué que les Cochons les meilleurs pour garder sont ceux qui prennent les premières tettes; d'autres prétendent que les femelles doivent être préférées aux mâles, parce qu'elles ont plus de lard, & rapportent par conséquent plus de profit à la ferme; mais il n'existe pas assez d'observations pour garantir ces faits.

Le terme de la fécondité des truies va plus loin que celui des verrats; il faut l'interrompre vers la sixième année; parce que, passé ce terme, elles prennent mal la nourriture à l'engrais: il en est de même des verrats qui, à cinq ans, ne doivent plus être gardés pour le service de la basse-cour; ils subissent l'un & l'autre la même opération; mais, dès qu'elle est faite, il faut nécessairement les promener pendant deux heures, & les veiller de près; car la fièvre momentanée, à cause de leur âge, leur fait rechercher l'eau, & ce bain leur donne toujours la mort: cette opération importante, qui semble n'être indiquée par aucun Auteur, a été bien recommandée par Madame de la Geltière, dans le Mémoire qu'elle a communiqué à la Société Royale d'Agriculture, sur l'éducation & l'engrais des Cochons.

Une seconde condition de l'engrais des Cochons, ce sont les alimens & la manière de les administrer. Pour disposer les Cochons à en profiter, il faut commencer par leur donner une nourriture délayante dont on augmente insensiblement la quantité, la consistance & l'effet substanciel, selon les ressources locales; tantôt avec la farine de seigle d'orge, de sarrasin & de maïs; tantôt avec celle de pois: on a conseillé plusieurs fois d'employer, pour le même objet, celle de fèves & de haricots; mais des expériences faites depuis peu en Angleterre, ont prouvé que ces légumes sont préjudiciables à l'engrais des Cochons, quoiqu'ils conviennent parfaitement aux bœufs & aux vaches; ce qui confirme l'observation déjà faite, que ce qui prouve une graisse abondante, blanche, ferme, une chair tendre & succulente à telle espèce d'animal, ne réussit pas toujours aux animaux d'une autre espèce.

Les Cochons boivent peu; cependant il ne faut pas les laisser souffrir de la soif en aucun temps: les boissons abondantes sont également contraires à l'engrais; le lard n'est ni aussi bon ni aussi ferme, quand la nourriture a été trop délayante. Beaucoup de Nourrisseurs ne leur donnent pour boisson, vers les derniers tems de l'engrais, que l'eau qui sert à détremper leurs alimens.

Dans les pays où l'on cultive le lin pour en exprimer l'huile, on donne le marc, appellé *mongar* ou *tourte*, aux Cochons. Cette substance les engraisse, ainsi que les autres animaux; mais elle fait un lard mou, de peu de garde, qui ne sauroit servir à piquer, & une chair désagréable à manger. Abandonne-t-on pour cela l'usage du *mongar*? Non: il s'agit d'en savoir diriger l'emploi pour le mettre à profit. Des expériences réitérées ont appris à M. de Bellegarde, propriétaire de haras & de beaucoup de bestiaux, qu'on peut encore affermir le lard, lui enlever ainsi qu'aux chairs, les mauvaises qualités contractées par l'usage du manger, en nourrissant l'animal pendant une quinzaine de jours, à la fin de l'engrais, avec des châtaignes, des topinambours cuits, & mêlés avec le son des grains; en sorte qu'on pouvoit conclure que les boissons abondantes ne nuisent pas, pourvu qu'elles soient mêlées de substances alimenteuses, &, qu'entre celles-ci, les matières qui sont farineuses ou amilacées méritent la préférence; le tout consiste dans les proportions; & voilà comment les alimens dont nous allons parler méritent la préférence.

Un grand moyen d'engrais peu dispendieux, mais praticable seulement dans le voisinage des bois, ce sont les fruits sauvages, particulièrement le gland & la faine que les Cochons avalent plutôt qu'ils ne les mâchent, & dont ils remplissent bien-tôt la grande capacité de leurs viscères. Si on se trouve au débouché d'une forêt lorsque ces animaux reviennent de la fainée ou de la glandée, on remarque qu'ils peuvent à peine se soutenir: cette démarche chancelante qu'ils ont alors a été regardée comme une véritable ivresse; & quelques Auteurs, qui ont la manie de vouloir rendre raison de tous les phénomènes, n'ont pas manqué de l'attribuer à la faculté fermentative des fruits, & à leur transformation en liqueur vineuse dans l'estomac de ces animaux; tandis qu'elle n'est réellement produite que par la surcharge d'une surabondance d'alimens qui agit en même-tems sur le cerveau, & donne momentanément une sorte d'état apoplectique: les Cochons sont donc saturés comme gourmands, & non ivres comme buveurs de matières fermentées.

L'usage de mettre les Cochons au gland est fort ancien: les premiers ouvrages d'économie champêtre en font mention; de-là viennent toutes ces ordonnances ou capitulaires de nos premiers Rois, qui règlent ce qui devoit être observé pour l'entrée des porcs dans les bois, & les précautions qu'elles avoient établies pour les garder, empêcher qu'ils ne fussent volés, ou ne s'égarassent dans les grandes forêts où ils passoient les nuits pendant la saison du gland: ces animaux, à leur retour du bois, n'ont besoin que d'une eau blanche, ou même d'eau pure: leur voracité sert bien le Propriétaire qui paie à raison du nombre; pour cet effet, il est d'usage que le Maire achète, pour la communauté du Village, la glandée, & chacun souscrit pour la quantité de Cochons qu'il veut y envoyer, ou bien les Fermiers, qui ont de nombreux troupeaux de Cochons, se font adjuger les glandées dans des années abondantes, & ils chargent les forêts de ces animaux maigres qu'ils achètent exprès, & qu'ils revendent au bout de six semaines, lorsqu'ils ont pris un peu de graisse. Mais, comme il est rare que la glandée donne deux années de suite, il faut s'occuper à prolonger la durée de ce fruit, en le laissant sécher au four, après qu'on en a tiré le pain, ou en lui appliquant le séchoir employé dans nos Départemens méridionaux, pour la conservation des châtaignes, ce qui empêche qu'il ne germe & ne pourrisse. On le laisse en tas dans un endroit sec, & quand il a bien ressué, on le conserve ainsi sans le remuer ni le toucher, jusqu'au moment de la consommation. Mais le dépérissement des bois menace encore d'enlever cette ressource aux campagnes, & bien-tôt le prix du gland se trouvera en concurrence égale avec celui des denrées de première nécessité; il est tems que cette branche de l'Administration soit étendue & surveillée avec l'intérêt qu'elle mérite. On observe qu'il seroit bon de moudre le gland ainsi séché, ou de le ramollir dans de l'eau avant de le donner aux porcs: il en deviendroit alors plus nourrissant, & n'auroit plus aucun inconvénient pour ce bétail.

Une autre nourriture d'engrais plus facile à se procurer par-tout, mais dont la jouissance ne sauroit facilement se prolonger toute l'année: ce sont les pommes de terre, que nous avons déjà indiqué comme une ressource essentielle dans ce cas: souvent le gland manque; quelquefois les grains, les criblures, les issues sont trop chers: il seroit difficile de trouver parmi les racines potagères, une nourriture plus substancielle, plus convenable à la constitution physique des Cochons, & aux vues qu'on a de les engraisser à peu de frais. D'abord on peut leur donner crûes, coupées par tranches, & arrosées d'une eau dans laquelle on a fait fondre du sel : elles acquièrent alors plus de faveur, & deviennent une nourriture moins rafraîchissante, sur-tout en les mêlangeant, toujours avec d'autres racines, telles que gros navets, bettes-raves champêtres : mais, le dernier mois de l'engrais, il faudroit les faire cuire, parce qu'au moyen de la cuisson, la partie aqueuse se combine avec les autres principes, d'où il résulte un aliment plus solide, & dont la consistance est encore augmentée par la farine des grains ; car alors tout ce qu'on donne aux animaux doit réunir le plus de substance, sous le moindre volume possible. On pourroit même accélérer la récolte de ces plantes, pour combiner cette ressource avec celle des herbages très-rares, sur-tout à la fin de l'Eté ; & on auroit ainsi toute l'année de quoi nourrir ces animaux, en faisant succéder les unes aux autres, les plantes & racines de diverses saisons. Quel bénéfice pour le Fermier, s'il pouvoit se déterminer à consacrer annuellement à la culture des racines alimentaires, deux champs d'une étendue proportionnée : l'un au besoin de sa famille & l'autre à la quantité de son bétail !

On a fait encore quelques tentatives pour parvenir à engraisser les Cochons à peu de frais, en y appliquant les débris des boucheries & des équarrissages, mais sans succès : elles ont justifié cette observation ; savoir, que ces animaux digéroient mal la viande crûe, & que son usage à un certain degré, les échauffe au point de les rendre furieux : ce n'est qu'en la soumettant à la cuisson qu'on a pu prévenir un pareil inconvénient. Cette remarque, qui fait connoître assez les changemens notables que le feu opère sur les matières alimentaires, exposée à son action, doit être d'une grande considération dans l'économie animale. M. Guéret, Apothicaire major des Armées, dans un Mémoire adressé à la Société Royale d'Agriculture, sur l'établissement formé à une lieue de la ville de Metz, pour faire servir le sang des boucheries à la nourriture & à l'engrais des Cochons, a fait pareille observation. Cette humeur récrémentitielle que Bordeu, par une idée sublime, appelloit une chair coulante, demande, comme les autres substances animales, à subir la cuisson pour devenir une nourriture salutaire. Quel avantage, si le sang de nos boucheries avoit toujours une destinatiou aussi utile ! Quand ne verrons-nous plus les tueries conservées, par une stupide indolence, au milieu des quartiers les plus resserrés & les plus habités des grandes Villes, comme nous voyons dans les Bourgs & dans les Villages, les tas de fumier, les mares, les égoûts ? Quand les verrons-nous relégués au-delà de leur enceinte ? La nécessité de faire venir les bœufs chez les bouchers & de les conduire deux fois par jour aux abreuvoirs, causent, dans les rues, un embarras & des alarmes continuelles. Il s'échappe fréquemment de ces tueries, de ces animaux manqués & furieux, qui exposent la vie des Citoyens aux plus grands dangers. Les ruisseaux de sang qui vicient l'atmosphère & gâtent nos eaux ; le transport des entrailles, des immondices de ces animaux, qui offrent l'aspect le plus dégoûtant, & augmentent les exhalaisons infectes ; tous ces inconvéniens sans doute, n'existeront plus long-tems, & les réclamations fondées des habitans tourneront un jour au profit de l'Agiculture ; je ne crains pas de l'avancer, si la Capitale se trouvoit au sein d'une Province, comme la Flandre, par exemple, qui a si bien apprécié la valeur des engrais, il seroit possible, avec le simple secours de ceux que nous perdons journellement, de faire croître la totalité du chanvre & du lin que nous tirons à grands frais de l'étranger ; mais je reviens à la nourriture des Cochons.

De quelque nature que soit l'aliment employé dans cette vue, il convient de le mélanger pour perfectionner l'engrais : il paroit constaté que le lard d'un Cochon engraissé uniquement par le gland, est facilement disposé à rancir ; qu'il fond à la première chaleur, prend mal le sel, & devient jaune en peu de tems, quand c'est la faine ou le fruit du hêtre qui a été la base de leur nourriture ; qu'enfin la pomme de terre le rend mou & sans consistance, de sorte qu'il fond considérablement dans le pot-au-feu, ce qui semble prouver de plus en plus le mélange des alimens divers pour faire de leur totalité un résultat parfait. Mais M. Mortimer, dans son Agriculture complette, prétend avoir fait tuer des Cochons qu'il avoit engraissés avec des glands, & qu'il leur avoit trouvé la chair aussi ferme, aussi bonne que si on les eût nourris avec des pois. Au reste, en supposant que ces inconvéniens existent, le moyen assuré d'y remédier consiste à déterminer l'engrais par l'usage d'un grain farineux quelconque, cuit ou converti en farine, & réduit à l'état de bouillie claire qu'on épaissit à mesure qu'on approche du terme. C'est la nourriture qui leur plaît le mieux, & leur fait prendre une graisse blanche & agréable, sur-tout si ; selon l'observation de M. Guilbert, on a l'attention d'ajouter à leur manger, quelques semaines avant de les tuer, des herbes aromatiques, telles que la pimprenelle, le cerfeuil, sans oublier le sel ; car rien, non rien n'est plus essentiel que cet assaisonnement à tout ce qu'on donne aux animaux, & à ceux-ci entr'autres : alors ils boivent peu. Dès qu'ils laissent de leur mangeaille, & que leur appétit diminue sensiblement, ils ne tardent guère à réunir toutes les conditions de l'engrais parfait, ou arrivé à son dernier période.

L'Automne est ordinairement préféré pour l'engrais des Cochons : ce n'est pas seulement par la raison qu'il y a alors beaucoup de fruits sauvages dont on ne tireroit aucun parti, que les débris des récoltes, les balayures & criblures des greniers sont plus communes, mais cette saison est celle que la Nature semble avoir affecté plus spécialement au domaine de la graisse. On voit le gibier engraisser en peu d'heures; les Chasseurs savent vous dire qu'il sera plus gras aujourd'hui qu'il n'étoit hier. Une journée un peu sombre, un brouillard épais rendent souvent les grives, qui ne valoient rien la veille, plus délicieuses que les plus illustres gourmands ne pourroient les manger. La transpiration arrêtée semble se changer en graisse, & l'air rafraîchi les laisse mieux germer & croître que le tems chaud.

Quoiqu'on ne sache pas précisément à quoi tient la disposition à la graisse, il paroît que la manière dont elle croît & augmente est une sorte d'incommodité ou de maladie dont on ne peut que suivre les progrès & quelques effets; Bordeu, l'un des Médecins François de ce siècle, qui ait montré le plus de génie dans ses écrits, Bordeu, dans son Analyse médicinale du sang, la regarde comme une véritable cachexie graisseuse qu'il considère dans le corps vivant, sous deux principaux aspects. 1.° Lorsqu'elle s'établit & que la graisse prend le dessus, de manière à imprimer dans le sujet où cette révolution arrive, le caractère de gras & de replet. 2.° Lorsque la graisse se détruit, & qu'il lui arrive une révolution comprise sous le nom de gras-fondu; ainsi, dès que les Cochons ont atteint le point d'engrais convenable, il n'y a point de tems à perdre pour les tuer; autrement la cachexie graisseuse, cette plétore générale, pourroit donner lieu à la maladie que nous venons de désigner sous le nom de gras-fondu, & la mort en seroit bientôt la catastrophe. Bordeu regardoit la graisse comme Médecin; en la considérant comme Physiologiste, ne pourroit-on pas la croire une surabondance de matières alimenteuses, qui ne peuvent s'infiltrer dans le système nourrissant séparé dans les mailles du tissu réticulaire, où elle demeure comme enmagasinée jusqu'à ce qu'une longue abstinence, une maladie aiguë aient épuisé les couloirs nourriciers, & lui permettent, ce qu'on ne doute pas, une nourriture nouvelle qui entretient la vitalité, & empêche le marasme, &, s'écoulant à son tems dans les viscères où se fabriquent la bile & autres nourritures animalisées.

Une quatrième & dernière condition pour concourir à accélérer l'engrais des Cochons, & conséquemment à épargner des frais, c'est de les tenir constamment dans un état de propreté & de repos, qui les provoque au sommeil; quelques Auteurs ont avancé, sans preuve, que ces animaux se plaisoient dans l'ordure; mais c'est une erreur: ils n'engraissent jamais bien, si, renfermés sous leur toit, ils sont forcés de coucher dans leur fiente. M. Hervieu, que nous avons déjà cité, a fait sur cet objet des expériences décisives. Il a renfermé sept grands Cochons, de l'âge de deux à trois ans, dans autant de cases où ces animaux n'avoient que la faculté de se lever & de se coucher, sans pouvoir se tourner. pendant les huit premiers jours, ils furent assez tranquilles; mais, dès qu'ils commencèrent à être incommodés par leurs ordures, ils devinrent inquiets & cessèrent de se coucher; ils s'agitoient sans cesse & détruisoient leurs cloisons, quelques solides qu'elles fussent. Ils restèrent cependant trois mois dans cet état; mais enfin, voyant qu'au lieu d'engraisser ils dépérissoient, M. Hervieu leur rendit la liberté, & leur fit donner tous les jours de la litière fraîche. L'effet de ce changement fut tel que, quoiqu'on ait continué de donner aux Cochons la même nourriture qu'auparavant, ils se trouvèrent en état, au bout de deux mois, d'être vendus aux Charcutiers. D'autres Cochons de la même espèce & du même âge, & qui furent nourris de la même manière, mais dans des toits propres, acquirent, en trois mois, un degré de graisse supérieur à celui que les précédens obtinrent en cinq mois, & ils furent vendus plus chers.

L'usage dans lequel on est dans certains endroits, de casser les deux dents incisives des Cochons, & ailleurs de leurs fendre les narines, a toujours pour objet de prévenir leur agitation & la disposition qu'ils ont de fouiller trop avant. La sensibilité du boutoir ne leur permet alors de fouiller superficiellement, & soit que la partie reste long-tems douloureuse, soit par une timidité devenue habituelle par l'accident, les dégâts alors sont moins fréquens, & ils arrivent plus promptement à l'état desiré.

Ajoutons encore aux moyens peu dispendieux de faciliter l'engrais des Cochons, celui d'éloigner des étables les grogneurs. Sans cette précaution, ce seroit envain qu'on les surchargeroit de nourriture; ils languiroient & ne prendroient point de chair. Il en est parmi eux qui s'agitent tellement que leurs voisins ne sauroient dormir; car l'on sait que le défaut de repos retarde singulièrement l'engrais. La farine d'yvraie mêlée à l'eau de son, est le narcotique assez généralement conseillé & usité pour provoquer ces animaux au sommeil. En Alsace, on est dans l'habitude d'associer à leur mangeaille, tantôt un peu de semence de jusquiame, & tantôt celle de *stramonium* ou pomme épineuse, pour appaiser les grogneurs & les exciter au sommeil. Il faut seulement être réservé sur l'emploi de ces narcotiques, & en modérer la dose, de peur qu'ils n'affoiblissent l'action de l'estomac, & ne donnent de la crudité au chyle. Pour disposer les Cochons à prendre graisse plus promptement encore, une saignée est quelquefois à propos; mais l'essentiel est qu'ils soient tenus proprement, à l'abri à l'abri de la pluie, de la lumière, du bruit & de tous autres objets capables d'émouvoir les sens.

Avant de songer à engraisser les Cochons destinés à fournir le petit-salé & le lard, qu'on n'oublie point, sur toutes choses, de les y disposer, en ne leur donnant que fort peu de nourriture & une boisson délayante, les deux ou trois jours qui précèdent leur entrée sous le toit pour n'en plus sortir : ce préparatoire excite la faim chez ces animaux, & les détermine à manger goulument. Cependant les Anglois ont remarqué, qu'en les laissant manger avec leur avidité ordinaire, le lard devient spongieux & plus sujet à rancir que celui des mêmes Cochons auxquels on n'administre la nourriture qu'à mesure qu'ils peuvent la manger. Pour cet effet, ils se servent d'une machine qui leur a constamment réussi : c'est une espèce de trémie enfoncée, mais dont une des parois est ouverte depuis le fond jusqu'à quatre ou cinq pouces de hauteur, sur deux ou trois de largeur : elle est suspendue audessus d'une auge de la capacité d'un pied & demi cube : on jette la mangeaille dans cette trémie, qui est un peu inclinée, & il n'en tombe qu'autant que les Cochons en peuvent manger. Les Anglois ont encore imaginé un autre instrument, à la faveur duquel les Cochons, vers les derniers jours de l'engrais, sont pris par les quatre pattes, & n'ont de libre, dans tous leurs mouvemens, que la mâchoire pour faire tourner au profit de la graisse tout ce qu'ils avalent, jusqu'au dernier moment de leur existence.

Les habitans de la Province de Leicester ont encore une manière fort aisée d'engraisser un grand nombre de Cochons à-la-fois : ils forment une espèce de petite cabane avec des pois & des fèves sur le bord d'un ruisseau ; ils l'entourent de claies, & font passer une partie du ruisseau dedans, pour que les Cochons aient de quoi boire : ils y conservent autant de Cochons que les pois & les fèves peuvent en nourrir ; ils les y laissent jusqu'à ce que la provision soit consommée ; après quoi ils abattent la cabane, & donnent la dépouille à manger. Par ce moyen, ils en engraissent un grand nombre qu'ils envoient à Londres pour le service de la Marine.

Le régime des troupeaux est un des articles les plus importans & les plus efficaces de la Médecine vétérinaire. Les précautions de les loger sainement, de renouveller de tems-en-tems leur litière, de dispenser la nourriture ainsi que la boisson sous des formes convenables & à des heures réglées valent infiniment mieux que les spécifiques les plus assurés, & sont au moins des préservatifs qui suffisent pour les conserver dans l'état de vigueur & à l'abri d'une foule d'accidens inconnus dans les étables bien soignées & bien gouvernées. Les Cochons en offrent un exemple frappant ; ils ont, à la vérité, des maladies que les efforts humains ne sauroient ni prévoir ni même guérir, mais qu'il est bon cependant de connoître & de combattre, par des agens simples, & sur-tout d'une exécution facile ; car, si les remèdes sont compliqués, que leur administration soit embarrassante & coûtent presqu'aussi cher que la bête malade, il y a tout lieu de craindre que les Cultivateurs, effrayés des soins & des dépenses, ne renoncent à prendre la peine de les traiter, même avec l'espoir fondé de les sauver. Il y a pour ceux qui vivent au milieu des troupeaux, des indices qui décèlent l'état prochain des maladies dont les nuances échappent même aux plus clair-voyans. Les hommes auxquels leur garde est confiée doivent donc avoir les yeux continuellement ouverts sur tout ce qui leur arrive, & saisir l'altération des traits, qui précède une maladie facile à guérir d'abord, mais qui devient incurable quand elle est parvenue à son dernier degré d'accroissement. Le Porcher est le Médecin des Cochons, comme le Vacher & le Berger le sont des vaches & des moutons. Il est intéressant de remédier promptement à la maladie des premiers. Un Cochon malade est un animal timide ; il abandonne son manger, rien ne le soutient ; il diminue à vue d'œil, s'il ne périt pas tout-à-fait, il faut donc se hâter de travailler à le rétablir, sans quoi les soins de l'éducation & les dépenses de l'engrais seroient en pure perte. Séparer ces animaux quand ils sont malades, c'est déjà un remède ; les tenir dans une extrême propreté, en est un autre non moins efficace. Une cause qui les empêche de profiter de la bonne nourriture qu'on leur donne, c'est la vermine : elle les incommode beaucoup. Leur soie est alors hérissée. Pour les en débarrasser, prenez un demi-boisseau de cendre de bois neuf, faites la bouillir dans deux ou trois sceaux d'eau, pour en dissoudre les sels ; étendez alors les Cochons sur un banc, lavez les bien avec cette lessive, & frottez-les en même-tems avec une vieille étrille, jusqu'à ce que toutes les ordures de la peau soient enlevées ; lavez les ensuite avec de l'eau claire, & jettez sur eux des cendres sèches & tamisées : les insectes qui les faisoient souffrir périront, & les Cochons profiteront d'une manière surprenante.

On observe quelquefois que les alvéoles des mâchoires des Cochons se gonflent ; alors ils ne peuvent manger : c'est ce que les habitans des campagnes appellent *desserrer les dents*. On y remédie, en leur donnant, indépendamment de la nourriture ordinaire, deux poignées de pois cruds soir & matin : cet inconvénient n'a pas lieu pendant l'usage du gland.

La taupe-grillon, mieux connue des Jardiniers sous le nom de *courtillière* qu'ils avalent, leur cause, dit-on, une maladie putride dont ils meurent ; il faut donc éviter de les conduire dans les endroits où ces insectes sont communs. Mais les Cochons sont encore sujets à d'autres maladies, tant externes qu'internes, qui leur sont particulières, & dans les détails desquels il seroit superflu d'entrer, parce que les soins qu'il convient d'employer sont à-peu-près les mêmes que pour les autres bestiaux; ces maladies d'ailleurs seront traitées à fond dans la partie de la Médecine, qui concerne l'Art vétérinaire. Je me bornerai à rapporter une observation sur la ladrerie, parce qu'elle pourroit être inconnue des savans Auteurs auxquels cette partie de l'Encyclopédie est confiée. On a cru, pendant long-tems, que les Cochonnets n'étoient pas sujets à cette maladie; mais M. Hervieu a fait une observation qui contredit cette opinion: une truie qu'il possédoit, lui donna douze petits dont deux, qui étoient des femelles, furent reconnus pour être affectés de ladrerie.

M. Hervieu, voulant s'assurer si ce vice étoit héréditaire, fit saillir une de ces femelles par un verrat très-sain; & il en résulta six Cochonnets qui furent infectés de ladrerie, même à une plus forte dose que la mère. Cette maladie s'annonça chez ces jeunes animaux, dès le premier jour de leur naissance, par une éruption abondante de pustules blanchâtres, qui occupèrent la circonférence des yeux, de la bouche & de la langue. Ces symptômes augmentant d'intensité avec l'âge, on crut devoir les sévrer avant l'époque ordinaire, & on les nourrit de lait doux, de farine & d'autres substances également salubres & nutritives. Malgré tous ces soins, les Cochonnets n'allèrent pas mieux; ils dépérissoient au contraire journellement, & enfin ils ne pouvoient marcher: cette circonstance, jointe aux frais de leur entretien dont il n'y avoit pas apparence d'être dédommagé, engagea M. Hervieu à les sacrifier à l'ouverture des cadavres: la chair se trouva remplie de pustules semblables à celles de la langue, mollasse & sans consistance.

Une autre expérience comparative servit à rendre le résultat de celle-ci plus concluant. Une jeune truie saine, de la même portée que celle qui avoit produit les cochonnets ladres, fut couverte par le même verrat, & mit bas dans le même tems que celle-ci: son logement & sa nourriture furent également les mêmes: néanmoins tous ses petits naquirent sains & se conservèrent tels.

De cette double expérience nous croyons devoir conclure avec l'Auteur, 1.° que le régime auquel les Cochons sont soumis, n'est pas toujours la seule cause de la ladrerie, & que les dispositions individuelles concourent pour beaucoup à déterminer cette maladie. Cette vérité est démontrée par des exemples sans nombre, puisqu'on voit très-souvent plusieurs cochons d'une même portée, dont les uns sont ladres, & les autres sains, quoique tous aient été logés & nourris de la même manière; 2.° que la ladrerie peut être héréditaire; l'expérience faite à ce sujet ne permet pas d'en douter: d'ailleurs elle est appuyée d'une observation qui ne nous paroît pas moins décisive. M. Hervieu a vu pendant plusieurs années une truie qui, quoique saine en apparence, donnoit à chaque portée un ou plusieurs petits ladres. On avoit acheté cette truie pour en substituer l'espèce à d'autres moins belles; mais ce vice la fit proscrire: on conserva les truies indigènes, & pendant plus de 15 ans qui se sont écoulés depuis cette époque, on n'a pas revu de cochons ladres. Les espèces sauvages sont, comme on sait, exemptes de cette maladie; on n'a jamais rencontré en effet de sangliers ladres ou galleux, parce qu'ils sont constamment à l'air; qu'ils vivent habituellement de grains, de fruits, de racines; se frottent & se baignent dans les marres qu'ils rencontrent. Mais revenons à l'engrais des cochons, objet trop important pour taire ce que nous avons pu recueillir à cet égard, après avoir observé, comme Naturalistes, que ce fait démontre le concours de deux individus dans la procréation des fœtus, à l'instant où s'exécute leur germination.

Les Cochons de Chine ne sont ni plus gras, ni plus pesans, ni plus précoces que les autres. Cependant il faut convenir que, pour parvenir au degré de perfection, ils exigent moins de frais; au mois d'Août 1791, de cinq Cochons de Liège de trois mois environ, que possédoit M. Chabert, trois furent envoyés à M. Chanorier, à Croissy, près Paris, & il conserva les deux autres, dont l'un étoit mâle, & le second femelle. Ces jeunes animaux étoient tous de la même portée & dans le même état d'embonpoint à-peu-près; néanmoins ceux envoyés à Croissy se trouvoient les plus beaux de la portée; on ignore quel fut là leur traitement: il y a cependant tout lieu de croire qu'il fut très-mauvais, puisqu'à l'âge de 12 à 13 mois, ils étoient moins volumineux & moins pesans que ceux nés huit mois après, & dont il a déjà été fait mention. C'est un fait très-exact que M. Hervieu a constaté sur deux de ces animaux dont l'un mâle & l'autre femelle, qui ont été renvoyés à l'école vétérinaire le 2 mai 1792. Le mâle n'avoit que 32 pouces de largeur, 15 de hauteur, & pesoit 71 livres; à la vérité, il étoit très-maigre. La femelle qui ne l'étoit guères moins, & d'ailleurs de 6 pouces moins longue & de 2 pouces moins élevée, ne pesoit que 61 livres: une circonstance très-remarquable, c'est qu'elle ne faisoit qu'entrer en rut, & qu'à cette même époque, celle de la même espèce que M. Chabert avoit réservée, étoit déjà mère de six petits depuis près d'un mois. Celle-ci étoit d'ailleurs beaucoup plus forte, plus grasse & du double plus pesante. Le mâle offroit une différence moins frappante, puisque, comme il a déjà été observé, il portoit 33 pouces de longueur, 20 pouces de hauteur & pesoit au moins 170 livres. Pour rendre plus sensibles les résultats de cette comparaison, il auroit fallu pouvoir faire celle de la dépense respective de ces deux paires de Cochons; mais, à défaut de ces renseignemens qu'il n'a pas été possible à notre Observateur de se procurer, nous allons tracer, d'après les nôtres, le tableau estimatif de la consommation & de la valeur des six Cochonnets, composant la dernière portée que possède actuellement M. Chabert, & dont nous avons déjà parlé.

Cette famille composée d'une truie, âgée de 21 mois, & de six petits qui atteignent leur cinquième mois, consomme journellement deux boisseaux de remoulage, à 12 sols le boisseau, mesure de Paris, c'est donc 24 sols par jour entre sept animaux : ce qui forme 3 sols 6 den. pour chacun. Il faut observer que la consommation n'a pas toujours été aussi considérable depuis l'époque où les petits ont commencé à manger, & encore moins depuis celle de leur naissance; ces jeunes êtres n'ont guères pu manger qu'à la troisième semaine de leur âge, & même ce n'aura été qu'au bout d'un mois que leur dépense aura dû être comptée pour quelque chose : aussi ce n'est que pendant trois mois & demi environ qu'ils auront participé à la ration de leur mère, & d'ailleurs celle-ci aura mangé en tout tems beaucoup plus qu'aucun d'eux. D'après cela il conviendroit de rejetter sur la mère une somme proportionnée à sa dépense; mais, outre que cette répartition seroit rigoureusement impraticable, je préfère de partager la dépense journalière en sept parties égales pour la chance des petits plus défavorable quant à la consommation de nourriture, qui a été faite pendant tout le tems de leur éducation : je vais la fixer au plus haut, en la portant aux trois-quarts de celle qu'ils font à l'âge de quatre mois & demi, puisque, comme je l'ai déjà observé, ils n'ont presque pas mangé pendant le premier mois de leur existence. Cela posé, la dépense journalière n'a été que d'un boisseau & demi valant 18 sols, celle de chaque mois de 127, enfin celle de quatre mois & demi de 121 livres 10 sols; il résulte, en dernière analyse, que chaque tête a dépensé 17 liv. 7 sols pour parvenir à l'âge de quatre mois & demi ; or, à cette époque, la mère & ses six petits sur-tout étoient très-gras, & ceux-ci pesoient l'un dans l'autre 80 livres. D'après les expériences de M. Young que nous citerons ci-après, chacun de ces animaux auroit fourni, étant tué, 44 livres de bonne viande; mais les observations faites sur un Cochon de cette espèce, tué à l'âge de six semaines, ont prouvé que ces bases ne leur étoient pas applicables. Ce jeune animal qui pesoit 11 livres & demie immédiatement avant sa mort, rendit huit livres tout vuidé : cela posé, il n'avoit perdu que 3 livres & demie, ou les sept vingt-troisièmes de son poids primitif. En comparant ce produit avec celui établi d'après les données de l'Observateur Anglois, il est facile de reconnoître que les calculs de celui-ci s'écarteroient de la réalité dans le cas présent ; cependant il ne seroit peut-être pas plus exact d'admettre les élemens fournis par le Cochon de lait, parce que la masse intestinale avoit dû acquérir dans les premiers un poids proportionnellement plus considérable que dans les derniers, à raison du volume & de la pesanteur des alimens solides dont ils faisoient usage. Pour obtenir un résultat plus juste, je crois devoir prendre la moyenne proportionnelle entre ces deux extrêmes; il s'ensuivra que les Cochons de quatre mois & demi, ne perdant que les neuf vingt-troisièmes de leur poids brut, auroient rendu quarante-huit livres deux tiers de viande qui, à raison de dix sols la livre, auroit produit une valeur de vingt-quatre livres six sols neuf deniers, & un bénéfice excédant la dépense de six livres dix-neuf sols neuf deniers.

Aux détails que j'ai rapportés concernant l'engrais des Cochons, je vais joindre le résultat qu'a obtenu, en ce genre, M. Young dont l'autorité est si recommandable en Agriculture; outre que les observations de cet Auteur célèbre confirment celles que j'ai déjà faites sur les avantages économiques, qui résultent des grains employés plutôt en farine que dans leur entier : elles portent toutes le caractère d'un si grand intérêt pour l'objet que je traite en cet article, qu'il m'a paru nécessaire de les transcrire littéralement, dans l'ordre où il les a publiées en Anglois, & que les Rédacteurs de la *Feuille du Cultivateur* viennent de traduire.

Expériences relatives aux différentes manières d'engraisser les Cochons.

Le petit nombre d'expériences, faites jusqu'ici sur les différentes manières d'engraisser les Cochons, m'avoit engagé à présenter les détails suivans à la Société des Arts, Agriculture & Commerce de Londres. De petits essais peuvent être bons à quelque chose, lorsqu'on n'en a pas de plus étendus; je suis d'ailleurs persuadé que ces résultats peuvent engager différens Cultivateurs à tenter de semblables expériences : ce qui servira à faire découvrir la vérité qui n'est que le résultat d'un grand nombre d'essais.

Expérience, n.° 1, en Décembre 1768, je mis à l'engrais trois Cochons, auxquels j'en joignis deux autres en Février.

Prix d'achat des n.ºs 1, 2, 3...	74^tt	8^s	// ^d
Frais..........................	1	4	//
Prix d'achat des n.ºs 4 & 5...	84	//	//
Frais..........................	3	6	//
Ils consommèrent quarante-neuf boisseaux (1) de pois, évalués..........	197	8	//
Total..........	360^tt	6^s	// ^d

Au moment que je les fis tuer, ils pesoient, savoir :

Le n.° 1 60 à 8^s la livre.	24^tt	// ^s	// ^d
2 & 3 210 à *id*........	84	//	//
4 & 5 314 à *id*........	125	12	//
Total...............	233^tt	12^s	// ^d
Perte...............	127	15	//

ou 25^tt 6^s 10^d par Cochon.

Les pois, à environ 4^tt le boisseau, furent donnés entiers. Plusieurs essais précédens m'avoient prouvé que cette manière d'engraisser les porcs n'étoit pas profitable, mais je n'avois pas encore les facilités nécessaires pour suivre une autre méthode.

Expérience n.° 2, le 23 Octobre 1769, j'achetai cinq Cochons à raison de..........	150^tt	12^s
Je leur donnai cinquante-six boisseaux de poids, à 3^tt 12^s le boisseau..	201	12
Total..........	357^tt	12^s

Le 2 Janvier suivant, je fis tuer ces deux Cochons; ils pesoient 350 livres, ce qui à 8^s la livre, fait....................	140^d
Je vendis les trois autres............	144
Total................	284^tt
Perte................	70

ou bien 14 par Cochon.

Les pois furent donnés entiers : il faut que le prix soit très-bas & celui des Cochons très-haut pour trouver quelque bénéfice en suivant cette méthode.

Les Cochons furent soixante-douze jours à l'engrais; ils consommerent environ trois quarts de boisseau par jour.

Expérience n.° 3, j'achetai, au commencement de Novembre 1760, à raison de 19^tt 4^s la pièce,	115^tt	4^s
Je leur donnai cinquante-trois & demi boisseau de pois, à raison de 3^tt 12^s le boisseau..................	190	4
Total..........	305^tt	8^s

(1) Le boisseau pèse soixante livres en froment : nous avons mis la livre sterling à 24 livres tournois.

Lorsque je les fis tuer gras, deux pesèrent deux cens quarante-neuf livres, qui, à raison de 8^s la livre, donnèrent..........	99^tt	12^s
1 pesa 115^tt à 8^s la livre......	49	//
1 108 à *id*............	43	4
2 235 à *id*............	94	//
Total..........	282^tt	16^s
Perte à 3^tt 12^s par Cochon.....	22	12

Les pois étoient réduits en farine; la perte est nulle, si on fait attention au fumier fourni par ces animaux. On voit qu'il y a une grande différence à employer les pois entiers ou mis en farine.

Expérience n.° 4. Le 12 Novembre 1770, je commençai à engraisser deux Cochons qui m'avoient coûté 21^tt 12^s la pièce, & qui paroissoient égaux en grosseur. Un fut nourri avec des topinambours cruds, qu'on arrachoit exprès toutes les fois qu'on en avoit besoin; l'autre eut pour nourriture de la farine de poids. Le premier consommoit ordinairement un demi-boisseau de ces racines par jour.

Ces deux animaux furent tués le 11 Janvier suivant. Celui qui avoit été nourri avec des topinambours, pesoit quatre-vingt-trois livres, qui, à raison de 9^s la livre, donnerent....	37^tt	8^s
Prix d'achat..................	21	12
Gain compensé par le prix des racines.	15	16

Il consomma vingt-cinq boisseaux de ces racines, à 14^s le boisseau.

Le Cochon nourri avec de la farine de pois pesoit 130 livres, ce qui fait.......	58^tt	2^s
Prix d'achat..................	21	12
Gain compensé par le prix des pois	36	10
Il consomma huit boisseaux de pois, qui, estimés à 4^tt 10^s le boisseau, auroient donné environ la somme ci-dessus; mais ils me coûtèrent 5^tt 2^s le boisseau, ce qui fait pour le tout....................	40^tt	8^s
Ils donnèrent..................	36	//
Perte.........	4^tt	8^s

Les pois sont, relativement à la valeur des racines, comme 42 est à 7.

Les pois engraissèrent plus vîte que les topinambours, mais la différence des deux sortes de nourritures peut bien engager à conserver plus long-tems l'animal nourri de racines; il n'étoit pas tout-à-fait gras lorsque je le fis tuer, mais j'y fus obligé, n'ayant plus de topinambours; cependant, comme il alloit toujours en augmentant, je fus convaincu que l'engrais auroit été complet avec ces racines, s'il m'avoit été possible d'en continuer l'usage.

Expérience n.° 5. En 1771, j'achetai, avec plusieurs autres Cochons que je voulois engraisser, trois de ces animaux, que je fis peser vivans.

Le n.° 1 pesoit	100₶
Le n.° 2	92
Le n.° 3	87
Total	279₶

Je gardai le n.° 1.er cinq semaines, le n.° 2 sept semaines, & le n.° 3 neuf semaines; je leur donnai de la farine de pois, dont ils consommèrent seize boisseaux & demi.

Lorsqu'ils furent gras, je les fis peser vivans,

Le n.° 1 pesoit	158₶
Le n.° 2	146
Le n.° 3	140
Total	444₶

Lorsqu'ils furent tués, ils donnèrent en bonne viande :

Le n.° 1	97₶
Le n.° 2	91 $\frac{1}{2}$
Le n.° 3	87
Total	275 $\frac{1}{2}$

Les têtes & les pieds, 54 livres, à 4s la livre.

Ces trois Cochons avoient coûté	79₶	4s
Ils consommèrent seize & demi boisseaux de farine de pois	84	//
Total	163₶	4s
Produit de 275 livres $\frac{1}{2}$, à 10s la livre.	137	15
Têtes	10	16
Total	148₶	11s
Perte	14	13

Ces animaux donnèrent par chaque vingt livres, pesées en vie, douze livres & demie de viande.

Ils pesoient gras	275₶	$\frac{1}{2}$
maigres	167	//
Ils gagnèrent par l'engrais	108	$\frac{1}{2}$
lesquels vendues, à raison de 10s la livre, donnent	54	5
& pour les têtes & pieds	10	16
Total	66₶	11s

Seize boisseaux & demi de farine de pois comparés à cette augmentation, seroient à raison de 3₶ 18s le boisseau.

Les pois donnèrent, dans l'engrais, un neuvième de leur poids, puisque les cinq boisseaux pesoient 300 livres.

Le n.° 1 gagna, en 15 jours, pesé en vie.	58₶
Le n.° 2 gagna, en 49 jours, pesé en vie.	54
Le n.° 3 gagna, en 63 jours, pesé en vie.	53

Terme moyen, huit livres dans sept jours.

Expérience n.° 6. 1771, je commençai à préparer, pour engraisser des Cochons, une nourriture que je n'avois pas encore employée; je ne la leur donnai que lorsqu'elle fut aigrie.

Dans la Province que j'habite, les auges où l'on donne aux Cochons la nourriture liquide, sont très-grandes, & il est remarquable que ces animaux engraissent très-bien, lorsque cette nourriture est gardée long-tems, & qu'elle est entiérement aigrie. Je voulus déterminer, par un essai particulier, jusqu'à quel point cette méthode étoit avantageuse.

Je fis moudre, à différentes reprises des pois, de l'orge & quelque peu de fèves; je mêlai bien cette espèce de farine avec de l'eau, jusqu'à ce qu'elle fût un peu plus épaisse que du lait. Quatre boisseaux de grain, qui donnent à peu-près cinq boisseaux, lorsqu'ils sont moulus, mêlés dans un muid d'eau, ou environ. Je remuai trois fois par jour le mélange avec une spatule, jusqu'à ce qu'il fût devenu aigre, & je le donnai alors aux animaux. Je fis préparer ainsi successivement la quantité de grain que j'employai.

Ving-cinq boisseaux d'orge, à 3₶ 12s le boisseau	90₶	//s	//d
Dix-huit boisseaux & demi de poids à 4₶ 4s le boisseau	77	14	//
Cinq boisseaux & demi de fèves, à 3₶ 12s le boisseau	19	12	//
Pour réduire en farine quarante-neuf boisseaux, à 6s le boisseau	14	14	//
Prix des Cochons	202₶	4s	//d
Le 16 Décembre, n.° 1, acheté.	31	16	//
Le 27, n.° 2,	34	10	//
Le 6, Janvier, n.° 3,	19	10	//
Le 26, { n.° 4,	17	18	6
{ n.° 5,	45	12	//
Total	149₶	6s	6
Ce qui, joint aux	202	4	//
pour la nourriture, fait	351	10	6

Produit après l'engrais.

Le 21 Janvier, le n.° 3 donna en viande & lard 44 livres à 11s la livre	24	4	//
Le 23 Janvier, le n.° 4 donna 44 livres, à 11s	24	4	//
Le 22 Février, le n.° 1 donna 209, à 11s	114	19	//
La tête, les pieds, &c. donnèrent 26 livres, à 4s la livre	5	4	//
Le 9 Avril, le n.° 5 donna 169 livres, à 11s	92	19	//
La tête, les pieds, &c. donnèrent 19 livres à 4s	3	19	//
Le 11 Mai, le n.° 2 donna 190 livres, à 11s	104	10	6
Les têtes, les pieds, &c. donnèrent 19 livres, à 3s	3	14	//
Total du produit	373	12	//
Dépenses	351	10	6
Gain	22	1	6

Observations. Deux circonstances particulières étoient au désavantage de ce premier essai; d'abord j'achetai des Cochons plus cher que je ne l'avois encore fait; car tous, excepté le n.° 1, me coûterent 6 sols & demi la livre, vivante, & les fèves occasionnèrent une perte au lieu de donner du profit; les Cochons, déjà presque gras, diminuèrent tout de suite, dès qu'ils n'eurent plus leur nourriture ordinaire. J'ai cru que cet inconvénient disparoîtroit bien-tôt, & je continuai imprudemment le mélange des fèves pendant plus de dix jours, c'est-à-dire jusqu'à ce qu'elles fussent consommées; les Cochons perdirent, à cette époque, de leur valeur totale au moins vingt-quatre livres.

Il est digne de remarque que les poids & l'orge, qui ne m'avoient encore été d'aucun profit, devinrent profitables, après avoir subi une autre préparation, & malgré les circonstances particulières au désavantage de l'expérience. Il est du plus grand intérêt de pouvoir faire consommer l'orge & les pois dans la Ferme, de manière à fournir une très-grande quantité de fumier; mais ce n'est pas d'après une ou deux expériences qu'on peut trouver cette méthode: elle ne peut être indiquée que par un grand nombre d'essais.

Les turneps, les choux, les carottes, les fourrages, &c. contribuent, en proportion exacte de leur quantité, à augmenter la valeur de toutes les récoltes à venir, parce qu'ils fournissent à la consommation des bestiaux; le froment, l'orge, &c. épuisent le sol, non-seulement par leur nature, mais encore parce que le produit sort de la ferme & ne contribue pas à augmenter le fumier. Si on peut mettre l'orge & les poids parmi les productions les plus avantageuses à cet égard, en retirer le prix qu'on en auroit aux marchés, & que des Cochons maigres sont à un très-haut prix, c'est un profit réel de les employer de cette manière, & un avantage que tous les Cultivateurs doivent sentir.

Augmentation du poids des Cochons.

N.° 1, le 16 Décembre, pesoit en vie.. 150ᵗᵗ
Le 28 Janvier........ 257
Il gagna en quarante-trois jours........ 107
ou exactement deux livres & demie par jour.

Le 22 Février, lorsque je le fis tuer, il pesoit en vie........ 301

Il gagna, dans ces vingt-cinq jours, quarante-quatre livres, ou une livre trois-quarts par jour.

Dans les soixante-huit jours, il augmenta de cent cinquante-une livres, ce qui revient à-peu-près à une livre trois-quarts par jour.

Lorsqu'il fut tué, les quartiers pesoient. 197ᵗᵗ
Le gras........ 12
La tête & les pieds........ 26

Total........ 235ᵗᵗ

301 livres (pesé vivant;) fournissent 235 liv. dépecé, ce qui est dans la proportion de........ 20 à 15 $\frac{1}{4}$
301 donnant 209, c'est comme..... 20 à 13 $\frac{1}{4}$
301 donnant 197, c'est comme..... 20 à 13

209 à 11ˢ la livre........ 114ᵗᵗ 19ˢ
26 à 4........ 5 4
301 à 8........ 120 8

D'où il résulte que, comme la proportion de ces prix change beaucoup à mesure que l'engrais s'avance, le Cochon maigre avoit été acheté 5ˢ la livre, mais lorsqu'il fut gras, il valoit, en le pesant vivant, 8ˢ la livre, ou même plus si on ne comprend pas la tête, les pieds, &c.

N.° 2, le 27 Décembre, pesoit en vie.. 110ᵗᵗ
Le 25 Janvier........ 150
il gagna, dans vingt-neuf jours, 40 livres, ce qui n'est pas tout-à-fait une livre par jour.

Le 22 Février, il pesoit........ 200
il gagna, dans ces vingt-huit jours, cinquante livres ou une livre trois-quarts par jour.

Le 24 Mai, lorsqu'on le tua.... 275
dans ces soixante-douze jours il augmenta de........ 75
ce qui est un peu plus d'une livre par jour.

Pendant les cent vingt-sept jours que dura l'engrais, cet animal gagna cent cinq livres, ou une livre un quart par jour.

Il parut souffrir moins que les autres de la nourriture de fèves.

Les quartiers pesoient........ 167ᵗᵗ
Le gras........ 13
La tête & les pieds........ 19

Total........ 199

275 livres, pesé vivant, fournissent 199 livres dépecé, ce qui est dans la proportion de........ 20 à 14½
275 fournissent 180, c'est comme... 20 à 13
275 fournissent 167, c'est comme... 20 à 12

180 livres à 11ˢ la livre........ 99ᵗᵗ 1ˢ
19 livres à 4 *idem*........ 3 11
275 livres à 3 6ᵈ *idem*........ 103 2

D'où il résulte que lorsque le Cochon est à 11ˢ la livre, l'animal vivant, ou pesé en vie, doit être vendu 7ˢ 6ᵈ.

N.° 3, le 6 Janvier, pesoit en vie........ 60ᵗᵗ
Le 20 du même mois, époque où il a été tué........ 88

Il avoit gagné, dans quatorze jours, vingt-huit livres, ce qui est deux livres par jour.

La viande, &c. ont donné........ 44ᵗᵗ
ainsi 88 (pesé vivant) donnant........ 44
c'est comme 20 est à 10; ce qui prouve que plus le Cochon est petit, plus la masse des entrailles, des pieds, est considérable, en proportion de la

maſſe de la viande ; d'où il réſulte qu'il eſt plus avantageux, proportion gardée du prix & de la dépenſe, d'avoir de gros animaux que de petits ; ou, ce qui eſt la même choſe, qu'il auroit été plus profitable d'avoir un Cochon du poids de 176 livres, que deux de 88 livres chacun.

Les 44 livres à 11ſ.	24ᵗᵗ	4ſ
Les 88 livres à 6	26	8

N.° 4, le 6 Janvier, peſoit en vie... 52ᵗᵗ
Le 23, époque où il a été tué. 86

Il avoit gagné dans quinze jours, 31 livres, ce qui eſt un peu plus d'une livre un quart par jour.

Les quartiers peſoient............ 44

86 (peſé vivant) donnant 45 livres de viande, c'eſt dans le proportion de 20 à 10.

44 à 11ſ la livre, c'eſt........	24ᵗᵗ	4ſ	//
86 à 6 *idem*. c'eſt........	25	16	6

N.° 5, le 26 Janvier, peſoit en vie. 142
Le 22 Février............ 190

Il avoit gagné, dans vingt-ſept jours, 50 livres, ce qui eſt près de 2 livres par jour.

Le 20 Mars, il peſoit, en vie. 226

Il avoit gagné, dans vingt-ſept jours, 36 livres, ce qui eſt un peu plus de une livre & demie par jour.

On lui donna, à cette époque, des fèves mêlées.

Le 9 Avril, avant d'être tué, il peſoit..................... 246

Il avoit gagné, dans vingt jours, 20 livres, ce qui eſt une livre par jour ; ainſi, dans ſoixante-quatorze jours, il avoit acquis cent ſix livres, ou environ une livre & demie par jour.

La viande, le lard, &c. peſoient.....	169ᵗᵗ
la tête & les pieds..................	19
Total..................	188ᵗᵗ

286 donnant 188 livres, c'eſt comme 20 à 15
246 donnant 169 livres, c'eſt comme 20 à 13 $\frac{1}{2}$

169 à 11ſ, c'eſt..................	92ᵗᵗ	19ſ
19 à 4, c'eſt..................	3	16
Total..................	96ᵗᵗ	15ſ
246 à 8ſ, c'eſt..................	98	8

Expérience n.°. 7. Je fis, en 1771, un eſſai particulier, pour déterminer l'utilité des carottes mêlées avec d'autres ſubſtances pour engraiſſer les Cochons, & je peſai ces animaux à diverſes époques.

N.° 1, le 16 Décembre, peſoit en vie. 140ᵗᵗ
Le 25 Janvier.............. 200

Il avoit gagné, dans ces quarante-trois jours, 60 livres, ce qui eſt près d'une livre & demie par jour.

Le 22 Février, il peſoit, en vie.. 220ᵗᵗ

Il avoit gagné, dans vingt-cinq jours, 20 livres ce qui eſt un peu plus de trois-quarts par jour.

Les quartiers peſoient..............	145ᵗᵗ
La graiſſe..............	8 $\frac{1}{4}$
La tête & les pieds..............	16 $\frac{1}{2}$
Total..............	170ᵗᵗ

244 donnant 170 livres, c'eſt comme 20 à 14
244 donnant 153 livres, c'eſt comme 20 à 12

153 à 11ſ la livre, c'eſt..............	84ᵗᵗ	8ſ
244 à 7 *idem*. c'eſt..............	83	8

Expérience n.° 7. Le 3 Décembre 1772, je fis mêler dans une certaine quantité d'eau, cinquante boiſſeaux de farine d'orge & de pois ; le mêlange avoit la conſiſtance de la crême, & je commençai à le donner aux animaux.

Le 21 du même mois, dix Cochons en furent nourris.

N.° 1 peſoit en vie	65ᵗᵗ	N.° 6 peſoit en vie	55ᵗᵗ
2..........	77	7..........	110
3..........	72	8..........	120
4..........	75	9..........	120
5..........	58	10..........	111
		Total..............	853ᵗᵗ

qui à raiſon de 6ſ la livre, coûtoient 258ᵗᵗ 18ſ
le grain à 1ᵗᵗ 6ſ le boiſſeau, ce qui faiſoit 240ᵗᵗ

Je les fis tuer ou vendre tous depuis le 24 Janvier, juſqu'au premier Mars ſuivant ; mais ils furent peſés vivans au moment que je m'en défis.

N.° 1 peſoit....	115ᵗᵗ	N.° 6 peſoit.....	93ᵗᵗ
2..........	116	7..........	175
3..........	109	8..........	190
4..........	106	9..........	182
5..........	85	10..........	146
		Total..............	1317ᵗᵗ

Par l'examen de ceux que je fis tuer, je trouvai que vingt livres (peſé vivant) donnoient treize livres de bonne viande ; ſuivant cette proportion, 1317 livres, poids des animaux en vie, équivaloient à 856 livres de viande, qui, à 12ſ la livre, prix auquel je m'en défis, donnent.......................... 513ᵗᵗ 12ſ

Le Cochons avoient coûté	258ᵗᵗ	18ſ	} 498	18
leur nourriture........	240	//		
Gain..............			14ᵗᵗ	14ſ

Ce profit eſt à-peu-près ſuffiſant pour couvrir la dépenſe réſultante de l'entretien ; s'il s'enſuit que cette eſpèce de nourriture doit être bien avantageuſe, puiſqu'elle met le Cultivateur à portée de faire conſommer chez lui ſon orge, à raison de 4ᵗᵗ 6ˢ le boisseau, & d'une manière qui contribue suffisamment à augmenter la masse de ces engrais; cet article est plus important que le petit produit qu'on retirera des Cochons qu'on engraisse. Je suis assuré, par l'expérience, que si j'avois donné les pois & l'orge entiers, au lieu d'avoir quelque profit, j'aurois perdu, dans cette expérience, au moins 200ᵗᵗ.

Expérience n.° 9. En Novembre 1773, je voulus déterminer, par un nouvel essai, les avantages de la méthode que j'avois suivie les années précédentes; je choisis, à cet effet, trois Cochons.

Le n.° 1 pesoit..........	140ᵗᵗ
2..............	106
3..............	112
Total........	358ᵗᵗ

évalués à 6ˢ la livre, ce qui fait..... 107ᵗᵗ 8ˢ

Vingt boisseaux d'orge écrasée furent mis à aigrir, & servirent à la consommation des trois animaux jusqu'à ce qu'ils fussent achevés; les Cochons furent alors tués. Ils pesoient en vie, 708 livres, & les quartiers, avec les pieds, donnerent 426 livres, qui, à 10ˢ 6ᵈ la livre, les pieds & les têtes compris, donnent pour les trois, 223ᵗᵗ 2ˢ.

Valeur des Cochons.........	107ᵗᵗ	8ˢ	//ᵈ
Vingt boisseaux d'orge, à 4ᵗᵗ 16ˢ.	96	//	//
Pour écraser le grain..........	6	//	//
Total.......	209ᵗᵗ	8ˢ	//ᵈ
Produit engraissés.....	223	2	6
Gain.............	13ᵗᵗ	13ˢ	6ᵈ

Ce nouveau succès m'encouragea à poursuivre mes expériences; il ajouta à la conviction que j'avois, que le grain employé de cette manière, devenoit plus profitable que lorsqu'ils sont employés entiers, ou seulement écrasés, sans qu'on les ait laissé s'aigrir.

Expérience n.° 10. Le 10 Décembre 1774, je mis à l'engrais quatre Cochons, auxquels je donnai la nourriture aigrie ordinaire.

Le n.° 1 pesoit.........	96ᵗᵗ
2..............	103
3..............	84
4..............	80
Total.........	364ᵗᵗ

Ils me coûterent 93ᵗᵗ 12ˢ; je dois observer que ces animaux étoient d'une race croisée, issue d'un vérat tonquin & d'une Truie ordinaire. Ils consommèrent dix-sept boisseaux d'orge, & je les vendis dès que le grain fut achevé, 226ᵗᵗ 16ˢ; ils pesoient en vie, à cette époque, 302 livres.

Valeur des Cochons..............	93ᵗᵗ	12ˢ
Dix-sept boisseaux d'orge à 4ᵗᵗ 16ˢ...	81.	16.
Pour écraser le grain..............	5	//
Total..........	180ᵗᵗ	8ˢ
Produit engraissés..........	226	16
Gain...............	46ᵗᵗ	8

D'après ces divers essais, j'étois bien convaincu de l'avantage qu'il y avoit à faire aigrir la nourriture des Cochons; mais je n'avois jamais eu un profit aussi considérable que dans cette circonstance; ce qui dépend, suivant toute apparence, de la différence de race. J'avois fait cet essai comparativement, ayant en même-tems, à la même nourriture, des Cochons de l'espèce ordinaire; mais, par défaut de soin de la part des hommes chargés de veiller sur ces animaux, je n'ai pu calculer exactement la dépense de ceux-ci; je suis cependant bien sûr qu'ils avoient moins profité que les autres.

Expérience n.° 11. Le 15 Novembre 1775, je mis à l'engrais deux Cochons de l'espèce ordinaire; ils pesoient ensemble 187 livres, & valoient 5ˢ la livre, ou 46ᵗᵗ 15ˢ. Je les engraissai avec douze boisseaux d'orge, écrasée & aigrie. Ils pesoient alors 293 livres, & la viande avec le gras (y compris la tête & les pieds, vendus ensemble) 178 livres, qui, à 11ˢ la livre, me donnèrent 97ᵗᵗ 18ˢ.

Valeur des animaux............	46ᵗᵗ	18ˢ
Douze boisseaux d'orge............	56	16
Pour les moudre...............	3	16
Total...........	107ᵗᵗ	10ˢ
Je les vendis............	97	18
Perte...............	97ᵗᵗ	12ˢ

C'est le seul essai où j'aie perdu, en engraissant avec de la nourriture aigrie; j'ignore d'où a pu dépendre cette différence; car les Cochons allèrent bien; mais on sait combien il est difficile d'avoir toujours des résultats semblables dans les engrais des animaux.

Je dois remarquer qu'il faut que l'orge & les pois soient très-secs & de bonne qualité, afin de les réduire, autant qu'il est possible, en farine; si les nouveaux sont trop gros, ils ne se mêlent pas bien avec l'eau, ce qui est essentiel. J'ai essayé de donner ce mélange à différens degrés de consistance, & je crois qu'il doit être épais comme de la crême. Il faut avoir soin de le bien remuer avant de le donner, pour qu'il n'en reste pas au fond de l'auge, ce qui fait qu'on est obligé de mettre trop d'eau. Je puis ajouter à ma propre expérience celle de plusieurs Cultivateurs à qui j'avois indiqué ce moyen, & qui s'en sont très-bien trouvés.

Voici

Voici le tableau du poids des Cochons vivans, & du poids de leur viande.

Dans l'expérience, n.° 5, les quartiers & le gras de trois Cochons étoient comme..		20	est à	$12\frac{1}{2}$
Dans l'expérience n.° 6, *id.*	de 5.	20	....	$13\frac{1}{4}$
	de 1.	20	....	13
	de 1.	20	....	10
	de 1.	20	....	10
	de 1.	20	....	$13\frac{1}{2}$
Dans l'expérience n.° 7, *id.*	de 3.	20	....	$12\frac{1}{2}$
8,	de 3.	20	....	13
9,	de 4.	20	....	12

Dans différentes expériences avec des pommes de terres, sur cinq Cochons, comme 20 à 13. Les deux Cochons dont le poids, en vie, fut à celui de la viande, comme 20 à 10, étoient les plus petits, & celui qui fut dans la proportion de 20 à $15\frac{1}{4}$, le plus gros de tous. D'où il paroît que cette proportion varie suivant la grosseur des animaux. Je présume même que des Cochons de 100 à 300 livres, pesés vivans, seront souvent dans la proportion de 20 à 12 ou de 20 à 13.

Commerce de Cochons.

De tous les animaux dont la chair sert de nourriture à l'homme, le Cochon est celui sur lequel il s'est trouvé une plus grande diversité d'opinions; mais l'expérience l'a toujours fait triompher de l'esprit de système & de contradiction élevé contre son usage : cependant il a eu plus de vogue autrefois qu'il n'en a aujourd'hui. On voit, dans l'Histoire, que chaque personne à Paris consommoit par an trois de ces animaux, & que maintenant la consommation totale pour les huit cens mille habitans environ que renferme la Capitale, ne va pas à plus de trente-deux mille. Ils formoient un des principaux articles du commerce de la Gaule; les forêts immenses dont ce pays étoit couvert, permettoient aisément d'élever sans frais un assez grand nombre de Porcs, pour fournir le lard, les jambons & les salaisons à toute l'Italie. Insensiblement nos premiers ayeux portèrent le goût de la co.honnaille par-tout où ils allèrent s'établir; les Romains en accordèrent la vente exclusive à une classe d'hommes, appelée *Sicarii*; & les Chinois, ces premiers Cultivateurs du monde, en entretiennent de grands troupeaux. En effet, quoiqu'ils se remplissent d'alimens en apparence grossiers, quelquefois infectes & dégoûtans, les Cochons ne fournissent pas moins une nourriture délicate & succulente. Elle étoit tell.ment en réputation parmi les Grecs qu'Athénée, l'Historien de leurs repas & de leurs ragoûts, ne fait le récit d'aucunes noces, sans y faire entrer quelques mets de Cochon qu'il nomme l'honneur des festins & les délices du genre-humain.

Elle fut tellement recommandable à Paris, durant les deux premières Races, qu'on ne mangeoit pas d'autre viande; les Porcs y étoient si nombreux qu'il arrivoit une infinité de malheurs par leur maladresse & leur fureur : on ne mit ordre à cet inconvénient, que lorsque le Fils d'un de nos Rois eût été renversé de son cheval par un verrat, & fut mort de ses blessures.

Elle est encore dans une telle recommandation en France qu'aujourd'hui, comme aux tems passés, dans les Campagnes, dans les petites Villes, on ne tue pas le Porc vers Noël, qu'on ne fasse une fête à cette occasion, qu'on ne s'envoie des menus de sa dissection; le boudin, les griblettes, les côtes de Porc frais, sont envoyés & bien reçus réciproquement entre parens, amis & voisins.

Tout sert dans ces animaux; la chair fraîche & salée, le sang, les intestins, les viscères, les pieds, la langue, les oreilles, la tête, la graisse, le lard, parent les festins de nos Villes & deviennent souvent la base & l'unique ressource des meilleurs repas champêtres : les soies dont ils sont recouverts, fournissent des vergettes & des pinceaux; leur peau fortifie les malles, & on en fait des cribles; enfin le fumier de leur litière est très-recommandé pour l'engrais des terres légères & brûlantes. Beaucoup de ces objets dont la préparation a créé, dans les grandes Cités, un art particulier & qui portoit chacun le nom du canton où l'on a excellé en ce genre, sont devenus pour leurs habitans une source de richesses. Bien-tôt, sans doute, les Juifs & les Mahométans oseront toucher ces animaux & s'en nourrir; alors il n'y aura plus de Nations qui n'y trouvent les mêmes avantages que nous en retirons, puisqu'il n'existe point de terreins qui ne produisent de quoi les nourrir amplement & les engraisser. Il seroit possible qu'après avoir été repoussés par ces deux peuples comme article de Religion, le Porc devînt chez eux aussi précieux qu'au Mexique, & que leurs Propriétaires, en les conduisant au marché, leur revêtissent les pieds d'une espèce de bottine pour les moins fatiguer, tandis que les conducteurs font le même chemin pieds nus, pourvu cependant que le récit de Thiéry, dans son Histoire du Nopal, ne soit pas un peu romanesque.

D'après ce court exposé, ajouté à ce que nous avons dit relativement au profit qu'on peut retirer des Cochons, & sur lesquels tout le monde paroît d'accord, on a droit d'être étonné que peu de personnes, jusqu'à présent, se soient occupées d'une manière suivie des moyens les plus convenables pour les élever à moins de frais & les multiplier davantage. N'est-il pas honteux, en effet, que, dans un Royaume tel que la France, dont la situation est si favorable à cette éducation, ses habitans soient forcés d'acheter au loin une très-grande partie des salaisons nécessaires à l'approvisionnement des vaisseaux, lorsqu'elle devroit être pour ses voisins la ressource principale de cette denrée de premier besoin; il est vrai que le régime fiscal & féodal a mis long-tems des entraves à ce commerce; mais heureusement nous touchons au moment de réparer nos fautes, ou plutôt celles de l'ancienne Administration; & le prix du sel ne forcera plus désormais à tirer de l'Etranger tant de viande & de beurre salés.

Il est juste aussi de convenir que les dépenses qu'il en coûte dans beaucoup d'endroits, pour amener les Cochons à l'état où il faut qu'ils soient, avant de pouvoir servir à la vente ou à la cuisine, ne sont pas toujours compensées par les avantages qui en résultent. L'attention perpétuelle que ces animaux exigent pour vaincre leur indocilité, & empêcher leur disposition naturelle à s'échapper & à occasionner du dommage dans la basse-cour & par-tout où ils peuvent avoir accès; le haut prix des matières qui forment la totalité de leur nourriture, prouvent assez que ce n'est ni par ignorance de celles qui rempliroient le même objet à moins de frais, ni par indolence, ni par défaut de bonne volonté, que les petits Cultivateurs refusent d'en élever; que même la plupart des gros Fermiers ne tiennent de ces animaux que le nombre réglé sur leur stricte consommation; qu'enfin ceux d'entr'eux qui sont à la tête d'une grande exploitation, attachés également à leurs vieilles routines, préfèrent de donner une autre destination aux résultats de leurs récoltes, persuadés qu'il n'y a absolument aucun bénéfice à élever de grands troupeaux de Cochons, & encore moins à les engraisser. Nous ne doutons pas cependant que, mieux éclairés sur leurs véritables intérêts, ils seroient les uns & les autres en état de tirer parti de cette branche intéressante de l'économie rurale & domestique.

Au reste, il seroit facile de mettre toujours les petits Cultivateurs dans le cas d'élever, de nourrir & d'engraisser un ou deux Cochons pour les besoins indispensables de leur ménage, si on vouloit les y déterminer par des encouragemens peu coûteux; il suffiroit, par exemple, à un riche Propriétaire d'entretenir chez lui un ou deux verrats dont il accorderoit gratuitement l'accouplement, à la charge par eux de soigner leurs Cochons de la même manière qu'il leur indiqueroit en leur montrant les siens. Souvent c'est par cette voie que le bien s'opère, & que l'instruction se propage sans efforts & , pour ainsi dire, sans frais. Ces petits Cultivateurs trouveroient dans les résultats de la caillure du lait de leurs vaches, dans les criblures & les sons de leurs grains, dans les choux & les pommes de terre dont ils couvriroient une partie de leur héritage, les moyens de vendre chaque année des Cochons de lait, & de se procurer à bon compte le petit salé & le lard de leur consommation.

Le gros Fermier qui ne sauroit non plus s'en passer pour les besoins de son ménage, en proportionnant le nombre de Cochons à celui de ses bestiaux, en tirera toujours un parti avantageux, s'il a le soin d'avoir des truies bien fécondes, de prendre garde qu'elles fassent leurs petits en saison convenable, afin que la nourriture qui leur est propre dans leur état, soit abondante & peu coûteuse. Qu'ils n'oublient point qu'une seule mère qui donne communément vingt-quatre petits par an, qui, à trois semaines, valent au moins un écu chacun, c'est de l'argent comptant qu'ils trouveront en les vendant, & de la viande toujours prête à être employée, quand il s'agira de garnir la basse-cour de quelques élèves qui trouvent à vivre largement des grains épars çà & là, après les autres bestiaux qui les foulent aux pieds, ou qui échappent à la volaille. Comme il est impossible de changer la constitution physique des Cochons, & d'empêcher que la large capacité de leurs viscères n'exige, pour être remplie, une quantité considérable de nourriture, il seroit nécessaire que les Fermiers qui desireroient tourner leurs spéculations vers cet objet, loin de songer à épargner sur les alimens, cherchassent au contraire à mettre à profit tout ce que les localités peuvent leur offrir dans les différentes saisons. Pour en augmenter l'abondance & seconder plus promptement leurs vues, il faudroit toujours consacrer plusieurs pièces de terre à la culture des plantes les plus propres à les nourrir suffisamment & à bon compte, telles que les panais & les choux dans les terres fortes; les carottes, les navets & les pommes de terre dans les fonds légers, & dont un arpent procure, pour l'engrais des Porcs, plus de bénéfice que s'il étoit ensemencé d'orge ou de quelques autres grains analogues; il faudroit ménager, combiner toutes les ressources de manière que l'une succédât à l'autre, & que toutes fussent conformes & appropriées à l'état particulier de l'animal, & ne négliger aucun des soins qu'il demande dans les différens périodes de la vie; en un mot, il ne faudroit multiplier sur-tout que l'espèce de Cochons qui, dans le plus court délai, & avec le moins de dépense possible, parvient à donner les verrats les plus vigoureux & les truies les plus fécondes, pour fonder de bonnes races, les Cochons les plus délicats, comme Cochons de lait, ou les élèves les plus faciles à prendre l'engrais, soit pour produire le meilleur petit salé, soit pour fournir le lard le plus abondant & le plus parfait. Or les Cochons de Chine réunissent exactement toutes ces qualités; & c'est de toutes les espèces connues la seule qui possède une réunion de qualités aussi précieuses.

Cette espèce donneroit des profits immenses dans une infinité d'endroits, dont les habitans soient à portée d'élever & d'entretenir de nombreux troupeaux de Cochons, pour les commercer ensuite sous les différentes formes connues; s'ils daignoient avoir égard aux considérations que nous avons présentées, de chercher dans la masse des productions dont ils peuvent disposer, celles qui sont les moins chères, les plus analogues au sol & à ce genre d'éducation que l'intérêt & l'expérience ne sauroient manquer de perfectionner.

C'est vraisemblablement pour avoir adopté ces principes que, dans certains cantons de la Basse-Allemagne, en Westphalie, par exemple, on voit des hommes parcourir les fermes pour acheter les Cochons, les mettre en troupeaux à la glandée, &, apres les avoir engraissés, les vendre dans les foires & dans les marchés; cette pratique industrieuse est également usitée dans plusieurs Provinces de France, & notamment en Normandie. C'est encore ainsi que les Amidonniers, les Boulangers, les Meûniers, les Bouilleurs d'eau-de-vie & les Brasseurs achètent des Cochons maigres, pour leur faire consommer les résidus de leurs fabriques, qui seroient perdus ou de peu de valeur, sans cet emploi utile, & à la faveur desquels ils arrivent insensiblement à l'état où il convient de les soumettre au régime des farineux pour terminer leur engrais.

On auroit peut-être desiré trouver ici un tableau des dépenses qu'il en coûte nécessairement, pour donner aux Cochons les qualités qui rendent ordinairement leur commerce praticable; mais nous observons que ce tableau, malgré l'exactitude avec laquelle on l'auroit tracé, seroit toujours très-fautif, puisque, dans des endroits, on nourrit & on engraisse ces animaux avec des fèves, des pois & des haricots; dans d'autres, avec le seigle, l'orge, le sarrasin & le maïs; & ailleurs avec des fruits sauvages, des racines potagères, &c. denrées qui toutes ont des prix trop variés pour en déterminer la valeur réelle.

Avouons-le cependant, en finissant cet article: quoique les Cochons rapportent plus de profit, en les engraissant, que les autres bestiaux, il n'est pas douteux que, s'il falloit acheter à un certain taux ce que généralement ils consomment pendant le tems que dure leur éducation, & avant d'être en état d'entrer dans le saloir, on ne dût craindre que leur commerce en grand, en supposant même le débouché le plus favorable, ne devînt trop peu lucratif pour ceux qui l'entreprendroient; mais nous croyons que, quand bien même on ne retireroit que l'argent qu'ils auroient coûté, on y gagnera toujours par le fumier qu'on en obtiendra. Ne nous lassons donc pas de le répéter, ces animaux seront toujours une source bien précieuse de richesse de la campagne, dès que les hommes estimables qui l'habitent, emploieront, à les nourrir, à les gouverner & à les engraisser, des combinaisons plus raisonnées & une foule de matières alimentaires incapables, sous toute autre forme, de procurer autant d'utilité & d'argent; alors plus instruits, plus familiarisés avec les loix à observer pour faire prendre à la chair, non-seulement des quadrupèdes, mais encore à celle des volailles, le sel qui doit l'attendrir, l'assaisonner & en prolonger la durée, nous cesserons d'être tributaires, en ce genre, de nos voisins; & l'art des salaisons, perfectionné chez nous, concourra de plus en plus à multiplier les ressources agricoles & nationales.

(*M. Parmentier.*)

J'ajouterai à l'article de M. Parmentier quelques notes qu'on sera bien aise de trouver ici.

Manière de faire voyager les Cochons dans le Mexique.

« Comme j'enfilois, dit-il, un sentier étroit, taillé dans le roc, j'eus une rencontre assez plaisante, c'étoit un Indien qui conduisoit deux Cochons à Guaxaca; ils étoient monstrueux. Je m'arrêtai pour les laisser passer, &, comme je les considérois attentivement, je remarquai qu'ils étoient chaussés, je ne pus m'empêcher de rire: des escarpins à un Cochon, tandis que le pauvre Indien étoit pieds nuds! Or, voici comme les Cochons étoient affublés. Les deux premiers sabots de chacun de leurs pieds fourchus étoient enchassés dans une petite botte, à une semelle de cuir fort, si bien cousus, si bien adaptés que l'on eût cru d'abord que cela étoit naturel. Je cherchois envain la raison d'un semblable équipage. Il fallut la demander à l'Indien. Il avoit pitié de mon étonnement & de mes éclats, & me répondit très-phlegmatiquement, que c'étoit pour qu'ils ne fussent point fatigués. La raison me parut bonne, les Cochons étoient en effet si gras, ils sont naturellement si paresseux que, s'ils eussent usé leurs sabots dans un chemin de vingt-cinq lieues, & s'ils se fussent blessés, ils auroient maigri, & seroient restés en route. » *Extrait du Voyage de M. Thiery de Menonville à Guaxaoa.*

Nourriture des Cochons dans les chalets ou fruiteries de la Suisse.

Les Fruitiers, qui ont de grandes fruiteries, achètent, avant de monter sur la montagne, des Cochons maigres, s'ils n'ont pas la commodité d'en élever. Au commencement, ils les laissent courir sur les pâturages, & ne leur donnent que du petit lait; vers le milieu de la saison, du petit lait & du lait mêlés, & enfin du lait pur. Ou bien ils prennent ces Cochons à compte à demi, ou pour un certain prix, comme de trois, quatre jusqu'à cinq écus pour douze semaines, selon leur grosseur. Quant aux Cochons jeunes, on les laisse courir continuellement en liberté, manger l'herbe, & on ne leur donne que du petit lait. L'on paie pour un Cochon de cette espèce, suivant sa taille, trente jusqu'à soixante-six & demi. »

« Il résulte une grande incommodité d'engraisser des Cochons sur les Alpes du Gessenai; car, comme on les abandonne vers le 21 de Septembre, il faut nécessairement tuer ces Cochons; mais, comme il fait encore chaud dans cette saison, on a toutes les peines du monde à garantir leur chair des mouches: ordinairement il faut qu'un enfant entretienne continuellement la fumée dans les chalets, où il faut envelopper la chair dans des linges, pendant le jour & la nuit, la pendre à la fumée; ou l'on saupoudre bien les pièces qu'on estime le plus, comme les jambons, avec de la farine, lorsqu'on les a sorties de leur saumure, afin d'empêcher les mouches d'y déposer leurs œufs. »

« Malgré cela, il se perd toutes les années beaucoup de chair, qui est gâtée par les vers, & cela parce qu'on tue les Cochons trop tôt. Le lard de ces Cochons engraissés de lait, qu'on appelle à cause de cela lard de lait, se distingue visiblement de celui de Cochons engraissés de glands, de grains & d'autres fruits de la terre: le premier est doux, mollasse, & ne s'enfle pas au pot; au lieu que l'autre est ferme & s'y gonfle. » *Mémoires de la Société économique de Berne. Tome I, année 1771, p. 135.*

Salaison des Cochons aux Isles Sandwick.

« On les tue le soir où on enlève les soies & les entrailles; on ôte les os des jambes & des échines. On divise le reste en pièces de quatre ou huit livres. On le remet aux saleurs, tandis que la chair a encore de la chaleur. On frotte de sel les morceaux, & on les entasse sur un échafaud élevé en l'air. On les couvre de planches surchargées des corps les plus lourds. On les laisse ainsi jusqu'au lendemain au soir. Quand on les trouve en bon état, on les met dans une cuve remplie de sel & de marinade. Si quelque morceau ne prend point le sel, on le retire sur-le-champ, & on met les parties saines dans un nouvel assaisonnement de vinaigre & de sel. Six jours après, on les sort de la cuve. On les examine pour la dernière fois, & , quand on les voit comprimés légèrement, on les met en barique, en posant une petite couche de sel entre chaque morceau. MM. King & Gore en ont ramené en Angleterre plusieurs bariques, au mois de Janvier 1779. Quelques personnes en ont mangé & l'ont trouvé fort bon. » *Extrait du Voyage du Capitaine Cook. Tome III, p. 355.*

Suivant M. Maquarre, en Russie où il y a beaucoup de Cochons, ils sont peu sujets à des maladies, & jamais à la ladrerie. On y élève des espèces de la Chine, en général, plus petits que les nôtres. Les Russes n'emploient pas leur graisse dans les cuisines.

Les Hottentots, d'après M. Vaillant, ne connoissent point les Cochons. Les Colons Européens même dédaignent de les élever. Ils les laissent multiplier & vivre en liberté. Pour les prendre, il faudroit les poursuivre à coups de fusil.

On donne, en Bourgogne, le nom de Cochon au charançon qui ronge le froment, &, dans d'autres pays, au mylabre qui dévore les lentilles, les pois, &c.

La pesanteur des Cochons varie beaucoup. Les moindres Cochons gras, de l'espèce commune, pèsent de 70 à 75 livres. Le poids le plus ordinaire est de 160 à 175 livres.

En Espagne où ils ont tous les jambes courtes, ils pèsent le plus souvent 300 livres, poids qui n'est pas extraordinaire; car les Cochons engraissés par les fermiers, dans la Beauce, parviennent à cette pesanteur. Ceux-ci n'ont pas les jambes courtes comme les Cochons d'Espagne.

A Naples, les Cochons nourris de maïs, pèsent jusqu'à 500 livres.

On assure qu'on en tue en Angleterre du poids de 1100 livres. On en cite même un qui pesoit 1360 livres; il avoit plus de quatre pieds de hauteur.

Les gazettes de Londres remarquent que Robert Moore, meûnier à Dorsets-hire, tua, en 1781, un porc pesant 1330 livres, poids d'un gros bœuf. Cet animal s'étoit engraissé autour du moulin. C'est à l'usage des pommes de terres, des gros navets, des carottes & panais que les Anglois doivent tous leurs succès en bestiaux.

Pour connoître la quantité de Cochons qui se consomme annuellement à Paris, voyez le mot CONSOMMATION. (*M. l'Abbé TESSIER.*)

COCIPSILE, *COCCOCIPSILUM.*

Genre de plante établi par Browne, & qui fait partie de la famille des RUBIACÉES. Il n'est encore composé que d'une espèce, originaire des Antilles, & peu connue en Europe.

COCIPSILE herbacée.

COCCOCIPSILUM herbaecum Aubl. Guian. 68.

La Cocipsile se rapproche beaucoup de la *sabice* par ses caractères. Sa tige est herbacée, rampante, cylindrique & rameuse; ses feuilles sont axillaires, presque sessiles, & ramassées par petits bouquets alternes.

La fleur est composée d'un calice à quatre divisions, droites & pointues, d'une corolle monopétale, infundibuliforme, de quatre étamines à anthères, droites & oblongues, d'un ovaire inférieur, surmonté d'un style simple à deux stygmates.

Le fruit est une baie sphérique, couronnée par les découpures du calice, à deux loges, qui renferment de petites semences comprimées, & attachées à la cloison intermédiaire.

Cette plante croît à la Jamaïque & dans la Guiane Françoise. On ne lui connoît aucune propriété.

La Cocipsile n'a point encore été cultivée en Europe; mais, en raison de son affinité avec quelques espèces de *Sabices* qui croissent dans les mêmes pays, & que nous possédons depuis long-tems, nous croyons que ses graines devroient être semées au Printems, dans des pots, sur couche & sous chassis; que les jeunes plants se conserveroient dans une terre légère & substantielle; que les arrosemens devroient être légers & fréquens, & qu'enfin, en donnant à cette plante beaucoup de chaleur, on parviendroit à la faire fructifier dans notre climat.

On ne peut regarder la Cocipsile que comme une plante propre aux Ecoles de Botanique; elle n'offre rien qui puisse la faire rechercher dans d'autres jardins. (*M. Thouin.*)

COCO. Nom que l'on donne aux fruits des différentes espèces de *Cocos. Voyez* Cocotier. (*M. Thouin*)

COCON. Enveloppe dans laquelle se renferme le ver à soie, quand il se change en chrysalide. Cette enveloppe est un corps arrondi, formé de l'entortillement du fil de soie qu'a produit l'animal. C'est la véritable soie. *Voyez* Ver à soie. (*M. l'Abbé Tessier.*)

COCOROTE. Nom vulgaire du cocotier, nommé par Linné, *cocos guineensis*, dans les pays de l'Amérique méridionale où il croît naturellement. *Jacq. stirp. amer. Voyez* Cocotier de Guinée. (*M. Reynier.*)

COCOTIER, *Cocos.*

Genre de palmier à feuilles ailées, à folioles lancéolées & étroites, à fleurs monoïdes sur le même régime, à fruits, à noyau plus ou moins volumineux, qui comprend au moins trois espèces: ce sont des arbres d'une très-grande utilité dans les contrées étrangères qu'ils embellissent; ils ne sont, pour nous, que purs objets de curiosité en Europe, dans les serres chaudes, où ils ne peuvent parvenir à toute leur élévation, & dont la culture néanmoins les rendroit susceptibles.

Espèces.

1. Cocotier des Indes.

Coco Nucifera. L. ♄ Indes, Antilles, Continent méridional de l'Amérique, Afrique dans les lieux sablonneux.

2. Cocotier du Brésil.

Cocos Butyracea. L. F. ♄ Amérique méridionale.

3. Cocotier de Guinée.

Cocos Guineensis. L. ♄ Amérique méridionale.

1. Le Cocotier des Indes s'élève de quarante à soixante pieds; ses racines occupent un petit espace; elles sont menues & peu profondes. Son tronc, cylindrique, est d'une grosseur médiocre, qui diminue en s'élevant: il est d'une substance férulacée, presqu'inutile dans les Arts: sa surface est nue presque dans toute sa longueur, parce que le tems détruit ou détache l'extrémité des feuilles qui y reste après leur chûte, & qui y laisse une cicatrice qui ne s'efface pas. La moëlle, qu'on appelle palmite, est blanche, plissée, très-mince, susceptible d'extension; elle est de quelqu'utilité. Sa tête se couronne d'une douzaine de feuilles d'un verd clair; quelques-uns s'étendent en arc; les dernières venues sont perpendiculaires, & celles qui naissent forment un gros bourgeon qu'on appelle chou-palmiste; c'est un mets délicieux & cher; il en coûte toujours un arbre à qui veut se le procurer. Les feuilles sont composées d'une côte solide, longue de quatorze à quinze pieds, à laquelle sont attachées, presque jusqu'à sa base, un peu élargie & filamenteuse sur ses bords, des folioles placées par paire, rapprochées, nombreuses, se dirigeant un peu en haut, formant une largeur de trois pieds, dégagées vers leur base propre & en forme d'épée; elles servent à couvrir les maisons, à faire des nattes, des paniers: on écrit dessus comme sur le papier.

Au bas de cette touffe de feuille, qui se renouvelle trois fois chaque année, s'établit autant de fois la fructification, formée d'abord par un corps vésiculaire oblond, pointu, que les Botanistes ont appellé *spathe*. Il s'ouvre par le côté, & il donne naissance à une nouvelle production appellée régime. C'est une grappe semblable, pour la forme, à la fleur du lilas, ayant ses petits rameaux, ses fleurs qui sont assises & d'une blancheur jaunâtre; elles sont à trois divisions ovales, pointues & ouvertes, portées sur un calice à trois segmens colorés. Elles ont les deux sexes à part. Les mâles sont sur la partie supérieure, les femelles sont en bas; ces dernières laissent après elles une douzaine de Cocos qu'on voit suspendus, & qui, avec leur écorce, ont plus d'un demi-pied de diamètre. Leur forme est à-peu-près celle d'un œuf d'autruche; mais ils ont, sur la longueur, trois sillons, qui les rendent un peu trigônes: leur extrémité est terminée par trois élévations ou saillies obtuses. La première écorce de Coco est filendreuse, lisse, de couleur d'un fauve cendré; on en fabrique des étoffes grossières, & des cables pour les navires qu'on calfeutre avec cette filasse; la seconde, qui est fort dure, & marquée à sa base de trois trous inégaux, fournit de petits vases & des ustensiles de ménage : « l'intérieur de cette coquille, dit M. l'Abbé Raynal, est tapissé d'une pulpe blanche & épaisse dont on exprime au pressoir une huile, qui est du plus grand usage aux Indes. Elle est assez douce, lorsqu'elle est récente; mais elle contracte de l'amertume en vieillissant; alors elle n'est bonne qu'à brûler. Le marc, qui reste dans le pressoir, sert à nourrir les bestiaux, la volaille & même le plus bas-peuple, dans les tems de disette. La pulpe de Coco renferme de l'eau extrêmement fraîche, qui sert à désaltérer le cultivateur & le voyageur. Cette boisson est fort saine, mais d'une douceur fade. En coupant la pointe des bourgeons (des spathes) on en fait distiller une liqueur blanche, qui est reçue dans un vase attaché à leur extrémité. Ceux qui la recueille avant le lever du soleil, & qui la boivent dans sa nouveauté, lui trouvent le goût d'un vin doux..... Elle ne tarde pas à s'aigrir & à se convertir en un vinaigre utile. Distillée dans la plus grande force, elle donne une eau-de-vie très-spiritueuse; &, en la faisant bouillir avec un peu de chaux-vive, on en tire du sucre de médiocre qualité. Les arbres dont on exprime cette liqueur ne portent plus de fruits, parce qu'elle est le suc dont les noix se forment & se nourrissent. » On exprime des jeunes Cocotiers une liqueur, qui est d'une utilité presque aussi grande, en incisant la tige. Si on ne veut pas attendre que la pulpe soit formée dans les Cocos, on se procure une plus grande quantité d'eau; elle est claire, odorante, agréable; il y a des Cocos qui en rendent jusqu'à quatre livres. La pulpe dont le goût approche de celui de l'amande, est d'une grande utilité dans les cuisines.

On place aux Indes une noix où l'on veut avoir un arbre, parce que le Cocotier se refuse à la transplantation; elle n'a jamais lieu que pour des individus très-petits. C'est auprès des maisons, dans la boue, dans la poussière qu'on a sur-tout soin de les faire croître; au reste, ces Cocotiers sont très-communs dans les Indes. Ils se plaisent dans les sables maritimes; ils vivent trente ou quarante ans; ils sont souvent renversés par les vents. M. Forster, pere, rapporte que les Isles basses de la Mer du Sud, entre les deux tropiques, sont remplies de Cocotiers dont elles sont ornées. Il y a une opinion sur ce que la noix de Coco est originaire des Maldives & des Isles désertes des Indes orientales d'où elle a été transportée dans tous les lieux habités des deux Indes, & dans toutes les contrées chaudes de l'Amérique; car on ne la trouve dans aucun endroit éloigné des habitations.

2. Le Cocotier du Brésil ne s'élève pas moins que le précédent. Son tronc, qui est uni, d'un bois blanc, est d'une grosseur plus considérable que l'autre, en proportion avec sa hauteur. Sa tête se couronne encore d'une manière plus majestueuse par un plus grand nombre de feuilles, grandes, ailées, à folioles simples; leur direction est élevée & droite dans la plupart, & presque sans courbure dans les autres.

La fructification naît à la base des feuilles; elle est enveloppée d'abord dans une spathe ou voile cylindrique, retrécie à ses extrémités, longue de quatre à six pieds, ligneuse. Elle s'entr'ouvre & tombe; les fleurs restent à découvert; elles sont attachées à un régime ou une espèce de grappe formée de beaucoup de rameaux, longue d'un pied; les fleurs mâles se détachent; aux fleurs femelles succèdent des fruits, qui sont de la grosseur & de la forme d'un œuf. Il y en a ordinairement deux grappes suspendues à chaque palmier : chacune est d'une centaine de Cocos. Ils sont enveloppés d'un brou filandreux, d'une chair jaune, qui n'a presque nulle saveur. Le Coco est ovale, lisse, très-dur, sans être percé; il est de la grosseur des noix d'Europe, & muni, à son sommet, d'une petite pointe. Il renferme une amande dure, & plus sèche que celle du précédent. Sa coquille sert à divers usages : ses feuilles se convertissent en nattes, paniers, &c. mais quelque chose pour les Indiens d'un plus grand prix, c'est le beurre que ce bel arbre fournit, & qui est d'un grand usage dans l'économie domestique & en Médecine.

Le procédé d'extraction du beurre, du fruit de ce palmier dont Linnée fils donne la narration, d'après D. Mutis, se réduit à ce qui suit.

Les noix broyées ou pilées se jettent dans l'eau, afin que, par une lente macération, & sans le secours du feu ou sans expression, elles se dissolvent. Le beurre surnage, la fece se précipite; en renouvellant l'opération trois fois, toute la partie butyracée est séparée. Elle se fait lorsque le thermomètre de Réaumur n'est pas à plus de vingt degrés au-dessus de congélation; car, à vingt-trois, le beurre se liquéfie comme l'huile. La pulpe succulente (du brou) est douce, & très-mucilagineuse; elle sert à engraisser les cochons.

Ce palmier se trouve dans l'Amérique méridionale.

3. Cocotier de Guinée, appellé vulgairement dans les Isles occidentales, palmier huileux. C'est un petit palmier à racines traçantes dont la tige de dix pieds de hauteur, n'a pas plus d'un pouce de diamètre. Elle est garnie d'épines dans toute sa longueur. Les feuilles éloignées les unes des autres, sont formées d'une côte épineuse, large à sa base, embrassant la tige, garnie sur les deux côtés de folioles en forme d'épée, sur

la surface desquelles se rencontrent quelques épines. Les spathes ou voiles sont épineuses, assises, une seule à l'insertion d'une feuille, & elles persistent jusqu'à la maturité des fruits, qui sont d'une forme arrondie, de la grosseur des olives d'Espagne, d'une couleur noirâtre, & attachées en fort grand nombre à une grappe.

Ce palmier s'est beaucoup multiplié dans les Indes occidentales, par les soins qu'en ont pris les Nègres. Ils en apportèrent des fruits de la côte de Guinée où il est très-commun. Les habitans tirent de son fruit une huile qui s'exprime de la même manière que celle des olives. Si on incise la tige, elle fournit une liqueur qui, dans la fermentation, a une qualité vineuse enivrante. Les feuilles de cet arbre servent pour faire des nattes sur lesquelles les Nègres couchent. Sa tige dépouillée & laissée quelque tems macérer dans le vase, & frotter ensuite fortement, prend un beau poli sur une couleur noire: on en fait des cannes connues en France sous le nom de cannes de Tabagot. Ce palmier se trouve dans la Guiane où il porte le nom d'*avoira canne*. Aubl. Mém. 97.

Culture. On ne peut cultiver en Europe les Cocotiers que dans une serre chaude; on ne peut même guère se procurer cette jouissance qu'en recevant des noix ni rances ni avariées. Pour cet effet, elles ne peuvent être envoyées que dans du sable. Si elles germent pendant la traversée, tant mieux: il ne s'agira plus, en les recevant, que de les mettre en pots. A l'arrivée des noix, on les arrange à plat dans une excellente tannée, & on les recouvre de six pouces du tan qui la compose. Si le Printems est commencé, elles germeront six semaines ou deux mois après. On aura de la terre composée de moitié terre de prairie & de deux parties égales de terreau bien consommé & de sable de bruyère & de mer, le tout remué exactement ou passé à la claie. C'est avec cette terre qu'il conviendra d'empoter, plutôt à l'étroit que largement, les noix germées, en prenant toutes les précautions qu'exige la délicatesse d'un premier développement. On arrosera modérément & souvent jusqu'en Automne, très-peu dans cette saison, & presque point en Hiver. Ces pots doivent être enfoncés dans la tannée, pour n'en sortir que pour être remplacés par de plus grands: on les changera tous les ans une fois en Eté. On ne laissera point le chevelu qui enveloppe la motte comme un réseau; on le supprimera, en dégradant un peu la motte, sans offenser les racines. A la troisième année, elles commenceront à être gênées dans des pots, &, pour que le développement, qui en seroit retardé, marche plus rapidement, on préfèrera des caisses, qui seront d'abord d'une médiocre grandeur. Alors les feuilles sont larges, on a déjà remarqué leur admirable effet parmi les plantes étrangères. Les Cocotiers s'élèvent promptement dans les Indes; la douce chaleur des tannées de nos serres, exactement soignées & chauffées pendant l'Hiver, ne nous laisse presque rien à desirer sur la végétation & le luxe des plantes étrangères, même tendres; les Cocotiers y peuvent faire de grands progrès, & qui ne seront peut-être que trop rapides; car nous ne voyons point indifféremment l'insuffisance de nos moyens pour conduire, aussi loin qu'elle pourroit aller, cette production élevée d'un sol toujours favorisé des bienfaisances d'une atmosphère chaude.

Ce que nous venons d'exposer regarde particulièrement le Cocotier des Indes: à l'égard de la culture, nous plaçons les deux autres espèces sur la même ligne. La troisième seulement pourra obtenir son entier accroissement, & même parvenir, dans la serre chaude, jusqu'au premier période de la fructification.

Usages. A considérer les formes, la couleur, quel plus beau feuillage? Quel port plus distingué? Et quelle plus belle acquisition pour les serres d'Europe? Le Cocotier est donc, à beaucoup d'égards, digne de nos recherches & de nos soins, & il les mérite comme objet d'utilité, parce qu'il augmente la collection des végétaux rares, but continuel de l'institution, au-dessus de tout éloge, des Jardiniers de Botanique. (*F. A. Quesné.*)

COCRÊTE, *Rhinanthus.*

C'est un genre de plante de la division des personnées de M. de la Marck, réunissant les *Bartsia* & les *Rhinanthus* de Linnée, & de la seconde section des PÉDICULAIRES de M. de Jussieu, qui les a séparés. Les *Bartsia* ont les feuilles alternes & opposées; les fleurs alternes pourvues de bractées, & en épi terminal; les *Rhinanthus* ont les fleurs & les feuilles opposées, les dernières également en épi terminal & pourvues de bractées: il comprend treize espèces. Ce sont des plantes herbacées dont quelques-unes sont bannies des jardins; les autres y sont admises à cause de leur beauté; d'ailleurs, se cultivant dans notre climat, le plus grand nombre en pleine terre assez difficilement, les autres en orangerie ou dans une bâche, ou en serre chaude. Elles sont toutes accueillies dans les Jardins de Botanique.

Espèces.

* *Lèvre supérieure de la corolle en casque.*

1. Cocrête des prés.

Rhinanthus crista galli. L. ⊙ Europe, les prés.

2. Cocrête maritime.

Rhinanthus trixago. L. ⊙ parties méridionales de la France, de l'Italie & de la Palestine, lieux maritimes parmi les joncs.

Cocrête visqueuse.

Rhinanthus viscosa. La M. Dict. ⊙ Provence, Italie, Angleterre, Espagne, le bord des ruisseaux.

Bartsia viscosa. L.

4. Cocrête des Alpes.

Rhinanthus Alpina. La M. Dict. ⊙ montagnes de Provence, d'Italie, de la Suisse, de la Lapponie.

Bartsia Alpina. L.

5. Cocrête de Sibérie.

Rhinanthus pallida. La M. Dict. Sibérie.

Bartsia pallida. L.

6. Cocrête écarlate.

Rhinanthus coccinea. La M. Dict. ♃ Virginie, Maryland.

7. Cocrête du Cap.

Rhinanthus Capensis. L. Afrique, le Cap de Bonne-Espérance.

8. Cocrête d'Inde.

Rhinanthus Indica. L. Isle de Ceylan.

9. Cocrête de Virginie.

Rhinnanthus Virginica. L. Virginie.

10. Cocrête de Candie.

Rhinantrus maxima. La M. Dict. Isle de Candie.

11. Cocrête bigarée.

Rhinanthus versicolor. La M. Dict. Isle de Candie.

*** Lèvre supérieure de la corolle, en alène ou en trompe d'Eléphant.*

12. Cocrête orientale.

Rhinanthus orientalis. L. ♂ le Levant.

Elephas orientalis, de Tournefort.

13. Cocrête éléphantoïde.

Rhinanthus elephas. L. ♂ Italie, Sibérie, lieux ombragés.

Elephas Italica flore magno de Tournefort.

B. Cocrête éléphantoïde à petite fleur.

Elephas orientalis flore parvo de Tournefort. ♂

1. Cocrête des prés. Cette espèce qu'on appelle l'herbe aux *poux des prés*, ou *crête de coq*, a une variété que nous n'avons point distinguée, pour ne pas trop étendre l'exposition des espèces en faveur d'une plante de rebut, la plus embarrassante des prairies, & plus commune dans les lieux bas que la bonne herbe. Elle s'élève d'un pied & demi de sa tige, & sans divisions; sa variété est ordinairement branchue. Elle a les feuilles verdâtres, lisses, dentées en crête de coq; elles sont assises, alongées, larges à leur base. Les fleurs sont disposées en épi, elles sont jaunes. Elles paroissent à la fin de Mai, & les semences sont mûres lorsqu'on enlève les foins, elles sont ainsi répandues sur la prairie, & propagent cette espèce annuelle au moins inutile; nous rapporterons cependant sous *usages* une observation qui lui est peut-être relative.

2. Cocrête maritime. La tige de celle-ci munie de poils courts, sans rameaux, haute de six pouces, presque ronde, est garnie dans toute sa longueur, de feuilles très-étroites en lances, à dentelure large & émoussée, & placées par paires & opposées : c'est dans les aisselles de celles d'en haut que se développent les fleurs, en formant un épi terminal sur lequel elles sont presqu'assises : elles paroissent au Printems, & les graines se recueillent en Eté.

3. Cocrête visqueuse. Cette espèce & presque toutes les suivantes sont plus fréquentes dans les herbiers que dans les jardins. Elle s'élève d'un pied; sa tige est sans rameaux, ronde, un peu velue; les feuilles, qui la garnissent dans toute sa longueur, sont adhérentes, pointues dentées, un peu ridées, opposées vers la base de la tige & vers son sommet, placées alternativement. Les fleurs sont jaunâtres.

4. Cocrête des Alpes. C'est une petite plante de six à sept pouces, à tige menue, un peu velue. Les feuilles sont toutes opposées, assises, un peu en cœur. Les fleurs forment un épi court, d'une couleur rare; elles sont d'un rouge noirâtre.

5. Cocrête de Sibérie. Celle-ci porte des feuilles placées alternativement, assises, linéaires, en lance, à trois nervures avec un léger duvet, sans dentelures, sur une ou plusieurs tiges, qui ne se divisent point, & qui sont anguleuses, rougeâtres & un peu velues. L'épi est opale ou rouge.

6. Cocrête écarlate. Ses tiges ne se divisent point; elles sont droites, hautes d'un pied; ses feuilles sont placées alternativement; elles sont rapprochées, en forme d'épi, vers les sommets des tiges; elles sont divisées transversalement en découpures horizontales, rares, étroites, linéaires & entières; les fleurs sont seul-à-seul dans chaque aisselle des feuilles supérieures; les feuilles florales sont fendues en trois parties, & d'un rouge écarlate, ainsi que le bord du calice. Cette plante se rencontre dans le Maryland; elle est aussi rare que belle.

7. Cocrête du Cap. Elle a le port du N.° 2; ses feuilles sont en lance, à trois ou quatre dents sur chaque bord; l'épi est oblong; les feuilles florales sont cotonneuses, ovales & en pointes; les calices sont cotonneux.

8. Cocrête d'Inde. Dans cette espèce, les feuilles sont presqu'en lances, velues, & sans dentelure; les fleurs, assemblées & divisées par colliers, forment un épi terminal.

9. Cocrête de Virginie. Elle diffère par les feuilles, qui offrent des sinus, & qui sont dentées; les corolles sont jaunes, & leur gorge est ouverte.

10. Cocrête de Candie. Sa tige, haute d'environ

viron deux pieds, est purpurine; les feuilles sont assises & dentées en scie; les fleurs, formant un épi lâche, sont jaunes.

11. Cocrête bigarrée, de la hauteur de la précédente. Ses feuilles sont âpres au toucher, ridées, longues de trois pouces, sur la largeur de cinq à six lignes, & bordées de dents grossières & écartées; la lèvre supérieure de la corolle est légèrement purpurine; l'inférieure est blanchâtre. Elle se trouve dans l'isle de Candie; elle a une variété qu'on rencontre aux environs de Rome.

Cocrête Orientale. Elle s'élève de près d'un pied; sa tige est purpurine & branchue vers sa base; ses feuilles sont assises, opposées, crenelées; elles ont deux pouces de longueur, six lignes de largeur. Ses sommets sont garnis de fleurs opposées qui sortent des aisselles des feuilles; elles sont grandes, formées par un tube courbé qui se divise en deux lèvres: l'inférieure est d'un pouce de longueur, longue, & découpée en trois parties obtuses; la lèvre supérieure représente la trompe d'un Eléphant, par sa forme arguée en-devant. Cette fleur est jaune; elle a une tache de couleur de feuille-morte sur la lèvre inférieure; celle d'en-haut a deux marques rouges sur le sommet; son odeur est agréable; elle tient le premier rang parmi les plantes agréables & singulières. Tournefort l'a découverte sur les rivages de la Mer Rouge, où elle croît dans un sol gras & à l'ombre. La ressemblance de sa fleur avec une tête d'Eléphant, lui avoit fait donner le nom d'*Elephas*.

13. Cocrête éléphantoïde. La différence de celle-ci à la précédente, est particulièrement dans la fleur, dont la trompe est érigée, & dont la lèvre inférieure n'a point de tache; elle est d'ailleurs plus grande. Il en existe une variété à petite fleur. On trouve cette espèce en Italie & en Sibérie, dans les lieux ombragés; la variété, dans le Levant.

Culture. La huitième espèce est de serre-chaude. La seule espèce dont nous puissions assurer la permanence, est la sixième. Elle se doit cultiver dans un pot, avec la terre de pré, rendue encore plus substancielle & fraîche, par le terreau de fumier de vache: le même traitement conviendroit à la neuvième, & même aux suivantes, jusqu'à la dernière inclusivement; plusieurs de celles-ci sont notoirement bisannuelles; mais, quoiqu'il soit assez difficile de gouverner en pleine terre les espèces de ce genre, qui s'accommodent mieux d'un gazon que d'une terre bien travaillée, nous croyons qu'il faut préférer ce dernier moyen, même pour les belles espèces, sauf à en avoir quelques pieds en pots, sur-tout de la douzième & de la treizième, qui d'ailleurs exigent des ménagemens dans notre climat, pendant l'Hiver. Ajoutez le besoin d'avoir des graines nouvelles, les vieilles ne lèvent pas; quand elles sont répandues d'elles-mêmes, elles réussissent mieux que par des soins: ces plantes ne se repiquent point. Les pots doivent être enfoncés, en Eté, dans une planche remplie de sable de bruyère. (*Voyez* Marais.) A l'égard des espèces annuelles, on les sème à l'ombre; il ne s'agit que de prendre garde qu'elles ne soient étouffées par les plantes voisines, ou en trop grand nombre dans la même touffe.

Usages. Les Hollandois, dit Miller, font commerce des semences & des capsules d'une espèce de ce genre, en Allemagne: ces capsules ressemblent fort à celles de la première espèce; on les nomme *Semen savadillos*; & l'on s'en sert pour détruire toutes sortes de vermines, surtout les punaises. On fait bouillir une certaine quantité de semences & de capsules dans l'eau commune; on lave, avec cette décoction, les bois & les pieds des lits, & tous les autres endroits où ces insectes se retirent, ce qui les détruit efficacement.

Pour les jardins, les personnes qui ont le vrai goût du beau, se procureront, avec plaisir, des graines de plusieurs de ces espèces; & les jardins fleuristes ne peuvent qu'y gagner: toutes l'admettent dans les Collections qui ont pour but la Botanique. (*F. A. Quesné.*)

COCU. Les habitans du pays de Vaud donnent ce nom à la *Primula officinalis*. Il seroit curieux de connoître l'origine d'un nom semblable. *Voy.* Primevère officinale. (*M. Reynier.*)

CODAPAIL, *Pistia*.

Genre placé par M. de Jussieu dans les Morrènes. On ne connoît qu'une espèce de ce genre qui offre une variété. Ce sont des plantes aquatiques, herbacées, vivaces, étrangères, d'un feuillage relevé, qui ne se cultiveroient qu'en serre chaude dans notre climat.

Espèce.

Codapail flottant.

Pistia stratiotes. L. ♃ parties méridionales de l'Asie, de l'Afrique, de l'Amérique, dans les eaux stagnantes.

Les feuilles de cette plante toutes attachées aux racines, qui ne tiennent pas toujours aux rivages, se soutiennent à la surface des eaux. Elles sont en forme de coin, presque rondes, & arrangées circulairement dans une étendue d'un pied. La forme des fleurs se rapproche de celle d'une aiguière dont l'extrémité inférieure se prolongeroit en coqueluchon. Elles sont attachées où les feuilles le sont elles-mêmes; elles sont presqu'assises, & le rameau n'en a qu'une. Il y a une variété. Elle consiste en ce que les proportions de toutes ses parties sont de beaucoup plus petites que celles de l'espèce.

Culture. La serre chaude. Quoique l'expérience

n'ait encore rien appris sur les moyens de faire prospérer en Europe le Codapail, il réussiroit probablement avec les plantes aquatiques, dans un bassin de la serre-chaude. Il se multiplie par les rejets qui naissent au collet des racines.

Usage. Cette plante, qui manque dans les principales Collections de l'Europe, seroit spécialement utile pour les démonstrations de Botanique, & la forme de sa fleur ne seroit pas sans agrément dans les serres. (*F. A. Quesné.*)

CODIE, *Codia.*

Genre de plantes que M. de Jussieu a placé parmi les Polypétales à germe supère, dont la place est incertaine, & qui, suivant M. de la Marck, a des rapports avec les *Brunies*. C'est une plante ligneuse du *Flora* des Isles des mers du sud, à feuilles opposées, à fleurs réunies en têtes globuleuses : elle ne pourroit se cultiver dans notre climat qu'en serre-chaude; on n'en connoît qu'une espèce.

Codie de montagne.

Codia montana. Forst. Gen. n.° 30. ♄ nouvelle Calédoine.

La Codie de montagne est un arbuste ou sous arbrisseau à feuilles opposées, ovales, sans dentelure, très-lisses, obtuses, & munies de queue. Les fleurs réunies en têtes rondes sortent des aisselles des feuilles où terminent les branches. M. Forster l'a découvert dans la nouvelle Calédoine.

Culture. Cette plante ligneuse, originaire d'un sol aride & sec, se doit gouverner en serre-chaude avec toutes les précautions que sa rareté & peut-être sa beauté exigeroient, en la mettant dans un pot rempli de terre crayonneuse, & en ne l'arrosant que rarement : on ne devroit l'exposer à l'air libre que dans les jours extrêmement chauds; d'abord à l'ombre, &, pendant l'Hiver, il faudroit la tenir dans la meilleure tannée.

Observation. Nous voyons tous les jours les richesses du règne végétal se développer, sur-tout en descriptions. Le génie des Navigateurs, leur zèle pour les progrès de la Science Botanique secondé par d'heureux hasards, nous mettront de plus en plus en possession des individus si desirés dans les serres. (*F. A. Quesné.*)

CODIGI, *Codigi.*

Genre de plante peu connu, qui semble, par son aspect, se rapprocher des borraginées; c'est une plante herbacée, annuelle, qui se trouve dans le Malabar : son feuillage bigarré & ses fleurs la rendent très-intéressante. Elle ne pourroit se cultiver dans notre climat que sous verre : les Auteurs ne parlent que d'une espèce.

Codigi.

Codigi (*anc. Encycl.*) ⊙ Indes orientales, le Malabar.

Le Codigi est une plante herbacée qui, suivant M. Adanson, prend la forme d'un petit buisson sphérique, de six pouces de diamètre. Sur une racine conique, s'élève droit une tige cylindrique d'une ligne & demie de diamètre, de quatre pouces environ de hauteur, à trois ou quatre branches alternes, relevées verticalement contre la tige, blanchâtres comme elle, charnues, aqueuses, hérissées de longs poils. Ses feuilles peu nombreuses, longues de trois à quatre pouces, larges de deux ou trois, sans dentelure, sont d'un rouge violet, excepté dans leur milieu, qui est d'un verd-brun, & parsemées de points blancs, au milieu de chacun desquels est un poil long. Elles sont pendantes, & leur queue blanchâtre est sillonnée en-dessus. A l'extrémité des branches se forme une ombelle composée de six à huit fleurs de couleur de rose, à trois divisions ouvertes en étoile de cinq à sept lignes de diamètre. Cette plante croît en Malabar, dans les terres sablonneuses. Elle est annuelle.

Culture. Une plante originaire des Indes orientales exige une culture soignée : les graines se sèment au Printems, sur une couche chaude dont on hâte & protège le développement & la sortie par une cloche. Quand les plantes ont quelques feuilles, on les met dans de petits pots enfoncés dans une couche chaude de tan, & sous chassis que l'on couvre jusqu'à ce qu'elles soient bien établies par de nouvelles racines : on leur donne de l'air tous les jours, en élevant les panneaux, & on les arrose légèrement trois ou quatre fois la semaine; le paillasson de couverture se doit étendre, retirer, suivant les circonstances de grand soleil, de nuits froides; la poterie se changer, si elle devient trop petite, &c. Ainsi gouvernées, elles réussissent ordinairement; elles fleurissent, elles donnent des graines. Si ce sont des plantes qui deviennent trop grandes, on les passe en serre chaude, ou sur une couche au midi, & on les couvre d'une cloche élevée sur de longs crochets. Tel est le traitement qui conviendra au Codigi, pour lequel on emploiera particulièrement le sable de bruyère.

Usage. Le Codigi seroit autant peut-être, par son feuillage bicolor que par ses fleurs, une plante d'ornement du premier ordre : on en tireroit sans doute un grand parti sur les gradins de la serre-chaude, pendant le tems de la floraison. Il seroit sur-tout bien accueilli dans un jardin de Botanique. (*F. A. Quesné.*)

CODON, *Codon.*

Genre de plante de la famille des Solanées, suivant M. de la Marck, & que M. de Jussieu a rangé parmi les Monopétalées à germe supère dont la place est incertaine : c'est une plante annuelle, herbacée, hérissée, à fleurs en cloche dont le lieu natal n'est pas connu. Il n'est question que d'une espèce.

CODON à aiguillons.

Codon royeni. L. ☉.

Cette plante, qui a l'aspect d'une morelle, élève d'un pied, sa tige avec des rameaux qui poussent droits ; elle est forte, ronde, cotonneuse, hérissée d'aiguillons très-blancs : les feuilles sont placées alternativement presque coriaces, ovalées, en forme de cœur, terminées en pointe aigue, cotonneuses, les queues & les nervures sont chargées d'aiguillons blancs ainsi que le calice, & son pédoncule attaché un peu au-dessus des aisselles des feuilles ; il porte une fleur blanche en cloche bosselée à sa base ; les semences sont hérissées.

Culture. Les graines de Codon se dèvroient semer au commencement du Printems, sur couche chaude & sous cloches : on laisseroit sur la couche quelques pieds pour graines, & on essayeroit la transplantation des autres, en se déterminant sur l'état de végétation qu'ils feroient voir. (*F. A. Quesné.*)

COEFFE, *Calyptra*.

C'est le nom que l'on donne au petit chapeau membraneux, conique, en forme d'éteignoir, qui recouvre les urnes des mousses. Linnée range la Coëffe parmi les calices, & l'appelle le calice des mousses, comme la bourse (*volva*) est, selon lui, le calice des Champignons. (*Menon.*)

COETY. Nom que les Naturels de Saint-Domingue donnent à *l'Amaranthus spinosus*. L. plante oléracée, naturelle à cette Isle. Voyez Amarante épineuse. (*M. Reynier.*)

CŒUR. On donne ce nom à différentes parties des végétaux qui se rapportent toutes à la partie centrale.

Ainsi, l'on dit le *Cœur* d'une laitue, d'un chou, &c. lorsque ces plantes ont pommé, & que l'intérieur est plein de petites feuilles non développées.

On donne le nom de *Cœur* à la partie qui occupe les centre dans un fruit tel que la pomme, la poire, &c.

Enfin les habitans des Moluques donnent le nom de *Cœur* à une espèce de tête, qui termine le pédoncule ou *régime* du bananier, & qui est formée d'écailles ou bractées réunies en manière de bouquet. (*M. Reynier.*)

CŒUR. On donne ce nom, dans quelques endroits, au fruit du bigarotier, variété du cerisier cultivé. *Voyez* Cerisier, au Dict. des Arbes & Arbustes. (*M. Thouin.*)

CŒUR-BŒUF ou CŒUR-DE-BŒUF. Nom d'une variété de pomme semblable, pour la forme & la couleur, à la calville rouge, mais qui en diffère par le goût. C'est une pomme peu estimée. Variété du *Pirus malus*. L. *Voyez* Pommier, dans le Dict. des Arbres & Arbustes. (*M. Reynier.*)

CŒUR-DE-BŒUF. La Quintinie donne ce nom à une prune qu'il dit très-grosse & de couleur violette. Ce nom n'étant plus en usage, cette indication ne suffit pas pour la reconnoître.

C'est une des variétés du *Prunier domestical. Voyez* Prunier dans le Dict. des Arbres & Arbustes. (*M. Reynier.*)

CŒUR-DE-BŒUF. Nom vulgaire de l'*Annona reticulata*. L. *Voyez* Corossol réticulé. (*M. Reynier.*)

CŒUR-DE-BŒUF. Petit Nom vulgaire de l'*Annona paludosa*. Aubl. *Voyez* Corossol sauvage. (*M. Reynier.*)

CŒUR-DE-SAINT-THOMAS. Nom vulgaire de la *Mimosa scandens*. L. *Voyez* Acacie à grandes gousses. (*M. Reynier.*)

CŒUR-DE-PIGEON. La Quintinie donne ce nom à une prune qu'il distingue par sa rainure très-enfoncée. *Voyez* Prunier, dans le Dict. des Arbres & Arbustes. (*M. Reynier.*)

COFFIN. Petit panier d'osier, haut & rond, ayant un couvercle & une anse, lequel est propre à mettre des fruits. (*M. Thouin.*)

COFFRE-A-AVOINE. C'est un Coffre de bois très-épais, qui ferme à clef, & qui est quelquefois séparé en-dedans par une cloison, afin de mettre l'avoine d'un côté & le son de l'autre. On le place ordinairement dans l'écurie ou à côté. Il faut avoir l'attention qu'il ferme bien, pour que les souris ou les rats n'y entrent point, parce que les ordures que ces animaux laissent peuvent dégoûter les chevaux.

On appelle Coffre-à-avoine les dindes, à cause de leur gourmandise. (*M. l'Abbé Tessier.*)

COFINER. On dit que les œillets se cofinent, lorsque les pétales, au lieu d'être étendus, restent frisés & recoquillés. Les gros œillets y sont plus sujets que les petits, parce que le nombre de leurs pétales est trop grand pour qu'ils puissent occuper une place proportionnée à leur longueur. Les petits œillets y sont sujets, lorsque la fleur n'a pas pu prendre tout son développement. C'est un défaut, & les variétés qui y sont sujettes sont moins prisées que les autres. (*M. Reynier.*)

COHÉRENT. On donne ce nom en Botanique aux pétioles des feuilles qui s'élargissent à leur base, & s'empatent sur la tige ; cette conformation est commune dans la famille des Planipétales. (*M. Reynier.*)

COHYNE. Arbre de l'Amérique, qui a la feuille du laurier & le fruit elliptique, de la grosseur du melon. Les Indiens font des vaifseaux de son écorce. On attribue à sa pulpe quelque propriété Médicinale. Le Cohyne est aussi une plante exotique mal connue. (*Ancienne Encycl.*

Malgré l'insuffisance de cette description, il n'est pas difficile de reconnoître le *cressentia cujete* des Botanistes. *Voyez* CALEBASSIER. (*M. Thouin.*)

COIGNASSIER. Nom d'un arbre très-connu de tous les Jardiniers-pépiniéristes, par ses fruits, & plus encore comme sujet sur lequel ils greffent les arbres à pepins qu'ils destinent à des demi-tiges ou à des espaliers.

On trouve tous les détails qui concernent cet arbre dans le Dict. des Arbres & Arbustes. *M. Reynier.*)

COIGNASSIER nain, *mespilus cotoneaster.* L. *Voyez* NEFLIER, au Dict. des arbres & Arbustes. (*M. Thouin.*)

COIGNÉE à main. Instrument de fer, formant un triangle dont le côté le plus large est taillé en tranchant acéré, à l'opposé duquel est une douille qui reçoit un manche de bois de huit à dix pouces de long, & de quinze lignes de diamètre environ.

Cette sorte de Coignée est employée dans l'élagage des arbres, pour couper de grosses branches qu'il seroit difficile d'abattre avec la scie à main ou la serpe. (*M. Thouin.*)

COIGNÉE à long manche. Cette sorte de Coignée a la même forme que la précédente. Elle en diffère par son taillant moins large, & par son manche qui a ordinairement trois pieds de long.

Cet instrument est plus particulièrement employé à abatre des arbres par le pied, & à les équarrir. (*M. Thouin.*)

COIGNER. Nom employé quelquefois pour désigner l'arbre qui porte des coings, *Pyrus cydonia.* L. *Voyez* COIGNASSIER, au Dict. des Arbres & Arbustes. (*M. Thouin.*)

COING, fruit du coignassier. On en compte deux variétés, le sauvage & celui de Portugal. Le Coing sauvage est à-peu-près de la grosseur & de la forme d'une poire de beurré. Le fruit du Coignassier de Portugal est d'un tiers plus gros, d'une odeur moins forte, & d'une saveur plus agréable. Ces deux arbres sont connus sous les noms latins de *Pyrus cydonia sylvestris* & de *Pyrus cydonia lusitanica. Voyez* le mot COIGNASSIER, au Dict. de Arbres & Arbustes. (*M. Thouin.*)

COLAMBA, CALAMBAC, ou BOIS D'ALOES, *Excecaria agallocha* L. *Voyez* AGALLOCHE & GARO. (*M. Thouin.*)

COLCHIQUE, COLCHICUM.

Genre de plante de la famille des JONCS, suivant M. de Jussieu, & qui a des rapports avec les Véraires & les Hélonias : il comprend trois espèces. Ce sont des plantes herbacées, vivaces & bulbeuses, qui se trouvent en Europe ; leur feuillage est uni, d'un verd-brun ; les fleurs sont de couleur rouge-pâle ; elles sont, à beaucoup d'égards, intéressantes. On les cultive en pleine terre dans notre climat.

Espèces.

1. COLCHIQUE d'Automne.

COLCHICUM Autumnale. L. ♃ Europe dans les prés.

A. Colchique d'Automne à fleurs blanches.

Colchicum Autumnale album.

B. Colchique d'Automne à fleurs rouges.

Colchicum Autumnale rubrum.

C. Colchique d'Automne à fleurs panachées.

Colchicum Autumnale venosum.

D. Colchique d'Automne à larges feuilles.

Colchicum Autumnale latifolium.

E. Colchique d'Automne à feuilles panachées.

Colchicum Autumnale variegatum.

F. Colchique de tous les mois, rouge.

Colchicum Autumnale semperflorens, rubrum.

G. Colchique de tous les mois, blanc.

Colchicum Autumnale semperflorens album.

2. COLCHIQUE de montagne.

COLCHICUM montanum. L. ♃ Alsace, la Suisse, l'Espagne, les montagnes.

3. COLCHIQUE panaché ou de Corfou.

COLCHICUM variegatum. L. ♃ Isle de Scio dans l'Archipel.

1. Le COLCHIQUE d'Automne est ainsi spécifié, parce que c'est dans cette saison qu'il montre sa fleur, assez connue, puisqu'il y a peu de prairies basses qui ne soient embellies par son émail de couleur pâle. Les foins sont faits alors ; elle s'élève un peu plus que l'herbe ; elle est colorée dès la sortie de sa racine, qui est un oignon de la grosseur du pouce : elle s'ouvre aux moindres rayons du soleil ; on nomme ces fleurs dames-nues, cupidons. Les feuilles, peu nombreuses, en paquets, d'une couleur presque noirâtre, s'éloignent beaucoup des formes des graminées, & elles blessent presqu'autant la vue au Printems, où elles commencent à paroître, que les fleurs la flattoient en Automne : elles sont larges, grandes & en forme de lance. On l'appelle vulgairement le tue-chien.

Cette espèce offre beaucoup de variétés que l'on doit à l'Art. Elles proviennent toutes de semences : elles diffèrent par les couleurs, blanches dans les unes, d'un rouge plus ou moins vif dans les autres, enfin rayées diversement : mais celle qui mérite sur toutes la préférence est celle dont les fleurs sont doubles. Dans la fleur de cette variété, les pétales sont tellement multipliés qu'on en compte vingt à vingt-cinq. Elle s'élève de sept à huit pouces. Son tube, infiniment grossi par l'effet de la monstruosité, résiste à une penue pluie; &, si l'Automne est sèche, les Colchiques doubles ne feront pas un des moindres ornemens du jardin. L'oignon semble inépuisable; à une fleur en succède une autre.

2. COLCHIQUE de montagne. Les fleurs de cette espèce diffèrent de celle de la première par leur couleur d'un pourpre rougeâtre, par les divisions plus étroites; mais ce qui les distingue particulièrement, c'est la sortie des feuilles, qui suit de près celle des fleurs; elles sont d'ailleurs plus étroites & plus étalées; elles se fanent en Mai. On la trouve sur les montagnes de l'Alsace, de la Suisse & de l'Espagne.

3. COLCHIQUE panaché. Celui-ci donne une fleur charmante, bien ouverte, à divisions larges; elle est comme marquetée. Le panache, sur un fond d'un blanc pâle, imite la mosaïque: elle paroît au commencement de Septembre: son feuillage, qui la suit de près, n'intéresse guère que pour être consulté sur l'état de l'oignon: il est ondulé, ouvert; il se fane au commencement de l'Été. Cette belle espèce se trouve dans l'Isle de Scio, dans l'Archipel.

Culture. Sur la culture de la première espèce, nous n'avons qu'une chose à observer, c'est que, si avant la fleur, on arrache un oignon, il fleurira sur la tablette où on l'aura déposé, dans un appartement, n'importe où: nous croyons devoir indiquer ici sur les procédés qu'on met en usage, pour tirer de cette première espèce des variétés. C'est par la voie des semences qu'on se les procure. On seme cette plante avec quelques précautions que nous allons développer. Dans les premiers jours de Septembre, on choisit quelques vases dont le fond est percé de quelques trous, sur lesquels on place de menues pierrailles ou petites coquilles, pour les conserver ouverts. On remplit ces vases d'une terre légère, sablonneuse & légèrement humide, sur laquelle on répand aussi également qu'il est possible, les graines de Colchique, qui doivent être de la dernière récolte, & on les recouvre de l'épaisseur de 4 à 5 lignes de la même terre. Ces vases doivent être placés à l'exposition du Levant, de manière que le soleil ne donne sur eux que dans la matinée, & ils doivent être enterrés jusqu'à leurs bords. Vers la mi-Octobre, la saison devenant plus froide, on doit changer l'exposition des vases, & les placer au midi. Là, ils doivent passer tout l'Hiver enterrés, & ils n'exigent d'autres soins que d'être couverts de feuilles sèches, ou de litière dans les fortes gelées. Au Printems, on place de nouveau les vases à l'aspect du Levant, où ils restent jusqu'à l'Automne. Pendant cet intervalle de tems, les jeunes Colchiques n'ont besoin que d'être arrosés dans les tems secs, & lorsqu'ils sont en végétation, d'être débarrassés des mauvaises herbes, & sur-tout des mousses qui pourroient leur nuire.

L'année suivante, & quelques tems après que les feuilles sont desséchées, il est avantageux de mettre sur les vases une couche de nouvelle terre, semblable à celle du semis, & de l'épaisseur d'un demi-pouce. L'année d'après, à la même époque, on repique les jeunes Colchiques à trois ou quatre pouces de distance; &, en général, ils fleurissent à l'Automne suivant.

Quoique nous soyons persuadés que dans toutes sortes de terreins le Colchique à fleur double se cultiveroit, ce sera néanmoins dans une terre très-substancielle & humide que cette belle variété brillera & se multipliera, n'importe à quelle exposition. Les Cayeux que l'oignon donne en abondance doivent s'en détacher après la troisième année de plantation, dans le courant de Juillet. Si le fonds trop léger privoit des agrémens que l'on doit attendre de sa culture, une tranchée de six pouces de largeur & de profondeur, remplie d'argile ou de terre forte, suffira pour une ligne de bulbes, qui se placent à six pouces de distance. On peut les assortir avec les belles variétés des safrans printaniers dont les formes & les appétits sont presque les mêmes. Ces plantes sont trop recommandables pour en faire des bordures; elles figureront à merveille sur le devant des parterres, si on a soin de ne les pas mal avoisiner. Nous avons reconnu qu'il est prudent de les couvrir de feuilles après la fleur. Elles fleurissent aussi à sec, sur une tablette de marbre: on ne perd pas l'oignon, si, la fleur passée, on a soin de le remettre à sa place.

L'oignon de la seconde espèce s'accommode mieux que celui du Colchique à fleur double d'une terre légère. Il doit être plus exactement couvert; car il ne faut pas toujours compter sur la neige, qui suffiroit. Pour la multiplication par les bulbes, on procède comme à l'égard du Colchique double. Nous croyons que des tentatives sur la multiplication par les graines procureroient des variétés non moins intéressantes que celles du Colchique d'Automne.

La troisième espèce étant originaire des Isles de l'Archipel, craint les grands froids de notre climat; elle passe cependant l'Hiver en pleine terre, pourvu qu'elle soit plantée dans un terrein sec, à une exposition chaude & couverte de litière, & même d'un chassis dans les fortes gelées.

Usages. Les Colchiques peuvent être regardés comme des plantes d'ornement, propres à la décoration des jardins à fleurs, pendant l'Automne. Les racines de la première espèce sont un poison pour les animaux; ils ne touchent point aux feuilles, lors même que l'appétit les presse.

Observation. Linnée dit que les fleurs du Colchique annoncent la gelée; Widelius (Médecin) avoit cru que son oignon porté en amulette, l'avoit garanti des émanations pestilentielles; mais les précautions qu'il prenoit d'ailleurs pour l'entretien de sa santé, dans les tems d'épidémie, ont fait douter de l'efficacité de cet alexipharmaque. Ce qu'il y a de certain, c'est que la *pulpe* de l'oignon de Colchique peut fournir de l'amidon.

M. Dambournay (V. Cône) dit avoir obtenu de la fleur du Colchique des prés une belle couleur olive jaunâtre, brillante & solide. (*F. A. Quesné* & (*M. Reynier.*)

COL-DE-CHAMEAU. La Quintinie donne ce nom aux narcisses en général; il paroît qu'il est absolument hors d'usage. *Voyez* NARCISSE. (*M. Reynier.*)

COLÉ ou COLÉS, COLÉ-SEED, COLÉ-WORT. Variétés du *Brassica oleracea.* L. *Voyez* CHOU. (*M. Thouin.*)

COLEUVRÉE ou COULEVRÉE. Nom François du *Bryonia alba.* L. *Voyez* BRYONE blanche, n.° 1. (*M. Thouin.*)

COLIQUE. Maladie des bestiaux. *Voyez* TRANCHÉES. (*M. l'Abbé Tessier.*)

COLLERETTE. On donne ce nom aux enveloppes ou bractées qui sont disposées circulairement à la base des fleurs ou paquets de fleurs de certaines plantes. Ce mot est principalement en usage pour la Famille des OMBELLIFÈRES; mais il est également employé pour d'autres familles. (*M. Reynier.*)

COLLET d'une plante. C'est la partie de la tige qui touche la racine, ou, dans d'autres plantes, la partie de la racine sur laquelle s'implantent les feuilles lorsqu'il n'y a pas de tiges.

D'autres fois le Collet se ramifie en plusieurs souches, comme dans quelques astragales, quelques androsaces, &c.

Dans la bette-rave, le navet, la poirée & autres plantes semblables, le Collet est très-apparent; dans d'autres, il est à peine sensible, & le passage de la tige à la racine n'est pas tranché comme dans les arroches, les épinards, &c. (*M. Reynier*).

COLLI de Chinois. On donne communément ce nom à l'*Aletris Chinensis.* *Voyez Aletris* de la Chine, n.° 6. (*M. Reynier.*)

COLLIER de Cheval. C'est un assemblage de deux pièces de bois, rembourrées & couvertes de cuir que l'on passe dans le cou des Chevaux de trait & de charrue, afin que les cordes des traits ne les incommodent point en tirant. C'est au Collier que les traits sont attachés. Les Colliers des chevaux varient selon les pays. Il y en a où ils sont très-grands & très-hauts, & d'une seule pièce; dans d'autres, ils sont courts & de deux pièces. Ces derniers sont plus commodes, surtout pour les Chevaux difficiles. Ordinairement on les garnit d'une housse de crin passé, ou d'une peau de mouton avec sa laine. (*M. l'Abbé Tessier.*)

COLLIER (terme de Fleuriste). C'est un cordon d'étamines qui, se trouvant à quelques fleurs d'anémones doubles, en diminue le mérite aux yeux des Fleurimanistes. *Ancienne Encyclopédie.* (*M. Thouin.*)

COLLIGUAY, *Colliguaja.*

Genre de plante dont le caractère est peu connu, qui semble se rapprocher des RICINELLES (*acalipha*). On ne fait mention que d'une espèce, qui est une plante ligneuse, lactescente, à feuilles opposées & persistantes. Ses fleurs sont monoïques & à chatons. Elle est étrangère, & ne peut se cultiver dans notre climat que dans les serres chaudes. Elle ne dépareroit pas les plus belles collections végétales.

COLLIGUAI odorant.

Colliguaja odorifera. Molin. Chil. p. 158. ♄ de l'Amérique méridionale, au Chily.

Le Colliguay odorant est un sous-arbrisseau de cinq à six pieds de hauteur, portant un grand nombre de branches & de feuilles opposées, en forme de lance, avec de petites dents sur leurs bords, à une seule nervure, lisses, charnues, ne se renouvellant point, & attachées par des queues courtes. Il est rempli d'un suc laiteux, comme les euphorbes. Il se trouve dans le Chily où il a été découvert, & décrit par M. Molina.

Culture. Le Colliguay est encore un de ces végétaux sur lesquels on agit avec toute la circonspection, qui est ordinairement le propre de l'intelligence. On lui donnera d'abord le même traitement qu'aux plantes délicates de la Zone torride, soit qu'il parvienne en individu ou en graine (*Voyez* CLUSIER, n.° 4,) en attendant que l'expérience ait appris jusqu'à quel point on peut se relâcher à son égard.

Qualités. Le bois du Colliguay a une odeur de rose fort agréable. (*F. A. Quesné.*)

COLLINSONE, *Collinsonia.*

Genre de plante de la famille des LABIÉES: il n'est question ici que d'une espèce: c'est une plante étrangère, à racines vivaces, d'un large feuillage, couronné par un grand nombre de fleurs disposées en panicules, se cultivant dans notre climat en pleine terre avec peu de précautions, & qui se multiplie par graines & par racines éclatées. Elle est propre à l'ornement de tous jardins.

COLLINSONE du Canada.

Collinsonia Canadensis. L. ♃ Canada, Virginie, Maryland.

La Collinsone s'élève, dans son pays natal, de quatre à cinq pieds, & un peu moins en Europe. Elle porte plusieurs tiges, qui périssent chaque année; elles sont quadrangulaires, peu rameuses, & garnies de feuilles en cœur, opposées, finement dentelées sur leurs bords, exemptes de poils, mais ridées & portées sur des queues très-courtes. Elles sont larges de quatre à cinq pouces, & longues de plus de six pouces. Ses sommités sont ornées de fleurs qui naissent en grand nombre, sur de gros épis écartés par des ramifications longues, opposées & un peu courbées en-dedans: elles sont d'un jaune tirant sur le pourpre : elles ont des tubes un peu longs, divisés en cinq parties dont l'inférieure très-grande, est frangée & comme garnie de longs poils: ces fleurs paroissent en Juillet, & leurs semences mûrissent en Automne : ses racines sont vivaces. Elle se trouve au Canada, à la Virginie dans les forêts, au Maryland, dans les terres basses & humides, sur les bords des fossés.

Culture. La Collinsone du Canada est une plante vraiment intéressante : elle se cultive en pleine terre & en pots. On use de ce dernier moyen par prudence, & quand on n'en possède que peu de pieds. La terre de convenance doit être forte, sans mélange de terreau, mais coupée avec moitié de sable de bruyère. On enfonce au Printems les pots dans le sable de bruyère. (*Voyez* MARAIS), au commencement de Novembre; ils se placent dans l'orangerie, ou dans une bâche dont les vitraux sont inclinés au Nord; car il faut, pendant l'Hiver, éviter la chaleur, qui forceroit les plantes & les exposeroit à être détruites après la sortie, par les gelées tardives ou dont elles éprouveroient de grands dommages. Ce moyen est le plus assuré pour la conservation; mais, par lui, on a moins souvent de la fleur sur cette belle plante qui, à cet égard, veut être un peu sollicitée. Dans tous les jardins où règne un certain ordre de culture, on pratique, le long d'un mur ou dans un lieu abrité de l'Ouest ou du Nord, une planche à laquelle on donne telle longueur que l'on veut, sur une largeur de trente pouces. On la défonce de deux pieds; les terres en sont enlevées, & les parois taillées droit. On rapporte du sable de bruyère mêlé avec un sixième de terre prise au potager dont on ne comble point tout-à-fait cette planche : c'est-là que se déposent les plantes précieuses & un peu délicates, quoiqu'acclimatées & de pleine terre. On a la facilité, si l'Hiver est extrêmement rigoureux, de mettre un chassis sur les plantes très-douteuses, d'apporter du terreau, si quelqu'une en exige : il convient d'y planter un rang de Collinsones, à trois pieds de distance les unes des autres, que l'on couvre en Automne avec des feuilles sèches, & on aura une espèce de certitude, dans quelque partie de la France que l'on habite, d'y voir souvent de la fleur, & même des graines que l'on seme & soigne comme celles des plantes rares. Cette plante s'arrose souvent, sur-tout pendant les chaleurs; il est bon de la border de buis, qui y entretient la fraîcheur.

Usages. Dans les lieux un peu plus méridionaux que Paris, même dans les environs de cette Capitale, nous croyons qu'on pourra placer sans inconvénient, la Collinsone en pleine terre, dans les parties basses & fraîches des parterres, dans les jardins paysagistes; elle aura par-tout un grand effet : elle est précieuse pour toutes sortes de collections. (*F. A. QUESNÉ.*)

COLMART. Poirier dont le fruit est gros, applati vers l'œil, & presqu'aussi gros vers la queue. Sa peau est verte, un peu jaunâtre, fine, tiquetée de brun, & fouettée de rouge du côté du soleil. Sa chair est jaunâtre beurrée, & l'une des plus agréables; elle mûrit en Janvier, & se conserve jusqu'en Avril.

C'est une des variétés du *Pyrus communis*. L. *Voyez* POIRIER, dans le Dictionnaire des Arbres & Arbustes. (*M. REYNIER.*)

COLOCASE ou COLOCACIE. Plante potagère des deux Indes dont on mange les racines. *Arum pellatum*. La M. Dict. *Voyez* GOUET ombiliqué, n.° 21. (*M. THOUIN.*)

COLOCAI. Nom donné par les Indiens d'Amérique au baume de Copahu. C'est le produit du *Copaifera officinalis*. L. *Voyez* COPAIER officinal. (*M. THOUIN.*)

COLOMBIER. Logement des colombes, plus connues sous le nom de *pigeons* : ce logement long ou quarré, est intérieurement garni de trous ou boulins, dans lesquels les pigeons couchent & font leurs nids.

On distingue deux sortes de Colombiers : les *Colombiers à pied* & les *Colombiers sur piliers*. Les Colombiers à pied sont maçonnés du bas en haut; le plus souvent les premiers rangs des boulins sont immédiatement au-dessus des fondations; quelquefois ils ne commencent qu'à une certaine distance au-dessus du sol. La maçonnerie des Colombiers sur piliers commencent seulement au-dessus des piliers. Ils ressemblent assez aux moulins à vent de France.

Le droit d'avoir un Colombier à pied, dans quelques Provinces de ce Royaume, n'appartient qu'au Seigneur haut-justicier, & aux Seigneurs de fiefs. Les autres Propriétaires ne pouvoient avoir que des Colombiers à piliers ou de simples volières, appellées *fuies*, selon la quantité de terre qu'ils possédoient. Il y avoit même des pays où personne ne pouvoit faire construire un Colombier ou une volière, sans la permission du Seigneur haut-justicier. Les usages sur cela varient, selon les cantons. *Voyez* le Dictionnaire de Jurisprudence. On trouvera, à l'article FERME, les meilleurs principes pour construire un Colombier.

Tous les Voyageurs rapportent que, dans le Levant, les Colombiers sont très-fréquens. Les Egyptiens & les Peuples qui les avoisinent élèvent beaucoup de pigeons. A Ersá, M. Bruce allant aux sources du Nil, a remarqué que toutes les maisons avoient des Colombiers dans leurs greniers, & qu'ils étoient garnis de pots de terre, placés les uns sur les autres, & bien arrangés. (*M. l'Abbé TESSIER.*)

COLOMBIN. Variété du *Tulipa gesneriana*.

L. *Voyez* TULIPE des jardins. (*M. THOUIN.*)

COLOMBINE. On donne ce nom à la fiente de pigeons, en y comprenant même celle des poules & dindons. En Normandie, la fiente de pigeons s'appelle *poulucé*, nom qui conviendroit mieux pour désigner la fiente de poules.

Dans quelques cantons de cette Province, on prépare ainsi la Colombine. On transporte de tems-en-tems dans le colombier du crotin de cheval, sur lequel on fait tomber la fiente de pigeons, en nétoyant les boulins. Il en résulte un mélange d'engrais excellent pour les terres. Après l'avoir battu & réduit en poudre, on le seme à la main, en Février ou Mars, sur les champs destinés au lin.

Il vaudroit mieux, sans doute, faire ce mélange de fiente de pigeons & de crotin de cheval, par-tout ailleurs que dans le colombier. L'exhalaison qu'il occasionne ne peut être saine pour les pigeons. *Voyez*, pour les qualités de la fiente de pigeons, le mot AMENDEMENT, *p.* 490 du premier volume. (*M. l'Abbé TESSIER.*)

Quelques Jardiniers emploient la Colombine dans la composition des terres qui doivent servir à la culture des plantes étrangères que l'on cultive dans des vases. Mais on ne fait entrer cet engrais dans le mélange des terres que dans la proportion d'un seizième, & lorsqu'il est réduit en terreau, parce que, si on l'employoit plus frais & dans une proportion plus forte, il feroit à craindre qu'il ne brûlât les racines des plantes.

La Colombine s'emploie encore pour diminuer la crûdité des eaux de puits, & pour neutraliser la sélénite qu'elles contiennent quelquefois. Pour cet effet, on jette au fond des tonneaux qui reçoivent ces eaux, une trentaine de livres de ce fumier; &, chaque fois qu'on est sur le point d'arroser, on remue le mélange, pour que l'eau se charge de cette substance, & la transporte avec elle au pied des plantes qui ont besoin d'être arrosées.

Cette eau ainsi chargée de Colombine, est employée dans les potagers, pour arroser les arbres fruitiers, qui sont jaunes ou malades; elle produit souvent un bon effet. (*M. THOUIN.*)

COLOMBINE. Nom donné par quelques Jardiniers, assez improprement à l'*Aquilegia vulgaris*. L. *Voyez* ANCOLIE vulgaire, n.° 1. (*M. THOUIN*).

COLOMBINE. Ce nom est donné tout aussi improprement à une des variétés de l'*Anémone coronaria*. L. *Voyez* ANÉMONE des Fleuristes, (*M. THOUIN.*)

COLOMBINE plumacée. *Thalictrum agrilegifolium*. L. *Voyez* PIGAMON à feuilles d'Ancolie, (*M. THOUIN.*)

COLOMBINE, ou le nom de fleur de couleur Colombine à celles qui sont chatoyantes, & qui imitent les couleurs des plumes de la gorge du pigeon, (*M. THOUIN.*)

COLOMNÉE, *COLUMNEA.*

Genre de plante de la division des PERSONNÉES, qui comprend trois espèces. Ce sont des plantes herbacées, vivaces, rampantes ou grimpantes, à feuilles simples, opposées, à fleurs d'un coloris brillant, naissant, pour la plupart, dans les aisselles des feuilles; une seule à chaque aisselle, ou plusieurs dans la même: elles sont étrangères, & elles ne peuvent, dans notre climat, se cultiver qu'en serre chaude: elles se multiplient par graines & par rejets: elles sont recherchées par les Curieux, & elles brillent dans toutes les collections.

Espèces.

1. COLOMNÉE grimpante.

COLUMNEA scandens. L. ♃ Martinique, dans les bois.

B. Colomnée grimpante, à fleurs jaunes.

Columnea scandens flore lutescente. ♄.

2. COLOMNÉE droite.

COLUMNEA erecta. La. M. Dict. ♄ Amérique méridionale.

3. COLOMNÉE à feuilles longues.

COLUMNEA longifolia. L. Indes, le Malabar, dans les champs.

1. COLOMNÉE grimpante. Cette espèce, sous un beau feuillage, donne des tiges menues, un peu velues, fort longues, qui rampent, si elles ne rencontrent des arbres auxquels elles s'attachent en s'élevant. Ses feuilles sont opposées ovales, sans dentelures; quelques-unes en ont de fort petites: elles sont attachées par de queues courtes, velues ainsi que les feuilles, qui le sont un peu moins. Vers l'extrémité des tiges, dans les aisselles des feuilles, paroissent les fleurs, quelquefois seule à seule: elles sont en masque & pourvues d'un tube fort long & gros, dont l'extrémité se divise en deux lèvres: celle d'en-haut est entière & un peu concave; celle d'en-bas est fendue en trois parties. Elles sont d'un rouge écarlate. Il leur succède des capsules plus grosses que des pois. Cette belle plante se trouve à la Martinique, dans les bois.

Il existe dans cette espèce une variété, obtenue probablement par semence. Elle est à fleurs jaunes & à fruit blanc.

2. COLOMNÉE droite. Ses feuilles diffèrent peu de celle de la précédente; mais ses tiges n'ont que dix-huit pouces de hauteur: elles sont branchues, & un peu velues par en-haut: les fleurs n'ont rien de velu, & elles sont d'un rouge éclatant. Cette espèce croît dans l'Amérique méridionale.

3. COLOMNÉE à feuilles longues. Sa tige est herbacée; elle s'élève de deux pieds; ses branches sont quadrangulaires, ses feuilles opposées, adhérentes, fort longues, en forme de lance, peu dentelées, lisses en-dessus & en-dessous: les fleurs naissent

naissent à l'extrémité des branches; elles sont disposées en grappes longues & droites. Elles sont rouges; nous ignorons si cette espèce est annuelle, bienne ou vivace. Elle croît au Malabar, dans les champs.

Culture. Ces plantes étant originaires de l'Inde & des parties les plus chaudes de l'Amérique, ne se sortent point de la serre-chaude. Elles sont dans les meilleures tannées en tout tems; &, hors celui des chaleurs, arrosées avec beaucoup de modération. Les graines se sement sous cloche ou sous chassis, où le jeune plan est élevé dans des pots enfoncés dans une couche de tan, &c. (*Voyez* CLUSIER, *Codigi*.)

On donne à la première espèce pour tuteurs, de longues baguettes, auxquelles on attache la tige à mesure qu'elle monte; car les petites racines latérales dont elle est pourvue ne la servent point dans ce cas-là, & encore moins pour aspirer des sucs, dont probablement la tige profite; en grimpant le long des arbres. Elles se multiplient par les rejets.

Usage. Il est d'embellir les serres. (*F. A. Quesné.*)

COLON. Habitant des Colonies; on donne aussi ce nom en Bas-Poitou, à l'homme qui loue à moitié un colonage, c'est-à-dire, un bien de campagne. (*M. l'Abbé Tessier.*)

COLONAGE. Nom donné en Bas-Poitou à un bien de campagne, loué à moitié. A l'article BAIL, *Voyez* BAIL à Chetel. (*M. l'Abbé Tessier.*)

COLONNADE de verdure. Ce sont plusieurs arbres plantés symmétriquement, garnis de leurs branches depuis le bas jusqu'au haut, & qu'on taille en forme de colonne. L'orme est, de tous nos arbres communs, celui qui se prête davantage à cette forme, & qui résiste le plus long-tems à cette culture, aussi inconvenante que meurtrière.

Les Colonnades vertes étoient fort à la mode dans les petits jardins de Ville; on s'en servoit particulièrement pour encadrer des parterres, pour former des salles, des perspectives, &c. Mais un goût plus épuré les a bannis de tous les jardins.

Lorsque, pour des motifs particuliers ou des convenances locales, on a besoin, dans les jardins d'agrément, de remplacer ces Colonnades, on plante des arbres auxquels la Nature a donné une forme analogue. Les peupliers d'Italie, parmi les arbres qui se dépouillent, & le Cyprès pyramidal parmi ceux qui conservent une verdure perpétuelle, remplissent parfaitement ce but. (*M. Thouin.*)

COLOQUINELLE. L'une des sous-variétés du PEPON polimorphe de M. Duchesne, nommée aussi *Orangin cucurbita pepo* L. *Voyez* COURGE à limbe droit. (*M. Reynier.*)

COLOQUINTE (fausse). Nom sous lequel on connoît la même variété du Pepon polymorphe, qui est désignée par le nom de *Coloquinelle*. *Voyez* COURGE à limbe droit. (*M. Reynier.*)

COLOQUINTE lactée. Nom sous lequel on connoît la Cougourdette, l'une des variétés du Pepon polymorphe de M. Duchesne. *Voy.* COURGE à limbe droit. (*M. Reynier.*)

COLOQUINTE. Nom vulgaire d'une espèce de Concombre, *Cucumis colocynthis*. L. *Voyez* CONCOMBRE amer. (*M. Reynier.*)

COLORÉ. Lorsque les parties des végétaux, qui sont ordinairement vertes, telles que les tiges, les feuilles, les calices, sont teintes d'une autre couleur; on dit qu'elles sont Colorées de telles ou telles couleurs. (*M. Thouin.*)

COLORIS. On donne ce nom à ce vernis brillant qui embellit les fleurs des parterres plutôt qu'à la couleur qu'il fait ressortir; une couleur terne n'a aucun prix: elle n'est estimée que lorsqu'un beau Coloris la relève. D'abord il paroît que le Coloris provient de la surface lisse de la fleur; mais la surface est aussi lisse dans les fleurs ternes que dans les fleurs brillantes. Il paroît que ce reflet dépend de l'homogénéité de chaque nuance. Les tulipes de graine qu'on nomme *couleurs*, lors de leur première floraison, sont ternes; tous les panaches paroissent confondus; ils se débrouillent dans les floraisons suivantes; &, à mesure qu'ils se purifient, la fleur acquiert du Coloris. *Voyez* COULEUR. (*M. Reynier*).

COLSA. Nom donné dans presque tous nos Départemens septentrionaux, au *Brassica Arvensis*. L. *Voyez* l'article CHOU. (*M. Thouin.*)

COLUMELLE, nom d'une des variétés du *Tulipe gesneriane*. L. *Voyez* TULIPE des Jardins. (*M. Thouin.*)

COLUTEA, ou latin d'un genre de plante, qui a été adopté en François par quelques personnes, pour désigner les *Bagnaudiers*. *Voyez* ce mot au Dictionnaire des Arbres & des Arbustes. (*M. Thouin.*)

COLZA. Nom du *Brassica Arvensis* L. dont on tire de la graine une huile fort estimée dans l'Economie domestique & dans les Arts. *Voyez* l'article CHOU. (*M. Thouin.*)

COMARET, Camaret, argentine rouge ou quintefeuille des marais, *Comarum palustre*. L. *Voyez* POTENTILLE rouge. (*M. Thouin.*)

COMB, mesure de continence. *Voyez* COOMB. (*M. l'Abbé Tessier.*)

COMBLE, terme usité dans le commerce des grains. Il se dit de ce qui reste enfaîté au-dessus des bords de la mesure, après que le mesureur l'a remplie. Il y a deux manières de mesurer; l'une à mesure *comble*, & l'autre à mesure *rase*. La mesure *comble* est quand on donne à l'acheteur ce qui reste au-dessus des bords avec la mesure même; & la mesure *rase*, quand, avant de la délivrer, le Vendeur la racle avec un morceau de bois, qu'on appelle *radoire* ou *rouleau*,

& en fait tomber ce qui est au-dessus des bords. Il y a des grains & des légumes qui se vendent à mesure rase, & d'autres à mesure comble. *Ancienne Encyclopédie.* (*M. l'Abbé* TESSIER.)

COMESTIBLES. Par ce mot, on entend tous les objets qui servent à la nourriture; les grains, les viandes, les légumes sont des Comestibles: on y comprend même les boissons, telles que, parmi nous, le cidre, la bierre, l'hydromel, le vin, l'eau-de-vie. C'est l'Agriculture qui fournit tous les Comestibles, excepté le sel, qui est plutôt un médicament ou un assaisonnement qu'un aliment. (*M. l'Abbé* TESSIER.)

COMMANDE de Bestiaux est un contrat par lequel on donne à un Laboureur ou à un Pasteur une certaine quantité de bétail, tels que bœufs, vaches & moutons, à la charge que le preneur les nourrira & en jouira comme un bon père de famille, & qu'au bout d'un certain tems, il représentera les animaux confiés, afin que le bailleur prélève dessus l'estimation, & que le surplus ou le croît se partage entre lui & le preneur. *Ancienne Encyclopédie.* Voyez BAIL à cheptel, au mot BAIL. (*M. l'Abbé* TESSIER.)

COMMELINE, *COMMELINA.*

Genre de plante unilobée, de la famille des *Joncs*, qui a des rapports avec la *Callise* & les éphémères, qui comprend des herbes exotiques à feuilles alternes, simples, portées sur une gaîne remarquable; à fleurs terminales, enfermées en naissant dans des bractées codiformes, pliées en deux spathacées.

Caractère générique.

Chaque fleur est composée d'un calice à trois folioles, de trois pétales plus grands que le calice, alterne avec ses folioles, de trois étamines fertiles & de trois filamens stériles, soutenant chacun trois glandes horizontales, disposées en croix; d'un ovaire supérieur, arrondi, chargé d'un stile courbé, à stigmate simple, penché en crochet. Le fruit est une capsule sèche ou succulente, qui contient trois semences.

Espèces.

1. COMMELINE commune.
COMMELINA communis. L.
⊙ de l'Amérique, du Japon.

2. COMMELINE d'Afrique.
COMMELINA Africana. L.
♃ de l'Afrique.

3. COMMELINE du Bengale.
COMMELINA Bengalensis. L.
♃ du Bengale.

4. COMMELINE droite.
COMMELINA erecta. L.
♃ de la Virginie.

5. COMMELINE de Virginie.
COMMELINA Virginica. L.
♃ de la Virginie.

6. COMMELINE hexandrique.
COMMELINA hexandra. Aub. Guia. 35 Tab. 12.
♃ de Cayenne, de la Guyanne parmi les buissons & au bord des ruisseaux.

7. COMMELINE tubéreuse.
♃ du Mexique.

8. COMMELINE baccifère.
COMMELINA lanonia, corollis æqualibus; pedunculis incrassatis, margine hirsutis, bracteis geminis: L. Mill. Dict. N.° 5. de l'Amérique méridionale, Cayenne.

9. COMMELINE à gaîne.
COMMELINA vaginata. L.
⊙ des Indes orientales.

10. COMMELINE à fleurs nues.
COMMELINA nudiflora. L.
⊙ des Indes orientales.

11. COMMELINE à capuchons.
COMMELINA cucullata. L.
⊙ des Indes orientales dans les lieux humides.

12. COMMELINE bractéolée.
COMMELINA bracteolata.
⊙ de l'Inde.

Cette plante a été ainsi nommée par le P. Plumier, Minime, en l'honneur du Docteur Commelin, célèbre Professeur de Botanique à Amsterdam.

Ces plantes n'ayant aucune beauté, nul éclat, la description générique suffira avec la culture propre aux différentes espèces dont on tiendra un ou deux individus au plus, dans un jardin pour les Botanistes.

Culture générale & particulière.

On multiplie toutes ces espèces par leurs semences. Celles de la première lèvent en pleine terre; si on les sème en Automne, elles paroissent de bonne-heure au Printems, & on peut en espérer de bonnes graines en Automne: elles lèvent aussi spontanément.

La deuxième dont la racine est vivace, se multiplie par éclats, ainsi que par ses branches traînantes qui poussent des racines à chaque articulation; on met les éclats ou les rejets en pots sous des chassis ou dans l'orangerie.

La même pratique pour les N.os 4, 6, 7 & 8, aura le même succès. On observe généralement que toutes les plantes qui ont des articulations, reprennent aisément; toutes ces plantes fleurissent en Juin, Juillet & Août.

Usage. Koëmpher prétend qu'on se sert des fleurs de la première espèce, pour faire l'outremer; on humecte ses pétales mêlés avec du son de riz; un peu après, on exprime la masse. Dans ce suc exprimé, l'on plonge une carte, & après l'avoir humectée, on la fait sécher, ce qu'on réitère autant de fois qu'il faut, pour que la carte prenne la couleur. (*M.* MENON).

COMMERCE DES GRAINS.

Les rapports du Commerce avec l'Agriculture sont si étendus, & en même-tems si rapprochés & si intimes qu'il faudroit ne pas séparer ces deux branches d'industrie, puisque l'Agriculture fournit la majeure partie des objets sur lesquels s'exercent les Arts qui alimentent le Commerce. Ainsi, en parlant des fromens, on devroit les suivre depuis le moment où on les seme jusqu'à celui où on les convertit en pain. Lorsqu'il s'agit de traiter de chanvre, il faut commencer par l'examen de la graine, & ne point quitter les plantes qui en résultent, que la filasse ne soit remise toute préparée dans les mains du Marchand ou du Fabricant. S'il est question des bêtes-à-laine, il convient de ne les pas perdre de vue, depuis leur naissance jusqu'à ce que leur laine soit en état de passer dans les manufactures. Telle est la marche que j'ai suivie jusqu'ici, & celle que je suivrai dans tout le cours de ce Dictionnaire, laissant à celui du Commerce à traiter des achats, qui ne sont plus de première main, du transport des denrées par terre ou par eau, de la manière de faire les importations & exportations, des règles & des usages des marchés, foires & douanes, du prix des marchandises qui circulent dans le Commerce, &c. D'après ces observations, c'eût été au Dictionnaire du Commerce à traiter de la liberté du Commerce des grains. Cependant, en lisant les articles BLÉ & GRAIN, je n'y trouve que quelques phrases relatives à cet intéressant objet. Il y est seulement question de la marche rapide de ce Commerce chez les différentes Nations de l'Europe. Ce motif me détermine à réunir ici toutes les idées qui me paroissent propres à éclaircir une question tant de fois agitée.

Si tous les Peuples de l'univers, conformément au vœu du bon Abbé de Saint-Pierre, ne formoient qu'une seule famille bien unie, bien d'accord, tous les produits des diverses cultures se partageroient, de manière que personne ne manqueroit de rien; le superflu des uns seroit porté aux autres; il s'établiroit un Commerce d'échange pur, franc, & capable de pourvoir aux besoins de tous. On ne verroit nulle part de disette, nulle part de surabondance; tous les hommes, pleins de zèle & d'ardeur pour s'obliger mutuellement, ne négligeroient rien de ce qui pourroit assurer la subsistance générale. Alors la liberté du Commerce seroit pleine & entière dans toutes les parties du monde. Mais une si agréable chimère ne peut servir qu'à amuser l'imagination, & l'on sent combien elle est loin de la réalité. Les hommes répandus sur les différens points de la surface du globe, seront toujours distingués en familles, en tribus, en peuples dont les intérêts seront opposés les uns aux autres. Chacun voudra profiter de la foiblesse ou de l'incapacité de ses rivaux pour accroître sa fortune. Les productions d'un pays ne passeront dans un autre qu'à des conditions plus ou moins onéreuses. Les Royaumes les plus fertiles même, seront exposés à de grandes vicissitudes, à moins que leurs Gouvernemens n'admettent des principes de Commerce dont les effets puissent être constans.

Avant d'entamer la question sur la liberté du Commerce des grains, il faut écarter les Etats, qui n'en récoltent point ou presque point, & ceux qui récoltent toujours au-delà de leur consommation. Les premiers, tels que Gênes, la Hollande, &c. n'en manquent jamais; mais ils en manqueroient, si leurs ports n'étoient, sans entraves, ouverts pour l'entrée & la sortie, aux Négocians qui vendent des blés. Ces grains y sont toujours abondans & à un prix raisonnable. Les autres Etats n'ont jamais besoin qu'on leur en apporte. Il leur est nécessaire même d'en pouvoir exporter perpétuellement. Sans cette facilité, ils en perdroient beaucoup, qui se gâteroient dans leurs magasins. Ils se verroient réduits à en cultiver moins, ou à laisser en friche des terres qui ne sont propres qu'au froment. Comme ils ne se procurent certaines commodités de la vie qu'en les payant avec la surabondance de cette denrée, ils en seroient privés dans les années où ils n'auroient pas la liberté de vendre à l'étranger; telle est la position de la Pologne : ce Royaume placé dans un climat froid, ne produit presque que du blé, ou du moins le blé est sa principale production. Pour favoriser ses cultures & pour tirer parti de son sol, il est de toute nécessité que le Commerce des grains y soit parfaitement libre. Là, le Peuple, peu nombreux eu égard à l'abondance des récoltes, n'est jamais tourmenté de la crainte d'une disette, parce qu'on y recueille chaque année au-delà des besoins.

La question sur la liberté du Commerce des grains ne peut donc regarder que les Etats où la consommation est quelquefois plus forte que les récoltes. La France est, plus qu'aucun autre pays, dans ce cas. Elle est sujette à des variations de l'atmosphère, tantôt favorables, tantôt défavorables. Sa consommation en froment est plus considérable que celle des autres Royaumes. Le François est accoutumé à manger beaucoup de pain.

Il paroît que c'est en Angleterre que l'on a publié les premiers ouvrages sur la liberté du Commerce des grains. On s'en est aussi beaucoup occupé en France. C'est Dupin, Fermier-général, qui, le premier, a écrit en faveur de la liberté de ce Commerce; mais avec tant de timidité & de circonspection que son Ouvrage suffiroit pour démontrer à quel point on étoit alors éloigné des vrais principes. Une classe d'hommes à laquelle on a donné le nom d'*Economistes*, y a consacré ses recherches. Il en est sorti un grand nombre d'écrits plus ou moins bien faits. Les Florentins cependant réclament l'antériorité sur ce qu'ils appellent *ultramontains*, c'est-à-dire, sur les Anglois & les François. Voici ce que j'ai trouvé dans un Almanach d'économie, par M. l'Abbé l'Astri, de Florence.

« L'idée de la liberté du Commerce des blés, dit-il, tant dans l'intérieur qu'à l'extérieur de la Toscane, est bien plus ancienne que le système de l'Angleterre sur cet article, qui ne remonte pas au-delà du tems de Cromwel; ceci se prouve par deux pièces authentiques, communiquées par une personne versée dans nos Archives. »

« La première est une patente (*provisione*) des huit du conseil, après la conquête de Pise, en 1406, avec laquelle, par ordre de la Commune & Seigneurie de Florence, pour faire sortir de son état de langueur le Comté de Pise, & ranimer dans son sein l'Agriculture, on accorde l'exportation libre du blé, de l'orge & de toute autre espèce de vivres, produits dans le territoire susdit. »

« La seconde est un ancien Statut du Château de Florence, dans lequel, pour faire refleurir l'Agriculture, on permet l'exportation libre hors de ce territoire, de toute espèce de grains & de légumes *omnis generis bladi vel leguminis*; prescrivant en outre qu'il n'est pas besoin d'aucune intervention du pouvoir pour tirer ces denrées; *nulla bulletta potestatis requiratur ad extrahendum dictum genus bladi vel leguminis.* »

« Ce Statut manuscrit porte la sanction de la Commune de Florence. »

« Une autre époque glorieuse pour nous, est celle de l'Archidiacre *Salustio Bandini*, patricien de la ville de Sienne, lequel, sur la liste des Economistes, est antérieur à tous ceux de France, qui ont publié l'utilité de la liberté des grains. Cet excellent Citoyen ayant profondément réfléchi sur le fâcheux état de la côte maritime de Sienne, dont les malheurs refluoient encore sur la Patrie, ne donna pas d'autre projet, que la liberté des grains, dans un Discours économique qu'il composa, en 1737, & qui fut publié depuis à Florence, en 1775. »

« Sienne, jusqu'à des tems plus près de nous, profita des effets avantageux de ce système dans toute sa plénitude. Cette Ville étant tourmentée par la crainte d'une famine imminente, causée par la disette de 1766, sans savoir où prendre le remède à ses maux, l'Auditeur-général en donna avis au Gouvernement, & lui donna des secours extraordinaires. On expédia alors un commissaire avec un plein pouvoir, qui sauva le pays d'une si grande calamité, sans employer d'autres moyens que d'abroger toutes les anciennes loix sur les vivres, & de rendre libres la vente & l'achat du blé, & la fabrication du pain. Non-seulement dans cette conjoncture, on fit venir des grains du dehors, mais on fit encore entendre que ce soin ne seroit plus l'affaire de l'Etat, mais celle des Particuliers. Le remède fut si efficace que les habitans de Sienne n'eurent pas besoin d'autre approvisionnement, &, de plus, ils ne furent plus astreints à concourir aux dépenses des emprunts dans cette circonstance, comme aussi ils n'étoient plus dans le cas d'en profiter. »

Au reste, il importe peu de savoir quelle Nation a la première proposé la liberté du Commerce des grains. Ce sont ses avantages ou ses désavantages qu'il faut connoître.

Les grandes erreurs en politique viennent de ce qu'on n'a recours qu'au raisonnement, & le plus souvent, qu'à une fausse théorie. Des essais d'Administration seroient les meilleurs Maîtres à consulter. Il convient également d'interroger l'expérience, pour décider la question sur la liberté du Commerce des grains. Doit-elle être gênée & exposée à des vexations, comme en Turquie, variable comme en France, bornée comme en Angleterre, ou illimitée comme en Toscane; c'est ce que des faits seuls peuvent décider.

La meilleure Administration sur les grains est celle qui procure toujours l'abondance, écarte les disettes, & met les blés à un prix tel, que les Consommateurs puissent en avoir facilement, & que les Fermiers ou Propriétaires de terres trouvent du profit à en cultiver. Si la liberté pleine & entière du Commerce des grains ne produit pas ces effets, elle doit être proscrite ou modifiée. Ce qui va suivre fera voir combien l'Agriculture des Etats de la Turquie souffre de la gêne du Commerce des grains; combien la Législation vacillante de la France sur cet objet, a occasionné de disettes, en ouvrant la porte aux monopoles; comment les Anglois, qui ont admis des principes plus fixes, ont écarté les accaparemens; combien enfin la Toscane a été heureuse à cet égard, depuis qu'elle a dégagé son Commerce de grains de toute entrave. L'Ouvrage qui m'a paru raisonner le plus profondément sur une matière aussi utile, est celui de M. Abeille, Inspecteur-général, &c. l'homme le plus instruit, le plus ami du bien & le plus digne de l'estime & de la reconnoissance publique. Ses Ouvrages, en économie politique, sont les meilleurs que je connoisse. Le premier a paru à Paris, en 17.. Je ferai usage de ses idées, pour ce qui concerne la France & l'Angleterre, avec d'autant plus de raison qu'elles sont le fruit d'une mûre réflexion, d'après l'examen de beaucoup de faits.

Commerce des grains en Turquie.

Nous devons à M. de Monradgea d'Hosson, Secrétaire du Roi de Suède, ci-devant chargé des affaires de cette Cour à Constantinople, les connoissances qui nous sont parvenues sur le Commerce des grains en Turquie.

« Quoique l'Agriculture, dit-il, ne soit pas dans un état de prospérité chez les Ottomans, elle n'y est cependant pas aussi négligée qu'on se l'imagine en Europe. Chaque Province trouve ses subsistances dans ses terres, & les contrées les plus fertiles, comme la Morée, la Valachie, la Moldavie, la Basse-Anatolie, la Syrie, l'Egypte, &c. versent souvent leur superflu dans les cantons les plus stériles & les plus montagneux. L'abondance règne dans toute l'étendue de la Monarchie; rarement la famine s'y fait sentir; & il n'y a pas d'année où les Européens n'aillent faire des chargemens considérables de grains à Smyrne, en Morée & sur les différentes côtes de l'Empire. Quoique l'exportation en soit rigoureusement défendue, le Ministère a cependant la sage politique de fermer les yeux sur ce Commerce, sur-tout dans les années les plus abondantes. L'état ordinaire de l'Agriculture est donc au-dessus des besoins, & de ce qui est nécessaire à la subsistance de tous les Citoyens. »

« Cependant eu égard à la fertilité du sol & à l'étendue des possessions Ottomanes, l'Agriculture pourroit devenir beaucoup plus florissante, & procurer à ces contrées les plus grandes ressources, si le Cultivateur y étoit encouragé par le Gouvernement, si les Grands & les Officiers publics n'étoient pas exposés tous les jours à des confiscations arbitraires, & si les Particuliers, soit Mahométans, soit Chrétiens, également protégés par la loi, n'étoient pas livrés à l'avarice & aux vexations d'un Pacha, d'un Bey, d'un Agha qui, le plus souvent, s'assurent l'impunité, en associant à leurs déprédations ceux même qui, par état, sont chargés de les réprimer. »

« A ces vices généraux de l'Administration se joignent encore une multitude d'entraves qui gênent le Commerce des denrées, & ralentissent la circulation intérieure; mais les plus accablantes sont celles qui proviennent de la fixation du prix. Peut-il en effet y avoir d'autres valeurs dans les productions que celles qui résultent du fruit des avances qu'exige l'Agriculture, de l'abondance des récoltes, & de la concurrence plus ou moins considérable des Acheteurs & des Vendeurs? A Constantinople, cet article important est soumis à l'inspection générale de l'Istambol-Cadissi, Juge ordinaire de la Capitale. Un de ses Naïbs, ou Vicaires, a sous ses ordres la régie de ce Bureau que l'on appelle Ounn-Capann; il est établi sur la rive du Bosphore, entre le Serail & l'Amirauté. C'est-là qu'abordent tous les Bâtimens chargés de grains que produisent les côtes de la Mer noire & celles de la Mer blanche. Le Naïb en tient registre, &, après en avoir déterminé le prix, assez arbitrairement, il en fait distribuer, plus arbitrairement encore, à tous les Boulangers de la Ville. »

Cette police désastreuse a pour objet de prévenir les funestes abus des accaparemens. Il n'est permis à personne d'enmagasiner les denrées pour les vendre à son gré; aussi n'existe-t-il nulle part, ni halles, ni greniers, ni autres dépôts nécessaires pour les spéculations de ce genre. Cependant les vices de ce systême économique entraînent quelquefois les malheurs même qu'on voudroit éviter. La détention d'une infinité de navires, qui attendent souvent deux ou trois mois leur tour pour décharger leur cargaison, la violence exercée contre les Boulangers pour leur faire acheter ces grains qu'ils sont obligés de renfermer dans de mauvais greniers, à côté de leur boulangerie & de leurs moulins dont la construction est toute en bois, les accidens fréquens qu'éprouve cette denrée précieuse, tantôt avariée par la Mer, tantôt incendiée dans les différens quartiers d'une Ville si sujette à cette calamité, sont autant de circonstances qui exposent la Capitale aux dangers de la famine. »

« Il est vrai que le Gouvernement ne néglige rien pour engager les Marchands à tenir les grains en abondance à Constantinople. Il se ménage même une autre ressource pour subvenir, dans le besoin, à la subsistance du Peuple. Il a pour usage de faire acheter tous les ans, avec les deniers du fisc, environ un million de quilots de grains dans les contrées les plus fertiles, telles que Volo, Salonique, Rodosto, Baraagahtz, Varna, &c. Ils sont transportés par mer à la Capitale, & déposés dans un vaste grenier, au fond du port, vers l'Amirauté. On ne touche à cette provision que lorsque les blés particuliers deviennent rares dans la Ville, ou lorsque ceux de l'Etat, qui sont enmagasinés, commencent à péricliter. Une précaution si sage mérite, sans doute, des éloges; mais elle en mériteroit davantage, si l'Administration étoit assez généreuse pour se dépouiller de tout esprit d'intérêt & de monopole. Elle ne paie jamais ces blés que vingt paras par quilot; &, comme elle ne les cède aux Boulangers que dans les momens où la denrée est au plus haut prix, à 35, 40, 45 paras, elle y trouve alors un bénéfice de 50, 60, ou 70 pour 100. »

« Mais ce qu'il y a de plus odieux dans cette opération financière, ce sont les manœuvres des Officiers qu'on y emploie. Les Capoudjys Baschys, espèces de Chambellans, sont ceux qui, pour l'ordinaire, obtiennent ces commissions, toujours lucratives. Sous le titre de Mubaïadgy, qui veut dire Acheteur ou Collecteur public, ils parcourent les Districts soumis à cette contribution, & obligent les Propriétaires à consigner la denrée à l'Acheteur même. Indépendamment du droit de dix pour cent qui leur est alloué par l'Etat aux dépens des mêmes Propriétaires, il n'y a point de vexations qu'ils n'exercent envers ceux-ci. Ils font plus; ils osent, au mépris de leur office, vendre à leur profit la dixième ou la quinzième partie des fromens qui leur sont confiés, & remplacent le vuide par de l'orge, du seigle & de la paille qu'ils mêlent avec ce qui reste; ils y répandent même quelquefois de l'eau de mer qui, en faisant gonfler le grain, dérobe en quelque forte les fraudes dont ils se rendent coupables encore dans le mesurage.»

«Le plus souvent ces iniquités restent impunies par la connivence de ceux qui ont droit de les inspecter. Cependant, lorsqu'elles sont poussées à l'excès, rien ne peut sauver les prévaricateurs des poursuites du Gouvernement, qui les punit par l'exil, par la confiscation de leurs biens, souvent même par la mort. Mais ils sont remplacés par d'autres qui, malgré la sévérité de ces exemples, n'en sont pas plus fidèles dans l'exercice de leur commission. Ainsi, les blés vendus pour le compte du Souverain dans Constantinople, sont presque toujours d'une qualité inférieure à ceux des Particuliers. D'après ces malversations des Officiers publics, & celles des Boulangers, il n'est pas étonnant que le pain, en général, soit d'une qualité assez médiocre, non-seulement dans les Provinces, mais dans la Capitale même. Sur cet objet, comme sur beaucoup d'autres, tout concourt à démontrer les funestes effets d'une Administration qui ne protège pas assez l'Agriculture dans un pays, d'ailleurs si fertile, & chez une Nation qui n'est pas dépourvue d'activité & d'industrie.»

Commerce des Grains en France.

M. Abeille, dont j'ai parlé, assure que, si par *disette*, on entend l'insuffisance réelle des grains, il n'y a point eu de disette en France depuis plus d'un siècle; mais il a existé plus d'une fois une disette ou une insuffisance apparente, causée par le monopole ou l'avidité, ce qui est un aussi grand mal pour le Consommateur, puisqu'il ne peut pas jouir davantage de blés, qui sont soustraits & cachés, que de bleds qui n'existent pas. C'est donc du monopole qu'il s'agit de se garantir. Tantôt il répand de faux bruits sur le produit des récoltes passées, dans les Provinces éloignées, afin d'avoir un prétexte pour renchérir les blés qu'il garde ou qu'il a arrhés, c'est ce qu'on peut appeller le *monopole de spéculation*; tantôt à la vue de l'augmentation du prix des grains, il s'abstient d'en vendre, dans l'espérance qu'il augmentera encore; ce monopole est celui d'*imitation*.

Pour jetter de la lumière sur les causes du monopole, je rassemblerai des faits recueillis par le Commissaire Lamare, dans son *Traité de la Police*. On sait que ce Commissaire, homme infatigable dans ses recherches & dans l'exercice de ses fonctions, a été témoin de la plupart des faits qu'il raconte; il y a joint des pièces justificatives.

Disette des années 1660, 1661, 1662, 1663 & 1664.

« Il y eut quelques Provinces où les blés furent niellés au commencement de Juillet 1660 (1). Cet accident n'étoit pas universel, & la diminution, qu'il causoit dans la récolte future pouvoit être bien plus que remplacée par les grains qui étoient restés des années précédentes. Les Marchands surent bien profiter de cette occasion. Ils acheterent tous les grains des Marchands forains, même ceux qui étoient arrivés sur les ports de Paris, & *en firent des magasins*. Quelques-uns d'entre eux ou de leurs Emissaires, prirent la poste, coururent de Ville en Ville *répandre le bruit de la disette des blés*. Ils affecterent même, *pour se faire croire*, d'acheter *en chaque Ville*, *dans les marchés & dans les greniers* des Particuliers, *quelques* muids de blé *au-dessus du courant*. Après qu'ils se furent ainsi rendus les Maîtres de tous les blés qui pouvoient être amenés à Paris, ils ne les firent plus venir que peu-à-peu, bateau-à-bateau, en sorte que le blé qui ne coûtoit, au mois de Juin, que *treize livres dix sols*, monta *tout d'un coup à trente livres*, & fut porté, en peu de tems, à trente-quatre livres. (2)

« Les Magistrats se donnèrent les plus grands mouvemens pour arrêter ce désordre dans Paris même, où des Marchands avoient formé des magasins. Les Commissaires du Châtelet en découvrirent & les firent ouvrir. Les Marchands se voyant éclairés de trop près, firent des magasins en Province, & principalement le long des rivières, d'où ils tiroient ensuite les blés *petit-à-petit*, pour les faire venir à Paris; *& ainsi de de concert entre eux, ils en cachoient l'abondance & entretenoient la cherté.*»

Les Commissaires du Châtelet eurent ordre de se transporter sur les lieux. Ils trouvèrent, près de Meaux, des magasins où l'on *retenoit en réserve* une quantité *considérable* de grains. Les Marchands furent assignés. L'un d'eux comparut & fut arrêté. Un autre fut decrété de prise-de-corps. Les Commissaires continuant leurs descentes, firent de nouvelles découvertes de magasins; & l'on reconnut par leurs procès-verbaux, & par leurs informations, *que ce n'étoit pas la disette, mais la malice & les usures des Marchands d'où provenoit la cherté des grains*; que plusieurs de ces Marchands, pour avoir un prétexte qui eût quelqu'apparence de raison de retenir leurs blés en magasins, les avoient fait saisir par des Créanciers simulés.... Que tout leur objet étoit de ne les faire venir à Paris que bateau-à-bateau, pour en cacher l'abondance, & y entretenir la cherté.»

Le fruit de ces descentes fut de saisir en très-

(1) Les blés appellés autrefois *blés niellés*, sont les blés attaqués de carie. Depuis qu'on en connoît la cause, on sait que cette maladie existe avant l'époque du mois de Juillet. *Voyez* CARIE.

(2) L'argent fin monnoyé étoit alors à vingt-huit livres treize sols huit deniers le marc. Ainsi, trente-quatre livres de ce tems-là répondent à-peu-près à soixante livres de notre monnoie actuelle.

peu de tems 3600 muids de blé, qui furent chargés pour Paris, & 5850 muids qu'on ne put faire charger & partir, faute de bateaux & d'hommes pour les voiturer & d'une quantité d'eau suffisante pour la navigation. Malgré ces efforts, on ne put faire tomber qu'à vingt-trois livres le setier des grains, qui ne coûtoient que treize livres dix sols, quatre mois auparavant. Les procès verbaux des Commissaires mirent à découvert « toutes les usures, les *monopoles*, les magasins de *plusieurs années*, les blés *gâtés* & jettés de nuit dans les rivières, *pour avoir été gardés trop long-tems*, les Sociétés vicieuses, *les faux bruits répandus*, la *connivence* de quelques *Officiers*, & toutes les autres *causes*, qui entretenoient la *disette* & la *cherté* des grains. Il y avoit des blés *suffisamment* pour les Provinces & pour Paris; *cela étoit bien prouvé*. Il ne s'agissoit plus pour rétablir l'*abondance* que de les *mettre en mouvement*. »

La quantité de grains qui arrivoient sur les ports de Paris, ne pouvoient qu'en faire baisser *considérablement* le prix. « Les Usuriers en furent *alarmés*; &, entr'autres moyens qu'ils mirent en usage pour *embarrasser* ces fréquentes voitures, & *entretenir la disette*, ils susciterent les Traitans, qui avoient des recouvremens, à faire sur les Villes & en vertu d'arrêt de solidité, *ils firent saisir & arrêter sur la route les bateaux chargés de blé pour Paris*. Le Roi, par un Arrêt du Conseil du 10 Décembre 1660, leva cet obstacle.

Dans le même mois de Décembre, il se forma un conflit de jurisdiction entre le Châtelet & le Prévôt des Marchands & Echevins, qui prétendoient que cette police leur appartenoit sur la rivière. Cette contestation, qui ne fut terminée qu'au mois d'Août 1661, fut si favorable au monopole que le blé étoit monté à trente-huit livres le setier.

Le Prévôt des Marchands & les Echevins firent tous leurs efforts pour reprendre les recherches & les poursuites qui avoient été commencées. *Ils trouverent par-tout beaucoup de difficultés à se faire obéir*. « La disette augmenta, & la cherté à proportion. Le prix du blé fut porté jusqu'à cinquante livres le setier, & le pain se vendoit huit sols la livre. (1) Le Roi avoit fait acheter une quantité considérable de blés à Dantzick & ailleurs. S. M. y envoya jusqu'à deux millions de livres. La flotte chargée de ces grains arriva dans nos ports au mois d'Avril 1662, & le besoin cessa. Ces blés étrangers se vendirent d'abord vingt-six livres le setier; cela fit baisser tout d'un coup ceux des Marchands de cinquante à quarante livres. L'on mit alors ceux du Roi à vingt livres, ce qui obligea encore les Marchands à baisser à proportion. Malgré ce grand exemple de bonté & de charité du Roi, il y eut encore des gens assez endurcis pour garder leurs blés en magasin, & pour les laisser plutôt gâter & corrompre que de les exposer en vente. »

Tous ces soins, & la moisson qui avançoit & paroissoit assez belle, faisoient diminuer de jour à autre le prix du blé. Les seuls Usuriers voyoient ces progrès avec chagrin; ils alloient dans les fermes & les maisons des Laboureurs arrêter sur pied toute la récolte future. La moisson de l'année, qui avoit paru belle d'abord, fut encore gâtée par la nielle en plusieurs lieux; celle de l'année 1663 fut médiocre. L'Hiver de l'année 1664 fut fort humide. Il arriva ensuite, au commencement du Printems, de fortes gélées: une partie des blés avoit pourri en terre sous les eaux, d'autres périrent par la gelée; ainsi, l'on se vit menacé d'une stérilité presque universelle. Il y avoit *beaucoup de blés des années précédentes*; la disette *n'étoit pas absolument à craindre*. Mais il arriva ce qui est *ordinaire* en semblables occasions, *les greniers & les magasins furent fermés*. Et, dès le mois d'Avril, le prix du blé fut porté à vingt-quatre livres, & peu de tems après à trente livres.

Des blés que le Roi avoit fait acheter par prévoyance arriverent à Paris; on n'en fit paroître que quelques bateaux à-la-fois, & ils furent débités *comme appartenans à des Marchands forains*. On en diminua successivement le prix de quarante sols à quarante sols, en sorte qu'on amena par degrés les Marchands à ne vendre les leurs que seize livres le setier. Alors l'abondance & le bon marché se rétablirent.

Voilà, dit l'Auteur, des exemples frappans de ce que peut la plus légère concurrence contre le monopole enhardi par le défaut de Concurrens. Si les manœuvres qu'on vient de rapporter sont effrayantes par leur longue durée, par leur résistance à tous les efforts de l'Administration, elles le sont beaucoup plus encore sous l'époque suivante.

Disette des années 1692, 1693 & 1694.

« Après les moissons abondantes *de huit années consécutives*, il se répandit un bruit sur la fin du Printems de l'année 1692 que les blés avoient été niellés en plusieurs des plus fertiles Provinces. Cet accident se trouva en effet véritable; *mais il n'étoit pas universel*. Il restoit encore l'espérance de la *moitié au moins* d'une récolte des années ordinaires. Comme il ne faut qu'un *prétexte* aux Marchands pour les déterminer à *grossir les objets du côté de la disette*, ils ne manquerent pas à profiter de celui-ci. On les vit aussi-tôt *reprendre leurs allures*, & remettre en usage leurs pratiques,

(1) On ne doit pas perdre de vue qu'il faut presque doubler tous ces prix, pour connoître à quelle quantité de notre monnoie actuelle ils correspondent.

pour faire renchérir les grains; sociétés; courses dans les Provinces, faux bruits répandus, monopoles par les achats de tous les grains, surenchères dans les marchés, arrhemens de grains en verd ou dans les granges & les greniers, rétention en magasins. Tous ces moyens furent employés; les autres Marchands, & sur-tout les forains, furent traversés par ceux-ci. Le froment, après la moisson faite, fut porté jusqu'à vingt-quatre livres le setier (1); & ce prix alla toujours en augmentant. »

Il fut défendu, par une Ordonnance du 13 Septembre, de faire sortir aucune espèce de grains du Royaume (2); cette défense ne produisit pas l'effet qu'on s'en étoit promis. Le désordre intérieur qu'on vouloit prévenir, augmenta au point que des soldats & des personnes du menu peuple s'attroupèrent, pillèrent & prirent, à force ouverte, du pain exposé en vente chez les Boulangers au marché de la Place-Maubert, & commirent plusieurs autres violences dans ce marché. Deux des séditieux furent *pendus*, & plusieurs autres furent condamnés *aux galères*, *au carcan*, *au fouet & au bannissement*. Cet exemple contint les *mal-intentionnés*; mais il ne remédia point à la disette apparente, qu'entretenoit le monopole. Comme le peuple souffrit de l'excessive cherté du pain, *qui augmentoit de jour à autre*, il y eut, jusqu'à la moisson de 1694, *des mouvemens, des commencemens d'émotions populaires des cris & des gémissemens*. Trente-six mille six cent malades entrèrent, dans l'année, à l'Hôtel-Dieu, & il en mourut cinq mille quatre cent vingt-deux. Tout étoit en mouvement, non-seulement pour procurer des subsistances, mais encore pour mettre les Boulangers en sûreté, soit dans les chemins, soit dans les marchés de Paris. Les Commissaires veilloient continuellement à faire baisser le prix du pain, quand celui du blé étoit diminué; *sans néanmoins trop forcer la liberté du Commerce*, *le seul appas qui attire l'abondance*; mais tous ces secours n'auroient pas été de longue durée, s'il n'avoit pas été en même-tems pourvu à faire sortir les blés des granges & des greniers, où le monopole les avoit renfermés. On ouvrit des atteliers d'ouvrages publics pour assurer du travail au peuple; on ordonna aux mendians de se retirer à la campagne; il fut défendu de fabriquer de la bière & des eaux-de-vie de grains; on déchargea de tous droits d'entrées & de péages les grains qui seroient apportés, tant par terre, que par mer; enfin, la défense d'exporter, qui avoit été faite sous peine de confiscation des grains & des galères, fut renouvellée sous la peine de confiscation des bâtimens & de la vie. On défendit aussi, sous peine de la vie, de s'assembler tumultuairement & de faire violence aux Boulangers.

« Si jamais l'opinion *populaire* grossit les objets au-delà de ce qu'ils sont en effet, c'est principalement *dans les tems de disette*. La crainte de manquer de pain.... *jette le trouble & l'épouvante dans les esprits*...... D'un autre côté, le public est environné de gens avides, qui *l'entretiennent* dans ces inquiétudes *pour en profiter*. De telles dispositions parurent en 1693, & furent portées jusqu'à tel excès que plusieurs Laboureurs, propriétaires ou fermiers, eurent si peur de n'avoir pas de grains suffisamment.... pour la subsistance de leurs familles, qu'ils avoient pris la résolution de n'en rien retrancher pour ensemencer leurs terres.... Le Roi... rassura ses sujets sur cette crainte *mal-fondée*, & pourvut à ce danger par un Arrêt... qui enjoignit à tous les Laboureurs d'ensemencer leurs terres; sinon, permis à toutes sortes de personnes de les ensemencer, sans en payer aucun loyer ni autres redevances. » Le Roi fit acheter des blés, les fit convertir en pain; on en distribuoit tous les jours cent mille livres pesant, pour la moitié du prix qu'il coûtoit. Cependant tous les maux de la disette subsistoient encore au mois de Mai 1694.

« La récolte future approchoit; les blés étoient montés en épis;..... il y avoit long-tems qu'il ne s'étoit présenté une récolte d'une si belle espérance..... Cet objet, si consolant pour les gens de bien, désola les usuriers; ils mirent tout en usage pour en traverser l'utilité...... Leur grand secret consistoit à se rendre les maîtres de tous les grains qui étoient sur terre, ou du moins de la plus grande partie, *pour en cacher l'abondance*, comme ils avoient fait *l'année précédente* (ainsi il existoit à-la-fois *abondance* & *disette*). L'on découvrit qu'en effet, ils couroient les fermes dans les provinces, d'où Paris tire sa subsistance, & arrhoient les grains de tous côtés... Les plus grands risques qu'on auroit eu à craindre pour les grains, étoient passés; cependant le prix du blé augmentoit de jour à autre. Il fut porté jusqu'à cinquante-sept livres le septier à la Halle & sur les Ports de Paris (1). Il se vendoit le même prix dans tous les marchés des environs, & cinquante-quatre à cinquante-cinq livres dans les marchés plus éloignés, & à plus de vingt lieues à la ronde. »

Les Fermiers des grosses terres s'étoient enrichis, & n'étoient pressés, ni de vendre *leurs blés vieux*, ni de battre les blés nouveaux, que leur promettoit la récolte. Les petits Fermiers ou Laboureurs s'étoient au contraire endettés, &

(1) Comme le prix de l'argent fin monnoyé étoit à trente-une livres douze sols trois deniers, en 1693, vingt-quatre livres de ce tems-là répondent en nombre rond à quarante-deux livres de notre monnoie.

(2) *Voyez* cette ordonnance dans le Traité de la Police, T. II, p. 317.

(1) C'est-à-dire, jusqu'à quatre-vingt quatre livres de notre monnoie actuelle, en nombre rond.

& avoient besoin d'argent, & pour *s'acquitter*, & pour *faire leur moisson.* Les monopoleurs, profitant de cette occasion, avoient couru, de ferme en ferme, répandre de l'argent & arrher tous les blés qui étoient encore sur pied, en sorte que tous les blés vieux étoient retenus, ou dans les greniers & les granges des Fermiers riches, ou dans les magasins des Marchands usuriers; & *tous les blés nouveaux* étoient en la possession des uns ou des autres.

Leurs mesures étoient assez bien prises pour que *la famine fût à craindre;* péril qu'ils grossissoient encore *par de faux bruits.*

« Six Commissaires du Châtelet furent chargés de pourvoir à la subsistance du peuple, par la découverte des *blés vieux.*» Ce qui arriva de ces descentes dans les provinces, confirma bien la conjecture que l'on avoit toujours faite: que *la malice des hommes* avoit eu bien plus de part *à la cherté* des grains, qu'*une véritable disette.* Ils trouvèrent par-tout des blés vieux de plusieurs récoltes, dans les fermes, chez les riches habitans des Villes, dans les magasins des Marchands. Ils mirent tous ces grains *en mouvement*, ... en les faisant sortir des lieux où ils étoient réservés, ce qui donna lieu aux Marchands & aux Blatiers de les acheter & de les faire parvenir de proche en proche jusqu'à la Capitale. Les informations qu'ils firent contre tous ceux qui, *par leurs usures* ou *par leurs monopoles*, *avoient causé la cherté des grains*; les emprisonnemens de quelques-uns des principaux, les décrets décernés contre les autres, jettèrent l'épouvante entr'eux, les déconcertèrent, & ils furent obligés de rentrer dans l'ordre. »

Enfin, le fruit du rétablissement du Commerce, par la cessation du monopole, fut tel qu'à la Saint-Martin, le plus beau blé qui, auparavant, coûtoit cinquante-quatre livres, ne se vendoit plus que quinze & seize livres le setier; & ce fut ainsi, dit le Commissaire Delamare, que finit cette *disette apparente*, & cette *véritable cherté* qui avoit duré près de deux ans.

Disette des années 1698, 1699 & 1700.

On éprouva, quatre années après, les mêmes malheurs. La nielle gâta les blés de plusieurs Provinces, en 1698, & les pluies continuelles des mois de Juillet & d'Août en firent germer & périr sur terre. Il y avoit alors des blés vieux *suffisamment* pour suppléer à ce défaut. . . . mais comme ils étoient en la possession de gens beaucoup plus passionnés pour leur profit, ils prirent grand soin, à leur ordinaire, d'*en cacher l'abondance.* Un bruit de *disette* se répandit aussi-tôt, & ils ne manquèrent pas de l'*exagérer.* Il n'en fallut pas davantage pour faire augmenter *considérablement* le prix des grains. Celui du blé fut porté en peu de tems à 30 livres le setier, mesure de Paris (1). On fit quelques exemples sévères contre des Monopoleurs; cependant la disette *continuoit à se faire sentir de tous côtés*, & le prix des grains augmentoit *de jour à autre*; on eut encore recours aux descentes sur les lieux.

Le Commissaire Delamare, qui fut nommé pour cette opération, dit que, s'il vouloit rapporter toutes les contraventions qu'il trouva, on y verroit *une abondance de grains* découverte *de tous côtés;* mais une espèce de *conspiration* de la cacher au Public. . . . afin que le prétexte d'une *apparente* disette en fît toujours augmenter le prix. L'on y verroit des granges & des greniers entiers qui en étoient *remplis*, mais *fermés* par les Fermiers même, ou par des usuriers qui les avoient achetés *pour les y garder.* D'autres granges où l'on faisoit, en effet, battre les grains, mais où. . . . . après que les grains étoient battus, au lieu de les faire vanner . . . . . on les faisoit rejetter sur les tas de gerbes pour les y conserver. . . . L'on verroit chez de riches Laboureurs des blés de l'année 1693, qu'ils avoient laissé gâter, pour n'avoir pas voulu les donner à 50 *livres le setier*, qu'il se vendoit alors dans *leur Province* (2); *dans l'espérance que ce prix exorbitant* augmenteroit encore . . . . que, dans une saison où à peine les semailles étoient faites, la plus grande partie de la récolte future étoit *arrhée.*

Enfin, malgré une multitude d'exemples de sévérité contre ceux qui achetoient des grains sur pied, il y eut des gens qui en passerent des actes pardevant Notaires; d'autres plus artificieux, se les faisoient adjuger en Justice, sans saisie précédente, & le monopole, inépuisable en ressources, parvint à faire durer cette fausse disette jusqu'à la moisson de 1699.

Disette de 1709 jusqu'à la fin de 1710 (3).

« *Huit années d'heureuses & abondantes récoltes*, qui suivirent la disette dont on vient de parler, *remplirent* de blé & d'autres grains, *de toutes espèces* les granges & les greniers des Laboureurs. Les plus riches Habitans des Provinces, dont les principaux revenus consistent en blés, en firent des magasins. »

L'Automne de 1708 fut très-pluvieux, ce qui retarda les semailles. La nuit du 6 Janvier 1709, il s'éleva un vent du nord, qui causa un froid de la dernière violence; le 10, la terre fut couverte de neige, un faux dégel qui survint le 22, la fit fondre, & le 25 la gelée reprit avec plus de force qu'auparavant. Elle dura quinze jours,

(1) C'est-à-dire à quarante-quatre livres de notre monnoie actuelle, en nombre rond.

(2) C'étoit en nombre rond soixante-quatorze livres de notre monnoie.

(3) Voyez la page première du supplément qui est à la fin du T. II, du Traité de la Police.

peut-être, dit-on, jusqu'à deux pieds dans la terre; tous les blés périrent (1), excepté dans quelques vallées, que des montagnes couvroient du côté du nord. On vit alors reparoître toutes les *mauvaises pratiques que la cupidité du gain produit*, & l'on y opposa les mêmes remèdes, dont on avoit fait usage pendant les trois dernières disettes. Une Déclaration du Roi, du 25 Avril 1709, obligea, sans aucune exception, quiconque possédoit des grains, à en déclarer la quantité aux Juges des lieux. Il est bien remarquable que cette Déclaration atteste la notoriété de la sur-abondance des grains, dans le moment même où le monopole faisoit éprouver à la France une famine générale. *Une longue suite* de récoltes *abondantes*.... avoit fait descendre les blés *à un si bas prix*, que les Laboureurs & les Fermiers *ne se plaignoient que de la trop grande quantité de grains*, dont ils étoient *embarrassés*; ainsi, nous avions lieu d'espérer que..... nous n'aurions point à craindre qu'une *cherté excessive* succédât, *en un moment, à une abondance onéreuse*. Nous apprenons néanmoins de tous côtés que le prix des blés est considérablement augmenté, & nous sommes informés.... que cette augmentation *subite* doit être attribuée, *non pas au défaut de grains*, dont *nous ne pouvons douter*, qu'il ne reste *une très-grande quantité* dans le Royaume, mais *à l'avidité* de ceux qui voulant profiter de la misère publique, ou impatiens de se *dédommager* de la perte qu'ils *croient* avoir faite par *le bon marché*, où ils ont vu les grains, *pendant plusieurs années consécutives*, les resserrent avec soin pour attendre que la *rareté apparente* du blé l'ait fait monter à un prix *encore plus haut* que celui auquel il est à présent. » Voilà les faits qu'atteste Louis XIV, dans le Préambule de la Déclaration du 27 Avril 1709.

Un Arrêt du Parlement, du 7 Juin de la même année, réduisit à deux sortes de pain, *l'un bis-blanc & l'autre bis*, le pain qui seroit exposé en vente dans les marchés & dans les Boutiques des Boulangers. On établit une Chambre pour juger les procès criminels instruits dans les différentes Provinces du Royaume contre les abus & malversations qui se multiplioient de jour en jour; dans un commerce qui n'étoit alors qu'un monopole. Pour assurer la subsistance actuelle & la culture, de laquelle dépendoient les subsistances à venir, il fallut intervertir le droit des propriétaires & des Fermiers concernant les labours & les semences, & le transporter à leurs créanciers ou à toutes autres personnes qui voudroient en faire les frais. Le paiement des dîmes ecclésiastiques ou inféodées, des champarts, des terrages, les arrérages des cens, rentes financières & autres redevances payables en grains, tout fut assujetti à un ordre nouveau, jusqu'à ce qu'une récolte heureuse eût triomphé du monopole, qui triomphoit alors de la Loi & de l'autorité. Enfin, quoique l'abondance des années précédentes eût été portée au point d'être *onéreuse*, que l'Administration ne pût douter qu'il ne restât dans le Royaume *une très-grande quantité de grains*, & que leur *rareté apparente* ne fût l'ouvrage de l'avidité & du monopole, on n'a point d'exemple qu'il y ait eu de disette *si grande* que celle qui arriva en l'année 1709. Elle fut *générale par tout le Royaume*, & se fit sentir *avec violence* dans tous les lieux habités. »

Je n'ai parlé, d'après l'Auteur, que des époques de cherté depuis 1660 jusques & y compris celle de 1710. Il y en a eu une encore en 1773 & 1774, une en 1725, une en 1741, une en 1766, 1769, 1770, 1771, une en 1789, 1790, une en 1792. Ainsi, dans l'espace de cent trente années, le Royaume a essuyé vingt-trois années de cherté, dans lesquelles le froment a valu plus de 30 livres le setier; dans plusieurs même, il a valu plus de 60 livres. Il y a lieu de présumer que ces chertés ont été occasionnées par les mêmes causes.

Ces faits bien médités, continue M. Abeille, & ils méritent de l'être par tous ceux qui sont sensibles aux malheurs de la Nation, publient à haute voix que nous n'avons point à craindre de disettes *réelles*, que les funestes effets des disettes *apparentes*, c'est-à-dire, des disettes qui existent en même-tems que *l'abondance*, n'ont point d'autres causes que les manœuvres du monopole, que le monopole réveillé par le défaut de concurrens, enhardi & fortifié par les frayeurs qu'il sème dans les esprits, se fait un rempart invincible contre l'Administration & de la frayeur du Peuple, & du défaut de concurrens; que, s'il suffit pour déconcerter le monopole, de lui présenter une foible image de la concurrence par la vente de quelques muids de grains tirés de l'Etranger, il est évident qu'une concurrence générale est le moyen unique, prompt & infaillible de l'anéantir. La concurrence ne peut être générale qu'en attirant sur nos ports les spéculations des Marchands étrangers; & l'on ne peut y parvenir qu'en établissant une entière liberté à la sortie. L'intérêt de ces Marchands les avertit de ne point entrer dans des ports d'où ils n'auroient point la liberté de sortir, lorsque, par l'effet de leur concurrence, leur denrée tomberoit au-dessous de son prix. En un mot, l'intérêt est le mobile de tout Commerce licite ou illicite. C'est lui qui anime les monopoleurs; c'est lui qui fait faire les spéculations, d'où naît la concurrence, les agens du monopole ferment les greniers, ceux de la concurrence les ouvrent. La même clef

(1) Ce ne fut pas sans doute la force de la gelée qui fit périr les blés; car, en 1789, la récolte a été de la plus grande beauté, quoique, pendant l'Hiver précédent, la gelée eût pénétré jusqu'à trois pieds de profondeur dans les terres labourées. Voyez Gelée.

fert aux uns & aux autres; *l'intérêt.* Il ne s'agit que de l'arracher aux mains destructives, pour la livrer aux mains secourables (1).

Pour se convaincre de plus en plus de la solidité de ce principe, il est peut-être utile de jetter un coup-d'œil sur le Commerce des grains en Angleterre, & sur la disette qui a régné en 1765 & années suivantes.

Commerce des Grains en Angleterre.

Les principes du Commerce des grains en Angleterre ont été développés dans un Mémoire qui parut au mois de Mars 1764. M. Abeille, dans l'extrait suivant, en donne une idée suffisante pour bien juger des causes de la disette de 1765.

Depuis 1689, les Anglois accordent une gratification à ceux qui exportent des grains. Elle cesse lorsque les grains montent à 48 schellings le quarter (2). A l'égard de l'exportation, elle est toujours permise à quelque prix que les grains puissent monter, à moins qu'elle ne soit interdite par une dérogation expresse. La gratification a pour objet l'encouragement de la culture nationale; ainsi, pour empêcher le blé étranger d'en profiter par des réexportations, on a été forcé d'en interdire l'entrée en les chargeant de droits excessifs.

Ces droits ne sont pas fixes; ils varient suivant le prix du blé national. Quand le blé anglois est à bon marché, les droits d'entrée sur les grains étrangers sont excessifs; quand au contraire les blés montent à un haut prix, & qu'enfin ils deviennent chers, les droits d'entrée sur les grains étrangers diminuent en proportion de l'augmentation du prix du marché. Si, par exemple, le blé vaut en Angleterre 30 à 45 livres le setier, argent de France, au moment du départ d'un de nos vaisseaux, le Négociant François compte qu'il paiera en arrivant 4 livres 10 sols de droits d'entrée par setier; mais si pendant la traversée quelque révolution sur le prix des grains les a ramenés au prix de 24 à 30 livres de notre monnoie, il doit payer les droits d'entrée sur le pied d'environ 9 livres 8 sols par setier, argent de France. On sent bien qu'aucun Commerce ne peut supporter un impôt si démesuré, & qu'aucun commerçant n'expose sa fortune à des vicissitudes de droits qu'il ne peut prévoir, & dont rien ne peut le garantir.

On voit que la gratification qui paroît, au premier coup-d'œil, la plus haute faveur qui pût être accordée à la liberté du Commerce des grains, équivaut en soi à une loi prohibitive, puisqu'elle a entraîné la nécessité de proscrire l'entrée des grains étrangers. Aussi a-t-elle donné lieu à l'inconvénient majeur, inséparable de toute prohibition, c'est-à-dire, à l'établissement du monopole. Cette gangrène dévorante subsiste perpétuellement en Angleterre, & le Commerce des grains qui s'y fait, n'est exactement qu'un monopole continu.

On peut réduire à deux classes ceux qui font le Commerce intérieur des grains. Les *Fermiers* & ce qu'on nomme *Marchands magasiniers*, ou simplement *Magasiniers*. C'est au mois de Décembre que les Fermiers paient les Propriétaires. Comme il se trouve alors dans les marchés une très-grande affluence de Vendeurs, le prix du grain tombe toujours au-dessous de celui qu'entretiennent les Magasiniers pendant le cours de l'année; cette affluence, quoique moindre qu'en Décembre, continue pendant l'Hiver. C'est le tems où les Magasiniers font leurs opérations. Elles consistent à acheter le plus qu'ils peuvent des grains que mettent en vente les petits Fermiers. La concurrence de ces riches acheteurs soutient les prix. Mais ils trouvent beaucoup davantage à acheter dans cette saison, lors même qu'ils achètent un peu cher; parce que leurs achats les mettent en état de conserver long-tems les grains qu'ils ont en meules. D'ailleurs ils se trouvent Propriétaires de la portion la plus considérable des grains battus. Par-là, ils deviennent maîtres du prix dans les marchés nationaux, & la gratification d'environ 3 livres par setier, qu'ils reçoivent par quarter, pour le blé qu'ils exportent, leur rembourse ce qu'ils peuvent avoir payé de trop, en conséquence du haut prix qu'ils ont occasionné & entretenu.

Ces Magasiniers sont très-attentifs à deux choses, l'une à n'exposer leurs grains en vente que peu-à-peu, afin de les vendre plus cher; l'autre à les maintenir au-dessous du taux auquel la gratification cesseroit. Sans ce manège, non-seulement ils perdroient le bénéfice de la gratification, dont ils profitent presque seuls, mais ils s'exposeroient à la concurrence des étrangers, qui pourroient alors introduire leurs grains en ne payant que de foibles droits d'entrée. C'est ce qui arriva en 1758; l'importation subite d'une grande quantité de blé ruina une multitude de Magasiniers.

Voilà le monopole réduit en système. Ses effets habituels sont d'entretenir les grains dans les marchés nationaux au-dessus de leur vrai prix

(1) L'Ouvrage dont ceci est extrait, est intitulé: *Réflexions sur la Police des Grains en France & en Angleterre.*

(2) La mesure nommée *quarter* répond, à très-peu de chose près, à deux setiers de Paris, & le setier pèse deux cent quarante livres. Le schellin répond à-peu-près à vingt-trois sols de notre monnoie.

M. Abeille, pour plus de facilité, a rapporté les mesures & les monnoies Angloises aux nôtres, & a toujours employé des nombres ronds. Ainsi, lorsqu'il a évalué le *quarter* valant quarante-deux schellins, ce qui répond à vingt-quatre livres un sol six deniers de notre monnoie par setier, le setier valoit ou coûtoit vingt-quatre livres.

On va voir jusqu'à quel point ces effets peuvent devenir funestes, lorsqu'une mauvaise année seconde les efforts de l'avidité.

Disette de 1765 & années suivantes.

Une grande partie de la récolte de 1763 fut faite par un tems humide, & beaucoup de grains germèrent. Les pluies de l'Eté de 1764 réduisirent la moisson à deux tiers d'une année commune. L'exportation avoit été très-forte pendant les dernières années de la guerre. L'Angleterre fournissoit à-la-fois ses marchés étrangers, ordinaires, les armées qui étoient en Allemagne & plusieurs Provinces dans cette partie du Continent. On exporte, année commune, six cens quarante mille setiers. L'exportation de 1764 fut de douze cens mille setiers, à cause de l'approvisionnement de l'Italie. Cependant, au mois de Mars de la même année, les grains étoient à leur prix moyen fixe, 23 livres le septier. Le blé diminua au commencement de Juin, parce que la Cour de Naples avoit contremandé, vers la fin de Mai, celui qu'on se préparoit à lui envoyer. Enfin, il monta, en Juillet, jusqu'à 24 livres le setier de Paris. Cette augmentation venoit, 1.° de ce que le mois de Juillet est le tems où les gros Fermiers spéculent sur la récolte qui va se faire, & qu'ils attendent pour lâcher la main sur le prix, que leurs nouveaux grains soient rentrés; 2.° de ce qu'il se répandit alors un bruit, vrai ou faux, qu'il se faisoit des enlèvemens considérables de grains pour former des greniers à la proximité de l'Italie.

La récolte s'étant trouvée médiocre, les prix augmentèrent encore au mois d'Août. Plusieurs vaisseaux chargés de grains pour l'étranger, périrent vers la fin de Septembre; en conséquence le froment se vendit, en Octobre, 25 liv. 6 s. le setier. Il retomba à 23 livres au mois de Décembre, tems où les petits Fermiers vendent pour payer les Propriétaires; mais il haussa de nouveau au commencement de l'année 1765.

L'exportation étoit encore très-forte au mois de Janvier de cette année. Comme on en publie journellement les états, tout le monde sait à quoi elle monte; mais tout le monde ignore la quantité de blé que renferment les magasins. Le Peuple attribua la cherté à l'exportation, qui lui étoit connue & ne songea nullement à l'attribuer aux Magasiniers, dont les approvisionnemens lui sont inconnus, ou à la distillation des eaux-de-vie, dont il ne connoît pas mieux la quantité.

Le peuple demanda hautement que la gratification fût retirée & qu'on dérogeât à la Loi de 1689, qui l'accorde, tant que le prix du setier n'excède pas 27 livres 12 sols. On alla plus loin encore, le setier de froment monta, le 25 Janvier, à 27 livres, & le même jour le Parlement reçut de la Ville de Londres, & presqu'aussi-tôt de plusieurs autres Villes, une requête, par laquel il étoit supplié de faire arrêter l'exportation.

Soit adresse ou intérêt de la part des uns, soit frayeur ou défaut d'instruction de la part des autres, l'expérience du passé ne suffit pas à tout le monde pour reconnoître que les disettes les plus fortes se font sentir & ont été très-fréquentes, dans les tems où l'exportation étoit interdite. En 1764, l'exportation étant libre, a été seulement de cent vingt mille setiers, mesure de Paris.

Ces clameurs contre la gratification, ces requêtes présentées au Parlement contre l'exportation, n'augmentoient pas la somme des subsistances. Mais le bruit se répandit que le Parlement alloit rendre libre l'entrée du grain étranger en l'affranchissant de tout impôt. La crainte de la concurrence fit le même effet qu'une abondante récolte. Dès le 29 Janvier, les Magasiniers réduisirent le prix du grain à 25 livres 6 sols & ne le vendirent que 24 livres dans le mois de Février. Cette manœuvre des monopoleurs détourna de dessus eux l'attention du Parlement; on crut, sur ces apparences, que tout étoit rentré dans l'ordre, & les Représentans de la Nation ne prirent aucune mesure pour l'arracher au péril dont elle étoit menacée.

L'exportation continua & la gratification ne cessa pas un instant d'être payée. Bien-tôt le prix du grain remonta aux 27 livres. Il s'y soutint pendant un tems considérable, mais sans atteindre le point de 27 livres 12 sols. Pendant cet intervalle, on n'exporta aucune partie de grains par le port de Londres. Les Magasiniers sentirent la nécessité de se contenter du bénéfice qu'ils trouvoient dans le lieu même, sur les grains dont ils avoient rempli les greniers, & sur ceux qu'ils avoient conservés en meules, à la faveur des achats qu'ils avoient faits pendant l'Hiver. Enfin le grain atteignit & passa le taux de 27 livres 12 sols, & la gratification cessa le 2 Avril 1765.

Il n'y avoit pas d'apparence qu'on pût sortir des grains depuis qu'ils étoient montés à ce prix. Le peuple en conclut que les Magasiniers étant bornés aux seuls marchés nationaux, ces marchés alloient regorger de bled. Le monopole au contraire conclut de l'état des choses, qu'il devoit trouver dans le Commerce intérieur, non-seulement ses bénéfices ordinaires, mais encore ceux qu'il ne pouvoit plus tirer du Commerce extérieur. Une disette artificielle se manifesta sur-le-champ & devint de jour en jour plus effrayante.

Dès le 10 Avril, le setier de froment monta à 28 livres 15 sols. Il fut porté, le 11, à 29 liv. 7 sols. Pour appuyer cette manœuvre, on fit courir le bruit que le Marquis de Squilace songeoit à en tirer une grande quantité pour l'Espagne, opération qui pouvoit toujours se faire, parce que, comme on l'a dit, l'exportation est libre, lors même que le haut prix fait cesser la gratification. Le grain monta à 30 livres 10 sols, le 28 Avril, & parvint, le 2 Mai, jusqu'à 31 liv. 12 sols. Pour arrêter les progrès d'augmentation de prix si rapides, on fit de nouvelles représentations au Parlement, qui enfin se détermina à passer une Loi pour permettre l'entrée du blé étranger.

Au premier bruit de cette résolution les Magasiniers sentirent le péril où étoit leur fortune, parce que tenant au monopole, la concurrence, ou, ce qui est la même chose, un libre Commerce alloit le faire cesser. En conséquence, le prix du grain diminua tout d'un coup de 3 liv. par setier.

Il ne coûtoit plus, le 8 Mai, que	28^{lt}	15^{s}
le 9........	28	4
le 13........	27	12
le 15........	25	18
le 20........	25	6
& depuis le 25, au-dessous de	24	14

Ainsi, dans le court espace de treize à quatorze jours, sur la seule menace d'un libre Commerce & avant que l'étranger eût apporté un seul grain de blé, le prix diminua de sept livres par setier.

Il est très-essentiel d'observer la différence de conduite des Magasiniers, à la fin de Janvier & au commencement de Mai 1765. A la première de ces époques, ils virent leur intérêt en danger; cependant ils ne firent baisser les prix que de trois livres par setier. Ils se flattoient de faire croire dès ce tems-là que tous les greniers étoient vuides. C'est quatre mois après, pendant lesquels il s'étoit fait une consommation d'un tiers d'année, pendant lesquels on avoit beaucoup exporté, pendant lesquels la distillation des eaux-de-vie de grains n'avoit pas cessé, pendant lesquels enfin l'Angleterre n'avoit pas admis le moindre secours de la part de étrangers, que le blé tomba de trente-une livre douze sols à vingt-quatre livres quatorze sols. L'effroi du Peuple avoit donné le plus énorme avantage au monopole; l'effroi des Monopoleurs à la vue de la concurrence, ramena la denrée à un prix proportionné à sa quantité. Les conséquences droites de ces événemens ne devroient échapper qu'à des aveugles réels ou volontaires, & par conséquent incurables.

Les récoltes de 1765, 1766 & 1767 n'ont pas été abondantes en Angleterre. Cette cause de renchérissement de la denrée n'a point été affoiblie par la première suspension des droits d'entrée sur les blés étrangers. En voici la raison; si, au lieu de menacer les Magasiniers d'une concurrence générale, on eût levé brusquement les barrières qui écartoient le blé étranger, le monopole déconcerté n'eût pu opposer aucun obstacle à cette prompte concurrence; elle se fût établie sur-le-champ, & elle se fût soutenue pendant tout le tems que des récoltes foibles eussent porté le grain national à un trop haut prix. Mais on fit deux fautes capitales: l'une d'avertir qu'on prendroit le parti de suspendre les droits d'entrée; l'autre de limiter cette suspension à un tems assez court, au lieu de la rendre perpétuelle. Par-là, on donna au monopole le tems dont il avoit besoin pour imaginer de nouveaux artifices & un moyen presque sûr de les faire réussir.

Les Monopoleurs s'arrangèrent pour acheter tout le blé qui seroit importé, & ils le mêlèrent avec du blé Anglois dont ils soutenoient le prix. Cette opération eût été infiniment au-dessus de leurs forces, si la suspension de droits eût dû être permanente. Elle vient d'être renouvellée en dernier lieu (1), & le prix du pain a baissé. Mais on ne dissimulera pas que cet heureux effet ne doit pas être attribué à la suspension seule. Le renouvellement de la défense de distiller du froment y a beaucoup contribué, & plus encore le bruit qui s'est répandu avec quelque fondement, que la même défense s'étendroit à l'orge. Voilà, continue M. Abeille, les inconvéniens auxquels l'Angleterre s'est livrée, en voulant administrer avec des loix prohibitives, un Commerce qui, par sa nature & par son influence sur l'ordre public, a besoin de la plus grande liberté. Le monopole, par sa souplesse, par son ardeur & son activité échappe par mille endroits, & aux loix & à la vigilance de leurs Ministres. C'est aller contre l'expérience de tous les siècles; de toutes les Nations, que de se flatter de l'enchaîner. On ne peut s'en rendre maître qu'en l'étouffant, & la concurrence peut seule l'étouffer. Malgré tous les efforts de l'Administration Angloise, les blés, depuis trois ans, se sont vendus depuis vingt-trois jusqu'à trente-une livres douze sols le setier. Le bon froment pendant l'Automne dernier n'a pas été au-dessous de vingt-neuf livres dix-huit sols à vingt-huit livres quinze; & il a monté jusqu'à trente-une livres douze sols. Enfin, parce que la gratification & les droits d'entrée empêchent de contenir les Magasiniers, & que le monopole a fait monter les grains à des prix exorbitans, on a cru qu'il seroit avantageux de porter une loi, *pour réprimer les progrès du luxe*. (2)

C'est un moyen assez sûr de borner la dépense des gens riches; mais il est difficile de comprendre comment il peut arriver que les gens riches dépensant moins, le peuple soit en état d'acheter du blé excessivement cher. Que de soins & de contradictions se seroit épargnés l'Angleterre, si, remontant à la source des maux qu'elle éprouve depuis 1765, (3) elle eût senti la nécessité de supprimer pour jamais une grati-

(1) Par un Bill du 9 Décembre 1767.

(2) Voyez l'article de Londres, du 19 Décembre 1767, dans la Gazette de France du 8 Janvier 1768.

(3) L'Ouvrage de M. Abeille est imprimé en 1768.

fication qui entraîne après soi la prohibition des blés étrangers. Ses Magasiniers auroient perdu, sans retour, par une administration simple, tous les moyens de survendre dans les années d'abondance, & d'opprimer, par des disettes artificielles, dans les années moins heureuses.

Il n'est peut-être pas inutile de rapporter ici les vrais motifs de cette gratification, que presque tout le monde, en France & en Angleterre, regarde comme le fruit de l'esprit d'administration en matière de commerce. La gratification fut établie en 1689; c'est aussi dans cette même année que s'opéra la Révolution, qui plaça le Prince d'Orange sur le trône d'Angleterre. Tous les Corps, tous les partis de la Nation s'étoient réunis contre le Roi Jacques II, beau-père de ce Prince; mais leur diversité d'opinions fut très-marquée, lorsqu'il fut question de prendre une résolution fixe & définitive sur le titre & les droits qu'ils accorderoient au Prince d'Orange. Son vœu, secondé par le parti des Wgigts, étoit d'obtenir le titre de Roi, avec la plénitude de la prérogative royale. Celui du parti des Torys étoit de le réduire à une simple régence avec le pouvoir royal. Après une multitude de discussions, aussi longues que vives, entre les Membres, & de la Chambre-Haute & de la Chambre-Basse, la Convention porta un bill (1), qui donna la couronne au Prince & à la Princesse d'Orange, & l'administration au Prince seul. Le caractère de ce Prince est trop connu pour qu'il soit nécessaire d'avertir qu'il sentit combien le désavantage de sa position, si grand en lui-même, augmentoit par l'éloignement des Torys pour les moyens qui l'avoient élevé au suprême pouvoir. Le parti des Torys étoit composé des plus grands Propriétaires du Royaume, & en particulier de tout le Clergé de la Haute-Eglise, à deux Evêques près, celui de Londres & celui de Bristol. Il parut donc très-essentiel au Roi Guillaume de se concilier un parti si puissant. Parmi les moyens qu'il crut devoir employer, celui de la gratification pour les blés exportés parut un des meilleurs, ou pour s'attacher les Propriétaires des terres, ou du moins pour leur fermer la bouche sur une Révolution qui contredisoit leurs principes. Il fit insinuer ou insinua lui-même la proposition d'accorder un encouragement pour l'exportation des grains, bien résolu d'approuver tout ce que le Parlement feroit d'avis de faire à cet égard. C'étoit assurer & augmenter les revenus des Propriétaires; ainsi, la partie la plus riche & la plus importante de la Nation ne pouvoit que lui savoir gré d'une loi nouvelle, si propre à être bien accueillie. La gratification fut proposée & obtint le sceau d'une loi de l'Etat.

(1) Ce bill est du 17 Février 1689. La proclamation fut faite le 24 du même mois, & le couronnement le 21 d'Avril suivant.

Cet encouragement eût trop coûté à l'Angleterre, si l'Etranger eût pu le partager; il entroit donc dans le système de cette opération de continuer à chasser le blé étranger par des droits excessifs, & de peser de plus en plus sur ces droits, afin de les rendre équivalens à une prohibition formelle. Qu'en est-il résulté? Ce qui résulte toujours des prohibitions; le monopole. Les Magasiniers de grains ont spéculé d'après l'impossibilité de leur donner des concurrens qu'ils pussent redouter; ils se sont arrangés de façon à profiter seuls d'une gratification originairement destinée aux Propriétaires, & à se rendre maîtres du prix des grains, au point de les faire hausser ou baisser, sans que leur abondance ou leur proportion réelle avec le besoin & la consommation, pût avoir la moindre influence sur les prix des marchés intérieurs. On vient de voir à quel point leurs manœuvres sont redoutables pour la Nation Angloise.

Cette observation fait dire à l'Auteur que j'extrais, que la liberté entière, c'est-à-dire, la liberté sur l'importation, comme sur l'exportation, est le remède unique à ce désordre. La gratification cessant, il n'y a plus ni motif, ni prétexte pour repousser le blé étranger; la concurrence entre les vendeurs devient nécessaire & générale. Ainsi, le monopole est aux abois, parce qu'il ne lui reste aucune ressource pour porter les grains au-dessus de leur vrai prix. Tout autre moyen sera impuissant en Angleterre, en France, dans tout l'Univers, parce qu'il est impossible à la main la plus robuste & la plus flexible de tenir & de diriger les rênes, qui puissent faire marcher, sans secousses, le commerce des grains. Il n'y a que la concurrence, résultant d'une entière liberté, qui, en poussant une multitude de têtes, de bras & d'intérêts vers cette opération, puisse conduire avec succès les détails & l'ensemble d'une machine si minutieuse & si grande.

Commerce des Grains en Toscane.

L'Almanach d'Economie de M. Lastri me fournit des détails sur le Commerce des grains en Toscane, sous ce titre : *Storia della legge frumentaria in Toscana.*

«On ne trouve aucune trace de Loix sur le Commerce des grains, avant 1285. Ce fut dans cette même année qu'on créa les Officiers des grains, ainsi nommés, parce qu'ils étoient chargés du soin d'en approvisionner la République. Le Commerce étant alors en vigueur, la culture des terres n'occupoit point l'esprit des Florentins. La même année, on fit aussi construire des magasins publics, où est aujourd'hui l'Eglise de Saint-Michel, & en même-tems une halle où se faisoit la vente des grains.»

«Ces Officiers, au nombre de six, changèrent

de noms par la suite des tems, & furent appellés, comme l'atteste Jean Villani, *Officiers sur la place*. On leur donna, en 1333, pour Adjoints, quatre autres Citoyens qui s'appellèrent *hommes des vivres*. Ils connoissoient des contestations sur cette matière. A-peu-près dans le même-tems, on créa les Officiers des vivres; leur soin étoit de régler la vente des comestibles. La première époque à laquelle notre Histoire en fasse mention, est de 1629.»

« Lorsqu'on eut fait enfin une Eglise du bâtiment où l'on conservoit les grains, on plaça des magasins publics dans les différens quartiers de la Ville. Enfin, sous Cosme III, en 1695, s'éleva un superbe édifice, destiné pour les grains, sur la place de l'*Oiseau*, avec la magnifique inscription: *A la conservation des blés pour secourir ceux qui auront besoin. Rei frumentariæ conservandæ, egenorum subsidio.* Cependant, malgré la vigilance publique, malgré les loix multipliées, malgré des approvisionnemens extraordinaires, l'Histoire rapporte que Florence & toute la Toscane éprouvèrent de fréquentes & d'affreuses disettes. Un Journal manuscrit, trouvé dans la maison des Seigneurs *Tempi* & publié, les années précédentes, par le père *Finischi*, Dominicain, nous apprend que quelques-unes de ces famines se sont fait ressentir depuis 1320 jusqu'à 1335. Le tableau qu'il en fait, est véritablement touchant. Entr'autres, celle de 1329 fut telle que l'on vendoit sur la place, à un prix exorbitant, du froment mêlé d'orge & d'épeautre, & que chaque personne n'en avoit qu'une très-petite mesure. Cette vente se faisoit en présence du Magistrat escorté de gens armés, « afin, dit l'Historien, que, dans la foule prodigieuse qui s'y portoit, il n'y en eût pas une grande quantité d'étouffés, vu que nombre d'hommes & de femmes à demi-morts s'y traînoient. Le tiers du peuple ne pouvoit obtenir du grain; un grand nombre parcouroit la Ville, en poussant des gémissemens déplorables, au point que je n'ai pas d'idée d'un pareil désespoir. »

Nos Annales fourmillent d'événemens semblables. Le célèbre Docteur *Jean Targioni-Tozzetti*, dans son excellent Ouvrage, intitulé: *Di Alimurgia*, a eu occasion de recueillir sur l'Agriculture une suite de trois cents seize années, de laquelle il résulte que, dans ce laps de tems, les Florentins n'ont eu que seize années remarquables par l'abondance, contre cent onze de disette, c'est-à dire, environ trente-trois années de disette pendant chaque siècle.»

« Il y a vingt-quatre ans, lorsque cet Homme-de-Lettres écrivoit, c'étoit un problême de savoir si ces malheureux événemens, comme lui-même étoit porté à le croire, venoient de la constitution naturelle du pays, ou du mauvais état des campagnes, dans les tems précédens, l'Agriculture ayant été contrariée, pendant quelques siècles, par des circonstances politiques, & plus souvent par les loix économiques qui lui étoient d'autant plus préjudiciables, qu'elles lui paroissoient plus favorables.»

« On ne peut concevoir la quantité de loix que l'économie publique avoit imaginées & rendues, dans l'idée que la Toscane ne fournissant pas assez de vivres dans les meilleures années, il étoit nécessaire d'empêcher l'exportation des denrées de toute espèce: deux suppositions très-fausses, d'abord parce que le calcul des besoins publics de marchandises se déduisoit mal du nombre indéterminé des habitans; en second lieu, parce qu'en admettant le manque de comestibles, il falloit corriger l'Agriculture, & non la déprimer, en faisant baisser leur prix. Le fait lui-même devoit faire voir à tout le monde que, bien au contraire de ce que l'on disoit, la fécondité de la Toscane parvenoit quelquefois jusqu'à faire refluer ses productions dans les autres Etats. Cette preuve pouvoit bien se déduire des exportations qui s'accordoient arbitrairement, quand & à qui il plaisoit au Magistrat des vivres. Nous avons un exemple de cette surabondance dans l'année 1762, par la balance du Commerce de la même année, rapporté par le Docteur *Paolini*, dans son Traité de la liberté légitime du Commerce, tom. 2, pag. 445. Nous savons que, dans cette même année, l'exportation du froment outrepassa la quantité de cent mille mesures; & celle des autres grains de toute espèce, cent seize mille trois cent trente-sept; l'exportation de la farine & du son de froment monta à vingt mille six cent douze; la façon monta à onze mille sept cent quarante-sept livres. Cependant, malgré une si grande évidence, on persistoit à tenir les réglemens. Ce fut le 30 Juillet 1697, que le Grand-Duc *Cosme III*, deux ans après avoir fait bâtir le magasin dont nous avons parlé, pour la conservation des grains, imagina, pour faciliter davantage les moyens de le remplir, de rendre une loi générale par laquelle; sous les peines les plus graves, il défendit l'exportation de toute espèce de comestible, sans aucune exception; & c'est cette loi qui nous a régis jusqu'à présent. On connut bien-tôt l'effet bon ou mauvais de ce systême Il arriva qu'à la diminution du prix des grains se joignit incontinent celle du prix des terres, en sorte que les Propriétaires regardoient comme un trait de bon gouvernement domestique, d'avoir réuni leurs fermes, c'est-à-dire, d'en avoir fait une de deux, afin de n'avoir pas besoin de soutenir deux familles en tems de disette. La population diminua considérablement, non-seulement dans la Capitale, mais encore plus dans les campagnes; les contrebandes & les contrebandiers se multiplièrent; les arts tombèrent en langeur, & le Commerce fut réduit tout au plus aux manufactures de soie. On peut s'imaginer dans quel état tomba alors la richesse nationale. Dans cet état de choses, & précisément dans une année où les vivres manquoient, l'an 1765, Pierre Léopold, Archiduc d'Autriche, depuis Empereur des Romains, fut fait Grand-Duc de Toscane. On se ressentoit encore des maux de la terrible disette de 1764, dans laquelle tous les soins du gouvernement & une dépense énorme ne purent suffire au besoin public. Une autre disette, qui survint deux ans après, ne fit qu'augmenter un mal qui n'étoit pas encore guéri ; & enfin une affreuse épidémie, suite de la mauvaise nourriture & d'une peine excessive, mit le comble à notre calamité. La prévoyance du meilleur des Princes se tourna bien-tôt vers cette partie; des largesses publiques & particulières, jusqu'à vuider son trésor, étoient un remède momentané, qui adoucissoit le mal & ne le guérissoit pas. Il douta alors de la bonté des anciennes loix & réglemens; &, par un édit rendu le 15 Septembre 1766, il suspendit les fonctions & l'exercice du Magistrat de *l'abondance*, en rendant libre le Commerce intérieur & la fabrication du pain, tant de froment que des autres grains. Il en résulta qu'aussi-tôt après cet édit, on vit les marchés couverts de pain; le peuple fut content, la campagne & les provinces furent pourvues à point, en sorte que l'argent & les subsistances, que le Gouvernement avoit fait venir des pays étrangers, restèrent en grande partie inutiles & d'aucun usage.»

«Pierre Léopold, encouragé par cette heureuse expérience, reconnut évidemment la vérité de la maxime des Economistes modernes : que la liberté du Commerce des grains est le meilleur moyen d'assurer l'abondance.»

«Par une loi du 18 Septembre 1767, il rompit toutes les entraves qui gênoient cette liberté. Pareillement, par un autre édit du 25 Février 1771, il abolit tous les droits d'entrées sur les blés & les grains étrangers; le 24 Août 1775, fut supprimée la *Société des vivres*, & on lui substitua un simple bureau où s'enrégistroient le montant des récoltes & quelques autres articles: mais, comme ces montans se trouverent faux, on supprima encore le bureau en question, au milieu de l'année 1778, afin que le Commerce fût totalement affranchi de toute inspection du Gouvernement.»

«On conçoit aisément que le pouvoir, confié à ces Préposés à l'approvisionnement public, qui régloient le Commerce des grains suivant leur fantaisie, devoit également décourager les Laboureurs & les Marchands, & devoit nécessairement préjudicier à l'activité des uns & des autres, & par conséquent tarir les véritables sources de la subsistance publique. Ces Officiers avoient inspection sur tous les Boulangers; ils régloient le poids, la qualité & le prix du pain ; ils pouvoient obliger les Boulangers à acheter une certaine quantité de blé pour leur trafic, au prix qu'il leur plaisoit de fixer. Ils mettoient un autre prix à celui qu'ils portoient au marché, obligeant tous les autres vendeurs à s'y conformer.»

«Par ce réglement, ou plutôt par ce monopole approuvé par les loix, il arrivoit que les provinces auxquelles on ne laissoit ouvert que le seul marché de Florence, pour le débit de leurs denrées, étoient écrasées par des frais de transport, & de plus en plus découragées de bien cultiver & de multiplier leurs productions. Souvent il arrivoit encore que ces entrées forcées dans la Capitale, dérangeoient l'équilibre du Commerce, en sorte que, d'un côté, se trouvoit le superflu, d'un autre le manque de vivres. Ainsi, les provinciaux payoient quelquefois très-cher ce qu'ils avoient apporté & vendu à bas prix. Le Magistrat de l'abondance, ayant la liberté de négocier pour son compte, prêtoit à intérêt pour acheter des blés; on sait que, dans les derniers tems, chaque année lui rapportoit sept mille cent cinquante-huit livres : le traitement & les dépenses des Employés montoient à vingt-cinq mille six cent quatre-vingt-dix livres. Toutes ces sommes finissoient par être payées par le public; c'est ce qui rend assez curieux l'éloge, que fait Cinelli, de *Cosme II*, dans sa *Bibliothecâ volante*. «Il étoit, dit-il, si peu intéressé »que le pourvoyeur de l'abondance lui ayant »dit un jour du mois de Mars que, si l'on con»tinuoit de donner le pain à tel prix, le trésor »perdroit vingt mille piastres; &, pour éviter »cette perte, lui ayant proposé de faire dimi»nuer de quatre onces la mesure des pains, ce »Prince bienfaisant, & qui aimoit véritablement »les pauvres, soigneux sur-tout de les soulager, »non de les écraser, voulut & ordonna que le »pain, malgré la proposition cruelle qu'on lui »faisoit, fût augmenté de quatre autres onces la »mesure, & ainsi s'accommoda de perdre quarante »mille écus l'espace d'environ quatre mois.»

«On supposoit en quelque sorte que le *Magistrat de l'abondance* connoissoit parfaitement la consommation annuelle, le montant des récoltes & leur excédent actuel sur cette consommation. On croyoit presque qu'il alloit jusqu'à prévoir la valeur de la récolte prochaine. On s'imaginoit qu'il lui étoit possible de régler, la balance à la main, pour ainsi dire, les besoins publics, sans jamais se tromper, soit par mauvaise foi, soit par ignorance, soit par caprice.»

«Ceci me rappelle un fait bien ridicule, que nos Annales racontent de ces Officiers, dits *Officiers de place*. Ils avoient coutume dans quelques années, & c'étoit quelquefois dans les plus désastreuses, de se transporter en personne, le 3 Février, sur la tour *d'Or-san-Michele*, pour examiner l'état de la campagne; & c'étoit d'après cette inspection qu'ils se déterminoient ou non, à faire sortir des blés des magasins. Tout récemment

ment le Magiſtrat faiſoit à-peu-près la même choſe du haut de ſon Tribunal. Il eſt bon d'ajouter que, ſous le prétexte d'un ſi reſpectable établiſſement, on faiſoit paſſer ſecrettement dans les coffres royaux, de l'argent qui repréſentoit un impôt, qui n'étoit pas mieux placé, qu'exactement réparti. Quelquefois on donnoit aux épargnes qui en réſultoient, (quelles épargnes & comme elles étoient recueillies!) le titre de prêt ou de dépôt de sûreté; & enſuite, lorſque la maſſe en devenoit monſtrueuſe, on avoit recours à une nouvelle confection de livres. On diviſoit ce patrimoine en deux parts, ſous le titre de deux abondances, l'ancienne & la nouvelle; & les archives étoient diviſées de même.»

«De telles inventions ne pouvoient partir que de Magiſtrats pénétrés de préjugés, qui croyoient leur ſyſtême d'approviſionnement d'autant meilleur, qu'il préſentoit plus d'aſpects différens, c'eſt-à-dire, qu'en même-tems qu'ils faiſoient ainſi payer inſenſiblement un impôt aux pauvres gens, ceux-ci s'imaginoient qu'on ne s'occupoit que de pourvoir à leur pain journalier.»

«Quand on eut réformé ce Magiſtrat, qui régloit la ſubſiſtance de l'Etat, & qui paſſoit généralement pour le Dieu tutélaire des vivres, il étoit tout ſimple de craindre que, dans le cours de cinq ſiècles que ſon pouvoir avoit duré, les pertes ayant été très-fréquentes & très-onéreuſes, elles devoient l'être encore bien davantage à l'avenir, ſa place n'exiſtant plus.»

Voyons comment les choſes ſe paſſerent réellement. Depuis 1767 juſqu'à préſent, nous n'avons point eu de diſette, c'eſt-à-dire que la Toſcane n'a plus manqué de vivres. On n'a plus fait d'exactions pour s'en procurer, & on n'a plus contracté de dettes pour en faire venir de l'Etranger. Le ſpectacle effrayant de la famine & les malheurs des anciens tems ſont finis. La campagne a augmenté ſes enſemencemens & ſes cultures, de manière qu'à l'œil même du plus méfiant Obſervateur, elle offre évidemment un nouvel aſpect. Les terreins ne reſtent plus ſans être vendus; au contraire ils ſont augmentés de prix. Les provinces refleuriſſent; elles n'ont pas beſoin du ſecours de la Capitale, ni celle-ci du leur pour ſe ſoutenir. Les Propriétaires ont donné abondamment du travail aux ouvriers; & les Fabricans, non-ſeulement de la Ville, mais encore des campagnes les plus reculées, ſe préſentent en une très-bonne poſture. La population s'eſt accrûe conſidérablement, &, ce qui étonne, également de tout côté, &, pour ainſi dire, dans tous les cantons. Ces vérités n'ont pas beſoin de preuves; il ſuffit, pour s'en convaincre, de voir & d'interroger. Si je voulois faire ici une énumération conſidérable, je pourrois étendre mon raiſonnement plus loin que la circonſtance ne l'exige, & changer l'hiſtoire en un éloge que je n'ai pas intention de faire; j'ajoute ſeulement une réflexion, c'eſt que les années qui ont ſuivi immédiatement la loi, qui a eu lieu depuis 1767 juſqu'en 1775, ont été la plupart malheureuſes, & qu'aucune n'a donné une pleine récolte.»

«La combinaiſon ſi étrange & faite dans des circonſtances d'abord ſi peu favorables, d'un ſyſtême abſolument différent de celui qui avoit été ſuivi juſqu'alors, fut très-heureuſe dans un ſens, en ce qu'elle démontra que la félicité de la Toſcane étoit aſſurée; il arriva alors qu'une Société de Citoyens zélés pour le bien public & reconnoiſſans de la munificence d'un Prince ſi prévoyant, fit frapper une médaille en bronze avec ſon portrait, ſur le revers de laquelle on liſoit cette épigraphe: *Richeſſes de l'Etat augmentées par la liberté rendue au Commerce des Grains* (Libertate frumentariâ reſtitutâ, opes auctæ.).»

«Ici ſe terminent les faits hiſtoriques, qui regardent la loi portée ſur les grains en Toſcane; mais ſes utiles conſéquences ne finiront qu'avec elle, & même elles ſe feront de plus en plus ſentir. Les grandes opérations ont beſoin de mûrir pour faire connoître leurs bons effets. Peu-à-peu ceſſera la réſiſtance naturelle à ce qui eſt nouveau. La maſſe des biens s'augmentera; la raiſon prendra plus de force; on aimera mieux la liberté que les fers, dans une affaire auſſi importante que l'eſt celle de délier les bras aux hommes & de leur laiſſer librement uſer des moyens de ſe procurer leur ſubſiſtance.»

J'ai penſé que je ferois plaiſir, en traduiſant ce morceau.

L'expoſé des détails précédens paroît donner lieu aux conſéquences & aux réflexions ſuivantes:

L'adminiſtration des grains de la Turquie eſt contraire à l'intérêt de l'Agriculture & à la juſtice, qu'un Gouvernement doit à tous les individus. Ces belles contrées pourroient être le grenier du monde entier, comme la Sicile l'étoit autrefois de beaucoup de pays. Les famines, à la vérité, y ſont rares à cauſe de la ſobriété des habitans & de l'abondance des récoltes de la Morée, de la Valachie, la Moldavie, la Baſſe-Anatolie, la Syrie, l'Egypte, &c.; mais elles le ſeroient encore davantage, & les Turcs mangeroient du pain de meilleure qualité, ſi le Commerce des grains y jouiſſoit d'une entière liberté. On cultiveroit plus de terrein, lorſqu'on auroit l'eſpérance de ſe défaire des productions. Le blé ſeroit pour les Turcs une branche importante de Commerce; mais ils ne peuvent y compter, tant que, dans leur pays, on fixera arbitrairement le prix des blés, tant qu'on fera violence aux Boulangers de Conſtantinople, pour acheter ceux qui arrivent dans ſon port; tant que les Pachas, Beys, Aghas, &c. exerceront, à leur gré, des confiſcations & de vexations.

Le Gouvernement François n'a jamais eu de principes fixes ſur l'adminiſtration des blés. Tantôt laiſſant aller l'exportation, tantôt l'arrêtant, tantôt encourageant l'importation, sans permettre la réexportation; il a continuellement réveillé l'avidité des Monopoleurs qui se sont conduits selon les circonstances, toujours de manière à en profiter. Les Agens du Gouvernement ont eu plus d'une fois à se reprocher d'avoir accordé des permissions particulières d'exporter, ce qui étoit contraire aux intérêts du Commerce, sans diminuer les chertés. Entr'autres époques, on a donné plus de liberté au Commerce des grains & subsistances, sous le ministère de M. Bertin, en 1763 & 1764; cette liberté a été plus étendue sous celui de Laverdy; sous le même Ministère, on l'a suspendue; elle fut rétablie, M. Turgot étant Contrôleur-général des Finances. On assure qu'elle a prévenu les mauvais effets des récoltes de 1768 & 1769, & qu'on a eu tort de lui attribuer les inconvéniens qui eurent lieu depuis 1770 jusqu'en 1774, puisqu'elle n'existoit pas alors.

Il faut convenir qu'il est plus difficile d'établir des règles d'administration sur les blés, en France, que dans toute autre partie du monde, à cause de son immense population, de la quantité de blé qu'on y consomme, & de sa position par rapport à la Mer. En ne supposant que deux setiers par individu, la France renfermant vingt-quatre millions d'habitans, a besoin, chaque année, de quarante-huit millions de setiers de blé; & cette quantité ne suffiroit même pas, si, dans plusieurs contrées, le blé n'étoit suppléé par du maïs, du sarrasin, des châteignes, des pommes de terre, &c. Par blé j'entends ici, non-seulement le froment, mais encore le seigle, l'orge & les autres grains, dont on fait du pain. Le blé est le principal aliment du peuple François, qui ne mange que rarement de la viande & peu de légumes. Si on s'en rapportoit au Commerce extérieur pour fournir dans les années de cherté, ne craindroit-on pas qu'il n'approvisionnât que les pays limitrophes de la Mer, & sur-tout des ports? Ceux qui en sont loin, n'en profiteroient pas; par exemple, qu'on débarque des blés au Havre ou à Bordeaux, la Franche-Comté & la Bourgogne mourroient de faim, avant qu'ils y soient parvenus en assez grande quantité. Ces considérations méritent d'être pesées avec attention; elles doivent empêcher de décider légèrement la question. Les localités n'étant pas les mêmes, les ressources & les transports plus ou moins faciles, le régime d'administration, qui convient à un Etat, pourroit bien ne pas convenir à un autre. S'il étoit possible de trouver un mode tel qu'il assurât un prix commun du blé, avantageux au consommateur & au vendeur, sans que jamais le monopole pût le troubler; c'est ce mode qu'il faudroit adopter. Mais le Gouvernement seul, auquel il appartient tout-à-la-fois de veiller à la subsistance du peuple & à l'encouragement de l'Agriculture qu'on ne sauroit en séparer, doit, après y avoir bien réfléchi, en adopter un qui soit invariable, & y tenir la main. Les partisans de la liberté du Commerce des grains croient qu'il n'y en a pas d'autre que celui de rendre le blé une marchandise, comme les étoffes & tous les ouvrages manufacturés; n'attribuant les chertés qu'aux manœuvres des Monopoleurs, ils sont persuadés que la concurrence des Marchands de blé les déroute & détruit toutes leurs spéculations avides. Selon eux, les enlèvemens faits, lorsque l'exportation est permise, sont peu considérables. On prétend que, pendant celle de 1764, 1765 & 1766, ils ne se sont montés qu'à la quatre-vingtième partie des récoltes ordinaires. Peut-être même seroient-ils moindres encore dans un système de liberté absolue, par la balance qui s'établiroit; ou s'ils étoient considérables dans un tems, ils seroient, dans un autre, foibles ou plus que compensés par les importations. A l'époque où nous vivons, la France n'a plus à fournir ses Colonies d'Amérique, qui, tôt ou tard, seront approvisionnées par la nouvelle Angleterre. Cette dernière contrée du monde regorge de blés, dont elle pourroit nourrir une grande partie de l'Europe. La Pologne en récolte assez pour tout le Nord; la Sicile, les Côtes de Barbarie & l'Italie en ont à céder aux pays voisins qui en manquent. La liberté du Commerce des grains paroîtroit donc plutôt favorable à la circulation dans tout le Royaume, que dangereuse par la diminution de la denrée, qu'elle causeroit.

On ne peut comparer l'état de l'Angleterre à celui de la France. En Angleterre, l'homme le plus indigent consomme beaucoup de viande, de pommes-de-terre, de légumes & très-peu de pain. Le blé n'y est pas considéré comme un objet de première nécessité, mais comme une denrée manufacturée. On y desire que le Laboureur, ainsi que tout autre Manufacturier, retire un haut prix de son industrie & de son travail. Ce n'est que lorsque ce prix est réellement excessif, que la loi ferme les ports à l'exportation & appelle l'importation par des primes. Mais, ces cas étant très-rares, on peut donc y regarder l'exportation comme toujours permise.

Un second avantage dont jouit l'Angleterre, & dont la France est privée, c'est que chaque point des trois Royaumes ne se trouve pas à plus de dix lieues d'un port, où peuvent parvenir des bâtimens de Mer. Dès qu'une denrée devient rare, le prix en augmente. Cet attrait incite tout Commerçant à importer ce qui commence à manquer & à se vendre cher. Or, l'univers entier transporteroit facilement & rapidement dans toutes les parties de la Grande-Bretagne & de l'Irlande, les secours que ses besoins y appellent. Il est donc impossible qu'il y ait de disette réelle & absolue dans un tel pays, puisque, par des causes locales, dès la première apparence de ce fléau, il y est nécessairement apporté remède.

Suivant M. Abeille, la disette des années 1765, 1766, 1767, est l'effet du monopole excité par les gros droits, imposés sur les blés étrangers. S'il est vrai, comme quelques détails particuliers me l'ont appris, que les droits cessent aussi-tôt que le blé a atteint un certain prix, le Gouvernement n'avoit donc pas employé assez tôt la mesure qui devoit attirer les blés étrangers; le monopole en a profité : ce qui a eu lieu cette fois, peut se renouveller encore & désoler l'Angleterre. Ceux qui pensent que la liberté entière du Commerce des grains prévient toute disette, voudroient que l'Angleterre qui n'a fait que la moitié du bien, supprimât ses droits sur les blés étrangers.

Si les faits qui forment l'histoire de la liberté du Commerce des grains en Toscane, sont exacts, ce pays a été exposé à des disettes, à de grandes famines même, tant que son administration a été soumise à des loix gênantes. Dès que ces loix ont été abrogées, l'abondance s'est montrée & n'a pas disparu depuis ce tems-là, suivant les informations récentes que j'ai prises. L'exportation & l'importation sont libres & dégagées de toutes entraves. Depuis ce tems, la Toscane qui ne récoltoit pas du blé pour sa consommation, puisque, sur dix ans, il falloit qu'elle en achetât pour une année, peut maintenant en vendre & en exporter, ses produits ayant augmenté d'un huitième. C'est par le port de Livourne que la Toscane fait son Commerce. Elle est un exemple frappant des effets de la liberté du Commerce des grains.

A la vérité, la Toscane est un petit pays, si on la compare aux autres Etats de l'Europe; elle a peu d'étendue & contient environ neuf cent quarante mille d'habitans. Mais aussi n'a-t-elle qu'un port pour s'approvisionner de blés étrangers, en cas qu'il en manque dans le Grand-Duché; & il paroît certain que, pendant que son Commerce se faisoit par des emmagasinemens, sous la vigilance des Magistrats, elle a éprouvé de grandes disettes, funestes à beaucoup d'individus. Son nouveau régime lui a procuré une abondance soutenue & des produits plus considérables dans son territoire.

Jusqu'ici je n'ai ajouté que peu de raisonnemens à tous les faits que j'ai rapportés. Comme il paroît, d'après les écrits que j'ai extraits, que la liberté entière du Commerce est le moyen qui a le mieux réussi, je réduirai, d'après l'ouvrage déjà cité plusieurs fois, en assertions les principaux élémens de la doctrine des partisans de cette liberté; il me paroît nécessaire de les placer dans l'Encyclopédie.

I. On ne sait ni combien le Royaume de France produit de grains, année commune, ni combien il renferme d'individus qui en consomment, & de gens qui pourroient en consommer, ni à quoi monte la population annuelle. Il est même *impossible* de le savoir.

II. La disproportion des récoltes entre deux provinces peut être foible, elle peut être énorme; la disproportion peut être fort considérable dans la même province d'une année à l'autre. Dans ces différens cas, il est *impossible* de savoir à beaucoup près, à quoi monte l'excès, le défaut & la quantité, qui seroient proportionnés au besoin de tous.

III. On ne connoît ni la quantité existante de blés anciens & de blés nouveaux, ni où ils sont, ni dans quel état ils sont, ni ce que veulent ou ce que peuvent en faire ceux à qui ils appartiennent; & il est *impossible* de s'en assurer.

IV. La répartition des grains existans (répartition dont la nécessité est si frappante), ne peut s'opérer que par le besoin, que le possesseur a de vendre, & le consommateur d'acheter; il est *impossible* de connoître la quantité que le besoin fera vendre par l'un & acheter par l'autre.

V. L'impossibilité de diriger une répartition générale, c'est-à-dire, de diriger des opérations individuelles qu'on ne peut, ni prévoir ni régler, qu'on ne peut même connoître, ni pendant qu'elles s'exécutent, ni après qu'elles sont exécutées, démontre que toute répartition générale ne peut se faire que par le mouvement, qu'excite le besoin ou l'intérêt de vendre.

VI. Le mouvement ne peut être général que par un très-grand concours de vendeurs dans toutes les parties du Royaume.

VII. Ce concours ne peut être que fortuit, puisqu'il dépend de déterminations individuelles; il ne peut donc devenir général qu'autant que ces déterminations auront toutes un même motif.

VIII. Le motif le plus déterminant pour l'universalité des vendeurs, est d'être persuadés que, s'ils ne reçoivent point d'offres qui leur conviennent, en présentant leur denrée de marché en marché, ils auront la liberté d'aller parcourir tous les marchés étrangers, soit pour y trouver un meilleur prix, soit pour se déterminer à vendre au prix qu'ils sauront, par expérience, être le seul qu'ils puissent espérer d'obtenir.

IX. Cette liberté, ou la faculté d'exporter, étant le vœu, la sûreté & la ressource de tous, elle donne le plus grand mouvement possible à la denrée, & ce mouvement la met toute en évidence. Il en résulte nécessairement une répartition générale, parce que, si l'intérêt des acheteurs appelle la denrée, l'intérêt des vendeurs la porte par-tout où se déclare le besoin.

X. Quand le besoin & la denrée sont en évidence par-tout où ils existent, la concurrence entre les vendeurs d'un côté, & les acheteurs de l'autre, est parvenue à son plus haut degré de plénitude dans l'intérieur.

XI. Cette double concurrence étant générale, le prix qui s'établit dans les marchés, est nécessairement proportionnel à la quantité de la denrée & au besoin des consommateurs.

XII. Si le prix qui s'établit est foible, il est démontré que la denrée surabonde. La conservation des richesses nationales demande alors que les vendeurs exportent, & leur intérêt les engage à exporter, sans que l'administration ait d'autre embarras que celui de leur en laisser la liberté. Si le prix est fort, il est démontré que la denrée manqueroit, ou qu'elle ne seroit qu'étroitement suffisante jusqu'à la récolte prochaine. La sûreté du côté des subsistances demande alors que l'Etranger & les Négocians de nos ports importent des grains, & leur intérêt les détermine à importer, sans que l'administration ait d'autre embarras que celui de laisser la liberté de remporter les grains que leur surabondance feroit tomber au-dessous de leur vrai prix.

XIII. L'exportation opérant une augmentation de concurrence entre les acheteurs: & l'importation une augmentation de concurrence entre les vendeurs, la liberté d'exporter & d'importer assure la double concurrence la plus étendue, qu'on puisse espérer.

XIV. La plus grande concurrence des vendeurs & des acheteurs étant connue, le blé se maintient continuement à son vrai prix, c'est-à-dire, au prix toujours proportionnel à la quantité & au besoin de la denrée.

XV. Quand, par l'événement des récoltes, il y a peu de grains à vendre & beaucoup d'Acheteurs, la denrée se vend à *l'enchère*. Quand au contraire il y a peu d'acheteurs en proportion de la quantité de grains, ils se vendent au *rabais*. Quand la liberté d'importer & d'exporter met en concurrence toute la denrée & tous les acheteurs, il n'y a plus de *rabais* ni d'*enchère* dans la vente; les grains sont donc à leur vrai prix, à quelque taux qu'ils se fixent par le concours de tous les acheteurs & de tous les vendeurs régnicoles & étrangers.

XVI. Il seroit évidemment absurde & injuste, tant de la part des vendeurs que de la part des acheteurs, de vouloir vendre au-dessus, ou acheter au-dessous de ce qui est reconnu pour le *vrai prix* de la denrée par le plus grand nombre possible de concurrens d'achat & de vente, c'est-à-dire, par l'universalité des hommes.

XVII. Il est physiquement impossible; 1.° de faire dans l'intérieur une répartition proportionnelle des grains, sans une circulation générale qui les mette tous en évidence & en mouvement; 2.° d'établir & de maintenir la circulation générale, sans la faculté continue d'exporter & d'importer; 3.° de jouir d'une concurrence générale de vendeurs & d'acheteurs sans la circulation, l'exportation & l'importation; 4.° de connoître jamais le vrai prix du grain & d'en assurer les avantages au peuple, que par une concurrence générale, effectuée ou possible, du dedans au dehors, ou du dehors au dedans du Royaume.

L'Auteur & le Rédacteur de ces principes, pour répondre à l'objection qu'on lui faisoit de la prospérité Françoise, malgré la gêne de plusieurs branches de Commerce de ses denrées, ajoute: « Qu'il ne faut pas en conclure que ses richesses & sa puissance soient le fruit de ses loix prohibitives: la santé n'est jamais le fruit d'un poison lent. Mais il faut en conclure que sa constitution est si vigoureuse qu'elle a pu résister, pendant long-tems, à l'impression malfaisante de ses mauvaises loix. Si, par quelque cause que ce fût, on voyoit diminuer les richesses & les forces de cette même Nation, il y auroit un moyen de la ramener à sa première vigueur & de l'augmenter encore. Ce moyen sûr & peut-être unique, seroit de détruire successivement toutes les loix prohibitives en fait de Commerce. La liberté répand par-tout un air salubre & nouveau qui vivifie; c'est l'air natal. »

Sujet d'un Prix proposé par la Municipalité de Paris en 1791.

Lorsqu'une Administration, qui subsistoit depuis long-tems, se trouve tout-à-coup détruite entiérement, il naît, pour lui en substituer une autre, une foule de difficultés, les embarras se présentent de toutes parts, on ne sait à quel moyen donner la préférence. Telle a été la position de la Municipalité de Paris, au moment où cette Ville a cessé brusquement d'être approvisionnée par son ancienne police. Cette position a été d'autant plus critique, qu'alors les blés manquoient dans la majeure partie du Royaume. Il a donc fallu faire de grands sacrifices d'argent, pour parer aux premiers instans. Ces sacrifices ont été faits, & on est parvenu, à grands frais, à procurer & à assurer, pour quelques tems, la subsistance d'une population nombreuse. La Municipalité revenue à elle & pesant les choses avec maturité, a senti qu'il étoit nécessaire de trouver pour l'avenir un mode d'approvisionnement, qui fût tout-à-la-fois économique & conforme au systême général de l'Administration du Royaume. C'est pour s'entourer d'une grande masse de lumières & dans l'espérance de découvrir ce qu'elle cherchoit, que, par un Programme, elle a invité les Citoyens à lui communiquer leurs idées sur un si important sujet. Parmi les Mémoires qu'elle a reçus, elle en a distingué trois, dont l'impression a été ordonnée. L'un est de M. Lair du Vaucelles; le second est de M. Morisse; le troisième de M. Monchanin. Ce sont ces Mémoires que je vais faire connoître, en y ajoutant quelques réflexions. On y verra quelle étoit l'opinion dominante dans ce tems-là sur le Commerce des grains, & sur la manière d'approvisionner Paris.

La question proposée étoit conçue en ces termes: « quels sont les meilleurs moyens d'asfurer l'approvisionnement de la Capitale, & d'y entretenir constamment une quantité de blés & de farine proportionnée à sa consommation. »

Cette question principale est développée dans le Programme par des questions, qui en dérivent. M. Lair du Vaucelles est le seul qui les ait suivi strictement. Je commencerai par son Mémoire, le plus étendu des trois, & celui où la matière me semble avoir été le plus approfondie.

Première question : « le Commerce seul peut-il, à l'abri des Loix, qui protègent la circulation des grains dans toute l'étendue du Royaume, assurer en telle manière l'approvisionnement de Paris, qu'aucune Administration n'ait à s'en occuper? M. du Vaucelles n'hésite pas à prononcer que le Commerce seul, dégagé de toute contrainte, de toutes entraves, pourroit remplir cette tâche immense; mais qu'il faut que, comme la providence, l'Administration le surveille & supplée dans les cas difficiles à ce qu'il ne pourra faire qu'imparfaitement. Il entre ensuite dans quelques détails sur la population de Paris, sur la quantité de blés nécessaire pour alimenter la Ville, les Fauxbourgs, plusieurs Villages même des environs, qui n'ont point de marchés, & pour subvenir à la consommation des Pâtissiers & des Amidonniers. Suivant M. du Vaucelles, qui a puisé la plupart de ses données dans l'Art du Boulanger de M. Malouin, Paris renferme habituellement dans son sein 700,000 habitans & 100,000 étrangers, c'est-à-dire, 800,000 ames, pour lesquels il faut en une année 2,400,000 setiers de blé. Il rappelle les précautions prises sous François premier & depuis le règne de ce Prince, pour mettre Paris à portée de se procurer sans peine des vivres. On donna à sa Généralité 22 Elections, qui comprenoient les meilleurs pays à blé. Elles ne suffirent même pas dans la suite; car cette Ville s'étant accrue, il fallut aller au-delà de ces Elections chercher des blés, afin de rendre tous les transports des denrées faciles & certains; elle eut en outre l'inspection sur les Canaux & rivières qui se jettent dans la Seine. Cette espèce de suprématie, qui s'étendoit sur un territoire de 3000 lieues de superficie, se trouve maintenant réduite à 25 lieues de superficie par la fixation bornée du Département de Paris. Il est donc nécessaire que la Ville se pourvoie ailleurs; mais elle doit le faire de manière à ne point alarmer les Départemens voisins, qui pourroient lui opposer des obstacles fâcheux. M. du Vaucelles, en suivant les calculs du Maréchal de Vauban sur l'étendue du Royaume, détermine la somme des terres labourables, après avoir déduit les espaces occupés par les Villes, Bourgades, Villages, rivières, étangs, canaux, lacs, chemins, vagues, vignes, bois, vergers, herbages, prairies, plantations d'oliviers, &c. Il distribue ce qui reste en trois solles dont une seule produit des blés. Il évalue les récoltes à quatre setiers & demi, mesure de Paris, par arpent, sur quoi il faut encore prélever les semences, qui sont de dix boisseaux ou d'un setier. Il soustrait ce qui sert pour approvisionner les Colonies. Enfin ce qui se consomme en France pour la nourriture des animaux, pour la pâtisserie & les Amidonniers étant aussi retranché des calculs de M. du Vaucelles, il estime que, dans les années les plus heureuses, le superflu des récoltes n'excède pas 7,892,562 setiers. Dans cette hypothèse, il suppose que chaque individu des 25,000,000 d'habitans de la France consomme par an deux setiers de blé, qui produisent vingt-une onces de pain par jour. Ce foible excédent des récoltes donne à l'Auteur du Mémoire l'occasion de combattre l'erreur dangereuse où est le Peuple, que dans les bonnes années le territoire François peut produire de quoi nourrir ses habitans pendant trois ans.

Seconde question: « Le Commerce doit-il être quelquefois surveillé, aidé ou encouragé, comme on l'a fait jusqu'à présent? » M. du Vaucelles croit qu'il faut en général encourager le Commerce, & le livrer à lui-même en particulier. Si nous comprenons bien sa pensée, l'Etat doit, selon lui, accorder à tout le Commerce & à toute espèce de Commerce le plus d'encouragemens possibles, sans favoriser quelques Particuliers pour ne pas écarter les autres; mais la surveillance est indispensable. Le Commerce peut rencontrer dans sa marche des obstacles, tels que les préjugés du Peuple qu'il faut éclairer. Il est possible qu'il se néglige, qu'il se ralentisse, qu'il n'ait pas de succès; dans tous ces cas, la prévoyance de l'Administration devient nécessaire, mais il faut une Législation qui ne vacille pas. Car tantôt permettre, tantôt défendre l'exportation, c'est sonner le tocsin, c'est exciter une disette d'opinion, plus redoutable que la disette réelle.

Troisième question : « Par qui le Commerce doit-il être surveillé, aidé, encouragé? » M. du Vaucelles désigne pour surveiller le Commerce des grains destinés à l'approvisionnement de Paris, les Représentans de la Commune qu'il regarde comme plus capables de calmer les alarmes du Peuple. La Municipalité, dans un des articles de son programme, a fait voir qu'elle sentoit combien la manifestation de la moindre inquiétude pouvoit nuire à l'approvisionnement: l'expérience ne le prouve que trop. Quant aux dépenses surabondantes que les encouragemens pourroient exiger, M. du Vaucelles présume que c'est au Département à trouver les moyens de les faire.

Quatrième question : « Quel doit être le mode de cette surveillance, de ce secours ou de cet encouragement? » Pour être d'accord avec ses principes, M. du Vaucelles ne voudroit pas que ce mode gênât en rien le Commerce, auquel une liberté pleine & entière est nécessaire pour ses progrès. Mais la Municipalité a des ressources pour connoître l'état des terres cultivées, & les circonstances qui peuvent en déranger les produits. C'est alors qu'elle prendra des mesures de surabondance, comme en prit l'Empereur, Joseph second, en 1788, qui, prévoyant la mauvaise récolte, eut soin d'approvisionner les magasins de ses troupes. Dans ces cas, tirer des blés de loin, sur-tout de l'étranger, est le moyen de déconcerter l'avarice des Spéculateurs. On puisera en Pologne, en Danemarck, en Prusse, en Allemagne & en Angleterre même, sur les côtes de Barbarie & dans l'Amérique septentrionale. M. du Vaucelles auroit pu ajouter, & dans le Levant; car la Sicile & les côtes d'Italie en vendent au Commerce de Marseille. Nos Provinces méridionales, sur-tout le Languedoc & la Provence, ne récoltant pas habituellement ce qu'il leur faut pour vivre, sont en partie alimentés par les blés du Levant que le Commerce de Marseille leur apporte. La Pologne, qui en récolte toujours plus qu'elle n'en peut consommer, est la ressource de tout le Nord de l'Europe, & peut l'être du Nord de la France. Différentes espèces de secours, continue M. du Vaucelles, sont à la disposition de la Municipalité. Elle a la facilité de procurer aux Fournisseurs des emplacemens sûrs, commodes & gratuits, & de veiller sur la libre circulation des subsistances qui arrivent à Paris, soit par eau, soit par terre. Quoiqu'elle n'ait plus le même droit qu'autrefois, elle aura toujours assez de crédit pour obtenir des Départemens voisins que les rivières navigables, les canaux & grands chemins soient toujours en état d'accélérer les transports, & que les denrées qui lui sont destinées ne soient pas retardées ni interceptées. Enfin elle excitera l'émulation, en donnant des prix d'encouragement aux Boulangers & autres Fournisseurs, lorsqu'ils auront montré plus de zèle, plus d'activité & de célérité dans le service; lorsqu'ils auront tiré un meilleur parti des blés & des farines, sans altérer la qualité du pain, ou fait venir leurs approvisionnemens de pays éloignés. L'Auteur lui-même, en 1789, avoit donné & proposé à ses frais trois prix d'encouragement dont on doit lui avoir obligation.

Persuadé que l'inspection exercée autrefois par la ville de Paris sur les routes, canaux & rivières, qui servoient à son approvisionnement, loin d'être onéreuse aux Riverains, leur est avantageuse, en leur procurant la plus prompte & la plus facile exportation de leurs denrées, M. du Vaucelles invite la Capitale à réclamer cette inspection, qui lui paroît indispensable, & sans laquelle elle ne peut jamais compter sur l'arrivée des objets de première nécessité. Quelqu'intérêt qu'aient les Riverains des grandes routes affluantes à Paris de desirer que cette Ville conserve l'inspection qu'elle avoit, il est difficile de croire qu'on la lui accorde dans le système actuel d'égalité de choses & de pouvoirs.

Cinquième question : « Par qui doivent être faits les magasins, s'il faut en établir? » Ce n'est ni à la Municipalité ni au Gouvernement général du Royaume qu'il appartient de faire des magasins, d'après l'opinion de M. du Vaucelles, mais au Commerce seul, affranchi de toute intervention & rivalité étrangères. Il suffit d'encourager les Boulangers, Fariniers, Meûniers, Blatiers & Fermiers, en les mettant à l'abri de toute crainte, & en leur distribuant des récompenses. Les précautions employées jusqu'ici coûtent des sommes énormes, dont une partie consacrée à des encouragemens, feroit un bien infini.

M. du Vaucelles propose en outre, pour mieux assurer l'approvisionnement de Paris, de recevoir de ceux qui peuvent pourvoir à sa subsistance, une soumission obligatoire pour la quantité de grains, farines ou pain, qu'ils s'engageront à fournir dans le cours d'une année, sous la condition de la renouveller tous les ans au mois de Septembre, pour l'année entière ou pour six mois, & de fournir à la fin de chaque mois au Bureau des subsistances un état de ce qui leur reste de provisions & de celles dont ils espèrent la rentrée prochaine.

Sixième question : « Quelle quantité de blé ou » de farine doit-on entretenir dans ces maga- » sins? » Le programme suppose des magasins publics, que M. du Vaucelles proscrit. Les Fournisseurs doivent en avoir de particuliers pour remplir leurs promesses. Le devoir de la Municipalité sera d'accorder une prime à ceux qui, par leurs approvisionnemens, se seront mis en état de parer aux inconvéniens des basses eaux, des gelées longues, pendant la durée desquelles on ne peut moudre du blé. Il sera même utile, dans des tems de crise, d'établir une caisse de secours, pour leur avancer, sans intérêt, & en prenant ses sûretés, une partie des sommes dont ils pourroient avoir besoin. M. du Vaucelles ajoute qu'il faudroit former un comité, que présideroit un Membre du Bureau des Subsistances, auquel on admettroit des Boulangers, Fermiers & Blatiers, & qui tiendroit un état de tous les Fournisseurs de la Ville & de la campagne, de la quantité & qualité des approvisionnemens, de l'exactitude du service & des obstacles imprévus, afin d'en informer l'Administration, & de lui présenter les moyens d'y remédier. Il desireroit qu'on attachât à ce Comité une grande considération.

Septième question : « Selon quelles règles on » doit faire usage de cet approvisionnement? » Cette question, devenue inutile par les réponses faites à la sixième, fournit à M. du Vaucelles l'occasion de faire sentir les inconvéniens des magasins publics. Il en résulte des frais considérables, des pertes & le découragement des Négocians, trop foibles pour lutter individuellement contre une Puissance, qui se résoudra à perdre, tandis que leur véritable objet ne peut être que de gagner. La concurrence libre est le seul moyen de déconcerter les projets que la cupidité enfante.

Huitième question : « Quelle utilité on peut » retirer de l'article 19 du titre 3 du Code » Municipal de Paris, *qui permet au Bureau » Municipal de concerter, directement avec les » Ministres du Roi, les moyens de pourvoir aux » subsistances & approvisionnement de la Capitale ?* » Le concert du Bureau Municipal & des Ministres du Roi paroît à M. du Vaucelles utile, par cela seul qu'il peut obtenir d'eux des renseignemens sur le prix des grains dans les divers marchés du Royaume, & du plus ou moins d'abondance qui y règne. M. du Vaucelles ne peut s'empêcher de convenir que, dans le nouvel état des choses, l'approvisionnement de Paris est devenu plus embarrassant que jamais. « Le peuple, dit-il, » de chaque canton se regarde en quelque sorte » comme le propriétaire de tout le blé qu'il ren» ferme; le moindre enlèvement l'inquiette; il » est toujours prêt à s'y opposer. L'extrême mi» sère où il est réduit, le défaut de travail, tout » l'oblige à veiller sans cesse sur les moyens de » se procurer sa subsistance au plus bas prix » possible; & il regarde le moindre enlèvement » comme le signal d'une disette prochaine ou » d'un renchérissement certain. Les Départemens » eux-mêmes, tous enclins, tous intéressés à » maintenir la paix dans leur arrondissement, » hésiteront peut-être de donner, à ce sujet, » des ordres tranchans & authentiques. Tout » doit se faire dans le secret; & sur ce point, » un Intendant avoit plus de facilités qu'un » Département. La libre circulation des grains, » dans tout l'intérieur du Royaume, pourroit » néanmoins obvier à tous ces obstacles; mais » le peuple la contrarie. Ce peuple n'observe » pas qu'en refusant à la Capitale sa subsistance, » il commet une extrême injustice. Il oublie » en même-tems que la grande population de » Paris est une ressource pour nos manufac» tures de provinces, comme sa grande con» sommation est un encouragement pour l'Agri» culture. Paris est l'estomac que les membres » doivent nourrir; mais l'apologue de Menenius» Agrippa n'est point connu dans les villages. »

Les obstacles qui naissent de l'opinion du peuple, forceront, dans certaines circonstances, de recourir à l'Etranger. Le produit de notre sol n'est pas toujours une ressource pour les Marchands, & Paris ne doit pas courir la chance de l'incertitude. M. du Vaucelles ne se dissimule pas qu'une forte importation de l'Etranger épuiseroit le numéraire & décourageroit notre Agriculture. Il croit trouver le remède à ce mal, en proposant de tirer à Paris, comme en province, d'une quantité déterminée de blé, une plus grande quantité de pain, & de rapprocher par-là son prix des facultés du peuple. Il conseille de ne point aller puiser ouvertement dans les halles & marchés des divers Départemens, mais d'acheter plutôt aux Fermiers, afin de ne pas causer d'alarmes.

Neuvième question : « Quel avantage l'on » peut tirer de l'article 2 du Décret, du 21 » Septembre dernier, *qui ordonne que la quantité » de marchandises, arrivant à Paris par eau, » sera déclarée à la Municipalité, & comment, » pour se procurer la connoissance exacte de la » quantité de farine, qui arrive par terre, on » pourroit remplacer le secours que l'on tiroit au» trefois des barrières ?* » M. du Vaucelles pense que, si la plupart des denrées arrivoient par eau, ce seroit la preuve qu'elles viendroient de loin. Les ressources du voisinage ne s'épuiseroient pas, & les frais des denrées étant moins considérables, leur prix ne s'éleveroit pas si haut. La loi qui en ordonne la déclaration, a le double avantage d'en constater la quantité & la qualité, & de faire connoître ce qu'en fournissent les cantons éloignés. M. du Vaucelles ne voit pas la nécessité d'établir des bureaux pour connoître les approvisionnemens, qui viennent par terre. Les soumissions des Fournisseurs lui paroissent suffire.

M. du Vaucelles, en résumant tout ce que contient son Mémoire, conclut que la science de toute administration, en matière de subsistances, consiste presque entièrement à laisser un libre cours au Commerce; tout se réduit à cette maxime : *Encouragez & laissez faire.* Il cite les exemples de la Toscane, de la Hollande & de l'Angleterre, où l'application de ce principe a eu les plus grands succès.

M. Morisse examine la question générale, sans en admettre les subdivisions. Il distingue les moyens de pourvoir à des besoins instans, à une disette actuelle, de ceux qui sont nécessaires pour entretenir une suffisante abondance. Il croit que la Municipalité ne consulte que sur ces derniers. « Il n'est pas douteux, dit-il, que le meilleur » moyen de pourvoir à la subsistance des habi» tans de cette grande Ville, comme à ses autres » besoins, ne soit d'abandonner ce soin au » Commerce, dont c'est la charge qu'il lui faut » laisser toute entière, parce que lui seul est » en état, & que c'est son intérêt de la bien » remplir. »

Ces principes consignés dans beaucoup d'écrits, & consacrés par les Decrets concernant la libre circulation des grains & des farines dans toute l'étendue du Royaume, ne sont pas généralement adoptés; des préjugés populaires les rejettent encore. Il paroît à M. Morisse que le Conseil-général de la Commune a voulu fixer sur cela l'opinion publique & adopter, pour pourvoir à l'approvisionnement de Paris, un systême qui rvit de règle dans une administration, dont les

Membres changent souvent. En supposant que le Commerce seul pût fournir la subsistance de la Capitale, doit-on absolument s'en rapporter à lui? Doit-on faire dépendre uniquement des spéculations & entreprises des Négocians, l'existence de sept à huit cent mille ames? L'affirmative est démontrée en théorie, mais démentie jusqu'ici dans la pratique. M. Morisse, qui en est persuadé, en cherche la raison, afin de ne pas imputer au Commerce & à la liberté absolue ce qui pouvoit être la faute du Gouvernement. Il la trouve, en effet, dans l'usage où étoit le Gouvernement de se mêler de l'approvisionnement de Paris & de la circulation des denrées dans toute l'étendue du Royaume. On ne s'est jamais entièrement confié au Commerce; on l'a toujours gêné; on l'a écarté par une concurrence qu'il ne pouvoit soutenir. De-là, une foule d'abus & d'inconvéniens, tels que « les » enlèvemens & accaparemens de grains, les » monopoles, les disettes factices, qui excusent » des renchérissemens réels de blés & farines, la » cherté du pain, qui est une suite de ces manœu» vres, les plaintes & murmures du peuple, l'em» barras continuel du Gouvernement, &c. » M. Morisse rappelle, qu'en 1789, le Commerce étoit tout dérouté & absolument nul, le Gouvernement s'étant chargé de pourvoir seul à l'approvisionnement de Paris. Il rend compte de la marche que suivit alors la Municipalité, obligée de se conformer encore quelque tems à l'ancienne Administration; pour engager le Commerce à reprendre, elle l'encouragea, & parvint à faire fournir par lui la halle, ne mettant en réserve que pour les cas imprévus. M. Morisse ne sait à quoi attribuer le dérangement de ces mesures & le renchérissement du pain.

Les doutes élevés sur ce que peut faire le Commerce sont un mal, selon M. Morisse, & ces doutes, qui donnent des inquiétudes, empêchent qu'on ne puisse encore s'y fier. Il est donc nécessaire de prendre des mesures; mais telles, qu'elles ne lui portent pas d'ombrage, & qu'il se mette en possession d'approvisionner Paris.

Pour remplir ce but, l'Auteur propose d'emmagasiner, non des blés, mais des farines embarillées, qui puissent se conserver plusieurs années. Il faut ne les employer que dans l'extrême urgence, seulement pour remplir le *deficit* du Commerce, & vendre toujours un peu plus cher que les Négocians, afin que ceux-ci, tant qu'ils pourront fournir, aient toujours la préférence. « On conviendra, dit-il, que, quand on est dans la disette & dans une certaine détresse, il s'agit de vivre, & non pas de vivre à bon marché. Ce qui est vraiment mal vu & très-dangereux, c'est de vouloir baisser le prix des blés ou farines & du pain, lorsqu'il doit être haut, & qu'il est impossible de donner ces denrées à meilleur marché que le taux courant du Commerce, parce que, au-dessous de ce taux, il y auroit perte pour le Vendeur ou Fournisseur. D'ailleurs c'est sans doute une chose très-fâcheuse que le pain soit très-cher; mais le remède est dans l'excès même du mal. La cherté attire la denrée & provoque l'abondance, qui produit bien-tôt le bon marché. Il faut sans doute, en attendant, venir au secours du pauvre; mais ce n'est pas en faisant baisser le prix du pain qu'il faut l'aider. C'est en lui fournissant, de quelque manière que ce soit, les moyens de le payer ce qu'il doit valoir. »

« En suivant fidèlement ces principes, il seroit possible que jamais on ne touchât à l'approvisionnement du Gouvernement que pour le renouveller au bout d'un certain tems, afin de ne pas courir le risque d'en rien perdre; car il pourroit arriver que le Commerce prenant confiance dans l'Administration, qui se fieroit à lui, ne cessât plus d'approvisionner abondamment Paris de subsistances, étant sûr que jamais les farines de la Ville ne se trouveroient en concurrence avec les siennes sur le carreau de la halle, tant qu'il fourniroit suffisamment, & qu'en tout cas, il auroit toujours la préférence pour la vente, puisque la Municipalité vendroit toujours plus cher que lui. »

« Enfin, lorsqu'il seroit tems de renouveller l'approvisionnement, parce que l'on craindroit que les farines ne se détériorassent, il faudroit encore se garder de les mettre en vente, toujours de peur d'écarter le Commerce. On n'en seroit jamais embarrassé, il n'y auroit qu'à les distribuer aux Hôpitaux & aux charités des Paroisses, à compte des secours que le Gouvernement devroit leur fournir. »

Les avantages qui résultent du projet de M. Morisse, sont, selon lui, de mettre le Commerce en état de se charger d'approvisionner Paris, d'épargner à la Municipalité l'embarras d'acheter & vendre continuellement, ce qui l'expose à des pertes considérables; de ne plus craindre les enlèvemens de grains, les accaparemens & autres manœuvres; d'avoir du pain, quand on voudra, soit que de longues gelées ou de longues sécheresses arrêtent les moulins; de garder les approvisionnemens long-tems & à peu de frais. On a la manière de bien embariller des farines dans le Querci, dans la Guyenne, pour les embarquemens; on se procureroit facilement à Paris, en peu de tems, des ouvriers capables de ces préparations; ou ce qui seroit peut-être encore mieux, on les feroit embariller dans différens pays, en donnant même des prix à ceux qui perfectionneroient les préparations qu'elles exigent.

M. Monchanin reconnoît d'abord que le blé est une propriété, qui doit être respectée entre les mains du Cultivateur & du Marchand. Il examine ensuite s'il n'y a pas des inconvéniens pour l'utilité générale, que chaque Département s'occupe s'occupe à approvisionner son arrondissement; & il n'a pas de peine à en trouver. Ils sont si faciles à saisir que je crois inutile de les rapporter. M. Monchanin est persuadé que la libre circulation établira un équilibre, en faisant passer dans les Départemens du Nord les récoltes du Midi, *& vice versâ*, selon l'abondance des uns & les besoins des autres. Il préfère les magasins particuliers à ceux des Départemens. Les Cultivateurs ou Meûniers, qui conserveront des blés ou des farines, sauront mieux les gouverner; ces denrées ne coûteront aux acheteurs ni frais ni embarras. L'Auteur du Mémoire est de l'avis d'un de ses concurrens, qui voudroit qu'à Paris, on mangeât du pain de qualité inférieure, qui seroit tout-à-la-fois & moins cher & plus nourrissant. Il va beaucoup plus loin. Il desire que les particuliers, qui ont un local, fassent eux-mêmes leur pain, ou qu'ils le fassent cuire chez des Pâtissiers, tous les trois ou quatre jours, afin d'en moins consommer; enfin, il regarde comme très-utile de disposer tellement la halle, que des Marchands-fariniers, Meûniers & Fermiers, viennent y retenir des places, en s'engageant à y avoir toujours un nombre convenu de sacs de farine ou de blé. Des Inspecteurs veilleroient sur ces provisions. Le Marchand qui n'auroit plus que la moitié de la sienne, seroit averti de la completter dans la quinzaine, sous peine de perdre la place qu'il occupoit, & qui, dans ce cas, seroit donnée à un autre. On offriroit, en outre, aux Marchands de blé & de farine, des magasins pour leur servir de dépôt. Point de droits à payer ni à la halle ni dans les magasins; les Inspecteurs même & Gardiens seroient aux frais de la Municipalité; les premiers à la nomination du Département, & les autres à celle de douze Marchands choisis parmi ceux qui approvisionnent la halle.

Des Commissaires nommés par le Corps Municipal pour rendre compte de tous les Mémoires, tant de ceux dont on a ordonné l'impression, que des autres, en ont fait un rapport qui a été rédigé par M. Regnault. Ce rapport, dans lequel les diverses opinions sont balancées, m'a paru fait avec bien du soin & de la précision; les conclusions en sont très-sages. Les Commissaires déclarent qu'ils sont persuadés que le Commerce seul peut approvisionner Paris; mais ils témoignent de l'inquiétude sur l'exécution de ce projet, dans un moment où les loix ne sont pas exactement observées. Ils voudroient que le passage de l'état actuel au nouveau ne fût pas trop rapide, & que l'on prît quelques mesures qui pussent parer aux événemens, sans nuire aux opérations du Commerce. Ils avouent qu'on ne leur en pas indiqué dans les Mémoires, & ils demandent que cet objet soit soumis à la discussion. Je n'ai qu'une remarque à faire sur ce rapport; c'est que MM. les Commissaires ont adopté entièrement l'idée d'un des Auteurs des Mémoires, qui proposa un moyen contraire à cette liberté de Commerce si recherchée & si desirable. Prononcer l'*exclusif* contre ceux qui ne pourroient venir à la halle apporter des denrées que pendant un tems, c'est, à ce qu'il me semble, s'ôter une ressource, nuire à l'esprit des loix, & détruire cette concurrence entre les Marchands, qu'on ne sauroit trop favoriser.

Plusieurs circonstances, parmi lesquelles on peut compter sur-tout l'approvisionnement de nos immenses Armées, ayant fait hausser le prix des grains, qui avoit baissé depuis 1789, on vient de reprendre (en 1793) la question sur la liberté du Commerce des grains, comme il arrive toujours, lorsqu'il y a disette réelle ou apparente. Il en est résulté quelques Ecrits dont la plupart ont répété ce qui avoit été dit précédemment. J'en ai distingué un, qui rappelle brièvement une partie des Loix faites chez les différentes Nations contre les Monopoleurs, espèce d'hommes qu'il faut (quand elle est bien connue) vouer, selon les expressions de l'Auteur, à toute l'animadversion des Loix & à l'exécration publique. Cet Ecrit, *signé* HÆNER, *Homme de Loi*, annonce des vues droites & un zèle ardent pour la tranquillité, le bonheur & la prospérité de la France.

Je me suis contenté de rapporter fidèlement les opinions des Auteurs des trois Mémoires; sans me permettre de reprendre ce qui, dans les détails, m'a paru inexact, incertain, hasardé, inutile, pour ne point interrompre le fil des extraits, & pour ne pas m'entraîner dans des calculs & des discussions d'une trop grande étendue. J'observerai seulement que, dans la position actuelle de la France, on ne peut plus compter sur les calculs des produits des terres de M. Malouin, sur les divisions du sol adoptées par M. de Vauban, &c. On cultive plus de terres qu'à l'époque où écrivoit M. Malouin, & elles ne sont pas toutes divisées en trois solles, comme au tems de M. de Vauban. Les progrès de l'Agriculture qui a perfectionné l'art d'alterner, ont changé, dans beaucoup de pays, cet ancien usage.

Je me suis réservé de terminer le compte rendu des Mémoires, par quelques réflexions qui rouleront sur l'objet principal; je tiendrai parole.

La question, proposée par la Municipalité de Paris, est de la plus grande importance. Les nombreux Mémoires qu'elle a reçus, prouvent que cette question a excité le zèle de beaucoup de Citoyens. Selon qu'elle sera plus ou moins bien résolue, la Capitale ne manquera jamais de farines, ou elle sera exposée à des disettes fâcheuses. Le parti que l'on prendra pour Paris, influera sur la subsistance du reste du Royaume. La Municipalité, sans doute, sera assez prudente pour ne se décider qu'après un examen approfondi; pour tout entendre, tout balancer; pour écarter les préjugés du peuple, comme les opinions purement spéculatives; pour ne rien donner au hasard, pour recueillir dans le silence les avis des sages, plutôt que les idées des enthousiastes, & pour faire voir enfin que, dans toutes ses démarches relatives à l'objet le plus digne de ses soins, elle n'a d'autre but que le bien véritable des Citoyens & de la Patrie.

En demandant quels sont les meilleurs moyens d'assurer l'approvisionnement de la Capitale & d'y entretenir une quantité de blé & de farine, proportionnée à sa consommation, la Municipalité desire qu'on lui indique des moyens pour le moment actuel & pour l'avenir. Mais si les moyens utiles pour l'avenir, ne sont pas les mêmes que ceux qui conviendroient maintenant ou pendant quelque tems, quelle sera l'époque où cesseront les uns, & où commenceront les autres. Les trois Mémoires imprimés, la plupart de ceux dont on n'a pas cru devoir ordonner l'impression, & tous les livres des Economistes, regardent la liberté entière du Commerce des grains, comme le plus sûr garant d'une abondance non interrompue & toujours renaissante. Moi-même, dans le premier discours de l'Encyclopédie méthodique, partie d'Agriculture, j'ai exprimé les mêmes idées. En effet, le Cultivateur ne récolte que pour vendre; il faut qu'il convertisse ses blés en argent, pour payer les gages de ses domestiques, pour fournir à ses besoins personnels, pour satisfaire son Propriétaire & solder l'impôt. Le Marchand auquel il vend, n'achète que pour revendre au consommateur, dans le moment où il trouve le plus d'avantage. Son œil vigilant, conduit par l'intérêt, parcourt rapidement les pays qui l'environnent, & peut-être même dans le lointain, pour découvrir où est le besoin & où est l'abondance. Il se porte avec activité d'un lieu dans un autre. Mais il a besoin d'une grande liberté pour se livrer à toutes ses spéculations; quand j'établissois mon opinion, d'après toutes ces vérités, je supposois une paix qui n'existe pas, ou une force réprimante dont on est privé, ou enfin des lumières ou une justice, qu'on n'est pas encore parvenu à établir, & que sans doute on établira. Cette liberté de la circulation des grains est adoptée & décrétée même. Mais, pour la protéger, pour la faire exécuter, les loix sont encore sans vigueur. On ne peut donc se confier entièrement au Commerce, jusqu'à ce que sa marche soit assurée, & que rien ne la gêne; car il est facile de sentir que les effets sont les mêmes, soit que le Commerce éprouve des entraves de la part du Gouvernement, soit qu'il ait à craindre les violences. Tout ce que les circonstances permettent, c'est de faire en sorte de ne pas écarter le Commerce; il faut l'attirer même par la nature des précautions que l'on prendra.

On trouve presque toutes celles qu'on pourroit proposer dans les trois Mémoires, que j'ai fait connoître, & sur-tout dans celui de M. du Vaucelles, qui contient au moins implicitement, ce que les autres ont dit de particulier. Il demande que la Municipalité favorise tous les Commerçans, c'est-à-dire, qu'elle les accueille, en leur accordant également sûreté & protection, lorsqu'ils en auront besoin; qu'elle ait sur cet objet une législation toujours certaine & jamais vacillante; qu'elle évite tout ce qui pourroit causer une disette d'opinion; qu'elle engage les Commerçans à se pourvoir au loin chez l'Etranger, lorsque les récoltes ne seront pas bonnes dans les pays voisins de la Capitale; qu'elle procure aux Fournisseurs des emplacemens fixes, commodes, sûrs & gratuits, pour emmagasiner & fournir le courant; qu'elle donnne des prix d'encouragement aux Boulangers & aux Fournisseurs; qu'elle veille à ce que rien ne s'oppose à l'arrivée des denrées à Paris, & qu'elle réclame l'inspection qu'elle avoit sur les grands chemins, canaux & rivières affluantes, puisque cette inspection est utile aux riverains; qu'elle reçoive les soumissions de ceux qui offriront d'approvisionner la Ville, en les faisant exécuter & renouveller tous les ans; qu'elle forme un Bureau ou un Conseil de Subsistances, auquel on admettroit des Fermiers, Meûniers & Boulangers, & sur-tout, selon nous, des Commerçans capables de donner d'excellentes idées & de surveiller les approvisionnemens, pour que la Municipalité soit sans inquiétude.

A ces précautions presque entièrement favorables au Commerce, il conviendroit de joindre celle que conseille M. Morisse; elle consiste à mettre en réserve une certaine quantité de farines, qu'on renfermeroit dans des barils. La Physique connoît des moyens de conserver long-tems ces farines, sans qu'elles se gâtent; elles n'exigeroient point de soins : un emplacement très-sec leur suffiroit. Il ne seroit pas nécessaire de les renouveller souvent, comme on renouvelle celles qui n'ont subi aucune préparations. Ces farines ne serviroient que dans le cas où on seroit menacé de disette; & on les vendroit toujours un peu au-dessus du prix de la farine cas ordinaire, comme le propose M. Morisse. Je crois même qu'il ne faudroit pas attendre un grand nombre d'annéos pour s'en défaire; car, si le Commerce fournissoit avec beaucoup d'activité & de suite, il conviendroit de prendre des arrangemens, pour débarrasser peu-à-peu les magasins de ces provisions, & de n'en plus faire. Lorsqu'on verroit le Commerce en possession des approvisionnemens, il nous semble qu'on devroit supprimer l'inspection d'abord, & ensuite le Bureau des Subsistances, qui deviendroient inutiles, & dont l'anéantissement redoubleroit le zèle des Négocians. Car il ne leur suffit pas de n'éprouver aucunes entraves réelles, de n'avoir nulle crainte d'une concurrence trop forte ; ils voudroient encore se soustraire aux yeux qui les surveillent, & qu'ils regardent comme des espions incommodes de leur fortune. Ainsi, tout l'art des Préposés par la Municipalité doit consister, dans ce moment, à favoriser, à surveiller même le Commerce, presque sans qu'il s'en apperçoive, & à faire quelques provisions, en attendant que l'esprit du peuple ait changé sur l'objet des grains ; diminuer ensuite les provisions, se relâcher de la surveillance, à mesure que les choses s'achemineront au terme où l'on desire qu'elles parviennent : tel doit être le complément de l'opération. Je ne puis me dissimuler que cette conduite est difficile, pour ne pas dire impossible, si les personnes que la Municipalité chargera des subsistances, ne sont pas permanentes. Il faut que le fil soit toujours dans les mêmes mains ; que l'on prenne toutes les précautions nécessaires pour empêcher la négligence ou les abus, rien de si juste. Si le choix des sujets est bien fait ; ils ne craindront jamais d'être observés & forcés de rendre souvent compte de ce qui leur est confié. Mais, lorsqu'il s'agit de diriger une machine, dont il faut bien connoître les rouages & les ressorts, pour en prolonger & perfectionner les mouvemens, il est nécessaire que ce soit les ouvriers qui ont contribué à sa fabrication.

On annonçoit qu'en Angleterre, en Hollande & en Toscane, où le Commerce des grains est plus ou moins libre, il n'y avoit jamais de disette. Cette assertion, lorsque je donnai l'extrait de ces Mémoires dans le Journal des Savans, me fit ajouter les observations suivantes : « ces exemples sont d'un grand poids sans doute, mais est-on bien assuré du fait ? S'il est exact, connoît-on à fond la marche de ce Commerce ? N'y a-t-il pas des loix qui le restreignent ? A-t-on comparé les circonstances où se trouvent l'Angleterre, la Hollande & la Toscane, avec la position de la France ? Il me semble qu'on ne devroit rien négliger pour se procurer tous les détails, relatifs au Commerce des grains dans ces trois Royaumes. Lorsqu'il fut question de la meilleure manière d'établir à Paris des maisons de santé, le Gouvernement envoya en Angleterre & en Hollande des Membres de l'Académie des Sciences, qui en visitèrent avec soin les hôpitaux, & recueillirent exactement tous les détails de leur administration. Ce qui intéresse les hommes en état de santé, mérite autant d'attention que ce qui les intéresse en état de maladie. La Ville de Paris pourroit consacrer quelque argent pour envoyer dans ces pays des Observateurs intelligens, d'un esprit juste & calme, qui ne reviendroient qu'après avoir pris des renseignemens capables de fixer l'opinion sur tout ce qui concerne leur Commerce des grains. ». La Municipalité de Paris n'a point envoyé en Angleterre, en Hollande & en Toscane ; mais, par une correspondance exacte, j'ai eu sur l'Angleterre & sur la Toscane toutes les notions, dont j'ai profité plus haut. Il m'a manqué des facilités pour la Hollande.

Commerce des Farines.

Il y a long-tems qu'on dit qu'il faudroit substituer le Commerce des farines à celui des grains. M. Parmentier le propose, sur-tout pour le Languedoc, pays assez favorablement situé, à cause de la multitude de ses moulins, de ses ports, de ses rivières navigables & de l'abondance & de la qualité de ses grains.

On ne connoissoit autrefois dans les environs de Paris que le Commerce des grains. On ne mouloit les grains qu'à proportion de la consommation. La moindre apparence d'une belle récolte suspendoit les achats & engorgeoit les marchés. Maintenant on convertit d'avance en farine la majeure partie des récoltes ; les Fermiers qui ont des moulins, viennent vendre eux-mêmes la farine de leurs grains aux marchés. Beaucoup de Meûniers sont devenus Marchands de farine. On ne voit à la halle à Paris & dans les marchés des environs, que des farines & fort peu de grains.

M. Parmentier regarde le Commerce de farine comme utile à l'Agriculture, aux Meûniers, aux Boulangers, aux Marchands, à l'Etat, aux Consommateurs,

1.° A l'Agriculture, parce que les Fermiers qui s'adonneroient à ce genre de Commerce, trouveroient dans la vente de leur denrée de quoi payer le prix du grain, les frais de mouture & de transport, du bénéfice même. Ils s'appliqueroient davantage à chercher les moyens de donner à leurs blés le degré de pureté & de sécheresse, capable de mettre leurs produits en état d'être exportés, en cas de besoin, dans les contrées les plus éloignées.

L'expérience a déjà prouvé que le Commerce des farines *de minots*, qui est un Commerce considérable, occasionnoit une activité favorable à l'Agriculture, dans les Provinces qui avoisinent les Villes maritimes. On donne le nom de *farines de minot* à celles qu'on dessèche pour les transporter au-delà des Mers.

2.° Aux Meûniers ; les Meûniers qui ne travaillent que pour le Marchand ou pour le Boulanger, seroient moins exposés à interrompre leurs moulins. Ils moudroient mieux, plus fidèlement & à moins de frais. Ceux d'entr'eux, qui seroient en état de moudre pour leur propre compte, auroient beaucoup plus d'intérêt à l'entretien de leurs moulins & à la perfection de leur travail. Ils rentreroient dans la classe des Meûniers-Fariniers, & ne pourroient, dans aucun cas, être suspectés.

3.° Aux Boulangers. La plupart des Boulangers achètent du blé qu'ils font moudre par les Meûniers. Quelque beau qu'il soit, il ne produit jamais de belle farine, parce que, les Meûniers moulant pour la Commune, & par conséquent toutes sortes de grains, il arrive souvent que de la farine bise se mêle à la leur, & en altère la beauté. Les Meûniers les trompent & changent, ou la totalité, ou une partie de leurs blés. Enfin, les Boulangers, malgré la connoissance qu'ils ont des blés, ne sont jamais sûrs d'avoir de belle farine; s'ils achetoient des farines, ils ne seroient exposés à aucun de ces inconvéniens.

4.° Aux Marchands. Il s'établiroit des Marchands de farine, comme il y a des Marchands de blé; l'industrie se portant de ce côté-là, on verroit des hommes acheter des blés, les moudre ou les faire moudre par des Meûniers à leur disposition, dans les momens où l'eau est abondante, ou lorsqu'il fait du vent, & transporter les farines par-tout où le besoin ou l'espoir du gain les appelleroit. Ils sauroient vendre les issues du moulage, ou les employer eux-mêmes pour nourrir des volailles, des porcs & autres animaux, dont la vente seroit profitable.

Si on objecte qu'il est plus aisé de connoître le grain que la farine qu'on peut tromper, en mêlant à de belles farines des farines inférieures, M. Parmentier répond qu'il y a des pierres de touche pour l'un comme pour l'autre, & que la connoissance des farines est aussi facile à acquérir que celle du grain.

5.° A l'Etat. Dans les Hivers rigoureux, comme celui de 1788 à 1789, les moulins à eau sont arrêtés. Il ne faut pas même un froid aussi considérable pour produire cet effet. Si le Commerce des farines étoit en vigueur, on ne craindroit pas les gelées, puisqu'il y auroit toujours du grain moulu d'avance. On pourroit, dit M. Parmentier, sur-le-champ approvisionner de farines les grandes Villes, où le choc des événemens & les hasards produisent de si grands embarras sur les subsistances. En supposant que l'exportation des farines se fît de préférence à celle du blé, la main-d'œuvre pour la mouture resteroit dans le Royaume, & donneroit naissance à différens établissemens, tels qu'une augmentation de Tonneliers pour les bariques, de fabriques d'étamines pour les bluteaux de moulins, qui emploient les Menuisiers, les Charpentiers, les Forgerons, &c.

6.° Aux Consommateurs. En tout tems, ils trouveroient des farines, sans qu'aucun événement dépendant du calme, de l'air, de la sécheresse, des inondations leur en fît manquer. Les Marchands se chargeroient de prévoir ou de parer à ces événemens. On n'auroit plus à se méfier & à souffrir de la mauvaise foi des Meûniers. Chacun acheteroit l'espèce de farine que son goût & ses facultés lui permettroient. On économiseroit beaucoup de soins, de tems & d'inquiétudes. Si le Commerce des farines s'étendoit, la mouture économique se propageroit, & seroit la seule adoptée. Quels avantages ne procureroient pas au Royaume une mouture qui extrait des grains beaucoup plus de farine qu'on en tiroit autrefois! M. Parmentier, bien convaincu de l'excellence de cette mouture & de l'utilité du Commerce des grains, n'a rien négligé pour répandre ces deux pratiques, qui sont développées dans plusieurs de ses Ouvrages. (*M. l'Abbé* TESSIER.)

COMMERSON, *COMMERSONIA*.

Nom d'un nouveau genre de plantes, dédié par M. Forster, à la mémoire de Commerson, Naturaliste distingué par ses connoissances & par son voyage autour du Monde.

Ce genre dont la famille n'est point encore connue, paroît avoir des rapports avec les BUTNÈRES & les TRIUMPHETTA. Il n'est composé, dans ce moment, que d'une seule espèce, qui n'a point été cultivé en Europe.

Son caractère essentiel est d'avoir, 1.° Un calice monophille à cinq découpures, ovales & pointues, portant la corole. 2.° Cinq pétales linéaires, ouverts en étoile, élargis à leur base de chaque côté par un lobe recourbé en dedans. 3.° Un bourrelet formant un anneau à cinq pointes, à coupures lancéolées, droites, moins longues que les pétales, & cinq corpuscules filiformes, qui sortent d'entre les divisions de cet anneau. 4.° Etamines dont les filamens très-courts & situés à la base des pétales, portent des antères arrondis & à deux bourses. 5.° Un ovaire supérieur, globuleux, velu, à cinq côtes, chargé de cinq styles droits, filiformes, courts & à stigmates globuleux. 6.° Un fruit capsulaire, arrondi, dur, à cinq loges dispermes, & hérissées de filets longs & plumeux.

COMMERSON à fruit hérissés.

COMMERSONIA echinata. Forst. Gen. Fl. 22. ♄ des Isles de la mer du Sud.

Le Commerson est un arbre de moyenne grandeur dont le tronc acquiert rarement la grosseur du corps d'un homme. Il est couvert d'une écorce glabre, panachée de gris & de brun, & facile à séparer de l'aubier. Sa cime composée de branches longues & flexibles, est lâche & peu garnie. Ses jeunes rameaux sont lanugineux, & garnis de feuilles alternes, pétiolées, ovales, pointues & dentelées en scie. Elles sont d'un verd noirâtre en-dessus, lanugineuses & blanchâtres en-dessous. Les fleurs sont très-petites, blanches, & viennent en panicules dans les aisselles des feuilles.

Cet arbre a été trouvé dans l'Isle d'Otaiti & dans les Isles Moluques, par Commerson & par M. Forster.

Il est très-probable que le Commerson s'accommoderoit de la culture que nous donnons aux plantes de la Zone torride, & qu'on le conserveroit dans nos serres chaudes, s'il arrivoit en Europe. (*M. Thouin.*)

COMMUN. Se dit d'un pédicule, d'un pétiole, d'un pédoncule & d'un placenta, qui sert à plusieurs feuilles, folioles, fleurs ou graines. C'est une chose commune à plusieurs parties de même nature que les végétaux. (*M. Thouin.*)

COMMUNAUX, COMMUNES.

Ce sont des biens de campagne auxquels ont droit tous les habitans d'une ou de plusieurs Communautés voisines. On peut les regarder comme des propriétés foncières en indivis, attachées aux familles qui résident dans des Villages déterminés.

Il y a en France une grande quantité de Communes; on en compte 50,000 arpens dans la seule Généralité de Soissons, & 150,000 dans celle de Paris, &c. D'autres États d'Europe ont aussi des Communes. La Suisse est un de ceux où il s'en trouve davantage.

Avant que Jules César eût conquis les Gaules, il existoit dans ce pays des Communes. Plusieurs remontent à cette haute antiquité; mais un plus grand nombre vient de la concession des Seigneurs, concession souvent gratuite, quelquefois onéreuse, en ce qu'elle étoit payée par diverses servitudes ou prestations personnelles, ou assises sur les maisons ou autres fonds ruraux.

Les Communes consistent en terres nues, pâturages & bois. La manière dont elles sont administrées varie selon les localités, en sorte qu'il faudroit presque se faire autant de questions qu'il y a d'espèces de Communes & de localités; quelques-unes sont louées sans retenue d'usage, toute l'année, au profit des Communautés; d'autres sont louées avec retenue d'usage; par exemple, il y a des prairies ou des bois loués avec la liberté au Locataire d'en jouir seul; il y en a dont on ne loue qu'à la récolte, avec la réserve pour la Communauté d'en jouir, lorsque cette récolte est enlevée. Plusieurs Communes, pendant sept ou huit mois, sont fréquentées par les bestiaux, d'autres le sont quatre ou cinq mois seulement; telles sont celles des montagnes élevées. La plupart des Communes en pâturages sont employées aux usages habituels des bestiaux de tout genre de la Communauté, qui y vont presque toute l'année. On voit aussi un grand nombre de Communes en bois, pâturées par les bestiaux, indépendamment de ce que les ayant droit y prennent leur chauffage, & les pièces dont ils ont besoin pour construire & réparer les chaussées, moulins, Eglises, leurs bâtimens particuliers même, &c. Dans plusieurs parties de la Suisse, suivant le témoignage de M. de Malesherbes, beaucoup de Communautés ont deux sortes de pâturages communs, l'un dans la vallée & l'autre dans la montagne. Au Printems, la neige n'étant pas encore fondue dans la montagne, & en Automne, lorsqu'il y est déjà tombé de nouvelle neige, les troupeaux paissent dans la Commune d'en-bas, & montent dans la Commune d'en-haut, lorsqu'elle est libre. Cet usage a lieu, sur-tout à Underswen auprès du lac de Thun; pendant que les vaches sont dans la montagne, chaque Particulier n'en peut laisser qu'une dans le pâturage d'en-bas, tandis qu'avant la montée il pouvoit y en envoyer autant qu'il en avoit. En Été, on réserve une partie de la prairie pour avoir du foin, qui se partage entre les Communiers, comme on partage les fromages au retour de la montagne. Tant que les vaches sont en-bas, chacun trait sa vache & fait son fromage, ou emploie le lait à d'autres usages. Ce n'est que lorsqu'elles sont sur les Alpes que les fromages se font en commun. Il y a dans les pâturages de Gruyères des Communautés qui trouvent plus de profit à louer leurs montagnes à des Particuliers; c'est au Dictionnaire de Jurisprudence à distinguer ces diverses espèces de Communes.

Avantage des Communes.

Les avantages des Communes sont faciles à saisir. Par elles un grand nombre d'habitans ci-devant sans propriétés, sont devenus réellement possesseurs d'une partie des biens donnés au pays de leur résidence. Sans ces concessions, ils n'eussent pas été en état d'avoir des bestiaux, ou de se procurer le bois dont ils ont besoin, ou de concourir au paiement des dépenses de leurs Communautés. Les Communes sont une ressource pour le pauvre des campagnes, & ne lui coûtent presqu'aucun soin. Si elles sont en pâturages, ses bestiaux n'ont pas besoin d'être gardés, ou, s'ils en ont besoin, il lui en coûte très-peu pour les faire veiller par le pâtre de la Communauté. Pour bien juger des avantages des Communes pour les paysans, il suffit de savoir que le plus foible produit enlève les uns à la misère & met les autres dans l'aisance. Il n'y a point de petit bénéfice pour les hommes accoutumés de vivre de peu! Les Villages où il y a des Communes, sont sans doute plus peuplés que ceux où les propriétés sont dans quelques mains seulement. Dans ce cas, la comparaison est à l'avantage des Communes; mais, si on met en parallèle les produits des Communes avec ceux des pays où les possessions sont divisées, la comparaison est à l'avantage de ces derniers, comme on le verra bien-tôt. Or, l'intérêt de l'Etat exigeant que le sol rapporte le plus possible, & que la population, qui est en raison directe du produit des terres soit très-nombreuse, le systême des Communes, tel qu'il est encore établi dans beaucoup de lieux, me semble n'être pas le meilleur, & devoir être réformé.

Inconvéniens des Communes.

M. l'Abbé Rozier observe avec raison, que

nos bonnes terres actuelles ressembloient autrefois à des Communaux. La culture les a rendu fertiles. Le meilleur champ, lorsqu'il n'est pas travaillé, devient peu-à-peu infécond. La croûte superficielle se délaie par les pluies, & se disperse pour peu qu'il y ait de la pente; les pierres restent à découvert. Les lichens, les mousses se multiplient; l'herbe n'y pousse presque plus; & il manque au sol un principe essentiel, pour favoriser la végétation, c'est l'exposition successive à l'air des couches inférieures.

Le sol des Communaux est quelquefois aride, sans fond & rempli de pierres. Si son aridité est telle qu'on ne puisse en rien espérer, soit en cultivant, soit en y plantant du bois, il ne faut pas changer son état. Il est de peu d'utilité aux habitans sans doute; mais il seroit possible qu'il le fût encore moins à ceux qui entreprendroient d'en faire un autre usage. Cette espèce de Commune se trouve dans un cas d'exception, & ne doit pas être confondue avec les autres, plus ou moins susceptibles de cultures.

La plupart des Communaux sont des prairies ou des marais. Si ce sont de bonnes prairies, sur le bord des rivières, si on en tire tout le fourrage qu'elles peuvent produire, & que le revenu en soit bien employé, il n'y a pas de doute qu'on ne doive continuer à les administrer comme elles le sont. En les examinant, & en prenant connoissance du produit des prairies ou champs des Particuliers du pays, il est aisé de calculer leurs rapports comparés. Dans ce cas, elles ne doivent pas être comprises dans les Communes ordinaires.

Mais, lorsque ce sont des marais, il s'y trouve peu de plantes de la famille des GRAMINÉES, les plus nutritives pour le bétail. Il n'y croît que des carex, des joncs, des roseaux & autres plantes aquatiques, peu substancielles & de mauvaise qualité. Aussi les bestiaux qui paissent dans ces sortes de Communes, & qui les altèrent sans cesse par leur piétinement, paroissent-ils maigres, petits & abâtardis.

A ce vice il s'en joint un autre, qui mérite plus d'attention encore. Les endroits marécageux sont nuisibles à la santé des hommes, puisqu'il en résulte tous les ans des fièvres intermittentes, &, de tems-en-tems des maladies putrides. Les hommes dans ces pays sont pâles, languissans & vivent peu. La conséquence à tirer de ces faits se réduit à ce problème: vaut-il mieux laisser subsister des marais, où les bestiaux ne trouvent qu'une chétive nourriture, & où les hommes respirent un air mal sain, ou mettre ces marais dans le cas d'être desséchés, de produire de bonnes plantes, & de ne plus causer des exhalaisons pernicieuses? Il n'y a personne qui ne regarde comme nécessaire pour la salubrité, le dessèchement de ces Communes. On l'opéreroit, si on les partageoit entre les Particuliers des Communautés.

Un motif moins pressant sans doute, mais non moins utile au progrès de l'Agriculture, sollicite encore le partage des prairies qui sont en Communaux; c'est la certitude où l'on est que ce qu'on en retire actuellement n'égale pas ce qu'on en retireroit, si elles étoient partagées. Un des bons Ouvrages sur cette matière est l'Extrait de treize Mémoires qui ont concouru pour le prix proposé par la Société économique de Berne, en 1762, sur l'abolissement des Communes, & sur la manière de les partager. Plusieurs Auteurs, qui ont écrit en faveur du partage, ont puisé dans cette source. Je la trouve trop belle & trop pure pour n'y pas puiser moi-même. Cet extrait est inséré dans le premier volume de 1765, du recueil de cette compagnie. Il en est encore question dans d'autres volumes.

Pour mettre un pâturage en bon état, & pour qu'il donne tout le produit possible, il y a plusieur règles à suivre.

1.° Il ne faut pas y jetter plus de bétail qu'il n'en peut nourrir, ou plutôt tout le bétail qu'on y jette doit y trouver une nourriture suffisante. Des animaux qui souffrent de la faim, pendant quelques jours, peuvent en être incommodés; le lait des vaches tarit, les jeunes bêtes sont arrêtées dans leur accroissement.

2.° Il ne convient pas de mettre des bestiaux dans un pâturage avant que l'herbe soit assez forte pour les nourrir. Si l'on veut faire paître un terrein plutôt, non-seulement on exposera les animaux à la faim, mais on retardera la végétation des plantes qui seront broutées & foulées aux pieds, n'étant pas encore en état de résister. Pour vouloir jouir trop tôt l'on jouit mal, & l'on perd même sa jouissance.

3.° Lorsqu'un troupeau est composé d'un plus grand nombre de bêtes qu'un pâturage n'en peut nourrir, il gâte à proportion plus d'herbe qu'un petit troupeau. Le bétail est obligé de s'écarter au loin pour chercher sa nourriture; il se lasse, il s'échauffe; les vaches pleines ou les vaches pesantes restent en arrière, & ne trouvent à manger que l'herbe foulée aux pieds par les autres, ou à moitié broutée.

4.° Il vaut mieux diviser un pâturage en deux ou trois portions que de faire paître la totalité à-la-fois. Chaque portion, par ce moyen, venant à être broutée successivement & entièrement, l'herbe aura le tems de pousser dans les unes pendant que les animaux seront sur les autres.

5.° Enfin, il est nécessaire encore qu'un pâturage soit chargé d'une quantité suffisante de bêtes, parce que, si elles n'y sont qu'un petit nombre, elles ne mangeront que les meilleures herbes; celles de mauvaise ou de moindre qualité se ressemeront, se multiplieront & détérioreront bientôt le pâturage.

La dernière de ces cinq règles n'est pas celle

qu'on viole le plus souvent. Il y a cependant en Suisse quelques cantons auxquels on peut le reprocher. Mais les quatre autres ne sont jamais observées dans les prairies communes ; on y met toujours plus de bétail qu'elles n'en peuvent nourrir ; on précède le tems de la pousse de l'herbe, on ne divise pas les pâturages en plusieurs parties ; on met sur toute leur étendue tous les bestiaux d'un Village.

Il ne suffit pas que ces règles soient observées. Pour que des pâturages soient en bon état, il est nécessaire de les épurer, d'en arracher les broussailles, de donner de l'écoulement aux eaux stagnantes, de pratiquer des abreuvoirs sûrs & commodes, d'élargir les fossés convenablement, de procurer, par des plantations, de l'ombrage aux fonds arides ; mais on n'a aucune de ces attentions dans des pâtures Communes. Elles restent toujours dans le même état. Ceux qui en ont l'usage sont rarement d'accord. S'ils consentent par hasard à y travailler, chacun craint de faire plus que son voisin. On se plaint que le tems qu'on y emploie pourroit être consacré à des objets plus lucratifs. Mais ce ne sont pas là encore les derniers inconvéniens.

Les Particuliers ayant la liberté d'y envoyer leurs bestiaux, si, parmi ces animaux, il y en a de suspects, personne n'ose s'en plaindre.

Dans les lieux où les pâturages sont éloignés ou très-vastes, on perd beaucoup de tems à aller chercher le bétail le matin, ou bien l'on est forcé de veiller la nuit à tour de rôle.

Les bêtes qui paissent dans de mauvaises Communes sont quelquefois si affamées qu'elles franchissent les haies & les fossés, pour dévorer ou piétiner les grains, ce qui occasionne des rixes entre les paysans.

Lorsque l'usage ne fixe pas le nombre des pièces de bétail qu'on peut jetter dans une Commune, l'homme aisé y en jette beaucoup plus que le pauvre ; l'un y enverra un cheval, l'autre un veau.

Rien n'inspire plus de jalousie & d'envie que les Communaux. Les paysans empêchent les gens de autres Communautés de venir s'établir dans la leur ; ils dégoûtent des mariages, & s'opposent ainsi à l'augmentation de la population.

J'ajouterai encore que, dans les Communes les mieux administrées & les mieux louées, une partie du produit est souvent employée à des procédures, qui entretiennent l'esprit de chicane & les haines entre les Communautés voisines.

D'après ces observations, il paroît évident qu'il n'y a point de pâturages aussi négligés que ceux dont on jouit en commun, & qu'il n'y en a pas d'un aussi foible rapport, puisqu'il n'y croît que très-peu d'herbe & souvent de mauvaise qualité, qui sont broutées hors de saison, par un trop grand ou trop petit troupeau. Ainsi, il n'est guères possible de tirer un bon parti d'un fond pâturé en commun.

Supposons qu'on pût engager les habitans d'une Communauté à mettre leurs pâturages en bon état & à suivre les règles prescrites ci-dessus, jamais leur produit n'égalera celui qu'on auroit lieu d'en attendre, si chaque portion de terrein étoit employé au genre de culture auquel elle est propre par sa nature & par sa position.

L'expérience paroît avoir fait connoître en Suisse, que le bétail profite beaucoup plus, si on le nourrit bien, à l'étable, que sur les pâturages, excepté sur ceux des montagnes, à cause des propriétés supérieures de leur herbage. Les vaches ainsi nourries donnent plus de lait, les bêtes de fatigues & de travail, sont plus fortes & plus vigoureuses ; on conserve les engrais pour les répandre ensuite sur les champs ou les prés. Il est prouvé d'ailleurs qu'un terrein à peine suffisant pour y faire paître une vache, fournira de quoi en nourrir deux, d'où il faut conclure que les particuliers retireroient un grand profit des Communes, si on les leur partageoit.

Les inconvéniens qui ont lieu dans les Communes en terres nues, en prairies ou marais, se retrouvent dans les Communes en bois & forêts. Si c'est un taillis où les habitans ont le droit de couper du bois de chauffage, il est toujours dévasté & détruit, & c'est bien plus sûrement, lorsque les troupeaux ont la liberté d'y aller. On reconnoît par-tout les bois des Communes, à leur état de dégradation. C'est à l'Auteur du Dictionnaire des Arbres à rendre compte de cet objet.

Utilité des partages des Communes.

Le pauvre trouveroit un entretien honnête dans la culture de sa portion.

Les particuliers ne seroient pas les seuls qui gagneroient à ce changement. Il en résulteroit un profit considérable pour les décimateurs ou propriétaires de champarts dans les pays où les dixmes & champarts ont lieu, puisque des terres jusqu'alors inutiles, produiroient du foin, des grains, du chanvre, du lin, &c.

Il est de l'intérêt d'un Souverain que ses Etats soient bien peuplés & leur Agriculture florissante. Ils jouissent de ces deux avantages quand les terres produisent beaucoup. Il doit donc favoriser le partage des Communes.

On assure que l'Angleterre date les brillans succès de son Agriculture de l'époque du partage des Communes & de l'abolition du *parcours*, espèce de Commune dont je parlerai à son article.

Dans différens lieux du Pays de Vaux on a partagé les Communes & affranchi les terres sujettes au parcours. Quoique l'on ne l'eût fait d'abord que par essai & pour un tems limité, on s'en est si bien trouvé par-tout, que personne n'a desiré en revenir à l'ancien usage.

On cite le fait suivant en preuve du bon effet du partage des terres.

Sur un pâturage de soixante-dix arpens, on faisoit paître dix-huit vaches; elles n'y trouvoient pas une nourriture suffisante, car on étoit souvent obligé de leur donner à manger à l'étable. Un Particulier avoit droit d'y envoyer quatre vaches; on estimoit ce droit tout au plus à douze écus de l'Empire, c'est-à-dire, à 45 livres de France.

Par le partage de ce fond, on donna au particulier quinze arpens pour sa part. Il les cultiva convenablement & retira, la sixième année, après le partage,

en orge........	470	gerbes.
en épautre......	230	
en blé froment...	124	
Total........	824	gerbes.

Il faut à ce produit ajouter celui de douze toises quarrées, faisant partie des quinze arpens, qui produisirent de très-bon foin. Calcul fait dans le pays, avec exactitude, les quinze arpens ont rapporté, à la sixième année, au moins cinq cens soixante livres de France, c'est-à-dire, douze fois autant que si la pièce étoit restée en pâture Commune. Bien amendée dans la suite, elle aura rapporté encore davantage. Le décimateur en a plus retiré que le propriétaire n'en retiroit avant le partage.

On estime, en Suisse, qu'en pâturage commun de bonne qualité, il faut quatre arpens pour la nourriture d'une vache. Un demi-arpent ou deux tiers d'arpent, semés en trèfle, la nourriroient aussi bien. Un arpent qu'on faucheroit & sur lequel on mettroit tous les engrais fournis par une vache, suffiroit à sa nourriture, au moins la seconde année. Cette assertion est d'accord avec celle de l'Auteur *des Idées d'un Paysan*; car, suivant lui, un village de quatre cens arpens de terre, dont les trois-quarts seroient propres à être cultivés, ne peut nourrir cent vaches pendant quinze à seize semaines; ainsi, quatre arpens de Communes sont insuffisans pour une vache.

Pour faire connoître enfin les vices de l'Administration des biens Communaux, & les avantages qu'il y auroit à en changer la disposition, j'emprunterai du *Traité des Communes*, imprimé à Paris en 1779, une comparaison qui m'a paru bien près d'une démonstration. L'Auteur met en parallèle le nombre des habitans, celui des Artisans & Laboureurs, celui des bestiaux de quarante paroisses de l'Election de Clermont en Beauvoisis, Généralité de Soissons, dont vingt sont sans Communes, & les vingt autres en ont. Je ne rapporterai que les résultats de cette comparaison.

On a choisi des paroisses dont le sol est également bon. La somme totale des arpens de terre des vingt paroisses sans Communes, surpasse de 1,906 celle des vingt qui en ont; mais on y a égard dans la comparaison. On a cru devoir les préférer à d'autres, parce qu'elles étoient dans les circonstances desirées, c'est-à-dire que dans ces paroisses, il n'y a ni manufactures, ni passages de grands-chemins, ni travaux de rivières. Tout le produit, toute la subsistance des hommes & des bestiaux se tirent de la terre.

Il résulte, 1.° « que les vingt villages sans Communes, devroient, en suivant la proportion de leur plus grande quantité de terres, être plus nombreux seulement de trois cent soixante-seize ménages: ils en ont quatre cent soixante-six de plus. Il est donc évident que leur population est de quatre-vingt-dix feux plus favorable que dans les villages, qui possèdent des biens communs.»

« 2.° Qu'on trouve dans les premiers villages 100 Communes, trente-deux Laboureurs de plus que dans les autres; & par la même proportion des terres, ce nombre devroit seulement être de treize. Il est donc certain qu'un plus grand nombre de Citoyens s'adonne à la culture d'une même quantité de terres, dans les endroits où on ne trouve pas de Communes. »

« 3.° Que le nombre de vaches, dans les paroisses qui n'ont point de Communaux, est en raison d'une pour neuf arpens un sixième, tandis que, dans les autres, il ne monte qu'à une pour treize arpens un-vingt-cinquième, tant cultures que Communes. »

« 4.° Que la quantité de moutons, dans les villages sans Communes est en proportion d'un pour un arpent un quarante-septième, lorsque, dans les seconds, on n'en nourrit qu'un pour un arpent un quinzième, tant terres labourables que pâtures.»

« 5.° Que, dans les communautés sans Communes, deux mille cinq cent quarante-cinq Artisans ou Journaliers ont entr'eux cinq cent quarante-deux vaches, ce qu'on peut évaluer en raison d'une sur cinq ménages; &, dans les autres, mille huit cent onze Particuliers n'en ont que trois cent une, c'est-à-dire, une sur six feux. »

« Enfin que, dans les mêmes premières communautés, deux mille deux cent quarante-cinq habitans, non Laboureurs, nourrissent deux mille dix-sept moutons, c'est-à-dire, dans la proportion d'environ vingt-un entre vingt habitans; & dans les autres, trente-huit ménages n'en nourrissent que vingt. »

Le même ouvrage prouve encore dans une comparaison de cent deux communautés, les unes ayant Communes, & les autres sans Communes, que, dans l'espace de quarante ans, cinquante-cinq des premières n'ont augmenté que de trois cent soixante-dix feux, tandis que quarante-sept des autres ont augmenté de quatre-cent trente-huit; & que le nombre des ménages, trop pauvres pour être imposés à la taille, étoit, dans les communautés ayant Communes, de deux tiers plus considérable que dans les communautés sans Communes.

Ainsi, l'Administration des Communes en pâturage, comme en terre nue, étant contraire à la population, la population, à l'aisance & à la multiplication des bestiaux, il est utile qu'elles soient partagées entre les Communiers. Les mêmes raisons doivent décider pour le partage des bois Communaux, comme le dira sans doute l'Auteur du Dictionnaire des Arbres.

Plusieurs Communes en montagnes devroient être aussi partagées, mais d'une manière différente des Communes de plaine. Je rapporterai, à cette occasion, les raisons & les moyens de M. Jean-Jacques Dick, Pasteur de l'Eglise de Bollighe. *Mémoires de la Société Econom. de Berne, premier vol.* 1771.

« Tous les Économes, dit-il, conviennent unanimement que la communauté des pâturages est un obstacle qui s'oppose à leur bonification & à leur plus grand rapport. Cette proposition peut être aussi admise par rapport aux Alpes, mais avec quelques restrictions. Il seroit absurde de prétendre qu'un homme qui n'a qu'une, deux, trois ou quatre vaches à envoyer sur la montagne, dût soigner & cultiver lui-même sa portion, & sacrifier tout son Eté, pour avoir soin de ce petit nombre de bêtes; il en résulteroit un préjudice très-considérable aux autres branches de l'Agriculture, qui n'ont pas encore tous les bras qui leur seroient nécessaires : que dis-je, cela seroit même impossible. Notre pensée est simplement de partager ces trop grandes alpes de cent jusqu'à trois cent vaches & plus, & d'en faire de plus petites. Si la communauté est trop nombreuse, personne ne s'intéresse vivement à ces alpes; on les surcharge, c'est-à-dire, l'on y envoie plus de bétail qu'il ne devroit raisonnablement y en avoir. Le plus petit nombre des Propriétaires donneroit volontiers les mains à leur amélioration; mais le plus grand nombre est content, quand ils voient revenir leurs bêtes en vie, avec un peu de fromage & de serai. *Voyez* ces mots aux articles LAIT & SERAI. Aussi a-t-on plusieurs exemples d'alpes dont le produit diminue tous les jours, & sur lesquelles on ne peut plus nourrir le même nombre de bêtes. Ajoutez que, dans ces grandes communautés, il se commet beaucoup d'injustices; celui qui a le droit d'envoyer plusieurs vaches sur la montagne, & celui qui peut n'y envoyer que peu, ou seulement une, ont également une voix dans les délibérations générales. N'est-il pas naturel que les petits Propriétaires prennent moins à cœur la construction des bâtimens nécessaires & l'amélioration du terrein, que les grands Propriétaires, d'autant plus que les premiers sont ordinairement ceux qui ont le moins de facultés, & peuvent le moins fournir aux frais ? La plupart des alpes, qui n'appartiennent qu'à un seul, se distinguent si avantageusement des alpes Communes, qu'il est fort à souhaiter que celles-ci puissent être divisées en portions, qui eussent chacune leur propre maître. Si cela étoit praticable; à cause de la petite portion qu'y ont quelques Propriétaires, & l'éloignement considérable où ces alpes sont des villages; mais, comme ces obstacles sont invincibles, je souhaite seulement que ces alpes d'une si grande étendue soient divisées en de plus petites de quarante à quatre-vingt vaches, dont chacune pourroit être gouvernée sans le concours des autres, vu qu'une fruiterie d'un pareil nombre de vaches est dans la meilleure proportion. De plus, rien ne seroit plus équitable que chacun de ceux qui ont le droit de mettre une vache à la montagne, eût aussi une voix, & que celui qui a plus d'un droit, eût aussi plus d'une voix à donner; de cette façon, il est vraisemblable que, dans les délibérations, l'intérêt général l'emporteroit toujours sur le particulier. Un pareil arrangement au moins diminueroit considérablement les inconvéniens attachés à la Communauté.»

Quelle est la manière de partager les Communes pour le plus grand avantage de ceux qui y participent?

En partageant les Communes, on peut en donner la propriété aux Particuliers, ou la conserver à la Communauté. Si l'on prend le premier parti, il faudra, ou vendre chaque portion au plus offrant, ou céder gratuitement à chacun la propriété de la part qui lui sera échue. Dans le premier cas, le pauvre s'en verroit privé, & faute d'argent, & parce que le riche pourroit toujours payer plus chèrement que lui.

Si le pauvre parvenoit à faire quelques acquisitions, ce ne seroit que par emprunt; alors il se chargeroit de dettes, à un tel point qu'un peu de négligence ou quelques revers le ruineroient sans ressource.

On n'auroit d'ailleurs pas lieu d'attendre de sa part une bonne culture. Car celui qui n'a pas quelques facultés, ou qui est accablé de dettes, ne sauroit entretenir ses possessions en bon état, moins encore bonifier un mauvais fond.

Si le partage se faisoit, par portions égales, entre les Communiers, & qu'on leur en donnât la propriété, suivant la méthode de M. Sprunglin, soit en chargeant ces biens, soit en ne les chargeant pas de cens, tous, à la vérité, en profiteroient pour un tems; mais, dans peu, le mauvais économe auroit contracté des dettes : il vendroit sa portion, il en auroit bien-tôt dépensé le produit, & retomberoit dans sa première misère.

La même chose arriveroit à ceux qui seroient exposés à quelques malheurs.

Le riche séduiroit le pauvre & l'engageroit à lui vendre son fond.

Plusieurs Communes ont déjà été partagées en France, d'après ce principe, ce que des gens raisonnables, & véritablement amis du bien, ont craint, est arrivé sous mes yeux. Des paysans, devenus Propriétaires fonciers, ont, par cause d'inconduite, été forcés de vendre les portions qui leur étoient échues; des personnes aisées les ont acquises, & les paysans se sont trouvés sans ressource. Il ne seroit pas extraordinaire de voir dans la suite des Communes entières passer successivement dans la main des riches, qui les acheteroient, soit à la mort des Propriétaires, soit en leur en proposant un prix bien au-dessus de leur valeur, soit en profitant, pour se les faire adjuger, du mauvais état des affaires des pauvres. Un Anglois à l'Amérique, conversant avec un sauvage, prétendoit que ses Compatriotes avoient acheté & bien payé le pays où ils s'étoient établis; « oui, dit le Sauvage, ils l'ont » acheté pour un peu de *rum*; mes pères ont bu le » *rum*, & je suis sans asyle. » C'est l'image de ce qui arrive, lorsqu'on partage les Communes, en les donnant en propriété aux Communiers.

Lorsque le paysan n'a plus de terre à cultiver, il ne peut subsister dans le village qu'en mendiant: il cherche à s'établir en Ville, ou il quitte le pays. L'Agriculture en souffre également, lequel de ces deux partis qu'il choisisse, & l'Etat y fait la même perte d'une façon que de l'autre. Mais supposons que ces pauvres gens demeurent dans leurs villages; ils ne trouvent pas, dans la culture des terres, de quoi s'occuper toute l'année au service des riches, qui prennent le moins d'ouvriers qu'ils peuvent. Ainsi, les pauvres sont une bonne partie du tems sans travail, à moins qu'un rare bonheur ne leur en fournisse dans les fabriques.

Il y auroit des particuliers qui, à la vérité, ne vendroient pas leurs possessions, mais les affermeroient pour se transplanter en Ville. Ces derniers seroient aussi perdus pour l'Agriculture, & presque pour la population; car ces gens-là ne se marient guères, ou n'ont que des enfans foibles & débiles.

Toutes ces raisons doivent engager à rejetter le partage des Communes, en donnant la propriété.

Il n'y a donc qu'une seule méthode qu'on puisse conseiller, c'est celle par laquelle la propriété demeurera à la Communauté, & le particulier n'ayant que la jouissance, sans pouvoir vendre ni engager, la Communauté restera propriétaire du fond, & le Communier usufruitier.

De cette manière, chacun retireroit sa part des pâturages Communs, & seroit assuré de la posséder toujours, puisqu'il ne pourroit ni l'engager ni la vendre; elle lui fourniroit de quoi se procurer le nécessaire.

Cette possession détermineroit le paysan à demeurer chez lui, & à s'appliquer à l'Agriculture, pour laquelle il est né. Il seroit, par-là, détourné de l'oisiveté qui conduit au vice & à la misère.

Le pauvre, dans les pays de Communes, auroit, sinon toutes ses aises, au moins une ressource assurée contre la faim; car l'homme qui possède assez de terre pour semer un peu de grains, entretenir une vache, & cultiver des légumes & des jardinages pour ses besoins, n'est point à plaindre.

Le riche trouvera aisément dans la famille des pauvres les domestiques & les mercenaires, qu'il ne peut se procurer qu'à grande peine.

Celui qui vit dans la dissolution, étant toujours sous les yeux de ses Préposés, pourroit être ramené à son devoir.

On est obligé d'entretenir, par des aumônes, nombre de personnes qui n'en n'auroient pas besoin, si elles possédoient seulement quelques arpens de terre.

Ainsi, cette manière de partager a de si grands avantages sur toutes les autres, qu'elle mérite certainement la préférence.

Il y a cependant certains cas dans lesquels cette règle peut souffrir des exceptions.

1.° Si, dans une Commune, il y avoit des pâturages d'une étendue excessive, il seroit bon d'en partager une partie, & de laisser le reste en Commune; par exemple, on en partageroit les deux tiers.

2.° On pourroit laisser vendre des pièces de terre, fort éloignées des villages & autres habitations, parce que cet éloignement seroit toujours un obstacle à une bonne culture, à moins que l'on ne permît aux possesseurs d'y bâtir, à condition que, si leurs pièces retomboient un jour à la Communauté, elle seroit obligée de payer la valeur actuelle des bâtimens à ceux qui les auroient faits, ou à leurs héritiers.

Si le pâturage est fort vaste, il ne faut pas le partager entièrement d'une première fois, mais n'en donner à chacun qu'autant qu'il peut en cultiver; sans quoi, le surplus sera négligé comme les communes le sont actuellement. Lorsqu'une portion sera mise en bon état, on pourra faire un nouveau partage.

Le nombre des familles pouvant augmenter, on doit avoir égard, dans la répartition, à la vraisemblance d'une population future & prochaine; une Communauté, par exemple, qui auroit neuf cens arpens de terre, & qui ne seroit composée que de soixante-dix familles, peut bien, d'ici à un certain nombre d'années, s'accroître de trente. Ainsi, il faudroit faire cent portions, & la Communauté loueroit les surnuméraires en détail ou en masse, en attendant qu'il y eût des Communiers en droit de les demander.

Le droit que les particuliers ont sur les pâturages publics ou Communaux, n'est pas le même par-tout; le partage de ces fonds doit être réglé en conséquence.

Il y a des Communes qui appartiennent aux domaines d'un village, tellement que les propriétaires de ces domaines, Communiers ou non, jouissent des droits de pâturages attachés à leurs possessions. Dans ce cas, le partage doit se faire d'une manière conforme à la jouissance, que chacun en avoit précédemment. Le particulier, partage fait, peut aliéner sa portion, comme le reste de son domaine.

Il arrive rarement que ceux qui n'ont aucun fond, soient entièrement privés du droit de pâturage. Les pauvres, pour l'ordinaire, ont celui d'une ou de deux vaches. Lors du partage, on pourroit donner à chacun quatre à cinq arpens pour une vache, selon la grandeur & la qualité du fond. J'ai déjà dit qu'il faut ce nombre d'arpens cultivés pour entretenir une vache.

On pourroit aussi donner à tous, mais principalement aux pauvres, quelques portions de terrein pour leur servir de jardins potagers, chenevières, linières, &c.

Dans certains lieux, il n'y a que les Communiers, c'est-à-dire, les Habitans qui aient droit au pâturage; les Propriétaires des domaines particuliers, résidens hors de la Communauté, en sont exclus.

Dans d'autres endroits, les Communiers ne jouissent pas, par égale portion, du droit de pâturage. Mais, le plus ordinairement on jette sur la Commune tout le bétail que l'on a hiverné. On demande si, dans ce dernier cas, il faut partager la Commune d'une manière proportionnée à la jouissance actuelle; ou si ce partage doit se faire par tête ou par chef de famille.

Si l'on faisoit le partage d'une manière proportionnée à la jouissance actuelle, il s'ensuivroit que le pauvre ne seroit pas aussi bien traité que le riche, parce qu'il n'a pas la faculté d'hiverner autant de bétail, ce qui seroit souverainement injuste; car le pauvre a le plus besoin d'assistance. Le même principe d'équité ne doit point exclure du partage les gens aisés, les riches mêmes, s'ils ont l'usage de la Commune, parce qu'il est vraisemblable qu'elle a été concédée à tous les habitans, sans distinction, dont les uns ont eu plus d'industrie que les autres.

L'usage de jetter sur la Commune la totalité des bestiaux qu'on a hiverné, semble avoir été établi, lorsque les pâturages Communs suffisoient à la nourriture de tout le bétail d'un lieu. Dans ces circonstances, il n'auroit pas été raisonnable de priver ceux qui avoient le plus de bétail, d'un bénéfice qui n'étoit à charge à personne.

Le partage à faire par tête, ne me paroît pas plus raisonnable, parce qu'une famille auroit quatre portions ou plus, pendant que l'autre n'en auroit qu'une.

On pourroit, à la vérité m'objecter qu'il seroit bien injuste qu'un père de famille, chargé de six fils, n'eût pas plus de part à la Commune, que celui qui n'en a qu'un. Mais si, dans les commencemens, il y a de l'inégalité, elle ne sera pas de longue durée; car, de ces six fils, il y en aura trois ou quatre pour le moins qui se marieront: comme chefs de famille, ils auront chacun une de ces portions mises en réserve; ainsi, ils auront leur part, comme les autres Communiers.

Le meilleur parti est donc de partager par familles; on ne fait point d'injustice au pauvre; on établit une grande égalité dans le partage, & on favorise les mariages.

Précautions pour opérer le Partage.

Après avoir montré le meilleur plan de partage, je passe maintenant aux précautions préliminaires à prendre pour l'exécuter, & ensuite aux conditions sous lesquelles il doit se faire.

Pour partager une Commune, il est nécessaire; 1.° d'en lever le plan, ou du moins qu'elle soit exactement arpentée;

2.° De prélever & déterminer les chemins qui doivent conduire à chaque portion, en les plaçant dans les lieux les plus commodes;

3.° De dessécher les marais, avant de les partager, ou au moins d'indiquer la marche à suivre pour y parvenir, & distraire le terrein nécessaire pour l'écoulement des eaux & pour les fossés de séparation;

4.° De partager les ruisseaux & les fontaines, avec toute l'équité possible;

5.° De faire de même des haies extérieures;

6.° De laisser à part, après l'avoir limité, une partie de la Commune, qui ne seroit propre que pour un pâturage, afin qu'elle eût toujours cette destination. S'il se trouvoit qu'une partie de la Commune ne valût rien que pour pâturage, ou que l'on ne pût s'en passer entièrement, on laisseroit cette pièce à part, après l'avoir limitée, & elle serviroit à faire paître les chevaux ou les moutons;

7.° De réserver, pour planter en bois, ce qui ne seroit pas même propre au pâturage;

8.° Cela étant ainsi réglé, de faire les portions aussi égales en valeur que possible, en rendant celle d'un bon fond plus petite, & celle d'un moindre plus grande, on en accordant à chacun sa part du bon comme du mauvais fond;

9.° De tirer les portions au sort, afin de prévenir les plaintes que l'on pourroit faire sur l'inégalité du partage, & afin que chacun pût, autant qu'il se pourroit, avoir sa portion dans un emplacement à sa bienséance, on permettroit d'en faire des échanges pendant un ou deux ans;

10.° Enfin, du produit d'une partie des portions qui ne seroient pas d'abord données, & qu'on pourroit louer, en salarier un Chirurgien, une Sage-femme, un Artiste vétérinaire, ou l'employer au soulagement des pauvres, ou pour acquitter certaines charges de la Communauté.

Conditions à imposer à ceux qui prendroient leur portion des Communes.

Ces fonds seront inaliénables; la propriété en demeurera à la Communauté.

Il sera défendu d'y faire paître les bestiaux, & de construire des haies de séparations; des clôtures, avec le tems, conduiroient à des envahissemens capables d'éteindre ou de faire oublier la propriété foncière de la Communauté.

Ceux qui ne sont pas domiciliés dans le lieu, ou qui ne sont pas mariés, n'y auront point de part.

Celui qui, dans l'espace de deux ans, n'aura pas cultivé sa portion, en champs, prés, légumes, &c. & qui ne la travaillera pas lui-même, en sera privé, excepté les vieillards, les malades ou estropiés, les jeunes enfans orphelins.

Chacun devroit être obligé de cultiver un certain nombre d'arbres fruitiers sur sa pièce, mais à la distance au moins de douze pieds de celle de son voisin.

Lorsqu'une famille sera éteinte, sa portion retournera à la Communauté.

Le père de famille mort, sa femme jouira de sa portion, tant qu'elle demeurera dans le veuvage, & qu'elle remplira les conditions ci-dessus.

Si un veuf ou une veuve meurent, en laissant un fils marié, il leur succédera préférablement à tout autre. S'ils ne laissent qu'une fille mariée à un Communier, celui-ci doit aussi avoir la préférence, à moins qu'il n'ait déjà une portion de Commune; dans ce cas, il faudra qu'il renonce à l'une ou à l'autre, & qu'il se contente d'une.

S'il n'y a point d'héritiers tels que l'on vient de dire, la Communauté en disposera en faveur du plus vieux marié, qui n'en aura pas encore; à cet effet, elle tiendra un registre exact.

J'ai trouvé la plupart de ces idées dans le projet de partage de la Commune d'Uetendorf, en Suisse, présenté par elle au Gouvernement du Canton. Ce projet m'a paru très-raisonnable, très-juste & digne de servir de modèle.

La Communauté d'Uetendorf étoit composée de cent vingt-huit familles, dont cent vingt-six, ainsi qu'il paroît par son Journal, demandoient le partage de leur Commune, consistant en deux pièces, & contenant cinq cens arpens.

Cette Communauté desiroit laisser, dans la plaine & sur les hauteurs voisines, un pâturage pour quarante à cinquante chevaux, dont elle avoit besoin, tant pour le service du Souverain, que pour d'autres corvées; de manière cependant qu'un particulier n'eût le droit d'y jetter qu'un cheval, en payant quatre livres dix sous de France à la Communauté, pour subvenir aux dépenses publiques; & que, si même le nombre des Communiers augmentoit, on ne pût partager ce pâturage qu'après une délibération prise à la pluralité des deux tiers des voix, & avec la permission du Seigneur.

Voici quel étoit le calcul de la Communauté d'Uetendorf:

On faisoit paître dans son pâturage de 500 arpens, qui étoit un véritable marais, quarante chevaux dont la pâture peut être estimée, argent de France . . . . 96 écus.

Cinquante bêtes à cornes 60

Cent dix vaches 330

Total . . . . 486 écus.

On pouvoit espérer faire paître dans ce qui resteroit en pâture sur les côteaux voisins quarante chevaux . . . . 96 écus.

On devoit former 300 arpens de prés, à compter au moins une toise de foin par arpent, à quatre écus la toise . . . 1200

100 arpens de champs cultivés en trois soles, ce qui est la plus mauvaise méthode; savoir, 33 arpens de jachères, 33 arpens en avoine, 5 muids par arpent, à 40 batz 264

33 femés en épeautre, 7 muids par arpent, à 65 batz le muid 600

Total . . . . 2160 écus.

Il faudroit soustraire de cette dernière somme les frais de culture & le fumier. Mais, puisque les nouveaux prés fourniroient le fumier, & que le paysan feroit cet ouvrage, sans négliger ceux dont il est déjà chargé, ces articles tombent d'eux-mêmes.

Le desséchement des marais ne pouvoit être que fort utile à la santé des habitans de ces lieux, exposés aux fièvres qui y régnoient tous les ans.

Le produit à venir surpassoit donc l'actuel de mille six cent soixante-quatorze écus; & l'on avoit lieu de compter qu'on le feroit aisément monter à deux mille, objet considérable pour une Communauté. Les habitans représentoient au Gouvernement qu'en leur accordant la liberté de faire ce partage, ce seroit sans doute un nouveau motif d'attachement pour la Patrie, un des meilleurs moyens de prévenir la diminution de l'espèce humaine, & de favoriser la population.

Une circonſtance qui m'eſt connue, exigeroit peut-être une exception à la régle générale du partage des Communes. Lorſqu'elles ne ſont pas aſſez conſidérables pour que le produit de la portion de chacun pût lui nourrir une vache, il eſt à craindre que le ſurplus de ſa nourriture ne ſoit pris ſur les propriétés des autres, & que, dans ce cas, le partage ne donne lieu à des vols & à des querelles. Il vaudroit mieux ne le pas faire, ſi on ne pouvoit remédier à cet inconvénient. Mais, dans un pays où des loix ſages & bien exécutées défendroient à tout particulier d'avoir une vache, à moins qu'il n'eût quatre arpens de terre, ſoit en propriété, ſoit à loyer, le partage des Communes eſt & ſera toujours un avantage pour accroître la maſſe des productions, & pour le bien des co-partageans, pourvû qu'ils ne puiſſent aliéner leur portion.

Comment les Gouvernemens doivent-ils procéder au partage des Communes?

Il n'y a pas de doute que les Gouvernemens, perſuadés de l'avantage du partage des Communes pour le bien général, ne fuſſent autoriſés à employer des moyens de contrainte. Mais, outre que ces moyens roidiroient les eſprits, il eſt d'une bonne & ſage Adminiſtration d'agir par voie d'inſinuation, lorſqu'il s'agit de faire adopter un nouveau ſyſtême d'économie rurale. Les doutes qui reſtent ſur le bien qui en réſulteroit, doivent être levés inſenſiblement. Voici comme il me ſemble qu'il faudroit procéder.

Le Gouvernement ſe feroit rendre un compte exact de l'état des Communaux & de leurs rapports, & en même-tems du produit des terres nues ou en pâturages, & des bois dans les mêmes pays où ſeroient les Communaux.

D'après ces états, on feroit un mémoire qui contiendroit une inſtruction, propre à éclairer ſur les Communes qu'il conviendroit de laiſſer en Communes, ſur celles qu'il vaudroit mieux partager, ſur la manière la plus juſte de faire ce partage, relativement aux droits de chacun, ſur la différence du rapport des biens laiſſés en Communes, & de ceux qu'on diviſeroit pour les mettre entre les mains des particuliers.

En même-tems il ſeroit envoyé, dans toutes les parties du Royaume, un acte d'approbation en faveur des Communautés, qui deſireroient faire le partage. Par cet acte, on leur accorderoit la liberté de remettre en Communes les diverſes portions, au bout d'un certain nombre d'années, ſi les co-partageans trouvoient de la perte.

Peut-être même ſeroit-il utile d'offrir quelques encouragemens à ces mêmes Communautés.

Je ne penſe pas que le Gouvernement dût avoir ſur cette opération une autre influence. C'eſt aux Particuliers éclairés à faire le reſte. Les hommes riches qui ont de vaſtes pâturages, peuvent les vendre ou les louer en détail à des payſans. L'uſage que ceux-ci en feront, & les produits qu'ils en retireront, ſeront un des meilleurs & des plus frappans exemples. (*M. l'Abbé* Tessier.)

COMOCLADE. *Comocladia.*

Genre de plante de la famille des Balſamines, ſuivant M. Delamarck, & placé dans les Térébintacées de M. de Juſſieu : il comprend deux eſpèces. Ce ſont des arbres qui, étant inciſés, rendent un ſuc glutineux, aqueux ou laiteux que le contact de l'air noircit, à feuilles ailées avec impaire à folioles oppoſées, velues, dentées ou glabres & entières; à fleurs diſpoſées en rameaux paniculés, grands; elles ſont axillaires, nombreuſes, petites. Ils ſont étrangers, & ils ne peuvent ſe cultiver dans notre climat qu'en ſerre chaude : ils ſont propres aux grandes collections & ſpécialement aux jardins de Botaniques.

Eſpèces.

1. Comoclade à feuilles entières.

Comocladia integrifolia. L. ♄ Jamaïque, Saint-Domingue.

2. Comoclade denté.

Comocladia dentata. L. ♄. Environs de la Havane, dans les bois.

1. Comoclade à feuilles entières. C'eſt un arbre de vingt pieds de hauteur, à tronc droit médiocrement gros, peu branchu, dont les ſommités ſont couronnées par des touffes de feuilles. Chaque feuille eſt compoſée de quatorze ou ſeize folioles ovales, en forme de lance, terminées en pointes, ſans dentelure, dégagées, un peu ridées, à bords un peu roulées en-deſſous, longues de quatre pouces & placées par paire le long d'une côte de deux pieds terminée par une impaire. Les fleurs ſont rougeâtres, fort petites & en grand nombre. Elles ſortent de l'aiſſelle des feuilles ſur les grappes à grandes ramifications : elles ont peu d'apparence. Mais il leur ſuccède des baies rouges & luiſantes qui en ont beaucoup.

On trouve cet arbre à Saint-Domingue & à la Jamaïque. Il eſt rempli de ſuc glutineux, aqueux ou laiteux, qui ſe noirciſſent à l'air & dont l'impreſſion ſur la peau ne s'efface qu'avec peine; on aſſure que ſon bois eſt extrêmement dur.

2. Comoclade denté. Il paroît différer peu du précédent par le port, la ramification & la diſpoſition des feuilles ſont à-peu-près les mêmes; mais les feuilles de celui-ci ne ſont longues que

de dix-huit pouces, les folioles moins nombreuses, sont luisantes en-dessus, d'ailleurs oblongues, un peu cotonneuses en-dessous & bordées de dents épineuses.

Cet arbre se trouve aux environs de la Havane, dans les bois. Il abonde en sucs glutineux comme le précédent, mais ils sont encore plus tenaces dans leurs effets sur la peau & sur le linge, de manière que les taches en deviennent presqu'indélébiles. Ils corrodent la peau, leur odeur ressemble à celle des excrémens humains. A Cuba, Capitale de la Havane, on nomme cet arbre *Guao*, & on croit que son ombre est mortelle aux dormeurs. M. Jaquin qui l'a écrit, s'est reposé sous son ombre sans en être incommodé, mais il ne dit pas avoir poussé l'expérience plus loin.

Culture. Tout ce que nous avons dit sur la culture, art. CLUSIER, convient à celle des Comoclades qui réussiroient probablement en les gouvernant comme le Clusier, n.° 4. Les moyens de multiplication par semences & par boutures, sont aussi les mêmes.

Usage. Nous n'en voyons point d'autres pour nous & mêmes pour nos neveux, dans la possession de ces arbres, que de multiplier les objets d'agrément, & les connoissances relatives à une Science. (*F. A. QUESNÉ.*)

COMPAGNON blanc. *Lychnis divica.* L. *Voyez* LYCHERIDE divique, n.° 6. (*M. THOUIN.*)

COMPARTIMENS. Ce sont des broderies de gazon ou de buis, des plate-bandes, des carrés, ou des bosquets disposés dans un ordre symmétrique, dont on compose les jardins françois. Le nôtre est de tous les Artistes qui se sont livrés à ce genre d'architecture, celui qui a joui de la plus grande réputation. Les jardins de Versailles, de Marly, &c. sont de sa composition & offrent des modèles de jardins à Compartimens. (*M. THOUIN.*)

COMPLANT. C'est une espèce de bail en usage dans quelques Provinces, & qui a beaucoup de rapport avec le Bordelage. *Voyez* BAIL.

On appelle aussi de ce nom un lieu qu'on doit planter, c'est-à-dire, un terrein en friche, donné à bail emphytéotique, pour planter. (*M. l'Abbé TESSIER.*)

COMPLETTE. (Fleur) Les Botanistes ont fait des distinctions sur la signification de ce mot, jusqu'à ce qu'enfin plus près de la nature, ils se sont aussi rapprochées de son acception commune.

La fleur complette est tout simplement une fleur pourvue d'un calice, d'une corolle, d'étamines & de pistile; & la fleur incomplettes est celle qui manque de quelqu'une de ces parties.

La Rose est une fleur complette.

Le Lys est une fleur incomplette, parce que le Lys (*Lilium*) manque de calice, on l'a appellé précédemment fleur nue.

COMPOST. On appelle de ce nom, dans le pays de Caux, en Normandie, l'ensemble des terres ensemencées ou destinées à être ensemencées de la même nature des plantes, ou de plantes qu'on cultive dans la même saison. Par exemple, dans la partie de ce pays où on laisse des jachères, il y a le Compost des grains qu'on sème en Automne, celui des Mars, composé d'avoine, d'orge, de pois, de vesce, de lin, de trèfle, & celui des jachères, dont les terres sont destinées à être ensemencées en rabette, en seigle & en froment. Dans la partie où les terres ne se reposent jamais, il n'y a que deux Composts, celui des blés & celui des mars, qui se divisent en avoine, grains ronds, lin & trèfle. En Beauce, on appelle solle ou saison, ce que dans le pays de Caux on appelle Compost.

Dans une partie du Diocèse de Saint Brieuc, on appelle terre en bon compost celles où l'on a récolté des pois, des fèves, du blé-sarrasin, du lin, du chanvre, parce que ces plantes ameublissent la terre, & ne la rendent que plus disposée à recevoir le froment.

On se sert aussi de ces expressions à Mondidier en Picardie, à l'égard des terres qui ont une année de repos sur trois. (*M. l'Abbé TESSIER.*)

COMPOSÉ *ou* CONJOINTE (Fleur).

La fleur composée est la réunion de plusieurs ou fleurons portant à nud sur le réceptacle ou calice commun. On distingue la fleur Composée conjointe de la fleur agrégée, parce que la fleur composée formée par la réunion d'un certain nombre de fleurons pourvus des deux sexes, qui se nomment hermaphrodites, adhérens à un réceptacle ou calice applati qui leur est commun; mais les étamines ne sont point réunies en cylindre. La scabieuse (*scabiosa*), la statice (*statice*), en offrent des exemples.

La fleur composée ou conjointe avec la disposition ci-dessus a encore un caractere essentiel qui la signale. C'est la réunion des étamines en cylindre autour du pistil ordinairement fourchu. Il y en a de trois sortes.

1.° Les ligulées ou celles à demi-fleurons sont planes & penchent sur le côté extérieur. L'épervière (*ieracium*), la scorsonère (*scorzonera*), sont de cette division.

2.° Les tubéreuses ou celles à fleurons, lorsque les corollules des fleurons sont toutes tubuleuses & presqu'égales. L'artichaux (*cynara*) est de cette division.

3.° Les radiées, lorsque les corollules du disque sont tubuleuses & les fleurons du contour La Rudberne, l'œillet-d'inde (*tagetes*), sont partie de cette division. (*F. A. QUESNÉ.*)

COMPOSEE. (feuille) Les Botanistes appellent pétiole le corps menu & souvent prolongé, qui porte la feuille: que l'on nomme communément queue. Quand le pétiole, au lieu d'une seule feuille, est chargé de plusieurs, cet ensemble s'éloigne de la feuille simple (*Voyez* SIMPLE feuille); & il forme la feuille Composée. La feuille Composée est donc la réunion, sur un même pétiole, de plusieurs feuilles; elles prennent alors le nom de folioles. On considère la feuille Composée sous deux aspects.

1.° Relativement à l'insertion des folioles.

Si, sur une feuille, naît une autre feuille, attachée à son sommet, la feuille est articulée.

Si un pétiole simple, ou sans se diviser, réunit, à son extrémité, plusieurs folioles, la feuille est digitée, (le Marronier d'Inde.)

Elle est binée ou geminée, lorsque la réunion n'est que de deux folioles, (plusieurs Fabagelles.)

Elle est ternée, lorsque la réunion est de trois folioles, (le Trefle.)

Elle est quinée, lorsque la réunion est de cinq folioles, (*Portentilla argentea.*)

Si, sur les côtes d'un pétiole simple, sont rangées plusieurs folioles, la feuille est ailée ou pinnée, (les Casses.)

Elle est ailée avec impaire, si elle se termine par une foliole, (le Frêne.)

Elle est ailée-vrillée, si elle se termine par des vrilles, (une Vesce.)

Elle est ailée-abrupte, si elle se termine sans foliole ou sans vrilles, (le Caroubier.)

Elle est ailée à l'opposite, si les folioles sont placées par opposition, (le Tamarin.)

Elle est ailée alternativement, si les folioles d'un côté sont placées au-dessus ou au-dessous de l'insertion des folioles de l'autre côté, (l'Aigremoine.)

Elle est ailée avec interruption, si les folioles sont d'une grandeur inégale, (l'Aigremoine.)

Elle est ailée avec articulation, si le pétiole porte entre deux folioles des membranes arrondies.

Elle est ailée courante, si le pétiole porte entre les folioles une membrane prolongée & peu étendue, (un Sumac, *Rhus copalliaum.*)

La feuille est conjuguée, lorsqu'étant ailée, elle consiste en deux folioles & pas davantage; elle n'a alors qu'une conjugaison. Quand il se trouve quatre folioles, elle a deux conjugaisons, & la feuille est bijuguée. Quand il s'en trouve six, elle est trijuguée ou à trois conjugaisons, &c. Ce sont les degrés de la feuille ailée, (les Casses.)

2.° Relativement à la subdivision du pétiole.

La feuille Composée est appellée recomposée, lorsque le pétiole se divise une fois; alors la feuille est Composée deux fois, puisque le pétiole, au lieu de recevoir des folioles, reçoit d'autres pétioles garnis de folioles, (la Rue.)

La feuille est bigeminée, si le pétiole n'est que bifurqué, & s'il porte deux folioles à chacune de ses extrémités, (l'Acacie ongles-de-chat.)

Elle est biternée, si le pétiole se divise en trois parties isolées, qui portent chacune trois folioles, (l'Epimède.)

Elle est bipinnée ou deux fois ailée, si le pétiole reçoit d'autres pétioles, chargés de folioles à la place où seroient les folioles, si la feuille n'étoit qu'ailée, (l'Acacie de Farnèse.)

Elle est en houlette, lorsque le pétiole bifurqué porte des folioles sur le côté intérieur, & non sur l'extérieur, (le Gouet serpentaire, l'Hellébore noir.)

La feuille Composée prend le nom de surcomposée, lorsque le pétiole se divise deux fois, ce qui fait trois degrés; elle reçoit alors beaucoup de folioles.

La feuille est triternée, lorsque le pétiole se divise en trois parties, qui se divisent chacune en trois autres parties, portant chacune trois folioles.

La feuille est tripinnée ou trois fois ailée, lorsque le pétiole commun reçoit d'autres pétioles, auxquels est attachée une troisième division de pétioles garnis de folioles, (la Spirée barbe-de-chèvre.)

Les feuilles bipinnées & les feuilles tripinnées se considèrent sous les rapports propres à la feuille pinnée ou ailée. (*F. A. Quesné.*)

COMPOSÉE. On donne ce nom à une réunion de plusieurs petites fleurs implantées sur un réceptacle commun, &, la plupart du tems, enveloppées d'un calice général. Toutes les plantes, qui ont des fleurs de cette espèce, forment ensemble une famille naturelle. Les chicorées, les chardons, les camomilles, les asters, &c. sont compris dans cette section du règne végétal.

Ces fleurs particulières ou *fleurettes*, qui composent les fleurs générales sont de deux espèces, ou ce sont des tubes élargis au sommet où ils se divisent en cinq dentelures; on les nomme *fleurons* ou *fleurettes tubuleuses*, ou ce sont des tubes très-courts, qui se prolongent ensuite sous la forme d'une languette; on les nomme *demi-fleurons* ou *fleurettes ligulaires*. Chacune de ces fleurettes est portée sur un ovaire & contient cinq étamines réunies en anneau, & un pistille qui perce au travers; il arrive souvent qu'une partie de ces fleurettes est stérile dans la fleur générale; c'est sur ce caractère que Linné a fondé ses ordres de la classe SYNGENESIE.

Les divisions naturelles de la famille des *composées* se prennent de la forme des fleurettes.

Où toutes les fleurettes qui composent la fleur sont ligulaires, elles forment la section des *Planipétales*, où sont compris la chicorée, le pissenlit, la scarsonère, &c. ou toutes les fleurettes sont tubuleuses, elles forment la section des *Flosculeuses*, où sont compris l'artichaut, la centaurée, &c.

Où les fleurettes extérieures sont ligulaires & celles du centre flosculeuses; elles forment la section des *Radiées*, où sont compris les asters, les soucis, les tournesols, &c.

Ces deux dernières sections sont moins tranchées que la première, & plusieurs plantes de la troisième manquent souvent de fleurettes ligulaires.

On ne doit pas confondre les fleurs composées avec les fleurs agrégées, telles que les cadères, les scabieuses, qui sont d'une autre famille.

COMPOSÉES. On donne ce nom aux feuilles qui portent plusieurs folioles sur un pétiole commun, comme le trèfle, les pois, les acacies, &c. *Voyez* FEUILLE. (*M.* REYNIER.)

COMPOSITION des terres pour la culture des plantes délicates ou étrangères. *Voyez* l'article TERRE. (*M.* THOUIN.)

COMPRESSÉ, comprimé ou applati. Ces mots se disent des tiges, des pédicules ou des feuilles. Les tiges sont quelquefois applaties comme dans le *Poa compressa*. L. dans l'*Allium nutans*. L. les pétioles des feuilles des peupliers sont applatis sur leurs côtés latéraux. Les feuilles sont Compressées ou comprimées, lorsque leurs nervures sont également saillantes des deux côtés. (*M.* THOUIN.)

COMPTE. A Martres, en Comminges, on donne ce nom à la quantité de blé qu'un homme peut couper avec la faucille dans une journée. Cette dénomination équivaut à trente-six gerbes. (*M. l'Abbé* TESSIER.)

CONAMI-franc. Nom que les habitans de la Guiane donnent au *Bailleria aspera*. *Voyez* BAILLÈRE-franche. (*M.* REYNIER.)

CONANAM. Nom vulgaire de l'espèce d'Avoira nommée *Elais humilis*, par Linné. *Voyez* AVOIRA, mon père. (*M.* REYNIER.)

CONCADE. Mesure de terre en usage dans plusieurs endroits. A Aurillac en Auvergne, elle contient 2715 toises 29 pieds de Paris, ou deux arpens royaux 26 toises 32 pieds, ou trois arpens de Paris 15 toises 29 pieds.

A l'Isle de Bouzon, elle contient 2581 toises 11 pieds de Paris, ou un arpent Royal, 1236 toises 32 pieds, ou deux arpens de Paris, 781 toises.

A Luze, elle est de 8846 toises 14 pieds de Paris, qui font 6 arpens royaux, 779 toises 25 pieds, & 9 arpens de Paris, 746 toises 14 pieds.

A Leictoure en Guienne, elle se divise en 30 plag, qui égalent 60 sols ou 720 deniers, lesquels font 3226 toises 25 pieds de Paris, ou deux arpens royaux 537 toises 29 pieds, ou 3 arpens de Paris 526 toises.

A Vu-fézenzac, elle contient 5108 toises 32 pieds. *Voyez* ARPENT (*M. l'Abbé* TESSIER.)

CONCEAU. On appelle ainsi à Beaune, en Bourgogne, une espèce de méteil, qui est un mélange de moitié froment & moitié seigle. (*M. l'Abbé* TESSIER.)

CONCEVEIBE, *Conceveiba*.

Ce genre, qui fait partie de la famille des EUPHORBES, a été institué par Aublet qui l'a découvert dans les forêts de la Guyane. Jusqu'à présent il n'est composé que d'une seule espèce, encore ne connoît-on que les parties de la fructification de l'individu femelle; par conséquent le caractère est incomplet.

CONCEVEIBE de la Guyane.

CONCEVEIBA Guianensis. Aubl. Guian. p. 924.

♄ des forêts de la Guyane.

Le Conceveiba est un arbre de moyenne grandeur, dont le tronc a un pied de diamètre environ, & dix à douze pieds de haut. Son bois est blanc & recouvert d'une écorce grise. Sa cime est composée de branches qui se répandent en tout sens, & sont garnies d'un grand nombre de rameaux. Ils sont couverts de feuilles ovales, pointues, dentées, vertes & glabres en-dessus, cendrées en-dessous, & portées sur des pétioles un peu longs. Chacune d'elles est accompagnée, à sa base, de deux petites stipules qui tombent promptement. Les fleurs viennent en épis à l'extrémité des rameaux; elles sont sessiles & alternes sur un pédoncule commun, charnu & à trois angles. Ces fleurs sont unisexuelles; les fleurs mâles ne sont point connues.

Les fleurs femelles sont composées d'un calice monophile, charnu, trigone inférieurement, muni de trois grosses glandes à sa base, & à cinq dents épaisses & pointues en son bord, ayant chacune, à leur base interne, une glande appliquée contre l'ovaire. L'ovaire est supérieur, triangulaire, surmonté de trois stygmates épris & concaves.

Le fruit est une capsule glanduleuse, trigone, à trois côtes & à trois sillons, divisée intérieurement en trois loges qui renferment chacune une graine arrondie, enveloppée d'une matrice pulpeuse, blanche, douce & bonne à manger.

Cet arbre croît dans les forêts de la Guyane, au bord des rivières. Lorsqu'on entame son écorce, ou qu'on arrache des feuilles, il en découle un suc verdâtre.

Le

Le Conceveibe n'a point encore été apporté en Europe, où sa culture particulière est inconnue; mais il est à présumer qu'on parviendra aisément à l'y faire croître, en semant au Printems, sous des chassis, ses graines fraîchement récoltées, & qu'on réussiroit à le conserver dans les tannées des serres chaudes, pendant l'Hiver. (*M. Thouin.*)

CONCOMBRE, *Cucumis.*

Genre de plante à fleur monopétale, de la famille des cucurbitacées, qui a des rapports très-marqués avec les courges, les momordiques & les anguines. Toutes les espèces de ce genre sont des plantes annuelles, herbacées, rampantes à feuilles alternes, & pourvues de vrilles; les fleurs naissent dans les aisselles des feuilles; les fruits sont charnus & succulents. Beaucoup d'espèces & de variétés de cette plante sont cultivées dans les potagers pour l'usage de la table.

Espèces.

1. Le Melon ou Concombre réticulé; feuilles simples, anguleuses ou lobées. *Cucumis Melo. C. foliorum angulis rotundatis pomis torulosis. Lin. C. foliorum angulis rotundatis pomis subturolosis, cortice reticulato.* Lamark, Dict. Botanique 1.

2. Concombre commun ou cultivé. *Cucumis sativus. C. foliorum angulis rectis, pomis oblongis, scabris.* Lin. Lamarck, Dict. 2.

3. Concombre serpent. *Cucumis flexuosus C. foliorum angulis angulato-sublobatis, pomis cylindricis, sulcatis, curvatis.* Lin. Lamarck, Dict. 3.

4. Concombre d'Egypte.

Cucumis chate. C. hirsutus, foliorum angulis integris rotundatis, pomis fusiformibus, utrinque attenuatis hirtis. Lin. Lamarck. Dict. 4.

5. Concombre de Perse.

Cucumis Dudaim. C. foliorum angulis rotundatis, pomis sphæricis, umbilico retuso. Lin. Lamarck. Dict. 5.

6. Concombre de Japon.

Cucumis Conomon. C. foliis angulato-sublobatis dentatis, pomis fusiformibus, decem sulcatis glabris. Thumb. Lamarck. Dict. 6.

7. Concombre à angles tranchans.

Cucumis acutangulus. C. foliis rotundato-angulatis, pomis angulis decem acutis. Lin. Lamarck. Dict. 7.

** Feuilles lacinées ou palmées.

8. La Coloquinte ou le Concombre amer.

Cucumis Colocynthis. C. foliis multifidis, pomis globosis glabris. Lin. Lamarck. Dict. 8.

9. Concombre d'Arabie.

Cucumis Prophetarum. C. foliis cordatis quinque lobis, denticulatis, obtusis, pomis globosis spinoso-muricatis. Lin. Lamarck. Dict. 9.

10. Concombre d'Afrique.

Cucumis Africanus. C. pomis ovalibus echinatis, foliis palmatis sinuatis, caule angulato. Lin. Fil. Supl. Lamarck. Dict. 10.

11. Concombre d'Amérique.

Cucumis Anguria. C. foliis palmato-sinuatis, pomis globosis echinatis. Lin. Lamarck. Dict. 11.

Culture.

Le Melon. De toutes les cucurbitacées, cette espèce paroît toujours avoir été la plus estimée en France à cause de la saveur agréable de son fruit. Les soins que tous les Jardiniers ont constamment prodigués à la culture des Melons, même dans les pays dont le climat ne favorise pas trop la végétation de cette plante, prouvent bien le cas qu'on en fait; il ne faut donc pas s'étonner si, par la culture artificielle, on est parvenu, dans plusieurs pays septentrionaux, à forcer, pour ainsi dire, la Nature, & à y produire souvent des Melons qui, pour la perfection, approchoient des meilleurs Melons des pays chauds. Nous ne savons rien de certain sur le pays natal des Melons; Linnée a prétendu qu'ils étoient originaires du pays des Calmouques; mais, comme ces peuples sont originairement Tartares & qu'ils habitent un pays, dont l'étendue présente une grande variation dans la température, notre connoissance, à cet égard, n'est pas trop avancée par l'assertion de Linnée. On peut admettre que les Melons nous sont venus avec plusieurs autres espèces du même genre, des pays chauds, opinion d'autant plus vraisemblable qu'elle est conforme à la nature de cette plante qui se montre extrêmement sensible au froid, & qui ne produit des fruits passables, qu'autant qu'on cherche à lui procurer la chaleur nécessaire.

B. n.° 7.

Il est prouvé que les nombreuses variétés que nous observons aujourd'hui parmi nos plantes potagères, proviennent, ou du changement du climat & du sol, ou des mélanges d'espèces d'un même genre, cultivées ensemble. Dans les Melons, ce mélange doit avoir lieu plus souvent & plus facilement; car on en cultive quelquefois sous un même chassis, ou dans une même couche, plusieurs espèces de cucurbitacées qui, par la forme & la position de leurs fleurs, sont plus susceptibles que toute autre plante, à recevoir la poussière séminale & à produire, par conséquent, des espèces intermédiaires ou des variétés. Ces raisons doivent être plus que suffisantes pour prouver qu'il est actuellement impossible de déterminer, avec quelque vraisemblance, le type originaire des Melons; comme l'objet de notre travail nous dispense de toutes les discussions sur cette matière; nous nous contentons de donner ici tous les détails que les Amateurs du Melon peuvent desirer sur la culture de ce fruit intéressant. Les Ouvrages de M. l'Abbé Rozier, de Miller, de Descombes & plusieurs autres moins connus, nous ont servi pour la rédaction de cet article; comme nous supposons parler à des Jardiniers ou des Cultivateurs, la plupart peu familiarisés avec les termes des Botanistes, nous nous servirons souvent du mot *Espèce*, sous lequel nous entendons toujours des espèces jardinières, que les Botanistes considèrent toutes comme de simples variétés.

Les Jardiniers François divisent ordinairement les Melons en deux classes: dans la première, ils rangent les melons qu'ils nomment *françois*, c'est-à-dire ceux que l'on cultive en France; la seconde comprend les melons étrangers qui ne sont peu ou point cultivés chez nous. On sent combien cette division est impropre; car tous les melons sont également étrangers à la France.

Espèces de Melons François ou cultivés depuis long-tems en France, sur-tout dans les environs de Paris.

LE MELON *commun*, ou *le melon maraicher*, ou *le melon françois*;
LE MELON *morin*, *ou le gros maraicher*;
LE MELON *des Carmes*, *le long*, *le rond* & *le blanc*;
LE MELON *à graine blanche*;
LE MELON *de Saint-Nicolas de la Grave*;
LE MELON *langeai*;
LE MELON *succrin de Tours*, *le gros*, *le petit* & *le long*.

Le melon commun, ou le melon maraicher, est celui qui est le plus généralement cultivé aux environs de Paris. Il n'a point de côte sensible; il est très-brodé; sa chair est épaisse, aqueuse & rougeâtre. La broderie de ce melon ressemble à un reseau ou à un filet dont les mailles sont un peu confuses. On le juge de qualité bonne, lorsque, sous la grosse broderie, on en voit une autre plus fine, moins caractérisée que la première, ce qui semble former deux reseaux l'un sur l'autre; la même chose s'observe cependant dans plusieurs autres variétés de melons, de manière que cette configuration doit être comme très-précaire. Ce melon varie beaucoup dans sa forme; il y en a de plus ou de moins brodés, de plus ou de moins ronds ou alongés, de plus ou moins gros, ce qui tient beaucoup, quant à la grosseur, aux fréquens arrosemens qui augmentent leur volume aux dépens de leur qualité; mais elle importe peu au maraicher qui vend son melon en raison de sa grosseur. Ce même melon offre également beaucoup de variétés dans la forme des feuilles qui sont plus ou moins découpées, de même que pour les tems de sa maturité qui est tantôt plus hâtive, tantôt plus tardive. Ainsi, la forme des feuilles, celle du fruit, sa broderie & l'époque de sa maturité ne constituent pas des espèces jardinières proprement dites, mais des simples variétés d'une espèce jardinière. On remarque souvent, en cultivant ce melon, que des graines, prises d'un individu de forme alongée, donnent des fruits ronds ou applatis.

Le Melon morin ou gros maraicher. Il surpasse le précédent en grosseur; il est plus hâtif; son écorce est brodée plus profondément, & l'endroit où la fleur est attachée, est marqué par une espèce d'étoile. La seconde écorce, qui se trouve immédiatement dessous de la broderie, est d'une couleur verte, tirant sur le noir; sa chair est rouge & ferme, son goût est sucré & vineux: ce qui le fait estimer comme une des meilleures espèces, que l'on cultive aux environs de Paris.

Le Melon des Carmes. On distingue trois espèces de ce melon: le rond, le long & le blanc. D'après M. Descombes, ce melon fut apporté de Saumur à Paris, au potager du Roi, d'où il passa chez les Carmes qui le cultivèrent avec beaucoup de soin, le firent connoître plus particulièrement; & il a conservé leur nom. Ce melon est de moyenne grosseur, de forme ovale, sans côtes ou à côtes très-peu sensibles; son écorce légèrement brodée jaunit, lorsque le fruit approche de sa maturité; sa chair est plus ou moins rouge, pleine, quelquefois blonde, fort sucrée, d'un goût relevé; mais il faut le prendre à tems: lorsqu'il est trop mûr, la chair en est pâteuse. Ce melon est hâtif. Le rond ne diffère du long que par sa forme extérieure. Celui que l'on appelle *le blanc*, est d'une forme encore plus alongée; l'écorce est sans broderie, unie & blanchâtre, d'un goût plus fin & délicat que les deux précédens.

Le Melon à graine blanche. La forme de ce melon est ovale, la peau verte & sans broderie; la chair sucrée, aqueuse, peu aromatisée; la graine blanche. Il est hâtif, inférieur au melon des Carmes, dont il ne paroît être qu'une variété; il demande beaucoup de soins pour sa culture.

Melon de Saint-Nicolas de la Grave. Ce melon nous vient du lieu dont il porte le nom, situé dans le diocèse de Lambès; il est d'une qualité supérieure à tous les précédens, de grosseur moyenne, forme alongée, à côtes régulières, écorce verdâtre & mince, chair ferme, rouge, pleine d'eau vineuse. On connoît une variété sans côte, à écorce finement brodée, de forme plus alongée. C'est un des bons melons, qui est aussi connu sous le nom de melon d'Avignon.

Melon langeai. Il vient du village de Langeai, près de Tours; il est de forme alongée, à côtes, d'un verd foncé quand il est petit, & d'un jaune doré à mesure qu'il approche de sa maturité; quelquefois ce melon est sans broderie; la chair en est ferme, rouge, d'un goût sucré, vineux & rempli d'eau.

Le melon sucrin. On le divise en trois espèces: la grosse, la petite & l'alongée. Le gros ou le sucrin de Tours a une écorce plus brodée que celle de toutes les autres espèces; il est verd dans sa jeunesse, & jaunit en mûrissant, sa forme est inégalement ronde; les côtes sont très-peu sensibles; la chair en est ferme, rouge & pleine d'une eau sucrée, très-aromatique; il mûrit tard en comparaison des deux autres variétés suivantes.

Le petit sucrin de Tours n'est pas plus gros qu'une orange, de forme ronde, applatie par les deux extrémités; son écorce verte change peu en mûrissant; elle est quelquefois lisse, quelquefois brodée; la chair en remplit toute la capacité; elle est très-agréable, aromatique & sucrée. Le sucrin de Tours long est égal en qualité au précédent; il n'en diffère que pour sa forme.

Melons étrangers ou peu cultivés en France.

LE MELON *de Malte.*

* *A chair blanche.*

* *A chair rouge.*

* *D'hiver, ou melon de Morée ou de Candie.*

LE MELON *cantaloup.*

* *Le Cantaloup ananas.*

* *Le Cantaloup noir.*

* *Le Cantaloup à chair verte.*

Le Melon de Malte. On en compte plusieurs espèces: celui à chair blanche, celui à chair rouge & le melon d'hiver. Dans les provinces méridionales de la France, la première espèce est très-hâtive; son écorce est quelquefois lisse, quelquefois finement brodée; elle est assez grosse, de forme alongée par les deux bouts; la chair en est très-fondante & sucrée.

Le melon de Malte, à chair rouge est souvent alongé par les deux bouts, souvent rond; son écorce est bien brodée; la saveur en est sucrée & aromatique; il est plus hâtif que le précédent.

Le melon de Malte d'Hiver, que l'on nomme aussi melon de Morée ou de Candie, ne réussit pas trop bien dans les provinces septentrionales de la France, tandis qu'il acquiert toute la perfection possible dans les provinces méridionales. Il varie dans sa forme qui est tantôt ronde, tantôt alongée par un bout ou par tous les deux; il est tout aussi inconstant dans son volume; car il y en a qui pèsent huit à dix livres, d'autres ne pèsent qu'une ou deux livres; cette différence dépend ordinairement de la saison & de la culture. L'écorce de ce melon est lisse, sans côtes, mais dure au toucher & raboteuse; sa chair est verte, moins foncée que son écorce, fondante, sucrée & parfumée. En Italie & à Malte, ce melon est aussi supérieur à celui cultivé en Provence, que celui de la Provence l'est sur celui de Paris. On le nomme melon d'Hiver, parce qu'on le récolte avant les gelées ou en Octobre, & qu'on le transporte sur la paille dans un fruitier, comme on y conserve une pomme de reinette. Il est très-aqueux, fondant, sucré, plus ou moins aromatisé suivant le degré ou l'intensité de chaleur, qui a coopéré à son accroissement. On connoît sa maturité, lorsqu'une ou quelques taches blanches paroissent sur son écorce; c'est une espèce de moisissure, qui gagneroit tout l'intérieur, si on le laissoit plus long-tems à sa tige. Les mois de Janvier & de Février sont l'époque ordinaire où on les sert sur la table. M. l'Abbé Rozier, qui a cultivé cette espèce, dit qu'il a cueilli ce melon à-peu-près à la même époque que les autres espèces, & qu'il en a pris sur le même pied plusieurs individus qui n'étoient point mangeables avant l'Hiver. M. l'Abbé Rozier cite encore une très-petite espèce de melon à chair verte, qui, d'après lui, peut être rapportée aux melons de Malte.

Le Melon Cantaloup. Ce melon, que l'on dit originaire de l'Asie mineure, tient son nom actuel du village *Cantalupo*, près de Rome. On en connoît un grand nombre de variétés qui s'augmentent encore tous les jours; sa culture demande de l'attention: mais quand on le conduit avec quelques précautions, on est sûr d'obtenir des fruits, car ils nouent facilement & mûrissent assez promptement. Dans les provinces septentrionales de la France, les *Cantalupi* n'acquièrent pas un volume très-considérable, tandis que, dans les provinces méridionales, on en voit souvent de dix livres & plus. Parmi le grand nombre de variétés, les suivantes sont les plus saillantes.

Cantaloups ananas. Ce melon, plus long que rond, a des côtes très-saillantes, terminées vers l'extrémité supérieure, & réunies par une espèce de calotte ou couronne, qui déborde de huit à dix lignes. Cette proéminence est formée en partie par l'écorce & par la chair du fruit, qui est pleine & sans graine. L'écorce de ce melon est épaisse pour l'ordinaire, chargée de verrues ou tubéreuses; quelquefois elle en est privée; la chair est rouge, ferme, sucrée, très-parfumée; on en trouve quelquefois sans couronne.

Cantaloup noir. Celui-ci est moins gros que le précédent, de forme ronde, applatie par une extrémité, quelquefois par toutes les deux.

avec ou sans calotte, & à la place, on remarque une espèce d'étoile ; l'écorce chargée de verrues ; la chair est comme celle du précédent ; ce sont deux excellentes espèces qui, en outre, ont le mérite d'être très-hâtives.

Ces deux espèces varient beaucoup ; elles ont produit le cantaloup à écorce argentée, à verrues argentées ou noires ; le cantaloup doré, à écorce dorée, avec ou sans verrues ; le cantaloup à forme plus ou moins alongée, avec ou sans verrues.

Cantaloup à chair verte. La chair de ce melon est fondante, sucrée, vineuse. Le cantaloup plat à chair rouge. On pourroit encore grossir le catalogue des variétés jardinières de ces melons, en y comprenant toutes les espèces que les Anglois & les Allemands ont obtenues par la culture.

Quant à la culture des cantaloups en général, on prétend qu'ils demandent tous beaucoup plus de nourriture que les autres melons, parce que leur écorce est plus épaisse & plus spongieuse que celle des autres espèces ; la couche doit être chargée de six à huit pouces de terreau ; on peut mettre avec le terreau un tiers de terre préparée d'après la manière hollandoise.

Parmi les melons les plus estimés des provinces méridionales de la France, on peut compter les melons de Castelnaudari, de Perpignan, de Quercy, de Côte-Rôtie sur la droite du Rhône près de Vienne, & les melons de Pezenas.

La culture des melons est, ou artificielle, ou naturelle ; nous traiterons de chacune séparément.

De la Culture naturelle.

Dans les pays où la chaleur est assez forte & soutenue, on donne peu de soins à cette culture. L'année de repos de champs à blé est destinée à l'établissement des melonnières. Après avoir donné aux époques ordinaires les labours, on ouvre, entre quinze & vingt pieds de distance de l'une à l'autre, des petites fosses d'un pied en quarré sur autant de profondeur, & la terre est rangée circulairement tout autour. La fosse est remplie avec de nouvelle terre franche, mêlée par moitié avec du terreau ou vieux fumier bien consommé. Pour l'ordinaire, cette terre est le résidu du ballayage des cours, ou de la terre qui se trouve au fond des fosses à fumier, lorsqu'il a été enlevé. Dès qu'on ne craint plus les gelées tardives, on sème la graine dans ses petites fosses, dans chacune cinq ou six grains. Lorsqu'ils ont germé, & qu'ils ont quatre feuilles, sans parler des cotylédons ou feuilles séminales, on en détruit deux ou trois, afin que les autres acquièrent plus de force. La graine est enterrée environ à un pouce de profondeur. S'il ne tombe pas de pluie de long-tems, on arrose chaque fosse ; mais, comme souvent l'on n'est pas à la portée du champ, le Cultivateur recouvre, avec la bâle du blé, de l'orge, de l'avoine, ou avec de la paille coupée menue, ou avec des herbes, la superficie de la fosse, à l'exception de la place où se trouvent les semences. Par ces petits soins, il conserve la fraîcheur de la terre, & empêche l'évaporation. La terre première, tirée de la fosse, abrite les jeunes pieds contre les vents.

Avant de confier à la terre la graine de melons, on la jette dans un vase plein d'eau ; la mauvaise surnage, la médiocre descend lentement, mais la bonne se précipite tout d'un coup, & c'est la seule qu'on sème. Ainsi, on n'attend pas que la médiocre ait gagné le fond, pour vuider l'eau du vase ; &, en s'écoulant, elle entraîne la médiocre & la mauvaise graine. Le Cultivateur fait encore qu'au besoin, il peut semer la graine cueillie & conservée avec soin depuis trois ans ; mais il préfère celle de la dernière récolte, parce qu'il sait qu'elle germe plus vîte. S'il a plusieurs beaux fruits dans sa melonnière, il les conserve avec soin & ne les vend point, & les laisse pourrir sur pied, parce qu'il est convaincu que la chair du fruit est destinée à perfectionner la graine. Lorsque le fruit est pourri, il sépare la graine avec le parenchyme par des lavages réitérés ; mais si la saison est assez chaude pour dessécher sur pied le melon, il laisse la graine se conserver dans la chair desséchée, & il ne l'en sépare par des lavages ou autrement, qu'au moment de la mettre en terre. Pendant le cours de l'année, la graine est tenue dans un lieu sec & à l'abri de la voracité des rats, souris ou mulots qui en sont très-friands.

Les Cultivateurs des provinces méridionales de la France ignorent qu'il existe un art de pincer les tiges, lorsque le fruit est noué ; lorsqu'on le lui propose, il nous fait observer ses courges & ses concombres qui, sans cette pratique, produisent beaucoup & de bons fruits : il faut convenir que la pratique & l'expérience journalière de ce simple Cultivateur vaut autant que le raisonnement de Savans.

Lorsque les bras de la plante ont à-peu-près deux à trois pieds de longueur, & lorsqu'il y a des fruits noués, il les dispose de manière que, lorsqu'ils s'étendront, ils ne se mêleront pas, & couvriront tout l'espace qu'on leur a laissé sur le champ. Après les avoir ainsi disposés, il ouvre, vers leur extrémité, une petite fosse de trois à quatre pouces de profondeur ; il y range la partie du bras qui y correspond,

& la charge d'environ trois ou quatre pouces de terre sur l'espace de six à douze pouces, lorsque la longueur du bras & l'écartement des feuilles le permettent. La tige, qui vient d'être enterrée, acquiert de nouvelles forces; elle se hâte de prolonger son bras, &, lorsqu'elle est parvenue à-peu-près à trois ou quatre pieds, le Cultivateur recommence la même opération, & ainsi de suite. Quelques-uns attendent que les bras aient six pieds de longueur & plus, pour les enterrer.

Il faut avoir été témoin de cette culture, pour juger de la quantité de melons qui couvrent la terre. Il est bien clair que ceux dont la fleur noue, lorsque la saison est un peu avancée, n'auront aucune qualité, & même qu'un très-grand nombre ne mûrira pas. On demandera à quoi bon travailler à se procurer cette surabondance qui doit préjudicier aux premiers melons formés, puisque ces dernières tiges, ces derniers fruits appauvrissent les premiers d'une très-grande partie de la sève? A cela on peut répondre qu'en général les plantes se nourrissent plus par leurs feuilles que par leurs racines; en effet, que l'on considère la racine d'un pied de courge, de citrouille, &c., & on verra qu'elle est peu étendue, & qu'il ne se trouve aucune proportion entr'elle & ses tiges de vingt à trente pieds de longueur, enfin qu'il est impossible que la racine seule puisse nourrir, sur son seul pied, huit à dix courges, citrouilles, &c., dont plusieurs peseront jusqu'à soixante ou quatre-vingts livres. Il en est ainsi pour le melon. Il faut d'ailleurs compter pour beaucoup ces petits monticules de terre, placés de distance en distance sur les bras, & qui en font comme autant de nouvelles tiges. Enfin tous les raisonnemens ne sauroient contredire une expérience fondée sur une coutume établie depuis un tems immémorial, & couronnée par un succès constant.

Les plus beaux melons de la melonnière sont choisis & portés au marché des Villes voisines; les tardifs, ou les mauvais & contrefaits des premiers, servent à la nourriture des bœufs & des vaches & durent ordinairement jusqu'à ce que les courges aient acquis leur grosseur sur pied. Dans les pays où les fourrages sont chers, les melons sont une ressource précieuse.

Depuis le milieu de Septembre jusqu'au milieu d'Octobre, on laisse les melons tardifs sur pied, afin qu'ils parviennent à la grosseur & à la maturité qu'ils sont susceptibles d'acquérir. On les récolte alors, on arrache leur fane, & on laboure aussi-tôt pour semer les blés hivernaux.

Lorsque l'Hiver est tardif, lorsqu'on prévoit que la végétation languira, qu'on aura de la peine à s'émouvoir au Printems, le Cultivateur prépare une surface plate sur le fumier ordinairement placé devant sa maison ou dans une basse-cour; il la couvre de quatre à six pouces de fumier, & il sème sur cette couche, & dans cette terre, les graines de melon. Il recouvre le tout avec des épines, afin que les poules & autres oiseaux de la basse-cour ne viennent pas gratter ou détruire les jeunes plants. L'embarras ensuite est de les transporter sur le champ; lorsque l'eau, pour les arroser, n'est pas dans le voisinage, il choisit un jour & un tems pluvieux qui assure sa reprise.

Quoique les méthodes les plus simples ne soient pas toujours les meilleures, il faut pourtant convenir que c'est un grand avantage à hâter le plant sur la couche, & à le transporter au champ, du moment qu'on ne craint plus les gelées tardives. Le melon étant originaire des pays chauds, on ne doit donc pas s'étonner qu'il soit détruit par le froid, sur-tout dans sa jeunesse où la plante est si herbacée & si aqueuse; l'avancement de la plante pour le Printems, assure une plus prompte maturité de ses fruits pendant l'Eté, d'où dépend leur qualité, & plus de grosseur & plus de maturité dans les melons tardifs. Le grand point est que la terre qui entoure les racines, ne s'en détache pas lors du transport & de la transplantation. Au moment qu'on lève les pieds, on doit les envelopper avec la terre de leurs racines, dans une feuille de chou ou de toute autre plante, & ranger le tout au fond d'une corbeille: ces petites précautions ne sont point à négliger. On fera très-bien encore de semer autour des pieds que l'on met en terre, quelques graines de melons; si les pieds transplantés périssent par une cause quelconque, on aura la ressource des plants venus de graine: &, s'ils réussissent, on arrache ces derniers.

Une méthode moins simple est celle des Jardiniers (il est question des Jardiniers des provinces méridionales); ils sèment sur couche, ou contre de bons abris, leur graine environ vers la fin de Février, ou même en Janvier, si le climat est peu exposé aux fortes gelées, ou s'ils ont la facilité pour les en garantir; ils lèvent les pieds en Mars & les plantent à demeure. M. l'Abbé Rozier dit avoir souvent observé que, lorsque la fin de l'Hiver & le commencement du Printems sont froids, les melons mis en place languissent, sont très-long-tems à se remettre, & qu'ils ne donnent pas des fruits plus précoces que ceux dont on a semé tout simplement la graine, lorsque la saison a été décidée; cependant, souvent l'on gagne beaucoup à avoir de bonne heure des pieds sur couche. Dans les jardins sujets aux courtillières, la chaleur du fumier attire ces insectes qui y pratiquent leurs galeries, & viennent ensuite couper entre deux terres les jeunes pieds les uns après les autres; le dégât que font ces insectes dans les melonnières, est souvent considérable. Je propose, pour y remédier, de faire carreler le fond du lieu destiné aux couches, d'établir de longues caisses de grandeur & en nombre proportionné au besoin. Ces caisses seront faites avec des planches d'un pouce d'épaisseur, taillées & assemblées en mortoise par les bouts; enfin, pour prévenir leur déjettement, leurs angles seront maintenus par des équerres en fer. On pose ces caisses sur la partie carrelée, & on enduit leur séparation avec les carreaux, avec du mortier de chaux & à sable, ou avec du plâtre; on les remplit, & on forme des couches, ainsi qu'il a été dit.

Afin de prévenir la séparation de la terre d'avec la racine, lors de la transplantation, soit encore pour laisser fortifier le pied sur la couche, il convient d'avoir un nombre suffisant de petits vases sans pied, percés au fond par de très-petits trous, larges de cinq pouces par le bas, & de six par le haut, & leur hauteur également de six pouces. Les pots ronds, placés les uns à côté des autres, laissent inutilement un espace vuide; il vaut donc mieux qu'ils soient quarrés par le haut: alors nulle place n'est perdue. On place ces pots sur la couche de fumier, & on garnit exactement avec de la terre les vuides qui se trouvent entre chaque pot, & ainsi de suite, rang par rang, jusqu'au bout de la caisse qui, sur quatre rangs, peut aisément contenir cent pots au besoin. On remplit ces vases avec de la terre bien préparée, & on sème quatre à six graines en différens endroits du vase; on est sûr que les taupes-grillons n'y pénétreront pas, & qu'on pourra transporter les plantes avec le vase, sans les déranger, jusqu'aux lieux où elles doivent être mises à demeure. L'évasement d'un pouce de la superficie du vase, sur les cinq qui sont à sa base, facilite le dépotement, & les petites racines chevelues, qui tapissent alors la terre, servent à la retenir, sur-tout si on a eu soin d'arroser les plantes un ou deux jours auparavant. Le trou en terre, préparé d'avance & garni de terreau, s'ouvre pour recevoir la nouvelle plante à demeure. On passe le doigt de la main gauche & étendue entre les tiges; on renverse le pot sur la main gauche, & avec la droite on l'enlève: alors, retournant la gauche sur la droite, on place ensuite la plante de la manière convenable, & elle ne s'apperçoit pas d'avoir changé d'habitation, ni elle ne souffre en aucun point de la transplantation: un petit arrosement qu'on donne ensuite, réunit les terres.

La coutume des Jardiniers est de pincer les bras au-dessus de l'endroit où la fleur femelle a noué; il s'agit de savoir si ce travail est absolument nécessaire. M. l'Abbé Rozier assure d'avoir la preuve du contraire; il a laissé un cantaloup livré à lui-même, il a poussé des bras autant & comme il a voulu, & a produit un très-grand nombre de beaux fruits. Cette expérience a été faite par M. l'Abbé Rozier dans les provinces méridionales de la France; il reste à savoir si la même méthode peut être adoptée dans les provinces du Nord de la France; il convient également de s'assurer, par des expériences, s'il est avantageux d'enterrer ou de ne pas enterrer les bras.

Une autre question pas moins intéressante pour ceux qui cultivent les melons, c'est de savoir si les arrosemens copieux leur sont convenables on non. La plupart des Auteurs sont pour la négative; mais il paroît qu'il ne faudroit pas prononcer là-dessus, sans admettre des exceptions que le climat & les circonstances locales peuvent rendre nécessaires. M. l'Abbé Rozier, que nous suivons particulièrement pour la culture naturelle des melons, nous fournit quelques exemples que nous citerons ici. A Pesenas dont les melons sont si renommés, on arrose souvent les cantaloups à couronne ou à verrues sans couronne; ils y sont délicieux; M. Rozier en a élevé de la même espèce, presque sans les arroser, & ils ont été moins agréables & moins gros; il a également fait arroser, selon la coutume des provinces méridionales, les melons maraichers & sucrins, & ils ont été détestables. Ces expériences doivent suffire pour prouver qu'il n'y a point de règle générale relativement aux arrosemens des melons; cela dépend absolument des espèces & du climat: mais si les Cultivateurs éclairés vouloient faire des essais souvent répétés sur ce point de la culture des melons, on pourroit alors s'assurer des espèces auxquelles les arrosemens conviennent de préférence, & de celles qui n'en exigent point.

Dans plusieurs jardins, les limaces & les escargots font de grands dégâts. Le parti le plus sûr est de les chercher dans leurs retraites, qu'ils indiquent par la bave qu'ils répandent par-tout où ils passent. Malgré cela, il n'est pas toujours aisé de les détruire; on peut, tout autour des pots, couvrir la terre avec de la cendre & la renouveler autant de fois qu'elle sera tapée & agglutinée, soit par les pluies, soit par les arrosemens. On sait que les escargots coupent les tiges par le pied.

Les mulots sont également de grands destructeurs des couches de melons, de courges & de Concombres; ils déterrent les graines & les mangent. On prend, pour les détruire, des graines de courges que l'on fend par leur longueur; on garnit l'entredeux avec de la noix vomique réduite en poudre & passée au tamis de soie; on réunit les deux parties de la graine: mais cette méthode ne remplit pas les vues qu'on s'étoit proposées, parce que la noix vomique étant un peu amère, les mulots abandonnent cette graine & aiment mieux fouiller la terre

& manger celle que l'on a semée. Le tartre émétique, employé de la même manière, réussit mieux. L'arsenic, également incorporé dans la graine de courge dont les rats, les souris & les mulots sont très-friands, les détruit sûrement & promptement; mais il est dangereux de mettre un poison aussi actif entre les mains d'un Jardinier ou de tel autre homme de cette classe. Le Propriétaire devroit lui même se charger de ce soin; compter le nombre des graines préparées, & deux ou trois jours après, enlever ou brûler celles qui n'auroient pas été mangées par ces animaux; on aura alors la preuve qu'ils ont tous été crevés dans leurs retraites. Voilà pour les couches.

Les pieds transplantés, ou venus de graine sur le lieu, craignent également les taupes-grillons, les limaçons & les limaces. La cendre souvent renouvellée interdit l'approche à ces derniers; mais les taupes-grillons, les vers blancs ou les larves du hanneton, comment s'en défendre? Il n'y a qu'un seul moyen, c'est d'avoir une quantité suffisante de morceaux ou broches de bois quelconque, de six à huit pouces de longueur; de les enfoncer en terre les uns après les autres, & si près que ces insectes ne puissent passer entre deux, de manière que tous ensemble, plantés circulairement autour de la plante, formeront une espèce de tour intérieure de huit à dix pouces de largeur, qui défendra l'approche de la plante. Cette opération est l'ouvrage des enfans ou des femmes; & lorsque la plante est forte, on peut enlever ces morceaux de bois. On prétend même qu'en élevant ces morceaux de bois de quelques pouces au-dessus de la superficie du sol, les limaces & limaçons ne les franchissent pas, lorsque leur sommet est taillé en pointe fine, parce qu'alors ces animaux ne peuvent se tenir dessus. Ces petits détails paroissent peut-être minutieux à beaucoup de Jardiniers; mais il n'est pas moins vrai qu'ils ont pleinement satisfait aux vues de M. l'Abbé Rozier qui les a mis en pratique, & duquel nous les avons empruntés.

De la Culture artificielle.

La culture artificielle du melon est en général très-compliquée; mais elle est indispensable, lorsque le peu de chaleur du climat exige que l'art vienne au secours de la nature; & on diroit que l'on met une espèce de gloire & d'amour-propre à surmonter les difficultés, & même à avoir des melons dans une saison tout-à-fait opposée. L'art fait donc beaucoup; il donne la forme au fruit, mais lui donne-t-il son eau sucrée, sa saveur vineuse, son parfum? Non sans doute; la perfection tient à la nature: elle seule colore les fruits, leur donne l'odeur & la saveur qui leur conviennent; mais l'art, se traînant sur ses pas, n'offre que le simulacre de cette perfection. Cependant, dans les provinces du Nord, on s'extasie devant ces fruits, ils sont réputés délicieux: mais la véritable raison de cet enthousiasme est qu'on n'en connoît pas de meilleurs, & qu'on n'est pas à même de faire la comparaison.

On appelle culture artificielle, celle qui nécessite l'emploi des couches, des cloches, de chassis ou de serres-chaudes.

La méthode la moins compliquée est celle pratiquée à Honfleur, en Normandie. On choisit, dans un jardin, l'exposition la plus méridionale, la mieux abritée des vents, & qui reçoit le mieux les rayons du soleil depuis son lever jusqu'à son coucher. Si l'abri n'est pas assez considérable, on le renforce avec des paillassons, &c. &c. soit pour la totalité du sol destiné à la melonnière, soit pour chaque fosse à melon; la terre forte, neuve & bonne, est préférable à tout autre.

Lorsque les fortes gelées ne sont plus à redouter, c'est-à-dire vers le commencement de Mars, on creuse, à six pieds de distance l'une de l'autre, des fosses de deux à deux pieds & demi de profondeur, largeur, longueur & hauteur. Elles sont remplies de fumier de litière, depuis le commencement jusqu'au 15 Avril, & à coups de massue, ou par un très-fort piétinement, le fumier est placé couche par couche, jusqu'à ce qu'il remplisse la fosse au niveau du sol. La fosse est recouverte par un pied environ de bonne terre mêlée avec du terreau, & le tout est recouvert avec des cloches dont les verres sont réunis par des plombs, & qui ont presque le même diamètre que la fosse. Cinq ou six jours après, lorsque la chaleur s'est établie dans le centre, & s'est communiquée à la couche supérieure de terre, au point de ne pouvoir y tenir le doigt en y enfonçant, on sème la graine & on l'enterre à la profondeur de quinze à dix-huit lignes, & chaque graine est séparée de sa voisine par trois ou quatre pouces de distance. On met deux graines à-la-fois dans chaque trou.

Les melons parvenus à avoir cinq feuilles, en y comprenant les deux cotylédons ou feuilles séminales, on examine quels sont les plants les plus vigoureux; on en choisit deux pour chaque fosse, & tous les autres sont coupés entre deux terres, & non arrachés: alors on retranche la partie supérieure de la tige, avec la feuille qui l'accompagne, en coupant sur le nœud.

Lorsque les plantes auront fait des pousses de huit à dix pouces de long, on les pincera par le bout, pour donner lieu à la production d'autres pousses latérales, que l'on pincera comme les précédentes. Il faut avoir l'attention de couvrir les cloches, dans la nuit, avec des paillassons, jusqu'aux premiers jours chauds, dont on profitera pour donner aux plantes un peu d'air.

Lorsque les pousses ne peuvent plus tenir sous les cloches, on les élève de quatre à cinq pouces, & ensuite davantage; on fouit alors la terre intermédiaire entre les cloches, pour la rendre presque de niveau à la couche du melon.

Lorsque les plantes commencent à donner du fruit, il faut couper une partie de ces fruits, pour faire assurer l'autre, & n'en laisser que trois ou quatre sur chaque pied. Lorsqu'ils sont gros comme de petits œufs de poule, il faut arrêter les branches d'où ils partent, & avoir grande attention de couper de tems en tems les petites branches foibles qui diminueroient la force de la plante. Lorsque les fruits ont à-peu-près vingt jours, on met sous chacun une tuile ou un carreau de terre cuite; on a soin de retourner doucement les melons tous les quatre jours.

Quand la queue commence à se détacher, & que le melon jaunit en dessous, & qu'il a peu d'odeur, on peut le couper & le garder deux ou trois jours avant de le manger. Il faut au moins deux mois à un très-beau melon de quinze à vingt livres, du jour qu'il est assuré, pour qu'il parvienne à une parfaite maturité.

Entre la méthode de Honfleur & celle que l'on suit à Paris & dans les provinces plus septentrionales, il y a beaucoup de petites modifications, trop longues à détailler ici, & que le Lecteur sentira aisément, en comparant ces deux méthodes.

Méthode des Environs de Paris.

Position de la melonnière. Elle doit avoir le Soleil du Levant & du Midi, & même, s'il est possible, celui du Midi jusqu'à trois heures. Celle qui est environnée de murs, est la meilleure, c'est-à-dire que plus le mur du Midi sera élevé, & plus il réverberera de chaleur, & plus il mettra la melonnière à l'abri des vents du Nord. Les murs latéraux, depuis leur réunion à celui du Midi, doivent venir en diminuant de hauteur jusqu'à leur autre extrémité. S'ils étoient aussi élevés que celui du Midi, la melonnière ne recevroit que le soleil de cette heure, ou tout au plus depuis onze jusqu'à une heure; suivant leur distance & leur hauteur, tandis que l'on doit au contraire lui procurer les rayons du soleil le plus long-tems qu'il est possible: la pente du sol sera dirigée sur le devant de la melonnière, afin que les eaux s'écoulent plus facilement. Plus la terre sera durcie, & meilleur sera le sol; mais si l'on craint les taupes-grillons ou la courtillière, il vaut mieux le faire carreler, ainsi qu'il a été dit. Dans les environs ou près de la melonnière, il convient d'établir un dépôt destiné aux cloches, aux pailles de litière, à la terre franche préparée avec le terreau, enfin à tout ce qui est nécessaire à la culture & à l'entretien des melons. Un point essentiel est d'établir un réservoir pour y puiser l'eau destinée à arroser, & qui sera par conséquent à la température de l'atmosphère.

De la couche destinée aux semis. On commence à la préparer, dans les premiers jours de Janvier, avec du fumier à grandes pailles & de la litière, une couche de neuf à douze pieds de longueur sur trente à trente-six pouces de largeur, & sur une hauteur de trois pieds, après que le fumier aura été bien foulé couche par couche. Sur la longueur de neuf pieds, on peut placer vingt cloches, & ainsi en proportion sur celle de douze.

Quelques maraichers attendent que cette couche ait jetté son feu, pour établir tout autour un réchaud d'un pied d'épaisseur. D'autres plus instruits le font en même-temps que la couche; & ce réchaud, après qu'il a été battu, la déborde en hauteur de six pouces. La couche ainsi préparée, il ne reste plus qu'à la garnir.

Chacun prépare, à sa manière, le terreau qui doit la couvrir; les uns emploient celui des vieilles couches de deux ans, qui n'a servi à aucun autre usage; les autres les composent, moitié de terre franche, un quart de terreau de couche, & un quart de colombine ou de crottin de mulet, de mouton, &c. réduit en poudre depuis un an. Quelques-uns ne se servent que des balayures de grandes Villes, des débris des végétaux bien consommés; & quelques autres, de la poudrette ou excrémens humains, qui sont réduits en terreau par une atténuation de plusieurs années, ou par les débris des voieries réduits au même état. Ce terreau est également répandu sur toute la couche. Les Praticiens ne sont pas tous d'accord sur l'épaisseur que doit avoir la couche de terreau; quelques-uns ne lui donnent que trois pouces, & d'autres en donnent six. Ces derniers ont raison, parce que les racines trouvent plus à s'étendre & à s'enfoncer; plusieurs enfin fixent la profondeur à neuf pouces. D'autres Cultivateurs préfèrent les petits pots de basilics, enfoncés dans la couche jusqu'au haut, & les interstices garnis de terreau, afin de laisser moins d'issue à la chaleur; mais il y a de la place perdue, & elle est précieuse sur une couche.

Lorsque la couche a jetté son plus grand feu, c'est-à-dire, lorsque l'on peut encore à peine y tenir la main plongée sans souffrir, on profite de ce moment pour semer, & aussi-tôt on place les cloches, ou on ferme les chassis. Pour semer, on fait, avec le doigt, des trous dans le terreau; &, dans chaque trou, on place deux graines que l'on recouvre de terre fort légèrement. Chaque trou est séparé de son voisin de deux à trois pouces.

La chaleur de cette couche suffit ordinairement pour

pour faire germer & lever cette graine ; mais, dès qu'on s'apperçoit que cette chaleur diminue, on la renouvelle en détruisant le réchaud, & en le suppléant par un nouveau. On doit, autant qu'il sera possible dans cette saison, donner de l'air aux jeunes plantes dont le grand défaut est de fondre, lorsqu'elles sont trop long-tems privées de la lumière; mais, si la saison est froide, si les gelées deviennent fortes, on couvrira de cloches, en raison de l'intensité du froid, avec des paillassons ou avec de la paille longue.

Si, malgré les réchauds, les paillassons, &c. la chaleur de la couche diminue trop sensiblement, on se hâtera d'en préparer une seconde comme la première, sur laquelle on transportera promptement les pots de la première; ce qui prouve l'avantage de semer dans des pots plutôt qu'en pleine couche : car la transplantation, dans ce dernier cas, est beaucoup plus longue à faire, & moins sûre pour la reprise de ces mêmes plants. Les cloches & les chassis ne doivent être entièrement fermés que pendant les grands froids, les pluies, les neiges ou les brouillards; & il est important de les ouvrir un peu au premier instant doux, au premier rayon de Soleil. Il faut essuyer les cloches & les chassis, afin de dissiper leur humidité intérieure.

Des couches de transplantation.

La seconde couche dont nous venons de parler, est une couche de précaution à raison de grands froids ; & encore il vaudroit beaucoup mieux s'en servir pour de nouveaux semis, dans le cas que la rigueur de la saison ou la trop longue soustraction de la lumière fissent périr les premiers. Ce n'est que par un art soutenu qu'il est possible, dans cette saison rigoureuse, de conserver & d'avancer les plants. Dès que les réchauds ne maintiennent plus une chaleur convenable à la première couche, on en dresse une seconde à l'instar de la première sur laquelle on transporte les vases ou les plants semés dans la terre. Si les froids sont prolongés, si cette seconde ne suffit pas, on travaille à une troisième & à une quatrième au besoin, comme pour les deux premières. Enfin, il faut que ces couches conduisent les plantes jusqu'au milieu de Mars environ. Si on a employé, pour la formation de la première couche, le tan, les feuilles de bruyères, il est rare qu'on soit obligé de recourir à une troisième, parce que ces substances ne commencent à acquérir la chaleur, que lorsque le fumier de litière perd la sienne : ainsi, ce mêlange la soutient bien plus long-tems.

De la dernière couche, ou de la couche à demeure.

Elle sera, comme les premières, haute seulement de deux pieds après le fumier battu, & couverte de dix à douze pouces de terreau bien substanciel. Si on croit avoir encore besoin de réchauds, ils doivent être faits en même-tems & renouvellés au besoin. Lorsque le grand feu sera passé, & que la couche n'aura plus que la chaleur convenable, sur une telle couche de douze pieds de longueur, on établit quatre pieds de melons, nombre très-suffisant pour garnir dans la suite toute la superficie ; en les plaçant en échiquier, il en entrera un bien plus grand nombre, quoique tous également à trois pieds de distance, mais il y aura confusion dans les branches. Les plants dans des vases sont renversés sur la main, sans déranger en aucune sorte les racines. Plusieurs Cultivateurs détruisent les petits chevelus blancs, qui ont circulé autour du vase entre la terre & lui, & ils ont le plus grand tort; ces petits chevelus bien ménagés deviendront de belles racines qui aideront beaucoud à la végétation du pied. Il convient donc de l'étendre doucement dans la petite fosse ouverte & destinée à recevoir la motte ; & elle sera un peu plus enterrée dans la couche, qu'elle ne l'étoit dans le vase, c'est-à-dire de neuf à douze lignes, suivant la force du pied. Après l'opération, on régale la terre, & l'on donne un léger arrosement, afin d'unir la terre de la couche avec celle de la motte, en prennant soin de ne pas mouiller les feuilles crainte de rouille. La surface de la couche doit être inclinée au midi, afin qu'elle reçoive mieux les rayons du soleil. On place ensuite les cloches que l'on tient plus ou moins ouvertes, suivant l'état de la saison. Lorsqu'elle sera trop chaude, on les couvrira avec de la paille & des paillassons, pendant les heures les plus chaudes de la journée; le plant seroit brûlé sans cette précaution.

De la conduite des jeunes plants.

Ils ne tarderont pas à pousser des bras, & ces bras se chargeront de fleurs mâles, que l'on nomme communément *fausses fleurs*, & que beaucoup de Jardiniers détruisent impitoyablement. Pourquoi ne détruisent-ils pas également celles de leurs courges, de leurs citrouilles, de leurs potirons? Ils n'en savent rien; mais ils l'ont vu pratiquer à leurs pères, & ils n'examinent pas si la Nature a jamais rien produit en vain. Ne séparez aucune fleur mâle; quand elle aura rempli l'objet pour lequel elle est destinée, elle se flétrira & tombera d'elle-même : mais auparavant il s'en trouvera, dans le nombre, qui auront servi à féconder les fleurs femelles, & dont le fruit nouera certainement & viendra à bien, tandis que plus des trois-quarts de fleurs femelles, non fécondes, se fondent & avortent.

Aussi-tôt après la transplantation, ou peu de jours après, enfin, lorsque le plant a quatre ou cinq feuilles entre les deux cotylédons, que les Jardiniers appellent oreilles, on rabat au-dessus des feuilles les plus près des oreilles. De l'aisselle de chaque feuille qu'on a laissée, part une nouvelle tige ou bras, qu'on laisse s'étendre & se charger de fleurs dont on vient de parler; & de ces bras, il en sort alors plusieurs connus sous le nom de coureurs. Après cela, on supprime les plus foibles, pour ne conserver que deux ou trois des plus vigoureux. Ces nouveaux bras, lorsqu'ils ont cinq feuilles, sont encore arrêtés, & ainsi de suite; mais s'il en survient du pied, on les supprime, parce qu'ils deviennent pour la plante ce que les gourmands sont pour les arbres, c'est-à-dire que leur prospérité affame tous les bras supérieurs. Le nombre de melons à conserver sur un pied, est depuis deux jusqu'à cinq, suivant la force de végétation; mais, avant de détruire les fruits surnuméraires, il convient de choisir ceux qui promettent le plus, soit par leur grosseur, soit par leur belle forme. Il est rare, ainsi qu'on l'a déjà dit, qu'un melon mal conformé soit bon. Après le choix, si la tige est foible, on taille à un œil au-dessus du fruit; si elle est vigoureuse, à deux ou trois. Il convient de ne supprimer les cloches, que lorsque la saison est assurée, & après que le fruit a acquis la grosseur d'un œuf de pigeon. Si, après de beaux jours, l'air redevient froid, on remettra les cloches, & on les laissera autant que le froid durera.

Les melons, ainsi élevés, craignent les pluies & les arrosemens qui baignent les feuilles, les bras & les fruits. Afin de prévenir cet inconvénient, on couvre avec des cloches, & l'eau des pluies arrose la terre de la circonférence; comme l'humidité gagne de proche en proche, elle pénètre jusqu'aux racines, & elle suffit à la plante. Les chassis ont l'avantage de garantir des pluies, & on les couvre facilement avec des paillassons faits exprès, lorsque l'on veut garantir la plante de la grande ardeur du soleil. Les fréquens arrosemens sont les vrais destructeurs de la qualité du fruit, quoiqu'ils en augmentent le volume; il vaut mieux que le pied souffre un peu de sécheresse, que d'être trop arrosé.

Depuis l'époque de la fixation du nombre de fruit sur chaque pied jusqu'à sa maturité, il pousse une infinité de petits bras foibles, qui épuisent les deux à quatre principaux qu'on a conservés; s'ils sont foibles, cette multiplicité de surnuméraires aura bien-tôt diminué leur subsistance : il est donc nécessaire de visiter tous les jours sa melonnière, & d'en supprimer le nombre en raison de sa vigueur des premiers; si on en retranche trop, il monte dans le fruit une sève mal élaborée; le trop & le trop peu sont nuisibles à sa perfection.

Afin de donner de la qualité, & une qualité égale à toutes les parties du melon, les uns placent au-dessous de chaque melon une tuile, ou une brique, ou une ardoise, & une feuille entre le fruit & la brique; &, tous les huit jours, ils retournent le fruit à tiers ou à quart, afin que successivement chaque partie soit frappée des rayons du soleil. On compte, pour l'ordinaire, quarante jours depuis celui où le fruit a noué, jusqu'à celui de sa maturité. La tuile empêche que l'humidité de la couche ou de la terre ne se communique au fruit, qui absorbe cette humidité, autant que les feuilles absorbent celle de l'atmosphère. Si le fruit est couvert par des feuilles, on ne doit pas les supprimer, mais les tirer de côté, afin que rien n'empêche l'action directe du soleil sur le melon.

Les maraichers, pour éviter les embarras & les soins à donner aux couches pendant les mois de Janvier & de Février, ne commencent à semer leurs melons qu'à la fin de Février ou de Mars; la récolte en est retardée de trois semaines ou d'un mois tout au plus.

La conduite d'une melonnière exige donc beaucoup de soins, une vigilance continuelle, & ne peut être compensée que par une vente assurée des fruits. A cause de la grande quantité de fumier que cette espèce de culture exige, elle ne peut avoir lieu que dans les environs d'une grande Capitale, où cette matière se trouve en abondance, & à un prix médiocre; dans les provinces où le fumier rapporte plus, étant employé sur les champs à blé, il seroit ridicule de vouloir s'adonner à un genre d'industrie, qui ne récompenseroit ni les peines ni les dépenses qu'on seroit obligé d'y employer.

Culture des Melons d'après la méthode Angloise & Hollandoise.

En Angleterre, de même qu'en Hollande, on ne cultive que très-peu d'autres espèces de melons, que le cantaloup & quelques espèces qui en approchent par leur bonté. Miller, d'après lequel nous rédigeons cet article, dit que, dans ces pays, il ne vaut pas la peine de cultiver des melons ordinaires, qui demandent autant de soins que les meilleurs, sans acquérir un goût assez relevé pour les faire rechercher. Les espèces dont Miller recommande la culture, sont : *le melon Cantaloup*, le *Romain*, le *Succado*, le *Zatte*, le *Portugal*, le *Galle noire*, variété du *Cantaloup*. Ce qu'il dit du cantaloup, ne diffère en rien de ce que nous en avons rapporté dans le précédent, en parlant des melons étrangers; nous croyons de même que les melons dont il fait une courte mention sous les noms de *melon Succado*, *melon Zatte*, *melon de Portugal*, sont des espèces jardinières qui se confondent avec les melons de Malte, dont nous avons fait connoître plusieurs espèces. Le melon que Miller cite sous le nom de *Galle noire*, est, comme il paroît, une des variétés du melon cantaloup; il a été apporté du Portugal par Milord Galloiway. Il est devenu rare en Angleterre, parce que l'espèce a dégénéré par la négligence des Jardiniers; Miller invite ses compatriotes à la culture de ce melon, parce qu'il est très-précoce & d'une saveur très-agréable.

Pour conserver toujours les différentes espèces de melons dans toute leur intégrité, Miller conseille, comme de raison, de ne jamais cultiver plusieurs espèces sur une même plate-bande, & de les tenir sur-tout éloignées des Concombres, citrouilles, courges & pasteques, dont la poussière seminale gâteroit bien-tôt les meilleures espèces de melons.

Il conseille de ne faire usage des semences des melons, qu'après qu'elles auront trois ans; mais, passé six ans, on ne doit plus s'en servir: ce précepte diffère beaucoup de l'opinion de M. Rozier que nous avons cité plus haut. Miller dont personne ne peut contester l'expérience, dit, en parlant de ces semences: « Mais, quoiqu'elles poussent encore après dix ou douze années, les fruits qu'elles donnent, ont rarement une chair aussi épaisse que ceux qui proviennent de semences plus fraîches. Il en est de même des graines légères qui surnagent, quand on les jette dans l'eau, après les avoir recueillies; j'en ai semé plusieurs fois, mais les fruits qu'elles ont produits, n'avoient jamais la chair aussi épaisse & aussi ferme, que ceux provenus des semences lourdes qui se trouvoient au fond du vase. »

La méthode, dit Miller, que je recommande aujourd'hui pour la culture des melons, diffère beaucoup de celle qui étoit anciennement reçue en Angleterre. Plusieurs personnes y trouveront certainement des défauts, mais c'est celle de tous les bons Jardiniers d'Hollande & d'Allemagne, chez lesquels on mange de très-bons melons cantaloups. Je ne publie d'ailleurs cette méthode qu'après avoir éprouvé, par une longue expérience, qu'elle est la meilleure de toutes.

On voit souvent des gens qui se vantent d'avoir des melons printanniers; mais ces fruits ne valent pas mieux que des courges, quoiqu'ils occasionnent beaucoup de frais & de peines, pour se les procurer un peu plutôt; &, quand ils parviennent à leur grosseur, la tige est communément torse, ce qui empêche les sucs de monter jusqu'aux fruits & les fait avorter. Pour les colorer & achever de les mûrir, on les couvre d'une bonne épaisseur d'herbe nouvellement fauchée, pour les faire fermenter; mais ces fruits, ainsi forcés, ont la chair mince, sans eau & sans saveur, de sorte qu'après quatre mois de travail & beaucoup de dépenses en fumier, &c., on obtient à peine quatre paires de melons assez mauvais, & plus propres à être jettés que mangés. Ainsi, je conseille toujours de ne faire mûrir ces fruits qu'au milieu ou à la fin de Juin, ce qui est assez tôt pour notre climat; mais, depuis ce tems jusqu'à la fin de Septembre, on peut en avoir en abondance, s'ils sont bien traités: j'en ai eu jusqu'au milieu d'Octobre, lorsque l'Automne s'est trouvé favorable.

Pour s'en procurer aussi long-tems, il faut en semer en deux ou trois époques différentes; les premiers doivent être semés vers le milieu ou à la fin de Février, si l'année est précoce: car, sans cela, il faut différer jusqu'à la fin de ce mois. Le succès dépend d'élever les plantes en vigueur, chose qui n'est pas toujours aisée, si le tems est mauvais, après qu'elles ont commencé à pousser, parce qu'on ne peut leur donner beaucoup d'air frais; il est donc à conseiller de ne pas les semer trop tôt.

Dans la saison que j'ai indiquée, on peut les semer sur le haut d'une couche de Concombres, si l'on en a. A leur défaut, on cherche à se procurer une certaine quantité de crottin nouveau de cheval, que l'on fait mettre en monceau pour le faire fermenter, & que l'on remue pour lui communiquer une chaleur égale, comme on le fait pour les couches de Concombres. On conduit & on élève ces plantes comme celles de Concombres, jusqu'à ce qu'elles soient placées à demeure. Pour éviter les répétitions, le Lecteur voudra bien recourir à l'article CONCOMBRES, où il trouvera de plus amples détails sur cette matière.

La seconde époque que je propose pour semer des melons, est à-peu-près le milieu de Mars; ces deux semis sont destinés à fournir des plantes propres à être mises sous les vitrages; car celles que l'on veut planter sous cloches ou sous des chassis de papiers huilés, ne doivent être semées qu'en Avril: si on le fait plutôt, les plantes filent & alongent leurs rameaux hors des cloches, avant que la saison permet de les découvrir, parce qu'il survient souvent de fortes gelées au milieu du mois de Mai, & que, dans ce cas, les bras qui sont hors des cloches, & qui ne sont pas couverts de nattes, souffrent beaucoup de la gelée. D'ailleurs, si les plantes ont assez poussé pour remplir les cloches, & n'ont pas la liberté de s'étendre, elles seront étouffées & souffriront de la chaleur & du soleil pendant le jour. J'ai semé, le 3 de Mai, sur une couche chaude, des cantaloups qui n'ont point été transplantés, mais qu'on a seulement recouverts avec des chassis garnis de papier huilé; & j'ai obtenu une bonne quantité de très-bons fruits, qui ont commencé à mûrir à la fin d'Août, & se sont succédés jusqu'à la fin d'Octobre.

Couches. Voici la méthode de faire les couches sur lesquelles doivent être les plantes: il faut toujours les placer dans une situation chaude &

à l'abri du froid & des vents violens, sur-tout de ceux de l'Orient & du Nord, qui sont généralement très - pernicieux au Printems, de manière que, si les couches y étoient exposées, il seroit difficile de donner de l'air aux jeunes plantes. Il faut aussi les garantir du vent du Sud-Est qui est souvent impétueux en Eté & en Automne, & qui non-seulement dérange les branches, mais les endommage aussi beaucoup; c'est pourquoi la meilleure exposition qu'on puisse choisir pour ces couches, est au Midi, ou un peu inclinée à l'Orient, & abritée, à une certaine distance, par des arbres sur les autres côtés. Cette place doit être enfermée par un bon enclos de roseaux qui valent mieux, pour cet usage, qu'aucune autre chose, parce qu'ils parent mieux les vents, que ne font des murailles qui les renvoient sur les couches; mais ces enclos de roseaux doivent être éloignés des couches, afin qu'ils ne donnent point d'ombrage durant une partie de la journée: on y pratique une porte assez large pour le passage d'une brouette, afin de pouvoir y transporter du fumier, de la terre, &c. & on la tient fermée, pour empêcher d'entrer tous ceux qui n'y ont point à travailler; car souvent des ignorans visitent les couches, donnent mal-à-propos de l'air aux plantes, & quelquefois même les laissent à découvert ou ferment les vitrages, quand ils doivent être ouverts, ce qui fait beaucoup de tort aux jeunes plantes.

On prépare la terre pour les plantes; & c'est en cela que les Jardiniers Hollandois & Allemands sont très-experts. Le mêlange ordinaire est un tiers de terre grasse, un tiers d'écurement de fossés ou d'étangs, & un tiers de fumier fort consommé & réduit en terreau; le tout doit être bien mêlé & mis à part, une année avant de s'en servir: on le remue souvent pour l'ameublir & le bien façonner.

La composition de terre qui réussit le mieux en Angleterre, est de deux tiers de terre grasse & légère, avec un tiers de fumier de vache bien réduit en terreau, en mêlant & façonnant le tout ensemble, une année avant de s'en servir; de manière que l'Hiver & l'Eté puissent passer dessus, & en observant de la remuer souvent, & de ne pas y laisser croître de mauvaises herbes. On trouvera cette méthode aussi bonne que toute autre.

Comme les plantes de melons réussissent mieux, lorsqu'elles sont transplantées jeunes, il faut amasser une quantité de fumier proportionnée aux couches que l'on veut faire, en comptant quinze bonnes brouettes pour chaque chassis; on le remue deux ou trois fois, tel qu'on le trouvera dit à l'art. CONCOMBRES. Quinze jours après, lorsqu'il est en état d'être employé, on creuse la couche pour l'y placer. Cette couche doit être plus large que le chassis, & d'une longueur proportionnée au nombre de pieds que l'on veut élever. Quant à la profondeur, elle doit être selon que le sol est sec ou humide. Dans une terre sèche, elle ne doit pas avoir moins d'un pied, ou d'un pied & demi; car plus elle est profonde, mieux elle réussit, pourvu qu'il n'y ait rien à craindre de l'humidité. En mettant le fumier dans la couche, on doit le bien mêler & suivre en tout la méthode que nous proposerons à l'article CONCOMBRES. Lorsque cette couche est faite, on place les chassis dessus, pour en attirer l'humidité, & on ne la couvre de terre que trois ou quatre jours après, lorsqu'on s'apperçoit qu'elle est au degré de chaleur nécessaire; car les couches, nouvellement faites, sont quelquefois si ardentes qu'elles brûleroient la terre qui se trouveroit dessus, & alors il vaudroit mieux ôter cette terre brûlée, dans laquelle les plantes ne profiteroient jamais.

Dès que la couche est parvenue au degré de chaleur qu'il lui faut, on la couvre de terre seulement à l'épaisseur de deux pouces, excepté au milieu de chaque chassis, où les plantes doivent être placées; car il faut élever, dans cet endroit, une butte de terre au moins de quinze pouces de haut, terminée en cône tronqué. Deux ou trois jours après que l'on aura mis la terre sur la couche, elle sera assez échauffée pour recevoir les plantes; alors on les transplante le soir, &, s'il est possible, quand il fait un peu de vent: on enlève soigneusement les plantes avec un transplantoir, pour ne pas déranger les racines, car si elles étoient endommagées, elles seroient long-tems à reprendre & resteroient presque toujours languissantes. Le melon est plus difficile à transplanter que le Concombre, surtout le cantaloup qui est long-tems à prendre vigueur, s'il n'est pas transplanté aussi-tôt que paroît sa troisième feuille, que les Jardiniers appellent rude. Ainsi, lorsqu'il arrive que les couches ne peuvent point être prêtes à le recevoir pour ce tems, il faut mettre chaque plante dans un petit pot, tandis qu'elles sont jeunes, & les plonger dans la couche chaude où elles doivent être placées, ou bien dans quelques couches de Concombres, pour les faire avancer. Lorsque la couche est en état, on les tire des pots en motte, & sans leur donner aucune secousse. On préfère cette dernière méthode pour les cantaloups, parce qu'il ne doit y avoir qu'une seule plante sous chaque chassis; & s'y prennant ainsi, on est assuré qu'elle réussira, sans avoir besoin d'en mettre plusieurs ensemble, comme on a coutume de le faire pour les melons ordinaires. Lorsque les plantes sont placées sur le sommet de buttes de terre, on les arrose légèrement, ce qui doit être répété une ou deux fois après, jusqu'à ce qu'elles aient poussé de bonnes racines; après quoi, elles exigent rarement d'être arrosées: car trop d'humidité moisit le pied, le pourrit jusqu'à la racine, & l'empêche de produire de bons fruits.

Quand les plantes sont bien enracinées dans les nouvelles couches, on y met une plus grande quantité de terre, en commençant autour des buttes où sont les plantes, pour procurer aux racines les moyens de s'étendre; en y mettant de la terre de tems en tems, on la presse le plus qu'il est possible. Lorsque toute cette terre est placée, elle doit avoir au moins un pied & demi d'épaisseur sur toute la couche : mais il faut avoir soin d'élever le chassis de manière que les vitrages ne soient pas trop près des plantes, de peur qu'elles ne soient brûlées par le soleil.

Lorsque les pieds de melons ont poussé quatre feuilles, il faut pincer le sommet de la plante, en observant de ne pas l'écorcher; ou le couper net avec la serpette, afin que la plaie se referme plutôt. Cette opération leur fait pousser des branches latérales, qui produiront du fruit. Ainsi, lorsqu'il y a deux, & même un plus grand nombre de ces branches, on les pince aussi, pour leur en faire pousser d'autres que les Jardiniers appellent coulans, & qui servent à couvrir la couche. La manière de traiter les melons étant à-peu-près la même que celle qu'on emploie pour les Concombres, je ne répéterai point ici ce que l'on trouvera plus amplement décrit à cet article; j'observerai seulement que les melons exigent beaucoup plus d'air & moins d'arrosemens que les Concombres, & que l'eau qu'on leur donne, doit être répandue à une certaine distance du pied.

Si les plantes réussissent bien, elles couvriront toute la couche & s'étendront jusqu'aux cadres en cinq ou six semaines de tems; alors il faudra creuser la terre entre les couches, ou autour de la couche, s'il n'y en a qu'une; y faire une tranchée de quatre pieds environ, aussi profonde que la couche, & y mettre jusqu'à cette hauteur du fumier chaud qu'on presse & qu'on foule aux pieds : on le couvre ensuite avec la même terre que celle de la couche, jusqu'à l'épaisseur d'un pied & demi, & même davantage, & on la serre autant qu'il est possible. Au moyen de cela, cette couche se trouvera avoir douze pieds de largeur, ce qui lui est absolument nécessaire; car les racines des plantes s'étendront & rempliront entièrement cet espace. Sans cette précaution, il est ordinaire de voir les branches se flétrir avant que le fruit soit parvenu à sa grosseur, parce que les racines, ne pouvant plus s'étendre, se ramassent sur le côté des couches, dans le tems que le fruit commence à paroître; &, faute de nourriture, les extrémités des branches se dessèchent bien-tôt par l'action du soleil & de l'air : ce dont on s'apperçoit dans peu par le dépérissement des feuilles, qui se fanent pendant la chaleur du jour. Dans ce cas, les plantes vont toujours en déclinant, les fruits ne peuvent plus prendre d'accroissement; &, s'ils parviennent à leur maturité, ils n'ont que très-peu de chair, & sont farineux & de mauvais goût, au lieu que les plantes bien conditionnées, & auxquelles on a donné le supplément de nourriture qui leur est nécessaire, se conservent vertes & vigoureuses, jusqu'à ce que les gelées les détruisent, & fournissent une seconde récolte de fruits qui parviennent quelquefois à bonne maturité : mais les premiers fruits sont toujours excellens & d'une grosseur plus considérable que les melons ordinaires; leurs feuilles sont fort larges & d'un verd foncé, qui annonce la plus grande vigueur.

En élargissant les couches, comme il vient d'être dit, on se procure un nouvel avantage, en ce que le fumier que l'on met sur les côtés réchauffe celui de la couche, & fait un très-grand bien aux plantes, qui commencent alors à pousser leurs fruits, sur-tout lorsque la saison est encore froide, comme cela arrive souvent dans des pays comme l'Angleterre, la Hollande & l'Allemagne, vers le mois de Mai. Lorsque les plantes ont rempli les chassis & demandent plus d'espace, on élève les cadres avec des briques de trois pouces d'épaisseur, pour donner la liberté aux branches de couler dessous. Si les plantes sont fortes, ces branches s'étendront de sept à huit pieds de chaque côté, ce qui exigeroit plus de place, & obligeroit à retrancher une plante sur chaque couche; car, lorsque les branches sont trop touffues, les fruits se nouent rarement bien, ou tombent quand ils ont atteint la grosseur d'un œuf; c'est pourquoi les chassis destinés à contenir des melons doivent avoir au moins six pieds de largeur.

Il n'y a point de partie du jardinage dans laquelle les Praticiens diffèrent plus que dans la culture des melons, parce qu'on ne trouve dans les livres aucune règle sûre, d'après laquelle on puisse se diriger; c'est pourquoi je vais exposer en peu de mots, ce qui est nécessaire pour réussir.

J'ai déjà parlé du pincement des plantes, quand elles commencent à pousser, pour se procurer des branches latérales que le Jardinier appelle coulans. On réitère cette opération sur toutes celles qui se montrent, parce c'est sur ces branches que le fruit doit être produit; mais, lorsqu'il en a un nombre suffisant, il ne faut plus les arrêter, mais attendre que le fruit se montre; il poussera bien-tôt en abondance; alors on examinera avec soin les branches trois fois la semaine, pour reconnoître les fruits. On choisira sur chaque pied celui qui est le plus près du pied, qui a le plus gros pédoncule, & qui paroît devenir le plus fort; on retranchera tous les autres qui peuvent se trouver sur le même coulant, & l'on coupera aussi l'extrémité du coulant au troisième nœud au-dessus du fruit, pour arrêter la sève & nourrir le fruit.

Quelques Jardiniers ont l'usage, pour faire nouer le fruit, d'enlever quelques fleurs mâles dont la poussière fécondante est mûre, & de les poser sur les fleurs femelles, qui sont au sommet des fruits; ils secouent avec les doigts cette poussière séminale sur les pistilles des fleurs femelles, pour aider la Nature, & faire gonfler promptement le germe du fruit. Cette pratique paroît nécessaire, lorsque les plantes sont élevées sous des vitrages où le vent n'a point d'entrée, & ne peut par conséquent transporter la poussière fécondante de la fleur mâle sur la fleur femelle.

En retranchant tous les autres fruits, on procure la totalité de la sève & de la nourriture à celui que l'on a laissé, qui avorteroit, si on en conservoit un plus grand nombre: en ne conservant qu'un fruit sur chaque coulant, il s'en trouvera autant que la plante pourra en nourrir; car, si on en laissoit plus de huit sur chacune, ils seroient petits & mal conditionnés. J'en ai vu quinze ou vingt sur une seule plante de melon ordinaire, mais ils n'étoient parvenus qu'à une grosseur médiocre, quoiqu'ils n'eussent pas besoin d'autant de nourriture que le cantaloup dont l'écorce est très-épaisse. Après avoir pincé trois nœuds au-dessus des fruits, il faut visiter souvent les plantes, pour retrancher les nouveaux coulans qui pourroient naître sur les branches, ainsi que les nouveaux fruits; il est même nécessaire de répéter ces visites, jusqu'à ce que les fruits réservés soient parvenus à une grosseur suffisante pour attirer toute la sève & la nourriture des plantes dont la vigueur commence alors à diminuer; on les arrose, après avoir fait cette opération, à quelque distance des tiges, pour faire arrêter & grossir les fruits.

Il est nécessaire de tenir les vitrages soulevés, pour donner de l'air aux plantes; car, sans cela, le fruit n'arrêteroit pas; &, si la saison est fort humide, on les enlève même tout-à-fait, surtout dans les soirées, pour y admettre les rosées, pourvu qu'il y ait un peu de vent: mais il ne faut pas laisser les couches sans vitrages pendant la nuit entière, de peur que le froid ne devienne trop vif. Dans les tems chauds, ces plantes peuvent être découvertes depuis dix heures du matin jusqu'au soir.

Lorsque les plantes se sont étendues au-delà des chassis, si le tems devient froid, on couvre les branches qui débordent avec des nattes; car, si ces rejettons étoient endommagés, l'accroissement des fruits seroit retardé, & les plantes souffriroient beaucoup. Les arrosemens doivent être faits dans les allées où les racines se sont étendues: au moyen de cette attention, les plantes feront des progrès rapides; & les tiges étant toujours sèches, se conserveront en bon état; mais on ne doit les arroser qu'une fois la semaine, par un tems très-sec & chaud, & il est nécessaire de leur donner, dans ce moment, le plus d'air qu'il est possible.

Après avoir traité de la culture des melons que l'on élève sans chassis, je vais parler de la manière de conduire ceux que l'on élève sous des cloches ou glaces à la main. Les plantes qu'on veut disposer ainsi doivent être élevées comme les précédentes.

Vers la fin d'Avril, si la saison est avancée, on pourra faire les couches; alors il faut se pourvoir d'une quantité de fumier chaud, proportionnée au nombre de cloches que l'on veut employer, en comptant six ou huit fortes brouettées de fumier pour chaque cloche. Quand on ne fait qu'une couche, il faut la creuser de quatre pieds & demi de largeur, & lui donner une longueur proportionnée au nombre des cloches, qui doivent être placées à quatre pieds l'une de l'autre; car, lorsque les plantes sont trop rapprochées, leurs branches s'entrelacent & couvrent si fort la couche, que le fruit ne peut nouer. En creusant la fosse, on réserve trois ou quatre pieds de largeur à chaque côté, & l'on proportionne sa profondeur à la sécheresse & à l'humidité du sol; mais, comme on l'a déjà observé ci-dessus, la couche sera d'autant meilleure qu'elle sera plus profonde. On doit aussi avoir la même attention pour mêler le fumier; &, quand il est placé dans la couche, il faut élever un monceau de terre d'un pied & demi de hauteur, à chaque place où les plantes doivent être mises, & l'on ne répand sur le reste de la couche que quatre pouces d'épaisseur de terre, ce qui suffira pour empêcher l'évaporation du fumier. On met ensuite les cloches sur le sommet, & on les presse de façon que la terre des buttes puisse s'échaufier & être en état de recevoir les plantes que l'on y placera, comme il a été dit ci-dessus; deux ou trois jours après, si la couche a le degré de chaleur qui lui est nécessaire. Lorsque les plantes sont dans des pots où elles avancent également bien, on se contentera d'en mettre un seul sous chaque cloche; mais, sans cela, il faut placer dans chaque endroit deux plantes dont on retranche ensuite la plus foible, quand toutes deux réussissent: on les arrose aussi-tôt qu'elles sont en place, pour faire pénétrer la terre entre leurs racines, & on les tient à l'ombre, jusqu'à ce qu'elles aient poussé de nouvelles fibres. Si les nuits sont fraîches, il sera nécessaire de couvrir les cloches avec des nattes, pour conserver la chaleur de la couche.

Lorsque l'on a dessein de faire plusieurs couches, on les place à huit pieds de distance l'une de l'autre, afin qu'il reste un espace suffisant entre chacune, dans lequel les racines puissent s'étendre, ainsi qu'on l'a déjà observé plus haut.

Quand les plantes sont bien enracinées, on pince leurs sommets & les rejettons, & on les conduit comme celles des chassis. Pendant la chaleur du jour, on soulève le côté des cloches opposé au vent, pour y introduire l'air; car, sans cela, elles fileroient & s'affoibliroient, ce qu'il faut prévenir avec soin; car, si les coulans ne sont pas assez vigoureux, ils ne sont point en état de nourrir leurs fruits.

Lorsque les plantes ont atteint le côté des cloches, & que le tems est favorable, on pose les cloches sur trois briques, & on les élève ainsi à deux pouces au-dessus de la surface, pour laisser passer les branches, & leur donner la liberté de s'étendre; alors on couvre toute la couche avec de la terre, jusqu'à la hauteur d'un pied & demi, & on la piétine le plus qu'il est possible. Si les nuits sont froides, on étend des nattes sur les couches, afin que le froid ne nuise point aux tendres rejettons des branches; mais comme les cantaloups craignent l'humidité, il sera nécessaire d'établir des cercles en arcades, pour soutenir ces nattes. Cette méthode est la seule qu'on puisse employer en Angleterre pour faire réussir cette espèce de melon; car les saisons étant très-variables & très-incertaines chez nous, j'ai souvent perdu, par les pluies, au mois de Juin, plusieurs couches de ces melons, qui étoient dans le meilleur état.

Si le tems devient froid, il est nécessaire de creuser autour des couches, de tranchées de la même profondeur, & de les remplir de fumier chaud, qu'on élève à la même hauteur que celui des couches, comme il a été dit pour les couches à chassis; &, quand on peut se procurer beaucoup de ce fumier, on creuse encore l'intervalle qui sépare les couches, on le remplit de même, & on le recouvre d'un pied & demi de terre qu'on foule exactement. Cette opération procurera une nouvelle chaleur aux couches, & fera paroître le fruit bien-tôt après.

Il faut arroser ces plantes avec beaucoup de précaution, en prenant garde de ne pas mouiller les pieds; &, lorsqu'on pince les coulans, & que l'on ôte les fruits superflus, pour faire profiter ceux que l'on réserve, il faut le faire légèrement; enfin il faut suivre exactement tout ce qui a été prescrit au sujet de la culture des melons placés sous les chassis, en observant toujours de les couvrir avec des nattes dans le tems pluvieux & durant les nuits froides. Si l'on suit, sans s'en écarter, les règles que je viens de prescrire, on peut être sûr que les branches conserveront leur vigueur, jusqu'à ce que les froids de l'Automne les détruisent.

Plusieurs personnes ont élevé depuis quelques tems, des melons sous des chassis de papier huilé; cette méthode a très-bien réussi dans beaucoup d'endroits; mais, en la suivant, on doit faire en sorte que ces chassis soient éloignés des plantes, sans quoi leurs branches deviendront foibles, fileront & donneront rarement du fruit en abondance. Ainsi, lorsqu'on se proposera de faire usage de ces chassis, je conseille d'élever les plantes sous des cloches, comme il vient d'être dit ci-dessus, jusqu'à ce que leurs branches soient devenues trop longues pour pouvoir y être contenues; alors on se servira des chassis de ce papier huilé au lieu de nattes, ce qui vaudra beaucoup mieux, si l'on s'y prend avec discernement.

Le papier que l'on emploie pour ces chassis doit être fort & pas d'une couleur trop foncée; il faut l'imbiber d'huile de lin, qui séchera bientôt, quand il aura été collé sur les chassis; on ne s'en servira que lorsqu'il aura perdu toute l'odeur, parce que cette dernière pourroit être très-nuisible aux plantes.

Lorsque les fruits ont arrêté, on continue à retrancher tous ceux qui se trouvent de trop, ainsi que les coulans foibles, qui absorberoient trop de sève: on retourne légèrement deux fois par semaine les fruits réservés, pour les exposer de tous côtés à l'air & au soleil; car, si on les laissoit toujours sur la terre dans la même position, le côté qui la toucheroit, deviendroit tendre & blanchâtre, faute de secours.

Ces plantes exigent un peu d'arrosement dans les tems secs; mais on doit le faire dans les allées, à quelque distance du pied des plantes, & tout au plus une fois par semaine, ou chaque dix jours. En suivant cette méthode le terre doit être bien humectée; au moyen de cela, on avancera l'accroissement du fruit, & on en rendra la chair épaisse; mais ce qu'il faut le plus observer, c'est de ne pas trop arroser les plantes, parce que l'humidité leur est très-nuisible, & de ne leur donner en tout tems, le plus d'air libre qu'il est possible, lorsque la saison le permet.

Lorsque ces fruits sont tout-à-fait mûrs, on doit avoir attention de les couper à tems; car, si on les laissoit quelques heures de plus sur la plante, ils perdroient beaucoup de leur délicatesse: pour cela, il faut les visiter au moins deux fois par jour; on les coupe dès le matin, avant que le soleil les ait échauffés: mais si l'on est forcé de les cueillir plus tard, on les tient dans de l'eau de source très-fraîche, ou dans de la glace pilée, pour les rafraîchir avant de les manger. Ceux qui sont cueillis le matin doivent être conservés dans un lieu frais, jusqu'à ce qu'on les serve sur la table. On reconnoît que ces fruits sont mûrs, par l'odeur qu'ils exhalent, lorsqu'on en a rompu le pédoncule; car il ne faut jamais attendre que les cantaloups changent de couleur, ce qui n'arrive que lorsqu'ils sont trop mûrs.

La méthode que l'on vient de donner pour les cantaloups sera également bonne pour toutes les autres espèces, ainsi que l'expérience me l'a prouvé. L'usage ordinaire des Jardiniers, de ne mettre que trois ou quatre pouces de terre sur les couches, expose les plantes à se flétrir, avant que les fruits soient parvenus à leur maturité, parce que les racines gagnent bien-tôt le fumier, & s'étendent dans les côtés de la couche où les racines les plus tendres sont exposées à l'air & au soleil, ce qui fane les feuilles pendant la chaleur du jour; & il seroit alors nécessaire de les couvrir avec des nattes, pour prévenir leur dépérissement, & de les arroser plus souvent, pour les conserver, quoique cela soit très-préjudiciable à leurs racines : au lieu qu'en couvrant les couches d'une largeur & d'une épaisseur de terre suffisantes, les plantes supportent jusqu'à l'Automne la plus forte chaleur du soleil dans notre climat, sans avoir besoin d'humidité, & sans que leurs feuilles puissent en souffrir.

Les chassis couverts de papier huilé peuvent être faits de différentes manières; il y en a qui ressemblent à la couverture d'un grand charriot ou d'un fourgon. La partie inférieure d'un pareil chassis consiste en un cadre de bois de cinq ou six pieds de largeur, sur dix de longueur; cette mesure correspond à la largeur & à la longueur d'une couche; s'il étoit plus large ou plus long, on ne pourroit le remuer qu'avec beaucoup de peine. Ce cadre peut être fait en lattes de sapin, de cinq ou six pouces de largeur, & de trois ou quatre d'épaisseur, pour y fixer les extrémités des demi-cercles de bois que l'on tient dans leur position, par le moyen d'une lame mince de bois, qui passe au haut des chassis, par toute la longueur du chassis. La distance d'un cercle à l'autre doit être d'un pied, ou quelque chose de moins, selon la largeur du papier; &, pour que l'eau des pluies ne puisse point enfoncer ce papier, il faut chercher à le maintenir à l'aide de quelques ficelles que l'on fixe aux cercles de chaque extrémité, & qui s'étendent d'un bout à l'autre.

Une autre espèce de chassis se fait en forme de toit. Ce chassis est plus commode que le précédent; car on peut y faire des volets de deux côtés que l'on ouvre quand le tems est beau du côté opposé au bas. Le cadre d'en-bas peut être fait sur les mêmes dimentions que celui du premier chassis; mais les côtés ne demandent pas un bois aussi fort; il suffit d'employer des lattes minces de trois pouces de largeur, sur un pouce d'épaisseur, & longues selon la hauteur que l'on veut donner au chassis; elles seront assez fortes d'après cette mesure, parce que, au sommet où elles font l'angle, le bout entre dans une mortaise faite dans un morceau de bois de la longueur du chassis qui les maintient dans la position nécessaire. Pour conserver le bois du chassis contre l'humidité, qui le détruiroit bien-tôt, il est nécessaire de le couvrir d'une composition qui en prolonge la durée. Cette composition consiste en six livres de poix, une demi-livre d'huile de lin & une livre de poudre de briques bien tamisée; on fait fondre le tout sur un feu lent, & on en enduit le bois avec un pinceau, tandis que le mélange est encore chaud. Lorsque cet enduit est sec, il devient fort dur, & forme un ciment que l'humidité ne sauroit pénétrer. Quand les chassis ainsi enduits sont parfaitement secs, on colle le papier dessus. Le meilleur papier que l'on puisse employer à cet usage est un papier moitié blanc, qui vient de Hollande, dont on se sert ordinairement pour enveloppes; il est fort, &, lorsqu'il est huilé, il est assez transparent, & laisse passer les rayons de lumière. On colle le papier avec de l'empois sur les chassis; quand l'empois est parfaitement sec, on le frotte avec de l'huile de lin, qui le pénètre aussi-tôt de manière qu'il n'est pas même nécessaire de le frotter de deux côtés. En collant le papier, il faut tâcher de le rendre aussi uni que possible, & de le coller bien exactement sur les traverses & les ficelles, pour empêcher que le vent ne le soulève & ne le déchire.

Ce qu'on dit de ces cadres à l'article de la culture des melons suffira pour donner une idée sur l'usage de s'en servir. On observera seulement ici de ne pas tenir ces chassis trop près des plantes, de peur qu'elles ne filent & ne s'affoiblissent, & enfin qu'elles aient assez d'air, à proportion de la chaleur de la saison. Ces chassis de papier sont absolument nécessaires pour la culture des melons, & encore meilleurs pour couvrir les boutures des plantes exotiques.

Comme ce papier ne dure guères plus d'une année, il faut le renouveller à chaque Printems; mais, quand les cadres sont bien construits, & qu'on les met à l'abri de l'humidité après s'en être servi, ils peuvent durer plusieurs années, sur-tout si on a le soin de les placer sur des rouleaux de paille pour les garantir de l'humidité.

Au lieu de papier, j'ai vu employer une toile blanche assez fine, également imbibée d'huile de lin; cette toile résiste mieux aux intempéries que le papier; mais son emploi sera peut-être moins commun que celui du papier, à cause de la cherté de la toile, quoiqu'une plus longue durée compense en partie les frais du premier déboursé.

Le CONCOMBRE *commun* ou *cultivé*. Il est difficile d'indiquer avec certitude le pays natal de cette plante; on sait qu'elle est cultivée, depuis quelques siècles, en Europe; &, comme elle se montre toujours très-sensible au froid, nous présumons, avec quelque vraisemblance, qu'elle nous est venue des pays chauds. On conçoit facilement qu'une plante que tous les Jardiniers cultivent avec empressement, & que tous les particuliers cherchent à élever dans leurs potagers, & à laquelle ils donnent souvent les soins les plus recherchés, a dû s'éloigner insensiblement de son type originaire, de façon qu'il est impossible de donner actuellement des notions précises sur ce sujet. C'est à l'altération que la différence du climat, du sol, & le mélange des espèces, cultivées sur la même couche ou sur la même plate-bande, a produit sur cette plante,

plante, que nous attribuons les variétés que nous possédons actuellement dans nos jardins, & que nous ne regardons que comme des espèces jardinières.

On connoît cinq espèces de Concombres cultivées en France :

1.° Le Concombre verd, que l'on nomme aussi Concombre à cornichons, parce que cette espèce est ordinairement destinée à être confite au vinaigre.

2.° Le Concombre hâtif, moins gros que le précédent, mais plus précoce ; ces deux espèces se ressemblent beaucoup, & ont été souvent confondues par les Jardiniers.

3.° Le petit concombre hâtif, ou Concombre à bouquet. Le fruit naît au sommet de la tige par bouquet de trois à quatre. Les tiges sont alors droites, & à mesure que le fruit grossit, elles s'inclinent contre terre & finissent par ramper, sans beaucoup s'étendre. Cette qualité rend le Concombre à bouquet très-commode pour les couches & pour les cloches, & ces dernières seules sont souvent suffisantes pour élever ce fruit. L'écorce du Concombre, quand il est mûr, est jaune, & sa longueur ordinaire de quatre à cinq pouces;

4.° Le CONCOMBRE *verd* ou *perroquet*. Ce nom lui a été donné à cause de sa couleur ; il acquiert le même volume que le Concombre commun.

5.° Le CONCOMBRE *blanc*. Il acquiert plus de volume que les autres espèces précédentes, sur-tout dans les Départemens méridionaux de la France. Nous ignorons à quelle espèce jardinière l'on doit rapporter deux espèces de Concombres, dont parlent le nouveau Laquintinie & M. Descombes. Voici ce qu'en dit le premier : « Le Concombre noir pousse quelquefois trois tiges, le plus souvent une ou deux très-grosses, à cinq faces ou cannelures, creusées en étoile, longues de deux ou trois pieds, droites tant que le fruit ne les fait pas ramper. Les feuilles y naissent dans un ordre alterne, fort près les unes des autres ; elles sont grandes, portées par des queues creuses, de cinq à six lignes de diamètre sur douze à quinze pouces de longueur, portées par des pédicules longs de trois à quatre pouces. Les fruits acquièrent au moins un pied de longueur sur trois à quatre pouces de diamètre, & sont relevés de plusieurs petites côtes suivant leur longueur. Leur écorce raboteuse devient d'un verd presque noir, quelquefois marbré ou rayé de blanc ; la chair est sèche & tire sur la couleur jaune. »

L'autre espèce est le Concombre de Barbarie. Laquintinie en dit : « Ses sarmens ou tiges s'étendent presqu'aussi loin que celles du précédent. Ses feuilles & toute la partie de la plante sont un peu moins grandes que celles du potiron. La plupart de ses feuilles sont palmées ou découpées très-profondément. Les fruits qui ont près de deux pieds de longueur sur neuf ou dix pouces de diamètre, sont d'un verd très-foncé, quelquefois marbrés de verd plus clair ou de blanc, rarement de jaune. La chair est sèche & un peu pâteuse. Le seul mérite de ce gros Concombre est de se conserver en lieu sec jusqu'à la fin de Janvier. »

Culture des Concombres.

Les Concombres se cultivent en pleine terre ou sur des couches. La première culture ne peut avoir lieu que dans les provinces méridionales de l'Europe ; on peut, dans ces climats chauds, jouir de ces fruits presqu'aussitôt qu'on en jouit, à l'aide des couches, dans les provinces septentrionales. On est cependant venu à bout, dans des climats qui paroissent se refuser à la culture des Concombres, comme en Allemagne & en Angleterre, à les cultiver en pleine terre & sans des soins trop recherchés ; le seul inconvénient qui en résulte, c'est de n'avoir des fruits qu'au mois de Juin & de Juillet. Ceux qui veulent en jouir plutôt sont obligés de se servir des couches.

Les habitans des provinces du Midi sèment les Concombres en pleine terre, au mois de Mars, dans un endroit abrité ; plus tard, cette culture n'exige plus d'abris. Ceux qui en sèment très-tard, par exemple, au mois de Juin & de Juillet, pour avoir des Concombres pendant l'arrière-saison, ne feront pas mal de couvrir les plates-bandes avec des paillassons, pour garantir leurs plantes contre les froids des matinées en Automne.

En Allemagne, on cultive les Concombres, en plusieurs endroits, en pleine campagne ; voici la méthode que l'on suit aux environs de la Ville d'Erfort, connue pour le grand commerce qu'elle fait de ces plantes & graines potagères. On sème les Concombres à la mi-Avril ou au commencement de Mai, dans un terrein bien fumé & labouré profondément avant l'Hiver ; on préfère, pour cette culture, les champs qui ont servi, pendant un ou deux ans, à la culture des choux. En cas de besoin, on emploie également un terrein nouvellement fumé, pourvu que le fumier soit bien pourri & sans paille. Sur un terrein ainsi préparé avant l'Hiver, on répand, en Avril & Mai, la semence des Concombres par pincées assez claires ; chaque pincée doit être éloignée l'une de l'autre au moins de neuf pouces. On enfouit alors les semences avec une houe, en faisant attention de ne point les enterrer trop profondément ; avec une espèce de petite herse de jardin, ou de grand rateau, on égalise ensuite la terre. Lorsque les plantes des Concombres ont poussé la quatrième feuille, on commence par les sarcler & les butter légèrement. Quelques semaines après, on répète la même opération, en arrachant en même-tems les plantes trop foibles & superflues; & l'on cherche à tenir chaque plante à un pied & demi l'une de l'autre. On a soin d'arracher de tems en tems les mauvaises herbes qui poussent entre les rangs, & d'arroser légèrement, en cas de grande sécheresse. Voilà à quoi se borne toute la culture des Concombres, aux environs d'Erfort, qui est assez généralement suivie dans plusieurs autres cantons de l'Allemagne. La récolte des Concombres se fait en Juillet, Août & Septembre, selon que la saison a été plus ou moins favorable. L'espèce cultivée à Erfort, & généralement dans toute l'Allemagne, est une variété du Concombre verd, qui acquiert un volume assez considérable; on n'y connoît pas le Concombre blanc.

Les tiges sarmenteuses de cette plante, de même que ses vrilles, paroissent lui assigner une place parmi les plantes grimpantes, plutôt que parmi les rampantes. Cette considération a engagé le Cultivateur Anglois à élever le Concombre, d'après le port que la Nature lui a donné. Il avoit fait parvenir jusqu'à la quatrième feuille plusieurs plantes de Concombres sur une couche chaude. Lorsque la saison étoit assez avancée pour ne plus craindre le froid, il transplantoit la moitié de ces plantes contre un mur exposé au Sud, l'autre moitié dans une plate-bande, & d'après la méthode ordinaire. Les Concombres, plantés contre le mur, ne fleurissoient qu'après avoir poussé une tige de plus de cinq pieds de haut, plus tard que ceux de la plate-bande; les fruits qui succédoient bien-tôt aux fleurs, étoient d'une grosseur & d'une saveur bien supérieures à ceux que le même Cultivateur avoit plantés sur la plate-bande, & conduits d'après la méthode ordinaire. Il ajoute qu'il n'a que très-peu arrosé les plantes qui étoient placées contre le mur; il croit même qu'il ne leur faut que peu d'eau pour bien réussir. Il a répété la même expérience plusieurs années de suite, & il assure que les résultats ont toujours été en faveur de cette nouvelle méthode. Ceux qui n'ont point de mur, pourroient employer des perches ou des piquets, ou bien un treillage sur lequel la plante grimperoit avec la même facilité.

Plusieurs Jardiniers croient que la graine des Concombres, cueillie depuis deux ou trois ans, est meilleure que la graine de l'année. Ils assurent que les vieilles graines donnent des tiges moins longues, & qu'elles produisent un plus grand nombre de fruits. Je crois avec M. l'Abbé Rozier, que ce préjugé est absolument sans fondement; car pourquoi la Nature leur auroit-elle donné la facilité de germer si promptement dès que la température de l'atmosphère ne s'oppose point à leur développement. Ceci seroit absolument contre les loix physiques, auxquelles la végétation est soumise. Il suffit de choisir des graines parfaitement mûres & bien nourries, pour être assuré d'un heureux succès.

Les Jardiniers des environs de Paris, pour avoir des Concombres de primeur, emploient la méthode suivante: au commencement d'Octobre, ils mettent dans des petits pots de quatre pouces de diamètre, remplis d'une bonne terre, une ou deux graines de Concombre hâtif, & ils placent ces pots aussi-tôt dans des endroits bien abrités. Si les deux graines germent, on supprime, après quelques jours, la moins bien-venue.

Tant que la saison se maintient belle, ces pots exigent seulement les arrosemens nécessaires. Les matinées & les nuits deviennent-elles froides, il faut se servir de paillassons; enfin, la gelée commence-t-elle à se faire sentir, les paillassons deviennent insuffisans: & il faut alors mettre ces pots sous des cloches ou sous des chassis, & dans une couche; &, à mesure que le froid augmente, il faut augmenter les réchauds, ou couvrir les cloches avec de la grande paille.

Dès que les premières fleurs paroissent, on choisit un tems doux pour dépoter les plantes, en prennant le plus grand soin de retenir la terre attachée aux racines; on les porte & on les plante sur une couche neuve, garnie de ses cloches; enfin on les arrose légèrement.

Si les Concombres ont été semés en Octobre, ils fleuriront en Février; & leurs fruits seront mûrs en Avril. Ceux, semés en Novembre & Décembre, supporteront plus difficilement les rigueurs de l'Hiver, & la maturité de leurs fruits sera plus tardive.

La culture ordinaire, comme elle est pratiquée par les maraichers de Paris, est, d'après le nouveau Laquintinie, la suivante: « on sème à la fin de Novembre ou Décembre, une vingtaine de graines de Concombre hâtif sous chaque cloche, que l'on borne & que l'on couvre de paillassons ou de litière, suivant que le tems est plus ou moins rude. Trois semaines ou un mois après, repiquer le jeune plant sur une couche neuve (qu'il faut réchauffer exactement), cinq ou six pieds sous chaque cloche, & lui donner de l'air toutes les fois qu'il est supportable; un mois après, le planter en places & à demeure, à dix-huit pouces ou deux pieds l'un de l'autre, sur une troisième & dernière couche, chargée de dix ou douze pouces de terre meuble, mêlée d'une moitié de terreau. La plupart des maraîchers ne la couvrent que de sept à huit pouces de terreau, & forment le dernier lit de la couche avec le fumier le plus menu, qui supplée à la trop petite épaisseur de terreau. » Lorsque ce plant est assez fort, rabattre la tige, en la coupant & non en la pinçant avec l'ongle, au dessus de la seconde feuille, c'est ce qu'on appelle faire la première taille; réchauffer la couche au besoin, pour y entretenir une chaleur modérée & non trop forte, ce point est important; couvrir le plant avec soin, le découvrir toutes les fois qu'un rayon de soleil ou un tems doux le permet; arroser avec de l'eau échauffée au soleil ou tiédie au feu, si la longueur du plant en indique le besoin; lorsque la tige rabattue a poussé ses deux bras ou branches, les arrêter à deux yeux; & lorsque les secondes branches montrent du fruit, les pincer ou couper avec l'ongle, à un œil au-dessus du fruit; & tailler de même les branches qui sortiront successivement les unes des autres; comme cette multiplication des branches produiroit de la confusion, élaguer de tems en tems les branches gourmandes ou stériles, celles qui sont trop foibles pour bien nourrir leurs fruits; retrancher les feuilles dures & une partie de celles qui sont éloignées du fruit, qui lui font trop d'ombrage & lui dévorent la sève nécessaire à sa nutrition; donner de l'air le plus souvent qu'il est possible, si le plant n'est pas sous chassis ou sous cloches, & que les branches ne puissent plus être contenues sous les cloches, les laisser sortir & étendre en liberté, avec l'attention de couvrir la couche avec des paillassons soutenus par des baguettes, si l'on est encore menacé de quelque gelée. Enfin, lorsque le fruit commence à avancer, & que la saison amène des jours de chaleur, comme il arrive ordinairement en Avril, il faut commencer à donner à cette plante qui aime l'eau, des arrosemens abondans & aussi fréquens que le besoin l'exige, & avoir grand soin de la tailler. Avec ces soins, les premiers fruits doivent être bons à couper au commencement de Mai, si les rigueurs de l'Hiver & des premiers jours du Printems n'ont pas été excessives. Mais, en suivant cette méthode, il seroit bien plus avantageux d'élever les plants dans des petits pots, jusqu'à ce qu'ils soient assez forts pour être mis en place, parce que, comme je le répète pour la dernière fois, les transplantations altèrent beaucoup sa force & retardent ses progrès. Les Concombres bien cultivés donnent du fruit pendant deux ou trois mois.»

« Le Concombre tardif exige bien moins de dépense & de soins. Au commencement d'Avril, on fait dans une plate-bande d'espalier, ou dans un terrein abrité, des fosses d'environ un pied cube, éloignées l'une de l'autre; on les remplit de terreau gras ou de fumier bien consommé, recouvert d'un peu de terreau fin, ou mieux de terre meuble, mêlée d'égale partie de terreau. Vers la mi-Avril, on sème dans chaque fosse deux ou trois graines, jusqu'à la fin de Mai, on défend de gelées tardives les jeunes plants, avec des cloches ou des pots renversés, ou des paillassons soutenus sur un treillage & bordés de fumier de litière. Lorsque le plant est en sûreté, on ne laisse qu'un pied dans chaque fosse; tout le reste de leur culture consiste à les arroser abondamment & à les tailler exactement, à mesure que le fruit arrête sur les branches. Semés en couche en Mars, & mis en place, entre la mi-Avril & le commencement de Mai, dans les fosses garnies de terreau, ou dans une couche sourde, ils ont bien plus d'avance, sur-tout s'ils ont été élevés dans des pots, & par conséquent donnent plutôt des fruits. D'ailleurs, n'étant sur une couche qu'à quatre ou cinq pouces de distance, il faut moins de tems & de verre ou des paillassons, pour les défendre du froid.»

« Les Amateurs des Concombres peuvent s'en procurer jusqu'aux fortes gelées. Au commencement de Juillet, on sème à demeure de la graine de Concombre tardif, sur une couche de litière fraîche & de fumier sec, mêlés ensemble & recouverts de dix à douze pouces de bonne terre meuble. On soigne & on cultive le plant suivant ses besoins; lorsque les nuits commencent à devenir froides, ce qui arrive ordinairement dès le commencement de Novembre, on couvre le plant avec des chassis vitrés ou avec des cloches; & on ajoute, par la suite, des paillassons, de la litière & autres couvertures nécessaires pour le défendre des grands froids. On a soin d'entretenir exactement la chaleur de la couche par des réchauds; & on peut espérer de recueillir du fruit jusqu'aux fortes gelées.»

« Les Concombres, destinés à produire des cornichons, se sèment en pleine terre, vers la fin de Mai.»

« Le Concombre noir & le Concombre de Barbarie se sèment sur couche, à la fin d'Avril, & se repiquent dans des fossés garnis de fumier consommé, ou dans une terre bien fumée; le noir à deux pieds de distance, celui de Barbarie à six ou sept pieds. Comme leur principal mérite est de se conserver fort avant dans l'Hiver, il suffit que leur fruit soit mûr avant les gelées, & placé dans un lieu sec & aéré; ils exigent d'être taillés & mouillés au besoin.»

Ce que nous avons extrait jusqu'ici du nouveau Laquintinie, sur la culture du Concombre, est relatif au climat de Paris; dans les Départemens méridionaux, & même dans le centre de la République, on peut se passer de plusieurs précautions, le froid n'étant jamais si rigoureux; il suffit de couvrir les jeunes plants de paillassons ou de litière sèche; chaque Cultivateur doit naturellement se conformer au climat de son canton.

Presque par-tout les Jardiniers suivent la coutume absurde de couper les fleurs mâles, qu'ils nomment fausses-fleurs, dès qu'elles paroissent, parce qu'ils croient qu'elles absorbent la sève des autres. C'est une erreur qu'il faut combattre; ces prétendues fausses-fleurs sont absolument essentielles à la fécondation des fleurs femelles ; la Nature ne les multiplie pas, & ne leur fait pas devancer les autres sans raison.

Un autre usage, assez généralement suivi, les Jardiniers qui ne réfléchissent pas sur leur art, c'est d'arrêter ou de pincer les bras & les feuilles des Concombres. Cette pratique seroit tout au plus excusable sur une couche de peu d'étendue, où le grand nombre des bras & feuilles nuit souvent à la perfection & à la quantité des fruits. Mais, dans les plate-bandes où l'espace ne manque pas, il vaut mieux abandonner la plante à elle-même. On dira peut-être que les fruits seront mieux nourris, parce qu'une partie de la sève qui servoit à la nourriture des tiges & des feuilles, se portera en plus grande abondance vers le fruit ; cependant ce raisonnement, tout captieux qu'il paroît, ne se confirme pas d'après les expériences faites par des Cultivateurs très-instruits. A d'autres plantes cucurbitacées, telles que potirons, courges & citrouilles, on ne coupe jamais les bras ni les feuilles ; cependant leurs fruits n'acquièrent pas moins la grosseur & la qualité nécessaire. On devroit considérer que toutes les plantes dont la racine n'est pas proportionnée à l'étendue des tiges, reçoivent leur nourriture principale des tiges & des feuilles mêmes ; on n'a qu'à dépouiller une plante de toutes ses feuilles, elle périra bien-tôt après. M. l'Abbé Rozier indique un moyen plus sûr d'obtenir de beaux fruits, sans avoir besoin de pincer les bras & les feuilles ; voici ses propres paroles. « Si vous craignez que les fruits ne soient pas assez beaux, assez bien nourris en laissant courir les rameaux, voici un moyen meilleur que tous vos retranchemens : mêlez par avance, une bonne terre végétale, avec moitié ou un tiers de fumier bien consommé ; dans l'endroit où vous aurez arrêté ou taillé le bras, ouvrez une petite fosse de six à huit pouces de profondeur, sur un pied ou un pied & demi de largeur ; travaillez le fond de cette fosse, couchez mollement la tige sur cette terre travaillée ; enfin remplissez la fosse avec cette terre préparée, de manière qu'elle forme par-dessus une espèce de monticule, qui imitera celle formée par les taupes, & ainsi de suite, de distance en distance ; arrosez aussi-tôt cette terre pour qu'elle se colle contre les tiges. Par ce procédé, plus conforme au vœu de la Nature, vous obtiendrez des fruits superbes. Je réponds de l'expérience.

Culture des Concombres, d'après la méthode Angloise.

L'espèce commune se cultive en Angleterre dans trois différentes saisons : la première récolte se plante sur des couches chaudes & sous des chassis, pour avoir des fruits printaniers. La seconde s'élève sous des cloches, & la troisième en pleine terre, pour avoir des fruits propres à être marinés. Les Jardiniers Anglois cherchent à élever les Concombres de très-bonne heure ; mais la méthode qu'ils emploient n'est nullement avantageuse aux fruits qu'ils produisent ; car, comme ils élèvent leurs plants pendant l'Hiver sur des couches où la chaleur du fumier supplée au soleil, qui nous manque alors, les Concombres qu'ils obtiennent, d'après cette méthode, sont ordinairement de peu de goût & de mauvaise qualité. Je propose ici une méthode pour élever des Concombres de primeurs, & dont le succès sera complet dès que l'on suivra exactement mon avis.

On commence par semer les graines de Concombre, avant Noël, sur une couche chaude, & encore mieux dans une serre-chaude où les jeunes plantes jouiront de plus d'air, & souffriront moins de l'humidité. Ces graines doivent être placées dans de petits pots remplis de terre sèche & légère, qu'on aura enfoncés trois ou quatre jours avant, dans l'endroit le plus chaud de la couche de tan, afin que la terre qu'ils contiennent soit bien échauffée ; ces graines doivent être conservées depuis trois ou quatre ans, & même plus long-tems, pourvu qu'elles soient encore susceptibles d'organisation. Si ces graines sont bonnes, les plantes paroîtront huit à neuf jours après ; alors on préparera d'autres petits pots remplis d'une terre légère & sèche, & en nombre proportionné à la quantité de plantes que l'on veut élever, en comptant toujours sur trente pour en sauver vingt-quatre. On plonge d'abord ces pots dans la couche de tan, afin d'en échauffer la terre ; &, aussi-tôt que les plantes auront poussé deux feuilles, on en met deux dans chaque pot, pour pouvoir retrancher ensuite la plus foible, lorsqu'elles ont repris racine, sans toutefois déranger celle que l'on veut conserver. On arrose ces plantes médiocrement, ayant toujours soin de placer dans la serre, quelques heures avant, l'eau dont on doit se servir, afin d'en amortir la trop grande fraîcheur, en évitant cependant qu'elle ne devienne trop chaude ; car, dans ce cas, elle détruiroit infailliblement les plantes. Il est essentiel de préserver ces plantes de l'humidité qui dégoûte continuellement des vitrages ; car elle leur est nuisible, sur-tout lorsqu'elles sont encore jeunes. Comme elles ne doivent rester dans la serre-chaude qu'autant qu'elles ne nuisent point aux autres plantes, il faut préparer du nouveau fumier pour la couche sur laquelle on doit les mettre, en proportionnant sa quantité au nombre des plantes qu'on veut élever. Cependant on se contente d'abord d'une petite couche avec un seul chassis, qui soit assez grande pour contenir les plantes, jusqu'à ce qu'elles aient acquis plus de hauteur ; il ne faut pour cela qu'une bonne voiture de fumier nouveau, pas trop rempli de paille, bien mêlé, mis en tas, & auquel on aura ajouté des cendres de charbon de terre. Quand ce fumier aura fermenté pendant quelques jours, on le remue, & on le remet encore en monceau; s'il contient beaucoup de paille, il sera nécessaire quelques jours après de le retourner une troisième fois; cette opération consumera la paille & achevera de le bien mêler avec les parties stercorales. Lorsque la couche sera faite & bien arrangée, on choisit un emplacement sec & bien abrité par des haies de roseaux; on creuse une fosse d'une largeur & d'une longueur considérable, & d'un pied de profondeur au moins, dans lequel on met le fumier, en le mêlant bien, de façon que le tout soit bien divisé, & que la couche soit égale; on la foule alors exactement sur les bords. Lorsque les choses sont ainsi disposées, on met les chassis & les vitrages par-dessus, pour la préserver de la pluie; mais on ne la charge de terre que deux ou trois jours après, afin que la vapeur du fumier puisse se dissiper. Si l'on craint que la couche ne brûle, on répandra sur sa suface, avant de la couvrir de terre, du fumier de vaches, ou d'autre fumier consommé, jusqu'à l'épaisseur de deux pouces, ce qui contiendra la chaleur dans le bas, & l'empêchera de brûler la terre; on arrange ensuite sur cette couche un nombre suffisant de pots un peu plus grands que les précédens, remplis de terre sèche & légère; les espaces entre ces pots doivent être remplis d'une terre ordinaire. Deux ou trois jours après, lorsque la terre des pots sera suffisamment échauffée, on y placera les plantes, après les avoir tirées des premiers pots avec leur motte entière, & on les arrosera un peu pour comprimer la terre autour de leurs racines. Comme ces plantes auront conservé leurs mottes, elles ne manqueront pas de pousser tout de suite, & n'auront pas besoin d'être abritées contre le soleil : les vitrages doivent être un peu soulevés du côté opposé au vent, pour laisser échapper les vapeurs & l'humidité qui, en tombant sur les plantes, leur seront très-nuisibles. Si la chaleur de la couche est si forte que les racines des plantes courent risque d'être brûlées, il faudra hausser les pots, & laisser un petit vuide à leurs fonds; la chaleur étant un peu diminuée, on les remettra dans leur première position.

Il faut couvrir tous les soirs les vitrages, pour conserver à la couche le degré de chaleur qui lui est nécessaire; mais on lui donnera tous les jours de l'air, en haussant un peu les chassis, avec cette précaution pourtant de supendre sur l'ouverture une toile ou un canevas, pour empêcher que les vents froids, qui règnent ordinairement dans cette saison, ne fassent du tort aux plantes. Ces plantes veulent être fréquemment arrosées, mais avec modération & avec de l'eau qui aura passé quelque tems dans la serre-chaude ou sur le fumier. Si la chaleur de la couche diminue, on mettra tout autour du fumier chaud, pour la renouveller; cette précaution est indispensable, parce que les plantes étant élevées délicatement, sont susceptibles d'être détruites par le moindre froid.

Ces plantes, bien traitées, pourront être enlevées de dessus la couche au bout de trois semaines ou d'un mois; on préparera d'avance une quantité suffisante de fumier bien mêlé & remué comme il a déjà été dit, & on fera en sorte qu'il y en ait une voiture pour chaque chassis; on creusera ensuite une fosse dans laquelle on la placera, suivant la méthode qui a été prescrite plus haut; on mettra une couche de fumier de vaches par-dessus, & on le couvrira avec les vitrages qu'on aura soin d'ouvrir tous les jours, pour donner passage aux vapeurs; trois jours après, la couche aura la chaleur nécessaire pour recevoir les plantes; alors on couvrira le fumier de trois ou quatre pouces d'épaisseur de terre; &, au milieu de la couche, on mettra trois ou quatre pouces de plus. Cette opération étant terminée, on laissera écouler au moins vingt-quatre heures, afin que la terre soit bien échauffée; après quoi on tirera les plantes de leurs pots avec leurs mottes entières, & on les placera dans le milieu des couches, au nombre de deux ou trois sous chaque vitrage, en laissant entre elles sept ou huit pouces de distance, sans mettre toutes les racines ensemble, comme on le pratique ordinairement. Lorsque les plantes sont ainsi établies dans la couche, la terre, qui a été mise plus épaisse au milieu, doit être retirée autour des mottes, afin que les racines puissent y pénétrer bien-tôt. Il faut toujours avoir une provision de bonne terre à couvert, pour la tenir sèche & pouvoir en rechanger de tems-en-tems la couche; car, si elle étoit mouillée, elle la réfroidiroit & y répandroit trop d'humidité. Les plantes ont alors besoin d'air & d'arrosemens; mais il faut leur donner l'un & l'autre avec ménagement; il faut sur-tout chercher à les abriter contre le froid; par cette raison, les vitrages doivent être couverts toutes les nuits avec des nattes, pour conserver la chaleur des couches, dans lesquelles il faut de tems-en-tems renouveller la terre à quelque distance des racines, jusqu'à ce qu'elle soit échauffée, & la tirer dans les monceaux sur lesquels croissent les plantes, pour en augmenter la profondeur, qui doit être à égale hauteur de la motte, afin que les racines puissent y pénétrer plus aisément.

En chargeant ainsi les couches, elles se trouveront couvertes d'une épaisseur de neuf ou dix pouces de terre, ce qui sera fort utile aux racines des plantes; car, lorsqu'elles manquent de terre, leurs feuilles se fanent pendant la chaleur du jour, à moins qu'elles ne soient abritées & même arrosées au-delà de ce qui leur est nécessaire. Lorsque la couche est nouvellement faite, on ne la charge pas de toute la terre qu'elle doit avoir par la suite, afin de ne pas refroidir le fumier, & pour empêcher la terre de brûler, ce qui pourroit arriver, si on la chargeoit tout d'un coup à la hauteur nécessaire: de plus, la terre qui est nouvellement mise sur la couche, est beaucoup plus propre à la végétation des racines que celle qui est depuis long-tems imprégnée des vapeurs du fumier.

Si la chaleur de la couche diminue, on la garnit de nouveau avec du fumier tout autour; car, sans cette précaution, les fruits périroient. Lorsque les plantes commencent à pousser des branches latérales, on les arrange d'une manière convenable sur la couche, en les fixant à terre à l'aide de crochets, & pour empêcher qu'elles ne touchent aux vitrages & ne s'entrelacent entre elles; en les conduisant ainsi de bonne heure, on ne sera point obligé de les tordre par la suite, opération qui leur est toujours préjudiciable.

Quand la terre de la couche a toute son épaisseur, on élève les chassis, afin que les vitrages ne soient pas trop près des plantes, & alors on retire la terre tout autour, pour empêcher le froid & l'air de pénétrer par-dessous: il faut user de beaucoup de promptitude en les arrosant & en leur donnant de l'air, sans quoi les plantes seront bien-tôt détruites: on court également risque de tout perdre, si on leur donne trop d'air, ou si on les mouille trop abondamment.

Lorsque les fruits commencent à se montrer, on voit naître en même-tems dans différens endroits, des fleurs mâles qu'on reconnoît au premier coup-d'œil, en ce qu'elles n'ont point, comme les fleurs femelles, un fruit placé à leur base, & qu'elles sont pourvues de trois étamines dont les sommets sont chargés d'une poussière de couleur d'or.

En élevant ces plantes en pleine terre, les vents frais & doux répandent cette poussière sur les fleurs femelles; mais sous les chassis où l'on empêche le vent de pénétrer dans cette saison, le fruit avorte souvent faute de ce secours. Si les abeilles peuvent s'introduire dans les chassis, alors elles font les fonctions du vent, en transportant la poussière séminale avec leurs pattes de derrière dans les fleurs femelles où elles en déposent une quantité suffisante pour les féconder & pour les rendre prolifiques. Ces insectes ont enseigné aux Jardiniers la fructification artificielle; car, en cueillant les fleurs mâles arrivées à parfaite maturité, & en les posant sur les fleurs femelles, ils obtiennent le même but. Il est cependant nécessaire, en pratiquant cette méthode, de secouer un peu la fleur mâle, pour que sa poussière séminale se détache plus aisément des étamines, & pour qu'elle tombe sur la fleur femelle; en suivant cette méthode, les Jardiniers peuvent être assuré d'obtenir de bonne heure une récolte certaine de Concombres & de melons.

Lorsque les Concombres sont bien arrêtés, & que la couche a conservé le degré de chaleur nécessaire, ces fruits parviendront bien-tôt au degré parfait de maturité: la conduite de la couche devient alors peu difficile, & il suffit d'arroser légérement avec la gerbe. Mais, pour conserver ces plantes en vigueur aussi long-tems qu'il est possible, il faut augmenter la masse de fumier & de terre autour de la couche, pour procurer aux racines de tous côtés, plus de nourriture; &, par ce moyen seul, on se procurera des fruits pendant une grande partie de l'Eté. Si on néglige cette précaution, les racines qui atteignent aux côtés des couches, seront bien-tôt desséchées par le soleil & le vent, & les mères-plantes flétriront de bonne heure.

Les Jardiniers qui veulent élever de ces plantes printanières, en laissent toujours deux ou trois sur les petits coulans de la plante près la racine, pour se procurer des semences qu'ils conservent avec soin, pour en avoir pendant plusieurs années; par ce moyen, ils se trouvent toujours une bonne provision de ces graines uniquement pour la culture printanière. Ce qui vient d'être dit ne regarde que ceux qui peuvent élever leurs Concombres dans des serres-chaudes, assez communes en Angleterre. Mais quand on est privé de ce secours, les semences doivent être mises sur des couches chaudes, ou on les met dans de très-petits pots, pour pouvoir les transporter avec plus de facilité d'une couche sur une autre. La conduite de ces graines, quand elles ont une fois poussé, est la même que celle que nous avons décrite dans le précédent. Lorsque la première couche est trop chaude, il faut hausser les pots, pour que les racines des plantes ne se brûlent pas; la seconde couche qu'on leur prépare doit également être au degré que nous avons annoncé auparavant. Autant que l'on peut, il faut essuyer les vitrages, pour que l'eau qui en découle ne tombe pas en trop grande quantité sur les plantes, ce qui leur est nuisible; l'air est également nécessaire à l'accroissement de ces plantes; &, toutes les fois que les circonstances le permettent, c'est-à-dire quand le tems n'est pas trop rigoureux & les vents trop forts, il faut chercher à leur en faire jouir, en levant un peu les chassis, avec les précautions que nous avons prescrit dans le précédent.

Les jeunes plantes de Concombre exigent, en général, beaucoup de précautions; pour les arroser, on ne doit employer que de l'eau qui aura perdu sa trop grande fraîcheur, & que l'on aura placé pendant quelque tems sur la couche. Pendant les grands froids, il faut couvrir les couches avec des nattes ou des paillassons, & s'occuper à en entretenir soigneusement la chaleur de la litière fraîche que l'on entassera fortement autour des couches; ce qui remplira parfaitement ce but.

En suivant exactement ces instructions, la première couche suffira pour élever ces plantes; lorsqu'elles commencent à pousser la troisième feuille, on peut les transplanter sur une autre couche. La proportion du fumier que l'on emploie pour cette seconde couche, est d'une bonne voiture pour chaque vitrage; une pareille couche doit avoir trois pieds d'épaisseur; car, quoiqu'on la fasse beaucoup plus épaisse dans plusieurs pays, la trop grande quantité de fumier est employée en pure perte. Pour les couches que l'on fait au mois de Mars, on peut encore employer moins de fumier; car, la saison n'étant plus si rigoureuse, les couches n'ont pas besoin d'un degré de chaleur aussi fort.

Il est essentiel, pour cette seconde couche, de la couvrir par degrés d'une bonne terre criblée, & de faire attention que la chaleur n'en soit trop violente; il vaut peut-être mieux de laisser évaporer la première chaleur, pour être plus sûr d'une chaleur uniforme. On peut s'en assurer par le moyen d'un bâton que l'on enfonce à travers la terre jusqu'au fumier; méthode connue de tous nos Jardiniers.

Ce que nous avons prescrit relativement à la conduite de la première couche, convient encore, avec quelques modifications, à la seconde; un Jardinier, tant soit peu intelligent, se mettra bien-tôt au fait de cette culture, de façon que nous croyons être dispensés de répéter ici minutieusement tout le détail, dont nous supposons nos Lecteurs suffisamment instruits.

Lorsque les plantes de Concombres auront quatre ou cinq pouces de hauteur, on les couche sur la terre, sur laquelle on les fixe avec des crochets; cette opération doit se faire avec beaucoup de précaution: car ces plantes sont très-délicates & se ressentent de la moindre plaie qu'on leur fait.

Environ un mois après, on commence à distinguer les premières apparences des fruits, qui souvent sont précédés par des feuilles mâles, que les Jardiniers peu instruits arrachent souvent, en les regardant comme des fleurs fausses; il faut bien se garder de les imiter, car ces fleurs sont absolument nécessaires pour faire arrêter les fruits qui, sans ce moyen, tomberoient nécessairement. Il est également préjudiciable à cette plante d'être taillée; & quoique plusieurs Jardiniers en ont l'usage, cette méthode n'est pas moins blâmable. Lorsque ces plantes poussent trop de bois, ce qui arrive souvent, quand on emploie des graines trop fraîches, il vaut mieux alors de retrancher une ou deux plantes de la couche, pour que les vitrages ne soient pas trop remplis; car deux plantes bien vigoureuses rapportent plus de fruit & de meilleure qualité, que quatre ou cinq plantes trop serrées.

Lorsque les fruits viennent à se montrer, on a soin de couvrir, pendant la nuit, les vitrages, & d'entourer de nouveau la couche avec de la litière fraîche; sans cette précaution, les nuits étant ordinairement plus fraîches que les jours, les fruits périssent très-aisément. Si, vers le milieu du jour, le soleil est extrêmement chaud, il faut également avoir soin de couvrir de nattes les vitrages; car, quoique cette plante aime la chaleur, un trop fort degré lui devient funeste. Il brûle les feuilles qui se trouvent les plus près des vitrages, &, en accélérant la transpiration de la plante, les fruits, à peine arrivés à la moitié de leur grosseur ordinaire, jaunissent & tombent.

Ce que nous venons de dire, suffira, en y apportant un peu d'attention, pour la culture de cette première récolte de Concombres; & les plantes ainsi traitées continueront à donner du fruit jusqu'au premier de Juillet, qui est le tems vers lequel la seconde commencera.

Voici la méthode pour la seconde récolte. Vers le milieu du mois de Mars, ou un peu plus tard, on place les graines de Concombres sous des cloches, ou à l'extrémité de la première couche chaude; lorsque ces plantes ont poussé, on les transplante sur une autre couche, dont la chaleur est modérée. On les plante à deux pouces de distance entr'elles, on les couvre de cloches, on les arrose, & on les tient à l'ombre jusqu'à ce qu'elles aient produit des racines nouvelles. On les couvre, pendant la nuit, avec des nattes, lorsque le tems est froid; on leur donne de l'air pendant le jour, & on lève un peu les cloches du côté opposé au vent, pour leur donner de l'air, moyen qui contribue beaucoup à les fortifier. Il faut les arroser au besoin, mais très-légèrement, sur-tout quand elles sont encore jeunes.

Au milieu du mois d'Avril, les plantes étant assez fortes pour être transplantées, on se pourvoit d'une quantité de nouveau fumier, proportionnée au nombre de trous qu'on veut avoir, sur le pied d'une charge pour six trous. Lorsque le fumier est en état d'être employé, on creuse une fosse d'environ deux pieds quatre pouces de largeur, & aussi longue qu'on le desirera, ou que la place le permettra. Si le sol est sec, on lui donnera dix pouces de profondeur; si au contraire, il est humide, on lui en donnera beaucoup moins. On rendra le fond très-uni & de niveau, & on remplira toute la fosse de fumier, qu'on aura soin de mêler & d'étendre, comme nous l'avons déjà dit pour la première couche. On fait ensuite des trous de huit pouces environ de largeur sur six de profondeur, dans le milieu des monceaux, &

à trois pieds de distance l'un de l'autre. Si l'on fait plusieurs couches, elles doivent être éloignées de huit pieds & demi; on remplit les trous avec une bonne terre légère, & on place un bâton dans le milieu de chacun, pour les reconnoître. Cet ouvrage étant terminé, on couvre le reste de la couche, ainsi que les côtés, de quatre pouces de terre; on unit bien le tout, & l'on place des cloches sur les trous, où on les laisse pendant vingt-quatre heures, ce qui suffira pour échauffer la terre au degré qui lui est nécessaire pour recevoir les plantes. Alors on remue la terre des trous avec la main, & on y forme une espèce de bassin, dans lequel on plante trois ou quatre pieds de Concombre; on les arrose, & on les tient à l'abri jusqu'à ce qu'ils aient repris racine. On leur donne ensuite un peu d'air, en soulevant les cloches du côté opposé au vent, à proportion de la chaleur extérieure, & on les arrose toutes les fois qu'ils en ont besoin. Lorsque les cloches sont remplies, on les soulève avec des crochets du côté du Midi, & on les élève ainsi peu-à-peu, à mesure que les plantes grandissent, afin que le soleil ne les brûle pas.

Au moyen de cette méthode, ces plantes seront plus dures & supporteront mieux le plein air; mais il ne faut pas les découvrir trop tôt; car les matinées froides, auxquelles on est quelquefois exposé au mois de Mai, pourroient détruire les plantes subitement. Il est par conséquent plus sûr, & autant que l'accroissement des plantes ne s'y oppose pas, de les laisser sous les cloches, en les soulevant d'un côté par des briques, & de l'autre par un crochet.

Vers la fin du mois de Mai, lorsque le tems est chaud, on range légèrement les plantes sur la terre avec des crochets, hors des cloches, en évitant de le faire dans un jour sec & chaud, mais plutôt pendant que le tems est couvert & disposé à la pluie. Pendant cette opération, on soulève les cloches sur des briques ou des crochets, à quatre ou cinq pouces au-dessus de la terre, pour pouvoir étendre les plantes au-dessous, sans les froisser, & on laisse les cloches dans cet état jusqu'à la fin de Juin ou au commencement de Juillet, pour conserver plus d'humidité aux racines, que si elles étoient tout-à-fait découvertes & en plein air. Trois semaines environ après que les plantes auront été ainsi disposées hors des cloches, elles auront fait de grands progrès, sur-tout si le tems est favorable; alors il sera nécessaire de creuser l'intervalle qui sépare les cloches, & de les remplir jusqu'au niveau. On range ensuite les coulans dans le meilleur ordre possible, sans cependant tourmenter les branches, sans froisser ni déchirer leurs feuilles; cette augmentation de terrein, fournie par les sentiers, donnera de l'espace aux branches pour se développer & pour s'étendre. Des plantes ainsi traitées fournissent des fruits depuis le mois de Juin jusqu'à la fin d'Août; mais, après ce tems, la fraîcheur de la saison, sur-tout lorsque l'Automne est fort humide.

La plupart des Jardiniers Anglois prennent ordinairement du fruit de ces couches, pour en obtenir des graines; ils en choisissent deux ou trois des meilleures sur chaque trou, & ne laissent qu'un seul fruit sur chaque plante, le plus voisin de la racine; car, sans cela, le pied se trouveroit tellement affoibli que les autres fruit seroient petits & en moindre quantité. Le fruits, destiné pour graine, doit rester sur pied jusqu'au milieu ou à la fin d'Août, afin que la graine puisse acquérir le degré de maturité nécessaire. Lorsque ces Concombres sont cueillis, on les dresse contre une muraille, jusqu'à ce qu'ils commencent à décliner; alors on les couvre, & on en ôte les semences avec la chair qu'on jette dans un baquet, & qu'on couvre pour empêcher qu'il n'y tombe des ordures. On laisse ainsi ces graines pendant une semaine, & on les remue chaque jour jusqu'au fond, avec un long bâton, afin que la chair se pourrisse & se détache aisément; on y ajoute ensuite un peu d'eau qu'on agite fortement, pour faire venir l'écume à la surface & précipiter les semences. On renouvelle cette opération deux ou trois fois; lorsque les graines sont entièrement dégagées de la chair, on les étend sur une natte en plein air, où on les laisse trois ou quatre jours, pour qu'elles soient parfaitement sèches. Après quoi, on les met dans des sacs, qu'on suspend dans un endroit sec & à l'abri des insectes, où elles se conserveront plusieurs années. On préfère toujours les semences de Concombre, lorsqu'elles ont trois ou quatre ans, aux semences nouvelles, parce qu'elles produisent moins de bois, & donnent beaucoup plus de fruit.

La troisième récolte des Concombres, que l'on destine ordinairement pour en faire des cornichons, demande moins de soin que les deux premières. On sème la graine à la fin de Mai & par un beau tems; on place ordinairement ces plantes entre les rangs de choux-fleurs, ce qui exige quatre pieds & demi de distance; on y creuse des trous quarrés de trois pieds & demi de diamètre, on en ameublit la terre avec la bêche, & on les remet ensuite dans les trous. Après quoi, on pratique dans chacun, avec la main, un creux en forme de bassin; & on sème dans leur milieu huit ou neuf graines qu'on recouvre d'un pouce de terre. Si le tems est sec, on arrosera ces graines pendant les deux premiers jours, pour en accélérer la végétation. Si le tems est favorable, les plantes commenceront à paroître cinq ou six jours après avoir été semées; il faut avoir soin de les mettre, dans les premiers jours, à l'abri des moineaux qui en sont très-friands, mais ce danger ne dure qu'une semaine; car, après ce tems, leurs feuilles sont trop dures pour que les oiseaux puissent s'en nourrir: on les arrose légèrement dans les tems secs. Lorsque la troisième feuille rude vient à paroître, on retranche toutes les plantes les plus foibles, & on n'en laisse que trois ou quatre des plus vigoureuses dans chaque trou. On remue la terre pour détruire les mauvaises herbes, & on la rehausse autour des plantes, en la pressant légèrement avec les mains, & en séparant les tiges autant qu'il est possible. On leur donne ensuite un peu d'eau, si le tems est sec, pour raffermir la terre; on renouvelle cet arrosement aussi souvent qu'il est nécessaire, & on continue toujours à arracher les mauvaises herbes, à mesure qu'elles paroissent.

Lorsque les choux-fleurs sont tous recueillis, on laboure la terre avec une houe, en la tirant autour des trous en forme de bassin, pour mieux conserver la fraîcheur des arrosemens; & on arrange les branches dans l'ordre où elles doivent être, & de manière qu'elles ne s'entrelacent point. Ces plantes, étant ainsi traitées, commenceront à donner leurs fruits vers la fin de Juin; on pourra alors les recueillir pour les mariner, à moins qu'on ne veuille les conserver pour les avoir plus gros. Cinquante ou soixante trous suffiront pour une ample provision; on pourra y recueillir deux cents fruits, propres à être marinés, à chaque fois, & réitérer cette opération deux fois par semaine, pendant environ un mois & demi.

Concombre *serpent*. Ce Concombre que l'on nomme aussi Concombre de Turquie, a des tiges grêles & rampantes; les feuilles sont pétiolées, un peu lobées & anguleuses; elles ressemblent un peu à celles du Concombre commun, avec lequel il ne faut pourtant pas le confondre, comme plusieurs Botanistes ont fait. Les fleurs de cette espèce de Concombre sont petites, jaunes & axillaires; le fruit qui lui succède est très-alongé, cylindrique & sillonné régulièrement dans toute sa longueur; vers le sommet, il est un peu obtus; tout le fruit est singulièrement courbé & replié sur lui-même. Miller, qui a cultivé ce Concombre pendant quarante ans, assure qu'il n'a jamais vu, pendant ce tems, aucune altération, de façon que ceux qui ont prétendu que ce Concombre n'étoit qu'une variété du Concombre commun, n'avoient certainement pas l'expérience pour eux. Le même Jardinier distingue encore deux variétés, dont l'une blanche, l'autre verte, & dont les semences même offrent quelques différences; mais ces différences ne lui ont pas paru assez tranchantes pour les regarder comme espèces particulières. En Angleterre où ce Concombre est très-commun, on estime sur-tout la variété à fruit blanc. La culture de cette plante n'exige pas plus de soins que les Concombres de primeur dont nous avons détaillé la culture assez au long pour ne pas la répéter ici une seconde fois.

D'après Quer (*Voyez* Flora espanola, Vol. III), le Concombre serpent est cultivé dans les jardins des environs de Madrid, pour l'usage de la table, comme le Concombre ordinaire l'est chez nous. Il croît sans beaucoup de soin en très-grande abondance dans la Manche, le Royaume de Valence, la Murcie, la Catalogne & plusieurs autres cantons de l'Espagne. On en fait beaucoup de cas, & on l'apprête de plusieurs manières.

Concombre *d'Egypte*. Cette plante que nous cultivons seulement dans les jardins botaniques, demande une chaleur assez forte & soutenue pour arriver à une maturité parfaite; cependant, malgré les soins que plusieurs Particuliers se sont donnés, les fruits que cette plante produit chez nous n'acquièrent jamais la perfection qui les fait tant estimer dans leur pays natal, qui est l'Egypte & l'Arabie. Les Voyageurs qui y ont été, rapportent que les habitans de ces pays font le plus grand cas de ce Concombre, & qu'ils en cultivent des champs entiers. On le regarde encore comme très-salubre, c'est ce qui n'est pas difficile à croire; car le suc agréable & aigrelet que l'on obtient en écrasant la pulpe, à l'aide d'un petit bâton introduit par une ouverture que l'on pratique dans le fruit, tandis que ce dernier reste encore attaché à la tige pendant quelques jours pour acquérir plus de saveur, doit naturellement rendre ce Concombre très-précieux dans un pays aussi chaud que l'Egypte, & où l'indolence naturelle des habitans profite d'une production que la Nature leur offre sans beaucoup de peine.

Cette plante a le port du melon; mais les fruits ne se ressemblent pas. Les feuilles & les tiges sont velues presque cotonneuses; ces dernières sont ordinairement couchées sur la terre, de forme pentagone, rameuses & coudées en zigzag. Les feuilles sont pétiolées, arrondies, obtusément anguleuses & denticulées. Les fleurs sont jaunes, petites & axillaires, à pédoncules forts courts. Le fruit est fusiforme, plus gros ou ventru vers le milieu, hérissé de poil blanc, & retréci vers les deux bouts.

Concombre *de Perse*. Cette plante, qui croît naturellement en Perse & dans le Levant, n'est point cultivée en Europe; elle est annuelle; ses feuilles supérieures sont anguleuses, les inférieures plus arrondies, les unes & les autres légèrement velues, vertes en-dessus, un peu moins colorées en-dessous. Les fleurs sont jaunes & axillaires. Le fruit a la forme & la grosseur d'une orange à écorce lisse, panachée de verd & de jaune orangé; l'odeur de ce Concombre est fort agréable ; mais la pulpe en est molle & d'un goût fade.

CONCOMBRE *du Japon*. Nous ne saurions donner de détails sur la culture de cette plante que nous ne connoissons que d'après les renseignemens que Koempffer & Thunberg nous en ont donné. On la cultive en très-grande quantité au Japon, & il paroît que les habitans & les Européens qui y sont établis, font quelque cas du fruit qu'ils font cuire dans la lavure de bierre, à laquelle ils ajoutent du ris. La tige du Concombre de Japon pousse des tiges striées & hérissées de quelques poils, & qui se couchent sur la terre. Les feuilles sont pétiolées, en cœur, à lobes anguleux, dentelées & nerveuses, parsemées de poils rudes de chaque côté ; la feuille est verte en-dessus & plus pâle en-dessous. Les fleurs sont jaunes axillaires & agrégées. Les fruits surpassent en grosseur la tête d'un homme ; elles sont glabres & à dix sillons.

CONCOMBRE *à angles tranchans*. Cette plante, qui croît naturellement en Chine, dans la Tartarie & dans plusieurs Provinces des Indes orientales, se voit quelquefois dans nos jardins botaniques ; mais nous ignorons si elle produit en Europe des fruits comestibles. Sa culture ne paroît pas exiger des soins particuliers ; au moins celles que nous avons vu à Vienne étoient traitées comme les cucurbitacées des pays chauds. L'odeur de la plante est forte & désagréable ; ses tiges sont très-rameuses, fort longues, rudes, à cinq angles aigus, couchées ou grimpantes à l'aide de vrilles simples ou composées dont elles sont garnies. Les fleurs sont en cœur & presqu'arrondies, à sept angles, légèrement dentelées, vertes en-dessus, pâles en-dessous, garnies de poils courts, qui les rendent rudes au toucher. Les fleurs mâles sont grandes, jaunes, très-ouvertes, formant des grappes axillaires ; elles s'épanouissent successivement à mesure que la grappe se développe. Cette grappe est tortueuse, rude, anguleuse & longue d'un pied. Ses pédoncules sont munis d'une bractée lancéolée, sessile & un peu courante jusqu'au pédoncule commun ; le calice est à demi-divisé en cinq segmens ; son tube est à cinq angles obtus, & dans son centre, est placée une petite glande de couleur pâle, applatie, triangulaire, & de laquelle découle un suc doux & abondant. La fleur femelle, semblable à la fleur mâle, est pédonculée, solitaire, & paroît avec la grappe des mâles aux mêmes aisles des feuilles ou à d'autres endroits : le fruit qui la remplace est oblong, de sept à huit pouces de longueur, retréci vers le pédoncule, terminé au sommet par un opercule court, qui se détache aisément dans les fruits secs, à dix angles aigus saillans, & divisé intérieurement en trois loges ; il commence par être verd, & alors sa pulpe charnue renferme plusieurs semences blanches, ovoïdes, planes, ridées, ponctuées & échancrées à leur base ; ensuite son écorce se durcit & devient ligneuse, d'une couleur rousseâtre ; sa chair, en se desséchant, devient spongieuse & fibreuse. Cette plante fleurit pendant tout l'Eté ; mais le fruit mûrit tard, quelqufois à la fin d'Octobre. On mange les fruits dans leur pays natal, lorsqu'ils sont à moitié mûrs & tendres ; étant mûrs, ils ne sont plus bons. Des Indiens du pays du Grand-Mogol & de la Religon des Brames, établis depuis très-longtems à Asof près la Mer noire, presque tous Négocians, ont apporté ce Concombre dans le pays qu'ils habitent actuellement. Ces Indiens font beaucoup de cas de notre Concombre dont ils consomment une grande quantité ; ils le font cuire sur la braise, & l'assaisonnent alors avec de l'huile & du vinaigre ; ils l'emploient également à le manger avec le ris. (*Voyez* Pallas, collection septentrionale. Vol. I).

La COLOQUINTHE ou le CONCOMBRE *amer*. Cette plante annuelle se cultive quelquefois dans les jardins botaniques où elle ne demande que les soins qu'exigent en général les plantes élevées dans des couches chaudes. Elle croît naturellement dans le Levant, en Egypte, aux Indes & dans quelques Isles de l'Archipel, où un sol maigre & sablonneux paroît lui convenir de préférence ; car on la rencontre souvent le long de la mer. Sa racine fusiforme pousse plusieurs tiges rudes, foibles, anguleuses, rampantes, rameuses & garnies de feuilles pétiolées, hérissées, multifides, profondément découpées, vertes en-dessus & blanchâtres en-dessous, munies de vrilles à leurs aisles. Les fleurs sont axillaires, petites & jaunâtres. Les fruits de forme sphérique sont de la grosseur du poing, glabres & couverts d'une écorce mince, coriace & jaunâtre ; la pulpe qu'ils renferment est blanche, spongieuse, très-amère & divisée en trois parties, dans chacune desquelles se trouvent plusieurs graines oblongues & applaties. C'est un des plus forts drastiques ; mais qui présentement n'est guère plus en usage. La pulpe que l'on obtient des fruits cultivés en France n'a pas la même qualité purgative que celle que l'on trouve chez les Droguistes, qui les reçoivent d'Alep.

Feu M. Guettard a fait des observations très-curieuses sur le desséchement de la coloquinthe, qui se trouvent insérées dans les Mémoires de ce Savant, Vol. II. Une coloquinthe cultivée en France fut pesée le 14 Octobre 1748 ; son poids étoit de deux livres neuf onces & trois quarts ; on la tenoit suspendue dans un endroit aéré, & on la pesoit tous les mois, depuis le 14 Octobre jusqu'au 20 Septembre de l'année d'après où elle étoit parfaitement sèche. De deux livres neuf onces & trois quarts, elle pesoit alors quatre onces & demie dix-huit grains.

Le CONCOMBRE *d'Arabie*. Cette plante dont la Patrie est l'Arabie, se cultive quelquefois dans les jardins des Curieux, où elle demande à-peu-près les mêmes soins que la coloquinthe. Ses tiges rempantes, grêles, rudes & anguleuses, sont garnies de feuilles pétiolées, en cœur, rudes en-dessus, dentelées & découpées en cinq lobes, & dont l'entremédiaire est une fois plus long que les autres. Des pédoncules axillaires & uniflores soutiennent des fleurs petites & verdâtres, qui sont remplacées par des fruits globuleux, glabres, hérissés d'un grand nombre d'épines molles, de la grosseur d'une prune moyenne, striés & panachés alternativement de verd & de jaune: sa pulpe molle, aqueuse & aussi amère que la coloquinthe, contient un grand nombre de semences petites, oblongues & blanchâtres. Nous ne lui connoissons aucune propriété utile qui puisse compenser la peine que sa culture exige.

Concombre d'*Afrique*. Cette plante qui croît naturellement au Cap de Bonne Espérance, a été apportée par M. Sonnerat, qui l'a communiquée à M. Lamarck. Comme elle nous vient d'un pays dont nous cultivons avec succès beaucoup de plantes, il est probable que sa culture pourroit également réussir, si quelque propriété éminente la faisoit rechercher; nous ignorons si, dans son pays natal, elle est de quelqu'usage.

La plante, qui produit le Concombre d'Afrique, a beaucoup de rapport avec celle du Concombre d'Arabie; les talus pointus des feuilles, distingue cependant celle dont nous parlons, du Concombre d'Arabie. Les feuilles sont en outre pétiolées, palmées, quinquefides à découpures un peu sinnuées & pointues. Les fleurs sont jaunâtres; les fruits sont portés sur des pédoncules filiformes un peu velus. Les fruits sont ovoïdes, légèrement alongés & hérissés de toute part.

Concombre *d'Amérique*. D'après Sloane, cette plante annuelle croît naturellement à la Jamaïque, où on fait beaucoup de cas du fruit; nous ignorons si elle a jamais été cultivée en Europe; mais comme aucun des Auteurs, que nous avons consulté, n'en a fait mention, il est à présumer que cette espèce manque encore à nos jardins de Botanique. Sloane dit que les tiges anguleuses & hispides de cette plante acquièrent cinq ou six pieds de longueur. Les feuilles tiennent à des pétioles médiocres, elles sont palmées, profondément sinuées et rudes au toucher. Les fleurs semblables à celles de la Bryone sont petites, axillaires & de couleur jaune. Les fruits sont ovoïdes, blanchatres et par-tout hérissés de petites pointes spinuliformes.

Maladies des Concombres.

Les Concombres sont sujets à une maladie, que l'on connoît sous le nom *le meûnier*, ou *le blanc*; elle consiste dans la stagnation subite de la sève, occasionnée par le froid. Linnée lui donne le nom d'Erysiphe. On observe cette maladie ordinairement au commencement de l'Automne, tantôt plutôt, tantôt plus tard. Les feuilles sont alors couvertes d'une espèce de poussière blanche; les unes se crispent; d'autres périssent, de même que le fruit. Le meilleur remède est de couper les feuilles meûnières, quelquefois la plante se conserve, quand les feuilles sont entièrement desséchées. On prévient cette maladie, en couvrant avec de la paille ou avec des paillassons, les plantes, aussi-tôt que l'on craint des matinées ou des nuits froides, au commencement de l'Automne.

Ennemi des Concombres.

Les melons & les Concombres sont souvent attaqués par les pucerons; les Jardiniers n'ont pas manqué d'employer plusieurs moyens pour attaquer cet ennemi; mais il paroît qu'on n'a point encore découvert de spécifique pour s'en débarrasser efficacement. On assure que la cendre tamisée & répandue sur les pieds de melons & de Concombres, qui sont couverts de pucerons, tue ces insectes & sauve ainsi les plantes. D'autres ont recommandé le tabac en poudre, employé de la même manière que la cendre. Un Jardinier Anglois, nommé Green, a proposé une machine fumigatoire, consistant en une espèce de soufflet, à l'aide duquel on fait passer de la fumée de tabac sur les pieds de melons ou Concombres qui sont infectés de pucerons, ou de toute autre espèce d'insecte; l'Inventeur dit que, par ce moyen, il a toujours sauvé les plantes qui se trouvoient attaquées par les insectes. On nous assure que cette machine dont on peut aisément concevoir la construction, quoique l'Auteur n'en ait point donné le dessein, est employé avec avantage en Angleterre & en Allemagne.

Méthode de préparer les cornichons.

On choisit les plus petits cornichons; on les met dans un linge blanc; on les y frotte les uns contre les autres, ou bien on se sert pour le même usage d'une petite brosse, pour leur ôter les piquans & le duvet dont ils sont couverts; on les jette dans l'eau bouillante; on les y laisse environ quatre minutes; on les retire pour les mettre dans l'eau fraîche, & on laisse refroidir. On les fait égoutter sur un linge blanc, et quand ils ont perdu leur eau on les place dans un pot, où on les arrange les uns sur les autres, en placant de distance en distance quelques feuilles de laurier & quelques grains de poivre; après quoi, on verse pardessus du vinaigre blanc, en ajoutant une once de sel par pinte de vinaigre; cette méthode est préférable à plusieurs autres, la cuite légère dans l'eau dépouille l'écorce de ce fruit d'une certaine âcreté désagréable.

Une manière plus simple est, après avoir lavé

exactement & essuyé les cornichons, de les mettre tout uniment dans du bon vinaigre blanc ou rouge; leur couleur se conserve mieux avec le premier, parce qu'à mesure que le cornichon est pénétré par le vinaigre sa partie colorante se fixe sur l'écorce & y reste attachée. On y ajoute du sel une once par pinte : on laisse le vaisseau découvert, c'est-à-dire, simplement couvert d'une planche ou d'un morceau de bois, parce que le vinaigre devient plus acide, lorsqu'il est en contact immédiat avec l'air. Ce couvercle sert seulement à empêcher l'entrée des ordures dans le vase; il faut que le vinaigre surpasse de deux doigts les cornichons, & les recroître de tems à autre; enfin, avec un poids quelconque, on empêche les cornichons de monter à la surface. La partie hors de l'eau noircit & se moisit. Si on goûte ce vinaigre un mois après, on le trouvera fade; le fruit en a absorbé l'acidité, ou du moins une grande partie. Il faut alors lui donner de nouveau vinaigre & changer le premier. On peut, d'après cette méthode, conserver les cornichons pendant plusieurs années; elle est également utile pour confire de petits melons, les jeunes épis de maïs ou blé de Turquie & autres fruits.

Il faut éviter, autant que l'on peut, de ne point employer, comme font beaucoup d'Epiciers de nos grandes Villes, des vases de cuivre pour faire bouillir le vinaigre qui doit servir pour confire les cornichons; il est vrai que le cuivre relève la couleur de ces fruits; mais il n'est pas moins dangereux pour la santé, & d'autant plus à craindre qu'il agit comme un poison lent, qui ne manque jamais de produire des accidens dont on ne sauroit prédire les suites.

En Allemagne, on confit les Concombres simplement au sel, & on les dispose alors à une légère fermentation, qui leur donne une acidité fort agréable. Il suffit de cueillir les cornichons, lorsqu'ils ont trois à quatre pouces de long pendant un tems sec, de les bien essuyer avec un linge, pour leur ôter les poils ou le duvet dont ils sont couverts, & de les mettre dans des petits ou grands barils dans lesquels on les arrange, de façon que chaque couche de Concombre est séparée de la suivante par une couche de sel; on y ajoute des feuilles de cerise, de l'anet, quelquefois du fenouille ou telle autre plante aromatique; les tonneaux arrangés d'après cette méthode, sont alors exactement fermés & bien cerclés, & on finit par les remplir d'eau, pour laquelle la moins dure, telle que l'eau de rivière, est préférable à toute autre. Si l'on place ces tonneaux dans un endroit chaud, la fermentation s'y établit après quelques jours; &, au bout de ce tems, les Concombres seront bons à manger. On prétend, en Allemagne, que les tonneaux en bois de chêne accélèrent la fermentation plus que ceux faits avec un autre bois.

Propriétés Médicinales des Concombres.

Les semences sont au nombre des quatre semences froides; l'émulsion que l'on en prépare est utile dans les maladies inflammatoires; elle calme les ardeurs des urines & en favorise également le cours; prise pendant trop long-tems ou en trop grande abondance, elle affoiblit l'estomac & la digestion. Le suc des Concombres ordinaires a été recommandé par plusieurs Médecins anciens dans les affections de poitrine & dans la pulmonie: plusieurs Modernes l'ont également employé dans les mêmes maladies, &, à ce qu'ils disent, toujours avec succès; la fièvre lente, qui accompagne presque toujours ces maladies, quand elles sont parvenues à un certain degré, a cessé presque subitement après l'usage des Concombres. Dans le crachement de sang, les Concombres se sont souvent signalés; une personne qui, pendant plusieurs années, en fut incommodée, se vit radicalement guérie, après avoir mangé pendant quelque tems une certaine quantité de Concombres crus. Le suc exprimé a produit le même effet, lorsque les malades en faisoient usage pendant quelque tems.

Les Concombres regardés comme aliment.

Les Concombres sont, en général, peu nourrissans & difficiles à digérer. Ils ne conviennent par conséquent ni aux gens âgés ni à ceux qui ont la digestion dépravée. Comme ils sont très-rafraîchissans, ils occasionnent souvent à ceux qui en ont mangé une trop grande quantité, des diarrhées ou des coliques assez difficiles à guérir.

Dans les pays où l'on cultive les Concombres en grand, on en donne quelquefois aux bestiaux, qui en sont très-avides; on fera cependant bien de les mêler toujours avec d'autres substances, comme farine, son, &c. lorsqu'on les donne seuls & sans mélange, ils causent quelquefois un dévoiement & même des maladies très graves, sur-tout aux cochons. Quelques Cultivateurs Allemands ont l'usage de conserver pour l'Hiver, les débris ou les écorces de Concombre, en les mêlant avec une quantité suffisante de sel dont ils remplissent de grands tonneaux; ils s'en servent alors comme d'un bon supplément pour la nourriture des bestiaux; on prétend que, sous cette forme, ils deviennent moins nuisibles; les vaches laitières sur-tout s'en trouvent très-bien, & on prétend que cette nourriture leur augmente le lait. (M. Gruvel.)

CONCOMBRE. En Saintonge, dit M. Duchesne, on donne ce nom à une pasteque à chair ferme, que l'on mange fricassée. Voyez Dict.

de Botanique, article COURGE laciniée. (*M. REYNIER.*)

CONCOMBRE à semences simples. *Sicyos angulata* L. *Voyez* Siciote anguleuse. (*M. THOUIN.*)

CONCOMBRE à très-petit fruit. *Melothria pendula* L. *Voyez* Mélothrie pendante. (*M. THOUIN.*)

CONCOMBRE de carême. Nom d'un pastisson, l'une des races principales du pépon polymorphe de M. Duchesne. *Voyez* COURGE à limbe droit. (*M. REYNIER.*)

CONCOMBRE d'Egypte. *Momordica luffa* L. *Voyez* Momordique anguleuse. (*M. THOUIN.*)

CONCOMBRE de la Chine en serpent. *Trichosanthes anguina* L. *Voyez* Anguine à fruit long. (*M. THOUIN.*)

CONCOMBRE de Turquie. *Cucumis flexuosus* L. *Voyez* Concombre serpent, n.° 3. (*M. THOUIN.*)

CONCOMBRE de Malte ou de Barbarie. Nom d'un giraumon distingué du précédent par ses bandes. *Voyez* COURGE à limbe droit. (*M. REYNIER.*)

CONCOMBRE d'Hiver. Nom d'un giraumon ou sous-variété du pépon polymorphe de M. Duchesne. *Cucurbita pepo* L. *Voyez* COURGE à limbe droit. (*M. REYNIER.*)

CONCOMBRE sauvage ou aux ânes. *Momordica elaterium* L. *Voyez* Momordique rude. (*M. THOUIN.*)

CONCORDANCE ou SYNONYMIE.

La Concordance est l'exécution d'un moyen facile à saisir, pour que chacun entende de quelle plante Clusius, Pluknet ou tel autre Ancien parlent ; si c'est de la même ou d'une autre. La Concordance ou la Synonymie est, en un mot, le tableau des noms divers qu'a reçus la même plante. Ce travail immense a été entrepris & non achevé, après quarante ans de travail, par Gaspard Bauhin, dont l'immortalité sera le prix.

Quand Linnée ne seroit pas l'Auteur du systême sexuel, il auroit sauvé la Botanique, en la débarrassant des longues & insipides phrases, qui rebuttoient les Elèves, & par l'introduction d'un nom spécifique, simple, souvent caractéristique, dont il a accompagné le nom générique, qu'il a souvent changé ou réformé. Cette nomenclature nouvelle, en soulageant la mémoire & en rendant l'accès de la science plus facile, n'excluoit pas la connoissance des travaux importans de ses Prédécesseurs; elle sembloit au contraire la préparer. Le PINAX, titre de l'Ouvrage de G. Bauhin, n'étoit pas dans les mains de tout le monde ; Linnée, en publiant son *Species Plantarum*, sans en donner une Synonymie complette ou achevée, a répandu de plus en plus la lumière sur l'étude d'une Science infiniment agréable. Il a donné, sous chaque genre, la liste des noms que les espèces avoient reçus par les Auteurs, en exposant leurs phrases descriptives. Il avoit profité de l'Ouvrage de G. Bauhin, dont les vues avoient été trop sublimes pour ne pas retourner à l'avantage de la Science. Mais il n'y avoit encore rien de fait pour ceux qui, manquant des connoissances préliminaires, qui ne s'acquièrent que par l'étude & le travail, ne pouvoient entrer dans cette carrière. Il étoit réservé à la fin du dix-huitième siècle de l'ouvrir, même à ceux qui n'entendent que la langue Françoise. Le Dictionnaire de l'Encyclopédie Botanique, en donnant les noms génériques & spécifiques François, exécute une grande entreprise. Elle porte sur une base solide par les citations des phrases latines anciennes & modernes, qui jettent des lumières sur les articles, en même-tems qu'elles présentent des synonymes exacts. C'est donc une Concordance ou une Synonymie réelle toujours offerte à ceux qui voudront vérifier ou acquérir des connoissances particulières. C'est, pour le dire en un mot, le Pinax donné & continué.

On voit maintenant la possibilité d'étudier & d'apprendre la Botanique, sans le secours d'une langue étrangère, & ce qui est presque aussi louable, on fait nécessairement disparoître un très-grand nombre de noms François anciens; les uns baroques, les autres composés de plusieurs mots dont la liaison forme une absurdité, lorsqu'on l'applique à un végétal ; tous inventés par l'ignorance & conservés par une sotte prévention : ces noms qui étoient imposés dans toute la France, presque toujours diversement aux mêmes plantes, de sorte qu'il étoit impossible de s'entendre, & qu'à cet égard, la Botanique restoit dans un état ignoble auprès des autres Sciences, auxquelles chaque jour apporte de nouvelles illustrations. (*F. A. QUESNÉ.*)

CONCORDES. On donne ce nom, dans les *Amusemens physiques par Groot-Jan*, à une division des œillets, dont la fleur est de deux rouges différens, disposés en panaches ou piquetés. Quelques variétés de ce genre sont estimées. *Voyez* ŒILLET. (*M. REYNIER.*)

CONCRÉTION, aggrégation de petits graviers qui se rencontrent dans certains fruits, tels que ceux du poirier de bon-chrétien, de messire-jean, du coignassier, &c. On dit que les fruits sont pierreux, lorsqu'ils renferment de ces sortes de Concrétions. (*M. THOUIN.*)

CONDAMINE. Nom que l'on donne, à Caussade, en Quercy, à la terre végétale. (*M. l'Abbé TESSIER.*)

CONDORI, *ADENANTHERA.*

Genre de plante de la famille des LÉGUMINEUSES, qui comprend deux espèces; ce sont des arbres sans épines, à feuilles deux fois aîlées, persistantes d'un beau feuillage, à fleurs petites, disposées en épi lâche terminant les branches. Ils sont étrangers, & ils ne se cultivent dans notre climat qu'en serre-chaude. Ils conviennent dans les collections d'arbres rares & dans les jardins de Botanique.

Espèces.

1. CONDORI à graines rouges.

ADENANTHERA pavona L. ♄ Inde, la Côte du Malabar.

B. CONDORI à feuilles glauques.

CORALLARIA parviflora. ♄ la Chine, les Moluques.

2. CONDORI à graines noires.

ADENANTHERA falcata. L. ♄ les Moluques.

Nota. On trouvera sous Langit l'*arbor cœli* de Rumphe, que Linnée avoit soupçonné devoir être de ce genre.

1. Le Condori à graines rouges est un arbre de quatre-vingt-pieds de hauteur; l'écorce de ses branches est lisse. Ses feuilles ont douze à quatorze pouces de longueur & moitié moins de largeur. Elles sont composées d'une côte commune, à laquelle ne sont point attachées les folioles, mais quatre ou cinq autres côtes qui en sont garnies, & qui forment une seconde division dans chaque feuille. Les folioles sont d'une forme ovale, longues d'un pouce & demi, larges de neuf lignes, verd foncé dessus, clair dessous. Aux fleurs qui sont petites & disposées en épis lâches au bout des branches, succèdent des gousses longues qui renferment des graines dures, lisses & d'un beau rouge. Cet arbre croît dans le Malabar; il ne fleurit que vingt ans après qu'il a été semé. Il vit plus de deux cents ans; il est toujours verd.

Dans la variété, les folioles sont pointues & d'un verd de mer. B. Elle se trouve à la Chine & dans les Isles Moluques. Les feuilles sont persistantes.

2. CONDORI à graines noires. C'est un arbre dont la tête est large & touffue; ses feuilles sont branchues ou à deux divisions, comme dans le précédent dont elles diffèrent, parce que les côtes, propres aux folioles placées alternativement, en soutiennent dix à vingt-cinq paires. Elles sont petites, ovales, d'un verd foncé en dessus, blanchâtres & cotonneuses en dessous. Les fruits de cet arbre sont des gousses en forme de faucilles, elles renferment des graines noires, un peu plus larges que de grosses lentilles & à-peu-près de la même forme. Cet arbre croît dans les Moluques, dans les lieux ouverts, exposés au soleil; il est toujours verd.

Culture. Rumphe, le seul qui parle, avec quelques détails, de ces arbres, dit qu'ils sont cultivés dans leur pays natal, autour des habitations, à cause de leur belle cime étendue, de la beauté du feuillage, relevée d'abord par les fleurs, puis ensuite, à la maturité des graines, par leurs cosses qui s'ouvrent & laissent paroître des graines d'une couleur prononcée. Il ne donne aucuns détails sur les soins que cet arbre exige; il dit seulement qu'il préfère les terres légères & sablonneuses. Il remarque enfin une circonstance des fleurs de cet arbre, dont d'autres espèces de ces mêmes climats nous avoient déjà donné l'exemple; elles sont d'abord blanches & passent au jaune, avant de se faner.

Miller avoit reçu des Indes des graines de la première espèce, qui lui ont procuré plusieurs plantes qu'il dit croître fort lentement. Il sembleroit qu'il en auroit tenté la culture, autrement que par les moyens efficaces de la serre-chaude, puisqu'il ajoute tout de suite sur la deuxième espèce; mais elle est si tendre qu'elle exige la serre-chaude. Au reste, il vante la largeur des feuilles, leur verdure. Nous croyons que les graines de ces arbres de la famille des légumineuses, qui conservent communément, pendant plusieurs années, leur qualité germinative, leveroient bien sous un chassis, & que leur jeune plant soigné, comme nous l'avons déjà exposé article CODIGI, feroit des progrès. Nous avons en notre faveur le témoignage du Cultivateur que nous venons de citer, qui parle d'individus de la deuxième espèce, qu'il a vus de deux pieds de hauteur.

Usages. Le bois du n.° 1 est rouge dans le cœur & fort dur; il est employé dans l'Inde pour les arts, ainsi que ses graines qui, détrempées & pilées avec le storax, servent à recoller les morceaux brisés des vases précieux. L'égalité de leur poids les a fait admettre dans le commerce de l'orfévrerie, pour peser l'or & l'argent; & ce qui est plus recommandable, elles nourrissent le peuple du Malabar.

Le bois du n.° 2 est d'un blanc rougeâtre, léger; on en fait des boucliers. En Europe, le Condori embelliroit les serres-chaudes, dans lesquelles il jetteroit au moins de la variété. (*F. A. QUESNÉ & REYNIER.*)

CONDRILLE, *CONDRILLA*. L. *PRENANTHES*. L.

Genre de plantes herbacées, de la famille des SÉMIFLOSCULEUSES ou CHICORACÉES, voisin des crépides & des lampsanes dont il diffère; des premières par son calice serré contre la fleur, &, pour le port; des secondes, par ses aigrettes. Ces plantes sont toutes des régions tempérées, & quelques-unes peuvent servir à la décoration des jardins.

Espèces.

* *Fleurettes sur plusieurs rangs.*

1. CONDRILLE effilée ou en jonc.

CHONDRILLA juncea. L. sur les bords des champs, dans les ravins.

2. CONDRILLE élégante.

CREPIS *pulchra*. L. ☉ dans les lieux arides de la France & de l'Italie.

3. CONDRILLE crépoïde.

CHONDRILLA *crepoïdes*. L. ☉.

4. CONDRILLE à tige nue.

CHONDRILLA *nudicaulis*. L. en Egypte, près des pyramides, dans l'Amérique septentrionale.

** *Fleurettes sur un rang.*

5. CONDRILLE osière.

PRENANTHES *viminea*. L. sur les bords des vignes de l'Europe méridionale.

6. CONDRILLE des murs.

PRENANTHES *muralis*. L. ☉ sur les vieux murs & dans les lieux ombragés.

7. CONDRILLE purpurine.

PRENANTHES *purpurea*. L. ♃ dans les bois montagneux.

8. CONDRILLE à feuilles menues.

PRENANTHES *tenuifolia*. L. ♃ des mêmes lieux.

9. CONDRILLE élevée.

PRENANTHES *altissima*. L. de la Virginie & du Canada.

10. CONDRILLE paniculée.

PRENANTHES *chondrilloïdes*. L. ♃ de l'Europe méridionale.

11. CONDRILLE du Japon.

PRENANTHES *Japonica*. Th. du Japon.

12. CONDRILLE blanche.

PRENANTHES *alba*. L. de l'Amérique septentrionale.

13. CONDRILLE rampante.

PRENANTHES *repens*. L. de la Sibérie.

14. CONDRILLE pinnée.

PRENANTHES *fruticosa*. L. de Ténérife entre les rochers.

Espèces moins connues.

PRENANTHES *integra*. Th.
PRENANTHES *debilis*. Th.
PRENANTHES *Chinensis*. Th.
PRENANTHES *dentata*. Th.
PRENANTHES *hastata*. Th.
PRENANTHES *humilis*. Th.
PRENANTHES *multiflora*. Th.
PRENANTHES *legrata*. Th.
PRENANTHES *squarrosa*. Th.

Les Condrilles sont toutes des pays tempérés, & peuvent être cultivées en pleine terre dans notre climat, excepté néanmoins celle n.° 14, & peut-être les espèces du Japon, que nous ne connoissons que par le rapport de Thunberg. Les espèces annuelles doivent être semées, au Printems, dans des bassins préparés à cet effet; elles lèvent au bout de quinze jours, plus ou moins, & depuis cette époque, elles n'exigent d'autres soins que d'être débarrassées des mauvaises herbes de tems en tems. Leur graine aigrettée rend la dissémination très-facile, & un jardin est bien-tôt infesté de quelques espèces qu'on cultive par curiosité. Les espèces 1, 2, 4, 5, 6, ont cet inconvénient; mais, comme on ne les cultive que dans les jardins de Botanique, on a soin d'arracher tous les Printems les pieds inutiles.

Les espèces vivaces passent très-bien l'Hiver dans nos jardins, & n'exigent aucuns soins de plus que les espèces annuelles. Leur tige est plus forte, plus élevée, & se termine, dans quelques-unes, par une panicule très-étalée & d'une forme élégante. Ces Condrilles figureroient très-bien dans les bosquets, sur-tout dans les lieux rocailleux. L'espèce, n.° 7, y produit un charmant effet, & devroit y être multipliée. Quant aux espèces de l'Amérique & du Japon, plusieurs paroissent avoir leur genre de beauté, mais n'ayant pas encore été cultivées dans nos jardins, nous pouvons seulement présumer qu'elles y réussiroient sans peine.

Quant à la Condrille pinnée n.° 14, qui forme une espèce d'arbrisseau, nous pensons que, si on l'apporte en Europe, il devra être traité comme une espèce analogue de laitron, originaire du même pays, qui est cultivé depuis quelques années à Paris. *Voyez* LAITRON. (*M. REYNIER.*)

CONDUIRE. En jardinage, Conduire les eaux, le feu, la chaleur, &c., c'est les diriger d'un lieu dans un autre, & pour cela, l'on fait usage de différens moyens qui sont indiqués à l'article CONDUIT. *Voyez* ce mot. (*M. THOUIN.*)

CONDUIT. Canal ou tuyau qui sert, en jardinage, à diriger les eaux, le feu, la chaleur, &c. & à les faire passer d'un lieu dans un autre.

Les Conduits sont ou en fer, en plomb, en tôle, en bois, ou en grés, suivant l'usage qu'on se propose d'en faire, ou l'économie qu'on veut apporter dans leur construction; quelquefois même ce ne sont que de simples rigoles.

Les Conduits de fer ou de fonte & ceux de bois ne sont guère employés que pour conduire un volume d'eau un peu considérable, d'une pièce d'eau à de grands bassins, parce que leur moindre diamètre n'est presque jamais au-dessous de quatre pouces. Ils servent le plus ordinairement à conduire les eaux de l'extérieur aux réservoirs placés dans l'intérieur des possessions.

Les tuyaux de plomb sont assez généralement employés dans l'intérieur à conduire les eaux du réservoir, aux bassins pratiqués dans les différentes parties des jardins; quelquefois, pour diminuer la dépense première d'acquisition, on leur substitue des tuyaux de terre cuite ou de grés : mais si ces derniers sont moins coûteux, ils durent aussi bien moins de tems. Ils exigent d'ailleurs de fréquentes réparations, qui sont perz dre souvent tout le fruit de l'économie qu'on s'étoit promis.

Dans les jardins potagers, & sur-tout dans les marais, on se sert de rigoles de terre, de maçonnerie ou de gouttières, pour conduire les eaux à la surface de la terre, dans les bassins ou les puits, & en général, dans les différens quarrés où l'on en a besoin. *Voyez* le mot Rigole.

On appelle Conduits de chaleur des canaux pratiqués en briques ou en tôle, qui sont disposés dans les serres-chaudes, pour y entretenir le degré de chaleur convenable à la nature des plantes qui y sont cultivées. *Voyez* Canal de chaleur.

Les Conduits du feu sont ceux qui reçoivent la fumée en sortant du fourneau, & la conduisent dans les serres-chaudes pour les échauffer. On les construit ordinairement en briques, quelquefois en tôle, & rarement en pierre.

Les Conduits d'air ne sont en usage que dans les serres à tannées. Ce sont des tuyaux de tôle placés vers le milieu des serres, dont un bout à l'intérieur est bouché par un tampon que l'on met & que l'on ôte à volonté, & dont l'autre extrémité qui se termine par un coude à girouette, sort au-dehors. Ces Conduits servent à chasser des serres le superflu de la chaleur ou l'humidité surabondante. (*M. Thouin.*)

CONE. Un Cône (*Strobilus.*) est un assemblage de loges applaties sous des écailles placées circulairement autour d'un axe commun, formant la surface d'un corps ligneux, large & presque rond à sa base, qui s'amincit en se prolongeant, & qui se termine d'une manière obtuse. C'est le péricarpe ou le fruit des pins, sapins, melèzes & autres arbres de la famille des Conifères. Dans le Melèze de Sibérie (*Pinus larix Siberica.*), les Cônes sont de moitié moins longs & plus menus que la dernière phalange du petit doigt; dans le cèdre du Liban (*Pinus cedrus.* L.) & dans le pin cultivé (*Pinus pinea* L.), ils sont de la grosseur de deux poings réunis. Voilà les deux extrêmes de leur grosseur. Ils sont placés verticalement sur les dernières pousses, dans le beaumier de Gilead (*Pinus balsamea.* L.), pendans à l'extrémité des branches dans plusieurs épicéas & sapinettes, &c. Ils naissent d'une couleur de pourpre éclatant, dans le melèze de Sibérie, du milieu d'une petite touffe de feuilles du plus beau verd qu'offre le Printems. Les Cônes restent long-tems sur les arbres jusqu'à ce que, ne recevant plus de la sève la fraîcheur de la vie, & que le corps ligneux se desséchant à l'extérieur, les écailles se détachent ou s'étendent, & laissent échapper des graines qui se disséminent à la faveur d'une aile ou membrane extrêmement mince, dont le plus grand nombre des espèces est pourvu, & qui n'est que la prolongation de l'écorce de la semence.

Les graines se conservent très-bien dans les Cônes, & autant que possible; il est préférable de conserver de cette manière celles qu'on destine à des semis, à moins que les frais de transport ne s'y opposent. Ces semences, renfermées avec un si grand appareil, résistent aux froids des cercles polaires; & les arbres qui les portent, sont les derniers qu'on rencontre, en s'approchant des pôles.

Usage. Les Cônes n'avoient fourni que quelques embellissemens aux arts imitatifs, jusqu'à ce que M. Dambourney, Négociant de Rouen, Membre de plusieurs Académies & Sociétés savantes, connu par des expériences sur la teinture, que les succès ont presque toujours couronnées, ait tiré des Cônes du pin résineux (*Pinus maritima.* L.), une couleur de marron rougeâtre, fort riche. *Voyez* le Recueil de Procédés & d'Expériences de cet Auteur. (*F. A. Quesné & Reynier.*)

CONFERVE,

CONFERVE, *CONFERVA.*

Genre de plante dont les organes de la fructification ne sont point apparens, de la famille des ALGUES, qui comprend vingt-une espèces. Ce sont des plantes imparfaites aquatiques & marines, composées de filamens ou fibres capillaires, simples ou rameux, ou en roseau, ou avec des articulations, & pourvues de tubercules inégaux. Elles habitent dans les mares, dans les eaux & sur les bords de la Mer. On transporte à la maison & dans les jardins de Botanique celles que l'on peut se procurer pour l'instruction. Ces productions sont en Angleterre de quelqu'utilité dans les Arts : elles ont à Paris, en 1731, vicié les eaux de la Seine.

Espèces.

* *Filamens simples, égaux dépourvus d'articulations.*

1. CONFERVE des ruisseaux.
CONFERVA rivularis. L. filamens très-simples, égaux, très-longs. Les ruisseaux & les fossés aquatiques.

2. CONFERVE des fontaines.
CONFERVA fontinalis. L. filamens très-simples, égaux, plus courts que le doigt. Les fontaines, sur les pierres & autres matières qui s'y rencontrent.

** *Filamens rameux & égaux.*

3. CONFERVE bulleuse.
CONFERVA bulosa. L. filamens égaux, rameux & plus particulièrement vers leur base. Les canaux qui conduisent les eaux, les auges ou conduits des moulins à eau.

5. CONFERVE amphibie.
CONFERVA amphibia. L. filamens égaux, rameux que le desséchement réunit en pointes aigues. Les fossés aquatiques & les endroits où l'eau séjourne par intervalle.

6. CONFERVE des rives.
CONFERVA littoralis. L. filamens égaux, très-rameux, alongés & un peu rudes au toucher. Les rochers du bord de la Mer.

7. CONFERVE verd-de-gris.
CONFERVA æruginosa. L. filameus rameux, mous, très-verds, plus courts que le doigt. Le bord de la Mer, en Angleterre, parmi les varcks; le Golfe de Venise.

8. CONFERVE fourche.
CONFERVA dichotoma. L. filamens égaux & fourchus. Angleterre, dans les fossés des prairies.

9. CONFERVE à balais.
CONFERVA scoparia. L. filamens à filets plumeux, égaux & du même niveau. Les côtes du Bas-Poitou.

10. CONFERVE grillée.
CONFERVA cancellata. L. filamens rameux : filets alternes, courts, fendus en beaucoup de parties, & en position telle qu'il reste un peu de vuide entr'eux & les filamens. Europe, les bord de la Mer.

*** *Filamens anastomosés entr'eux.*

11. CONFERVE réticulée.
CONFERVA reticulata. L. filamens réunis en forme de réseau. Les mares, le bord des ruisseaux où elle se remarque comme de la toile d'araignée & souvent flottante.

**** *Filamens noueux & articulés.*

12. CONFERVE des rivières.
CONFERVA fluviatilis. L. filamens très-simples, en forme de soie, redressés, à articulations épaisses & anguleuses. Au fond des eaux, dans les rivières où elle est attachée sur les pierres.

13. CONFERVE gélatineuse.
CONFERVA gelatinosa. L. filamens rameux, en chapelets, formés par des articulations globées & gélatineuses. Les ruisseaux & les fontaines.

14. CONFERVE capillaire.
CONFERVA capilaris. L. filamens très-simples articulés, les articulations alternativement comprimées. Les étangs & fossés aquatiques.

15. CONFERVE coralline.
CONFERVA corallinoïdes. L. filamens articulés & fourchus. La Mer, en Europe. Elle est d'une couleur blanche & rougeâtre.

16. CONFERVE chaînette.
CONFERVA catenata. L. filamens articulés, les articulations rondes. Sur les bords de la Mer, au midi de l'Europe & de l'Amérique.

17. CONFERVE polymorphe.
CONFERVA polymorpha. L. filamens articulés, à ramifications en faisceau. La Mer, en Europe.

18. CONFERVE errante.
CONFERVA vagabonda. L. filamens ramifiés très-menus, à articulations diffuses. La Mer, en Europe. Elle flotte au milieu des eaux.

19. CONFERVE pelotonnée.
CONFERVA glomerata. L. filamens articulés, très-ramifiés, les dernières ramifications plus courtes, plus multipliées & tassées. Europe, les fontaines, les ruisseaux & les fossés aquatiques.

20. Conferve de roche.

Conferva rupestris. L. filamens articulés, très-rameux & verds. Europe, sur les rochers maritimes.

21. Conferve égagropile.

Conferva ægagropila. L. filamens articulés, très-rameux, très-serrés dans leur centre, & formant une boule. Suède, Danemarck, dans les lacs : observée aussi en Angleterre.

22. Conferve mucilagineuse.

Conferva mucilaginosa. Reyn. sur les rochers humides des montagnes topheuses de la Suisse & de la Savoie.

Culture. Les Conferves ne sont point susceptibles de culture. Elles sont placées dans le règne végétal, & elles forment peut-être un des premiers chaînons qui l'unit au règne minéral. On n'en connoît point les semences, & à y regarder de près, on ne voit en elles presque rien de ce qui fait dire affirmativement : tel être est un végétal. Ces plantes sont donc considérées comme imparfaites. On est obligé d'aller chercher à la campagne la plupart des espèces, que l'on peut se procurer pour les démonstrations. Ces productions aquatiques ne se conservent point hors de l'élément qui leur est propre, & leur transport au loin nécessite des précautions d'emballage en mousse, qu'il faut rafraîchir souvent. On les place dans des terrines remplies d'eau, aux endroits que la classe leur assigne dans l'Ecole.

Cependant il en est quelques espèces qui sont le fléau des Jardiniers, telles que la première & la deuxième. Elles se multiplient à un tel point qu'elles couvrent les eaux des bassins, nuisent à la transparence des eaux, & diminuent les effets qu'on peut attendre de leurs masses bien distribuées. Le seul moyen de s'en débarrasser, lorsqu'une fois elles se sont emparées d'un bassin, c'est de le vuider, de le nettoyer avec soin, & même de changer l'enduit du fond & des parois. Mais le plus sûr moyen de s'en garantir, est toujours d'employer les eaux les plus courantes, & de leur ménager tous les moyens de se renouveller.

Vertus & Usages.

Le tact découvre dans les Conferves des qualités malignes. On a remarqué que l'impression qu'elles laissent à la peau, lorsqu'on les a pressées dans la main, a des rapports avec l'action de la chaleur trop exaltée de l'eau, sur les houppes nerveuses du tissu cellulaire. Les maladies qui régnèrent à Paris, en 1731, furent des sécheresses de bouche & de l'âcreté dans la gorge, dont il résulta des esquinancies & autres accidens. On les attribua à la multiplication de la Conferve des rivières, qui communiqua aux eaux de la Seine ces principes morbifiques. (*Voyez* M. Valmont de Bomare & les Mémoires de l'Académie.) Le N.° 1 s'emploie, dit-on, avec succès dans les contusions & les fractures.

En Angleterre où le drapeau nécessaire à la fabrication des papiers est fort rare, on se sert, dit-on, des filamens de ces productions aquatiques, pour faire des papiers d'emballage. (*F. A. Quesné.*)

Observations & Expériences faites sur les Conferves par M. Ingenhousz.

M. Ingenhousz, un des Physiciens le plus savant de nos jours, a entrepris un grand nombre d'expériences sur les Conferves, sur-tout sur l'espèce la plus commune, ou celle des ruisseaux. L'application heureuse, que ce Savant a toujours su faire de ses découvertes, pour le bien de l'humanité, nous a engagés de donner ici par extrait tiré des Ouvrages de ce Savant, une des expériences que l'on trouve répandues dans ses Ouvrages : nous nous flattons que les Lecteurs nous en sauront gré.

Observations sur la nature & la structure de la Conferve rivularis.

« On connoît assez la Conferve rivularis, cette plante filamenteuse que l'on rencontre presque dans toutes les rivières & ruisseaux, & sur-tout dans les grandes cuves, bassins ou réservoirs d'eau. On en trouve un grand nombre d'espèces, que l'on peut voir dans Linneus. Je ne parlerai que de celle que j'ai examinée le plus fréquemment, & qu'on trouve ordinairement dans les réservoirs d'eau ou bassins de jardins, ou dans presque tous les ruisseaux.

Ses filamens, très-différens en épaisseur, sont noués, ayant des espèces de valves ou intersections, par lesquelles ils sont divisés en différentes partitions. En les examinant au microscope, on trouve que ce sont des tuyaux transparens, sans aucune couleur, ressemblent à des tubes capillaires de verre blanc, remplis d'un nombre prodigieux de petits corpuscules ronds & ovales, de la même grandeur & forme que les insectes qui sont les rudimens de la matière verte. Ces corpuscules sont enveloppés dans une matière glutineuse, plus ou moins verte, lorsqu'on coupe les filamens de la Conferve en très-petits morceaux, & qu'on les expose au foyer d'un microscope, on voit souvent couler des bouts coupés de ces tuyaux, tous ces petits corpuscules encore enveloppés dans leurs nids glaireux (1). Cette matière glutineuse ne paroît

(1) Ceux de nos Lecteurs qui ont occasion de se procurer les Ouvrages de M. Ingenhousz, peuvent consulter le Vol. II de ses *Nouvelles Expériences & Observations*, & où ils trouveront la représentation de ces corpuscules grossis au microscope, tab. I, figure 12. On en trouve également une bonne figure dans Flora Danica de Muler, tab. 881.

pas être aisément miscible avec l'eau, pas même en la remuant ; elle ne s'y dissout que lorsqu'elle se trouve dans un état de putréfaction, ce qui lui arrive très-rarement. Ces corpuscules sont tous sans mouvement, ceux même qui se sont séparés de cette matière tenace, & qui semblent être en liberté dans l'eau, ne montrent point de mouvement sensible au commencement; mais, en les examinant quelques jours de suite, on en verra de jour en jour un plus grand nombre qui ont pris un mouvement progressif, c'est-à-dire, qui paroissent être évidemment des insectes pleins de vie. Au bout de six ou sept jours, on les trouve en général tous vivans, excepté ceux qui sont encore restés collés ensemble, & enveloppés dans la substance glaireuse. Je n'oserois décider si les différentes intersections, ou loges des filamens, ont quelque communication entr'elles. Pour m'assurer si ces insectes vivans que j'observois, étoient les mêmes que les corpuscules enfermés dans les tuyaux de la Conferve, j'ai lavé les filamens de la Conferve dans de l'eau distillée à différentes reprises, pour en détacher tous les insectes, dont il y a toujours un grand nombre attachés à la Conferve, & dont il y en a aussi de répandus dans l'eau, où on trouve ce végétal. Après avoir bien nettoyé ces filamens, j'en exprimois l'eau avec mes doigts, & je la jettois. Je coupois ensuite les filamens avec les ciseaux aussi menu que possible, & je jettois cette masse presque réduite en marmelade, dans un vase rempli d'eau distillée, qui en fut aussi-tôt teinte en verd, & qui fourmilloit alors de ces corpuscules ronds, qui, peu de jours après, commençoient à se mouvoir en tout sens.

Comme notre Conferve croît en abondance dans les grandes cuves de bois, dans lesquelles on tient de l'eau, mais seulement après que la matière verte de M. Priestley a pris son accroissement sur les parois, & qu'elle ne croît que très-rarement dans les cloches ou vases de verre, exposés au soleil, j'ai soupçonné, pendant long-tems, que l'origine de la matière verte de M. Priestley & de la Conferve des ruisseaux étoit la même, & que les petits insectes restent dans les vases de verre, où l'eau est très-tranquille, attachés aux parois, enveloppés ou embarrassés dans une matière qui, par sa ténacité, les empêche de se mouvoir, mais que ces insectes ne se trouvent communément pas assez fortement retenus par la matière glutineuse, moins tenace dans les grandes cuves remplies d'eau, pour perdre tout mouvement, avant de s'être introduits dans les tubes de la Conferve, si tant est que ces êtres soient réellement les mêmes.

Je ne donne cette idée que comme un pur soupçon, tiré de l'origine commune de la matière verte & de la Conferve, & de la ressemblance des corpuscules communs à ces deux êtres.

Si cette idée, que nous développerons un peu plus dans la suite, peut avoir quelque fondement au premier coup-d'œil, elle est néanmoins accompagnée de grandes difficultés. Comment comprendre, par exemple, que du milieu des débris des animalcules verds, qui font l'origine de la matière verte de Priestley, il puisse s'engendrer des filamens blancs, doués d'un mouvement manifeste, qui paroît être plus animal que végétal? Si la matière glutineuse est un dépôt de l'eau, ou une production des animalcules de la matière verte, d'où les filamens doués de mouvement, & dont la croûte glutineuse se trouve entrelacée après quelque tems, tirent-ils leur origine? La grande difficulté de résoudre cette difficulté, vient de ce que ces insectes & ces filamens se produisent même dans des vases clos & renversés dans du mercure. Les fibres vertes & tortueuses, qu'on voit dans la grande tremelle (*Voyez* l'Ouvrage cité, *tabl.* 1, *fig.* 9 & 10.), de même que celles de la tremelle naissante (*fig.* 8, ibid.), sont-elles les mêmes que celles représentées dans les figures 3 & 6, mais grandies par l'âge? Si la tremelle est une plante, d'où tire-t-elle son origine dans les vases fermés, remplis d'eau bouillie, & renversés du mercure, (dans laquelle tout germe d'un être organisé doit périr sans ressource)? Pourroit-on supposer, avec quelque ombre de probabilité, qu'un morceau de viande, qu'on renfermeroit encore tout palpitant dans une telle eau, contienne des œufs & des semences fécondés, des racines ou des germes vivans d'animaux & de végétaux? En réfléchissant sur toutes ces difficultés, je me confonds, je me trouve entouré de merveilles; je vois des effets, & je ne puis en expliquer la cause, sans remonter à la cause suprême, à l'Etre intelligent, qui a créé le tout avec une sagesse & des vues incompréhensibles aux humains.

Dans l'impossibilité de comprendre des phénomènes aussi scabreux, nous devons nous borner à considérer avec attention les faits qui se présentent à nos yeux.

La même eau, séjournant dans trois différens vases, produit généralement trois différens êtres. Sous une cloche de verre, dans laquelle l'eau ne reçoit aucun mouvement, il se produit pour l'ordinaire un essaim d'animalcules verds, ensuite une croûte verte, ou, en d'autres mots, la véritable matière verte de M. Priestley, dans laquelle, après un certain tems, naissent des fibres mouvantes; après quoi, le tout se change en véritable tremelle. Dans les grands bassins ou réservoirs d'eau bâtis en pierre, dans lesquels l'eau est plus ou moins dans un mouvement continuel, il se produit la même espèce d'animalcules, lesquels, au lieu de se coller tous aux parois du bassin, en forme de croûte, se collent la plupart les uns aux autres, & s'attachent ensemble peut-être par une espèce de glu adhérente à leurs corps, & tombent successivement au fond, où ils forment des masses irrégulières ou des corps granulés. Il se forme dans le même bassin plus où moins de notre Conferve, dans les grandes cuves de bois où l'eau est plus tranquille que dans les grands réservoirs construits en pierres, mais moins que dans les cloches, la matière glutineuse donne naissance aux mêmes animalcules; mais elle y forme une croûte verte, musqueuse, plus molle que dans les cloches, parce que la fluctuation plus ou moins grande, mais presque continuelle de l'eau, ne permet pas la consolidation de cette croûte. Il ne s'y produit généralement aucune tremelle & peu de matière verte de Priestley; mais la croûte verte s'y trouve bien-tôt changée presqu'entièrement en Conferve des ruisseaux.

N'y a-t-il pas quelque probabilité que ces différentes productions résultent toutes de la même cause, d'une même origine, mais sous différentes circonstances, de façon que, dans les cloches de verre, les insectes étant assez près des parois qui composent l'étendue d'un si petit vase, s'approchent des parois enduits de matière musqueuse, & s'y trouvent arrêtés; que cette matière glutineuse acquiert, par le repos parfait qui l'empêche de se répandre dans l'eau, une consistance trop solide, pour que les fibres puissent s'alonger avec assez de force pour percer cette croûte, & pour prendre la forme alongée de Conferve, & que, par cette raison, elles restent enveloppées dans cette glu sous la forme de tremelle? Ne pourroit-on pas supposer que, dans les cuves de bois moins grandes que les réservoirs construits en pierres, les fibres enfermées & comme emprisonnées dans la tremelle, trouvant moins de résistance pour s'alonger, dans un enduit de matière glutineuse moins endurcie, franchissent leur enveloppe, s'étendent librement & se développent sous la forme de Conferve. Si cette théorie n'étoit pas dépourvue de vraisemblance, on pourroit l'appliquer à la formation des corps granulés, que l'on trouve ordinairement en grande quantité au fond des grands réservoirs d'eau. Effectivement, dans ces réservoirs pour l'ordinaire très-larges, le mouvement presque continuel de l'eau doit s'opposer à la formation de la croûte verte ou musqueuse, dont la matière, à cause du mouvement continuel, reste répandue dans l'eau; & les animalcules qui, au commencement de leur naissance, se portent la plupart vers la surface de l'eau, ne toucheront, dans un bassin aussi vaste, rarement les parois. Ils se rencontreront, au contraire, successivement vers le milieu; se colleront ensemble; & destitués de vie ou au moins de mouvement, ils se précipiteront au fond, où ils rencontreront d'autres semblables petits pelotons, & s'y joindront. On trouve ordinairement dans les grands bassins moins de Conferve, que dans les cuves de bois, parce la Conferve ne croît que là ou ces fibres peuvent se fixer contre quelque corps que ce soit, c'est ce qui ne se peut faire que difficilement dans les grands bassins, vu que l'eau y est dans un mouvement presque continuel.

J'ai observé plusieurs fois qu'au lieu de la matière verte de Priestley, il se formoit, soit au fond, soit au parois des verres, de petites plantes de notre Conferve, dont la forme & le port n'étoient nullement à méconnoître; mais, comme cette végétation ne se faisoit observer qu'assez rarement, j'aime à croire que ce n'a été que l'effet du hasard. Car je ne saurois m'imaginer qu'un Physicien aussi habile & aussi exercé que M. Priestley ait pu confondre des jeunes Conferves, dont la figure est si bien prononcée, avec une masse musqueuse & informe, comme il décrit la matière verte dans le quatrième volume de ses Ouvrages.

Il arrive quelquefois que l'eau dont il remplissoit les cloches, contenoit quelques particules de Conferve; alors cette plante ne tardoit pas à se développer sous les couches: je remarquois cela, sur-tout lorsque je me servois d'une eau prise dans les arrosoirs du jardin, qui contiennent presque toujours les rudimens de Conferves. La même chose arrivoit beaucoup plus rarement, lorsque je remplissois ces cloches à la pompe même.

Ayant mis à-la-fois au soleil, dans une serre; trente-six vases de verre remplis d'eau de source, dont dix-huit étoient ouverts, & les autres renversés sur des assiettes, il ne s'en trouva qu'un parmi ceux qui n'étoient point couverts, au fond duquel il se produisit, au bout d'une semaine ou plus tard, des petits filamens très-fins, qui cependant ne sont pas parvenus à une hauteur d'un demi-pouce. Au microscope, ces filamens ressembloient à des petits chapelets, composés d'un très-grand nombre de petits corpuscules ronds. Chacun de ces corpuscules ressembloit parfaitement aux corpuscules ou insectes de la matière verte. J'espérois de les voir s'aggrandir & devenir une véritable Conferve bien prononcée; mais, au bout de quelque tems, les filamens s'affaissèrent, &, après quelques mois, le fond du vase ne se trouvoit couvert que d'une espèce de tremelle. J'ai cependant observé, dans d'autres occasions, que ces petites Conferves ont pris un accroissement plus vigoureux, & qu'elles ont étendu leurs filamens à une hauteur plus considérable que celle dont je viens de parler.

Une autre fois, j'avois placé de la *Tremella nostoi*, dans des globes de verre exposés au soleil, & remplis d'eau de source. Parmi ces globes, il s'en trouvoit quelques-uns, dans lesquels, au bout d'environ quinze jours, on voyoit ça &

là des points verds attachés aux parois des globes. De ces points verds, il partoit des fibres vertes en forme de pinceaux, qui flottoient dans l'eau très-visiblement, sur-tout quand on remuoit l'eau. Ces filamens en forme de pinceaux, vus au microscope, ne différoient en rien de ceux de la Conferve des ruisseaux, lorsque cette dernière est dans son état de jeunesse; malheureusement elles n'ont pas grandi, de manière que je n'ai pu suivre leurs développemens. Ce fait paroît cependant indiquer quelque analogie entre la *Tremella nostoc* & notre Conferve; & l'observation microscopique, dont il sera question ci-après, paroît confirmer cette supposition. Cette analogie acquiert encore plus de probabilité par le changement de ces fibres en vraie *Tremella nostoc*, qui eut lieu complettement cinq ou six semaines après; alors, au lieu des fibres flottantes, c'étoient des membranes que je ne pouvois distinguer des membranes ou feuilles du nostoc, que j'avois mis dans ces globes. D'après ce que je viens de dire de la tremelle & de notre Conferve, on pourroit douter si ces deux êtres méritent d'être placés parmi les végétaux. Ils croissent, à la vérité, & s'étendent comme les végétaux; la Conferve pousse même des branches exactement comme eux; mais les polypes d'eau douce poussent des branches de la même manière, & cependant, depuis que M. Trembley a examiné plus attentivement l'économie de ces êtres, on les a généralement placés dans le règne animal, & on les a même reconnus pour des véritables animaux. N'y auroit-il pas quelque probabilité que la tremelle nostoc & la Conferve des ruisseaux soient des êtres intermédiaires entre les animaux & les végétaux, semblables, au moins à quelques égards, à plusieurs de ces corps, que l'on appelle zoophites ou animaux plantes, ou aux insectes qui font les premiers rudimens de la matière verte de M. Priestley. Ces tubes de la Conferve pourroient bien être composés par des êtres de la même nature, qui alors se retireroit dans les petits creux, comme on observe la même chose dans la plupart des coralines ou plantes marines, selon les observations de M. de Jussieu & de M. Ellis.

Lorsqu'on met de la Conferve des ruisseaux dans un bassin rempli d'eau, on voit bien-tôt pousser un nombre prodigieux de filamens très-fins des parois du vase même, & qui s'étendent vers le centre. Ces fibres se trouvent sur-tout près de la surface de l'eau; elles ne font pas une continuation des filamens de la Conferve mise dans l'eau; elles ne paroissent pas même avoir une liaison avec les filamens de la Conferve, & semblent être autant de nouvelles plantes fortement attachées aux parois du vase. En renouvellant de tems-en-tems l'eau, cette nouvelle Conferve grandit & se multiplie assez subitement, & remplit à la fin tout le bassin. N'est-il pas vraisemblable que ces corpuscules ou petits insectes dont nous avons parlé, & dont l'eau dans laquelle croît la Conferve fourmille, produisent de l'une ou de l'autre façon ce végétal, ou pour le moins le germe. Quoiqu'il en soit, il paroît toujours difficile à comprendre de quelle manière cette production prend naissance.

Dans la supposition que ces insectes forment eux-mêmes les tubes de la Conferve, je ne vois pas de quelle manière on puisse expliquer le phénomène, que les tubes ou fibres étant une fois fabriqués, puissent après, non-seulement s'alonger, mais s'élargir & grossir considérablement. Il est également difficile de concilier avec cette supposition une autre observation; c'est, qu'en général, plus ces tuyaux sont petits, moins ils contiennent de ces corpuscules ronds ou ovales, de façon que chaque intersection de ces tuyaux encore jeunes, mais assez spacieux pour contenir quelques douzaines de ces corpuscules ou insectes, n'en contient ordinairement qu'un ou deux, ou bien que ces mêmes tubes étant devenus fort larges, en sont communément farcis. Quoi qu'il en soit, il me paroît probable que cet être croît à la manière des vrais végétaux, au moins après qu'il est parvenu à une certaine grandeur, quelque puisse avoir été sa première origine ou son premier germe.

La *Tremella nostoc* (1) a cela de commun avec un grand nombre de mousses, que la plus grande sécheresse ne sauroit éteindre le principe de sa vie. L'humidité la pénètre presque sur-le-champ, & déploie ses feuilles ou membranes racornies & devenues friables par la sécheresse. Lorsqu'on la réduit toute sèche en poudre très-fine ou en marmelade & quand elle est encore fraîche, elle ne donne, dans l'eau exposée au soleil, que très-peu d'air, & qui est toujours méphitique, tout comme le fait la Conferve des ruisseaux, quand elle est broyée. Mais cette dernière étant entièrement séchée & mise ensuite dans l'eau au soleil, ne donne point d'air méphitique ou déphlogistique, comme fait la tremelle nostoc. Cette singularité est sûrement très-curieuse. L'examen microscopique du nostoc ne présente pas moins de particularités remarquables. Son parenchyme paroît composé d'un tissu très-serré & d'un grand nombre de filamens noueux, semblables à des chapelets composés de très-petits corps ronds, très-régulièrement arrangés entr'eux. Ces chapelets, séparés de la substance des nostoc, ressemblent parfaitement aux filamens de la Conferve, (*Voy.*

(1) Cette plante très-curieuse est de la classe des cryptogames de Linnée. Elle ne présente que des membranes minces & de couleur verte ondulées & pliées très-irrégulièrement. Dans le tems sec, ces membranes sèchent & deviennent cassantes : elles ont alors une couleur sale & noirâtre. La pluie les rend d'abord vertes, & ensuite elles se développent.

tab. I, fig. II de l'Ouvrage cité). Ils font entrelacés étroitement entr'eux, & m'ont paru très-serrés entre deux membranes fort minces, qui constituent les deux surfaces de la feuille. Pour voir distinctement ces chapelets, il faut éparpiller une feuille sous l'eau, & placer les bords déchirés dans une goutte d'eau au foyer d'un microscope très-fort. En plaçant quelques feuilles ou membranes de cette tremelle dans de l'eau distillée, après les avoir bien lavées dans une pareille eau, pour en séparer tout insecte ou autre corps, on trouve, après quelques jours, toute l'eau remplie de corpuscules ronds qu'on ne sauroit distinguer de ceux qui se trouvent dans l'eau dans laquelle on aura mis de notre Conferve de ruisseaux.

Si, par tout ce que j'ai dit jusqu'ici, il paroît vraisemblable que la matière verte de Priestley, la Conferve des ruisseaux & la tremelle nostoc ont beaucoup de rapport entr'elles, relativement à leur origine, il restera toujours un problême assez difficile à résoudre, pourquoi la matière verte, quelque maltraitée qu'elle soit, même réduite en marmelade, continue-t-elle toujours de donner également bien du très-bon air déphlogistiqué au soleil, pourvu qu'elle n'ait pas été séchée, tandis que la Conferve des ruisseaux, ainsi que la tremelle nostoc, réduites en marmelade, perdent tout-à-fait leur faculté d'élaborer cet air: pourquoi aussi cette même Conferve, comme la matière verte de Priestley & la matière verte granulée que j'ai décrite plus haut, perdent-elles, pendant quelque tems, toute vertu de produire de l'air vital, tandis que la tremelle nostoc, quelque sèche qu'elle soit, reprend d'abord dans l'eau sa faculté d'élaborer cet air?

La plupart des Physiciens, qui ont assisté à mes expériences sur les Conferves, ont été frappés en voyant que les corpuscules verds & ronds dont les filamens de la Conferve se trouvent comme farcis, prenoient un vrai mouvement vital, parce qu'il s'ensuivroit à ce qu'ils croyoient qu'un végétal pourroit se changer en animal, sans passer par des métamorphoses intermédiaires. La surprise de ces Messieurs fut encore plus grande, lorsque je leur fis observer que les globules de la Conferve des ruisseaux, après avoir manifesté une vie animale très-sensible, reproduisoient dans la suite une nouvelle Conferve, ou une tremelle. On peut, à la vérité, faire une objection de grand poids contre l'animalité de ces corpuscules ronds de la Conferve, parce que toute matière corruptible, soit animale, soit végétale, étant infusée dans l'eau, produit des insectes qu'on connoît sous le nom d'animalcules d'infusion. On pourroit dire que la Conferve réduite en marmelade & mêlée avec de l'eau, doit donner naissance aux mêmes animalcules d'infusion qu'on pourroit confondre avec les globules de la Conferve. C'étoit la première objection que je me fus faite à moi-même dès que je m'occupois de ces recherches. Voici comment je procédois pour voir clair dans cette affaire. La Conferve ayant été lavée plusieurs fois avec de l'eau distillée, parce que l'eau crûe contient toujours quelqu'insecte, fut coupée avec des ciseaux, en particules aussi fines que possible, au point qu'elle présentoit une espèce de marmelade, je délayois cette marmelade avec une quantité suffisante d'eau, je la plaçois dans un vase, qui fut exprès couvert d'un morceau de verre pour empêcher à la poussière d'y pénétrer, & exposé à la lumière dans un endroit où le soleil ne pouvoit pas l'échauffer trop. En examinant les parties de la Conferve ainsi préparées au microscope, on s'apperçoit que quelques fragmens des tubes de la Conferve sont encore farcis de globules; qu'un grand nombre est entièrement vuidé, & que d'autres enfin ne sont vuides qu'en partie. On peut alors se convaincre que les tubes de la Conferve sont sans couleur, & que la couleur verte ne leur vient que des animalcules ou corpuscules verts, & de la glu dont ils sont enveloppés. Toute l'eau qui en est devenue verte, paroît remplie de ces corps ronds & verds, enveloppés dans la substance gélatineuse, qui a été exprimée de ces tubes avec les corpuscules ronds. On ne voit, pour l'ordinaire, aucun de ces corpuscules se mouvoir au commencement: tout y paroît dans une parfaite tranquillité. Si la saison est favorable à l'expérience, on voit déjà dès le lendemain plusieurs de ces corpuscules en un mouvement d'oscillation ou de balancement, sans changement de place; le jour après ce mouvement devient plus sensible. Le trois ou le quatrième jour, un grand nombre de ces petits corpuscules changent continuellement de place, & le six ou le septième jour, ils paroissent avoir acquis un mouvement manifeste & vital, s'entremêlant, comme le font tous les animalcules infusoires. L'époque de leur vitalité n'est pas toujours la même, cela dépend en partie du degré de chaleur le plus approprié à leur revification (degré qui n'est pas aisé à déterminer), & en partie de la plus ou moins grande tenacité de la gelée qui enveloppe ces animalcules; car, si cette gelée a trop de consistance, elle retient les animalcules assez fortement pour ne leur permettre aucun mouvement; elle refuse d'ailleurs à se dissoudre dans l'eau dès qu'elle est trop épaisse, &, pour cette raison, la Conferve à filamans épais, d'un verd foncé & rudes au tact, n'est pas si propre à cette observation que celle dont les fibres sont plus minces, plus molles, plus flexibles, plus transparentes & d'un verd moins foncé. La gelée qui enveloppe les globules dans cette Conferve fixe, est beaucoup moins tenace, & se délaie assez facilement dans l'eau, pour ne pas empêcher le mouvement vital des insectes revivifiés. Ces insectes paroissent y être à-peu-près comme les œufs fécondés dans le frai des grenouilles; & ils s'en dégagent, lorsqu'ils ont reçu assez de force vitale pour rompre leur barrière, ou lorsque la glu a pris assez de ténuité pour ne plus s'opposer à leur mouvement.

Les Physiciens, qui ont bien voulu suivre avec moi les progrès de ces expériences, ont été à la fin tous persuadés que les mêmes corpuscules, qui étoient sans mouvement peu après avoir été exprimés des tubes de la Conferve, manifestoient un mouvement vital très-sensible, quelque tems après, & que ce ne pouvoit être que ces mêmes corpuscules identiques; car, si c'étoit des animacules d'infusion nouvellement produits, on ne leur trouveroit pas toujours la même figure qu'au globule de la Conferve, & on y trouveroit encore ces mêmes globules sans mouvement. Mais, comme au bout de quelques jours, aucuns des anciens globules se trouvent sans mouvement, tous les Observateurs, qui ont suivi mon expérience chez moi, étoient d'accord avec moi, que les globules dont sont remplies les Conferves, sont de vrais animalcules (ou peut-être des œufs ou des enveloppes d'animalcules), qui ne paroissent morts dans les fibres de la Conferve que parce qu'ils ne peuvent se mouvoir étant enveloppés d'une glu trop tenace, & qui étant dégagés de cette entrave, reprennent un mouvement vital manifeste. J'ai observé quelquefois que, dès le quatrième jour, ces corpuscules étoient presque tous en vie.

Je crois qu'un degré de putréfaction que subit cette gelation la dissout, & dégage ainsi les animalcules des entraves qui avoient empêché leur mouvement (1).

Je conçois trop la force des préjugés une fois enracinés dans l'esprit, pour vouloir prétendre entraîner tous les Physiciens dans mon opinion, & je me suis mis très-peu en peine, lorsque j'ai rencontré des personnes qui se refusoient à examiner à fond mes expériences, étant une fois prévenues de l'impossibilité du fait. J'ai mis ces Physiciens dans le même rang que ceux qui, jusqu'à présent, n'ont pas pu obtenir sur eux même le petit sacrifice de quelques heures, pour essayer l'influence méphitique nocturne des végétaux sur l'air en contact avec eux, en soumettant cet air aux épreuves, pour reconnoître l'exact degré de sa bonté. Je les considère comme teints d'une espèce de fanatisme déplacé, qui rend trop souvent l'homme presque invinciblement attaché aux opinions qu'il a pris pour certains dogmes, & qui lui inspire même quelquefois une aversion pour examiner les bases d'une opinion qui lui paroît incompatible avec les notions qu'il a déjà reconnues pour infaillibles.

Voici encore une observation que j'ai faite très-souvent, & que je n'ose cependant présenter comme absolument fondée, malgré le témoignage de mes yeux, & quoique ceux à qui je l'ai fait voir, fussent persuadés de l'exactitude de mon expérience: c'est que les fibres ou vaisseaux de certaines plantes, fruits & racines, se changent, dans certaines circonstances, en fibres vertes qui ressemblent, en quelque façon, à une espèce de Conferve. Il m'a paru les voir le plus manifestement dans le parenchyme des pommes de terre. Pour faire cette expérience, je les expose au soleil, dans l'eau, coupés en gros morceaux; au bout de quelque tems, une des solutions putrides commence à se manifester, l'eau devient trouble, ensuite verte. Cette couleur verte est entièrement produite par des animalcules la plupart ronds, les mêmes que ceux qui font l'origine de la matière verte du D. Priestley, comme il en convient lui-même dans ses Ouvrages (*Voyez* vol. 5, pag. 49), où il propose même cette méthode comme la plus expéditive, pour produire la matière verte en abondance. La partie du parenchyme de la pomme de terre, qui se trouve la plus exposée à la lumière solaire, devient aussi verte; & cette couleur pénètre la substance jusqu'à une certaine profondeur. Si on examine la substance verte avec un bon microscope, on trouve que souvent elle est en grande partie fibreuse, & que ces fibres sont des continuations des fibres, qui constituent la substance ou le parenchyme de la pomme de terre; de façon qu'on peut, en suivant ces fibres d'une extrémité à l'autre, observer que l'une de leurs extrémités est verte, tandis que l'autre est encore blanche ou grisâtre, & se perd dans le parenchyme de la pomme de terre. On n'observe pas toujours ces filamens verds, parce que si la putréfaction est très-forte, tout le parenchyme se change en matière putride, & les fibres se trouvent dissoutes & détruites. Ce n'est que dans un degré de putréfaction modérée, qui laisse les fibres dans leur entier, qu'on peut les observer; il est cependant très-difficile de modifier toujours ce degré de putréfaction au point convenable, & le hasard a presque toujours plus de part à la réussite de cette expérience, que les soins de l'Observateur. En exposant ces fibres vertes au soleil dans de l'eau de source, elles fournissent bien-tôt un air vital, & m'ont paru s'alonger & devenir une Conferve à filamens fort minces. Cependant je ne donnerois pas ce dernier fait comme incontestable; car nous voyons souvent naître des

(1) Ce qui est très en faveur de ce que M. Ingenhousz dit sur la nature animale de la Conferve: ce sont les résultats qu'il en a constamment obtenu par l'analyse chimique: la Conferve aussi-bien que la tremelle dont il a été question plusieurs fois, fournissoient toujours les mêmes productions que l'on obtient ordinairement des substances animales. (*Voyez* Ingenhousz, nouvelles expériences & observations. Vol. II, Section X, pag. 119).

Conferves dans de l'eau exposée au soleil, sans qu'on puisse en déterminer l'origine. D'ailleurs il y a des observations où il faut se méfier de ses propres yeux, sur-tout quand il s'agit d'un fait qui ne paroît pas s'accorder avec les loix ordinaires de la Nature. Si le fait que je viens d'exposer, étoit avéré en entier, il s'ensuivroit qu'un végétal se change quelquefois en un autre être d'un genre absolument différent. On sent le danger qu'il y a de soutenir une doctrine qui paroît, à tous égards, un paradoxe, & qu'on ne sauroit prouver que par des faits, contre lesquels il n'y a point de doutes, & que je ne saurois produire moi-même. Nous avons donné, dans le précédent, une partie des observations, que M. Ingenhousz a faites sur la nature de la Conferve & sur l'analogie entr'elle & plusieurs autres végétaux; nous completterons cet article par un extrait des expériences, que ce savant Physicien a faites sur la nature & la bonté de l'air, que la Conferve lui a constamment fourni, & qui paroissent prouver la grande salubrité de ce végétal dans l'économie animale. M. Ingenhousz a presque toujours employé dans ses expériences la Conferve la plus commune, celle que nous trouvons dans tous les bassins, réservoirs d'eau & ruisseaux, celle-ci étant de toutes les autres espèces la plus propre pour de pareilles expériences. Nous conservons, comme nous l'avons fait dans le précédent, presque toujours les propres paroles de ce Savant; nous n'avons changé que quelques mots, dont l'acception n'est pas à la portée de tout le monde.

Voici quelques expériences de M. Ingenhousz, qu'il a faites dans les serres du Jardin Botanique à Vienne :

« J'exposois, dit l'Auteur, six vases globulaires, contenant chacun cent soixante pouces cubes d'espace. Je les avois remplis tous avec de l'eau de source, après l'avoir fait bouillir pendant plus de deux heures; cette eau avoit été versée dans les vases étant encore toute bouillante, afin qu'elle n'absorbât pas quelque portion d'air atmosphérique, en la laissant refroidir à l'air ouvert.

Expérience I.ère. L'eau étant un peu refroidie, je mis dans deux de ces vases environ un pouce cube de Conferve des ruisseaux, dont j'avois arrangé les fibres parallélement. Je liai la partie inférieure de cette tresse en houppe, & je l'attachai à un morceau de bois qui, étant placé en travers à l'orifice du vase, empêchoit que les fibres, chargées de bulles d'air, ne montassent à la surface de l'eau.

Durant les deux premiers jours, il ne s'étoit produit aucun air dans les deux vases, & même quelques bulles d'air, qui adhéroient encore ça & là aux fibres de la Conferve, dans le tems que je l'introduisis dans ces vases, avoient disparu, ayant été absorbées par l'eau. Le troisième jour, au matin, quelques bulles d'air commençoient à se lever de tous côtés de la Conferve; ces bulles s'élevoient, l'après-midi, en grand nombre & continuellement. Lorsque je vis une assez grande quantité d'air ramassé au fond renversé des deux globes, je retirai de l'un d'eux la Conferve; je le plaçai ensuite de façon que son orifice fût en haut, pour obliger l'air à y venir. J'y plongeai une petite bougie allumée; dans le moment que j'en avois éteint la flamme, la mèche, ayant encore du charbon allumé, prit flamme sur-le-champ, & brilla avec une vivacité éblouissante. M'étant ainsi assuré que l'air ramassé dans ce globe étoit de l'air vital, je remplis de l'eau de ce vase une bouteille renversée dans un vase rempli d'eau bouillie; je mis cet appareil assez près du feu pour faire entrer en ébullition l'eau contenue dans la bouteille; aussi-tôt que l'ébullition commença, je retirai la bouteille, dans laquelle se trouva de l'air qui étoit déphlogistiqué. Lorsque je tirai de ce verre globulaire la Conferve, j'observai que l'eau moussoit comme le vin de Champagne ou l'eau minérale de Selter. La Conferve, qui étoit encore dans l'autre vase, continua toujours à fournir une grande quantité d'air au soleil, jusqu'au septième ou huitième jour. L'eau de ce vase étoit tellement saturée d'air qu'en remuant le vase, elle moussoit à l'instar du vin de Champagne; une partie de ces petites bulles s'étant, par les secousses, détachées de l'eau, montoient vers le haut du vase, & une grande partie se fixoit pour quelque tems aux fibres de la Conferve, qui paroissoient en être toutes garnies. Cet air ne pouvoit être produit que par le végétal lui-même, & il étoit si peu adhérent à l'eau qu'un léger mouvement l'en détacha en grande partie. Le dixième jour, le végétal commençoit à se faner, jaunit & périt. Je défis l'appareil, & je trouvai dans la boule environ huit pouces cubes d'air déphlogistiqué. Il étoit d'une bonté de trois cents cinquante-deux degrés, c'est-à-dire, que du mélange d'une mesure de cet air & de quatre d'air nitreux, il restoit un quarante-huitième, ou une mesure entière & quarante-huit centièmes de mesure. Cet air étoit le plus pur que j'eusse obtenu jusqu'alors par le moyen de ce végétal, même en faisant la même expérience, au milieu de l'Eté, à l'air libre, sa qualité ayant été généralement de deux cents soixante à trois cents degrés.»

M. Ingenhousz explique la théorie de l'expérience précédente, d'une manière aussi claire que satisfaisante; il dit : « L'eau bouillie, ayant perdu par son ébullition son air, est fort disposée à en absorber de tous les corps qui en contiennent, & qui sont en contact avec elle. Elle absorboit par conséquent, les premiers jours, tout l'air que la Conferve élaboroit, ainsi que la petite quantité d'air, qui étoit resté ça & là attachés aux fibres de ce végétal, lorsqu'il fut mis dans le vase. L'eau étant à la fin saturée de cet air, le reste monta, en forme de bulles, vers le haut du vase. La quantité d'air que j'obtins de ce végétal dans l'eau bouillie, étoit plus petite que celle que l'on en obtient généralement dans l'eau crûe, parce que l'eau bouillie absorbe & retient de l'air fourni par la plante, autant qu'elle peut en tenir en dissolution, au lieu que l'eau crûe, étant elle-même à-peu-près saturée d'air, refuse d'absorber celui que la plante fournit. L'air, obtenu ainsi dans l'eau bouillie, étoit plus pur que celui que l'on obtient de ce même végétal dans l'eau crûe, parce que l'eau crûe, contenant elle-même beaucoup d'air qui n'est pas déphlogistiqué, en laisse échapper une portion qui diminue la pureté de l'air déphlogistiqué, élaboré par la Conferve. L'eau du premier vase moussoit, lorsque j'en retirois la Conferve, parce qu'elle étoit alors saturée de l'air vital que la Conferve avoit fourni. L'eau de ce vase étant secouée, moussoit encore après que la Conferve avoit cessé de fournir des bulles d'air visibles, parce que le végétal, ayant perdu à la fin sa vigueur, avoit également perdu celle d'élaborer de l'air assez subitement, pour qu'il s'en détachât sous forme de bulles visibles; mais il conserva encore, pendant quelque tems, assez de vigueur pour élaborer cette quantité d'air, qu'il falloit pour tenir l'eau dans l'état de saturation, au moins autant qu'il en falloit pour la faire mousser, en secouant le vase; & cette qualité de l'eau de mousser, lorsqu'on secouoit le vase, ne cessoit qu'après que la Conferve avoit entièrement péri. Cette eau ne moussoit cependant pas toujours, après que le vase avoit été secoué, pas même à l'époque où la Conferve étoit dans sa plus grande vigueur. Elle ne commençoit à acquérir cette qualité, qu'après que le vase avoit resté une ou deux heures au soleil, & cessoit également quelques heures après que le soleil l'avoit quitté. La raison en est que ce végétal, comme tous les autres, n'élabore un air déphlogistiqué qu'au soleil, que cet air ne s'unissant jamais avec l'eau aussi intimement que le fait l'air naturellement contenu dans l'eau de source, la quitte aisément, lorsqu'on secoue le vase dans lequel il se trouve. Le peu d'attraction qu'a l'air déphlogistiqué avec l'eau, fait qu'il la quitte peu-à-peu de soi-même, n'agit plus sur les plantes qui s'y trouvent. L'eau privée ainsi de son air, après le coucher du soleil, perdoit sa faculté de mousser, & qu'elle ne regagnoit qu'après que le soleil avoit rétabli de nouveau dans le végétal l'élaboration de l'air vital.

Expérience II. Je tenois suspendues dans deux autres vases, par le moyen de fils attachés à des morceaux de liège, quelques pièces de différentes étoffes de soie de couleur blanche, écarlate, verte & brune, trempées auparavant dans l'eau bouillie, afin de les dépouiller de tout air.

Il n'y avoit aucune production d'air dans le vase où ces pièces étoient suspendues; l'eau bouillie, ayant perdu tout son air naturel, n'en pouvoit fournir aucun; & les pièces d'étoffe n'ayant pas la faculté d'élaborer de l'air, cette élaboration ne pouvoit avoir lieu que lorsque la corruption de ces substances auroit donné naissance à la matière verte, ce qui n'est pas arrivé pendant le tems de cette expérience.

Expérience III. Deux autres vases ne contenoient que de l'eau bouillie. Comme cette eau ne contenoit aucun air, le soleil ne pouvoit en extraire; aussi il ne s'en trouvoit pas un atôme.

Expérience IV. J'avois rempli d'eau de source le dernier de ces vases, dont la forme & la capacité étoient les mêmes que celles des précédens; j'y avois mis à-peu-près autant de Conferve que j'en avois placé dans les deux de la première expérience.

La Conferve, contenue dans ce vase, commençoit à fournir de l'air, peu après qu'elle fut exposée au soleil. Le lendemain, la quantité d'air, qui se développoit, étoit prodigieuse. Le cinquième jour, cette quantité d'air commençoit peu-à-peu à diminuer, & elle cessa entièrement le septième: la Conferve périt peu de jours après. L'air qui s'étoit dégagé durant ce tems, étoit de quatorze pouces cubes, c'étoit un air déphlogistiqué d'une grande pureté, mais inférieur en qualité à celui que j'avois obtenu dans la première expérience. L'eau moussoit, comme celle de la première expérience, lorsqu'on secouoit le vase; chauffée près du feu, il s'en dégagea une assez grande quantité d'air déphlogistiqué.

L'eau de source, étant elle-même à-peu-près saturée d'air, ne pouvoit guères absorber de l'air déphlogistiqué, que le végétal commençoit à fournir peu après qu'il avoit reçu l'influence du soleil. Cet air paroissoit donc bien-tôt sous forme de bulles, qui montoient sans cesse vers le haut du verre. La quantité de cet air étoit plus grande que dans la première de mes expériences, parce que l'eau n'en pouvoit absorber que très-peu, étant elle-même saturée d'air. Cet air n'étoit pas d'une pureté aussi exquise que celui de l'expérience première, parce qu'il étoit infecté plus ou moins par l'air de l'eau. L'eau moussoit, lorsqu'on secouoit le vase, parce qu'elle avoit absorbé une bonne quantité d'air déphlogistiqué, ayant probablement laissé échapper une partie de son propre air. Cette eau fournissoit de l'air déphlogistiqué, étant échauffée par le feu, quoiqu'elle ne donne que de l'air commun, lorsqu'on l'échauffe sans avoir été enfermée avec un végétal. La raison en est que l'air vraiment enphlogistiqué, élaboré par la plante, s'y étoit mêlé, & que l'air contenu dans de l'eau de la source dont elle avoit été retirée, étoit de l'air commun

Le végétal, à la fin de l'expérience, languit & périt, parce que cette eau avoit perdu la plus grande partie de son air particulier, & qu'elle étoit en contact avec de l'air déphlogistiqué, qui est nuisible à la vie des plantes.

De toutes les plantes que M. Ingenhousz a employées pour ses expériences, la Conferve est celle qui a toujours fourni l'air vital le plus pur & en assez grande quantité, & M. Ingenhousz en concluoit que cette plante pourroit bien être une de celles qui contribuent le plus à la dépuration de l'air; voici ses propres paroles.

« Après avoir démontré ainsi, ce que je pense, que les végétaux répandent dans l'atmosphère une espèce de pluie de cet air vraiment vital, il nous reste à admirer la sagesse du Créateur, qui a accordé aux plantes une propriété merveilleuse & inconnue jusqu'à nos jours, de pourvoir à la consommation des animaux qui habitent la terre. Nous pourrons peut-être tirer un avantage particulier de cette connoissance, en plaçant dans nos appartemens au lieu de pots de fleurs, des vaisseaux remplis d'eau dans laquelle des feuilles de plantes ou cette Conferve auroit été exposée au soleil, ou bien en arrosant avec une telle eau nos appartemens, au lieu de les arroser avec l'eau simple, en plaçant dans les appartemens aux endroits éclairés par le soleil, des vases remplis d'eau, dans laquelle se trouve de la Conferve des ruisseaux, plante que l'on rencontre presque par-tout, & qu'on peut produire dans toutes sortes de vases, & que le Créateur a peut-être multiplié ainsi pour notre utilité. Pour augmenter le bénéfice qui en pourroit peut-être résulter, on devroit changer l'eau tous les jours, & la remuer de tems-en-tems, afin de répandre l'air qu'elle a pompé du végétal. »

Conferves employées comme engrais.

L'usage d'employer comme engrais les différentes plantes marines que la mer entasse souvent en certains endroits des côtes, a été depuis long-tems mis en pratique par des Cultivateurs, dont les terres se trouvent à la proximité des côtes maritimes; mais il ne paroît pas, que l'on ait employé pour le même usage, les différens végétaux que les rivières, ruisseaux & étangs produisent souvent en si grande quantité, sur-tout dans les eaux dont le courant n'est pas fort rapide, au point de nuire à la bonté & à la salubrité de l'eau de rivière. Parmi les plantes dont on pourroit tirer un parti avantageux, à cause de leur production prompte & abondante, plusieurs espèces de Conferves, dont les filamens verds souvent entrelacés en forme de tresse, le distinguent de toutes les autres plantes aquatiques mériteroient d'être employées. L'exemple d'un engrais très-productif, préparé en grande partie des Conferves, qu'un Cultivateur Anglois a employé le premier, & dont nous allons parler ci-après, mérite bien d'être pris en considération par les Cultivateurs qui se trouvent à portée des eaux, dans lesquelles ce végétal ne manque presque jamais.

M. Wagstaff, Cultivateur dans les environs de Norrocit, en Angleterre, a adressé à la Société instituée pour l'encouragement des Arts & Sciences à Londres, une lettre, relativement à ces expériences avec la Conferve des ruisseaux employée comme engrais: cette lettre se trouve dans le Volume septième des transactions de cette Société, en voici l'extrait.

La Conferve que M. Wagstaff employa, fut tirée au commencement de l'Eté, d'un petit ruisseau qui se trouvoit à la proximité du champ destiné à l'expérience, & amoncelée, pour en accélérer la putréfaction quelques semaines après, on apperçut en remuant des morceaux, des vapeurs qui en sortoient, ce qui annonçoit la fermentation parfaite. Ce nouvel engrais fut alors répandu comme d'usage sur la partie d'un champ destiné à la culture des turneps ou gros navets, & on avoit eu soin de distinguer exactement la partie fumée avec la Conferve, de celle qui l'avoit été avec du fumier ordinaire. Une charretée de la même Conferve bien consommée, fut ensuite mêlée avec de la vase tirée de la rivière, & répandue sur un emplacement, dont le sol étoit graveleux; on y planta plusieurs espèces de choux, pour être en état de comparer l'effet de ce nouvel engrais, le propriétaire faisoit planter à côté sur un bon terrein de jardin de la même espèce de chaux.

Le turneps aussi bien que le chou, prirent bien-tôt un accroissement vigoureux, & leurs feuillages & leurs racines acquirent un volume plus considérable que ceux cultivés dans la pièce adjacente, qui n'avoit été fumée qu'avec du fumier ordinaire, de manière que l'engrais des plantes aquatiques, l'emportoit de beaucoup sur l'engrais ordinaire. M. Wagstaff recommande, comme de raison, de n'employer la Conferve & les autres plantes aquatiques, que lorsqu'elles seront parfaitement consommées; & s'occupant dès le commencement de l'Eté à faire retirer de l'eau les plantes que l'on veut employer, en les amoncelant méthodiquement & en les remuant de tems-en-tems, la chaleur de la saison contribuera à y introduire bien-tôt la fermentation & la putréfaction nécessaire sans laquelle le développement des parties fondantes n'a pas lieu.

Notre Cultivateur assure, que les pommes de terre, plantées dans le même champ amendé comme nous venons de le dire, une année après, y avoient encore parfaitement réussi, & le volume qu'elles y prirent, prouvoit clairement, que le champ n'étoit rien moins qu'épuise ; il conclut donc, comme de raison que les plantes aquatiques en général, principalement les Conferves peuvent fournir un excellent engrais, d'autant plus précieux, qu'il n'occasionne que très-peu de dépense. Deux hommes employés pendant quelques semaines à sécher cette Conferve de l'eau en amasseroient dans ce tems une quantité suffisante pour amender une pièce de terre considérable. Une espèce de grand rateau à dents longues & un peu crochues vers l'extrémité, pourroit peut-être servir avantageusement à tirer les conferves de l'eau. Des expériences ultérieures, auxquelles nous invitons nos Cultivateurs françois répandroient sans doute encore plus de lumière sur un objet dont le succès ne paroît que très-avantageux.

Emploi de la Conferve pour la Papeterie.

L'idée d'employer la Conferve à quelques usages domestiques, paroît aussi naturelle. L'aspect de ces filamens déliés & très-souples flottans sur l'eau, a probablement fait naître l'idée de les employer à la filature, ou à quelqu'objet à laquelle la structure de ce végétal pouvoit se prêter, comme cordes, cables, &c. Imperati, Naturaliste Italien, qui vécut dans le seizième siècle, donne à la Conferve le nom de Lin marin, dénomination qui paroît justifier notre idée sur l'emploi de cette plante. Il paroît que, dans le tems moderne, on a fait des essais pour filer la Conferve ; mais ces essais ne paroissent point avoir eu de succès, car les fibres de cette plante quelques flexibles & souples qu'elles paroissent lorsque la plante se trouve dans l'eau, ou lorsqu'elle a encore son humidité naturelle, perdent en se desséchant cette qualité, & deviennent très-cassantes & fragiles. Cette propriété s'explique assez bien par la structure de cette plante, laquelle, comme on a vu dans les expériences de M. Ingenhousz, n'est composée que d'un grand nombre de petits tuyaux emboîtés les uns dans les autres.

Nous ignorons, si différens essais que l'on a faits depuis peu d'années en Angleterre pour employer la Conferve dans les papeteries ont réussi. (1) Feu M. Guettard a fait, en France, plusieurs essais avec les Conferves, les alges & le Varec, mais toujours sans succès. Il dit : (*Voyez* Mémoire de M. Guettard, Vol. I.) « Toutes ces plantes se sont dissoutes par la trituration, sans qu'on ait pu leur donner un corps, & il regarde comme une perte pour la papeterie de ne pouvoir les employer pour le papier ; car elles prennent en desséchant une blancheur qui pourroit les rendre utiles. »

(1) C'est à Leith en Ecosse qu'on a fait plusieurs usages sur cet objet.

M. Guettard croit cependant que l'on pourroit employer la Conferve & les plantes analogues qui se refusent à la solidité nécessaire, en ajoutant à l'eau de la cuve, une eau gommeuse, ou faite avec les rognures des peaux de parchemin, & en employant la compression, pour en rapprocher les fibres. Le papier, que l'on obtiendroit par ce procédé, ne seroit peut-être pas aussi uni que le papier ordinaire, mais cela feroit toujours d'assez bons cartons.

La Nature a probablement fourni la première idée, d'employer les Conferves à l'usage de la papeterie ; car le feutre ou l'espèce de ouatre naturelle que l'on rencontre souvent sur les prairies, ou dans des bas lieux, qui, pendant quelque-tems ont été inondés par des eaux stagnantes, n'est autre chose qu'un amas de Conferves de différentes espèces, dont les fibres se trouvent tellement entrelacées, qu'elles ne présentent qu'un tissu épais, & en apparence assez solide, qui imite assez bien la Ouatre ou le Feutre. Quelques Naturalistes ont donné le nom de papier naturel à cette substance curieuse.

(*Voyez* Lettura del S. strange al Sr. L. Coltelleni, sopra l'origine della carta naturale di Cortona. Pisa 1764.)

CONFUS. On dit qu'un arbre est Confus, lorsqu'il est trop chargé de branches ; c'est un défaut pour le coup-d'œil & pour le rapport. *Voyez*, pour de plus grands détails, le Dictionnaire des Arbres & des Arbustes.

Les Fleuristes disent que les panaches d'une fleur sont Confus, lorsqu'ils ne sont pas terminés sur les bords, mais paroissent se noyer dans la couleur du fond. C'est un défaut à leurs yeux, & ils rejettent toutes les variétés qui y sont sujettes. Les panaches d'une fleur sont également Confus, lorsqu'ils sont trop étroits & comme rentrés l'un dans l'autre. (M. Reynier.)

CONFUSION. On dit qu'il y a de la Confusion dans un arbre, dans une fleur, lorsqu'ils ont les défauts mentionnés dans l'article précédent. (M. Reynier.)

CONGÉABLE. Bail à domaine Congéable. *Voyez* Bail. (M. Tessier.)

CONGENERE (Plantes). Les Botanistes se servent de ce mot pour désigner les espèces, qui composent d'un même genre de plantes, ou en font partie. (M. Thouin.)

CONIFERES. Les arbres *Conifères* sont ainsi appellés, parce qu'ils portent des corps ligneux, nommés *Cônes*, dans lesquels sont enfermées d'abord les parties de la fructification (mais alors ce sont de vrais chatons.), & qui recèlent ensuite les semences destinées à les propager. Ce sont les :

Sapin,	*Abies.*
Pin,	*Pinus.*
Cyprès,	*Cupressus.*

GENEVRIER, *JUNIPERUS.*
IF, *TAXUS.*
SILAO, *CASUARINA.*
UVETTE, *EPHEDRA.*

Ces arbres qui, presque tous, sont toujours verds, composent une des plus intéressantes familles du règne végétal. C'est d'eux que les Arts empruntent tant de secours; l'Economie domestique, pour les lambris, les meubles légers; l'Architecture, pour les bois les plus solides & les moins périssables; la Navigation, pour les mâtures, goudrons, brais, résines, &c. On s'étonne de ce que des arbres d'une aussi grande utilité, & pour la plupart de forme superbe, ne soient pas plus multipliés en France; puisque d'ailleurs ils s'accommodent des fonds les plus ingrats. Le cèdre du Liban (*Pinus cedrus.*) par exemple, est infiniment rare; cependant quel arbre d'un plus bel aspect, d'un port plus imposant? On ne le voit point sans l'admirer, parce que quelque chose de sublime en lui frappe tous les yeux. Ses rameaux étalés semblent être autant de pièces de gazon; il est pour ceux qui s'en approchent, un objet de méditation; il rappelle aux uns la magnificence du plus sage des Rois de l'Orient, aux autres la seule montagne où l'Antiquité le trouva. Combien n'y a-t-il pas, en France, d'endroits incultes, de lieux presque déserts, que l'on ne regarde seulement pas, parce que leur stérilité choque? Eh-bien! c'est-là que l'on pourroit voir croître & se développer le plus beau, le premier peut-être des végétaux; & la succession des tems porteroit à nos neveux, avec des objets dignes d'admiration, de vraies & de solides richesses.

Les arbres Conifères sont répandus dans les quatre parties du Monde; mais c'est sur-tout l'Ukraine & quelques provinces de la Russie, qui fournissent les pins les plus propres aux mâtures par leur hauteur, par leur pesanteur spécifique & leur dureté. Plusieurs espèces de cyprès sont cultivées, mais non pas assez multipliées dans les parties méridionales de la France; & elles ne réussiroient certainement pas toutes dans ses parties septentrionales. Mais on y peut multiplier avec la plus grande confiance, & même dans les endroits les plus marécageux & couverts d'eau en Hiver, le cyprès à feuilles d'acacia (*Cupressus disticha.*), qui perd ses feuilles, & dont la qualité du bois est très-vantée. Ses pousses sont prodigieuses dans un fond bas & argileux, où nous l'avons placé auprès des mélèzes, dont la végétation n'est pas moins étonnante.

La voie de multiplication est une pour ces arbres. La greffe qu'on a essayée avec succès sur les sapins, est moins utile que singulière; les boutures, les marcottes, ou ne réussissent qu'à peine, ou ne procurent que des individus maltournés, rabougris & désagréables. Il faut semer. Pour les semis en grand, *Voyez* l'article SEMIS. Nous observerons seulement, à l'égard des individus de cette famille les plus propres à décorer un côteau, à former un bosquet d'Hiver, &c. que l'on doit éviter de placer sous chassis, ou dans la serre-chaude, les terrines où l'on a déposé la graine, à moins qu'on n'en soit riche & qu'on ne veuille avoir des aînés, mais ils seront plus délicats. (*F. A. QUESNÉ.*)

CONISE, *CONIZA.*

Nom d'un genre de plante, connu en françois sous le nom de Conize ou herbe aux pucerons. *Voyez* CONIZE. (*M. THOUIN.*)

CONISE d'Afrique en arbrisseau, *Tarchonanthus camphoratus*. *Voyez* TARCONANTHE odorant. (*M. THOUIN.*)

CONISE, *CONIZA.*

Genre de plante à fleurs composées, de la division des flosculeuses corymbifères, qui a des rapports avec les *bacchantes*. Il comprend des herbes, arbustes & arbrisseaux, presque tous exotiques, blanchâtres, cotonneux, d'un aspect agréable. Leur hauteur varie depuis quelques pouces jusqu'à douze pieds. Les tiges sont herbaces ou ligneuses, pleines de moëlle, droites, rarement couchées, simples ou rameuses, cylindriques, striées, feuillées. Les feuilles sont simples, ailées & décurrentes dans quelques espèces; alternes ou éparses, ovales-lancéolées, écuminées, pétiolées ou retrécies à leur base en forme de pétiole, entières ou plus ou moins dentées, à nervures, glabres, vertes, blanchâtres ou cotonneuses. Les fleurs sont jaunes, rougeâtres ou purpurines, le plus souvent glomérulées, disposées en corymbe ou panicule terminale, quelquefois solitaires, axillaires & latérales. Leur calice est glabre ou velu, embriqué d'écailles linéaires, ovales, écuminées, barbues, serrées ou lâches.

Le fruit consiste en plusieurs semences oblongues, chargées d'une aigrette simple & sessile.

Ce genre est de la dix-neuvième classe de Linnée.

Espèces.

1. CONISE vulgaire.

CONYZA squarrosa. L. ♂ de la France. Vulgairement l'*herbe aux puces*.

2. CONISE anthelmintique.

CONYZA anthelmintica. L. ⊙ de l'Inde.

3. CONISE cendrée.

CONYZA cerenea. L. ⊙ des Indes orientales.

4. CONISE de Chine.

CONYZA Chinensis. L. de la Chine.

B. La même, à feuilles plus glabres.

Eadem foliis glabrioribus basi in petiolum angustatis. La M. Enc.

5. CONISE lacérée.
CONYZA lacera. Burm. des Indes orientales.
6. CONISE axillaire.
CONYZA axillaris. La M. Enc. de l'Isle de France.
7. CONISE prolifère.
CONYZA prolifera. La M. Enc. de l'Isle de Java.
8. CONISE héthérophylle.
CONYZA heterophylla. La M. Enc. de l'Inde.
9. CONISE pubigère.
CONYZA pubigera. L. de l'Inde.
10. CONISE amplexicaule.
CONYZA amplexicaulis. La M. Enc. de l'Inde.
B. La même, plus petite.
Eadem humilios.
11. CONISE balsamifère.
CONYZA balsamifera. L. ♄ des Indes orientales.
12. CONISE à feuilles d'anserine.
CONYZA chenopodifolia. La M. Enc. de l'Isle de Bourbon.
B. La même, à fleurs plus larges.
Eadem foliis latioribus.
13. CONISE trinerve.
CONYZA trinervis. L. M. Enc. du Brésil.
14. CONISE serrulée.
CONYZA serrulata. L. M. Enc. du Brésil.
15. CONISE de Madagascar.
CONYZA Madagascariensis. La M. Enc. de l'Isle de Madagascar.
16. CONISE fétide.
CONYZA fœtida. La M. Enc. ♃ de la Virginie.
17. CONISE auriculée.
CONYZA auriculata. Lin. fil.
18. CONISE à feuille de pin.
CONYZA pinifolia. La M. Enc. du Cap de Bonne-Espérance.
19. CONISE blanche.
CONYZA candida. L. ♃ de l'Isle de Candie.
20. CONISE à feuilles d'olivier.
CONIZA oleæfolia. La M. Enc. de l'Arménie.
21. CONISE piquante.
CONYZA pungens. La M. Enc. du Caire.
22. CONISE sordide.
CONYZA sordida. L. ♄ du Languedoc.
23. CONISE de roche.
CONYZA saxatilis. L. ♄ de la Provence.
B. La même, à feuilles plus petites.
Eadem foliis brevioribus spathulatis. La M. Enc. de l'Espagne.
24. CONISE argentée.
CONYZA argentea. La M. Enc. ♄ de l'Isle de Bourbon.
25. CONISE à feuilles du peuplier.
CONYZA populifolia. La M. Enc. ♄ de l'Isle de France.
26. CONISE odorante.
CONYZA odorata. L. ♄ de l'Amérique méridionale.

27. CONISE en arbre.
CONYZA arborescens. L. ♄ de l'Amérique mérid.
28. CONISE scorpioïde.
CONYZA scorpioïdes. La M. Enc. ♄ du Brésil.
29. CONISE à feuille de coignassier.
CONYZA fruticosa. L. ♄ de l'Amérique mérid.
30. CONISE lobée.
CONIZA lobata. L. ♄ de Saint-Domingue.
31. CONISE appendiculée.
CONYZA appendiculata. La M. Enc. ♄ de l'Isle de Bourbon.
32. CONISE glutineuse.
CONYZA glutinosa. H. P. ♄ de l'Isle de France.
33. CONISE à feuilles de saule.
CONYZA salicifolia. La M. Enc. ♄ de l'Isle de Bourbon.
B. la même, à feuilles étroites & linéaires.
Eadem foliis linearibus angustissimis. Le bois de fenil de Bourbon.
34. CONISE à feuilles de laurier.
CONYZA laurifolia. La M. Enc. ♄ de l'Isle de Bourbon.
35. CONISE corne de cerf.
CONYZA coronopus. La M. Enc. de l'Isle de Rodrigue.
36. CONISE à feuilles de poirier.
CONYZA pyrifolia. La M. Enc. ♄ de l'Isle de Bourbon.
37. CONISE à feuilles d'héliotrope.
CONYZA heliotropifolia. La M. Enc. ♄ de l'Isle de Bourbon.
38. CONISE à feuilles d'amandier.
CONYZA amygdalina. La M. Enc. ♄ de l'Isle de Bourbon.
39. CONISE émoussée.
CONYZA retusa. La M. Enc. de l'Isle de Bourbon.
Alix salsifolia comm. *vulgairement la saliette, la bien salée.*
40. CONISE à feuilles de mélastome.
CONYZA melastomoïdes. La M. Enc. ♄ de l'Isle de Bourbon.
41. CONISE à feuilles de gremil.
CONYZA lythospermifolia. La M. Enc. de l'Isle de France.
42. CONISE thuyoïde.
CONYZA thuyoïdes. La M. Enc. ♄ du Pérou.
43. CONISE cupressiforme.
CONYZA cupressiformis. La M. Enc. ♄ du Magellan.
44. CONISE à feuilles de lycopode.
CONYZA lycopodioïdes. La M. Enc. ♄ de l'Isle de Bourbon.
45. CONISE bryoïde.
CONISA bryoïdes. La M. Enc. ♄ de Magellan.
46. CONISE à feuilles en coin.
CONYZA cunifolia. La M. Enc. ♄ *à Monte video.*
47. CONISE de Magellan.
CONYZA Magellanica. L. M. Enc. ♄ de Magellan.

48. CONISE à feuilles de myrthe.
CONYZA myrsinites. La M. Enc. ♄ de Saint-Domingue.
49. CONISE à feuilles linéaires.
CONYZA linearifolia. La M. Enc. ♄ de l'Isle de Bourbon.
50. CONISE à feuilles de buis.
CONYZA buxifolia. La M. Enc. ♄ du Pérou.
51. CONISE éricoïde.
CONYZA fruticosa. La M. Enc. ♄ du Pérou.
52. CONISE à feuilles d'arbousier.
CONYZA arbutifolia. La M. Enc. ♄ du Pérou.
53. CONISE effilée.
CONYZA virgata. L. ♃ de Saint-Domingue.
54. CONISE alopécuroïde.
CONYZA alopecuroïdes. La M. Enc. ♃ de la Martinique.
B. La même, à épi interrompu.
Eadem glomerulis florum omnibus distantibus.
55. CONISE à épi.
CONYZA spicata. L'Amérique méridionale.
56. CONISE genistelloïde.
CONYZA genistelloïdes. La M. Enc. ♄ du Pérou.
B. La même, plus grande.
Eadem elatior. S. juss.
57. CONISE articulée.
CONYSA articulata. La M. Enc. ♄ de *Monte video.*
58. CONISE sagittale.
CONYZA sagittalis. La M. Enc. de *Monte video.*

Espèces douteuses & non suffisamment connues.

CONISE scabre.
CONYZA scabra. L. Mant. 113.
CONISE astérioride.
CONYZA asterioridès. La M.
CONISE tortueuse.
CONYZA tortuosa. La M.
CONISE velue.
CONYZA hirsuta. Lin. null. Dict. n.° 18.
CONISE odorante.
CONYZA odora. Forsk *Ægyp.* 148, n.° 74.

Description du port des Espèces.

1. CONISE *vulgaire.* Ses tiges sont hautes de deux à trois pieds, droites, dures, ramifiées, velues & rougeâtres. Les feuilles culinéaires sont lancéolées, d'un verd foncé ou noirâtre, blanchâtres en-dessus. Les radicales sont plus grandes, retrécies à leur base. Les fleurs sont d'un jaune rouge, en corymbes terminaux, à calices rudes. De la France, sur les bords des bois & le long des haies. Elle fleurit en Août.

2. CONISE *anthelmintique.* Sa tige est droite, dure, cylindrique, striée, pleine de moëlle, pubescente vers son sommet. Ses feuilles sont lancéolées, acuminées aux deux bouts, dentées en scie, rudes au toucher. Les fleurs sont purpurines, disposées en corymbes. Les écailles du calice sont lâches, ligulaires, & les extérieures plus longues que les autres de l'Inde.

3. CONISE *cendrée.* Sa tige est haute d'un pied environ, grêles, pubescentes. Ses feuilles son petites, ovales, retrécies en pétiole, ondées, molles, d'un verd cendré; les inférieures sont obtuses, les supérieures acuminées. Les fleurs sont petites, purpurines, disposées en panicule, nues & terminales. Les écailles calicinales sont aigues. Des Indes orientales.

4. CONISE de Chine. Sa tige est haute d'un pied, droite. Ses feuilles, plus grandes que celles de l'espèce précédente, sont vertes en-dessus, blanchâtres en-dessous. Les inférieures sont obrondes, les supérieures acuminées & plus cotonneuses en-dessous. Les fleurs sont d'un pourpre bleuâtre, ramassées deux ou trois ensemble, en panicule peu garnie. Les calices sont presque glabres, à écailles acuminées. De la Chine. La variété B. a les feuilles plus glabres.

5. CONISE lacérée. Sa tige est simple, haute d'un pied & demi. Ses feuilles sont obtuses, sinuées en lyre à leur base, couvertes d'un duvet cotonneux & roussâtre. Les calices sont velus. Des Indes orientales, à Java.

6. CONISE *axillaire.* Sa tige est simple, haute d'un à deux pieds. Les feuilles sont ovoïdes, retrécies en pétiole, dentées inégalement, molles, vertes, presque glabres en-dessus, cotonneuses en-dessous. Les fleurs sont petites, à calices velus & rougeâtres; elles sont portées sur des grappes axillaires & sur une pannicule terminale, un peu ramassée de l'Inde. De l'Isle de France.

7. CONISE *prolifère.* Ses rameaux sont finement striés, rudes au toucher, en corymbe presque sessile; ils sont munis, vers leur sommet, d'autres rameaux plus petits, velus, qui les font paroître prolifères. Les feuilles sont petites, ovales, vertes en-dessus, grisâtres en-dessous. Les fleurs sont ramassées. Les écailles du calice sont en alêne de l'Isle de Java.

8. CONISE *hétérophyle.* Sa tige est haute d'un pied & demi. Les feuilles sont petites, les unes presqu'en cœur, les autres obtuses, arrondies, cendrées en-dessous. Les fleurs sont petites, disposées en pannicules terminales. Les écailles du calice sont aiguës & purpurines à leur sommet. De l'Inde.

9. CONISE *pubigère.* Ses rameaux sont herbacés, chargés de poils rares. Les feuilles sont oblongues, en coin à leur base, vertes des deux côtés, munies de deux ou quatre dents aiguës. Les pédoncules naissent dans les aisselles des feuilles supérieures & des rameaux; ils sont laineux, chargés de deux à quatre fleurs. Les calices sont laineux avant leur épanouissement. De l'Inde.

10. CONISE *amplexicaule.* Sa tige est haute de sept à huit pouces, rameuse, menue, presque glabre. Ses feuilles sont amplexicaules, ovales, un peu acuminées, dentées inégalement, vertes des deux côtés. Les pédoncules sont uniflores, latéraux & terminaux, portant des fleurs globuleuses. Les écailles du calice sont velues & en alêne. La variété B. n'a que quatre à cinq pouces de hauteur; elle est très-velue & plus rameuse. Les fleurs sont très-petites, de l'Inde.

11. CONISE *balsamifère.* Sa tige paroît ligneuse, elle s'élève à la hauteur de quatre à six pieds, & se divise en rameaux redressés, cotonneux vers leur sommet. Les feuilles sont grandes, lancéolées, profondément dentées à leur base où elles paroissent pinnatifides; elles sont cotonneuses, molles, cendrées en dessous: les supérieures sont entières. Les fleurs viennent sur des grappes panniculées au sommet des rameaux. Les pédoncules & les calices sont chargés d'un duvet cotonneux, très-fin, d'un blanc grisâtre. Des Indes orientales.

12. CONISE *à feuilles d'anserine.* Sa tige est herbacée, velue dans sa partie supérieure. Ses feuilles sont pétiolées, ovales, fortement & inégalement dentées, velues dans leur jeunesse, presque glabres dans leur entier développement, semblables à celles de l'*anserine des murs.* Les fleurs sont blanches, sessiles, ramassées quatre à cinq au sommet de la tige & des rameaux. Les écailles calicinales sont linéaires, étroites, velues & presqu'égales. De l'Isle de Bourbon.

13. CONISE *trinerve.* Sa tige est haute d'un à deux pieds, glabre, rameuse; ses feuilles sont pétiolées, ovales, lancéolées, acuminées, entières, à trois nervures. Celles de la tige sont alternes, & celles des rameaux le plus souvent opposées. Les fleurs sont disposées en pannicule médiocre, au sommet de la tige & des rameaux. Leur calice est glabre, & les écailles sont ovales. Du Brésil.

14. CONISE *férulée.* Sa tige paroît ligneuse; elle est dure, pleine de moëlle, cylindrique, rameuse, haute de deux à trois pieds. Ses feuilles sont pétiolées, lancéolées, plus larges à leur base, glabres, à trois nervures, bordées de dents aiguës; elles ressemblent à celles de la *Conise glutineuse*, mais elles sont plus larges & plus courtes. Leur calice est glabre. Du Brésil.

15. CONISE *de Madagascar.* Les feuilles sont pétiolées, étroites, glabres, bordées de dents rares, longues de trois à quatre pouces. Les fleurs sont petites, disposées en pannicule lâche, corymbiforme & terminale. Le calice est glabre & court. De l'Isle de Madagascar.

16. CONISE *fétide.* Ses tiges sont hautes de deux à trois pieds, les unes simples, les autres rameuses, légèrement pubescentes. Ses feuilles sont lancéolées, larges de trois pouces, acuminées aux deux bouts, couvertes d'un duvet cotonneux. Les fleurs sont pourprées, un peu glomérulées, en corymbe médiocre. Le calice est embriqué d'écailles lancéolées, purpurines dans leur partie supérieure. De la Virginie.

17. CONISE *auriculée.* Sa tige est haute d'un pied, droite, roide, rougeâtre, velue, munie de rameaux droits & simples. Ses feuilles sont oblongues, velues, molles, dentées à leur sommet, sinuées vers le milieu, presque pinnées à leur base. Les fleurs sont blanches, pédonculées, disposées diversement au sommet de la tige. Leur calice est ovale, composé de folioles linéaires, ouvertes à leur sommet. Son odeur est fétide. Des Indes orientales aux lieux humides.

18. CONISE *à feuilles de Pin.* Sa tige est haute d'un pied environ, simple, blanchâtre ou cendrée. Ses feuilles sont linéaires, longues de trois pouces environ, verdâtres en-dessus, cotonneuses en-dessous, à bords repliés comme dans le *Romarin.* Les fleurs sont purpurines, en pannicule ramassée & terminale. Les écailles du calice sont lancéolées, velues; les aigrettes sont blanches, ce qui fait paroître les fleurs plumeuses & leur donne un aspect agréable. Du Cap de Bonne-Espérance.

19. CONISE *blanche.* Sa racine est longue de trois pouces environ, ligneuse; sa tige est haute de sept à huit pouces, grêle. Ses feuilles sont ovales, pétiolées. Les fleurs sont jaunes, disposées deux à trois au sommet des pédoncules, dont les uns sont latéraux, & les autres terminaux. Les folioles du calice sont ouvertes & ont une feuille florale à leur base. Toute la plante est blanche & cotonneuse, comme la *Centaurée de Raguse* N.° 32; ce qui lui donne un aspect agréable. Elle fleurit en Juillet. De l'Isle de Candie.

20. CONISE *à feuilles d'olivier.* Ses tiges sont menues, hautes de sept à huit pouces, simples, cotonneuses. Ses feuilles sont éparses, lancéolées, longues d'un pouce, larges de trois à quatre lignes, entières, émoussées à leur sommet, blanches & cotonneuses des deux côtés. Les fleurs sont disposées en corymbe serré au sommet des tiges, sur des pédoncules écailleux. Le calice est oblong, embriqué d'écailles ovales, presque glabres. De l'Arménie.

21. CONISE *piquante.* Ses rameaux sont nombreux, grêles, anguleux, glabres. Ses feuilles sont rares, en alêne, composées de trois piquans, dont celui du milieu est beaucoup plus long. Les fleurs sont jaunes, solitaires, droites, à calice oblong embriqué d'écailles très-glabres. Des environs du Caire.

22. CONISE *sordide.* Sous-arbrisseau dont les tiges sont très-menues, longues d'un pied environ, blanches, cotonneuses. Ses feuilles sont linéaires, entières, molles, blanches & cotonneuses particulièrement en-dessous. Les fleurs sont petites, deux à trois sur des pédoncules longs, grêles

& cotonneux. Les calices sont coniques, roussâtres, embriqués d'écailles un peu scarieuses à leur sommet. Du Languedoc.

23. Conise *de roche*. C'est un sous-arbrisseau d'un pied de hauteur. Ses tiges sont menues, rameuses, un peu couchées dans leur jeunesse. Ses feuilles sont étroites, longues d'un pouce & demi, vertes en-dessus, blanches en-dessous. Les fleurs sont jaunâtres, solitaires sur de longs pédoncules. Le calice est ovale, embriqué d'écailles oblongues, légèrement scarieuses à leur sommet. De la Provence, parmi les rochers. La variété B. a les feuilles plus petites & en spatule; elle fleurit en Juillet & Août.

24. Conise *argentée*. Toute la plante est abondamment couverte d'un duvet cotonneux & soyeux, qui lui donne l'aspect d'un *Gnaphalium*. Sa tige est ligneuse, cylindrique, cotonneuse. Ses feuilles sont éparses, semi-amplexicaules, ovales, molles. Les fleurs sont sessiles, terminales, ramassées deux ou trois ensemble, grosses, à fleurs jaunes. Les écailles calicinales sont étroites & barbues. De l'Isle de Bourbon.

25. Conise *à feuille de peuplier*. C'est un arbrisseau dont les rameaux sont courts, roides, noueux, cotonneux, feuillés vers leur sommet. Ses feuilles sont pétiolées, en cœur, acuminées, entières, blanches en-dessous, à nervures rameuses. Les fleurs sont grosses, quatre à cinq disposées en corymbe au sommet des rameaux. Les calices sont hémisphériques & cotonneux. De l'Isle de France.

26. Conise *odorante*. Arbrisseau de quatre à six pieds de hauteur; sa tige est droite, épaisse d'un pouce; son écorce est grisâtre, & ses rameaux sont cotonneux & feuillés. Ses feuilles sont longues de quatre à cinq pouces sur deux de largeur, ovales, pétiolées, les unes entières, les autres légèrement dentées, molles, d'un verd cendré, cotonneuses en-dessous. Les fleurs sont purpurines, disposées en corymbes denses & terminaux. Les calices sont hémisphériques, à écailles cotonneuses, courtes & un peu obtuses. Aux lieux humides de l'Amérique méridionale. Son odeur est un peu forte, mais agréable. La variété B. a les feuilles plus dentées & plus vertes.

27. Conise *en arbre*. Arbrisseau de quatre à cinq pieds de hauteur; sa tige est droite, rameuse dans sa partie supérieure. Ses feuilles sont ovales-lancéolées, entières, ridées, vertes en-dessus, pâles, pubescentes & nerveuses en-dessous, longues de deux ou trois pouces. Les rameaux qui portent les fleurs, sont réfléchis, & ressemblent à des épis feuillés, disposés en panicule terminale. Les fleurs sont sessiles, d'un violet pâle, disposées sur les rameaux en longue série unilatérale. Les feuilles florales sont réfléchies. De l'Amérique méridionale.

28. Conise *scorpioïde*. Cette espèce ressemble beaucoup à la précédente, & n'en est peut-être qu'une variété. Ses feuilles sont pétiolées, longues d'un à trois pouces, ovales, acuminées, lisses en-dessus, glabres en-dessous. Les fleurs sont unilatérales sur des grappes linéaires, nues, recourbées en queue de scorpion. Les écailles internes du calice sont velues vers le sommet. Du Brésil.

29. Conise *à feuilles de coignassier*. Petit arbrisseau de deux pieds environ, à rameaux grêles, garnis de feuilles nombreuses, ovales, obtuses, couvertes d'un duvet blanchâtre. Les fleurs sont purpurines, axillaires sur des rameaux fléchis en zigzag. De l'Amérique méridionale.

30. Conise *lobée*. Sa tige est haute de six à douze pieds, ligneuse, pleine de moelle; ses feuilles sont longues d'un pied, alternes, décurrentes sur leur pétiole, à trois lobes, dont celui du milieu est beaucoup plus grand: elles sont vertes & âpres au toucher. Les fleurs sont jaunes, nombreuses, disposées en corymbe terminal. Leur calice est cylindrique. De la Martinique, sur les lieux marécageux & près des ruisseaux. Elle varie à feuilles entières; elle fleurit en Juillet.

31. Conise *appendiculée*. Ses rameaux sont ligneux, tuberculeux, cotonneux vers leur sommet. Ses feuilles sont longues de trois à quatre pouces sur un de largeur environ, pétiolées, dentées en scie, vertes en-dessus, cotonneuses & blanches en-dessous, munies, à leur base, de quelques découpures étroites. Les fleurs sont jaunes, nombreuses, en corymbe composé & terminal. Leur calice & leurs pédoncules sont cotonneux. De l'Isle de Bourbon.

32. Conise *glutineuse*. Arbrisseau de quatre à cinq pieds; ses rameaux sont légèrement striés; ses feuilles sont pétiolées, lancéolées, acuminées, dentées en scie, vertes des deux côtés, luisantes, visqueuses sur-tout dans leur jeunesse. Les fleurs sont petites, jaunes, nombreuses, en corymbe terminal. Leur calice est glabre, arrondi, embriqué d'écailles ovales. Cet arbrisseau est toujours verd & fleurit pendant une grande partie de l'année; on le cultive au Jardin des Plantes, depuis 1772. De l'Isle de France.

33. Conise *à feuilles de saule*. Ses rameaux sont tuberculeux dans leur partie nue, feuillés & laineux vers leur sommet. Les feuilles sont linéaires, acuminées, entières, vertes, ridées en-dessus, cotonneuses, blanchâtres & veinées en-dessous. Les fleurs sont petites, en corymbe terminal. Les écailles intérieures du calice sont longues & glabres; les extérieures sont courtes, pubescentes & cotonneuses. Aux Isles de France & de Bourbon. La variété B. a les feuilles plus étroites.

34. Conise *à feuilles de laurier*. Ses rameaux sont ligneux, pleins de moelle. Ses feuilles sont longues de cinq à six pouces environ, sur un de largeur, légèrement pubescentes. Les fleurs

sont

font nombreuses, globuleuses, en corymbe ample, sur des pédoncules chargés de poils courts & laineux. Les écailles du calice sont ovales, lancéolées. De l'Isle de Bourbon. La variété B. a ses feuilles glabres, plus larges vers le sommet, & les fleurs plus petites.

35. CONISE *corne-de-cerf*. Arbrisseau qui ressemble à l'espèce, N.° 32, *glutineuse*. Ses feuilles sont longues de deux à trois pouces, rapprochées, situées vers le sommet des rameaux, linéaires, retrécies & entières dans leur moitié inférieure, profondément dentées vers leur sommet. Les fleurs sont globuleuses, petites; leur calice est glabre, arrondi. De l'Isle de Rodrigue.

36. CONISE *à feuilles de poirier*. Ses rameaux sont ligneux, glabres; ses feuilles sont périolées, glabres, entières ou dentées. Les fleurs sont blanchâtres, en corymbe lâche & paniculé; le calice est glabre. De l'Isle de Java.

37. CONISE *à feuilles d'héliotrope*. Ses feuilles sont sessiles, longues de quatre à cinq pouces, sur un de largeur, linguiformes, d'un verd brun, couvertes des deux côtés d'un duvet cotonneux & rousseâtre. Les fleurs sont ramassées quatre à six en corymbe terminal; les écailles du calice sont linéaires & velues. De l'Isle de Bourbon.

38. CONISE *à feuilles d'amandier*. Ses feuilles sont semblables à celles de l'*Amandier*, larges pétiolées, ovales, dentées en scie, d'un verd grisâtre, veinées en-dessous. Les fleurs sont disposées en corymbe terminal; le calice est court, glabre, embriqué d'écailles lancéolées, dont les bords sont scarieux. De l'Isle de Bourbon. La variété B. a les rameaux plus cotonneux; ses feuilles sont couvertes d'un duvet soyeux, qui lui donne un aspect agréable.

39. CONISE *émoussée*. Sa tige est ligneuse, haute d'un à deux pieds; elle pousse latéralement beaucoup de rameaux cylindriques, nuds & raboteux dans leur partie inférieure, pubescens & feuillés à leur sommet. Les feuilles sont éparses & ramassées en rosettes au sommet des rameaux, cunéiformes, épaisses, crénelées, pubescentes, à trois ou quatre nervures longitudinales. Les fleurs sont globuleuses, blanchâtres, disposées en corymbe sur des pédoncules rameux & pubescens; leur calice est hémisphérique. De l'Isle de Bourbon. Elle fleurit en Août & Septembre.

40. CONISE *à feuilles de melastome*. Ses rameaux sont pleins de moëlle, feuillés dans leur longueur. Les feuilles sont longues d'un pouce & demi, sessiles, ovales, dentées, à trois ou cinq nervures, ridées en-dessus, cotonneuses & soyeuses en-dessous. Les fleurs sont ramassées en corymbe dense & terminal. Les folioles du calice sont linéaires, acuminées & scarieuses. De l'Isle de Bourbon.

41. CONISE *à feuilles de gremil*. Arbuste dont la hauteur est de quatre à cinq pouces; sa tige se divise en rameaux feuillés à leur sommet. Ses feuilles sont longues d'un pouce environ, rapprochées, couvertes des deux côtés de poils blancs couchés. Les fleurs sont en corymbe glomérulé au sommet de chaque rameau. Les écailles calicinales sont linéaires, acuminées; les extérieures velues; les intérieures glabres & scarieuses. De l'Isle de France, sur le sommet des plus hautes montagnes.

42. CONISE *thuyoïde*. Elle a l'aspect d'un *Thuya*. Sa tige est ligneuse, haute d'un pied & demi, cylindrique, cotonneuse, garnie, dans sa partie supérieure, de rameaux distiques, qui diminuent de longueur vers leur sommet; ces rameaux sont couverts de feuilles nombreuses, petites, amplexicaules, embriquées sur deux rangs opposés, & qui donnent aux rameaux la forme de tresses applaties. Les fleurs sont sessiles, latérales, solitaires. Les écailles du calice sont oblongues, lisses & peu nombreuses. Du Pérou.

43. CONISE *cupressiforme*. Arbuste qui ressemble au *Cyprès* par son port & son feuillage. Sa tige est haute de deux à trois pieds, & remplie d'une viscosité résineuse, qui la rend luisante & lui donne une odeur balsamique; elle est roide, divisée en rameaux nombreux, menus, couverts, dans toute leur longueur, de feuilles très-petites, embriquées sur quatre rangs. Les fleurs sont jaunes, solitaires, sessiles, terminales. Leur calice est cylindrique, glabre, embriqué d'écailles obtuses, dont les intérieures sont les plus longues. Dans les terres du détroit de Magellan.

44. CONISE *à feuilles de lycopode*. Arbrisseau de six à sept pouces de hauteur dont la tige ligneuse, roide, pousse des rameaux droits, fasciculés, semblables à ceux du *lycopodium selago*. Les feuilles sont longues de trois lignes, en alène, droites, embriquées, glabres, convexes sur leur surface extérieure, concaves en-dessous, serrées contre les rameaux qu'elles recouvrent dans toute leur longueur. Les fleurs sont terminales, solitaires, de couleur blanche ou citrine. Le calice est embriqué d'écailles semblables aux feuilles, mais plus petites. De l'Isle de Bourbon, sur les rochers.

45. CONISE *bryoïde*. Sous-arbrisseau fort petit dont la tige se divise en plusieurs branches courtes, couchées munies de racines fibreuses, & terminées par beaucoup de petits rameaux redressés, feuillés & serrés en touffe, à la manière des *bryum*. Les feuilles sont petites, nombreuses, linéaires, vertes en-dessus, blanches & cotonneuses en-dessous. Les fleurs sont sessiles, solitaires, jaunes au sommet des rameaux. Le calice est cylindrique, embriqué d'écailles oblongues dont les intérieures sont glabres. De la côte des Patagons.

46. CONISE *à feuilles en coin*. Arbrisseau très-rameux; les feuilles sont petites, cunéiformes, vertes, glabres des deux côtés, dentées à leur sommet. Les fleurs sont axillaires dans les aisselles des feuilles supérieures, ou glomé-

ru'ées au sommet des rameaux. Leur calice est ovale, embriqué d'écailles ovales, acuminées, comme frangées & ciliées à leur sommet. Dans le Magellan & à *Monte video*.

47. CONISE *de Magellan*. C'est un arbrisseau fort bas, très-ramifié, diffus, remarquable par la petitesse de ses feuilles à peine plus grandes que celles du *Serpolet*; elles sont nombreuses, rapprochées les unes des autres, cunéiformes, obtuses, à trois dents émoussées à leur sommet. Les fleurs sont ovales, sessiles, solitaires, & terminent les rameaux les plus petits; ce qui les fait paroître latérales. Le calice est embriqué d'écailles ovales. Du Magellan.

48. CONISE *à feuilles de myrthe*. Arbrisseau très rameux dont les rameaux sont menus, feuillés vers leur sommet, & légèrement anguleux. Les feuilles sont petites, assez semblables à celles du myrthe. Les fleurs sont sessiles, petites, ovales ou globuleuses, disposées en bouquets terminaux. Les écailles du calice sont ovales, acuminées, légèrement ciliées sur le bord supérieur. De Saint-Domingue.

49. CONISE *à feuilles linéaires*. Petit arbrisseau dont les rameaux sont grèles, striés, glabres. Les feuilles sont linéaires, retrécies à leur base, longues d'un pouce. Les fleurs sont disposées en petites grappes feuillées, qui terminent les rameaux. Le calice est glabre, oblong; ses folioles sont lancéolées, à bords blancs & scarieux. De l'Isle de Bourbon.

50. CONISE *à feuilles de buis*. Arbrisseau qui s'élève à quatre ou cinq pieds. Ses rameaux sont anguleux, tuberculeux. Ses feuilles sont éparses, rapprochées, entières, longues de six à sept lignes. Les fleurs sont latérales, axillaires. Les écailles calicinales sont oblongues, légèrement ciliées par le haut. Du Pérou.

51. CONISE *éricoïde*. Sous-arbrisseau dont le feuillage ressemble beaucoup à celui du *Phylica ericoides*. Ses rameaux sont cotonneux dans leur partie supérieure. Les feuilles sont nombreuses, ouvertes, linéaires, glabres en-dessus, cotonneuses en-dessous. Les fleurs sont solitaires & terminent les petits rameaux des côtés. Les écailles du calice sont linéaires, à peine embriquées. Du Pérou.

52. CONISE *à feuilles d'arbousier*. Arbrisseau d'un à deux pieds, dont les rameaux sont fasciculés, feuillés dans leur partie supérieure, nuds vers la base, marqués par une ligne décurrente, formée par l'insertion des anciennes feuilles. Les feuilles sont ovales, rapprochées, veineuses, dentées. Les fleurs sont grandes, globuleuses, ramassées plusieurs ensemble. Le calice est embriqué d'écailles ovales, lancéolées. Du Pérou.

53. CONISE *effilée*. Sa racine est napiforme, blanche, couverte d'une écorce noirâtre; elle pousse une tige droite, haute d'un à deux pieds, ailée, presque blanchâtre. Les feuilles sont décurrentes, linéaires, dentées, longues de cinq à six pouces, vertes & glabres en-dessus, blanchâtres & cotonneuses en-dessous. Les fleurs sont d'un blanc pourpré, disposées sur des épis lâches au sommet de la plante. Les calices sont oblongs, embriqués d'écailles aiguës & grisâtres. De Saint-Domingue.

54. CONISE *alopécuroïde*. De sa racine napiforme & ligneuse, naissent plusieurs tiges hautes de deux pieds environ, à ailes vertes d'un côté, blanches & cotonneuses de l'autre. Les feuilles sont décurrentes, glabres, ridées, vertes en-dessus, blanchâtres & cotonneuses en-dessous. Les fleurs sont sessiles, ramassées en épi dense, comme dans le *Trifolium arvense*, mais interrompu à sa base où les bouquets de fleurs sont séparés. Les calices sont cotonneux à leur base. De la Martinique, dans les *Savannes*. Les fleurs ne forment point l'épi dans la variété B. Des Antilles.

55. CONISE *à épi*. Sa tige est haute d'un pied & demi, sous-ligneuse, droite, simple, ailée, striée de verd & de blanc. Ses feuilles sont décurrentes, longues de quatre à cinq pouces, glabres, vertes en-dessus, cotonneuses en-dessous. Les fleurs sont sessiles, ramassées au sommet de la tige en épi dense, alopécuroïde, entier, blanchâtre, long de deux à trois pouces. Les calices sont couverts d'un coton épais, & embriqués d'écailles étroites. De l'Amérique méridionale.

56. CONISE *genistelloïde*. Arbuste rameux qui a l'aspect du *Genista sagittalis*; ses tiges sont hautes d'un à cinq pieds, garnies d'ailes nombreuses, courantes, interrompues, presqu'en forme d'articulation, vertes. Les fleurs sont sessiles, latérales, situées dans la partie supérieure de la plante. Leur calice est arrondi, presque glabre, embriqué d'écailles ovales, lancéolées. Du Pérou.

57. CONISE *articulée*. Sa tige est ligneuse, grisâtre, divisée en plusieurs rameaux ailés, glabres, verds & glutineux vers leur sommet. Les fleurs sont d'un blanc jaunâtre, sessiles, presque globuleuses, disposées par épi nombreux en panicule terminale. *A Monte video*.

58. CONISE *sagittale*. Sa tige est ailée; ses feuilles sont décurrentes, longues de deux à trois pouces. Les fleurs sont ramassées trois à cinq ensemble aux sommités de la plante; leur calice est court, à écailles ovales & pubescentes. *A Monte video*.

Culture. L'espèce N.° 1, *vulgaire*, lève spontanément; le seul soin qu'elle demande, est d'être mise en place. Quand ses fleurs seront passées, on coupera les tiges qui en feront plus belles au Printems suivant. On la multiplie aussi par ses racines qu'on éclatte, ainsi que celles de l'espèce N.° 16, *fétide*, à l'Automne ou au Printems.

Nous diviserons la culture des autres espèces en deux parties; la première contiendra les espèces d'orangerie sous les N.ºs 18, 19, 22, 23,

28, & les espèces de serre tempérée sous les N.os 2, 3, 4, 25, 29, 31, 32, 33, 34, 35, 37, 38, 39, 40, 41, 44, 49, 53. On sème ces espèces, au Printems, dans des pots remplis de terre légère, qu'on met sur la tannée d'une couche tiède, en leur donnant les soins ordinaires. Quand le plant sera assez fort, on le mettra dans d'autres pots plus grands, qu'on tiendra à l'ombre jusqu'à ce que les plantes aient fait de nouvelles racines. La reprise en seroit plus sûre & plus prompte, si on mettoit ces pots sur une nouvelle couche tiède. A l'approche des gelées, on les rentrera dans l'orangerie & la serre tempérée, où elles n'exigeront que les soins ordinaires.

2.° On les multiplie par les racines qu'on éclatte, & les boutures que l'on fait au Printems; on met les éclats & les boutures dans des pots qu'on place sur une couche tiède, en leur donnant les mêmes soins que l'on donne ordinairement à toutes les boutures de plantes délicates, jusqu'à ce que les nouvelles soient formées, on les traitera ensuite comme les plantes-mères.

3.° Par marcottes que l'on fait à l'Automne & au Printems, en les assujettissant par les moyens ordinaires.

L'espèce N.° 32, *glutineuse*, reprend aisément boutures qui donnent des fleurs peu de tems après. Comme elle craint l'humidité, il faudra la placer dans un endroit sec, où elle ne soit pas trop serrée par les plantes voisines.

La seconde partie contiendra les espèces de serres-chaudes, sous les N.os 26, 27, 48, & les espèces moins connues, sous les N.os 5, 6, 7, 8, 9, 10, 11, 12, 13, 14, 15, 17, 20, 21, 30, 36, 42, 42, 43, 45, 46, 47, 50, 51, 52, 54, 55, 56, 57 & 58; toutes étant des pays chauds.

On les multiplie, 1.° par les graines qu'on sème au Printems, comme les espèces ci-dessus, mais sous chassis, en les abritant du trop grand soleil, en leur donnant de l'air & les soins ordinaires. Quand le plant sera assez fort, on le repiquera dans des pots plus grands, qu'on metira sur la tannée d'une couche chaude, sous chassis; on les arrosera, on les abritera, & on leur donnera de l'air, jusqu'à ce que les plantes aient fait de nouvelles racines: époque à laquelle on pourra les accoutumer au grand air. On les sortira ensuite des chassis, & on les placera à une bonne exposition, jusqu'à ce que les premières nuits froides obligent à les rentrer dans la serre.

2.° Par les boutures & les marcottes qu'on fait, comme nous l'avons dit ci-dessus, mais sous chassis.

Usages & Propriétés.

D'agrément. La plupart des Conises peuvent contribuer à l'ornement des serres, en Hiver, & des jardins en Eté, tant par leur couleur blanche & le duvet cotonneux dont elles sont couvertes, que par le port singulier de plusieurs espèces, dont une partie n'est encore cultivée que dans les jardins de Botanique; & l'autre n'est connue que par les herbiers des célèbres Botanistes.

Les espèces N.° 1, *commune*, & N.° 16, *fétide*, se plaçant en pleine terre sur le devant des bosquets ou grandes plates-bandes, pour faire variété avec d'autres fleurs.

L'espèce N.° 32, *glutineuse*, étant toujours verte & fleurissant pendant une grande partie de l'année, fait un joli effet dans les serres en Hiver, & dans les jardins en Eté.

D'économie. L'espèce N.° 1, *vulgaire*, est vulnéraire, carminative, aromatique & emménagogue. On prétend que son odeur chasse ou fait mourir les puces & les moucherons.

Toutes les parties de l'espèce N.° 2, *anthelmintique*, sont un peu amères; on l'emploie pilée dans l'huile, ou en décoction dans l'eau, pour dissiper les rhumatismes, les douleurs de la goutte & les pustules du corps, en l'appliquant en fomentation. La poudre de ses semences se boit dans l'eau chaude pour la toux, les coliques venteuses, les vers des enfans, & pour provoquer les urines.

L'espèce N.° 11, *balsamifère*, a une odeur aromatique, qui approche de celle de la *Sauge*. On l'emploie dans les bains & fomentations contre la paralysie. Ses feuilles fraîches ou sèches, mêlées parmi les alimens, fortifient l'estomac, & rétablissent l'appétit.

Les feuilles de l'espèce N.° 39, *émoussée*, ont une saveur salée assez agréable, & peuvent être confites au vinaigre.

La racine de l'espèce, N.° 34, passe pour diurétique & lithontriptique. On remarque que, quoique la plante soit molle, les bestiaux ne la broutent pas.

L'espèce N.° 56, *génistelloïde*, sert à teindre en verd. (*A. J. Menon.*)

CONJUGUÉE (feuille.) Les Botanistes appellent *pétiole* le corps menu & alongé, qui porte la feuille, & que l'on nomme communément *queue*. Quand le pétiole, au lieu de porter une feuille, en reçoit plusieurs, ce n'est plus une feuille *simple*, mais c'est une feuille composée (*Voyez* Composée). Les feuilles qu'elle reçoit, se nomment *folioles*. Parmi les feuilles composées se trouve la feuille ailée ou pinnée. La feuille est ailée, lorsqu'un pétiole réunit sur ses côtes plusieurs folioles. La feuille est Conjuguée, lorsqu'étant ailée, elle consiste en deux folioles; alors la feuille est *bijuguée*; six, *trijuguée*, &c. Ce sont tous les degrés de la feuille ailée.

Les feuilles Conjuguées sont rares. Les 2, 3, 4, 5, 6, jugées, ou plus simplement les feuilles font communes; les caffes en offrent des exemples. (*F. A. Quesné.*)

CONNARE, *Connarus.*

Genre de plante de la famille des Balsamiers de M. de Lamarck, & des Térébintacées de M. Juffieu. Il comprend trois efpèces: ce font des arbriffeaux ou arbres à feuilles alternes, ternées ou ailées à deux conjugaifons avec impaire & à fleurs difpofées en panicule terminale. Ils font étrangers, & ils ne fe cultiveroient en Europe qu'en ferre-chaude. On les multiplieroit par graines, par marcottes, & plus difficilement par boutures. Ils conviennent dans les grandes collections & dans les jardins de Botanique.

Efpèces.

1. Connare à cinq ftyles.
Connarus pentagynus. La M. Dict. ♄ Madagafcar, dans un Connarus monocarpos L. Lynde.

2. Connare pinné.
Connarus pinnatus. La M. Dict. ♄ Indes Orientales.

3. Connare d'Afrique.
Connarus africanus. La M. Dict. ♄ Afrique à Siera-leona.

1. Le Connare à cinq ftyles, eft un arbre qui paroît s'éloigner par la fructification du *Connarus monocarpos* de Linnée. Ses feuilles font placées alternativement & formées par trois petites feuilles qui, munies d'une queue courte, font fixées à une côte commune; elles font ovales, arrondies, terminées un peu en pointe fans dentelure & perfiftantes. Leurs fleurs n'ont nulle apparence, elles font peu nombreufes, difpofées en paquets étendus, fe prolongeant & fe terminant en pointe, à l'extrémité des branches ou naiffant dans les aiffelles des feuilles. Il fe trouve dans l'Inde à Madagafcar.

2. Le Connare pinné porte des feuilles compofées quelquefois de trois petites, comme le n.° 1 & quelquefois de cinq. Les fleurs difpofées & placées comme au n.° 1, font blanches & plus grandes, il croît dans les Indes orientales.

3. La différence de celui-ci au n.° 1, porte fur les parties fexuelles, puifque celui-ci n'a qu'un ftyle, & fur les petites feuilles qui ont quatre ou cinq pouces de longueur. Elles font ovales, pointues, à fuperficie liffe, unies en deffus, & marquées de vervures & de veinures veineries en-deffous; il croît en Afrique.

Culture. Nous donnons nos conjectures fur le traitement qui conviendroit à ces arbres. Les n.os 1 & 2, ne pourroient fe cultiver qu'en ferre-chaude, & il ne feroit probablement pas néceffaire d'y placer le n.° 3, qui réuffiroit fans doute en ferre tempérée en lui appliquant le genre de culture ufité pour les plantes d'Afrique. Terre agileufe; arrofemens modérés en hiver; proximité ou éloignement du fourneau fuivant l'état de l'individu; renouvellement d'air dans les journées douces de la fin de l'Automne ou du commencement du Printems; l'air extérieur pendant les quatre mois de douceur, &c. &c. Au furplus, les n.os 1 & 2, ne pourroient que fe bien trouver de la tannée, & en jugeant par analogie du traitement que Miller a donné à un individu qui, dans les goûts, pourroit avoir des rapports très-directs avec le n.° 1 : nous indiquons les moyens de multiplication, pris de l'ouvrage de ce Cultivateur. « Il confeille de marcotter les jeunes branches, en les tordant comme celles des œillets, & de les arrofer à propos. Les marcottes auront pouffé des racines un an après; on les détachera alors du fujet, & on les mettra chacune féparément dans de petits pots remplie de terre légère qu'on plongera dans une couche de chaleur modérée pour les avancer & leur faire pouffer de nouvelles fibres. On les tiendra conftamment à l'ombre, & on les arrofera tous les foirs qu'elles en auront befoin. On traitera enfuite ces plantes comme celles qui ne font pas trop tendres en les plaçant en hiver dans une ferre-chaude sèche, & en les laiffant pendant trois mois d'Eté au-dehors dans une fituation chaude & abritée. *M.* 2. 476. *Ed. in*-8.°

On pourroit tenter la voie de multiplication par boutures dans des pots remplis de la meilleure terre préparée, qu'on plongeroit dans une couche de tan de chaleur modérée, & recouvertes de deux cloches engaînées : peut-être réuffiroient-elles en ne leur épargnant pas les foins?

Si on fe procure des graines de ces efpèces, on les fémera dans de petits pots que l'on placera dans une couche de chaleur tempérée, avec les foins ordinaires, & on gouvernera enfuite le jeune plant comme les marcottes.

Ufages. Ces arbres font propres aux grandes collections & aux jardins de Botanique. (*F. A. Quesné.*)

CONNÉES (feuilles), munies de queue ne peuvent point être connées. Mais deux feuilles font connées, lorfque placées par oppofition fur la tige, elles l'embraffent en fe réuniffant à leur bafe, de manière pourtant que la future eft apparente, & en ce point elles diffèrent des feuilles perfoliées. Les feuilles les dernières venues du chevre-feuille, celle du *fylphium connatum* L. offrent des exemples de feuilles connées. (*F. A. Quesné.*)

CONOBE, *Conobea.*

Genre de plante de la famille des Personnées de M. de Lamarck, que M. de Jussieu a placé dans les affinées aux lysimachies, qui ne comprend qu'une espèce. C'est une plante vivace, herbacée, rampante, aquatique, à feuilles amplexicaules, en forme de reinz & ondulées; à fleurs pédonculées, solitaires, axillaires & bleues, qui se trouve dans la Guiane, & qui seroit de ressource pour l'ornement des bassins de la serre-chaude, où il faudroit nécessairement qu'elle fût placée, mais sur-tout d'utilité pour les leçons de Botanique.

Conobe aquatique.

Conobea aquatica. La M. Dict. ♄ Guiane françoise, ou Cayenne.

La Conobe aquatique est une plante vivace, herbacée, rampante ou qui s'élève sur les herbes voisines qui la supportent. Elle pousse des racines aux articulations de ses rameaux quarrés & à angles, se terminant par des feuilles très-minces. Aux nodosités, éloignées les unes des autres de quatre à cinq pouces, sont placées par opposition, les feuilles dont la base les entoure : elles sont plus étroites que larges, arrondies, pliées sur leurs nervures & ondulées en leurs bords, les fleurs sont opposées, sortant des aisselles des feuilles sur des filets solides longs d'environ un pouce. La Corolle est d'une seule pièce, à tube court avec évasement fendu en deux lèvres, la supérieure est relevée & échancrée, l'inférieure divisée en trois lobes; elles sont bleues. Cette plante se trouve dans la Guiane sur le bord des ruisseaux, & elle s'étend sur l'eau.

Culture. On emploieroit à l'égard de la Conobe aquatique la terre de pré dans un pot, qui renfermeroit les principales racines.

Usages. Sa place seroit dans un bassin de la serre-chaude auprès du *codapail* : si elle ne contribuoit que peu à son embellissement, elle seroit néanmoins considérée comme une plante d'école, que sa rareté rendroit d'autant plus précieuse. (*F. A. Quesné.*)

CONOCARPE, *Conocarpus.*

Genre de plante de la famille des Chalesce qui comprend deux espèces. Ce sont des arbres & arbrisseaux à feuilles simples, alternes & presque persistantes : à fleurs en têtes globuleuses avec la forme de cône & assemblées sur des ramifications axillaires & terminales. Ils sont étrangers & dans notre climat, de serre chaude où ils ne feroient pas voir des fleurs brillantes, mais ils y seroient bien accueillis à cause de la beauté de leur feuillage & dans les jardins de Botanique, à cause de l'instruction : ils se multiplient par graines.

Espèces.

1. Conocarpe droit.

Conocarpus erecta. L. ♄ Jamaïque, Antilles & autres régions de l'Amérique méridionale, sur les bords de la mer.

2. Conocarpe couché.

Conocarpus procumbens. Isle de Cuba.

1. Le Conocarpe *droit* est un arbre d'environ trente pieds de hauteur, poussant beaucoup de branches de côté, à feuilles en forme de lance, absolument sans dentelures, à queues courtes, grosses, placées en montant les unes après les autres. Les fleurs naissent sur les ramilles qui partent des aisselles des feuilles. Elles sont rassemblées en sept à huit têtes coniques, avec quelqu'écartement entr'elles, de la grosseur d'un pois, d'un verd jaunâtre, attachées à des queues cotonneuses & ramifiées. Il croît à la Jamaïque, aux Antilles, & dans les parties chaudes de l'Amérique sur les bords de la mer.

2. Le Conocarpe *couché* est bien distingué du précédent par son port qui ne s'élève point. Les branches couchées s'étendent en se subdivisant de droite & de gauche sur la terre, ou plutôt sur les rochers, car c'est-là qu'il naît. Les branches sont nues, d'une écorce grisâtre & garnies à leurs extrémités de feuilles en forme d'œuf, sans dentelure, épaisses, luisantes, persistantes jusqu'aux nouvelles, presque sans queue, plus grandes que celles du *buis de Mahon* & placées sans ordre. Les fleurs sont petites rassemblées sur des têtes disposées d'une manière écartée en épis, & ayant la forme de cônes moins serrés que ceux du n.° 1. Cet arbrisseau se trouve en abondance aux environs de la *Havane*.

Culture. Les Conocarpes se placent dans les tannées de la serre-chaude, & peuvent tout-au-plus passer en Eté sur les tablettes. La terre qui convient au n.° 1, seroit celle qui consiste en un mélange de la meilleure du potager passée à la claie avec partie égale de terreau de bruyère à défaut de sable de mer, qui se remplace à-peu-près par des brisures d'écailles d'huître : mais on ne donnera au n.° 2, qu'une terre peu substancielle, crayonneuse, avec des pots remplis ou tiers d'écailles d'huîtres simplement écrasées & de morceaux de pierre plate. La première espèce se peut en Eté arroser plus fréquemment que la seconde, toutes deux doivent être tenues presqu'à sec pendant l'Hiver.

On ne connoît de moyens de multiplication dont l'épreuve puisse faire parler avec confiance que par les graines, qui se doivent semer sur couche au Printems, elles leveront promptement, ou l'on n'en doit rien attendre. Les jeunes plantes se mettent ensuite dans des pots en tannée de chassis, & elles font des progrès jusqu'au commencement de l'Automne qu'elles doivent passer dans les tannées de la serre-chaude.

Usages. Les Conocarpes par la fraîcheur & la beauté de leur feuillage, par le port de leur fructification & par leur rareté, inspireront de l'intérêt dans les serres, & elles augmenteront dans les jardins de Botanique les moyens d'instruction. (*F. A.* QUESNÉ.)

CONORI, *CONOHORIA.*

Genre de plante de la famille de VINETTIERS suivant M. de Jussieu dont on ne connoît qu'une espèce. C'est un arbrisseau à sommet très-rameux & à feuilles opposées, simples & larges; à fleurs alternes, solitaires, disposées en épi. Il est de la Guiane, & sa culture en Europe, exigeroit la serre-chaude où son feuillage, & même ses fleurs se distingueroient, en mettant à part son utilité Botanique.

CONORI jaunâtre.

CONOHORIA flavescens. La M. Dict. ♄ Guiane françoise ou Cayenne.

Le Conori jaunâtre est un arbrisseau à tige d'écorce grisâtre, de trois à quatre pieds de hauteur, nue & dont sa partie élevée porte beaucoup de branches éparses, noueuses & chargées de sous-branches, dont les nœuds qui ont beaucoup d'écartement, sont chacun garnis de deux feuilles attachées par opposition & portées sur des queues fort courtes creusées en gouttière. Les plus grandes feuilles ont six pouces de longueur, sur près de trois de largeur, elles sont d'ailleurs lisses, sans dentelures, vertes en-dessus, roussâtres en-dessous, & terminées en pointe alongée. De l'extrémité des rameaux sortent les fleurs disposées en épi, elles sont jaunes placées alternativement à cinq divisions roulées en tube dont l'évasement se recourbe en-dehors. Leur odeur approche beaucoup de celle de la cire jaune, il se trouve dans les forêts de la Guiane. Les *Galibis* l'appellent *Conohorie.*

Culture. Cet arbrisseau ne peut se cultiver en Europe, qu'en serre-chaude; il doit même être placé dans la tannée au moins pendant l'Hiver, & soigné comme les plantes étrangères tendres. La terre dont on useroit à son égard, devroit être peu substancielle. Au reste, l'attention sur la chaleur en hiver & sur l'air doux des beaux jours de l'Eté, que l'on communique à la serre-chaude, contribueroit beaucoup à notre avis, à faire prospérer cette plante ligneuse de la Guiane qu'on s'efforceroit de multiplier par graines & par boutures d'après les moyens exposés aux articles. (CLUSIER, CLUTELLE.)

Usages. Le Conori jaunâtre feroit une acquisition très-précieuse tant par son objet d'utilité botanique pour la démonstration, que pour l'agrément particulier d'une serre où les individus de son rang sont rares. (*F. A.* QUESNÉ.)

CONOTTES, à Mirecourt en Lorraine, on appelle *Conottes*, les deux branches de la charrue sur laquelle le laboureur s'appuie pour la conduire & la diriger. *Voy.* CHARRUE au Dict. des Instrumens d'Agriculture. (*M. l'Abbé* TESSIER.)

CONQUES, mesure pour les grains en usage à Bayonne & à Saint-Jean-de-Luz. Son poids est évalué à 70 livres pour le froment.

Trente Conques font le tonneau de Nantes. Il en faut 38 pour ceux de Vannes & de Bordeaux. Dict. économique. (*M. l'Abbé* TESSIER.)

CONQUÊTES. On donne ce nom aux Tulipes de graine, lorsqu'elles cessent d'être de *couleurs* & montrent des panaches. Cette dénomination provient de ce que c'est dans les tulipes venues de graine qu'on trouve les nouvelles variétés, & que c'est à cette époque que le florimane apperçoit le succès de ses semis. Quelques personnes leur donnent le nom de *Hazards. Voyez* (*M.* REYNIER.)

CONQUÊTE de Los, œillet assez rare, & par-là même très-estimé. Sa fleur est d'une couleur d'ardoise. Il est né à Lille. *Traité des Œillets*, *Voyez* ŒILLET. (*M.* REYNIER.)

CONSEIGLE, mélange de froment & de seigle, on emploie ce mot à Mirecourt en Lorraine & ailleurs. Les Provenceaux disent *Consegal* : son étymologie est simple, il veut dire *seigle avec* : ce qui suppose du froment avec du seigle. (*M. l'Abbé* TESSIER.)

CONSERVATION *des grains.*

Il ne suffit pas de bien cultiver la terre & d'en tirer tout le parti possible; il faut encore savoir conserver les récoltes. J'ai eu soin en traitant de diverses productions, d'indiquer la manière de les tenir en bon état, jusqu'à ce qu'on les emploie. D'après cette loi que je me suis faite, je devrois renvoyer au mot FROMENT, ce qui regarde la Conservation de ce grain. Mais, prévoyant qu'il sera déjà trop chargé, j'ai cru devoir faire un article à part de celui de CONSERVATION des grains, d'autant plus que je ne puis m'empêcher de donner à ce dernier quelqu'étendue.

Le froment est, de tous les grains, celui que les animaux attaquent avec plus de voracité; il est le plus sujet à fermenter. Ainsi, donner des moyens de le bien conserver, c'est en donner pour conserver les autres.

On garde le froment dans quatre états, ou en gerbes, avec ses tiges & ses épis, ou en épis séparés des tiges & dans ses bâles, ou hors des épis & des bâles, mais mêlés avec elles, ou enfin pur & dégagé de tout. Dans les pays chauds & par tout où les exploitations sont petites, le froment n'est pas long-tems conservé dans l'état de gerbes; à peine la récolte en est-elle faite qu'on le bat, ou sur des aires en plein air, ou dans des granges. On le nétoie avec des cribles & à l'aide du vent, & on le porte bien net dans les greniers. Le contraire a lieu dans les pays froids ou de grandes exploitations ; le froment y reste en gerbes plus ou moins de tems. On est occupé toute l'année à le battre. Plusieurs motifs dictent cette conduite. 1.° Le manque de bras suffisans pour tout battre en peu de tems. 2.° Le besoin de ménager la paille pour les bestiaux, auxquels on en donne toujours de la fraîche. 3.° L'impossibilité de tout placer dans des greniers dont l'étendue est toujours bornée. En ne battant que peu-à-peu ce qu'on consomme dans la maison & ce qu'on porte de tems-en-tems au marché au sortir de la grange, on économise de l'emplacement & on diminue la dépense du Propriétaire.

Grains en gerbes.

Il y a deux manières de conserver le grain en gerbes, c'est-à-dire, en les mettant dans des granges ou bâtimens fermés, ou en les disposant au-dehors en monceaux, connus sous les noms de *meules*, *moïes*, *gerbiers*, *chaumiers*, *&c.* Je donnerai au mot Ferme, les dimensions & proportions des granges, & au mot Moie, la manière de la bien construire.

Les Fermiers préféreroient avoir assez de granges pour contenir toutes leurs récoltes. Ils y gagneroient le tems qu'ils emploient à détruire les moïes pour les transporter dans les granges, lorsqu'il s'agit de les battre & les frais de couverture ; ils éviteroient un inconvénient qui a lieu quelquefois, c'est la germination des grains de la surface des moïes, quand des pluies surviennent avant qu'on ait eu le tems de préparer la paille pour les couvrir. Si des grains ne doivent rester en moïes que quelques mois, ils sont difficiles à battre, parce qu'ils contractent toujours un peu d'humidité. Je ne puis mieux prouver les avantages des granges sur les moïes qu'en attestant que des Fermiers de la Beauce, en demandant une augmentation de granges, ont, en ma présence, offert à leurs Maîtres cinq pour cent d'intérêt du prix de la construction de ces granges. Cependant on ne peut nier que quand ces moïes sont bien faites, les blés ne s'y conservent bien. Il y a beaucoup de pays où on les fait mal. Les mieux construites que j'aie vues, étoient dans les environs de Paris & dans le pays connu sous le nom de la *France*. Tout l'art consiste à les disposer de manière que la pluie n'y pénètre jamais. Pour cet effet, on en fait des pyramides régulières, jusqu'à quatre ou cinq pieds de leur base. Là, elles se retrécissent, afin que l'eau soit jettée au loin. On les couvre depuis le haut jusqu'au retrécissement avec de la paille en forme de toit. Si les gerbes y restent dix mois, elles ont le tems de s'y ressuyer, de se sécher & de donner au blé de la qualité. Les Fermiers intelligens ont soin de placer dans des meules le blé qui a été échaudé & retrait par quelque cause que ce soit, lorsqu'ils n'ont l'intention de détruire ces meules qu'après un certain tems. Les meules sont d'autant plus avantageuses qu'on les laisse subsister plus long-tems. Les souris ou plutôt les mulots & les rats les attaquent peu. Le premier Hiver tue ceux de ces animaux qui s'y introduisent.

Les Cultivateurs des cantons exposés à des pluies fréquentes pendant la moisson, au lieu de laisser les blés long-tems en javelles ou en gerbes isolées, sont obligés de les amonceler aussi-tôt en tas de cinquante à soixante gerbes, qui forment de petites moïes. Ils les enlèvent dès que le tems est beau & que les gerbes de dessus sont sèches.

Grains en épis séparés des tiges.

J'ai lu dans un Mémoire de M. Parmentier, *sur les avantages que le Royaume peut faire de ses grains*, qu'il étoit d'usage dans quelques pays de détacher l'épi entier du tuyau ou de la paille, & de le conserver ainsi dans la grange, pour ne le battre qu'à mesure qu'on veut le consommer. M. Parmentier n'indique ni les pays ni la manière de faire cette séparation. Je n'ai jamais entendu parler de cet usage, qui n'est sans doute pas répandu. Ce que je sais d'analogue, c'est que des Fermiers font mettre à part à chaque criblage, toutes les parties des épis dont les grains ne se sont pas détachés ; qu'ils les gardent, les réunissent & les font battre six ou huit mois après la récolte. Alors les grains s'en détachent facilement. Ils ont même plus de qualité que les autres.

Grains hors des bâles & mêlés avec elles.

Pour économiser des greniers, plusieurs Cultivateurs, après avoir fait battre du blé, ne le crible pas, mais le laisse mêlé avec les bales. Au lieu de le porter au grenier, ils le placent dans les parties des granges qui sont vuides, ayant soin qu'il repose sur les derniers lits de gerbes, qui servent de plancher & entretiennent de la séchéresse & de la fraîcheur. Ils le recouvrent de quelques gerbes de paille. Je suis assuré que le blé en cet état se conserve bien. Il est presqu'inattaquable par les souris, parce que les bâles enmelées les incommodent par leurs piquans ; mais il n'est pas à l'abri du charranson ; on est obligé de le remuer quelquefois. On transporte encore du blé hors des bâles & mêlés avec elles dans des greniers. Il est mieux que dans les granges où il a moins d'air.

Grains purs & dégagés de tout.

L'état le plus ordinaire dans lequel on conserve le blé, c'est lorsqu'il est non-seulement hors de ses bâles, mais séparé d'elles & de toutes ſaleté. On le garde dans les greniers & magaſins. Je le ſuppoſerai dans cet état dans tout ce que j'aurai à dire ſur ſa Conſervation.

Le blé étant une denrée de la plus grande importance, on a cherché tous les moyens de le conſerver. Si on le récoltoit toujours très-ſec, ſi chaque année en fourniſſoit ce qu'on en doit conſommer, ſi on en cultivoit dans tous les pays préciſément ce qu'il en faut, enfin, s'il n'étoit pas ſuſceptible de s'altérer & d'être dévoré par les animaux, on auroit peu de précautions à prendre. Il n'y auroit aucune néceſſité de s'occuper de ſa Conſervation. Mais la récolte ne ſe fait que tous les ans, &, dans le cours de l'année, on doit au moins pouvoir garder le blé en bon état. Des oiſeaux, des quadrupèdes & des inſectes en dévorent une bonne partie.

Il y a des Provinces où le blé croît en abondance, & au-delà de la conſommation des habitans, & d'autres où il en vient peu & quelquefois point du tout. Les produits des récoltes ſont inégaux; tantôt un Royaume en recueille plus qu'il n'en peut conſommer, tantôt ſa récolte ne ſuffit pas à ſes beſoins. Souvent on le rentre humide & diſpoſé à fermenter & à perdre la qualité qui le rend propre à faire du pain. Tous ces motifs néceſſitent des moyens d ele conſerver.

On a ſoin d'écarter des greniers & magaſins les moineaux, en poſant devant les fenêtres des claies de bois ou d'oſier, ou des filets. Ces oiſeaux, pendant l'Hiver, y cauſeroient de grands dégâts. *Voyez* le mot Moineau.

La manière la plus ſûre de détruire les rats & les ſouris, ennemis des blés, eſt d'entretenir à ſon ſervice beaucoup de chats qui, rodant dans les granges & dans les greniers, en détruiſent une grande quantité. *Voyez* le mot Chat. Ces animaux ont cependant l'inconvénient de faire leurs ordures dans les tas de grains; cet inconvénient eſt ſi grand que j'ai quelquefois préféré les dégâts des ſouris. Mais M. Parmentier conſeille de tenir auparavant les chats enfermés quelques jours dans un endroit où on les nourrira bien, d'y mettre des caiſſes ou des terrines, à moitié remplies de ſable ou de cendre. Les chats y feront leurs ordures pluſieurs jours de ſuite & continueront d'y aller, lorſqu'on aura placé ces vaſes dans les greniers.

J'ai parlé de la multiplication du charranſon, du tort qu'il fait, & des procédés indiqués pour le détruire: *voyez* le mot Charranson; j'ajouterai ſeulement que, dans les Mémoires de la Société économique de Berne, année 1768, M. Hell, Cultivateur éclairé de la Haute-Alſace, propoſe comme un préſervatif ſûr contre les charranſons, l'emploi du ſel ſéché & broyé, en en jettant ſur des gerbes dans les granges, & en le mêlant dans les greniers avec les grains. M. Hell conſeille quatre livres de ſel par cent gerbes, & en outre une demi-livre par ſetier de blé battu. Il croit cependant qu'il ſuffiroit d'en joindre au blé battu, & qu'on pourroit économiſer ce qu'il propoſe d'en jetter ſur les gerbes dans les granges. Ce grain ſemé après cette préparation, lève bien & donne de belles récoltes. La paille de gerbes ſalées doit être très-appétiſſante pour les beſtiaux. Mais, en ſuppoſant que la ſalaiſon des grains les préſervât des charranſons, on auroit de la peine à les vendre dans les pays où les hommes ne ſont pas accoutumés à manger du pain ſalé. Le préſervatif indiqué par M. Hell, ſur lequel on auroit pu avoir quelque doute, à cauſe de ſa nouveauté, acquiert un degré de probabilité de plus par un fait que des Gardes-magaſins de ſel d'Yverdun ont raconté à M. de Malesherbes. Sur le magaſin de ſel de cette Ville, il y a un grenier de blé, qui n'eſt point attaqué par les inſectes. Cet avantage n'eſt pas dû, comme ils le croient, aux vapeurs du ſel, mais au froid qu'il entretient, & qui eſt contraire à la multiplication de ces inſectes.

Au mot Chenille, on trouvera ce qui concerne la chenille & les papillons, qui ont infeſté & infeſtent encore quelquefois les blés de l'Angoumois. Je traiterai de la teigne à ſon article.

Il ſera queſtion ici des diverſes méthodes employées pour conſerver le blé dans l'état de grain, des ſoins qu'il exige dans pluſieurs de ces méthodes, & des préparations qu'il convient de lui faire ſubir, lorſqu'il a été récolté humide, ou lorſqu'on a le projet de l'embarquer.

Blés dans des paniers de paille.

En 1773, je fus engagé à aller viſiter le grenier de M. Villin, Curé de Cormeil, à quelques lieux de Breteuil en Picardie, parce qu'il avoit une manière particulière de conſerver ſon blé. Cet Eccléſiaſtique, fondé ſur ce que les œufs de poule ſe gardent très-long-tems, même en Été, étant dépoſés tous frais ſur des couches de paille, qui les empêchent de ſe toucher, a imaginé, pour conſerver ſon blé, des paniers de paille de ſeigle, dont voici les dimenſions.

Ces paniers ont la forme de cônes renverſés. Ils ont trois pieds de hauteur, ſur une largeur de deux pieds dix pouces à la baſe. Leur grande capacité commence à ſe retrécir à un pied & demi de la baſe; à cet endroit il y a un ventre, ou augmentation de diamètre: après ce ventre ils diminuent peu-à-peu, & ſe terminent par une ouverture de trois à quatre pouces, laquelle ſe ferme, à l'aide d'une planche à couliſſes.

Chaque panier peut contenir au moins deux ſetiers de blé, meſure de Paris. Il eſt compoſé de rouleaux, ou petits faiſceaux de paille de ſeigle, unis les uns aux autres par des liens flexibles de bois de tilleul. Vers l'endroit où le panier

nier commence à se retrécir, il y a extérieurement un rebord de paille, pour le retenir à la place où on le pose. Quand le panier est plein, on le recouvre d'un clayon, pour empêcher les chats d'y faire leurs ordures.

Indépendamment de cette disposition, M. Villin, a pensé qu'il seroit utile, de mettre un tuyau, fait de faisceaux de paille, au centre du panier; on le fixe au fond du cône renversé sur une cheville de bois, implantée dans une petite traverse. Les paniers de M. Villin, sont de deux ou trois pièces, assemblées par des attaches, & qu'on démonte à volonté; par ce moyen, on peut les entrer & les sortir par des portes étroites.

En pratiquant des chassis de traverse de bois, on placeroit beaucoup de paniers dans un grenier. S'il a de la hauteur, on peut en établir à deux ou trois étages les uns au-dessus des autres.

Les avantages de ces paniers, sont, 1.° de tenir le froment net; les paniers étant suspendus, la poussière du plancher ne peut aussi facilement salir le blé. On le porte au marché, sans être obligé de l'époudrer, ce qui est une économie. 2.° de le mettre à l'abri des chats, qui peuvent en chasser les souris & les rats, sans le gâter. 3.° D'en écarter la mite & le charanson, qui n'y trouvent pas de retraites, comme dans les murs, les toits & les planchers & dont la multiplication est moindre, parce que ce froment est remué facilement. Pour cet effet, on débouche toutes les planches à coulisses de chaque panier, on place des corbeilles sous ceux du plus bas-étage, pour y recevoir un huitième de grain, qu'on remonte dans les paniers supérieurs. Les paniers ayant la forme conique, on ne peut laisser échapper du blé dans les corbeilles, que tout ne soit remué à l'instant. Car les grains, au moyen du vuide qui se fait en bas, roulent les uns sur les autres. A travers les parois du panier, le blé reçoit de l'air, qui pénètre jusqu'à une certaine épaisseur, il en reçoit encore dans la partie supérieure, qui n'est point fermée, & enfin, par le tuyau, qui passe au centre. Ce tuyau sert, pour ainsi dire, de thermomètre, en indiquant si le blé s'échauffe, parce que, dans ce cas, son extrémité est humide. Le blé dans ces paniers étant dans de la paille, se trouve en quelque sorte dans son élément: il s'y conserve plus frais que sur le carreau.

J'ai fait faire un de ces paniers pour l'essayer en Beauce. Depuis vingt ans qu'il sert, il est toujours en bon état. Le blé s'y conserve bien, n'exige d'être remué par l'ouverture des coulisses que de loin en loin & à très-peu de frais, n'est point exposé aux ordures des chats & favorise moins la multiplication des charansons que celui qui est sur le plancher. Un grenier qu'on rempliroit de ces paniers ainsi soutenus sur des traverses, n'auroit pas besoin d'être carrelé ou planchayé. On pourroit même en mettre dans un rez-de-chaussée, suffisamment aëré, pourvu que le plus bas-étage fût à quatre pieds au-dessus du sol. M. le Curé de Cormeil avoit aussi des paniers pour les grains ronds & même pour l'avoine. Ils étoient aussi faits de paille d'avoine, mais parfaitement cylindriques, parce que ces grains n'ont pas besoin d'être remués comme le froment. Ils étoient comme les autres, couverts d'un clayon & posés seulement sur des chantiers, appuyés sur le plancher. Les chats avoient la liberté d'aller dessous & tout-au-tour.

Le grenier étoit couvert de chaume ou de gerbée. Cette sorte de couverture s'échauffe moins que la tuile & l'ardoise.

Blé dans des sacs isolés.

L'Ouvrage de M. Parmentier sur les *avantages que le Royaume peut tirer de ses grains*, expose la manière de conserver le blé dans des sacs isolés.

Dès qu'il est entièrement nettoyé de toutes ses ordures, & parfaitement sec & exempt d'insectes, on le met dans des sacs qu'on place, par rangées droites, dans un grenier, en ne laissant que la place nécessaire pour passer entre les rangées de sacs & les murs. Par ce moyen, l'air qui circule autour rafraîchit le grain. La capacité de chaque sac se règle sur les mesures & sur les poids du pays; plus il sera grand, plus le local contiendra de grains.

Les sacs seront isolés les uns des autres, avec des morceaux de bois qu'on fixera à leur circonférence, par le moyen d'un petit crochet.

Dans quelques circonstances, on pourroit mettre dans le grenier deux rangs de sacs, l'un au-dessus de l'autre.

Cette méthode a plusieurs avantages. Le blé, mis dans des sacs, y contracte moins de saleté que celui qu'on conserve dans des paniers; car ce dernier est exposé à la poussière des toits & à celle qui arrive par les fenêtres: il n'a pas besoin d'être criblé. Il n'exige plus de frais & de soins, à moins qu'il ne s'échauffe & ne fermente; dans ce cas, il faudroit le désacher, l'étendre sur le plancher & le remuer. Un grenier peut contenir plus de blé en sacs, que s'il étoit en couches, sans être enfermé. Les charansons & autres insectes ne l'attaquent pas. Si les souris percent quelques sacs, on s'en apperçoit aussitôt, & on y remédie; les chats ont toutes facilités pour leur faire la chasse. L'air qui circulera facilement autour des sacs, les entretiendra dans un bon état de fraîcheur & de sécheresse, pourvu que le grenier n'ait que de petites ouvertures qui se correspondent.

Blé dans des moïes de paille.

Dans l'Isle de Fortaventure, une des Canaries, les habitans sont dans l'usage de conserver leurs grains dans le centre de moïes de paille, qu'ils construisent de cette manière :

Ils font avec de la paille d'orge, qui a toute sa longueur, un cercle plus ou moins grand; ils élèvent ce cercle en forme de pyramide, en remplissant l'intérieur de paille hachée. Lorsqu'ils sont parvenus à une certaine hauteur, ils affaissent le cercle moyennant quatre planches ou quatre pièces de bois, placées en travers, sur lesquelles ils mettent de grosses pierres, ou sur lesquelles des hommes se posent. On fait un trou dans le milieu, dont on ôte la paille hachée, sans ôter celle du fond. On jette dans ce trou cinquante & jusqu'à cent fanegues de grain. *Voyez* FANEGUE. Ce trou étant rempli, on en recouvre l'entrée de quelques branches, & on continue à élever la pyramide, en garnissant l'intérieur de paille hachée, & en lui donnant la forme de dôme, que l'on scelle avec quelques pierres & du mortier. De cette manière, les habitans de Fortaventure conservent leurs grains deux ou trois ans, sans qu'ils se mouillent ou se gâtent autrement.

Je suis étonné que cette manière de conserver les grains ne soit pas plus répandue, sur-tout dans les pays chauds. Un de mes Correspondans, Consul aux Canaries, me l'a fait connoître depuis quelques années. Dans un petit espace, il est facile de placer beaucoup de grains. Le fond de l'intérieur de la pyramide, ses parois & le haut, étant bien garnis de paille, l'humidité ne peut pénétrer jusqu'au grain. Si on n'avoit que des gerbes d'orge courtes, on pourroit en mettre deux bout-à-bout. Le piquant des bâles d'orge en écarte les souris. Ce moyen réunit donc de grands avantages.

Blé dans des Souterrains.

En 1783, M. le Baron de Servières a publié, dans le Journal de Physique, des recherches sur les greniers souterrains, connus sous les noms de *mattamores*, *matmoures*, qui signifient en langue orientale, *cachette* ou *magasin souterrain*.

Ces espèces de greniers étoient en usage chez les peuples les plus anciens. Varron, Columelle, Pline & Hirtius nous apprennent que les Cappadociens, les Thraces, les Espagnols, les Africains enterroient leurs blés dans des fosses ou puits, appellés *syres*. La même chose se pratiquoit chez les Phrygiens, les Scythes, les Hircaniens, les Perses, &c.

Les mattamores furent inconnus aux Egyptiens, à cause des inondations du Nil. Dans les siècles les plus reculés & du tems de Joseph, l'Egypte avoit des greniers publics.

En Grèce, les greniers furent adoptés assez tard. On lit, dans Hésiode, qu'on serroit le blé avec son épi, dans des vases de terre, ou dans des corbeilles.

Les Romains conservoient une partie de leurs blés dans de grandes urnes, ou jarres de huit à neuf pieds de hauteur, sur dix à douze de diamètre. Ils avoient aussi des greniers souterrains, *horrea defossa*, dans lesquels le blé étoit entouré de planches. Il étoit défendu de bâtir aux environs plus près de cent pieds, & ordonné que ce qui se trouveroit dans cet espace, seroit démoli, de crainte des incendies.

Dans notre siècle, les *mattamores* se retrouvent chez les différens peuples d'Afrique & d'Europe. « J'ai vu quelquefois, dit Shaw, deux ou trois » cents de ces mattamores ensemble, dont les » plus petits pouvoient contenir quatre cents » boisseaux de blé. Il est probable que la prin» cipale raison qui a fait imaginer cette cou» tume aux Anciens, & qui la fait suivre encore » aujourd'hui, est la commodité que les habitans » y trouvent; car il n'est pas naturel de croire » que les anciens Nomades, non plus que les » Arabes modernes, eussent voulu se donner la » peine de bâtir, à grands frais, des granges » de pierre, lorsqu'ils pouvoient conserver leurs » grains, sans dépense, dans les différens endroits » où ils campoient, pour recueillir leurs moissons. »

Suivant le Père Labat, les greniers souterrains sont usités dans plusieurs cantons de l'Italie, en Espagne, à Malte & en Sicile. A Livourne & à Gênes, les magasins de blé sont sous les fortifications; on les appelle aussi *mattamores*. De semblables dépôts furent creusés par les Espagnols à Ardres, petite Ville du Calaisis. On dit qu'à Metz, les habitans sont dans l'usage de conserver du blé dans des magasins souterrains. Divers peuples du Nord de l'Europe n'ont pas d'autres greniers que des *mattamores*. L'Ukraine & le Grand-Duché de Lithuanie en sont remplis. C'est principalement en Hongrie qu'ils sont le plus multipliés. Voici la manière dont les Hongrois forment leurs mattamores. Hors des villages & communément à une portée de fusil, toujours dans le terrein le plus élevé, chaque paysan creuse un puits en forme de poire ou de bouteille. La profondeur est de quinze à vingt pieds, sur une largeur de moitié; quand la terre est enlevée, on jette dans ce trou de la paille, à laquelle on met le feu. Cette opération, répétée pendant trois jours, sèche & noircit les parois. Lorsqu'elles sont refroidies, on tapisse le fond & le tour du grenier d'une bonne couche de paille, à mesure qu'on le remplit de blé. Le grain doit être battu, sec & nétoyé quand on l'enferme. Les uns, assure-t-on, l'aspergent à plusieurs reprises avec de l'eau; le grain mouillé se gonfle & germe; les radicules & les tiges entrelacées forment une croûte, qui défend le reste du monceau. Les autres couvrent le grain de deux pouces de chaux ou de plâtre réduit en poudre très-fine, & mouillent la surface de cette croûte; par ce moyen l'air extérieur n'a plus d'accès jusqu'au grain. S'il s'y trouve des insectes, ils périssent, faute d'air, ou si leur première génération ne périt pas, la seconde n'a pas lieu. On ne met pas de grain jusques au haut, parce qu'on le recouvre de deux pieds de paille. Ordinairement on bouche le trou avec une roue de charrue, sur laquelle pose un clayonage; on acheve de le couvrir avec de la terre argilleuse.

La continence de ces fosses est à-peu-près de cent mesures, pesant chacune un quintal. Dans ces greniers les Hongrois emmagasinent le froment, le seigle & l'avoine, mais non les pois, ni le maïs qu'ils cultivent en abondance pour engraisser les cochons. Par l'établissement des mattamores, si les villages viennent à brûler, les subsistances sont épargnées.

Le blé dans les mattamores, contracte un goût de grenier; il est rude à la main; on corrige un peu ce défaut en le criblant, & en l'exposant sur des draps à petite épaisseur, à l'air & au soleil. Dans les beaux jours même on donne de l'air aux mattamores; en les découvrant on y laisse toujours la petite roue, pour empêcher que les hommes & les bestiaux n'y tombent. Malgré l'attention de donner de l'air quelquefois, il s'en dégage une mofete, capable d'asphixier les hommes, qui descendroient dans ces trous, au moment de l'ouverture. Pour éviter cet accident, on découvre les mattamores vingt-quatre heures avant d'y descendre.

Les mattamores d'Italie sont en pierre; on en fait le plancher, & on enduit les joints avec un mortier de sable du pays mêlé avec un peu de chaux; il forme un mastic impénétrable aux insectes, & qui se durcit en vieillissant.

Le blé se conserve long-tems dans les mattamores, à l'abri des alternatives du chaud & du froid, de la sécheresse & de l'humidité, il n'éprouve pas les mêmes altérations que celui qui est à l'air. On sait que c'est en ôtant la communication avec l'air extérieur, qu'on conserve les œufs, les viandes, les fruits &c., & que, pour cette raison, on les tient plongés dans du sel, de la cendre, du sable, de l'huile, du sucre, &c. Un grand nombre d'exemples prouvent, que le blé est long-tems bien sain dans les mattamores. M. de Servières cite celui qu'on trouve encore dans des greniers souterrains de la Hongrie, où il est, à ce qu'il croit, depuis 1526, lorsque Soliman II, Empereur des Turcs écrasa la noblesse hongroise. En 1707, on découvrit à Metz un magasin de grains, déposés en 1523, environ deux siècles auparavant. On en fit du pain, qui fut trouvé très-bon, mais de peu de saveur. On découvrit aussi à Sedan une masse de blé, qui existoit depuis cent dix ans; il étoit recouvert d'une couche épaisse, qui défendoit le surplus du contact de l'air.

Blé à l'air libre & dans les greniers élevés.

La manière la plus ordinaire de conserver le blé est de le placer sur le sol d'un grenier ou d'un magasin. Il ne faut pas que tout l'espace soit rempli, parce qu'on doit en ménager pour les instrumens utiles dans un grenier, & pour avoir la facilité de remuer le blé.

L'endroit, où doivent être situés les greniers à blé, n'est point indifférent. Toute espèce de local ne leur convient pas : ils seroient mal situés au-dessus d'une écurie, d'une vacherie, d'une bergerie, d'un trou à fumier ou d'un puisard infect. Dans les fermes bien entendues, on réserve les greniers, qui sont au-dessus des étables pour y placer l'avoine, moins susceptible de s'échauffer & les bâles & menues pailles, qui n'y séjournent pas long-tems.

Lors de la construction des greniers publics de Strasbourg, on a pris trois précautions : la première, de les placer dans l'endroit le plus aéré de la ville; la seconde, de les mettre près de la rivière, pour la facilité du chargement & du déchargement, de manière cependant qu'ils fussent assez élevés, pour être à l'abri des inondations & de l'humidité; la troisième, d'exposer au Nord le devant de l'édifice, qui n'a que quarante pieds de large, afin qu'il fût moins exposé à la neige & aux pluies. Il en eut beaucoup souffert, si le flanc, qui a quatre cents pieds, se fût présenté au Nord. L'exposition des magasins de Strasbourg, convient au local, parce que la neige & les pluies y viennent du Nord. Car, dans beaucoup d'autres pays, il eût mieux valu que le flanc eût été à l'aspect du Nord.

Les pays du Midi, étant moins exposés que ceux du Nord à l'humidité, & ayant à craindre trop de chaleur, peuvent établir leurs greniers au rez-de-chaussée, où ils seront mieux que dans des bâtimens élevés & à plusieurs étages.

Lorsqu'il y a des charansons dans un grenier, ils se répandent dans ceux du voisinage, même à une certaine distance. Cette observation a engagé des Commerçans en blé & des fermiers intelligens qui ont des magasins dans les villes, à établir de préférence leurs greniers dans les fauxbourgs, loin du lieu où se tient le marché, parce que c'est toujours à proximité de ce lieu, que la plupart louent des greniers, afin d'économiser les frais.

Dans plusieurs parties de la Suisse, M. de Malesherbes a vu les greniers isolés & séparés des maisons. Ils sont construits de manière à garantir les grains de l'humidité & des souris & des rats. Le bâtiment est de bois porté sur des pilotis, qui laissent l'air circuler par-dessous. Chaque pilotis est surmonté d'une pierre plate de schit, qui le déborde de beaucoup, & au-dessus de cette pierre, est une autre pièce de bois, du même diamètre que le pilotis. Ce schit, empêche la communication de l'humidité. On croit qu'il est impossible aux souris qui voudroient monter le long des pilotis, de franchir l'obstacle que la pierre leur oppose. Quelquefois, au lieu de pilotis fichés en terre, c'est un petit pilier de maçonnerie, au-dessus duquel on pose une bille de bois par-dessus la balle, la pierre de schite débordant beaucoup. M. de Malesherbes, en a mesuré une dans le Valois, qui avoit deux pieds de diamètre. On trouve encore dans la Suisse des greniers faits de pierres d'ardoise, jusqu'à la hauteur d'un pied & plus haut, de corps de sapin non écorcés, assez droits pour former une clôture. On les assemble seulement aux quatre angles. L'air sans doute passe entre ces corps d'arbres, comme il passe entre les planches mal jointes, ou les couvertures de bardeau ou de tuiles des autres. M. de Malesherbes a remarqué dans ces greniers, des boites à différens étages, dans lesquelles les habitans mettent leurs différens grains. Ils s'y conservent sans doute comme dans les paniers de paille de M. le Curé de Cormeil.

Rarement en France les greniers sont éloignés des autres bâtimens. La plupart même font partie de bâtimens employés à d'autres usages. M. Arrault, ci-devant Administrateur des Hôpitaux de Paris, dont il est question à l'Article Achapt de blés, a laissé sur les greniers, sur les ustensiles dont ils doivent être garnis & sur les soins qu'exigent les blés, un Mémoire dont je profiterai. Il va servir de base à ce que j'ai à dire.

La Construction des greniers peut s'exécuter de deux manières : l'une en formant un seul grenier large & spacieux, au premier étage seulement. L'autre, en en formant plusieurs les uns sur les autres.

Des greniers longs, larges & spacieux, un premier étage seulement, tiendront plus de blé que la même superficie répandue dans plusieurs étages, parce qu'il faut à chaque étage laisser un passage pour tourner autour du blé, & que ce passage emporte beaucoup de terrein. Il en coûte moins pour emplacer les grains dans ces greniers. Les Journaliers font plus d'ouvrage quand il y a peu à monter, & ils se font moins payer de leur travail.

Mais ces greniers si spacieux ont un grand inconvénient; c'est que, dans un grand espace, les fenêtres sont éloignées, la poussière ne peut les gagner pour sortir, elle reste dans le grenier, & se répand sur le blé même qu'on remue pour l'en chasser. Un grenier moins large, qui n'a que cinq à six toises dans œuvre, n'a pas cet inconvénient.

Dans la construction des greniers à plusieurs étages les uns sur les autres, il y a un grand avantage, qui dédommage bien de la dépense qu'on peut faire pour y emplacer les blés. Le voici : lorsqu'il y a plusieurs étages de greniers, il est de la bonne économie d'emplacer les blés au plus élevé; il en coûte plus pour les y faire porter; mais, comme l'usage est de laisser dans la construction de ces greniers à plusieurs étages, des trous ou des tremis, par lesquels on fait descendre le blé d'un étage dans un autre, le blé reçoit, par cette seule chûte, une façon supérieure à celle qu'il reçoit à l'ordinaire par le mouvement de la pelle.

On prend même la précaution de mettre au-dessous de chaque trou, un crible, dans lequel le blé tombe; &, par ce moyen, le blé est à-la-fois remué & criblé; un seul homme fait ces deux opérations, & on retrouve dans ces deux façons, si salutaires au blé, si utiles à sa Conservation, & qui coûtent si peu, de quoi se dédommager de la dépense qui a été faite pour monter le blé dans ce grenier le plus élevé.

Après ces réflexions, il est aisé de conclure en faveur de la construction des greniers à plusieurs étages: mais il faut faire différentes observations pour leur construction.

1.° La construction doit être solide, tant en maçonnerie qu'en charpente : la meilleure manière de les construire seroit de les voûter; mais, au défaut des voûtes, les étaies, pour soutenir des planchers destinés à porter un si lourd fardeau ne doivent pas être ménagés; car cent muids de bon blé sur le pied de deux cent quarante à deux cent quarante-cinq livres le setier, mesure de Paris, pesent près de trois cens milliers.

Les murs doivent être de bonne épaisseur, pour garantir les blés de l'humidité & de la chaleur; & les bois bien sains, afin qu'ils ne favorisent pas la naissance des vers, qui tomberoient dans le blé. Le bois verd ou nouvellement coupé est sujet à attirer les insectes.

2. Il faut que le dernier étage soit lambrissé, ou qu'il ait un plancher: le blé, qui séjourne immédiatement sous la tuile, ne se conserve pas si bien : l'humidité y pénètre dans l'Hiver; &, dans l'Eté, la tuile échauffée par l'ardeur du soleil, répand sa chaleur sur le blé; & on observe dans ces pays de commerce de blé, que celui qui est déposé sous un plancher, à un premier ou à un second étage, se garde beaucoup mieux que s'il étoit déposé à un troisième étage, sous la tuile & sans plancher au-dessus. La différence est telle, que ce dernier a besoin d'être remué trois fois, lorsqu'il suffit de remuer les autres seulement deux fois. Ainsi le Père de famille vraiment économe, ne ménage point la dépense d'un plancher, parce qu'il le regagne dans la suite, en dépen-

sant moins pour les façons & l'entretien de son blé.

3.° Le plancher ou le sol du grenier de chaque étage doit être carrelé ou planchayé. Les uns préféreront de le couvrir de planches, parce que le bois est plus doux pour les ouvriers chargés de remuer les blés: il ne fait point de poussière, au lieu que les joints du carreau posé avec la plus grande attention, en font toujours un peu; mais, d'un autre côté, les planches coûtent beaucoup plus que le carreau: d'ailleurs le bois est sujet aux vers, & les vers sortiront volontiers du bois pour entrer dans le blé: il est facile de remédier à la poussière que les joints du carreau peuvent causer. Il suffit de les poser avec attention, & de répandre dessus du sang de bœuf qui, en s'insinuant dans les joints des carreaux, y fait une espèce de mastic, capable d'empêcher le mortier de se convertir en poussière.

C'est à celui qui bâtit des greniers, à se décider entre les deux manières d'en faire les planchers: il y a des pays où les planches sont moins chères que le carreau, *& vice versâ*. Du reste, son inclination, son goût, la dépense qu'il veut, ou peut faire, aideront à le déterminer, & dans le choix, il ne peut se tromper.

4.° Les fenêtres des greniers doivent être les unes vis-à-vis des autres; il faut les garnir de canevas, ou de fer maillé ou de clayes, afin que l'air puisse y entrer, & afin d'en écarter les insectes, & les autres animaux qui pourroient gâter le blé, & sur-tout les moineaux, qui viennent comme des voleurs fondre dessus. On garnira les fenêtres de volets ou de contrevents; on les ouvrira & on les fermera à propos, suivant le tems & les saisons; & toujours dans la vue de se précautionner contre les deux grands ennemis du blé, l'humidité & la chaleur.

Greniers publics de Strasbourg.

Le magasin des greniers publics de Strasbourg, a cinq étages de 40 pieds de largeur, sur 400 de longueur ou de flanc.

Il règne au rez-de-chaussée de vingt pieds en vingt pieds des colonnes au nombre de quarante; elles sont de pierres, placées sur deux rangs, ayant quatre pieds en quarré, vingt pieds de hauteur. Ces colonnes soutiennent le premier étage.

Jusqu'ici on a employé le rez-de-chaussée, pour y déposer plus de quatre-vingt moulins à bras, dont on s'est servi quelquefois avec avantage, lorsque les rivières manquoient d'eau; car on connoît peu les moulins à vent dans les environs de Strasbourg.

Le premier étage se trouve à vingt pieds au-dessus du rez-de-chaussée. Il n'en diffère, que parce qu'au lieu de piliers de pierres, il y a des piliers de bois de deux pieds de circonférence & de huit pieds de hauteur, pour ne pas trop charger le bâtiment.

Le sol de chaque étage est formé d'un double plancher chacun de deux à trois pouces d'épaisseur.

On y a ménagé des ouvertures de huit pouces quarrés de dix pieds en dix pieds, au moyen desquels on fait couler les blés d'étage en étage, jusqu'au rez-de-chaussée.

Les murs à tous les étages, sont percés de fenêtres de trois pieds quarrés, ayant entr'elles des trumeaux de quatre pieds seulement. Les fenêtres sont munies de contre-vents, & garnies d'une grille de fil d'archal. Celles du cinquième étage sont un peu moins grandes.

Ce magasin peut contenir jusqu'à 50000 rezeaux de froment; c'est-à-dire, 8,000,000 livres pésant; le rezal de froment à Strasbourg pèse 160 livres, poids de marc.

Ustensiles des greniers.

Les premiers & les principaux instrumens, dont on ait besoin dans les greniers, sont les bras des hommes. Il y a plusieurs attentions à avoir dans le choix de ceux qui sont attachés au travail des blés.

Il est nécessaire qu'ils en aient une connoissance générale: elle s'acquiert aisément, & elle se perfectionne par l'usage.

Il faut qu'ils soient fidèles, intelligens, laborieux; le paresseux rend son travail inutile, s'il craint de lever les bras pour donner de l'air au blé, & en faire sortir la poussière, il vole l'argent de celui qui l'emploie, & il fait tort à sa marchandise.

Les gens adonnés au vin, ne conviennent point à ce genre de travail: les suites fâcheuses du vin, & particulièrement les querelles, toujours désagréables qui s'élèvent entr'eux, & la perte du tems employé nécessairement à un sommeil forcé, dans une heure qui ne lui est pas destinée, doivent les en exclure.

Les ouvriers occupés à soigner les blés, doivent avoir des souliers de buffle qu'ils chaussent en entrant dans le grenier, afin de n'y point porter d'ordures, & pour ne point écraser de grain en marchant: car les grains écrasés augmentent les déchets.

Ils doivent aussi avoir un tablier avec une grande poche, dans laquelle ils puissent amasser les pailles, les pierres & les autres ordures, pour n'être pas obligés de quitter à chaque moment, pour mettre ces ordures hors des greniers.

Il faut des balances & des poids pour peser le blé à son entrée dans le grenier & à sa sortie.

La pèle est l'ustensile ou l'outil dont on se sert le plus dans les greniers: elle sert à remuer le blé, à le mettre dans le crible : il y a des personnes qui font mettre le blé dans des corbeilles pour le porter dans le crible, cela paroît assez indifférent. *Voyez* Pele & Corbeille, au Dictionnaire des Instrumens d'Agriculture.

Le crible est extrêmement utile au blé : il y en a de plusieurs sortes. On se sert du crible d'archal, du tarare, des cribles à main, &, quand le blé est entaché de *carie* du crible à râpe. *Voyez* le mot Crible, au Dictionnaire des Instrumens.

Il faut dans les greniers des sacs de peau, pour emporter les criblures, sur-tout lorsqu'il y a des charansons qui perceroient les sacs de coutil & retourneroient au blé.

Soins des blés.

On doit avoir enfin dans les greniers des ouvriers qui ramassent sans cesse le blé avec des balais, pour qu'il ne soit point écrasé dans les sentiers, par lesquels on passe & qui nétoient les murs, pour en ôter la poussière & les papillons : des balets de bouleau suffisent pour cet usage.

Les soins des blés dans les greniers sont infinis & continuels. C'est le mouvement qui les conserve : c'est par le mouvement, qu'on prévient une partie de leurs maladies, ou qui y remédie. Mais ce mouvement ne se fait pas sans frais. Il faut, d'un côté, payer les journaliers qui travaillent : d'un autre côté, il résulte de leur travail des déchets, qui augmentent le prix du blé ; ainsi, ces mouvemens doivent être faits avec prudence & discrétion.

Il ne faut ni les négliger, ni les faire sans nécessité.

Si on les néglige, le blé s'altère.

Si on les fait sans nécessité, il en coûte des frais inutiles. Le premier soin qu'on doit au blé lorsqu'il arrive dans un grenier, c'est de le nétoyer. Le blé venu dans un bateau garni de paille & de foin, en emporte toujours quelque partie, & la première façon qu'on lui donne en le remuant, s'appelle *épailler*. On le fait remuer deux & trois fois, suivant l'état dans lequel il se trouve, & après, on le laisse reposer pendant quelque-tems. On le met pour ce tems de repos ou en *crête* ou en *couche*.

Il faut prendre garde de le mettre à trop forte épaisseur ; les années, la saison & la qualité du blé décident du plus ou du moins d'épaisseur. Un blé nourri de sec, arrivé par un beau tems en hiver, peut être mis plus haut, qu'un blé crû dans une année pluvieuse, arrivé par un tems humide & dans l'Eté où il s'échauffe aisément.

Le blé en crête est celui qu'on met dans un grenier, en formant le tas avec deux rampes, comme celle du toit d'une maison. Le blé en couche est celui qui est répandu également sur le plancher. Le blé en crête ménage la place des greniers, ils en tiennent davantage, parce que la crête peut être plus élevée que la couche : la raison en est sensible ; la crête diminuant d'épaisseur, insensiblement le blé reçoit l'air des deux côtés, au lieu qu'en couche, la masse ne reçoit de l'air que par-dessus ; & comme la couche est longue & large, le blé coureroit risque de s'échauffer, si elle étoit trop haute. Le blé en crête se conserve mieux, quoiqu'il y en ait une plus grande quantité, parce qu'on multiplie les crêtes bien plus aisément que les couches, & que la masse étant moins forte, elle se rafraîchit facilement par le secours de l'air, qui passe à travers des greniers.

L'usage ordinaire, est de mettre le blé en couche à dix-huit pouces de hauteur : mais on est souvent obligé de le mettre moins haut, ce qui dépend, comme on l'a dit, du tems, de sa qualité, & de la saison : tel blé bien sec se soutiendra pendant le cours de l'année à dix-huit pouces de couches. Tel autre ne pourra y être à cette hauteur, même en Hiver, & à plus forte raison en Eté. Les blés de la dernière récolte, qui n'ont pas encore acquis toute leur sécheresse, ne peuvent être à la même hauteur que ceux qui ont deux ou trois ans. Car on peut mettre ceux de l'année d'auparavant à trois pieds & demi d'épaisseur, & ceux des années précédentes à cinq pieds.

Les bons économes ou les préposés à l'inspection des greniers, savent mélanger à propos les diverses sortes de blé, & envoyer au moulin ceux pour lesquels ils craindroient, s'ils les gardoient dans l'état de blé. Leur inattention sur cet article & leur négligence peuvent faire un grand tort, comme leur surveillance peut être très-utile à leur fortune ou à celle de leurs commettans.

Les soins qu'on a des blés dans les greniers, lui donnent de la qualité, diminuent la carie, quand ils en sont entachés, détruisent les insectes qui le dévorent, ou ne leur permettent pas de se multiplier facilement & l'entretiennent dans une sécheresse & une fraîcheur convenable. Depuis le mois de Mars, jusqu'au commencement des chaleurs, on doit remuer le blé de quinze jours en quinze jours, en choisissant un tems sec. Lors des grandes chaleurs, & jusqu'au mois de Septembre, il faut redoubler d'attention & le remuer de huit jours en huit jours, quelquefois plus fréquemment, si on s'apperçoit qu'il commence à s'échauffer, ce qu'on reconnoît facilement en y introduisant la main. On choisit pour cette opération les heures les plus fraîches de la journée. En Hiver, à moins que le blé ne fût humide, il est inutile de le remuer.

Le blé mal gouverné a deux défauts qui le

font rejeter par les connoisseurs, ou au moins qui le font peu estimer. En le flairant, on lui trouve une odeur désagréable, on dit de ce blé qu'il a *du nez*; s'il est rude à la main, qui ne glisse pas facilement dans le tas, on dit dans ce cas qu'il n'a *point de main*. J'ajouterai, que si on en casse quelques grains, ils impriment sur la langue un peu d'âcreté.

Duhamel remarque que le froment, qui ne s'est pas altéré les deux premières années, ne s'altère pas les années suivantes. C'est pour cela qu'il est plus avantageux, d'acheter pour emmagasiner du blé vieux que du blé nouveau. Si on est forcé d'acheter du blé nouveau, il faut qu'il soit bien sec & bien net.

Des déchets.

Le soin des blés dans les greniers emporte nécessairement des déchets; en le remuant, on ôte tout ce qui est étranger pour le rendre plus net & plus propre.

Quand on crible les blés, il passe toujours par les cribles quelques grains de blé. On vanne ces criblures, pour en tirer ce qu'il y a de meilleur; mais il reste toujours du blé dans la poussière.

Tout ce qui sort du blé en le nétoyant, y étoit quand on l'a mesuré, &, quand il est ôté, il forme un déchet nécessaire.

La quantité des déchets dépend de la qualité du blé. Le bon blé fait moins de déchets que le blé inférieur.

On estime communément, dans les années ordinaires, les déchets des blés nouveaux à quatre pour cent: il y a des années où ils sont plus considérables. Dans les blés vieux, ils sont moindres, par exemple, à la seconde & troisième année, d'un pour cent, & ainsi en diminuant.

Les déchets augmentent le prix du blé, & par conséquent celui du pain.

Dans les achats en grand, l'Acheteur diminue la perte, en obligeant le Vendeur du blé dans la Province à faire cribler son blé deux ou trois fois avant la livraison. On recherche dans les marchés le blé qui est bien net, parce qu'il est plus profitable.

C'est une attention que l'Acheteur doit avoir, & c'est un des avantages qui se trouvent, lorsqu'on fait faire des acquisitions pour de grands approvisionnemens, que de réunir toute la manutention dans la même main, l'achat des blés, le soin des greniers & la fabrication: car alors le Préposé a intérêt, non-seulement de faire de bons achats, mais d'éviter que les déchets dans les greniers ne soient trop grands, & il prévient cet inconvénient, en faisant cribler & nétoyer le blé par le Vendeur.

Les déchets sont inévitables, mais le plus ou le moins dépend du soin ou de la négligence du Préposé aux achats, & de celui qui a l'inspection des greniers.

M. Duhamel Dumonceau dont le nom inspire tant de respect aux véritables amis du bien, persuadé que les greniers & magasins, de la manière dont on les fait, sont trop dispendieux à construire, qu'ils ne peuvent contenir une quantité de blé proportionnée à leur étendue, qu'il y a nécessairement trop d'espace perdu, puisque dans un grenier de quatre-vingt pieds sur vingt-un, ce qui fait environ mille six cent quatre-vingt pieds de superficie, il n'y a d'employé que mille cent cinquante pieds quarrés, capables de contenir mille sept cent vingt-cinq pieds cubes de blé, ou quatre-vingt-douze miliers pesant. M. Duhamel Dumonceau a cherché à résoudre par des expériences le problême suivant: *conserver beaucoup de froment dans le plus petit espace possible, si long-tems qu'on voudra; à peu de frais, sans déchet, n'étant exposé ni aux oiseaux ni aux insectes, sans qu'il puisse s'en perdre par les tremies, qui sont presqu'inévitables avec les greniers carrelés, enfin étant à l'abri de tout larcin, même de la part du Gardien, qui sera seul chargé de leur Conservation.*

Greniers en bois.

Pour résoudre ce problême, M. Duhamel fit faire avec des planches de chêne de deux pouces d'épaisseur, un petit grenier ou une grande caisse, qui formoit un cube d'environ cinq pieds de côté; à six pouces du fond ou du plancher de ce petit grenier, on plaça sur des lambourdes de cinq pouces d'épaisseur, un second fond de grillage ou de caillebotis, sur lequel on étendit une forte toile de canevas. Il vaudroit mieux employer un treillis de fil de fer, ou des feuilles de tôles plaquées. On remplit comble le petit grenier de bon froment; il en a tenu quatre-vingt-quatorze pieds cubes, c'est-à-dire, cinq mille quarante livres pesant. Un grenier, qui a ces dimensions, est un cube de douze pieds de côté, capable de tenir mille sept cent vingt-huit pieds cubes de froment; M. Duhamel fit encore faire une caisse de quarante pieds de longueur, de neuf pieds de hauteur & de douze pieds de largeur, qui a pu renfermer cent muids de froment ou mille deux cens setiers de froment, mesure de Paris, du poids de deux cent quatre-vingt-huit mille. On vient de voir qu'un grenier construit à l'ordinaire, de quatre-vingt pieds de longueur, sur vingt-un pieds, ne peut tenir que mille sept cent vingt-cinq pieds cubes de froment, ou quatre-vingt-douze milliers de livres. Le grenier d'abondance de la Ville de Lyon a trois cent quatre-vingt-huit pieds & demi de longueur, & cinquante-quatre pieds & demi hors-d'œuvre; l'épaisseur des murs est de quatre pieds & demi. Il y a trois étages pour mettre le blé, au-dessus du rez-de-chaussée, qui servoit, en 1768, de magasin d'artillerie. On estimoit que si ces greniers étoient bâtis à Paris, ils auroient coûté cinq cens mille livres. On peut juger par-là combien il faudroit d'étendue pour un grenier de deux cent quatre-vingt-huit mille livres de blé. Il coûteroit au moins vingt mille livres, au lieu que la boîte ou le grenier en bois de même capacité, porté sur des dés de pierres avec de fortes pièces de bois, pour soutenir le fond, reviendroit à la dixième partie de ce prix. Il pourroit être construit en briques; mais il faudroit l'établir dans un lieu sec, & l'isoler des murailles; encore les souris & les rats y entreroient-ils plus facilement que dans le grenier de bois. Quoi qu'il en soit, le petit grenier dans lequel on avoit mis quatre-vingt-quatorze pieds cubes de froment étant rempli, on le ferma avec un plancher de bonnes membrures de chêne, qui joignoient exactement; on ménagea en plusieurs endroits des soupiraux, qui fermoient avec de bonnes trapes. Messieurs du Séminaire Saint-Sulpice, n'ayant pas assez d'emplacement pour mettre de cent soixante-dix à cent quatre-vingt setiers de froment, qu'ils vouloient conserver dans leur maison de Paris, ont fait établir dans une petite chambre au-dessous d'une voûte une caisse de bois, de neuf pieds de largeur, de douze de longueur & de sept de hauteur; leur blé s'y est très-bien conservé. M. Duhamel observe qu'il est indifférent d'employer des caisses quarrées ou rondes, qu'il en a placé avantageusement dans des caves à vin, faciles à se procurer dans les pays de vignoble, qu'on peut faire les caisses de différens bois, tels que le hêtre, le sapin, le tilleul, le peuplier, pourvu que les planches en soient épaisses, qu'il est bon d'élever ces petits greniers sur des chantiers, à la hauteur de deux pieds au-dessus du sol, tant pour éviter l'humidité de la terre, que pour reconnoître facilement si les rats ne les percent pas, que si on les construit en maçonnerie au lieu de les construire en planches, ils faut qu'ils soient isolés, & que la maçonnerie soit bien sèche, avant d'y mettre du grain, que les caisses de bois sont préférables à celles qui seroient en maçonnerie. Quand ces greniers sont formés de planches bien jointes, les insectes ne peuvent y pénétrer. Il est bien important de n'y placer que du blé, qui auparavant n'en contienne pas.

Faire voir que l'on peut dans un petit espace & à peu de frais renfermer beaucoup de blé, c'est ne résoudre qu'une partie du problême. Pour le résoudre en entier, il faut empêcher ce blé de s'altérer & de se corrompre dans le grenier. Car l'humidité qui s'en échappe, auroit produit cet effet. Je soupçonne que les grains étant d'une nature plus sèche dans les pays méridionaux, ils se conservent mieux en masse & ne fermentent pas aussi facilement que dans les pays septentrionaux, ou d'ailleurs l'air est toujours plus humide. Ils sont moins nourris d'eau pendant leur végétation, & les récoltes se font par un tems plus sec. Ce qu'il y a de certain, c'est que M. Duhamel ayant voulu garder du froment bien sec dans des lieux bien clos, comme on le pratique à Malthe, en Gascogne & dans d'autres provinces méridionales, il s'y est échauffé, & se seroit perdu entièrement, si on ne l'avoit retiré. On n'avoit pas mieux réussi à l'hôpital-général de Paris, en mettant du blé dans une citerne; il n'y avoit d'autre moyen, que d'établir dans le grenier un courant d'air, pour en chasser l'humidité

Ventilateur. M. Duhamel pensa à des soufflets de forge, à un soufflet cylindrique ou en corraillet, imaginé pour renouveller l'air de la cale des navires; mais les rats en auroient mangé les cuirs. Il lui vint d'autres idées, auxquelles il avoit peine à s'arrêter: enfin, il étoit dans l'embarras du choix quand M. Halles lui fit parvenir un exemplaire de son ouvrage, intitulé: le *Ventilateur*, nom d'un soufflet que ce célèbre Physicien Anglois proposa pour renouveller l'air de l'entrepont & de la cale des vaisseaux, des galeries des mines, des salles de malades, des endroits, qu'il est important de dessécher, & qu'il vouloit même qu'on adaptât à la conservation des grains. M. Duhamel ne tarda pas à appliquer à son grenier le soufflet de M. Halles. Cet instrument, qui étoit grand, prenoit l'air du dehors & le portoit outre les deux planchers inférieurs du petit grenier. Quand on vouloit éventer le froment, on ouvroit les soupiraux du dessus du grenier & des registres, mis au porte-vent du soufflet, pour empêcher les rats d'y entrer, on faisoit agir les soufflets & le vent traversoit si puissamment le froment, qu'il faisoit sortir la poussière par les soupiraux, & même élevoit quelques grains légers jusqu'à un pied de hauteur, quand on ne laissoit au-dessus du grenier qu'une petite ouverture pour que tout l'air des soufflets s'échappât. Afin de porter dans le grenier un air sec, quand celui du dehors est chargé d'humidité, M. Duhamel a fait bâtir un petit fourneau de briques à dix ou douze pieds d'éloignement des soufflets; leurs tuyaux d'aspiration répondoient à ce fourneau, qu'on échauffoit avec du charbon. Chaque coup de soufflet faisant passer dans le grenier deux pieds cubes d'air, en huit heures, il en passoit quatre-vingt mille six cent quarante pieds cubes. Le froment, dont M. Duhamel avoit rempli son petit grenier, étoit de bonne qualité. Il l'a fait éventer en tout la valeur de six jours dans chaque année, sans même allumer le fourneau, ce qui a suffi pour l'entretenir en très-bon état; il n'a pas éprouvé la moindre fermentation; il a fallu peu de soins & de dépenses. On seroit obligé d'éventer plus souvent des greniers plus considérables

considérables & avec de plus grands soufflets; la dépense seroit proportionnée à la quantité de grains, qu'on auroit à conserver. Si les magasins avoient une vaste étendue, il seroit possible de faire jouer les soufflets par un moulin à vent. Son traité de la conservation des grains contient les détails de ses expériences sur ce sujet. En voici les résulats.

1.° Du froment a été conservé pendant plus de six ans avec la seule précaution de l'éventer de tems-en-tems.

2.° Du froment nouveau, très-humide, germé même, qui avoit contracté une mauvaise odeur, ayant été éventé trois ou quatre fois dans la première semaine & long-tems, une fois par semaine, ensuite pendant les mois de Décembre & Janvier & tous les quinze jours jusqu'au mois de Juin, a perdu une partie de sa mauvaise odeur. On remarque que dans les greniers où le blé n'a pas de communication avec l'air extérieur, c'est le haut du tas, qui est le plus sujet à s'altérer, tandis que, dans les greniers ordinaires, le dessus du tas étant exposé à l'air, est plus sec & en meilleur état que le dessous.

3.° Du froment humide récemment récolté, mis dans un grenier de l'épaisseur de quatre à cinq pieds, & éventé fréquemment par des soufflets que faisoit agir un moulin à vent, non-seulement a été desséché, mais encore a perdu une partie de la mauvaise odeur qu'il avoit quand on l'a renfermé. Quoique M. Duhamel regarde cette expérience comme très-concluante, il avertit cependant que ce grain auroit pu se gâter, s'il n'eût pas fait du vent pendant tout le mois de Juin, époque où le blé a plus de disposition à fermenter. Il croit qu'il est plus prudent de ne pas mettre du blé nouveau dans les *greniers de conservation*, mais de les mettre d'abord pendant huit mois dans un *grenier de dépôt*, où différens criblages & remuemens lui feront perdre une partie de son humidité. Cette précaution ne peut convenir qu'à des fermiers : car des marchands ont besoin d'un desséchement plus prompt.

Etuves de M. Duhamel.

Duhamel n'eût fait qu'un travail incomplet, s'il se fût contenté de trouver un moyen de renfermer beaucoup de blé dans un petit espace & de l'y conserver en bon état par le renouvellement de l'air. Il falloit qu'il allât plus loin, & qu'il cherchât une méthode pour se passer de ce renouvellement d'air, d'ailleurs insuffisant dans quelques circonstances. Il y est parvenu, en faisant étuver les blés avant de les mettre dans le grenier de conservation. Si des expériences lui ont prouvé que du froment humide, éventé souvent, s'est desséché & a perdu une partie de la mauvaise odeur qu'il avoit, d'autres expériences l'ont convaincu qu'avec l'étuve seule, on peut mettre du blé en état d'être conservé long-tems dans des greniers.

La description détaillée des étuves de Duhamel construites & existantes encore au château de Demainvilliers en Gâtinois, près Pithivier, se trouve avec les plans & les dessins gravés dans l'Ouvrage qu'il a publié sur la Conservation des grains. C'est celle du Supplément, qu'il faut préférer, parce que Duhamel, qui l'a imprimé trois ans après, a compris dans cette deuxième description les changemens qu'il y a faits. Elle sera rappellée sans doute dans la partie de ce Dictionnaire, qui traite des Instrumens d'Agriculture.

Les blés, qui ont passé à l'étuve, perdent plus ou moins de leur poids, selon que l'année & la récolte ont été plus ou moins pluvieuses, c'est-à-dire, selon que le blé a plus ou moins d'humidité; aussi, perdent-ils quelquefois un huitième : souvent ce n'est qu'un seizième; la diminution a été bien moindre encore dans beaucoup d'expériences de Duhamel. Les blés vieux perdent moins que les blés nouveaux.

Le grain chargé d'humidité augmente d'abord un peu de volume dans l'étuve, quoiqu'il y perde quelque chose de son poids.

Les grains perdent d'autant plus de leur volume & de leur poids, qu'on les entretient plus long-tems dans l'étuve.

Quoique les grains continuent à se dessécher quand au sortir de l'étuve, on les étend dans un lieu sec, une partie de l'humidité rentre néanmoins dans le grain, au lieu qu'elle se seroit dissipée, si l'on avoit continué à tenir le grain dans l'étuve. Il reprend d'autant plus de son humidité, qu'il se trouve, au sortir de l'étuve dans un lieu plus frais, & il n'est pas douteux qu'il en perd plus en Eté qu'en Hiver.

Ce n'est pas en brusquant la chaleur, qu'on desseche parfaitement du grain. Il faut que l'humidité ait le tems de s'y réduire en vapeurs, & qu'ensuite elle se dissipe. Pour bien étuver le grain, on doit d'abord pousser le feu jusqu'à faire monter le thermomètre à quatre-vingt-dix degrés & même davantage, & tenir pendant ce tems-là l'étuve fermée. Après une heure de cette chaleur, on ouvre tous les évents, qui sont au haut, ensuite en soutenant le feu à-peu-près au même degré, on laisse pendant une heure les vapeurs se dissiper. Alors on cesse d'alimenter le feu, on ferme tous les registres du poêle, qui échauffe l'étuve & le lendemain on retire le grain, qu'on étend à une petite épaisseur dans un lieu sec & chaud autant qu'il est possible; on le passe après cela par un crible à vent pour lui enlever une poudre légère, que le desséchement a détaché du grain, & qui donne au pain un goût de poussière, lorsqu'elle reste adhérente au grain; aussi-tôt qu'il est entièrement sec, on le met dans le grenier exactement fermé. Duhamel a conservé de cette manière du blé douze & quinze ans, sans qu'il ait éprouvé aucun dommage, ni aucune altération.

M. Duhamel a étuvé du seigle avec le même succès que le froment.

On a fait la comparaison de deux mesures déterminées & égales de blé étuvé, & de deux mesures semblables de blé non-étuvé. Les deux mesures du blé étuvé, qui pesoient cent vingt livres de plus, ou à-peu-près cinq pour cent de plus que le blé non-étuvé, ont été un peu plus long-tems à moudre; elles ont donné soixante-neuf pour cent de farine & ont pris en eau au pétrissage trente-quatre pour cent, tandis que le blé non-étuvé a donné soixante-dix pour cent de farine, & a pris trente-deux pour cent en eau. Le pain de blé non-étuvé étoit un peu plus blanc & avoit un peu plus de saveur, les quatre farines ont également levé.

Si l'on suit la comparaison, & que, pour faire connoître la différence entre la qualité du produit du blé non-étuvé & du blé étuvé, on choisisse du blé non-étuvé d'une année humide, on verra que la farine de ce dernier se conserve mal, qu'elle est sujette à fermenter, que lorsqu'on l'emploie pour faire du pain, elle est toujours grosse & mate, ayant peu de soutien, difficile à cuire, ne bouffant pas dans le four; le pain qui en résulte moisit promptement, tandis qu'au contraire la farine de blé étuvé, se conserve très-facilement; la pâte en est légère & se soutient, elle bouffe bien dans le four; elle cuit aisément & en moins de tems, que celle du blé non-étuvé, la différence est d'un dixième. Le pain en est grisâtre à l'œil, mais il a le goût de noisette. Au reste, on peut procurer à ce blé ce qui lui manque : il se moudra bien, & il acquérera de la blancheur, si sur cent livres de blé on jete vingt-quatre heures auparavant cinq livres d'eau, comme on le fait lorsqu'il s'agit de moudre des blés durs.

Je n'entrerai point dans le détail des frais que coûte l'établissement d'une étuve, ils sont relatifs au prix des matériaux & de la main d'œuvre de chaque pays. Il m'a suffi de faire voir les avantages, qui en résultera pour la Conservation du blé. Ces avantages ne seront plus incertains depuis les expériences de M. Duhamel, répétées par beaucoup de personnes. On ne propose pas à un particulier dont la fortune est médiocre d'en faire la dépense, mais des chefs de grandes entreprises, les Administrateurs des hôpitaux, les Préposés à l'approvisionnement d'une ville, d'un canton, d'un Etat, ont un grand intérêt à profiter de ce moyen. L'utilité qu'ils en retirent, compense les frais, qui ne sont qu'une mise en avant une fois faite. Quelles pertes n'a-t-on pas essuyées quelquefois par l'altération des blés des magasins? on ne peut bien conserver les blés, qu'en les desséchant auparavant; lorsqu'ils ont été récoltés dans des années humides, lorsqu'ils ont séjourné long-tems dans des bateaux, lorsqu'ils ont tellement été entachés de carie, que pour les en purifier on a été obligé de les laver, lorsqu'enfin on se propose de les embarquer pour les transporter dans les Colonies. On a cru qu'il seroit facile de faire usage des fours à cuire le pain; mais on ne peut leur donner une chaleur uniforme; le blé qui se trouveroit à l'entrée grilleroit, pendant que celui du fond n'éprouveroit pas une chaleur suffisante. L'opération seroit trop longue, si on avoit une grande quantité de grain à dessécher. Rien n'est donc comparable à l'étuve, qui réunit tous les avantages desirés.

Avant M. Duhamel il y avoit des étuves en Italie; la description s'en trouve dans le Traité Italien *de la parfaite Conservation des grains*, publié par M. Juliéri. M. Duhamel en parle; mais il a adopté dans les Rennes une manière différente de chauffer & des perfections, qui le font regarder du moins, parmi nous, comme l'inventeur des étuves. En conservant au grain toute sa substance nutritive, les étuves lui enlèvent son humidité superflue, & le préservent de la pourriture, mais en diminuant le volume & le poids & par-là préjudicient au Marchand qui vend son grain, & non à celui qui fait lui-même son pain. C'est-là ce qui a dégoûté des étuves dans bien des Provinces, où les Laboureurs & les Marchands trouvoient du déchet sur la mesure de blé.

La République de Genève a fait construire des étuves dans les principes de M. Duhamel, & des Gens intelligens y ont ajouté quelques perfections; ce qui doit presque toujours arriver à ceux qui font exécuter une machine nouvelle après son Inventeur.

La République de Berne en a fait construire d'après celles de Genève, & la République de Zurick, ainsi que la ville d'Aran dans le canton de Berne, d'après celles de Berne.

Chacun y a ajouté & a perfectionné: par exemple, à Zurick, le feu a pris une fois à l'étuve qui étoit de bois comme celle de Duhamel & comme les autres. Les Zurickois, pour prévenir cet accident, ont substitué au bois une matière incombustible, & dans l'étuve de Zurick, les plans inclinés sur lesquels coule le blé, sont d'une ardoise épaisse commune dans le pays, & dont la carrière est dans le canton de Glaris.

On auroit pu croire que cette ardoise se fendroit à la chaleur des étuves, l'expérience des Zurickois a appris que cela n'arrive pas à Zurick; le blé bien étuvé est mis dans de vastes caisses de sapin bien jointes; on assure, qu'on ne les remue pas, & qu'il s'y conserve bien.

A Aran, on a employé, pour économiser le bois, un fourneau, dont on se loue beaucoup.

La République de Berne a reconnu les avantages de ces machines postérieures à la sienne, & a résolu d'en profiter, sans vouloir cependant détruire son étuve & en reconstruire une autre, toutes les fois qu'il paroîtroit une nouvelle invention.

Mais elle a fait faire un modèle où les nouvelles inventions de Zurick & d'Arau sont exécutées. En 1778, ce modèle étoit déposé dans l'Hôtel-de-ville de Berne, & il est convenu que quand l'étuve, à présent existante, aura besoin d'une réparation considérable, ou d'être reconstruite, on y joindra tout ce qui a été imaginé dans les deux autres Villes.

Genève qui est la première ville de Suisse, par qui les étuves ayant été adoptées, les a abandonnées, & cela a donné un préjugé contre le procédé d'étuver les grains. On dit que les Genevois en ont reconnu les inconvéniens.

C'est pour détruire cette objection, qu'on a observé que l'étuve préjudicie à ceux qui ne veulent pas garder leurs blés & qui les vendent dans l'année, où ils ont été récoltés.

La République de Genève est pauvre, quoique les particuliers soient riches. Elle n'a presque point de revenus patrimoniaux, & la meilleure partie de sa richesse consiste dans un impôt sur le blé. Tous les Genevois, qui n'ont point droit de bourgeoisie, & tous les aubergistes qui nourrissent les étrangers, sont obligés d'acheter le blé dans les greniers de la République. Dès-lors il n'est pas étonnant que la République ait cessé d'adopter un procédé qui lui fait trouver un déchet dans sa marchandise, soit qu'elle vende au poids, ou à la mesure. Celui qui vend du blé qui n'est pas sec, vend en même-tems l'eau contenue dans le grain qui s'évapore à l'étuve; mais Berne & les autres villes ne font pas ce commerce, elles ne conservent le blé, que pour secourir le peuple dans les tems de disette. Elles savent que le déchet de l'étuve ne diminuera rien de la substance nutritive, & que la même quantité de grain reprendra son eau jusqu'à saturation, & produira toujours la même quantité de pain pour le peuple. Elles savent aussi que l'étuve est très-avantageuse pour la Conservation : voilà pourquoi les étuves ont été abandonnées à Genève & ne le sont ni à Berne, ni dans les autres villes de Suisse.

Ces réflexions sur les étuves de Genève, de Berne & de Zurick sont de M. Malesherbes, qui a voyagé dans ces pays, avec l'esprit d'observation, qui caractérise l'homme éclairé & l'homme-de-bien, attentif à tous les objets utiles. Il me les a communiquées, dans l'idée de détruire un préjugé contre les étuves & d'apprendre à ceux qui veulent en faire, qu'elles ont été perfectionnées dans plusieurs villes de Suisse, & qu'on en trouvera un modèle à Berne.

On lit dans l'Ouvrage de M. Parmentier sur *les avantages que le Royaume peut retirer de ses grains* quelques objections contre les étuves, ou plutôt M. Parmentier rapporte les défauts des étuves. Par exemple, il dit qu'il est impossible de fixer le tems que le grain doit y séjourner, ni de déterminer au juste le degré de chaleur convenable pour sa parfaite dessication, que la plus modérée préjudicie toujours au commerce par le déchet prodigieux qu'elle occasionne au poids & à la mesure, par les frais de construction, de chauffage & de main-d'œuvre, que l'étuve enlève au blé cet état lisse & coulant, qu'on nomme *la main*, qu'elle efface les traces, les signes, d'après lesquels on décide du terroir qui l'a produit, des bonnes ou mauvaises qualités, que la saison lui a données, que la farine qui résulte d'un grain étuvé est toujours terne, & que le pain qu'on en prépare, manque de ce goût de fruit, qui caractérise les bons blés, que le blé étuvé n'est pas à l'abri des insectes, & qu'il faut lui donner un degré de chaleur de quatre-vingt-dix degrés pour détruire tous ceux qu'il renferme, ce qui dessèche trop le grain, & qu'enfin le blé étuvé ne tarde pas à reprendre l'humidité qu'il a perdue dans la dessication, à moins qu'on ne le remue de tems-en-tems.

Les faits positifs & les expériences, déjà rapportées, ont répondu d'avance à la plupart de ces objections, & M. Parmentier lui-même dans l'Ouvrage cité, rend aux étuves toute la justice qui leur est dûe : je n'ai plus à répondre qu'à quelques-unes. Il est possible, à ce qu'il me semble, de fixer le degré de chaleur qui convient pour bien dessécher le blé, & le tems, qu'on doit l'entretenir. Le degré doit varier selon l'état du blé. Les gens qu'on habituera à étuver, auront bien-tôt connu le point, où il faut s'arrêter, comme les boulangers, les chaufourniers, les briquetiers & autres connoissent le degré de chaleur, qu'ils doivent donner à leurs fours, selon la qualité de la matière qu'ils ont à cuire. Peut-être même en pesant du blé, qui a besoin d'être étuvé, & le même blé, quand il a été étuvé, trouvera-t-on qu'on doit plus ou moins pousser le feu. Un Physicien essayeroit plusieurs moyens pour avoir un point fixe & il découvriroit le véritable. Les gens qu'on emploieroit à étuver, n'ont besoin que de leur tact, souvent plus parfait & plus sûr que tout ce que la physique indique : d'ailleurs ils savent se servir du thermomètre, qui peut beaucoup les aider. Par-tout il y a des hommes instruits, qu'il est facile de consulter & qui se feront un plaisir & un devoir d'être utiles. Il paroît qu'en portant la chaleur à quatre-vingt-dix degrés pour les blés les plus humides & les plus attaqués par les insectes, on produit tout l'effet, qu'on en peut attendre, si, comme le conseille Duhamel, on met ensuite ce blé dans des greniers de bois, parfaitement clos. Il est inutile d'obſerver que le blé perd la vertu germinative, quand il a éprouvé ſoixante-dix degrés de chaleur. Ainſi, on ne doit pas ſemer celui qui a été étuvé, il ne peut être employé que pour faire du pain. Lorſqu'on met les blés après avoir été étuvés dans des greniers ordinaires & ouverts, ſans doute, ils ſont de nouveau expoſés à reprendre de l'humidité & à être attaqués par les inſectes; mais pour peu qu'on les remue de tems-en-tems, ils ne s'échauffent pas, comme ils ſe ſeroient échauffés, ſi on ne les avoit pas étuvés; ce n'eſt pas avec d'autres blés, naturellement ſecs & conſervés par les moyens les plus en uſage, qu'il faut les comparer, mais avec eux-mêmes dans la poſition où ils auroient été, ſi on ne les avoit pas étuvé & dans celles où ils ſont après l'avoir été : qu'ils aient peu ou point de *main*, qu'on ne devine pas de quel terroir ils viennent, que la farine qu'ils donnent ſoit terne, peu importe; on n'a pas le projet de faire des blés parfaits, mais d'empêcher que des blés ne ſe gâtent, ce qui ſuffit pour néceſſiter l'uſage des étuves. Cependant, d'après Duhamel, j'ai indiqué plus haut, comment on pourroit redonner à ces blés, ſi on le deſiroit, toute la perfection qui leur manque. Dans les marchés deux ſortes de perſonnes, indépendamment de la Communé, achetent des blés, ſavoir, les Marchands & les Boulangers. Les Marchands, qui ne recherchent que les qualités apparentes, n'acheteront pas des blés étuvés, mais des boulangers qui ont un emploi déterminé, les achètent volontiers quand ils les connoiſſent avec d'autant plus d'empreſſement, que ces blés ſont très-peſans & abſorbent beaucoup d'eau au pétriſſage; ainſi, les objections contre les étuves tombent d'elles-mêmes. Enfin, il ſuffit de dire que les Bernois & les Zurickois les ont adoptées, qu'ils s'en ſervent & même les perfectionnent. Au reſte, ce moyen de Conſervation n'exclue pas les autres. Il eſt plus ſûr & peut-être même le ſeul ſûr pour les blés humides.

Quelqu'avantageuſes que ſoient les étuves, leur conſtruction exige de la dépenſe; les grandes adminiſtrations, qui travaillent pour le Public & pour la poſtérité, doivent toujours faire des ſacrifices d'argent, quand il s'agit d'un grand bien; mais les Savans & les Amis de l'humanité, qui ſe ſont occupés de la manière de conſerver les grains, ne pouvoient négliger de faire ſervir leurs recherches à l'utilité des ſimples particuliers. En 1761 & 1762, on fit en Angoumois des expériences, d'où il réſulte qu'en paſſant le blé au four deux heures après le pain retiré & l'y laiſſant au moins quarante-huit heures, on réuſſit à faire mourir les inſectes & à conſerver le blé. Il faut ſeulement, après l'opération, avoir l'attention de le laiſſer refroidir deux ou trois jours & de le renfermer dans des caves ou tonneaux, qu'il convient de couvrir de fortes toiles ou d'un pouce de cendre fine, dans l'Angoumois, où l'on a à craindre que les papillons n'y viennent dépoſer leurs œufs.

Les blés, paſſés au four de cette manière, peuvent être ſemés; car leur germe, à ce degré de chaleur n'eſt point altéré.

Si au-lieu de profiter de la chaleur du four, qui a cuit le pain, on vouloit l'échauffer exprès, pour deſſécher le grain, il ſuffiroit d'y brûler la moitié de ce qu'on emploie de combuſtible pour le pain. Si l'on fait pluſieurs chaufourées de ſuite, on diminuera la quantité combuſtible même pour avoir une chaleur convenable. M.me de Chaſſeneuil d'Angoumois n'y faiſoit jeter ſon grain, que lorſqu'un domeſtique pouvoit y tenir le bras nu, en l'enfonçant le plus avant poſſible. L'uſage & l'habitude auront bien-tôt appris le juſte degré.

Manière de deſſécher le blé & étuves de M. Cailleau.

L'Iſle-de-France en Afrique, ſituée par les vingt degrés de latitude auſtrale eſt ſous un ciel à-peu-près auſſi chaud que celui de Saint-Domingue. M. Cailleau, Garde-magaſin-général pour le Roi dans cette Iſle, a fait au Port-Louis ſur la deſſication des grains pluſieurs expériences, conſignées dans les Mémoires de la Société d'Agriculture de Paris.

Du blé nouveau expoſé au ſoleil, à l'épaiſſeur d'un ou deux pouces & retourné trois ou quatre fois, s'eſt deſſéché parfaitement en trois ou quatre heures dans les grandes chaleurs, & en cinq ou ſix dans la ſaiſon la moins chaude. Ce deſſéchement lui faiſoit perdre de deux à quatre pour cent de ſon volume. Reporté au ſoleil après être refroidi, il n'a plus diminué; une petite portion de ce blé ayant été miſe dans une bouteille, elle s'y eſt conſervée, & n'a laiſſé échapper aucune humidité ſur les parois du verre, [ce qui prouve que le deſſéchement étoit complet : un ſeul jour ſuffit pour deſſécher du froment, mais il en faut pluſieurs pour le maïs ſur-tout s'il a été récolté par un tems qui n'étoit pas bien ſec; on eſt obligé de l'expoſer pluſieurs fois au ſoleil. Le grain perd de cinq à dix pour cent de ſon volume.

On eſt parvenu à deſſécher parfaitement au ſoleil du blé ſubmergé par un coup de vent, & qu'on a retiré du vaiſſeau & lavé dans l'eau douce enſuite. Il faut obſerver à cette occaſion que du blé, qui reſte plus de vingt-quatre heures dans la mer, y eſt perdu, de manière à ne pouvoir plus ſervir à faire du pain.

La chaleur du ſoleil n'étant pas capable de tuer les inſectes, leurs larves, leurs chryſalides & leurs œufs, lorſqu'on craint qu'il n'y en ait dans le blé, il faut lui faire éprouver une chaleur plus conſidérable. M. Cailleau a imaginé une caiſſe bien construite de cinq à six pieds en quarré sur trois à quatre pieds de hauteur, (elle peut contenir de six à huit mille livres de grains). A trois à quatre pouces au-dessus de son premier fond, elle doit en avoir un second fait en caillebotis recouvert d'un fort canevas ou d'une toile forte & claire; on peut se servir d'une claie d'osier très-serrée, ou de feuilles de tôle piquées de trous très-près les uns des autres, de manière que le grain ne puisse s'en échapper. On met à portée de cette caisse un soufflet ou ventilateur, dont le porte-vent suit avec des tuyaux de forte tôle ou de fonte, traverse un fourneau & vient aboutir à une large ouverture, pratiquée entre les deux fonds de la caisse.

On chauffe le milieu de ce porte-vent, qui est assez long pour que le métal échauffé ne brûle ni la buze du soufflet, ni les fonds de la caisse; l'air aspiré, en sortant du soufflet passe dans le tuyau de fer rouge du porte-vent, & acquiert une chaleur considérable. Cet air chaud poussé avec force entre les deux fonds de la caisse, traverse rapidement la masse de grain qui y est contenue, & lui communique en peu de tems un degré de chaleur suffisant, non-seulement pour faire périr tous les insectes, leurs œufs, leurs chrysalides, &c. mais encore pour dissiper toute l'humidité des grains & la réduire en vapeurs qui s'échappent abondamment par quelques soupiraux faits au couvercle de la caisse. On tient ces soupiraux fermés, pour conserver & augmenter la chaleur, au moyen de trappes très-légères, qui s'ouvrent & se ferment spontanément par l'effet du soufflet & des vapeurs qui soulèvent ces trappes.

Lorsque le grain a acquis une chaleur de soixante-douze à soixante-quinze degrés, on cesse le feu, & on continue de faire agir le soufflet, jusqu'à ce que le grain soit réfroidi; on le retire ensuite par une ouverture pratiquée à cet effet au bas de la caisse, pour le renfermer sur-le-champ dans les greniers de Conservation, afin qu'il ne reprenne pas l'humidité de l'air, & que les insectes ne puissent y rentrer. Car cette dessication a tué tous les œufs même qui y étoient.

M. Cailleau observe que les grains doivent être bien criblés & bien nétoyés avant d'être mis dans la caisse de dessication; qu'il vaut mieux augmenter les dimensions de cette caisse en longueur & en largeur qu'en hauteur, parce que l'air des soufflets éprouve toujours moins d'obstacle à traverser une masse de grains de peu d'épaisseur. 3.° Qu'il seroit avantageux de construire les fonds de la caisse, ou la caisse entière, en fer & en tôle, afin de pouvoir entretenir au-dessous du premier fond un feu modéré, qui accéléreroit beaucoup le desséchement du grain, &c.

M Cailleau fait les calculs de ce que peut coûter le desséchement d'une certaine quantité de grain. Mais ces calculs n'étant relatifs qu'à l'Isle-de-France, il est inutile de les rapporter. Je renvoie, pour la description de la caisse de dessication, au Dictionnaire des Instrumens d'Agriculture, qui fait partie de celui-ci.

Il est facile d'appercevoir que le moyen de dessication proposé par M. Cailleau, est la combinaison heureuse du *ventilateur* & de l'*étuve*, & que ce moyen peut avoir de grands avantages, sans occasionner une excessive dépense.

Conservation des farines.

Il y a des Hivers assez rigoureux pour ne pas permettre aux moulins de rivières de moudre. Dans ces circonstances, des provisions de farine sont utiles. Les Villes capitales, les Villes de guerre, la subsistance des Colonies exigent habituellement des approvisionnemens de farine & les moyens de les conserver.

Les farines se conservent dans deux états, ou telles qu'elles sortent de dessous les meules avant d'être blutées, ou bien blutées & séparées du son. Les farines, qui se trouvent dans le premier état, s'appellent *farines en rames*; la farine blanche, les gruaux & le son sont confondus. On expose à l'air ce mélange; on ne le blute que cinq ou six semaines après, &, même suivant l'expression du pays, on attend qu'il ait *fermenté*, c'est-à-dire, qu'il ait ressué. On emploie cette méthode pour des farines qu'on veut bien dessécher. L'écorce s'en détache facilement; la mouture se blute parfaitement. Il est à craindre que les farines séjournant avec le son, celui-ci ne leur communique du goût & de la couleur. D'ailleurs le pain qui en résulte n'est pas blanc, parce qu'il se détache au blutage des parties de farine bise adhérentes au son. Si le grain avoit été récolté dans une année humide, & qu'il fît chaud, il s'altéreroit en peu de tems. Cet usage ne vaudroit jamais rien dans les pays septentrionaux.

La farine blutée & séparée du son, le plus ordinairement est répandue en couches ou en tas sur le carreau ou sur le plancher d'un magasin, avec la précaution de la remuer de tems-en-tems, & même tous les jours, quand il fait chaud; sans cela, elle contracteroit de l'odeur, de la couleur, & se *mâronneroit* On appelle farines en *garenne* celles qui sont étendues en couches sur le plancher. Les magasins de farine doivent être mieux soignés que ceux de blé. Il faut qu'ils soient bien plafonnés, bien carrelés ou planchéiés, & qu'on y entretienne la plus grande propreté, & qu'on en écarte les insectes. Car la farine une fois salie ou attaquée par des insectes, ne peut se nétoyer aussi facilement que le grain. Le pain a le goût de poussière ou de ver, ou de charanson; ce qu'on attribue à tort à la qualité du grain ou à la fabrication, tandis que cela dépend de la mauvaise conservation de la farine.

Dans beaucoup de magasins, on conserve les farines en sacs, rangés les uns à côté des autres, auprès des murs ou entassés en pilles, de manière qu'ils se touchent par tous les points de leur surface. Mais l'air ne peut circuler autour des sacs empilés. L'humidité, qui transpire continuellement des farines, ne pouvant s'échapper, réagit sur elles, & les dispose à fermenter. Elles se pelotonnent à la surface, & l'altération gagne les couches voisines.

M. Parmentier préfère la Conservation des farines dans des sacs isolés, qu'on place comme les sacs de blés, ainsi qu'il en a été question plus haut. L'efficacité de cette méthode, & tous les avantages qui en ont été la suite ont été constatés par des expériences faites à l'Hôtel des Invalides & dans les Hôpitaux de Paris.

M. Duhamel, non-content de s'être occupé de la Conservation des grains en état de grains, s'est aussi occupé de celle des farines. Il avoit sur-tout en vue le transport de cette utile denrée dans les Colonies.

J'ai dit, à l'article CONSERVATION des grains, que la farine de *minot* étoit celle qu'on préparoit pour les Colonies. Les grains de Moissac, de Nérac, de Clérac & des autres pays méridionaux de la France sont les meilleurs pour cet usage, & M. Duhamel en donne pour raison, que l'air de ces Provinces, qui est très-sec & le soleil fort chaud, procure aux farines un desséchement qui leur est avantageux. C'est pour cela qu'on fait de meilleures farines de minot dans les années chaudes & sèches que quand elles sont fraîches & humides. Il y a une autre raison qui a échappé à M. Duhamel ou qu'il ne connoissoit pas, c'est que les blés cultivés dans les pays chauds sont, en général, des fromens durs dont la farine est sèche & n'attire pas facilement l'humidité, au lieu que dans les pays septentrionaux, on ne cultive que des fromens tendres dont la farine prend facilement de l'humidité.

Pour rendre celle-ci aussi propre que la première à être transportée, elle a besoin d'être desséchée auparavant. M. Duhamel voulant connoître la véritable manière de bien dessécher cette espèce de farine, a fait une expérience comparée dont les résultats sont très-concluans.

D'abord il a fait préparer des farines, comme on prépare celles de minot, c'est-à-dire, qu'il les a fait moudre, bluter & étendre à petite épaisseur sur un plancher sec, pendant quinze jours, ayant soin de les faire remuer trois fois toutes les vingt-quatre heures. On mit ces farines dans douze bariques, qui furent numérotées III. Chaque barique, défalcation faite du poids, pesoit 180.

On fit sécher à une étuve du froment, qui éprouva de soixante-dix à quatre-vingt degrés de chaleur; la mouture ayant été blutée, on mit les farines rafraîchir sur le plancher, & on en remplit vingt-quatre barils, qui furent numérotés IV.

On étuva quatre mille huit cent livres des farine provenant de froment non étuvé (1); on leur fit supporter cinquante degrés de chaleur pendant douze à quatorze heures. Elles diminuèrent de cent vingt-quatre livres; on les étendit sur le plancher d'un grenier où on les remuoit de tems-en-tems; au bout de huit jours, le poids étoit encore diminué de cent dix-huit livres; ainsi, le déchet total, par l'évaporation de l'humidité, étoit à-peu-près de deux cent quarante-deux livres. Cette farine étoit très-légère. Elle absorboit un quinzième d'eau de plus que celle qui n'avoit point été desséchée par l'étuve, augmentation qui répare le déchet qu'elle avoit supporté à l'étuve. Le pain des farines étuvées étoit plus blanc que celui des grains qui avoient été étuvés avant que d'être moulus. Vingt-quatre barils furent remplis de ces farines étuvées, sous le numéro V.

Enfin on étuva les farines des fromens déjà étuvés, & on en remplit vingt-quatre barils, numérotés VI.

Ces quatre-vingt-quatre barils, préparés de quatre manières différentes, dans les mois d'Août & Septembre, furent envoyés au Havre, en Novembre suivant, & expédiés promptement pour Saint-Domingue où ils arrivèrent bien conditionnés; au mois de Septembre, on devoit visiter des barils de chaque numéro dans la Colonie tous les six mois, & en envoyer en France.

Une partie des procès-verbaux des ouvertures faites à Saint-Domingue, est parvenue à M. Duhamel.

A l'ouverture à Saint-Domingue du numéro III, peint à l'extérieur, on a trouvé la farine pelotonnée, ayant peu d'odeur; il y avoit des mites & des charransons, mais en petite quantité.

On a ouvert deux barils du numéro IV dont un étoit enduit de peinture à l'huile, & l'autre de bray; la farine en étoit moëlleuse, sans odeur, sur-tout celle du baril qui étoit peint; il y avoit peu de charanson & de mites; la farine du baril goudronné avoit une légère odeur de moisi.

Ayant ouvert deux barils du numéro V, dont un peint & l'autre goudronné, on apperçut quelques mites à la superficie, mais point dans l'intérieur. La farine du baril goudronné étoit très-belle, & n'avoit presque point de mites; celle du baril peint étoit inférieure. En général, les farines de ces barils étoient blanches, moëlleuses & sans odeur.

La farine des barils numéro VI étoit de bonne qualité, moëlleuse, sans odeur, sans mites, mais moins blanche que celle du numéro V.

(1) L'étuve pour la farine diffère un peu de celle des grains. *Voyez* le Dict. des instrumens d'Agriculture.

Ces quatre sortes de farine ayant été examinées à Paris, quatre à cinq mois après la visite de Saint-Domingue, celle du numéro III étoit endurcie comme de la craie, & le pain qu'on en a fait n'étoit pas mangeable. Ayant fait deux fois le trajet de la Mer, elle étoit plus altérée que quand on l'a examinée à Saint-Domingue.

La farine du numéro IV n'étoit pas autant endurcie; on en a fait du pain, qui étoit bon, quoiqu'il eût un petit goût de poussière. Les farines des numéros V & VI étoient très-légères & exemptes de tout reproche. Le pain de celle du numéro V étoit le plus blanc.

D'après cette expérience & quelques autres que je ne rapporterai pas, M. Duhamel conclut.

1.° Que le bray est très-propre à garantir les barils de l'attaque des rats & des insectes, animaux très-redoutables dans les pays chauds.

2.° Que cet enduit ne communique point son odeur aux farines qu'on met dans les barils.

3.° Que les farines travaillées, comme on les travaille ordinairement, c'est-à-dire, en les faisant sécher seulement sur un plancher, s'altèrent dès la seconde année.

4.° Que les mêmes farines desséchées à l'étuve sont très-bonnes au bout de cinq ans, & après avoir fait deux traversées.

D'où il suit qu'on peut éviter les pertes considérables qu'on fait sur les farines envoyées aux Colonies, & que celles de fromens du Nord de la République sont aussi bonnes que celles des fromens du Midi, pourvu qu'on les desséche bien, & qu'on les renferme dans des futailles de chêne dont les douves soient bien sèches. M. Duhamel préfère, pour produire la meilleure dessication, d'étuver d'abord le froment en grains, & d'en étuver ensuite la farine, parce qu'étant plus maître de pousser la chaleur pour le grain que pour la farine, on s'assure mieux de la destruction des insectes & de leurs œufs.

M. Parmentier ne croit pas qu'il faille étuver les farines pour les embarquer. Suivant lui, le feu altère les principes de la farine, qui exige en outre plus de surveillance, pour être conservée en bon état. Elle attire beaucoup plus d'humidité dans les vaisseaux. Il assure que des personnes, qui ont suivi les effets des farines étuvées, dans des voyages de long cours, n'y ont pas trouvé les avantages qu'elles en attendoient. Cependant l'expérience de M. Duhamel, qui paroît très-positive, est absolument favorable aux farines étuvées. Il n'y a que des expériences contradictoires qui puissent l'infirmer ou la faire révoquer en doute.

Dans les recherches de M. de Servières sur les mattamores, il est dit que le célèbre Francklin a indiqué un moyen d'empêcher l'altération des farines dans les traversées de long cours, & que tout le secret, vérifié par l'expérience, consiste à doubler les tonneaux de *plomb*. Le procédé de M. Francklin ne m'est pas assez connu pour que j'en développe les avantages & les désavantages.

Pour résumer ce qui précède, on conserve les grains dans différens états; 1.° En gerbes, c'est-à-dire les épis restans attachés à la paille, &, dans cet état, ou ils sont mis dans les granges, ou entassés en moïes ou meules, en plein air, & conservés plus ou moins de tems. 2.° En épis séparés des tiges, pour les battre à mesure qu'on en a besoin. 3.° Mêlés aux bâles, après les en avoir fait sortir. 4.° Dépouillés des bâles & nétoyés comme ils doivent être, pour être vendus ou employés.

Les grains, dans ces différens états, sont attaquables par les souris & les rats, par les charansons, les chenilles & les teignes. On a des moyens de détruire ces animaux ou d'en diminuer le nombre.

Rien ne fait plus de tort au blé que l'humidité. Elle s'oppose à sa Conservation; c'est à l'éviter & à empêcher ses effets qu'on doit s'attacher.

Les uns, dans cette vue, mettent leurs blés dans de grands paniers de paille, inventés par un Curé de Picardie; ils s'y tiennent nets, à l'abri des dégâts des chats, qui cependant peuvent en chasser les souris, & ils sont faciles à remuer quand ils s'échauffent.

Les autres les disposent dans des greniers après les avoir renfermés dans des sacs qu'ils isolent les uns des autres. Ils sont placés par les habitans d'une des Isles Canaries au centre de moïes de paille d'orge, où ils doivent bien se conserver, sans frais.

C'est un usage très-ancien dans les pays chauds de les enfouir dans des fosses souterraines, & cet usage a de grands avantages. Le plus ordinairement le blé, au sortir de la grange, est porté dans des greniers, où il est étendu à l'air sur le plancher. Pour que ces greniers soient bien construits, il y a des précautions à prendre. Les blés exigent du soin & sur-tout d'être remués souvent avec des instrumens convenables, ce qui leur fait éprouver des déchets.

Dans les années ordinaires, le blé peut être mis dans des magasins ou des greniers de Conservation, aussi-tôt qu'il est séparé de ses bâles; mais s'il a été nourri d'humidité ou récolté par un tems pluvieux, si on le destine à être transporté au-delà des mers, il est nécessaire qu'il éprouve une dessication particulière : c'est à cette intention que M. Duhamel fit construire d'abord un *ventilateur*, d'après le soufflet de M. Halès, & ensuite des étuves, qu'on voit encore à Denainvilliers près Pithiviers, & qui ont été imitées & perfectionnées dans plusieurs villes de Suisse; on en trouve sur-tout un bon modèle à Berne. M. Cailleau, Garde-magasin-général de l'Isle de France, a combiné le ventilateur & l'étuve,

Pour donner au blé une dessication, qu'il croit plus complette.

La farine se conserve en deux états seulement, ou sans être blutée, telle qu'elle sort de dessous les meules, ou blutée & séparée du son; en ce dernier état on l'étend dans des magasins carrelés ou planchéiés, ou on la garde en sacs empilés & quelquefois isolés, ce qui est préférable. Des expériences ont appris à M. Duhamel que la farine destinée à être transportée par mer avoit besoin d'être desséchée par l'étuve, avant d'être embarillée, & il paroît que si ces barils sont doublés de plomb, suivant le conseil de Francklin, la farine s'y conserve mieux.

Indépendamment des graines céréales, beaucoup d'objets fournis par l'Agriculture, méritent d'être conservés; tels que les graines potagères des jardins fleuristes & botaniques, les fruits, les racines, le beurre, les œufs, &c. On exposera à chacun de leurs articles, la manière de les conserver. (*M. l'Abbé Tessier.*)

CONSIRE ou CONSYRE. Nom donné dans quelques Dictionnaires au *Symphytum officinale*. L, mais il est peu connu & encore moins employé. *Voyez* Consoude officinale, n.° 1. (*M. Thouin.*)

CONSOLIDE, *Symphytum officinale*. L. *Voy.* Consoude officinale, n.° 1. (*M. Thouin.*)

CONSOMMATION DE PARIS,

En objets fournis par l'Agriculture.

J'avois d'abord formé le projet de faire le Tableau détaillé de la Consommation de toute la France, mais les difficultés pour y parvenir, ont été si grandes & si nombreuses, que j'ai été forcé d'y renoncer, & de me borner à celle de la Capitale. On sentira même, qu'il m'a été impossible de tout réunir, & que, dans ce que j'ai pu recueillir, je n'ai pas eu toujours des données complettes. Malgré les imperfections du Tableau que je vais offrir, j'espère qu'on me saura gré de m'en être occupé, & de l'avoir rendu aussi satisfaisant qu'il étoit en mon pouvoir de le faire.

Sur la Consommation du Pain.

La principale & la plus importante denrée, étant le pain, & les Auteurs accrédités n'étant pas d'accord sur la quantité qui s'en consomme, j'ai cru devoir soumettre l'article à une discussion devenue nécessaire pour l'éclaircir, on me pardonnera sa longueur; il n'est pas possible d'exposer en peu de mots ce que chacun a dit, en quoi les uns diffèrent des autres, & quelles bases il faut préférablement adopter.

Il y a deux manières d'évaluer la consommation du pain. La meilleure sans doute, & la plus sûre, est de connoître positivement la quantité de grains, de farines, & de pains tout faits, qui entrent annuellement dans Paris, d'en déduire ce qu'il en sort, de suivre cette opération pendant plusieurs années, & de faire ensuite une année commune. Cette méthode est peu praticable. Lorsque les droits des entrées subsistoient, on auroit pu à la rigueur le bien constater, parce que toutes les barrières étoient garnies de commis; mais cette espèce de comestible n'étoit assujetti à aucune visite à son arrivée, & c'eût été augmenter la gêne du commerce, que de vérifier tout ce qui sortoit de Paris. Cependant, on verra plus loin, qu'on est parvenu à savoir ce qui entre de pain dans Paris, & ce qui en sort sans doute en employant une autre marche.

La seconde méthode consiste à évaluer la quantité de pain que consomme chaque individu ou chaque famille. Multipliant ensuite cette quantité par le nombre des individus ou des familles, on connoît la consommation totale.

Cette seconde méthode présente deux difficultés, l'une est de déterminer quelle est la consommation de chaque individu, & l'autre d'indiquer quel est le nombre des individus à nourrir dans la Capitale.

Cette dernière difficulté est très-considérable; car les meilleurs calculateurs ne s'accordent pas sur le nombre des habitans de Paris. Je vais exposer les résultats de ceux qui ont le plus de réputation.

Evaluation de M. Malouin. (1)

M. *Malouin*, dans l'*Art du Boulanger*, évalue la consommation de Paris, en grains, à 1800 mille setiers, (2) non compris ce qu'en emploient la Pâtisserie & l'Amidonnerie, & comme on pensoit que chaque setier produit l'un dans l'autre 240 livres de pain, la consommation dans cette supposition, seroit de 432 millions de livres par an.

M. *Malouin* suppute qu'il s'emploie 25 mille setiers de froment ou six millions de livres de pain, pour la nourriture des chiens, chats, &c. Ces six millions sont compris dans la consommation totale. (3)

---

(1) *Voyez* l'Art du Boulanger, dans les Arts & Métiers de l'Academie, *pag.* 291 & 29[illegible].

(2) Le setier de froment, qui est presque le seul grain dont on fait usage à Paris, pese communément 240 livres, poids de marc.

(3) On ne conçoit pas d'après quelle donnée M. Malouin fait monter si haut la Consommation de Paris en blé pour les animaux domestiques. Il est impossible qu'elle ne soit pas excessivement exagérée. C'est sans doute en admettant cette fausse supposition que des gens ont pensé qu'il falloit proscrire & tuer tous les chiens & les chats. Plusieurs raisons s'opposent à cette proscription, à ces massacres.

1.° Ces animaux vivent, en très-grande partie, des débris des tables & cuisines, qui seroient perdus.

2.° Ils sont nécessaires; les chiens sont la sûreté de

Il compte

Il compte aussi que pour la pâtisserie, l'amidonnerie, la vermicellerie, les bouillies, les sausses de cuisine, &c. il faut ajouter un 9.e en sus de la consommation totale, ou 20 mille setiers de froment qui produiroient 48 millions de livres de pain. Dans ce calcul, la consommation de Paris, seroit de 1820 mille setiers, ou 480 millions de livres de pain, ci 480,000,000l.

Evaluation de M. Duvaucelles.

M. *Duvaucelles*, dans un Mémoire donné à la Municipalité de Paris, sur le sujet d'un prix proposé relativement aux meilleurs moyens d'alimenter la Capitale, déposé au secrétariat de cette Municipalité, le 31 Octobre 1791, & imprimé par son ordre, dans la même année, a suivi les calculs de M. *Malouin*, qu'il a cité dans une note. Il a supposé que dans les 1800 mille setiers de consommation, étoit compris ce qui est employé en pâtisserie, amidonnerie, &c. ce qui est une erreur de sa part, puisque l'art du Boulanger de M. *Malouin* excepte nommément ces objets, évalués par lui pour un neuvième. Comme il est possible cependant que M. *Duvaucelles* ait voulu corriger une faute de M. *Malouin*, je supposerai avec lui que la consommation de Paris, tout compris, est de 1800 mille setiers, formant 432 millions de livres de pain, ci . . . 432,000,000.

Evaluation d'après les Relevés pris à la Halle aux Grains & aux Farines, & chez les Meûniers & Boulangers des environs de Paris. (1)

Il résulte de ces relevés, que depuis 1785, la Consommation de Paris est de 1700 sacs de farine par jour, ou de six cent vingt mille cinq cents sacs de farine par an, produisant deux cents cinquante-huit millions quatre cents trente-huit mille deux cents cinquante livres de pain, à raison de 416 livres & demie par sac de farine, ci . . . 258,438,250.

leurs Maîtres, en les avertissant du danger; ils servent à la conservation des propriétés des Citoyens de toutes les classes. Les chats détruisent les rats & les souris, qui dévoreroient nos alimens & nos vêtemens.

3.° Dans un pays policé, il n'est pas propsable de priver les habitans de la consolation qu'ils éprouvent dans la compagnie des animaux domestiques. On sait que le chien est le meilleur ami de l'homme.

4.° Enfin si l'on vouloit supprimer tout ce qui n'est pas de première nécessité, il faudroit renoncer aux gauffres, à la pâtisserie & à tout ce qui consomme de la farine pour des objets de luxe & de pure gourmandise. On sent combien une pareille proposition seroit étrange.

(1) Ces relevés sont cités brièvement par M. Duvaucelles, dans la note de son Mémoire.

Evaluation de MM. Dupré de Saint-Maur, & Pancton.

M. *Dupré de Saint-Maur*, dont on connoît l'exactitude, & M. *Pancton*, Auteur également exact, (1) sont partis d'après des relevés plus anciens, faits sur des certificats de gens employés par la Police (vers 1750;) à prendre l'état des grains, propres à faire du pain pour la Consommation de Paris; suivant ces relevés, que l'on dit être appuyés du témoignage des personnes les plus instruites, on doit compter 82 mille muids (2) employés tous les ans à la subsistance de la ville de Paris, tant pour les hommes que pour les animaux, tels que les chiens, les chats, & autres qui consomment du pain. Suivant cette supputation, bien différente des trois précédentes, la Consommation de Paris ne s'élevoit vers 1750, qu'à 984 mille setiers, faisant 236 millions, 160 mille livres de pain, ci . . . 236,160,000.

Evaluation de M. Lavoisier.

M. *Lavoisier*, dans un écrit, intitulé: *Résultats extraits d'un ouvrage, sur la richesse territoriale du Royaume de France*, a adopté des calculs faits par les ordres de M. *Turgot*, lorsqu'il étoit Contrôleur-général des Finances. L'écrit de M. *Lavoisier*, qui suppose beaucoup de recherches, & qui présente un tableau très-intéressant, a été imprimé en 1791, en même-tems que celui de M. *Duvaucelles*. On fit, sous M. *Turgot*, des vérifications sur les entrées de Paris en froment & seigle, pendant une année commune, prise sur dix ans, depuis 1764, jusqu'à 1773. Il paroît d'après ces vérifications, qu'il étoit entré, année commune, à Paris, pendant ces 10 ans, savoir:

Grain en nature.	14351 Muids.
Farine.	66289
Total.	80640 Muids.

En calculant ces quantités en livres de pain, M. *Lavoisier* trouve que la consommation de Paris n'est que de 206,788,224 livres. Ci . . . . 206,788,224 livres.

(1) *Voyez* la Métrologie de M. Pancton, ou Traité des Poids & Mesures, *in-4.°*, Ouvrage très-bien fait & très-curieux.

(2) Le muid de farine est de six sacs de 325 livres, ce qui équivaut à environ douze setiers de grain, qui font un muid. Autrefois, quand la mouture étoit moins perfectionnée, deux setiers de blé rendoient exactement un sac ou 325 livres de farine; mais actuellement deux setiers de blé rendent davantage. Les sacs de farine sont restés du même poids qu'ils étoient autrefois; mais ils ne représentent plus deux setiers de blé. *Voyez* l'Art du Boulanger, *pag.* 294 & 295.

Observations sur les cinq évaluations qui précèdent.

La première, qui est celle de M. *Malouin*, est faite sur la simple supposition que Paris contient 800 mille habitans, qui consomment chacun deux sétiers de blé. Cette évaluation est doublement excessive ; Paris ne contient point ce nombre d'habitans, & chaque habitant ne consomme pas deux setiers de froment. Les femmes, les enfans, les malades & les vieillards, sont compris dans la supposition de 800 mille habitans. Or il est très-évident que les enfans à la mamelle, les femmes, les malades & les vieillards, ne peuvent consommer deux setiers de bled.

Je donnerai ci-après, des calculs plus précis sur ces diverses classes, ainsi que sur le nombre des habitans de Paris. Tirons seulement pour conséquence actuellement, que les résultats de M. *Malouin* & ceux de *M. Duvaucelles* qui l'a suivi, sont très-exagérés, puisqu'ils offrent une consommation plus que double de celle qui a été vérifiée sur les entrées de Paris, vers 1750, & vers 1773. Ils excèdent également de près du double, la consommation évaluée sur les relevés pris à la halle & dans les environs de Paris, depuis 1785.

Ces deux premiers résultats ne méritent donc aucune attention. Mais il n'en est pas de même des trois autres, qu'il convient de discuter.

Les calculs faits par M. *Dupré de Saint-Maur*, suivis par M. *Panckon*, diffèrent de ceux de M. *Turgot*, suivis par M. *Lavoisier*, de près de 30 millions de livres de pain par an. Cette différence est très-considérable, si l'on fait attention que la population de Paris étoit certainement plus nombreuse vers 1773, tems où M. *Turgot* a calculé, qu'elle ne l'étoit vers 1750, époque des calculs de M. *Dupré de Saint-Maur.* Ainsi, la consommation devoit être plus considérable en 1773 qu'en 1750. Cependant les résultats offrent alors une consommation moindre. D'où vient cette différence. On peut présumer qu'elle vient de la cause suivante.

Les vérifications & les calculs faits, par ordre de M. *Turgot*, ont pour base une année commune de la Consommation de Paris, pendant les dix années de 1764 à 1773. Or on sait que, pendant ces dix années, il y a eu deux commotions violentes dans le commerce des grains, ou plutôt deux disettes de grains. Il est plus que probable que la Consommation de Paris a été moindre qu'elle n'a été auparavant & depuis. Personne ne peut douter que, dans un tems de disette de grains, le même nombre d'individus, n'en consomme beaucoup moins. On économise davantage le bled, on y supplée en partie par des légumes, on mange du pain moins récent, & par conséquent, on en mange moins ; enfin beaucoup d'individus se privent de manger la quantité de pain, dont ils ont besoin, & il n'est que trop vrai que, dans ces tems malheureux, la Consommation de Paris a dû être moindre que dans les années d'abondance, qui ont eu lieu vers 1750, époque à laquelle l'écrivoit M. *Dupré de Saint-Maur*, suivi par M. *Panckon.* Ainsi, M. *Turgot* avoit mal choisi les années de 1764 à 1773 pour faire une année commune. Mais ce choix, quoi qu'incapable de conduire à des résultats exacts sur la consommation de Paris, sert néanmoins à faire connoître la précision de ceux de M. *Dupré de Saint-Maur* en 1750, & de ceux qu'ont offert les relevés de 1785, qui n'ont pas été faits uniquement sur des années de disette. Ce mauvais choix de M. *Turgot*, adopté par M. *Lavoisier*, leur a fait avancer une assertion, qu'on a cru devoir combattre & même nier, quoiqu'elle soit une conséquence des principes qui leur ont servi de base. Ils ont supposé que la quantité de pain tout fait, qui arrive dans les marchés de Paris, étoit compensée par celle que les habitans des campagnes emportent avec eux, lorsqu'ils viennent dans cette Ville vendre leurs denrées. Mais cette supposition n'est pas admissible pour les années d'abondance qui sont les plus ordinaires. Il est certain que Gonesse & un grand nombre d'autres lieux voisins de Paris lui fournissent plus de pain que les gens de la campagne n'en emportent. Il suffit d'avoir fréquenté les routes, qui affluent à la Capitale, pour être persuadé de cette vérité. On y voit arriver chaque jour de marché, beaucoup de voitures remplies de pain, & on rencontre peu de personnes qui s'en retournent chargées de cette utile denrée. Elles n'y auroient aucun avantage, puisqu'alors le pain est abondant & à un prix modéré dans leurs villages. En l'achetant chez leurs boulangers, elles s'épargnent le voyage, & ne perdent pas inutilement un tems précieux.

Mais ce n'est pas la même chose dans les tems de disette. Dans ces tems, les villages voisins vont chercher du pain à Paris, où la Police entretient toujours l'abondance, & souvent un prix au-dessous de celui des campagnes, il y a un intérêt marqué à y aller prendre du pain, & il est possible que, dans ces circonstances, il en sorte une quantité égale à celle qui entre. L'erreur qu'on reproche à MM. *Turgot* & *Lavoisier*, vient de ce qu'ils ont voulu généraliser & reporter aux tems d'abondance des résultats obtenus dans des tems de disette. Les vérifications qui ont servi de base à l'évaluation de M. *Dupré de Saint-Maur* n'ont point admis cette supposition ; mais on a au contraire constaté exactement la quantité de pain, en entrant & en sortant de Paris, (1) suivant l'assertion de

(1) Il est facile de deviner comment on a pu connoître la quantité de pain qui arrivoit à Paris. Mais on a dû

M. *Panckon*, dans sa Métrologie, page 508. Cette circonstance d'une fausse supposition, faite par MM. *Turgot* & *Lavoisier*, doit faire présumer que les calculs de MM. *Dupré de Saint-Maur* & *Panckon* sont plus sûrs. Ce sont aussi ceux que j'adopterai, & bien loin d'en diminuer la quotité, pour me rapprocher de ceux de M. *Lavoisier*, qui offrent des résultats moindres, je les augmenterai, parce qu'il est constant que la population de Paris a été accrûe depuis 1750 jusqu'en 1789. Car les vérifications faites vers 1785 sur les entrées de Paris, ont donné des résultats bien plus considérables que ceux de MM. *Turgot* & *Lavoisier*, quoiqu'ils soient bien moindres que ceux de MM. *Malouin* & *Duvaucelles*.

Evaluation de la Consommation de Paris, par la quantité de pain ou de grain qui entre, déduction faite, de ce qui en sort.

Comme la Révolution arrivée en France, en 1789, a eu & aura des effets sur la consommation de la Capitale, j'ai pensé que mes calculs ne devoient pas passer l'année 1788. Dans la suite, il sera possible d'y faire les changements que l'état de la capitale rendra nécessaires.

J'ai dit précédemment que vers 1750, la consommation de Paris étoit de 236 millions 160 mille livres de pain; d'après les vérifications faites par la Police, & suivant les calculs de M. *Dupré de Saint-Maur*, adoptés par M. *Panckon*. Mais depuis 1750, la population, & par conséquent la consommation de Paris, ont été augmentés. On pent s'en assurer par les naissances, regardées avec raison comme une base certaine pour évaluer la population, d'après les relevés des naissances épars dans différents livres & dans les papiers publics, il paroît que la population de Paris s'est accrûe de 1750 à 1788, d'environ un 15.eme; ainsi, en ajoutant un 15.eme aux résultats de M. *Dupré de Saint-Maur*, & de M. *Panckon*, sur la consommation de cette ville, en pain, on aura le total de la consommation en 1788; ce qui donne 261 millions 904 mille livres de pain, & un peu moins de 1100 mille setiers de grains, en y comprenant non-seulement la nourriture des chiens, chats, oiseaux, &c, mais encore la pâtisserie, l'amidonnerie, la vermicellerie, les bouillies, colles & autres pâtes & compositions.

Ci. . . . . . . Setiers de grains, 1100,000.
. . . . Livres de pain, 261,904,000.

Evaluation de la Consommation de Paris, par le nombre des individus, & d'après la consommation des individus.

Suivant les calculs de probabilité, reconnus pour vrais, d'après l'expérience & les vérifications faites un grand nombre de fois & dans plusieurs pays, la proportion des naissances au nombre des habitans, est comme 1 à 26, 27 ou 28. (Métrologie, page 485.)

Ces proportions, qui sont adoptées pour la France en général, ne doivent pas être les mêmes, lorsqu'il s'agit de calculer les habitans d'une grande Ville, où règnent le luxe, la débauche & la misère, qui nuisent à la population. Le luxe exige des travaux fatiguans, capables d'abréger la vie des hommes qui y sont assujettis; la débauche énerve & la misère ralentit le desir de se reproduire. Au lieu de supposer dans Paris la proportion de 26 habitans pour chaque naissance, il faut n'en supposer que 25, & peut-être cette supposition est-elle encore bien forte. M. *Lavoisier*, dans l'ouvrage cité, a supposé, comme l'avoit fait M. l'Abbé d'*Expilly*, au contraire, que cette proportion pouvoit être de 1 à 30; ce qui est contraire non-seulement aux calculs très-estimés de M. *Panckon*, mais encore à tous les calculs en ce genre.

Les naissances à Paris, année commune, sont de 19769. En les supposant de 20 mille, nombre qui en approche, & multipliant ce nombre par 25, on aura pour résultat 500 mille personnes, habitans continuellement à Paris, où elles ont leurs familles, leurs domestiques, leurs atteliers, leurs mobiliers, & le siège de leur fortune.

Outre les personnes résidentes à Paris, cette Ville alimente sans cesse un grand nombre de forains, voyageurs ou étrangers, venus du dedans ou du dehors de la France, tant pour leurs affaires que pour leur commerce, & dont plusieurs y font un séjour très-prolongé, comme de deux, trois & quatre ans; toutes ces personnes, dans lesquelles il faut comprendre même celles qui apportent des provisions à Paris, & n'y restent que quelques heures, en y consommant toute fois des aliments, forment la 7.eme partie du monde, qui est continuellement à Paris; telle étoit du moins la supposition la plus plausible en 1788, année à laquelle j'adopte mes calculs, ce qui donneroit 70 mille personnes à ajouter aux 500 mille âmes.

Calculant ensuite d'après les principes établis dans la Métrologie de *Panckon*, (Page 488,) on trouve qu'il y a à Paris, environ 32 mille enfans au-dessous de trois ans, dont la consommation en pain n'est que de 4 onces par jour, ce qui fait 8 mille livres, ci . . . . 8000 l.

Les vieillards de l'un & l'autre sexe dans la décrépitude, sont au nombre de 8 mille, qui à 8 onces de pain par jour, font quatre mille livres. Ci . . . . 4000 l.

Les malades suivant les proportions établies dans la Métrologie, en y comprenant ceux qui n'ont que des incommodités d'un jour, comme ceux qui ont de longues maladies, sont au nombre

éprouver beaucoup de difficultés pour constater combien il en sortoit.

de 30 mille, qui à huit onces de pain par jour, font une consommation de quinze mille livres. Ci . . . . 15000 l.

Les trois classes ci-dessus forment le nombre de 70 mille habitans. Le surplus est de 500 mille, dont moitié femmes & moitié hommes. (Suivant toujours les mêmes proportions, on peut estimer que chaque femme consomme 14 onces de pain par jour; ce qui pour les 250 mille, donne 218750 livres de pain, ci 218750 l.

Les 250 mille hommes à 28 onces de pain, par jour, (1) consomment chacun par an, de 492 à 507 livres, & tous, 437500 livres. Ci . . . . 437500 livres.

Total de la Consommation de Paris, en pain, dans une journée . . . . 682,250 livres.

Ce total, par jour étant multiplié par 365, qui est le nombre des jours de l'année, donne pour résultat une consommation de 249,386,250 livres de pain, à quoi il faut ajouter le dégât, ou la consommation qui s'en fait pour les chiens, chats & autres animaux, qu'on évaluera, si l'on veut, à six millions de livres ou vingt-cinq mille setiers, dans la supposition faite par M. *Malouin*, qu'il y a un chien sur 16 personnes, & un chat & un oiseau sur 30 individus, supposition que je suis d'autant plus éloigné de garantir, que, suivant une note précédente, je la regarde comme une grande exagération.

(1) On ne sauroit comparer la Consommation en pain des habitans de Paris avec celle des habitans des campagnes; ces derniers en mangent beaucoup plus. L'air libre qu'ils respirent, l'exercice violent & continuel qu'ils font, la force dont ils sont doués, & la privation des alimens d'une autre nature, tels que la viande & les boissons nourrissantes, &c toutes ces causes, propres à augmenter leur appétit, exigent une plus grande quantité de pain, qu'on peut estimer à trois livres par jour, du moins pour ceux qui travaillent beaucoup. Pour offrir une donnée certaine, j'atteste qu'un Fermier de Beauce qui, pendant la première année de son exploitation, n'avoit point distribué de pain aux Pauvres, attendu les frais considérables de son nouvel établissement, a dépensé dans sa ferme, composée de dix personnes, tant hommes que femmes, sans enfans, tous jeunes & vigoureux, bien travaillans, un setier de blé par semaine, du poids de deux cent quarante livres, ce qui fait deux cent quarante livres de pain de ménage, ou cinquante-cinq onces par jour par personne. Peut-être conviendroit-il d'en déduire quelque chose, à cause de la nourriture des chiens de Berger & de basse-cour, prise sans doute sur cette Consommation, & restreindre celle de chaque personne de la ferme à quarante-huit onces. Il y a des individus isolés qui mangent encore plus de pain. On cite un Soldat auquel il en falloit jusqu'à six livres ou quatre-vingt-seize onces par jour; mais ce cas est rare, & tient plutôt à un état de maladie qu'à un état de santé. On donne communément aux Soldats vingt-quatre onces de pain par jour, ce qui ne suffit pas. M. de Vauban fit porter leur ration à trente-deux onces. Ils en parurent satisfaits. Cette nourriture, jointe à une livre de viande & à une pinte de vin, ou de cidre, ou de bierre qu'on leur fait distribuer, selon les pays, est en état de les sustenter autant que les gens de campagne le sont avec trois livres de pain, souvent sans autre aliment. En mettant à vingt-huit onces par jour la Consommation en pain de chacun des hommes habitans de Paris, parmi lesquels il y en a de très-aisés, qui vivent d'autres alimens, c'est, à ce qu'il me semble, se rapprocher, autant qu'il est possible, de la précision la plus exacte.

Il faut enfin ajouter à ce total, ce qui est employé en grains & farines pour l'amidonnerie; cet objet d'après M. *Malouin*, (Art. du Boulanger,) forme la 9.eme partie de la consommation totale. Mais M. *Malouin* y comprend la pâtisserie, les bouillies, & autres objets que j'ai placés dans la consommation réglée pour chaque classe d'individus. J'estime que l'amidonnerie seule, peut consommer autant que les animaux, c'est-à-dire, six millions de livres de pain, ou plutôt de grain & de farine, qui auroient fait cette quantité de pain.

Récapitulation.

Consommation des hommes à Paris.	249,386,250 l.
Pour les chiens, chats, oiseaux, &c.	6,000,000.
Amidonnerie	6,000,000.
Total en livres de pain	261,386,250 l.

On a vu précédemment que le Total de cette même consommation, évalué d'après les vérifications faites aux entrées de Paris, étoit de . . . . 261,904,000 l.

Ces deux totaux sont presque égaux & annoncent que l'on peut raisonnablement compter que telle étoit la consommation de Paris en 1788. Ils s'accordent aussi avec les supputations faites par l'administration depuis 1785, & qui ont porté la consommation de Paris évaluée en farine, à 1700 sacs par jour, du poids de 325 livres de farine, pouvant rendre chacun 416 livres & demie de pain; & en tout, 258 millions de livres, ce qui approche beaucoup des 261 millions, résultant des deux précédentes évaluations.

Conclusion.

La Consommation de Paris en pain & grains, propres à le faire, étoit, en 1788, de 261 millions de livres de pain, qui sont le produit de 1100 mille setiers de grains, dont la plus grande partie est en froment, & le reste en seigle & autres grains. Les almanachs portent la Consommation de Paris, en grain propre à faire du pain, à 1,800,000 setiers; ce qui est excessif. Aucun calcul raisonnable ne l'a fait monter si haut.

Observations sur la Consommation de la Viande.

Après le pain, la viande est l'objet, qui mérite le plus d'attention. On peut la distinguer en viande de boucherie, volaille & gibier. La plus forte consommation est en viande de boucherie; le Citoyen riche mange habituellement de la volaille & du gibier. L'homme aisé en mange quelquefois, & le pauvre presque jamais, parce que ces sortes de viandes sont toujours au-dessus de ses moyens.

Pour évaluer exactement ce qui se consomme de viande à Paris, il n'a pas été possible d'opérer comme à l'égard du pain, en calculant le nombre des habitans, & ce que chacun en mange. Il est vrai que, dans cette Ville, il n'y a qu'un petit nombre d'individus, qui soient totalement privés de cet aliment. (1) Les pauvres même, de tems en tems, vont en manger dans les cabarets situés dans les fauxbourgs. Mais le plus ordinairement, ils vivent de pain & des légumes dont la capitale est abondamment fournie. Ainsi, des deux manières employées pour connoître la quantité de pain consommée annuellement à Paris, il a fallu n'adopter pour la viande, que la manière de l'évaluer par la quantité qui entroit dans cette Ville avant 1788.

Tous les bœufs & vaches, qu'on tue à Paris, sont achetés aux Marchés de Poissy & de Sceaux, où ils se rendent de toutes les parties de la France. On en tient un état exact, parce que les marchands forains y sont payés, non par les Acquéreurs, mais par une caisse, qui fait les avances. J'en ai fait faire le relevé pendant les 14 dernières années, qui ont précédé 1789, afin d'en former une année moyenne, après avoir ôté les deux plus fortes & les deux plus foibles. Mais ce relevé n'a pu me servir, parce que les Bouchers des environs de Paris, se fournissent, comme ceux de Paris, à Poissy & à Sceaux, & que les états ne les distinguent pas. Il m'a paru plus raisonnable de recourir aux Bureaux des Entrées de Paris, pour les bœufs, comme pour les autres espèces de viande.

Au moment où je me disposois à rédiger cet article, en faisant usage des données, que je m'étois procurées, a paru l'écrit de M. *Lavoisier*, sous le titre: *Extrait d'un ouvrage, sur la richesse territoriale de la France.* J'y ai vu avec regret, que quelques-uns de ses résultats ne s'accordoient pas avec les miens, & qu'il avoit omis dans son état de la Consommation de Paris, plusieurs objets, sur lesquels sans doute, il n'avoit pu encore être suffisamment instruit. Par exemple, il calcule que la Consommation de Paris en bœufs, est de 70,000, tandis que le relevé des Barrières la porte à 74,589.

Suivant ce Savant, la Consommation en vaches est de 18,000, tandis qu'année commune, le relevé des Barrières la fait monter seulement à 13,823. M. *Lavoisier* estime que l'un dans l'autre, les bœufs pesent 700 livres, les vaches 360, & les moutons 50., estimation qui me paroît trop forte, sur-tout à l'égard des bœufs, si il y comprend la peau qui pèse de 60 à 70 livres, & le suif qui pèse de 50 à 60 livres. On peut présumer qu'il y comprend le suif seulement, puisqu'il fait un article à part, pour les peaux, & dans ce cas, il se rapproche de l'assertion des meilleurs Bouchers, qui m'ont attesté que le poids commun des bœufs en viande, étoit de 600 liv. celui des vaches de 350, & celui des moutons (de 40 livres.)

Parmi les objets omis par M. *Lavoisier*, je citerai les agneaux, chevreaux; cochons de lait, le gibier de terre & d'eau, les poulardes, les poulets, canards, dindes, pigeons, qu'il est possible d'évaluer jusqu'à un certain point. Il n'a point parlé des chandelles, à moins qu'il ne les ait comprises dans la Consommation des bœufs & moutons, dont il a forcé le poids, ni du chanvre, du lin, du fil, du linge, ni de tout ce qui sert à la table, au lit, à l'ameublement & à l'habillement, &c. articles que je ne vois pas de moyens d'évaluer, je ne les placerai dans le Tableau, qu'afin de les indiquer. Pour être plus exact, j'ai cru devoir m'en rapporter aux résultats de la discussion précédente, pour la consommation du pain, au relevé des barrières, pour celle de la viande, & pour le reste, aux calculs de M. *Lavoisier*, qui en sa qualité de Fermier-général, étoit plus en état que moi, d'avoir de sûrs renseignemens sur la plupart des objets.

Tableau ou Etat des denrées que fournissoit, à la Ville de Paris, l'Agriculture, vers l'époque de 1788.

Comestibles pour les Hommes.

Grains dont presque la totalité en froment & le reste en seigle, onze cent mille setiers, ou . . . 261,000,000 l. p.

Riz importé du Piémont, du Levant & de la Caroline, pour les potages & les malades . . . . . . 3,500,000.

(1) Les gens dont la fortune est bornée, consomment ordinairement la totalité de la viande qu'ils achetent dans les Boucheries; mais les Gens riches ne consomment pas tout. Les Domestiques, après avoir vécu de ce qui sort de la table de leurs Maîtres, vendent ce qui sort de la leur, à des Regratiers, qui exposent les restes dans les rues. Les Pauvres en achetent, lorsqu'ils ont gagné quelqu'argent, en sorte que rien ne se perd. Les Garçons-traiteurs & ceux des Hôtels garnis & des Cabarets se défont du peu de viande qui leur est abandonné, de la même manière que les Domestiques des Grandes-maisons. Enfin celui qui ne peut acheter de la viande des Regratiers, fait ses efforts pour pouvoir acheter au moins des graisses qu'il étend sur du pain, ou dont il fait du potage. On voit sur les ponts & les quais des femmes employer annuellement de la graisse pour faire des crêpes & des baignets.

Viande de Boucherie.

Bœufs, du poids de 600 livres....74,589.
Vaches, du poids de 350 liv.....13,823.
Bœufs ou vaches en livres....1,053,794.
Veaux, du poids de 75 livres...100,300.
Moutons, du poids de 40 liv...339,893.
Moutons en livres...............702,530.
Agneaux, du poids de 18 livres.....7,400.
Nombre de porcs, du poids de 200 livres..........................41,000.
Porcs en livres.....................425,115.
Livres de lard, jambons, saucisses, &c.........................4,312,557 l. p.
Cochons de lait, du poids de 8 livres..............................950.
Chevreaux, du poids de 8 liv.........50.

Volailles & Gibiers.

Poulardes & chapons gras, du poids de 3 livres ½...............311,364.
Poulets gras & chapons paillés, du poids d'une livre ¾...........116,436.
Poules & poulets communs, du poid d'une livre ¾..............506 732.
Canards gras, du poids de 2 l.....7,260.
Canards communs, du poids d'une livre ¾.....................60,000.
Dindons gras, du poids de 8 livres..............................12,864.
Dindons communs, du poids de 4 livres.......................360,000.
Oies, du poids de 4 livres......38,676.
Pigeons bisets ou de volière, du poids de 4 onces...............609,624.
Gibier, tant quadrupède que volatil, tel que lièvre, lapin, sanglier, marcassin, chevreuil, daim, faon, perdrix, faisan, caille, alouette, bécasse, canard, sauvage, &c. par estimation le huitième de la volaille..........439,117.
Nombre d'œufs..............78,000,000.
Tous les oiseaux ont été pesés après avoir été plumés. Le poids est plutôt au-dessous qu'au-dessus du poids commun.

Laitage.

Lait en nature..............
Livres de beurre frais.........3,150,000.
Livres de beurre salé & fondu.2,700,000.
Nombre de fromages frais de Viry, de Brie, Marolles & autres.............................424,500.
Poids des fromages secs, faisant partie de l'Epicerie, tels que fromages de Gruyère, de Hollande, de Roquefort, &c...2,600,000 l. p.

Fruits.

Fruits frais; savoir, fraises, groseilles, framboises, potirons concombres, melons, ananas, cerises, guines, bigarreaux, abricots, pêches, abricots pêches, brugnons, prunes, poires, pommes, figues, raisins, châtaignes, marrons, olives, noix en cerneaux, oranges, citrons, cédrats, &c.
Fruits secs; savoir, amandes, raisins, figues, brugnons, abricots, noix, noisettes, avelines, &c.
Les pruneaux sont un objet de....476,000 l. p.
Fleurs & fruits confits; savoir, capres, capucines, cornichons, blé de Turquie, pommes, cerises, abricots, groseilles, &c.

Légumes.

Légumes frais; savoir, petits pois, feves de marais, haricots verds ou écossés avant maturité, artichauds, asperges, oignons, échalottes, envers, ciboule, poireau, cerfeuil, persil, chicorée, laitue, romaines & pommée, mâche, pissenlit, estragon, pimprenelle, oseille, épinards, cresson, arroche ou bonne-dame, bette ou poirée, céleri, cardon, choux-pomme frisé, choufleurs, &c. raves, radix, navets, betteraves, carottes, panais, salsifis, pommes de terre, topinambous, choux-navets, choux-raves, raiponses, &c.
Légumes secs; savoir, petits pois desséchés, feves de marais desséchées, haricots secs, lentilles, gros pois verds, &c.
On vend aussi dans les marchés de Paris, en Hiver, des haricots verds, de la soucroute, préparation de choux, de la chicorée, de l'oseille & autres herbes cuites & conservées dans les pots, en les couvrant de beurre ou de graisse.

Assaisonnement.

Girofle..............................9,000 l. p.
Poivre..............................75,000.
Muscade..........................,

Cannelle.........................
Graine de moutarde.............
Miel...........................
Sucre & cassonade............6,500,000.
Huile à manger.................
Vinaigre......................4,000m.ds

Boisson & Liqueurs.

Vin ordinaire...............2,500,000 m.ds
Vin de liqueur.................1,000.
Eau-de-vie en supposant que tout entre en eau-de-vie simple, & évaluant la fraude à ⅙.............8,000.
Esprit-de-vin..................
Cidre..........................2,000.
Bierre.........................20,000.
Hydromel.......................
Café.......................2,500,000 l. p.

Comestible pour les chevaux de trait & de selle, pour les vaches des Nourrissiers, les bœufs & moutons des Bouchers, les ânesses & chèvres laitières, & les lapins domestiques.

Avoine.........................21,409 m.ds
Paille....................11,090,000 bot.
Seigle & orge en verd.........
Foin des prés & luzerne......6,388,000.
Feveroles......................
Sain-grain ou fenu-grec.......

Comestibles pour les poules, pigeons & autres oiseaux.

Chanvre (graine de)
Vesce
Millet
Panis
Rabette ou colsa
Alpiste
..... 1,400 m.ds

Bêtes vivantes, utiles & d'agrément.

Chevaux de carrosse, de selle & charrette.................
Vaches laitières...............1,200.
Anesses laitières..............
Chèvres laitières..............
Chiens.........................
Chats..........................
Oiseaux de diverses espèces....

Combustibles.

Bois flotté, venu en trains sur la rivière, & bois neuf, venu dans des bateaux ou par charroi...714,000 cor.
Charbons de bois............694,000 voi.
Cire en bougies ou en cierges, & sans être employée............538,000 l. p.
Suif en chandelles, & sans être employé.......................
Huiles pour éclairer & autres besoins; on y comprend l'huile d'olive à manger & les huiles pour les Arts..............600,000.

Objets servant à la table, à l'habillement & à l'ameublement.

Draps faits avec de la laine.....
Toiles de chanvre ou de lin..6,000,000.
Mousselines faites de coton.....
Linons faits de lin............
Batistes de lin................
Indienne de coton..............
Cotonnades.....................
Soieries en étoffes & en bas.....
Velours de coton & de soie.....
Camelots, dans lesquels entre le poil de chèvre...............
Bas de laine, de coton, de soie, &c. &c...................

Fleurs en bouquets & pour l'agrément.

Violettes, roses, œillets, muguet, renoncules, narcisses, héliotropes, jacinthes, jonquilles, fleurs de jasmin & d'oranger, &c. une partie de ces fleurs, qui servent aussi pour les ratafiats, confitures & pour la parfumerie, est apportée à Paris de plusieurs lieues.

Drogues pour la Médecine.

Graine de lin..................
Racines de chiendent...........
Racines de réglisses...........
Rhubarbes, &c. &c.............

Tout ce qui appartient à cette classe de denrées consommées à Paris, est très-considérable. L'énumération en deviendroit intéressante, si on pouvoit en déterminer la quantité.

Matières à ouvrager.

Fil de chanvre, de lin, de soie...........................
Chanvre préparé pour fils & autres usages..................
Lin préparé pour filer.........
Soie écrue & capiton pour tapisserie......................
Coton cardé pour houetter......
Laine lavée pour matelats & couvertures....................
Plumes à écrire, plumes pour

lits, pour volents, pour plumaceaux, &c. . . . .

Bourre pour les Tapissiers, Bourreliers. . . . .

Crin pour les lits. . . . .

Peaux & cuirs, indépendamment de ce qu'en fournissent les Boucheries, pour les Cordonniers, Bourreliers, Selliers, Parcheminiers, Relieurs, &c. . . . . . 3,700,000 l. p.

Ingrédiens pour plusieurs Arts.

Cochenille, insecte élevé à l'Amérique. . . . .

Indigo, fécale d'une plante. . . . . .

Racine de garance. . . . .

Fleur de safranum. . . . .

Fleur de houblon pour les Brasseries. . . . .

Orge pour les Brasseries (on en donne aussi aux poules). . . . . 8,500 m.ds

Anis. . . . } pour les Confiseurs & les Apothicaires
Coriandre
Fenouil. .
Angélique

Tabac. . . . .

Cacao pour faire le chocolat, & pour en extraire un beurre employé en Médecine. . . . . 250,000 l. p.

Savon. . . . . 1,900,000.

Potasse, soude, cendres gravelées, produit de la combustion de plusieurs plantes, & sur-tout du kali employé dans les blanchiries, teintures & autres Arts. . . 2,300,000.

Papier à écrire, à imprimer, à faire des tentures. . . . . 6,000,000.

Bois quarrés & à bâtir. . . . . . 1,600,000 p. c.

Dans cette longue énumération, j'ai compris à-peu-près tous les objets que les productions territoriales fournissoient annuellement pour la Consommation de Paris, à l'époque où j'en ai fait le relevement & les calculs possibles. Il en résulte que cette Ville employoit en principaux comestibles.

1.° En grains propres à faire du pain ou à le remplacer; car le riz remplace le pain. . . . . . . 264,500,000 l. p.

2.° En viande de Boucherie & Charcuterie. . . . . 83,152,936.

3.° En viande de volailles. . . . 4,296,860.

4.° En viande de gibier. . . . . . . 430,486.

Total des grains & de la viande 352,380,282 l. p.

Dans les papiers de M. *Arnault*, un des plus estimables Administrateurs des hôpitaux de Paris, mort septuagénaire, en 1754, j'ai trouvé trois pièces manuscrites, & relatives à la Consommation de Paris. Elles sont d'autant plus intéressantes qu'elles ne peuvent offrir des comparaisons sur plusieurs objets.

J'observerai cependant que les états qui vont suivre, ont été faits dans des tems, où l'on avoit moins de moyens d'approcher de la vérité. D'après cette observation, je n'en garantis pas l'exactitude. Il y en a même, qui me paroissent hors de toutes proportions. Il est au moins curieux de voir qu'alors on s'occupoit déjà des mêmes recherches. Les Calculateurs modernes ont eu des données plus sûres.

La première est un Mémoire du dénombrement fait par le commandement de M. le Cardinal de *Richelieu*, en l'année 1637, des maisons & habitans de la ville de Paris & des vivres & provisions, qui s'y consomment chaque année.

La seconde est un Mémoire de M. *Arnault* sur la consommation de pain qui se faisoit à Paris en 1738, c'est-à-dire un siècle après le dénombrement du Cardinal de *Richelieu.*

La troisième est la liste des marchés, d'où Paris à l'époque de 1738, pouvoit tirer chaque semaine, par terre, les blés pour l'approvisionnement de Paris. Je les transcrirai toutes les trois, laissant celle du dénombrement du Cardinal de *Richelieu* en son style, qui est celui du siècle dernier.

1.° Mémoire du Dénombrement du Cardinal de Richelieu.

« La ville & fauxbourgs de Paris peut contenir vingt mille trois ou quatre cents maisons. »

« Le nombre des habitans, peut être de quatre cents douze à quinze mille. »

Quantité de Blé nécessaire.

« Pour la nourriture de ce peuple de la ville & fauxbourgs de Paris, & des forains (1) qui y abordent journellement de toutes parts, a accoutumé d'être consommé par chacun, ou environ quatre-vingt-quatre mille muids de blé, (le muid est de 12 setiers, chacun de 240 liv) qui est 1600 par chacune semaine, & deux cents trente muids par jour.

Savoir, en blé qui arrive tant sur les ports par la rivière, de divers lieux de Picardie, de Brie & de Champagne.

Et ès places & marchés publics des pays appellés de la France, de Mulsieu, de la Beauce, & du Vexin-le-Normand, par charroi, qui se débite esdits lieux & places aux environs, quatre cents cinquante muids par chacune semaine,

(1) On peut évaluer le nombre des Forains à cinquante-huit mille, ci. 58,000
Ajoutez aux quatre cent mille, ci. . . . . . . 400,000.
Total. 458,000.

semaine, partie aux boulangers de petit pain, qui en façonnent de trois sortes, le plus blanc appellé de *Chapitre*, du poids de dix onces, du pain appellé de *Chalis*, de 12 onces, & du pain appellé *pain Bourgeois*, du poids d'une livre de 16 onces, pour le prix de douze deniers pièce, lequel poids s'augmente ou diminue proportionnément aux prix des blés, sans augmenter ni diminuer le prix ; lesquels boulangers font aussi d'autres pains de divers & autres façons, selon qu'ils leur sont commandés par les bourgeois, & sont tenus lesdits boulangers marquer leurs pains de leurs marques particulières, à peine de l'amende, étant iceux boulangers de petits pains, seuls de leur profession, tenus sous la rigueur des ordonnances de la Police, en laquelle Police qui se tient toutes les semaines, lesdits boulangers & autres qui travaillent pour le Public, sont responsables de leurs actions : se tient encore de quinzaine en quinzaine, une Assemblée de Bourgeois notables des seize quartiers de Paris, pour diriger ce qui se trouve être utile au bien public, singulièrement pour le taux des denrées & poids du pain, diminution ou augmentation d'icelui, proportionnément au prix du blé.

L'autre partie desquels 450 muids de blé, débité en chacune semaine, est distribuée aux boulangers de gros pains, tant de la Ville que fauxbourgs qu'ils prennent la plupart à crédit des marchands, & ne sont iceux boulangers de gros pains, astreints à aucun poids ni sujets à la Police. Faisant leur pain de tels poids, qualité & blancheur que bon leur semble, & le débitent à discrétion, tant ès marchés qu'à leurs ouvriers.

Autre partie desquels 1600 muids de bled arrivé ès marchés, & y est apporté en pain cuit, par les Boulangers de Gonesse, Pontoise, Saint-Denys, Poissy, Argenteuil, Corbeil, Charenton, & autres lieux des environs de Paris, qui peut revenir par chacune semaine, à huit cent muids de blé ou environ, que lesdits Boulangers vont acheter à 8 & 10 lieues de Paris, comme à Dammartin, Senlis, Pontoise, Mont-Lhéry, Châteaufort, Chevreuse, & autres lieux.

Et le surplus desquels seize cents muids, montant à trois cents cinquante muids, est consommé par les familles religieuses & communautés de ladite Ville, qui ont lesdits blés de leur revenu, ou en font faire les achats hors les marchés de Paris.

Nombre des Marchands de Blé en gros.

Est à noter qu'en toute la ville de Paris, il n'y a au plus que vingt personnes faisant trafic & marchandise de blé, lesquels n'ont les facultés, lors d'un d'iceux, de pouvoir faire achat pour plus de vingt ou vingt-huit mille livres de bled à une seule fois, de sorte qu'ils ne font leurs achats, qu'au fur & à mesure qu'ils font le débit de leurs marchandises.

Et ainsi se peut dire qu'en cas de nécessité, il n'en pourroit espérer desdits marchands aucuns secours, n'ayant aucun magasin de réserve, & de fait à présent, ils n'ont fait achat tous ensemble, que de la quantité de 3200 mille muids de bled.

Bœufs.

Se consomme environ 900 bœufs par chacune semaine, qui reviendroient pour l'année, (le carême distrait,) à 40,000 bœufs ou environ, compris les vaches qui se débitent aux fauxbourgs.

Moutons.

Huit mille moutons par semaine, qui reviendroient pour pareil tems que dessus à 368,000 moutons, lesquels bœufs & moutons s'achètent par les bouchers de Paris, tous les Vendredis matin au marché de Poissy, où ils s'amènent des provinces de Normandie, Poitou, Limosin, Bourbonnois, Champagne & Berry, & ce qui reste non vendu audit marché de Poissy, est renvoyé vendre les Lundis au Bourg-la-Reine, & le Mardi aux fauxbourgs & marchés qui se tiennent, & ne se fait aucune nourriture desdits bestiaux à Paris, sinon par les bouchers pour les tuer & débiter de jour à autre, pendant chacune semaine.

Veaux.

Se consomme aussi depuis la fête de Pâque jusqu'à la Pentecôte 3,000 veaux par semaine, & depuis ladite fête de Pâque jusqu'au carême exclu 1,200 par semaine, ce qui revient pour ledit tems, à 67,800 veaux par an.

Outre le tems de carême, pendant lequel, par contravention à l'ordonnance, se consomme très-grande quantité de veaux & moutons, ce qui cause la cherté desdits bestiaux à la Pâque ; lesquels veaux s'amènent au Marché de Paris, des lieux de Méry, du Vexin, de Beauce & autres lieux des environs de Paris.

Porcs.

Pareillement se consomme 25,000 porcs par chacun an, qui se tuent pour la plupart, depuis la Saint-Remi jusqu'au carême, & s'achètent partie dans les Marchés de Paris, & autres parties sont achetées par les Chaircutiers, ès lieux de Châlons, Troyes, Meaux & autres lieux, qu'ils font voiturer, pour la plupart, & arriver à Paris par la Rivière.

Vin.

Se consomme aussi 240,000 muids (1) de vin.

Bois.

Se consomme semblablement trois cent mille voies-verges de bois, de tout bois à brûler ; savoir, le tiers en fagots & en cotterets ; & les deux autres tiers en bois neuf & flotté, sans ce

(1) Le muid est de 300 bouteilles.

en comprendre environ vingt mille voies-verges qui viennent du crû des Particuliers Bourgeois.

Charbon.

Dix mille muids de charbon.

De toutes lesquelles choses ci-dessus ne se fait aucun magasin public en ladite Ville; mais bien se fait quelques provisions pour aucun Bourgeois aisé, de vin, bois, charbon.

Magasins.

Et pour ce semble qu'il seroit à propos & suivant les ordonnances, de faire quelques magasins de vituailles les plus nécessaires pour la nécessité pendant trois mois.

Chevaux.

Plus se trouve dans la Ville & Fauxbourgs de Paris, 10,000 tant chevaux de carrosse, de harnois que de selle, outre les chevaux des Forains, qui viennent à Paris avec peu de séjour.

Foin.

Pour la nourriture desquels chevaux, se consomme par an, en ladite ville, huit à neuf milliers de bottes de foin.

Avoine.

Et 15,000 muids ou environ d'avoine, outre quatre à 5,000 muids qui arrivent pour les particuliers.

Est à noter que Paris s'entretient sans aucune provision, mais simplement par le ministère des marchands, ou plutôt regrattiers qui vont acheter quantité de marchandises & denrées qu'ils viennent débiter, pour du prix du débit en aller acheter d'autres sans aucune provision telle qu'ils en puissent assurer qu'ils puissent soutenir la ville de Paris pendant quinzaine seulement, excepté en ce qui concerne le bois, vin, quelque foin, & avoine desquels les marchands sont fournis; celle qui est dans les greniers, & des beurres que les marchands ont dans les magasins, & néanmoins en cas de nécessité on pourroit, en quinze jours ou trois semaines, faire venir la plupart des vivres ci-dessus des environs de 20 à 30 lieues à la ronde, y employant par ordre public tous les chevaux & harnois desquels le dénombrement a été fait ci-dessus, pour faire venir lesdites provisions, même faire amener tous les bestiaux des lieux circonvoisins, desquels la perquisition se feroit, soit de blé ou autres denrées, par les juges des lieux, ou par personnes commises à ce faire en chaque Bailliage & Jurisdiction, particulièrement en ce qui concerne les blés, desquels on pourroit faire grande provision en peu de jours, en envoyant par commandement du Roi, des Echevins à Mont & à Valla-Rivière, qui ont communication à Paris, qui se serviroient de tous les bestiaux qui se trouveroient à cet effet sur les lieux, ainsi qu'il fut pratiqué ès années 1559 & 1568.

Et est à considérer en cas de nécessité, que les Communautés de Paris, & les bourgeois, qui sont au nombre de plus de 6000, qui ont des maisons dans l'étendue de 20 lieues à la ronde, font quelques provisions qui pourroient servir au Public, étant entrées en la Ville.

Le présent Mémoire a été fait par le commandement de Monseigneur le Cardinal de *Richelieu*, par des Commissaires en l'année 1637, après s'être informé, pour cet effet, des marchands de bestiaux, mesureurs de grains & charbon, marchands de bois, vin & foin.

Signés, Fiseau, Gaigny le laboureur, & le Vaschet l'ainé, commissaires au Châtelet de Paris.

2.° *Mémoire de la Consommation de Paris qui se faisoit à Paris, par jour, par semaine & par an, en* 1738.

L'on compte, à Paris, huit cent mille personnes, & par un Mémoire qui fut fait en 1630, par l'ordre de M. le Cardinal de *Richelieu*, après avoir consulté les Économes des Hôpitaux, & les Entrepreneurs des vivres des armées, l'on estima que chaque habitant consommoit en pain, trois setiers de bled par an, ce qui monte à deux millions, quatre cents mille setiers, ou deux cents mille muids.

Les trois setiers font douze minots, le minot converti en bon pain, en donne quarante-cinq livres, selon les essais qui ont été faits de tems en tems en la présence des Officiers de Police.

Ainsi, les 12 minots produisent cinq cents quarante livres de pain, ce qui est par jour environ une livre & demie par chaque personne.

Il est vrai que, dans ce nombre d'habitans, on y comprend les enfans au-dessous de l'âge de neuf ans, & toutes les personnes qui font bon ordinaire, dont chacune ne consomme pas plus d'une livre de pain par jour.

Mais on y comprend aussi les jeunes gens, les domestiques les artisans, & les gens de métier, qui mangent au-delà de la livre & demie, les manœuvres & les pauvres qui ne se nourrissent ordinairement que de pain, & en mangent jusqu'à trois livres par jour.

Toutes ces personnes sont en grand nombre, & composent plus des deux tiers des habitans de Paris; ainsi, l'on peut raisonnablement, réduire chaque personne à une livre & demie par jour.

Cela posé, huit cents mille personnes consomment par an deux cents mille muids de blé, à raison de trois setiers chacune. Le setier produisant, comme dessous, 180 livres de pain, & le minot 45 livres.

Pour l'année entière, ou 52 semaines, (1) deux millions, quatre cents mille setiers.

Par semaine, quarante-six mille cent cinquante-trois setiers, trois minots, un boisseau.

Et par jour, six mille cinq cent quatre-vingt treize setiers, un minot, un demi-boisseau.

Boulangers qui fournissent cette quantité de Pain.

Il y a dans la Ville & Fauxbourgs de Paris, quatre cents quatre-vingt-neuf maîtres Boulangers, suivant la liste.

SAVOIR:

	[Boulangers]	
Dans la Ville	195	489 B.rs
Au Fauxbourg Saint-Germain	54	
Au Fauxbourg Saint-Jacques	15	
Au Fauxbourg Saint-Marceau	20	
Au Fauxbourg Saint-Victor	1	
Au Fauxbourg Saint-Honoré	27	
Au Fauxbourg du Temple	18	
Au Fauxbourg Saint-Laurent	69	
Au Fauxbourg Saint-Denys	36	
Au Fauxbourg Saint-Antoine	4	
Les Veuves	50	

L'on compte deux cent cinquante-deux Boulangers du Fauxbourg Saint-Antoine ou autres lieux, privilégiés.......252 } 268.
Seize privilégiés suivant la Cour. 16 }

Et l'on estime qu'il y a huit cent cinquante Boulangers forains, qui apportent le pain aux Marchés les vendredis & samedis........850.

Récapitulation des Boulangers qui travaillent pour les provisions de pain de Paris.

Ville & Fauxbourgs	489	1605.
Privilégiés	268	
Forains	848	

Ces Boulangers sont divisés en trois classes; les plus forts cuisent le pain de quatre muids, les médiocres de deux muids, & les plus foibles d'un muid ou six setiers, en sorte que l'on réduit par estimation du fort au foible, la vente de chaque Boulanger, par semaine, à deux muids.

Ainsi, la Consommation de seize cent sept Boulangers, par semaine, monte à 3,216 muids, ci..........3,216 m.ds

L'année où les 52 semaines qui la composent monte à 167,128 muids, ci..........167,128.

Laquelle quantité de 167,128 muids, déduite sur celle de 200,000 muids que les huit cent mille habitans de Paris consomment, suivant l'estimation ci-dessous de trois setiers chacun par an, il en reste 32,872 muids à consommer; mais cette Consommation se trouve dans le nombre considérable des Abbayes, des Communautés, Collèges, Maisons de Religieux & Religieuses, des Hôpitaux & même des particuliers qui font travailler leur pain dans leurs maisons.

3.° *Marchés d'où se pouvoient tirer chaque semaine, par terre, les blés pour l'approvisionnement de Paris, en 1738.*

Gonesse, à 38 lieues de Paris	60 m.ds
Lagny, à six lieues de Paris	90.
Brie-Comte-Robert, à 7 lieues de Paris	100.
Mont-Lhéry, à 7 lieues de Paris	400.
Dont la plupart y sont amenés de la Beauce.	
Dammartin, à 8 lieues de Paris	80.
Tournans, à 8 lieues ½ de Paris	30.
Melun, à 10 lieues de Paris	120.
Outre cette quantité, plusieurs Marchands & les Meûniers de cette Ville font moudre leurs blés, & les amènent en farine à la Halle de Paris.	
Meaux, à 10 lieues de Paris	100.
Lizy, à 12 lieues de Paris	20.
Dourdan, à 12 lieues de Paris	150.
Mantes, à douze lieues de Paris	110.
Houdan, à 12 lieues de Paris	120.
Coulommiers, à 13 lieues de Paris	80.
La Ferté-sous-Joüarre, à 14 lieues de Paris	100.
Rebais, à 14 lieues de Paris	100.
Nangy, à 14 lieues de Paris	3.
Château-Thiéry, 17 lieues de Paris	50.
Montereau-faut-Yonne, à 18 lieues de Paris	100.
Provins, à 18 lieues de Paris	50.
Brai-sur-Seine, à 18 lieues de Paris	100.
Nogent-sur-Seine, à 22 lieues de Paris	60.
Sens, à 22 lieues de Paris	100.
Méry, à 24 lieues de Paris	80.
Arcis-sur-Aube, à 27 lieues de Paris	40.
Noyon, à 23 lieues de Paris	1,000.
Soissons, à 22 lieues de Paris	1,500.
Chaulny, à 27 lieues de Paris	400.
Lafère, à 30 lieues de Paris	400.
Nanteuil-le-Haudoin, à 10 lieues de Paris	50.
La Ferté-Gauchers, à 16 lieues de Paris	100.
Etampes, à 12 lieues de Paris	120.
Pont-sur-Yonne, à 20 lieues de Paris	25.
Nogent-le-Roi, à 15 lieues de Paris	4.
Montfort-l'Amaury, à 11 lieues de	
	5,842.

(1) L'on ne calcule pas par mois, parce qu'il y auroit de l'erreur; car on ne compte communément que quatre semaines dans le mois. Ainsi les douze mois ne feroient que quarante-huit semaines par année, au lieu qu'elle est composée de cinquante-deux. Il paroît donc plus précis de faire le calcul par semaine, d'autant mieux que les Boulangers suivent les semaines & non les mois.

D'autre part..................5,842 m.ds
Paris..............................80.
Rambouillet, à 11 lieues de Paris....50.
Magny, en Vexin, à 14 lieues de Paris..............................25.
Marine, à dix lieues de Paris.......20.
Chaumont, en Vexin, à 14 lieues de Paris..............................36.
Beaumont, à 8 lieues de Paris.......30.
Senlis, à 10 lieues de Paris........40.
Pont-Sainte-Maixance, à 12 lieues de Paris..............................52.
Clermont, en Beauvoisis, à 14 lieues de Paris..............................40.

........................6,215 m.ds

Laquelle quantité de 6,215 muids, déduite sur les 133,326 muids, il reste 127,011 muids, lesquels nous sont amenés, par terre, à la Halle, par les Laboureurs des environs de Paris, ou sur nos ports, par les rivières de la Marne & de la Seine, & celles d'Yonne, Armençon, Oise & autres, qui s'y rendent des Provinces de Champagne, Bourgogne, & des parties de l'Isle de France, de la Brie, qui sont trop éloignées pour nous les y amener par terre. (*M. Tessier.*)

CONSORT. Terre vague, située sur les confins de deux paroisses, appartenante à l'une & à l'autre; cette expression, qui a lieu dans quelques pays, signifie aussi un terrein à portée de diverses fermes, entre lesquelles il est commun. (*M. Tessier.*)

CONSOUDE, *Symphytum*. L.

Genre de plantes de la famille des Borraginées, & voisin des Pulmonaires. Il est composé de trois espèces de plantes vivaces par les racines, d'un port agréable, & qu'on priseroit davantage, si elles étoient moins communes.

Espèces.

1. Consoude officinale.

Symphitum officinale. L. ♃ dans les prés humides, & près des haies de l'Europe tempérée.

A. A fleur rouge.

B. A fleur jaunâtre.

2. Consoude du Levant.

Symphithum orientale. L. ♃ de la Natolie.

A. A feuilles cordiformes, de Constantinople.

La première espèce nous offre une singularité très-remarquable; ce sont deux races distinctes que j'ai désignées dans le tableau ci-dessus, par les lettres A & B; ces races, l'une à fleur tirant sur le rouge-brun, l'autre à fleur d'un blanc-jaune, assez semblable à celle du raifort sauvage, croissent séparément & dans des positions différentes. J'ai remarqué généralement, par la comparaison des écrits de différens Auteurs, & par mes propres observations, que la race à fleur rouge est particulière aux pays du Nord, tandis qu'elle est remplacée dans les pays méridionaux par la race à fleur jaunâtre, qui se rapproche plus de la Consoude bulbeuse, qui est de régions encore plus chaudes, & qui a la même couleur. Cette distinction des pays septentrionaux & méridionaux, est purement relative; car les Consoudes n'occupent que la portion centrale de la région tempérée. Au reste, cette considération mériteroit d'être approfondie. *Voyez* Climat, Couleur.

Culture. Les Consoudes sont vivaces & n'exigent presqu'aucuns soins. Leur graine doit être semée au Printems, dans une terre meuble & humectée; elle y réussit mieux que dans les terres sèches; sa racine, qui pivote, demande aussi un sol profond. Cette organisation l'empêche aussi de réussir à la transplantation. On peut pareillement la semer en Automne; cette dernière méthode accélère la floraison. Une fois établie dans un lieu, elle s'y propage par la dissémination des graines, & s'y multiplie, surtout lorsque le lieu est un peu couvert.

Usage. Les Consoudes ne sont cultivées que dans les jardins de Pharmacie & dans ceux de Botanique; isolées, elles ne sont pas sans agrément; mais elles se grouppent difficilement. Aussi ne les emploie-t-on jamais à la décoration des jardins, si ce n'est dans les bocages, les déserts & aux pieds des masures, ou semées au hasard, elles ajoutent à la diversité des formes. La troisième espèce étant d'un pays un peu plus chaud, est quelquefois sujette à geler, il est bon d'en conserver en pot un pied ou deux, pour remplacer ceux qui peuvent périr en pleine terre. (*M. Reynier.*)

CONSOUDE dorée. Ancien nom peu usité actuellement, dont on se servoit pour désigner le *senecio sarracenicus*. L. *Voyez* Seneçon Sarazin. (*M. Thouin.*)

CONSOUDE royale. La Quintinie donne ce nom à la *lobelia cardinalis*. L. *Voyez* Lobelie Cardinale. (*M. Reynier.*)

CONSTIPATION, état où se trouve des animaux, lorsque les excrémens, qui sortent ordinairement par l'extrémité du canal intestinal, y sont retenus quelque-tems & les incommodent plus ou moins.

Le cheval & le mouton sont plus sujets à la constipation, que les autres animaux.

La constipation peut être l'effet d'une maladie ou une incommodité particulière & passagère; lorsqu'elle n'est qu'une incommodité particulière, avec un régime humectant & rafraichissant on la guérit, lorsqu'elle est l'effet d'une maladie; en traitant la maladie, on remédie à constipation.

On regarde comme causes ordinaires de la constipation particulière, un exercice ou une marche forcée pendant les grandes chaleurs de l'Eté, une nourriture sèche & abondante en plantes aromatiques, un trop grand usage de luzerne, de sainfoin, d'avoine, le défaut de boisson, enfin des remèdes astringens, administrés là inconsidérément par des maréchaux.

L'indication à remplir, est de rafraîchir & relâcher les animaux. De l'eau blanche, nitrée, des lavemens, & quelquefois une saignée à la jugulaire, sont les moyens les plus efficaces. On sent bien que, pour empêcher le retour de cette incommodité, il faut éloigner ou corriger la cause, qui l'a produite; par exemple, si un cheval est constipé, parce qu'on lui a fait faire une marche trop considérable, il convient de ne lui en faire faire que de convenables à sa force; si des moutons sont constipés pour avoir mangé des herbes aromatiques ou astringentes, le berger doit les écarter des pâturages, où se trouvent ces herbes.

Les maréchaux & les bergers sont dans l'usage, lorsque les animaux sont constipés, de les *fouiller*, c'est-à-dire, de tirer avec leurs mains & leurs doigts les excrémens logés dans le rectum. Je crois cette pratique très-pernicieuse, parce qu'on peut irriter la membrane sensible de cet intestin, & lui causer une inflammation qui peut avoir des suites fâcheuses. Il me semble qu'il vaut mieux laisser faire la Nature, & l'aider en délayant les excrémens par d'abondantes boissons & des lavemens. *Voyez* le Dictionnaire de Médecine. (*M.* TESSIER.)

CONTINENCE, ce qui est contenu dans une étendue indiquée, ou dans une mesure déterminée. On dit ordinairement, *quelle est la continence de telle pièce de terre? Quelle est dans tel pays la continence du muid, du setier, du minot, du boisseau, du litron, de la pinte, de la chopine? &c.* (*M.* TESSIER.)

CONTOURNÉ. Ce mot se dit des tiges, des branches, des feuilles & des racines qui ont une direction contraire à la perpendiculaire ou à la ligne horizontale.

Les tiges des liserons, des phaséoles, des différentes espèces de grenadilles, & de toutes les plantes qu'on appelle lianes, sont contournées en spirale, les unes de gauche à droite & les autres de droite à gauche, sans varier jamais dans la direction qui est affectée à leur espèce. Il en est de même des branches & des rameaux de plusieurs espèces d'arbrisseaux.

Les feuilles de l'*Astroemeria pelegrina* L. sont contournées de manière que la surface, qui devroit être en-dessus se trouve en-dessous. Cette conformation est singulière; quelquefois l'extrémité des feuilles se contourne & forme plusieurs cercles comme dans *la gloriosa superba*, L. *la flagellaria* & autres plantes étrangères.

Les vrilles de la vigne, & de beaucoup d'autres plantes, de la famille des LEGUMINEUSES, se contournent par leur extrémité, au-tour des arbres qui les avoisinent. *Voyez* VRILLES.

Les racines sont naturellement contournées dans le *polygonum bistorta.* L. Elles se replient sur elles-mêmes, & forment des portions de cercles & même des cercles entiers.

On contourne artificiellement les racines des plantes & des arbrisseaux, en les cultivant dans des pots. Ce moyen est employé avec succès, pour assurer la reprise des végétaux qui souffrent difficilement d'être transplantés à un âge un peu avancé, tels sont les arbres résineux. Repiqués la seconde année dans des pots à basilic, leurs racines qui ne tardent pas à rencontrer les parois du vase, se contournent & forment des spirales dans cette direction. Tous les ans on les dépote, & on les met dans de plus plus grands vases, jusqu'à ce qu'ils aient cinq ou six ans; alors leurs racines ayant acquis de la force, on peut les placer en pleine terre, avec l'espérance de les voir croître rapidement. Mais, comme ces élèves n'ont point de pivot, & que leurs racines latérales ne forment point d'empatemens, ils sont aisément renversés par les vents, si l'on n'a soin de les assujétir avec de forts tuteurs pendant les quatre ou cinq premières années de leur transplantation. Au bout de ce tems, on peut les abandonner à eux-mêmes, parce que leurs racines qui ont repris insensiblement leur direction naturelle forment alors un empatement suffisant pour défendre les arbres contre la force des vents. (*M.* THOUIN.)

CONTRACAPITAN. Nom vulgaire sous lequel est connu dans les environs de Carthagène l'*Aristolochia anguicida.* L. *Voyez* ARISTOLOCHE anguicide. (*M.* REYNIER.)

CONTRAYERVA. Plante médicinale du Brésil, dont on a infiniment trop exalté les propriétés. Linnée l'a classée sous le nom de *dorstinia contrayerva. Voyez* DORSTENE à feuilles de berce. (*M.* REYNIER.)

CONTRA-YERVA de la Jamaïque. Nom d'origine espagnole, qui a été adopté en françois, sur-tout dans les pharmacies, pour désigner des plantes antivénéneuses. Celle-ci est *l'Aristolochia indica,* L. des Botanistes. *Voy.* ARISTOLOCHE de l'Inde. (*M.* THOUIN.)

CONTRA-YERVA du Mexique, *psoralea pentaphylla* L. *Voyez* PSORALIER pentaphylle. (*M.* THOUIN.)

CONTRA-YERVA des montagnes, *aconitum anthora* L. *Voy.* ACONIT salutifère. (*M.* THOUIN.)

CONTRE-ALLÉE. Allée latérale, formée d'une seule rangée d'arbres, & parallèle de chaque côté à une allée principale. On donne ordinairement aux Contre-allées la moitié de la largeur des grandes allées, & elles sont bordées pour l'ordinaire de pièces de gazon, de plate-bandes & quelquefois de pallissades. *Voyez* le mot Allée.

Ces Contre-allées ne sont pratiquées que dans les jardins symmétriques, où elles font perdre un terrein qui pourroit être beaucoup plus utilement employé. (*M. Thouin.*)

CONTRE-CHASSIS. Chassis de verre ou de papier dont on se sert dans quelques orangeries, pour préserver des grands froids, les végétaux qu'elles renferment.

Ces sortes de chassis sont faits de la même manière que ceux qui ferment les ouvertures des croisées à l'extérieur. On les place dans l'intérieur des serres, à fleur des murs, de sorte que l'épaisseur du chassis se trouve prise sur celle de la muraille.

Les Contre-chassis en verre ne portent qu'un seul carreau à chaque ouverture; mais ceux de papier doivent être à doubles carreaux, collés chacun sur chaque face. On se sert de papier blanc, commun, pour faire ces carreaux, sur lesquels on étend ordinairement une couche d'huile, afin que lorsqu'ils sont fermés, on ait encore un peu de jour dans la serre.

Les Contre-chassis de papier sont préférables à plusieurs égards aux contre-chassis de verre, & sont d'ailleurs bien moins dispendieux. (*M. Thouin.*)

CONTRE-DAME. On appelle ainsi, à Remiremont, une oreille mobile qui s'adapte à la charrue, & que l'on change à chaque sillon. (*M. Tessier.*)

CONTRE-ESPALIER. Les Contre-espaliers sont des lignes d'arbres fruitiers, placés à quelque distance des murs dans les jardins potagers, lesquels forment des espèces de palissades d'appui.

La distance entre les espaliers & les Contre-espaliers, ne peut être moindre de six pieds ni excéder celle de dix pieds; plus rapprochée, les racines des arbres du Contre-espalier nuiroient à celles des espaliers, & la costière qui se trouve entre ces deux rangs d'arbres perdroit tout l'avantage de sa position. Eloignés entr'eux de plus de dix pieds, les Contre-espaliers ne jouiroient pas de l'abri que fournit le mur contre lequel est établi l'espalier, à moins qu'il n'eût une élévation plus considérable que celle que l'on donne ordinairement à ces sortes de clôtures. C'est donc entre ces deux distances qu'on doit choisir celle qui peut convenir le plus à l'étendue des jardins : le terme moyen qui est de huit pieds, offre plusieurs avantages. Il fournit le moyen de donner à la costière, qui se trouve entre l'espalier & le Contre-espalier, une largeur de cinq pieds, & dix-huit pouces à chacun des deux sentiers qui l'accompagnent; ce qui est fort utile pour la culture des deux lignes d'arbres & pour celle des légumes de la costiere.

En avant du Contre-espalier, on laisse ordinairement une bande de terre d'environ dix-huit à vingt pouces, bordée de plantes légumières vivaces, propres à soutenir la terre & à l'empêcher de se répandre dans l'allée qui longe le Contre-espalier.

On établit les Contre-espaliers avec différentes espèces de vignes, d'arbres fruitiers à pepins & à noyaux, en choisissant de préférence les espèces ou variétés qui s'élèvent peu, & dont les racines soient pivotantes, & en observant de les espacer à des distances relatives à leur nature, les vignes depuis trois jusqu'à cinq pieds, les pommiers sur paradis, à quatre pieds, & les poiriers & autres arbres plus vigoureux, de dix à quinze pieds, suivant leur plus ou moins d'aptitude à s'étendre, & sur-tout en raison de la nature du terrein.

Quelques personnes se contentent de diriger les branches des Contre-espaliers avec des échalats placés en ligne droite. D'autres font un treillage, contre lequel elles assujétissent les branches à mesure qu'elles poussent & s'alongent. Ce dernier moyen qui tient plus au luxe, qu'à la nécessité, est beaucoup plus dispendieux que le premier, & ne convient qu'à des potagers où tout est recherché.

Au reste, la culture des Contre-espaliers, est la même pour la taille, que celle des arbres d'espaliers. (*Voyez* les mots Arbres & Taille.) (*M. Thouin.*)

CONTRE-FEU, ancien nom de *l'arum vulgare.* La M. Dict. n.° 6, *Voyez* Gouet commun. (*M. Thouin.*)

CONTREMARQUÉ (cheval,) *Voyez* Contremarquer. (*M. Tessier.*)

CONTREMARQUER. C'est une pratique employée par les Maquignons lorsque les chevaux sont hors d'âge de marquer naturellement, c'est-à-dire, à huit ans. Les Maquignons *contremarquent* sur-tout ceux qui conservent la dent courte & blanche jusqu'à la vieillesse. Il y a plusieurs façons de *contremarquer*, c'est-à-dire, d'ajuster la dent, de manière qu'elle paroisse noire & creuse. La plus commune est de la creuser avec le burin, & de noircir le creux avec de l'encre, ou avec un grain de seigle, qu'on met & qu'on brûle ensuite avec un fer rouge. Mais il est aisé de distinguer le creux artificiel de celui qui est naturel aux chevaux qui marquent encore; car on trouve communément la dent rayée à côté du creux, parce que souvent le cheval remue pendant l'opération, qui fait glisser le burin sur la dent. On trouve aussi le noir imprimé sur la dent plus noir que le naturel; d'ailleurs on a recours aux crochets, & on examine de plus, s'il n'y a aucune des marques de vieillesse indiquées au mot *Cheval*. *Voyez* CHEVAL. (*M. TESSIER.*)

CONTRE-PENTE. Indépendamment de la pente qu'on donne aux allées sur leur longueur, on leur en donne encore une autre sur leur largeur, & celle-ci se nomme Contre-pente.

Ces pentes & Contre-pentes sont pratiquées pour dessécher plus promptement les allées, & faciliter la promenade en tout tems. On donne ordinairement deux pouces par toise de pente aux Contre-pentes du milieu des allées jusqu'à la ligne dans laquelle sont plantés les arbres, qui la bordent des deux côtés, & l'on arrondit le milieu en forme de dos de bahu. *Voyez* ALLÉE. (*M. THOUIN.*)

CONTRE-POISON, *aconitum anthora*, L. *Voyez* ACONIT salutifère. (*M. THOUIN.*)

CONTRE-SAISON. Lorsqu'un arbre pousse ou fleurit dans une autre saison que celle où il a coutume de pousser & de fleurir, on dit qu'il végète ou fleurit à Contre-saison.

Ce dérangement dans l'ordre établi par la Nature occasionne souvent le dépérissement & même la mort des végétaux qui en sont l'objet. On remarque très-bien cet effet dans les arbres fruitiers & les arbustes à fleurs dont on hâte la végétation dans les serres échauffées par le feu. (*M. THOUIN.*)

CONTRE-SOL. Ustensile de terre cuite, d'osier ou de bois, propre à garantir les plantes du soleil. *Voyez* le mot CHAPEAU. (*M. THOUIN.*)

CONTRESPALIER, *Voyez* CONTRE-ESPALIER. (*M. THOUIN.*)

CONTRE-TERRASSE, petite terrasse pratiquée au-dessous d'une grande pour le racordement du terrein, & rendre les pentes moins rapides.

Ces Contre-terrasses sont très-propres, dans notre climat, à la Culture des Capriers. (*M. THOUIN.*)

CONTRE-VENT, volet de bois, employé quelquefois pour défendre les serres contre l'intensité du froid, & pour préserver les vitraux des frimats & sur-tout de la grêle.

Les Contre-vents sont particulièrement employés dans quelques jardins de l'Angleterre à couvrir les vitraux inclinés des serres-chaudes à tannées. On les fait à coulisses, de manière qu'ils puissent se poser & s'enlever facilement. Cette sorte d'abris est préférable aux toiles, aux nattes & aux paillassons dont on se sert ordinairement; mais ils sont plus dispendieux à établir. (*M. THOUIN.*)

CONVENANCIER; on donne en Bretagne ce nom au preneur de bail à domaine congéable, appellé convenant. *Voyez* BAIL. (*M. TESSIER.*)

CONVENANT, le domaine congéable est ainsi appellé en Bretagne, sans doute parce qu'il ne se passe qu'entre un bailleur & un preneur, qui se conviennent. *Voyez* BAIL. (*M. TESSIER.*)

CONVENTIONEL. (Bail). *Voyez* BAIL. (*M. TESSIER.*)

COOMB. Mesure angloise composée de quatre boisseaux, chaque boisseau de quatre pecks, chaque peck de deux gallons à raison de huit livres environ le gallon, poids de Troy: sur ce pied, le *Coomb* pèse deux cent cinquante-six livres, poids de Troy.

Deux Coombs font une quarte, & dix quartes un lest, qui pèse environ cinq mille cent vingt livres, poids de Troy. (*M. TESSIER.*)

COPAHU, suc résineux, extrait par incision du Copaier, *copaifera officinalis*, L. & qui est connu dans le commerce sous le nom de *Baume de Copahu*. *Voy.* COPAIER officinal. (*M. REYNIER.*)

COPAHU de Saint-Domingue. Nom vulgaire d'une espèce de Croton décrite dans le Dictionnaire de Botanique, sous le nom de CROTON à feuilles d'Origan. (*M. REYNIER.*)

COPAIBA, COPAIF, COPAIVA & COPAIVI. Noms donnés dans les Pharmacies au suc propre du *Copaifera officinalis*, L. ou baume de Copahu, & par extension à l'arbre même qui le produit. *Voyez* COPAIER officinal. (*M. THOUIN.*)

COPAIER, *COPAIFERA.*

Genre de plante que M. de Jussieu place, avec des doutes, dans la famille des LÉGUMINEUSES, & qui ne comprend qu'une espèce. C'est un arbre d'un feuillage beau & touffu, à feuilles ailées alternativement, à fleurs blanches, axillaires, attachées à un petit rameau paniculé. Il croît dans l'Amérique méridionale, & par conséquent ne peut se cultiver en Europe que dans les serres-chaudes. Son tronc donne par incision, le baume connu en Pharmacie sous le nom de Copahu. Cette propriété particulière rend précieuse, pour nos serres-chaudes, la possession de ce végétal; & tout ce qui le concerne ne peut être sans intérêt.

COPAIER officinal.

COPAIFERA officinalis. L. ♄ de la Guiane, Brésil, environ de Rolu, non loin de Carthagène.

Le Copaier officinal est un arbre de 22 pieds au moins de hauteur, à racines grosses & nombreuses, dont le tronc est droit, fort gros, & couvert d'une écorce épaisse. Son feuillage est touffu. Les feuilles sont placées alternativement, & composées d'une grosse côte, qui reçoit, à deux pouces de son insertion, huit petites feuilles à queue courte, placées sur deux rangs alternativement, excepté les dernières; elles sont sans dentelures, & la nervure du milieu s'écarte sur l'un des côtés, qui devient plus étroit que l'autre. Elles sont luisantes, ovales, en forme de lance, à pointe émoussée, & ont trois à quatre pouces de longueur. Les fleurs naissent aux extrémités des branches; elles sortent des aisselles des feuilles sur de petits rameaux subdivisés & de forme un peu pyramidale; elles sont blanches. Cet arbre se trouve à la Guiane, au Brésil, & en abondance dans les environs de Tolu, à trente lieues de Carthagène.

Culture. Le Copaier officinal, rare en France, l'est moins en Angleterre. Sa conservation en serre-chaude est peu difficile, puisque nous possédons & cultivons avec succès des plantes de contrées plus chaudes que celle où croît cet arbre. La difficulté seroit de se le procurer autrement que des collections qui sont dans le commerce. Les graines sont sujettes à être attaquées par les insectes, & elles paroissent d'ailleurs conserver assez long-tems leur qualité germinative. On pourroit recommander de les passer à la suie avant de les envelopper pour l'envoi. Ce que nous avons exposé à l'article CLUSIER, tant à l'égard des graines qu'à l'égard du traitement du n.° 4, reçoit ici son application.

Usage. En est-il de plus louable que de prendre des connoissances directes sur un végétal qui fournit un remède curatif dans beaucoup de cas, qui augmente le nombre des individus nécessaires aux démonstrations de Botanique, & qui, en même-tems, ajoute des agréments au mérite particulier des collections.

Aublet rapporte qu'il a observé cet arbre dans la Guiane, au quartier des Cocux. Les habitans percent avec une tarière le tronc de l'arbre, & ils y adaptent une bouteille ou couï, pour en recevoir le baume qui en découle avec abondance, & qui est connu sous le nom de baume de Copahu. On rapporte de plus que tous les Copaiers ne produisent pas du baume, qu'on reconnoît ceux qui en donnent à une fente, qui s'étend dans la longueur de leur tige, & que chaque arbre percé peut fournir dix à douze pots de cette substance. L'arbre ne périt pas après avoir essuyé cette perte; mais il ne l'éprouve point deux fois: l'incision se couvre avec de la cire ou de l'argile. Cette substance est une liqueur huileuse & résineuse, qui d'abord est limpide comme l'huile distillée de térébenthine; elle est d'un goût amer, aromatique, d'une odeur pénétrante, qui approche de celle du bois de Calambourg. *Voyez* AGALOCHE.

Les Portugais apportent ce baume en Europe du Brésil, de Rio-de-janério, de Fernambouc & de Saint-Vincent, dans des pots de terre pointus par le bout, qui contiennent quelquefois beaucoup d'humidité & d'ordure jointes au baume: on le falsifie souvent avec des huiles de moindre prix, & il arrive même, dit-on, en Europe déjà sophistiqué.

C'est un remède qui tient un rang distingué dans la Médecine, qui s'emploie avec succès à l'intérieur & à l'extérieur, mais dont on ne doit user, sur-tout à l'intérieur, que sous la direction des personnes de l'Art. (*F. A. QUESNÉ*).

COPALME. Nom d'un genre de plantes nommé en latin *Liquidambar. Voyez* LIQUIDAMBAR, au Dictionnaire des Arbres. (*M. THOUIN.*)

COPROSME, *COPROSMA*.

Genre de plante qui, suivant M. de la Marck, paroît se rapprocher des chirones, de la famille des GENTIANES, & que M. de Jussieu place dans celle des RUBIACÉES. Il comprend deux espèces. Ce sont des plantes ligneuses, à feuilles axillaires, portant une ou plusieurs fleurs. Elles sont des Isles de la Mer du Sud, & il est possible qu'elles se cultivent en Europe, dans la serre tempérée: elles sont peu connues, & elles inspirent peu d'intérêt; l'une d'elles est très-fétide.

Espèces.

1. COPROSME luisante.
COPROSMA lucida. La M. Dict. Nouvelle-Zélande.

2. COPROSME fétide.
COPROSMA fœtidissima. La M. Dict. ♄ Nouvelle-Zélande.

1. COPROSME luisante. Sa superficie est très-lisse, dit Linnée fils, & elle est semblable à la *Phyllis.* Elle porte des feuilles à queue, attachées par opposition; elles sont ovales, absolument sans dentelures, & pointues à l'une & l'autre extrémité. Il se trouve entr'elles des stipules placées seule-à-seule & aigues. Les pistils très-longs, excèdent les fleurs, qui sont verdâtres, sortant des aisselles des feuilles, & attachées une ou plusieurs ensemble sur le même pédoncule ou sur la même queue. Cette plante croît dans la Nouvelle-Zélande.

COPROSME fétide: on ne peut rien dire de positif sur le port de cette plante ligneuse. On sait qu'elle a une odeur puante; on la trouve à la Nouvelle-Zélande.

Culture. Ces deux Coprosmes sont originaires de la Nouvelle-Zélande, qui gît dans la Zône tempérée où, quoique le climat soit froid & humide, *second Voyage de Cook, premier volume, p.* 177. Il est pourtant si tempéré que toutes les espèces de plantes de nos jardins d'Europe (qui y avoient été semées) y croissent très-bien au milieu de l'Hiver, *second Voyage idem, cinquième volume, pag.* 151. Ces renseignemens positifs nous portent à croire que les plantes qui nous parviendront de cette région étendue, & si fertile en ce genre de richesse, se cultiveront aisément, & que la serre tempérée tout au plus suffira pour celles

celles qu'il faudra gouverner comme les plantes d'Afrique un peu dures. Il ne seroit pas prudent de les mettre en pleine terre, puisque dans leur lieu natal croît le chou palmiste (*Areca oleracea*), qui habite ordinairement sous des latitudes beaucoup moins élevées. Nous prions nos Lecteurs dont l'indulgence nous est toujours si nécessaire, de se contenter de ces simples notions. (*F. A. Quesné.*)

COQ. Mâle de la poule. *Voyez* Poule. (*M. Tessier.*)

COQ des jardins ou Menthe-coq. *Tanacetum balsamita.* L. *Voyez* Tanaisie balsamite. (*M. Thouin*).

COQ d'Inde. *Voyez* Dindon. (*M. Tessier.*)

COQ ou COQUE du Levant. Nom donné par quelques personnes au *Menispernum Canadense.* *Voyez* Menisperme de Canada. (*M. Thouin*).

COQUE. Enveloppe particulière de certaines semences, composée d'une seule pièce, qui s'ouvre de bas en haut, d'un seul côté, & sans suture; telle est par exemple l'enveloppe ou Coque du laurier-rose, & de différentes plantes de la famille des Apocinées. (*M. Thouin.*)

COQUE. On appelle ainsi le cocon du vers à soie & la gousse du coton. *Voyez* Coton & Vers à soie. (*M. Tessier.*)

COQUELICO, COQUELICOT. *Papaver erraticum.* On le nomme *Pavot rouge*, *Ponceau*, *Pavot sauvage*, *Mahon*, &c. selon les pays. C'est une des plantes les plus redoutables pour les Laboureurs. Quelquefois elle se multiplie au point d'étouffer absolument le blé. Indépendamment des labours & des sarclages propres à en purger la terre, il faudroit aussi employer les moyens que j'ai indiqués à l'article Blé de vache. *Voyez* ce mot.

Il y a des années où il pousse beaucoup de Coquelicots sur les jachères. On accuse ces plantes de causer des maladies aux vaches, & sur tout aux moutons, qui paissent sur ces terres. C'est dans la Beauce, au mois d'Août, que ces accidens ont lieu. Il me semble en avoir découvert la raison. Il survient alors quelquefois de petits brouillards, qui précipitent vers la terre une foule d'insectes. Les araignées des champs, qui sans doute s'en apperçoivent, tendent leurs toiles sur les Coquelicots. Les moutons, en broutant les plantes, avalent en même-tems les insectes dont la plupart sont caustiques, comme les cantharides. Les Gardiens attentifs des bestiaux doivent les écarter à cette époque des champs où il y a beaucoup de toiles d'araignées, & par conséquent d'insectes caustiques. Il est vraisemblable que le mal vient plutôt des insectes que des Coquelicots. (*M. Tessier.*)

COQUELOURDE. On donne ce nom à l'espèce d'Anémone distinguée par le nom d'*Anemone pulsatilla.* L. *Voyez* Anémone pulsatille. (*L. Reynier.*)

COQUELOURDE des Alpes. *Agrostemma flos-jovis.* L. *Voyez* Lychide des Alpes. (*M. Thouin.*)

COQUELOURDE des Jardiniers. *Agrostemma coronaria.* L. *Voyez* Lychnide des jardins, n.° 9. (*M. Thouin.*)

COQUELOURDE des Prés. *Anemone Pratensis.* L. *Voyez* Anémone des Prés. (*M. Thouin.*)

COQUELUCHIOLES, *Cornucopiæ.*

Genre de plante de la famille des Graminées, qui comprend deux espèces. Ce sont des herbes vivaces, d'une médiocre hauteur, à chacune portant un petit rameau à ses nodosités gonflées, à involucre d'une seule pièce, en forme d'entonnoir, étrangères en notre climat, & qui s'y cultivent en pleine terre: elles sont singulières par leur mode de fructification; on les admet comme plantes curieuses, & elles sont nécessaires dans un jardin de Botanique; elles se multiplient par la division des racines.

Espèces.

1. Coqueluchioles de Smyrne.
Cornucopiæ cucullatum. L. ♃ environs de Smyrne.

2. Coqueluchiole alopécuroïde.

1. Sur les Coqueluchioles de Smyrne, les fleurs sont rassemblées en têtes, dans une enveloppe commune, en forme d'entonnoir élargi à sa base, d'une seule pièce, à neuf ou dix dents sur les bords, & qui est portée sur un corps mince, qui grossit un peu, & se prolonge d'un pouce: il sort des aisselles gonflées & en forme de gaînes, des feuilles étroites & lisses, sur des tiges menues & coudées. Cette espèce croît aux environs de Smyrne dans le Levant.

2. Sur la Coqueluchiole alopécuroïde, ainsi nommée à cause de la ressemblance avec le Vulpin (*Alopecorus*), l'enveloppe qui se trouve à la base des fleurs, qui sont en épis barbus & ovales, est d'une forme de petite chaloupe à bords, sans dentelure; ce qui présente un modèle singulier de fructification.

Cette espèce se trouve en Italie.

Culture. Dans les environs de Paris, les Coqueluchioles se placent dans les plate-bandes élevées, sèches & bien exposées, sur lesquelles on peut mettre un chassis dans les Hivers rigoureux: on en réserve en pot pour l'orangerie ou la bâche, lorsqu'on ne peut pourvoir autrement aux fortes gelées. Cette dernière pratique est absolument nécessaire dans les lieux moins méridionaux, d'ailleurs humides, où les plantes ne prospéreroient pas long-tems.

Elles se multiplient par la division des racines, en Mars.

Usages. Les Coqueluchioles sont des plantes d'Ecole. Elle ne se rencontrent ordinairement que dans les jardins des Amateurs de plantes rares. (*F. A. Quesné.*)

COQUEMOLLIER, *Theophrasta.*

Genre de plante qui paroît à M. La Marck voir des rapports avec les Strychnos, le Rouhamon, les Calaes, &c., & de voir constituer avec ces genres, une section remarquable dans la famille des Sapotilles, & placé par M. de Jussieu dans les genres non-lactescens affinés aux apocins. Il ne comprend qu'une espèce, quoiqu'il soit probable, qu'une seconde dont parle le P. Nicolson lui sera par la suite attribuée, & que nous décrirons d'après lui. C'est un petit arbrisseau à tige simple, à feuilles simples, disposées d'une manière pittoresque, à fleurs en grappe d'une couleur agréable. Il est étranger, & la serre-chaude seule convient à sa culture dans notre climat, il ne peut que l'embellir; il est fait pour exciter les recherches des Amateurs, & il seroit bien accueilli sur-tout dans les jardins de Botanique.

Coquemollier.

Theophrasta, La M. Dict. ♄ Saint-Domingue, Guiane.

Le Coquemollier est un arbrisseau de trois à quatre pieds de hauteur, à tige nue, ne produisant aucunes branches même à son sommet, portant une vingtaine de feuilles épaisses, à sinuosités, cassantes, découpées, &c., dont le contour est muni de dents épineuses comme les feuilles du *houx*, d'un vert foncé & luisantes en-dessus, pâles en-dessous, de deux pouces de largeur & d'environ dix-huit de longueur. Leur disposition est remarquable, en ce qu'elles sont presque placées par anneaux pressés les uns contre les autres, & en ce qu'elles se redressent fort élégamment en imitant la forme d'une coupe. Les fleurs nombreuses, sur une grappe placée au centre des feuilles, sont formées d'un tube court, dont l'évasement est à cinq divisions ouvertes, arrondies dans les sinuosités qu'elles forment & dans leurs extrémités. Elles sont d'une couleur jaune rougeâtre & d'environ quatre lignes de diamètre : il leur succède des fruits d'une forme ronde en tout sens de quinze à dix-huit lignes de diamètre, jaunâtre, couverts d'une pellicule coriace, ridée endessus, très-lisse en dedans, où l'on trouve plusieurs graines serrées les unes contre les autres, anguleuses assez semblables à des graines de maïs, environnée d'une pulpe sucrée.

Cette description est prise presqu'entièrement du P. Nicolson, qui dit que le petit arbrisseau se trouve à Saint-Domingue dans les mornes, (les montagnes élevées) & les savannes; (les prairies ou endroits incultes où paissent les animaux.) Il parle encore d'une autre espèce sous le nom de grand Coquemollier qu'on appelle *tu-te-moque*. Celui-ci s'élève de vingt pieds, son tronc droit & lisse n'est point branchu; son sommet se garnit d'une touffe de feuilles longues de deux à trois pieds, larges d'environ trois pouces, luisantes, sans aucune nervure apparente, arrondies par en haut, pointues par la base, fermes, sans dentelure, cassantes, attachées par des queues épaisses, arrondies, dont le prolongement forme une côte saillante qui divise la feuille en deux parties égales. Les fruits naissent en grappe au haut de la tige; ils sont pendans sphériques, rougeâtres, de près d'un pouce de diamètre, couverts d'une peau coriace, &c. &c.

Le Coquemollier se trouve aussi dans la Guiane.

Culture. Le Coquemollier, à l'égard de la culture, se doit mettre au rang des plantes les plus délicates qui nous viennent des Antilles, & se gouverner avec toutes les attentions & tous les soins que l'on ne refuse pas à des objets précieux. On sera bien-tôt instruit par lui-même si l'on peut se relâcher sur quelques points. Il se devra cultiver dans un pot d'un évasement médiocre, (*Voyez* Pots de serre-chaude,) rempli de terre peu substancielle, arrosé avec modération deux fois la semaine en Eté, deux fois le mois en Hiver; il devra être placé dans la tannée la plus voisine du fourneau, celle qui spécialement se remue tous les deux mois & d'ailleurs veillé & sur-tout défendu contre les punaises. Dans certaines serres on couvre les pots qu'on chérit le plus, de l'épaisseur d'un pouce de crotin de cheval dégraissé par l'air & les pluies; on peut en arrosant, d'autant plus modérément, user, dans la saison rigoureuse de ce moyen, il protége le chevelu supérieur, il en provoque la multiplication.

Soit que les graines de Coquemollier ne conservent pas plusieurs années leur qualité germinative, soit que celles que nous avons semées étoient absolument trop vieilles, elles n'ont point levé même sous chassis. Nous croyons néanmoins qu'en les semant à leur arrivée elles réussiroient, & que le jeune plan prospéreroit par les soins ordinaires pour les plantes étrangères tendres. Ces arbrisseaux par leur port, par la beauté & l'étendue de leurs feuilles inspirent assez d'intérêt, pour qu'on se livre particulièrement à leur culture & même pour que l'on s'efforce de se les procurer en individus, envoyés directement de Saint-Domingue dans des petites caisses, qui n'exigeroient d'autres soins que de n'être pas trop mouillées pendant la traversée.

Usages. La pulpe des fruits se mange, elle est rafraîchissante & assez agréable. Les feuilles du grand Coquemollier, sont employées pour panser les chevaux. (*F. A. Quesné.*)

COQUELUCHON. On appelle feuilles ou fleurs en Coqueluchon, celles qui ont la forme d'un petit capuchon des ci-devant Moines, telles que les feuilles du *geranium cucullatum*, L. les fleurs de *l'arum proboscidum* L. &c. (*M. Thouin.*)

COQUERELLE, nom peu usité du genre des *Physalis* ou Alkékenges, *Voyez* COQUERET. (*M. Thouin.*)

COQUERET, *Physalis*.

Genre de plante de la famille des SOLANÉES qui a des rapports avec les Belladones, & qui comprend quinze espèces. Ce sont des plantes baccifères, herbacées, annuelles, vivaces & ligneuses, à feuilles alternes, rares, molles, simples & quelquefois géminées, à fleurs placées pour l'ordinaire au-dehors des aisselles des feuilles, quelquefois d'un seul côté, solitaires ou rassemblées : ces plantes sont moins remarquables par leurs fleurs que par leurs fruits en baie, molle, ronde, charnue, très-souvent colorée, renfermant les semences aplaties, réniformes & elle-même renfermée dans un calice véficuleux, souvent pentagone & coloré : elles sont pour la plupart étrangères, se cultivant dans notre climat, quelques-unes en pleine-terre, le plus grand nombre à de très-favorables expositions, les autres en orangerie serre tempérée, bache ou serre-chaude : elles se multiplient par racines éclatées, par graines & en petit nombre par boutures : elles se trouvent rarement dans les jardins qui n'ont pas pour but les grandes collections, ou les progrès de la Botanique ; c'est peut-être parce qu'elles ne sont point connues, quelques-unes sont en Médecine.

Espèces.

* *Plantes vivaces.*

1. COQUERET somnifère.

PHYSALIS somnifera. L. ♄ parties méridionales de l'Europe, Espagne, le Levant.

B. Coqueret à tige flexuleuse & élevée.

Physalis flexuosa. L. ♄ Indes orientales.

2. COQUERET en arbre.

PHYSALIS arborescens. L. ♄ Nouvelle-Espagne, environs de Campêche.

3. COQUERET de Curaçao.

PHYSALIS Curassavica. L. ♄ Isle de Curaçao.

4. COQUERET de Pensylvanie.

PHYSALIS Pensylvanica. L. ♃ Virginie.

5. COQUERET visqueux.

PHYSALIS vicosa. L. ♃ Virginie, Buénos-Ayres.

6. COQUERET alkékenge ou Coqueret officinal.

PHYSALIS alkekengi. L. ♃. France, les vignobles; Allemagne, Italie ; Japon, les lieux ombragés.

7. COQUERET du Pérou.

PHYSALIS Peruviana. L. ♄ Pérou, environ de Lima.

** *Plantes annuelles.*

8. COQUERET anguleux.

PHYSALIS angulosa. L. ⊙ Indes orientales & occidentales.

B. Coqueret anguleux à feuilles entières.

Alkekengi capsici folio. Dill. Ath. Indes orientales & occidentales.

9. COQUERET pubescent.

PHYSALIS pubescens. L. ⊙ Indes orientales & occidentales.

10. COQUERET de Philadelphie.

PHYSALIS Philadelphica. La M. Dict. ⊙ présumé de l'Amérique septentrionale.

11. COQUERET nain.

PHYSALIS minima. L. ⊙ Indes.

12. COQUERET de Barbade.

PHYSALIS Barbadensis. La M. Dict. ⊙ présumé des Antilles.

13. COQUERET à feuilles de stramoine.

PHYSALIS daturæ-folia. La M. Dict. ⊙ Pérou.

14. COQUERET d'inde.

PHYSALIS indica. La M. Dict. ⊙ Indes orientales.

15. COQUERET couché.

PHYSALIS prostrata. La M. Dict. ⊙ Pérou.

1. COQUERET somnifère. C'est un arbrisseau de trois pieds de hauteur, dont les branches sont droites & nombreuses, à écorce portant un duvet épais & grisâtre, à feuilles assez écartées entre elles, mais très-peu de tiges au moyen de leurs queues courtes. Elles ne sont placées ni alternativement ni d'une manière opposée, elles sont en lance, longues de trois pouces, de moitié moins larges, sans dentelures, légèrement chargées de petits poils : les fleurs, d'un jaune herbacé, fort petites, paroissent dans le mois d'Août, en paquets de trois à cinq dans les aisselles des feuilles, d'où elles s'élèvent à-peine; il leur succède, dans le mois d'Août, des fruits en forme de cerise & moitié moins gros; ils sont presque enveloppés par une vessie gonflée qui devient rougeâtre, ils sont alors plus aisés à appercevoir & d'un rouge plus éclatant. Il se trouve dans les régions du Midi de l'Europe en Espagne & dans le Levant.

La variété B perd, par la culture, presque tout le caractère distinctif de son port qui varie tellement, que quelquefois les branches sont en zig-zag & quelquefois droites presque toutes, ses feuilles sont souvent rangées sur deux rangs opposés & elles sont plus larges; mais il lui reste constamment sur l'espèce l'avantage de la hauteur, puisqu'elle a rarement moins de cinq pieds, les baies sont purpurines.

La variété B se trouve au Cap de Bonne-Espèce, comme à la côte du Malabar.

2. Le COQUERET en arbre seroit assez inté-

ressant, si les fruits paroissoient plus souvent; mais il faut des années chaudes pour leur développement. C'est un arbrisseau de dix à douze pieds de hauteur, à tige, qui ne se divise que vers son sommet, & dont les ramifications peu étendues sont d'abord couvertes d'une écorce grise & velue. Les feuilles des extrémités sont opposées, les autres sont placées alternativement, elles sont attachées par deux au même nœud, l'une petite, l'autre grande; celle-ci est de trois à quatre pouces, & de moitié moins large; elles sont toutes deux ovales, en lance, pointues, en quelque sorte ondulées, d'un vert pâle en-dessus, encore plus pâle en-dessous & légèrement cotonneuses. Les fruits sont petits & rouges, leur enveloppe vésiculeuse en ovale & d'un pourpre foncé : il se trouve aux environs de Campêche.

3. Le Coqueret de Curaçao, est une plante à racine rempante, poussant plusieurs tiges minces qui n'excèdent pas la hauteur d'un pied, qu'on pourroit appeller demi-ligneuses, qui ne vont pas au troisième Hiver; à feuilles placées alternativement soutenues par des queues courtes; elles sont ondulées sur leurs bords & d'un vert pâle : les fleurs inspirent d'autant moins d'intérêt qu'il est rare de les voir remplacées par des fruits. Elle croît dans l'Isle de Curaçao.

4. Coqueret de Pensylvanie. La racine est vivace, les tiges périssent chaque année, elles sont longues de deux pieds médiocrement branchues; elles seroient toujours par terre, si on ne les assujétissoit par un tuteur. Les feuilles sont placées alternativement, attachées par des queues fort longues; elles sont ovales; leur longueur est de trois pouces, leur largeur de moitié moins; elles sont à dents aigues sur leurs bords, presque lisses, vertes en-dessus, pâles en-dessous : les fleurs sont suspendues à des queues longues, elles sont larges, jaunâtres, mais leurs fruits sont sans beauté & fort petits. Ils mûrissent dans l'Automne si elle n'est point très-pluvieuse. Cette espèce se trouve dans la Virginie.

5. Coqueret visqueux. Les fruits sont remplis d'un suc visqueux; leur couleur est orangée, leur forme est ovoïde ou en œuf. Les vésicules calicines, sont anguleuses & jaunâtres : les tiges herbacées, munies d'angles sur la longueur; branchues & avec écartement pyramidal, sont légèrement cotonneuses ainsi que les feuilles en cœur, de trois pouces de longueur sur deux de largeur à leur base, sans dentelures, rudes au toucher, d'un vert jaunâtre & soutenues par des queues longues. On le trouve dans la Virginie & à Buénos-Ayres.

6. Coqueret alkékenge, ou Coqueret officinal. Sa racine genouilleuse, grêle & fibreuse, s'étend beaucoup, elle porte des tiges nombreuses, velues, branchues, qui ne s'élèvent pas de plus d'un pied & demi, garnies du même côté à chaque nœud de deux feuilles absolument sans dentelures, oblongues, pointues, attachées par des queues longues; elles varient cependant de forme; on en trouve d'anguleuses & obtuses. La couleur est vert-foncé : en Juillet les fleurs naissent au-dehors des aisselles des feuilles; elles sont suspendues & à un certain écartement des tiges : en Septembre les fruits de la grosseur d'une petite cerise, rougissent ainsi que les vésicules qui s'entr'ouvent à leur extrémité; avant l'Hiver les tiges sont desséchées. Il habite la France dans les vignes, l'Allemagne, l'Italie, le Japon dans les lieux ombragés.

7. Coqueret du Pérou. Sa tige est forte, très-anguleuse, presque purpurine, de quatre ou cinq pieds de hauteur, demi-ligneuse d'un port large par l'effet de ses branches, naissant par trois opposées & s'étendant beaucoup; à feuilles oblongues, à profondes sinuosités, & d'un vert-foncé, munies d'ailleurs comme les tiges d'un léger duvet. Les fleurs qui paroissent en Juillet sont bleues, larges, en cloche, à queues courtes, remplacées en Septembre par des fruits de la grosseur d'une cerise. C'est un des plus intéressans du genre, il se trouve aux environs de Lima.

** *Espèces annuelles.*

8. Coqueret anguleux, tige d'un ou deux pieds, droite, anguleuse, très-branchue; feuilles lisses en lance à pointe aigue, à dentelure inégale, aiguë, couleur sombre : fleurs petites, seul à seul aux aisselles; fruit de la grosseur de la cerise, couleur jaunâtre : vésicule calicine anguleuse, se terminant en pointe. Il se trouve dans les deux Indes. La variété B lui est préférable en beauté, ses feuilles sont absolument sans dentelure : le port est plus pittoresque. L'un & l'autre se trouve dans les Indes Orientales.

9. Coqueret pubescent. Un léger duvet & dans la fleur des taches d'une couleur foncée, établissent presque toute la différence de celui-ci au n.° 8. D'ailleurs les branches poussent plus près de terre, elles s'étendent & souvent elles restent couchées sur la terre; de plus les feuilles sont un peu en cœur. Il se trouve dans les deux Indes.

10 Coqueret de Philadelphie. Une tige haute d'un pied, lisse, à rameaux écartés : des feuilles ovales, pointues, ondulées, à dentelure anguleuse, attachées par des queues qui les égalent en longueur, distingueroient suffisamment celui-ci du n.° 4, quand même les fleurs ne seroient pas les plus grandes qu'offrent toutes les espèces du genre; elles sont jaunes & marquées de cinq taches de couleur de feuille morte, larges de huit à neuf lignes & suspendues au moyen des queues de quatre lignes de longueur. Il est in-

téressant & présumé de l'Amérique Septentrionale.

11. Le Coquerét nain est de la hauteur d'un pied, à feuilles ovales, d'un vert foncé, à queues longues; les fleurs en ont de fort courtes, elles sont suivies par des fruits petits & verts même à la maturité, & il a quelque ressemblance dans le port avec le n.° 9. Il se trouve dans les Indes.

12. Sur le Coquerét de Barbade, les feuilles ont deux pouces de largeur, la forme en cœur, pointues, elles sont velues comme les tiges de trois pieds de hauteur, rondes & branchues. Les fleurs naissent, seul à seul, aux aisselles des feuilles; elles sont jaunes avec des taches brunes à leur évasement, & leurs queues sont plus courtes que celles des feuilles : La forme des vessies qui sont pendantes est à cinq angles & pointues. Il est présumé des Antilles.

13. Coquerét à feuilles de stramoine. Dans celui-ci les feuilles ovales, pointues à membrane, prolongée sur leurs queues & à sinus obtus, ont ordinairement quatre pouces de largeur, elles sont placées alternativement sur des tiges hautes de trois pieds, portant vers leur sommet des branches ouvertes. Les fleurs naissent seul-à-seul à la base des feuilles; elles sont très-près des tiges; la fleur bleuâtre à fond-blanc, porte cinq taches bleues disposées en étoile, sa forme est presqu'en cloche & plissée. Le fruit est comme dans les précédens, mais sec, & la vessie a cinq angles. Il est originaire du Pérou.

14. Coquerét d'Inde. Dans cette espèce, les feuilles ovales, pointues sans dentelure & lisses, sont attachées à des tiges menues, en zig-zag de près de deux pieds de hauteur. Cette plante est peu connue, les fruits sont jaunâtres; elle croît dans les Indes.

15. Coquerét couché. La tige hérissée de poils, longue d'un pied, couchée sur la terre; Les feuilles placées alternativement, presque ovales, verdâtres, molles, lisses & attachées par des queues, âpres au toucher; les fleurs portées sur les aisselles des feuilles auxquelles succèdent des baies sèches à calice vésiculeux; tels sont les caractères distinctifs du port de cette espèce qui a beaucoup de rapports avec les Belladonnes, mais que les caractères essentiels de la fructification lient aux Coquerets. Elle se trouve au Pérou.

Culture. Le n.° 6 passe en pleine terre les Hivers les plus rigoureux sans la moindre altération, les soins de culture à son égard, sont uniquement de réduire à chaque Automne, les racines qui s'étendent beaucoup, afin que les yeux se multipliant dans un petit espace, les tiges soient rapprochées & plus en touffe. Il se multiplie par conséquent avec facilité, & l'on ne prend point la peine de le semer; il perd les tiges.

Le n.° 4 est aussi de pleine terre, il perd aussi ses tiges, mais si on ne les place en bonne exposition, & si il n'est pas abrité par des feuilles sèches, il ne résiste pas aux Hivers rigoureux : dans tout fonds frais & argilleux, on agira prudemment si l'on en met quelques pieds en orangerie. Il se multiplie par les racines éclatées.

Le n.° 5 se cultive en pot, & se multiplie par la division des racines au Printems. Il se conserve pendant l'Hiver dans une bâche, où il faut le mettre de préférence à l'orangerie, afin de le faire jouir d'une chaleur un peu plus soutenue & de l'air doux lorsqu'il sera possible. Les semis réussissent comme il suit.

Le n.° 1 ne doit point être traité délicatement, mais néanmoins on ne le conservera en Hiver qu'en orangerie. On seme ses graines sur un plateau de terre légère en bonne exposition au commencement d'Avril. On arrose modérément; lorsque le plan a quatre pouces on le met dans de petits pots remplis d'une bonne terre potagère, qu'on place dans un autre plateau non moins exposé au soleil, & qu'on arrose régulièrement & toujours avec modération, il y reste jusqu'aux approches des gelées qu'il ne doit pas essuyer dehors. Nous ne parlons pas du soin de changer les pots dont l'état de la plante avertit assez, non plus que du travail des racines hors les pots qu'il faut interrompre tant que l'on peut. Les arrosemens d'Hiver doivent être rares.

Le n.° 2 se multiplie de même (n.° 1); mais il exige plus de chaleur en Hiver : si on n'a pas une serre tempérée, bien tenue, on doit le mettre dans la serre-chaude; & en Eté, à la meilleure exposition du plein air, où il ne doit rester que pendant les chaleurs pour éviter l'étiolement ou pour lui donner un peu d'embonpoint. On le multiplie par boutures qui s'enracinent aisément suivant le procédé indiqué sous clutelle (*Voyez* Clutelle.) Le semis réussiroit probablement comme celui de la variété B n.° 1 ci-dessous.

Le n.° 3 se multiplie par les racines éclatées & il se gouverne comme le n.° 2. Si l'année n'est pas très-chaude, on n'a pas de fruits, les secours de l'Art sont presque toujours insuffisants.

La variété B n.° 1, se multiplie par graines que l'on sème sur couche & sous cloche, on donne de l'air lorsqu'il est doux, pour empêcher le jeune plan de s'étioler; on le traite comme les plantes délicates, dont la première éducation est exigeante. A quatre pouces de hauteur, on met chaque individu dans un petit pot rempli d'une terre légère, qu'on place ensuite dans une bâche sans chaleur artificielle, couverte jusqu'à ce que les jeunes plantes soient bien reprises, &, les chaleurs venues, on les expose à l'air libre : on leur fait passer le premier Hiver près des vitraux de la serre-chaude, & l'Hiver suivant elles s'accommoderont de la serre tempérée.

On observe sur le n.° 7, que fleurissant aisément il ne faut pas des années très-chaudes, pour que les graines mûrissent, & que souvent sans qu'on ait la peine d'en semer; celles qui sont tombées lèvent au Printems & multiplient l'espèce à laquelle il faut un grand espace, surtout si le fonds est de terre légère & fumée, parce qu'elle prend beaucoup de force & de volume. Les individus qu'on veut conserver, se placent sur les devants dans la serre tempérée.

Les n.os 8 à 15 étant annuels, se doivent avancer le plus qu'il est possible, afin de jouir promptement de tout ce qu'on en doit attendre, & d'avoir de meilleures graines. On les sème au commencement d'Avril sur couche chaude, que l'on couvre chaque soir qui annonce une petite gelée, d'un paillasson supporté par de longues baguettes de traverse assujetties à quatre pouces de hauteur sur des crochets enfoncées dans la couche. Lorsque le plan a plusieurs feuilles on le repique à huit pouces d'écartement sur une seconde couche, dont la première chaleur est évaporée, sans négliger les soins ordinaires de l'abri jusqu'à la reprise, & jusqu'à ce qu'il n'y ait plus rien à redouter des froids tardifs. Un mois ou six semaines après, les plantes auront fait de nouvelles racines, & elles seront assez fortes pour être levées en motte & distribuées dans les plate-bandes, & aux endroits qui leur sont destinées aux bonnes expositions.

Usages. L'assujétissement de l'exposition prive souvent de la vue des Coquerets, aux lieux où ils figureroient à merveille par leur port & par leur opposition avec des arbrisseaux de la même mise. Néanmoins on peut en tirer un grand parti dans tous les endroits découverts & favorisés par des pentes ou par des abris naturels au Midi. Le n.° 6 se fera remarquer à la fin de l'Eté par-tout où l'on voudra le tenir à l'étroit. Le n.° 7 est un arbrisseau de grand parterre, qui a beaucoup d'effet même en le traitant comme plante annuelle. Si les Coquerets annuels sont d'abord d'une culture minutieuse & assujétissante, le dédommagement n'est pas loin puisqu'ils sont tout de suite de ressource pour remplir dans les jardins paysagistes & dans les ruines, des places qui ne peuvent convenir à aucun des beaux arbrisseaux de l'Amérique septentrionale à cause de l'ardeur du soleil.

Les Coquerets de serres ne peuvent que contribuer à leur embellissement.

Vertus. Le n.° 6 très-vanté autrefois, paroît maintenant n'avoir en Médecine qu'une réputation équivoque, son fruit est, dit-on, diurétique. Le n.° 1 passe pour être légèrement narcotique. Le Père Feuillée dit du n.° 7, qu'il a trouvé au Pérou, que quatre ou cinq de ses baies broyées avec de l'eau commune ou du vin blanc & avalées, chassent le gravier de la vessie & soulagent dans les rétentions d'urines. (*F. A. Quesné.*)

J'ajouterai sur le Coqueret ou Alkékenge, sixième des espèces vivaces, *physalis alkekengi.* L. n.° 6, les observations suivantes.

On attribue aux baies du Coqueret des propriétés importantes. Elles sont regardées comme diurétiques, & par cette raison conseillées dans les hydropisies. On croit qu'elles sont capables de faire sortir les graviers & d'appaiser la colique néphrétique : on les emploie sèches, en bols & en pilules, ou dans leur état de mollesse en décoction, & unies à d'autres calmans; *Voy.* PHARMACOPÉES *de Paris & de Londres.*

Au reste, je ne parle ici du Coqueret ou alkékenge que parce que ses baies sont d'usage dans l'économie rustique. Il y a des pays, & la Beauce est dans ce cas, où le beurre, surtout en certain tems de l'année, est blanc & d'un moindre débit, que s'il étoit jaune. Pour lui donner cette dernière couleur, les fermières enveloppent dans un noüet de linge des baies de Coqueret; elles les expriment dans un peu d'eau, & mêlent le suc à la crême, destinée pour être convertie en beurre; la dose ordinaire est de trois ou quatre baies pour la quantité de crême, qui doit faire une livre de beurre. Si on en met davantage, le beurre est trop foncé en couleur & un peu amer; quand il n'y en a que la juste proportion, on ne s'en apperçoit pas. Cet ingrédient n'est pas nuisible à la santé, il ne peut tout au plus que rendre le beurre légèrement diurétique.

Je ne sais si on n'auroit pas lieu d'espérer des avantages d'une plus grande multiplication de Coqueret. Les fruits de cette plante étant propres à teindre le beurre, ne pourroient-ils pas teindre autre chose? c'est aux Chimistes à l'essayer. Il seroit facile de rendre le Coqueret plus abondant, en cherchant les moyens de le faire venir de graines. On en placeroit des semis à l'ombre; on étudieroit la manière la plus sûre de le multiplier : les baies dans l'état actuel ont quelque valeur, on les vend dans les marchés aux fermières. (*M. Tessier.*)

COQUETTE. Nom d'une des variétés du *Lactuca Sativa.* L. Voyez Laitue cultivée. (*M. Thouin.*)

COQUILLAGES, COQUILLES.

Les Coquillages, ou les Coquilles, peuvent être considérés, comme ayant des rapports avec l'Agriculture, puisqu'ils sont employés dans plusieurs pays, pour améliorer les terres. Cet article m'ayant paru bien fait, dans le Cours complet d'Agriculture de M. l'Abbé *Rozier*, j'ai cru devoir le copier tout entier.

« C'est aux Coquillages, c'est aux Madrepores, aux Lithophites, en un mot, à tous les débris des logements des insectes, soit de mer, soit d'eau douce, que l'on doit attribuer la formation des *Faluns* immenses de la Touraine. C'est à ces débris pulvérisés à l'excès, que la Craie doit son origine, ainsi que la Pierre, les Marbres, &c. Pour rendre raison de ces phénomènes, il faut considérer ces coquilles, sous trois points de vue différents. »

« 1.° Les Coquilles entières ont été rassemblées en masse, & souvent par couches de plusieurs pieds. Tels sont ces grands bancs d'Huîtres, longues, souvent de près d'un pied, sur trois à quatre pouces de largeur, & dont on dit que les analogues vivants, sont aujourd'hui aux grandes Indes. L'on trouve ces bancs, devenus fossiles, dans le Bas-Dauphiné, la Basse-Provence, le Bas-Languedoc, & ces Huîtres sont mêlées avec de l'argille, plus ou moins pure; quelques-unes sont encore dans leur premier état, & d'autres ne sont lapidifiées qu'en partie. M. l'Abbé *Rozier* croit que la substance même de l'animal est une des causes principales qui a le plus concouru à la lapidification; dans cet état, les Coquilles ne contribuent pas plus à la bonification des champs, qu'un morceau de pierre calcaire. »

« Si la Coquille a resté dans son état naturel, & que, dans cet état, elle ait été brisée par parcelles, alors le frottement des unes contre les autres, les a usées, les a limées & en a converti une certaine quantité en chaux naturelle. Alors ces détritus peuvent former un excellent engrais. »

« Si ces Coquilles & leurs parcelles ont toutes été réduites à l'état de poussière, semblable à celle de la chaux éteinte à l'air; si cette poussière forme des amas considérables, on a des bancs de craie, si enfin la poussière la plus atténuée, a été unie à de l'argille bien pure & bien fine, voilà l'origine de la marne & le principe de la fécondité. »

L'explication de la manière, dont ces Coquilles ont été arrachées à la mer & déposées dans la terre, appartient à l'Histoire naturelle. Je ne m'en occuperai pas.

« 2°. Les Coquilles, Madrépores, Coraux, en un mot, les anciens logements des animaux & fabriqués par eux, sont aujourd'hui dans deux états : ou ils sont fossiles, c'est-à-dire changés en pierres, ou ils n'ont éprouvé aucune altération. Dans le premier cas, ils forment la pierre calcaire, que nous réduisons en chaux, & cette chaux sert à bâtir nos maisons & à amender les terres. Dans le second, c'est-à-dire, lorsque la coquille est telle qu'elle sort de la mer, on trouve un puissant engrais: portée sur nos champs, elle leur communique d'abord le sel marin, dont elle est imprégnée, ensuite elle se décompose peu-à-peu par l'action des météores, par le frottement de la charrue, &c., & fournit peu-à-peu la substance calcaire, qui s'unissant avec les débris des végétaux, forme l'*Humus* ou *Terre végétale*, par excellence, en un mot, la seule qui soit véritablement soluble dans l'eau, & la seule qui forme la charpente des plantes. »

« Il y a plusieurs manières de fertiliser les champs avec des Coquilles. 1.° Si elles sont fossiles & en corps solide, en les réduisant en poudre fine, au moyen des bocards, pilons, &c. 2.° Si la nature les a déjà réduites en poussière, & si cette poussière, ou seule, ou unie à d'autres portions terreuses, forme des masses solides, il faut encore recourir aux pilons. 3.° Si la consistance de ces masses, est lâche & peu serrée, le frottement, des chocs légers, suffiront pour détruire l'adhésion de ces parties; telles sont les craies. 4.° Si enfin cette poussière est simplement unie à une terre quelconque, sans être solidifiée, tel que la masse, elle se dissoudra sur nos champs, par le seul contact de l'air, du soleil, des pluies, &c. Voilà, pour les coquilles fossiles, ou réduites à un état de chaux par les mains de la nature. »

« 3.° Les Coquillages, tels qu'ils existent aujourd'hui, tels qu'on les tire du sein de la mer, ou qu'on les ramasse sur ses bords, deviennent par l'industrie de l'homme, un excellent engrais, suivant les circonstances & la nature du sol, qui doit être engraissé. Il y a plusieurs manières de les employer, ou en les faisant calciner comme la pierre calcaire, & alors on les réduit en véritable chaux, telle que celle employée pour le mortier; ou en leur faisant éprouver un degré de chaleur, capable de pénétrer leurs parties, sans les convertir en chaux, ou en les portant sur les champs, tels qu'on les retire de la mer. »

« 1.° Par la première méthode, les champs sont engraissés aussi-tôt. Par la 2.e l'opération est plus longue, les champs sont engraissés dans l'année même, parce que la chaleur imprimée à la substance de la coquille, commence à détruire le lien d'adhésion de ses molécules, & peu-à-peu l'air, la pluie, &c. en isolent chaque partie. Enfin, par la 3e. l'engrais s'établit insensiblement à la longue & d'années en années, par la décomposition de la coquille. M. l'Abbé *Rozier*, préféreroit la dernière méthode, pour les pays méridionaux de la France, & sur-tout pour les terrains peu riches en végétaux, & dont le sol a peu de ténacité. »

De cette théorie, M. l'abbé *Rosier* passe à la pratique, en empruntant des expériences tirées du *Journal Economique* du mois d'Août, année 1743, dans lequel se trouve un Mémoire intitulé: *Manière d'engraisser les terres avec des Coquillages de mer, dans les provinces de Londonderry & de Donhagell en Irlande, publiée par l'Archevêque de Dublin.*

« Sur la côte de la mer, l'engrais ordinaire consiste en coquillages. Sur la partie orientale de la baie de Londonderry, il y a plusieurs éminences que l'on apperçoit presque dans le tems que la marée est basse ; elles ne sont composées que de Coquillages de toutes sortes, sur-tout de Pétuncles, de Moules, &c. Les gens du pays viennent avec des chaloupes, pendant la basse mer, & emportent des charges entières de ces coquillages ; ils les laissent ensuite sur la côte, jusqu'à ce qu'ils soient secs, ensuite ils les emportent dans des chaloupes en remontant les rivières, & après cela dans des sacs sur des chevaux, l'espace de six à sept milles dans les terres. On en emploie quelquefois 40 jusqu'à 80 barils pour un arpent Les coquillages sont bien dans les terres marécageuses, argilleuses, humides, serrées, dans les bruyères ; mais ils ne sont pas bons pour les terres sablonneuses. Cet engrais dure si long-tems, que personne n'en peut déterminer le terme. La raison en est vraisemblablement, que les coquillages se dissolvent tous les ans, petit-à-petit, jusqu'à ce qu'ils soient entièrement épuisés ; ce qui n'arrive qu'après un tems considérable, au lieu que la chaux opère tout d'un coup ; mais il faut observer que le terrain devient si tendre en six ou sept ans, que le bled y pousse trop abondamment, & donne de la paille si longue, qu'elle ne peut se soutenir. Pour lors, il faut laisser reposer la terre, un an ou deux, afin de ralentir sa fermentation, & d'augmenter sa consistance ; après quoi la terre rapportera, & continuera de se faire pendant 20 ou 30 années. Dans les années où on ne laboure point la terre, elle produit un beau gazon émaillé de marguerites, & rien n'est si beau que de voir une montagne haute, escarpée, qui quelques années auparavant, étoit noire de bruyeres, paroître tout d'un coup, couverte de fleurs & de verdure. Cet engrais rend le gazon plus fin, plus épais & plus court. Cet amendement contribue à détruire les mauvaises herbes, ou du moins il n'en produit pas comme le fumier. Telle est la méthode dont on se sert pour améliorer les terres stériles & marécageuses. »

« Les habitans du pays répandent un peu de fumier ou de litière sur la terre, & sement pardessus des Coquilles, lorsqu'ils veulent faire croître des pommes de terre, & ils les plantent ou à un pied les unes des autres, ou quelquefois dans des sillons, à six ou sept pieds de distance. »

« Les trois premières années, les pommes de terre occupent le terrain, on le laboure à la quatrième, & on y sème de l'orge ; la récolte est fort bonne pendant plusieurs années de suite. »

« On remarque que les Coquilles réussissent mieux dans les terrains marécageux, où la surface est de tourbe, parce que la tourbe est le produit des végétaux réduits en terreau, & dont les parties salines ont été entraînées par l'eau. »

« En creusant un pied de profondeur, dans presque tous les endroits au tour de la baye de Londonderry, on trouve des Coquilles & des bancs entiers, qui en sont faits ; mais ces Coquilles, quoique plus entières que celles qu'on apporte de Shell-Island, ne sont pas si bonnes pour amender les terres ; il auroit fallu dit M. l'Abbé *Rozier*, indiquer la différence qui se trouve entre les espèces de ces Coquilles & les premières, ou si ce sont les mêmes. Les Coquilles d'huîtres les meilleures, parce qu'elles sont plutôt attaquées par les météores, à cause de leur porosité, & des couches écailleuses dont elles sont formées. »

« La terre, près de la côte, produit du blé passable, & les Coquilles seules ne produisent pas l'effet qu'on en attend, si on n'y met un peu de fumier. »

« M. l'Abbé *Rozier* explique pourquoi l'engrais des Coquillages réussit dans les parties éloignées de la mer, & non pas sur ses bords, jusqu'à une certaine distance. C'est que le terrain qui l'avoisine, ne manque pas de sel ; il y est entraîné & porté par les vents humides de la mer, & déposé avant que ces vents ayent pénétré à un éloignement dans les terres. Ce sol n'a donc pas besoin d'engrais purement salin, mais d'engrais animal, huileux, graisseux, &c. afin que ce sel se combine avec ce dernier, & fasse avec lui un corps savonneux, pour être en état de s'insinuer dans les conduits seveux des plantes. Dans les pays éloignés de la mer, au contraire, la partie saline est en trop petite quantité, c'est pourquoi la chaux, la marne, les coquillages, &c. produisent le meilleur effet. La partie animale y est assez abondante, de manière que le sel marin, ou sel de cuisine, est ici un très-bon engrais, & là, il devient nuisible. Ce n'est pas tout ; si on employoit sans restriction, dans les pays chauds & secs, la méthode publiée par l'Archevêque de Dublin, on perdroit ses récoltes en grains. La chaleur est trop forte, les pluies trop abondantes, & l'activité du sel nuiroit à la végétation. Etudions le pays que nous habitons, & voyons s'il se trouve dans la même circonstance, que celui dont on parle, avant d'adopter les pratiques, bonnes en elles-mêmes, mais en général mauvaises. L'emploi des Coquilles peut être très-utile dans les cantons naturellement froids & pluvieux, comme en Normandie, en Bretagne, en Artois, en Flandre, en Picardie, &c. ; mais comme tel, nuisible en Provence, en Languedoc, le long du rivage. »

Malgré tout ce qu'il a dit, M. l'Abbé *Rozier* adopte l'usage des Coquillages, même pour

pour les dernières Provinces, avec la restriction suivante. Il voudroit qu'on fît dans une fosse, où l'on pourroit conduire l'eau à volonté, un lit de Coquillages, un lit de fumier, ce dernier double du premier, & ainsi de suite, jusqu'à ce que la fosse fût remplie En Été, on verseroit de l'eau dans la fosse, afin qu'aidée par la chaleur du fumier, lors de sa fermentation, elle pénétrât les couches dont la coquille est formée; peu-à-peu la combinaison savonneuse s'établiroit; enfin lorsqu'un ou deux ans après, on tireroit de la fosse la coquille, elle seroit presque détruite, ou du moins entièrement pénétrée par le suc du fumier. Si on donne trop d'eau à ce fumier, la fermentation sera foible; il faut simplement entretenir son humidité & rien de plus. La première eau sera bien-tôt évaporée dans les pays chauds; on doit concevoir que l'activité du sel calcaire est diminuée, que par son union avec la substance graisseuse, il a déjà formé la substance savonneuse, enfin que la masse de la coquille est plus susceptible d'être décomposée par l'air, par le soleil, par les pluies, &c.

M. l'Abbé *Rozier* desire encore que ces Coquilles, que ce fumier, soient jettés sur les terres qui reposent ou sont en jacheres, dès le mois de Novembre, & qu'ils soient aussitôt enterrés par un fort coup de charrue à versoir. Cet engrais agira pendant cette année de repos, & ne brûlera pas la récolte de l'année suivante. »

Les Coquillages, lorsqu'ils ne sont pas récemment tirés de la mer, me paroissent n'avoir d'autres propriétés, que celle des terres calcaires, qui employées dans un sol humide, compact & frais, le divisent, écartent ses molécules, pour faciliter l'extension des racines & le réchauffent en quelque sorte; c'est donc un amendement qui agit méchaniquement. Voyez au mot amendement, les pages 193, 194, 195. (*M. Tessier.*)

COQUILLE, Laitue de médiocre qualité, mais qui a l'avantage de supporter très-bien les Hivers. Sa pomme est petite, & a toujours un peu d'amertume.

C'est une des variétés du *Lactuca Sativa.* L. V. Laitue. (*M. Reynier.*)

COQUILLE. On donne ce nom à l'enveloppe sèche de certaines espèces de fruits, tels qu'à ceux de la Noisette, de la Noix, &c. (*M. Thouin.*)

COQUILLE. (*Jardinage*). C'est un ornement qui imite les conques marines, dont on se sert dans les compartiments des parterres, pour en orner la naissance & le milieu. On peut le placer aussi sur les côtés, & généralement partout.

Il y a des Coquilles à doubles lèvres, & dont les côtes sont très-différentes. On peut en faire de broderie, de gazon, de sablé, ou de marguerites. *Ancienne Encyclopédie.*

Ces ornements de mauvais goût, & d'une culture difficile, ne sont plus d'usage, actuellement. (*M. Thouin.*)

COQUILLES de Mer. Nous ne considérons ici ces productions que relativement à leur usage dans les jardins. On les employoit autrefois à figurer des grottes, à border des rigoles, qui conduisoient les eaux à la surface de la terre, & à former de petites chûtes d'eau dans les petits ruisseaux des jardins de genre. Ces sortes de constructions, petites & mesquines, ont insensiblement disparu à mesure que le goût s'est formé, & qu'on a mieux connu l'art d'orner les jardins. (*M. Thouin.*)

COQUIOLE. *Festuca ovina.* L. C'est une plante dont les feuilles sont assez semblables à celles du froment, & qui produit au sommet de sa tige quelques petits grains rouges. Elle croît dans les blés, & elle entre dans la composition des prairies artificielles. Les terreins légers conviennent à cette plante. Elle est très-fine & très-bonne pour les moutons, tant en verd qu'en sec. *Voyez* Fétuque ovine, n.° 1. (*M. Tessier*).

COQUIN. Nom que les Bergers donnent à une bête qu'il ont accoutumée à venir à eux, quand ils l'appellent, & avec laquelle ils conduisent leur troupeau au défaut de chien. (*M. Tessier.*)

CORAIL des Jardins. *Capsicum annuum.* L. V. Piment annuel. (*M. Thouin.*)

CORALINE (*helminthochorton*). Plante maritime du genre des Fucus dont M. de Latourette a donné une excellente Description dans le Journal de Physique du mois de Septembre 1782. C'est une plante vermifuge très-estimée. *Voyez* l'article Varec. (*M. Thouin.*)

CORBEAU. Le Corbeau & la corneille sont des oiseaux qui font beaucoup de dégâts. On les voit, quand ils ont des petits, enlever vivans les jeunes poulets, canards, &c. pour les en nourrir. Avec leur bec, qui a de la force, ils fouillent & déterrent le grain qu'ils mangent. L'époque où ils sont nuisibles au blé, c'est avant qu'il soit en herbe; car ils le mangent même germé. Après les semailles de 1788, les Corbeaux & les corneilles dévorèrent beaucoup de grains dans un pays que j'habitois. Les blés n'étoient pas levés, & une grande partie n'avoit pas germé. Pendant toute la rigueur du froid, les Corbeaux & les corneilles se jettoient en nombre prodigieux dans les champs dont les vents du Nord-Est, qui souffloit violemment, avoit enlevé la neige. On ne parvint à les écarter qu'en leur tirant fréquemment des coups de fusil.

Si les Corbeaux causent de grands dégâts, ils font utiles, en détruisant beaucoup de vers à hannet on. On se plaint toujours du mal & on tait le bien. Ils suivent les charrues

& prennent les vers que les Laboureurs déterrent. C'est au Cultivateur à calculer s'il gagne plus par la destruction des vers à hanneton qu'il ne perd par le dégât que les Corbeaux lui causent. Ce calcul ne peut pas être le même dans tous les pays, parce que les Corbeaux, qui ne se plaisent pas par-tout en Eté, viennent en Hiver dérober du blé dans les champs des Cultivateurs qu'ils ne dédommagent pas. Ceux-ci au moins font bien de les chasser. Je laisse aux autres à examiner ce qui leur est le plus avantageux de faire.

On parvient encore à écarter les Corbeaux & les corneilles des terreins ensemencés, en y étendant de longs fils, & en attachant ces fils à des bâtons fichés en terre. Ces oiseaux, qui sont très-défians, n'en approchent pas, parce qu'ils les croient couverts de lacets, ou, s'ils en approchent, bien-tôt ils se retirent, n'ayant pas la liberté d'y marcher, parce que leurs pattes s'embarrassent dans les fils. On prend cette précaution pour des terres ensemencées long-tems après les autres, afin que les Corbeaux & corneilles, qui ne trouvant plus de grains à manger alors, parce qu'ils sont tous levés, ne détruisent pas en entier les derniers ensemencemens. (*M. Tessier.*)

CORBEILLE. Sorte de plate-bande, formée d'une terre meuble & amendée, exhaussée au-dessus du niveau du sol, & destinée à recevoir des fleurs pour l'ornement des Jardins symmétriques.

On donne aux Corbeilles de fleurs la forme que l'on veut, & les dimensions qui conviennent à l'étendue du local pour lequel elles sont destinées. Cependant on s'accorde assez généralement à leur donner un tiers de plus de longueur que de largeur. Elles en ont plus de grace, & sont plus aisées à cultiver. Les unes sont bordées de gazon, de staticés, de mignardises, les autres de treillage plus ou moins orné, & d'autres de briques ou de pierres, suivant la fantaisie du Propriétaire ou du Constructeur.

L'élévation de la terre des Corbeilles est aussi proportionnée à leur étendue. Mais, en général, si elles ont deux toises de large, on les bombe dans le milieu de dix-huit à vingt pouces, & on donne à la terre une figure hémisphérique. Cette élévation peut être portée jusqu'à trente pouces pour les plus grandes Corbeilles; mais elle ne doit pas s'élever au-dessus, à moins qu'elles ne soient bordées de pierre ou d'autres matières, qui soutiennent les terres & conservent l'humidité nécessaire à la végétation.

On place les Corbeilles au milieu des parterres, quelquefois à leur extrémité, pour former des perspectives, ou enfin au milieu des pièces de gazon dont la verdure entretenue avec soin, relève l'éclat des fleurs, tandis que celles-ci font valoir l'agréable couleur du tapis.

Les Corbeilles étant destinées à présenter des bouquets toujours fleuris, il est nécessaire d'avoir une pépinière pour élever les plantes, jusqu'à ce qu'elles commencent à fleurir, & d'où l'on puisse les tirer ensuite, pour regarnir les Corbeilles. On ne peut donc y faire entrer de plantes vivaces à demeure ou en pleine terre, non plus que des arbrisseaux, à moins qu'ils ne soient dans des pots; mais on les remplit de plantes annuelles, qui fleurissent dans les trois principales saisons de l'année; on les y place à mesure qu'elles commencent à montrer leurs premières fleurs, &, dès qu'elles sont défleuries, on les enlève pour en mettre d'autres à leur place.

Pour que toutes les fleurs d'une Corbeille soient en évidence, & produisent tout leur effet, il convient de placer, dans le milieu, les plantes les plus élevées, ensuite celles qui le sont un peu moins, en diminuant toujours de hauteur jusqu'au bord de la Corbeille, où se trouveront les plus petites. Il n'est pas moins intéressant de varier les couleurs des fleurs, & même les nuances de verdure, de manière que deux plantes de même espèce, ou dont les fleurs ont le même teint, ne se rencontrent pas les unes à côté des autres, le grand mérite de cette sorte de décoration étant la variété & la richesse des couleurs.

La Culture des Corbeilles se réduit à des labours, chaque fois qu'on renouvelle les plantes dans les trois principales saisons de l'année, à des binages répétés autant de fois qu'il en est nécessaire pour faire mourir les mauvaises herbes, & à des arrosemens fréquens, sur-tout pendant les chaleurs de l'Eté. Il est bon aussi d'amender la terre des Corbeilles, soit avec du terreau de couche, si elle est forte & compacte, soit avec des terres franches, si le sol est sec & léger. Cette précaution est d'autant plus importante que les végétaux étant très-rapprochés les uns des autres, couvrant la surface de la terre, & étant composés de plantes annuelles, assez voraces de leur nature, il est nécessaire de rétablir par des engrais substanciels, ce que les plantes dissipent par une végétation rapide dont le produit ne tourne pas au profit de la terre qui les a nourries.

On encadre quelquefois les Corbeilles de petits sentiers qu'on couvre de sable de différentes couleurs; mais, le plus souvent, elles sont accompagnées d'allées qui, en multipliant les promenades, donnent la facilité de jouir de plus près de la vue des fleurs, & d'en respirer l'odeur.

Comme les fleurs, qui garnissent les Corbeilles, sont les mêmes que celles qui décorent les parterres, nous nous réservons d'en donner la liste après cet article, pour ne pas faire ici un double emploi; ainsi, *voyez* Parterre. (*M. Thouin.*)

CORBEILLE-d'or. Les Jardiniers donnent

ce nom à l'espèce d'Alysson, nommée par Linnée. *Alyssum saxatile*. *Voyez* ALYSON jaune. (*M. REYNIER*.)

CORD. Variété de l'*Anemone coronaria*. L. *Voyez* ANÉMONE des Fleuristes. (*M. THOUIN*.)

CORDAGE. C'est un arpentage ou mesurage à la corde. (*M. TESSIER*.)

CORDE. Mesure en usage pour les terres, dans quelques pays.

A Lamballe & à Saint-Brieuc, en Bretagne, la Corde est de vingt-quatre pieds. Il en faut quatre-vingt pour un journal. Dans ce pays, la Corde est un quarré dont chaque face a vingt-quatre pieds de longueur; par conséquent la Corde contient cinq cent soixante-seize pieds quarrés. Ce dernier produit, multiplié par quatre-vingt, donne quarante-six mille quatre-vingt, qui sont le nombre des pieds quarrés contenus dans le journal de Bretagne.

Aux environs de Montargis, la Corde a vingt pieds. Cent Cordes font un arpent. (*M. TESSIER*.)

CORIDE. (farcin) *Voyez* FARCIN, maladie du cheval. (*M. TESSIER*.)

CORDEAU. Grosse ficelle de trois à quatre lignes de diamètre (suivant sa longueur) dont les Jardiniers se servent pour tracer les alignémens, & faire des plantations. Le Cordeau est garni à chacune de ses extrémités, d'un piquet ou forte cheville d'un bois dur & pointu par le bas. L'économie exige que l'on entoure l'extrémité supérieure d'une virole ou d'une bande de fer, afin que la tête du piquet n'éclate pas, lorsqu'on l'enfonce en terre à coup de masse ou de marteau. A six pouces au-dessous de l'anneau, les piquets des grands Cordeaux doivent être percés d'un trou dans lequel passe une cheville, qui sort de six pouces de chaque côté, pour donner à la personne qui aligne, la facilité de tourner le piquet, & de tendre plus fortement la corde. Cette cheville sert encore, lorsque l'ouvrage est fini, à le retenir, & empêcher qu'il ne se mêle. Seulement il faut avoir soin de ne le rouler ainsi que lorsqu'il est sec, & de le tenir ensuite à l'abri de l'humidité; car, s'il est mouillé, ou si l'endroit dans lequel on le resserre est humide, on doit s'attendre, lorsqu'on voudra s'en servir, à le voir se tordre sur lui-même, & à résister aux efforts que l'on fait pour le mettre en ligne droite. On ne peut y parvenir que lorsque l'air a dissipé l'humidité dont la corde s'étoit imprégnée; mais souvent elle est rompue auparavant. L'économie du tems & de la dépense demande qu'on fasse attention à cet objet. (*M. THOUIN*.)

CORDÉES (racines). On donne cette épithète aux racines filandreuses, coriaces & dures, telles que celles de la bugrande & des racines légumières, lorsqu'elles ne sont plus cassantes, & qu'elles deviennent ligneuses. (*M. THOUIN*.)

CORDIFORME (feuilles fruits). On appelle Cordiformes les feuilles ou les fruits qui affectent la forme d'un cœur. La feuille Cordiforme est échancrée à sa base, large, arrondie en diminuant sensiblement de largeur, & se terminant en pointe. Si vous ajoutez une pointe anguleuse à la feuille reniforme, vous aurez la feuille Cordiforme. La violette, le lierre, le ciclamen offrent des feuilles en cœur ou Cordiformes. (*F. A. QUESNÉ*.)

CORDON. Les fleuristes donnent ce nom à deux parties de la fleur des anémones doubles ou à pluche.

L'une qu'ils nomment aussi la *fraise*, est la rangée des pétales, qui sont entre le manteau & les béquillons.

L'autre est la partie centrale de la fleur où se trouvent les traces des parties sexuelles avortées & oblitérées par la luxuriance des pétales. Lorsque les fleurs ne sont pas parfaitement doubles, il s'y forme quelques graines, qui viennent à maturité.

Pour qu'une anémone soit belle, il faut que le Cordon soit d'une couleur différente de la pluche, qu'il ne paroisse que peu ou point, surtout qu'il ne monte pas plus haut que les béquillons. Lorsqu'une anémone s'abâtardit, le Cordon augmente aux dépends des béquillons, & la fleur perd de sa beauté. *Voyez* ANÉMONE. (*M. REYNIER*.)

CORDON de gazon. On nomme ainsi les bandes de gazon dont on se sert pour accompagner les corbeilles de fleurs, les plate-bandes des parterres & les bords des bassins; quelquefois on en fait des broderies dans les parterres.

De toutes les manières d'employer le gazon, c'est, sans contredit la plus mesquine. Les liserets, qui n'ont qu'un à deux pieds de large, sur une longueur indéterminée, sont d'une culture difficile & d'un bien médiocre agrément. Pendant la saison pluvieuse, les graminées dont ces gazons sont composés, tracent dans les allées ou dans les plate-bandes qui les avoisinent, & nécessitent des ratissages fréquens pour les empêcher de s'étendre. Pendant l'Été, malgré les précautions qu'on a de les arroser souvent, ils sont presque toujours jaunes & secs, ce qui les rend fort désagreables à la vue.

Pour que les gazons produisent l'effet dont ils sont susceptibles, il faut qu'ils soient employés en grandes pièces; autrement ils ne signifient rien. (*M. THOUIN*.)

CORDON ombilical des semences. C'est un petit filet ou pédicule, qui attache les semences dans les différens péricarpes, & sur-tout dans la silique, & par lequel les graines reçoivent la nourriture nécessaire à leur développement, jusqu'à ce qu'elles soient mûres. Le Cordon ombilical est très-sensible dans les semences des pois, des fèves & des haricots. (*M. Thouin.*)

CORDONS. Ce sont de petits peignons de filasse, pliés en deux, légèrement torts, & noués par le milieu, comme les écheveaux de fil, si ces peignons sont de grands brins; si ce ne sont pas de grands brins, on les tond un peu davantage, & on les noue à chaque bout. (*M. Tessier.*)

CORETE, *Corchorus.*

Genre de plante de la famille des TILLEULS, qui comprend au moins onze espèces. Ce sont des plantes herbacées, annuelles & en très-petit nombre, ligneuses, à feuilles simples & alternes (dans quelques espèces, la dentelure de la partie inférieure des feuilles est disposée en barbe de graminée), à fleurs jaunes, naissant sur les côtés, quelquefois en petits paquets: elles sont étrangères, & ne se cultivent guères dans notre climat que sous verre; elles se multiplient par semences. On n'en voit que dans les collections d'un bon choix, ou dans les jardins de Botanique. Quelques-uns sont, aux Indes, d'utilité dans les cuisines & dans les Arts.

Espèces.

1. CORÈTE potagère.
Corchorus olitorius. L. ⊖ Asie, Afrique, Amérique.

2. CORÈTE triloculaire.
Corchorus trilocularis. L. ⊖ Arabie.

3. CORÈTE à trois dents.
Corchorus tridens. L. ⊖ Inde.
Corchorus Senegalensis (jardin National.)

4. CORÈTE à feuilles de charme.
Corchorus æstuans. L. ⊖ Amérique, les parties les plus méridionales.

5. CORÈTE à angles tranchans.
Corchorus acutangulus. La M. Diction. ⊖ Inde.

6. CORÈTE capsulaire.
Corchorus capsularis. L. ⊖ Indes orientales.

7. CORÈTE fasciculaire.
Corchorus fascicularis. La M. Diction. Indes orientales.

8. CORÈTE laineuse.
Corchorus hirsutus L. ♄. Amérique.

9. CORÈTE hérissée
Corchorus hirtus. L. ⊖ Amérique méridionale.

10. CORÈTE siliqueuse.
Corchorus siliquosus. L. ♄ Amérique méridionale.

11. CORÈTE du Japon.
Corchorus Japonicus. La M. Dict. ♄ Japon.

1. CORÈTE potagère. C'est une plante de près de deux pieds de hauteur, à tige ronde, d'une surface unie & lisse; médiocrement branchue, à feuilles placées alternativement & portées, sur-tout celles qui se trouvent à l'insertion des branches, sur des queues fort longues; elles sont ovales ou ovales en lances, & quelquefois un peu en cœur, vertes, lisses, dentées, &, à deux dents de la base de la feuille, se prolongeant en filet. Les fleurs sont à cinq divisions, petites, d'un jaune rougeâtre; elles paroissent en Juillet & Août, & leurs semences enfermées dans une capsule en forme de fuseau, sont mûres en Automne. Elle est annuelle: on la trouve dans l'Asie, l'Afrique & l'Amérique.

2. CORÈTE triloculaire. C'est une plante à tige droite, lisse & ronde, s'élevant d'un pied, à feuilles en lance, rudes au toucher en dessous, ondées, d'une dentelure terminée par des poils durs, & portées sur des queues. Celles des fleurs, qui paroissent en Août, sont courtes, fendues en deux parties, chacune d'elles portant une fleur remplacée par une capsule longue, même applatie sur trois faces: les semences sont mûres en Automne. Elle est annuelle & de l'Arabie.

3. CORÈTE à trois dents. Tige lisse, feuilles en lance, ondées, d'une dentelure semblable à celle du n.° 2, capsule linéaire, rudes au toucher, annuelle & de l'Inde. On cultive au jardin National, une espèce qui paroît se rapprocher de celle-ci. Les feuilles sont d'un verd de Mer, longues, étroites, dentées en scie, attachées par des queues courtes, portant deux barbes à leur base. Aux fleurs qui se développent en Août, succèdent des capsules longues, étroites, qui se terminent par trois dents. Les semences mûrissent en Automne.

4. CORÈTE à feuilles de charme. La tige est de deux pieds de hauteur, forte, quelquefois teinte de pourpre, divisée à son sommet en deux ou trois branches écartées, à feuilles en cœur, oblongues, dentées en scie, la dentelure de la base de la feuille portant deux filets soyeux & durs. Elles sont soutenues par des queues; celles des fleurs sont courtes, placées sur les côtés. Les fleurs sont par deux, petites & jaunes, paroissant en Juillet & Août, & remplacées par des capsules longues, étroites & à six pans ou faces, remplies de semence, qui mûrissent en Automne. Elle est annuelle, & dans des pays les plus chauds de l'Amérique.

5. CORÈTE à angles tranchans. La tige d'une superficie un peu velue, s'élève d'environ deux pieds; elle porte des branches menues & des feuilles ovales en cœur, dentées en scie, variant un peu dans leur forme & dont les queues sont

après au toucher. Les fleurs paroissent en Août; elles sont d'un jaune pâle, petites, disposées comme sur le n.° 4, mais à queues très-courtes environnées de trois écailles, souvent plus longues que la fleur. Elles sont remplacées par des capsules, qui ont un peu l'apparence de clous de girofle. Les semences se recueillent en Automne; elle est annuelle & de l'Inde.

6. Corète capsilaire. Elle s'élève de cinq à dix pieds; sa tige est ronde, droite, lisse & branchue, garnie de feuilles quelquefois longues de cinq à six pouces, ovales en lance, d'un verd grisâtre en-dessous, dentées en scie, à base portant deux filets soyeux & durs, & à queue courte: les fleurs n'en ont point du tout; elles paroissent en Août, seule à seule, petites, jaunes; leurs divisions sont échancrées: elles sont remplies de semences mûres en Automne. Elle est annuelle & des Indes orientales.

7.° Corète fasciculaire. Celle-ci porte une tige effilée, qui se divise peu, & longue au plus de deux pieds. Les feuilles larges de moins d'un demi-pouce, sont plus longues, à extrémités arrondies, dentées & avec des queues: celles des fleurs sont fort courtes; elles naissent en opposition avec les feuilles, sur les côtés; elles sont petites & par bouquets: il leur succède des capsules longues de cinq à six lignes, en forme de cône, ramassées quatre à cinq ensemble, par paquets distribués sur presque toute la plante. Elle est annuelle & en Automne fort intéressante. Elle se trouve dans les Indes orientales.

8. Corète laineuse. C'est un arbrisseau de deux ou trois pieds de hauteur; à écorce couverte d'un duvet cotonneux, à branches placées alternativement, à feuilles, sans y comprendre la queue, longues de près de deux pouces, d'un peu plus de moitié moins larges, arrondies à leurs extrémités, à dents un peu anguleuses, dirigées un peu en-dehors, & cotonneuses. Les fleurs forment de petites ombelles; leurs divisions sont peu apparentes; elles sont jaunes: les capsules sont ovales, oblongues & laineuses Il croît dans l'Amérique méridionale.

9. Corète hérissée est une plante d'un pied & demi de hauteur, branchue & hérissée de poils: à feuilles ovales, dentées en scie avec des inégalités à leur base, & attachées par des queues recouvertes de poils ainsi que celles des fleurs à divisions jaunes & oblongues. Elle est annuelle & de l'Amérique méridionale.

10. La Corète siliqueuse s'élève de deux à trois pieds; elle pousse sur ses côtés des branches foibles, & son port a quelque chose de lâche & de peu soutenu vers la cime Sa tige est presque ligneuse, & on y remarque un léger duvet. Les feuilles sont ovales en lances, dentées & à queues, munies d'un côté de duvet, & médiocrement longue: celles des fleurs placées à côté des feuilles n'en portent que chacune une, d'un jaune pâle, petite, remplacée par une capsule fort étroite, & de deux pouces de longueur. Cette plante se peut considérer comme arbrisseau: elle se trouve dans l'Amérique méridionale.

11. La Corète du Japon est un arbrisseau, à belles fleurs, qui s'élève de plus de deux pieds, à branches grêles & placées alternativement, ainsi que les feuilles naissant plusieurs ensemble du même bourgeon; elles sont un peu en cœur, ovales, terminées en pointe aigue, velue, d'une grandeur inégale, & au plus d'un pouce & demi, & soutenues par des queues d'une ligne. Les fleurs naissent seule à seule sur les extrémités, & d'une couleur orangée. Elles paroissent en Février & dans les mois suivans. Il est du Japon où il se cultive à cause de la beauté de ses fleurs.

Culture. On remarque dans les espèces de la Corète deux arbrisseaux, les n.os 8 & 11, & l'on peut considérer comme tel le n.° 10, qui fleurit dès la première année, de semis, qui se conserve dans une serre-chaude. Les autres sont toutes des plantes annuelles trop délicates pour s'accommoder des variations de notre climat. On les seme sur couche & sous cloche à la fin de Mars, & on les veille de près, afin de les préserver de la gelée & du dommage, non moins dangereux, d'un soleil vif. Quand elles ont quatre feuilles, on les place en motte avec précaution, & à sept pouces d'écartement, sur une nouvelle couche médiocrement chaude, couverte d'un chassis d'abord abrité par des paillassons, à cause du soleil: on a soin ensuite de leur donner de l'air tous les jours de douceur. Elles sont en état, au bout de six semaines, d'être empotées. Plus, dans cette dernière opération, on conservera de mottes, moins on retardera les derniers développemens de ces plantes qui, soignées encore particulièrement, jusqu'à ce qu'elles se soient bien établies dans les pots, se distribuent sous de grands chassis, sur le devant des serres-chaudes ou tempérées, & enfin dans une couche ou plate-bande chaude, suivant le local & son exposition heureuse. On use pour elle de la meilleure terre préparée: le terreau nouveau de fumier de cheval y doit dominer. Le traitement des n.os 8, 10 & 11 s'écarte de celui-ci dans un seul point; c'est que n'ayant pas le même motif à le avancer pour graines, on doit craindre de les traiter trop délicatement pour l'Hiver. Celles-ci donc passeront les trois mois de douceur à l'air libre, les pots enfoncés dans une plate-bande garantie des vents de Nord-Ouest. On les placera ensuite dans une tannée de la serre-chaude où elles devront être peu arrosées, & enfin traitées comme les plantes étrangères tendres. On peut leur donner une terre un peu plus forte qu'aux espèces annuelles. Leurs fleurs devancent quelquefois le Printems.

Usages. Chez nous, la Corète, n.° 11, sert un arbrisseau précieux dans la serre-chaude;

la plupart des autres espèces contribueroient à l'ornement de tous jardins, & on distingueroit fur-tout les n.os 7 & 8. Néanmoins elles ne sont recherchées que dans les jardins de Botanique, & pour plantes d'Ecole.

La première espèce se cultive dans le Levant & aux Indes comme plante potagère; on lui a attribué les mêmes vertus qu'à la guimauve. La Corète capsulaire 6, est d'utilité dans l'Inde, & particulièrement à la Chine, par son écorce dont on tire une filasse par la macération de ses tiges dans l'eau, comme on procède en Europe à l'égard du chanvre. (*F. A. Quesné.*)

CORI, *Corius.*

Genre de plante qui, suivant M. Lamarck, paroît pouvoir être rapporté à la famille des Euphorbes dans le voisinage des crotons. C'est un arbre très-peu connu, à écorce rousseâtre & laiteuse, à feuilles placées alternativement en lance, pointues aux deux bouts, sans dentelure & à queues couvertes d'un duvet cotonneux rousseâtre. Les fleurs sont en grappes, placées aux extrémités dans les aisselles des feuilles. Elles produisent des noix ovales renfermant trois noyaux oblongs & à trois angles. Il croît dans les Moluques.

On rapporte que son bois est blanc, pesant, dur, solide & employé dans l'Inde à divers usages.

Culture. Cet arbre n'étant point dans le commerce & manquant dans les collections les plus riches, ne parviendroit probablement à un Amateur que par ses fruits qu'on pourroit semer de suite sous chassis ou sous cloche, un seul noyau au milieu d'un petit pot rempli de sable de bruyère. Si la saison ne le permettoit pas, on useroit d'un moyen indiqué par Miller, il nous a réussi quelquefois. On lève un des pots les plus avantageusement placés dans la tannée de la serre-chaude, & on enfonce les noix à écorce dure ou les noyaux à un pouce de profondeur; on remet le pot à sa place & quelques mois après, on remarque quelquefois un gonflement, un commencement de germination, la noix se met ensuite dans un petit pot & sous chassis. Si l'amande étoit rance ou pourrie, c'est un moyen propre à manifester le vice & à économiser des soins & du tems. La suite de la culture comme à l'égard des plantes étrangères tendres & délicates. (*F. A. Quesné.*)

CORIACE. On dit que la substance d'une racine, d'un fruit, d'une feuille est Coriace lorsqu'elle est ferme, filandreuse & difficile à casser. (*M. Thouin.*)

CORIANDRE, *Coriandrum.*

Genre de plante de la famille des Ombellifères, qui comprend deux espèces. Ce sont des plantes annuelles, à feuilles composées, souvent deux fois ailées, à folioles découpées menu; à fleurs disposées en ombelle simple avec une collerette d'une seule foliole, & plus souvent composée, la collerette alors est de trois folioles; elles se trouvent dans les parties méridionales de l'Europe, & elles se cultivent dans notre climat en pleine terre, où elles se multiplient par graines. On en voit dans les jardins potagers & dans ceux de Botanique. Elles sont d'une odeur forte & même puante; la semence est d'utilité dans la Médecine, dans la cuisine & dans les préparations au sucre.

Espèces.

1. Coriandre cultivée.

Coriandrum sativum L. ☉ Italie.

2. Coriandre didyme.

Coriandrum testiculatum, L. ☉ Europe, parties méridionales.

B. Coriandre des bois très-fétide.

Coriandrum sylvestre fœtidissimum Bauh, Pin. ☉ idem.

1. Coriandre cultivée. C'est une plante d'environ trois pieds de hauteur, à racine en fuseau, blanche, très-fibreuse, à tige droite, creuse, verte; à feuilles rares dont la base embrasse la tige & les branches qui sortent de leurs aisselles. Elles sont formées d'une grosse côte : celles d'en-bas soutiennent cinq autres côtes chargées de folioles larges & découpées menu : les autres feuilles sont composées de côtes qui reçoivent simplement trois ou cinq folioles de la même largeur, & des mêmes découpures. De l'extrémité supérieure des tiges partent, comme d'un centre, un petit nombre de rayons qui s'écartent régulièrement, & qui imitent les branches d'un parasol : chacun de ces rayons est le point de réunion d'un plus grand nombre d'autres plus petits, qui portent chacun une fleur de couleur de chair, à cinq divisions, irrégulières dans les fleurs qui forment le contour. On observe au premier point de réunion des rayons une collerette à une seule foliole, & au second on en remarque une en rosette à trois folioles. Le fruit est obrond, & contient deux semences. Elle se trouve en Italie & dans les jardins de la France.

2. La Coriandre didyme a une tige anguleuse, branchue, de moitié moins haute que celle de la précédente; elle a les feuilles composées comme elle, mais les folioles sont toutes partagées en découpures étroites & pointues. Ses tiges se terminent par un plus petit nombre de rayons qui pour l'ordinaire ne se subdivisent point; les semences qui sont par deux sont écartées dans un point, réunies & un peu comprimées dans l'autre. Cette espèce se distingueroit de la première par son odeur qui est plus puante; mais

la variété B est très-fétide. Elles se trouvent dans les parties méridionales de l'Europe.

Culture. N.° 1. Les graines se sèment en Automne sur une terre bien préparée, au Printems on éclaircit les pieds, entre lesquels on laisse quatre pouces de distance & après un léger binage, on les tient exempts de mauvaises herbes. Sur le n.° 2, on observe que si on retardoit jusqu'au Printems à le semer on courroit risque de n'en avoir qu'au Printems suivant.

Usages. L'odeur de toute la plante, n.° 1, est forte & désagréable : quelques Nations de l'Europe en usent ainsi que de la graine dans les alimens; nous, en France, n'employons dans la cuisine, que la graine desséchée. Fraîche elle est d'une odeur forte, mais quand elle a perdu son humidité, elle est suave & aromatique. Elle entre encore dans les préparations médicinales & liquoreuses & dans celles de l'art vétérinaire. On la couvre de sucre comme l'anis. La Coriandre est un objet de commerce; on la cultive en grand aux environs d'Aubervilliers, près Paris, & dans d'autres lieux voisins. D'ailleurs on n'en voit que dans quelques jardins potagers & dans les jardins de Botanique, avec la seconde espèce qui n'est qu'une plante d'instruction. (*F. A. Quesné.*)

Culture en grand de la Coriandre, n.° 1.

J'ai vu cultiver la Coriandre à côté de l'anis, au village de Resligné, dans la vallée d'Anjou, sur la rive droite de la Loire. Ce village est situé à quarante-sept degrés vingt minutes de latitude & appuyé sur un côteau à l'exposition du Midi. Son sol est sablonneux, gras & de bonne qualité, ayant beaucoup de fond. Pour y semer la Coriandre, on le façonne comme pour y mettre du froment, à la charrue ou à la pèle. On y jette peu d'engrais, communément on n'y en jette point; la profondeur de la bonne terre le rend inutile.

Il y a deux saisons pour semer la Coriandre, le mois de Mars & le mois d'Août : on préfère la dernière.

La graine qu'on emploie, est celle qu'on récolte dans le pays. On ne lui fait subir aucune préparation. On la mêle souvent avec l'anis & l'oignon.

Quand on a semé la graine à la volée on peut l'enterrer à la charrue : le plus souvent on se sert de la pèle ou du pic pour cet ensemencement.

La Coriandre semée en Mars, lève dix ou douze jours après. Si on la sème en Août, elle lève en moins de tems.

On lui donne plusieurs sarclages, pour détruire les mauvaises herbes : Il est important de tenir le champ toujours en bon état. On éclaircit les pieds de manière qu'ils soient à quatre ou six pouces les uns des autres.

Les brouillards du mois de Mai, sont très-nuisibles à la végétation de la Coriandre.

La Coriandre semée en Mars, fleurit au commencement de Juin; celle qui l'est en Août, fleurit à la fin de Mai de l'année suivante. Celle-ci, plus belle que la Coriandre de Mars, s'élève de quinze à dix-huit pouces de hauteur; sa graine est mûre vers le 20 Juillet, époque où on en fait la récolte.

On la coupe près de terre avec la faucille, en choisissant le matin pour ce travail, afin que la graine ne tombe pas. Il faut éviter de la laisser mouiller, parce qu'elle noirciroit.

La graine de Coriandre se sépare des tiges sur le champ qui la produit. On pose les pieds entiers sur des draps; on les bat avec le fléau; on vanne la graine & on l'expose au soleil pendant deux jours.

On brûle les tiges dans le champ ou on en fait de la litière.

Pour conserver la graine, on la met dans dans de vieilles futailles : Si elle n'a pas été serrée bien sèche, elle diminue beaucoup de volume, & quelquefois perd de sa qualité.

La bonne Coriandre est de couleur rousse, elle se vend sur les lieux. Des Marchands de Normandie viennent l'enlever. En 1785, on la vendoit quinze ou dix-huit liv. le cent de livres. Un arpent peut en rapporter dix-huit cens pesant; il faut sur ce produit déduire trente liv. pour les frais d'ensemencement & de labour; six livres pour le prix de la semence & soixante livres de loyer de terre. L'arpent dans ce pays, est de cent perches à 25 pieds pour perche.

On peut ensemencer en Coriandre dix années de suite, le même terrein qui ne s'en lasse pas. La terre a tant de fond dans le village de Resligné, qu'on est moins obligé que dans d'autres à varier les objets de culture.

Il paroît que quand on a semé la Coriandre au mois d'Août, l'année suivante il s'en sème assez d'elle-même, pour qu'on ne soit pas obligé de mettre dans le champ d'autre semence; mais si on l'a semée en Mars, elle ne se sème pas d'elle-même, parce qu'apparemment tous les pieds mûrissent à-la-fois. Celle qu'on destine pour semence est la même que celle qu'on fait passer dans le Commerce.

On cultive la Coriandre à Resligné de tems immémorial. Quelquefois elle tombe en discredit pendant trois ou quatre ans, & ensuite elle reprend faveur; ce qui dépend de la consommation & de l'approvisionnement des gens qui l'emploient.

Le seul village de Resligné consacre tous les ans à la culture de la Coriandre dix à douze arpens de terrein. Benais & Ingrade en cultivent aussi.

La Coriandre est plutôt une graine d'agrément, que d'utilité. On ne s'en sert guère que pour des ratafiats & des dragées, & rarement dans les cuisines. Les Apothicaires en mettent quelquefois dans les médecines, pour les rendre moins désagréables aux malades. (*M. Tessier.*)

CORIARIA. Nom latin d'un genre de plante qui a été adopté en françois par quelques Jardiniers. *Voyez* Corroyere au Dict. des Arbres. (*M. Thouin.*)

CORINDE, *Cardiospermum.*

Genre de plante de la famille des Malpighies, qui se rapproche des Paullinies suivant M. Lamarck, & de la famille des Savoniers suivant M. de Jussieu. Il comprend deux espèces : ce sont des plantes annuelles, grimpantes, à feuilles alternes une ou deux fois ailées, à pédoncules solitaires, axillaires, longs, avec deux vrilles latérales placées au-dessous de leur sommet, & portent chacun plusieurs fleurs en corymbe; elles sont à quatre divisions inégales : le fruit est d'une forme remarquable, c'est une vessie triangulaire composée de trois capsules, réunies, contenant chacune une ou deux semences. Elles sont étrangères, de serre-chaude dans notre climat & d'une culture exigeante, l'agrément qu'elles procurent en dédommage à-peine; elles se multiplient par semences. Elles sont propres aux grandes collections & aux jardins de Botanique.

Espèces.

1. Corinde glabre, vulgairement le Pois-de-merveille.

Cardiospermum halicacabum, L. ☉ Indes orientales Cayenne.

B. Corinde à grandes feuilles & à très-gros fruit.

Corindum ampliore folio fructu maximo. Tournef. 431 ☉ Indes Orientales.

C. Corinde à petit fruit & à petite feuille.

Corindum fructu & folio minori. Tournef. 431 ☉ Indes Orientales.

2. Corinde cotonneuse.

Cardiospermum corindum, L. ☉ Brésil. Cayenne.

1. Corinde glabre. Cette espèce s'élève de quatre à cinq pieds, sa tige est menue, lisse, cannelée, grimpante & garnie de branches qui s'étendent beaucoup sur les côtés. Les feuilles sont placées alternativement, disposées en manière d'aile, subdivisées en un ou deux rangs de folioles, lisses, vertes, ovales en lance, avec des dentelures ou incisions plus ou moins profondes & soutenues par des queues d'une médiocre longueur; elles ont un peu l'aspect des feuilles du Persil. Deux vrilles semblables à celles de la vigne, mais plus petites, servant à attacher la tige aux branches des arbrisseaux voisins, sont placées par opposition presqu'à l'extrémité supérieure de la queue des fleurs qui est longue; très-menue, seul-à-seul dans les aisselles des feuilles & qui est le point de réunion de deux ou trois rayons, de quatre ou cinq lignes de longueur terminés chacun par une petite fleur blanche, à quatre divisions dont deux petites opposées & deux plus grandes. Le fruit est une vessie à trois angles, formée par trois capsules réunies qui s'ouvrent par en haut pour laisser échapper une ou deux semences que chacune d'elle contient. Elles sont de la grosseur d'un pois, noires & marquées d'une tache blanche en cœur.

Elle est originaire des Indes Orientales & elle se trouve à Cayenne. Nous avons exposé deux variétés B C, dont Tournefort fait mention. Elles sont annuelles.

2. La Corinde cotonneuse diffère du n.° 1, parce qu'elle s'élève moins, parce que ses feuilles sont cotonneuses en-dessous & à queues plus longues, parce que celles qui portent les fleurs réunissant à leur extrémité plus de rayons en offrent dix à onze, & en ce que les capsules sont moins longues & d'ailleurs cotonneuses.

Cette espèce croît à Cayenne & dans le Brésil. Elle est annuelle.

Culture. Aublet dit que la première espèce, une des premières plantes qu'on rencontre en arrivant à Cayenne : elle croît sur le glacis qui se présente en abordant à terre : il ne dit rien de sa hauteur. Au reste, quel qu'elle soit dans les lieux où elle croît naturellement, elle est assez incommode dans les serres lorsqu'on la laisse pousser librement. La seconde espèce mériteroit peut-être à cet égard la préférence, si elle ne l'avoit indubitablement par les fleurs.

On sème les graines au Printems sur une couche chaude :- à deux pouces de hauteur on les plante séparément dans des petits pots avec de la terre légère, & pour les avancer on les enfonce dans une autre couche qui a peu perdu de sa chaleur. On les met à l'abri d'abord du soleil, & on ne néglige pas de les garantir des froids de la nuit. Lorsque les racines ont rempli les pots, on les passe dans de plus grands, sans altérer ni la motte ni les racines dont la dégradation feroit périr la plante. Elles doivent encore être mises à l'ombre, jusqu'à ce que le mouvement de la sève se soit manifesté de nouveau, & ensuite au soleil sous des chassis ou dans la serre-chaude, où il s'agira de les assujétir par des tuteurs & de les soigner même après les fleurs à cause des graines. Seul espoir pour l'année suivante, car elles périssent en Automne.

Usages. Les Corindes sans contredit contribuent à l'ornement des serres; mais elles conviennent particulièrement à celles des jardins de Botanique.

Botanique. Les fruits sont estimés très-cordiaux. (*F. A. Quesné.*)

CORINOCARPE, *Corynocarpus.*

Genre de plante, non encore placé, découvert par M. Forster dans les Isles de la Mer du Sud, qui ne comprend qu'une espèce. C'est une plante ligneuse à feuilles simples, alternes; à fleurs blanches à cinq divisions droites & arrondies à leur sommet, placées à l'extrémité des branches & disposées en tête de panicule, grande, à fruit en noix alongée en massue : elle se cultiveroit dans notre climat en serre tempérée où il paroît que son feuillage & ses fleurs lui feroient occuper une place distinguée & utile pour la Botanique.

Corinocarpe à feuilles glabres.

Corynocarpus levigata La M. Dict. ♄ Nouvelle-Zélande.

Le Corinocarpe est un arbre ou un arbrisseau dont on ignore la hauteur. Il porte des feuilles placées alternativement, à queue, d'une forme en œuf ou en coin avec une échancrure au sommet, sans dentelure, marquées par des veinures, & très-lisses : des fleurs à cinq divisions droites, arrondies & blanches; elles forment, à l'extrémité des branches de gros bouquets qui s'étendent horizontalement & se soutiennent sur le haut d'une manière lâche. Le fruit est une noix alongée, plus grosse à une extrémité qu'à l'autre, renfermant un noyau plus long que large. Il se trouve dans la Nouvelle-Zélande,

Culture. *Voyez* (Cori), sur les moyens de faire lever promptement la noix & (Coprosme) sur la conduite ultérieure, & le traitement qui pourroit convenir ici. (*F. A. Quesné.*)

CORINTHE, vigne dont les feuilles sont grandes, d'un verd foncé en-dessus, cotonneuse à la partie inférieure. La grappe est alongée, bien fournie de grains qui sont petits, de la même couleur que le chasselas doré & d'une saveur très-agréable.

On en connoît deux sous-variétés, outre celle dont nous venons de parler, l'une rouge moins estimée, l'autre violette dont la fleur est très-sujette à couler.

On donne enfin le nom de gros Corinthe à un raisin sans pepin plus gros que celui-ci, & qui paroît une sous variété du chasselas.

Cette vigne est une des variétés du *vitis vinifera*, L. *Voyez* Vigne dans le Dictionnaire des Arbres & Arbustes. (*M. Reynier.*)

CORIOPE ou CORÉOPE, *Coreopsis.*

Genre de plante à fleurs composées, de la famille des Corymbifères, qui comprend onze espèces : ce sont des plantes herbacées, annuelles, bisannuelles & vivaces: la plupart d'un port élevé, & d'un feuillage vert : à feuilles alternes & très-souvent opposées, simples ou composées, quelquefois axillaires, plus souvent terminales & disposées en corymbe: elles sont étrangères, & elles se cultivent en très-grand nombre en pleine terre dans notre climat, & les autres en orangerie ou bâche & en serre-chaude : elles se multiplient de graines & de racines éclatées: quelques-unes s'admettent avec distinction dans les parterres, & elles figurent dans les jardins paysagistes; mais elles sont particulièrement accueillies dans les collections & dans les Ecoles.

Espèces.

1. Coriope à feuilles menues.

Coreopsis verticillata. L. ♂ Virginie, Louisiane.

2. Coriope à feuilles de dauphinelle.

Coreopsis delphinifolia. La M. Dict. ♃ Virginie.

3. Coriope triptère.

Coreopsis tripteris. L. ♃ Virginie, lieux ombragés & humides.

4. Coriope auriculée.

Coreopsis auriculata. L. ♃ Virginie.

5. Coriope lancéolée.

Coreopsis laceolata. L. ⊖ Caroline.

6. Coriope bidentoïdes.

Coreopsis leucantha. La M. ⊖ Saint-Domingue.

7. Coriope odorante.

Coreopsis odorata. La M. ⊖ Martinique.

8. Coriope blanche.

Coreopsis alba. L. ♃ Isle Sainte-Croix, l'une des Antilles.

9. Coriope rempante.

Coreopsis reptans. L. Jamaïque.

10. Coriope à feuilles alternes.

Coreopsis alternifolia. L. ♃ Canada, Virginie.

11. Coriope à baies.

Coreopsis baccata. L. Surinam.

1. La Coriope à feuilles menues est d'un pied & demi de hauteur, à tige droite légèrement sillonnée, d'un feuillage d'une disposition opposée, menu, qui se subdivise & présente de petites feuilles presqu'à deux rangs, hachées diversement, & presque comme des cheveux qui se courbent en tout sens. Les fleurs paroissent en Juillet : elles sont assemblées en un bouquet dont les dessus seroit applati; elles ont chacune une couronne de demi-fleurons jaunes, sur un disque brun, qui a peu de saillie; elles sont d'un bon effet. Cette plante est bisannuelle & originaire de Virginie.

2. Sur la Coriope à feuilles de dauphinelle plus haute que la précédente, les feuilles sont aussi opposées, & s'incorporent à leur base: elles sont placées à chaque nœud, & leur côte

principale se divise dès sa base en trois autres chargées de petites feuilles fendues sur leurs bords, & comme frangées. La disposition des fleurs, le tems d'éclore, leur couleur sont les mêmes que dans le n.° 1; & le centre de chacune d'elles est un peu plus élevé. Cette espèce est vivace & originaire de Virginie.

3. Coriope triptère. Celle-ci, sur des tiges fort rondes & unies, qui s'élèvent de six à sept pieds, porte des feuilles opposées, simples, ou par trois ou par cinq à la même queue, & formées de petites feuilles étroites, en lance, lisses & pointues: des fleurs dont la disposition & la couleur sont à-peu-près les mêmes que dans les n.os 1 & 2. Cependant il n'y a jamais qu'une fleur à chaque queue, & leur ensemble a quelque chose de moins serré; elles paroissent en Juin, & la plante est vivace. Elle se trouve dans les lieux ombragés & humides de la Virginie.

4. La Coriope auriculée se fait rechercher par sa fleur, & se distingue aisément par son feuillage. Ses tiges sont au plus de deux pieds de hauteur, assez grêles, & se divisent médiocrement vers le sommet. Ses feuilles sont ovales, accompagnées à leur base de deux plus petites feuilles, & velues en-dessous. Les fleurs sont jaunes & dans le contour & dans le milieu. Les demi-fleurons sont larges. Cette espèce est vivace & de la Virginie.

5. Le port de la Coriope lancéolée, lorsqu'elle est abandonnée à elle-même, la présente sous plusieurs tiges courbes & relevées: les feuilles d'en-bas sont alongées, un peu épaisses, étalées & bordées de poils aussi bien que les supérieures qui sont en lance, sans dentelure, opposées & réunies par leur base; le sommet des tiges est nud & terminé par de grosses fleurs jaunes, qui paroissent en Juillet. Les graines mûrissent en Septembre. Elle est belle, annuelle & de la Caroline.

6. La Coriope bidentoïde, sur une tige haute d'environ quatre pieds, & à quatre angles, se revêt de feuilles composées, la plupart de cinq petites feuilles ovales, lisses pointues & dentées. Les fleurs sont jaunes dans le centre, blanches sur le contour. Elle est annuelle & originaire de Saint-Domingue.

7. Coriope odorante. L'odeur de la racine blanchâtre, celle de la tige, les trois petites feuilles ovales, oblongues, dentées en scie, qui se remarquent presque toujours & uniquement dans la composition des feuilles, feront aisément distinguer cette espèce de la précédente & de la suivante, quoique les demi-fleurons, qui entourent le disque, soient blancs, & qu'il soit jaune. Elle est annuelle, & se trouve abondamment dans la Martinique.

8. Coriope blanc. C'est une petite plante foible & branchue, de dix-huit pouces de hauteur, qui offre des feuilles à trois & à cinq folioles, petites, lisses, ovales, en forme de coin, & dentées en scie. Elle porte à ses sommités des fleurs à contour, formé par environ huit demi-fleurons blancs, autour d'un disque d'une couleur jaune-oranger. Cette plante est vivace, & elle croît dans l'Isle de Sainte-Croix, l'une des Antilles.

9. Coriope rampante. Elle joint à ce caractère celui de porter au bas de ses tiges longues des feuilles simples, & sur le haut des feuilles à trois folioles ovales, pointues & dentées en scie. Sa durée est ignorée. Elle croît à la Jamaïque.

10. Coriope à feuilles alternes. Elle a des tiges de huit à dix pieds de hauteur, fortes, rondes, herbacées, portant sur leur longueur des membranes feuillées, qui partent de la base retrécie des feuilles, qui en est également pourvue; elles sont placées alternativement, en lance, d'un pouce de largeur, quatre fois plus longues, dentées en scie, & rudes au toucher. Les fleurs ressemblent à celles de quelques espèces d'*Helianthus*; mais elles sont plus petites. Elle est vivace, & elle croît dans le Canada & la Virginie.

11. Coriope à baies. Cette espèce, fort rare, se distingue par la forme de ses fruits, qui ont exactement la figure de ceux de la ronce. Sa tige a huit pieds de hauteur; elle est herbacée: elle porte des feuilles opposées, munies de queue; elles sont ovales, dentées en scie, & à trois nervures. Les fleurs, trois ensemble, jaunes, naissent à son sommet. Sa durée est ignorée. Elle se trouve à Surinam.

Culture. Les Coriopes n.os 2, 3, 4, 8 & 10, sont des plantes vivaces dont les tiges périssent à la fin de l'Automne. Elles se cultivent toutes en pleine terre, le n.° 8 excepté, qui est de serre-chaude.

Le n.° 2 est rustique; il s'accommode de toutes sortes de fonds, & il n'est point difficile sur l'exposition. Il n'en est pas de même du n.° 3 dont les semences mûrissent rarement, qui demande un sol riche & une exposition favorable. Le n.° 4 est, en quelque sorte, placé à un degré plus élevé, & les ménagemens qu'il exige sont relatifs à ce qu'il vit peu d'années, & à ce que les fortes gelées le détruisent quelquefois. Le n.° 10 est dur; c'est une plante de remplissage; toutes terres & expositions lui sont bonnes. Quoi qu'il en soit du plus ou moins de délicatesse de quelques-unes de ces cinq espèces, elles ne font un bel effet, & elles ne sont, pour ainsi dire, effectivement elles-mêmes que lorsqu'elles sont cultivées en plein air. On recueille soigneusement les graines, pour les renouveller; les individus en sont plus beaux, & on n'a recours au moyen de multiplication par les racines éclatés que lorsqu'on ne sauroit faire autrement.

Le n.° 2 est bisannuel & d'orangerie; car la moindre gelée le tue. Une place dans la bâche lui conviendroit encore mieux pendant l'Hiver; mais, pour en faire ressortir toute la beauté, ou mer, au mois d'Avril, la motte à nud en pleine terre.

Les n.os 5, 6 & 7 sont des plantes annuelles, qui se sement & cultivent comme les coquerets annuels. *Voyez* COQUERET n.os 8 & 15. On en usera de même à l'égard des espèces vivaces & bisannnelles; mais on ralentit sa marche, parcequ'on n'a aucune raison de les forcer: les espèces dures se peuvent semer en pleine terre.

L'ignorance de la durée des espèces n.os 9 & 11 n'influe point sur leur culture, puisque l'une étant de la Jamaïque & l'autre de Surinam. On doit procéder d'abord comme à l'égard des espèces annuelles, & mettre en Automne un ou deux pots de chaque espèce dans les meilleures tannées de la serre-chaude.

On doit semer sur couche chaude & sous cloche, le n.° 8, & mettre le jeune plant séparément en petits pots sous le châssis à tan. On l'y cultive le plus long-tems qu'il est possible; dans les jours de chaleur, on l'expose en plein air, & on lui fait passer l'Hiver dans la serre chaude.

Usage. Les Coriopes ne se rencontrent pas dans les jardins des Fleuristes. Les fleurs à grands calices, à couleur noirâtre, à émaille bigarré, ont presque fait oublier les beautés que l'on ne doit qu'à la nature même. Mais l'Ordonnateur intelligent d'un jardin où l'art & la mode ne règnent point exclusivement, trouvera dans les Coriopes des moyens d'embellissement pour les parterres & les jardins paysagistes. Leur beau feuillage, couronné par des fleurs de longue durée, de couleurs vives & d'un méchanisme curieux, attireront les regards, & ne feront pas desirer les plaisirs excessifs des *fleurimanes* qu'un coup-de-soleil, une inattention ou un limaçon peuvent détruire en un instant.

Les Coriopes sont spécialement recherchées pour les Ecoles de Botanique. (*F. A. Quesné.*)

CORIS. *Coris.*

Genre de plante de la famille des Lisimachies, qui ne comprend qu'une espèce. C'est une plante vivace, petite, à tige très-rameuse, lineuse à sa base, à feuilles alternes, simples, à fleurs en épi. Elle se trouve dans le midi de l'Europe. Elle se cultive dans notre climat en pleine terre & plus prudemment, en Hiver, sous chassis, & elle se multiplie par graines & par boutures. Elle est de mise dans tous jardins, par l'agrément du feuillage & des fleurs; mais elle n'est d'utilité que pour l'instruction dans les écoles.

Coris de Montpellier.

Coris Monspeliensis. L. ♃. Europe, parties méridionales de lieux sablonneux & maritimes.

Le Coris de Montpellier est une petite plante d'environ six pouces de hauteur, qui a le port de la Bruyere carnée. Sa tige se divise en beaucoup de petites branches, qui s'étendent sans ordre, & qui sont chargées de feuilles placées alternativement, petites, étroites & un peu épaisses. Les fleurs sont en épis épais, qui terminent les branches, elles sont rouges ou violettes, & elles paroissent en Juin. Elle est vivace. Elle se trouve dans le midi de l'Europe & dans les parties méridionales de la France, aux lieux sablonneux & maritimes.

Culture. Dans tous les jardins, d'une position aussi septentrionale que Paris, le Coris ne pourra s'exposer en plein air, pendant l'Hiver, parce qu'il ne résiste pas, quand il a été cultivé, à une gelée de cinq degrés. Il se place aux expositions les plus favorables & les plus abritées. On environne les racines de sable, de bruyères, & on en réserve quelques pieds en pots, auxquels on fait passer l'Hiver sous une bâche, à laquelle on donne beaucoup d'air dans les tems doux. C'est d'ailleurs un moyen pour perfectionner les graines, & multiplier cette plante, d'une manière plus satisfaisante que par boutures, quoique cette dernière pratique soit presque immanquable, quand elles sont faites au commencement d'Août, sur une vieille couche dont, avec du sable de bruyère, on renouvelle la surface, qu'on a soin de garantir du soleil.

Les graines se sement en Mars, sur un bout de plate-bande bien nivellé, & exposé avec l'attention encore de garantir de l'ardeur du soleil, le jeune plant, quand il paroît. Lorsqu'il ne s'agit que d'une pincée de semence, on la répand sur une terrine remplie de sable de bruyère. Les graines procurent, dans les fleurs, les deux variétés de rouge & de violet.

Usages. Le Coris est une petite plante recommandable, parce qu'elle a de l'effet sur les devants des parterres, où des plantes d'un moindre agrément sont comptées pour quelque chose à cause de la disette. de celles qui fournissent de quoi remplir les places multipliées où elles conviennent presque uniquement.

On ne lui connoît point de vertus, elle est nécessaire à la collection des jardins de Botanique. (*F. A. Quesné.*)

CORISPERME, *Corispermum.*

Genre de plante de la famille des Arroches, qui comprend trois espèces. Ce sont des plantes annuelles, herbacées, d'une médiocre hauteur, d'un feuillage alongé, à fleurs axillaires & sessiles. Elles sont ou étrangères, ou du Midi de la France; elles se cultivent en pleine terre dans notre climat, seulement dans les écoles de Botanique, parce qu'elles ne peuvent ailleurs inspirer d'autre intérêt, que celui de l'éloignement.

Espèces.

1. CORISPERME à feuilles d'Hysope.

CORISPERMUM hissopifolium L. ⊖. présumé des environs d'Agde.

2. CORISPERME à épis rudes.

CORISPERMUM squassorum L. ⊖. Tartarie, Sibérie.

B. CORISPERME à épis grêles & lâches.

CORISPERMUM spicis gracilioribus, plerisque terminalibus. ⊖ environs de Narbonne.

3. CORISPERME du Levant.

CORISPERMUM orientale. La M. ⊖. Levant.

1. Corisperme à feuilles d'Hysope. C'est une plante d'un pied de hauteur, munie à ses sommités, d'un léger duvet, à feuilles placées alternativement longues de deux pouces, extrêmement étroites, elles s'accourcissent insensiblement en montant jusqu'au sommet garni à six pouces de longueur, de fleurs cohérentes, placées seul à seul. Elles sont sans corolle. Les semences sont de la forme de punaise. Elle est annuelle. On la présume des environs d'Agde.

2. Sur le Corisperme à épis rudes, d'ailleurs distingué du précédent par le port & par la tige en zig-zag, haute de 14 à 16 pouces; on remarque des feuilles appellées-bractées, différentes des vraies feuilles; celles-ci, placées alternativement, longues d'environ deux pouces, étroites, & sans dentelures, les bractées placées dans les épis, verdâtres, courtes, ovales & munies de poils. Elle est annuelle. Elle se trouve dans la Tartarie, & la variété a été observée aux environs de Narbonne par M. l'Abbé *Pourret*.

3. Le Corisperme du Levant diffère des deux précédents par le mode de fructification. Les fleurs se montrent aux sommités des tiges effilées, rougeâtres, munies de beaucoup de branches & chargées de feuilles encore plus étroites que celles des précédents, se retrécissant encore sur le bas de la tige, haute au plus d'un pied. Elle est annuelle, & elle croît dans le Levant.

Culture. La graine des Corispermes lève très-bien, sans soins & sans abris. Lorsqu'ils sont en possession d'un terrain, sur-tout le numéro 2, qui brille particulièrement, lorsque le fonds est marécageux ou frais, ce n'est pas chose facile que de s'en défaire.

Usages. Les Corispermes sont relégués dans les écoles de Botaniques. (*F. A. QUESNÉ.*)

CORMÉ, espèce de boisson qu'on fait à la campagne, avec de l'eau, & des Cormes, pour les domestiques ; elle est piquante ; le froid en la gelant, & la chaleur en la faisant fermenter, la gâtent. Il faut la consommer en Hiver. Les Cormes ressemblent à de petites poires ou nèfles pâles ou rousses. Elles ne mûrissent point sur l'arbre. On les abat en Automne, on les étend sur de la paille ; alors elles deviennent grises, brunes, molles, douces, & assez agréables au goût.

Pour faire le *Cormé*, on prend des Cormes assez fermes, qui ne soient point encore mûres, jaunâtres ; on en emplit un tonneau plus d'à-demi. On achève de le remplir avec de l'eau, en laissant la bonde ouverte. La fermentation donne à la liqueur un acide assez agréable, & la met bien-tôt en état d'être bue.

Le Corme est le fruit du Sorbier, *Sorbus domestica.* (*Voyez* l'article SORBIER, au Dict. des Arbres & Arbustes.) (*M. TESSIER.*)

CORMIER, nom François, du *Sorbus domestica.* (*Voyez* Sorbier, au Dictionnaire des Arbres. (*M. THOUIN.*)

CORMIER sauvage. On donne aussi ce nom à plusieurs espèces de *Cratægus*, (Voyez ALISIER, au Dict. des Arbres. (*M. THOUIN.*)

CORNARET, *MARTYNIA.*

Genre de plante de la division des Personnées de M. *Lamarck*, & des Bignones de M. *Dejussieu*; il comprend cinq espèces: ce sont des plantes herbacées, annulées, une seule à racines vivaces, presque toutes visqueuses, à feuilles, presque dans toutes, simples, opposées, ou rarement alternes ; à fleurs axillaires ou terminables, à fruits bicornes, étrangères. Leur culture dans notre climat, n'a lieu que sous verre, & seulement pour trois espèces dans leur premier âge, elle est exigeante, mais le feuillage, les fleurs, la forme singulière des fruits, en dédommagent, & on peut regarder ce genre, comme fort intéressant pour les jardins d'Amateurs, & ceux de Botanique. L'espèce vivace se multiplie par œilletons, les autres par semences.

Espèces.

1. CORNARET vivace.

MARTYNIA perennis. L. ♃ Amérique méridionale.

2. CORNARET anguleux.

MARTYNIA angulosa. La M. Dict. ⊖ Amérique méridionale.

3. CORNARET à feuilles alternes.

MARTYNIA alternifolia. La M. Dict. ⊖ présumé de l'Amérique méridionale.

4. CORNARET spattacé.

MARTYNIA spattacea. La M. Dict. ⊖ Amérique aux environs de Cartagène. *Craniolaria annua.* L.

5. CORNARET à longues fleurs.

MARTYNIA longiflora. L. ⊖ Afrique, Cap de Bonne-Espérance.

1. Cornaret vivace. Les racines longues, à nodosités écailleuses & très-rapprochées, pro-

duisent dès le mois de Mars, des tiges de dix-huit pouces de hauteur, grosses à leur base, comme le doigt, d'une écorce rougeâtre, parsemée de quelques poils, se divisant quelque fois au-dessous du sommet, portant horizontalement à trois pouces d'écartement entr'elles, & à un demi-pouce au-dehors, des feuilles opposées; celles d'en-bas beaucoup plus larges que la main, lisses, épaisses, presqu'en forme de cœur, à dentelures régulières, à nervures saillantes & interposées avec écartement, d'où résultent des rides profondes, formant des fossettes d'une couleur de rose la plus brillante, avec des nuances plus légères sur les nervures; le vert du dessus est d'une forte couleur plombée. Nous croyons qu'il y a peu de feuillages dont la beauté l'emporte sur celui de cette plante, lorsqu'elle est en végétation complette. Les fleurs paroissent en Août, elles sont bleues, en cloche, elles terminent les tiges, & elles sont placées dans les aisselles des feuilles, qui leur enlèvent tous les suffrages.

Cette espèce est vivace, & des environs de Carthagène, dans l'Amérique méridionale.

2. Cornaret anguleux. Il est recommandable par ses fleurs blanches, d'une forme en cloche, dont l'évasement est marqué de taches de couleur pourpre ou de violet, assez vives. Elles sont en grappes, suspendues dans les bifurcations des tiges qui sont herbacées, noueuses, grosses, rondes, courtes & chargées de feuilles placées par opposition, en cœur, d'une forme inégale & plus pointue dans les unes que dans les autres, d'ailleurs verdâtres, molles, velues, visqueuses, comme toute la plante, & munies de queues épaisses. Les fruits sont petits & courts. Il est annuel & de l'Amérique méridionale.

3. Cornaret à feuilles alternes. Celui-ci est curieux par la forme de ses fruits, se terminant par deux cornes longues & arquées, qui succèdent en Automne aux fleurs, d'une couleur jaunâtre, disposées en épis courts & branchus aux extrémités de la tige haute d'environ deux pieds, velue, herbacée, qui donne quelques branches de côté chargées de feuilles, la plupart placées alternativement en cœur, larges de plus de trois pouces à leur base & soutenues par des queues longues & épaisses. Toute cette plante est très-visqueuse. Elle est annuelle. On présume qu'elle est de l'Amérique méridionale.

4. Cornaret spathacé. C'est une plante à tige herbacée, à branches & à feuilles opposées, velues & visqueuses. Les feuilles munies de queues fort longues sont, les unes divisées en cinq lobes, les autres en trois, la plupart terminées en pointes aigues. Les fleurs placées aux côtés & aux extrémités des branches, disposées en grappes, sortent sur le côté d'une enveloppe large, elles sont en tube mince, long de sept à huit pouces, à gorge en entonnoir & à évasement en quatre parties, portant trois taches d'un pourpre noirâtre. Les fruits longs, couverts d'une peau épaisse & seche, renferment chacun une noix dure, sillonnée & terminée par deux cornes courtes. Elle est annuelle; de l'Amérique & des environs de Carthagène.

5. Cornaret à longues fleurs. Sa tige un peu rude au toucher, droite, qui ne donne point de branches, porte des feuilles à queue, à trois nervures, d'une largeur & d'une longueur égales & ondées; des fleurs naissant seul à seul, aux aisselles des feuilles, d'où elles s'élèvent peu, à tube fort long, resserré en son milieu, bosselé en-dessus à sa base; des capsules terminées en bec à peine crochu, portant une denticule épaisse à chaque côté de sa base. Les semences sont petites. Cette plante est annuelle & du Cap de Bonne-Espérance.

Culture. Ce genre n'offre qu'une espèce dont les racines soient vivaces & qui est de serre chaude, c'est le N.° 1. Les autres sont des plantes annuelles, qui réussissent généralement aux bonnes expositions des jardins favorisés d'ailleurs par des abris naturels ou placés dans des sites heureux, en distinguant néanmoins la 4.me espèce qui doit toujours être sous verre.

Le N.° 1 se cultive dans un pot de six pouces d'évasement, & de cinq de profondeur, rempli de parties égales de terreau nouveau & de sable de bruyère, passés ensemble à la claie. Il doit toujours être dans la tannée; en Hiver, à portée du fourneau, & alors on ne l'arrose point; en Été dans celle des devants, avec soin de ne laisser jamais ombrager par une autre plante, & de graduer en quelque sorte les arrosements sur ses progrès & sur la chaleur. Cette espèce ainsi cultivée réussira, & elle se multipliera beaucoup. L'on n'attendra point que les nouvelles pousses soient avancées, pour en détacher des œilletons qui se mettent dans de petits pots de réserve, car on craint toujours pour une plante aussi difficile sur l'humidité. On n'a point de fleurs sur ces derniers, avant la seconde année. Nous préférons de laisser les tiges se dessécher pendant l'Hiver, que de les couper en Automne, c'est peut-être un accès de moins à l'humidité.

Les quatre autres espèces ne peuvent se perpétuer que par leurs graines. Nous croyons que le parti le plus simple de semer celles des N.os 2, 3 & 5, dès la mi-mars, sur une couche chaude & sous cloche, est préférable à tout autre & sur-tout qui auroit lieu plus tard. Nous en avons vu lever dans de vieux terreaux rapportés sur de nouvelles couches, auprès des cloches sous lesquelles des graines de la même récolte ne produisoient encore rien. Quand elles ont quatre pouces, on les met dans de petits pots sous chassis à tan, ou dans les tannées de la chaude; elles font là de rapides progrès, & le tems devenu moins variable & froid, elles sont en état d'être mises en place; on choisit les meilleures expositions. On n'offense point la motte qu'on environne de terreau. Si le fonds est froid & lourd, elles pousseront peu, mais on tâche d'en corriger la disconvenance, en essayant la motte sur environ une brouettée de fumier enterrée, & médiocrement recouverte de terreau, ou bien il faut nécessairement les cultiver tout-à-fait sur couche, & même si l'exposition n'est pas très-bonne, les couvrir par des cloches élevées sur des crochets. Après la reprise, on doit plus craindre pour ces plantes l'humidité que la sécheresse. Leur organisation succulente & aqueuse est souvent retardée dans ses développements par les pluies qui, s'il succède des chaleurs, procurent de nouvelles fleurs, mais il faut compter pour les fruits seulement sur les premiers, les protéger & soutenir les grappes de fruits avec des crochets, pour leur épargner l'humidité du sol, car les branches qui sont pesantes, se plient & s'étendent souvent sur la terre. — Les fruits se cueillent le plus tard possible. Les graines gardent plusieurs années leur qualité germinative, mais elles doivent être conservées dans leurs capsules qui sont ligneuses & chargées d'un brou épais, qui se détache mal, quand la maturité a été retardée par les froids ou les pluies d'Automne; dans ce cas, on les attache par touffes qu'on suspend dans la cheminée, & deux mois après, on les en retire pour les mettre dans des boîtes.

Nous n'avons pas possédé le N.° 5, mais nous présumons d'autant plus favorablement sur le succès de sa culture assimilée à celle des N.os 2 & 3, qu'il est originaire de l'Afrique.

Le N.° 4 est très-délicat. On seme sur couche à la mi-mars ses fruits entiers; il faut employer un peu d'adresse pour séparer, sans offenser les racines, le jeune plant qui se trouve assez pressé, & le gouverner exactement comme les autres espèces annuelles, jusqu'au tems où ne pouvant plus rester sous le chassis à cause de sa hauteur, on placera les pots dans la tannée de la serre-chaude, le plus près possible des vitreaux, car cette espèce sera plus vigoureuse si on lui fait passer les deux premières époques de son développement marquées par les changements de pots, sous un chassis qu'on a soin d'aérer, que si on l'enfermoit tout de suite dans la serre-chaude, où il faut qu'elle fructifie, & qu'on en retire des capsules pour les jouissances de l'année prochaine. Pour cela, on se garde de cueillir les fruits: on les ramasse. Ils se dérobent sur la plante avant que les graines soient mûres & qu'ils tombent. Ils se conservent au sec.

Usages. Nous ne vanterons point les Cornarets N.os 2, 3, &c. comme plantes de service pour les agréments locaux. Toute place ailleurs qu'au midi n'est point la leur. Ce sont des plantes surtout singulières, recherchées par les Amateurs des plantes rares & curieuses & par ceux qui sont préposés à la direction des jardins de Botanique.

On dit du numéro 4, que sa racine dépouillée & cuite avec des viandes, s'admet sur les tables en Amérique, & même au dessert, lorsqu'elle a reçu une préparation au sucre. (*F. A. Quesné.*)

CORNE. On donne ce nom à deux espèces de substances animales; l'une est cette excroissance simple ou double ou plus ou moins rameuse, qui se trouve sur la tête de plusieurs sortes de quadrupèdes; l'autre est cette matière dure & ferme, qui termine les extrémités; car on dit les cornes d'un bœuf, en parlant des deux excroissances de sa tête, & la corne du pied d'un cheval, en parlant de la matière qui compose ses sabots.

On emploie la Corne des animaux comme engrais. *Voyez* AMENDEMENT.

Les Maréchaux ont une corne de bœuf, pour faire avaler des breuvages aux bestiaux. Avec un andouillet très-effilé de cerf, c'est-à-dire un morceau de la Corne de cet animal, on tire du sang de la mâchoire supérieure dans les cas où il est utile de saigner un cheval ou un bœuf à cette partie. Il ne s'agit que d'enfoncer cet andouillet dans le palais de l'animal.

C'est avec une corne de bœuf que les pâtres des communes avertissent de faire sortir des étables & de recevoir, au retour des champs, les bêtes dont ils sont les gardiens.

Enfin on appelle à Liège, à Metz &c. *Cornes*, *Cornes de Chèvre*, une espèce de pommes de terre, de forme un peu contournée, plus étroite à un bout qu'à l'autre. (*M. Tessier.*)

CORNE. On donne ce nom dans quelques parties de la France, au fruit du *Cornus Mascula* L. *Voyez* CORNOUILLER mâle au Dict. des Arbres. (*M. Thouin.*)

CORNE de Cerf. Plante employée comme fourniture de salades, dans quelques pays; c'est le *Plantago coronopus* des Botanistes. *Voyez* PLANTAIN, Corne de cerf. (*M. Thouin.*)

CORNEILLE. Oiseau nuisible à l'Agriculture. *Voyez* CORBEAU. (*M. Tessier.*)

CORNEILLE. (Pied de) *Plantago coronopus.* L. *Voyez* PLANTAIN Corne de cerf. (*M. Thouin.*)

CORNEILLE, Chasse bosse. *Lisimachia vulgaris.* Voyez LISIMACHIE VULGAIRE, N.° 1 (*M. Thouin.*)

CORNEILLE pourpre. *Lythrum Salicaria* L. Voyez SALICAIRE commune. (*M. Thouin.*)

CORNEOLE. Nom patois donné dans quelques départements au *Genista tinctoria*. L. *Voyez* GENET des Teinturiers, au Dict. des Arbres, (*M. Thouin.*)

CORNES. (Fruit à) Nom donné en Bourgogne au fruit du *Trapa natans*. L. *Voyez* MACRE. (*M. Thouin.*)

CORNET. (Plante à) Nom donné à l'*Arum vulgare* la M. Dict. à cause de la figure de sa fleur, qui ressemble à un cornet. *Voyez* Gouet commun. (*M. Thouin.*)

CORNETTE. Nom que l'on donne à Dreux à la queue de Renard, *Melampirum Arvense*; Lin. Cette plante est très-nuisible aux moissons. *Voyez* Melampire des champs. (*M. Tessier.*)

CORNICHE, ou Tribule aquatique. *Trapa natans.* L. *Voyez* Macre. (*M. Thouin.*)

CORNICHON. Jeunes fruits du *Cucumis sativus.* L. *Voyez* l'article Concombre. (*M. Thouin.*)

CORNICHON. Vigne dont la feuille est très-grande & à peine divisée. La grappe contient peu de grains, mais ils sont gros, sur-tout vers la tête & courbés comme un Cornichon. La peau est dure, fleurie, & d'un vert un peu jaunâtre. La chair est fondante.

Ce raisin mûrit difficilement dans le climat de Paris, mais il est d'une excellente qualité. On en connoît une sous-variété violette qui mûrit encore plus difficilement.

C'est une des variétés du Vitis vinifera L. *Voyez* Vigne dans le Dict. des Arbres & Arbustes. (*M. Reynier.*)

CORNIER ou Cormier, *Sorbus domestica,* L. Voyez Sorbier au Dict. des Arbres. (*M. Thouin.*)

CORNIFLE, Ceratophyllum.

Genre de plante de la division des Nayades, qui comprend deux espèces; ce sont des plantes herbacées, aquatiques, à feuilles étroites fourchues, verticillées, à fleurs monoïques, c'est-à-dire les mâles & les femelles séparées, mais sur le même individu, elles sont de l'Europe, & admises seulement dans les bassins extérieurs des jardins de Botanique.

Espèces.

1. Cornifle âpre.

Ceratophyllum demersum, L. étangs, rivières, & fossés aquatiques de l'Europe.

2. Cornifle douce.

Ceratophillum submersum, L. étangs, rivières, & fossés aquatiques de l'Europe.

1. Cornifle âpre. Les feuilles à demi-fendues, avec écartement à dentelure hérissée, forment sur les tiges branchues de cette plante, assez élevée, des anneaux par leur réunion de sept à huit, au même point circulaire. Ces anneaux sont, vers les extrémités, plus près les uns des autres, que sur le bas de la plante. Elle se trouve en Europe dans les rivières, les étangs & fossés aquatiques.

2. Cornifle douce. Dans cette espèce, les capsules sont lisses, & ne sont point munies de cornes, comme dans le numéro 1. Les feuilles sont plus menues, plus fendues, & d'ailleurs à dents moins hérissées; elle se trouve dans les mêmes lieux que la précédente dont elle a le port.

Culture & Usages. On répand dans les bassins des jardins de Botanique, des graines de ces plantes, qui y végètent, & qui servent pour les démonstrations des jardins de Botanique. (*F. A. Quesné.*)

CORNILLE ou Cornouille, fruit du *Cornus mascula.* L. *Voyez* Cornouiller mâle, au Dictionnaire des Arbres. (*M. Thouin.*)

CORNIOLE. Nom donné au fruit du *Trapa natans.* L. *Voyez* Macre. (*M. Thouin.*)

CORNOUILLER, Cornus. Nom d'un genre de plante, composé de 12 espèces, & de plusieures variétés, qui croissent en pleine terre dans notre climat. Il en sera traité dans le Dict. des Arbres & Arbustes. (*M. Thouin.*)

CORNOUILLES. On nomme ainsi le fruit des différentes variétés du *Cornus mascula*, L. Il y en a de rouges, de jaunes & de blanches, qui sont plus ou moins agréables à manger. *Voyez* Cornouiller mâle au Dict. des arbres. (*M. Thouin.*)

CORNU. bled ou seigle cornu, Voyez Ergot. (*M. Tessier.*)

CORNUELLE. Autre nom du fruit du *Trapa natans.* L. *Voyez* Macre. (*M. Thouin.*)

COROLLE. La Corolle est une partie délicate de la plante ordinairement colorée, souvent odoriférante, d'une seule pièce ou de plusieurs. Elle ne peut être que le prolongement des parties les plus déliées du végétal. Elle est tellement essentielle à la fructification, qu'il y a très-peu de fructifications sans elle, ou sans la présence d'un corps qui en tienne lieu. Au reste, sa principale fonction est de couvrir & de protéger les organes sexuels, d'aspirer peut-être, ou de modifier à leur profit l'air atmosphérique.

Le vulgaire ne voit dans la Corolle, que la parure de la plante qu'on lui emprunte pour la beauté & pour les fêtes; l'observateur philosophe y découvre un monde de merveilles; & le but de tant de travail qui coûte si peu à son Auteur, est l'objet de son étude & de son admiration.

La Corolle est quelquefois dentelée, laciniée fendue, mais ces accidents ne sont point les divisions ou parties de la Corolle.

On appelle Pétales les parties de la Corolle.

La Corolle à un seul pétale ou à une seule pièce qui tombe entière, est nommée Corolle monopétale. (Le Liseron.)

La Corolle à plusieurs pétales ou à plusieurs pièces qui tombent isolées ou détachées les unes des autres, se nomme Corolle Polypétale. (La Rose.)

Les Corolles dans ces deux modes sont régulières & irrégulières par la symétrie parfaite ou imparfaite de leurs formes, ou par leurs différences entre les divisions qui les composent.

La Corolle monopétale se resserre quelquefois par en-bas, en formant un tuyau, cette forme se nomme tube de la Corolle. (Le *Crinum*.) Sa partie supérieure ou son évasement, se nomme limbe. Il est partagé en six parties dans le *Crinum* ou la Crinole.

Le limbe est quelquefois en cloche ou campanulé, à cause de sa conformation en cloche: (la Campanule) en entonnoir: (le Stramoine) en soucoupe: (la Primevère,) en roue, mais alors il n'y a point de rude : (le Mouron) en masque, ce qui constitue la Corolle monopétale irrégulière : (le Lamion.) Quelquefois, elle est prolongée par en-bas, en se terminant en pointe, ce prolongement se nomme Epron : (La Capucine).

La partie inférieure de la Corolle molypétale attachée par sa base, se nomme onglet. L'Onglet est fort long dans l'œillet.

La partie supérieure étendue de la Corolle polypétale, se nomme la Lame. La Lame est large dans l'œillet. Elle est cruciforme ou en croix, lorsque quatre pétales sont égaux & ouverts : (le Chou :) Elle est papilionacée, ce qui constitue la Corolle polypétale irrégulière, lorsque l'arrangement des pétales ressemble à la fleur du pois.

La Corolle polypétale se distingue par d'autres dénominations relatives au nombre. Lorsqu'elle est composée de deux pétales, on l'appelle Corolle Dipétale : (le Corisperme.) De trois, Tripétale : (le Tamarin,) (la Comoclade). De quatre, Tétrapétale, (le Cornouiller,) (l'Hamamel.) De cinq, Pentapétale, (le Fusain,) (le Diosma). De six, Hexapétales, (le Narcisse,) (l'Amaryllis). (*F. A. Quesné*).

CORONILLE, *Coronilla*.

Genre de plante de la famille des LÉGUMINEUSES, qui comprend douze espèces. Ce sont des plantes annuelles, vivaces, & en plus grand nombre ligneuses, d'un feuillage arrondi, &, pour l'ordinaire, glauque; à feuilles ailées avec impaire, à pédoncules axillaires ou terminaux, portant les fleurs en ombelles ou en couronne : originaires des pays chauds, se cultivant dans notre climat partie en pleine terre, partie en serres, & se multipliant avec facilité par graines, & quelquefois par drageons ou marcottes, dont la collection se voit avec plaisir dans les jardins de Botanique & des Amateurs; elle est d'une utilité réelle pour la décoration des jardins; mais c'est le seul art auquel ce genre offre des ressources; on prétend qu'une de ces espèces est un bon fourrage.

Espèces.

1. CORONILLE des jardins, vulgairement le séné bâtard, le *securidaca* des Jardiniers.

CORONILLA emerus L. ♄ parties méridionales de la France; Suisse, Italie, Autriche.

Emerus Cæsalpini. Tournef. 650.

B Coronille petite.

Emerus minor. Tournef. 650. ♄. mêmes lieux.

2. CORONILLE glauque.

CORONILLA glauca. L. ♄ parties méridionales de la France, lieux maritimes.

3. CORONILLE couronnée.

CORONILLA coronata. L. ♄ parties méridionales de l'Europe.

4. CORONILLE stipulaire.

CORONILLA stipularis. La M. ♄ Provence, Italie, Isle de Candie.

5. CORONILLE en jonc.

CORONILLA juncea. L. ♄ parties méridionales de la France; Espagne.

6 CORONILLE à petites feuilles.

CORONILLA minima. L. ♄ collines sèches & incultes en France; Italie, Espagne.

B. Coronille à tiges plus droites & plus ligneuses.

CORONILLA v. *colutea minima*. Tournef. 650. ♄ mêmes lieux.

7. CORONILLE à gaînes.

CORONILLA vaginalis. La M. ♄ Italie.

8. CORONILLE bigarée.

CORONILLA varia. La M. ♃ France, Allemagne & autres parties de l'Europe.

B. Coronille à fleurs blanches.

Eadem flore albo. ♃ mêmes lieux.

9. CORONILLE à gousses plates.

CORONILLA securidaca. L. ⊖ Espagne dans les champs.

10. CORONILLE de Crète.

CORONILLA Cretica. L. ⊖ Isle de Candie.

11. CORONILLE globuleuse.

CORONILLA globosa. La M. ⊖ Isle de Candie.

12. CORONILLE grimpante.

CORONILLA scandens. L. ♄ Martinique, Guiane.

1. CORONILLE des jardins. Les racines sont longues & menues. La tige ligneuse, mince, branchue, d'une écorce grisâtre, verte sur les dernières pousses, d'un port peu régulier, s'élève de huit à dix pieds : elle porte des feuilles placées alternativement, formées par une côte commune, qui soutient sur ses côtés & à son extrémité sept petites feuilles arrondies. Au long des branches paroissent, dès le mois d'Avril, des fleurs disposées en petits bouquets, sur une queue longue & droite; elles sont jaunes, petites & de la forme de celle des pois.

La variété B s'élève de moitié moins; son feuillage diffère peu de celui de l'espèce; mais elle a des fleurs plus grandes, & qui s'écartent moins des branches.

des branches. Ces arbrisseaux se trouvent dans les parties méridionales de la France, en Suisse, en Italie & en Autriche.

2. La CORONILLE glauque est un arbuste de deux à trois pieds de hauteur, fort intéressant par la couleur verd de mer, du feuillage d'ailleurs épais, permanent & disposé comme dans la précédente, & par ses fleurs qui sont rassemblées par touffes de dix à onze, d'un jaune vif & de longue durée. Il croît dans les lieux maritimes des parties méridionales de la France.

3. La CORONILLE couronnée est remarquable par la multiplicité de ses tiges assez simples & menues, sur des racines épaisses: elles ne sont ligneuses que dans les bas: ses feuilles sont composées de folioles ou lobes, au nombre de onze, lisses, d'un verd de mer, & garnissent dans toute sa longueur la côte commune, terminée par un impair. Ses fleurs se montrent aux extrémités des tiges dans les aisselles des feuilles d'où elles s'élèvent, rassemblées par vingtaine, en forme de couronne: elles sont jaunes. On trouve ce petit arbrisseau dans les parties méridionales de l'Europe.

4. CORONILLE stipulaire. Cette espèce à tige de deux pieds de hauteur, ligneuse, se distingue par des stipules ou sortes de feuilles rondes, aplaties, qui se trouvent à la naissance des feuilles communes aux petites feuilles, qui sont au nombre de neuf à onze, en forme de coin, lisses, d'une couleur bleuâtre, & dont l'impaire est plus large que les autres. Les fleurs, d'un beau jaune, sont disposées huit ou dix ensemble, par bouquets applatis sur le haut. Elles paroissent dès le commencement du Printems. Elle croît dans la Provence, l'Italie & dans l'Isle de Candie.

5. CORONILLE en jonc. Sa tige haute de deux à trois pieds, ligneuse, se divise en beaucoup de branches droites & très-menues. Les feuilles sont placées alternativement, écartées les unes des autres, & composées de trois à cinq lobes petits & étroits. Les fleurs sont jaunes; elles forment, six à sept ensemble, des bouquets placés à l'extrémité des branches. Elles décorent les arbustes pendant six à sept mois. Il croît dans les parties méridionales de la France & en Espagne.

6. CORONILLE à petites feuilles. C'est un petit arbuste en buisson évasé qui se soutient mal, presque herbacé, de huit à neuf pouces de hauteur, à feuilles composées de sept à neuf petits lobes ovales, en coin, d'une couleur verd de mer, claire. Il se charge de fleurs jaunes un peu verdâtres, inodores, disposées par bouquets serrés sur des queues plus longues que les feuilles. Elles paroissent en Mai & les semences mûrissent en Automne.

La variété B diffère un peu par le port, elle est plus haute, elle se soutient mieux, ses tiges sont plus ligneuses, & plus chargées de feuilles. Ces petits arbustes se trouvent dans la France, l'Italie & l'Espagne sur les collines sèches.

7. CORONILLE à gaînes. La différence de cette espèce à la précédente, quant au port, s'établit principalement sur les folioles ou petites feuilles qui sont obrondes & qui ne garnissent point la côte commune jusqu'à la tige. Elle se trouve en Italie.

8. CORONILLE bigarrée. Elle porte sur des tiges longues, herbacées, branchues, lisses & qui ne se soutiennent point sans tuteurs, des feuilles à côté, communes garnies d'une vingtaine de petites feuilles, ovales, un peu longues dont une est terminale. Les fleurs disposées en bouquets applaties sont de couleurs diverses, blanches, rouges ou violettes mélangées, & se succèdent pendant les mois de Juin, Juillet & Août. Nous avons distingué la variété B à fleurs blanches, mais nous ne la connoissons pas.

Les tiges de cette espèce périssent chaque année, mais ses racines sont vivaces. Elle croît sur les bords des champs en France & en Allemagne.

9. CORONILLE à gousses plates. C'est une plante dont les tiges hautes d'un pied & demi sont herbacées, branchues, traînantes & garnies de feuilles d'un verd foncé, placées alternativement, composées de quatorze à seize petites feuilles ovales, obtuses & terminées par une seule. Les fleurs portées sur de longues queues sont jaunes & disposées en gros bouquets. Elles paroissent en Juillet, & elles mûrissent en Automne. Cette plante est annuelle, elle se trouve en Espagne, dans les champs.

10. CORONILLE de Crète. Elle s'élève de deux à trois pieds sur des tiges minces, lisses & branchues. Ses feuilles sont composées de onze à quinze petites feuilles presqu'en coin, lisses & vertes dont l'impaire est d'une grandeur égale. Les fleurs sont en paquets de cinq à six assez petites, d'une couleur purpurine; elles paroissent en Juin: les semences mûrissent en Automne. Cette plante est annuelle & originaire de l'Isle de Candie.

11. CORONILLE globuleuse. Vingt à trente fleurs d'un beau blanc, plus grandes que petites, rassemblées en bouquets globuleux, en forme de parasol, aux sommités des branches, distinguent éminemment cette espèce à tiges herbacées & branchues, à feuilles dont la côte commune soutient onze à treize folioles lisses, une à son extrémité. Cette belle plante est annuelle & originaire de l'Isle de Candie, où elle croît dans les champs cultivés.

12. CORONILLE grimpante. Elle produit, sur des racines qui s'étendent beaucoup, des tiges menues, à écorce brune, velue, s'élevant de huit à dix pieds à la faveur des arbres voisins. Ses feuilles placées alternativement, sont composées

d'une côte à cinq petites feuilles longues d'un pouce, moitié moins larges, tronquées, en quelque sorte & arrondies par les deux bouts & d'un verd jaunâtre. A chaque nœud ou aisselle paroissent en Juillet deux fleurs munies chacune d'une queue courte & droite : elles sont grandes & d'un beau jaune. Elle croît à la Martinique & à la Guiane.

Culture. Les Coronilles n.° 1 & la variété B, sont des arbrisseaux qui conservent leurs feuilles jusqu'aux gelées. Ils se placent en pleine terre à toutes expositions : ils tracent peu, cependant quatre pieds donnent assez de drageons pour l'entretien d'un jardin de médiocre étendue. On peut les multiplier par marcottes, faites en Septembre, (*Voyez* MARCOTTES); elles s'enracinent dans l'année : mais la multiplication par les semences est infiniment préférable. On répand les graines en Mars sur une planche bien exposée, nivelée & tenue fraîche par des arrosemens fréquens, & cependant administrés sagement. Dès l'Automne suivante, une grande partie du jeune plant sera assez forte pour être mise en pépinière à dix-huit pouces d'écartement; &, comme ces arbrisseaux figurent & fleurissent promptement, ils sont pour la plupart en état, à la fin de la troisième Automne, de passer aux places qui leur sont destinées. On ne pourroit d'ailleurs différer à les remuer, parce que les racines, qui s'enfoncent beaucoup, perdroient trop dans un âge plus avancé, pour que la reprise fût certaine.

Le n.° 8 n'est pas moins rustique. Il perd ses tiges en Automne. Ses racines s'étendent beaucoup : on est obligé de les réduire souvent, & de l'écarter même des endroits où se trouvent des plantes délicates auxquelles elles dérobent la subsistance. Il se multiplie par les œilletons enracinés que l'on en détache en Automne. Il donne d'autant plus de fleurs qu'il est à une exposition avantageuse, & sur-tout aérée.

Les n.os 2, 3, 4, 5, 6, sa variété B & 7 sont des petits arbrisseaux fort agréables, mais très-délicats. Ils sont de pleine terre, à des expositions très-favorables, contre un mur sur lequel on les palissade, & on étend en Hiver des paillassons que l'on soulève à l'heure de midi aux jours où le thermomètre est à six degrés, afin de préserver l'écorce de la pourriture. Malgré tous ces soins, nous doutons qu'on les conserve tous. On les cultive donc en double dans des pots par prudence. Les pieds de la palissade fleuriront davantage, & leurs graines seront plus abondantes & meilleures. Dans les lieux plus méridionaux que Paris, & dans des sites chauds & secs, ces belles espèces se cultivent, pour la plupart, isolément en pleine terre, sans trop d'attention sur l'exposition, mais toujours avec des précautions contre les Hivers rigoureux. Les graines se sement sur couche médiocrement chaude, sans cloche, à la mi-Mars. Elles levent en peu de tems. Lorsque les petits individus auront trois pouces, on les plantera séparément dans de petits pots qu'il faut arranger sous un chassis à tan presque refroidi, abrité jusqu'à la reprise dont on renouvelle souvent l'air. Dans le cours de l'Eté, on change les pots, &, après les avoir encore ombragés, on les enfonce dans une plate-bande au Levant, jusqu'aux premiers jours d'Octobre qu'on les met dans une orangerie, ou une bâche bien servie pendant l'Hiver. Celles des Coronilles que l'on destine à l'abri du mur n'y doivent être placées qu'au Printems. Le pied du mur doit être garni de feuilles sèches aux approches des gelées de l'Automne.

On donne au n.° 6 & B de la terre fort légère & crayonneuse. La terre des pots des autres espèces ne doit point être trop peu substancielle; le terreau de bruyère ne doit point y dominer; la seule espèce à laquelle il convienne particuliérement est le n.° 2; une terre un peu marneuse & amendée est préférable, ou, à défaut, on emploie la meilleure terre potagère.

Les n.os 9, 10 & 11, sont des plantes annuelles dont les graines semées avec les précédentes, se couvrent de cloches. La conduite ultérieure est la même; &, lorsque le tems est chaud & couvert, on les retire du chassis, pour les placer aux meilleures expositions, toujours dans les vues de la graine à récolter en Automne. Elles n'exigent guère d'autres soins que d'être assujetties par des tuteurs, & binées, lorsque les fleurs paroissent. Mais, dans les fonds froids & argilleux, on les avance le plus qu'il est possible sous le chassis; &, en pleine terre, on excite la végétation par des amendemens particuliers, les vieux tans de la serre-chaude, &c. &c.

Le n.° 12 est un arbrisseau sarmenteux de serre-chaude. Il se seme & se gouverne comme les précédens, jusqu'au tems où s'élevant trop pour le chassis, on le place, pour ne l'en point retirer, dans la tannée de derrière, dans la serre-chaude dont il est propre à décorer le fond. Les sarmens s'attachent aux baguettes qu'on enfonce dans la tannée, & on garantit par ce moyen, en faisant ressortir les agrémens dont l'arbrisseau est susceptible, les plantes voisines auxquelles il nuiroit beaucoup. Miller, qui l'a cultivé, dit qu'il doit être mis au rang des plantes qui n'exigent qu'une chaleur modérée, & que l'on peut le conserver deux ou trois années, en le traitant avec soin en Hiver. Nous croyons que ce soin se réduit à ne le point trop arroser pendant cette saison, & que d'ailleurs le renouvellement en Eté de l'air aux jours de douceur, & celui de la terre du pot contribueroient à sa conservation, peut-être même à sa multiplication, autrement que par les graines; ce qui seroit desirable, parce que cette plante sarmenteuse est intéressante, &

que ses fleurs, qui paroissent en Juillet, ne sont pas régulièrement suivies de graines.

Usages. Les Coronilles n.° 1 & sa variété B, souffrent la tonte; on les réduit en boules, on en fait des palissades. La variété s'élève de moitié moins que l'espèce; elle a plus d'éclat, d'agrément; elle est peut-être un des plus jolis arbrisseaux que l'on connoisse, & sans contredit un des plus utiles pour la décoration. Son feuillage garni, petit, d'un verd-brun, de très-longue durée, est le moindre de ses avantages: ses fleurs, d'une jolie teinte rouge en-dehors, se partagent en quelque sorte l'embellissement du jardin: elles accompagnent les fleurs du Printems, & celles de la fin de l'Automne ne nous quittent point sans elles. On tire un grand parti des autres espèces, par la distribution qu'on en fait faire, lors de la belle saison, dans les parterres, dans les jardins paysagistes & les ruines, où ordinairement le n.° 6 & sa variété trouvent naturellement des places à demeure. Presque toutes ces plantes se feront admirer par-tout, & leur collection sera toujours précieuse.

On prétend que la Coronille bigarrée fourniroit aux bestiaux un excellent fourrage. (*F. A. Quesné.*)

COROSINAM. Genre de plante des Indes, de la famille des *Personnées*. C'est une plante à feuilles opposées, en lance & sans dentelure, sur une tige herbacée de six à sept pouces de hauteur. Les fleurs sont d'une seule pièce, en entonnoir, dont l'évasement est fendu en cinq parties arrondies. Elle est peu connue, & sa culture exigeroit en Europe, la serre-chaude où elle devroit être traitée comme les plantes étrangères tendres, qui ne sortent point des tannées. Nous ne croyons pas que la prudence permette d'abord de procéder autrement vis-à-vis d'une inconnue. (*F. A. Quesné.*

COROSSOLIER, *Anona*. Voyez Corossol. (*M. Thouin.*)

COROSSOL ou COROSSILIER, *Anona*.

Genre de plante de la famille des *Anones*, qui a beaucoup de rapports avec les Magnoliers, & qui comprend quinze espèces toutes étrangères à l'Europe; ce sont des arbrisseaux & des arbres épais, de figure conique, d'un feuillage applati, à feuilles simples, alternes, permanentes dans un très-grand nombre, à fleurs axillaires & solitaires, à six pétales inégaux, excepté dans la quinzième espèce, où il s'en trouve douze, recommandables par leurs fruits en baie grosse & remplie de pulpe; ils fournissent à l'homme un aliment sain, des secours dans la maladie, & des ressources dans les Arts. Un très-petit nombre se cultive en pleine terre dans notre climat, les autres dans la serre-chaude; ils sont propres à l'embellir; quelques-uns sont parvenus au premier période de la fructification; leur collection seroit d'un grand prix, sur-tout dans un jardin de Botanique: ils se multiplient par semences.

Espèces.

1. Corossol à fruit hérissé.

Anona muricata. L. ♄ Amérique méridionale.

B. Corossol à baies plus rondes, vulgairement le Cachimant.

Anona muricata pomis rotundioribus. ♄ Antilles.

2. Corossol à fruits écailleux.

Anona squamosa. L. ♄ Amérique, les pays chauds; Indes orientales, Isles Moluques.

Atamaram. Rhéed. Mal. 3.

3. Corossol du Pérou.

Anona cherimolia. La M. Dict. ♄ du Pérou.

4. Corossol réticulé, vulgairement le cœur de bœuf.

Anona reticulata. L. ♄ Amérique méridionale.

B. Corossol à très-gros fruits.

Anona-maram. Rhéed. Mal. 3. ♄.

5. Corossol de marais.

Anona palustris. L. ♄ Amérique méridionale, lieux aquatiques.

B. Corossol à fruits à chair rougeâtre.

Anona fructû viridi lævi punctato carne rubescente. Aublet. Guiane, 614.

6. Corossol à fruits glabres.

Anona glabra. L. ♄ Caroline.

B. Corossol à fruits de la forme d'une poire renversée.

Anona fructu viridi, lævi, pyri inversi forma. Catesbi Car. 2. Isle Saint-Domingue, *Ilatera*, *Andros.*

7. Corossol trilobé, vulgairement l'Assiminier.

Anona triloba. L. ♄ Caroline & quelques parties de l'Amérique septentrionale.

8. Corossol d'Asie.

Anona asiatica. L. ♄ Isles de Ceylan.

9. Corossol sauvage, vulgairement le petit Corossol ou le petit cœur de bœuf.

Anona paludosa. La M. Dict. ♄ Guiane, les prés humides.

10. Corossol à feuilles longues: le Pinaioua des Indiens.

Anona longifolia. La M. Dict. ♄ Guiane.

11. Corossol à petites fleurs.

Anona ambotai. La M. Dict. ♄ Guiane.

12. Corossol à grandes fleurs.

Anona grandiflora. La M. Dict. ♄ Madagascar, Isle de Bourbon.

13. Corossol amplexicaule.

Anona amplexicaulis. La M. Dict. ♄ Isle de France, Madagascar.

14. Corossol à crochets.
Anona uncinata. La M. Dict. ♄ Madagascar; Indes orientales.
B. Corossol à pédoncules simples & arqués.
Eadem pedunculis simplicibus arcuatis, exherb. commesonii. Isle de France.
15. Corossol à douze pétales.
Anona dodecapetala. La M. Dict. ♄ Martinique.
Magnolia amplissimo flore albo fructu cæruleo. Plum. Gen. 38, t. 7.

1. Corossol à fruit hérissé. C'est un arbre de vingt pieds de hauteur, à écorce brunâtre, peu branchu; à feuilles placées alternativement soutenues par des queues fort courtes; elles sont pointues par les deux bouts, larges de près de deux pouces, longues de cinq pouces, unies sans dentelures, d'un vert presque luisant. Les fleurs d'un blanc jaunâtre, à six divisions inégales, paroissent seul-à-seul sur les parties ligneuses. Il leur succède des fruits gros, arrondis, un peu alongés au sommet, hérissés, remplis d'une pulpe blanche dans laquelle sont nichées les graines. Il croît dans l'Amérique méridionale.

La Variété B se distingue par un léger duvet aux feuilles qui sont d'ailleurs plus grandes; ses fruits sont plus arrondis, jaunâtres & plus gros que le poingt. Ils renferment des semences oblongues & brunes. Elle est commune aux Antilles.

2. Le Corossol à fruits écailleux, est un arbre qui s'élève tout au plus de vingt pieds. Ses branches s'écartent peu. Ses feuilles placées alternativement, de cinq à six pouces de longueur & de deux à trois de largeur, pointues, sont très-rapprochées, assez épaisses, d'un vert luisant en-dessus & pâles ou ternes en-dessous. Les fleurs verdâtres en-dehors, jaunâtres en-dedans, à six divisions inégales, naissent seul à seul & rarement deux ou trois ensemble, sur les côtés, munies chacune d'une queue lisse. Elles sont remplacées par des fruits dont la superficie se divise en petites écailles, & dont l'intérieur est une chair blanchâtre. Il croît dans l'Amérique, aux Indes Orientales & dans les Moluques.

3. Le Corossol du Pérou diffère du précédent, par ses feuilles qui sont plus grandes, plus luisantes & chargées en-dessous d'un léger duvet. La fleur est à six divisions inégales, épaisses, concaves, d'une consistance dure, d'une couleur au-dehors, d'un rouge verdâtre au-dedans, blanche dans les unes, d'un pourpre noirâtre dans les autres. Ses fruits sont presque de la grosseur du poingt. Leur pulpe est blanche. Il croît au Pérou.

4. Corossol réticulé. C'est un arbre qui se garnit bien, & qui s'élève de plus de vingt-cinq pieds, sous une écorce unie & de couleur cendrée. Il se revêt de feuilles oblongues, en forme de lance, pointues, d'un vert un peu blanchâtre. Trois des six divisions des fleurs n'excèdent pas le calice. Les fruits sont de la grosseur du poingt, & en quelque sorte en forme de cœur. Ils sont de couleur d'orange. On remarque sur leur superficie, des lignes qui la parcourent en se croisant, & qui forment des compartiments. Sa pulpe est blanche. Il croît à l'Amérique méridionale.

Cette espèce offre une varieté B dont la différence paroît & s'établit par la grosseur du fruit.

5. Corossol de Marais. C'est un arbre de trente ou quarante pieds de hauteur, dont les feuilles sont oblongues, obtuses, & se terminent par une pointe un peu alongée. Les fruits sont à-peu-près de forme & de surface égale à ceux du N.° 4, mais plus petite. Il croît dans l'Amérique méridionale, & on le trouve dans les lieux marécajeux. La variété B donne des fruits lisses, ponctués, & à chair rougeâtre.

6. Corossol à fruits glabres. Celui-ci n'a que quinze à seize pieds de hauteur. Ses feuilles imitent celles du citronnier. Le fruit est à-peu-près de la forme d'une poire renversée, sa superficie est lisse, sa chair est molle & ses semences sont brunes. Il croît dans la Caroline.

La variété B est de Saint-Domingue. Elle s'élève moins que l'espèce, & ses branches sont tortueuses.

7. Le Corossol Trilobé est un arbrisseau de dix ou douze pieds de hauteur, dont l'écorce est roussâtre. Les feuilles placées alternativement, sont en forme de lance, elles sont longues d'environ huit pouces & larges de trois pouces; elles sont lisses, d'un vert gai, pendantes & munies de queues courtes. Les fleurs sont d'abord verdâtres, & finissent par avoir un peu d'éclat. Il leur succède des fruits charnus, jaunâtres, divisés en deux ou trois parties, & ressemblant un peu à des Concombres. Les semences sont de huit à neuf lignes de longueur, & imitent un peu la forme de l'Amande. Il croît dans la Caroline & dans d'autres parties de l'Amérique septentrionale.

8. Le Corossol d'Asie s'élève d'environ trente pieds. Il differe peu du N.° 1. Ses feuilles sont en lances luisantes & à nervures saillantes en-dessous & marquées en-dessus. Les fleurs sont petites, velues à l'extérieur. Il croît dans l'île de Ceylan.

9. Corossol sauvage. C'est un petit arbre à écorce lisse, roussâtre, à feuilles en forme de lance, sans dentelures, terminées en pointe, & chargées d'un duvet rougeâtre, qu'on remarque également sur leurs queues qui sont courtes, de même que sur les branches & sur la surface extérieure des fleurs qui naissent seul-à-seul ou deux ensemble, dans les aisselles des feuilles. Le fruit est à-peu-près de la forme & de la grosseur d'un œuf & chargé de points char-

nus. Il croît dans les prés humides, dans la Guiane.

10. Corossol à longues feuilles. Celui-ci s'éloigne du N.° 5, spécialement par ses feuilles étroites & presque cohérentes & par ses fleurs qui sont plus grandes & rougeâtres. Son fruit est presque rond, gros comme une pomme de Reinette, & pointillé extérieurement. On le trouve à la Guiane.

11. Corossol à petites fleurs. C'est un arbre de moyenne grandeur. Ses feuilles sont ovales, terminées en pointe, de huit pouces environ de longueur, sur trois de largeur, & chargées en dessous de poils roux, principalement sur les nervures. Les fleurs sont petites, velues, naissant seul-à-seul aux aisselles des feuilles. Aublet dont nous prenons cet extrait, n'en a point vu le fruit. Il se trouve à la Guiane, au bord d'un ruisseau, dans les forêts de Sinémari.

12. Corossol à grandes fleurs. Ses feuilles de six à sept pouces de longueur, placées alternativement sur les côtés opposés avec peu d'écartement entr'elles, ovales, en lance, lisses, sont attachées par des queues très-courtes, aussi-bien que les fleurs qui ne paroissent que sur le vieil bois. Les trois plus grandes des six divisions des fleurs sont longues de deux pouces, & n'en ont pas un de largeur. Le fruit est d'une grosseur médiocre, lisse, & légèrement pointé. Les semences sont tranchantes du côté intérieur. Il croît à Malabar & dans l'île de Bourbon.

13. Corossol amplexicaule. Dans cette espèce, qui ne paroît être qu'une plante ligneuse, à branches rondes, droites, lisses, les feuilles sont placées alternativement sur les côtes opposées, elles embrassent les branches à leur base arrondie, en forme de cœur; elles sont très-lisses des deux côtés, oblongues & pointues. Les fleurs naissent seul-à-seul, leurs divisions sont très-grandes & plus longues que larges. Elle croît à l'Isle de France & à Madagascar.

14 Corossol à crochets. Cette espèce ligneuse porte des feuilles placées alternativement, en forme de lance, oblongues, pointues, lisses en dedans & en dehors, luisantes & à queues courtes. Celles des fleurs qui n'en soutiennent que chacune une, sont longues de six lignes & portées sur un crochet particulier & inclinées, caractère qui distingue cette espèce. Les fleurs sont grandes. Elle croît à l'Isle de France, (Au-moins la variété B,) à Madagascar & dans les Indes Orientales.

15. Le Corossol à douze pétales a été regardé comme un Magnolier, jusqu'à ce que M. Lamarck ait reconnu qu'il en diffère par les fruits qui ne s'ouvrent point comme ceux des Magnoliers. Nous prenons du Dictionnaire, les caractères principaux de cette espèce, comme nous l'avons fait à l'égard de plusieurs autres de ce genre qui ne nous étoient point connues.

On compare cet arbre à un noyer commun. Ses branches sont feuillées à leur sommet. Ses feuilles sont amples, rapprochées en rosette, qui terminent les branches. Elles sont ovales, oblongues, sans dentelure, d'un beau vert, & soutenues par des queues courtes. Les fleurs naissent aux extrémités, seul-à-seul, fort grandes, odorantes, blanches, & presque semblables par la forme & la blancheur de leurs divisions, à celles du *Nymphea alba* L. Le fruit est ovale en forme de poire ou de massue. Il renferme des semences oblongues, environnées d'une chair rouge. Le P. Plumier a observé cet arbre dans l'île de la Martinique; il fleurit & fructifie dans le mois de Mai.

Culture. Les espèces N.° 6 & non pas la variété B & le N.° 7, sont les seuls qui se cultivent en pleine terre & sur végétation, ne s'accommode pas tellement de notre climat, qu'elle y soit satisfaisante dans tous terrains, & à toutes expositions. On les élève en pots: on leur fait passer les premiers Hivers dans une orangerie ou dans une bâche, & quand ils ont au-moins deux pieds de hauteur, on leur choisit une exposition chaude & humide. Si le fonds a de la profondeur, ils végéteront, & quoique leur accroissement ne soit prompt nulle part, on pourra juger qu'il n'est peut-être pas loin de celui qu'ils auroient dans leur pays natal, s'ils perdent chaque année peu de bois. On réussit quelquefois à arrêter ce genre de dépérissement, auquel ils sont sujets, en faisant fouir de bonne heure au Printems, & en remplaçant la terre des environs des racines, avec du sable gras ou mêlé de viels terreaux. Le N.° 7 est un peu plus susceptible d'un grand développement. (Nous ne hasardons cette opinion que d'après nos observations.) Les soins du Cultivateur secondant les avantages du lieu, il donneroit peut-être des fruits en France. Ses fleurs paroissent au mois d'Avril: ses feuilles en Mai. Les fleurs sont tombées avant que les feuilles soient entièrement développées. Ils perdent tous les deux leurs feuilles en Automne: on a l'attention alors de couvrir les racines avec des feuilles sèches. Nous avons reconnu que le Limaçon est très-friand des feuilles tendres, on doit y veiller surtout lorsqu'il s'agit de jeunes individus, car ces arbrisseaux ont bien assez contr'eux, que les variations de l'atmosphère.

Les graines de ces deux espèces sont plus grosses que celles des suivantes, elles se sement comme elles avec la seule attention d'accoutumer de bonne heure le jeune plant à l'air extérieur: en le disposant par-là à le supporter tout-à-fait, on contribuera à son embonpoint. Elles ne levent pas toujours la première année, mais si elles n'ont aucun vice accidentel, on verra les plantules paroître au Printems suivant.

Toutes les autres espèces & variétés sans exception, sont de serre-chaude, on doit les y tenir dans les meilleures tannées, en observant de les arroser médiocrement pendant l'Hiver, fréquemment & modérément en Eté, & de renouveller souvent l'air de la serre, pendant les jours de douceur. L'habitation du N.° 5 nous dit qu'il doit être mouillé plus souvent que les autres. Au reste, nous avons reçu à la Saint-Jean des graines des N.os 1, 2 & 4: elles furent semées au commencement du Printems suivant, dans des petits pots enfoncés dans une couche sous chassis, & très-près des verres. Elles levèrent presque toutes en un mois. Nous mîmes les individus fort petits, chacun à part, dans des pots étroits qui restèrent pendant toute la belle saison, sous le chassis. Ils poussèrent de six à sept pouces. L'année suivante, à la même place, ils donnèrent presque tous des branches. Leur végétation depuis ne s'est point démentie. Nous sommes très-portés à croire que pareils essais réussiront sur toutes les autres espèces. Il sera prudent de leur donner des pots fort petits, & aux risques de retarder d'abord un peu leur accroissement, nous pensons qu'il conviendra de réduire leur motte, toutes les fois qu'il sera question de les faire passer dans des pots plus grands, & tels cependant que leurs racines ne soient jamais trop au large. Autrement, il en résulteroit pour eux une défaveur à laquelle on ne remédieroit pas. La terre qu'on emploie est le sable de Bruyère, mêlé avec du terreau qui n'est point encore arrivé au dernier période de décomposition. Les punaises, les pucerons ne les attaquent point, tant qu'ils ne sont ni languissants ni malades. Le seul échec que nous voyons éprouver à nos élèves, c'est le desséchement de leurs feuilles à la fin de l'Hiver; événement que nous attribuons à ce que nous voulons, par une chaleur modérée, plutôt conserver que faire beaucoup végéter nos plantes pendant l'Hiver, en tenant le thermomètre à neuf ou dix degrés, & jamais au-delà par l'action du feu. Ce que nous ne donnons point pour règle, mais pour faire connoître plus particulièrement la culture du genre que nous traitons. Voici tout ce que nous pouvons dire d'après notre propre expérience.

Quoiqu'il y ait peu à distinguer pour la beauté dans les Corossols, on donne la préférence au N.° 2 qui s'est tellement accommodé de l'atmosphère de nos serres en Europe, qu'il s'en voit à Paris, au Jardin des Plantes & en Angleterre, des individus très-grands qui fleurissent souvent.

Nous croyons le N.° 15 fort rare, & puisqu'il nous est permis de risquer nos conjectures sur la culture qui lui conviendroit, nous dirons que quelque soit notre déférence pour le savoir profond du Botaniste, qui détermine les genres, les espèces, leur rapprochement ou leur identité, nous nous donnerions bien de garde de traiter ce bel arbre ou les graines qui nous parviendroient, comme les Corossols. Nous sèmerions les graines sous chassis, toujours couvert, dans des pots remplis de sable de bruyère, criblé en tamisé, & pour les individus un peu forts, nous y ajouterions une tierce partie d'argile, que nous ne voudrions pas avoir entièrement pulvérisé avant le mélange; d'ailleurs ils ne sortiroient pas de la serre-chaude.

M. *Adanson* (Encycl. ancienne) dit sur l'At qui est notre N.° 2: « L'At est naturel au Sénégal, auprès du Cap-vert, aux Isles Philippines & à Manille, d'où il a été ensuite transporté au Malabar, & enfin au Mexique & au Brésil. Il se multiplie de boutures & de semences, & on le cultive dans les jardins. Il aime les sables gras, argilleux ou limeux, chauds & humides, & mêlés de fumier de cheval. Il commence à porter du fruit dès la seconde ou troisième année, & continue ainsi pendant cinquante ans & au-delà, lorsqu'on le cultive avec soin, il en porte deux fois l'an, en Avril & Mai, & en Août & Septembre, de manière que les fleurs d'Avril ne mûrissent qu'en Septembre, & celles de Septembre donnent leur fruit en Février. Il fleurit donc pendant la saison des pluies qui dure depuis Avril jusqu'en Octobre, que l'on appelle Hiver au Malabar, pendant que le temps sec s'appelle l'Été.

Usages. Les Corossols ne sont pour nous que d'un usage local. Les N.os 6 & 7 peuvent embellir quelques parties des bosquets Printaniers; peu d'arbres entrent en comparaison avec eux & les Magnoliers pour le port, l'écorce & la verdure, avec la différence que les magnoliers se plaisent & poussent étonnemment au nord dans les fonds les plus argilleux & les plus froids, & que les Corossols 6 & 7 ne végètent absolument que dans tous terrains & expositions que l'on pourroit en regarder comme l'opposé. C'est d'après cette connoissance que l'on en détermine la place.

« La chair du fruit du N.° 7, dit M. *Duhamel*, est agréable & saine; mais la peau qui s'enlève facilement laisse aux doigts l'impression d'un acide si vif, que si l'on n'a pas l'attention de les laver sur le champ, & qu'on les porte par inadvertance aux yeux, il y cause une inflammation, accompagnée d'une démangeaison insupportable; ce mal ne dure cependant que vingt-quatre heures, & n'a pas de suite fâcheuse.

On mange avec plaisir la pulpe des fruits des N.os 1 & de sa variété B 2 3 de la variété B du N.° 5 & du N.° 10. C'est une substance que l'on compare à la crême. On en donne aux malades, aux convalescens L'écorce dont la saveur est désagréable, se rebutte. Les fruits de toutes ces espèces paroissent plus ou moins exquis; mais celui du N.° 3, le Corossol du Pérou, d'une chair blanche, fondante, d'une saveur sucrée, est si estimé, qu'il passe pour un des meilleurs du Nouveau-Monde; il est préféré à l'Ananas. Mr. *Adanson* (Encycl. ancienne) dit à l'égard de l'usage de l'At (notre N.° 2): « Les fruits se cueillent avant leur maturité, pour les laisser mûrir & adoucir à-peu-près comme l'on cueille les *Nèfles*; alors ils se mangent avec délices. Ils sont fort rafraîchissants, & lâchent le ventre lorsqu'on boit de l'eau pardessus. On les fait cuire avant leur maturité avec un peu de gingembre dans l'eau commune que l'on boit dans les vertiges. Ses feuilles pilées & réduites en cataplasme avec un peu de sel, s'appliquent avec succès sur les tumeurs malignes, pour les amener à supuration.

Aublet rapporte que l'écorce du N.° 11 en décoction, guérit les malingres, qui sont des ulcères *malins*.

Le bois du N.° 5 tient, dit-on, lieu de liège pour boucher les bouteilles & les callebasses, & suivant *Buremane*, la racine du N.° 8 s'emploie à Ceylan pour teindre en rouge. (*F. A. Quesné.*)

CORPS. On emploie quelquefois ce mot pour désigner le tronc des arbres, dans le même sens que les branches sont appellées les bras, & l'extrémité inférieure le pied. *Voyez* TRONC, dans le Dict. des Arbres. (*M. Thouin.*)

CORRIGER les défauts d'une terre. *Voyez* AMENDEMENT. (*M. Tessier.*)

CORRIGIOLE, CORRIGIOLA.

Genre de plante de la famille des *Pourpiers*, qui ne comprend qu'une espèce. C'est une plante annuelle, herbacée, couchée, à feuilles alternes, accompagnées de stipules, à fleurs à cinq divisions, disposées en têtes à l'extrémité des tiges. Elle croît en France & se cultive en pleine terre dans notre climat, où elle se multiplie par ses graines ; elle n'est accueillie que dans les jardins de Botanique.

Espèce.

CORRIGIOLE des Rives.

CORRIGIOLA Litoralis. L. ☉ France, Allemagne, Suisse.

Les tiges de la Corrigiole sont herbacées, lisses, très-minces, longues de huit à neuf pouces, branchues, étendues en rond sur la terre. Les feuilles sont de couleur de vert de mer, placées alternativement & oblongues ; chacune d'elles est accompagnée de chaque côté, près de son insertion, d'une écaille membraneuse fort petite. Les fleurs sont à cinq divisions : elles sont disposées en têtes à l'extrémité des tiges. Il succède à chacune d'elles, une graine nue, triangulaire, recouverte du calice auquel elle est unie, & en cela la Corrigiole diffère du Télephe dont le fruit est une capsule à plusieurs semences. C'est une plante annuelle qui se trouve dans les lieux sablonneux, voisins des ruisseaux, des torrens ou de la mer, en France, en Allemagne & dans la Suisse.

Culture. Les graines de la Corrigiole se sèment sur couche au mois de Mars. Les jeunes plantes se repiquent au commencement de Mai, on leur choisit une exposition chaude, afin que les graines mûrissent. C'est une attention d'autant plus nécessaire qu'elles ne fleurissent qu'en Automne. On les tient nettes de mauvaises herbes & on les arrose fréquemment, pendant les chaleurs. Il est bon lorsque l'on en a la faculté, d'environner les racines de sable de Bruyère.

Usage. La Corrigiole n'est d'aucune utilité pour l'ornement des jardins, elle se cultive dans ceux de Botanique, pour l'instruction des élèves. (*F. A. Quesné.*)

CORROI. *Jardinage.* Massif de terre franche ou de glaise que l'on établit entre les deux murs, ou simplement entre la terre & la maçonnerie extérieure d'un bassin ou d'une pièce d'eau, pour retenir les eaux & les empêcher de filtrer à travers le mur.

Les Corrois d'argile sont préférables à ceux de terre franche. Les uns & les autres doivent être bien pétris & bien battus.

Ceux de terre franche & de paille hachée servent à enduire les parois des plate-bandes destinées à la culture des arbrisseaux rares qui viennent des climats froids. *Voyez* BAUGE & PLANCHES baugées. (*M. Thouin.*)

CORTICAL. Qui appartient à l'écorce. On dit, Couches Corticales, pour désigner les feuillets de l'écorce des arbres ; plaies corticales, pour indiquer les maladies qui affectent l'écorce. On appelle anneau cortical, la place d'une tige ou d'une branche de laquelle on a enlevé une portion circulaire de l'écorce. *Voyez* l'article BOURRELET. (*M. Thouin.*)

CORTUSE, CORTUSA.

Genre de plante de la famille des *Lisimachies*, qui comprend deux espèces. Ce sont des plantes herbacées, vivaces, à feuilles radicales, un peu velues, à fleurs disposées en ombelle, colorées & odorantes. Elles sont étrangères, & leur conservation dans nos jardins, où la gelée même rigoureuse n'empêche point de les cultiver en pleine terre, n'est pas sans quelque difficulté. Elles n'y peuvent être multipliées que par les œilletons : elles ne sont pas négligées dans les collections des Curieux, dans les jardins de Botanique : l'une d'elles est connue dans la médecine.

Espèces.

1. CORTUSE de Matthiole.

CORTUSA Matthioli. L. ♃ Montagnes de l'Italie, de l'Autriche. Sibérie.

2. CORTUSE de Gmelin.

CORTUSA Gmelini. L. ♃ Sibérie.

1. Cortuse de Matthiole. C'est une plante basse, formant une touffe serrée. Ses feuilles sortent toutes de la terre, sur laquelle celles des côtés s'étendent ; elles sont les unes, presqu'en forme de cœur, les autres, oblongues, dentelées ou incisées peu profondément, luisantes & parsemées de poils courts & mous : de leur centre, s'élève dès le mois d'Avril, une tige nue de

huit à neuf pouces de hauteur, portant à son sommet huit à dix rayons rapprochés, avec chacun une fleur à tube, dont l'évasement se partage en cinq parties ; ces fleurs sont de couleur de chair & odorantes; cette plante est vivace; elle se trouve dans les lieux ombragés & frais des montagnes de l'Italie & de l'Autriche, & dans la Sibérie.

2. Cortuse de Gmelin. Celle-ci est dans toutes ses proportions, plus petite que la précédente, son ombelle est moins garnie, mais les calices sont plus grands, & les Corolles sont plus petites qu'eux. Elle est vivace & de la Sibérie.

Culture. Quoiqu'il soit assez généralement reçu dans le jardinage, que les Cortuses se conservent difficilement dans les parterres, & qu'il faille les mettre en pots à l'ombre, en les arrosant beaucoup, sur-tout pendant les chaleurs, on ne sera point assujetti à cette culture particulière, dans un fonds frais & argilleux, au moins pour l'espèce N.° 1, où cette plante est vigoureuse, & se multiplie par les œilletons qu'on a soin d'en détacher à la Saint-Michel, & de planter à l'ombre & au Nord. Mais ces fonds riches, dans lesquels une infinité de plantes végètent luxurieusement, & se conservent presque à volonté, sont rares, & par-tout ailleurs, la Cortuse se cultive comme l'Oreille-d'Ours, en la mettant à l'argille pure, dans un pot que, pendant l'hiver, l'on couche au pied d'un mur, au Nord. On ne doit point en attendre de graines, lors même qu'elle est cultivée en pleine terre.

Nous n'avons point cultivé le N.° 2. *Miller* prévient qu'il est fort difficile de le conserver dans les jardins, mais nous n'en conclurons pas rigoureusement, qu'il ne puisse point réussir en pleine terre, auprès de l'autre. On ne peut au surplus, à notre avis, le gouverner en pot que comme lui.

Usages. D'après ce que nous venons d'exposer sur la culture, on sent que l'utilité de la Cortuse, comme plante basse, pour l'ornement des jardins, est relative à la nature du sol. S'il est léger & chaud, elle ne pourra que paroître, à la fleur, dans un coin du théâtre des Oreilles-d'Ours. Les Cortuses sont recherchées pour les jardins des Curieux & pour ceux de Botanique.

La Cortuse de Matthiole passe pour astringente & vulnéraire. (*F. A. Quesné.*)

CORVÉE, CORVAGE, CORVAIGE, CORVEYRAC.

Les Étymologistes se sont presqu'autant exercés sur l'origine de ce mot, que les Politiques & les Philosophes se sont exercés sur la chose. L'origine la plus vraisemblable du mot *Corvée*, parce qu'elle s'accorde avec le langage usité à l'époque de la naissance du gouvernement féodal, est celle qui le fait dériver de *Cor* ou *Corps* & de *Vée* qui signifioit alors *peine*, *travail.* C'est, en effet, un Ouvrage de corps, gratuit, exigé des communautés ou des particuliers, soit pour construire ou réparer les ponts, les chaussées, les chemins, soit pour d'autres travaux utiles.

Si l'on ne consultoit que l'opinion la plus générale, & l'espèce de défaveur que les lumières de la Philosophie ont répandue depuis longtems sur un mot qui rappelle des idées d'esclavage, de contrainte & d'arbitraire, il faudroit le rayer des Dictionnaires modernes, avec le même soin qu'on a mis à la destruction de la chose qu'il exprime. Mais, indépendamment de l'utilité incontestable de conserver la mémoire de tout ce qui a existé, il est peut-être d'autres points-de-vue, également importans pour l'humanité, qui nous prescrivent de ne point oublier le mot *Corvée* dans ce Dictionnaire. Nous écarterons, sans doute, de cet article toutes les discussions de l'ancienne Jurisprudence; mais, nous rapportant sans cesse à ces principes immuables de justice & de liberté qu'on peut regarder comme la base de la Jurisprudence universelle, nous prouverons peut-être que les défenseurs & les détracteurs des Corvées sont allés beaucoup trop loin dans leurs prétentions; que les uns, en voulant consacrer indistinctement tout ce qu'un usage ancien, mais souvent vexatoire & tyrannique, avoit maintenu depuis plusieurs siècles, sont tombés dans des absurdités sans nombre; que les autres, se laissant emporter par l'enthousiasme de l'humanité, ont quelquefois condamné trop légèrement, ont enveloppé dans une proscription trop générale, une foule d'usages utiles, & que ni les uns ni les autres n'ont appliqué avec succès le principe protecteur des grandes sociétés, qui place le bien général au-dessus du bien particulier.

Mais il ne s'agit point ici de discuter minutieusement & avec tout le scrupule du pédantisme, les objections qui sont faites par les uns & par les autres, ou celles qu'on peut leur faire; il faut simplement exposer ce qui étoit, & les faits, accompagnés de courtes réflexions, instruiront assez le Lecteur de ce qu'il doit croire, & lui feront appercevoir l'influence, souvent, & même presque toujours funeste, des Corvées sur l'Agriculture.

On pouvoit les réduire à deux espèces; les Corvées dûes à des particuliers, & les Corvées dûes à l'Etat.

Cette division seule annonce déjà que le mot de Corvée a été appliqué à deux choses très-différentes, & que l'une pourroit être injuste, sans que l'autre le fût.

Pour qu'une Corvée particulière pût être juste, il faudroit que, non-seulement elle ne fût point usurpée, mais encore qu'elle ne tournât pas à un détriment trop notable de la propriété réelle ou industrielle de celui qui la supporteroit; car, pour

pour qu'elle fût juste, il faudroit qu'elle fût fondée sur une Convention, un contrat mutuel, & un homme libre ne peut pas faire, s'il n'y est contraint par la force, un contrat où sa propriété réelle ou industrielle soit évidemment lésée, sans qu'il en soit dédommagé proportionnellement.

Pour qu'une Corvée dûe à l'Etat soit juste, il suffit qu'elle soit réellement utile à tous, & supportée proportionnellement par tous.

Ces principes sont incontestables & offrent, à ce qu'il nous semble, le véritable aspect sous lequel il faut considérer les Corvées générales & particulières. C'est la Loi qui doit les juger; car, si on vouloit les condamner toutes sans distinction, on risqueroit de convenir qu'il est des cas où le bien général évident ne peut obliger les particuliers, & qu'il est injuste d'imposer à un individu un travail qu'on ne peut pas faire soi-même, quoiqu'on soit convenu avec lui de la manière de l'en dédommager.

Nul doute que les Corvées ne soient nées du droit du plus fort, & que leur mode ne porte l'empreinte de l'esclavage auquel elles ont succédé. C'est, en quelque sorte, la nuance par laquelle les peuples modernes ont été conduits de la servitude à la liberté; mais cette nuance conservant d'abord la teinte sombre, & avilissante de son origine, a éprouvé successivement des dégradations de couleur, qui peu-à-peu l'ont rendue moins fâcheuse.

En effet, les Romains qui nous donnèrent leurs Loix, dans un moment où elles nous furent si utiles, nous ont aussi fourni le modèle des Corvées. Lorsque le Maître affranchissoit une Esclave, il avoit coutume de le gréver de différentes prestations envers lui, notamment de l'obligation de faire tels ou tels travaux. Cet usage étoit général dans tout l'Empire. Il existoit conséquemment dans les Gaules à l'époque de la conquête, & les Francs l'y trouvèrent établi. Ils avoient amené des serfs avec eux, & le droit de la guerre les multiplia prodigieusement. Lorsqu'ils les affranchirent, cet affranchissement fut à-peu-près semblable à celui dont ils avoient le modèle sous les yeux. Le serf passa de la servitude de la glèbe, à ce que depuis on a appelé main-morte; aussi l'ancienne maxime du droit François étoit-elle : *Tout main-mortable est Corvéable.*

Si l'on n'applique la dénomination de Corvées qu'à de pareils engagemens dont l'exécution est aussi avilissante pour l'humanité, qu'onéreuse à ceux qui y sont soumis, la suppression d'un pareil droit est moins un bienfait qu'une justice. Aussi, depuis long-temps, tous les hommes sensibles & éclairés gémissoient-ils de l'existence des Corvées considérées sous ce point-de-vue. Des préjugés invétérés, l'intérêt mal-entendu du Gouvernement, des Grands & des Riches, fortement attachés à des Privilèges vexatoires, luttèrent long-temps pour les éterniser; mais la Philosophie prévalut dès le commencement du dernier Règne, & la hache bienfaisante de la réforme a été portée sur les racines d'un abus si nuisible au bien général.

On se rappelle maintenant avec horreur, qu'il ait pu exister au milieu d'une société libre & civilisée; on envisage, avec effroi, l'influence funeste qu'il exerçoit sur l'Agriculture & les habitans des campagnes; on sent combien il étoit injuste qu'un malheureux journalier, qui n'avoit que ses bras pour se procurer la subsistance, fût forcé d'abandonner une famille affamée pour aller travailler gratuitement, quelquefois à plusieurs lieues de son domicile; ou qu'un Laboureur inquiet ne cultivât pas tranquillement son champ, & fût impitoyablement arraché à sa charrue, souvent dans les momens les plus précieux. Ceux qui auroient besoin de détails pour se convaincre des suites désastreuses d'un pareil fléau, méritent peu qu'on s'occupe des moyens de les persuader.

On sentira encore mieux toute la reconnoissance qu'on doit aux Princes qui ont donné l'exemple de la destruction des Corvées considérées sous ce point-de-vue, & aux hommes éclairés qui n'ont cessé de la solliciter, lorsqu'on réfléchira sur les progrès qu'avoit faits successivement cette institution tyrannique; lorsqu'on verra que, dans quelques endroits, les Corvées publiques ou particulières étoient commandées & dirigées par le despotisme le plus odieux.

Cependant, si quelques exemples ne justifient que trop la sévérité de ces réflexions, on doit aimer à observer qu'ils étoient beaucoup plus rares qu'on ne pense. Il étoit bien difficile que l'esprit humain se laissât guider par le flambeau de la raison, & que les Corvées pussent conserver tout ce qui devoit les faire proscrire. Dans un grand nombre de contrées, elles n'avoient plus rien d'impur que leur origine, & elles avoient été modifiées par des principes de justice & d'humanité; cela étoit vrai sur-tout de beaucoup de Corvées particulières.

Ce n'étoit point assez, sans doute, pour les justifier; mais c'étoit assez pour annoncer que leur destruction ne pouvoit manquer d'être prochaine, & pour amener des réflexions consolantes sur un siècle dont on disoit tant de mal.

Il seroit trop long, sans doute, d'offrir un tableau de ces vexations; semblable à Protée, la Corvée prenoit toutes les formes, même celle d'une inutilité insultante, & sous quelque forme que ce fût, elle étoit toujours onéreuse à celui qui en étoit chargé, souvent sans être profitable à celui qui l'exigeoit.

Ces Corvées particulières se distinguoient en personnelles, réelles & mixtes.

On appelloit personnelles, celles qui étoient

établies sur les personnes, sans considérer si les habitans étoient détenteurs d'héritages ou s'ils n'en possédoient pas.

Elles étoient réelles, toutes les fois qu'elles étoient imposées sur les fonds.

Enfin, on donnoit le nom de mixtes, à celles qui étoient établies en raison des fonds, mais avec quelques circonstances personnelles; par exemple, si les titres portoient que les tenanciers exploitant avec chevaux ou bœufs, seroient assujettis à la Corvée, & que ceux qui cultiveroient avec leurs bras, en seroient affranchis.

Les premières augmentoient ou diminuoient comme le nombre des habitans chefs-de-famille, c'est-à-dire, qu'elles tendoient continuellement à leur destruction, en apportant un obstacle continuel à la population. Quelquefois cependant elles étoient dûes par le corps des habitans, & le nombre en étoit déterminé par les titres, qui portoient, par exemple, que le corps de la Communauté devroit cent journées de travail par an.

Celles qui étoient imposées sur les fonds, étoient invariables comme eux, lorsqu'elles n'étoient imposées que sur un fond circonscrit & limité. Mais souvent les Corvées réelles étoient déterminées d'une manière plus désastreuse lorsqu'on y obligeoit quiconque seroit détenteur d'héritages dans une Seigneurie. Alors elles se multiplioient autant de fois que les héritages se divisoient, parce que des héritiers partageant un fond chargé de Corvées réelles, n'étoient pas admis à les servir par parties, & proportionnellement à ce que chacun possédoit dans l'héritage. Il falloit que les différens Propriétaires s'entendissent pour servir chacun à leur tour, ou pour se faire remplacer.

Il y avoit une autre différence essentielle entre les Corvées personnelles & les Corvées réelles; c'est que les Nobles & les Forains, ainsi que les infirmes & les vieillards étoient exempts des premières, & que tous les Propriétaires indistinctement, sans excepter la Noblesse, étoient obligés de servir ou faire servir à leurs dépens, les Corvées attachées au fond. Si nous n'avons pas nommé les Ecclésiastiques parmi ceux qui étoient exempts des Corvées personnelles, c'est qu'ils ne l'étoient qu'indirectement; ils étoient tenus de subroger une personne en leur place, ou de payer en argent la valeur de leur travail.

Il y avoit long-temps, nous le répétons, que toutes ces prestations de servitude révoltoient les esprits éclairés, & les amis du bien; aussi un usage très-ancien, des maximes généralement adoptées par les Jurisconsultes & consacrées par les Arrêts des Cours Souveraines qui, dans presque toutes les circonstances, réclamoient contre ces impôts odieux, ces droits vexatoires, les avoient modifiés avant qu'ils ne fussent abolis.

Par exemple, il ne suffisoit pas de posséder une Seigneurie où les Corvées avoient été en usage, pour pouvoir les exiger; il falloit un Titre, rien n'y pouvoit suppléer, & la possession fût-elle immémoriale, elle ne donnoit pas aux Seigneurs le droit de contraindre à l'avenir leurs prétendus Corvéables.

On ne pouvoit demander, à titre de Corvée, que des choses honnêtes & licites.

Les Corvéables devoient être avertis de remplir leur obligation, avant d'y être contraints.

Les Corvées ne pouvoient point s'arrérager; tant mieux pour les Corvéables si, pendant un temps, elles n'avoient point été exigées.

Elles ne pouvoient l'être que pour le lieu où elles étoient dûes. « En cas que le Seigneur, » dit le Président Bouhier, puisse demander les » Corvées en tel temps où bon lui semble, il » ne doit pas néanmoins les demander dans un » temps qui soit trop incommode pour les » Corvéables, comme quand ils sont occupés » aux semailles ou autres récoltes. « Or, ce n'étoit point l'opinion particulière de ce Magistrat; c'étoit une règle puisée dans un ancien Arrêt du Parlement de Paris.

Les Corvéables ne pouvoient être contraints de travailler avant le soleil levé & après le soleil couché. Par une suite de ce principe, on ne pouvoit les forcer à partager leur journée, en exigeant la moitié du jour dans un temps, & l'autre moitié dans un autre.

Quand le nombre des Corvées n'étoit pas déterminé par le titre, on ne pouvoit le fixer à plus de douze jours, & encore, si les habitans étoient dans l'usage de ne servir que six à huit Corvées, les Tribunaux & les Jurisconsultes ont toujours regardé comme injuste d'en exiger un nombre plus considérable.

Une autre maxime également reçue, c'est que le Seigneur ne pouvoit demander plus de trois Corvées dans un mois.

Il étoit assez généralement reçu en principe, que le Seigneur devoit nourrir ses Corvéables & les bêtes dont ils se servoient. « Ceux qui ont » embrassé le sentiment opposé, dit le Président » Bouhier, n'ont pas fait attention à la diffé- » rence infinie qui est entre les Affranchis des » Romains & les villageois de notre temps : les » premiers étoient riches. Peut-on leur com- » parer nos villageois qui sont la plupart dans » la misère, & ne vivent que du travail de » leurs mains? « Cependant il est au moins très-douteux que, dans les pays de droit écrit, le Seigneur fut obligé de nourrir ses Corvéables.

Ces principes consacrés par la Jurisprudence de tous les Tribunaux prouvent assez combien les Corvées particulières s'étoient éloignées successivement du mode de leur origine; ils prouvent qu'on en sentoit vivement l'abus, qu'on en desiroit la suppression, & que, tôt ou tard, elle devoit se faire. Mais comment n'a-t-elle pas eu lieu plutôt? est-ce aux efforts & aux intrigues des

Privilégiés qu'il faut avoir recours pour expliquer cette énigme? Nous répondons par un fait; c'est que les Corvées personnelles, les plus humiliantes, les plus désastreuses pour l'émulation & l'industrie, les seules dont les Privilégiés fussent exempts, se sont éloignées de leur institution primitive, plus promptement que les autres, que quelques-unes sont tombées en désuétude, quelques autres ont été remplacées, & d'autres ont entièrement disparu. Il est donc probable que le principe sacré de la propriété employé avec succès & même exagéré, s'il nous est permis de nous servir de cette expression, par l'intérêt particulier, a été le seul obstacle réel à la destruction des Corvées particulières, sur-tout des Corvées attachées aux fonds.

Elles n'existent plus, grace à la Philosophie; mais l'opinion n'a-t-elle pas confondu plus d'une fois, sous le même nom, des droits qui en étoient bien différens? Malheureusement la France n'a composé que successivement l'ensemble majestueux qui en forme un des plus beaux Empires du monde; d'autres coutumes, d'autres loix, d'autres expressions, se sont fait appercevoir dans chacune de ses parties; un droit exprimé par un mot dans une Province, subsistoit dans une autre, sous une dénomination différente. Très-peu de personnes connoissent le sens vrai du nom, le nom même & l'origine de la plupart de ces droits, on connoissoit à peine ceux de la Province qu'on habitoit, & cette ignorance générale est peut-être la seule cause de l'étendue immense que l'opinion a donnée au mot Corvée.

Il est impossible de discuter ici une question aussi importante & de rechercher soigneusement toutes les erreurs de ce genre, que l'opinion peut commettre: mais en établissant un principe qui dérive du droit naturel, & qui peut s'appliquer à tous les cas & dans toutes les circonstances, nous aurons rempli notre but.

Ce principe, nous l'avons déjà indiqué au commencement de cet article; c'est que tout droit subsistant en vertu d'une convention libre & mutuelle, dans laquelle l'intérêt d'aucune des deux parties n'est lésé, & que de pareilles Corvées, si on les nommoit ainsi, ne peuvent jamais être abolies, sans attaquer de front le principe de la propriété.

J'étois à la campagne, il y a quelques années, chez un particulier, Propriétaire de fonds, mais qui n'étoit point ce qu'on appelloit alors un Seigneur de terre. Je vis arriver dans sa cour des charrettes chargées de bois, & je lui demandai s'il avoit fait couper des bois. Il me répondit négativement, il me dit que les voitures chargées d'un bois qu'il avoit acheté à quelques lieues de-là, lui étoient amenées *par Corvée*. Cette expression, dans sa bouche, me parut très-extraordinaire, & je lui demandai quel étoit son titre à cette Corvée. Il me répondit qu'elle lui étoit dûe par son Fermier; qu'il avoit une Ferme, à deux lieues de son habitation, & qu'il avoit mieux aimé l'affermer quelque chose de moins, & s'assurer le charroi de la provision de bois nécessaire à sa consommation; il ajouta même que son Fermier lui devoit encore trois labours dans les champs qu'il exploitoit lui-même, & que c'étoit une des conditions du bail.

Voilà bien certainement les caractères des travaux imposés aux Corvéables: mais qui oseroit envelopper une pareille convention dans la proscription des Corvées? Qui peut répondre qu'il n'en fera jamais de pareilles? Par quelle Loi préviendroit-on de semblables contrats? Où en seroit l'utilité?

Cependant il est plus commun qu'on ne pense, de confondre des dispositions semblables sous le nom de Corvées. Donnons un exemple. J'ai acquis soit à prix d'argent, soit par héritage, une propriété foncière, trop étendue pour que je la puisse cultiver seul. Je fais comme Pierre-le-Grand, j'offre la moitié de mon Empire pour apprendre à gouverner l'autre, & de deux mille arpens dont je me suppose possesseur, j'en aliène mille à de certaines conditions. Un principe d'humanité me dirige dans mon plan; je ne veux point appeler des Etrangers autour de moi, & j'aime mieux que mes Concitoyens & mes voisins profitent de mes arrangemens. En conséquence, je leur distribue les mille arpens, moyennant une légère redevance, mais je demande que ceux qui les accepteront, m'accordent en outre, tant de journées de travail & tant de bras par an. Ils peuvent refuser ou accepter; s'ils acceptent, doivent-ils être réputés Corvéables, ou s'ils le sont, ces Corvées peuvent-elles être comparées à celles qui tirent leur origine du systême féodal, & éprouver la même proscription? Il ne faut pourtant pas se dissimuler que les ennemis des Corvées ont plus d'une fois proscrit, sous ce nom odieux, des droits tout aussi respectables, que seroit le mien en pareil cas.

Ces méprises ne doivent être attribuées qu'au défaut de principes, ou plutôt au défaut de celui d'où doivent découler tous les autres, & que nous avons rapporté.

Ce défaut est encore plus remarquable, quand on examine soigneusement ce que c'étoit que les Corvées dûes à l'Etat, ce qu'elles auroient dû être, & l'extrême difficulté que les Administrateurs ont toujours trouvée à les modifier. C'est ici où les Privilégiés ont opposé l'obstacle le plus invincible, & il n'a pas moins fallu qu'une réforme totale de la législation pour amener la destruction de ce genre de Corvées.

En effet, quel est le caractère essentiel des Corvées dûes à l'Etat? C'est sans contredit l'utilité publique. Or un travail commandé par l'utilité de tous, doit être supporté également par tous. L'étoit-il réellement? Non sans doute,

& toutes les fois qu'on s'occupoit des moyens de réformer les Corvées publiques, on perdoit de vue ce principe qui pouvoit seul les rendre supportables, eussent-elles été plus dures encore, parce qu'un individu souffre plus patiemment un mal qui lui est commun avec tous les Membres de la Société à laquelle il est attaché. Premier obstacle aux efforts des amis de l'humanité pour réformer le régime des Corvées.

Mais ensuite, il existe un autre principe, tout aussi vrai, tout aussi salutaire que le premier, c'est que, lorsqu'il s'agit d'utilité publique, il faut tendre à ce but de la manière la plus efficace & la plus parfaite. Il faut donc choisir, non-seulement les moyens les moins onéreux au Corps de la Société en général, & à ses Membres en particulier, mais encore la voie la plus sûre pour rendre ce travail plus parfait, plus utile & plus durable, s'il est susceptible de durée. Or, comme il y a une grande inégalité de forces & d'intelligence dans les différents Membres de la Société, il s'ensuit que tous ne peuvent pas être employés aux Corvées publiques avec le même succès & de la même manière. Ainsi, en forçant, sous le prétexte d'égalité, tous les Membres de la Société, sans distinction, à contribuer de leur personne à l'exécution des Corvées, on commettroit deux espèces d'injustices; une injustice grave envers la Société toute entière, puisqu'évidemment toutes les parties du travail qui lui seroit nécessaire, ne pourroient être ni aussi bien, ni aussi promptement exécutées; une injustice particulière envers les individus de cette Société qu'on forceroit à un travail dont la nature de leurs forces ou de leur intelligence, les rendroit incapables, & qui par-là même seroient beaucoup plus grévés que tous les autres, de cette espèce d'impôt, quoiqu'ils en diminuâssent l'utilité. Les financiers n'ont jamais examiné ce problême sous ce point-de-vue, & ç'a été un nouvel obstacle aux réformes projettées.

On dira peut-être qu'il y a un moyen tout simple de s'épargner cette solution; celui de convertir les travaux en argent imposé sur chaque Membre de la Société à raison de ses facultés.

Au premier coup-d'œil, ce moyen paroît en effet d'une exécution très-facile. Cependant il est possible de faire quelques observations qui arrêtent un Administrateur sensible & éclairé, quoiqu'elles ne frappent pas un calculateur financier.

Il faut d'abord considérer qu'il est des cas où il est peut-être très-prudent & très-juste de laisser, à cet égard, la plus grande liberté aux Citoyens, qu'il y a tel temps de l'année où un habitant de la campagne donnera plus volontiers une, deux, trois de ses journées que de payer le plus léger impôt en argent; que beaucoup de journaliers étant hors d'état de détacher de leur gain la plus petite portion représentative de la corvée, s'y prêteront volontiers lorsqu'ils sauront que la récompense du travail de leurs bras, est assurée par ceux de leurs Concitoyens qui ne peuvent offrir les leurs.

Il y a encore une autre considération qui n'est malheureusement que trop importante, c'est qu'il est toujours dangereux de convertir en impôt pécuniaire pour tout le monde, un travail momentané. Cet impôt n'est d'abord annoncé que, comme devant durer autant que le travail : mais cette source de revenus une fois ouverte, les besoins de l'Etat ou de ses différentes parties renaissent à chaque instant, & il est bien difficile, pour ne pas dire impossible, aux Administrateurs de la fermer, quand ils peuvent la détourner vers d'autres dépenses. Ainsi, un impôt qui ne devoit être que momentané & appliqué à une dépense déterminée, se prolonge d'abord pour être appliqué à une autre dépense & finit par devenir perpétuel. On en a plus d'un exemple.

Cette raison seule suffit pour combattre avec quelque avantage, la conversion totale de la Corvée en argent; envain nous parleroit-on de la sagesse & de l'humanité des Gouvernemens & des Administrations; ils tendent sans cesse à se détériorer; & une malheureuse expérience, mille & mille fois répétée dans les Annales du monde, nous prouve assez que cette remarque n'a pas de quoi rassurer l'Ami de l'humanité.

Qu'on ne nous dise pas que cette discussion ne peut-être aujourd'hui que fort inutile, puisqu'on a supprimé les Corvées. Si nous avons prouvé qu'il est des cas où la Loi ne sauroit proscrire ce qui étoit compris par beaucoup de personnes sous le nom de Corvées, & que nous appellerions, pour nous conformer à cette idée, Corvées de convention, de particulier à particulier, il nous seroit peut-être encore plus facile de démontrer que la suppression totale des Corvées publiques, telles que nous les entendons, est impossible par le fait.

On peut bien dire, & l'Administration peut convenir, que désormais tels & tels ouvrages pour lesquels on employoit la voie des Corvées, seront faits aux dépens du Trésor public : mais cette résolution ne détruit en rien ce que nous avançons. En effet, une Corvée publique, c'est à-dire, les efforts de tous les Citoyens pour achever un Ouvrage qui exige leur concours, est commandée par les circonstances, & souvent par des circonstances imprévues. Qui peut répondre que tôt ou tard ces circonstances ne se présentent pas? N'avons-nous pas vu toutes les classes de Citoyens, animées par l'amour de la liberté, s'imposer eux-mêmes des Corvées volontaires, mille fois plus pénibles qu'aucune de celles qui ont jamais été ordonnées? Leur source étoit plus pure à la vérité : mais il peut se présenter telle circonstance, où le peuple plus calme & déjà accoutumé aux douceurs d'un gouvernement libre, ait besoin d'être appelé & pressé, pour des travaux aussi utiles à la Société.

Il est donc infiniment important aux hommes d'Etat de méditer les principes sur lesquels doivent reposer ces impôts momentanés, de calculer les effets que peuvent produire leurs différens modes, de voir jusqu'où peut les conduire l'amour & la certitude du bien général, & à quel point ils doivent être arrêtés par la justice & le respect dûs à la liberté. C'est principalement ce que nous nous sommes proposés dans cet article, laissant à ceux qui traiteront des travaux publics, des détails étrangers à nos vues.

Ainsi, on a pu recueillir dans ce que nous avons dit qu'une Corvée dûe à l'Etat doit essentiellement, 1.° porter sur des travaux reconnus d'une utilité générale; 2.° être dirigé par les moyens les moins onéreux pour chaque classe de Citoyens, & en même-temps les plus propres à faire exécuter les travaux avec promptitude & perfection; 3.° être supportée également par tous les Citoyens sans distinction, selon la fortune, les forces & l'intelligence de chacun, & toujours de manière que ceux qui n'ont rien, trouvent, en y contribuant, de quoi les dédommager de la perte que leur industrie éprouve d'ailleurs.

Mais en cette manière, comme dans beaucoup d'autres, la théorie n'est rien, si elle n'est appuyée par la pratique, & malheureusement le génie, en France, s'est trop peu exercé sur ce qui tient au bien de l'humanité. Cependant nous avons un exemple à offrir, & il y auroit autant de maladresse que d'ingratitude à le passer sous silence. Il fut donné par le Ministre dont trois Provinces bénissent encore la mémoire, & qui ne fut accusé que d'avoir voulu opérer le bien public avec trop de promptitude & de désintéressement, lorsqu'il fut placé à la tête de nos Finances.

Il n'est personne qui ne reconnoisse à ces traits M. Turgot, ce Ministre dont les vues furent toujours dirigées vers le bien de la Patrie & qui connut, mieux que personne, les devoirs d'une place si difficile & si importante. Plaçons-nous avec l'Auteur estimable des Mémoires sur sa Vie & ses Ouvrages, au moment où il entreprit l'opération importante de la destruction de la Corvée dans la généralité de Limoges, alors confiée à ses soins. Nous emprunterons, autant que nous le pourrons, les expressions mêmes & les réflexions du Biographe.

A cette époque, ce n'étoit plus une question chez les gens qui s'occupent du bien public, de savoir s'il étoit avantageux & juste d'abolir la Corvée... On n'avoit point oublié que, selon les Constitutions des Empereurs & l'antique & véritable droit de la France, nul ne devoit être exempt de contribuer à la réparation des chemins. On citoit une Ordonnance de Théodose & des Capitulaires de nos Rois, qui disent que les Eglises elles-mêmes y sont assujetties. Aussi M. Turgot vit son entreprise appuyée par le vœu public, lorsqu'il la commença en Limousin... Lorsqu'il l'eut exécutée, il fut universellement applaudi. Le succès perpétué pendant douze années contribua beaucoup à sa réputation. Cependant les Limousins n'avoient pas d'abord été faciles à persuader. Il leur paroissoit si étrange que leur Intendant fît un grand travail, & prît beaucoup de mesures & de peines pour leur épargner celle de faire gratuitement les chemins, qu'ils s'imaginoient qu'il y avoit peut-être quelque piège caché sous cette opération.

Il est vrai, dit l'Anonyme, que la forme que M. Turgot avoit été obligé de prendre, étoit assez compliquée, & demandoit d'être développée avec soin. La crainte que le Gouvernement ne détournât à un autre usage les fonds destinés aux chemins, étoit la seule objection au projet de les faire à prix d'argent, qui ne fût malheureusement pas absurde, & la seule qui eût empêché M. Trudaine, alors chargé de cette Administration, de prendre depuis long-temps ce parti. M. Turgot imagina de profiter de l'instruction donnée, en 1737, aux Intendans, & qui les autorisoit à faire exécuter, par des ouvriers payés, les tâches des paroisses qui ne s'en seroient acquittées, & à imposer ensuite la valeur de ce travail sur la Paroisse. Il proposa aux Paroisses qui avoient des tâches à remplir, de délibérer pour les faire faire à prix d'argent, par adjudication au rabais, & de s'obliger par leur délibération à en solder la dépense; leur promettant d'avoir égard, dans le Département des impositions, à cette dépense qu'ils auroient faite, comme dans le cas d'une grêle ou dans celui d'une construction de presbytère, & de leur accorder, en conséquence, une modération sur l'imposition ordinaire; égale à la valeur de la somme qu'elles auroient payée pour les chemins.

De cette manière, chaque Paroisse limitrophe des routes se trouvoit engagée directement envers l'adjudicataire de sa tâche. Il n'y avoit point de fonds libres dont aucune autorité pût s'emparer; il n'y avoit qu'une créance exigible d'un particulier entrepreneur contre une Paroisse. La totalité de la valeur des adjudications de la Province s'ajoutoit à la masse des impositions ordinaires, & se trouvoit répartie sur toutes les paroisses, au marc la livre de la taille. Celles qui avoient fait l'avance, étant déchargées, par forme de modération, du montant de cette avance, se trouvoient ne payer en résultat que leur quote-part de la contribution générale.

Ce plan, comme on voit, étoit fort imparfait, & s'il avoit l'avantage de faire porter cette dépense publique sur toutes les paroisses, au lieu d'en surcharger les seules paroisses voisines des atteliers, s'il diminuoit encore le fardeau d'une autre manière, en le faisant partager aux habitans des villes taillables, dont plusieurs étoient exempts de Corvée, il lui manquoit la condition essentielle de faire contribuer indiſtinctement tous les Citoyens, & ſur-tout les Propriétaires, à ce qui étoit entrepris pour le bien de tous, condition preſcrite par le droit naturel, & qui l'étoit également par le droit civil & politique de la France. Il falloit, de plus, que cette opération portât un caractère de légalité qu'elle n'avoit pas; puiſque M. Turgot la fit ſans autoriſation ſpéciale, & par ſes ſeules ordonnances particulières. Mais, toute incomplette qu'elle étoit, elle méritoit & obtint les plus grands éloges. M. Turgot, devenu Miniſtre, voulut l'étendre à toute la France, & il excita les plus vives réclamations, parce que les Privilégiés voulurent maintenir une exemption que nos anciennes Loix leur refuſoient; mais qui, ſans leur avoir été attribuée par aucune Loi poſtérieure, s'étoit trouvé établie de fait, avec l'uſage de conſtruire les chemins par Corvées. Ils s'accoutumèrent aiſément à croire que la dépenſe des ouvrages publics ne devoit point les regarder, & cet état d'uſurpation leur parut d'autant plus commode, que ce qu'il y avoit d'odieux ne pouvoit leur être imputé. Ils ne virent pas que leurs intérêts mêmes étoient bleſſés dans l'inégalité de cette répartition; que tous les ſervices, les travaux & les impoſitions qu'on exigeoit des Cultivateurs de leurs domaines, retomboient ſur le revenu de ces domaines; qu'ils ſe trouvoient payer en réſultat, & ce qu'il en coûtoit à ces Cultivateurs, & l'intérêt de l'avance que ceux-ci faiſoient, & même l'aſſurance, ſi l'on peut ſe ſervir de cette expreſſion commerciale, ou la garantie d'un danger qu'ils appréhendoient toujours, quoiqu'il dût ſouvent être imaginaire.

M. Turgot ne ſe rebuta point de la difficulté de ſon opération & du temps qu'elle exigeoit. Commencée en 1762, elle ne fut complettement & généralement exécutée qu'en 1764: mais, depuis cette époque, les chemins furent toujours faits & entretenus à prix d'argent, dans la Généralité de Limoges. L'impoſition varia, ſelon qu'on voulut hâter plus ou moins les conſtructions nouvelles. Il y eut des années où elle ne monta *qu'à quarante mille écus*, & elle n'en paſſa jamais cent mille. C'eſt avec une ſomme auſſi modique qu'on fit la route de Paris à Toulouſe par Limoges, & celle de Paris à Bordeaux par Angoulême, commencées depuis 80 ans par la Corvée & auſſi peu avancées qu'au commencement; car l'ouvrage avoit été ſi mal fait par les Corvoyeurs, qu'une partie avoit toujours été détruite avant que l'autre fût achevée. On fit la route de Bordeaux à Lyon, par Limoges & Clermont; celle de Limoges à la Rochelle par Angoulême; celle de Limoges en Auvergne, par Eymoutiers & Bort; on fit une partie de celle de Bordeaux à Lyon, par Brive & Tulles; une partie de celle de Limoges à Poitiers; une partie de celle d'Angoulême à Libourne par Saint-Aulaye, & l'on rendit praticable la route de Moulins à Toulouſe par la Montagne. C'eſt *plus de cent cinquante lieues* de route dans le pays le plus difficile, où il faut ſans ceſſe monter & deſcendre. Toutes les pentes ont été adoucies avec tant d'intelligence, il y a eu une telle quantité de rocs à briſer & de terre qu'il a fallu remuer, qu'on croiroit appercevoir, dans cet Ouvrage, l'enfouiſſement des tréſors d'un vaſte Empire. Cependant on n'y a employé que les foibles moyens d'une Province pauvre, & ces travaux qui ont fourni des ſalaires à ſes habitans malheureux, ont été faits au milieu des bénédictions, & n'ont pas coûté une larme.

L'entretien de ces chemins fut réglé d'une manière auſſi ſoignée & auſſi peu coûteuſe. L'entrepreneur étoit obligé, par ſon marché, de garnir de petits tas de pierres le bord du chemin, & , pour quinze ſols par jour, un ſeul homme étoit chargé de l'entretien d'environ trois lieues. Il ſe promenoit chaque jour, d'un bout de ſa tâche à l'autre, avec une hotte & une pelle. S'il voyoit un commencement d'ornière, il y mettoit des cailloux qu'il étaloit avec ſoin, & l'ornière n'avoit jamais le temps de ſe former. Si l'on en trouvoit une, la négligence du manœuvre étoit punie par la perte de ſes appointemens d'une ſemaine; à la ſeconde fois, on lui retranchoit la paye de quinze jours; à la troiſième, il étoit deſtitué. Jamais on ne fut obligé de prononcer ces peines, & d'un bout de la Province à l'autre, les chemins étoient auſſi beaux que les allées de nos jardins.

La ſollicitude de M. Turgot ne porta pas ſeulement ſur cette eſpèce de Corvée dont la deſtruction pouvoit lui promettre de la gloire; il étendit ſes principes d'humanité à une autre Corvée très-fâcheuſe, quoique plus obſcure, & qu'il fit auſſi diſparoître. C'étoit celle des voitures pour le paſſage des troupes. Il obſerva que les mouvemens de troupes, arrivoient ſouvent dans les momens où il importoit le plus de ne pas déranger les Cultivateurs de leurs travaux. Les Cultivateurs, en Limouſin, n'employent que des bœufs qui vont très-doucement, & qui ne mènent que de petits charriots qu'on ne peut charger beaucoup. Il falloit en raſſembler de fort loin un nombre conſidérable, qui ſouffroient un grand préjudice pour faire mal & lentement le ſervice exigé. M. Turgot fit un marché avec un entrepreneur qui, pour une ſomme annuelle aſſez modique, & régulièrement payée, ſe chargea de fournir toutes les voitures néceſſaires au paſſage des troupes. Cet homme employoit des chevaux & des mulets, les occupoit ordinairement à porter ou traîner des marchandiſes pour le Commerce, &, au premier avis d'arrivée de troupes, il quittoit tout pour les ſervir. Ses animaux & ſes voitures valoient beaucoup mieux que les bœufs & les petits charriots de payſans, le ſervice étoit beaucoup mieux fait; il ne coûtoit pas le quart de la perte qu'occasionnoit l'ancien; il portoit d'une manière insensible sur toute la Province, tandis que l'ancien écrasoit les paroisses voisines des chemins, & le peuple, débarrassé d'une servitude onéreuse, vaquoit en paix à ses travaux.

Pour lui épargner encore la charge du logement des gens de guerre, qu'on pouvoit bien regarder comme une Corvée, pour lui éviter les dépenses & les inconvéniens de toute espèce, qui en sont inséparables, inconvéniens aussi nuisibles à la discipline que funestes aux mœurs, M. Turgot loua différentes maisons pour former des casernes dans les principaux lieues d'étapes. Par ce moyen, la discipline étoit beaucoup mieux tenue, & la dépense du logement des troupes moins grande en elle-même, se trouvant répartie sur tous les Contribuables de la Province, devint peu sensible pour tous les habitans.

Dans le temps même où M. Turgot commençoit son opération sur les Corvées (en 1762), la Société Economique de Berne, accueilloit des observations intéressantes de M. Christ, de Bâle, Bailli de Mœnchenstein, qui avoient le même objet. Ce n'étoit pas pour la première fois qu'il en étoit question dans le sein de cette Compagnie; aucun de ses Membres n'avoit négligé l'occasion de parler des Corvées, telles qu'elles étoient, comme d'un des principaux obstacles aux progrès de l'Agriculture : mais M. Christ, leur consacrant un Mémoire particulier, rapportoit quelques exemples de la manière dont on pouvoit les modifier pour les rendre moins funestes. Ces exemples, à la vérité, prouvent qu'on avoit encore voulu ménager les Privilégiés, & que, faute de remonter aux principes, on ne fait rien que d'imparfait. Il parle sur-tout d'un village composé de deux cent quarante habitans où l'on est parvenu à régler & exécuter commodément les Corvées. Nous citerons, sans aucune réflexion, le mode qu'on y avoit adopté, par le même principe qui environne d'une sorte de respect, les premiers efforts de l'art, malgré leur imperfection, & c'est par-là que nous terminerons cet article.

« Cette Communauté, dit M. Christ, fut chargée de la construction d'un chemin de l'étendue de 772 perches, à 16 pieds la perche, &, chaque jour, un certain nombre d'ouvriers, avec les voitures nécessaires, devoient être fournis pour cet Ouvrage par la Communauté. Tous ces ouvriers furent distribués par divisions, dont chacune avoit pour chef un homme intelligent qui savoit lire & écrire. Le soir de la veille, on commandoit ceux qui devoient se trouver le lendemain matin, au son de la cloche, devant la maison de leur Inspecteur avec les ustensiles nécessaires. Là, on en lisoit le rôle pour voir ceux qui étoient présens, & l'on marquoit aussi les absens à la fin de la journée, lorsque la chose étoit praticable, afin de voir si chacun avoit rempli sa tâche. Ceux qui se rendoient trop tard à l'assignation, & ceux qui se retiroient trop tôt, étoient notés; & cette note étoit remise au Chef du lieu. Au bout du mois, elle étoit lue publiquement, en présence de la Communauté, pour s'assurer s'il n'y avoit point d'erreur; on en faisoit ensuite copie dans un livre destiné à cet usage, & lorsqu'une fois l'enrégistrement étoit fait sans opposition, on n'en rendoit plus raison à personne. On suivoit la même règle à l'égard des voitures; la journée de chacun des ouvriers étoit aussi appréciée; on allouoit au manœuvre quatre Bons Batz & demi (quinze sols); & à un voiturier qui avoit deux chevaux ou deux bœufs, un demi-rixdaller (37 sols & demi par jour). Le paiement de ces Corvées étoit assigné sur les fonds de cette manière : on avoit un livre dans lequel étoient destinées plus ou moins de feuilles, pour chaque Communier; on inscrivoit sur ces feuilles, les pièces de terre, prés, champs, vignes, chenevières & bois de chacun, &, après en avoir fait faire l'indication sermentale, en présence de douze personnes du lieu, le Propriétaire étoit obligé de se retirer. Alors ces gens-là faisoient l'estimation des fonds indiqués pièce à pièce, suivant le serment qu'ils en avoient; on faisoit ensuite rentrer ceux à qui ils appartenoient, on leur lisoit la taxe pour savoir s'ils n'avoient rien à répliquer; on passoit aux autres de la même manière, par ordre. Ensuite, on ouvroit le livre où les journées des ouvriers étoient annotées, & l'on voyoit ce que chacun avoit gagné, & par conséquent la somme dont on avoit besoin pour le paiement des ouvrages. Lorsqu'on a calculé à-peu-près les sommes nécessaires, on fixe un jour pour en faire la répartition sur chaque personne. Chaque année, on dresse un semblable compte exact, mais on déduit à chacun, au riche comme au pauvre, quatre journées sur la totalité des Corvées; afin que, par ce moyen, le pauvre qui est inscrit dans le compte comme ne jouissant d'aucun fonds, & qui cependant profite beaucoup par-là sur ses Concitoyens, ne soit pas tout-à-fait exempt de cette charge commune.... Les maisons, les jardins, les légumiers, & en général tout ce qui s'est trouvé renfermé dans l'enceinte du village, est resté déchargé de cette imposition ». (*M. J. B. Dubois*).

CORYMBE.

Le Corymbe, (*Corymbus*), est une disposition des fleurs dont l'idée se prend de l'épi. Les fleurs en épi sont rangées le long des côtés, d'un pédoncule commun, sans être élevées sur des pédicules ou pédoncules particuliers, autrement dit, des queues. Si toutes les fleurs qui partent de points divers sur le pédoncule ou jet principal, s'élèvent à la même hauteur, elles forment alors le Corymbe qui diffère si peu des *fleurs fastigiées*, portées au même niveau; aussi régulièrement que si elles avoient été coupées au ciseau, que les Auteurs modernes ne les ont point distinguées. Ce mode d'inflorescence est très-facile à saisir. Il s'emploie même quelquefois au figuré, dans certains Auteurs, lorsqu'ils veulent peindre le port, quand il est applati dans le haut & qu'il forme le vase. (*F. A.* Quesné.)

CORYMBIFERE. Nom donné en général à tous les végétaux qui portent leurs fleurs ou leurs fruits en forme de corymbe; mais plus particulièrement, à une famille naturelle de plantes que M. Lamarck appelle *syngénésiques flosculeuses*. *Voyez* ce mot. (*F. A.* Quesné.)

CORYMBIOLE, *Corymbium*.

Genre de plante qui, suivant M. *Lamarck*, paroît se rapprocher des Armoselles, & qui est de la troisième section des *Cinarochephales* de M. de Jussieu. Il comprend trois espèces; ce sont des plantes herbacées, vivaces, à feuilles simples, à fleurs axillaires & terminales, disposées en Corymbe; elles sont étrangères, & elles se cultivent dans notre climat, pendant l'Hiver, sous une bache où leur multiplication a lieu par semences; elles sont moins d'ornement que de curiosité & d'instruction.

Espèces.

1. Corymbiole graminée.

Corymbium gramineum. La M. ♃ Afrique.

An Corymbium filiforme. L.

2. Corymbiole scabre.

Corymbium scabrum. L. ♃ Afrique.

3. Corymbiole glabre.

Corymbium glabrum. L. ♃ Afrique.

1. La Corymbiole graminée, est une plante chargée de duvet à sa base, garnie de feuilles très-lisses, d'une ligne & demie de largeur, moins longues que la tige qui s'élève de huit à dix pouces, qui ne se divise point, & se revêt dans sa partie supérieure, de feuilles qui vont toujours en diminuant. Le haut de la tige est le point de réunion de plusieurs petits jets dont les sommets à élévation droite & égale, offrent des fleurs légèrement purpurines avec évasement partagé en cinq parties. Nous présumons qu'elle est vivace; elle croît en Afrique.

2. Corymbiole scabre. La tige de celle-ci & ses parties élevées, sont chargées de poils. Les feuilles du bas sont en forme de jonc, presque tout-à-fait lisses. Les fleurs sont disposées comme dans la précédente. Elle est vivace, & elle se trouve en Afrique.

3. Corymbiole glabre. Dans cette espèce, les feuilles qui tiennent aux racines sont plus larges que dans les précédentes, elles sont en forme d'épée, longues de sept à huit pouces & lisses; elle est encore distinguée par la disposition des fleurs qui est plus lâche & plus garnie. Nous la présumons vivace. Elle est de l'Afrique.

Culture. Miller a cultivé le N.° 2 sous le nom de Corymbium d'Afrique; il sera notre guide pour l'exposition de la culture. D'abord il le considéroit comme plante vivace. Linnée fils, supplément 392, est porté à penser qu'il est une variété du *Filiforme*. Il seroit absurde de croire qu'une espèce annuelle eût une variété vivace. Le *Filiforme* est donc vivace. L'observation de Linnée fils qui dit que les Corymbioles constituent un genre fort naturel & qui admet à peine des différences, ainsi qu'il est ordinaire aux gens naturels, ne nous éloigne point de croire que le N.° 3 est aussi vivace.

Aussi-tôt qu'on se seroit procuré des graines des espèces de la Corymbiole, on les semeroit dans des petits pots remplis de terreau mêlé à égale partie de sable de bruyère, qu'on enfonceroit dans une couche refroidie, recouverte d'un chassis. Si c'est à la fin de l'Été, on les disposera par cette conduite à lever promptement au Printems suivant, où alors on accélère le développement en les passant dans une nouvelle couche ou tannée sous un des chassis dont l'air doit être le plus souvent renouvellé. Lorsque les plantes ont un peu de force, environ un pouce & demi de hauteur, on les met séparément dans des petits pots, en observant de réduire sur le terreau, & d'ajouter une quantité égale de terre forte: on réduit aussi sur la chaleur artificielle; enfin il s'agit de leur faire passer les mois de Juillet & d'Août à l'air libre, les pots arrangés dans une plate-bande au Levant, ou si l'on est défavorisé dans le site de son jardin, on le place sur une vieille couche. Une bâche traitée à l'ordinaire les conservera pendant les Hivers, en les garantissant des gelées & des grandes pluies.

Usages. Les Corymbioles nous paroissent propres à exciter les tentatives du Cultivateur, & à récompenser ses soins. Ce sont d'ailleurs des Plantes d'Afrique; elles portent leur recommandation avec elles. Elles seroient considérées dans un jardin de Botanique. (*F. A.* Quesné.)

CORYPHE, *Corypha*.

Genre de plante de la famille des *Palmiers*; qui comprend trois espèces. Ce sont des arbres qui, si l'on en excepte une espèce, sont peut-être les plus imposans de cette belle famille; dans le N.° 1, les feuilles sont palmées-pinnatifides; dans le 2.e à rayons pliffés, & palmées-pavoitées, dans le 3.e palmées. Leurs fleurs sont hermaphrodites, leurs fruits à baies & portés, dans la première espèce, sur une fructification en forme de candelabre. Leur utilité & leurs agrémens sont renfermés dans les Indes, qui seuls peuvent s'enorgueillir de ces productions, dont

la végétation

la végétation dans nos serres d'Europe, ne nous donne qu'une idée assez imparfaite, & dont la culture trouve des difficultés insurmontables, lorsqu'il s'agit de conduire les unes jusqu'à la fructification, ou d'amener les autres à son dernier terme; elles se multiplient par leurs baies. Elles sont très-recherchées pour les jardins des Curieux & ceux de Botanique.

Espèces.

1. Coryphe de Malabar: le Talipot de Ceylan.
Corypha umbraculifera. L. ♄ Malabar, Inde, Isle de Ceylan, les lieux pierreux & montagneux.
Codda pana. Rheed. Mal. 3, p. 1, t. 1. (*Codda-Pana*.)

2. Coryphe à feuilles rondes.
Corypha rotundifolia. La M. ♄ Moluques, les lieux sablonneux.

3. Coryphe de Caroline, vulgairement le Palmier des Marais.
Corypha minor. La M. ♄ Caroline, les lieux marécageux, *Sabal* Adans. Fam. 495.

1. Coryphe de Malabar. Ce Palmier de soixante à soixante-dix pieds de hauteur, à tige ronde, lisse, égale, de six pieds de contour, est couronné par huit à dix feuilles en parasol, d'une forme arrondie, & élevée dans le haut qui couvre un circuit de cent-vingt pieds.

Lorsque l'arbre a atteint toute sa hauteur, les feuilles sont à l'extrême de leur grandeur. Elles forment chacune un éventail de quinze pieds environ de largeur, sur vingt pieds de longueur. La côte du milieu, qui porte des deux parts les folioles, en quelque sorte unies entr'elles, jusqu'au milieu de leur longueur, est nue, mais à bords légèrement épineux, dans un espace aussi grand que celui qu'occupent les folioles. C'est alors que la fructification a lieu pour une seule fois dans ce végétal, auquel il faut trente-cinq fois plus de tems pour la produire qu'à une plante annuelle qui périt comme lui peu-à-peu, après avoir rempli cette tâche. Ainsi, à trente-six ans, ou environ, une production nouvelle, couverte d'écailles, s'élève du milieu des feuilles, à la hauteur de quarante pieds, sous une forme conique dont le développement offre la figure d'un chandelier à bras, & des fleurs disposées en grappes, qui lui forment des ramifications du plus bel aspect. Les fruits qui succèdent sont une moisson immense. On parle de 20000. Ils ont la forme des baies, d'un pouce & demi de diamètre; ils contiennent un noyau qui renferme une amande dont la chair est ferme. Il croît au Malabar, dans l'Inde, & dans l'Isle de Ceylan, aux lieux pierreux & montagneux.

2. Coryphe à feuilles rondes. Il paroît que ce palmier ne s'élève pas autant que le précédent; son tronc est plus gros, & il se distingue par les feuilles qui, au nombre de dix, le couronnent de la manière la plus admirable. Elles sont attachées chacune, par une queue longue de près de six pieds, à six petites dents épineuses sur ses bords, & elles forment à son extrémité, une sorte d'éventail arrondi, de dix à douze pieds de pourtour, composé par les bases plissées & réunies des folioles, qui ne laissent de jour entr'elles que dans leur partie supérieure. La fructification est suspendue avec écartement; les fleurs sont en grappes, & les fruits de la grosseur d'une petite cerise. Il croît dans les Moluques aux lieux sablonneux.

3. Coryphe de Caroline. Ce Palmier nain a le port du *Chamærop*. Ses feuilles sont palmées ou en éventail, & leur attache est longue de plus d'un pied. La fructification s'élève du centre, sur une espèce de tige de dix-huit pouces de hauteur, avec des grappes de fleurs remplacées par des fruits ou baies de la grosseur des pois. Celui-ci se trouve à la Caroline, dans les lieux marécageux.

Culture. Nous n'avons point cultivé les N.os 1 & 2, & nous n'avons point élevé le N.o 3.

La difficulté n'est pas, dans cette entreprise, la conservation des arbres, puisque l'expérience sur une infinité d'individus de cette famille, comme les Arecs, les Cocotiers, &c. a prouvé qu'elle est facile: mais si l'art est souvent en défaut, c'est pour faire germer les fruits qui nous parviennent. Ils ont presque toujours des vices propres. Ou ils ont été cueillis avant la maturité, ou ils ont été altérés pendant la traversée, ou ils sont trop vieux. Nous avons indiqué Art. Cori, le moyen d'accélérer la germination, en plaçant sous des pots de tannée, les fruits secs & durs. Cette pratique est excellente. On peut en user surtout à l'égard des fruits de la famille des Palmiers, & au Printems, les mettre séparément dans de très-petits pots, avec de la terre préparée; on les enfonce dans la tannée chaude, assise sur un lit de fumier nouveau, à chassis & très-près des verres; on les arrose légèrement & souvent, & l'on garantit le chassis de la grande ardeur du soleil par un paillasson que l'on ne retire point pour la nuit. Si les germes, en deux ou trois mois, ne se développent point par l'action de la chaleur humide & concentrée de ce foyer, on n'en doit rien attendre. La persévérance néanmoins est quelquefois récompensée. Si, en évidant les pots, on reconnoît qu'il y a quelques fruits encore sains, ou qui donnent quelqu'espérance, on les laisse sous le chassis, & on les soumet, l'année suivante, à une nouvelle épreuve.

Sur la culture ultérieure des n.os 1 & 2, *Voyez* Cocotier dont le traitement leur conviendroit à merveille, en observant de donner au n.o 1 une terre moins substancielle, & surtout mêlée de fragmens de crayon dont on mettroit de plus deux ou trois lits au fond du pot. La culture du n.o 3 est beaucoup moins exigeante, puisqu'il s'accommoderoit d'une bonne orangerie; mais il ne poufferoit que lentement, & il brillera aux places les plus défavorables de la ferre-chaude. Quand il a atteint fa cinquième ou fixième année, on le met en caiffe avec de la terre de pré mêlée avec du fable de bruyère; &, en ménageant beaucoup les racines dont on enlève les petites fibres, on change la caiffe de trois années l'une, en augmentant de peu fes dimenfions: après la fortie des orangers, on lui fait paffer quinze jours dans l'orangerie, pour l'expofer enfuite en plein air, à une très-favorable expofition, & on ne le laiffe pas manquer d'eau.

« Le Codda-pana croît au Malabar, fur-tout dans les Provinces de Mangarti, Tirtjonc, Katour & autres lieux, fur les montagnes entre les rochers. On le voit auffi à Ceylan, dans les Provinces de Meuda, Cortu, Agras, & près de Baoudhou-malac, c'eft-à-dire, du Pic-d'Adam. Il fleurit indifféremment dans tous les tems de l'année, mais particulièrement au mois d'Août. Ses fruits font environ quatorze mois à mûrir, & dès-lors il commence à périr & à fe détruire peu-à-peu. »

Ufages. « C'eft des feuilles de ces arbres que font compofés les livres des Malabares. Ils écrivent deffus, en y traçant avec un ftylet de fer, des caractères pénétrant leur épiderme fupérieur, & qui deviennent ineffaçables. Ces mêmes feuilles lui fervent de parapluies & de parafols, capables de couvrir vingt perfonnes; ils en couvrent auffi leurs maifons. Les noyaux ou plutôt les amandes de ces fruits fe tournent & fe poliffent pour faire des colliers qui, peints en rouge, imitent beaucoup le corail. Le fuc exprimé des branches de fes régimes eft un vomitif qui fe donne aux perfonnes que les morfures des ferpens vénimeux ont fait tomber dans le vertige & le délire. La gaîne de fes fleurs, encore tendre, rend, lorfqu'on la caffe, une liqueur qui, féchée au foleil, devient une efpèce de gomme émétique que les femmes groffes emploient ordinairement pour faire fortir l'enfant mort, & dont d'autres abufent quelquefois pour fe procurer l'avortement. » *M. Adanfon. Anc. Enc.*

Nous croirions nous répéter, fi nous parlions du defir de voir ces végétaux communs dans nos ferres, beaucoup plus pour l'inftruction des Elèves que pour la décoration qui en réfulteroit. (*F. A. Quesné.*)

COSSAT. On appelle ainfi dans les environs de Paris, les plantes defféchées fur pied, des haricots & des pois, lorfqu'elles ont été battues, pour en recueillir les femences.

Ce nom vient de celui de coffes qu'on donne aux gouffes qui renferment les femences des plantes légumineufes.

Les Coffats peuvent fervir & fervent quelquefois à la nourriture des beftiaux pendant l'Hiver. Mais ce fourrage eft peu nourriffant; il eft dur & prefque fans faveur, auffi ne s'en fert-on qu'à défaut de tout autre de meilleure qualité.

On emploie auffi les Coffats pour préferver les fleurs des arbres fruitiers des atteintes des petites gelées tardives, & ce moyen eft bien fimple. Il confifte à étendre des Coffats fur les branches de la circonférence des arbres fruitiers en buiffon, & particulièrement du côté du foleil levant. Il n'eft pas même néceffaire que la couche foit épaiffe, il fuffit qu'ils forment un tapis à claire-voie, pour divifer les rayons du foleil & préferver les fleurs. (*M. Thouin.*)

COSSE. Les gouffes des fruits des plantes légumineufes, telles que les haricots, les pois, les lentilles, &c. font formées de deux panneaux dont chacun fe nomme Coffe. Les bords des Coffes font réunis par des futures longitudinales, à l'une defquelles font attachées les femences par un cordon ombilical, qui leur fournit la nourriture dont elles ont befoin. Lorfqu'on veut ôter les femences des Coffes, on les ouvre par la partie oppofée à celle où le cordon eft attaché. Cette opération s'appelle *écoffer*, & on nomme *écoffées*, les femences féparées de leurs écoffes. (*M. Thouin.*)

COSSE. On donne ce nom, en Amérique, à la capfule ligneufe qui renferme les femences du cacao. *Voyez* Cacaoyer. (*M. Thouin.*)

COSSES. On donne ce nom aux battans de légumes; ainfi, on dit *coffes de pois*, *pois écoffés*, &c. Ce mot a paffé de l'Agriculture à la langue fientifique. (*M. Reynier.*)

COSSIGNI, *Cossinia.*

Genre de plante de la famille des Balsamiers de M. La Marck, & des Savoniers, fuivant M. de Juffieu (*Coffignia*). Il comprend deux efpèces. Ce font des plantes ligneufes, à feuilles alternes, ailées à trois, cinq ou fept folioles; à fleurs à quatre ou cinq divifions, naiffant aux aiffelles ou aux extrémités, & difpofées en panicule. Elles font étrangères, de ferre-chaude dans notre climat, & de peu d'utilité, fi l'on met à part l'inftruction. On ne peut rien dire d'affirmatif fur les moyens de multiplication autres que les femis.

Efpèces.

1. Cossigni à trois feuilles.

Cossinia triphylla. La M. Dict. ♄ Ifle de Bourbon.

2. Cossigni pinné, vulgairement *le bois de fer de Judas.*

Cossinia pinnata. La M. Diction. ♄ Ifle de France.

1. Coffigni à trois feuilles. C'eft un arbriffeau d'une médiocre hauteur, cotonneux à fon fommet. La forme & la couleur de fes feuilles paroiffent

lui donner un peu de relief : elles sont placées alternativement. Des côtes d'une médiocre longueur, & trois folioles sans dentelure & obtuses les composent ; la foliole de l'extrémité est plus longue que les deux autres : elles sont en-dehors un peu rudes, & en-dedans cotonneuses, & presque roussâtres. Les fleurs blanches à quatre ou cinq divisions, d'ailleurs disposées en grappes, le plus souvent aux extrémités des branches, paroissent & nouent en Mai : elles ajoutent peut-être beaucoup à l'agrément de cet arbrisseau, observé par M. de Commerson, dans l'Isle de Bourbon, au sommet du mont du rempart.

2. Cossigni pinné. Cette espèce est aussi un arbrisseau, qui paroît ne différer du précédent que par le nombre des folioles. Chaque feuille en a cinq ou sept oblongues, en lance, peu détachées de la côte commune, d'ailleurs avec les accidens dans la couleur & dans l'écorce que l'on remarque dans le n.° 1. Les fleurs sont d'une couleur & d'une disposition pareilles ; on les dit petites. Elle a été observée par M. de Commerson à l'Isle de France.

Culture. Nous ne croyons rien hasarder, en recommandant de cultiver les Cossigni en serre-chaude sur les tablettes. Nous ne pensons pas que la tannée leur soit nécessaire, à moins qu'il ne s'agisse de leur faire passer les Hivers de leur premier âge. La terre préparée pour les plantes de serre-chaude leur conviendroit, avec l'attention d'y ajouter, pour le n.° 1, des pierrailles, & sur-tout d'en garnir le fond du pot. Celui-ci fleurit & fructifie en Mai : des arbrisseaux provenant de pays plus chauds que ceux-ci, se sortent pendant les mois de Juillet & d'Août, & l'on risqueroit peu à les exposer alors au plein air, avec les attentions qu'exigeroit l'attente de la maturité des graines, seul moyen de multiplication dont on soit certain, puisque l'expérience n'a encore rien appris sur les boutures ou marcottes qu'on pourroit faire peut-être avec succès. Les graines se semeroient en pots sous chassis, avec les procédés d'usage, & dont la répétition ici ne seroit que fastidieuse.

Usages & Historiques.

Les Cossigni ne nous présentent que de foibles avantages pour l'ornement des serres-chaudes ; ils paroissent particulièrement propres aux Ecoles de Botanique.

M. Commerson a donné à ce genre le nom de M. de Cossigni, versé, aux Indes, dans les connoissances de l'Histoire-Naturelle, & dont la munificence fut utile aux travaux de M. Commerson, qui a été favorisé & reconnoissant. (*F. A. Quesné.*)

COSSON ou COSSUN. Nom que quelques personnes donnent au Charençon des blés, insecte connu par ses ravages & ses dévastations. *Voyez* CHARENÇON. (*M. Reynier.*)

COSSON ou COLSON. On nomme ainsi dans quelques pays, le bouton ou le *gemma* de la vigne. Comme il y en a toujours deux à la même hauteur, on nomme *maître-Cosson* celui qui est le plus gros ; & souvent il n'y a que lui qui se développe. Le second, qui est le plus petit, s'appelle *contre-Cosson* ; en latin *Custos* ou *succursus*, parce qu'il ne se développe que quand le premier a péri. C'est ce qu'on nomme en d'autres pays *yeux & sous-yeux* de la vigne. (*M. Thouin.*)

COSTE-de-Marie. Nom peu usité du *Tanacetum vulgare*. L. *Voy.* TANAISIE. (*M. Thouin.*)

COSTIERES. On donne ce nom à des plates-bandes adossées à un mur, à l'extrémité d'un potager ou d'un jardin quelconque ; lorsqu'elles sont tournées au midi, elles servent, soit à la conservation des plantes un peu délicates, soit à procurer des plantes vernales.

Les Jardiniers y plantent ordinairement des salades en Automne, qui s'y conservent pendant l'Hiver, & végètent dès les premiers beaux jours. (*L. Reynier.*)

COTE. Ce mot a différentes acceptions. On l'emploie quelquefois pour désigner le filet qui soutient les folioles des feuilles composées, &, dans ce cas, on le nomme Côte-feuillée. *Voy.* PÉDICULE. D'autres fois on appelle Côte la partie saillante des nervures des feuilles, & les stries bien prononcées des tiges ou des rameaux, comme dans le peuplier de la Caroline.

Enfin on donne le nom de Côte aux éminences des fruits, qui sont divisés dans leur longueur par des sillons profonds, & par des bosses relevées comme dans ceux des aristoloches, & de quelques espèces de *momordica* & de melon. (*M. Thouin.*)

COTEAU (*Econ. rustiq.*) On donne ce nom à tout terrein élevé en plan incliné au-dessus du niveau d'une plaine, supposé que ce terrein n'ait pas une grande étendue. Lorsque son étendue est considérable, comme d'une lieue, d'une demi-lieue, &c. il s'appelle alors une *côte* ; ainsi, Côteau est le diminutif de côte. Les Côteaux doivent être autrement cultivés que les plaines. Cette culture varie encore selon la nature de la terre & l'exposition. Une observation assez générale sur les côtes & Côteaux, c'est qu'ils ne sont ordinairement fertiles que d'un côté ; on diroit qu'un côté ait été dépouillé par les courans, & que les terres en aient été rejettées à droite & à gauche sur le côté fertile, ce qui achève de confirmer les idées de M. de Buffon. *Anc. Encyclopédie.*

Les Côteaux, à moins qu'ils ne soient d'une pente très-douce & exposés au Midi, ne sont guères propres à la culture des légumes & des plantes annuelles. Mais ils conviennent à celle de la vigne, à la culture des arbres fruitiers à noyaux, & à une grande quantité d'arbres & d'arbustes agréables ou utiles.

Les Côteaux exposés au Nord peuvent être employés utilement aux semis ou plantations d'arbres résineux de beaucoup d'espèces différentes, & à celles d'autres arbres étrangers des climats froids. En général, les terreins en Côteaux sont d'une grande ressource dans les jardins paysagistes pour l'agrément & pour la naturalisation des végétaux exotiques. (*M. Thouin.*)

COTELET, *Citarexylum.*

Genre de plantes à fleurs monopétales, de la famille des Gatiliers. Il comprend des arbres exotiques qu'on ne peut cultiver que dans les serres chaudes. Les feuilles sont opposées, simples. Les fleurs, peu apparentes, blanches, sont disposées en épis terminaux. Ce genre est rangé, par Linnée, dans la quatorzième classe.

Espèces.

1. Cotelet cendré. Vulgairement *bois de guitare,* ou *bois cottelette.*

Citarexylum cinereum. L. ♄ des Isles de l'Amérique.

2. Cotelet à fleurs en queue.

Bois de guitare blanc.

Citarexylum caudatum. L. ♄ de la Jamaïque.

Description du port des Espèces.

1. Le Cotelet cendré. C'est un arbre droit, de soixante pieds de hauteur. Il se divise en branches angulaires, garnies à chaque nœud de trois feuilles ovales, oblongues, d'un beau verd ordinaire, luisantes, veinées en-dessous, de quatre pouces de longueur sur deux de largeur, découpée en sillons sur les bords. Les fleurs sont petites, blanches, odorantes, en épis terminaux. L'écorce est d'un brun cendré, uni; son bois est blanc. Il a été nommé *Cottelette* à cause de sa tige garnie de côtes saillantes. *Bois de guitare* par les François, à cause de sa longue durée, & nullement parce qu'il est propre aux instruments de musique, comme plusieurs l'ont imaginé sans fondement.

2. Le Cotelet à fleurs en queue. Elle ne diffère de la première que par ses feuilles plus petites. Linnée dit que ses branches sont cylindriques. Les fruits de ces deux espèces sont des baies rondes, petites, charnues, à trois côtés, vertes, ensuite noires.

Culture. Ces arbres se multiplient par semences & par boutures. On répand les premières dans de petits pots qu'on met dans une couche chaude, en les traitant comme toute espèce de graines des pays chauds. Elles lèvent au bout de sept semaines; on les repique un mois après dans de petits pots remplis de terre fraîche & légère qu'on met dans une autre couche chaude; on arrose, on donne de l'air: on les tient ainsi pendant les trois premières années, pour leur faire acquérir de la force, après quoi ils pourront être placés sur les tablettes. Quand ils seront devenus plus forts & plus robustes, on pourra les mettre dans une serre tempérée, & les sortir pendant trois ou quatre mois de l'Eté, à une bonne exposition. Ils fleurissent en Octobre, mais ne perfectionnent point leurs graines; on en tire d'Amérique, & les plantes qui en proviennent sont plus vigoureuses que celles qu'on obtient de boutures.

On plante ces dernières dans de petits pots qu'on met dans une couche de chaleur modérée, tant qu'elles aient pris racines. On les traite après comme les plantes élevées en semences.

Usages.

D'agrément. Comme ces espèces conservent toujours leurs feuilles, & qu'elles sont d'un beau verd luisant, elles font un charmant coup-d'œil, & un bel effet dans les serres pendant l'Hiver.

D'économie. Ces arbres fournissent de très-beaux bois, fort estimés en Amérique pour la charpente des bâtimens, à cause de leur longue durée, sur-tout quand ils sont à l'abri du soleil & de la pluie. Ils croissent dans les lieux marécageux. (*M. Menon.*)

COTERET, sorte de petit fagot composé de menus morceaux de bois sec, dont on se sert pour allumer les pompes des fourneaux dans les grandes serres-chaudes. Le feu de ces pompes a pour objet de déterminer le courant d'air, renfermé dans les conduits de la fumée, à prendre son cours au-dehors, à donner de l'activité au feu des fourneaux, & à empêcher la fumée de s'introduire dans les serres. *Voyez* les articles Pompes & Fourneaux. (*M. Thouin.*)

COTI (fruit). Terme assez rarement employé. Cependant quelques Jardiniers s'en servent pour désigner des fruits qui, étant tombés sur quelque chose de dur, se sont meurtris, ou froissés en-dedans, sans être écorchés ou entamés au-dehors; ainsi on dit: *une poire Cotie, une pomme Cotie, un coin Coti, &c.* Cette Cotissure fait d'ordinaire pourrir le fruit à l'endroit du coup, & le reste s'amollit & pourrit ensuite; c'est pourquoi il est bon de manger ceux-ci les premiers, parce qu'ils ne sont point de garde. La grêle, lorsqu'elle est grosse & qu'elle tombe avec violence, Cotit les fruits. (*M. Thouin.*)

COTIERE. *Voyez* Costière. (*M. Thouin.*)

COTIGNAC. Sorte de confiture ou de gelée faite avec les fruits du *Pyrus cydonia.* L. *Voyez* Coignassier, au Dictionnaire des Arbres & Arbustes. (*M. Thouin.*)

COTIR des fruits; c'est les battre ou les meurtrir pour accélérer leur maturité, comme certaines espèces de cormes, d'alises, de nèfles, &c. Ce nom est aussi peu usité que la pratique qui en est l'objet. (*M. Thouin.*)

COTON ou COTTON. Substance soyeuse, plus ou moins longue, & plus ou moins fine qui entoure les semences des *Gossypium*. *Voyez* Cotonnier. (*M. Thouin.*)

COTON. C'est ainsi que l'on nomme la bourre végétale renfermée dans le fruit ou la capsule du Cotonnier qui enveloppe la graine. Un bon Coton doit être d'un beau blanc, soyeux, très-doux & pas trop long ; car, dans ce dernier cas, il se file très-difficilement sur les machines Anglaises, & les Négocians qui font acheter par les commissionnaires le Coton dans les Antilles ou ailleurs, ont toujours grand soin de recommander ces qualités à leurs facteurs. Un bon Coton doit également se détacher facilement de la graine, car lorsque les fibres du Coton y sont trop adhérentes, ce qui dépend ou du duvet qui recouvre la graine, ou de la tortuosité du Coton, on ne peut plus l'éplucher avec la machine, dont nous ferons connoître le méchanisme plus bas, & il faut alors le faire éplucher à la main, opération longue & assez dispendieuse, & qui peut tout au plus convenir dans les cas où le Coton que l'on recueille n'est destiné que pour l'usage de la maison du planteur ; dans le Commerce, le Coton épluché à la main n'est plus de vente, il est trop cher, & le Propriétaire en retireroit à peine la journée de l'Esclave occupé de ce travail ; c'est pourquoi qu'un bon Cultivateur doit bannir de sa plantation toutes les espèces de Coton, dont l'épluchage présente des difficultés que la machine ordinaire ne sauroit vaincre. *Voy.* pour le reste l'article Cotonnier. (*M. Gruvel.*)

COTON de Siléfie. Il paroît que ce Coton n'est autre chose que les aigrettes des semences du *Salix Capræa*, ou Marceau, ou bien de quelques espèces de Peupliers femelles, dont les semences sont garnies d'un duvet blanc, & soyeux. *Voyez* les articles Saule & Peuplier au Dict. des Arbres. (*M. Thouin.*)

COTONASTER. Nom adopté en François pour désigner le *Mespilus cotoneaster*. L. *Voyez* l'article Neflier, au Dictionnaire des Arbres & Arbustes (*M. Thouin.*)

COTONNEUSE & COTONNEUX. Se dit d'une plante, d'une tige, quand elle est couverte d'un duvet fin, imitant le coton, dont les filamens plus ou moins courts, plus ou moins solides, sont tellement entrelacés qu'on ne peut les distinguer les uns des autres, mais que la vue & le tact annoncent. Ils sont peut-être destinés à une fection organique, soit pour exhaler, soit pour pomper ; peut-être aussi préservent-ils les parties des plantes de l'action des frottemens du vent, de la chaleur, du froid. On dit qu'un fruit est Cotonneux, lorsqu'il commence à se passer, qu'il est pâteux & mauvais à manger. Le fruit du coignassier est Cotonneux dans le premier sens & peut l'être dans le second. La tige des cotonnières, des perlières est Cotonneuse. (*M. Menon.*)

COTONNIER, *Gossypium.*

Genre de plante, de la famille de Malvacées, à fleurs polypétalées, ayant des rapports marqués avec les Fromagères, & les Quetemies : il comprend des Arbrisseaux exotiques, dont un seul a le port herbacé ; d'autres s'élèvent à la hauteur d'un arbre d'une taille moyenne. Les feuilles du Cotonnier sont alternes, ordinairement divisées en plusieurs lobes, dans quelques espèces, elles se trouvent palmées ou laciniées. Le calice de la fleur est double, l'extérieur plus grand que l'intérieur. La fleur est composée de cinq pétales grands, un peu en cœur, planes, ouvertes & cohérens à leur base. Les étamines nombreuses que renferme la fleur, sont réunis inférieurement en une colone pyramidale, & libres supérieurement, ayant des anthères reniformes. L'ovaire supérieur, ovale ou arrondi, est surmonté d'un style aussi long ou plus long que les étamines, dont il traverse la colonne. Le fruit qui succède, est une capsule arrondie, ovale, quelquefois alongée, qui s'ouvre en plusieurs valves, divisées intérieurement en trois, quatre ou cinq loges, dont chacune renferme depuis trois jusqu'à neuf graines, suivant les espèces. Les graines sont ovoïdes, quelquefois très-alongées, avec une petite pointe, lisses, ou chagrinées, dans plusieurs espèces recouvertes d'un duvet ou feutre très-court, plus ou moins serré ; elles sont enveloppées d'une bourre composée de fils longs, fins, quelquefois soyeux, & très-élastiques, plus ou moins blanche ou rousse, connue plus particulièrement sous le nom de coton. Lorsque le coton est mur, il fait éclater les valves, & déborde alors de toutes parts, la capsule qui le tenoit renfermé.

Espèces.

1. Cotonnier herbacé.

Gossypium herbaceum. Linn. *Gossypium herbaceum, foliis quinquelobis, subtus uniglandulosis, lobis rotundatis mucronatis, calyce exteriore serrato.* La M. probablement d'Asie, où ce Cotonnier paroît indigène. ♂.

2. Cotonnier velu.

Gossypium hirsutum. Linn. *Gossypium foliis quinquelobis, subtus uniglandulosis, ramulis petiolisque pubescentibus, calyce exteriore subintegro.* La M. Amérique. ♄.

3. Cotonnier des Barbades.

Gossypium Barbadense. Linn. Amérique. ♄.

4. Cotonnier des Indes.

Gossypium Indicum, foliis subtrilobis subtus eglandulosis, lobis cuneatis brevibus, fructu conico. La M. Indes orientales.

5. Cotonnier en arbre.

Gossypium arboreum. Linn. ♃.

6. Cotonnier à feuilles de vigne.

Gossypium vitifolium, foliis palmatis quinquelobis acutis subtus uniglandulosis, calyce exteriore profunde laciniato. La M. Isle de Célèbes. ♃.

7. Cotonnier à trois pointes.

Gossypium tricuspidatum foliis trilobis acutis, subtus uniglandulosis, petiolis pedunculisque villosis, calyce exteriore profunde lacinato. La M. *an Gossypium religiosum Linnei?* Amérique méridionale. ♃.

8. Cotonnier glabre.

Gossypium glabrum, ramus petiolisque glabris punctis vero tuberculosis valde scabris; foliis profunde trilobis acutis subtus triglandulosis. La M. ♃ Antilles.

Il y a peu de productions du règne végétal, d'une utilité aussi générale que le coton, ou la bourre renfermée dans la capsule ou le fruit du Cotonnier; mais il s'en faut de beaucoup que nous ayons des notions exactes sur les différentes espèces actuellement cultivées dans plusieurs pays, sur-tout sur celles dont la culture fait un des principaux objets de commerce des possessions que les Européens se sont appropriés en Amérique. Si nos connoissances sur les nombreuses espèces du Cotonnier sont très-bornées, ce que nous savons sur le pays natal où chaque espèce croît naturellement & sans culture, est également peu certain. On sait que cet Arbrisseau appartient en général aux pays les plus chauds, mais qu'on est parvenu à l'acclimater peu-à-peu à des latitudes dont la température, quoiqu'assez chaude, n'égale pas celle de la zone torride. En Amérique, où la culture du Cotonnier est actuellement très-étendue, plusieurs espèces originairement de l'Asie, y ont été transportées par les différentes Nations, elles s'y sont actuellement si bien acclimatées, qu'il est difficile d'y reconnoître le type originaire; car, sans admettre avec M. *Quatremer d'Isjonval*, une dégradation que l'expérience désavoue, d'après laquelle le Cotonnier soi-disant herbacé & cultivé depuis long-tems avec le plus grand succès, dans plusieurs pays méridionaux de l'Europe, eût été dans son pays natal, un arbre de la plus haute taille, nous croyons cependant que le changement du sol & du climat ont altéré considérablement plusieurs espèces.

Le tableau précédent, comprend les espèces connues des Botanistes, c'est le même que M. *Lamarck* a donné dans le Dictionnaire de Botanique de l'Encyclopédie. *Linnée* n'en connoissoit que six espèces, M. *Lamarck* y a ajouté deux nouvelles qui lui avoient été communiquées par ses amis.

Cependant les expériences de plusieurs Cultivateurs éclairés en Amérique, auxquels la Botanique n'est point étrangère, prouvent que les espèces bien prononcées, actuellement cultivées dans les Antilles, de même que dans les provinces de terre ferme de l'Amérique, peuvent être estimées à plus de vingt, dont plusieurs paroissent originairement d'Amérique, d'autres y ont été apportées de l'Asie ou de l'Afrique. Nous ferons connnoître à la suite de cet article, le travail utile de M. de *Rohr*, au service de S. M. Danoise, établi depuis très-long-tems, à l'Isle Sainte-Croix, une des Antilles, & qui, depuis plusieurs années, s'est occupé de la culture du Cotonnier; nous regrettons de n'avoir pu profiter de toutes les découvertes de ce Savant estimable, dont les connoissances profondes, lui ont, depuis long-tems, mérité l'estime des Savans d'Europe.

Historique. Chez les anciens Auteurs Grecs & Latins, les noms de Xylon, Xylum, & Gossypium, se trouvent souvent employés indistinctement, pour désigner, & le végétal qui produit le Coton, & le Coton même. On rencontre cependant le nom de Gossypium ou Xylon lanugo pour distinguer le Coton. Il est assez difficile & même impossible de prononcer sur l'espèce de Cotonnier que les Anciens cultivoient. Il paroît cependant, qu'ils cultivoient deux ou même plusieurs espèces, dont l'une plus haute, représentoit un petit arbre, qui paroît avoir été particulière à l'Égypte, peut être la même qui, depuis long-tems, est cultivée en Espagne; l'autre plus basse, poussant beaucoup de jets herbacés, cultivée dans l'Asie mineure, la Perse & autres provinces du Levant. Cette dernière espèce, ou le Cotonnier herbacé fut probablement introduit par les Grecs en Italie, depuis ce tems sa culture paroît y avoir toujours été suivie avec succès.

L'Amérique possédoit avant qu'elle fût découverte par les Européens, plusieurs espèces de Cotonniers, mais toutes les notions que nous avons à ce sujet, répandent peu de lumières sur les espèces qui lui ont été particulières; actuellement, c'est en Amérique que l'on rencontre le plus grand nombre d'espèces & de variétés de cet arbuste, que les différentes Nations Européennes qui y possèdent des établissements, ont toujours eu soin de multiplier, en y introduisent celles des grandes Indes, & de la côte de Guinée; nous savons de science certaine, que le Cotonnier herbacé ne croît pas naturellement en Amérique.

Description du port des Espèces.

La première espèce, ou le Cotonnier herbacé s'élève à deux ou trois pieds, la tige est ligneuse, cilindrique, rougeâtre à sa partie inférieure, un peu velue & chargée de points noirs vers la partie supérieure, les rameaux en sont courts, herbacés vers l'extrémité; les feuilles sont divisées en cinq lobes, peu alongées, arrondies, avec une pointe à peine sensible; elles tiennent à des pétioles hispides, ponctués, de deux ou trois pouces de longueur; elles sont de couleur verte, douces au toucher; la glande qui se trouve sur le dos de la feuille, est souvent entièrement effacée, elle occupe, quand elle s'y trouve, la nervure du milieu vers sa base. Sous chaque pétiole se trouvent deux stipules ordinairement lancéolés, un peu arqués. Les fleurs naissent dans les aisselles des feuilles, & toujours en plus grande quantité vers l'extrémité des branches, elle ressemble un peu à la fleur des Quetmies. Il est douteux, si la glande que l'on observe sur le dos des feuilles de ce Cotonnier, puisse fournir un caractère accessoire bien sûr; souvent elle disparoît en entier, & sur le même Arbrisseau, on observe des feuilles sans cette glande, tandis que d'autres la conservent. Rien de plus confus & de plus embrouillé dans les ouvrages systématiques de Botanique, que le genre des Cotonniers. Le fruit du Cotonnier qui renferme le Coton, est de la grosseur d'une noix, & à-peu-près de la même forme, il est divisé en quatre compartimens couverts de valves, qui s'ouvrent lorsque le Coton qui y est renfermé, est parvenu à parfaite maturité.

Le Cotonnier velu acquiert plus de hauteur que le précédent; sa tige principale s'élève à trois ou quatre pieds, & étale quand il n'est point étêté & qu'il a de la place, un très-grand nombre de branches de cinq à six pieds de long. Ces branches sont hérissées de poils, les feuilles sont composées de trois ou de cinq lobes, & garnies en-dessus de poils courts. Les fleurs paroissent latéralement vers les extrémités des branches, elles sont larges, & de couleur pourpre sale. Le fruit ou la cabosse est de forme ovale, à quatre cellules, & souvent de la grosseur d'une pomme; selon la liberté que l'on laisse aux branches, elles produisent plus ou moins de fruits, qui naissent toujours vers l'extrémité de la branche; il paroît que la méthode que l'on suit par-tout d'étêter les Cotonniers, a principalement pour but, d'augmenter le nombre des branches, car plus il pousse de branches, plus le nombre des fruits augmente. Le Coton que produit ce Cotonnier, est très-fin, soyeux, & fort estimé dans le commerce. La semence de ce Cotonnier est verte. On le dit annuel. Le Cotonnier des Barbades, que l'on croit originaire d'Amérique, est un Arbrisseau de cinq à six pieds de hauteur. La tige & les branches sont unies; ces dernières qui poussent ordinairement sur les côtés de la tige, sont des feuilles unies à trois lobes. Les fleurs qui naissent comme dans la plupart des Cotonniers, aux extrémités des branches, ressemblent assez à celles du Cotonnier herbacé; elles sont cependant plus grandes & d'un jaune plus foncé, le fruit est également plus gros que celui du Cotonnier herbacé, & renferme une plus grande quantité de Coton. La semence en est noire.

La quatrième espèce, ou le Coton des Indes, est un Arbrisseau qui s'élève à dix ou douze pieds. Les rameaux en sont pubescentes & un peu lanugineux vers leur sommet. Les feuilles sont de grandeur médiocre & menues, petites, sur-tout les supérieures, ordinairement à trois lobes ovales, un peu pointus, sans glande apparente. Les pétioles des feuilles sont également velus & parsemés des points obscurs. Les fleurs sont assez grandes, de couleur jaune, ayant une tache pourpre à leur base. Les capsules ou fruits sont ovales, coniques, pointues, & s'ouvrent en trois ou quatre valves; les graines de ce Cotonnier sont, selon *Rumph*, arrondies & noirâtre, enveloppées d'un Coton très-blanc qui y est fortement adhérent.

Le Cotonnier en Arbre, qui souvent arrive à quinze ou vingt pieds de haut, se distingue facilement des espèces précédentes, par son port plus élevé que celui des autres Cotonniers, par la manière dont il étale ses branches, & plus encore par ses feuilles qui sont pétiolées, palmées, à cinq lobes digités, à sinus obtus, portant une glande sur la nervure postérieure ou moyenne, plus ou moins sensible. Le pétiole, ainsi que les nervures des feuilles sont velus. Les fleurs d'un pourpre brun, & dont les folioles du Calice extérieur sont le plus souvent presqu'entières, ont des pédoncules courts & solitaires; le style surpasse en longueur, celle des étamines. Le fruit est oval-pointu, s'ouvrant par trois ou quatre valves, chaque loge contient trois ou quatre semences, enveloppées dans une grande quantité de Coton d'un beau blanc, & d'une souplesse qui le fait rechercher dans le commerce.

Le Cotonnier à feuilles de vigne, est un Arbrisseau de dix à douze pieds de hauteur; ses rameaux sont parfaitement glabres, ainsi que les pétioles des feuilles, & chargés de points tuberculeux; ses feuilles sont très-grandes, palmées, profondément découpées en cinq lobes ovales-lancéolés, très-pointus. Elles sont glabres en-dessus, un peu velues en-dessous, avec une glande sur une des nervures. Les fleurs sont grandes, jaunâtres, marquées inférieurement vers leur base, de plusieurs taches pourpres; le calice intérieur est ample, lacinié & divisé par des découpures longues & aigues. Plusieurs Botanistes lui ont trouvé beaucoup de ressemblance avec l'espèce suivante.

Le Cotonnier à trois pointes, a des feuilles beaucoup moins divisées que le précédent, & nullement palmées; il est moins haut que le précédent, au moins les individus qui ont été élevés en Europe; les rameaux sont un peu velus vers le sommet, & chargés de petits points noirs, ainsi que les pétioles des feuilles qui sont également velus. Les feuilles inférieures sont entières, les autres sont larges, un peu en cœur à leur base, & divisées à leur sommet en trois angles écartés, ou trois lobes courts & pointus; elles sont vertes, presque glabres, avec une glande sur une des nervures dorsales. Les fleurs se distinguent, & par leur grandeur & par une couleur d'un jaune soufré pâle, avec une teinte rougeâtre très-pâle vers leur bord; quelquefois la couleur jaunâtre est entièrement effacée, & alors la fleur est entièrement blanche; le style est terminé par un stigmate épais, oblong, tétragone, un peu tors en spirale, & ponctué sur les faces; la colonne des étamines est hérissée dans toute sa longueur par la partie de leurs filamens. Le calice extérieur de la fleur est composé de trois grandes folioles en cœur, nerveuses, divisées à leur sommet, en découpures profondes & très-aigues. Le fruit ou la capsule est peu alongé, de figure ovale, un peu pointu, divisé en quatre loges, qui renferment un duvet très-blanc, mais fort adhérent aux graines.

Le Cotonnier glabre, est un arbrisseau de quatre à cinq pieds de hauteur. Il présente souvent des variétés qui semblent se rapprocher du Cotonnier que *Linnée* a décrit sous le nom du *G. Barbadense.* Ses feuilles ont à leur surface inférieure trois glandes; dans d'autres on n'en remarque que deux & souvent une seule. Il se distingue cependant des autres espèces, sur-tout du Cotonnier à trois pointes, en ce qu'il est glabre, & que ses rameaux & ses pétioles sont chargés de points noirs tuberculeux qui les rendent rudes au toucher. Les feuilles sont d'un vert assez foncé, les inférieures ovales-pointues & entières; toutes les autres sont profondément divisées en trois lobes pointues. La tige de ce Cotonnier est parfaitement ligneuse, & lui assigne par conséquent une place parmi les Arbustes.

Culture. On cultive les Cotonniers comme objet de curiosité dans des jardins de Botanique, ou bien en grand. Ceux qui, en Europe, veulent élever des Cotonniers, doivent d'abord considérer que cet Arbuste étant originaire des pays chauds, ne peut réussir qu'autant qu'on lui donnera tous les soins que les plantes de ces climats exigent en général. A l'exception de notre première espèce, ou du Cotonnier herbacé, qui paroît vouloir s'acclimater dans plusieures provinces de l'Europe, dont le climat n'est que tempéré, toutes les autres ne peuvent être élevées que sur des couches ou dans des serres chaudes, & comme elles sont vivaces, & que plusieurs arrivent à une hauteur considérable, elles veulent être conservées pendant l'Hiver dans une serre tempérée & même chaude; malgré tous ces soins, les pieds que l'on a élevé jusqu'à une certaine hauteur pendant l'Été, périssent souvent le premier Hiver; en général, tous les Cotonniers, excepte l'herbacé, sont des plantes très-délicates.

Le Cotonnier herbacé, comme on le verra ci-après, peut être élevé dans une couche ordinaire. En le semant dans des pots au mois d'Avril, & en le transportant ensuite sous des chassis. On fera bien de donner aux jeunes pieds, autant d'air que possible, lorsque la saison le permet, & de les laisser quelque tems sous des chassis, jusqu'à ce que la saison permette de l'exposer à l'air libre.

Dans les climats, où les gelées qui arrivent souvent à la fin du mois de Mai & même en Juin, font périr beaucoup de plantes encore tendres, on aura soin de couvrir ces Cotonniers avec des paillassons que chaque jardinier saura adapter selon les circonstances. Ce Cotonnier craint également les vents froids, sur-tout les vents du Nord, il est donc prudent de choisir pour les pieds que l'on veut voir réussir, une exposition bien abritée, sur-tout celle du Midi. Les pots les plus grands, sont toujours les meilleurs, car la racine des Cotonniers est plus traçante que pivotante, une terre bien meuble & substancielle est encore celle qui leur convient dans nos climats de préférence. Il faut avoir soin d'arroser le Cotonnier herbacé de tems en tems, mais toujours médiocrement, trop d'humidité lui devient nuisible.

Les Cotonniers que l'on aura traité d'après la méthode que je viens de proposer, fleuriront au mois de Juillet, & leurs fruits seront mûrs au mois de Septembre,

Miller a également réussi d'élever en Angleterre le Cotonnier velu, mais cette espèce demande déjà plus de chaleur que la précédente. Ce jardinier l'avoit semé sur une couche chaude, & lorsque les jeunes pieds pouvoient être transplantés, ils les mettoit chacun séparément dans un assez grand pot qui fût placé dans la tannée, dont la chaleur contribua à accélérer l'accroissement. Lorsque ces Cotonniers étoient devenus trop hauts pour rester sous les chassis, il les fit transporter dans la couche de la serre-chaude, où ils acheverent leur accroissement. Ils portoient des fleurs au mois de Juillet, & les fruits aussi gros que ceux que la même espèce produit aux Antilles, étoient parfaitement mûrs en septembre, & remplis d'un coton aussi beau que celui qui vient de la Jamaïque.

On voit d'après ce détail, que pour élever les autres espèces de Cotonnier, il ne faut non-seulement mettre en usage toutes les précautions & tous les soins qu'exigent en général les plantes des tropiques, mais il faut en même-tems avoir à sa disposition des serres-chaudes d'une grandeur convenable, & en général un local que peu d'Amateurs peuvent se procurer: c'est aux grands établissemens que des Souverains seuls peuvent favoriser

voriser, qu'il faut abandonner une culture qui ne peut intéresser que la simple curiosité.

La culture des Cotonniers en grand, est au contraire un objet de la plus grande importance, & pour plusieurs pays, un article de commerce de la première valeur. Avant la découverte de l'Amérique, tout le Coton, qui se voyoit alors dans le Commerce en Europe, venoit, ou des Grandes-Indes, de la Perse, ou de cette partie de l'Asie mineure, située en partie sur les bords de la Méditerranée, peut-être aussi de l'Arabie & de l'Egypte. C'est probablement de ces pays, que le Cotonnier actuellement cultivé dans les Isles de l'Archipel, a été apporté dont il a passé successivement en Italie. Pour donner plus d'ensemble & une plus grande précision à cet article, nous diviserons la culture du Cotonnier en culture d'Europe, d'Asie, d'Afrique & d'Amérique. Comme chaque pays a différentes méthodes de cultiver cette denrée, le Lecteur nous saura sans doute gré de lui présenter, d'après les renseignements les plus authentiques & ce que nous avons rassemblé de mieux fait sur cette matière. (1)

Les pays de l'Europe où le Cotonnier est cultivé en grand, & où le Coton est devenu une denrée commerciale d'un rapport important, sont l'Isle de Malte, la Sicile, une partie de la Calabre, & quelques Isles de l'Archipel. Dans plusieurs autres Cantons de l'Italie, on avoit également commencé à cultiver le Cotonnier comme en Toscane, en Sardaigne, en Corse, & les premières tentatives promettoient beaucoup de succès; mais il paroît qu'on a présentement abandonné ce projet. Ce n'est que depuis peu, qu'on s'en occupe en Espagne, car le petit nombre de Cotonniers que l'on voyoit jusqu'ici dans ce Royaume étoit un simple objet de curiosité, ou de si peu d'importance que cela méritoit à peine le nom. Voici ce qu'en dit *Ortega* dans le supplément de la *Flora Espannola* de *Quer*.

« La culture du Cotonnier étoit autrefois entièrement négligée en Espagne, & on ne le voyoit que dans les jardins des Curieux, où cet Arbuste précieux fut élevé dans des pots avec d'autres plantes étrangères. Il paroît cependant, que dans quelques Provinces maritimes, plus industrieuses que les autres, & dont la température paroît plus appropriée à sa culture, on ait toujours élevé un petit nombre de Cotonniers, dont le Coton fut employé par les gens de la Campagne pour en faire des mèches pour leurs lampes, & peut-être pour d'autres usages domestiques. Depuis quelques années, cette culture a été suivie avec un peu plus de soin, sur-tout dans le Royaume de Valence, où plusieurs particuliers ont ensemencé des champs entiers de Cotonniers, dont la récolte a été assez considérable. En 1783, on évaluoit le Coton cultivé la même année dans le Royaume de Valence, à 400 quintaux. »

Le Cotonnier cultivé en Espagne est, selon le même Auteur, celui que *Linné* a décrit sous le nom de *Gossypium arboreum*, ou la cinquième des espèces décrites dans le tableau précédent. Quoique cette dénomination soit assez impropre, nous sommes obligés de l'adopter faute d'une meilleure; car, selon des observations modernes, il paroît assez décidé, que plus d'une espèce de Cotonniers atteint la hauteur d'Arbres, tandis que d'autres ne restent qu'Arbustes ou Arbrisseaux de peu d'élévation: nous aurons occasion de revenir sur cet objet dans la suite.

« La graine de notre Cotonnier, dit Ortega, se met en terre au mois de Mars, à-peu-près comme on plante les haricots, & pour qu'elle lève plus promptement, on la laisse tremper dans l'eau, pendant 24 heures, avant de la semer. Après qu'elle a été plantée, on a soin d'arroser la terre, & ces arrosements se continuent, jusqu'à ce que les jeunes pieds de Cotonnier soient arrivés à une certaine hauteur. Quand une fois elles sont en vigueur, ils peuvent se passer de l'arrosement, & ils produisent leurs fruits sans ce moyen, même dans un sol sec & sablonneux. (1) Les feuilles de ce Cotonnier sont petites, relativement à sa hauteur, elles sont divisées en cinq lobes, & ressemblent à celles de la vigne; mais on en trouve aussi dont les lobes sont fort obtuses: les feuilles du sommet sont extrêmement petites, & n'ont que trois lobes, la fleur semblable à celle des Quermies, est ou rouge ou jaune. Une espèce de

(1) Nous espérions trouver sur l'article Coton des renseignemens précieux dans une Dissertation composée par M. Quatremer-Dijonval, & couronnée par l'Académie des Sciences de Paris; mais la lecture de cette Dissertation nous a convaincu qu'elle ne contenoit, non-seulement rien de nouveau, si ce n'est quelques opinions, qui paroissent appartenir exclusivement à l'Auteur; mais plusieurs suppositions que l'expérience & les faits désavouent. M. Quatremer regarde le Cotonnier herbacé, tel qu'il est cultivé à Malthe, comme une variété dégénérée & abâtardie du Cotonnier en arbre qui, dans son pays natal, les grandes Indes, égale en hauteur l'orme. Il croit également que le Coton jaune de Siam, qui sert à la fabrication des étoffes connues sous le nom de nankin, n'est qu'une espèce dégénérée; selon lui, la couleur de ce Coton est un défaut, toutes les espèces doivent produire du Coton blanc. C'est pardevant le Tribunal des Botanistes que nous envoyons M. Quatremer, pour répondre de ses hétérodoxies. Si de pareilles dégénérations avoient lieu, le chevreuil pourroit bien avoir été jadis un cerf.

(1) Cette manière de cultiver le Cotonnier ne convient peut être pas à tous les pays chauds; mais les rosées abondantes dont jouit le Royaume de Valence, situé le long de la Méditerranée, remplacent en partie la sécheresse du sol.

Cotonnier à fleurs pourpres nous a été apportée de Guatimala ; mais cette espèce n'a pas si bien réussi que celle à fleurs jaunes. Le fruit ou la coque qui succède à la fleur, ressemble, quand elle est jeune, à une petite noix ; en grossissant elle change de figure ; elle est divisée en quatre cellules, dont chacune renferme deux, trois ou quatre graines: lorsqu'elle est parfaitement mûre, elle devient d'un brun-châtaigne, & le Coton qui y est renfermé, la fait éclater en trois ou plusieurs divisions. La récolte du Coton se fait ordinairement au mois de Septembre, & dans les années les plus sèches, on en fait même deux, l'une en Juillet, & l'autre en Septembre. »

« Lorsque le Cotonnier se trouve dans un bon terrein, & à l'abri des vents froids, sur-tout quand on réchauffe la terre au-tour du tronc, à l'endroit où il sort de terre, il se conserve pendant quatre ans, & les arbres ainsi traités, produisent plus de Coton que ceux que l'on plante tous les ans. On taille les Cotonniers à-peu-près comme on taille la vigne, en emportant tout le bois superflu, & en ne laissant que le productif. La première année, un Cotonnier ne produit qu'une cinquantaine de Coques, la seconde, à-peu-près deux cents, la troisième six cents & même davantage : la quatrième année, il commence à perdre de sa vigueur, & il ne produit alors que peu de Coton & d'une qualité inférieure à celui de premières années. Les Cotonniers d'Espagne ont la hauteur d'un homme, ou entre quatre & cinq pieds. Dans quelques cantons maritimes, on a commencé à cultiver le Cotonnier herbacé ; mais cette culture ne paroît pas faire de grands progrès. »

Culture du Coton en Sicile, à l'Isle de Malte & en Calabre.

« Le Cotonnier que l'on cultive en Sicile & à Malte, dit Serstini, est une plante herbacée, annuelle. Le territoire de Terra-nuova, qui s'étend le long de la Mer, au couchant de Syracuse, dans la vallée de Noto, est le canton de la Sicile plus particulièremtnt destiné à la culture du Coton. Les terres que l'on emploie à cet usage sont d'une très-bonne qualité, bien meubles, & nétoyées de mauvaises herbes. On commence ordinairement à les labourer au mois de Novembre, & on répète cette façon quatre ou cinq fois, jusqu'au mois d'Avril. Lorsque la terre est bien labourée, on l'arrose dans les derniers jours de Mai ; & , quand elle est médiocrement humide & imbibée d'eau, on y seme la graine de Coton que l'on dépose avant de la semer dans une fosse que l'on fait en terre, & que l'on remplit d'eau. On a soin de la bien frotter, & de la remuer souvent, pour la débarrasser des filamens qui y restent attachés ; on parvient aussi à rendre cette graine plus propre à une prompte végétation. »

« Comme la graine que l'on retire du Coton que la Sicile produit toutes les années, dégénère & cesse de donner du Coton de la meilleure qualité, les Cultivateurs Siciliens font venir de Malte celle du Coton qu'on y appelle *Barbaresco*, qui est bien supérieur à celui qu'on y nomme *Bastardone*. Elle se paie à raison de vingt à vingt-quatre tari le cantaro (le taro Silicien vaut huit sols quatre deniers, & le cantaro pese cent soixante-huit livres & demie de Paris). Les Maltois se pourvoient réciproquement de la graine de Coton que produit la Sicile, & ils la paient douze à quinze tari le cantaro. Ils la font manger à leurs bœufs, leurs vaches, leurs chevaux, leurs ânes & leurs mules, après l'avoir laissée dans l'eau pendant plusieurs jours. On a remarqué que cette graine étoit pour eux une excellente nourriture. »

« Le tems pour semer le Coton est le mois de Mai. Lorsque la graine de Coton a été semée, les paysans égalisent la surface du terrein auquel ils l'ont confié. Ils ne se servent point, pour cette opération, de la herse, instrument d'Agriculture, qui n'est pas généralement connu en Sicile ; mais ils y suppléent, en liant une ou plusieurs branches d'arbre ensemble, dans lesquelles ils entrelacent des feuilles ou des broussailles, pour en faire une espèce de claie. Ils attachent ensuite cette espèce d'herse au joug de deux bœufs au lieu de charrue. Le Bouvier s'assied enfin sur ces branchages. C'est dans cet état que, les faisant traîner sur la terre, il parvient à l'applanir, ce qu'on regarde comme très-important, à cause de l'ardeur des rayons du soleil, qui dessécheroient trop promptement l'humidité, si nécessaire à la germination de cette plante. On fait tourner la herse tout autour du sol qu'on veut égaliser, en commençant par un des côtés du champ, & en finissant par le cent e, sans aucune interruption. »

« Lorsque la plante a levé, & qu'elle a poussé cinq ou six feuilles, on commence à sarcler le terrein, & à enlever toutes les mauvaises herbes. Quand elle est un peu élevée, on en coupe le sommet principal avec les doigts ; c'est ce qu'on appelle éteter, *acinare*. Cette opération sert à faire pousser sa tige plus fortement, & à lui faire jetter une plus grande quantité de ces branches qui doivent produire des coques cotonneuses ; elle est même si nécessaire que, sans cela, la plante ne donneroit que très-peu de gousses, & encore seroient-elles maigres & peu remplies. Le signe auquel on reconnoit le tems de la faire, c'est lorsque la tige de la plante est devenue d'une couleur approchant de celle du plomb. Cette façon achevée, on recommence à sarcler le terrein, & à en arracher toutes les mauvaises herbes. »

« La récolte du Coton se fait ordinairement dans le mois d'Octobre, & ce tems est indiqué par l'ouverture spontanée des gousses ou coques, qui doit être complette, pour qu'on puisse en retirer facilement le Coton. Quatre ou cinq jours après la première récolte, on retourne faire la même opération, à mesure que les coques mûrissent, jusqu'à ce qu'il n'en reste pas une seule dans tout le champ. On étend, dans des magasins, toutes ces gousses, sur des claies faites avec des roseaux, pour qu'elles y sèchent plus complettement, & que l'on puisse en retirer le Coton avec plus de facilité. Lorsqu'il arrive que, dans les derniers jours de Novembre & les premiers jours de Décembre, saison des pluies abondantes, il reste encore quelques gousses ou coques sur la plante, sans être ouvertes, & sans donner aucun signe de maturité prochaine, les paysans les cueillent pour lors telles qu'elles sont, & les exposent ensuite au soleil, ou les mettent, à son défaut, dans un four médiocrement chauffé. Les coques s'ouvrent de cette manière, mais plus imparfaitement que si elles fussent venues en maturité par le secours de la Nature, & même le Coton qu'on en retire est d'une qualité fort inférieure. »

« On sépare les semences ou graines du Coton de l'espèce de soie que renferme sa coque, par une opération très-simple. Il ne s'agit que de faire passer le Coton entre deux petits cylindres, d'un bois très-dur, placés horizontalement l'un au-dessus de l'autre, à si peu de distance que les graines n'y peuvent pas passer. Ces deux cylindres sont soutenus par deux petits montans implantés solidement sur une petite table que l'on tient sur ses genoux. On adopte une manivelle à l'axe du cylindre supérieur, pour les faire mouvoir. Cette occupation sert d'amusement aux Dames Maltoises. A mesure qu'il se présente une graine pour passer entre les deux cylindres, elles ont soin de la détacher avec les doigts. »

« Les terres où l'on a récolté du Coton peuvent être semées de blés l'année suivante; ils y viennent merveilleusement. On prétend que les Propriétaires Siliciens peuvent expédier tous les ans, pour l'étranger, deux mille cantaros (c'est-à-dire, à-peu-près trois cent trente-six mille livres) de Coton préparé de différentes manières dont le superflu se consomme dans l'Isle même. Ce Coton est mis dans le commerce sous différentes formes. Savoir en Coton appellé *Cotone lordo*, qui sort d'abord de la coque avec la graine, & que l'on vend ordinairement deux onces & quinze taris le cantaro, & même jusqu'à deux onces & vingt taris (c'est-à-dire trente une livres deux sols, & même trente-trois livres six sols huit deniers). Quelquefois on le vend jusqu'à trois onces (trente-sept livres dix sols), selon la récolte plus ou moins abondante, & les variations du commerce. Lorsque ce Coton est nétoyé, sans avoir été mis en écheveau, on l'appelle *Magaluggio*, & il se vend depuis on jusqu'à douze onces le cantaro) c'est-à-dire, cent trente-sept livres dix sols jusqu'à cent cinquante livres, les cent soixante-huit livres pesant). Lorsqu'il est mis en écheveaux, *mattolas*, on le vend jusqu'à treize onces. D'un autre côté, la plus grande quantité du Coton que l'on tire de la Sicile, en sort tout filé, & sa valeur se règle sur le prix que l'on donne pour la filature, & selon les demandes. Ceux qui sont de première qualité & filés plus fins, se vendent jusqu'à cinquante onces le cantaro (six cent vingt-cinq livres). Différentes Manufactures où l'on emploie le Coton dans le pays même, ajoutent encore à sa valeur. »

Calcul de ce qu'il en coûte pour faire du Coton dans une salme de terre.

On suppose que l'on a pris à loyer une salme de terrein, d'une nature excellente, pour laquelle on paie, en Sicile, vingt onces, c'est-à-dire, deux cent cinquante livres de France.

Dépenses nécessaires pour rendre le terrein propre à la culture du Coton & pour les semences, quinze onces trois taris. . 187tt 10s 0d.

Prix & valeur de sept cantaros de graine qu'exige une salme de terrein, & que l'on paie à raison de vingt-deux taris le cantaro, cinq onces quatre taris. 62 1 8

Le produit est ordinairement de vingt-cinq quintali de Coton, quand la récolte est mauvaise (le quintalo pèse environ soixante-quinze de nos livres), de trente quand elle est médiocre, de quarante quand elle est bonne & de quarante-cinq quand elle est excellente. Prenant donc la récolte moyenne de trente-cinq quintali, qui exigeront douze tari chacun pour les recueillir, nous aurons pour frais de récolte quatorze onces. 175

Pour enlever les coques & les graines, à raison de douze grani pour chaque pesée, composée de quatorze rotolo (le rotolo fait deux livres & demie de poids foible, c'est-à-dire de la livre de douze onces). 175

Pour battre le Coton, & pour l'amotteler ou le mettre en écheveaux, à raison de trente grains la pesée, trente-cinq onces. 437 10

Total des dépenses, cent trois onces quatre tari, ou. . . . . 1,289tt 3s 4d.

Produit d'une Salme de terre mise en Coton.

Un quintal de Coton, dit *Lordo*, produit ordinairement vingt-cinq, trente & même trente-cinq rotoli de Coton net. Si l'on prend le nombre moyen, qui est trente, & qu'on le multiplie par trente-cinq, qui est le produit d'une salme de terre, comme on vient de le voir, on aura pour produit total dix cantaros & demi, se vendant à raison de onze onces le cantaro, ci 115 onces 15 taris............ 1,386 liv. 5 s.

Ajoutez à ce bénéfice le produit de la graine de Coton, qui se vend au Maltois 9 onces 24 taris.........118

Total du produit 125 onces 9 taris ou............................1,503 l. 15 s.

La culture du Coton à Malte, a été depuis long-temps une des branches les plus considérables de l'Agriculture de ce pays; mais comme tous les endroits de cette île, qui ne peut être regardée que comme un Rocher nud, sur lequel on a transporté du terreau, où sur lequel l'Art a sçu faire naître une couche très-mince de terre végétale, ne sont pas propres à cette culture, on ne voit le Cotonnier que dans les endroits les mieux garnis en terre végétale. On sème le Coton en Avril, & la récolte se fait en Août & Septembre. Le Cotonnier cultivé à Malte, & celui que l'on connoît sous le nom de Cotonnier herbacé, dénomination sans doute fort impropre, parce que les branches principales sont véritablement ligneuses, & que l'arbuste n'est rien moins qu'annuel, mais bien trisannuel; car ce n'est que la seconde année qu'il produit un plus grand nombre de coques que la première & la troisième; après la troisième récolte, qui est toujours moins abondante que la seconde, l'on arrache les pieds pour en semer d'autre Cotonnier, ou pour employer le champ à un autre production céréale. On cultive actuellement à Malte trois espèces de Cotonnier, celui que l'on appelle herbacé ou annuel, le Cotonnier de Siam, dont le Coton est de couleur chamois & d'une excellente qualité, & dont les Maltois font plusieurs étoffes d'un bon usage comme basin rayés & lisses, bas à côtes blanches & chamois tricottés & autres. Un Cotonnier qui leur est venu des Antilles, qui présente un arbuste d'une plus haute taille que les deux autres, ne s'y trouve que depuis peu d'années, & j'ignore s'il y est cultivé avec succès.

Comme les Maltois sont fort adroits dans l'Art de filer le Coton & de l'employer en différens genres de bonneterie, il paroît même qu'ils achètent du Coton dans les îles de l'Archipel sur lequel ils gagnent ainsi la main-d'œuvre. Depuis huit à dix ans leur filature a fait des progrès étonnans; il paroît que les ouvriers Indiens, que le Bailli de Suffren a emmené de la côte de Malabar à Malte, ont contribué à y perfectionner ce genre d'industrie.

En Calabre, dans les cantons qui avoisinent la ville de Lecce, à Otranto, Gallipoli, & plus avant dans le pays, les champs destinés à la culture du Cotonnier, sont labourés à la charrue deux fois, en Janvier & Avril. La graine se sème au commencement de Mai en sillons assez rapprochés; quand les jeunes plantes ont quelques pouces de hauteur, on donne autour des pieds que l'on veut conserver une petite façon avec la houe, & on a soin d'arracher de temps-en-temps les mauvaises herbes, qui pourroient nuire à l'accroissement des Cotonniers. La récolte a lieu en Septembre & Octobre; la plus grande partie du Coton récolté en Calabre, s'exporte ou filé ou arrangé de différente manière; à Lecce on fabrique des toiles de Coton, des mousselines ordinaires, & dans plusieurs autres villes beaucoup de bas & de couvertures.

Culture du Cotonnier à Syra, île de l'Archipel.

Avant de semer leur Coton, les Syriottes donnent une préparation à la graine. On sait que celle du Cotonnier, apres avoir été séparée de la bourre par le moulinet, conserve toujours une espèce de duvet, qui le rend difficile à semer. Pour remédier à cet inconvénient, on la mêle avec du sable des torrens; on verse de l'eau pardessus; on la remue bien, en la frottant avec les mains sur une pierre plate, jusqu'à ce que tout le duvet soit détaché; ensuite on la relève pour la débarrasser du sable, & on la sème alors avec facilité.

Le Coton se sème très-clair. Quand il a acquis une certaine hauteur, on l'étete pour lui faire pousser une plus grande quantité des branches & plus de coques. Il arrive de-là, que ces Cotonniers s'élèvent rarement à plus d'un pied: ils demandent un terrein sec, ceux qui sont dans un terrein bien humide, s'élèvent trop, & ne produisent que peu de coques: c'est pour cette raison, que les années pluvieuses leur sont contraires. Quoique les coques du Cotonnier de Syra ne soient pas de la grosse espèce, le Coton en est cependant d'une très-bonne qualité; il est un peu rougeâtre, comme le terrein; mais les toiles que l'on en fait acquièrent, après quelques lessives, beaucoup de blancheur. (*Voyez*, Histoire générale des Abeilles, par l'Abbé Della Rocca. Vol. I. page 197.)

La possibilité de pouvoir cultiver le Cotonnier dans les provinces méridionales de la France, ne paroît plus douteuse, d'après plusieurs essais qui ont été faits en grand en Provence. M. *Mourgues* a cultivé, en 1790, dans les environs d'Aix, plus de mille pieds du Cotonnier herbacé, & l'année passée, on a répété la même chose dans le voisinage de Toulon. Il paroît même vraisemblable, que cet arbuste pourroit s'acclimater dans une partie du Dauphiné. M. *Faujas* dont le zèle pour la prospérité de sa Patrie est connu, m'a dit avoir fait quelques essais dans une campagne qu'il possède près de Montelimar; ses essais qui ont eu le plus grand succès, ont encouragé ce Cultivateur intelligent à pousser plus loin cette spéculation; qu'avant lui personne ne paroît avoir tenté dans cette Province.

M. de *Gouffier* a donné, il y a quelques années, un Mémoire sur la culture du Cotonnier, dans les Départemens méridionaux de la France, qui se trouve dans les *Mémoires de la Société d'Agriculture*, *Trimestre d'Automne*, 1789. Cet Auteur conseille de ne planter la graine du Cotonnier, qu'après que les gelées du Printems ne sont plus à craindre, & de donner aux champs destinés à la culture de cet Arbuste, une exposition où les vents du Nord ne puissent point porter préjudice aux plantes encore tendres; il conseille de semer les graines pendant le beau tems, car, dit-il, « si le tems étoit pluvieux, la plante leveroit au bout de deux ou trois jours, » j'ignore si la méthode que propose M. de *Gouffier* est fondée sur l'expérience; car la graine de Coton, dont l'écorce est très-dure, ne lève dans les pays chauds après avoir été amplement arrosée, que le quatrième ou cinquième jour. Les Espagnols la font tremper dans l'eau, pendant 24 heures, pour accélérer la germination. Peut-être vaudroit-il mieux de faire des semis de Cotonnier, sous des chassis dès le mois d'Avril, & de transplanter au mois de Mai les jeunes pieds dans la terre qu'on leur destine; par ce moyen, leur accroissement ne seroit point interrompu par les vicissitudes de la saison. Les expériences répétées doivent naturellement décider à quelle méthode il faut donner la préférence; le sujet est encore neuf en France, & mérite sans doute l'attention des Cultivateurs.

Les essais que l'on a fait en Saxe avec les Cotonniers, & que nous rapportons d'après la feuille du Cultivateur, sont bien propres à inviter les habitans de la Provence, du Languedoc & du Dauphiné, à redoubler de zèle pour cette intéressante culture, d'autant plus que cette Province de l'Allemagne où ces essais ont été entrepris, n'est pas comparable quant à son climat, à celui de nos Provinces méridionales.

Expériences sur la Culture du Cotonnier, faites en Saxe, par M. Fleischmann, *Jardinier de la Cour.*

Le 16 Mars 1778, la graine fut mise dans des pots qui avoient été placés dans une couche de jardin. Après quelques semaines, les petites tiges furent transplantées dans d'autres pots de six pouces de large, & restèrent ainsi dans la couche jusqu'à ce que devenues beaucoup trop grandes, elles n'eussent plus assez d'espace dans les pots qui les contenoient. On les mit ensuite dans la serre, où leur végétation fit de grands progrès. A la fin de Mai, elles commencèrent à fleurir, & pour leur donner plus de nourriture, les pots furent mis dans une caisse, sur laquelle en cas de froid, on pouvoit mettre une cloche. Les plantes crurent à merveille à l'air libre; elles donnèrent beaucoup de fleurs, mais point de fruits. Comme l'air frais pouvoit en être la cause, on les recouvrit avec des cloches. Leurs fleurs se multiplièrent encore davantage, mais elles ne donnèrent pas plus de fruits; ce qu'on attribua alors avec raison, à la surabondance des sucs, & à la qualité de terre qui étoit trop grasse & trop substantielle. Les tiges avoient jetté beaucoup de branches, & elles avoient atteint trois aunes de Saxe de hauteur.

La seconde expérience commença le 11 Avril, dans des pots, comme la précédente; les tiges furent de même transplantées & posées dans des pots de six pouces de large, placés dans la serre près de la fenêtre, & sans autre soin que l'arrosage ordinaire. Chaque tige donna de douze à vingt capsules ou fruits, qui mûrirent successivement vers la fin de Septembre. Chacune, en prenant un terme moyen dans le calcul, rapporta la sixième partie d'une once de Coton. Le produit auroit été plus considérable, si l'on avoit semé dès le mois de Mars, en observant les mêmes procédés. Quelques-uns de ces pots, restèrent exposés à l'air libre, & quoiqu'ils ne donnèrent que très-peu de fruits, ces fruits mûrirent comme ceux de la serre.

Ces expériences pourroient, comme on voit, faire espérer d'acclimater peu-à-peu, & par des générations successives, le Cotonnier au climat de Saxe, plus froid que celui de la France, de manière qu'il fût possible de le cultiver à l'air libre. Aussi fût-on plus hardi l'année suivante.

En 1779, la semence fut également mise dans des couches, & une partie des plantes qui en provinrent, fut plantée environ vers la mi-Mai, sur une couche à l'air libre. Quoique plusieurs nuits froides, sur-tout dans le mois de Juin, fussent peu favorables, leur végétation n'en parut cependant pas retardée. A la fin d'Août, elles donnèrent beaucoup de fleurs: mais comme à cette époque le tems fut frais & humide, la plupart de ces fleurs tombèrent. Les tiges auroient pu donner des fruits, si on les avoit couvertes; mais on vouloit voir combien de tems elles pourroient résister à l'air libre, & on les laissa en place, jusque vers le milieu de Décembre. Elles éprouvèrent des froids assez vifs, & elles ne moururent pas, comme il seroit arrivé, si leur première éducation avoit été la même que celles des tiges des premières expériences. On les couvrit avec de la mousse, & quelques-unes donnèrent après le second hiver, du véritable bois. Les plantes sont comme les hommes, leur santé & leur durée dépend beaucoup de leur première éducation.

En 1780, on essaya d'enter quelques petites tiges de Cotonnier qui avoient résisté à l'Hiver, sur différents bois du pays; mais cette expérience n'eut aucun succès. Au mois de Mai, on en mit à l'air libre, dans une couche très-chaude: leur croissance fut considérable & rapide, & l'on en obtint des graines & du Coton. Les tiges se soutinrent très-bien dans l'Automne, & quelques-unes de petites tiges qui étoient restées fraîches jusque vers la fin de Décembre, & qu'on avoit alors couvertes de mousse, étoient pleines de vie au Printems suivant, lorsqu'elles furent emportées par une inondation de l'Elbe.

En 1781, on suivit une autre marche pour les expériences. La plantation se fit d'abord à l'air libre; on éleva d'abord les tiges dans des pots & à découvert; puis vers le milieu de Juin on les plaça dans une couche sourde ordinaire. Dès le 6 Août, elles portoient de belles capsules mûres & remplies de Coton, & en promettoient d'autres.

Culture des Cotonniers en Asie.

On peut considérer l'Asie comme la Patrie du plus grand nombre d'espèces de Cotonniers, & jusqu'à l'époque où l'Amérique fut découverte, cette partie de l'ancien monde fournissoit exclusivement aux autres la matière précieuse connue sous le nom de Coton. Un objet aussi lucratif pour le Commerce, que facile à convertir en un très-grand nombre d'étoffes, sans exiger une préparation aussi longue & pénible que la laine, le chanvre & le lin, a dû naturellement exciter les habitans des pays, où la nature avoit d'abord fait naître ces arbustes, à le multiplier, & à lui faire éprouver par l'Art des modifications auxquelles la nature ne se prête que lorsqu'elle est secondée par l'industrie; c'est sans doute à cette dernière que l'on doit les nombreuses variétés, sous lesquelles le Cotonnier se trouve actuellement répandu sur la surface de l'Univers; car, sans admettre les dégénérations monstrueuses de M. Quatremere, nous sommes très-persuadés que la culture & la transplantation du Cotonnier d'un sol en un autre, d'un climat à l'autre, ont produit des altérations dans l'espèce, assez difficiles à débrouiller. Il seroit à desirer pour le bien & l'avancement de l'Agriculture, que nous eussions des notions bien exactes & détaillées sur la manière dont les différentes espèces de Cotonniers indigènes en Asie, se cultivent dans leur pays natal; la plupart des voyageurs ne nous ont rien laissé de satisfaisant sur cet objet; les uns négocians, cachoient à dessein les endroits d'où ils tiroient leurs marchandises pour ne point courir le risque de la concurrence; de-là l'incertitude sur laquelle nous avons flotté depuis long-temps en Europe à l'égard d'un grand nombre de productions du règne végétal très-utiles & dont nous ne connoissions ni le pays natal, ni les plantes dont on les tiroient, quoique en usage pendant plusieurs siècles. D'autres Voyageurs, trop peu instruits, ou qui ne s'occupoient pas de l'Histoire naturelle, se sont contentés de ramasser à la hâte quelques poignées d'herbes, parmi lesquelles le hasard leur a ensuite fait découvrir des individus que leur système ne renfermoit pas, s'imaginant sans doute d'avoir amplement rempli leur mission, & d'avoir bien mérité de la Patrie en retournant de leurs missions avec quelques plantes dont la connoissance étoit souvent de très-peu d'importance. Il est vrai que le plus grand nombre de Voyageurs, ne s'arrêtent pas assez long-temps dans les pays qu'ils parcourent, souvent ceux qui ont fourni aux frais de ces voyages, leur ont prescrit la marche & le chemin qu'ils doivent suivre; on choisit toujours le temps le plus propre pour les voyages, qui est ordinairement celui avant ou après la récolte; (1) de cette manière, on conçoit aisément que l'Etat de l'Agriculture telle qu'il existe actuellement dans les différentes parties de l'Asie, qui ont été visitées par des Européens, nous est parfaitement inconnue. C'est à regret que nous le répétons, que parmi un très-grand nombre d'ouvrages sur l'Histoire naturelle de l'Asie, & dans un nombre immense de voyages faits dans cette partie de l'ancien Continent, nous n'avons pu recueillir que très-peu de notions particulières sur la manière de cultiver le Cotonnier. Nous ne connoissons rien sur la manière que les Chinois suivent pour cultiver les Cotonniers en grand, ni sur la préparation du papier qu'ils font avec le Coton, nous ignorons également qu'elles sont les espèces, auxquelles cette Nation industrieuse donne la préférence, car il est très-sûr qu'ils mettent beaucoup de choix dans l'emploi qu'ils font des différentes espèces, comme on peut s'en convaincre par les étoffes qui nous viennent de ce pays. Nous sommes à-peu-près dans la même

(1) Une classe d'hommes, les Missionnaires, auroit pu rendre de grands services à l'humanité, si, au lieu de propager uniquement des rêveries pieuses, & de ne chercher qu'à agrandir le pouvoir temporel de l'Eglise de Rome, ils se fussent un peu plus occupés des différens objets d'Agriculture des pays dont l'entrée n'étoit permise qu'à eux. On ne pourroit point objecter l'ignorance de ces Messieurs; car si, dans le nombre, il y en avoit de très-bornés & uniquement occupés à propager leur doctrine, il s'en trouvoit aussi de très-instruits, sur-tout parmi les Jesuites. Le Pere Duhalde, qui a résidé pendant très-long-tems à la Chine, nous a procuré plusieurs notions sur ce pays que nous aurions ignoré sans lui. Une pareille occupation n'étoit d'ailleurs point contraire à leur mission puisqu'un très-savant Missionnaire Portugais, le Pere Loureiro, qui a demeuré plus de trente ans à la Cochinchine, a publié, il y a peu d'années, une Flore de Cochinchine, qui a été très-bien accueillie par les Botanistes.

ignorance relativement aux autres parties de l'Asie Méridionale ou des Grandes-Indes. Nous savons que par-tout on cultive le Cotonnier, le pays du Mogol, le Royaume de Siam, le Pegu, le Bengale en produisent de quantités immenses, dont une partie s'exporte ou crûe, ou bien filée & convertie en différentes espèces d'étoffes, mais aucun Voyageur ne s'est donné la peine de s'instruire à fond sur les méthodes que l'on y suit pour la culture de l'arbre ou de l'arbrisseau qui produit le Coton.

Voici le peu que rapporte *Marsden*, sur le Cotonnier de Sumatra.

« Dans presque toute l'Isle de Sumatra on cultive deux espèces de Coton, l'annuel ou l'herbacé, & le Cotonnier en arbre. Le Coton fournit par l'une ou l'autre espèce paroît être d'une excellente qualité, & pourroit avec des encouragemens, être recueilli en assez grande quantité; mais les naturels n'en cultivent qu'autant qu'il leur en faut pour leurs propres manufactures. Le Coton de soie (Bomb : Céiba) se trouve aussi dans tous les villages. C'est une des plus belles productions, que la nature offre à l'industrie de l'homme. Elle est fort supérieure à la soie pour la finesse, la souplesse; mais comme le duvet est fort court, & le fil cassant, on ne croit pas qu'il soit propre au dévidoir & au métier, & l'on ne s'en sert que pour remplir des oreillers & des matelas. Peut-être qu'il n'a pas subi encore toutes les épreuves suffisantes dans les mains de nos habiles Artistes, & que nous pourrons le voir employer un jour plus utilement. Ce Coton est renfermé dans une capsule longue de quatre à six pouces, qui s'ouvre quand il est mûr. Les semences ressemblent au poivre noir, sans avoir aucun goût. L'arbre est remarquable par ses branches très-droites & horizontales, qui sont toujours par trois, & forment des angles égaux à la même hauteur; les rameaux sont également droits, & les branches observent dans leurs différentes dégradations la même régularité jusqu'au sommet. Quelques voyageurs ont donné à cet arbre le nom d'arbre à parasol, mais cette espèce de petite table, connue sous le nom de guéridon, en offre une représentation bien plus juste ». (*Voyez Marsden, Histoire de l'Isle de Sumatra, traduite en François, par Paraud*, Vol I, page 241.)

Dans toute la Perse, le Cotonnier est cultivé en grand; voici ce qu'en dit Gmelin, voyageur très-instruit, de Nation Allemande, sur la manière dont on cultive le Cotonnier dans la Province de Mansandaran.

« Le Cotonnier exige pour sa culture un terrein gras. Dans quelques cantons de Masandaran, où le sol est maigre, on cherche à y suppléer par du fumier. Pour que les Cotonniers réussissent bien, on les plante à une certaine distance les uns des autres, ordinairement l'espace entre chaque plante est d'un demi, où d'un pied. Les champs qui portent le Coton sont sillonées. Une pluie modérée est également nécessaire, lorsque le Cotonnier doit bien réussir, car dans l'endroit où j'ai observé cette culture, il n'est point d'usage d'arroser les champs. On ne voit pas non plus transplanter les pieds du Cotonnier. On les sème au commencement de Mai, & à la fin de Septembre la récolte du Coton commence. La machine dont on se sert pour éplucher le Coton est un cylindre en bois assez grossièrement construit, avant d'employer le Coton pour la filature on le carde, » (Voyez Gmelin, Voyage dans plusieurs Provinces de l'Empire Russe. Vol. 3, p. 473.) M. Gmelin a figuré le cylindre qui sert à éplucher le Coton, cette machine sert de la même manière que celle que l'on emploie, pour le même usage à Malte & en Sicile.

Le Cotonnier croit également dans toute l'Arabie; mais nous ignorons s'il y est en culture réglée, la plus grande partie des habitans étant nomades, changeant de domicile à mesure que leurs besoins l'exigent, ne paroissent pas incliner à une occupation sédentaire.

En Syrie, la culture du Cotonnier paroît se borner aux usages domestiques; selon Mariti, on n'y voit cet arbuste qu'en très-petit nombre, il en est de même dans la Palestine.

Dans l'Asie mineure, & la Natolie, le Cotonnier est cultivé depuis très-long-tems, par les Turcs, les Arméniens & les Grecs; Smyrne & Alep en font un Commerce considérable. Flachat, qui a observé cette culture aux environs de Smyrne, en donne les détails suivans.

« Dans les plaines de Smyrne, on ouvre la terre pour la première fois avant l'Hiver. On lui donne un second laboure en Février, & même un troisième si le terrein l'exige, dès les premiers jours de la belle saison, & l'on a remarqué que le mois d'Avril est toujours le tems le plus favorable à la semence. Le choix du terrein n'est pas moins essentiel; le Coton ne vient guère, ni sur les montagnes, ni dans les vallons; les terres trop fortes l'étouffent, & les sablonneuses n'ont point assez de substance. »

« La préparation de la graine a quelque chose de particulier: on l'enveloppe dans du Coton; on étend ensuite ces petits ballons dans une aire; on les couvre d'un peu de terre que l'on arrose; on les roule entre les mains, pour leur donner de la consistance. Le semeur les jette alors comme le bled à poignée, mais en plus petite quantité, parce que les graines s'étoufferoient les unes les autres, si elles étoient trop pressées; & tout de suite on retourne les sillons, de façon que la graine se trouve à un demi-pied de profondeur. On ne se promet guère une heureuse récolte, quand on est forcé de semer dans des jours pluvieux: la pluie fait pourrir une partie de la semence; le reste n'exige aucun soin; jusqu'au commencement de Juillet. »

« Le cultivateur attentif se hâte d'arracher avec une petite pioche la mauvaise herbe, & de couper le bout des tiges prématurées, qui ont quelquefois plus d'un pied dans les premiers jours d'Août. Ces précautions sont indispensables, si l'on veut avoir des plantes bien nourries. »

« Leurs feuilles sont à-peu-près de la même longueur que les feuilles de vigne. Chaque tige porte une ou plusieurs gousses vertes, qui remplacent une fleur blanche, qui s'ouvrent en quatre, dès qu'elles sont parvenues à leur maturité. On les cueille tous les matins en Septembre. Plus il y a de rosée ou d'humidité, plus on a de facilité à tirer le Coton pur & net de la gousse. »

« Cette récolte dure ordinairement un mois, à moins que les grandes pluies n'obligent de la précipiter, & de profiter des moindres rayons du soleil pour faire dans une aire, & en particulier, ce que l'intempérie de la saison n'a pas laissé faire dans les champs. Le Coton n'est jamais alors aussi beau. On donne toujours la préférence aux gousses qu'on cueille les deux premiers jours. Le reste est de moindre qualité; il y en a même à la fin dont il n'est pas possible d'en tirer aucun parti. »

« La même terre n'en peut porter deux années de suite, on y substitue ou du bled ou de l'orge. Quelques-uns mêmes la laissent chommer, parce qu'ils prétendent s'être pleinement convaincus par l'expérience que la récolte suivante en est d'un tiers au moins plus abondante. »

L'Isle de Chypre produit beaucoup de Coton, Mariti, Voyageur Italien, nous a fourni quelques renseignemens là-dessus.

« Le Coton de Chypre, dit cet Auteur, est regardé comme le plus beau du Levant; il est d'un très-beau blanc, & les fils en sont longs & très-soyeux, aussi se vend-il en Europe à un prix au-dessus des autres Cotons que l'on tire du Levant. Cependant tout le Coton que produit l'Isle de Chypre n'est pas d'une qualité également bonne, il y en a dans chaque récolte des qualités inférieures, de manière que l'on distingue dans le Commerce quatre espèces de Coton venant de Chypre. »

« On distingue les Cotonniers cultivés en Chypre, en deux espèces; la première comprend ceux que l'on nomme Cotonniers d'eau courante; la seconde, les Cotonniers de terres sèches. Les Cotonniers d'eau courante se cultivent dans les villages où il y a des petites rivières ou des courants d'eau pour arroser cet arbrisseau; les Cotons que produisent ceux-ci est infiniment plus beau, & d'une qualité supérieure à celui qui croit dans des endroits secs & qui ne jouissent d'aucune autre humidité que de celle que les pluies leur fournissent.

C'est au mois d'Avril que les Cypriotes commencent à semer la graine de Coton; ils pourroient s'en occuper de meilleure heure; mais, comme les jeunes plantes commenceroient alors à pousser dans le tems que les sauterelles ravagent annuellement l'Isle, ils retardent cette culture à dessein, pour ne pas recommencer la même besogne deux fois. »

« Avant de mettre la graine en terre, ils labourent les champs destinés à cette culture, de la même manière que l'on fait en Toscane avec des champs à bled. Ils mettent la graine en terre dans des petits trous, faits dans des sillons, & éloignés à une certaine distance les uns des autres. Dès que la graine commence à pousser, on choisit le pied qui montre le plus de vigueur & on arrache les autres. Au mois de Juin & de Juillet, les Cultivateurs ont grand soin de butter légèrement leurs Cotonniers & de sarcler les champs. »

« La récolte du Coton se fait en Octobre & Septembre; mais, comme il faut beaucoup de tems pour éplucher le Coton, cette denrée ne peut entrer dans le Commerce qu'au mois de Février & de Mars de l'année suivante. »

On compte actuellement pour une bonne récolte, lorsqu'on a recueilli cinq milles balles de Coton; il y a cependant des années peu productives, où l'on ne récolte que trois mille balles. On m'a assuré qu'autrefois on avoit récolté jusqu'à 8,000 balles; & lorsque l'Isle de Chypre fut sous la domination des Vénitiens, on y avoit récolté 30,000 balles. Mais, comme la population de l'Isle a diminué considérablement depuis cette époque, la culture du Coton a également diminué peu-à-peu. La grande sécheresse que l'on éprouve dans cette Isle, le défaut de pluie, mais sur-tout les vents chauds extrêmement étouffants qui soufflent ordinairement au mois de Juillet, font aussi manquer très-souvent les récoltes. (*Mariti viaggi per l'isola di Cipro, &c. &c. Tom. I*).

Culture du Cotonnier, en Afrique.

Si nos connoissances relativement à la culture du Cotonnier en Asie sont imparfaites, elles le sont bien davantage sur la manière dont on s'occupe de la propagation de ce végétal en Afrique. Comme jusqu'ici, toutes les relations que nous avons sur l'intérieur de cette vaste partie du Monde sont très-superficielles, nous ne saurions décider jusqu'à quel point cette culture est portée dans plusieurs parties de l'intérieur, dont les caravanes qui, pour le commerce des Esclaves & de la Gomme, arrivent tous les ans une fois en Egypte, exportent quelquefois des étoffes de Coton, dont la couleur & la forme attestent l'origine Africaine. On a souvent vu au Sénégal, à Sierra-Leone, & dans les comptoirs que les différentes Nations Européennes occupent sur la côte de Guinée, de des échantillons de Coton apportés de l'intérieur du pays par ceux qui vont à la traite des Nègres ; le Coton blanc rapporté par les Marchands de Nègres, quoique d'un blanc éclatant, & d'une grande douceur, est moins estimé par les noirs qu'un coton semblable au Siam jaune, mais d'une couleur plus dorée, qui se trouve dans le Royaume de Dahomet, & dont l'exportation, selon la relation de feu M. *Isert*, Médecin & Botaniste Danois, qui a résidé plusieurs années sur les côtes de Guinée, est prohibée sous les peines les plus rigoureuses. On ne connoît point le Cotonnier qui produit ce beau Coton ; mais il est certain que plusieurs espèces de Cotonniers croissent naturellement sur la côte de Guinée, dont quelques-uns ont été transplantés dans les Antilles, où elles réussissent très-bien. Une de ces espèces, dont nous aurons occasion de parler dans la suite, sous le nom du Cotonnier sarmenteux ou rampant, a été cultivé depuis, avec succès, par M. de *Rohr*, à Sainte-Croix une des îles Danoises en Amérique, & dont nous avons vu un fort bel échantillon dans l'Herbier de M. *Richard*, qui l'avoit reçu de M. de *Rohr*. Selon le rapport de ce dernier, le Cotonnier rampant pourroit très-bien convenir à plusieurs des Antilles, qui plus que les autres sont exposés aux ravages des ouragans, car comme il étale de longues branches qui restent toujours couchées par terre, qu'il est assez productif, & qu'il se contente d'ailleurs du sol le plus ingrat, il mérite sans doute d'être cultivé.

La partie la mieux connue de l'Afrique, le Cap de Bonne-Espérance, ne paroît pas produire des Cotonniers, au moins aucun Voyageur n'en fait mention ; nous sommes dans la même incertitude, relativement à la côte des Caffres & de l'Éthiopie, quoique la température de ces pays semble convenir à la culture de cet arbuste. A l'Isle de France & de Bourbon, plusieurs espèces de Cotonniers qui y ont été apportés de l'Inde, réussissent très-bien, & promettent des récoltes avantageuses pour l'avenir.

Il est douteux, si le Cotonnier a été autrefois cultivé en grand en Égypte, ou si la grande quantité de Coton que l'on tiroit avant la découverte du Cap de Bonne-Espérance, d'Alexandrie, & du Grand-Caire, n'y étoit pas apportée de Perse ou de l'Inde, par la Mer-Rouge, parce que ces deux Villes servoient avant cette époque, d'entrepôt pour toutes les marchandises venant de l'Inde. Il est cependant sûr que si l'on cultive actuellement quelques Cotonniers en Égypte, c'est plutôt pour l'usage domestique, que pour en faire une spéculation de commerce. Selon *Prosper Alpin*, le Cotonnier en arbre croît naturellement en Egypte.

Les Cotoniers que l'on trouve en plusieurs endroits de la côte de Barbarie, ne s'y trouvent en aucun endroit en culture réglée ; les habitans dont une partie gémit sous un gouvernement despotique, contraire à toute espèce d'industrie, & l'autre n'ayant qu'un domicile ambulant, paroissent se contenter de leurs belles laines, qui leur fournissent non-seulement, les vêtemens dont ils ont besoin, mais encore un objet commercial de la plus grande importance. Ces raisons semblent avoir empêché jusqu'ici cette culture, dont leurs voisins les Maltois ont su tirer un meilleur profit. Les habitans du Royaume de Maroc, gouvernés à-peu-près sur les mêmes principes que les Barbaresques ne paroissent pas non plus se soucier de la culture du Cotonnier.

Culture du Cotonnier en Amérique.

Les différents ustensiles faits avec le Coton, que les Européens virent chez les anciens Habitans de l'Amérique, lorsqu'ils y abordèrent la première fois, & les recherches postérieures ne laissent aucun doute sur l'existence de cet Arbuste avant la découverte. La terre ferme aussi-bien que les différentes îles, paroissent avoir possédé de tout tems, ce végétal utile, quoique l'emploi qu'en faisoient alors les Habitans, différoit de celui que les Européens en font aujourd'hui. Il semble même que la quantité & la qualité de Coton que les habitans apprirent à connoître à leurs nouveaux hôtes, a principalement invité ces derniers à tourner leur attention vers cette denrée utile, qui, dans ce moment, par l'introduction de la plupart des espèces propres aux grandes Indes & à l'Afrique, est devenu un objet de le plus grande importance.

La Caroline, la Floride, la Louisiane & les îles de Bahama, sont les parties les plus septentrionales de l'Amérique, où l'on trouve les Cotonniers. La Louisiane paroît avoir possédé cet arbuste depuis long-tems, au moins les anciens Voyageurs manifestent cette opinion. Mais en Caroline, en Floride & dans les îles de Bahama, le Cotonnier paroît avoir été apporté par les Anglais postérieurement, & la culture de cet arbuste y est encore actuellement dans son enfance.

C'est dans les Antilles, possédées par les Anglais, les Espagnols & les Français, la Guiane Française, les Colonies Hollandoises de Surinam, d'Essequebo, de Demerary, & dans la plus grande partie du Brésil, que la culture du Cotonnier est dans l'état le plus fleurissant, & toutes les Nations qui y possèdent des Colonies, paroissent se disputer la prééminence par les soins avec lesquels elles s'adonnent à cette culture.

Mais, malgré l'importance & l'étendue de cette culture, il s'en faut de beaucoup que nou avons là-dessus des notions aussi exactes & détaillées qu'il le seroit à desirer. La plupart des Propriétaires, qui s'occupent des plantations des

Cotonniers, ne paroissent suivre qu'une routine aveugle, & comptant sans doute sur la fertilité inépuisable du terrein, & sur le peu de soins & de dépenses qu'exige en général une Cotonnière, comparativement aux soins & aux avances que la Canne à Sucre, le Café & l'Indigo, rendent indispensables pour dédommager le planteur, ont peu raffiné là-dessus. Il n'est donc pas étonnant que les uns prétendent que le Cotonnier se contente indistinctement du plus mauvais sol, tandis que d'autres plus difficiles sur le choix du terrein, paroissent trouver leur compte en adoptant cette méthode.

Comme en Agriculture, la théorie ne vaut pas la pratique, nous avons cru rendre un plus grand service à nos lecteurs en leur présentant ici tantôt par extrait, tantôt en entier, ce que nous avons trouvé de plus intéressant & de plus instructif sur la culture des Cotonniers en Amérique, dans différents ouvrages, dont le mérite des Auteurs est connu, sans les amuser par des raisonnements théoriques, lesquels enfantés en Europe, pourroient bien se trouver en défaut sous les Tropiques.

Culture du Cotonnier à Saint-Domingue, d'après Nicolson & Moreau de Saint-Mery.

Le Cotonnier dont on cultive différentes espèces à Saint-Domingue, vient également bien par-tout. Il prospère dans les plaines ou dans les marnes, dans les terreins secs & humides; ceux même où les autres plantes périssent lui sont propres. On plante les Cotonniers ordinairement en quinconce, à huit ou dix pieds de distance; un peu de pluie suffit pour faire sortir la graine de terre. Au bout de trois semaines ou un mois, suivant le tems sec ou pluvieux que l'arbre a essuyé depuis sa plantation, on le sarcle, & on arrache les plantes superflues, en ne laissant dans chaque trou que deux ou trois tiges. Lorsqu'elles ont atteint la hauteur de quatre à cinq pieds, on les arrête pour contraindre la sève à se porter vers les branches collatérales, qui sont celles qui portent le plus de fruit. Il faut rompre toutes les branches verticales, parce qu'elles absorbent la sève en pure perte; il faut même arrêter les branches latérales, lorsqu'elles poussent des jets trop longs. Ces retranchements sagement exécutés forcent les branches à se subdiviser; c'est par ce moyen qu'on procure à cette plante toute la fécondité dont elle est susceptible.

Au bout de sept ou huit mois que la graine a été mise en terre, pourvu que la saison ait été favorable, on commence à recueillir les gousses. La récolte dure trois mois. Quand elle est faite, on coupe l'arbre au pied dans un tems de pluie, & la souche qui est restée en terre, pousse des fruits plus promptement que les jeunes plantes.

Le Coton doit se recueillir fort sec; l'humidité le feroit fermenter, & la graine germeroit. Le premier soin après qu'on l'a cueilli, est de l'éplucher, c'est-à-dire de séparer le duvet d'avec la graine. On se sert pour cet effet d'une machine connue sous le nom de Moulin à Coton, dont la construction est suffisamment connue. Un Nègre habile en épluche ordinairement 25 à 30 livres par jour.

Les espèces de Cotonniers que l'on cultivoit du tems de *Nicolson* à Saint-Domingue, sont 1. le *Cotonier commun*; « on prétend, dit cet Auteur, que cet arbre est indigène à Saint-Domingue; sa racine est fibreuse, grisâtre, peu pivotante. Abandonné à lui-même, il s'élève à une hauteur de douze à quinze pieds. Sa tige n'excède guère la grosseur du bras; son écorce est mince, grisâtre, unie; son bois tendre, blanc, léger; ses feuilles alternes, lisses, d'un vert foncé en-dessus, blanchâtres & garnies d'un duvet rude en-dessous; divisées en trois parties, (lobes) quelquefois en quatre, même en cinq. Chaque division est terminée par une pointe, & traversée par une côte saillante. Ces côtes se réunissent dans l'endroit où commence la queue: celle-ci a environ six pouces de longueur; le diamètre de la feuille est de quatre à cinq pouces. Les fleurs naissent sur les rameaux dans la partie opposée aux feuilles; elles sont monopétales, en forme de cloche, divisées en cinq portions jusqu'à la base, portées sur un calice découpé aussi en cinq quartiers frangés & verdâtres. Ces fleurs sont jaunâtres; leur base est marquée d'une tache rouge, qui peu-à-peu communique sa couleur à toute la corolle, de sorte que le même arbre fleurissant successivement, paroit produire deux sortes de fleurs, dont les unes sont rouges, les autres jaunâtres. Elles ne s'épanouissent jamais parfaitement; mais, en fleurissant, elles se resserrent, & ne se détachent du fond du calice que lorsqu'elles sont entièrement fanées. Le centre de la fleur est occupé par un petit corps pyramidal, environné d'étamines très-petites dont les sommets sont jaunâtres. Le pistil placé au fond du calice & fécondé par la poussière des étamines, devient un fruit gros comme une noix, divisé en plusieurs loges, qui sont séparées par des cloisons, & qui contiennent depuis cinq jusqu'à neuf graines oblongues, arrondies, oléagineuses, environnées d'un duvet en flocons d'une grande blancheur. 2. Le *Cotonnier marron*. Cet Arbre n'a jamais plus que huit ou dix pieds de hauteur; ses feuilles sont toujours fendues en trois; ses fleurs de couleur de citron pâle, petites; ses fruits de la grosseur d'une noisette; le duvet très-court, rude au toucher; la graine petite, très-adhérente. 3. le *Cotonnier de Siam franc*. L'écorce de l'Arbre est de couleur violet-pourpre, les branches collatérales sont très-fragiles, pendantes jusqu'à terre; son duvet est roux, soyeux & doux. 4. Le *Cotonnier Siam bâtard*. Il est assez semblable à celui de la seconde espèce, dont il diffère cependant par la couleur de ses fleurs qui sont purpurines, & par ses fruits qui sont plus gros & mieux nourris, & par son duvet qui est rousseâtre. 5. Le *Cotonnier Siam blanc.* Ses feuilles sont petites, divisées en trois lobes, souvent en quatre ou en cinq, d'un vert celadon, bordées d'un rouge brun, veloutées dessous & dessus, douces au toucher. Les fibres de son duvet sont longues, très-soyeuses, d'un blanc éclatant; sa graine est très-adhérente & difficile à détacher du Coton. 6. Le *Cotonnier de Gallipoli.* Il égale en grosseur & hauteur les espèces ordinaires, mais ses fruits sont une fois plus gros. Son duvet ressemble à de la laine par son élasticité; il est d'un bleu sale, rude au toucher, difficile à passer au moulin. 7. Le *Cotonnier Samblas.* Il tire son origine d'un lieu de la côte de la nouvelle Espagne, situé près du golfe de Darien, habité par les Indiens-braves. Cet arbre a beaucoup d'analogie avec celui de la troisième espèce. Son bois est fragile; son écorce d'un violet foncé, ses feuilles ne sont découpées qu'en trois lobes, terminées en cœur, veloutées, d'un vert mêlé de blanc; ses fleurs bordées d'un rouge incarnat, le duvet en est doux comme de la soie, d'une grande blancheur, mais difficile à passer au moulin. 8. Le *Cotonnier de Cayenne.* Il porte le nom de l'endroit d'où il a été tiré. Il ressemble à celui de la première espèce; les fruits en sont cependant plus gros, le duvet très-blanc, les fibres longues & fortes; ses graines amoncelées & serrées les unes contre les autres. ».

M. *Moreau de Saint-Mery* a donné quelques notions rapides sur les espèces de Cotonniers que l'on cultive actuellement à Saint-Domingue; selon lui ce sont les quatre espèces suivantes, savoir: le Cotonnier ordinaire, ou la première espèce du P. *Nicholson* qui paroit indigène à Saint-Domingue; le Cotonnier des Gonaives, ainsi appelé du quartier où il réussit le mieux; le Cotonnier de Cayenne, ou à pierre, ainsi nommé à cause de ses graines réunies en forme d'épi. A ces quatre espèces, M. *Moreau* joint encore le Cotonnier Siam, dont le Coton est principalement employé pour les usages domestiques de la Colonie. Ces dénominations, dit M. *Moreau*, sont les plus communes & les plus générales à Saint-Domingue; mais là, comme ailleurs, la nomenclature varie, & l'on ne parle souvent que de la même espèce, quoiqu'avec des noms différents.

Indépendamment des Cotonniers dont nous venons de parler, il y en a plusieurs autres qui sont ou sauvages ou dégénérés, & qui se trouvent quelquefois cultivés parmi les premiers, à la graine desquels la leur s'est mêlée. On en voit aussi que la curiosité semble protéger, & en général il faudroit les yeux d'un Botaniste exercé, pour distinguer les espèces des variétés, & une main habile pour en tracer la description.

Depuis trente ans, le Coton jouit, à Saint-Domingue, d'une valeur vénale qui s'est presque toujours soutenue à près de quarante sols la livre, monnoie d'Amérique. Ce prix en a augmenté la culture, & la culture ayant augmenté la consommation, le prix s'est maintenu, & a même surpassé le taux de quarante sols. D'après M. *Moreau*, l'Isle Saint-Domingue produit annuellement à-peu-près trois millions de livres de Coton.

Culture du Coton à la Guadeloupe.

Depuis très-long-tems on s'occupe dans cette Isle de la culture du Cotonnier; mais il paroît qu'on y a presque toujours suivi une routine aveugle, sans se donner la peine d'examiner quelles pourroient être les espèces les plus convenables aux différents quartiers de cette Isle, dont le sol & l'exposition sont si variés. Nous sommes redevables à feu M. *Badier*, Cultivateur éclairé, & dont la mort prématurée est une véritable perte pour l'économie rurale de cette Isle, & pour les différentes branches de l'Histoire Naturelle dont il s'occupoit avec beaucoup de succès, de plusieurs détails sur la culture des Cotonniers. Une partie des observations de M. *Badier* sur différentes espèces de Cotonniers se trouve consignée dans un Mémoire inséré dans le trimestre de la Société d'Agriculture, dont nous avons profité en rédigeant cet article. M. *Badier* comme M. de *Rohr*, dont nous présenterons le travail ci-après, sans se connoître, mais dont le but étoit le même, celui de contribuer à la prospérité de leur Patrie, s'étoient assurés par des expériences & des essais très-multipliés, que les caractères d'après lesquels les Botanistes avoient jusqu'ici classifié les différentes espèces de Cotonniers, étoient absolument insuffisants, & peu propres à éclairer les Cultivateurs. La coupe des feuilles, le nombre des lobes & les glandes que l'on observe à la surface inférieure des nervures, avoient jusqu'ici servi aux Botanistes à distinguer les différentes espèces des Cotonniers; mais la pratique a fait connoître à ces cultivateurs éclairés, que le même arbre produisoit des feuilles à trois ou à cinq lobes, avec plusieurs ou sans glandes velues ou glabres, des stipules plus ou moins alongés, & placés de différentes manières, au point qu'il étoit impossible de déterminer avec une exactitude rigoureuse l'espèce qu'on vouloit désigner. Ceux qui ont été à même de comparer des Cotonniers en végétation, avec des échantillons desséchés tels qu'on les conserve dans les herbiers, ont dû s'appercevoir que les glandes s'effaçoient presque en entier dans les échantillons desséchés. Il falloit donc chercher à découvrir un caractère plus sûr, moins sujet à varier, & sur-tout facile à saisir par les Cultivateurs peu au fait des subtilités des systêmes de Botanique. La graine a paru offrir à M. de *Rohr* & à

M. *Badier* des caractères propres à débrouiller la grande confusion qui a régné jusqu'ici dans la classification de ce genre intéressant de règne végétal. M. *Badier*, outre le caractère distinctif de la graine, a cru que le port de chaque espèce devoit être en même-tems pris en considération. Le travail de M. de *Rohr* dont nous ferons connoître dans la suite le résultat, est sans doute du plus grand intérêt, & mérite d'autant plus de confiance, que l'Auteur Botaniste éclairé & modeste n'a publié ses expériences qu'après les avoir vérifié plusieurs années de suite; résidant depuis une vingtaine d'années en Amérique, & ayant parcouru par ordre & aux frais du gouvernement Danois, toutes les Isles d'Amérique, où l'on s'occupe de la culture du Coton, de même que les possessions de terre ferme Espagnoles, Hollandaises & Françaises, cet habile Observateur a eu occasion plus que d'autres Voyageurs Botanistes de s'instruire sur cette intéressante culture. Nous regrettons beaucoup de n'avoir pu profiter de l'ouvrage entier de M. de *Rohr*, car ce que nous en donnerons, ne renferme que la classification des espèces, d'après la conformation, la couleur & d'autres qualités de la graine. M. *Badier* avoit également commencé un travail sur les Cotonniers, que sa mort lui a empêché d'achever; il avoit en outre communiqué au Gouvernement ses vues sur l'amélioration de la culture du Coton à la Guadeloupe, qui mériteront sans doute d'être prises en considération, lorsqu'un tems plus calme le permettra.

Pour s'assurer des différentes espèces ou variétés de Coton que l'on cultivoit indistinctement à la Guadeloupe, M. *Badier* a semé la première année le Coton de commerce, savoir: celui N.° 1, Coton à grande robe, & le N.° 2, le Saint-Martin, ainsi que les Cotons fins à graines lisses & noires N.° 7, & ceux à graines recouvertes d'un duvet vert, adhérant à la graine N.°s 1 & 2. Ces cinq espèces différentes ont été cultivées séparément, elles ont toujours donné les mêmes caractères, de manière que M. *Badier* les regarde comme espèces. Notre Auteur faisoit ensuite d'autres recherches dans l'Isle, pendant que les Cotonniers étoient en fleurs; il y découvrit six nouvelles espèces, dont trois de commerce & trois de soie, savoir: le Coton à pierre N.° 3, le Coton blanc-sale N.° 4, le Coton à aigrette N.° 5. Ceux qu'il appelle Coton de soie sont, le Coton à feuilles de magnioc N.° 4, le Siam bâtard à graines recouvertes d'un duvet vert, adhérant à la graine N.° 3, & le Siam bâtard à graines noires & lisses. Ces six espèces ont été cultivées avec les cinq premières, chacune séparément, & comme elles ont toutes donné des productions analogues aux espèces primitives, M. *Badier* les regarde avec raison comme espèces bien distinctes.

Dans le tems de la récolte de 1787, dit M. *Badier*, je suivis mes recherches, je trouvai une nouvelle espèce de Coton du commerce N.° 9, à fleurs d'un jaune-pâle, & trois espèces de Coton de soie, savoir: le Siam franc N.° 6, le N.° 8, à duvet d'un bleu-vert adhérent à la graine, le N.° 9, à fruit à cinq divisions & cinq graines dans chaque loge. Je semai, en 1787, ces quatre nouvelles espèces avec les onze de deux années précédentes, ce qui fait quinze espèces que je cultivois séparément; leur caractère distinctif à la récolte, a toujours été le même, ce qui me les fait regarder comme autant d'espèces. Pendant le cours de l'année dernière, je fis plusieurs voyages à l'extrémité de l'Isle, afin de me procurer toutes les espèces qu'il pourroit y avoir dans le pays; je rapportai de la basse terre deux nouvelles espèces de commerce, le N.° 6 à grosses graines, le N.° 7 à petites graines, & une de Coton de soie N.° 10, avec plusieurs variétés que je crois appartenir à différentes espèces précédentes. J'écrivis à Cayenne, à la Martinique, à Sainte-Lucie, à la Dominique, à Marie-Galande & à la Trinité, pour avoir des Cotons de ces différents endroits. Je reçus de la Trinité une espèce du commerce, savoir: le Coton à courtes & grosses graines N.° 8, & deux de soie N.°s 11 & 12; ils m'ont été envoyés comme Coton de soie à graines noires & lisses & à graines vertes; ils sont plus courts & moins beaux que les nôtres; je regarde ces deux derniers comme variétés du N.° 7 & N.° 2. Il résulte donc de mes recherches & demandes de l'année 1787, trois espèces nouvelles de commerce, qui avec les six des années précédentes, font neuf espèces de commerce, une de Coton fin, & neuf des années précédentes, font dix espèces de Coton fin, en tout dix-neuf espèces, dont je vais actuellement donner la description, avec les caractères distincts de chaque espèce, pris dans les diverses parties de la plante, & que chaque habitant, sans être Botaniste, peut facilement reconnoître.

Cotonniers du Commerce.

N.° 1. *Cotonnier à grande robe.* Il est distingué des autres espèces par les folioles de son calice extérieur qui sont fort larges, longues & profondément laciniées, (ce qui lui a fait donner le nom de Cotonnier à grande robe.) Le Coton en est beau & bien blanc.

N.° 2. *Cotonnier Saint-Martin.* Il se distingue du précédent, par les folioles de son calice extérieur qui sont plus petites, ainsi que son fruit qui est aussi plus petit. Ces deux espèces sont généralement cultivées à la Guadeloupe.

N.° 3. *Cotonnier à pierre, dit Cotonnier natté à Cayenne.* Il diffère des autres par les semences qui sont réunies les unes à côté des autres, sur deux rangs, formant une masse de graines dans chaque loge. Le Coton est beau, je crois que chaque fruit doit avoir moins de Coton que les autres espèces, puisqu'il ne vient que sur une de leurs faces.

N.° 4. *Cotonnier à Coton blanc sale.* On le distingue des autres par son Coton qui est d'un blanc-sale & court, & par les semences qui sont grosses, avec des stries longitudinales. Il est facile à distinguer de l'espèce première qui, accidentellement, a quelquefois des fruits dont le Coton est d'un blanc-sale à l'extérieur; ce qui arrive lorsque la cosse reste trop long-tems sur pied après avoir été ouverte, & qu'il survient pendant ce tems de la pluie qui pénétrant le calice extérieur qui est très-grand, entièrement sec & noirâtre, se charge de la partie colorante brune qu'elle dépose sur le Coton qui absorbe l'eau, ce qui fait qu'il est d'un blanc-sale plus ou moins foncé à l'extérieur, tandis qu'il est blanc à l'intérieur.

N.° 5. *Cotonnier à Coton d'aigrettes.* Le Coton de cette espèce n'est adhérent à la semence que sur la moitié supérieure de sa surface, c'est-à-dire qu'il n'y en a pas du côté de la pointe. Lorsqu'on cueille son fruit, qui est divisé en trois loges, on voit à l'intérieur la partie des graines qui sont à nud. Le Coton n'est pas aussi blanc que celui des N.os 1 & 2. Il résiste mieux au vent qu'eux, ainsi il doit être préféré pour être cultivé dans les terres exposées au vent d'Est & de Nord, où ordinairement on ne plante pas de Coton.

N.° 6. *Cotonnier à grosses graines.* C'est le plus beau Coton du commerce que je connoisse, il les surpasse tous en qualité; comparé à celui de soie, il n'a pas cet œil bleuâtre ni sa douceur; il fait la nuance entre les espèces du commerce & ceux de soie, je l'ai trouvé dans un sol volcanique, je le regarde comme une superbe espèce, & j'ai fait semer, cette année, toutes les graines que j'avois, afin de le multiplier.

N.° 7. *Cotonnier à petites graines.* Il égale en qualité le n.° 6, & n'en diffère que par les semences qui sont beaucoup plus petites. Je l'ai trouvé à la basse terre; j'ai fait semer avec soins toutes les graines pour le multiplier. L'on m'a assuré que ces deux espèces étoient cultivées, depuis plusieurs années, dans un jardin à la basse terre.

N.° 8. *Cotonnier de la Trinité.* Il diffère des autres par le Coton qui est rude & court : les semences sont grosses.

Cotonniers de Soie. Je comprends sous ce nom générique tous ceux dont le duvet en est soyeux & que l'on ne cultive dans les Colonies que pour l'usage de la maison.

N.° 1. *Cotonnier de Soie à écorce violette.* Il est distingué des autres espèces par son écorce qui est violette, & aussi parce qu'il n'a pas des taches rouges intérieurement à la base de la corolle. Les semences sont recouvertes d'un duvet vert, très-adhérent aux graines, ce qui fait qu'il ne peut-être épluché aux moulins. Je suis occupé dans ce moment à faire faire un moulin, pour tâcher de l'éplucher, attendu que c'est de tous les Cotonniers de Soie les plus beau, & qui, je crois, rapporte le plus. Il vient très-bien dans les terres touffeuses. J'ai récolté, l'année passée, sur un seul arbre deux livres de Coton avec ses graines, j'en ai pris une poignée pesant quatre gros que j'ai épluché, qui m'a donné un gros trois grains de beau Coton, doux, long & d'un blanc laiteux, & deux gros soixante-huit grains de semences grasses, recouvertes d'un épais duvet verdâtre.

N.° 2. *Cotonnier de Soie à feuilles en trois parties.* Il se distingue des autres par ses feuilles divisées en lobes; le fruit en corne alongée, est divisé en trois loges, qui contiennent depuis sept jusqu'à neuf graines recouvertes d'un duvet gris. Le Coton est moins beau que le précédent.

N.° 3. *Cotonnier Siam bâtard à graines recouvertes d'un duvet verdâtre obscur.* Il est distingué des autres par la couleur du Coton qui est d'un vilain roux sale, & par ses graines qui sont recouvertes d'un duvet verdâtre obscur.

N.° 4. *Cotonnier à feuilles de Magnioc.* Il diffère des autres par ses feuilles qui sont digitées & laciniées en sept ou huit divisions, comme celle du Magnioc & du Fromager : les semences sont recouvertes d'un duvet vert, le Coton est beau.

N.° 5. *Cotonnier Siam bâtard à graines noires & lisses.* Il diffère du n.° 3 par les graines; du reste il leur est semblable.

N.° 6. *Cotonnier Siam franc.* Le Coton de cet arbrisseau est d'un roux plus foncé que les espèces de 3 & 5; il en diffère par le duvet adhérent aux graines, qui est d'un roux foncé, le Coton est aussi plus beau.

N.° 7. *Cotonnier de Soie à graines noires & lisses.* Il se distingue facilement des autres espèces par ses graines qui sont noires, sans duvet adhérent dessus. Les feuilles sont divisées en trois lobes peu profonds, & sont plus blanches en-dessous que les autres. Le Coton est beau, & s'épluche aussi facilement au moulin que celui du Commerce, en quoi il mérite la préférence sur les autres Cotons de soie.

J'ai ramassé plusieurs variétés de ce Coton pour les semer séparément.

La première, au dos d'âne, les semences sont petites, je crois que c'est l'espèce connue par les anciens Habitans sous le nom de Coton tassia.

La seconde à Deshayes.

La troisième à la Basse-Terre.

La quatrième à Lizières des Pères aux trois rivières.

La cinquième à la Trinité.

N.° 8. *Cotonnier de Soie à petites graines re-*

couvertes d'un duvet bleu verdâtre. Il diffère du n.° 2, par la couleur du duvet qui recouvre les graines, qui sont aussi plus petites.

N.° 9. *Cotonnier de Soie à fruit divisé en cinq loges.* Il diffère des n.os 7 & 9, en ce que son fruit est au moins le plus grand nombre, est divisé en cinq loges, contenant chacune cinq semences noires sans duvet adhérent dessus.

N.° 10. *Cotonnier de Soie à fruit divisé en quatre loges.* Il diffère des n.os 7 & 9, en ce que son fruit s'ouvre en quatre loges, contenant chacune cinq à six semences sans duvet adhérent dessus: Le Coton est plus rude que les précédens.

Culture du Cotonnier à Sainte-Lucie.

A Sainte-Lucie, dit M. Cassan, plusieurs planteurs avoient commencé à abandonner la plantation des Cannes à Sucre, pour employer leurs terres entièrement à la culture du Coton, cette denrée ayant été recherchée avec beaucoup d'empressement à l'époque où le Mémoire de M. Cassan fut écrit.

Le Cotonnier y est produit de graines, que l'on sème en Juin & Juillet; on creuse de petits trous à la distance de quatre, cinq ou six pieds, suivant la qualité de la terre, & on met dans chaque trou, cinq ou six graines de Coton, qui au bout de huit jours, poussent ordinairement autant de jets; on laisse monter les plus vigoureux & on détruit les autres. La cueillette à laquelle on emploie jusqu'aux plus petits Nègres, se fait six mois après la semence, c'est-à-dire, en Décembre & Janvier, & six mois après on en fait une seconde. Le Cotonnier y deviendroit fort haut, si on n'avoit soin de l'étêter à la hauteur de quatre ou cinq pieds, pour favoriser sa ramification & sa fructification.

Le Cotonnier se plaît dans les terres sèches, légères & près des bords de la Mer; il ne dure ordinairement que quatre ou cinq ans, au bout desquels il faut le renouveller, sans quoi l'arbrisseau ne produit qu'infiniment peu. Une Cotonnière ressemble de loin à une plantation de vigne, & il y a de quoi s'y méprendre. La plus grande partie des planteurs de Coton, ont l'usage de tailler ces arbustes, après la seconde cueillette, quoiqu'on leur ait démontré combien ce procédé est nuisible. Les bons Agriculteurs, loin de tailler l'arbrisseau, en enlèvent entièrement toutes les branches & coupent le tronc à deux ou trois pouces de terre. L'expérience a prouvé en effet, que les jets qui poussent de ces chicots, donnent une récolte infiniment plus abondante que celle que l'on obtient par l'ancienne méthode; c'est ainsi qu'en agissent les Colons de Saint-Vincent & des Isles Anglaises, & un succès constant justifie leur conduite. Deux ou trois habitans de Sainte-Lucie ont déjà travaillé d'après cette méthode, & il faut espérer que leur exemple sera suivi. Cette opération sera principalement indispensable, lorsque les vers qui s'attachent au Cotonnier auront infecté cet arbre, parce qu'elle sera un moyen sûr de les détruire.

Le carré de terre planté en Coton donne, dans les excellens fonds, jusqu'à douze cents livres pesant de Coton, qui, à raison de 200 livres tournois le cent, que cette denrée a valu en 1788, donnoient un revenu de 2400 livres tournois par carré de terre, qu'un seul Nègre est en état de cultiver. Mais il s'en faut de beaucoup qu'on doive suivre cette estimation pour toutes les terres qui sont en Coton, puisqu'on évalue généralement leur produit dans les bonnes années, une terre portant l'autre, à 450 livres pesant, qui, à raison de 90 & 98 livres le cent, que vaut dans ce moment le Coton dans nos Isles, ne présentent qu'un produit d'environ 420 livres tournois par carré de terre, ce produit suffit pour les dépenses de l'habitation, pour celles du Propriétaire, pour la nourriture des Nègres, & le remplacement de ceux qui meurent; de manière qu'un coup de vent ou un autre accident imprévu occasionnent au Colon Cotonnier des pertes irréparables, sans compter qu'il n'y a pas de production plus délicate que celle-là: un vent un peu fort, des pluies un peu abondantes pendant la récolte, en font perdre la plus grande quantité, & un vent du Nord tant soit peu froid, lorsque le tems de la fenaison arrive, ôte presque toute espoir de récolte.

L'Isle Sainte-Lucie a eu jusqu'à quatre cent cotonnières, qui lui ont donné pendant quelques années au de-là de deux millions pesant de Coton, qui, à raison de 174 livres tournois le cent qu'on l'achetoit sur les lieux, lui faisoient un revenu d'environ 3,500,000 liv. tournois, dont les deux tiers au moins & presque les trois quarts étoient enlevés par le Commerce interlope: aujourd'hui ce revenu est diminué de plus des deux tiers par la baisse de cette denrée, & par l'abandon qu'ont fait plusieurs habitans de cette espèce de culture.

La plus grande partie la plus pénible de l'exploitation de cette denrée, est de la dépouiller de la graine; la machine dont on fait usage à Sainte-Lucie, est la même que celle que l'on emploie par-tout; elle consiste en deux cylindres de bois fort dur, & qui sont placés horizontalement l'un sur l'autre au point de se toucher: chaque cylindre a un pouce de diamètre. Une roue attachée à l'extrémité de chaque cylindre & que l'on met en mouvement à l'aide du pied, par une pression fort légère, facilite le méchanisme. On vient de construire à Sainte-Lucie un grand moulin à Coton, que l'eau fait mouvoir, l'eau tombe sur une grande roue perpendiculaire à l'horizon, qui fait mouvoir un grand cylindre de bois de quarante pieds de long. & de vingt pieds de diamètre. Ce cylindre dans sa rotation, fait rouler six, huit ou dix moulins, tels que ceux que nous venons de décrire, & qui se trouvent placés de chaque côté, il le fait mouvoir au moyen d'une corde dont il est entrelacée, & qui entrelace en même-tems, d'une manière convenable, toutes les petites roues de ces petits moulins. Cette machine dont l'invention est dûe aux Anglais ne coûte que 7 à 8,000 livres, lorsqu'on a un canal d'eau à sa disposition. (Mém. de M. Cassan sur la culture de l'Isle Sainte-Lucie. *Voyez* les Mémoires de la Société d'Agriculture. Trimestre d'Eté, année 1789).

Culture du Cotonnier à Cayenne & la Guiane Française, d'après Bajon & Préfontaine.

« Le Coton, dit M. Bajon, est sans doute la denrée qui mérite le plus d'attention des habitans de Cayenne, après le Sucre. Son prix avantageux & plus stable que celui des autres marchandises, sa qualité supérieure à celui que l'on tire des autres Colonies, sont des grands motifs pour redoubler les attentions sur la culture de l'arbrisseau qui le produit. »

« L'arbre connu sous le nom de Cotonnier est très-délicat; & il exige beaucoup plus de soins qu'on ne l'imagine. Il croît avec facilité dans presque toutes les terres; mais, dans les unes, il périt, lorsqu'on croit qu'il va entrer dans le meilleur rapport; dans d'autres, il vient avec beaucoup de force, dure plusieurs années, mais son fruit ne peut point acquérir la maturité qui lui est nécessaire, & ne donne presque pas de Coton; enfin dans un petit nombre d'endroits il vient très-bien, dure long-tems, & produit des récoltes abondantes. Si l'on avoit examiné avec attention la nature de cette plante, & les phénomènes qu'offrent sa végétation & son fruit dans le tems des récoltes, on auroit pu en étendre la culture bien au-delà de ce qu'on a fait. L'expérience a prouvé, depuis long-tems, que la plus grande partie de celui qu'on a planté dans la grande terre, & à quelques distances de la Mer (quoiqu'il y croisse bien) ne donne qu'un foible produit; les récoltes de celui qu'on a planté dans les terres desséchées, où il devient très-bien, manquent aussi presque tous les ans. Ce n'est donc qu'à quelques endroits, sur les bords de la Mer, qu'on le cultive avec un peu de succès. Il vient avec assez de facilité dans l'Isle, & son produit y est presque par-tout avantageux, mais la terre la plus belle & la plus fertile, est à celle de la Montagne que nous avons dit s'appeller la Côte. Nous avons indiqué les causes qui ont agi sur cette Montagne, & qui l'ont rendu fertile, non-seulement par le Coton, mais encore pour toutes les autres denrées. »

« Le Cotonnier exige donc une terre cultivée; il veut aussi être planté avec soin & avec méthode: nous nous proposons d'examiner d'abord ces deux points, & de montrer ensuite qu'il est nécessaire de choisir la terre qui lui est la plus propre. »

« Les racines de cet arbrisseau sont délicates & ne s'étendent pas bien profondément. Sa végétation est très-prompte, & six mois après sa sortie de terre, il commence à donner du fruit. Planté dans des terres neuves qui n'ont jamais été remuées, & qui par conséquent sont très-compactes, il pompe très-promptement les sucs propres à sa végétation, qui sont répandus dans la couche extérieure de cette terre; ces sucs une fois épuisés, l'arbre périt presque tout d'un coup. Il n'en seroit pas de même si les terres avoient été bien labourées & bien défrichées avant de le planter, & qu'on eût continué ensuite à donner un ou deux labours tous les ans, aux environs & à quelque distance de tous les pieds de ces arbres. Il faut cependant avoir soin de ne point endommager les racines du Cotonnier, ce qui est d'autant plus facile, qu'elles ne pivotent presque point, mais s'étendent, ou tracent latéralement; avec ces soins, ils croîtroient beaucoup mieux, & dureroient plus long-tems. Les champs employés à la culture ordinaire & abandonnés, comme n'étant plus propres à rien, seroient sans doute très-propres à la plantation du Cotonnier en les défrichant comme cela se fait avec les terres plantées en canne à sucre. »

« La méthode employée à Cayenne pour planter le Coton me paroît vicieuse & contraire à son accroissement; on est dans l'usage de le faire venir de graine, & pour cet effet, on en met dans un champ, par petits tas, sans ordre & sans apprêts; on les couvre légèrement avec un peu de terre. Toutes ces graines naissent les unes sur les autres; au bout de quelque tems on sarcle ce champ, pour couper toutes les herbes qui y sont venues, & on arrache une partie de plantes pressées & entassées les unes contre les autres, de sorte qu'on n'en laisse plus que deux ou trois dans le même endroit; on les chausse légèrement, & on les laisse grandir. Ce champ ainsi semé, sans aucune précaution, & sans aucun ordre, au lieu de paroître disposé par le Cultivateur, pour produire du Coton, semble au contraire, n'être qu'une pépinière, beaucoup plus épaisse & plus confuse que nos pépinières d'Europe. Les Cotonniers grandissent, se bouchent de tous côtés, & s'étouffent au point qu'ils ne peuvent prendre qu'un accroissement médiocre, le plus grand nombre s'élève seulement en forme de verges; & l'arbre ne peut prendre aucune consistance, ni pousser aucune branche latérale. Cette manière de planter le Coton, qui est la plus générale à la Guyane, est très-mauvaise; & c'est avec peine qu'on voit des habitans très-anciens, qui paroissent ne pas manquer d'intelligence, la suivre avec opiniâtreté. Si on veut la combattre, ils ne manquent pas de raisons, & ils en ont de si puériles, qu'elles ne méritent aucune réponse. »

« Il est cependant des habitans, qui ne sont point attachés à cette mauvaise routine; ceux-ci ont senti combien il étoit important de planter les Cotonniers, comme les autres denrées, avec plus de soin & plus d'ordre, & de les mettre à des distances convenables, afin qu'ils puissent prendre l'accroissement qu'il leur est naturel; & l'expérience a prouvé que cette dernière méthode devoit prévaloir sur la première. Mais quel qu'en ait été le succès, elle n'a pas pu convaincre tous les esprits. Il est malheureux, qu'il y ait des hommes que l'amour-propre porte à sacrifier leurs intérêts à leurs opinions. L'habitant de Cayenne qui, de tout tems, a paru le moins assujéti au préjugé ordinaire, est M. Folio-Deroses, ancien Officier & Créole. M. Folio a fait, en différens tems un grand nombre d'essais sur la culture des terres, sur la manière de planter les arbres qui donnent les denrées, & sur la méthode de les entretenir dans le meilleur état. Ces essais lui font honneur, & décèlent ses conoissances & son discernement; quoique ses travaux n'aient pas toujours été suivis d'un heureux succès, on ne lui en doit pas moins un tribut de reconnoissance. Cet habitant plante le Coton avec beaucoup de soin & beaucoup d'ordre; quelques autres l'ont imité, & l'expérience a fait voir que cet arbrisseau croît & végète avec force, qu'il s'étend de tous côtés, devient fort grand, & qu'enfin un seul pied traité de cette manière, fournit dans une année plus de revenu, que trente ou quarante traités d'après la méthode ordinaire. Je ne sais s'il ne seroit pas plus avantageux de faire venir les Cotonniers de plants que de graine; je présume au moins qu'ils deviendroient plus facile que de former des pépinières, & de les planter ensuite dans les champs qu'on auroit préparés à cet effet. Il seroit nécessaire d'ouvrir les trous quelque tems avant que de les planter, & de leur donner une grandeur & une profondeur convenables. »

« Si l'on avoit observé avec soin les Cotonniers qui produisent le plus abondamment, on auroit vu que pendant les pluies ils végètent avec force; que pendant les plus grandes sécheresses de l'Eté, qui est le tems des récoltes, la végétation se suspend totalement, & que l'arbre semble sécher. Ces deux états me paroissent nécessaires pour que ces arbres puissent produire beaucoup de Coton, & qu'il soit d'une bonne qualité. Il s'ensuit de-là, que toutes les fois que cet arbrisseau sera planté dans de terres basses & fort humides, il végétera pendant toute l'année, & alors, quoiqu'il produise beaucoup de fruits, le cabosses ou capsules qui renferment le Coton, ne pourront jamais sécher assez, pour s'ouvrir & donner le Coton; mais cette forte & abondante végétation, qui a lieu pendant toute l'année, ne paroît pas dépendre uniquement de la nature des terres, la grande humidité de l'air, & la rosée abondante qu'un Ciel serein produit pendant toutes les nuits de l'Eté, dans tous les lieux bas & peu aérés, me paroît y contribuer encore davantage; cette rosée est si forte, que les terres paroissent tous les matins couvertes d'un brouillard épais, que le Soleil détruit & dissipe à proportion qu'il le pénètre par ses rayons. »

« Cette grande rosée fournit aux Cotonniers, beaucoup de sucs propres à leur végétation, & malgré les grandes sécheresses de l'Eté, ils sont toujours dans un état de belle verdure. Les cabosses, qui sont pénétrées par cette vapeur aqueuse, ne peuvent point sécher, la forte chaleur du jour les racornit, les resserre; le Coton qui s'y trouve renfermé, se pourrit, & elles tombent par terre sans ouvrir; c'est ce que les habitans appellent Coton gelé. Il est étonnant que depuis le tems qu'on cultive cet arbrisseau dans les terres basses & humides & dans l'intérieur des terres, où le bois à haute futaie attire considérablement l'humidité, on n'ait pas reconnu cette dernière cause, qui agit avec tant de constance & d'uniformité, que tous les ans les habitans se voient frustrés du fruit de leurs travaux, dans les momens où ils croient faire la plus belle récolte. La preuve certaine que c'est la grande rosée qui empêche les cabosses de s'ouvrir, & que c'est la chaleur trop forte du jour, qui fait pourrir le Coton, c'est que, dans la plupart des Etés de Mars, ces mêmes cabosses s'ouvrent beaucoup mieux pour peu que la pluie donne du relâche, & cela parce que pendant ce petit Eté, le Ciel est presque toujours couvert, qu'il y a très-peu de rosée, & que la chaleur du jour est moins vive. »

Il est donc de la dernière conséquence pour cultiver les Cotonniers avec succès, de les faire venir dans des bonnes terres défrichées, élevées, sèches & exposées au grand air, de les planter à des distances convenables, & de les bien soigner. Les terreins peu gras & bien aérés, les petites montagnes & les revers des grandes, exposées aux vents qui règnent dans cette contrée, sont les seuls endroits où l'on doit le planter. En se conduisant de la manière que nous venons de l'indiquer, je suis assuré qu'on pourra beaucoup étendre la culture de cet arbrisseau, dont le produit mérite bien tous ces soins. Je suis aussi très-persuadé que les montagnes de la grande terre, bien découvertes, seroient très-propres à fournir un produit avantageux de cette denrée, celle de toutes qui exige le moins de peine pour sa fabrique. En effet, le Coton une fois récolté, séché & mis à couvert, se conserve tel pendant long-tems, sans recevoir aucune altération; de sorte qu'on ne doit employer à sa dernière préparation, que le tems pendant lequel les Nègres ne peuvent point travailler

vailler dans les champs à cause des pluies ; ces dernières préparations, qui consistent seulement à le séparer de la graine & à le trier, sont si peu pénibles, qu'on peut y employer des Nègres convalescens, des vieux, & tous ceux qui, par quelque maladie particulière, ne peuvent point vaquer aux travaux extérieurs. Les habitans doivent être fort attentifs à ce que ces préparations soient bien faites, & mettre tout le tems convenable pour qu'il soit bien trié, afin de conserver à cette denrée la réputation qu'elle a, & son prix bien supérieur à celui du Coton des autres Colonies.

De toutes les denrées de Cayenne, dit M. de Préfontaines (Maison rustique de Cayenne, page 54,) le Coton est la plus facile à cultiver, & qui exige le moins de Nègres. C'est aussi par elle que les nouveaux habitans commencent.

« Le Cotonnier vient de graines, que l'on plante en Octobre & Décembre. Il vient également bien planté en Janvier & en Février : lorsqu'un habitant plante des Cotonniers, il doit, autant qu'il peut, calculer, de sorte que le tems actuel soit humide pour le développement des germes, & que la récolte arrive dans un mois chaud. »

« Tout terrein convient assez au Cotonnier, lorsqu'une fois il est sorti de terre. On met communément trois graines dans chaque trou ; on en met jusqu'à six, dans une terre où il y a des fourmis, ou sur les anses de la Mer. »

« Son bois ne vient jamais fort gros. Dans le premier sarclage qu'on lui donne, on a soin d'ôter les jets qui occasionnent de la confusion. La touffe du Cotonnier pâtit souvent de ce travail. On doit recommander aux Nègres, pour ne pas fatiguer la tige, dont ils veulent retrancher l'excédent, de mettre le pied aussi près de la racine qu'ils peuvent. »

« Lorsque l'arbre est parvenu à la hauteur de sept à huit pieds, on lui casse le sommet, & il s'arrondit. »

« On le coupe au rase de terre tous les trois ans, pour le renouveller ; les nouveaux jets qu'il donne portent un Coton plus beau & plus abondant. »

« Le Cotonnier produit son fruit au bout de six mois, il y a deux récoltes, une d'Eté, l'autre d'Hiver. »

« La première est la plus abondante & la plus belle. Plus le tems est chaud, lorsque la caboffe qui renferme le Coton s'ouvre, plus le Coton est propre & sec. Cette récolte se fait en Septembre & Octobre. »

« Celle d'Hiver, qui est communément en Mars, moins avantageuse, par rapport aux pluies qui salissent le Coton, & aux vents qui fatiguent l'arbre. »

« La négligence des Nègres occasionne quelquefois la détérioration de cette denrée ; ils cueillent les caboffes par poignées, & mêlent au Coton des feuilles sèches qui le salissent. Le moulin s'embarrasse de ces feuilles, & la qualité de la denrée en est altérée. »

« Pour bien cueillir le Coton, un Nègre ne doit se servir que de trois doigts. »

« Il résulte de la négligence que l'on a de ne point casser le sommet du Cotonnier, lorsqu'il a atteint une certaine hauteur, un inconvénient très-grand. Le Nègre qui cueille, pour avoir une caboffe qu'il ne peut atteindre, attire à lui la branche. Le bois du Cotonnier mol & fragile, cède au moindre effort & se rompt. Cinq à six autres caboffes vertes encore, ou près de leur maturité, attachées à cette branche cassée, ne reçoivent plus la nourriture du pied, & sont en pure perte pour l'habitant. »

« Un Maître attentif doit visiter ses Esclaves au travail, & voir dans la cueille du Coton, si par paresse, ou pour éviter de faire le tour de l'arbre, ils n'attirent pas à eux les branches, & ne se mettent pas dans le cas d'en casser. »

« Pour ce travail, le Nègre n'a besoin que d'un panier, dans lequel il met le Coton. Le panier doit en contenir une cinquantaine de livres en graine. »

« On expose au Soleil, pendant l'espace de deux à trois jours, le Coton nouvellement cueilli, après quoi on le met en magasin. Les piliers ou poteaux qui soutiennent les hangards dans lesquelles on garde le Coton, sont garnies de petits godets de fer-blanc, qui empêchent les rats d'y monter. Ces animaux sont extrêmement friands de la graine. »

« On se sert de moulins à une, deux & quatre passes pour éplucher le Coton & pour en séparer la graine ; ceux à deux & quatre passes sont fort en uasge à Cayenne. Lorsque le Coton est épluché, & qu'on veut le mettre en balle ; voici la façon dont on s'y prend. »

« On coupe de la toile, proportionnellement à la grandeur qu'on veut donner à son sac. On prend ordinairement celle de Vitré qui a quarante-six pouces, ou trois pieds dix pouces de large. On la coud le mieux qu'il est possible ; on mouille le sac, afin que le Coton s'y attache, & qu'on puisse le fouler. Un Nègre entre dans le sac, suspendu en l'air par des traverses attachées à des poteaux ; il foule le Coton qu'on lui donne peu-à-peu, & le foule également, lorsque le sac est plein, on coud l'ouverture. Une balle bien faite doit contenir autant de quintaux de Coton qu'on a employé d'aunes de toile. En cet état, le Coton est propre pour le Commerce, & peut être transporté. »

« Avant que de mettre le Coton dans le sac, il faut songer à laisser au sac deux oreilles pleines de Coton, afin de pouvoir le remuer quand il est plein ; il faut également avoir soin, en le foulant, de frapper la balle en dehors pour mieux l'arrondir. »

Méthode de cultiver le Cotonnier à Surinam. Publié en Hollandois par A. Blom. (Voyez Verhandeling Van den Landbouw in de Colonie Suriname.)

L'arbre qui porte le Coton, est proprement dit un arbrisseau, ayant plusieurs racines tortueuses qui n'ont que très-peu de chevelu, de trois ou cinq pieds de long, selon la bonté du sol dans lequel il est planté. Ces racines ne s'étendent pas très-profondément en terre, mais elles tracent horizontalement à quatre ou cinq pouces de profondeur d'après que le terrein leur convient; la qualité de la terre détermine également la force, & la foiblesse des Cotonniers. On plante la graine du Cotonnier comme celle du Cacao, trois ou quatre dans chaque trou; quand elles commencent à pousser, on arrache les plus foibles pour ne laisser subsister que les plus forts ou ceux qui promettent le plus, car il ne convient pas de les transplanter ou de les repiquer. La graine ne doit être mise en terre qu'à très-peu de profondeur; si l'on sème pendant la saison pluvieuse, on la met sur la surface, en la couvrant avec très-peu de terre; car, placée à trop de profondeur, elle pourrit très-facilement. Quatre ou cinq jours après que la graine a été plantée, les jeunes plantes paroissent, qui en très-peu de tems poussent une tige d'un pouce d'épaisseur, avec très-peu de branches latérales; en six ou sept semaines les tiges acquièrent souvent une hauteur de six à sept pieds. Si l'on laissoit ainsi croître les jeunes Cotonniers, ils arriveroient en quatre mois de tems à dix ou douze pieds de hauteur, sans se charger des branches nécessaires, & sans produire la quantité de fruits qu'on a droit d'attendre. Mais comme on sait, par expériences que plus cet arbrisseau pousse de branches, plus il produit de fruit, on en coupe après cinq ou six semaines toutes les extrémités supérieures, au point qu'il ne reste que de deux pieds & demie de haut. Les tiges ainsi coupées, se chargent de nouveaux en très-peu de tems d'un grand nombre de branches, qui dans l'espace de quatre mois ont une longueur de cinq ou six pieds; elles croissent toute en ligne horizontale, & procurent par cette position à l'arbrisseau une espèce de couronne. Dans cet état, on regarde le Cotonnier ayant tout son accroissement en rapport. A mesure que les branches latérales poussent sur la tige, elles se chargent à chaque nœud ou articulation d'environ quatre pouces de longueur, des feuilles semblables à celles de la vigne; à l'extrémité des branches très-fluettes paroît au bout de quelque tems la fleur qui a quelque ressemblance avec une tulipe, & qui est composée de cinq pétales jaunâtres. Quand les fleurs commencent à se faner & à tomber, on apperçoit dans leur milieu le fruit, sous la figure d'un petit bouton, qui ressemble à une noix enveloppée de son brou. Après un mois de tems le fruit est ordinairement mûr; il s'ouvre alors en trois parties, & laisse échapper le duvet ou la bourre, qui enveloppe les graines au nombre de neuf ou dix placées en rangées, & accolées très-fortement les unes contre les autres.

Les jeunes pieds de Cotonniers, plantés dans une bonne terre grasse, peuvent produire tous les quatre mois des fruits mûrs. Chaque année, après la grande sécheresse, commence la petite saison pluvieuse vers la fin de Novembre ou le commencement de Décembre, alors les Cotonniers poussent de nouveaux boutons, dont les fruits se trouvent mûrs quatre mois après; aux mois de Juin & de Juillet d'autres boutons reparoissent, dont les fruits sont parfaitement mûrs aux mois de Septembre & d'Octobre. Les branches des Cotonniers, après avoir donné deux récoltes par an, commencent alors à se dessécher, mais au commencement de la petite saison pluvieuse, de nouveaux jets repoussent de la tige & à la partie inférieure des branches, qui bien-tôt après se chargent d'autres petites branches & de nouveaux bourgeons. Alors on coupe toutes les anciennes branches, & l'arbrisseau reprend au bout de deux mois sa première vigueur & tout l'accroissement dont il est susceptible. Le même traitement se répète tous les ans, & autant que cet arbrisseau reste en vigueur. Dans un terrein fort gras & substanciel les Cotonniers peuvent durer à-peu-près vingt-cinq ans, & donner tous les ans deux récoltes; mais si le sol est très-maigre & appauvri, ils ne durent pas si long-tems.

Il y a des Cotonniers qui ne produisent annuellement qu'une demi-livre de Coton; c'est souvent tout ce que l'on en obtient : mais l'on peut toujours compter, qu'un bon Cotonnier planté dans une terre substantielle, produit depuis trois quarts jusqu'à cinq quarts de livre de Coton.

On trouve trois espèces de Cotonnier à Surinam; la première espèce est celle dont nous venons de parler; la seconde quoique assez semblable à la première, se distingue par la graine qui n'est pas aussi noire, mais plutôt d'une couleur bleuâtre. La troisième espèce se fait remarquer par son feuillage & par ses boutons, qui au lieu d'être vertes comme dans les deux autres espèces, sont d'un brun clair; cette dernière espèce est la moins productive, elle porte beaucoup moins de fruit, & le Coton, que le dernier renferme, est également inférieur en qualité à celui de deux autres espèces.

Dans les années très-pluvieuses, ou quand les saisons de la pluie continuent trop long-tems, la récolte du Coton en souffre beaucoup; car la pluie qui tombe pendant que les fleurs sont ouvertes & que les fruits commencent à mûrir, salit le Coton ou empêche sa parfaite maturité. Pendant la floraison, & lorsque le Coton approche de la maturité, l'humidité lui est très-nuisible.

Un second fléau dont les Cotonniers sont également affectés, sur-tout dans les années pluvieuses, c'est la chenille. Cette chenille, que l'on voit à Surinam au mois de Juin dévaster les plantations de Cotonniers, ressemble à celle que nous observons en Europe sur plusieurs espèces de choux; elle se montre ordinairement à Surinam dans le tems de la plus forte pluie, c'est-à-dire en Mai, quelquefois en Juin. Elles attaque en premier lieu les Cotonniers, dont elle dévore les feuilles en peu de jours, & elle y reste toujours en assez grand nombre, pour ronger les jeunes feuilles qui poussent continuellement. Dans cet état, les Cotonniers restent dépouillés de toutes les feuilles, jusqu'à ce que le tems de la sècheresse arrive, alors les chenilles quittent ces arbrisseaux. Bien-tôt après les Cotonniers repoussent de nouveau en grand nombre de jets & des feuilles, & les fleurs qui y succèdent immédiatement donnent naissance aux fruits, qui au bout de trois mois arrivent à une maturité parfaite. Souvent quand la saison pluvieuse dure plus long-tems qu'à l'ordinaire, & que la saison de la sécheresse est abrégée plutôt qu'à l'ordinaire, la maturité du Coton arrive précisément dans le tems que la petite saison pluvieuse commence, & ne peut alors avoir lieu que très-imparfaitement, & au déritement du Coton même qui se salit sur l'arbre, & n'acquiert pas cette blancheur qui lui est naturelle. Souvent les chenilles se trouvent en si grande quantité, que non-seulement elles dévastent les Cotonniers, mais elles attaquent également l'herbe dans les endroits les plus secs, les cannes à sucre, les plantations de café & de cacao n'en sont pas moins épargnées.

Les terres hautes de Surinam ne conviennent pas à la culture des Cotonniers, car si l'on réussit à y faire venir quelques pieds, ils ne prennent qu'un accroissement lent & peu vigoureux. J'ai essayé moi-même à faire préparer ces terres avec tout le soin possible, mais en y semant le Cotonnier, de mille graines, il n'y en eût que la la moitié qui a levé, & les jeunes plantes que j'ai obtenu, étoient foibles & grêles, & ceux qui, dans ces endroits, se sont conservés pendant deux ou trois ans, n'y ont fait que languir, & ont péri bien-tôt après.

Ce n'est que dans le bas-fond de la Colonie, sur-tout près de la Mer, que les Cotonniers sont cultivés avec avantage; dans les endroits qui sont brûlés, ces arbrisseaux ne croissent que foiblement & ne durent pas long-tems, & dans d'autres où la terre est presque réduite en cendre, ils ne croissent pas du tout. (1) Les terres nouvellement défrichées, & qui n'ont jamais été en culture conviennent le mieux à une Cotonnière; c'est dans de pareilles terres que cet arbrisseau en le traitant comme nous l'avons dit dans le précédent, peut se conserver en plein rapport pendant vingt-cinq ans. Il faut cependant excepter les terres que nous appelons à Surinam *Pallisaden grond*, & qui sont extrêmement grasses & substantielles, lorsqu'on y plante peu après qu'elles ont été défrichées des Cotonniers, ces arbrisseaux y poussent à la vérité une très-grande quantité de bois, & acquièrent une hauteur extraordinaire; mais ils ne produisent pas autant de fruits que dans un sol moins substantiel. Si l'on veut employer de ces terreins pour l'établissement d'une Cotonnière, il est plus convenable d'y planter pendant quelques années des végétaux qui servent à la nourriture de l'établissement & des Nègres, tels que Bananes, Ignames, &c. ces plantes servent à épuiser la trop grande fertilité, & les Cotonniers y croîtront encore avec assez de vigueur.

Le terrein destiné à cette culture se laboure comme celui dans lequel on élève le Caféier; la graine se met dans des trous éloignés de huit à neuf pieds les uns des autres. On plante quelquefois entre les Cotonniers d'autres plantes; mais il faut prendre garde de ne point choisir celles qui empêchent l'accroissement des Cotonniers, sur-tout quand ils sont encore jeunes. Une Cotonnière bien entretenue, doit être sarclée de tems-en-tems; on doit également renouveller quelquefois la terre autour des tiges des Cotonniers, on emploiera à cet usage une terre neuve qui n'a pas porté, telle qu'on en ménage toujours quelques portions dans une plantation de quelque étendue.

Ce que j'ai dit relativement à la quantité de Coton qu'un Cotonnier rapporte annuellement à Surinam, cela s'entend toujours d'un arbrisseau vigoureux, & qui se trouve dans une terre dont la qualité est appropriée à cette culture. Il est naturel, qu'un terrein qui pendant long-tems a été employé à cette culture, doit avec le tems perdre une portion de sa vertu productive & commencer par s'appauvrir; le meilleur moyen est alors d'abandonner un tel terrein & de le laisser reposer pendant quelques années. Cependant cette méthode ne peut-être mise en exécution, qu'autant que la plantation est d'une étendue assez considérable; ou qu'il y ait des terres dans le voisinage sur lesquelles on puisse établir une nouvelle Cotonnière. Celui qui est chargé de la

(1) Pour défricher un terrein neuf, les Hollandois commencent par couper les arbres & arbustes, & d'y mettre alors le feu, après que les broussailles sont suffisamment desséchées; la terre qui couvre ces bas-fonds, est ordinairement bourbeuse, laquelle réduite en cendre pour la plus grande partie, n'est guère propre à la végétation; ce n'est qu'au bout de plusieurs années que ce terrein peut être employé.

surveillance d'une plantation ne doit pas négliger de visiter souvent ses Cotonniers, & de chercher à remplacer les pieds qui languissent, par des nouvelles graines, qu'il semera à la place du Cotonnier qui a péri, ou dont la force végétative se trouve éteinte.

On séme à Surinam en Décembre & Janvier, ces deux mois paroissent les plus favorables pour faire prospérer les jeunes pieds des Cotonniers; la grande sécheresse est alors finie, & la petite saison pluvieuse commence. La terre qui, pendant la sécheresse, se trouve épuisée, reprend après les premières pluies douces des nouvelles forces, & toutes les productions végétales que l'on plante alors, réussissent ordinairement très-bien. Les semences de Coton que l'on feroit ici en Mai ou pendant la grande saison pluvieuse, ne pourroit avoir qu'un foible succès, car la terre est alors tellement imbue d'eau qu'une grande partie des semences mises en terre pourrit, & celle qui lève n'acquiert qu'un port languissant & étiolé, trop foible pour résister à la sécheresse qui suit après, de façon, que des Cotonniers semés en pareille saison doivent toujours être regardés comme perdus.

Evaluation de ce que coûte à Surinam l'établissement d'une plantation de Cotonniers de 1000 acres & de 246 Nègres, avec les dépenses annuelles pour son entretien, & les revenus qu'elle produit.

Maison pour le Propriétaire	4,000 fl.
Cuisine & lieu d'aisance	650
Maison pour le Directeur de la plantation, & pour les autres Officiers subalternes; magasins pour les instrumens de labourage & des provisions de bouche	4,500
Cuisine & lieu d'aisance	1,650
Bâtiment pour y garder le Coton	20,000
Citerne en pierre	3,000
Ecluse	4,000
Grenier	500
Cabanes pour les Nègres	5,000
Maison pour les malades	15,000
Hangard	600
Maison pour le Charpentier & le Tonnelier	1,000
Meubles	300
Trois bateaux : un bateau couvert, un bac couvert & un bateau de transport	1,300
Ustensiles pour le Charpentier, le Tonnelier, & instrumens de labour	450
Deux cent quarante-six Nègres à 500 florins	123,000
Total	170,400

Répartition des terres & Esclaves nègres 460 acres sur lesquels on a planté 230,000 pieds de Cotonniers.	690 acres.
70 acres plantés en comestibles pour l'entretien de la plantation, 140 restant en réserve pour le même usage.	210
30 acres employés pour digues, canaux & chemins de traverse	30
30 acres plantés pour la nourriture des Esclaves	30
30 acres pour les savannes, servant de pâturage	30
Total	1,000 acres.

Pour 530 acres plantés tant en Coton qu'en plantes qui servent à l'entretien de la plantation, on compte 216 Esclaves dont 106 travaillent dans les champs, à cinq acres par tête. Les autres sont employés de la manière suivante.

3 Officiers.
3 Gardiens.
6 Charpentiers.
1 Maçon.
2 Garde-malades.
1 Gardien pour le troupeau.
1 Chasseur & Pêcheur.
2 Jardiniers.
5 Au service de la Colonie.
5 Domestiques.
73 Enfans.
38 Vieillards & Esclaves estropiés, hors de service.
136 Travailleurs aux champs.

246.

Entretien par An.

Supplément annuel pour l'achat des nouveaux Esclaves, à 5 p. c.	6,150 fl.
Entretien des bâtimens, à 1 ½ p. c.	576
Entretien des Esclaves, 1 ½ p. c.	20
Entretien des meubles, à 15 p. c.	45
Entretien des bateaux, à 6 p. c.	78
Instrumens de labour	450
Provisions pour les Esclaves, consistant en tabac, pipes, morue & harengs, à 4 florins par tête	984
Au Chirurgien, à deux florins par tête	249
	8,795 fl.

Autres dépenses annuelles.

Salaire du Directeur..........1,000 fl.

A deux Officiers subalternes, à 200 florins..........400

Droits de sortie, à 2 ½ p. c.....1,676 10 ft.
Caisse des Déserteurs, à 6 p. c. 5,176
164 bouteilles de rum, à 2 flor...328
61.....mélasse, à 1 flor.........61

Au comptoir de la Compagnie de Surinam, pour 3 blancs & 212 Esclaves, à 24 flor. 10 ft..........530

17 Employés dont il a été question ci-devant, à 1 fl. 5 ft..........21 5
A l'Eglise..........2 10

Total des dépenses à Surinam..17,990 5 ft.
5 Esclaves nègres au service de la Colonie, à 300 journées, 10 stuiv. à chaque homme défalqué..........750

Reste du total des dépenses à Surinam..........17,240 5 ft.

En supposant la récolte d'une pareille plantation de 95,850 livres de Coton transportées en Hollande, après la déduction du poids à 10 p. c. 86,249 livres, à 34 ft..........73,311 13
Décourtage d'un p. c.......... 733 2

72,578 11
Autre décompte..........896 14

71,682 17

Assurance d'une somme de 70,000 flor. à 5 p. c..........3,520
Pour le transport, à 1 stuiver.6,468 13
Avarie ord. à 10 p. c..........646 16
Ports-de-lettres..........10 2
Passe-port..........4

10,649 11

Décharge du Coton à Amsterdam480
Dépôt à la Douane..........152
Courtage, à 6 ft. pour 100 liv....358 8
Provision des Vendeurs, à 2 p. c..1,433 13
.....de la chambre d'assurance, à 1 ½ p. c..........350

13,225 12

A défalqué l'intérêt d'un capital de 170,450, 6 p. c..........10,227
Marchandises livrées pour l'entretien des Esclaves, consistant en toilerie, draperie, mercerie, &c....1,000

13,377

Restant pour le Propriétaire..44,882 5
Dépenses à Surinam..........17,240 5

Profit net..........27,642

Observations sur les espèces de Cotonniers tant indigènes que cultivées actuellement en Amérique, avec un essai d'une nouvelle Méthode, pour distinguer les différentes espèces de Cotonniers d'après la conformation de la graine. Par M. de Rohr, Intendant des Bâtimens de S. M. Danoise, habitant à l'Isle Sainte-Croix en Amérique. Extrait de l'Ouvrage Allemand de l'Auteur.

Mon travail, dit M. de Rohr, étant uniquement destiné à procurer aux Planteurs & aux Négocians une connoissance exacte de différentes espèces de Coton cultivées en Amérique, je ne m'arrêterai point à la description minutieuse de l'arbre qui nous procure cette substance précieuse, ni aux caractères que les Botanistes nous ont donné d'après les fleurs & les feuilles, & qui selon mon expérience, entièrement fondée sur la pratique, ne suffisent pas pour distinguer les espèces bien prononcées des simples variétés. Je me suis convaincu par une culture de plusieurs années, que la figure des feuilles, les glandes que l'on observe à leur surface inférieure, de même que les stipules varient infiniment, & ne peuvent par conséquent fournir aucun caractère spécifique. Ma plantation renferme des Cotonniers, dont la figure des feuilles offre des différences sans nombre, il en est de même des glandes; car je possède des arbres qui portent à-la-fois, des feuilles à une, à deux & à trois glandes. Quant aux stipules, je me suis apperçu dans ma plantation que leur position & leur figure, étoient à peu de chose près les mêmes dans tous les arbres.

Je ne prétends, en aucune manière, déprimer les mérites du grand Linnée le père de la Botanique; je sais qu'il s'est vu très-souvent dans la nécessité de composer les caractères de certains genres, sur des échantillons mal desséchés, dont il ne possédoit qu'un seul exemplaire, recueilli par des personnes qui n'étoient pas Botanistes. Il est donc très-excusable, si ce savant Homme s'est trompé sur des objets, dont il ne pouvoit point vérifier les caractères, d'après un grand nombre d'individus, pris sur le lieu même. De toutes les espèces de Cotonniers décrites par

Linnée, il n'y a que le *Gossipium religiosum*, que j'ai pu déterminer exactement, d'après les individus que je possède, & que j'ai élevé des graines qui m'étoient venu de Tranquebar dans les Grandes-Indes.

Des observations souvent répétées sur les caractères les moins équivoques & les moins sujettes à varier dans les Cotonniers, m'ont enfin appris, que ceux pris des semences, étoient les plus sûres & les moins variables, & je les propose pour cette raison comme les seules; d'ailleurs ils sont très-faciles à saisir, & par conséquent à la portée de tout homme tant soit peu intelligent. Je sais que les Botanistes trouveront à redire à ma méthode, mais je suppose avoir à faire à des Planteurs ou à des Négocians; les premiers, seront d'après ma méthode, moins embarrassés sur le choix des espèces de Cotonniers qu'ils veulent cultiver, ou qui conviennent de préférence au sol & à l'exposition de leur plantation, & les derniers seront toujours assurés de recevoir l'espèce de Coton qu'ils demandent, en nous faisant parvenir la graine de celle qu'ils desirent; chose d'autant plus aisée, que les Cotons du Commerce quelque bien épluchés qu'ils puissent paroître, renferment toujours quelques gousses ou capsules, qui contiennent des graines. Ceux qui ne se sont jamais occupé de la culture du Cotonnier, pourroient sans douter, objecter que les Négocians feroient beaucoup mieux de faire passer au Planteur un échantillon du Coton, qu'ils demandent; mais je réponds à ceux-là, qu'il y a plusieurs espèces de Coton, qui se ressemblent beaucoup au premier aspect; & sur lesquels, ni la vue, ni l'attouchement ne peuvent reconnoître des différences; cependant, en les filant, on s'apperçoit aisément qu'il existe une très-grande différence, & je possède moi-même plusieurs espèces de Cotonniers, dont le Coton ne laisse rien à désirer du côté de la blancheur, mais qui a été trouvé trop long pour être filé avec avantage dans les manufactures Anglaises. D'autres espèces de Cotonniers, dont le rapport pourroit aisément inviter le Planteur, peuvent porter un Coton très-soyeux, d'un beau blanc très-lustré, mais il est trop fin pour les manufactures, & peut tout au plus convenir pour quelques ouvrages fait à la main, dont cependant le prix seroit toujours trop haut pour pouvoir faire un objet avantageux de Commerce.

Plusieurs autres circonstances, sur lesquelles je reviendrai dans la suite, serviront également à faire voir, combien il est essentiel au Planteur de bien connoître les différentes espèces qu'il cultive. Les Cotonniers varient beaucoup quant à leur rapport; il y en a qui rapportent toute l'année; d'autres donnent deux récoltes, enfin plusieurs espèces n'en donnent qu'une seule. Il y a des espèces de Cotonniers, qui portent un Coton de la plus belle qualité; mais la capsule qui renferme cette bourre précieuse, se détache trop vîte, & tombe avant qu'elle soit mûre. Sur d'autres Cotonniers, le Coton se salit & perd sa couleur blanche avant sa maturité.

La quantité de Coton que les différentes espèces de Cotonniers donnent à chaque récolte, & la couleur du Coton sont encore des objets, qui intéressent le Planteur. Il y a des Cotonniers dont la hauteur & l'étalage des branche paroît promettre une récolte assez abondante; c'est ce qui trompe souvent le Planteur; ces arbres ne produisent souvent que deux gros ou une demi-once de Coton par an, tandis que d'autres, d'une apparence moins imposante, en rapportent jusqu'à sept onces de Coton épluché. Quant à la couleur l'on sait qu'il y a des Cotons d'un beau blanc de neige très-lustré, d'autres d'un blanc de lait, ou d'un blanc sale : il y a encore des Cotons tirant sur le roux, & même sur le brun, dont plusieurs sont d'excellente qualité : lorsque je donnerai la description de différentes espèces de Cotonniers que j'ai cultivé, j'y ajouterai tout le détail nécessaire pour distinguer les espèces des variétés, & je ferai connoître leurs bonnes & mauvaises qualités.

Une des premières qualités d'un bon Coton, est, qu'il se détache facilement de la semence; nous rapporterons, dans la suite de ces observations, des détails qui feront voir, que le tems que l'on emploie pour détacher une livre de Coton de ses graines, en fixe souvent le prix; le Planteur doit donc s'occuper de préférence à ne cultiver que les espèces, qui réunissent le plus de bonnes qualités, dont je vais actuellement donner un apperçu rapide.

Un acre planté en Cotonnier peut rapporter beaucoup au-delà de ce que rapporteroit le même terrein planté en Canne à Sucre; je pourrois citer ici ma petite plantation, dont le sol n'est rien moins que propre à la culture des Cotonniers, & dont le rapport a cependant surpassé mes espérances.

Description de la semence des Cotonniers cultivés à Sainte-Croix.

§. I.

Selon le langage des Botanistes, les semences du Cotonnier sont ovales, & pointues à leur base. Mais, en considérant cette semence hors de la capsule & détachées de la bourre ou du Coton qui leur sert d'enveloppe, il paroît plus naturel de donner le nom de base à la partie la plus arrondie; la pointe se trouvera alors en haut; c'est sous ce rapport que je l'ai considéré dans ma description. La partie supérieure est donc selon ma méthode la pointe & la partie arrondie, opposée à la pointe, la base.

§. 2.

J'appelle *suture*, une arète saillante qui s'étend depuis la pointe jusqu'à la base. La suture se termine près de la base en pointe élevée en forme de crochet; je donne le nom de *crochet* à cette partie de la semence. Tout le reste de la semence, c'est sa *surface*.

§. III.

La *surface* de la semence est dans quelques espèces *rude* comme du chagrin, & toujours d'un noir obscur. D'autres ont une surface très-unie, d'un brun noir, à travers lequel on distingue des petites veines noires. Plusieurs autres espèces ont la surface légèrement garnie d'un poil très-court & rare, à travers lesquels on distingue très-bien la couleur de l'écorce, mais on n'y distingue plus si bien les petites veines. Il y a enfin beaucoup d'espèces, dont la surface est en partie, ou bien entièrement couverte d'un duvet très-serré ou de poil, souvent de tous les deux, de façon, que la couleur de la surface n'est plus à reconnoître.

Les différentes qualités de la surface, m'ont déterminé à diviser les semences de Cotonniers en quatre classes.

§. IV.

J'appelle *duvet* une chevelure touffue, très-courte & crepue, de grosseur égale dans toute sa longueur, d'une couleur rouille de fer, & qui ne perd point son crepu en la tordant entre les doigts. *La chevelure duvéteuse* est également composée de petites fibres courtes & crepues: mais ces fibres se trouvent si peu rapprochées qu'on peut aisément les compter. Des *taches duveteuses* se trouvent parsemées sur la surface des semences, le duvet en est court & serré, on les distingue aisément à la vue; mais il est impossible de les séparer. Ces taches ne s'observent que sur la surface de quelques semences, on ne les rencontre jamais ni le long de la suture, ni près de la pointe.

J'ai donné le nom de *poils* aux fibres plus minces vers la pointe, & plus grosses à la base, & qui ayant été pressées avec les doigts, reprennent leur première figure. Ces poils sont toujours plus longs que le duvet. J'ai donné le nom de *feutre*, au velu, qui entourre ordinairement des semences; mais je le distingue lorsqu'il est plus ou moins poileux, plus ou moins serré ou rare. La partie de la surface des semences, qui n'est point garnie de *duvet*, ni de feutre ni de poils, je la nomme nue. Il est nécessaire d'observer que les parties que je viens de décrire sont des caractères essentiels de la semence du Cotonnier; car elles se conservent constamment sur la semence, quand même ces dernières ont été dépouillées du Coton qui les enveloppoit, & on ne peut pas même les emporter avec un couteau, sans entamer en même-tems la surface de la semence. Pour distinguer exactement les différentes espèces de Coton, j'ai été obligé d'emprunter également les caractères principaux de la quantité, figure, position & proportion de ces parties. L'expérience m'a prouvé qu'elles sont invariables dans leur état naturel.

§. V.

Le côté de la semence où se trouve la suture est la *face antérieure*, le côté opposé, la *face postérieure*.

§. VI.

Le nombre d'espèces de Cotonniers que je connois, sont les suivantes, celles que je connois les plus avantageuses pour les Planteurs, sont marquées d'une étoile.

A. *Cotonniers dont la semence est rude & noire.*

1. *Le Cotonnier Sauvage.* La semence en est toute nue.

2. *Le Cotonnier à petits Floccons.* La graine n'a que très-peu de fibres duveteuses autour de la pointe, de deux côtés de la suture.

3. *Le Cotonnier verd couronné.* La pointe de la semence est courte; elle est entourée de feutre très-court & très-serré. Le feutre ne déborde pas la pointe, & s'étend un peu le long de la suture; on observe souvent sur la surface des taches garnies de feutre.

4. *Le Cotonnier Sorel vert.* La semence est à pointe courte; cette dernière est entourée de peu de feutre court & rare. Le feutre ne déborde pas la pointe, & s'étend le long de la suture.

5.* *Le Cotonnier Sorel rouge.* La semence est à pointe courte; elle est entourée de beaucoup de feutre serré & crepu. Le feutre déborde la pointe, il est un peu tronqué à la face postérieure de la pointe, & descend le long de la suture jusqu'en bas, où il se trouve entremêlé de peu de poils.

6. *Le Cotonnier Barbe-Pointue.* La semence est de figure oblongue, la pointe en est longue. Le feutre qui entoure la pointe est très-serré & crepu; il s'étend un peu le long de la suture, où il se trouve entremêlé de peu de poils.

7. *Le Cotonnier Barbe-Crochu.* La semence se distingue par une petite toupe de feutre sous le crochet.

8. *. *Le Cotonnier Annuel.* La semence présente une petite toupe de feutre autour de la pointe, & sous le crochet. Il y en a deux variétés; le Co-

tonnier annuel à petites capsules, & le Cotonnier annuel à grandes capsules.

9. *Le Cotonnier à gros Flocons.* La semence se distingue par le feutre qui entoure la pointe, & qui descend le long de la suture, souvent endessous du crochet; sur la surface, on observe souvent des taches éparses de feutre.

10.* *Cotonnier de la Guiane.* Les semences contenues dans chaque loge de la capsule, s'y trouvent accolées en forme de pyramide longue, très-étroite.

11. *Cotonnier de Brésil.* Les semences contenues dans chaque loge de la capsule, s'y trouvent réunies en forme de pyramide & large.

B. *Cotonniers dont la semence est d'un brun obscur, à surface lisse veinée.*

12.* *Le Cotonnier Indien.* La pointe de la semence de cette espèce, se distingue par quelques fibres de feutre, dont la face postérieure est garnie. La suture unie à la pointe déborde cette dernière. Le crochet est presque imperceptible.

13. *Le Cotonnier de Siam, brun-lisse.* La pointe de la semence est garnie à la face postérieure de peu de fibres de feutre. La suture n'arrive pas jusqu'à la pointe. Le crochet est très-visible.

14. *Le Cotonnier de l'Isle Saint-Thomas.* Le feutre qui entoure la pointe est très-serré, parsemé de poils longs, en forme de pinceau ou d'aigrette qui débordent souvent la pointe, mais qui se perdent près la partie supérieure de la pointe. Le crochet est très-sensible.

15. *Le Cotonnier Aux-Cayes.* La semence est à angles obtus d'un côté, de l'autre côté plus enflé. Le feutre autour de la pointe rare est & court; il disparoît au haut de la suture. Le crochet presque effacé.

16. *Le Cotonnier Siam-Couronné brunâtre.* Le feutre autour de la pointe est court, très-serré, crepu n'a que peu de chevelu; il disparoît au haut de la suture. Le crochet est très-visible.

17. *Le Cotonnier de Carthagène à petits flocons.* Le feutre autour de la pointe est parsemé de poils longs, rares. La suture est unie; le crochet à peine sensible.

19.* *Le Cotonnier Siam blanc.* La semence est courte, à base presque sphérique; le feutre autour de la pointe à duvet long, & très-serré, il s'étend un peu vers la base; le crochet à peine sensible.

C. *Cotonniers dont la semence présente une surface parsemée de poils très-courts, de façon que l'on peut aisément distinguer la couleur de l'écorce; les veines se distinguent moins bien.*

20. *Le Cotonnier de Curossao.* La semence est très-petite, pourvue de peu de poils, qui s'y trouvent en une position inclinée; la pointe est courte, inclinée, garnie d'un feutre très-court à la face postérieure. Le crochet ne présente qu'un point élevé.

21. *Le cotonnier Couronné de Saint-Domingue.* La semence est de forme alongée, couverte de beaucoup de poils rares. La pointe en est courte & droite, entourée de poils longs. Le crochet très-visible.

22. *Le Cotonnier Sarmenteux.* La semence de ce Cotonnier ressemble beaucoup au précédent; il se distingue cependant par les côtés dont celle où se trouve la suture est plane, tandis que l'autre est plus renflée.

D. *Cotonniers dont la surface de la semence est en partie, ou en entier, garnie d'un feutre, ou bien de poils, épais au point qu'on ne peut plus distinguer la couleur de l'écorce.*

23. *Le Cotonnier à tache lisse.* La semence de ce Cotonnier présente des angles émoussés, & quelques proéminences raboteuses à sa surface. Elle est couverte depuis la pointe jusqu'à la base d'un feutre roussâtre. Le crochet, & une grande tache près de la base sont nues & sans feutre. La pointe, une partie de la suture, & le crochet sont très-visibles.

24. *Le Cotonnier à coton gros.* La semence est presque cylindrique, & couverte d'un feutre gris blanchâtre, exceptée une petite tache près du crochet, qui est toute nue. On n'apperçoit que l'extrémité de la pointe; la suture est couverte de feutre; le crochet est rarement visible.

25. *Le Cotonnier Siam brunâtre velu.* La semence est presque cylindrique, couverte en entier d'un feutre brun-rougeâtre; la pointe est entourée de poils longs, l'extrémité de la pointe est visible; la suture & le crochet sont couverts de feutre.

26. *Le Cotonnier mousseline.* La semence est couverte en entier de poils; la pointe, la suture & le crochet ne s'apperçoivent pas.

a. *Mousseline à gros grain.* La surface de la semence est d'une couleur rouille de fer, un peu pâle, quelquefois d'un gris clair; le Coton très-blanc.

b. *Mousseline rouge.* La surface de la semence couleur rouille de fer obscur, quelquefois gris obscur; le Coton couleur de chaire pâle.

c. *Mousseline de la Trinité.* La surface de quelques semences couleur d'olives, quelquefois grise; le Coton très-blanc.

d. *Mousseline des Isles Remires.* La semence très-petite, la surface d'un brun clair; le Coton d'un blanc sale.

27. *Le Cotonnier à feuilles rouges.* La surface de la semence couverte de feutre & de poils touffus; on ne voit que l'extrémité de la pointe; la suture & le crochet ne sont pas visibles.

28. *Le Cotonnier religieux.* (*Gossipium religiosum*

giosum. L.) La semence presque sphérique, & très-petite, est couverte d'un feutre gris-blanchâtre & de peu de poils. Les poils qui, en petite quantité, entourent la pointe, surpassent en longueur la semence. J'en connois les deux variétés suivantes :

a. *Le Cotonnier Religieux de Tranquebar.* Les feuilles sont à lobes pointus.

b. *Le Cotonnier Religieux de Cambaye.* Les feuilles sont à lobes arrondis.

29. *Le Cotonnier Porto-Ricco.* Les semences renfermées dans chaque loge de la capsule, sont accolées fortement les unes contre les autres; elles forment une espèce de pyramide étroite & alongée, entièrement couvertes de feutre.

Les semences que j'ai employé pour les descriptions précédentes, étoient toutes choisies & arrivées à parfaite maturité.

§. VII.

Pour m'assurer que, parmi les différentes espèces de Cotonniers que je viens de décrire, il n'y eut point de variété, produite par le mélange de la poussière séminale des espèces cultivées dans la même plantation, & qui tôt ou tard auroit pu tromper l'espérance du Planteur, j'ai fait, pendant plusieurs années de suite, des essais sur l'intégrité de mes espèces. Je vais actuellement communiquer aux Lecteurs, les résultats de mon travail.

Je commençois par planter dès l'année 1787, tous les Cotonniers que je croyois des espèces bien distinctes à des grandes distances les unes des autres. Je choisissois pour cet effet dans ma plantation, des expositions où les vents ne pouvoient point transporter la poussière séminale d'un arbre à l'autre. Lorsque mes Cotonniers commençoient à se couvrir de fleurs, j'apperçus qu'ils étoient suffisamment abrités contre les vents, qui auroient pu se mêler de ma culture; mais je ne fus pas aussi tranquille du côté des insectes, qui se portoient en grand nombre d'un arbre à l'autre, & dont plusieurs étoient couverts de poussière séminale. Quoique j'étois assuré de n'avoir planté cette première année que des espèces bien prononcées, je craignois cependant pour l'année suivante, où j'appréhendois beaucoup de variétés qui alors, auroient complettement embrouillé toutes mes descriptions & toutes mes recherches précédentes. J'avois conservé, avec le plus grand soin, les semences sur lesquelles j'avois fait mes descriptions, & dont une partie avoit été employée pour ce premier essai. L'année d'après (en 1788) à la fin de Mars, la première récolte de mes Cotonniers étant finie, j'examinois avec l'attention la plus scrupuleuse. les différentes espèces de Coton que je venois de récolter. Mais, en comparant les nouvelles semences avec les anciennes, qui m'avoient servi de types pour les descriptions, au lieu des espèces hybrides que j'appréhendois, je n'obtins que des semences entièrement semblables à celles que j'avois plantées. Ce premier essai me donnoit au moins la certitude de l'intégrité de mes premières espèces; mais il falloit alors s'assurer, par une seconde récolte, que ces mêmes espèces dont la semence ne sembloit annoncer aucune altération, conserveroit l'image du type primitif.

La seconde année, je ne plantois que les semences nouvelles que j'avois récolté l'année précédente, avec les mêmes précautions qu'auparavant, & j'attendois cette fois ici quelques altérations dans mes espèces. J'avois choisi pour être plus sûr de mon expérience, le tems le plus convenable à chaque espèce. Ma première récolte commençoit en Novembre, & à la fin de Mars de l'année suivante, elle étoit finie pour tous les Cotonniers; je comparois, comme la première fois avec toute l'exactitude possible, le produit de cette seconde récolte, avec les anciennes semences, qui m'avoient servi pour mes descriptions; mais, encore cette fois, il n'y eut aucun changement ni dans le Coton, ni dans les semences, qui ressembloient exactement aux anciennes.

§. VIII.

J'ai essayé depuis à me procurer des espèces hybrides par des procédés artificiels; mais les expériences que j'ai entrepris dans cette vue, sur plusieurs espèces de Cotonniers, n'ont pas eu de succès. Je me proposois de produire une espèce hybride, par le mélange de la poussière séminale du Cotonnier de la *Guiane*, n.° 10, avec celle du *Cotonnier Indien*, n.° 12; mais, par un hasard assez singulier, je m'apperçus que la poussière séminale des Cotonniers, qui fleurissent le même jour, n'arrivoit à parfaite maturité qu'à différentes époques de la journée. La poussière séminale du Cotonnier de Guiane, par exemple, étoit en maturité avant la pointe du jour, tandis que celle du Cotonnier Indien ne l'étoit qu'à midi. Il faut donc attendre des circonstances plus heureuses, & répéter les expériences, qui ne peuvent être que très-intéressantes pour toutes les personnes qui s'occupent de cette culture. Je me propose de les suivre plusieurs années de suite, & de les publier, lorsque les résultats seront tels que je le desire.

Observations particulières sur les différentes espèces de Cotonniers décrites dans le précédent.

§. I.er

Le Cotonnier Sauvage est appelé Coton nu par le Planteur Français, & Withywood Coton par les Planteurs Anglais. Le nom que les Anglais donnent à cette espèce de Cotonniers, signifie en Français *Cotonnier Saule*; on lui a donné ce nom à cause de ses branches effilées & longues, qui ressemblent à certaines espèces de Saules, & qui sont fort sujettes à se casser. Ce Cotonnier, qui ne vaut pas la peine d'être cultivé, se trouve dans presque toutes les plantations des Antilles. A la Jamaïque, on l'élève parmi les bonnes espèces de *Cotonnier Annuel ou Year-Round*, avec lesquelles il a été quelquefois confondu par des Planteurs peu instruits. Ce Cotonnier est d'une figure assez imposante; lorsqu'on le laisse croître sans l'éteter, il arrive à neuf pieds de haut, & occupe en largeur un espace de huit à neuf pieds. En voyant ce Cotonnier chargé d'un très-grand nombre de capsules, on est tenté à le regarder comme une espèce digne d'être cultivée. Mais l'aspect imposant de cet arbre est démenti par la quantité & la qualité de Coton qu'il produit. Le Cotonnier le mieux soigné de cette espèce ne m'a donné, par an, que deux gros moins dix grains de Coton épluché, tandis que le Cotonier annuel ou le Year-Round des Anglais, avec lequel on le confond quelquefois à la Jamaïque, donne près de sept onces de Coton épluché, & n'occupe que six pieds quarrés de place. Le Coton du Cotonnier sauvage a encore le défaut de se salir promptement dans sa capsule, lorsque cette dernière est atteinte de la pluie ou de la rosée; la couleur brune de la capsule, qui paroît très-soluble, se communique après la moindre humidité au Coton, qui alors n'a que très-peu de valeur. J'ai donné le nom de Cotonnier sauvage à cette espèce, quoique je ne l'ai point encore trouvé dans son état naturel; mais cette dénomination lui peut convenir relativement à son peu de rapport & ses mauvaises qualités. La semence de ce Coton est très-grande.

§. II.

Le Cotonnier à petits flocons. Cette espèce ne paroît pas avoir été connue jusqu'ici; c'est le hasard qui me l'a fait découvrir dans l'Isle que j'habite. Il ne porte que peu de Coton; mais, comme ce Coton est très-blanc, il m'a paru valoir la peine de l'élever. Il ressemble à une espèce que nous cultivons depuis long-tems dans l'Isle Sainte-Croix, sous le nom de Cotonnier à gros flocons (*Gread lock*), dont il se distingue cependant par des flocons plus petits. J'ai reçu depuis de Spanish-Town la semence de ce même Cotonnier, comme un objet fort rare.

§. III.

Le Cotonnier verd couronné. A la Martinique, cette espèce est connue sous le nom de *Coton fin* ou couronné verd, parce que le feutre qui entoure la pointe de la semence, est toujours de couleur verte, chose que je n'ai rencontré dans aucune autre espèce. Avec le tems, cette couleur verte se change en gris foncé. Je n'ai trouvé ce Cotonnier qu'à la Martinique; le Coton qu'il porte est très-fin, aussi l'y cultive-t-on depuis long-tems. Depuis quelques années, on l'élève également en très-grande quantité à l'Isle Saint-Barthélemi. Les capsules qui renferment le Coton ne se conservent pas long-tems sur l'arbre; & si, pendant la récolte, il arrive la moindre pluie, les capsules à demi-mûres communiquent une couleur sale au Coton. Si, au contraire, le tems reste sec & serein pendant la récolte, le Coton conserve sa blancheur. Il est fort estimé par les Manufacturiers Anglais. La récolte commence au mois de Novembre, & dure sept à huit mois. Un Cotonnier de cette espèce ne donne cependant que deux onces & demie de Coton; sa hauteur ne passe pas trois pieds, & sa largeur quatre à cinq. A l'Isle Saint-Pierre, les Anglois nomment ce Coton *Rum and sugar Coton*.

§. IV.

Le Cotonnier sorel verd. Cette espèce de Cotonnier est cultivée avec l'espèce que j'ai nommée Sorel rouge, dans l'Isle Spanish-Town. Les Anglais comprennent les deux espèces sous le nom de *sorel Coton*. Sorel est le nom que cette Nation donne à une espèce de Quetmie, décrite par Linnée sous le nom de *Hibiscus sabdariffa*, & comme cette plante présente deux variétés dont l'une a des tiges & des fleurs rouges, & l'autre les mêmes parties d'un beau verd; cette dénomination a été appliquée à ces deux espèces de Coton, qui ressemblent effectivement à la Quetmie de Linnée. Avant d'avoir recueilli les renseignemens nécessaires sur ce Cotonnier, j'avois blâmé les Planteurs de Spanish-Town d'en faire deux espèces distinctes. Mon expérience m'a cependant convaincu que le Sorel verd & le Sorel rouge sont très-différens, comme le prouve la semence, & le rapport en Coton de ces Cotonniers. Je dois de la reconnoissance à un de nos meilleurs planteurs à Sainte-Croix, M. John Rengger, qui m'a procuré la première semence de ces deux espèces de Cotonniers qu'il avoit apporté de Spanish-Town.

Les deux espèces de Sorel dont je viens de parler, se distinguent l'une de l'autre, non-seulement par les tiges, les pétioles, les veines des feuilles, & le calice, qui, dans l'espèce verte, conservent toujours cette couleur, tandis que, dans l'espèce rouge, elles sont d'un rouge très-marqué, mais encore par une différence remarquable dans la quantité & la qualité du Coton qu'elles m'ont donné. Le Coton du Sorel verd tombe bien-tôt après la maturité, & ne donne que quatre onces de Coton épluché, par arbre. Le rouge se conserve plus long-tems, & chaque arbre m'a donné sept onces & demie de Coton épluché. Il n'eſt pas difficile d'opter entre ces deux eſpèces.

Mes obſervations ſur les deux eſpèces de Sorel m'ont été confirmées depuis par les planteurs Anglois de Spanish - Town, où le Sorel rouge porte le nom de *Red Sorel* ou *Rondknob Sorel*, ou Coton à bouton rond, & le verd, *white Sorel*, ou *long knob Sorel*, Coton à bouton alongé. A la petite Iſle Saint - Pierre (*St - Pieters Eyland*), le Sorel verd porte communément le nom de *Pollard Coton*.

§. V.

Le Cotonnier Sorel rouge. D'après ce que je viens de dire en faveur de cet arbre, il paroîtra peut-être ſuperflu d'en parler de nouveau; mais, comme il mérite à tous les égards d'être cultivé avec ſoin, j'ai cru qu'il me ſeroit permis d'en dire encore un mot.

Le Sorel mérite la préférence ſur le Cotonnier annuel ou le Year round des Anglais, quoique ce dernier ſoit une de nos meilleures eſpèces. Le Cotonnier annuel ne m'a jamais donné au-delà de ſept onces de Coton épluché par arbre; le Sorel m'en donne ordinairement ſept onces & demie; ce ſurplus devient un objet aſſez conſidérable dans une cotonnière où l'on cultive pluſieurs milliers de ces arbres.

Le Sorel donne pluſieurs récoltes par an; il donne beaucoup de Coton à-la-fois, & chaque récolte ſe termine ſous peu de jours. Le Cotonnier annuel fournit, à la vérité, du Coton pendant toute l'année; mais, pour ne pas en perdre une bonne partie, il eſt indiſpenſable de viſiter les arbres tous les huit jours, pour cueillir le Coton qui a mûri dans cet intervalle; ſans cette précaution, on ne feroit qu'une récolte très-médiocre. Le Coton annuel eſt en outre très-ſujet à ſe détacher facilement de ſa capſule, & de tomber, pour peu qu'il ſoit atteint de la pluie ou du vent; ſouvent le poids du Coton accélère ſa chûte; c'eſt une raiſon de plus pour viſiter toutes les ſemaines ces Cotonniers, choſe ſouvent très-pénible & diſpendieuſe dans une grande plantation. Le Sorel ne ſe détache pas facilement de l'arbre, & réſiſte beaucoup mieux aux vents & à la pluie; ſon Coton ſurpaſſe en blancheur & en fineſſe celle du Cotonnier annuel. Le Sorel n'étant point étêté, acquiert une hauteur de quatre à cinq pieds, & une largeur à-peu-près égale. On peut donc planter ſur chaque acre un plus grand nombre de pieds de Sorel que de Cotonnier annuel, parce que ce dernier exige pour le moins un eſpace de ſix pieds.

§. VI.

Le Cotonnier barbe-pointu. Je lui ai donné ce nom, pour le diſtinguer de quelques autres eſpèces. En viſitant une cotonnière où le Propriétaire prétendoit ne cultiver que le Cotonnier annuel, j'ai rencontré, par haſard, cette eſpèce.

L'arbre arrivé à ſept pieds de hauteur, l'étalage de ſes branches exige au mois huit pieds de largeur. Il ne donne qu'une ſeule récolte par an, & ſi on ne dégrade pas l'arbre, en pinçant la pointe dans ſa jeuneſſe, on peut compter ſur trois onces de Coton épluché.

§. VII.

Le Cotonnier barbe-crochu. Cette eſpèce de Cotonnier porte le nom de *red chanks*, dans les deux Iſles, Saint-Thomas & Tortola, où on le cultive ſans mélange. A Sainte-Croix, & la Trinité, on le cultive également, mais toujours entremêlé avec d'autres Cotonniers, ſur-tout avec l'annuel. Ce Cotonnier arrive à une hauteur de ſix pieds, & une largeur à-peu-près égale. Le Coton qu'il produit eſt égal en bonté à celui que porte le Cotonnier annuel. Il ne donne qu'une récolte par an, qui quelquefois ne réuſſit pas. Lorſqu'on ſoigne cet arbre comme il faut, on peut compter ſur cinq onces de Coton épluché.

Le Cotonnier annuel, en Anglois *Year-round*. Il y a deux eſpèces dont l'une eſt le gros, l'autre le fin.

La première eſpèce eſt cultivée depuis très-long-tems dans les Iſles Danoiſes. Il porte encore le nom de *rum - Coton*, ce qui veut dire Coton à rum. Ce nom lui a été donné, parce que les Planteurs étant anciennement peu riches en eſpèces, envoyoient ce Coton en guiſe de paiement chez le Marchand de rum ou d'eau-de-vie, lorſqu'ils avoient beſoin de cette denrée. Ce Coton ſe cultive également en quantité à la Jamaïque & à Saint-Domingue; de-là lui vient le nom de Coton de Jamaïque ou de Saint-Domingue, ſous lequel on le trouve ſouvent dans le Commerce.

Lorſque je commençois à m'occuper de cette culture, je parcourois avec ſoin les différentes cotonnières de mon Iſle; en demandant aux Planteurs le nom de l'eſpèce qu'ils cultivoient, j'eus toujours la réponſe que c'étoit le Cotonnier annuel ou le Year-round. Un léger examen ſuffiſoit cependant pour me convaincre qu'une ſeule plantation renfermoit ſouvent cinq à ſix eſpèces, comme le prouvoient dans la ſuite les ſemences que j'examinois ſelon ma méthode. Les eſpèces que j'ai indiqué ſous les noms de Cotonnier barbe pointue, barbe à crochet, Cotonnier ſauvage, étoient tous confondus avec le véritable Year-round ou Cotonnier annuel. Mais, outre la différence frappante qui exiſte entre les ſemences de ces eſpèces & le Cotonnier annuel, leur culture & le produit en Coton, m'ont prouvé que ce ſont des eſpèces bien prononcées.

Le véritable Cotonnier annuel ſe diſtingue toujours par ſa ſemence dont la pointe eſt en tourée d'une petite toupe de feutre ; le même feutre s'observe également sous le crochet. D'ailleurs la récolte très-prolongée de ce Cotonnier le distingue suffisamment ; la première a lieu au commencement de Novembre, & dure jusqu'à la mi-Mars ; & la seconde, qui commence à la fin de Juin, se prolonge jusqu'au commencement de Septembre. On voit donc que ce Cotonnier est presqu'en rapport pendant toute l'année ; c'est ce qu'on ne peut pas dire des autres Cotonniers.

Le Cotonnier annuel se cultive en quantité à l'Isle Montferrat où on le distingue par le nom de *loaf-Coton*, &, d'après les renseignemens que j'en ai donné à mes voisins les Planteurs de Sainte-Croix, plusieurs le cultivent actuellement sans le mélanger avec d'autres espèces dont le Coton n'est ni aussi beau ni aussi recherché.

J'ai essayé de semer ce Cotonnier dans tous les mois de l'année ; mais celui que j'ai semé en Février, a toujours donné la plus grande quantité de Coton, c'est-à-dire, sept onces d'épluché. Il demande un espace de six pieds, & atteint à-peu-près la même hauteur.

La seconde espèce de ce Cotonnier auquel j'ai donné le nom de Cotonnier annuel fin, n'est parvenu à ma connoissance qu'en 1790 ; c'est M. Colbiorsen, Conseiller de la Régence de notre Isle, qui m'en a fait parvenir la semence qu'il avoit reçu la même année de Porto-Ricco. Les pieds de ce Cotonnier que je possède actuellement dans ma plantation sont encore très-jeunes ; mais, quoique de peu de force, ils n'en sont pas moins déjà en rapport. Le Coton en est plus fin que celui de l'espèce précédente, & les capsules bien plus grosses. Je ne saurois dire combien de Coton chaque arbre me donnera par an ; mais je suis persuadé d'avance que ce Cotonnier est un des plus productifs. Nos planteurs l'ont quelquefois confondu avec l'espèce que je décrirai ci-après sous le nom de *Cotonnier à gros flocons*, mais je ne puis point adopter cette dénomination ; la semence lui assigne sa place comme variété précieuse du Cotonnier annuel.

§. IX.

Le Cotonnier à gros flocons. On le nomme aussi *great-lok Coton*, ou *old bess*. Ce Cotonnier fut cultivé anciennement en grand nombre dans notre Isle où il rapportoit beaucoup, à ce qu'on en dit. Mais, depuis quelque tems, on en a abandonné la culture, parce que le Coton se salit promptement sur l'arbre, après la plus légère pluie. Dans les années où les chenilles dévastent quelquefois les Cotonniers, cet arbre en souffre singulièrement, & ne produit alors rien. Quelquefois on le rencontre encore parmi les autres espèces. Les arbres bien soignés ne m'ont donné que quatre onces de Coton ; ils avoient six pieds de haut sur huit pieds de large.

J'ai découvert depuis peu, une variété remarquable de ce Cotonnier, qui m'a été communiquée par M. de Malleville, Commandant à l'Isle Saint-Thomas. Le Cotonnier que ce Commandant avoit chez lui, occupoit un espace de seize pieds en largeur ; il avoit donné cette année (1790), jusqu'au 27 Mars, une livre trois quarts de Coton épluché ; &, comme il étoit encore chargé de fleurs quand je le vis, on doit en attendre encore une récolte plus considérable. Le Coton de cette belle variété ne se salit point, ne tombe pas de la capsule, & ressemble pour la finesse, au Coton verd couronné.

En parcourant, il y a quelque tems avec M. Duncan, plusieurs des Isles voisines, pour nous assurer sur les différentes variétés du Cotonnier à gros flocons, nous rencontrâmes dans les petites Isles Spanish-Town, Just van-Dick, & Saint-Pierre, plusieurs de ces variétés dont on nous présenta également les graines. L'inspecteur d'une plantation à Spanish-Town, nommé Abraham, homme très-intelligent dans cette partie, nous donna des renseignemens sur trois variétés de ce Cotonnier.

La première à capsules rondes ; cette variété est regardée comme la meilleure.

La seconde à capsules oblongues, est inférieure à la première.

La troisième est, selon lui, peu recommandable.

Comme je me suis procuré des semences de ces variétés, j'espère pouvoir, sous peu de tems, en donner des détails plus étendus.

§. X.

Le Cotonnier de la Guiane. Le Coton de cet arbre est fort estimé en Europe, à cause de sa blancheur, de sa force & de la longueur de ses fibres. Dans le commerce, on le connoît sous le nom de Coton de Cayenne, de Surinam, de Demerary, de Berbice & d'Essequebo ; ce nom lui convient de préférence ; car on ne cultive, dans toutes ces Colonies & à la Guiane, que cette seule espèce. Si quelques Planteurs ont cherché à y introduire d'autres espèces moins estimées, cela ne démentira point mon assertion.

Je dois observer ici que tout ce que les Voyageurs & les Naturalistes ont écrit sur le Coton des Colonies dont je viens de parler, s'entend de cette espèce de Coton. M. de Préfontaine, dans la Maison rustique de Cayenne ; M. Bajon, dans les Mémoires pour servir à l'Histoire de Cayenne & de la Guiane Françoise, de même que M. Hemsterhuysen dans la Description de l'état de l'Agriculture à Surinam, ne parlent que de cette espèce. Si on vouloit adapter leur description, ou les préceptes qu'ils ont donné sur la culture de cet arbristeau à d'autres espèces, on commettroit de grandes erreurs; car le climat de la Guiane & des Colonies Hollandoises de Surinam, de Demerary, &c. est entièrement différent du climat des Antilles.

Le Cotonnier de la Guiane donne deux récoltes par an; mais ces récoltes sont souvent de très-peu de durée, à cause de la saison pluvieuse qui arrive régulièrement deux fois par an; la pluie accélère alors la chûte des capsules à moitié mûres, quelquefois toutes vertes. A mon séjour de Cayenne, en 1784, les Planteurs se plaignoient de la saison pluvieuse qui, la même année, le 14 Décembre, arrivoit plutôt qu'à l'ordinaire. La récolte de la même année ne fut que de cinq onces de Coton épluché par arbre, tandis que, dans les autres années, les arbres donnoient jusqu'à douze onces. En 1788, il y eut une récolte de Coton extrêmement abondante à Demerary; car le rapport de chaque arbre fut estimé à 28 onces; cette année la saison pluvieuse arrivoit fort tard, & c'est à cette circonstance qu'on attribuoit principalement la richesse de la récolte. A Sainte-Croix, M. John Ryan, Propriétaire d'une plantation de Canne à sucre, qui avoit cultivé ce Cotonnier chez lui, a obtenu d'un seul arbre, 28 onces de Coton épluché. Cette récolte abondante dépend plutôt de la bonté du sol & de l'exposition avantageuse de cette plantation que de la sécheresse; car, la même année, je n'ai obtenu que 2 onces $\frac{1}{8}$ de chaque arbre. Quant à la pluie, il faut observer qu'une pluie de douze heures ne fait pas beaucoup de mal à la récolte du Coton; mais il en est bien autrement de la saison pluvieuse à la Guiane, où souvent la pluie ne discontinue pas pendant plusieurs semaines de suite.

Le Cotonnier de la Guiane est appellé à la Martinique, *Coton à pierre*; à la Jamaïque, *kidney-Coton* ou *link-Coton*. Cet arbre occupe une place de dix à douze pieds, lorsque le terrein lui convient.

§. XI.

Le Cotonnier de Brésil. Jusqu'ici cette espèce de Cotonnier n'est cultivée qu'au Brésil; on ne s'en occupe point à la Guiane ni dans les Antilles. Notre Isle doit l'introduction de cet arbre précieux à M. Duncan qui, dans son voyage qu'il fit en Ecosse, en 1787, pour visiter les principales Manufactures de ce pays, en apporta la semence, avec celle d'une autre espèce des Grandes-Indes. L'objet principal du voyage de M. Duncan étoit de prendre des renseignemens sur les différentes espèces de Coton que l'on employoit alors dans les Manufactures Angloises & Ecossoises, & sur les qualités des espèces auxquelles on donnoit la préférence. Il avoit pris avec lui plusieurs échantillons de nouvelles espèces de Coton cultivées à Sainte-Croix, & qui, jusqu'alors, n'avoient point encore paru dans le commerce. Les Manufacturiers Ecossois ne trouvèrent aucune de nos nouvelles espèces comparable au Coton du Brésil & des Grandes-Indes qui, selon eux, l'emportoient sur toutes les autres, & dont ils faisoient le plus grand cas. La différence du prix que les Manufactures payoient alors les Cotons, suffit pour juger de la valeur de cette marchandise. Le Coton de Saint-Domingue se payoit alors à raison de deux schellings neuf pences; celui du Brésil, trois schellings six pences. Peu de tems après, le Coton de Saint-Domingue ne valoit que deux schellings, & le Coton des Grandes-Indes quatre schellings. J'ai semé, le 8 Août 1788, deux espèces de semence que M. Duncan nous apporta; celle des Grandes-Indes n'a point levé, parce qu'elle étoit probablement déjà gâtée; celle du Brésil a très-bien levé. Notre première récolte commença le 21 Février 1789; elle étoit finie le 18 Mars. Le Coton de cette première récolte ne paroissoit pas plus fin que celui du Coton de la Guiane, quoique l'échantillon que M. Duncan avoit reçu en Ecosse le surpassoit à cet égard. Cette différence ne paroîtra pas étonnante, dès que l'on saura que ma plantation a un sol qui n'est pas trop favorable aux Cotonniers, sans parler ici de la grande sécheresse dont nos productions souffrent beaucoup en certaines années. Trois arbres du Cotonnier du Brésil ne m'ont donné qu'une once de Coton épluché.

La semence du Cotonnier du Brésil a quelque ressemblance avec celle du Cotonnier de la Guiane; elle en diffère cependant, en ce que les semences, au nombre de sept à neuf, se trouvent réunies en forme de pyramide racourcie & large, tandis que ceux du Cotonnier de la Guiane, au nombre de neuf ou onze, se trouvent réunies en forme de pyramide alongée & étroite. Je n'ai jamais rencontré la semence du Cotonnier du Brésil parmi celle de la Guiane, quoique j'eusse examiné une très-grande quantité de ces dernières; c'est une raison de plus pour ne pas regarder le Coton du Brésil comme simple variété de celui de la Guiane.

§. XII.

Le Cotonnier Indien. J'ai vu, pour la première fois, ce Cotonnier chez un Indien, propriétaire d'une Cotonnière entre Carthagène & Sainte-Marthe; mais je n'avois jamais rencontré auparavant de Cotonniers aussi chargés de Coton que cette espèce. Il paroît que la position basse de cette plantation, & l'industrie avec laquelle le Propriétaire s'étoit ménagé l'eau, en la conduisant par des petits fossés & des canaux, dans tous les endroits de sa Cotonnière, contribuoit beaucoup à cette étonnante fertilité. Le Coton de cet arbre est très-blanc, se conserve pendant très-long-tems sur l'arbre, & n'est pas sujet à se salir, la couleur de la capsule ne se détachant pas; il est d'ailleurs facile à éplucher, parce qu'il n'est point adhérent aux semences; &, relativement à sa finesse, il surpasse toutes les autres espèces jusqu'ici décrites. J'ai essayé de semer la graine de ce Cotonnier dans tous les mois de l'année; mais j'ai appris par l'expérience, que la graine semée en Novembre, donnoit la récolte la plus abondante. Les Cotonniers que je possède actuellement m'ont donné deux récoltes par an; &, comme ils sont encore très-jeunes, & que nous avons éprouvé une très-grande sécheresse cette année 1788, la première récolte, pendant les mois de Mai, Juin & Juillet, n'étoit pas trop riche. L'année d'après, quoique nous éprouvâmes encore la sécheresse, la moitié de la récolte de cette année m'a donné sept onces cinq sixièmes de Coton épluché très-beau. Je ne puis rien dire de la seconde récolte de cette année, la sécheresse continue, &, jusqu'à présent, mes arbres n'ont poussé ni feuilles ni fleurs. Il n'est peut-être pas inutile d'observer ici, que tous les essais que j'ai fait jusqu'ici sur les différentes espèces de Cotonniers, ont été entrepris dans ma plantation dont le sol n'est pas trop propre à la culture du Coton, & pendant des années dont la sécheresse fera époque dans les annales de notre Isle. Dans des années plus fertiles, notre récolte sera naturellement plus abondante, quoique toujours proportionnée à la qualité plus ou moins productive des espèces.

Une singularité remarquable du Cotonnier Indien, c'est la convexité de ses feuilles dont je n'ai remarqué rien de semblable dans les autres espèces; ce n'est que dans les feuilles qui garnissent le haut des sommités des branches que cette convexité se perd insensiblement. Abandonné à lui-même, le Cotonnier Indien demande, à cause de l'étalage de ses branches latérales, un espace de dix pieds; sa hauteur est de huit pieds; je ne saurois dire quel sera son port, lorsque l'art s'en mêlera, & qu'il sera étêté.

§. XIII.

Le Cotonnier Siam brun-lisse, ou *Siam lisse*. J'ai observé, à la Martinique, quatre espèces de Cotonniers qui portoient le nom de Siam, dont trois produisent un Coton brun-rougeâtre, qui paroît décoloré; la quatrième espèce donne un Coton très-blanc. Les trois premières espèces sont connues dans les Isles Françaises sous le nom collectif de Siam rouge; les Planteurs les distinguent d'après la graine; ils nomment Siam lisse notre espèce n.° 13, Siam couronné, notre espèce n.° 16, & Siam velu, l'espèce n.° 25. Le Siam blanc se cultive également à Saint-Domingue, sur-tout aux Cayes; le Coton de ces quatre espèces est très-fin.

Les trois espèces de Siam rouge portent le nom de *Nankin-Coton* dans les possessions Anglaises, quoiqu'il soit très-sûr, que l'étoffe connue dans le Commerce sous le nom de Nankin, n'est point fabriqué avec ce Coton, son tissu & son fil étant trop gras & trop rude pour être employés de cette manière.

Le Cotonnier Siam lisse surpasse en hauteur tous les autres Cotonniers; je possède des arbres qui n'ont que deux ans, & qui ont déjà douze pieds de haut, sur huit pieds de large; ils ne donnent qu'une seule récolte par an, depuis Février jusqu'en Avril, raison suffisante pour ne pas en recommander la culture. Les capsules se détachent d'ailleurs très-facilement de l'arbre, & tombent avec le Coton, lorsque ce dernier est arrivé au degré de maturité; elles présentent en outre un autre désagrément aux Planteurs, c'est de ne s'ouvrir qu'à moitié; il faut par conséquent écraser les loges de chaque capsule séparément, pour en retirer tout le Coton, qui est naturellement adhérent aux loges; ce qui rend la récolte de ce Coton longue & pénible. Comme le Coton est très-fin, on est souvent trompé sur la quantité, car plusieurs de mes arbres dont l'aspect me faisoit espérer une récolte très-abondante, ne m'ont pourtant donné que deux onces & demie & trois onces tout au plus.

§. XIV.

Le Cotonnier de Saint-Thomas. Cette espèce m'a été envoyée par M. *Schmalz*, Capitaine de Ville à l'Isle Saint-Thomas, qui en avoit découvert plusieurs pieds dans une sucrerie qui lui appartient. Je ne sais d'où ce Cotonnier tire son origine, les Nègres de la Sucrerie d'où je l'ai reçu, en avoient planté plusieurs pieds pour employer le Coton dans les mèches de leurs lampes, comme c'est l'usage dans toutes les sucreries. Mais, comme cette espèce de Coton paroissoit en valoir la peine, je fus consulté, pour prononcer sur sa valeur. Les Cotonniers que j'ai élevé des semences qui m'ont été envoyées, ne m'ont donné qu'une seule récolte depuis le mois de Janvier jusqu'en Mars. Ils s'élevoient à onze pieds de haut, & demandoient un espace de 10 pieds en largeur. J'ai obtenu de chaque Arbre trois onces trois quarts de Coton épluché qui paroît plus blanc, plus fin & plus long que le Coton du *Cotonnier annuel*, mais qui a le défaut de ne s'éplucher que très-difficilement. C'est par un seul point en-dessous du crochet, que ce Coton tient à la semence, il y tient si fortement, qu'en arrachant le Coton avec force, on est sûr d'emporter une partie de l'écorce ou de l'enveloppe extérieure de la semence. En cardant le Coton, il est essentiel de le détacher de cette portion de l'écorce, qui souvent ne se présente que sous la figure d'un point noir; car, en négligeant cette précaution, on risque de déchirer tous les fils qui tiennent à ce point. Je n'ai rien remarqué de semblable dans les autres espèces de Coton cultivées chez moi.

§. XV.

Le Cotonnier aux Cayes. Cette espèce de Cotonnier ressemble beaucoup à l'espèce précédente relativement au port, au tems de la récolte, & pour la qualité du Coton, mais cultivée avec la même attention que l'espèce précédente; elle ne m'a donné que deux onces & demie de Coton épluché. Le Coton aux Cayes a encore l'avantage sur le Coton de Saint-Thomas, en ce qu'il se détache très-facilement de la superficie de la semence, & qu'on ne le trouve jamais entremêlé des portions d'écorces de la semence. Les feuilles du Cotonnier de Saint-Thomas, & du Cotonnier aux Cayes, sont toutes les deux divisées en trois lobes; mais les lobes sont plus pointus dans les feuilles du premier que dans l'autre. J'ai également examiné les glandes qui se trouvent à la surface inférieure des feuilles de ces deux espèces de Cotonniers, pour vérifier jusqu'à quel point elles se ressembloient; le resultat fut le suivant: sur 32 feuilles prises sur le Cotonnier de Saint-Thomas, il s'en trouvoit dix à trois glandes, six à deux glandes, & seize qui n'avoient qu'une seule glande. Le même nombre de feuilles du Cotonnier aux Cayes présentoit la proportion suivante, 28 à une seule glande, 2 à deux, & 2 à trois glandes On voit, par conséquent, que, pour établir la différence entre ces deux espèces de Cotonniers, il faut absolument s'en tenir aux semences.

§. XVI.

Le Cotonnier Siam brun couronné. On le cultive chez nous & à la Martinique, où il porte le nom de *Siam couronné rouge.* Le Coton de cet Arbre est plus pâle que celui du N.° 13, mais plus élastique. Lorsqu'il est mûr, il fait éclater la capsule sans s'en détacher ou de tomber, qualité qui facilite singulièrement la récolte. Cependant il ne faut point retarder de cueillir les capsules dont la maturité est assurée, car si la capsule tombe, le Coton pourrit aisément, & perd alors toute son élasticité, & par conséquent sa valeur. Quoique ce Cotonnier m'ait donné deux récoltes, la première en Janvier & Février, & la seconde en Mai, il ne m'a fourni en tout que trois onces de Coton épluché. Il est par conséquent, peu productif, & ne vaut pas la peine d'être cultivé, à moins que ce Coton ne soit payé plus cher que le blanc. Chaque Arbre exige un espace de six pieds carrés.

§. XVII.

Le Cotonnier de Carthagène à petits flocons. Quoiqu'on ne cultive point de Cotonniers dans les environs de la Ville de Carthagène, on trouve pourtant des plantations dans l'intérieur de ces possessions Espagnoles. Lorsque l'Espagne est en guerre, cette espèce de Coton est apportée à Carthagène par les Matelots qui naviguent entre cette Ville & Santa-Fée, sur la rivière de la Magdelène; il y arrive ordinairement dans des ballots faits avec des peaux de bœufs, & les Nations neutres s'y pourvoient alors. Voilà tous les renseignements que j'ai pu me procurer sur cette espèce de Cotonnier, pendant mon dernier séjour à Carthagène. Ce Coton, tel que nous l'achetons à Carthagène, est toujours très-malpropre, & jamais séparé de sa semence; il paroît que dans les Provinces dont on le tire, l'usage des machines pour l'éplucher est absolument inconnu.

J'ai semé dans ma plantation, la semence de ce Cotonnier que j'ai retiré d'un de ces ballots qui nous étoient venu de Carthagène; j'y ai également trouvé l'autre espèce que nous nommons ici Cotonnier de Carthagène à gros flocons. Je n'ai obtenu qu'une seule récolte du Cotonnier dont il est question ici; le Coton pesoit, étant épluché, deux onces un quart. Il n'a pas le défaut que les Manufacturiers Ecossois reprochoient à l'espèce suivante, c'est d'avoir des fibres trop longues; mais nonobstant il ne mérite point d'être cultivé, parce qu'il tombe d'abord après la maturité.

Le Cotonnier dont parle notre Auteur, est le même que celui que M. *Moreau de Saint-Mery* nomme Cotonnier de Sainte-Marthe, & qu'il a fait connoître dans un Mémoire qu'il a adressé à la Société d'Agriculture, dont on peut lire le détail dans le trimestre d'Automne 1788. M. *Moreau* décrit cet arbre comme un des plus hauts & des plus vigoureux de toutes les espèces de Cotonniers cultivés à Saint-Domingue, puisqu'il ressemble à un petit ormeau. Cet arbrisseau a été introduit à Saint-Domingue par les Espagnols, pendant l'année 1756. La beauté du Coton què produit cet Arbre l'avoit bientôt fait distinguer des autres Cotons, & comme il se vendoit plus cher que le Coton de la Colonie, il a excité l'émulation des Planteurs, & actuellement on l'y trouve également avec les autres espèces dont nous avons parlé d'après le Mémoire de M. *Moreau.*

« Ce Cotonnier, dit M. *Moreau*, réussit dans les mêmes lieux que les Cotonniers ordinaires, & donne sa récolte dans le même tems. Il est plus grand que les Cotonniers ordinaires. Il dure trois ans en grand rapport, c'est-à-dire une année de plus que les Cotonniers ordinaires, qu'il faut même replanter tous les ans dans plusieurs quartiers; la troisième année est communément celle où le Cotonnier de Sainte-Marthe rapporte davantage. Le Coton que produit cet arbre, & que M. *Moreau* nomme *Coton de soie*, est très-supérieur au Coton ordinaire par sa blancheur & sa finesse. Ses filaments susceptibles d'être conduits à une grande ténuité, sont plus longs & plus forts que ceux du Coton ordinaire, & peut-être n'est-ce rien hasarder, de dire qu'avec deux livres on pourroit faire une pièce de Mousseline de huit à dix aunes. Voilà, dit M. *Moreau*, les avantages de ce Coton : parlons actuellement de ses désavantages. »

« Le Cotonnier ordinaire se plante à sept pieds de distance, tandis que le Cotonnier de Sainte-Marthe ne peut être mis à un intervalle moindre de neuf pieds. Ainsi, dans une étendue de soixante-trois pieds en carré, il y a quatre-vingt-un Cotonniers ordinaires, & seulement quarante-neuf Cotonniers de Sainte-Marthe; or, le rapport de quarante-neuf à quatre-vingt-un, est à-peu-près de cinq à huit; voilà donc trois huitièmes de perte sur le produit que nous changeons en $\frac{12}{32}$, pour la facilité des calculs qui vont suivre. »

« Le Coton de Sainte-Marthe, étant plus délicat, l'arbre étant plus haut, plus étendu, sa cueillette est plus difficile que celle du Coton ordinaire. Aussi un Nègre n'en ramasse-t-il que quinze ou vingt livres par jour, au lieu de vingt-cinq à trente livres de tout autre Coton. Cette différence est prodigieuse, parce qu'elle augmente une main d'œuvre excessivement chère, parce qu'elle expose le Coton déjà en maturité, pendant un plus long tems, aux intempéries de la saison, & aux ravages des insectes destructeurs qui font disparoître une récolte entière dans une seule nuit. »

« A cet inconvénient majeur, il faut en ajouter un autre; c'est que la graine de ce Coton, sur-tout celle de l'espèce absolument recouverte par le duvet, se sépare très-difficilement du Coton, & que le plus souvent, si ce coton n'est pas venu dans des circonstances favorables, quant à la température, il faut en séparer la graine à la main, ce qui augmente la main d'œuvre, & devient une véritable perte pour le Cultivateur. »

« C'est prendre un terme plutôt abaissé que forcé, de compter la peine de la cueillette & celle de l'égrenage à plus de $\frac{1}{8}$, ou à $\frac{5}{32}$ du produit du Coton ordinaire; c'est par conséquent $\frac{5}{32}$ de perte à ajouter aux $\frac{12}{32}$ que nous avons déjà trouvé par la différence du plantage.

« Enfin, il ne faut point passer sous silence, que le Cotonnier de Sainte-Marthe est plus foible que les autres, & craint plus le vent, que sa gousse a besoin d'un tems plus favorable pour s'ouvrir, que son Coton, s'il n'est pas cueilli à tems, s'effile, s'attache aux branches, & se charge de saletés, & que sa graine, en attirant les rats qui en sont plus avides que des autres, l'expose quelquefois à être mangé avant sa maturité, & dans les magasins où on le place avant d'être épluché. Ces inconvéniens méritent au moins d'être encore comptés pour $\frac{2}{32}$. »

« Ainsi, en sommant toutes les pertes en différences, on trouve qu'elles s'élèvent à $\frac{19}{32}$, c'est-à-dire, que quand une manufacture quelconque en Cotonnerie, donne un profit de $\frac{32}{32}$, on ne peut en espérer qu'un de $\frac{13}{32}$ pour une Cotonnerie de Coton de Sainte-Marthe. »

« Rapportons maintenant ce calcul à une quantité déterminée de Coton, à un quintal par exemple, nous voyons que quand la Cotonnerie ordinaire produit $\frac{32}{32}$ ou cent livres, l'autre ne donne qu'un rapport de $\frac{13}{32}$, équivalent à quarante livres $\frac{5}{8}$ seulement. Mais ces quarante livres $\frac{5}{8}$ écus, coûtent aussi cher à l'un des Cultivateurs que les cent livres à l'autre; donc il faut que le prix de quarante livres $\frac{5}{8}$ écus égale celui de cent livres. Or le prix moyen de Coton ordinaire étant à deux cents livres le quintal, il faut que les quarante livres produisent deux cents francs; c'est donc cent sols, argent d'Amérique, qu'il faut vendre le Coton de Sainte-Marthe à Saint-Domingue, pour que sa culture soit aussi profitable que celle du Coton ordinaire, vendu quarante sols la livre. »

« Il résulte de tout ce que nous venons de dire, qu'il ne faut pas songer à cultiver cette espèce de Coton dans nos îles, s'il n'est pas possible de trouver dans le commerce deux fois & demie la valeur du Coton ordinaire. Telle est l'idée des Habitans de Saint-Domingue, qui ont planté une petite quantité de ce Coton, & qui desirent d'être instruits. »

L'unique manière de décider à ce que pense M. *Moreau*, c'est d'examiner à quels usages cette espèce de Coton pourra être propre plus que toute autre.

M. *Moreau de Saint-Mery* avoit remis à la Société d'Agriculture avec prière de faire examiner ce Coton dans différents ouvrages sous les yeux de plusieurs Commissaires, Membres de cette Société.

La Société nomma donc, à la demande de M. *Moreau*, trois de ses Membres comme Commissaires, ce furent MM. *Desmarets*, *Abeille* & *Thouin*.

Les Commissaires ont cru reconnoître dans le Coton de Sainte-Marthe le *Xilon Americanum prestantissimum, semine virescente* de *Tournefort*, & ils croient qu'il mérite avec raison l'épithète de Coton de soie, à cause de sa grande finesse & des propriétés auxquelles d'autres espèces de Coton ne sauroient se prêter. Ils ont trouvé que ce Coton, malgré sa grande finesse, possède plus de ressort que les autres Cotons.

Ce même Coton a ensuite été soumis à l'épreuve sur plusieurs Machines Angloises, pour savoir

savoir de quelle manière il se comporteroit dans la filature. Pour mieux le juger, les Commissaires faisoient travailler sur la même machine une espèce de Coton connue, pour servir de point de comparaison ; cette espèce de Coton étoit le Coton de Cayenne, connu dans le commerce par sa bonté & sa blancheur. Les résultats que les Commissaires ont obtenu, sont tous en faveur du Coton de soie ; non-seulement il se prête à toutes les différentes manipulations auxquelles ce duvet fut exposé, mais le fil qu'il donna surpassoit en finesse, longueur & blancheur le meilleur Coton de Cayenne; les Commissaires jugèrent donc que le Coton de soie, ou de Sainte-Marthe, méritoit la préférence sur tous les autres, & si la livre de Coton de Cayenne filé valoit neuf livres, celui de Sainte-Marthe en valoit au moins douze.»

§. XVIII.

Le Cotonnier de Carthagène à gros flocons. La semence de cette espèce nous est venue dans les mêmes ballots dont nous avons tiré la semence de l'espèce précédente ; le Coton du gros flocon s'y trouvant toujours en plus grande quantité que l'autre. De tous les Cotonniers que j'ai cultivé, celui-ci est le plus haut. Il ne donne qu'une seule récolte par an ; les flocons de son Coton ont 7 à 8 pouces de longueur, c'est ce qui donne un aspect très-intéressant à cet arbre ; le Coton a en outre l'avantage de ne point tomber spontanément, & de ne point se salir étant sur l'arbre.

Les Manufacturiers Ecossois ont reproché à cette espèce de Coton ses fibres trop longues ; par cette raison, ce beau Coton ne convient point à leurs filatures. Les Négocians d'ici ont donc reçu ordre de ne point acheter de ce Coton. Le peu de succès que ce beau Coton a eu en Ecosse, est cause que je n'ai pas fait attention à la quantité de Coton que chaque arbre m'a donné, quoique je sache d'avance qu'il rapporte considérablement, toutefois s'il ne convient pas aux machines à filature, il est peut-être d'un bon usage, lorsqu'on le file à la main, comme je m'en suis assuré par des expériences faites chez moi.

§. XIX.

Le Cotonnier Siam blanc. Ce Cotonnier est cultivé aux Cayes, à Saint-Domingue & à la Martinique sous le même nom. Avant que cet arbre ait produit des capsules mûres, il est impossible de le distinguer de notre Siam brun couronné N.° 16 ; leur port, l'emplacement qu'ils occupent, la figure de leurs feuilles, le nombre des glandes & la couleur de leurs fleurs étant exactement semblables dans les deux espèces. La manière dont le Coton se soutient sur l'arbre après sa maturité, est encore la même dans les deux espèces. Le *Siam blanc* donne comme l'autre deux récoltes par an, dont la première commence ordinairement en Décembre & finit à la fin de Janvier, & l'autre dure depuis le commencement de Mai, jusqu'à la fin de Juin.

Peut-être seroit-on porté à ne regarder notre Siam blanc que comme simple variété du Siam couronné ; mais cette supposition sera bien-tôt détruite, en considérant & la couleur du Coton, & la plus grande quantité que le blanc porte. Je cultivai, en 1785, cette espèce, & l'autre en quantité, & je peux répondre de la différence essentielle qui existe entre ces deux arbres.

Le Coton du Siam blanc est de la plus grande blancheur, sans contenir la moindre fibre coloriée, & ne se salit jamais sur l'arbre.

Chaque arbre m'a donné annuellement 6 onces de Coton épluché ; c'est donc le double de ce que produit ordinairement le rouge.

La semence d'ailleurs suffit pour fixer la différence entre les deux espèces.

§. XX.

Le Cotonnier de Curassao J'ai découvert cette espèce de Coton croissant spontanément entre les rochers à Curassao, près du port *Willemstadt*. Plusieurs Habitans de cette Colonie cultivent ce Cotonnier ; mais cette culture se borne à très-peu de plantations, car dans la plupart des Cotonnières que j'ai visité, on cultive différentes espèces sans choix. La semence de ce Cotonnier est très-petite, & n'a que la moitié de la grosseur des autres espèces ; elle est plus sphérique qu'ovale. Il en est de même des capsules qui en comparaison des autres espèces sont extrêmement petites. Le Coton est très-comprimé dans les capsules, & ne promet pas grand'chose au premier aspect ; mais on est très-étonné en l'épluchant, car il est extrêmement fin, & d'une blancheur éblouissante ; ce Coton n'est point exporté de la Colonie de Curassao, probablement parce que la récolte de ces Cotonniers n'est pas assez productive pour s'occuper de cette culture en grand ; je m'en suis assuré par ma propre expérience ; car des arbres plantés à la distance de quatre ou cinq pieds les uns des autres, ne m'ont donné qu'une once 1 gros de Coton épluché ; mais l'arbre abandonné à lui-même, en lui donnant beaucoup de place, (ce qui ne se peut pas dans une Cotonnière ordinaire) m'a rapporté jusqu'à 7 onces 1 gros, & dans ce dernier cas, la récolte a duré depuis le mois de Février jusqu'à la fin de Juin.

Le Coton récolté à Curassao est employé dans la Colonie même ; les femmes des Colons qui s'occupent beaucoup de la filature du Coton en tricotent des bas qui coûtent jusqu'à cent francs la paire ; ils sont d'une grande finesse & de très-longue durée.

Les feuilles du Coton de Curaſſao varient beaucoup, j'en ai compté juſqu'à quatre eſpèces très-différentes.

§. XXI.

Le Cotonnier couronné de Saint-Domingue; ou *aux Cayes Coton couronné.* Ce Cotonnier donne deux récoltes par an; la première commence en Novembre & finit en Janvier; la ſeconde dure depuis le mois d'Avril juſqu'en Mai, & même juſqu'en Juillet dans les années fertiles. Le Coton de cet arbre reſſemble en fineſſe & en blancheur au Cotonnier Indien; mais il eſt plus adhérent à la ſemence & par conſéquent plus difficile à éplucher. Ce Cotonnier étale ſes branches de tous les côtés, & s'étend juſqu'à dix pieds en largeur; il s'élève ordinairement juſqu'à ſept pieds. Auſſi-tôt que le Coton eſt mûr, les capſules ſe détachent & tombent de l'arbre; circonſtance qui n'eſt pas fort agréable aux Planteurs. Cependant ce Cotonnier mérite, à tous égards, d'être cultivé, & j'ai eſſayé à en ſemer la graine à différentes époques de l'année. Celle que j'avois ſemé en Septembre 1787 m'a donné la première récolte en Décembre 1788, elle a duré juſqu'en Mai 1789. Chaque arbre m'a fourni 14 onces de Coton épluché. La graine ſemée en Novembre de la même année, n'a donné pour première récolte qu'une once & 7 gros, quoique les Cotonniers ſe trouvoient dans la même expoſition, & dans un terrein également argilleux. L'influence de la ſaiſon ne peut pas avoir produit cette différence, car le Cotonnier Indien donnoit à la même époque & dans la même plantation, la récolte la plus riche que j'avois jamais obtenue. Ceux qui cultivent le *Cotonnier Indien* & le *Couronné de Saint-Domingue* dans la même plantation, doivent faire attention de ne ſemer le Couronné de Saint-Domingue qu'en Septembre, & l'Indien en Novembre, alors les récoltes de ces deux Cotonniers ſe ſuccéderont régulièrement, & l'une ne commencera que quand l'autre ſera terminée.

§. XXII.

Le Cotonnier ſarmenteux. Cette eſpèce de Cotonnier eſt indigène en Guinée. J'en ai reçu la première ſemence de M. *Aareſtrup*, ancien Gouverneur des Poſſeſſions Danoiſes ſur la côte de Guinée. Ce Cotonnier ſe diſtingue de tous les autres par ſon rapport, tandis que le tronc de tous les autres s'élève en ligne droite, & que les branches s'étalent horizontalement, la tige de celui-ci croît en poſition inclinée, de même que ſes branches. Les branches inférieures de ce Cotonnier ſont toujours couchées ou rempantes ſur la terre, & s'étendent à plus de cinq pieds de tous les côtés, c'eſt ce qui lui a valu le nom de Cotonnier ſarmenteux. Les ſupérieures ſont fortement inclinées dans les Plantations expoſées aux vents, ſur les montagnes & les collines, ou d'autres eſpèces de Cotonniers ne réuſſiſſent pas; le Cotonnier ſarmenteux pourroit être cultivé avec avantage, car ſa poſition inclinée le garantit des vents; d'ailleurs ſes capſules ne ſe détachent pas aiſément. J'ai dit dans le Paragraphe précédent, que le Coton que donne le Cotonnier couronné de Saint-Domingue, s'approchoit par ſa bonté au Coton Indien; mais le Coton que m'a donné le Cotonnier ſarmenteux, ſurpaſſe de beaucoup celui de Saint-Domingue, tant par ſa blancheur que par ſa fineſſe. Les échantillons que M. *Duncan* en a préſenté aux Manufacturiers Ecoſſois, ſont tout en faveur de ce que je viens de dire.

Le Cotonnier ſarmenteux ne m'a donné qu'une récolte par an, qui a commencé en Novembre, & qui a duré juſqu'en Mars; lorſque la ſaiſon eſt favorable, elle ſe prolonge même encore de quelques mois; je n'ai obtenu qu'une once & demie par arbre; mais il eſt infiniment plus productif dans ſon pays natal, & probablement l'auroit-il été davantage chez moi, ſi le terrein de ma Plantation eût été meilleur, & que la grande ſécheresse ne l'eût contrarié. Les feuilles du Cotonnier ſarmenteux reſſemblent parfaitement aux feuilles du Cotonnier couronné de Saint-Domingue. (1)

§. XXIII.

Le Cotonnier à tache liſſe. Je ne ſais rien de poſitif ſur la patrie de ce Cotonnier, qui s'eſt trouvé confondu avec d'autres eſpèces, dans une Sucrerie dont M. J. *Rogiers* eſt propriétaire. Ce Planteur intelligent, auquel je dois pluſieurs renſeignemens utiles, ne m'a rien pu dire de poſitif ſur cette nouvelle eſpèce. J'ai donné le nom de *Cotonnier à tache liſſe* à cet arbre, parce que la ſemence d'ailleurs couverte en entier d'un feutre ſerré, préſente à ſa baſe une grande tache liſſe. Les arbres que j'en poſſède n'ont pas plus d'un pied de hauteur, de manière que je ne puis encore rien dire ſur leur rapport annuel; le Coton que j'en ai vu eſt très-fin, d'un brun-jaunâtre, un peu clair.

---

(1) Je dois à l'amitié de M. Richard, Botaniſte François, auſſi ſavant que modeſte, la communication d'un échantillon de ce ſingulier Cotonnier qu'il a obtenu de l'Auteur de ces obſervations. M. Richard fait les plus grands éloges des connoiſſances & des lumières de M. de Rohr qui, pendant le ſéjour que le Botaniſte François faiſoit à l'Iſle Sainte-Croix s'occupoit uniquement de ce travail ſur le Cotonnier. M. Richard avoit promis à M. de Rohr de ne rien publier ſur les Cotonniers, avant que l'ouvrage qu'il méditoit alors fût publié; il a tenu ſa parole avec cette loyauté qui caractériſe le véritable Savant, qui ne cherche point à briller avec les découvertes des autres, & qui aime à rendre à chacun la juſtice que le mérite peut exiger.

§. XXIV.

Le Cotonnier à Coton gros. On le nomme à la Martinique Coton gros, & à l'Isle de la Trinité Coton velu. Les Planteurs Espagnols de cette dernière Isle, ne le distinguent pas des autres espèces, il porte chez eux, comme toutes les autres espèces, le nom d'*Algodon*, ce qui veut dire Coton. Cet arbre s'élève à sept pieds de haut, & demande une largeur de quatre pieds. Quoique la semence de ce Cotonnier soit velue & couverte de feutre, le Coton s'en sépare pourtant très-aisément, il est même plus facile à éplucher que le Coton couronné de Saint-Domingue, & celui du Cotonnier sarmenteux. Quant à la finesse & la blancheur, ce Coton ressemble tellement à celui du Cotonnier de la Guiane, qu'il est impossible de l'en distinguer au premier aspect. Cet arbre ne donne qu'une seule récolte par an, elle dure depuis le mois de Février jusqu'en Mai. Le Coton se conserve sur l'arbre, long-tems après qu'il est mûr; cette propriété peut quelquefois tromper les Planteurs qui, en visitant à la fin de la récolte leurs Cotonnières, s'attendent à une grande quantité de Coton, tandis que chaque arbre ne fournit que deux onces & demie de Coton épluché. J'ai fait des essais souvent répétés avec cet arbre, cependant les individus les mieux soignés, ne m'ont jamais donné au-delà de la quantité indiquée.

§. XXV.

Le Cotonnier Siam brunâtre. Ce Cotonnier, que l'on nomme à la Guadeloupe *Siam rouge velu*, est cultivé à Sainte-Croix depuis plusieurs années, & comme il paroît avec assez de succès; je l'ai cultivé depuis l'année 1779, plutôt pour ne pas laisser périr l'espèce, que par le rapport que cette culture auroit pu me donner. J'ai fait en suivant la culture de ce Cotonnier, une observation, qui prouve que des Cotonniers, pendant plusieurs années toujours dans le même terrein, perdent insensiblement leur faculté productive, de maniere qu'ils ne portent presque plus de coton.

Le Cotonnier Siam rouge velu ne m'a donné, en 1789, qu'une once deux gros de Coton par arbre; mais il est probable qu'il en produit davantage à la Guadeloupe; car, dans le cas contraire, il ne rapporteroit pas les frais de culture. La couleur du Coton est isabelle, d'une grande finesse, & très-élastique.

§. XXVI.

Le Cotonnier Mousseline. A la Jamaïque, toutes les espèces de Cotonniers dont la semence est très-velue, & le Coton très-fin, portent le nom de Cotonniers Mousselines. J'ai conservé la même dénomination aux Cotonniers dont il est question ici, qui comprennent plusieurs variétés. La première de ces variétés m'a été envoyée de la Jamaïque, sous le nom de *Great seed Musselin*, ou de Mousseline à grosses semences; sans se servir du microscope, on apperçoit à peine une différence entre la grosseur des fibres de cette espèce & de celles dont il sera question ci-après. Les Cotonniers que j'ai élevé de ces semences ne m'ont donné qu'une seule récolte qui a commencé en Janvier, & s'est terminée en Juin; j'ai obtenu de chaque arbre trois onces cinq gros & demi de Coton. Cette première variété ressemble quant aux feuilles à la seconde; ses feuilles sont divisées en cinq lobes inégales & très-distinctes des feuilles de toutes les autres espèces de Cotonniers. Le Coton de la première variété est blanc; mais il s'en faut de beaucoup qu'il approche de la blancheur de plusieurs autres espèces blanches cultivées ici depuis long-tems. Le Coton du Cotonnier à grosses semences, est moins doux & soyeux au toucher que l'espèce suivante, & ne se laisse que difficilement éplucher par la machine ordinaire; il faut par conséquent employer les doigts, opération longue & fastidieuse, qui doit naturellement influer sur le prix de cette denrée; car, pour éplucher une livre de ce Coton, il faut au moins seize heures.

La seconde variété du Cotonnier Mousseline, que l'on m'a envoyé sous le nom de Mousseline à semences vertes, ou *Green seed Musselin*, ne se distingue point de la première par son feuillage, ce dernier étant exactement le même dans les deux espèces; mais la couleur de la semence peut servir à les distinguer, sur-tout quand on est à même d'examiner cette semence peu de tems après sa maturité; car, après quelque tems, cette couleur se change en gris. On voit, par conséquent, combien peu on doit compter sur la couleur quand il s'agit d'établir des caractères spécifiques entre différents végétaux. Le Cotonnier dont je parle ici est bien moins productif que l'espèce précédente, car dans la même époque que le précédent, il me fournissoit plus de trois onces de Coton épluché, celui-ci ne donnoit qu'une once trois gros; le Coton de celui-ci est plus fin, tirant un peu sur le rouge, mais encore plus difficile à éplucher que le premier; de maniere qu'il faut pour le moins 17 heures de tems pour séparer une livre de ce Coton de sa semence.

La troisième variété du Cotonnier Mousseline vient de l'Isle de la Trinité, de la Plantation de M. de la *Forest*, située dans la plaine d'Aricagua. Je n'y ai vu qu'un seul arbre que le Propriétaire paroissoit avoir planté par curiosité. La semence de ce Cotonnier a été plantée par plusieurs de mes collègues & par moi; les arbres que j'en ai élevé m'ont donné quatre onces de Coton épluché très-blanc, & préférable à bien d'autres espèces par sa blancheur & sa finesse; la récolte a commencé chez moi en Février, & a duré jusqu'à la fin de Mars. La semence que j'ai obtenu de ce Cotonnier, étoit de deux couleurs différentes; la plupart étoit d'un vert foncé, d'autres, quoiqu'également mûres, grises; les vertes ont conservé cette couleur pendant plusieurs années; mais, à la fin, elles devinrent pâles, les grises n'ont jamais changé de couleur. Le Coton ne se détache que difficilement des semences.

La quatrième variété du Cotonnier Mousseline fut découverte par moi-même dans un Voyage que je fis, il y a plusieurs années, à Cayenne; elle croît naturellement & en très-grande quantité sur l'Isle *la Mere*, une des Isles Remires en face de Cayenne, à l'embouchure de la rivière d'Aprouague. De toutes les espèces de Cotonniers que je connoisse, celle-ci est sans doute la plus mauvaise & la moins digne d'être cultivée; je la cite ici puisque le Planteur doit être intéressé à connoître les bonnes & les mauvaises espèces. Les capsules dont étoient chargées ces Cotonniers ne contenoient qu'une très-petite quantité de Coton d'un blanc sale, fortement adhérent aux semences, & très-difficile à détacher même en employant beaucoup de force. J'ai compté qu'il falloit 26 heures de tems pour éplucher une livre de ce Coton. Les soins que j'ai employé pour élever cet arbre dans ma plantation à Sainte-Croix, n'y ont apporté que très-peu de changement, les semences seules se trouvoient dans les individus élevés chez moi, un peu plus grosses que dans celles que j'avois trouvé dans les Isles Remires; mais ni la grosseur des capsules, ni la quantité & la bonté du Coton ne s'étoient améliorées chez moi.

Il résulte donc de ce que je viens de dire sur les quatre variétés des Cotonniers Mousselines, que ni la quantité, ni la qualité de leur Coton peut inviter les planteurs à les cultiver; l'adhérence du Coton aux graines & la difficulté qui en résulte pour l'éplucher est d'ailleurs un défaut qui paroît exclure cette denrée de devenir jamais pour nos Colonies un objet commercial lucratif, quand même la qualité des deux dernières espèces pourroit mériter quelques attentions.

§. XXVII.

Le Cotonnier à feuilles rouges. Ce Cotonnier, auquel on donne le nom de Coton rouge dans les Colonies Françaises, mérite, à tous égards, ce nom, car les pousses des jeunes branches, les pétioles des feuilles, & les veines de ces dernières sont d'un rouge foncé. Pendant que le Coton mûrit sur l'arbre, beaucoup de feuilles, le calice extérieur des fleurs, & plusieurs parties de l'arbre, qui avant la maturité du Coton sont de couleur verte, deviennent ou toutes rouges, ou se couvrent en partie de grandes taches de cette couleur. J'ai vu le premier Cotonnier de cette espèce aux *Cayes* à Saint-Domingue, chez M. *Senechal*, qui entretient un Jardin Botanique à ses propres frais, & depuis un second chez un Planteur, nègre affranchi, à la Trinité. A Cayenne, j'ai découvert plusieurs de ces arbres, épars dans les plantations. Le Coton de cet arbre est aussi fin que le *Coton Indien*; mais les Manufacturiers Anglais donnent la préférence à ce dernier. L'arbre ne donne qu'une seule récolte par an, qui dure depuis le mois de Février jusqu'à la fin de Mai; le produit de chaque arbre est d'une once trois gros & demi de Coton épluché. Comme la semence de ce Cotonnier est très-velue, le Coton ne s'en détache qu'avec beaucoup de difficulté, & les machines ordinaires pour séparer le Coton des semences ne suffisent pas pour cette opération. En l'épluchant à la main, il faut treize heures pour éplucher une livre. Ce Cotonnier exige un emplacement de six pieds en largeur; sa hauteur est ordinairement de sept pieds.

§. XXVIII.

Le Cotonnier religieux. Je connois deux variétés de ce Cotonnier, dont l'une de Tranquebar, & l'autre de Cambaye. La semence de ces deux variétés ne se distingue que par sa grosseur, celle du Cotonnier de Tranquebar est plus petite que l'autre de Cambaye. Les feuilles du Cotonnier de Tranquebar s'accordent bien avec la description que *Linné* a donné des feuilles du *Gossipium religiosum*, mais celles de la variété de Cambaye en diffèrent, car plusieurs feuilles offrent des découpures si profondes, que la feuille paroît de cinq lobes, peut-être *Plukenet* qui à ce sujet est cité par *Linné*, avoit-il devant lui une branche dont les feuilles présentoient une semblable configuration. Les deux variétés du Cotonnier religieux n'ont qu'une seule glande sur la côte intermédiaire; il y a cependant des feuilles sur-tout de la seconde variété, auxquelles cette glande manque tout-à-fait. La fleur de ces deux variétés est sans doute la plus belle de ce genre, les feuilles coronales sont d'un jaune clair, avec une grande tache rouge à leur base, qui s'élargit à la partie supérieure: les Amateurs de fleurs augmenteroient leur jouissance en élevant cet arbrisseau uniquement à cause de la fleur.

La variété de Tranquebar m'a donné des arbrisseaux de trois pieds de haut, qui ne demandent que deux pieds d'espace en largeur; les capsules de ce Cotonnier sont plus petites que celles qui jusqu'ici sont parvenues à ma connoissance; mais, quoique petites, elles contiennent beaucoup de Coton, relativement à leur grosseur. Ce Cotonnier ne m'a donné qu'une seule récolte, qui n'a commencé chez moi qu'en Juillet ; & qui étoit terminée en Août ; chaque arbre ne m'a donné que six gros de Coton épluché. Les fibres de ce Coton sont courts & rares autour de la semence à laquelle elles sont fortement adhérentes ; de façon que ce Coton ne peut être épluché qu'à la main, travail qui exige trente heures de tems.

L'arbrisseau de la variété de Cambaye est un peu plus élevé que le précédent ; car j'en ai élevé qui arrivoient à quatre pieds de hauteur, sur autant de large. Les capsules de ce Cotonnier étoient également plus grandes que celles de la variété précédente ; mais le produit en Coton étoit à-peu-près le même ; il ne m'a donné qu'une seule récolte, qui a commencé en Avril, & s'est prolongé jusqu'en Août.

Ce Coton est tout aussi difficile à éplucher que le précédent, & il faut absolument employer les doigts pour cette opération, la machine ne suffisant pas pour éplucher une livre ; il faut vingt-six heures & demie de temps ; les capsules étant plus grandes que celles de la variété précédente, & renfermant par conséquent un peu plus de coton, & à proportion moins de semences.

§. XXIX.

Le Cotonnier de Porto-Ricco. Avant de m'occuper de la culture du Cotonnier, en grand, j'avois élevé, comme Amateur de Botanique, cette espèce de Cotonnier. Depuis que cette culture est devenue pour moi un objet majeur, j'ai apporté de mon dernier voyage de *Porto-Ricco* plusieurs de ces arbres, pour compléter, par ce moyen, mes essais sur les différentes espèces de Cotonniers. D'après de nouveaux essais, je me suis assuré que cette espèce ressemble exactement aux Cotonniers de la Guiane, par le port, la grandeur, & par différentes autres parties de l'arbre ; & le produit en Coton a été également le même dans ma plantation. Mais le feutre qui recouvre en entier la semence, rend cette espèce de Coton infiniment plus difficile à éplucher que le coton que produit le Cotonnier de la Guiane, ce qui doit naturellement fixer l'attention du Planteur. J'ignore le jugement des Manufacturiers Anglais sur cette espèce de coton ; & il sera difficile de prononcer là-dessus, parce qu'il n'entre dans le commerce que mélangé avec d'autres espèces. Les habitans de *Porto-Ricco* élèvent plusieurs espèces de Cotonniers sans choix ; & comme ils ne connoissent pas l'usage des machines pour éplucher le coton, ils vendent presque tout leur coton en contrebande, & non épluché, avec les capsules, aux Etrangers, qui le payent à un prix extrêmement bas. Les Négocians qui se donnent à cette branche de commerce, sont donc obligé de faire éplucher & nétoyer le coton de *Porto-Ricco*, avant de le mettre dans le commerce.

Les espèces & les variétés dont je viens de donner un aperçu rapide, sont au nombre de trente-quatre ; toutes ont été élevées dans ma plantation à Sainte-Croix pendant plusieurs années de suite, dans l'intention de vérifier l'intégrité & la bonté de plusieurs d'entr'elles. Je suis fâché de n'avoir pu faire quelques essais avec le coton herbacé, quelque peine que je me sois donné pour m'en procurer des semences, toutes mes recherches ont été infructueuses. (1)

Comme les bornes que je me suis prescrites en publiant ce petit apperçu, ne me permettent pas de m'étendre au long sur la manière de cultiver toutes les différentes espèces de Cotonniers, je crois cependant qu'il ne sera pas hors de propos de dire un mot sur les espèces hybrides que l'on peut se procurer par la fécondation artificielle : plusieurs essais que j'ai fait à ce sujet, m'ayant convaincu de la possibilité d'une pareille entreprise.

La conformation de la fleur du Cotonnier se prête plutôt que toute autre à une fécondation artificielle ; les parties de la fleur qui concourent particulièrement à cet acte, étant moins saillant que les pétales. Je proposerois donc aux Amateurs de ces essais, de choisir des espèces de Cotonniers dont le coton est fin, & dont les cap-capsules sont petites, cela seroit, par exemple, la fleur mâle du Cotonnier de Curassao, qu'il faudroit porter sur les fleurs femelles du Cotonnier de Carthagène, à gros flocons. Je suis persuadé que la semence que l'on obtiendra dans ce premier essai, ressemblera à celle du Cotonnier de Curassao. En semant l'année d'après cette graine, il est probable que les capsules de cette nouvelle variété auroit la grosseur du Cotonnier de Carthagène, sans posséder la caducité de celles de Curassao. Mais, comme ces deux espèces de Cotonniers ne donnent qu'une récolte par an, il faudroit chercher à opérer cette fécondation avec une des espèces qui donnent régulièrement deux récoltes ; on pourroit, pour cet effet, employer le Sorel rouge, le Siam blanc, ou d'autres. Ce que je propose ici, est en partie fondée sur une expérience que j'ai entrepris il y a quelques années, sur le Cotonnier Indien & le Cotonnier du Brésil. En faisant un mélange de ces deux espèces, j'ai obtenu une variété qui a le

(1) Plusieurs Botanistes, entr'autres Ortéga, ont prétendu que la Patrie du Cotonnier herbacé étoit l'Amérique. Cette assertion est donc erronnée ; car l'Auteur de ces Observations, connoissant l'objet de son travail à fond, auroit sans doute trouvé en Amérique le Cotonnier en question, s'il y étoit indigène.

grand avantage pour le Planteur, de ne point étaler un aussi grand nombre de branches éparses, fort incommodes dans une Cotonnerie : ma nouvelle variété présentoit un branchage très-serré, comme le Cotonnier du Brésil; mais elle surpassoit en hauteur & en force les deux espèces qui lui avoient donné naissance. Peut-être qu'à la suite d'un grand nombre d'expériences de cette nature, nous obtiendrons un jour des variétés de Cotonniers sans semences, comme on en rencontre dans plusieurs variétés d'autres fruits.

On peut également multiplier les Cotonniers par des boutures : je me réserve de traiter plus au long cette matière, en parlant de la culture des Cotonniers en général. (1)

Observations détachées sur les Cotonniers.

La semence du Cotonnier conserve la propriété de germer pendant deux ans, quoiqu'une grande partie des graines de l'Amérique la perdent au bout de quelques mois; plusieurs même au bout de quelques jours. Cette semence lève au bout de sept jours, sur-tout quand, dans cet intervalle, il survient une légère pluie. S'il ne pleut pas les premiers sept jours, la semence reste en terre jusqu'après la pluie; sans pluie, elle se conserve en terre plusieurs mois; car ses parties huileuses, l'écorce forte dont elle est recouverte, & un ou quelques pouces de terre, la garantissent suffisamment contre l'impression de la chaleur qui accéléroit sa destruction. Une trop longue pluie la fait bien-tôt périr. Si, dans l'espace de sept jours, la semence ne lève pas, on peut être assuré qu'elle est pourrie. Il y a cependant quelques exceptions qu'il est bon de faire connoître; la semence du Cotonnier vert, couronnée, lève après trois jours, & le Siam blanc après huit.

La racine du Cotonnier est naturellement pivotante avec des branches latérales; elle s'enfonce en droite ligne en terre, & le tronc prend la figure d'un arbre. Lorsqu'elle rencontre des pierres ou une terre trop dure, elle s'écarte de sa figure naturelle, la racine pousse alors beaucoup de chevelu, & croît en ligne horizontale; dans ce dernier cas, le tronc ne s'élève qu'en arbuste. Le rapport d'un Cotonnier est toujours en proportion de la position & du cours de sa racine, & selon que celle-ci s'éloigne plus ou moins de la ligne perpendiculaire. Plus les racines du Cotonnier seront obligé de courir ou de tracer horizontalement en terre, moins la récolte de l'arbrisseau sera abondante; si, au contraire, la racine principale peut s'enfoncer perpendiculairement en terre, la récolte sera plus abondante, & l'arbre se conservera pendant plusieurs années, sur-tout si on a la précaution de couper le tronc, la première année, tout près de terre. La racine du Cotonnier ne pousse jamais de rejetons hors de terre, quand même elle se trouve gênée par des corps durs qui s'opposent à son passage, elle retournera, dans ce cas, plutôt vers le tronc de l'arbre, ou périra. J'ai suivi le développement & l'accroissement des Cotonniers, & voici le résultat de mes observations. Dans les premiers jours que la semence avoit levé, & que la racine s'étoit enfoncée perpendiculairement en terre, cette dernière étoit à-peu-près de la grosseur d'un crin; depuis ce temps jusqu'au quatrième jour, son accroissement est très-rapide. Le quatrième jour, elle avoit une longueur de cinq pouces huit lignes; le cinquième, sa longueur étoit presque de sept pouces; le sixième jour, elle avoit dix pouces une ligne, & après quatorze jours, elle portoit sur douze pouces six lignes. Les branches latérales que la racine principale pousse de tous les côtés, avoient, le quatrième jour, un pouce de longueur; elles étoient sur-tout très-sensibles à l'endroit où le tronc paroissoit se diviser de la racine. En général, les racines des Cotonniers ont peu de chevelure, mais beaucoup de branches; il arrive de-là, qu'une pluie de peu de minutes, qui ne pénètre pas même bien avant en terre, est suffisante pour entretenir la jeune plante en bon état; car les petites branches supérieures de la racine absorbent autant d'humidité que la racine principale, plongée entièrement dans l'eau, pourroient en attirer.

Les cotylédons du Cotonnier sont réniformes, sans exception; le petit tronc, au haut duquel ils se trouvent, a ordinairement une longueur de trois pouces. Toutes les autres feuilles de cet arbre sont en cœur; celles du tronc ne sont point divisées, mais pointues; les autres, pour la plupart, divisées de différentes manières.

Les branches du Cotonnier sortent du tronc d'une manière éparse (*sparsi*) en ne s'éloignant que de peu de pouces les unes des autres; elles s'étendent de la même manière jusqu'au sommet de l'arbre. Elles diffèrent en grosseur; les plus petites sont de deux ou trois pouces de longueur; ces dernières ne portent point de fruit, & périssent ordinairement la seconde année. Les branches moyennes ne portent que peu; elles périssent également la seconde année. Les branches les plus fortes de nos Cotonniers acquièrent une longueur de cinq, six & plus de sept pieds; les inférieurs sont toujours les plus fortes & les plus longues; à mesure qu'elles approchent de la cime, elles deviennent plus courtes & plus serrées. Ces branches portent ordinairement le plus grand

(1) Nous regrettons beaucoup de n'avoir point pu profiter de ce Traité que l'Auteur n'a point encore publié; nous en aurions tiré le plus grand profit pour le complettement de cet article; mais nous espérons que cela pourra avoir lieu dans les supplémens que cette partie de l'Encyclopédie rendra sans doute nécessaire.

nombre de fruits, cependant c'est toujours la cîme, ou le sommet de l'arbre, qui en fournit plus grande quantité.

Après la première récolte d'un Cotonnier, la cîme & les extrémités des branches dessèchent; les dernières pourtant ne périssent que depuis l'endroit où elles étoient chargées de fruits. L'année d'après, les nouvelles branches poussent aux mêmes endroits où celles de l'année précédente avoient péries.

Les Cotonniers, pour procurer à leur Propriétaire une récolte abondante, exigent beaucoup de pluie; trop de pluie leur est nuisible, de même que le défaut d'air & de soleil. J'avois planté des Cotonniers à une distance assez considérable d'un certain nombre de bambou; mes Cotonniers se chargèrent d'un grand nombre de fleurs, mais l'ombre que faisoit le bambou aux Cotonniers, occasionnoit la chûte des fleurs & du fruit que j'avois droit d'attendre; d'autres Cotonniers, plantés dans le même sol, mais qui ne se trouvoient point ombragés par les bambous, portèrent le fruit à parfaite maturité. Ici le défaut d'air & de soleil avoit visiblement influencé sur mes Cotonniers.

Les récoltes des Cotonniers, plantés dans l'intérieur de la Guiane, sont toujours moins abondantes que celles des plantations près de la mer, dont jouissent les Cotonniers plus près de la côte, & qui ne sont plus sensibles à mesure qu'on s'éloigne de la côte.

Un air trop frais & trop vif ne convient non plus aux Cotonniers. J'ai fait quelques essais relativement à ce sujet, sur les montagnes très-élevées de l'isle Montserrsla, où l'air est froid & humide. Les Cotonniers que nous avions planté en 1788, sur une plantation de M. Ryan, n'ont pas pris, en sept semaines, autant d'accroissement que ceux de ma plantation en avoient pris en sept jours, quoique les mêmes hauteurs & la même exposition convenoient parfaitement bien à la canne à sucre & aux caféiers qui y croissoient à merveille.

En exceptant les terreins trop élevés, trop froids ou humides, ou celui manquant d'air, tous les terreins de nos Isles peuvent convenir à la culture du Cotonnier; je crois qu'il n'y a point de pays trop maigre ou trop gras, trop humide ou trop sec, dans lequel on ne puisse élever des Cotonniers. Dans les terres basses ou les savannes de la Guiane, les Cotonniers prospèrent bien, de même que dans nos Cayes, dont le sol est très-maigre & aride. Le Cotonnier annuel croît à merveille dans les sables le long de la mer. A Montserra les Cotonniers se contentent d'une terre pouzzolane, très-maigre, & à Spanish-Town, j'en ai vu dans le sable micacé, dont l'accroissement n'étoit point inférieur à ceux cultivés dans les plantations de l'intérieur de cette Isle.

Je ne puis rien dire de positif sur l'âge des Cotonniers; depuis quatre ans aucun Cotonnier n'est mort chez moi d'une mort naturelle.

Ennemis des Cotonniers.

Outre les sécheresses excessives & les trop fortes pluies, les vents froids, sur-tout quand les Cotonniers sont en fleurs, cet arbrisseau est encore très-exposé aux ravages de plusieurs espèces d'insectes, contre lesquels on n'a point encore trouvé de remède. Ces insectes attaquent les Cotonniers dans tous les âges. Les vers, les cloportes & diverses espèces de scarabés pénètrent dans la terre aussi-tôt que la graine a été semée; ils en rongent la substance que la germination a attendrie. Les graines échappées à ce premier danger, produisent bien-tôt de jeunes plantes qui, à leur tour, sont exposées à de nouveaux ennemis. Les criquets ou grillons les attaquent pendant la nuit; les jeunes feuilles sont dévorées en plein jour par un petit scarabé, connu en Amérique sous le nom de diable, & qui est de la grosseur d'un petit hanneton, mais dont les élytres sont diversement bigarrés de noir & de jaune, ou rayé de rouge & de noir; sa tête fort menue, est garnie de deux longues antennes; ses pattes sont déliées & armées de crochets, par lesquelles il s'attache fortement aux endroits où il s'est placé. Le diablotin, également à craindre pour les Cotonniers, est un scarabé beaucoup plus petit; sa couleur est d'un verd pâle.

Les chenilles printanières viennent à la suite des diables & diablotins, & ne se font pas prier pour dévorer ce que les autres ont laissé.

Les Cotonniers à qui la dent meurtrière de ces insectes a fait grace, s'élève, en trois mois, à la hauteur de dix-huit à vingt pouces: deux ennemis redoutables l'attaquent alors de concert; ce sont le maoka & l'écrevisse. Le premier est un gros ver blanc qui ronge la racine, & fait sécher la jeune plante. Le second naît d'une mouche qui pique l'écorce, y dépose un œuf d'où sort un petit ver dont la forme est spirale; c'est sans doute ce qui lui a fait donner le nom d'écrevisse. Ce ver, aussi-tôt qu'il est éclos, ronge la partie ligneuse de l'arbre; il s'y forme un chancre, la partie attaquée devient si fragile que le moindre vent suffit pour rompre l'arbre.

L'arbre vainqueur de cette foule d'ennemis se pare de fleurs jaunes & rouges dont l'ensemble charme les yeux. Mais les punaises vertes ou de toutes autres couleurs viennent souvent rabattre sa vanité; lorsqu'elles se trouvent en grand nombre, elles en font tomber les fleurs, & les fruits avortent. Les pucerons viennent aussi quelquefois seconder les punaises; alors l'arbre languit, devient stérile, & périt à la fin.

Les punaises rouges & noires dédaignent les feuilles & les fleurs du Cotonnier; il leur faut un mets plus succulent. Elles attendent donc que la gousse vienne à s'ouvrir pour en sucer les graines, qui sont alors vertes & tendres. Les graines ainsi rongées, n'ayant plus de substance, passent entièrement entre les cylindres qui servent à éplucher le Coton, s'applatissent, s'écrasent, &, mêlées avec les excrémens de ces insectes, salissent de cette manière le Coton, qui alors est mis au rebut.

Mais l'ennemi le plus à redouter pour une habitation plantée en Coton, c'est sans contredit la chenille à Coton. Cet insecte se jette quelquefois avec tant de voracité sur les pièces de Cotonniers, qu'en deux ou trois jours, & quelquefois même en vingt-quatre heures, il les dépouille de toutes leurs feuilles. Ne trouvant plus alors de nourriture, on en a vu traverser des pièces entières d'indigo, sans leur causer le moindre dommage, & se jetter sur de nouvelles pièces de Coton qu'elles dévastent de même que si le feu y avoit passé. Cette chenille, en moins d'un mois, parcoure les différens états de chenille, de chrysalide & de papillon. Après toutes ces métamorphoses, elle reparoît sous sa première forme, disposée à faire de nouveaux ravages, qui durent quelquefois dix mois de suite, & qui quelquefois ont forcé les habitans des Isles à renoncer à cette culture. On en voit peu cependant réduits à ces fâcheuses extrémités; il ne négligent rien pour conserver leur récolte; les pluies fraîches & abondantes qui sont suivies de chaleurs excessives, les délivrent souvent de cette engeance destructive.

Usage Médicinal & économique des différentes parties du Cotonnier.

Selon Ray, on n'employoit autrefois en Egypte que le fil de Coton pour réunir les plaies; on regardoit même le Coton comme spécifique pour arrêter les hémorrhagies. Dans les tems modernes, on a souvent mis en doute, si le Coton pouvoit remplacer la charpie de toile, & plusieurs Chirurgiens l'ont même regardé comme dangereux. La semence du Cotonnier étant très-mucilagineuse & huileuse, peut servir pour en faire des émulsions, comme remède adoucissant dans les toux opiniâtres; dans les pays chauds, elle est souvent employée à cet usage, &, comme elle est également rafraîchissante, on l'a plusieurs fois donnée avec succès dans les fièvres ardentes. L'huile que l'on tire de ces semences par l'expression a été employée quelquefois comme cosmétique; elle sert en Amérique à plusieurs usages domestiques, & les Anglois l'emploient même à la Jamaïque dans les manufactures où les corps gras sont indispensables. Comme cette graine est également très-nourrissante, elle sert dans plusieurs pays, non-seulement pour engraisser & nourrir plusieurs espèces de volailles, mais encore les bestiaux, sur-tout les mulets, chevaux & bœufs, qui s'en trouvent très-bien. Le Père du Tertre, dans son Histoire des Antilles, dit, que dans plusieurs de ces Isles, on prépare avec les feuilles & les fleurs des Cotonniers une espèce d'huile visqueuse, qui est très-bonne pour la guérison des ulcères.

Commerce de Coton.

En France, on divise le Coton du commerce en Coton des Isles & Coton du Levant.

Le premier qui nous arrive par Bordeaux, Nantes, la Rochelle, le Havre & Rouen, de l'Amérique, dans des balles de trois cent, ou trois cent vingt livres pesant, reçoit différens noms d'après les Isles dont on le tire. C'est ainsi que l'on distingue le Coton de la Guadeloupe, de Saint-Domingue, de Cayenne, de Maragnan, de Saint-Marc, des Barbades, de Sainte-Lucie, de Marie-Galante, de Saint-Eustache, de Berbice, de Saint-Thomas, de Surinam & d'Essequebo. Toutes ces espèces de Coton nous viennent en laine, plus ou moins pure & nette; le degré de netteté détermine souvent une partie du prix de cette marchandise; car, lorsque le Coton est malpropre, rempli d'ordures, gâté par l'humidité, il se file mal; & les étoffes que l'on en fait fabriquer n'acquièrent pas cet aspect lustré & soyeux qui en relève tant le prix; en outre, le déchet qui en résulte est toujours très-considérable. La plus grande partie des Cotons des Isles est employé dans les Manufactures de Rouen, de Caën & autres villes de Normandie.

Le Coton, dit de Maragnan, passe pour le plus beau & le meilleur Coton des Isles; on lui donne même la préférence sur celui de Cayenne, quoique ce dernier jouisse d'une grande réputation à cause de sa blancheur & de sa finesse. Le Coton que l'on reçoit de Surinam est moins estimé que celui de Maragnan & de Cayenne; il vaut cependant mieux que celui de Saint-Domingue. Le Coton de Saint-Marc est à peu près de la qualité de celui de Saint-Domingue. Le Coton de Saint-Domingue a de la blancheur, de la souplesse, & se file très-bien, mais il ne convient pas à toutes les étoffes indistinctement. Celui de la Guadeloupe inférieur au précédent est le plus en usage dans les fabriques de toileries de Rouen, ce n'est que lorsque les autres espèces de Coton manquent, qu'on l'emploie quelquefois pour les étoffes qui demandent un coton d'une grande netteté.

Le prix de tous ces Coton est très-variable; depuis la paix de 1783, il a été ordinairement entre deux cents & trois cents livres le quintal. En 1756, il est arrivé en France, de différentes isles de l'Amérique, sept cents cinquante-sept mille livres de Coton; mais, depuis que les métiers

tiers qui travaillent le Coton en France ont été augmentés, & que les étoffes de Coton sont devenues d'un usage plus étendu; l'importation doit avoir été bien plus considérable chaque année.

Le Coton du Levant que l'on connoît dans le commerce sous le nom générique de Coton de Chypre, & dont l'entrepôt est toujours à Marseille, d'où il passe ensuite ou par terre ou par mer dans les Provinces qui s'occupent de la fabrication des étoffes de Coton, est généralement moins estimé que celui des Isles. Quoique d'un beau blanc, il est toujours très-impur, un peu dur & sec, rempli de nœuds, qui le rendent sujet à se rompre, & n'admettent pas une filature bien fine. Le Coton du Levant nous arrive dans des ballots de deux cens à deux cent cinquante livres. On distingue à Marseille près de trente espèces de Coton venant du Levant, dont les uns sont appelés Coton de terre, les autres Coton de mer. Les Cotons de terre sont ceux de la Natolie; les principaux sont ceux de Kerkagadje, Aklnissar, Magnésie, Kanaba, Argnamos, Gnizelhinor, Bainder & Adana, près de Smyrne. Le Coton de Kerkagadje est le plus estimé de tous; ceux d'Argnamas & de Kanaba en approchent; mais ceux d'Aklnissar, de Magnésie & de Baindre sont d'une qualité inférieure. Le Coton de mer vient des Isles de l'Archipel; dans le commerce, on le distingue plus particulièrement sous le nom de Coton de Salonique, des Dardanelles, de Gallipoli, d'Enos. Le Coton de Gallipoli est le plus estimé & le plus fin, sur-tout quand il est de première qualité. Celui de Salonique est très-inférieur à celui de Gallipoli; il n'en vient pas beaucoup à Marseille; la plus grande quantité se consomme dans le pays, ou passe dans les Echelles du Levant. Le Coton des Dardanelles le surpasse; il y a même quelques espèces qui égalent en finesse celui de terre. Parmi les notions commerçantes dans le Levant, les François sont ceux qui en exportent le plus de Coton; en admettant la récolte de Coton dans les Etats du Grand-Seigneur à cent mille balles, on en compte douze mille d'exportées, dont les François en enlève trois mille cinq cens, les Anglois deux mille, les Vénitiens deux mille. Le reste est employé dans les Manufactures Turques. Parmi les trente espèces de Coton qui arrivent tous les ans à Marseille, on compte qu'Alexandrie en fournit quatre sortes, Smyrne neuf, Seyde onze, Alep cinq, Chypre deux. (*M. Gruvel.*)

COTONNIER *blanc de Saint-Domingue*, ou *Mahot à Coton*. Très grand & gros arbre, connu des Botanistes, sous le nom *Hisbicus tiliaceus*, L. *Voy.* Ketmie à feuilles de tilleul, n.° 14. (*M. Thouin*)

COTONNIER de la Louisiane. *Platanus Occidentalis*, L. *Voyez* Platane d'Occident, au Dict. des Arbres. (*M. Thouin.*)

COTONNIER Fromager. Grand arbre des Antilles, dont le fruit renferme un Coton fin & très-abondant. C'est le Bombax, *pentandra*. L. *Voyez* Fromager pentandre, n.° 1. (*M. Thouin.*)

COTONNIER Mahot, à grandes feuilles, bois de flot ou de Liège, arbre de Saint-Domingue, qui n'a d'autre rapport avec le genre du Cotonnier, que d'avoir les semences entourées d'un duvet fin, & de couleur grise. C'est l'*Hibiscus tiliaceus* de Linnée. *Voyez* Ketmie feuilles de tilleul, n.° 14. (*M. Thouin.*)

COTONNIER rouge de Saint-Domingue, ou du Père Labat. *Bombax*. *Voyez* Fromager.

COTULE, *Cotula*.

Genre de plantes à fleurs composées, de la division des Corymbifères, qui a des rapports avec les camomilles. Les feuilles sont alternes, simples ou découpées. Les fleurs sont terminales, flosculeuses ou radiées. Le principal caractère de ce genre consiste dans le limbe quadrifide des fleurons du disque. Il ne renferme que des espèces exotiques & étrangères à la France. Les fruits sont composés de plusieurs semences nues.

Espèces.

Cotule anthémoïde.
Cotula authemoïdes. L. ☉ dans l'Isle Sainte-Hélène, l'Espagne.

B. Cotule du Nil.
Artemisia Nilotica. L. en Egypte.

2. Cotule dorée.
Cotula aurea. L. ☉ l'Espagne, l'Europe australe.

3. Cotule corne de cerf.
Cotula coronopifolia. L. ☉ de l'Afrique.

4. Cotule à feuilles de tanaisie.
Cotula tanacetifolia. ☉ du Cap de Bonne-Espérance.

5. Cotule à ombelles.
Cotula umbellata. L. fil. du Cap de Bonne-Espérance.

6. Cotule soyeuse.
Cotula sericea. L. Fil. ♃ du Cap.

7. Cotule pilulifère.
Cotula pilufera. L. fil. du Cap.

8. Cotule turbinée.
Cotula turbinata. L. ☉ de l'Afrique.

9. Cotule du Cap.
Cotula Capensis. ☉ du Cap.

10. Cotule visqueuse.
Cotula viscosa. L. de la *Vera-crux*.

11. Cotule élancée.
Cotula stricta. L. ♄ du Cap.

12. Cotule à cinq lobes.
Cotula quinqueloba. L. fil. du Cap.

Description du port des Espèces.

Toutes ces plantes sont petites, herbacées;

rampantes, s'élevant très-peu. Leur port est celui des camomilles. Leurs fleurs sont, ou toutes jaunes, ou jaunes & blanches; leur principal mérite est de les avoir en corymbes.

La première espèce s'élève à la hauteur d'un demi-pied; ses feuilles sont comme celles de la camomille; elle fleurit en Mai & en Juin; ses semences mûrissent en Août, se sement d'elles-mêmes, & lèvent au Printems.

La seconde a ses tiges presque couchées; ses fleurs sont jaunes flosculeuses, penchées; ses feuilles sont multifides, cétacées. Elle a une odeur aromatique & suave.

La troisième est glabre, remarquable par la gaîne de ses feuilles qui embrasse la tige; les feuilles sont charnues; les fleurs jaunes, orbiculaires, paroissent en Mai, Juin & perfectionne ses graines. Les fleurs naissent droites, s'inclinent en mûrissant, & se relèvent après pour disperser leurs graines. Les tiges ont six pouces environ.

La quatrième ressemble à une athanasie, par l'aspect & la disposition de ses fleurs. Sa tige est droite, & les feuilles sont tripinnées, à découpures aigues.

La cinquième a ses tiges hautes d'un pied & demi, droites, velues.

La sixième, qui est vivace, a les tiges couchées sur la terre, les feuilles découpées comme celles de l'absinthe, soyeuses, blanches; les fleurs sont jaunes, semblables à celles de la troisième espèce.

La septième, sa tige est droite, ses fleurs en panicule; ses feuilles sont deux fois ailées, & ressemblent à celles de la tanaisie.

La huitième pousse de sa racine plusieurs tiges branchues, traînantes. Ses feuilles sont alternes, deux fois ailées, velues, découpées. Le disque de la fleur est jaune; les demi-fleurons sont blancs en dessus, rougeâtres en-dessous. Elle fleurit en Juin, Juillet, & perfectionne ses graines. Cette plante est remarquable par le renflement particulier du sommet de ses pédoncules.

La neuvième a l'aspect d'une camomille; elle ressemble à la matricaire camomille de Linnée. La fleur est jaune; les demi-fleurons sont écartés, blancs & marqués de lignes.

La dixième, ses tiges sont longues de sept ou huit pouces, couchées, ses feuilles découpées comme celles du séneçon; les fleurs sont radiées, les demi-fleurons très-petits.

La onzième ressemble à une marguerite. Ses tiges sont hautes de trois ou quatre pieds. Ses feuilles sont ailées. Les fleurs sont terminales, solitaires, grandes. L'odeur de cette plante approche de celle de la matricaire.

La douzième a les tiges droites, les feuilles à cinq lobes, blanchâtres, cotonneuses. La fleur est de la grandeur de celle de la matricaire. Cette plante ressemble beaucoup à la précédente.

Culture. On seme toutes les graines des espèces de Cotules dans de petits pots qu'on place sur une couche chaude, au commencement du Printems. Quand elles sont levées, on les éclaircit, on les tient nettes de mauvaises herbes, & on les arrose légèrement soir & matin. Quand elles seront assez fortes pour être mises en place, on les renversera du pot où elles sont levées, & on les mettra dans une bonne terre meuble, aux places qui leur sont destinées. Cette méthode réussira mieux que la transplantation, parce que ces plantes, ayant la racine pivotante, napiforme, prennent peu de chevelus. Quant à celles qui se seront semées d'elles-mêmes, ou qu'on aura semé en place, il suffira de les éclaircir. Toutes perfectionnent leurs graines dans notre climat.

Usages. Ces plantes n'ont aucune utilité reconnue; &, comme elles ont peu d'éclat, elles ne trouvent place que chez les Curieux, & sur-tout dans les jardins de Botanique, pour la démonstration. Les espèces, n.os 3, 4, 5, 8, 11 sont assez jolies pour mériter une place dans les jardins d'agrément, ce qui doit engager les Curieux & les Amateurs des Départemens méridionaux de la France à les semer en pleine terre, sur la fin d'Avril, & de les cultiver, pour tâcher de les naturaliser. Il faut avoir les plantes à volonté sous la main pour les étudier; c'est en les étudiant sous tous les rapports qu'on en connoît les propriétés, & qu'on parvient enfin à les rendre vraiment utiles. (*M. Menon.*)

COTYLEDON, *Cotyledo.*

Cotylédons, ou lobes, ou feuilles séminales. On nomme ainsi les parties extérieures de la semence qui enveloppent le germe, ou rudiment de la plante. Les Cotylédons sont deux corps charnus, convexes à l'extérieur, appliqués l'un sur l'autre, qui se tiennent par un point commun. Dans la plupart des végétaux, ils sont au nombre de deux, & on nomme ces plantes dicotylédones. Dans d'autres, comme les graminées, il n'y en a qu'un, & on les nomme monocotylédones. Dans d'autres, comme les mousses, il n'y en a point (connus), & on les nomme acotylédones. Leur substance est différente, farineuse, mucilagineuse & fermentescible dans les graminées, les légumineuses. Elle est dure, cornée dans les ombellifères, les rubiacées. On mange les Cotylédons des fèves, haricots, pois; les Cotylédons de tous les fruits à noyaux; les Cotylédons des graminées, comme le froment, le seigle, le maïs, le riz, le millet.

On observe deux choses dans la germination d'une graine, où toute la substance des Cotylédons ou lobes, passe dans la radicule & la plantule, au moment des premiers développemens; &, après cette transmission, les organes des Cotylédons se dessèchent & s'obstruent, dès que la racine peut seule fournir à la nourriture de la jeune plante. Alors les Cotylédons périssent dans la terre, & conservent le nom de Cotylédons ou lobes; ou la racine ne tire pas d'abord assez de nourriture, & ne la prépare pas suffisamment parfaite; alors les Cotylédons se chargent de cette fonction; ils élaborent les nouveaux sucs, montent avec la plante, & prennent le nom de *feuilles séminales*; elles donnent un nouvel accroissement de vie, & la plante croît en raison de ce double principe.

Les *Cotylédons*, sous le double rapport de *lobes* ou de *feuilles séminales*, sont absolument nécessaires à la vie & à l'accroissement des plantes. Les expériences curieuses de M. Bonnet sont décisives à cet égard. Les Cotylédons sont les vraies mamelles dans lesquelles la Nature prépare les sucs nutritifs propres à la délicatesse des plantes qu'ils accompagnent, jusqu'à ce qu'elles soient en état d'en tirer directement de la terre par leurs racines. Toutes les graines dont M. Bonnet avoit ôté les Cotylédons, sont levées beaucoup plus tard, & ont constamment conservé un degré de dégénération. D'autres n'ont point levé.

Les Cotylédons ont servi de base au systême de M. de Jussieu, dans son *Genera Plantarum*, 1789.

Grew appelle les Cotylédons, feuilles dissimilaires, à cause de leur différence constante & marquée avec les autres feuilles. (*M. Menon*).

COTYLET ou COTYLIER, *Cotyledon*.

Genre de plante de la famille des Joubarbes, qui a beaucoup de rapports avec les *Crassules*; il diffère cependant de ces deux genres, par la corole monopétalée. Il comprend des herbes, des arbustes remarquables par les feuilles charnues & succulentes. Toutes les espèces sont exotiques & étrangères à la France, excepté l'espèce, n.° 8.

Le fruit consiste en quatre ou cinq capsules oblongues, à une loge, qui contiennent des semences petites & nombreuses. Ce genre est de la dixième classe de Linnée.

Espèces.

1. Cotylet orbiculé.

Cotyledon orbiculata. L. ♄ du Cap de Bonne-Espérance.

2. Cotylet à feuilles cylindriques.

Cotyledon teretifolia. ♄ de l'Afrique. La M. Dict.

3. Cotylet ungulé.

Cotyledon ungulata. ♄ de l'Afrique.

4. Cotylet tuberculeux.

Cotyldon tuberculata. ♄ de l'Afrique. La M. Dict.

B. Cotylet à feuilles linéaires.

Cotyledon foliis linearibus solitariis, floribus virentibus ventricosis Burm. aff. 51 *t.* 21 *f.* 1.

5. Cotylet hémisphérique.

Cotyledon hemisphærica. Lin. ♄ de l'Afrique.

6. Cotylet denté.

Cotyledon serrata. Lin. ♂. de Crète, de la Sibérie.

7. Cotylet de Sibérie.

Cotyledon spinosa. Lin. de la Sibérie.

8. Cotylet ombiliqué.

Cotyledon umbilicus. L. ♂ de la France, du Portugal, de l'Espagne.

9. Cotylet du Portugal.

Cotyledon Lusitanica. ♃ du Portugal. La M. Dict.

10. Cotylet d'Espagne.

Cotyledon Hyspanica. Lin. ♂ de l'Espagne, du Levant, de l'Afrique.

11. Cotylet hispide.

Cotyledon hispida. ⊙ de l'Espagne. La M. Dict.

12. Cotylet pinné.

Cotyledon pinnata. De l'Isle de France. La M. Dict.

B. Cotylet pinné, à crenelures nues.

Eadem crenis foliorum medis. La M. Dict.

13. Cotylet lacinié.

Cotyledon laciniata. L. ♄ des Indes orientales.

14. Cotylet d'Egypte.

Cotyledon Ægyptiaca. H. R. ♄ de l'Egypte.

Espèces imparfaitement connues.

Cotylet glanduleux.

Cotyledon papillaris.

Cotylet à trois fleurs.

Cotyledon triflora.

Cotylet à fleurs de Cacalie.

Cotyledon cacalioïdes.

Cotylet réticulé.

Cotyledon reticulata.

Cotylet paniculé.

Cotyledon paniculata.

Cotylet mucroné.

Cotyledon mucronata.

Port & description des Espèces.

1. Cotylet orbiculé. C'est un arbuste de trois pieds & plus; sa tige est épaisse frutescente, rameuse, blanchâtre. Ses feuilles sont charnues, arrondies, en coin à leur base, opposées, d'un verd glauque, dont les bords ont une teinte de rouge. Du sommet des branches naît un pédoncule, rameux à son extrémité, qui soutient une belle panicule de vingt fleurs, qui font un bel effet, de couleur rougeâtre en-dedans, & pâle en-dehors. La tige devient ligneuse en vieillissant, & produit des tiges courbées irré-

gulièrement. Elle fleurit en Juillet, Août, Septembre, & perfectionne ses graines dans nos climats.

2. Cotylet à feuilles cylindriques. Sa tige a un pied environ. Elle est ligneuse, rameuse; les feuilles sont de l'épaisseur & de la longueur du doigt. La hampe est terminale, en corymbe, & soutient de belles fleurs dont les divisions ou segmens recourbés sont rouges; elle croît dans les lieux pierreux & incultes de l'Afrique, voisins de la mer.

3. Cotylet ungulé. Elle diffère de la précédente par ses feuilles dont les bords sont rougeâtres, demi-cylindriques, canaliculées au-dedans, convexes à l'opposé. Ses fleurs sont rouges, pendantes, portées sur un pédoncule ramifié. Il en existe une variété à feuilles plus petites.

4. Cotylet tuberculeux. Sa tige ligneuse a six pouces & plus, & porte des tubercules à son sommet. Ses feuilles sont longues de deux à trois pouces, canaliculées en-dedans, d'un verd glauque.

5. Cotylet hémisphérique. Sa tige s'élève à un pied environ; ses feuilles sont courtes, épaisses, convexes en-dessous, planes en-dessus, de la longueur d'un pouce environ, d'une couleur grisâtre, marquées de taches vertes. Les tiges sont rameuses, tortueuses, ne s'élèvent pas à un pied. Les pédoncules sortent de l'extrémité des branches, & soutiennent cinq à six fleurs verdâtres, marquées de points pourpres. Elles paroissent dans le mois de Juin.

6. Cotylet denté. Sa racine est fibreuse; il en sort une ou plusieurs tiges simples, droites, garnies de feuilles éparses, planes, dentées en leurs bords. Celles du bas sont plus larges, nombreuses, rapprochées en rosette. Les fleurs sont d'un rouge pourpre, disposées en épis, au nombre de deux ou trois sur le même pédoncule: elles paroissent en Juin. Les semences mûrissent en Automne. Cette plante croît dans le Levant, l'Isle de Crète, la Sibérie.

7. Cotylet de Sibérie. Sa tige est haute d'environ un pied, droite, simple, feuillée, semblable à la joubarbe. Ses feuilles sont plus longues, & terminées par une épine molle. Ses fleurs sont blanchâtres, axillaires, sessiles, disposées trois à cinq, formant un long épi simple & feuillé; elles paroissent en Avril, & perfectionnent leurs semences.

8. Cotylet ombiliqué. Sa racine est tubéreuse, blanche. Ses feuilles radicales sont pétiolées, arrondies; leur surface supérieure est creuse au milieu; elles ont l'apparence d'un nombril à l'endroit du pétiole, d'où vient le nom de *nombril de Venus*, donné particulièrement à cette espèce. La tige est droite, haute de sept à dix pouces. Elle est garnie de feuilles alternes, étroites, les fleurs sont petites, d'un verd blanchâtre, pendantes & disposées en épi. Elles paroissent en Juin.

9. Cotylet de Portugal. Sa racine est épaisse, rameuse, rampante garnie de fibres. Ses feuilles sont moins en nombril que celle de la précédente; elles restent vertes pendant l'Hiver, se fanent en Mai quand la tige paroît; elle est haute d'un pied, rougeâtre, garnie de feuilles. Les fleurs sont jaunes, droites, disposées en épi terminal qui paroît feuillé à cause des bractées.

10. Cotylet d'Espagne. Cette espèce ressemble à l'Orpin blanc de Lin. Sa tige est de cinq pouces divisée seulement à son sommet, les fleurs sont longues, (ce qui distingue cette espèce), disposées en corymbe terminal. La corolle est en forme d'entonnoir dont le tube est long d'un pouce, velu, rousseâtre en dehors, à limbe pourpre; son effet est agréable.

11. Cotylet Hispide. Cette plante a l'aspect d'une *joubarbe;* elle est chargée de poils blancs; c'est ce qui la fait paroître hispide. Sa tige est grêle, haute de quatre à cinq pouces, foible, pourprée inférieurement. Ses feuilles sont d'un vert glauque, les fleurs sont petites, blanches avec des stries rougeâtres en dehors; les folioles du calice sont hispides.

12. Cotylet Pinné. Belle plante, toujours verte, haute de 3 à 4 pieds. Sa tige est de l'épaisseur du doigt, quarrée sur-tout dans la partie inférieure, parsemée de points & de lignes pourprées; ses feuilles sont opposées, ailées; les folioles des feuilles sont à grosses crénelures, barbues & filamenteuses: les filamens des crénelures ressemblent à de petites racines. Les fleurs sont jaunes, en tube, longues d'un pouce & demi, pendantes, disposées au sommet de la tige en une ample panicule rameuse; elle croît à l'Isle de France, on la regarde comme anodine, vulnéraire & rafraîchissante.

12. Cotylet lacinié. Cette plante s'élève à la hauteur d'un à deux pieds. Sa tige est feuillée, droite, succulente, de l'épaisseur d'un doigt, ses feuilles sont profondément ailées; celles qui naissent à la base des pédoncules, sont entières, linéaires, les fleurs sont d'un jaune foncé, disposées en panicule terminale; cette plante fleurit en différentes saisons de l'année, ce qui la rend agréable, elle est rafraîchissante & a les mêmes vertus que la *joubarbe*.

14. Cotylet d'Egypte. Ses tiges sont hautes d'un pied & demi, ses feuilles sont d'un verd pâle, les inférieures sont arrondies, entières, un peu pétiolées; celle de la partie moyenne de la tige, sont ovales crénelées; les supérieures, qui sont les plus petites, sont un peu spatulées, les fleurs sont droites, rougeâtres en leurs bords ou limbe, d'une couleur pâle en dehors, disposées en une panicule resserrée & terminale.

Culture générale.

Presque toutes les espèces de Cotylet étant de l'Afrique, particulièrement du Cap la treizième espèce des Indes Orientales, la quatorzième d'Egypte, j'ai trouvé à propos d'approfondir la culture générale, qui leur sera aussi particulière, & de traiter après la culture des autres espèces comprises sous les n.os 6, 7, 8, 9, &c.

Comme les Cotylets sont des *plantes grasses*, succulentes, il y a une grande attention à faire, très-nécessaire pour les arrosemens qu'il faut toujours ménager, l'Hiver sur-tout, dans les tems humides, l'humidité étant mortelle pour ces plantes, il ne faut donc arroser que quand la terre se durcit par la chaleur, rarement on mouillera à fond si on se persuade que toutes ces plantes reçoivent plus d'humidité, plus de nourriture par leurs feuilles, que par leurs racines; de sorte que si l'humidité qui les environne est trop grande, la feuille en absorbe trop, les racines ne la pompent plus assez vîte, les feuilles pourrissent & bien-tôt la plante; il faut avoir grand soin de mettre aux espèces les plus foibles comme aux n.os 1, 5, 12, un bon tuteur, quelquefois deux selon les volumes de la plante, il faut rapprocher du corps les gousses trop irrégulières, par des liens; en retrancher quelques-unes quand elles gênent trop, ce sont les moyens de rendre les plantes moins volumineuses, plus agréables à la vue & plus faciles à transporter; on ne doit pas négliger de retrancher les branches voisines des racines, pour faciliter les arrosemens, la propreté & les autres petits soins nécessaires à la salubrité de ces plantes qui demandent à être tenues nettes de feuilles mortes, sèches, pourries, moisies & de tout ce qui pourroit entretenir l'humidité.

Quand on les mettra dehors, sur les gradins ou ailleurs, on aura soin d'enfoncer le pot en terre ou de le fixer par un tuteur, pour éviter les coups de vents qui renversent ces plantes d'autant plus facilement que la tête, très-pesante, emporte aisément le reste.

1. On multiplie les Cotylets (dont plusieurs espèces perfectionnent leurs graines dans nos climats) de graines; mais c'est le moyen le plus difficile pour y réussir, on les seme au Printems dans des pots ou terrines remplies de sable de bruyère, on recouvre très-peu les graines, on place ces pots sur une couche chaude, recouverte d'un chassis, on les arrose, on les tient nettes de mauvaises herbes; quand elles lèvent, on arrose moins, mais on bassine légèrement, on donne de l'air de tems-en-tems en leur continuant les soins ordinaires. Comme ces plantes croissent lentement, on les laisse passer l'Hiver dans les mêmes pots où elles sont levées; au Printems, on les place d'abord sur la tannée d'une couche chaude, parés de vitraux, l'année d'après on les sépare, on les met dans des petits pots remplis de la seconde espèce de terre indiquée à l'article Aloes, p. 443 de ce Dict. Quand les racines auront rempli la capacité du pot, on leur en donnera de plus grands, remplies de la première espèce de terre indiquée au même article, même page. On les soignera après comme les autres plantes du même genre, & comme il a été dit plus haut.

2. On les multiplie par drageons. Il ne s'agit que de les séparer de la mère dans le mois de Juillet, quand ils ont assez de chevelu aux racines; on les laisse sécher à l'ombre sur la tablette d'une serre-chaude pendant 12 à 15 jours, pour qu'ils évaporent leur grande humidité, & pour donner le tems à la plaie de se cicatriser & de se consolider; après quoi on les met dans des pots remplis de terre presque sèche, substantielle, sablonneuse; on place les pots sur une couche chaude sous des chassis, en ayant soin de les ombrager, & de ne leur point donner d'eau pendant huit à douze jours; lorsqu'ils commenceront à pousser, on les laissera jouir du Soleil & on les arrosera légèrement.

3. Par les feuilles. Il faut les séparer avec le pétiole, les faire cicatriser à l'ombre dix ou douze jours, & les planter dans des petits pots remplis de sable de bruyère presque sec, les placer sur une couche tiède, les couvrir d'une cloche qu'on garantit du Soleil, quand on s'apperçoit qu'il sort du pétiole de la feuille des petits corps charnus nouveaux; on arrose légèrement le terreau, non la plante, on donne un peu d'air, on ombrage moins, quand les feuilles charnues poussent des feuilles, on les traite comme les plantes délicates de la même espèce.

Observation. M. Adanson regarde cette reproduction des feuilles comme celle de *vrais bourgeons*, qui sortent de l'aisselle des feuilles, de leur base, ou de leur pétiole. On a aussi observé que les feuilles de Cotylet reprenoient sur d'autres plantes, on a fait une incision sur le *cactus opuntia*; on y a inséré, enté des feuilles de Cotylet qui y sont devenues de vraies plantes parasites.

4. Par œilletons. On les sépare vers la fin de Mai, afin qu'ils aient le tems de faire des racines avant l'Hiver, après les avoir laissées sécher comme il a été dit plus haut, on les plantera en pots comme les drageons, en les garantissant plus long-tems du Soleil & de l'humidité.

5. Par boutures, qu'on sépare de la plante dans tous les mois de l'Eté; il vaut mieux cependant les faire au commencement, ou les laisser sécher comme il a été dit; quand on croit qu'elles sont assez fanées, que les cicatrices sont bien consolidées, on remplit des petits pots de la seconde espèce de terre. Article Aloes, p. 443. On place les boutures au milieu

de chacun, en les enfonçant de deux ou trois pouces selon qu'elles sont plus ou moins fortes, ensuite on les arrose un peu pour affermir la terre, & on les place dans un endroit chaud, & à l'ombre pendant 8 à 10 jours pour leur faire prendre racine ; après quoi on les placera sur une tannée tiède sous chassis où elles se fortifieront en ayant soin de leur donner de l'air, & de recouvrir les chassis pour leur procurer de l'ombre pendant la chaleur du jour ; deux mois après les boutures auront pris racine ; on commencera alors à les mettre par degrés en plein air ; d'abord on les sortira de la tannée, après on leur donnera plus d'air en ouvrant les chassis un peu plus pendant le jour ; huit à dix jours après, on les mettra dans une serre ou orangerie pendant dix à douze jours pour les endurcir ; alors on les mettra en plein air dans un endroit abrité, on leur donnera du Soleil peu-à-peu, & quand on s'appercevra qu'il ne les fatigue pas trop, on les traitera enfin comme les plantes faites, elles pourront rester ainsi jusqu'au mois d'Octobre, alors on les rentrera dans les serres en les plaçant d'abord près des vitraux, pour les laisser jouir de beaucoup d'air tant qu'il sera doux ; on aura soin de les arroser légèrement de tems-en-tems selon leurs besoins, car si elles venoient à se faner faute d'eau, leurs feuilles se rideroient, perdroient de leur ressort, & ne pourroient plus se débarrasser de l'humidité qu'elles absorbent. Un an, deux ans après, quand le tems de les rempoter sera venu, si on veut les voir fleurir plutôt, il sera bon d'en laisser quelques-unes dans les mêmes pots ; quand les racines en auront rempli la capacité, & seront un peu gênées, la plante fleurira à coup sûr plus vîte qu'une bouture du même tems qu'on aura rempoté ; quant aux autres, on les mettra dans de plus grands pots remplis de la première espèce de terre indiquée p. 443, Article Aloes.

Quoiqu'en général il faille des soins pour les boutures de Cotylet, j'en ai vu reprendre à l'air, à l'ombre, au Soleil, & par-tout sans aucun soin, notamment celles des espèces N.os 1, 2, 5.

D'après ce qu'on a vu plus haut, qu'il falloit attendre que les boutures de Cotylet fussent séches, avant que de les mettre en terre, on peut facilement concevoir qu'on peut les faire voyager long-tems, en prenant des précautions contre l'humidité. Quant aux plantes elles-mêmes, on peut les envoyer à de plus longues distances, en les emballant en terre, avec de la filasse, des copeaux, des sciures de bois, des rognures de papier, de la mousse qu'on aura fait sécher au four, ou avec toute autre matière douce & sèche, avec la précaution que les plantes ne se touchent pas, que les vuides soient bien remplis, & qu'il ne puisse pas y avoir de déplacement.

Culture particulière aux Espèces.

Le sixième Cotylet denté. Cette espèce perfectionne ses graines dans nos climats ; elle est bisannuelle & périt aussi-tôt que ses graines sont mûres ; elles se sèment d'elles-mêmes sur les vieilles murailles, & y réussissent mieux qu'en pleine terre, & souffrent moins de gelée ; pour la multiplier, il faut faire un trou, le remplir de débris de vieilles murailles, de décombres, de plâtras, & y semer les graines aussi-tôt qu'elles sont mûres.

Le septième Cotylet de Sybérie. Cette espèce demande une situation ombragée, elle ne dureroit pas si on l'exposoit au Soleil, on la multiplie par ses rejettons comme la *joubarbe* ; elle demande un sol assez fort.

Le huitième Cotylet ombiliqué. Cette plante du même acabit que l'espèce n.° 6, demande le même sol & la même culture. Toutes les fois qu'une plante se plaît dans un endroit, elle s'y propage d'elle-même mieux que si elle étoit cultivée avec soin. Si on veut avoir ces deux espèces dans quelques places qui leur conviennent, on peut les transplanter avec soin vers le tems de la maturité des graines, elles s'y sémeront & leveront spontanément.

Le neuvième Cotylet de Portugal. Cette espèce se cultive & se multiplie comme les précédentes par les semences, par les boutures & marcottes ; on la conserve dans l'orangerie.

Treizième, Cotylet lacinié. Originaire des Indes Orientales, demande la serre-chaude l'Hiver, & beaucoup de soin l'Eté, si on veut l'assortir, parce qu'elle est sujette à la pourriture quand elle est à l'air, où elle pompe trop d'humidité, elle seroit mieux sous un vitrage bien aëré, en observant de lui donner de l'air dans les tems chauds, en la tenant dans tous les tems à l'abri du froid & de l'humidité ; on la remet en Automne dans la serre-chaude, pour lui donner un degré de chaleur modérée, & en l'augmentant l'Hiver ; on la multiplie par boutures qu'on traite comme on l'a vu à la culture générale.

Quatorzième, Cotylet d'Egypte. On multiplie & on conserve cette espèce comme les autres, dans l'orangerie & la serre-tempérée.

Usages & Propriétés.

L'espèce n.° 3 est détersive, astringente & résolutive ; on l'applique extérieurement sur les cors aux pieds, sur les hémorrhoïdes enflammées, sur les duretés des mamelles, en forme de cataplasme. Tournefort recommande le suc de cette plante à la dose d'une chopine, contre une maladie de chevaux, appelée *fourbure*. Ses feuilles passent pour être diurétiques, on les substitue à celles de la *joubarbe*. Les espèces n.os 1, 4, 5, 10, 18, ont les mêmes propriétés.

Toutes les espèces de ce genre, comme plantes grasses, ont beaucoup d'agrément, elles ornent les serres l'Hiver par leur port, grand, volumineux & par leurs fleurs. Leur effet est aussi beau sur les gradins, l'Eté, où, à coup sûr, elles attirent les regards des curieux, & même des moins connoisseurs, tant par leur port qui plaît communément, que par la beauté de leurs fleurs portées par de belles hampes dans plusieurs espèces, & qui durent long-tems. Les espèces n.os 1, 2, 5, qui sont les plus communes, se voient sur les dehors des boutiques des Apothicaires; elles font un très-bel effet dans les lieux pierreux, les rochers artificiels, dans les masures des jardins payasagistes (dits improprement Anglois) où on les place, & où on les voit toujours volontiers. Elles poussent quelquefois des fibres le long des tiges, jusques sur la terre, où elles s'enfoncent perpendiculairement pour y prendre racine.

Observation.

En parlant de la terre propre des *Cotylets*, nous avons renvoyé à l'Article Aloes, p. 443 de ce Dictionnaire, où il y en a deux espèces indiquées, & propres pour toutes les espèces de plantes grasses, nous y renverrons dans toutes les occasions, parce que cet Article intéressant à tous les égards, doit servir de base pour la culture de tous les genres de plantes grasses.

Il est à desirer que M. Thouin se charge aussi du genre *ficoïdes* dont il est des espèces si intéressantes, rares, peu connues & si difficiles à cultiver.

Nous assurerons ici que nous avons employé avec succès pour les plantes grasses & sur-tout pour les *ficoïdes*, les résidus des plâtras qui provenoient des Salpêtrières, dont nous avons trouvé un amas qui avoit éprouvé toutes les intempéries de l'air pendant un an & plus. Les *ficoïdes* de semences & de boutures, y sont levées, venues & s'y sont conservées & multipliées à souhait, sans moisissure & pourriture, nous avons remarqué cependant, qu'il falloit arroser plus souvent. Nous croyons qu'un peu de terreau de feuilles mêlé avec cette espèce de plâtras, feroit une excellente terre pour les semences & boutures de plantes grasses délicates.

Il est à remarquer que toutes les plantes grasses fleurissent d'autant plus vîte, qu'elles sont plus gênées dans les pots, quand leurs racines en ont rempli toute la capacité. Il faut donc les choisir plus petits si on veut jouir plus vîte. (*M. Menon.*)

COUAQUE. C'est une préparation que les habitans de l'Amérique font subir à la fécule de manière pour la conserver.

On la dessèche dans une chaudière de fer, ayant soin de remuer constamment avec une pelle, pour l'empêcher de s'agglutiner. Lorsqu'elle est bien préparée, elle se conserve très-long-tems, & peut servir aux voyages de long cours. Lorsqu'on la détrempe ensuite avec de l'eau, elle se gonfle & devient très-nourrissante.

Cette préparation ressemble beaucoup au *Cousscousson* des Arabes, & au *Cuscus* des Nègres. *Voyez* ces deux mots. (*M. Regnier.*)

COU ou COL de Chameau, *narcissus poëticus.* L. *Voyez* Narcisse. Cette espèce fournit plusieurs variétés intéressantes pour leur odeur, leur couleur & leur forme. (*M. Thouin.*)

COUARD. *Voyez* Faux à faucher. (*M. Tessier.*)

COUBLANDE, *Coublandia.*

Genre établi par Aublet dans son Histoire des plantes de la Guiane. Il lui assigne pour caractères d'avoir un calice monophile, une corolle monopétale, environ 25 étamines unies par leur base; & pour fruit une gousse longue & articulée, qui renferme des semences sphériques. Ce genre, suivant M. de Jussieu, fait partie de la famille des légumineuses. Il n'est encore composé que d'une seule espèce.

Coublande frutescente.

Coublandia frutescens. Aubl. Guian. 937. Tab. 359. ♄ De l'Isle de Cayenne.

La Coublande est un arbrisseau de 5 à 6 pieds de haut, dont la tige est recouverte d'une écorce grisâtre & raboteuse, & dont le bois est blanchâtre. Il pousse de son sommet plusieurs branches rameuses garnies de feuilles alternes, ailées avec impaire, & composées de cinq folioles vertes, & accompagnées de cinq stipules à leur base. Les fleurs viennent en épis dans les aisselles des feuilles & à l'extrémité des rameaux; elles sont blanches & donnent naissance à des siliques articulées. Cet arbrisseau présente des fleurs & des fruits dans presque tous les mois de l'année.

Culture. La Coublande n'a point encore été cultivée en Europe, mais en raison de sa nature, de ses rapports avec plusieurs arbrisseaux que nous cultivons, & du climat où croît celui-ci, nous pensons qu'il s'accoutumera très-bien de la culture des plantes de serre-chaude, en le plaçant les premières années dans la tannée, & les suivantes, sur les tablettes parmi les végétaux de la Zone-Torride. (*M. Thouin*).

COUCHE. Amas de substances organiques, disposées par lits, plus ou moins épais, & susceptibles d'acquérir par la fermentation, ou de conserver une chaleur propre à provoquer la végétation, & à l'accélérer dans les différentes saisons de l'année.

Les Couches peuvent être composées de substances animales ou de substances végétales, employées séparément ou mêlées ensemble dans diverses proportions, suivant l'objet qu'on se propose, ou le plus ou moins de facilité qu'on rencontre à se procurer ces substances.

Parmi les matières animales dont on peut faire des Couches, les plus abondamment répandues sont la poudrette, la colombine, le crottin de mouton, le fumier de vache, de porc, de cheval, la gadoue (1), &c. toutes ces substances sont singulièrement actives, elles fournissent par la fermentation, une chaleur très-vive, & souvent trop forte pour les végétaux, aussi ne les emploie-t-on que mélangées avec des matières végétales, ou lorsqu'elles sont dans un état de décomposition qui approche de la nature du terreau.

Les substances végétales propres à la fabrication des Couches, sont : 1.° les feuilles des arbres qui se dépouillent chaque année, & particulièrement celles qui se décomposent aisément. 2.° Les tontures des palissades, sur-tout celles des buis. 3.° Les fannes vertes des plantes herbacées & succulentes. 4.° Les tiges sèches & les chalumeaux des graminées. 5.° Les bâles & les criblures des semences céréales. 6.° L'écorce broyée, de certains arbres, qui ait servi à tanner des cuirs. 7.° Toutes les sciures de bois & les menus copeaux. 8.° & enfin les marcs des fruits, du raisin, des pommes, des olives, &c. Toutes ces substances amoncelées séparément, & humectées convenablement, sont susceptibles de fermenter & de fournir plus ou moins de chaleur, quelquefois même une chaleur assez forte, plus égale dans sa progression, mais en général moins durable que celle qui est produite par les matières animales.

Quoique toutes ces matières animales ou végétales soient propres à former des couches chaudes, on ne les emploie presque jamais séparément à cet usage; on les mêle communément, suivant différentes proportions, le plus souvent même on ne se sert que du fumier de cheval, parce qu'il est le plus commun dans le voisinage des grandes Villes, & le moins coûteux; composé de matières animales & de substances végétales, mêlées dans une assez juste proportion, il est susceptible, à l'aide d'un certain degré d'humidité, de fermenter & de produire une chaleur dont on peut encore augmenter la force en proportion de son volume.

Ce fumier se distingue en deux sortes : la première, qu'on appelle fumier long, n'est que de la paille de froment, qui, après avoir servi de litière aux chevaux pendant vingt-quatre heures, se trouve imprégnée d'urine & de crottin de cheval. La seconde est connue sous la dénomination de fumier court, de fumier moëlleux, ou de fumier de fiacre : c'est celui qui a servi pendant cinq ou six jours de litière aux chevaux, & qui, par conséquent, est plus trituré que le premier, & mélangé d'une plus grande quantité d'urine & de fiente de cheval.

(1) *Voyez* ces mots.

La première sorte, ou le fumier long ne peut être employé à la fabrication des Couches sans préparation, on est obligé de l'amonceler, de l'imbiber d'eau à plusieurs reprises, & de le remuer de temps en temps pour le faire entrer en décomposition, on le mélange ensuite avec du fumier de vieille couche, dans différentes proportions, suivant l'objet qu'on se propose.

Le fumier court, au contraire, peut être employé sortant de l'écurie; il n'a pas besoin d'autre préparation que d'être mêlé avec une certaine quantité de fumier long, tant pour modérer l'intensité de sa chaleur & la faire durer plus long-temps, que pour rendre les Couches plus solides.

Disposition & distribution des Couches.

Les Couches, formant une des parties les plus intéressantes du jardinage, sur-tout dans le Nord de la France & de l'Europe, on leur consacre ordinairement dans les jardins, une portion de terrein où elles puissent être rassemblées, tant pour les mettre à portée d'être surveillées par le même Cultivateur, que pour leur donner la position la plus favorable.

Dans les jardins potagers, on choisit, pour l'emplacement des couches, un terrein de nature sèche; s'il est froid & humide, on le dessèche en donnant de la pente aux eaux, & en le couvrant d'un lit de plâtras, de gravier ou de sable, qui facilite encore l'écoulement des eaux; la forme la plus convenable est un quarré long incliné du Nord au Sud, dans la proportion de trois à six pouces par toise, exposé au plein Midi, & abrité du Nord par un mur, une futaye ou une petite colline. Le reste du terrein doit être circonscrit par des murs élevés de quatre pieds au moins au-dessus du niveau du terrein; si on peut leur en donner sept, ils n'en vaudront que mieux. Il est aussi très-essentiel que le quarré des Couches soit à portée d'un chemin charretier, pour que les voitures qui transportent le fumier puissent y arriver commodément. Cette précaution qui facilite le travail, économise beaucoup de temps pour les charrois à bras.

Il est nécessaire ensuite que le quarré des couches renferme 1.° des réservoirs d'eau, distribués à différentes places, pour subvenir aux arrosemens journaliers & abondans que nécessite la culture des Couches pendant une grande partie de l'année. A cet égard, nous remarquerons qu'il faut que cette eau soit de bonne qualité, qu'elle puisse dissoudre aisément le savon, & par conséquent qu'elle ne soit point du tout séléniteuse, parce qu'étant destinée à des plantes tendres & délicates, elle nuiroit à leur végétation pour peu qu'elle contînt des matières séléniteuses ou minérales ou minérales. 2.° Il faut que ce même quarré soit pourvu de chassis de différentes espèces pour les légumes de primeur, & de baches pour la culture des ananas, si c'est un grand jardin. 3.° Il doit renfermer des Couches à cloches pour varier les chances dans la culture des melons, & pour faire les semis des salades, de plusieurs sortes de légumes & des fleurs d'ornement. 4.° Des Couches nues pour les raves de primeur & les repiquages de laitues délicates & printannières. 5.° Des Couches sourdes pour les concombres & les melons tardifs. 6.° Un hangard pour serrer les chassis, les cloches, les pots, les paillassons, & autres ustensiles nécessaires à la culture des Couches pendant le temps qu'ils ne servent pas. 7.° On doit encore trouver dans le quarré des Couches un emplacement pour l'approvisionnement des fumiers, des terreaux & des terres dont on doit avoir toujours sous la main une bonne quantité. 8.° Et enfin on doit y ménager une demi-douzaine de planches, formées par égales parties de terre de potager & de terreau consommé, pour la culture des fruits légumiers, moins délicats que ceux qui exigent les Couches, mais qui ne sont pas assez rustiques pour prospérer en pleine terre dans le potager.

La distribution de ces différentes sortes de Couches, de chassis & de plate-bandes, n'est point indifférente pour le succès des cultures, ni pour l'agrément de cette partie intéressante des jardins; il convient donc de placer en première ligne, & sur le mur du fond qui est dirigé de l'Est à l'Ouest, les grands chassis destinés à la culture des arbres fruitiers, tels que les figuiers, les vignes & autres arbres pour lesquels on est obligé d'employer le secours des couches & des chassis, soit parce que leurs fruits ne pourroient pas mûrir par le défaut de chaleur du climat, soit seulement pour en hâter la maturité dans les pays plus favorisés de la nature. A huit pieds au moins & à douze pieds au plus de la première ligne, on établira les chassis ou baches destinés à la culture des ananas & des petits arbres fruitiers cultivés dans des pots ou dans des caisses. La troisième ligne formée avec les chassis à hauts bords, à la distance d'environ dix pieds de la seconde, sera employée à la culture des pois, des haricots, des asperges & autres légumes d'une certaine hauteur, qu'on veut obtenir de primeur. Sur la quatrième ligne, & à cinq pieds environ de la troisième, seront placés les chassis plats propres à la culture des melons, concombres pastèques, fraisiers, &c. Comme cette sorte de chassis est celle dont on fait le plus d'usage dans les jardins, on en multiplie les lignes en proportion de la consommation du Propriétaire du jardin, & on ne laisse entr'elles que la distance nécessaire pour faire les réchauds & pour les renouveller lorsqu'il en est nécessaire. On établit en cinquième ligne les Couches destinées à recevoir les cloches de verre. Celles-ci peuvent n'être séparées de la ligne précédente que par une petite allée de cinq pieds, & si l'on forme plusieurs rangs de Couches semblables, on ne laisse entr'elles qu'un intervalle de vingt ou vingt-quatre, pouces qui suffit pour faire les réchauds & les renouveller. Ces Couches sont plus particulièrement destinées aux semis de légumes printaniers, qu'on repique ensuite en pleine terre; cependant beaucoup de Jardiniers légumistes s'en servent pour cultiver des salades de primeur, des melons, des concombres, &c. Les Couches nues destinées à la culture des petites raves, aux repiquages des plantes élevées sous cloches ou sous chassis, forment la sixième ligne. Leur nombre doit être proportionné aux besoins de la cuisine à laquelle le potager est destiné. Il n'est pas nécessaire de laisser entre elles plus de distance qu'entre celles du corps des couches qui les précède & qui les suit. Ce septième corps, ou ligne de Couches, est composé de ce qu'on appelle les Couches sourdes; ce sont des Couches enterrées aux deux tiers de leur épaisseur, au-dessous du niveau du terrein. Elles servent à la culture des melons destinés à succéder à ceux qui sont cultivés sous les chassis & sous les cloches, au repiquage des plants de fleurs d'Automne, délicates, telles que les amaranthes, les tricolors, les balsamines, les rolides, &c. Viennent ensuite, en huitième ligne, les plate-bandes ou planches, mi-parties de terre de jardin & de terreau de Couche. On donne à ces planches cinq pieds de large, & aux sentiers qui les séparent quinze à dix-huit pouces. Elles servent à la culture des giraumons, des courges, des potyrons, & même à celle de quelques espèces de melons, telles que le melon de Coulommiers, de Honfleur & aux concombres de l'arrière-saison. Le dépot des fumiers & celui des terres préparées trouvent aisément leur place dans les deux angles que forment le quarré des couches sur le devant. Ces endroits sont masqués en partie par des palissades de thuyas ou d'arbres qui se dépouillent, & le reste de l'espace est occupé par le hangard destiné à resserrer les ustensiles de culture dans les temps où ils ne servent pas. Enfin, entre le hangard & le mur de clôture du fond du côté du midi, & entre le dépôt des terres & des fumiers, on ménage un emplacement pour les Couches ou meules à champignons; cette position, en partie ombragée par le mur, & en partie exposée au midi, convient à la culture de ces plantes éphémères, pendant les trois principales saisons de l'année : l'hiver on construit ces Couches dans des caves ou dans des lieux abrités des injures de l'air & des grands froids. La distribution des différentes lignes que nous venons d'indiquer convient aux quarrés des Couches de tous les jardins légumiers de quelque importance; elle facilite les moyens de mettre de l'ordre dans les cultures, de les soigner plus exactement, & enfin elle présente un ensemble aussi agréable à l'œil qu'utile à la culture. Cette distribution est celle que l'on suit aussi dans les grands jardins de Botanique ; mais, comme les cultures y sont plus variées, il est nécessaire d'y ajouter plusieurs fabriques, & d'y réunir plusieurs ustensiles dont on ne peut se passer dans les autres sortes de jardins, tel qu'un petit pavillon composé d'une cave, d'une pièce au rez-de-chaussée, & d'une chambre au-dessus, avec un grenier, sur le comble duquel on place une girouette.

La cave sert à renfermer & à tenir sous la main du Cultivateur, les pots, les terrines, les caisses à semences, les brouettes, les baguettes nécessaires pour faire des tuteurs aux jeunes plantes, les oziers, les joncs & les nates propres aux palissades, la mousse fraîche destinée à couvrir le pied de certaines plantes, ou à les emballer.

La pièce du rez-de-chaussée sert à faire les semis en pots, qui doivent être placés sur des Couches ou sur des chassis, & qu'on ne peut faire également en plein air, tant parce que le vent emporteroit souvent les semences en les enlevant de dessus les pots, que parce qu'on seroit obligé, dans les tems de pluie, d'interrompre une opération qui doit être faite de suite, & sans interruption, afin de pouvoir profiter du juste degré de chaleur des Couches. Cette pièce sert encore à faire les boutures des plantes étrangères qui doivent être dans des pots, des terrines ou des caisses, & que l'on place ensuite sur des couches : c'est aussi dans cette pièce abritée du hâle, & dans laquelle on entretient un air chaud & humide, que l'on fait les repiquages & les séparations des jeunes plantes que l'on met dans des vases, & auxquelles le grand air pourroit être nuisible ; enfin on y greffe & l'on y marcotte les jeunes arbrisseaux rares qui se cultivent dans des pots, on les y laisse séjourner le temps nécessaire pour avoir celui de préparer les Couches & les chassis qui doivent accélérer leur reprise ou leur végétation.

L'ameublement de cette pièce consiste : 1.° en une grande table de six à sept pieds de long, sur quatre de large, éclairée par une croisée, & adossée à un des murs latéraux. Cette table, soutenue par deux traiteaux, doit être exhaussée au-dessus du sol d'environ quatre pieds & demi pour être à la hauteur de la main du cultivateur, & très-rapprochée de sa vue. Elle doit être partagée dans sa longueur & dans les deux tiers de sa largeur, en quatre compartimens adossés au mur, dans lesquels on met les quatre sortes de terre les plus usitées pour les semis & les repiquages. Le premier sert à mettre la terre franche ; le second, la terre à semis ordinaire ; le troisième, la terre à semis, mêlée par égales parties de terreau de bruyère ; & le quatrième le terreau de bruyère pur. Toutes ces terres, lorsqu'on les destine à recouvrir les semis, doivent être passées au tamis fin avant que d'être disposées dans les compartimens ; celles qui servent au repiquage ou au rempotage, n'ont besoin que d'être passées au crible de fer.

La seconde pièce de l'ameublement de la serre est une armoire fermant à clef, & garnie intérieurement de ses tablettes, pour y déposer les catalogues des semis, le journal du Jardinier, les numéros de plomb, les étiquettes de bois, de parchemin ou de fer, les sacs de papier pour la récolte des graines, le fil de fer ou de laiton pour les ligatures des marcottes, les pelotes de laine grasse, qui sert aux greffes, les serpettes & les couteaux pour séparer les mottes des jeunes plantes, de l'encre & des plumes, & autres menus ustensiles nécessaires & d'un usage journalier dans cette partie du jardin. A la suite de l'armoire, & dans tout le reste du pourtour de la pièce, seront posées des tablettes pour recevoir les diverses espèces de terrines, les pots de toutes les dimensions, les entonnoirs ; enfin, dans cette même pièce, seront quatre bacquets assez grands pour contenir les terres nécessaires au remplacement de celles des compartimens de la table, à mesure qu'ils se vuident.

La chambre du premier étage servira de logement au garçon qui prend soin des couches ; comme il doit veiller nuit & jour à leur culture, & que d'ailleurs le travail journalier d'un quarré de Couches un peu considérable, exige souvent plus d'une personne, il est à propos qu'il y ait au moins un garçon qui soit logé sur le lieu de son travail. Cette chambre doit renfermer des armoires grillées, avec leurs tiroirs à compartimens, pour recevoir les oignons des plantes liliacées qu'on lève de terre pendant l'Été, & qu'on y dépose jusqu'à l'époque où il convient de les replanter ; ensuite un coffre pour y resserrer tous les numéros en plomb des plantes annuelles, à fur & à mesure qu'on les plante en pleine terre, & les cordeaux, bèches fourches & autres outils & ustensiles du garçon Jardinier.

Le grenier, qui est la dernière pièce du pavillon des Couches, sert à éplucher les graines ; il faut qu'il soit bien aéré ; les murailles de cette pièce, ainsi que le plafond, doivent être garnis de clous à crochets, pour y attacher les paquets de plantes dont les graines ont besoin de rester dans leurs fannes pendant un certain temps, pour acquérir leur parfaite maturité. D'ailleurs ce lieu est un dépôt pour les planches, les caisses à semis & à emballage dont on a toujours besoin dans une culture un peu étendue.

Les quarrés des Couches, dans des jardins de Botanique, doivent contenir encore de plus que ceux des jardins légumiers, des brise-vents, ou des abrits contre le soleil, pour faire reprendre, à l'air libre, les jeunes plantes de pleine terre ou d'orangerie qu'on repique dans des pots. Les brise-vents s'établissent dans la largeur des carrés, & sont orientés de l'Est à l'Ouest. On les construit en roseaux, en paille, en palissades vives d'arbres qui se dépouillent & qui ne tracent pas; mais les meilleurs & les plus agréables sont ceux formés avec des thuyas de la Chine (V. Brise-vents). Il faut avoir soin que ces sortes de rideaux ne soient pas très-rapprochés les uns des autres, pour que l'air puisse circuler aisément, & ne s'échauffe pas trop; on ne peut guères mettre entre eux moins de huit pieds d'intervalle, sur-tout s'ils ont sept pieds de haut; on pourroit même étendre la distance jusqu'à dix pieds, sans inconvénient.

Quelques bouts de planches de terreau de bruyère, orientées au Levant, au Couchant & au Nord, doivent trouver place dans le quarré des couches des jardins de Botanique, ainsi que des portions de couches nues & à chassis pour le semis des graines & les boutures de plantes dont la réussite exige ces diverses expositions. On trouvera aisément à les placer le long des murs latéraux du quarré, & au pied du mur du devant, sur la face dirigée au Nord: mais une chose plus essentielle, & qui cependant se rencontre rarement, est un petit marais artificiel.

On pourroit, au pied d'un mur ou d'un brise-vent sec, & à l'exposition du Nord, pratiquer une plate bande renfoncée en forme d'auge, & corroyée de manière à contenir l'eau que l'on tireroit du trop plein d'un bassin supérieur, & qui, en arrivant par un des bouts de la plate-bande, s'échaperoit par l'autre extrémité; en laissant dans toute l'étendue de l'auge une nappe d'eau d'environ cinq pouces de profondeur. Ce marais seroit excellent pour faire lever les graines extrêmement fines des plantes, des arbres, & des arbustes étrangers, telles que celles des orchis, des joncs, des lobelia, des millepertuis, des androméda, des airelles, des boubeaux, & autres plantes aquatiques. Ces semis faits comme à l'ordinaire dans des pots ou terrines, seroient placés au fond de l'auge, dont on auroit soin de renouveller l'eau fréquemment pour l'empêcher de se corrompre; cette méthode remplaceroit avantageusement l'usage dans lequel on est, de mettre les semis dans des terrines, où l'eau étant en petit volume, & toujours stagnante, se putréfie très-promptement, & nuit à la germination des graines.

Enfin, le quarré des Couches des jardins de Botanique doit renfermer une certaine quantité de planches de terre, de différente nature, pour le repiquage des plantes étrangères, délicates & annuelles, dont on veut se procurer d'abondantes récoltes de graines; ces planches auxquelles on donne cinq pieds de large, doivent être placées en avant des dernières couches, & séparées par des sentiers de trente pouces.

Constructions des Couches.

La construction des Couches varie en raison des différentes substances dont on les compose, de l'usage auquel on les destine, & des saisons dans lesquelles on les fait; cependant ces constructions peuvent rangées sous deux grandes divisions qui comprennent toutes les espèces de Couches les plus usitées en jardinage dans notre climat.

Sous la première division, à laquelle on peut donner le nom de *Couches bordées*, se rangent naturellement les *Couches nues*, les *Couches à cloches*, les *Couches à chassis volans*, les *Couches à champignons*, &c. La seconde sorte de construction, qui a pour objet la fabrication des Couches, qu'on peut désigner sous le nom collectif de COUCHES ENCAISSÉES, comprend les *Couches sourdes*, *les Couches de poudrette*, *les Couches de feuilles*, *les Couches de tontures*, *les Couches de marcs de fruits*, *les Couches de tan & de sciure de bois*, &c.

La construction des Couches bordées se pratique dans toutes les saisons de l'année, mais plus particulièrement au Printems & à la fin de l'Automne; on ne peut donner à ces Couches moins de trois pieds de large, sur une toise de longueur & un pied d'épaisseur, parce qu'alors la chaleur d'une aussi petite masse de fumier seroit à peine sensible, & se perdroit d'ailleurs en très-peu de tems; mais aussi, pour la facilité de la culture, & en même-temps, pour ne pas exciter une trop forte chaleur, on ne doit pas donner à ces constructions plus de six pieds de large & quatre pieds d'épaisseur; quant à la longueur, on est à-peu-près le maître de l'étendre à volonté, cependant il est bon de ne pas lui donner au-delà de six toises pour la commodité du service, le terme moyen est le plus convenable, & celui qui est le plus généralement adopté; on leur donne quatre pieds de large, & deux pieds & demi d'épaisseur, & quatre toises de longueur.

Les dimensions des Couches bordées étant déterminées relativement aux besoins & au local, il ne s'agit plus que de disposer le terrein qui doit les recevoir. Cette opération consiste à le dresser & le niveller si la surface est en pente ou irrégulière, à l'excaver de six à huit pouces au-dessous du niveau s'il est sec & brûlant, afin que les eaux pluviales puissent y séjourner & fournir le degré d'humidité nécessaire à la fermentation du fumier, ou enfin à l'exhausser de quatre à six pouces au-dessus du sol environnant avec des plâtras ou du gravier, s'il est d'une nature froide & humide. Cependant, au lieu de faire usage de ces matières pour exhausser leur terrein, quelques personnes préfèrent de se servir de terres maigres & d'une nature légère, par la raison que ces sortes de terres se trouvant sensiblement engraissées par le séjour du fumier dont elles sont couvertes, augmentent la masse du terreau, & peuvent ensuite être employées avec succès dans la composition des terres à semis.

Lorsque le terrein est ainsi préparé, on y transporte le fumier destiné à former la couche, & on l'y arrange en chaîne ; c'est-à-dire qu'on renverse sur l'emplacement de la Couche, & les unes sur les autres, les hottées ou les bardées de fumier à mesure qu'on les apporte du dépôt des fumiers, en commençant par le bout qui doit terminer la Couche. Mais il faut auparavant que ce fumier ait été mélangé de litière & de fumier lourd dans la proportion convenable, pour donner à la Couche le degré de chaleur qui est nécessaire aux cultures auxquelles elle est destinée. Si l'on a du fumier vieux retiré de la démolition des anciennes Couches, on le mêle aussi le plus également qu'il est possible dans toute la longueur de la chaîne qui doit être celle de la Couche. Cela fait, deux hommes avec des fourches commencent à bâtir la Couche par le bout où l'on a versé les dernières bardées de fumier. On choisit, autant qu'il est possible, un droitier & un gaucher, afin qu'ils puissent monter de front les deux côtés de la Couche, & les bâtir ensemble. Ils commencent par retirer en dedans le fumier de la chaîne qui se trouve dans l'alignement des deux bords de la Couche, tracent les dimensions qu'elle doit avoir, mettent des piquets aux quatre coins & y assujettissent un cordeau. Prenant ensuite avec des fourches du fumier dans la chaîne, ils le secouent en le laissant tomber sur une place vuide pour qu'il s'étende bien, & quand ils jugent qu'il y en a une suffisante quantité pour faire un bourrelet, ils ploient en deux ce petit tas de fumier en passant les dents de la fourche vers la moitié de sa largeur, & en la renversant sur l'autre partie du tas ; ensuite, avec le pied, ils affermissent ce bourrelet, & le reprenant avec la fourche, ils le posent dans la direction des bords de la Couche, & le frappent fortement avec leur outil, pour qu'il ne se déploie pas. C'est ainsi qu'en plaçant des bourrelets perpendiculairement les uns sur les autres, & en les appuyant solidement, ils montent la tête de la Couche, & en bordent les côtés. Mais, en même-tems, à mesure qu'ils élèvent les côtés de la Couche, ils en remplissent le milieu avec le fumier le moins long qui se trouve dans la chaîne, & qu'ils ont eu soin de bien secouer auparavant pour qu'il n'y reste aucunes parties trop dures, après quoi ils le battent fortement avec le dos de la fourche, pour le tasser & l'affermir. Lorsqu'ils sont parvenus, toujours en reculant & en montant la Couche devant eux, jusqu'à la hauteur qu'ils veulent lui donner, & jusqu'au bout où elle doit se terminer, ils la marchent dans toute son étendue & la règlent en gros, en remplissant les creux avec du fumier ; ensuite ils la laissent s'échauffer pendant un jour ou deux. Si la sécheresse du fumier empêchoit la fermentation de s'établir promptement, il faudroit arroser copieusement la Couche dans toute son étendue, ou seulement dans les parties qui ne s'échaufferoient pas. Le lendemain de cette opération, on marcheroit une seconde fois la Couche dans toute sa surface; on la régleroit avec du fumier court, & on la couvriroit, soit avec de la terre préparée, soit avec du terreau, suivant l'usage auquel elle seroit destinée.

Pour donner plus d'agrément, & en même-tems plus de solidité aux bords de la Couche, on a soin de faire rentrer en dedans, avec le côté de la fourche, tous les bourrelets qui s'écartent de la ligne perpendiculaire & de la ligne droite, on les bat ensuite avec le dos de la fourche pour les affermir, & on finit par couper avec des cizeaux, tous les brins de paille qui débordent & s'échappent des bourrelets. Au moyen de ces précautions, les bords de ces espèces de Couches sont aussi droits que des murailles & ont assez de solidité pour résister aux injures de l'air pendant une année.

Les Couches nues, les Couches clochées & les Couches à chassis volans se construisent de la même façon ; elles ne diffèrent les unes des autres que par la manière dont elles sont couvertes, & par le plus ou moins d'épaisseur qu'on leur donne. Cette épaisseur varie en raison des saisons dans lesquelles on fait les Couches, & de l'usage auquel on les destine.

En général, on donne plus d'épaisseur aux Couches que l'on fait à la fin de l'Automne, & qui sont destinées aux légumes ou aux fleurs de primeur, parce qu'ayant à soutenir les froids de l'Hiver, elles ont besoin d'une plus forte chaleur. Celles que l'on établit au premier Printemps pour y faire les semis & les repiquages de salades, de raves ou de plantes annuelles, peuvent être d'un quart moins épaisses, parce que leur chaleur n'est nécessaire aux plantes dont elles sont couvertes que jusqu'au moment où celle de l'atmosphère peut suffire à leur végétation, c'est-à-dire pendant six semaines ou deux mois, au plus ; les Couches que l'on fait pendant l'Eté doivent être encore moins épaisses. Il suffit qu'elles aient de quinze à dix-huit pouces de hauteur. Celles du commencement de l'Automne, qui sont faites pour préserver les plantes des nuits froides & des premières gelées, doivent être un peu plus épaisses que ces dernières; cependant c'est assez de leur donner dix-huit à vingt pouces. Mais les Couches à champignons que l'on appelle assez généralement meules à champignons, parce quelles ont en effet la forme d'une petite meule, se construisent d'une toute autre manière. On leur donne ordinairement deux pieds de large par le bas, vingt pouces de haut dans le milieu, & on les arrondit en dos de bahus; leur longueur est indéfinie. Le fumier que l'on emploie à les construire, est un fumier court, mélangé de crotin de cheval & de vieux fumier retiré des Couches de l'année précédente. Avant que de l'employer, on l'étend sur la surface du terrein où doivent être les meules, & on en forme un lit d'environ un pied d'épaisseur; on le remue de tems en tems avec la fourche, après l'avoir arrosé quelques jours auparavant, pour hâter sa fermentation & sa décomposition. Lorsqu'il est arrivé au point de moiteur convenable, que toutes ses parties sont à-peu-près également échauffées, & qu'enfin son grand feu est passé, on s'occupe à construire les meules. D'abord on trace sur le terrein l'espace qu'elles doivent occuper; ensuite on établit un lit de fumier d'environ huit pouces d'épaisseur, bien purgé de toutes matières étrangères, & bien secoué pour qu'il ne contienne aucune pelotte, aucun durillon. Sur ce premier lit, on en établit un second de la même manière, & sur celui-ci un troisième qui termine la Couche. Il faut seulement avoir soin de bien tasser le fumier avec le dos de la fourche, à mesure qu'on le pose, afin que toute la Couche forme une masse solide & parfaitement liée. On voit ici qu'il n'est pas question de faire des bourrelets de fumier pour border ces Couches comme les précédentes; les bords de celles-ci étant très-arrondis se soutiennent assez d'eux-mêmes.

Lorsqu'une meule est faite, on la peigne légèrement avec les dents de la fourche tant pour en extraire le fumier qui se trouveroit de trop, que pour unir la circonférence de la Couche, & lui donner une forme régulière dans toute sa longueur. On place ensuite, de distance en distance, des piquets qui traversent la Couche perpendiculairement dans sa plus grande épaisseur, afin de pouvoir s'assurer de tems en tems de son degré de chaleur. Et lorsqu'elle ne conserve plus qu'une chaleur d'environ quinze degrés, on peut y mettre sans inconvénient le blanc de champignon où les filamens qui doivent donner naissance aux champignons. (*Voyez* BLANC de Champignon). C'est ce qu'on appelle *larder* la couche de blanc. Cette opération consiste à distribuer sur toute la surface de la meule à un pouce & demi de profondeur, & à six ou huit pouces de distance les unes des autres, de petites mottes de vieux fumier rempli de blanc de champignon en soulevant le fumier de la Couche d'une main, tandis que de l'autre on y place la motte de vieux fumier. On l'a recouvre ensuite, & l'on raffermit la meule en la battant légèrement. Quelques jours après on visite le blanc de champignon, pour s'assurer s'il n'a pas été brûlé par la chaleur de la Couche, & voir s'il commence à passer des mottes où il étoit contenu dans le fumier qui les environne. Dès qu'on s'apperçoit qu'il s'alonge & fait des progrès, on prépare un mélange composé de parties à-peu-près égales, de terre de potager & de terreau de couche bien tamisé & délayé en consistance de mortier un peu épais. On applique ce mortier, avec une pelle, sur la surface de la meule, & on l'en revêtit d'environ deux pouces d'épaisseur. Cette opération s'appelle *gopter*, *gobetter*, ou mettre la *chemise* aux meules; on couvre ensuite la meule d'une épaisseur de cinq à six pouces de litière pour l'abriter du contact de l'air & lui conserver son humidité chaude; après quoi on l'arrose légèrement tous les jours avec l'arrosoir à pomme dans les temps chauds.

Lorsque le tems est favorable, c'est-à-dire, lorsqu'il fait une chaleur modérée, que les pluies sont douces & chaudes, & que l'air est imprégné d'humidité, le blanc de champignon ne tarde pas à s'étendre & à passer du fumier de la meule dans l'endroit dont elle est revêtue; & bientôt il donne naissance à des groupes de petits champignons qui couvrent souvent toute la surface de la Couche; si, au contraire, il survient des orages violens, accompagnés de coups de tonnerre, des pluies froides ou de petites gelées, les meules à champignons en souffrent beaucoup, les filets sont plus de tems à s'étendre & à pénétrer l'enduit, & quelquefois même ils périssent avant d'y parvenir. C'est alors qu'il faut avoir soin de changer la litière qui recouvre les meules, d'en mettre de nouvelle, qui soit sèche, & d'en augmenter le volume, en raison du degré de froid de l'air atmosphérique. Cette opération de couvrir & de découvrir les meules exige de l'assiduité & de l'intelligence pour la faire à propos, & entretenir constamment le même degré de chaleur dans les Couches, ainsi que le degré d'humidité chaude qui est le principe du dévelopement des champignons.

Les meules à champignons se construisent à l'air libre & dans des caves disposées pour les recevoir; ces dernières offrent peu de différence dans leur construction, on les bâtit, on les larde, & on les gopte de la même manière; mais il n'est pas nécessaire de les faire si fortes ni de les couvrir de litière, parce qu'en ouvrant ou bouchant les soupiraux, & bassinant légèrement le sol, on entretient la température & le degré d'humidité convenable au développement de ces végétaux. Celles qu'on place le long des murs, & qu'on appelle demi-meules, parce qu'elles ne sont effectivement que la moitié d'une meule appliquée au pied d'un mur, soit à l'air libre ou dans une cave, se bâtissent de la même manière que les autres, & n'en diffèrent que par leur forme.

En général, les Couches à champignons construites dans des caves sont plus hâtives que celles qui sont faites à l'air libre. Elles se couvrent d'une plus grande quantité de champignons & durent beaucoup plus long-tems. C'est sur-tout pendant l'Hiver qu'elles ont un avantage très-marqué sur les autres; car très-souvent celles qui sont en plein air n'en produisent point du tout, lorsqu'il gèle de quelques degrés, tandis que les autres en sont couvertes. Pour cueillir les champignons, il ne faut pas les arracher, parce qu'on enleveroit en même-tems beaucoup de petits individus qui se trouvent sur leur pied ou dans leur voisinage, mais seulement prendre avec les deux doigts & le pouce de la main droite, la tête du champignon que l'on veut cueillir, en le tournant doucement pour l'enlever sans nuire aux autres, tandis qu'avec la main gauche on retient le terreau qui l'environne, & on l'empêche de se déranger. Immédiatement après l'avoir enlevé, on remplit le vuide que le pied laisse dans le terreau de la meule, avec une petite poignée de terre & de terreau humecté, sur laquelle on appuie légèrement la main pour la faire tenir. Pendant l'Eté, & lorsque la Couche est en plein rapport, on peut cueillir des champignons tous les deux ou trois jours, mais lorsqu'elle est sur son déclin, ou qu'il survient des tems froids, il faut attendre plus de tems.

Comme les meules à champignons ne commencent à être en rapport que deux ou trois mois après qu'elles ont été faites, & qu'elles ne produisent que pendant six mois ou environ, il est à propos d'en construire tous les deux mois, afin qu'elles se succèdent les unes aux autres, & qu'on ait dans tous les temps; une provision assez grande de ce végétal qui est d'un usage si répandu dans la cuisine. On peut en faire toute l'année en plein air, depuis le mois de Mars jusqu'au mois de Juillet, & le reste de l'année dans des caves. Le blanc que l'on tire de la démolition des vieilles meules sert à larder les nouvelles, & comme il se conserve pendant long-tems au grenier lorsqu'on le tient dans un endroit sec, avec le fumier qui le renferme, il est très-rare qu'on n'en ait pas toujours au besoin.

Il est encore une autre sorte de Couches à champignons, que l'on pratique avec succès à la campagne, & dont la construction est fort simple. Elle consiste à creuser une fosse d'un pied de profondeur & de quatre pieds de large sur une longueur indéfinie. On recouvre le fond de cette fosse d'un premier lit de vieux fumier mêlé de feuilles sèches & d'immondices de cuisine auquel on donne huit pouces d'épaisseur. Sur ce premier lit, on en établit un second de pareille épaisseur, avec des vannures & des criblures de différents grains, & particulièrement d'orge, & celui-ci est surmonté d'un troisième & dernier lit, auquel on donne quatre pouces d'épaisseur, & qui est composé de terre & de terreau gras de Couches nouvellement démolies. Bien-tôt cette masse s'affaisse & tombe au niveau de la terre; elle donne naissance à une grande quantité de plantes, dont les graines étoient contenues dans les criblures ou dans le terreau qui les recouvre; on les laisse croître, excepté cependant les plantes vivaces qui, s'emparant du terrein, absorberoient toute son humidité, & seroient nuisibles à la végétation des champignons. Lorsque les espèces annuelles commencent à se dessécher, on voit bien-tôt paroître une grande quantité de champignons, qui se succèdent pendant deux ou trois mois. Ils sont ordinairement petits, blancs, fermes, cassans, & d'une odeur fort douce. Les vers les attaquent rarement, & ils sont en tout semblables à ceux qui croissent naturellement sur les hauts prés, & qui sont si recherchés des cuisiniers.

Ces sortes de couches se pratiquent dans différentes saisons de l'année, mais plus ordinairement au Printems. La position qui leur est la plus favorable dans cette saison, est celle du Levant; il convient de les arroser abondamment pendant les grandes chaleurs.

La construction des Couches de la seconde division que nous avons nommé *Couches encaissées*, est extrémement simple. On étend lits par lits, dans des encaissemens de terre, de bois ou de maçonnerie, les matières destinées à former les Couches, & s'il y a quelque différence entre la construction des Couches de cette division & celle des premières, elle ne provient, en grande partie, que de la différence des matières dont on se sert pour les construire, comme on le verra ci-après. Les *Couches sourdes* peuvent être faites avec toutes sortes de matières, soit animales, soit végétales, prises séparément ou mêlées ensemble. Pour les établir, on creuse en terre une fosse d'environ vingt pouces de profondeur, sur à-peu-près quatre pieds de large, & sur une longueur à volonté. Les parois de cette fosse doivent être taillées à plomb, & bien dressées dans leur alignement. Quelques personnes ont l'attention de couvrir ces parois de planches isolées d'un pouce ou deux de tous les côtés & du fond de la fosse. Elles prétendent que cet isolement de la Couche conserve sa chaleur plus long-tems, parce que le bois étant une des matières la moins susceptible de servir de conducteur à la chaleur, l'empêche de se dissiper dans la masse de terre. L'expérience a prouvé la justesse de cette observation; mais comme, en général, on ne desire guères économiser la chaleur de ces sortes des Couches qui ne sont pour l'ordinaire destinées qu'à rétablir des végétaux malades, à faire reprendre des marcottes ou des boutures, on emploie rarement cette précaution, & l'on fait les Couches à nud dans la fosse.

On place d'abord au fond de la fosse un premier lit d'environ six pouces de litière, bien démêlée, & d'égale épaisseur dans toute son étendue; on le marche à plusieurs reprises pour le tasser dans toutes ses parties, après quoi on établit un autre lit d'à-peu-près un pied d'épaisseur, soit de fumier lourd, de poudrette, de feuilles sèches ou de tontures, soit de marc de raisin, de pomme ou d'olive, suivant le plus ou moins de facilité qu'on a de se procurer ces sortes de substances. On affermit ce second lit en le marchant comme le premier à deux reprises différentes, on en herse la surface avec la fourche, afin qu'il ne se forme pas de plancher & qu'il se lie bien avec le troisième lit dont on le couvre. Celui-ci doit être composé des mêmes matières que le précédent, & tassé de la même manière; il est ensuite recouvert de quatre pouces de terre ou de terreau de Couche pur, ou de ces deux substances mêlées ensemble. Comme cette couche, au moment où elle vient d'être faite, doit avoir environ dix pouces au-dessus du niveau de la terre, afin qu'en s'échauffant & en s'affaissant ensuite, elle ne tombe que de quelques pouces au-dessous du niveau du terrein, il est bon de revêtir avec de la terre & du terreau, les bords extérieurs de la Couche, & de leur donner deux à trois pouces de talus pour qu'ils ne s'éboulent pas. On doit aussi avoir l'attention de tenir la Couche plus élevée dans le milieu que sur les bords, parce que le centre étant le foyer de la chaleur, l'affaissement est plus prompt & plus considérable dans cette partie que dans les autres. Si les matières que l'on a employées à la fabrication de la Couche étoient sèches, il conviendroit de les arroser avec l'arrosoir à pomme, afin qu'elles fussent également humectées dans toutes leurs parties; en plaçant des piquets de distance en distance, comme nous l'avons dit ci-dessus, on connoîtra facilement le degré de chaleur de la Couche & le moment favorable pour sa plantation.

On ne peut donner que des à-peu-près sur l'époque de l'échauffement des Couches sourdes, & sur la durée de leur chaleur; cela dépend de la nature des matières dont elles sont composées, de la température des saisons & des circonstances dans lesquelles elles ont été faites. Celles qui sont construites en fumier mélangé de litière & de fumier lourd, s'échauffent dès le second jour; leur grand feu s'appaise au bout de huit ou dix, & elles fournissent une chaleur tempérée qui diminue insensiblement jusques vers le sixième mois de leur construction. Les Couches de poudrette fournissent de la chaleur quelquefois pendant une année. Celles de feuilles sèches & de tonture sont encore tièdes au bout de quinze mois; mais les couches de marcs de raisin, de pommes, d'olives, sont celles dont la chaleur se soutient le plus long-tems. On en voit qui ne sont pas encore refroidies au degré de la température de la terre, vingt mois après qu'elles ont été construites.

En Hollande & dans le nord de l'Europe, on établit les couches dans de grandes caisses de bois, faites en planches de forte épaisseur, & qui sont élevées au-dessus du niveau de la terre de quatre à six pouces; on donne à ces caisses trois pieds de large, trente pouces de profondeur, & ordinairement trois toises de long. Toutes les matières susceptibles de fermentation peuvent être employées à la construction de ces couches, mais l'on se sert presque toujours de fumier d'animal, mélangé avec de la litière dans différentes proportions; ces Couches fournissent une chaleur modérée & qui dure ordinairement pendant toute la saison. Comme leur construction n'offre aucune différence avec celle des Couches sourdes, nous n'entrerons pas, à cet égard, dans de plus longs détails.

Les fosses en maçonnerie destinées à recevoir des Couches, ne se construisent guères que sous de grands chassis, sous des baches ou dans les serres chaudes, & presque toujours elles sont remplies de tannée. Ces sortes de Couches ont l'avantage de donner une chaleur plus douce, plus égale, & beaucoup moins humide. Comme leur construction est un peu différente des autres, nous allons la détailler.

On donne ordinairement aux fosses à tannée trente pouces de profondeur au-dessous du niveau du pavé des serres, & l'on augmente leur capacité en établissant tout autour des dales de pierres, un rebord de planches ou un petit mur en briques de huit pouces de hauteur, ce qui donne à la fosse trente-huit pouces de profondeur. Quant à la largeur & à la longueur, elles sont subordonnées à l'étendue de la serre. En général, on ne leur donne presque jamais plus de dix pouces de large sur quatre toises de longueur, ni moins de trois pieds de large sur six de long; si le terrein du fond de la fosse est de nature sèche, & que les eaux du voisinage de la serre ne puissent s'y introduire, la formation de la couche est alors fort simple. Après avoir pioché légèrement le sol de la fosse pour l'unir & le mettre de niveau, on le bat pour l'affermir, & on le couvre de litière, de l'épaisseur de six pouces, ensuite on remplit le reste de la fosse avec de la tannée qu'on a l'attention de remuer avec une pelle pour en casser les mottes; mais, comme une tannée neuve baisse à-peu-près d'un quart dans l'intervalle de six mois, il convient de l'exhausser d'environ dix pouces au-dessus des bords de la fosse, & de border la partie exhaussée, en lui donnant un peu de talus en dedans de la Couche. Rien n'est plus aisé, lorsque la tannée est humide, il ne s'agit que de prendre une planche, que l'on applique successivement sur les côtés de la Couche, de lui donner l'inclinaison que doit avoir le talus, & de taffer la tannée dans la direction de cette planche. Mais, si le sol du fond de la fosse est froid & humide, la construction de la Couche exige d'autres précautions; on commence par défoncer le terrein, qu'on met ensuite de niveau; on le couvre d'un lit de gros plâtras de six pouces d'épaisseur, que l'on arrange de manière qu'il y ait entre eux beaucoup de vuide, afin qu'ils absorbent plus d'humidité; sur ce premier lit, on en établit un autre de pareille épaisseur, fait avec des fagots de branches de chêne, s'il est possible, garnies de beaucoup de rameaux, sur lesquels on étend quatre pouces de litière ou de paille longue, après quoi l'on achève de remplir la fosse avec de la tannée comme nous l'avons dit précédemment.

Les Couches de tannée se font au Printemps & à l'Automne. Lorsqu'elles sont formées avec du tan nouvellement sorti des fosses des Tanneurs, que ce tan est d'un beau jaune & un peu humide, elles ne tardent pas à s'échauffer & à produire une chaleur que la main ne peut supporter. Mais au bout de cinq ou six jours, le grand feu se calme, & l'on peut y déposer les vases qui renferment les plantes étrangères pour lesquelles ces Couches sont destinées. Au moyen des fourneaux qui bordent ordinairement les fosses des tannées, la chaleur de ces Couches se maintient à une température douce & égale pendant plus de six mois.

Lorsqu'elle commence à s'affoiblir, on peut la raviver, en retirant les pots qui la couvrent, & en lui donnant un labour à double fer de bêche, seulement il faut avoir soin de mêler la tannée qui se trouve sur les bords avec celle du milieu, & de bien émiéter les mottes qui se rencontrent.

Ce procédé, qui se pratique ordinairement dans les serres-chaudes dans le courant de Février, fait durer la chaleur jusqu'au mois de Mai. A cette époque, si on a besoin d'un renouvellement de chaleur, on répète encore la même opération; mais il est bon alors de mettre sur la surface de la Couche quinze à dix-huit pouces de nouvelle tannée, & de labourer le tout ensemble pour bien mêler l'ancienne avec la nouvelle. Pendant l'Eté, il est rare qu'on ait besoin de raviver la chaleur des tannées, parce que la chaleur de la saison augmentée par les vitraux des serres, suffit pour faire croître & prospérer les plantes les plus délicates de la Zone-torride. Mais à l'approche de l'Hiver, dans le mois d'Octobre, il est à propos de recharger les tannées, en les couvrant de deux pieds de tan nouveau que l'on mêle avec l'ancien, comme nous l'avons dit ci-dessus; &, s'il ne se trouvoit pas deux pieds de vuide dans la fosse, on retireroit assez de vieille tannée pour faire place à ce nouveau lit. C'est ainsi qu'on perpétue la chaleur des Couches de tan, & qu'on les fait durer pendant cinq ou six ans, sans être obligé de les remonter à neuf. Il est même très-rare qu'on soit forcé de recourir à ce moyen, lorsque le sol de la fosse est sec & de bonne qualité, & tant que les lits de paille & de fagots ne sont point consommés. Mais une attention qu'il ne faut pas négliger, & qui n'est pas moins essentielle à la conservation des Couches qu'à celle des plantes qu'elles renferment, est de tenir les tuyaux de chaleur à quelque distance des Couches, & d'avoir soin qu'ils ne communiquent pas immédiatement à la tannée; sans cette précaution, il arrive assez souvent que le feu prend à la tannée, détruit la Couche & fait périr les plantes qui sont exposées à son action. Celles qui n'en sont point atteintes souffrent toujours beaucoup de l'effet de la fumée qui sort de la Couche, & remplit bien-tôt la serre.

Pour prévenir ces accidens, il est nécessaire d'isoler le conduit du feu, & de l'éloigner de la Couche par un contre-mur de l'épaisseur d'une brique, de manière qu'entre le rebord de la Couche & le contre-mur, il y ait un vuide d'un pouce & demi qui établisse un courant d'air & empêche que le feu ne puisse se communiquer à la tannée. Mais si, malgré ces précautions, le feu prend à la couche, le plus sûr moyen d'arrêter ses progrès est d'ôter d'abord les pots de la tannée, ensuite d'isoler par une tranchée la partie qui est enflammée d'avec celle qui ne l'est pas, & d'enlever cette partie dans des bards pour la transporter hors de la serre. L'eau dont on pourroit se servir pour éteindre le feu n'est pas, à beaucoup près, un moyen aussi expéditif. Comme elle pénètre avec peine dans l'intérieur de la tannée, elle s'échauffe & s'élève bien-tôt en vapeurs, & ce n'est que bien difficilement qu'elle empêche la masse de brûler.

Les tannées sont ordinairement remplies de gros vers blancs, qui proviennent de la larve du scarabé monoceros. Ces insectes vivent dans la tannée à une certaine profondeur, & n'entrent jamais dans les vases pour ronger la racine de plantes qu'ils contiennent. Cependant, comme ils appauvrissent la tannée, & qu'ils donnent naissance à des insectes ailés, qui volent le soir dans les serres, & dont le bourdonnement est désagréable, on a soin de les détruire chaque fois qu'on laboure les Couches; un ennemi beaucoup plus nuisible, quoique bien plus petit, est le cloporte.

Cet insecte attiré par la chaleur humide des tannées, s'y multiplie prodigieusement. Il se nourrit de végétaux qu'il attaque au collet des racines dont il ronge l'écorce dans toute la circonférence. Les plantes dont les racines sont tendres, charnues & à fleur de terre, sont les plus exposées à ses ravages, & bien-tôt il les fait périr, si l'on diffère de le déterrer & de l'écraser.

chaſer. Il eſt vrai que ce moyen eſt long, & ne fait que diminuer le nombre des ennemis ; mais il en eſt un autre qu'on peut employer en même-tems, qui eſt plus ſimple & plus expéditif, & qui détruit juſqu'à leur race, c'eſt de verſer de l'eau bouillante ſur les parties de la Couche où il ſe trouve une plus grande quantité de ces inſectes. Cette eau fait périr non-ſeulement tous les cloportes qu'elle atteint, mais détruit encore tous leurs œufs. L'avantage de ce moyen ſuffit donc pour en recommander la pratique. (*M. Thouin.*)

COUCHE-COUCHE. Nom d'une eſpèce de *Dioſcoræa*, dont les racines charnues ſervent de nouriture à quelques Peuplades Indiennes. *Voyez* l'Article IGNAME. (*M. Thouin.*)

COUCHE à Champignons, ou Meule à Champignons. On donne ce nom à des couches d'une forme particulière qui ſont deſtinées à la culture de l'*Agaricus campeſtris*, L. connue en Français, ſous le nom d'Amanite comeſtible, & plus communément ſous celui de Champignon des Couches. *Voyez* l'Article COUCHE. (*M. Thouin.*)

COUCHE à chaſſis volant. Ce ſont des Couches ordinairement bordées, ſur leſquelles on place des caiſſes de chaſſis légers avec leurs panneaux de verre qu'on retire à volonté.

Ces ſortes de Couches ſont les plus communément employées pour la culture des légumes, des fleurs, des plantes étrangères & particulièrement pour les concombres & les melons de primeur.

Leur culture exige beaucoup d'aſſiduité & de connoiſſances pour en tirer tout le parti dont elles ſont ſuſceptibles. Comme la culture de ces Couches varie en raiſon des plantes auxquelles elles ſont deſtinées, & que la culture de ces plantes ſera détaillée à leurs Articles reſpectifs, nous y renvoyons le Lecteur. (*M. Thouin.*)

COUCHE-CHAUDE. C'eſt une Couche nouvellement faite qui a jetté ſon premier feu & dont la chaleur s'entretient entre 25 & 30 degrés.

On obtient aiſément cette chaleur en employant dans la confection des Couches, du fumier de cheval & de la litière. Le mélange de ces deux ſubſtances, dans une proportion relative à la ſaiſon, produit ce degré de chaleur que l'on peut conſerver long-tems par le moyen de l'eau & des réchauds de fumier neuf. (*M. Thouin.*)

COUCHE *clochée*. C'eſt une Couche ſourde ou bordée, couverte de cloches de verre.

Ces ſortes de Couches ſont employées particulièrement par les Maraichers & les Fleuriſtes. Les premiers s'en ſervent pour élever certains légumes, tels que des choux-fleurs, des cardons, &c. qu'ils repiquent enſuite en pleine terre, ils y cultivent auſſi des ſalades & des petites raves de primeur, & à une époque plus avancée, des melons & des concombres. Les Fleuriſtes ſe ſervent des Couches clochées pour les plantes à fleurs d'ornement, ils y font les ſemis d'orangers & les boutures d'héliotrope, de phlomis, de léonurus, & d'autres arbuſtes délicats. La culture de ces eſpèces de Couches eſt aſſujétiſſante & minutieuſe ; il faut auſſi-tôt que le ſoleil paroît, donner de l'air ſous les cloches, les refermer à l'approche de la nuit, les couvrir avec ſoin de litière & de paillaſſons dans les nuits froides, & lors des petites gelées. Dans beaucoup d'endroits on les a abandonnées pour faire uſage des chaſſis, cependant elles ont leur avantage pour la repriſe des boutures, & l'on ne doit pas les négliger entièrement. (*M. Thouin.*)

COUCHE *corticale*. On nomme ainſi les feuillets dont ſont compoſées les écorces des arbres.

D'après les obſervations & les expériences de M. d'*Aubenton*, conſignées dans un excellent Mémoire qu'il a lu à l'Académie des Sciences de Paris, dans le mois d'Août 1792, il paroît que les couches corticales ſe forment entre l'aubier & l'écorce au moyen du *Cambium* qui ſe trouve dans cette partie pendant le tems de la ſève, & que l'écorce augmente ſes couches de l'extérieur à l'intérieur, tandis que les Couches ligneuſes ſe forment de l'intérieur à l'extérieur. Ces obſervations dont le nom de leur Auteur garantit l'exactitude, peuvent jetter un grand jour ſur la Phyſique végétale, & méritent d'occuper les Phyſiciens. *Voyez* l'Article BOURRELET. (*M. Thouin.*)

COUCHE *de chaleur tempérée*. Le mélange de pluſieurs ſortes de fumiers, tels que celui de vache, de cochon, de cheval & de colombine, produit aſſez ordinairement cette modification de chaleur dans une Couche. L'eſſentiel pour arriver à ce point eſt de combiner le terme moyen de la chaleur de la ſaiſon dans laquelle on bâtit ſa couche, & de mélanger ſon fumier, de manière qu'il produiſe entre dix à quinze degrés de chaleur. Cette combinaiſon eſt difficile à faire, on ſe contente de conſtruire ſa Couche à l'ordinaire, & d'attendre que ſa chaleur ſoit baiſſée au terme de la température pour s'en ſervir. On l'entretient dans cet état, au moyen des couvertures & des réchauds. (*M. Thouin.*)

COUCHE *de feuilles*. Amas de feuilles d'arbres amoncelées & diſpoſées en forme de Couche, à l'air libre ou ſous terre.

Ces ſortes de Couches ne ſont guère pratiquées dans les Jardins que pour fournir par leur décompoſition un terreau fort utile pour compoſer des terres. Cependant, comme elles fourniſſent une chaleur douce, on peut les faire ſervir à la repriſe des plantes délicates qui n'ont beſoin que d'une foible chaleur.

Si l'on n'a pas ſoin d'arroſer fréquemment les couches de feuilles & de les remuer de tems-en-tems, leur décompoſition eſt lente, & elles ne se réduisent en terreau que la troisième année. (*M. Thouin.*)

COUCHE *de poudrette.* On appelle ainsi les Couches qui sont formées avec les immondices & les balayures des rues.

Comme ces matières ne peuvent se border, on ne les employe guère qu'en Couches sourdes. Dans cette position, elles produisent une chaleur très-vive, & qui dure d'autant plus longtems, qu'elles contiennent une plus grande quantité de substances animales. Lorsqu'elles sont décomposées & réduites en terreau, elles fournissent un engrais très-actif. Mais on ne doit pas l'employer dans la culture des légumes, parce qu'il leur communique une odeur souvent désagréable, & les rend malsains.

Les Couches de poudrette ne sont employées que dans les grandes villes & dans leurs environs. Elles servent à la culture des orangers, des myrtes & autres plantes & arbustes étrangers ; quelques Fleuristes de Paris en font grand usage. *Voyez* l'Article Couche. (*M. Thouin.*)

COUCHE *de tan* ou *Tannée.* On appelle ainsi une Couche faite avec de l'écorce d'arbre broyée, qui a servi à tanner des cuirs, & qui est imprégnée de matière animale & de beaucoup d'eau.

Les Tannées ne sont presque jamais employées à l'air libre. On les établit dans des fosses de maçonnerie, ou dans des caisses de bois, sous de grands chassis, sous des baches ou dans les serres-chaudes.

Elles servent plus particulièrement à la culture des ananas & autres plantes rares de la Zone torride. *Voyez* l'Article Couche. (*M. Thouin.*)

COUCHE *de terre.* Lorsque l'on fouille un peu avant, on ne trouve pas dans toute la profondeur la même nature de terre, les lits supérieurs diffèrent des lits inférieurs ; ces lits s'appellent des Couches. Celui qui entreprend d'exploiter une ferme, doit auparavant sonder à plusieurs endroits le terrain, pour connoître quelles en sont les diverses couches, & conduit ses cultures en conséquence. Il s'assurera si la Couche de terre végétale est profonde, s'il y a dessous un lit de glaise ou de craie, & quelle en est l'épaisseur. Ces connoissances décideront de ce qu'il doit y semer, comment il convient qu'il laboure, qu'il fume, &c. (*M. Tessier.*)

COUCHE ligneuse. C'est ainsi qu'on appelle les différentes couches dont est composé le bois qui forme le tronc des arbres.

Ces Couches se distinguent aisément, en coupant un tronc d'arbre horizontalement. Chaque Couche est marquée par un cercle concentrique d'une couleur différente de celle des autres parties du bois.

La formation de ces Couches & leur organisation appartient au Dictionnaire qui traite de la Physique végétale, nous y renvoyons le Lecteur. (*M. Thouin.*)

COUCHE *nue.* On appelle ainsi une Couche, n'importe de quelle matière elle soit formée ; dont la surface est à l'air libre ; ces sortes de Couches se font au Printems, lorsque les gelées ne sont plus à craindre. Elles servent à faire les semis des plantes qui ont besoin pour lever, d'une chaleur plus considérable que celle de notre climat. *Voyez* l'Article Couche. (*M. Thouin.*)

COUCHE sourde. Les Couches sourdes sont celles qu'on établit dans des fosses en terre.

Celles-ci conservent plus long-tems leur chaleur que les Couches bordées, & cette chaleur est ordinairement plus douce & plus égale.

On les construit avec différentes sortes de fumiers & de substances végétales. Elles servent particulièrement à la culture des boutures, des marcottes de plantes & d'arbustes rares. *Voyez* l'Article Couché. (*M. Thouin.*)

COUCHE *tiède.* C'est ainsi qu'on nomme une Couche qui a perdu la plus grande partie de sa chaleur, & qui n'en conserve que trois ou quatre degrés au-dessus de celle de la terre qui l'environne. (*M. Thouin.*)

COUCHER, MARCOTTER, ou PROVIGNER. Opération qui consiste à plier une branche en terre, pour lui faire prendre racines, & former un nouveau pied.

Quoique ces trois mots s'employent assez souvent les uns pour les autres, il y a néanmoins entr'eux quelque différence.

Coucher se dit plus particulièrement de cette espèce de Marcotte qui se fait sans incision & sans ligature. Ainsi, l'on dit d'un arbre qui se propage aisément de Marcottes, que ses branches n'ont besoin que d'être couchées pour prendre racines & former de nouveaux pieds.

Le mot Marcotter est plus étendu. Il comprend non-seulement l'espèce de Marcottes dont nous venons de parler, mais encore celles qui veulent être incisées & ligaturées pour assurer leur reprise.

Provigner, s'entend principalement des branches de vignes que l'on couche en terre, pour obtenir de nouveaux pieds ; mais, par extension, il a été employé à désigner toutes sortes de Marcottes. *Voyez* Marcotte. (*M. Thouin.*)

COUCOU ou BRESLINGE COUCOU. On désigne par ce nom une des variétés du fraisier *fragaria vesca* L. Cette variété est distinguée par sa stérilité presque complette ; c'est à tort, dit M. *Duchesne*, qu'on la regarde comme une dégénération de la variété commune. *Voyez* Fraisier. (*M. Reynier.*)

COUCOU (pain de). Nom vulgaire du *Primula veris elatior.* L. *Voyez* Primevere officinale. (*M. Thouin.*)

COUCOUROU. Les Hongrois donnent ce nom au maïs. Il paroît que la racine de ce mot, plus ou moins modifiée par les dialectes, s'applique dans plusieurs pays aux différentes céréales.

Voyez Courcoucou, Couscoussou ; *Cuscus* qu'on prononce *Couscous*, *Cusso* qu'on prononce *Cousso*, &c. (*M. Reynier.*)

COUCOUROUMASSO. Nom Provençal du *Momordica elaterium.* L. *Voyez* Momordique rude. (*M. Thouin.*).

COUDE se dit d'une allée, d'un terrain, quand les alignements ne sont pas droits. Un arbre peut aussi avoir un *Coude*, quand la tige n'est pas bien droite sur le pied. (*M. Thouin.*)

COUDÉE. Mesure équivalente à un pied & demi de roi. On emploie quelquefois ce terme dans les descriptions de plantes pour désigner leur hauteur, ou la longueur de leurs feuilles. (*M. Thouin.*)

COUDOUNIER. Nom Provençal du *Pyrus cydonia.* L. *Voyez* Coignassier au Dict. des Arbres. (*M. Thouin.*)

COUDRAIE. On nomme ainsi un lieu planté de coudriers ou noisetiers, en Latin, *Corylus. Voyez* Noisetier au Dict. des Arbres. (*M. Thouin.*)

COUDRE mancienne. Nom vulgaire du *Viburnum lantana.* L. *Voyez* Viorne des bois, au Dict. des Arbres. (*M. Thouin.*)

COUDER la vigne, se dit d'un sep dont on plie ou couche des branches en angle obtus, pour leur faire prendre racines. Cette pratique est en usage aux environs d'Auxerre. *Voyez* Marcotte. (*M. Thouin.*)

COUDRIER. Nom vulgaire d'un genre d'arbre connu en Latin sous celui de *Corylus. Voyez* Noisetier au Dict. des Arbres. (*M. Thouin.*)

COUÉPI, *Couepia.*

Genre de plante qui paroît à M. *Lamarck* pouvoir être rapporté à la famille des *Pruniers*, & que M. de *Jussieu* place dans la septième section de celle des *Rosacées* qui ne comprend qu'une espèce. C'est un arbre à feuilles simples, alternes, à fleurs dont le nombre des divisions est inconnu; elles sont terminales, en bouquet, & remplacées par des fruits à noyau de la grosseur d'un œuf. Il est étranger, & dans notre climat de serre-chaude où sa grande élévation défavorisera les agréments qu'il pourroit y apporter. On ne le considérera sans doute que relativement aux progrès de la science Botanique. Sa multiplication jusqu'à présent n'est probable que par les semis.

Couépi de la Guiane.

Couepia Guianensis. La M. Dict. ♄ Cayenne.

Le Couépi de la Guiane est un arbre à bois dur & rougeâtre qui, sous une écorce grise & lisse, s'élève d'environ soixante pieds. Ses branches sont tortues. Ses feuilles longues de deux pouces & demi, d'un pouce de largeur, ondées à leurs bords, sans dentelure, sont placées alternativement, médiocrement écartées entr'elles & très-rapprochées des branches terminées par des bouquets de fleurs. Il leur succède des fruits gros comme une noix avec son brou & un peu alongés : ils renferment une amande qu'enveloppe une coque mince & cassante. Cet arbre a été observé à Cayenne par *Aublet*, lorsque ses fleurs étoient effeuillées ; il croît dans les forêts de Sinémari, éloignées de trente lieues des bords de la mer.

Culture. Le Couépi de la Guiane doit être cultivé en serre-chaude, où il ne s'accommoderoit probablement pas d'une place de tablette. Il devroit être tenu le plus long-tems qu'il seroit possible dans un pot rempli de terre du potager avec l'addition d'un tiers de sable de bruyère, peu arrosé, hors le tems des chaleurs, & enfoncé dans une des meilleures tannées. Lorsque cet arbre dont la hauteur est considérable seroit devenu trop fort pour rester en pot, on le devroit mettre en caisse, & le conserver le plus que l'on pourroit dans la tannée. On ne doute point que les racines & même la végétation de tout arbre, ne gagnent beaucoup dans des caisses ; mais le bois moins susceptible à la vérité que la terre cuite, de refroidissement & des effets de la transition prompte du chaud au froid, ne seroit pas pour la motte, une enveloppe suffisante aux plantes des pays chauds, si à cause de l'élévation que la tannée ajouteroit à l'individu, on ne plaçoit pas la caisse près du fourneau, ou d'un des principaux conduits du feu, jusqu'à ce qu'enfin la succession des développements n'en permettent plus la jouissance ; & c'est le cas où l'on se trouvera pour le Couépi de la Guiane.

Cet arbre n'ayant point encore paru dans les serres de France, on n'a aucuns renseignemens sur les moyens de multiplication qui tiennent le plus à l'art. Nous voyons par la nature de son fruit qu'il seroit très-susceptible de lever promptement, si l'éloignement permettoit d'espérer qu'il nous parvient frais. Son amande est amère, sa coque est mince & cassante, peut être qu'étant écorcée ou débarrassée de son brou épais, elle conserveroit le principe de germination, si on l'envoyoit dans du sable sec. On placeroit dès l'arrivée les amandes sous un chassis à vitrage, & dans des pots étroits très-près des verres dans une couche à tan sur un lit de fumier chaud ; au moins il y a lieu de croire que s'il y avoit du succès, il ne se feroit pas attendre longtems.

Usages. Le Couépi ne paroît pas être d'une grande utilité à Cayenne, les Galibis, dit *Aublet*, en détachent l'écorce qu'ils font sécher, & ils s'en servent pour cuire leurs poteries. Il est plus douteux qu'il soit pour nos serres, un objet d'embellissement, qu'il est certain qu'il en sera un d'instruction pour les élèves. (*F. A. Quesné.*)

COUFLE. C'est ainsi qu'on appelle dans le Commerce de la droguerie les balles de folicules ou fruit du Séné qui viennent du Levant. *Cassia lanceolata Forsk.* L. *Voyez* CASSE lancéolée ou SÉNÉ d'Alexandrie. N.° 22. (*M. THOUIN.*)

COUGOURDE. L'une des variétés de la Courge à fleurs blanches, *Cucurbita lagenaria.* L. *Voyez* COURGE. (*M. REYNIER.*)

COUGOURDETTE. L'une des sous-variétés ou races principales du Pepon polymorphe, *Cucurbita ovifera.* L. *Voyez* COURGE à limbe droit. (*M. REYNIER.*)

COUHAGE. Nom Indien d'une espèce de fève qu'on apporte des Indes-Orientales, & qui est connue dans les Pharmacies sous le nom Latin de *siliqua hirsuta.*

On fait usage de ces fèves dans l'Hydropisie, en faisant infuser 12 gousses dans deux pintes de bierre; on en fait prendre tous les matins le quart d'une pinte au malade. Ce remède a été essayé sur des Nègres.

Le duvet de cette gousse pique la peau, & cause une démangeaison douloureuse. (*Ancienne Encyclopédie.*)

Il paroît que cette fève n'est autre chose que le fruit du *Dolichos Pruriens.* L. Connu vulgairement sous le nom de pois pouilleux ou à gratter. *Voyez* DOLIC à poil cuisant, n.° 8. (*M. THOUIN.*)

COUIS. On donne ce nom aux fruits du Calebassier, *Crescentia cujete.* L. lorsqu'ils ont été préparés pour servir de vases ou d'ustensiles.

Ils enlèvent la pulpe du fruit avec de l'eau bouillante qu'ils font entrer dans l'intérieur du fruit : elle dissout la pulpe, & au moyen de quelques secousses on la détache entièrement.

Ces Couis prennent sous le couteau des Américains les différentes formes nécessaires pour l'usage domestique, & ils les ornent extérieurement avec des couleurs fixées au moyen de la gomme d'Acajou. *Voy.* CALEBASSIER. (*M. REYNIER.*)

COULABOULÉ. Nom Anglais au rapport de Nicolson du *Paullinia serina.* L. *V.* (*M. REYNIER.*)

COULANS. On donne ce nom aux filets qui partent du coler des racines des fraisiers, & au bout desquels se forment de jeunes plantes qui donnent des racines & deviennent de nouveaux pieds. *Voyez* l'Article FRAISIER. (*M. THOUIN.*)

COULAND. Nom d'une variété de la cerise plus connue sous le nom de cerise de Hollande.

C'est une des variétés du *prunus cerasus.* L. *Voyez* CERISIER dans le Dictionnaire des Arbres & Arbustes. (*M. REYNIER.*)

COULEQUIN, *CECROPIA.*

Genre de plante qui paroît à M. de Lamark avoir des rapports avec les *mûriers* & les *orties*, & placé dans la seconde section de ces dernières par M. de Jussieu. Il ne comprend qu'une espèce, c'est un grand arbrisseau à feuilles en bouquet terminal; à fleurs dioïques c'est-à-dire, mâles sur des pieds, femelles sur d'autres : les parties de la fructification sont compliquées & de peu d'ornement, les semences sont petites & renfermées dans une baie formée par le calice. Il est étranger, & dans notre climat, de serre-chaude où le port & le feuillage lui assignent une place distinguée; il se multiplie par les semences.

COULEQUIN ombiliqué, vulgairement *le bois trompette.*

CECROPIA peltata. La M. ♄ Jamaïque Saint-Domingue. *Ambaiba* Marcgr. Bras. 91.

Le Coulequin ombiliqué est un arbre de 30 à 35 pieds de hauteur, dont le tronc est creux & marqué à sa surface de saillies ou nœuds circulaires de distance en distance. Il paroît n'avoir qu'un sept ou rameau terminé par un bouquet de feuilles vertes en dessus, blanchâtres en dessous, chacune de plus d'un pied de diamètre & portée sur une queue longue qui s'attache plus près du centre que de la circonférence, ailleurs profondément lobée ou à laciniures longues dont l'extrémité est arrondie. Les fleurs sont d'un vert clair & sans corolle. Les fruits sont des baies que l'on compare aux fraises. Il croît à Saint-Domingue, dans les forêts de la Jamaïque, dans la Guiane & dans d'autres parties de l'Amérique Méridionale.

Culture. Le Coulequin manque dans presque toutes les collections importantes de l'Europe, dans la supposition où l'on se le procureroit en individu, on lui donneroit le même traitement qu'aux arbustes les plus délicats, celui de *Clusier* n.° 4. (*Voyez* son Article) lui conviendroit. Cette disette où l'on est dans les serres d'individus d'un ordre aussi relevé s'impute moins à la difficulté de les conserver qu'à celles de se procurer de bonnes graines. Celles du Coulequin recueillies & enveloppées avec la pulpe fraîche ou mal desséchée se corrompent en peu de tems; il en seroit peut-être autrement si elles étoient expédiées dans du sable sec qu'on répandroit avec elles, sur des pots remplis de la meilleure terre préparée, mis sous le meilleur chassis & éloignées exactement. On devroit veiller les plantules pour lesquelles on auroit à redoubler la trop grande chaleur; il faudroit donc souvent couvrir, souvent ouvrir le chassis & le couvrir avant la nuit, car nos plantes sont un troupeau qui a aussi son ennemi qui veille. L'expérience nous a fait reconnoître que certaines plantes provenant de semis de l'année se conserveroient plus sûrement dans les tannées pendant l'Hiver lorsqu'elles n'avoient point été changées de pots : comme toutes précautions ne coûtent point vis-à-vis d'individus aussi rares que beaux, nous laisserions jusqu'à la fin du mois de Mai suivant ceux-ci sans les transporter séparément, & nous craindrions de le rendre trop délicates par une chaleur non interrompue dans le chassis où nous leur ferions passer la belle saison : elles y seroient également cultivées les Etés suivans, jusqu'à ce que leur élévation en ôte la facilité dans les bâches les plus profondes.

Usages. Le Coulequin est aux Indes un de ces végétaux dont on a trop vanté sa vertu. Il est l'arbre dont la racine desséchée procure, par le froissement, du feu sans le secours du feu. On présume que *l'ambaitinga* des Brésiliens peut être rapporté à ce genre. Celui-ci a les feuilles tellement rudes que l'on s'en sert comme de lime pour polir le bois. En voilà bien assez pour exciter le desir de la possession de ces arbres dans les serres d'Europe, quand d'ailleurs ils ne devroient pas les embellir. (*Fr. A. Quesné.*)

COULÉS. Bleds Coulés. *Voyez* Coulure. (*M. Tessier.*)

COULEUR. Les Couleurs n'existent pas dans les corps, mais leur composition influe néanmoins sur la nuance qu'ils reflètent, & cette composition, si peu connue quant à ses causes, l'est encore moins quant à ses effets. Newton, qui n'étoit embarrassé par rien, dit que la surface des corps est écailleuse, & que la différente position, conformation ou épaisseur de ces écailles, détermine leur nuance. Mais personne n'a vu jusqu'à présent ces écailles que Newton dit exister; ainsi, son opinion est purement hypothétique, je ne vois aucun fait qui l'appuye, ni aucune autre preuve que des calculs; or tous les calculs, principalement ceux de Newton, partent d'un principe qu'il suppose; cette supposition sert de fondement à des raisonnemens de probabilités; ces probabilités deviennent en s'engrenant des vérités démontrables, puis démontrées, & ensuite revenant par la finthèse à la supposition fondamentale, il affirme que c'est un axiome. C'est ainsi qu'il a prouvé l'attraction, & à-peu-près toutes les découvertes qu'il a faites. (*Du feu par L. Reynier.* L. I. Ch. 3.)

La Chimie a prouvé que la composition des corps influe sur leur couleur; ainsi, le fer plus ou moins privé de feu perd de ses Couleurs, sa chaux la plus déphlogistiquée est d'une nuance très-pâle, tandis que le fer par la cémentation, acquiert des nuances plus foncées. L'absence de la lumière qui est un accident du feu, prive également les végétaux de leur Couleur. Cette analogie d'effets prouve donc que la lumière ajoute ou ôte un principe quelconque aux végétaux, qu'elle change par conséquent leur composition chimique. A l'Article *Climat*, j'ai indiqué plusieurs observations dont on peut conclure que la lumière influe réellement sur l'intensité & sur la nuance des Couleurs des végétaux. L'Article *Etiolement* contiendra de nouveaux faits.

Mais comment la combinaison chimique agit-elle sur les végétaux, de manière à leur donner telle ou telle Couleur, telle ou telle nuance? On ne peut présumer que ce soit en modifiant les surfaces seules, il seroit plus naturel de croire que les végétaux absorbant une partie du principe de la lumière ne s'assimilent que certains rayons & repoussent les autres. Mais pourquoi cette tendance pour certaines Couleurs prismatiques plus que pour telles autres? De tout côté les obscurités, les mystères se multiplient, & aucun fait certifié par des expériences décisives ou par une longue observation ne nous éclaire. On connoît même si peu la nature du feu : vingt systêmes s'entrelacent & se disputent la priorité, tandis qu'un autre le bannit presque de la nature, & le dernier systême, par les Loix toutes puissantes de la mode, obtient toujours l'empire du moment.

Mais quelle que soit la manière dont la lumière agit sur les corps, il est constant que c'est elle qui en est le principe. Les plantes restent décolorées lorsqu'on les élève dans l'obscurité, & l'intensité de leur coloration augmente en proportion que la lumière est plus vive. Ce principe, attesté par les faits, suffit pour un Agriculteur : comme Physiologiste, j'aurois desiré approfondir davantage cette question. J'invite M. Lamark à la traiter dans son Dictionnaire, ou dans les supplémens, cette matière étant de son ressort.

Vues générales sur les Couleurs des Végétaux.

Une remarque générale, c'est que toutes les parties des végétaux ont dans leur jeunesse une teinte verte, qui se conserve dans les parties qui périssent dans l'année, & qui se change en brun plus ou moins foncé dans les parties qui sont destinées à une existence plus durable. Les jeunes branches des végétaux ligneux, les feuilles & les tiges des végétaux herbacés sont toujours de cette Couleur. On peut excepter de cette Loi générale. 1.° Les fleurs qui, malgré leur peu de durée, ne sont jamais vertes, excepté dans certains cas dont nous parlerons, & dans quelques espèces où leur consistance se rapproche de celle des feuilles. 2.° Les fruits qui commencent par être verds avant de se colorer. L'Anatomie la plus délicate ne nous a pas indiqué les changemens qu'éprouve une branche d'arbre lorsqu'elle passe du vert au brun; on a cru seulement remarquer que les corps vésiculaires sont plus abondans dans les parties vertes du végétal; mais cette observation est insuffisante, car la moëlle des arbres mise en contact avec la lumière au moyen d'une playe, ne prend aucune nuance de cette Couleur; cependant elle est entièrement composée de ce qu'on nomme dans les végétaux *corps vésiculaires*; ce n'est donc pas parce que les parties annuelles des végétaux contiennent beaucoup de ces corps vésiculaires qu'elles sont vertes, mais par une autre cause encore inconnue,

& qu'on pourroit assimiler à la Couleur rouge du sang qui se perd lorsque ce fluide devient chair ou fibre, & par le travail de la vie.

On a dit que la Couleur verte des végétaux, comme la couleur rouge du sang, sont dûes au fer qu'ils contiennent; cette opinion probable n'est cependant pas démontrée, car comment ce fer qui est coloré perdroit-il sa Couleur dans le corps qui le contient? On tire autant de fer par l'incinération d'un végétal adulte, que d'une production annuelle de ce même individu. Le pirrhonisme est presque une vertu au milieu de toutes ces difficultés.

Encore une remarque du même genre; la fleur est le point central de la vie végétale; c'est elle qui concentre les forces vitales de l'individu, puisqu'elle est le dépôt des générations futures, seul des individus dans le tableau mouvant de la Nature. Or si le verd étoit dû au fer coloré par l'intervention de la lumière, cette Couleur seroit infiniment avivée dans la fleur, & celles de la moitié ou du tiers au moins des végétaux sont blanches, c'est-à-dire dans l'état qui annonceroit le fer tel que l'obscurité parfaite, le laisse dans les végétaux herbacés & dans les produits annuels de la végétation. Ces considérations sans être déterminantes, doivent engager du moins à suspendre son jugement.

M. Lamarck pense (*Dict. de Bot. Art.* COROLLE,) que la Couleur des fleurs ne dépend pas d'une organisation différente du reste de l'individu, mais seulement de l'altération de la matière colorante des végétaux: sur ce principe, la Couleur des fleurs devroit être verte avant de prendre d'autres nuances; cependant, quand le bouton s'ouvre, la plus petite portion du pétale qui paroît hors du calice a déjà la Couleur essentielle de sa corolle, & dans les fleurs qui manquent de calice, la partie qui paroît la première dans le bouton, qui est la partie voisine de l'onglet, & qui se prolonge en forme de veine sur une partie de la longueur du pétale, conserve sa teinte verte jusqu'à la chûte de la fleur: on peut la vérifier sur les lyliacées, les anémones, & cette partie verte ou nuance de verd est en général plus épaisse, & d'une organisation plus solide que le reste du pétale. Il est donc probable que les Couleurs des fleurs dépendent de quelques circonstances de leur organisation. Cependant, en attaquant l'opinion de ces Naturalistes, je n'oppose que des présomptions à des présomptions, & point de faits démonstratifs, les découvertes futures & expériences certifieront l'un ou l'autre sentiment. (1)

Mais la vétusté produit vraiment un changement de Couleur dans les parties vertes des végétaux, soit lorsque la nature les destine à durer plus long-tems, soit lorsque leur existence est déterminée à une certaine époque plus courte que celle de l'individu. Les plantes herbacées, & les feuilles des végétaux ligneux passent toutes au brun, soit immédiatement, soit en parcourant les nuances du rouge ou du jaune, lorsque la fin de l'Eté ou une autre maladie quelconque interrompt le travail de la vie, la nuance du brun annonce la cessation complette de la circulation des sucs. Ce changement de Couleur, qui précède la cessation de l'existence, démontre clairement une analogie entre les principes constituans des corps & leur coloration, car les peupliers, quelques poiriers passent toujours par le jaune à la Couleur brune, tandis que les sumacs, le lierre de Virginie, ou à cinq feuilles, les cornouillers y passent constamment par les nuances du rouge le plus vif; il en est de même des végétaux herbacés. Cette constance dans les colorations qui décorent pendant quelques jours d'une manière si brillante, le paysages d'Automne, paroît indiquer que les Couleurs des végétaux tiennent à leur composition chimique; cependant la preuve ne seroit pas suffisante si d'autres faits également probables ne venoient pas à l'appui de ce systême.

Ces nuances qui précèdent la cessation de l'existence des parties herbacées des végétaux seroient à l'appui de l'opinion de M. Lamarck, que j'ai combattue dans cet Article, si vraiment les fleurs étoient vertes avant d'acquérir d'autres Couleurs; mais elles ne le sont jamais, & l'on ne voit jamais non plus des feuilles passer au blanc parfait avant leur caducité, Couleur si commune dans les fleurs; ainsi, l'analogie manque sous ces deux points de vue, & il la faudroit complette pour confirmer un systême où l'on assimile à la caducité le moment où l'individu surchargé de vie la partage avec de nouveaux individus de son espèce.

Les paysagistes tirent un très-grand parti de ces colorations différentes des feuilles, pour les marier avec les baies d'autres arbres, & former

(1) Un fait a sans doute déterminé cette opinion de M. Lamarck; c'est le changement de Couleur qu'éprouvent certaines fleurs après la fécondation, telles que l'*hibiscus mutabilis*, (*Voyez* KETMIE), le condori à fruits rouges, &c. mais comme cette ketmie d'abord blanche, passe ensuite au rouge par toutes les nuances du rose, & cela sans avoir jamais été verte; ce fait ne prouve rien en faveur de son systême. La fleur de ketmie, comme celle de toutes les autres plantes, tend à sa destruction, d'abord après la fécondation; & cette destruction, d'abord intérieure, change les sucs d'où provient une coloration semblable à celle des feuilles en Automne, & ce fait ne prouve point que la coloration des fleurs soit produite par une altération prématurée, puisque, dans aucune circonstance, elles n'ont la Couleur des autres parties de la plante.

ce qu'ils nomment des *bosquets d'Automne*. Les fleurs mêmes les plus tardives sont passées à cette époque, & la Nature seroit morte si l'art, qui varie nos jouissances, ne grouppoit pas sous un cadre, les fruits apparens avec ces diversités de feuillage. Ces bosquets d'Automne bien distribués doivent être relevés par un lointain d'arbres toujours verds, dont les nuances noires encadrent les nuances plus gaies qui sourient encore au sommeil de la nature, & retardent de quelques jours les approches de l'Hiver. J'ai vu plusieurs de ces bosquets qui offroient un spectacle enchanteur; & les Peintres, qui ont étudié la Nature dans les montagnes, savent combien de partis ils peuvent en tirer dans la composition d'un tableau.

De la Couleur verte des Végétaux.

La Couleur verte n'existe pas dans tout l'ensemble des portions du végétal qui portent cette Couleur, mais seulement dans des molécules très-petites, connues sous le nom de *matière verte*. Plusieurs personnes ont imaginé que ces corpuscules étoient résineux; cette assertion a été attaquée par plusieurs personnes, particulièrement par M. Gouffier; aucune expérience, connue actuellement à Paris, n'explique la nature de cette *matière*, & les Français sont encore trop occupés de leur sort politique pour y penser sérieusement.

Les autres portions du végétal sont composées ordinairement d'une liqueur aqueuse & décolorée, de fibres qui sont blanches, après avoir été débarrassées des corps étrangers par des lotions. La *matière verte* est donc composée à ce qu'il paroît des *corps vésiculaires* qui sont analogues aux *atômes rouges*, que contient le sang, qui deviennent blancs en s'assimilant aux chairs comme les corps verts en s'assimilant aux fibres. La nature nous offre des Analogues quand on la considère dans un grand ensemble. Nous croyons enfin, après un approximation plus intime, que ces corps verds doivent leurs Couleurs au contact de la lumière, comme le sang à celui de l'air dans les poumons. Ces rapprochemens mettent sur la voie d'un grand nombre de découvertes.

Des Panaches.

Mais, en admettant que les corpuscules verds sont aux liqueurs des végétaux, ce que les corpuscules rouges sont au sang, analogie que nous avons déjà suivie; les variétés panachées sont à leur souche primitive, ce que sont les Nègres pies aux véritables Nègres; & l'une de ces singularités physiques pourra servir d'explication pour l'autre. Le panache se forme sur un végétal lorsqu'il est dans une très-mauvaise terre, ou gêné par un sol trop peu profond, ou par des encaissemens, enfin par la maladie: la plante panachée plantée dans un sol riche commence à perdre ses panaches sur les branches les plus robustes, quelquefois sur toutes à-la-fois. D'autres fois j'ai vu une plante se panacher sur quelques branches qui, l'année auparavant, ne l'étoient pas, & le phénomème se perpétuoit tous les ans sur les mêmes branches. Enfin, Bradley a observé qu'une greffe d'arbre panaché communique quelquefois ses Couleurs au sauvageon, qui la porte, soit dans sa totalité, ou du moins à la branche sur laquelle on l'a placée.

Tous ces faits paroissent indiquer que le panache doit son origine à des engorgemens; lorsqu'ils sont partiels, le panache ne couvre que la partie correspondante aux viscères obstrués; lorsqu'ils sont généraux, le panache devient général; or, la même oblitération peut également naître d'un sol insuffisant pour alimenter la plante, & d'une greffe qui refoule presque toujours sur le sauvageon, les sucs surabondans qu'il lui envoie: une preuve, ce sont les bourrelets fréquens qui se forment à la base des greffes, sur-tout lorsque les espèces ou variétés unies par l'opération, sont un peu dissimilaires.

Mais comment un engorgement ou une oblitération des viscères peuvent-ils panacher: est-ce en fermant le passage à la matière verte moins subdivisée que les autres molécules nutritives? Ici les Conjectures naissent, & je me tais.

Les panaches des fleurs offrent encore un autre champ à nos spéculations. On voit que les fleurs varient peu dans la nature sauvage, l'anémone n'y a qu'une teinte, l'auricule n'y a que deux teintes, qui constituent deux espèces, (*Vill. Fl. Delph.*) la jaune & la rouge, l'ancolie qui varie dans nos jardins n'en offre que deux ou trois dans les prairies, & ces nuances tiennent encore à des positions diverses. L'astère de la Chine est venu de ce pays avec une seule Couleur, & déjà vingt nuances le rendent l'ornement des parterres; enfin l'œillet qui se reproduit tous les jours sous des combinaisons de Couleur nouvelles, n'a dans les montagnes qu'une teinte rose uniforme. La culture est donc le seul agent de toutes ces variations, de toutes ces combinaisons de nuances, même de la création de teintes nouvelles: car, en admettant que, dans l'auricule, les *bruns* sont des nuances prononcées du jaune & du rouge, le bleu qu'on a obtenu depuis une quinzaine d'années, n'avoit aucun germe dans la nature sauvage, & le jaune de l'œillet paroissoit de même incompatible avec la Couleur génératrice & fondamentale de cette plante. Nous verrons dans la suite de cet article les analogies de changement que l'observation nous indique dans les végétaux.

Nous ne connoissons pas la cause de la coloration des corolles, pourquoi elles portent une teinte différente de celle du reste de l'individu;

cependant cette connoissance préliminaire peut seule affermir nos recherches sur les causes & les moyens du panache des fleurs; nous ne pouvons pas dire que ce sont des engorgemens ou des oblitérations de viscère, puisque les fleurs panachés sont plus grandes & plus fortes que les unicolores, au lieu que les plantes panachées perdent ces Couleurs en prenant un volume un peu considérable, & dans les sols fertiles. Mais, je le répète, nous ignorons complettement les causes de la coloration des corolles, & nous voudrions expliquer les causes de leurs panachées : passons cet essai à un Docteur, mais bornons-nous à réunir des faits.

Les changemens de Couleurs des corolles dépendent de deux causes.

1.° De la position physique du climat.

2.° De la culture.

Déjà sous le mot CLIMAT, j'ai fait sentir combien la nature du climat & la variétés des sites influe sur la coloration des végétaux; j'y renvoie dans ce moment, n'ayant pas trouvé de faits bien certains depuis que j'ai écrit cet article, quoique, à cette époque, j'eusse annoncé de nouvelles recherches, & de nouvelles compulsations pour augmenter la masse des faits à réunir, pour en tirer des conséquences; le peu de recherches sur cet objet, & le manque de généralisations dans les idées de ceux qui s'en occupent partiellement, nous force à négliger cette partie importante de la Physiologie végétale.

J'ai déjà dit ailleurs que les plantes étoient plus colorées en raison de l'activité de la lumière; ainsi, l'extrême en moins qui est l'obscurité, produit la décoloration, comme les degrés en plus avivent les Couleurs. Les plantes des Alpes, qui sont exposées à une lumière très-vive, ont une coloration très-prononcée; au mot climat, on trouve des détails importans, & sur-tout l'explication présumable des faits. Mais un fait notoire qui les concerne, doit être remarqué: en même-temps que les verds & les Couleurs des fleurs colorées s'intensent, le nombre des fleurs blanches augmente considérablement, & cela en raison de la hauteur des montagnes; nouvelle analogie avec les espèces polaires. Et cependant les fleurs de certains genres, telles que les ombellifères s'y colorent en pourpre; pourquoi cette exception à une loi générale de la Nature, & pourquoi les mêmes circonstances qui avivent les Couleurs déterminent-elles la multiplicité des fleurs blanches? nous nous bornons à poser les faits.

Une autre circonstance bien importante de la théorie de la coloration des fleurs, c'est un changement de Couleur en verd qu'offrent certaines variétés. Tournefort parle d'une blataire qu'il a vu dans ses Voyages; plusieurs Naturalistes ont décrit un fraisier que j'ai vu sauvage & multiplié, depuis cette époque dans les jardins; enfin, j'ai vu une renoncule bulbeuse à pétales parfaitement verds, & qui conservoient le coup-d'œil lisse qui rend les fleurs si brillantes. D'où provient ce changement de Couleur si peu commun? C'est un sujet qui mérite d'être médité. Enfin, la culture est un moyen de changer les Couleurs des fleurs: combien de variétés, de nuances, de panaches elle a produit, & tous les jours les catalogues des florimanes présentent de nouvelles richesses dans ce genre. Une fois les principes & les causes de la coloration des plantes étant connues, les applications partielles en découleront d'elles-mêmes, ainsi que leur systême général d'après lequel on pourra poser les bases pour en être déduits. J'ai cherché à fixer les regards sur cette branche de la Physiologie, puissent cet Article & celui CLIMAT réveiller quelques Observateurs!

Changemens de Couleur.

On peut les classer sous divers points de vue.

Changemens qu'éprouvent les fleurs d'un même individu qui se divisent en:

1. Changemens qu'éprouve la même fleur:

2. Changemens des fleurs d'une année à l'autre:

3. Différence de Couleur des fleurs dans les variétés d'une même espèce.

Quelques fleurs éprouvent un changement de Couleur pendant leur existence; elles s'épanouissent avec une teinte, & en prennent graduellement une autre. Ce changement dont il a été traité précédemment, provient visiblement d'une première altération qu'éprouvent les sucs de la corolle après la fécondation.

Le changement de Couleur des fleurs d'une année à l'autre, provient d'une cause différente qui est encore inconnue. C'est principalement dans les plantes cultivées, & plus particulièrement encore dans les tulipes qu'on observe ce changement. La première fleur d'un individu obtenu de graines est d'une Couleur terne, semblable à celle d'une palette dont on a mélangé les Couleurs. Les florimanes découvrent déjà dans ce chaos le germe des panaches qui doivent se former ensuite, & jugent le succès de leurs semis. L'année suivante, les Couleurs commencent à se détacher, elles se classent entr'elles & se purifient. La troisième floraison leur donne leur beauté. D'où provient cette infusion native des Couleurs qui se séparent, se classent entr'elles & offrent les Couleurs primitives dans toute leur pureté; c'est ici où les écailles colorifiques de Newton embarrasseroient, même leur Inventeur. Il faudroit, pour expliquer cette singulière méthamorphose, connoître l'organisation & la cause des Couleurs des plantes, & je n'ai recueilli dans cet Article que des doutes & des incertitudes.

Enfin, la différence de Couleur entre des variétés d'une même espèce, offre des faits qui méritent

méritent d'être recueillies. J'en donne plusieurs dans le cours de ce Dictionnaire sous les noms de chacune des Couleurs.

Blanc. Le blanc, qui est la Couleur la plus générale dans les fleurs, varie beaucoup moins que les autres, & le petit nombre de ses variations le portent au rose & au rouge par l'influence de certains climats, & dans un même individu par l'altération des sucs; effets de la prochaine destruction de la fleur. Cette dernière cause le porte dans certaines plantes au citrin; mais on ne connoît pas de variations de cette nature lorsque le blanc est nativement très pur.

Bleu. Le bleu des fleurs peut être divisé au *bleu azuré* & *bleu indigo*. L'une & l'autre de ces teintes en ont fréquemment des variétés à fleurs blanches, & passent à cette Couleur par l'altération des sucs, effet de la prochaine destruction de la fleur; &, chose remarquable, ces deux nuances, qui passent l'une & l'autre au blanc, ne se confondent jamais. La variation des fleurs bleues en rouge est moins commune, & n'a presque lieu que sur les espèces cultivées, à moins que des piqûres d'insectes n'aient développé l'acide de la plante, ce qui s'observe dans la chicorée La variation des fleurs bleues en jaune est encore plus rare, & je n'en connois pas d'exemples.

Violet. Les nuances du violet dans les fleurs sont voisines du bleu indigo, & leurs variations suivent à-peu-près les mêmes altérations. Dans quelques espèces ces nuances diffèrent peu des rouges, & forment des passages.

Rouges. Les fleurs rouges varient en blanc avec facilité, moins cependant que les fleurs bleues, & présentent la même constance dans la nuance du bleu. Elles ne prennent pas la Couleur bleue, excepté par la culture, & encore on ne peut citer que l'oreille d'ours où cette variation existe; mais dans la nature sauvage je n'en connois pas d'exemple. Les fleurs rouges, par la vétusté, passent presque toutes au brun.

Les variations du rouge au jaune sont rares; on en a néanmoins des exemples tels que la belle de nuit; mais ils sont rares, & les Voyageurs ne nous disent pas si ces variations ont pareillement lieu dans l'espèce sauvage, ou si nos individus panachés de rouge & de jaune, sont le produit du mélange de deux espèces ou races primitivement de ces deux Couleurs.

Jaune. La couleur jaune des fleurs présente deux teintes très-distinctes, & qui ne se confondent pas, le *jaune citrin* (*fulvus*), & le *jaune orangé* (*flavus*), ces deux teintes se conservent sans se confondre, & sont les Couleurs les moins variables de la nature, leurs variétés de Couleur sont très-rares, même les blanches, peut-être même qu'elles n'existent pas. Car l'oreille d'ours jaune des Alpes qu'on croyoit avoir produit les diverses nuances cultivées dans nos jardins, n'y a produit que les jaunes & les brunes; M. de Villars a retrouvé dernièrement le type à fleur rouge des autres variétés rouges & bleues. Les tulipes de même, les jaunes sont visiblement produites par la tulipe sauvage d'Europe, tandis que les autres Couleurs sont nées de la tulipe d'Asie qui est rouge; les variétés qui réunissent ces Couleurs sont nées du mélange des poussières de ces deux espèces. Quant à l'œillet jaune, nous ne connoissons pas encore son origine, mais l'analogie & plus encore l'exemple de l'oreille d'ours, nous confirme qu'il y a un type sauvage qui nous est encore inconnu. Cependant nous ne pouvons affirmer la non-existence des variétés à fleurs autrement colorées des plantes à fleur jaune, ne pouvant expliquer pourquoi ces fleurs là sont jaunes. Je réunis seulement en un point la masse des faits que l'observation nous offre.

Brun. Le brun existe dans plusieurs fleurs sauvages, & devient plus commun dans les espèces cultivées; mais ce n'est point une Couleur, ce sont uniquement des nuances très-prononcées des Couleurs rouges ou jaunes : nous ne connoissons pas de variétés diversement colorées, des plantes sauvages à fleurs brunes.

Résumons : les fleurs blanches sont les plus communes dans la nature, & les fleurs colorées tendent à s'en rapprocher par leurs variétés.

Les fleurs colorées peuvent être classées en raison de leur constance dans l'ordre suivant, les premières étant celles qui offrent le moins de variations.

Brun, jaune orangé, jaune citrin, rouge, violet, bleu indigo, bleu azuré.

Les nuances se classent entre ces principales teintes, & de nouvelles observations sur un sujet à peine ébauché, feront naître des rapprochemens bien singuliers. (*M. Reynier.*)

COULEURS. On donne ce nom aux tulipes venues de graines, leur couleur est sale, & comme terne par le mélange des nuances qui, en se séparant, forment les panaches. Les Fleuristes devinent dans les *Couleurs* la beauté future des tulipes, & leur donnent d'autant plus de soins que leurs espérances sont plus fondées. *Voyez* Tulipe. (*M. Reynier.*)

COULEUVRE, (bois de) *Lignum colubrinum* des boutiques. *Cecropia peltata.* L. *Voyez* Coulequin ombiliqué. (*M. Thouin.*)

COULEUVRÉE. Nom que beaucoup de personnes donnent au genre des *Bryonia. Voyez* Bryone. (*M. Reynier.*)

COULOIRE. Instrument de bois percé par le fond, dont les ouvertures sont fermées d'un linge fin ou d'un tamis, à travers lequel on passe le lait. Il faut laver le couloir chaque fois qu'on s'en est servi, parce que ce qui y reste, s'aigrissant, peut déterminer le lait nouveau qu'on y passe à s'aigrir aussi. (*M. Tessier.*)

COULOIRE. On donne quelquefois ce nom aux clayes & aux cribles dont on se sert pour épurer des terres. On dit couler des terres, ce qui signifie les passer à la couloire ou à la claye. *Voyez* CLAYE. (*M. THOUIN.*)

COULOMMIERS. (melon de) Variété du *Cucumis melo* L. très-intéressante par sa force & sa vigueur, la grosseur de son fruit, & surtout par sa bonne qualité. On la cultive en pleine terre dans les environs de Coulommiers, près Meaux, où l'on en fait un commerce assez considérable. *Voyez* l'Article CONCOMBRE. (*M. THOUIN.*)

COULT. Nom Indien adopté dans quelques Pharmacies, pour désigner le bois néphrétique. Il est produit par le *Guilandina moringo.* L. *Voyez* BEN oléifere. (*M. THOUIN.*)

COULURE. Accident qui ne survient au blé que lorsqu'il est encore en fleur. On nomme blé coulé celui dont l'épi est vuide de grains, ou ne contient que du grain vuide de farine, & qui est assez petit pour passer par le crible.

On attribue cet accident à la gelée & aux pluies froides, car on voit que, lorsqu'il arrive de fortes gelées dans le tems que le blé sort du tuyau, les épis que le froid attaque fortement sont entièrement vuides, & que ceux dont l'extrémité seule a été frappée de la gelée, ne sont privés de grains qu'en cette partie.

M. *Duhamel* adopte comme vraisemblable l'opinion qui prétend que c'est un défaut de fécondation dans le tems que le blé est en fleurs. S'il tombe alors beaucoup de pluie froide, la poussière des étamines ne peut pas se répandre comme il faut, & en conséquence les grains restent sans substance. Selon un proverbe, la coulure est autant à craindre que la gelée.

Les effets de la Coulure s'apperçoivent plus facilement sur les épis de seigle que sur ceux de blé, quand ces deux grains sont encore sur pied, parce que les bales du seigle étant plus minces, elles sont alors transparentes.

Quoique la coulure n'ait jamais lieu sur la totalité d'un champ ensemencé en seigle, ou en blé, elle ne laisse pas que de faire un tort très-considérable. J'ai récolté, en 1791, une pièce de terre en seigle, dont la perte occasionnée par la coulure, a été estimée à un quart du produit. (*M. TESSIER.*)

COUMA. Nom vulgaire du *Coumier de la Guyane.* *Voyez* COUMIER. (*M. REYNIER.*)

COUMAROU, *COUMAROUNA.*

Genre de plante de la famille des *Légumineuses*, qui ne comprend qu'une espèce. C'est un grand arbre à feuilles ailées alternativement, à fleurs en grappes axillaires & terminales, (elles nous paroissent fort agréables), à fruits renfermants une semence odorante. Il est étranger & dans notre climat de serre chaude, où sa culture ne seroit probablement interrompue que par le défaut de moyens pour pousser loin celle des arbres très-élevés, il seroit sur-tout recherché pour les Jardins de Botanique. Il se multiplie par les semences.

COUMAROU odorant.

COUMAROUNA odorata. La M. Dict. ♄ Cayenne.

Le Coumarou odorant est un arbre de soixante-dix à quatre-vingt pieds de hauteur, à cime très-rameux, à feuilles longues de six pouces & demi, larges de près de trois pouces, sans dentelures, disposées en manière de folioles sur une côte terminée par une pointe ; elles y sont attachées de près, alternativement, au nombre de deux ou trois de droite & de gauche avec écartement entr'elles. Les fleurs, qui paroissent au mois de Janvier, sont en cinq divisions inégales, d'une couleur pourpre lavée de violet, elles forment des grappes aux aisselles & aux extrémités ; le fruit qui leur succède en Avril & Mai, est une baie charnue, renfermant un noyau dur & sec qui contient une amande d'une odeur amère & très-agréable. Il croît dans les forêts de la Guiane. *Aublet* l'a vu à Caux dans le Comté de Gêne & de Sinémari.

Culture. Le Coumarou odorant a de si grands rapports pour les Cultivateurs avec le *Couépi*, que nous prions de voir son Article, auquel il nous semble qu'il n'y a dans la culture rien à ajouter.

Usages. A Cayenne, les Créoles se servent de l'écorce & du bois intérieur du Coumarou aux mêmes usages où l'on emploie le Gaïac. Les Naturels font avec ses amandes, des colliers dont ils se parfument. Il seroit en Europe d'une utilité réelle dans les serres, pour leur ornement & pour leur valeur scientifique. (*F. A. QUESNÉ.*)

COUP de charrue. Expression usitée dans beaucoup d'endroits, pour dire façons ou labours, sur-tout en Franche-Comté, à Saint-Brieuc, en Bretagne, à Bar-sur-Aube, en Champagne, &c. Chaque changement de parc s'appelle aussi un coup de parc. (*M. TESSIER.*)

COUP de sang. Maladie de bestiaux, dont l'effet est prompt & presque toujours mortel. *Voyez* APOPLEXIE. (*M. TESSIER.*)

COUP-DE-SOLEIL. Un Coup-de-soleil est, sur la texture déliée d'un végétal, l'effet de l'évaporation trop prompte des parties les plus volatiles, les plus spiritueuses de la sève, & qui avoient acquis la préparation dont résulte le système complet de la végétation. Cet accident a lieu par la présence subite de la chaleur qu'envoie le soleil, lorsqu'il se montre tout-à-coup entre deux nuages épais. La nature qui prépare & élabore lentement les principes nutritifs de toutes les organisations, & qui ne fait rien par saut, n'a rien de prêt pour réparer dans l'instant la perte qu'elle vient de faire; les vaisseaux restent vuides, se crispent, se serrent, & ils ont perdu leur flexibilité quand la sève arrive à leurs orifices, pour y faire circuler la vie. Les feuilles, les fleurs en tout ou partie restent alors dans un état de mort. Les Coups-de-Soleil sont donc irremédiables dans les végétaux, mais ils n'opèrent jamais dans notre climat la destruction entière du végétal adulte, hors le cas où une gelée forte concoure avec l'action du soleil à lui occasionner un échec, qui effectivement le tue ou qui détériore tellement la qualité du bois, qu'il n'est plus que de rebut dans la construction; c'est lorsque la gelée ayant engourdi la sève, un soleil vif la met dans une action locale qui lui fait séparer les parois de l'aubier. Peu après on apperçoit une fente au bas de la tige du côté du Midi, (*la Ketmie des Jardins* en offre souvent des exemples:) elle ne se réunit point & les couches subséquentes d'aubier recouvrent & renferment le vice. (*Voyez* GELÉE.)

On dit communément que les fumigations que l'on fait dans une serre-chaude, ne font aucun tort aux plantes, & qu'elles détruisent seulement le puceron qui les altère, sur-tout en Hiver. Nous croyons qu'on a raison. Cependant, les fumigations au tabac, pénétré longuement des sels de l'urine, qui sont les plus efficaces contre les pucerons, se doivent faire avec prudence, & il ne faut pas que la colonne de fumée qui s'élève du réchaud, passe très-près des feuilles qui se colorent telles que celles du *Dragonier de Chine*, car vous verriez l'effet d'un Coup-de-Soleil, & on ne pourroit point l'imiter mieux que par ce moyen. Nous ne rapportons cet événement qu'à la chaleur renfermée dans la colonne de fumée qui lui sert de conducteur; c'est l'effet des rayons du soleil détournés de leur parallélisme & réunis dans le foyer d'un miroir ardent. Si l'on pouvoit attribuer aux émanations du tabac préparé que l'on brûle, l'accident dont nous rendons compte, il endommageroit la plante en totalité; ou si l'on veut en partie; mais ce ne seroit pas en parties détachées les unes des autres, & les places qui bordent les taches souffriroient aussi quelque altération, ce qui n'a pas lieu. (*F. A. QUESNÉ.*)

COUPAGE des grains. C'est ainsi qu'on appelle à Fontenay-le-Comte, le sciage ou seillage des grains. (*M. TESSIER.*)

COUPE. On nomme ainsi en *terme de forêts* l'étendue d'un terrein planté d'arbres qu'on se propose d'abattre. On dit: *une belle Coupe de bois: mettre un taillis en Coupes réglées. Voyez* le Dict. des Arbres. (*M. THOUIN.*)

COUPE. Mesure de grains à Bourg en Bresse. Elle est de 23 à 24 livres. Cette mesure varie; car, dans d'autres marchés, elle est plus forte ou moindre. On la subdivise en douze parties, dont chacune est nommée *Coupon*. Lorsque le blé est de bonne qualité, le coupon pèse deux livres Il y a une demi-Coupe qui pèse onze à douze livres.

On se sert aussi de cette dénomination à Tournus & dans les environs. La Coupe y pese 25 livres. (*M. TESSIER.*)

COUPE. Mesure de terre en usage à Genève; elle est de 21312 pieds, lesquels font 592 toises, & n'égalent pas un arpent de Paris. *Voyez* ARPENT. (*M. TESSIER.*)

COUPE-BOURGEON, UREBEC, COUTURIERE, TIQUET, EBOURGEONNEUR. Petit scarabé à-peu-près lenticulaire, qui coupe les bourgeons des arbres. Le mâle est verdâtre & la femelle bleue. *Voyez* l'Article LISETTE. (*M. THOUIN.*)

COUPE *de fontaine*. Espèce de petit bassin, de marbre ou de pierre, qui étant posé sur un pied ou une tige dans le milieu d'un grand bassin, reçoit le jet ou la gerbe d'eau qui retombe pour former une nape. On voit, dans les jardins de Versailles, de ces sortes de Coupes formées avec des cuves de granit, qui servoient aux bains des Anciens. (*M. THOUIN.*)

COUPÉE. Mesure de terre en Bresse, qui égale 173 toises, 22 pieds de Paris. *Voyez* ARPENT. (*M. TESSIER.*)

COUPE-FAUCILLE. Nom que l'on donne à Montargis, à la véronique femelle, *anthirrinum spurium* ou *anthirrinum elatine*. Lin. (*M. TESSIER.*)

COUPE-GAZON. Instrument inventé dans le Canton de Berne, & particulièrement dans l'Arguen, d'où son usage s'est propagé dans les pays voisins. On l'emploie à faire les rigoles nécessaires pour la répartition de l'eau dans toute l'étendue des prairies; c'est un couteau long de deux pieds, & plus emmanché vers le milieu de sa longueur, à un manche posé en biais, à l'opposite du tranchant. L'homme, qui s'en sert, étend deux cordeaux dans la direction où il veut pratiquer ses rigoles, & coupe le long de ces cordeaux, en reculant d'un pas à chaque coup; il lève ensuite les mottes de gazon avec une houe ou pelle, & les pose de côté & d'autre de la rigole, elles lui servent à pratiquer des arrêts ou bâtardeaux momentanés, pour changer la direction de l'eau, lorsqu'il irrige ses prairies. *Voyez* IRRIGATION, RIGOLE & PRÉ.

COUPE-PAILLE. Le Coupe-paille est un instrument qui sert à couper la paille par petits fétus, afin que le cheval puisse la manger en guise d'avoine, après qu'on l'a mêlée avec moitié de ce dernier grain. *Voyez* le mot CHEVAL, & le Dictionnaire des Instruments d'Agriculture. (*M. TESSIER.*)

COUPER. *C'est passer la racloire ou radoire* sur une mesure de graine, quand elle est comble.

On se sert aussi de ce mot, au lieu de celui de châtrer, & on dit: *Couper* ou *châtrer un animal; cet animal est coupé ou châtré.* (*M. Tessier.*)

COUPER, se dit d'une branche qu'on a dessein de supprimer, d'un arbre dont on veut se débarrasser, & de tout ce qu'on veut retrancher des arbres & des plantes. On dit : *Couper un terrein* ou *terrasse en talus*, *Couper une allée*. *Couper* se dit aussi d'un bois bien dessiné. (*M. Menon.*)

COUPI, *Acioa.*

Genre de plante qui ne comprend qu'une espèce. Il a de très-grands rapports dans le port & le fruit avec le *Couépi*. Il est de la même famille, & comme lui, un grand arbre à feuilles simples & alternes ; ses fleurs sont à cinq divisions agréablement colorées, dont la disposition est en corymbe subdivisé & terminal ; son fruit renferme une amande qui s'admet sur les bonnes tables ; il est étranger, & sa culture dans notre climat seroit de serre-chaude. Il se multiplie par les semences.

Coupi de la Guiane.

Acioa Guianensis. La. M. Dict. ♄ Cayenne.

Malgré les grands rapports que paroît avoir dans le port, le Coupi avec le Couépi, tous deux fort grands arbres, les feuilles du Coupi sont du double plus grandes, les nervures latérales sont plus écartées, & au lieu de parcourir tout le limbe jusqu'à la circonférence qui est également ondée, elles s'arrondissent en se repliant les unes sur les autres, les feuilles sont de plus accompagnées de stipules qui tombent. Les fleurs, disposées en bouquet lâches aux extrémités des branches, sont à cinq divisions plus longues que larges, & d'une couleur de violet. Elles éclosent en Mai ; il paroît que les fruits sont mûrs en Août ; ils renferment, sous une écorce épaisse, fibreuse, & crevassée en tous sens, un noyau recouvrant une grosse amande. Cet arbre dont le tronc a environ soixante pieds de longueur, & trois ou quatre pieds de diamètre, croît dans les forêts de la Guiane.

Culture. *Voyez* Couépi.

Usages. Les fruits du Coupi renferment une amande qu'*Aublet* dit être d'un bon goût, & plus agréable que celui des cerneaux. Les Créoles ont coutume d'en mettre sur leurs tables. Ils l'estiment comme un très-bon fruit. On peut tirer de ces amandes une huile douce comme celle des amandes d'Europe.

Il paroît au surplus que cet arbre feroit en Europe recommandable dans les serres. (*F. A. Quesné.*)

COUPON. Mesure de grains, en usage dans le Lyonnois. C'est la huitième partie du bichet. *Voyez* Bichet. Le Coupon en Bresse, est la douzième partie de la coupe. (*M. Tessier.*)

COUPOUI, *Coupoui.*

Genre de plante de la Guiane, dont l'exposition des caractères est incomplette. On n'en connoît que le port, & l'on a quelques notions sur le fruit, d'après lesquelles M. de *Lamarck* croit qu'il se rapproche des *Eugenia* dans la famille des *Myrtes*. Il ne comprend qu'une espèce. C'est un arbre à feuilles simples, à fruit de forme en œuf. Il seroit en Europe de serre-chaude.

Coupoui aquatique.

Coupoui aquatica. La M. Dict. ♄ Cayenne.

Le Coupoui aquatique est un grand arbre à branches éparses, revêtues aux extremités seulement de six ou huit feuilles simples sans dentelures. Leurs queues sont longues, & semblent s'enfoncer dans la circonférence, en formant deux lobes à leur base où elles sont plus étroites qu'à leur partie supérieure terminée par une pointe alongée : elles ont vingt-deux pouces de longueur sur neuf pouces de largeur. Le fruit, avant sa maturité, avoit la forme de celle du citron ; il renferme une amande. Cet arbre croît à la Guiane, au bord de la Crique des *Galibis*.

Culture. Le Coupoui ne se cultiveroit en Europe qu'en serre-chaude ; il aime le bord des ruisseaux ; les soins qu'il exigeroit dans la serre devroient tous avoir pour but principal, le goût qu'il a reçu de la Nature. Dans les serres d'une grande étendue, les productions aquatiques se placent dans les bassins, & l'on destine à celles qui sont ligneuses & d'un port élevé, une fosse à tan, que l'on entretient dans une plus grande fraîcheur. La tannée en doit être renouvellée plus souvent, puisque l'humidité en accélère la décomposition, dont l'absence de la chaleur est le dernier terme. Les procédés de conservation ne sont donc pas hors les connoissances que l'on acquiert promptement par le commerce des plantes étrangères à notre climat. Tant d'articles de ce Dictionnaire mettent sur la voie de la multiplication qu'elle ne présentera pour le Coupoui, aucune difficulté, lorsque l'on aura des renseignements plus certains sur les fruits de cet arbre. (*F. A. Quesné.*)

COUR, basse-cour, c'est l'espace dans lequel se font ou se placent les fumiers, les charrettes, & autres instruments du labourage ; il est ordinairement environné des bâtimens nécessaires à l'exploitation des terres, c'est-à-dire du logement du Fermier, des étables, des granges, &c. En Normandie, la Cour est plantée en pommiers ; les bestiaux paissent l'herbe qui croît dessous. *Voyez* le mot Ferme. (*M. Tessier.*)

COURBARIL, *Hymenæa.*

Genre de plante de la famille des *Légumineuses*, qui ne comprend qu'une espèce ; c'est un arbre à feuilles alternes, conjuguées, à fleurs en bouquet pyramidal, naissant aux extrémités des branches; elles sont chacune divisées en cinq parties inégales, d'un jaune pourpre, & remplacées par un légume. Il est étranger, & dans notre climat de serre-chaude où il est difficile de le conserver; il se multiplie par ses graines & il est recherché en Europe. Cet arbre est recommandable par les qualités de son bois, & par la résine qu'il fournit au commerce.

COURBARIL diphylle.

HYMENŒA courbaril. La M. Dict. Guiane, Antilles.

Le Courbaril diphylle est un très-grand arbre à tronc droit & uni, à cime très-touffue. Ses feuilles placées alternativement, sont attachées par deux à une même queue; elles sont de fabrique, & de disposition telles qu'elles forment ensemble & entr'elles le vuide d'un équerre dont ses deux règles seroient presque en demi-cercle à l'extérieur; elles sont peu larges, longues d'environ trois pouces, verdâtres & percées de petits trous. Les fleurs, en bouquet à base large, & qui se termine en pointe, sont d'un pourpre jaunâtre; à cinq divisions recoquillées, il leur succède une gousse longue de six à sept pouces environ, de moitié moins large; c'est un corps ligneux, rempli d'une pulpe qui se mange & dans laquelle sont nichés des noyaux applatis, noirs & d'un pouce de longueur.

Il croît à Saint-Domingue, sur les montagnes élevées, à la Guiane, & dans les régions de l'Amérique méridionale.

Culture. Sur la culture de cet arbre que nous n'avons point possédé, & qui est dans le commerce, *Miller* sera notre guide. Il dit qu'il est difficile de le conserver.

On donne au Courbaril diphylle, une des places les plus avantageuses des tannées de la serre-chaude où il doit rester même pendant l'Eté. *Miller* fait entendre que les racines étant très-minces, on ne peut changer le pot sans qu'elles n'échappent, & qu'il faut conserver une bonne motte aux risques de perdre l'arbre. Nous en induisons qu'il lui donnoit une terre fort légère. Il ajoute que c'est une raison pour ne changer que très-rarement le pot. Pour ne point resserrer les limites de la culture qui ne sont déjà que trop rapprochées, nous présumons qu'il conviendroit essayer sur ce sujet un régime différent, & que, d'après ces connoissances, il faudroit peut-être remplir le pot de terre substancielle & amendée. Ce Cultivateur ne dit point qu'il l'ait vu fructifier, il observe seulement que lorsque cet arbre commence à paroître, il fait des progrès considérables pendant deux ou trois mois, après quoi il reste une année entière sans pousser.

« On multiplie aisément cet arbre, dit *Miller*, » au moyen de ses graines, pourvu qu'elles » soient fraîches; on les place dans des pots » qu'on plonge dans une couche-chaude de tan, » en observant de ne mettre qu'une semence » dans chaque pot, ou si l'on en met davantage, » d'enlever les plantes, une seule exceptée, » aussi-tôt qu'elles commencent à pousser, & » de les planter dans des pots séparés. » C'est par les motifs développés plus haut.

Usages. Il paroît que l'on verra rarement dans les serres en Europe, le Courbaril diphylle parvenir au premier période de la fructification, & encore moins les parcourir tous jusqu'à celui de la maturité des graines, que l'on n'y verra que de foibles apperçus sur les qualités de son bois dont aux Indes on fait de très-beaux meubles, que l'on n'y vérifiera point aisément si la résine qu'il donne est vraiment la *Résine animée occidentale* des boutiques; mais on aura la jouissance d'un arbre très-agréable, dont le feuillage singulier excitera la curiosité, & qui ajoutera à la collection des individus qu'on réunit pour faciliter l'étude d'une belle science. (*F. A. QUESNÉ.*)

COURBATURE, maladie de bestiaux. C'est une inflammation simple des poumons, une des espèces de péripneumonie. Voyez PÉRIPNEUMONIE. (*M. TESSIER.*)

COURBE, maladie du Cheval & du Bœuf. C'est un gonflement de la jambe dans la partie inférieure & interne du tibia. La forme de ce gonflement est oblongue, plus étroite à sa partie supérieure qu'à la partie inférieure. Un effort dans le jarret & un exercice outré peuvent causer une Courbe. Dans le commencement de cette maladie, il y a ordinairement de la chaleur & de la douleur. Il convient d'appliquer sur la Courbe des cataplasmes ou des fomentations émollientes. Si, malgré ces moyens, la tumeur devient dure & squirrheuse, on y met le feu, après avoir tenté auparavant de l'eau-de-vie camphrée & des frictions mercurielles, qui sont de puissans résolutifs. Voyez le Dictionnaire de Médecine. (*M. TESSIER.*)

COURBURE. On emploie assez souvent le moyen de la Courbure pour mettre à fruit des branches gourmandes qui attirent à elles toute la sève des arbres, & font quelquefois périr les branches latérales. Voyez la théorie de cette opération dans le Dictionnaire des Arbres. (*M. THOUIN.*)

COURGE, *CUCURBITA.*

Genre de plante d'une famille très-naturelle, à laquelle son nom latin *Cucurbita* a fait donner celui de Cucurbitacées. Il ne diffère proprement de celui des concombres que par la configuration des semences bordées par un bourrelet fort sensible, totalement extérieur. C'est dans le genre des Courges que sont les plus fortes plantes de la famille, & que se trouvent même les plus gros fruits connus. Originaires des climats brûlans de l'Inde & de l'Afrique, elles sont également cultivées en Amérique & dans les contrées méridionales de l'Europe : elles demandent, en général, moins de soins que le concombre commun, & beaucoup moins que les melons. Il ne s'en trouve ni d'aussi amères que la coloquinte, ni d'aussi parfumés que les cantaloups, mais seulement de sèches & quelques peu amères, & d'autres très-bonnes à manger, même crûes. Au reste, rien n'est plus varié que le sont les espèces, les races & les variétés de ce genre ; ces plantes, soumises à la culture depuis très-long-tems, s'étant dénaturées autant qu'il soit possible, de manière à en rendre l'histoire assez confuse dans les livres des Agriculteurs & même dans ceux des Botanistes.

Les espèces en ont dû, en effet, paroître singulièrement équivoques, rien n'étant constant ni dans la figure des fruits, ou dans les découpures des feuilles, ni même dans la disposition des branches, à s'élever ou à ramper, qui se trouve accompagnée tantôt d'une conversion des vrilles en feuilles, tantôt de l'entière suppression des vrilles ; quoique ce dernier caractère eût paru assez important au Naturaliste Ray pour transporter ces races défectueuses dans un genre appartenant à une autre section de sa méthode. L'analogie est mieux indiquée par la nature des poils dont les Courges sont couvertes dans toutes leurs parties : mais on trouve des différences encore plus essentielles dans la forme & la couleur des fleurs, sans oublier la figure de la graine. On peut donc établir quatre ou même cinq espèces distinctes, & les rapporter à trois sections subdivisées dans leurs races principales, ainsi qu'il suit.

Espèces.

* *Fleurs blanches, très-ouvertes ; feuilles arrondies ; graines échancrées au sommet & de couleur grise.*

1. La Calebasse.

Cucurbita leucantha. La M. Dict. *Cucurbita lagenaria.* L.

A. La Cougourde.

Cucurbita leucantha lagenaria. La M. Dict.

B. La Gourde.

Cucurbita leucantha latior. La M. Dict.

C. La Trompette.

Cucurbita leucantha longa. La M. Dict. ⊙ de l'Inde & d'Afrique, ou de la Zone torride.

** *Fleurs jaunes en entonnoir ; graines ovales, de couleur blanche.*

(Les Pépons. *Pepo.*)

2. La Melonnée.

Cucurbita moschata. Cucurbita pepo moschata. La M. S. A. ⊙ de l'Inde.

3. Le Pepon.

Cucurbita polymorpha. Cucurbita pepo polymorpha. La Ma. M. Dict. ♃ B.

A. La Cougourdette.

Cucurbita polymorpha pyxidaris. La M. Dict.

B. La Coloquinelle.

Cucurbita polymorpha colocyntha. La M. Dict.

C. La Barbarine.

Cucurbita polymorpha verrucosa. La M. Dict.

D. Le Turbané.

Cucurbita polymorpha piliformis.

E. La Citrouille & le Giraumon.

Cucurbita polymorpha oblonga. La M. Dict.

F. Le Pastisson.

Cucurbita polymorpha melopepo. La M. Dict.
Cucurbita melopepo. L. de l'Inde & d'Afrique.

4. Le Potiron.

Cucurbita maxima. L. M. Dict. ⊙ de l'Inde.

*** *Fleurs petites & peu évasées ; graines colorées, feuilles fermes, droites & laciniées.*

5. La Pastèque.

Cucurbita anguria. La M. Dict. 4.
Cucurbita citrullus. L. ⊙ des Indes & d'Afrique.

A. A graines noires & pulpe rouge.

B. A graines & pulpe rouge.

C. A graines noires & pulpe jaune.

1. La Calebasse est dans ses trois races toujours reconnoissable par ses feuilles arrondies, d'un verd pâle, molles, lanugineuses, légèrement gluantes & odorantes ; par ses fleurs blanches, fort évasées, formant dans son limbe, une étoile comme celle de la bourache ; & par ses graines à peau plus épaisse que l'amande, dont le bourrelet, échancré par le haut & par le bas, ne forme que des appendices qui lui donnent une figure quarrée : dans toutes trois, d'ailleurs, la pulpe du fruit devient spongieuse, fort blanche, la peau, d'abord d'un verd pâle, devient d'un jaune sale dans la maturité ; elles sont aussi du nombre des Cucurbitacées qui grimpent le mieux.

La Cougourde a son fruit en forme de bouteille, mais souvent la partie voisine de la queue (ou pédoncule) est elle-même renflée, imitant, en plus petit, la figure du ventre dont il ne reste séparé que par un étranglement ; c'est une variété souvent constante : il en est de même des taches foncées, mais sales & peu régulières, dont la peau est quelquefois marquée. Sa graine est en général plus brune que celle des deux deux autres races ; ses feuilles sont presque entières.

La gourde & la trompette, toutes deux à feuilles dentelées, ne diffèrent entr'elles que par la forme du fruit, à très-gros ventre dans la gourde, & fort alongée dans la trompette ; il seroit peut-être plus exact de les distinguer par la solidité de la peau, car il y a des trompettes à peau tendre, & d'autres à coques dures comme la gourde & la cougourde. Souvent la trompette est renflée par les deux bouts comme un pilon, & lorsque le fruit traîne à terre, il est ordinairement fort courbé, ce qui paroît nous indiquer l'étymologie du nom *Cucurbita*, devenu générique & appliqué depuis à la grosseur & au renflement du ventre, comme on le voit dans le nom de *cucurbite* donné à des vaisseaux chimiques.

Culture. Dans toutes les régions un peu froides, comme aux environs de Paris, il est nécessaire de hâter sur couche la végétation des calebasses ; on les élève sous cloche, en les semant dans le courant de Mars : semées en pots, la replantation en est plus facile & plus sûre ; autrement elle demande beaucoup de soin pour la garantir du soleil en ce moment de crise qui les feroit périr. On doit les placer dans des expositions chaudes, & ne pas leur épargner le fumier, & comme la plante grimpe volontiers, & que son fruit réussit mieux suspendu que traînant à terre ; c'est ordinairement au pourtour des quarrés de couches qu'on en élève.

Usage. La coque de la cougourde sert de bouteille aux Pélerins : il y a des Jardiniers qui font usage des petites pour serrer diverses graines ; elles s'y conservent très-bien.

La gourde est employée par les nageurs qui s'essayent à se conduire dans l'eau ; ils s'en attachent deux sous les deux aisselles, afin qu'en rendant le haut du corps plus léger, il leur soit plus permis de prendre la situation la plus favorable pour nager.

La chair de la trompette mûre seroit filandreuse, mais elle est blanche & délicate si on cueille le fruit avant sa maturité, même avant son entier accroissement comme le concombre. On l'apprête de même.

La graine de calebasse est une des quatre *semences froides* employées par les Apothicaires, & dans les offices.

2. La Melonnée. Cette espèce, ambigue par elle-même, se subdivise en plusieurs races & variétés, mais trop peu observées pour qu'on puisse les bien déterminer. M. de Chanvalon paroît être le premier qui en ait parlé ; c'est dans son voyage à la Martinique. M. Duchesne la regarde comme une espèce distincte de celle du Pépon, à laquelle M. de la Marck préfère de la réunir, n'y trouvant pas de différences suffisantes. On peut cependant en indiquer deux ; savoir dans sa fleur le resserrement du bas du calice ; & dans ses feuilles, leur mollesse & leur duvet doux & serré. La melonnée tient encore de la calebasse par la couleur blanchâtre des fleurs en dehors, & l'alongement des pointes vertes extérieurs du calice ; enfin par le goût musqué de son fruit : la pulpe en est aussi très-fine, mais elle a la fermeté de celle des pastissons. Pour leur forme, les feuilles tiennent de celles des pépons, étant toujours assez anguleuses, & quelquefois découpées. Il en est de même de celle du fruit, le plus souvent applati, sphérique, ou ovale, mais aussi quelquefois en cilindre, en massue ou en pilon, formes ordinaires aux citrouilles ; aussi a-t-on donné à ces fruits le nom de *citrouille melonnée* & de *citrouille musquée*. La couleur de la pulpe varie depuis le jaune soufré jusqu'au rouge orangé.

Culture. Les melonnées ont besoin de la même culture que les calebasses : elles sont même aux environs de Paris, plus sujettes à pousser beaucoup de bois sans fleurir, ou à fleurir sans nouer. Elles ne réussissent très-bien que sur de vieilles couches, comme les pastèques de melons d'eau, & du reste ont besoin des soins communs à toutes les cucurbitacées.

Usages. Le nom de *citrouille musquée* n'annonce qu'un parfum d'un mérite équivoque, dans un fruit destiné à la table ; cependant on en fait cas dans nos Provinces méridionales de France & en Italie, ainsi que dans nos Isles d'Amérique, où le goût de ces fruits est plus honoré par le nom de *citrouille melonée*. Je ne crois cependant pas qu'on les mange communément crûes. La finesse de leur chair & leur bon goût les rend préférables à la plupart des Giraumons.

3. Le Pépon. Cette espèce, l'une de celles qui, entre tous les végétaux, mérite le mieux d'être appellée *polymorphe*, se travestit en effet sous des figures tellement diversifiées, qu'il sera nécessaire de considérer séparément ses six races principales, après avoir rappelé en peu de mots des observations générales présentées dans le Dict. Bot. de M. de la Marck.

1.° Le vert le plus noir devient le jaune le plus foncé dans la maturité.

2.° Le soleil, au lieu de colorer le dessus de ces fruits, les pâlit.

3.° La privation de lumière, causée par le contact de la terre, blanchit le dessous ; alors le pourtour de cette tache reste très-long-tems vert, aussi-bien que les bords des parties blessées.

4.° Les pépons panachés le sont principalement dans le milieu ; le côté de la tête (c'est-à-dire de la fleur) conserve une certissure verte, toujours plus grande que celle du côté de la queue (ou pédoncule).

5.° Ces parties vertes, quelquefois unies par

une bande, font toujours des pointes comme pour se rejoindre, & ces pointes sont prolongées sur les cloisons des graines.

6.° Les parties panachées sont toujours plus minces, quelquefois d'une manière fort sensible.

7.° Outre les grandes pointes, qui ont rapport à l'intérieur du fruit, on en voit de moindres marquer le passage des fibres principales qui passoient du pédoncule au calice de la fleur.

8.° C'est en rapport avec ces nervures que se trouvent les bandes colorées, ce qui en établit ordinairement cinq principales, & entre cinq autres moins fortes.

9.° Ces bandes sont indifféremment pâle sur foncée, ou foncée sur pâle : quelques-unes même se trouvant pâles au milieu, & foncées aux deux extrémités ; enfin, dans quelques autres, elles restent d'abord pâles, même lactées, tandis que le fond est verdâtre, puis deviennent d'un vert noir lorsque le fruit jaunit.

10.° Les bandes morcelées forment des mouchetures plus ou moins grandes, & aggrégées de ses divers manières, mais quadrangulaires, & non arrondies ni étoilées comme celles des pastèques.

11.° A ces mêmes bandes répondent des côtes proéminentes & des cornes très-saillantes dans les variétés contractées du pastisson, qui ont d'abord la peau très-fine, très-mince & très-lisse.

12.° Une autre inégalité d'accroissement dans les giraumons à peau fine & chair aqueuse, leur forme des ondes.

13.° Les pépons à peau ou coque épaisse, particulièrement les barbarines, au lieu d'ondes sont sujets à des bosselures nommées vulgairement *verrues*, qui sont si sensiblement l'effet d'une maladie, que ceux qui en sont entièrement couverts ont rarement de bonnes graines.

14.° Enfin la peau des pépons est susceptible de ces gerçures exsudentes qui forment la broderie dans le melon ; mais cet accident est peu commun, & seulement par places.

A. La Cougourdette. De tous les pépons, ceux de cette race sont les plus grêles & les plus féconds, & par conséquent les plus près de la nature ; elle doit même être regardée comme une espèce par ceux qui pensent que des plantes seulement congénères peuvent se féconder & produire des races ou variétés métisses, intermédiaires, fécondes, & plus ou moins disposées à remonter à l'espèce de maternité.

Ses fleurs, les moins grandes de toutes, le sont cependant beaucoup, par rapport à la grosseur du fruit. Ses graines alongées, annoncent que le fruit est toujours pareillement alongé en poire, ou pour le moins en œuf. Sa pulpe, fraîche d'abord, ensuite fibreuse & friable, est toujours fort blanche ; ce blanc s'annonce au-dehors dans les bandes & mouchetures lactées de la variété la plus ordinaire, dont le reste de la peau demeure long-tems d'un vert très-foncé. La coque de la cougourdette est communément fort dure.

On peut voir quelques variétés indiquées dans le Dict. Botanique, & peintes dans la collection du cabinet de la Bibliothèque Nationale. Toutes ne diffèrent que par des différences légères de forme ou de couleur ; on peut distinguer celle qui, très-petite & d'un gris pâle, mérite le mieux le nom donné par Linneus, à son espèce *cucurbita ovifera*.

Culture & usages.

Les cougourdettes sont plus robustes que la plupart des cucurbitacées ; elles se passent de la couche, & ne demandent qu'un terrein chaud pour fructifier abondamment ; elles grimpent bien d'elles-mêmes, & leurs fruits en sont plus jolis. Le voisinage des coloquinelles & des barbarines, les fait varier & produire des métis, ordinairement moins jolis que les races franches. J'en ai vu naître par le voisinage des giraumons, d'autres métis assez gros, mais sans mérite.

Ces fruits font parure dans les orangeries ou dans les fruiteries, ou même sur les cheminées & sur les meubles de quelques Amateurs pendant tout l'Hiver. En les creusant, on peut faire, des plus dures, le même usage que des cougourdes. J'en avois fait des bouilloires & des lanternes ; ces coques creusées étant légères & nullement froides, sont le meilleur vase dont puissent faire usage les nourrices importunées de l'écoulement de leur lait pendant qu'elles ont l'enfant au téton.

B. La Coloquinelle. Je ne sais si dans des pays plus chauds, les fruits de ce pépon méritent mieux le nom de courge amère & de coloquinte. A Paris, cette amertume est à peine sensible, & ne l'est que dans la race franche, communément appelée la *fausse orange* ou *l'orangin* ; la seule, au reste, dont la pulpe sèche se trouve avoir quelque odeur, & dont la peau acquiert une couleur aussi vive & aussi brillante lors de sa maturité, après avoir été d'abord du vert le plus noir & le plus foncé. Cet orangin est aussi fructifiant que la cougourdette, à raison d'une distribution assez régulièrement alternative de fleurs femelles & de fleurs mâles. La plante grimpe facilement ; & ses feuilles découpées peu profondément, sont d'une longueur à-peu-près égale à leurs pétioles, & aussi à la longueur des entre-nœuds : tout annonce une plante dans son état originaire. Aussi est-elle assez constante quand on l'élève bien isolée ; sa forme est cependant plus ou moins applatie, & sa couleur plus

ou

ou moins foncée. Les autres coloquinelles ont en général la peau bien plus mince ; & plusieurs sont panachées & à bandes claires, quelques-unes lactées comme les cougourdettes. La plupart des coloquinelles ont la pulpe plus épaisse & assez sèche ; il y en a où, fraîche & plus épaisse, elle semble annoncer l'état primordial des pastissons avant les contractions régulières qui leur sont devenues naturelles.

Culture & Usages.

La culture de toutes les coloquinelles est aussi facile que celle des cougourdettes, leurs fruits qui sont de garde sont également jolis : ceux de l'orangin ressemblent tellement aux oranges qu'on s'amuse à les mêler dans les desserts pour en faire des plats d'attrape ; cette plaisanterie réussit presque toujours.

C. La Barbarine. Cette race est bien, comme le disoit J. Bauhin, d'une grandeur médiocre tant pour la plante que pour le fruit. La coque en est aussi dure que celle des cougourdettes, & elle a une singulière disposition aux bosselures ; maladie analogue au défaut de couleur de ces fruits qui sont pour la plupart très-pâles ou entièrement jaunes ; le nom de *verrucosus* convient donc assez bien à ce pépon. On trouve dans le Dictionnaire Botanique, une indications des variations probablement métisses, que j'ai observées, & dont la description feroit bien moins sentir la probabilité qu'un coup-d'œil jetté sur les figures que j'en ai faites de grandeur naturelle, & qui font partie de la collection déposée au Cabinet des Estampes de la Bibliothèque.

Culture.

Les Barbarines n'exigent pas plus de soin que les coloquinelles : elles produisent beaucoup & réussissent sur-tout très-bien, quand elles trouvent à grimper. Mais il n'y a de bons à manger que les fruits très-pâles, & c'est dans leur jeunesse qu'il faut les prendre. Ils sont meilleurs frits que de toute autre manière. Il s'en trouve de blancs, à peau tendre & pulpe très-aqueuse, qui peuvent se manger en salade, comme les concombres.

D. Le Turbané. Le *pépon turbané* ou *pépon turban*, tient beaucoup de la nature des barbarines ; mais une forme particulière de son fruit le rend très-remarquable, d'autant qu'il paroît se conserver assez constamment. J'en ai parlé dans une addition, en date du 17 Août 1786, page 44, d'une petite édition de l'Article Courge distribuée à cette époque. Je ne puis faire mieux que de répéter ici ce que j'en dis alors, l'ayant peu cultivée depuis.

« La plante a les branches courantes & le feuillage des barbarines ; & un Amateur m'a assuré en avoir vu naître des individus produisant des fruits de forme simple, très-peu bosselés, & assez semblables à une partie des productions du n.° 47. Tous ces fruits, au reste, sont regardés comme dégénérés. Pour mériter l'attention, il faut qu'ils soient contractés comme des pastissons, & certainement ils le sont d'une manière encore plus surprenante. La partie inférieure fort large est légèrement sillonnée ; mais ces côtes s'arrêtent vers le milieu ; &, au-dessus de la contraction formée en cet endroit, on ne voit plus que quatre cornes correspondantes aux quatre loges du fruit ; les mouchetures sont également interrompues, de manière que ne se répondant point, il semble que la moitié supérieure soit un fruit différent & beaucoup moindre, qu'on auroit pris plaisir à faire entrer dans le gros ; enfin, comme si tout concouroit à cette illusion, les deux moitiés sont séparées par un cordon de petites verrues grises, qui se touchent sans intervalle, & qui, au-dedans de la coque, répondent à une augmentation d'épaisseur fort remarquable. Cette coque est d'ailleurs solide comme celles de toutes les barbarines, & la pulpe du fruit est également assez sèche & fort colorée ; la peau de ceux que j'ai vu étoit d'un verd foncé, avec des mouchetures d'un verd pâle & d'un jaune rougissant, au tems de la maturité extrême. »

« Après avoir présenté cette description faite sur le fruit mûr, je me hâte de rendre ici ce que l'observation du fruit naissant vient de m'apprendre sur la cause d'une si étrange conformation. »

« Dans toutes les cucurbitacées, même avant l'épanouissement de la fleur, la partie du calice adhérente aux ovaires a déjà la forme qu'elle doit conserver en grossissant ; &, dans celle-ci, cette forme est turbinée ; mais le calice ne se resserre pas autant que dans les autres races. Or, c'est précisément à l'endroit où le calice se détache du fruit pour prendre la forme de cloche, commune à toutes ces fleurs, que se trouve l'étranglement qui, dans la suite, termine ce qu'on pourroit appeller le fruit inférieur. Et véritablement dans la partie supérieure ou plutôt interne, l'écorce n'est plus celle du calice, mais d'une sorte de disque qui entoure immédiatement le pistil. Aussi est-il essentiellement en rapport de structure avec les quatre ovaires & leurs stigmates, d'où résultent les quatre proéminences du fruit, & le système particulier des bandes & mouchetures de cette partie. *Voyez* Dict. de la Mart. » Ce singulier fruit pourroit bien être l'Arbousse d'Astracan.

La graine est remarquable en ce que le bourerlet n'y est que tracé en quelque sorte, & non relevé comme dans les autres races : elle est ovale comme celle des giraumons.

Quoique ce Dictionnaire ne soit pas destiné aux observations purement botaniques, je ne puis me refuser de transcrire encore une remarque publiée au même lieu, comme Supplément au caractère générique des cucurbitacées, d'autant qu'intéressante en elle-même, elle a un rapport direct à la structure du turbané. »

« La double cission du calice devenue la coque du fruit, y disois-je, est un caractère fort remarquable des cucurbitacées. Dès que le fruit est noué, la partie supérieure se détache & laisse sur le haut du fruit une impression du disque de la fleur où se dessinent les cinq angl.s du calice, & souvent les trois cornes du pistile; mais, lorsque le fruit est entièrement mûr, il se fait par le bas une seconde cission qui les pare de sa queue : c'est ce qui s'observe facilement dans les fruits de garde, du genre des Courges, tels que la plupart des pépons & des pastissons. »

« Je me permettrai de remarquer à cette occasion que le déplacement de l'endroit où se fait la seconde cission, est ce qui produit une fausse apparence d'opercule dans le fruit du *melotria*, qui ne peut cependant être une vraie capsule, puisqu'il n'est pas dans l'organisation générale de la famille d'en avoir. »

Culture. Le pépon turbané réussit facilement, cultivé comme les coloquinelles : on fait profiter les fruits, en retranchant les branches surabondantes : ils sont toujours plus beaux, lorsqu'ils pendent, & sont fort bons à manger, quoique la pulpe crûe en soit fort dure & d'un jaune assez foncé.

E. LA CITROUILLE ET LE GIRAUMON. Sans les intermédiaires & les fécondations métisses, il feroit sans doute difficile de soupçonner les petits pépons, tels que des coloquinelles ou des cougourdettes, de même espèce que nos citrouilles ou nos gros giraumons : &, si au contraire, ces énormes différences ne se rencontroient pas entre les races diverses des pépons, les citrouilles pourroient bien être distinguées des giraumons; ces derniers ayant une pulpe ordinairement plus pâle & toujours plus fine, & aussi les feuilles plus profondément découpées, tandis que celles des citrouilles ne sont souvent qu'anguleuses. Il s'en trouve encore des variétés qui peuvent se rapporter aux dix principales énoncées dans le Dictionnaire de M. Lamarck.

1. La citrouille à peau tendre fort luisante, chair très-colorée, laquelle varie en jaune. Sa forme est ovale ou plutôt cylindrique, arrondie par les deux bouts.

2. La citrouille grise ou verd-pâle, forme ovale, un peu en poire.

3. La citrouille blanche ou sans couleur, si molle que son poids altère sa forme, qui est naturellement en poire.

4. La citrouille jaune, cultivée aux environs de Paris avant le potiron.

5. Le giraumon verd bosselé, énorme en grosseur, & égal par les deux bouts.

6. Le giraumon noir, retréci ou affilé du côté de la queue, quelquefois au contraire du côté de la tête, dans lesquels il y a de panaché en jaune.

7. Le gros giraumon rond, peu constant en cette forme; mais qui a probablement porté le premier le nom de giraumon, rocher roulant.

8. Les giraumon moyens, à bandes & mouchetures, nommés communément *concombre de Malte* ou *de Barbarie*, & par d'autres, *citrouilles Iroquoises* : tous assez variés en forme, en nuances de verd & de jaune, & en mouchetures.

9. Les giraumons blancs ou d'un jaune pâle, appelés aussi *concombres d'Hiver*, qu'on peut regarder comme les plus dégénérés.

10. Le giraumon verd tendre, à bandes & mouchetures, soit pâles, soit foncées.

La force de la végétation de presque toutes ces races, égale ou approche de très-près celle du potiron, & surpasse celle de la melonnée.

Culture. Le fumier plus ou moins consommé, est l'aliment des citrouilles & giraumons. A la campagne, on fait assez communément courir les citrouilles sur les tas de fumier, qui ne se consomment que mieux tout en les alimentant : dans les terreins bien amendés de nos potagers, il suffit, pour la culture des giraumons, de les planter dans des poquets de terrein, comme les cardons, soit qu'on les y élève, soit qu'on les y transporte, semés sur couche, &, pour le mieux, dans de petits pots; ce qui empêche la replantation de les fatiguer. Il est presque nécessaire d'arrêter la pousse directe, en coupant chaque branche deux ou trois yeux au-dessus du premier fruit noué, ou du second, si deux se trouvoient près l'un de l'autre; sans cela, il tombent bien-tôt, & ce sont de plus éloignés qui nouent, pour tomber à leur tour, la sève se portant toujours à l'extrémité, de telle sorte qu'il n'en reste que des plus tardifs, & quelquefois point du tout.

On doit supprimer toutes les branches latérales, & on leur fait grand bien, en fixant les branches de place-en-place, avec une ou deux bêchées de terre : on évite par-là que le vent ne fasse verser ce qui les fatigue, sur-tout en les empêchant de prendre racine par quelques nœuds; ces racines surnuméraires contribuent beaucoup à la grosseur des fruits; cependant ils réussissent sans cela, & n'en sont que plus de garde, comme nourris plus sèchement. Au reste, on voit, dans des années favorables, les giraumons, cueillis en Août & Septembre, donner des pousses vigoureuses dont les fruits parviennent à grosseur en Octobre : ces fruits tardifs doivent être mangés sur-le-champ. Les autres ont besoin de rester coupés au soleil, pour se bien sécher pendant quelques jours, avant de les porter à la serre, où il faut les tenir sèchement, sur-tout prendre garde, en les transportant, de heurter la queue, qu'il est bon pour cela de rogner un peu court: car c'est communément à la jonction de la queue & du fruit que se déclare le moisi, & bientôt une pourriture qui gagne rapidement tout le reste.

Les citrouilles se mangent cuites & fricassées ou en soupe au lait, comme le potiron: il est nécessaire de mettre en coulis toutes celles dont la chair est un peu grossière. Il y a eu à Paris, au commencement du siècle, un Boulanger de la place Saint-Michel, célèbre par ses pains molets à la citrouille.

Les giraumons, qui ont la chair plus blanche & plus fine, s'apprêtent comme les concombres, coupés en morceaux. Un giraumon médiocre, en forme de manchon, posé sur son œil, ouvert par la queue & creusé, puis farci d'un autre giraumon coupé en petits morceaux avec du beurre, un peu de viande hachée & l'assaisonnement, & ainsi cuit au four, forme une sorte de terrine fort ragoûtante. De bons Cuisiniers savent lui donner tous les goûts qu'ils veulent; il est du nombre des végétaux d'autant plus susceptibles d'en prendre d'étrangers, qu'il en a moins par lui-même, ce dont lui savent gré les personnes qui en trouvent un désagréable dans le concombre. En général, les giraumons verd pâle sont les plus délicats à manger: quand on en a une bonne espèce, il faut en garder précieusement la graine, & sur-tout éviter d'en élever de moins bons dans le même jardin, encore moins des barbarines & coquinelles; aucune plante ne devant être plus susceptible de fécondations métisses que celles dont les étamines sont contenues dans les fleurs mâles; une fleur femelle se trouvant quelquefois plus à portée du coup-de-vent d'une fleur mâle étrangère que de celles de son propre pied. Il faut donc en tirer d'abord la graine de chez les Amateurs que l'on fait posséder la même race depuis deux ou trois ans.

F. Les Pastissons. C'est à la forme régulièrement contrainte de ses fruits que sont dûs tous les noms de *Bonnets de Prêtre*, *Bonnet d'Electeur*, *Couronne Impériale*, *Artichaut d'Espagne*, *Artichaut de Jérusalem*, & ceux aussi de *Pâte* & *Pastisson* ou *Pastissoù* en Provençal donnés aux diverses variétés de cette singulière race. Son existence est en effet un des phénomènes les plus remarquables de la Botanique; l'observation de son origine auroit été des plus importantes: celles que présentent ses variations métisses sont du moins les plus intéressantes possibles. On peut voir, dans le Dictionnaire de M. Lamarck, que quant au fruit, qui est essentiellement à peau fine de coloquinelle, mais ordinairement plus matte, pulpe ferme, blanche & assez sèche, & par-là propre à se garder long-tems, quoique la queue s'en détache très-facilement; à quatre ou cinq loges bien plus souvent que trois; enfin à graines très-courtes, il s'en trouve de ronds, de pyriformes & de turbinés: mais que, beaucoup plus souvent, comme s'ils étoient serrés par les nervures du calice, la pulpe se boursouffle & s'échappe dans les intervalles en proéminences, au nombre de dix, & contournées, soit vers la tête, soit vers la queue, d'où résultent des formes les plus bizarres & les plus variées, quoique généralement régulières: & que, quant à la plante, la même contraction l'affecte dès le commencement de sa végétation; ses rameaux plus fermes par le rapprochement des nœuds, s'élancent verticalement, jusqu'à ce que le poids des fruits les abatte, ce à quoi concoure un grand alongement des pédoncules des fleurs mâles, des pétioles des feuilles, & de la figure même des feuilles: enfin que les vrilles toujours plus petites, lorsqu'il y en a, se trouvent d'autres fois changées en petites feuilles, à pétiole tortillé, & pointe se prolongeant en une très-petite vrille, & quelquefois totalement supprimées, un très-court rudiment restant en leur place.

On sent que la combinaison de la forme totale du fruit, de la saillie & de la direction des proéminences ou cornes, de la présence ou absences des bandes & des mouchetures, ainsi que de l'intensité de leur couleur, doit présenter un nombre très-grand de variétés ou de races subalternes. On sent aussi que les fécondations métisses doivent produire de grands effets dans des plantes si susceptibles par elles-mêmes de variations. M. Lamarck n'ayant pu, faute d'espace, insérer dans son Dictionnaire Botanique le détail que j'en avois préparé, il sera restitué ici comme je l'avois fait dans l'article publié à part. Voici donc mes six principales observations.

« 1.° Les trois premiers pastissons blancs que j'ai observés, n.os 80, 81 & 82, étoient venus, m'a-t-on dit, de la même graine, de substance toute semblable; ils ne différoient que par la forme. Dans le n.° 80, les proéminences formoient vers la tête du fruit une couronne retombant un peu du côté de la queue, le n.° 81 chargé de quelques verrues & resté plus petit, avoit pris la forme d'un gros champignon; la partie de la queue formant le pied, & celle de la tête, un chapiteau irrégulièrement refendu. Pour le n.° 82, beaucoup plus applati en totalité, la contraction y étoit bien moins sensible, & les proéminences élargies ne formoient que de légers renflemens sur ses côtes peu marquées elles-mêmes. »

« Je n'ai obtenu dans la postérité de ces pastissons aucun fruit de forme semblable, quoique 80 a, 80 b, 82 c, & 82 b, fussent semblables en substance de pulpe & de peau, & ce qui est de plus remarquable, c'est que les produits de 80 étoient de forme très-simple; dans 80 b, en poire alongée; plus courts ou entièrement ronds dans les n.° 80 a. Deux autres produits

82 a & 82 b, rappelloient ces deux formes des fruits de 80 a & 80 b ; mais plus petits, ils avoient la peau plus ferme & plus luisante, & sembloient se rapprocher déjà des barbarines. »

« En seconde génération, des variations bien plus grandes déceloient l'influence des fécondations croisées qu'avoient dû recevoir ces premiers produits élevés dans des collections : 82, b a, étoit devenu une Cougourdette, ou coliquinelle ; 82, c a, au contraire, étoit un giraumon blanc assez semblable au n.° 83 ; & l'année suivante, la même graine du n°. 82, c, produisit entre seize individus plusieurs variétés qui pouvoient se rapporter à deux natures différentes ; peau tendre & matte de passisson, peau dure & luisante de barbarine : aussi les premiers avoient - ils des formes simples ; savoir, 82, c ; b, rond ; c, en poire ; d, alongé ; e, f, g, h, i & j, tous plus alongés encore : au contraire ceux à peau dure variés de formes, avoient tous des bosselures en plus ou moins grande quantité : savoir, k & l, alongés, à peu de bosselures ; semblable, mais plus gros ; n, plus gros & plus bosselé ; o, petit & peu bosselé ; p, médiocre & long ; q, en poire, tous deux très-chargés de bosselures ; & en même-tems trois individus, 80, a a, 80, a b, 80, a c, produits par 80, a, donnoient des giraumons à bosselures plus ou moins fortes & très-semblables au n.° 83, ainsi que 80, c, k, 80, c, l, & 80, c, m. »

« 2.° D'un autre passisson n.° 85, fort analogue aux précédens, mais en forme de cône terminé à la pointe par un petit mamelon resté de la grosseur dont il étoit en portant la fleur. J'ai eu, dès la première génération, des fruits de formes assez différentes, terminés la plupart par un mamelon tout semblable, mais dont deux seulement 80 a, 85 d, avoient conservé quelque chose de cette figure conique ; tandis qu'un troisième 85 b, étoit alongé en massue, & comme à l'ordinaire plus gros vers la tête. D'autres fruits étoient fort irrégulièrement de formes & de couleur dénaturée d'un blanc verdâtre : 85 e, ayant une forte coque, comme certaines barbarines ; enfin, dans les générations suivantes, j'en ai vu naître de petits passissons ronds ou pyriformes de la couleur du premier ; & d'autres bien marqués de bandes & mouchetures vertes sur un fond pâle, les uns en forme de massue raccourcie ou ovale un peu effilée vers la queue ; d'autres au contraire en ovale pointu du côté de la tête, & un dernier en double cône, vers la tête & vers la queue. »

« 3.° D'un petit passisson n.° 86, semi-orbiculaire, applati du côté de la queue, & entouré d'une sorte de bourrelet gaudronné, j'ai recueilli des fruits un peu plus gros, de même forme, & seulement sans bourrelet. D'un autre, n.° 87, de couleur beaucoup plus claire, de forme assez semblable, plus alongé cependant en forme de timbale vers la tête, & accompagné par le bas de cornes recourbées vers la queue. J'ai aussi recueilli en première génération, sur cinq ou six individus différens, des fruits ou entièrement semblables, ou qui ne différoient que par l'alongement plus ou moins grand de la partie de la tête, & par la proéminence & la direction du cornet : mais, dans les générations suivantes, l'impression des fécondations métisses étoit telle, que, sur treize individus différens, un seul étoit encore un passisson, seulement beaucoup plus gros, & à cornes médiales & très proéminentes ; parmi les douze autres, tout cependant blancs ou jaunes sans bandes, on trouvoit toutes les formes & les bosselures des barbarines, avec une pulpe & une coque plus ou moins analogue : le n.° 87, c c, est intéressant par les demi-cornes qu'on lui voit, & qui rappellent son origine : le n.° 87, c b, l'est aussi par une forme de bouteille, aussi rare dans les pépons qu'elle est fréquente dans les calebasses. »

« 4.° D'un passisson n°. 89, formant double cône marqué de bandes & de mouchetures & à peau brillante, il avoit paru en première génération, tant des fruits semblables, dont quelques-uns panachés b, & d'autres pyriformes ou orbiculaires, que des fruits alongés, en concombre c, d, entièrement verds avec des panaches jaunes, mais sans aucunes bandes : les mêmes accidents ont joué entre eux à la seconde génération sans rien produire cependant qui soit analogue à aucune barbarine ni à aucun giraumon les premiers fruits ayant été élevés isolés. »

« 5.° Au contraire, d'un passisson n.° 90, entièrement applati, en rondache gaudronnée, à peau brillante d'un jaune doré, marqué de superbes bandes & moucheture vertes ; parmi plusieurs fruits semblables en couleur, mais de figure fort simple, j'en ai vu naître un en première génération, 90 a, plus gros & moins gaudronné à la vérité, mais fort semblable quant à sa forme ; & en ressemant ce second fruit dans un jardin où l'on ne cultivoit que des Cougourdettes, des barbarines, & des coloquinelles, sans un seul giraumon, j'ai vu naître les métis les plus dénaturés. Sur près de quarante individus, à peine s'en est-il trouvé plus de neuf ou dix, a, b, c, d, e, f, qui aient conservé la pulpe & la peau de passisson, & trois ou quatre seulement analogues en figure, c'est-à-dire applatis & à cornes : observation d'autant plus intéressante, que le fruit de première génération ayant été unique sur son pied, pour que sa postérité ait ainsi varié, il a fallu que toutes ses graines aient été fécondées successivement & indépendamment les unes des autres, quoique par les mêmes stigmates. »

« 6.° Enfin, un autre passisson à bandes n.° 92,

mais à peau matte & pâle & à cornes sommaires couronnant le haut du fruit, m'a fourni des métis encore plus étranges & des plus intéressants. Dans la première génération, il s'étoit reproduit deux fois, très-franc, a b; une autre c, dans une forme simplement applatie; un quatrième, à la vérité, fort gros & ovale, mais à bandes & mouchetures semblables. Dans les générations suivantes, comme les fruits avoient cru dans des collections complettes, où les giraumons ne manquoient pas, j'ai vu moitié des fruits métis des Coucourdettes ou barbarines, à coque dure, bosselures & formes différentes, mais tous de grosseur médiocre; tandis qu'un autre moitié avoit pris des giraumons leur grosseur & leur forme, aussi-bien qu'une pulpe analogue, conservant seulement dans tous les mêmes bandes & mouchetures; & dans plusieurs, de singuliers commencemens de protubérances vers le milieu, aux endroits où il est ordinaire de trouver des cornes dans les pastissons. Cette race à fruits si constamment pourvus de bandes vertes, est précisément celle où ils paroissent dans leur jeunesse marquées de bandes lactées qui passent presque subitement du blanc au noir ou du moins au verd le plus foncé comme on le voit, n.° 92, b. »

Entre tant de variations je dois distinguer deux races métisses qu'il faut considérer à part.

Les pastissons barbarins sont des pépons qui s'alongent moins que les autres & dont les fruits médiocres & alongés ont des bosselures & une peau jaune. J'ai cru y reconnoître des fruits décrits par Jean Bauhin.

Le pastisson giraumoné, que j'ai vu se former entre mes mains, étoit précédemment cultivé chez divers Curieux sous les noms impropres de *concombre de carême*, *de potiron d'Espagne*, & par celui de *sept-en-toise*, plaisant, mais exact, en ce qu'il peint sa fécondité & sa végétation resserrée, qui est celle des pastissons: quelques-uns sont si serrés que les fruits en demeurent défectueux, d'autres s'alongent & leurs fruits prennent diverses figures & varient de grosseur: dans leur état de perfection, ils sont comme de médiocres giraumons de 24 à 30 pouces de long en massue & peints de belles bandes d'un verd gai, sur un fond d'un jaune pâle un peu verdâtre: la pulpe fort blanche d'un grain fin & se conservant bien plus délicate qu'en aucun giraumon.

Culture & usages. Les pastissons ayant une végétation plus resserrée que les giraumons, les fruits sont plus exposés à mal nouer si on ne les plante pas à bonne exposition: du reste il y a moins de culture, leur disposition dispensant de fixer leurs branches & même de les tailler: ces fruits se gardent communément tout l'hiver & sont bons à manger jusqu'en Février & Mars: c'est en friture qu'ils réussissent le mieux; ce qui a concouru à leur faire donner le nom d'artichaut.

4. Le Potiron. On connoît quelques fleurs aussi grandes que celles du potiron: plusieurs plantes ont des feuilles aussi amples & même davantage, mais pour la grosseur des fruits, leur poids, la rapidité de leur accroissement aussi bien que de celui des rameaux, il n'est probablement aucun végétal qui puisse être comparé à celui-ci. Il n'est pas aisé de savoir ce qu'il peut devoir à la nature, son pays natal n'étant pas déterminé non plus que l'histoire de son arrivée en Europe.

Le potiron paroît ne point faire de métis avec aucune espèce de pépon; il en diffère véritablement en beaucoup de points, 1.° par des feuilles horizontales non inclinées, non anguleuses, mais arrondies en cœur & par des poils, molasses comme ceux de la melonnée, 2.° par ses fleurs évasées dès le fond du calice ayant un limbe rabattu. 3.° par ses fruits très-constants dans leur forme sphérique, ombiliquée & à côtes.

Il y a quelques variétés dans le potiron, & elles sont assez constantes. La pulpe en est plus ou moins jaune; & la peau fort pâle dans quelques-uns ou dans d'autres d'un rouge de cuivre, est dans ce qu'on nomme le potiron verd d'une nuance ardoisée ou grisâtre, & rarement d'une vraie couleur verte.

On distingue un petit potiron jaune dont la queue même est jaune & qui est le plus hâtif, & un petit potiron vert de forme applatie à pulpe moins aqueuse, & qui, par cette raison, se conserve bien plus long-tems que le commun. Presque tous les potirons ont de la broderie comme les melons, mais en petite quantité: quelques-uns en sont entièrement couverts, ce qui est rare & assez indifférent.

Culture & Usage. Ce potiron plus délicat que les citrouilles & giraumons, l'est moins que les courges, melonnées & pastèques: il n'a besoin de soins que dans le Printems. C'est donc au commencent de Mars, si l'on veut récolter de bonne heure, ou à la fin d'Avril, si on préfère des fruits de garde, qu'il faut les semer, soit dans des trous de deux pieds en quarré sur un de profondeur remplis de fumier recouverts de terreau; semant deux ou trois grains, soutenant les arrosemens & couvrant de cloches jusqu'à la fin des tems rigoureux: ou bien élever le plant sur couche & sous cloche, pour le transplanter un peu fort, & en saison favorable avec le soin nécessaire de couvrir pour la reprise. Pour l'éviter, semer dans de petits pots que l'on transplante en motte: il faut huit ou dix pieds de distance entre les potirons, quand on en forme des carrés. Si on a semé ou planté deux pieds ensemble, le mieux est ensuite de n'en conserver qu'un. Pincer ensuite la tige directe pour lui faire pousser deux ou trois sarmens égaux. Arroser souvent le pied : supprimer les branches foibles, stériles & inutiles. Lorsque le fruit est bien arrêté, couper ce sarment à deux ou trois feuilles après le fruit ; & couvrir d'une motte de terre le premier ou second nœud qui précède le fruit, comme pour les giraumons. Enfin mettre une tuile, une planche ou une pierre plate & inclinée sous le fruit pour le sauver de l'humidité ; quand le fruit est presque à sa grosseur, on peut supprimer les feuilles voisines : il en mûrit mieux. Enfin, les potirons étant cueillis, les laisser quelques jours au soleil, & les rentrer en lieu sec & aéré, mais à l'abri de la gêlée, & éviter qu'ils ne se touchent.

Le coulis de potiron dans la soupe au lait est à Paris, d'un très-fréquent usage : on l'emploie moins dans la soupe grasse, quoiqu'elle la rende délicieuse au goût de quelques personnes. Le potiron fricassé étoit cité comme un des plus mauvais légumes ; depuis la mode des giraumons, d'habiles Cuisiniers s'emparant du giraumon ont su l'apprêter en crêmes, tourtes & autres entremêts friands.

La graine du potiron, comme plus grosse & peut-être aussi un peu plus douce, est une des plus considérables entre les quatre semences froides employées en Médecine, dans les émulsions pectorales & autres médicamens qui font le principal agrément de l'orgeat.

Observations.

On lit dans le *Nouveau la Quintinie*, que le potiron planté dans le voisinage de quelques concombres, giraumons, pastissons &c. dégénère ordinairement & fait dégénérer les autres. J'ose dire que cette assertion me paroît plus que douteuse, n'ayant rien observé de semblable dans le cours de mes expériences. Il seroit intéressant d'en obtenir de positives & nous ne saurions trop y engager les Amateurs.

Une autre observation à vérifier est celle qu'a rapporté Decombles dans l'*École du Potager*, avec des expressions d'ailleurs toutes propres à brouiller les idées des novices en végétation. « On prétend, dit-il, qu'il y a dans le potiron mâle & femelle, & il est au moins vrai qu'il y a une marque qui caractérise les deux sexes prétendus, le hasard l'a produite comme de la graine de giroflée, il en vient de simples & de doubles. » Quoi qu'il en soit de cette mauvaise comparaison & de l'expression plus fausse encore de mâle & de femelle, pour une différente manière de pousser, cela se réduit à ce que du milieu des deux cotylédons, nommés *oreilles* par les jardiniers, il pousse quelquefois deux feuilles, égales & opposées, la traînasse sortant du milieu ; quelquefois une seule, la tige étant à l'opposite, & que ces pieds traités de mâles sont les plus fructifians.

On peut rappeler à ce sujet la pratique de plusieurs Cultivateurs de melons, qui ont soin de supprimer les cotylédons, bien avant qu'ils ne se dessèchent, afin d'éviter la naissance de deux petites branches, qui ne tardent pas à accompagner la principale, & qu'il est à-la-fois mauvais de conserver & fâcheux de supprimer, lorsqu'elles sont venues, à cause du chancre qu'occasionne souvent une voisine de la racine. On sait combien les différences dans la végétation du bois influent sur la quantité du fruit.

5. LA PASTIQUE. Ses feuilles, beaucoup plus découpées que celles d'aucun pépon, ne sont qu'une différence saillante ; on peut regarder comme plus réelles, 1.° Leur direction beaucoup plus verticale, leur substance ferme & cassante. 2.° La forme de leurs fleurs moins grandes que celles des calebasses, & campanulacées, mais plus profondément découpées & d'un jaune plus clair que celles des pépons. 3.° La nature de leur graine, dont le bourrelet est assez étroit, & dont la couleur est toujours plus foncée que celle de la pulpe, tandis que les graines des trois espèces précédentes sont toujours plus pâles. 4.° Surtout la texture de la peau du fruit qui, très-fine même & lisse, quoique souvent marquée de bandes pâles, est constamment mouchetée de taches étoilées, & non pas de petits rectangles, tels que les taches des pépons.

Ces fruits sont toujours bien orbiculaires, & la pulpe en est très-fondante, comme l'indique le nom de *melon-d'eau* que portent ses variétés les plus aqueuses : les autres ont, en Provence, celui de *pastèque*. Toutes portoient d'abord celui de *citrouille*, analogue au nom de concombre citrin, donné d'abord aux fruits à pulpe citrine ; d'autres l'ont fort rouge, & la graine varie aussi en noire & en rouge.

Culture. Les pastèques sont cultivées dans presque toute la France méridionale, jusqu'en Saintonge, où on les nomme *concombres*, les mangeant fricassées de même. En Provence, on les emploie confits, en raisiné avec le vin doux, comme le raisiné de Bourgogne. Les plus fondans, appelés melons-d'eau, sont si fondans qu'ils peuvent être entièrement vidés comme un coco, par un seul trou fait à la coque du fruit. Cette eau est sucrée, &, dit-on, d'un goût exquis.

Dans les pays où il faut la couche pour les élever, comme à Paris, ces fruits réussissent généralement assez mal, & ne donnent aucune idée des qualités qu'on vante en eux. (*M. DUCHESNE.*)

COURIMARI, *COURIMARI.*

Genre de plante dont la place est incertaine, & dont on ne connoît qu'une espèce. C'est un arbre d'un port aussi singulier que rare ; à feuilles simples & alternes; à fleurs à cinq divisions lancéolées ; à fruit rond divisé intérieurement en cinq loges. Il est étranger, & sa culture ne pourroit être essayée dans notre climat, qu'en serre-chaude où il seroit propre à exciter l'attention du Philosophe, la curiosité de l'amateur & l'étude du Botaniste.

COURIMARI de la Guiane.

Courimari Guianensis. La M. Dict. ♄ Cayenne.

La réunion en un point de côtes applaties, écartées les unes des autres, de la hauteur de six à sept pieds, quelquefois quinze pieds de largeur vers le bas, & de sept à huit pouces d'épaisseur, forme la base du tronc du Courimari de la Guiane. Tout cet attirail est à lui, il n'est point parasite, il loge les bêtes fauves, on ne dit point que le vent le renverse quelquefois. Son tronc est environ de quatre-vingt pieds de hauteur & de quatre pieds de diamètre. Il porte à son sommet force rameaux qui naissent des subdivisions des grosses branches; ceux de l'année ont à leur insertion un bourrelet ridé, & ils sont garnis de feuilles placées alternativement, ovales, sans dentelures, longues d'environ cinq pouces & larges de près des trois cinquièmes, vertes & lisses en dedans, roussâtres & velues en dehors; elles sont détachées de la branche par une queue longue d'un pouce. Les fruits naissent en grappes sur les rameaux, par les vestiges des fleurs. *Aublet*, qui a observé cet arbre en Février, a reconnu qu'elles sont à cinq divisions en forme de lance : les fruits n'étoient pas mûrs; ils étoient arrondis, de la grosseur du pouce & à cinq loges.

Il croît à la Guiane, à la crique des *Galibis*, à Caux & dans d'autres terreins humides.

Culture. L'emblême de l'année est un serpent en cercle qui mord sa queue; c'est aussi celle du Jardinage : si elle présente de la monotomie ou de la satiété qui mène à l'indifférence, ce n'est pas quand on arrête ses regards sur les formes diverses & variétés des individus innombrables qui composent le règne végétal sur lequel la culture donne un véritable empire. Qu'on se procure un Courimari, par exemple, la singularité de son port, sa rareté, le traitement, les soins, tout ensemble est une jouissance qui ajoute au bonheur d'un ami de la Nature & de la tranquillité. Quoi qu'il en soit, la terre de pré avec un tiers de sable de bruyère, un pot large dont le trou soit recouvert d'une simple écaille d'huître, ou d'un morceau d'ardoise, une place avantageuse dans la tannée de la serre-chaude, destinée aux arbres des bords des ruisseaux, des arrosemens fréquens en Eté, & modérés pendant l'Hiver : voilà à quoi se peut à-peu-près réduire la culture du Courimari. Les graines se semeroient seul à seul dans un pot, sous le meilleur chassis à tan, où il seroit peut-être avantageux de faire passer au jeune plant, pendant la belle saison, ses premières années en graduant la grandeur du pot qui ne se changeroit qu'alors, sur la force qu'il prendroit, & de cette manière on ne risqueroit presque rien à l'égard de ces individus, dont même les premiers développemens doivent exciter la curiosité & fixer l'attention.

Usages.

« Aublet rapporte que les Galibis & autres » nations de la Guiane tirent de l'écorce intérieure du Courimari des feuilles minces avec » lesquelles ils enveloppent le tabac à fumer, » ce qui leur tient lieu de pipes. Ils font avec » les côtes qu'ils amincissent des branches, des » pagayes qui leur tiennent lieu de rames pour » naviguer, des gouvernails & des piroques. »

Nous ne parlerons point de l'utilité dont seroit cet arbre dans les écoles de Botanique. (*F. A. Quesné.*)

COURONDI, *Courondi*.

Genre de plante sur lequel on paroît n'avoir que des notions insuffisantes pour le classer. C'est un arbre à feuilles simples, opposées, persistantes; à fleurs sans beauté ; à fruits à baies. Il est étranger, & il ne se cultiveroit dans notre climat que dans une serre-chaude; il paroît, par son feuillage, qu'il ne la dépareroit pas. Il conviendroit particulièrement aux Jardins de Botanique. Il est d'utilité dans la Médecine.

COURONDI. La M. Dict. ♄ Malabar.

Le Courondi est un arbre élevé, chargé de branches. Elles sont garnies de feuilles placées par opposition ovales en lances, sans queue, sans poils, luisantes, & à bords ondés. Les fleurs naissent dans les aisselles en bouquet applati sur le haut, sont à cinq divisions arrondies, petites, & d'un vert jaunâtre; il leur succède des fruits à baies, d'une couleur purpurine, & renfermant un noyau. Il fructifie tous les ans vers les mois de Décembre & de Janvier. Il croît au Malabar, dans les lieux montagneux & pierreux, aux environs de *Paracaro*.

Culture. Le Courondi manquant absolument en Europe, ne pourroit-être introduit dans les serres-chaudes, où il ne faudroit le cultiver que par les semis. Il seroit question de faire germer ses noyaux par tous les moyens les plus efficaces, qui sont la persévérance, & sur-tout la chaleur excessive qu'on obtient sous un chassis à tan, sur un lit de fumier nouveau que l'on renouvelle souvent. C'est la plus grande difficulté, & qu'on ne surmonte pas toujours dans notre climat, lors même que les semences dures ou à noyau n'ont point été viciées. Ce premier pas fait, le bon état de l'arbre, & sa conservation, sont plus de la dépendance de l'art, puisque les terres préparées & analogues à celles de l'habitation, une chaleur soutenue sur-tout en Hiver, des arrosemens distribués prudemment, & l'air souvent renouvellé pendant les beaux jours de l'Été, sont les points capitaux d'une culture. Il faudroit probablement au Courondi une terre sablonneuse, mêlée de fragmens de pierres, ceux que les tailleurs détachent avec leurs marteaux sont excellens; on l'arroseroit peu, sur-tout en Hiver, & on enfonceroit le pot dans sa tannée. Il ne paroît pas qu'il dût être souvent changé; peut-être s'accomoderoit-il d'une place de tablette.

Usages. On rapporte que le suc des feuilles du Courondi est un astringent. Cet arbre seroit utile dans les serres, au moins pour être connu. (*F. A. Quesné.*)

COURONNE, (greffe en.) *Voyez* l'Article Greffe. (*M. Thouin.*)

COURONNE. On donne ce nom à la touffe de feuilles qui surmonte le fruit des ananas. On le donne encore aux touffes de feuilles sous lesquelles se trouvent les fleurs de la Couronne impériale, & de la Couronne royale. (*M. Thouin.*)

COURONNE - Impériale. Les Jardiniers donnent généralement ce nom à la *fratillaria imperiales*, *Voyez* Fritillaire Impériale. On donne aussi ce nom à la même variété de pastissons, que l'on nomme communément *bonnet d'électeur.* *Voyez* Couche à limbe droit. (*M. Reynier.*)

COURONNE-Royale. *Fritillaria regia.* L. ou *basilica coronata.* La M. Dict. *Voyez* Basile à épi Couronné. (*M. Thouin.*)

COURONNÉ, (arbre.) Lorsqu'un arbre est sur son retour, qu'il a perdu une partie des branches de sa cime, on dit qu'il est Couronné. C'est un signe de vieillesse ou de dépérissement qu'il ne faut pas attendre pour abattre l'arbre & en faire usage. (*M. Thouin.*)

COURONNÉ. (fruit.) Les fruits qui se trouvent placés sous la fleur sont Couronnés par le calice qui les termine, comme dans les myrtes, le grenadier, les rubiacées, &c.

COURONNÉE, (fleur.) On appelle quelquefois fleurs Couronnées, les fleurs conjointes qui sont bordées de rayons, comme dans les radiées & les semi-flosculeuses. (*M. Thouin.*)

COURONNÉE, (semence). Les semences Couronnées sont celles qui, comme dans les *anthemis*, les ænanthes & les scabieuses, sont surmontées d'une membrane en forme d'appendice qui entoure leur sommet. (*M. Thouin.*)

COURONNE. On appelle cheval Couronné, celui qui s'est emporté la peau des genoux en tombant, de manière que la marque y reste.

Les chevaux Couronnés ne sont pas de vente, parce qu'on les soupçonne d'être sujets à tomber sur les genoux. *Ancienne Encyclopédie.* (*M. Tessier.*)

COUROUPITE, *Couroupita.*

Genre de plante qui a beaucoup de rapport avec le *Quatelé* (Lecythis), & qui ne comprend qu'une espèce. C'est un arbre à feuilles simples, alternes; à fleurs à six divisions inégales, dont les plus déliées sont casquées; à fruits orbiculaires & très-gros. Il est étranger, & sa culture ne pourroit se faire qu'en serre-chaude, où il inspireroit de l'intérêt, peut-être par son feuillage, & certainement par ses fleurs & sa rareté, même dans les Ecoles de Botanique.

Couroupite de la Guiane. *Boulet de canon.*

Couroupita Guianensis. La M. Dict. ♄ Guiane.

Le Couroupite est un grand arbre, à écorce raboteuse, à rameaux dessus & large feuillage. Ses feuilles sont placés alternativement, elles sont sans dentelures, longues d'un pied, larges & écartées des branches d'environ quatre pouces. Les fleurs qui sont grandes, belles & odorantes sont disposées en épis, assez rapprochées les unes des autres & du corps ligneux qui les porte: elles ont une corolle de couleur de rose un peu foncée, elles sont à six divisions inégales, & les étamines & le pistil sont recouverts par une sorte de membrane concave & colorée. Elles sont remplacées par des fruits de la grosseur & de la forme d'un boulet de trente-six. Ce sont des capsules ligneuses; chacune d'elles sous un suc pulpeux, en renferme une autre mince osseuse, à six loges qui contiennent les semences: elles paroissent de la grosseur d'une noisette un peu applatie; elles sont à deux lobes & couvertes d'une pellicule mince.

Cet arbre est en fleur & en fruit dans presque toutes les saisons de l'année dans l'Isle de Cayenne. Les pieds qu'*Aublet* dit avoir observés étoient d'une médiocre hauteur, ce n'est que dans les autres forêts qu'on en trouve de très-grands.

Culture. Celle du Couroupite ne pourroit avoir lieu qu'en tannée de serre-chaude, dans un pot rempli de la meilleure terre. *Voyez* Courondi, sur-tout à l'égard des moyens de féliciter & d'accélérer la germination des graines dures. Nous ne croyons pas qu'il soit nécessaire d'observer que les semences du Couroupite doivent être débarrassées de leur enveloppe ligneuse, & que celle qui est osseuse doit être au moins froissée sous le marteau en ménageant les amandes; elles nous semblent, par leur substance, plus propres qu'aucune autre à faire espérer du succès si elles parvenoient saines; au reste, nous donnions nos conjectures pour des conjectures, & nous nous croirions heureux si nous pouvions indiquer la voie même des Loix.

Observations.

Les Créoles & les Nègres ont donné au fruit du Couroupite le nom de boulet de canon. Si on veut le conserver, on perce avec une tarière en deux endroits opposés, la première capsule qui n'a que deux lignes d'épaisseur, afin de faciliter la sortie du suc qu'elle contenoit alors par la suite intérieure, se trouve libre & roule dans l'extérieure, dont la surface est brune & raboteuse. *Aublet* 711. (*F. A. Quesné.*)

COURS, *Cours des moissons ou récoltes.* Les Cultivateurs entendent souvent par le mot de Cours ajouté à celui d'une Province, ou d'une Ville, le Cours des marchés qui s'y tiennent, soit relativement à la qualité & à la quantité des productions qu'on y expose, soit relativement à leur prix. Quelques-uns se servent aussi de la même expression pour désigner la succession de cultures & de récoltes, usitée dans telle ou telle contrée, & c'est dans cette acceptation que nous le plaçons ici. Cet Article est, sans doute, l'un des plus importans de tous ceux qui doivent figurer dans un Dictionnaire d'Agriculture, puisqu'il doit offrir le système de l'Agriculture Nationale, prise en masse, & de l'Agriculture de chaque district de France, avec les modifications nécessitées par la situation, le sol, le climat, &c. Or, cette connoissance doit précéder toute espèce d'idée d'amélioration, parce que si notre systême d'Agriculture est bon, nous n'avons à chercher dans les expériences faites & à faire, que les améliorations particulières dont chaque branche de culture est susceptible; si, au contraire, notre systême est vicieux, c'est par sa réforme qu'il faut commencer, sous peine de rendre nul ou de peu d'effet, tout ce que nous pourrions faire d'ailleurs en faveur d'un art que la Nature nous indique comme la source la plus féconde de toutes nos richesses.

Cependant (le dirons-nous) ? On n'a que des idées vagues sur une matière aussi intéressante, & il y a même très-peu de Cultivateurs qui connoissent parfaitement le systême d'Agriculture suivi dans les différentes parties de la Province ou du Département qu'ils habitent. On n'a presque aucun moyen de s'instruire sur cet objet, attendu qu'il n'a encore paru aucun Ouvrage agronomique où il soit traité avec quelque étendue. Le petit nombre de ceux qui en ont parlé, n'offre rien de satisfaisant à cet égard; les uns traitent la matière d'une manière si générale, qu'il est bien difficile de faire des applications utiles des principes qu'ils établissent; les autres ne parlent que du systême particulier à une contrée qu'ils décrivent : mais aucun ne se livre exclusivement à ce sujet qu'on peut regarder comme le plus essentiel qu'un Ecrivain agronomique puisse traiter.

Il est vrai que l'entreprise est difficile; qu'elle ne peut réussir qu'en rassemblant avec soin, & comparant entr'elles des observations répétées dans chaque portion de la France; qu'elle exige une longue pratique propre à inspirer de la confiance, un esprit qui ait long-tems médité sur les vérités qui en résultent, & qui, sachant embrasser l'ensemble de la culture d'une grande étendue de pays, puisse en même-tems être amené par une bonne méthode, à en présenter tous les détails.

Cette tâche est, sans doute, bien au-dessus de nos forces; mais un heureux hasard nous offre un guide que nous regardons comme le premier qui soit entré dans la carrière, & ce guide est M. Arthur Young, qui s'est placé depuis long-tems au premier rang des Cultivateurs & des Ecrivains agronomiques.

Nous ne pouvons pas nous dissimuler que, si notre systême agricole est en général peu convenable & mesquin, & si la France ne produit peut-être pas la moitié de ce qu'elle devroit produire, le génie National a apporté jusqu'à présent un obstacle invincible aux réformes de ce genre qu'on peut desirer. Trop enclin aux illusions de l'amour-propre, il prête une oreille indocile aux Citoyens éclairés qui lui montrent ses erreurs. En fait de culture sur-tout, nous sommes toujours tentés de révoquer en doute ce qu'on nous apprend de nouveau, & le plus souvent les Cultivateurs ne savent témoigner leur reconnoissance à ceux qui cherchent à les instruire, que par des sarcasmes, des doutes & de l'incrédulité.

Cependant, si quelqu'un a le droit de se faire écouter, c'est un Cultivateur comme eux, qui a eu, toute sa vie, les mêmes intérêts qu'eux, qui a trouvé son aisance dans le succès de ses innovations, qui n'a rien du charlatanisme de la science, & parle leur langage, qui a toujours des faits ou des expériences à citer, qui appuie de son exemple toutes ses observations, & qui, enfin, faisant sortir sa théorie d'une pratique exercée, a beaucoup vu, & beaucoup comparé.

Tel est Arthur Young, que des Voyages multipliés dans toutes les parties de la France ont mis à portée d'étudier le systême de culture qui y est suivi. (*Voyez* ces Voyages traduits en François, & formant trois volumes *in*-8.° qui se trouvent à Paris, chez le Citoyen Buisson, Libraire, rue Haute-feuille.) Il est donc bien important de faire connoître avec quelque étendue, ce que ce Cultivateur éclairé a dit & observé, relativement au Cours des récoltes en France, & pour rendre cet extrait plus utile, de le faire précéder de quelques-unes de ses remarques sur l'étendue, le sol, la surface, le climat & le produit des différentes terres de la France. Cet Article n'aura pas encore le degré de perfection dont il seroit susceptible; mais tel qu'il est, on conviendra sans peine de son utilité. Les bases en sont excellentes; le tems seul & des observations plus multipliées pourront le rendre encore plus intéressant. Nous prévenons que nous sommes forcés de nous servir des anciennes dénominations de nos Provinces; d'abord, parce que l'Auteur que nous suivons s'en est servi; mais ensuite, parce que la Nature ne se rapprochant pas toujours de la Politique, l'ancienne division a sur la nouvelle, l'avantage d'offrir pour des observations physiques, un ensemble plus facile à saisir. D'ailleurs, elle est encore plus familière à un grand nombre de personnes.

Etendue de la France.

Le Maréchal de Vauban la fait monter à 30 mille lieues, ou 140 millions 940 mille arpens; Voltaire a 130 millions d'arpens. Il faut se défier de l'exactitude des nombres ronds. Templemann lui donne 138 mille 837 milles géographiques, de 60 pour un degré, ce qui fait 119 millions 220 mille 874$\frac{192}{360}$ acres, & par conséquent un peu plus en arpens, attendu que l'acre Anglais a un 56.e de plus que l'arpent de Paris. L'Ancienne Encyclopédie assigne à la France 100 millions d'arpens, en observant que les cartes de Cassini la font monter à 125 millions. Paucton croit qu'elle renferme 130 millions, 021 mille, 840 arpens de 100 perches chacun, à 22 pieds la perche, ou 1344 toises $\frac{4}{9}$ carrées par arpent. Necker estime la France, sans l'Isle de Corse, à 26 mille 951 lieues carrées, de 2,282 toises $\frac{2}{3}$, ce qui fait 156 millions, 024 213 arpens de Paris, ou 231 millions 722 mille 195 acres d'Angleterre.

Arthur Young préfère l'opinion de Necker à toutes les autres, comme prise sur les autorités les plus modernes & les plus correctes. Il s'ensuit que l'évaluation de Templemann est au-dessous de la vérité. Cependant, c'est à son autorité qu'il faut avoir recours pour évaluer l'étendue des Isles Britanniques. Que fait Arthur Young? Il suppose que le calcul de Templemann est autant au-dessous de l'étendue réelle des isles Britanniques, qu'il est au-dessous de celle de la France. Il résulte de cette hypothèse la comparaison suivante, faite en acres Anglais.

L'Angleterre	49,915,935 acres.
L'Ecosse	26,369,695
L'Irlande	26.049,961
Total	99,335,589 acres.
La France	131,722,295 acre

Sol & Surface de la France.

Ces deux parties sont trop connues pour que nous nous arrêtions à ce que le Cultivateur, qui nous sert de guide, dit de plus intéressant à cet égard. D'ailleurs *voyez* ci-après l'article *Sol.* Mais nous croyons devoir faire une citation qui nous a paru renfermer le résultat le plus essentiel des observations de l'Auteur. « Je viens, dit-il, de passer en revue toutes les provinces de France, & j'observerai en général que je crois ce pays supérieur à l'Angleterre, en fait de sol. La proportion de mauvaises terres qui se trouvent en Angleterre, par rapport à la totalité de l'Empire, est plus grande que celle de France, & il n'y a nulle part cette quantité prodigieuse de sable sec que l'on trouve dans les Comtés de Norfolk & de Suffolk. Leurs marais, leurs bruyères & leurs landes qui sont si communs en Bretagne, en Anjou, dans le Maine & dans la Guyenne, sont beaucoup meilleurs que nos marais septentrionaux; & les montagnes d'Ecosse & de Galles ne sont pas comparables, en fait de sol, à celles des Pyrénées, de l'Auvergne, du Dauphiné, de la Provence & du Languedoc. Un autre avantage dont jouissent les habitans, c'est que leur lut vaseux ne prend pas la qualité de l'argille qui, dans quelques parties de l'Angleterre, est si dure, que la dépense de la culture absorbe le bénéfice de la récolte. Je n'ai jamais rencontré en France d'argille semblable à celle de Sussex. La petite quantité de pure argille qui s'y trouve est réellement surprenante.

Climat de la France.

Nous avons une foule d'observations intéressantes sur notre Climat, & nous pouvons citer entr'autres l'excellent article de M. Rozier dans son Cours d'Agriculture; mais M. Young a observé notre Climat à sa manière, & ses notes renferment une foule d'observations qui auront pour beaucoup de personnes le mérite de la nouveauté. Selon lui, la France peut se diviser en trois parties principales, dont la première comprend les vignobles; la seconde, le maïs; la troisième, les oliviers: ces plans forment trois districts, 1.° du Nord où il n'y a pas de vignobles; 2.° du centre, où il n'y a pas de maïs; 3.° du Midi, où l'on trouve les vignes, les oliviers & le maïs.

La ligne de démarcation entre les pays vignobles & ceux où on ne cultive pas la vigne, est à Coucy, à trois lieues au Nord de Soissons; à Clermont dans le Beauvoisis; à Beaumont dans le Maine, & à Herbignay, près Guérande en Bretagne. Il y a ici quelque chose de bien remarquable, c'est que si l'on tire sur la Carte une ligne droite, depuis Guéran de jusqu'à Coucy elle passe très-près de Clermont & de Beaumont;

cette première Ville se trouvant au Nord de la ligne, & la dernière un peu au Sud. Il y a des vignobles à Gaillon & à la Roche-Guyon qui sont un peu au Nord de cette ligne; il y en a aussi près de Beauvais qui en est l'endroit le plus éloigné que l'Auteur ait vu; mais il observe que la distance n'est pas considérable, & que d'ailleurs la triste vendange qu'il y vit faire en 1787, prouve que ce pays devroit abandonner cette branche de culture. Le résultat de cette observation curieuse est confirmé par une même observation faite en Allemagne où les vignobles ne s'étendent au Nord que jusqu'au 52e degré de latitude. En France, ils ne passent pas le 49e. degré & demi. Ainsi, la ligne tracée comme limite des vignobles de France peut se continuer jusqu'en Allemagne où elle marquera les mêmes limites pour ce pays.

La ligne de démarcation entre le pays au maïs & celui où il n'y en a pas, n'est pas moins singulière; elle commence à l'ouest de la France, en passant de l'Angoumois dans le Poitou, à Vérac près de Ruffec. Young la vit pour la première fois entre Nanci & Lunéville jusqu'à Ruffec, elle sera presque parallèle à l'autre ligne qui marque la séparation des vignobles; mais cette ligne formée par le maïs n'est pas si rompue & dentelée que celle des vignobles; car, dans le voyage de M. Young au centre, elle ne s'étendoit pas plus au Nord qu'à Douzenach, dans le Midi du Limosin, exception qui ne change rien à la règle générale. En traversant la France depuis l'Alsace jusqu'en Auvergne, il fut le plus près de cette ligne à Dijon où il y a du maïs. En la traversant depuis le Bourbonnois jusqu'à Paris, il y a une bonne raison pour ne pas la trouver qui est la pauvreté du sol & le mauvais état de l'Agriculture du pays, en jachères ou couvert de seigle, ne rapportant que deux ou trois grains pour un. Le maïs exige un sol plus riche ou plus de soins; l'Auteur en vit quelques pièces, même à la Flèche, mais il étoit si mauvais qu'évidemment cette plante n'est pas propre à ce Climat.

La ligne d'oliviers est à-peu-près dans la même direction. En venant de Lyon on les apperçoit pour la première fois à Montelimar, & en allant de Béziers aux Pyrénées on les perd à Carcassonne; or, la ligne tracée sur la Carte depuis Montelimar jusqu'à Carcassonne, semble être à-peu-près parallèle à celles du maïs & des vignobles : de-là il paroît qu'on peut conclure avec certitude qu'il y a une différence considérable entre le Climat des parties orientales & occidentales de la France; que le côté oriental est plus chaud de deux degrés & demi que le côté occidental, ou que, s'il n'est pas plus chaud, il est plus favorable à la végétation. On peut aussi conclure que ces divisions ne sont pas accidentelles, mais qu'elles ont été le résultat d'un grand nombre d'expériences, par la diminution de culture de ces articles, avant de les perdre entièrement de vue.

Arthur Young fait ensuite des observations particulières sur chacun de ces trois Climats. Par exemple, il remarque que le Climat des oliviers ne forme qu'une partie peu considérable de la France, & que, dans cette partie, il n'y a pas un acre sur cinquante où cet arbre soit cultivé. Généralisant ensuite ses idées, il considère en masse le Climat de la France, & en le comparant à celui des autres pays qui ne paroissent pas si favorisés de la Nature, il prétend que sa supériorité vient de ce qu'on a mis une si grande portion de la France en vignobles; cette assertion est bien opposée au sentiment de plusieurs Agronomes distingués qui se récrient sur la multiplicité des vignes en France; mais puisqu'elle est avancée par un Cultivateur qui sait très-bien calculer d'après les données de son intérêt personnel & de la politique, elle vaut la peine d'être examinée. *Voyez* ci-après l'article *Vignoble*. Il observe aussi qu'un objet très-important & particulier aux Climats de maïs & d'oliviers, consiste à recueillir par la nature du Climat deux moissons par an sur de vastes étendues de terres labourables. Il regarde le maïs comme un des objets les plus intéressans de notre culture. Il se demande enfin qui de la France ou de l'Angleterre a le meilleur Climat? Il n'hésite point à dire que c'est la France, & il observe que ceux qui ont dit le contraire, ont considéré l'état actuel de l'Agriculture des deux pays, & non les propriétés des deux Climats. Ainsi, cette victoire qu'il nous décerne, est encore une terrible leçon; aussi dit-il que les Anglois savent tirer parti de leur Climat; mais, qu'à cet égard, « les Français ne sont encore que *dans l'enfance*, dans plus de la moitié de la France. »

Produit des grains, Rentes & Prix des terres en France.

M. Young commence par des observations très-judicieuses sur la monstrueuse diversité des mesures en France qui met tant d'obstacles à toutes les recherches qu'on peut faire sur le produit de son sol. Il ajoute à cette source de désordre & de confusion qui n'existe pas en Angleterre & sur-tout en Irlande, un autre obstacle qui existe encore moins dans ces deux derniers pays, c'est l'ignorance de l'habitant des campagnes en France, relativement à ces mêmes objets. Il s'étonne avec raison de voir des ouvrages français sur l'Agriculture qui font la description de quelques Provinces, sans cependant faire mention de ce que contiennent les mesures si souvent répétées dans ces ouvrages. Malgré toutes ces difficultés, il nous paroît que M. Young donne ici ce qu'on a eu jusqu'à présent de plus complet

& de moins inexact sur le produit des Terres en France.

On sent bien qu'il nous est impossible de le suivre ; les détails particuliers dans lesquels il entre sont peu susceptibles d'être abrégés : d'ailleurs on les cherchera plus naturellement à l'article *Produit des Terres.* Nous nous contenterons de faire connoître dans cet article la méthode de l'Auteur, quelques-unes des observations qui nous ont le plus frappés, & enfin les résultats généraux les plus essentiels.

Il divise la France entière en districts de bonnes terres, districts de bruyères, districts de montagnes, districts des terrains pierreux, districts de craie, districts de gravier & districts de différens sols.

La Picardie commence les districts de bonnes terres ; l'Auteur l'a parcourue avec toute l'attention possible : il regarde le Sol comme le même depuis Calais jusqu'à la forêt de Chantilly où un pauvre pays commence. La rente depuis Calais jusqu'à Clermont est assez régulière, les meilleures terres se louant 24 livres, les médiocres 15 liv., & celles de craie depuis 4 jusqu'à 8. Le produit des premières est d'environ 24 boisseaux Anglais (mesure d'environ 57 livres) par acre, & 22 boisseaux de grains de Printems. La propriété territoriale rapporte, calcul fait, dans toute la Picardie 3 pour 100 ; mais, quand on l'achète avec jugement & attention, elle donne trois & demi & quelquefois quatre : il s'y trouve, mais rarement, des biens qui ne rapportent que deux & demi. « On a généralement en France, dit l'Auteur, une bien fausse idée de la bonne culture de cette Province, M. Turgot partageoit lui-même cette erreur, quand il la mit dans la même classe que la Flandre. »

Ses notes sur la Flandre sont encore plus détaillées & plus curieuses. Il a observé qu'entre Bouchain & Valenciennes se terminent les champs ouverts qu'on a presque continuellement sous les yeux depuis Orléans. Après Valenciennes le pays est enclos, après Valenciennes les fermes sont petites & communément entre les mains de petits propriétaires ; après Valenciennes, on fait des récoltes tous les ans, tandis qu'avant d'y arriver on suit à-peu-près la même marche que depuis Orléans, *un* jachères, *deux* bled, *trois* grains de Printems. « Toutes ces circonstances, dit l'Auteur, suffisent pour prouver que c'est près de Bouchain que commence la ligne de démarcation entre l'Agriculture Française & la Flamande, & il faut remarquer, parce que cela est curieux & fournit matière à ces réflexions politiques qui naissent dans notre esprit en contemplant les différens Gouvernemens, que Bouchain n'est qu'à quelques milles du côté de la Flandre Autrichienne, de l'ancienne frontière de la France.... Cette distinction, dit-il plus loin, ne vient sûrement pas du sol, car il n'est guères possible d'en trouver un plus beau que celui de la plus grande partie de cette vaste & fertile plaine qui s'étend, pour ainsi dire, sans interruption depuis la Flandre jusqu'à près d'Orléans ; Sol profond, moëlleux & friable, sur un fond de craie ou de marne, susceptible de tous les principes de l'Agriculture Flamande, mais honteusement négligé, laissé sans enclos & soumis à ce systême détestable de rester en jachères qui n'est jamais régulièrement suivi sans causer une perte de la moitié de la valeur des Terres, & sans prévenir toute amélioration. »

L'Auteur, qui met évidemment le Sol de la Flandre au-dessus de tous les autres, remarque qu'en général il se trouve, tout calcul fait & impôts payés, que le propriétaire n'y retire pas plus de deux pour cent de son capital. « J'attribue cela, dit-il, au nombre de petites propriétés & à la passion des habitans pour devenir propriétaires ; cette circonstance les porte à payer les Terres plus qu'elles ne valent, & ainsi ils en augmentent le prix dans tout le pays. Toute la Province abonde en riches manufactures & en villes de commerce ; plusieurs personnes occupées de ces emplois sont toujours prêtes à placer leur argent sur des Terres & à s'y retirer pour les cultiver ; circonstance qui doit nécessairement contribuer à augmenter le prix au-delà de la rente. Dans les notes du produit, il ne paroît pas qu'elle ait une aussi grande supériorité sur les autres Provinces ; que le sol & la bonne Agriculture sembleroient l'indiquer ; mais il faut se rappeler que, dans les autres parties de la France, il y a une année de jachères sur trois, & que tout le fumier de la ferme est employé pour le bled, ce qui fait qu'une moisson modérée en Flandre donne plus de profit au Fermier que trois moissons plus fortes en Picardie ou dans le pays de Beauce ne rapportent aux Cultivateurs de ces districts. Le blé n'est pas ici le seul objet de culture, le lin & le colsat le surpassent, & les fêves, les carottes, les navets & une variété d'autres productions attirant assez l'attention du Cultivateur, pour que le pays soit tous les ans couvert de moissons ; mais quand cela n'arrive pas, le produit en général & le bénéfice net sont fort inférieurs. »

Il paroît, d'après M. Young, que l'on connoît fort mal la Normandie, même dans le pays. Les biens de Normandie rapportent trois pour cent ; depuis Rouen, à travers le pays de Caux jusqu'au Havre, les prix de l'arpent sont comme il suit : à Yvetot 1000 livres, rente de 35 à 40 livres ; à la Botte, la rente va de 30 à 50 liv. ; les terres du pays de Caux se louent l'une dans l'autre 50 livres, les taxes y sont à-peu-près de 10 liv. par conséquent le propriétaire retire net 40 liv. & le prix du fonds est de 1200 liv. Ces excellentes terres ne donnent que 30 à 40 boisseaux de blé, de 50 liv. pesant, par acre, & dans les bonnes moissons, de 45 à 50. Elles donnent cinquante pareils boisseaux d'avoine. « Pauvre produit ! s'écrie l'Auteur ; je donne ici le produit général du pays, il peut se trouver de tems en tems de meilleures moissons. J'observerai d'ailleurs que tout le pays de Caux est rempli de manufactures, que les propriétés sont petites & que l'Agriculture n'est qu'un objet secondaire aux fabriques de coton répandues dans toute la province. Toutes les fois que l'on rencontre cette circonstance, on peut être assuré que les Terres se vendent au-dessus de leur valeur. »

Au reste, voici le résultat général de ses observations sur la Normandie. « J'observerai, dit-il, que ce superbe pays qui est assez considérable pour former un Royaume plutôt qu'une Province, jouit en France, par rapport à l'Agriculture, d'une réputation qu'il ne mérite pas. Avant de le parcourir, je l'avois entendu vanter comme supérieurement cultivé. On ne sauroit, à la vérité, rien dire de trop sur ses beaux pâturages employés de la meilleure manière possible à engraisser les bœufs, sinon sur l'article des moutons qui sont d'une mauvaise race. Ils devroient être grands & avoir de longue laine ; excepté en ce point, ils font un bon usage de leurs herbages & semblent ne pas manquer de capitaux : mais, quant aux terres de labour, je n'en ai pas vu un seul acre bien cultivé dans toute la Province. On trouve par-tout des jachères inutiles ou des champs si négligés, qu'ils sont couverts de mauvaises herbes, & ne peuvent rapporter des moissons proportionnées au sol. Il est impossible de trouver un meilleur sol que dans cette Province, & il est susceptible de rapporter un bien autre produit que celui qu'il donne aujourd'hui. « Les meilleures Terres de Normandie, dit M. Pauclon, (& ce passage confirme mes notes) ne rapportent qu'un peu plus de six grains pour un ; les médiocres cinq & la plus grande partie quatre. »

M. Young rend justice à la fertilité de la Limagne, & il croit qu'elle pourroit bien être, comme on le dit, le district le plus abondant de la France. Cependant « dans cette Limagne, dit-il, qui ne reste jamais en jachère, il ne faut que considérer le prix du fonds de Terre seulement ; l'Agriculture y est si mal entendue, & je vis des labours si détestables, que je suis certain que les moissons ne rendent pas de moitié ou au moins d'un tiers ce qu'elles devroient rendre, sinon lorsque les Terres sont en prés, en chanvre, en jardins ou en vergers, dans lesquels cas elles sont fort bien dirigées & rapportent un produit égal au sol & à l'Agriculture. Le prix des Terres est vraiment considérable ; on peut évaluer les meilleures à environ 1450 l. Il y a une circonstance, par rapport à la Limagne, qui demande particulièrement notre attention, c'est qu'elle n'a aucune communication avec la mer ni avec la navigation des rivières, ni avec une grande Ville ou même aucune manufacture considérable, car les fabriques d'Auvergne sont peu de chose. C'est une circonstance d'où on peut tirer des conséquences politiques, que l'Agriculture est ici en état de se soutenir sans le secours d'aucun de ces moyens que l'on croit communément si nécessaires pour donner de la valeur aux propriétés territoriales. »

L'Auteur a été peu édifié de la Bretagne dont le produit est excessivement médiocre, eu égard à son sol, si l'on excepte quelques petites parties. « Il n'y a pas de circonstance plus frappante, dit-il, & qui prouve davantage le manque d'Agriculture que celle de voir la moitié d'une Province en friche, où l'on peut avoir des rentes perpétuelles pour 10 sols le journal, ce qui est près d'un acre un quart d'Angleterre, situées dans un pays qui abonde en ports où il se fait un commerce brillant, qui contient les ports de Brest & de l'Orient, la grande ville de Nantes & celle de Saint-Malo, qui possède une des plus grandes manufactures de toile de l'Europe, & qui jouit (jouissoit alors) de privilèges & d'exemptions de taxes extraordinaires, en comparaison des autres Provinces. Malgré tous ces avantages qui devroient donner par-tout de l'énergie & de la vigueur, son Agriculture est peut-être la plus misérable de toute la France ; je pense que la triste Sologne vaut mieux. »

Personne, il en faut convenir, n'a parlé jusqu'ici de la Sologne d'une manière plus consolante pour ceux qui pensent qu'il faut améliorer notre Agriculture. M. Young prouve qu'une industrie éclairée peut en faire un des pays les plus intéressans. Cette Province malheureuse n'a pas un sol de craie, il est vrai, mais on y trouve dans plusieurs endroits de bonne marne argilleuse. Nous aurons ci-après l'occasion de revenir sur les améliorations possibles & desirables à faire dans ce pays où la rente nette, sans les bestiaux fournis par le propriétaire, n'est que de 20 à 25 sols par arpent, l'un dans l'autre ; il contient un million d'arpens ou 250 lieues quarrées.

A propos de la Champagne que notre fermier Anglais, à des exceptions près, ne traite pas beaucoup mieux que la Sologne, il observe que les Terres de craie sont les plus mal cultivées de toute la France, « & cela n'est pas surprenant, dit-il, puisque la méthode convenable de cultiver ces sols dépend uniquement de trois choses, des navets (*turneps*), d'herbes & des moutons qui n'y sont pas plus connus que chez les Hurons. »

Sans nous arrêter davantage à ses remarques particulières sur le produit des différentes Provinces, passons à ses observations générales, dans lesquelles il compare sans cesse l'Angleterre à la France. A beaucoup d'égards, il nous donne l'avantage ; mais il pense, & tous les hommes ſans préjugés le penſeront comme lui, que nous le devons céder à l'Angleterre, ſi l'on examine particulièrement le produit du ſol. Afin de faire mieux comprendre comment la grande différence entre les récoltes de France & celles d'Angleterre peut affecter les deux pays, il obſerve que le Fermier Anglois retire autant de ſon Cours de récoltes, dans lequel le blé & le ſeigle ne reviennent pas ſouvent, que le François du ſien, quoiqu'ils reviennent ſouvent.

Cours Anglois.

1. Navet.
2. Orge.
3. Trèfle.
4. Blé........................... 25
5. Navets.
6. Orge.
7. Trèfle.
8. Blé........................... 25
9. Yvraie ou feves.
10. Blé........................... 25
11. Navets.

75.

Cours François.

1. Jachères.
2. Blé........................... 18
3. Orge ou avoine.
4. Jachères.
5. Blé........................... 18.
6. Orge ou avoine.
7. Jachères.
8. Blé........................... 18
9. Orge ou avoine.
10. Jachères.
11. Blé........................... 18

72.

L'Anglais, dans le Cours de onze ans, recueille trois boiſſeaux de blé de plus que le François. Il a trois récoltes d'orge, d'yvraie ou de feves, qui rendent deux fois autant de boiſſeaux par acre, que ce que rendent les trois récoltes Françoiſes de grains de Printems. Il fait, outre cela, trois récoltes de navets & deux de trèfle; les navets valent quarante-huit livres l'acre, & le trèfle ſoixante-douze livres, ce qui fait, pour cinq récoltes, 288 livres. Outre cela, la terre de l'Anglois, par le moyen de l'engrais, provenant de la conſommation des navets & du trèfle, eſt dans un état continu d'amélioration, tandis que la ferme du François reſte toujours dans le même état. Convertiſſez le tout en argent, & la différence ſera comme il ſuit.

Syſtême Anglois.

Blé, 70 boiſſeaux, à ſix livres........450 liv.
Grains de Printems, trois récoltes à 32 boiſſeaux, 96 boiſſeaux à trois livres........................288
Trèfle deux récoltes....................144

Total..............................882 liv.

Par acre par an....................80 liv. 4 ſ.

Syſtême François.

Blé 12 boiſſeaux à ſix livres............432 liv.
Grains de Printems, trois récoltes à 20 boiſſeaux, 60 boiſſeaux à trois livres..180

Total..............................612 liv.

Par acre par an.................55 liv. 12 ſ.

L'Auteur obſerve, qu'en accordant que le ſyſtême François donne vingt boiſſeaux de grains de Printems, tandis qu'il nen compte que trente-deux pour le ſyſtême Anglois, il eſt perſuadé qu'il favoriſe beaucoup le premier; car il croit que le produit des terres d'Angleterre eſt double de celui des terres de France. Mais, en l'évaluant comme ci-deſſus, dit-il, la différence eſt de huit cent quatre-vingt-deux ſur une ferme qui s'améliore, à ſix cent douze ſur une ferme qui reſte dans le même état, c'eſt-à dire, qu'un pays contenant quatre-vingt-deux millions d'acres, produit autant qu'une autre dont le territoire (ayant un bien meilleur ſol) eſt de cent dix-neuf millions, qui ſont les proportions entre huit cent quatre-vingt-deux & 612.

Cours des récoltes dans les différentes contrées de la France.

La différence entre les bons & les mauvais Fermiers, entre les pays bien ou mal cultivés, provient ſur-tout de l'ordre des récoltes. C'eſt une vérité qu'on ne ſauroit trop répéter, parce qu'elle eſt généralement méconnue dans la plus grande partie de la France. Il eſt donc d'une grande importance de la mettre dans tout ſon jour, en parcourant avec attention les Départemens de ce vaſte Empire, indiquant le ſyſtême agricole qui eſt adopté dans chacun, & faiſant connoître en même-tems les moyens de le perfectionner. Mais ici, la politique ne doit entrer en aucune conſidération pour la méthode à ſuivre dans l'exposition de ce tableau ; en se servant des divisions qu'on met en usage, on nuiroit à l'ordre qui semble prescrit par la Nature, & conséquemment on manqueroit, en partie, le but qu'on se propose. Le véritable moyen d'y atteindre est, sans doute, de placer les Cours de récoltes, conformément aux sols où on les trouve.

District de Riche-Lut. (en Anglois *Loam*). Dans les Provinces de Picardie, de l'Isle-de-France, dans la Normandie, & dans une partie de l'Artois, le Cours le plus en usage est : 1.° jachères ; 2.° froment ; 3.° grains de Printems. Il y a quelques variations ; mais elles sont de peu de conséquence. Dans la Flandre & le reste de l'Artois, la gestion est excellente ; les récoltes se suivent sans interruption ; on ne connoît pas les jachères. On peut aisément s'appercevoir de la supériorité de l'Agriculture entre Valenciennes & Lille, par les Cours adoptés dans ces pays : 1.° blé ; après cela navets la même année ; 2.° avoine ; 3.° trèfle ; 4.° blé ; 5.° chanvre ; 6.° blé ; 7.° lin ; 8.° colsat ; 9.° blé ; 10.° feves ; 11.° blé.

Voilà certainement la portion la plus belle du territoire François pour la fertilité, & cependant elle ne renferme qu'une partie peu considérable qui soit très-cultivée ; savoir, le pays conquis de la Flandre & une partie de l'Artois. On peut en tirer cette triste conséquence, que les institutions du Gouvernement François ont été défavorables à l'Agriculture, ce qui est confirmé par l'inspection de l'Alsace, autre pays bien cultivé & également conquis. Que de regrets un François éclairé doit éprouver, lorsqu'il voit le lut le plus beau, le sol le plus profond & le plus fertile du monde, tel que celui qui est entre Bernay & Elbeuf, dans une partie du pays de Caux & dans le voisinage de Meaux, assujetti au Cours de 1.° jachères ; 2.° blé ; 3.° grains de Printems ; que le produit de ces récoltes du Printems est même fort au-dessous de ce qu'il devroit être, & que tous les efforts du Laboureur ne tendent qu'à recueillir une moisson de froment ! Les terres de quelques parties de ce District, étant sans enclos, & les propriétés mêlées, on conçoit les raisons pour lesquelles ce système est adopté. Cependant il s'y trouve de grandes portions bien encloses, où le Fermier pourroit changer l'ordre de ses récoltes s'il vouloit, & nous en avons même vu qui, comme M. Cretté, à Dugny, ont eu le courage de rejetter absolument le système des jachères. Mais le système vicieux, suivi généralement dans ces contrées, paroît se soutenir moins par l'empire des localités & des circonstances que par celui de l'ignorance & de la routine, puisqu'il est vrai qu'on la suit rigoureusement dans les enclos qui se trouvent par hasard dans les districts ouverts.

Dans la plaine d'Alsace, cette vallée platte de terres fertiles, les champs ne sont jamais en jachères ; les récoltes préparatoires au froment sont les pommes de terre, les pavots pour l'huile, les pois, le maïs, la vesce, le trèfle, les feves, le chanvre, le tabac & les choux. Cependant cette belle plaine est inférieure à la Flandre, où la méthode de faire deux récoltes par an est plus généralement suivie. Ce n'est pas que les Alsaciens l'ignorent ; mais ils n'ont pas un nombre si considérable de grandes Villes, pour fournir une égale quantité d'engrais, & leur culture est si variée qu'on voit bien qu'ils ne sont pas entichés de la manie générale de regarder tout comme inférieur au froment. Il faut pourtant remarquer que les bons principes de culture en Alsace n'ont pas eu le pouvoir de bannir ou même de diminuer les jachères d'un pouce au-delà des meilleurs sols. La véritable méthode de cultiver ne s'étend pas d'un côté, au-delà de Saverne, & de l'autre, au-delà d'Isenheim. A mesure que la bonté du sol diminue, la bonne culture diminue aussi, & on voit aussi-tôt des jachères dans des terres sablonneuses, susceptibles de donner les plus belles récoltes de navets. Au reste, la même observation est applicable au riche District du Nord-Est. La méthode de Flandre & d'Artois ne passe pas les sols profonds & fertiles, non plus que les principes de cette méthode qu'on peut employer pour les mauvaises terres comme pour les bonnes. Ils exigeroient des navets pour la préparation des pauvres terres, & des feves & des choux pour les sols plus fertiles. Que les Fermiers de lieux où la bonne culture dégénère, aillent visiter les sables arides des Comtés de Norfolk & de Suffolk, les pauvres cailloux du Buckinghamshire, & la craie d'Hertfort, ils les trouveront tout aussi bien cultivés que le riche lut des Comtés de Berk & de Kent. Le sainfoin des terres de craie & de cailloux ne le cède en rien au blé & au houblon des sols plus profonds. C'est dans cette méthode que gît la grande différence entre l'Agriculture Françoise & celle d'Angleterre.

La Limagne offre quelques endroits en jachères, des éteules labourées pour semer une nouvelle moisson. On ne connoît pas les jachères à Vertaison-Chauriet. Du seigle après du chanvre, & ensuite du fumier pour semer encore du chanvre, du blé après des feves & après du seigle, & du seigle après du blé. On plante des choux immédiatement après du chanvre. 1. orge ; 2. seigle ; 3. chanvre ; 4. seigle. La raison pour laquelle on sème du seigle dans cette riche vallée, est singulière ; on assure qu'elle est trop fertile pour le blé. Le docteur *Brès* fit voir à M. *Young* sa meilleure terre ensemencée de seigle & sa plus mauvaise de blé. Est-ce bien là ce qu'on peut appeller entendre la culture de plaines aussi fertiles ?

La plaine de la Garonne mérite de grands éloges & quelques reproches. En allant du Limosin au

Sud, il est remarquable que les jachères ne cessent pas jusqu'à ce qu'on rencontre le maïs, & qu'ensuite cette plante serve de préparation au blé; 1. maïs; 2. blé; & cette culture commence assez près de Cressensac dans le Quercy. Là, commence aussi la culture de ce qu'ils appellent *Githyse*, qui est un *Laeyrus*, à ce que j'imagine, dit M. *Young*, ainsi que la *Jarache*, espèce de vesce appellée *Jarousse*, dans quelques endroits (*Vicia lathyroïdes.*) Ces plantes se sèment en Septembre & dans le Printems, & servent à bonifier les jachères. On y trouve aussi des navets, & en plus grande quantité que dans les autres parties de la France; on fait une seconde récolte après le blé & le seigle. A une petite distance de Cahors, il y a quatre autres articles communs de culture, savoir: une variété de la *Vicia sativa*, le Pois de brebis, (*Cicer arietinum*,) la Lentille, (*Ervum lens*,) & le Lupin, (*Lupinus albus*); mais le maïs est de plus d'importance pour préparer la terre, & le chanvre est encore meilleur.

Les principaux traits de la culture de la plaine de la Garonne, ressemblent à ce que nous avons déjà dit des contrées précédentes. Les moissons se succèdent rapidement, & les terres sont bien cultivées lorsque le sol est très-fertile; mais, dès qu'il est médiocre, les jachères reprennent leur empire. Depuis Calais jusqu'à Cressensac, on ne quitte jamais les jachères, mais on n'est pas plutôt entré dans le climat du maïs, que l'on n'en voit plus, excepté dans les plus pauvres sols. Cette observation nous paroît curieuse; la ligne de démarcation du maïs semble devoir être regardée comme la division entre la bonne culture du Midi & la mauvaise du Nord de la France. Des sols fertiles restent un an en jachère, jusqu'à l'endroit où l'on trouve le maïs, mais jamais après cette ligne.

A cette occasion, M. *Young* fait le plus bel éloge qui ait jamais été fait du maïs, peut-être à la vérité un peu aux dépens des pommes-de-terre, auxquelles il ne semble pas rendre toute la justice qui leur est dûe; mais enfin, il remarque que le maïs est la plante la plus importante qu'on puisse introduire dans la culture d'un pays quand le climat y est propre. « Un pays, dit-il, dont le sol & le climat admettent un cours de 1. maïs, 2. blé, possède peut-être le genre de culture qui rend le plus de nourriture pour les hommes & les bestiaux, qu'il soit possible de tirer de la terre. »

En comptant toutes les riches contrées dont nous venons de parler & y joignant le Bas-Poitou, que M. *Young* ne connoît que de réputation, formant à elles-seules une étendue de territoire presque équivalente à l'Angleterre, il y auroit de l'injustice à ne pas convenir que la France possède un sol, & même malgré ses défauts, une agriculture, comparables à ce qu'il y a de mieux en Europe. La Flandre, une partie de l'Artois la belle plaine d'Alsace, les rives de la Garonne, une étendue considérable du Quercy, sont plutôt cultivées comme des jardins que comme des fermes. La succession rapide des récoltes, une moisson n'étant que le signal de semer de nouveau pour en recueillir une autre, peut difficilement être portée à un plus haut dégré de perfection. Ce sont des Provinces, comme l'Auteur l'avoue lui-même, qu'un fermier Anglais peut visiter avec avantage.

A la vérité, il faut convenir que le reste de la France ne mérite pas les mêmes éloges; il ne faut pas même les donner indistinctement à toutes les portions du pays dont nous parlons, nous l'avons bien prouvé. On a vu, par des faits, que la Picardie, la Normandie & la Beauce ont usurpé leur réputation de bonne culture, puisqu'il n'est pas un acre de ces Provinces, d'où on ne pût bannir les jachères, comme dans la Flandre. On est venu à bout de les extirper dans le pays de Caux; mais le manque d'intelligence dans l'ordre des récoltes, détruit presque entièrement le bénéfice de cette amélioration.

District de Bruyères. Détailler le cours des récoltes dans la Bretagne, le Maine & l'Anjou, feroit annoncer, à quelques exceptions près, la marche de l'ignorance. La méthode générale qui y est adoptée, est de couper & de brûler les champs épuisés, abandonnés, & repris après un certain tems, pour qu'une succession de récoltes les mette une autre fois dans la même situation. On trouve par-tout de grandes quantités de blé-sarrazin. A Saint-Pol-de-Léon, la gestion est meilleure; il y a des panais & le genêt y est même un objet utile. Le cours ordinaire qu'on y suit est: 1, genêt, semé avec de l'avoine; 2, 3, 4, genêt; on le coupe la quatrième année, mais il est entretenu pendant les quatre ans; 5, blé, 6, seigle, 7, blé-sarrazin, 8, avoine ou genêt. Cette culture singulière du genêt est pour le chauffage; le pays n'ayant ni charbon ni bois, les fagots de genêt s'y vendent si bien, qu'un arpent de genêt vaut 400 livres. A Saint-Pol-de-Léon, il est d'une hauteur & d'une épaisseur bien remarquables. Les gens du pays prétendent que les plantations de genêt pendant quatre ans, améliorent singulièrement les terres.

C'est peut-être dans les trois Provinces que nous venons de nommer, la Bretagne, le Maine & l'Anjou, qui se ressemblent assez, qu'il faut chercher la preuve la plus convaincante de l'extrême importance d'un système de récoltes bien établi. La plus grande partie de ces contrées est cultivée, & même régulièrement cultivée; cependant elle paroît absolument en friche, parce que le système de récoltes qui y est adopté, est tel que la Flandre elle-même avec un pareil ordre s'appauvriroit. Changez au contraire, l'ordre malheureusement établi, & vous changerez

gerez la surface de ces Provinces. Une étendue considérable de leur sol seroit propre au sainfoin, & on n'y en voit pas un brin. Les navets & le trèfle y viendroient presque par-tout à merveille, & il n'y en est pas question. Ces Provinces seroient très-propres aux moutons; elles en ont si peu, qu'il ne valent pas la peine d'être indiqués, & on ne s'y occupe aucunement de la nourriture d'Hiver des bestiaux & des moutons, excepté de la paille. Voici les Cours de récoltes qui devroient avoir lieu dans ces Provinces, si on vouloit les faire prospérer: 1, navets (turneps); 2, orge; 3, trèfle; 4, blé; ou bien : 1, navets; 2, orge ou avoine; 3, herbes artificielles pour trois ans; 4, blé; 5, ivraie d'Hiver, pois, fèves ou blé-sarrazin; 6, froment; sans autre variation que de mettre les pois, les fèves, & immédiatement après le froment, si la terre avoit beaucoup de vers rouges & le froment après. Avec de pareils Cours de récoltes, ces Provinces doubleroient leurs richesses.

Il ne faut pas croire que tous les pays compris dans le district de bruyères, aient la même culture que les trois précédents qui n'en forment qu'une petite partie. Les landes de Bordeaux comprennent elles-seules 200 lieues carrées, qui ne sont pas absolument incultes, & qui sont plantées de pins pour en tirer uniquement de la résine. On y trouve aussi de grandes étendues de terrain, qui ne donnent que de la fougère & d'autres herbes de cette nature. Dans les petits districts cultivés, il paroît que l'Agriculture est infiniment mieux entendue que dans la partie supérieure de la division de bruyères, la Bretagne, le Maine, &c. Il y a même quelques endroits où la pratique est dirigée d'après les meilleurs principes & une intelligence peu commune.

De Saint-Palais à Bayonne, il y a beaucoup de navets, & M. *Young* fut bien surpris de ce qu'il vit dans ces cantons. « Ayant apperçu, dit-il, plusieurs champs tout noirs, & ayant demandé ce que c'étoit, je fus informé que c'étoient des cendres de paille brûlée; je les vis ensuite mettre de la paille fort épais sur la terre. Ils font cela sur des éteules de blé; mais, s'imaginant que les éteules ne sont pas suffisantes, ils étendent beaucoup de paille, y mettent le feu, & elle brûle toutes les mauvaises herbes, nétoyant & engraissant la terre en même-tems. Comme il y avoit d'immenses landes couvertes de fougère, continue l'Auteur, je leur demandai pourquoi ils ne la brûloient pas & ne gardoient pas leur paille? Ils repliquèrent qu'ils préféroient la fougère pour faire du fumier, en en coupant une grande quantité pour servir de litière. Aussi-tôt qu'ils ont brûlé, ils labourent & hersent. On m'a dit qu'ils sarcloient & houoient. Après les navets, ils sèment du maïs selon l'ordre suivant: 1, maïs; 2, froment & navets; ce qui est sûrement digne d'éloges. »

A Saint-Vincent, ils sèment du trèfle parmi le maïs en Août; à la fin d'Avril ou au commencement de Mai, ils coupent le trèfle qui donne la plus belle récolte, & a quelquefois trois pieds de haut. Ils labourent ensuite & plantent de nouveau du maïs, auquel succède autre chose. Dans le même canton, on suit encore un autre Cours; on sème du seigle, ensuite du millet, & avec cela des haricots.

De Dax à Tartas, on fait deux récoltes en deux ans, de la manière suivante: 1, maïs; 2, seigle & puis millet. Le trèfle, appellé *farouche*, se sème seul dans tout le pays, au commencement de Septembre; on le fauche pour faire du foin dans le Printems; on laboure ensuite pour le maïs, dans lequel cas c'est après le seigle au lieu du millet. On ne peut pas trouver de meilleure agriculture.

Saint-Sévère & son voisinage ne méritent pas moins d'éloges. Le Cours qu'on y suit, est: 1, maïs; & en Août des navets parmi; 2, grain de Printems, semé en Janvier ou Février, & qui est presque aussi bon que dans l'Automne; 3, trèfle semé en Septembre, qui donne de belles récoltes en Mars ou en Avril; 4, de nouveau du maïs, & quelquefois du lin semé entre le maïs & recueilli en Avril, pas de jachères. Il est impossible d'adopter un meilleur systême pour le sol & d'en tirer un meilleur parti.

M. *Young* fait des remarques très-importantes sur la méthode de couper & de brûler, dont nous avons parlé plus haut. Il la croit applicable à tous les pays dont la plus grande partie est inculte, ou au moins dans un mauvais état, tel que la Gascogne, l'Anjou, le Maine, & particulièrement la Bretagne. Il est vrai que cette méthode a beaucoup perdu de son crédit; mais il prétend que c'est uniquement parce qu'on l'a mal pratiquée. « Couper & brûler, dit-il, lorsqu'on sait en faire une bonne application, est une des plus excellentes méthodes d'améliorer les terres; mais on devroit toujours l'employer comme une chose préparatoire pour l'herbe, & non pas semer du grain immédiatement après. Dans ce cas, comme dans plusieurs autres, l'homme qui veut suivre des principes sûrs, devroit tâcher d'avoir sur ses terres une *Couche* d'herbe, terme dont on se sert avec beaucoup de justesse dans les Comtés de Norfolk & de Suffolk. Qu'il s'assure d'abord de l'herbe, & il n'a pas besoin de s'inquiéter du blé; il en aura quand il voudra. On devroit toujours compter la coupure & la brûlure pour une récolte, afin que les bestiaux pussent ensuite paître sur la terre, & y manger des raves, des choux ou des navets, parce que la masse d'engrais alkalins devroit en avoir une mucilagineuse pour la contrebalancer. On pourroit, après cela, y semer du blé ou de l'avoine (cette dernière vaudroit mieux), parce qu'il n'est guères possible de tirer parti de l'herbe sans avoir de grain dans un climat tel que celui de la Bretagne, du Maine & de l'Anjou. Dans la Gascogne où on peut la semer en Septembre, il n'existe pas la même nécessité de semer du grain. Avec cette première semaille de grain, il faudroit semer l'herbe la plus propre au sol; elle ne manque jamais en pareil cas. Lorsque vous aurez une production d'herbe nette, belle & bonne, vous pourrez la conserver tant qu'elle vous sera utile & répondra à vos vuës; ensuite vous la labourerez pour du grain, & vous pouvez être certain de faire de belles récoltes en proportion de la grandeur du terrain. Dans votre gestion, il ne faut jamais vous écarter de cette règle; savoir, de ne pas semer successivement du blé, du seigle, de l'orge ou de l'avoine, sans une récolte intermittente pour améliorer la terre. Que l'on applique ces principes aux landes de la Bretagne, & qu'ils servent à vivifier les bruyères du Maine & de l'Anjou. »

District des montagnes. Venant d'Espagne à Perpignan, le 21 Juillet, M. *Young* trouva des éteules labourées & ensemencées de millet. Pas la moindre idée d'une jachère, où l'on trouve abondance d'eau; on y substitue du trèfle, des haricots, du millet & du maïs; mais le dernier n'est pas en grande quantité. Le trèfle est cultivé d'une manière très-singulière; on laboure les éteules au commencement d'Août, & la semence du trèfle est enfoncée dans la terre par le moyen d'une pièce de bois attachée à la charrue. Ce trèfle produit abondance de nourriture pour les moutons & les agneaux au commencement du Printems; après quoi on l'arrose, & vers la fin de Mai, il donne une bonne récolte de foin. Alors on le laboure & on y plante des haricots, du maïs ou du millet, qu'on enlève assez à tems pour y mettre du blé. Après le blé on fait une autre récolte de haricots ou de millet; c'est ainsi que l'on a deux moissons par an. Dans les endroits où il n'y a pas d'eau, on admet les jachères pour préparer la terre à porter du froment. Cependant cet usage n'est pas général; car, dans les bonnes terres, même un peu dépourvues d'eau, les jachères sont ensemencées de millet, de haricots ou d'orge pour faire du fourrage.

Dans toute la vallée de Narbonne & à Nîmes, on s'occupe principalement de vignes, d'oliviers & de mûriers; mais il s'y trouve aussi beaucoup de froment, une grande partie de ce territoire étant un pays à blé.

Dans le Dauphiné, à Montelimar & aux environs, immédiatement après la moisson de froment, on a du blé-sarrasin, ce qui donne deux récoltes au lieu d'une.

La principale chaîne de montagnes que l'on traverse en voyageant dans l'intérieur de la France, est le pays volcanique d'Auvergne, du Vélai & du Vivarais. M. *Young* n'y a pas trouvé la culture bonne, elle n'a d'autre mérite que celui d'être pratiquée sur des hauteurs considérables. Dans les méthodes suivies par les Propriétaires dont les possessions sont très-petites, il n'y a rien de remarquable. Ils sont en général peu instruits, & il ne leur manque pour avoir une meilleure culture, que de la connoître, car ils sont soigneux & industrieux. Le trait principal de la culture de ces montagnes, est celle des châtaiginers qui y sont nombreux & qui rapportent un revenu considérable aux propriétaires.

Les montagnes de la Provence sont en général des déserts, qui n'offrent d'autre culture que celle qu'on auroit aussi bien fait de ne pas y pratiquer. Cela est vrai, particulièrement de celles que notre Cultivateur Anglais a vu dans le voisinage de la Tour-d'Aigues, & sur la côte de la Méditerranée. Celles qui sont vers les Alpes, par Barcelonette, &c. sont couvertes, comme devroient l'être toutes les montagnes, de troupeaux, de bétail & de moutons.

« Il faudroit, dit M. *Young*, employer les régions des montagnes à des pâturages, & que toute culture fût toujours subordonnée à faire le plus de fourrage possible pour nourrir les bestiaux pendant l'Hiver. Le blé, le seigle & les autres articles, ne devroient être que de très-peu d'importance en comparaison du fourrage. Le Cours des moissons ne devroit donc être qu'une succession de navets, de choux, de raves, de pommes-de-terre, avec la culture de l'herbe qui donne le plus de foin; & le blé ne devroit être qu'un objet secondaire. Ce n'est cependant pas là le système que l'on suit dans ces montagnes; mais il n'est pas surprenant que le grand objet des moutons & des bestiaux soit mal entendu dans les Provinces éloignées, quand il est si honteusement négligé près de la Capitale, où toutes les productions sont sûres de trouver un marché. »

District de sol pierreux. Les Provinces de ce district appartiennent à la classe des plus mal cultivées, les vignes exceptées. L'ordre le plus général des récoltes de toutes ces contrées, est la routine commune d'une année de jachères, une de blé, de seigle, & une autre d'orge ou d'avoine; système vicieux qui a prévalu sans doute à cause du nombre de terres non encloses & des droits communaux & autres, destructeurs de la bonne culture. Ainsi, il n'y a rien à remarquer sur ce district, si ce n'est l'introduction des pommes-de-terre dans son cours de récoltes, cette racine étant plus cultivée dans la Lorraine & dans la Franche-Comté que dans aucune autre partie de la France.

District de Craie. Nous avons déjà parlé plus haut des vices du système agricole de plusieurs contrées de la France qui appartiennent à ce district. Nous nous attacherons ici particulièrement à la Sologne, le plus misérable sans doute de tous les pays de craie, & peut être serons-nous assez heureux pour que cet article offre quelques idées d'amélioration, faciles à exécuter pour le bien de ce triste pays. Le Cultivateur que nous prenons pour guide, l'a observé avec le plus vif intérêt, & ne désespère pas d'en faire, par ses avis, une de nos provinces les plus productives.

Le Cours ordinaire, comme nous l'avons déjà dit, y est : 1, jachères ; 2, seigle. Le sol est tout de sable ou de gravier sablonneux, sur un fond de marne blanc ; dans quelques endroits, il est tout de craie, & dans d'autres, d'une marne argilleuse, mais blanche. A en juger par la grosseur des bois qui y croissent, il a assez de principes de fertilité, pour produire toutes sortes de récoltes bien adaptées à la nature de sa surface. Dans tous les trous & dans tous les fossés, il y a de l'eau en stagnation, de sorte que, dans un pays sec & sablonneux, l'une des principales améliorations seroit un desséchement partiel, ce qui est bien extraordinaire. « Je n'ai guères vu, dit M. *Young*, de pays aussi susceptible d'amélioration par les moyens les plus simples, ni aucun de plus propre à l'Agriculture de Norfolk ; 1, navets ; 2, orge ; 3, trèfle ; 4, froment ; le seigle n'auroit pas de place ici si la terre étoit marnée & cultivée selon la gestion des navets & du trèfle ; non pas celle du trèfle seul sans navets, (ce qui a trompé la moitié des Améliorateurs de l'Europe, selon la dénomination qu'ils ont prise), mais en considérant une bonne moisson de navets, mangée sur pied par les moutons comme la mère du trèfle, sans quoi cette espèce d'herbe n'est qu'une pauvre matrice pour le blé, excepté dans les sols les plus fertiles. »

La pauvreté des fermiers & l'état inculte de la plus grande partie du pays de Sologne, proviennent principalement du Cours de récoltes qui y est pratiqué ; là où la terre est bonne, on recueille sans miséricorde, & où elle est mauvaise, on n'y voit que des jachères & des joncs, au lieu de navets & de sainfoin. Le plus léger changement donneroit un nouvel aspect à cette province désolée. Mais il faut déraciner entièrement toutes les idées d'après lesquelles ces pays de craie sont cultivés, avant de pouvoir y introduire une réforme utile. « C'est un spectacle bien étrange, dit notre Auteur, de voir les vignobles entretenus comme des jardins & dans l'état le plus florissant, tandis que les terres de labour qui les environnent, sont couvertes de ronces & d'ordures, & cultivées selon un Cours de moissons qui les détériore ou les rend stériles. Il faudroit adopter pour une partie considérable de ces districts calcaires, un cours de sainfoin, & mettre dans les autres des bestiaux & du grain tour-à-tour ; une année produisant de la nourriture pour le bétail & les moutons, & l'autre pour les hommes & les chevaux. » Ces principes sont applicables à la plupart des pays qui appartiennent au district de Craie, tels que la Saintonge, l'Angoumois, le Poitou, la Touraine & la Champagne.

District de Gravier. La Bourgogne, le Bourbonnois & le Nivernois y sont renfermés. Le Bourbonnois & le Nivernois ont le même système de culture : 1. jachères, 2. seigle. Il faut que ces provinces soient bien attachées à ce système, puisqu'il y est suivi, quoique les neuf dixièmes du pays soient enclos, & que les fermiers aient la liberté de semer ce qu'il leur plaît. D'où vient donc cet attachement pour les jachères ? Seroit-ce du produit & des succès qu'elles procurent ? Les fermiers sont aussi pauvres que leurs moissons ; le produit ordinaire est quatre pour un, & souvent moins. Seroit-ce qu'on les regarde comme essentielles pour tenir la terre en vigueur ? Mais le sol est tellement dégradé, qu'il se trouve épuisé par cette méthode même, & qu'on est quelquefois obligé de la laisser couvert d'herbe & de genêt pendant sept à huit ans pour le rétablir, ce que ne peuvent faire les jachères. Cette coutume est donc évidemment absurde. « Parce que j'ai vu du Bourbonnois, dit M. Young, & je l'ai examiné avec attention, puisque j'étois une fois tenté de m'y établir moi-même ; il faudroit que toute son agriculture fût administrée pour élever des moutons, & que les Cours fussent réglés de manière à pouvoir entretenir les plus grands troupeaux possibles, par le moyen des navets & d'herbes cultivées qui durent longtems, telles que le trèfle, &c. Pour du grain, on peut s'en fier aux navets, à l'herbe & aux moutons : il faudroit qu'on sût bien peu se servir de ces instrumens, si l'on ne pouvoit pas en tirer du grain, & du grain bien différent du misérable seigle que l'on trouve dans ces provinces ! »

District de différens sols. Il faut comprendre sous cette dénomination, le Berry, la Marche & le Limosin. L'Auteur a fait sur ces Provinces, une remarque bien importante ; c'est qu'il n'est pas rare d'y trouver des navets, ou, quand ce ne sont pas des navets, des raves assez grosses pour engraisser des bœufs, & que cependant leur culture n'a aucun effet sur l'amélioration des terres. Comment se fait-il donc que cette culture si recommandée pour les améliorations, n'en produise aucune, lors même qu'elle est suivie avec plus de zèle ? C'est qu'il faut savoir employer ce moyen de perfectionnement, & ne jamais la séparer d'un bon système de récoltes. « On peut mettre, jusqu'à l'éternité, dit l'Auteur, un vingt-cinquième de ferme en navets, & les faire suivre de blé, avant d'améliorer la ferme ; mais laissez manger les navets sur pied par les moutons, semez-y de l'orge & du trèfle en même-tems, & mettez le blé après le trèfle. Commencez d'abord à faire cela sur quatre acres, ensuite sur quatorze, & après cela sur quarante. Mais on peut bien voir jusqu'à quel point la culture des navets est entendue, dans un pays où le cours dominant est de mettre en jachères pour semer du seigle. Le plus beau trait de leur agriculture, est celui d'engraisser les bœufs avec de la farine de seigle, & avec la petite quantité de navets qu'ils ont. En tant qu'ils soutiennent leurs bestiaux par des récoltes de grains, leur mérite est considérable, & c'est un grand pas pour remédier au déficit de l'agriculture de France; mais, quant à l'ordre de leurs moissons, il est aussi barbare que celui de leurs voisins. »

Résultats généraux. Mais il ne suffit pas d'avoir parcouru les différentes contrées de la France, d'avoir indiqué leur système agricole & indiqué les moyens d'en corriger les défauts; nous devons encore offrir le résultat général de ces observations, si nous voulons les rendre plus utiles, & en faire découler des principes dont chaque cultivateur puisse faire l'application à son local & sa position particulière. Les rayons de lumière, épars dans les détails que nous avons présentés jusqu'à présent, auront bien plus de forces, lorsqu'ils seront réunis à un foyer commun; & ils éclaireront peut-être le gouvernement & les amis de l'Agriculture, sur l'étendue, la cause & les remèdes des maux qu'elle éprouve.

Qu'on se demande d'abord, dans quelles circonstances notre Agriculture, telle qu'elle est, mérite des éloges? On trouvera que c'est lorsqu'elle est favorisée par l'extrême fertilité du sol, comme en Flandre, en Alsace & sur la Garonne, ou lorsqu'elle doit tout à une plante particulièrement adaptée aux climats du Midi & du centre de la France, au maïs. Par tout ailleurs, elle est fort au-dessous de ce qu'on pourroit en attendre. Mais comme le maïs ne se trouve point sur les mauvaises terres, il s'ensuit que les seules terres qu'on cultive bien en France, sont les bonnes.

Jettons maintenant un coup-d'œil sur l'Agriculture de nos voisins, les Anglois; ils ont quelques bonnes terres bien cultivées; mais, plus industrieux que nous, ils ont donné une attention particulière aux terres médiocres & mauvaises, & ils en ont obtenu des productions si avantageuses, que tel arpent de terre de Norfolk & de Suffolk, qui n'auroit rien ou presque rien donné en France, égale en produit le meilleur arpent du comté de Kent, & surpasse, par la valeur de ce qu'il rapporte, un arpent des meilleures terres de Picardie ou de Normandie.

D'où vient cette énorme différence entre notre Agriculture & l'Agriculture Anglaise? Il nous est d'abord bien prouvé qu'elle ne provient pas du sol, car elle seroit, sous ce point-de-vue, entièrement à notre avantage. Dira-t-on qu'elle tient au Gouvernement, aux impôts? Il est certain qu'il y a une liaison intime entre les principes du Gouvernement & les progrès de l'Agriculture, &, à cet égard, elle semble favorisée, & depuis long-tems, par le Gouvernement Anglais. Mais enfin, quelque influence qu'ait le Gouvernement, cette influence seule ne fait pas tout, elle peut bien décourager le cultivateur; elle peut bien empêcher de faire autant d'avances & de mettre autant de terres en valeur : mais elle elle ne fait pas que ce qui est cultivé ne le soit pas du tout, elle n'augmente ni ne diminue les travaux du cultivateur pour exploiter telle ou telle pièce de terre, & le point fixe du problême proposé n'est pas d'examiner pourquoi on cultive, toute proportion gardée, moins de terres en France qu'en Angleterre, mais pourquoi celles qui y sont cultivées produisent beaucoup moins, quoiqu'en général le sol & le climat y soient infiniment supérieurs. On sent qu'il faut, pour le résoudre, remonter à une cause étrangère au Gouvernement, & cette cause doit nécessairement se trouver dans le système de culture, puisqu'on a en France comme en Angleterre, les mêmes travaux, les mêmes instrumens & les mêmes moyens de productions.

Mais, le système de culture d'un pays aussi vaste que la France n'est pas le même dans toutes ses parties, comme nous l'avons démontré par les détails qui précèdent. Voyons ce que nous y voyons de commun & d'uniforme dans toutes les contrées où le système est blâmable; nous aurons vraisemblablement, par ce moyen, mis le doigt dans la plaie de notre Agriculture. Que voyons-nous dans tous les pays mal cultivés? Des jachères & un grand desir de recueillir le plus de froment & de seigle possible. Ne pourrions-nous pas regarder ces deux points, comme l'origine de tous nos maux dans ce genre, sur-tout si nous observons qu'on ne les retrouve point dans le système de nos contrées agricoles les plus riches?

Une immense population & des subsistances que l'expérience a démontré être précaires, ont sans doute occasionné ce desir extraordinaire de recueillir du blé : mais si une immense population nous force à cultiver beaucoup de blé, nous aurions dû calculer que le véritable moyen de diminuer l'étendue de ce besoin, est d'augmenter nos richesses agricoles pour diminuer le nombre de ceux qui sont réduits presque à cette seule nourriture, & qui conséquemment en consommeroient la moitié moins, s'ils étoient plus heureux, si on les mettoit à portée de se procurer d'autres nourritures substantielles.

D'un autre côté, si nous n'étions pas courbés sous le joug d'une routine aveugle, il y a long-tems que nous serions convaincus, par des expériences réitérées, que, plus on sème de blé, moins on en recueille; que cette même terre à blé entretenue par le moyen de grands troupeaux de bestiaux & de moutons, rapporte plus quand on ne l'ensemence qu'une fois tous les quatre ans, qu'elle ne rapporteroit avec moins de bestiaux, ensemencée tous les trois ans.

Le fermier Français ne voit que le présent, & il est toujours prêt à saisir des avantages momentanés; le fermier Anglais voit toujours l'avenir & il sait faire des sacrifices momentanés pour attendre un avantage durable; l'un se contente de vivre, heureux quand il peut être au pair, dans les années médiocres, & calculant dans ses espérances les hasards d'une année productive & de circonstances imprévues; l'autre vise à devenir riche & le devient. Aussi un cultivateur Anglais est-il bien persuadé que, sans s'astreindre à aucun exemple, on doit mettre dans ses terres les plantes les plus analogues à des vues générales, & les plus propres à la nature du sol; il sait qu'il est également de l'avantage de la Nation, que ses terres soient ensemencées de ce qui leur convient le mieux, & qu'elles donnent les denrées dont le produit sera le plus considérable, converties en argent.

Un pays riche & peuplé ne sauroit jamais manquer de pain, que par la faute de son Gouvernement qui voudroit se mêler d'encourager & de régler ce que la seule liberté peut faire fleurir: c'est un axiôme trop méconnu en France, & que M. Young répète avec tous les Hommes éclairés. Il faut donc avoir pour principes, quand on veut établir ou réformer un système de culture, que toutes les productions sont également avantageuses, toutes les fois qu'elles peuvent rapporter une égale somme d'argent.

On comprend difficilement, par exemple, comment on cultive une telle quantité de seigle dans toutes les parties de la France, même dans les Départemens les plus fertiles, tandis que c'est la ressource des pays qui n'en ont point, & qu'il y a, dans toute l'étendue de la France, très-peu de terres assez mauvaises pour exiger du seigle. Enfin, choisissons une contrée dont le sol semble appeller davantage cette culture; on ne nous accusera pas de la choisir pour mieux défendre notre opinion, puisque nous prenons la partie de la Sologne, près de Chambord. Ce sont de pauvres sables qui ne sont pas bons pour le blé; mais, comme la nature les a placés sur un fond de riche marne, s'ils étoient améliorés & qu'on y suivît un Cours d'Agriculture régulière, en y mettant d'abord des navets & du trèfle, ils rapporteroient plus de froment, qu'ils ne donnent de seigle aujourd'hui. On peut en dire autant des plus pauvres terres du Bourbonnois & du Nivernois. Il nous semble que, d'après ces exemples, on ne trouvera guères de terres qui ne soient susceptibles de rapporter du blé.

Mais, en partant de l'autre des deux points que nous avons indiqués comme la source de nos maux, les jachères, considérons les Cours de récoltes propres à la France, par rapport à l'intérêt national. Ce n'est pas-là une chose qu'il faille décider à la légère, & seulement d'après l'expérience de notre pays. Non-seulement notre sol & notre climat peuvent être différens; mais encore nous pouvons nous trouver dans une position particulière qui n'appartienne qu'à nous, & qui exige des modifications qui ne conviennent qu'à nous.

Nous avons un vaste territoire qui sembleroit fort au-dessus des besoins de notre consommation & de notre commerce & dont l'étendue pourroit faire pardonner les jachères, si elle ne les excusoit pas. Mais il y a deux circonstances qui doivent nous frapper; c'est le nombre de forêts nécessaires à un pays qui n'a pas de charbon de terre, ou qui ne s'en sert pas, & l'immensité de nos vignobles qu'il ne faut pas condamner non plus, sans un mûr examen, comme l'ont fait quelques Agronomes. *Voyez* VIGNOBLES. Or, quand on réfléchit qu'il y a nécessairement entre un sixième & un septième de la France en bois, que l'espace couvert de vignes est considérable, qu'on trouve, dans quelques Provinces, beaucoup de terres incultes, la quantité de terres de labour est si prodigieusement diminuée, qu'on voit avec étonnement qu'un peuple si nombreux puisse trouver assez de subsistances, tandis qu'un tiers ou un quart de ces mêmes terres de labour est en jachères ou mal cultivé.

C'est d'après des considérations générales, comme celles-là, qu'un cultivateur éclairé doit se conduire; il ne doit pas être arrêté par les objections mesquines de quelques esprits étroits, ou par les non-succès de la maladresse ou de l'ignorance; il doit savoir qu'il n'y a aucun usage, quelque mauvais qu'il soit, qui n'ait trouvé de zélés défenseurs dans tous les siècles, & qu'il faut voir l'Agriculture en grand, dans sa ferme, comme dans une Province entière ou dans un Empire. Il faut sur-tout qu'il prenne pour base de ses calculs, des faits bien avérés & généralement reconnus, au lieu de s'arrêter à la triste expérience ou aux raisonnemens captieux d'un voisin qui tient à ses opinions particulières. Qu'il examine donc les pays les plus fertiles & les mieux cultivés, & qu'il voye si toutes les terres de ces pays ne produisent pas tous les ans; qu'il s'informe si les moutons & les bestiaux, en grande quantité, proportionnellement à l'étendue de la propriété, ne sont pas indispensables à plusieurs égards; si les engrais ne dépendent pas d'eux, & si le grain ne dépend pas des engrais; qu'il se demande si en mettant en jachères les navets, les fèves, les choux, les carottes, les maïs & la luzerne des pays où on les cultive pour ne point avoir de jachères, cela seroit regardé, dans les Provinces comme des améliorations raisonnables. Il lui sera facile de se satisfaire sur tous ces points. Quel sera le fruit de ses recherches & de son examen? Pour peu qu'il sache lier deux idées, il conclura que, comme il est impossible d'entretenir assez de troupeaux pour les engrais, dans un pays où on laisse les terres en jachères, la première amélioration est de rendre ses jachères susceptibles de bestiaux & de moutons dont il a besoin. Il n'aura même aucun doute sur la justesse & la vérité de cette conséquence, lorsqu'il verra que c'est une méthode suivie dans les pays bien cultivés, quelque soit leur sol.

Mais, cherchant toujours à perdre l'expérience la plus générale, qu'on ne doit pas faire successivement deux récoltes de blé, & que, si cela est possible, on ne le fait qu'aux dépens des bestiaux & des moutons, & conséquemment du fumier. Il verra donc que les récoltes doivent êtres alternatives, & qu'une partie des terres de labour, doit soutenir le bétail, tandis que l'autre donnera du grain.

Cette considération le conduira à décider la nature des récoltes. Il faut, se dira-t-il, que les bestiaux mangent en Hiver comme en Été; conséquemment je proportionnerai les récoltes de chaque saison l'une à l'autre, & je maintiendrai la terre toujours en état.

Ce sont, à ce qu'il nous semble, des principes généraux. Ils sont, sans doute, susceptibles de quelques exceptions indiquées par la nature des choses; une terre peut être assez fertile pour se suffire à elle-même; elle peut produire continuellement du chanvre & du blé; il peut arriver que la situation auprès d'une grande Ville, la mette à portée d'avoir une surabondance d'engrais qui nécessitent un autre Cours de récoltes; il peut arriver qu'il soit utile de préférer certaines récoltes à d'autres, quoiqu'elles ne soient pas pour les bestiaux: mais ces exceptions ne détruisent pas les principes, & ces principes sont applicables au plus grand nombre des terres. Pour nourrir des bestiaux & des moutons pendant l'Hiver, il faut des navets, des choux, des pommes-de-terres, des raves, des carottes, des panais, des fèves, de la vesce; pour leur nourriture d'Été, de l'herbe cultivée de toute espèce, qu'il faut nécessairement adapter à la qualité du sol, & faire durer en proportion de la pauvreté ou de la nature de l'herbe.

Aussi se trouve-t-il des Cours de récoltes qui peuvent convenir à presque tous les sols du monde, tels que les suivans, 1. racines, choux ou autres légumes; 2. grain; 3. herbages; 4. grain; ou bien: 1. racines ou choux; 2. grain; 3. herbages; 4. légumes ou maïs, chanvre ou lin; 5. grains. Dans ces Cours, la principale distinction, relative au sol, sera le nombre d'années que l'herbe produira.

« Sans engrais, avons-nous dit nous-mêmes, dans un Mémoire imprimé parmi ceux de la Société d'Agriculture (Trimestre d'Automne 1791), sans engrais, point de culture; sans bestiaux, point d'engrais; sans prairies point de bestiaux. » Ces vérités nous ont toujours semblé la base du véritable système agricole, & s'il nous étoit permis de citer notre travail, après celui de *M. Arthur Young*, que nous reconnoîtrons toujours pour notre maître, nous rapporterions la plus grande partie de ce Mémoire qui traite du système à suivre pour l'amélioration d'une propriété rurale.

Mais, en y renvoyant nos Lecteurs pour tout ce qui tient aux réflexions & à la discussion des principes, nous ne pouvons nous empêcher de placer ici le fait remarquable qui nous en a donné l'idée. C'est la manière la plus sûre de rendre hommage aux principes du cultivateur qui nous a guidés dans cet article, & de persuader, en même-tems, ceux qui pourroient en douter encore. Il s'agit d'une amélioration opérée, en assez peu d'années, dans un lieu du Palatinat, que son sol & sa situation sembloient désigner pour l'asyle de la misère.

« Le village de Münchszell (c'est le nom du lieu), à quatre lieues de Heidelberg, ou environ, est situé dans une vallée étroite qui a sa direction du Nord au Midi. A l'Est, s'étend une montagne peu élevée & toute couverte de bois; la rase campagne qui est du côté de l'Ouest est raboteuse, inégale, & se termine aussi peu-à-peu en montagne ou colline élevée. Le sol est généralement plutôt blanchâtre, que rougeâtre, & peu fertile par lui-même. D'ailleurs rien ne le défend des vents du Nord, tandis qu'il est soustrait à l'influence bienfaisante des vents d'Ouest & Sud-Ouest, si favorables à ces contrées. Ajoutez à ces inconvéniens, que le voisinage de la forêt à l'Est, entretient une fraîcheur nuisible à la maturité des productions. »

Cet endroit est d'ailleurs éloigné de toute espèce de débouché. La Ville Impériale d'Heilbronn en est à huit grandes lieues, & c'est la plus voisine du côté du Nord, de l'Est & du Sud. A l'Ouest est la petite Ville de Neckergemünd, qui n'est éloignée que de deux lieues; mais cette Ville ne peut être considérée que comme un gros Bourg dont la plupart des Habitans sont Cultivateurs, & n'ont pas besoin de rien acheter aux Paysans des environs. Heidelberg, distant de quatre lieues, est donc le seul endroit un peu considérable, assez voisin pour offrir un débouché utile & moins coûteux. Mais la campagne qui environne Heidelberg est une des plus riches de l'Europe: elle fournit amplement cette Ville de tous ses besoins, & les Habitans des Münchszell y trouveroient plutôt à acheter qu'à vendre. »

« Tout le territoire, en y renfermant les propriétés Seigneuriales, comprend six cent soixante-seize arpens de terres labourables, en comptant l'arpent à cent soixante verges ou perches de Nuremberg; trente-six arpens & demi de prés, & neuf arpens & demi de jardins; en tout sept cent vingt-deux arpens. De ces sept cent vingt-deux arpens, les Seigneurs ont cent quatre-vingt-sept arpens de terres labourables, dix-neuf arpens de prairies, quatre arpens & demi de jardins; ainsi, en tout deux cent dix arpens & demi. Lesquels deux cent dix arpens & demi retranchés de la somme totale du territoire, laissent cinq cent onze arpens & demi pour le reste des Habitans. »

« Sur ce misérable territoire, on comptoit autrefois quarante-cinq familles (mes notes en portent même cinquante-une), deux cent quarante personnes, & en tout cinquante-six pièces de bétail. Aussi ce Village passoit-il pour le plus pauvre des environs, & on y trouvoit à peine un ou deux Artisans des plus nécessaires. Les terres labourables déjà très-médiocres de leur nature, encore devenues plus mauvaises par la négligence & l'ignorance des Cultivateurs, de manière qu'au renouvellement du rôle pour l'imposition territoriale, qui se fait tous les cinquante ans, on ne compta parmi quatre cent quatre-vingt-neuf arpens, qu'un arpent de bonne terre, quarante-un de médiocres, & le reste de mauvaises, même excessivement mauvaises, selon l'expression des Taxateurs. »

« Doit-on s'étonner d'un pareil état de choses, quand on réfléchit que, sans les engrais, il n'y a point de culture, particulièrement dans les lieux où le terrain est si médiocre, quand on observe qu'on ne pouvoit en obtenir dans ce Village que de cinquante-six pièces de bétail, pour plus de cinq cens arpens? Encore une partie des engrais que ces bestiaux produisoient se perdoit-elle par la pâture dans les bois. Cependant il eût été difficile d'entretenir un bétail plus nombreux, puisqu'on n'avoit que dix-sept arpens & demi de prés, en général d'une très-mauvaise qualité, si peu abondans que chaque arpent donnoit à peine un char de foin, en y comprenant le regain, & qu'en mêlant ce fourrage avec la paille, on étoit bien embarrassé de fournir, pendant l'Hiver, à la nourriture des bestiaux que l'on avoit. On manquoit également de communes pour la pâture d'Eté & de Printems; les bœufs & les vaches étoient conduits dans les bois où ils paissoient souvent le jour & la nuit; &, lorsqu'ils s'écartoient des limites, ils exposoient leurs Propriétaires à payer des amendes, toujours trop considérables pour eux. On ignoroit presqu'entièrement ce que c'étoit que prés artificiels. On avoit, à la vérité, commencé à cultiver un peu d'esparcette & de trèfle rouge; mais en si petite quantité & avec un succès si peu marqué, que personne n'avoit été tenté de multiplier ces essais. »

« C'est dans cet état que la terre de Münchszell fut vendue, en 1777, par M. Reizenstein, à MM. d'Uxküll. Ces nouveaux Propriétaires, aussi touchés du malheur des Habitans que de leur propre intérêt, résolurent de les arracher, à tout prix, à une situation aussi pénible. Ils firent choix de M. Spring, qui leur avoit été recommandé par un Agronome du premier mérite. Ils lui donnèrent plein pouvoir de faire tous les changemens & toutes les améliorations qu'il jugeroit convenables & possibles. Ce fut au mois d'Octobre 1777 que M. Spring s'établit à Münchszell qu'il ne connoissoit point. Quel fut son étonnement, lorsqu'il vit & qu'on lui dit que la moisson des grains d'Hiver rapportoit à peine six mille gerbes, en y comprenant la dixme, & celle des Mars la moitié, & même moins! Il le fut bien plus encore, quand il apprit que les Propriétaires qu'il représentoit, n'avoient que seize à vingt bêtes à cornes, tandis qu'ils possédoient 220 arpens (en y comprenant dix arpens de prés dans le territoire de Mercksheim), & qu'on n'avoit pas même de quoi nourrir ce peu de bétail. Il se consola d'abord un peu, en apprenant que le trèfle rouge n'avoit pas été cultivé tout-à-fait sans succès, & qu'un marnage d'espèce de gypse ou de marne crayeuse réussissoit assez bien. Sa première résolution fut de proportionner la quantité du bétail à la grandeur de la terre, & il la détermina de soixante pièces. Mais il n'avoit ni étable pour le recevoir, ni fourrage pour le nourrir. En conséquence, dès le Printems de 1778, il sema soixante arpens en trèfle, moitié dans les grains d'Hiver, moitié dans les Mars. Il lui fallut essuyer les mauvaises plaisanteries & les critiques de ses voisins; mais rien ne le détourna de son but. En même-tems il entreprit la construction d'une étable. Quand ce bâtiment fut construit & qu'il eut suffisamment de fourrage, il pensa à se procurer les bestiaux. C'est ce qu'il exécuta en 1779. Il avoit éprouvé que les bêtes à cornes tirées directement & immédiatement de la Suisse, dégénéroient par le changement d'air & de nourriture; mais il n'ignoroit pas non plus combien leur espèce étoit préférable à toutes les autres, & en conséquence il acheta dans le Würtemberg, des bêtes à cornes d'origine Suisse; il fit aussi venir quelques belles vaches du canton de Berne, dont il obtint ensuite deux superbes taureaux. »

« Il s'appliqua à étendre & perfectionner les prairies artificielles, & il essaya d'adopter une autre méthode que celle qui étoit connue dans le pays, & qu'il avoit d'abord employée lui-même, parce qu'on lui avoit dit qu'elle réussissoit assez; c'étoit l'usage de marner tous les ans les terres destinées aux prairies. Il s'apperçut que cet usage n'amélioroit, en aucune manière, la quantité ni la qualité des productions, & qu'une terre non marnée ou non gypsée, selon l'expression des Habitans, donnoit les mêmes produits, quand elle étoit de même nature. Il abandonna donc ce marnage, qui lui parut inutile, pour suivre l'exemple des Cultivateurs de Souabe, ses Compatriotes, c'est-à-dire, qu'il commença à engraisser ses prairies, & l'effet surpassa son attente. » *Voyez* Engrais.

« Les bêtes à laine attirèrent aussi l'attention de M. Spring. Le troupeau de ses Commettans étoit de deux cens, & ils l'affermoient annuellement soixante-quinze florins, à un Berger qui les faisoit paître dans une espèce de commune en friche, de six arpens & demi. M. Spring, en appercevant cette portion de terrein négligée, demanda pourquoi on ne la cultivoit pas. On lui répondit qu'elle servoit à la pâture du troupeau, & que c'étoit pour la même raison qu'on laissoit subsister un petit bois de bouleaux dans le voisinage, parce qu'en abattant ce bois, on ôteroit au Berger le droit de conduire son troupeau sur la pièce de terre indiquée. M. Spring fit abattre le bois & façonner la pièce de terre. Tous les habitans étonnés se hâtèrent de prédire la destruction du troupeau, & le Fermier renonça à son bail; mais il s'en trouva un autre, en 1779, qui le prit pour trois ans, à raison de cent florins par an. Il trouva son marché si avantageux qu'il le renouvella encore pour trois ans, & l'ancien Fermier revint ensuite se présenter, quoique M. Spring eût encore diminué la vaine pâture de cinq arpens & demi. Mais il faut observer qu'en Juin & Juillet, M. Spring abandonnoit au Fermier quelques arpens de trèfle qu'il faisoit manger sur place. »

« La multiplication & l'état satisfaisant des bestiaux, lui firent penser à tirer parti du laitage. Quoiqu'il n'y en eût qu'à-peu-près la moitié qui donnassent du lait, il parvint, en ne faisant du beurre que pour les besoins journaliers, à fabriquer une quantité de fromages, selon la méthode Suisse, suffisante pour en retirer un revenu annuel de cinq cens florins, en le comptant à dix kreutzers la livre. »

« En général, l'ensemble des améliorations a plus que triplé le revenu de la terre, en y comprenant les frais des avances. Dans l'année où M. Jung (Agronome célèbre de la Soc. Econ. du Palatinat) l'a vu, il avoit du fourrage en abondance, &, au lieu du produit ordinaire de cinq ou six mille gerbes de grains d'Hiver, il en a eu dix mille. Les Mars n'ont pas rapporté beaucoup plus qu'auparavant. Mais quinze journaux de turneps ou navets lui ont donné un produit de neuf cent un florins & trente-six kreutzers. En un mot, M. Spring, en adoptant un bon systême d'économie, est parvenu, en très-peu d'années, à métamorphoser Münchizell en l'une des terres les plus productives des environs. »

« Mais ce qui doit fixer plus particulièrement l'attention des amis de l'humanité, ce qui démontre jusqu'à l'évidence combien les riches Propriétaires peuvent influer sur les progrès de l'Agriculture; c'est l'heureux effet que l'exemple de M. Spring a produit sur les Habitans du pays. Leur récolte de grains d'Hiver est actuellement doublée; les jachères sont aux trois quarts supprimées; les prairies artificielles occupent leur industrie; leurs bestiaux sont multipliés au point qu'au lieu de cinquante-six pièces de bétail, ils en avoient plus de cent soixante-dix ou cent quatre-vingt-sept dont l'espèce étoit déjà fort améliorée par celle que M. Spring avoit introduite dans le canton. Les propriétés ont prodigieusement augmenté de valeur; on payoit autrefois quatre-vingt à cent florins des meilleures terres & des plus voisines du village; & l'arpent des mêmes terres coûte à présent de quatre à cinq cens florins. La population a fait des progrès dans les mêmes proportions; des bâtimens neufs & solides, & des granges vastes & bien disposées, ont remplacé les misérables chaumières qu'on voyoit autrefois dans le Village; l'activité a succédé à cette inertie que produit la misère, & les Cultivateurs s'empressent de demander des conseils, ou de se rendre compte de leurs opérations. »

Ce double tableau, sur l'exactitude duquel on peut compter, en présentant la misère d'un côté & la prospérité de l'autre, est bien propre, ce nous semble, à nous engager à méditer les principes excellens de M. Arthur-Young développés dans cet article. Il ne tient qu'à nous de présenter bien-tôt un contraste aussi satisfaisant dans une portion considérable de la France, & nous serons convaincus alors par le fait, que le bonheur & la force de l'État se composent du bonheur & des richesses des particuliers. (*M. J. B. Dubois.*)

COURSON. C'est la partie d'une branche taillée à deux ou trois yeux, laquelle reste à l'arbre pour fournir des branches propres à garnir un vuide dans les espaliers. La méthode des Coursons est bonne; mais il faut en user modérément. *Voyez* l'article Taille, au Dictionnaire des Arbres. (*M. Thouin.*)

COURTE-HALEINE. Respiration difficile & fréquente des animaux. Elle est quelquefois l'effet d'une maladie vive, qui dérange les fonctions des organes de la respiration; le plus souvent c'est une incommodité ou une maladie chronique. *Voyez* Asthme & Pousse. (*M. Tessier.*)

COURTE-QUEUE (gobet à) variété au *Prunus cerasus*

cerasus. L. *Voyez* l'article Cerisier, au Dictionnaire des Arbres. (*M. Thouin.*)

COURTEROLLE. Nom que l'on donne à la Courtillière. *Voyez* Courtilliere. (*M. Tessier.*)

COURTIL, COURTILLE, COURTEIL, COURTILLAGE, COURTILLEUR, COUTILLIER. Toutes ces expressions sont tombées en désuétude, les quatre premières sont synonymes; elles signifient un jardinet, un petit terrain propre à cultiver des légumes, près de la cour. Il y avoit certainement une différence entre Courtil & Jardin; différence qui tenoit probablement à la position & à l'étendue, un acte du tems d'Edouard I.er les distingue; on y lit: *cum quodam gardino & curtilagio.*

Le nom de Courtil a aussi été donné à une petite borderie ou masure, tenant au logis du maître, & celui de *Courtillage*, aux redevances dont les Courtils étoient chargés & aux fruits mêmes qui y croissoient.

On nommoit *Courtilleur* & *Coutillier*, le jardinier qui cultivoit un Courtil & par suite, les moines appellerent ainsi celui d'entr'eux, qui étoit chargé de fournir des légumes au couvent.

Nous n'avons pas besoin d'indiquer que c'est là l'origine de la dénomination de *Courtillière* donnée à un animal, destructeur, fléau de nos jardins.

Mais on peut faire sur le mot de *Courtil* & ceux qui lui ressemblent, avec observation générale qui ne laisse aucun doute sur son origine & sa signification; c'est que ce mot qu'on retrouve dans la langue Grecque, dans la Latine & dans la Celtique, est un de ces mots primitifs, communs à différens idiômes. En Grec, le mot χορτος signifie de l'herbe & aussi un lieu fermé. Le mot *hortus* des Latins n'a pas d'autre origine; les lettres aspirées se changent aisément. (*M. Tessier.*)

COURTILS; ce sont des terrains attenants aux habitans des gens de campagne, soit qu'ils fassent partie de leurs cours, d'où vient leur nom, soit qu'ils soient situés hors de la cour. On y sème du chanvre, des légumes & quelquefois des grains. Ces terrains sont ordinairement d'excellentes qualités, parce qu'ils sont à portée de recevoir les meilleurs engrais. (*M. Tessier.*)

COURTILLIERE. Cet insecte que l'on connoît encore sous le nom de Courtille, grillon-taupe, taupe-grillon & taupette, se trouve décrit dans le système de Linné sous le nom de *gryllus*, *gryllo-talpa* ou *gryllus acheta*, *alis caudatis elytro longioribus palmatis tomentosis*. *Voyez* le Diction. d'Insectologie de l'Encyclopédie, sous l'article Grillon-Taupe.

La Courtillière que Linné a rangé parmi les grillons, s'en distingue cependant très-aisément par une conformation particulière qui lui donne un aspect hideux. Quand elle a pris tout son accroissement elle a une longueur de trois à quatre pouces, elle est d'un gris obscur, tant soit peu chatoyante & couverte d'une épiderme veloutée qui la rend douce au toucher. La tête de la Courtillière n'est que petite relativement au reste du corps, de forme alongée, garnie de deux antennes uniformes, longues, & de quatre antennules grandes & grosses; derrière les antennes on remarque deux gros yeux durs, brillans & noirâtres, entre lesquelles on en voit trois autres lisses plus petits & tous rangés sur une même ligne transversale. Le corçelet présente une espèce de cuirasse alongée, presque cylindrique & comme veloutée. Les étuis qui sont courts n'arrivent que jusqu'au milieu du ventre; ils sont croisés l'un sur l'autre & ont de grosses nervures brunes, presque noirâtres; les ailes sont repliées & se terminent en pointes plus longues que le ventre de l'animal. Ce ventre est mou & se termine également par deux appendices assez longues; les oreilles antérieures de la Courtillière sont très-grosses, applaties, les jambes sont très-larges & se terminent en-dehors par quatre grosses griffes en scie, & en-dedans par deux seulement. M. Geoffroi a observé que souvent le pied est caché entre les griffes.

La Courtillière aime par préférence les lieux humides & passe la plus grande partie de sa vie sous terre, principalement dans les parties inférieures des couches des jardins; elle sort de nuit & se montre même dès le coucher du soleil, & marche ordinairement très-lentement; mais, lorsqu'elle se trouve pressée, elle saute à-peu-près comme les sauterelles, & alors sa course est assez prompte. Elle se nourrit de plusieurs graines dont elle fait provision en Été pour s'en nourrir ensuite en Hiver. On a prétendu qu'elle se nourrissoit de fiente de cheval; mais, si elle va à la recherche de ces excrémens, c'est peut-être à cause des débris de graines dont une partie est presque toujours rendue par le cheval, sans avoir éprouvé beaucoup de changement. On croit qu'elle peut jeûner plusieurs jours sans souffrir. Les parties intérieures de cet insecte sont dignes d'observation, on y distingue plusieurs estomacs comme dans les animaux ruminans.

La Courtillière est le fléau des plantes-potagères & des fleurs, sur-tout de celles à racines succulentes & bulbeuses; elle attaque très-souvent les melons, les courges, les laitues & les plantes analogues. A l'aide de ses dents & des pattes en scie, elle attaque & ronge ces racines, quelques grosses qu'elles soient, & les ravages qu'elle occasionne sont d'autant plus à redouter que souvent on ne s'en apperçoit que lorsqu'il n'est plus tems d'y remédier. Peu de jours suffisent à cet animal pour anéantir les plus belles espérances du jardinier.

Ce nom de Grillon-taupe a probablement été

donné à la Courtillière à cause du bruit qu'elle fait entendre, & qui ressemble beaucoup à celui des Grillons des champs : en plusieurs pays les paysans croyent que l'année sera fertile lorsque les Courtillières font ce cri. La conformation analogue entre les pattes de devant de cet insecte avec celles de la taupe, & son aptitude de s'en servir de la même manière que les taupes, a probablement donné naissance à la dernière dénomination.

La Courtillière se trouve dans les quatre parties du monde ; mais elle acquiert un plus gros volume dans les climats tempérés & froids que dans ceux qui sont forts chauds ; j'ai été à même de comparer plusieurs individus qui avoient été apportés de l'Amérique septentrionale & de l'Afrique avec ceux que nous trouvons en Europe ; mais ces dernières se distinguoient toujours par leur volume, quoique pour le reste la différence du climat ne paroissoit pas avoir apporté de changement sensible dans l'espèce.

En Suède où la Courtillière est très-commune, on a observé qu'elles chantoient ordinairement vers le soir, à l'instar des autres grillons. En France, elle n'est pas moins commune ; on en trouve sur-tout un très-grand nombre dans la Normandie où on la désigne ordinairement sous le nom de Taupette ; les personnes qui s'occupent des travaux des jardins, sont, à ce que l'on dit, souvent mordues ou pincées par les pattes de l'animal ; on croit que cette morsure est un peu vénimeuse. En lavant la partie qui a été mordue avec du vinaigre chaud, on prévient les suites de ces morsures. On prétend qu'il n'y a point de Courtillières en Bretagne.

La Courtillière marque beaucoup d'adresse dans la construction de son nid ; elle choisit une motte de terre solide, grosse comme un œuf de poule, dans laquelle elle pratique un trou, qui lui sert pour entrer & pour sortir ; elle forme en-dedans de cette motte une cavité assez grande pour contenir deux avelines ; une cavité pareille est assez spacieuse pour contenir les œufs de la Courtillière qu'elle y dépose en nombre de cent ou cent cinquante environ. Après la ponte, la Courtillière a grand soin de fermer exactement l'entrée de cette chambre ; car, sans cette précaution, ces œufs seroient bien-tôt attaqués par plusieurs insectes, qui vivent également sous terre, & qui les recherchent avec empressement. On prétend que les Courtillières creusent autour de leur nid une espèce de chemin couvert ou de fossé, dans lequel une d'entr'elles fait la sentinelle, pour ne point être surprises. Lorsque l'Hiver approche, les Courtillières emportent le réservoir qui contient les œufs ; elles le transportent fort avant en terre, toujours au-dessous de l'endroit où la gelée pénètre. A mesure que le tems s'adoucit, elles approchent le magasin de la superficie, pour lui faire subir l'impression de l'air ou du soleil ; en cas qu'une nouvelle gelée succède, elles regagnent la profondeur. Les jeunes Courtillières éclosent, pour l'ordinaire, vers le mois de Mai.

On a conseillé différentes méthodes pour détruire les Courtillières, & pour les chasser des jardins dans lesquels elles se sont une fois introduites. Le meilleur moyen est de remplir d'eau leur trou ou retraite, & d'y verser subitement une cuillerée d'huile de chenevis ; aussitôt ces insectes quitteront leur retraite, noirciront & périront. Ce secret est, dit-on, dû à un certain Augustin Pillaut, Artisan Lorrain, qui le vendit, en 1765, à Louis XV ; le baume de soufre, l'essence de térébenthine, ou toute autre huile d'odeur forte, seroit peut-être tout aussi efficace. En cas que l'on préfère cette huile, il faudroit, pour l'employer avec plus de succès, en mettre plein un verre dans un arrosoir rempli d'eau, & arroser les trous & leurs environs à la manière ordinaire. Toute huile grasse, comme de lin, de noix, d'olive, produira à-peu-près le même effet, en interceptant subitement la respiration de l'animal. Les terres engraissées avec le crotin de mouton sont rarement sujettes aux ravages des Courtillières ; la fiente de cochon doit faire le même effet ; enfin toutes les drogues dont l'odeur forte se fait sentir au loin, ou qui, se communiquant aisément à la terre, peuvent être employées avec avantage contre ces insectes dangereux. On ne peut assez recommander aux jardiniers qui labourent la terre dans les premiers jours du Printems, d'écraser soigneusement les mottes de figure ovoïde que la bèche ou la houe fait sortir de terre ; elles contiennent ordinairement des couvées d'œufs de la Courtillière, & l'on sauvera par ce moyen souvent plusieurs arpens de plantes potagères, qui tomberoient vers le milieu de l'Eté sous la dent meurtrière de la Courtillière. (*M. Gruvel.*)

COURTINE. Les paysans du pays de Vaud & de la Savoye, donnent ce nom au tas de fumier qu'ils pratiquent dans la cour de leurs fermes ou métairies. Ils les pratiquent ordinairement dans l'endroit le plus bas de la cour, mais sans creuser de fosse, ni prendre aucuns soins pour la conservation de l'eau ou liser. Aussi la terre en absorbe-t-elle une portion considérable, & l'on ne peut en obtenir qu'après les fortes pluyes où il est aqueux & moins favorable à la végétation. Je parle en général, car les cultivateurs intelligens, ont des soins pour l'augmentation & la conservation des engrais que la raison, avant tous les Agronomes, a conseillés.

J'ignore quelle peut être l'origine de ce mot COURTINE, mais il est généralement employé dans ces pays-là. *Voyez* FUMIER. (*M. Reynier.*)

COURTINE. Les paysans du Champsaur donnent ce nom, suivant M. Villars, à une espèce de plantain qu'ils accusent faussement de donner le pissement de sang à leurs moutons. Comme les plantains, décrits par M. Villars, sont assez difficiles à reconnoître, je ne puis dire précisément quelle espèce est cette Courtine. M. Villars la regarde comme une variété de son *Pl. Serpentina. Voyez* PLANTAIN. (*M. Reynier.*)

COURTON ou CORDON. On donne ce nom à des écheveaux de filasse légèrement tors, qui passent des mains des cultivateurs dans celles des fabricants. *Voyez* l'article CHANVRE. (*M. Thouin.*)

COURTON. C'est après l'étoupe, la plus mauvaise espèce de chanvre. On l'appelle ainsi, parce qu'elle est très-courte. Les autres espèces sont le chanvre proprement dit, la filasse & l'étoupe. (*Anc. Ency.*) (*M. Thouin.*)

COURTPENDU. Nom que beaucoup de personnes donnent à la variété du pommier plus connue sous le nom de *Capendu.*

C'est une des variétés du *Pyrus Malus, L. Voyez* POMMIER, dans le Dictionnaire des Arbres & Arbustes. (*M. Reynier.*)

COUS ou COUM. Nom vulgaire d'une espèce de cyclamen, qui croît dans l'Isle de Chio. Ses feuilles sont rondes, & d'un beau rouge en dessous. Sa fleur est purpurine, & ne s'ouvre qu'en Hiver, en quoi il paroît différer de notre cyclamen d'Europe. Quelques Botanistes regardent cette plante comme devant former une espèce distincte des autres du même genre, & l'ont nommée *Cyclamen orientale. Voyez* l'article CICLAME. (*M. Thouin.*)

COUSCOUSSOU. Les Arabes réduisent le blé de Barbarie en une espèce de semoule ou de gruau : ce froment n'est pas cassé en fragmens arrondis comme les gruaux d'Europe, mais en éclats applatis qui ont presque la transparence de la corne.

Lorsqu'ils veulent s'en nourrir, ils mettent cette semoule dans une terrine avec un peu d'eau, & la tournent pendant quelques momens avec une spatule ou même avec les mains. Ces fragmens applatis se réunissent & forment des grains arrondis; c'est dans cet état qu'on la nomme le *Couscoussou.*

Ils la cuisent dans des vaisseaux percés à jour qu'ils placent sur la marmite où ils cuisent la viande, ou seulement sur une marmite pleine d'eau. La vapeur amollit cette semoule, la gonfle; & c'est dans cet état qu'ils s'en nourrissent en guise de pain. En voyage, ils se bornent souvent à amollir la semoule avec de l'eau.

Je dois ces détails à M. Desfontaines, qui a bien voulu me les communiquer. Les observations qu'il a faites sur les usages des Arabes, rendent bien précieuse la Relation qu'il nous fait espérer de ses Voyages.

M. l'Abbé Poiret parle d'une manière assez peu détaillée du Couscoussou sous le nom Courcouçon, dans son voyage de Barbarie; mais ce qu'il en dit confirme les détails qui m'ont été fournis par M. Desfontaines. (*M. Reynier.*)

COUSIN. (Grand) Nom vulgaire, au rapport de Nicholson, du *Triumphetta Lappula L.* plante dont les fruits s'attachent aux habits des passans.

COUSIN. (petit) Nom vulgaire du *Triumphetta Bartramia.* L. l'Auteur d'un voyage fait à la Martinique, en 1751, dit qu'on donne ce nom à une espèce d'*hedysarum*, & en général à toutes les plantes dont les fruits s'attachent aux habillemens & aux poils des animaux. (*M. Reynier.*)

COUSSAPIER, *Coussapoa.*

Genre de plante de la famille des FIGUIERS qui comprend deux espèces; ce sont des arbres remplis d'un suc jaune; à feuilles simples & alternes; à fleurs axillaires réunies en têtes sphériques & d'ailleurs peu connues : ils sont étrangers &, dans notre climat, de serre-chaude où leur rareté seule, quand même leur feuillage n'intéresseroit pas, les feroit accueillir.

1. COUSSAPIER à large feuille.
Coussapoa latifolia. La M. Dict. ♄.
2. COUSSAPIER à feuille étroite.
Coussapoa angustifolia. La M. Dict. ♄.

1. Le Coussapier à large feuille, sous une écorce grisâtre & une cime à branches droites, écartées & un peu inclinées, s'élève à une grande hauteur. Ses feuilles presqu'orbiculaires, à nervures saillantes, à queue proportionnée, sont larges de trois pouces & longues de cinq pouces, lisses, fermes, roussâtres en-dessous & absolument sans dentelures; elles sont placées alternativement & prolongées en naissant par une large écaille qui tombe & laisse une cicatrice : de leurs aisselles il sort des jets qui, à une petite distance, se coudent plusieurs fois en formant des prolongemens courts sur lesquels sont portées des petites têtes rondes qui contiennent les parties de la fructification & peu connues. Si l'on entame l'écorce ou les autres parties de ces arbres, il en découle une liqueur jaunâtre. Il croît dans les grandes forêts de la Guyane, qui s'étendent sur le bord de la rivière de Sénémari à cinquante lieues de son embouchure. *Aublet* l'a observé en fruits dans le mois de Novembre.

2. Coussapier à feuille étroite. Cette espèce offre un feuillage plus pittoresque que l'autre. Ses feuilles ont trois pouces dans leur longueur & deux pouces dans leur plus grande largeur : elles sont arrondies au sommet; & elles vont en retrécissant jusqu'à la base, où elles sont soutenues par une queue droite à laquelle se réunis-

sent deux nervures latérales qui parcourent presque tout l'olimbe sans s'écarter du bord. Les jets qui portent chacun une tête sphérique, où réside la fructification, sont plus courts que dans l'espèce précédente.

Aublet paroît avoir observé cette espèce aux mêmes lieux qu'habite la première : elle porte également son fruit en Novembre.

Culture. On peut consulter sur la culture propre aux Coussapiers les art. Couépi, Coulequin & Clusier n.° 4. ; le suc dont ils abondent avertit que les arrosemens, à leur égard, doivent être modérés & très-rares pendant l'Hiver. (*F. A. Quesné.*)

COUSSARI, Coussarea.

Genre de plante de la famille des Rubiacées, qui ne comprend qu'une espèce. C'est un arbrisseau à feuilles simples, opposées ; à fleurs terminales, disposées en bouquet & à quatre divisions assez petites ; à fruit à baie. Il est étranger & il ne se cultiveroit dans notre climat, qu'en serre chaude où il seroit estimé au moins pour les démonstrations : on pourroit essayer à le multiplier par marcottes, après se l'être procuré par Graines.

COUSSARI, violet.

COUSSAREA, *Violacea*, La M. Dict. ♄ Cayenne.

Le Coussari Violet s'élève de sept à huit pieds, les branches qui naissent dès le bas, & les feuilles sont placées en opposition en croix & écartées ; ce qui présente un arbrisseau d'un port rond & évidé. Les feuilles soutenues par une queue assez courte, sont larges de deux pouces & longues de plus de trois pouces en comprenant une pointe alongée au sommet ; elles sont sans dentelures, lisses, fermes & luisantes. Les fleurs qui sont blanches, à quatre divisions étroites & assemblées en petits bouquets à l'extrémité des branches sont remplacées par des baies violettes, recouvrant chacune une coque dans laquelle est une semence dure & coriace. Cet arbrisseau croît dans les grandes forêts de la Guiane : quartier de Caux ; il étoit en fleurs & en fruits dans les mois de Janvier lors qu'*Aublet* l'a observé.

Culture. Nous prions de consulter les articles, Courondi & Coulequin. Comme on ne pourroit guère compter pour la multiplication du Coussari violet sur les graines qui se récolteroient en Europe, elle se tenteroit probablement avec succès par marcotte sur-tout en poupée. *Voyez* Marcotte. (*F. A. Quesné.*)

COUSSIN. (aloës) Nom que les Cultivateurs Anglois donnent à *l'Aloë retusa.* L. *Voyez* Aloes, pouce écrasé n.° 15. (*M. Thouin.*)

COUSSON. C'est le nom que l'on donne dans la partie du Bourbonnois, où est située la ville de Gannat, au mylabre à croix blanche, insecte qui se trouve principalement dans les pois. *Voyez* Mylabre. (*M. Tessier.*)

COUSSON ou COSSON. Ce sont les yeux de la vigne. *Voyez* Œil & Bouton. (*M. Thouin.*)

COUTARDE, *Hydrolea.*

Genre de plante de la famille des Liserons, suivant M. de Jussieu. Il ne comprend qu'une espèce. C'est une plante herbacée, vivace, à feuilles simples & alternes ; à fleurs en bouquet terminal, elles sont à six divisions. Cette plante est étrangère & belle, elle ne pourroit se cultiver, dans notre climat, que sous verre : elle seroit recherchée pour les jardins d'agrémens comme pour ceux de Botanique, en faveur desquels il seroit à desirer qu'elle se multipliât ; les graines & les racines éclatées en donneront probablement les moyens.

COUTARDE épineuse. *Hydrolea Spinosa.* L. ♃ Cayenne.

Sur une racine ligneuse & rameuse s'élève à la hauteur de trois pieds, une tige avec des *Fléchissures* assez écartées, de chacune desquelles naît une feuille en lance, longue de deux pouces & demi sur six à sept lignes de largeur, sans queue, & sans dentelure : de son insertion sort un petit rameau avec la même habitude & portant à l'aisselle de ses feuilles plus petites & moins écartées, une épine longue d'un demi-pouce, il est ordinairement terminé par une épine un peu fléchie. Les rameaux les plus élevés & les plus longs portent à leur extrémité cinq à six fleurs rapprochées en bouquets à branches courtes : elles sont divisées en six parties & se couvrent sur les bords en formant une corolle arrondie de couleur bleue & d'un très-bel aspect. Ces fleurs se succèdent pendant presque tous les mois de l'année, & elles sont remplacées par des capsules renfermant des semences menues & brunes. Toutes les parties de cette plante sont chargées d'un duvet visqueux, & elle sont fort amères : elle croît dans les lieux humides & marécageux & aux bords des ruisseaux dans l'Isle de Cayenne.

Culture. Nous sommes persuadés que la Coutarde épineuse réussiroit en lui faisant passer l'Hiver dans la tannée de la serre chaude destinée plus particulièrement aux productions des lieux marécageux, si, malgré le goût qu'elle montre pour l'humidité, on ne l'arrosoit pas trop abondamment le tems du repos de la sève dans notre climat. Il faudroit s'attendre au dépérissement entier de ses tiges, même des dernières venues que nous ne couperions pourtant pas dans la crainte d'ouvrir une voie à la pourriture. Nous croyons qu'au Printems on se procureroit sur la racine de cette plante, de beaucoup plus belles pousses si on passoit le pot sous un chassis à tan pour l'y cultiver autant que la hauteur qu'elles prendroient. Elle acheveroit ses derniers développemens dans la tannée de la serre chaude, & peut-être sur une de ses tablettes dont elle feroit sans doute l'ornement, qui seroit d'autant plus précieux qu'il seroit rare.

Sa graine est probablement susceptible de conserver assez long-tems, le principe germinatif pour espérer que nos serres n'en seront pas long-temps privées. Elle pourroit être semée sur couche, sous la cloche ou sous-chassis. Dès que les plantules paroîtroient, on auroit les yeux ouverts sur la trop grande chaleur, sur les limaçons, les fourmis & à trois ou quatre feuilles, on en feroit la transplantion séparément dans des petits remplis de sable de bruyère auquel on ajouteroit moitié de terreau de fumier de vache; pour quelques individus, on mêleroit partie égale d'argille pure en vue d'instructions sur la culture de cette plante intéressante; au reste, on ne la laisseroit point manquer d'eau. Une autre facilité de multiplier cette plante se présentera peut-être, ce seroit la division de ses racines. (*F. A. Quesné.*)

COUTEAU de chaleur. Les maréchaux appellent ainsi un morceau de vieille faux avec lequel on abat la sueur des chevaux en le coulant doucement sur le poil : il est long à-peu-près d'un pied, large de trois à quatre doigts, mince, & ne coupe que d'un côté.

Couteau de feu, est un instrument dont les maréchaux se servent pour donner le feu aux parties des chevaux qui en ont besoin. Il consiste en un morceau de cuivre ou de fer long à-peu-près d'un pied, qui, par une de ses extrémités, est applati & forgé en façon de couteau, ayant le côté du dos épais d'un demi-pouce, & l'autre côté cinq à six fois moins épais. Après l'avoir fait rougir dans la forge, on l'applique par la partie la moins épaisse sur la peau du cheval, sans pourtant la percer, aux endroits qui en ont besoin. *Anc. Ency.* (*M. Tessier.*)

COUTILLES. Les Habitans des montagnes du Dauphiné donnent ce nom au *Festuca Spadicea.* L. suivant M. Villars. *Voyez* Fetuque dorée, n.° 8, seconde variété. (*M. Reynier.*)

COUTON. Arbre du Canada assez semblable à notre Noyer & rendant par les incisions qu'on y fait un suc vineux qui l'a fait appeler *arbor vinifera*, Couton, *jurglandi similis.* (Anc. Ency.)

Il est très-probable que cet arbre n'est autre chose que l'*acer negando* L. des Botanistes. *Voyez* Erable à feuilles de Fresne, au Dict. des Arbres & Arbustes. (*M. Thouin*).

COUTOUBÉE, *Coutoubea.*

Genre de plantes à fleurs monopétales, qui comprend des herbes exotiques annuelles, à feuilles opposées, simples. Les fleurs viennent en épi ou dans les aisselles des feuilles. Le fruit est une capsule ovoïde renfermant plusieurs semences menues. Ces plantes sont nommées *Coutoubea* par les *Galibis.*

Espèces.

1. Coutoubée blanche.

Coutoubea alba. La Mart. Dict.

Coutoubea spicata Aub. quia 72, ⊙ de la Guiane.

2. Coutoubée purpurine.

Coutoubea purpurea. La Mar. Dict.

Coutoubea romosa qui. 74, Tab. 28, ⊙ de la Guiane.

Description du port des Espèces.

1. Coutoubée blanche. S'élève à la hauteur de trois à quatre pieds. Sa racine est rameuse, fibreuse; elle pousse une tige feuillée, droite, presque quadrangulaire. Ses feuilles sont opposées, quelquefois terminées, amplexicaules, glabres, molles, un peu charnues; elles ont environ trois pouces de longueur sur un pouce de largeur. Les fleurs sont blanches, verticillées quatre à quatre. Cette plante croît aux bords des chemins, sur les bords des rivières & des ruisseaux, dans la terre ferme de la Guyane.

2. Coutoubée purpurine. Elle diffère de la précédente, parce qu'elle est rameuse, manchue. Ses feuilles sont plus petites, plus étroites; ses fleurs sont purpurines, opposées, solitaires dans chaque aisselle. Le fruit est plus large, plus renflé & marqué d'un sillon dans toute sa longueur; elle croît aux bords des ruisseaux & dans les déserts.

Usages & Propriétés.

Ces plantes sont amères; on les emploie dans le pays avec succès pour rétablir le cours des règles, pour guérir les maladies d'estomac qui dépendent du défaut de digestion ou des obstructions des viscères du bas-ventre, & spécialement pour tuer les vers.

Culture. Ces plantes n'ont pas encore été cultivées en France; mais il paroît qu'on pourroit semer les graines au Printems dans des petits pots remplis de terre légère, & couvrir très-peu les graines, les placer sur une couche chaude sous chassis, leur donner les soins ordinaires, les éclaircir, les mettre dans des pots plus grands, sans casser les mottes. Ces plantes ne paroissent être propres qu'aux jardins de Botanique, leur port n'offrant rien qui puisse intéresser. (*M. Menon.*)

COUTOUBON. Nom que les Habitans de la Guyane donnent, suivant Aublet, à la *Bailleria aspera*. Voyez BAILLERE franche. (*M. Reynier.*)

COUTRE. Morceau de fer tranchant adapté à l'âge de la charrue & dépassant le soc de quelques pouces en avant. Son action principale est de couper la terre pour faciliter le tirage des chevaux. Dans les charrues, appelés réversoirs, il est fixe, & dans celles dites tourne-raies, on le change de côté toutes les fois qu'on fait un nouveau sillon. *Voyez* le Dict. des Instr. (*M. Tessier.*)

COUTRE DE CHARRUE. La facilité que les malfaiteurs auroient d'enfoncer les portes les plus solides, avec ces instrumens, a déterminé différens Tribunaux à défendre de les laisser, la nuit, dans les champs. (*M. Tessier.*)

COUTURE, TERRES DE COUTURES. Dénomination dont on se sert dans le Morvand pour distinguer les terres dont une partie est en valeur & l'autre en repos, d'avec celles qui rapportent tous les ans. (*M. Tessier.*)

COUTURIERE. Nom d'un insecte nuisible à l'Agriculture. *Voyez* LIZETTE. (*M. Thouin.*)

COUVAIN. On donne ce nom à la totalité des vers renfermés dans les alvéoles des ruches, d'où naissent les essaims. *Voyez* ABEILLES, travail dans la ruche. (*M. Tessier.*)

COUVAISON. Saison où couvent les poules & les autres femelles des oiseaux de basse-cour. Ce moment est indiqué par la Nature, un peu plutôt pour les unes, un peu plus tard pour les autres. La durée de la Couvaison est plus longue pour certaines espèces que pour d'autres. *Voyez le Dict. des Oiseaux.* Les femmes de campagne auxquelles est confié le soin de la volaille, savent dans quel tems & de quelle manière il faut faire couver les poules & autres femelles. *Voyez*, dans ce Dictionnaire, les mots COQ, POULE, CANE, CANARD, OIE, JARS, &c. (*M. Tessier.*)

COUVÉE. Ce sont les œufs qu'on a laissés sous une poule ou un autre oiseau domestique, pour en avoir des petits. Ce mot s'applique aussi à la totalité des petits quand ils sont éclos & se retirent encore sous la mère. *Voyez* POULE. (*M. Tessier.*)

COUVELY. Mesure de grains à Athènes; elle pèse de 75 à 80 livres, poids de France. Cette mesure se divise en deux parties sous le nom de *Minocouvelo*, & pèse de 38 à 40 livres. (*M. Tessier.*)

COUVRAILLES. Expression analogue à celle de *semailles*. Les Couvrailles comme les semailles sont la saison où la terre nue se couvre de grains qu'on y sème. (*M. Tessier.*)

COUVRIR. C'est enterrer la semence, soit à la herse, soit à la charrue.

Couvrir se dit encore des animaux mâles occupés à saillir les femelles. (*M. Tessier.*)

COUVRIR. En jardinage, ce mot a différentes acceptions.

Couvrir des planches, des plate-bandes, c'est y semer des graines ou les garnir de plantes; c'est aussi dans ce sens qu'on doit couvrir une couche, quand elle est construite depuis quelques tems & entièrement établie.

Mais, si elle est nouvellement faite, alors on entend par le mot Couvrir qu'il faut charger la couche de terre ou de terreau.

Couvrir des chassis, des plantes, des arbres en fleurs, c'est les préserver, par le moyen de couvertures destinées à cet usage, des atteintes du froid & de la gelée, ou les mettre à couvert des rayons du soleil. *Voyez* le mot COUVERTURE. De toutes les opérations du jardinage celle de Couvrir & de découvrir les plantes à propos est une des plus assujétissantes dans les jardins où l'on cultive des primeurs; c'est de l'exactitude & de l'intelligence qu'on met à la pratiquer que dépend le plus souvent tout le succès de la culture des couches. (*M. Thouin.*)

COUVERTURE. Mot employé par les Jardiniers pour désigner les matières & ustensiles dont ils se servent pour couvrir leurs plantes & les défendre soit des rigueurs du froid, soit des rayons brûlans du soleil.

Pour garantir les plantes du froid, on se sert de paille, de feuilles sèches, de farines de fougère, de vieille tannée & même de terre sèche. Toutes ces manières sont bonnes, il ne s'agit que de les employer à propos. Cependant les meilleures sont celles qui s'imprègnent le plus difficilement d'humidité & qui la conservent le moins longtems, telles sont plus particulièrement les fannes de fougère.

Pour couvrir les vitraux des chassis & des serres, & garantir les plantes des atteintes du froid, on emploie fréquemment des paillassons dont on proportionne l'épaisseur & la quantité à l'intensité du froid. (*Voyez* le mot PAILLASSON.)

Les toiles, les canevas & les paillassons à claire-voie sont employés pour défendre les plantes délicates des rayons du soleil; mais ce n'est que pour celles qui sont renfermées sous des chassis ou dans des serres chaudes que ces Couvertures sont mises en usage. (*M. Thouin.*)

COUYONCE. On appelle ainsi à Réalmont la folle avoine, plante nuisible aux grains; c'est *l'avena fatua*, L. *Voyez* AVOINE follette.

COYEAU. Fourchet de bois faisant partie des pièces qui composent une charrue. *Voyez* CHARRUE. (*M. THOUIN.*)

CRACHAT. Larve d'une espèce de cigale. (*Cicada spumaria*, Telligone écumeuse Ol. Enc), qui s'enveloppe d'une espèce de sécrétion ou d'écume, & se fixe à l'aisselle des feuilles sur plusieurs plantes, & principalement sur les œillets. Cette larve ne leur fait aucun mal; mais, comme elle dépare les plantes, on aime à s'en débarrasser. Il suffit pour cela d'enlever l'insecte qui est au-dessous, alors l'écume qui l'enveloppe s'évapore en peu de tems, au lieu que beaucoup de personnes, qui ignorent la cause de ces Crachats, se bornent à les enlever, sont très-surprises d'en retrouver une aussi grande quantité le lendemain & accusent la plante de l'engendrer. (*M. REYNIER.*)

CRAION, CRAYON. Nom que l'on donne à une terre dure, grasse & huileuse en apparence, souvent stérile, qui se trouve plus ou moins profondément. Il y a du crayon blanc, il y en a de noirâtre, de grisâtre, de rouge. (*M. TESSIER.*)

CRAMBÉ, *CRAMBE.*

Genre de plante à fleurs polypétalées, de la famille des CRUCIFÈRES, qui comprend des arbres & des arbustes à feuilles alternes, plus ou moins laciniées dont les fleurs sont en panicule terminale. Le fruit est une silicule ronde, en forme de baie, caduque, à une loge qui contient une semence ronde. Ce genre est rangé dans la quinzième classe de Linné.

Espèces.

1. CRAMBÉ maritime, vulgairement *Chou marin.*
CRAMBE maritima. L. ♃ de l'Europe tempérée sur les bords de la mer.

2. CRAMBÉ du Levant.
CRAMBE orientalis. L. ♃ du Levant.

3. CRAMBÉ lacinié.
CRAMBE laciniata. ♃ de la Hongrie. La M. Dict.

4. CRAMBÉ d'Espagne.
CRAMBE Hyspanica. L. ⊙ d'Espagne.

5. CRAMBÉ à feuilles rudes.
CRAMBE scabra. La M. Dict. d'Afrique.

6. CRAMBÉ de Madère.
CRAMBE fruticosa. L. fil. de l'Isle de Madère.

Description du port des Espèces.

1. Crambé maritime. Cette plante a l'aspect d'un chou, s'élève à deux pieds au plus; elle est glauque dans toutes ses parties. Ses feuilles sont grandes, sinuées, crépues, lisses, à côtes épaisses, comme le chou cultivé. Les fleurs sont blanches. Ses tiges se divisent en plusieurs branches, qui sont garnies d'une feuille plus petite que celles d'en-bas : ces branches se soudivisent & forment une panicule lâche, d'un très-joli effet.

2. Crambé du Levant. Sa racine est vivace, forte, longue, blanche; le colet est raboteux, inégal; elle produit plusieurs feuilles, longues d'un à deux pieds, glabres, sinuées, dentées, étalées sur la terre. Les tiges sont hautes de quatre pieds & plus, très-rameuses, très-paniculées à leur sommet, soutenant une quantité prodigieuse de fleurs blanches, auxquelles il succède des baies orbiculaires, sèches, renfermant une semence ronde. Cette plante est d'un très-bel effet; elle fleurit en Juin, & dure assez longtems.

3. Crambé lacinié. Cette plante ressemble beaucoup à la précédente. Ses feuilles sont plus grandes & beaucoup plus laciniées. Ses tiges sont rameuses, mais ne forment pas une panicule aussi déliée que dans l'espèce n.° 2. Les tiges sont hautes de trois pieds : leurs ramifications sont terminées par des grappes courtes, qui soutiennent des fleurs blanches, plus grandes que dans la précédente, & dont les ovaires sont pédiculés. Elle fleurit en Juin.

4. Crambé d'Espagne. Sa racine est blanche, fusiforme, fibreuse; elle donne une tige d'un à trois pieds, striée, rameuse dans sa partie supérieure, chargée de poils roides tournés en-bas, qui la rendent âpre au toucher. Les fleurs sont blanches, disposées en grappes effilées, un peu rameuses & terminales. Fleurit en Juin.

5. Crambé à feuilles rudes. C'est un arbrisseau de quatre à six pieds. Sa tige est droite, noueuse dans sa partie supérieure, de la grosseur du petit doigt, à écorce grisâtre. Ses feuilles sont ovales pointues, dentées inégalement, chargées de poils courts très-roides, qui les rendent rudes au toucher, & quelquefois piquantes. Les fleurs sont petites, blanches, disposées en panicule lâche dont les ramifications capillaires soutiennent des grappes très-menues; fleurit en Mai, & perfectionne difficilement ses graines dans notre climat.

6. Crambé de Madère. La tige de cette espèce est ligneuse, roide comme celle de la précédente; ses feuilles sont plus petites, & remarquables par leur couleur blanchâtre. Les rameaux forment une panicule lâche dont les ramifications se terminent par des grappes courtes, de fleurs blanches, plus grandes que dans l'espèce précédente.

Culture. Les trois premières espèces se multiplient à volonté, par leurs racines vivaces qu'on est obligé d'éclaircir; on les place où on veut, & elles fleurissent au bout de deux ans, en se propageant d'elles-mêmes. On les multiplie aussi par les graines qu'on répand aussi-tôt qu'elles sont mûres, sur une terre légère, sablonneuse, où elles lèvent promptement.

Si on veut multiplier la première espèce en grand, pour l'usage, il faut aussi-tôt que les graines sont mûres, les répandre sur un sol sablonneux; celles qui leveront se multiplieront beaucoup par leurs racines, on arrêtera leurs progrès, en les éclaircissant pour les espacer : vers la fin de Septembre, on couvrira le terrein de sable, à la hauteur de quatre à cinq pouces : au commencement d'Avril, on regardera si le sable se lève; à fur & mesure que les jeunes pousses paroîtront, on les coupera pour l'usage, avant qu'elles paroissent tout-à-fait en-dehors. Les mêmes opérations se répéteront tous les ans en Automne, en observant que les plantes ne sont bonnes à couper qu'après un an d'accroissement, c'est-à-dire, dix-huit mois environ après leur plantation.

Les pousses qu'on ne coupera pas, se mettront à fleurs; il faudra même en réserver pour la graine.

La quatrième espèce, qui est annuelle, se sème en Mai, à place dans un terrein meuble & léger; elle fleurit en Juin, & ses semences mûrissent à la fin de Juillet.

Les cinquième & sixième espèces se cultivent en pots, & on les rentre l'Hiver dans les serres tempérées, sur l'appui des croisées, le plus près de l'air qu'il sera possible. Elles se multiplient aussi de boutures faites au Printems, qui n'ont besoin que quinze jours ou trois semaines pour s'enraciner. Ces plantes craignent, pendant l'Hiver, l'air stagnant des serres. Les pucerons sont friands des jeunes pousses, & si on ne les en écarte, ils les dévorent, & font périr les plantes. Ces plantes, quoique ligneuses, ne vivent que trois ou quatre ans; c'est pourquoi il faut les renouveller souvent par la voie des graines & des boutures. Elles sont plus rares qu'agréables, & on ne les cultive que dans les jardins de Botanique.

Usages & Propriétés.

D'agrément. Les trois premières espèces sont d'un joli effet dans les jardins paysagistes, dans les jardins d'agrémens, sur les bords des promenades, sur la bordure des bosquets. L'effet de la seconde espèce est plus grand & de plus longue durée. Il contraste agréablement avec l'*isatis tinctoria* & le *bunias orientalis* dont les fleurs sont jaunes.

Ces trois espèces forment, en général, des masses arrondies, volumineuses, composées de feuilles délicates, nombreuses, étalées sur la terre, d'une belle forme. Les tiges soutiennent une masse de ramifications, terminées par de petites fleurs blanches, qui produisent un effet agréable.

D'économie. La première espèce Crambé maritime, passe pour être vulnéraire. On prétend que ses feuilles & ses semences sont vermifuges & propres pour déterger & consolider les plaies.

Les Habitans des rivages de la mer où cette espèce croît en abondance, observent les endroits où le gravier est soulevé par les rejettons; ils les coupent avant qu'ils paroissent au-dehors; ils sont alors blancs, doux, tendres, & ils les mangent comme les autres espèces de choux; s'ils attendoient qu'ils fussent exposés à l'air, ils deviendroient durs & amers. Cette espèce peut servir d'aliment dans tous nos climats, par la culture que nous avons indiquée plus haut.

On peut aussi l'employer avec succès pour fixer les sables mouvans des bords de la mer. (*M. Menon.*)

CRAMOISIE. On donne cette épithète à une division des variétés de l'*Anemone coronaria*, L. à cause de leur couleur. *Voyez* Anémone des Fleuristes, n.° 9. (*M. Thouin.*)

CRAN. Nom que l'on donne dans plusieurs pays, au Tuf calcaire. (*M. Tessier.*)

CRAN ou CRAM. Les jardiniers donnent généralement ce nom au *Cochlearia*. L. *Voyez* Cranson rustique. (*M. Reynier.*)

CRANSON, *Cochlearia.*

Genre de plantes à fleurs polypétalées, de la famille des Crucifères, qui comprend des herbes indigènes de l'Europe; à feuilles alternes. Les fleurs sont en grappes terminales & latérales. Les filicules sont enflées, à superficie inégale; ou hérissée d'aspérités, partagées en deux loges renfermant deux à quatre semences ovales arrondies. Ce genre est rangé dans la 15.e classe de Linné.

Espèces.

1. Cranson officinal, vulgairement l'herbe aux cueillers.
Cochlearia officinalis. L. ⊖, ♂ de la Suisse,

2. Cranson Danois.
Cochlearia Danica. L. ⊖, ♂ du Danemarck, de la Suède.

3. Cranson d'Angleterre.
Cochlearia Anglica, L. ♂ d'Angleterre, sur les bords de la mer.

4. Clanson de Groënland.
Cochlearia Groenlandica. L. ⊖ du Groënland, de la Norwège.

5. Cranson corne de cerf.
Cochlearia coronopus. L. ⊖ de l'Europe, de la France.

6. Cranson de roche.
Cochlearia saxatilis. La M. Dict. flo. fr. 502-4, ♄ sur les rochers des Provinces méridionales de la France, d'Italie.

7. Cranson auriculé.
Cochlearia auriculata. La Mart. Dict. de l'Auvergne.

8. Cranson

8. Cranson dravier.

Cochlearia draba. L. ♄ du Midi de la France, d'Italie.

9. Cranson à feuilles de pastel.

Cochlearia glastifolia. L. ♂ des environs de Ratisbonne.

10. Cranson rustique. *Cram* ou *Moutarde des Capucins.*

Cochlearia armoracia. L. ♄, en France sur les bords des ruisseaux.

Description du port des Espèces en général & en particulier.

Les huit premières espèces de ce genre sont toutes de petites plantes, herbacées, rampantes, qui viennent à l'ombre, dans les lieux humides & incultes, sur les bords de la mer, notamment dans les endroits qu'elle baigne & qu'elle laisse à sec alternativement.

L'espèce, n.° 1.°, est la plus connue sous son nom latin *Cochlearia*, ce qui nous dispensera d'en donner la description; nous en parlerons pour la culture & pour ses propriétés.

L'espèce n.° 9, est la plus grande. Elle s'élève à la hauteur de 3 à 5 pieds. Sa tige est droite, feuillée, cylindrique, glabre, munie de rameaux simples. Ses feuilles inférieures sont oblongues, retrécies en pétiole à leur base. Les autres sont en cœur, sagittées, amplexicaules, d'une couleur glauque. Les fleurs sont blanches, petites, en grappes courtes & alternes, formant une panicule alongée & terminale. Il leur succède des silicules, globuleuses, remplies de semences rondes. Elle fleurit en Mai, & perfectionne ses graines en Juillet & Août.

10. CRANSON, rustique. Sa racine est fort grosse, longue, blanche, rampante. Sa tige est haute de 2 pieds, droite, cannelée, rameuse au sommet. Ses feuilles radicales sont droites, très-grandes, pétiolées, oblongues, glabres & nerveuses. Les supérieures sont longues & étroites. Les fleurs sont blanches, petites, disposées en grappes lâches & terminales. Les silicules sont enflées & presque globuleuses.

Culture. Toutes les espèces de Cranson n'ont aucun agrément, elles n'aiment que les lieux ombragés, ou les bords de la mer, & se trouvent rarement dans les jardins, même dans ceux de Botanique. Elles ont toutes à-peu-près les mêmes propriétés, que celles que l'on reconnoît au Cranson officinal.

Comme cette espèce est d'un très-grand usage, nous en donnerons la culture particulière.

Elle consiste à choisir une platte-bande, ou planche, au nord, à l'ombre dans une terre humide; longue à volonté, large de 3 pieds. On la creuse en forme d'auge, creux de 6 pouces seron & on y seme les graines en Juillet, c'est à-dire aussi-tôt qu'elles sont mûres, ou tout au plus tard en Automne, parce qu'elles lèvent mieux qu'en les semant au Printems. Quand les plantes seront assez fortes, on les éclaircira en les espaçant de quatre pouces en tout sens, & on les tiendra nettes de mauvaises herbes. Les jeunes plants qu'on en tirera pourront être repiqués ailleurs. Si la planche n'est pas assez humide par elle-même, ou que l'année soit sèche, on y conduira l'eau par une rigole ou par tout autre moyen, & cette eau reçue & séjournant dans les creux de la planche, y entretiendra l'humidité nécessaire pour l'accroissement & la conservation du jeune plant. Dans de nouveaux besoins, on commencera la même irrigation. Le plan deviendra fort & sera en plein rapport au Printems. La racine de cette plante est fibreuse, elle produit plusieurs feuilles rondes, succulentes & concaves comme une cuiller: ses tiges ont six pouces on un pied de hauteur, elles sont fragiles & garnies de feuilles oblongues & dentées, ce sont ces feuilles, ces tiges qu'on emploie. Comme on les cueille souvent, cette plante, quoiqu'annuelle, dure plus d'un an, Les tiges qu'on laissera monter donneront des fleurs en Mai & des graines en Juin qui serviront à renouveller le plant tous les ans.

9. Cranson, à feuilles de pastel. Elle se multiplie par ses graines qui réussissent mieux semées en Automne. On les éclaircit, on les sarcle & on les met en place au Printems. Il est cependant mieux de les semer, où l'on veut les avoir.

10. Cranson rustique, vulgairement le *grand raifort, raifort sauvage.* Cette espèce se multiplie par les bourgeons qu'on prend autour des vieilles racines, en Octobre pour les terreins secs, en Février pour les terreins humides. Il faut défoncer le terrein de deux fers de bêche, y faire une rigole de dix pouces de profondeur, dans lesquels on place les bourgeons à 5 ou 6 pouces de distance en tout sens: à côté de cette rigole, on en fait une seconde, troisième &c.... La plantation faite on remplit les rigoles & on remet les terres & le terrein de niveau. On a soin de tenir les plantations nettes de mauvaises herbes. De cette manière les racines seront longues, droites, sans aucunes petites racines latérales; & propres deux ans après pour l'usage. On pourroit même s'en servir au bout d'un an, mais le rapport seroit beaucoup moindre, tandis qu'il sera doublé à la seconde année si le terrein est riche & fort.

Usages.

D'économie. L'usage du Cranson officinal est très-fréquent sur-tout dans les maladies anti-scorbutiques. Il s'en fait une très-grande consommation dans certains hôpitaux, où on le cultive en grand selon la méthode que nous avons indiquée. Cette plante est apéritive, diurétique, déterfive, incifive: on l'emploie dans l'hydropifie, le calcul des reins & de la veffie, l'ictère, l'obftruction des vifcères, les affections pituiteufes. On prétend que fon fuc appliqué avec la plante pilée, guérit en peu de tems les taches du vifage. Les brebis mangent avec avidité le *cochlearia*, & en deviennent plus graffes, mais leur chair acquiert par-là un goût défagréable.

On trouve l'efpèce, n.° 3, dans les marchés d'Angleterre, où on l'apporte des marais falés; on l'emploie aux mêmes ufages que le n.° 1.

L'efpèce, n.° 4, eft, dit-on, douce, bonne à manger en falade & excellent antifcorbutique.

Le n.° 9 a les mêmes propriétés que le n.° 1.

La racine récente du n.° 10 eft âcre, brûlante. Les gens de la campagne la mangent comme le radis ordinaire. Ailleurs on l'emploie dans les ragoûts, on la rape & on la mange en place de moutarde, pour affaifonner les viandes, pour réveiller l'appétit, fous le nom de *Cram* ou *moutardes des capucins*. On tempère l'acrimonie de cette racine en la faifant plus ou moins bouillir. Dans le nord, après une légère décoction, on pile les racines pour en former une pulpe que l'on mange avec le bouilli.

D'agrément. Les efpèces de Cranfon ne font d'aucun agrément, on ne les voit guères que dans les jardins de Botanique. On pourroit cependant mettre l'efpèce, n.° 9, fur les bords des baquets, ainfi qu'un pied ou deux du n.° 10. qui trace beaucoup. (*M.* MENON.)

Une obfervation précieufe relative au Cranfon officinal, eft confignée dans les Tranfactions philofophiques, année 1740. Le Docteur Nicholfon dit que des plantes de cranfon officinal, tranfportées du Groënland en Angleterre, y ont pris dans l'efpace d'un mois la faveur du Cranfon qui y croît naturellement. Or on fait que, dans le Groënland, cette plante n'a qu'une faveur très-foible qui augmente progreffivement dans les régions moins polaires. J'ai moi-même obfervé cette gradation entre le cranfon qui croît au Texel, & celui qui croît dans la France; ce dernier avoit une faveur fenfiblement plus forte. *Voyez* pour des détails les articles CLIMAT & SAVEUR. (*M.* REYNIER.)

CRAPAUD. Reptile ovipare à quatre pattes dont le corps eft nud, ayant un feul ventricule au cœur & point de queue. Le Crapaud fe diftingue facilement de la grenouille par la forme plus arrondie de fon corps avec lequel la tête ne paroît faire qu'une feule pièce; tout le col eft gros & tuméfié. Les grenouilles, pour l'ordinaire, ont le corps plus alongé & le col plus diftinct. La figure hideufe de la plupart des Crapauds, l'odeur défagréable qu'ils exhalent dans certaines faifons, leur féjour dans les lieux les plus ténébreux & mal-propres, a peut-être contribué à les faire regarder par-tout comme des animaux vénimeux; mais ce prétendu poifon ne paroît qu'une chimère, au moins toutes les obfervations des Naturaliftes les plus éclairés & les moins prévenus prouvent à l'unanimité le contraire; la liqueur que le Crapaud lance fouvent à des diftances affez confidérables, lorfqu'il fe trouve preffé ou pourfuivi, ou lorfqu'on le faifit avec la main, eft, felon l'opinion du vulgaire, une liqueur vénimeufe élaborée dans les tubercules dont le corps du Crapaud eft parfemé. D'autres prétendent que cette liqueur femblable à de l'eau de favon n'eft que de l'urine d'une caufticité particulière, au point qu'elle fait naître des puftules lorfqu'elle touche les parties de la peau qui n'eft point défendue par l'épiderme. Nous ne garantiffons pas la vérité de ces affertions, moins encore la prétendue qualité malfaifante de la bave du Crapaud qui communique, à ce que l'on prétend, une qualité dangereufe aux végétaux qui s'en trouvent induits, quand on n'a pas eu foin de les laver fuffifamment avant de les employer à la nourriture. Le préjugé & la peur jouent probablement un grand rôle dans tout ceci; on fait l'influence que cette dernière a fur notre imagination.

Les Crapauds vivent ou dans l'eau ou fur la terre, felon les efpèces dont on peut voir l'énumération, avec ce qui concerne l'hiftoire naturelle de ces animaux, dans la partie de l'Encyclopédie, qui traite des Quadrupèdes ovipares.

Mais, en général, de quelques efpèces qu'ils foient, ils préfèrent toujours les endroits humides, & ceux que l'on connoît ordinairement fous le nom de Crapauds terreftres, fe cachent pendant le jour, ou dans quelques trous fous terre, ou fous les plantes les plus touffues, dont l'ombre & l'humidité leur eft agréable. Ils ne quittent ces lieux que pendant la nuit, ou à l'approche d'un orage ou de la pluie. Alors on voit fortir des milliers de ces reptiles; de-là eft venu la fable qui eft affez généralement accréditée dans les campagnes, que les Crapauds tomboient des nues avec la pluie. On croit que la fumée de la corne brûlée leur eft contraire, & que par ce moyen on peut les chaffer des jardins qu'ils occupent.

Les Crapauds fe nourriffent de plufieurs efpèces de petits vers: ils font la chaffe aux cloportes, aux araignées & aux mouches; la manière dont ils prennent ces dernières, eft très curieufe, ce qui a fait dire à Linné que le Crapaud attiroit, par une efpèce d'enchantement, les mouches qu'il defiroit. Lorfque le Crapaud apperçoit une mouche dont il a envie, il la regarde pendant quelques minutes les yeux fixés fur elle, il lui lance enfuite, avec une vîteffe incroyable, fa langue qui eft très-longue & pointue, & couverte d'une bave vifqueufe, qui, dans cette occafion, fert de glu, avec laquelle la mouche eft auffi-tôt prife.

Nous ne saurions regarder les Crapauds comme nuisibles aux jardins, dans lesquels on les trouve souvent en assez grande quantité. Ils servent à coup-sûr à détruire un très-grand nombre de vers plus nuisibles aux productions végétales que l'on s'imagine ordinairement ; la seule aversion que l'on a pour cet animal, peut nous inviter à détruire le trop grand nombre, & à anéantir l'équilibre que la nature paroît avoir établi entre les êtres utiles & nuisibles. Les Crapauds sont à leur tour recherchés par plusieurs oiseaux de proie, les cigognes, & les canards en sont très-friands : on n'a jamais observé que ces derniers eussent éprouvé des accidens fâcheux, après avoir avalé plusieurs Crapauds de suite.

Croiroit-on qu'un animal aussi hideux & aussi méprisé que le Crapaud fût capable d'attachement & susceptible d'une espèce d'éducation ? Voici un exemple, rapporté par M. Pennant, dans sa Zoologie Britannique. On voit, dit ce Naturaliste, chez M. Arscott, Anglois, un Crapaud de l'espèce commune, mais d'un volume extraordinaire ; il s'étoit montré la première fois au père de M. Arscott, il y avoit alors 36 ans ; depuis ce tems il ne sortoit point de la maison, où il occupoit, pour l'ordinaire, un trou au-dessous l'escalier de la maison. Comme on avoit grand soin de nourrir ce Crapaud, il devint à la fin très-familier, & il sortoit tous les soirs régulièrement, aussi-tôt que l'on avoit allumé la chandelle, & il levoit alors les yeux, comme s'il vouloit qu'on le prît, & qu'on le portât sur la table. Il y trouvoit ordinairement son repas tout préparé, qui consistoit en petits vers de l'espèce de ceux que l'on trouve sur la viande, lorsqu'elle commence à se corrompre. M. Arscott assure que jamais ce Crapaud, ni d'autres de la même espèce, que des personnes peu sensibles tourmentoient cruellement en sa présence, cherchoient à se défendre, en employant la prétendue liqueur venimeuse; il arrivoit souvent que le Crapaud de M. Arscott rendoit, lorsqu'on le prenoit avec la main, une grande quantité d'une eau très-limpide, qui ne paroissoit être que de l'urine. (*M. Gruvel.*)

CRAPAUD. Nom d'un arbre qui croît dans les Antilles, principalement à la Grenade. Son bois est rouge, dur, très-pesant, & d'un fil mêlé, difficile à travailler. On en fait des planches de 12 à 14 pouces de large, qui ne sont bonnes qu'employées à couvert ; elles sont sujettes à se fendre inégalement, sur-tout lorsqu'on les veut percer à la vrille, ou qu'on y enfonce des clous. (*Anc. Encycl.*) (*M. Thouin.*)

CRAPAUDINE. Ulcère situé au-devant du pâturon du cheval. On en reconnoît de deux sortes ; l'une provenant d'une atteinte, que l'animal se donne lui-même en passageant & en chevalant. Celle-ci se traite comme l'atteinte. *Voyez* ATTEINTE.

L'autre humorale, dont la cause est un vice interne : elle est plus dangereuse que la première. Elle se manifeste par une espèce de gale, d'environ un pouce de diamètre ; le poil tombe à l'endroit où est située la Crapaudine ; la matière qui en découle est extrêmement infecte, elle est même quelquefois si corrosive, que l'ongle & le sabot même se séparent.

Les topiques dessicatifs sont regardés comme plus nuisibles que salutaires dans le commencement ; on conseille d'employer d'abord des remèdes généraux, tels que la saignée à la jugulaire, des lavemens pendant quelques jours, & ensuite des purgatifs, dans lesquels entrera l'*Aquila alba*, ou mercure doux. Quand l'animal aura été suffisamment évacué, on le mettra à l'usage du *Crocus metallorum*, safran des métaux, à la dose d'une once par jour, chaque matin, dans une jointée de son, en y mêlant 40 grains d'*Œthiops minéral*, dont on augmentera la dose de 10 grains, jusqu'à celle de 100. On peut faire usage de ce remède pendant huit jours. On pense que les ptisannes sudorifiques composées de décoctions de salsepareilles, de squine, sassafras, gaïac, à parties égales, conviendroient aussi, en faisant bouillir trois onces de chacune de ces drogues dans environ 4 pintes d'eau commune, jusqu'à réduction de moitié, & y ajoutant 2 onces de *Crocus metallorum*. On en fait avaler une chopine le matin à l'animal.

Après l'usage de ces remèdes internes, l'ulcère doit être tenu proprement, & lavé avec du vin chaud, à moins qu'il n'y ait un léger écoulement. Dans ce cas, au lieu de vin, on fait les lotions avec de l'eau-de-vie & du savon, ou, si l'écoulement est considérable, avec de la couperose blanche & de l'alun, ou de l'eau seconde de chaux ; la cure sera terminée par un purgatif. Les bons Hippiatres ne veulent pas qu'on emploie d'onguens. *Voyez* le Dictionnaire de Médecine. (*M. Tessier.*)

CRAPAUDINE, *Sideritis.*

Genre de plantes à fleurs monopétalées, de la famille des LABIÉES, qui comprend des herbes & arbrisseaux indigènes & exotiques, à feuilles simples & opposées. Leurs fleurs sont disposées par verticilles, les étamines sont cachées dans le tube de la corole, & sont remarquables par les deux stigmates du style, dont l'un est comme engainé dans l'autre. Le fruit consiste en quatre graines nues, ovoïdes, situées au fond du calice. Ce genre est de la 14.e classe de Linné.

Espèces.

1. CRAPAUDINE des Canaries. ♄ des Isles Canaries.

SIDERITIS Canariensis. L. ♄ des isles Canaries.

2. Crapaudine de Crête.

Sideritis Cretica. L. ♄ dans l'isle de Candie.

3. Crapaudine de Syrie.

Sideritis Syriaca. L. ♄ du Levant, de l'Italie.

4. Crapaudine perfoliée.

Sideritis perfoliata. Lin. ♃ du Levant.

5. Crapaudine de montagne.

Sideritis montana. L. ⊙ de la France, d'Italie.

6. Crapaudine spatulée.

Sideritis romana. L. ♂ de la France, de l'Espagne.

7. Crapaudine noirâtre.

Sideritis nigricans. H. P.

8. Crapaudine blanchâtre.

Sideritis incana. ♄ des Pyrénées, de l'Espagne.

9. Crapaudine à feuilles linéaires.

Sideritis linearifolia. La Mar. Dict. ♄ de l'Espagne.

10. Crapaudine à feuilles d'Hysope.

Sideritis Hyssopifolia. L. ♃ de la France, de l'Espagne.

Il y en a plusieurs variétés.

11. Crapaudine scordioïde.

Sideritis scordioïdes. L. ♃ de France, d'Espagne, de la Suisse.

La même glabre. Barr. Icô. 343.

12. Crapaudine épineuse.

Sideritis spinosa. La Mar. Dict. ♄ de la côte de Barbarie.

13. Crapaudine velue.

Sideritis hirsuta. L. ♄ ♃ de France, d'Espagne, d'Italie.

14. Crapaudine laineuse.

Sideritis lanata. L. ⊙ de l'Egypte, de la Palestine.

15. Crapaudine ciliée.

Sideritis ciliata. Th. du Japon.

Description du port des Espèces.

1. Crapaudine des Canaries. Arbrisseau qui s'élève à quatre & cinq pieds. Il se divise à son sommet en plusieurs rameaux, feuillés, cotonneux, d'un blanc sale ou jaunâtre. Ses feuilles sont pétiolées, en cœur, pointues, crénelées, molles, épaisses, verdâtres en-dessus, cotonneuses & d'un blanc jaunâtre en-dessous. Elles vont en diminuant de grandeur vers le sommet des rameaux, de sorte que les supérieures sont les plus petites. Les feuilles varient beaucoup en grandeur selon l'âge de la plante : dans les jeunes, elles ont cinq à six pouces de longueur sur deux & demi de largeur; dans les vieilles, elles sont plus petites de moitié. Les fleurs sont blanches, disposées par verticilles de six à douze, sur des épis terminaux. Les calices sont aussi laineux. Les fleurs paroissent en Juin & perfectionnent leurs graines. Cette espèce produit souvent de nouvelles fleurs en Automne.

2. Crapaudine de Crête. Cet arbrisseau est moins fort que le précédent. Il s'en distingue principalement par son duvet cotonneux d'une grande blancheur. Les feuilles sont pétiolées, en cœur, obtuses, cotonneuses des deux côtés, douces au toucher, verdâtres dessus & blanches dessous. Les fleurs sont blanches, verticillées de six à huit, disposées en épi pendant, très-blanc. Cet arbrisseau est d'un bel-effet par son duvet très-blanc.

3. Crapaudine de Syrie. Sa tige est courte, ligneuse, & forme un sous-arbrisseau qui a l'aspect d'une sauge. Sa tige pousse des jets foibles feuillés, couverts d'un duvet fin transparent. Les feuilles sont blanchâtres, rudes, couvertes d'un coton très-fin. Les fleurs sont d'un blanc jaunâtre, verticillées au nombre de six. Elle fleurit dans le mois de Juillet.

4. Crapaudine perfoliée. Ses tiges sont herbacées, velues, quarrées, feuillées, hautes de trois pieds & plus. Ses feuilles inférieures sont pétiolées, molles, laineuses. Les feuilles caulinaires sont ridées, oblongues, opposées, amplexicaules. Les feuilles florales forment un bassin sous chaque verticille, qui est composé de six fleurs jaunâtres, marquées de quelques stries pourpres. Les verticilles sont éloignés les uns des autres, & forment des épis droits, terminaux : les calices sont épineux, de pleine terre.

5. Crapaudine de montagne. Ses tiges sont longues d'un pied, couchées sur la terre, garnies de feuilles & de fleurs dans toute leur étendue. Les feuilles inférieures sont oblongues, velues; les autres sont plus petites à trois ou cinq nervures, & terminées par une spinule sensible. Les verticilles axillaires, lâches, composés de six fleurs jaunes, tâchées de pourpre sur le bord, plus petites que le calice, dont les divisions sont épineuses.

6. Crapaudine spatulée. Les tiges sont traînantes, se relèvent quand elles fleurissent. Les feuilles inférieures sont alongées, spatulées; les supérieures sont plus courtes. Les fleurs sont d'un blanc jaunâtre, disposées au nombre de six par verticilles axillaires dans toute la longueur des tiges. Les calices sont striés & à divisions épineuses.

7. Crapaudine noirâtre. Sa tige est herbacée, diffuse, velue; les feuilles inférieures sont pétiolées, ovales, obtuses, crénelées, velues en leurs bords & sur le pétiole. Les supérieures sont sessiles, ovales, arrondies. Les fleurs sont petites, axillaires, trois à trois, jaunâtres, à limbe très-noir.

8. Crapaudine blanchâtre. La partie inférieure est un peu ligneuse; elle pousse plusieurs tiges grêles, droites, cotonneuses, hautes d'un pied environ. Les feuilles sont cotonneuses, &

ressemblent à celles de la lavande. Les fleurs sont jaunes & viennent par verticilles.

9. Crapaudine à feuilles linéaires. Sa tige un peu ligneuse, pousse des jets grêles, feuillés. Ses feuilles sont linéaires. Les fleurs sont d'un blanc jaunâtre, disposées par verticilles rapprochés en épi terminal.

10. Crapaudine à feuilles d'Hyssope. Sa tige courte & ligneuse, pousse des branches hautes d'un pied & demi, garnies de feuilles étroites. Les fleurs sont jaunes, verticillées aux extrémités des branches. Elle fleurit en Juin & perfectionne ses graines. Il y en a plusieurs variétés.

11. Crapaudine scordioïde. Ses tiges sont hautes d'un pied, droites, garnies de feuilles, dentées, un peu lanugineuses. Les verticiles sont velus, épineux, distincts, en épi terminal. Les fleurs sont jaunâtres, paroissent en Juillet & perfectionnent leurs graines. Il y a une variété glabre.

12. Crapaudine épineuse. Sa tige est ligneuse, divisée inférieurement. Elle pousse plusieurs rameaux droits, lanugineux, feuillés. Les feuilles sont oblongues, étroites, lanugineuses, blanchâtres, terminées par une pointe épineuse. Les verticilles sont rapprochés, disposés en épi jaunâtre, épineux & terminal. Cette plante est peu connue.

13. Crapaudine velue. Sa racine qui est vivace, pousse des tiges un peu ligneuses, traînantes, velues, hautes d'un pied. Les branches des tiges sont garnies de feuilles oblongues, velues, crenelées. Les verticilles sont quatre à quatre, écartés les uns des autres, & forment un épi terminal, dont les fleurs sont pourpres; elles paroissent en Été & perfectionnent leurs graines.

14. Crapaudine laineuse. Cette espèce est entièrement laineuse, haute de 6 à 7 pouces. Sa tige est droite, simple. Ses feuilles sont en cœur. L'épi est sessile, terminal, plus long que la tige, composé de verticilles éloignés, laineux, à six fleurs. Elles sont d'un violet noirâtre. Elle croît dans l'Egypte; elle est peu connue.

15. Crapaudine ciliée. Elle est velue; ses bractées sont ciliées; sa tige est herbacée, haute d'un pied & plus. Les feuilles sont pétiolées, longues d'un pouce. Les fleurs viennent sur des épis terminaux: au Japon, elle est peu connue.

Culture.

Nous suivrons pour leur culture, la division qu'elles offrent naturellement en espèces d'orangerie, de pleine terre & d'annuelles.

La première division comprend les n.os 1. *des Canaries*; 2. *de Crète*; 3. *de Syrie*; 9. *à feuilles linéaires*; 12. *épineuse*, & 13. *velue*. Il faut les rentrer dans l'orangerie à l'approche des premières gelées; les placer dans le voisinage des croisées & de l'air libre, parce que ces Plantes craignent l'humide & l'air stagnant. Il faut les arroser modérément pendant l'Hiver; avoir grand soin de les débarrasser des feuilles sèches qui s'imprègnent très-aisément de l'humidité, ce qui fait périr les tiges. Ces Plantes sont assez délicates quand elles sont arrivées à un certain âge. On les voit périr en très-peu de jours, lorsqu'on néglige de les arroser, ou qu'on les arrose trop; en général elles souffrent plus volontiers la sécheresse que l'humidité.

Le moyen qu'on doit préférer pour les multiplier, est celui des semences; elles les perfectionnent dans nos climats. On doit les semer dans des pots remplis de terre légère & meuble qu'on mettra sur une couche tiède en leur donnant les soins ordinaires. On les repiquera dans de plus grands pots remplis de terre légère, mais plus substantielle quand ils seront assez forts, & on les traitera alors comme les vieilles Plantes.

Au défaut de graines, on en fera des boutures dès le milieu du Printems jusqu'à la fin de l'Été; on les mettra dans des petits pots sur des couches tièdes, en les ombrageant & en les traitant à la manière ordinaire.

Les espèces de pleine terre, n.° 4. *perfoliée*, n.° 5 *des montagnes*, n.° 6 *spatulée*, n.° 8 *blanchâtre*, n.° 11 *à feuilles d'hyssope*, n.° 11 *scordioïde*, aiment un terrein meuble, sec & des expositions chaudes.

Elles se multiplient de graines au Printems, qu'on sème dans de petits pots, comme on l'a vu plus haut. On sépare le jeune plant quand il a trois pouces de hauteur, on le repique en pépinière à un pied de distance : au Printems suivant on les place à leur destination.

On les multiplie aussi, par préférence, à cette époque, par les éclats & les drageons. Ces espèces peuvent se semer en rigoles, en pleine terre, à une bonne exposition, dans un terrein sec. Quand les Plantes auront poussé au Printems, on les tiendra nettes de mauvaises herbes; on les levera quand elles seront assez fortes pour les mettre dans de petits pots sur couche, qu'on placera à volonté l'Automne avec celles qui seront restées dans les rigoles.

Les espèces annuelles se sèment dans des petits pots (*voyez plus haut*) : elles lèvent au bout d'un mois; on les éclaircit, & on les met en place vers la mi-Juin, en renversant les mottes des pots sans les briser. Ce moyen réussira mieux que la transplantation.

Usages & Propriétés.

Ce genre, quoiqu'assez nombreux, n'offre que quelques espèces en arbrisseau, qu'on cultive pour l'ornement des serres, des orangeries & des gradins. Elles s'y font remarquer par la blancheur de leurs feuilles chargées d'un duvet cotonneux très-apparent, qui varie du blanc au jaune. Les fleurs ne sont point de grande apparence. Les autres espèces se cultivent pour la variété & pour les démonstrations, dans les jardins des Botanistes & des Curieux.

Les feuilles de l'espèce, n.° 13, *velue*, sont d'une odeur désagréable, & d'un goût amer un peu âcre; elles sont vulnéraires, astringentes, détersives. On les emploie en cataplasmes & en décoctions : elles sont très-utiles dans les bains pour faciliter la transpiration. (*M. Menon.*)

Crapaudine, sorte de Poire peu estimée, & que, pour cette raison, on rencontre rarement dans les jardins. Elle fait partie des nombreuses variétés du *Pyrus communis*, L. *Voyez* l'article *Poirier*, au Dict. des Arbres. (*M. Thouin.*)

CRAPS. Nom que l'on donne en Angleterre, aux chevaux qui ont les oreilles coupées. (*M. l'Abbé Tessier.*).

CRASANNE. Poirier dont le fruit est gros, rond, porté par une queue menue assez longue, qui s'implante dans une cavité aussi bien que l'œil. La peau est gris-verdâtre, jaune du côté du soleil, tachée de roux par places; la chair est beurée & pleine d'une eau très-sucrée; mûrit en Novembre.

Crasanne panachée. Cette sous-variété de la précédente, en diffère par ses feuilles d'un liseret blanc. Il faut éviter pour cet arbre, qui est très-délicat, les places où il seroit trop exposé au soleil, parce que les panaches des feuilles y jaunissent & s'y crispent.

C'est ainsi que la précédente est une des variétés du *Pyrus communis* L. *Voyez* Poirier dans le Dictionnaire des Arbres & Arbustes. (*M. Reynier.*)

CRASSULE, *Crassula*.

Genre de plantes à fleurs polypétalées, de la famille des *Joubarbes*. Il comprend des herbes & arbustes, à feuilles simples, communément opposées, épaisses, charnues, succulentes, dont les fleurs naissent, le plus souvent, en cimes, en ombelles & en corymbes terminaux. Ce genre est rangé dans la cinquième classe de Linnée. Le fruit consiste en cinq capsules oblongues qui contiennent des semences petites & nombreuses.

Espèces.

1. Crassule écarlate.
Crassula coccinea. L. ♄ de l'Afrique.

2. Crassule jaune.
Crassula flava. L. ♄ du Cap de Bonne-Espérance.

3. Crassule givreuse.
Crassula pruinosa. L. ♄ du Cap de Bonne-Espérance.

4. Crassule scabre.
Crassula scabra. L. ♄ d'Afrique. Il y en a une variété.

5. Crassule capitée.
Crassula capitata. La M. Dict. ♄ d'Afrique.

6. Crassule fasciculaire.
Crassula fascicularis. La M. Dict. du Cap.

7. Crassule perfoliée.
Crassula perfoliata. L. ♄ de l'Afrique.

8. Crassule fruticuleuse.
Crassula fruticulosa. L. ♄ du Cap.
B. *Crassula caffra*. L.

9. Crassule tétragone.
Crassula tetragona. L. ♄ d'Afrique.

10. Crassule à feuilles serrées.
Crassula obvallata. L. ♄ du Cap.

11. Crassule à feuilles tranchantes.
Crassula cultrata. L. ♄ d'Afrique.

12. Crassule portulacée.
Crassula portulacea. La M. Dict. ♄ d'Afriq.
Cotyledon lutea. H. P.

13. Crassule à feuilles rondes.
Crassula cotyledon. Jaq. ♄ d'Afrique.
Cotyledon punctata. H. P.

14. Crassule enfilée.
Crassula perfossa. La M. Dict. ♄ d'Afrique.

15. Crassule lycopodioïde.
Crassula lycopodioïdes. La M. Dict. ♄.

16. Crassule luisante.
Crassula lucida. La M. Dict. d'Afrique.

17. Crassule pinnée.
Crassula pinnata. L. fil. ♄ de la Chine.

18. Crassule centauroïde.
Crassula centauroïdes. L. ⊙ d'Afrique.

19. Crassule dichotome, à deux branches.
Crassula dichotoma. L. ⊙ d'Afrique.

20. Crassule glomerulée.
Crassula glomerata. L. ⊙ du Cap.

21. Crassule à feuilles maigres.
Crassula strigosa. L. ⊙ d'Afrique.

22. Crassule muscoïde.
Crassula muscosa. L. ⊙ d'Afrique.

23. Crassule ciliée.
Crassula ciliata. L. ♃ d'Afrique.

24 Crassule gentianoïde.
Crassula gentianoïdes. La M. Dict. d'Afrique ⊙.

25. Crassule subulée.
Crassula subulata. L. ⊙ d'Afrique.

26. Crassule à feuilles pointues.
Crassula acutifolia. La M. Dict. ♃ d'Afriq.

27. Crassule à feuilles alternes.
Crassula alternifolia. L. d'Afrique.

28. Crassule rougeâtre.
Crassula rubens. L. ⊙ de la France.

29. Crassule verticillaire.
Crassula verticillaris. L. ⊙ de l'Europe australe.

30. Crassule à tige nue.
Crassula nudicaulis. L. ♃ d'Afrique.

31. Crassule à rosettes.

CRASSULA orbicularis. L. ♄ du Cap.

32. CRASSULE transparente.
CRASSULA pellucida. L. ♃ d'Afrique.

33. CRASSULE perforée.
CRASSULA perforata. L. fil. du Cap.

34. CRASSULE en colonne.
CRASSULA columnaris. L. fil. du Cap.

35. CRASSULE à bouquets.
CRASSULA cymosa. Berg. de l'Afrique.

Espèces peu connues.

CRASSULE barbue.
CRASSULA barbata. L. fil. S. 188.

CRASSULE dichotome, à 2 branches, fourchue.
CRASSULA dichotoma. L. fil. S. 188.

CRASSULE argentée.
CRASSULA argentea. L. fil. S. 188.

CRASSULE vêtue.
CRASSULA vestita. L. fil. S. 188.

CRASSULE recourbée.
CRASSULA retroflexa. L. fil. S. 188.

CRASSULE deltoïde, à quatre angles.
CRASSULA deltoïda. L. fil. S. 189.

CRASSULE à feuilles en cœur.
CRASSULA cordata. L. fil. S. 189.

CRASSULE des montagnes.
CRASSULA montana. L. fil. S. 189.

CRASSULE crenulée.
CRASSULA crenulata. L. fil. S. 189.

CRASSULE à feuilles molles.
CRASSULA mollis. L. fil. S. 189.

CRASSULE des Alpes.
CRASSULA alpestris. L. fil. S. 189.

CRASSULE pyramidale.
CRASSULA pyramidalis. L. fil. S. 189.

CRASSULE en épi.
CRASSULA spicata. L. fil. S. 189.

CRASSULE tourrelière.
CRASSULA turrita. L. fil. S. 189.

CRASSULE des rochers.
CRASSULA rupestris.

CRASSULE thyrsiflore, à fleurs en bouquet.
CRASSULA thyrsiflora. L. fil. S. 190.

CRASSULE céphalophore.
CRASSULA cephalophora. L. fil. S. 190.

CRASSULE à petites têtes.
CRASSULA capitella. L. fil. S. 190.

CRASSULE pubescente.
CRASSULA pubescens. L. fil. S. 190.

CRASSULE cotonneuse.
CRASSULA tomentosa.

CRASSULE cotylédonise.
CRASSULA cotyledonis. L. fil. S. 190.

CRASSULE couverte.
CRASSULA tecta. L. fil. S. 190.

CRASSULE coralline.
CRASSULA corallina.

Description du port des Espèces.

1. CRASSULE écarlate. Elle s'élève à la hauteur de deux pieds & plus, sur une tige droite, frutescente, cylindrique, rameuse & feuillée. Les feuilles sont charnues, ovales, planes, glabres, à bord cartilagineux cilié, opposées, connées, engainées à leur base, tellement rapprochées, qu'elles paroissent embriquées sur quatre rangs. Les fleurs sont grandes, droites, d'un rouge écarlate, disposées en faisceau terminal. Elles paroissent en Juillet & Août, & font avec la Plante, d'un effet d'autant plus agréable, qu'elles conservent long-tems leur beauté. Elle mérite d'être cultivée comme Plante d'agrément.

2. CRASSULE jaune. Sa tige est haute de six à sept pouces, droite, feuillée, divisée supérieurement en plusieurs rameaux. Ses feuilles sont lancéolées, pointues, ayant près d'un pouce de longueur. Les fleurs sont jaunâtres, pédiculées, disposées en corymbe terminal.

3. CRASSULE givreuse. C'est un Arbuste haut d'un pied, dichotome (fourchu, ou à deux-branches) cylindriques, d'un rouge de sang. Les feuilles sont opposées, charnues, linéaires. Les fleurs sont blanches, en corymbes terminaux, petits & inégaux. Toute la Plante est parsemée de particules cristallines qui ressemblent au givre ou à une gelée blanche.

4. CRASSULE scabre. Sa tige est foible, succulente, chargée d'aspérités cartilagineuses, réfléchies; elle s'élèvent à un pied & demi de hauteur. Ses feuilles sont oblongues, un peu réfléchies, longues d'un pouce environ, chargées d'aspérités blanchâtres, & terminées en pointe. Les fleurs sont petites, d'un verd jaunâtre, de peu d'apparence; elles paroissent en Juin & Juillet.

5. CRASSULE capitée. Elle est haute de six à sept pouces, rameuse & feuillée. Les feuilles sont linéaires, bordées de cils cartilagineux, longues de six à sept lignes; les feuilles viennent en petite tête.

6. CRASSULE fasciculaire. Les feuilles sont linéaires, bordées de cils cartilagineux; les fleurs viennent huit à dix en un faisceau terminal: elles ressemblent à celles de l'espèce n.° 1, mais elles sont plus petites.

7. CRASSULE perfoliée. Cette espèce est de couleur glauque. Elle s'élève très-haut sur une tige cylindrique qui a besoin de tuteur. Ses feuilles sont pointues, épaisses, perfoliées, longues de trois à cinq pouces, sur un pouce & demi de largeur à leur base; creuse en dessus, convexe en dessous, d'un verd pâle. Les fleurs sont de couleur herbacée: viennent sur un long pédoncule terminal; elles paroissent en Juin & Juillet.

8. CRASSULE fruticuleuse. Sa tige est frutescente, haute d'un pied, lisse, de l'épaisseur d'un doigt, poussant quelques racines latérales. Ses feuilles

sont sessiles, convexes des deux côtés, mucronées, très-ouvertes. Les fleurs sont blanches, petites, campanulées, portées sur des pédoncules solitaires, filiformes.

9. Crassule tétragone. Elle s'élève à la hauteur de trois pieds & plus, formant un Arbrisseau touffu, remarquable par la régularité de ses rameaux & de ses feuilles, qui sont disposées en croix sur quatre rangs. Ses tiges sont droites, lisses, rousseâtres : elles jettent des fibres qui descendent jusques sur la terre, & qui y prennent racine. Ses tiges se cassent très-aisément. Les fleurs sont petites, blanches, portées sur un pédoncule grêle, nud, trifide & terminal; toute la plante est d'un bel effet, quand elle est touffue.

10. Crassule à feuilles serrées. Ses feuilles sont serrées, & comme entassées les unes sur les autres. Sa tige, divisée dès sa base, s'élève à la hauteur de trois ou quatre pouces; ses feuilles sont à bords tranchans, longues de deux pouces. Les fleurs sont blanches, petites & s'ouvrent peu. Cette Plante ressemble à la suivante.

11. Crassule à feuilles tranchantes. Ses tiges s'élèvent irrégulièrement à la hauteur de trois pieds, & doivent être soutenues. Ses feuilles sont ovales, oblongues, retrécies à leur base, glabres, luisantes, à bords tranchans, longues d'un à deux pouces. Du sommet de la tige, s'élève un pédoncule, long de cinq à six pouces, qui soutient une panicule portant des petits bouquets de fleurs blanchâtres qui ne s'ouvrent pas. Le sommet de chaque pétale a une pointe remarquable.

12. Crassule portulacée. Cet Arbrisseau s'élève à la hauteur de quatre à cinq pieds, sur une tige droite, épaisse comme le bras à sa base. Elle se divise dans sa partie supérieure, en rameaux cylindriques, charnus, dont les feuilles sont à bords légèrement tranchans, luisantes & d'un verd jaunâtre. Elles ont un pouce de largeur, sur un à deux pouces de longueur. Elles ressemblent à celles du pourpier, ce qui l'a fait nommer, par les Jardiniers, Pourpier en Arbre. Les branches de cet Arbrisseau, sont d'autant plus longues, qu'elles approchent davantage de la racine, ce qui donne à cette espèce, une figure pyramidale & un port remarquable. Les fleurs sont grandes, couleur de chair en ombelle terminale. Cet Arbrisseau est agréable, d'un bel effet dans l'orangerie, & l'Été sur les gradins.

13. Crassule à feuilles rondes. Elle ressemble beaucoup au *colytedon orbiculata*. Sa tige est arborée, rameuse dans sa partie supérieure; haute de deux à quatre pieds, rougeâtre ou grisâtre. Les feuilles sont orbiculaires, d'une couleur glauque, bordées de pourpre, & parsemées en dessous de points verdâtres. Les fleurs sont d'un blanc rougeâtre, en panicule terminale. Cet Arbrisseau a le même effet & le même agrément que le précédent.

14. Crassule enfilée. Sa racine pousse plusieurs tiges menues, dures, longues de six à dix pouces, foible, ayant besoin de tuteur, persistantes l'Hiver. Les feuilles sont presqu'en cœur, connées deux à deux, enfilées par la tige qui les traverse par leur milieu en forme d'axe; ce qui l'a distingue de toutes les autres espèces. Les fleurs sont terminales, petites & blanches.

15. Crassule lycopodioïde. Cette Plante ressemblent à un *lycopode*; ses branches s'élèvent à la hauteur d'un pied; elles sont rameuses, droites, de la grosseur d'une plume à écrire. Ses feuilles sont petites, convexes sur le dos, roides, sessiles, serrées exactement les unes contre les autres, embriquées sur quatre côtés différens. Toute la couleur de la Plante, est d'un verd sombre, qui contraste singulièrement avec le verd pâle & tendre des jeunes tiges. Toutes les branches voisines de la terre, jettent des fibres blanches, descendantes, qui prennent racine. Nous la cultivons depuis plus de dix ans; mais nous ne l'avons pas encore vu fleurir dans les jardins des Curieux : elle est toujours verte.

16. Crassule luisante. Cette espèce ressemble par ses feuilles à la morgeline. Sa tige est rameuse, glabre, foible, longue d'un pied. Ses feuilles sont d'un verd luisant, larges de six à huit lignes. Les fleurs sont petites, blanches intérieurement, purpurines en dehors.

17. Crassule pinnée. C'est un Arbrisseau rousseâtre, glabre, dont les rameaux sont alternes, ainsi que les feuilles qui sont ailées avec impaire. Les fleurs sont rouges, portées sur des pédoncules axillaires de la même couleur.

18. Crassule centauroïde. La tige est herbacée, haute de trois à quatre pouces, menue, blanche, presque pubescente. Ses feuilles sont sessiles, luisantes, marquées de points concaves en leur partie supérieure. Les pédoncules sont uniflores, axillaires; les fleurs sont d'un rouge jaunâtre.

19. Crassule dichotome. Cette espèce ressemble à la précédente : mais ses feuilles sont moins larges, & ses fleurs plus grandes. Elle s'élève à la hauteur de quatre à cinq pouces sur une tige menue, herbacée, dichotome ou divisé en deux dans sa partie supérieure. Les fleurs sont toujours jaunes intérieurement, purpurines en dehors, seules sur chaque pédoncule. Chaque pétale est marqué à sa base, d'une tache cordiforme, de couleur de sang.

20. Crassule glomérulée. Elle s'élève à la hauteur de trois pouces; elle ressemble au *linum radiola*, par son port. Sa tige est herbacée, menue, purpurine, & forme une touffe par ses ramifications. Ses feuilles sont lancéolées, très-ouvertes;

ouvertes; ses fleurs sont petites. Les unes naissent solitaires dans les bifurcations de la tige; les autres deux à trois au sommet de chaque rameau. La couleur rouge de ses tiges & le verd de ses feuilles, la rendent agréable à voir.

21. CRASSULE à feuilles maigres. Sa racine pousse une tige herbacée, droite, haute de six à sept pouces. Ses feuilles sont ovoïdes, rayées, entières. Les pédoncules sont uniflores: ils naissent plusieurs ensemble aux sommités des rameaux; les pétales sont ovales.

22. CRASSULE muscoïde. Ses tiges sont herbacées, couchées, feuillées, filiformes. Ses feuilles sont petites, ovales, concaves en-dehors. Les fleurs sont petites, axillaires, solitaires & sessiles.

23. CRASSULE ciliée. Sa racine fibreuse pousse une tige qui se divise en plusieurs rameaux, longs de neuf à dix pouces. Les feuilles sont planes, bordées de cils blancs. Les fleurs sont petites, jaunâtres, ramassées en plusieurs bouquets terminaux.

24. CRASSULE gentianoïde. Sa racine pousse une tige de deux à trois pouces. Ses feuilles sont ovales, concaves en-dessus, glabres. Les pédoncules sont uniflores. Les fleurs sont d'un bleu pâle, campanulées, grandes, ce qui rend cette espèce remarquable.

26. CRASSULE subulée. Sa tige est herbacée, haute de six à sept pouces, divisée en plusieurs rameaux, & couverte par-tout des gaines des feuilles qui sont ciliées, émoussées, linéaires, & d'environ un pouce de longueur. Les fleurs sont d'un rouge écarlate, ramassées en tête terminale.

26. CRASSULE à feuilles pointues. Ses tiges sont herbacées, glabres, feuillées, longues de trois pouces. Ses feuilles sont glabres, cylindriques, pointues, un peu arquées en-dessous, de cinq à six lignes de longueur. Du sommet des rameaux & des tiges, naît un pédoncule grêle qui soutient un bouquet de douze à dix-huit fleurs blanches & petites.

27. CRASSULE à feuilles alternes. Ses tiges sont simples, rougeâtres, velues, feuillées, longues de deux pieds. Ses feuilles sont planes, dentées en leurs bords, alternes. Les fleurs sont jaunes, axillaires, solitaires & pendantes.

28. CRASSULE rougeâtre. Elle pousse une ou plusieurs tiges, hautes de trois à quatre pouces, un peu velues, rougeâtres. Les feuilles sont alternes, oblongues, rougeâtres. Les fleurs sont sessiles, situées sur les rameaux. Les pétales sont lancéolés, pointus, deux fois plus longs que le calice, blancs, marqués extérieurement d'une raie purpurine.

29. CRASSULE verticillaire. Sa tige est très-rameuse, diffuse, à rameaux opposés de la longueur du doigt. Ses feuilles sont ramassés, légèrement tuberculeuses, scabres à leur sommet. Les fleurs sont axillaires, petites; les pétales sont rouges dans leur milieu.

30. CRASSULE à tige nue. Elle ne s'élève jamais en tiges. Sa racine pousse un grand nombre de feuilles linéaires, longues de trois pouces & plus, étalées en rosette sur la terre, & d'un verd pâle. Du milieu de ces feuilles, naît une tige de six pouces & plus, simple, nue, qui produit deux ou trois branches droites, terminées par plusieurs têtes de fleurs assez compactes. Il se trouve aussi d'autres fleurs en-dessous, disposées presqu'en verticilles.

31. CRASSULE à rosette. Ses feuilles sont radicales, disposées en rosette, ovales, charnues, d'un verd clair, bordées de cils cartilagineux. De sa racine naissent plusieurs jets filiformes, couchés, terminés par une rosette qui prend racine, & qui multiplie la Plante. Les fleurs sont petites, d'un blanc rougeâtre, portées sur des hampes droites, hautes de cinq à six pouces, & en bouquet. Les fleurs ont une odeur agréable.

32. CRASSULE transparente. Ses tiges sont grêles, glabres, rouges, rampantes, longues d'un à deux pieds, prenant racine à chaque nœud. Les feuilles sont cordiformes-ovales, d'un beau verd, finement dentées en leurs bords. Les fleurs naissent au sommet des tiges & des rameaux où elles forment des petites ombelles remarquables; elles sont blanches, & leurs bords pourpres. Ses branches & ses rameaux négligés & pendants, font un effet agréable pendant tout l'Été; elle perfectionne ses graines dans nos climats.

33. CRASSULE perforée. Ses tiges sont simples, rouges, hautes d'un pied & demi. Ses feuilles sont perfoliées, lisses; les radicales sont fort rapprochées entr'elles. Les fleurs sont petites, portées sur des pédoncules communs, opposés, qui semblent soutenir des verticiles pédonculés.

33. CRASSULE en colonne. Sa tige est épaisse, herbacée, droite, haute d'un pouce. Ses feuilles sont arrondies, embriquées & horizontales. Les fleurs sont ramassées en faisceau terminal.

35. CRASSULE à bouquets. Ses rameaux sont herbacés, glabres, longs, garnis de feuilles linéaires, bordées de cils cartilagineux, longues de deux pouces. Les fleurs viennent en cyme bifide, écailleuse & terminale.

Culture générale.

La culture générale des Crassules, est celle de toutes les *Plantes grasses*; & on doit la consulter aux articles *aloës*, *cotylet*, *ficoïdes*. Toutes les espèces vivaces de *Crassule*, reprennent de bouture qu'on traite comme il est dit aux articles ci-dessus cités, avec la précaution de les laisser cicatriser, & de les arroser peu, sur-tout l'Hiver. Cette culture réussira pour les dix-sept premières espèces qui sont presque toutes ligneuses, dures, & auxquelles il faut moins de chaleur, que la sécheresse, la propreté & la gaieté de la lumière d'un beau soleil. On peut y ajouter les n.° 23 *ciliée*; 26 à feuilles *pointues*; 28 *rougeâtre*; 30 *à tige nue*; 31 *à rosette*, & 32 *transparente*.

Quant aux espèces annuelles, il faut les semer au Printems dans des terrines ou pots remplis de sable de bruyère; les enfoncer dans la tannée d'une couche chaude, avec les soins ordinaires indiqués pour les Plantes grasses aux articles *Aloës*, *Cotylet*, & *Ficoïde*, on les tient sous chassis, pour accélérer la maturité des graines. Quand elles seront assez fortes pour résister aux impressions de l'air libre & du soleil, on les sortira avec la précaution de les rentrer dans les serres chaudes, quand les nuits deviendront froides, jusqu'à la maturité des semences. Les graines se conservent trois ou quatre ans au plus, renfermées dans leurs capsules.

Usages.

Quelques Plantes se cultivent comme Plantes d'agrément. La première est recommandable par la belle couleur écarlate de ses fleurs qui durent long-tems, & qui font, avec la plante, un arbrisseau agréable & d'un joli effet; il mérite d'être multiplié plus qu'il ne l'a été jusqu'à présent.

N.° 7. *perfoliée* mérite aussi qu'on la cultive comme *Plante grasse*; & pour son port dont l'effet est singulier, & qui contraste beaucoup à côté d'une Plante de forme plus régulière.

La 9.e *tétragone* se fait aussi remarquer par la régularité & le nombre de ses rameaux; elle doit trouver place dans les serres, l'Hiver & l'Été sur les gradins & lieux d'agrément, ainsi que le n.° 11.

La 12.e *portulacée* est d'un très-grand effet par sa forme volumineuse & pyramidale. On l'a toujours volontiers dans les grandes serres & les orangeries. La 13.e *à feuilles rondes*, peut faire pendant à la précédente, ainsi qu'au *cotyledon orbiculata*.

Entre les espèces les plus petites, on doit distinguer la 15.e, *lycopoïde* & la 22.e *muscoïde*.

En général, ces Plantes ne sont cultivées que dans les jardins des Curieux & des Botanistes, à cause de leur variété, qui consiste plus dans leur port & apparence extérieure, que dans la beauté de leurs fleurs.

Les *Plantes grasses* sont ornement par-tout, tant par leur verdure perpétuelle & leurs fleurs, que par leur forme bizarrement variée. Elles attirent également les regards du vulgaire étonné, & ceux des Botanistes. Les premiers y considèrent l'embonpoint & la singularité des formes, qui diffèrent beaucoup de celles de nos climats. Les seconds qui voient dans ces Plantes tant de ressemblance entre elles, fixent leur attention pour en saisir & comparer les caractères que la Nature a imprimé à chacune de ces nombreuses espèces. Leur embonpoint fait qu'elles n'en fleurissent, ni plus vîte, ni plus souvent; & leur floraison (dans quelques espèces) n'arrivant qu'à des époques très-éloignées, flatte également le Botaniste & l'Amateur, & les dédommage amplement de leurs soins & de leur longue attente. (*M. Menon.*)

CRASTES, dans la partie du Département de la Gironde, qu'on nomme vulgairement les Landes de Bordeaux. On donne ce nom aux canaux ou fossés qu'on pratique pour l'écoulement des eaux. *Voyez* Fossé. (*M. Reynier.*)

CRATITIRES. On donne ce nom dans les Isles de l'Archipel à une des récoltes de figues sauvages. *Voy.* Caprification. (*M. Reynier.*)

CRAYON, *voyez* Craïon. (*M. Tessier.*)

CRECHE, vaisseau fixe, dans lequel on place la nourriture des animaux. *Voyez* Auge. (*M. Tessier.*)

CREMAILLERES. Nom donné dans quelques Départemens au *Cuscuta Europæa* L. *Voyez* Cuscute d'Europe, n.° 1. (*M. Thouin.*)

CRÊME. Lorsque le lait a séjourné quelque tems dans un vase, il s'élève à sa surface une partie grasse, c'est la *Crême*, avec laquelle on fait du beurre. *Voyez* Lait. (*M. Tessier.*)

CRENELÉE (*folium crenatum*) se dit des feuilles, des pétales, dont les bords sont interrompus, divisés par des dents arrondies, ou aiguës, qui ne se recourbent pas ni vers la base, ni vers le sommet. La bétoine commune a des feuilles crenelées. (*M. Menon.*)

CRÉOLE, épithète que l'on donne à l'Isle-de-France aux plantes ou aux arbres de race étrangère, qui sont nées dans la Colonie, de graines récoltées dans le lieu même. (*M. Thouin.*)

CRÊPE, grande & petite. Deux variétés de la laitue qu'on cultive en grande partie à cause de la facilité qu'on a de l'avancer sur couche au Printems: ce qu'elle supporte mieux que les autres variétés. Elle n'est bonne que dans cette saison.

C'est une des variétés du *Lactura sativa*. L. *Voyez* Laitue des jardins. (*M. Reynier.*)

CRÊPES. On appelle ainsi un mets fait de farine de sarrasin & autres grains, qu'on met cuire dans un chauderon ou une poële, à petite épaisseur, ayant soin d'enduire le vaisseau de beurre ou de saindoux. On y joint quelquefois des jaunes d'œufs. Ce mets sert d'alimens dans beaucoup de pays. (*M. Tessier.*)

CREPIDE, *Crepis*.

Ce genre de plantes à fleurs composées, de

la division des semi-flosculeuses, fait partie de la famille des CHICORACÉES. Il est composé, dans ce moment, de treize espèces différentes. Ce sont des plantes herbacées, de peu d'apparence, dont la plupart sont annuelles & originaires d'Europe. Toutes se conservent en pleine terres dans notre climat. Mais, à l'exception de deux espèces, on ne cultive guère les autres que dans les jardins de Botanique.

Espèces.

1. CRÉPIDE à feuilles de tabouret.
CREPIS bursifolia. L. ♃ de Sicile & d'Italie.

2. CRÉPIDE barbue.
CREPIS barbata. L. ⊙ des parties méridionales de la France & de l'Espagne.

3. CRÉPIDE à vessies.
CREPIS vesicaria. La M. Dict. n.° 3. ⊙ d'Italie.

4. CRÉPIDE des Alpes.
CREPIS Alpina. L. ⊙ de la Provence & de l'Italie sur les montagnes.

5. CRÉPIDE blanchâtre.
CREPIS albida. Villard. ♃ des parties méridionales de la France.

6. CRÉPIDE sinuée.
CREPIS sinuata. La M. Dict. n.° 6 ♃ de la côte de Barbarie.

7. CRÉPIDE rouge.
CREPIS rubra. L. ⊙ des montagnes de la Provence.

8. CRÉPIDE puante.
CREPIS fœtida. L. ⊙ de l'Europe tempérée & australe.

9. CRÉPIDE âpre.
CREPIS aspera. L. ⊙ d'Italie & du Levant.

10. CRÉPIDE à feuilles de chondrille.
CREPIS tectorum. L. ⊙ commune par toute l'Europe.

11. CRÉPIDE fluette.
CREPIS virens. L. ⊙ des régions tempérées de l'Europe.

12. CRÉPIDE spatulée.
CREPIS spatulata. La M. Dict. n.° 12. *An Crepis neglecta?* L. ⊙ d'Europe.

13. CRÉPIDE bisannuelle.
CREPIS biennis. L. ♂ commune par toute la France.

Nota. Les *Crepis Pygmæa* & *Sibirica* de Linnæus étant de véritables *espèces d'hieracium* se trouveront indiquées à l'article Epervières; le *Crepis pulchra* du même Auteur est rangé parmi les Condrilles dont il est une espèce.

Description du port des Espèces.

Du collet de leurs racines qui sont longues & fibreuses, les Crépides poussent plusieurs feuilles qui forment une rosette applatie contre terre, ou une touffe arrondie plus ou moins étendue, suivant les espèces. Du milieu de cette rosette ou de cette touffe s'élèvent des tiges branchues, & garnies de feuilles, qui se terminent par des fleurs en général assez grandes. Ces fleurs dans la majeure partie des espèces sont d'un jaune de différentes nuances. Une seule espèce seulement produit des fleurs d'un rouge tendre; ce qui est assez rare dans les plantes de cette famille. A ces fleurs succèdent des semences oblongues & étroites, terminées par une aigrette simple ou plumeuse.

En général, les feuilles des Crépides poussent dès le premier Printems, & leurs tiges paroissent avec les premiers beaux jours. Les fleurs commencent à s'ouvrir dès la fin de Mai, & durent pendant les mois de Juin & de Juillet. Leurs semences mûrissent à la fin de l'Été, & les tiges se dessèchent & meurent en Août.

Culture.

Toutes les espèces de Crépides se multiplient aisément par leurs graines qu'on peut semer en pleine terre, soit à l'Automne, soit au Printems; mais plus sûrement au Printems pour les espèces qui viennent d'un climat plus chaud que le nôtre.

Ces semis se font dans les places où doivent rester les Plantes, parce qu'on ne peut les transplanter sans nuire à la vigueur de leur végétation. On fait de petits bassins de deux à quatre pouces de profondeur, sur quinze de diamètre dans lesquels on répand le plus également qu'il est possible, une pincée de semences que l'on recouvre ensuite légèrement d'environ trois lignes, avec une terre meuble, substancielle & légère. Comme les semis d'Automne se font vers la fin de Septembre jusqu'au Printems suivant, on peut très-bien se dispenser de les arroser: il suffit de les sarcler de tems en tems. Mais ceux du Printems veulent être arrosés lorsque la terre devient sèche, & que les jeunes plantes se flétrissent. Vers la mi-Avril, on éclaircit les semis, & on ne laisse dans chaque bassin, que huit ou dix jeunes individus, afin que les Plantes parvenues à leur état parfait, ne s'affament pas mutuellement.

Telle est toute la culture que ces Plantes exigent: elle est très-simple, comme on le voit. Cependant il est possible de la simplifier encore; lorqu'une fois on s'est procuré des Crépides, on peut se dispenser d'en ramasser les graines & de les semer. Ces graines laissées sur pied tombent & se sèment d'elles-mêmes, & produisent quelquefois des plantes, plus vigoureuses que celles qu'on auroit obtenues d'un semis fait avec soin au Printems.

Cependant, comme les espèces, N.° 2 & 7, se cultivent en grand pour l'ornement des Jardins, il ne sera pas inutile d'entrer dans quelques détails sur leur culture particulière.

Les semis d'Automne réussissent rarement dans notre climat, parce que les gelées de quatre à cinq degrés, suffisent pour faire périr ces Plantes, qui viennent d'un climat plus chaud que le nôtre.

Il faut donc s'en tenir aux semis printanniers. On sème les graines de ces deux espèces de Crépides, vers la fin du mois de Mars en pleine terre, soit par rayons ou en bassins sur les plate-bandes des parterres, soit par planches en pépinière. Les graines légèrement recouvertes, lèvent dans les 12 ou 15 premiers jours, & quelquefois plutôt, s'il survient des pluies douces & de la chaleur. Lorsque le jeune plant a deux pouces de haut, on l'éclaircit en supprimant les pieds qui sont trop près les uns des autres; & en espaçant à quatre ou six pouces de distance, ceux qui doivent rester en place. A l'égard des semis en pépinière qui sont faits pour être transplantés, soit en pleine terre, soit dans des pots, il faut les lever en petites mottes, & s'y prendre même de très-bonne heure, parce que plus les individus sont jeunes, & plus aussi leur reprise est assurée. Ces Plantes n'ont ensuite besoin que d'être arrosées quelquefois pendant les tems secs, d'être débarrassées des mauvaises herbes qui nuiroient à leur végétation; & enfin, d'être surveillées pour ramasser les graines à l'époque de leur maturité.

Dans les climats plus septentrionaux que le nôtre, on fera bien de ne semer les graines des Crépides, n.os 1, 3, 6, & 9, qu'au Printems, vers la mi-Avril, lorsque les gelées à glace ne sont plus à craindre. Si on les semoit dans des pots sur une couche chaude, elles n'enleveroient que plus sûrement, & les Plantes qui naîtroient de ces semis, deviendroient plus fortes & fleuriroient plutôt; mais alors il faudroit repiquer le jeune Plant des espèces vivaces dès la mi-Juin, partie en pleine terre, & partie dans des pots, afin d'avoir la facilité d'en rentrer quelques pieds dans l'orangerie, si les gelées de l'Hiver suivant s'élevoient au-dessus de six degrés.

Les Crépides vivaces se multiplient aussi par les œilletons enracinés, qu'on sépare des vieux pieds dès le premier Printems. Il suffit de les planter dans un terrein meuble & substanciel, pour obtenir de nouveaux individus qui fleurissent la même année. Mais, comme ces plantes produisent abondamment des graines dans notre climat, que d'ailleurs les individus provenus de graines fleurissent la même année, il est rare qu'on ait recours à ce moyen de multiplication, qui même est assez inutile.

Usage.

En général, les Crépides sont regardées comme des sudorifiques dans l'usage de la Médecine.

Les Bestiaux les aiment beaucoup, & les mangent avec avidité. On prétend que ces plantes ont la propriété de les engraisser, & de fournir beaucoup de lait aux Vaches et aux Brebis.

Quant aux usages d'agrément, ce genre renferme quatre espèces, comprises sous les n.os 2, 5; 6 & 7, qui peuvent servir à la décoration des Jardins. La première & la dernière de ces espèces fleurissent pendant l'Été; les fleurs de la première viennent en très-grand nombre: elles sont d'un jaune de soufre à leur circonférence, & d'un noir pourpré dans le centre. Les fleurs de la dernière sont d'un rouge tendre, tirant sur la rose. Elles sont très nombreuses, & se succèdent pendant six semaines environ. Ces deux Plantes peuvent être employées avec succès pour l'ornement des Parterres; placées sur le second rang, soit en lignes, soit par touffes, elles produisent un fort bel effet pendant l'Été.

Les espèces, n.os 5 & 6, qui sont des Plantes vivaces assez touffues, lesquelles s'élèvent de 15 à 18 pouces, & dont les fleurs sont d'un jaune pâle & assez grandes, peuvent être placées avec avantage sur les lisières des bosquets, & parmi les masses des plantes vivaces étrangères. Comme elles ne craignent pas les expositions les plus chaudes, ni les terreins maigres & secs, on peut les employer à garnir les pentes des petites Collines artificielles, situées à l'exposition du midi, dans les Jardins paysagistes.

Historique. C'est à M. Desfontaines que la Botanique est redevable de la connoissance de la Crépide sinuée; il l'a découverte sur les côtes de Barbarie, & en a envoyé les semences au Jardin National de Paris, en l'année 1788. (*M. Thouin*).

CRÊPIOLE, synonyme français du mot générique *crepis*. Voyez l'art. Crépide. (*M. Thouin.*)

CREPU. Cette épithète s'emploie pour désigner des tiges, des feuilles & des fleurs dont les surfaces ou les bords sont frangées ou frisées.

Les feuilles du *mentha crispa* L., les fleurs de l'*amarillis crispa* L. & les tiges du *carduus crispus* L., sont crêpues. (*M. Thouin.*)

CRESCENS, Pierre, (*Petrus de Crescentiis*,) naquit, à Bologne, en 1230. C'est le Restaurateur de l'Agriculture, & le premier Auteur de qui nous ayons des ouvrages sur l'Agriculture, après le siècle de barbarie. Crescens composa ses Ouvrages en latin, entre 1307 & 1311, dans un âge fort avancé. Ils furent dans la suite traduits dans presque toutes les langues. On ne fait pas précisément qui les a traduit en Italien; selon Zeno, dans les notes que ce Bibliographe a fait à la Bibliothèque de Monseig. Fontanini, ce fut un Toscan. Coppi, Auteur Italien, attribue la première traduction italienne à un certain *Lorenzo-Benvenuti*, de Sangemigniano, petit bourg dans l'État de Toscane. La première édition des Ouvrages de Crescens, parut en latin sous le titre: *Opus ruralium commodorum libri XII. Lovani*, *per Joannem de Westfalia* en 1474. La première édition de la traduction françoise paroît être celle de Paris, de l'année 1486, sous le titre profits champêtres & ruraux, touchant le labour des Champs, Vignes & Jardins &c., translaté en français à la requête de Charles V, Roi de France. Paris, 1486, *par Jean Bonhomme.* (*M. Gruvel.*)

CRESSE, *Cressa.*

Genre de plante de la famille des Liserons, qui ne comprend qu'une espèce. C'est une petite plante vivace, à feuilles simples, alternes, à fleurs d'une disposition sphérique & terminale; elles sont à cinq découpures. Elle habite les parties les plus méridionales de la France; & elle ne se cultiveroit dans notre climat, que dans une bâche. Elle n'est pas sans agrément; & elle est recherchée pour les collections de Plantes rares, & pour les Jardins de Botanique. Elle se multiplie par semences.

Cresse à feuilles d'Herniaire.
Cressa cretica. L. ♃. Parties les plus méridionales de la France. Italie. Levant. Chine.

La Cresse à feuille d'herniaire, est une plante d'un demi-pied de hauteur, dont les ramilles pressées & étendues, forment un petit buisson détaché de terre par sa nudité du pied de la tige. Elle se charge de feuilles ovales pointues, sans dentelure, sans queue, velues & très-petites. Ses fleurs sont réunies en petits paquets aux extrémités des ramilles: elles sont petites & à cinq découpures. Le fruit est une capsule qui ne renferme qu'une semence.

Culture.

Nous n'avons point cultivé la Cresse à feuille d'herniaire; nous ne voyons nulle part, des indications sur sa culture non plus que sur sa permanence que nous présumons. Si elle est annuelle, rien de plus simple que son traitement; semer sur couche chaude & sous cloche en Avril, repiquer le jeune Plant en fin de Mai.

Nous remarquons que cette Plante se trouve dans les parties méridionales de l'Europe, même à la Chine; & qu'elle se rencontre dans les pays les plus chauds de la France, où elle habite les lieux humides ou maritimes. Voilà la limite en deçà de laquelle sa végétation n'est plus possible en pleine terre. Or, dans tous les endroits aussi septentrionaux que Lyon, sa culture ne pourroit s'entreprendre que dans une bâche, où il conviendroit que cette plante fût renfermée pendant les tems rigoureux: il lui faudroit un pot petit & de la terre de bruyère; on ne négligeroit point de l'arroser; & on lui donneroit de l'air aux jours de douceur. Ce traitement rentre dans celui de Coris. (*Voyez* Coris.) Vers la fin du Printems, on enfonceroit le pôt dans le marais. (*Voyez* Marais artificiel.) Si on possédoit plusieurs individus, on en réserveroit dans la terre pour s'assurer de la maturité des graines. Elles offrent naturellement les moyens de multiplier cette petite plante; & on y procéderoit en les répandant en Avril sur une terrine remplie de sable de bruyère & de terreau, qui se gouverneroit sous le chassis à tems, comme les semis délicats, même à l'égard de la transplantation, séparément dans des petits pots que l'on changeroit au Printems suivant, en ajoutant au sable de bruyère, une huitième partie d'argile.

Usage.

Le parti que l'on pourroit tirer de la Cresse étant relatif à la quantité de Plantes que l'on en auroit, est-il nécessaire d'observer qu'elles figureroient à merveille, sur les devants des Parterres avec le Coris, la bruyère carnée, &c.? (*F.-A. Quesné.*)

CRESSON ou *Cardamine.* *Cardamine.*

Ce genre fait partie de l'utile famille des Crucifères. Il est composé de treize espèces différentes & de quelques variétés. Toutes, excepté une seule, sont originaires de l'Europe, & croissent dans les lieux humides & ombragés des montagnes, ou dans les prairies sur les bords des eaux. Ce sont des Plantes herbacées d'une petite stature, qui n'offrent rien d'agréable à l'œil. Elles croissent pendant l'Automne, même pendant l'Hiver, sous les neiges qui les recouvrent, & fleurissent au Printems. L'Été, leur végétation cesse: alors elles se flétrissent, & leurs tiges meurent. Les Cardamines fournissent à la Médecine de bons antiscorbutiques; une d'entre elles nous a procuré une salade aussi saine qu'agréable.

Espèces.

1. Cresson à feuilles d'asaret.
Cardamine asarifolia. L. ♃ d'Italie sur les montagnes humides.

2. Cresson trifolié.
Cardamine trifoliata. L. ♃ des montagnes de Suisse & de Laponie.

3. Cresson d'Afrique.
Cardamine Africana. L. d'Afrique.

4 Cresson à feuilles de réséda.
Cardamine resedifolia. L. ♂ des hautes montagnes de l'Europe.

5. Cresson à feuilles de Chélidoine.
Cardamine Chelidonia. L. ♃ des Pyrénées, d'Italie & de Sibérie.

6. Cresson thalictroïde.
Cardamine thalictroïdes. L ♂ des Alpes, Delphinoises & Italiennes.

7. Cresson stipulé.

Cardamine impatiens. L. ⊙ des montagnes humides & ombragées de l'Europe.

8. Cresson à feuilles de berle.

Cardamine parviflora. L. ⊙ des hautes montagnes humides.

9. Cresson à feuilles de fumeterre.

Cardamine Græca. L. ⊙ de Sicile, de Corse & des Isles de la Grèce.

10. Cresson velu.

Cardamine hirsuta. L. ⊙ des lieux humides & ombragés de l'Europe.

11. Cresson des prés.

Cardamine pratensis. L.

B. Cresson des prés à fleur double.

Cardamine pratensis, duplex. ♃ des prairies humides de l'Europe.

12. Cresson débile.

Cardamine amara. L. ♃ des bords des fossés humides.

13. Cresson de fontaine.

Cardamine fontana. La M. Dict. n.° 13. *Sisymbrium nasturtium.* L. ♃ sur les bords des eaux par toute l'Europe.

Description du port des Espèces.

En général, les Cardamines sont des plantes d'un port grêle, peu élevées & sans aucune apparence. Les racines des espèces vivaces sont charnues, blanches & cassantes; celles des espèces annuelles sont déliées, longues & rameuses. Leurs tiges sont ordinairement droites, ramifiées & garnies de feuilles plus ou moins découpées. Leur verdure est tendre, mais elle dure peu de tems, & passe bientôt au verd-brun, & ensuite au jaune. Les fleurs sont blanches dans la plus grande partie des espèces, dans les autres elles sont couleur de chair, & plus ou moins petites. Toutes produisent des siliques, dont les deux battans s'ouvrent avec élasticité par la base de leur cloison mitoyenne, & se roulent en-dehors. Ces siliques sont remplies de petites semences qui tombent immédiatement après leur maturité; quelquefois même il arrive que les siliques s'ouvrent & laissent échapper les graines avant qu'elles soient mûres. C'est pourquoi il est à propos de les surveiller; &, dès qu'on s'apperçoit qu'elles sont prêtes à s'ouvrir, on les coupe avec les épicules qui les soutiennent, on les renferme dans des sachets de papier gris que l'on porte pendant quelques jours dans une de ses poches, ou mieux encore dans un de ses goussets. La chaleur que les graines y éprouvent suffit pour les porter à leur parfaite maturité.

Culture.

Toutes les Cardamines se multiplient de semences, mais indépendamment de cette voie de multiplication, les espèces vivaces se propagent encore de drageons & d'œilletons.

Les graines se sement ordinairement vers la fin du mois de Septembre, excepté cependant celles des espèces comprises sous les n.os 3 & 9, qu'il est plus sûr de ne mettre en terre qu'au Printems suivant. Ces semis d'Automne peuvent se faire indifféremment en pleine terre ou dans des terrines qu'on laisse à l'air libre. Ils ne craignent point les plus grands froids de notre climat, seulement ils exigent une terre extrêmement divisée, & un peu substantielle, telle que du terreau de bruyère. Il leur faut aussi une exposition ombragée & une situation humide; &, comme les graines sont très-petites, il faut avoir soin de ne les recouvrir que de l'épaisseur d'une ligne tout au plus, avec une terre très-meuble.

Les semences des espèces annuelles lèvent quelquefois à la fin de l'Automne, celles des espèces vivaces germent pendant l'Hiver ou au premier Printems, sans que les plantules soient affectées des neiges ou des gêlées qui surviennent dans cette saison. A peine sont-elles passées que les plantes croissent rapidement, & fleurissent dès les premiers beaux jours du Printems, surtout les espèces annuelles. Lorsqu'une fois on a fait un premier semis, on peut aisément se dispenser d'en faire un second, il ne faut que laisser les semences sur les plantes; les Capsules s'ouvrent d'elles-mêmes, les graines tombent, se sément & produisent un si grand nombre de jeunes individus, qu'on est obligé d'en supprimer une partie pour empêcher qu'ils ne s'emparent de la totalité du terrein. Du reste, ces semis n'exigent d'autres soins que d'être sarclés de tems en tems, & arrosés lorsque la terre se dessèche à sa surface.

Les graines des Cardamines d'Afrique & à feuilles de fumeterre, doivent être semées au mois de Mars, dans des pots qu'on place sur une couche chaude, à l'exposition du Levant. Ces plantes aiment de préférence une terre légère & substantielle; il leur faut aussi des arrosemens légers & répétés chaque jour, jusqu'à ce que le jeune plant ait poussé ses premières feuilles. Mais alors il est bon de les modérer & de les proportionner à la chaleur & au degré d'humidité de la saison. Lorsque le jeune plant est parvenu à la hauteur de six pouces, & qu'il commence à être à l'étroit dans le vase qui le contient, on le place en pleine terre avec la motte qui l'entoure, parce qu'autrement il reprendroit difficilement. On l'arrose ensuite de tems en tems, & l'on surveille la maturité de ses graines. La culture de ces Plantes n'exige pas d'autres soins.

Les drageons & les œilletons des espèces vivaces peuvent être séparés des vieux pieds depuis le mois d'Octobre jusqu'au commencement de Mars. On les lève avec de petites mottes de terre,

& on les plante soit sur des gradins parmi les plantes alpines, soit dans des terrines, pour garnir les places, dans les Écoles de Botanique. Les individus que l'on place dans les Écoles de Botaniques doivent être ombragés, pendant l'Été par des chapeaux. Il faut en outre que la surface de la terre du vase qui les contient soit couverte de mousse pour entretenir le degré d'humidité qui leur est nécessaire.

La treizième espèce, ou le Cresson de fontaine, n'a pas besoin d'une culture aussi minutieuse que les autres espèces vivaces. Il suffit qu'il soit placé dans un lieu ombragé & très-humide pour qu'il pousse & croisse avec vigueur. Comme M. Tessier est entré dans les détails de sa culture en grand, à l'article Cressonnière, nous y renvoyons le Lecteur.

Usage.

Les feuilles de toutes les espèces de Cardamines, lorsqu'on les froisse, ont une odeur forte & une saveur amère qui approche beaucoup de celle du Cresson sauvage, mais moins âcre. Leurs propriétés & leur usage sont à-peu-près les mêmes, toutes sont antiscorbutiques, & peuvent être mangées en salade; mais le Cresson de fontaine est si commun, il est si facile de le multiplier, soit à la campagne le long des ruisseaux, soit dans les jardins en établissant des Cressonnières, qu'il est rare qu'on ait besoin de se servir des autres espèces.

Les espèces vivaces des hautes montagnes, peuvent servir à jeter de la variété sur les gradins destinés à la culture des plantes alpines. Elles forment de petits tapis, dont la belle verdure est encore relevée par la blancheur des petites fleurs dont ces plantes sont couvertes. La variété B. de l'espèce numéro 11, dont les fleurs sont d'une jolie couleur lilas, & les plus grandes de toutes celles de ce genre, peut être placée avec avantage dans des plate-bandes au Nord, avec les hépatiques, les hellébores printanières, les fumeterres bulbeuses & autres plantes agréables qui aiment un sol frais & ombragé. (*M. Thouin.*)

Cresson alenois, *Lepidium sativum latifolium. Voyez l'article* Passerage. (*M. Thouin.*)

Cresson d'eau-douce. M. Villars nous apprend que l'on donne ce nom dans le Dauphiné à la *Veronica anagallis* L. & qu'elle est employée sous ce nom aux mêmes usages. *Voyez* Véronique. (*M. Reynier.*)

Cresson de fontaine. Ce nom est aussi donné par quelques personnes au *Veronica Beccabunga.* L. *Voy.* Veronique aquatique. (*M. Thouin.*)

Cresson de jardin, *Lepidium sativum* L. *Voyez* Passerage. (*M. Thouin.*)

Cresson de Para. Nom vulgaire, d'une espèce de Bident, que Linné a réuni à son genre de *Spilanthus*, sous le nom de *Spilanthus oleracea* L. *Voyez* Bident, à faveur de Pyrètre. (*M. Reynier.*)

Cresson de Roc. Ancien nom de l'*Iberis nudicaulis* L. *Voyez* Ibéride à tige nue. (*M. Thouin.*)

Cresson d'Espagne en arbrisseau. Mauvais nom du *vella pseudo-cytisus* L. *Voyez* Velle citisoïde.

Cresson d'Espagne annuel. *Vella annua* L. *Voyez* Velle annuelle. (*M. Thouin.*)

Cresson des Roches ou saxifrage dorée. Noms impropres du *chrysospleniem oppositi folium* L. *Voyez* Dorine à feuilles opposées. (*M. Thouin.*)

Cresson d'Hiver. C'est une variété de l'*erysimum barbarea* L., que quelques Botanistes ont désigné par l'épithète de *præcox*. *Voyez* Velard. (*M. Thouin.*)

Cresson d'Inde. Nom employé quelquefois pour désigner le *tropœolum majus* L. *Voyez* Capucine a feuilles larges. (*M. Thouin.*)

Cresson du Pérou. On a donné ce nom pendant quelque tems au *tropæolum majus* L. des Botanistes; il est peu d'usage dans ce moment. *Voyez* Capucine a feuilles larges. (*M. Thouin.*)

Cresson sauvage. On désigne quelquefois sous cette dénomination, les différentes espèces d'*Iberis*. *Voyez* Ibéride. (*M. Thouin.*)

CRETE. Ce mot se dit en jardinage, de la partie la plus élevée d'une éminence; c'est un sommet alongé, étroit, & d'une certaine étendue.

On dit la Crête d'un sillon, d'une plate-bande, d'un ados, d'une costière, pour exprimer la partie la plus élevée de ces objets.

Cette position convient à la culture de plusieurs Plantes qui craignent l'humidité, ou dont les racines ont besoin d'être déchaussées pour prendre leur croissance: telles que quelques Plantes de la famille des Liliacées, quelques variétés de Racines légumières, comme la Betterave champêtre, quelques sortes de radis, &c.

Dans les terreins froids & humides, on donne plus d'élévation aux Crêtes, que dans les terreins secs & chauds. C'est au Jardinier à étudier la nature de son terrein, pour le façonner de la manière la plus propre au succès de ses Cultures. A cet égard, on ne peut donner que des généralités. (*M. Thouin.*)

Crête de Coq. Nom impropre que l'on donne à plusieurs Plantes de genres différens, sur une prétendue ressemblance de leurs parties avec la Crête d'un Coq.

On donne ce nom à une espèce de Passevelour. *Celosia cristata* L. *Voyez* Passevelour à Crête.

A une espèce de Cocrête. *Rhinanthus crista galli* L. *Voyez* Cocrête des Prés.

A deux espèces de Sainfoin. *Hedysarum crista galli* L. *Hedysarum caput galli* L.

Et en général, à plusieurs plantes de ce genre, dont les Légumes sont monospermes & couverts d'aspérités. *Voyez* SAINFOIN.

Enfin, les Habitans de Cayenne donnent ce nom à l'*Heliotropium indicum* L., dont ils font usage en Pharmacie. *Voyez* HELIOTROPE des Indes. (*M. REYNIER.*)

CRÊTE DE COQ. Plante qui, dans la Haute-Auvergne infecte les Blés. (*M. TESSIER.*)

CRÊTE-MARINE. Ancien nom du *crithmum maritimum* l. *Voyez* BACILLE MARITIME. (*M. THOUIN.*)

CRETELLE ou CYNOSURE, *CYNOSURUS.*

Genre de plante unilobée, de la famille des *Graminées*, qui a des rapports avec les *racles* & les *panics*, qui comprend des herbes exotiques & indigènes. Les fleurs forment des épis simples ou un peu ramifiés. Les feuilles sont simples, entières, alongées, pointues, & embrassent la tige par une gaine fendue dans sa longueur. Ces plantes ont toutes le même aspect, & varient dans leur grandeur. Les plus petites ont quelques pouces, les plus grandes deux à trois pieds. Elles offrent peu d'agrémens, & font partie des plantes des prairies des différens climats. Après avoir rapporté les espèces, nous donnerons la description du n.° 7 *à épis larges*, & nous indiquerons le n.° 1 *des prés* qui nous paroissent mériter d'être connues plus particulièrement. Les autres espèces n'étant cultivées que dans les jardins de Botanique. Ce genre est de la troisième classe de Linné.

Espèces.

1. CRETELLE des prés.

CYNOSURUS cristatus. L. ♃ en France, sur les bords des chemins.

2. CRETELLE hérissée.

CYNOSURUS echinatus. L. ⊙ France mérid. sur les bords des chemins.

3. CRETELLE d'Espagne.

CYNOSURUS lima. L. ⊙ de l'Espagne.

4. CRETELLE à épis roides.

CYNOSURUS durus. L. ⊙ de l'Europe australe, du Dauphiné.

5. CRETELLE du Cap.

CYNOSURUS uniolæ. L. fil. du Cap.

6. CRETELLE dorée.

CYNOSURUS aureus. L. ⊙ de Provence, d'Italie.

7. CRETELLE à épis larges. Le *Coracan.*

CYNOSURUS Coracanus. L. ⊙ des Indes orient.

8. CRETELLE d'Egypte.

CYNOSURUS Ægyptius. L. ⊙ Asie, Afrique, Amérique.

9. CRETELLE des Indes.

CYNOSURUS indicus. L. ⊙ des Indes.

10. CRETELLE à trois épis.

CYNOSURUS tristachyos. La M. Dict. du Paraguay.

11. CRETELLE en balais.

CYNOSURUS scoparius. La M. Dict. ⊙ *pied de poule de Saint-Domingue.*

12. CRETELLE patinée.

CYNOSURUS patinatus. La M. Dict. des Indes orientales.

13. CRETELLE effilée.

CYNOSURUS virgatus. L. de la Jamaïque.

A. *CYNOSURUS virgatus spicularum floribus infinis aristatis.* L.

B. *CYNOSURUS Domingensis. Jacq. mis.* V. 2, p. 363.

CRETELLE de Saint-Domingue à la Jamaïque.

Espèces peu connues.

CRETELLE dure.

CYNOSURUS durus. Forsk. Ægypt. 21, n.° 71.

CRETELLE ternée, à trois épis.

CYNOSURUS ternatus. Forsk. Ægypt. 21, n.° 72.

CRETELLE à floccons.

CYNOSURUS floccifoluis. Forsk. Ægypt. 21, n.° 73.

Description.

N.° 7. CRETELLE à épis larges. Cette espèce ne s'élève dans les jardins qu'à la hauteur d'un pied & demi, mais dans les Indes orientales, dont elle est originaire, elle s'élève à la hauteur de quatre & cinq pieds. Ses tiges sont droites, articulées, un peu rameuses. Les feuilles sont longues, larges de trois lignes. Les épis sont longs d'un pouce & demi, larges d'environ cinq lignes, épais, comprimés, disposés au nombre de quatre à six en faisceau terminal, très-souvent accompagné d'un épi séparé, situé un peu au-dessous du faisceau. Ces épis sont composés d'un grand nombre de petits épillets courts. Les épis d'abord droits, se courbent sur leur dos dans la maturation des fruits. Les graines sont nues, presque globuleuses, un peu plus grosses que celles du millet. On la cultive au Jardin National des Plantes.

Culture.

Les quatre premières espèces, originaires des Provinces méridionales, d'Italie, &c. se sèment au Printems, en pots, sur couche, à l'air libre; quand les plantes ont trois pouces on les place où elles doivent rester dans les Jardins de Botanique; leur culture se réduit à les arroser, à les tenir nettes de mauvaises herbes & à en recueillir les semences.

L'espèce n.° 4, *à épis roides*, se met à la place qui lui est destinée, dans un pot qu'on enterre, & qu'on a soin d'entretenir humide, parce que cette espèce croît plus particulièrement dans les prés.

Toutes

Toutes les autres espèces, des Indes, du Cap, &c. se sèment vers la mi-Mars, sur couches & sous chassis dans des petits pots. On les sépare quand le plant est assez fort, en petites mottes; on en met une partie en place, & l'autre en pots qu'on tient sous chassis pour accélérer & perfectionner la maturation des graines qui mûrissent difficilement à l'air libre, sur-tout si les pluies sont fréquentes dans le tems de la floraison.

Usages.

Toutes ces plantes forment gazon, herbages dans leurs différens climats, & peuvent servir ou comme pâturage, ou comme propres à contenir les sables & terres mouvantes. Le n.° 1 *des prés* est un bon pâturage pour les moutons. ♃.

L'espèce n.° 7, *à épis larges*, rapporte beaucoup dans les bonnes terres, & ses graines, dans plusieurs contrées de l'Inde, offrent une grande ressource, lorsque le riz manque. Il est à desirer que quelques Amateurs la cultivent dans nos provinces méridionales, en fassent un essai, & tentent d'ouvrir une nouvelle branche de subsistance & de commerce. (*M. Menon.*)

CREVASSES. *Jardinage.* Fentes plus ou moins larges, plus ou moins profondes que l'on remarque quelquefois à la surface des terres, & particulièrement de celles qui sont argilleuses.

Les Crevasses sont occasionnées par une sécheresse ou un hâle continu qui survient après de longues pluies, & sur-tout à la suite d'un hiver pluvieux.

Lorsque les Crevasses sont un peu profondes, elles font beaucoup de tort aux végétaux. L'air qu'elles introduisent dans le voisinage des racines, les dessèche & fait quelquefois périr les plantes. Pour remédier à cet inconvénient, il est nécessaire de recourir aux arrosemens. Mais, pour les rendre profitables, il faut auparavant biner la surface de la terre pour l'ameublir, & faire disparoître les Crevasses. Sans cette précaution, l'eau ne fait que glisser sur la surface, s'écoule à travers les fentes, & ne pénètre point la couche supérieure qui doit être imbibée. On se sert ensuite d'un arrosoir à pomme pour faire les arrosemens que l'on a soin de répéter plusieurs fois, afin que l'eau venant encore à diviser la terre, déjà rendue plus meuble par le binage, puisse entraîner plus facilement les parties les plus tenues dans le fond des cavités, & les remplir plus exactement.

On nomme aussi Crevasses, les fentes & gerçures que l'on voit sur les troncs des jeunes arbres. Celles-ci sont occasionnées par une trop grande ou une trop petite quantité de sève; dans le premier cas, les canaux se gonflent, se distendent & font éclater l'écorce; dans le second, la peau se sèche & l'écorce se remplit de Crevasses. (*M. Thouin.*)

Crevasses. Fentes qui viennent aux paturons & aux boulets des chevaux, & qui rendent une eau rousse & puante; on y met un peu de suif, qui quelquefois suffit pour les guérir. (*M. Tessier.*)

CREUSER, en jardinage, c'est enlever d'une surface plane, une masse de terre plus ou moins considérable. On dit Creuser une plate-bande un sentier, une rigole, un trou, une allée, un bassin, &c. &c.

Les instrumens dont on se sert le plus ordinairement pour Creuser, sont: la bêche, la pioche, le gouillot, la tournée & les pelles de bois ou de fer. (*M. Thouin.*)

CREUX. Ce terme est employé très-fréquemment en Jardinage, pour exprimer soit des trous, soit des inégalités dans le terrein.

Dans beaucoup d'endroits on appelle Creux les trous destinés à la plantation des arbres, & l'on dit un bon Creux, pour désigner un grand trou dans lequel les racines de l'arbre puissent croître à l'aise.

On nomme terrein Creux, un terrein enfoncé, dans lequel les eaux se rassemblent & s'imbibent. Cette situation a son avantage pour la culture, d'un assez grand nombre de plantes, mais aussi elle est nuisible à beaucoup d'autres, lorsque le terrein est de nature argilleuse, & est posé sur une couche de glaise. (*M. Thouin.*)

CRIBLAGE. Action de passer les grains aux cribles pour les nettoyer. On trouvera aux pages 96 & 97 du 2.e volume de ce Dictionnaire, article Battage, quelques détails sur la manière de purifier, à l'aide de différens cribles, les grains qu'on vient de battre. Il n'y est question que des cribles à main. Mais, dans beaucoup de pays & dans plusieurs circonstances, on fait usage du *Crible d'archal*, *du Tarare*, *du Crible à rape*. *Voyez* en la description dans le Dictionnaire des Instrumens d'Agriculture. Elle suffira pour indiquer la manière de s'en servir. J'observerai seulement qu'aucune espèce de crible ne nettoie aussi-bien les grains que les cribles à main. (*M. Tessier.*)

CRIBLE. Sorte de panier d'osier, ordinairement rond, applati & garni de deux anses. Son diamètre est de 15 pouces, & sa hauteur de six. Le fond, qui est supporté par deux barres de bois posées en croix, est formé d'un grillage de menus brins d'osier, tressés dans leur largeur, & qui laissent entr'eux environ trois lignes d'ouverture. Le bord de ce Crible est fait avec de l'osier tressé comme le sont les autres paniers.

Cette sorte de Crible sert à cribler les terres qui ont déjà été passées à la claie, & qui sont destinées à recouvrir les semis de graines fines qui se font dans des caisses ou dans des pots. (*M. Thouin.*)

CRIBLER des terres, c'est faire passer à travers le grillage d'un Crible, les terres qu'on veut épurer & séparer des corps trop gros qu'elles renferment.

Pour faire cette opération, on choisit un tems sec, & l'on a soin que la terre qu'on se propose de cribler, ne soit pas trop humide. On remplit de terre avec la pelle, la capacité du Crible; on le prend par les deux anses, le corps un peu courbé en avant, le coude gauche appuyé sur le genoux gauche, & la main-droite à la hauteur de la poitrine. On agite le Crible de bas en haut dans une direction inclinée; la terre fine s'échappe à chaque mouvement, à travers le grillage; & il ne reste dans le panier que les pierres & les mottes de terre, qui n'ont pu passer par les ouvertures du fond. On les jette en un tas pour les laisser sécher: ensuite on remplit de nouveau le Crible, & l'on recommence l'opération jusqu'à ce qu'elle soit finie.

Si l'on a l'attention de cribler toujours à la même place, il se forme bientôt un cône sur lequel la terre s'affine encore, parce que les particules les plus petites restent au sommet, tandis que les plus grosses roulent au pied du tas; par ce moyen, il est possible d'avoir des terres aussi douces & aussi fines que de la fleur de farine. Mais, en voulant éviter un inconvénient, il faut prendre garde de tomber dans un autre. Si la Terre qui est remplie de parties grossières, nuit à la sortie des germes, celle qui est trop fine ne leur est pas moins préjudiciable. Bientôt battue par les arrosemens & les pluies, elle forme une croûte qui se durcit; & que les germes ont beaucoup de peine à percer, souvent même ils n'y parviennent point & périssent.

Lorsqu'il y a beaucoup de graines dans le même vase, les germes soulèvent quelquefois cette croûte qui alors se fend & leur donne passage. Mais, dans ce cas, les jeunes Plants ne se trouvent plus espacés convenablement, & le semis languit.

Les Terres ainsi criblées, sont employées avec succès pour recouvrir les semis de graines très-fines, telles que celles des Millepertuis, des Bruyères, des Rhodondendrons, des Andromèdes, &c. &c. On s'en sert encore pour empoter les Plantes délicates, dont les racines sont extrêmement déliées & de consistance sèche. (*M. Thouin.*)

CRIBLES. Instrumens propres à nettoyer les grains. *Voyez* le Dictionnaire des Instrumens. (*M. Tessier.*)

CRIBLURES. C'est un mélange de mauvaises graines qui ont été apportées des champs à la grange avec les récoltes, & qui y sont battues avec elles, de grains de petit bled, & de bled qui n'est pas séparé de ses bâles.

C'est au moyen du Crible que l'on sépare ce mélange du bon grain; ce qui lui a fait donner le nom de *Criblures.* Elles sont d'un grand profit dans une basse-cour: car, pendant tout le tems que dure le battage, on ne donne pas, ou presque point, à manger aux Volailles. Un Fermier attentif, a soin de recommander à ses Batteurs de ne pas jetter les Criblures sur le fumier, parce que beaucoup de mauvaises graines n'ayant pas le tems de se consommer, sont portées aux Champs avec les fumiers, & repoussent de nouveau.

Les Criblures sont bonnes aussi pour engraisser les Cochons. Plus elles sont chargées de bons grains, meilleures elles sont. (*M. Tessier.*)

CRIMNON. Mot grec employé dans les Pharmacies, pour désigner une espèce de faine grossière, tirée du Froment & du Maïs, dont on fait des Bouillies dans quelques parties de la France. (*M. Thouin.*)

CRINOLE, *Crinum.*

Genre dont la semence n'a qu'un lobe, de la famille des Narcisses, qui comprend plusieurs espèces. Ce sont des Plantes herbacées, vivaces, à bulbe pour l'ordinaire, cylindrique, d'un feuillage perenne & gracieux, dont les fleurs disposées en ombelles, ont six divisions: elles sont toutes étrangères; elles se cultivent en Europe presque toutes en serre chaude; elles s'y multiplient par graines, soboles ou par racines traçantes. Elles sont au premier rang pour la facilité de l'étude & de la culture: elles offrent les plus beaux modèles aux Arts imitatifs.

Observation.

Madame Lamarck, par une observation sur la position de l'ovaire, a fait passer sous le genre Amarillis, plusieurs espèces du Crinum de Linné. Sans que l'on puisse présumer que nous tendions à propager une hérésie, en les rendant au Crinum de Linné, nous étendrons l'exposition des espèces du Dictionnaire de Botanique pour la facilité de ceux qui ont suivi Linné. On ne peut que rendre hommage à l'Auteur de l'Article Amarillis de ce même Dictionnaire, & à celui du même article du Dictionnaire de Culture, nous y renvoyons. Le desir de la possession des espèces du Crinum, nous a conduit depuis long-tems à des recherches: le résultat de nos essais, est-il de quelque utilité? le voici:

Espèces.

1. Crinole d'Afrique, vulgairement la Tubéreuse bleue.

Crinum Africanum. L. ♃ Afrique.

2. Crinole d'Amérique, ou Crinole-palmier.

Crinum Americanum. L. ♃ Amérique.

Lilio - Asphodelus - Americanus sempervirens minor albus. Comm. Rar. T. S.

3. CRINOLE délicate.

CRINUM tenellum. L. ♃ Afrique.

4. CRINOLE à feuilles larges, ou Crinole pourprée.

CRINUM latifolium. L. ♃ Inde.

An Amaryllis latifolia? La M. Dict.

B. CRINOLE à feuilles arquées, ou Crinole verdâtre.

CRINUM latifolium foliis arcuatis. ♃ présumée de l'Amérique.

5. CRINOLE d'Asie.

CRINUM Asiaticum. L. ♃ Malabar.

AMARYLLIS vivipara. La M. Dict.

6. CRINOLE à feuilles longues ou Crinole blanche.

CRINUM foliis longissimis. (non décrit) ♃ présumée de l'Amérique.

Espèces moins connues.

CRINOLE à feuilles obliques.

CRINUM obliquum. L. F. 195.

CRINOLE très-belle.

CRINUM speciosum. L. F. 195.

CRINOLE à feuilles linéaires.

CRINUM lineare. L. F. 195.

CRINOLE à feuilles étroites.

CRINUM angustifolium. L. F. 195.

CRINOLE à feuilles en faulx.

CRINUM falcatum. Jacq. Hort. V. 3, t. 60.

Description du port des Espèces.

CRINOLE d'Afrique. Des racines très-longues, grosses comme les petits doigts, médiocrement fibreuses, attachées à une tubérosité, portant une douzaine de feuilles, sessiles, s'enveloppant & se prolongeant de deux pouces en forme de tige, larges de dix lignes, longues de quinze pouces, un peu caniculées, se terminant d'une manière obtuse, ouvertes en éventail, & la plupart rabattues, donnent au milieu d'elles, une hampe de trois pieds de hauteur, cylindrique, creuse, verte, de sept lignes de diamètre à sa base, & de quatre lignes à son extrémité opposée, portant dans une spathe de deux pièces, en forme de cœur à pointe alongée, cinquante à soixante fleurs avec des pédoncules de dix-huit lignes de longueur, dont quelques-unes sont biflores. Elles sont à six divisions d'une égale longueur, mais d'une largeur inégale, & toujours de trois à cinq lignes; elles ont presque deux pouces d'évasement. Les divisions sont un peu concaves & arrondies à leur extrémité; leur partie dorsale est d'un bleu vif, bien marqué en dedans & sur les bords, mais extrêmement affoiblis dans le limbe. Les pétales ou divisions sont à leur base, connivens en tube, de quatre lignes de longueur; à son orifice sont insérées six étamines inclinées & se relevant; elles sont d'une longueur inégale, & de la couleur des pétales.

Douze à quinze fleurs sont ouvertes en même-tems : elles présentent, par leur écartement entre elles, par leur ensemble, & par le développement encore attendu des autres, un speudocapitule, d'une apparence & d'une beauté peu communes. La spathe se montre dès la fin de Juin, la fleur commence à se développer en Août, & vos jouissances durent encore à la Saint-Michel Les graines sont mûres en Novembre. Cette belle production est vivace, & originaire de l'Afrique; ses feuilles se conservent pendant l'Hiver.

CRINOLE à feuilles larges. Les feuilles sont d'un verd brun, presque sessiles, droites, larges de deux pouces, longues de trois pieds, finement denticulées, médiocrement-denticulées, se terminant en pointe alongée, s'écartant un peu dès la sortie du bulbe qui est cylindrique & à racines fasciculaires & traçantes. Il est d'une couleur de pourpre qui se prolonge au-dehors sur la partie convexe de la feuille, jusqu'au tiers de sa longueur.

En Juillet, & souvent encore en Mars, une hampe de vingt pouces de longueur, d'une couleur fauve rembrunie, jaspée, brillante, s'élève sur le côté de l'axe que forment les feuilles; elle présente une collerette renfermant six à sept corolles d'un blanc pur, pourvues de tubes longs de six pouces; elles sont partagées en six segmens, longs de quatre pouces, larges de sept lignes. Les tubes se colorent d'une forte nuance de pourpre, & les segmens sont à l'extérieur légèrement teints de la même couleur. Ces fleurs brillent pendant quinze jours : elles ravissent autant l'odorat qu'elles flattent la vue; il leur succède des soboles. Cette plante est vivace & originaire de l'Inde : elle ne perd jamais toutes ses feuilles à-la-fois.

La radication de la variété B. (CRINOLE à feuilles arquées) est la même. Son bulbe sort de cinq pouces au-dehors, & porte quinze à seize feuilles d'un verd tendre, chevauchantes, sessiles, très-finement denticulées; d'abord caniculées, & ensuite révolutées, se pressant, &, à un quart de leur longueur, se renversant peu-à-peu en arrière. leur largeur est de trente lignes, leur longueur de trente pouces. La fructification suit les mêmes procédé & époque que dans l'espèce, mais la hampe est d'une couleur fauve plus claire; le tube est d'abord d'un blanc pur, & il prend des nuances sur la couleur fauve. Les segmens sont à l'intérieur, blancs, & à l'extérieur, d'une couleur légèrement verdâtre qui s'éteint tout-à-fait, avant leur dépérissement qui n'a lieu qu'après trois semaines. Peu de fleurs répandent une odeur plus pénétrante & en même-tems plus agréable. Elle est vivace : nous la présumons de l'Amérique.

2. Crinole d'Amérique. Seize à dix-huit feuilles d'un verd foncé, unies sur leurs bords qu'un filet blanc d'un quart de ligne parcourt dans toute leur longueur, larges de cinq pouces, six fois plus longues, portant quelquefois une strie dans leur partie concave & longitudinale, sont enroulées à leur base, & forment, sur un bulbe à racines fasciculaires, une tige de dix pouces de longueur, & de près de quatre pouces de diamètre; elles sont un peu rabattues en arc, & elles donnent à cette Plante, qui se trouvent avoir quatre pieds d'envergure, le port du Palmier. Ce qui ajoute encore à sa dignité, c'est que les feuilles sont en quelque sorte pétiolées. Elles sont assez étroites à leur insertion, & nécessairement caniculées; elles s'élargissent, mais elles sont applaties, & elles se terminent en pointe un peu obtuse.

En Mai & en Août, de l'insertion de la troisième ou quatrième feuille, s'élève de douze à quatorze pouces, une hampe verte, applatie d'un côté, de la largeur de deux doigts, portant une collerette renfermant vingt-cinq à trente fleurs blanches de la forme de celles du n.° 4, mais plus petites : elles ont cependant six pouces d'évasement; chacune d'elles dure six à sept jours; & elles se succèdent pendant deux mois, si les chaleurs ne sont pas excessives. Elles parfument la serre. Cette plante est vivace, & ses feuilles se renouvellent continuellement; elle se trouve en Amérique.

6. Crinole à feuilles longues. Un bulbe blanc, cylindrique, à racines fasciculaires & traçantes, se prolonge au-dehors de deux pouces, & offre le développement de feuilles d'un verd clair, nombreuses, sessiles, presque droites, à denticules à larges espaces sur leurs bords, longues de quarante pouces, larges de vingt-sept lignes, creusées en gouttière, se retrécissant très-peu, & se terminant en pointe obtuse.

En Juillet, naît sur le côté des feuilles, une hampe d'un verd légèrement jaspé, applatie, longue de deux pieds; sa collerette est de quatre pièces; elle renferme cinq corolles d'un blanc pur, à tube long de quatre pouces & demi, partagées en six segmens, longs de trois pouces & demi, & de neuf lignes de largeur, se terminant d'une manière obtuse. Six étamines inclinées, de couleur pourpre, avec une anthère de quatre lignes vacillantes, sont attachées à l'orifice du tube; le style est également pourpre & incliné comme les étamines, mais de moitié plus long qu'elles. L'ovaire est placé à cinq lignes au-dessus de la base de la corolle : il devient une capsule à loges renfermant plusieurs bulbes. Les fleurs sont odorantes & d'une longue durée; la plante est vivace, mais elle perd presque toutes ses feuilles en Automne. Nous la présumons de l'Amérique.

Crinole d'Asie. (*Voyez* l'article Amarillis, Amaryllis vivipare, n.° 14.) Nous devons à l'Auteur de cet article intéressant, l'exposition du moyen de faire fleurir ce bulbe qui, depuis dix ans, se multiplie dans la serre chaude sans donner de fleurs, malgré toutes les tentatives possibles, hors celle qu'il falloit faire.

3. La Crinole délicate est une très-petite plante, à racine bulbeuse, portant des feuilles courtes, très-menues, & des fleurs jaunes, petites, disposées en ombelle. Elle est vivace, & originaire de l'Afrique.

Culture.

La Crinole d'Afrique, n.° 1, n'exige point la serre chaude : il seroit cependant prudent, dans tous les lieux d'une température moins douce que Paris, de l'y placer sur les devants ou dans une serre tempérée. D'ailleurs nous avons reconnu qu'il ne faut pas la traiter délicatement; il seroit nécessaire de la transplanter dans l'orangerie après les fortes gelées.—Ses racines annoncent son appétit. Une terre très-argilleuse ou plutôt de l'argille pure, un pot très-profond, quelques tuileaux sur les trous, la rentrer en orangerie à la fin d'Octobre, la sortir en Avril pour placer le pot dans une planche au levant; beaucoup d'air, peu d'arrosemens en Hiver, voilà toute sa culture. Nous avons dit que la spathe paroît dès la fin de Juin, c'est le tems des chaleurs : on la mouille tous les jours; que la fleur commence à éclorre en Août, les arrosemens alors sont de trois jours l'un; ils se règlent ensuite sur la fraîcheur des nuits.

On peut la multiplier par la graine qui mûrira par-tout en France si, seulement au nord de Paris, on rentre le pot en Octobre dans la serre chaude; mais le moyen usité est de séparer les œilletons au commencement de l'Automne. On les laisse se cicatriser pendant huit jours sur une tablette de l'orangerie. Nous observons que nos plantes, traitées comme nous venons de l'exposer, sans fumier, ni engrais qui les auroient tuées, se sont toujours extrêmement multipliées, parce qu'ordinairement la plante qui vient de fleurir, donne à chaque côté de la hampe un faisceau de feuilles; afin d'avoir de fortes hampes & beaucoup de fleurs, nous avons toujours séparé la tubérosité, & comme elle est peu succulente, la cicatrice se forme promptement. Il n'est pas utile, sans doute, d'observer qu'il est nécessaire de laisser à chacun des deux fragmens toutes les racines qui y sont attachées, qu'il suffit de réduire tout de suite à la longueur de trois à quatre pouces; nous n'ajouterons pas qu'il faut employer la terre presque sèche, qu'il ne la faut que médiocrement comprimer, qu'il faut n'arroser qu'au bout de dix à douze jours, & légèrement, laisser les pots dans l'orangerie à l'ombre, & que les plantes, ainsi partagées, ne donnent de fleurs que dans l'année subséquente.

Enfin, si l'on veut absolument semer, on veillera à la maturité de la graine qui est fort menue & noire. On la semera sous chassis, & le semis se gouvernera comme celui des Ixies, Glayeux de l'Afrique, &c. (*Voyez* leur article.)

La Crinole délicate (5) se peut, à notre avis, cultiver comme les Glayeux de l'Afrique. (*Voyez* leur article), & on la rentrera en Automne dans la serre chaude. Nous ne l'avons point cultivée.

A l'égard des n.os 2, 4 & B. N.° 6, nous regardons ces liliacées & quelques autres, prises sur-tout dans les *Amarilis* & les *Pancrais*, comme formant le fond de toutes serres chaudes; en effet, & pour ne parler que des Crinoles, la facilité de les multiplier, le peu de chaleur qu'elles exigent, leur feuillage, sa fraîcheur, la fréquence, l'odeur, le volume, la beauté, l'abondance de leurs fleurs; tout en elles ne promet-il pas les vraies jouissances de la culture?

On les placera donc dans la serre chaude. Les pots doivent, en Hiver, être enfoncés dans la tannée, & quoiqu'alors cinq à dix degrés du Thermomètre de Réaumur leur suffisent, on ne doit point les laisser sur les tablettes, ou les mettre en serre tempérée, parce que la chaleur du tan est nécessaire pour garantir le bulbe de l'humidité qu'occasionne la pourriture des vieilles feuilles. Dès la fin d'Avril, on les ôte de la tannée, on les place le plus près possible des vitreaux, & c'est-là que leur végétation est du plus grand luxe. On débarrasse alors les vieilles plantes des racines traçantes, & comme les Crinoles diffèrent, avec toutes les liliacées à bulbes cylindriques, du plus grand nombre des liliacées à bulbes orbiculaires qui ne fleurit point dans l'année de la transplantation, on renouvelle plus volontiers la terre. Elles ne sont pas difficiles sur sa nature : on prend de celle du potager, & toujours de la plus forte. On réduit la motte que l'on assied dans un pot plus grand. Deux ans après si l'on s'apperçoit que le bulbe ait encore à grossir, on augmente encore la grandeur du pot. — Les arrosemens doivent être fréquens, abondans & réguliers pendant les chaleurs : on les diminue avec elles, jusqu'à ce qu'enfin ils cessent tout-à-fait. — Les insectes ne s'attachent jamais à ces plantes. — Elles seront plus vigoureuses dans un air souvent renouvellé que dans un air toujours chaud. On peut donc, après les secondes fleurs, les sortir avec succès, non pour les abandonner absolument à l'air libre, mais sous un berceau.... & sur-tout à l'abri du soleil & des vents. Il n'est pas inutile de ne les pas placer de niveau dans les tannées : on les arrangera comme en amphithéâtre, afin que le soleil les parcoure toutes. — La plante B. est la plus dure, & la plante 2. la plus délicate.

On les multiplie par les bulbes de l'ovaire ou par les racines traçantes. Les bulbes de la Crinole à feuilles longues (6) ne mûrissent point (ici), non plus que ceux de celle d'Amérique (2); cette dernière est la seule qui ne fait point (ici) de racines traçantes : les autres ne laissent rien à desirer à ces deux égards. Si l'on veut procéder avec les bulbes de l'ovaire qui se perfectionnent presque tous les Étés, le moyen est plus long; le plus expéditif, & qui réussit toujours, est de séparer au Printems, avec un couteau que l'on plonge dans le pot, une racine traçante qui porte toujours un petit bulbe, souvent déjà développé. Après l'avoir oublié pendant huit jours sur une tablette, on le met dans un pot de cinq pouces d'évasement, rempli de parties égales de sable de bruyère & de terreau : on l'enfonce dans la tannée, on l'arrose peu pendant deux mois, & en Avril suivant on le passe avec la motte dans un pot de sept à huit pouces, où il reste pour donner des fleurs qui ne se font attendre que deux années, & qui ensuite paroissent régulièrement tous les Étés.

Usages.

Parfumer tous les appartemens dans lesquels on les transporte, pour admirer plus commodément & conserver plus long-tems les fleurs que le pinceau peut-être placera sur leurs lambris. (*F. A. Quesné.*)

CRIQUET. Insecte de l'Amérique méridionale qui fait beaucoup de tort aux cacaoyers. Cette espèce de sauterelle mange les feuilles & particulièrement les jeunes bourgeons des cacaoyers, arrête la végétation de ces arbres, & les fait quelquefois périr.

Jusqu'à présent on ne connoît d'autres moyens de se délivrer de ces insectes destructeurs, que de les prendre à la main & de les écraser. (*M. Thouin.*)

CRISITE, *Chrysitrix.*

Genre de plante qui a beaucoup de rapports avec les Choins, qui ne comprend qu'une espèce : c'est une plante vivace, herbacée, à feuilles en épée, à fleurs écailleuses de peu d'éclat : elle est étrangère, & elle ne se cultiveroit dans notre climat que dans une bâche pour occuper une place dans une école de Botanique : elle se multiplieroit par semences, & probablement par les œilletons.

Crisite du Cap.

Chrysitrix Capensis. L. ♃ Afrique.

La Crisite du Cap a le port de la Bermudienne (*Sisyrinchium*), les feuilles longues de six à sept pouces, en épée, & disposées comme celles de l'Iris; une tige de huit à neuf pouces de hauteur, un peu applatie, & plus ronde vers son sommet; au-dessous duquel, sur le côté, sort une fleur écailleuse d'un roux-brun. Cette plante est rare. Il y a encore des connoissances à acquérir sur les parties de sa fructification finale, elle est vivace, elle croît en Afrique, au Cap de Bonne-Espérance.

Culture. Le Lecteur trouvera bon que nous le renvoyons à l'art. CORYMBIOLE. (*Corymbiole.*)

Usages. La Crisite du Cap ne nous paroît propre qu'aux Jardins de Botanique. (*F. A. QUESNÉ.*)

CRISOCOME, *CHRYSOCOMA.*

Genre de plantes à fleurs composées, flosculeuses, de la division des CORYMBIFÈRES, qui a des rapports avec les conises & les bacchantes. Il comprend des herbes & arbrisseaux indigènes, exotiques, dont plusieurs sont acclimatés en France. Les tiges partant d'une touffe très-forte & très-ample sont nombreuses, & forment des masses très-larges, très-garnies, dont la hauteur varie depuis un pied jusqu'à trois & plus. Les feuilles sont simples, étroites, linéaires, éparses ou alternes, quelquefois d'un beau verd, luisantes, quelquefois cotonneuses, blanchâtres. Les fleurs sont jaunes, solitaires, petites, mais si nombreuses & si rapprochées, qu'elles font d'un grand effet, elles durent long-tems. Le fruit consiste en plusieurs petites semences, chargées d'une aigrette qui donne prise au vent pour les porter au loin, ce qui rend la multiplication de quelques espèces d'autant plus importune, qu'elles talent déjà par elles-mêmes. Ce genre est de la 19.e classe de Linné.

Espèces.

1. CRISOCOME dorée. Flocon, ou touffe d'or.
CHRYSOCOMA coma aurea. L. ♄ d'Afrique.
2. CRISOCOME à fleurs penchées.
CHRYSOCOMA Cernua. L. ♄ d'Afrique.
3. CRISOCOME ciliée.
CHRYSOCOMA ciliaris. L. ♄ d'Afrique.
4. CRISOCOME cotonneuse.
CHRYSOCOMA tomentosa. L.
5. CRISOCOME soyeuse.
CHRYSOCOMA sericea. L. fil. ♄ des Isles Canaries.
6. CRISOCOME fourchue, ou bifurquée.
CHRYSOCOMA dichotoma. L. fil. ♄ des Isles Canaries.
7. CRISOCOME scabre.
CHRYSOCOMA scabra. L. ♄ d'Afrique.
8. CRISOCOME linière.
CHRYSOCOMA linosiris. L. ♃ de la France.
9. CRISOCOME dracunculoïde.
CHRYSOCOMA dracunculoïdes. La M. Dict. ♄ de la Sibérie.
CHRYSOCOMA biflora. L.
CRISOCOME à deux fleurs.
10. CRISOCOME graminée.
CHRYSOCOMA graminifolia. La M. Dict. ♄ d'Amérique septentrionale.
INULE de Virginie.
INULA Virginica. H. R. ♃ d'Amérique septentrionale.
11. CRISOCOME velue.
CHRYSOCOMA villosa. L. de la Sibérie Tartarie.
12. CRISOCOME fétide.
CHRYSOCOMA fœtida. La M. Dict. ♃ de l'Afrique.

Espèces peu connues.

CRISOCOME mucronée.
CHRYSOCOMA mucronata. Forsk. Ægypt. n.° 68.
CRISOCOME à feuilles ovales.
CHRYSOCOMA ovata. Forsk. Ægypt. n.° 69.
CRISOCOME spatulée.
CHRYSOCOMA spatulata. Forsk. Ægypt. n.° 70.
Diffusissimus subpedatis.

Description des Espèces.

1. CRISOCOME dorée. C'est un arbrisseau toujours verd, haut de deux à trois pieds. Ses rameaux sont lâches, glabres, redressés, garnis de feuilles éparses, linéaires, glabres, d'un beau verd. Elles ont six lignes de longueur, & sont un peu décurrentes. Les fleurs sont d'un beau jaune, portées sur des pédoncules longs de trois ou quatre pouces, droits, trois ou quatre au sommet de chaque rameau; fleurit pendant une grande partie de l'année. D'Afrique.

2. CRISOCOME à fleurs penchées. Elle est plus petite que la précédente. Sa tige est grisâtre, divisée à la hauteur de trois à quatre pouces, en beaucoup de rameaux grêles, presque filiformes, velus, feuillés. Les feuilles sont éparses, velues, linéaires, courbées en plusieurs sens. Les pédoncules sont uniflores, longs d'un pouce, courbés, tortueux, les fleurs sont jaunes, de moitié plus petites que celles de l'espèce précédente, inclinées avant la floraison. Cette espèce varie à rameaux & feuilles presque glabres. Elle est très-long-tems en fleur. D'Afrique.

3. CRISOCOME ciliée. Arbrisseau d'un à deux pieds. Ses tiges sont grisâtres, rameuses. Ses feuilles sont petites, étroites, ciliées, droites. Ses rameaux sont pubescens, & portent des fleurs jaunes en corymbe, plus grandes que celles de l'espèce précédente. Elle fleurit en Juillet & Août. D'Afrique.

4. CRISOCOME tomenteuse. Ses rameaux sont cotonneux, blanchâtres. Ses feuilles sont petites,

linéaires, droites, cotonneuses en-dessous, ses rameaux sont uniflores.

5. Crisocome soyeuse. Cette espèce est plus grande que la précédente, & remarquable en ce que toutes ses parties sont soyeuses. Ses feuilles ont un à deux pouces de longueur, ses rameaux sont simples, en panicule de peu de fleurs jaunes. Des Isles Canaries.

6. Crisocome fourchue. Arbrisseau à tige glabre, prolifère, divisée en rameaux fourchus. Les feuilles sont planes, émoussées à leur sommet, bordées de dents pointues, rudes au toucher; les pédoncules sont velus, les fleurs jaunes, le calice pourpré. Parmi les rochers des Isles Canaries.

7. Crisocome scabre. C'est un sous-arbrisseau qui ne s'élève qu'à la hauteur d'un pied. Sa tige est épaisse, divisée à son sommet en plusieurs rameaux ligneux à écorce brune, divisés en ramifications menues, feuillées & verdâtres. Les feuilles sont recourbées velues. Les pédoncules sont droits, pubescens, uniflores, les fleurs petites, jaunes, elles paroissent en Août & Septembre. D'Afrique.

8. Crisocome linière. Ses tiges sont hautes de deux à trois pieds feuillées, en corymbe à leur sommet, les feuilles sont linéaires, nombreuses. Les fleurs sont jaunes, disposées en corymbe terminal. Elles paroissent en Juillet. De la France.

9. Crisocome dracunculoïde. Ses tiges sont droites, dures, striées, chargées de poils courts. Elles s'élèvent à trois & quatre pieds de hauteur. Ses feuilles sont éparses, à trois nervures, scabres, nombreuses, longues de deux pouces. Ses fleurs sont jaunes, disposées en corymbe terminal. Fleurit en Juin & Juillet. Trace beaucoup. De la Sibérie.

10. Crisocome graminée. Ses tiges sont hautes de deux à trois pieds, droites, feuillées. Ses feuilles sont éparses, étroites, vertes, glabres, longues de deux pouces. Les fleurs sont jaunes, petites, ramassées trois à cinq en corymbe à l'extrémité des branches. Cette plante se distingue de la précédente par les fleurs ramassées en paquets, & par ses calices serrés. Il y en a une variété à feuilles plus étroites, dont les fleurs sont plus petites. Amérique septentrionale.

11. Crisocome velue. Ses tiges sont hautes d'un pied & plus, chargées de poils blancs, feuillées dans leur partie supérieure. Les feuilles sont velues, blanchâtres, à une nervure. Les fleurs sont jaunes, disposées en corymbe terminal. De la Sibérie, Tartarie.

12. Crisocome fétide. Ses tiges sont hautes d'un à deux pieds, droites, velues, feuillées. Les feuilles sont obtuses à leur sommet avec une petite pointe peu remarquable, verdâtres, longues d'un pouce & demi. Les fleurs sont jaunes, disposées au sommet des tiges, en corymbe glomérulé. Elle fleurit en Automne. De l'Afrique.

Culture.

Les sept premières espèces & même la douzième se conservent dans l'orangerie. Comme elles sont ou ligneuses ou vivaces, elles se multiplient par les drageons, les boutures, les œillerons & les marcottes. Celles-ci se font au Printems, pour leur donner le tems de prendre du chevelu; quand elles seront arrivées à cette époque, on les séparera pour les mettre dans de petits pots qu'on mettra sur couche, ainsi que les œillerons, les drageons, les boutures, qu'on fait au Printems & pendant une grande partie de l'Eté, en leur donnant les soins ordinaires pour les abris, les arrosemens, &c.

On multiplie aussi ces espèces par les graines qu'on seme au Printems dans de petits pots, remplis d'une terre substantielle & legère, on les recouvre peu, on met les pots sur une couche chaude, sous chassis, elles lèvent dans le courant de l'Eté: quand le Plant sera assez fort, on le repiquera dans d'autres pots qu'on traitera comme il est dit plus haut. A l'approche de l'Hiver, on rentrera toutes les plantes, soit de semences, soit de boutures &c. dans l'orangerie ou serres tempérées, on les arrosera peu, on leur donnera beaucoup d'air, & on les tiendra nettes de mauvaises herbes, de feuilles mortes, &c.

Les graines des espèces de pleine terre se sement au Printems dans de petits pots qu'on place sur une couche à l'air libre. On les repique en pleine terre l'Automne, soit en place, soit en pépinière, & on les tient nettes de mauvaises herbes.

Comme la voie des graines est la plus longue pour toutes les espèces des pays chauds & des pays froids, qu'elles ne fleurissent qu'à la deuxième & troisième année, on préfère les boutures, les drageons, &c. qui se mettent à fleurs beaucoup plus vîte.

Quant aux espèces de pleine terre, elles ne multiplient que trop par elles-mêmes, elles deviennent même incommodes par leurs racines & leurs semences. Ces dernières se sement au Printems sur une platte-bande de terre légère, on les repique quand le plant est assez fort, & on arrose dans le besoin.

Usage & Propriétés.

Toutes les espèces de pleine terre, comme arbrisseaux ou plantes vivaces, servent à la décoration des bosquets. On les place sur les lisières, sur les bords des plattes-bandes & par tout où on veut garnir quelques places vuides. Elles jettent d'autant plus de variétés parmi les plantes dont la couleur des fleurs est différente, qu'elles fleurissent très-long-tems : elles sont très-bien à côté des astères à fleurs blanches & autres. Elles seroient très-propres à fixer des terres, des sables dans les lieux où leur trop grande multiplication ne seroit pas importune.

Leurs propriétés & vertus sont peu connues. L'écorce & le bois de l'espèce n.° 5 *Soyeuse*, ont une saveur âcre & piquante. Les habitans des lieux où elle se trouve, s'en servent contre les maux de dents.

Les espèces peu connues, le sont aussi quant à la culture ; il est à croire qu'elles seront ou d'orangerie ou de serres tempérées. (*M. Menon.*)

CRISOGONE, *Chrysogonum.*

Genre de Plantes qui a des rapports avec les Polymnies, les Mélampodes, les Rudebèques, &c., qui ne comprend qu'une espèce. C'est une plante herbacée, d'un feuillage velu, à feuilles opposées ; à fleurs composées souvent terminales. Elle est étrangère & elle se cultiveroit dans notre climat en pleine terre. Elle seroit principalement admise dans les jardins de Botanique.

Crisogone de Virginie.

Chrysogonum *virginianum* L de Virginie.

La Crisogone porte une tige herbacée, ses rameaux sont opposés, ainsi que ses feuilles, en forme de cœur alongé, à dentelures larges & arrondies, velues & soutenues par des queues longues. Les fleurs naissant seul-à-seul s'élèvent dans les bifurcations des rameaux, & souvent aux extrêmités ; elles sont composées, & de couleur jaune. Les semences sont couronnées par une petite écaille à trois dents. Cette plante croît dans la Virginie.

Culture.

L'incertitude où nous sommes sur la durée de cette plante ne nous paroît point un obstacle à sa culture que nous assimilons à celle des Coriopes de pleine terre, (*V.* Coriope) par ce que nous sommes portés à croire qu'elle est vivace ; mais, dans la supposition qu'elle seroit annuelle ou bis-annuelle de peur que l'on n'imputât sa destruction à l'intempérie de notre climat, on en cultiveroit quelques pieds en pot qu'on rentreroit en Automne dans une bache ou dans l'orangerie. Sa multiplication par racines éclatées se peut aisément supposer ; à l'égard de celle qui a lieu par graines, il s'agiroit de les semer sur une couche tiède au Printems, & de les soigner ensuite à l'ordinaire.

Usages.

La Crisogone de Virginie seroit plus recherchée pour les écoles de Botanique que pour les Parterres des Jardins d'agrément. (*F. A. Quesné.*)

CRISTE-MARINE. Plante vivace, qui croît parmi les rochers sur les bords de la mer dans quelques parties des côtes de France. On en confit au vinaigre, les jeunes rameaux, & ils servent d'assaisonnement aux salades. Cette plante porte aussi les noms de perce-pierre, de fenouil-marin & de passe-pierre. Elle est connue des Botanistes sous le nom de *Crithmum maritimum L. voyez* Bacille maritime, n.° 1. (*M. Thouin.*)

CROC de chien. Nom vulgaire du *Rhamnus ignancus L. V.* Jujubier des ignames. (*M. Reynier*).

CROCHET à remuer le fumier. C'est un instrument qui sert à curer les bestiaux & à arracher le fumier entassé & fort pressé dans une couche ou en tas, que la fourche ne suffit pas pour diviser & détacher. *Voyez* le Dictionnaire des Instrumens d'Agriculture. (*M. Tessier.*)

CROCHET, petit instrument, composé de deux branches formant le V, dont on se sert en Jardinage, pour assujétir en terre les branches qu'on couche pour en faire des marcottes.

Les Jardiniers se servent ordinairement pour les marcottes de plantes herbacées ou peu ligneuses, de petites tiges d'arbrisseaux qui portent une branche latérale, formant un angle aigu avec la tige. Ils laissent à la tige cinq à six pouces de long & deux pouces seulement à la branche.

Lorsqu'ils marcottent des branches d'arbres qui sont plus difficiles à ployer & qui sont plus longtems à pousser des racines, ils se servent de crochets de bois plus forts, & quelquefois même ils en emploient de fer.

Ceux-ci sont formés de gros fil de fer, de la grosseur des dents de rateau & ployé en manière de V renversé. (*M. Thouin.*)

CROCHET. On donne ce nom à des poils longs & fermes qui se trouvent sur certains fruits & dont l'extrémité se courbe en manière de crochet. Les fruits de l'aigremoine & de la lampourde offrent de ces sortes de poils. On donne aussi ce nom à des épines longues & arrondies vers leur extrémité, telles que celles d'un grand nombre d'espèces de rosiers de quelques rhamnus, &c. Les stigmates de plusieurs liliacées décrivent une portion de cercle qui les fait nommer crochus. Enfin il y a certains arbrisseaux dont l'extrémité des branches forme le crochet, comme dans le Gouania, &c. (*M. Thouin.*)

CROCHET. Maladie de l'œillet dont aucun Auteur que je connoisse n'a parlé, & qui a été reconnue pour la première fois par M. de Gouffier. Persuadé que personne ne pouvoit mieux la décrire que celui qui l'avoit vue le premier, j'ai prié M. de Gouffier de vouloir bien me fournir cet article ; je le transcris ici.

« Cette maladie paroît être particulière à l'œillet, au moins n'ai-je jamais vu d'autres plantes atteintes. Elle se déclare aux marcottes & rarement aux montans par un coude ou nodus qui donne

donne à la plante la forme d'un crochet. Mais la première connoissance qu'on peut en avoir, c'est que l'on voit les pointes tant intérieures qu'extérieures se crisper & se fermer au lieu de s'ouvrir comme elles ont coutume de faire. Peu de jours après, il paroît une petite tache à un des côtés d'une des articulations de la marcotte. Cette tache arrête la sève & permet à la sève son cours ordinaire. Il en résulte nécessairement le nodus qui bientôt se forme, & en peu de temps le chancre faisant des progrès attaque l'intérieur de la marcotte & la fait périr. »

« Cette maladie est absolument locale; car souvent sur un pied d'œillet, qui a sept ou huit marcottes, une seule est attaquée sans que les autres s'en ressentent; si même la maladie n'a frappé la marcotte que dans le haut ou vers son milieu, elle n'empêche pas la végétation des jeunes marcottes qui croissent au pied, surtout lorsqu'on a soin de couper la plante au-dessous du mal: si le chancre s'est formé dans le bas de la marcotte, & au-dessous des jeunes pousses le pied est perdu sans ressource. »

« Je pense que cette maladie n'est causée que par une sève trop abondante ou trop épaisse qui engorge les vaisseaux séveux & les obstrue. Je suis d'autant plus fondé à le croire que j'ai souvent guéri des œillets qui en ont été attaqués, en faisant dans le nodus une incision transversale par laquelle cet amas de sève se répandoit & dégorgeoit les vaisseaux; mais cette opération seroit inutile, si on ne la faisoit pas dans le commencement de la maladie. »

« Je me suis apperçu que le crochet vient davantage à des œillets plantés dans une terre préparée avec un fumier très-gras qui leur fournit une sève plus forte qu'à ceux plantés dans une terre moins substantielle. »

Comme cette maladie n'est pas contagieuse & n'attaque que la plante ou partie de plante sur laquelle elle se déclare, il n'est pas surprenant que l'on y ait fait peu d'attention. Sans doute qu'on aura attribué à d'autres causes le dépérissement des marcottes attaquées de cette maladie. *V.* Œillet. (*M. Reynier*).

CROCHET. Ce mot s'emploie par quelques Jardiniers pour exprimer la même chose que Courson. *Voyez* ce mot au Dictionn. des Arbres. (*M. Thouin.*)

CROCHU, se dit d'un cheval qui a les jarrêts trop près l'un de l'autre; on dit aussi qu'il est sur ses jarrêts, ou qu'il est jarrêté. Les chevaux crochus sont fort bons. *Voyez* Fourbure. *Ancienne Encyclopédie.* (*M. Tessier.*)

CROC ou CROCHETS. On appelle ainsi quatre dents rondes ou pointues qui croissent entre les dents de devant & les mâchelières, plus près des dents de devant; & cela au bout de trois ou quatre ans sans qu'aucune dent de lait soit venue auparavant au même endroit. Presque tous les chevaux ont des crochets, mais il est assez rare d'en trouver aux jumens. Pousser des crochets se dit d'un cheval à qui les crochets commencent à paroître. *Ancienne Encyclopédie.* (*M. Tessier.*)

CROCUS; c'est le nom latin du Safran. *Voyez* Safran.

On désigne aussi sous ce nom une préparation dans laquelle entre l'antimoine, & qui est le purgatif le plus ordinaire des chevaux. (*M. Tessier.*)

CROISEAU. Nom que l'on donne dans quelques pays au pigeon biset. *Voyez* Pigeon. (*M. Tessier.*)

CROISÉES (feuilles) *folia decussata.* On donne ce nom à une disposition particulière de feuilles des plantes. Ce sont celles qui étant opposées viennent, sur les tiges, les unes au-dessus des autres dans une position en croix. La croisette, la plus grande partie des plantes de la famille des Labiées, quelques véroniques offrent des exemples de feuilles croisées. (*M. Thouin.*)

CROISEMENT des races, *voyez* Croiser. (*M. Tessier.*)

CROISER les races, c'est allier ensemble des animaux de différentes races; par exemple, croiser les races des chevaux, lorsqu'on fait saillir des jumens françoises par des étalons barbes; parce que les chevaux françois & les barbes ne sont pas de même race. Le but du croisement est d'améliorer une race inférieure par une race supérieure. *Voyez* les mots Bêtes à cornes, Bêtes à laine, Cheval. (*M. Tessier.*)

CROISER. Mot employé dans le palissage pour exprimer l'action de faire passer une branche sur une autre branche. Cette méthode est aussi nuisible aux arbres que désagréable à l'œil, parce que la branche supérieure, empêche l'inférieure de jouir du bénéfice de l'air, & que souvent, par son contact, elle gêne le cours de sa sève. On ne doit absolument croiser les branches que lorsqu'il s'agit de garnir des places vuides, & encore faut-il bien observer de ne pas donner aux branches des tournures forcées. (*M. Thouin.*)

CROISETTE, *Cruciata.* Nom donné à un ancien genre de plante à cause de la disposition de ses feuilles en croix. Comme il est un grand nombre de plantes dont les feuilles ont la même disposition, on lui a donné le nom de *valantia* en latin & celui de garancette en françois. *Voyez* ce mot. (*M. Thouin.*)

CROISSANT, outil de Jardinage. C'est un instrument de fer d'environ quinze pouces de long, formant un demi-cercle, applati sur les côtés, taillé en tranchant acéré sur sa partie inférieure & formant un biseau, épais de deux à trois lignes par le dos. Il est terminé à sa partie inférieure par une douille de six pouces de long dans laquelle se placent des manches de différentes longueurs.

On se sert du Croissant pour tondre les charmilles, élaguer les arbres, & pour former les rideaux des grandes allées. (*M. Thouin.*)

CROISSANT. Suite de la Fourbure *Voyez* Fourbure. (*M. Tessier.*)

CROISSANCE. Cet article faisant partie de la Physique des végétaux dont il sera traité dans le Dictionnaire des Arbres & Arbustes, nous y renvoyons le Lecteur. (*M. Thouin.*)

CROIT du Bétail, se dit pour accroissement ou multiplication; les veaux & les agneaux qui proviennent des troupeaux de bœufs & de moutons, sont le Croît du Bétail. Le droit du propriétaire du troupeau & du fermier ou cheptelier, par rapport au *croît du Bétail*, dépend de la coutume ou usage du lieu, & aussi des clauses du bail à cheptel. *Voyez* le mot Bail. (*M. Tessier.*)

CROIX. (fleurs en) Nom donné par Tournefort à une famille naturelle de plantes dont les fleurs composées de quatre pétales sont disposées en manière de croix. *V.* Crucifere. (*M. Thouin.*)

CROIX de Calatrava, *Amarillis formosissima L. Voyez* Amarillis à fleur en croix, n.° 5. (*M. Thouin.*)

CROIX de Chevalier, *Tribulus terrestris L. Voyez* Herse. (*M. Thouin.*)

CROIX de Jérusalem. Nom que les Jardiniers fleuristes donnent au *Lychnis chalcedonica L.*, dont il existe plusieurs variétés à fleurs blanches & à fleurs doubles. Ce sont des plantes d'ornement propres aux Parterres. *V.* Lychnide. (*M. Thouin.*)

CROIX DE LORRAINE. Nom vulgaire du *Cactus spinosissimus* H. P. plante nouvellement décrite dans le Dictionnaire Botanique Cactier cruciforme. (*M. Reynier.*)

CROIX DE MALTE. Nom vulagire du *Lychnis chalcedonica L.* plante très-connue & qui sert à la décoration des Jardins. *V.* (*M. Reynier.*)

CROIX DE SAINT-ANDRÉ (Jardinage) est une allée qui, en croisant une autre de traverse, forme la figure d'une Croix alongée. Ces sortes d'allées se rencontrent dans un parterre également comme dans un bois. *Anc. Ency.* (*M. Thouin.*)

CROIX DE St.-JACQUES. Nom que beaucoup de Jardiniers donnent à l'*Amarillis formosissima L. V.* Amarillis à fleur en Croix. (*M. Reynier.*)

CROU ou CRAN. Nom que quelques Jardiniers donnent à une couche de terre pierreuse, dure & pleine de coquilles qui se trouve sous la couche de terre végétale.

Lorsque cette couche se trouve trop rapprochée de la surface du sol, & qu'elle n'est pas recouverte de douze à quinze pouces de terre végétale, elle nuit à la végétation des arbres fruitiers & même des légumes.

Les défoncemens à jauge ouverte & des rapports de terre sont les seuls moyens efficaces & durables pour bonifier de pareils terrains. Si l'on se contentoit de ne faire que des trous pour les arbres destinés à les garnir, on n'obtiendroit qu'une végétation passagère qui ne dureroit que jusqu'à l'époque où les racines venant à rencontrer les parois des trous, se replieroient sur elles-mêmes; alors l'arbre jauniroit, il perdroit chaque année une partie de ses branches & finiroit par périr. *Voyez* Cran. (*M. Thouin.*)

CROSSETTE. La Crossette est une branche composée de la pousse des deux dernières années. On la coupe sur les arbres tout près des tiges, de manière qu'elle ait à sa base un talon en forme de petite crosse. On donne aux Crossettes depuis quatre jusqu'à quinze pouces de long suivant la nature des arbres ou arbustes qu'on veut multiplier. Le plus vieux bois doit former le tiers ou la moitié de la longueur du rameau, & on l'enterre de manière à ne laisser sortir que les deux derniers yeux hors de terre.

Il est un grand nombre de végétaux ligneux qui se multiplient aisément par la voie des Crossettes. La vigne, l'olivier, le figuier, le grenadier &c. sont dans ce cas. *Voyez* ces mots au Dict. des Arbres. (*M. Thouin.*)

CROSTYLE ou CROSSOSTYLE, *Crossostylis.*

Nouveau genre de plantes à fleurs à quatre divisions plus longues que larges, à angles arbatus au sommet; à fruits en baies semisphériques & striées: il paroît ainsi que l'Adambé du Dictionnaire, se rapprocher du *Lagestroemia* & du *Munchausia* de Linné. Il est question d'une seule espèce qu'on a nommée.

Crostyle biflore.

Crossostysis biflora découvert par M. Forster dans les Isles de la mer du Sud.

On n'a de notions ni sur le port & le feuillage, ni sur la substance herbacée ou ligneuse de ce genre, & ce que l'on sait de son habitation est si peu déterminé qu'il est impossible de donner même des conjectures sur la culture qui lui conviendroit dans les serres de l'Europe. (*F. A. Quesné.*)

CROTALAIRE, *Crotalaria.*

Genre de Plante de la famille des Légumineuses, qui comprend trente-sept espèces. Ce sont des herbes annuelles & très-rarement vivaces, des arbustes & des arbrisseaux, à feuilles alternes, simples ou ternes & plus rarement digitées, très-souvent avec des stipules; à fleurs papilionacées, souvent en épi, quelquefois terminales, quelquefois axillaires ou opposées aux feuilles; à légumes gonflés, courts dans le plus grand nombre avec une ou deux semences, un peu longs dans quelques-unes avec plusieurs semences par lesquelles elles se multiplient: les boutures & les marcottes facilitent aussi les moyens d'en perpétuer un grand nombre. Elles sont étrangères, & elles ne peuvent être cultivées, dans notre climat, que sous verre au moins dans leur premier âge. Elles offrent des beautés dans les formes, le feuillage, & sur-tout dans les fleurs & elles conviennent aux Collections les plus distinguées comme à celles que l'instruction met au-dessus de toutes.

Espèces.

* *Feuilles simples.*

1. Crotalaire perfoliée.
Crotalaria perfoliata. L. ⊖ Caroline.
2. Crotalaire amplexicaule.
Crotalaria amplexicaulis. L. Am. Dict. ♄ Afrique.
3. Crotalaire réniforme
Crotalaria reniformis. L. Am. Dict. Afrique.
4. Crotalaire cunéiforme.
Crotalaria cuneiformis. L. Am. Dict. ♄
5. Crotalaire capitée.
Crotalaria capitata. L. Am. Dict. ♄ Afrique.
6. Crotalaire de Chine.
Crotalaria Chinensis. L. ♄ Chine.
7. Crotalaire sagittale.
Crotalaria sagittalis. L. ⊖ Virginie, Drésis.
B. Crotalaire sagittale glabre.
Crotalaria sagittalis glabra ⊖ *idem.*
8. Crotalaire antilloïde.
Crotalaria anthylloides. L. Am. Dict. Isle de Java.
9. Crotalaire du Bengale, vulgairement *l'Indigo du Bengale.*
Crotalaria Bengalensis. L. Am. Dict. ⊖ Inde.
10. Crotalaire effilée.
Crotalaria juncea. L. Am. Dict. Inde.
11. Crotalaire émoussée.
Crotalaria retusa. L. ⊖ Indes orientales.
12. Crotalaire genistoïde.
Crotalaria genistoides L. Am. Dict. ♄ Cap de Bonne-Espérance.
13. Crotalaire sessiliflore.
Crotalaria sessiliflora. L. ⊖ Chine.
14. Crotalaire triflore.
Crotalaria triflora. L. Cap de Bonne-Espérance.
15. Crotalaire naine.
Crotalaria nana. L. Am. Dict. Inde.
16. Crotalaire anguleuse.
Crotalaria angulosa. L. Am. Dict. ⊖ Inde, Malabar, Côte de Coromandel.
Crotalaria verrucosa. L.
A. Crotalaire anguleuse à feuilles ovales.
Crotalaria angulosa foliis ovatis.
B. Crotalaire anguleuse à feuilles presque hastées.
Crotalaria angulosa, foliis hastato-lanceolatis. Isle Bourbon.
E. Crotalaire anguleuse à feuilles ovales-lancéolées.
Crotalaria angulosa foliis ovato-lanceolatis. Isle de Java.
17. Crotalaire à deux bractées.
Crotalaria opposita. L. Am. Dict. ♄ Cap de Bonne-Espérance.
18. Crotalaire à feuilles de lin.
Crotalaria linifolia. L. Am. Dict. Inde.
19. Crotalaire distique.
Crotalaria bifaria. L. Am. Dict. Inde.

** *Feuilles ternes ou digitées.*

20. Crotalaire à feuilles de Lotier.
Crotalaria lotifolia. L. Am. Dict. Samaïque, Amériq. méridion.
21. Crotalaire glabre.
Crotalaria lævigata. L. Am. Dict. ♄ Madagascar.
22. Crotalaire à stipules lunulées.
Crotalaria lunaris. L. ♄ Afrique.
23. Crotalaire à feuilles d'Aubours.
Crotalaria laburnifolia. L. ♄ Indes orient.
24. Crotalaire en arbre.
Crotalaria arborescens. L. Am. Dict. ♄ Isles de France & de Bourbon.
25. Crotalaire à feuilles en cœur.
Crotalaria cordifolia. L. ♄ Cap de Bonne-Espérance
26. Crotalaire blanchâtre, vulgairement, *l'anil ou l'indigo de Guadeloupe.*
Crotalaria incana. L. ⊖ Antilles Jamaïque.
B. Crotalaire blanchâtre à épi dense.
Crotalaria incana floribus dense racemosis. ⊖ Pérou.
27. Crotalaire pourprée.
Crotalaria purpurascens. L. Am. Dict. ⊖ Madagascar, Isle de France.
28. Crotalaire à fruits de Baguenaudier.
Crotalaria coluteoides. L. Am. Dict.
29. Crotalaire glycine.
Crotalaria glycinea. L. Am. Dict. ⊖? Indes, Afrique.
30. Crotalaire cencinelle.
Crotalaria cencinella. L. Am. Dict. ♄ Isles de Bourbon.
B. Crotalaire cencinelle à feuilles & légumes glabres.
Crotalaria cencinella, foliis leguminisque glabris.
31. Crotalaire à feuilles de luzerne.
Crotalaria medicaginea. L. Am. Dict. Indes orientales.
32. Crotalaire psoraloïde.
Crotalaria psoraloides. L. Am. Dict. Isle de Madagascar.
33. Crotalaire à longues feuilles.
Crotalaria longifolia. L. Am. Dict. ♃ Guyane.
34. Crotalaire rayée.
Crotalaria lineata. L. Am. Dict. ♄.

35. Crotalaire hétérophylle.

Crotalaria heterophylla. L. Am. Dict. ⊙ Indes orientales.

36. Crotalaire aspalatoïde.

Crotalaria aspalathoïdes. L. Am. Dict. ♄ Cap de Bonne-Espérance.

37. Crotalaire à feuilles de lupin.

Crotalaria quinquefolia. L. Inde, Isle de de France.

Nota. Sur le *Crotalaria perfoliata* & le *Crotalaria imbricata* de Linneus, voyez Borbone 7 & 13. Les Botanistes jugent que ce genre doit être revu & qu'il y aura probablement plusieurs de ses espèces à rejetter dans les genres voisins : les Cultivateurs de leur côté auront des remarques à faire jusqu'à ce qu'on ait acquis des connoissances précises sur la durée de quelques-unes des espèces.

* *Feuilles simples*.

1. La Crotalaire perfoliée s'est élevée, sous les yeux de Miller à la hauteur de quatre à cinq pieds en tige d'arbrisseau, d'une écorce d'un brun-clair, avec des feuilles unies, ovales en forme de cœur, de quatre pouces environ de longueur sur près de trois pouces de largeur qui environnent, dit-il, la tige de manière qu'elle semble passer à travers. Les fleurs, qui sortent séparément & très-près du bouton de chaque feuille, vers le sommet des branches, sont d'un jaune pâle & ont paru dans le mois d'Août. Elles ne furent suivies d'aucun légume & la plante périt aux approches de l'Hiver. C'est un motif de présumer que cette plante est annuelle, puisque la fructification ne paroît ordinairement qu'à la seconde année sur les plantes vivaces. Les légumes sont lisses, enflés & un peu courts. Elle croît dans la Caroline.

2. La Crotalaire amplexicaule est un arbuste de dix-huit pouces de hauteur, à tige menue & branchue, à feuilles en cœur, d'un pouce au plus de longueur, sans dentelures, lisses & embrassant les tiges ; à fleurs jaunes, naissant seul-à-seul, aux extrémités des branches dans les aisselles des feuilles d'où elles ne s'élèvent presque point. Cette espèce croît en Afrique.

3. La Crotalaire réniforme porte des feuilles arrondies en forme de rein, sans dentelures lisses & qui embrassent la tige : leur forme varie ; celles qui avoisinent les fleurs sont obtuses, rondes & larges d'environ dix-huit lignes. Elle a été observée sur des rameaux qui paroissoient ligneux : elle croît en Afrique.

4. Crotalaire cunéiforme. Dans cette espèce comme dans les deux précédentes, les feuilles de la tige sont placées alternativement, celles des extrémités sont opposées : les premières sont presque sans queue, ovales-obtuses, de sept à huit lignes de largeur & de deux lignes plus longues ; on en remarque dans le haut qui sont ovales, élargies à leur base, & terminées par une pointe ; les tiges sont un peu ligneuses & assez menues. Les fleurs sont jaunes, elles naissent seul-à-seul, dans les aisselles où elles s'élèvent peu. Elle est originaire de l'Afrique.

5. Crotalaire capitée. C'est un arbuste dont les rameaux sont en faisceaux, velus ainsi que les feuilles en forme de lance, un peu recoquillées, d'abord soyeuses, sans dentelures, sans queue, longues de six à sept lignes & rapprochées. Les fleurs paroissent aux extrémités en paquets colorés dans le blanc & le violet. Elle croît au Cap de Bonne-Espérance.

6. Crotalaire de Chine. C'est un arbuste à poils roussâtres. Il a le port en pyramide élargie à sa base. Il se distingue aisément par ses stipules en alêne rassemblées plusieurs ensemble. Il se revêt de feuilles qui, dans le bas, ont deux pouces de longueur & qui, dans le haut, sont fort petites. Le port des fleurs ressemble à celui de l'arbuste. Les légumes sont enflés, velus, longs au plus de cinq lignes. Il croît à la Chine & dans l'Isle de Java.

7. La Crotalaire sagittale porte des stipules qui parcourent de distance en distance ses tiges herbacées, velues & à poils roussâtres, vers les extrémités qui atteignent dix-huit pouces de hauteur, où commence l'émargement avec deux dents ouvertes d'une stipule qui descend en s'étrécissant, est une feuille ovale-en-lance, placée sans opposition sur une queue très-courte. Les rameaux sont terminés par de petits bouquets de fleurs fort détachées. Les légumes sont longs de douze à quinze lignes. Elle croît dans la Virginie & au Brésil. Elle est annuelle. La variété dans la forme des feuilles établit celle que nous avons distinguée B.

8. Crotalaire antylloïde. Tige haute de douze à quatorze pouces, feuilles placées alternativement, étroites, pointues, longues de deux & de trois pouces, ces dernières vers le sommet ; fleurs dont la disposition est d'être penchées sur des grappes à ramifications très-courtes, placées aux extrémités & comme enfoncées dans les calices velus qui seuls se font remarquer & desquels ne sort point davantage le fruit qui est ovale, enflé & lisse : telle est cette plante trouvée dans l'Isle de Java, dont la durée est ignorée.

9. Crotalaire du Bengale. Cette espèce se fait remarquer par des fleurs jaunes, larges, écartées sur les épis qui terminent les tiges menues, légèrement sillonnées sans ramifications, de deux à trois pieds de hauteur, & munies de feuilles placées alternativement, en forme de lance, presque sans queue, avec un très-léger duvet, & ressemblant à celles du *Genet des Teinturiers*. Elle est annuelle ; on la trouve dans l'Inde.

10. Crotalaire effilée. Ses tiges sont sillonnées ; mais plus chargées de branches que dans

l'espèce précédente; ses fleurs sont aussi en épis, mais moins & plus courts. A l'égard des feuilles, elles ont une queue courte & leur forme est plus large vers leur extrémité supérieure terminée en pointe que vers la base. Elle croît dans l'Inde.

11. La forme des feuilles de la Crotalaire émoussée la rapproche beaucoup du N°. 10. Elles sont obtuses, sans pointe au sommet & sans poils des deux côtés : sa tige s'élève de quatre pieds & se ramifie à son extrémité. La disposition des fleurs est la même. Elles sont jaunes, elles paroissent en Juillet, & leurs semences mûrissent en Automne. Elle est annuelle & des Indes orient.

12. La Crotalaire génistoïde est un arbuste à rameaux & à feuillage de genet. Les feuilles sont sans queue, écartées les unes des autres, longues d'environ un pouce, étroites & terminées en pointe saillante & alongée. Les fleurs naissent dans les aisselles des feuilles sur des grappes courtes. Il croît au Cap de Bonne-Espérance.

13. La Crotalaire sessiliflore est haute d'un pied. Ses feuilles sont en lance, presque sans queue, sans poils en-dessus & velues en-dessous; les fleurs sont bleues & naissent sur les côtés dans les aisselles des feuilles où elles ne s'élèvent point. Elle est annuelle & de la Chine.

14. Le feuillage de LA CROTALAIRE triflore est large & épais. Ses feuilles sont longues de trois pouces, ovales, sans queue, les fleurs au nombre de trois ou quatre ensemble s'élèvent dans leurs aisselles, vers le sommet des branches; la tige est arborescente. Elle croît au Cap de Bonne-Espérance.

15. Crotalaire naine. C'est une plante herbacée de trois à quatre pouces de hauteur, à feuilles oblongues placées alternativement & à queues très-courtes, celles des fleurs en réunissent trois ou quatre ensemble, qui naissent dans les aisselles des feuilles. Les légumes sont fort petits. Elle croît dans l'Inde.

16. Crotalaire anguleuse, ainsi nommée parce que sa tige est très-anguleuse & à quatre faces.

A. s'élève de dix-huit à vingt-quatre pouces. Ses feuilles ovales, larges de près de deux pouces, verdâtres, sont placées alternativement sur des queues fort courtes & accompagnées de stipules en croissant: les fleurs sont d'un violet bleuâtre, & disposées d'une manière penchée en épis aux extrémités des branches : les légumes sont enflés, presque ronds & longs d'un pouce. Cette plante est annuelle, elle croît dans l'inde, au Malabar, & sur la côte de Coromandel.

B. a les feuilles presque en fer de pique à pointe alongée & il se trouve dans les Isles de France & de Bourbon.

C. a les feuilles longues de près de cinq pouces & larges de deux pouces. Ses fleurs sont jaunes, l'étendard porte des rayes de couleur pourpre; la grappe qui les supporte, a huit ou dix pouces de longueur. Cette variété se trouve à l'Isle de Java.

17. La Crotalaire à deux bractées est remarquable par deux sortes de feuilles opposées qui accompagnent la fleur sur sa queue alongée; elles ne diffèrent point des feuilles qui sont droites, obtuses & attachées sans queue sur des tiges probablement branchues. C'est un arbrisseau qui se trouve au Cap de Bonne-Espérance.

18. La Crotalaire à feuilles de lin a des tiges infiniment menues, sans rameaux, velues, blanchâtres & des feuilles fort étroites, obtuses, munies de très-petites queues. Ses fleurs sont jaunes, en grappe & aux extrémités. Cette plante croît dans l'Inde.

19. Les tiges de la Crotalaire distique sont chargées d'un léger duvet. Les feuilles sont placées sur deux rangs opposés & très-ouverts, les inférieures sont arrondies, les supérieures oblongues, leurs queues sont fort courtes : les fleurs sont grandes, bleuâtres, situées aux extrémités chacune sur une queue longue, menue & droite. Cette plante croît dans les lieux ombragés d'un jardin de la Reine de Tanschaur.

** *Feuilles ternées ou digitées.*

20. La Crotalaire feuilles de lotier élève de dix-huit à vingt pouces sa tige herbacée au sommet & comme ligneuse vers sa base. Les feuilles sont placées alternativement & composées d'une côte qui soutient trois petites feuilles lisses d'une forme ovale, élargie à sa base; on remarque à son insertion deux stipules étroites. Les fleurs sont jaunes, elles naissent sur les côtes & trois ou quatre ensemble sont réunies sur une même queue : l'étendard est marqué en-dessus de lignes pourpres. Cette plante est annuelle; elle croît à la Jamaïque.

21. Crotalaire glabre. Cette espèce forme un arbrisseau à rameaux très-menus, à feuilles disposées comme dans le N.° 20; mais les trois folioles sont oblongues & obtuses, & elles n'ont que trois à quatre lignes de largeur. Les fleurs paroissent vers les sommets; elles sont réunies deux à quatre sur des jets un peu plus longs que les feuilles & de couleur jaune. Cet arbrisseau se trouve dans l'Isle de Madagascar.

22. Crotalaire à stipules lunulées. La tige de celle-ci s'élève en zig-zag. Elle est très menue, branchue & ligneuse. Les feuilles ont trois folioles ovales, en pointe dont le dessous est velu, blanchâtre & luisant & à l'insertion de leur queue commune deux stipules en croissant. A l'opposition des feuilles, vers le sommet, sortent des fleurs sur des jets qui en portent chacun une. Cet arbuste croît en Afrique.

23. La Crotalaire à feuilles d'Aubours est un arbrisseau branchu qui s'élève de quatre à cinq pieds. Ses feuilles sont composées de trois folioles ovales, terminées en pointe, & portées

fur une queue commune longue. Celle qui est particulière aux folioles est fort courte. Les fleurs larges d'un jaune-pourpre paroissent en Juillet & Août, & elles forment sur les côtes, vers le sommet, des rameaux, des grappes longues, d'un très-bel aspect. Il se trouve dans les Indes orient.

24. Crotalaire en arbre. C'est un arbrisseau de cinq à six pieds de hauteur à écorce grisâtre, à rameaux courts, réguliers & chargés d'un duvet ras, à feuilles à trois & quelquefois quatre folioles obrondes, soutenues par une côte commune à la base de laquelle on remarque deux stipules qui ne persistent pas. A la fin de l'Eté, les fleurs paroissent vers les extrémités des branches, elles sont disposées en grappes courtes, d'une grande beauté par leur couleur jaune & parsemée, sur l'étendart, de points d'un pourpre-brun. Cet arbrisseau croît naturellement aux Isles de France & de Bourbon d'où on l'a pu transporter au Cap de Bonne-Espérance.

25. Crotalaire à feuilles en cœur. C'est un arbrisseau de huit pieds de hauteur, à feuilles à trois folioles en forme de cœur, lisses, d'une couleur roussâtre en dessous, à fleurs de couleur de pourpre-violet, naissant en bouquets aux extrémités des branches. Il croît au Cap de Bonne-Espérance parmi les rochers.

26. La Crotalaire blanchâtre porte sur une tige de deux à quatre pieds de hauteur, rarement branchue & couverte d'un léger duvet, des feuilles à trois folioles ovales, munies en-dessous d'un duvet blanchâtre qui couvre aussi les queues communes & particulières. A l'extrémité de la tige, sort un épi long de cinq à sept pouces, chargé de fleurs jaunes; elles paroissent en Août & Septembre. Elle est annuelle, & elle se trouve aux Antilles & à la Jamaïque. La variété B a les folioles plus alongées, ses fleurs sont plus grandes & plus rapprochées sur l'épi.

27. Crotalaire pourpre. Cette espèce, qui diffère peu de la précédente par le port, est plus chargée de poils laineux sur la tige & sur les attaches des feuilles & des folioles: ces dernières au nombre de trois, chaque feuille, sont égales, ovales, mais un peu en forme de coin. Les fleurs paroissent vers l'extrémité sur les côtés de la tige, elles sont petites, pendantes & disposées aussi en épi. Elle est annuelle. Elle se trouve à Madagascar & dans l'Isle de France.

28. Crotalaire à fruits de Baguenaudier. Ses feuilles sont à trois folioles ovales, retrécies vers leur base, munies de poils en-dessous & de queues moins longues qu'elles. Les fleurs sont en grappes aux extrémités de la tige: il n'y a rien de certain sur la durée de cette plante que l'on présume de l'Afrique.

29. Crotalaire glycine. Ses feuilles ont en petit beaucoup de rapport avec celles des *Phaséoles*. Ses fleurs sont en grappes aux extrémités: elles paroissent être rouges. Cette plante dont la durée est ignorée, croît aux Indes orientales.

30. Crotalaire cencinelle. Son port est en pyramide élargie à sa base. Elle ne s'élève que d'un pied & demi, & ses branches sont chargées d'un léger duvet. Les feuilles sont placées alternativement munies de queues & à trois folioles, ovales dans la partie inférieure de l'arbuste, & en pointe à son sommet. Les fleurs sont petites, disposées en grappe, les légumes couverts d'un léger duvet sont de la grosseur d'un poix. Cet arbuste croît dans l'Isle de Bourbon, aux environs du Gol & le long des ravines. Il en existe plusieurs variétés, & nous avons celle dont toutes les parties sont sans poils B.

31. Crotalaire à feuilles de luzerne. Les feuilles de cette espèce sont à trois folioles, en forme de coin avec une échancrure au sommet, munies en-dessous de poils courts & couchés & attachés par des queues communes fort courtes. Les fleurs paroissent sur les côtés, & elles sont portées trois à cinq ensemble sur un jet menu situé à l'opposition des feuilles. Les légumes sont vésiculeux, ronds & fort petits. Cette plante, dont la durée est ignorée, croît dans les Indes orientales. Nous n'avons point distingué une variété connue dans cette espèce, parce qu'elle ne nous paroît avoir aucun agrément particulier, & qu'elle pourroit appartenir à un autre genre.

32. La Crotalaire psoraloïde ne paroît pas s'élever de plus de deux pieds: sa tige est en zig-zag, légérement velue vers le sommet: elle porte des feuilles placées alternativement, à trois folioles oblongues & portées sur des queues courtes. Des aisselles des feuilles, naissent des épis plus longs qu'elles, où les fleurs sont placées sans écartement de la rape. Les légumes sont velus: ils renferment deux semences luisantes d'un rouge-brun. Cette espèce, dont la durée est ignorée, croît à Madagascar.

33. Crotalaire à longues feuilles. Aublet rapporte que les tiges de cette espèce sont lisses, simples, hautes d'un pied & plus, & garnies de feuilles jaunâtres presque sans queue, composées de trois folioles. Celle du milieu plus longue que les deux autres; sa longueur est de cinq pouces & sa largeur est d'un pouce. Elles sont obtuses & terminées par une petite pointe. De leur aisselle sortent plusieurs fleurs portées chacune sur une queue courte: La corolle est de couleur purpurine, les légumes renferment huit graines arrondies. Cette plante, ajoute l'Auteur cité, étoit en fleurs & fruits au mois de Juin, à l'Isle de Cayenne où il l'a observé. Sa racine, dit-il, est vivace.

34. Crotalaire rayé. C'est un arbuste à rameaux cotonneux vers le sommet, à feuilles placées alternativement dont la queue d'une longueur presqu'insensible porte trois folioles en

lance, larges de quatre lignes, longues d'un à deux pouces, velues & marquées de nervures. Cinq à neuf petites fleurs, placées alternativement & de près sur des grappes courtes, décorent les côtés & les extrémités des tiges. Le lieu de son habitation est inconnu.

35. Crotalaire hétérophille. La tige de cete espèce ne se divise que dans sa partie supérieure; elle s'élève d'un pied. Les feuilles d'en bas sont simples, plus longues que larges & leur extrémité supérieure est divisée en deux parties, celles du haut sont à trois folioles ovales, égales & à queue très-courte. Les fleurs sont jaunes & disposées en grappes à l'extrémité des branches, mais les légumes, à leur maturité, sont au-dessous & sur les côtés : ils sont lisses. Cette plante est annuelle; elle croît dans les Indes.

36. Crotalaire aspalatoïde. C'est un arbuste à tige tortueuse, raboteuse & d'un pied de hauteur, à feuilles placées alternativement, soutenues par des queues d'une ligne de longueur, velues à trois folioles étroites & velues, celle du milieu plus longue & ayant seule une queue. Trois à cinq fleurs portées sur un filet paroissent terminer les branches. Il croît au Cap de Bonne-Espérance.

37. Crotalaire à feuilles de lupin. Cette plante herbacée avec le port de *lupin* s'élève d'environ deux pieds sous une écorce velue. Ses feuilles placées alternativement sont composées de cinq folioles ou lobes inégaux attachés à la même queue. Elles sont velues des deux parts. La disposition des fleurs est en grappe & leur couleur est jaune. Les légumes sont grands, très-enflés & sans poils. Elle croît dans l'Inde & à l'Isle de France.

Ordre du lieu de l'habitation & de la durée des trente-sept espèces de Crotalaires.
Le cas du doute sur la durée, est marqué de ℧.

AFRIQUE. Caroline ou Serre tempérée.	ISLE DE BOURBON ou Serre chaude tannée.	INDES ou Serre chaude tannée.	HABITATION inconnue.
Pots resserrés.		Pots évasés.	
	Annuelles.		
N.° 1	B du N.° 16 B du N.° 26	N.° 7&B 8 ℧ 9 10 ℧ 11 13 15 ℧ 16 C du 16 18 26 27 29 ℧ 91 ℧ 35 37 ℧	N.° 28
	Vivaces.		
		20 ℧ 33	
	Ligneuses.		
2 3 ℧ 4 5 12 14 ℧ 17 22 25 36	24 40 & B	6 19 ℧ 21 23 32 ℧	34

Culture. Il s'en faut beaucoup que les trente-sept Espèces de la CROTALAIRE soient cultivées en France; mais si la marche rapide que fait chaque jour la Botanique doit faire augurer que la culture aura aussi son instant de faveur, peut-être comptera-t-on pour quelque chose les conjectures que nous donnons sur les moyens de conserver, dans nos serres, les espèces ligneuses de ce beau genre? Elles méritent particulièrement des détails approfondis : nous parlerons ensuite de celles qui sont vivaces & des annuelles.

Ligneuses. On voit, par le tableau qui précède, que dix espèces (les N.os 2 à 5, 14, 17, 22, 25, & 36,) sont originaires de l'Afrique. Elles sont d'un traitement facile & elles se rangent parmi des plantes qui, généralement parlant, donnent infiniment plus de plaisir qu'elles ne causent d'embarras. On les place dans la serre tempérée où elles se cultivent dans des pots d'un médiocre évasement, presque aussi larges dans le fond & qui ne doivent point excéder six pouces & demi de hauteur. Le sable de bruyère mêlé avec du terreau bien consommé doit faire le fond de leur terre, à laquelle on ajoute un tiers de celle du potager ou une sixième partie d'argile pure : mais, pour le N.° 25, on devra préférer une terre marneuse mêlée de pierrailles. C'est moins une grande chaleur qui leur convient qu'une température douce & un air souvent renouvelé. Pour cela, on les place assez près des vitreaux. On doit être fort circonspect sur les arrosemens en Hiver, aux jours de douceur du Printems. On les familiarise peu à peu avec l'air extérieur dont on leur procure toutes les bienfaisances en les y abandonnant dans le courant de Juin : on plonge les pots dans une plate-bande avantageusement exposée & on n'attend point, pour les rentrer, que l'intempérie de l'Automne les ait altérées. Ces espèces fleuriront la plupart de très-bonne-heure, plusieurs même donneront des semences propres à les multiplier; mais comme, dans notre Climat, on ne peut pas absolument compter sur cette ressource, on aura recours aux boutures. Elles se font sur une couche refroidie (*Voyez* CLUTELLE pour les procédés d'usage avant & après les racines.) On essayera encore à leur égard & probablement avec beaucoup de succès la marcotte en poupée. (*Voyez* MARCOTTE). Les graines récoltées se gouverneroient comme celles des Crotalaires annuelles jusqu'à la 4.e ou 5.e feuille & alors on laisseroit les plantes jouir d'un air libre.

Les N.os 24, 30 & la Variété B. doivent se mettre dans la serre-chaude où des places de tablette leur suffiront, dès qu'ils seront arbrisseaux faits; mais, avant cette époque, ils exigeront un traitement plus délicat qui rentre dans celui des N.os suivants 6, 19, 21, 23 & 32, auxquels on peut ajouter 34, sauf à le conduire comme ceux de la première colonne, si l'on s'apperçoit qu'il s'étiole On donneroit à ces espèces une poterie un peu plus évasée, la terre ci-dessus sans mélange de terre potagère ou d'argile & fort peu d'eau pendant l'Hiver. Dans aucun temps, ces espèces ne sortiront point de la tannée &, seulement dans l'Eté, elles pourront se placer dans celle qui est plus près des verres. Si leur élévation le permet, on leur fera passer sous un chassis, avec plus de succès & de luxe, les deux mois de chaleurs. Pendant les pluies très-douces & les nuits chaudes, les panneaux pourroient être retirés de temps à autre sans inconvénient. Par cette conduite on se procurera des fleurs, mais peut-être n'obtiendra-t-on jamais des fruits, puisque le N.o 24 cultivé au Jardin des plantes où il est aussi admiré que bien soigné, ne donne que des fleurs. Cependant il n'y a point à désespérer de cette jouissance pour toutes les espèces, puisque les graines du *Cytisus cajan* (Cytise des Indes) mûrissent dans nos serres. Au reste, le cultivateur sera suffisamment dédommagé par les boutures, puisqu'elles s'enracinent en fort peu de temps. On les fait dans les mois de Mai, Juin & Juillet; elles s'enfoncent dans de petits pots remplis de deux tiers de sable de bruyère & d'un tiers de terreau de vache. On a l'attention de ne mettre cette terre préparée & médiocrement comprimée dans les pots avec les boutures, que dans un tel état de fraîcheur que l'on soit dispensé d'arroser pendant au moins quinze jours. Cette petite poterie arrangée sous un chassis à tan d'une chaleur très-douce, les panneaux se recouvrent de paillassons; on donne un peu d'air pendant le jour & au bout de deux mois: une très grande partie de cette plantation est assurée. Alors on communique plus librement & plus souvent de l'air, de l'eau, de la chaleur, en découvrant le chassis & l'on attend le quinze de Septembre pour mettre les pots dans une bonne tannée de la serre-chaude où les arrosemens devendront d'autant plus rare que l'Hiver s'avançant la végétation sera ralentie. On pourroit encore, sur ces espèces, essayer les marcottes comme sur celles de la serre tempérée. A l'égard des graines, même conduite que pour les N.os suivants, jusqu'à ce qu'elles soient en état de passer sous le chassis avec les autres élèves.

Vivaces. Dans ce genre, il ne se trouve de vivaces que les N.os 33 & 20 avec des doutes. La culture en tout ce qui est de plantes qu'on ne ne peut multiplier, hors le cas des graines, que par les œilletons ou les racines éclatées s'assimile à celle que nous venons d'indiquer. La séparation des œilletons ou racines se feroit en Mai.

Annuelles. Les N.os 1, 7 & B, 8, 10, 13, 15, 16. B & C, 18, 20, 26, & B, 27, 29, 31, 35, & 37, sont des plantes annuelles. Il n'y a rien à espérer de celles-ci pour l'année suivante, si on ne récolte pas des graines mûres. Pourquoi remarque-t-on que l'art est moins en défaut sur la possibilité de multiplier les plantes annuelles par les graines, seul moyen qu'elles offrent, que celles qui sont pérennes? Autant qu'on aura de difficultés à retirer des semences des ligneuses, autant on en aura facilement de celles-ci quoiqu'elles habitent naturellement sous le même climat; si d'ailleurs les tentatives sont faites avec intelligence. Les graines se sement à la mi-Mars sur couche chaude & sous cloche. Elles lèvent promptement. Quand les plantules ont développé plusieurs feuilles, on les met avec leur motte séparément dans des petits pots, on les enfonce dans une nouvelle couche qui a évaporé sa plus grande chaleur: on les couvre de cloches recouvertes elles-mêmes d'un paillasson qui ne se retire que quand elles ont formé de nouvelles racines: ensuite les cloches s'élèvent sur des crochets, la température s'adoucit & les chaleurs venues, vos plantes sont en état d'être placées, motte tenante, aux meilleures expositions, contre des murs au Midi, &c. &c. La terre telle qu'elle se trouve dans tous les Jardins n'est pas toujours convenable; si elle est maigre ou fraîche, on environne les racines de tout ce qui peut hâter la végétation. Dans les premiers temps de la transplantation, si d'ailleurs votre site n'est pas très-favorisé ou par des abris ou par une pente naturelle au Midi, il ne sera pas inutile de couvrir les plantes avec des cloches élevées sur des crochets. De cette manière toutes fleuriront & aux premières fleurs succéderont des légumes dont la graine mûrira. Les N.os 7, 10 & 11 ont fructifié sous les yeux de Miller, 9, 26 & B & 27 sous ceux de M. Thouin, & toutes probablement procureront au cultivateur heureux de les posséder cet unique moyen de les perpétuer dans notre climat.

A l'égard des espèces douteuses, nous observons qu'un œil attentif & exercé saura bien les distinguer à l'approche de l'Automne ou du temps de rentrer pour les gouverner convenablement; c'est c'est pourquoi nous avons exposé dans la Colonne le lieu de son habitation; ce qui avertit que le N°. 1 ne sera pas d'une culture très-exigeante, ainsi que le N°. 28 que l'on présume originaire de l'Afrique.

Usages. Ce genre si nombreux en espèces nous paroît d'une totale inutilité dans les Arts, si ce n'est pourtant dans la cuisine où Rumphe dit que s'admettent les fleurs du N°. 11 pour être préparées en guise de potage.

Il ne peut qu'ajouter, en Europe, aux jouissances des Amateurs. La variété C du N°. 16, les N°. 20 & 24 sont des plantes d'une grande beauté. La nécessité d'affecter à toutes les espèces des places qui leur conviennent absolument, réduit beaucoup les ressources dont elles seroient pour la décoration & les agrémens locaux. Aussi il faudra aller voir les Crotalaires dans les collections de plantes rares & dans les Jardins de Botanique. (*F. A. Quesné.*)

CROTE, CROTTIN. En Jardinage, on donne ce nom aux excrémens des bestiaux, séparés des litières ou pailles avec lesquelles ils sont mêlés dans les écuries. *Voyez* les articles Fumier & Couche. (*M. Thouin.*)

CROTIN de Brebis. Mauvais nom employé par quelques Jardiniers pour désigner le *Viburnum prunifolium* L. à cause de la ressemblance de son fruit avec le Crotin de Brebis. *Voyez* Viorne à feuille de Poirier. (*M. Thouin.*)

CROTON. *Croton*.

Genre de plantes à fleurs incomplettes de la famille des euphorbes, & qui a des rapports marqués avec les médiciniers & les ricinelles; il comprend des arbres, arbrisseaux & des herbes à feuilles ordinairement alternes; les fleurs en sont petites, unisexuelles, disposées en grappes, dans quelques espèces, aussi en panicule, & se trouvent toujours sur le même individu. Les fleurs mâles se distinguent des femelles par un calice cylindrique marqué de cinq dents; quelquefois le calice est polyphille; les pétales, au nombre de cinq, sont à peine plus grands que le calice, dans plusieurs espèces ils manquent constamment; les étamines qui sont ordinairement de la longueur de la fleur, & au nombre de cinq jusqu'à quinze, sont jointes par la base; elles portent des anthères arrondies; Linné ajoute à ce caractère, cinq glandes fort petites, insérées au réceptacle. Les fleurs femelles présentent un calice polyphille, composé de cinq folioles ou davantage, sans corolle, avec un ovaire supérieur arrondi, chargé de trois styles bifides, les stigmates sont ou simples ou bifides.

Le fruit qui succède à la fleur est une capsule obronde, à trois cubes latéraux arrondis, triloculaire à loges bivalves, contenant chacune une seule semence ovale.

Espèces.

* *Tige ligneuse.*

1. Croton panaché.

Croton *variegatum*. Lin. ♄ Indes orientales.

2. Croton cascarille, ou à feuille de Chalef.

Croton *cascarilla*. Lin. *Croton foliis lanceolatis, integerrimis, petiolatis, superne plan's, squamis peltatis adspersis, subtus nitidis & albicantibus.* Lamarck. ♄ Amérique méridionale, Antilles, isle de Baharma.

3. Croton linéaire.

Croton *lineare*. Jacquin. *Croton foliis linearibus, brevissime petiolatis, biglandulosis, superne canaliculatis & virentibus, subtus tomentoso albidis.* Lamarck. ♄ La Jamaïque.

4. Croton balsamifère.

Croton *balsamiferum*. Lin. ♄ Antilles.

5. Croton abutiloïde.

Croton *Sidæfolium*. Lamarck.

C. foliis cordato ovalibus integris scabris, subtus incano tomentosis, racemulis terminalibus. ♄ Antilles.

6. Croton à feuilles d'origan.

Croton *origanifolium*. Lamarck.

C. foliis ovatis, acutis, subintegris, scabris, basi bisetasis, subtus tomentoso incanis. ♄ Antilles.

7. Croton à feuilles de peuplier.

Croton *populifolium*. Lamarck.

C. foliis cordatis acuminatis serratis subtus villoso tomentosis, spica terminali. ♄ Antilles.

8. Croton à feuilles de noisetier.

Croton *corylifolium*. Lamarck.

C. foliis cordato-subrotundis acuminatis serratis punctatis utrinque sublœvibus. ♄ Antilles.

9. Croton à feuilles d'aune.

Croton *alnifolium*, Lamarck.

C. foliis obovatis petiolatis subrintegerrimis pilis stellatis punctatim adspersis, racemis elongatis subterminalibus. ♄ Le Pérou.

10. Croton blanc.

Croton *niveum*. Jacq.

C. foliis cordato-oblongis acutis, integris, margine undulatis, subtus tormentoso argenteis. Lamarck. ♄ Amérique méridionale, Antilles.

11. Croton à feuilles de tilleul.

Croton *tiliæfolium* Lamarck.

C. foliis cordato subrotundis, scabris subserratis petiolatis, racemis axillaribus. ♄ Isle de France.

12. Croton de Bourbon.

Croton *mauritianum*. Lamarck.

C. foliis cordato oblongis acutis serrulatis molliter scabris, pedunculis petiolisque lanuginosis, racemis terminalibus. ♄ Isle de Bourbon.

13. Croton porte-lacque.

Croton *laccigerum*. Lin. ♄ Isle de Ceylan & autres endroits des grandes Indes.

14. Croton des Philippines.

Croton *Philippense*. Lamarck.

C. foliis ovatis subintegris, basi superne biglandulosis, subtus tomentosis reticulatis, capsulis pollice rubro tectis. Isle des Philippines.

15. CROTON des Moluques.

CROTON Moluccanum. Lin.

C. foliis cordatis angulatis basi antice biglandulosis, calicibus florum masculorum bipartitis. Lamarck. ♄ Isles Moluques.

16. CROTON paniculé.

CROTON paniculatum. Lamarck.

C. foliis ovatis mucronatis subdentatis basi biglandulosis subtus tomentosis, panicula tomento ferrugineo obducta. ♄ Isle de Java.

17. CROTON acuminé.

CROTON acuminatum. Lamarck.

C. foliis ovatis acuminatis subintegris eglandulosis subtus tomentosis, spicis axillaribus terminalibusque tomentoso ferrugineis. ♄ Nouvelle Bretagne & le Japon.

18. CROTON à bractées.

CROTON bracteatum. Lamarkc.

C. foliis subopositis ovatis acutis integris subtus tomentosis, racemis longis laxis bracteiferis. ♄ Madagascar.

19. CROTON à quatre filets.

CROTON qudrisetosum. Lamarck.

C. foliis subcordatis, acuminatis, serrulatis, asperis; tomentosis, subtus basi quadrisetosis. ♄ Le Pérou.

20. CROTON comprimé.

CROTON compressum. Lamarck.

C. *Foliis lanceolatis integris, subtus tomentosis, petiolis subdecurrentibus, ramulis compressis.* Du Pérou.

21. CROTON cathartique.

CROTON tiglium. L. Indes orientales.

22. CROTON porte-suif.

CROTON sebiferum. Lin.

C. foliis rhombeo ovatis acuminatis integerrimis glabris. ♄ de la Chine.

23. CROTON de la Jamaïque.

CROTON glabellum. Lin. ♄ de la Jamaïque.

24. CROTON luisant.

CROTON lucidum. Lin. ♄ de la Jamaïque.

25. CROTON satiné.

CROTON sericeum. Lamarck.

C. foliis ovato-oblongis acuminatis subtus sericoincanis biglandulosis, floribus laxe spicatis, stylis introrsum recurvis. ♄ de la Guiane.

26. CROTON à feuilles de citronier.

C. citrofolium. Lamarck.

C. foliis ovato lanceolatis integris pulvero nitidis, spicis axillaribus, capsulis rotundis verrucosis argenteis. ♄ de Saint-Domingue.

27. CROTON jaunâtre.

CROTON subluteum. Lamarck.

C. foliis ovato acutis serratis basi biglandulosis, subtus flavescentibus, capsulis glabris. ♄ de la Guiane.

28. CROTON farineux.

CROTON farinosum. Lamarck.

C. foliis oppositis ovato lanceolatis subintegris, supra viridibus, ingra farinoso-incanis; spicis tenuis. ♄ de Madagascar.

29. CROTON laineux.

CROTON lanatum. Lamarck.

C. foliis ellepticis integerrimis utrinque lanatis, racemis subterminalibus, staminibus barbatis. ♄ de Montevideo dans l'Amérique méridionale.

30. CROTON eriosperme.

CROTON eriospermum. Lamarck.

C. foliis oppositis ovatis integerrimis, racemis compositis, seminibus lanâ rufescente involutis. ♄ du Brésil.

3. CROTON cassinoïde.

CROTON cassinoïdes. Lamarck.

C. foliis oppositis ovatis dentatis utrinque lævibus, petiolis scabris coadunatis, spiculis paucifloris. de l'Isle de Madagascar.

32. CROTON jaunissant.

CROTON flavens. Lin. De la Jamaïque.

33. CROTON du Sénégal.

CROTON Senegalense. Lamarck.

C. foliis hastato oblongis subtus tomentosis, floribus confertis subsessiibus, capsulis squamoso nitidis. ♄ du Sénégal.

** *Tiges herbacées.*

34. CROTON à trois pointes.

CROTON tricuspidatum. Dombey.

C. foliis oblongo-lanceolatis denticulatis trinerviis, petalis tricuspidatis ♄ du Pérou.

35. CROTON à petites feuilles.

CROTON mycrophillum. Lamarck.

C. foliis ovalibus obtusis integris glabris, ramulis petiolisque hirtis, floribus lateralibus. Du Pérou.

36. CROTON à feuilles de châtaignier.

CROTON castaneifolium Lin. des Antilles.

37. CROTON des marais.

CROTON palustre. Lin. Amérique méridionale & les Antilles.

38. CROTON hérissé.

CROTON hirtum. L'Heritier.

C. foliis ovatis serratis basi pilis glanduliferi, spicis sessilibus, caule hispido. ⊖ de la Guiane.

39. CROTON à feuilles d'ortie.

CROTON certicæfulium. Lamarck.

C. foliis ovatis subcordatis acutis serratis petiolatis, spicis pilosis terminalibus. Du Brésil.

40. CROTON glanduleux.

CROTON glandulosum Lin. de la Jamaïque.

41. CROTON argenté.

CROTON argenteum. Lin.

C. foliis cordato-ovatis subtus tomentosis integris serratis. ⊖ Amérique.

42. CROTON à teinture ou tournesol.

CROTON tinctorium. Lin. ⊖ L'Asie & les Provinces méridionales de l'Europe.

43. CROTON triangulaire.

CROTON triquetrum. Lamarck.

C. foliis ovato-oblongis acutis serrulatis tomentosis, petiolis linea tomentoso-lanata decurrentibus. Du Brésil.

44. Croton à feuilles de germandrée.
Croton *chamædrifolium.* Lamarck.
C. foliis subcordatis serratis glabris, spicis terminalibus. La Jamaïque & Saint-Domingue.

45. Croton scordioïde.
Croton *scordioides.* Lamarck.
C. villosum, foliis ovatis serratis alternis oppositisque, floribus subsessilibus. Du Brésil.

46. Croton ricinocarpe.
Croton *ricinocarpos.* Lin. ⊖ Surinam.

47. Croton lobé.
Croton *lobatum.* Lin. ⊖ *Vera Crux.*

48. Croton épineux.
Croton *spinosum.* Lin. Des grandes Indes.

Description du Port des Espèces.

Le *Croton panaché*, selon Rumph & autres Voyageurs, croît naturellement dans les Molucques, mais on le cultive également dans plusieurs autres parties des grandes Indes. Il s'élève à la hauteur d'un arbrisseau de cinq ou six pieds; l'aspect en est très-agréable, les feuilles qui sont d'un beau verd, panachées de taches jaunes dorées, contribuent particulièrement à le faire remarquer: il a pour le reste un port semblable à celui du laurier-rose. Les fleurs naissent aux sommités sur des grappes très-petites, dans l'aisselle d'une bractée ovale ou elliptique. Les fleurs femelles ont le calice plus court que leur ovaire. Le feuillage de cet arbre est singulièrement estimé dans les Indes; on s'en sert dans les grandes cérémonies pour orner les arcs de Triomphes & les Pagodes, les Salles de festins: dans les pompes funèbres, on en décore les cercueils des célibataires & des enfans.

Le *Croton cascarille* croît naturellement à Saint-Domingue & en plusieurs endroits de l'Amérique méridionale, il s'élève en arbrisseau de près de six pieds, & son port est semblable à celui du romarin. Le tronc pour l'ordinaire court & épais pousse beaucoup de branches latérales très-cassantes dont l'écorce d'un gris blanc est d'une odeur très-aromatique. Les feuilles de cet arbrisseau sont alternes, lancéolées & ressemblent assez à celles de l'amandier, elles sont comme argentées à leur surface inférieure. Les fleurs se trouvent en forme d'épis aux sommités des rameaux, elles sont très-petites: les mâles occupent constamment la partie supérieure, elles consistent en un calice de cinq feuilles & d'autant de pétales blanchâtres; les femelles se trouvent à la partie inférieure de l'épi, leur calice plus petit que celui des fleurs mâles est divisé en cinq portions & dépourvu de pétales. Cet arbrisseau se plaît dans les lieux secs & arides. C'est l'écorce qui recèle toujours la plus forte odeur aromatique, tant fraîche que lorsqu'on la brûle; les feuilles & les jeunes pousses ont une odeur moins pénétrante. Il est vraisemblable que cet arbrisseau acquiert plus de volume dans le Pérou & dans le Mexique, au moins l'écorce que l'on en trouve dans le commerce, & que les Espagnols apportent de ces pays, est d'une épaisseur qui paroît justifier cette supposition; on la trouve chez les Droguistes pour l'ordinaire en morceaux plus ou moins forts, roulés comme la canelle, mais plus épais, d'un gris blanchâtre; dans plusieurs ouvrages de matière médicale, on la voit décrite sous le nom de Quinquina gris, de Quinquina aromatique, & d'écorce Elutérienne.

Le *Croton linéaire* présente un arbrisseau assez droit, très-ramifié, & qui acquiert ordinairement une hauteur de quatre à cinq pieds, les rameaux en sont cylindriques & comme veloutés. Les feuilles exactement linéaires, émoussées vers le sommet, ont ordinairement un pouce & demi de longueur sur deux lignes de largeur; elles sont verdâtres en-dessus, couvertes en-dessous d'un duvet blanchâtre ou jaunâtre. toutes les parties de cet arbrisseau sont très-aromatiques & d'une odeur agréable; c'est ce qui a sans doute induit en erreur plusieurs Botanistes qui l'ont confondu avec l'espèce précédente; un léger examen de son port & sur-tout de ses feuilles suffira cependant pour l'en distinguer. Le Croton linéaire est indigène à la Jamaïque & dans plusieurs des Isles Antilles, où il se contente des endroits les plus arides & pierreux.

Le *Croton balsamifère* croît également dans les Antilles; c'est un arbrisseau de trois ou quatre pieds de hauteur; il est droit, & pousse beaucoup de rameaux, qui présentent un étalage très-diffus; toutes les parties de cet arbrisseau sont très-odorantes. Les rameaux couverts d'un duvet cotonneux portent un grand nombre de petites feuilles alternes de formes ovales-lancéolées, attachées à des pétioles assez longs, verdâtres en-dessus, & d'un blanc jaunâtre ou roussâtre en-dessous. Les fleurs qui sont très-petites forment un épi à l'extrêmité des branches, où elles occupent ordinairement la bifurcation des rameaux: les mâles, dont le calice cotonneux est à cinq divisions, sont composées de cinq pétales blanchâtres, elles se trouvent toujours à l'extrêmité des épis. Les fruits sont couverts d'un duvet cotonneux. On tire de cet arbrisseau un suc très-odorant & balsamique, en faisant des incisions dans le tronc, ou dans les branches; ce suc qui s'épaissit peu-à-peu, & qui prend alors une couleur jaune ou brunâtre, est regardé comme un bon vulnéraire. La liqueur spiritueuse que l'on reçoit des Isles sous le nom de l'eau de Mantes, & dont le goût est fort agréable, se prépare à la Martinique, en distillant cette plante avec de l'eau-de-vie.

Le *Croton abatiloïde* qui croît naturellement à Saint-Domingue, est, selon M. Lamark, un petit arbrisseau, dont les feuilles ressemblent à celles du *Sida cordifolia*, quoiqu'elles soient plus petites & entières. Les rameaux sont un peu cylindriques, glabres, excepté à leur sommet, feuillés & d'un gris-brun. Les feuilles sont alternes, en forme de cœur ovale, pointues, chargées d'un duvet très-court, blanches en-dessous avec des nervures saillantes. Les fleurs sont réunies en grappes; les fleurs mâles ont un calice cotonneux à cinq divisions & cinq pétales de la longueur du calice, glabres & colorés en-dehors, & pour le moins six étamines. Le calice des fleurs femelles présente cinq divisions profondes & pointues, l'ovaire en est trigone, légèrement cotonneux, chargé de trois styles bifides ou trifides. Le Croton à feuilles d'origan, autrement dit le Chupau de Saint-Domingue, est un petit arbrisseau indigène dans les Antilles; M. Lamarck nous dit qu'il a des très-grands rapports avec le Croton linéaire, la forme de ses feuilles présente cependant quelques différences. Les rameaux en sont très-menus, lâches, cylindriques & velus vers leur extrémité. Les feuilles sont alternes, un peu plus petites & plus courtes que celles du Croton balsamifère, ovales, pointues, entières, avec des dentelures à peine sensibles, vertes en-dessus, blanches, à nervures saillantes en-dessous, avec deux glandes cylindriques à leur base, & tenant à un pétiole assez long. Toutes les parties de cet arbrisseau sont aromatiques.

Le Croton à feuilles de peuplier qui a été trouvé par le P. Plumier à l'Isle Saint-Vincent, une des Antilles, a le port d'un arbre de moyenne grandeur. Les rameaux en sont cylindriques, couverts d'un duvet court, les feuilles dont ils sont garnis, sont alternes, pétiolées, en forme de cœur, pointues, légèrement dentées, verdâtres en-dessus, couvertes en-dessous de poils blanchâtres. Les fleurs sont réunies en épis aux extrémités des rameaux; les mâles ont un calice à cinq divisions, autant de pétales blancs, & un grand nombre d'étamines; les fleurs femelles ont le calice quinquéfide, & un ovaire couronné de trois styles bifides. Les fruits de la grosseur d'un gros pois, sont triloculaires, s'ouvrent en trois valves. Chaque loge contient une semence oblongue, lisse, de couleur brune, de petits points noirs.

Le Croton à feuilles de noisetier, connu sous le nom de bois de laurier, croît naturellement aux Antilles. D'après M. Lamarck, c'est une plante ligneuse de peu de hauteur, dont les plus petits rameaux, les pédoncules & les nervures des feuilles sont cotonneuses & blanchâtres. Les feuilles sont alternes, pétiolées, cordiformes, dentées, quelquefois un peu anguleuses, ponctuées & presque glabres en-dessus & en-dessous. Les fleurs réunies en forme de grappes près du sommet des rameaux, sont pédiculées.

Le Croton à feuilles d'aune croît naturellement au Pérou, d'où il a été apporté par M. Dombey; mais nous ignorons quel est son port & sa grandeur. Les rameaux, qui se trouvent dans l'herbier de M. Dombey, sont ligneux, ponctués & même cotonneux vers le sommet; ils sont garnis de feuilles alternes, pétiolées & ovoïdes, quelquefois simplement ovales, entières, vertes en-dessus avec des poils épars, formant des étoiles en-dessous; les poils s'y trouvent en plus grande quantité sur-tout sur les nervures. D'après M. Lamarck, ces feuilles ressemblent en quelque façon aux feuilles de l'aune, & plus encore à celle du saule marceau. Les fleurs naissent sur des grappes effilées, lâches, longues de plus de six pouces; les pédoncules & les calices sont un peu cotonneux. Les fleurs mâles ont dix étamines, dont les filamens sont barbus; les capsules sont presque sessiles, ovales obrondes, parsemées de petits poils.

Le Croton blanc se trouve à la Jamaïque & en plusieurs endroits de l'Amérique méridionale. Selon la description de M. Jacquin, c'est un arbrisseau de dix pieds de hauteur, & dont toutes les parties sont fort aromatiques. Les rameaux en sont blancs & cylindriques, garnis de feuilles alternes, pétiolées, en forme de cœur, oblongues, pointues, légèrement ondées sur les bords; elles ont quelque ressemblance avec les feuilles du *Sida periplocifolia*, & sont cotonneuses, blanches & argentées en-dessous. Les fleurs forment des épis denses de la longueur d'un pouce; les mâles qui se trouvent à la partie supérieure de l'épi, y sont en plus grand nombre que les fleurs femelles.

Le Croton à feuilles de tilleul a été apporté par M. Sonnerat, de l'Isle de France, où il croît naturellement; il est de la hauteur d'un arbre de moyenne taille, dont le tronc est couvert d'une écorce grisâtre; il pousse beaucoup de rameaux. Ces rameaux sont cotonneux & blanchâtres vers leur sommet, ainsi que les pétioles, les nervures des feuilles, les pédoncules & les calices, les feuilles sont alternes, pétiolées, arrondies, échancrées en cœur à leur base, très-peu pointues, dentelées, lorsqu'elles sont jeunes & presque entières dans leur développement parfait : elles sont vertes & veloutées en-dessus, avec des nervures blanchâtres, parsemées de points cotonneux, un peu grisâtres en-dessous; elles s'approchent pour la forme aux feuilles du tilleul ou du *Grevia occidentalis*, à peu-près de la grandeur de celles de ce dernier, mais leurs pétioles sont plus courts. Les fleurs forment des grappes.

Le Croton de Bourbon. M. Commerson avoit apporté cette plante de l'Isle de Bourbon; elle paroît former un arbrisseau dont les jeunes rameaux, les pétioles & les pédoncules sont un peu veloutés. La plupart de feuilles des cet arbrisseau sont alternes, pétiolées, en cœur, oblongues, pointues, dentelées en-dessus, vertes & presque glabres, le dessous est plus velouté. Les fleurs disposées en grappes médiocres sont blanches ; les fleurs mâles, qui occupent la partie supérieure des grappes ont un calice monophylle à cinq divisions, & autant de pétales blancs lanugineux, & trente à cinquante étamines courtes; les femelles, situées au-dessous des mâles, ont aussi un calice cotonneux à cinq divisions & cinq pétales lanugineux ; leur ovaire également cotoneux est chargé de styles nombreux, courts & velus. Le fruit présente trois coques bivalves, chaque coque renferme une semence velue.

Le Croton porte-lacque croît dans plusieurs endroits des Grandes-Indes, principalement dans l'Isle de Ceylan. C'est un arbre de moyenne grandeur, dont les rameaux sont anguleux & rudes, les feuilles sont ovales, dentelées, pétiolées, velues & cotonneuses. Les fleurs naissent sur des épis aux extrémités des rameaux ; nous n'en connoissons que les mâles, qui ont un calice à cinq divisions, autant de pétales, & une vingtaine d'étamines. Les fruits sont de peu de grosseur, ronds, velus en-dehors, & sont divisés en trois loges, dont chacune renferme une semence semblable à celle du chanvre. Les Voyageurs disent que cet arbre fournit une lacque qui en suinte spontanément, & dont les habitans de Ceylan font un vernis excellent.

Le croton des Philippines. Cette Plante que M. Sonnerat a trouvé dans les Molucques, a, selon la description qu'en a donné M. Lamarck dans le Dictionnaire de Botanique, des tiges ligneuses, cylindriques & légèrement cotonneuses vers leur sommet. Les feuilles en sont alternes, pétiolées, entières, ou ayant quelques dents rares peu sensibles, lisses ou très-glabres en-dessus, avec deux glandes à la base, en-dessous elles sont à nervures assez saillantes, dont les différentes ramifications représentent une espèce de reseaux; le tout est couvert d'un duvet cotonneux. Le fruit qui succède à la fleur est une capsule trigone, couverte d'une croûte grenue, & de couleur écarlate, elle est divisée en trois loges bivalves, qui renferment des semences globuleuses.

Le Croton des Molucques est un arbre dont le tronc est fort épais, & dont les rameaux sont disposés comme ceux du noyer commun, & remplis de beaucoup de moëlle. Les feuilles sont alternes ou éparses, & situées aux extrémités des branches. Elles ont la forme d'un cœur à leur base, & se divisent ensuite en cinq lobes anguleux ; le dessus & le dessous en est entièrement glabre, lorsqu'elles se sont parfaitement développées, mais couvertes d'un duvet roussâtre dans la jeunesse; elles tiennent à des pétioles assez longs, & à l'endroit où ce dernier est inséré à la base de la feuille on remarque deux glandes applaties ; ces feuilles varient dans leur forme, car on en trouve sur le même arbre, qui sont oblongues, pointues & presqu'entières. Nous n'en connoissons que les fleurs mâles, qui se trouvent en grand nombre sur les panicules terminales, elles tiennent à des pétioles cotonneux & anguleux, & se trouvent dépourvues de bractées. Le calice de la fleur, également cotonneux, est partagé en deux tubes ovales, concaves & presque égaux, il renferme cinq pétales oblongs, linéaires, presque deux fois plus longs que le calice ; les étamines s'y trouvent au nombre de dix ou environ. Le fruit du Croton des Molucques ressemble à l'Alevrit, il est plus large que long, avec une pointe couverte & renfermée dans un brou comme dans les noix ; le noyau consiste en une coque ligneuse, uniloculaire, qui renferme une amande d'un bon goût & très-huileuse. Aux Molucques & dans l'Isle de Ceylan, où cet arbre est indigène, on en retire une huile, qui sert à brûler, & à plusieurs autres usages économiques.

Le Croton paniculé qui a été trouvé indigène dans l'Isle de Java par M. Sonnerat & Commerson, ressemble, selon M. Lamarck, à l'espèce précédente, mais les feuilles en sont plus petites, cotonneuses en-dessous, sans échancrures à leur base, ovales, un peu rhomboïdales, très-acuminées, les unes entières, d'autres un peu dentées, tenant à un pétiole assez long, & très-semblables à celles du peuplier noir; à leur base se trouvent deux glandules sessiles, applaties, concaves & colorées. Les fleurs, dont M. Lamarck n'a vu que des non-épanouies, formoient une panicule assez ample & rameuse, elles s'y trouvoient en grand nombre, étoient sessiles, naissoient dans la dichotomie des rameaux.

Le Croton acuminé qui croît naturellement dans la Nouvelle-Bretagne, où Commerson l'a découvert le premier, est, selon l'opinion de M. Lamarck, un arbrisseau qui s'approche assez de celui que Thunberg a décrit dans *le Flora Japonica* sous le nom de *Croton Japonicum*. Les rameaux de notre espèce sont un peu cotonneux & comprimés vers le sommet ; les feuilles dont ils sont garnis, sont larges, ovales, quelquefois ovales-obrondes, très-acuminées, quelquefois entières, souvent bordées de dents rares peu profondes, vertes en-dessus, d'un blanc roussâtre, & légèrement cotonneuses en-dessous, avec un grand nombre de nervures & veines qui leur donnent un aspect réticulé. Les pétioles, les pédoncules & les calices sont également cotonneux. Les fleurs forment des épis axillaires & terminaux, & ne sont que légèrement pédiculées ; nous n'en connoissons que les mâles qui paroissoient avoir trente étamines & même davantage.

Le Croton à Bractées a été trouvé par Commerson à l'Isle de Madagascar ; mais nous ignorons quel est son port ; les rameaux qui se trouvent dans l'herbier de M. Commerson, sont cylindriques, divisés, plusieurs fois fourchus, cendrés, cotonneux & un peu rousseâtres vers leur sommet. Les feuilles sont opposées, pétiolées, ovales, pointues, entières, glabres en-dessus, cotonneuses en-dessous avec des nervures semblables. Les pétioles, les pédoncules, les calices & les ovaires sont également velus. Les fleurs forment des grappes simples, longues de quatre à cinq pouces, lâches, & situées dans les bifurcations des rameaux supérieurs. Les fleurs femelles sont assez grandes, leur calice est composé de cinq folioles ovales, oblongues, l'ovaire est trigone, chargé de trois styles multifides & penicilliformes.

Le Croton à quatre filets. Cette espèce, qui est indigène au Pérou, a été apportée par M. Dombey; nous n'en connoissons point le port exact, mais, à en juger par les rameaux qui s'en trouvent dans l'herbier de M. Dombey, il paroît former un arbrisseau; les rameaux en sont ligneux, cotonneux vers le sommet, avec quelques poils isolés qui les rendent légèrement hispides. Les feuilles sont pétiolées, un peu en cœur, ovales-pointues, à dentelures extrêmement fines, d'un verd blanchâtre, & un peu rudes en-dessus, très-lanugineuses en-dessous; la partie inférieure de la feuille est encore remarquable par quatre filets, qui sortent à sa base près l'insertion du pétiole; ces filets sont terminés par une glande tronquée & concave; ces filets n'acquièrent une longueur sensible, que dans les feuilles entièrement développées, dans les naissantes ils sont à peine sensibles. Les feuilles de notre Croton ont beaucoup de ressemblance avec celles du Croton du Bourbon, excepté qu'elles sont plus rudes & plus lanugineuses. Les fleurs naissent en forme de grappes presque terminales & longues de six pouces. Les mâles ont un calice cotonneux de cinq folioles & autant de pétales, & plus de vingt étamines, dont les filamens sont barbus à leur base.

Le Croton comprimé a été trouvé au Brésil par M. de Commerson; il ressemble à la mélongène du Pérou, mais les rameaux en sont comme ligneux, durs, comprimés anguleux, un peu cotonneux, ou comme farineux vers le sommet. Les feuilles sont alternes, pétiolées, lancéolées, entières, molles, presque glabres en-dessus avec des points imperceptibles, cotonneuses & d'un blanc grisâtre en-dessous; leurs pétioles forment des saillies assez sensibles. Les fleurs naissent sur des épis médiocres, légèrement couvertes d'un duvet cotonneux, à l'extrêmité des rameaux, quelquefois dans les bifurcations. Les capsules sont également un peu cotonneuses.

Le Croton cathartique, dont les graines sont plus particulièrement connues sous le nom de grains de Tilly, ou des Moluques, ou des Pignons d'Inde, croît naturellement dans plusieurs endroits des Indes orientales, dans d'autres on le cultive à cause de ses propriétés. C'est un arbre de moyenne hauteur, à tronc gris, & qui se divise en plusieurs rameaux glabres & feuillés à leur extrêmité. Les feuilles en sont alternes, pétiolées, ovales, pointues, verdâtres, glabres & dentées légèrement. Les fleurs, qui sont ou jaunâtres, ou blanchâtres, naissent sur des épis à l'extrêmité des rameaux & dans leurs bifurcations; les mâles ont un calice à cinq divisions, autant de pétales & à-peu-près seize étamines. Les fleurs femelles se distinguent par un calice en étoile, & un ovaire oblong, ovoïde trigone, surmonté de trois styles bifides. Les fruits sont glabres, ovoïdes, à-peu-près de la grosseur d'une noisette, divisés en trois loges, qui contiennent chacune une semence ovale, oblongue, un peu luisante, applatie d'un côté & convexe de l'autre. Chaque semence est enveloppée d'une coque mince, brune, ou roussâtre, qui renferme une amande blanche, huileuse, d'une saveur très-âcre & brûlante, qui cause des nausées. On en peut tirer par expression une huile, qui, pour ses propriétés purgatives, surpasse encore celle du Ricin ordinaire.

Le Croton porte-suif est un arbre de la hauteur de nos poiriers, dont le tronc & les branches ont quelque ressemblance avec le cerisier; les rameaux en sont longs, flexibles & garnis de feuilles qui ressembleroient exactement à celles du peuplier, si elles se trouvoient dentées, elles se réunissent ordinairement vers le milieu des rameaux en petites touffes; ces feuilles sont ovales-rhomboïdales, plus larges que longues, entières, acuminées, vertes & glabres de deux côtés, ayant à leur base deux glandes sessiles fort petites, & tiennent à un pétiole fort long; l'arbre se dépouille de ses feuilles avant l'Hiver, les feuilles avant leur chûte prennent une couleur rouge. Les fleurs naissent au haut des rameaux sur des épis droits, de deux pouces de long, elles s'y trouvent très-rapprochées, & présentent comme une espèce de chaton. Les fleurs mâles, qui occupent la partie supérieure des épis, sont très-petites, elles sont composées d'un calice monophylle fort court, presque tronqué, ou très-peu divisé, & de trois jusqu'à cinq étamines, qui surpassent de très-peu le calice. Les fleurs femelles se trouvent en petit nombre à la partie inférieure de chaque épi, elles produisent des capsules glabres, dures, brunes, ovales-pointues, à trois côtes arrondies, divisées intérieurement en trois loges bivalves. Chaque loge renferme une graine presque hémisphérique, applatie d'un côté avec un sillon, convexe, ou arrondie de l'autre, & couverte d'une substance sebacée un peu ferme & très-blanche. Ces graines attachées par leur partie supérieure interne, à trois filets (ou placentas) qui traversent le fruit, y restent suspendues après la chûte des six valves de la capsule; de sorte que l'arbre paroît alors couvert de petites grappes très-blanches qui lui donnent un aspect fort agréable. Cet arbre croît naturellement en Chine, où il porte le nom de Kieuyeu.

Le Croton de la Jamaïque, à en juger par la figure que différens Botanistes en ont donné, paroît être une plante ligneuse de peu de hauteur, qui croît naturellement à la Jamaïque. Les feuilles en sont alternes, pétiolées, ovales, très-entières, obtuses, glabres, tendres, transparentes, glauques, ou blanchâtres en-dessous. Les fruits qu'elle produit, sont glabres & pédonculés.

Le Croton luisant qui se trouve à la Jamaïque & dans plusieurs des Antilles, ressemble assez au Croton cathartique, mais les feuilles en sont opposées, moins dentées, & ne possèdent que très-peu de nervures; elles sont ordinairement ovales, lancéolées, glabres & pointues. Les fleurs naissent sur des épis à l'extrémité des rameaux; les mâles ont un calice composé de dix folioles, dépourvues de corolle, & renferment dix étamines; Les fleurs femelles ont un calice de cinq folioles, un ovaire velu, couronné de trois styles à six divisions.

Le Croton satiné, découvert par Aublet à la Guiane Françaife, forme un arbre de huit à dix pieds de haut, sur environ neuf pouces de diamètre. Le bois en est blanc, très-léger, recouvert d'une écorce lisse & cendrée. Les rameaux, remplis de moëlle, sont extrêmement fragiles, ils sont chargés de feuilles alternes, ovales-oblongues, pointues, entières, vertes en-dessus, d'un blanc satiné en-dessous, portées sur d'assez longs pétioles, & pourvues à leur base de deux glandes, séparées par une nervure longitudinale. Les fleurs forment des épis assez longs, mais très-lâches, velus d'un gris cendré; les mâles ont un calice à cinq divisions, & autant de pétales lancéolés, les étamines au nombre de onze sont velues à leur base; le calice de la fleur femelle est composé de cinq pièces ovales, frangées, & un ovaire sur trois côtés arrondis, couronné de douze, ou seize styles recourbés en-dedans; à la base de chaque fleur s'observent deux petites bractées écailleuses.

Le Croton à feuilles de citronnier, qui a été observé par le P. Plumier à Saint-Domingue, s'élève à la hauteur d'un arbre de moyenne taille; son bois a peu de solidité. l'écorce qui le recouvre est d'un roux noirâtre. Les nombreuses feuilles, dont les branches sont garnies, sont alternes, pétiolées, ovales, lancéolées, entières, de la grandeur & à-peu-près de la forme des feuilles du citronnier, mais moins solides; elles sont chargées d'une poussière argentée & dorée, comme la doradille. Les épis sur lesquels les fleurs naissent dans les aisselles des rameaux supérieurs, ont souvent un pied de long. Les mâles qui occupent la partie supérieure des épis, consistent en un calice à cinq divisions, cinq pétales blancs, & un grand nombre d'étamines. Les fleurs femelles ont un calice commun, poudreux, à cinq divisions, & un ovaire couronné de trois styles fourchus & argentés. Le fruit présente une capsule ronde, presque aussi grosse qu'une noisette, couverte d'une poussière argentée, triloculaire, & qui contient des semences oblongues, convexes sur le dos, antérieurement anguleuses. Cet arbre se plaît le long des ruisseaux & dans les endroits un peu humides.

Le Croton jaunâtre, qui vient naturellement dans la Guiane, a beaucoup de ressemblance avec le Croton satiné, mais il s'en distingue par un port moins élevé, & par la moindre grosseur du tronc, & par la moëlle que ce dernier renferme. Ses feuilles sont ovales, pointues, dentelées, vertes en-dessus, jaunes, ou couvertes d'un duvet ferrugineux en-dessous, tenant à des pétioles assez longs, & pourvues de deux glandes à leur base. Les fleurs sont réunies en épis terminaux, blanches, moins grandes que celles du Croton satiné.

Le Croton farineux. Petit arbrisseau découvert par M. de Commerson à l'Isle de Madagascar, son feuillage bicolor lui donne un aspect fort agréable. Les rameaux en sont menus, glabres, de forme cylindrique, grisâtres, lâches & plusieurs fois fourchus, dans leur jeunesse une poussière de couleur ferrugineuse, les recouvre en entier. Les feuilles sont opposées, petites, ovales-lancéolées, semblables à celles de la petite sauge officinalle, vertes en-dessus, blanchâtres en-dessous, c'est un mélange de couleur, qui fait remarquer cet arbrisseau; la longueur des feuilles est environ de deux pouces, elles tiennent à des pétioles longs de quelques lignes. Les fleurs forment des épis grêles, farineux, longs de deux jusqu'à trois pouces, qui sortent aux sommets des rameaux ou de leurs dernières bifurcations. Le calice des fleurs femelles est blanc & farineux, à cinq divisions pointues, & un ovaire arrondi, chargé de trois styles quadrifides très-ouverte.

Le Croton laineux, qui forme un petit arbuste bas & rameux, a été découvert par M. de Commerson à Montévidéo. Il n'est point agréable à la vue comme le précédent, toutes les parties étant recouvertes par un duvet laineux d'un gris roussâtre, qui lui donnent un aspect triste. Il est très-feuillé, & les feuilles s'y trouvent ou alternes, quelquefois opposées aux rameaux, & sous leurs bifurcations; elles sont en général petites, elliptiques, ou ovales, entières, laineuses des deux côtés, tenant à un pétiole fort court. En vieillissant, les feuilles deviennent presque glabres en-dessus, & brunes. Les fleurs jaunâtres forment des grappes droites à l'extrémité des rameaux, quelquefois on les voit naître dans les bifurcations de ces rameaux; toutes les parties qui composent les fleurs sont revêtues du même duvet en mieux que le reste de l'arbrisseau. Les fleurs mâles ont au moins dix étamines, à filamens très-velus. Les fleurs femelles ont l'ovaire surmonté de trois styles bifides, courts & velus.

Le Croton eriosperme croît naturellement dans le Brésil, où cette plante ligneuse a été découvertes par M. de Commerson. Ces rameaux sont ligneux, cylindriques, menus, glabres & feuillés. Les feuilles sont opposées, ovales, acuminées, entières, vertes, glabres en-dessus, verdâtres en-dessous avec un duvet sur-tout vers les bords, les pétioles en sont assez courts. Nous n'en connoissons point les fleurs, mais nous savons qu'elles viennent sur des grappes composées, axillaires & quelquefois terminales. Cette espèce est assez douteuse à cause des loges polyspermes des fruits.

Le Croton cassinoïde croît dans l'Isle de Madagascar, & forme un petit arbrisseau dont le feuillage ressemble à celui du *Viburnum cassinoïdes* de Linné. Ses rameaux sont menus, légèrement cotonneux, de couleur ferrugineuse, divisés en ramifications courtes, opposées, inégales, quelquefois alternes. Les feuilles se trouvent pour la plupart opposées, ovales, un peu en pointe vers les deux bouts, légèrement dentées, glabres des deux côtés, d'un vert-brun en-dessous, attachées à des pétioles scabres, pourvues d'une gouttière à leur surface supérieure. Les épis sont courts, & ne portent que peu de fleurs; ils sont de couleur ferrugineuse, & se trouvent ordinairement à l'extrémité des petits rameaux. Le calice & l'ovaire sont garnis de petits poils.

Le Croton jaunissant, qui croît à la Jamaïque, présente des rameaux couverts d'un duvet cotonneux fort épais, semblable à celui du Phlomis. Les feuilles sont cordiformes, oblongues, acuminées, très-entières & coronneuses de deux côtés, elles tiennent à des pétioles fort courts; les fleurs forment des épis, qui naissent dans la bifurcation des feuilles.

Le Croton du Sénégal a été découvert par M. Adanson pendant son séjour dans cette partie de l'Afrique. Les rameaux en sont ligneux, menus, cylindriques, couverts d'une écorce brune, chargée de petits poils disposés en étoiles, qui vers les extrémités se rapprochent au point qu'ils les font paroître comme cotonneuses. Les feuilles sont pour la plupart alternes, très-petites, verdâtres en-dessus, attachées à des pétioles fort courts; elles sont oblongues, avec deux lobes obtus vers la base, ce qui les fait paroître comme hastées. Les fleurs sont ramassées entre les feuilles, & presque sessiles, & se trouvent pour la plupart à l'extrémité des rameaux. Les styles sont droits & cotonneux en-dehors; les capsules sont glanduleuses, à trois loges arrondies, couvertes d'écailles blanches, argentées, de figure orbiculaire.

** *Tige herbacée.*

Le Croton à trois pointes; cette plante croît naturellement dans le Pérou, d'où M. Dombey l'a rapportée. Elle a quatre pieds de hauteur, sa tige est droite, mince & foible, garnie de poils roides qui la rendent un peu hispide. Les rameaux effilés à stries longitudinales, portent des feuilles alternes, étroites-lancéolées, semblables à celles des saules, elles n'ont que très-peu de dents, leur superficie est glabre, & les pétioles sont courts. Le calice des fleurs mâles consiste en cinq ou six folioles lancéolées, les pétales en sont blancs de la longueur du calice, munis de trois pointes; au réceptacle du calice on distingue cinq petites glandes, les filamens des cinq étamines sont réunis à leur base en un seul corps, mais libres à la partie supérieure. Les fleurs femelles qui se trouvent éloignées des mâles, sont sans corolle, leur ovaire est arrondi, velu, chargé de trois stigmates réfléchis & bifides, les capsules sont bifides, les feuilles & les fruits communiquent au papier une belle couleur bleue.

Le Croton à petites feuilles est également une des découvertes que M. Dombey a fait au Pérou. C'est une petite plante très-rameuse, à peine haute d'un pied. Les rameaux en sont filiformes, feuillés & hérissés de petits; les feuilles sont très-petites, pétiolées, ovales, obtuses, glabres, d'un vert clair. Les fleurs naissent le long des rameaux, en très-petites grappes; elles ont un calice composé de cinq folioles lancéolées, les étamines s'y trouvent en petit nombre, leurs filets sont réunis en un seul corps; l'ovaire est chargé de styles simples. Les capsules sont fort petites, globuleuses & glabres dans leur maturité.

Le Croton à feuilles de châtaignier a été découvert à Saint-Domingue par le P. Plumier; selon ce Botaniste, il s'élève à plus de trois pieds. La racine affecte la figure d'un navet, elle est de l'épaisseur d'un petit doigt, spongieuse, garnie de beaucoup de fibres: elle pousse une tige comme ligneuse, mais tendre & remplie de moëlle, verdâtre, rameuse, & toute hérissée de poils roides. Ces rameaux sont un peu fléchis en zig-zag; ils portent des feuilles alternes, pétiolées, en forme de fer de lance, les unes obtuses, les autres pointues, dentées, nerveuses, & qui ont jusqu'à six pouces de longueur. Les épis de fleurs naissent dans les aisselles des rameaux: elles sont soutenues par des pédoncules hispides, qui portent dans la partie supérieure des fleurs mâles, petites à calice quinquifide, & autant de pétales blancs, dans la partie inférieure des fleurs femelles dont le calice est hispide, partagé en six découpures, alternativement grandes & petites. Les fruits sont hispides, arrondis, & tricapsulaires.

Le Croton des marais est une plante qui se trouve indigène à Saint-Domingue & en d'autres endroits de la terre ferme de l'Amérique méridionale; sa tige est herbacée, striée, verte, hérissée de poils blancs, feuillée, d'un pied & plus de hauteur. Ses feuilles sont alternes, pétiolées, ovales, pointues, dentées, striées, plissées, selon Linné, & scabres au toucher; elles ont, selon l'assertion de M. Lamarck, jusqu'à quatre pouces de longueur. Les fleurs sont réunies en grappes; ces grappes sont axillaires, & plus courtes que les feuilles, ordinairement lâches; les fleurs sont petites, de couleur blanchâtre; les mâles occupent la partie supé-

rieure

fleure des grappes, les femelles l'inférieure; ces dernières se changent en un fruit hispide.

Le Croton hérissé, dont la graine a été envoyée de la Guiane par M. Richard, peut être facilement confondu avec l'espèce précédente; mais il en diffère essentiellement par la disposition de ses fleurs, & par la nervure des feuilles. Il a poussé au Jardin du Roi à Paris, une tige herbacée, droite, d'un pied de haut, cylindrique, hispide, feuillée, peu rameuse, qui se divise vers le sommet en plusieurs ramifications. Les feuilles sont alternes, pétiolées, ovales, irrégulièrement dentées, à trois nervures principales, veineuses, ridées, hispides sur leurs nervures, verdâtres & longues d'environ trois pouces, pourvues vers leur base de plusieurs glandes pédiculées, & soutenues par des stipules en alêne; les feuilles qui garnissent les sommités des rameaux, sont ordinairement opposées.

Le Croton à feuilles d'ortie. Plante qui s'élève à la hauteur d'un pied, & dont le feuillage a quelque ressemblance avec le lamion blanc. Elle a été découverte par M. Commerson au Brésil. La tige en est herbacée, cylindrique, fistuleuse, elle est dichotome vers le sommet, où elle est également chargée de poils blancs. Les feuilles qui tiennent à des pétioles assez longs, sont alternes, ovales, presque en cœur sans échancrures à leur base, pointues au sommet, bordées de dents émoussées, vertes de deux côtés, & pourvues de poils courts, arrangés en étoile, sur-tout à la superficie inférieure. Les épis sont terminaux, les fleurs mâles se trouvent en haut, elles sont hérissées de poils blancs. Les fleurs femelles tiennent à un pédicule assez long, leur calice est partagé par cinq découpures ovales, obtuses, velues & blanchâtres en-dehors, d'un brun rouge en-dedans, & réfléchies vers le pédoncule. L'ovaire, qui est toujours trigone & laineux, se trouve surmonté de six styles colorés, profondement bifides.

Le Croton glanduleux, qui croît naturellement à la Jamaïque, ressemble, quant au port, au Croton à teinture ou à tournesol; sa tige est d'abord trichotome, ensuite deux ou trois fois fourchue. Les feuilles sont ovales-oblongues, émoussées au sommet, dentées profondément, couvertes de poils, sur-tout sur les nervures & la superficie inférieure, avec deux glandes jaunâtres. Les épis poussent ou dans les bifurcations de la tige, ou alternativement entre deux feuilles opposées.

Le Croton argenté se trouve dans plusieurs parties de l'Amérique; la tige herbacée s'élève à sept ou huit pouces, elle est feuillée, pubescente, fourchue ou trichotome vers le sommet. Les feuilles sont alternes, opposées aux sommités, ovales presque en cœur, quelques-unes entières, d'autres légèrement dentées; elles sont toutes molles, verdâtres en-dessus avec des poils courts réunis en étoile, qui les font paroître ponctuées; en-dessous elles sont couvertes d'un duvet cotonneux blanc, ce qui leur donne un aspect argenté, sur-tout quand elles sont encore jeunes. Les fleurs naissent sur des épis très-courts, elles s'y trouvent pour l'ordinaire très-serrés.

Le Croton à teinture, ou le Tournesol, croît naturellement dans plusieurs parties méridionales de l'Europe & dans le Levant; dans nos Provinces méridionales elle se trouve également, sur-tout dans les environs de la ville de Montpellier. Elle s'élève à un pied de haut; sa tige est cylindrique, rameuse, quelquefois dichotome, feuillée, cotonneuse & blanchâtre. Ses feuilles sont alternes, rhombiformes, ou ovales, ondées, souvent plissées, un peu sinuées, molles, blanchâtres, & portées sur de longs pétioles, elles sont couvertes dans leur jeunesse de poils courts, qui les font paroître cotonneuses. Les fleurs naissent sur des grappes courtes, sessiles, qui se trouvent aux extrémités des rameaux & dans leurs bifurcations. Les fleurs mâles, qui composent la plus grande partie des grappes, sont presque sessiles, leur calice est cotonneux, composé de cinq folioles, de pétales lancéolés, & de huit étamines réunies en faisceaux par leurs filamens. Les femelles qui se trouvent à la partie inférieure des grappes, tiennent à des pédoncules assez longs; elles produisent des fruits pendans, composés de trois capsules réunies, rondes, chargées de tubercules, ou de papilles blanchâtres qui les rendent raboteuses.

Le Croton triangulaire. Plante que M. de Commerson a trouvé dans le Brésil; elle se distingue par les angles que forment sur sa tige les lignes décurrentes de ses feuilles; elle s'élève à la hauteur d'un pied, quelquefois davantage: sa tige est assez menue, paroît herbacée, quoique assez dure, cotonneuse sur ses angles, à trois côtés applatis, qui sont souvent interrompus, & qui sont formés par les lignes décurrentes & un peu saillantes des pétioles. Les feuilles sont pour la plupart alternes, quelquefois presque opposées, sur-tout vers la partie supérieure des rameaux, ovales-oblongues, pointues, arrondies à leur base avec deux petites glandes près du pétiole, molles, presque glabres, & finement ponctuées en-dessus, cotonneuses & d'un blanc roussâtre en-dessous; quatre jusqu'à cinq pouces de longueur. L'épi, qui termine la tige, est dense, court, sessile, cotonneux, de couleur ferrugineuse, & munis de bractées entre les fleurs. Les fleurs sont sessiles, & les mâles ont dix jusqu'à douze étamines. Chaque rameau est terminé par un épi.

Le Croton à feuilles de germandrée, se trouve indigène dans les prés secs de Saint-Domingue. La racine pousse plusieurs tiges menues de peu de longueur, plus ou moins droites, rameuses & feuillées. Les feuilles sont alternes, plus petites que celles de la germandrée officinale, presque en cœur, crenelées ou dentées, pétiolées & d'un beau verd. Les épis sont menus, terminaux, & garnis de fleurs si petites qu'on ne peut les distinguer qu'avec le secours d'une bonne coupe. Les fleurs mâles ont un calice pourpré, divisé en quatre, & un grand nombre d'étamines blanches; les fleurs femelles qui occupent la partie inférieure des épis, ont le calice divisé en huit, un ovaire obrond, trigone, avec trois styles velus, qui se change lorsqu'il est mûr en un fruit rougâtre, velu & tricapsulaire.

Le Croton scordioïde a été trouvé par M. de Commerson dans les environs de Rio de Janéiro au Brésil. Cette plante a tout au plus un pied de haut, elle est velue dans toutes ses parties. Sa tige est menue, cylindrique, un peu dure, rameuse, paniculée, dichotome & garnie de feuilles. Ces dernières sont alternes, opposées, sous les bifurcations des sommités opposées, ovales, ou ovales-oblongues, dentées, pétiolées, verdâtres, velues, & assez semblables à celles du *Teucrium scordium* de Linné. Les fleurs sont presque sessiles, & se trouvent en petit nombre ramassées dans la dichotomie, ou aux aisselles supérieures. Les mâles, au nombre de deux ou cinq ensemble, d'une petitesse extrême, sont soutenues par des pédoncules courts, & paroissent avoir huit étamines; les femelles situées à la partie inférieure, au nombre de deux ou trois ensemble, sont presque sessiles, très-hispides, leur calice est à divisions spatulées, l'ovaire est velu, arrondi, trigone, surmonté de trois styles petits & fourchus.

Le Croton ricinocarpe croît dans l'Amérique méridionale, principalement à Surinam. C'est une très-petite plante herbacée avec des rameaux alternes. Les feuilles sont également alternes, pétiolées, presque en cœur, glabres & crenelées. Les pédoncules opposés aux feuilles, sont plus longues qu'elles, elles portent des fleurs en grappes ramassées çà & là, & dont les mâles sont mêlés avec les femelles sur chaque grappe. Le calice est composé de trois pièces, fort étroit & blanc.

Le Croton tubé a été découvert à Vera-Crux dans l'Amérique méridionale. C'est une plante herbacée d'un pied de haut, qui est sur-tout remarquable en ce qu'à l'exception des fleurs toutes les parties se trouvent garnies de poils blancs. Sa tige est feuillée, & munie de quelques rameaux alternes, un peu courts. Les feuilles sont pour la plupart alternes, tubées, vertes, molles, glabres en-dessus, & velues en-dessous. Les inférieures sont à cinq tubes, & les supérieures divisées en trois; ces tubes sont ovales, pointus & dentés. Ses fleurs naissent sur des épis latéraux, solitaires, grêles, un peu moins longs que les feuilles. Les calices des fleurs femelles sont à cinq découpures linéaires lancéolées.

Le Croton épineux se trouve dans les Grandes-Indes. Les feuilles sont palmées, à trois ou cinq tubes ovales pointues, bordées de dents épineuses, les fleurs sont presque sessiles, & serrées contre la tige.

Culture.

Comme la plupart des espèces de ce genre sont originaires des pays chauds, plusieurs même de la Zone torride, & en général assez délicats, il n'a réussi qu'à peu de personnes d'en élever quelques espèces en Europe. Celles que l'on a élevé au Jardin des Plantes à Paris, n'y ont jamais porté des graines, malgré la peine qu'on s'est donné pour en accélérer la maturité. Les espèces à port herbacé présenteroient peut-être moins de difficulté pour les cultiver, si l'on pouvoit se procurer des graines assez fraîches pour en tenter l'essai: il faudroit alors les serrer sur couche, ou dans une bâche chaude, & les conduire pour le reste comme toutes les autres plantes des pays chauds. Une des raisons qui a peut-être empêché que les curieux de l'Europe ne soient occupés à faire des essais là-dessus, c'est que la plupart des Crotons herbacés n'ont que peu d'apparence, & souvent de petites fleurs à peine visibles; il seroit cependant à desirer qu'on ne perdît point de vue cet objet, car il y a, sans doute, dans ce genre nombreux quelque espèce, dont les propriétés, ou médicinales, ou économiques, dédommageroient les peines qu'on pourroit se donner à ce sujet. Nous savons que l'on a fait en France quelques tentatives pour introduire & aclimater le Croton porte-suif des Chinois, arbre très-intéressant par la matière grasse qu'il fournit, & dont on peut faire des bougies; ces tentatives qui ont été entreprises par M. l'Abbé Galois à la Rochelle, & par un Ecclésiastique dans la Provence, ont eu beaucoup de succès, & méritent à tous égards d'être répétés.

Le Tournesol ou le Croton à teinture est la seule espèce de ce genre nombreux qui croît naturellement en France; nous ignorons si cette plante, qui est devenue un objet de commerce assez considérable pour quelques cantons du Languedoc, y croît naturellement en assez grande quantité pour fournir aux habitans la matière première, dont ils tirent le Tournesol en drapeau, ou si l'art contribue à la multiplier, selon tous les renseignemens que nous nous sommes procurés sur ce sujet; cette plante ne demande que peu de soin, mais un climat chaud & sec, pour être productive.

Usage.

Le Croton cascarille nous fournit une écorce très-aromatique, d'un gris blanchâtre, d'un goût amer, connue sous le nom de cascarille. Elle est antifibrile, cordiale, stomachique & sudorifique; quelques personnes la raclent avec le tabac à fumer, dont elle corrige l'odeur; la plus grande partie de cette écorce que l'on voit dans le commerce, nous vient du Brésil & du Paraguay.

Je crois avoir observé une grande diversité dans cette écorce, relativement à sa texture & au goût plus ou moins aromatique qu'elle imprime à la langue; c'est ce qui me fait soupçonner que plusieurs espèces de ce genre fournissent une écorce aromatique, qui, dans le commerce, se trouve mêlée avec la véritable cascarille. Le Croton balsamifère fournit aux habitans des Antilles un excellent baume pour la guérison des plaies; une liqueur fort agréable connue sous le nom de l'eau de Mantes, se fait à la Martinique avec cette plante, en la distillant avec de l'esprit-de-vin. Le Croton porte-lacque produit la matière résineuse, que les habitans de l'Isle de Ceylan emploient pour en faire un excellent vernis. Le Croton cathartique fournit les graines connues sous le nom de graines de Tilly ou des Pignons dinde, qui sont un purgatif très-violent autrefois en usage en Médecine, mais dont actuellement on ne se sert presque plus.

La matière sébacée, dont se trouve enveloppée la graine du Croton porte-suif, est employée à la Chine pour en faire des chandelles; la graine donne par expression une huile que les Chinois emploient pour la lampe. Pour détacher la matière grasse des graines, les Chinois les font bouillir dans de l'eau, & l'enlèvent à l'aide d'une écumoir, à mesure qu'elle surnage. Pour lui donner plus de consistance, ils ajoutent à cette graisse une certaine quantité d'huile de lin & un peu de cire. Le Croton à teinture ou le Tournesol sert à faire le Tournesol en drapeau; avec ce dernier les Hollandois préparent le Tournesol en pain, qui est d'un grand usage dans plusieurs Arts. Il fournit une couleur bleue tirant sur le violet. C'est aux environs de Nismes, & dans le voisinage de Montpellier, que les habitans s'occupent à retirer de ce Croton, ou de la Mourelle, comme ils nomment cette plante, la couleur bleue dont nous venons de parler. Pour cet effet, ils ramassent au commencement d'Août les sommités de cette plante, qu'ils font broyer dans un moulin semblable à celui dont on se sert pour broyer les olives. Après que la plante est suffisamment broyée, ils en expriment le suc, lequel ayant été exposé au soleil pendant une ou deux heures, communique aux chiffons de toile que l'on y trempe, une belle couleur bleue; on répète cette dernière opération plusieurs fois, en faisant sécher les chiffons après chaque immersion. Après que ces chiffons sont bien séchés, on les expose sur des bâtons où ils reçoivent les vapeurs d'un mélange de chaux vive & d'urine, au-dessus duquel ces bâtons sont placés; cette dernière manipulation sert à développer les parties colorantes, qui de pâles qu'elles étoient, acquièrent une plus grande intensité, sur-tout, si, après avoir été exposées aux vapeurs de la chaux, on les retrempe une seconde fois dans le suc de la mourelle. La couleur du Tournesol en chiffon sert à colorer plusieurs objets, & comme elle n'est point contraire à la santé, on s'en sert souvent pour communiquer aux confitures & aux gelées une couleur bleue agréable. On ignore de quelle manière, les Hollandois retirent du Tournesol en chiffon, la couleur qu'ils convertissent ensuite en petits pains, qui se trouvent chez les Epiciers & Marchands de couleur sous le nom de Tournesol en pâte. (*M. Gruvel.*)

CROULIERE. On donne ce nom à un terrain de sable mouvant, qui s'écroule sous les pieds. (*M. Tessier.*)

CROULIERE. On nomme ainsi dans quelques Départemens une sorte de terrein composé de sable mouvant, qui fond sous les pieds. Cette nature de sol n'est guère propre qu'à la végétation de certains arbres tels que le Bouleau, les Pins maritimes & sauvages, les Mélèses. (*M. Thouin.*)

CROTTE, CROTTIN. On nomme ainsi la fiente du Cheval, du Mouton & de la Chèvre. Le fumier est un mélange de Crottin d'écurie & de matières végétales; le Crottin n'est qu'une partie du fumier. Souvent on ramasse le Crottin seul, quand les animaux fientent dans des endroits où il n'y a pas de litière. On sçait que le Crottin est un excellent engrais, préférable au fumier dans certaines circonstances. *Voyez* Amendement. (*M. Tessier.*)

CROUTE sur un tas de bled. Tantôt elle est produite par la germination des grains de la superficie, chargés des vapeurs de tout le reste du monceau; tantôt elle est le résultat d'une germination occasionnée par un mélange de chaux-vive humectée, avec les grains de la superficie. Elle est aussi l'effet de la soye de certains insectes, laquelle joint les grains ensemble. Quelle qu'en soit la cause, c'est un signe certain que le grain se gâte, & si l'on n'y portoit un prompt remède, on s'exposeroit à tout perdre. Dans cet état, il contracte une odeur aigre qu'on ne lui fait jamais perdre entièrement; ce qui lui ôte de son prix & de sa qualité. On remédie en partie à cet inconvenient en le remuant & en le criblant souvent. *Voyez* l'art. Conservation des Grains & celui du Froment. (*M. Tessier.*)

CRU. Dans la Beauce on donne ce nom à une maladie de Vaches, qui n'est pas bien caractérisée. C'est un état de pesanteur occasionnée par une stagnation d'humeurs. Ordinairement dans cette maladie, un seton ou cautère au fanon procure un écoulement salutaire. Ce seton ou cautère se fait en introduisant dans cette partie du corps de l'Animal, de la racine d'Hellébore-pied-de griffon, que pour cette raison on appelle *herbe de crû*, ou *herbe du crû*. Ainsi ce mot *crû* désigne la maladie & le remède. (*M. Tessier.*)

CRUCHE. Les Maraichers de Paris appellent ainsi les arrosoirs. De-là vient qu'ils disent une Cruche bien ou mal-faite, une Cruche de bonne grandeur, & tout cela s'entend d'un arrosoir. *Voyez* ARROSOIR. (*M. TESSIER.*).

CRUCIANELLE ou CROISETTE, *CRUCIANELLA.*

Genre de plante de la famille des RUBIACÉES qui comprend sept espèces. Ce sont des plantes presque toutes herbacées & annuelles; à feuilles simples, souvent linéaires & verticillées; à fleurs en tube & limbe fendu en plusieurs parties & disposées en terminal. Elles sont les unes du Midi de la France, les autres sont étrangères à notre climat où elles se cultivent, hors une seule espèce, en pleine terre dans les Jardins de Botanique, en vue d'instruction; & d'ailleurs elles ne sont presque d'aucune ressource pour les Jardins d'agrément.

Espèces.

1. CRUCIANELLE à feuilles étroites.
CRUCIANELLA angusti-folia. L. ⊖ France, Italie.

2. CRUCIANELLE à feuilles larges.
CRUCIANELLA latifolia. L. Isle de Candie, Italie, environs de Montpellier.

3. CRUCIANELLE de Montpellier.
CRUCIANELLA monspeliaca. L. ⊖ Environs de Montpellier, Comté de Nice.

4. CRUCIANELLE maritime.
CRUCIANELLA maritima. L. ♄ Parties méridionales de la France.

5. CRUCIANELLE d'Egypte.
CRUCIANELLA Egyptiaca. L. ⊖ Egypte.

6. CRUCIANELLE étalée.
CRUCIANELLA patula. L. ⊖ Espagne.

7. CRUCIANELLE ciliée.
CRUCIANELLA ciliata. L. ⊖ Levant.

1. CRUCIANELLE à feuilles étroites. Six à sept feuilles de la largeur d'une ligne pointues, sont placées en anneaux de distance plus écartées que les feuilles ne sont longues, sur une ou plusieurs tiges menues, d'abord couchées, ensuite redressées, qui se terminent par des épis de fleurs serrées, blanches, en forme de tube évasé & tendre en quatre ou cinq parties. Elles sont entremêlées de feuilles florales vertes; ce qui leur donne un peu d'agrément. Elles paroissent en Juin & Juillet; on en récolte la graine en Automne. Cette plante est annuelle, & elle se trouve dans les lieux secs & pierreux des parties méridionales de la France & en Italie.

2. LA CRUCIANELLE à feuilles larges ne s'éloigne presque du N.° 1 que par cette différence des feuilles; à chaque nœud de sa tige il s'en trouve quatre en opposition régulière entr'elles, elles sont en forme de lance: d'ailleurs c'est le même temps de fleuraison & la même forme de fructification. Elle est également annuelle & elle croît en France aux environs de Montpellier, dans l'Isle de Candie & en Italie.

3. LA CRUCIANELLE de Montpellier diffère peu dans le port des deux précédentes; on remarque la même disposition de feuilles, elles sont plus nombreuses aux anneaux supérieurs qu'à ceux du bas de la tige où il ne s'en trouve que quatre; là elles sont moins grandes que dans le haut. Les fleurs sont aussi en épis, mais grêles & plus longs, & les fleurs y sont plus dégagées. Elles paroissent en Eté & les graines mûrissent en Automne. Elle est annuelle: on la trouve dans les environs de Montpellier & dans le Comté de Nice.

4. LA CRUCIANELLE maritime se distingue par la couleur vert-de-mer de son feuillage, & par ses tiges presque ligneuses. Elle s'élève d'un pied, il y a quatre feuilles à chaque anneau, elles sont à-peu-près de la forme & de la grandeur de celles du N.° 3, mais bordées de blanc ainsi que les écailles des épis de fleurs qui sont presque sans queue & à évasement fendu en cinq parties très-pointues. Les fleurs paroissent à la fin de Juillet, & elles ne mûrissent pas exactement à chaque Automne. Elle se trouve dans les lieux maritimes des parties méridionales de la France, en Italie & dans l'Isle de Candie.

5. CRUCIANELLE d'Egypte. Ses tiges de quatre à cinq pouces de hauteur se couchent & se relèvent par les extrémités. Les feuilles sont situées par quatre au même nœud, & leurs bords se replient en dessous. Les fleurs sont d'un blanc jaunâtre à évasement en cinq parties qui s'alongent en pointe. Elles sont disposées en épi qui paroît en Juillet & dont les graines mûrissent en Automne. Elle est annuelle & originaire de l'Egypte.

6. LA CRUCIANELLE étalée a la même forme de feuillage que le N.° 1 sur ses tiges couchées & à rameaux sans ordre; mais les feuilles sont rudes au toucher. Les fleurs naissent dans leurs aisselles, sur des branches fourchues. Elles sont jaunes à évasement fendu en cinq parties. Cette plante est annuelle, elle croît en Espagne.

7. LA CRUCIANELLE ciliée élevée de six pouces. Ses tiges menues, lisses, branchues & revêtues de feuilles étroites à bords relevés & souvent se recourbant en dessous; elles sont un peu raboteuses, longues, très-étroites & situées circulairement par quatre sur les nœuds inférieurs: sur les parties supérieures de la tige, elles sont opposées. Cette espèce se distingue des autres par un rang de poils courts placé sur les bords des deux folioles qui forment le calice des fleurs disposées par opposition, seul-à-seul sans s'élever en dedans des aisselles des feuilles florales. Cette plante est annuelle. Elle a été observée dans le Levant.

Culture. L'essence de l'espèce N.° 4 n'est pas à proprement parler d'arbrisseau. Cependant elle sort de la division des plantes herbacées par a permanence de ses tiges presque ligneuses, & elle se cultive en pot avec de la terre de bruyère, à défaut de sable de mer, dans tous les lieux moins méridionaux que Paris, où sa conservation exige dans tous les Hivers un peu rigoureux, qu'elle soit rentrée dans l'orangerie. Elle se place sur le devant, &, à la belle saison, aux expositions avantageuses, le pot enfoncé dans une plate-bande; on profite des années chaudes pour récolter de la graine par laquelle cette espèce se multiplie bien plus sûrement que par les racines éclatées qui rarement procurent des plantes de belle venue.

Toutes les autres espèces N.os *1* à 3, 5 à 7 sont des plantes annuelles dont la continuité n'a lieu que par les graines. On pourroit n'être assujetti qu'une fois à les semer si le fond étoit chaud, sec & sablonneux, parce qu'au moyen du binage ordinaire & des facilités que l'on donneroit au jeune plant de croître librement, en sarclant les pieds qui nuiroient aux voisins, ces espèces se perpétueroient d'elles-mêmes par les graines; mais, comme il s'en faut beaucoup que l'on soit toujours situé assez heureusement pour cela, & que d'ailleurs l'esprit d'ordre & d'arrangement dans les jardins ne permet pas cette économie de soins. On préfère récolter la graine & la semer, celle des espèces les moins délicates en pleine terre & les autres comme celles des N.os 5 & 6, sur couche à la mi-Mars pour, à la quatrième ou cinquième feuille, les repiquer aux expositions les plus avantageuses.

Usages. Les Crucianelles ne sont propres qu'à jetter de la variété dans les collections, & elles ne se considèrent que comme plantes utiles pour les Jardins de Botanique. (*F. A. Quesné.*)

CRUCIFERES, (les) *Cruciferæ*.

Famille de plantes, composée d'un grand nombre de genres différents dont plusieurs sont nombreux en espèces & en variétés. Le caractère distinctif des plantes de cette famille est de porter des fleurs composées de quatre pétales disposés en croix, d'avoir six étamines, dont deux sont plus courtes que les quatre autres & opposées entr'elles, & enfin pour fruit une silique s'ouvrant à deux battans & partagée par une cloison mitoyenne. Cette famille forme la cinquième classe de la méthode de Tournefort, qu'il a désignée sous le nom de Cruciformes, & la quinzième classe du systême de Linnæus, connue sous le nom de tétradinamie.

Toutes les plantes de cette famille croissent dans les climats froids & tempérés des différentes parties du monde. L'Europe & l'Amérique septentrionale fournissent le plus grand nombre d'espèces. Elles viennent de préférence sur les terrains de nature calcaire; le bord des eaux & les lieux humectés par des pluies ou des rosées abondantes conviennent à beaucoup de ces plantes. D'autres au contraire se plaisent sur des montagnes sablonneuses & sèches.

La majeure partie des plantes Crucifères est annuelle; beaucoup de celles-ci n'ont qu'une existence de quatre ou six mois. Les premières pluies printanières les font croître, une température de 8 ou 10 degrés les fait fleurir, & les premières chaleurs de l'Eté occasionnent la maturité de leur semence & le dessèchement des plantes. Presque toutes les espèces vivaces ont des tiges herbacées qui, pour la plupart, sont de petite stature. Elles commencent à pousser dès que les grandes gélées sont passées, elles fleurissent au Printems & leur végétation cesse vers le milieu de l'Eté. Le petit nombre d'espèces ligneuses que renferme cette famille, ne forme que des arbustes ou des sous-arbrisseaux de peu de consistance, & qui ne durent guère plus de cinq ou six ans.

Les fleurs des plantes Crucifères sont presque toutes blanches ou jaunes. Elles sont petites & de peu d'apparence dans la très-grande partie des espèces. Cependant il en est quelques-unes qui, cultivées depuis long-temps dans les Jardins, ont donné des variétés intéressantes par la grandeur de leurs fleurs, le nombre de leurs pétales, leur odeur & leur couleur variée de toutes nuances.

La culture des plantes de cette famille est fort aisée. Elle se réduit à donner aux plantes qui la composent un terrein meuble & de nature légère avec le degré d'humidité ou de sécheresse qui convient à la nature de chacune d'elles. Leur multiplication n'est pas plus difficile, elles se propagent toutes par la voie des graines. Les espèces vivaces & celles qui sont ligneuses reprennent très-bien d'œilletons, de drageons, de marcottes & même de boutures. On conserve les espèces les plus délicates dans les serres tempérées & les autres à l'orangerie ou en pleine terre, en les couvrant pendant les grandes gelées.

Les plantes Crucifères étant pour la plupart très-printanières, il convient de les garantir du grand Soleil, pour retarder leur dépérissement dans les écoles de Botanique, afin que les Elèves puissent avoir le temps de les étudier, & que leurs places soient plus long-temps garnies. A ce moyen on ajoute celui de semer en place, dans différentes saisons, les graines des espèces les plus fugaces.

Quant aux propriétés des plantes de cette famille, elles ne sont pas moins variées que leurs usages sont étendus. Quelques-unes forment de jolis tapis émaillés de fleurs blanches, jaunes, violettes & lilas; d'autres servent à la décoration des Parterres où elles étalent les plus brillantes couleurs, en même temps qu'elles parfument l'air des odeurs les plus suaves. Plusieurs d'entr'elles produisent des fourrages propres à nourrir les bestiaux & à les engraisser. Elles fournissent à l'homme des légumes & des racines pour sa nourriture, ainsi que des médicamens salutaires au rétablissement de sa santé. Enfin cette famille de plantes tient un rang particulier dans l'économie rurale & domestique, & mérite d'être distinguée des autres.

Voici les genres qui la composent :

** Siliques courtes.*

Le Crambé,	*Crambe.*
L'Erucago ou Caquille,	*Cakile.*
La Cameline,	*Myagrum.*
La Jerosa,	*Anastelica.*
La Velle,	*Vella.*
Le Cranson,	*Cochlearia.*
La Passerage,	*Lepidium.*
Le Tabouret,	*Thlaspi.*
L'Iberide,	*Iberis.*
La Vessicaire,	*Vesicaria.*
L'Alyse,	*Alyssum.*
La Drave,	*Draba.*
La Subulaire,	*Subularia.*
La Lunetière,	*Biscutella.*
La Clypéole,	*Clyopeola.*
Le Pastel,	*Isatis.*
La Lunaire,	*Lunaria.*

*** Siliques longues.*

La Ricotie,	*Ricotia.*
La Dentaire,	*Dentaria.*
Le Cresson,	*Cardamine.*
L'Arabette,	*Arabis.*
La Julienne,	*Hesperis.*
La Giroflée,	*Cheirantus.*
La Chamire,	*Chamira.*
L'Héliophile,	*Heliophyla.*
Le Sisimbre,	*Sisimbrium.*
Le Chou,	*Brassica.*
Le Radis,	*Raphanus.*
La Moutarde,	*Sinapis.*

Voyez ces différents noms pour les détails particuliers de ces plantes. (*M. Thouin.*)

CRUCIFORME. Nom donné par Tournefort à la cinquième classe des plantes de sa méthode. Elle comprend les végétaux dont les fleurs sont simples, polypétalées, régulières, composées de quatre pétales disposées en Croix. Sa définition trop peu circonscrite renfermoit non-seulement les plantes de la famille des Crucifères, mais même plusieurs autres genres qui appartiennent à d'autres familles naturelles, tels que l'Hypecoon, la Chélidoine, l'Epimède, le Potamot, la Parisette, & c'est ce qui a fait changer le mot de Cruciforme en celui de Crucifere. *Voyez* ce mot. (*M. Thouin.*)

CRUE. Une terre tirée de fosses profondes, de dessous les eaux, ou qui est humide & froide, est une terre Crûe.

La végétation des plantes légumières languit & ne s'effectue que très-lentement dans cette sorte de terre. Pour la fertiliser, on la brise par des labours, on la répand sur le sol à une mince épaisseur, ou on la mélange avec des fumiers; la grêle, les pluies & sur-tout le soleil lui font perdre insensiblement sa crudité & la rendent très-végétative. (*M. Thouin.*)

CRUE. Cette épithète se donne encore aux eaux de puits, de fontaines, ou de neige, qui sont plus froides que les eaux exposées à l'air depuis long-tems & qui en ont à-peu-près la température.

Ces eaux au lieu d'accélérer la végétation des plantes, la ralentissent, ainsi qu'il est facile de s'en convaincre, en les employant dans les serres, sur les plantes herbacées.

Pour ôter à ces eaux leur crudité, il suffit de les exposer à l'air libre & sur-tout au soleil pendant une journée, ou de les déposer dans les serres, pour qu'elles y prennent à-peu-près le degré de chaleur dans lequel vivent les plantes qu'elles sont destinées à arroser. (*M. Thouin.*)

CRUZITE. *Cruzita.*

Genre de plante de la famille des Accroches qui ne comprend qu'une espèce. C'est une plante étrangère qui n'a pas été cultivée en France, & qui n'y pourroit végéter que sous verre : elle paroît peu desirable, si l'on ne considère que l'ornement.

Cruzite d'Amérique.

Cruzita Americana. L. M. Dict. Amérique.
Cruzita ou *Crucita Hispanica.* L.

Les feuilles de la Cruzite d'Amérique sont opposées en forme de lance & sans dentelures. Ses fleurs très-petites sont disposées à l'extrémité des branches, comme celles du roseau, ou en panicule en épi : on ne sait rien de certain sur la durée de cette plante qui s'élève de quatre ou cinq pieds & dont les rameaux sont opposés. Elle se trouve en Amérique dans la Province de Cumana.

Culture. Serre chaude, tannée & suite de procédés en usage à l'égard des plantes tendres de l'Amérique méridionale. (*F. A. Quesné.*)

CRYPTOGAME. On nomme ainsi les plantes dont les parties de la fructification sont peu connues, & qui appartiennent à la vingt-quatrième classe de Linnæus, nommée Cryptogamie. *Voyez* ce mot. (*M. Thouin.*)

CRYPTOGAMIE, *Cryptogamia.* Nom composé de deux mots grecs qui signifient Noces cachées, parce que les plantes qui composent cette classe ont les parties de la fructification si peu sensibles qu'on ne sait comment s'opère la fécondation des germes, Ce nom a été donné par Linnæus à un grouppe de végétaux très-considérable qui constitue la 24.e & dernière classe de son système. Les Botanistes modernes ont divisé cette classe en plusieurs familles auxquelles ils ont donné différents noms. M. Lamarck les divise en quatre ordres ou sections, savoir : 1.° les FOUGERES ou plantes épiphyllospermes ; 2.° les MOUSSES ou plantes urnigeres ; 3. les ALGUES ou plantes membraneuses ; 4.° les CHAMPIGNONS ou plantes fongueuses & subereuses. A ces quatre familles M. Jussieu en ajoute deux autres qu'il nomme les HEPATIQUES & les NAIADES. *Voyez* ces différents mots. (*M. THOUIN.*)

CU ou CUL. Quelques personnes nomment ainsi la partie inférieure du fruit de l'arthichaut. C'est précisément le placenta sur lequel sont placées les fleurs & autour duquel les feuilles ou écailles du calice sont fixées.

On appelle encore Cu ou Cul la partie inférieure des pots, des terrines ou des vases, celle sur laquelle ils posent à terre. Ce fond ou Cu doit être percé de trous ou de fentes proportionnées à la grandeur des vases, afin de faciliter l'écoulement des eaux. (*M. THOUIN.*)

CUBEBE ou CUBÉBES. Petits fruits sphériques, que l'on nous apporte de l'Isle de Java. Ils ressemblent assez au poivre ; mais ils ont moins d'âcreté. On les employe dans la Médecine. Ils sont alexiteres, & fortifient l'estomach. (*M. THOUIN.*)

CUCI. Nom d'un fruit étranger dont l'arbre qui le produit a été nommé par quelques Botanistes anciens *Palma cuciofera.* (*M. THOUIN.*)

CUCILLE. On donne ce nom, à Lille en Flandres, au Chiendent *Triticum repens*, Lin. *Voyez* FROMENT RAMPANT N.° 12. (*M. TESSIER.*)

CUCUBALE, *Cucubalus.*

Genre de plante de la famille des ŒILLETS qui comprend dix-sept espèces : ce sont des plantes herbacées, vivaces ou bis-annuelles, à feuilles simples, très-souvent opposées & quelquefois connées : à fleurs axillaires ou plus souvent terminales, à cinq divisions ou pétales nues à l'orifice du calice, formant souvent un panicule en épi. Elles sont indigènes ou exotiques, &, dans notre climat, d'une culture peu embarrassante, puisqu'un très-petit nombre exige à peine pendant l'Hiver les secours d'un abri ; elles se multiplient par graines & par racines éclatées. Les agrémens qu'on attendroit du plus grand nombre seroient médiocres, si on les cultivoit dans d'autres vues que celles de l'instruction, ce genre est à-peu-près nul, même pour les Arts économiques.

Espèces.

1. CUCUBALE baccifère.

CUCUBALUS bacciferus. L. ♃ France, Italie, Suisse.

2. CUCUBALE behen.

CUCUBALUS behen. L. ♃ France, contrées diverses de l'Europe.

B. CUCUBALE behen à feuilles pubescentes & aigues.

IDEM foliis pubescentibus acutis. La M. Dict. ♃.

3. CUCUBALE maritime.

CUCUBALUS maritimus. La M. Dict. ♃ France.

4. CUCUBALE des Alpes,

CUCUBLAUS Alpinus. La M. Dict. ♃ Présumé des Alpes, de la Suisse & de l'Italie.

5. CUCUBALE vert.

CUCUBALUS viridis. La M. Dict. Mont-d'Or.

6. CUCUBALE à feuilles d'orpin.

CUCUBALUS fabarius. L. ♂ Sicile, Levant.

7. CUCUBALE visqueux.

CUCUBALUS viscosus. L. ♂ Carniole, Levant.

8. CUCUBALE étoilé.

CUCUBALUS stellatus. L. ♃ Virginie, Canada.

9. CUCUBALE d'Egypte.

CUCUBALUS Ægyptiacus. L. Egypte.

10. CUCUBALE d'Italie.

CUCUBALUS Italicus. L. ♂ d'Italie.

11. CUCUBALE de Tartarie.

CUCUBALUS Tartaricus. L. ♃ Tartarie.

12. CUCUBALE de Sibérie.

CUCUBALUS Sibiricus. La M. Dict. ♃ Sibérie.

13. CUCUBALE paniculé.

CUCUBALUS catholicus. L. ♃ Italie, Sicile.

14. CUCUBALE à feuilles molles.

CUCUBALUS mollissimus. L. ♃ ♄ Italie.

15. CUCUBALE parviflore.

CUCUBALUS otites. L. ♂ France, Amérique.

16. CUCUBALE casse-pierre.

CUCUBALUS saxifragus. L. Levant.

17. CUCUBALE nain.

CUCUBALUS pumilio. L. Italie, Moravie.

1. LE CUCUBALE baccifère est d'un port confus, élevé de trois à quatre pieds, se soutenant mal, d'un feuillage de médiocre grandeur, d'un vert tendre & presque velu : à feuilles simples, sans dentelure, plus longues que larges, opposées, ainsi que les rameaux, à chaque nœud de trois à quatre pouces de longueur, où ils s'écartent régulièrement sur les tiges. Il donne en Juin des fleurs d'un blanc verdâtre, à calice vert, large, gonflé & persistant : elles naissent seul-à-seul, elles sont à cinq divisions, d'un blanc sale. Il leur succède des baies molles de la grosseur d'un poix, qui mûrissent dans le courant d'Août, & qui contiennent plusieurs semences plates & luisantes. Cette plante est vivace, elle habite les lieux ombragés de la France, de l'Italie, de la Suisse & de l'Allemagne.

2. Le port du Cucubale Behen est touffu & étalé ; le feuillage lisse & glauque ; la forme des feuilles en lance. Les fleurs sont réunies aux extrémités des branches & d'une disposition pyramidale, le calice est véficuleux & un peu alongé. Les divisions de la Corolle sont fendues, & d'une couleur blanche, les fleurs paroissent

en Juin. Il ne faut leur chercher d'agrément qu'au calice qui est veiné de couleur pourpre. La *variété* B diffère par le ton de verdure qui est en elle plus fort que dans l'espèce ; sa stature, ses feuilles qui se terminent en pointe aigue sont plus petites : l'une & l'autre sont vivaces, & se trouvent en France, en Europe, sur le bord des chemins.

3. Le Cucubale maritime a été regardé comme une seconde variété du Behen, ses feuilles sont cependant bordées de poils parallèles, ses fleurs, dont la disposition est à-peu-près la même, sont moins penchées, le calice est blanchâtre & les veinures en sont moins marquées. Elles paroissent en Juin. Il est également vivace, & il se trouve dans les parties maritimes des Départemens les plus méridionaux de la France.

4. Cucubale des Alpes. Celui-ci forme un petit buisson droit qui ne s'élève pas d'un pied, dont les tiges menues sont coudées dans leur partie inférieure, & portent des feuilles lisses de couleur glauque, en forme de lance, opposées & réunies à leur base. Les fleurs naissent seul-à-seul, leur calice est gonflé, elles sont blanches & à division larges, elles dévancent celles des espèces précédentes, & les graines se récoltent plutôt. Il est vivace & présumé originaire des montagnes de la Suisse & de l'Italie.

5. Le Cucubale vert est, suivant le Dictionnaire, vert dans toutes ses parties, d'ailleurs fort lisses. Sa tige est haute de dix-huit pouces, peu branchue, garnie de feuilles en lance, réunies à leur base, les fleurs sont munies de queues, elles terminent les branches où elles sont placées dans leurs bifurcations. Le calice en forme de poire à sa base, puis en cloche, s'ouvre en étoile. Les divisions de la fleur sont très-petites. On ignore si cette espèce est vivace; elle s'est trouvée au Mont-d'or.

6. Cucubale à feuilles d'orpin. Quelques feuilles ovales, succulentes, de grandeur inégale, environnent & garnissent la base & la partie inférieure d'une tige droite, haute de vingt pouces, qui se divise en deux parties où se montrent à la fin de Juin quelques fleurs verdâtres remplacées par des graines qui ne mûrissent pas toujours. Cette plante est bis-annuelle, & se trouve aux endroits pierreux & maritimes dans le Levant & dans la Sicile.

7. La racine du Cucubale visqueux s'enfonce profondément, sa tige est droite, peu garnie de feuilles d'un vert-brun, opposées, étroites, longues de deux pouces, s'élargissant vers leur extrémité terminée en pointe obtuse. Son caractère de viscosité se remarque aisément dans les entre-nœuds qui ont trois pouces de longueur. Les fleurs sont d'un blanc-sale, odorantes; elles paroissent en Juin; les graines mûrissent en Août: il est bis-annuel, & il se trouve en Italie, dans la Carniole & dans le Levant.

8. Cucubale étoilé. Des feuilles d'un vert foncé, larges de cinq à six lignes trois fois plus longues, sont placées par quatre aux articulations sur-tout inférieure de sa tige menue, haute de quinze pouces, portant, sur des queues longues & opposées des fleurs blanches & comme frangées; quoiqu'elles se développent dès le mois de Juin, il leur succède rarement des semences mûres, si l'Année n'a pas été très-chaude. Cette plante est vivace & originaire de la Virginie & du Canada.

9. Cucubale d'Egypte. Les feuilles nouvellement développées de cette petite espèce sont bordées de poils parallèles, & leur surface n'est point absolument lisse. Elles sont étroites & garnissent des tiges foibles & branchues, les fleurs naissent seul-à-seul dans leurs aisselles, d'où elles ne s'élèvent pas, elles ont peu d'apparence. On ignore la durée de cette plante qui se trouve en Egypte.

10. Le port du Cucubale d'Italie est en particulier en ce que ses feuilles présentent toutes leur extrémité du même côté, elles sont en lance, & sa tige paroît blanchâtre dans sa partie surtout inférieure, à cause d'un duvet dont elle est revêtue. La fructification est portée sur des ramifications fourchues & disposées en pyramide, les calices sont en masse, & les divisions de la corolle, blanches en-dedans, d'un couleur plombée en-dehors, sont partagées jusqu'à la moitié de leur longueur. Il est bis-annuel, & il se trouve en Italie.

11. Le feuillage du Cucubale de Tartarie est d'un vert clair, il s'élève de trois pieds, ses tiges ne se divisent presque point, mais on y remarque beaucoup de nodosités qu'environnent des feuilles opposées, réunies à leur base, elles sont longues & bordées de poils parallèles. Les fleurs sont disposées en épi; elles sont blanches & portées sur des queues droites qui se dirigent presque toutes du même côté. Cette plante est vivace, elle habite la Tartarie & la Russie.

12. On remarque à la partie inférieure du Cucubale de Sibérie, qui ne s'élève pas de plus de deux pieds, un léger duvet, de plus un caractère de viscosité. Son port approche de celui de l'avoine, & deux sortes de feuilles le garnissent: celles d'en bas sont ovales & ne sont pas absolument dépourvues de queue & de poils plus évidents en-dessous qu'en-dessus. Le reste de son feuillage est rare, & la forme des feuilles est étroite, petite & en opposition. Les fleurs, d'une disposition de port égal à celui de la plante, sont blanches, petites & à divisions échancrées. Il est vivace, & il se trouve dans la Sibérie.

13. Cucubale paniculé. Rien dans le port ne paroît éloigner celui-ci du précédent, si ce n'est l'uniformité de ses feuilles en lance. Ses fleurs n'ont pas plus d'apparence, il est aussi vivace, il croît en Italie & dans la Sicile.

14. Cucubale à feuilles molles. La tige & les feuilles

feuilles sont revêtues d'un duvet soyeux, les feuilles qui tiennent à la racine sont en spatule : les fleurs à divisions fendues, sont disposées en pyramides, dont les ramifications sont fourchues. Il est vivace, & il croît dans les lieux maritimes de l'Italie.

15. Dans le Cucubale parviflore les sexes sont communément divisés sur des pieds différents : sa racine épaisse s'enfonce beaucoup, & donne plusieurs feuilles oblongues plus larges à leur extrémité qu'à leur base; les tiges qui s'élèvent du milieu des feuilles sont hautes de quatre ou cinq pieds dans les plantes mâles, & de trois pieds au plus dans celle qui sont femelles. Elles sont peu garnies de feuilles ; la disposition des fleurs est ordinairement en paquets. Il est bis-annuel, & il se trouve dans les lieux stériles & sablonneux de la France.

16. Le Cucubale casse-pierre est une plante de quatre à cinq pieds de hauteur, à feuilles très-étroites, dont la tige se termine par une fleur : il se trouve encore des fleurs sur la longueur de la tige, mais elles sont opposées & munies de queues. Sa durée est ignorée, elle croît dans le Levant.

17. Le Cucubale nain est touffu, gazonné, à feuilles très-menues; ses tiges ont quelques articulations feuillées, & ne s'élèvent pas de plus de deux pouces. A leur extrémité se place une fleur grande & de couleur purpurine. Cette espèce dont la durée est ignorée se trouve dans les montagnes de l'Italie, de la Moravie & sur celles qui sont voisines de la Carinthie.

Culture. Tous les Cucubales se plaisent à l'ombre, & ils s'accommodent de tous terreins & expositions. Nous n'avons que peu d'observations à faire relativement à leur durée, aux goûts de quelques-uns & aux inconvéniens auxquels il faut tâcher de les soustraire.

Les N.os 6, 7, 10, 15, sont bis-annuels :

Les N.os 5, 9, 16, 17, sont d'une durée ignorée : 1, 2, 3, 4, 8, 11, 12, 13, & 14 sont vivaces.

Le N.° 6 ne résiste que difficilement aux rigueurs de l'Hiver, s'il se trouve dans un fond trop substantiel, à cause de l'abondance des sucs qui lui donnent un embonpoint sur lequel la gelée a plus de prise : la fructification d'ailleurs en est retardée, & la maturité des graines n'a pas lieu. On pare à ces inconvéniens, en le plaçant dans des décombres ou dans des endroits sablonneux & élevés, & d'une favorable exposition.

Le N.° 7 va bien par-tout, quoique l'observation ci-dessus ne lui soit pas absolument étrangère.

Le N.° 10 ne se refuse à aucune exposition, il est fort dur à la gelée ainsi que le N.° 15 qu'il ne faut point déplacer, à-moins qu'il ne soit fort jeune, à cause de la grosseur & de la longueur de ses racines. Ses quatre espèces ne peuvent se multiplier que par semence, & elles périssent après en avoir donné. On la répand en pleine terre ; c'est une économie de tems & de travail. Les soins se réduisent à la sarclure, & dès que les individus sont d'une consistance assurée, on arrache ceux qui sont de trop.

Les N.os 5, 9, 16, & 17 se doivent considérer en culture comme les précédents Ils se cultiveroient donc en pleine terre, hors le N.° 9 que la prudence exigeroit de placer à la fin de l'Automne sous un chassis : ses graines se devroient semer sur couche au Printemps, & les individus, à trois ou quatre pouces de hauteur, se mettre en pots qu'on enfonceroit ensuite dans une plate-bande, avec ceux qui méritent plus particulièrement d'être veillés.

Les Cucubales vivaces n'exigent aucuns soins de culture; ceux que la propreté nécessite leur suffisent. Il y en a qui tracent, tel que le N.° qui ne se multiplient que trop dans les fonds riches. A la fin de l'Eté, on supprime leurs tiges desséchées. C'est par les graines qu'on les multiplie, elles se sement en Mars comme celles des bis-annuels, & le gouvernement du jeune plant est le même. On peut encore les multiplier par racines éclatées, le plus grand nombre s'y prêteroit, & on sera souvent tenu d'y avoir recours pour le N.° 8; mais les semences procurent de plus belles plantes, plus vigoureuses & qui résistent mieux aux maladies, aux insectes & aux intempéries. Quelques feuilles sèches rapprochées des racines des moins robustes suffiront pour les garantir des gelées.

Usages. Quoique, généralement parlant, les Cucubales soient d'une assez mince ressource pour l'ornement des Jardins, & qu'ils ne conviennent qu'aux collections & aux écoles des Botaniques, on distinguera les N.os 2, 5, 6, 7, 14 & particulièrement le N.° 17. On placeroit avec succès ce dernier dans des crochets, dans de petites pièces, dans les intervalles des arbres exotiques, dans les ruines & par-tout où il s'agiroit de varier le ton de verdure de nos gazons éternels. (*F. A. Quesné.*)

CUCURBITACÉES.

Famille très-naturelle & l'une des premières senties par les Botanistes qui lui ont imposé un nom qui annonce la comparaison qu'ils en faisoient à l'espèce de la Courge *Cucurbita*, l'une des plus remarquées par la durée que procure à son fruit la solidité de sa peau.

La Brioine (*Bryonia*) est la seule Cucurbitacée naturelle aux contrées froides de l'Europe : elle est d'un genre à sexes séparés sur deux individus ; ils le sont généralement dans des fleurs distinctes, mais réunies sur le même dans presque tout le reste de la famille qui ne comprend qu'un assez petit nombre de plantes naturelles aux climats les plus chauds de l'Asie & de l'Afrique. Si l'on excepte le Gulet, dit Concombre, (*Monardica elaterica*) la qualité purgartive de la racine de la Brione & de la pulpe sèche, la Coloquinte n'empêche pas que les fruits de plusieurs autres ne soient très-succulents & bons à manger : plusieurs sont délicieux, le parfum des bons melons est célèbre : on croit que ces productions de l'Egypte tant regrettées des Israëlites étoient non pas des Oignons, mais des fruits du *Dudaim*, espèce analogue & supérieure à notre melon. Le Concombre est remarqué pour sa grande fraicheur, le Potiron est le plus gros fruit connu, le Pépon l'espèce la plus dissemblable dans la nature de ses races & de sa variété.

La culture les a en général singulièrement multipliées. Elles se sont répandues en Amérique & dans les contrées méridionales de l'Europe. A Paris, le melon sur couche est une culture très-habituelle ; les Cantaloups font la gloire des Jardins potagers; la Pastique réussit mal, le Courge & la Melonnée un peu mieux ; le Concombre & le Potiron fort bien, & la plupart des Pépons sont très-robustes. Il faut cependant du plus ou moins à toutes ces plantes une surveillance commune dûe à la vivacité de leur végétation, qui empêche souvent leurs fruits de prospérer. La taille des melons est un art comparable à celui de la taille des arbres fruitiers.

Toutes nos Cucurbitacées sont traitées de plantes annuelles, parce qu'en peu de mois elles portent fleurs & fruits : mais ce sont des *annuelles persistantes*, qui dans leur pays natal, durent plus que l'année : aussi voyons-nous les branches qui traînent à terre s'enraciner par la plupart de leurs nœuds, lesquels produisent sans cesse de nouvelles branches, même après la maturité des premiers fruits ; enfin on en fait des boutures qui reprennent facilement avec le secours de l'ombre & de la chaleur des couches. Lorsqu'elles trouvent de quoi se soutenir, ce sont de *fausses lièues* qui se soutiennent en s'attachant à tous les corps qu'elles rencontrent, en les embrassant par le moyen de leurs vrilles, mais sans les entourer par leurs tiges qui ne prennent aucune direction spirale. Ces tiges molles & traînantes sont angulcuses & divisées par nœuds alternes : les pétioles des feuilles d'une substance très-aqueuse & cassante sont creux & plus gros en bas qu'en haut, gonflés par le bas. Les vrilles (qui ne manquent que dans un petit nombre) naissent à côté du périole, soit à droite, soit à gauche, mais toujours du même côté sur chaque branche jusqu'à son extrémité. Ces vrilles rameuses se divisent en quatre ou cinq filets, lesquels d'abord alongés en aiguilles un peu courbes se contractent tout-à-coup en vis ou plutôt en tire-boure, & dont les premières révolutions sont de gauche à droite, les suivantes après les 9.e ou 10.e de droite à gauche, enfin les derniers de gauche à droite comme les premières. Les feuilles sont anguleuses & quelquefois découpées, les fleurs sont axillaires & le plus souvent solitaires: leur structure est très-particulière, la corole & le calice se confondant en une grande cloche de figure & de couleur différente suivant les espèces. Les mâles & les femelles également remarquables par la structure de leurs étamines & par celle de leurs stigmates. Les fleurs mâles plus nombreuses que les femelles, & les seules qui se trouvent quelquefois par paquets, naissent communément dans les nœuds les plus près du centre, mais souvent ne s'en épanouissent pas plutôt. Elles flétrissent & tombent bientôt. A l'égard des fleurs femelles, peu après qu'elles sont nouées, la sommité du calice se détache du bas qui devient la peau du fruit ; mais si la végétation de la plante est trop vive, le fruit lui-même se détache de son pédoncule, comme il le fait dans son extrême maturité. Cette double scission, qui est particulière à cette famille, donne lieu à un caractère singulier dans le Mirotria.

Le fruit n'est divisé que par des cloisons membraneuses molles, & qui se confondent avec la pulpe qui les entoure : des graines nombreuses sont attachées à ces cloisons par des filets charnus; leur forme est assez généralement applatie & alongée : elles sont grosses, & l'amande peu huileuse contient une substance particulière qui rend leur embrion employée en Médecine; celles du melon, du concombre, de la citrouille & de la courge sont les quatre semences froides.

Les genres qui appartiennent le plus évidemment à cette famille sont les suivantes :

Le Siciot,	*Sycios.*
La Brygane,	*Bryonia.*
Le Gidet,	*Elaterium.*
La Melotrie,	*Melotria.*
L'Angurie,	*Anguria.*
La Momordique,	*Momordia.*
Le Concombre,	*Cucumis.*
La Courge,	*Cucurbita.*
L'Anguine,	*Trichosantes.*
Le Naudirobe,	*Fervillea.*
La Zanone,	*Zanonia.*

(*M. Duchesne.*)

CUEILLETE. Récolte des fruits. Celles de fruits d'Eté doit être faite au moment de leur maturité, lorsqu'on les veut dans toute leur perfection : c'est un défaut des fruits qui se vendent dans les grandes Villes que d'avoir été cueillis avant leur maturité : leurs sucs ne sont pas encore élaborés, & leur qualité est moindre ; mais on y est contraint à cause des transports.

La Cueillette des fruits d'Hiver se fait avant leur maturité, & ils s'achèvent sur la paille ; leur qualité s'y perfectionne. Au mot Conservation des fruits, nous en traiterons en abrégé.

La Cueillette des fruits exige des précautions:

il faut éviter qu'ils ne se meurtrissent, ce qui accélérez leur putréfaction; prendre garde aussi qu'ils ne soient humectés par la rosée ou par des pluies; c'est le milieu du jour qui est le moment le plus favorable. (*M. Reynier.*)

CUEILLERON ou CUEILLOIR. Sorte de panier propre à la récolte de quelques espèces de fruits. *Voyez* Cueillot. (*M. Thouin.*)

CUEILLOIR. Panier, long d'environ un pied, large de cinq à six pouces, garni d'une seule anse, assez grossièrement travaillé. C'est dans cette espèce de panier, que les gens de la campagne apportent au Marché leurs pommes, cerises, groseilles, &c. (*M. Tessier.*)

CUEILLIR des fruits. C'est les prendre à la main, les détacher des branches de l'arbre, & les déposer dans un panier. Cette opération est différente du gaulage. *Voyez* les mots Cueillette & Conservation des fruits pour l'indication des moyens à employer pour faire cette opération avec succès. (*M. Thouin.*)

CUILLOT. Espèce de petit panier attaché à l'extrémité d'un long manche, au moyen duquel on cueille les fruits qu'on ne peut atteindre avec la main, & qu'on ne veut pas *gauler.* Ce panier prend la forme qu'on juge la plus convenable, & dépend du caprice de celui qui l'emploie. (*M. Reynier.*)

CUILLERS (l'herbe aux). On nomme ainsi le *Cochlearia officinalis* L. *Voyez* Cranson officinal. N.° 1. (*M. Thouin.*)

CUILLERON. C'est la partie creuse d'une Cuiller. On a adopté ce mot en Botanique, pour désigner la figure concave de certaines parties des plantes comme les pétales & les feuilles. (*M. Thouin*)

CUISSE-MADAME. Poirier dont le fruit est de médiocre grosseur, très-alongé & menu vers la queue. Cette dernière est longue & placée à fleur ainsi que l'œil. La peau est fine, d'un verd jaunâtre relevé de rouge du côté du soleil. Sa chair est demi-beurrée, mais pleine d'une eau sucrée très-agréable. Mûrit en Juillet. C'est une des variétés du *Pyrus communis.* L. *Voyez* Poirier dans le Dictionnaire des Arbres & Arbustes. (*M. Reynier.*)

CULASSE. On donne ce nom à la partie qui termine le tronc d'un arbre, de laquelle partent les racines. On dit nétoyer la Culasse, fendre la Culasse, pour indiquer la suppression des racines qui sont à cette partie du tronc, ou pour la dépecer elle-même. La Culasse des arbres transplantés dont on a coupé le pivot, est ordinairement arrondie, tandis que celle des arbres qui n'ont point été transplantés, est fort alongée, & se termine en pointe aigue. (*M. Thouin.*)

CULCAS ou COLOCASE. Plante potagère d'Egypte connue des Botanistes sous les noms d'*Arum peltatum* La M. Dict. & d'*Arum colocasia* L. *Voyez* Gouet ombiliqué. N.° 21. (*M. Thouin.*)

CUL de Poële. Nom employé dans l'Architecture des Jardins gothiques, pour désigner l'extrémité d'une allée, d'un tapis de gazon ou d'un canal fait en long & terminé par un ovale. *Anc. Ency.* (*M. Thouin.*)

CULS-DE-SAC. Ce sont des extrémités d'allées qui n'ont point d'issue, telles qu'on en trouve dans les bosquets & les labyrinthes. C'est la même chose que les impasses ou les rues qui n'ont point de sorties. *Anc. Ency.* (*M. Thouin.*)

CUL ECORCHÉ commun & piquant. Mauvais nom employé dans quelques Dictionnaires, pour indiquer le *Polygonum hydropiper.* L. *Voyez* Renouée acre. (*M. Thouin.*)

CULEN, ou THÉ à foulon. *Psoralea glandulosa.* L. *Voyez.* (*M. Thouin.*)

CULMIFERE (Plante) On donne ce nom à toutes les plantes dont les tiges unies, noueuses, ordinairement creuses, & entourées à chaque nœud de feuilles simples, étroites & terminées en pointe aigue, sont terminées par des panicules ou des épis qui renferment les semences; telles sont le froment, l'orge, l'avoine, le seigle, le ris & autres plantes qui composent la famille des *Graminées.* (*Voyez* ce mot. (*M. Thouin.*)

CULOTS, (Jardinage,) sont des ornemens dont on se sert dans la broderie des Parterres, en forme de tigette, d'où sortent des rinceaux, des palmettes & autres ornemens en forme de Cul-de-lampe. (*Anc. Ency.*)

Ces ornemens ne sont employés que dans les Parterres gothiques. (*M. Thouin.*)

CULOTTE. Les Fleuristes donnent ce nom à l'onglet des pétales extérieurs de l'anémone. Il est ordinairement d'une couleur différente de la fleur, & l'on juge à cette partie, si une anémone obtenue de graine se panachera dans la suite. *Voyez* Anémone. (*M. Reynier.*)

CULOTTE-SUISSE. Poire qu'il est facile de reconnoître à ses couleurs disposées en bandes, plus ou moins marquées suivant l'intensité de la lumière. Elle est plus connue sous le nom de *Bergamotte Suisses.*

C'est une des variétés du *Pyrus communis.* L. *Voyez* Poirier. (*M. Reynier.*)

CULOTTE-DE-SUISSE. Nom donné dans les Isles Antilles au *Passiflora rubra* L., à cause de la figure des feuilles de cette plante, qui étant divisées en deux lobes ont à-peu-près la figure d'une Culotte. *Voyez* Grenadille à fruits rouges. N.° 13. (*M. Thouin.*)

CULTIVATEUR. Au mot Agronome, j'ai établi une distinction entre l'Agronome, l'Agriculteur, le Cultivateur & l'Agricole. J'ai dit que le Cultivateur étoit le Paysan, qui faisoit toutes les opérations rurales par habitude, avec très-peu de combinaisons. C'est l'homme qui opère journellement, soit à l'aide de ses bras & de ses instrumens, soit en employant des animaux qu'il dirige & conduit.

On a donné le nom de Cultivateurs à des instrumens d'Agriculture. *Voyez* le Dictionnaire des Instrumens. (*M. Tessier.*)

CULTIVATEUR. On nomme ainsi une sorte de petite charrue apportée de l'Amérique septentrionale, par M. Saint-Jean de Crevecœur, & qui sert à labourer superficiellement, ou plutôt à biner les terres cultivées en pommes de terre, en maïs, &c. *Voyez* l'article CHARRUE. (*M. Thouin*)

CULTIVER. *Voyez* CULTURE. (*M. Tessier.*)

CULTIVER. C'est administrer à chaque espèce de Jardin, à chaque partie qui le compose, & à chaque plante en particulier, la culture qui convient à sa nature, ou aux vues du Cultivateur, pour en tirer le parti le plus avantageux, relativement au but qu'il se propose, soit d'utilité, soit d'agrément. *Voyez* le mot CULTURE. (*M. Thouin.*)

CULTURE, *Agriculture.*

Ce mot, pris dans sa plus grande acception, signifie *Occupation* de, *Soin*; dans ce sens, on dit *Culture des Sciences & Arts*, *Culture des Abeilles*, &c. Ordinairement sa signification est peu étendue, on restreint aux diverses manières de préparer la terre pour la mettre en état de favoriser le développement & la végétation des semences qu'on lui confie, & plus particulièrement des graines céréales. Sous ce rapport, Cultiver, c'est labourer, semer, herser, rouler, sarcler, récolter, &c.

Dans le premier Discours préliminaire de ce Dictionnaire, j'ai exposé l'Histoire abrégée & les progrès de l'Agriculture chez les différens peuples, & les moyens de l'améliorer en France. Au mot *Agriculture*, j'ai distingué les branches & les parties de cet Art important, en soumettant chacune à la division à laquelle elle appartient. Il me reste à traiter ici de tous les systêmes de Culture. A la vérité, le troisième Discours préliminaire, dont M. l'Abbé Bonnaterre est l'Auteur, a rempli en partie cet objet. Il a bien voulu en me remplaçant suivre le plan que je m'étois formé, & connoître l'extrait des meilleurs Ecrivains sur l'Agriculture parmi les Grecs, les anciens Romains & les modernes. Mais cet extrait, qui embrasse toutes les branches de l'économie rurale, plus ou moins approfondies par chacun de ses Auteurs, ne présente leurs systêmes de Culture qu'imparfaitement, tandis qu'il faut les faire connoître à fond, & les rapprocher les uns des autres. C'est le but que je me suis proposé, & auquel je parviendrai facilement, en copiant le Mémoire de M. Delalause, inséré dans le Cours complet d'Agriculture, ouvrage dans lequel il y a tant à puiser.

Systême de Culture ancienne, tiré des meilleurs Auteurs.

1.° *Sur quels principes ils établissoient leur méthode.* Les premiers principes de Culture, qu'ont établi les anciens Agronomes, consistoient à diviser la terre par des labours, à la fumer pour la rendre fertile, & à lui donner du repos, c'est-à-dire, la laisser en jachère, après avoir recueilli ses productions; ils ne connoissoient pas assez le méchanisme de la végétation; pour établir sur ce principe des règles certaines de Culture, comme l'ont fait quelques Auteurs modernes. Les Agriculteurs qui joignoient à cet Art quelques connoissances d'Histoire naturelle, croyoient que les racines des plantes étoient les seuls organes, destinés à pomper les sucs, qu'ils transmettoient aux végétaux; que les molécules de la terre extrêmement atténuées, mêlées avec certains sels, étoient le seul aliment analogue à chaque espèce de plantes: avec de telles idées est-il étonnant que leur manière de Cultiver n'eût qu'un rapport immédiat avec les racines? Sur ce principe les labours furent établis, afin de bien atténuer la terre, pour la rendre propre à être introduite dans les canaux des racines. Ils produisoient cet effet, en faisant usage, après les labours, des herses, des rouleaux, des rateaux, &c. Malgré toutes ces opérations, la terre s'épuisoit, quand elle avoit donné plusieurs récoltes consécutives; &, pour prévenir cet épuisement, il fallut avoir recours aux engrais, établir des jachères ou temps de repos.

« Dans ses Géorgiques, Virgile prétend que les principes & la pratique de la Culture doivent être établis & fondés sur la connoissance particulière de la nature du sol. Voici à-peu-près comment il s'explique à ce sujet: Avant de mettre la main à la charrue, il est essentiel que le laboureur connoisse l'espèce de terre qu'il se propose de mettre en valeur, pour savoir ce qu'elle peut produire. Il y en a qui sont propres à donner de belles moissons, d'autres sont favorables à la Culture de la vigne: dans les unes, il est facile de former d'agréables voies; dans d'autres, on peut faire croître avec succès une herbe abondante pour la nourriture des bestiaux. De cette manière de raisonner il conclud qu'il faut absolument connoître la nature, les qualités des différentes terres qu'on exploite, afin de les ensemencer relativement à la nourriture qu'elles sont capables de fournir à la végétation des plantes. »

« Varron, dans ses principes de Culture, ne s'éloigne pas de ceux de Virgile. Il les établit, 1.° sur la connoissance du terrein & des parties qui le composent; 2.° sur celle des différentes plantes qu'on peut y cultiver avec avantage. Parmi les anciens Agronomes, aucun n'est entré dans un si grand détail des différentes qualités des terres, relativement à leur production, que Palladius. »

« Pour la saison des travaux de Culture, les Anciens étoient dans l'usage de se régler sur le cours des Astres. Virgile disoit qu'il falloit interroger les Cieux, avant de sillonner la terre, & avant de recueillir ses productions. Suivant son sentiment, le cinquième jour de la Lune étoit funeste aux travaux de la campagne, le dixième au contraire étoit très-favorable. En général, les anciens Agriculteurs & tous ceux qui ont donné des méthodes de Culture étoient persuadés qu'on pouvoit vaquer aux occupations champêtres, tant que la Lune croissoit; mais qu'il falloit les interrompre, quand elle étoit dans son déclin. »

2. « *Des Labours.* Les Labours sont une suite nécessaire de l'opinion des anciens Agronomes, touchant le méchanisme de la végétation. Malgré cette opinion, les Labours n'étoient pas aussi multipliés qu'ils auroient dû l'être relativement à leur système; ils employèrent différens instrumens capables de produire en partie cet effet; 1.° la charrue étoit d'abord mise en usage pour sillonner & ouvrir la terre; 2.° les rateaux à dents de fer brisoient ensuite les mottes; à leur défaut, une claie d'osier rendoit à-peu-près le même service; 3.° le rouleau perfectionnoit la Culture; on le faisoit passer sur toute la superficie du terrein, afin de l'unir & de l'égaliser parfaitement. Le nombre des Labours nécessaires avant d'ensemencer, n'étoit point fixé; suivant leurs principes, ils auroient dû être très-multipliés; nous observons au contraire qu'ils labouroient moins fréquemment que nous. Virgile s'est éloigné dans ses préceptes sur la Culture, de la méthode de ses contemporains. Il prétend que deux Labours sont insuffisants pour disposer une terre à être ensemencée; si l'on veut avoir des moissons abondantes, il pense qu'on ne doit pas se borner à deux ni à quatre, mais agir, selon le besoin des terres. Caton paroît n'en prescrire que deux, lorsqu'il dit: « Une bonne Culture consiste, premièrement à bien labourer; secondement à bien labourer; troisièmement à bien fumer. »

« Les anciens Agronomes étoient dans l'usage de donner le premier Labour très-légèrement, persuadés que les racines des mauvaises herbes, étoient mieux exposées à l'air, & plutôt desséchées par l'ardeur du soleil. Les Labours suivans n'étoient guères plus profonds; leur charrue, peu propre à fouiller la terre, ne pouvoit ouvrir des sillons que cinq à six pouces de profondeur. Quoique leurs instrumens de labourage fussent moins propres que les nôtres à la culture des terres, ils avoient cependant soin de proportionner l'ouverture du sillon à la légèreté ou à la ténacité du sol. Dans un terrein léger & friable, le labour étoit superficiel; profond dans un terrein dur, & autant que la charrue pouvoit le permettre. Virgile insiste beaucoup sur cette méthode, afin de ne pas donner lieu à l'évaporation de l'humidité nécessaire à la végétation, en faisant de profonds & larges sillons dans un sol léger. Dans un terrein fort & argilleux, il veut qu'on ouvre de profonds & larges sillons, pour développer les principes de fécondité, qui seroient nuls pour la végétation sans cette pratique. »

« Suivant l'opinion des Anciens, toutes les saisons n'étoient pas également propres à labourer les terres. Virgile condamne les labours faits pendant les chaleurs de l'Eté & pendant l'Hiver, comme étant très-nuisibles à la fertilité; le tems le plus favorable, selon lui, étoit quand la neige fondue commençoit à couler des montagnes. La saison des labours dépendoit encore de la qualité des terres. Le même Auteur prescrivoit de labourer, après l'Hiver, un sol gras & fort, afin que les guérets fussent mûris par les chaleurs de l'Eté; quand au contraire il étoit léger, sablonneux, ou friable, il prétendoit qu'il falloit attendre l'Automne pour le labourer. »

« Columelle n'étoit pas du sentiment de Virgile; il vouloit au contraire qu'une terre forte, sujete à retenir l'eau, fût labourée à la fin de l'année, pour détruire plus facilement les mauvaises plantes. »

« Les anciens Agronomes ont ignoré la méthode de cultiver les plantes annuelles pendant leur végétation: toute leur culture, à cet égard, se réduisoit au sarclage, à faire paître par les moutons les sommités des fromens trop forts en herbe, avant l'Hiver; à répandre du fumier en poussière, lorsqu'ils n'avoient pas pu fumer leurs terres, avant de les ensemencer. »

« 3. *Des Engrais.* Les Anciens croyoient rendre raison de la cause de la stérilité d'une terre autrefois fertile, en disant qu'elle veillissoit. Parmi eux, quelques-uns avoient imaginé que, dans cet état de vieillesse, elle étoit incapable de donner des productions, comme auparavant. C'étoit le sentiment de Tremellius. Il comparoit une terre nouvellement défrichée à une jeune Femme, qui cesse d'enfanter, à mesure qu'elle avance en âge. Columelle s'élève fortement contre cette opinion, capable de décourager le Cultivateur. Une terre, suivant lui, ne cesse jamais de produire par cause de vieillesse, ou d'épuisement, mais parce qu'elle est négligée. »

La méthode de bonifier les terres, par le moyen des engrais, est presque aussi ancienne que l'Art de cultiver; tous les Auteurs Agronomes prescrivent cette pratique, comme étant très-propre à augmenter la fertilité de la terre, & capable d'empêcher son dépérissement. L'Histoire de la Chine nous apprend que *Yu*, le premier Empereur des *Yao*, fit un ouvrage sur l'Agriculture, dans lequel il parloit de l'usage des excrémens de différens animaux. La méthode de les améliorer en les fumant, d'arrêter leur dépérissement, de prévenir la décomposition du terreau, si nécessaire à la végétation, s'est établie successivement; dès qu'on s'est apperçu qu'un champ, après plusieurs récoltes, cessoit d'en produire d'aussi abondantes, on a eu recours aux engrais, pour lui rendre sa première fertilité. Pline assuroit que l'usage de fumer les terres étoient très-ancien: dans son dix septième Livre, chapitre IX, il dit que, selon Homere, le vieux Roi Laërte fumoit son champ lui-même. Le fumier fut d'abord employé en Grèce par *Augias*, Roi d'Elide; Hercule, après l'avoir détrôné, apporta cette découverte en Italie, où l'on fit un Dieu du Roi *Sterculus*, fils de Faunus. »

« Dans le détail des engrais, Virgile recommande principalement les fèves, les lupins, la vesce; il est persuadé que le froment vient avec succès, après la récolte de ces sortes de grains, capables de bonifier la terre, loin de l'épuiser, comme feroient d'autres espèces de légumes. Les chaumes brûlés après la moisson, sont encore, suivant son opinion, très-propres à fumer les terres, parce que leurs cendres y laissent de nouveaux principes de fécondité. »

« Columelle distingue trois sortes d'engrais, dont l'usage lui avoit paru le plus capable de bonifier les terres; 1.° les excrémens des oiseaux; 2.° ceux des hommes; 3.° ceux du bétail; la fiente de pigeon étoit, selon lui, le meilleur; ensuite celle de la volaille, excepté celle des canards & des oies. En employant les excrémens humains, il avoit soin de les mêler avec d'autres engrais; sans cette précaution leur grande chaleur auroit été nuisible à la végétation. Il se servoit de l'urine croupie pendant six mois, pour arroser les arbres & les vignes; les fruits qu'ils donnoient ensuite en grande abondance, étoit d'un goût excellent. Parmi les fumiers des bestiaux, Columelle préféroit celui des ânes à tout autre; celui des brebis & des chèvres à la litière des chevaux & des bœufs; il proscrivoit absolument le fumier des cochons, dont plusieurs Agriculteurs de son temps faisoient usage. »

« Varron employoit avec succès le fumier ramassé dans les volières des grives; les Anciens, très-friands de cette espèce d'oiseaux, les nourrissoient pour les engraisser, comme on fait aujourd'hui des ortolans; cette sorte d'engrais étoit répandue principalement sur les pâturages, dont l'herbe étoit ensuite très-bonne pour engraisser promptement le bétail. Caton, afin de bonifier les terres, y faisoit semer des lupins, des fèves ou des raves. Il employoit aussi le fumier du bétail des fermes, sur-tout lorsque la litière des chevaux, des bœufs, étoit faite avec les longues pailles du froment, de fèves, de lupins, ou avec les feuilles d'yeuse, de ciguë, & en général avec toutes les herbes, qui croissent dans les saussaies & les marais. »

« Pour fertiliser les terres froides & humides des plaines de Mégare, les Grecs employoient la marne, nommée, selon lui, *argille-blanche*. Dans la Bretagne & dans la Gaule, cet engrais étoit aussi connu & employé; ce n'étoit qu'après le labourage qu'on le répandoit; souvent même il falloit le mêler avec d'autres fumiers, pour qu'il ne brûlât pas les terres. »

« Les Anciens avoient coutume de répandre les engrais avant de semer, ou lorsque les plantes étoient levées; la première méthode étoit la plus suivie. Lorsque les circonstances n'avoient pas été favorables pour fumer avant les semailles, on répandoit le fumier en poussière, immédiatement avant de sarcler. Columelle conseille de transporter les engrais, & de les répandre dans le mois de Septembre, pour semer en Automne: dans le courant de l'Hiver & au déclin de la Lune, quand on ne seme qu'au Printemps. Dans cette dernière circonstance, il falloit laisser le fumier en tas dans les champs, pour ne le répandre qu'immédiatement après le premier labour. Selon le besoin des terres, il suivoit la méthode d'un de ses Ancêtres. Elle consistoit à mêler la craie avec les terres sablonneuses, & le sable avec les crayeuses. Il observoit cette pratique pour les terreins en vigne, comme pour ceux à froment; rarement il fumoit les vignes, persuadé que les engrais, en augmentant la quantité du vin, en altéroient la qualité. Quand un Cultivateur n'avoit pas les fumiers nécessaires pour l'exploitation de ses terres, il conseilloit d'y semer des lupins, & de les enterrer avec la charrue. »

« 4. *Des Jachères*. Quoique les Anciens fussent persuadés que les molécules de la terre, extrêmement atténuées par les labours, étoient l'aliment pompé par les racines des plantes, pour fournir à la végétation; ils s'apperçurent cependant que la trituration des parties terrestres n'étoit pas toujours un moyen efficace pour procurer aux végétaux la nourriture nécessaire à leur accroissement. Malgré la fréquence des labours, ils observèrent que ces plantes languissoient dans un terrein presque stérile, après plusieurs productions. Quelques Agriculteurs crurent avoir trouvé la cause de ce phénomène, en disant que la terre vieillissoit, après avoir observé un terrein abandonné & laissé sans culture, produire cependant de mauvaises herbes, ils imaginèrent qu'au bout d'un certain temps, la terre reprenoit sa première fertilité, & qu'elle étoit capable de produire des végétaux, comme auparavant. Suivant cette opnion, la terre susceptible d'épuisement, par des productions trop fréquentes, pouvoit se lasser de fournir des sucs aux végétaux. L'épuisement & la lassitude furent donc considérés comme la suite & l'effet d'un culture trop continue & d'un labourage trop fréquent. »

« Pour obvier à ces inconvéniens, & éloigner le terme de la vieillesse de la terre, les Anciens ne crurent pas que le secours des engrais pût suffire. Il fallut donc établir des jachères ou temps de repos absolu; pendant cet intervalle plus ou moins long, relativement à la qualité des terres, elles n'étoient ni labourées, ni ensemencées; toute culture cessoit, afin de ne pas les forcer à donner leurs productions. Virgile a fait des jachères un principe important d'Agriculture; quoiqu'il conseille les fréquens labours pour diviser & atténuer la terre, il exige cependant qu'après avoir été moissonnée, elle soit, pendant une année entière, sans être cultivée. Si l'on ne veut pas perdre la récolte d'une année, le seul parti à prendre, selon lui, est de l'ensemencer en lupins, fèves, vesces ou autres légumes, après la récolte desquels il n'y a point d'inconvénient d'ensemencer une terre en froment, parce que ces sortes de légumes, loin de l'amaigrir, la bonifient. »

« Columelle n'adopte point le systême des jachères. Selon son sentiment, une terre, bien fumée, n'est jamais exposée à s'épuiser, ni à vieillir. Aucun des Agronomes anciens n'a aussi bien connu que lui le moyen propre à prévenir le dépérissement des terres. »

Méthode de Liger dans la Maison rustique.

L'Auteur de la Maison rustique n'est point jaloux d'établir une méthode particulière, ni de proposer de nouveaux principes touchant l'exploitation des terres. Il dit « que l'on ne peut » donner d'autres règles à suivre, que l'usage » des lieux, qu'il faut croire fondés en bonnes » expériences; si mieux on aime éprouver la » fertilité de son fonds, mais sans épargner les » engrais, & sans vouloir opiniâtrément forcer » ou épuiser la terre. »

« Les principes sur lesquels M. Liger est persuadé qu'on peut établir une bonne méthode de cultiver, se réduisent :

1.° A labourer fréquemment les terres fortes & grasses, afin de les ameubler & de détruire les mauvaises herbes.

2.° A donner peu de labours aux terres légères ou sablonneuses, parce que, ayant peu de substance & d'humidité, un labourage trop répété les altéreroit.

3.° A ne point labourer, lorsque la terre est trop sèche; si elle est légère, sa substance se dissipe; si elle forte, la charrue ne peut point y entrer.

4.° A améliorer les terres par des engrais & par le repos, afin de leur faire recouvrer les sels que les végétaux ont consommés. »

« Nous ne nous arrêterons pas à développer les autres principes de culture de la Maison Rustique, ce seroit présenter au Lecteur le tableau des opérations, qu'il peut voir par lui-même dans la plupart des campagnes. »

« M. Liger a adopté les recettes merveilleuses, qui promettent les récoltes les plus abondantes, lorsqu'on s'en sert pour préparer les grains avant de les semer. La plus grande confiance qu'il a dans ces liqueurs prolifiques, dont quelques Agronomes ont fait usage pour hâter le développement du germe, & fortifier sa végétation, l'a porté à croire qu'on pouvoit s'en servir avec succès, non-seulement pour toutes sortes de végétaux, mais encore pour les animaux, en mettant tremper dans ces liqueurs l'herbe ou les grains, dont on les nourrit. « L'effet de ces liqueurs » prolifiques est, dit-il, d'ouvrir les conduits » des germes, contenus à l'infini dans la graine » de toutes ces plantes, & d'y attirer & animer la » sève nécessaire pour mettre au jour tout ce qu'il » y a de ressources naturelles. »

Voici les avantages qui résultent des procédés, qu'il conseille de suivre en faisant usage des liqueurs prolifiques.

« 1.° Jamais la terre ne se repose; 2.° elle peut » même porter tous les ans du froment; 3.° point » de fumier à y mettre; 4.° un seul labour suffit; » on ne seme qu'à demi-semence ou les deux » tiers au plus: 6.° il faut moins de chevaux ou de » bœufs pour labourer; 7.° les bleds résistent » mieux aux pluies, aux vents, &c.; 8.° ils sont » moins sujets à la nielle, (la carie), & ne craignent » point les brouillards; 9.° dans les bonnes terres, » les tiges font des rejetons, & poussent de nouveaux tuyaux pour la seconde année; sur ce » pied-là, sans labourer ni semer, on a une seconde récolte; 10.° en suivant les procédés, » que nous indiquons, on fait la récolte quinze » jours plutôt. »

D'après cet exposé, il est facile de juger quel degré de confiance on doit à un homme, qui annonce des choses si étonnantes; cependant ce même homme a très-bien vu dans une infinité d'objets de détails, & son ouvrage mérite d'être lu attentivement.

Systême de Culture de Tull, Agriculteur Anglois.

« M. Tull assure qu'il a dirigé ses opérations, & fait ses expériences sur la culture des terres, selon les principes du méchanisme de la végétation. Cette connoissance l'a obligé d'introduire une nouvelle méthode de cultiver, qu'il croit plus utile que l'ancienne, parce qu'elle est plus analogue à leur végétation. Avant d'entrer dans le détail de ses principes de culture, il est à propos de connoître son opinion sur le méchanisme de la végétation en général, afin de juger de la liaison qui se trouve entre sa pratique & la théorie qu'il établit. »

1. *Du méchanisme de la végétation.* L'Auteur considère les racines des plantes comme les seuls organes destinés à porter les sucs nécessaires à leur accroissement; les feuilles comme des organes, par lesquels elles transpirent, c'est-à-dire, rejettent une surabondance de sève, qui pourroit devenir nuisible à leur végétation. Les racines sont donc les seules nourrices qui fournissent aux plantes l'aliment, qui leur convient. C'est par cette raison que les labours, les engrais, les arrosemens agissent principalement sur les racines, & ont un rapport immédiat avec cette partie des végétaux. »

« L'Auteur distingue deux sortes de racines dans les plantes en général, relativement à la direction, qu'elles prennent dans la terre. Il nomme les unes *pivotantes*, & les autres *traçantes*; pour connoître les racines pivotantes & les traçantes. » *Voyez* le second Discours préliminaire.

« Une racine, qui s'étend, multiplie, selon Tull, les bouches qui fournissent à la nourriture de la plante. Pour avoir la facilité de s'étendre, il faut qu'elle se trouve dans une terre, dont les molécules aient entr'elles peu d'adhérence. L'extension des racines est donc, selon cet Auteur, absolument nécessaire à la végétation & à l'accroissement de la plante; si elle n'avoit pas lieu, la terre, qui les entoure étant bientôt épuisée, seroit incapable de leur fournir les sucs qu'elles pompent continuellement. »

L'Auteur Anglois n'a pas assez connu les racines. Sur cette marche des racines, M. Tull établit la nécessité des labours, afin de prévenir, par une culture fréquente, la cohérence des molécules de la terre, qui seroit un obstacle à leur extension. Les labours ont encore un autre avantage relatif aux progrès de la végétation; les instrumens d'Agriculture rompent souvent les racines primitives; elles ne s'alongent plus, il est vrai, mais elles en produisent quantité d'autres, qui s'étendent dans la terre nouvellement remuée, comme autant de bouches ou suçoirs, qui portent dans le corps de la plante une abondance de sève, dont elle étoit privée auparavant, parce qu'il n'y a pas assez de canaux pour lui donner issue. »

« Les feuilles sont sans doute très-utiles aux plantes. M. Tull, convaincu de cette vérité, n'hésite point à les considérer comme de organes, sans lesquels la plupart ne pourroient subsister. En conséquence de ce principe, il condamne l'usage des Cultivateurs qui font paître par les moutons les blés, sous prétexte qu'ils sont trop forts en herbe; mais, comme la culture n'a pas un rapport immédiat avec cette partie des végétaux, il laisse aux Physiciens à discuter si les feuilles ne sont que les organes, par lesquels la plante se décharge de la surabondance de la sève; ou si elles ne contribuent pas aussi à la végétation, en recevant à l'orifice des canaux, qui sont à leur surface, l'humidité de l'atmosphère. »

« 2.° *De la nourriture des plantes.* M. Tull considère la terre, réduite en parcelles très-fines, comme la principale partie de la nourriture des plantes, puisqu'elles se réduisent en terre par la putréfaction. Les autres principes, c'est-à-dire, les sels, l'air, le feu, l'eau, ne servent, selon lui, qu'à donner à la terre une préparation qui la rend propre à servir d'aliment aux plantes: les sels, par exemple, en atténuant les molécules de la terre, afin qu'ils soient ensuite aisément pompés par les canaux des racines des plantes; l'eau, en étendant, divisant, combinant ses parties par voie de fermentation; l'air & le feu en donnant le degré d'activité convenable, qui combine les parties pour les faire entrer en fermentation. La surabondance de ces principes est contraire à la végétation, au lieu qu'une grande quantité de terre n'endommage jamais les plantes, pourvu qu'elle ne soit pas trop compacte. »

« Avec la quantité d'eau, & le degré de chaleur, qui sont nécessaires à la végétation des plantes, relativement à leurs différentes espèces, M. Tull croit que le même sol peut nourrir toute sorte de végétaux, puisqu'on élève dans nos climats des plantes étrangères, qui se trouvent par conséquent dans une terre tout-à-fait différente de celle où elles sont nées. De quelque nature que soit la substance, qui sert à la végétation, il est persuadé qu'elle est la même pour chaque espèce. Cette matière homogène, qui contribue à la végétation de toutes les plantes, qui diffèrent essentiellement entr'elles par leurs formes, leurs propriétés, leur saveur, prend nécessairement diverses formes, toutes analogues aux différentes espèces. Si chaque plante végétoit par des sucs, qui lui fussent propres exclusivement, il seroit donc très-inutile de laisser reposer un terrein qui auroit donné quelque production; en variant l'espèce de plante, chacune prendroit la portion de substance, qui lui est analogue, sans nuire à celle qui doit lui succéder; mais l'expérience apprend, suivant M. Tull, 1.° qu'une terre où l'on a fait une récolte, n'en produira qu'une médiocre, quand même l'espèce de grain seroit changée, si on l'ensemençoit tout de suite, sans réparer les pertes par des labours faits à propos; 2.° que les plantes de différentes espèces se nuisent réciproquement dans un même terrein. Or, si les sucs étoient particuliers à chaque espèce, cet inconvénient n'auroit point lieu. Par cette conséquence, M. Tull paroît ne plus se ressouvenir de la distinction, qu'il a faite, de la forme des racines. Le petit trèfle nuit-il au fromental dans un pré? Sa conclusion est trop vague. »

« Dans l'exploitation des terres, plusieurs Cultivateurs ont coutume de semer de l'orge ou de l'avoine, après avoir recueilli du froment, & non pas cette dernière espèce de grain; il ne suit pas de cette pratique, dit M. Tull, que la terre soit épuisée des sucs propres au froment, & qu'il ne lui reste que ceux qui sont analogues à l'orge & à l'avoine. Ces plantes, moins délicates, n'exigent pas que la terre soit préparée par plusieurs labours, comme il seroit nécessaire qu'elle le fût pour recevoir du froment, de sorte qu'elles viennent bien après deux labours, qui ne suffiroient pas pour le froment. Si on avoit tout le tems nécessaire pour faire les labours, qui sont indispensables, quand on veut préparer la terre d'une manière convenable à être ensemencée en froment, cette espèce de grain y réussiroit aussi-bien que les autres. On est donc obligé de semer l'espèce de grain, qui exige le moins de culture, quoique la terre ne soit pas épuisée des sucs qu'il faut pour la végétation des plantes plus utiles. »

« Une terre en friche produit pendant les premières années, qui suivent son défrichement, des

des récoltes très-abondantes. Pourquoi cette abondance, puisqu'elle devroit être épuisée par les mauvaises herbes, qu'elle a nourries pendant qu'elle étoit en friche ? M. Tull répond qu'on ne doit point attribuer l'abondance des récoltes aux sucs particulliers à l'espèce de plantes, qu'on y cultive, dont les mauvaises ne s'étoient point emparées, parce qu'ils n'étoient point analogues à leur végétation, mais à la bonne culture donnée à cette terre pour développer les principes de sa fertilité. »

De ce raisonnement plus captieux que solide, M. Tull conclut, 1.° que tout terrein fournit aux différentes espèces de plantes les sucs, dont elles ont besoin, seulement du plus au moins, relativement à leurs qualités ; 2.° que tous les végétaux se nourrissent des mêmes sucs, & qu'on doit attribuer la variété de la saveur de leurs fruits aux modifications de la sève dans les organes de la plante ; 3.° que les végétaux se nuisent réciproquement dans le même terrein, parce qu'ils cherchent tous à prolonger leurs racines, pour aspirer les sucs nourriciers, analogues à toutes les espèces.

« M. Tull considérant les molécules de la terre, comme les parties, qui contiennent les sucs propres à la végétation de toutes sortes de plantes, est persuadé qu'on ne peut mettre les racines dans la position favorable d'en profiter, que par une bonne culture de préparation & par des labours fréquens, lorsque la plante prend son accroissement. Convaincu que les terres en général sont assez fertiles par elles-mêmes, il pense que les Cultivateurs doivent moins s'occuper à les pourvoir, par le secours des engrais, des substances nécessaires à leur végétation, qu'à les cultiver, afin que les labours procurent aux racines la facilité de recueillir les sucs répandus en abondance dans presque toutes les terres. »

Exposé de la manière d'exploiter les terres, selon la Méthode de M. Tull.

« 1.° *Des labours & des instrumens nécessaires.* M. Tull ne croit pas qu'une même charrue soit propre à exécuter les labours dans toute sorte de terres, sans distinction de leurs qualités, ni de l'espèce de culture qui leur convient. Toutes les charrues ne lui ont point offert des instrumens capables de remplir son objet à cet égard ; il en a imaginé deux, avec lesquelles il prétend diviser mieux la terre, faire des labours plus profonds ; l'une est destinée à cultiver les terres fortes ; l'autre, celles qui sont légères. »

« Pour rendre la terre fertile, l'Agriculteur Anglois insiste sur la nécessité de multiplier les labours ; il assure qu'ils sont également avantageux aux terres fortes, comme aux terres légères. Voici comment il s'explique à ce sujet : « Une terre forte est celle dont les parties sont si rapprochées, que les racines ne peuvent y pénétrer qu'avec beaucoup de difficulté. Si les racines ne peuvent point s'étendre librement dans la terre, elles n'en tireront point la nourriture, qui est nécessaire aux plantes, celles-ci après avoir été languissantes, seront absolument épuisées. Quand on aura divisé ces terres, à force de labours écarté leurs molécules les unes des autres, les racines pourront alors s'étendre, parcourir librement tous ces petits espaces, & pomper les sucs nécessaires à la végétation des plantes qui croîtront avec beaucoup de vigueur. Par une raison contraire, les labours sont également utiles aux terres légères ; leur défaut étant d'avoir entre leurs molécules de trop grands espaces dont la plupart n'ont pas de communication les uns avec les autres, les racines traversent toutes ces cavités, sans adhérer aux molécules de terre ; par conséquent elles n'en tirent aucune nourriture, & souvent même elles ne peuvent pas s'étendre, faute de communication. Quand on est parvenu, par des labours réitérés, à broyer les petites mottes, on multiplie les petits intervalles aux dépens des grands ; les racines, qui ont la liberté de s'étendre, se glissent entre les molécules, en éprouvant une certaine résistance, qui est nécessaire pour se charger du suc nourricier, que la terre contient, mais qui n'est pas assez considérable pour les empêcher de s'étendre. »

« M. Evelynes, qui pense, ainsi que M. Tull, que la seule division des molécules de la terre suffit pour la rendre fertile, assure que, si l'on pulvérise bien une certaine quantité de terre, & qu'on la laisse exposée à l'air pendant un an, en ayant l'attention de la remuer fréquemment, elle sera propre à nourrir toutes sortes de plantes ; d'où M. Tull conclut, que la grande fertilité ne dépend que de la division des molécules ; par conséquent plus on laboure une terre, plus on la rend fertile. On ne doit donc pas se borner, principalement pour les terres fortes, aux trois ou quatre labours, qui sont d'usage avant d'ensemencer ; il y a des circonstances où il est nécessaire d'en faire un plus grand nombre, alors les terres produisent beaucoup plus que si elles avoient été fumées. L'Auteur ajoute que l'expérience a toujours confirmé la vérité de ses principes touchant la fréquence des labours »

« Des différentes manières de cultiver les terres, c'est-à-dire, à plat, par planches, par billons, M. Tull préfère la dernière, comme étant la plus avantageuse au produit des terres. »

« Il distingue deux sortes de labours, ceux *de préparation* & ceux *de culture*. Les premiers sont faits pour disposer la terre à recevoir la semence ; les seconds pour tenir les molécules dans un état de division, tandis que les plantes croissent, afin que leurs racines aient la facilité de s'étendre. Il exige au moins quatre labours de préparation avant de semer; le premier doit être fait sur la fin de l'Automne; on doit alors former les sillons très-profonds, autant que la qualité du terrein peut le permettre; le second au mois de Mars, si la saison est favorable; le troisième, en Juin, & le quatrième, au mois d'Août. Ces quatre labours, ajoute-il, peuvent suffire dans les terres, qui ne produisent pas beaucoup de mauvaises herbes; mais si les mauvaises herbes devenant plus abondantes, il faut labourer plus souvent, afin de les détruire. Il ne veut point qu'on mette la charrue dans les terres fortes, glaiseuses, argilleuses, si elles sont humides, parce que les pieds des chevaux les pêtrissent & les durcissent considérablement; il y a moins d'inconvéniens à labourer les terres légères, lorsqu'elles sont humides. Cependant il croit que les meilleurs labours sont ceux qu'on fait dans un tems, où la terre n'est ni trop sèche, ni trop humectée. Il vaut mieux labourer, quand la terre est trop sèche, que lorsqu'elle est trop humide; dans la première circonstance, on ne peut point nuire à la fertilité du sol; on peut, il est vrai, risquer de briser les charrues, mais en employant celle à quatre coutres, on n'est point exposé à ce danger; au lieu que, dans la seconde circonstance, on durcit exactement la terre, qui permet alors difficilement aux racines de s'étendre. »

« Par la manière, dont M. Tull divise une pièce de terre pour l'ensemencer, il est facile de donner les labours de culture aux plantes pendant qu'elles croissent. Il se sert pour cet effet de la houë à chevaux, qu'il fait passer dans les plates-bandes, qui sont entre les billons. Il donne le premier labour de culture au mois de Mars, & plusieurs autres jusqu'à la moisson, relativement à la dureté du terrein & aux mauvaises herbes qu'il peut produire. »

« 2.° *De l'ensemencement des terres*. Peu satisfait de la manière ordinaire d'ensemencer les terres, & persuadé qu'une partie de la semence ou est enterrée trop profondément, ou ne l'est pas assez, enfin qu'elle n'est point distribuée régulièrement, M. Tull a imaginé un instrument qu'il nomme *Drill*, c'est-à-dire, *Semoir*, qui fait des sillons, où les grains sont placés à des distances convenables les uns des autres, & enterrés à la profondeur qu'on a jugé à propos. Cet instrument distribue la quantité de semence nécessaire, & enterre les engrais en couvrant les sillons. Toutes les espèces de grains ne levant pas, quoique placés à la même profondeur, on dispose le semoir de façon que les grains soient enterrés, autant qu'il est nécessaire, pour avoir la facilité de germer. M. Tull desire qu'on fasse soi-même des expériences, & qu'on s'assure à quelle profondeur il faut placer la semence, pour qu'elle puisse germer & lever facilement. Il propose des plantoirs avec des chevilles, qui les traversent à un, deux, trois & quatre pouces de celle de leur extrémité, qui entre dans la terre. La cheville, qui arrête le plantoir, détermine la profondeur du trou. Instruit par ses expériences, à quelle profondeur les grains doivent être enterrés pour lever, le Cultivateur disposeroit le semoir de façon que les grains fussent placés précisément à la profondeur qu'il auroit jugé convenable. »

« En divisant une pièce de terre par billons, on forme des planches, dans lesquelles on seme trois ou quatre rangées de grains, on laisse entre les planches ou billons, un espace que M. Tull nomme *plate-bande*, sans être semé, afin de pouvoir cultiver les plantes, à mesure qu'elles croissent. La largeur de cet espace varie selon l'espèce de plantes; pour le froment, il est assez communément large de cinq à six pieds. Le semoir devant être disposé pour distribuer plus ou moins de grains dans les billons, relativement à chaque espèce, il veut qu'on observe la place que doit occuper une plante forte & vigoureuse de l'espèce de grain qu'on seme, parce qu'il prétend qu'en suivant sa méthode, les végétaux parviennent au meilleur état où ils puissent arriver. »

« Afin de prouver, par des faits, la vérité de ce principe, M. Tull rapporte une expérience qu'il a faite, pour s'assurer de la bonté de ses procédés, en suivant sa nouvelle méthode d'ensemencer. Il avoit planté des pommes de terre, suivant l'usage ordinaire, dans la moitié d'un champ maigre, mais bien fumé; l'autre moitié fut plantée par planches, & labourée quatre fois pendant que les pommes de terre étoient en végétation. Ces pommes de terre parurent d'abord mieux réussir dans la partie du champ, semée à l'ordinaire; dans la suite, celles qu'on avoit plantées & cultivées, selon sa méthode, profiterent tellement, que la récolte en fût très-abondante, tandis que les autres ne méritoient pas qu'on prît la peine de les arracher. » Ce n'étoit pas le cas de tirer de ces expériences des conséquences pour les bleds. Il seroit trop long de démontrer leur fausseté.

« L'espace laissé par M. Tull entre les planches, devant être labouré pendant que les plantes croissent, il conseille de le laisser plus considérable pour les plantes hautes en tige, & pour celles qui restent long-tems en terre, que pour celles qui sont basses, & qu'on recueille plutôt. Le froment, par exemple, eu égard à la hauteur de sa tige & au temps qu'il demeure en terre, exige un plus grand espace que les autres grains; M. Tull laisse ordinairement six pieds de plate-bande entre les billons de cette espèce de grain. Après l'Hiver, il fait donner un labour de culture avec la houë à chevaux, au terrein, qui sépare les planches ou les billons; la terre, qui s'étoit durcie, s'ameublit par cette culture, de sorte que les racines ont la facilité de s'étendre. En donnant trois ou quatre labours aux plantes pendant qu'elles croissent, M. Tull prétend qu'elles profitent considérablement; les tuyaux ayant la nourriture dont ils ont besoin pour se développer, se fortifient & produisent des épis très-fournis de grains. M. Tull fait toujours donner le dernier labour dans le temps que le grain commence à se former dans l'épi, persuadé que c'est le moment, où il a besoin d'une plus grande quantité de substance, dont il seroit privé sans le secours des labours de culture. »

« L'Auteur ne regarde point le choix de la semence comme une chose indifférente au produit, qu'on en attend ; il est dans l'usage de préférer celle qu'on a recueillie dans un terrein meilleur que celui qu'on veut ensemencer. Il choisit les grains d'une terre bien cultivée, préférablement à ceux d'une autre qui l'est mal. Au reste, il assure qu'en suivant sa nouvelle méthode, on est dispensé dans la suite de changer de semence, parce que sa manière de cultiver est la plus propre à détruire les mauvaises herbes, & à faire produire aux plantes des grains d'une bonne qualité. »

« Suivant cet exposé il est donc certain que M. Tull regarde les engrais comme très-inutiles pour contribuer à la fertilité des terres ; il croit que les seuls labours suffisent à la production des récoltes très-abondantes. »

« Pour ensemencer les terres dans une saison convenable, M. Tull se règle sur leurs différentes qualités ; quand elles sont légères, il fait les semailles presqu'aussi-tôt que la moisson est finie ; il n'ensemence au contraire les terres fortes que dans le courant du mois d'Octobre ; 1.° parce qu'il leur fait donner des labours de préparation, à larges & profonds sillons ; 2.° parce que, si elles étoient ensemencées plutôt, la terre se durciroit ; les racines auroient alors beaucoup de peine à s'étendre. Il ne seme pas trop tard, afin que les plantes aient le temps de se fortifier & de résister aux rigueurs de la saison. »

« M. Tull prévient l'objection qu'on peut lui faire, relativement à sa nouvelle méthode dans l'exploitation des terres, qui ne sont jamais une année sans donner une récolte en grains hivernaux ou en grains de Mars. Pour semer des grains hivernaux, il a établi en principe qu'il falloit préparer la terre par quatre labours, faits dans les saisons où la terre doit être vuide : « En suivant cette méthode, il ne seroit donc pas possible de semer tous les ans du froment dans la même pièce de terre. » M. Tull répond qu'il n'exige ces quatre labours de préparation que pour les terres, qu'il veut soumettre à sa nouvelle méthode. Ses principes adoptés & mis en pratique, la terre des plates-bandes, qu'on a labourée pendant la végétation des plantes dans les billons, se trouve bien ameublie par tous les labours de culture, qu'on a faits, de sorte qu'elle est en état d'être ensemencée après un, ou deux labours de préparation, qui dispose la terre en billons ou en planches. Si l'on veut au contraire semer des grains de Mars, on a encore plus de tems pour préparer la terre, puisqu'on ne seme qu'après l'Hiver. »

« M. Tull pense qu'il faut employer plus de semence dans les terres légères, que dans celles qui sont fortes, parce qu'elle talle davantage dans ces dernières que dans les autres. Si le blé est trop épais dans une terre forte, il est sujet à verser ; quand il est trop clair dans un terrein léger, les mauvaises herbes prennent le dessus & l'étouffent. Il se régle encore sur la légèreté & la ténacité du sol, pour enterrer la semence plus ou moins profondément ; il ne la recouvre que d'un pouce dans une terre forte, & de deux ou trois, quand elle est légère, parce qu'elle est plus sujette que la première à laisser évaporer l'humidité nécessaire au développement du germe & à la végétation des plantes. »

« A la fin de l'Hiver, on fait labourer les plates-bandes, en ayant attention de faire verser la terre du côté des plantes ; quelquefois on fait donner un labour, même avant l'Hiver, dès que les plantes ont poussé quelques feuilles. Si la terre est trop battue, quand le blé commence à monter en tige, on donne un second labour ; un troisième, lorsque le grain est prêt à monter en épi : souvent on laboure une quatrième fois, sur-tout si les mauvaises herbes poussent avec vigueur. Il proportionne le nombre des labours à la qualité du terrein ; il fait labourer plus souvent ceux qui sont sujets à produire beaucoup de mauvaises herbes, & moins ceux qui en produisent peu. Un terrein léger est plus souvent cultivé qu'un autre, qui est fort, pour le mettre plus en état de profiter de la pluie & de rosées. »

« Lorsque la moisson est faite, les plates-bandes sont changées en planches ou en billons, pour être ensemencées tout de suite ; ayant reçu plusieurs labours de culture pendant la végétation des plantes, la terre se trouve suffisamment remuée pour être en état de recevoir la semence. La place, qui a été moissonnée, sert de plate-bande, &, l'année suivante, elle est ensemencée ; de cette manière la terre n'est jamais en jachères. Quoiqu'elle ne soit pas entièrement ensemencée, puisqu'il y en a plus de la moitié qui reste vuide, elle produit autant que si elle étoit remplie.

Voilà les procédés suivis par M. Tull, dans sa méthode très-compliquée & très-dispendieuse ; notre but a été de donner une idée générale de ses principes, dont chacun peut faire l'application qu'il jugera convenable, en faisant la différence de son climat à celui de l'Angleterre.

Systême de culture de M. Duhamel.

« Les principes de culture de M. Duhamel se réduisent en général à ces objets ; 1.° au choix des instrumens de labourage ; 2.° à la fréquence des labours & à la manière de les exécuter ; 3.° à l'épargne de la semence ; 4.° à la façon de cultiver les plantes pendant qu'elles végétent &c. M. Duhamel est persuadé que, pour faire une culture convenable, il faut choisir des instrumens de labourage propres à cultiver les terres, suivant qu'elles l'exigent, relativement à leur qualité. Il croit qu'une petite charrue, qui pique peu & qui est propre à cultiver un terrein léger, ayant peu de fond, ne feroit qu'un mauvais labour dans un terrein fort & argilleux, qui demande à être fouillé à une grande profondeur ; ce qu'on ne peut exécuter sans une grosse charrue, autrement dite *versoir*. »

« L'usage du semoir paroît à M. Duhamel une invention très-utile, pour se procurer d'abondantes récoltes, en épargnant la semence. Par le moyen de cet instrument, elle est distribuée de manière que tous les grains lèvent & produisent des plantes vigoureuses, étant placées à une distance convenable les unes des autres. Suivant cette manière de semer & à l'exemple de M. Tull, il adopte la culture par planches. »

« Pour procéder avec ordre dans l'exposition des principes de culture des terres de M. Duhamel, nous les considérerons, 1.° suivant leur état inculte ou en friche ; 2.° dans l'état de culture, où elles sont entretenues par des labours. »

Terres incultes ou en friche.

« Sous le nom de *terres incultes*, M. Duhamel comprend toutes celles qui ne sont pas dans l'état de culture ordinaire, c'est-à-dire, qui n'ont jamais été cultivées, ou qui ne l'ont pas été depuis long-tems. Il range ces terres en quatre classes ; 1.° celles qui sont en bois; 2.° celles qui sont en landes ; 3.° celles qui sont en friche ; 4.° celles qui sont trop humides. »

« 1.° *Des Bois.* Pour ensemencer une terre, il faut la fouiller, c'est le cas où se trouvent les bois ; mais ils offrent des obstacles, qu'on ne peut vaincre sans des travaux considérables. Autrefois on se contentoit d'y mettre le feu ; aujourd'hui qu'on est plus éclairé sur ses propres intérêts, on enlève les grosses racines, dont la vente paye les frais de l'opération. »

« Aussi-tôt après on égalise le terrein, autant qu'il est possible, pour donner ensuite un labour en Automne, avec une forte charrue, afin que les gelées d'Hiver brisent les mottes & fassent mourir les mauvaises herbes. Au premier Printemps, on donne un second labour, après lequel on seme des grains de Mars, qui produisent une récolte très-abondante. On continue à cultiver ces sortes de terreins, comme ceux qui sont en bon état de culture. »

« Si ces sortes de terreins en bois sont encore remplis de genets, d'aube-épine, de bruyères & d'autres broussailles, un labour avec une forte charrue ne suffit pas pour les mettre en bon état. Dans ces circonstances, M. Duhamel fait fouiller la terre pour arracher les racines avant d'y faire passer la charrue, qu'on risqueroit de briser à cause des obstacles, qu'elle rencontreroit, à tout instant, de la part des racines & des broussailles. Cette opération, très-couteuse, exécutée à bras, est faite à peu de frais en employant la charrue à coutres sans soc ; il la fait passer deux fois dans toute l'étendue du terrein, en ayant l'attention de croiser les premières rayes au second labour ; par ce moyen toutes les racines sont coupées. Un second labour avec une forte charrue renverse aisément la terre, parce qu'il n'y a pas d'obstacle qui s'oppose à la direction qu'elle suit dans sa marche. Ces terres, qu'on pourroit appeler *vierges* relativement aux grains, fournissent, pendant plusieurs années, d'excellentes récoltes sans le secours des engrais, & elles peuvent en produire de semblables lorsque la terre commence à diminuer de force, en lesminant ce terrein, c'est-à-dire, en leur donnant une culture à la bêche, & en faisant des espèces de fossés de dix-huit à vingt pouces de profondeur. On comble le premier à mesure qu'on creuse le suivant, ainsi successivement l'un après l'autre. Cette opération, longue & coûteuse, rend à la terre sa première fertilité. Aux Cultivateurs effrayés par cette dépense, M. Duhamel propose l'observation suivante. « Qu'on fasse attention que les frais d'une » telle culture sont une avance faite, dont on sera » amplement dédommagé par les récoltes, qui la » suivront. Les fumiers qu'on auroit été obligé » de mettre pendant plusieurs années, seroient » un objet de dépense au moins aussi considé» rable, que la façon de cette culture, & ils ne » bonifiéroient pas le terrein avec autant d'a» vantage. »

« 2.° *Défrichement des Landes.* L'Auteur nomme *landes* les terres, qui ne produisent que des broussailles en général ; c'est-à-dire du genet, de la bruyère, du genièvre, &c. Il veut réduire ces sortes de terreins en état de culture, par le moyen du feu, ou en coupant & arrachant toutes ces plantes : si l'on n'a pas un grand intérêt à profiter du bois, le feu est le meilleur moyen & le plus court ; voici les raisons qu'il en donne ; 1.° les cendres de toutes ces mauvaises productions améliorent le terrein ; 2.° le feu qui a consumé toutes les plantes jusqu'aux racines, est cause qu'elles ne repoussent plus, quand même il en resteroit quelques-unes dans la terre ; 3.° en consumant toutes ces mauvaises plantes, il brûle aussi leurs graines, qui auroient germé l'année suivante ; *on a bien des précautions à prendre quand on veut brûler des landes voisines des bois. Souvent il arrive que le feu s'étend & gagne la forêt.* »

« Après avoir brûlé toute la superficie d'une lande, les racines des plantes subsistent. M. Duhamel conseille de les arracher avec la pioche. Lorsque cette opération est faite, on donne un labour après les premières pluies d'Automne, en ouvrant de larges & profonds sillons ; on sent aisément ses motifs. »

« Au Printems suivant, il fait donner un second labour, après lequel on seme les grains de Mars. La seconde année, il fait préparer la terre par trois labours pour y semer du froment. Quand le terrein est fort & de bonne qualité, il ne conseille de semer du froment que la troisième année, parce qu'il seroit à craindre qu'il ne poussât beaucoup en herbe & ne versât ensuite avant la moisson. Ce n'est qu'à force de labours qu'on entretient ces terres en bonne culture, en détruisant peu-à-peu les racines des plantes, qui restent toujours, quelque soin qu'on prenne de les arracher. »

« M. Duhamel suit une autre méthode lorsqu'il veut profiter du bois des Landes, soit pour brûler, soit pour en faire des fagots, qu'on enterre dans les fossés des vignes, afin de les fumer. Après avoir coupé toutes les plantes, pour éviter l'opération longue & coûteuse de la pioche, il fait passer la charrue à coutres sans soc, tirée par quatre à cinq paires de bœufs, selon que le terrein oppose plus ou moins de difficultés; des personnes, qui marchent derrière, ramassent toutes les racines coupées. Le terrein étant labouré dans toute sa longueur, on le laboure en largeur, afin de croiser les premières raies & de détacher les racines, qui auroient pu rester entre les sillons du premier labour. En Automne ou au Printems, on fait les autres cultures à l'ordinaire, avec une forte charrue à soc. »

3.° *Des terres en friche.* L'Auteur comprend sous ce nom les prés, les luzernes, les trèfles, les sainfoins & généralement toutes les terres couvertes d'herbes, qui n'ont point été labourées depuis long-tems. Pour les réduire en état de culture ordinaire, afin de les ensemencer, il ne suffit pas de couper le gazon, il faut encore le renverser sans-dessus-dessous, afin qu'il puisse bonifier le terrein. La charrue ordinaire paroît peu propre à produire cet effet, quand même elle seroit assez forte pour surmonter, sans se briser, les obstacles, qu'elle rencontre dans un sol si difficile à ouvrir. Pour se dispenser de la culture à la bèche, qui est longue & dispendieuse, M. Duhamel conseille d'employer la charrue à coutres sans soc, en la faisant passer deux fois en croisant à la seconde les premières raies. Une forte charrue entre ensuite aisément; elle renverse sans beaucoup de peine les pièces de gazons coupées par les coutres. Ce labour fait en Automne, les mottes sont brisées en Hiver par la gelée, & la terre est en état d'être ensemencée au Printems. Après la récolte des grains de Mars, on donne plusieurs labours, afin de préparer la terre à recevoir du froment. »

« L'Auteur observe qu'il n'est pas toujours avantageux de semer du froment, la même année qu'on a réduit une prairie en état de culture réglée; si la terre est d'une très-bonne qualité, il vaut mieux attendre la troisième année, parce que le froment, qui demande plus de substance que les autres grains, se trouvant dans un terrein neuf, capable de lui en fournir beaucoup, pousseroit si considérablement en herbe, qu'il verseroit. Il remarque encore que cette plante étant plus vivace que celle des autres grains, resteroit plus long-tems verte le grain mûriroit par conséquent trop tard; pour éviter cet inconvénient, il y fait semer de l'avoine, des légumes ou du chanvre, pendant les deux premières années. »

« A l'égard des prairies maigres remplies de mousse, situées sur un mauvais sol & des terres, qui ont été en jachères pendant plusieurs années, parce qu'elles sont peu fertiles, & dont la surface est couverte de gazon, M. Duhamel propose de les *écobuer*, (*Voyez* ce mot) pour les brûler, afin que les cendres du gazon & des plantes fertilisent le terrein. Cette opération, qu'il regarde comme très-utile, quand elle est faite à propos, peut être nuisible, si on ne la fait pas avec beaucoup de précautions. Lorsque le feu est trop vif, il calcine la terre, consume les sucs propres à la végétation; elle n'est plus alors qu'un sable stérile, ou une brique réduite en poussière, incapable de fertiliser. »

« 4.° *Des terres humides & pierreuses.* Lorsqu'une pièce de terre est humide, parce qu'elle a un fond de glaise ou d'argille, qui ne permet pas à l'eau de se filtrer, ou qu'elle est située de manière à recevoir les eaux des champs limitrophes, elle forme une espèce de marécage, qui produit toutes sortes de plantes aquatiques, qu'on a bien de la peine à détruire entièrement. M. Duhamel exige qu'auparavant de labourer un terrein de cette espèce, on procure un écoulement à l'eau. »

« Lorsqu'un terrein a de la pente, il est très-aisé de le dessecher, & chacun sait que les fossés en sont le moyen; la terre, qu'on en retire à la longue, devient un excellent engrais. »

« Après cette opération, les joncs & toutes les plantes aquatiques, privées de leur élément, ne tardent pas à périr. Lorsque le terrein est bien desséché, l'Auteur conseille de l'écobuer pour le brûler, ou d'y passer la charrue à coutres sans soc, avant de lui donner un labour de culture, pour le disposer à être ensemencé. »

« Si le sol est d'une qualité à retenir l'eau, & qu'il ne soit marécageux que pour cette raison, il ne suffit pas de l'entourer de fossés, il faut encore en creuser quelques-uns de distance en distance dans l'étendue du terrein, en les faisant aboutir à celui qui est le plus bas. Quand on veut que la pièce de terre ne soit point coupée par tous ces fossés, il faut les combler avec des cailloux, en remettant ensuite la terre par dessus; mais alors on sera obligé de r'ouvrir tous les cinq ou six ans, parce que la terre, qui sera placée dans tous les vuides, que laissoient entr'eux les cailloux, ne permettra plus à l'eau de s'écouler. Après toutes ces opérations, l'on réduit aisément ces sortes de terreins en état de culture ordinaire, si toutefois le champ vaut la dépense nécessaire pour son desséchement. »

Des terres en culture.

« Exploiter une terre, c'est la mettre en état,

en la travaillant, de donner les productions, dont elle est capable. Pour cet effet, on laboure, on met des engrais, on seme, on cultive. M. Duhamel ne croit pas que les labours tiennent lieu d'engrais dans toutes les circonstances. »

« 1.° *Des labours.* Selon M. Duhamel, l'objet du Cultivateur doit être de rendre ses terres fertiles, afin que leurs productions le dédommagent de ses soins & de sa dépense. Il ne connoît que deux moyens capables de produire cet effet, l'un par les labours, l'autre par les engrais. Quoiqu'il soit persuadé de l'utilité de ceux-ci, il lui paroît bien plus avantageux de rendre une terre fertile par des labours, lorsqu'elle est d'une qualité à n'avoir pas besoin d'autre secours. Pour qu'un terrein soit en état de fournir aux plantes les sucs, qui contribuent à leur accroissement, ses parties doivent être divisées, atténuées, afin que les racines aient la facilité de s'étendre. Le fumier, suivant M. Duhamel, produit en partie cet effet par la fermentation qu'il excite. Mais il pense que l'instrument de culture l'opère d'une manière plus efficace ; outre qu'il divise la terre, il la renverse encore sans-dessus-dessous ; par conséquent les parties, qui étoient au fond, sont ramenées à la surface, où elles profitent des influences de l'air, de la pluie, des rosées, du soleil, qui sont les agens les plus puissants de la végétation ; les mauvaises herbes, qui épuisent la terre, sont détruites & placées dans l'intérieur, où elles portent une substance, qui accroît les sucs, dont les plantes ont besoin. Une terre, où on se dispense de quelques labours, soit de préparation, soit de culture, sous prétexte des engrais qu'on y met, se durcit à la surface : elle ne peut donc point profiter de l'eau des rosées, ni de la pluie qui coule sans la pénétrer. M. Duhamel observe que le fumier expose à des inconvéniens, qu'on n'a point à craindre des labours ; 1.° la production des plantes fumées est d'une qualité bien inférieure à celles qui ne le sont pas ; 2.° les fumiers contiennent beaucoup de graines qui produisent de mauvaises herbes ; ils attirent des insectes, qui s'attachent aux racines des plantes & les font périr. Toutes ces considérations l'ont décidé à multiplier les labours dans les terres d'une bonne qualité, au lieu de les fumer. Aussi, en recommandant les engrais, il conseille toujours de les réserver pour les terres peu fertiles, & de labourer fréquemment celles qui ont du bon fond. »

« En établissant pour premier principe de culture la fréquence des labours, l'Auteur observe que la plupart des Cultivateurs imaginent qu'elle est nuisible à la fertilité de la terre, qui perd une partie de sa substance, quand elle est trop souvent cultivée. Il répond à cette objection ; 1.° que l'évaporation n'enlève jamais que les parties aqueuses, & non point celles de la terre ; 2.° que, dans bien des circonstances, cette évaporation est utile ; 3.° en supposant que les labours donnent lieu au soleil d'enlever les parties humides, nécessaires à la végétation, les pluies, qui arrivent après que la terre a été remuée, lui rendent d'une manière plus avantageuse l'eau qu'elle a perdue. Il conclut donc que la fréquence des labours est très-utile pour rendre les terres fertiles, pourvu qu'ils soient faits à propos. »

« M. Duhamel distingue, ainsi que M. Tull, deux sortes de labours, ceux de préparation & & ceux de culture. Pour ces derniers il a imaginé des charrues légères, qu'il nomme des *cultivateurs*, capables de remplir assez bien son objet. »

« Pour préparer la terre à être ensemencée, suivant M. Duhamel, on ne sauroit faire des labours trop profonds. Cependant, dans la pratique, il a soin de proportionner la profondeur des sillons à la qualité du terrein, qui doit être relative au fond de la terre, plus ou moins bon. En général, il fait labourer les terres fortes avec des charrues, qui prennent beaucoup d'entrure, c'est-à-dire, qui piquent à une profondeur considérable ; pour celles qui n'ont pas de fond, des labours légers suffisent. »

« Lorsque la terre est sujette à retenir l'eau, il faut labourer par planches ou par sillons plus ou moins larges, afin de procurer l'écoulement des eaux qui resteroient à la surface, si l'on ne donnoit pas une pente à leur cours. Quand elle n'est point exposée à cet inconvénient, les labours sont faits à plat, & on ouvre, de distance en distance, de grands sillons qui donnent issue aux eaux. »

2.° *Des labours de préparation & de culture.*

Avant d'ensemencer une terre en grains hivernaux, principalement en froment, M. Duhamel exige qu'elle ait reçu quatre labours de préparation. Le premier doit être fait avant l'Hiver, afin que la gelée brise les mottes, pulvérise la terre, fasse périr les mauvaises herbes ; ce premier labour s'appelle *guereter*. Le second nommé *binage*, est fait dans le courant de Mars, pour disposer la terre à profiter des influences de l'atmosphère, & sur-tout des rayons du soleil. Le troisième, appellé *rebinage*, est fait au mois de Juin, pour détruire les mauvaises herbes qui ont poussé depuis le binage. Le quatrième, appellé *labour* à demeure, est fait immédiatement après la moisson. M. Duhamel ne croit pas que ces quatre labours suffisent dans toutes les circonstances, ni pour toutes sortes de terreins. Si le Printems est chaud & pluvieux par intervalles, l'herbe pousse avec vigueur : il ne faut pas alors s'en tenir aux labours d'usage ; il est à propos de les multiplier, afin d'arrêter la végétation des mauvaises herbes. »

« Pour semer les grains de Mars, il exige que la terre soit préparée au moins par deux labours, & condamne la méthode des Cultivateurs qui sement après un seul labour fait en Février ou en Mars. Il prétend que la terre ne peut être bien disposée, si elle n'a reçu un labour avant l'Hiver, immédiatement après les semailles des hivernaux, indépendamment de celui qu'on doit lui donner après l'Hiver. L'expérience, ajoute-t-il, prouve évidemment la nécessité de deux labours, puisque les avoines, les orges, faites après un seul labour, ne sont jamais aussi belles que quand la terre a été préparée par deux labours. »

« Un des grands avantages de la méthode de cultiver, adoptée par M. Duhamel, consiste à pouvoir cultiver les plantes annuelles pendant leur végétation. Lorsque le Printems est favorable, celles qui ont résisté à la gelée poussent vigoureusement; c'est donc alors, dit-il, qu'il faut aider leur accroissement par des labours de Culture. Quoique la terre ait été bien ameublie par le labourage de préparation, elle a eu le tems de se durcir & de former à la superficie une croûte qui la rend impénétrable à l'eau. Pour obvier à cet inconvénient, & rendre facile la Culture des plantes annuelles, M. Duhamel a imaginé de diviser une pièce de terre par planches, comme on le verra dans la suite, afin de pouvoir donner quelques labours aux plantes pendant qu'elles croissent. Il fait ordinairement donner le premier labour de Culture avant l'Hiver, afin de disposer la terre à profiter des pluies, des rosées; à mesure que la mauvaise herbe pousse, on en donne un second pour la détruire; lorsque le grain commence à se former, on fait le troisième labour de Culture, parce que c'est le tems où la plante a besoin d'une plus grande partie de substance pour parvenir à donner des épis longs & bien fournis en grains. Le nombre des labours de Culture est relatif à la qualité des terres sujettes à produire plus ou moins de mauvaises herbes. M. Duhamel les multiplie en proportion de ce défaut, mais non pas dans le tems pluvieux. »

« Cet Auteur n'est pas du sentiment des Anciens, qui ne labouroient point les terres lorsqu'elles étoient sèches, humides, gelées; il pense, au contraire, qu'un labour de préparation, fait pendant la sécheresse, ne peut point être nuisible. Dans cette circonstance, on détruit les mauvaises herbes avec bien plus de succès. Un labour fait pendant la sécheresse, loin d'épuiser la terre, la prépare au développement des principes de sa fertilité, en la mettant dans l'heureuse disposition de profiter des influences bienfaisantes de l'atmosphère dont elle seroit privée tant que sa surface formeroit une croûte impénétrable à l'eau. Quoique l'Auteur observe que les labours faits pendant la sécheresse ou pendant la gelée, sont utiles à la terre, il préfère ceux qu'on exécute par un tems ni trop sec ni trop pluvieux. »

« 3.° *Des Engrais.* Les terres sur lesquelles il n'est pas possible de multiplier les labours, ont besoin d'engrais. L'Auteur s'est occupé des moyens de les employer utilement: il pense qu'un tems pluvieux est le plus favorable au transport des fumiers, parce que la terre ne perd rien de leur substance, qui s'évapore facilement, si le soleil est trop vif. Comme on n'est pas toujours libre de choisir le tems le plus convenable à leur transport, en pareille circonstance, il faut mettre tous les fumiers en tas, les couvrir de terre, afin d'empêcher l'évaporation, & les répandre seulement avant de labourer; sans cette précaution, il ne resteroit à enterrer, que de la paille qui ne seroit pas d'un grand secours pour améliorer le terrein. Quand les fumiers sont transportés dans l'intention de les enterrer de suite, il faut les étendre à mesure qu'on laboure, pour les couvrir avant la pluie; autrement l'eau qui les délayeroit, entraîneroit la meilleure partie de leur substance. »

M. Duhamel conseille de transporter les engrais avant le *labour à demeure*, de les étendre tout de suite, & de les enterrer. Il y a des Cultivateurs qui étendent les fumiers seulement avant de semer, & les enterrent avec la semence. Cette méthode est vicieuse, parce qu'il y a des grains qui peuvent se mêler avec des tas de fumier, où ils pourrissent quand ils ne sont pas dévorés par les insectes qui s'y trouvent. »

Comment une pièce de terre doit être préparée pour être ensemencée selon la méthode de M. Duhamel.

La nouvelle méthode d'ensemencer les terres, introduite par M. Duhamel, se trouve conforme à celle de M. Lignerolle: voici de quelle manière le terrein est disposé.

« Supposons, dit M. Duhamel, une pièce de terre bien labourée à plat & fort unie, prête à recevoir la semence & à prendre la forme qu'on voudra lui donner; supposons encore que la terre soit assez bonne, qu'elle ne soit point trop difficile à travailler, & qu'on veuille y faire des planches de quatre tours de charrue, ou de huit raies, qui produiront sept rangées de froment; comme c'est la première fois qu'on ensemence cette pièce suivant la nouvelle Culture, il faut la disposer de façon qu'il y ait une planche de guéret & une ensemencée; ce qui servira tant qu'on la cultivera suivant la nouvelle méthode. En commençant par laisser à une rive de la pièce la planche de guéret, il faut compter 1, 2, 3, 4, 5, 6, 7, 8, 9, 10 raies de guéret; voilà la planche qui restera en guéret cette année & qu'on ensemencera l'année prochaine, parce qu'il faut dix raies de guéret pour faire une planche de labour, formant huit raies de planches, qui produisent sept rangées de blé. Pour ensemencer, on compte 1, 2, 3, 4 de ces dix raies; on fait répandre du blé à la main sur les deux cinquièmes raies, qui doivent former le milieu de la planche; ainsi, les cinquièmes raies se trouvent adossées par les quatrièmes, en même-tems qu'on forme une enraïure : par ce tour de charrue ou par les deux traits, la semence qu'on a répandue se trouve enterrée sur le milieu de la planche, & quoiqu'on ait répandu du grain dans les deux raies 5, il n'en résultera à la levée qu'une forte rangée, qui équivaudra à deux. »

« Après avoir fait répandre du grain dans les deux sillons qu'on vient de former, on pique un peu moins dans le guéret; on fait un second tour de charrue, qui recouvre le grain qu'on vient de semer, & on forme deux nouvelles raies. »

« Ayant fait répandre du grain dans les raies à mesure qu'on les forme, & ayant fait un troisième & quatrième tours, la planche est entièrement formée par huit raies, qui ne doivent donner que sept rangées de froment, les deux premières n'en produisant qu'une, qui est, à la vérité, plus forte que les autres. »

« Il est bon de faire attention, 1.° qu'afin que les planches aient leur égoût dans les raies qui les séparent, il faut qu'elles fassent un ceintre surbaissé; c'est pour cela qu'on pique profondément les raies 4, 4, & qu'on en renverse la terre sur les raies 5, 5, pour former ce qu'on appelle l'*ados* d'une planche, & on pique de moins en moins les raies 3, 3, 2, 2, 1, 1, afin que la pente soit bien conduite depuis l'ados, jusques & comprise la dernière raie. »

« 2.° Qu'il faut huit raies de guéret pour quatre tours de charrue, formant huit raies de planches, qui ne produisent que sept rangées de froment, parce que, comme il a été dit, l'ados n'en produit qu'une forte, qui équivaut à deux. Si l'on veut faire les planches plus étroites, on ne prend que huit raies de guéret pour trois tours de charrue, formant six raies de planches, qui ne produisent que cinq rangées de froment. Si on ne prenoit que six raies pour deux tours de charrue, formant quatre raies de planches, on n'auroit que trois rangées de froment; ces planches sont très-étroites & bordées de deux sillons. Quand il n'y a que l'ados, formé de deux raies poussées l'une sur l'autre par-dessus les deux du milieu, qu'elles couvrent on forme ce qu'on nomme un *billon*, qui ne porte qu'une rangée de froment. On conçoit que la charrue à versoir opère le labour, d'abord en poussant deux raies l'une contre l'autre, qui forment l'ados & deux fonds de raies de chaque côté, qui fournissent des enrayures pour former successivement le nombre des raies qui doivent composer une planche de quelque largeur qu'elle soit, laquelle finit & est bordée par deux fonds de raies ou de sillons, dans lesquels on enrage quand on bine, pour remettre la terre où on l'avoit prise au premier labour; ainsi elle change de place, comme quand on laboure avec les charrues à tourne-oreille. »

« Les soins dont on vient de parler pour les premières façons n'ont pas lieu, lorsqu'on guérette ou lorsqu'on bine; comme alors il n'est point important de donner un égoût aux eaux, on ne fait point d'ados, & on pique également dans toute la largeur des planches. »

« Le grain, qui se trouve répandu sur les deux raies dont l'ados d'une planche est formé, doit réussir, parce qu'il étend ses racines dans le guéret sur lequel on le répand, & dans la terre des deux raies qu'on creuse pour former l'ados, de sorte que le grain jouit presque de la terre de quatre raies. Le grain des deux rangées qui suivent immédiatement, est encore bien pourvu de terre, puisqu'il jouit du revers des deux premières raies de l'ados, & des deux secondes qui le couvrent. Les troisièmes rangées, qui sont les cinquièmes de la planche, quoique moins relevées que les précédentes, fournissent encore assez de substance au grain, parce qu'il est assis sur un bon guéret, & recouvert de la terre qu'on prend au dépens de la terre qui reste pour couvrir la septième & dernière rangée. Ces rangées, qui terminent les deux côtés de la planche, sont par conséquent les plus mal situées & les moins fournies de guéret : on s'en apperçoit à la récolte; car elles sont les plus foibles de toutes. Ainsi, elles ont besoin plus que toutes les autres des secours qu'elles ne peuvent recevoir qu'en pratiquant la nouvelle Culture, par l'adossement qu'on peut leur donner aux dépens de la planche voisine, qui reste en guéret. Les labours que les plantes de ces rangées reçoivent au Printems, suffisent pour leur donner autant de vigueur qu'à celles du milieu des planches. Cette pratique s'étend également sur tous les autres grains, la luzerne, le sainfoin, &c. »

De la Culture des plantes pendant leur végétation.

« M. Duhamel est persuadé que rien ne contribue plus au progrès des végétaux que des labours faits à propos pendant l'accroissement des plantes. L'expérience lui a découvert trois principaux moyens, afin d'obtenir des récoltes abondantes; ils consistent, 1.° à faire produire aux plantes beaucoup de tuyaux; 2.° à faire porter un épi à chaque tuyau; 3.° à cultiver de façon que chaque épi soit entièrement rempli de grains bien nourris. Comme on ne peut, dit-il, opérer ces effets que par des labours réitérés, ce n'est pas en suivant la manière ordinaire d'ensemencer qu'on les obtiendra, parce qu'il n'est pas possible de cultiver les plantes pendant leur végétation. »

« Si on veut que les plantes profitent des labours de Culture, il est important de les faire dans des circonstances favorables. M. Duhamel pense, ainsi que M. de Châteauvieux, que le premier labour de Culture a pour objet, 1.° de procurer l'écoulement des eaux; 2.° de préparer la terre à être ameublie par les gelées d'Hiver. Il est donc essentiel de faire ce premier labour, avant que la terre soit gelée: en conséquence de ce principe, M. Duhamel est du sentiment de donner une culture au blé, dès qu'il a trois ou quatre feuilles, en ayant la précaution de border les planches par un petit sillon, pour recevoir les eaux. Après les grands froids, ou au plus tard quand les plantes commencent à pousser, il fait donner un second labour; si l'on attendoit plus long-tems, il ne seroit pas aussi avantageux; il ne serviroit tout au plus qu'à faire alonger les tuyaux des plantes, sans les faire taller. Ce second labour est très-utile pour faire produire aux plantes plusieurs tuyaux chargés d'épis. »

« Avant que les blés soient défleuris, M. Duhamel, à l'exemple de M. de Châteauvieux & de M. Tull, fait donner plusieurs labours pour fortifier les plantes, alonger les tuyaux, donner de la grosseur aux épis, & détruire les mauvaises herbes. »

« Il ne détermine ni le nombre de ces labours ni le tems convenable pour les faire; ils dépendent, selon lui, de l'état des terres qu'on ne doit point labourer dans cette saison, si elles sont trop humides. Quand la saison est favorable, on peut multiplier les labours à son gré; il considere celui qu'on fait immédiatement avant que l'épi sorte du tuyau, comme le plus indispensable pour faire croître l'épi en grosseur & en longueur. Lorsque les fleurs sont passées, alors il est nécessaire de faire donner le dernier labour de Culture, afin que le grain puisse prendre toute la substance dont il a besoin, pour être aussi beau à la pointe de l'épi qu'au commencement. »

« Les labours de Culture n'étant point praticables dans les planches entre les rangées de froment, il faut, dit M. Duhamel, se contenter de labourer les plate-bandes, en ouvrant les raies aussi près des dernières rangées qu'il est possible. Il seroit à desirer, ajoute-t-il, qu'on pût trouver la manière de faire passer un cultivateur entre les rangées de froment; ces plantes deviendroient bien plus vigoureuses. En attendant qu'on ait trouvé ce moyen, il ne faut point négliger d'arracher les mauvaises herbes; ce travail, peu difficile, ne porte aucun dommage au froment, comme il arrive dans la manière ordinaire de cultiver & de semer. »

Systême de Culture de M. Patullo.

« La méthode de Culture suivie par M. Patullo, est la même qu'on trouve dans M. Duhamel. Je les ai mis à la suite l'une de l'autre, afin qu'on pût juger de la différence des deux. »

« 1.° On essayera, dit M. Patullo, de défricher en Automne, afin que les gelées d'Hiver mûrissent la terre & fassent périr les herbes. »

« 2.° Au Printems, aussi-tôt que la terre sera ressuyée, on donnera un second labour. »

« 3.° On y transportera les amendemens convenables à la nature du terrein. »

« 4.° Sur-le-champ on donnera un troisième labour profond, & on hersera, s'il est nécessaire, pour briser les mottes. »

« 5.° Dans le mois d'Août, on donnera un quatrième labour. »

« 6.° On semera en Octobre du froment dont on aura lieu d'espérer une bonne récolte. »

« 7.° Aussi-tôt après la moisson, on retournera les chaumes. »

« 8.° Dans le mois de Mars, on donnera un second labour, & on semera de l'orge qu'on recueillera, comme les avoines, dans le mois d'Août. »

« 9.° Aussi-tôt après cette récolte, on retournera le chaume d'orge, & l'on passera la herse pour briser les mottes. »

« 10.° On donnera un second labour en Septembre, pour semer du froment en Octobre. »

Voilà la méthode de M. Patullo, pour les terres fertiles. A l'égard des terres sablonneuses, graveleuses & légères, il suffit, dit M. Patullo:

« 1.° De leur donner trois labours; après le second, on portera les engrais; après le troisième, on semera du froment qu'on enterrera avec la charrue. »

« 2.° Aussi-tôt après la récolte, on brûlera les chaumes, on donnera un labour léger & on semera des turneps ou grosses raves, ou gros navets. »

« 3.° Après la récolte des navets, on donnera un labour profond, & on semera des pois blancs. »

« 4.° Après la récolte des pois, on labourera la terre & on semera des navets, comme on avoit fait l'année précédente. »

« 5.° Au Printems suivant, ayant préparé la terre par un ou deux labours, on y semera de l'orge. »

« 6.° Après la récolte de l'orge, on labourera la terre, on la hersera & on semera en Septembre du trêfle, si la terre est peu humide; on profitera des gelées d'Hiver pour y voiturer des engrais qu'on répandra sur le trêfle. »

« 7.° Dans l'Automne de la troisième année, on labourera le trêfle; on donnera au Printems un second labour, & on semera de l'orge. »

« 8.° Après la récolte de l'orge, on donnera deux labours, & on semera du froment. »

« 9.° On pourra faire, dans l'année suivante;

une seconde récolte de froment, avant la récolte des menus grains, ou bien on suivra les récoltes, comme il a été dit plus haut; mais, à la fin de la troisième année on semera du trèfle, ou, suivant la qualité du terrein, d'autres herbages. »

Système de culture établi dans un ouvrage intitulé : Le Gentilhomme Cultivateur.

Du labourage.

Le labourage est considéré par l'Auteur comme la principale & la plus essentielle des opérations d'Agriculture ; qu'on ne soit donc point étonné, dit-il, des différentes espèces de charrues inventées pour perfectionner cette partie, ni de la variété des préparations données à la terre, relativement à ses qualités, pour la rendre fertile & propre à la végétation des plantes dont nous attendons des productions. Tous les sols ne se prêtent pas aux mêmes méthodes de cultiver. S'il ne falloit les travailler qu'en suivant des principes uniformes, l'Agriculture ne seroit plus un art, mais un simple jeu, peu fait pour mériter les soins des hommes célèbres, qui se sont appliqués à nous tracer la vraie route que leur avoit indiquée l'expérience.

1.° Principes d'après lesquels l'Auteur établit l'utilité des labours.

Pour rendre la terre fertile, il faut rompre & diviser ses parties. On opère la division de ses molécules de deux manières : 1.° par l'instrument de culture, qui fouille la terre & la divise ; 2.° par les fumiers dont la fermentation empêche la réunion des molécules. Ces deux manières sont communément combinées ensemble ; souvent la première est employée toute seule, mais jamais la seconde. L'Auteur estime qu'il est bien plus avantageux de contribuer à la fertilité de la terre par les labours que par les fumiers dont il est rare d'avoir la qualité nécessaire dans les grandes exploitations, au lieu qu'il est toujours en notre pouvoir d'augmenter les labours à volonté. L'Auteur, sans donner dans l'excès de M. Tull, qui bannit absolument les engrais de l'Agriculture, observe qu'il est à propos d'en faire un usage très-modéré, & de les remplacer par des labours, autant que les terres peuvent se prêter à cette pratique, parce qu'ils corrompent en quelque sorte le goût naturel des productions, comme l'expérience nous en convainc tous les jours dans les plantes potagères. »

« Lorsque la terre est améliorée par le labourage, elle n'est point exposée à l'épuisement causé par les mauvaises herbes ; toutes ses parties reçoivent successivement les influences de l'atmosphère. Lorsqu'un labour les remet au fond pour ramener les autres à la surface, afin qu'elles profitent des mêmes avantages ; elles y portent des principes certains de fertilité, qui n'altèrent point le goût primitif des productions des plantes dont elles aident merveilleusement la végétation. »

« Les terres légères ont des interstices trop grossies entre leurs molécules, de sorte que les racines qui s'étendent dans ces cavités, ont peine à toucher leurs surfaces, & par conséquent à pomper les sucs nourriciers. L'effet du labourage dans ces espèces de terres, consiste donc à opérer une plus grande division de molécules que celle qui existoit déjà. Il faut observer, ajoute l'Auteur, que les racines dans leur extension, doivent nécessairement éprouver une certaine résistance, afin d'attirer les sucs nourriciers ; sans cette pression réciproque des racines & des molécules, la végétation languit, parce que les racines passant sur les parties terrestres sans toucher leur surface, elles ne peuvent point enlever les sucs dont les molécules sont chargées. Sans les labours, les terres légères seroient par conséquent peu propres à la végétation. »

« Quoique le fumier, par la fermentation qu'il excite dans l'intérieur de la terre, divise aussi ses parties, ce seroit une erreur, selon l'Auteur, de le croire aussi avantageux que les labours dont l'effet est bien plus certain ; il porte, à la vérité, des principes de fertilité, très-utile à la végétation ; mais aussi il est sujet à des inconvéniens nuisibles aux productions de la terre, ainsi qu'il a déjà été dit plusieurs fois ; la méthode la plus ordinaire d'améliorer les terres étant d'avoir recours aux fumiers, l'Auteur indique un moyen de faire mourir les insectes qui y sont ; pour cet effet, avant de commencer le tas, on met une couche de chaux vive, & à mesure qu'il avance, on répand de tems-en-tems quelques couches de la même chaux ; en ayant cette précaution, on détruit les insectes & les graines de mauvaises herbes, qui poussent en quantité dans les terres bien fumées. »

« L'Auteur considère la herse dans les mains du laboureur ignorant, comme l'instrument d'Agriculture le plus dangereux, lorsqu'il en fait usage pour se dispenser des labours qu'il devroit au contraire multiplier. Il imagine que cet instrument rompt & divise suffisamment la terre, sans faire attention que les chevaux dont il se sert, font plus de mal avec leurs pieds que la herse ne fait de bien. »

« *2.° Des moyens d'entretenir la terre en vigueur par le labourage.*

Selon les principes de l'Auteur, lorsqu'on veut conserver un terrein en vigueur par le labourage, il est essentiel de multiplier le nombre des labours, afin d'accroître, ou, pour mieux dire, de développer les principes de fertilité; mais il faut observer de mettre un intervalle de tems convenable entre chaque labour; sans cette précaution, on les multiplie sans que la terre en reçoive aucun avantage : un terrein médiocre bien labouré, est bien plus fertile qu'un autre d'une qualité meilleure, mais qui n'est point amendée par des labours. Une terre nouvellement rompue & suffisamment ameublie, est comme une terre neuve, pour les usages auxquels on veut l'employer; d'où il conclut que les labours produisent les mêmes effets que les engrais. Les sols légers, suivant ses observations, deviennent plus serrés & plus lourds, lorsque la terre est bien rompue & divisée par des labours dont l'effet est de donner plus d'adhérence à ses parties après leur division. Les terres fortes, au contraire, deviennent plus légères par la même opération qui raffermit celles qui sont trop friables; leurs molécules étant divisées par la culture, elles perdent en partie la ténacité & l'adhérence qui s'opposent à l'extension des racines. »

« L'Auteur entre dans ce détail pour faire comprendre au cultivateur qui ne veut employer d'autres moyens pour améliorer ses terres que le seul labourage, combien il est essentiel de les multiplier, s'il veut réussir dans son entreprise; sans cette connoissance, cette méthode très-avantageuse peut être nuisible à ses terres. »

« Suivant la méthode ordinaire de cultiver, l'effet du premier labour, selon lui, est peu sensible; celui du second l'est un peu plus; ce n'est qu'après avoir fait l'un & l'autre qu'on doit regarder la terre comme préparée à être labourée. Le troisième & le quatrième labours commencent à produire des avantages réels, & tous ceux qu'on donne ensuite deviennent infiniment plus efficaces que les premiers pour rendre la terre fertile. Il est certain, ajoute l'Auteur, que rien n'est plus propre à faciliter & à augmenter les effets des engrais que les labours donnés à un terrein nouvellement fumé. Au bout de trois ans, une terre qui a été fumée, se trouve communément épuisée; en lui donnant un double labour, moins dispendieux que le fumier, on la remettra en vigueur pour six ans, & plus on augmentera le nombre des labours, plus elle pourra se passer du secours des engrais. »

« Quoique l'Auteur approuve la fréquence des labours, pour maintenir la terre dans un état propre à la végétation, il pense néanmoins que le meilleur moyen est de joindre les engrais aux labours, c'est-à-dire, après qu'un terrein a été long-tems fertilisé par les labours, il faut le secourir par les engrais, afin de le ranimer; quand, au contraire, il a été porté à un grand degré d'amélioration par les fumiers, il convient alors de multiplier les labours; cette alternative, ajoute-t-il, est la vraie méthode de conserver les bons effets, tant des labours que des engrais. Il ne trouve aucune raison qui puisse empêcher le Cultivateur de se comporter autrement, parce que les labours & les engrais ne produisent pas des effets qui soient opposés les uns aux autres. »

« 3.° *De la manière de labourer relativement à la qualité des terres & à leur position.*

Selon les principes du *Gentilhomme cultivateur* on ne peut point établir une méthode uniforme de labours, parce qu'elles varient infiniment dans leurs qualités & leurs positions. Communément on regarde un labour profond comme très-avantageux pour rendre un sol fertile; cependant il y a des circonstances où il seroit nuisible. Toutes les terres n'ont pas autant de fond les unes que les autres; elles n'exigent donc pas d'être fouillées à la même profondeur. La charrue doit piquer beaucoup dans les terres nommées *pleins-sols*, parce qu'on ne craint pas de ramener à la surface une terre de mauvaise qualité; mais lorsque le sol n'a que quelques pouces de profondeur, & qu'on trouve ensuite une terre non végétale, on doit prendre garde à ne point faire piquer la charrue trop avant, & à ne pas ramener à sa superficie les mauvaises terres. »

« Les terres humides exigent une culture plus analogue à leur qualité. Il y a deux principales sortes de sols, sujets à être réfroidis par l'humidité; ceux qui se trouvent sur des montagnes où il y a un lit de glaise au-dessous de la superficie, & ceux qui situés horizontalement sont très-profonds & très-fermes. » La cause du mal dans ces terreins est très-évidente : les eaux des pluies filtrant à travers la terre molle qui forme la superficie, sont retenues par la glaise, qui se trouve au-dessous, & dont les parties sont si intimement liées & compactes qu'elles sont impénétrables aux eaux, de sorte que de nouvelles pluies succédant, les eaux en sont retenues par les précédentes : le sol étant alors engorgé, elles remontent vers la superficie, se mêlent avec la terre molle qui, abreuvée, se gonfle & s'élève au-dessus de son niveau. » Voici de quelle manière l'Auteur procède dans la Culture de ces sortes de terreins.

« Le labourage n'est que d'une foible ressource dans ces sortes de terres : on ne peut donc point se dispenser de couper des tranchées en travers du terrein, afin de donner une pente à l'eau, pour qu'elle puisse s'écouler; on ferme ces tranchées en les comblant avec de grosses pierres, recouvertes ensuite de terre, afin que la charrue puisse y passer comme sur une surface horizontale. »

« Lorsqu'on a lieu d'espérer de retirer quelques avantages, en réduisant ces sortes de terres en état de culture réglée, pour l'entreprendre avec succès, il faut labourer en dirigeant les sillons transversalement & leur donner une pente oblique, si les rayons étoient dirigés transversalement en ligne droite, ou de bas en haut, & toujours en ligne droite, on conçoit combien ces méthodes seroient défectueuses; en suivant la première l'eau n'auroit point d'écoulement, puisque les guérets la retiendroient; par la seconde, on lui procureroit un écoulement trop précipité, de sorte qu'elle entraîneroit toute la substance de la terre. »

« Pour rendre l'écoulement plus parfait, l'Auteur exige qu'il n'y ait point de cavité dans les sillons, & que leur extrémité soit l'endroit le plus bas de toute leur longueur. Quant au degré d'obliquité qu'il convient de donner, soit aux rayons, soit aux sillons, il doit toujours être relatif à la position du terrein, c'est-à-dire l'obliquité doit être moins sensible pour une terre dont la pente est très-considérable, que pour une autre qui l'est moins. »

« Quoiqu'un terrein situé sur le plan incliné d'un côteau ou d'une montagne ne soit point sujet à retenir l'eau, on ne doit pas se dispenser en le labourant, de tracer des raies tranversales, afin de donner un écoulement aux eaux trop abondantes, & d'empêcher qu'elles n'entraînent les terres. »

« Lorsqu'un sol profond & ferme est horisontal, en le labourant transversalement, tantôt d'un côté, tantôt de l'autre, il est sujet à être froid & humide, parce que l'eau y séjourne long-tems. Pour remédier à ces inconvéniens, si nuisibles à la végétation, il faut, en labourant, le disposer en rayons obliques. L'Auteur fait à ce sujet des observations pour détourner les Cultivateurs de la méthode de labourer transversalement, afin de leur faire adopter la pratique des rayons, comme la plus propre à favoriser les productions de la terre. 1.° Le labour transversal, dit-il, est plus désavantageux qu'utile, parce qu'il ne procure pas aux eaux un écoulement, indispensable dans les terres humides.

2.° Le Cultivateur craint de perdre du terrein, s'il ne suit pas sa méthode de labourer transversalement; mais il est certain qu'un champ labouré en rayons a plus de superficie que quand il est labouré à plat. « Si, par cette méthode, » nous donnons deux pieds sur seize pour un sillon » vuide, la différence de surface, qui se trou» vera entre le terrein labouré à plat & le terrein » labouré en raies, se trouvera à l'avantage du » Fermier, parce que toute la surface étant ainsi » élevée en rayons, est en état de porter du » blé, & que le Fermier par conséquent gagnera » autant de terrein de plus. » Outre qu'on gagne une augmentation réelle en labourant en raies, l'Auteur est persuadé que par cette méthode, on rend le sol sec & chaud, parce que les rayons se servent réciproquement d'abri les uns aux autres, & se garantissent des vents froids; d'ailleurs il ajoute que si le terrein se trouve épuisé, après avoir beaucoup produit, on a l'avantage de se procurer un terrein neuf, très-fertile, en remettant les sillons en rayons. »

De l'exploitation des terres en friche pour les disposer à être ensemencées.

« L'Auteur, à l'imitation de M. Duhamel, comprend sous le nom de terres en friche, celles qui sont en bois, en bruyères, en prairies artificielles ou naturelles, en un mot toutes celles qui n'ont point été ensemencées depuis long-tems; ce qui nous dispense d'entrer dans de plus grands détails sur la manière de les cultiver. L'Auteur s'éloigne seulement du systême de M. Duhamel, relativement aux prairies artificielles ou naturelles, converties en terres à blé: il les regarde avec raison, comme de vraies jachères, relativement au blé, parce que leurs racines n'ont pas épuisé leur surface, & il conseille de semer la première année des turneps (grosses raves) & non des grains, qui verseroient dans une pareille terre. »

De la manière de préparer un terrein en état de culture réglée, avant que de l'ensemencer en froment.

« Le *Gentilhomme cultivateur* n'entre point dans le détail du nombre des labours qu'il convient de donner à la terre avant de l'ensemencer; il se contente de venter les bons effets du labourage, afin d'exciter les Cultivateurs à remuer souvent la terre, pour l'améliorer & la rendre propre à la végétation des plantes. Il observe cependant que quoiqu'il soit avantageux de détacher les parties de la terre, de les ameublir, afin qu'elles s'impreignent aisément des rosées, des pluies, de l'air, il convient de conserver au terrein une certaine consistance ou fermeté, analogue au grain qu'on veut y semer; autrement les plantes seroient exposées à être renversées par le vent, leurs racines n'étant point assurées. Pour remédier à cet inconvénient, il approuve la méthode de faire passer le rouleau ou de faire parquer les moutons sur un champ semé en froment, quand on a lieu de présumer que le sol n'a pas toute la consistance qu'il faut pour tenir les racines dans un état de fermeté. »

« Il ne faut jamais trop surcharger la terre d'aucune sorte d'engrais ou d'amélioration. Lorsqu'elle est trop fertile, rarement elle produit une récolte abondante en grains; la paille y abonde, & le Cultivateur a manqué son objet. Si le terrein est trop riche, c'est une sage précaution de le dégraisser, en y semant de l'avoine avant d'y mettre du froment. Il considere la la marne, la chaux, la craie, le sel, comme les meilleurs engrais que la terre puisse recevoir avant d'être ensemencée, lorsqu'ils sont administrés avec intelligence & modération, parce qu'ils n'apportent point dans la terre les semences des mauvaises herbes, comme la plupart des fumiers, souvent remplis d'insectes, qui rongent les racines des plantes & les font mourir.»

« Le trèfle est un des meilleurs préparatifs que puisse recevoir un terrein où l'on se propose de semer du froment. Cette plante n'exige pas assez de culture ni d'engrais pour que les mauvaises herbes puissent monter en graine & se multiplier par leurs semences. Lorsque la terre a besoin d'être améliorée par des engrais, on peut les transporter sans danger en Octobre & en Février; l'herbe étant coupée avant ce tems, il ne reste plus de mauvaises plantes dont on doive craindre de faciliter la végétation. Les turneps procurent les mêmes avantages; car, outre les principes de fertilité qu'ils laissent dans la terre, les labours de culture qu'on est obligé de leur donner, l'ameublissent parfaitement, & détruisent toutes les mauvaises herbes. Après une récolte de fèves, de pois, on peut espérer de recueillir du froment en abondance. Les lentilles & plusieurs autres graines & herbes, quand elles sont enlevées avec la charrue, fournissent un engrais admirable, qui la prépare parfaitement à recevoir du froment. Il ne faut pas semer du froment après avoir recueilli de l'orge ordinaire; elle rend le terrein trop léger & lui enlève une grande partie de sa substance.»

« Quant à la manière de préparer la terre par les labours, l'Auteur croit s'être suffisamment expliqué, lorsqu'il a dit que la façon de labourer devoit varier suivant les différentes natures de sol. Il adopte, comme M. Duhamel, la Culture des plantes pendant leur végétation.»

Systême de Culture de M. Fabroni.

Des Principes sur lesquels on devroit établir la Culture.

« M. Fabroni, dans ses Réflexions sur l'Agriculture, considère les principes sur lesquels cet Art est établi, comme étant presque inventés pour s'opposer aux progrès des végétaux: il prétend que les soins prodigués par le Cultivateur, loin d'être simplement inutiles, contribuent au contraire, à leur donner une existence foible & languissante. Pour voir la Nature dans toute sa force & sa beauté, il nous invite à porter nos regards dans les lieux les plus incultes, dans les forêts les plus antiques; c'est-là que les végétaux, qui ne sont point soumis aux procédés barbares du Cultivateur, jouissent de la vigueur qui leur est propre dans l'état naturel; Les plantes cultivées dans nos possessions y dégénèrent par un excès de soins, qui ne sont point analogues à leur manière de végéter.»

» Pour perpétuer les végétaux, la Nature, suivant M. Fabroni, avoit sagement établi que les débris des individus qui se pourrissent, fourniroient les sucs nécessaires au développement des graines de chaque espèce qui leur succède. La preuve en est évidente dans les forêts: les végétaux y croissent avec beaucoup de facilité, parce que la terre végétale n'est formée que des plantes décomposées par la putréfaction; l'Agriculture, au contraire, arrache celles qui fourniroient de la terre végétale; par ce moyen, les plantes que nous cultivons par préférence, sont privées d'un secours si utile à la végétation.»

« Les principes de Culture les plus suivis sont, suivant M. Fabroni, des préjugés dont il faut se défaire, si l'on veut rendre à la terre sa fertilité primitive; mais en changeant de méthode, il faut prendre la Nature pour modèle, & diriger nos soins à former beaucoup de terreau; c'est le seul moyen d'avoir des droits à l'abondance des productions de la terre que nous épuisons par notre Culture excessive. Le secret de la Nature pour former la terre végétale, consiste dans la multiplication & la reproduction perpétuelle des végétaux, & non pas dans les labours, les jachères, les engrais. Suivant M. Fabroni, en faisant produire à nos terres le plus grand nombre possible de végétaux, nous pourrons nous flatter d'avoir trouvé le véritable moyen d'abolir le repos, d'épargner beaucoup de labours & de nous passer des engrais.»

« M. Fabroni observe que la Nature, en produisant les végétaux, a soin de mêler, dans un même sol, les espèces de différentes grandeurs: de cette manière, les sucs qui se dégagent de la terre pour nourrir les plantes, ne sont point perdus, à mesure qu'ils s'élèvent à différentes hauteurs. D'après ces voies suivies par la Nature, M. Fabroni conclut que le blé ne doit pas être seul en possession d'occuper nos campagnes, quoiqu'il soit une des plus riches productions que nous puissions cultiver. Il est persuadé qu'en ne semant & ne moissonnant que du blé, nous agissons contre nos véritables intérêts, en même-tems que nous nous éloignons des principes de l'Agriculture. « La vigne, dit-il, « le mûrier, tous les arbres fruitiers & même « les légumes, doivent partager avec les Cereales, « le droit de végéter sur nos terreins. C'est alors » seulement qu'il nous sera inutile de rechercher « s'il y a une juste proportion entre les prés, « les champs & les vignes: nos terres doivent « être à-la-fois vignes, champs & prés.» Cette manière de cultiver a le plus grand succès, selon lui, dans le Tyrol, où l'on voit de vastes campagnes dans lesquelles les arbres de toute espèce, la vigne, toute sorte de grains, les légumes, les herbes des prés, végètent en même-tems. »

« M. Fabroni, pour engager le Cultivateur à adopter la méthode qu'il voudroit introduire, ne se contente pas de nous offrir le tableau de la pratique suivie en Italie & dans le Tyrol; il perce dans l'antiquité la plus reculée, pour nous montrer les avantages de ses principes. Quand on a lu les Ouvrages de Pline, on n'ignore pas la prodigieuse fertilité du terroir de *Tucape*. Selon M. Fabroni, elle étoit une suite des principes de Culture qu'il veut établir. Ce pays dont l'étendue n'avoit qu'une lieue de diamètre, étoit situé dans les sables, entre les Syrthes & la ville de Neptos : ses habitans étoient parvenus, par leur industrie, à changer la nature de ce terrein sablonneux, & l'avoient rendu très-fertile « Ils avoient, dit M. Fabroni, d'abord » mêlé les herbes aux arbres, & les avoient dis» tribué suivant l'ordre de leur hauteur. Le pal» mier, le plus grand des végétaux, étoit en » premier lieu; le figuier étoit planté sous son » ombrage; l'olivier venoit ensuite; après celui» ci le grenadier & enfin la vigne. Au pied de » la vigne on moissonnoit le blé; à côté du » blé on cultivoit les légumes, & après les lé» gumes, les herbes potagères. » L'Auteur observe, d'après le récit de Pline, que toutes ces productions multipliées donnoient une abondance dont on ne peut pas se former une idée, quand on ne connoît que nos procédés d'Agriculture. En parlant de la fertilité de Tucape, Pline ne fait aucune mention des labours, des fumiers ni des jachères; si ce peuple heureux, vivant dans l'abondance, eût fait usage de ces moyens, Pline étoit trop exact pour le laisser ignorer. »

« La manière dont les plantes altèrent les sucs nécessaires à la végétation, devroit, suivant M. Fabroni, servir de règle pour établir les principes qu'il convient de suivre en Angleterre. Il est persuadé que la plupart des Auteurs anciens & modernes se sont trompés touchant la nutrition des plantes. Les uns ont considéré les racines comme les seuls organes qui pompoient & transmettoient au corps de la plante les sucs nourriciers; d'autres ont pensé que les substances terreuses, atténuées par les labours, fournissoient la seule nourriture analogue à la végétation. Ces erreurs, selon lui, ont donné lieu aux labours, aux jachères, aux engrais, afin de prévenir l'épuisement de la terre ou de réparer ce qu'elle avoit perdu de substance. M. Fabroni, au contraire, par une suite d'expériences qu'il a faites est persuadé que toutes les parties extérieures des végétaux reçoivent des sucs qu'ils transmettent au corps de la plante, que les véritables principes de leur vie sont l'*air inflammable*, *l'élément de la lumière*, absorbés par les feuilles, l'*eau & l'air fixe* pompés par les racines & les autres parties extérieures des plantes. *L'air fixe* & l'*air inflammable* proviennent du *gas aëriforme* (*) qui se développe des substances en putréfaction. Suivant ces principes, M. Fabroni croit que la meilleure méthode d'Agriculture doit consister à mêler dans un même terrein tous les végétaux possibles, les grands, les petits, afin que l'*air fixe* & l'*air inflammable* qui échappent aux uns ne soient pas perdus pour les autres. »

Des labours.

« Parmi les moyens qu'on a imaginés pour réparer le dépérissement de la terre, empêcher sa stérilité, faciliter la végétation des plantes, les labours ont paru à presque tous les Agronomes, très-propres à remplir en partie ces objets. M. Fabroni s'élève contre cette méthode, qu'il croit très-nuisible à la végétation. Il ne voit d'autre effet des fréquens labours que d'accélérer la décomposition de la terre végétale, & de changer en déserts les campagnes les plus fertiles. Pour prouver les suites funestes des labours, il fait le parallèle de l'Agriculture Romaine ancienne avec la moderne. Les anciens Romains se plaignoient que leurs terres vieillissoient, qu'elles étoient fatiguées & qu'elles devenoient progressivement stériles. Ces mêmes terres sont aujourd'hui aussi fertiles que des terres neuves. « On ne peut, dit M. Fabroni, » rendre raison de ce phénomène qu'en se rap» pellant que les anciens Romains labouroient » excessivement leurs terres, & que ceux à » qui ces mêmes terres sont confiées aujourd'hui, » les labourent le moins qu'ils peuvent. Ce fait » devroit lui seul nous faire revenir de notre » erreur, & nous porter à la réforme de la plus » grande partie de nos labours. »

« Le but que se proposent les Agriculteurs, en donnant à la terre fréquens labours, est de l'améliorer, d'atténuer ses molécules, de détruire les mauvaises herbes. M. Fabroni prétend, 1.° qu'il y a dans la Nature des moyens très-efficaces d'atténuer la terre, sans le secours de la charrue ni des autres instrumens de Culture. Qu'on observe, dit-il, que la terre des prés fertiles & des bois anciens, est toujours meuble & légère. Cette souplesse; cette légèreté qu'on s'efforce envain d'imiter par des labours, dépend du nouveau terreau qui se forme chaque année à la chûte des feuilles, des branches & des fruits, & qui empêche que celui de l'année précédente, frappé par les pluies, ne se resserre & ne se durcisse. Le grand nombre aussi des plantes qui y végètent & qui pénètrent de tout côté la terre qui les environne, contribue beaucoup à la rendre très-souple, puisqu'elles agissent comme autant de petits coins, & la divisent beaucoup mieux que les labours répétés avec le soc ou avec tout autre instrument. 2.° Les labours ne détruisent qu'imparfaitement les mauvaises herbes;

(*) L'ouvrage de M. Fabroni est imprimé en 1780.

la figure du soc, suivant M. Fabroni, n'est pas bien propre à cet usage; il ne fait que les déplacer ou les découvrir de quelques pouces de terre, ce qui ne les empêche pas de végéter. »

En fatiguant souvent la terre par de fréquens labours, M. Fabroni est persuadé qu'on accélère l'évaporation des principes nourriciers, qui se seroient détachés peu-à-peu pour entretenir la végétation des plantes; qu'on enlève par ce moyen peut-être les trois quarts de l'aliment destiné aux végétaux. Quoique M. Tull dont tout le système est établi sur la fréquence des labours, ait observé que de deux portions d'un même champ, celle qui avoit reçu un plus grand nombre de labours, donnoit une récolte plus abondante, M. Fabroni ne regarde pas cette expérience comme décisive en faveur du labourage; il ne considère dans la suite de cette méthode qu'un effet trompeur qu'on doit attribuer à l'inégalité de la surface du champ, rendue telle par les labours fréquens; en conséquence de cette inégalité, le terrein offroit donc une plus grande surface aux rayons du soleil, qui ont augmenté en proportion l'évaporation ordinaire des principes volatils. L'abondance de la récolte étoit par conséquent, suivant M. Fabroni, une suite nécessaire de l'évaporation des sucs nourriciers & non des labours. »

« Pour ménager le terrein & ne pas accélérer la stérilité, M. Fabroni est du sentiment de labourer très-peu; quoique les labours paroissent d'abord contribuer à l'abondance & à la fertilité des végétaux, il est persuadé que leur effet apparent a séduit MM. Tull & Duhamel; s'ils avoient répété l'expérience dont nous avons parlé, pendant plusieurs années de suite sur le même terrein, il croit que la portion de champ la plus labourée auroit acquis une fertilité très-grande pendant les premières années; mais que s'épuisant peu-à-peu par l'évaporation forcée qu'auroient occasionné les labours, elle auroit été réduite dans la suite à une stérilité totale, tandis que la moins labourée n'auroit donné aucune marque de dépérissement. »

« Dans l'état actuel de l'Agriculture, M. Fabroni ne reconnoît que deux labours, véritablement utiles pour préparer la terre à être ensemencée en froment. Le premier est celui qu'on doit donner immédiatement après la moisson, pour renverser & enterrer les chaumes, qui servent d'engrais, en bonifiant le terrein; le second, celui qu'on fait pour disposer la terre aux semailles. Il prétend qu'on pourroit même absolument se dispenser du premier, qu'il suffiroit d'arracher le chaume à la main tout de suite après la moisson, & de le répandre sur toute la superficie du champ; en se décomposant par une fermentation lente, il fertiliseroit le sol d'une manière peu sensible, il est vrai, mais plus durable qu'étant enfoui. »

Il est inutile & même souvent très-nuisible, selon M. Fabroni, de silloner la terre à une très-grande profondeur. Voici les raisons sur lesquelles il se fonde pour improuver les profonds labours; 1.° la plupart des plantes annuelles n'enfoncent pas leurs racines de plus de six pouces; par conséquent, si on ameublit la terre pour leur procurer une libre extension, il suffit de donner aux sillons six pouces de profondeur; 2.° les meilleurs terreins n'ont qu'un pied environ de terre végétale; en faisant des sillons de dix-huit pouces de profondeur, sous prétexte de ramener à la surface la terre qui n'est pas épuisée par les productions des végétaux, on s'expose à enfouir la terre fertile, à ramener à la superficie des graviers de sable, enfin une terre qui n'est pas végétale. Voilà les inconvéniens du labourage trop profond. »

Des Jachères.

« Les jachères, selon le sentiment de M. Fabroni, sont nuisibles aux progrès de l'Agriculture, & inutile pour la fin même qu'on se propose. En établissant les jachères, on a eu principalement en vue d'accorder un tems de repos à la terre, fatiguée par les productions des végétaux qu'elle a nourris, & de la préparer ensuite, par de nouveaux labours, à être ensemencée. L'Auteur pense que le repos est un moyen infructueux d'entretenir la terre dans la fertilité; il croit, au contraire, qu'on ne parvient à la rendre plus fertile, qu'en lui faisant nourrir continuellement le plus grand nombre possible de végétaux. »

« M. Fabroni ne comprend pas comment on a pu se décider à établir des jachères, dans l'espérance de faire acquérir à la terre de nouveaux principes de fertilité; ne devoit-on pas être persuadé qu'il n'y a point de terrein plus couvert de végétaux, qui nourrisse un plus grand nombre de plantes que les bois & les prés, qui ne sont jamais en jachères? A l'aspect de tant de productions, il est étonné que les Agriculteurs n'aient pas connu l'erreur ridicule de leur opinion sur les jachères. Suivant ses principes, elles sont donc inutiles pour la fin qu'on se propose; 1.° puisque la terre n'est fertile qu'autant qu'elle nourrit continuellement beaucoup de plantes dont les bois forment un terreau qui entretient la fertilité; 2.° la terre n'a pas besoin d'un tems de repos pour qu'on puisse lui donner les labours nécessaires avant les semailles, puisqu'il pense que deux suffisent, & qu'on pourroit même en retrancher un sans inconvénient. »

« L'Auteur, après avoir prouvé combien les jachères sont inutiles, relativement à l'objet qu'on se propose, prétend encore qu'elles sont nuisibles aux progrès de l'Agriculture. Elles privent le Cultivateur d'une portion considérable des fruits de la terre ; il est évident qu'en les adoptant, il renonce à la moitié ou au tiers de la récolte qu'il pourroit espérer ; mais l'effet le plus dangereux qu'elles produisent est, selon M. Fabroni, de hâter le dépérissement de la terre. Il appuie son sentiment à ce sujet de celui de Desbiey, qui prétend avoir appris, par l'expérience, que les terres de celles de l'espèce des landes, se perdent entièrement par l'usage des jachères. »

« En Agriculture l'expérience & le succès sont, suivant M. Fabroni, la meilleure méthode qu'on puisse proposer. Dans plusieurs pays, on fait d'abondantes récoltes toutes les années, sans que les Cultivateurs accordent jamais à la terre un tems de repos. En Chine le terrein, dit-il, n'est pas d'une meilleure qualité que le nôtre, cependant on y fait plusieurs récoltes dans une année, & jamais la terre n'est en jachères. En Europe, dans une grande partie de l'Angleterre, du Brabant, de la Flandre, de la Normandie, du Tyrol, du Piémont, de la Lombardie, de la Toscane, &c. on recueille tous les ans à-peu-près les mêmes produits, sans laisser reposer la terre. L'Auteur rapporte tous ces exemples, pour prouver que son opinion sur les jachères n'est pas un systême hypothétique, fondé sur des idées peu vraisemblables ; mais sur l'expérience, qui nous apprend tous les jours qu'on peut changer les terreins les plus stériles en campagnes fertiles ; pour opérer ce changement, il faut les forcer à produire le plus grand nombre de végétaux possible, sans accorder à la terre aucun repos. »

Des Engrais.

« Selon les méthodes établies de Cultiver les terres, les engrais ont une influence très-grande dans la végétation & dans le produit des récoltes ; à mesure qu'on cultive du blé dans un champ, il devient, suivant M. Fabroni, de plus en plus stérile. Les engrais viennent heureusement à son secours pour réparer ses pertes, en suppléant en quelque façon au terreau qui se décompose. En adoptant la manière de cultiver que propose M. Fabroni, les engrais seroient absolument inutiles ; lorsque la Nature est en liberté, il est persuadé que la végétation continuelle, le dépérissement des végétaux anciens, leurs débris répandus sur la terre ; sont les seuls moyens qu'elle emploie pour procurer l'abondance dans le règne végétal. Quand il y a un très-grand nombre de plantes dans le même terrein, M. Fabroni a observé que la couche de terre végétale est plus épaisse que quand il y en a peu ; par conséquent il doit produire selon cette proportion ; il conclut de ce principe que pour rendre les terres fertiles & supprimer les engrais, il faut multiplier les végétaux, afin qu'ils produisent beaucoup de terreau. »

« Dans l'état actuel de l'Agriculture, M. Fabroni considère les engrais comme absolument necessaires pour remplacer le terreau, que nous ne pouvons nous procurer par les végétaux, tant que nous serons attachés à notre méthode de cultiver. Pour employer les engrais avec avantage, il est important de connoître les principes, qui nourrissent les plantes & les différens organes, qui absorbent l'aliment, qui leur est propre. Selon M. Fabroni, il résulte de la connoissance qu'il a de ces principes, que le meilleur des engrais est celui, qui peut fournir le plus *d'air fixe* aux racines, & *d'air inflammable* aux feuilles. Il ne porte point de l'eau, ni de la lumière, parce que la nature fournit elle-même abondamment ces deux principes. »

« Les trois règnes de la Nature offrent des substances qui contiennent plus ou moins d'air fixe & d'air inflammable ; lequel se développe par la fermentation, par la putréfaction ou par quelqu'autre voie. Selon M. Fabroni, les engrais tirés du règne animal sont les plus défectueux ; la fermentation, qu'ils excitent, n'est que momentanée ; l'effet qu'ils produisent dure par conséquent très-peu. Ils ont encore l'inconvénient de favoriser la multiplication des insectes, qui font souvent beaucoup de mal aux germes & aux racines des plantes. Il préfère ceux qu'on tire du minéral, parce que leur effet, moins actif, est plus durable. Leur défaut est de durcir & de resserer le terrein ; ce qui est cause qu'ils ne sont pas propres à toute sorte de terres. Ceux du règne végétal sont les meilleurs de tous, suivant l'Auteur ; ils sont destinés par la nature même à réparer le terreau, qui se décompose, & à fertiliser les terres. »

« Fabroni considère la craie comme le meilleur des engrais minéraux ; elle fournit promtement & en grande quantité les principes qui fertilisent les terres, & contribue efficacement à la végétation des plantes. Il croit qu'on ne peut employer la chaux comme engrais, qu'autant qu'elle est capable de produire le même effet que la craie ; de même les marnes, &c. dont on se sert pour améliorer les terres, ne remplissent cet objet qu'en raison du plus ou moins de craie, qu'elles contiennent. »

« Il n'y a point d'engrais, qui réunisse autant d'avantages que les cendres. M. Fabroni est persuadé qu'elles conviennent à toutes sortes de terres ; elles les rendent fertiles pendant plusieurs années sans autre secours. Leurs effets ne consistent pas seulement à ameublir la terre, & à y porter des principes de fertilité ; elles sont encore très-propres pour empêcher la multiplication des vers, des insectes, pour détruire la mousse, les lichens, qui étouffent l'herbe des prés, pour garantir les blés de plusieurs maladies, principalement de la *nielle* & du *faux ergot*. (L'Auteur, sans doute, par *nielle* entend *la carie*, & par *faux ergot* le *rachitique*.) Pour employer les cendres avec succès, M. Fabron

M. Fabroni est du sentiment de les mêler avec des amendemens fossiles différens, suivant la nature du sol, qu'on veut fertiliser. Voici comment il conseille de faire ce mélange. » pour les terres légères & » chaudes, on devroit les mêler avec une certaine » portion d'argille ; pour les terres fortes, il fau- » droit les mêler avec de la craie ; pour les terres » sablonneuses avec de l'argille pourrie, & pour les » argilleuses, avec du gravier & de la craie. La » méthode d'en faire usage seroit celle de les » répandre sur le sol avec la semence, ou bien » d'en couvrir la semence ; pour les vignobles, » on ne doit les employer que lorsque les vignes » ont poussé des feuilles ; quant aux prés, le mieux » est de les jetter sur le sol au commencement du » Printems, »

» Quoique M. Fabroni ait démontré l'excellence des cendres pour amender les terres, il n'approuve pas l'usage qu'on a de brûler les plantes, à moins qu'elles ne soient dures & ligneuses. Lorsqu'on se contente d'enterrer des végétaux, ou qu'on les laisse simplement sur le terrein, pénétrés par l'humidité, frappés par la chaleur du soleil, ils se découpent par une fermentation lente; alors le gaz nourricier, qu'ils contiennent en abondance, est tout mis à profit, parce qu'il ne s'échappe que peu-à-peu. La seule circonstance où leur incinération puisse être utile, est, suivant M. Fabroni, lorsqu'on met le feu aux chaumes après la moisson. Souvent même il arrive que le terrein n'en reçoit pas un grand avantage, parce que les cendres sont dispersées par le vent, ou entraînées par les pluies. »

Système de M. l'Abbé Rozier.

Les principes de la végétation, suivant M l'Abbé Rozier, sont l'eau, le feu, l'air & la terre. L'eau est le véhicule ; le feu, le moteur; l'air, l'agent; & la terre, la matrice, dans laquelle s'opère la végétation.

Par l'analyse chimique on retire des plantes 1.° de l'air, 2.° de l'eau, 3.° de l'huile, 4.° des sels, 5.° de la terre. Si ces substances existoient dans la terre analysée, elles existoient auparavant en partie dans la terre & en partie dans l'atmosphère, puisque c'est dans ces deux immenses réceptacles qu'elle a végété. Leur existence est hors de toute contestation.

La terre végétale ou *humus*, quoique soluble dans l'eau, ne pénétreroit pas dans les infiniment petits calibres des racines, si elle ne formoit de nouvelles combinaisons avec d'autres substances, & quand même elle y monteroit seule avec l'eau, cela ne suffiroit pas pour la végétation.

Les autres substances à combiner avec la *terre soluble*, sont les différens sels, contenus dans la terre, & les substances graisseuses & huileuses, fournies par la décomposition des plantes, des insectes & de toute espèce de matière animale.

L'eau, l'air, les sels, l'huile, la terre soluble ou *humus* se combinent dans la terre-matrice. L'eau dissout l'*humus* & les sels ; chargée de l'un & des autres, elle devient nuisible à l'huile & à la graisse, & leur mélange seroit impossible sans les sels qui sont les moyens de jonction de l'huile & de l'eau. Il résulte de cette combinaison un vrai savon, dans lequel est incorporé l'*humus*, & qui est susceptible de la plus grande solubilité & de la plus grande extension, sans discontinuité de ses parties ; ce savon est la *seve*, que la chaleur naturelle de la terre ou celle de l'atmosphère aiguillonne & fait monter dans les plantes, d'où elle descend dans les racines, quand la fraîcheur des nuits l'empêche de monter, &c., &c.

M. l'Abbé Rozier applique ainsi à la culture ces principes, que je n'ai rapportés qu'en abrégé.

» La culture a deux moyens de multiplier la terre soluble & de faciliter son union avec les substances réduites à l'état savonneux. Ce sont les *labours* & les *engrais* ; sous le nom *d'engrais*, l'Auteur comprend aussi les herbes. »

» Les labours sont ou seuls ou unis aux engrais. »

» Par les labours on s'est proposé de diviser les molécules de la terre, 1.° afin de multiplier le nombre de celles destinées à recevoir les impressions des meteores ; 2.° afin que les racines eussent plus de facilité à s'étendre, & que touchant par un contact immédiat un plus grand nombre de molécules, elles absorbassent la substance savonneuse, qu'elles contiennent. »

» Par les engrais on a voulu rendre à la terre les principes de fertilité, épuisés par les végétations précédentes, c'est-à-dire, lui fournir les matériaux de la substance, qui deviendra savonneuse. »

» Les Auteurs se sont persuadés de pouvoir suppléer les engrais par la fréquence des labours ; ils ont manqué leur but, &, à la longue, épuisé leurs terres. »

» Ceux qui ont trop accordé aux engrais, ont eu de chetives récoltes pendant les premières années, sur-tout si elles ont éprouvé de la sécheresse, & en ont eu d'excellentes dans les années subséquentes, parce que la combinaison savonneuse avoit eu le temps de se préparer & de s'exécuter, &c. »

» Si la terre est bonne, il faut la diviser à sept à huit pouces de profondeur, puisque les racines des blés ne pénètrent pas plus avant. Les labours multipliés coup sur coup ne sont utiles qu'autant qu'ils divisent les molécules de la terre, mais ils troublent & dérangent les combinaisons & les unions des principes, qui s'exécutent. Il faut faire 1.° un labour, aussitôt après que la moisson est levée, pour enterrer le chaume ; 2.° un, s'il se peut, par un tems sec, à l'entrée de l'Hiver époque où il convient de répandre l'engrais & de l'enterrer par ce labour; 3.° un après l'Hiver; 4.° deux croisés avant de semer. Tous ces labours doivent être faits à la charrue *à versoir*. Les terres essentiellement compactes, comme les argilles, en demandent un plus grand nombre; il s'agit ici des cas ordinaires & non pas des grandes exceptions. »

De la formation de l'humus.

L'humus est par excellence, la terre calcaire qui a déjà servi à la charpente des animaux & des végétaux, & qu'ils ont rendu à la terre-matrice par leur décomposition. »

» Comme il n'est pas facile de se procurer dans le règne animal la quantité d'engrais nécessaires à l'exploitation d'une grande ferme ou métairie, il faut donc recourir aux végétaux pour les suppléér. »

» Alterner ses champs est le moyen le plus simple, le plus économique & le plus sûr.

Toutes les parties de la France ne sont pas susceptibles de ce genre de culture; il peut cependant être adopté dans la plupart. Les pays méridionaux ont sans cesse à combattre contre la sécheresse; ils sont donc privés de la ressource de semer d'autres plantes immédiatement après la récolte du blé. La terre est si sèche en Eté dans ces pays, que la charrue la sillonne avec beaucoup de peine. Pour créér l'*humus*, M. lAbbé Rozier ne connoît d'autre moyen que de donner après qu'on aura ensemencé tous ses champs, deux forts coups de charrue au terrein, destiné à rester en jachère & de l'ensemencer avec tous les mauvais grains de froment, de seigle, d'orge, d'avoine &c, qu'on aura séparé des bons, au tems du battage & le herser à l'ordinaire. Ces plantes, semées épais végéteront avant l'Hiver; dans cette dernière saison elles serviront de pâturages aux troupeaux, & du moment qu'elles approcheront de leur floraison, il faudra les enterrer par un coup de charrue à versoir, en la faisant passer deux fois dans le même sillon. Voilà la matière de l'*humus* toute préparée pour les besoins de la récolte suivante. Les meilleures semailles dans les pays méridionaux sont celles qui se font du quinze Octobre au quinze Novembre; on peut encore, si l'on veut, semer des fèves, des pois, des vesces & autres légumes, dès qu'on ne craint plus les gelées tardives, & les enterrer au moment où les fleurs sont prêtes à s'épanouir. Cette seconde méthode dans ces pays, est moins sûre que la première, parce que le printems y est quelquefois si sec, que leur végétation est bien peu de chose: dans l'un & l'autre cas, on perd, à la vérité la semence, mais l'herbe qui en provient, formant un bon engrais, & servant à la nourriture du bétail, dans un tems où elle est rare, ne dédommage-t-elle pas de la petite perte de la semence? dans les pays septentrionaux, au contraire, où les pluies sont moins rares; c'est le cas de semer, après la récolte des grains, des raves, des panais, des carottes, &c. & après les avoir fait pâturer par le bétail pendant tout l'hyver, de retourner les plantes au premier printems & de les enfouir dans la terre; on peut également semer dans ce premier printems les lupins, la dragée à la manière de Flandre, enfin toute la nombreuse famille des plantes légumineuses, n'importe qu'elle herbe que ce soit, pourvu que ce soit de l'herbe & en quantité ».

« Si vous alternez vos récoltes par du trèfle, semé sur le bled même; par des luzernes, des esparcettes & des prairies, suivant la position & le climat, il est clair que la terre végétale ne manquera pas lorsque le champ sera semé en grains ».

« Il est encore bien démontré que quand même il n'y auroit point eu de décomposition des débris des plantes, le grain réussiroit très-bien après la luzerne ou le trefle pris pour exemple, parce que la racine de ces plantes étant pivotante, va chercher sa nourriture profondément dans la terre & ne consomme pas la terre végétale, qui se trouve depuis sa superficie jusqu'à six pouces de profondeur; c'est la raison pour laqu'elle du bled semé après un autre bled, trouve cette couche supérieure de terre dépouillée en grande partie de son *humus*. M. l'abbé Rozier pense que la seule inspection de la forme des racines d'une plante suffit à l'homme instruit pour diriger sa culture ».

Des mauvaises herbes.

A prendre ces expressions à la rigueur, sans doute elles ne sont pas exactes; car, il n'existe point d'herbes mauvaises essentiellement & sous tous les rapports, puisque dans le sens de M. l'abbé Rozier, leur décomposition sert à former l'humus. Elles sont seulement mauvaises relativement au tort qu'elles font aux productions plus utiles, dont elles s'appropient la terre végétale; les bonnes herbes, telles, par exemple, que la luzerne & le froment, qui seroient ensemble se nuiroient. Le chiendent doit être regardé, toujours comme une mauvaise plante, parce que repoussant sans cesse & pullulant à l'excès, il absorbe tous les sucs de la terre.

La charrue en arrachant & coupant sans cesse les mauvaises herbes, les convertit en *humus*.

M. l'abbé Rozier hazarde une assertion, qui lui paroît très-vraisemblable; elle n'avoit pas échappé aux anciens; ils disoient que telle plante n'aimoit pas le voisinage de telle autre, sans en donner la raison, ou du moins sans en donner une raison satisfaisante. Ne seroit-ce pas, dit M. l'abbé Rozier, à cause de la disproportion, qui se trouve entre les sucs & autres principes rejetés par la transpiration? une plante se plait plus dans un sol que dans un autre; le saule par exemple, se plait plus au bord d'un fossé rempli d'eau bourbeuse, qu'auprès d'une rivière, dont l'eau est claire, limpide & le cours rapide ; ne seroit-ce pas, parce que cette eau bourbeuse lui fournit plus d'air inflammable que l'autre, & qu'il a besoin de beaucoup de cet air pour sa végétation ? De ces exemples ne pourroit-on pas tirer l'explication pourquoi telle plante étrangere aux bleds leur nuit plus que telle autre ? sans recourir pour cause essentielle de dépérissement à la privation des sens que ses racines occasionnent, M. l'abbé Rozier croit que c'est autant à l'absorption des principes répandus dans l'atmosphère, dont elle affame sa voisine, & que dans d'autres cas, les plantes se nuisent nécessairement par leurs transpirations, qui ne sont point analogues ».

Des jacheres.

M. l'abbé Rozier ne voit dans aucun pays, dans aucun sol l'utilité de la pleine jachere. Le terrein fut-il autant dénué de principes qu'on le suppose, il voit qu'il vaut mieux semer l'herbe commune & l'enterrer ensuite, que de laisser la terre complètement nue.

Selon lui, les trop vastes possessions & les petits moyens d'exploitation ont donné l'idée des jachères. « Vastes propriétaires ! dit-il, cultivez » comme le paysan, cultivez moins, cultivez » mieux, & vous trouverez la solution du pro» blême des jachères ».

« Les jacheres sont inconnues en Chine, dans la Flandre Françoise, en Artois, &c. & aujourd'hui dans un grand nombre de cantons d'Angleterre, depuis que la culture des turneps, des carottes, &c. y a été introduite ».

Reflexions sur les systêmes précédens.

J'ai rapporté jusqu'ici les principaux systêmes de Culture des agronomes les plus estimés. En les lisant avec toute l'attention qu'ils méritent, on y trouvera des principes & des pratiques, absolument contraires ; les uns proposent des labours fréquens, les autres veulent qu'on ne tourmente pas la terre ; il y en a qui regardent les engrais comme inutiles, & d'autres les admettent. D'où vient ce peu d'accord entre des hommes éclairés, qui ont réfléchi sur le même objet ? voilà ce que je vais tâcher de développer & ce qui pourra jetter un peu plus d'intérêt sur l'exposé précédent.

En agriculture, ainsi *qu'en médecine*, on peut bien donner quelques préceptes généraux ; mais jamais d'universels. Le climat ou la température de l'air, l'exposition & la nature du sol doivent faire varier les Cultures, comme les circonstances ; il n'y a pour ainsi dire que l'homme attaché à la glèbe, qui soit capable de bien juger ce que peut lui produire le champ qu'il a sans cesse sous les yeux, le champ que ses mains tournent, retournent & façonnent, & que ses sueurs arrosent ; il est toutefois necessaire qu'il soit doué d'un esprit d'observation, de calcul & de combinaison ; car s'il n'est que simple routinier, la terre lui refuse constament ce qu'elle accorde à celui qui joint l'intelligence a l'activité. Les anciens agronomes écrivoient en Grece & en Italie, où l'ardeur du soleil, plus forte que dans les contrées Septentrionales de l'Europe, & où un sol, d'une nature différente exige d'autres soins, d'autres attentions, un autre choix de saisons, enfin d'autres pratiques. Les plus distingués des modernes ; savoir : Tull, Duhamel, l'Abbé Rosier & Fabroni, ne sont pas de la même nation, & n'ont pas habité les mêmes parties de l'Europe. Tull vivoit en Angleterre, dans cette Isle, où le voisinage de la mer entretient une vapeur humide, capable d'influer sur la végétation. Les observations de Duhamel, le plus profond des quatre, se sont faites pour la plus part dans un canton de la France, éloigné de la mer & des montagnes, & plus au nord qu'au midi de cet Empire. L'abbé Rosier a mieux connu les pays Méridionaux que les Septentrionaux, & a raisonné en conséquence. Fabroni, que les sciences ont le bonheur de conserver encore, vit en Toscane, entre la mer & les montagnes. Ces savans n'ont point écrit aux mêmes époques. Chacun a profité du degré de perfection où étoit parvenue de son tems l'agriculture. Il n'est donc pas étonnant que leurs principes de Culture se ressentent des lieux, dont ils connoissoient le mieux les pratiques, & qu'ils aient souvent établi en systême général ce qui ne convenoit qu'à quelques contrées, ou a une nature particulière de terrein. Quelque étendu que soit l'esprit d'un homme, il ne peut embrasser tout ; sans le vouloir, il regarde ce qui l'environne comme son univers, & il pense que ce qu'il ne connoît pas doit se gouverner comme ce qu'il connoît. Duhamel & l'Abbé Rosier, ont resisté autant qu'ils l'ont pû, à cette pente presque invincible ; mais ils s'y sont quelquefois laissé entraîner. Je fais peut-être la même faute qu'eux sans m'en douter, quoique j'aie parcouru & observé beaucoup de pays, & fondé mes jugemens sur une correspondance très-étendue. Tull a adopté un systême auquel il a voulu tout soumettre, & Fabroni a cru qu'en renversant les méthodes les plus suivies, pour leur en substituer de contraires, il ouvriroit une nouvelle route à l'abondance & à la prospérité rurales. Les autres Ecrivains, tels que Léger, auteur de la Maison Rustique &c. ont donné dans tous les préjugés & toutes les puérilités de l'ignorance & de l'habitude ; voilà les causes des contrariétés qui se trouvent dans les écrits des agronomes de tous les siécles. Je les juge sans doute avec sévérité ; mais la mémoire de ceux qui sont morts & le bon esprit de ceux qui vivent encore, me le pardonneront en faveur de deux motifs qui m'animent, dont l'un est d'empêcher les personnes, qui les liront, de tomber dans quelques erreurs, & l'autre de rendre justice à ces auteurs; car en même tems, que je les blâme, je m'occupe à les approuver, comme on va le voir dans tout ce qui est conforme à l'expérience & à la raison, & je ferai connoître facilement que les titres qu'ils ont à la reconnoissance publique pour les excellens conseils, dont leurs écrits sont remplis, doivent effacer les légères imperfections qu'on y trouve.

Les anciens ont reconnu qu'il falloit diviser la terre par des labours, la fumer convenablement, & lui donner du repos, c'est-à-dire, la laisser en jacheres. Ce sont là les principes qui sont encore admis & réduits en pratique par la plus part de nos cultivateurs. A la vérité, ils ne savoient pas que les plantes se nourrissent autant par les feuilles, que par les racines. Mais comme elles se nourrissent véritablement par leurs racines, il s'ensuivoit pour eux, comme pour nos cultivateurs, la nécessité de labourer, engraisser & laisser reposer. Les nouvelles connoissances nous ont appris qu'on pouvoit supprimer les jacheres ou au moins les rendre plus rares en alternant avec différentes plantes. Voilà ce que nous savons plus qu'eux; & ce que nous devons sans doute à nos communications avec les autres cultivateurs du monde, & à la physique qui nous éclaire.

Virgile étoit dans la voie de la vérité, quand il a dit que les principes & la pratique de la culture étoient fondés sur la nature du sol; en effet, selon qu'il est superficiel ou profond, léger ou compact, sec ou humide, il est susceptible de différentes cultures. Mais il falloit aller plus loin & compter pour quelque chose l'exposition du sol, la température de l'air, les labours; le plus ou moins de pluie, les amendemens & la manière de végéter des plantes, circonstances, qui avec la nature du terrein, doivent déterminer la conduite du cultivateur.

On ne peut nier sans doute, sur-tout dans le voisinage de la mer, que les diverses phases de la lune n'influent plus ou moins sur l'état de l'air & par conséquent sur plusieurs opérations rurales. Mais c'est une erreur des anciens & particulierement de Virgile, de croire que certains jours de la lune sont *favorables*, pendant que d'autres sont *funestes*, & qu'on doit profiter du *croissant* & redouter le *décroissant*. On est étonné que l'auteur des Géorgiques, ouvrage, qui offre tant d'intérêt, à cause de l'exactitude de ses descriptions & de l'excellence d'une partie de ses préceptes, ait adopté ce préjugé des cultivateurs de son pays & de son temps, lorsque, contre le sentiment de ses contemporains, il prétend avec raison, qu'on ne doit pas borner les labours à deux, ni à quatre, mais les multiplier, selon les besoins de la terre.

Les anciens voyoient juste sur la profondeur à donner aux labours. Selon eux, il est nécessaire qu'elle soit plus considérable dans les terres fortes, que dans celles qui sont légères. Il est à présumer que Virgile ne parloit que des terres fortes, lorsqu'il disoit qu'il ne falloit les labourer ni en hyver ni en été; dans la première de ces saisons elles sont trop humides, & dans l'autre trop sèches.

L'utilité des engrais ne leur avoit pas échappé. Le motif, sur lequel ils la fondoient, ne valoit rien. Ils prétendoient que c'étoit parce que la terre *vieillissoit*: mais que ce fut par ce motif ou par un autre, il suffisoit qu'ils reconnussent cette utilité. Au reste, nous exprimons au fond la même idée, quand nous disons que la terre *se lasse, s'épuise, a besoin de nouvelles forces*, enfin *qu'il faut l'engraisser*.

Columelle jugeoit que le meilleur engrais étoit celui qui provenoit des excrémens des animaux. Il y comprenoit la matière fécale de l'homme. Caton faisoit semer des fèves, des lupins & des raves, pour les enterrer; c'est ce qu'on fait encore avec beaucoup d'avantages en France. Virgile recommande de brûler les chaumes, pratique excellente, lorsqu'on a la facilité de l'employer. Les anciens, comme les modernes, faisoient de la litière à leurs bestiaux avec les tiges & les feuilles de diverses plantes, & cette litière leur servoit d'engrais. Ils répandoient dans leurs terres, pour les amender, une matière qu'ils appelloient *argille blanche*. N'est-ce pas là la *marne craïeuse* ou *calcaire*. Les engrais étoient portés aux champs dans le temps favorable & mis dans les proportions convenables. C'est-là précisément ce que nous faisons. Leur conduite à cet égard ne diffère pas de la nôtre.

Quelques-uns croioient que pour rajeunir la terre, il falloit la laisser dans un repos absolu, c'est-à-dire, sans la labourer. Ils ne voyoient pas qu'une terre en friche s'épuisoit autant à produire des herbes inutiles, que si elle en produisoit d'utiles. Ils étoient cependant sur la voie du véritable repos, c'est-à-dire, de celui qui consiste à faire porter à la terre des plantes, pour lesquelles il faut moins d'engrais; car Virgile lui-même, qui donne le conseil du repos absolu, ajoute que, si on ne veut pas perdre une année, il n'y a nul inconvénient de semer des lupins, des fèves, vesces, ou autres légumes qui loin d'amaigrir le sol, le bonifient. Columelle plus éclairé, décide la question sur la vieillesse de la terre en assurant que celle qui est bien fumée ne s'épuise & ne vieillit jamais.

Par ce peu de réflexions sur les opinions des anciens agronomes, on voit que s'ils ont donné dans quelques erreurs, qui tenoient aux préjugés de leur temps, ils ont connu & enseigné de grandes vérités. Je passe à l'examen des systêmes des modernes les plus accrédités.

Tull est un de ceux qui ont fait le plus de bruit en France. La nouveauté de ses idées, la nation dont il étoit, le moment où a paru son systême, (c'étoit celui où les gens éclairés commençoient à s'occuper d'Agriculture), enfin le mérite des hommes qui l'ont traduit & qui se sont occupés de vérifier ce qu'il annonçoit, tout a concouru à lui donner une grande célébrité, qui ne s'est pas soutenue. Je passe sous silence sa manière d'expliquer le méchanisme de la végétation & la nourriture des plantes. Tull sans doute n'étoit pas physicien. Il ignoroit comme les Anciens, que les feuilles sont aussi utiles à la nutrition que les racines. Il leur reconnoît cependant la propriété de servir à la transpiration, & sous ce rapport il les croit nécessaires, & blâme l'usage où sont quelques Cultivateurs, de faire paître la sommité des blés en herbe par les moutons. S'il y avoit réfléchi, il eût vu, que le but de tout Fermier est de retirer de ses champs le plus de grains possible. Or, il est démontré que quand les feuilles sont trop hautes & trop fortes avant l'Hiver, les tiges s'élèvent trop, versent & donnent très-peu de grain; car la grenaison est souvent en raison inverse de la hauteur des tiges. Il est donc nécessaire, pour ralentir la sève, de les faire brouter par les moutons, pour s'épargner la peine de les effaner, ou le désagrément de les voir renverser par les pluies, au point de ne pouvoir se relever. Un des principes de Tull est que tout sol avec de l'eau & de la chaleur peut nourrir toutes sortes de végétaux. Il ne faut pas être un grand Physicien pour sentir combien cette assertion est fausse; la preuve que Tull en donne milite même contre lui; car il se fonde sur ce qu'on élève dans nos climats des plantes étrangères, qui se trouvent dans une terre bien différente de la leur. Sans doute quelques plantes étrangères s'élèvent bien dans notre sol; mais, outre que ce sol peut être de même nature que leur sol natal, on ne doit guères attendre de succès que de l'introduction des plantes qui croissent à-peu-près sous la même latitude. Combien de végétaux exotiques, bien arrosés & bien soignés, languissent dans nos jardins, sur nos couches, dans nos serres-chaudes même? Loin de s'en autoriser, Tull auroit dû en conclure que tout sol avec de l'eau & de la chaleur ne nourriroit pas toutes sortes de végétaux.

Le systême de Tull est conséquent à ses principes, puisqu'il consiste à mettre les racines dans la position la plus favorable pour profiter des sucs propres à la végétation de toutes sortes de plantes. On ne peut le faire, selon lui, que par une bonne Culture de préparation & de fréquens labours, pendant l'accroissement des plantes. Il fait tant de cas des labours qu'il les préfère aux engrais, & veut qu'on remplace ceux-ci par ceux-là. Sa manière est de labourer par billons, dans lesquels on peut mettre trois ou quatre rangées de blé, & de laisser entre les billons des espaces vuides, de même étendue; on laboure plusieurs fois à la houe à chevaux pendant la végétation des blés, les espaces vuides qui, après la récolte des billons, se trouvent en état d'être ensemencés, & ainsi alternativement, en sorte que la moitié d'un champ rapporte une année, & l'autre moitié l'année suivante.

Pour renverser ce systême en peu de mots, il suffiroit de dire qu'on rend infertiles les terres légères, en les labourant plus de deux ou trois fois avant de les ensemencer, & que, sans engrais, une terre, qui n'est plus une terre *vierge*, ne produiroit pas certaines plantes, ou n'en produiroit que de foibles. Les labours répétés sont indispensables dans les terres fortes & compactes, & on n'a pas besoin d'engrais dans un champ nouvellement défriché; si Tull eût établi cette distinction, il eût prouvé qu'il connoissoit bien l'Agriculture.

On ne doute point que sa méthode de cultiver par planches ne soit bonne, & que les billons, par les labours des espaces vuides dont on rejette la terre de côté, n'acquèrent plus de fertilité; mais les soins de détail que cette Culture exige, ne conviennent pas à de grandes exploitations. Un petit Cultivateur peut l'employer, parce qu'il prend les momens où il n'est pas occupé à d'autres travaux, n'ayant point une grande machine à conduire, &c.

Tull n'auroit pas rempli son but, s'il n'eût pas imaginé un *semoir* qui répandît également la semence sur les nouveaux billons, & qui l'enterrât en même-tems, parce que l'ensemencement à la main auroit jetté le grain sur les anciens billons. C'est une complication de plus à sa Culture. Les gens de la campagne n'aiment point les machines embarrassantes. D'ailleurs un semoir, quelque parfait qu'on le suppose, ne répand pas la semence avec égalité dans les terres pleines de mottes ou de pierres, comme dans les terres douces, bien atténuées.

J'aurois encore quelques reproches à faire aux idées de Tull; mais je me bornerai à rappeller qu'il croit essentiel de choisir sa semence dans un terrein meilleur que celui où il l'emploie, & qu'il préfère les grains d'une terre bien cultivée. Je le crois d'autant moins fondé que souvent j'ai obtenu de bonnes & belles récoltes de grains, pris en pays de mauvaises terres & de grains retraits, *augers* & chetifs; mais cet Agronome donne un excellent avis, en conseillant d'employer plus de semence dans les terres légères que dans les terres fortes.

Lorsque le systême de Tull parut, Buffon le fit connoître en France. Duhamel du Monceaux, jeune, ardent & ami du bien le saisit avec avidité. Ce système avoit du spécieux. L'Agronome François écrivit en sa faveur, & s'en occupa quelque tems, jusqu'à ce qu'il en sentit les inconvéniens. Il finit par l'abandonner.

Outre ce qui a rapport au système de Tull, Duhamel, dans d'autres Ouvrages, a établi des principes de Culture, qui sont des préceptes sages, fondés sur l'expérience & sur l'observation. L'extrait qui précède des ouvrages de ce Savant met à portée d'en juger. Quoique ce ne soit pas ici le lieu de parler des arbres, je dois dire à sa gloire que c'est à lui à qui on a l'obligation en France de la Culture des arbres étrangers & des succès qui en sont la suite. Je crois que Duhamel s'est trompé, lorsqu'il a dit que pour ensemencer un champ en froment, il falloit lui donner quatre labours. Il y a des terreins auxquels il n'en faut que trois, ou même deux quelquefois. Il y auroit encore quelques inexactitudes à reprendre dans les écrits de ce Savant, au milieu d'une foule de vues, de conseils & de pratiques sages qui doivent les faire oublier.

C'est la Chimie qui sert de base aux principes de M. l'Abbé Rozier. Tout consiste, selon lui, à multiplier la terre soluble & à faciliter son union avec les substances réduites à l'état savoneux. Les labours & les engrais peuvent opérer cette merveille. En Agronome éclairé, M. l'Abbé Rozier n'accorde pas tout aux engrais ni aux labours. Il recommande qu'on laboure quatre fois les terres ordinaires & davantage les terres argilleuses & compactes. Il s'agit de savoir ce qu'il entend par terres ordinaires. Car les terres ordinaires de la Picardie & de la Beauce n'ont besoin que de trois labours. Il me semble qu'il se hasarde beaucoup, en assurant qu'on peut juger, à la seule inspection des racines d'une plante, comment il convient d'en diriger la Culture. Car il faut que cette connoissance se combine avec celle de la nature du terrein. Il ne voit en aucun pays l'utilité de la pleine jachère dont l'idée est due aux vastes possessions & aux petits moyens d'exploitation, en quoi il est de l'avis des Cultivateurs actifs, éclairés & exempts de préjugés.

On ne sauroit expliquer favorablement le système de M. Fabroni, qui ne veut point d'engrais & ne veut que peu de labours, qu'en présumant que les terres qu'il a examinées sont légères & incapables de donner de bonnes productions en grains, à moins qu'on ne les laisse plusieurs années sans Culture. Ce qui le prouve, c'est qu'il conseille de faire partager le sol à la vigne, aux muriers, à tous les arbres fruitiers, aux légumes, aux prairies & aux Céréales. Les terres susceptibles de ces diverses productions, ne sont pas des terres abondantes en grains. Il paroît qu'il n'a écrit que pour son pays, & que son antipathie contre les labours fréquens, vient de ce qu'il a vu de mauvais succès des labours trop multipliés dans des terres légères.

Conclusion.

Dans les Arts qui ne sont pour ainsi dire que de pratique, comme l'Agriculture, on doit écarter tout système. C'est se tromper également que d'établir des méthodes uniquement d'après l'influence d'un seul principe; il faut consulter toutes les circonstances capables de conduire au but qu'on se propose, ou d'en détourner. Ces circonstances sont.

1.° La Nature du sol, qui peut être ou de terre franche ou de sable, ou d'argille, ou de matière calcaire, ou un mélange de ces diverses terres, ou de quelques-unes seulement, en proportions différentes. Quelquefois il est mêlé de pierres siliceuses, ou d'autre nature, susceptibles de retenir l'eau ou de l'absorber promptement, selon la profondeur des couches d'argille, ou de craie, dont il est composé. Il exige de la part de l'homme qui le cultive des labours élevés ou plats, nombreux ou rares, des engrais plus ou moins chauds, des amendemens propres à le diviser ou à lui donner de la compacité, &c. *Voyez* ces mots LABOUR ET AMENDEMENT.

2.° La position & l'exposition. Il faut pour un sol en pente d'autres soins que pour celui qui est en plaine ou dans un vallon. On ne peut ensemencer qu'au printems les champs, sujets aux avalages d'eau, lors de la fonte des neiges. Si l'on sème entre deux bois des plantes, sensibles à la grande ardeur du soleil, on risque de ne rien récolter. Il y a des pays où les semailles doivent se faire dès le mois d'août, tandis qu'il y en a d'autres, où l'on peut attendre jusqu'en janvier. Le terrein abrité du nord par des montagnes, convient aux productions qui aiment la chaleur. &c. &c.

3.° Les météores & la température. Ici on a à se garantir des vents, là, des neiges, ailleurs, des pluies trop abondantes; l'habitant des lieux, sujets à la grêle, pour ne pas tout perdre lorsqu'il éprouve ce fléau, a la prévoyance de cultiver une certaine quantité de plantes à racines. Les pays méridionaux, où l'ardeur du soleil en été, grille toutes les herbes, au lieu de prairies artificielles vivaces, n'en ont que d'annuelles, afin de les récolter avant l'époque des chaleurs. &c.

4.° La manière de végéter des plantes, leur constitution & leur disposition à se plaire dans un terrein, plutôt que dans un autre. Celles, dont la racine est fibreuse & traçante sont destinées par la nature & doivent l'être par le cultivateur, à occuper un terrein meuble & léger; tel est le seigle, telle est la pomme de terre, &c. On ne doit placer les plantes fortes & à racines pivotantes, que dans les terres substantielles; tels sont les fromens à tiges pleines, le tabac, les choux, l'artichaud &c.

Ces vérités & ces exemples, que je pourrois multiplier encore, suffisent pour faire sentir combien seroit contraire à la bonne agriculture un système général qui assujettiroit aux mêmes pratiques; c'est à chaque cultivateur à consulter l'état du sol & du pays qu'il habite, & à bien saisir les circonstances qui peuvent servir ou nuire à ses récoltes. La tâche de l'agronome est de bien connoître ce qui se pratique en divers lieux, d'en indiquer les avantages, les rapports & la manière d'en faire de nouvelles applications & de mettre l'homme de campagne à portée de renoncer aux préjugés & de tenter lui-même des essais dont les résultats peuvent lui être utiles. (*Tessier.*)

CULTURE. (*jardinage.*) La culture des Jardins se compose de la culture propre à chaque espece de plante, de celle qui convient à chaque genre de jardin & aux différentes parties qui entrent dans leur composition

La culture des plantes a pour objet leur *conservation*, leur *multiplication* & la *récolte* de leurs produits. Voyez ces mots pour la théorie, & ensuite les articles particuliers à chaque plante pour la pratique & la culture particulière à chacune d'elles.

La nature & le choix des terres, leur situation & leur exposition contribuent beaucoup à la conservation des plantes les *arrosemens*, les *labours*, les *binages*, les *ratissages*, les *sarclages*, la *taille*, l'*élaguage*, le *palissage &c.* concourent au même but & font une partie essentielle de leur culture. Voyez ces différens mots.

La multiplication des végétaux comprend les différentes espèces de *semis*, de *marcottes*, de *drageons*, de *cayeux*, de *greffes*, de *boutures*, & les soins qu'exigent ces diverses objets tant pour leur préparation, que pour leur réussite. Voyez tous ces articles.

La récolte des produits nécessite différentes opérations; elle exige la connoissance des époques auxquelles il convient de les recueillir, des tems les plus favorables, des moyens les plus économiques & des procédés les plus propres à les conserver.

La culture des jardins peut se diviser en culture de jardin légumier, d'agrément, paysagiste & de botanique. Mais, comme ces jardins se composent souvent de plusieurs parties, qui appartiennent à différentes sortes de jardins, il est plus convenable de distinguer la culture propre à chacune des parties.

Ainsi on la distinguera en culture des *marais* à légumes, culture des *couches*, des *melonnieres*, des *arbres fruitiers*, des *bosquets*, des *allées*, des *gazons*, des *glassis*, des *orangeries*, des *serres-chaudes*, des *baches*, des *parterres*, des *fleuristes*, des *plantes médicinales*, & des *écoles de botanique*.

Toutes ces sortes de culture étant traitées avec étendue à leurs articles respectifs, nous y renvoyons le lecteur pour ne pas faire ici un double emploi. (*Thouin.*)

CUMBULU.

Genre de plante de la famille des Gatiliers, dont on ne connoit qu'une espece. C'est un arbre exotique à feuilles simples; à fleurs à corolle d'une seule piece, & à fruit en baie, renfermant un noyau. Il ne se cultiveroit dans notre climat qu'en serre chaude.

Cumbulu Nux malabarica unctuosa. Flucuculato. ♄ Mabalar.

Le cumbulu est un arbre dont le port quoique touffu, paroît dégagé; ses feuilles sont simples, sans dentelure, à base large, drapées en dessous & munies de queues. Les fleurs sont réunies aux extrémités des branches en paquet disposés en pyramide; La corolle est d'une seule pièce en tube. Elles sont jaunâtres & remplacées par des baies à noyau, qui jaunissent à leur maturité: elles paroissent deux fois chaque année. Il croît sur la côte du Malabar, dans les lieux sablonneux.

Culture. Le cumbulu parvenu en Europe en individu se cultiveroit dans la serre chaude, où il devroit occuper une place de tannée, dans un pot rempli de terreau de bruyère pur, ou de sable de mer avec le mélange d'un tiers de sable de bouteille ou de ratissure d'allée, exposées & mûries en tas pendant un hiver. Il ne devroit jamais être arrosé pendant la mauvaise saison, & ne l'être au printemps qu'avec circonspection & en épiant en quelque sorte les premiers mouvemens de la sève, qu'il ne s'agiroit d'abord que de favoriser & d'accélérer ensuite.

Si il étoit question de faire germer les noyaux, on auroit recours au procédé indiqué spécialement à l'art. CORI. (*F. A. Quesné.*)

CUMIN, *Cuminum.*

Genré de plante qui fait partie de la famille des Ombelliferes. Jusqu'à présent il n'est composé que d'une seule espece. C'est une plante de peu d'apparence, mais qui devient intéressante par ses propriétés dans la médecine & dans les arts. On la cultive en grand dans différentes parties de l'Asie & de l'Afrique; il est probable qu'on pourroit la cultiver dans les départemens méridionaux de la France.

I. CUMIN *Officinal.*

Cuminum cyminum.

B. CUMIN *Officinal* à semences velues.

Cuminum cyminum seminibus vellosis ⊙ C. d'Asie & d'Afrique.

Le cumin est une plante annuelle dont la racine pivotante & garnie d'un chevelu délié, pousse une tige rameuse dès sa naissance, &

qui ne s'éleve pas à plus de huit à dix pouces, dans les pays chauds où elle est cultivée. Dans notre climat & dans ceux qui sont plus septentrionaux, elle est beaucoup plus petite, il est rare qu'elle ait six pouces de haut. Ses tiges & rameaux sont garnis de feuilles finement découpées, semblables à celles de l'anet, & d'un verd foncé. Ses fleurs sont fort petites, blanches, un peu purpurines & viennent aux somités des tiges, en manière d'ombelles. Elles paroissent en juillet, & donnent naissance à des fruits alongés, striés longitudinalement, & composés de deux semences appliquées l'une contre l'autre. Ils sont légèrement velus dans la variété B, ce qui en fait la seule différence.

Culture. Les graines de cumin se sement dans les parties septentrionales de l'Europe, vers la mi-avril. On les met dans des pots remplis d'une terre légère, douce & substantielle, que l'on place ensuite sur une couche chaude. Il faut que les semences soient de la dernière récolte, ou du moins qu'elles n'aient pas plus de trois ans, parce qu'alors elles perdent toutes ou à-peu-près leur propriété germinative. Lorsqu'elles sont nouvelles, elles lèvent dans les quinze premiers jours; & si le tems est chaud, & que les arrosemens ayent été légers, mais répétés en raison du dégré de chaleur & de la sécheresse de l'air, les jeunes plantes sont assez fortes pour être mises en pleine terre dès le milieu du mois de juin. Mais, il faut bien se garder de vouloir les repiquer, parce qu'il est très-rare qu'elles reprennent de cette manière, & que d'ailleurs cette opération retarde beaucoup leur croissance, & nuit à la maturité de leurs semences. On doit se contenter de sortir la motte hors du pot, & de la placer en pleine terre, sans déranger celle qui entoure les racines. Cette transplantation doit être faite par un temps chaud & couvert, & suivie d'un arrosement copieux pour affermir la terre autour de la motte. Cependant, il faut bien prendre garde de verser l'eau sur la plante à grands flots, comme elle est très-grêle, si une fois elle étoit couchée contre terre, elle se releveroit difficilement, & l'on courroit risque de la perdre avant qu'elle produisît ses semences. Un terrein meuble & substanciel & une exposition chaude conviennent particulièrement à cette plante, qui, une fois bien reprise, ne tarde pas à fleurir & produit ensuite ses semences, lorsque le temps est chaud & qu'il ne survient pas des orages trop considérables. Immédiatement après la maturité de ses semences, la plante se dessèche & meurt. Son existance n'a guère plus de cinq mois de durée.

Culture en grand du cumin.

Le cumin se cultive à Malthe, en Egypte & dans d'autres pays du Levant. Voici la manière dont on le cultive à Malthe.

Après avoir donné trois labours au champ, qui doit recevoir la graine, on la seme du douze au vingt de mars. La plante s'éleve jusqu'à un pied ou environ. On sarcle avec de très-petits sarcloirs, lorsque le champ est rempli de mauvaises herbes. Cette opération étant fort délicate & exigeant beaucoup de patience, on la confie aux femmes.

Dans les premiers jours de mai, le cumin fleurit. A une fleur blanche & très-petite succède la graine, pour laquelle on le cultive. Quand la plante commence à jaunir, on la récolte; ce qui arrive dans les derniers jours de mai.

On expose le cumin au soleil pour le faire sécher; deux jours après on le met en tas & on le bat avec des fourches, pour avoir la graine; on la passe ensuite à un grand crible, & à l'aide d'un petit vent, on en sépare toutes les parties étrangères. La graine est mise dans des sacs & transportée hors de l'Isle par des négocians malthois.

Les Egyptiens cultivent le cumin sur les lisières des terreins un peu élevés, où l'inondation du Nil n'a séjourné que très-peu de jours. La graine du cumin est employée comme assaisonnement dans les ragoûts, sur-tout parmi les Turcs. Sa saveur aromatique & un peu âcre releve ceux qui seroient trop fades. Les Allemands la mêlent avec du sel & en saupoudrent leur pain.

Les pigeons en sont très-friands; dans Levant on y incorpore cette graine avec de la terre salée, qu'on met dans les colombiers.

On en fait aussi usage dans la médecine, qui la place au nombre des semences chaudes. Elle entre dans les lavemens, dans les topiques, & dans les boissons, &c.

Le bon cumin doit être nouveau, verdâtre, bien nourri, d'une odeur forte & un peu désagréable; il ne faut pas qu'il soit piqué, ni vermoulu, inconveniens auxquels il est sujet.

J'ai essayé plusieurs fois de cultiver du cumin. Soit que les graines qui m'étoient arrivées de diverses parties du Levant fussent trop vieilles, soit que le terrein dans lequel je les ai semé fut trop frais & trop humide, il n'en a pas levé. Ce n'étoit qu'un objet de curiosité, car il est certain que cette plante a plus de facilité pour végéter dans les diverses états du Levant, où il ne pleut que rarement, & que ses produits ont bien plus de qualité que dans les climats de la France. Si on vouloit en faire des cultures, ce ne seroit que dans les Pays méridionaux. (TESSIER.)

CUMIN batard, *Lagœcia cuminoïdes* L. (THOUIN.)

CUMIN cornu, *Hypecoum procumbens. L.* voyez Hypecoon couché n.° 1. (THOUIN.)

Cumin

CUMIN des prés: *Carum carvi. L. voyez Seseli.* (*Thouin.*)

CUNEIFORME. Terme de botanique employé pour désigner la figure d'une feuille, d'une semence, d'une épine qui, ayant une forme triangulaire alongée, imite à-peu-près celle d'un coin à fendre le bois. (*Thouin.*)

CUNILE, *Cunila.*

Genre de plante de la famille des *Labiées*, qui comprend quatre espèces: ce sont des plantes de petite stature, herbacées ou semi-ligneuses, annuelles ou vivaces; à feuilles simples, opposées, à fleurs d'une seule pièce partagée en deux lèvres; leur disposition est en corymbe ou en ombelle, ou verticillée, axillaire & terminale. Elles sont la plûpart étrangères & elles se cultivent dans notre climat, sans presque avoir recours aux abris, en pleine terre, où elles se multiplient par semences, par la division des racines, & même par marcottes. On les rencontre particulièrement dans les jardins de botanique où se borne leur utilité; l'une d'elles cependant est aromatique, & une autre paroît avoir quelqu'agrément.

Espèces.

1. CUNILE du Maryland.
Cunila Mariana. L. ♃ Virginie.
2. CUNILE à feuilles de pouliot.
Cunila pulegioïdes. L. ⊙ Virginie, Canada.
3. CUNILE à feuilles de thym.
Cunila thymoïdes L. ⊙ Montpellier.
4. CUNILE capitée.
Cunila capitata. Lam. Dict. Sibérie.

1. LA CUNILE du Maryland forme une petite touffe par ses tiges dures, hautes d'un pied, à feuilles sans queues, placées par opposition, lisses, d'une forme ovale & pointue. Les fleurs ont peu d'apparence; elles sont aux aisselles des feuilles de la partie élevée des tiges quelles terminent en petits bouquets applatis; elles paroissent en juin. Cette plante est vivace & se trouve dans le Maryland & la Virginie.

2. LA CUNILE à feuilles de pouliot, diffère de la précédente par le duvet de ses tiges, d'ailleurs moins élevée; par le feuillage qui la rapproche du basilic commun, & qui est plus ouvert, ses feuilles étant munies de queue. Les fleurs qui paroissent en juillet sont disposées en anneaux, à chaque paire de feuilles infiniment plus saillantes qu'eux. Les graines se récoltent en automne; elle est annuelle & elle se trouve dans les lieux secs de la Virginie & du Canada.

3. LA CUNILE à feuilles de thym est encore moins élevée que la précédente, elle est à peine de sept pouces de hauteur; ses tiges se divisent fort peu & leurs ramifications sont courtes. Elle a le feuillage & le port du thym, la disposition des fleurs est en anneaux sur toute sa longueur. Elle est annuelle & se trouve dans les environs de Montpellier.

4. LA CUNILE capitée n'a que six pouces de hauteur, son feuillage est lisse, ses feuilles sont ovales, & les fleurs disposées aux extrémités en ombelle arrondie sont de couleur pourpre. Sa durée est ignorée, elle croît dans la Sibérie.

Culture. La Cunile n.° 1, la seule de ce genre que l'on sache avec certitude être vivace, se doit placer dans la planche que l'on destine aux plantes étrangères que l'on ne peut exposer à une gelée de six à sept dégrés, & que l'on couvre d'un chassis, (*Voyez* Collinsone). Elle se multiplie en octobre par les racines que l'on éclate en conservant un œil: on peut encore les marcotter en décembre par le procédé simple d'une entaille faite à une branche latérale, comme s'il étoit question d'un œillet; mais le meilleur moyen de multiplication est par les semences, il devient nécessaire pour les autres espèces de ce genre que l'on sème sur couche & sous cloche au printemps, & que l'on repique sur les devants d'une plate-bande favorablement exposée & d'une terre légère, hors pourtant le n°. 4, qui se plaira mieux dans une terre forte ou à une exposition moins chaude.

Usage. La première espèce de la cunile est aromatique, mais en jardinage de médiocre agrément; il n'en est pas absolument de même de la quatrième, qui peut être comptée pour quelque chose dans l'ornement des jardins, tant à cause de la petitesse de son port, qui se place avantageusement sur les devants des parterres, qu'à cause de la disposition & du coloris de ses fleurs. (*F. A. Quesné.*)

CUNONE, *Cunonia.*

Genre de plante de la famille des *Saxifrages*, qui renferme au moins une espèce: c'est une plante ligneuse, à feuilles opposées avec impaire, à fleurs en grappes axillaires & terminales avec interposition d'une stipule plane, grande & pétiolée. La fleur a cinq divisions, il lui succède une capsule. Elle est étrangère & sa culture n'auroit lieu dans notre climat qu'en serre tempérée. Cette plante est rare, & sa possession nous paroît propre à exciter les desirs du cultivateur, & à augmenter utilement le nombre des plantes d'école.

CUNONE du Cap.

Cunonia Capensis L. ♄ Cap de bonne-espérance.

Nous ne dirons point affirmativement si la cunone du Cap est un arbuste ou un arbre. Il paroît que sa tige est une & que sa cime est d'un feuillage large; ses feuilles sont formées d'une côte qui reçoit par opposition, cinq ou sept folioles en lame, dentées, lisses & munies de queues. Les fleurs sont en grappes placées dans les aisselles & aux extrémités. Une sorte de foliole longue d'un pouce, plane, munie de queue, se place entre elles & les surmonte. Elles sont à cinq divisions & remplacées par des capsules contenant des semences arrondies. Cette plante croît au Cap de bonne-espérance.

Culture. On pourra avec succès donner à la cunone du Cap, une terre argileuse mêlée avec une sixième partie de sable de bruyère ou de mer dans un pot assorti, que l'on placeroit en été dans une plate-bande ombragée, & lui faire passer l'hiver dans la serre tempérée. Si elle montroit de la délicatesse, on agiroit prudemment en la faisant passer en avril dans une bâche où on la retiendroit, jusqu'à ce que les chaleurs & un temps fait, permettent de l'exposer à l'air libre dont il est bon de faire jouir, ne fut-ce que pour peu de temps, toutes les plantes, celles même des Indes orientales, quand elles ne s'y refusent absolument pas.

Remarque. La fructification de la cunone du Cap relativement à la stipule qui l'accompagne, la rend singulière, digne de remarque & désirable dans une école. (*F. A. Quesné.*)

CUPANI, *Cupania.*

Genre de plante de la famille des Balsamiers, suivant M. Delamarck, & placé par M. de Jussieu dans les genres assinés aux Savonniers. C'est un grand arbre qui a le port du chataignier, le feuillage luisant, les feuilles ailées, grandes: les fleurs en rose blanchâtres, petites, à cinq divisions & disposées en grappes, les fruits sphériques renfermant trois graines noirâtres. Il est étranger, de serre chaude dans notre climat, & seulement propre aux grandes collections, fruits du luxe ou apanage du savoir.

CUPANI d'Amérique.

Cupani Americana, L. ♄ Isle de Saint-Domingue.

Le tronc du *cupani* d'Amérique s'élève peu, grossit & se charge de beaucoup de branches placées alternativement & garnies de feuilles composées d'une sorte de famille qui porte sur ses côtes sept à huit feuilles secondaires, placées alternativement, une plus grande que les autres à l'extrémité. Elles sont grandes, dentelées, retrécies à leur base, arrondies au sommet de neuf à dix pouces de longueur, moitié moins larges, luisantes, d'un vert foncé en dessus, clair & velouté en dessous. Les fleurs sont petites, blanchâtres, à cinq divisions & disposées en grappes. Le fruit est une capsule qui renferme trois graines noirâtres un peu applaties, moins grosses qu'un pois. Cet arbre croît à l'Isle de Saint-Domingue sur les montagnes élevées & en plaine.

Culture. On placeroit le *cupani* d'Amérique dans une tannée de la serre chaude, on lui donneroit de la terre préparée pour les plantes délicates & on le gouverneroit comme elles jusqu'à ce que l'on puisse juger si sa culture pourroit se réduire au service d'une caisse nue, que l'on placeroit en hiver à portée d'un des fourneaux, ce qui seroit avantageux, relativement au volume de ce végétal adulte.

Il y a tout lieu de croire qu'il se pourroit multiplier par la marcotte en poupée. (*Voyez* marcotte.)

Nous avons semé sous chassis des graines de cupani, qui, quoiqu'elles paroissoient très-saines ne réussirent pas. Il y a lieu de croire qu'elles ne conservent point plus de deux ou trois années leur qualité germinative.

Usages. Le cupani d'Amérique peut par son feuillage & peut être sa rareté en Europe, dédommager des soins & des frais que sa culture nécessite, mais son volume, la médiocrité de ses fleurs le relèguent nécessairement dans les collections étendues ou fondées pour l'instruction. Le P. Nikolson observe que son bois est d'utilité dans la charpente, & que si il est mis à couvert il dure long-temps. (*F. A. Quesné.*)

CUPIDON, tulipe dont la fleur est violet d'évêque, panaché de pourpre clair & de blanc. Traité des tulipes.

C'est une des variétés de la *Tulipa gesneriana.* L. V. Tulipe. (*Reynier.*)

CUPIDONE, *Catanance.*

Genre de la famille des Semi-Flosculeuses de M. Delamarck & des Chicoracées de M. de Jussieu : il comprend trois espèces qui sont des plantes herbacées, annuelles, vivaces, d'un port évidé, d'un feuillage varié, à feuilles entières, à fleurs composées; poussant spontanément dans le Midi de la France & de l'Europe, se cultivant en pleine terre dans notre climat, où elles se multiplient par semences & par boutures : utiles spécialement dans les écoles, elles ne sont pas toutes méprisées dans les jardins d'agrément.

Espèces

1. CUPIDONE bleue.

Catanance cœrulea, L ♃, France, Italie.

B. CUPIDONE bleue à fleur double.

Catanance flore pleno cœruleo. Tournef. 478.

2. CUPIDONE jaune.

Catanance lutea, L ⊖ île de Candie.

3. CUPIDONE de Grèce.

Catanance græca, L. Grèce.

Description des espèces.

1 Du milieu d'une touffe de feuilles couchées, longues, étroites, velues, ressemblant à celles du plantan *corne de cerf*, s'élève de deux pieds la tige de la cupidone bleue : elle est presque nue & elle se divise à son sommet, en quelques branches courtes qu'accompagnent des feuilles plus petites que celles du bas. Elles se terminent chacune par une fleur seule, & distinguée à cause de son calice à écailles argentées & comme desséchées & de la disposition avec écartement entre eux de plusieurs demi-fleurons d'un beau bleu qui la composent & dont le pourtour est émaillé par les sommets des étamines. Cette plante commence à fleurir en mai & ses fleurs se succèdent jusqu'au commencement de septembre. Les graines mûrissent dans notre climat. Elle est vivace & originaire des parties méridionales de la France & de l'Italie, dans les lieux montagneux & stériles. Il existe de cet espèce une variété B à fleur double.

2 Les feuilles de la cupidone jaune sont plus larges que celles de la précédente ; elle s'élève moins qu'elle, ses fleurs naissent aussi seules à seules, elles sont petites, d'un jaune foncé ; on en récolte les graines en septembre. Elle est annuelle & originaire de l'île de candie.

3 La cupidone de Grèce est de la même stature que le n.° 2. Sa tige, est rayée. Les feuilles du bas sont profondément découpées, ses fleurs sont jaunes ; nous ignorons sa durée. Elle croît dans la Grèce aux lieux maritimes & pierreux.

Culture. La cupidone bleue est une plante vivace à la quelle les meilleures expositions conviennent particulièrement ; néanmoins elle s'accomode de presques toutes : aussi paroît-il plus simple pour la placer ensuite à volonté, de la semer sur couche qu'en pleine terre, 1°. parceque dans ce dernier cas, il lui faudroit pour qu'elle levât, une place de faveur ; 2°. en ce qu'on éclaircit seulement & on sarcle celles qui sont semées en pleine terre, sans qu'il soit très-possible de les déplacer avant l'automne. Le site & la nature du terrein déterminent là-dessus. Dans les endroits très-humides de quelque manière qu'on ai élevé la cupidone bleue, il faut absolument la cultiver en pot & la placer sur les devans de l'orangerie, si l'on veut être certain d'en avoir encore au printemps suivant. Un abri contre les vents humides, une planche un peu sèche & élevée, quelques feuilles desséchées répandues sur les racines, après avoir coupé les tiges, c'est là tout ce qu'exige à-peu-près sa culture dans les jardins qui ne sont pas absolument défavorisés.

On met en pots des individus vigoureux du plant élevé sous cloche, dont on accélère la marche en les enfonçant sur les bords des couches. Il y a presque toujours, dans le cours de l'année, un grand parti à tirer de ces élèves. Il paroît que les jardins ont perdu la variété B. Nous doutons qu'elle se trouve dans le commerce.

La graine se sème sur couche & sous cloche de bonne heure au printemps, avec celle des espèces 2 & 3, dont on protège à l'ordinaire les premiers développemens & le plant repiqué.

La première espèce & peut être la troisième dont il sera bon de garder des individus en pots dans l'orangerie ou sous un chassis pour s'assurer de sa durée, se multiplie encore par boutures, que l'on retire de la tête de la tige : elles doivent être abritées. &c. On a rarement recours à cette pratique, quand on peut se procurer des graines.

Usages.

La Cupidone bleue indique elle même par son port & sa taille la place qui lui appartient dans les parterres, elle ne tardera pas à y être remarquée ; son goût pour les lieux stériles & montagneux, l'appelle dans les ruines où elle aura beaucoup d'effet ; elle passera d'ailleurs dans les écoles avec les deux autres que nous croyons qu'on y laissera. (*F. A. Quesné.*)

CURAGE ou poivre d'eau, *Persicaria hydropiper.* L. (Thouin.)

CURAGES. Boues qui résultent du nétoïement des rivières, ruisseaux, canaux, étangs & rues des villes, &c. qui sont employés comme un excellent engrais. *Voyez* amendement. (*Tessier.*)

CURATELLE, *Curatella.*

Genre de plante que M. Delamarck juge devoir être rapproché du Tetracera ; c'est un arbre d'un port contourné, à feuilles alternes, simples, à fleurs à quatre ou cinq divisions, disposées en grappes, dont le fruit est une capsule ; étranger à notre climat, son peu d'élévation permettroit dans les serres chaudes de lui faire parcourir, en Europe, tous les périodes de la fructification; l'art avanceroit, & la botanique continueroit de lui sourire.

CURATELLE d'*Amérique*.

Curatella Americana, L. ♄ Guiane, Amérique méridionale.

Description.

La CURATELLE d'Amérique est un arbre de sept à huit pieds de hauteur, dont le port est tortueux dans le tronc assez épais & dans les rameaux portant à l'extrémité de leurs branches des feuilles pressées, simples, alternes, presque sans queues, grandes, sinuées, ondulées, & rudes au toucher. Les fleurs sont disposées en grappes, lâches, naissant abondamment sous les feuilles à l'extrémité des branches : elles ont quatre ou cinq divisions blanches, arrondies & d'une grandeur médiocre : elles sont ouvertes au mois d'août, il leur succède des capsules à deux semences. Cet arbre croît à la Guiane, dans les lieux incultes & dans l'Amérique méridionale.

Culture. Nous croyons que la culture de la curatelle d'Amérique ne seroit pas difficile, on ne doute point que la végétation des arbres étrangers ne dépende particulièrement de l'attention sur l'état de l'atmosphère dans laquelle on les tient. Les terres remplies d'*humus* & de sels végétatifs, dont on use dans une serre chaude, leur action toujours pressée par la chaleur du tan, valent sans doute beaucoup mieux que les terres crayonneuses & souvent stériles de leur habitation naturelle, & l'on doit à cet égard craindre plutôt d'aller au-delà du but que de rester en-deçà. Si, par exemple, on doit un jour cueillir des graines en Europe sur la curatelle d'Amérique, ce ne seroit que par l'effet de l'ordre bien établi dans la serre, d'administrer un air dont le verre & le feu nous rendent les dispensateurs compétens : c'est à l'intelligence à faire le reste.

La curatelle d'Amérique se plantera dans un pot, dont le fond sera garni de fragmens de pierres & rempli de mélange de terre marneuse, sablonneuse & de potager par égale portion. On le tiendra constamment dans la tannée, & les arrosemens se régleront sur la chaleur & particulièrement sur le goût que l'élève montrera pour eux. Il est rare qu'il ne se fasse appercevoir facilement au Cultivateur qui veut voir.

Si c'étoit par graine que l'on eut à débuter vis-à-vis de cet arbre, on les sémeroit sous chassis, & on permettra que nous renvoyons à COURIMARI, CLUSIER 4 &c.

Usages.

L'embellissement des serres chaudes influe nécessairement sur nos habitations; empire de flore ne peut point s'étendre sans que le caractère de l'homme n'y gagne du côté de la douceur & de la gaité : ses connoissances s'étendent par la botanique, & souvent les arts profitent de ses découvertes; ceux de la Guiane, dont les ressources sont bornées, tirent des feuilles de la curatelle le poli des couis, des arcs, & des assomoirs des galibis. (*F. A. Quesné.*)

CURCUMA, *Curcuma*.

Genre dont la semence n'a qu'une lobe, de la famille des BALISIERS, qui comprend trois espèces. Ce sont des plantes à racines vivaces, d'un port élevé, d'un feuillage large & d'un beau vert, à feuilles entières, à fleurs disposées en épi. Chacune à quatre divisions, auxqu'elles succèdent des capsules à plusieurs semences. Elles sont étrangères; & leur culture, dans notre climat, n'est possible qu'en serre chaude : on les y multiplie par la division des racines : elles y sont intéressantes, non seulement pour la botanique & l'agrément, mais encore parce qu'elles sont connues depuis long-temps dans le commerce qui les fournit aux arts de la teinture & de la médecine.

Espèces.

1 CURCUMA rond.

Curcuma rotunda, L. ♄ Inde.

2 CURCUMA long, vulg. *le safran des Indes*; *la terre-mérite.*

Curcuma longa, L. ♄ Indes orientales.

3 CURCUMA d'Amérique.

Curcuma Americana, Lam. Dict. Martinique, île Saint-Domingue, Guiane.

Description du port des espèces.

2 Le feuillage du CURCUMA long s'élève de deux pieds sur une tige herbacée, applatie, formée par la partie inférieure de la queue des feuilles qui sont moins longues que le bras, plus larges que la main, se terminant en pointe par les deux extrémités, sans dentelures, chargées de nervures latérales, renversées en arrière par la courbure que prend la partie extérieure, peu solide, un peu canaliculée de la queue qui est moitié moins longue qu'elles. Elles sortent en mai d'une racine petite, tubéreuse, oblongue, peu pourvue de racines fibreuses. Ces feuilles ainsi que la tige se dessèchent en décembre. Quelquefois cette plante fleurit en Europe : alors, on voit en juillet ou août monter une sorte de hampe avec une fructification en épi & composée : les fleurs sont d'une seule pièce & à quatre divisions : il doit leur succéder une

capsule remplie de semences : ses racines sont vivaces ; elle croît dans les Indes orientales.

1 D'une racine noueuse, charnue, médiocrement grosse, s'élèvent les feuilles peu nombreuses du curcuma rond, *rotunda*. Elles sont de la forme de celles du n°. 2, mais un peu plus larges & moins nerveuses sur leurs bords. De leurs queues se forment également une tige, du centre de laquelle sort une hampe avec des fleurs d'un jaune pâle, disposées aussi en épi, auxquelles ne succèdent point en Europe de semences. Cette plante croît naturellement dans l'Inde : ses racines seules sont vivaces.

2 Les feuilles du curcuma d'Amérique se rapprochent plus que celles des précédentes de la forme de celles du balisier, mais les queues sont très-longues & roides. Les fleurs, sur une hampe feuillée & élevée, sont disposées en épi ; elles sont blanches : tout annonce que ses racines sont vivaces. Elles diffèrent beaucoup des précédentes, elles sont disposées en filets longs, garnis de tubercules, plus ou moins gros. Cette plante croît à la Guiane, à la Martinique & dans l'Isle de Saint-Domingue, où les Créoles la nomment *alleluya*.

Culture.

Nous parlons d'abord des n.os 1 & 2. La culture des racines des curcuma est peu assujettissante ; elle a lieu en serre chaude, dans des pots d'une médiocre grandeur, remplis de la meilleure terre de potager, enfoncés dans la tannée la mieux placée, mouillés plus régulièrement qu'abondamment pendant leur végétation, peu ou point lors de son repos. Cependant, comme elles ne procurent pas des fleurs exactement tous les étés, nous croyons que la tentative suivante pourroit réussir à en faire voir. Ce seroit de mettre une racine faite dans un petit pot avec de l'argile ou de la terre rouge & de l'abandonner dans un coin de la tannée, sans cependant le laisser absolument manquer d'eau pendant l'été ; & après deux ans asseoir la motte sans l'altérer en rien dans un pot de sept sur sept pouces, en la garnissant avec de la terre la mieux préparée & la plus amendée de la serre, dont il conviendra de lui donner une place très-favorable. Si on transportoit le pot d'une serre dans une autre, le succès seroit encore plus assuré. Ces racines d'ailleurs n'exigent pas d'autres soins.

A l'égard du curcuma d'Amérique 3, nous ne le connoissons pas, & en supposant que sa racine soit vivace, ce que nous présumons, elle s'écarte du régime des n.os 1 & 2. Ce sont des *racines longues, pourvues de tubercules plus ou moins gros* que nous ne croyons point qu'il soit prudent d'abandonner à la chaleur, quelquefois équivoque de la tannée, qui n'absorberoit pas, malgré l'absence des arrosemens, l'humidité qui, quoiqu'en très-petite quantité les pourriroit. D'ailleurs on doit aussi en jardinage s'épargner des inquiétudes & des soins superflus. Du sable sec dans une terrine sur une planche au-dessus ou près du fourneau, garantira de toute altération pendant l'hiver, ces racines que l'on plantera au mois de mars dans des pots assortis & remplis de parties égales de terre de potager & de sable de bruyère que nous ne mouillerions d'abord qu'avec circonspection & que nous placerions dans la tannée, jusqu'à ce que nous ayons remarqué si cette dernière attention est de trop. Nous essayerions même dans le mois de mai, de la meilleure exposition de la pleine terre pour quelques tubercules.

Il n'y a pour la multiplication des trois espèces que la division des racines, qui se fait au commencement d'avril, toujours en ne perdant pas de vue qu'il faut laisser sécher avant de planter les parties que l'on vient de séparer. Si les fragmens sont petits, ce sont des pots de la dernière classe dont on use, & pour gagner du temps, on a recours aux chassis dès que les chaleurs sont venues.

Usages.

Nous ne nous étendrons pas sur les propriétés des deux premières espèces du curcuma, qui sont plus fortes & peut-être plus étendues dans le curcuma *long* que dans le *rond* ; c'est sur-tout dans la médecine & dans la teinture qu'il a beaucoup d'utilité. Le commerce le tire des Indes orientales, & il les veut gros, nouveaux, résineux, pésans & difficiles à rompre. Pour la troisième espèce, elle s'employe à la cuisine : on mange les tubercules cuits sous la cendre. Au surplus, le Cultivateur s'efforce, par les secours de l'art, d'offrir à l'étude & à la curiosité la fructification vivante d'un genre de plante qui intéresse à beaucoup d'égards. (*F. A. Quesné.*)

CURÉ, nom d'une des variétés de l'*Anemone coronaria*. Voyez Anémone des fleuristes, n.° 9. (*Thouin.*)

CURE-OREILLE ou branche-ursine bâtarde, ou d'Allemagne, *Heracleum sphondilium*. L. Voyez Berce branc-ursine. (*Thouin.*)

CURER, curer un puits, un bassin, une pièce d'eau, c'est les netoyer & ôter la vase & les immondices qui se trouvent dans le fonds. Cette opération se nomme *curage*, & les matières qu'on en retire s'appellent *curures*. Voyez ces deux mots. (*Thouin.*)

CURER, en terme de forêts, signifie couper les branches mortes, les chicots, les souches malvenantes, qui se trouvent dans les bois. (*Thouin.*)

CURETTE, petite planchette de bois mince à laquelle on donne la forme d'une petite bêche, dont la longueur totale n'excède pas sept pouces; les Jardiniers s'en servent pour enlever la terre qui s'attache au fer de leur bêche lorsqu'ils labourent dans des terres grasses. Ils placent cette curette à une des boutonnières de leur guêtre, pour l'avoir toujours sous leur main, & s'en servir au besoin. (*Thouin.*)

CURINIL ou CURIGINIL.

Le CURINIL est une plante peu connue qui, suivant M. Delamarck, semble se rapprocher des Achites, (*cissus.*) Elle est semi-ligneuse, sarmenteuse; ses feuilles sont placées par opposition, munies de queues ovales, terminées en pointe, sans dentelures, lisses, d'un verd blanchâtre. Ses fleurs sont de peu d'apparence, on les dit d'un blanc jaunâtre, à cinq divisions. Elles naissent dans les aisselles des feuilles, & elles sont disposées en corymbe. Il leur succède des fruits en baie, d'un verd clair, renfermant un noyau. Cette plante croît dans l'Inde.

Voyez pour sa culture & sa place dans la serre chaude, l'art. PASSIFLORE, Passiflore *fétide*, (*F. A. Quesné.*)

CURMI. Boisson ancienne qui se fait avec de l'orge, & qui a beaucoup de rapport avec la bierre. Elle est encore d'usage dans les contrées du Nord. Les Anciens en buvoient aulieu de vin; mais les Médecins la regardoient comme mal saine, Ancienne Encyclopédie. (*Tessier.*)

CUROIR. C'est dans quelques endroits une serpe, dans d'autres un baton, dont le Laboureur se sert pour dégager l'oreille de la charrue, de la terre qui s'attache lorsqu'elle est grasse & humide. (*Tessier.*)

CURUPA. Plante de l'Amérique méridionale dont les semences ont été apportées par La-Condamine. Voici ce que dit cet auteur des propriétés de cette plante.

« Les Omagnas font grand usage de deux » sortes de plantes; l'une que les Espagnols » nomment *floripondio*, dont la fleur a la figure » d'une cloche renversée, & qui a été décrite par » le Pere Feuillé. (Elle est connue par les Bota- » nistes sous le nom de (*datura arborea L.*) » L'autre que les Omagnas nomment *curupa.* » Ces deux plantes sont purgatives. Ces Peuples se procurent par leur moyen une ivresse qui dure vingt-quatre heures, pendant lesquelles ils ont des visions fort singulières. Ils prennent aussi la *curupa* réduite en poudre comme nous prenons le tabac, mais avec plus d'appareil: ils se servent d'un tuyau de roseau terminé en fourche & de la figure d'un Y: ils insèrent chaque branche dans une narine: cette opération suivie d'une aspiration violente, leur fait faire une grimace fort ridicule aux yeux d'un Européen, qui ne peut s'empêcher de tout rapporter à ses usages. *Mém. de l'Acad. des sciences, année* 1745, *pag.* 428. (*Thouin.*)

CURURES. *Voyez* curages. (*Tessier.*)

CURURU. Nom caraïbe de quelques espèces de *Paulinia.* (*Reynier.*)

CUSCUTE, *Cuscuta.*

Genre voisin des Liserons qui comprend trois espèces. Ce sont des plantes parasites, annuelles, filiformes, sans feuilles & à fleurs à corolle d'une seule pièce, à quatre ou cinq découpures, il leur succède des graines qui les multiplient plus pour nuire que pour servir, quand il seroit bien prouvé qu'elles empruntassent, même à un dégré quelconque, les vertus des plantes avec leur substance: elles ne sont pas rares sur le régne végétal, n'importe sous quelle latitude.

Espèces.

1 CUSCUTE d'Europe, vulg. la goutte de lin.
Cuscuta Europea, L ⊖; Europe sur les végétaux.

B CUSCUTE petite.
Cuscuta minor, Tournef. 652, ⊖ *idem.*

2 CUSCUTE de la Chine.
Cuscuta Chinensis, Lam. Dict. ⊖, Chine *idem.*

3 CUSCUTE d'Amérique.
Cuscuta Americana, Lam. Dict. Virginie *idem.*

Description du port des espèces.

1 Le port de la Cuscute d'Europe est en touffe rougeâtre, déliée, en forme de fils longs & susceptibles de s'entortiller. On y remarque de petites-écailles ou de menus tubercules qui s'attachent d'abord à la surface d'un végétal, & dont l'action pénètre & déchire l'écorce pour en aller puiser la substance & achever d'y croître, fleurir & périr après avoir répandu sa graine. Ses fleurs sont petites, blanches ou rougeâtres, sans queue, & ramassées en paquets globuleux; elles sont d'une seule pièce à cinq découpures aigues. Elle est annuelle, on la remarque en Europe sur la bruyère, le lin &c.

Le port de la cuscute de la Chine diffère de la précédente, parce que ses filamens sont plus gros & d'un verd jaunâtre: elle diffère aussi dans la disposition des fleurs qui sont moins rapprochés. Elle est annuelle. On l'a observée en 1784 au Jardin National, où elle étoit arrivée de la Chine sur un basilic.

3 La cuscute d'Amérique a des filamens longs, très-rameux, lisses & jaunâtres. On y remarque que ses fleurs, d'ailleurs verdâtres, sont pourvues

d'une queue fort courte, commune à plusieurs. On la trouve sur les arbrisseaux dans la Virginie.

Observation.

On n'attend pas de nous sans doute une dissertation sur la culture & la multiplication de la cuscute puisque partout où elle se rencontre, il ne s'agit que de sa destruction. Cette plante parasite n'offre rien d'absolument utile à l'homme que pour l'instruction, & au cas où elle manqueroit dans un des lieux que l'on y consacre, on la sémeroit dans un petit pot, où elle commenceroit une végétation, qu'elle ne pourroit achever que sur un arbrisseau que l'on tiendroit a portée. Ses vertus sont équivoques. Quelques-uns ont prétendu qu'elle possédoit, mais à un dégré moindre, celles des plantes sur lesquelles on la cueilloit; d'autres qu'elle en possédoit de particulières; mais on est d'accord sur sa fréquence dans tous les climats. (*F. A.* QUESNÉ.)

CUSCUTE. La cuscute appelée *épithime, augure de lin, teigne*, est une plante parasite, qui vit aux dépens des autres. On la trouve sur le houblon, le lin, la luzerne, la vesce & sur beaucoup d'autres plantes économiques. Par ses filamens elle les entortille, les empêche de s'élever & arrête leur végétation. Ses noms lui viennent de ce qu'elle vit aux dépens du thim & du lin, & de son excessive adhérence aux plantes qu'elle entortille.

Après avoir beaucoup réfléchi sur les moyens de détruire la cuscute qui infestoit de plus en plus mes linières, je me suis borné à faire arracher toutes les parties d'une linière où on l'appercevoit, au moment où cette plante étoit en fleur. Après cette opération, j'ai semé plusieurs années de suite les graines de mes récoltes, & je n'y ai plus trouvé de cuscute. Je conseille de suivre cet exemple dans les houblonières & les luzernières. Il en coute sans doute de sacrifier une partie des productions, qui couvrent un champ; mais, outre que ces productions sont peu avantageuses, on en est dédomagé par le bon état & l'amélioration des récoltes subséquentes. (*TESSIER.*)

CUSSAMBI, *CUSSAMBIUM RUMPH.*

Grand arbre qui paroît former un genre particulier, peu connu des Botanistes, quoique sa culture soit répandue dans plusieurs pays que les Européens fréquentent. C'est un grand arbre élancé & même un peu piramidal, son bois est dur, solide, de couleur cendrée & estimé pour différens ouvrages de ménuiserie. Les feuilles sont ovales, semblables à celles de goyavier, ses fleurs sont petites & viennent en grappes à l'aisselle des feuilles supérieures. Les anciennes feuilles tombent en aôut, vers la fin des mois pluvieux, les fleurs viennent immédiatement après en septembre, & les nouvelles feuilles se développent en janvier. Ces époques qui sont celles d'Amboine, sont accélérées ou retardées, suivant les saisons dans les autres pays. Les fruits mûrissent au mois de févrior, se sont des fruits ovoïdes, communément hérissés extérieurement de pointes molles, leur chair est acide avec un goût vineux comme celui du raisin mal mûr; on les mange principalement pour étancher la soif: cette chair contient un noyau qui renferme une amande blanche dont on retire après l'avoir torréfiée, une huile plus colorée que celle de l'olive, & d'une saveur particulière assez agréable. Cependant, on fait moins d'usage de cette huile pour la table que pour la lampe & pour les préparations odoriférantes, auxquelles on employe l'huile de ben; les naturels du pays en consomment beaucoup pour s'oindre le corps.

On cultive cet arbre à Banda, à Amboine, Sumatra, Macassar, & il vient plus beau dans ces derniers pays que dans les premiers: on ne le trouve pas sauvage, & l'on présume que sa culture y a été apportée de la Chine.

On apporte dans les Moluques de la Chine des fruits secs nommés Linkeng, que Rumphius croit être des fruits de cet arbre ou d'une espèce voisine. Ces fruits sont ronds, sans épines & se transportent en facs pour fournir les marchés, l'arbre qui les produit est cultivé devant les maisons à la Chine. On n'a aucune notion plus détaillée sur sa culture ni sur ses caractères botaniques; à moins qu'il ne soit analogue au *Litchi*, dont les fruits sont pareillement exportés de la Chine. V. LITCHI. (*REYNIER.*)

CUSSONE, *CUSSONIA.*

Genre de la famille des OMBELLIFÈRES, qui comprend deux espèces, qui sont des plantes, dont l'une est probablement & l'autre certainement un arbrisseau. Leur feuillage est varié, leurs feuilles sont composées & digitées, leurs fleurs sont disposées en épis ou en grappes ombellées; elles ont cinq divisions à trois angles pointus, leurs fruits sont arrondis & à deux coques. Elles sont étrangères à notre climat, où elles ne se cultiveroient que sous verre pendant les saisons rigoureuses, & en tout temps lors de leur enfance. Leur utilité paroît se borner aux écoles de botanique.

Espèces.

1 CUSSONE à bouquet.

CUSSONIA thyrsiflora, Lam. Dict. ♄ Cap de bonne-espérance.

2 CUSSONE à épi.

Cussonia spicata, Lam. Dict. Cap de bonne-espérance.

Description des espèces.

1. Le port de la cussone à bouquet est dégagé ; sa tige est ligneuse & de la grosseur du doigt, elle est munie de peu de branches dans le bas, elle n'en a point du tout dans le haut où les feuilles sont rapprochées. Elles sont placées alternativement, pourvues de queue longue, qui réunit à son sommet deux ou quelquefois cinq feuilles secondaires, inégales, cohérentes, en forme de coin, tronquées & à trois jusqu'à cinq dents à leur extrémité supérieure. Les fleurs naissent en grappes au bout des branches, elles sont rassemblées parallèlement au nombre de quatre en forme d'ombelle & détachées au moyen d'une queue nue. Le feuillage varie dans la forme des feuilles, qui sont quelquefois articulées & dilatées de manière qu'une foliole semble en avoir produit une autre. C'est un arbrisseau qui se trouve au Cap de bonne-espérance.

2. Les feuilles de la cussone à épi sont de la même composition que dans la précédente ; mais les feuilles secondaires sont en spatule, dont le bas est prolongé en forme de queue. Il s'en trouve pour une seule feuille de trois à cinq disposées en main ouverte. Les fleurs sont en épi, elles terminent les branches. Elle se trouve au Cap de bonne-espérance. Nous présumons qu'elle est vivace & ligneuse.

Observation.

A l'égard de la culture, de l'éducation, de la multiplication & même des usages des cussones *à bouquet & à épi*, on permettra que nous renvoyons aux articles *cliforte & clutelle* pour les espèces de ces deux genres qui nous viennent de l'Afrique. (*F. A. Quesné.*)

CUTICULE. Peau végétale extrêmement fine, qui recouvre les semences de certaines plantes. *Voyez* Epiderme. (*Thouin.*)

CUVE DE VENUS. Ancien nom vulgaire du *Dipsacus sylvestris Jaq.* à cause de l'espèce de vase que forment les feuilles autour de la tige, où l'eau des pluies séjourne : on avoit imaginé que cette eau étoit un cosmétique, *Voyez* Cardère Sauvage. (*Reynier.*)

CUVÉE. Une cuvée est la quantité de vin qu'une seule cuve fournit. Les cuvées ne sont pas toutes également bonnes quoiqu'elles proviennent des mêmes raisins & des mêmes sols. *Voyez* les articles vin & vigne au Dictionnaire des arbres. (*Thouin.*)

CUVER. C'est laisser fermenter dans la cuve le raisin avec le moût, autant qu'il est à propos pour donner au vin le corps, la couleur, & la qualité qui lui convient le mieux. *Voyez* vigne & vin. (*Thouin.*)

CUVETTE. Vaisseau de bois, de pierre ou de plomb, qui sert dans les jardins à recevoir ou à contenir l'eau dont on a besoin.

Les cuvettes sont de différentes grandeurs relativement à leur usage. Celles qui servent uniquement à recevoir l'eau d'une fontaine, pour la distribuer ensuite dans différens endroits au moyen des tuyaux qui viennent y aboutir, & que l'on appelle par cette raison cuvettes de distribution, n'ayant pas besoin d'une grande capacité, sont ordinairement d'une médiocre grandeur.

Celles qui sont destinées à mettre l'eau nécessaire aux arrosemens des serres, doivent être plus grandes & pouvoir contenir au moins un muid d'eau, afin qu'on ne soit pas obligé de les remplir aussi souvent, & que l'eau y séjournant plus long-temps puisse y acquérir à-peu-près la température de l'air de la serre. Un autre avantage encore d'avoir de grandes cuvettes, c'est de n'être pas forcé pendant l'hiver, d'ouvrir trop souvent les portes des serres, & d'y trouver de l'eau pour mouiller pendant plusieurs jours, les plantes qui ont besoin d'être arrosées.

Ces dernières cuvettes se placent ordinairement derrières les portes, seus les jardins, & dans le lieu le moins apparent des serres. Il faut avoir soin de les éloigner des conduits des fourneaux, parce que l'humidité qu'elle répandent dans leur voisinage, empêche la fumée de circuler, & le feu de se porter avec activité dans ses canaux.

C'est dans le voisinage des cuvettes & même sur les bords qu'on place avec succès, les plantes de la famille des fougères qui aiment l'humidité. Plusieurs espèces de capillaires, de pteris, de polypodes y croissent à merveille & s'y multiplient très-bien. (*Thouin.*)

CYANELLE, *Cyanella.*

Genre dont la semence n'a qu'un lobe, de la famille des Asphodèles, qui comprend au-moins deux espèces. Ce sont des plantes herbacées, d'une petite stature, à racines vivaces, bulbeuses, à feuilles simples, étroites, ou en forme d'épée, à fleurs disposées en épi, elles sont à six divisions ouvertes irrégulièrement, à fruit capsulaire, renfermant des semences. Elles sont étrangères, & elles se cultivent dans notre climat sous chassis & sans beaucoup d'embarras. Elles s'y multiplient par les bulles & par les graines : elles sont recherchées, lors même qu'il ne s'agit ne s'agit pas d'en pourvoir les écoles de botanique.

Espèces.

1 CYANELLE du Cap.

Cyanella Capensis, L. ♃ Cap de bonne-espérance.

2 CYANELLE jaune.

Cyanella lutea, Lam. Dict. ♃ Cap de bonne-espérance.

Espèce moins connue.

CYANELLE blanche.

Cyanella alba, L. F. 201.

Description du port des espèces.

1 La racine de la Cyanelle du Cap est un petit bulbe applati qui donne en automne dix à douze feuilles étroites un peu longues, terminées en pointe; une tige qui du milieu d'elles s'élève de six à huit pouces; elle est très-légèrement feuillée, elle a quelques ramifications terminées comme elle par plusieurs fleurs assez petites, rapprochées; elles sont d'une couleur pourpre clair, tirant sur le violet: elles ont six divisions, dont les trois inférieures s'inclinent. Elles durent plus d'un mois, il leur succède des capsules arrondies, remplies de semences. Les feuilles se dessèchent dès le commencement de l'été. La racine est vivace, elle se trouve au Cap de bonne-espérance.

2 La racine de la cyanelle jaune est également bulbeuse; le feuillage est plus large, la disposition des fleurs est la même, mais elles sont attachées par des queues plus longues; elles sont beaucoup plus grandes & leur couleur est jaune. La sortie, la durée des feuilles, des fleurs & les fruits sont les mêmes. La racine est vivace & du Cap de bonne-espérance.

A l'égard de l'espèce moins connue, ses feuilles sont linéaires, filiformes & ses fleurs sont blanches.

Observation.

Pour les culture, multiplication, semis & usages des cyanelles, on prie de trouver bon le renvoi à l'article IXIE. (*F. A. Quesné.*)

CYCAS, *Cycas.*

Genre de plantes de la troisième section de la famille des Fougères. Le caractère distinctif des plantes de ce genre est d'être dioique, les fleurs mâles sont placées sous des écailles, dont la réunion forme un cône de la grosseur d'une pomme de pin, & les fleurs femelles le long d'un régime, applati en forme de lame d'épée; ces dernières consistent en un style supporté par un germe qui devient une noix ligneuse.

Ce genre est composé de trois espèces, qui croissent en Afrique & dans l'Inde. Ce sont des plantes ligneuses, d'un port très-pittoresque, & qui conservent leur feuillage toute l'année. Les amandes de leurs fruits sont bonnes à manger, & la moëlle renfermée dans leur tronc, sert de nourriture aux hommes. Ces plantes se cultivent en Europe dans les serres chaudes dont elles sont un des plus beaux ornemens.

Espèces.

1. CYCAS des Indes.

Cycas Circinalis, L. ♄ des Indes orientales.

2 CYCAS du Japon.

Cycas Revoluta, Thunb. ♄ de la Chine & du Japon.

3 CYCAS des Caffres.

Cycas Caffra, Thunb. ♄ du Cap de bonne-espérance.

Description du port des espèces.

1 Le cycas des Indes s'élève à la hauteur de quinze à vingt pieds, son tronc est droit, couvert d'écailles larges, applaties & d'un jaune pâle, il est sans branches, & se termine par une couronne composée d'environ vingt feuilles, qui ont à-peu-près quatre pieds de long, & quinze à dix-huit pouces de large. Les feuilles dont la base est garnie de courtes épines dans la longueur de six ou huit pouces sont ailées, composées de deux rangées de folioles linéaires, planes & d'un vert brillant. Ces feuilles en naissant sont repliées sur elles-mêmes, & forment une spirale ou espèce de volute, qui se déroule insensiblement jusqu'à ce qu'elles ayent pris leur entier développement; alors elles sont dans une position verticale; mais à mesure qu'elles vieillissent, elles se renversent & décrivent une portion de cercle. Chaque année il sort de l'extrémité du tronc une nouvelle couronne de feuilles, dont la verdure tendre, contraste agréablement avec la verdure foncée des feuilles de la couronne précédente & celle-ci avec les plus anciennes qui deviennent par gradation d'un jaune de paille luisant. Les individus mâles portent à leur sommet un chaton charnu dont la forme approche de celle d'une grosse pomme de pin ou d'un petit ananas. Les individus femelles produisent à l'extrémité de leur tronc entre les pétioles des feuilles de la dernière couronne, un grand nombre de régimes coriaces, & cotonneux, sur les bords desquels naissent les fruits. Ce sont des noix ovales d'un jaune rougeâtre, légèrement comprimées & de grosseur d'une petite orange. Lorsqu'elles sont mûres, elles ne contiennent qu'une semence renfermée dans une coque mince, ligneuse & recouverte d'un brou peu épais.

2 Le cycas du Japon a beaucoup de ressem-

blanche avec l'espèce précédente, son port est le même ainsi que sa manière de croître. Il s'en distingue néanmoins par ses folioles qui sont plus étroites, plus roides, plus pointues & comme épineuses par leur extrêmité. Elles ont de plus un caractère remarquable en ce qu'elles sont un peu roulées en-dedans sur leurs bords, tandis que celles de la première espèce sont très-applaties. Les fruits de celle-ci sont des noix comprimées, rouges & longues d'un pouce & demi.

3 Le cycas des Caffres paroît former une plante ligneuse dont le tronc est beaucoup moins élevé que celui des deux espèces précédentes. Du sommet d'une souche grosse comme la tête d'un homme, & qui a la forme d'une bulbe écailleuse, sortent cinq ou six feuilles longues d'environ trois pieds, divisées en deux rangs de folioles dans les trois quarts de leur longueur. Ces folioles sont le plus souvent opposées & quelquefois alternes. Elles sont ovales, alongées & terminées en pointes aigues, lisses en-dessus & striées longitudinalement en-dessous, leur consistance est de nature filandreuse & coriace, & leur couleur d'un vert foncé. Le pétiole des feuilles n'a point d'épines, ce qui distingue aisément cette espèce des deux précédentes qui en ont de fort acérées dans cette partie. Les fruits de ce cycas sont des noix anguleuses de la grosseur d'une chataigne recouverte d'une coque mince & ligneuse. Ils viennent sous les écailles d'un cône placé au milieu du sommet de la plante, & qui est aussi gros que la tête d'un enfant.

Culture.

Les cycas se cultivent dans des vases qui restent toute l'année dans les couches de tan des serres chaudes. Ils aiment une terre légère & substantielle. Celle qui paroît le plus contribuer à leur vigueur & à leur conservation, est un mélange composé par égales parties de terreau de bruyère, & de terre à oranger. Les arrosemens doivent être fréquens, lorsque ces plantes sont en pleine végétation, ce qui arrive ordinairement pendant les chaleurs de l'été. Dans les autres saisons, il convient de les modérer & de les supprimer entièrement pendant le milieu de l'hiver. Les cycas se conservent à une température de dix degrés, lorsqu'ils ne sont point en végétation; mais, pour les faire croître, il est nécessaire de leur donner une plus forte chaleur. Celles des serres les plus chaudes & même celle des baches à ananas depuis le milieu du printems jusqu'à la fin de l'été, n'est pas trop forte pour eux, pourvu qu'on y proportionne les arrosemens, & qu'on renouvelle l'air de temps en temps.

Leur multiplication peut s'effectuer de deux manières, par les semences & par les œilletons. La première quoiqu'elle soit la plus naturelle est cependant celle dont on peut le moins faire usage dans notre climat, parce qu'à l'exception de la troisième espèce qui a fructifié une seule fois au Jardin National des plantes à Paris, les autres n'ont point encore donné de bons fruits en Europe. D'un autre côté, les semences pour conserver leur propriété germinative, doivent être mises en terre quinze jours au plus tard après leur maturité. On ne pourroit donc espérer d'en recevoir de bonnes, qu'autant qu'on les enverroit stratifiées dans des caisses, & il est beaucoup plus simple de multiplier ces végétaux par le moyen des œilletons, aussi ce moyen est-il celui que l'on employe de préférence.

Ces œilletons sont des espèces de bulbes qui viennent au bas des souches, vers le collet de la racine, & qui ne sont autre chose que des excroissances bulbeuses, arrondies & couvertes d'écailles, lorsqu'elles ont deux ou trois ans, qu'elles commencent à s'éloigner un peu du tronc & forment un corps particulier garni de quelques feuilles, on les sépare avec un instrument tranchant. On les place dans la serre chaude, sur une tablette, à l'ombre. On les y laisse pendant cinq à six jours, pour donner à la plaie le temps de se cicatriser; ensuite on les plante dans des pots remplis d'une terre plus sèche qu'humide, composée de deux tiers de terreau de bruyère & d'un tiers de terre à oranger, bien mélangés. Immédiatement après leur plantation, on place ces œilletons dans une couche de tan chaude, & sous un chassis, ou mieux encore sous une bache à ananas; on les garantit du grand soleil, & on ne les arrose que lorsqu'ils commencent à pousser. Cette opération est presque sûre lorsqu'on la fait vers le milieu du mois de mai. Les œilletons ne tardent pas à se garnir de racines & de nouvelles feuilles, & vers la fin de l'automne, ils en sont ordinairement assez pourvu pour passer l'hiver dans la tannée d'une serre chaude. En les plaçant dans le voisinage du fourneau, dans une position aérée, & où ils puissent recevoir le soleil, leur végétation sera plus vigoureuse & plus forte que dans tout autre endroit.

Les cycas ont besoin d'être rempotés de temps en temps en raison des progrès de leur végétation, & pour empêcher que les racines ne se trouvent trop gênées dans leurs vases. La meilleure saison pour faire cette opération, est le milieu du printemps, mais il faut bien se garder de les faire passer tout-à-coup d'un petit pot dans un grand, ils se porteroient mieux d'être un peu trop resserés que d'être trop au large. Il suffira que le vase dans lequel on le mettra, soit de trois quarts de pouce ou d'un pouce plus grand dans toutes ses dimensions, que celui dans lequel ils étoient. Une autre attention non moins importante, est de prendre bien garde de meurtrir les grosses racines, de les déchirer & sur-tout de les couper, ces blessures occasionneroient des chancres, qui porteroient insensiblement la gangrène & la mort jusque dans le cœur des plantes. Il faudra donc les sortir de leur vase avec précaution, dégarnir ensuite la motte de toute la terre compacte & trop usée, qui environne les racines, & pour cet effet on se servira d'un petit plantoir bien arrondi dans son contour & à pointe mousse. La motte ainsi préparée, on tiendra d'une main la plante suspendue perpendiculairement au milieu du vase dans lequel elle doit être replacée, & de l'autre on garnira les racines avec une nouvelle terre bien ameublée, en agitant légérement le tronc de l'arbre, afin que cette terre puisse mieux s'insinuer & remplisse plus exactement toutes les cavités. Ensuite pour l'affermir encore & en rapprocher davantage toutes les parties, on frappera plusieurs fois le fond du vase contre terre. Cela fait, on placera les plantes dans une tannée neuve, & on les garantira des rayons ardens du soleil. Lorsqu'elles commenceront à pousser, on leur donnera des arrosemens légers que l'on rendra plus fréquens & plus copieux à mesure que la végétation deviendra plus vigoureuse & plus forte.

Les cycas ainsi cultivés pendant les six premières années de leur jeunesse, commencent à être assez robustes. En leur donnant alors le dégré de chaleur, l'étendue de terre & les arrosemens qui leur sont nécessaires, on est sûr de les conserver long-temps, quand bien même on négligeroit momentanément quelqu'un de ces soins. Mais si l'on s'appercevoit qu'ils deviennent jaunes & languissans, ce qui arrive lorsque leurs racines ont été échaudées par la chaleur de la couche, il faudroit aussitôt les visiter. Et si l'on trouve que les racines sont mortes par le bout, qu'elles sont noires & gangrénées, il n'y a pas d'autre parti à prendre que de les séparer de toute la terre qui les environne & de les couper avec une serpette bien tranchante au niveau de la culasse du tronc, d'enlever les écailles pourries & de supprimer toutes les feuilles à raiz du sommet de la tige. Après avoir laissé cicatriser les plaies pendant plusieurs jours dans un lieu chaud, on replantera ces souches dans de nouvelle terre sèche, & dans de petits vases qu'on placera à plus grande chaleur. Ce moyen nous a réussi sur un individu qui dépérissoit sensiblement depuis trois ans, & qui s'est parfaitement rétabli au moyen de cette opération.

Il est plusieurs insectes qui attaquent les cycas & leur font tort. Les gallinsectes en s'attachant aux côtés des feuilles y attirent les fourmis qui les salissent & en obstruent les pores. On s'en débarasse en lavant de temps à autre ces plantes, & en faisant tomber les gallinsectes. Les cloportes attaquent aussi quelquefois les feuilles tendres & les jeunes racines de ces plantes. Nous ne connoissons d'autres moyens pour prevenir ou pour empêcher les progrès du mal que font ces insectes, que de leur faire la chasse souvent & de les tuer.

Propriétés & Usages.

Les Indiens mangent les amandes des fruits de toutes les espèces de cycas, elles sont saines, nourrissantes & d'une saveur agéable. La colonne de moëlle qui se trouve au milieu du tronc de ces sortes d'arbres, fournit une espèce de sagou très-nourrissant. Au Japon, l'espèce n.° 2 est fort estimée, sur-tout des grands, à cause de la bonté de son sagou; ils en conservent des provisions avec d'autant plus de soin que dans les temps de guerre, une très-petite quantité de cette substance suffit pour faire vivre long-temps les soldats; aussi est-ce pour priver leurs ennemis d'une telle ressource, qu'il est défendu, sous peine de mort, de transporter ce cycas hors du Japon.

La troisième espèce qui croît au Cap de bonne-espérance, sur les hauteurs, près de la ferme la plus élevée de *Zee Koe-Rivier*, est fort recherchée des Hottentots. Ils renferment dans une peau de veau ou de mouton aprêtée, la moëlle qu'ils trouvent en abondance dans le tronc de ce petit palmier. Ils l'enfouissent en terre, & l'y laissent l'espace de plusieurs semaines, jusqu'à ce que cette moëlle devienne assez tendre pour pouvoir se pétrir avec de l'eau & former une pâte. Alors ils en font de petits pains ou gateaux, qu'ils mettent cuire sous la cendre: d'autres Hottentots moins délicats, ou qui n'ont pas la patience d'attendre ces longs préparatifs, font secher & rôtir cette moëlle, & en font une sorte de fromentie brune. On a donné à cette espèce de cycas le nom d'*arbre-pain* des Hottentots, en raison de la nature d'aliment qu'il leur fournit.

Nous ne devons pas prétendre en Europe à jouir des fruits des cycas, puisqu'il est très-rare que quelques espèces fructifient & encore moins de la moëlle que fournissent leurs troncs, puisque pour l'obtenir il faut les fendre en deux, & sacrifier des arbres qui croissent lentement, & exigent une culture dispendieuse: mais le port intéressant de ces arbres les rend précieux pour l'ornement des serres chaudes. Placés isolement dans les tannées, ou grouppés avec les bananiers, les datiers, les *plumeria* & autres arbres de la Zone torride, ils produisent un effet très-pittoresque.

Historique. La deuxième espèce de cycas est cultivée au Jardin National depuis plus de vingt années. Les deux autres ont été apportées, savoir : la première de l'Isle de France & la troisième du Cap de Bonne-Espérance, en juillet 1789, par le Citoyen Joseph Martin, alors élève Jardinier du Jardin National ; & actuellement Directeur des cultures d'arbres à épiceries, à Cayenne. (*Thouin.*)

CYCLAME, *Cyclamen*.

Genre de la famille des Lisimachies qui a des rapports avec le meadia & la soldanelle, & qui comprend deux espèces & beaucoup de variétés. Ce sont des plantes très-basses, herbacées, vivaces, à racines tubéreuses, à fleurs radicales, d'une seule pièce, découpée en cinq parties qui se réfléchissent, à chacune desquelles succède une capsule ronde, remplie de semences brillantes. Elles sont les unes indigènes, les autres exotiques, celles-là se cultivent en pleine terre, celles ci en pots avec quelques précautions que l'on n'essaye point en vain, & sans beaucoup de satisfaction, à cause du parti que, pour la décoration, l'on peut tirer de la fraicheur & de la beauté du feuillage, de la durée & de l'éclat des fleurs. Une seule est de serre chaude, & les élèves des variétés se font sous verre. Elles se multiplient par les graines ou par les fragmens des tubercules. On ne néglige pas d'en placer dans les écoles ; ce genre d'ailleurs inspire de l'intérêt, puisque la racine de cyclame s'employe en médecine & qu'elle entre dans les pharmacopées.

Espèces.

1. CYCLAME d'Europe, vulgt. *le pain-de-pourceau.*

Cyclamen Europeum. L. ♃ Europe.

B. CYCLAME d'Alep, à fleur blanche, avec des différences dans la grandeur & la forme des segmens. Alep.

Cyclamen Aleppicum, flore albo. ♃

C. CYCLAME d'Alep, à fleur blanche, à base pourpre, avec des différences très-étendues dans la couleur du fond de la corolle. Alep.

Cyclamen Aleppicum, flore albo, basi purpurea. ♃

D. CYCLAME d'Alep, à fleur d'un rouge pâle, à base rouge.

Cyclamen Aleppicum flore carneo, basi rubera. ♃ Alep.

E. CYCLAME à racine d'anémone.

Cyclamen radice inequali. ♃ Levant.

F. CYCLAME à fleur petite & d'un pourpre vif.

Cyclamen flore purpureo minimo. ♃ Chio.

2. CYCLAME des Indes.

Cyclamen Indicum. L. ♃ Isle de Ceylan.

Description du port des Espèces.

1. Le bulbe du Cyclame d'Europe devient quelquefois fort large, il est d'une forme circulaire, applatie, d'une couleur noire & pourvu de racines fibreuses qui sont attachées au-dessus & au tour de sa surface garnie de tubercules, d'où sortent dès les premiers jours d'automne des fleurs qui s'élèvent de cinq à six pouces sur des queues nues, charnues, & inclinées par en haut ; elles sont d'une seule pièce à cinq découpures, d'environ cinq lignes de longueur, larges à proportion, un peu obtuses à leur extrémité & repliées sur elles-mêmes de manière qu'elles sont perpendiculaires. Elles sont d'un pourpre léger ou tout-à-fait blanches. Il succède à chacune d'elles une capsule ronde, moins grosse qu'une cérise ; elle est remplie de semences, & le pedoncule se tord en vrille avant la maturité qui a lieu en juin. Ces fleurs se succèdent jusqu'aux gelées qui sont précédées par les feuilles : elles ont une queue longue de six à sept pouces, elles sont à-peu-près de la forme & de la grandeur de celles du lierre, un peu oblongues, plutot crénelées que dentelées ou sinuées, en quelque sorte auriculées, vertes, & tachées en-dessus ; on remarque en-dessous une couleur violette qui descend & s'éteint sur les queues. Ce feuillage disparoit à la fin du printemps. La racine de cette plante est vivace, elle habite les bois & les montagnes de l'Europe.

Nous avons donné l'exposition la plus succincte qu'il a été possible des Variétés de cette espèce qui sont très étendues. Nous les avons souvent semées, & elles se sont diversifiées sous nos mains de la manière la plus étonnante. Cependant sur celle à racine d'anémone E, de Chios F, nous ne pouvons rien dire de positif à cet égard qui tienne à la culture, puisqu'elles sont toutes deux sorties de notre jardin avant qu'elles ayent donné des graines. Elles nous semblent s'écarter assez de l'espèce pour que l'on doive les distinguer : nous n'en dirons pas autant de celles d'alep & de celles que nous trouvons séparées dans les auteurs, puisqu'à considérer la forme, le temps de la floraison, les feuilles, les fleurs, on est obligé de convenir que tout cela est bien près de se confondre. Il n'est pas utile d'observer qu'elles ne sont pas provenues de semences prises de notre part sur un individu d'Europe, mais sur ceux que nous nous étions procurés d'Hollande déjà arrivés à une grande perfectibilité.

La variété B (fleurs blanches,) donne des feuilles & des fleurs gigantesques, relativement à l'ordre que la nature a prescrit au genre ; les segmens larges, longs, terminés en pointe obtuse, s'élèvent en spirale lâche : la variété C donne un peu moins fort & s'écarte moins du modèle. Le limbe de la corolle est blanc mais avec un liséré sur le pli du segment. Il est de la couleur du fond, pourpré dans les unes, rouge dans d'autres, rouge pâle ou de couleur de rose dans les troisièmes. Le limbe quelquefois est panaché, quelquefois flagellé; enfin, nous en avons eu une variété dans laquelle il étoit maculé: dans D, il est plus ou moins rouge jusqu'au pli qui se trouve d'une couleur plus foncée. A l'égard du feuillage, il est également variant: peu dans la forme qui est toujours orbiculaire ou en cœur, mais beaucoup dans la crênelure & dans la marbrure, cette dernière est quelquefois verdâtre, quelquefois d'un blanc-matte ou argenté. Le dessous ainsi que la queue sont toujours d'un rouge plus ou moins vif. Le bulbe ne varie pas; pour ce dernier objet, il y a une différence spécifique de beaucoup de valeur entre ces variétés & les deux suivantes E, puisque sa racine est d'une forme alongée inégale & bosselée & F, puisqu'elle est régulièrement circulaire, peu applatie & au-dehors d'une couleur de pomme de reinette. Les feuilles de E se rapprochent pour la forme & la couleur de celles du cyclame d'Europe; les fleurs sont plus étendues & d'un pourpre plus plein que dans ce dernier. Les feuilles de F sont rondes, épaisses, vertes, petites, à queue courte; les fleurs n'en ont pas une beaucoup plus longue, elle est très-droite & elle forme à son sommet un petit crochet, comme pour donner toute la grace possible à une fleur de moitié plus petite que toutes les autres: ses segmens sont larges, presqu'arrondis & d'un pourpre vif. Pour le temps de la floraison, il est constant dans cette dernière variété en hiver, comme dans l'espèce en automne, mais dans toutes les autres, il n'a pas lieu depuis le printemps jusqu'à la moitié de l'automne, & nous croyons qu'ensuite il dépend beaucoup de la culture, des soins & des abris.

2 Le Cyclame des Indes forme indubitablement une espèce par la position des segmens de la corolle qui sont simplement ouverts, & qui changent par là le port de la fleur. Il est vivace & originaire de l'Isle de Ceylan.

Culture.

Le cyclame d'Europe s'accommode de toutes sortes de terres & expositions, cependant on doit avoir quelqu'attention la-dessus, dans les lieux humides, argileux & moins méridionaux que Paris, & il est bon de répandre en hiver quelques feuilles seches sur les racines qui ne doivent être recouvertes que de deux pouces de terre. Il convient même de le placer favorablement par-tout pour qu'il réussisse très-bien: un peu d'ombrage ne lui déplait pas.

La multiplication s'opère par la graine ou par la division des racines.

Les graines sont mûres en juin. On les cueille & on ne les met bas qu'en les semant. Il faut les épier, car aussitôt que la capsule seche, elle s'entrouvre & la semence découle. On use pour ce semis de terrines peu profondes, remplies de terre sablonneuse. La graine se recouvre d'un demi pouce; elle lève promptement. En automne, on enfonce la terrine au pied d'un mur au midi, on la couvre de feuilles seches, & l'on attend les secondes feuilles sans y toucher, mais aussitôt qu'elles sont desséchées, on lève les petites bulbes que l'on plante à égal écartement dans une planche bien exposée, on les recouvre d'un pouce de terre. En été, on jette quelques rameaux feuillés sur la planche, afin de la garantir de l'ardeur du soleil. On en dispose après la seconde année.

On a rarement recours à la multiplication par la division du bulbe parce qu'on la retarde beaucoup en ce qu'il faut le lever pour le séparer & laisser longtemps cicatriser la plaie avant de l'exposer à l'humidité de la terre. On a soin de placer le couteau entre deux des petits tubercules qui s'élèvent à sa surface.

A l'égard des varietés nous ne croyons pas en devoir distinguer une seule dans la culture. Toutes aiment la terre franche que l'on a divisée avec partie égale de sable de bouteilles. On place les bulbes dans des pots un peu resserrés par le bas. Un peu plus d'un pouce de vuide circulaire, quand le tubercule est placé, donne la grandeur du pot qu'il importe d'assortir. Il ne faut pas qu'il soit très-profond: on employe quelques pots de faïence seulement émaillés en-dehors. Le bulbe se recouvre d'un pouce & demi de terre, on arrose peu en toutes saisons, & presque point en été. On place les pots toujours hors de terre, dans les endroits un peu ombragés, au Levant: on veille à la pourriture des feuilles, dont on coupe les queues avec des ciseaux. On sarcle exactement. Cette attention est sur-tout rigoureuse, lorsqu'il s'agit de jeunes bulbes. Les feuilles de B, C, D, paroissent d'abord en automne, on les prévient pour ôter la croûte qui s'est formée sur le pot & la remplacer; ensuite les boutons des fleurs se montrent & c'est ordinairement vers le quinze d'octobre. On veille plus particulièrement les pots qu'on a dû placer dès le commencement de septembre à l'exposition la plus avantageuse du jardin, &, aux premières gelées, on les rentre dans l'appartement, sur la cheminée: il ne leur faut point d'autres ſerres : il faudra même les éloigner du feu s'il eſt conſidérable & continuel. Aux jours de douceur, on les expoſe ſur les croiſées, on les mouille un peu plus qu'en hiver, où il n'eſt queſtion que de favoriſer le développement des fleurs qui ſe ſuccèdent ſans interruption, & d'ôter celles qui ſont fanées & ſur-tout leurs queues. Enfin, on les ſort lorſque le temps eſt tout-à-fait doux; gouvernés ainſi, les tubercules ſe conſerveront longtemps & ils donneront pendant quatre mois conſécutifs vingt à trente fleurs ouvertes à la fois ou en gros boutons qui ſurmontent un feuillage bien arrangé & très-agréable. Nous avons éprouvés que la ſerre d'orangerie leur ſuffit, & que l'on doit moins redouter pour le tubercule un froid paſſager qu'une humidité de quelque durée. Si donc on les met en orangerie, il faut que les pots n'y ſoient point ombragés & que le ſoleil les parcoure ſouvent.

Les fleurs des deux variétés E, F paroiſſent avant les feuilles. Elles ne ſont pas à beaucoup près d'une auſſi longue durée que celles des autres. Elles ſe cultivent de même ainſi que nous l'avons déjà dit. Toutes réuſſiroient dans une des diviſions du chaſſis, mais il faudroit leur donner de l'air très-ſouvent. Pour les élever nous ne les avons pas gouvernés ainſi.

Le ſemis ſe feroit avec les mêmes précautions & dans le même temps que celui du cyclame d'Europe ſi la graine ne muriſſoit pas plus tard. La terrine ſe place en octobre ſur les devants dans la ſerre tempérée ou chaude, il lève promptement : & ſi on lui a épargné les grandes pluies après la ſortie que l'on en a dû faire en avril ou mai, ſi il eſt ſuffiſament éclairci, avec la ſeconde feuille, on verra de la fleur. En juin, on place les petits tubercules dans des pots de la dernière claſſe, deux pour un pot. On mêle un peu de terreau avec la terre préparée, & en peu d'années, en ne s'écartant pas de cette première marche, on a des tubercules faits; c'eſt-à-dire d'un pouce de diamètre, & en état de paſſer dans les appartemens : ils ont alors à-peu-près le quart de la groſſeur qu'ils auront par la ſuite, toujours en exceptant F que nous croyons une petite eſpèce, & ſur le ſemis de laquelle nous ne pouvons rien dire. A défaut de ſerre vitrée & à feu nous croyons que l'on éléveroit très-bien ſous chaſſis, avec quelques ſoins de plus.

Un tubercule ſe peut ſéparer, & le fragment pourvu d'une petite éminence tuberculée, forme tout de ſuite une racine pour fleur; mais, ſi on n'a pas beaucoup de patience avant de les replanter, il eſt immanquable que l'on perde au moins un des deux.

Pour le cyclame des Indes nous ne l'avons point cultivé, nous le croyons non ſeulement de ſerre, mais même de tannée, & difficile ſur les arroſemens; à l'égard de la terre, celle qui eſt propre aux autres lui conviendroit ſans doute.

Uſages.

Si l'ordre, dans l'arrangement des plantes ajoute à l'agrément de leur port & à leur beauté particulière, il eſt raviſſant lorſqu'elles ſont couvertes de fleurs. Elles forment des colonnes, des pyramides, des ſphéres. Les cyclames d'Europe vous offriront des plateaux d'un émail rouge ou blanc qu'il ne s'agira que de mettre à leur place. Ceux d'alep embaraſſeroient moins, dans nos appartemens, les tablettes des cheminées, & les décoreroient d'une manière moins monotone que les magots de la Chine.

Le tubercule du cyclame a des vertus qui l'ont rendu intéreſſant dans la médecine & ſur-tout dans la pharmacie. (*F. A. Quesné.*)

CYMBAIRE, *Cymbaria.*

Genre qui ſe rapproche beaucoup des Mufliers (*Anthirrinum*) qui ne comprend qu'une eſpèce. C'eſt une plante herbacée, vivace, d'un feuillage blanchâtre, du port du muflier; à feuilles ſimples, oppoſées, à fleurs d'une ſeule pièce, & à tube partagé en deux levres; à fruit capſulaire, renfermant des ſemences. Elle eſt étrangère, & elle ſe cultiveroit dans notre climat en pleine terre, où ſa multiplication ſe feroit ſpécialement par ſemences: cette plante offriroit dans les écoles un genre de plus & elle renouvelleroit les agrémens de nos parterres.

Cymbaire de Sibérie.

Cymbaria Daurica, L. ♃ Sibérie.

Deſcription du port.

La Cymbaire de Sibérie ne s'élève pas beaucoup, ſa tige ſe diviſe en peu de branches grêles, elle ſe garnit de feuilles placées par oppoſition, ſimples, étroites en forme de lance & d'un vert blanchâtre. Elle ne donne que peu de fleurs placées preſque ſeule-à-ſeule ſur le rameau de la tige. Elles ſont grandes, d'une ſeule pièce tubulée, dont l'évaſement forme deux lèvres. Elles ſont blanches & marquées intérieurement de points de couleur pourpre; une capſule remplie de ſemences les remplace.

Elle est vivace & elle se trouve dans les lieux montagneux & pierreux de la Sibérie.

Culture & usages.

La cymbaire est une plante du troisième ordre pour les parterres, où son feuillage, son port & ses fleurs de forme & de couleurs remarquables, la feront placer d'autant plus facilement qu'elles ne redoute rien de la rigueur de nos hivers. Il y a même lieu de croire que les sucs abondans du sol & les bienfaisances de l'athmosphère lui feront prendre un accroissement qui ne pourroit que tourner à l'avantage des fleurs déjà vantées pour leur volume. Peut-être se multipliera-t-elle par ses œilletons que l'on détacheroit du collet de la racine, mais sa multiplication nous paroît plus simple par les graines qu'il faudroit semer, partie aussitôt la récolte, partie au printemps suivant, dans une plate-bande à l'ombre, en les couvrant de l'épaisseur de quelques lignes de sable de bruyère ou de terreau bien consommé. Cette plante est fort rare, on la recevroit avec plaisir dans les écoles de botanique & dans les jardins d'agrément. Dans ceux d'une vaste étendue, où règnent l'art & le luxe, on lui donneroit des places analogues à celles qu'elle occupoit dans son habitation naturelle, & elles seroient remplies heureusement (*F. A Quesné.*)

CYMBALAIRE, *antirrhinum cymbalaria.* Voyez MUFLAUDE (*THOUIN.*)

CYMINE, mesure en usage à Carpentras. Il faut deux boisseaux pour faire une cymine. (*TESSIER.*)

CYNANQUE, *CYNANCHUM.*

Genre de la famille des APOCINS qui comprend quatorze espèces bien connues & presqu'autant qui le sont moins : ce sont des plantes vivaces, des arbrisseaux ou sous-arbrisseaux presque tous à tiges volubiles & laiteuses, à feuilles simples & opposées, à fleurs axillaires ou terminales, disposées en corymbe ou en ombelles ; elles sont d'une seule pièce fort peu tubulée & à évasement ouvert en étoile ; la semence est terminée par une aigrette : quelques unes sont indigènes, elles se cultivent dans notre climat en pleine terre ; les autres sont exotiques, elles sont de serre vitrée & à feu ; elles se multiplient par graines & presque toutes par boutures & par marcottes. Ce genre offre la singularité d'une espèce sans feuilles : il est utile dans les écoles : il fournit des remedes à la médecine : il auroit plus de considération dans le jardinage si la place qu'il occupe dans les terres étoit moins étendue, & si les fleurs étoient moins rares sur quelques espèces.

Espèces.

1. CYNANQUE nue.
CYNANCHUM viminale, L. ♄ Afrique.
Euphorbia viminalis, L. Sp. Pl.

2. CYNANQUE à fleurs planes.
CYNANCHUM planiflorum. L. ♃ Amérique.

3. CYNANQUE à grappes.
CYNANCHUM racemosum. L. ♃ Amérique.

4. CYNANQUE maritime.
CYNANCHUM maritimum. L. ♄ Amérique méridionale.

5. CYNANQUE ondulée.
CYNANCHUM undulatum L. Amérique.

6. CYNANQUE subéreuse.
CYNANCHUM suberosum. L. ♄ Amérique.

7. CYNANQUE hérissée.
CYNANCHUM hirtum. L. ♄ Amérique.

8. CYNANQUE de Montpellier, vulgairement *la scammonée de Montpellier.*
CYNANCHUM Monspeliacum. L. ♃ Montpellier, Narbonne, Espagne.

B. CYNANQUE de Montpellier à feuilles plus aigues.
Periploca Monspeliaca foliis acutioribus. ♄ Tournef. *Idem.*

9. CYNANQUE droite.
CYNANCHUM erectum. L. ♃ Syrie.

10. CYNANQUE vomitive
CYNANCHUM vomitorium. Lam. Dict. ♄ Isle de France. *Ypecacuanha de l'Isle de France.* D. Sonnerat.

11. CYNANQUE cotoneuse.
CYNANCHUM tomentosum. Lam. Dict. ♄ Indes orientales.

12. CYNANQUE à feuilles obtuses.
CYNANCHUM obtusifolium. Lam. Dict. ♄ Cap de bonne-espérance.

13. CYNANQUE du Cap.
CYNANCHUM Capense. Lam. Dict. Cap de bonne-espérance.

14 CYNANQUE fluette.
CYNANCHUM tenellum. Lam. Dict. ♃ Amérique.

Nota. Il y a douze espèces moins connues, dont on ne chargera point cette exposition.

Description du port des espèces.

1. Les racines de la CYNANQUE nue donnent un grand nombre de tiges de trois pieds de hauteur, menues, d'un vert foncé, d'une grosseur égale, se tortillant sur elles-mêmes, & jettant vers leur extrémités des rameaux opposés qui s'attachent aux arbrisseaux à portée : celui-ci est absolument dépourvu de feuilles en Europe, où il ne montre point de fleurs. Il croît en Afrique dans les lieux maritimes.

2. Les tiges de la CYNANQUE à fleurs planes sont lisses, grimpantes & elles se tortillent, les

feuilles sont opposées, en forme de cœur, pointues, sans dentelures, presque lisses & munies de queues, dont la base est garnie de poils courts. Les fleurs naissent sur les côtés, en grappes dont la cime est applatie : elles sont larges, de couleur laiteuse. Les racines seules sont vivaces. Elle croît en Amérique dans les environs de Carthagène.

3. Le feuillage de la CYNANQUE à grappes est large & luisant. Ses feuilles sont munies de queues, elles sont en cœur & placées par opposition sur des tiges herbacées & grimpantes. Leurs fleurs sont petites, elles sont disposées en grappes qui naissent sur les côtés, leurs queues sont longues de trois pouces. Les racines seules sont vivaces : Elle croît en Amérique dans les environs de Carthagène.

4. La CYNANQUE maritime est un arbrisseau qui grimpe & se tortille. Les tiges & les feuilles sont velues ; ces dernières sont en forme de cœur & munies de queues. La disposition des fleurs est en bouquets très-applatis & fort près des branches, sur les côtés desquelles elles naissent ; leurs divisions sont d'un pourpre-noir. Elle croît dans l'Amérique méridionale.

5. CYNANQUE ondulée. Dans cette espèce lisse, grimpante & se tortillant, les feuilles sont placées par opposition sur des queues courtes : elles sont très-ondulées, pointues par les deux bouts & longues de quatre pouces. Les fleurs forment des bouquets arrondis & serrés, qui naissent sur les côtes de cet arbrisseau que l'on trouve en Amérique dans les environs de Carthagène.

6. La CYNANQUE subéreuse grimpe & se tortille jusqu'à sept pieds de hauteur, l'écorce du bas de ses tiges est épaisse, crevassée & ressemble à du liège, elles sont d'ailleurs velues. Les feuilles sont en-dessus recouvertes d'un duvet blanchâtre : elles sont placées par opposition & en forme de cœur, qui se termine en pointe alongée & aigue. Les fleurs naissent en paquets dans les aisselles des feuilles : leurs divisions sont d'une couleur verte qui passe au pourpre usé. Cet arbrisseau est originaire des pays chauds de l'Amérique.

7. La CYNANQUE hérissée a, comme la précédente, l'écorce du bas de la tige semblable à du liège, mais elle en diffère par la hauteur qui est de plus de vingt pieds, par les feuilles qui sont plus grandes & à lobes moins rapprochés, & parce que d'ailleurs elle est hérissée dans le haut de poils roussâtres. A l'égard des fleurs, on rapporte qu'elles sont d'un vert jaunâtre. Cet arbrisseau est originaire de l'Amérique.

8. Les racines de la CYNANQUE de Montpellier sont épaisses, elles tracent & s'étendent beaucoup : les tiges se tortillent & couvrent les arbrisseaux voisins à la hauteur de huit à dix pieds. Son feuillage est d'un vert pâle : la forme des feuilles est en cœur arrondi, elles sont lisses & bien détachées, elles donnent sur les côtés, en juin & juillet, des fleurs assez petites, d'un blanc sale, formant des bouquets applatis sur la cime. Ses racines seules sont vivaces ; elle croît en Espagne & auprès de Montpellier & de Narbonne.

La VARIÉTÉ B se distingue aisément par les feuilles qui sont moins larges & terminées en pointes & par les fleurs qui sont plus détachées, en ce que les queues sont plus longues : elle perd aussi ses tiges : on la trouve dans les mêmes lieux.

9. Le port de la CYNANQUE droite n'est point volubile, elle se soutient & s'élève de trois pieds. Ses tiges sont menues. Les feuilles sont placées par opposition, détachées, larges en forme de cœur, terminées en pointe. Les fleurs, comme dans toutes les espèces, s'ouvrent en étoile ; elles sont blanchâtres, disposées en bouquets élargis & applatis, on les remarque à une hauteur moyenne sur les côtés des tiges qui périssent, les racines seules étant vivaces. Elle croît dans la Syrie.

10. CYNANQUE vomitive. Celle-ci est grimpante & elle se tortille. Son feuillage est lisse. La forme des feuilles est ovale & en lance. Les fleurs nous semblent de peu d'intérêt. Leur disposition & distribution sur cette cynanque sont les mêmes que dans les précédentes. C'est un arbrisseau de l'Isle de France.

11. CYNANQUE cotonneuse ; celle-ci emprunte cette spécification de son écorce & de son feuillage qui paroît de plus épais & large. Les feuilles sont terminées par une pointe alongée & aigue. Les ombelles sont chargées de peu de fleurs ; elles sont saillantes sur les côtés de cette espèce, qui a paru constituer un arbrisseau & qui se trouve dans les Indes orientales.

12. CYNANQUE à feuilles obtuses. Cette espèce se tortille. Elle est lisse & à tiges menues, les branches & les feuilles sont placées par opposition. Ces dernières sont larges d'un pouce, mais plus longues & leurs extrémités sont élargies. Les fleurs sont au nombre de dix à douze pour une ombelle, mais elles sont petites & bien détachées. Les racines seules sont peut-être vivaces : elle croît au Cap de Bonne-Espérance.

13. La CYNANQUE du Cap s'élève & se tortille, elle est lisse dans le haut, l'écorce du bas tient un peu du liège : les feuilles sont presqu'ovales en cœur à pointe alongée, aigue, les vieilles sont échancrées. Les fleurs dont les queues

queues sont denticulées, sont plus courtes que les feuilles dans les aisselles desquelles elles naissent. Elles sont attachées à un second rang de rayons menus, & fort près des branches sur les côtés.

On n'a point d'indication relative à leur grandeur ou à leur couleur. Elle croît au Cap de-bonne-espérance; nous présumons que ses racines sont vivaces.

14. CYNANQUE fluette. La tige se tortille. Les branches sont placées par opposition ainsi que les feuilles qui sont de la grandeur de celles de la morgeline ordinaire. Les ombelles sont disposées comme dans les précédentes, mais cohérentes. On compare les fleurs pour la grandeur à celles du caillelait commun. On ne parle point de sa durée que l'on peut sans inconvénient regarder, quant aux racines, comme permanente. Elle croît en Amérique dans la nouvelle Grenade.

Culture.

Les espèces de Cynanque se peuvent en culture considérer ainsi :

Perdant leurs tiges.

Pleine terre.	Serre vitrée & à feu,
N.os 8 & B 9.	N.os 2, 3, 12, 14 & 13.

Conservant leurs tiges.

N.os 6	1, 4, 5, 7, 10 & 11.

La cynanque N°. 6 passe en pleine terre, si elle est sablonneuse, d'une exposition abritée & chaude, si les racines sont recouvertes pendant l'hiver avec des feuilles seches, & si on empaille les tiges lors d'un froid rigoureux.

La plante N.° 8 & la variété B se plaisent aux expositions chaudes dans les fonds légers & en pente au Midi : là elles traceront & envahiront le terrein : elles y fleuriront, mais l'incommodité qui en résulte, les fait bannir de tous ces endroits, si l'ordre y règne. Partout, ailleurs même dans les fonds argileux, leurs tiges pousseront d'abord luxurieusement, mais sans fleurs, & à coup sûr, sans un plus long succès, ou étendue pour les racines, si la terre est froide. Pour le N.° 9 toujours placé aussi avantageusement que nous le disions sur le précédent; il se conservera & il fleurira si on en rapproche du terreau consommé ou du tan pourri, & si, enfin dans un site un peu défavorisé on protège le développement des œilletons sous une cloche. Il est inutile d'observer que c'est toujours la latitude de Paris qui est notre guide dans l'exposition des principes; en-deçà, il n'y faudroit point penser & cultiver ces espèces en pots, pour orangerie ou chassis.

La multiplication est facile par boutures, & on suivroit le procédé sous l'article CLUTELLE. Par marcottes comme la Clematite, par graines comme aux espèces exotiques ci-dessous.

A l'égard des autres espèces qui doivent être absolument cultivées sous verre, Les N.os 2, 3, 4, 5 & 11 sont non seulement de serre chaude, mais de tannée. Les terres marneuses & amendées, dans des pots élargis par en haut, sont celles où ils réussissent le mieux. On arrose beaucoup en été & fort peu en hiver. Leur seve laiteuse ne doit point alors être sollicitée & mise en action, & d'ailleurs il faut veiller aux racines que l'humidité pourroit altérer. Parmi les espèces d'Afrique, le N.° 1 est aussi de tannée, & nous croyons qu'il seroit prudent de n'en pas exclure d'abord les N.os 12 & 13 avant d'être certain que l'on peut sans risque économiser leur place & les reléguer dans la serre tempérée.

Les graines se sement sous chassis à tan, dans des petits pots à l'ordinaire : les individus se placent ensuite séparément, motte tenante, dans des pots plus grands pour n'arriver dans la tannée de la serre chaude que lorsque leur élévation les met hors du chassis.

Pour les boutures elles se font comme celles de CLUSIER. Voyez son article. Presque toutes les marcottes réussissent en peu de mois, & se serrent avec les précautions d'usage, & beaucoup de reserve ultérieure sur les arrosemens.

Usages.

La médecine a tiré du genre de la cynanque quelques remedes.

Il se trouve dans les établissemens fondés & dans les collections très-étendues. Il est peu propre aux embellissemens extérieurs; mais les tiges tapissent le fond de la serre chaude, elles arrêtent la vue sur un feuillage qui forme la scène, qui la réjouit long-temps par les variétés dans les formes & les couleurs, sans lui avoir offert de modèles plus simples, plus dégagés, & surtout de couleurs plus rares que dans les fleurs d'une de ces espèces, N.° 4, (*F. A. QUESNÉ.*)

CYNAROCEPHALES. (les) famille naturelle de plantes. *Voyez* Cinarocephales. (*THOUIN.*)

CYNOGLOSSE, *CYNOGLOSSUM.*

Genre de la famille des BORRAGINÉES, qui comprend quatorze espèces. Ce sont des plantes herbacées, annuelles ou vivaces, à feuilles simples, alternes, lisses ou cotonneuses, à fleurs ramassées en tête ou disposées en épi, axillaires ou terminales, à corolle en entonnoir découpé en cinq lobes courts, à semences comprimées: elles sont indigènes ou exotiques: elles se cultivent dans notre climat en pleine terre presque toutes sans abri, & s'y multiplient par graines & œilletons pourvus de racines. Leur culture n'a pas seulement pour but les écoles de botanique, car elles passent la plûpart dans les parterres. La cynoglosse est depuis long-temps connue dans la medecine.

Espèces.

1. CYNOGLOSSE officinale, vulgairement *Langue de chien.*

CYNOGLOSSUM officinale. L. ⊖ Europe.

B. CYNOGLOSSE à fleur blanche.

CYNOGLOSSUM flore albo. ⊖ Europe.

2. CYNOGLOSSE de montagne.

CYNOGLOSSUM montanum. ⊖ France, Suisse, Angleterre.

3. CYNOGLOSSE de l'Appennin.

CYNOGLOSSUM Appenninum. Lam. Dict. ⊖ montagnes de l'Appennin.

4. CYNOGLOSSE de Virginie.

CYNOGLOSSUM Virginicum. L. ⊖ Virginie.

5. CYNOGLOSSE argentée.

CYNOGLOSSUM cheirifolium. L. ⊖ Espagne, Carniole, Isle de Candie, France dans le département le plus au Levant.

6. CYNOGLOSSE à fruits glabres.

CYNOGLOSSUM levigatum. L. ♃ Sibérie, Levant.

7. CYNOGLOSSE crételée.

CYNOGLOSSUM cristatum. Lam. Dict. Levant.

B. CYNOGLOSSE à fruit ombiliqué.

CYNOGLOSSUM fructu umbilicato. Idem.

8. CYNOGLOSSE laineuse.

CYNOGLOSSUM lanatum. Lam. Dict. Levant.

CYNOGLOSSUM orientale flore roseo, profundè laciniato calice tomentoso, Tournef. Cor. 7.

9. CYNOGLOSSE du Japon.

CYNOGLOSSUM Japonicum. Lam. Dict. ⊖ Japon.

10. CYNOGLOSSE à fleurs latérales.

CYNOGLOSSUM laterifolium. Lam. Dict. Amérique méridionale.

* * *Semences en corbeille, à bord dentelé & intérieur.*

11. CYNOGLOSSE printannière, vulgairement *la petite bourrache.*

CYNOGLOSSUM omphalodes. L. ♃ Portugal, Carniole.

B. CYNOGLOSSE printanière orientale à feuilles de cornouiller.

CYNOGLOSSUM orientale corni folio. ♃ *Tournef. Cor.* 7.

12. CYNOGLOSSE du Portugal.

CYNOGLOSSUM Lusitanicum. L. ⊖ Portugal.

13. CYNOGLOSSE à feuilles de lin.

CYNOGLOSSUM linifolium. L. ⊖ Portugal.

14. CYNOGLOSSE à feuilles de grémil.

CYNOGLOSSUM lithospermifolium. Lam. Dict.

Description du port des Espèces.

1. Le feuillage de la CYNOGLOSSE officinale est assez garni, d'un vert blanchâtre & d'un toucher doux. La racine s'enfonce perpendiculairement, son écorce est noirâtre, elle est blanche en dedans, d'un gout fade & d'une odeur forte. Sa tige s'élève de deux pieds, elle est branchue, chargée de duvet ainsi que les feuilles qui sont en forme de lance, larges, ondulées, pointues & sans queue. Elle donne en juin des fleurs petites, violettes, ou blanches comme dans la variété B. Ses semences mûrissent en automne. Cette plante qui est annuelle se trouve par-tout en Europe, dans les lieux âpres & pierreux.

2. Le feuillage de la CYNOGLOSSE de montagne est plus vert, moins serré & d'un toucher moins doux que dans le N.° 1. Elle s'élève moins, elle a peu de branches: les feuilles du bas sont munies de queues, celles qui parcourent la tige n'en ont point: elles sont toutes ovales, en lances ou oblongues. Les fleurs sont en grappes & placées aux extrémités. Elles sont petites & d'une couleur bleuâtre. Ses graines murissent en automne. Elle est annuelle & elle croît naturellement dans les lieux couverts des montagnes en France, en Suisse & en Angleterre.

3. Le feuillage de la CYNOGLOSSE de l'Appennin est d'un blanc verdâtre, presque soyeux, serré, bien arrangé & son port est en cône. Sa tige s'élève de deux pieds, elle est grosse, & ses feuilles sont étroites, sans queues & se terminent en pointe, celle du bas sont grandes, dégagées & ovales. Dès la fin de mai, sa tige produit à son extrémité une grappe grosse & oblongue, formée par les premiers développemens des fleurs, & qui étend ensuite avec elles ses rameaux, elles sont d'abord d'une couleur rouge pâle qui passe à une nuance bleuâtre: elles durent long-temps, & il leur succède des graines dont la maturité s'effectue de bonne heure. Cette plante est annuelle, elle croît sur les montagnes de l'Appennin. (Italie.)

4. CYNOGLOSSE de Virginie. Miller dit que celle-ci est couverte de poils rudes, qu'elle est droite, branchue & haute de quatre pieds. Qu'elle donne dans toute sa circonférence, des branches, peu garnies par des feuilles longues de trois à quatre pouces, sur près d'un pouce de largeur, placées alternativement & embrassant les tiges; que les fleurs naissent en juin aux extrémités, qu'elles sont blanches, petites & que les graines mûrissent en automne. Elle est annuelle & originaire de la Virginie.

5. La CYNOGLOSSE argentée est couverte d'un duvet court, applati & comme argenté. Elle forme une touffe de feuilles qui sont longues,

peu larges, terminées d'une manière obtuse & à base rétrecie & allongée. Sa tige s'élève de dix-huit pouces, & se revêt de feuilles plus petites que les autres & oblongues. Les fleurs sont ramassées en tête aux extrémités : elles sont rouges. Elles paroissent en juin, & la graine est mûre en automne. Cette plante est annuelle : elle se trouve en Espagne, dans la Carniole, l'Isle de Candie & en France dans le département le plus au Levant.

6. La Cynoglosse à fruits lisses, s'élève d'un pied, elle a le port de l'avoine : les feuilles du bas sont ovales en lance, lisses, rétrecies à leur base, celles de la tige sont petites & sans queues, les fleurs sont blanches, leurs laciniures sont étroites & paralelles ; quatre semences comprimées, entourées d'un rebord large leurs succèdent : elle est vivace : on la trouve dans la Sibérie & dans le Levant.

7. La Cynoglosse crêtelée s'élève de douze à quatorze pouces, elle ne se divise que fort peu, & dans le nœud, ses feuilles sont très-étroites, en lance, velues & un peu rudes au toucher. Les fleurs sont rouges, petites & placées aux extrémités : les semences sont grandes & entourées d'un rebord large, denté en crête. La variété B se distingue par les feuilles moins étroites & moins âpres. La durée de ces plantes est ignorée ; elles croissent dans le Levant.

8. La Cynoglosse laineuse s'élève d'un pied, elle a peu de branches, les feuilles du bas ont huit pouces de longueur, elles sont étroites, en lance, munies de queues, couvertes de duvet. Cette espèce est remarquable par une côte blanche qui les traverse dans leur longueur, les autres entourent la tige ; elles sont petites, ovales, & se terminent en pointe. Les fleurs dont les laciniures sont lancéolées & pointues sont disposées en grappes courtes aux extrémités. Leurs calices sont garnis d'un duvet laineux. On ignore la durée de cette plante, découverte par Tournefort, dans le Levant.

9. La Cynoglosse du Japon se penche & se redresse, ses tiges sont velues, longues de quatre à cinq pouces, les feuilles de la touffe sont presqu'aussi longues qu'elles : elles sont denticulées, oblongues, pointues : les autres embrassent la tige, elles sont de la grandeur de l'ongle & se rétrecissent en montant. Les fleurs sont purpurines & disposées en grappes aux extrémités ; elle est annuelle & du Japon.

10 La Cynoglosse à fleurs latérales est encore plus petite que la précédente ; son feuillage est extrêmement étroit, velu & d'un verd cendré. Les fleurs viennent sur les côtés, seule-à-seule & presque dépourvues de queues. On la présume annuelle : elle s'est rencontrée aux environs de Lima. (*Amérique méridionale.*)

Semences en corbeille à bord dentelé & intérieur.

11. Les tiges de la Cynoglosse printanière s'élèvent de six pouces, elles rampent souvent, elles sont menues, assez garnies de feuilles qui sont vertes, presque lisses en dessus, ovales, pointues & dégagées. Toutes les tiges ne portent pas des fleurs ; ces dernières se montrent dès la fin de l'Hiver, elles se placent aux extrémités & aux côtés. Elles sont d'un beau bleu & portées par des queues un peu longues, les segmens de la corolle sont larges, obtus & bien ouverts. Elle est vivace & elle croît naturellement dans le Portugal, dans la Carniole au pied des montagnes dans les bois.

Les feuilles qui tiennent aux racines dans la plante B sont en forme de cœur & attachées par des queues longues & grêles. Il est probable que c'est celle-ci que Miller a cultivée, dans ce cas elle est vivace. Elle croît dans le Levant.

12. La Cynoglosse de Portugal a une apparence agréable, son feuillage est léger, sa tige s'élève d'un pied & porte quelques branches garnies de feuilles vertes, un peu élargies à leur base & se terminant en pointe ; elles diminuent de grandeur en s'approchant des sommités ; elles sont lisses & sans queues. Celles du bas en sont pourvues, leur forme est plus grande & en lance. Les fleurs sont en grappes, courtes ou placées seule-à-seule ; elles sont rouges ou violettes & bien évasées. Elle est annuelle, & elle croît dans le Portugal.

13. La Cynoglosse à feuilles de lin s'élève presqu'autant que la précédente : elle se garnit de moins de branches & de feuilles qui sont plus étroites & plus courtes, lisses en dessus, velues en dessous & en leurs bords, & d'un verd de mer-blanchâtre. Les fleurs disposées en grappes évidées qui se soutiennent & paroissent en Juin ; elles sont blanches & à découpures plus obtuses que celle de la précédente. Il leur succède des semences lisses, concaves, striées, semblables à de petites corbeilles à bord dentelé : cette espèce portoit autrefois parmi les Jardiniers, à cause de la forme de sa semence, la dénomination de nombril de vénus. Elle est annuelle & du Portugal.

14. Un feuillage étroit, peu garni, raboteux, à poils courts, sur des tiges grêles très-courtes, peu branchues, semble constituer le port de la Cynoglosse à feuilles de gremil : ses fleurs sont disposées sur des épis aux sommités ; elles sont petites & peu ouvertes : sa durée est ignorée, on présume qu'elle croît dans l'Egypte.

Culture.

Les cinoglosses n.° 1 & B. 2 à 5, 9, 12 & 13, sont annuelles, les tiges & les racines périssent chaque année : n.° 7 & B. 10 & 14 sont d'une durée ignorée, & cependant présumées annuelles, n.° 6, 11 & B. sont vivaces.

Parmi les annuelles, les n.os 1, 2, & même 4, ne se cultivent guere que dans les jardins établis en faveur de la botanique, les autres sont ou belles ou rares, & elles méritent les soins du cultivateur. Ils ne sont pas mis à une grande épreuve puisqu'il ne s'agit que de les placer dans les endroits qui ont le plus de rapports avec ceux où elles croissent naturellement. Le n.° 3 qui est beau, qui donne les premières fleurs de l'Eté s'accomode de tous terreins, & s'y répand avec une telle abondance que, si on le seme, c'est moins pour s'assurer de sa possession, que de l'agrément de la place ; car les Cynoglosses ne se repiquent pas. On retourne, on amende les endroits où il en faut; on y répand un peu de graine; on éclaircit le jeune plant; on sarcle; on arrose d'abord quelquefois & on n'y revient qu'en automne pour reprendre des graines : le temps, c'est Mars & Avril ; cependant le n.° 13 est plus fort si il est semé dès l'Automne. A l'égard des n.os 9, 10 & 14, en les supposans même vivaces, il seroit prudent de n'en confier la graine qu'à une couche demi-chaude où l'on enfonceroit les petits pots dans lesquels, sur du terreau mêlé de sable de bruyère, on auroit mis quelques semences dont on protégeroit, par un abri ou par une cloche, les développemens jusqu'à la cinquième ou sixième feuille, alors on renverseroit les pots pour placer la motte entière aux bonnes expositions : bien-entendu que l'on réserveroit quelques individus en pots pour, à l'Automne dans la serre-chaude, les interroger sur leur durée.

Les n.os 6, 11 & B sont des plantes vivaces qui se cultivent en pleine terre au moins le n.° 11 & B qu'il faut placer dans les endroits frais : ces plantes y réussissent. Leurs fleurs commencent le premier acte du printems, & elles durent jusqu'en Mai. On mettroit quelques pieds du n.° 6 en bonne exposition, & en Hiver on recouvriroit les racines avec des feuilles seches : on en réserveroit d'ailleurs en pots pour les chassis.

Leur multiplication a lieu par œilletons pourvus de quelques racines que l'on détache en Septembre : les plantes 11 & B se marcottent d'elles-mêmes ; car si une branche rampe, elle se garnit de racines à chaque nodosité : les graines ne mûrissent pas dans nos Jardins.

Usages.

La Cynoglosse officinale a de la réputation dans la médecine & la pharmacie. On en fait des pilules que l'on dit être narcotiques anodines &c. Il y a des gens qui prétendent que leur vertu n'est dûe qu'à l'Opium qui y entre. Les feuilles de la Cynoglosse argentée paroissent être plus évidemment utiles, elles s'employent en onguent contre les ulcères malins. Mais pour nous renfermer dans notre sujet, après avoir fait la part de l'école de botanique, on peut tirer pour l'ornement des jardins, un grand parti des espèces de ce genre sur-tout aux n.os 3, 5, 6, 10, 11, 13 & 14, par le coloris du feuillage, l'élégance des ports, la disposition ou la couleur des fleurs, les formes qu'il est aisé d'assortir, les unes sur les devans, les autres au second rang des Parterres, toutes dans des Jardins paysagistes : c'est d'elles particulièrement que l'on empruntera des plantes pittoresques pour les Jardins à l'Anglaise, les ruines & tous ces lieux où le luxe se déguise. (F. A. QUESNÉ.)

CYNOGLOSSOIDE, *CYNOGLOSSOIDES.*

Ce genre de plante composé de deux espèces a été institué par Danty-d'Isnard & décrit dans les Mémoires de l'Académie des Sciences de Paris, année 1718. Linneus & les Botanistes modernes ont inséré ce genre dans celui du *Borrago*, & ont désigné les espèces sous les noms de *Borrago Indica*, & de *Borrago Africana*.

Voyez BOURRACHE des Indes, n.° 2, & BOURRACHE d'Afrique n.° 3. (THOUIN.)

CYNOMÈTRE *CYNOMETRA.*

Genre de la famille des LÉGUMINEUSES, qui a des rapports avec le *Courbaril*, & qui comprend deux espèces. Ce sont des arbres à feuilles alternes, conjuguées; à fleurs à cinq divisions égales, disposées sur un pédoncule qui en réunit plusieurs d'une manière lâche ou serrée, & qui est attaché au tronc ou aux rameaux : le fruit est un légume tuberculeux, renfermant une semence. Ils sont exotiques &, dans notre climat, de serre chaude, où ils se multiplieroient par graines, ils seroient spécialement utiles pour les écoles de Botanique.

Espèces.

1. CYNOMÈTRE cauliflore.
CYNOMETRA cauliflora, L. ♄ Indes orientales.
2. CYNOMÈTRE ramiflore.
CYNOMETRA ramiflora, L. ♄ Indes orientales.

Description du port des espèces.

Le CYNOMÈTRE cauliflore est un arbre de moyenne grandeur que l'on compare au limonier, sa cime est serrée & s'étend peu. Ses feuilles sont placées alternativement ; elles sont composées de deux folioles lisses, un peu pointues, dont la forme se rapproche de celles du *Courbaril* ; elles sont attachées sur les côtés d'une queue commune, fort courte. Les fleurs sont réunies en petits paquets sur une même queue portée sur le tronc : elles ont cinq divisions en forme de lance qui ne se renversent presque point : elles sont remplacées par des légumes charnus & tuberculeux, qui renferment chacun une semence. Cet arbre croît dans les Indes orientales.

2. Le CYNOMÈTRE ramiflore est un arbre toujours verd, qui diffère du précédent parce qu'il est plus élevé, & que sa cime est moins serrée : les feuilles sont de la même forme, également rapprochées des branches ; mais la pointe des folioles est plus marquée ; les fleurs sont de la même disposition, elles diffèrent par la position, car elles sont attachées aux branches. Cet arbre croît dans les Indes orientales.

Observation.

Les Cynomètres ne sont point dans le commerce. Pour la culture, la multiplication & usages, on permettra le renvoi à l'art. COURBARIL. (*F. A. Quesné.*)

CYNOMOIR, *Cynomorium.*

Genre que M. de Jussieu range parmi ceux *à fleurs sans pétales dont les sexes sont séparés, à germe infère & dont la place est incertaine* : il ne comprend qu'une espèce. C'est une plante parasite, étrangère à notre climat, où elle n'est susceptible d'aucune culture. Elle s'emploie avec succès dans la Médecine.

CYNOMOIR écarlate, vulg. le champignon de Malte.

Cynomorium coccineum, L. ♃ Isle de Malte, &c.

Description du port.

Le CYNOMOIR écarlate a le port du champignon : il est, dit M. de Jussieu, une plante monoïque (les deux sexes à part sur le même individu.) Le pied ou le pédicule, est long, fongueux, épais, radical, recouvert par le bas d'écailles nombreuses, de la forme de l'ongle, serrées & embriquées. Le haut ou la tête est en forme de chaton entièrement recouvert de fleurons hermaphrodites mâles & femelles mêlés & serrés : on y remarque de plus quelques écailles interposées & tombantes ; la semence est nue. Cette plante est parasite des racines des arbres qui croissent sur les bords de la Mer ; elle est recouverte par ses eaux. On la trouve dans l'Isle de Malte, la Sicile, la Mauritanie & la Jamaïque. Elle a cinq à sept pouces de longueur.

A l'égard du port nous ajouterons qu'on lit dans M. Delamarck, que lorsque les écailles sont tombées entièrement ou en partie, & que la plante a acquit tout son développement, on remarque un pédicule épais, raboteux, qui soutient une tête ou chaton en massue conique, comme verruqueuse, pourprée & écarlate. Le fruit est une semence nue & arrondie ; Boccone dit qu'elle est d'un rouge écarlate.

Usages.

Le Cynomoir se durcit & devient comme ligneux en se desséchant : on le rencontre quelquefois dans les Cabinets ; au reste, c'est-là qu'il faut le chercher, car il ne peut-être que desséché dans les collections, ou figuré en plâtre pour l'instruction.

Il paroît avoir des vertus auxquelles on a recours lorsqu'il s'agit de donner du ton aux viscères. (*F. A. Quesné.*)

CYNORHODON. Nom adopté dans les pharmacie, pour désigner le *Rosa arvensis* L. Voyez l'article ROSIER au Dict. des Arbres. C'est sur cette espèce qu'on rencontre le plus fréquemment le Bédéguar. *Voyez* ce mot. (*Thouin.*)

CYPRE (Arbre) ou CYPRIER. *Cupressus disticha* L. *Voyez* l'article CYPRÈS au Dict. des Arbres. (*Thouin.*)

CYPRÈS, *Cupressus*. Nom d'un genre d'Arbre qui croît & se multiplie en pleine terre dans notre climat, & dont, pour cette raison, il sera traité dans le Dict. des Arbres. *Voyez* l'article CYPRÈS. (*Thouin.*)

CYPRÈS (petit.) *Santolina chamæcyparissus* L. *Voyez* SANTOLINE. (*Thouin.*)

CYPRÈS mâle ou étalé. *Cupressus sempervirens* L. V. B. *Voyez* CYPRÈS commun à rameaux ouverts, n.° 1, variété B. (*Thouin.*)

CYPRÈS femelle ou pyramidal. *Cupressus sempervirens* L. V. A. *Voyez* CYPRÈS commun pyramidal, n.° 1, variété A. au Dict. des Arbres. (*Thouin.*)

CYPRIER, Cypre de Canada, ou Cypre de Virginie, de la Louisiane ou chauve. *Cupressus disticha* L. *Voyez* CYPRÈS distique ou à feuilles d'Acacia, au Dict. des Arbres. (*Thouin.*)

CYRILLE, *Cyrilla.*

Ce genre qui, suivant M. de Jussieu, fait partie de la première section de la famille des BRUYÈRES, n'est encore composé que d'une seule espèce, étrangère à l'Europe. Son caractère consiste 1.° en un calice persistant, à cinq divisions profondes, 2.° en cinq pétales insérés au réceptacle, 3.° en cinq étamines dont les anthères ovales sont divisées par un sillon, 4.° en un ovaire supérieur surmonté d'un style persistant, divisé en deux stigmates obtus, 5.° & enfin, en un fruit capsulaire à deux loges qui s'ouvre en deux valves & renferme plusieurs petites semences anguleuses. Ce genre a été réuni par quelques Botanistes à celui de *l'Itea* avec lequel il a beaucoup de rapports; mais qui s'en distingue néanmoins par son fruit qui n'a qu'une cavité.

CYRILLE à grappes.

Cyrilla racemiflora L. ♄ de la Caroline.

Le Cyrilla est un sous-arbrisseau qui s'élève environ à six pieds de haut. Il pousse de la souche plusieurs branches qui forment une touffe arrondie dans sa circonférence & par le sommet. Chaque année il se couvre d'assez bonne heure, au printemps, d'un grand nombre de feuilles lancéolées, disposées alternativement sur les branches, & d'une verdure gaie. Les fleurs qui paroissent dans les mois de Juillet & d'Août, sont disposées en grappes vers l'extrêmité des rameaux; ces grappes sont, tantôt solitaires, & plus souvent plusieurs réunies ensemble partant du même point. Elles sont petites, d'un beau blanc, & leur réunion produit un assez bel effet par le contraste qu'elles forment avec la verdure tendre du feuillage. Ces fleurs produisent des fruits qui n'ont point encore acquis leur degré de perfection dans notre climat, ce qui ne peut être attribué qu'à la jeunesse des individus que nous possédons, puisque plusieurs autres arbres du même pays fructifient complettement dans nos Jardins. Cet arbre croît à la Caroline dans les lieux humides & ombragés: il est encore rare en France.

Culture. Le Cyrilla se cultive dans des vases que l'on rentre pendant les fortes gelées dans les Orangeries. Lorsqu'il a un certain âge & que sa tige a la grosseur du doigt, il peut être mis en pleine terre & s'y conserve, au moyen des couvertures séches dont on l'empaille pendant les gêlées qui passent cinq degrés. Il se plaît de préférence dans une terre douce, sablonneuse & substancielle. Des arrosemens fréquens, mais légers, pendant tout le temps qu'il est en végétation lui sont nécessaires. Enfin les expositions garanties des forts rayons du soleil pendant l'été, sont celles qui lui conviennent le plus pendant cette saison: mais au printemps il s'accommode très-bien de l'exposition du Levant, & en hiver, il ne craint pas celle du Midi.

Ce sous-arbrisseau se multiplie de graines, de marcottes & peut-être de boutures, je ne sache pas que la voie des greffes ait encore été tentée, peut-être faute de sujets analogues à sa nature. Cependant on pourroit croire que l'Ité de Virginie étant de la même famille, d'un genre très-voisin, & venant du même climat, pourroit lui servir de sujet. Cette expérience mérite d'être tentée, elle serviroit à constater les rapports directs ou éloignés de ces deux genres, & peut-être à fournir un nouveau moyen de multiplier cet arbrisseau intéressant.

Une grande partie des graines de Cyrilla qui nous sont envoyées chaque année de Caroline, quoique de la dernière récolte, ne levent pas, ce qui sembleroit annoncer que ces semences doivent être mises en terre peu de temps après leur maturité, ou qu'une grande partie avorte: quoiqu'il en soit il est nécessaire de semer ces graines aussi-tôt qu'on les reçoit. On les répand dans des terrines remplies de terreau de bruyère mêlé avec un tiers de terre franche, douce. Comme elles sont très-fines on les recouvre de deux lignes de terreau de bruyère pur & bien tamisé. Les vases doivent être placés ensuite sur une couche tiéde à l'exposition du Levant & couverts d'un chassis dont les vitreaux ne doivent servir que pour préserver les semis des grandes pluies ou défendre les jeunes plants de l'atteinte des gelées, des neiges ou des frimats.

Lorsque les graines commencent à lever, il faut modérer les arrosemens qui ont dû être très-copieux jusqu'à cette époque, & n'en donner alors que de très-légers & en forme de pluie fine, le matin avant le lever du soleil, ou le soir à l'aproche de la nuit. On examinera soigneusement de temps à autre les cotylédons ou les jeunes plantules. S'ils jaunissent il faudra les arroser moins & les placer dans un lieu plus aéré; mais toujours abrité des rayons du soleil, depuis neuf heures du matin jusqu'à quatre heures de l'après-midi. Si au contraire ils sont d'un beau verd, forts et vigoureux, on leur donnera la même quantité d'arrosemens & on les laissera à la place où ils ont été mis après le semis. Les graines de Cyrilla lèvent ordinairement dans les trois premiers mois lorsqu'elles sont nouvelles, & qu'elles ont été semées dès le mois de Février: mais il arrive souvent qu'elles levent plus tard & quelquefois même qu'elles ne lèvent que la deuxième année; c'est pourquoi il convient de garder les pots où elles ont été semées, & les cultiver pendant dix-huit mois au moins.

Cet arbrisseau est fort délicat dans sa jeunesse; il périt toujours un grand nombre d'individus la première année de leur naissance, soit pour n'avoir pas le degré d'humidité ou de chaleur qui lui est convenable, soit par l'intempérie des saisons & par l'effet des insectes qui attaquent ses racines. C'est pourquoi il est prudent de ne repiquer les jeunes plants que lorsqu'ils ont trois ou quatre pouces de haut, ce qui n'arrive guère que la seconde année. On leur fait passer le premier hiver sous un chassis presque sans chaleur; mais où il ne gèle pas, & sous lequel on renouvelle l'air le plus souvent qu'il est possible. Au printemps, lorsque les jeunes Cyrilles commencent à entrer en végétation on les leve de leur semis en petites motes, & on les place sur une couche très-tiéde & sous un chassis qu'on couvre de paillassons pendant la présence du soleil, & auquel on donne de l'air toutes les fois que le temps est doux. Avec ces précautions

Ils ne tardent pas à reprendre & à pousser vigoureusement. Alors ils sont à-peu-près sauvés; il ne s'agit plus que de les cultiver comme nous l'avons dit au commencement de cet article, & de les rentrer les trois premiers hivers dans une serre tempérée & même dans une bonne orangerie jusqu'à ce qu'ils soient assez forts pour être placés en pleine terre.

Les marcottes de Cyrilla se font au printemps à la manière ordinaire & sans qu'il soit besoin de les inciser, ni de les ligaturer. Elles reprennent dans le courant des six premiers mois qu'elles ont été faites lorsqu'on emploie du bois de l'avant dernière pousse. Lorsque le bois est plus ancien il est plus long temps à s'enraciner. On sépare les marcottes au printemps & on les traite comme les jeunes plants. Les pieds obtenus par cette voie de multiplication fleurissent plus promptement que ceux qui proviennent de graines : mais il paroît qu'ils vivent moins long-temps.

Il est probable qu'on obtiendroit cet arbrisseau de boutures, en choisissant des bourgeons de la dernière pousse, en les traitant de différentes manières & en les faisant dans différentes saisons. La méthode Angloise, sous des cloches épaisses nous semble devoir réussir.

Usages. Le Cyrilla est un sous-arbrisseau très-agréable par son port, sa verdure gaie, surtout par la multitude de fleurs dont il est couvert pendant le temps de sa fleuraison. Il peut être placé avantageusement dans les planches ombragées de terreau de bruyère qui se trouvent dans les bosquets des Jardins paysagistes. Placé avec les Rhododendron, les Azalea, les Kalmia, il produira de la variété & augmentera, par sa rareté, le mérite de ces grouppes intéressans. (*Thouin.*)

CYROYER, *Rheedia.*

Ce genre qui, suivant M. de Jussieu, fait partie de la seconde section des plantes de la famille des Guttiers a été institué par Plumier, en mémoire de Van-Rheed, Auteur de l'*Hortus Malabaricus.* Son caractère consiste en une fleur sans calice, une corolle à quatre pétales, un grand nombre d'étamines : un style & une baie ovale, uniloculaire, qui renferme trois semences grosses & charnues.

On n'en connoît qu'une espèce qui n'a point encore été cultivée en Europe.

CYROYER d'Amérique.

Rheedia lateriflora L. ♄ des Antilles.

Le Cyroyer est un arbre élevé & droit, dont le tronc est recouvert d'une écorce ridée, de couleur obscure, & marquée de taches verdâtres & grises. Ses rameaux sont longs, médiocrement épais, étendus horizontalement comme dans le sapin. Ils sont garnis de feuilles ovales, entières, vertes, un peu luisantes en-dessus & d'un verd jaunâtre en-dessous. Elles ont à-peu-près six pouces de long & sont opposées les unes aux autres sur les rameaux. Les fleurs qui sont blanches, d'une médiocre grandeur, viennent trois-à-trois ou réunie par petits faisceaux dans les aisselles des feuilles. Leur pédoncule est en partie rougeâtre & en partie blanchâtre. Les fleurs dénuées de calice, ont une corolle à quatre pétales ovales, concaves & ouverts. Les étamines qui sont en très-grand nombre sont composées de filets blancs qui supportent des anthères safranées ou d'un jaune rougeâtre. Les fruits de la grosseur d'un œuf de pigeon, sont charnus, jaunes, & contiennent des semences roussâtres, résineuses & d'une saveur austère ou astringente.

Cet arbre croît en abondance à la Martinique dans le quartier nommé le Cul-de-Sac aux Frégates : il fleurit & fructifie dans le mois de Mai.

Il découle souvent des nœuds de ses rameaux une résine jaune & odorante propre à faire des bougies ou des flambeaux.

Culture. Les graines de Cyroyer envoyées d'Amérique à la manière ordinaire, n'ont point levé jusqu'à présent dans notre climat. Il paroît qu'elles perdent promptement leur propriété germinative, & qu'il faudroit les envoyer semées ou stratifiées dans des caisses avec de la terre pour les recevoir en état de germination. Il n'est pas douteux que cet arbre exigeroit ici pendant les trois ou quatre premières années de sa jeunesse, le secours de la serre chaude & même de la tannée pour se conserver pendant l'hiver. Ne l'ayant jamais cultivé, nous ne pouvons rien dire de plus sur sa culture particulière. (*Thouin.*)

CYRTANDRE, *Cyrtandra.*

Genre qui paroît fort rapproché des *Colomnées* & des *Besleres*; les feuilles sont opposées, les fleurs à corolles grandes, irrégulières, tubulées & à évasement à cinq découpures arrondies, larges & inégales; le fruit est une baie oblongue à deux loges. M. M. Forster parlent de deux espèces de ce genre, mais la description n'en est pas publiée : elles sont étrangères & elles ne se cultiveroient probablement dans notre climat qu'en serre chaude, où il paroît que la nouveauté seulement, ne les rendroit pas intéressantes.

Espèces.

1. Cyrtandre à deux fleurs.

Cyrtandra biflora Lam. Dict.

2. CYRTANDRE à bouquet.
Cyrtandra cymosa Lam. Dict.

Culture.

Les CYRTANDRES habitent dans les Isles de la Mer du Sud, & elles se cultiveroient dans notre climat sous verre. Les graines se semeroient dans des petits pots remplis de parties égales de sables de bruyère & de terreau, enfoncés dans une couche de tan sous chassis où le jeune plant seroit conservé jusqu'à l'automne. Alors on lui donneroit dans la tannée ou sur les tablettes de la serre chaude une place qui se détermineroit sur les dispositions qu'il auroit montrées. C'est dans ces cas que l'exercice & l'habitude sont nécessaires, ou que la prudence & la réserve doivent être mises à une plus grande épreuve. (*F. A. Quesné.*)

CYTISE, *Cytisus.*

Nom d'un genre composé de dix-huit espèces différentes, & de quelques variétés qui croissent pour la très grande partie en pleine terre dans notre climat, & dont il sera traité, pour cette raison, dans le Dict. des Arbres. *Voyez* le mot CYTISE. (*Thouin.*)

CYTISE-GENÊT, *Spartium scoparium L.* *Voyez* (*Thouin.*)

BIBLIOTHÈQUE NATIONALE R.F. IMPRIMÉS

Fin de la lettre C & du Tome III.

www.ingramcontent.com/pod-product-compliance
Lightning Source LLC
Chambersburg PA
CBHW030016220326
41599CB00014B/1828

9782012659438